Zusammensetzung

und

Verdaulichkeit der Futtermittel.

Nach vorhandenen Analysen und Untersuchungen

zusammengestellt

von

Dr. Th. Dietrich und **Dr. J. König**

Professor und Vorsteher der landwirthschaftlichen Versuchsstation

in Marburg. in Münster.

Zweite vollständig umgearbeitete und sehr vermehrte Auflage.

In zwei Bänden.

Erster Band.

Berlin.

Verlag von Julius Springer.

1891.

ISBN-13: 978-3-642-98723-6
DOI: 10.1007/978-3-642-99538-5
Softcover reprint of the hardcover 2nd edition 1981

e-ISBN-13: 978-3-642-99538-5

Vorwort zur zweiten Auflage.

Die im Jahre 1874 erschienene erste Auflage dieses Werkes verfolgte den Zweck, auf Grund von Analysen aus neuerer Zeit, welche nach einer einheitlichen (der sog. Weende'r) Methode ausgeführt waren, für die Zusammensetzung der hauptsächlichsten Futtermittel zuverlässige Mittel- und Schwankungszahlen zu erhalten. Diese Zahlen sollten dann in erster Linie für eine graphische Darstellung der procentischen Zusammensetzung und Verdaulichkeit der wichtigsten Futtermittel die Grundlage bieten.

Wir selbst haben uns am wenigsten von Anfang an die Unvollständigkeit und Unvollkommenheit dieser Arbeit verhehlt, obwohl sie ihrem Zwecke entsprach und nicht ohne Anerkennung blieb.

Nachdem daher Anfang der achtziger Jahre eine neue Auflage dieser Schrift nothwendig wurde, haben wir uns entschlossen, die Arbeit auf einer erweiterten Grundlage und im allgemeinen nach dem bereits im Jahre 1864 auf der Versammlung Deutscher Agriculturchemiker in Göttingen von dem um die landwirthschaftliche Fütterungslehre hochverdienten, jetzt schon leider verstorbenen Geheimen Regierungsrath Prof. Dr. W. Henneberg entworfenen Plane auszuführen, nach welchem auch Herr Prof. Dr. H. Schultze in Braunschweig im Journal für Landwirthschaft 1867, S. 370 eine Tabelle begonnen hat.

In Verfolg dieser Arbeit haben wir uns bemüht, nicht nur die Analysen aus neuerer, sondern auch die aus früherer Zeit, soweit dieselben irgendwie bekannt geworden und von Bedeutung sind, thunlichst vollständig zu sammeln und zusammenzustellen. Gleichzeitig haben wir alle Bemerkungen, welche zu den Analysen über den Ursprung, die Gewinnungsweise, die Bodenart und Düngung etc. in den Quellen enthalten sind, möglichst berücksichtigt und dieselben entweder in den Tabellen selbst oder in den Anmerkungen wiedergegeben. Um die Analysenzahlen der unter verschiedenen Verhältnissen gewonnenen Futtermittel mit einander vergleichbar zu machen, haben wir dieselben auch, auf Trockensubstanz berechnet, aufgeführt. Bei weitem die meisten dieser Berechnungen haben wir nothgedrungen selbst vorgenommen. Nur bei den sog. Kraftfuttermitteln, den gewerblichen Abfällen, ist diese Umrechnung unterblieben, weil für diese meistens keine oder nur spärliche Angaben über die Gewinnungsweise und Beschaffenheit des untersuchten Materials gemacht sind, die mühsame Umrechnung daher nur wenig Zweck hatte.

Bei einer Reihe von Futtermitteln, so bei Getreidearten, Heusorten, Milch etc. haben wir besondere Zusammenstellungen gemacht, nämlich eine Haupttabelle, welche in thunlichst chronologischer Folge zusammenhängende Analysen-Reihen enthält, dann andere, welche die Analysen der unter gleichen Verhältnissen (z. B. je nach Ländern, Boden-Art, bezw. Rasse etc.) gewachsenen oder gewonnenen Futtermittel noch besonders wiedergeben.

Hierdurch waren allerdings mehrfache Wiederholungen unvermeidlich; wir glaubten diese gesonderten Zusammenstellungen jedoch nicht unterlassen zu sollen, einerseits um zusammenhängende Reihen von Analysen desselben Autors geschlossen wiederzugeben, andererseits, um den Einfluss bestimmter Factoren, soweit solcher aus den bisherigen Untersuchungen erhellt, zum besseren Ausdruck zu bringen.

Neben der chemischen Zusammensetzung haben wir auch, wie früher, die Verdaulichkeit der Futtermittel in Betracht gezogen, indem wir die in Fütterungsversuchen gefundenen Verdauungs-Coëfficienten in besonderen Tabellen zusammengestellt und gleichzeitig in einem Anhang zu diesem Capitel (S. 1128) alle die Versuche besprochen haben, welche die verschiedenartigen Einflüsse auf die Verdaulichkeit darlegen.

Die neuerdings angestrebte Ermittelung der Verdaulichkeit auf künstlichem Wege ist S. 1158 und S. 1166 u. ff. besprochen, während am Schluss eine besondere Tabelle C neben der Vertheilung des Stickstoffs in verschiedene Verbindungen auch die auf künstlichem Wege ermittelten Verdaulichkeits-Coëfficienten enthält.

Zur Beurtheilung der Beschaffenheit der Futtermittel, besonders der Kraftfuttermittel, wird in der letzten Zeit die Bestimmung der Ranzigkeit des Fettes in Anwendung gebracht. Obwohl die Arbeiten hierüber erst während des Druckes der Schlusstabellen veröffentlicht wurden und noch sehr der Vervollständigung bedürfen, so geben wir doch auch für diese Art Untersuchungen eine kurze Uebersichtstabelle D.

Wegen der grossen Bedeutung, welche die Berechnung des Futtergeldwerthes für die landwirthschaftliche Praxis besitzt, haben wir die hierfür in Vorschlag gebrachten Verfahren S. 1040 eingehend beschrieben.

Weil der Werth einer Futtermittel-Analyse wesentlich von der Art der Untersuchungsmethode abhängt, haben wir S. 1000 eine Uebersicht über die zu verschiedenen Zeiten von verschiedenen Analytikern angewendeten Untersuchnngsmethoden, so weit sie uns bekannt geworden sind, gegeben. Daran schliessen sich S. 1011—1040 die zu verschiedenen Zeiten und von verschiedenen Forschern aufgestellten Futtermitteltabellen. Wenngleich dieselben durchweg nur mehr einen historischen Werth haben und die neueren Tabellen von E. v. Wolff und Jul. Kühn in vielen Lehrbüchern und landwirthschaftlichen Kalendern enthalten sind, so zeigen dieselben doch die Entwickelung der Futtermittelanalyse und glaubten wir sie auch in dieses Werk mit aufnehmen zu sollen, um dieselben behufs Vergleichung mit den von uns neu berechneten Werthen für die Zusammensetzung und Verdaulichkeit etc. der Futtermittel stets gleich zur Hand zu haben.

Wenn man der ersten Auflage dieses Werkes den Vorwurf der Unvollständigkeit machen konnte, so befürchten wir für diese Auflage fast den Vorwurf der zu breiten Veranlagung und des zu grossen Umfanges; eine Einschränkung schien uns jedoch nicht geboten und zweckmässig zu sein.

Auch wolle man nachsichtigst berücksichtigen, dass der Druck dieser Auflage bereits im März 1884 begonnen hat und sich bei Beginn desselben der Umfang der Arbeit, welche wegen ihrer Langwierigkeit nur langsam fortschreiten konnte, nicht übersehen liess. Die während des Druckes in den letzten Jahren veröffentlichten Untersuchungen über Zusammensetzung und Verdaulichkeit der Futtermittel bedingten vielfache Nachträge, wodurch die Zusammenstellung in unliebsamer Weise zerstückelt und deren Vollendung verzögert worden ist. Dieser Uebelstand liess sich aber nicht vermeiden, da wir das von Anfang an gesteckte Ziel, einen Ueberblick über die gesammte Litteratur der Futtermittellehre bis in die neueste Zeit hinein zu liefern, durchführen wollten.

Wir verhehlen uns nicht, dass trotz des aufgewendeten Fleisses hier und da in unserer Arbeit Mängel vorhanden sind und Lücken geblieben sein werden, auf die uns aufmerksam zu machen, wir unsere Herren Fachgenossen freundlichst ersuchen. Das tagtäglich anschwellende Untersuchungsmaterial auf diesem Gebiete wird periodische Nachträge zu der vorliegenden Zusammenstellung erfordern; diese wären schon jetzt für die während der Berechnung der Schlusstabellen, welche fast ein volles Jahr in Anspruch genommen hat, veröffentlichten Untersuchungen erwünscht.

Wir behalten uns daher vor, solche Nachträge je nach Bedürfniss von Zeit zu Zeit zu bringen, indem wir glauben auf diese Weise der Thier-Fütterungslehre nicht minder, wie der Pflanzenlehre, einen Dienst zu erweisen. Denn nur durch übersichtliche Zusammenstellungen zahlreicher Untersuchungen lassen sich die vielverzweigten Bedingungen übersehen, von denen die Beschaffenheit der zur thierischen Ernährung dienenden Pflanzen oder Pflanzentheile bezw. der thierischen Producte abhängig ist.

Die vorliegende Zusammenstellung zeigt allerdings kaum mehr, als wie weit wir noch von diesem Ziele entfernt sind; aber sie giebt doch Fingerzeige, in welcher Weise wir noch die Untersuchungen vervollkommnen und die Versuche ausdehnen müssen, um dieses Ziel zu erreichen. — Gemeinsame Arbeiten der agriculturchemischen Forschungsstätten nach bestimmten feststehenden Plänen wären hier dringend nöthig. — Und das ist auch schon ein Gewinn.

Möge daher die vorliegende Arbeit nicht vergeblich und ohne Nutzen sein; eine Arbeit, ebenso mühselig für die Verfasser, als kostspielig für den Verleger; ihm sei hier für seine opferwillige Ausdauer unser besonderer Dank ausgesprochen.

Ferner verfehlen wir nicht, allen Herren Fachgenossen, welche uns mit litterarischen Beiträgen bereitwilligst unterstützten, an dieser Stelle unseren Dank zu sagen.

Auch wollen wir dankbar hervorheben, dass Herr Dr. E. Haselhoff, Assistent der Versuchsstation Münster, sich der nicht geringen Arbeit der Anfertigung des Inhaltsverzeichnisses unterzogen hat.

Marburg und Münster, im Sommer 1891.

Die Verfasser.

Vorbemerkungen zu den Tabellen.

1) Ueber die Anordnung der Tabellen vergl. S. 1 und S. 1069.
2) Ueber die Berechnung der Mittel-, Minima- und Maximawerthe S. 1211 und S. 1217.
3) Ueber die Untersuchungsmethoden der Futtermittel S. 1000, der Verdaulichkeits-Bestimmungen S. 1187.

Inhalts-Uebersicht des ersten Bandes.

I. Theil. Zusammensetzung der Futtermittel.

Sauerfutter und Braunheu.

Wurzeln und Knollen.

Weniger gebräuchliche Knollen- u. Wurzelknollen-Arten.

Körner und Samen.

I. Theil.

Zusammensetzung der Futtermittel.

Grünfutter.

I. Süssgräser — Gramineen.

Das Zeichen p in der Rubrik „Asche“ bedeutet Reinasche.

Das Zeichen o in der Rubrik „Stickstoff in der Trockensubstanz“ bedeutet Angabe des N-Gehalts im Original; wo kein Zeichen angegeben ist, ist der N-Gehalt von uns berechnet.

No.	Bezeichnungen und Bemerkungen	Jahr der Untersuchung	In der ursprünglichen Substanz: Wasser %	Nh-Substanz %	Rohfett %	Nfr. Extractstoffe %	Rohfaser %	Asche %	In der Trockensubstanz: Nh-Substanz %	Rohfett %	Nfr. Extractstoffe %	Rohfaser %	Asche %	Stickstoff in der Trockensubstanz %
	Agrostis canina L. — Hunds-Straussgras. — Agrostis des chiens.													
1	Blühend; 2/VI. gesamm. — zieml. fruchtbare Wiese	1854	71.40	3.17	0.60	11.63	11.00	2.20	11.08	2.10	40.67	38.46	7.69	1.772 o
	Desgl. als Heu berechnet	—	12.50	9.70	1.84	35.58	33.65	6.73						
	Agrostis exarata. — Northern Red-top, Mountain Red-top.													
1	Wildwachsend auf Niederungsland, aus Wisconsin	1878	—	—	—	—	—	—	10.65	2.31	56.83	24.59	5.62 p	1.704
	Agrostis Spica venti L. — Windhalm. — Silky Bent-grass. — Agrostide.													
1	Blühend; wenig Blätter; trockne Wiese	1859	—	—	—	—	—	—	7.37	—	—	—	6.02 p	1.18 o
	Aira caespitosa L. — Rasenschmiele. — Tufted Hair-grass, Tussac grass.													
1	Vor d. Blüthe, mit Blüthenständ. 7/VI. gesamm. — zieml. fruchtb. Wiese	1854	70.30	3.05	1.00	12.85	10.60	2.20	10.27	3.37	43.26	35.69	7.41	1.643 o
	Desgl. als Heu berechnet	—	12 50	9.00	2.90	37.90	31.20	6.50						
2	Nicht berieselte Wiese (Heu)	1878	14.30	9.80	1.24	38.21	32.34	4.11	11.44	1.45	44.59	37.73	4.79	1.83
3	Berieselte Wiese (Heu)	1878	14.30	9.75	1.35	35.93	33.82	4.85	11.38	1.57	41.92	39.47	5.66	1.82
	Mittel als Gras, frisch		70.30	3.28	0.63	12.95	11.07	1.77	11.03	2.13	43.26	37.63	5.95	1.76
	Mittel als Heu		14.30	9.45	1.82	37.09	32.25	5.09						
	Alopecurus geniculatus L. — Geknietes Fuchsschwanzgras. — Kneeled fox-tail-grass. — Vulpin genouillé.													
1	Blühend, 7/VI. gesamm. — ziemlich fruchtbare Wiese	1854	76.90	2.98	1.00	10.12	7.00	2.00	12.91	4.33	43.81	30.30	8.65	2.065 o
	Desgl. als Heu berechnet	—	12.50	11.30	3.79	38.33	26.51	7.57						

Agrostis canina L.: 1) H. Ritthausen u. Scheven: Mitthl. Waldau, 1 H. 1859. 68. — Holzfaser: 2% Schwefelsäure u. 2% Kalilauge (s. analyt. Methoden). Nh-Substanz von uns umgerechnet auf Nh-Sbst. = N × 6,25. — Zusammensetzung der Trocken-Substanz von uns berechnet. Die Zusammensetzung des Heus von den Autoren berechnet unter Annahme eines Wassergehaltes von 12.5%; von uns jedoch nothwendigerweise vielfach corrigirt.

Agrostis exarata: 1) Pet. Collier. — Ann. Rep. Commiss. Agricult. 1878 (Washington) 174. Analyt. Methode u. ausführlichere Analyse im Anhang z. d. Gräsern u. briefl. Mitth.

Agrostis Spica venti: 1) W. Knop u. R. Arendt. — Landw. Vers.-St. 2. 1860, 32. Nh. Subst. von uns berechnet.

Aira caespitosa: 1) Vgl. unter Agrostis canina No. 1.

2) u. 3) C. Brimmer (V. St. Regenwalde), Originalmittheil. Heuanalysen von uns unter Annahme obigen Wassergehalts berechnet.

Alopecurus geniculatus: No. 1 vergl. unter Agrostis canina No. 1.

Alopecurus pratensis L. — Wiesenfuchsschwanz. — Meadow fox-tail-grass. — Vulpin des prés; Alopécure.

No.	Bezeichnungen und Bemerkungen	Jahr der Untersuchung	In der ursprünglichen Substanz: Wasser %	Nh-Substanz %	Rohfett %	Nfr. Extractstoffe %	Rohfaser %	Asche %	In der Trockensubstanz: Nh-Substanz %	Rohfett %	Nfr. Extractstoffe %	Rohfaser %	Asche %	Stickstoff in der Trockensubstanz %
1	Blühend, 1/VI. gesamm., kalkhaltig. Lehm	1849	80.20	2.40	0.52	8.63	6.70	1.55	12.13	2.63	43.58	33.83	7.83	1.941 [o]
	Desgl. als Heu berechnet	—	14.30	10.60	2.50	37.00	29.00	6.60						
2	Blühend, 2/VI. gesamm., ziemlich fruchtbare Wiese	1854	66.80	2.63	0.80	12.17	15.50	2.10	7.92	2.41	36.66	46.69	6.32	1.265 [o]
	Desgl. als Heu berechnet	—	12.50	6.93	2.11	32.08	40.85	5.53						
	In verschiedenen Stadien des Wachsthums:													
3	Blüthenähren erscheinen; geschn. 1/IV.	1880	77.10	3.60	1.07	12.05	4.17	2.01	15.73	4.69	52.16	18 21	9.21	2.52
4	Kurz v. d. Blüthe; geschn. 19/IV.	1880	76.70	3.15	1.05	12.04	5.22	1.84	13.53	4.46	51.66	22.41	7.90	2.17
5	In der Blüthe; geschn. 1/V.	1880	60.00	4.32	1.34	21.73	9.51	3.10	10.81	3.36	54.30	23.78	7.75	1.73
6	Nach der Blüthe; geschn. 19/V.	1880	60.60	3.39	1.38	24.42	6.99	3.22	8.62	3.50	54.35	25.36	8.17	1.33
	Mittel aus No. 1, 4 u. 5 in der Blüthe als Gras frisch		72.30	3.37	0.96	13.82	7.39	2.16	12.16	3.48	49.86	26.67	7.83	1.95
	Mittel aus No. 1, 4 u. 5 in der Blüthe als Heu		14.30	10.41	2.98	42.74	22.86	6.71						

Andropogon scoparius L. — Bartgras, Flockgras. — Broom grass; Broom sedge, Purple Wood grass.

No.	Bezeichnungen und Bemerkungen	Jahr der Untersuchung	In der ursprünglichen Substanz: Wasser %	Nh-Substanz %	Rohfett %	Nfr. Extractstoffe %	Rohfaser %	Asche %	In der Trockensubstanz: Nh-Substanz %	Rohfett %	Nfr. Extractstoffe %	Rohfaser %	Asche %	Stickstoff in der Trockensubstanz %
1	Auf trocknem sandigem Boden	1878	—	—	—	—	—	—	6.21	1.59	63.39	24.91	3.90[p]	0.993
2	Vor der Blüthe	1879	—	—	—	—	—	—	6.45	1.85	—	—	7.11[p]	1.032
3	**Andropogon furcatus** (wesentl. Bestandtheil des Grases der Prairien im westlichen Nord-Amer.)	1879	—	—	—	—	—	—	8.05	3.02	—	—	5.09[p]	1.288
4	„ **macrourus** (wesentl. Bestandtheil des Grases der Prairien im westlichen Nord-Amer.)	1879	—	—	—	—	—	—	5.77	2.54	—	—	3.73[p]	0.923
5	„ **Virginicus** (v. Texas) (wesentl. Bestandtheil des Grases der Prairien im westlichen Nord-Amer.)	1878	—	—	—	—	—	—	13.00	1.71	45.12	33.73	6.44[p]	2.080

Anthoxanthum odoratum L. — Ruchgras. — Sweet scented vernal-grass. — Flouve odorante, Foin dur.

No.	Bezeichnungen und Bemerkungen	Jahr der Untersuchung	In der ursprünglichen Substanz: Wasser %	Nh-Substanz %	Rohfett %	Nfr. Extractstoffe %	Rohfaser %	Asche %	In der Trockensubstanz: Nh-Substanz %	Rohfett %	Nfr. Extractstoffe %	Rohfaser %	Asche %	Stickstoff in der Trockensubstanz %
1	Blühend; 25/V. gesamm. auf Lehm. mit Kalkgerölle	1849	80.35	2.02	0.67	8.57	7.15	1.24	10.28	3.41	43.61	36.39	6.31	1.645 [o]
	Desgl. als Heu berechnet	—	14.3	8.9	2.9	37.3	31.2	5.4						
2	Blühend, 5/VI. ges., zieml. fruchtb. Wiese	1854	72.00	2.07	0.80	11.23	12.30	1.60	7.39	2.85	40.12	43.95	5.69	1.182 [o]
	Desgl. als Heu berechnet	—	12.5	6.5	2.5	35.1	38.4	5.0						
3	Volle Blüthe, Anf. Juni gesamm., blattreich	1859	—	—	—	—	—	—	12.75	3.68	—	—	7.39[p]	2.040 [o]
4		1879	—	—	—	—	—	—	8.56	3.40	—	—	8.44[p]	1.370
5	Völlig reif	1855	69.50	1.70	—	—	13.10	1.80	5.57	—	—	42.95	5.91	0.89
	Desgl. als Heu berechnet	—	14.3	4.8	—	—	36.8	5.1						
	Mittel aus No. 1—4 in der Blüthe als Gras		76.17	2.32	0.79	9.27	9.57	1.88	9.74	3.34	38.84	40.17	7.91[p]	1.56
	Mittel aus No. 1—4 in der Blüthe als Heu		14.30	9.15	2.86	33.48	34.43	6.78						

Arundo Donax L. — Spanisches Rohr, Schalmeienrohr. — Cultivated Reed.

No.	Bezeichnungen und Bemerkungen	Jahr der Untersuchung	In der ursprünglichen Substanz: Wasser %	Nh-Substanz %	Rohfett %	Nfr. Extractstoffe %	Rohfaser %	Asche %	In der Trockensubstanz: Nh-Substanz %	Rohfett %	Nfr. Extractstoffe %	Rohfaser %	Asche %	Stickstoff in der Trockensubstanz %
1	Blätter	1877	15.82	3.63	2.43	21.61	49.63	6.88	4.31	2.88	25.67 [1])	28.95	8.18	0.69

Alopecurus pratensis: 1) Thom. Way. — J. Agr. Soc. Engl. 14, I, 1853. 171—187.
2) Vergl. unter Agrostis canina No. 1.
3—6) Clifford Richardson. — The Amer. Chem. Journ. Vol. IV No. 1.
Die Gräser enthalten

	No. 3	4	5	6
Albumin in % der Trockensubstanz	11.76	10.26	10.81	8.19
N als Nichtalbumin in % des Gesammt-N	38.2	40.9	0.0	5.0

Andropogon: 1—5. Pet. Collier. Vgl. unter Agrostis exarata.
Anthoxanthum odoratum: No. 1. Th. Way. Wie unter Alopecurus pratensis No. 1.
No. 2. H. Ritthausen u. Scheven. Wie unter Agrostis canina.
No. 3. W. Knop u. R. Arendt. Wie unter Agrostis spica venti.
No. 4. Pet. Collier. Vergl. unter Agrostis exarata.
No. 5. Em. Wolff u. Dietle. Mitthl. a. Hohenheim.
Arundo Donax L.: No. 1. Aless. Pasqualini. — Ann. Staz. Agrar. Forli 5. 1876. 29. Vgl. ausführl. Anal. im Anhang zu den Gräsern.
[1]) Im Original summiren sich (unter Angabe von Verlust) die Bestandtheile auf nur 99.15. Wir ergänzten das Fehlende bei den Nfr. Extractstoffen.

No.	Bezeichnungen und Bemerkungen	Jahr der Untersuchung	In der ursprünglichen Substanz: Wasser %	Nh-Substanz %	Rohfett %	Nfr. Extractstoffe %	Rohfaser %	Asche %	In der Trockensubstanz: Nh-Substanz %	Rohfett %	Nfr. Extractstoffe %	Rohfaser %	Asche %	Stickstoff in der Trockensubstanz %
	Avena elatior L., Arrhenatherum elatius Beauv. — Hoher Wiesenhafer, französisches Raygras. — Tall Oat-grass, French Ryegrass. Common oat-like grass. — Arrhenathère fausse avoine, Avoine élevée, Fromental.													
1	Blühend, 17. Juli ges., kalkhaltig. Lehm, Waldwiese	1849	72.65	3.49	0.87	11.26	9.37	2.36	12.75	3.19	38.23	34.24	11.59	2.040 o
	Desgl. als Heu berechnet	—	14.3	11.1	2.7	32.6	29.4	9.9						
2	Blühend, 12. Juni ges., auf dem Versuchsfelde gebaut	1854	67.00	3.16	0.40	11.94	15.40	2.10	9.57	1.21	36.19	46.67	6.36	1.530 o
	Desgl. als Heu berechnet	—	12.5	8.4	1.0	31.7	40.8	5.6						
3	Blühend, Anf. Juni ges., von einem Eisenbahndamme	1859	—	—	—	—	—	—	13.38	3.60	—	—	8.26p	2.14 o
4		1865	81.25	3.31	(1.81)	6.65	4.56	2.42	17.65	(9.65)	35.47	24.32	12.91	2.82
5	Beginnende Blüthe	1871	75.00	1.99	—	—	9.25	2.21	7.96	—	—	37.00	8.82	1.27
6	Erstes Vegetationsjahr (humoser mergeliger Thonboden ohne Düngung)	1857	73.24	4.27	—	—	—	3.10	15.97	—	—	—	11.58	2.555
	Desgl. als Heu	—	15.19	13.59	—	—	—	9.82						
7	Zweites Vegetationsjahr 1. Schnitt 28. Mai	1858	72.37	2.89	—	—	9.20	2.46	10.46	--	—	33.30	8.90	1.673
	Desgl. als Heu	—	11.40	9.25	—	—	29.50	7.90						
8	Zweites Vegetationsjahr 2. Schnitt 2. Aug.	1858	57.84	6.26	—	—	13.63	4.76	14.85	—	—	32.33	11.29	2.377
	Desgl. als Heu	—	11.52	13.13	—	—	28.60	10.00						
9	Zweites Vegetationsjahr 3. Schnitt 18. Oct.	1858	66.67	4.61	—	—	10.53	4.47	13.83	—	—	31.60	13.41	2.053
	Desgl. als Heu	—	11.39	12.25	—	—	28.00	11.90						
10	Drittes Vegetationsjahr, als Heu	1859	13.20	12.13	—	—	36.20	8.11	13.97	—	—	41.70	9.34	2.23
11	Viertes „ „ „	1860	14.00	13.25	—	—	32.48	7.94	15.41	—	—	37.77	9.23	2.46
12	Als Heu	1880	9.00	8.74	2.45	42.74	31.78	5.56[1])	9.60	2.69	46.68	34.93	6.10	1.53
	Unter verschiedenen Düngungsverhältnissen:													
13	Ungedüngt, in der Blüthe	1871	8.15	7.31	—	--	33.99	8.09	7.95	—	—	37.01	8.81	1.27
14	Mit Jauche gedüngt in der Blüthe	1871	11.85	9.69	—	—	33.11	6.41	10.99	—	—	37.52	7.32	1.76
	Mittel von No 1—14 als Gras, frisch		72.03	3.48[3])	0.74	11.10	9.98	2.67	(12.45[3])	2.67	39.63	35.69	9.56	1.99
	Mittel von No 1—14 als Heu		(14.30[2])	10.67[3])	2.29	33.97	30.58	8.19						
	Avena flavescens L. — Goldhafergras. — Yellow Oat-like-grass. — Avoine jaunâtre, Avenette blonde.													
1	Blühend, 29/VI. gesamm., kalkhaltiger Lehm, Waldwiese	1849	60.40	2.90	1.04	18.72	14.22	2.72	7.33	2.61	47.23	35.95	6.88	1.178 o
	Desgl. als Heu berechnet	—	14.3	6.4	2.2	40.4	30.8	5.9						

Avena elatior: No. 1, No. 2 u. No. 3 vergl. unten No. 1 u. 2 bei Anthoxanthum odoratum.
No. 4. J. Nessler u. E. Muth. Ber. d. V. St. Karlsruhe, 1870. 56. Untersuchungsmethode nicht angegeben.
No. 5. H. Weiske u. E. Wildt. Wochenbl. d. Annal. d. Landw. i. Pr. 1871. 310.
No. 6—11. C. Karmrodt. Ztschr. f. Rheinpreussen 1858. 176 u. 1859. 362. 1861. Untersuchungsmethode nicht angegeben. Die Zahlen für frische Substanz bei 7—9 sind von uns aus der Angabe des Wassergehalts der frischen Substanz u. aus der Zusammensetzung der lufttrocknen Substanz berechnet.
No. 12. R. Heinrich, Bericht d. Versuchsst. Rostock 1882. S. 77.
No. 13—14. E. Wildt, Landw. Jahrbücher 1873. S. 123.

1) In der Asche 0,8 % Sand.

2) Wie bei den anderen Gräsern des Vergleiches halber willkührlich angenommen.

3) O. Kellner bestimmte (Landw. Jahrbücher 1879. I. Suppl. 243) im jungen Grase von Avena elatior den in Form von Eiweiss und Nichteiweiss vorhandenen Stickstoff und fand in der Trockensubstanz:

Im 2. Jahr:	Gesammt-N	Eiweiss-N	Nichteiweiss-N	Nichteiweiss-N in % des Gesammt-N
Am 4. April, 17 cm hoch	4.664 %	3.204 %	1.460 %	31.3 %
Am 23. Mai, 45 cm hoch schossend	2.420 „	1.783 „	0.637 „	26.3 „

Avena flavescens: No. 1. Th. Way: Vergl. unter Alopecurus prat. No. 1.

No.	Bezeichnungen und Bemerkungen	Jahr der Untersuchung	In der ursprünglichen Substanz: Wasser %	Nh-Substanz %	Rohfett %	Nfr. Extractstoffe %	Rohfaser %	Asche %	In der Trockensubstanz: Nh-Substanz %	Rohfett %	Nfr-Extractstoffe %	Rohfaser %	Asche %	Stickstoff in der Trockensubstanz %
2	Blühend, 14/VI. gesamm., ziemlich fruchtbare Wiese	1854	59.50	3.25	0.80	17.25	16.30	2.90	8.02	1.98	42.60	40.24	7.16	1.284
	Desgl. als Heu berechnet	—	12.5	7.1	1.7	37.2	35.3	5.2						
	Mittel, blühend als Gras, frisch		59.95	3.07	0.92	17.99	15.26	2.81	7.68	2.29	44.92	38.09	7.02	1.23
	Mittel, blühend als Heu		14.30	6.58	1.96	38.51	32.64	6.01						

Avena pubescens L. — Weichhaariges Hafergras. — Downy Oat-grass. — Avoine pubescente.

No.	Bezeichnungen und Bemerkungen	Jahr der Untersuchung	Wasser %	Nh-Substanz %	Rohfett %	Nfr. Extractstoffe %	Rohfaser %	Asche %	Nh-Substanz %	Rohfett %	Nfr-Extractstoffe %	Rohfaser %	Asche %	Stickstoff in der Trockensubstanz %
1	Blühend, 11/VI. gesamm., trockn. kalkhaltiger Lehmboden	1849	61.50	3.02	0.92	19.21	13.34	2.01	7.86	2.39	49.89	34.64	5.22	1.257 o
	Desgl. als Heu berechnet	—	14.3	6.8	2.0	42.7	29.7	4.5						
2	Blühend, 4/VI. gesammelt	1854	73.10	2.56	0.80	10.94	10.40	2.20	9.52	2.97	40.67	38.66	8.18	1.524 o
	Desgl. als Heu berechnet	—	12.5	8.3	2.5	35.6	33.8	7.2						
3	Blühend, schwach beblättert, feuchter Laubwald	1859	—	—	—	—	—	—	11.68	3.30	—	—	7.77 p	1.870 o
	Mittel, blühend als Gras frisch		67.30	3.17	0.95	14.29	11.98	2.31	9.69	2.89	43.71	36.65	7.06	1.55
	Mittel, blühend als Heu		14.30	8.30	2.48	37.46	31.41	6.05						

Avena sativa L. — Gemeiner Saathafer. — Oats.

Jütländischer Hafer; nasskalter träger schwerer und undurchlassender Thonboden, 1000′ ü. d. Meer kräftig entwickelte Pflanzen (No. 1–9: nasskalte Witterung; No. 10–22: vorherrschend trockne Witterung)

No.	Bezeichnungen und Bemerkungen	Jahr der Untersuchung	Wasser %	Nh-Substanz %	Rohfett %	Nfr. Extractstoffe %	Rohfaser %	Asche %	Nh-Substanz %	Rohfett %	Nfr-Extractstoffe %	Rohfaser %	Asche %	Stickstoff in der Trockensubstanz %
1	19. Juni	1851	—	—	—	—	—	—	31.50	—	—	—	—	5.04 o
2	12. Juli	1851	—	—	—	—	—	—	22.56	—	—	—	—	3.61 o
3	28. Juli	1851	—	—	—	—	—	—	18.88	—	—	—	—	3.02 o
4	6. August, Blüthe zu Ende: Rispen	1851	—	—	—	—	—	—	19.44	—	45.3	27.9	—	3.11 o
5	6. August, Blüthe zu Ende: Halme	1851	—	—	—	—	—	—	10.63	—	—	—	—	1.70 o
6	25. August: Rispen	1851	—	—	—	—	—	—	9.94	—	—	—	—	1.59 o
7	25. August: Halme	1851	—	—	—	—	—	—	5.69	—	—	—	—	0.91 o
8	10. September, der Reife nahe: Rispen	1851	—	—	—	—	—	—	6.13	—	—	—	—	0.98 o
9	10. September, der Reife nahe: Halme	1851	—	—	—	—	—	—	3.56	—	—	—	—	0.57 o
10	22. Juni 10″ hoch	1852	—	—	—	—	—	—	27.56	—	—	—	—	4.41 o
11	30. Juli, Blüthe zu Ende: Körner	1852	—	—	—	—	—	—	18.06	—	—	—	—	2.89 o
12	30. Juli, Blüthe zu Ende: Spreu	1852	—	—	—	—	—	—	8.88	—	—	—	—	1.42 o
13	30. Juli, Blüthe zu Ende: Halme	1852	—	—	—	—	—	—	5.00	—	54.0	34.6	—	0.80 o
14	13. August: Körner	1852	—	—	—	—	—	—	9.13	—	—	—	—	1.46 o
15	13. August: Spreu	1852	—	—	—	—	—	—	6.38	—	—	—	—	1.02 o
16	13. August: Halme	1852	—	—	—	—	—	—	3.25	—	52.6	38.6	—	0.52 o
17	26. August: Körner	1852	—	—	—	—	—	—	12.00	—	—	—	—	1.92 o
18	26. August: Spreu	1852	—	—	—	—	—	—	5.38	—	—	—	—	0.86 o
19	26. August: Halme	1852	—	—	—	—	—	—	1.94	—	44.5	47.7	—	0.31 o
20	2. September Zeit der Reife: Körner	1852	—	—	—	—	—	—	12.50	—	—	—	—	2.00 o
21	2. September Zeit der Reife: Spreu	1852	—	—	—	—	—	—	3.38	—	—	—	—	0.54 o
22	2. September Zeit der Reife: Halme	1852	—	—	—	—	—	—	1.75	—	—	—	—	0.28

Avena flavescens: No. 2. H. Ritthausen u. Scheven, vergl. unter Agrostis canina No. 1.
Avena pubescens: No. 1 u. No. 2. Th. Way, H. Ritthausen u. Scheven, wie bei Avena flavescens.
No. 3. W. Knop u. Arendt, vergl. unten Agrostis spica venti.
Avena sativa: No. 1—37. A. Stöckhardt, H. Hellriegel u. Th. Dietrich. Chem. Ackersm. 1855. 122 u. 143. No. 1—9 in dritter Tracht nach gedüngter Hackfrucht und Roggen. Gesät 28. Mai. Erntezeit 19. September. No. 10—22 nach 2jährig, Kleegrase statt ausgewinterten Roggens. Gesät 25. Mai. Ernte am 2. September.

No.	Bezeichnungen und Bemerkungen	Jahr der Untersuchung	In der ursprünglichen Substanz: Wasser %	Nh-Substanz %	Rohfett %	Nfr. Extractstoffe %	Rohfaser %	Asche %	In der Trockensubstanz: Nh-Substanz %	Rohfett %	Nfr. Extractstoffe %	Rohfaser %	Asche %	Stickstoff in der Trockensubstanz %
23	Gewöhnl. Rispenhafer, sandiger magerer Boden 660′ ü. d. Meer, i. engem Thal, feuchtwarme, sehr günstige Witterung; mehrere Jahre nicht gedüngt, dürftig entwickelt. Pflanzen: 5. Juli, kurz v. d. Schossen	1853	—	—	—	—	—	—	5.25	—	—	—	—	0.84 ^{0}
24	25. Juli, Blüthe z. Ende: Rispen	1853	—	—	—	—	—	—	12.25	—	—	—	—	1.96 ^{0}
25	25. Juli, Blüthe z. Ende: Halme	1853	—	—	—	—	—	—	3.00	—	—	—	—	0.48 ^{0}
26	23. Aug., Zeit d. Reife: Rispen	1853	—	—	—	—	—	—	8.13	—	—	—	—	1.30 ^{0}
27	23. Aug., Zeit d. Reife: Halme	1853	—	—	—	—	—	—	1.34	—	—	—	—	0.22 ^{0}
28	mit Knochenmehl gedüngt: 5. Juli, kurz v. d. Schossen	1853	—	—	—	—	—	—	7.66	—	—	—	—	1.23 ^{0}
29	25. Juli, Blüthe z. Ende: Rispen	1853	—	—	—	—	—	—	10.19	—	—	—	—	1.63 ^{0}
30	25. Juli, Blüthe z. Ende: Halme	1853	—	—	—	—	—	—	2.69	—	—	—	—	0.43 ^{0}
31	28. Aug., Zeit d. Reife: Rispen	1853	—	—	—	—	—	—	9.75	—	—	—	—	1.56 ^{0}
32	28. Aug., Zeit d. Reife: Halme	1853	—	—	—	—	—	—	1.69	—	—	—	—	0.27 ^{0}
33	Mit Guano und Chilisalpeter gedüngt. Durchschnitt von 3 Versuchsreihen: 5. Juli, kurz v. d. Schossen	1853	—	—	—	—	—	—	12.13	—	—	—	—	1.94 ^{0}
34	25. Juli, Blüthe zu Ende: Rispen .	1853	—	—	—	—	—	—	14.31	—	—	—	—	2.29 ^{0}
35	25. Juli, Blüthe zu Ende: Halme .	1853	—	—	—	—	—	—	3.79	—	—	—	—	0.61 ^{0}
36	23. Aug., Zeit der Reife: Rispen .	1853	—	—	—	—	—	—	11.18	—	—	—	—	1.79 ^{0}
37	23. Aug., Zeit der Reife: Halme .	1853	—	—	—	—	—	—	2.75	—	—	—	—	0.44 ^{0}
								Rein-asche					Rein-asche	
38	In der Blüthe	1853	80.95	1.75	0.58	—	—	1.36	9.18	3.05	—	—	7.15	1.468 ^{0}
39	17. Juni 1856: fett	1856	84.89	2.19	—	—	—	1.60	14.75	—	—	—	10.62	2.36 ^{0}
40	17. Juni 1856: mager	1856	79.18	1.31	—	—	—	1.64	6.38	—	—	—	7.01	1.02 ^{0}
41	25. Juni 1856: fett	1856	82.24	2.13	—	—	—	—	12.13	—	—	—	—	1.94 ^{0}
42	25. Juni 1856: mager	1856	78.67	1.38	—	—	—	—	6.44	—	—	—	—	1.03 ^{0}
43	26. Juni 1857: fett	1857	78.18	4.13	—	—	—	1.18	18.88	—	—	—	5.43	3.02 ^{0}
44	26. Juni 1857: mager	1857	76.86	3.06	—	—	—	1.29	13.00	—	—	—	5.44	2.08 ^{0}
45	Fahnenhafer, weisser unbegrannter; zieml. thoniger und feinsandiger Lehmboden; 1856: 13. Juni, Zeit d. Schossens	1856	86.80	1.85	—	—	—	1.35	14.00	—	—	—	10.20	2.24 ^{0}
46	1856: 5. Juli. In der Blüthe	1856	79.40	1.49	—	—	—	1.39	7.25	—	—	—	6.75	1.16 ^{0}
47	1856: 1. Aug. Volle Blüthe	1856	67.50	1.85	—	—	—	2.08	5.69	—	—	—	6.40	0.91 ^{0}
48	1856: 16. Aug. Völlige Reife	1856	55.90	2.78	—	—	—	2.60	6.31	—	—	—	5.90	1.01 ^{0}
49	sehr üppig entwickelt 1857: 15. Juni. Im Schossen	1857	82.70	2.65	—	—	—	1.56	15.31	—	—	—	9.00	2.45 ^{0}
50	1857: 4. Juli. Volle Blüthe .	1857	74.30	2.06	—	—	—	1.85	8.00	—	—	—	7.20	1.28 ^{0}
51	1857: 7. Aug. Völlige Reife	1857	53.10	3.31	—	—	—	2.91	7.06	—	—	—	6.20	1.13 ^{0}
52	1859: 15. Juni. Im Schossen	1859	—	—	—	—	—	—	9.94	—	—	—	7.91	1.59 ^{0}
53	1859: 5. Juli. Blüthe (Körner theilw. noch weich) .	1859	—	—	—	—	—	—	8.19	—	—	—	6.42	1.31 ^{0}
54	1859: 1. Aug. Reife . . .	1859	—	—	—	—	—	—	5.81	—	—	—	6.37	0.93 ^{0}
55	Brauner Rispenhafer; 1855: 15. Juni. Im Schossen . . .	1855	84.30	3.05	—	—	—	1.92	19.44	—	—	—	12.25	3.11 ^{0}
56	1855: 5. Juli. Blüthe	1855	82.70	2.13	—	—	—	1.62	12.31	—	—	—	9.34	1.97 ^{0}
57	1855: 4. August. Beginn der Reife .	1855	66.10	2.50	—	—	—	2.38	7.38	—	—	—	7.01	1.18 ^{0}
58	1855: 27. August. Reife	1855	49.30	3.96	—	—	—	3.10	7.81	—	—	—	6.11	1.25 ^{0}
59	1856: 13. Juni. Im Schossen . . .	1856	88.20	1.25	—	—	—	1.22	10.63	—	—	—	10.30	1.70 ^{0}
60	1856: 5. Juli. Beginn der Blüthe .	1856	78.30	1.26	—	—	—	1.74	5.81	—	—	—	8.00	0.93 ^{0}
61	1856: 1. August. Volle Blüthe . .	1856	65.80	1.73	—	—	—	2.32	5.06	—	—	—	6.80	0.81 ^{0}
62	1856: 16. August. Reife	1856	55.20	3.24	—	—	—	3.03	7.24	—	—	—	6.77	1.158 ^{0}

Avena sativa: No. 23—37 flachgründiger Boden mit Rollsteinen im Untergrund; gesäet 20. Mai, Ernte 23. August. Nh. Substanz bei allen Nummern von uns berechnet.

No. 38. Eichhorn. Weend. Jahresb. pr. 1854. II. 79. Nh. Sbst. v. u. aus dem angegeb. N-gehalt mit d. Fact. 6.25 berechn. — Im Original ist d. N-geh. der Proteïnsubstanz zu 15.75 % angenommen.

No. 39—44. H. Ritthausen. Mitth. d. landw. Centralv. f. Schles. 1858. 9. Hft. S. 134. — Die Pflanzen wurden auf einem u. demselben Felde gesammelt. Zusammens. d. grünen Pflanze von uns auf Grund d. Angabe des Gehaltes an Trockensubstanz berechnet.

No. 45—82. Em. Wolff. Mitth. a. Hohenheim V. 161—346. 46—49 Vorfrucht: Erbsen, Winterroggen, Winterdinkel, dann Hafer; seit 1851 nicht mit Stallmist gedüngt; 1854 zu Winterroggen mit Peruguano gedüngt; 50—52 Vorfrucht: 1855 Erbsen, 1856 Weizen. 60—63 Vorfr. ged. Kartoffeln Nh. Sbst. u. d. Zahlen f. frische Sbst. wurden von uns berechnet. 70—73. 1852 Hirse ged., 1854 Roggen m. Wicken. 56—59. 1853 Kuhkohl sehr stark gedüngt, 1854 Weizen. 77—80. Sonnenblumen sehr stark gedüngt. 1854 Emmerweizen.

No.	Bezeichnungen und Bemerkungen	Jahr der Untersuchung	In der ursprünglichen Substanz: Wasser %	Nh-Substanz %	Rohfett %	Nfr. Extractstoffe %	Rohfaser %	Reinasche %	In der Trockensubstanz: Nh-Substanz %	Rohfett %	Nfr. Extractstoffe %	Rohfaser %	Reinasche %	Stickstoff in der Trockensubstanz %
63	Brauner Rispenhafer, 1857: 15. Juni. Im Schossen . .	1857	81.30	2.47	—	—	—	1.88	13.19	—	—	—	10.05	2.11 °
64	4. Juli. Beginn der Blüthe .	1857	74.70	1.76	—	—	—	2.17	6.94	—	—	—	8.60	1.11 °
65	7. August. Reife	1857	58.10	3.14	—	—	—	2.85	7.50	—	—	—	6.80	1.20 °
66	1859: 14. Juni. Im Schossen . .	1859	—	—	—	—	—	—	10.88	—	—	—	8.60	1.70 °
67	5. Juli. Beginn der Blüthe .	1859	—	—	—	—	—	—	8.96	—	—	—	6.38	1.40 °
68	1. August. Reife (Körner theilweise noch weich) . . .	1859	—	—	—	—	—	—	8.03	—	—	—	5.26	1.255°
69	Rispenhafer, früher, weisser, 1855: 15. Juni. Im Schossen . .	1855	83.70	3.33	—	—	—	2.00	20.44	—	—	—	12.30	3.27 °
70	5. Juli. Blüthe	1855	84.80	2.02	—	—	—	1.60	13.31	—	—	—	10.55	2.13 °
71	4. August. Beginn der Reife	1855	73.10	2.54	—	—	—	2.13	9.44	—	—	—	7.90	1.51 °
72	27. August. Volle Reife . .	1855	52.50	3.27	—	—	—	3.77	6.88	—	—	—	7.94	1.10 °
73	1857: 15. Juni. Im Schossen . .	1857	79.60	2.61	—	—	—	1.88	12.81	—	—	—	9.20	2.05 °
74	4. Juli. Volle Blüthe . .	1857	77.50	2.26	—	—	—	1.91	10.06	—	—	—	8.50	1.61 °
75	7. Aug. Reife (Körner theilweise noch weich) . . .	1857	58.10	3.06	—	—	—	2.47	7.31	—	—	—	5.90	1.17 °
76	Hopetounhafer, 1855: 15. Juni. Im Schossen . .	1855	84.70	2.48	—	—	—	2.03	16.19	—	—	—	13.28	2.59 °
77	5. Juli. Blüthe	1855	80.30	1.99	—	—	—	1.51	10.13	—	—	—	7.67	1.62 °
78	4. Aug. Beginn der Reife .	1855	60.00	3.05	—	—	—	2.42	7.63	—	—	—	6.05	1.22 °
79	27. Aug. Volle Reife . . .	1855	47.00	4.21	—	—	—	2.82	7.94	—	—	—	5.33	1.27 °
80	1859: 14. Juni. Im Schossen . .	1859	—	—	—	—	—	—	11.78	—	—	—	7.35	1.84 °
81	5. Juli. Blüthe beendet . .	1859	—	—	—	—	—	—	7.30	—	—	—	5.30	1.14 °
82	1. Aug. Völlige Reife . .	1859	—	—	—	—	—	—	7.60	—	—	—	5.57	1.187°
								Rohasche					Rohasche	
83	Rispenhafer, lehmiger Sandboden, unged.: 19. Juni. 4.—5. Blatt . .	1857	79.80	4.53	—	—	—	1.73	22.44	—	—	—	8.57	3.590°
84	8. Juli. Volle Blüthe (Beginnende Reife	1857	73.47	4.63	—	—	—	1.58	17.44	—	—	—	5.96	2.79 °
85	28. Juli oben grün, unt. gelb	1857	63.97	6.29	—	—	—	1.93	17.37	—	—	—	5.33	2.78 °
86	6. Aug. völlig reif	1857	35.17	9.85	—	—	—	3.50	15.19	—	—	—	5.40	2.43 °
								Reinasche					Reinasche	
87	Blüthenrispe tritt a. d. Hüllblättern 19. Juni: Halme . .	1857	77.97	4.13	—	—	—	1.18	18.73	—	—	—	5.34	3.00
88	Blätter . .	1857	74.73	7.29	—	—	—	2.81	28.86	—	—	—	11.11	4.62
89	Volle Blüthe 8. Juli: Halme . .	1857	72.25	4.02	—	—	—	1.32	14.49	—	—	—	4.76	2.32
90	Blätter . .	1857	73.62	5.59	—	—	—	2.67	21.20	—	—	—	10.14	3.39
91	Beginnende Reife 28. Juli: Halme . .	1857	70.53	3.82	—	—	—	1.48	12.97	—	—	—	5.03	2.075
92	Blätter . .	1857	61.87	7.87	—	—	—	4.66	20.63	—	—	—	12.21	3.30
93	Volle Reife 6. August: Halme . .	1857	50.61	3.87	—	—	—	2.49	7.84	—	—	—	5.05	1.25
94	Blätter . .	1857	10.86	14.56	—	—	—	10.13	16.33	—	—	—	11.37	2.61
95	10. Juni, sehr jung, 0,31 m hoch, die Rispe zeigte sich innerhalb d. obersten (5.) Blattes	1857	—	—	—	—	—	—	20.67	4.41	44.23	22.66	8.03	3.307
96	30. Juni, kurz v. d. Ende des Schossens, 0,63 m hoch, die Rispe noch halb in der obersten Blattscheide . . .	1857	—	—	—	—	—	—	11.50	3.58	45.98	33.71	5.23	1.840
97	10. Juli, Unmittelbar nach der Blüthe	1857	—	—	—	—	—	—	10.72	4.44	49.22	30.24	5.38	1.715
98	21. Juli, Beginnende Reife	1857	—	—	—	—	—	—	13.50	4.20	53.66	23.45	5.19	2.160
99	31. Juli, Völlig reif	1857	—	—	—	—	—	—	14.12	3.63	54.70	22.39	5.16	2.260

Avena sativa: No. 63—82 siehe vorige Seite No. 45—82.
No. 83—94. P. Bretschneider. Mitth. d. landw. Centralv. f. Schles. 1859. — J. f. prakt. Chem. 76. 1859. 193. D. Zusammens. d. frischen Sbst. u. der Nh. Sbst. in der Trockensbst. von uns berechnet.
No. 95—99. R. Arendt. L. V. St. I. 1859. 31. — Vorfr. 1851 Sommerrübsen mit 3 Ctr. Guano pr. sächs. Acker ged. 1852 Roggen, 1853 Klee, 1854 Roggen m. Stalld., 1855 Kartoff., 1856 Roggen m. 2 Ctr. Guano, 1857 Hafer. Obige Zahlen wurden aus d. Zusammensetzung von 1000 ganz. Pflanzen von uns berechnet.

No.	Bezeichnungen und Bemerkungen	Jahr der Untersuchung	In der ursprünglichen Substanz						In der Trockensubstanz					Stickstoff in der Trockensubstanz
			Wasser %	Nh-Substanz %	Rohfett %	Nfr. Extractstoffe %	Rohfaser %	Reinasche %	Nh-Substanz %	Rohfett %	Nfr. Extractstoffe %	Rohfaser %	Reinasche %	%
100	Weisser Hafer, ganze Pflanze mit gut ausgebildeten Aehren	1873	56.30	8.01	0.52	18.28	13.41	3.48	18.33	1.19	41.83	30.69	7.96	2.932
101	Weisser Hafer, ganze Pfl. mit gut ausgebildeten Aehren	1875	54.81	8.61	0.81	19.20	11.88	4.69	19.05	1.79	42.49	26.29	10.38	3.048
102	Schwarzer Hafer, ganze Pfl. mit gut ausgebildeten Aehren, Boden gedüngt .	1874	49.70	8.00	2.58	22.76	10.23	6.73	15.90	5.13	45.25	20.34	13.38	2.544
103	Rother Hafer, ganze Pfl. mit gut ausgebildeten Aehren, Boden gedüngt . .	1875	51.02	8.18	1.46	23.50	10.56	5.28	16.70	2.98	47 98	21.56	10.78	2.672
	Maximum		88.2	3.33	—	—	—	2.03	20.44	—	—	—	13.28	3.27
	Minimum		79.6	1.25	—	—	—	1.22	10.18	—	—	—	5.23	1.70
	Mittel. Hafer im Schossen, (siehe No. 38—103) 10 resp. 14 Analysen		83.54	2.32	—	—	—	1.71	13.34	—	—	—	9.55	2.134
	Maximum		84.80	4.63	—	—	—	2.17	17.44	—	—	—	5.96	2.79
	Minimum		73.47	1.26	—	—	—	1.39	5.81	—	—	—	5.30	0.93
	Mittel. Hafer in der Blüthe, 9 resp. 12 Analysen		78.38	2.18	—	—	—	1.71	9.63	—	—	—	7.35	1.54

Zusatz zu Avena sativa L.

Hafer in verschiedenen Entwickelungsperioden, während der Reife.

No.	Bezeichnungen und Bemerkungen	Jahr der Untersuchung	In der urspr. Substanz	In der Trockensubstanz		N. in der Trockensubstanz
			Wasser %	Nh-Substanz %	Rohasche %	%
1	31. Juli	1879	63.80	6.75	5.65	1.08^{0}
2	13. August	1879	41.40	9.13	5.78	1.46^{0}
3	16. August	1879	65.40	7.87	5.75	1.26^{0}
4	19. August	1879	53.30	8.06	4.72	1.29^{0}
5	22. August	1879	46.20	7.87	4.47	1.26^{0}
6	6. Juli	1880	77.80	9.06	6.68	1.45^{0}
7	12. Juli	1880	73.67	9.37	6.10	1.50^{0}
8	18. Juli	1880	68.16	8.50	4.68	1.36^{0}
9	7. August	1880	17.25 (?)	7.06	5.03	1.13^{0}
10	Ungedüngt, 8. Juli	1881	71.30	7.31	5.30	1.17^{0}
11	„ 18. Juli .	1881	60.10	7.43	5.80	1.19^{0}
12	„ 31. Juli, reif	1881	45.20	7.31	4.80	1.17^{0}
13	„ 6. August	1881	28.80	9.25	4.60	1.48^{0}
14	Stallmistd., 8. Juli	1881	71.20	7.70	6.60	1.24^{0}
15	18. Juli	1881	60.30	7.20	6.00	1.15^{0}
16	31. Juli, reif . . .	1881	45.60	7.00	5.00	1.13^{0}
17	6. August	1881	22.00	9.00	5.35	1.44^{0}

Aehren und Halme.

No.	Bezeichnungen und Bemerkungen	Jahr der Untersuchung	In der urspr. Substanz	In der Trockensubstanz		N. in der Trockensubstanz
			Wasser %	Nh-Substanz %	Rohasche %	%
18	Unged., 8. Juli, Aehren	1881	63.05	11.75	4.00	1.88^{0}
19	Halme	1881	72.91	6.06	5.73	0.97^{0}
20	18. Juli, Aehren . .	1881	54.62	10.18	4.50	1.63^{0}
21	Halme . . , . .	1881	62.57	5.93	6.50	0.95^{0}
22	31. Juli, Aehren . .	1881	31 57	11.00	3.80	1.76^{0}
23	Halme	1881	53.56	4.00	5.85	0.64^{0}
24	6. August, Aehren .	1881	9.52	10.43	5.25	1.67^{0}
25	Halme	1881	32.43	7.87	3.85	1.26^{0}
26	Stallmistd., 8. Juli, Aehren	1881	58.90	9.93	4.80	1.59^{0}
27	Halme	1881	73.38	7.12	7.17	1.14^{0}
28	18. Juli, Aehren . .	1881	49.20	12.43	4.25	1.99^{0}
29	Halme	1881	64.00	4.37	6.93	0.70^{0}
30	31. Juli, Aehren . .	1881	24.60	12.18	3.85	1.95^{0}
31	Halme	1881	53.74	1.62	6.27	0.26^{0}
32	6. August, Aehren .	1881	9.37	11.25	3.75	1.80^{0}
33	Halme	1881	27.95	7.62	6.29	1.22^{0}

Avena sativa: No. 100—103. A. Pasqualini. Ann. Staz. Agrar. d. Forli II.

	No. 100	101	102	103
N in Form von Ammouiak	0.162	0.104	0.049	0.047
entsprechend Nh-Substanz	1.00	0.65	0.306	0.294

Vermuthlich ist die entsprechende Menge Nh-Substanz von oben angegebenen Mengen in Abzug zu bringen; bestimmt geht das aus dem Text im Original nicht hervor. Vergl. ausführliche Analyse im Anhang.

Zusatz zu Avena sativa: No. 1—33. P. P. Dehérain, Meyer u. Nantier. Jahresber. d, Agrikulturchemie. 1881. 158 u. 1882. 162. (Anual. agronom. 1881. 7. 197 u. 208. 1882. 8. 380.)

No.	Bezeichnungen und Bemerkungen	Jahr der Untersuchung	In der ursprünglichen Substanz: Wasser	Nh-Substanz	Rohfett	Nfr. Extractstoffe	Rohfaser	Asche	In der Trockensubstanz: Nh-Substanz	Rohfett	Nfr. Extractstoffe	Rohfaser	Asche	Stickstoff in der Trockensubstanz
			%	%	%	%	%	%	%	%	%	%	%	%
	Baldingera arundinacea, Fl. d. Wett. (Phalaris arundinacea L.) Glanzgras. — Reed-like canary-grass. — Alpiste Roseau, Ruban deau.													
1	Beginnende Blüthe, 12. Juni ges. zieml. fruchtb. Wiese	1855	68.90	1.92	0.40	12.68	13.50	2.60	6.17	1.29	40.77	43.41	8.36	0.987 °
	Desgl. als Heu berechnet	—	12.5	5.4	1.1	35.7	38.0	7.3						
2	Noch nicht in Blüthe, 13. Juni ges. magerer schattiger Boden	1876	74.69	2.80	0.76	10.86	9.21	1.68^{p}	11.06	2.99	42.93	36.39	6.63^{p}	1.77 °
	Desgl. als Heu berechnet	—	10.11	11.09	3.36	34.06	33.20	8.18						
3	Noch nicht in Blüthe, 15. Juni ges. am Rande eines Baches	1876	78.83	2.61	0.79	8.03	7.81	1.93^{p}	12.32	3.73	37.93	36.92	9.10^{p}	1.97 °
	Desgl. als Heu berechnet	—	9.56	10.00	2.69	38.86	32.90	5.99						
4	Ganze oberirdische Pflanze	1856	—	—	—	—	—	—	3.83	—	—	—	5.93^{p}	0.613
5	Nach der Blüthe ges., einzeln im Walde, Halme	1859	—	—	—	—	—	—	—	—	—	—	4.89^{p}	0.67 °
6	2—2.3 m hoch, 6 mm dick, Blätter	1859	—	—	—	—	—	—	—	—	—	—	11.35^{p}	2.64 °
7	52.12 % d. ganz. Pflanze Halme	1856	—	—	—	—	—	—	0.55	—	—	—	3.95^{p}	0.088
8	41.29 % „ „ „ Blätter	1856	—	—	—	—	—	—	7.93	—	—	—	9.94^{p}	1.27
9	6.59 % „ „ „ Blüthenstand	1856	—	—	—	—	—	—	3.15	—	—	—	3.98^{p}	0.504
	Mittel von No. 2 u. 3 vor der Blüthe, a. Gras frisch		76.76	2.71	0.78	9.41	8.52	1.82^{p}	11.69	3.36	40.43	36.66	7.86^{p}	1.87
	als Heu		14.30	10.02	2.87	34.65	31.42	6.74^{p}						
	Briza media L. — Zittergras. — Common Quaking grass. — Brize moyenne, Amourette, Tremblette, Pain d'oiseau.													
								Roh-asche					Roh-asche	
1	Blühend, 29/VI. ges. Waldwiese m. Kalkboden	1849	51.85	2.88	1.45	22.65	17.00	4.17	6.00	3.01	47.03	35.30	8.66	0.957
	Desgl. als Heu berechnet	—	14.30	5.14	2.58	40.30	30.25	7.42						
2	Blühend, mässig feuchte Wiese	1859	—	—	—	—	—	—	12.00	3.20	—	—	8.62^{p}	1.92 °
	Bromus carinatus. — Gekielte Trespe. — California Brome grass.													
1	In Nordamerika gebaut	1878	—	—	—	—	—	—	9.98	2.70	52.23	24.31	10.31^{p}	1.597
	Bromus erectus Huds. (Brom. montanus, Fl. d. Wett.) — Wiesen-Trespenschwingel, Bergschwingel. — Upright Brome grass.													
1	Blühend, 23. Juni, kalkhaltiger Lehmboden	1849	59.57	3.73	1.35	33.25		2.11	9.23	3.33	82.23		5.21	1.476 °
	Bromus mollis L. — Weiche Trespe. — Soft Brome grass. — Brome more.													
1	Blühend, 8. Mai ges., schwerer Lehmboden	1849	76.62	3.98	0.47	9.11	8.46	1.36	17.03	2.11	38.92	36.12	5.82	2.725 °
	Desgl. als Heu berechnet	—	14.3	14.6	1.8	33.3	31.0	5.0						

Baldingera arundinacea: No. 1. Th. Ritthausen u. Scheven. Vergl. unter Agrostis canina.
No. 2 u. 3. F. H. Storer. — Bull. Buss. Instit. Bost. 2. II. 1877. 130. Zusammensetz. der frischen Pflanze von uns berechnet.
No. 5. u. 6. W. Knop u. Arendt. Vergl. unter Agrostis spica venti.
No. 4, 7, 8, 9. E. N. Horsford. — Ann. Rep. Connect. Agric. Exper. Stat. 1879. 152. Das. nach 4the Rep. Mass. Bd. Ag. 1856. 83.

Briza media: No. 1. Th. Way. Vergl. unter Alopecurus prat. No. 1.
No. 2. W. Knop u. Arendt. Vergl. unter Agrostis spica venti. Halme mit den Blüthenrispen gegen die Blätter vorwaltend.

Bromus carinatus: Pet. Collier. Vergl. unter 2) Agrostis exarata.

Bromus erectus: No. 1. Th. Way. Vergl. unter Alopecurus prat. No. 1.

Bromus mollis: No. 1. Th. Way. Wie vorstehend.

No.	Bezeichnungen und Bemerkungen	Jahr der Untersuchung	In der ursprünglichen Substanz: Wasser %	Nh-Substanz %	Rohfett %	Nfr. Extractstoffe %	Rohfaser %	Rohasche %	In der Trockensubstanz: Nh-Substanz %	Rohfett %	Nfr. Extractstoffe %	Rohfaser %	Rohasche %	Stickstoff in der Trockensubstanz %
2	Theilweise verblüht, 12. Juni ges., Versuchsfeld in Möckern	1855	66.80	2.74	0.50	12.76	14.50	2.70	8.24	1.51	38.43	43.67	8.15	1.319
	Desgl. als Heu berechnet	—	12.5	7.3	1.3	33.6	38.2	7.1						
3	Blühend, sehr üppig, v. einem Schlammhaufen	1859	—	—	—	—	—	—	15.25	—	—	—	8.83^{p}	2.44^{o}
4	Verblüht, 9. Juni ges.	1854	65.7	1.8	—	17.2	13.6	1.7^{p}	5.2	—	50.1	39.7	5.0 ^{p}	0.832
	Desgl. als Heu berechnet	—	14.3	4.6	—	42.9	33.9	4.3						
5	Fast völlig reif, 20. Juni ges.	1854	62.9	1.9	—	13.2	19.6	2.4^{p}	5.1	—	35.6	52.8	6.5 ^{p}	0.816^{o}
	Desgl. als Heu berechnet	—	14.3	4.4	—	30.5	45.2	5.6						
6	Nicht berieselte Wiese	1878	14.30	8.36	1.44	45.84	26.03	3.98	9.76	1.68	53.49	30.43	4.64	1.56
7	Berieselte Wiese	1878	14.30	9.38	1.29	44.68	25.68	4.67	10.94	1.51	52.14	29.96	5.45	1.75
	Mittel von No. 6 u. 7 als Heu		14.30	8.87	1.37	45.27	25.86	4.32	10.35	1.59	52.83	30.19	5.04	1.66

Bromus Schraderi Kunth, Br. unioloides Humb. Ceratochloa australis Sprengel etc. — Schrader'sche Trespe. — Australian Prairie-grass, Carolina brome-grass, New Zealand-grass. — Brome de Schrader.

No.	Bezeichnungen und Bemerkungen	Jahr der Untersuchung	In der ursprünglichen Substanz: Wasser %	Nh-Substanz %	Rohfett %	Nfr. Extractstoffe %	Rohfaser %	Rohasche %	In der Trockensubstanz: Nh-Substanz %	Rohfett %	Nfr. Extractstoffe %	Rohfaser %	Rohasche %	Stickstoff in der Trockensubstanz %
1	Humoser mergeliger Thonboden (Garten)	1857	72.86	5.94	—	17.76		3.44^{p}	21.88	—	65.45		12.67^{p}	3.50^{o}
	Desgl. als Heu	—	14.60	18.68	—	—	—	10.82						
2	1. Vegetationsjahr, Ende der Blüthe, ungedüngt	1866	78.50	1.92	0.57	10.78	5.35	2.88	8.94	2.65	50.14	24.88	13.40	1.43^{o}
	Desgl. als Heu	—	14.30	7.67	2.28	42.89	21.35	11.51						
3	2. Vegetationsjahr, zweiter Schnitt, stark gedüngt	1867	77.08	3.47	0.58	9.70	6.49	2.68	15.14	2.53	42.32	28.32	11.69	2.42^{o}
	Desgl. als Heu	—	14.30	12.97	2.16	36.26	24.48	10.03						
4	2. Vegetationsjahr, desgl. reif	—	16.89	13.47	2.86	23.15	30.77	12.87	16.20	3.44	27.87	37.01	15.48	2.59
5	Derselbe Samen in Schweden gew., Ende der Blüthe, ungedüngt, als Heu	1868	14.30	5.80	—	—	—	5.10	6.77	—	—	—	5.96	1.08
6	Derselbe Samen in Deutschland gew., Ende der Blüthe, reichlich gedüngt, als Heu	1868	14.30	12.30	—	—	—	10.90	19.35	—	—	—	12.72	2.30
7	In Nordamerika gebaut	1878	—	—	—	—	—	—	12.45	3.23	55.95	20.59	7.78	1.99
8	In Frankreich gebaut, als Heu	1865	16.28	23.98	3.33	22.56	19.81	14.54	28.67	3.94	25.09	23.06	19.23	4.59
9	In Frankreich gebaut, ganze Pflanze	1864	—	—	—	—	—	—	12.13	—	—	—	—	1.94^{o}
10	Blätter	1864	55.90	3.86	—	—	—	3.40^{p}	8.75	—	—	—	7.71^{p}	1.40^{o}
11	Halme	1864	54.80	4.94	—	—	—	3.08^{p}	10.94	—	—	—	6.82^{p}	1.75^{o}
12	Aehren	1864	66.40	5.91	—	—	—	3.34^{p}	17.63	—	—	—	9.97^{p}	2.82^{o}
	Mittel aus No, 2, 5, 7 u. 9 (ungedüngt), frisch		78.50	2.19	0.63	11.85	4.89	1.94	10.19	2.94	55.08	22.74	9.05	1.63
	Desgl. als Heu		14.30	8.73	2.52	48.21	18.49	7.75						

Bromus mollis: No. 2. H. Ritthausen u. Scheven. Vergl. unter Agrostis canina.
No. 3. W. Knop u. Arendt. Vergl. unter Agrostis spica venti.
No. 4 u. 5. E. Wolff u. Dietle. Vergl. unter Anthoxanthum odoratum No. 5.
No. 6 u. 7. C. Brimmer. Original-Mittheilung

Bromus Schraderi Kunth: No. 1. C. Karmrodt. Vergl. unter Avena elatior No, 6—9.
No. 2, 3 u. 4. Th. Dietrich. Landw. Anz. f. Kurhessen. 1867. 182. Lehmiger Sandboden (Garten). Im 2. Jahre der Vegetation mit Superphosphat u. Chilisalpeter ged.
No. 5 u. 6. C. G. Zetterlund (Alex. Müller Referent). — L. V. St. **11.** 1869. 176.
No. 7. Pet. Collier. Privatmitthl.
No 8. Dehérain. Weende'r Jahresber. 1865/66. 242. (Daselbst nach J. Agr. Highl. Soc. No. 89. Juli 1865. 132.) In der citirt. Quelle ist für die jung geschnittene Pflanze ein N-gehalt von 4.44 % angegeben, welchem ein Gehalt von 27.75 % Proteïnsubst. entspricht, Derselbe ist daselbst jedoch nur zu obiger Zahl angegeben. Im Original ist ferner noch „Verlust" zu 1.549 resp. 0.422 % angegeben, wir addirten diese Beträge zu denen der N-fr. Extraktstoffe.
No. 9–12. Terreil. Journ. d'agricult. prat. 1864. I. 177. (Hoffm. Jahresb. 1864. 89.)

No.	Bezeichnungen und Bemerkungen	Jahr der Untersuchung	In der ursprünglichen Substanz						In der Trockensubstanz					Stickstoff in der Trockensubstanz
			Wasser %	Nh-Substanz %	Rohfett %	Nfr. Extractstoffe %	Rohfaser %	Rohasche %	Nh-Substanz %	Rohfett %	Nfr. Extractstoffe %	Rohfaser %	Rohasche %	%
	Bromus racemosus L. var. annua, Br. pratensis Ehrh. — Wiesentrespe. — Upright Chess-or Smooth Brome-grass. — Brôme des prés.													
1	In Italien gewachsen; sandiger Boden .	1873	33.60	16.51	2.90	28.91	12.50	5.58P	24.86	4.38	43.54	18.82	8.40P	3.98
2	„ „ „ „ „ .	1874	43.95	12.50	1.92	18.72	14.85	8.06P	22.30	3.43	33.40	26.49	14.38P	3.57
	Bromus secalinus L. — Korntrespe.													
1	Beginnende Blüthe, Mitte Juni, v. Rande eines Ackers	1859	—	—	—	—	—	—	9.00	—	—	—	7.95P	1.44°
	Bromus sterilis L. — Taube Trespe, Eselshafer.													
1	Theilw. blühend, Mitte Juni	1859	—	—	—	—	—	—	7.50	—	—	—	9.38P	1.20°
	Calamagrostis Canadensis. — Rohrgras. — Blue Joint grass.													
1	Blühend, 30/VI. ges., sumpfige Wiese .	1876	46.53	3.98	1.25	22.04	23.71	2.49P	} 7.45	2.33	41.23	44.34	4.65P	1.19
	Desgl. als Heu	—	9.77	6.72	2.14	37.18	40.00	4.19						
2	Blühend, 7/VII. ges., sehr trockne Wiese, als Heu	1876	9.22	5.59	2.06	39.36	39.47	4.30	6.15	2.25	43.38	43.48	4.74P	0.98
	Mittel als Heu	—	14.30	5.80	1.95	36.50	37.45	4.00	6.80	2.29	42.31	43.91	4.69	1.09
	Cynodon Dactylon. Hundszahn, Dubgras. — Bermuda-grass, Wire grass, Scutch grass.													
1	Von Georgia, Amerika	1878	—	—	—	—	—	—	11.15	2.22	55.92	24.55	6.16P	1.78
2	Von Alabama, „	1878	—	—	—	—	—	—	13.59	1.59	53.29	23.57	7.96P	2.17
	Mittel als Heu	—	14.30	10.60	1.64	46.79	20.62	6.05	12.37	1.91	54.60	24.06	70.6	1.98
	Cynosurus cristatus L. — Kammgras. — Crested wagtail or Dog's tail grass. — Crételle à crètes. Crét. huppée, Crét. des prés.													
1	Blühend, 21. Juni ges., kalkhaltig. Lehm	1849	62.73	4.06	1.32	19.71	9.80	2.38	} 10.90	3.54	52.82	26.36	6.38	1.744°
	Desgl. als Heu	—	14.3	9.3	3.0	45.3	22.6	5.5						
2	Kurz v. d. Blüthe, 5. Juni ges., zieml. fruchtb. Wiese	1855	72.60	2.06	0.70	10.64	11.70	2.30	} 7.53	2.55	38.83	42.70	8.39	1.21°
	Desgl. als Heu	—	12.5	6.6	2.2	34.0	37.4	7.5						
3	Kurz v. d. Blüthe, Anf. Juni	1855	—	—	—	—	—	—	16.56	4.11	—	—	8.21P	2.65°
	Mittel aus No. 1 u. 2 blühend {als Gras frisch	—	67.67	2.98	0.98	14.82	11.16	2.39	} 9.21	3.05	45.82	34.53	7.39	1.48
	{als Heu . .	—	14.30	7.89	2.61	39.28	29.59	6.33						

Bromus racemosus L.: No. 1 u. 2. A. Pasqualini. Ann. Staz. Agrar. Forli. 1873. 58. 1874. 102.
Bromus secalinus u. Br. sterilis L.: No. 1 u. 1. W. Knop u. R. Arendt. Vergl. unter Agrostis spica venti. Br. secalinus, blattarm. Br. sterilis = dürftig.
Calamagrostis Canadensis: No. 1 u. 2. F. H. Storer. Bull. Bussey Instit. Vol. II. p. II. 1877. 130. Zu No. 1. Eine andere Probe dieses Grases, von derselben Wiese im nächstfolgenden Jahre fast zur selben Zeit genommen, enthielt 59.33 % Wasser. Beide Proben bei Boston (Nordamerika) gewachsen.
Cynodon Dactylon: No. 1 u. 2. Peter Collier. Vergl. unter Agrostis exarata.
Cynosurus cristatus: No. 1. Thom. Way. Vergl. unter Alopecurus pratensis.
No. 2. H. Ritthausen u. Scheven. Vergl. unter Agrostis canina.
No. 3. W. Knop u. R. Arendt. Vergl. unter Agrostis spica venti.

No.	Bezeichnungen und Bemerkungen	Jahr der Untersuchung	In der ursprünglichen Substanz: Wasser %	Nh-Substanz %	Rohfett %	Nfr. Extractstoffe %	Rohfaser %	Asche %	In der Trockensubstanz: Nh-Substanz %	Rohfett %	Nfr. Extractstoffe %	Rohfaser %	Asche %	Stickstoff in der Trockensubstanz %
	Dactylis caespitosa Forst., Tussak-Gras. — Tussac-grass. — Herbe de Tussac.													
1	Oberer Theil	1847	86.09	2.47	—	4.62	5.86	1.14	17.81	—	33.08	40.88	8.23	2.85
2	Unterer Theil	1847	75.27	4.79	—	6.78	11.89	1.27	19.38	—	27.56	47.94	5.12	3.10
3	Blätter	—	80.75	3.56	—	5.84	8.60	1.25P	18.49	—	30.34	44.68	6.49	2.96

Dactylis glomerata L. — Knaulgras. — Cock's-foot-grass, Orchard-grass (Amerika). — Dactyle aggloméré, D. pelatonné, Pied de poule.

No.	Bezeichnungen und Bemerkungen	Jahr der Untersuchung	Wasser %	Nh-Substanz %	Rohfett %	Nfr. Extractstoffe %	Rohfaser %	Asche %	Nh-Substanz %	Rohfett %	Nfr. Extractstoffe %	Rohfaser %	Asche %	Stickstoff in der Trockensubstanz %
1	Blühend, 13. Juni, kalkhaltiger Lehm auf Kies	1849	70.00	4.00	0.94	13.36	10.11	1.59	13.34	3.14	44.51	33.70	5.31	2.134^{0}
	Desgl. als Heu	—	14.30	11.60	2.70	38.00	28.90	4.50						
2	Mit reifen Samen, kalkhaltiger Lehm auf Kies	1849	52.57	10.78	0.74	12.76	20.54	2.61	22.73	1.56	26.88	43.32	5.51	3.64^{0}
3	Blühend, 8. Juni, ziemlich fruchtbare Wiese	1855	65.10	2.94	0.80	12.66	16.10	2.40	8.42	2.30	36.27	46.13	6.88	1.35^{0}
	Desgl. als Heu	—	12.5	7.4	2.0	31.7	40.4	6.0						
4	Vollständig verblüht, stark verholzt	1855	66.70	1.80	—	15.20	14.30	2.00	5.41	—	45.64	42.94	6.01	0.86^{0}
	Desgl. als Heu	—	14.30	4.60	—	40.30	35.80	5.00						
5	Beginnende Blüthe, 6. Mai, ungedüngt	1872	86.08	3.50	—	—	—	1.70	25.13	—	—	—	12.23	4.02^{0}
	Desgl. als Heu	—	11.45	21.25	—	—	—	10.72						
6	Beginnende Blüthe, 6. Mai, gedüngt	1872	86.18	2.98	—	—	—	1.44	21.56	—	—	—	10.39	3.45^{0}
	Desgl. als Heu	—	11.30	19.12	—	—	—	9.22						
7	In der Blüthe, Mittel von 6 Analysen von Proben a. verschiedenen Arten Nord-Amerikas	—	—	—	—	—	—	—	8.91	3.33	55.17	25.19	7.38	1.43^{0}
	Beginnende Blüthe.													
8	Gegend v. Columbia, ziemlich schwerer Boden	1882	—	—	—	—	—	—	12.51	3.98	50.20	24.67	8.64	1.99^{0}
9	Gegend v. Nord-Carolina, leichter Sandboden	1882	—	—	—	—	—	—	10.29	3.68	52.16	24.97	8.90	1.61^{0}
	Volle Blüthe.													
10	Aus Nord-Carolina, leichter Sandboden	1882	—	—	—	—	—	—	9.91	3.56	56.03	23.08	7.42	1.58^{0}
11	Aus Gegend v. Columbia, zieml. schwerer Boden	1882	—	—	—	—	—	—	9.53	3.24	53.76	25.40	8.07	1.53^{0}
12	Aus Maine, leichter Lehmboden	1882	—	—	—	—	—	—	8.74	3.29	54.80	26.05	8.02	1.40^{0}
13	Aus Gegend v. Columbia, zieml. schwerer Boden	1882	—	—	—	—	—	—	8.62	3.62	57.34	24.42	6.00	1.38^{0}

Dactylis caespitosa: No. 1 u. 2. Jas. F. W. Johnston u. A. Voelcker. — Trans. Agric. u. Highl. Soc. Juli 1847. — März 1849. 246. Unter den N-freien Extractst. sind

	im frischen Gras unterer Theil	im frischen Gras oberer Theil	in wasserfr. Substanz unterer Theil	in wasserfr. Substanz oberer Theil
in Wasser löslich, Zucker, Gummi etc.	3.32	3.64	23.88	8.93
„ „ unlösl., in Kali löslich	1.30	3.17	9.20	18.63

Die Holzfaser enthielt ein wenig „Albumin".

No. 3. J. F. W. Johnston. In Ed. Hemming's Tabelle, J. Roy. agric. Soc. Engl. 13. II. 1852. 409.

1) Osc. Kellner. Private Mitthl. 2) Derselbe. Landw. Jahrbücher I. Supplem. 243.

Dactylis glomerata: No. 1 u. 2. Thom. Way. Vergl. Alopecurus pratensis.
No. 3. H. Ritthausen u. Scheven. Vergl. unter Agrostis canina.
No. 4. Em. Wolff u. Dietle. Vergl. unter Anthoxanthum odoratum.
No. 5 u. 6. Alex. Müller. Landw. Jahrbücher. 3. 1879. 249. Das Gras stammt von den Berliner Spüljauche-Rieselwiesen; es war $^2/_3$ m hoch. Gras 6 war am 6. April pro ha mit 200 kg Kalimagnesia und 400 kg Superphosphat gedüngt.
No. 7—13 siehe auf Seite 12 No. 7—15.

No.	Bezeichnungen und Bemerkungen	Jahr der Untersuchung	In der ursprünglichen Substanz: Wasser %	Nh-Substanz %	Rohfett %	Nfr. Extractstoffe %	Rohfaser %	Asche %	In der Trockensubstanz: Nh-Substanz %	Rohfett %	Nfr. Extractstoffe %	Rohfaser %	Asche %	Stickstoff in der Trockensubstanz %
14	Aus Pennsylvanien, glimmerhaltiger Lehm	1882	—	—	—	—	—	—	8.56	2.66	54.94	27.51	6.33	1.37°
15	Aus Neu-Hampshire, armer lockerer Lehm	1882	—	—	—	—	—	—	8.41	3.49	54.75	24.91	8.44	1.35°
	Mittel aus 1, 3 und 7—15 als Gras frisch		67.55	3.16	1.07	16.90	8.93	2.39	9.75	3.31	51.73	27.82	7.39	1.56 *)
	Mittel aus 1, 3 und 7—15 als Heu . .		14.30	8.36	2.84	44.33	23.84	6.33						

Dactyloctenium Aegyptiacum. — Crow-foot-grass.

No.	Bezeichnungen und Bemerkungen	Jahr	Wasser	Nh-Substanz	Rohfett	Nfr. Extractstoffe	Rohfaser	Asche	Nh-Substanz	Rohfett	Nfr. Extractstoffe	Rohfaser	Asche	Stickstoff
1	Auf wüsten Plätzen	1878	—	—	—	—	—	—	9.01	1.96	64.65	17.48	6.90	1.44

Echinochloa Crus galli Beauv., Panicum cr. g. — Kammhirse, hahnenfüssiges Hirsegras. — Barnyard grass, Cook's-foot-grass.

No.	Bezeichnungen und Bemerkungen	Jahr	Wasser	Nh-Substanz	Rohfett	Nfr. Extractstoffe	Rohfaser	Asche	Nh-Substanz	Rohfett	Nfr. Extractstoffe	Rohfaser	Asche	Stickstoff
1		1878	—	—	—	—	—	—	4.14	2.11	51.34	32.27	10.14 P	0.66
2		1879	—	—	—	—	—	—	7.77	2.15	54.18	28.90	7.00 P	1.24
	Mittel (als Heu) . . .		14.30	5.11	1.82	45.20	26.22	7.35	5.96	2.13	52.85	30.59	8.57	0.95

Eleusine dura.

No.	Bezeichnungen und Bemerkungen	Jahr	Wasser	Nh-Substanz	Rohfett	Nfr. Extractstoffe	Rohfaser	Asche	Nh-Substanz	Rohfett	Nfr. Extractstoffe	Rohfaser	Asche	Stickstoff
1	In fruchtb. Gartenb. gew. (als Heu) .	1878	15.5	19.4	2.0	32.6	17.7	12.8	22.95	2.37	38.61	20.94	15.13	3.67

Eleusine Indica (Gärtn.?) — Wire grass, Crab grass, Yard grass, Crow-foot, Dog's-tail.

No.	Bezeichnungen und Bemerkungen	Jahr	Wasser	Nh-Substanz	Rohfett	Nfr. Extractstoffe	Rohfaser	Asche	Nh-Substanz	Rohfett	Nfr. Extractstoffe	Rohfaser	Asche	Stickstoff
1	Auf Höhen u. wüsten Plätzen wachsend	1878	—	—	—	—	—	—	13.72	2.16	43.71	31.29	9.12P	2.19
2	Auf Höhen u. wüsten Plätzen wachsend	1878	—	—	—	—	—	—	13.28	2.07	55.94	22.38	6.33P	2.13
3	Auf Höhen u. wüsten Plätzen wachsend	1878	—	—	—	—	—	—	12.23	2.56	56.61	21.53	7.07P	1.97
	Mittel (als Heu) . . .		14.30	11.21	1.89	44.68	21.48	6.44	13.08	2.26	52.08	25.07	7.51	2.10

Festuca duriuscula (ovina) L. — Schafschwingel, Berggras. — Hard fescue grass. Hard Fescue. — Fétuque durette.

No.	Bezeichnungen und Bemerkungen	Jahr	Wasser	Nh-Substanz	Rohfett	Nfr. Extractstoffe	Rohfaser	Asche	Nh-Substanz	Rohfett	Nfr. Extractstoffe	Rohfaser	Asche	Stickstoff
1	Blühend, 13. Juni, trockn. kalkhalt. Lehm	1849	69.33	3.60	1.02	12.56	11.83	1.66	11.74	3.33	40.95	38.57	5.41	1.91°
	Desgl. als Heu	—	14.30	10.10	2.90	35.1	33.00	4.60						

Dactylis glomerata: No. 7—15. Verschiedene Autoren. Analysen mitgeth. von Clifford Richardson. Reprinted from The American Chemical Journ. Vol. IV. No. 1. N in Form von Nichtalbumin 25.2 % des Total-N.

Cliff. Richardson. Ebend. Die Gräser enthielten Nicht-Albumin in % d. Gesammt-N:

8	9	10	11	12	13	14	15
38.7	39.1	19.0	10.5	25.7	30.4	37.2	30.9

*) O. Kellner (Landw. Jahrbücher 1879. I. Suppl. 249) ermittelte in Dactylis glomerata:

		Stickstoff in Procenten der Trockensubstanz: a. im Ganzen	b. im Nichtproteïn	c. = b. in % von a.
1.	Blühend	1.40	0.436	31.1
	Reif	1.04	0.213	20.5
2.	Vom 4. April 15 cm hoch	5.091	1.306	25.8
	„ 23. Mai 45 cm hoch, im Schossen . . .	2.533	0.452	17.8

Dactyloctonium Aegypticum: No. 1. P. Collier. Vergl. unter Agrostis exarata. Von Georgia, Nordamerika. No. 1 von Texas,

Echinochloa crus galli: No. 1 u. 2. P. Collier. Vergl. unter Agrostis exarata.

Eleusine dura: No. 1. Ad. Mayer. V.-St. Wageningen. — Originalmitth.

Eleusine Indica: No. 1, 2 u. 3. P. Collier. Vergl unter Agrostis exarata. No. 1 von Texas, No. 2 von Georgia, No. 3 von Alabama.

Festuca duriuscula: No. 1. Th. Way. Vergl. unter Alopecurus pratensis.

No.	Bezeichnungen und Bemerkungen	Jahr der Untersuchung	In der ursprünglichen Substanz						In der Trockensubstanz					Stickstoff in der Trockensubstanz
			Wasser %	Nh-Substanz %	Rohfett %	Nfr. Extractstoffe %	Rohfaser %	Asche %	Nh-Substanz %	Rohfett %	Nfr. Extractstoffe %	Rohfaser %	Asche %	%
	Festuca elatior L. (F. arundinacea Schreb.) Rohrschwingel. — Tall Fescue, Giant F. — Fétuque roseau.													
1	Grösstentheils blühend, blattarm, v. einer trocknen Wiese	1859	—	—	—	—	—	—	7.37	2.05	—	—	7.22[p]	1.18[o]
	Festuca gigantea Vill. — Riesenschwingel. — Giant Wood Fescue. — Fétuque élevée.													
1	Von einem Hohenheimer Feld	1855	14.3	10.4	—	—	33.2	4.2	12.13	—	—	38.78	5.35	1.94
	Festuca pratensis Huds. — Wiesenschwingel. — True Medow Fescue. — Fétuque des prés.													
1	Blühend, 6/VI. ges., zieml. fruchtb. Wiese	1855	74.80	2.39	0.80	10.21	10.10	1.70	9.48	3.17	40.54	40.07	6.74	1.51
	Desgl. als Heu	—	12.50	8.40	2.70	35.40	35.10	5.80						
	Festuca rubra L. — Rother Schwingel. — Red Fescue, Creeping rooted Fescue. — Fétuque rouge. F. traçente.													
1	Blühend, 6/VI. ges., zieml. fruchtb. Wiese	1855	73.50	2.36	0.50	9.94	12.10	1.60	8.90	1.88	37.53	45.65	6.04	1.42
	Desgl. als Heu	—	12.5	7.8	1.6	32.8	40.0	5.3						
2	Sandiger Boden, Italien	1873	41.12	(15.74)	0.93	18.44	19.53	4.24	(26.73)	1.58	31.33	33.16	7.20	(4.27)
	Glyceria aquatica Prest. (Aira aquat. L.) Schmielen-Rispengras. — Red Meadow-grass. Water spear-grass.													
1	Blühend, Anfang Juni ges., schwach beblättert, Gartenwiese	1859	—	—	—	—	—	—	—	2.87	—	—	6.00[p]	1.97[o]
	Glyceria fluitans R. Brown. — Schwadengras, Mannaschwingel. — Manna grass. Floating Meadow-grass. Baccone.													
1	Blühend, 12. Juni ges., ziemlich fruchtbare Wiese	1855	77.70	1.94	0.30	9.56	8.50	2.00	8.71	1.33	42.88	38.11	8.97	1.39[o]
	Desgl. als Heu	—	12.5	7.6	1.2	37.5	33.3	7.9						
2	Theilw. blühend, schwach beblättert, an einem Sumpfe	1859	—	—	—	—	—	—	12.75	—	—	—	7.86[p]	2.04[o]
	Glyceria maritima (?).													
1	Von Szik-Boden der ungarischen Tiefebene (als Heu)	1875	14.30	11.22	3.18	41.59	24.16	5.55	13.10	3.72	48.50	28.20	6.48	2.09
	Hierochloa borealis Wahl. — Darrgras. — Vanilla or Seneca grass.													
1	Aus Illinois (als Heu)	1878	14.30	12.26	3.53	42.74	19.96	7.21	14.31	4.12	49.86	23.30	8.41[p]	2.29

Festuca elatior: No. 1. W. Knop u. R. Arendt. Vergl. unter Agrostis spica venti.
Festuca gigantea: No. 1. Em. Wolff u. Dietle. Vergl. unter Anthoxanthum odoratum.
Festuca pratensis: No. 1. H. Ritthausen u. Scheven. Vergl. unter Agrostis canina.
Festuca rubra: No. 1. Desgl.
No. 2. All. Pasqualini. Vergl. unter Bromus racemosus. N-gehalt?
Glyceria aquatica: No. 1. W. Knop u. Arendt. Vergl. Agrostis spica venti.
Glyceria fluitans: No. 1. H. Ritthausen u. Scheven. Vergl. Agrostis canina.
No. 2. W. Knop u. Arendt. Vergl. Agrostis spica venti.
Glyceria maritima: No. 1. R. Ulbricht u. Patásy. Originalmittheilung.
Hierochloa borealis: No. 1. Pet. Collier. Vergl. Agrostis exarata.

No.	Bezeichnungen und Bemerkungen	Jahr der Untersuchung	In der ursprünglichen Substanz: Wasser %	Nh-Substanz %	Rohfett %	Nfr. Extractstoffe %	Rohfaser %	Asche %	In der Trockensubstanz: Nh-Substanz %	Rohfett %	Nfr. Extractstoffe %	Rohfaser %	Asche %	Stickstoff in der Trockensubstanz %
	Holcus lanatus L. — Wolliges Honiggras. — Woolly Soft-grass, Meadow Soft-gras, Yorkshire fog. — Houlque laineuse.													
1	Blühend, 29/VI. ges., kalkhalt. Lehm	1849	69.70	3.44	1.02	11.97	11.94	1.93	11.35	3.37	39.51	39.40	6.37	1.815°
	Desgl. als Heu	—	14.30	9.72	2.89	33.86	33.77	5.46						
2	Theilw. blühend, 8/VI. ges.	1855	75.10	2.30	0.50	9.50	10.20	2.40	9.23	2.01	29.91	49.22	9.63	1.48
	Desgl. als Heu	—	12.5	8.1	1.8	33.3	35.9	8.4						
3	Blühend, Anfang Juni, sehr breitblättrig, feuchte Wiese	1859	—	—	—	—	—	—	17.50	4.70	—	—	8.85p	2.80
4	Völlig verblüht und schon ziemlich gelb	1855	69.30	2.10	—	13.90	12.10	2.60	6.84	—	45.28	49.41	8.47	1.09
	Desgl. als Heu	—	14.30	5.86	—	38.80	33.80	7.2						
5	Nicht berieselte Wiese (als Heu)	—	14.30	9.59	2.12	39.83	28.03	6.13	11.19	2.47	46.48	32.71	7.15	1.79
6	Berieselte Wiese (als Heu)	—	14.30	8.52	1.99	39.18	29.45	6.56	9.94	2.32	45.72	34.36	7.66	1.59
	Mittel aus No. 1, 2, 5 u. 6 (in der Blüthe) als Gras frisch		72.40	2.88	0.70	11.22	10.74	2.06	10.43	2.54	40.66	38.92	7.45	1.68
	als Heu		14.30	8.94	2.18	34.82	33.35	6.41						
	Hordeum murinum L. — Mauer-Mäuse-Gerste. — Wall Barley.													
1	Blühend, Anfang Juni, reicher Blattrasen	1859	—	—	—	—	—	—	12.56	4.19	—	—	9.58p	2.01°
	Hordeum pratense Sm. (H. nodosum L.) — Wiesengerste. — Meadow barley.													
1	Blühend, 11. Juli, kalkh. Lehm auf Kies	1849	58.85	4.59	0.94	20.05	13.03	2.54	11.15	2.28	47.74	31.66	6.17	1.79
	Hordeum vulgare L. — Gemeine Gerste. — Common barley. In verschiedenen Vegetations-Perioden. Probsteier Gerste, in sandigem Lehm, Witterung günstig.													
1	Im 4. Blatt. 28. Juni	1855	84.25	3.01	0.54	5.97	4.35	1.88p	19.13	3.45	37.84	27.61	11.97p	3.06°
2	Volle Blüthe. 17. Juli	1855	74.15	2.78	1.00	10.39	9.75	1.93	10.78	3.89	40.14	37.71	7.48	1.73
3	Körneransatz. 30. Juli	1855	69.28	2.85	0.70	13.85	11.27	2.05	9.27	2.26	45.09	36.71	6.67	1.48
4	Körner noch weich. 8. August	1855	59.03	2.91	0.69	21.07	13.44	2.86	7.01	1.69	51.50	32.81	6.99	1.12
5	Völlig reif. 21. August	1855	42.11	4.67	0.78	28.93	19.57	3.94	8.06	1.34	50.59	33.80	6.81	1.29
	Jerusalems Gerste, in thonigem, feinsandigem Lehmboden (Hohenheim).													
6	Im Schossen. 15. Juni	1855	82.10	2.35	—	—	—	1.45p	13.13	—	—	—	8.10p	2.10
7	Blüthe vollendet. 5. Juli	1855	74.80	2.41	—	—	—	1.56	9.56	—	—	—	6.20	1.53
8	Reif. 4. August	1855	38.00	4.42	—	—	—	2.73	7.13	—	—	—	4.40	1.14

Holcus lanatus: No. 1, 2. Th. Way. Vergl. Alopecurus pratensis.
No. 3. W. Knop und Arendt. Vergl. Agrostis spica venti.
H. E. Wolff u. Dietle. Vergl. Anthosanthum.
No. 5 u. 6. C. Brimmer. Original-Mittheilung.

O. Kellner fand nach einer Privat-Mittheilung für die N-Substanz in Holcus lanatus:

	N in Procenten der Trockensubstanz: a. im Ganzen	b. im Nichtproteïn	a. = b. in % v. a.
1. Blühend	1.37	0.406	29.6
Reif	1.21	0.230	19.0

Hordeum murinum: No. 1. W. Knop und R. Arendt. Vergl. Agrostis spica venti.

Hordeum pratense: No. 1. Th. Way. Vergl. unter Alopecurus pratensis.

Hordeum vulgare: No. 1—5. H. Ritthausen u. Scheven. Agriculturchem. Untersuch. z. Möckern. 5. 1857. 50. Vorfrüchte: Roggen, dann Hafer, hierauf im Herbste schwache Düngung und 1854 Rothklee ohne Deckfrucht. 1855 ohne weitere Düngung Gerste am 25. Mai. Witterung günstig. Zu 3: Untere Blätter vertrockn., in d. Aehren schon reichl. Stärke. Zu 4: Blätter meist vertrockn., Aehren noch grünlich. No. 6—34. Em. Wolff, Yelin u. Maslo. Hohenheim .Mitth. 5. 1860. 231. — Boden ist ein zieml. thoniger, feinsandiger Lehmboden in sehr guter Kraft u. Kultur. Humusgehalt 6.4 mit 0.165 % N. $CaO = 0.4$, $MgO = 0.2$, $K_2O = 0.25$ %

No.	Bezeichnungen und Bemerkungen	Jahr der Untersuchung	In der ursprünglichen Substanz: Wasser %	Nh-Substanz %	Rohfett %	Nfr. Extractstoffe %	Rohfaser %	Asche %	In der Trockensubstanz: Nh-Substanz %	Rohfett %	Nfr. Extractstoffe %	Rohfaser %	Asche %	Stickstoff in der Trockensubstanz %
9*	Im Schossen. 15. Juni	1856	84.50	1.65	—	—	—	1.38	10.63	—	—	—	8.90	1.70°
10	Blüthe vollendet. 5. Juli	1856	69.30	1.59	—	—	—	1.96	5.19	—	—	—	6.40	0.83
11	Reif. 29. Juli	1856	25.50	4.24	—	—	—	3.65	5.69	—	—	—	4.90	0.91
12*	Im Schossen. 15. Juni (Witterung sehr günstig)	1857	77.20	2.12	—	—	—	1.53	9.31	—	—	—	6.70	1.49
13	Blüthe vollendet. 4. Juli (Witterung sehr günstig)	1857	67.50	2.38	—	—	—	2.08	7.31	—	—	—	6.40	1.17
14	Reif. 21. Juli . . . (Witterung sehr günstig)	1857	—	—	—	—	—	—	6.00	—	—	—	5.09	0.96
	Chevalier-Gerste, in Boden wie voriger.													
15*	Im Schossen. 13. Juni 1856 . . .	1856	84.60	1.82	—	—	—	1.43P	11.81	—	—	—	9.3 P	1.89o
16	Blüthe vollendet. 5. Juli 1856 . .	1856	69.10	1.99	—	—	—	2.41	6.44	—	—	—	7.8	1.03
17	Reif. 1. August 1856	1856	45.90	4.57	—	—	—	4.00	8.44	—	—	—	7.4	1.35
18*	Im Schossen. 15. Juni 1857 . . .	1857	78.70	2.06	—	—	—	1.66	9.69	—	—	—	7.8	1.55
19	Blüthe vollendet. 4. Juli 1857 . .	1857	66.90	2.13	—	—	—	2.35	6.44	—	—	—	7.1	1.03
20	Reif. 24. Juli 1857	1857	53.60	2.99	—	—	—	2.55	6.44	—	—	—	5.5	1.03
21*	Im Schossen. 14. Juni 1859 . . .	1859	—	—	—	—	—	—	13.68	—	—	—	7.64	2.19
22	Blüthe vollendet. 5. Juli 1859 . .	1859	—	—	—	—	—	—	6.56	—	—	—	5.73	1.05
23	Reif. 19. Juli 1859	1859	—	—	—	—	—	—	4.44	—	—	—	5.71	0.71
	Schlanstädter Gerste, in Boden wie voriger.													
24*	Im Schossen. 14. Juni 1859 . . .	1859	—	—	—	—	—	—	10.94	—	—	—	7.44	1.75°
25	Blüthe vollendet 5. Juli 1859 . .	1859	—	—	—	—	—	—	7.06	—	—	—	5.22	1.13
26	Reif. 19. Juli 1859	1859	—	—	—	—	—	—	7.47	—	—	—	5.74	1.195
	Vierzeilige Wintergerste, in Boden wie voriger.													
27*	Blüthe vollend. 13. Juni 1856 (nasse Witterung)	1856	66.40	2.48	—	—	—	1.99	7.38	—	—	—	5.93	1.18o
28*	Zeit d. Reife. 5. Juli 1856 (nasse Witterung)	1856	27.90	3.83	—	—	—	3.96	5·31	—	—	—	5.50	0.85
29*	Im Schossen. 2. Mai 1857	1857	76.00	3.93	—	—	—	1.97	16.38	—	—	—	8.20	2.62
30*	Blüthe vollendet. 15. Juni 1857 . .	1857	61.30	2.40	—	—	—	2.39	6.19	—	—	—	6.20	0.99
31*	Völlig reif. 4. Juli 1857	1857	39.60	4.38	—	—	—	3.28	7.25	—	—	—	5.60	1.16
32*	Im Schossen. 6. Mai 1859	1859	—	—	—	—	—	—	18.87	—	—	—	10.78	3.02
33*	Aehren ausgebildet. 14. Juni 1859 .	1859	—	—	—	—	—	—	7.69	—	—	—	6.14	1.23
34*	Völlig reif. 4. Juli 1859	1859	—	—	—	—	—	—	6.84	—	—	—	5.78	1.094
35*	Mittel: Sommergerste im Schossen .		81.4	2.0	—	—	—	1.49	11.31	—	—	—	8.0	1.81
36*	Mittel: „ n. vollend. Blüthe		69.5	2.1	—	—	—	2.07	6.94	—	—	—	6.8	1.12
	In üppig und dürftig entwickeltem Zustande.													
37	16. Juni 1855 fette Pflanzen . . .	1855	83.49	2.63	—	—	—	—	15.75	—	—	—	—	2.52
38	16. Juni 1855 magere „ . . .	1855	77.49	2.00	—	—	—	—	8.94	—	—	—	—	1.43
39	12. Juni 1856 fette Pflanzen . . .	1856	87.15	2.69	—	—	—	1.79P	21.83	—	—	—	13.97 P	3.38
40	12. Juni 1856 magere „ . . .	1856	81.51	2.56	—	—	—	1.97	13.88	—	—	—	10.69	2.22

Hordeum vulgare: * No. 9. 1856. Vorfrüchte: Tabak, doppelt gedüngt, hierauf Weizen und dann Gerste.
* No. 12. 1857. Vorfrüchte: Spitzkraut, frisch, mit Stallmist gedüngt.
* No. 15. 1856. Vorfrüchte: Wie No. 9.
* No. 18. 1857. Vorfrüchte: Wau mit Kuhmist gedüngt, hierauf Wintergerste u. dann grosser Mais mit Zwischenpflanzung von Kürbis, wozu wieder mit Stallmist gedüngt wurde.
* No. 21. 1859. Vorfrüchte: Zwergbohnen, dann Weizen.
* No. 24. 1859. Vorfrüchte: ged. Sommerraps, Weizen.
* No. 27 u. 28. Vorfrüchte: Italienischer Hanf, doppelt gedüngt, dann Weizen, hierauf Dinkel zuletzt Incarnatklee, dann Gerste in Stallmist.
* No. 29, 30, 31. Vorfrüchte: Sommerraps gedüngt, Stellung der Gerste in der Fruchtfolge eine günstige, Witterung ebenfalls günstig.
* No 32—34. 1856 ged. 3jähr. Krapp, 1857 Weizen, 1859 ged. Mohn.
* No. 35. Berechnetes Mittel für die ursprüngl. Substanz aus den No. 6, 9, 12, 15 u. 18, für die Trockensubstanz diese und folgende No. 21, 22, 24 und 25.
* No. 36. Berechnetes Mittel für die ursprüngl. Substanz aus den No. 7, 10, 13, 16, 19.
N. 37—44. H. Ritthausen. Mitth. d. landw. Centralv. f. Schlesien. 9. 1858. 134. Die zusammengehörenden fetten und mageren Pflanzen waren je auf einem und demselben Felde gewachsen und wurden in gleicher Vegetationsperiode gesammelt.

No.	Bezeichnungen und Bemerkungen	Jahr der Untersuchung	In der ursprünglichen Substanz: Wasser %	Nh-Substanz %	Rohfett %	Nfr. Extractstoffe %	Rohfaser %	Asche %	In der Trockensubstanz: Nh-Substanz %	Rohfett %	Nfr. Extractstoffe %	Rohfaser %	Asche %	Stickstoff in der Trockensubstanz %
41	16. Juni 1856 fette Pflanzen . . .	1856	84.37	2.81	—	—	—	1.83	18.06	—	—	—	11.68	2.89
42	16. Juni 1856 magere „ . . .	1856	77.71	1.94	—	—	—	1.77	8.63	—	—	—	7.93	1.38
43	22. Juni 1856 fette „ . . .	1856	78.18	3.56	—	—	—	1.49	16.31	—	—	—	6.84	2.61
44	22. Juni 1856 magere „ . . .	1856	75.86	3.81	—	—	—	1.58	15.94	—	—	—	6.56	2.55

Koeleria cristata Pers. — Kammschmiele, Schillergras. — Crested Koehleria.

No.	Bezeichnungen und Bemerkungen	Jahr der Untersuchung	Wasser %	Nh-Substanz %	Rohfett %	Nfr. Extractstoffe %	Rohfaser %	Asche %	Nh-Substanz %	Rohfett %	Nfr. Extractstoffe %	Rohfaser %	Asche %	Stickstoff in der Trockensubstanz %
1	Blühend. Anf. Juni, blattreich, feuchte Wiese	1859	—	—	—	—	—	—	13.37	—	—	—	8.11	2.14°

Lolium italicum Braun. — Italienisches Raigras. — Italian rye-grass. — Ray-grass d'Italie.

No.	Bezeichnungen und Bemerkungen	Jahr der Untersuchung	Wasser %	Nh-Substanz %	Rohfett %	Nfr. Extractstoffe %	Rohfaser %	Asche %	Nh-Substanz %	Rohfett %	Nfr. Extractstoffe %	Rohfaser %	Asche %	Stickstoff in der Trockensubstanz %
1	Beginnende Blüthe, ziemlich stark gedüngter Gartenboden	1852	80.77	2.86	—	—	—	1.98	14.87	—	—	—	10.04	2.38 °
	Desgl. als Heu	—	14.30	12.74	—	—	—	8.60						
2	Beginnende Blüthe, Versuchsfeld Möckern	1855	71.70	2.59	1.00	13.01	9.40	2.30	9.16	3.53	45.97	33.22	8.12	1.466°
	Desgl. als Heu	—	12.5	8.0	3.1	40.2	29.1	7.1						
3	Blühend, Waldwiese, kalkhaltiger Lehm	1849	75.61	2.43	0.80	14.13	4.82	2.21	9.95	3.27	57.97	19.76	9.05	1.592°
	Desgl. als Heu	—	14.30	8.53	2.80	49.68	16.93	7.76						
4		1865	83.43	2.71	1.42	8.12	3.73	2.50	16.35	8.57	49.00	22.51	15.07	2.616
5	1. Veget.-Jahr. Humoser mergeliger Thonboden, ohne Düngung . . .	1857	75.14	4.66	—	—	—	3.42P	19.25	—	—	—	14.12P	3.08
	Desgl. als Heu	—	14.00	16.55	—	—	—	12.14						
6	2. Veget.-Jahr. Erster Schnitt, Thonboden, ohne Düngung	1858	72.64	2.40	—	16.89	5.79	2.28P	8.77	—	61.71	21.17	8.35P	1.403
	Desgl. als Heu	—	10.23	7.87	—	55.40	19.00	7.50						
7	2. Veget.-Jahr. Zweiter Schnitt, Thonboden, ohne Düngung	1858	71.13	4.49	—	15.73	5.52	3.13P	15.56	—	54.48	19.11	10.85P	2.49
	Desgl. als Heu	—	10.05	14.00	—	49.00	17.20	9.75						
8	2. Veget.-Jahr. Dritter Schnitt, Thonboden, ohne Düngung	1858	70.36	3.62	—	15.85	6.05	4.12P	12.21	—	53.45	20.42	13.92P	1.953
	Desgl. als Heu	—	10.40	10.94	—	47.89	18.30	12.47						
9	Der Blüthe nahe, 4. Juli, ungedüngt, Spüljauchen-Rieselwiese	1872	82.38	3.52	—	—	—	1.89	20.00	—	—	—	10.74	3.20 °
10	Der Blüthe nahe, 4. Juli, stark gedüngt, Spüljauchen-Rieselwiese . .	1872	82.69	3 45	—	—	—	1.83	19.93	—	—	—	10 57	3.19 °
11	Der Blüthe nahe, 24. August, unged. sehr üppig, Spüljauchen-Rieselwiese .	1872	77.80	4.67	—	—	—	2.69	21.06	—	—	—	12.15	3.37
12	Mit Jauche gedüngt, als Heu	1868	8.14	5.46	1.06	56.40	28.45	0.49	5.94	1.15	61.42	30.98	0.51P	0.95
13	In Frankreich gewachsen (Dünkirchen) auf Alluviallehm: 3. Vegetationsjahr (Heu) . . .	1877	13.60	13.87	—	40.20	22.50	9.83P	16.05	—	46.65	26.03	11.27P	2.57
14	In Frankreich gewachsen (Dünkirchen) auf Alluviallehm: 4. Vegetationsjahr (Heu) . . .	1877	13.94	14.52	—	41.02	20.73	9.79P	16.87	—	47.67	24.09	11.37P	2.70
	Mittel aus No. 2, 3, 6, 7 u. 8, ungedüngt als Gras frisch		72.29	3.08	0.94	14.60	6.31	2.78	11.13	3.40	52.68	22.73	10.06	1.78
	Mittel aus No. 2, 3, 6, 7 u. 8, ungedüngt als Heu . .		14.30	9 54	2.91	45.15	19.48	8.62						

Koeleria cristata: No. 1. W. Knop u. R. Arendt. Vergl. unter Agrostis spica venti.
Lolium italicum: No. 1. Aug. Voelcker. J. Highl. u. Agric. Soc. Scotl. Juli 1853. März 1856. Analytisch. Meth. im Anhang.
No. 2. H. Ritthausen u. H. Scheven. Vergl. unter Agrostis canina.
No. 3. Th. Way. Vergl. unter Alopecurus pratensis.
No. 4. J. Nessler u. E. Muth. Ber. üb. Arbeiten d. Vers.-Stat. Karlsruhe 1870. 56. Method. d. Untersuch. nach E. Wolff's Anleitung.
No. 5—8. C. Karmrodt. Vergl. unter Avena elatior.
No. 9—11. Alex. Müller. Landw. Jahrbüch. 3. 1874. 249. Das untersuchte Material kommt von der Berliner Spüljauchen-Rieselwiese. 9, 0.5—0.7 m hoch. 10, mit Kalimagnesia und Superphosphat stark gedüngt. 11, 2/3 m hoch nach langer Trockenheit gesammelt.
No. 12. J. A. Barral. Centralbl. f. Agriculturchemie 1878. 354. (L'Agriculture du Nord de la France, 2. Band.) Boden: ein dem Meer abgewonnener Alluviallehm (Meeresküste im Dep. du

Lolium perenne L. — Dauerlolch, englisches Raigras. — Perennial rye-grass. — Darnel grass. — Ray-grass anglais, Ivraie vivace.

No.	Bezeichnungen und Bemerkungen	Jahr der Untersuchung	In der ursprünglichen Substanz: Wasser %	Nh-Substanz %	Rohfett %	Nfr. Extractstoffe %	Rohfaser %	Asche %	In der Trockensubstanz: Nh-Substanz %	Rohfett %	Nfr. Extractstoffe %	Rohfaser %	Asche %	Stickstoff in der Trockensubstanz %
1	Blühend, 8. Juni, Lehm mit Kalkgerölle	1849	71.43	3.33	0.91	12.12	10.06	2.15	11.66	3.19	42.41	35.21	7.53	1.86
	Desgl. als Heu	—	14.30	10.00	2.71	36.36	30.17	6.46						
2	Blühend, Variet. annual rye-grass	1849	69.00	2.96	0.69	12.89	12.47	1.99	9.55	2.23	41.57	40.23	6.42	1.53
	Desgl. als Heu	—	14.30	8.18	1.91	35.64	34.47	5.50						
3	Blühend, 5. Juni, Feld	1855	75.20	2.28	0.60	9.52	10.70	1.60	9.19	2.42	38.80	43.14	6.45	1.47
	Desgl. als Heu	—	12.50	8.10	2.20	33.60	38.00	5.50						
4	Beginn der Blüthe, Anfang Juni, trockne Wiese	1859	—	—	—	—	—	—	10.94	2.96	—	—	7.74P	1.75°
5	. . . .	1865	75.45	3.58	1.04	9.39	8.17	2.36	14.58	4.24	38.29	33.28	9.61	2.33
6	. . . .	—	75.0	2.94	—	—	—	1.45	11.76	—	—	—	5.80	1.88
7	In Italien gebaut; nasser Boden	1873	37.00	12.29	1.90	24.79	16.67	7.35	19.50	3.02	39.26	26.46	11.76	3.12
8	„ „ „ „ „	1874	31.24	11.17	1.77	12.05	20.90	7.21	16.39	2.60	41.75	30.68	10.58	2.62
9	1. Vegetat.-Jahr, humoser mergeliger Thonboden	1857	76.72	3.95	—	—	—	4.26P	16.95	—	—	—	18.34P	2.71
	Desgl. als Heu	—	13.97	14.32	—	—	—	16.04						
10	2. Vegetat.-Jahr, erster Schnitt	1858	65.40	2.80	—	16.32	12.60	2.88P	8.09	—	47.18	36.41	8.32	1.28
	Desgl. als Heu	—	13.50	7.00	—	40.80	31.50	7.20						
11	2. Vegetat.-Jahr, zweiter Schnitt	1858	77.80	3.67	—	8.75	6.33	3.45P	16.09	—	41.02	27.76	15.13	2.57
	Desgl. als Heu	—	11.90	14.00	—	35.00	25.30	13.80						
12	2. Vegetat.-Jahr, dritter Schnitt	1858	78.38	2.51	—	9.05	6.53	3.53P	11.62	—	41.85	30.20	16.33	1.86
	Desgl. als Heu	—	11.90	10.24	—	36.88	26.60	14.38						
13	3. Vegetat.-Jahr, desgl. als Heu	1859	13.50	11.47	—	34.58	29.78	10.67	13.26	—	39.99	34.42	12.33	2.12
14	4. Vegetat.-Jahr, desgl. als Heu	1869	13.00	12.19	—	32.43	31.25	10.24	14.15	—	37.67	36.28	11.90	2.26
	In verschiedenen Vegetationsperioden.													
15	Ganz jung, 4—5 cm hoch, 6. Mai, 2—3 schmale Blättchen	1872	81.23	5.24	1.16	6.86	3.32	2.19	27.91	6.21	36.51	17.71	11.66P	4.47°
16	9—15 cm hoch, 25.—27. Mai	1872	83.51	2.65	0.65	7.53	3.54	2.12	16.01	3.93	45.75	21.44	12.87P	2.56
17	15—20 cm lange Blätter, 10. Juni	1872	82.95	2.53	0.53	8.26	3.82	1.91	14.82	3.12	48.33	22.42	11.21P	2.37
18	20—32 cm „ „ 24. „	1872	82.44	2.24	0.64	8.56	4.15	1.97	12.78	3.67	48.74	23.62	11.19P	2.05

Nord). Die Aschenmenge ist eine ganz abnorme und vermuthlich nur irrthümlich so gering angegeben. Die (Roh-)Asche selbst enthielt 51.5 % SiO_2, 3.879 % P_2O_5 CaO, 16.20 % KO, 3.257 %; Magnesia ist unter den Bestandtheilen derselben nicht angegeben. Die untersuchte Probe scheint ziemlich spät im Jahre und in später Vegetationsperiode entnommen zu sein. Geerntet wurde pro Hektar in einem Schnitt an lufttrockener Substanz (mit 8.14 % Wasser) 6857 kg.

O. Kellner fand in Lolium italicum (Landw. Jahrb. 1879. Supplem. I. 243):

	N in Procenten der Trockensubstanz a. im Ganzen	b. im Nichtproteïn	c. = b. in % von a.
Vom 1. April	3.921	1.140	29.1
Vom 15. Mai	1.864	0.320	16.1
35 cm hoch, vergeilt	4.874	1.233	25.3

Lolium perenne: No. 1 u. 2, 5 u. 6. Th. Way. Vergl. unter Alopecurus pratensis.
No. 3. H. Ritthausen u. Scheven. Vergl. Agrostis canina.
No. 4. W. Knop u. Arendt. Vergl. Agrostis spica venti.
No. 7 u. 8. Al. Pasqualini. Vergl. unter Bromus racemosus.
No. 9—14. C. Karmrodt. Vergl. unter Avena elatior.
No. 15—21. R. Deetz. J. f. L. 21. 1873. 57. Der Samen war Anf. April auf ein Gartenbeet (kalkreicher Gartenboden) gesät worden, das schon mehrere Jahre Gras getragen und seit längerer Zeit nicht gedüngt worden war. Es war sehr üppig und dicht gewachsen, so dass es sich zur Zeit des Schossens fast gelegt hatte und nicht zum Blühen kam. Am 24. Juni war das Gras zum Theil lagernd und unten etwas gelb; am 5. August viele trockne Blätter.

No.	Bezeichnungen und Bemerkungen	Jahr der Untersuchung	In der ursprünglichen Substanz: Wasser %	Nh-Substanz %	Rohfett %	Nfr. Extractstoffe %	Rohfaser %	Reinasche %	In der Trockensubstanz: Nh-Substanz %	Rohfett %	Nfr. Extractstoffe %	Rohfaser %	Asche %	Stickstoff in der Trockensubstanz %
19	Stark gelegt, unten gelb, 10. Juli	1872	82.25	2.12	0.61	6.92	5.77	2.33	11.97	3.47	38.93	32.51	13.12P	1.92
20	Nach längerer Trockenheit, 22. Juli	1872	76.97	3.39	0.70	9.43	6.59	2.92	12.47	3.03	43.19	28.62	12.69P	1.99
21	Im Absterben begriffen, 5. August	1872	74.88	1.96	0.73	12.13	7.46	2.84	7.79	2.89	48.31	29.70	11.31P	1.25°
	Mittel aus No. 1—6, 10—14 und No. 18 bis 20 incl. als Gras frisch		75.39	2.96	0.77	10.10	8.24	2.54	12.01	3.15	41.04	33.47	10.33	1.92*)
	als Heu		14.30	10.29	2.70	35.23	28.68	8.85						

Lolium temulentum L. — Taumellolch. — Bearded Darnel.

No.	Bezeichnungen und Bemerkungen	Jahr	Wasser	Nh-Substanz	Rohfett	Nfr. Extractstoffe	Rohfaser	Reinasche	Nh-Substanz	Rohfett	Nfr. Extractstoffe	Rohfaser	Asche	Stickstoff
1	Blühend, Anf. Juni, zerstreut unter der Saat auf einem Acker	1859	—	—	—	—	—	—	13.88	2.56	—	—	7.09P	2.22°

Leptochloa mucronata. — Feather grass.

No.	Bezeichnungen und Bemerkungen	Jahr	Wasser	Nh-Substanz	Rohfett	Nfr. Extractstoffe	Rohfaser	Reinasche	Nh-Substanz	Rohfett	Nfr. Extractstoffe	Rohfaser	Asche	Stickstoff
1	Aus Texas	1878	—	—	—	—	—	—	7.80	2.08	48.98	32.16	8.98P	1.25

Milium effusum L. — Waldhirse. — Common Millet grass.

No.	Bezeichnungen und Bemerkungen	Jahr	Wasser	Nh-Substanz	Rohfett	Nfr. Extractstoffe	Rohfaser	Reinasche	Nh-Substanz	Rohfett	Nfr. Extractstoffe	Rohfaser	Asche	Stickstoff
1	Blühend, Anf. Juni, aus einem Wald	1859	—	—	—	—	—	—	—	—	—	—	8.81P	1.82°

Muhlenbergia diffusa. — Drop seed-grass, Nimble Will.

No.	Bezeichnungen und Bemerkungen	Jahr	Wasser	Nh-Substanz	Rohfett	Nfr. Extractstoffe	Rohfaser	Reinasche	Nh-Substanz	Rohfett	Nfr. Extractstoffe	Rohfaser	Asche	Stickstoff
1	Aus Texas	1878	—	—	—	—	—	—	10.06	1.67	52.71	36.70	7.78P	1.61

Gattung **Panicum.**

No.	Bezeichnungen und Bemerkungen	Jahr	Wasser	Nh-Substanz	Rohfett	Nfr. Extractstoffe	Rohfaser	Reinasche	Nh-Substanz	Rohfett	Nfr. Extractstoffe	Rohfaser	Asche	Stickstoff
1	Panicum anceps	1879	—	—	—	—	—	—	5.78	1.83	55.50	27.84	9.05P	0.92
1a	„ Crus galli (oben unter Echinochloa)	1879	—	—	—	—	—	—	—	—	—	—	—	—
2	P. dichotomum	1879	—	—	—	—	—	—	6.77	3.55	50.07	29.48	10.13 P	1.08
3	„ divaricatum	1879	—	—	—	—	—	—	9.23	2.52	46.96	27.00	14.29 P	1.47
4	„ filiforme (Slender Crabgrass). (Alabama)	1878	—	—	—	—	—	—	3.32	1.54	63.71	26.78	4.65	0.53
5	„ gibbum (Alabama)	1879	—	—	—	—	—	—	12.05	4.16	51.09	24.17	8.53	1.93
6	„ jnmentorum (Guinea-grass) Steppen-Hirse	1878	—	—	—	—	—	—	8.95	1.58	49.34	31.76	8.37	1.43
7	„ obtusum (Obtuse-flowered Panic-grass) Texas	1878	—	—	—	—	—	—	7.28	2.27	48.33	33.32	8.75	1.16
8	„ proliferum	1879	—	—	—	—	—	—	11.08	3.00	50.68	24.07	11.17	1.77
9	„ sanguinale (Crab.-grass, Finger-grass)	1878	—	—	—	—	—	—	9.99	2.89	43.64	32.80	10.68	1.59

Lolium perenne: No. 19—21 siehe Seite 12 No. 15—21.

*) O. Kellner (Privatmitth.) fand in Lolium perenne:

	N in Procenten der Trockensubstanz a. im Ganzen	b. im Nichtproteïn	c. = b in % von a.
Blühend	1.20	0.23	19.1
Reif	0.94	0.205	21.8

Das untersuchte Material stammte von einem Felde mit Klee-Raigras und war sehr grob und hochstenglig.

Lolium temulentum: No. 1. W. Knop u. R. Arendt. Vergl. unter Agrostis spica venti.

Leptochloa mucronata: No. 1. Pet. Collier. Vergl. unter Agrostis exarata.

Milium effusum: No. 1. W. Knop u. Arendt. Vergl. unter Agrostis spica venti.

Muhlenbergia diffusa: No. 1. Pet. Collier. Vergl. unter Agrostis exarata.

Panicum-Arten: No. 1—12. Pet. Collier. Analysen vom Jahre 1878, aus Ann. Report. Commiss. Agric. 1878 (Washington). 174. Analysen vom Jahre 1879. Originalmittheilung.

No.	Bezeichnungen und Bemerkungen	Jahr der Untersuchung	In der ursprünglichen Substanz: Wasser %	Nh-Substanz %	Rohfett %	Nfr. Extractstoffe %	Rohfaser %	Asche %	In der Trockensubstanz: Nh-Substanz %	Rohfett %	Nfr. Extractstoffe %	Rohfaser %	Asche %	Stickstoff in der Trockensubstanz %
10	Panicum Texanum (Texas Millet). Texas	1878	—	—	—	—	—	—	5.61	2.54	57.54	27.68	6.63	0.89
11	„ virgatum (Tall Panic grass, Switch grass) Texas	1878	—	—	—	—	—	—	5.01	1.70	51.07	37.38	4.84	0.80
12	P. virgatum. Alabama	1878	—	—	—	—	—	—	4.58	1.92	61.07	28.87	3.56p	0.73
13	P. miliaceum L., rother Rispenhirse .	1881	86.10	1.21	0.22	5.72	5.28	1.47	8.69	1.60	41.17	37.94	10.60	1.39
14	„ „ „ Klumphirse .	1881	88.60	1.43	0.17	5.30	3.11	1.39	12.58	1.48	46.51	27.24	12.19	2.01
15	„ „ silbergrauer Rispenhirse	1881	85.27	1.60	0.25	6.95	4.33	1.60	10.89	1.68	47.20	29.40	10.83	1.74
16	„ miliaceum (sanguinale) L., rother Blut- (Rispenhirse)	1881	88.57	1.37	0.17	4.95	3.54	1.40	11.97	1.49	43.26	31.01	12.27	1.91

Gattung **Paspalum.**

No.	Bezeichnungen und Bemerkungen	Jahr der Untersuchung	Wasser %	Nh-Substanz %	Rohfett %	Nfr. Extractstoffe %	Rohfaser %	Asche %	Nh-Substanz %	Rohfett %	Nfr. Extractstoffe %	Rohfaser %	Asche %	Stickstoff in der Trockensubstanz %
1	P. laeve (Water grass) Texas	1878	—	—	—	—	—	—	8.14	2.76	54.95	27.72	6.43p	1.30
2	P. praecox . . . . , ...	1879	—	—	—	—	—	—	5.93	3.60	57.75	25.31	7.41p	0.95

Phalaris canariensis. — Canariensame.

No.	Bezeichnungen und Bemerkungen	Jahr der Untersuchung	Wasser %	Nh-Substanz %	Rohfett %	Nfr. Extractstoffe %	Rohfaser %	Asche %	Nh-Substanz %	Rohfett %	Nfr. Extractstoffe %	Rohfaser %	Asche %	Stickstoff in der Trockensubstanz %
1	In Ungarn gebaut (als Heu)	1870	14.15	17.50	2.05	18.70	40.13	7.47	20.38	2.39	21.79	46.74	8.70	3.26

Phleum pratense L. — Wiesen-Lieschgras, Timothygras. — Meadow Cat's tail grass, Timothygrass. — Fléau ou Fléole des prés, Timothy, Marsette ou Manette des prés.

No.	Bezeichnungen und Bemerkungen	Jahr der Untersuchung	Wasser %	Nh-Substanz %	Rohfett %	Nfr. Extractstoffe %	Rohfaser %	Asche %	Nh-Substanz %	Rohfett %	Nfr. Extractstoffe %	Rohfaser %	Asche %	Stickstoff in der Trockensubstanz %
1	Blühend, 13. Juni, Wiese mit kalkhalt. Lehm	1849	57.21	4.86	1.50	22.85	11.32	2.26	11.36	3.55	53.35	26.46	5.28	1.82
	Desgl. als Heu	—	14.30	9.74	3.04	45.72	22.68	4.52						
2	Blühend, 2. Juli, auf dem Felde gebaut	1855	68.20	1.98	0.40	13.62	13.90	2.00	6.23	1.26	42.52	43.70	6.29	0.99
	Desgl. als Heu	—	12.50	5.50	1.00	37.50	38.10	5.40						
3	Blühend, Anf. Juni, sehr üppig, feuchte Gartenwiese	1859	—	—	—	—	—	—	15.94	—	—	—	9.30p	2.55 o
4	Blühend, Anf. Juni, dürftig entw. trockne Wiese	1859	—	—	—	—	—	—	11.00	—	—	—	8.11p	1.76 o
5	Feldheu	1856	14.50	9.22	—	—	—	4.44	10.78	—	—	—	5.19	1.72
6	Natürliche Wiese, Italien	1873	74.90	3.17	1.01	14.78	3.96	2.18	12.62	4.01	59.05	15.79	8.53	2.02
7	„ „ 23. Juni geschnitten .	1879	14.30	4.88	1.45	43.29	32.81	2.27	5.96	1.68	50.55	38.28	3.80	0.95
8	Beginnende Blüthe, 1. Juli „ .	1878	14.30	6.20	2.00	48.10	25.30	4.10	7.24	2.33	56.12	29.53	4.78	1.16
9	Halbreif, 11. Juli	1878	14.30	5.30	1.90	47.20	27.50	3.80	6.19	2.22	55.07	32.09	4.43	1.01
10	Erster Schnitt nach d. Aussaat, Ende Juli	1877	14.30	5.57	1.08	45.19	29.48	4.38	6.50	1.25	52.74	34.40	5.11	1.04
11	Von reichem feuchtem Hochland, „ „	1877	14.30	6.90	2.00	45.40	26.80	4.60	8.05	2.33	52.99	31.28	5.37	1.29

Panicum-Arten: No. 13—16. Th. Dietrich u. O. Toepelmann. Directe Mitthl. Die Hirsen wurden in Marburg im Versuchsgarten der Winterschule vergleichend angebaut.

Paspalum. — Pet. Collier. Vergl. unter Panicum.

Phalaris canariensis: No. 1. R. Ulbricht u. Stóllar (Ungar. Altenburg). Originalmitthl.

Phleum pratense: No. 1. Th. Way. Vergl. unter Alopecurus pratensis.

No. 2. H. Ritthausen u. Scheven. Vergl. unter Agrostis canina.

No. 3—4. W. Knop u. R. Arendt. Landw. Versuchsst. Bd. 2. 1860. S. 32.

No. 5. A. Stöckhardt. Die naturgesetzlichen Grundlagen des Ackerbaues. Von E. Wolff. 1856. 866.

No. 6. Al. Pasqualini. Originalmitthl. — Unter den Nfr. Extractstoffen 10.53 % Stärkemehl und Zucker.

No. 7—11. S. W. Johnson. Ann. Rep. Connect. Agric. Experim. Stat. 1879. 76. — No. 7. Sehr üppig gewachsen, Halme 4—4½ Fuss hoch.

No. 8. Mit üppig entwickelten Halmen, mit sehr wenig Poa pratens. vermischt. No. 8 u. 9 stammen von einem u. demselben Felde, mit trocknem, schwerem, feinem Thonboden, in New Hampshire. Die Proben enthielten:

	No. 7	8	9	10
Amid-N in % des Gesammt-N	24.36	13.13	10.59	18.95
Albumin	4.51	6.29	5.53	5.27

No. 11. Enthielt ein wenig Agrost. vulgaris.

No.		Bezeichnungen und Bemerkungen	Jahr der Untersuchung	In der ursprünglichen Substanz: Wasser %	Nh-Substanz %	Rohfett %	Nfr. Extractstoffe %	Rohfaser %	Asche %	In der Trockensubstanz: Nh-Substanz %	Rohfett %	Nfr. Extractstoffe %	Rohfaser %	Asche %	Stickstoff in der Trockensubstanz %
		In verschiedenen Vegetations-Perioden.													
12	Schwerer Thonboden Grasstand seit 1872.	Zu Ende des Schossens	1876	58.86	3.94	0.80	20.88	13.59	1.93P	9.57	1.95	50.74	33.03	4.69P	1.53
		Desgl. als Heu	—	12.50	8.37	1.71	44.72	29.11	4.13						
13		In voller Blüthe	1876	69.42	2.17	0.60	16.30	10.18	1.33P	7.12	1.96	53.29	33.28	4.35P	1.14
		Desgl. als Heu	—	12.50	6.23	1.71	46.63	29.12	3.81						
14		Beendete Blüthe	1876	56.59	3.06	0.76	23.12	14.67	1.80P	7.06	1.75	53.26	33.78	4.15P	1.13
		Desgl. als Heu	—	12.50	6.18	1.53	46.60	29.56	3.53						
15		Der Reife nah	1876	51.92	3.27	0.94	25.09	17.03	1.75P	6.81	1.97	52.19	35.43	3.65P	1.09
		Desgl. als Heu	—	12.50	5.86	1.73	45.69	31.00	3.22						
		In verschiedener Düngung.													
16	Magerer Sandboden. Erster Schnitt, 1. Juli	Ungedüngt	1876	81.22	1.55	0.68	9.58	5.97	1.00P	8.50	3.60	50.57	31.80	5.33P	1.36
		Desgl. als Heu	—	14.30	7.28	3.08	43.34	27.25	4.74						
17		Mit Gyps gedüngt	1876	68.04	2.72	1.17	16.18	10.07	1.82P	8.50	3.66	50.63	31.50	5.71P	1.36
		Desgl. als Heu	—	14.30	7.28	3.14	43.39	27.00	4.89						
18		Mit rohem schwefelsaur. Kalium gedüngt	1876	72.48	2.34	0.69	13.36	9.27	1.84P	8.50	3.62	47.44	33.74	6.70P	1.36
		Desgl. als Heu	—	14.30	7.28	3.10	40.66	28.92	5.74						
19	Mergelthonboden, Gedüngt	6. Juni, erstes Erscheinen der Sprossen	1882	12.50	15.20	3.80	35.58	25.19	7.42	17.38	4.35	40.97	28.82	8.48	2.76
20		23. Juni, beginnende Blüthe	1882	12.50	9.63	2.25	39.97	30.04	5.61	11.02	2.57	45.64	34.36	6.41	1.76
21		25. Juli, vollendete Blüthe	1882	12.50	6.57	1.73	43.84	30.34	5.02	7.52	1.98	50.05	34.71	5.74	1.20
22	Mergelthonboden, Ungedüngt	6. Juni, erstes Erscheinen der Sprossen	1882	12.50	8.43	3.38	44.77	25.18	5.74	9.64	3.87	51.13	28.80	6.56	1.54
23		23. Juni, beginnende Blüthe	1882	12.50	5.59	2.26	46.55	28.15	4.65	6.39	2.58	53.51	32.20	5.32	1.02
24		25. Juli, vollendete Blüthe	1882	12.50	4.38	1.87	47.08	29.63	4.54	5.01	2.14	53.77	33.89	5.19	0.80
Mittel a. No. 1, 2, 8—11, 13, 14 u. 23, in der Blüthe (ungedüngt)		als Gras frisch		62.86	2.73	0.79	19.52	12.24	1.86	7.36	2.14	52.52	32.97	5.01	1.18
		als Heu		14.30	6.31	1.93	44.92	28.25	4.29						

Phleum pratense: No. 12—15. W. O. Atwater u. Warnecke. Report Agric. Exper. Stat. Middletown. Conn. 1877—78. 31. Die Vorfrüchte waren 1870 Kartoffeln, mit Pferdemist gedüngt. 1871 Gerste, in welche das Gras eingesät wurde. 1872 wurde das Gras mit 2 Ctr. Ammoniak-Superphosphat pro Acker überdüngt. Der Wassergehalt und die Zusammensetzung der frischen Substanz wurde von uns aus den Angaben über Ertrag an frischer und trockuer Masse und deren letzterer Zusammensetzung berechnet. Die Proben wurden 1876 auf der Farm des Maine Agricult. College zu Orano entnommen. Die Zusammensetzung der lufttrocknen Substanz vom Verf. berechnet mit 12.5 % Wasser (nicht völlig zutreffend).

No. 16—18. R. Heinrich. Landw. Jahrbücher. 1. 1872. 599. Im Gemenge mit Rothklee gebaut. Der Boden nähert sich dem Flugsand, hatte noch keinen Klee getragen und nur mässige Ernten gegeben. Vorfrüchte waren: Roggen, mit 1½ Centner Peruguano gedüngt, Kartoffeln, mit 80 Centner Stalldünger gedüngt, Hafer, in welchen das Gemisch aus ⅓ Timotheegras und ⅔ Klee (10.4) kam. Das angewendete Kalisalz enthielt 11.5 % Kali.

No. 19—24. H. W. Jordan. Annual Report of the Pennsylvania State College. 1881. S. 17—19. Der Dünger bestand aus aufgeschlossenem Knochenmehl, Chlorkalium und schwefels. Ammon, und wurde im März aufgestreut. Die ungedüngten Parzellen lagen dicht nebenan. Das gedüngte Gras zeigte ein um mehr als das Doppelte reicheres Wachsthum; das jüngere Gras enthielt mehr Wasser als das ältere und das gedüngte mehr als das ungedüngte.

Der Gehalt an Eiweissstickstoff und Amidstickstoff war in der Trockensubstanz folgender:

Gedüngt	6. Juni	23. Juni	25. Juli
Eiweissstickstoff	2.00 %	1.34 %	0.88 %
Amidstickstoff	0.78 „	0.42 „	0.32 „
Ungedüngt			
Eiweissstickstoff	1.20 „	0.83 „	0.61 „
Amidstickstoff	0,34 „	0.19 „	0.19 „

No.	Bezeichnungen und Bemerkungen	Jahr der Untersuchung	In der ursprünglichen Substanz: Wasser %	Nh-Substanz %	Rohfett %	Nfr. Extractstoffe %	Rohfaser %	Asche %	In der Trockensubstanz: Nh-Substanz %	Rohfett %	Nfr. Extractstoffe %	Rohfaser %	Asche %	Stickstoff in der Trockensubstanz %

Phragmites communis Trinius. — Arundo phragmites, Gemeines Schilf, Rohr.

No.	Bezeichnungen und Bemerkungen	Jahr	Wasser	Nh-Substanz	Rohfett	Nfr. Extractstoffe	Rohfaser	Asche	Nh-Substanz	Rohfett	Nfr. Extractstoffe	Rohfaser	Asche	Stickstoff
1	Halme. („Rohrstengel")	1855	—	—	—	—	—	—	10.77	3.10	38.02	40.00	8.11	1.72
2	Halme. (Stengel)	1859	—	—	—	—	—	—	8.81	—	—	—	—	1.41
3	Blätter	1859	—	—	—	—	—	—	15.87	—	—	—	—	2.54
4	Sumpfiger Boden (Italien)	1875	49.63	3.87	1.37	19.49	19.59	6.05	7.68	2.72	38.71	38.88	12.01	1.23

Poa annua L. — Kleines- auch Sommer-Rispengras. — Annual meadow grass.

No.	Bezeichnungen und Bemerkungen	Jahr	Wasser	Nh-Substanz	Rohfett	Nfr. Extractstoffe	Rohfaser	Asche	Nh-Substanz	Rohfett	Nfr. Extractstoffe	Rohfaser	Asche	Stickstoff
1	Blühend, 28. Mai, Lehm mit schwerem Untergrund	1849	79.14	2.47	0.71	10.79	6.30	0.59	11.83	3.42	51.70	30.22	2.83	1.864°
	Desgl. als Heu	—	14.30	10.14	2.93	44.30	25.90	2.43						

Poa pratensis L. — Wiesen-Rispengras. — Smoth stalked meadow-grass, (Spear-Grass, Kentuky Blue grass, Amerika). Paturin des prés.

No.	Bezeichnungen und Bemerkungen	Jahr	Wasser	Nh-Substanz	Rohfett	Nfr. Extractstoffe	Rohfaser	Asche	Nh-Substanz	Rohfett	Nfr. Extractstoffe	Rohfaser	Asche	Stickstoff
1	Blühend, 11. Juni, trockner kalkh. Lehm	1849	67.14	3.41	0.86	14.15	12.49	1.95	10.35	2.63	43.06	38.02	5.94	1.65
	Desgl. als Heu	—	14.30	8.90	2.20	36.90	32.60	5.10						
2	Blühend, 2. Juni, zieml. fruchtb. Wiese	1855	62.00	3.97	1.10	15.43	15.60	1.80	10.44	2.90	40.87	41.05	4.74	1.66
	Desgl. als Heu	—	12.50	9.30	2.60	35.50	35.90	4.20						
3	Blühend, Anf. Juni, sehr üppig entw. Gartenwiese v. Rande eines Grabens	1859	—	—	—	—	—	—	14.81	—	—	—	7.79p	2.37
4	Blühend, normal entw. Gartenwiese, trockner Stand	1859	—	—	—	—	—	—	12.56	—	—	—	7.00p	2.01
5	Blühend, dürftig entwickelt, vom Rande eines Chausseegrabens	1859	—	—	—	—	—	—	8.75	—	—	—	6.74p	1.40
6	Aus Wisconsin, Amerika	1878	—	—	—	—	—	—	11.54	2.86	52.48	27.94	5.18p	1.84
7	Aus Nord-Carolina	1879	8.97	6.83	4.51	54.26	20.45	4.98	7.50	4.95	59.63	22.45	5.47	1.20
	Mittel aus No. 1—5 blühend, als Gras frisch		64.57	4.03	0.95	14.16	14.01	2.28	11.38	2.68	39.96	39.54	6.44	1.82
	als Heu		14.30	9.75	2.29	34.26	33.88	5.52						

Poa serotina. — Fowl Meadow-grass.

No.	Bezeichnungen und Bemerkungen	Jahr	Wasser	Nh-Substanz	Rohfett	Nfr. Extractstoffe	Rohfaser	Asche	Nh-Substanz	Rohfett	Nfr. Extractstoffe	Rohfaser	Asche	Stickstoff
1	Aus Wisconsin, Amerika	1878	—	—	—	—	—	—	8.91	3.48	57.25	25.62	4.74p	1.42

Poa trivialis L. — Gemeines Rispengras. — Rough stalked meadow grass. — Paturin commun, P. raide.

No.	Bezeichnungen und Bemerkungen	Jahr	Wasser	Nh-Substanz	Rohfett	Nfr. Extractstoffe	Rohfaser	Asche	Nh-Substanz	Rohfett	Nfr. Extractstoffe	Rohfaser	Asche	Stickstoff
1	Blühend, 18/VI., kalkhaltiger Lehm	1849	73.60	2.55	0.97	10.57	10.11	2.20	9.65	3.67	40.32	38.03	8.33	1.54°
	Desgl. als Heu	—	14.30	8.40	3.20	34.40	32.60	7.10						
2	Blühend, 5/VI., zieml. fruchtb. Wiese	1855	78.00	2.30	0.80	8.40	8.80	1.60	10.45	3.64	39.54	40.00	6.37	1.67
	Desgl. als Heu	—	12.50	9.10	3.30	33.60	35.30	6.20						
3	Nicht berieselte Wiese, als Heu	1878	14.3	6.84	1.83	44.13	28.10	4.81	7.98	2.13	51.49	32.79	5.61	1.28
4	Berieselte Wiese, als Heu	1878	14.3	8.78	1.97	40.18	28.72	6.05	10.24	2.30	46.89	33.51	7.06	1.65
	Mittel aus No. 1—4 blühend, als Gras frisch		75.80	2.32	0.71	10.79	8.73	1.65	9.58	2.93	44.57	36.08	6.84	1.53
	als Heu		14.30	8.21	2.51	36.20	32.92	5.86						

Phragmites communis: No. 1. Ign. Moser. — Weend. Jahresber. 1855/56. 30. Unter den Nfr. Extractstoffen sind 4.0 Zucker d. i. Alkoholextract.
No. 2 u. 3. W. Knop und R. Arendt. — L.-V.-St. 2. 1860.
No. 4. Alex. Pasquanini. Vergl. unter Phleum pratense No. 6.

Poa annua: No. 1. Th. Way. Vergl. unter Alopecurus pratensis.

Poa pratensis: No. 1. Th. Way. Desgl.
No. 2. H. Ritthausen u. H. Scheven. Vergl. unter Agrostis canina.
No. 3—5. W. Knop u. R. Arendt. — L. V.-St. 2. 1860.
No. 6. Pet. Collier. Vergl. Agrostis exarata.
No. 7. Charl. W. Dabney. Ann. Rep. of the North-Carolina Agric. Exp. Stat. for 1881. 148.

Poa serotina: No. 1. Desgl.

Poa trivialis: No. 1. Th. Way. Vergl. unter Alopecurus pratensis.
No. 2. H. Ritthausen u. Scheven. Vergl. unter Agrostis canina.
No. 3 u. 4. C. Brimmer. Originalmitth.

No.	Bezeichnungen und Bemerkungen	Jahr der Untersuchung	In der ursprünglichen Substanz: Wasser %	Nh-Substanz %	Rohfett %	Nfr. Extractstoffe %	Rohfaser %	Asche %	In der Trockensubstanz: Nh-Substanz %	Rohfett %	Nfr. Extractstoffe %	Rohfaser %	Asche %	Stickstoff in der Trockensubstanz %
	Saccharum officinale L. — Zuckerrohr.*)													
1	Reifes Zuckerrohr	?	71.0	1.0	0.4	17.1	10.0	0.5	3.45	1.38	58.97	34.48	1.72	0.55
	Secale cereale L. — Gemeiner Roggen. — Common Rye. — Seigli cultivé.													
1	Futter-Roggen, Johannis-Roggen	—	72.9	3.3	0.9	14.0	7.3	1.6	12.18	3.32	51.67	26.93	5.90	1.95
2	Futter-Roggen, Johannis-Roggen	—	76.0	3.3	0.8	10.4	7.9	1.6	14.36	3.48	40.86	34.35	6.95	2.29
3	Staudenroggen (24 Zoll hoch)	1865	71.79	2.82	0.95	12.64	9.31	2.48	9.99	3.37	44.86	32.99	8.79	1.60
4	Von einem und demselb. Felde: einige Tage früher gesammelt	1854	79.23	3.09	0.89	6.43	8.58	1.78	15.22	4.33	30.37	41.45	8.63	1.43
5	Von einem und demselb. Felde: einige Tage später gesammelt	1854	75.42	2.70	0.89	8.96	10.49	1.54	11.00	3.63	36.43	42.67	6.27	1.76
	Winterroggen, mit Knochenmehl gedüngt, in verschiedenen Stadien der Entwickelung.													
6	Vor dem Schossen, 28″ hoch, 8. Mai	1868	—	—	—	—	—	—	16.82	3.23	35.58	36.09	8.28P	2.69
7	Geschosst, 36″ hoch, 15. Mai	1868	—	—	—	—	—	—	14.12	2.52	34.69	42.81	5.86P	2.42
8	Blüthe, 62″ hoch, 28. Mai	1868	—	—	—	—	—	—	9.88	2.23	37.08	46.68	4.13P	1.42
9	Reife, 72″ hoch, 10. Juli	1868	—	—	—	—	—	—	7.95	2.11	47.34	39.81	2.79P	1.27
10	Von einem und demselben Felde: 29. Juni, fett	1857	66.54	3.63	—	—	—	1.55	10.81	—	—	—	4.65	1.73°
11	Von einem und demselben Felde: 29. Juni, mager	1857	64.24	2.00	—	—	—	1.82	5.56	—	—	—	5.09	0.89°
	Roggen in verschiedenen Entwickelungsperioden und einzelnen Theilen.													
12	31. Mai	1881	69.30	3.64	1.57	15.21	7.47	2.81	11.87	5.11	49.56	24.32	9.14	1.90
13	13. Juni	1881	70.07	2.99	0.61	14.59	9.82	1.92	10.00	2.03	48.75	32.81	6.41	1.60
14	16. Juli	1881	46.17	3.77	1.03	32.61	13.73	2.69	7.00	1.93	60.56	25.51	5.00	1.12
15	23. Juli, reif	1881	19.60	5.37	1.16	44.39	25.59	3.89	6.68	1.45	55.19	31.83	4.85	1.07
16	30. Juli	1881	15.31	6.08	1.25	48.48	24.14	4.74	7.18	1.48	57.24	28.50	5.60	1.55
	Dessen Aehren (mit allen ihren Theilen incl. Körner).													
17	13. Juni	1881	70.67	3.39	0.81	14.56	8.99	1.58	11.56	2.75	49.64	30.66	5.39	1.86
18	16. Juli	1881	48.75	4.55	1.23	37.49	5.07	2.91	8.87	2.41	74.11	9.90	4.71	1.42
19	23. Juli, schnittreif	1881	27.86	8.98	1.31	50.79	8.25	2.81	11.06	1.95	71.66	11.44	3.89	1.77
20	30. Juli	1881	13.84	9.21	1.76	63.42	7.93	3.84	10.68	2.04	73.61	9.21	4.46	1.71

Saccharum officinale: No. 1. J. B. Boussingault. — D. Landwirthsch. i. Bez. z. Chemie etc. Deutsch v. Gräger. 1854. 3. B. S. 200.

*) In drei, bezw. von Martinique, Guadeloupe, Cairo bezogenen Sorten frischen, von den Blüthen befreiten Zuckerrohrs fand O. Popp (Hoffm. Jahresber. 1870—72. II. 25):

Rohrzucker	16 —18.1 %
Traubenzucker	0.25— 2.3 „
Cellulose	9.1 — 9.3 „
Asche	0.35— 0.42 „
Wasser	72.13—72.22 „

Secale cereale: No. 1. Aus E. Wolff's „landwirthsch. Fütterungslehre". Stuttgart, 1861. 460.
No. 2. Aus v. Gohren's „D. Naturgesetze d. Fütterung". Leipzig, 1872. 584.
No. 3. J. Nessler u. E. Muth. Ber. d. V.-St. Karlsruhe 1870. 56.
No. 4 u. 5. Aug. Völcker. — Trans. Highl. Agric. Soc. Scotland. Juli 1854. 431. (Weender Jahresb. 1854. II. 17.)
No. 6—9. Ed. Heiden. — Ber. d. V.-St. Pommritz 1869. 68. Vorfr. Weizen; der Roggen wurde am 3. Octob. 1867 breitwürfig gesäet; gedüngt mit 4 Ctr. Knochenmehl p. sächs. Acker.
No. 10 u. 11. H. Ritthausen. — Mitth. d. landw. Centralv. Schlesien. 9. 1858. 134.
No. 12—24. P. P. Dehérain u. Meyer. — Jahresb. d. Agriculturchemie 1882. 163. (Annal. agronom. 1882. 8. 23).

Bei der Untersuchung wurden ferner bestimmt und gefunden:

In % der Trockensubst. in No.	1	2	3	4	5	6	7	8	9	10	11	12	13
Nichtreducirender Zucker	0.31	7.72	2.56	0.51	0.91	5.12	2.91	1.38	0.91	8.09	2.23	Spur	Spur
Reducirender Zucker	4.21	1.43	0.99	0.87	0.20	0.94	1.00	0.20	0.20	1.51	0.82	0.23	„
Stärke	8.32	8.62	28.18	30.93	31.89	11.65	43.17	55.29	56.90	8.20	17.04	16.66	15.83
Phosphorsäure	0.80	0.39	0.50	0.47	0.56	0.32	0.55	0.75	0.81	0.39	0.55	0.22	0.28
In % der Asche Phosphorsäure	8.81	6.13	10.09	9.92	10.01	6.02	11.84	19.35	18.57	6.15	8.80	4.43	4.57

No.	Bezeichnungen und Bemerkungen	Jahr der Untersuchung	In der ursprünglichen Substanz: Wasser %	Nh-Substanz %	Rohfett %	Nfr. Extractstoffe %	Rohfaser %	Asche %	In der Trockensubstanz: Nh-Substanz %	Rohfett %	Nfr. Extractstoffe %	Rohfaser %	Asche %	Stickstoff in der Trockensubstanz %
	Halme mit Blättern.													
21	13. Juni	1881	69.02	2.83	0.60	15.26	10.26	2.03	9.12	1.94	49.26	33.12	6.56	1.46
22	16. Juli	1881	43.29	3.26	0.91	28.50	21.07	2.97	5.75	1.60	50.26	37.16	5.23	0.92
23	23. Juli	1881	16.66	3.40	1.09	37.80	36.52	4.53	4.08	1.31	45.36	43.82	5.43	0.67
24	30. Juli	1881	14.63	4.32	0.96	39.85	34.82	5.42	5.06	1.13	46.87	40.79	6.35	0.81
	Mittel aus No. 1 u. 2, Futterroggen { frisch .		74.45	3.39[1])	0.87	11.82	7.83	1.64	13.27[1])	3 40	46 27	30.64	6.42	2.12
	{ als Heu		14 30	11.27	2 91	41.76	26.26	5.50						
	Grüner Roggen als Sauerfutter.													
25	Grüner Roggen in Silos conservirt . .	1881	72.50	1.99	12.86[2])		9.72	2.13	7.16	50.18		34.99	7.67	1.14

Setaria germanica P. B. Fennich, Kolbenhirse, Mohar. — German golden millet. Hungarien Grass (Amerika). Moha de Hongrie.

No.	Bezeichnungen und Bemerkungen	Jahr der Untersuchung	Wasser %	Nh-Substanz %	Rohfett %	Nfr. Extractstoffe %	Rohfaser %	Asche %	Nh-Substanz %	Rohfett %	Nfr. Extractstoffe %	Rohfaser %	Asche %	Stickstoff in der Trockensubstanz %
1	Erste Qual., zarte Halme ohne Aehren	1855	13.99	16.60	—	32.99	30.00	6.52	19.30	—	38.33	34.89	7.58	3.09
2	Zweite Qualität	1855	10.50	9.33	—	38.50	35.07	6.60	10.42	—	43.02	39.18	7.38	1.67
3	Dritte Qual., völlig ausgebild. starke Halme, v. d. Blüthe geschnitten	1855	10.14	8.44	—	46.28	28.96	6.18	9.39	—	51.50	32.23	6.88	1.50
4	Durchschnitt einer grösseren Zahl von Analysen	1855	12.50	9.68	—	41.32	30.40	6.09	11.06	—	47.22	34.75	6.97	1.77
5	Zum Theil der Blüthe nahe, nicht frisch gedüngter Boden	1864	11.17	7.30	2.42	41.18	32.26	5.67	8.22	2.72	46.35	36.32	6.39p	1.32
6	Vor der Blüthe geerntet	1866	16.25	9.13	2.26	38.84	28.54	4.98	10.90	2.70	46.38	34.08	5.94	1.74
7		1870	—	—	—	—	—	—	12.75	2.25	37 04	38.32	9.64	2.04
8	Schwerer Lehmboden, seit 2 Jahren nicht gedüngt, Ernte von 1877	1877	16.7	6.09	1.30	42.40	27.17	6.34	7.34	1.55	50.89	32.59	7.63	1.17
			11.52	9.32	1.81	36.09	34.42	6.84						
9		1877	—	—	—	—	—	—	10.52	2.05	41.49	38.89	7,05	1.69
	In verschiedenen Vegetations-Perioden.													
10	Schnitt am 11. Juli, 3—4″ hoch .	1859	80.95	4.90	—	7.10	4.56	2.49	25.72	—	37.28	23.93	13.07	4.11
			12.50	22.54	—	32.58	20.94	11.44						
11	Schnitt am 26. Juli, 8—10″ hoch	1859	78.65	5.34	—	8.06	5.48	2.47	25.26	—	37.12	25.93	11.69	4.04
			12.50	22.10	—	32.48	22.69	10.23						

Secale cereale: No. 21—24 siehe S. 22 No. 12—24.

1) Die Stickstoff-Substanz des Futterroggens besteht nach O. Kellner (Landw. Jahrbücher 1879. I. Suppl. p. 243) für die Trockensubstanz aus:

	Gesammt-N	Nichteiweiss-N	Nichteiweiss-N in % vom Gesammt-N	N in Amidoverbindungen
Vom 28. März, 8 cm hoch, ohne Internodien . .	4.433 %	1.701 %	38.5 %	1.245 %
Vom 20. April, 35 cm hoch, mit 2 Internodien .	3.574 ,,	0.901 ,,	25.2 ,,	0.752 ,,

No. 25. Aug. Völcker. The Journ. of the Roy. Agric. Soc. of England. Bd. 19. T. I. S. 237.

2) Mit 0.80 % Milchsäure.

Setaria germanica: No. 1—4. Ig. Moser. — Weend. Jahresb. 1855/56. II. 29. (Arenstein's land- u. forstw. Ztg. 1856. 380.) Auf trockn. leicht. Boden in Ungarn gewachsen. Zur Bestimmung d. Rohfaser wurde die Substanz bei angehender Kochhitze mit Kalilauge u. Säure (H Cl) digerirt, die stärker waren als die bei dem Weende'r Verfahren angewendeten. (V.-St. 7. 1865. 433.)

No. 5. Ig. Moser. L. V.-St. 7. 1865. 432. Angebaut auf d. Feldern d. Lehranst. z. Ungarisch-Altenburg. Gut eingebracht. Untersucht nach d. Weende'r Verfahren.

No. 6. Ig. Moser. Hoffmann's Jahresb. 1868/69. 493. —

No. 7. Leop. Lenz (Iglau). L. V.-St. 12. 1870. 347. Nach E. Wolff's Anleit. 2. Aufl. Stammt vermuthlich aus Ung.-Altenburg.

No. 8. S. W. Johnson. — Ann. Rep. Connecticut Agric. Experim. Stat. 1879. 78.

No. 9. O. Kohlrausch. Originalmittheilung.

No. 10—14. Metzdorf. — Mitth. d. landw. Centralv. Schlesien 1859. 11. 85. (Weend. Jahresb. 1857/61. II. 68. Hoffm. Jahresb. 3. 1860/61. 136. Ztschr. f. Deutsch. Landw. 1860. 190. Wilda's l. Centralbl. 1860. I. 552.) In Schlesien gebaut, einem gutgedüngten Feldstücke entnommen. Die Zusammensetzung der heutrocknen Substanz im Original nicht richtig berechnet, von uns corrigirt.

No.	Bezeichnungen und Bemerkungen	Jahr der Untersuchung	In der ursprünglichen Substanz: Wasser %	Nh-Substanz %	Rohfett %	Nfr. Extractstoffe %	Rohfaser %	Asche %	In der Trockensubstanz: Nh-Substanz %	Rohfett %	Nfr. Extractstoffe %	Rohfaser %	Asche %	Stickstoff in der Trockensubstanz %
12	Schnitt am 10. Aug., 15—16″ hoch	1859	69.91	5.85	—	12.47	9.42	2.35	19.44	—	41.44	31.31	7.81	3.11
			12.5	17.01	—	36.26	27.40	6.83						
13	Schnitt am 24. Aug., 18—24″ hoch in der Blüthe	1859	65.56	5.86	—	14.95	11.34	2.29	17.16	—	42.92	33.21	6.71	2.74
			12.50	15.02	—	37.55	29.06	5.87						
14	Schnitt am 7. Sept., 18—24″ hoch, nach der Blüthe	1859	62.89	5.78	—	17.40	11.50	2.40	15.57	—	46.99	30.98	6.46	2.49
			12.50	13 62	—	41.06	27.32	5.50						
15	Schnitt am 27. Juli, Rispen zum Theil entwickelt, 20″ hoch	1876	78.30	2.78	0.44	9.08	7.53	1.87	12.81	2.04	41.76	34.69	8.60P	2.05
			16.70	10.67	1.70	34.85	28.91	7.17P						
16	Schnitt am 3. Aug., Rispen völlig entwickelt, Samen noch weich	1876	71.73	2.72	0.51	14.24	9.35	1.45	9.63	1.83	50.35	33.06	5.13P	1.54
			16.70	8.03	1.53	41.91	27.55	4.28P						
17	Schnitt am 18. Aug., Nahezu reif, Samen fallen aus	1876	70.24	2.04	0.51	14.99	10.33	1.89	6.87	1.70	50.36	34.73	6.34P	1.10
			16.70	5.72	1.42	41.94	29.94	5.29P						
18	Gut eingebracht, nicht beregnet . .	1870	4.76	8.91	2.02	39.29	37.87	7.15	9.35	2.12	41.25	39.77	7.51	1.49
19	Beregnet	1870	6.03	5.07	2.71	48.81	32.18	5.20	5.40	2.88	51.94	34.25	5.53	0.86
	Mittel a. No. 2—7, No. 9, 13, 15, in der Blüthe — als Gras frisch		71.93	3.24	0.66	12.01	10.10	2.06	11.47	2.35	43.16	35.74	7.28	1.83
	— als Heu . .		14.30	9.79	2.01	37.03	30.62	6.25						

Setaria italica L. (Stammpflanze: Set. viridis L.).

No.	Bezeichnungen und Bemerkungen	Jahr	Wasser	Nh-Substanz	Rohfett	Nfr. Extractstoffe	Rohfaser	Asche	Nh-Substanz	Rohfett	Nfr. Extractstoffe	Rohfaser	Asche	Stickstoff
1	Deutsche weisse Kolbenhirse	1881	85.25	1.36	0.20	6.70	4.78	1.71	9.22	1.38	45.43	32.38	11.59	1.47

Setaria setosa. Pigeon grass, Bristle gras. Bristly Fox Tail.

No.	Bezeichnungen und Bemerkungen	Jahr	Wasser	Nh-Substanz	Rohfett	Nfr. Extractstoffe	Rohfaser	Asche	Nh-Substanz	Rohfett	Nfr. Extractstoffe	Rohfaser	Asche	Stickstoff
1	Aus Texas	1878	—	—	—	—	—	—	8.61	1.51	50.41	32.76	6.71P	1.38

Gattung **Sorghum.**

No.	Bezeichnungen und Bemerkungen	Jahr	Wasser	Nh-Substanz	Rohfett	Nfr. Extractstoffe	Rohfaser	Asche	Nh-Substanz	Rohfett	Nfr. Extractstoffe	Rohfaser	Asche	Stickstoff
1	**S. cernuum W.** Ganze Pflanze, Thonboden	1873	54.41	10.78	0.20	14.84	18.08	2.42	23.64	0.44	30.96	39.65	5.31	3.78
2	**S. cernuum W.** Ganze Pflanze, Thonboden	1875	51.01	7.86	1.12	22.30	13.17	4.54	16.04	2.29	45.53	26.88	9.26	2.57
1	**S. halapense,** von Alabama	1878	—	—	—	—	—	—	13.18	2.86	53.96	25.15	4.85P	2.11
1	**S. avenaceum var. nutans,** von Texas	1878	—	—	—	—	—	—	3.29	1.67	52.71	36.70	5.63P	0.52

Sorghum saccharatum Pers. Holcus saccharatus L. Zucker-Mohrhirse. — Indian holcus or millet. — Sorgho sucré de la Chine.

No.	Bezeichnungen und Bemerkungen	Jahr	Wasser	Nh-Substanz	Rohfett	Nfr. Extractstoffe	Rohfaser	Asche	Nh-Substanz	Rohfett	Nfr. Extractstoffe	Rohfaser	Asche	Stickstoff
1	Humoser mergelig. Thonboden, unged.	1857	87.03	2.36	—	—	—	1.48	18.19	—	—	—	11.37	2.91⁰
			12.32	15.95	—	—	—	9.97						
2	Vor Entwicklung der Rispen	1857	78.41	3.08	—	10.96	6.23	1.31	14.26	—	50.82	28.85	6.07	2.28
3	Rispen entwickelt, aber noch in der Blatthülle	1865	76.59	1.77	1.55	13.90	5.41	0.78P	7.59	6.65	59.19	23.22	3.35	1.21

Setaria germanica: No. 15—17. W. O. Atwater u. Warnecke. — Rep. Agricult. Experim. Stat. Middletown, Conn. 1877—78. 32. Niederungsboden mit grandigem Lehm. Zusammensetzung d. lufttrocknen Subst. auf gleichen Wassergehalt von den Analytikern berechnet.

No. 18 u. 19. R. Ulbricht u. Koós Gábor. Originalmittheilung.

	In Wasser lösliche org. Stoffe	Mineralstoffe
No. 18	12.95 %	6.32 %
No. 19	15.75 „	4.45 „

Setaria italica: Th. Dietrich u. O. Toepelmann. — Directe Mitth. — Wurde im Vergleich mit Panicum-Arten im Garten der landw. Winterschule angebaut.

Setaria setosa. No. 1 u. Sorghum halapense u. Sorgh. avenaceum: Pet. Collier. — Ann. Rep. Comm. Agric. (Washington) 1878. 184. Sorgh. halapense führt in Amerika d. Namen Johnsongrass, False Guinea grass, Means grass, Egyptian grass.

Sorgh. avenac. wird Indian grass, Wood grass genannt. Es bildet einen beträchtlichen Antheil des natürlichen Grases der westlichen Prairien.

Sorghum cernuum: No. 1 u. 2. Al. Pasqualini. Ann. Staz. Agrar. d. Forli. 2. 1873. 49 u. 4. 1875. 103.

Sorghum saccharatum: No. 1. C. Karmrodt. — Weend. Jahresb. 1857/61. II. 59. Ztschr. d. Rheinprovinz 1858. 176. No. 2, 19 u. 20. J. Moser u. Reitlechner. — Ebendas. 65. Blätter u. Stengel von No. 2 31. Juli bei grosser Trockenheit geerntet.

No. 3. J. Moser. — L. V.-St. 8. 1866. 93. Gesäet 13. Mai, geschnitten 15. Sept. Durchschnittsgewicht einer Pflanze 185 g (Weend. Methode).

No.	Bezeichnungen und Bemerkungen	Jahr der Untersuchung	In der ursprünglichen Substanz: Wasser %	Nh-Substanz %	Rohfett %	Nfr. Extractstoffe %	Rohfaser %	Rohasche %	In der Trockensubstanz: Nh-Substanz %	Rohfett %	Nfr. Extractstoffe %	Rohfaser %	Rohasche %	Stickstoff in der Trockensubstanz %
4	Rispen eben gebildet, Thonboden . .	1875	58.63	5.41	0.98	20.29	10.00	4.69	13.09	2.37	49.03	24.17	11.34	2.09
5	Desgl.	1875	51.43	7.04	1.19	24.90	10.53	4.91	14.49	2.45	51.27	21.68	10.11	2.32
6	Erster Schnitt, aus Innbruck i. Wiener Wald	1877	81.80	1.19	0.41	9.83	5.63	1.14P	6.52	2.29	54.01	30.93	6.25P	1.04
7	{ Erst. Schn., 17. Juli, 50 Tage alt } Samen aus Görz	1877	87.24	1.66	0.45	6.15	3.36	1.14	13.01	3.60	48.07	26.39	8.93P	2.08
8	{ Zweit. „ 27. Spt., 72 „ „ } Samen aus Görz	1877	84.90	1.43	0.63	6.95	4.76	1.33	9.45	4.16	46.02	31.56	8.81P	1.51
9	{ Erst. Schn., 17. Juli, 50 Tg. alt } Samen aus Ungarn	1877	86.75	1.29	0.46	5.85	4.22	1.43	9.70	3.47	44.19	31.82	10.82P	1.55
10	{ Zweit. „ 27 Spt., 72 „ „ } Samen aus Ungarn	1877	81.32	1.75	0.76	9.27	5.65	1.25	9.32	4.12	49.66	30.20	6.30P	1.49
11	{ Erster Schnitt	1878	81.64	2.10	0.74	9.34	4.26	1.92	11.44	4.03	50.78	23.20	10.55	1.83
12	{ Zweiter Schnitt	1878	81.63	1.14	0.44	9.66	5.80	1.23P	6.21	2.39	53.13	31.58	6.69	0.99
13	{ Erster Schnitt, Ende Juli	1858	—	—	—	—	—	—	13.31	—	—	—	—	2.13°
14	{ Zweiter Schnitt, Anf. Nov. (Septemb.?)	1858	—	—	—	—	—	—	15.62	—	—	—	—	2.50
15	{ Dritter Schnitt, fast reife Pflanzen .	1858	—	—	—	—	—	—	6.62	—	—	—	—	1.06
16	. . . .	1880	69.04	4.56	0.85	16.13	7.58	1.84	14.73	2.74	52.61	24.48	5.44	2.35
	In verschiedenen Vegetations-Perioden.													
17	{ 23. August, 102 Tage alt	1859	85.17	2.51	—	6.63	4.57	1.12	16.93	—	44.71	30.81	7.55	2.71
18	{ 26. September, 136 Tage alt . . .	1859	81.80	2.19	2.55	8.44	4.05	0.97	12.01	14.01	46.41	22.25	5.32	1.92°
	Einzelne Theile der Pflanze.													
19	{ Blätter	1857	71.67	2.99	1.11	13.46	8.34	1.93	10.55	3.92	45.71	31.21	6.81	1.69
20	{ Stengel	1857	81.78	3.13	0.28	8.88	4.93	1.00	17.17	1.54	48.74	27.06	5.49	2.75
21	Stengel	1860	84.11	1.90	—	—	—	1.69	11.97	—	—	—	10.63	1.88°
22	{ Blätter } geschnitten d. 30. November	1862	50.40	3.74	0.84	28.09	12.40	4.53	7.54	1.69	55.46	24.99	10.32	1.21
23	{ Stengel } geschnitten d. 30. November	1862	72.31	0.69	0.23	20.36	6.02	0.38	2.49	0.83	73.56	21.75	1.37	0.39
24	{ Blätter	1878	56.85	6.69	—	14.66	15.29	4.03	15.50	—	39.74	35.43	9.33	2.48
25	{ Stengel	1878	68.81	0.63	—	12.46	6.90	1.36	2.02	—	71.50	22.12	4.36	0.32
26	Blätter, Early Amber-Sorgh.	1879	—	—	—	—	—	—	13.14	12.96	—	17.98	15.49	2.10
27	„ Honduras-Sorgh.	1879	—	—	—	—	—	—	10.43	8.34	—	18.51	14.08	1.67
28	Stengel, Early Amber-Sorgh.	1879	—	—	—	—	—	—	4.95	7.92	—	16.01	6.55	0.79
29	„ Honduras-Sorgh.	1879	—	—	—	—	—	—	4.81	6.33	—	16.48	4.46	0.77
	Mittel aus No. 2, 3, 6—12, 17 u. 18*) } als Gras frisch		82.50	1.85	0.67	8.75	4.95	1.28	10.58	3.84	50.00	28.25	7.33	1.69¹)

Sorghum saccharatum: No. 4 u. 5. Al. Pasqualini. An. Staz. Agrar. Forli 4. 1875. 103.
No. 6—10. J. Moser. 1. Ber. d. Ver.-Stat. Wien 1870—1877. 469. 7 u. 8 wurden in Vösendorf, 9 u. 10 in Gutenhof gebaut. Der Samen wurde am 27. resp. 28. Mai breitwürfig u. nicht dicht ausgesäet; gedüngt theils mit Stallmist, theils mit Superphosphat und Fischguano.
No. 11 u. 12. J. Moser u. Böcker. Originalmittheilung.
No. 13—15. H. S. Thompson. — Weend. Jahresb. 1857/61. II. 67. (Journ. Soc. Agr. Soc. 20. 385.)
No. 16. O. Kohlrausch u. Carl Hoffmann. — Org. d. Centralver. f. Rübenzuckerindustrie. Wien, 1881. 109. Die untersuchte Probe stammte von einem Anbauversuche zu Ostellato in Oberitalien; sie enthielt 6.48 % Fruchtzucker und 3.21 % Rohrzucker.
No. 17 u. 18. Aug. Völcker. — Journ. Roy. Agric. Soc. Engl. 20. 378. (Weend. Jahresb. 1857/61. II. 65.) In der Analyse sind ferner als nähere Bestandtheile aufgeführt:

	No. 17	wasserfrei	No. 18	wasserfrei
Eiweiss	0.36	2.42	0.37	2.03
Andere lösl. Proteïnstoffe	0.90	6.08	1.16	6.36
Unlösliche Proteïnstoffe .	1.25	8.43	0.66	3.62
Zucker	—	—	5.85	32.15
Lösliche Mineralstoffe .	0.81	5.46	0.74	4.06
Unlösliche „ .	0.31	2.09	0.73	1.26

No. 21. Rob. Hoffmann. — Centralbl. f. d. gesammte Landeskultur in Böhmen 1861. No. 15.
No. 22 u. 23. J. Moser. — Hoffm. Jahresb. 1862/63. 59. Der Stengel enthielt 1.28 Stärkemehl und 9.50 % Zucker.
No. 24 u. 25. O. Kohlrausch. (V.-St. f. Rübenzuckerind. zu Wien.) Originalmitth.
Die Blätter enthielten 2.48 % Rohrzucker
Die Stengel „ 8.20 „ „ und 0.61 % Invertzucker.
No. 26—29. Pet. Collier. — Letter of the Commissioner of Agriculture to the Hon. Ino W. Johnston on Sorghum Sugar. Washington, 1880. 21.

*) Bei der Berechnung des Mittels wurde der Rohfettgehalt bei No. 18 ausgeschlossen.

¹) Nach einer privaten Mittheilung fand O. Kellner in 0.5 m hohen Sorghum, auf Trockensubstanz berechnet, Gesammt-N 1.70 %, davon Nichtproteïn-N 0.435 = 25.6 % des Gesammt-N.

No.	Bezeichnungen und Bemerkungen	Jahr der Untersuchung	In der ursprünglichen Substanz: Wasser %	Nh-Substanz %	Rohfett %	Nfr. Extractstoffe %	Rohfaser %	Asche %	In der Trockensubstanz: Nh-Substanz %	Rohfett %	Nfr. Extractstoffe %	Rohfaser %	Asche %	Stickstoff in der Trockensubstanz %
	Sorghum vulgare Pers. — Gemeine Mohrhirse.													
1	Vor Entwickelung der Aehren-Rispe .	1857	77.31	2.96	—	11.91	6.70	1.13	13.04	—	52.45	29 53	4.98	2.09
2	Rispe entwickelt	1873	63.69	7.44	0.15	15.47	10.83	2.42	20.49	0.41	42.62	29.82	6.66	3.28
3	Erst. Schn., 17. Juli, 50 Tg. alt } Samen a.	1877	86.55	1.38	0.65	5.65	4.10	1.67p	10.27	4.80	41.97	30.51	12.45p	1.64
4	Zweit. „ 27. Spt., 72 „ „ } Ungarn	1877	80.40	1.55	0.65	10.03	6.03	1.34p	7.91	3.33	51.18	30.73	6.85p	1.27
5	{ Blätter . . . } vor Entwicklung der	1857	69.99	4.39	1.60	15.35	6.73	1.93	14.63	5.33	51.19	22.42	6.43	2.34
6	{ Stengel . . . } Aehren-Rispe	1857	80.24	2.39	0.21	9.68	6.68	0.80	12.09	1.06	48.99	33.81	4.05	1.93
1	**Sporobolus Indicus** — Smut grass .	1878	—	—	—	—	—	—	12.46	3.30	52.14	25.91	6.19p	1.99
2	Desgl.	1879	8.24	11.33	3.00	47.41	23.56	6.46	12.23	3.26	51.64	25.65	7.22	1.95
1	**Stipa tenacissima L.** — Esparterogras	1865	—	—	—	—	—	—	6.04	1.36	24.75	62.27	5.58	0.97
1	**Tricuspis seslerioides** — Tall red top	1878	—	—	—	—	—	—	6.32	2.05	49.22	37.86	4.55p	1.01
1	**Tripsacum dactyloides** — Gama grass	1878	—	—	—	—	—	—	8.62	2.40	56.43	26.59	5.96p	1.38
	Triticum vulgare Vill. — Gemeiner Weizen. In verschiedenen Vegetationsperioden.													
	Winter-Igelweizen.							p					p	o
1	{ Zeit des Schossens, 15. Juni . . .	1855	75.6	2.65	—	—	—	2.28	10.88	—	—	—	9.34	1.740
2	{ Ende der Blüthe, 5. Juli	1855	68.7	2.98	—	—	—	2.13	9.53	—	—	—	6.80	1.524
3	{ Beinahe reif, 4. August	1855	39.9	4.80	—	—	—	3.56	7.99	—	—	—	5.93	1.278
4	{ Beginn der Blüthe, 13. Juni . . .	1856	64.1	1.95	—	—	—	2.46	5.44	—	—	—	6.86	0.87
5	{ Nach der Blüthe, 5. Juli	1856	56.4	1.88	—	—	—	2.37	4.31	—	—	—	5.51	0.69
6	{ Beinahe reif, 1. August	1856	37.8	3.23	—	—	—	3.03	5.19	—	—	—	4.88	0.83
7	{ Im Schossen, 2. Mai	1857	77.6	3.85	—	—	—	2.13	17.18	—	—	—	9.50	2.75
8	{ In der Blüthe, 15. Juni	1857	68.5	1.95	—	—	—	2.27	6.19	—	—	—	7.20	0.99
9	{ Völlig reif, 29. Juli	1857	26.9	4.16	—	—	—	4.68	5.69	—	—	—	6.40	0.91
	Talavera-Winterweizen.													
10	{ Zeit des Schossens, 15. Juni . . .	1855	79.2	2.72	—	—	—	1.79	13.06	—	—	—	8.62	2.09
11	{ Ende der Blüthe, 5. Juli	1855	73.9	2.44	—	—	—	1.90	9.37	—	—	—	7.28	1.50
12	{ Beinahe reif, 4. August	1855	49.4	3.64	—	—	—	3.12	7.19	—	—	—	6.18	1.15
13	{ Zeit des Schossens, 2. Mai	1857	74.4	4.24	—	—	—	2.56	16.56	—	—	—	10.00	2.65
14	{ Blüthe, 15. Juni	1857	69.7	2.21	—	—	—	2.09	7.31	—	—	—	6.90	1.17
15	{ Völlig reif, 29. Juli	1857	34.1	3.29	—	—	—	4.28	5.00	—	—	—	6.50	0.80
16	{ Im 4. Blatt, 6. Mai	1859	—	—	—	—	—	—	25.25	—	—	—	12.17	4.04
17	{ Beginn der Blüthe, 14. Juni . . .	1859	—	—	—	—	—	—	7.13	—	—	—	7.22	1.14
18	{ Reif, 27. Juli	1859	—	—	—	—	—	—	6.26	—	—	—	5.60	1.00
	Frankensteiner-Weizen.													
19	{ Im 4. Blatt, 6. Mai	1859	—	—	—	—	—	—	21.56	—	—	—	10.39	3.45
20	{ Beginn der Blüthe, 14. Juni . . .	1859	—	—	—	—	—	—	8.19	—	—	—	6.53	1.31
21	{ Reif, 27. Juli	1859	—	—	—	—	—	—	6.58	—	—	—	5.41	1.05

Sorghum vulgare: No. 1, 5 u. 6. Ign. Moser u. Reitlechner. Wie unter Sorghum saccharatum No. 2, 19 und 20.
No. 2. A. Pasqualini. Wie unter Sorgh. saccharatum No. 5 u. 6.
No. 3 u. 4. Ign. Moser. Wie unter Sorgh. saccharatum No. 22 u. 23.

Sporobolus Indicus: No. 1. P. Collier. Wie unter Setaria setosa; stammt vom Misissippi.
No. 2. Ch. W. Dabney. – Ann. Rep. North Carolina Agricult. Exp. St. 1881. 148.

Stipa tenacissima: No. 1. Stevenson-Macadam. – Hoffm. Jahresb. 1866. 107. (Chemical news 1865. No. 304. Chem. Centralbl. 1866. 304.) Das Gras dient zwar wenig als Futter u. wird fast ledigl. zu techn. Zwecken (Taue, Stricke, Papier) verwendet; wird aber d. Vollständigk. halber hier m. aufgeführt.

Tricuspis seslerioides u. Tripsacum dactyloides: No. 1. P. Collier. Wie unter Setaria setosa. Tricuspis von Texas. Wächst auf sandigen Feldern, auf trocknen unfruchtbaren Stellen und ist in den Ver. Staaten Nordamerikas sehr verbreitet.

Triticum vulgare: No. 1–24. Em. Wolff. – Hohenheimer Mitthl. 5. 161–346.
No. 1–3. Im 2. Jahre der Düngung. Vorfrucht Mohn. Bei No. 10–12 ebenso.
No. 4–6. Vorfrucht Kohl, Sommerweizen, gelbe Lupinen, Hirse gedüngt, Weizen.
No. 7–9. Vorfrucht Weizen, Hafer, Hirse gedüngt.
No. 13–15. Vorfr. Ged. Mohn, Wintergerste, Sommerroggen, Kümmel ged. 48.3% d. Aehren brandig.
Bei No. 16–18 und bei No. 22–24 die Hälfte der Aehren brandig.
Zur Berechnung der Nh-Substanz bei No. 16–24 wurde vom Autor der N-gehalt mit 6.4 multiplicirt; wir corrigirten nach dem procent. Gehalt der Proteïnsubstanz zu 16. Die Zahlen bei der „ursprünglichen Substanz" u. der Trockensubstanz bei No. 1–18 berechneten wir nach den Angaben des Autors für Trockensubstanz, Asche und Stickstoff.

No.	Bezeichnungen und Bemerkungen	Jahr der Untersuchung	In der ursprünglichen Substanz						In der Trockensubstanz					Stickstoff in der Trockensubstanz
			Wasser	Nh-Substanz	Rohfett	Nfr. Extractstoffe	Rohfaser	Asche	Nh-Substanz	Rohfett	Nfr. Extractstoffe	Rohfaser	Asche	
			%	%	%	%	%	%	%	%	%	%	%	%
	Whitington-Weizen.													
22	Im 4. Blatt. 6. Mai	1859	—	—	—	—	—	—	27.19	—	—	—	11.85	4.35°
23	Beginn der Blüthe. 14. Juni	1859	—	—	—	—	—	—	9.94	—	—	—	7.60	1.59
24	Reif. 1. August	1859	—	—	—	—	—	—	6.46	—	—	—	5.96	1.033
	In verschiedenen Vegetationsperioden und verschiedener Intensität der Entwicklung.													
								p					p	o
25	25. Juni üppig entwickelt, „fett“	1855	75.09	2.19	—	—	—	—	10.18	—	—	—	—	1.63
26	25. Juni dürftig „ „mager“	1855	74.49	1.56	—	—	—	—	6.06	—	—	—	—	0.97
27	3. Juni üppig „ „fett“	1856	77.35	3.44	—	—	—	1.85	15.25	—	—	—	8.16	2.44
28	3. Juni dürftig „ „mager“	1856	76.47	2.50	—	—	—	2.23	10.81	—	—	—	9.48	1.73
29	10. Juni üppig „ „fett“	1856	76.08	3.63	—	—	—	1.60	15.18	—	—	—	6.68	2.43
30	10. Juni dürftig „ „mager“	1856	74.73	2.00	—	—	—	1.30	7.87	—	—	—	5.08	1.26
31	17. Juni üppig „ „fett“	1856	79.33	2.93	—	—	—	1.91	14.12	—	—	—	9.27	2.26
32	17. Juni dürftig „ „mager“	1856	70.97	2.75	—	—	—	2.09	9.62	—	—	—	7.19	1.54
	Mittel Weizen im 4. Blatt (16, 19 u. 22. 6. Mai)		—	—	—	—	—	—	24.7	—	—	—	11.5	3.95
	Weizen im Schossen (1, 7, 10 u. 13)		76.70	3.35	—	—	—	2.19	14.4	—	—	—	9.4	2.31

Zea Mais L. — Mais, türkischer Weizen, Kukurutz. — Maize, Indian corn, Corn-fodder, Maize-fodder. — Maize Formentina (Italien).

No.	Bezeichnungen und Bemerkungen	Jahr der Untersuchung	Wasser	Nh-Substanz	Rohfett	Nfr. Extractstoffe	Rohfaser	Asche	Nh-Substanz	Rohfett	Nfr. Extractstoffe	Rohfaser	Asche	Stickstoff in der Trockensubstanz
	Amerikanischer Pferdezahn-Mais.													
1	Vor dem Blüthenansatz, 80 Tage nach der Aussaat, 24. August	1854	84.34	0.92	—	8.67	4.96	1.10	5.88	—	55.42	31.68	7.02	0.94
2	Bei sich zeigenden Blüthenorganen, Ernte 1865	1865	86.78	1.68	0.27	7.04	3.29	0.94	12.72	2.04	53.21	24.91	7.12	2.03
3	Bei sich zeigenden Blüthenorganen, Ernte 1866	1866	84.49	1.84	0.24	7.13	5.02	1.28	11.86	1.55	45.88	32.46	8.25	1.89
4	Vor dem Erscheinen der männl. Blüthen, Sweet-corn	1877	92.91	0.87	0.14	3.20	1.90	0.98	12.22	2.04	45.08	26.84	13.82	1.95
5	Norfolk white	1877	87.18	0.88	0.28	6.44	4.38	0.84	6.87	2.14	50.23	34.19	6.57	1.10
6	Desgl.	1877	85.04	0.78	0.22	8.06	5.16	0.74	5.19	1.46	53.95	34.45	4.95	0.83
7	Beim Erscheinen der männl. Blüthe, Southern white, dichte Saat	1874	85.70	1.20	0.18	6.73	4.95	1.23p	8.44	1.30	46.98	34.66	8.62p	1.35
8	Beim Erscheinen der männl. Blüthe, Southern white, dünne Saat	1874	85.70	1.27	0.21	7.28	4.60	0.94p	8.87	1.50	50.91	32.17	6.55p	1.42
9	Zwei Wochen später als vorige geschnitten, dünne Saat	1874	85.70	1.48	0.14	7.37	4.31	1.00p	10.38	1.01	51.48	30.16	6.97p	1.66

Triticum vulgare: No. 25—32. H. Ritthausen. Mitthl. d. landw. Centralbl. f. Schlesien. 1858. Heft 9. 134. Die Pflanzen wurden von einem und demselben Felde gesammelt.

Zea-Mais: No. 1 u. 10. Em. Wolff. Möckern'sche Berichte. 3. 1. (Weend. Jahresber. 1854. II. 16). Die beiden Sorten wurden in Möckern vergleichsweise angebaut. Beide wurden nach 80 Tagen Vegetationszeit geschnitten; der amerik. Mais war zu dieser Zeit ohne Spur von Blüthe, der oberösterr. dagegen hatte abgeblüht und trug vollständig entwickelte Kolben, deren Fruchtboden schon ziemlich hart und verholzt war, während die Körner sich noch ganz milchig zeigten.

No. 2—3. Th. Dietrich. Landw. Anzeiger f. d. Rgbz. Kassel. 1867. 186. Gut mit Stallmist gedüngter, lehmiger Sandboden (Garten).

No. 4. S. W. Johnson. Rep. Connect. Exper. Stat. 1878. 60. Guter Gartenboden.

No. 5 u. 6. S. W. Johnson. Rep. Connect. Agric. Exper. Stat. 1879. 156. — No. 5. Seit längerer Zeit in Kultur stehendes, aus umgebrochenem Grasland hervorgegangenes und mit Stallmist gedüngtes Feld. — No. 6. Neuland, welches 2 Roggenernten getragen, dann, angesät 5 Jahre lang als Weideland gelegen, dann gepflügt und 2 mal hintereinander Futtermais getragen hatte. Probe vom zweiten Anbau. (Americ. Journ. Science a. Arts. 1877. Biederm. Ctrlbl. 1878. 683).

No. 7—9. W. O. Atwater. Rep. Agric. Exper. Stat. Middletown, Conn. 1877—1878. 35. — No. 7 u. 8 wurden gleichzeitig am 23. August geschnitten; erstere war dicht, letztere dünn ausgesät, ebenso No. 9; alle 3 auf sandigem und steinigem Boden gewachsen.

No.	Bezeichnungen und Bemerkungen	Jahr der Untersuchung	In der ursprünglichen Substanz						In der Trockensubstanz					Stickstoff in der Trocken-substanz
			Wasser %	Nh-Substanz %	Rohfett %	Nfr. Extractstoffe %	Rohfaser %	Asche %	Nh-Substanz %	Rohfett %	Nfr. Extractstoffe %	Rohfaser %	Asche %	%
10	Oberösterreichischer Mais. Abgeblüht und Körneransatz. 80 Tage nach der Aussaat	1854	82.15	1.09	—	10.93	4.73	1.10	6.11	—	61.24	26.49	6.16	0.98
11	Baden'scher gelber, in der Blüthe .	1854	85.69	1.13	0.58	—	—	1.12	7.90	4.06	—	—	7.95	1.264°
12	Desgl.	1868	67.10	2.83	0.73	22.08	5.69	1.60	8.60	2.22	67.03	17.29	4.86	1.38
13	Cinquantino, 71 Tage nach der Aussaat, 4. August	1866	84.88	2.23	0.72	5.76	5.50	0.92[P]	14.75	4.76	38.03	36.38	6.08	2.36
14	Pignoletto, 76 Tage nach der Aussaat, 4. September	1866	87.20	1.97	0.65	5.88	3.57	0.73[P]	15.39	5.08	45.94	27.89	5.70	2.46
15	Pignoletto, 87 Tage nach der Aussaat, 6. October	1866	86.48	1.76	0.54	6.21	4.21	0.81[P]	13.02	3.99	45.86	31.14	5.99	2.08
16	Caragua, ca. 100 Tage nach der Aussaat, 7. September	1877	83.13	1.50	0.42	10.17	3.68	1.07	8.89	2.50	60.45	21.82	6.34	1.42
	Ohne Bezeichnung der Sorte.													
17	In der Blüthe	1854	85.20	1.00	—	7.40	5.60	0.80	6.76	—	49.99	37.84	5.41	1.08
18	Desgl.	1873	70.90	6.12	0.08	16.35	6.82	1.73	21.03	0.27	46.85	23.43	5.94	3.36
19	Vor Ansatz der Kolben, 31. Juli bei grosser Trockenheit geschnitten . .	1857	76.79	1.94	—	14.41	5.87	0.99	8.36	—	62.09	25.28	4.27	1.33
20	. . . .	1866	85.44	2.01	0.82	6.98	4.02	0.72	13.80	5.63	47.72	27.91	4.94	2.21
21	. . . .	1875	86.20	0.90	0.18	7.80	3.67	0.95	6.52	1.30	58.71	26.59	6.88	1.04
22	Mit milchreifen Körnern	1877	—	—	—	—	—	—	6.47	1.28	68.14	18.37	5.74	1.03
23	. . . .	1875	—	—	—	—	—	—	7.69	3.04	50.60	30.97	7.70	1.23
24	. . . .	1876	—	—	—	—	—	—	9.75	2.62	53.27	26.47	7.89	1.56
25	. . . .	1876	—	—	—	—	—	—	17.44	3.45	44.56	27.87	6.68	2.79
26	. . . .	1876	—	—	—	—	—	—	10.75	2.91	56.87	22.00	7.47	1.72
27	Erfrorener Grünmais	1876	—	—	—	—	—	—	9.25	2.22	42.47	35.15	10.91	1.48
	Mit Berücksichtigung der Düngungsverhältnisse.													
28	Gedüngt	1875	—	—	—	—	—	—	11.81	3.33	46.72	29.99	8.15[P]	1.89
29	Ungedüngt	1875	—	—	—	—	—	—	9.56	3.11	51.58	30.00	5.75[P]	1.53
30	Gedüngt	1870	83.70	1.83	0.76	8.45	4.32	1.44	11.23	4.66	48.88	26.40	8.83	1.80
31	Ungedüngt	1870	81.14	1.21	0.52	10.59	5.26	1.28	6.42	2.76	56.14	27.89	6.79	1.03

Zea-Mais: No. 11. Eichhorn. Weender Jahresber. 1854. II. 83. Nh-Sbst. von uns aus dem angegebenen N-gehalt (× 6.25) berechnet.
No. 12. J. Nessler u. H. Körner. Ber. d. V.-St. Karlsruhe. 1870. 56.
No. 13–15. Ign. Moser. Hoffm. Jahresber. 1867. 253. – No. 13 auf kräftigem, mit Stallmist ged. Boden, No. 14 auf schwerem, mit Kompost ged. Boden, No. 15 auf gutem mit Stallmist ged. Boden gewachsen. Die Pflanzen von No. 14 waren vom Regen etwas nass. Durchschnittsgew. eines Stengels: den von 13 = 100 gesetzt. No. 14: 184. No. 15: 260.
No. 16. A. Leclerc. Biedermann's Agric. Centralbl. 1878. 288. Zusammensetzung aus der der Einzeltheile berechnet.
No. 17. Em. Wolff u. Jani. Hohenheim. Mitthl. 2. 1855. 135.
No. 18. A. Pasqualini. Ann. Staz. Agrar. Forli II. 1873. 47.
No. 19. Ign. Moser u. Reitlechner. Weend. Jahresber. 1857—60. II. 65. Die Zusammensetz. wurde nicht direct bestimmt, sondern aus der der Pflanzentheile berechnet.
No. 20. Ign. Moser. L. V.-St. 8. 1866. 98.
No. 21. L. Grandeau. Hoffm. Jahresbericht. 1875–76. II. 34. (Journal d'agricult. prat. 1875. 107). Zucker: 0.13.
No. 22. J. A. Barral. Hoffm. Jahresbericht. 1878. 745. (Journal d'agricult. prat. 1877. 132.) Alkoholextrakt 11.77. Die Pflanzen hatten eine durchschnittliche Höhe von 2.33 m und ein Gewicht von 1.292 kg.
No. 23—27. C. Weigelt. Privatmitthl.
No. 28 u. 29. H. Weiske. Privatmitthlg. (D. Landwirth. 1873. 179.)
No. 30—31. Ed. Peters. Der Landwirth. 1870. 35. Ausser dem auf Proteïn berechn. N war noch solcher in Form von Ammoniak und Salpetersäure zugegen:

	%	%
gedüngt	0.021	0.0385
ungedüngt	0.013	0.0142

No.	Bezeichnungen und Bemerkungen	Jahr der Untersuchung	In der ursprünglichen Substanz: Wasser %	Nh-Substanz %	Rohfett %	Nfr. Extractstoffe %	Rohfaser %	Asche %	In der Trockensubstanz: Nh-Substanz %	Rohfett %	Nfr. Extractstoffe %	Rohfaser %	Asche %	Stickstoff in der Trockensubstanz %
32	Gedüngt, Var. Zea gracillima . . .	1875	—	—	—	—	—	—	14.63	3.35	44.17	29.50	8.35P	2.34
33	Ungedüngt „ „ . . .	1875	—	—	—	—	—	—	12.25	4.14	44.56	31.87	7.28P	1.80
34	Ungedüngt	1878	82.03	0.91	0.59	11.23	4.79	0.45P	5.06	3.28	62.53	26.63	2.50P	0 81
35	Mit Chlorkalium gedüngt	1878	80.25	0.90	0.40	12.45	5.60	0.39	4.56	2.03	63.09	28.35	1.97	0.73
36	Desgl.	1878	87.90	0.73	0.30	6.41	3.66	1.00	6.03	2.48	52.98	30.25	8.26	0.96
37	Desgl.	1878	89.54	0.83	0.29	5.18	3.34	0.82	7.93	2.77	49.53	31.93	7.84	1.27
38	Pferdezahn-Mais: Schwechat, 88 Tage alt: Stallmist	1876	88 66	2.06	0.36	4.99	3.06	0.87	18.16	3,17	44.02	26.98	7.67	2.91
39	„ + Superphosphat	1876	87.32	1.73	0.49	5.88	3.66	0.92	13.64	3.87	46.36	28.87	7.26	2.18
40	Vösendorf, 160 Tage alt: Stallmist	1876	82.91	1.35	0.53	8.51	5.72	0.98	7.90	3.10	49.80	33.47	5.73	1.26
41	„ + Superphosphat	1876	80.11	1.30	0.68	10.23	6.04	1.04	6.53	3.42	52.47	30.34	7.24P	1.04
42	Ungarischer Mais: Schwechat, 88 Tage alt: Stallmist	1876	86.85	—	—	—	—	—	—	—	—	—	—	—
43	„ + Superphosphat	1876	85.97	1.19	0.45	6.80	4.62	0.97P	8.48	3.21	48.47	32.93	6.91P	1.36
44	Vösendorf 160 Tage alt: Stallmist	1876	78.35	—	—	—	—	—	—	—	—	—	—	—
45	„ + Superphosphat	1876	79.81	1.23	0.73	10.79	6.50	0.94P	6.03	2.18	55.31	31.87	4.61	0.96
46	Schwarzwasser, mit Stallmist 106 Tage alt	1877	76.72	0.98	0.92	13.04	7.70	0.64	3.81	3.55	56.81	33.08	2.75	0.61
47	Moorboden, Stallmist + Chlorkalium, 106 Tage alt . . .	1877	79.35	0.90	0.76	11.69	6.67	0.63	4.36	3.68	56.61	32.30	3.05	0.69
48	Moorboden, Kirchberg a. W. Knochenmehl + Chlorkalium, 83 Tage alt	1877	88.12	0.79	0.43	6.21	3.83	0.62	6.65	3.62	52.27	32.24	5.22	1.06
49	Paduaner Mais: Vösendorf 160 Tage alt: Stallmist	1876	76.66	1.39	0.69	12.25	7.87	1.14	5.95	2.96	52.49	33.72	4.88	0.95
50	„ + Superhposphat	1876	74.87	1.77	0.86	13.55	7.99	0.96	7.04	3.42	53.93	31.79	3.82	1.13

Mit Berücksichtigung der Düngungsverhältnisse, der Säe-Weite und der Vegetationsdauer.

No.	Bezeichnungen und Bemerkungen	Jahr der Untersuchung	Wasser %	Nh-Substanz %	Rohfett %	Nfr. Extractstoffe %	Rohfaser %	Asche %	Nh-Substanz %	Rohfett %	Nfr. Extractstoffe %	Rohfaser %	Asche %	Stickstoff in der Trockensubstanz %
51	Caragua-Mais, V., Reihen-Abstand in Metern: 0.3 m, Ueberdüngt, 10 Wochen alt	1875	90.09	0.94	0.21	4.42	3.44	0.99	9.49	2.12	43.69	34.71	9.99	1.52
52	V. 0.3 m, Ueberdüngt, 19 Wochen alt	1875	78.19	2.00	0.63	12.70	5.61	0.87	9.17	2.89	58.23	25.72	3.99	1.47
53	V. 0.3 m, Ungedüngt, 10 Wochen alt	1875	89.39	1.00	0.20	5.15	3.57	0.70	9.43	1.89	47.43	34.65	6.60	1.51
54	V. 0.3 m, Ungedüngt, 19 Wochen alt	1875	80.01	1.55	0.48	10.61	6.25	1.11	7.75	2.40	53.03	31.27	5.55	1.24
55	F. 0.3 m, Ueberdüngt, 10 Wochen alt	1875	89.13	0.92	0.26	4.91	3.66	1.13	8.46	2.39	45.08	33.67	10.40	1.35

Zea-Mais: No. 32—33. H. Weiske. Privatmittheilung.
No. 34—37. Ign. Moser u. Böcker. Privatmitthl.
No. 38—85. Ign. Moser. 1. Ber. d. K. K. Vers.-Stat. Wien, 1878. 156. Die Versuchsfelder Schwechat und Vösendorf liegen in der Nähe von Wien, das in Kirchberg a. W. in Niederösterreich in 570 m Höhe mit rauhem Klima und Moorboden; das von Schwarzwasser in Oesterreich-Schlesien, ebenfalls auf Moorboden. Das angewendete Superphosphat war Mejillones-Guano-S.
No. 51—85. Das Feld für die Versuche, welche das Material unter No. 51—85 lieferten, liegt in Simmering bei Wien, war durchwegs in guter Kraft; theilweise fand eine Ueberdüngung mit N-haltigen Phosphaten oder Superphosphaten und diversen Kalisalzen statt (nähere Angaben darüber fehlen). Der Abstand der Pflanzen in den Reihen war durchwegs 2 cm. Die zum Versuch verwendete Sorte Caragua wurde theils von Vilmorin-Paris, theils von Frommer-Pest bezogen und war angeblich original-amerikanisch; in der Tabelle sind diese Bezugsquellen mit den Buchstaben V u. F gekennzeichnet. Die Pferdezahnmais-Saat ebenfalls aus Paris als original-amerikanisch bezogen. Ueber

No.	Bezeichnungen und Bemerkungen	Jahr der Untersuchung	In der ursprünglichen Substanz: Wasser %	Nh-Substanz %	Rohfett %	Nfr. Extractstoffe %	Rohfaser %	Asche %	In der Trockensubstanz: Nh-Substanz %	Rohfett %	Nfr. Extractstoffe %	Rohfaser %	Asche %	Stickstoff in der Trockensubstanz %
56	Caragua-Mais, F., Reihen-Abstand in Metern 0.4 m, Ueberdüngt, 10 Wochen alt	1875	90.73	1.41	0.27	4.01	2.85	p 0.73	15.21	2.91	43.27	30.74	p 7.87	2.43
57	V. 0.4 m, Ueberdüngt, 19 Wochen alt	1875	80.36	1.25	0.64	11.01	5.63	1.11	6.37	3.26	56.05	28.67	5.65	1.02
58	V. 0.4 m, Ungedüngt, 10 Wochen alt	1875	89.55	1.55	0.24	4.43	3.48	0.75	14.83	2.30	42.40	33.29	7.18	2.37
59	V. 0.4 m, Ungedüngt, 19 Wochen alt	1875	77.46	1.53	0.72	13.22	5.90	1.17	6.79	3.19	58.66	26.17	5.19	1.09
60	F. 0.4 m, Ungedüngt, 10 Wochen alt	1875	89.68	1.11	0.29	4.76	3.40	0.74	10.74	2.81	46.38	32.91	7,16	1.72
61	F. 0.4 m, Ungedüngt, 19 Wochen alt	1875	80.18	0.88	0.49	13.53	3.28	1.64	4.44	2.47	68.27	16.55	8.27	0.71
62	V. 0.5 m, Ueberdüngt, 10 Wochen alt	1875	89.97	1.64	0.26	4.30	2.88	0.95	16.35	2.59	44.88	28.71	9.47	2.62
63	V. 0.5 m, Ueberdüngt, 19 Wochen alt	1875	80.78	0.89	0.81	10.09	5.87	1.55	4.63	4.21	52.55	30.54	8.07	0.74
64	V. 0.5 m, Ungedüngt, 10 Wochen alt	1875	89.73	1.30	0.26	4.43	3.52	0.76	12.66	2.53	43.14	34.27	7.40	2.03
65	V. 0.5 m, Ungedüngt, 19 Wochen alt	1875	82.52	1.02	0.60	9.95	4.44	1.47	5.84	3.43	56.92	25.40	8.41	0.93
66	Pferdezahn-Mais, Reihen-Abstand in Metern 0.3 m, Ueberdüngt, 10 Wochen alt	1875	90.13	1.02	0.25	4.74	3.23	0.63	10.33	2.53	48.03	32.73	6.38	1.65
67	„ „ 19 „ „	1875	81.37	1.36	0.54	9.88	6.06	0.80	7.30	2.90	53.00	32.51	4.29	1.01
68	„ Ungedüngt, 10 „ „	1875	90.96	0.90	0.22	4.27	3.05	0.60	9.96	2.43	47.23	33.74	6.64	1.59
69	„ „ 19 „ „	1875	84.11	0.96	0.62	8.18	3.95	2.18	6.04	3.90	52.48	24.86	12.72	0.97
70	0.4 m, Ueberdüngt, 10 „ „	1875	89.71	1.10	0.29	5.05	3.17	0.68	10.69	2.82	49.07	30.81	6.61	1.71
71	„ „ 19 „ „	1875	80.61	1.50	0.71	11.66	4.76	0.75	7.74	3.66	60.18	24.55	3.87	1,26
72	„ Ungedüngt, 10 „ „	1875	90.95	1.02	0.24	4.10	3.02	0.67	11.27	2.65	45.31	33.37	7.40	1.80
73	„ „ 19 „ „	1875	84.24	0.72	0.65	8.43	4.22	1.73	4.57	4.12	53.55	26.78	10.98	0.73
74	0.5 m, Ueberdüngt, 10 „ „	1875	89.76	1.75	0.28	4.69	2.86	0.66	17.02	2.73	45.87	27.93	6.45	2.76
75	„ „ 19 „ „	1875	79.38	1.36	0.57	11.61	5.90	1.18	6.59	2.76	56.32	28.61	5.72	1.05
76	„ Ungedüngt, 10 „ „	1875	89.28	1.18	0.26	5.56	3.21	0.51	10.81	2.43	52.06	29.94	4.76	1.73
77	„ „ 19 „ „	1875	83.03	1.11	0.48	10.14	4.47	0.77	6.54	2.83	59.75	26.34	4.54	1.05
78	Cinquantino-Mais, Reihen-Abstand in Metern 0.3 m, Ueberdüngt, 10 Wochen alt	1875	85.56	0.94	0.34	7.36	5.06	0.74	6.52	2.36	50.91	35.08	5.13	1.04
79	0.3 m, Ungedüngt, 10 Wochen alt	1875	84.31	0.95	0.38	8.93	4.70	0.74	6.05	2.42	56.96	29.85	4.72	0.97
80	0.4 m, Ueberdüngt, 10 Wochen alt	1875	86.59	1.53	0.34	7.04	3.77	0.73	11.42	2.54	52.45	28.14	5.45	1.83
81	Pignoletto-Mais, Reihen-Abstand in Metern 0.3 m, Ueberdüngt, 10 Wochen alt	1875	85.26	0.86	0.40	7.55	5.16	0.76	5.83	2.71	52.29	34.01	5.16	0.93
82	0.3 m, Ungedüngt, 10 Wochen alt	1875	85.42	1.75	0.42	7.14	4.74	0.53	12.00	2.88	49.97	32.51	2.64	1.92

die Erträge dieses Versuchs und über den sehr abweichenden Gehalt an KO und P_2O_5 geben nachstehende Zahlen Auskunft.

Ernte-Ertrag bei Caragua und Pferdezahn-Mais bei 0.3 m Reihenabstand in kg pro Are: 54
„ 0.4 „ „ „ „ „ „ 41
„ 0.5 „ „ „ „ „ „ 25

In 100 Thl. d. frischen Substanz:

No.	51	52	53	54	55	56	57	58	59	60	61	62	63	64	65	66
Kali	0.062	0.227	0.196	0.332	0.165	0.075	0.291	0.246	0.381	0.295	0.545	0.053	0.240	0.118	0.440	0,310
Phosphorsäure	0.033	0,070	0.085	0.068	0.056	0.061	0.193	0.115	0.174	0.055	0.103	0.045	0.174	0.075	0.102	0,048
No.	67	68	69	70	71	72	73	74	75	76	77	78	79	80	81	82
Kali	0.345	0.299	0.421	0.207	0.229	0.293	0.332	0.402	0.517	0.251	0.214	0.118	0.149	0.286	0.326	0.287
Phosphorsäure	0.076	0.054	0.112	0.050	0.081	0.051	0.113	0.065	0.126	0.057	0.126	0.075	0.083	0.073	0.084	0,048

No.	Bezeichnungen und Bemerkungen	Jahr der Untersuchung	In der ursprünglichen Substanz						In der Trockensubstanz					Stickstoff in der Trockensubstanz
			Wasser %	Nh-Substanz %	Rohfett %	Nfr. Extractstoffe %	Rohfaser %	Asche %	Nh-Substanz %	Rohfett %	Nfr. Extractstoffe %	Rohfaser %	Asche %	%
83	Mittel für Caragua- und Pferdezahn-Mais, 10 Wochen alt	1875	89.93	1.20	0.27	4.41	3.23	0.96	11.92	2.68	43.80	32.07	9.53	1.91
84	Mittel für Carnaga- und Pferdezahn-Mais, 19 Wochen alt	1875	80.94	1.24	0.61	10.50	5.10	1.61	6.51	3.21	55.09	26.75	8.44	1.04
85	Mittel für Cinquantino- und Pignoletto-Mais, 10 Wochen alt	1875	85.43	1.21	0.38	7.34	4.69	0.95	8.30	2.60	50.38	32.20	6.52	1.33
86	. . . .	1881	79.19	2.47	0.10	—	6.34	—	11.83	0.48	—	30.36	--	1.89
87	. . . .	1881	80.79	2.74	0.12	—	5.03	—	14.26	0.62	—	26.18	—	2.28
88	. . . .	1881	79.27	1.96	0.11	—	4.64	—	9.45	0.53	—	22.38	—	1.51
89	Körnermais, dünn gesäet	1882	79.72	1.78	0.24	12.46	4.73	1.07	8 79	1.19	61.43	23.33	5.26	1.41
90	Futtermais, dicht gesäet	1882	87.15	1.54	0.19	6.06	4.19	0.87	11.95	1.46	47.20	32.62	6.77	1.91
91	Grünmais, am 10. October 1882 . . .	1882	87.35	1.39	0.29	5.93	4.07	0.97	11.04	2.35	46.77	32.17	7.67	1.76
92	Auf dem Versuchsfelde in Pisa gewachsen	1882	81.71	2.64	0.61	6.84	4.91	3.29	13.68	3.16	40.67	25.44	17.05	2.19
93	Zehn Tage nach dem im Juli erfolgten Schneiden	1860	78.00	1.40	—	15.37	3.00	2.23	6.37	—	69.87	13.63	10.13	1.02
94	Von Ende September bis November im Freien gestanden	1868	50.05	3.56	0.34	27.20	15.26	3.59	7.12	0.68	54.49	30.53	7.18	1.14
95	Altes Culturland, gedüngt } auf dem Felde	1874	27.59	4.97	1.55	36.37	24.76	4.76	6.87	2.14	50.23	34.19	6.57	1.10
96	Neuland, ungedüngt } gestanden	1874	26.92	3.79	1.07	39.42	25.18	3.62	5.19	1.46	53.95	34.45	4.95	0.83
97	Altes Culturland, gedüngt } in der Scheuer	1875	53.76	3.18	0.99	23.22	15.81	3.04	6.88	2.14	50.23	34.18	6.57	1.10
98	Neuland, ungedüngt } gelegen	1875	54.95	2.34	0.66	24.29	15.52	2.24	5.19	1.46	53.93	34.45	4.97	0.83
99	Pferdezahn - Mais, nach der Körner-Ernte	1878	36.49	4.62	1.16	35.78	19.08	2.87	7.28	1.80	56.36	30.04	4.52	1.16
100	Gemenge von Pferdezahn- und ungar. Mais, nach zweitägigem Abwelken .	1876	55.45	5.20	2.15	22.99	11.64	2.57P	11.67	4.82	51.67	26.07	5.77	1.87
101	In Holland gewachsen, Mittel von 4 Analysen	1883	89.27	0.87	0.27	4.39	4.01	1.19	8.11	2.51	40.92	37.37	11.09	1.30
102	Auf dem Versuchsfelde des landw. Instituts Halle gewachsen } 16/VIII. 80	1880	82.60	1.63	0.44	7.51	6.50	1.32	9.27	2.50	43.74	36.98	7.51	1.48
103	} Mittel von 4 Analysen	1882 bis 1884	83.86	1.15*)	0.49	880	4.80	1.60	7.12	3.04	50.19	29.74	9.91	1.14

Zea-Mais: No. 83—85. Aus No. 51—82 v. u. berechnete Mittel.
No. 86—88. G. Lechartier. Ann. agronomiques 1881. Bd. 7. S. 481. Aschengehalt ist nicht angegeben; es enthielt ferner:

	Ammoniak %	Glycose %	Zucker %	Stärke %	Pectinstoffe %
No. 86	0.021	2.064	0.983	4.302	0.344
„ 87	0.032	2.089	0.816	3.219	0.495
„ 88	0.023	1.832	1.084	3.089	0.410

No. 89 u. 90. Versuchsstation Connecticut: Annual report of the Agric. Exper. Station for 1882.
No. 91. J. König. 3. Bericht der Versuchsstation Münster. 1884. S. 20.
No. 92. A. Funaro. Landwirthsch. Versuchsstation. Bd. 28. S. 121. Der Grünmais enthält 1.31 % reines Eiweiss oder 0.21 % Eiweiss-N.
No. 93. Rob. Hoffmann. Wilda's landwirthschaftliches Centralblatt. 1861. I. Nh-Substanz, von uns umgerechnet.
No. 94. J. Nessler u. H. Körner. Bericht der Versuchsst. Karlsruhe. 1870. 34.
No. 95—98. S. W. Johnson. Dasselbe Material wie unter 5 und 6. Die Pflanzen waren am 1. September geschnitten, theils (No. 95 u. 96) in Garben gebunden und bis zum 11. November auf dem Felde geblieben, theils (97 und 98) in die Scheuer gebracht und dort bis zum 10. Februar des nächsten Jahres verblieben.
No. 99. S. W. Johnson. Ann. Rep. Connect. Agric. Exper. Stat. 1878. 60. „Maize-Stover", Halme, Blätter und entkörnte Kolben nach der Ernte.
No. 100. Ign. Moser. 1. Bericht d. Versuchsst. Wien. 1878. 164. Die gemengten Maissorten sind die oben unter No. 38—48 aufgeführten.
No. 101. A. Mayer. Journ. für die Landw. 1884. S. 357.
No. 102—103. Jul. Kühn, Römer u. Schwab. Mentzel u. Lengerke's landw. Kalender. 1885 II. Th.

*) Darin 0.82 % reines Proteïn.

No.		Bezeichnungen und Bemerkungen	Jahr der Untersuchung	In der ursprünglichen Substanz: Wasser %	Nh-Substanz %	Rohfett %	Nfr. Extractstoffe %	Rohfaser %	Asche %	In der Trockensubstanz: Nh-Substanz %	Rohfett %	Nfr. Extractstoffe %	Rohfaser %	Asche %	Stickstoff in der Trockensubstanz %
		In verschiedenen Vegetations-Perioden.													
104	Pferdezahn-Mais	Vor dem Erscheinen der männlichen Blüthe, 25. Juli	1877	92.91	0.87	0.14	3.20	1.90	0.98	12.22	2.04	45.08	26.84	13.82	1.95
105		In voller Blüthe, 9. August . . .	1877	88.29	1.31	0.17	5.74	3.23	1.27	11.19	1.44	49.08	27.45	10.84	1.90
106		Sterne milchig, 25. August . . .	1877	90.48	0.86	0.14	4.72	2.69	1.10	9.08	1.46	49.57	28.30	11.59	1.45
107		Nahezu reif, 25. September . . .	1877	80.74	1.54	0.24	9.21	5.94	2.33	7.89	1.27	47.94	30.78	12.12	1.26
108		Höhe der Pflanze 10.8 cm, geschnitten 24. Mai, 6 Tage alt .	1875	—	—	—	—	—	—	27.53	—	41.42	21.11	9.94	4.21
109		Höhe der Pflanze 16.2 cm, geschnitten 31. Mai, 13 Tage alt .	1875	—	—	—	—	—	—	21.18	—	38.75	25.74	14.23	3.39
110		Höhe der Pflanze 25.7 cm, geschnitten 7. Juni, 20 Tage alt .	1875	—	—	—	—	—	—	24.62	—	43.77	18.29	13.32	3.94
111		Höhe der Pflanze 33.6 cm, geschnitten 14. Juni, 27 Tage alt	1875	—	—	—	—	—	—	22.44	—	42.97	20.70	13.89	3.59
112		Höhe der Pflanze 52.8 cm, geschnitten 21. Juni, 34 Tage alt	1875	—	—	—	—	—	—	16.18	—	46.73	24 08	13.01	2.59
113		Höhe der Pflanze 87.0 cm, geschnitten 28. Juni, 41 Tage alt	1875	—	—	—	—	—	—	17.43	—	39.70	28.53	14.34	2.79
114		Höhe der Pflanze 118.3 cm, geschnitten 5. Juli, 48 Tage alt .	1875	—	—	—	—	—	—	10.12	—	44.95	31.13	13.80	1.62
115		Höhe der Pflanze 145.0 cm, geschnitten 12. Juli, 55 Tage alt	1875	—	—	—	—	—	—	6.56	—	51.95	30.93	10.56	1.05
116		Höhe der Pflanze 174.3 cm, geschnitten 19. Juli, 62 Tage alt	1875	—	—	—	—	—	—	6.09	—	53.41	30.32	10.18	0.98
117		Höhe der Pflanze 208.0 cm, geschnitten 26. Juli, 69 Tage alt	1876	88.96	0.56	—	5.60	3.78	1.10	5.06	—	50.77	34.25	9.92	0.81
118		Höhe der Pflanze 224.0 cm, geschnitten 2. August, 76 Tage alt	1876	88.36	0.57	—	5.92	4.10	1.05	4.87	—	50.87	35.23	9.03	0.78
119		Höhe der Pflanze 233.0 cm, geschnitten 9. August, 83 Tage alt	1876	87.08	0.60	—	6.84	4.31	1.17	4.62	—	53.05	33.26	9.07	0.74
120		Höhe der Pflanze 263.0 cm, geschnitten 16. August, 90 Tage alt	1876	83.90	0.62	—	9.11	5.25	1.12	3.87	—	57.18	31.98	6.97	0.62
121		Höhe der Pflanze 278.0 cm, geschnitten 23. August, 97 Tage alt	1876	80.90	0.62	—	10.79	6.16	1.53	3.25	—	56.49	32.23	8.03	0.52
122		Geschnitten 30. August, 104 Tage alt	1876	—	—	—	—	—	—	2.87	—	58.88	30.16	8.09	0.46
123		Geschnitten 6. September, 111 Tage alt	1876	—	—	—	—	—	—	3.40	—	51.89	36 10	8.61	0.56
124		Geschnitten 13. September, 118 Tage alt	1876	—	—	—	—	—	—	3.44	—	51.02	36.26	9.28	0.55

Zea-Mais: No. 104—107. S. W. Johnson. Rep. Connectic. Agric. Exper. Stat. 1878. 60. Pferdezahn-Mais, grosse Varietät von Sweet-corn. Auf gutem Kornboden gewachsen.
No. 108—124. H. Weiske, B. Dehmel und St. von Dangel. Landwirthschaftliche Jahrbücher. 8. 1879. 833. Der Mais wuchs auf schwerem, humosem Thonboden mit Mergelunterlage. Der Gehalt an Trockensubstanz in % wurde von uns aus den Angaben d. V. über mittleres Gewicht der frischen und der trockenen Pflanzen (Landw. Jahrb. 5. 1876. 739) berechnet und darnach auch die Zusammensetzung der frischen Pflanze.

No.	Bezeichnungen und Bemerkungen		Jahr der Untersuchung	In der ursprünglichen Substanz: Wasser %	Nh-Substanz %	Rohfett %	Nfr. Extractstoffe %	Rohfaser %	Asche %	In der Trockensubstanz: Nh-Substanz %	Rohfett %	Nfr. Extractstoffe %	Rohfaser %	Asche %	Stickstoff in der Trockensubstanz %
125	Badischer Früh-Mais	Höhe der Pflanze 17.2 cm, geschn. 18. Juni, 28 Tage n. d. Aussaat	1881	—	—1)	—	—	—	p —	30.831)	—	—	—	p 9.49	o 4.93
126		Höhe der Pflanze 31.0 cm, geschn. 25. Juni, 25 Tage n. d. Aussaat	„	89.27	3.02	0.34	4.55	1.91	0.91	28.17	3.19	42.37	17.82	8.45	4.429
127		Höhe der Pflanze 52.2 cm, geschn. 2. Juli, 42 Tage n. d. Aussaat .	„	90.27	2.65	0.29	3.99	2.05	0.75	27.21	3.02	40.97	21.06	7.74	4.346
128		Höhe der Pflanze 66.6 cm, geschn. 9. Juli, 49 Tage n. d. Aussaat .	„	89.30	2.66	0.25	4.46	2.44	0.89	24.90	2.29	41.68	22.78	8.35	3.979
129		Höhe der Pflanze 83.6 cm, geschn. 16. Juli, 56 Tage n. d. Aussaat	„	89.44	2.42	0 24	4.60	2.42	0.88	22.94	2.26	43.73	22.92	8.15	3.675
130		Höhe der Pflanze 103.3 cm, geschn. 23. Juli, 63 Tage n. d. Aussaat	„	88.37	2.01	0.24	5.80	2.84	0.74	17.32	2.03	49.87	24.43	6.35	2.773
131		Höhe der Pflanze 122.8 cm, geschn. 30. Juli, 70 Tage n. d. Aussaat	„	88.09	1.80	0.25	5.17	3.97	0.72	15.14	2.07	51.80	24.95	6.02	2.421
132		Höhe der Pflanze 146.7 cm, geschn. 6. August, 77 Tage n. d. Aussaat	„	88.25	1.54	0.18	6.29	3.08	0.66	13.12	1.55	52.52	26.23	5.58	2.101
133		Höhe der Pflanze 157.1 cm, geschn. 13. Aug., 84 Tage n. d. Aussaat	„	88.07	1.45	0.15	6.57	3.13	0.63	12.16	1.28	54.88	26.26	5.31	1.946
134		Höhe der Pflanze 156.8 cm, geschn. 20. Aug., 91 Tage n. d. Aussaat	„	86.02	1.50	0.16	8.06	3.58	0.68	10.71	1.18	57.66	25.62	4.83	1.714
135		Höhe der Pflanze 155.9 cm, geschn. 27. Aug., 98 Tage n. d. Aussaat	„	84.20	1.65	0.17	9.25	3.98	0.75	10.45	1.05	58.59	25.19	4.72	1,673
136		Höhe der Pflanze 157.1 cm, geschn. 3. Sept., 105 Tage n. d. Aussaat	„	82.30	1.78	0.25	10.77	4.14	0.76	10.08	1.43	60.82	23.37	4.30	1.613
137		Höhe der Pflanze 153.2 cm, geschn. 10. Sept., 112 Tage n. d. Aussaat	„	80.45	1.89	0.31	12.07	4.42	0.86	9.67	1.60	61.81	22.63	4.39	1.547
	Einzelne Theile des Futtermaises.														
138	Amer. Pferdezahn-M., vor dem Blüthenansatz, 80 Tage alt	Halm	1854	87.95	0.41	—	7.10	3.70	0.84	3.40	—	58.92	30.71	6.97	0.54
139		Blätter	1854	72.38	2.61	—	13.93	9.10	1.98	9.45	—	50.43	32.95	7.17	1.51
140	Oberösterr.-M., abgeblüht u. bereits Körneransatz, 80 Tage alt	Halm	1854	83.96	0.41	—	10.91	3.87	0.85	2.56	—	68.01	24.13	5.30	0.41
141		Blätter	1854	75.25	3.22	—	10.14	8.45	2.94	13.01	—	40.93	34.14	11.92	2.08
142		Kolben	1854	82.64	1.09	—	11.30	4.30	0.67	6.28	—	65.09	24.77	3.86	1.00
143	Vor d. Blüthenansatz, 31. Juli b. grosser Trockenheit geschn.	Halm	1857	77.69	1.65	0.35	14.05	5.57	0.69	7.40	1.57	62.98	24.96	3.09	1.18
144		Blätter	1857	74.99	2.50	0.94	13.48	6.50	1.58	10.00	3.66	54.02	25.99	6.32	1.60
145	Badischer Mais 4' hoch	Halm u. Blätter	1868	67.98	2.41	0.56	21.65	5.81	1.59	7.53	1.75	67.61	18.14	4.97	1.20
146		Kolben . . .	1868	64.40	4.20	1.25	23.42	5.31	1.62	11.80	3.51	65.22	14.92	4.55	1.89
147	Caragua-M., 20. Sept. geschn., circa 100 Tage alt	Halm	1877	84.60	1.15	0.35	9.38	3.69	0.81	7.47	2.27	61.04	23.96	5.26	1.20
148		Blätter	1877	81.00	1.72	0.39	11.44	3.96	1.46	9.05	2.05	60.38	20.84	7.68	1.45

Zea-Mais: No. 125—137. R. Hornberger u. E. von Raumer. Landw. Jahrb. 11. 1882. 359. Der Mais, Badischer Frühmais, wurde in Poppelsdorf (Bonn) im Jahre 1878 nach Futterrunkeln gebaut. Das Feld wurde mit 50 kg aufgeschlossenem Peruguano und 25 kg Superphosphat (pro Morgen?) gedüngt. Der Mais wurde in Reihen von 50 cm Abstand und in den Reihen in 30 cm Abstand gelegt. Die Zusammensetzung der frischen Pflanze wurde von uns berechnet. Die Trockensubstanz enthielt:

1)	No. 125	126	127	128	129	130	131	132	133	134	135	136	137	
Reines Proteïn	21.03	20.12	18.27	15.50	14.76	11.27	9.88	8.07	8.10	6.63	5.88	6.19	6.87	%
N in Form von Nichtproteïn	1.56	1.210	1.423	1.489	1.318	0.970	0.843	0.809	0.649	0.652	0.731	0.622	0.447	%
d. i. in % des Gesammt-N	31.6	27.3	32.7	37.4	35.9	35.0	34.8	38.5	33.4	38.0	43.7	38.6	28.9	„

Die Bestimmuug des in Form von Proteïn vorhandenen N wurde nach der von Stutzer (Journ. f. Landwirthsch. 28. 103.) vorgeschlagenen Methode ausgeführt. Der im Original angegebene Proteïngehalt entspricht nicht immer dem angegebenen N-gehalt. Der Gehalt an N-freien Extractstoffen ist durchweg zu niedrig angegeben und von uns corrigirt worden.

No. 138—142. Em. Wolff. — Zu No. 1, resp. 10 gehörig.
No. 143—144. J. Moser. — Zu No. 19 gehörig.
No. 145—146. J. Nessler. — Zu No. 12 gehörig.
No. 147—148. A. Leclerc. — Zu No. 16 gehörig.

No.	Bezeichnungen und Bemerkungen	Jahr der Untersuchung	In der ursprünglichen Substanz: Wasser %	Nh-Substanz %	Rohfett %	Nfr. Extractstoffe %	Rohfaser %	Reinasche %	In der Trockensubstanz: Nh-Substanz %	Rohfett %	Nfr. Extractstoffe %	Rohfaser %	Asche %	Stickstoff in der Trockensubstanz %
149	Caragua-M., 20. Spt. geschn., ca. 100 Tage alt: Weibl. Blüthenorg.	1877	88.96	0.73	0.36	6.82	1.62	0.48	6.61	3.26	71.11	14.67	4.35	1.06
150	Männl. „	„	55.70	3.98	2.45	22.69	11.10	2.06	8.99	5.53	55.77	25.06	4.65	1.44
151	Pflanzen von 2.33 m Höhe, mit milchreifen Körnern: Halm, oberster Thl.	„	—	—	—	—	—	—	4.34	1.00	56.99	33.10	4.57	0.69
152	„ mittelster „	„	—	—	—	—	—	—	3.86	0.40	59.25	33.80	2.69	0.62
153	„ unterster „	„	—	—	—	—	—	—	3.37	0.30	56.59	38.00	1.74	0.54
154	Blätter	„	—	—	—	—	—	—	6.28	1.30	70.83	10.60	10.99	1.00
155	Fruchtstiele . . .	„	—	—	—	—	—	—	6.27	1.90	29.93	56.70	5.20	1.00
156	Kolben	„	—	—	—	—	—	—	11.09	2.50	81.81	2.90	1.70	1.77
157	(Vermuthl.) Reifer M.: Halmgipfel	„	—	—	—	—	—	—	7.00	2.74	38.89	45.75	5.62	1.15
158	Halm	„	—	—	—	—	—	—	3.82	1.41	40.86	47.62	6.29	0.61
159	Blätter	„	—	—	—	—	—	—	5.92	3.65	37.43	45.22	7.78	0.95
													p	o
160	Badischer Frühmais, 9. Juli, ca. 50 Tage alt: Halme . . .	1881	—	—	—	—	—	—	23.30	1.59	43.58	22.09	9.44	3.729
161	Blätter . . .	„	—	—	—	—	—	—	25.96	2.75	40.44	23.23	7.62	4.153
162	30. Juli, ca. 70 Tage alt: Halme . . .	„	—	—	—	—	—	—	11.32	1.33	57.68	24.15	5.52	1.811
163	Blätter . . .	„	—	—	—	—	—	—	19.56	2.37	44.90	26.28	6.89	3.129
164	Blüthen . . .	„	—	—	—	—	—	—	15.59	4.58*)	51.78	23.25	4.80	2.495
165	20. August, 91 Tage alt: Halme . . .	„	—	—	—	—	—	—	7.44	0.72	61.22	26.93	3.69	1.191
166	Blätter . . .	„	—	—	—	—	—	—	19.08	2.27	45.40	24.85	8.40	3.053
167	Blüthen . . .	„	—	—	—	—	—	—	11.88	2.02	53.23	27.17	5.70	1.900
168	Spindeln . . .	„	—	—	—	—	—	—	11.71	0.98	65.73	17.95	3.63	1.874
169	Kolben . . .	„	—	—	—	—	—	—	19.78	2.11	64.43	8.22	5.46	3.165
170	Körner . . .	„	—	—	—	—	—	—	26.64	4.00*)	55.59	8.06	5.71	4.262
171	10. Septemb. 112 Tage alt: Halme . . .	„	—	—	—	—	—	—	6.00	0.76	62.21	27.15	3.88	0.960
172	Blätter . . .	„	—	—	—	—	—	—	20.23	2.35	44.00	23.03	10.39	3.237
173	Blüthen . . .	„	—	—	—	—	—	—	8.15	1.14	47.14	35.82	7.75	1.304
174	Spindeln . . .	„	—	—	—	—	—	—	4.63	0.42	59.41	33.45	2.09	0.741
175	Kolben . . .	„	—	—	—	—	—	—	22.37	3.27*)	48.85	16.75	8.76	3.580
176	Körner . . .	„	—	—	—	—	—	—	15.49	3.94	74.46	3.44	2.67	2.478

Grünmais.[1]

Bezeichnung	Wasser %	Nh-Substanz %	Rohfett %	Nfr. Extractstoffe %	Rohfaser %	Reinasche %	Nh-Substanz %	Rohfett %	Nfr. Extractstoffe %	Rohfaser %	Asche %	Stickstoff in der Trockensubstanz %
Mittel: a. Amerikanischer Mais . .	83.8	1.27	0.41	8.48	4.71	1.33	7.83	2.52	52.33	29.08	8.26	1.256
b. Italienischer Mais . . .	83.5	1.68	0.54	8.09	5.18	1.01	10.15	3.29	49.00	31.42	6.14	1.624
c. Im übrigen Mais	80.5	1.71	0.49	10.49	5.58	1.23	8.77	2.53	53.80	28.60	6.30	1.403
d. Im Ganzen	82.4	1.51	0 46	9.25	5.13	1.25	8.58	2.60	52.54	29.18	7.10	1.373
Minimum	76.7	0.62	0.10	3.20	1.90	0.39	2.87	0.48	40.92	16.55	1.97	0.46
Maximum	92.9	2.74	0.92	13.55	7.99	2.18	18.16	5.63	68.27	37.84	13.82	2.91
Mittel für Caragua- u. Pferdezahn-Mais, 10 W. alt	89.93	1.20	0.27	4.41	3.23	0.96	11.92	2.68	43.80	32.07	9.53	1.91
Desgl., 19 Wochen alt	80.94	1.24	0.61	10.50	5.10	1.61	6.51	3.21	55.09	26.75	8.44	1.04
für Cinquantino- u. Pignoletto-M., 10 W. alt	85.43	1.21	0.38	7.34	4.69	0.95	8.30	2.60	50.38	32.20	6.52	1.33

Zea-Mais: No. 151—156. J. A. Barral. Zu No. 22 gehörig.
No. 157—159. A. Pasqualini. Ann. Staz. Agrar. Forli 6. 1877. 48.
No. 160—176. R. Hornberger. Zu No. 125—137 gehörig. In den Pflanzentheilen war enthalten:

No.	160	161	162	163	164	165	166	167	168	169	170	171	172	173	174	175	176
N in Form von Nichtproteïn	1.827	1.286	0.797	0 864	0.976	0.579	0.623	0.618	1.249	1.592	2 464	0.401	0.777	0.414	0.369	2.215	0.384
Wirkliches Proteïn	11 88	17.92	6.34	14.16	9.49	3.825	15.19	8.01	3.91	9 83	11.24	3.49	15.38	5.56	2.325	8.53	13.09

Der mit *) versehene Fettgehalt ist vermuthlich zu hoch bestimmt.

[1]) Zur Berechnung der Mittel wurden folgende Analysen benutzt: a. für „Amerikanischen M." (Pferdezahn- u. Caragua-M.) die unter No. 1—9, 16, 38—41, 52, 54, 57, 59, 61, 63, 65, 67, 69, 71, 73, 75, 77, 103, 105, 121—124 33 Analysen, resp. 30 für Wassergehalt; b. für „Italienischen M." (Cinquantino, Pignoletto, Paduaner) die unter No 13—15, 49, 50, 92 u. 78—92, in Summa 11 Analysen; c. No. 10, 11, 12 (nur für Trockensubstanz), 17, 19, 27, 28—31, 34—37, 43—48, 86—91, 101—103 u. 135—137. — Ausgeschlossen von der Berechnung der Mittel blieben die Analysen unter No. 12 (bezgl. d. frischen Substanz), No. 18, 32 u. 33, 83—85, 92—100, 106—120, 125—134.

Bei den Minimal- u. Maximalzahlen wurden nur die zur Berechnung der Mittel benutzten Analysen berücksichtigt.

II. Sauergräser. — Riedgräser Binsen, Simsen. — Sedges, Rushes. — Jonc.

Carex-Arten, Riedgräser.

No.	Bezeichnungen und Bemerkungen	Jahr der Untersuchung	In der ursprünglichen Substanz: Wasser %	Nh-Substanz %	Rohfett %	Nfr. Extractstoffe %	Rohfaser %	Asche %	In der Trockensubstanz: Nh-Substanz %	Rohfett %	Nfr-Extractstoffe %	Rohfaser %	Asche %	Stickstoff in der Trockensubstanz %
1	Carex acuta. Nach der Blüthe, blattreich, von einem Wiesengraben . .	1859	—	—	—	—	—	—	16.25	2.01	—	—	p 8.04	o 2.60
2	Carex remota. Dicht. Blattrasen, a. d. Wald	1859	—	—	—	—	—	—	12.06	0.60	—	—	11.37	1.93
3	Carex silvatica. Nach der Blüthe, blattreich, aus dem Wald	1859	—	—	—	—	—	—	13.93	3.04	—	—	10.85	2.23
4	Carex vesicaria. Nach der Blüthe, blattreich, sumpfige Wiese	1859	—	—	—	—	—	—	15.12	3.47	—	—	8.03	2.42
5	Carex vulpina. Nach der Blüthe, breitblättr. von einem Wiesengraben . .	1859	—	—	—	—	—	—	12.06	2.59	—	—	7.94	1.93
6	Carex stricta (Bog-grass). Der Reife nahe, mit vielen Samen. 11. Juni 1873	1873	7.46	10.41	2.21	39.80	33.60	p 6.52	11.25	2.39	43.00	36.31	7.05	1.80
7	Carex stricta. Der Reife nahe, anderer Standort, 16. Juni 1873	1873	7.33	9.38	2.13	41.08	33.91	6.17	10 12	2.30	44.33	36.59	6.66	1.62
8	Carex stricta. Weder Blüthen noch Samen, August 1874	1874	7.96	6.31	3.00	45.53	33.55	5.65	6.85	3.25	47.30	36.45	6.14	1.09
9	Carex stricta. In demselben Jahre geschn.	1874	8.38	7.44	1.92	43.53	33.30	5.43	8.12	2.10	47.51	36.35	5.92	1.30
10	Carex stricta. Abgestorben und wetterbeschädigt, im December gepflückt .	1874	9.32	4.63	0.74	40.90	39.99	4.42	5.10	0.81	45.11	44.11	4.87	0.81
	Juncus-Arten.													
1	Juncus acutiflorus L. Nach der Blüthe, von einer Wiese. Anfang Juni . .	1859	—	—	—	—	—	—	12.93	—	—	—	5.98 p	2.07 o
2	Juncus conglomeratus L. Feuchte Wiese. Anfang Juni	1859	—	—	—	—	—	—	16.25	1.10	—	—	5.61 p	2.20 o
3	J. conglomeratus L. Sumpf. Mitte Juni	1859	—	—	—	—	—	—	13.06	—	—	—	5.86 p	2.09 o
4	J. bulbosus (Black-grass). Oberer Theil d Stengel m. samenleer. Fruchtbüsch.	1875	7.17	7.39	2.09	42.55	35.90	4.90 p	7.96	2.25	45.82	38.69	5.28	1.27
5	J. bulbosus (Black-grass). Mit reichlich Samen tragenden Stengeln	1875	10.25	6.18	2.51	45.15	40.43	5.48 p	6.89	2.80	50.29	33.91	6.11	1.10
6	J. effusus (Common Rush). August 1874 gemäht	1875	6.88	6.75	—	42.26	41.48	2.63 p	7.25	—	45.38	44.55	2.82	1.16
	Scirpus, Binse.													
1	Scripus Holoschoenus. Nach der Blüthe. Blattlose Schafte m. stark. Blüthenköpfen	1859	—	—	—	—	—	—	15.00	2.05	—	—	9.22 p	2.40 o
	Spartina.													
1	Spartina juncea (Rush salt-grass), 1874er Ernte	1874	8.70	4.88	1.68	48.52	28.71	7.51	5.35	1.84	53.16	31.43	8.22	0.86
2	Desgl.	1874	8.61	4.38	1.83	41.30	37.91	5.97	4.85	2.00	45.15	41.47	6.53	0.77
3	Spartina stricta var. alterniflora (Sedge), 1872er Ernte, enthielt weder Samen noch Blüthen	1874	11.70	4.33	2.29	41.30	30.54	9.84	4.90	2.60	46.77	34.58	11.15	0.78
4	Spartina stricta, von demselben Standorte, 1874er Ernte	1874	17.47	5.55	2.26	35.15	30.01	9.56	6.72	2.73	42.60	36.36	11.59	1.07
5	Desgl.	1874	18.61	5.38	2.49	34.07	27.64	11.81	6.61	3.06	41.86	33.96	14 51	1.06

Carex-Arten: No. 1—5 R. Arendt u. W. Knop. L. V.-St. II. 1860. 32.
No. 6—10. F. H. Storer. Bull. Bussey Instit. Vol. I. P. IV. 1875. 339. — No. 6 u. 7 waren mit der Hand gepflückt, No. 6 von einer Sumpfwiese der Bussey-Farm, war nach dem Trocknen an der Luft in Papier verpackt bis Dec. 1874 liegen geblieben.
Juncus-Arten: No. 1—3. R. Arendt u. W. Knop. Wie unter Carex.
No. 4—6. F. H. Storer. Wie unter Carex.
Scirpus: No. 1. R. Arendt u. W. Knop. Wie unter Carex.
Spartina. No. 1—5. F. H. Storer. Bull. Bussey Instit. Vol. I. P. IV. 1875. 339 u ff.

Anhang zu den Gräsern.

Resultate der Versuche über den Ertrag u. die nährenden Eigenschaften verschiedener Grasarten u. anderer Pflanzen,

angestellt von John Herzog von Bedford und George Sinclair,
mit chemischen Untersuchungen von Sir Humphry Davy[1]).

No.	Bezeichnungen und Bemerkungen	Ertrag an Gras p. engl. Acker: Frisches Gras Engl. Pfd.	Trocknes Gras Engl. Pfd.	In Wasser lösliche Substanz Engl. Pfd.	Die Pflanze enthielt (Heu-) trockene Substanz %	In Wasser lösliche Substanzen in % des frischen Grases %
1	Agrostis canina, brauner sandiger Lehmboden, in der Blüthe gemäht	6125.6	2688.3	239.3	44.0	3.9
2	„ „ var. muticae, Sandboden, mit reifen Samen gemäht	14293.1	4287.9	390.8	30.0	2.7
3	„ fascicularis, leichter Sandboden, Blüthe	2722.5	680.6	85.1	25.0	3.1
4	„ lobata, Sandboden, Blüthe	6806.2	3403.1	319.1	50.0	4.7
5	„ mexicana, schwarzer Sandboden, Blüthe	19057.5	6670.1	595.5	35.0	3.1
6	„ nivea, Sandboden, mit reifen Samen	4764.4	1310.2	148.9	27.5	3.1
7	„ palustris (Agr. alba), in der Blüthe gemäht (1. Schnitt) .	10209.4	4594.2	438.7	45.0	4.3
	Moorboden, mit reifen Samen gemäht	13612.5	5445.0	584.9	40.0	4.3
8	„ repens, klaiiger Lehmboden, Blüthe	6125.6	2679.3	287.1	43.7	4.7
9	„ stolonifera, in der Blüthe gemäht	17696.2	7963.3	967.7	45.0	5.5
	Moorboden, mit reifen Samen gemäht	19057.5	8575.9	1042.2	45.0	5.5
10	„ stolonifera, var. angustifolia Moorboden } mit reifen Samen gemäht	16335.5	7350.8	765.7	45.0	4.7
11	„ stricta, Moorboden, mit reifen Samen	7486.9	2713.9	175.5	36.2	2.3
12	„ vulgaris, sandiger Boden, mit reifen Samen gemäht . . .	9528.8	4764.4	215.2	50.0	2.3
13	Aira aquatica, Blüthe	10890.0	3267.0	382.9	30.0	3.5
14	„ caespitosa, strenger zäher Klaiboden, mit reifen Samen . . .	10209.4	3818.1	319.1	37.4	3.1
15	„ flexuosa, Heideland, Blüthe	8167.5	3164.9	191.7	38.8	2.3
16	Alopecurus agrestis, sandiger Lehmboden, in der Blüthe	8167.5	3164.9	223.3	38.8	2.7
17	„ alpinus, sandiger Lehmboden, mit einer geringen Menge Dünger, in der Blüthe	5445.3	1452.0	85.1	36.7	1.6
18	„ pratensis, zur Zeit der Blüthe } auf klaiigem Lehmboden	20418.7	6125.6	478.6	30.0	2.3
19	„ „ Nachmahd } auf klaiigem Lehmboden	8167.5	—	255.4	—	3.1
20	„ „ mit reifen Samen } auf klaiigem Lehmboden	12931.9	5819.3	461.0	45.0	3.6
21	Desgl., auf sandigem Lehm, in der Blüthe	8507.8	2552.5	132.9	30.0	2.5
22	Anthoxanthum odoratum, in der Blüthe . } brauner sandiger Boden mit Dünger	7827.2	2103.5	122.3	27.8	5.8
23	„ „ Nachmahd . . } brauner sandiger Boden mit Dünger	6806.2	—	239.3	—	3.5
24	„ „ mit reifen Samen } brauner sandiger Boden mit Dünger	6125.6	1837.7	311.0	30.0	5.0
25	Arundo colorata (Phalaris arundinacea), schwarzer sandiger Lehm, in der Blüthe	27225.0	12251.2	1701.6	45.0	6.1
26	Avena elatior, mit reifen Samen	16335.0	5717.2	255.2	35.0	1.6
27	„ „ Nachmahd	13612.5	—	265.9	—	2.0

[1]) Mitgetheilt von H. Davy, in dessen „Elemente der Agriculturchemie", übersetzt von Friedrich Wolff und mit Anmerkungen versehen von Albrecht Thaer. Berlin, 1814. — Obgleich diese Untersuchung nicht in den Rahmen unserer Tabelle passt, so hielten wir es doch für angemessen, die Resultate derselben, da sie immerhin von Interesse sind, hier einzufügen.

In dem Garten zu Woburn Abbey wurden Stellen desselben, von denen jede 4 Quadratfuss hielt, so eingelegt, dass an den Seiten keine Gemeinschaft zwischen dem eingehegten Erdreich und dem des Gartens stattfand. In diesen Einfriedigungen wurde das Erdreich hinweggenommen u. neues an die Stelle des alten gesetzt; und zwar machte man künstliche Erdmischungen, um den verschiedenen Grasarten möglichst denjenigen Boden zu verschaffen, welcher für das Wachsthum derselben am zuträglichsten wäre. Man bediente sich kleiner Abänderungen, um die Wirkung eines verschiedenen Erdreichs auf dieselbe Pflanze zu erforschen. Die Gräser wurden von Sinclair entweder gepflanzt oder gesäet; die Producte derselben wurden zur schicklichen Jahreszeit im Sommer und Herbste eingeerntet und getrocknet. Um möglichst genau das nährende Vermögen der verschiedenen Arten zu bestimmen, übergoss man gleiche Gewichte des trocknen Grases (oder der vegetabilischen Substanzen) mit heissem Wasser und liess dieses so lange darauf wirken, bis es alle auflösliche Theile aufgenommen hatte. Die Auflösung wurde hierauf bei gelinder Wärme, mit Vermeidung aller Umstände, welche eine Verunreinigung herbeiführen konnten bis zur Trockne verdunstet, und die erhaltene Substanz sorgfältig gewogen. Dieser Theil der Untersuchung wurde gleichfalls von Sinclair ausgeführt. Die trocknen Extrakte, in welchen man die nährende Substanz der Gräser enthalten glaubte, wurden z. Th. von Sir Humphry Davy näher untersucht, welcher dafür hält, dass das Verfahren, das nährende Vermögen der Gräser durch Bestimmung der in Wasser auflöslichen Substanzen zu bestimmen, für alle Untersuchungen in agronomischer Hinsicht hinreichend genau sei. — Die obigen Berechnungen der Erträge wurden im Original nach Avoir du poids - Gewicht (1 Pfund = 16 Unzen = 256 Drachm. = 1024 Quarters = 7000 Gran) gemacht; sie wurden von Fr. Wolff (Uebersetzer von Davy's Elemente der Agriculturchemie) auf Pfunde und Unzen reducirt, welche letztere von uns in Decimalen des Pfundes angegeben werden. Die Zahlen der zwei letzten Rubriken wurden von uns berechnet.

No.	Bezeichnungen und Bemerkungen	Ertrag an Gras p. engl. Acker: Frisches Gras	Trocknes Gras	In Wasser lösliche Substanz	Die Pflanze enthielt (Heu-) trockene Substanz	In Wasser lösliche Substanzen in % des frischen Grases
		Engl. Pfd.	Engl. Pfd.	Engl. Pfd.	%	%
28	Avena flavescens, in der Blüthe	8167.5	2858.6	478.6	35.0	5.8
29	„ „ Nachmahd } klaiiger Lehmboden	4083.8	—	79.8	—	1.9
30	„ „ mit reifen Samen	12251.2	4900.5	430.7	40.0	3.5
31	„ pratensis, in der Blüthe } reicher sandiger Lehmboden	6806.2	1871.7	239.3	27.5	3.5
32	„ „ mit reifen Samen	9528.8	2858.6	148.9	30.0	1.6
33	„ pubescens, in der Blüthe	15654.4	5870.4	366.9	37.5	2.4
34	„ „ reicher Sandboden, Nachmahd	6806.2	—	212.8	—	3.1
35	„ „ mit reifen Samen	6806.2	1361.2	212.7	20.0	3.1
36	Briza media, in der Blüthe	9528.8	3096.9	409.4	32.7	4.3
37	„ „ Nachmahd } reicher brauner Lehmboden	8167.5	—	255.2	—	3.1
38	„ „ mit reifen Samen	9528.8	3335.1	483.9	35.0	5.1
39	Bromus asper, reicher sandiger Lehmboden, in der Blüthe	13612.5	4083.8	425.4	30.0	3.1
40	„ cristatus, klaiiger Lehmboden, in der Blüthe	8848.0	3539.2	345.6	42.0	4.0
41	„ diandrus, reicher Lehmboden, in der Blüthe	20418.8	8677.9	957.1	42.5	4.7
42	„ erectus, reicher Sandboden, in der Blüthe	12931.9	5819.3	555.6	45.0	4.3
43	„ inermis, schwarzer Sandboden, Nachmahd	8848.1	—	172.8	—	2.0
44	„ „ „ „ mit reifen Samen	12251.2	5339.9	813.6	43.5	6.6
45	„ littoreus, klaiiger Lehmboden, in der Blüthe	41518.1	21278.1	973.1	51.0	2.3
46	„ „ „ „ mit reifen Samen	38115.0	15246.0	2084.4	40.0	5.4
47	„ multiflorus „ „ in der Blüthe	22460.6	12353.4	1754.8	55.0	7.8
48	„ sterilis, Sandboden, in der Blüthe	29947.5	16845.4	2339.6	56.0	7.8
49	„ tectorum, leichter Sandboden, in der Blüthe	7486.9	3930.6	350.9	52.0	4.7
50	Cynosurus coeruleus, leichter sandiger Boden, mit reifen Samen	6806.3	—	398.8	—	5.8
51	„ erucaeformis, mit reifen Samen	12251.2	5513.1	622.1	45.0	5.0
52	Dactylis cynosuroides, klaiiger Lehmboden, in der Blüthe	69423.1	41654.2	—	60.0	—
53	„ glomerata, reicher Sandboden, in der Blüthe	27905.6	11859.9	1089.0	42.5	3.9
54	„ „ „ „ Nachmahd	11910.9	—	281.7	—	2.4
55	„ „ „ „ mit reifen Samen	26544.4	13272.0	1451.6	50.0	5.4
56	Elymus arenarius, klaiiger Lehmboden, mit reifen Samen	43560.0	24502.5	3403.1	56.2	7.8
57	„ geniculatus, Sandboden, in der Blüthe	20418.7	8167.5	1036.9	40.0	5.0
58	„ Sibiricus, gedüngter sandiger Lehmboden, in der Blüthe	16335.0	5717.2	511.4	35.0	3.1
59	Festuca calamaria, klaiiger Lehmboden, in der Blüthe	54450.0	19057.5	3828.5	35.0	7.0
60	„ „ mit reifen Samen	51046.9	12123.6	2392.8	23.8	4.7
61	„ cambrica, leichter Sandboden, in der Blüthe	6806.2	2892.6	239.3	42.5	3.5
62	„ dumetorum, schwarzer sandiger Boden, in der Blüthe	10890.0	5445.0	170.1	50.0	1.6
63	„ duriuscula, leichter sandiger Lehmboden, in der Blüthe	18376.9	8269.6	1005.0	45.0	5.5
64	„ „ „ „ „ Nachmahd	10209.4	—	199.4	—	1.1
65	„ elatior, reicher schwarzer Lehmboden, in der Blüthe	51046.9	17866.4	2392.8	35.0	4.5
66	„ „ Nachmahd	15654.4	—	978.4	—	6.2
67	„ fluitans (Glyceria fl., Poa fl.), strenger zäher Klaibod., i. d. Blüthe	13612.5	4083.7	372.2	30.0	2.7
68	„ glabra, gedüngter klaiiger Lehmboden, in der Blüthe	14293.0	5717.2	446.6	40.0	3.1
69	„ „ Nachmahd	6125.6	—	47.9	—	0.7
70	„ „ mit reifen Samen	9528.7	3811.5	186.1	40.0	1.9
71	„ glauca, brauner Lehmboden, mit reifen Samen	9528.7	3811.5	223.3	40.0	2.3
72	„ „ „ „ in der Blüthe	9528.7	4811.5	446.7	50.5	4.7
73	„ hordiformis, gedüngter Sandboden, in der Blüthe	13612.5	4083.7	478.5	30.0	3.5
74	„ loliacea, reicher brauner Lehmboden, in der Blüthe	16335.0	7146.6	765.7	44.0	4.7
75	„ „ mit reifen Samen	10890.0	4492.1	553.1	44.5	5.0
76	„ „ Nachmahd	3403.1	—	66.4	—	1.7
77	„ myurus, leichter sandiger Boden, in der Blüthe	9528.8	2858.6	223.3	30.0	2.3
78	„ ovina, mit reifen Samen	5445.0	—	127.6	—	2.3

No.	Bezeichnungen und Bemerkungen	Ertrag an Gras p. engl. Acker: Frisches Gras Engl. Pfd.	Trocknes Gras Engl. Pfd.	In Wasser lösliche Substanz Engl. Pfd.	Die Pflanze enthielt (Heu-) trocken-Substanz %	In Wasser lösliche Substanzen in % des frischen Grases %
79	Festuca ovina, Nachmahd	3403.1	—	66.5	—	1.9
80	„ pinnata, leichter gedüngter Sandboden, mit reifen Samen	20418.8	8167.5	398.8	40.0	1.9
81	„ pratensis, mit Steinkohlenasche ged. Moorboden, in der Blüthe	13612.5	6465.9	957.1	47.5	7.0
82	„ „ m. Steinkohlenasche ged. Moorboden, m. reifen Samen	19057.5	7623.0	446.6	40.0	2.3
83	„ rubra, leichter Sandboden, in der Blüthe	10209.4	3557.6	239.3	35.0	2.3
84	„ „ „ „ mit reifen Samen	10890.0	4900.5	340.3	45.0	3.1
85	„ „ „ „ Nachmahd	3403.1	—	79.8	—	2.3
86	Holcus lanatus, strenger klaiiger Lehmboden, in der Blüthe	19057.5	6661.7	1191.1	35.0	6.3
87	„ „ mit reifen Samen	19057.5	3811.5	818.9	20.0	4.3
88	„ mollis, Sandboden, in der Blüthe	34031.2	13612.5	2392.9	40.0	7.0
89	„ „ mit reifen Samen	21099.4	8439.7	1153.9	40.0	5.1
90	„ odoratus, reicher sandiger Lehmboden, in der Blüthe	9528.7	2441.7	611.0	25.6	6.4
91	„ „ Nachmahd	17015.6	—	1129.9	—	6.6
92	„ „ mit reifen Samen	27725.0	9528.7	2233.3	34.4	8.0
93	Hordeum bulbosum, gedüngter klaiiger Lehmboden, in der Blüthe	23821.0	9826.5	1302.7	41.2	5.5
94	„ murinum, klaiiger Lehmboden, in der Blüthe	12251.2	4287.9	167.5	35.0	1.4
95	„ pratense, brauner Lehmboden, in der Blüthe	8167.5	3267.0	478.6	40.0	5.8
96	Lolium perenne, weicher brauner Lehmboden, in der Blüthe	7827.2	3322.3	305.7	42.4	3.9
97	„ „ Nachmahd	3403.1	—	53.2	—	1.6
98	„ „ mit reifen Samen	14973.7	4492.1	643.4	30.0	4.4
99	Melica coerulea, leichter sandiger Boden, in der Blüthe	7486.9	2807.6	172.3	37.5	2.3
100	Milium effusum, leichter Sandboden, in der Blüthe	12251.2	4747.4	335.0	38.7	2.7
101	Nardus stricta, mit reifen Samen	6125.6	2450.2	215.4	40.0	3.5
102	Panicum dactylon, gedüngter sandiger Lehmboden, in der Blüthe	31308.8	14088.9	978.4	45.0	3.1
103	„ sanguinale, Sandboden, mit reifen Samen	6806.2	—	119.6	—	1.3
104	Phalaris canariensis, klaiiger Lehmboden, in der Blüthe	54450.0	17697.6	1876.2	32.5	3.4
105	Phleum nodosum, klaiiger Lehmboden, in der Blüthe	12251.2	5819.3	478.6	47.5	3.9
106	„ pratesense, „ „ „ „ „	40837.5	17355.9	1595.2	42.5	3.9
107	„ „ „ „ mit reifen Samen	40837.5	19397.8	3668.0	47.5	9.0
108	„ „ „ „ Nachmahd	9528.7	—	297.9	—	3.1
109	„ „ var. minor, klaiiger Lehmboden, Nachmahd	9528.7	—	223.3	—	2.3
110	„ „ „ „ „ „ mit reifen Samen	27225.0	11570.6	1169.7	42.5	4.3
111	Poa alpina, leichter sandiger Lehmboden, in der Blüthe	5445.0	—	127.6	—	2.3
112	„ angustifolia, brauner Lehmboden, in der Blüthe	18376.9	7813.8	1430.4	41.5	7.7
113	„ „ mit reifen Samen	9528.7	3811.5	701.4	40 0	7.4
114	„ aquatica, strenger zäher Lehmboden, in der Blüthe	126596.2	75957.7	4945.2	60.0	3.9
115	„ caerulea, Mischung aus Klai- und Moorboden	7486.8	2446.1	233.9	32.7	3.1
116	„ compressa, kiesiger Boden, in der Blüthe	3403.1	1446.3	265.8	42.5	7.8
117	„ cristata, sandiger Lehmboden, in der Blüthe	10890.0	4900.5	340.3	45.0	3.1
118	„ elatior, reicher klaiiger Lehmboden, in der Blüthe	12251.2	4287.9	669.6	35.0	5.5
119	„ fertilis, klaiiger Lehmboden, in der Blüthe	14973.7	7861.2	—	52.5	—
120	„ „ brauner sandiger Lehmboden, in der Blüthe	15654.4	6653.5	733.8	42.5	4.7
121	„ „ „ „ „ Nachmahd	4764.4	—	111.7	—	2.3
122	„ „ „ „ „ mit reifen Samen	14973.7	8235.6	1169.8	55.0	7.8
123	„ maritima, leichter brauner Lehmboden, in der Blüthe	12251.2	4900.0	861.4	40.0	7.3
124	„ „ „ „ „ Nachmahd	12251.2	—	191.4	—	1.5
125	„ pratensis, Mischung aus Moor- und Klaiboden, in der Blüthe	10209.4	2871.4	279.2	28.1	2.7
126	„ „ Nachmahd	4083.7	—	111.6	—	2.7
127	„ „ mit reifen Samen	8507.8	3403.1	199.4	40.0	2.3
128	„ trivialis, hellbrauner Lehm mit Dünger, in der Blüthe	7486.9	2246.0	233.9	30.0	3.1
129	„ „ Nachmahd	4764.4	—	223.5	—	4.8

No.	Bezeichnungen und Bemerkungen	Ertrag an Gras p. engl. Acker: Frisches Gras	Trocknes Gras	In Wasser lösliche Substanz	Die Pflanze enthielt (Heu-) trocken-Substanz	In Wasser lösliche Substanzen in % des frischen Grases
		Engl. Pfd.	Engl. Pfd.	Engl. Pfd.	%	%
130	Poa trivialis, mit reifen Samen	7827.2	3522.2	336.3	45.0	4.3
131	Stipa pennata, Heideboden, in der Blüthe	9528.7	3454.2	409.4	36.2	4.3
132	Triticum repens, leichter klaiiger Lehmboden, in der Blüthe	12251.2	4900.5	382.9	40.0	3.1
133	Triticum Sp., reicher sandiger Lehmboden, in der Blüthe	12251.2	4900.5	478.6	40.0	3.9
134	Vanicum viride, leichter sandiger Boden, mit reifen Samen	5445.0	2178.0	127.6	40.0	2.3
	Andere Wiesenpflanzen.					
1	Trifolium pratense, reicher klaiiger Lehmboden, mit reifen Samen	49005.0	12251.0	1914.2	25.0	3.9
2	Trif. macrorhizum „ „ „ „ „ „	98010.0	41654.2	4211.4	42.5	4.3
3	Medicago sativa „ „ „ „ „ „	70785.0	28314.0	1659.0	40.0	2.3
4	Hedysarum Onobrychis	8448.1	3539.2	345.6	41.9	4.0

Tabelle über die Menge auflöslicher oder nährender Substanz, welche in 1000 Theilen nachstehender Vegetabilien enthalten ist. H. Davy.

No.	Bezeichnungen und Bemerkungen	Summe der gelösten Thl.	Schleim oder Stärke	Zuckerartiger Bestandtheil	Kleber oder Eiweiss	Beim Verdunsten des Extraktes unlösl. geword. Subst.
1	Trifolium pratense	39	31	3	2	3
2	„ macrorhizum	39	30	4	3	2
3	„ repens	32	29	1	3	5
4	Hedysarum Onobrychis	39	28	2	3	6
5	Medicago sativa	23	18	1	—	4
6	Alopecurus pratensis	33	24	3	—	6
7	Lolium perenne	39	26	4	—	5
8	Poa? (zutragendes Rispengras)	78	65	6	—	7
9	Poa trivialis	39	29	5	—	6
10	Cynosurus cristatus	35	28	3	—	4
11	Festuca? (Aehrenförmiger Schwingel)	19	15	2	—	2
12	Holcus odoratus	82	72	4	—	6
13	Anthoxanthum odoratum	50	43	4	—	3
14	Agrostis stolonifera	54	46	5	1	2
15	„ „ im Winter geschnitten	76	64	8	1	3

100 auflösliche Substanz der Dactylis glomerata enthielt:[1])

	Zucker	Schleim	Gefärbten Extrakt, Salze u. etwas Substanz, welche durch das Verdunsten unauflöslich geworden
In der Blüthe geschnitten	18	67	15
Zur Zeit der Samenreife geschnitten	9	85	6
Von der Nachmahd	11	59	30

[1]) Davy bemerkt zu der Untersuchung dieser wässrigen Pflanzenextrakte: als ich die Zusammensetzung der auflöslichen Produkte, welche verschiedene Ernten derselben Grasarten lieferten, verglich, so fand ich bei allen Versuchen: Die grösste Menge wirklich nährender Substanz (Eiweiss, Zucker, Schleim) in den Gräsern zu der Zeit, wenn der Samen reif war, und die geringste Menge bitteren Extrakt (nicht nährend) und Salze; den meisten Extrakt und Salze dagegen in den im Herbste gemäheten Gräsern; die grösste Menge zuckeriger Substanz aber im Verhältniss gegen die anderen Bestandtheile in dem Grase, welches zur Zeit des Blühens gemäht wurde.

Vergleichende Untersuchungen von Gräsern.

J. Thomas Way (J. R. Agric. Soc. of England. 14. (1853). I. 171—187.[1])

Analyses of Natural Grasses. 1849.

No.	Bezeichnungen und Bemerkungen	Datum der Sammlung	In der ursprünglichen Substanz						In der Trockensubstanz					Stickstoff in der Trockensubstanz
			Wasser %	Nh-Substanz %	Rohfett %	Nfr. Extractstoffe %	Rohfaser %	Asche %	Nh-Substanz %	Rohfett %	Nfr. Extractstoffe %	Rohfaser %	Asche %	%
1	Anthoxanthum odoratum. Sweet-scented vernal grass	25. Mai	80.35	2.05	0.67	8.54	7.15	1.24	10.43	3.41	43.48	36.36	6.32	1.645°
2	Alopecurus pratensis. Meadow fox-tail grass	1. Juni	80.20	2.44	0.52	8.59	6.70	1.55	12.32	2.92	43.12	33.83	7.81	1.941
3	Arrenatherum avenaceum. Common oat-like grass	17. Juli	72.65	3.54	0.87	11.21	9.37	2.36	12.95	3.19	38.03	34.24	11.59	2.040
4	Avena flavescens. Yellow oat-like grass	29. Juni	60.40	2.96	1.04	18.66	14.22	2.72	7.48	2.61	47.08	35.95	6.88	1.178
5	Avena pubescens. Downy oat grass	11. Juli	61.50	3.07	0.92	19.16	13.34	2.01	7.97	2.39	49.78	34.64	5.22	1.257
6	Briza media. Common quaking grass	29. Juni	51.85	2.93	1.45	22.60	17.00	4.17	6.08	3.01	46.95	35.30	8.66	0.957
7	Bromus erectus. Upright brome grass	23. „	59.57	3.78	1.35	—	—	2.11	9.44	3.33	—	—	5.21	1.476
8	Bromus mollis. Soft brome grass	8. Mai	76.62	4 05	0.47	9.04	8.46	1.36	17.29	2.11	38.66	36.12	5.82	2.725
9	Cynosurus cristatus. Crested dog's-tail grass	21. Juni	62.73	4.13	1.32	19.64	9.80	2.38	11.08	3.54	52.64	26.36	6.38	1.744
10	Dactylis glomerata. Cocksfoot grass	13. „	70.00	4.06	0.94	13.30	10.11	1.59	13.53	3.14	44.32	33.70	5.31	2.134
11	Dactylis glomerata. Mit reifen Samen	19. Juli	52.57	10.93	0.74	12.61	20.54	2.61	23.08	1.56	26.53	43.32	5.51	3.636
12	Festuca duriuscula. Hard fescue grass	13. Juni	69.33	3.70	1.02	12.46	11.83	1.66	12.10	3.34	40.43	38.71	5.42	1.909
13	Holcus lanatus. Soft meadow grass	29. „	69.70	3.49	1.02	11.92	11.94	1.93	11.52	3.56	39.25	39.30	6.37	1.815
14	Hordeum pratense. Meadow barley	11. Juli	58.85	4.59	0.94	20.05	13.03	2.54	11.17	2.30	46.68	31.67	6.18	—
15	Lolium perenne. Perennial rye grass	8. Juni	71.43	3.37	0.91	12.08	10.06	2.15	11.85	3.17	42.24	35.20	7.54	1.865
16	Lolium italicum. Italian rye grass	13. „	75.61	2.45	0.80	14.11	4.82	2.21	10.10	3.27	57.82	19.76	9.05	1.592
17	Phleum pratense. Meadow cat's-tail	—	57.21	4.86	1.50	22.85	11.32	2.26	11.36	3.55	53.35	26.46	5.28	—
18	Poa annua. Annual meadow grass	28. Mai	79.14	2.47	0.71	10.79	6.30	0.59	11.83	3.42	51.70	30.22	2.83	1.864
19	Poa pratensis. Smooth-stalked meadow grass	11. Juni	67.14	3.41	0.86	14.15	12.49	1.95	10.35	2.63	43.06	38.02	5.94	1.633
20	Poa trivialis. Rough stalked meadow grass	18. „	73.60	2.58	0.97	10.54	10.11	2.20	9.80	3.67	40.17	38.03	8.33	1.544
21	Grass from a water meadow, first crop	30. April	87.58	3.22	0.81	3.98	3.13	1.28	25.91	6.53	32.05	25.14	10.37	—
22	Grass from a water meadow, second crop	26. Juni	74.53	2.78	0.52	11.17	8.76	2.24	10.92	2.06	43.90	34.30	8.82	—
23	Grass, annual rye-grass . . .	8. „	69.00	2.96	0.69	12.89	12.47	1.99	—	—	—	—	—	—

[1]) Methode der Untersuchung. 1) Wasserbestimmung. Die Pflanzen wurden unmittelbar nach der Einsammlung gewogen und, in Zinnbüchsen verpackt, nach London befördert. Hier wurde die ganze Probe (meist einige Pfunde) in einem Trockenofen bei 120—160° F. 2—3 Wochen getrocknet. Eine Probe des so vorgetrockneten Materials wurde dann weiter im Wasserbade bei 212° erwärmt. Eine Gewichtsverminderung wurde hier selten beobachtet. — 2) Proteïnbestimmung. Trockne Substanz mit Natronkalk verbrannt und der N als Platinsalz gewogen. Die Eiweissmenge wurde aus dem N-Gehalt berechnet unter der Annahme, dass die Nh-Substanzen 15.75% N enthalten. 1 Theil N = 6.35 (eigentlich 6.3555). — 3) Fettsubstanz. Die trockne Substanz wurde wiederholt mit heissem Aether ausgezogen, der gewonnene Auszug im Wasserbade bis zum gleichbleibenden Gewicht getrocknet. — 4) u. 5) Kohlehydrate und Holzfaser. Die Substanz wurde „mehrmals mit mässig starker Kalilauge" erhitzt. Die unlösliche Substanz wurde aufs Filter gebracht und mit kochendem Wasser vollkommen ausgewaschen. Es wird angenommen, dass auf diese Weise Gummi, Zucker, Stärke etc. gemeinschaftlich mit den Eiweissstoffen gelöst werden. Das Unlösliche wurde ausgewaschen und als Holzfaser mit einem gewissen Antheil von Asche

Scheven (Ritthausen und Scheven). Mittheilungen aus Waldau. 1. Heft. 1859.[1])

Wiesenfutterpflanzen.

No.	Bezeichnungen und Bemerkungen	Jahr der Untersuchung	In der ursprünglichen Substanz: Wasser %	Nh-Substanz %	Rohfett %	Nfr. Extractstoffe %	Rohfaser %	Asche %	In der Trockensubstanz: Nh-Substanz %	Rohfett %	Nfr. Extractstoffe %	Rohfaser %	Asche %	Stickstoff in der ursprüngl. Substanz %	Stickstoff in der Trockensubstanz %
									Von der Gesammtmenge der festen Bestandtheile waren in kaltem Wasser löslich	Organ. Subst.		Aschenbestandtheile			
1	Agrostis canina, blühend, gesammelt 7. Juni	1855	71.4	3.2	0.6	11.6	11.0	2.2	—	19.6	—	4.5	—	0.507	1.75
2	Aira caespitosa, mit Aehren, vor der Blüthe, gesammelt 7./VI	„	70.3	3.1	1.0	12.8	10.6	2.2	—	16.8	—	4.3	—	0.488	1.65
3	Alopecurus geniculatus, blühend, ges. 7. Juni	„	76.9	3.0	1.0	10.1	7.0	2.0	—	24.0	—	5.4	—	0.477	2.06
4	Alopecurus pratensis, blühend, ges. 7. Juni	„	66.8	2.7	0.8	12.1	15.5	2.1	—	8.0	—	2.0	—	0.420	1.30
5	Anthoxanthum odoratum	„	72.0	2.1	0.8	11.2	12.3	1.6	—	11.4	—	4.6	—	0.331	1.18
6	Arrhenaterum avenaceum, blühend, ges. 12. Juni	„	67.0	3.2	0.4	11.8	15.4	2.1	—	15.0	—	4.4	—	0.505	1.53
7	Avena flavescens, blühend, gesammelt 14. Juni	„	59.5	3.3	0.8	17.2	16.3	2.9	—	16.3	—	4.0	—	0.520	1.28
8	Avena pubescens, blühend, gesammelt 4. Juni	„	73.1	2.6	0.8	10.9	10.4	2.2	—	13.2	—	3.7	—	0.410	1.52
9	Bromus mollis, theilweise verblüht, ges. 12. Juni	„	66.8	2.8	0.5	12.7	14.5	2.7	—	13.3	—	4.1	—	0.438	1.82
10	Cynosurus cristatus, kurz vor der Blüthe, gesammelt 5. Juni	„	72.6	2.1	0.7	10.6	11.7	2.3	—	11.5	—	4.8	—	0.330	1.20
11	Dactylis glomerata, blühend, ges. 8. Juni	„	65.1	3.0	0.8	12.6	16.1	2.4	—	14.6	—	3.6	—	0.470	1.35
12	Festuca pratensis, „ „ 6. „	„	74.8	2.4	0.8	10.2	10.1	1.7	—	15.0	—	4.5	—	0.382	1.51
13	„ rubra, „ „ 6. „	„	73.5	2.4	0.5	9.9	12.1	1.6	—	12.0	—	5.0	—	0.378	1.43
14	Glyceria fluitans, „ „ 12. „	„	77.7	2.0	0.3	9.5	8.5	2.0	—	13.2	—	3.9	—	0.311	1.39
15	Holcus lanatus, theilweise blühend, gesammelt 8. Juni	„	75.1	2.3	0.5	9.5	10.2	2.4	—	14.6	—	4.8	—	0.369	1.48
16	Lolium italicum, beginnende Blüthe, gesammelt 14. Juni	„	71.7	2.6	1.0	12.9	9.4	2.3	—	24.0	—	4.7	—	0.415	1.46
17	Lolium perenne, blühend, ges. 5. Juni	„	75.2	2.3	0.6	9.5	10.7	1.6	—	21.2	—	4.6	—	0.364	1.46
18	Phalaris arundinacea, Anfang der Blüthe, gesammelt 12. Juni	„	68.9	1.9	0.4	12.6	13.5	2.6	—	14.4	—	3.3	—	0.307	0.99
19	Phleum pratense, blühend, ges. 2. Juli	„	68.2	2.0	0.4	13.6	13.9	2.0	—	17.4	—	3.2	—	0.317	1.00
20	Poa pratensis, blühend, ges. 2. Juni	„	62.0	4.0	1.1	15.4	15.6	1.8	—	8.3	—	1.3	—	0.635	1.67
21	„ trivialis, „ „ 5. „	„	78.0	2.3	0.8	8.4	8.8	1.6	—	15.8	—	5.5	—	0.360	1.64
22	Triticum caninum, vor der Blüthe, Aehren entw., gesammelt 12. Juni	„	70.0	2.8	0.7	11.6	12.7	2.1	—	13.8	—	5.2	—	0.450	1.50

gewogen, welcher letztere bestimmt und in Abzug gebracht wurde. — 6) Die Asche wurde in gewöhnlicher Weise durch Verbrennung bestimmt.

Fett und Stickstoff wurden doppelt bestimmt und aus beiden Resultaten das Mittel genommen.

Die untersuchten Gräser wurden an ihren natürlichen Standorten, auf Wiesen mit kalkhaltigem Lehmboden und Thonboden, zur Zeit ihrer Blüthe (1849) in Cirencister gesammelt. J. Thom. Way: On the relativ Nutritive and Fattening Properties of different Natural and Artificial Grasses.

[1]) Zu Scheven's Analysen. Man sammelte die Gräser innerhalb eines möglichst kurzen Zeitraums unmittelbar vor der Heuernte 1855 von einer ziemlich fruchtbaren, zwischen 2 Flüsschen gelegenen Wiese, die No. 6, 7, 9, 16, 17 u. 19 wurden den Versuchsfeldern entnommen. Die Bestimmung des Wassers wurde jederzeit sofort nach der Einsammlung vorgenommen. Zur Bestimmung der „Holzfaser" wurden 2%ige Schwefelsäure und 2%ige Kalilauge verwendet (siehe Untersuchungsmethoden). Nh-Substanz ist N × 6.33.

No.	Bezeichnungen und Bemerkungen	Jahr der Untersuchung	In der ursprünglichen Substanz: Wasser %	Nh-Substanz %	Rohfett %	Nfr. Extractstoffe %	Rohfaser %	Asche %	In der Trockensubstanz: Nh-Substanz %	Rohfett %	Nfr. Extractstoffe %	Rohfaser %	Asche %	Stickstoff in der Trockensubstanz %
	R. Arendt u. W. Knop (Landwirthschaftl. Versuchsstat. 2. 1860. 32).[1) Grasuntersuchungen. a. Süsse Futtergräser.													
1	Aira caespitosa, theilweise blühend, trockne Wiese a. Wald	1859	—	—	—	—	—	—	—	—	—	—	p 9.16	o —
2	Anemagrostis Spica Venti, blühend, wenig Blätter, ebendaselbst	„	—	—	—	—	—	—	7.37	—	—	—	6.02	1.18
3	Anthoxanthum odoratum, volle Blüthe, blattreich	„	—	—	—	—	—	—	12.75	3.68	—	—	7.39	2.04
4	Arrhenaterum elatius, blühend, Bahndamm	„	—	—	—	—	—	—	13.37	3.60	—	—	8.26	2.14
5	Avena pubescens, blühend, schwach beblättert, feuchter Laubwald . . .	„	—	—	—	—	—	—	11.68	3.30	—	—	7.77	1.87
6	Briza media, Blüthezeit, mässig feuchte Wiese	„	—	—	—	—	—	—	12.00	3.20	—	—	8.62	1.92
7	Bromus mollis, blühend, sehr üppig, auf Schlammhaufen	„	—	—	—	—	—	—	15.25	—	—	—	8.88	2.44
8	Bromus secalinus, kurz vor der Blüthe, blattarm, Acker	„	—	—	—	—	—	—	9.00	—	—	—	7.95	1.44
9	Bromus sterilis, theilweise blühend, dürftig	„	—	—	—	—	—	—	7.50	—	—	—	9.38	1.20
10	Cynosurus cristatus, kurz vor der Blüthe, feuchte Wiese	„	—	—	—	—	—	—	15.56	4.11	—	—	8.21	2.65
11	Dactylis glomerata, kurz nach der Blüthe, blattarm, Bahndamm	„	—	—	—	—	—	—	—	—	—	—	7.24	—
12	Festuca elatior, zum grössten Theil blühend, blattarm, trockne Wiese am Wald .	„	—	—	—	—	—	—	7.38	2.05	—	—	7.22	1.18
13	Glyceria aquatica, blühend, schwach beblättert, am Rande eines Grabens .	„	—	—	—	—	—	—	12.31	2.87	—	—	6.00	1.97
14	Glyceria fluitans, theilweise blühend, schwach beblättert, an einem Sumpfe	„	—	—	—	—	—	—	12.75	—	—	—	7.86	2.04
15	Holcus lanatus, blühend, Wiese . . .	„	—	—	—	—	—	—	17.50	4.70	—	—	8.85	2.80
16	Hordeum murinum, blühend, reichbeblättert	„	—	—	—	—	—	—	12.56	4.19	—	—	9.58	2.01
17	Koeleria cristata, blühend, blattreich, Wiese	„	—	—	—	—	—	—	13.37	—	—	—	8.11	2.14
18	Lolium perenne, Beginn der Blüthe, trockne Wiese	„	—	—	—	—	—	—	10.94	2.96	—	—	7.74	1.75
19	Lolium temulentum, Blüthe, Acker . .	„	—	—	—	—	—	—	13.87	2.56	—	—	7.09	2.22
20	Milium effusum, blühend, Wald . . .	„	—	—	—	—	—	—	11.37	—	—	—	8.81	1.82
21	Phleum pratense, blühend, sehr üppig, feuchter Standort	„	—	—	—	—	—	—	15.94	—	—	—	9.30	2.55
22	Phleum pratense, blühend, dürftig entwickelt, trockner Standort	„	—	—	—	—	—	—	11.00	—	—	—	8.11	1.76
23	Poa pratensis, blühend, sehr üppig, feuchter Standort	1859	—	—	—	—	—	—	14.61	—	—	—	7.79	2.37
24	Poa pratensis, blühend, normal entwickelt, trockner Standort	„	—	—	—	—	—	—	12.56	—	—	—	7.00	2.01
25	Poa pratensis, blühend, sehr dürftig entwickelt, Chausseegrabenrand . . .	„	—	—	—	—	—	—	8.75	—	—	—	6.74	1.40

1) Die Gräser wurden in gleicher Entwickelungsperiode von Anfang bis Ende Juni im Jahre 1859 in der Nähe von Möckern von ihrem natürlichen Standorte gesammelt. Der N wurde in der getrockneten feingepulverten Substanz durch Verbrennen mit Natronkalk bestimmt, der N aus dem Platingehalte des erhaltenen Platinsalmiaks berechnet. Die Berechnung der Nh-Substanz (aus dem N-gehalte × 6.25) wurde von uns ausgeführt. Zur Bestimmung der Fettsubstanz wurden circa 25—30 g des Grases im Verdrängungsapparate mit gewöhnlichem wasserhaltigem Aether erschöpft; die ätherische Lösung liess man in einer geräumigen Glasschale verdunsten und den Rückstand längere Zeit an der Luft stehen. Nach dieser Zeit wurde dieser mit absolutem Aether wiederholt behandelt, die gewonnene Lösung in kleinen Gefässen getrocknet, der Rückstand als ein Gemenge, das vorzugsweise aus Fett besteht, angesehen.

No.	Bezeichnungen und Bemerkungen	Jahr der Untersuchung	In der ursprünglichen Substanz: Wasser	Nh-Substanz	Rohfett	Nfr. Extractstoffe	Rohfaser	Asche	In der Trockensubstanz: Nh-Substanz	Rohfett	Nfr. Extractstoffe	Rohfaser	Asche	Stickstoff in der Trockensubstanz
			%	%	%	%	%	%	%	%	%	%	%	%
	b. Riedgräser, saure Gräser.													
26	Carex acuta, nach der Blüthe, blattreich, feuchter Stand	1859	—	—	—	—	—	—	16.25	2.01	—	—	8.04	2.60
27	Carex remota, dichter Blattrasen mit nur wenigen Schaften, Wald	„	—	—	—	—	—	—	12.06	0 60	—	—	1.37	1.93
28	Carex silvatica, nach der Blüthe, blattreich, Wald	„	—	—	—	—	—	—	13.94	3.04	—	—	10.85	2.23
29	Carex vesicaria, nach der Blüthe, blattreich, Sumpf	„	—	—	—	—	—	—	15.13	3.47	—	—	8.03	2.42
30	Carex vulpina, nach der Blüthe, breitblättrig, Grabenrand	„	—	—	—	—	—	—	12.06	2.59	—	—	7.94	1.93
	c. Binsen und Simsen.													
31	Juncus acutiflorus, nach der Blüthe, trockne Wiese	1859	—	—	—	—	—	—	12.94	—	—	—	5.98	2.07
32	Juncus conglomeratus, nach der Blüthe, ganz blattlos, feuchte Wiese . . .	„	—	—	—	—	—	—	13.75	1.10	—	—	5.61	2.20
33	Juncus conglomeratus, nach der Blüthe, ganz blattlos, Sumpf	„	—	—	—	—	—	—	13.06	—	—	—	5.86	2.09
34	Scripus Holoschoenus, nach der Blüthe, nur blattlose Schafte mit starken Blüthenköpfen, botanischer Garten bei Leipzig	„	—	—	—	—	—	—	15.00	2.05	—	—	9.22	2.40
	d. Schilfartige Gräser.													
35	Phalaris arundinacea, nach der Blüthe ges., Wald, sehr breitblättr. Halme u. Rispen	1859	—	—	—	—	—	—	4.19	—	—	—	4.89	0.67
	Phalaris arundinacea, nach der Blüthe ges., Wald, sehr breitblättr. Blätter . . .	„	—	—	—	—	—	—	16.50	—	—	—	11.35	2.64
36	Arundo Phragmites, Stengel	„	—	—	—	—	—	—	8.81	—	—	—	—	1.41
37	„ „ Blätter	„	—	—	—	—	—	—	15.87	—	—	—	—	2.54
	C. Karmrodt. Zeitschrift des landwirthschaftlichen Vereins für Rheinpreussen. Jahrgänge 1858 u. f.[1])													
								p					p	o
1	Gewöhnliches Wiesengras	1857	83.00	1.93	—	—	—	1.20	11.38	—	—	—	7.08	1.820
2	Holcus saccharatus	1857	87.03	2.36	—	—	—	1.48	18.19	—	—	—	11.37	2.910
3	Ceratochloa australis	1857	72.86	5.94	—	—	—	3.44	21.88	—	—	—	12.68	3.500
4	Grasgemisch, gedüngt	1857	73.50	4.55	—	—	—	3.51	17.17	—	—	—	13.26	2.747
5	„ ungedüngt	1857	75.14	4.27	—	—	—	3.61	17.17	—	—	—	14.52	2.747
6	Lolium italicum, 1. Vegetat.-Jahr . .	1857	75.14	4.66	—	—	—	3.42	19.25	—	—	—	14.12	3.080
7	Lolium italicum, 1. Schnitt, 2. Vegetations-Jahr	1858	72.64	2.40	—	16.89	5.79	2.28	8.77	—	61.71	21.17	8.35	1.403
8	Lolium italicum, 2. Schnitt, 2 Vegetations-Jahr	1858	71.13	4.49	—	15.73	5.52	3.13	15.56	—	54.48	19.11	10.85	2.490
9	Lolium italicum, 3. Schnitt, 2. Vegetations-Jahr	1858	70.36	3.62	—	15.85	6.05	4.12	12.21	—	53.45	20.42	13.92	1.953
10	Lolium italicum, als Heu, 3. Vegetat.-Jahr	1859	13.60	13.87	—	40.20	22.50	9.83	16.05	—	46.65	26.03	11.27	2.57
11	„ „ „ „ 4. „ „	1860	13.94	14.52	—	41.02	20.73	9.79	16.87	—	47.67	24.09	11.37	2.70
12	Lolium perenne, 1. Vegetations-Jahr .	1857	76.72	3.95	—	—	—	4.26	16.95	—	—	—	18.34	2.712

[1]) Die Gräser wurden ohne Düngung auf einem humosen mergeligen Thonboden zu St. Nicolas (Rheinprovinz) angebaut. Ueber die zur Anwendung gelangte Untersuchungsmethode ist im Original nichts mitgetheilt. Welche der Schnitte aus den Vegetationsjahren 1859 und 1860 untersucht wurden, ist ebenfalls dem Original nicht zu entnehmen.

No.	Bezeichnungen und Bemerkungen	Jahr der Untersuchung	In der ursprünglichen Substanz						In der Trockensubstanz					Stickstoff in der Trockensubstanz
			Wasser	Nh-Substanz	Rohfett	Nfr. Extractstoffe	Rohfaser	Asche	Nh-Substanz	Rohfett	Nfr. Extractstoffe	Rohfaser	Asche	
			%	%	%	%	%	%	%	%	%	%	%	%
								p					p	o
13	Lolium perenne, 1. Schnitt } 2. Vegetat.-Jahr	1858	65.40	2.80	—	16.32	12.60	2.88	8.09	—	47.18	36.41	8.32	1.28
14	„ „ 2. „	1858	77.80	3.67	—	8.75	6.33	3.45	16.09	—	41.02	27.76	15.13	2.57
15	„ „ 3. „	1858	78.38	2.51	—	9.05	6.53	3.53	11.62	—	41.85	30.20	16.33	1.86
16	„ „ als Heu, 3. Vegetations-Jahr	1859	13.50	11.47	—	34.58	29.78	10.67	13.26	—	39.99	34.42	12.33	2.12
17	Lolium perenne, als Heu, 4. Vegetations-Jahr	1860	13.00	12.19	—	32.43	31.25	10.24	14.15	—	37.67	36.28	11.90	2.26
18	Avena elatior, 1. Vegetat.-Jahr . . .	1857	73.24	4.27	—	—	—	3.10	15.97	—	—	—	11.58	2.555
19	„ „ 1. Schnitt } 2. Vegetat.-Jahr	1858	72.37	2.89	—	13.08	9.20	2.46	10.46	—	47.34	33.30	8.90	1.673
20	„ „ 2. „	1858	57.84	6.26	—	17.51	13.63	4.76	14.85	—	41.53	32.33	11.29	2.377
21	„ „ 3. „	1858	66.67	4.61	—	13.72	10.53	4.47	13.83	—	41.16	31.60	13.41	2.053
22	„ „ 3. Vegetations-Jahr . .	1859	13.20	12.13	—	30.36	36.20	8.11	13.97	—	34.99	41.70	9.34	2.23
23	„ „ 4. „ „ . .	1860	14.00	13.25	—	32.73	32.48	7.94	15.41	—	37.59	37.77	9.23	2.46

Bei den auf 4 Jahre ausgedehnten vergleichenden Anbauversuchen mit den 3 Raigräsern zu St. Nicolas wurden folgende Erträge pro ha erzielt:

Lolium italicum.

	1857		1858		1859		1860	
	grün kg	lufttrocken kg	grün kg	lufttrocken kg	grün kg	lufttrocken kg	grün kg	lufttrocken kg
1. Schnitt	15971	5733	12285	3744	10355	3212	3335	1106
2. „	16612	3446	9828	3159	8249	2211	5142	1755
3. „	—	—	6961	2303	9828	2597	8880	2281
4. „	—	—	—	—	—	—	9758	3036
in Summa	32583	9179	29074	9206	28432	8020	27115	8178

Lolium perenne.

	1857		1858		1859		1860	
	grün kg	lufttrocken kg	grün kg	lufttrocken kg	grün kg	lufttrocken kg	grün kg	lufttrocken kg
1. Schnitt	15770	4738	13689	5606	14566	4616	1755	579
2. „	9481	2053	9828	2457	4738	2808	5967	1930
3. „	—	—	9652	2369	6950	1983	6318	1580
4. „	—	—	—	—	—	—	11232	2564
in Summa	25251	6791	33169	10432	26254	9407	25272	6653

Avena elatior.

	1857		1858		1859		1860	
	grün kg	lufttrocken kg	grün kg	lufttrocken kg	grün kg	lufttrocken kg	grün kg	lufttrocken kg
1. Schnitt	8073	4153	26676	7371	24745	7599	3791	983
2. „	15288	3217	14566	6142	6844	2281	3861	1281
3 „	—	—	11583	3861	6844	1930	4844	1281
4. „	—	—	—	—	—	—	8073	5019
in Summa	23361	7370	52825	17374	38433	11810	20569	8564

Gesammtertrag in 4 Jahren	grün	lufttrocken
Lolium italicum . .	117204	34583
„ perenne . .	109946	33283
Avena elatior . . .	135188	45110

No.	Bezeichnungen und Bemerkungen	Jahr der Untersuchung	In der Trockensubstanz									
			Albumen %	Oel %	Wachs %	Zucker %	Gummi u. Dextrin %	Cellulose %	stärkeartige Cellulose %	Alkalisches Extract %	Asche %	Harz (resinous) %
	Peter Collier (Annual Report of the Commissioner of Agriculture (Report of the chemist) for the Year 1878, Washington, 1879) und Privatmittheilungen.[1]											
1	Agrostis exarata, Northern Red-top, from Wisconsin	1878	10.65	2.12	0.19	7.06	8.95	24.59	24.62	16.20	5.62	—
2	Andropogon furcatus, Broom sedge, from Texas	1878	13.00	1.24	0.47	7.98	5.02	33.73	26.32	5.80	6.44	—
3	Andropogon furcatus, Minnes.	1879	8.05	3.02		10.30	2.41	25.65	24.32	17.68	5.09	3.48
4	Andropogon macrourus	1879	5.77	2.54		4.64	1.21	29.73	7.26	40.50	3.74	4.61
5	Andropogon scoparius, Broom grass, from Alabama	1878	6.21	1.16	0.43	5.37	3.44	24.91	26.51	28.07	3.90	—
6	Andropogon scoparius	1879	6.45	1.85		4.72	1.83	29.07	7.98	38.58	7.11	2.41
7	Andropogon Virginicus	1878	13.00	1.24	0.47	7.98	5.02	33.73	26.32	5.80	6.44	—
8	Anthoxanthum odoratum	1879	8.56	3.40		8.62	2.61	25.80	25.51	15.18	8.43	1.89
9	Bromus carinatus, California Brome grass, from Illinois	1878	9.88	2.46	0.24	9.38	4.56	26.90	17.02	19 15	10.31	—
10	Bromus unioloides, Schrader's grass .	1878	12.45	2.99	0.24	14.36	1.00	24.31	23.74	13.13	7.78	—
11	„ „ from Illinois . . .	1879	13.62	3.57		8.47	5.38	20.60	24.73	12.09	9.74	1.80
12	Cynodon dactylon, Bermuda grass, from Georgia	1878	11.15	1.86	0.36	6.56	9.29	24.55	27.43	12.64	6.16	—
13	Cynodon dactylon, from Alabama . .	1878	13.59	1.23	0.36	8.17	3.59	23.57	29.30	12.23	7.96	—
14	Dactylotenium Aegyptiacum, Crow-foot grass, from Georgia	1878	9.01	1.64	0.32	10.96	5.60	17.48	31.63	16.46	6.90	—
15	Eleusine Indica, Crow-foot, from Texas	1878	13.72	1.78	0.38	11.92	6.33	31.29	25.46	0.00	9.12	—
16	„ „ from Georgia . . .	1878	13.28	1.72	0.35	13.29	5.84	22.38	26.37	10.44	6.33	—
17	„ „ from Alabama . . .	1878	12.23	2.27	0.29	8.69	4.98	21.53	21.97	20.97	7.07	—
18	Festuca pratensis	1879	10.75	3.28		9.87	2.58	24.25	24.45	13.95	9.13	1.74
19	Hierochloa borealis, Vanilla or Seneca grass, from Illinois	1878	14.31	3.75	0.37	12.71	5.42	23.30	23.15	8.58	8.41	—
20	Leptochloa mucronata, Feather grass, from Texas	1878	7.80	1.68	0.40	7.33	6.41	32.16	23.69	11.55	8.98	—
21	Muhlenbergia diffusa, Drop-seed, Nimble Will, from Texas	1878	10 06	1.39	0.43	8.96	4.48	23.37	19.81	23.89	7.61	—

[1]) Die Gräser sind meist als wildwachsende Pflanzen gesammelt worden.

Analytische Methode.

1) Oel und Wachs = Aetherextract; davon in kaltem Aether löslich: Oel.
„ „ „ „ unlöslich: Wachs.

2) Zucker. Die mit Aether erschöpfte Substanz (1) wurde mit ungefähr 200 ccm 85%igem Alkohol in der Wärme digerirt. Ein aliquoter Theil des alkoholischen Auszugs wurde in der Platinschale verdampft, getrocknet und gewogen, dann verbrannt und die verbleibende Asche gewogen. Alkoholextract — Asche = „Zucker". Das alkoholische Extract enthält ausser Zucker Spuren von Tannin, mehr oder weniger Farbstoff, möglicherweise Alkaloide, Harz, Salze von organischen Säuren und gelegentlich Nitrate und Ammoniaksalze.

3) Gummi u. Dextrin. Der Rückstand von 2 wurde mit 250 ccm siedendem Wasser ausgezogen. In einem aliquoten Theil wurde Gummi durch Abdampfen etc. bestimmt (= aschefreies wässriges Extract).

4) „Cellulose". 2 g der Substanz wurden mit 150 ccm von Powers u. Weightman's unterchlorigsaurem Natron bis zum vollständigen Bleichen, darauf mit 150 ccm einer 1/4 procent. Kalilauge 2 Stunden lang gekocht, der unlösliche Rückstand auf ein Filter gebracht, mit Wasser, Alkohol und schliesslich mit Aether ausgewaschen. Der bei 120—130° C. getrocknete Rückstand wurde gewogen und alsdann in einem Theil der N, in einem anderen Asche bestimmt; letztere und der aus dem N berechnete Proteïngehalt wurden von dem ursprünglichen Gewicht der rohen Cellulose in Abzug gebracht.

6) Albumen. Durch Verbrennen der Substanz mit Natronkalk und Auffangen des gebildeten Ammoniaks in titiirter Säure (1/10 norm. Oxalsäure, 1/10 norm. Alkali). $N \times 6.25$ = Rohproteïn.

7) „Stärkeartige Cellulose" (amylaceous cellulose). Die mit Aether, Alkohol und kochendem Wasser ausgezogene Substanz (Rückstand von 1—3) wurde mit 100 ccm 2 procent. Schwefelsäure 2 Stunden lang gekocht. Das Filtrat wurde hiervon mit kohlensaurem Baryt neutralisirt, filtrirt und der unlösliche Rückstand mit heissem Wasser gut ausgewaschen. Ein aliquoter Theil des Filtrats wurde im Dampfapparat verdampft, gewogen, verbrannt und wieder gewogen. Der verbrennliche Theil dieses Abdampfrückstandes war leicht löslich in kaltem Wasser und war ein Gemisch von Dextrin mit ein wenig Glucose, welches nach dem Autor durch Einwirkung der verdünnten Säure auf Cellulose (vermuthlich) hervorgegangen ist, nicht aus Stärke, da solche bei mikroskopischer Prüfung der Gräser nicht aufzufinden war. Wahrscheinlich ist das, was so rasch durch Säure in Dextrin und Zucker umgewandelt wird, eine Modification der Cellulose (cellulose immature), der bei der thierischen Ernährung ein gleicher Werth wie der Stärke und dem Zucker beizumessen sein möchte.

Ueber die Bestimmung des „alkalischen Extracts" ist Näheres nicht angegeben; der bei der Summirung der direc bestimmten Bestandtheile verbleibende Rest (an 100 fehlend) ist als solches bezeichnet.

No.	Bezeichnungen und Bemerkungen	Jahr der Untersuchung	In der Trockensubstanz Albumen %	Oel %	Wachs %	Zucker %	Gummi u. Dextrin %	Cellulose %	stärke-artige Cellulose %	Alkalisches Extract %	Asche %	Harz (resinous) %
22	Panicum anceps	1879	5.78	1.83		4.15	2.42	27.84	7.92	39.35	9.04	1.67
23	„ Crus galli, Barnyard grass . .	1878	4.14	1.54	0.57	13.87	5.07	32.27	21.37	11.03	10.14	—
24	„ from Texas	1879	7.77	2.15		9.54	2.48	28.91	11.81	28.37	6.98	1.99
25	Panicum dichotomum	1879	6.77	3.55		2.70	1.70	29.48	7.86	33.93	10.13	3.88
26	„ divaricatum	1879	9.23	2.52		3.06	1.22	27.08	7.16	31.88	14.30	3.55
27	„ filiforme, Slender Crab grass, Alabama	1878	3.32	1.29	0.25	5.89	4.67	26.78	29.96	23.19	4.65	—
28	Panicum gibbum, Alabama	1879	12.05	4.16		13.43	2.92	24.16	24.10	8.85	8.53	1.80
29	„ jumentorum, Guinea grass, Alabama	1878	8.95	1.27	0.31	5.93	4.51	31.76	16.30	22.60	8.37	—
30	Panicum obtusum, Obtuse-flowered, Panic grass, from Texas	1878	7.28	1.77	0.50	9.68	5.74	33.32	24.21	8.75	8.75	—
31	Panicum proliferum	1879	11.08	3.01		10.89	3.56	24.07	7.14	23.98	11.17	5.10
32	„ sanguinale, Crab grass, from Alabama	1878	9.99	2.87	0.02	9.88	5.60	32.80	24.29	3.87	10.68	—
33	Panicum Texanum, Texas Millet . . .	1878	5.61	1.98	0.56	12.49	5.98	27.68	20.64	18.43	6.63	—
34	„ virgatum, Switch-grass, from Texas	1878	5.01	1.25	0.45	7.05	3.37	37.38	27.59	13.06	4.84	—
35	Panicum virgatum, from Alabama . .	1878	4.58	1.75	0.17	9.61	3.02	28.87	25.94	22.50	3.56	—
36	Paspalum laeve, Water grass, from Texas	1878	8.14	1.74	1.02	8.86	5.47	27.72	26.67	13.95	6.43	—
37	„ precox	1879	5.93	3.60		8.35	2.03	25.31	8.64	36.58	7.41	2.15
38	Poa compressa	1879	6.27	2.84		10.75	12.47	20.85	25.47	15.42	4.24	1.69
39	Poa serotina, Fowl Meadow grass, from Wisconsin	1878	8.91	1.95	1.53	9.33	7.49	25.62	25.24	15.19	4.74	—
40	Poa pratensis, Kentucky Blue grass, from Wisconsin	1878	11.54	1.82	1.04	9.61	3.14	27.94	22.53	17.20	5.18	—
41	Setaria setosa, Pigeon grass, from Texas	1878	8.61	1.05	0.46	9.25	5.15	32.76	26.41	9.60	6.71	—
42	Sorghum nutans var.	1878	3.29	1.57	0.10	7.27	3.75	36.70	27.25	14.44	5.63	—
43	Sorghum halapense, Johnson grass, from Alabama	1878	13.18	2.25	0.61	7.37	5.14	25.15	25.87	15.58	4.85	—
44	Sporobolus Indicus, Smut grass, from Mississippi	1878	12.46	2.99	0.31	8.17	2.75	25.91	27.06	14.16	6.19	—
45	Tricuspis seslerioides, Tall Red-top . .	1878	6.32	1.81	0.24	6.98	3.16	37.86	26.45	12.63	4.55	—
46	Tripsacum dactyloides, Gama grass, from Missis.	1878	8.62	1.72	0.68	8.84	3.66	26.59	20.84	23.09	5.96	—
47	Uniola latifolia, Wild Fescue, from Alabama	1878	11.29	3.23		6.78	4.02	38.67	10.23	14.40	11.38	—

No.	Bezeichnungen und Bemerkungen	Jahr der Untersuchung	In der ursprünglichen Substanz: Wasser %	Nh-Substanz %	Rohfett %	Nfr. Extractstoffe %	Stärke %	Zucker %	Rohfaser %	Asche %	Verlust %	In der Trockensubstanz: In Wasser lösl. organ. Substanz %	In Wasser lösliche Asche %	In Aether löslich %	In Alkohol löslich %	N löslich %	N als Ammoniak %
	Alessandro Pasqualini (Annali della Stazione Agraria di Forli. Fascicolo II—VIII).[1]																
1	Arundo phragmites L., Canna palustre	1875	49.625	3.872	1.368	8.494	9.563	0.967	19.591	6.044	0.476	17.130	2.084	2.930	9.920	0.593	0.018
2	Avena sativa L., var. alba, Avena bianca	1873	56.300	8.006	0.523	1.493	16.433	0.357	13.410	3.478	—	11.040	4.960	1.466	18.000	1.550	0.162
3	Avena sativa L., var. alba, Avena bianca	1875	54.810	8.614	0.812	7.892	9.707	1.183	11.875	4.689	0.418	16.587	2.213	1.983	15.032	1.023	0.104

[1] Ueber die angewendete analytische Methode siehe Analytische Methoden im Anhang.

No.	Bezeichnungen und Bemerkungen	Jahr der Untersuchung	In der ursprünglichen Substanz: Wasser %	Nh-Substanz %	Rohfett %	Nfr. Extractstoffe %	Stärke %	Zucker %	Rohfaser %	Asche %	Verlust %	In der Trockensubstanz: In Wasser lösl. organ. Substanz %	In Wasser lösliche Asche %	In Aether löslich %	In Alkohol löslich %	N löslich %	N als Ammoniak %
4	Avena sativa L., var. nigra, Avena nera	1874	49.700	8.001	2.587	8.141	12.446	1.808	10.227	6.731	0.451	14.411	1.193	2.824	10.270	0.714	0.049
5	Avena sativa L., var. rubra, Avena rossa	1875	51.021	8.185	1.462	9.984	11.174	1.916	10.558	5.286	0.414	19.340	2.143	3.098	13.841	1.049	0.047
6	Bromus racemosus L., Forasacco . . .	1873	33.600	16.512	2.900	8.500	20.411	Spur	12.500	5.577	—	13.800	5.200	5.600	13.500	3.200	Spur
7	Bromus racemosus L., Forasacco . . .	1874	43.950	12.500	1.921	10.063	7.457	1.006	14.850	8.063	0.190	17.617	1.737	2.185	10.604	1.048	Spur
8	Festuca rubra L., Festuca . . .	1873	41.120	15.743	0.930	1.508	16.924	Spur	19.530	4.245	—	16.090	3.910	1.800	11.858	0.858	0.243
9	Holcus cernuus L., Saggina bianca .	1875	51.015	7.863	1.116	7.886	12.658	1.585	13.167	4.542	0.168	17.521	1.087	2.423	10.874	1.937	0.016
10	Holcus saccharat. L., Sagg. da zucchero	1875	51.429	7.037	1.187	11.051	11.470	2.007	10.533	4.914	0.372	20.705	2.048	2.760	10.396	1.513	0.103
11	Lolium perenne L., Logliessa . . .	1873	37.000	12.290	1.899	4.363	20.430	Spur	16.666	7.352	—	11.830	5.170	3.700	17.000	2.314	0.324
12	Lolium perenne L., Logliessa . . .	1874	31.240	11.173	1.767	12.049	15.058	0.083	20.903	7.213	0.514	13.759	2.963	1.857	10.472	0.894	Spur
13	Phleum pratense L., Fleo	1873	74.900	3.175	1.014	1.200	13.110	0.457	3.963	2.181	—	8.250	4.250	1.800	11.000	0.647	0.005
14	Sorghum vulgare W., Saggina rossa .	1873	63.690	7.437	0.154	1.183	13.197	1.091	10.827	2.421	—	23.410	2.920	0.523	8.000	0.003	0.162
15	Sorghum cernuum W., Saggina bianca	1873	54.41	10.781	0.201	1.001	13.197	0.646	18.076	2.421	—	5.230	0.770	1.486	9.000	1.182	Spur
16	Sorghum saccharatum Pers. Saggina de granate . .	1875	58.630	5.406	0.976	7.878	10.772	1.635	9.995	4.686	0.022	16.215	2.820	2 604	9.370	1.884	0.019
17	Zea Mays L., Formentina . . .	1873	70.900	6.118	0.080	1.388	12.963	Spur	6.817	1.734	—	30.170	3.160	1.364	38.000	2.025	0.243

Amerikanische Gräser

zur Zeit der Blüthe oder nahe der Blüthe in den Jahren 1878—1882 gesammelt und untersucht von Clifford Richardson.*)

No.	Bezeichnungen und Bemerkungen	Zeit des Schneidens	In der ursprünglichen Substanz: Wasser %	Nh-Substanz %	Rohfett %	Nfr. Extractstoffe %	Rohfaser %	Asche %	In der Trockensubstanz: Nh-Substanz %	Rohfett %	Nfr. Extractstoffe %	Rohfaser %	Asche %	Stickstoff in der Trockensubstanz %	Nicht-eiweiss-N %	Desgl. in % des Gesammt-N
1	Agropyrum repens (Couch-Quitch-or Quickgrass) NH	1879	14.30	9.84	3.02	48.22	16.63	7.99	11.48	3.52	56.27	19.41	9.32	1.84	0.45	24.5
2	Agropyrum repens Penns. .	1880 Juni 12	14.30	7.22	3.00	49.50	20.64	5.34	8.43	3.51	57.75	24.08	6.23	1.35	0.62	45.9
3	Agropyrum repens Me. . .	1880	14.30	10.83	3.28	43.66	21.68	6.25	12.64	3.83	50.95	25.30	7.28	2.02	0.60	29.7
4	Agropyrum repens. Früheste Blüthe Wash.	Juni 23	58.30	3.67	1.40	24.76	8.22	3.65	8.80	3.36	59.37	19.70	8.77	1.41	0.26	18.7
5	Agrostis exarata Wis. . .	1878	14.30	9.09	1.97	48.53	21.01	5.10	10.61	2.30	56.63	24.51	5.95	1.70	0.45	26.3
6	„ vulgaris Washingt.	1880 Juni 23	61.40	4.29	1.11	21.93	8.50	2.81	11.02	2.87	56.82	22.02	7.27	1.76	0.53	30.1

*) The chemical Composition of American Grasses by Clifford Richardson, Assistant chemist. — Departement of Agriculture. Washington: Governement Printing Office 1881. — Ueber die Methode der Untersuchung sind keine Angaben gemacht, jedoch scheint die an den deutschen Versuchsstationen ausgebildete Methode Anwendung gefunden zu haben. Der N-gehalt wurde zur Berechnung der Nh-Substanz mit 6.25 multiplicirt; die Berechnungen stimmen jedoch häufig nicht genau mit diesem Factor überein.

Die hier zusammengestellten Analysen konnten in unserer Haupttabelle keine Aufnahme mehr finden.

No.	Bezeichnungen und Bemerkungen	Zeit des Schneidens	In der ursprünglichen Substanz						In der Trockensubstanz					Stickstoff in der Trockensubstanz	Nicht-eiweiss-N	Desgl. in % des Gesammt-N
			Wasser %	Nh-Substanz %	Rohfett %	Nfr. Extractstoffe %	Rohfaser %	Asche %	Nh-Substanz %	Rohfett %	Nfr. Extractstoffe %	Rohfaser %	Asche %	%	%	
7	Agrostis vulgaris Washingt. (Unkraut)	1880 Juni 18	58.80	4.11	2.18	24.10	8.41	2.40	9.95	5.30	58.49	20.42	5.84	1.59	0.32	20.1
8	Agrostis vulgaris Penns. . .	Juli 1	14.30	8.48	2.84	46.77	21.71	5.90	9.90	3.31	54.58	25.53	6.88	1.58	0.80	50.7
9	Agrostis vulgaris Del. . .	1882	14.30	9.64	3.63	48.68	18.75	5.60	11.25	3.54	56.80	21.68	6.53	1.80	0.45	25.0
10	Alopecurus pratens. Washingt.	1880 Mai 1	60.00	4.33	1.34	21.72	9.51	3.10	10.81	3.36	54.30	23.78	7.75	1.73	0.00	0.0
11	Andropogon argenteus Ind. .	1880	14.30	3.20	2.62	55.01	21.76	3.11	3.73	3.06	64.19	25.39	3.63	0.60	0.36	60.7
12	Andropogon furcatus Minnes.	1879	14.30	6.90	2.59	49.87	21.98	4.36	8.05	3.02	58.19	25.65	5.09	1.29	0.44	33.9
13	Andropogon furcatus Nebraska	1879	14.30	4.56	1.80	50.10	22.50	6.74	5.32	2.10	58.46	26.26	7.86	0.85	0.32	37.5
14	Andropogon furcatus Ind. T.	1879	14.30	3.39	2.73	49.36	26 72	3.50	3.95	3.19	57.60	31.18	4.08	0.63	0.33	52.5
15	Andropogon furcatus Penns.	1880 Spt. 2	14.30	4.28	2.12	44.53	23.17	11.60	4.99	2.47	51.95	27.04	13.53	0.80	0.09	11.2
16	Andropogon macrourus Alab.	—	14.30	4.94	2.18	49.87	25.50	3.21	5.77	2.54	58.20	29.75	3.74	0.92	0.53	57.1
17	Andropogon scoparius Alab., vor der Blüthe	1879	14.30	5.53	1.59	47.58	24.91	6.09	6.45	1.85	55.52	29.07	7.11	1.04	0.26	24.7
18	Andropogon scoparius Alab.	1878	14.30	4.84	1.35	53.39	21.12	5.00	5.65	1.58	62.29	24.64	5.84	2.90	1.64	56.6
19	Andropogon scoparius Ind. T.	1879	14.30	3.55	2.73	50.03	25.57	3.82	4.14	3.19	58.37	29.84	4.46	0.66	0.39	59.7
20	Andropogon Virginicus Tex.	1878	14.30	2.57	1.43	45.35	28.35	8.00	3.00	1.67	52.92	33.08	9.33	0.43	0.12	24.4
21	Anthoxanthum odoratum, Manchester N. H. . . .	1879	14 30	7.34	2.92	46.12	22.10	7.22	8.56	3.41	53.81	25.79	8.43	1.37	0.52	38.1
22	Anthoxanth. odoratum Penns.	1880 Mai 11-24	14.30	9.85	2.54	46.46	21.85	5.00	11.50	2.97	54.21	25.49	5.83	1.84	0.66	35.9
23	Anthoxanth. odoratum Wash.	1880 Mai 1	78.80	2.01	0.71	12.61	4.37	1.50	9.47	3.36	59.45	20.63	7.09	1.52	0.15	9.9
24	Aristida purpurescens (Purple Baard grass) Ind. . . .	—	14.30	3.70	2.22	52.59	21.32	5.81	4.32	2.59	61.36	24.88	6.85	0.69	0.20	29.7
25	Arrhenatherum avenaceum Washingt.	1880 Mai 25	62.30	3.31	1.52	20.71	9.17	2.99	8.78	4.03	54.93	24.33	7.93	1.41	0.15	10.6
26	Arrhenatherum avenaceum, Ende der Blüthe . . .	1880 Mai 12	14.30	10.88	2.41	42.82	24.36	7.23	12.70	2.81	49.47	26.09	8.43	2.12	1.09	51.4
27	Avena striata (Mountain oat-grass) Vt.	1879	14.30	7.50	3.43	48.10	22.42	4.25	8.75	4.00	56.13	26.16	4.96	1.40	0.00	0.0
28	Bouteloua oligostachya (Gamme-grass) Minnes. .	1879	14.30	7.35	2.67	49.58	19.41	6.96	8.58	3.12	57.84	22.65	7.81	1.37	0.12	8.7
29	Bromus carinatus (California Browngr.) Ill.	1878	14.30	8.50	2.30	42.67	22.91	9.31	9.92	2.68	49.79	26.73	10.88	1.59	0.34	21.2
30	Bromus erectus (Chess) Wash.	1880 Mai 19	63.70	3.19	1.02	20.40	8.90	2.79	8.78	2.81	56.19	24.52	7.70	1.41	0.34	24.1
31	Bromus secalinus (Cheat or Chess) N. H.	1879	14.30	6.61	3.49	49.11	20.39	6.10	7.71	4.08	57.30	23.79	7.12	1.23	0.57	46.4
32	Bromus unioloides Wash. .	1879	14.30	11.67	3.07	44.97	17.64	8.35	13.62	3.58	52.47	20.59	7.94	2.18	0.96	44.2
33	Bromus unioloides . . .	1880 Mai 13	79.40	2.60	0.82	10.60	4.67	1.91	12.63	3.96	51.46	22.69	9.26	2.02	0.34	16.8
34	Cinna arundinacea (Wood Readgr.) Ind. T. . . .	—	14.30	5.33	2.55	46.69	25.40	5.73	6.22	2.98	54.47	29.64	6.69	1.00	0.47	47.4
35	Cynodon dactylon Alab. . .	1878	14.30	11.50	1.34	45.09	19.96	7.81	13.42	1.57	52.61	23.29	9.11	2.15	0.77	36.0
36	Cynodon dactylon Miss. . .	1878	14.30	9.16	1.83	46.06	20.16	8.49	10.69	2.13	53.75	23.52	9.91	1.71	1.01	59.2
37	Dactylis glomerata Manch. N. H.	1879	14.30	7.21	2.99	46.92	21.35	7.23	8.41	3.49	54.75	24.91	8.44	1.34	0.35	30.9
38	Dactylis glomerata, erster Wuchs, Wash.	1880 Mai 13	77.30	2.16	0.74	12.20	5.77	1.83	9.53	3.24	53.76	25.40	8.07	1.53	0.16	10.5
39	Dactylis glomerata, späterer Wuchs, Wash.	1880 Juni 18	66.90	4.14	1.32	16.62	8.16	2.86	12.51	3.98	50.20	24.67	8.64	1.99	0.77	38.7
40	Dactylis glomerata Penns. .	1880	14.30	7.34	2.28	47.08	23.58	5.42	8.56	2.66	54.94	27.51	6.33	1.37	0.51	37.2
41	Dactylis glomerata, Frühe Blüthe, North Carol. . .	1880 Mai 16	14.30	8.49	3.05	48.02	19.78	6.36	9.91	3.56	56.03	23.08	7.42	1.58	0.30	19.0

No.	Bezeichnungen und Bemerkungen	Zeit des Schneidens	In der ursprünglichen Substanz: Wasser %	Nh-Substanz %	Rohfett %	Nfr. Extractstoffe %	Rohfaser %	Asche %	In der Trockensubstanz: Nh-Substanz %	Rohfett %	Nfr. Extractstoffe %	Rohfaser %	Asche %	Stickstoff in der Trockensubstanz %	Nicht-eiweiss-N %	Desgl. in % des Gesammt-N
42	Dactylis glomerata, Frühe Blüthe, North Carol. . .	1880 Mai 12	14.30	8.82	3.15	44.70	21.40	7.63	10.29	3.68	52.16	24.97	8.90	1.61	0.63	30.1
43	Dactylis glomerata, N. C. .	1880	14.30	7.49	2.05	46.96	22.33	6.87	8.74	2.39	54.80	26.05	8.02	1.40	0.36	25.7
44	Danthonia compressa, (Wild oat-grass), Vt.	1874	14.30	6.84	3.02	46.80	25.98	3.06	7.98	3.52	54.61	30.32	3.57	1.29	0.30	22.9
45	Danthonia spicata (Wild oat-grass), N. H.	1879	14.30	4.96	3.26	48.78	24.95	3.75	5.79	3.80	56.92	29.11	4.38	0.92	0.29	31.1
46	Digitaria filiforme, Alab. Mobile	1878	14.30	2.54	1.27	52.24	22.14	7.57	2.98	1.48	60.95	25.83	8.76	0.48	0.00	0.0
47	Digitaria sanguinale, Alab. Mobile	1878	14.30	8.38	2.42	36.59	27.50	10.81	9.78	2.82	42.70	32.09	12.61	1.57	0.51	32.6
48	Digitaria sanguinale, Wash.	1880 Juni 23	76.50	5.44	1.13	8.93	4.47	3.53	23.13	4·84	37.99	19.03	15.01	3.70	—	—
49	Digitaria sanguinale, Penns. West Grove	1880 August 11	14.30	10.14	2.79	43.33	19.63	9.81	11.83	3.26	50.56	22.90	11.45	1.89	0.81	42.6
50	Eleusine Indica, Tex. . .	—	14.30	11.65	1.83	29.15	26.58	16.49	13.60	2.14	34.01	31.01	19.24	2.18	1.14	52.2
51	Eleusine Indica, Ga. . . .	1878	14.30	10.39	1.78	47.20	19.27	7.06	12.12	2.08	55.07	22.49	8.24	1.94	0.75	38.7
52	Eleusine Indica, Alab. . .	1878	14.30	9.48	2.17	47.54	18.19	8.32	11.06	2.53	55.47	21.23	9.71	1.76	0.81	46.3
53	Elymus canadensis, (Wild Rye grass), Nebraska . . .	1879	14.30	3.70	2.22	52.59	21.32	5.87	4.86	3.71	50.78	34.60	5.99	0.77	0.30	38.3
54	Festuca elatior, Penns. . .	Juni 2	14.30	11.80	3.48	44.22	19.29	6.91	13.77	4.07	51.59	52.50	8.07	2.20	0.77	35.0
55	Festuca ovina, N. H. . .	1879	14.30	5.60	3.65	—	—	4.31	6.53	4.26	—	—	5.03	1.04	—	—
56	Festuca ovina, Washingt. .	1880 Mai 21	67.00	3.26	0.83	19.21	7.85	1.85	9.90	2.51	58.29	23.79	5.60	1.52	0.16	10.5
57	Festuca pratensis, N. H. .	1879	14.30	9.21	2.81	45.07	20.78	7.83	10.75	3.28	52.59	24.25	9.13	1.72	0.77	44.9
58	Festuca pratensis, nach der Blüthe, Wash.	1880 Juni 1	14.30	9.74	2.83	43.31	23.68	6.14	11.37	3.30	50.54	27.63	7.16	1.82	0.79	43.5
59	Glyceria aquatica, Vt. . .	1879	14.30	6.97	1.89	48.64	21.94	6.26	8.13	2.20	56.77	25.60	7.30	1.30	0.30	22.7
60	Glyceria nervata (Nerved meadow gr.), Vt.	1879	14.30	8.06	2.74	45.43	24.17	5.30	9.41	3.20	53.00	28.20	6.19	1.50	0.33	22.1
61	Glyceria nervata, N. H. .	1879	14.30	7.12	2.49	51.43	18.83	5.83	8.31	2.91	60.01	21.97	6.80	1.31	0.45	34.1
62	Glyceria nervata, Penns. .	1880 Juni 2	14.30	12.70	2.46	45.13	18.32	6.79	14.81	2.87	53.01	21.38	7.93	2.37	0.58	24.6
63	Hierochlea borealis, Illin. .	1878	14.30	12.12	3.48	42.38	19.73	7.99	14.15	4.06	49.45	23.02	9.32	2.27	0.86	37.7
64	Holcus lanatus, Wash. . .	1880 Mai 25	50.60	3.63	1.92	27.43	12.35	4.07	7.35	3.89	55.52	25.01	8.23	1.30	0.60	46.2
65	Leptochlo amucronata, Tex. .	1878	14.30	6.60	1.76	40.06	27.20	10.08	7.70	2.05	46.75	31.74	11.76	1.23	0.59	47.8
66	Lolium italicum, Wash. . .	1880 Mai 26	78.00	3.18	0.51	11.39	4.50	2.42	14.49	2.32	51.73	20.44	11.02	2.32	0.18	7.8
67	Lolium perenne, Wash. . .	1880 Juni 1	63.10	2.81	0.97	20.97	9.30	2.77	7.60	2.64	56.84	25.42	7.50	1.21	—	—
68	Lolium perenne, Penns. . .	Mai 26	14.30	7.60	2.43	54.80	15.65	5.22	8.87	2.84	63.94	18.26	6.09	1.42	0.47	33.1
69	Milium effusum, Vt. . . .	1880	14.30	13.69	3.28	39.69	21.05	7.95	15.97	3.87	46.33	24.55	9.28	2 64	0.76	28.8
70	Muhlenbergia diffusa, Tex. .	1878	14.30	8.57	1.55	47.44	20.19	7.95	10.00	1.81	55.35	23.56	9.28	1.60	0.63	39.2
71	Muhlenbergia diffusa, Penns.	1880 Aug. 25	14.30	9.32	2.94	40.58	18.80	14.06	10.88	3.43	47.35	21.94	16.40	1.74	0.29	17.0
72	Muhlenbergia glomerata, (Satingr.), Minnes.	1879	14.30	17.42	4.94	35.32	15.15	12.87	20.32	5.77	41.21	17.68	15.02	3.25	0.93	28.5
73	Muhlenberg. Mexicana, Penns.	1880 Aug. 22	14.30	4.13	2.30	56.11	19.45	3.71	4.82	2.69	65.47	22.69	4.33	0.77	0.18	23.4
74	Muhlenbergia (Spec.?) (Knot grass), N. H.	1879	14.30	11.48	3.20	46.07	19.52	5.43	13.40	3.73	53.76	22.77	6.34	2.15	0.80	37.2
75	Panicum agrostoides, (Marsh panic)	—	14.30	5.05	4.88	43.59	26.45	5.73	5.89	5.69	50.87	30.86	6.69	0.94	0.39	41.1
76	Panicum anceps, Alab. . .	1879	14.30	4.95	1.57	47.56	23.89	7.76	5.78	1.83	55.50	27.84	9.05	0.92	0.19	21.0
77	Panicum anceps, Penns. . .	1880 Juli 31	14.30	7.74	1.56	53.64	17.89	4.87	9.03	1.82	62.59	20.88	5.68	1.44	0.44	30.7
78	Panicum capillare, Ind. T. .	1879	14.30	5.98	3.34	47.39	24.20	4.89	6.98	3.89	55.30	28.24	5.59	1.12	0.64	57.5
79	Panicum Crus Galli, Alab. .	1879	14.30	6.66	1.84	46.44	24.78	5.98	7.77	2.15	54.19	28.91	6.98	1.24	0.45	36.5

No.	Bezeichnungen und Bemerkungen	Zeit des Schneidens	In der ursprünglichen Substanz						In der Trockensubstanz					Stickstoff in der Trockensubstanz	Nicht-eiweiss-N	Desgl. in % des Gesammt-N
			Wasser %	Nh-Substanz %	Rohfett %	Nfr. Extractstoffe %	Rohfaser %	Asche %	Nh-Substanz %	Rohfett %	Nfr. Extractstoffe %	Rohfaser %	Asche %	%	%	
80	Panicum Crus Galli, Tex. .	—	14.30	3.42	1.75	40.08	26.68	13.77	3.99	2.04	46.77	13.13	16.07	0.64	0.15	23.7
81	„ „ „ Penns .	1880 Aug. 25	14.30	10.80	2.13	40.95	21.69	10.13	12.60	2.49	47.77	25.32	11.82	2.02	0.80	39.5
82	„ dichotomum, Alab.	1879	14.30	5.80	3.04	42.91	25.27	8.68	6.77	3.55	50.07	29.48	10.13	1.08	0.50	45.9
83	„ divaricatum, „	1879	14.30	7.92	2.16	40.18	23.19	12.25	9.24	2.52	46.89	27.06	14.29	1.48	0.36	24.6
84	„ gibbum, „	1879	14.30	10.47	3.56	43.65	20.71	7.31	12.22	4.16	50.93	24.16	8.53	1.96	0.83	42.6
85	„ jumentorum, „	1878	14.30	7.62	1.34	41.98	27.01	7.75	8.89	1.57	48.98	31.52	9.04	1.92	0.74	52.0
86	„ obtusum, Tex. . .	1878	14.30	6.21	1.93	39.80	28.38	9.38	7.24	2.25	46.44	33.12	10.95	1.16	0.05	4.7
87	„ proliferum, Mobile Alab.	1879	14.30	9.49	2.58	43.42	20.63	9.58	11.08	3.01	50.97	24.07	11.17	1.77	0.63	35.7
88	Panicum Texanum, Tex. Austin	1878	14.30	4.70	2.12	47.07	23.16	8.65	5.48	2.47	54.93	27.02	10.10	0.88	0.33	37.5
89	„ virgatum, Ind. T., niedrig gewachsen . . .	1879	14.30	4.39	2.85	48.81	24.95	4.70	5.12*)	3.33	56.95	29.11	5.49	1.00	0.49	49.2
90	Panicum virgatum, Tex. .	1878	14.30	4.23	1.42	42.33	31.52	6.20	4.93	1.66	49.39	36.78	7.24	0.78	0.18	23.3
91	„ „ Alab. .	1878	14.30	3.92	1.65	52.23	24.70	3.20	4.57	1.92	60.95	28.82	3.74	0.73	0.31	41.8
92	„ „ Ind. T., hoch gew.	—	14.30	2.40	2.55	49.19	27.64	3.92	2.80	2.98	57.40	32.25	4.57	0.45	0.21	47.6
93	Paspalum laeve (Water grass), Texas. Austin	1878	14.30	6.95	2.36	46.13	23.66	6.60	8.11	2.75	53.83	27.61	7.70	1.30	0.62	47.5
94	Paspalum laeve, Penns. West. Grove	Aug. 23-29 1880	14.30	7.00	1.85	50.80	20.14	5.91	8.17	2.16	59.27	23.50	6.90	1.31	0.38	29.0
95	Paspalum ovatum, Me. Saco .	1880	14.30	5.25	1.89	50.07	21.21	7.28	6.13	2.21	58.42	24.75	8.49	0.98	0.26	26.5
96	„ präcox, Alab. Mobil	1879	14.30	5.08	3.09	49.49	21.69	6.35	5.93	3.60	57.75	25.31	7.41	0.95	0.25	26.2
97	Phalaris indermedia var. angusta, South Carolina .	1879	14.30	13.67	3.52	37.23	21.29	9.99	15.95	4.11	43.44	24.84	11.66	2.55	—	—
98	Phleum pratense, Washingt.	1880 Juni 18	67.20	3.25	1.17	19.33	7.19	1.86	9.90	3.58	58.93	21.93	5.66	1.58	0.38	24.0
99	„ „ „ als Unkraut gew. . . .	1880 Juni 4	63.40	3.10	1.45	21.04	8.61	2.40	8.48	3.95	57.48	23.53	6.56	1.36	0.30	22.0
100	Phleum pratense, Wash. Im ersten Jahre der Aussaat	1882 Juni 26	66.75	3.65	1.49	16.64	9.09	2.38	10.99	4.47	50.03	27.35	7.16	1.75	0.51	29.1
101	Phleum pratense, Penns. .	1880 Juni 20	14.30	7.82	2.77	49.06	21.72	4.33	9.12	3.22	57.22	25.39	5.05	1.44	0.41	28.5
102	„ „ Hannover N. H.	1881	14.30	4.96	3.60	48.99	24.23	3.92	5.79	4.20	57.16	28.28	4.57	0.93	0.10	10.8
103	Phleum pratense, Ind. . .	1882	14.30	4.73	1.87	45.41	27.65	6.04	5.52	2.18	52.99	32.26	7.05	0.88	0.00	0.0
104	„ „ Maryl. Land seit Jahren ungedüngt .	1882 Juli 4	64.00	2.74	1.48	19.02	10.98	1.78	7.69	4.22	52.73	30.43	4.93	1.23	0.15	12.2
105	Poa alsodes (Tall Spear-gr.), Pennsylv.	1880 Juni 2	14.30	11.86	3.51	44.06	18.21	8.06	13.84	4.09	51.41	21.25	9.41	2.21	0.32	14.5
106	Poa arachnifera (Texas Bluegrass), Tex.	1882	14.30	9.10	3.18	36.13	27.33	9.96	10.61	3.71	42.16	31.89	11.62	1.70	—	—
107	Poa compressa (English Bluegrass), NH.	1879	14.30	7.56	2.95	49.00	21.73	4.46	8 82	3.44	57.18	25.35	5.21	1.41	0.36	25.2
108	Poa compressa (English Bluegrass), Wash.	1880 Juni 17	70.70	3.72	1.32	17.05	5.43	1.78	12.69	4.52	58.18	18.53	6.08	2.03	0.45	22.2
109	Poa compressa (English Bluegrass), Pennsylv. . . .	1880 Juni 10	14.30	7.66	3.29	50.11	17.91	6.73	8.94	3.84	58.47	20.90	7.85	1.43	0.38	26.9
110	Poa compressa, Del. . . .	1880 Juni 6	14.30	11.53	3.64	47.66	17.27	5.60	13.45	4.25	55.61	20.15	6.54	2.15	0.53	24.5

*) Hier liegt ein Rechnungsfehler vor, insofern N-gehalt und Nh-Substanz nicht übereinstimmen. Ist der N-gehalt richtig angegeben, so müsste der Gehalt an Nh-Substanz 5.35 für die Heutrockne, und 6.25 % für die wasserfreie Substanz betragen; ist dagegen der Gehalt an dieser richtig angegeben, so beträgt der N-gehalt 0.82 %.

No.	Bezeichnungen und Bemerkungen	Zeit des Schneidens	In der ursprünglichen Substanz						In der Trockensubstanz					Stickstoff in der Trockensubstanz	Nicht-eiweiss-N	Desgl. in % des Gesammt-N
			Wasser %	Nh-Substanz %	Rohfett %	Nfr. Extractstoffe %	Rohfaser %	Asche %	Nh-Substanz %	Rohfett %	Nfr. Extractstoffe %	Rohfaser %	Asche %	%	%	
111	Poa pratensis, Wisc. . . .	1878	14.30	9.89	2.45	44.96	23.94	4.46	11.54	2.86	52.46	27.94	5.20	1.85	0.50	26.8
112	„ „ NH. . . .	1879	14.30	6.43	4.24	57.08	19.26	4.69	7.50	4.95	59.61	22.47	5.47	1.20	0.36	30.3
113	„ „ Bester Boden, Wash.	1880 Mai 28	71.90	3.54	1.10	14.45	6.68	2.33	12.61	3.90	51.43	23.76	8.30	2.01	0.02	1.0
114	Poa pratensis. Armer Boden, Wash.	1880 Mai 8	69.00	2.43	0.88	17.62	7.89	2.18	7.82	2.85	56.85	25.46	7.02	1.28	0.10	7.8
115	Poa pratensis. Unkraut, Wash.	1880 Mai 19	66.20	3.53	1.15	18.70	7.81	2.61	10.44	3.41	55.32	23.10	7.73	1.67	0.14	0.84
116	Poa pratensis, Illin. . . .	1880 Mai 17	14.30	12.94	3.23	41.47	21.36	6.70	15.09	3.77	48.39	24.93	7.82	2.41	0.51	21.1
117	„ „ Vor d. Blüthe, North Carol.	1880 Juni 16	14.30	12.48	3.73	41.09	20.68	7.72	14.56	4.35	47.95	24.13	9.01	2.33	0.45	19.3
118	Poa pratensis, Penns. . .	1880 Mai 26	14.30	12.19	3.93	45.48	17.69	6.41	14.22	4.58	53.08	20.64	7.48	2.27	0.47	20.8
119	„ serotina, Wis. . . .	1878	14.30	5.37	2.43	56.40	17.87	3.63	6.27	2.84	65.81	20.85	4.23	1.01	0.33	32.6
120	Setaria glauca, Washington .	1880 Juli 24	68.40	2.86	0.84	17.47	8.13	2.30	9.04	2.66	55.28	25.75	7.27	1.44	0.41	28.5
121	„ „ Penns. West Grove	1880 Aug. 11	14.30	7.30	2.62	50.18	18.80	6.80	8.52	3.06	58.54	21.94	7.94	1.36	0.39	28.7
122	Setaria Italica. Penns. West Grove	1880 Juli 24	14.30	8.13	2.32	47.80	21.02	6.43	9.49	2.71	55.78	24.52	7.50	1.52	0.51	33.6
123	Setaria setosa, Tex. . . .	1878	14.30	7.28	1.28	41.68	27.68	7.78	8.49	1.49	48.64	32.30	9.08	1.36	0.56	41.1
124	Sorghum halapense, Alab. .	1878	14.30	10.11	2.43	44.77	21.47	6.92	11.80	2.84	25.24	25.05	8.07	1.89	0.76	40.0
125	„ nutans, Ind. Tex. .	1879	14.30	3.32	2.18	51.21	24.53	4.46	3.88	2.54	59.75	28.62	5.21	0.62	0.33	52.5
126	„ „ Woodgrass Tex.	1878	14.30	2.74	1.40	43.12	30.58	7.86	3.20	1.63	50.32	35.68	9.17	0.51	0.21	41.2
127	Spartina cynosuroides (Whipgrass), Minnes.	1879	14.30	8.41	2.93	46.07	22.10	6.19	9.81	3.42	53.76	25.79	7.22	1.57	0.43	33.8
128	Spartina cynosuroides, Illin.	1879	14.30	5.55	2.54	52.38	19.62	5.61	6.48	2.96	61.12	22.89	6.55	1.04	0.27	25.5
129	„ „ Ind. Tex.	1879	14.30	4.18	2.91	50.84	23.31	4.46	4.88	3.40	59.32	27.20	5.20	0.78	0.45	57.5
130	Sporobolus indicus (Sweetgrass), Miss.	1878	14.30	10.55	2.80	44.28	22.08	6.03	12.35	3.27	51.67	25.67	7.04	1.98	0.57	28.7
131	Triodia purpurea (Sandgrass), Ind.	1879	14.30	6.90	3.18	46.23	24.97	4.42	8.05	3.71	53.94	29.14	5.16	1.29	0.62	48.0
132	Triodia sesleroides, Tex. .	1878	14.30	5.40	1.73	41.84	32.33	4.40	6.30	1.99	48.86	37.72	5.13	1.01	0.49	48.9
133	Tripsacum dactyloides, Miss.	1878	14.30	7.37	2.05	48.26	22.72	5.30	8.60	2.39	56.31	26.51	6.19	1.37	0.38	27.6
134	„ „ Penns. West Grove	1880	14.30	6.80	2.97	52.11	19.24	4.58	7.94	3.47	60.80	22.45	5.34	1.27	0.32	25.2
135	Uniola latifolia, Alab. . .	1879	14.30	9.32	2.67	29.25	31.91	12.55	10.87	3.12	34.13	37.24	14.64	1.74	0.38	21.6
136	„ „ Ind. T. . .	1879	14.30	5.55	1.75	47.94	21.13	8.93	6.48	2.49	55.95	24.66	10.42	1.04	0.30	28.5

Mittlere Zusammensetzung der Gräser.

No.		Zahl der Analysen															
137	United States . .	135	—	—	—	—	—	—	—	9.21	3.14	53.97	25.71	7.97	1.47	0.45	30.6
138	North of Potomac .	70	—	—	—	—	—	—	—	10.21	3.44	55.01	23.70	7.64	1.63	0.32	19.6
139	South	27	—	—	—	—	—	—	—	9.23	2.74	52.55	26.68	8.80	1.47	0.56	38.1
140	Middle West . .	8	—	—	—	—	—	—	—	9.95	2.96	54.58	25.39	7.12	1.60	0.41	25.6
141	West of Mississippi	30	—	—	—	—	—	—	—	6.64	2.86	52.67	29.60	8.23	1.06	0.14	38.7

Gräser unter verschiedenen Wachsthums- und Bodenverhältnissen.

I. Agrostis vulgaris. Departements-Grundstück (Washington).

No.	Bezeichnungen und Bemerkungen	Höhe in cm	Zeit des Schneidens	In der ursprünglichen Substanz: Wasser %	Nh-Substanz %	Rohfett %	Nfr. Extractstoffe %	Rohfaser %	Asche %	In der Trockensubstanz: Nh-Substanz %	Rohfett %	Nfr. Extractstoffe %	Rohfaser %	Asche %	Stickstoff in der Trocken-Substanz %	Nicht-Eiweiss-N %	Desgl. in % des Gesammt-N
	Guter Boden:																
142	Rispe noch in der Hülle. 1. Juni.	42	—	67.8	4.25	1.21	17.35	6.75	2.64	13.19	3.77	53.88	20.97	8.19	2.11	0.82	38.9
143	Rispe a. d. Hülle, noch geschlossen. 1. Juni	58	—	68.1	4.34	1.29	17.27	6.66	2.34	13.61	4.05	54.13	20.87	7.34	2.18	0.80	36.7
144	Zu Beginn der Blüthe. 19. Juni	48	—	70.1	3.81	1.08	16.29	6.47	2.25	12.73	3.62	54.46	21.64	7.55	2.04	0.54	26.4
145	In voller Blüthe. 23. Juni	45	—	61.4	4.25	1.11	21.94	8.50	2.80	11.02	2.87	56.82	22.02	7.27	1.76	0.53	30.1
146	Samen milchig 1. Juli	43	—	53.3	4.88	1.64	28.03	9.07	3.08	10.44	3.51	60.02	19.43	6.60	1.67	0.36	21.6
147	„ hart. 1. Juli.	47	—	51.5	4.59	2.06	28.56	10.02	3.27	9.47	4.25	58.88	20.66	6.74	1.52	0.18	11.8
148	„ reif. 9. Juli.	55	—	57.0	3.82	1.18	26.37	9.35	2.28	8.89	2.74	61.32	21.75	5.30	1.42	0.09	6.3
	Armer Boden:																
149	Rispe in der Entfaltung. 16. Juni .	43	—	68.2	3.12	1.23	18.26	6.52	2.67	9.81	3.88	57.41	20.49	8.41	1.57	0.28	17.8
150	Beginn d. Blüthe. 18. Juni	53	—	58.8	4.10	2.18	24.10	8.41	2.41	9.95	5.30	58.49	20.44	5.84	1.59	0.32	20.1

II. Phleum pratense. Departements-Grundstück (Washington).

No.	Bezeichnungen und Bemerkungen	Höhe in cm	Zeit des Schneidens	Wasser %	Nh-Substanz %	Rohfett %	Nfr. Extractstoffe %	Rohfaser %	Asche %	Nh-Substanz %	Rohfett %	Nfr. Extractstoffe %	Rohfaser %	Asche %	Stickstoff in der Trocken-Substanz %	Nicht-Eiweiss-N %	Desgl. in % des Gesammt-N
	Guter Boden:																
151	Aehre noch unsichtbar. 1. Juni.	42	—	70.7	3.67	1.34	15.92	5.83	2.54	12.54	4.56	54.31	19.91	8.68	2.01	1.70	35.0
152	Aehre sichtbar. 1. Juni	62	—	71.9	3.34	0.96	16.09	5.91	1.80	11.90	3.40	57.26	21.03	6.41	1.86	0.55	29.5
153	Vor d. Blüthe. 23. Juni	45	—	67.5	3.36	1.18	17.61	7.16	3.19	10.33	3.63	54.19	22.03	9.32	1.65	0.36	21.8
154	In der ersten Blüthe. 23. Juni	60	—	64.9	3.58	1.35	20.08	7.97	2.12	10.20	3.85	57.21	22.70	6.04	1.63	1.30	18.4
155	In voller Blüthe. 18. Juni	58	—	67.2	3.25	1.17	19.33	7.19	1.86	9.90	3.58	58.93	21.93	5.66	1.58	0.38	24.0
156	Beginn d. Samenbildung 18. Juni	52	—	77.8	2.68	0.76	11.34	5.08	2.34	12.10	3.40	51.07	22.90	10.53	1.93	0.51	26.4
	Armer Boden:																
157	In Blüthe. 4. Juni .	60	—	63.4	3.10	1.45	21.04	8.61	2.40	8.48	3.95	57.48	23.53	6.56	1.36	0.30	22.0
158	In voller Büthe. 1. Juli	70	—	71.9	2.10	0.84	17.16	6.42	1.58	7.46	2.98	61.08	22.84	5.64	1.19	0.36	30.3

Desgl. Departements-Garten.

No.	Bezeichnungen und Bemerkungen	Höhe in cm	Zeit des Schneidens	Wasser %	Nh-Substanz %	Rohfett %	Nfr. Extractstoffe %	Rohfaser %	Asche %	Nh-Substanz %	Rohfett %	Nfr. Extractstoffe %	Rohfaser %	Asche %	Stickstoff in der Trocken-Substanz %	Nicht-Eiweiss-N %	Desgl. in % des Gesammt-N
	1. Jahr des Wachsthums																
159	Aehreentwick. 19. Juni	49	—	78.56	3.03	1.31	10.12	5.14	1.84	14.15	6.10	47.22	23.95	8.58	2.26	0.39	17.3
160	In Blüthe. 26. Juni .	76	—	66.75	3.65	1.49	16.64	9.09	2.38	10.99	4.47	50.03	27.35	7.16	1.75	0.51	29.1
161	Nach der Blüthe. 3. Jnli	65	—	56.63	3.79	2.03	22.46	12.26	2.83	8.74	4.69	51.79	28.26	6.52	1.40	0.25	17.9
162	Desgl. 10. Juli . .	75	—	58.86	3.37	1.53	22.79	11.14	2.31	8.18	3.72	55.39	27.08	5.63	1.27	0.15	11.3

Desgl. Indiana.

No.	Bezeichnungen und Bemerkungen	Höhe in cm	Zeit des Schneidens	Wasser %	Nh-Substanz %	Rohfett %	Nfr. Extractstoffe %	Rohfaser %	Asche %	Nh-Substanz %	Rohfett %	Nfr. Extractstoffe %	Rohfaser %	Asche %	Stickstoff in der Trocken-Substanz %	Nicht-Eiweiss-N %	Desgl. in % des Gesammt-N
163	Aehre noch in der Hülle 8. Juni	—	—	70.00	3.26	0.59	14.98	8.76	2.38	10.97	1.97	49.93	29.19	7.94	1.75	0.18	10.3
164	Vor der Blüthe. 15. Juni	—	—	67.50	2.53	0.74	17.11	9.64	2.48	7.80	2.27	52.64	29.65	7.64	1.25	0.28	22.4
165	In Blüthe. 26. Juni	—	—	64.50	1.96	0.78	18.81	11.45	2.50	5.52	2.18	52.99	32.26	7.05	0.88	0.00	0.0
166	Nach der Blüthe. 6. Juli	—	—	56.30	2.43	1.11	23.57	13.69	2.90	5.57	2.55	53.93	31.32	6.63	0.89	0.03	3.3
167	Samen angesetzt. 16. Juli	—	—	53.00	2.27	1.76	28.56	11.61	2.80	4.84	3.74	60.77	24.70	5.95	0.78	0.00	0.0

No.	Bezeichnungen und Bemerkungen	Höhe in cm	Zeit des Schneidens	In der ursprünglichen Substanz: Wasser %	Nh Substanz %	Rohfett %	Nfr. Extractstoffe %	Rohfaser %	Asche %	In der Trockensubstanz: Nh-Substanz %	Rohfett %	Nfr. Extractstoffe %	Rohfaser %	Asche %	Stickstoff in der Trocken-Substanz %	Nicht-Eiweiss-N %	Desgl. in % des Gesammt-N
	II. Phleum pratense. New-Hampshire.																
168	Aehre noch in der Hülle .		—	—	—	—	—	—	—	7.66	4.60	57.09	23.46	5.19	1.55	0.30	19.4
169	„ aus der Hülle . . .		—	—	—	—	—	—	—	9.61	4.22	56.10	25.34	4.73	1.54	0.45	29.3
170	In Blüthe		—	—	—	—	—	—	—	5.79	4.20	57.16	28.28	4.57	0.93	0.10	10.8
171	Nach der Blüthe		—	—	—	—	—	—	—	5.25	3.23	58.72	28.92	3.88	0.84	0.15	17.9
172	Samen angesetzt		—	—	—	—	—	—	—	5.41	2.70	62.50	26.03	3.20	0.87	0.18	20.7
	III. Dactylis glomerata. Departements-Garten.*)																
173	Rispen, noch nicht entwickelt. 23. April	35	—	78.8	3.39	0.87	10.78	3.98	2.18	15.97	4.12	50.86	18.76	10.29	2.49	1.01	40.6
174	Rispen noch geschlossen. 4. Mai . .	55	—	79.3	2.15	0.64	11.40	4.80	1.71	10.39	3.13	55.04	23.18	8.26	1.63	0.60	0.0
175	In voller Blüthe. 13. Mai	87	—	77.3	2.16	0.74	12.20	5.77	1.83	9.53	3.24	53.76	25.40	8.07	1.53	0.16	10.5
176	Nach der Blüthe. 1. Juni	125	—	73.5	2.19	0.75	13.95	7.22	2.39	8.25	2.83	52.65	27.26	9.01	1.32	0.33	25.0
	Spätere Vegetation:																
177	In Blüthe. 18. Juni .	80		66.9	4.14	1.32	16.62	8.16	2.86	12.51	3.98	50.20	24.67	8.64	1.99	0.77	38.7
178	Ende d. Blüthe. 23. Juni	75	—	60.2	3.43	1.44	22.82	9.72	2.39	8.62	3.62	57.34	24.42	6.00	1.38	0.42	30.4
179	Samen nahezu reif. 1. Juli	75	—	62.3	2.75	1.26	21.69	9.46	2.54	7.30	3.34	57.54	25.09	6.73	1.16	0.45	38.8
	Departementsgarten.																
	1. Jahr des Wachsthums: Rispen noch nicht entwickelt.																
180	12. Juni		—	79.50	2.65	1.41	9.35	4.23	2.36	12.92	6.89	48.06	20.63	11.50	2.07	0.15	7.3
181	Grün. 15. Juli		—	72.30	3.89	1.90	13.00	6.00	2.91	14.03	6.86	46.95	21.64	10.52	2.25	0.39	17.3
182	Gelb. 15. Juli		—	74.60	2.31	1.51	13.30	5.70	2.58	9.10	5.95	52.37	22.44	10.14	1.46	0.18	12.3
183	. . . . 25. October . . .		—	68.70	4.17	2.03	15.02	6.65	3.43	13.33	6.50	47.98	21.24	10.95	2.14	0.54	25.2
	IV. Alopecurus pratensis.																
	Die Aehre erscheinen eben.																
184	19. April		—	79.50	2.65	1.41	9.85	4.23	2.36	15.73	4.69	52.16	18.21	9.21	2.52	0.66	38.2
185	Vor der Blüthe. 19. April		—	72.30	3.89	1,90	13.00	6.00	2.91	13.58	4.46	51.66	22.40	7.90	2.17	0.53	40.9
186	In Blüthe. 1. Mai . . .		—	74.60	2.31	1.51	13.30	5.70	2.58	10.81	3.36	54.30	23.78	7.75	1.73	0.00	0.0
187	Nach der Blüthe. 12. Mai		—	68.70	4.17	2.03	15.02	6.65	3.43	8.62	3.50	54.35	25.36	8.17	1.38	0.07	5.0
	V. Poa pratensis. Departements-Garten.																
	Auf gutem Boden gewachsen:	Höhe in cm															
	Rispe eben sichtbar.																
188	23. April	20	—	76.70	4.64	1.14	11.34	4.30	1.88	19.88	4.88	48.74	18.43	8.07	3.18	0.48	15.1
189	Rispe entfaltet. 1. Mai	30	—	70.80	4.74	1.19	14.99	6.67	1.61	16.21	4.07	51.32	22.83	5.51	2.68	0.30	11.2
190	In voller Blüthe. 21. Mai	70	—	71.90	3.54	1.10	14.45	6.68	2.33	12.61	3.90	51.43	23.76	8.30	2.01	0.02	1.0
191	Mit Samen. 5. Juni	70	—	55.90	5.51	1.87	23.17	10.74	2.81	12.49	4.25	52,54	24.34	6.38	2.00	0.37	18.5
	Auf armem Boden gewachsen:																
	Rispe noch geschlossen.																
192	27. April	—	—	—	—	—	—	—	—	12.23	3.92	55.32	21.92	6.61	1.96	0.12	6.1
193	In voller Blüthe. 8. Mai	65	—	69.00	2.42	0.88	17.62	7.90	2.18	7.82	2.85	56.85	25.46	7.02	1.28	0.10	7.8

*) Soll vermuthlich nicht Garten, sondern Ackerland heissen.

No.	Bezeichnungen und Bemerkungen	Höhe in cm	Zeit des Schneidens	In der ursprünglichen Substanz: Wasser %	Nh-Substanz %	Rohfett %	Nfr. Extractstoffe %	Rohfaser %	Asche %	In der Trockensubstanz: Nh-Substanz %	Rohfett %	Nfr. Extractstoffe %	Rohfaser %	Asche %	Stickstoff in der Trocken-Substanz %	Nicht-Eiweiss-N %	Desgl. in % des Gesammt-N
	Als Unkraut auf armem Boden gewachsen																
194	Verblüht, braun. 1. Juni	65	—	55.40	3.96	1.75	25.03	10.64	3.22	8.88	3.92	56.12	23.85	7.23	1.42	0.25	17.6
195	In voller Blüthe. 19. Mai	78	—	66.20	3.53	1.15	18.69	7.81	2.62	10.44	3.41	55.32	23.10	7.73	1.67	0.14	8.4
196	In Samen, braun, 8. Juni	75	—	54.60	3.34	1.59	26.61	11.05	2.81	7.36	3.51	58.58	24.34	6.21	1.18	0.15	12.7
	V. Poa pratensis; zu Quinoy, Illin., gewachsen.																
197	Vor der Blüthe. 10. Mai .		—	—	—	—	—	—	—	19.38	4.99	45.34	21.87	8.42	3.10	0.63	20.3
198	In Blüthe. 17. Mai . . .		—	—	—	—	—	—	—	15.09	3.77	48.39	24.93	7.82	2.41	0.51	21.1
199	Nach der Blüthe. 27. Mai		—	—	—	—	—	—	—	12.37	3.30	52.51	22.75	9.07	1.97	0.35	17.8
	VI. Poa compressa.																
	Armer Boden:	cm															
200	Rispe noch nicht entfaltet. 1. Juni . .	14	—	67.90	3.43	1.70	18.64	5.84	2.49	10.69	5.29	58.08	18.19	7.75	1.71	0.10	5.8
201	Rispe im Entfalten. 1. Juni.	28	—	68.70	3.85	1.38	17.27	6.67	2.13	12.30	4.41	55.18	21.30	6.81	1.97	0.52	26.4
202	In Blüthe. 17. Juni	30	—	70.70	3.72	1.32	17.05	5.43	1.78	12.69	4.52	58.18	18.53	6.08	2.03	0.45	22.2
203	Nach d. Blüthe. 23. Juni	30	—	51.80	4.33	1.86	30.79	8.75	2.47	8.97	3.85	63.89	18.16	5.13	1.43	0.35	24.5
	VII. Bromus unioloides.																
204	Rispe noch nicht entfaltet. 22. April .	35	—	80.60	3.31	0.97	9.45	3.60	2.07	17.05	5.03	48.73	18.54	10.65	2.73	1.06	38.8
205	Rispe noch geschlossen. 4. Mai	64	—	75.40	3.53	0.85	12.55	5.47	2.20	14.36	3.44	51.03	22.22	8.95	2.31	0.55	23.8
206	In voller Blüthe. 13. Mai	76	—	79.40	2.60	0.82	10.60	4.67	1.91	12.63	3.96	51.46	22.69	9.26	2.02	0.34	16.8
207	Nach der Blüthe. 1. Juni	76	—	67.50	3.52	0.77	17.80	8.23	2.17	10.83	2.37	54.79	25.33	6.68	1.74	0.35	20.1
208	In Samen, braun. 1. Juni	85	—	64.70	3.45	0.74	21.08	7.01	3.02	9.79	2.10	59.71	19.85	8.55	1.57	0.33	21.0
	VIII. Bromus erectus.																
209	Sehr jung. 27. April	35	—	85.50	2.28	0.53	6.57	3.87	1.25	15.78	3.67	45.27	26.65	8.63	2.52	0.43	17.1
210	Vor der Blüthe. 8. Mai	60	—	74.30	3.14	0.84	13.37	6.49	1.86	12.22	3.27	52.01	25.24	7.26	1.95	0.24	12.3
211	„ „ „ 12. Mai	68	—	72.20	3.06	1.03	14.84	6.81	2.06	11.20	3.72	53.38	24.48	7.40	1.76	0.09	5.1
212	Beginn der Blüthe. 19. Mai	68	—	63.70	3.19	1.02	20.40	8.90	2.79	8.78	2.81	56.19	24.52	7.70	1.41	0.34	24.1
213	Nach d. Blüthe. 1. Juni	75	—	—	—	—	—	—	—	8.61	2.92	56.32	23.64	8.51	1.38	0.40	29.0
	IX. Holcus lanatus.																
214	Sehr jung. 7. April	—	—	82.3	2.19	0.80	9.64	3.30	1.77	12.37	4.53	54.48	18.64	9.98	1.98	0.21	10.6
215	Ende der Blüthe. 25. Mai	72	—	50.6	3.63	1.92	27.43	12.35	4.07	7.35	3.89	55.52	25.01	8.23	1.30	0.60	46.2
	X. Arrhenatherum avenaceum.																
216	In voller Blüthe. 25. Mai	85	—	62.3	3.31	1.52	20.71	9.17	2.99	8.78	4.03	54.93	24.33	7.93	1.41	0.15	10.6
217	Nach der Blüthe. 4. Juni	60	—	74.4	3.75	1.07	13.25	5.51	2.02	14.66	4.19	51.76	21.51	7.88	2.35	0.96	40.9

No.	Bezeichnungen und Bemerkungen	Höhe in cm	Zeit des Schneidens	In der ursprünglichen Substanz: Wasser	Nh-Substanz	Rohfett	Nfr. Extractstoffe	Rohfaser	Asche	In der Trockensubstanz: Nh-Substanz	Rohfett	Nfr. Extractstoffe	Rohfaser	Asche	Stickstoff in der Trockensubstanz	Nicht-eiweiss-N	Desgl. in % des Gesammt-N
				%	%	%	%	%	%	%	%	%	%	%	%	%	
	XI. Setaria glauca.																
218	Sehr jung. 1. Juli	50	—	74.2	4.39	0.60	12.42	5.59	2.80	17.02	2.34	48.12	21.68	10.84	2.72	1.00	36.8
219	Beginn der Blüthe. 24. Juli	80	—	68.4	2.86	0.84	17.47	8.14	2.29	9.04	2.66	55.28	25.75	7.27	1.44	0.41	28.5
	XII. Anthoxanthum odoratum.																
220	Sehr jung. 1. Mai	15	—	76.9	2.45	0.99	14.22	3.97	1.47	10.59	4.27	61.58	17.17	6.39	1.70	0.06	3.5
221	In voller Blüthe. 1. Mai	40	—	78.8	2.00	0.71	12.62	4.37	1.50	9.47	3.36	59.45	20.63	7.09	1.52	0.15	9.9
222	Nach d. Blüthe. 19. Juni	45	—	69.9	4.00	1.46	16.07	6.37	2.20	13.30	4.86	53.40	21.17	7.27	2.13	0.51	23.9
223	Vor d. Blüthe. 19. Juli	55	—	53.4	3.31	1.90	27.04	11.65	2.70	7.11	4.08	58.02	25.00	5.79	1.14	0.35	30.7
	XIII. Festuca ovina.																
224	Sehr jung. 27. April	25	—	70.0	4.47	1.29	16.21	6.09	1.94	14.91	4.31	54.00	20.31	6.47	2.38	0.12	5.0
225	Vor der Blüthe. 8. Mai	36	—	65.4	3.03	1.25	19.76	8.69	1.87	8.75	3.61	57.13	25.10	5.41	1.40	0.06	4.3
226	Nach d. Blüthe. 12. Mai	45	—	67.0	3.13	1.13	18.29	8.47	1.98	9.48	3.43	55.44	25.65	6.00	1.52	0.16	10.5
227	In Blüthe. 21. Mai	40	—	53.0	4.58	1.16	26.95	11.02	2.59	9.90	2.51	58.20	23.79	5.60	1.58	0.27	17.1
228	Nach d. Blüthe. 1. Juni	47	—	53.9	4.29	1.41	26.32	11.05	3.03	9.31	3.07	57.09	23.96	6.57	1.49	0.27	18.1
	XIV. Lolium italicum.																
229	Aehre noch nicht sichtbar. 27. April	55	—	82.3	3.83	0.85	7.45	3.22	2.35	21.64	4.89	42.04	18.15	13.28	3.46	0.67	19.8
230	Aehre bricht eben aus. 21. Mai	75	—	82.7	2.48	0.66	8.43	3.76	1.97	14.31	3.81	48.74	21.75	11.39	2.29	0.39	17.0
231	In voller Blüthe. 26. Mai	90	—	78.0	3.19	0.51	11.39	4.49	2.42	14.49	2.32	51.73	20.44	11.02	2.32	0.18	7.8
232	Nach d. Blüthe. 4. Juni	92	—	71.5	3.30	1.13	15.34	6.23	2.50	11.59	3.98	53.81	21.86	8.76	1.85	0.43	23.2
	Im ersten Jahre des Wachsthums.																
233	Aehren noch nicht entwickelt. 2. Juni	22	—	84.00	3.01	1.10	7.29	2.48	2.12	18.80	6.91	45.55	15.50	13.24	3.01	0.60	19.9
234	Desgl. 12. Juni	31	—	82.70	2.47	1.10	8.59	2.94	2.20	14.26	6.36	49.69	16.99	12.70	2.28	0.45	19.7
235	Desgl. 19. Juni	38	—	82.30	2.98	1.09	7.98	3.16	2.49	16.85	6.18	45.07	17.84	14.06	2.69	0.66	24.6
236	Desgl. 10. Juli	—	—	78.90	3.05	1.38	9.39	4.36	2.82	14.45	6.53	44.50	20.65	13.87	2.31	0.59	25.5
237	Desgl. 25. October	28	—	71.60	3.86	1.51	13.58	6.36	3.09	13.60	5.31	47.82	22.40	10.87	2.17	0.49	22.6
	XV. Lolium perenne.																
238	Aehren noch nicht entwickelt. 1. Mai	35	—	78.60	2.50	0.76	12.35	3.94	1.85	11.67	3.58	57.70	18.39	8.66	1.87	0.28	15.0
239	Desgl. 4. Mai	28	—	82.40	2.31	0.76	9.69	3.17	1.67	13.10	4.34	55.08	18.00	9.48	2.09	0.59	18.7
240	Aehren im Entfalten 4. Mai	30	—	74.00	2.89	0.94	14.71	5.34	2.07	11.10	3.64	56.75	20.55	7.96	1.78	0.33	18.5
241	Vor der Blüthe. 12. Mai	55	—	76.40	2.12	0.89	12.96	5.65	1.98	8.99	3.75	54.93	23.93	8.40	1.43	0.09	6.3
242	Nach d. Blüthe. 1. Juni	52	—	63.10	2.81	0.97	20.97	9.38	2.77	7.60	2.64	56.84	25.42	7.50	1.21	—	—

III. Weidegras — Wiesengras.

No.	Bezeichnungen und Bemerkungen	Jahr der Untersuchung	In der ursprünglichen Substanz: Wasser %	Nh-Substanz %	Rohfett %	Nfr. Extractstoffe %	Rohfaser %	Asche %	In der Trockensubstanz: Nh-Substanz %	Rohfett %	Nfr. Extractstoffe %	Rohfaser %	Asche %	Stickstoff in der Trockensubstanz %
1	Von einer bewässerten Wiese, 1. Schnitt	1849	87.58	3.22	0.81	3.98	3.13	1.28	25.91	6.53	32.05	25.14	10.37	4.14°
2	Von derselben Wiese, 2. Schnitt . . .	1849	74.53	2.78	0.52	11.17	8.76	2.24	10.92	2.06	43.90	34.30	8.82	1.75°
3	Humoser mergliger Thonboden . . .	1857	83.00	1.93	—	—	—	1.20P	11.36	—	—	—	7.08P	1.82
4	Raigrasmischung, frisch angesäet, ungedüngt	1857	75.14	4.27	—	—	—	3.61P	17.17	—	—	—	14.52P	2.75
5	Raigrasmisch., frisch angesät, mit Sand bestreut und mit Kohlenasche gedüngt	1857	73.50	4.55	—	—	—	3.51P	17.17	—	—	—	13.26P	2.75
6	Oldenburger Weidegräser, Juni geschn. Fettweide	1867	78.21	4.34	0.82	9.55	4.85	2.23P	19.94	3.75	43.83	22.26	10.22P	3.19
7	Oldenburger Weidegräser, Juni geschn. Gewöhnliche Wechselweide . . .	1867	77.42	3.87	0.91	10.24	5.07	2.49P	17.13	4.03	45.09	22.45	11.03P	2.81
8	Weidegras 2—2½″ hoch, nicht mit Jauche überfahren	1866	76.88	3.09	1.11	13.19	3.96	1.77P	13.38	4.82	57.01	17.14	7.65P	2.14
9	Weidegras, 6″ hoch, mit Jauche überfahren	1866	80.83	3.71	1.00	9.42	3.47	1.57	19.34	5.24	49.04	18.13	8.19P	3.11
10	Gras von Rieselwiesen, Anfang Mai . .	1867	—	—	—	—	—	—	15.44	3.85	50.96	22.29	7.46P	2.47
11	Naturwiese, ein und dieselbe, Probe 1 . . .	1873	78.22	1.21	0.82	11.71	6.33	1.71	5.56	3.76	53.77	29.06	7.85	0.89
12	„ „ 2 . . .	1873	79.82	1.46	0.75	10.69	5.23	2.05	7.23	3.72	52.98	25.91	10.16	1.12
13	„ „ 3 . . .	1873	81.56	1.46	0.73	9.44	5.49	1.32	7.92	3.96	51.19	29.77	7.16	1.27
14	Naturwiese, schlechte Qualität . . .	1873	79.71	1.58	0.89	11.40	4.77	1.65	7.79	4.39	56.08	23.51	8.23	1.25
15	Nach Petersen's System angel. Wiese, etwas überreif und abgetrocknet . .	1873	59.73	3.84	1.16	20.47	12.34	2.46	9.53	2.88	50.84	30.64	6.11	1.52

Weidegras: No. 1 u. 2. Th. Way. Journ. R. Agr. Soc. England. 1853. 14,1. 171—187. Das Gras bestand vorzugsweise aus Poa trivialis, Holcus lanatus, Avena pratensis, Lolium perenne.

No. 3—5. C. Karmrodt. Ztschr. d. landw. Vereins f. Rheinpreussen. 1858. 176.

No. 6—10. Hugo Schultze, Ernst Schulze u. Max Maercker. Ann d. Landw. in Preuss. 57. 1871. 130. No. 6 stammt von einer sehr alten, besten Fettweide auf dem Atenser Sand. No. 7 von einer gewöhnlichen Wechselweide (einer Weide, welche nicht immer als Weide liegt, sondern nur in regelmässigem Wechsel einige Jahre als solche angesäet wird) gleichfalls auf dem Atenser Sand. Beide Proben wurden in der 2. Hälfte des Juni geschnitten. Aeltere Halme wurden soweit möglich ausgelesen, ebenso Unkräuter, so dass nur Klee und Gras in der Probe blieben.

No. 8 u. 9. Wiesengras von Greene, wurde am 26. Mai 1866 von einer Koppel der Domäne Greene bei Kreiensen im Leinethale geschnitten, welche seither (20—30 Jahre) zur Schaf- und Lämmerweide gedient hatte, und welche nur ausnahmsweise im Winter künstlich bewässert war (im Winter 1865—66 nicht). Die Koppel sollte von 1866 ab als Wiese benutzt werden und war bis zur Probenahme ganz geschont. No. 8 von einer nicht mit Jauche überfahrenen Stelle. No. 9 von einer Stelle dicht nebenan, welche im vorhergegangenen Winter mit Jauche überfahren war.

No. 10. Gras einer Rieselwiese derselben Domäne, Anfang Mai gesammelte Probe.

Die speciellere Analyse ergab (wir fügen gleichzeitig die Zahlen für No. 36 „künstliches Weidegras von Rainshof" bei) in wasserfreier Substanz:

	N_2O_5	Cellulose nach Fr. Schulze	Bei der successiven Behandlung waren löslich in Wasser: im Ganzen	Organische Substanz	Mineralstoffe	N-freie Stoffe	N-halt. Stoffe	im Wasserextract in Alkohol	in Aether	Von dem Proteïngehalt waren in Wasser löslich pCt.	Von dem Gehalt an Nfr. Extraktstoffen waren in Wasser löslich pCt.
No. 6.	Spur	21.10	41.52	33.26	8.26	23.80	9.46	4.37	0.18	47.5	52.1
No. 7.	0.267	21.50	38.97	30.16	8.81	22.90	7.26	4.96	0.17	42.5	50.8
No. 8.	Spur	18.19	47.66	49.82	5.85	35.34	5.48	6.51	0.31	40.7	62.0
No. 9.	0.063	19.84	39.82	32.20	7.62	24.61	7.59	6.35	0.21	39.3	50.2
No. 10.	0	20.58	43.39	37.11	6.28	31.99	5.12	4.49	0.38	33.2	62.7
No. 36.	Spur	19.73	41.98	33.54	8.44	25.73	7.81	4.92	0.24	40.1	58.0

Asche = Mineralstoffe, CO_2 frei.

No. 11—18. Oemler u. E. Fuchs. L. V.-St. 17. 1874. 211. — No. 11—13. Wiese hat einen schweren lehmigen Boden und wenig durchlässigen Untergrund. Die Vegetation besteht nur zum Theil aus Gramineen, zum andern Theil aus Carex- und Juncusarten, auch dicotyledonischen Sumpfgewächsen, hauptsächlich Caltha palustris. Die Proben waren 3 verschiedenen Stellen entnommen.

No. 14. Die betr. „Gras"probe bestand aus folgenden Pflanzen: Ranunculus Flammula, Senecio aquaticus, Spiraea ulmaria, Caltha palustris, Lychnis flos cuculi, Lysimachia nummularia, Galium palustre, Equisetum palustre, Carex glauca, Briza media, Aira caespitosa, Holcus lanatus.

No. 15. Wiese nahe der vorigen, nach Petersen's System umgebaut. Das „Gras" besteht aus folgenden Pflanzen: Arrhenatherum elatius, Lolium perenne, Phleum pratense, Holcus lanatus, Trifolium hybridum.

No.	Bezeichnungen und Bemerkungen	Jahr der Untersuchung	In der ursprünglichen Substanz: Wasser %	Nh-Substanz %	Rohfett %	Nfr. Extractstoffe %	Rohfaser %	Asche %	In der Trockensubstanz: Nh-Substanz %	Rohfett %	Nfr. Extractstoffe %	Rohfaser %	Asche %	Stickstoff in der Trockensubstanz %
16	Eine Wiese nach Petersen's System: Reiner Graswuchs	1873	75.99	2.58	1.04	12.00	6.84	1.55	10.75	4.33	49.97	28.49	6.46	1.72
17	Mit ein wenig Luzerne . .	1873	79.24	2.99	0.82	9.78	5.91	1.26	14.40	3.95	47.11	28.47	6.07	2.30
18	Mit ein wenig schwed. Klee	1873	76.02	3.20	0.97	9.82	7.72	2.27	13.21	4.00	41.55	31.87	9.37	2.11
19	Gras von einer natürlichen trocknen Wiese, Thonboden, ungedüngt . . .	1874	50.00	7.10	1.80	18.01	15.65	7.44	14.20	3.60	36.02	31.30	14.88	2.27
20	Beginnende Blüthe, 18. Mai, reichlich gedüngt	v. 1853	72.77	3.71	—	13.67	7.63	2.22	13.62	—	50.21	28.02	8.15	2.18
	In verschiedenen Entwicklungsstadien.													
21	24. April gemäht, jungem, vorzüglichem Weidegras entsprechend	1874	80.86	4.80	1.13	7.28	3.46	2.47P	25.06	5.88	38.05	18.10	12.91P	4.01
22	13. Mai, vor Beginn der Blüthe, dem Gras einer üppigen Rindviehweide entsprechend	1874	78.42	3.52	1.16	11.38	3.75	1.77P	16.31	5.38	52.76	17.36	8.19P	2.61
23	10. Juni, zur gewöhnl. Zeit der Heuernte, besser als mittlere Qualität .	1874	—	—	—	—	—	—	13.37	4.43	48.00	26.41	7.79P	2.14
24	14. Mai, dem Gras einer üppigen Rindviehweide entsprechend	1877	—	—	—	—	—	—	17.65[1])	3.19	40.86	22.97	15.33[2])	2.82
25	9. Juni, Gras von gutem Wiesenheu entsprechend	1877	—	—	—	—	—	—	11.16[1])	2.74	43.27	34.88	7.95[2])	1.79
26	26. Juni, Gras von überreifem und grobstengl. Wiesenheu entsprechend .	1877	—	—	—	—	—	—	8.46[1])	2.71	43.34	38.15	7.34[2])	1.35
27	Abgerupftes Gras von Nebenweiden: 7.—16. August	1874	—	—	—	—	—	—	27.45	3.37	37.98	20.75	10.45	4.39
28	17.—26. August	1874	—	—	—	—	—	—	22.00	3.68	45.50	20.19	8.63	3.52
29	27. August bis 5. September .	1874	—	—	—	—	—	—	19.69	3.59	49.05	19.90	7.77	3.15
30	6.—15. September	1874	—	—	—	—	—	—	17.88	3.80	47.26	20.60	10.46	2.87
31	16.—25. September	1874	—	—	—	—	—	—	17.56	3.99	48.32	19.49	10.64	2.81
32	25. September bis 9. October .	1874	—	—	—	—	—	—	15.84	3.39	48.49	22.81	9.50	2.53
33	10.—22. October	1874	—	—	—	—	—	—	16.00	3.40	46.98	22.92	10.70	2.56

Weidegras: No. 16—18. Von einer Wiese mit Boden von durchschnittlich schwerer lehmiger Zusammensetzung, doch in Qualität und Lage abweichend.

Probe 14. Von der tiefsten Stelle der Wiese mit reinem Graswuchs. Oberkrume humoser Lehmboden, Untergrund ein ziemlich fetter Thon.

Probe 17. Von der höchsten Stelle d. Wiese, Oberkrume trockner Lehm, Untergr., steifer trockner Lehm.

„ 18. Von einer mittleren Stelle der Wiese, Boden etwas humoser, sonst aber wie voriger.

Ertrag an Grasmasse pro 18 Qu.-Fuss. No. 16: 10 Pfund. No. 17: 11¼ Pfund. No. 18: 12½ Pfund.

	No. 16		No. 17		No. 18	
Anzahl der Pflanzen „ 1 „	431		390		320	
Letztere bestanden vorzugsweise aus Festuca pratensis	100	Stück	17	Stück	29	Stück
Holcus lanatus	66	,,	1	,,	19	,,
Poa pratensis	64	,,	8	,,	21	,,
Phleum pratense	59	,,	1	,,	40	,,
Avena elatior	41	,,	79	,,	103	,,
Dactylis glomerata	32	,,	4	,,	9	,,
Lolium perenne	46	,,	259	,,	82	,,
Alopecurus	14	,,	2	,,	5	,,
etc.	Medicago		5	Trifol. hybr.	5	,,

No. 19. Al. Pasqualini. Ann. Staz. Agrar. Forli III. 1874. 110. Für Verlust ist 0.5% angesetzt; wir haben die N-freie Substanz aus der Differenz berechnet.

No. 20. Em. Wolff. Weende'r Jahresber. 1854. II. 16. Das Gras ist unter dem Einfluss reichlicher Düngung und heisser Mittagssonne gewachsen. Die Zusammensetzung ist von uns aus der Angabe des Wassergehalts des frischen Grases und der Zusammensetzung des Heu's berechnet.

No. 21—23. Em. Wolff u. C. Kreuzhage. Die Ernährung der landwirthsch. Nutzthiere. Gekrönte Preisschrift. Berlin, 1876. 110. Die Zusammensetzung des frischen Grases von uns berechnet. Für das Gras der letzten Periode ist der Wassergehalt nicht bemerkt. Jede der drei Futtersorten wurde sofort nach dem Mähen auf einem Boden unter Vermeidung allen Verlust's lufttrocken gemacht. Nach Walt. Funke (Grundlagen einer wissenschaftl. Versuchsthätigkeit, Berlin, 1877. S. 183) bestand das am 10. Juni gemähte Gras dem Gewichte nach aus: 62.8% Gramineen, 13.6% Leguminosen und 23.6% anderen dikotyledonischen Wiesenpflanzen. — Der Boden der Wiese ist ein milder Lehm, ein Verwitterungsprodukt des Liassandsteins (Angulaten-Schichten). Die Wiese liegt hoch und trocken.

No. 24—26. Em. Wolff, C. Kreuzhage u. O. Kellner. Landw. Jahrbuch. 8. I. Supplem. 1879. 35. Die 3 Proben waren auf einer hochgelegenen, ziemlich trocknen Wiese bei meist kühler Witterung, aber in grosser Ueppigkeit aufgewachsen. Die Wiese hatte im zeitigen Frühjahr eine starke Düngung mit Jauche erhalten; der Boden ist ein milder Lehm, Verwitterungsproduct des Liassandsteins. (Wiese vermuthlich wie bei vorigen Nummern.

[1]) In Amidosäuren und Säureamiden waren an N vorhanden: 0.892, 0.239 und bezw. 0.033%.

[2]) Asche + Sand, aber frei von C und CO_2.

No. 27—33. H. Weiske. D. Landwirth. 1875. 205.

No.	Bezeichnungen und Bemerkungen	Jahr der Untersuchung	In der ursprünglichen Substanz: Wasser %	Nh-Substanz %	Rohfett %	Nfr. Extractstoffe %	Rohfaser %	Asche %	In der Trockensubstanz: Nh-Substanz %	Rohfett %	Nfr. Extractstoffe %	Rohfaser %	Asche %	Stickstoff in der Trockensubstanz %
34[3])	Spüljauchen-Rieselwiese, ungedüngt: Ia. 6. Mai, Dactylis glomerata	1872	86.08	3.50	—	—	—	1.70	25.13	—	—	—	11.61[3])	4.02^{0}
35	Spüljauchen-Rieselwiese, ungedüngt: IIa. 4. Juli, Lolium italicum	1872	82.38	3.52	—	—	—	1.89	20.00	—	—	—	9.50	3.20^{0}
36	Spüljauchen-Rieselwiese, ungedüngt: IIIa. 24. August, Lolium italicum	1872	77.80	4.68	—	—	—	2.70	21.06	—	—	—	11.15	3.37^{0}
37	Spüljauchen-Rieselwiese, gedüngt: Ib. 6. Mai, Dactylis glomerata	1872	86.18	2.98	—	—	—	1.44	21.56	—	—	—	9.74	3.45^{0}
38[3])	Spüljauchen-Rieselwiese, gedüngt: IIb. 4. Juli, Lolium italicum	1872	82.69	3.45	—	—	—	1.83	19.93	—	—	—	9.64	3.19^{0}
39	Bei einmaligem Schneiden, am 12. Juni geschnitten	1856	69.40	4.99	—	16.49	6.52	2.60	16.3	—	53.9	21.3	8.5	2.59
40	Bei zweimaligem Schneiden am 20. Mai geschn.	1856	73.30	4.78	—	14.52	4.91	2.48	17.9	—	54.4	18.4	9.3	2.86
41	Bei zweimaligem Schneiden am 12. Juni geschn.	1856	77.80	5.79	—	10.19	4.11	2.11	26.1	—	45.9	18.5	9.5	4.17
	Weidegras (jung) Minimum		76.88	2.64	0.63	6.32	3.38	1.47	13.38	3.19	32.05	17.14	7.46	2.14
	Weidegras (jung) Maximum		87.58	5.11	1.29	11.23	4.96	2.54	25.91	6.53	57.01	25.14	12.91	4.14
	Weidegras (jung) Mittel (No. 1, 4, 5, 6, 7, 8, 21, 24 u. 27—33 incl.)		80.29	3.81	0.82	9.04	4.05	1.99	19.35	4.20	45.31	21.05	10.09	3.10

Stoppelfutter.

No.	Bezeichnungen und Bemerkungen	Jahr der Untersuchung	Wasser %	Nh-Substanz %	Rohfett %	Nfr. Extractstoffe %	Rohfaser %	Asche %	Nh-Substanz %	Rohfett %	Nfr. Extractstoffe %	Rohfaser %	Asche %	Stickstoff in der Trockensubstanz %
1	Nach Weizen, geschnitten am 13. August	1877	—	—	—	—	—	—	12.15	5.06	39.83	24.78	18.18	1.94
2	„ „ „ „ 5. October	1877	—	—	—	—	—	—	12.04	4.57	32.35	23.31	27.73	1.92
3	„ Gerste, „ „ 14. August	1877	—	—	—	—	—	—	13.84	6.04	34.73	26.51	18.88	2.21
4	„ „ „ „ 6. October	1877	—	—	—	—	—	—	11.95	4.56	39.89	23.64	19.96	1.91
	Mittel . . .		—	—	—	—	—	—	11.50	5.06	36.69	24.56	21.19	2.00

IV. Kleegras. — Kleegrasweiden.

No.	Bezeichnungen und Bemerkungen	Jahr der Untersuchung	Wasser %	Nh-Substanz %	Rohfett %	Nfr. Extractstoffe %	Rohfaser %	Asche %	Nh-Substanz %	Rohfett + Nfr. Extractstoffe %		Rohfaser %	Asche %	Stickstoff in der Trockensubstanz %
	Im Laufe des Sommers 14 mal gerupftes (abgeweidetes) Kleegras.													
1	24. April	1868	—	—	—	—	—	—	31.93	47.45		12.35	8.27P	5.11
2	7. Mai	1868	—	—	—	—	—	—	32.29	47.45		12.57	7.69	5.17
3	14. Mai	1868	—	—	—	—	—	—	28.60	47.40		16.24	7.76	4.57

Weidegras: No. 34—38. Al. Müller. Landw. Jahrb. 3. 1874. 249. Die gedüngten Stellen der mit Spüljauche berieselten Wiese erhielten starke Düngungen von schwefelsaurer Kalimagnesia und Superphosphat. Alle Grasproben zeigten einen merklichen Gehalt an Salpetersäure.

Die Vegetation bestand am 6. Mai weit überwiegend aus Knaulgras, die Proben ausschliesslich. Die Blüthen waren schon ziemlich entwickelt, die Halme durchschnittlich $^2/_3$ m lang. Im Laufe des nächsten Monats änderte sich die Vegetation so, dass dem 2. Schnitt vorwaltend italienisches Raigras sich darbot; zu den analytischen Proben No. II nahm man am 4. Juli ausschliesslich dieses Gras, welches 0.5—0.7 m lang und der Blüthe nahe war. Probe III wurde am 24. August nach sehr langer Trockenheit von einer sehr gut bewässerten und bestandenen ungedüngten Stelle genommen; es waren reichlich $^2/_3$ m lange Halme von italien. Raigras mit üppig entwickelten Blättern und ziemlich entw. Blüthen, ähnelten der Probe IIa. Rohasche ist excl. Sand zu verstehen. Bei der von uns berechn. Zusammensetzung des frischen Grases wurde der Sand zur Rohasche gerechnet.

[3]) Es enthielt Sand:

No. 34	35	36	37	38
%	%	%	%	%
0.62	1.24	1.00	0.65	0.93

No. 39—41. Em. Wolff. Die landwirthsch. Fütterungslehre. Stuttgart, 1861. 342. Die untersuchten Proben stammen von Rasenstücken, die 1 Qu.-Fuss gross ausgehoben und in Kästen cultivirt wurden. Die Analyse ergab ausserdem (in der Trockensubstanz):

	No. 39	40	41
In Wasser lösliche Nährstoffe	34.6	34.8	28.6
„ „ „ Proteïnstoffe	5.7	13.9	4.3

Stoppelfutter: No. 1—4. H. Weiske. Der Landwirth. 1878. 138.

Kleegras: No. 1—21. H. Weiske. Beiträge z. d. Frage über Weidewirthschaft und Stallfütterung. Breslau, 1871, bei W. G. Korn. Das Kleegras war durch Ansaat von Rothklee, Wundklee und Gras erhalten. Die Pflanzen wurden, so oft sie die zum Abweiden geeignete Höhe erlangt hatten, durch Menschenhand etwa 1" hoch über dem Boden abgerupft. Ein anderer Theil des Kleegrases wurde im Laufe des Sommers 3 mal gemäht. — Die Witterung des Sommers war eine sehr heisse und trockne und von nachtheiligem Einfluss auf das Kleegras, so dass der Nachwuchs zuletzt nur langsam und spärlich erfolgte. Allmählich starb der Klee ganz aus und Gras trat an seine Stelle. (Es ist im Original nicht angegeben, von welchem Zeitpunkte an der Klee ganz fehlte und ob das Ausgehen des Klee's auch auf dem Theile des Feldes eintrat, auf welchem das Kleegras gemäht wurde.)

No.	Bezeichnungen und Bemerkungen	Jahr der Untersuchung	In der ursprünglichen Substanz: Wasser %	Nh-Substanz %	Rohfett %	Nfr. Extractstoffe %	Rohfaser %	Asche %	In der Trockensubstanz: Nh-Substanz %	Rohfett %	Nfr. Extractstoffe %	Rohfaser %	Asche %	Stickstoff in der Trockensubstanz %
4	22. Mai	1868	—	—	—	—	—	—	32.08	43.56		16.18	8.18	5.13
5	29. Mai	1868	—	—	—	—	—	—	32.34	41.85		17.15	8.66	5.17
6	5. Juni	1868	—	—	—	—	—	—	28.41	46.53		17.26	7.78	4.54
7	18. Juni	1868	—	—	—	—	—	—	21.05	53.71		17.35	7.89	3.37
8	10. Juli	1868	—	—	—	—	—	—	23.22	45.56		18.60	12.72	3.72
9	20. Juli	1868	—	—	—	—	—	—	22.47	46.17		19.03	12.33	3.59
10	27. Juli	1868	—	—	—	—	—	—	23.13	40.39		19.65	10.83	3.70
11	8. August	1868	—	—	—	—	—	—	26.36	44.50		18.54	10.60	4.21
12	20. August	1868	—	—	—	—	—	—	22.06	49.50		18.37	10.07	3.53
13	8. September	1868	—	—	—	—	—	—	22.17	48.57		17.74	11.52	3.55
14	10. October	1868	—	—	—	—	—	—	20.11	52.21		17.63	10.05	3.22
	Im Laufe des Sommers 3mal gemähtes Kleegras.													
15	2. Juni	1868	—	—	—	—	—	—	20.96	43.69		27.85	7.50	3.35
16	8. August	1868	—	—	—	—	—	—	22.23	45.13		25.38	7.26	3.56
17	7. October	1868	—	—	—	—	—	—	19.69	50.31		20.87	9.13	3.15
	Im Laufe des Sommers 13mal gerupft.													
18	Gemisch der Ernte des gerupften Futters	1869	—	—	—	—	—	—	27.07	5.09	42.09	16.74	9.01	4.33
19	Gemisch der Ernte d. 2mal geschnittenen und 3mal gerupften	1869	—	—	—	—	—	—	14.29	3.78	49.19	26.49	6.25	2.28
20	Und zwar Gemisch des geschn. Futters vom 8. Juni und 28. Juli	1869	—	—	—	—	—	—	13.42	3.69	49.69	27.14	6.06	2.15
21	Gemisch des 3mal gerupften Futters, 9. August, 18. August u. 1. Septemb.	1869	—	—	—	—	—	—	26.96	5.07	41.92	17.08	8.97P	4.31
22	Von einer Moorwiese, ungedüngt	1878	71.08	3.29	1.08	15.59	7.43	1.53P	11.38	3.73	53.92	25.70	5.27P	1.82
23	Dieselbe, mit Kainit und Superphosphat gedüngt	1878	77.92	3.05	0.87	11.32	5.44	1.40	13.81	3.96	51.26	24.61	6.36	2.21
24	Dieselbe, mit Seeschlick und Stallmist gedüngt	1878	78.45	3.10	0.98	10.31	5.49	1.57P	14.45	4.59	48.05	25.59	7.32P	2.31
25	I. Klee $^1/_4$, Gras $^3/_4$. Vor Erscheinen der Blüthenköpfe des Klee's	1879	81.42	2.63	0.54	8.32	5.60	1.49	14.13	2.93	44.76	30.16	8.02	2.26
26	II. Klee $^1/_3$, Gras $^2/_3$. Vor Erscheinen der Blüthenköpfe des Klee's, 50 cm hoch	1879	85.59	2.43	0.52	5.60	4.45	1.41	16.88	3.64	38.85	30.87	9.76	2.70
27	III. Klee $^1/_3$, Gras $^2/_3$. Vor Erscheinen der Blüthenköpfe des Klees, 50 cm hoch	1879	81.10	3.16	0.64	8.29	5.27	1.60	16.71	3.39	43.56	27.86	8.48	2.67

Kleegras: Im folgenden Jahre wurde der Versuch mit der Abänderung wiederholt, dass das Schneiden auf dem einen Theile des Feldes nur 2mal geschah, dann aber der Nachwuchs dem in der Praxis üblichen Gebrauche gemäss, wo man nach zweimaligem Mähen das Feld als Weide benutzt, 3mal gerupft wurde. Im 2. Jahre stand das Kleegras auf lehmigem Sandboden. Die Witterung war ziemlich feucht und nicht zu warm. Die procentische Zusammensetzung von uns aus den folgenden Angaben (2. Jahr) berechnet. Die Erträge des Abrupfens und Abschneidens, auf ha und kg berechnet, waren folgende:

	Trockensubst.	Proteïn	Fett	N-freie Extrakt.	Rohfaser	Asche
1868. 14 mal gerupft	4136.8	1146.0	—	1948.7	668.2	373.8
3 „ gemäht	6980.1	1466.3	—	3144.6	1829.3	540.0
1869. 13 „ gerupft	4149.1	1124.3	211.1	1746.8	694.6	373.8
2 mal gemäht und 3 mal gerupft	6631.4	947.6	250.4	3262.1	1757.0	414.3

No. 22–24. M. Fleischer u. Kennepohl. Privat-Mitthl. Asche = Reinasche.

No. 25–31. C. Krauch u. v. d. Becke. Landw. Zeitung f. Westfalen. 1879. 311. Futter von sogen. Wagner'schen Futterfeldern, deren Einsaat in Folgendem besteht: Bastardklee 3 Pfd., Schotenklee 3 Pfd., Hopfenklee 3 Pfd., Weissklee 2 Pfd., Vogelwicke 2 Pfd., italienisches Raygras 3 Pfd., Knaulgras 4 Pfd., Wiesenschwingel 6 Pfd., französ. Raygras 5 Pfd., Timotheegras 3 Pfd. pro Morgen. Die Felder waren z. Thl. im Herbst 1877, theils im Frühjahr 1878 angelegt und waren wie folgt gedüngt (pro Morgen):

No. 25. I. Kalk, $4^1/_2$ Ctr. Knochenmehl und 40 Ctr. Stallmist.
No. 26. II. „ 2 „ „ „ 20 „ „
No. 27. III. „ $2^1/_2$ „ „ „ 20 „ „

No.	Bezeichnungen und Bemerkungen	Jahr der Untersuchung	In der ursprünglichen Substanz: Wasser %	Nh-Substanz %	Rohfett %	Nfr. Extractstoffe %	Rohfaser %	Asche %	In der Trockensubstanz: Nh-Substanz %	Rohfett %	Nfr. Extractstoffe %	Rohfaser %	Asche %	Stickstoff in der Trockensubstanz %
28	IV. Klee 1/4, Gras 3/4. Vor Erscheinen der Blüthenköpfe des Klee's, 55 cm hoch	1879	83.19	2.64	0.53	6.85	4.69	1.35	16.42	3.32	42.61	29.22	8.43	2.63
29	V. Klee 1/4, Gras 3/4. Die Pflanzen weiter entwickelt, 70—80 cm. hoch . . .	1879	81.67	2.64	0.53	7.20	6.25	1.71	14.42	2.89	39.29	34.07	9.33	2.31
30	VI.	1879	—	—	—	—	—	—	18.24	3.72	39.21	29.86	8.97	2.92
31	VII. Zweiter Schnitt, in 43 Tagen (13/V. bis 25/VI.) gewachsen	1879	—	—	—	—	—	—	15.56	3.49	43.67	29.81	7.47	2.48
	Incarnatklee und Raygras. Beginn der													
32	Blüthe, 17. Mai	1883	—	—	—	—	—	—	13.12	5.79	—	—	6.85	2.09
33	24. Mai	1883	—	—	—	—	—	—	9.16	4.16	—	—	6.68	1.47
34	31. Mai	1883	—	—	—	—	—	—	7.60	3.80	—	—	6.16	1.21
35	20. Juni	1883	—	—	—	—	—	—	6.74	3.77	—	—	7.01	1.08
36	Anfang Mai entnommen	1867	—	—	—	—	—	—	19.50	4.04	44.38	22.35	9.73P	3.12
	In verschiedenem Grade der Entwickelung.													
37	Kleegras in normaler Entwicklung . .	1871	—	—	—	—	—	—	11.00	4.18	56.24	22.54	6.04	1.76
38	Kleegras von Geilstellen	1871	—	—	—	—	—	—	20.28	4.80	41.30	26.59	7.03	3.24
	Minimum		71.08	1.82	0.50	6.76	2.15	0.92	11.00	2.89	38.85	12.35	5.27	1.76
	Maximum		85.59	5.63	1.01	9.79	5.92	2.21	32.34	5.79	56.24	34.07	12.72	5.17
	Mittel für Weide-Kleegras (No. 1 bis 21)		85.00[1])	3.65	0.66	6.48	2.86	1.35	24.33	4.41	43.22	19.06	8.98	3.89
	Desgl. Kleegras in weiterer Entwickelung (Beginn der Blüthe No. 25—32)		82.59	2.73	0.63	7.32	5.27	1.46	15.69	3.65	41.99	30.26	8.41	2.51

V. Kleearten u. kleeartige Gewächse. — Papilionaceen.

Anthyllis Vulneraria L. — Wundklee, Tannenklee. — Lady's Finger. Common Kidney Vetch. — Anthyllide vulnéraire, Trèfle jaune, Vulnéraire des paysans.

No.	Bezeichnungen und Bemerkungen	Jahr der Untersuchung	Wasser %	Nh-Substanz %	Rohfett %	Nfr. Extractstoffe %	Rohfaser %	Asche %	Nh-Substanz %	Rohfett %	Nfr. Extractstoffe %	Rohfaser %	Asche %	Stickstoff in der Trockensubstanz %
1	Leichter trockner Boden. In der Blüthe	1859	—	—	—	—	—	—	9.10	3.74	—	31.10	9.06	1.456°
2	Lehmiger Sandboden. Kurz v. d. Blüthe	1865	83.00	2.81	0.42	7.20	5.25	1.32	15.50	3.00	42.66	31.06	7.78	2.48

Kleegras: No. 28. IV. Kalk 4 Ctr. Knochenmehl und Jauche.
No. 29. V. „ 2 „ Superphosphat und 75 Ctr. Stallmist.
No. 30. VI. „ 2 „ Fischguano und 120 Ctr. Stallmist.
No. 31. VII. Früher Stallmist, später 170 Pfd. Guano. — Entwicklungszustand zur Zeit der Probenahme: vorwiegend waren bei allen Feldern Bastardklee, etwas Rothklee, Raygras und Timotheegras; von den Kleesorten war der Hopfenklee in Blüthe. — No. 31 stand auf Grauwackeschiefer-Boden 6. Klasse mit circa 3″ Ackerboden; die übrigen auf sehr schlechtem Boden; Erträge befriedigend.
No. 32—35. A. Stutzer u. J. P. Kallen. Bericht über die Thätigkeit der landwirthschaftl. Vers.-Stat. z. Bonn pro 1882. Auf einem Kleegrasfelde (Incarnatklee m. verschied. Gräsern, vorzugsweise englischem Raygrase) von sehr gleichmässigem Bestande wurde in Zwischenräumen von je einer Woche, resp. 3 Wochen genau 1 qm geschnitten, in lufttrockenes Heu verwandelt, das Gewicht des Heues ermittelt. Pro qm in Grammen angegeben wurde geerntet:

	17. Mai	24. Mai	31. Mai	20. Juni
Lufttrockenes Heu	900	925	1160	1140. Näheres bei Kleegrasheu.
Das Rohproteïn bestand in Procenten der Trockensubstanz aus:				
Leicht verdaulichem Eiweiss	6.63	4.42	4.68	3.00
Nichteiweissartigen Stoffen	3.94	2.20	0.37	1.10
Unverdauliche stickstoffhalt. Substanz	2.55	2.54	2.55	2.54

No. 36. Hug. Schultze, E. Schulze u. M. Märcker. Ann. d. Landw. 57. 1871. 130. Aus Ansaat von 4 Pfd. weissem, 2 Pfd. gelbem Klee, 3 Pfd. Timotheegras, 2 Pfd. englischem, 2 Pfd. italienischem Raygras, 1 Pfd. Kümmel. Näheres siehe bei Weidegras unter No. 6—10.
No. 37 u. 38. H. Weiske (V.-St. Proskau). Ann. d. Landwirthsch. i. Preuss. Wochenbl. 1871. 310. Von einer Fläche, auf der im Jahre zuvor Rindvieh geweidet hatte. Die Asche des Kleegrases von den Geilstellen war reicher an Alkalien, insbes. Natron, an Magnesia und Schwefelsäure, als die des normalen Kleegrases, vermuthlich bedingt durch den auf diesen Stellen gelassenen Harn. Zu 85% angenommen.
[1]) Wassergehalt.

Anthyllis Vulneraria: No. 1. H. Hellriegel. — 3. Ber. d. V.-St. Dahme 1860. 49. In der Mark Brandenburg bei Dahme gebaut.
No. 2. F. Krocker. — Ann. d. Landwirthsch. i. Preuss. Wochenbl. 1865. 285. (Hoffm. Jahresber. 1865. 310.) Geerntet wurde im 2. Jahre der Vegetation pro Morgen:
Vor der Blüthe geschnitten 194.23 Ctr. = circa 29.6 Ctr. Heu
In voller „ „ 181.77 „ = „ 38.5 „ „
Rohfaser = durch Behandeln mit Wasser, Alkohol, Aether, 3% Schwefelsäure, 3% Kalilauge, Wasser, Essigsäure; frei von Asche und N. Der Klee war ohne Ueberfrucht gebaut, hatte sich im ersten Jahre üppig entwickelt, ohne jedoch Blüthen zu treiben. Asche frei von CO_2.

No.	Bezeichnungen und Bemerkungen	Jahr der Untersuchung	In der ursprünglichen Substanz: Wasser %	Nh-Substanz %	Rohfett %	Nfr. Extractstoffe %	Rohfaser %	Asche %	In der Trockensubstanz: Nh-Substanz %	Rohfett %	Nfr-Extractstoffe %	Rohfaser %	Asche %	Stickstoff in der Trockensubstanz %
3	Lehmiger Sandboden. Kurz vor der Blüthe, 27. Mai	1872	84.89	2.37	0.60	7.81	3.09	1.24P	15.68	3.95	51.76	20.42	8.19P	2.51°
4	Lehmiger Sandboden. Beginn d. Blüthe 6. Juni	1872	79.94	2.60	0.64	9.76	6.06	1.00P	12.97	3.19	48.70	30.18	4.96P	2.075°
5	Lehmiger Sandboden. Vier Wochen später, 5. Juli	1872	76.21	2.40	0.60	11.89	7.60	1.30P	10.09	2.54	49.93	31.96	5.48P	1.615°
	Mittel aus No. 2 u. 3, kurz v. d. Blüthe		83.95	2.50	0.56	6.58	5.13	1.28	15.59	3.47	47.22	25.74	7.98	2.49
	Mittel aus No. 1 u. 4, in der Blüthe		79.94	2.21	0.69	9.60	6.15	1.41	11.04	3.47	47.84	30.64	7.01	1.77

Desmodium Desv. — Büschelkraut, Fesselhülse. — Tick-seed, Beggar-lice.

No.	Bezeichnungen und Bemerkungen	Jahr	Wasser	Nh-Substanz	Rohfett	Nfr. Extractstoffe	Rohfaser	Asche	Nh-Substanz	Rohfett	Nfr-Extractstoffe	Rohfaser	Asche	Stickstoff
1	D. gyrans?	1878	—	—	—	—	—	—	21.22	2.79	—	25.39	7.56	3.395

Ervum Lens L. (Cicer Lens Willd. Lens esculenta Moench) Linse. — Lentil. — Lentille.

No.	Bezeichnungen und Bemerkungen	Jahr	Wasser	Nh-Substanz	Rohfett	Nfr. Extractstoffe	Rohfaser	Asche	Nh-Substanz	Rohfett	Nfr-Extractstoffe	Rohfaser	Asche	Stickstoff
1	Bereits Schoten angesetzt	1873	50.60	13.80	0.36	19.88	11.01	4.35	27.94	0.73	40.24	22.28	8.81	4.47

Hedysarum coronarium L. — Kronen-Hahnkopf, spanischer Süssklee, Schildklee — ital. Sulla.

No.	Bezeichnungen und Bemerkungen	Jahr	Wasser	Nh-Substanz	Rohfett	Nfr. Extractstoffe	Rohfaser	Asche	Nh-Substanz	Rohfett	Nfr-Extractstoffe	Rohfaser	Asche	Stickstoff
1		1873	80.04	2.00	0.05	14.18	1.30	2.43	10.02	0.25	71.04	6.51	12.18	1.60
2		1877	82.50	2.35	0.47	7.57	5.21	1.90	13.43	2.73	43.24	29.77	10.84	2.15
3		1877	87.20	1.28	0.28	6.20	3.82	1.22	9.99	2.15	48.46	29.85	9.54	1.598
4		1877	86.46	1.62	0.20	6.26	4.22	1.24	11.97	1.45	46.24	31.17	9.18	1.915
	Mittel aus No. 2—4 . .		85.39	1.72	0.31	6.72	4.42	1.44	11.79	2.11	45.99	30.26	9.85	1.88

Lathyrus pratensis L. — Wiesen-Platterbse, gelbe Platterbse. — Meadow vetch. — Gesse des prés.

No.	Bezeichnungen und Bemerkungen	Jahr	Wasser	Nh-Substanz	Rohfett	Nfr. Extractstoffe	Rohfaser	Asche	Nh-Substanz	Rohfett	Nfr-Extractstoffe	Rohfaser	Asche	Stickstoff
1	Blühend, den 10. Juni	1854	76.1	5.0	—	10.4	7.2	1.3	29.92	—	43.51	30.13	5.44	3.347°
2	Auf Grauwackeboden im Sauerland gewachsen, vor der Blüthe geschnitten	—	—	—	—	—	—	—	24.44[1])	1.91	44.77	22.53	6.35P	3.91

Lathyrus sativus L. essbare Platterbse, Kicherling. — Gesse cultivée, Pois carré. — Cicerchia (ital.).

No.	Bezeichnungen und Bemerkungen	Jahr	Wasser	Nh-Substanz	Rohfett	Nfr. Extractstoffe	Rohfaser	Asche	Nh-Substanz	Rohfett	Nfr-Extractstoffe	Rohfaser	Asche	Stickstoff
1	In voller Blüthe, schwerer Boden .	1873	53.08	10.88	1.09	25.06	6.22	3.67	23.19	2.32	53.41	13.26	7.82	3.71
2		1874	46.12	10.29	1.82	30.20	14.52	7.05	19.10	3.37	37.50	26.95	13.08	3.06

Anthyllis Vulneraria: No. 3—5. J. Fittbogen. — Landw. Jahrb. 1. 1872. 622. Der Klee wurde im Gemisch mit Weissklee und Raigras angesät. Die zur Untersuchung bestimmten Pflanzen wurden dicht unterhalb der Wurzelblätter abgeschnitten. Von einem Felde in Pommern mit lehmigem Sandboden. Die Pflanzen enthielten Schwefel und in Wasser löslich:

In 1000 Theilen	Kurz vor der Blüthe: Schwefel	Extrakt im Ganzen	Mineralstoffe	Nh-Substanz	Nfr-Substanz	Beginn der Blüthe: Schwefel	Extrakt im Ganzen	Mineralstoffe	Nh-Substanz	Nfr-Substanz	Vier Wochen später: Schwefel	Extrakt im Ganzen	Mineralstoffe	Nh-Substanz	Nfr-Substanz
der frischen Substanz	0.17	68.34	10.48	9 85	48.01	0.21	80.73	8.73	10.55	61.45	0.24	89.75	9.89	3.95	75.91
der trocknen Substanz	1.14	452.35	69.40	65.19	317.76	1.06	402.32	43.50	52.53	306.29	1.02	377.25	41.57	16.59	319.09

Desmodium Desv.: No. 1. Pet. Collier. — Ann. Rep. Commiss. Agricult. 1878. Washington 181.

Ervum Lens: No. 1. All. Pasqualini. — Ann. Staz. Agrar. Forli II. 1873. 45. In Italien gewachsen.

Hedysarum coronarium: No. 1. All. Pasqualini. — Ibid. 35. Wird in Unteritalien unter dem Namen Sulla angebaut.

No. 2—4. Fausto Sestini. — Staz. sperim. d. Roma. 7. 1877. 35. Zusammensetzung der wasserhalt. Substanz v. u. ber.

Lathyrus pratensis: No. 1. H. Ritthausen. — Mitth. a. Waldau. 1. Hft. 68. (Rohfaser mit 2%iger Schwefelsäure und 2%iger Kalilauge bestimmt.)

No. 2. P. Baessler. Landw. Versuchsst. 29. (1883). 433.

[1]) Von dem Gesammt-Stickstoff 3.91% waren 3.65% (oder 83.1% des Gesammt-N) reiner Eiweiss-N; der Amidosäureamidstickstoff betrug 0,053%, der Amidosäure-Stickstoff 0.044%. Junge Pflanzentheile enthielten 4.76% Gesammt-N in der Trockensubstanz und davon 3.65% (also 76.7% des Gesammt-N) Eiweiss-N. NO_5 wurde gefunden 0.0046%

Lathyrus sativus: No. 1 u. 2. All. Pasqualini. — Ann. d. Stazione Agraria di Forli II 1873. 35 resp. III 1874. 111

No.	Bezeichnungen und Bemerkungen	Jahr der Untersuchung	In der ursprünglichen Substanz						In der Trockensubstanz					Stickstoff in der Trockensubstanz
			Wasser	Nh-Substanz	Rohfett	Nfr. Extractstoffe	Rohfaser	Asche	Nh-Substanz	Rohfett	Nfr. Extractstoffe	Rohfaser	Asche	
			%	%	%	%	%	%	%	%	%	%	%	%
	Lespedeza striata. — Japan clover.													
1		—	—	—	—	—	—	—	15.11	4.40	52.39	23.77	4.33	2.42
	Lotus corniculatus L. — Gemeiner Hornklee. — Common Bird's foot. — Lotier corniculé, Trèfle cornu.													
1	Blühend, 10. Juni	1855	79.2	3.2	—	10.7	5.3	1.6	15.23	—	51.60	25.48	7.69	2.437°
	Lotus uliginosus Schk. (L. major Sm.) — Sumpf-Hornklee. — Greater Bird'sfoot. — Lotier velu.													
1	Knospend, 10. Juni	1855	76.1	5.2	—	10.6	6.4	1.7	21.50	—	44.61	26.78	7.11	3.440°
	Lupinus albus L.*) — Weisse Lupine. White lupine. — Lupin blanc. — Lupino bianco.													
1	Ganze Pflanze (ohne Wurzel) magerer Boden	1873	39.25	20.19	1.14	15.01	21.37	3.04	33.23	1.88	24.71	35.18	5.00	5.32
	Lupinus angustifolius L.*) — Blaue Lupine. — Blue lupine. — Lupin bleu.													
1	Zur Zeit der Halbreife, fast völlig abgeblüht	1869	83.90	2.04	0.20	8.50	4.63	0.73P	12.67	1.24	50.80	28.76	4.53P	2.027
2	In der Blüthe, ganze Pflanze (mit der Wurzel)	1854	81.28	2.49	—	—	—	—	13.30	—	—	—	—	2.13

Lespedeza striata: No. 1. Pet. Collier. Ann. Rep. of the Commissioner of Agriculture 1878. Washington. 180.
Lotus corniculatus u. uliginosus: No. 1. H. Ritthausen. Wie unter Lathyrus pratensis.
Lupinus albus: No. 1. All. Pasqualini. — Ann. Staz. Agrar. Forli II. 1873. 41.
Lupinus angustifolius: No. 1. M Siewert. – Hoffm. Jahresber. 13—15. 1870—72. II. 6. No. 1 stammt aus Hundisburg und enthielt 0.03 % Alkaloid. Die obige Zusammensetzung von uns aus der der einzelnen Theile berechnet. Näheres unter Lupinenheu.
No. 2. H. Eichhorn. — Wilda's Centralbl. 1855. I. 18.

Anmerkung zu Lupinen.

*) Die Lupinen sind vielfach auf Alkaloide untersucht, um festzustellen, ob die sog. Lupinose durch den Alkaloid-Gehalt an Alkaloiden bedingt ist. Krocker fand (Centralbl. f. Agric.-Chemie 1879. S. 344) nach einer von ihm angegebenen Methode folgenden Gehalt an Alkaloiden in gesunden normalen Lupinenpflanzen von und nach der Reife auf Trockensubstanz berechnet.

1) Pflanze vor der Reife								2) Pflanze nach vollendeter Reife		
Ganze Pflanze	Stengel bis zur Verästelung	Stengeläste	Blattstiele	Blätter	Unreifer Samen	Kleine Früchte	Fruchtschalen	Ganze Pflanze	Samen	Fruchtschalen
0.215 %	0.031 %	0.068 %	0.218 %	0.526 %	1.533 %	0.403 %	0.422 %	0.225 %	1.591 %	0.165 %

Zwei sehr giftige Sorten Lupinenheu lieferten ihm in der Trockensubstanz der ganzen Pflanze 0.397 % und 0.146 % Alkaloid, also nicht mehr, wie in den normalen gesunden Lupinen.

Auch Jul. Kühn und G. Liebscher (Berichte aus dem physiol. Laboratorium d. landw. Instituts Halle 1880. S. 53) konnten nach der von Krocker befolgten Methode in schädlichen Lupinen nicht mehr Alkaloide finden wie in gesunden, nämlich:

	1) Schädliche Lupinen A.			2) Schädliche Lupinen B.		
	Ganze Pflanze	Schoten	Körner	Ganze Pflanze	Schoten	Körner
Gesammt-Alkaloide	0.456 %	0.206 %	0.625 %	0.490 %	0.077 %	0.740 %
Flüssige Alkaloide	0.040 „	0.035 „	0.281 „	0.103 „	Spur	0.211 „
Krystall-Alkaloide	0.416 „	0.171 „	0.344 „	0.387 „	0.077 „	0.529 „

3. Unschädliche Lupinen.

	a. Reif			b. Halbreif			c. Jung		
	Ganze Pflanze	Schoten	Körner	Ganze Pflanze	Schoten	Körner	Schoten	Körner	Blühende ganze Pflanze
Gesammt-Alkaloide	0.291 %	0.175 %	0.794 %	0.439 %	0.658 %	0.464 %	0.673 %	0.841 %	0.392 %
Flüssige Alkaloide	0.071 „	0.044 „	0.447 „	0.075 „	0.185 „	0 112 „	0.252 „	0.189 „	0.055 „
Krystall-Alkaloide	0.220 „	0.131 „	0.347 „	0.364 „	0.473 „	0.352 „	0.421 „	0.652 „	0.337 „

Ernst Täuber untersuchte (Landw. Versuchsst. 29. (1883). 451) nach der Methode von E. Wildt (Milchzeit. 8. Jahrg. 1879. No. 11 und Centralbl. f. Agric.-Chem. 1879. S. 344) die Samen der verschiedenen, unter denselben Verhältnissen gewachsenen Lupinen mit folgendem Resultat:

Lupinus:	Cruiksbanksii	luteus	desgl. weisssamig	albus	polyphyllus	termis	coeruleus	linifolius	angustifolius	hirsutus
Gesammt-Alkaloid	1.00 %	0.81 %	0.70 %	0.51 %	0.48 %	0.39 %	0.37 %	0.32 %	0.25 %	0.02 %
Flüssiges Alkaloid	0.45 „	0.39 „	0.29 „	0.08 „	0.08 „	0.03 „	0.02 „	0.02 „	0.03 „	—
Festes Alkaloid .	0.55 „	0.42 „	0.41 „	0.43 „	0.40 „	0.36 „	0.35 „	0.30 „	0.22 „	0.02 „

No.	Bezeichnungen und Bemerkungen	Jahr der Untersuchung	In der ursprünglichen Substanz: Wasser %	Nh-Substanz %	Rohfett %	Nfr. Extractstoffe %	Rohfaser %	Asche %	In der Trockensubstanz: Nh-Substanz %	Rohfett %	Nfr. Extractstoffe %	Rohfaser %	Asche %	Stickstoff in der Trockensubstanz %
	Lupinus hirsutus L.*) — Rothe Lupine.													
1	Junge Pflanzen, 4 Wochen n. d. Aussaat, 5. Juli	1860	89.36	3.44	—	4.86	1.38	0.96	32.33	—	45.65	13.00	9.02	5.17
2	Kurz vor Auftreten d. Blüthenknospen 3. August	1860	87.60	2.54	—	6.60	2.21	1.05	20.47	—	53.23	17.80	8.50	3.27
3	Mit halbreifen Samen, 23. Sept.	1860	83.86	2.79	—	7.27	4.87	1.12	17.30	—	45.03	30.15	7.52	2.77
	Lupinus luteus L.*) — Gelbe Lupine. — Yellow lupine. — Lupine jaune.													
1	Zur Zeit der Halbreife, fast völlig abgeblüht	1870	84.32	2.89	0.28	7.78	4.14	0.59	18.43	1.79	49.45	26.40	3.83	2.95
2	Mit Knospen bedeckt	1857	89.20	2.38	0.37	3.96	3.29	0.80	22.03	3.42	—	30.48	7.39	3.52
3	Vor der Blüthe	?	87.6	2.50	0.20	6.60	—	—	20.16	1.31	53.22	—	—	3.225
4	Halbreif	?	83.9	2.80	0.20	7.10	—	—	17.40	1.24	44.10	—	—	2.784
5	In der Blüthe, ganze Pflanze (mit der Wurzel)	1854	86.48	2.88	—	—	—	—	21.30	—	—	—	—	3.408
6	Auf Kieselsand angebaut, gedüngt mit Knochenmehl, Chilisalpeter, kohlens. und schwefelsaurem Kali: Vor der Blüthe	1880	—	—	—	—	—	—	28.15	1.22	40.34	19.38	10.91	4.50
7	Beginn d. Blüthe	1880	—	—	—	—	—	—	27.23	1.31	39.00	23.64	8.82	4.36
8	Schotenansatz	1880	—	—	—	—	—	—	19.75	1.56	38.30	33.53	6.86	3.16
9	Reife	1880	—	—[1]	—	—	—	—	18.40	2.30[1]	36.73	36.88	5.69	2.94
10	Eben abgeblüht, 26. Juli	1880	81.23	3.92	0.85	7.17	5.66	1.17	20.88	4.48	38.22	30.19	6.23	3.34
	Mittel No. 2, 3 u. 7. Beginn d. Blüthe		88.40	2.68	0.23	4.61	3.14	0.94	23.14	2.01	39.68	27.06	8.11	—
	Beendete Blüthe. No. 1, 8 u. 10		83.00	3.35	0.44	7.14	5.12	0.95	19.70	2.60	42.00	30.10	5.60	—
	Medicago falcata L. — Sichelförmiger Schneckenklee, schwedische oder gelbe Luzerne. Yellow Sickle Medick, Yellow Lucerne. — Luzerne Faucille. — Hoefró (schwedisch).													
1	Mittel von 4 Analysen	—	82.68	3.80	—	7.51	4.45	1.56	21.94	—	43.36	25.69	9.01	3.51
	Medicago media Pers. (M. intermedia Schultes) Grosse Sandluzerne. — Brownish flowered or intermediate Lucerne. — Luzerne rustique.													
1	Noch keine Blüthe sichtbar, 13. Juni	1854	85.00	—	—	—	6.3	1.50	—	—	—	42.00	10.00	—
2	Angehende Blüthe, blaublühend	1854	78.00	—	—	—	10.3	1.80	—	—	—	46.82	8.18	—
3	Blüthe, gelbblühend	1854	78.30	—	—	—	9.2	1.7	—	—	—	42.39	7.83	—
4	Angehende Blüthe	1853	83.53	2.76	0.54	—	—	1.40	16.73	3.29	—	—	8.49	2.682°
	Medicago lupulina L. — Hopfenschneckenklee, Hopfenluzerne, Gelbklee. — Yellow Clover, Hop medic Trefoil. — Luzerne lupuline, Trèfle jaune, Luz. houblonnée.													
1	Beginn d. Blüthe, ungedüngt. Ackerboden	1852	77.57	4.48	—	—	(12.17)	2.00	20.00	—	—	(54.26)	8.91	3.20 °
2	In der Blüthe, vom natürlichen Standort, Wiese	1849	76.80	5.62	0.94	7.85	6.32	2.51	24.23	4.06	33.68	27.19	10.84	3.876°

*) Siehe S. 62.

Lupinus hirsutus: No. 1—3. A. Stöckhardt. — Chem. Ackersm. 1861. 50. Leichter Sandboden mit Kiesunterlage.

Lupinus luteus: No. 1. M. Siewert. Vergl. unter Lupinus angustifolius. Diese Probe enthielt 0.04% Alkaloid.
No. 2. Aug. Voelcker. — Journ. Roy. Agric. Soc. 21. 389.
No. 3—4. Em. Wolff. — Werner's Handbuch d. Futterbaues. Berlin, 1875. 250.
No. 5. H. Eichhorn. — Wilda's Centralbl. 1855. I. 18.
No. 6—9. E. Wein. Landw. Versuchsst. 26. (1880). 191.
No. 10. H. Weiske u. B. Schulze. — Journ. f. Landw. 32. (1884). 81. Asche incl. Sand. Alkaloidgehalt 0.56% der Trockensubstanz.

[1]) Osc. Kellner fand nach einer Privatmitth. in den blauen und gelben Lupinen mit unreifen Körnern folgendes Verhältniss zwischen den N-Verbindungen:

	Gesammt-N	Eiweiss-N	Nichteiweiss-N	Nichteiweiss-N in Proc. des Gesammt-N
a. Gelbe Lupinen	3.57%	2.13%	1.44%	40.3%
b. Blaue Lupinen	3.28 ,,	1.95 ,,	1.33 ,,	42.2 ,,

Medicago falcata: No. 1. Em. Wolff. — Werner's Handbuch d. Futterbaues. Berlin, 1875. 297.

Medicago media: No. 1—3. Em. Wolff. — Hohenheimer Mitthl. 2. 1855. 129. No. 1 in Hohenheim gebaut; die Pflanzen waren kräftig und hoch gewachsen, schon ziemlich holzig.
No. 4. H. Eichhorn. — Ockel's 1. Ber. 211. Pflanzen in Frankenfelde gebaut.

Medicago lupulina: No. 1. Aug. Voelcker. — J. Highl. Soc. Juli 1853. 56. (Trans. of the Highl. a. Agricult. Soc. of Scotland, New Series, Juli 1861. March 1863. 33.) Die Pflanzen zu Cirencister (England) auf ungedüngtem Ackerboden gewachsen. Rohfaser nur durch Auswaschen der zerkleinerten Substanz mit Wasser erhalten.
No. 2. Thom. Way. — J. Agric. Soc. England 1853. 1. 171. In England auf einer Wiese mit kalkhaltigem Lehmboden gewachsen.

No.	Bezeichnungen und Bemerkungen	Jahr der Untersuchung	In der ursprünglichen Substanz						In der Trockensubstanz					Stickstoff in der Trockensubstanz
			Wasser %	Nh-Substanz %	Rohfett %	Nfr. Extractstoffe %	Rohfaser %	Asche %	Nh-Substanz %	Rohfett %	Nfr. Extractstoffe %	Rohfaser %	Asche %	%
3	Meist abgeblüht, von einer sonnigen Wässerungswiese	1854	76.7	3.2	—	10.8	7.6	1.7	13.73	—	46.35	32.62	7.30	2.20
4	Reiche volle Blüthe, 13. Juni gesam.	1854	86.3	2.0	—	6.0	4.5	1.2	14.60	—	43.79	32.85	8.76	2.34
5	Beinahe gänzlich abgeblüht, 23. Juni gesammelt	1854	81.9	2.8	—	8.2	5.8	1.3	15.47	—	45.30	32.05	7.18	2.48
6	Im Stadium kräftiger Entwicklung, aus englischem Samen	1851	77.38	3.50	—	—	—	2.02	15.44	—	—	—	8.95	2.47[o]
7	Im Stadium kräftiger Entwicklung, aus französischem Samen	1851	78.60	2.94	—	—	—	1.75	13.69	—	—	—	8.18	2.19
	Mittel aus No. 3—7 in voller resp. bei vollendeter Blüthe		80.18	2.89	—	8.89	6.44	1.60	14.59	—	44.83	32.51	8.07	2.33

Medicago sativa L. — Luzerne, Schneckenklee, blauer Klee, ewiger Klee, Sinfin. — Lucerne, Purple medick. Lucerne commune, Foin de Bourgogne, Trèfle de Bourgogne. — Luzerna medica (Italien).

No.	Bezeichnungen und Bemerkungen	Jahr der Untersuchung	Wasser %	Nh-Substanz %	Rohfett %	Nfr. Extractstoffe %	Rohfaser %	Asche %	Nh-Substanz %	Rohfett %	Nfr. Extractstoffe %	Rohfaser %	Asche %	Stickstoff in der Trockensubstanz %
1	Vermuthlich vor der Blüthe, am 24. Mai gesammelt	1855	79.4	3.91	0.89	8.20	5.20	2.40	18.98	4.33	39.78	25.26	11.65	3.03
2	Beginn d. Blüthe, ungedüngt. Ackerboden	1852	73.41	4.40	—	—	(12.08)	3.08	16.56	—	—	—	11.58	2.65[o]
3	Angehende Blüthe	1853	81.98	3.06	0.88	—	—	1.43	16.71	4.86	—	—	7.93	2.673[o]
4	Desgl.	1870	—	—	—	—	—	—	20.62	3.65	37.57	30.34	7.82[P]	3.30
5	Kurz vor der Blüthe, 27. Juli geschn.	1876	72.25	4.72	—	12.15	8.83	2.05[P]	17.00	—	43.80	31.81	7.39[P]	2.72
6	Vor der Blüthe, 2. Schnitt, 17. Juni	1854	88.10	—	—	—	3.00	1.60	—	—	—	25.21	(13.44)	—
7	In der Blüthe	—	82.40	2.70	0.80	8.30	4.20	1.60	15.34	4.55	47.16	23.86	9.09	2.454[o]
8	In der Blüthe, 16. Juni geschn., Wiese	1849	69.95	3.77	0.82	13.68	8.74	3.04	12.56	2.76	40.36	34.21	10.11	2.01
9	In der Blüthe	1865	78.90	3.44	0.91	5.91	8.55	2.29	16.30	4.31	28.01	40.52	10.86	2.61
10	In der Blüthe (?), im Stadium kräftiger Entwicklung	1851	80.13	3.06	—	—	—	2.49	15.50	—	—	—	11.77	2.48[o]
11	?, gedüngter Boden	1873	77.84	6.19	0.36	—	3.59	1.92	27.93	1.62	—	15.70	8.66	4.47
12	?	1874	59.20	8.05	1.84	—	9.92	6.01	19.73	4.51	—	24.31	14.73	3.157[o]

Medicago lupulina: No. 3—5. E. Wolff vergl. unter Medic. media. No. 3—5 Pflanzen, die auf dem Felde im Gemenge mit Rothklee, Weissklee und Raygras cultivirt und sehr üppig gewachsen waren.
No. 6 u. 7. Th. Anderson. — Trans. Highl. Soc. Juli 1851. March 1853. 440. Vermuthlich im ersten Jahre der Vegetation. Mitte September im Stadium kräftiger Entwicklung geschnitten. Gewachsen in Gartenboden in Edinburg.

Medicago sativa: No. 1. H. Scheven. — Mitthl. a. Waldau. I. 77. Von uns aus der Znsammensetzung des Heus und dem angegebenen Wassergehalt berechnet.
No. 2. Aug. Voelcker. J. Highl. Soc. Juli 1853. 56. (Trans. of the Highl. and Agric. Soc. of Scotland. N. S. Juli 1861. March 1863. 33.) Rohfaser nur durch Auswaschen der zerkleinerten frischen Substanz mit Wasser erhalten.
No. 3. H. Eichhorn. — Ockel's I. Ber. 211. In Frankenfelde gewachsen.
No. 4. H. Weiske u. E. Wildt. — Beiträge z. Frage über Weidewirthschaft und Stallfütterung. Breslau, 1871. 38.
No. 5. O. Kellner. — L. V.-St. 21. 1878. 425. Zweiter Schnitt eines Luzernefeldes, das aus mehreren, theils gedüngten, theils ungedüngten Parzellen bestand. Die Pflanzen hatten eine Höhe von circa 40 cm. Die Untersuchung d. Substanz geschah nach längerer Lagerung und als diese in einem so ausgetrockneten Zustande, dass Verluste durch Abbröckeln unvermeidlich waren. Asche ist C- u. CO_2-frei. Die Zusammensetzung von uns ber. nach der Angabe, dass 250 kg frische Substanz 69.38 kg Trockensubstanz ergeben hatten.
No. 6. Em. Wolff. — Hohenheim. Mitthl. II. 1855. 129. Die Luzerne stand im 2. Jahre d. Nutzung.
No. 7. J. B. Boussingault. — Die Landwirthschaft in ihrer Beziehung zur Chemie, Physik und Meteorologie. Deutsch v. Gräger. 1854. Vermuthlich das Mittel mehrerer Analysen. Elsass.
No. 8. Th. Way. — J. Agric. Soc. Engl. 1853. I. 171. Nh.-Substanz von uns mit dem Factor 6.25 berechn. Luzerne von natürlichem Standort, Wiese mit kalkhalt. Lehm- u. Sandboden. England.
No. 9. J. Nessler u. E. Muth. — Ber. d. Ver.-Stat. Karlsruhe 1870. 56.
No. 10. Th. Anderson. — Trans. Highl. Soc. Juli 1851. March 1853. 440. Vermuthlich im ersten Jahre der Vegetation.
No. 11 u. 12. Al. Pasqualini. — Ann. Staz. Agrar. Forli 1873 u. 1874.

No.	Bezeichnungen und Bemerkungen	Jahr der Untersuchung	In der ursprünglichen Substanz						In der Trockensubstanz					Stickstoff in der Trockensubstanz
			Wasser %	Nh-Substanz %	Rohfett %	Nfr. Extractstoffe %	Rohfaser %	Asche %	Nh-Substanz %	Rohfett %	Nfr. Extractstoffe %	Rohfaser %	Asche %	%
	In verschiedenen Vegetations-Perioden.													
13	Ganz jung, 5—6″ hoch, am 24. April gesammelt	1854	82.10	4.88	—	8.42	2.90	1.70	27.25	—	47.55	16.20	9.00	4.36°
14	Ganz jung, 1′ hoch, 2. Schnitt, 20. Juli gesammelt	1854	87.40	3.30	—	4.20	3.70	1.40	26.19	—	33.33	29.37	11.11	4.19
15	Ziemlich volle Blüthe, 1. Schnitt, 13. Juni	1854	83.10	2.80	—	6.00	6.70	1.40	16.92	—	35.14	39.64	8.30	2.71
16	Ende der Blüthe	1854	80.90	2.20	—	6.00	9.60	1.30	11.52	—	31.41	50.26	6.81	1.84
17	Hand hoch, 17. April	1857	79.60	6.5[illegible]	—	—	—	1.61	32.00	—	—	—	7.90	5.12°
18	Zwei Fuss hoch, 25. Mai	1857	79.40	4.89	—	—	—	1.98	23.75	—	—	—	9.60	3.80°
19	Kurz v. d. Blüthe, 15. Juni, ziemlich verholzt	1857	75.30	4.66	—	—	—	1.78	18.88	—	—	—	7.20	3.02°
20	Ein Fuss hoch, sehr saftig, 6. Mai	1859	80.00	5.41	—	—	—	2.27	27.06	—	—	—	11.38	4.33°
21	Zwei bis Zwei einhalb Fuss hoch, Beginn d. Entwicklung d. Blüthenknosp.	1859	80.00	3.72	—	—	—	1.96	18.63	—	—	—	9.79	2.98°
22	6jähr. Pflanzen, 22. April	1854	78.10	7.20	—	6.50	6.10	2.10	32.88	—	29.68	27.85	9.59	5.26
23	10jähr. Pflanzen, 24. April	1854	81.90	6.20	—	6.00	4.00	1.90	34.25	—	33.15	22.10	10.50	5.48
24	6jähr. Pflanzen, 5. Mai	1854	78.60	6.00	—	9.80	3.50	2.10	28.04	—	45.79	16.36	9.81	4.89
25	10jähr. Pflanzen, 5. Mai	1854	80.40	4.20	—	8.50	4.40	2.50	21.43	—	43.37	22.45	12.75	3.43
26	Zweiter Schnitt, 22. Mai	1854	79.00	5.50	—	7.40	5.70	2.40	26.19	—	35.24	27.14	11.43	4.19
27	Zweiter Schnitt, 3. Juli, volle Blüthe	1854	72.40	4.90	—	6.90	13.40	2.40	17.75	—	(25.00)	(48.55)	8.70	2.84
28	Nächstfolgendes Jahr, 24. Mai	1855	79.40	3.91	0.90	8.19	5.20	2.40	18.98	4.37	39.76	25.24	11.65	3.04
29	2—7. Juni entnommen	1870	78.00	4.03	0.70	9.46	5.68	2.12	18.31	3.18	43.02	25.84	9.65P	2.93°
30	8—12. Juni entnommen	1870	76.78	3.85	0.68	10.30	6.47	1.92	16.56	2.93	44.37	27.87	8.27	2.65°
31	13. u. 14. Juni entnommen	1870	76.32	4.07	0.75	9.87	7.12	1.87	17.19	3.16	41.66	30.07	7.92	2.75°
32	15. u. 16. Juni entnommen	1870	76.00	4.28	0.57	9.47	7.77	1.91	17.81	2.37	39.46	32.39	7.97P	2.85°
33	Anfang der Blüthe, geschnitten vom 25. Juni bis 3. Juli	1876	78.84	4.48	—	9.56	5.20	1.92	21.19	—	45.19	24.55	9.07P	3.39
34	Mitte der Blüthe, geschnitten vom 4. Juli bis 11. Juli	1876	73.94	5.12	—	12.44	6.26	2.24	19.63	—	47.75	24.04	8.58P	3.14
35	Ende der Blüthe, geschnitten vom 12. Juli bis 17. Juli	1876	74.47	4.96	—	11.77	6.69	2.11	19.44	—	46.10	26.21	8.25P	3.11
36	14. Mai	1871	79.60	6.12	0.83	—	—	—	30.39	4.07	—	—	—	4.86
37	21. Mai	1871	79.40	6.30	—	—	—	—	30.59	—	—	—	—	4.89
38	25. Mai	1871	79.23	6.58	—	—	—	—	31.70	—	—	—	—	5.07
39	29. Mai	1871	80.24	6.41	—	—	—	—	32.43	—	—	—	—	5.19
40	1. Juni	1871	80.00	6.24	—	—	—	—	31.20	—	—	—	—	4.99

Medicago sativa: No. 13—16. Em. Wolff u. Jani. — Hohenheimer Mitthl. II. 1855. 114. Luzerne unter d. Einfluss einer anhaltend feuchten Witterung in Hohenheim gewachsen. Die Nh. Substanz ist vom Analytiker aus dem N-gehalt unter Anwendung des Factors 6.4 berechnet; wir benutzten den Factor 6.25.

No. 17—21. Em. Wolff u. Yelin. Hohenheimer Mitthl. V. 1857. 209 u. VI. 1860. Ein und dasselbe Luzernefeld, Boden tiefgründig, milde. Luzerne 1854 gesäet, seit 1855 jährlich mit Gips, 4—5 Ctr. pro Morgen überdüngt. No. 17—19 also im 3. Jahre, 20 u. 21 im 5. Jahre der Nutzung. In letzterem Jahre stand die Luzerne kräftig und dicht. Nh. Substanz von uns nach angegebenem N-gehalt (× 6.25) berechnet. Die Zahlen der frischen Substanz bei 20 und 21 wurden von uns unter Annahme des obigen Wassergehaltes berechnet.

No. 22—28. H. Ritthausen u. Scheven. — Mitthl. aus Waldau. I. 52. No. 28. S. 77. Zu 22—25 ist bemerkt: dünner aber kräftiger Stand, meist einzelne Büsche. Zu 22—28. Holzfaser mit 2 % Schwefelsäure und 2 % Kalilauge bestimmt.

No. 29—32. G. Kühn, A. Haase, H. Baesecke und A. Schmidt. L. V.-St. 16. 1873. 81. (Amtsbl. f. d. landw. Vereine Sachsens 1871. 134.) Von der Luzerne wurden täglich gleich grosse Proben zur Analyse entnommen, rasch getrocknet und je 2—5 dieser Tagesproben vereinigt.

No. 33—35. H. Weiske. — Journ f. Landwirthsch. 1877. 202.

No. 36—43. L. Deurer. — Annal. d. Landwirthsch. 1872. 240. Die Zahlen für die Nummern 37—43 wurden von uns aus den Angaben über Futtermenge an Luzerne und deren absol. Gehalt an Trockensubstanz und Nh. Substanz berechnet.

No.	Bezeichnungen und Bemerkungen	Jahr der Untersuchung	In der ursprünglichen Substanz: Wasser %	Nh-Substanz %	Rohfett %	Nfr. Extractstoffe %	Rohfaser %	Asche %	In der Trockensubstanz: Nh-Substanz %	Rohfett %	Nfr. Extractstoffe %	Rohfaser %	Asche %	Stickstoff in der Trockensubstanz %
41	5. Juni	1871	78.73	5.70	—	—	—	—	26.80	—	—	—	—	4.29
42	7. Juni	1871	79.40	5.71	—	—	—	—	27.70	—	—	—	—	4.43
43	12. Juni	1871	80.60	4.96	—	—	—	—	25.50	—	—	—	—	4.08
44	Dreimal geschnitten: v. d. Blüthe, 31. Mai, 1. Schnitt	1873	77.10	4.85	0.69	8.43	6.84	2.09	21.19	3.04	36.74	29.90	9.13	3.39
45	„ „ „ 8. Juli 2. „	1873	77.00	4.79	0.57	7.54	7.55	2.57	20.83	2.49	32.63	32.84	11.21	3.33
46	„ „ „ 1. Spt. 3. „	1873	72.75	5.87	0.85	10.86	7.45	2.22	21.55	3.11	35.56	27 33	12.45	3.45
47	Zweimal geschnitten: Bei Beginn der Blüthe, 30. Juni, 1. Schnitt	1873	72.80	4.43	0.64	9.45	9.77	2.91	16.27	2.36	37.30	35.94	8.13	2.60
48	In der Blüthe, 20. Aug., 2. Schnitt	1873	—	—	—	—	—	—	15.56	2.33	36.31	35.10	10.70	2.49

Einzelne Theile der Luzerne.

No.	Bezeichnungen und Bemerkungen	Jahr	Wasser	Nh-Substanz	Rohfett	Nfr. Extractstoffe	Rohfaser	Asche	Nh-Substanz	Rohfett	Nfr. Extractstoffe	Rohfaser	Asche	Stickstoff
49	Blätter } vom 24. April	1854	77.3	8.1	—	8.5	4.1	2.0	35.68	—	37.45	18.06	8.81	5.71
50	Stengel } vom 24. April	1854	87.5	3.1	—	4.1	3.9	1.4	24.80	—	32.80	31.20	11.20	3.97
51	Blätter } vom 22. Mai, zweiter Schnitt	1854	74.1	8.8	—	8.5	6.1	2.5	33.98	—	32.82	23.55	9.65	5.43
52	Stengel } vom 22. Mai, zweiter Schnitt	1854	82.5	3.3	—	7.0	5.4	1.8	18.86	—	40.00	30.86	10.28	3.02
	Mittel[2]) a. Ganz jung, handhoch		80.2	6.25	—	—	(4.36)	1.83	31.60[1])	—	—	(22.05)	9.25	—
	b. Vor- u. Anfang der Blüthe		76.0	4.56	0.83	9.52	6.82	2.27	19.00	3.45	39.68	28.40	9.47	—
	c. In der Blüthe		76.6	3.84	1.00	9.01	7.37	2.18	16.40	4.30	38.50	31.50	9.30	—

Melilotus alba L., weisser Steinklee, Honigklee. — Bokhara clover. — Mélilot blanc.

No.	Bezeichnungen und Bemerkungen	Jahr	Wasser	Nh-Substanz	Rohfett	Nfr. Extractstoffe	Rohfaser	Asche	Nh-Substanz	Rohfett	Nfr. Extractstoffe	Rohfaser	Asche	Stickstoff
1	Beginn der Blüthe	1852	81.30	3.28	—	—	(10.01)	1.89	17.56	—	—	(53.53)	10.11	2.81⁰
2	In der Blüthe	1870	77.06	5.67	1.29	9.76	3.25	2.97	24.72	5.62	42.54	14.17	12.95	3.99

Onobrychis sativa Lam., (Hedysarum Onobrychis L.) Esparsette. — Sainfoin. — Esparcette, Fenasse.

No.	Bezeichnungen und Bemerkungen	Jahr	Wasser	Nh-Substanz	Rohfett	Nfr. Extractstoffe	Rohfaser	Asche	Nh-Substanz	Rohfett	Nfr. Extractstoffe	Rohfaser	Asche	Stickstoff
1	Beginn der Blüthe	1852	77.32	3.51	—	—	(12.95)	1.73	15.50	—	—	(57.09)	7.62	2.48⁰
2	In der Blüthe, 8. Juni gesammelt	1849	76.64	4.24	0.70	10.81	5.77	1.84	18.17	3.01	46.24	24.71	7.87	2.907⁰
3	Volle Blüthe, im Garten und sehr üppig gewachsen	1855	80.00	3.20	0.60	8.80	6.50	0.90	16.00	3.00	44.00	32.5C	4.50	2.56
		1854	82.30	—	—	—	7.20	1.30	—	—	—	40.67	7.34	—
4	In Italien gewachsen	1874	59.58	12.59	1.97	13.20	10.11	2.55	31.15	4.87	32.66	25.01	6.31	4.99

Medicago sativa: No. 44—48. P. Wagner u. K. Schaefer. — Ber. d. V.-St. Darmstadt 1874. 80.
No. 49—52. H. Ritthausen. Mittheil. a. Waldau. 1. Heft. 68. Von 6- und 10jährigen Pflanzen. Vergl. 22—28.

1) Die Stickstoffverbindungen der Luzerne zerfallen nach O. Kellner (Privatmittheil. und Landw. Jahrbücher 1879. I. Suppl. 243) bezogen auf Trockensubstanz in:

		Gesammt-N %	N, nicht an Eiweiss gebunden in %	In % des Gesammt-N	N, in Amidverbindungen %
Vom 7. April, 4 cm hoch, mit 2 Blättchen.	1879	6.992	2.133	30.5	—
Vom 23. „ 12 „ „ „ 4 „	1879	5.760	2.042	35.5	—
2. Schnitt ohne Blüthenanlagen. 1879		3.570	1.183	33.1	1.025
Vor der Blüthe, 50 cm hoch. 1879		2.474	0.721	29.1	0.613
In der Blüthe, 50—60 cm hoch. 1879		3.008	0.729	24.2	0.687
Vor der Blüthe. 1880		2.47	0.940	—	—
In der Blüthe. 1880		2.41	0.654	—	—

2) Mittelzahlen wurden berechnet bei a. aus No. 13, 17, 22 u. 23; bei b. aus No. 1—5, 19, 21, 29, 30, 33, 44—46; bei c. aus No. 7—10, 15, 27, 31, 32, 34, 47 u. 48. Der mittlere Rohfasergehalt wurde aus den Analysen neuerer Zeit berechnet.

Melilotus alba: No. 1. Aug. Völcker. — J. Highl. Soc. Juli 1853. 56. Auf kleinen Beeten eines ungedüngten Feldes gebaut. Im August gesammelt. Untersuchungsmethoden im Anhang. In Wasser löslich:

	Organ. Substanz	Asche
No. 1	6.8	1.54

No. 2. G. Hirzel. — Hoffmann's Jahresber. 1870—72. II. 5.

Onobrychis sativa: No. 1. A. Völcker. Vergl. No. 1 unter Melilotus alba. In Wasser löslich: 8.0 organische Substanz, 1.26 Mineralstoffe.
No. 2. Th. Way. — J. R. Agric. Soc. Engl. 14. I. (1853.) 171—187. Vom natürlichen Standort, Wiese mit kalkhaltigem Lehm.
No. 3. F. Wolff. — Hohenheimer Mitthl. II. 1855. 129.
No. 4. Al. Pasqualini. Vergl. unter Medicago sativa No. 11—12.

No.	Bezeichnungen und Bemerkungen	Jahr der Untersuchung	In der ursprünglichen Substanz: Wasser %	Nh-Substanz %	Rohfett %	Nfr. Extractstoffe %	Rohfaser %	Asche %	In der Trockensubstanz: Nh-Substanz %	Rohfett %	Nfr. Extractstoffe %	Rohfaser %	Asche %	Stickstoff in der Trockensubstanz %
	In verschiedenen Vegetationsperioden.													
5	Anfang der Blüthe, 8. Juni	1873	84.60	3.64	0.56	5.95	4.15	1.10	23.63	3.64	38.66	26.92	7.15P	3.78
6	Mitte der Blüthe, 16. Juni	1873	83.17	3.15	0.48	6.48	5.71	1.01	18.56	2.89	38.60	33.93	6.02P	2.97
7	Ende der Blüthe, 24. Juni	1873	78.72	3.38	0.83	8.34	7.57	1.16	15.88	3.90	39.19	35.56	5.47P	2.54
8	Durchschnittsprobe der Espars. v. 8—24 Jahren sorgfältig getrocknet, etwas kürzer geschnitten	1873	84.00	3.61	0.60	6.26	4.51	1.02	22.56	3.77	39.10	28.21	6.36P	3.61
	Ornithopus sativus Brot. — Serradella.													
1	In der Blüthe	1861	80.00	3.60	0.40	6.60	8.10	1.30	18.00	2.00	33.00	40.10	6.50	2.88
2	Am 20. September geschnitten	1861	85.82	2.63	0.40	4.74	4.99	1.42	18.51	2.84	33.46	35.18	10.01	2.96
	In verschiedenen Wachsthumsperioden.													
3	Beginn d. Blüthe, am 18. Juli geschn.	1873	87.07	2.05	0.68	6.08	2.71	1.41	15.88	5.27	46.87	20.98	11.01	2.54
4	Volle Blüthe, am 7. August geschn.	1873	83.86	2.15	0.93	7.32	4.22	1.51	13.35	5.75	45.36	26.17	9.38	2.13
5	Ende d. Blüthe, am 3. Septb. geschn.	1873	79.54	3.31	1.15	8.76	5.39	1.84	16.18	5.64	42.83	26.35	9.00	2.58
6	Beginn d. Blüthe, zweiter Schnitt, Nachwuchs 2. October	1880	87.40	3.12	0.64	4.33	3.42	1.09	24.75	5.12	34.33	27.11	8.69	3.96
7	Volle Blüthe, erster Schnitt, 22. Juli	1880	86.70	3.01	0.69	4.11	3.94	1.55	22.62	5.20	30.89	29.65	11.64	3.62
8	Ende d. Blüthe, erster Schnitt, 2. Octob.	1880	79.80	3.87	0.80	6.54	7.21	1.78	19.13	3.95	32.39	35.71	8.82	3.06
	Pisum sativum L. — Erbse.													
1	Winter-Erbse, mässig entwickelt, in der Blüthe, 20. Juni	1854	81.10	3.40	7.60		5.90	1.30	18.68	41.77		32.41	7.14	2.99
2	Grüne Erbse, kräftig entwickelt, in der Blüthe, 21. Juli	1854	86.70	3.20	4.60		4.40	1.10	24.06	34.59		33.08	8.27	3.85
3	Gelbe Erbse, sehr üppig, Beginn der Blüthe, 9. Juli	1855	86.30	3.30	6.00		3.00	1.10	24.09	45.98		21.90	8.03	3.85
4	Desgl., sehr üppig, 26. Juli	1855	79.50	3.70	9.40		5.90	1.50	18.05	45.85		28.78	7.32	2.89
5	Desgl., sehr üppig, 6. August	1855	76.10	3.90	10.50		7.70	1.80	16.31	43.95		32.21	7.53	2.61

Onobrychis sativa: No. 5—8. H. Weiske. — Journ. f. Landw. 25. 1877. 170. No. 8 wurde nicht so dicht vom Boden abgemäht, wie es in der Praxis zu geschehen pflegt. Der Wassergehalt von 84% von uns angenommen.

[1]) O. Kellner fand in Esparsette (Landw. Jahrb. 1879. I. Suppl. S. 243) folgende Beziehungen zwischen den N-Verbindungen:

Zweischürige, im 2. Jahre	Gesammt-N %	N, nicht an Eiweiss gebunden %	% vom Ges.-N
Vom 27. März, 4 cm hoch, mit 4 Blättchen	3.028	0.811	26.7
„ 27. April, 8 „ „ „ 9 „	3.251	0.857	26.4

Ornithopus sativus: No. 1. E. Wolff. — Landw. Fütterungslehre.
No. 2. H. Hellriegel. — 4. u. 5. Jahresb. d. V.-St. Dahme 1862 86. In der Gegend von Dahme gebaut. Der Samen wurde am 27. April in Reihen von 1.5 Zoll Abstand eingedrillt. Ertrag pro Morgen 266.5 Ctr. Grünfutter bei dem am 20. Septemb. vorgenommenen Mähen.
No. 3—5. J. Fittbogen. — Landwirthschaftl. Jahrb. III. 1874. 159. In der Gegend von Regenwalde gebaut, auf ungedüngt. Sandboden am 3. Mai ausgesäet. — Bei No. 3 befanden sich bereits hin und wieder Fruchtansätze, untere Blätter abgestorben. — No. 4 gegen Ende der Blüthe, zur selben Zeit als in der Praxis das Serradellaheu geworben wurde.
No. 6—8. H Weiske, G. Kennepohl u. B. Schulze. — J. f. L. 30. 1882. 391. Die Serradella war Mitte April auf ein kleines Stück gut gedüngten, reichen Sandbodens (40 kg Stalldünger pro qm Bodenfläche) ausgesäet, sie hatte sich sehr dicht und üppig entwickelt. Die am 22. Juli geschn. Serradella war noch sehr nass von Thau, was bei der am 2. October geschn. Serradella viel weniger der Fall war, weshalb die für frische Substanz gefundenen Zahlen nicht gut mit einander vergleichbar sind. Serradella unter 5) war der Nachwuchs auf dem am 22. Juli geernteten Stück. 6) Serradella in voller Blüthe, theilweise vereinzelt Früchte angesetzt. 7) Serradella bis zu 2 m lang, noch voll blühend, zugleich aber auch zahlreiche Früchte tragend. Der für die frischen Pflanzen gefundene Wassergehalt betrug: 6 = 87.4, 7 = 86.7, 8 = 79.8. Da diese Zahlen nahezu übereinstimmen mit den Angaben unter 2—4, so haben wir nicht Anstand genommen, dieselben der Berechnung der Zusammensetzung der frischen Pflanzen zu Grunde zu legen. In der Praxis dürften die Thau- resp. Feuchtigkeitsverhältnisse bei üppigem Stande der Serradella sich meist so verhalten, wie in vorliegendem Falle. Asche C- und CO_2-frei.

Pisum sativum: No. 1—5. H. Ritthausen. — Mitthl. a. Waldau. 1. 77. — Zu 1) hatte bereits Schoten angesetzt; zu 2) angesät 6. April, oben blühend, unten Schoten angesetzt; zu 3) angesät 25. Mai.

No.	Bezeichnungen und Bemerkungen	Jahr der Untersuchung	In der ursprünglichen Substanz: Wasser %	Nh-Substanz %	Rohfett %	Nfr. Extractstoffe %	Rohfaser %	Asche %	In der Trockensubstanz: Nh-Substanz %	Rohfett %	Nfr. Extractstoffe %	Rohfaser %	Asche %	Stickstoff in der Trockensubstanz %
6	Wintererbse, 20. Juni, Blätter	1854	81.90	—		—	3.50	1.70	—		—	19.34	9.39	—
7	Wintererbse, 20. Juni, Stengel	1854	84.00	—		—	7.80	1.00	—		—	48.79	6.25	—
8	Grüne Erbse, 21. Juli, Blätter	1854	77.90	5.50		11.10	3.60	1.90	24.88		50.24	16.29	8.59	3.98
9	Grüne Erbse, 21. Juli, Stengel	1854	84.00	1.50		5.10	8.50	0.90	9.37		31.87	53.13	5.63	1.50
	Mittel aus 1—4 in der Blüthe		83.58	3.40		6.97	4.80	1.25	21.22		42.05	29.04	7.69	3.39
	Anhang.													
10	Dolichos. Cow Pea Vines	1879	72.81	1.85	0.21	7.86	15.27	2.00	6.81	0.78	28.88	56.27	7.37	—

Trifolium alexandrinum. — Aegyptischer Klee, Alexandrion u. Egyptian Clover.

No.	Bezeichnungen und Bemerkungen	Jahr	Wasser	Nh-Substanz	Rohfett	Nfr. Extractstoffe	Rohfaser	Asche	Nh-Substanz	Rohfett	Nfr. Extractstoffe	Rohfaser	Asche	Stickstoff
1	Bei Proskau gewachsen	1876	—	—	—	—	—	—	24.06		34.98	25.81	15.15	3.85

Trifolium filiforme L. — Fadenförmiger Klee. — Small yellow clover; Suckling. — Trèfle filiforme.

No.	Bezeichnungen und Bemerkungen	Jahr	Wasser	Nh-Substanz	Rohfett	Nfr. Extractstoffe	Rohfaser	Asche	Nh-Substanz	Rohfett	Nfr. Extractstoffe	Rohfaser	Asche	Stickstoff
1	Von einer ziemlich fruchtbaren Wiese während der Blüthe am 10. Juni gesammelt	1855	75.4	4.15	—	11.2	7.8	1.4	16.87	—	45.53	31.71	5.69	2.69

Trifolium hybridum L. — Bastardklee, schwedischer Klee. — Hybrid, Swedish or Alsike Clover. — Trèfle hybride.

No.	Bezeichnungen und Bemerkungen	Jahr	Wasser	Nh-Substanz	Rohfett	Nfr. Extractstoffe	Rohfaser	Asche	Nh-Substanz	Rohfett	Nfr. Extractstoffe	Rohfaser	Asche	Stickstoff
1	England. Ungedüngtes Feld, bei Beginn der Blüthe gesammelt	1852	76.67	4.83		16.45		2.06	20.69	—	70.49	—	8.82	3.31
2	Möckern b. Leipzig. Kräftiger thoniger Lehmboden. 23. Juni. Anfang der Blüthe	1853	86.98	2.59	—	5.52	3.79	1.12	19.89	—	42.40	29.11	8.60	3.18
3	Möckern b. Leipzig. Kräftiger thoniger Lehmboden. 29. Juni. Volle Blüthe	1853	82.60	2.37	—	8.47	5.11	1.45	13.62	—	48.68	29.37	8.33	2.18
4	Möckern bei Leipzig. 19. Mai. Ganz jung	1854	80.33	5.68	—	8.45	3.81	1.73	28.88	—	42.96	19.37	8.79	4.62
5	Möckern bei Leipzig. 2. Juni. Blüthe hervortretend	1854	83.00	3.56	—	7.43	4.45	1.56	20.94	—	43.71	26.18	9.17	3.35
6	Möckern bei Leipzig. 22. Juni. Volle Blüthe	1854	82.83	2.92	—	7.27	5.51	1.47	17.01	—	42.34	32.09	8.56	2.72
7	Möckern bei Leipzig. 10. Juli. Ende der Blüthe	1854	80.25	2.99	—	6.72	8.58	1.46	15.14	—	34.03	43.44	7.39	2.42
8	Möckern bei Leipzig. 28. August. Samenklee	1854	15.76	10.23	—	21.25	48.83	3.93	12.14	—	25.22	57.98	4.66	1.99
9	Möckern bei Leipzig. 19. Mai. Ganz jung, Blätter	1854	74.87	8.89	—	10.52	3.90	1.82	35.38	—	41.86	15.52	7.24	5.66
10	Möckern bei Leipzig. 19. Mai. Ganz jung, Stengel	1854	85.12	2.21	—	7.26	4.07	1.34	14.85	—	48.79	27.35	9.01	2.37
11	Möckern bei Leipzig. 22. Juni. Volle Blüthe, Blätter	1854	74.69	8.90	—	9.43	4.82	2.16	35.16	—	37.26	19.04	8.54	5.62
12	Möckern bei Leipzig. 22. Juni. Volle Blüthe, Stengel	1854	84.84	1.95	—	6.25	6.88	1.08	12.86	—	34.64	45.38	7.12	2.06
13	Hohenheim. 13. Juni. Erste Hälfte der Blüthenperiode	1854	85.0		8.4		4.9	1 7	—	—	—	32.66	11.33	—
14	Hohenheim. 23. Juni. Reichlich volle Blüthe	1854	83.6		9.2		5.5	1.7	—	—	—	33.54	10.36	—
	Mittel: Beginn der Blüthe No. 2 u. 5		84.99	3.08	—	6.49	4.12	1.32	20.42	—	43.04	27.65	8.89	3.27
	Mittel: Volle Blüthe No. 3 u. 6		82.72	2.65	—	7.86	5.31	1.46	15.32	—	45.50	30.73	8.45	2.45

Pisum sativum. No. 6 u. 7 gehören zu No. 1, No. 8 u. 9 zu No. 2.
No. 10. A. R. Ledoux, Ann. Rep. Connect. Agric. Experim. Stat. 1879. 156. Zu gleichen Theilen von schwarzen und gelben Cow pea vines.
Trifolium alexandrinum: No. 1. H. Weiske. Der Landwirth 1876. No. 18. S. 89.
Trifolium filiforme: No. 1. H. Ritthausen. — Mitth. aus Waldau. 1. Heft. 68.
Trifolium hybridum: No. 1. Aug. Voelcker. — Transact. Highl. Soc. Juli-Heft 1853. S. 56.
No. 2 u. 3. E. Wolff. — Möckernsche Ber. Agriculturchem. Untersuch. III. 11.
No. 4—12. H. Ritthausen. — Möckernsche Ber. Agricult.-chem. Untersuch. IV. 65. Verhältniss der einzelnen Theile:

	19. Mai	2. Juni	22. Juni	10. Juli
Blätter	1	1	1	1
Stengel	1.7	2.9	3.9	6.3
Blüthe	—	—	0.29	0.82

No. 13—14. E. Wolff. — Hohenheimer Mitthl. 2. Heft. 1855. 129.

Trifolium incarnatum L. — Incarnatklee, Blutklee, Rosenklee. — Carnation clover, Crimson, Italian clover. — Trèfle incarnat. Ferouche, Ferou. — Trifoglio incarnato.

No.	Bezeichnungen und Bemerkungen	Jahr der Untersuchung	In der ursprünglichen Substanz: Wasser %	Nh-Substanz %	Rohfett %	Nfr. Extractstoffe %	Rohfaser %	Asche %	In der Trockensubstanz: Nh-Substanz %	Rohfett %	Nfr. Extractstoffe %	Rohfaser %	Asche %	Stickstoff in der Trockensubstanz %
	Aus französischen Samen													
1	England: Im Stadium kräftigster Entwicklung, Mitte August	1851	82.56	3.25	—	—	—	1.88	18.56	—	—	—	10·81	2.97
2	England: Cirencister-Wiese mit kalkhaltigem Lehm- u. Thonboden, Blüthezeit, 4. Juni gesammelt	1849	82.14	2.96	0.67	6.70	5.78	1.75	16.60	3.73	37.50	32.39	9.78	2.615
3	Hohenheim: Im ersten Jahre, volle Blüthe, 20. Juli	1854	84.70		7.6		6.4	1.3	—	—	—	41.83	8.30	—
4	Hohenheim: Im zweiten Jahre, beinahe verblüht, 13. Juni	1854	80.70		9.2		8.5	1.6	—	—	—	44.04	8.34	—
5	Anfang d. Blüthe, 21. Mai ges.	1856	86.4	2.06	—	—	—	—	15.19	—	—	—	—	2.43
6	In voller Blüthe, 21. Juni ges.	1856	82.0	2.75	—	—	—	—	15.25	—	—	—	—	2.44
7	Nach dem Abblühen	1856	79.5	2.81	—	—	—	—	13.63	—	—	—	—	2.18
8	Blätter und abgeblühte Köpfe (30,4 % der Pflanze)	1856	69.9	6.38	—	—	—	—	21.06	—	—	—	—	3.37
9	Stengel nach dem Abblühen	1856	83.7	1.25	—	—	—	—	10.38	—	—	—	—	1.66
10	Italien (Forli)	1873	78.00	2.51	0.45	14.49	(2.59)?	1.96	11.41	2.04	65.88	(11.76)?	8.91	1.82
11	„ „	1874	58.91	6.23	2.57	16.60	10.86	4.83	15.16	6.25	40.36	26.47	11.76	2.42
12	„ „	1876	65.95	4.72	1.24	15.82	8.63	3.64	13.86	3.64	46.46	25.35	10.69	2.22
13	Proskau, lehmiger Sandboden mit gleichartigem Untergrund: 25 Tage alt, 24. Mai	1875	83.34	3.49	—	7.95	2.82	2.40	20.93	—	47.70	16.94	14.43	3.35
14	32 „ „ 31. Mai	1875	85.38	3.04	—	7.14	2.51	1.93	20.81	—	48.86	17.16	13.17	3.33
15	39 „ „ 7. Juni	1875	82.17	3 23	—	8.39	3.86	2.35	18.12	—	47.05	21.63	13.20	2.90
16	46 „ „ 14. Juni	1875	82.50	2.98	—	8.90	3.75	1.87	17.00	—	50.86	21.43	10.71	2.72
17	8 % der Pflanzen in Blüthe, 53 Tage alt, 21. Juni	1875	80.10	2.83	—	9.77	5.10	2.20	14.25	—	49.08	25.63	11.04	2.28
18	25 % der Pflanzen in Blüthe, 60 Tage alt, 28. Juni	1875	84.60	2.26	—	6.78	4.69	1.67	14.69	—	43.99	30.48	10.84	2.35
19	Alle Pflanzen in Blüthe, 67 Tage alt, 5. Juli	1875	69.90	3.78	—	13.16	9.71	3.45	12.56	—	43.73	32.27	11.47	2.01
20	Ende der Blüthe, Blätter z. Thl. abgestorben, 12. Juli	1875	72.85	3.41	10.79		9.72	3.23	12.56	—	39.73	35.82	11.89P	2.01
21	Samentragend, die meisten Blätter abgestorben, 19. Juli	1875	73.54	3.29	10.04		9.54	3.59	12.56	—	37.74	36.33	13.37P	2.01
22	Samentragend, fast sämmtliche Blätter abgestorben, 26. Juli	1875	79.22	2.08	7.89		8.64	2.17	10.00	—	37.94	41.62	10.44P	1.60
	Mittel aus No. 2, 6, 11, 12, 19 in der Blüthe		82.07	2.63	0.81	7.31	5.22	1.96	14.69	4.54	49.69	29.12	1.96	2.34

Trifolium incarnatum: No. 1. Th. Anderson. — Transact. Highl. Soc. Juli 1851. March 1853. p. 440. Nh. Substanz von uns (N × 6.25) berechnet.
No. 2. Th. Way. — Journ. Agric. Soc. England 1853. I. 171.
No. 3 u. 4. Em. Wolff. — Hohenheim. Mitthl. 2. Heft. 129.
No. 5—9. Isidore Pierre. — Ztschr. f. Deutsche Landw. 1859. 31. (Weend. Jahresber. 1857/60. II. 64.)
No. 10. Al. Pasqualini. — Annali della Stazione Agraria Sperimentale di Forli 1873. 31.
No. 11. Ebda. 1874. 111.
No. 12. Ebda. 1876. 83. Von uns berechnet nach Angabe des Wassergehaltes der frischen Substanz und der Zusammensetzung des Heus.
No. 13—22. H. Weiske, O. Kellner u. M. Schrodt. — Landw. Jahrb. 1876. 739 u. 1879. 833. Die Zahlen für die Zusammensetzung der frischen Pflanze wurden von uns aus den vorhandenen Angaben berechnet. Holzfaser ist proteïnfrei. Verfasser bestimmten noch Schwefel und Phosphor mit folgendem Resultat:

In 100 Trockensubstanz Klee vom	24/5.	31/5.	7/6.	14/6.	21/6.	28/6.	5/7.	17/7.	19/7.	26/7.
Schwefel	0.40	0.44	0.35	0.23	0.25	0.20	0.22	0.23	0.24	0.24 %
Phosphor	0.32	0.26	0.30	0.23	0.27	0.20	0.32	0.29	0.22	0.26 %

No.	Bezeichnungen und Bemerkungen	Jahr der Untersuchung	In der ursprünglichen Substanz: Wasser %	Nh-Substanz %	Rohfett %	Nfr. Extractstoffe %	Rohfaser %	Asche %	In der Trockensubstanz: Nh-Substanz %	Rohfett %	Nfr. Extractstoffe %	Rohfaser %	Asche %	Stickstoff in der Trockensubstanz %
	Trifolium medium L. — Mittlerer Klee. Grüner Klee. — Zigzag clover, Marl-grass. Cow-grass. — Trèfle intermédiaire.													
1	Variet. Duke of Norfolk. Aus englischem Samen bester Qualität	1851	77.39	2.25	—	—	—	2.73	10.19	—	—	—	12.09	o 1.63
2	Aus englischem Samen gewöhnl. Qualität	1851	81.76	3.19	—	—	—	1.92	14.38	—	—	—	10.53	2.30
3	Wiese mit kalkhaltigem Lehm- und Thonboden, 7. Juni . . (zur Zeit der Blüthe)	1849	74.10	6.30	0.92	9.42	6.25	3.01	24.33	3.57	36.36	24.14	11.60	3.835
4	Natürlicher Standort, Cirencister, 21. Juni . . . . (zur Zeit der Blüthe)	1849	77.57	4.22	1.07	11.14	4.23	1.77	18.77	4.77	49.65	18.84	7.97	2.959
	Trifolium pratense. L. — Rothklee, Kopfklee, Wiesenklee. — Common or red clover. — Trèfle des prés, Trèfle rouge.													
	Weideklee. Sehr jung.													
1	3 Zoll hoch	1852	—	—	—	—	—	—	19.94	—	48.56	16.50	—	3.19
2	4 Zoll hoch	1852	—	—	—	—	—	—	17.46	—	30.54	20.30	—	2.79
3	Weideklee	1856	—	—	—	—	—	—	21.06	(0.93)	43.23	21.77	13.01	3.37o
4	23. Mai gesammelt	1854	83.92	4.01	—	6.76	3.87	1.45	24.93	—	42.03	24.06	9.01	3.99
5	Handhoch, 2. Mai gesammelt	1857	82.10	5.41	—	—	—	p 1.70	30.25	—	—	—	p 9.5	o 4.84
6	1/2 Fuss hoch, 6. Mai ges., sehr saftig	1859	83.50	6.56	—	—	—	1.83	33.71	—	—	—	11.1	5.33
7	4—5 Blätter, 19. April . . (trockne Witterung)	1858	80.23	5.98	0.87	8.01	2.93	1.98	30.26	4.40	40.48	14.84	10.05	4.841
8	Beginn d. Stengelentwicklung, 8. Mai . . . . (trockne Witterung)	1858	81.17	4.65	0.72	8.02	3.58	1.86	24.69	3.82	42.61	19.02	9.86	3.950
9	4—5 Blätter, 30. Juni (Vegetat. n. d. 1. Schnitt), feuchte Witterung . . .	1858	81.20	5.19	0.72	8.00	2.92	1.97	27.61	3.82	42.59	15.52	10.46	4.417
10	4—5 Blätter, 2. August (Stoppelklee) .	1858	83.10	4.48	0 88	7.04	2.32	2.18	26.54	5.21	41.66	13.72	12.87	4.246
11	4—5 Blätter, 2. September	1858	83.90	4.14	0.76	7.04	2.55	1.61	25.73	4.73	43.72	15.81	10.01	4.117
12	Beginn d. Stengelentwicklung, 30. April, feuchte Witterung	1859	86.00	3.59	0.49	5.95	2.58	1.39	25.66	3.54	42.48	18.41	9.91	4.106
13	Während d. Stengelentwicklung, 10. Mai, feuchte Witterung	1859	82.84	3.77	0.48	7.74	3.50	1.67	21.95	2.82	45.07	20.41	9.75	3.512
14	Beginn d. Stengelentwicklung, 26. April	1860	84.04	4.09	0.59	7.05	2.72	1.51	25.61	3.70	44.20	17.04	9.47	4.098

Trifolium medium: No. 1 u. 2. Thom. Anderson. — Transact. Highl. Soc. 51—53. 439. Nh. Substanz von uns aus dem angegebenen N-gehalt (N × 6.25) berechnet.
No. 3 u. 4. Th. Way. — Transact. Highl. Soc. 51—53. 171.

Trifolium pratense, sehr jung: No. 1 u. 2. Ad. Stöckhardt. — Chem. Ackersmann 1. 1855. 143. Nh.-Substanz von uns mit dem Fact. (N × 6.25) umgerechnet.

No. 3. Ad. Stöckhardt u. Ant. Rosing. — Chem. Ackersm. 2. 1856. 182. Nh. Subst. v. u. mit d. Fact. (N × 6.25) umgerechnet. Klee in Frankenfelde gewachsen u. dort so oft abgeschnitten u. abgerupft, als er wieder lang genug geworden war, um von Kühen abgeweidet zu werden; es geschah dies v. 29. Mai bis 24. Aug. 6 mal. Nach jedem Schnitt mit 1/32 d. Gew. der jedesmal. Ernte an grüner Masse mit Guano gedüngt. Das auf einem luftigem Boden getrocknete u. sorgsam gemischte Heu dieser 6 Ernten bildete das Untersuchungsmaterial. Dasselbe enthielt:

In Wasser lösliche Stoffe . . . . 27.12 % (darin Eiweiss 1.50, Zucker 0.44, Dextrin u. Pektin 8.62).
In salzsäurehaltigem Wasser lösliche Stoffe 19.95 „
In alkalihaltigem „ „ „ 31.16 „
Unlösliche Pflanzenfaser . . . . 21.77 „
In Alkohol lösliche Stoffe . . . . 16.60 (davon in Wasser löslich 11.37).

No. 4. H. Ritthausen. — Möckernsche Ber. 4. 65. Die Zusammensetz. d. ganzen Pflanze wurde v. uns aus dem Gewichtsverhältniss von Blättern u. Stengeln (1 : 3.5) u. aus deren Zusammensetzung berechnet.

No. 5 u. 6. E. Wolff u. Yelin. — Hohenh. Mitthl. 2. 1855. 129. Die Zusammensetz. für d. grüne Pflanze v. uns berechnet. Nh. Subst. desgl. v. uns mit dem Fact. 6.25 ber. No. 5 wuchs auf Verwitterungsboden von feinkörnigem thonigem Liassandstein; bei No. 6 der Wassergehalt von uns willkürlich angenommen.

No. 7—14. Th. Dietrich. — Landw. Ztschr. f. Kurhessen. X. 1864. 216. (2. Ber. d. V.-St. Heidau 1864). Auf lehmigem Sandboden, Abschwämmungsproduct v. Buntsandstein, gewachsen. No. 7—9 im 2. Jahre d. Vegetat. No. 12—14 desgl. No. 10 u. 11 im 1. Jahre der Vegetation.

No.	Bezeichnungen und Bemerkungen	Jahr der Untersuchung	In der ursprünglichen Substanz: Wasser %	Nh-Substanz %	Rohfett %	Nfr. Extractstoffe %	Rohfaser %	Asche %	In der Trockensubstanz: Nh-Substanz %	Rohfett %	Nfr. Extractstoffe %	Rohfaser %	Asche %	Stickstoff in der Trocken-Substanz %
15	Nur aus Blattstielen u. Bättern bestehend, Vegetat. nach dem 1. Schnitt, 26. Juni	1859	82.37	5.10	—	—	—	0.82[p]	28.96	–	—	—	4.63[p]	4.633[o]
16	Desgl., erstes Jahr d. Vegetat. . . .	1859	80.84	3.98	—	—	—	1.92	20.77	—	—	—	10.05	3.323
17	Desgl., zweites Jahr d. Vegetat., 1. Schn.	1860	85.58	4.05	—	—	—	1.47	28.11	—	—	—	10.17	4.498
18	„ „ „ „ „ 2. „	1860	86.88	3.32	—	—	—	1.39	25.31	—	—	—	10.56	4.049
	Sehr jung: Minimum		80.23	2.94	0.47	6.81	2.31	0.78	17.46	2.82	40.48	13.72	4.63	2.79
	Sehr jung: Maximum		86.88	5.67	0.87	8.48	4.05	2.18	33.71	5.21	50.45	24.06	13.01	5.33
	Sehr jung: Mittel		83.18	4.28	0.62	7.19	3.05	1.78	25.47	3.66	42.73	18.12	10.02	4.07

Trifolium pratense. — In der Knospung. Entwicklung der Blüthenköpfe.

No.	Bezeichnungen und Bemerkungen	Jahr	Wasser	Nh-Substanz	Rohfett	Nfr. Extractstoffe	Rohfaser	Asche	Nh-Substanz	Rohfett	Nfr. Extractstoffe	Rohfaser	Asche	Stickstoff
1	2. Jahr der Vegetat., 20. Mai, vor d. 1. Schnitt	1859	85.12	2.69	—	—	—	1.24[P]	18.14	—	—	—	8.36[P]	2.903[o]
2	Desgl., 26. Juni, vor d. 2. Schnitt . .	1859	84.01	3.41	—	—	—	1.21	21.35	—	—	—	7.55	3.416
3	Desgl., 23. Mai, vor d. 1. Schnitt . .	1860	86.42	3.00	—	—	—	1.27	22.12	—	—	—	9.25	3.539
4	Desgl., 3. Juli, vor d. 2. Schnitt . .	1860	85.19	2.97	—	—	—	1.26	20.08	—	—	—	8.53	3.213
5	Sehr üppig, Stengel bis 3 Fuss hoch, 25. Mai	1857	83.60	3.07	—	—	—	1.51	18.75	–	—	—	9.80	3.00
6	Stengel 2 Fuss hoch, hohl, 31. Mai .	1859	83.60	3.14	—	—	—	1.58	19.13	—	—	—	9.61	3.06
7	2. Jahr d. Vegetat., Trockner Vorsommer, 26. Mai, vor d. 1. Schnitt	1858	82.93	3.79	0.60	7.18	3.84	1.66	22.19	3.52	42.09	22.47	9.73	3.551
8	2. Jahr d. Vegetat., Feuchte Witterung, 17. Juli, vor d. 2. Schnitt	1858	82.51	3.78	0.53	7.32	4.02	1.84	21.59	3.05	41.84	23.01	10.51	3.455
9	Desgl., Feuchte Witterung, 20. Mai, vor d. 1. Schnitt	1859	86.19	2.60	0.36	6.20	3.43	1.22	18.83	2.62	44.86	24.87	8.83	3.013
10	Desgl., 19. Juli, vor d. 1. Schnitt . .	1860	82.36	3.43	0.56	7.24	5.03	1.38[P]	19.42	3.19	41.05	28.53	7.81[o]	3.107
11	Oberlausitz (Pommritz), nach d. 1. Schnitt, 9. Juli geschn.	1872	83.35	3.88	1.19	6.58	3.42	1.58	23.30	7.16	39.58	20.60	9.36	3.73
	In der Knospung. Mittel		84.12	3.25	0.62	6.79	3.79	1.43	20.45	3.91	42.72	23.89	9.03	3.27

Trifolium pratense. — Zu Beginn der Blüthe.

No.	Bezeichnungen und Bemerkungen	Jahr	Wasser	Nh-Substanz	Rohfett	Nfr. Extractstoffe	Rohfaser	Asche	Nh-Substanz	Rohfett	Nfr. Extractstoffe	Rohfaser	Asche	Stickstoff
1	Bei Tharand gewachsen	1852	—	—	—	—	—	—	13.69	—	50.00	27.90	—	2.19
2	In Frankenfelde gewachsen, 1. Schnitt, 15. Juni geschn.	1856	—	—	—	—	—	—	17.19	(0.85)	44.18	27.71	11.07	2.75[o]
3	Desgl., 2. Schnitt, 24. August geschn. .	1856	—	—	—	—	—	—	13.88	(0.45)	42.58	33.35	9.74	2.22
4	England, ungedüngt. Ackerfeld, im Aug. geschn.	1852	80.64	6.61	—	—	—	1.97	18.52	—	—	—	10.19	2.98[o]
5	Möckern, kräftiger thoniger Lehmboden, 11. Juni geschn.	1853	83.07	3.16	—	8.10	4.24	1.43	18.66	--	47.84	25.05	8.45	2.98

Trifolium pratense, sehr jung: No. 16—18. R. Ulbricht. — L. V.-St. 3. 1861. 241. Lehmiger Sandboden.

Trifolium pratense, in der Knospung: No. 1—4. R. Ulbricht. — L. V.-St. 3. 1861. 241. 1 u. 2 lehmiger Sandboden. 3 u. 4 humoser Sandboden.

No. 5 u. 6. E. Wolff u. Yelin. — Hohenh. Mitthl. 2. 1855. 129. No. 5 auf Verwitterungsboden von feinkörnigem thonigem Liassandstein gewachsen. Zusammensetzung für die grüne Pflanze von uns berechn. Bei No. 6 Wassergehalt angenommen; in der Asche der Trockensubstanz 0.413 % P_2O_5.

No. 7—10. Th. Dietrich. — Landw. Ztschr. f. Kurhessen. 10. 1864. 216. (2. Ber. d. V.-St. Heidau). Lehmiger Sandboden, Abschwemmungsproducte von Buntsandstein.

No. 11. E. Heiden u. Fr. Voigt. — Amtsbl. f. d. landw. Vereine Sachsens 1873. 7.

Trifolium pratense, in Beginn der Blüthe: No. 1. Ad. Stöckhardt. — Chem. Ackersm. 1855. 143. Nh. Substanz von uns umgerechnet.

No. 2 u. 3. Ad. Stöckhardt u. Ant. Rosing. — Ebda. 1856. 182. Nh. Subst. v. uns umger.

No. 4. Aug. Voelcker. — J. Highl. Soc. Juli 1853. 56. (Weend. Jahresb. 1853. 15). Methode der Untersuchung im Anhang angegeben. In Wasser lösliche organische Substanz 6.35 %.

No. 5. Em. Wolff. — Möckernsche Berichte 3. 11.

No.	Bezeichnungen und Bemerkungen	Jahr der Untersuchung	In der ursprünglichen Substanz: Wasser %	Nh-Substanz %	Rohfett %	Nfr. Extractstoffe %	Rohfaser %	Asche %	In der Trockensubstanz: Nh-Substanz %	Rohfett %	Nfr. Extractstoffe %	Rohfaser %	Asche %	Stickstoff in der Trockensubstanz %
6	Möckern, kräftiger thoniger Lehmboden, 2. Juni geschn.	1854	82.80	2.99	—	7.39	5.17	1.65	17.38	—	42.97	30.06	9.59	2.78
7	Heidau, lehmiger Sandboden: Trockner Vorsommer, 5. Juni	1858	82.08	3.36	0.57	7.51	4.93	1.54[p]	18.77	3.20	41.93	27.50	8.60[p]	3.003[o]
8	Heidau, lehmiger Sandboden: Vegetat. nach d. 1. Schnitt, feuchte Witterung, 2. August	1858	84.01	3.10	0.44	7.04	4.08	1.33	19.38	2.71	44.04	25.52	8.35	3.111[o]
9	Heidau, lehmiger Sandboden: Feuchte Witterung, 30. Mai	1859	80.95	3.54	0.47	8.00	5.62	1.42	18.59	2.48	42.01	29.50	7.41	2.975[o]
10	Heidau, lehmiger Sandboden: 1. Juni	1860	80.55	3.59	0.62	7.29	6.54	1.41[p]	18.46	3.18	37.49	33.63	7.24[p]	2.953[o]
11	Möckern, 1. Schnitt, ges. 6—19. Juni	1868	79.60	3.59	1.00	7.96	5.85	2.00	17.60	4.90	39.00	28.70	9.80	2.81
12	„ 2. „ „ 10—20. Juli	1868	78.00	3.50	0.75	9.20	6.57	1.98	15.90	3.40	41.80	29.90	9.00	2.54
13	Hohenheim, 1. Schnitt, kurz v. d. Blüthe, 23—27. Mai ges.	1869	86.09	2.56	0.58	6.05	3.70	1.02	18.44	4.15	43.50	26.60	7.31	2.95
14	Hohenheim, 2. Schnitt. 13—17. Juli ges.	1869	84.45	2.90	0.73	6.49	4.34	1.09	18.68	4.70	41.70	27.89	7.03	2.99
15	Pommritz, 2. Schnitt, 17. Juli ges.	1872	77.27	4.55	1.19	9.20	5.83	1.96	20.04	5.26	40.53	25.68	8.49	3.21
16	Hohenheim, Mittel d. vom 28. Mai bis 8. Juni gesam. Klees	1870	80.70	3.28	0.48	8.81	5.23	1.40[p]	17.00	2.50	46.15	27.12	7.23[p]	2.72
17	Schlesien, Stoppelklee	1860	76.16	5.01	1.81	10.96	4.22	1.83[p]	21.04	7.59	46.00	17.72	7.65[p]	3.37
18	Möckern, 2. Schnitt, 10—22. Juli	1867	79.00	3.85	0.90	8.73	5.81	1.71	18.31	4.30	41.58	27.68	8.13[p]	2.92
19	Ostpreussen, sandiger Lehmboden	1863	80.90	3.39	10.83		3.37	1.51[p]	17.80	46.67		27.60	7.93[p]	2.85
	Beginn der Blüthe: Minimum		76.16	2.59	0.47	7.11	3.36	1.33	13.69	2.48	37.49	17.72	7.03	2.19
	Beginn der Blüthe: Maximum		86.09	3.99	1.44	9.49	6.38	1.93	21.04	7.59	50.00	33.63	10.19	3.37
	Beginn der Blüthe: Mittel		81.02	3.39	0.74	7.99	5.26	1.60	17.86	3.94	42.01	27.73	8.46	2.86

Trifolium pratense. — Volle Blüthe.

No.	Bezeichnungen und Bemerkungen	Jahr der Untersuchung	Wasser %	Nh-Substanz %	Rohfett %	Nfr. Extractstoffe %	Rohfaser %	Asche %	Nh-Substanz %	Rohfett %	Nfr. Extractstoffe %	Rohfaser %	Asche %	Stickstoff in der Trockensubstanz %
1	Wiese mit kalkhaltigem Lehm in Cirencister, England: 7. Juni	1849	81.01	4.22	0.69	8.50	3.76	1.82	22.55	3.67	44.47	19.75	9.56	3.551[o]
2	Wiese mit kalkhaltigem Lehm in Cirencister, England: 4. Juni	1849	81.05	3.58	0.78	8.10	4.91	1.58	19.18	4.09	42.42	25.96	8.35	3 020[o]
3	Schottland. Unter gleichen Verhältnissen auf Gartenboden gewachsen. Im 1. Jahre der Vegetation: Aus englischem Samen	1851	85.30	2.31	—	—	—	1.30	15.88	—	—	—	8.90	2.54 [o]
4	„ deutschem „	1851	81.68	2.81	—	—	—	1.49	15.50	—	—	—	8.15	2.48 [o]
5	„ französischem „	1851	83.51	2.25	—	—	—	1.95	13.56	—	—	—	11.82	2.17 [o]
6	„ amerikanisch. „	1851	79.98	2.87	—	—	—	1.58	13.69	—	—	—	8.05	2.19 [o]
7	„ holländischem „	1851	—	—	—	—	—	—	12.44	—	—	—	8.82	1.99 [o]
8	In Frankenfelde gewachsen: 1. Schnitt, 7. Juli	1856	—	—	—	—	—	—	12.44	(0.60)	43.14	36.04	7.78	1.99 [o]
9	In Frankenfelde gewachsen: 2. „ 24. Aug.	1856	—	—	—	—	—	—	14.00	(0.62)	46.35	30.47	8.56	2.24 [o]
10	Desgl.	1853	81.49	2.95	0.74	—	—	1.29	15.93	4.02	—	—	6.97	2.55

Trifolium pratense, in Beginn der Blüthe: No. 6. H. Ritthausen — Möckernsche Ber. 4. 65. Die Zusammensetzung von uns aus der Zusammensetz. d. Blätter und Stengel u. deren Gewichtsverhältniss (1 : 33) berechnet.
No. 7—10. Th. Dietrich. Heidauer Bericht 2. 1864.
No. 11 u. 12. G. Kühn, M. Fleischer u. A. Striedtpr. — J. f. L. 1869. 58. (Siehe Klee in verschiedenen Wachsthumsperioden.)
No. 13 u. 14. E. Wolff u. C. Kreuzhage. — D. landw. V.-St. Hohenheim. Ein Programm. Berlin, 1870. 80. Zusammensetz. der grünen Pflanze von uns ber. No. 13 sehr üppig u. im Allgemeinen bei günstiger Witterung aufgewachsen. No. 14. Witterung sonnig und warm.
No. 15. E. Heiden u. Fr. Voigt. — Amtsblatt d. landw. Ver. Sachsens 1873. 7.
No. 16. M. Fleischer. — J. f. L. 1871. 422.
No. 17. P. Brettschneider u. Küllenberg. — Mitth. d. landw. Centralv. Schles. 14. 1865 28.
No. 18. G. Kühn. — Amtsbl. d. landw. Vereine Sachsens 1868. 69.
No. 19. Pincus u. Röllig. — L. V.-St. 10. 1868. 402. Mittel der Zusammensetzung des von 4 verschieden gedüngten Parcellen entnommenen Klee's von uns berechnet.

Trifolium pratense, in voller Blüthe: No. 1 u. 2. J. Thom. Way. — J. R. Agr. Soc. England 1853. XIV. I. 171—187.
No. 3—7. Thom. Anderson. — Transact. a. Highl. Agr. Soc. Scotland. März 1851 bis Juli 1853. 439. Nh. Substanz von uns ber. Im Stadium kräftiger Entwicklung zur Untersuchung genommen (into full power [flower?])
No. 8 u. 9. Ad. Stöckhardt u. A. Rosing. — Chem. Ackersm. II. 1856. 182.
No. 10. Eichhorn. — Weend. Jahresber. 1854. II. 79. (Ockel's Ber. I. 201.)

No.	Bezeichnungen und Bemerkungen	Jahr der Untersuchung	In der ursprünglichen Substanz: Wasser %	Nh-Substanz %	Rohfett %	Nfr. Extractstoffe %	Rohfaser %	Asche %	In der Trockensubstanz: Nh-Substanz %	Rohfett %	Nfr. Extractstoffe %	Rohfaser %	Asche %	Stickstoff in der Trockensubstanz %
11	Möckern, kräftiger thonig. Lehmboden, 25. Juni	1853	76.41	2.98	—	10.06	8.88	1.67	12.63	—	42.65	37.64	7.08	2.02
12	Möckern, Ackerboden, 12. Juni	1854	79.48	3.25	—	8.92	6.78	1.57	15.84	—	43.47	33.04	7.65	2.53
13	Hohenheim, wässrig u. voluminös, 14. Juni	1859	—	—	—	—	—	—	19.84	—	—	—	8.37p	3.17
14	„ thonig. Liassandstein, 15. Juni	1857	80.40	2.71	—	—	—	1.51p	13.81	—	—	—	7.71	2.21
15	Heidau, lehmiger Sandboden: Trockner Vorsommer, 12. Juni	1858	81.32	3.02	0.51	7.06	5.90	1.19p	17.07	2.87	39.91	33.40	6.75	2.732°
16	Heidau, lehmiger Sandboden: Feuchter Nachsommer, 19. Aug.	1858	79.00	3.50	0.48	8.94	6.61	1.47	16.70	2.28	42.55	31.48	6.99	2.672°
17	Heidau, lehmiger Sandboden: Zieml. feuchtes Wetter, 8. Juni	1858	75.42	4.85	0.64	8.86	8.55	1.68	19.71	2.62	36.06	34.80	6.81	3.154°
18	Heidau, lehmiger Sandboden: 16. Juni	1858	79.47	3.55	0.66	7.43	7.52	1.37	17.29	3.23	36.19	36.61	6.68	2.766°
19	Dahme, lehmiger Sandboden, 1. Schnitt	1859	71.47	2.63	—	—	—	0.90	14.21	—	—	—	4.88	2.273°
20	Dahme, lehmiger Sandboden, 2. „	1859	76.95	3.83	—	—	—	0.61	16.60	—	—	—	2.66	2.656°
21	Dahme, humoser tiefgründiger Gartenboden, 1. „	1860	83.19	2.66	—	—	—	1.21	15.84	—	—	—	7.22	2.535°
22	Dahme, humoser tiefgründiger Gartenboden, 2. „	1860	79.83	2.86	—	—	—	1.18p	14.21	—	—	—	5.85p	2.273°
23	Möckern, 1. Schnitt, 20—27. Juni ges.	1868	74.60	4.04	0.92	11.48	6.83	2.13	15.9	3.60	45.20	26.90	8.40	2.54
24	Möckern, 2. „ 21—28. Juli „	1868	72.80	4.03	1.14	11.26	8.43	2.34	14.8	4.20	41.40	31.00	8.60	2.37
25	Baden	1865	80.21	4.30	0.73	6.82	5.81	2.13	21.73	3.69	33.46	30.36	10.76	3.48
26	Hohenheim, 2. Schnitt, 30. Juli bis 8. August ges., warme Witterung	1869	82.26	2.76	0.74	7.77	5.30	1.17	15.56	4.17	43.83	29.87	6.57	2.49
27	Pommritz, 2. Schnitt, 24. Juli geschn.	1872	70.51	5.08	1.62	12.59	7.97	2.23	17.28	5.49	42.72	27.02	7.49	2.76
28	Möckern, 2. Schn., 2—11. Aug. geschn.	1867	—	—	—	—	—	—	18.70	4.46	42.00	26.65	8.19	2.99
29	Hohenheim, 9—17. Juni geschn.	1870	75.87	3.39	0.49	11.75	7.01	1.49	14.06	2.04	48.66	29.03	6.21	2.25
30	Möckern	1855	76.20	3.36	—	9.74	8.90	1.80	14.12	—	40.93	37.39	7.56	2.26
31	Schlesien	1860	80.00	3.24	—	10.60	4.94	1.22	16.20	—	53.00	24.70	6.10	2.59
32	„ Proskau, 1. Schnitt, guter Kleeboden	1860	77.10	5.95	—	9.93	5.43	1.59	25.98	—	43.47	23.71	6.84	4.15
33	„ „ 2. „ guter Kleeboden	1860	80.00	5.78	—	7.90	4.60	1.72	23.90	—	44.50	23.00	8.60	3.82
34	Uckermark, Sandboden	1860	73.08	3.68	1.08	13.30	6.71	2.15	13.68	4.01	49.41	24.92	7.98	2.19
35	Dahme, „	1860	80.42	2.46	1.00	8.72	5.72	1.68	12.56	5.11	44.54	29.21	8.58	2.01
36	Pommritz, Lehm v. Granitverwitterung	1870	81.26	3.59	1.05	6.94	5.80	1.36	19.10	5.57	37.00	31.00	7.33	3.05
37	Regenwalde, Sandboden, „unfähig z. Kleebau", 1. Schnitt, 1. Juli	1871	78.58	3.40	1.05	10.91	4.71	1.35	15.87	4.90	51.94	21.99	5.30	2.54
38	Buntsandsteinboden	1868	81.04	2.60	0.45	9.59	5.14	1.18	13.71	2.37	50.59	27.11	6.22	2.19
39	Basaltboden	1868	81.94	2.89	0.48	8.22	5.15	1.32	16.00	2.66	45.52	28.51	7.31	2.56

Trifolium pratense, in voller Blüthe: No. 11. Em. Wolff. — Möckern'sche Ber. 3. 11.
No. 12. H. Ritthausen. — Möcker. Ber. 4. 1855. 65. Die Zusammensetz. der ganzen Pflanze wurde aus der Zusammensetz. von Blätter u. Stengel auf Grund des angegeb. Gewichtsverhältnisses derselben (1 Blätter 3.9 Stengel) von uns berechnet.
No. 13 u. 14. Em. Wolff u. Yelin. — Hohenh. Mitth. 2. 1855. 129. Zusammensetz. d. grünen Pflanze von uns berechnet.
No. 15—18. Th. Dietrich. — Landw. Ztschr. f. Kurhessen. 10. 1864. 216.
No. 19—22. R. Ulbricht. — L. V.-St. 3. 1861. 241.
No. 23 u. 24. Gust. Kühn, M. Fleischer u. A. Striedter. — J. f. L. 16. 1869. 58.
No. 25. J. Nessler u. E. Muth. — Ber. d. V.-St. Karlsruhe 1870. 56.
No. 26. E. Wolff u. C. Kreuzhage. — D. landw. V.-St. Hohenheim. Ein Programm. Berlin, 1870. 80.
No. 27. E. Heiden u. Fr. Voigt. — Amtsbl. f. d. landw. Ver. im Königr. Sachsen. 1873. 7.
No. 28. G. Kühn. — Ibid. 1868. 69.
No. 29. M. Fleischer. — J. f. L. 18. 1871. 422.
No. 30. H. Ritthausen. — Mitthl. a. Waldau. 1. 68.
No. 31. P. Bretschneider u. Küllenberg. — 5. Ber. d. V.-St. Ida-Marienhütte 1861. 134. Mittel aus 11 verschieden gedüngten Kleeproben.
No. 32 u. 33. F. Hulwa. — Hoffmann's Jahresbericht d. Agriculturchem. 4. 1861/62. 271. Das Mittel vom Klee einer gegypsten u. ungegypsten Parcelle. Auf grandigem mergligem Lehmboden gewachsen, Boden drainirt, nicht nass, guter Kleeboden.
No. 34 u. 35. H. Hellriegel. — 4. u. 5. Ber. d. V.-St. Dahme 1862. 89.
No. 36. E. Heiden u. L. Brunner. — Amtsbl. f. d. landw. Ver. Sachs. 1872. 98.
No. 37. R. Heinrich. — Landw. Jahrbüch. 1. 1872. 599. Zusammensetz. der ganzen Pflanze von uns berechnet.
No. 38—42. Th. Dietrich u. E. Rehm. — Private Mittheil. Verwitterungsproducte der betreffenden Gesteine.

No.	Bezeichnungen und Bemerkungen	Jahr der Untersuchung	In der ursprünglichen Substanz: Wasser %	Nh-Substanz %	Rohfett %	Nfr. Extractstoffe %	Rohfaser %	Asche %	In der Trockensubstanz: Nh-Substanz %	Rohfett %	Nfr. Extractstoffe %	Rohfaser %	Asche %	Stickstoff in der Trockensubstanz %
40	Röthboden	1868	81.27	2.64	0.49	8.45	5.83	1.32	14.09	2.62	45.13	31.11	7.05	2.25
41	Muschelkalkboden	1868	81.27	2.27	0.46	9.34	5.49	1.23	12.12	2.46	49.54	29.31	6.57	1.94
42	Lehmboden	1868	79.83	2.59	0.63	9.42	6.37	1.16	12.89	3.22	46.42	31.70	5.77	2.06
43		1880	76.42	4.81	0.24	6.46	8.01	—	20.39	1.02	27.39	33.97	—	3.26
44	Im vorhergehenden Jahre gedüngt. Boden	1873	67.04	3.59	0.23	20.88	(4·43)	3.83	10.89	0.69	63.36	(13.44)	11.62	1.74
45		1874	58.50	6.40	2.04	18.05	8.86	6.15	15.42	4.91	43.50	21.35	14.82	2.47
46		1876	56.50	6.49	1.62	18.88	9.58	6.93	14.82	3.72	43.49	42.03	15.94	2.37
	Volle Blüthe: Minimum		70.51	2.25	0.43	—	4.60	0.61	12.12	2.04	—	21.99	2.66	1.94
	Volle Blüthe: Maximum		85.30	5.28	1.62	—	8.90	2.47	25.98	5.57	—	37.39	11.82	4.16
	Volle Blüthe: Mittel*)		79.00	3.39	0.76	9.36	5.93	1.56	16.12	3.62	44.59	28.22	7.45	2.58
	Trifolium pratense. — Bei vollendeter Blüthe.													
1	Heidau, lehmig. Sandboden: Trockner Vorsommer, 30. Juni	1858	70.10	4.22	0.77	11.96	11.01	1.94P	14.20	2.56	39.94	36.82	6.48P	2.272°
2	Heidau, lehmig. Sandboden: Feuchtes Wetter, 25. Juni .	1859	66.48	6.73	0.92	11.83	11.97	2.07P	20.07	2.75	35.31	35.71	6.17P	3.211°
3	Heidau, lehmig. Sandboden: 30. Juni	1860	77.23	3.93	0.73	6.11	10.60	1.40P	17.28	3.21	26.79	46.57	6.14P	2.765°
4	Hohenheim, 1. Schnitt, 19. Juni . . .	1869	85.14	2.27	0.56	7.11	3.91	1.01	15.25	3.75	47.87	26.32	6.81	2.44
	Mittel		74.74	4.29	0.75	9.27	9.37	1.58	16.70	3.07	37.52	36.35	6.40	2.67
	Trifolium pratense. — In verschiedenen Vegetationsperioden.*)													
1	Möckern, kräft. thon. Lehmboden: Beginn d. Blüthe, 11. Juni	1853	83.07	3.16	—	8.10	4.24	1.43	18.66	—	47.86	25.04	8.44	2.99
2	Möckern, kräft. thon. Lehmboden: Volle Blüthe, 25. Juni .	1853	76.41	2.98	—	10.06	8.88	1.67	12.63	—	42.65	37.64	7.08	2.02
3	Möckern, Ackerboden: Ganz jung, 23. Mai . .	1854	83.92	4.01	—	6.76	3.87	1.45	24.94	—	41.98	24.06	9.02	3.85
4	Möckern, Ackerboden: Blüthe hervortretend, 2. Juni	1854	82.80	2.99	—	7.39	5.17	1.65	17.38	—	42.97	30.06	9.59	2.78
5	Möckern, Ackerboden: Volle Blüthe, 22. Juni .	1854	79.48	3.25	—	8.92	6.78	1.57	15.84	—	43.47	33.04	7.65	2.53
6	Hohenheim, Liassandstein: Ganz jung, handhoch, 2. Mai	1857	82.10	5.41	—	—	—	1.70P	30.25	—	—	—	9.5 P	4.84°
7	Hohenheim, Liassandstein: Einzelne Blüthenköpfe sichtbar, bis 3' hoch, 25. Mai	1857	83.60	3.08	—	—	—	1.61P	18.75	—	—	—	9.8 P	3.00°
8	Hohenheim, Liassandstein: Volle Blüthe, 15. Juni .	1857	80.40	2.71	—	—	—	1.39P	13.81	—	—	—	7.1 P	2.21°

Trifolium pratense, in voller Blüthe: No. 43. G. Lechartier. — Annal. agronomiques 1881. 481. In welchem Stadium der Entwicklung der Klee bei seiner Verwendung zur Analyse stand, ist nicht angegeben. Asche wurde nicht bestimmt. Der frische Klee enthielt 0.026 % Ammoniak, 0.474 % Glycose, 0.457 % Zucker, 4.230 % Stärke (?), 1.303 % Pektinstoffe.

No. 44—46. A. Pasqualini. — Ann. Staz Agrar. Forli. 2. 1873, 3. 1874, 5. 1876.

*) Zur Berechnung des Mittels wurden die Analysen benutzt: Wassergehalt unter No. 1—42, Nh. Substanz 1—42, Aschengehalt 1—42, Fettgehalt, alle vorhandenen mit Ausnahme der eingeklammerten Zahlen und der bei 43—46. Rohfasergehalt unter No. 23—42.

Trifolium pratense, bei vollendeter Blüthe: No. 1—3. Th. Dietrich. — Landw. Ztschr. f. Kurhessen. 10. 1864. 216.

No. 4. Em. Wolff und C. Kreuzhage. — D. landw. V.-St. Hohenheim. Ein Programm. 1870. 80.

*) Für die Stickstoffsubstanz des Rothklee's in verschiedenen Vegetationsperioden wurde von O. Kellner auf Trockensubstanz berechnet gefunden:

Rothklee im 2. Jahre	Gesammt-N %	N, nicht an Eiweiss gebunden: %	N, nicht an Eiweiss gebunden: In % vom Gesammt-N	N in Amidverbindungen
1879				
Vom 27. März, 4 cm hoch, mit 4 Blättchen .	5.200	1.958	37.7	—
„ 27. April 7 „ „ „ 6 „ .	3.974	0.975	24.5	—
In voller Blüthe, 45 cm hoch	2.244	—	(16.5)	0.370
1880				
Vor der Blüthe	2.24	0.673	30.0	—
Mit reifen Körnern, aber noch grünen Blättern	2.04	0.327	16.0	—

Trifolium pratense, in verschiedenen Vegetationsperioden: No. 1 u. 2. Em. Wolff. — Möckernsche Berichte. 3. 11.

No. 3—5. H. Ritthausen. — Ebda. 4. 65. Die Zusammensetzung der ganzen Pflanze (bei 3 u. 5) wurde aus dem Gewichtsverhältnisse von Blättern und Stengeln und aus deren Zusammensetzung von uns berechnet.

No. 6—11. Em. Wolff u. Yelin. — Hohenheim. Mitth. 2. 1855. 129. Zusammensetzung für die grüne Pflanze von uns berechnet.

No.		Bezeichnungen und Bemerkungen	Jahr der Untersuchung	In der ursprünglichen Substanz: Wasser %	Nh-Substanz %	Rohfett %	Nfr. Extractstoffe %	Rohfaser %	Asche %	In der Trockensubstanz: Nh-Substanz %	Rohfett %	Nfr. Extractstoffe %	Rohfaser %	Asche %	Stickstoff in der Trockensubstanz %
9	Hohenheimer Feld	Ganz jung, $^1/_2$ Fuss hoch, 6. Mai	1859	—	—	—	—	—	(p) —	33.70	—	—	—	(p) 11.11	(o) 5.33
10	Hohenheimer Feld	Blüthenknospen zieml. entwickelt, 31. Mai	1859	—	—	—	—	—	—	19.40	—	—	—	9.61	3.06
11	Hohenheimer Feld	Beinahe volle Blüthe, 14. Juni	1859	—	—	—	—	—	—	19.84	—	—	—	8.37	3.10
12	Heidau, lehmig. Sandboden, im 2. Jahre der Vegetation, trockner Vorsommer	4—5 Blätter, 7—8 cm hoch, Blattfläche 10 mm lang, 19. April	1858	80.23	5.98	0.87	8.01	2.93	1.98	30.26	4.40	40.48	14.84	10.02	4.841
13	Heidau, lehmig. Sandboden, im 2. Jahre der Vegetation, trockner Vorsommer	Stengel getrieb., 16—20 cm hoch, Blattfläche 15 - 18 mm l., 8. Mai	1858	81.17	2.77	0.72	9.90	3.58	1.86	24.69	3.82	42.61	19.02	9.86	3.950
14	Heidau, lehmig. Sandboden, im 2. Jahre der Vegetation, trockner Vorsommer	Ganz junge grüne Blüthenköpfe, Blattfläche 30—35 mm l., 26. Mai	1858	82.93	3.79	0.60	7.18	3.84	1.66	22.19	3.52	42.09	22.47	9.73	3.551
15	Heidau, lehmig. Sandboden, im 2. Jahre der Vegetation, trockner Vorsommer	Beginn der Blüthe, 35—40 mm lang, 5. Juni	1858	82.08	3.36	0.57	7.52	4.93	1.54	18.77	3.20	41.93	27.50	8.60	3.003
16	Heidau, lehmig. Sandboden, im 2. Jahre der Vegetation, trockner Vorsommer	Volle Blüthe, Blätter nicht mehr gewachsen, 12. Juni	1858	81.32	3.19	0.56	7.43	6.24	1.26	17.07	2.87	39.91	33.40	6.75	2.732
17	Heidau, lehmig. Sandboden, im 2. Jahre der Vegetation, trockner Vorsommer	Vollständig verblüht, 30. Juni	1858	70.10	4.25	0.77	11.93	11.01	1.94	14.20	2.56	39.94	36.82	6.48	2.272
18	Heidau, lehmig. Sandboden, im 2. Jahre der Vegetation, trockner Vorsommer	Nahezu reif, Stengel braun, Pflanze ziemlich trocken, 17. Juli	1858	63.52	4.80	0.95	11.83	16.67	2.23	13.17	2.60	32.41	45.70	6.12	2.108
19	Wie vorher, feuchtes Wetter, Vegetat. n. d. 1. Schnitt (12. Juni)	4—5 Blätter, Pflanzen 10—12 cm h., Blattfläche 12 mm l., 30. Juni	1858	81.20	5.19	0.72	8.00	2.92	1.97	27.61	3.82	42.59	15.52	10.46	4.417
20	Wie vorher, feuchtes Wetter, Vegetat. n. d. 1. Schnitt (12. Juni)	Stengel m. Blüthenknosp., 35—40 cm h., Blattfläche 35—40 mm l., 17. Juli	1858	82.51	3.78	0.53	7.32	4.02	1.84	21.59	3.05	41.84	23.01	10.51	3.455
21	Wie vorher, feuchtes Wetter, Vegetat. n. d. 1. Schnitt (12. Juni)	Beginn d. Blüthe, 50—55 cm h., Blattfläche nicht mehr gewachs., 2. Aug.	1858	84.01	3.10	0.43	7.05	4.08	1.33	19.38	2.71	44.04	25.52	8.35	3.111
22	Wie vorher, feuchtes Wetter, Vegetat. n. d. 1. Schnitt (12. Juni)	Volle Blüthe, 55—60 cm hoch, 19. Aug.	1858	79.00	3.51	0.48	8.93	6.61	1.47	16.70	2.28	42.55	31.48	6.99	2.672
23	Heidau, lehmig. Sandboden, 1. Jahr d. Vegetation, nach Ernte der Deckfrucht	4—5 Blätter, 10—12 cm h., 10—12 mm l., 2. Aug.	1858	83.10	4.49	0.88	7.03	2.32	2.18	26.54	5.21	41.66	13.72	12.87	4.246
24	Heidau, lehmig. Sandboden, 1. Jahr d. Vegetation, nach Ernte der Deckfrucht	4—6 Blätter, 15—18 cm h., 12—15 mm l., 2. Sept.	1858	83.90	4.14	0.76	7.04	2.55	1.61	25.73	4.73	43.72	15.81	10.01	4.117
25	Heidau, lehmig. Sandboden, 1. Jahr d. Vegetation, nach Ernte der Deckfrucht	5—6 Blätter, 18—20 cm h., 18—20 mm l., 9. Sept.	1858	83.52	4.06	0.66	7.62	2.68	1.43	24.69	4.01	46.35	16.27	8.67	3.951
26	Heidau, lehmig. Sandboden, 1. Jahr d. Vegetation, nach Ernte der Deckfrucht	6—8 Blätter, 22—28 cm h., 18—20 mm l., 4. Oct.	1858	80.00	4.94	0.70	9.46	3.16	1.74	24.72	3.52	47.23	15.81	8.72	3.955
27	Desgl., nächstjährige Vegetation, ziemlich feuchtes Wetter	4—5 Blätter, 10—12 cm h., Blattfläche 10—12 mm l., 15. März	1859	82.27	5.55	0.87	7.29	1.90	2.12	31.28	4.89	41.10	10.74	11.99	5.004
28	Desgl., nächstjährige Vegetation, ziemlich feuchtes Wetter	5—6 Blätter, 18—20 cm h., Blattfläche 18—20 mm l., 11. April	1859	83.40	5.06	0.70	6.56	2.39	1.89	30.48	4.21	39.52	14.41	11.38	4.877
29	Desgl., nächstjährige Vegetation, ziemlich feuchtes Wetter	Beginn d. Stengelbildung, 25—30 cm h., 18—20 mm l., 30. April	1859	86.00	3.59	0.50	5.94	2.58	1.39	25.66	3.54	42.48	18.41	9.91	4.106
30	Desgl., nächstjährige Vegetation, ziemlich feuchtes Wetter	40—43 cm hoch, 10. Mai	1859	82.84	3.77	0.48	7.74	3.50	1.67	21.95	2.82	45.07	20.41	9.75	3.512
31	Desgl., nächstjährige Vegetation, ziemlich feuchtes Wetter	Erscheinen der Blüthenköpfe, 55—60 cm h., 20. Mai	1859	86.19	2.60	0.36	6.20	3.43	1.22	18.83	2.62	44.86	24.87	8.83	3.013
32	Desgl., nächstjährige Vegetation, ziemlich feuchtes Wetter	Beginn d. Blüthe, 60—65 cm h., 30. Mai	1859	80.95	3.54	0.47	8.00	5.62	1.42	18.59	2.48	42.01	29.50	7.41	2.975
33	Desgl., nächstjährige Vegetation, ziemlich feuchtes Wetter	Volle Blüthe, 8. Juni	1859	75.42	4.84	0.64	8.87	8.55	1.68	19.71	2.62	36.06	34.80	6.81	3.154
34	Desgl., nächstjährige Vegetation, ziemlich feuchtes Wetter	Ende der Blüthe, 25. Juni	1859	66.48	6.73	0.92	11.83	11.97	2.07	20.07	2.75	35.31	35.71	6.17	3.211

Trifolium pratense, in verschiedenen Vegetationsperioden: No. 12—40. Th. Dietrich. — Landw. Ztschr. f. Kurhessen. 10. 1864. 216. Auf lehmig. Sandboden, vorwiegend abgeschwemmte Verwitterungsproducte des Buntsandsteins. Der Klee war in Roggen eingesät. Vorfrüchte: Raps, Weizen, Roggen.

No.	Bezeichnungen und Bemerkungen		Jahr der Untersuchung	In der ursprünglichen Substanz: Wasser %	Nh-Substanz %	Rohfett %	Nfr. Extractstoffe %	Rohfaser %	Asche %	In der Trockensubstanz: Nh-Substanz %	Rohfett %	Nfr. Extractstoffe %	Rohfaser %	Asche %	Stickstoff in der Trockensubstanz %
35*)	Desgl., im 2. Jahre der Vegetation	5—6 Blätter, 15—18 cm hoch, 12—15 mm l., 31. März	1860	82.54	5.19	0.74	7.65	2.00	1.88P	29.71	4.26	43.78	11.47	10.78P	4.853o
36		Beginn der Stengelentwicklung, 26. April	1860	84.04	4.09	0.59	7.05	2.72	1.51	25.61	3.70	44.20	17.04	9.45	4.098o
37		Junge grüne Blüthenköpfe, 19. Mai	1860	82.36	3.43	0.56	7.24	5.03	1.38	19.42	3.19	41.05	28.53	7.81	3.107o
38		Beginn der Blüthe, 1. Juni	1860	80.55	3.59	0.62	7.27	6.56	1.41	18.46	3.18	37.49	33.63	7.24	2.953o
39		Volle Blüthe, 16. Juni	1860	79.47	3.55	0.66	7.43	7.52	1.37	17.29	3.23	36.19	36.61	6.68	2.766o
40*)		Ende der Blüthe, 30. Juni	1860	77.23	3.93	0.73	6.11	10.60	1.40	17.28	3.21	26.80	46.57	6.14	2.765o
41	Dahme, lehm. Sandbod. 2. Jahr d. Vegetation	In der Knospenbildung, 1. Schnitt, 20. Mai	1859	85.12	2.69	—	—	—	1.25P	18.14	—	—	—	8.36P	2.903
42		Volle Blüthe, 1. Schnitt, 23. Juni	1859	71.47	4.05	—	—	—	1.39	14.21	—	—	—	4.88	2.273
43		Vor d. Knospenbildung, 2. Schn., 26. Juni	1859	82.37	5.01	—	—	—	1.54	28.96	—	—	—	8.75	4.633
44		In der Knospenbildung, 2. Schn., 26. Juni	1859	84.01	3.41	—	—	—	1.19	21.35	—	—	—	7.55	3.416
45		Volle Blüthe, 2. Schn., 1. Juli	1859	76.95	3.83	—	—	—	1.45P	16.60	—	—	—	6.28P	2.656
46	Dahme, humoser Sandboden (Garten), tiefgründig	1. Jahr der Vegetation, vor der Knospenbildung, 22. Juli	1859	80.84	3.98	—	—	—	1.92P	20.77	—	—	—	10.05P	3.323o
47		2. Jahr d. Veget., v. d. Knospenbildung, 1. Schnitt, 30. April	1860	85.58	4.05	—	—	—	1.47	28.11	—	—	—	10.17	4.498o
48		2. Jahr d. Veget., in d. Knospenbildung, 1. Schn., 23. Mai	1860	86.42	3.00	—	—	—	1.25	22.12	—	—	—	9.25	3.539o
49		2. Jahr d. Veget., volle Blüthe, 1. Schn., 21. Juni	1860	83.19	2.66	—	—	—	1.21	15.84	—	—	—	7.22	2.535o
50		2. Jahr d. Veget., v. d. Knospenbildung, 2. Schn., 19. Juni	1860	86.88	3.32	—	—	—	1.38	25.31	—	—	—	10.56	4.049o
51		2. Jahr d. Veget., in d. Knospenbildung, 2. Schn., 3. Juli	1860	85.19	2.97	—	—	—	1.26	20.08	—	—	—	8.53	3.213o
52		2. Jahr d. Veget., volle Blüthe, 2. Schn., 8. Aug.	1860	79.83	2.87	—	—	—	1.18P	14.21	—	—	—	5.85p	2.273o
53	Möckern, ein u. desselben Klee's	1. Schnitt, 6.—19. Juni	1868	79.60	3.59	1.00	7.96	5.85	2.00	17.60	4.90	39.00	28.70	9.80	2.80
54		1. „ 20.—27. Juni	1868	74.60	4.04	0.92	11.48	6.83	2.13	15.90	3.60	45.20	26.90	8.40	2.54
55		1. „ 28. Juni bis 2. Juli	1868	75.80	3.41	0.87	10.36	7.65	1.91	14.10	3.60	42.80	31.60	7.90	2.26
56		2. „ 10.—20. Juli	1868	78.00	3.50	0.75	9.20	6.57	1.98	15.90	3.40	41.80	29.90	9.00	2.54
57		2. „ 21.—28. Juli	1868	72.80	4.03	1.14	11.26	8.43	2.34	14.80	4.20	41.40	31.00	8.60	2.37

*) No. 35—40 enthielten Schwefel in der Trockensubstanz:

	No. 35	36	37	38	39	40
Schwefel	0.330%	0.255%	0.181%	0.175%	0.147%	0.144%

Trifolium pratense, in verschiedenen Vegetationsperioden: No. 41—45. R. Ulbricht. — L. V.-St. 3. 1861. 241. Vorfrüchte: Brache, Raps (gedüngt), Weizen, Gerste. Mitte Mai begann in der Wirthschaft das Mähen des Klees, wodurch es möglich wurde, die 1. und 2. Periode des zweiten Schnittes an einem Tage zu sammeln. No. 43 bestand nur aus Blättern und Blattstielen.

No. 46—52. Ebdas. Der Gartenboden hatte 1857 bei Spatenbearbeitung Rübenpflanzen in mässiger Stallmistdüngung getragen, 1858 Gräser; 1859 am 21. Mai wurde der Klee ohne Deckfrucht gesät. Der Klee lief gut auf, gelangte aber nicht bis zur Stengelbildung, so dass No. 46 (auch 47) nur aus Blattstielen und Blättern bestand. Der Klee wurde im ersten Jahre nicht gemäht, faulte auf dem Stocke.

No. 53—57. G. Kühn, M. Fleischer u. A. Striedter. — J. f. L. 1869. 58. Mit dem zweiten Schnitt wurde begonnen, als äusserlichen Merkmalen nach der Klee sich in demselben Stadium der Entwicklung befand, wie zu Anfang des ersten Schnitts. In dem Klee vom 28. Juni bis 2. Juli ist das Fett nicht analytisch bestimmt, sondern die Zahl der vorhergehenden Analyse benutzt worden. Der Klee enthielt in Wasser lösliche Bestandtheile:

In der frischen Substanz	resp.	5.87	6.86	7.99	5.43	6.55
In der Trockensubstanz	„	28.8	27.0	33.0	24.7	24.1

No.	Bezeichnungen und Bemerkungen		Jahr der Untersuchung	In der ursprünglichen Substanz						In der Trockensubstanz					Stickstoff in der Trockensubstanz
				Wasser	Nh-Substanz	Rohfett	Nfr. Extractstoffe	Rohfaser	Asche	Nh-Substanz	Rohfett	Nfr. Extractstoffe	Rohfaser	Asche	
				%	%	%	%	%	%	%	%	%	%	%	%
58	Hohenheim, 1. Schnitt, üppig	Unmittelbar vor d. Blüthe, 23.—27. Mai	1869	86.09	2.56	0.58	6.05	3.70	1.02	18.44	4.15	43.50	26.60	7.31	2.95
59		Am Ende der Blüthe, 19. bis 28. Juni	1869	85.14	2.27	0.56	7.11	3.91	1.01	15.25	3.75	47.87	26.32	6.81	2.44
60	2. Schnitt, warmes Wetter	Beginn der Blüthezeit, 13. bis 17. Juli	1869	84.45	2.90	0.73	6.49	4.34	1.09	18.68	4.70	41.70	27.89	7.03	2.99
61		In voller Blüthe, 30. Juli bis 3. Aug.	1869	82.26	2.76	0.74	7.77	5.30	1.17	15.56	4.17	43.83	29.87	6.57	2.49
62	Pommritz, 2. Schnitt	In der Knospung, 9. Juli	1872	83.35	3.88	1.19	6.58	3.42	1.58	23.30	7.16	39.58	20.60	9.36	3.73
63		Angehende Blüthe, 17. Juli	1872	77.27	4.55	1.19	9.20	5.83	1.96	20.04	5.26	40.53	25.68	8.49	3.21
64		Volle Blüthe, 24. Juli . .	1872	70.51	5.08	1.62	12.59	7.97	2.23	17.28	5.49	42.72	27.02	7.49	2.76
65	Forli (Ital.) nicht gegypst	Beginn d. Blüthe, 21. Juni	1876	82.50	2.73	0.76	6.97	5.18	1.86	15.61	4.33	39 80	29.62	10.64	2.50
66		Vollendete Blüthe, 25. Juni	1876	81.75	2.89	0.84	7.28	5.44	1.80	15.84	4.59	39.91	29.80	9.86	2.53
67		Bei Reife d. Samen, 4. Juli	1876	80 25	3.14	0.92	7.82	5.89	1.98	15.92	4.66	39.58	29.82	10.02	2.55
68	gegypst	Beginn d. Blüthe, 21. Juni	1876	82.90	2.67	0.74	6.80	5.05	1.84	15.61	4.34	39.78	29.55	10.72	2.50
69		Ende der Blüthe, 25. Juni	1876	79.00	3.33	0.95	8.32	6.27	2.12	15.85	4.55	39.61	29.89	10.10	2.53
70		Bei Reife d. Samen, 4. Juli	1876	78.50	3.48	0.99	8.40	6.43	2.20	16.20	4.62	39.05	29.92	10.21	2.59
71	Forli (Italien)	Bei Beginn d. Blüthe, 30. Juni	1877	73.62	4.20	1.22	10.35	7.98	2.63	15.91	4.61	39.25	30.25	9.98	2.55
72		Zu Ende der Blüthe, 10. Juli	1877	72.93	4.75	1.32	10.20	8.08	2.72	17.55	4.87	37.68	29.84	10.06	2.81

Trifolium pratense. — Bei verschiedener Düngung.

(Gegypst und ungegypst.)

No.	Bezeichnungen und Bemerkungen		Jahr der Untersuchung	Wasser	Nh-Substanz	Rohfett	Nfr. Extractstoffe	Rohfaser	Asche	Nh-Substanz	Rohfett	Nfr. Extractstoffe	Rohfaser	Asche	Stickstoff in der Trockensubstanz
1	Sandboden, Gollmitz, nicht gegypst . .		1860	71.22	3.34	0.98	14.98	7.20	2.28	11.61	3.40	52.05	25.02	7.92	1.86
2	„ „ gegypst		1860	74.92	4.02	1.19	11.61	6.23	2.03	16.03	4.75	46.29	24.84	8.09	2.56
3	„ Boitzenburg, nicht gegypst .		1860	79.86	2.37	0.99	9.05	5.94	1.79	11.76	4.92	44.94	29.49	8.88	1.88
4	„ „ gegypst . .		1860	80.98	2.55	1.02	8.38	5.50	1.57	13.41	5.36	44.06	28.92	8.25	2.14
5	Mergliger Lehm, Proskau	1. Schnitt, nicht gegypst	1860	76.4	6.19	—	10.30	5.52	1.59	26.24	—	43.62	23.40	6.74*)	4.19
6		1. „ gegypst . .	1860	77.8	5.70	—	9.55	5.35	1.60	25.66	—	43.01	24.10	7.23	4.11
7		2. „ nicht gegypst	1860	80.0	5.90	—	7.79	4.60	1.71	29.50	—	38.95	23.00	8.55	4.72
8		2. „ gegypst . .	1860	80.0	5.65	—	8.02	4.60	1.73	28.25	—	40.10	23.00	8.65*)	4.32
9	Pommritz Sachsen, Lehmboden (Granit), 1. Schnitt, 14. Juni	nicht gegypst .	1870	80.44	3.90	1.16	7.33	5.89	1.28	19.94	5.92	37.48	30.09	6.57	3.19
10		gegypst . . .	1870	82.09	3.27	0.93	6.54	5.72	1.45	18.25	5.22	36.53	31.92	8.08	2.92

Trifolium pratense, in verschiedenen Vegetationsperioden: No. 58—61. E. Wolff und C. Kreuzhage. — Die landw. V.-St. Hohenheim. Ein Programm. Berlin, 1870. 80.

No. 62—64. E. Heiden u. Fr. Voigt. — Amtsbl. f. d. landwirthsch. Vereine Sachsens 1873. 7. Ertrag pro Hectar in kg:

	an frischer Substanz	Heu	Nh. Subst.	Fett	Nfr. Extractstoffe	Rohfaser	Asche	Trockensubstanz
I. Per., 38 cm hoch	15989	3140	620.6	189.7	1051.5	547.4	249.3	2658.5
II. „ 48 „ „	17220	4100	788.6	206.0	1593.5	1010.8	333.3	3932.2
III. „ 54 „ „	13360	4450	680.2	216.8	1682.9	1062.3	295.4	3937.6

No. 65—70. Al. Pasqualini. — Ann. Staz. Agrar. Forli 5. 1876. 65 u. Originalmitth. Die Zusammensetzung der frischen Subst. und der Trockensubst. v. uns berechnet aus angegebenem Wassergehalt und Zusammensetzung der lufttrocknen Substanz.

No. 68 u. 69. Ebda. 6. 1877. 63 u. Originalmitth. Zusammensetz. wie bei No. 65—70 berechnet.

Trifolium pratense, bei verschiedener Düngung: No. 1—4. H. Hellriegel. — 4. u. 5. Ber. d. V.-St. Dahme 1862. 89. Der Klee wurde zu gewöhnlicher Mähzeit geschnitten. Trockensubstanz v. uns berechn.

No 5—8. F. Hulwa. — Hoffmann's Jahresber. 4. 1861/62. 271. Grandiger mergliger Lehm mit eben solchem Letten im Untergrunde, Boden drainirt, nicht nass; guter Kleeboden. 6 Jahre vor der Gypsdüngung mit Mist, 3 Jahre vorher mit Poudrette gedüngt. 1859 trug das Feld Hafer als Ueberfrucht des Klees. Gedüngt wurde pro Hectar mit 460 kg Gyps. Derselbe wurde am 9. Mai Morgens bei mildem windstillem Wetter auf die reichlich bethauten Blätter ausgestreut. Wirkung nicht erheblich.

*) No. 5—8. Reinasche: No. 5: 5.08 %, 6: 5.45 %, 7: 6.59 %, 8: 6.58 %

No. 9 u. 10. E. Heiden u. L. Brunner. — Amtsbl. f. d. landw. Vereine Sachsens 1872. 98. Vorfrucht Roggen. Lehmboden aus der Verwitterung von Granit hervorgegangen. Gegypst wurde am 26. April bei feuchtem Wetter, 1½ Ctr. pro Morgen. Zusammensetzung der frischen Substanz von uns berechnet.

No.	Bezeichnungen und Bemerkungen	Jahr der Untersuchung	In der ursprünglichen Substanz						In der Trockensubstanz					Stickstoff in der Trockensubstanz
			Wasser	Nh-Substanz	Rohfett	Nfr. Extractstoffe	Rohfaser	Asche	Nh-Substanz	Rohfett	Nfr. Extractstoffe	Rohfaser	Asche	
			%	%	%	%	%	%	%	%	%	%	%	%
11	Insterburg, sandiger Lehmboden: nicht gegypst	1863	80.34	3.34	—	11.36	3.38	1.58P	17.00	—	57.79	17.19	8.02P	2.72°
12	Insterburg, sandiger Lehmboden: im Herbste vorher gegypst	1863	82.73	3.26	—	9.11	3.33	1.57	18.88	—	52.75	19.27	9.10	3.02
13	Insterburg, sandiger Lehmboden: im Frühjahr gegypst . .	1863	82.42	3.15	—	10.09	3.05	1.29	17.94	—	57.39	17.35	7.32	2.87
14	Insterburg, sandiger Lehmboden: im Frühjahr m. Magnesiumsulfat gedüngt	1863	78.09	3.81	—	12.86	3.64	1.60P	17.38	—	58.74	16.60	7.28P	2.78°
15	Regenwalde, gegypst	1871	79.73	3.21	1.03	10.41	4.37	1.25P	15.82	5 08	51.35	21.57	6.18P	2.53
16	„ nicht gegypst . . .	1871	77.57	3.59	1.04	11.40	5.01	1.39P	16.01	4.62	50.84	22.33	6.20P	2.56
17	„ m. Kaliumsulfat gedüngt	1871	78.45	3.38	1.08	10.92	4.75	1.42P	15.70	5.02	50.66	22.05	6.57P	2.51
18	Düngung pro Hectar: Ungedüngt . .	1860	79.37	3.38	—	10.94	5.10	1.21	16.39	—	53.01	24.74	5.86	2.62
19	Ungedüngt	1860	79.80	3.58	—	10.41	4.94	1.27	17.72	—	51.54	24.44	6.30	2.83
20	100 kg Abraumsalz	1860	77.65	4.17	—	11.44	5.49	1.25	18.67	—	51.18	24.57	5.58	2.98
21	200 „ „	1860	79.25	3.44	—	10.81	5.26	1.24	16.57	—	52.10	25.37	5.96	2.65
22	300 „ „	1860	79.71	3.16	—	10.13	4.97	1.23	15.57	—	53.90	24.48	6.05	2.49
23	400 „ „	1860	79.55	2.64	—	11.69	4.79	1.33	12.91	—	56.28	24.31	6.50	2.07
24	100 „ „ und 200 kg Gyps .	1860	79.70	3.26	—	10.91	4.94	1.19	16.07	—	53.75	24.33	5.85	2.57
25	200 „ „ „ 200 „ „ .	1860	80.37	2.89	—	10.13	4.93	1.23	14.74	—	53.91	25.08	6.27	2.36
26	300 „ „ „ 200 „ „ .	1860	81.82	3.12	—	9.35	4.56	1.15	17.15	—	51.43	25.08	6.34	2.74
27	400 „ „ „ 200 „ „ .	1860	81.87	2.57	—	9.89	4.62	1.05	14.19	—	54.51	25.50	5.80	2.27
28	200 „ Gyps	1860	79.46	3.42	—	11.01	4.93	1.18	16.64	—	53.58	24.02	5.76	2.66
29	Forli, Italien: Beginn d. Blüthe, 21. Juni: nicht gegypst .	1876	82.50	2.73	0.76	6.97	5.18	1.86	15.61	4.33	39.80	29.62	10.64	2.50
30	Forli, Italien: Beginn d. Blüthe, 21. Juni: gegypst . . .	1876	82.90	2.67	0.74	6.80	5.05	1.84	15.61	4.34	39.78	25.55	10.72	2.50
31	Forli, Italien: Vollend. Blüthe, 25. Juni: nicht gegypst .	1876	81.75	2.89	0.84	7.28	5.44	1.80	15.84	4.59	39.91	29.80	9.86	2.53
32	Forli, Italien: Vollend. Blüthe, 25. Juni: gegypst . . .	1876	79.00	3.33	0.95	8.32	6.27	2.12	15.85	4.55	39.61	29.89	10.10	2.53
33	Forli, Italien: Beim Reifen der Samen. 4. Juli: nicht gegypst .	1876	80.25	3.14	0.92	7.82	5.89	1.98	15.92	4.66	39.58	29.82	10.02	2.55
34	Forli, Italien: Beim Reifen der Samen. 4. Juli: gegypst . . .	1876	78.50	3.48	0.99	8.40	6.43	2.20	16.20	4.62	39.05	29.92	10.21	2.59
	Mittel der nicht gegypsten Kleeproben		78.5	3.9	1.0	10.0	5.2	1.5	18.2	4.6	46.0	24.0	7.2	2.91
	„ der gegypsten Kleeproben . .		79.7	3.8	1.0	9.0	5.0	1.5	19.0	5.0	44.5	23.5	8.0	3.04

Trifolium pratense, bei verschiedener Düngung: No. 11—14. Pincus u. J. Röllig. — L. V.-St. 10. 1868. 402. Auf Leitnershof bei Insterburg ausgeführt, auf einem sehr gleichmässigen sandigen Lehmboden mit etwas schwer durchlassendem Untergrunde. Das Feld hatte nur wenige Jahre zuvor und vermuthlich auch früher oft Klee getragen. Vorfrucht: Brache mit Düngung, Winterfrucht, Klee. Gedüngt pro Hectar mit 200 kg Gyps oder schwefelsaurer Magnesia. Bis Mitte Juni günstige Witterung, dann anhaltend nass und kalt, so dass sich das Blühen verzögerte und das Erblühen nach Art und Zeit sehr unregelmässig war. Er musste gemäht werden, ehe alle Blüthenknospen erschlossen waren. Ertrag pro Morgen:

	Ungedüngt	Im Herbste Gyps	Im Frühjahr Gyps	Im Frühjahr Magnesiumsulfat
Grün . . .	36.32 Ctr.	44.00 Ctr.	45.92 Ctr.	48.80 Ctr
Wasserfrei .	7.14 „	7.60 „	8.07 „	10.69 „

Zusammensetzung der frischen Substanz hiernach u. nach der Zusammensetzung der Trockensubstanz von uns berechnet. Nh. Substanz nach N × 6.25 umgerechnet.

No. 15—17. R. Heinrich. — Landw. Jahrbücher. 1. 1872. 599. Die Zusammensetzung der ganzen Pflanze wurde von uns aus der der einzelnen Theile berechnet, ebenso die der grünen Pflanzentheile aus denen der resp. Trockensubstanz. Verhältniss der Theile:

	Ungedüngt	Gyps	Kaliumsulfat
Blätter . . .	40.6	34.8	38.9
Stengel . . .	59.4	65.2	61

No. 18—28. P. Bretschneider u. Küllenberg. — 5. Ber. d. V.-St. Ida-Marienhütte 1861. 134. Klee in der Blüthe geschnitten.

No. 29—34. Al. Pasqualini. — Ann. Staz. Agr. Forli. 5. 1876. 65 und Originalmittheilung. Die Zusammensetzung der frischen Substanz und der Trockensubstanz von uns berechnet aus angegebenem Wassergehalt und Zusammensetzung der lufttrocknen Substanz.

No.	Bodenart	Theil	Bezeichnungen und Bemerkungen	Jahr der Untersuchung	In der ursprünglichen Substanz: Wasser %	Nh-Substanz %	Rohfett %	Nfr. Extractstoffe %	Rohfaser %	Asche %	In der Trockensubstanz: Nh-Substanz %	Rohfett %	Nfr. Extractstoffe %	Rohfaser %	Asche %	Stickstoff in der Trocken-Substanz %
			Trifolium pratense. — Einzelne Theile.													
1	Lehmiger Sandboden (Abschwemmungsproduct von Buntsandstein) zu Heidau (Hessen-Cassel). 2. Jahr der Vegetation	Ganze Pflanze	5—6 Blätter, Pflanzen 15—18 cm hoch, Blattflächen 12—15 mm lang, 31. März . . .	1860	82.54	5.19	0.74	7.70	2.00	1.83P	29.71	4.26	43.80	11.47	10.78P	4.853°
2			Beginn der Stengelentwicklung, Pflanzen 30—35 cm h., Blattflächen 25—30 mm l., 26. Apr.	1860	84.04	4.09	0.59	7.05	2.72	1.51	25.61	3.70	44.20	17.04	9.45	4.098
3			Junge, grüne Blüthenköpfe, Pflanzen 50—55 cm h., Blattflächen 30—35 mm l., 19. Mai	1860	82.36	3.43	0.56	7.24	5.03	1.38	19.42	3.19	41.05	28.53	7.81	3.107
4			Beginn der Blüthe, Pflanzen 60—65 cm h., Blattflächen 35—40 mm l., 1. Juni . .	1860	80.55	3.59	0.62	7.29	6.54	1.41	18.46	3.18	37.49	33.63	7.24	2.953
5			Volle Blüthe, Pflanzen 70—80 cm hoch, 16. Juni . . .	1860	79.47	3.55	0.66	7.44	7.51	1.37	17.29	3.23	36.19	36.61	6.68	2.766
6			Ende der Blüthe, 30. Juni .	1860	77.23	3.93	0.73	6.11	10.60	1.40	17.28	3.21	26.79	46.57	6.14	2.765
7		Blätter	5—6 Blätter, Blattflächen 12—15 mm l., 31. März . .	1860	80.02	7.19	0.93	7.75	2.16	1.95	35.97	4.63	38.84	10.81	9.75	5.755
8			Beginn der Stengelentwicklung, Blattflächen 25—30 mm l., 26. April	1860	81.55	6.39	0.77	6.84	2.80	1.65	34.63	4.16	37.08	15.17	8.96	5.541
9			Junge, grüne Blüthenköpfe, Blattflächen 30—35 mm l., 19. Mai	1860	81.11	5.85	0.72	6.43	4.18	1.71	30.95	3.82	34.03	22.14	9.07	4.952
10			Beginn der Blüthe, Blattflächen 35—40 mm l., 1. Juni . .	1860	78.45	6.60	0.84	6.70	5.46	1.95	30.64	3.92	31.06	25.32	9.05	4.902
11			Volle Blüthe, 16. Juni . .	1860	76.76	7.08	0.93	7.18	5.92	2.13	30.45	4.00	30.98	25.42	9.16	4.871
12			Ende der Blüthe, 30. Juni .	1860	73.38	7.99	1.06	7.38	7.76	2.43	30.02	3.99	27.86	29.14	9.00	4.804
13		Blattstiele	5—6 Blätter, 31. März . .	1860	85.27	3.25	0.55	7.29	1.83	1.81	22.03	3.71	49.54	12.43	12.29	3.525
14			Beginn der Stengelentwicklung, 26. April	1860	85.41	2.84	0.49	7.01	2.60	1.65	19.45	3.34	48.07	17.85	11.29	3.111
15			Junge, grüne Blüthenköpfe, 19. Mai	1860	86.04	2.30	0.41	6.32	3.52	1.41	16.51	2.93	45.30	25.20	10.07	2.641
16			Beginn der Blüthe, 1. Juni .	1860	81.81	2.95	0.55	8.00	4.88	1.81	16.21	3.02	43.96	26.85	9.97	2.594
17			Volle Blüthe, 16. Juni . . .	1860	78.53	3.47	0.67	9.14	6.09	2.10	16.17	3.11	42.60	28.37	9.75	2.588
18			Ende der Blüthe, 30. Juni .	1860	73.76	4.27	0.82	11.23	7.45	2.47	16.26	3.14	42.77	28.41	9.42	2.601
19		Stengel	Beginn der Stengelentwicklung, 26. April	1860	85.40	2.83	0.50	7.31	2.74	1.22	19.38	3.42	50.06	18.78	8.37	3.100
20			Junge, grüne Blüthenköpfe, 19. Mai	1860	81.44	2.68	0.55	7.97	6.10	1.26	14.44	2.96	42.96	32.84	6.81	2.310
21			Beginn der Blüthe, 1. Juni .	1860	80.74	2.46	0.55	7.52	7.57	1.16	12.79	2.85	39.10	39.23	6.03	2.046
22			Volle Blüthe, 16. Juni . . .	1860	80.02	2.30	0.59	7.06	8.89	1.09	11.54	2.96	35.44	44.59	5.46	1.847
23			Ende der Blüthe, 30. Juni .	1860	78.37	2.34	0.62	5.06	12.55	1.06	10.84	2.88	23.35	58.01	4.93	1.734
24		Blüthenköpfe	Junge, grüne Blüthenköpfe, 19. Mai	1860	85.13	4.91	0.56	5.97	2.36	1.07	33.04	3.75	40.16	15.87	7.17	5.287
25			Beginn der Blüthe, 1. Juni .	1860	83.14	4.96	0.62	5.87	4.30	1.01	29.44	3.70	34.79	25.48	6.60	4.710
26			Volle Blüthe, 16. Juni . . .	1860	81.42	4.88	0.64	7.52	4.48	1.06	26.26	3.44	40.49	24.11	5.71	4.201
27			Ende der Blüthe, 30. Juni .	1860	78.55	6.91	0.83	6.24	6.33	1.14p	32.22	3.86	29.09	29.50	5.34	5.156o

Trifolium pratense, einzelne Theile: No. 1—27. Th. Dietrich. — Landw. Ztschr. f. Kurhessen. 10. 1864. 216.

In No. 1—27. Schwefel in der Trockensubstanz

No.	1	2	3	4	5	6	7	8	9	10	11	12	13	14	15
	0,33	0,255	0.181	0,175	0.147	0.144	0,384	0,324	0,285	0,280	0,261	0,249	0,250	0,193	0,147 %

No.	16	17	18	19	20	21	22	23	24	25	26	27
	0,145	0.144	0.148	0,222	0.136	0,111	0.175	0,101	0.331	0,287	0,221	0,205 %

No.	Bezeichnungen und Bemerkungen	Jahr der Untersuchung	In der ursprünglichen Substanz: Wasser %	Nh-Substanz %	Rohfett %	Nfr. Extractstoffe %	Rohfaser %	Asche %	In der Trockensubstanz: Nh-Substanz %	Rohfett %	Nfr. Extractstoffe %	Rohfaser %	Asche %	Stickstoff in der Trockensubstanz %
28	Eben aufgeblühter Stoppelklee, Ganze Pflanze	1860	76.16	5.01	1.81	10.96	4.22	1.83P	21.04	7.59	46.00	17.72	7.65P	3.37
29	Stengel und Blattstiele, 54.58 %	1860	78.86	3.04	1.23	10·13	5.09	1.66	14.37	5.81	47.90	24.09	7.83	2.30
30	Blätter, 40.46 %	1860	73.21	7.60	2.56	11.76	2.82	2.04	28.35	9.58	43.90	10.54	7.63	4.53
31	Blüthen, 4.96 %	1860	70.57	5.70	2.06	13.66	6.06	1.95P	19.37	7.01	46.42	20.58	6.62P	3.10
32	Leitnershof b. Insterburg, sandiger Lehmboden: Ungedüngt	1863	80.34	3.34	—	11.36	3.38	1.58P	17.00	—	57.79	17.19	8.02P	2.72°
33	Gyps im Herbste	1863	82.73	3.26	—	9.11	3.33	1.57	18.88	—	52.75	19.27	9.10P	3.02
34	Gyps im Frühjahr	1863	82.42	3.15	—	10.09	3.05	1.29	17.94	—	57.39	17.35	7.32	2.87
35	Bittersalz im Frühjahr	1863	78.09	3.81	—	12.86	3.64	1.60P	17.38	—	58.74	16.60	7.28	2.78
36	Stengel: Ungedüngt, 43.57 %	1863	—	—	—	—	—	—	10.94	—	57.98	23.20	7.88P	1.75
37	Gyps im Herbste, 44.45 %	1863	—	—	—	—	—	—	12.25	—	52.41	27.06	8.28	1.96
38	Gyps im Frühjahr, 43.86 %	1863	—	—	—	—	—	—	11.38	—	58.02	24.40	6.20	1.82
39	Bittersalz im Frühj., 42.15 %	1863	—	—	—	—	—	—	9.63	—	59.74	24.53	6.10	1.54
40	Blätter: Ungedüngt, 46.86 %	1863	—	—	—	—	—	—	21.88	—	57.80	12.05	8.27	3.50
41	Gyps im Herbste, 47.22 %	1863	—	—	—	—	—	—	24.50	—	56.20	12.53	6.77	3.92
42	Gyps im Frühjahr, 42.97 %	1863	—	—	—	—	—	—	22.75	—	59.47	11.13	6.65	3.64
43	Bittersalz im Frühj., 42.95 %	1863	—	—	—	—	—	—	22.75	—	59.17	9.93	8.15	3.64
44	Blüthen: Ungedüngt, 9.57 %	1863	—	—	—	—	—	—	21.00	—	55.82	15.07	8.11	3.36
45	Gyps im Herbste, 8.33 %	1863	—	—	—	—	—	—	22.75	—	51.03	15.93	10.29	3.64
46	Gyps im Frühjahr, 13.17 %	1863	—	—	—	—	—	—	24.50	—	52.64	14.20	8.66	3.92
47	Bittersalz im Frühj., 14.90 %	1863	—	—	—	—	—	—	24.50	—	53.83	13.53	8.15P	3.92°
48	Ganze Pflanze, Gyps	1871	77.57	3.59	1.04	11.40	5.01	1.39P	16.01	4.62	50.84	22.33	6.20P	2.56
49	Desgl., Ungedüngt	1871	79.73	3.21	1.03	10.41	4.37	1.25	15.82	5.08	51.35	21.57	6.18	2,53
50	Desgl., Schwefelsaures Kali	1871	78.45	3.38	1.08	10.92	4.75	1.42	15.70	5.02	50.66	22.05	6.57	1.90
51	Stengel und Blüthenköpfe, Gyps, 65.2 %	1871	79.11	2.48	0.81	10.89	5.64	1.07	11.88	3.88	52.11	27.00	5.13	1.90
52	Desgl., Ungedüngt, 59.4 %	1871	78.94	2.37	0.82	11.05	5.80	1.02	11.25	3.90	52.46	27.56	4.83	1.80
53	Desgl., Schwefels. Kali, 61.1 %	1871	79.83	2.40	0.80	10.19	5.71	1.07	11.88	3.98	50.52	28.32	5.30	1.90
54	Blätter und Blattstiele, Gyps, 34.8 %	1871	74.69	6.01	1.52	12.26	3.44	2 08	23.75	6.02	48.45	13.58	8.22	3.80
55	Desgl., Ungedüngt, 40.6 %	1871	80.88	4.30	1.30	9.51	2.45	1.56	22.50	6.80	49.74	12.82	8.14	3.60
56	Desgl., Schwefels. Kali, 38.9 %	1871	76.27	5.34	1.58	12.07	2.71	2.03P	22.50	6.66	50.87	11.40	8.57P	3.60

Trifolium pratense. — Bei ein- oder mehrmaligem Schneiden.

No.	Bezeichnungen und Bemerkungen	Jahr der Untersuchung	Wasser %	Nh-Substanz %	Rohfett + Nfr. Extractstoffe %	Rohfaser %	Asche %	Nh-Substanz %	Rohfett + Nfr. Extractstoffe %	Rohfaser %	Asche %	Stickstoff in der Trockensubstanz %
1	In England gewachsen, feuchtes Klima, 6 mal geschnitten: Zum 1. Mal am 15. April	1866	82.25	2.68	13.00		2.07	15.12	73.27		11.61	2.42°
2	„ 2. „ „ 28. „	1866	80.10	4.25	13.18		2.47	21.31	66.28		12.41	3.41
3	„ 3. „ „ 12. Mai	1866	82.20	3.94	11.56		2.30	22.12	64.96		12.92	3.54
4	„ 4. „ „ 26. „	1866	79.30	3.19	14.90		2.61	15.37	72.03		12.60	2.46
5	„ 5. „ „ 10. Juni	1866	80.10	4.12	13.69		2.09	20.69	68.81		10.50	3.31
6	„ 6. „ „ 30. „	1866	77.10	4.44	15.95		2.51	19.37	69.67		10.96	3.10
7	5 mal geschn.: „ 1. „ „ 28. April	1866	80.80	2.88	14.41		1.91	14.93	75.13		9.94	2.39
8	„ 2. „ „ 12. Mai	1866	86.30	2.69	9.29		1.72	19.62	67.83		12.55	3.14
9	„ 3. „ „ 26. „	1866	79.80	3.86	13.73		2.61	18.87	68.21		12.92	3.02
10	„ 4. „ „ 10. Juni	1866	78.30	4.12	14.85		2.73	19.01	68.41		12.58	3.04
11	„ 5. „ „ 30. „	1866	77.10	4.31	15.75		2.84	18.81	68.79		12.40	3.01

Trifolium pratense, einzelne Theile: No. 28—31. P. Bretschneider und Küllenberg. — Mitthl. d. landw. Centralver. Schlesien. 14. 1865. 28.
No. 32—47. Siehe S. 78. No. 11—14.
No. 48—56. Siehe S. 78. No. 15—17.
Trifolium pratense, bei ein- oder mehrmaligem Schneiden: No. 1—11. Siehe S. 81. No. 1—30.

No.	Bezeichnungen und Bemerkungen	Jahr der Untersuchung	In der ursprünglichen Substanz						In der Trockensubstanz					Stickstoff in der Trockensubstanz
			Wasser %	Nh-Substanz %	Rohfett %	Nfr. Extractstoffe %	Rohfaser %	Asche %	Nh-Substanz %	Rohfett %	Nfr. Extractstoffe %	Rohfaser %	Asche %	%
12	In England gewachsen, feuchtes Klima: 4 mal geschnitten: Zum 1. Mal am 12. Mai .	1866	81.30	2.87		14.24		1.59	15.37		76.13		8.50	2.46
13	„ 2. „ „ 26. „ .	1866	73.30	4.12		19.39		3.19	15.44		72.62		11.94	2.47
14	„ 3. „ „ 10. Juni	1866	77.70	3.56		16.04		2.70	15.94		71.96		12.10	2.55
15	„ 4. „ „ 30. „	1866	77.00	3.56		16.76		2.68	15.44		72.91		11.65	2.47
16	3 mal geschn.: „ 1. „ „ 26. Mai .	1866	78.70	2.25		17.24		1.81	10.56		80.94		8.50	1.69
17	„ 2. „ „ 10. Juni	1866	71.00	5.56		20.56		2.88	19.18		71.09		9.93	3.07
18	„ 3. „ „ 30. „	1866	77.01	4.19		14.92		3.88	18.18		65.01		16.81	2.91
19	3 mal geschn.: „ 1. „ „ 2. „	1866	78.80	2.06		17.51		1.63	9.69		82.68		7.68	1.55
20	„ 2. „ „ 16. „	1866	69.20	4.50		23.11		3.19	14.56		75.09		10.35	2.33
21	„ 3. „ „ 28. „	1866	69.20	2.50		25.81		2.49	8.06		83.86		8.08	1.29
22	2 mal geschn.: „ 1. „ „ 9. „	1866	73.20	2.97		21.80		2.03	8.81		83.62		7.57	1.41
23	„ 2. „ „ 30. „	1866	70.90	4.12		21.83		3.15	14.12		75.06		10.82	2.26
24	2 mal geschn.: „ 1. „ „ 16. „	1866	74.10	2.94		21.08		1.88	11.31		81.44		7.25	1.81
25	„ 2. „ „ 28. Juli	1866	69.50	3.25		24.38		2.87	10.62		79.97		9.41	1.70
26	je 1 mal geschnitten: Am 23. Juni	1866	72.50	2.56		22.81		2.13	9.31		82.95		7.74	1.49
27	„ 30. „	1866	65.20	2.87		29.49		2.44	8.25		84.74		7.01	1.32
28	„ 7. Juli	1866	68.70	2.50		26.59		2.21	7.94		85.00		7.06	1.27
29	„ 18. „	1866	64.01	2.37		31.01		2.61	6.62		86.13		7.25	1.06
30	„ 28. „	1866	50.80	3.00		43.27		2.93	6.06		87.99		5.95	0.97

Trifolium procumbens L. — Niederliegender Klee, Mittlerer Goldklee. — Hop trefoil. — Trèfle couché.

No.	Bezeichnungen und Bemerkungen	Jahr	Wasser	Nh-Substanz	Rohfett	Nfr. Extractstoffe	Rohfaser	Asche	Nh-Substanz	Rohfett	Nfr. Extractstoffe	Rohfaser	Asche	Stickstoff
1	Cirencister, England. Natürlicher Standort, Wiese mit kalkhaltigem Lehmboden, Blüthezeit, 13. Juni gesammelt	1849	83.43	3.39	0.77	7.25	3.74	1.37	20.48	4.67	43.86	22.66	8.33	3.228°

Trifolium repens L. — Weissklee, kriechender Klee, Steinklee. — White trefoil, Dutch clover. — Trèfle rampant, Triolet, petit Trèfle blanc.

No.	Bezeichnungen und Bemerkungen	Jahr	Wasser	Nh-Substanz	Rohfett	Nfr. Extractstoffe	Rohfaser	Asche	Nh-Substanz	Rohfett	Nfr. Extractstoffe	Rohfaser	Asche	Stickstoff
1	Cirencister, England. Natürlicher Standort, Wiese mit kalkhaltigem Lehm. Blüthezeit, 18. Juni	1849	79.71	3.80	0.89	8.14	5.38	2.08	18.76	4.38	40.04	26.53	10.29	2.952°
2	England. Auf einem Acker gebaut, zu Beginn der Blüthe	1851	83.65	4.50	—	(10.28)	(9.80)	1.57	27.31	—	(62.09)	(59.94)	9.60	4.37°
3	Preussen, Prov. Posen. Ein Fuss hoch	1877	—	—	—	—	—	—	25.68	4.87	33.14	22.95	13.36P	4.11

Trifolium pratense, bei ein- oder mehrmaligem Schneiden: No. 1—30. Aug. Völcker. — J. R. St. S. England. 1867. II. 30. — Obige Analysen wurden gelegentlich einer Untersuchung über die Frage ausgeführt, ob der Klee bei häufigerem Schneiden desselben, und immer jung geschnitten, mehr an Nährstoffen liefert, als bei weniger häufigem Mähen und in späteren Entwickelungsstadien geschnitten. Auf 1 Hectar berechnet ergeben sich aus den Daten des Verf. folgende Nährstoffmengen in kg:

Wie oft gemähet	Tag des ersten Schnittes	Heuertrag aller Schnittte	Nh. Stoffe	Nfr. Stoffe	Mineralstoffe
6 mal	15. April	3462	440	1868	304
5 „	28. „	3988	530	2432	364
4 „	12. Mai	5188	640	3280	610
3 „	26. „	7000	670	4368	476
3 „	2. Juni	7424	580	5128	558
2 „	9. „	8120	600	5688	520
2 „	16. „	9512	880	6452	590
1 „	23. „	8216	636	5696	528
1 „	30. „	8196	556	5794	476
1 „	7. Juli	7510	488	5328	438
1 „	18. „	7774	420	5588	468
1 „	28. „	6758	338	4958	334

Trifolium procumbens: No. 1. Th. Way. Vergl. unter Trifolium medium No. 3—4.

Trifolium repens: No. 1. Th. Way. Vergl. unter Trifolium medium No. 3—4.
No. 2. Aug. Völcker. Ibid. S. 56.
No. 3. E. Wildt. Originalmitthl. (Landw. Centralbl. f. Posen 1878. 163.)

No.	Bezeichnungen und Bemerkungen	Jahr der Untersuchung	In der ursprünglichen Substanz						In der Trockensubstanz					Stickstoff in der Trockensubstanz
			Wasser %	Nh-Substanz %	Rohfett %	Nfr. Extractstoffe %	Rohfaser %	Asche %	Nh-Substanz %	Rohfett %	Nfr. Extractstoffe %	Rohfaser %	Asche %	%
4	Von einer sonnigen Wässerungswiese,[1]) fast verblüht, 9. Juli	1854	82.00		11.70		4.8	1.5	—	—	—	26.66	8.33	—
5	Auf dem Felde im Gemenge mit Rothklee, Gelbklee u. Raygras cultivirt und sehr üppig gewachsen, volle Blüthe, 13. Juni	1854	85.60		7.3		5.3	1.8	—	—	—	36.80	12.50	—
	Trifolium striatum L. — Gestreifter Klee. — Soft-knotted trefoil. — Trèfle strié.													
1	England. Armer Sandboden, Probe ausnahmsweise stenglig und überreif . .	1867	55.46	5.75	1.52	15.60	18.29	3.38	12.87	3.39	35.07	41.06	7.58	2.06
	Trigonella foenum graecum L. — Griechisches Heu; Bockshorn, gem. Hornklee. — Fanugreck. — Fenugrec.													
1	Frisch. In der Reife	1873	32.00	9.91	1.73	22.08	29.92	4.36	14.58	2.54	32.46	44.01	6.41	2.33
2	Desgl.	1874	40.18	8.67	1.34	21.37	24.71	3.73	14.09	2.24	36.14	41.31	6.22	2.25
	Mittel		36.09	9.29	1.54	21.72	27.32	4.04	14.34	2.39	34.29	42.66	6.32	2.29
	Ulex europaeus L. — Stechginster, Gaspeldorn. — Furze, Whin, Gorse. — Ajonc d'Europe, Genest épineux.													
1	Vorjährige Pflanzen am 1. April gesammelt	1879	38.98	5.96	1.18	21.80	28.55	3.53	9.76	1.92	35.74	46.80	5.78	1.56
2		1880	43.06	6.22	2.40	18.68	28.26	1.38	10.92	4.21	32.83	49.62	2.42	1.75
3		—	51.50	4.50	2.00	8.75	29.00	4.00	9.27	4.12	18.55	59.81	8.25	1.48
4	Anfang October geschnitten	1884	54.00	4.53	0.96	16.43	21.69	2.39	9.84	2.09	35.72	47.16	5.19	1.57°
5	Desgl.	1884	60.70	4.40	1.18	14.23	17.96	1.53	11.25	3.00	36.20	45.66	3.89	1.80°
	Mittel[2])		52.30	4.87	1.46	15.17	23.76	2.44	10.21	3.07	31.81	49.81	5.10	1.63
	Vicia Cracca L. — Gemeine Vogelwicke. — Tufted vetch. — Vesce multiflore, Pois à crapaud.													
1	Knospen hervortretend, 10. Juni . . .	1855	75.00	5.91	—	9.09	8.50	1.50	23.64	36.36		34.00	6.00	3.78
2	Vor der Blüthe	1855	—	—	—	—	—	—	27.37	1.43	44.38	19.99	6.83P	4.38
	Mittel		75.00	6.38	0.36	9.93	6.72	1.61	25.51	1.43	39.65	26.99	6.42	4.08
	Vicia Faba L. — Buff- oder Saubohne, Pferdebohne. — Bean. — Fève.													
1	Kräftig entwickelt, ganze Pflanze, 26. Juni geschnittten	1854	87.30	2.76	—	5.44	3.50	1.00	21.73	42.84		27.56	7.87	3.47
2	Blätter	1854	82.60	5.33	—	8.57	2.00	1.50	30.63	49.26		11.49	8.62	4.90
3	Stengel	1854	90.10	0.49	—	3.51	4.90	1.00	4.95	35.46		49.49	10.10	0.79

Trifolium repens: No. 4 u. 5. Em. Wolff. Hohenheimer Mitthl. 2. Heft. 1855. S. 129.

[1]) Man war nicht im Stande, die ganze Pflanze einzusammeln und musste in weit grösserer Menge die Blüthenstengel abbrechen, als die übrigen Theile der Pflanzen.

Trifolium striatum: No. 1. Aug. Völcker. — J. Roy. Agr Soc. of Engl. I. Ser. Vol. 4. S. 301. Die ausführliche Analyse ergab:

	Fett und Wachs	Lösliche Eiweissstoffe	Unlösliche Eiweissstoffe	Gummi u. Zucker	Verdauliche Faser	Unverdaul. Faser	Lösl. Mineralstoffe	Unlösliche Mineralstoffe
Grüne Pflanze . .	1.52	3.79	1.96	2.96	12.64	18.29	1.66	1.72
Wasserfreie Pflanze	3.39	8.50	4.40	6.70	28.37	41.06	3.72	3.86

Trigonella foenum graecum: No. 1 u. 2. Al. Pasqualini. — 1873.

Ulex europaeus: No. 1. M. Maercker. — Ztschr. d. landw. Centralver. f. d. Prov. Sachseu 1880. 17. Das Futter war etwas welk, 1878 im 3. Jahre der Cultur und im Winter geschnitten.

No 2. J. Fittbogen u. Wilfarth. — Privatmitthl.

No. 3. Blythe. — Aus Farmers herald 1866. No. 12 in Hoffmann'sch. Jahresber. f. Agriculturchem. 1866. 321.

No. 4 u. 5. Troschke. — Biedermann's Centralbl. f. Agriculturchem. 14. 1885. 115. No. 4 stammte aus der Stettiner, No. 5 aus der Greifenberger Gegend; No. 4 kam in gequetschtem, No. 5 in natürlichem Zustande zur Einsendung. Reinasche 1.086 %. N in Amidform No. 4 0.19, in No. 5 0.18 in % der Trockensubstanz. N in Stutzer'scher Verdauungsflüssigkeit löslich 0.74 resp. 0.91 %.

[2]) Das Mittel des Wassergehaltes der frischen Substanz wurde unter Ausschluss von dem Wassergehalt bei No. 1 berechnet, dürfte aber dennoch etwas zu niedrig liegen.

Vicia Cracca: No. 1. H. Ritthausen. — Mitth. a. Waldau. 1. Heft. 68. Holzfaserbestimmung mit 2 % Schwefelsäure und 2 % Kalilauge, N × 6.25.

No. 2. P. Bässler. — L. V.-St. 27. 1881. 415. Dieselben stammten von einem niemals gedüngten Grauwackenboden (Wildland) im westfälischen Sauerlande. In der Asche von 100 Trockensubstanz waren enthalten 2.52 Kali, 0.70 Phosphorsäure.

Vicia Faba: No. 1—3. H. Ritthausen. Vergl. No. 1 unter Vicia Cracca.

No.	Bezeichnungen und Bemerkungen	Jahr der Untersuchung	In der ursprünglichen Substanz						In der Trockensubstanz					Stickstoff in der Trockensubstanz
			Wasser	Nh-Substanz	Rohfett	Nfr. Extractstoffe	Rohfaser	Asche	Nh-Substanz	Rohfett	Nfr. Extractstoffe	Rohfaser	Asche	
			%	%	%	%	%	%	%	%	%	%	%	%
4	Erste Blüthenknospe sichtbar, am 1. Juni	1878	—	—	—	—	—	—	19.65	4.98	44.38	13.54	17.45P	3.14
5	Vier Tage nach Beginn der Blüthe, am 20. Juni	1878	—	—	—	—	—	—	22.41	5.33	29.85	28.01	14.40	3.58
6	Letztes Blüthestadium, am 2. Juli . .	1878	—	—	—	—	—	—	19.47	5.50	—	—	11.68	3.11
7	Schoten zur Hälfte ihrer Länge entwickelt, am 17. Juli	1878	—	—	—	—	—	—	10.84	2.90	56.28	23.96	6.02	1.73
8	Schoten vollkommen ausgewachsen, Abwelken der Blätter, am 6. August .	1878	—	—	—	—	—	—	12.17	0.96	46.37	31.22	9.28	1.95
9	Fruchtreife, am 2. September . . .	1878	—	—	—	—	—	—	14.60	3.86	41.55	30.44	9.55P	2.33

Vicia monantha Koch. — Wicklinse.

No.	Bezeichnungen und Bemerkungen	Jahr	Wasser	Nh-Substanz	Rohfett	Nfr. Extractstoffe	Rohfaser	Asche	Nh-Substanz	Rohfett	Nfr. Extractstoffe	Rohfaser	Asche	Stickstoff
1	In der Blüthe, zum Theil abgeblüht und mit angesetzten Früchten	1880	87.20	2.95	0.27	5.28	3.12	1.18	23.00	2.12	41.26	24.40	9.22	3.68

Vicia narbonensis L. Römische Wicke, narbonische Wicke, schwarze Erbse, schwarze Ackerbohne. — Narbonne Vetch. Broad-leaved Vetch. — Vesce de Narbonne.

In verschiedenen Wachsthumsperioden.

No.	Bezeichnungen und Bemerkungen	Jahr	Wasser	Nh-Substanz	Rohfett	Nfr. Extractstoffe	Rohfaser	Asche	Nh-Substanz	Rohfett	Nfr. Extractstoffe	Rohfaser	Asche	Stickstoff
1	Beginn der Rankenbildung, ges. 1. Juni	1878	—	—	—	—	—	—	19.14	4.05	41.72	21.51	13.58P	3.06
2	Ende der Blüthe, ges. 2. Juli . . .	1878	—	—	—	—	—	—	25.57	4.38	30.17	27.57	12.31	4.09
3	Beginn des Ausreifens der Schoten, Blätter welk, ges. 6. Aug.	1878	—	—	—	—	—	—	16.36	2.83	45.17	23.11	12.53	2.62
4	Reif, ges. 26. Aug.	1878	—	—	—	—	—	—	12.11	2.79	40.46	35.46	9.18P	1.93

Vicia sativa L. — Saatwicke, gemeine Futterwicke. — Common Vetch, Tare. — Vesce cultivée. V. de pigeon.

No.	Bezeichnungen und Bemerkungen	Jahr	Wasser	Nh-Substanz	Rohfett	Nfr. Extractstoffe	Rohfaser	Asche	Nh-Substanz	Rohfett	Nfr. Extractstoffe	Rohfaser	Asche	Stickstoff
1	Blüthentheile noch nicht sichtbar (Hopetoun-W.)	1881	88.41	2.71	0.24	4.10	3.41	1.13	23.39	2.06	35.42	29.39	9.74	3.74
	Bei beginnender Blüthe.													
2	Ueppig entwickelt, 11. Juli geschn. . .	1854	84.00	3.74	—	4.86	5.10	2.30	23.37	—	—	31.87	14.37	3.74
3	Sehr zart	1872	84.00	3.84	0.44	5.30	4.41	2.01	24.00	2.77	33.12	27.55	12.56P	3.85
	In der Blüthe.													
4	Wiese mit kalkhaltigem Lehm, 13. Juni geschnitten	1849	82.90	3.98	0.52	6.81	4.68	1.11	23.26	3.06	39.80	27.38	6.50	3.72°
5	Ungedüngtes Ackerfeld	1851	82.16	3.56	—	—	—	1.54	20.00	—	—	—	8.63	3.20
6	(Frankenfelde)	1853	84.06	2.70	0.58	—	—	1.42	16.93	3.64	—	—	8.91	2.71
7	(Möckern), 23. Juni	1854	82.87	2.80	—	7.00	5.50	1.71	16.34	—	41.59	32.09	9.98	2.61
8	Desgl., 25. Juli	1855	80.80	3.60	—	6.50	6.10	2.10	18.75	—	38.54	31.77	10.94	3.00

Vicia Faba: No. 4—9. R. Pott. — L. V.-St. 25. 1880. 57. Das Land hatte 1875 Leindotter, 1876 Mais, beide ohne Dünger, 1877 Runkelrüben mit Stalldünger gedüngt, getragen. Die Bohnen und Wicken wurden am 21. April gesäet. Die Blüthe der Wicken begann den 18. Juni.
Vicia monantha: No. 1. Th. Dietrich u. O. Toepelmann. — Originalmitthl. In Gartenland gewachsen.
Vicia narbonensis: No. 1—4. — R. Pott. — Vergl. unter Vicia Faba No. 4—9.
Vicia sativa: No. 1. Th. Dietrich u. O. Toepelmann (Marburg). — Privatmitthl. Die Analyse betrifft die Hopetounwicke, Vic. sativa serotina Alfld.
No. 2. Em. Wolff u. Jani. — Hohenheim. Mitthl. II. 1855. 114. Nh. Substanz N × 6.25 von uns berechnet. Im Gemenge mit Hafer gebaut.
No. 3. Em. Wolff. — Die Ernährung der landwirthsch. Nutzthiere. 1876. 103. Als Heu im November untersucht, von uns auf frische Wicken berechnet unter Annahme obigen Wassergehaltes.
No. 4. Thom. Way. — J. R. Agric. S. of Engl. 1853. 14. I. 171—187. Nh. Substanz N × 6.25 von uns berechnet. Die Pflanzen wurden von ihrem natürlichen Standort (also wild) gesammelt.
No. 5. Aug. Völcker. — J. Highl. Soc. Juli 1853. 56. In Wasser löslich: organische Substanz 6.07, Asche 1.07.
No. 6. Eichhorn. — Ockel's Ber. I. 211. Nh. Substanz N × 6.25 von uns berechnet.

No.	Bezeichnungen und Bemerkungen	Jahr der Untersuchung	In der ursprünglichen Substanz: Wasser %	Nh-Substanz %	Rohfett %	Nfr. Extractstoffe %	Rohfaser %	Asche %	In der Trockensubstanz: Nh-Substanz %	Rohfett %	Nfr. Extractstoffe %	Rohfaser %	Asche %	Stickstoff in der Trockensubstanz %
	Nach der Blüthe.													
9	Magerer Boden, bei Ansetzen der Samen	1873	49.14	14.18	0.56	20.33	12.80	2.99	27.88	1.10	39.97	25.16	5.89	4.46
10	(Möckern), 12. Juli	1854	80.60	3.10	—	6.10	8.80	1.40	15.98	—	31.45	45.35	7.22	2.55
11	Reif, 9. August	1855	84.30	3.90	—	4.50	5.80	1.50	24.84	—	28.67	36.94	9.55	3.97
	In verschiedenen Wachsthumsperioden.													
	Schwarzsamige Wicke. (Verhältniss v. Blättern zu Stengeln)													
12	Am 23. Mai … 1:1.03	1854	83.70	4.70	—	5.80	3.90	1.90	28.83	—	35.58	23.93	11.66	4.61
13	Am 12. Juni … 1:1.68	1854	83.20	3.30	—	6.30	5.60	1.60	19.64	—	37.57	33.27	9.52	3.14
14	Am 23. Juni, in der Blüthe 1:2.70	1854	82.87	2.80	—	7.00	5.50	1.71	16.34	—	41.59	32.09	9.98	2.61
15	Am 12. Juli … 1:3.72	1854	80.60	3.10	—	6.10	8.80	1.40	15.98	—	31.45	45.35	7.22	2.55
16	Am 9. Juli	1855	83.60	4.20	—	6.10	4.30	1.80	25.61	—	37.41	26.21	10.97	4.09
17	Am 25. Juli, in der Blüthe	1855	80.80	3.60	—	6.50	6.10	2.10	18.75	—	38.54	31.77	10.94	3.00
18	Am 9. August, reif	1855	84.30	3.90	—	4.50	5.80	1.50	24.84	—	28.67	36.94	9.55	3.97
19	Am 12. Juni: Blätter	1854	83.10	4.70	—	4.40	6.00	1.80	27.81	—	26.03	35.50	10.66	4.45
20	Am 12. Juni: Stengel	1854	87.30	—	—	—	5.00	1.50	—	—	—	36.50	10.95	—
21	Am 12. Juli: Blätter	1854	73.80	7.70	—	8.50	7.40	2.60	29.38	—	32.44	28.26	9.92	4.70
22	Am 12. Juli: Stengel	1854	80.80	2.90	—	4·10	11.00	1.20	15.10	—	21.37	57.28	6.25	2.42
	Mittel aus No. 2 u. 3 bei beginnender Blüthe		84.00	3.80	0.44	4.86	4.75	2.15	23.68[1])	2.77	30.40	29.70	13.45	3.79
	Mittel aus No. 4—8, 14 u. 17 in voller Blüthe		82.30	3.30	0.59	6.66	5.49	1.66	18.62	3.35	37.63	31.00	9.40	2.98
	Vicia sepium L. — Zaunwicke. — Bush Vetch. — Vesce des haies.													
	In der Blüthe.													
1	Wiese mit kalkhaltig. Lehm, 9. Juni ges.	1849	79.90	4.57	0.58	6.73	6.24	1.98	22.74	2.88	33.49	31.04	9.85	3.64°
2	Möckern	1854	77.70	5.13	—	8.37	7.70	1.00	23.00	—	38.00	34.52	4.48	3.68
	Mittel		78.80	4.85	0.61	7.38	6.97	1.49	22.87	2.88	34.30	32.78	7.17	3.66
	Kleegemisch, grün.													
1	Rothklee, Luzerne u. Esparsette: 31. Mai, vor der Blüthe	1873	81.14	3.63	0.58	7.95	4.81	1.89	19.24	3.10	42.10	25.51	10.05	3.08
2	16. Juni, während d. Blüthe	1873	80.10	3.06	0.48	7.46	6.85	1.85	15.40	2.43	38.47	34.42	9.28	2.46
3	30. „ nach der Blüthe	1873	75.34	3.50	0.75	9.04	9.27	2.10	14.21	3.04	39.35	34.87	8.53	2.27
	Gemengfutter.													
1	Wickhafer, 53 % Wicken, 47 % Hafer in der Blüthe	1853	82.59	2.27	0.58	—	—	1.39	13.04	3.33	—	—	7.98	2.09
2	Wickhafer	1871	81.50	3.39	0.46	6.15	6.36	2.14	18.32	2.49	32.25	34.37	11.57	2.93
3	Wickhafer	1873	87.37	1.58	—	4.95	4.64	1.46	12.51	—	39.15	36.76	11.58	2.00
	Wickhafer. Mittel (No. 1—3)		83.82	2.41	0.52	5.76	5.50	1.99	14.62	2.91	36.53	35.56	10.38	2.31
4	Buchweizen und Senf	1884	80.50	1.75	0.42	11.08	4.48	1.77	9.00	2.15	56.82	22.95	9.08	1.44

Vicia sativa: No. 7—22. H. Ritthausen. — Mitthl. aus Waldau. I. 1859. 68. Holzfaserbestimmung: 2 % Kalilauge und 2 % Schwefelsäure.

In Wasser löslich:	Nh. Substanz	Nfr. Substanz	Asche
9. Juli 1855	1.72	3.17	1.06
25. „ 1855	0.92	1.22	1.15
9. Aug. 1855	1.58	1.71	0.89

[1]) Die N-Verbindungen der grünen Wicken zerfallen nach O. Kellner (Privatmitthl.) für die Trockensubstanz in:

	Stickstoff im Ganzen	Stickstoff im Nichtproteïn	in % v. Gesammt-N
a. Ungedüngt, in der Blüthe, 1880	4.05	1.067	26.3
b. „ reif, 1880	3.09	0.496	13.3

Vicia sepium: No. 1—2. H. Ritthausen. — Vergl. unter Vicia sativa No. 7—22.
Kleegemisch: No. 1—3. P. Wagner u. K. Schäfer. — Ber. d. V.-St. Darmstadt 1864. 84.
Gemengfutter: No. 1. Eichhorn. — Weender Jahresber. 1854. II. 79. (Ockel's Ber. I. 211.)
No. 2. H. Weiske u. E. Wildt (V.-St. Proskau). — Preuss. Annal. d. Landw. Wochenbl. 1871. 311.
No. 3. Th. Dietrich (V.-St. Altmorschen). — Landw. Ztschr. f. d. Regierungsbez. Kassel 1873. 529.
No. 4. Th. Dietrich u. A. Hesse (V.-St. Marburg). — Ebdas. 1884.

VI. Cruciferen.

No.	Bezeichnungen und Bemerkungen	Jahr der Untersuchung	In der ursprünglichen Substanz: Wasser %	Nh-Substanz %	Rohfett %	Nfr. Extractstoffe %	Rohfaser %	Asche %	In der Trockensubstanz: Nh-Substanz %	Rohfett %	Nfr. Extractstoffe %	Rohfaser %	Asche %	Stickstoff in der Trockensubstanz %
	Brassica Napus oleifera L. — Winter-Raps, Kohlraps, Rapsaat. — Rapseed, Colseed. — Rabette, Navette d'hiver, Colza.													
1	In der Blüthe	1853	87.05	2.76	—	—	5.05	1.61	21.31	—	—	—	12.43	3.41°
2	Desgl.	1854	87.05	3.13	0.65	—	3.13	1.61	24.19	5.02	—	24.16	12.42	3.87
3	Desgl.	1855	83.70	3.10	1.10	6.31	3.80	1.99	19.00	6.74	38.72	23.31	12.23	3.04
4	In der Blüthe	1860	87.00	1.77	—	—	—	1.37	13.58	—	—	—	10.43	2.173°
5	In voller Blüthe, 20. April	1876	84.93	3.45	0.66	5.10	3.83	2.03	22.89	4.38	33.84	25.42	13.47	3.66
	In verschiedenen Vegetationsperioden.													
6	Beginn der Blüthe, 27. April	1857	87.40	3.13	—	—	—	1.21	24.81	—	—	—	9.60	3.97°
7	Volle Blüthe, 9. Mai	1857	83.60	2.62	—	—	—	1.10	16.00	—	—	—	6.70	2.56
8	Fast verblüht u. fast blätterlos, 23. Mai	1857	81.60	2.84	—	—	—	1.58	15.44	—	—	—	8.60	2.47
9	Schoten fast bis zur normalen Grösse entwickelt, 25. Juni	1857	75.80	2.30	—	—	—	1.33	9.50	—	—	—	5.50	1.52
10	Pflanze noch sehr saftig, Körner ziemlich reif, 6. Juli	1857	66.40	3.34	—	—	—	2.15	9.94	—	—	—	6.40	1.59
11	Aus meist Wurzelblättern bestehend, m. Blüthenknosp. kaum fusshoch, 28. Apr.	1859	—	—	—	—	—	—	27.20	—	—	—	14.26	4.29°
12	Blüthe fast vollendet, fast nur Stengelblätter vorhanden, 31. Mai	1859	—	—	—	—	—	—	16.60	—	—	—	10.33	2.63
13	Beinahe reif	1859	—	—	—	—	—	—	10.24	—	—	—	8.16	1.60
14	Vor der Blüthe, 55 cm hoch, 22. März	1860	88.00	2.00	—	—	—	1.33	16.67	—	—	—	10.79	2.667°
15	In der Blüthe, 95 cm hoch, 2. April	1860	87.00	1.77	—	—	—	1.37	13.58	—	—	—	10.43	2.173
16	Vollkommen abgeblüht, 122 cm h., 6. Mai	1860	84.20	1.53	—	—	—	1.74	9.71	—	—	—	11.02	1.554
17	Desgl., 136 cm hoch, 6. Juni	1860	81.85	1.53	—	—	—	1.77	8.43	—	—	—	9.76	1.349
18	Schoten gelb, Blätter i. Abfallen, 20. Juni	1860	80.20	1.58	—	—	—	1.43	7.96	—	—	—	7.22	1.274

Brassica Napus oleifera: No. 1. Aug. Völcker. — J. Highl. Soc. Juli 1853—56. (Weende'r Jahresb. 1853. II. 24.)

No. 2. Aug. Völcker. — J. Highl. Soc. Juli 1854. 431. (Weende'r Jahresb. 1854. II. 20.)
Die Pflanze enthält an näheren Bestandtheilen:

	Lösliches Eiweiss	Unlösl. Proteïn	Holzfaser	Asche in der Holzfaser	Gummi u. Pektin	Salze in Alkohol unlöslich	Salze in Alkohol löslich	Zucker	Fett und Chlorophyll
In der frischen Pflanze	1.640	1.493	3.560	0.432	1.729	0.990	0.186	2.218	0.649
In der Trockensubst.	12.664	11.529	27.490	3.335	13.351	7.645	1.435	17.622	5.026

Hiernach wurde der ursprünglich angegebene Gehalt an Holzfaser durch Subtraction der Asche in der Holzfaser, welche auch in der Gesammtasche schon enthalten, corrigirt.

No. 3. H. Ritthausen. — Mitthl. a. Waldau. I. 1859. 68. Holzfaser mit 2% Schwefelsäure und 2% Kalilauge bestimmt. Die Zusammensetzung der frischen und der trocknen Substanz von uns aus dem angegebenen Wassergehalt und der Zusammensetzung der lufttrocknen Substanz berechnet. Boden: thoniger Lehmboden, Verwitterungsboden von feinkörnigem thonigem Liassandstein.

No. 4. Isidore Pierre. — Hoffmann's Jahresber. 3. 1860—61. 120—124. Näheres unter „In verschiedenen Stadien des Wachsthums".

No. 5. A. Galimberti. — (V.-St. Lodi). Originalmitthl.

No. 6—13. Em. Wolff u. Maslo. — Hohenh. Mitthl. 5. 161. Boden: thoniger Lehmboden, Verwitterungsboden von feinkörnigem thonigem Liassandstein.

No. 14—44. Isid. Pierre. — Hoffmann's Jahresber. 3. (1860—61.) 120—121. (Annal. d. chimie et d. phys. 60. (1860.) 129. Nh. Substanz von uns berechn.; desgl. Wassergehalt aus dem Gewicht der frischen u. trocknen Erntemassen. Auf einem mit Raps gleichmässig bestandenem Felde wurden je 40 Pflanzen zu jeder Periode entnommen. Gewicht der trocknen Erntemassen pro ha in kg:

	Stengel	Spitzen d. Aeste mit Blüthen	Grüne Blätter	Trockne Blätter	Gesammtgewicht
Am 22. März	943	208	1745	—	3712
„ 2. April	1310	323	1610	150	4291
„ 6. Mai	3861	1493	911	907	8457
„ 6. Juni	3278	3887	66	814	9201
„ 20. „	2987	5018	—	—	9194

No.	Bezeichnungen und Bemerkungen	Jahr der Untersuchung	In der ursprünglichen Substanz: Wasser %	Nh-Substanz %	Rohfett %	Nfr. Extractstoffe %	Rohfaser %	Asche %	In der Trockensubstanz: Nh-Substanz %	Rohfett %	Nfr. Extractstoffe %	Rohfaser %	Asche %	Stickstoff in der Trockensubstanz %
	Einzelne Theile in verschiedenen Vegetationsperioden.													
19	Stengel, entblättert und ohne Spitzen, 22. März	1860	89.24	1.31	—	—	—	1.03	12.21	—	—	—	9.52	1.954°
20	Desgl., 2. April	1860	89.00	1.14	—	—	—	1.02	10.38	—	—	—	9.27	1.660
21	Desgl., 6. Mai	1860	85.60	0.89	—	—	—	1.11	5.80	—	—	—	7.18	0.928
22	Desgl., 6. Juni	1860	84.00	0.69	—	—	—	1.16	4.33	—	—	—	7.22	0.692
23	Desgl., 20. Juni	1860	85.20	0.41	—	—	—	0.99	2.81	—	—	—	6.72	0.449
24	Spitzen der Aehre mit Blüthen oder Schoten, 22. März	1860	86.67	4.86	—	—	—	1.37	36.57	—	—	—	10.28	5.851
25	Desgl., 2. April	1860	85.40	4.60	—	—	—	1.44	31.50	—	—	—	9.86	5.040
26	Desgl., 6. Mai	1860	86.60	2.78	—	—	—	1.16	20.78	—	—	—	8.67	3.325
27	Desgl., 6. Juni	1860	82.70	2.37	—	—	—	1.34	13.75	—	—	—	7.74	2.200
28	Desgl., 20. Juni	1860	75.00	3.04	—	—	—	1.88	12.18	—	—	—	7.52	1.948
29	Grüne Blätter, 22. März	1860	88.40	1.96	—	—	—	1.51	16.94	—	—	—	13.04	2.710
30	Desgl., 2. April	1860	87.50	2.04	—	—	—	1.65	16.31	—	—	—	13.24	2.610
31	Desgl., 6. Mai	1860	87.60	2.22	—	—	—	2.50	17.94	—	—	—	20.16	2.870
32	Desgl., 6. Juni	1860	84.70	2.32	—	—	—	4.41	15.16	—	—	—	28.83	2.425
33	Vertrocknete Blätter, 2. April	1860	87.40	1.18	—	—	—	2.26	9.38	—	—	—	17.90	1.500
34	Desgl., 6. Mai	1860	79.20	1.52	—	—	—	6.20	7.31	—	—	—	28.10	1.170
35	Desgl., 6. Juni	1860	40.60	3.13	—	—	—	19.45	5.27	—	—	—	32.75	0.843
	Nach dem Grade ihrer Entwicklung.													
36	Sehr schwache Pflanzen	1860	87.98	1.89	—	—	—	9.97	17.25	—	—	—	8.04	2.760
37	Desgl.	1860	87.20	2.04	—	—	—	1.16	15.98	—	—	—	9.05	2.557
38	Schwache Pflanzen	1860	89.50	1.66	—	—	—	1.21	15.85	—	—	—	11.48	2.536
39	Mittlere Pflanzen	1860	90.33	1.69	—	—	—	—	17.44	—	—	—	—	2.790
40	Starke Pflanzen	1860	91.85	2.16	—	—	—	—	26.44	—	—	—	—	4.23
41	Sehr starke Pflanzen	1860	89.85	1.32	—	—	—	1.12	21.88	—	—	—	11.07	3.50
42	Ungemein starke Pflanzen	1860	92.60	1.78	—	—	—	1.06	24.00	—	—	—	14.35	3.84
	Einzelne Theile.													
43	Blätter	1854	87.09	2.88	—	—	—	1.66	22.37	—	—	—	12.85	3.58
44	Stengel	1854	92.42	0.51	—	—	—	1.20	6.69	—	—	—	15.83	1.07
	Mittel: in der Blüthe (No. 1—5, u. 7)		85.50	2.82	0.78	5.73	3.53	1.64	19.50	5.38	39.48	24.36	11.28	3.12
	Mittel: Ende der Blüthe (No. 8 u. 12)		81.60	2.94	—	—	—	1.75	16.00	—	—	—	9.50	2.56

Brassica Napus L. — Kohlraps, Kohlrübe, Steckrübe, Unterkohlrabi, Ruterbage, Wrucke. — Swedish turnip. — Chou rutabaga, Navet de Suède. (Blätter.)

No.	Bezeichnungen und Bemerkungen	Jahr	Wasser	Nh-Substanz	Rohfett	Nfr. Extractstoffe	Rohfaser	Asche	Nh-Substanz	Rohfett	Nfr. Extractstoffe	Rohfaser	Asche	Stickstoff
1	Schwedischer Turnips	1853	88.37	2.08	—	1.62	5.64	2.29	17.94	—	13.86	48.47	19.73	2.871°
2	„ „ Norfolk Bell Turnips	1853	91.28	2.46	—	0.65	4.09	1.52	28.17	—	7.44	46.95	17.44	4.508°

Brassica Napus oleifera: No. 19—42. Wie bei No. 16—44 vorige Seite.
No. 43 u. 44. A. Völcker. — J. Highl. Soc. Juli 1854. 431.

Brassica Napus: No. 1 u. 2. Aug. Völcker. — J. Highl. Soc. Juli 1853. 56. (Weende'r Jahresber. 1853. II. 24).
In Wasser löslich:

	Frische Substanz: Organ. Substanz	Asche	Trockne Substanz: Organ. Substanz	Asche
No. 1	3.70	1.98	31.79	17.05
No. 2	3.10	1.23	35.61	14.06

No.	Bezeichnungen und Bemerkungen	Jahr der Untersuchung	In der ursprünglichen Substanz						In der Trockensubstanz					Stickstoff in der Trockensubstanz
			Wasser %	Nh-Substanz %	Rohfett %	Nfr. Extractstoffe %	Rohfaser %	Asche %	Nh-Substanz %	Rohfett %	Nfr. Extractstoffe %	Rohfaser %	Asche %	%
3		1853	86.68	2.37	—	8.29	1.21	1.45	17.79	—	62.24	9.08	10.89	2.85
4		1853	87.80	—	—	—	2.31	3.15	—	—	—	20.57	25.82	—
5	Mittel von 10 Analysen	?	87.40	1.94	—	—	—	2.29	15.40	—	—	—	18.18	2.05
6	Mittel von 15 Analysen	1853	86.70	3.25	—	—	—	1.27	24.44	—	—	—	9.55	3.91
7	Kohlrüben- (Kohlrabi?) - Blätter . . .	1853	85.00	2.81	—	—	1.44	1.80	18.73	—	—	9.60	9.60	3.00
8	Desgl.	1876	85.50	3.13	0.77	6.79	1.48	2.33	21.59	5.31	46.83	10.20	16.07	3.45
9	Desgl.	1876	88.09	2.46	0.13	6.50	1.57	1.25	20.66	1.10	54.58	13.18	10.18	3.30
	Ungefähres Mittel . .		87.00	2.70	0.42	6.77	1.42	1.69	20.80	3.20	52.10	10.90	13.00	—

Rübenköpfe mit Blättern, überwintert nach verschiedenen Methoden und in verschiedenen Perioden.

No.	Bezeichnungen und Bemerkungen	Jahr der Untersuchung	Wasser %	Nh-Substanz %	Rohfett %	Nfr. Extractstoffe %	Rohfaser %	Asche %	Nh-Substanz %	Rohfett %	Nfr. Extractstoffe %	Rohfaser %	Asche %	Stickstoff in der Trockensubstanz %
10	Rüben über Winter unberührt im Boden geblieben bis zum 12. März . . .	1876	87.04	3.21	—	—	—	1.35	24.75	—	—	—	10.41	4.00
11	Rüben im November mit Erde bedeckt, im Boden geblieben bis zum 12. März	1876	86.80	3.38	—	—	—	1.48	28.79	—	—	—	11.21	4.61
12	Rüben im November eingemietet, untersucht im März	1876	90.55	2.56	—	—	—	1.09	27.09	—	—	—	11.53	4.33
13	Vorjähr. Rüben im März ins Land gepflanzt: Wurzelköpfe vom 14. April .	1876	83.36	4.38	—	—	—	1.01	26.32	—	—	—	6.07	4.21
14	„ „ 29. April .	1876	85.70	3.44	—	—	—	1.04	24.08	—	—	—	7.28	3.86
15	„ „ 15. Mai .	1876	82.60	4.15	—	—	—	1.65	23.84	—	—	—	9.78	3.81
16	„ „ 28. Mai .	1876	80.20	2.81	—	—	—	1.59	14.19	—	—	—	8.03	2.25
17	„ „ 4. Juli .	1876	74.25	3.56	—	—	—	2.71	13.82	—	—	—	10.52	2.21
18	„ „ 2. Aug. .	1876	58.43	4.12	—	—	—	4.65	9.91	—	—	—	11.19	1.43

Brassica oleracea botrytis. — Blumenkohl, Carviol. — Cauliflower. — Choux-fleures.

No.	Bezeichnungen und Bemerkungen	Jahr der Untersuchung	Wasser %	Nh-Substanz %	Rohfett %	Nfr. Extractstoffe %	Rohfaser %	Asche %	Nh-Substanz %	Rohfett %	Nfr. Extractstoffe %	Rohfaser %	Asche %	Stickstoff in der Trockensubstanz %
1	Blätter	1853	89.01	3.56	—	—	4.57	0.85	32.39	—	—	42.58	8.73	5.18
2	Blüthen	1853	88.60	3.84	—	—	4.76	0.85	33.68	—	—	39.65	7.46	5.39
3		?	90.10	2.30	0.90	5.30	0.60	0.80	23.23	9.09	53.54	6.06	8.08	3.72

Brassica oleracea procera Alfld. — Baumartiger Blattkohl, Riesenkohl, Kopfkohl etc. — Tree cabbage, Cattle cabbage. — Chou en arbre, Chou cavalier, Chou à vache, etc.

No.	Bezeichnungen und Bemerkungen	Jahr der Untersuchung	Wasser %	Nh-Substanz %	Rohfett %	Nfr. Extractstoffe %	Rohfaser %	Asche %	Nh-Substanz %	Rohfett %	Nfr. Extractstoffe %	Rohfaser %	Asche %	Stickstoff in der Trockensubstanz %
1	In Cirencister gebaut	1851	86.28	4.75	—	1.51	5.59	1.87	34.68	—	10.89	40.74	13.64	5.55°
2		1853	93.40	1.75	—	—	—	0.80	27.34	—	—	—	12.50	4.37
3	Locker zusammenhäng. Kopf v. Weisskraut	1853	87.71	1.40	—	7.56	2.07	1.26	11.39	—	61.42	16.84	10.35	1.82
4	Junger Kohl, vor Bildung von Köpfen	1855	91.78	2.13	—	—	—	1.60	25.91	—	—	—	19.51	4.14
5	Reifer Kohl, äussere Blätter . . .	1855	91.08	1.63	—	—	—	5.06	18.27	—	—	—	—	2.92
6	„ „ Herzblätter (Köpfe) . .	1855	94.48	0.94	—	—	—	4.08	17.03	—	—	—	—	2.72

Brassica Napus: No. 3. Th. Anderson. — J. Highl. Soc. Juli 1854.
No. 4. Keyser. — Grundlagen des Ackerbaues, E. Wolff. 1856.
No. 5. Richardson. — J. R. Agr. Soc. England 1852. II. 449. Analysentabelle von Edw. T. Hemming.
No. 6. Lawes. — Ibid.
No. 7. Rob. Hoffmann. — Dess. Jahresber. 4. (1861—62.) 53.
No. 8 u. 9. R. Pott. — Untersuchungen über die Stoffvertheilung in verschiedenen Culturpflanzen. Jena, 1876.
No. 10—18. Aug. Völcker. — J. R. Agr. Soc. England. 1877. I. 157.

Brassica oleracea botrytis: No. 1 u. 2. Aug. Völcker. — J. agric. and Transact. Highl. Soc. Scotland. 1853. N. S. S. 56—73. In Wasser löslich:

	Organ. Substanz	Unorgan. Substanz
Blätter	5.57 %	0.69 %
Blüthen	5.78 „	0.74 „

No. 3. J. B. Boussingault. — D. Landw. in ihren Bezieh. zu Chemie etc. 3. B. 200.

Brassica oleracea procera: No. 1. Aug. Völcker. — J. Highl. Soc. Juli 1853. 56. (Weende'r Jahresber. 1853. II. 24.) In Wasser löslich:
Organ. Substanz 6.26
Asche . . . . 1.61. (Rohfaser, siehe analyt. Methode.)
No. 2. Lyon Playfair. — Transact. Highl. Soc. 1853—55. 256.
No. 3. Keyser. — E. Wolff's Grundlagen des Ackerbaues. 1856. 940.
No. 4—6. Th. Anderson. — Transact. Highl. Soc. Jan. 1856. 195. (Weende'r Jahresb. 1854. II. 26.)

No.	Bezeichnungen und Bemerkungen	Jahr der Untersuchung	In der ursprünglichen Substanz: Wasser %	Nh-Substanz %	Rohfett %	Nfr. Extractstoffe %	Rohfaser %	Asche %	In der Trockensubstanz: Nh-Substanz %	Rohfett %	Nfr. Extractstoffe %	Rohfaser %	Asche %	Stickstoff in der Trocken-Substanz %
7	Aeussere Blätter, 12. October ges. .	1855	88.80	1.59	—	—	2.14	1.57	14.07	—	—	19.09	14.16	2.25
8	Innere „ 12. „ „ .	1855	91.30	1.45	—	—	1.53	0.69	16.78	—	—	17.58	7.93	2.68
9	Strunk	1855	82.17	1.08	—	—	2.80	1.86	6.06	—	—	15.70	10.43	0.97
10	Cattle-cabbage, äussere Blätter . . .	1857	83.72	1.63	—	—	—	1.25	10.19	—	—	—	7.71	1.63⁰
11	„ innere Blätter . . .	1857	89.42	1.50	0.08	7.01	1.14	0.85	14.13	0.75	66.25	10.77	8.06	2.26⁰
12	Kohlrabi (Kohlrübe?)	1857	86.68	2.37	—	—	1.21	1.45	—	—	—	—	—	—
13	„ ganze Blattkrone	1860	85.00	2.81	—	—	1.44	1.80	18.75	—	—	9.60	12.00	3.00⁰
14	Kohlblätter	1860	85.52	2.80	—	—	(0.46)	1.31	19.25	—	—	—	9.06	3.08
15	Tausendköpfiger Futterkohl, 21. Novemb. geerntet	1865	79.84	2.45	1.00	12.93	1.81	1.97	12.15	4.96	64.16	8.97	9.76	1.94
16	„Strunkkraut“, von weniger stark gedüngtem Boden, 2 Pfd. schwer . .	1857	82.18	1.06	—	—	—	1.86	5.94	—	—	—	10.44	0.95⁰
17	Von stärker gedüngt. Boden, 6 Pfd. schwer	1857	89.48	1.75	—	—	—	1.28	16.56	—	—	—	12.13	2.65⁰
18	Kohlblätter	1866	86.80	2.50	1.00	5.92	1.81	1.97	18.93	7.57	44.87	13.71	14.92	3.03
19	„Strunkkraut“ auf Granitverwitterungsboden	1872	91.99	1.60	0.39	3.62	1.25	1.15	19.97	4.87	45.20	15.60	14.36	3.19
20	Desgl.	1873	92.47	1.85	0.15	3.41	1.04	1.08	24.56	1.99	45.30	13.81	14.34	3.93
21	„Strunkkraut“	1875	89.60	1.91	0.10	6.16	1.26	0.94	18.38	0.98	59.44	12.14	9.06	2.94
22	„Dickstrunk“	1878	85.87	2.40	0.17	8.25	2.38	0.93	16.98	1.20	58.40	16.84	6.58	2.71
23	„Erfrorenes Kraut“	1876	84.53	1.61	0.32	8.65	2.84	2.05	10.41	2.07	55.91	18.36	13.25	1.66
24	„Gesundes Kraut“	1876	85.97	1.64	0.33	7.77	2.52	1.77	11.69	2.35	55.39	17.96	12.61	1.87
25	„Futterkohl“, im Garten angebaut . .	1882	80.74	3.02	0.45	9.26	4.99	1.54	15.69	2.32	48.07	25.90	8.03	2.51
26	„ im Felde „ . .	1882	76.43	2.64	0.35	12.67	6.20	1.71	11.22	1.47	53.75	26.29	7.27	1.79
27	„Strunkkohl“	1877	82.30	4.16	0.37	6.99	4.58	1.59	23.50	2.09	39.56	25.87	8.98	3.76
	In verschiedenen Vegetationsperioden und einzelne Theile der Pflanze.													
28	I. Ganze Pflanze, 58 Tage alt, 9. Juli	1863	88.05	3.07	—	—	—	2.06	25.69	—	—	—	17.24	4.11
29	II. Desgl., 72 Tage alt, 23. Juli . .	1863	89.40	1.86	—	—	—	1.68	17.55	—	—	—	15.85	2.81
30	III. Desgl., 98 Tage alt, 18. Aug. .	1863	89.79	1.38	—	—	—	1.55	13.52	—	—	—	15.17	2.16

Brassica oleracea procera: No. 7—9. H. Ritthausen. — Mitthl. a. Waldau. 1. 1859. 77. (Holzfaser 2% SO_3 u. 2% KO.) Von uns berechnet aus den Angaben über Wassergehalt und die Zusammensetzung der lufttrocknen Substanz.

No. 10 u. 11. Aug. Völcker. — J. R. Agric. Soc. of Engl. 21. 1857. 93. (Weende'r Jahresber. 1857—1861. 82.)

No. 12. Th. Anderson. — J. R. Agric. Soc. of Engl. 20. 1857. 523. (Weende'r Jahresber. 1857—1861. 82. Hoffm. Jahresb. 3. 1860. 52.)

No. 13 u. 14. Rob. Hoffmann. — Centralbl. f. d. gesammte Landescult. i. Böhmen. 1861. 113. Auf Lehm (Gartenboden) gewachsen. Nh. Substanz von uns berechn. No. 14. 3 Tage nach dem Pflücken untersucht.

No. 15. Rich. Jones. — Hoffmann's Jahresber. 8. 1865. 310. In Moorsandboden gebaut. Die harten, holzigen Stengel wurden nicht mit zur Analyse verwendet.

No. 16 u. 17. H. Ritthausen. Chem. Centralbl. 1857. 868. In No. 2. 4.77% Zucker in frischer Substanz.

No. 18. E. Peters. — Annal. der Landw. in Preussen. 50. 1867. 3.

No. 19 u. 20. E. Heiden. — V.-St. Pommritz. Originalmitthl.

No. 21. G. Kühn u. Kisielinski. — Sächs. landw. Ztg. 1875. 260. Die untersuchten Exemplare hatten auf dem Transport durch Verdunstung Wasser verloren. Die frische Substanz enthielt: 2.77% Zucker, die trockne Substanz 26.73%.

No. 22. C. Müller. — V.-St. Hildesheim. Originalmitthl.

No. 23 u. 24. A. Pagel. — Ztschr. d. landw. Centralv. d. Prov. Sachsen. 1877. 91. Ausser dem Kraut wurde daraus gewonnene Pressflüssigkeit untersucht u. gefunden in je 100 CC Flüssigkeit:

	Trockne Subst.	Asche	Zucker	Stärke etc.	Eiweiss
Vom erfrorenen Kraut	79.6	16.3	41.7	8.0	8.6 g
Vom gesunden „	40.1	9.7	14.1	5.8	5.1 g

No. 25 u. 26. J. König. — V.-St. Münster. Jahresber. der Agric.-Chem. 1881. 360. Nach den dortigen Angaben über die Zusammensetzung der trocknen Substanz der einzelnen Theile etc. von uns berechnet.

No. 27. V.-St. Göttingen. Originalmitthl.

No. 28—48. A Weinhold. — L. V.-St. 6. (1864.) 124. Krautpflänzlinge von 7—8 cm Höhe waren am 12. Mai 1863 in mit Bakerguano gedüngtem Boden gepflanzt worden. Das Durchschnittsgewicht einer Pflanze bei Entnahme in I. Per. 133 g, II. Per. 412.7 g, III. Per. 546.3 g, IV. Per. 614.1 g, V. Per. 606 g. Bei der Probenahme wurden jedesmal den stehenbleibenden Pflanzen die unteren Blätter entzogen, so dass die am 18. Aug. geernteten Pflanzen 1mal, die am 23. Sept. 2mal und die am 22. October geernteten 3mal geblattet worden waren.

No.	Bezeichnungen und Bemerkungen	Jahr der Untersuchung	In der ursprünglichen Substanz						In der Trockensubstanz					Stickstoff in der Trocken-Substanz
			Wasser	Nh-Substanz	Rohfett	Nfr. Extractstoffe	Rohfaser	Asche	Nh-Substanz	Rohfett	Nfr. Extractstoffe	Rohfaser	Asche	
			%	%	%	%	%	%	%	%	%	%	%	%
31	IV. Desgl., 134 Tage alt, 23. Sept.	1863	90.34	1.66	—	—	—	1.40	17.18	—	—	—	14.49	2.75
32	V. Desgl., 163 Tage alt, 22. Octob.	„	89.08	1.50	—	—	—	1.50	13.74	—	—	—	13.74	2.20
33	II. Herz (geschlossener Kopf), 23. Juli	„	91.12	2.39	—	—	—	1.02	26.91	—	—	—	11.47	4.31
34	III. Desgl., 18. August	„	91.26	1.49	—	—	—	1.14	17.05	—	—	—	13.04	2.73
35	IV. Desgl., 23. Sept.	„	92.18	1.87	—	—	—	0.93	23.91	—	—	—	11.89	3.83
36	V. Desgl., 22. Octob.	„	90.92	1.82	—	—	—	0.94	20.04	—	—	—	10.35	3.21
37	II. Obere Blätter, 23. Juli	„	88.56	2.40	—	—	—	1.64	20.98	—	—	—	14.33	3.36
38	III. Desgl., 18. Aug.	„	89.11	1.32	—	—	—	1.29	12.20	—	—	—	11.85	1.94
39	IV. Desgl., 23. Sept.	„	88.76	1.75	—	—	—	1.73	15.57	—	—	—	15.39	2.49
40	V. Desgl., 22. Octob.	„	88.40	1.44	—	—	—	1.95	12.41	—	—	—	16.81	1.99
41	II. Untere Blätter, 23. Juli	„	88.86	1.74	—	—	—	2.01	15.62	—	—	—	18.04	2.50
42	III. Desgl., 18. Aug.	„	88.48	1.66	—	—	—	2.33	14.41	—	—	—	20.23	2.31
43	IV. Desgl., 23. Sept.	„	88.66	1.76	—	—	—	2.29	15.52	—	—	—	20.19	2.48
44	V. Desgl., 22. Octob.	„	87.54	1.52	—	—	—	2.94	12.20	—	—	—	23.60	1.96
45	II. Strunk (Stamm), 23. Juli	„	91.26	1.36	—	—	—	1.13	15.58	—	—	—	12.94	2.49
46	III. Desgl., 18. Aug.	„	90.31	1.05	—	—	—	1.32	10.84	—	—	—	13.62	1.73
47	IV. Desgl., 23. Sept.	„	90.07	1.32	—	—	—	1.27	13.29	—	—	—	12.79	2.13
48	V. Desgl., 22. Octob.	„	87.85	1.09	—	—	—	1.23	8.97	—	—	—	10.12	1.44
49	Futterkohl a. d. Garten, oberer Kopftheil	1881	82.34	3.13	0.51	6.72	5.75	1.55	17.73	2.86	49.39	21.24	8.78	2.84
50	Desgl., unterer Stengel (Stamm)	„	77.02	2.51	0.25	10.35	8.43	1.44	10.94	1.07	44.98	36.74	6.27	1.75
51	Futterkohl a. d. Felde, oberer Kopftheil	„	82.53	2.43	0.33	9.60	3.76	1.35	13.92	1.89	54.93	21.51	7.75	2.23
52	Desgl., unterer Kopftheil	„	79.80	1.67	0.20	10.61	6.35	1.37	8.29	1.01	52.48	31.46	6.76	1.33
53	Chou moellier, Blätter, 4. Novemb. 1881	1881/82	85.65	1.71	0.44	9.50	1.42	1.28	11.93	3.07	66.16	9.89	8.95	1.91
54	„ „ „ 2. Januar 1882	„	90.33	1.88	0.28	5.37	1.36	0.78	19.46	2.94	55.39	14.07	8.14	3.11
55	„ cavalier, „ 4. Novemb. 1881	„	86.79	1.75	0.30	8.53	1.56	1.07	13.28	2.30	64.53	11.82	8.07	2.12
56	„ „ „ 2. Januar 1882	„	90.61	1.49	0.37	5.70	1.08	0.75	15.83	3.95	60.70	11.52	8.00	2.53
57	„ branchu „ 4. Novemb. 1881	„	85.29	2.10	0.38	9.12	1.92	1.19	14.27	2.55	62.05	13.02	8.11	2.28
58	„ „ „ 2. Januar 1882	„	86.92	2.78	0.32	6.76	2.14	1.08	21.28	2.43	51.69	16.37	8.23	3.40
59	„ moellier, Stengel, 2. Januar 1882	1882	90.32	1.29	0.09	6.17	1.37	0.76	13.29	0.95	63.74	14.17	7.85	2.12
60	„ cavalier, „ 2. „ 1882	„	87.87	1.12	0.12	6.92	3.48	0.89	9.26	0.95	53.69	28.73	7.37	1.48
61	„ branchu „ 2. „ 1882	„	87.79	1.37	0.12	6.03	3.76	0.93	11.26	0.96	49.37	30.81	7.60	1.80

Brassica oleracea procera: No. 31—48. Siehe vorige Seite No. 28—48.

No. 49—52. J. König. — Hoffmann's Jahresber. 1881. 360. (Landw. Ztg. für Westfalen u. Lippe 1882. No. 1.) Von der Nh. Substanz waren in der Trockensubstanz:

	No. 49	50	51	52
Proteïn	11.79	8.48	9.76	5.91
Proteïn-N	1.89	1.36	1.57	0.95
Sonstiger N	0.94	0.39	0.66	0.37
Zucker	11.66	11.73	6.49	7.56

No. 53—61. Dugast. — Hoffmann's Jahresber. 25. (1882.) 166. Ueber die Beschaffenheit der untersuchten Futterkohlvarietäten ist mitgetheilt: Ch. moellier, Stengel in der Mitte durch starke Entwicklung des Markes angeschwollen; Ch. cavalier, Stengel oft höher, cylindrisch, von kleinerem Durchmesser. Ch. branchu, Stengel am kürzesten, mit dicht gedrängten Verzweigungen und blassgrünen, kleineren Blättern. Ausser den angegebenen wurden an näheren Bestandtheilen bestimmt und gefunden in % der Trockensubstanz:

	No. 53	54	55	56	57	58	59	60	61
Glycose	16.69	14.26	16.38	12.69	14.27	10.29	14.60	11.35	13.24
Rohrzucker	4.03	0.32	6.34	3.20	6.15	1.11	4.04	1.98	0.19
Stärke etc.	13.50	13.19	7.96	11.20	9.75	13.41	24.91	24.13	18.18
Pektinstoffe	13.72	5.35	17.65	7.62	13.01	19.74	10.05	10.02	9.73
Rest (nicht direct bestimmbar)	18.22	22.27	16.20	25.99	18.87	7.14	10.07	6.21	8.39

Asche CO_2-frei.

No.	Bezeichnungen und Bemerkungen	Jahr der Untersuchung	In der ursprünglichen Substanz: Wasser %	Nh-Substanz %	Rohfett %	Nfr. Extractstoffe %	Rohfaser %	Asche %	In der Trockensubstanz: Nh-Substanz %	Rohfett %	Nfr. Extractstoffe %	Rohfaser %	Asche %	Stickstoff in der Trockensubstanz %
62	Grüner Markkohl, Blätter	1882	87.00	1.50	0.50	6.90	1.50	1.60	19.30	3.80	53.10	11.50	12.30	3.09
63	Rother „ „	1882	87.00	2.20	0.40	6.50	1.60	2.30	16.90	3.10	50.00	12.30	17.70	2.70
64	Gewöhnl. „ „	1882	86.50	1.60	0.60	8.20	1.40	1.20	15.60	4.40	60.70	10.40	8.90	2.49
65	Grüner „ Stengel	1882	87.00	1.20	0.20	7.90	2.40	1.30	9.20	1.50	60.80	18.50	10.00	1.47
66	Rother „ „	1882	86.70	1.20	0.20	7.90	2.40	1.60	9.10	1.50	59.40	18.00	12.00	1.44
67	Gewöhnl. „ „	1882	86.30	1.20	0.30	8.70	2.60	0.90	8.70	2.20	63.50	19.00	6.60	1.39
	Strunkkraut, Dickstrunk, Strunk- oder Futterkohl: Minimum		76.43	1.61	0.14	5.68	1.74	0.94	11.22	0.98	39.56	12.14	6.58	1.79
	Maximum		92.47	3.53	0.70	8.54	3.78	2.06	24.56	4.87	59.44	26.29	14.36	3.93
	Mittel (No. 17, 18, 19, 20, 23, 24, u. 25 .		85.63	2.67	0.31	7.18	2.80	1.41	18.61	2.17	49.93	19.49	9.80	2.98
	Markkohl: Blätter (Mittel v. No. 62, 63, 64) . . .		86.83	2.27	0.49	7.20	1.50	1.71	17.27	3.77	54.59	11.40	12.97	2.76
	Stengel (Mittel v. No. 65, 66, 67) . . .		86.67	1.20	0.23	8.17	2.47	1.26	9.00	1.73	61.24	18.50	9.53	1.44

Brassica Rapa depressa D. C. — Turnips. Kurze Weissrüben. (Blätter.)
In verschiedenen Vegetationsperioden.

No.	Bezeichnungen und Bemerkungen	Jahr	Wasser	Nh-Substanz	Rohfett	Nfr. Extractstoffe	Rohfaser	Asche	Nh-Substanz	Rohfett	Nfr. Extractstoffe	Rohfaser	Asche	Stickstoff
1	Vor dem Verpflanzen, die Pflanzen 3 Wochen alt	1859	89.61	—	—	—	—	1.77	—	—	—	—	17.02	—
2	Nach dem Verpflanzen, 13 Wochen alt	1859	88.91	3.72	—	—	—	1.77	33.56	—	—	—	16.01	5.37
3	„ „ „ 18 „ „	1859	90.61	2.96	—	—	—	1.47	31.50	—	—	—	15.61	5.04
4	„ „ „ 21 „ „	1859	87.77	3.28	—	—	—	1.68	26.88	—	—	—	13.77	4.30
5	Die Pflanzen 2 Wochen alt	1860	91.76	—	—	—	—	1.36	—	—	—	—	16.47	—
6	„ „ 14 „ „	1860	85.82	4.31	—	—	—	1.84	30.43	—	—	—	12.96	4.87
7	„ „ 17 „ „	1860	85.74	4.21	—	—	—	1.71	29.50	—	—	—	12.02	4.72
8	„ „ 20 „ „	1860	84.49	4.81	—	—	—	1.61	31.00	—	—	—	10.41	4.96
9	„ „ 23 „ „	1860	86.28	4.61	—	—	—	1.47	33.63	—	—	—	10.70	5.39

Brassica Rapa rapifera Metzger. — Wasserrübe, Turnips. — Turnip. — Rave, Chou Turneps. (Blätter.)

No.	Bezeichnungen und Bemerkungen	Jahr	Wasser	Nh-Substanz	Rohfett	Nfr. Extractstoffe	Rohfaser	Asche	Nh-Substanz	Rohfett	Nfr. Extractstoffe	Rohfaser	Asche	Stickstoff
10	Purple-top Aberdeen, 7. Juli	1859	92.08	2.51	—	—	—	0.62	31.69	—	—	—	7.83	5.07
11	„ „ 11. August . . .	1859	90.90	1.84	—	—	—	1.88	20.22	—	—	—	20.66	3.22
12	„ „ 1. Sept.	1859	89.10	0.76	—	—	—	1.95	6.97	—	—	—	17.89	1.12
13	„ „ 5. October . . .	1859	88.45	2.40	—	—	—	1.88	20.78	—	—	—	16.28	3.32

Sinapis alba L. — Weisser Senf. — White Mustard. — Moutarde blanche, Herbe au beurre.

No.	Bezeichnungen und Bemerkungen	Jahr	Wasser	Nh-Substanz	Rohfett	Nfr. Extractstoffe	Rohfaser	Asche	Nh-Substanz	Rohfett	Nfr. Extractstoffe	Rohfaser	Asche	Stickstoff
1	In der Blüthe	1853	87.40	3.29	—	—	3.86	2.04	26.12	—	—	(30.63)	16.19	4.18

Brassica oleracea procera: No. 62—67. Ad. Mayer. — Hoffmann's Jahresber. 26. (1883.) 152. Als Erträge von Lehmboden wurden erhalten: vom grünen Markkohl 68000, vom rothen 60200, vom gewöhnlichen (Kuhkohl) 34000 kg pro ha. (Ernte Anfang Novemb.) An N-haltigen, nicht eiweissartigen Stoffen enthielten dieselben:

No.	62	63	64	65	66	67
Frisch . . .	0.8	0.7	0.6	0.3	0.5	0.5
Trocken . .	6.2	5.4	3.7	2.3	3.8	3.6

Brassica Rapa depressa: No. 1—9. Gust. Wunder. — Landw. V.-St. 3. (1861.) 19. No. 1—4 auf schwerem Thonboden gewachsen, der längere Zeit nicht gedüngt war; No. 5—9 auf gleichem Boden, nachdem derselbe $1\frac{1}{2}$ Zoll hoch mit ertragslosem Sand bedeckt und dieser mit eingegraben worden.

Brassica Rapa rapifera: No. 10—13. Th. Anderson. — Trans. Highl. Soc. 1859—60. 306. Leichter, lehmiger Sandboden, mit Stallmist gedüngt; kalihalt. Boden; die Saat fand in der ersten Juniwoche statt, die Varietät war Purple-top Aberdeen. Am 11. August hatten die Wurzeln die Dicke eines Hühnereis, die Blätter bedeckten nahezu die Rüben.

Sinapis alba: No. 1. Aug. Völcker. — J. Highl. Soc. 1853. 41. 56. In Wasser lösliche organische Substanz 6.70 %, in Wasser lösliche Asche 1.81 %.

No.	Bezeichnungen und Bemerkungen	Jahr der Untersuchung	In der ursprünglichen Substanz						In der Trockensubstanz					Stickstoff in der Trockensubstanz
			Wasser %	Nh-Substanz %	Rohfett %	Nfr. Extractstoffe %	Rohfaser %	Asche %	Nh-Substanz %	Rohfett %	Nfr. Extractstoffe %	Rohfaser %	Asche %	%
2	Im jungen Zustande, vor der Blüthe, Dammkultur	1879	—	—	—	—	—	—	32.26	1.41	38.19	13.70	14.34	5.18
3	In der Blüthe	1879	—	—	—	—	—	—	25.21	1.14	40.65	20.39	12.61	4.03
4	Mit Früchten	1879	—	—	—	—	—	—	17.09	1.25	43.94	26.87	10.85	2.73
5	Auf leichtem sandigen Höhenboden gewachsen	1879	—	—	—	—	—	—	9.22	1.87	50.10	33.48	5.34	1.47
	Mittel, in der Blüthe (No. 1—3)		87.40	3.23	0.14	4.86	2.57	1.80	25.67	1.14	38.40	20.39	14.40	4.11
	Sauerfutter aus Senf.													
6		1878	84.85	2.52	0.41	6.13	3.81	2.28	16.63	2.71	40.46	25.15	15.05	2.66
7		1879	—	—	—	—	—	—	13.62	3.98	47.70	25.74	8.96	2.18
	Mittel für Sauerfutter		84.85	2.29	0.51	6.68	3.85	1.82	15.13	3.34	44.08	25.44	12.01	2.42
	Sinapis arvensis L. — Ackersenf. — Field Mustard.													
1	29. Juni gesammelt	1849	85.31	1.93	0.39	6.95	4.40	1.02	13.03	2.67	47.30	30.00	7.00	2.051°
2	Sandiger Lehm, 1. Juli gesammelt	1862	80.45	3.63	—	—	—	2.01	18.57	—	—	—	10.28	2.97
	Bunias orientalis. — Zuckerschote, Futterspinat.													
1	Zweiter Schnitt, im 2. Jahre d. Veget.	1858	—	—	—	—	—	—	26.30	2.34	37.50	15.50	17.36	4.21°

VII. Sonstige Grünfuttermittel.

Helianthus tuberosus L. — Knollen-Sonnenblume, Erdbirne, Topinambur, Jerusalem-artischoke. — Topinambour, Poire de terre.

No.	Bezeichnungen und Bemerkungen	Jahr der Untersuchung	Wasser %	Nh-Substanz %	Rohfett %	Nfr. Extractstoffe %	Rohfaser %	Asche %	Nh-Substanz %	Rohfett %	Nfr. Extractstoffe %	Rohfaser %	Asche %	Stickstoff in der Trockensubstanz %
1	Obere Stengel m. Blättern, am 20. Oct. beim Erscheinen der Blüthenköpfe geschnitten	1867	55.32	2.99	0.85	25.81	8.01	7.02	6.68	1.90	57.90	17.90	15.62	1.07
2	Varietät mit weissen Knollen } November geschnitten	1878	—	—	—	—	—	—	9.86	3.91	58.84	11.59	15.80	1.58
3	„ „ rothen „ } November geschnitten	1878	—	—	—	—	—	—	8.56	3.60	56.50	11.66	19.68	1.37
4	Stengel (lufttrocken)	1867	(16.00	(24.36)	4.23	0.55	52.69	2.17)?	(28.99	5.03	0.70	62.70	2.58	4.64)?
5	Blätter „	1867	(16.00	22.14	7.61	1.86	36.60	15.79)?	(26.35	9.06	2.35	43.55	18.69	4.22)?
6	„ „	1867	15.00	5.1	—	45.8	23.1	11.0	5.99	—	53.93	27.15	12.93	0.95
	Mittel (aus No. 1, 2, 3 u. 6)		55.32	3.47	1.40	25.03	7.63	7.15	7.77	3.14	56.00	17.08	16.01	1.24

Sinapis alba: No. 2—5. J. Fittbogen u. Schiller. — V.-St. Dahme. Originalmitthl. Berechnet auf sandfreie Substanz, No. 2—4 gewachsen auf Dammkulturen nach Rimpau'schem Muster. Bei No. 5 fehlen Angaben über das Entwickelungsstadium der Senfpflanze zur Zeit der Probeentnahme.

Sauerfutter: No. 6. J. Fittbogen. — V.-St. Dahme. Originalmitthl.
No. 7. J. Fittbogen u. Schiller. — V.-St. Dahme. Originalmitthl.

Sinapis arvensis: No. 1. Thom. Way. — J. Agric. Soc. Engl. 1853. I. 171.
No. 2. Thom. Anderson. — Transact. Highl. Soc. Juli 1863 bis März 1865. 182.

Bunias orientalis: No. 1. A. Stöckhardt. — Chem. Ackersmann 1859. 121. Boden: humoser, lehmiger Sand, sehr flachgründig und steinig.

Helianthus tuberosus: No. 1. Th. Dietrich. — Landw. Anzeig. f. d. Rgsbez. Kassel 1867. 183. Von dem Kraute wurden 50% des Gewichts von Schafen verzehrt, 50%, den unteren holzigen Antheil, liessen die Thiere zurück. Dem entsprechend wurde der obere Theil des Krautes zur Untersuchung verwendet.
No. 2 u. 3. F. Schwackhöfer. — Originalmitthl. a. d. technolog. Laborat. d. K. K. Hochschule für Bodencultur.
No. 4 u. 5. H. Grouven u. Bitter. — Hoffmann's agriculturchem. Jahresber. 1868/69. 494. Die Cellulose wurde nach F. Schulze's Methode bestimmt.
No. 6. M. Märcker. — V.-St. Halle. Originalmitthl.

No.	Bezeichnungen und Bemerkungen	Jahr der Untersuchung	In der ursprünglichen Substanz: Wasser %	Nh-Substanz %	Rohfett %	Nfr. Extractstoffe %	Rohfaser %	Asche %	In der Trockensubstanz: Nh-Substanz %	Rohfett %	Nfr. Extractstoffe %	Rohfaser %	Asche %	Stickstoff in der Trockensubstanz %
	Solanum tuberosum L. — Kartoffel (-Kraut).													
	Kraut von reifen Kartoffeln.													
1	Stengel m. anhängenden braunen Blättern	1865	—	—	—	—	—	—	10.03	3.80	34.60	38.42	13.15	1.60
2	Blätter und Stengel, kurz vor der Blüthe geschnitten	1865	—	—	—	—	—	—	6.60	1.40	40.20	39.20	12.60	1.06
3	Nahe vor der Ernte, lufttrocken . . .	1868	15.0	12.9	—	38.6	22.7	10.8	15.18	—	45.40	26.71	12.71	2.43
4	In noch völlig grünem Zustande, am 12. Octob. geerntet	1874	15.58	8.91	3.83	37.06	23.03	11.59	10.56	4.54	43.88	27.28	13.74	1.69
	Einzelne Theile des Krautes.													
5	Blätter, lufttrocken	1868	15.0	18.1	—	40.6	12.8	13.5	21.28	—	47.80	15.05	15.87	3.40
6	Stengel	1868	15.0	7.8	—	36.5	32.5	8.2	9.17	—	42.97	38.22	9.64	1.47
	In verschiedenen Entwicklungsstadien.													
7	27. Juni } weniger üppig als im	1856	85.3	3.22	—	—	—	1.94	21.88	—	—	—	13.2	3.50°
8	17. Juli } nächsten Jahre entwickelt	1856	83.9	3.66	—	—	—	1.90	22.75	—	—	—	11.8	3.64
9	18. Aug. } und früher reif	1856	84.9	3.84	—	—	—	1.43	25.44	—	—	—	9.5	4.07
10	1. Juli, Kraut üppig, dunkelgrün . .	1857	87.6	3.12	—	—	—	1.34	25.19	—	—	—	10.8	4.03
11	29. Juli, Kraut gesund	1857	85.9	3.68	--	—	—	1.33	26.13	—	—	—	9.4	4.18
12	28. August, wenige Blätter vertrocknet, sonst noch grün	1857	82.6	3.89	—	—	—	1.29	22.38	—	—	—	7.4	3.58
13	2. October, Kraut ist grösstentheils verfault und vertrocknet	1857	77.7	2.95	—	—	—	1.47	13.25	—	—	—	6.6	2.12
	Stengel.													
14	21. Mai	1877	—	—	—	—	—	—	31.67	2.26	40.40	14.86	10.81	5.067°
15	28. Mai	1877	—	—	—	—	—	—	34.76	0.92	33.92	18.60	11.80	5.562
16	4. Juni	1877	—	—	—	—	—	—	29.05	1.03	33.48	21.08	15.36	4.648
17	25. Juni	1877	—	—	—	—	—	—	20.25	1.05	34.30	24.79	19.61	3.240
18	2. Juli	1877	—	—	—	—	—	—	20.19	1.20	36.75	25.61	16.25	3.230
19	6. August	1877	—	—	—	—	—	—	7.10	1.68	44.83	39.42	6.97	1.136
20	10. September	1877	—	—	—	—	—	—	6.68	0.89	36.96	49.98	5.48	1.069
	Blätter.													
21	28. Mai	1877	—	—	—	—	—	—	48.19	1.74	22.43	14.69	12.94	7.71
22	4. Juni	1877	—	—	—	—	—	—	46.26	2.78	27.57	10.85	12.54	7.40
23	25. Juni	1877	—	—	—	—	—	—	40.33	2.31	32.54	9.45	15.37	6.45
24	2. Juli	1877	—	—	—	—	—	—	38.69	2.83	34.49	10.04	13.96	6.19
25	6. August	1877	—	—	—	—	—	—	28.18	3.40	40.77	11.55	11.59	4.51
26	10. September	1877	—	—	—	—	—	—	25.83	3.54	46.31	11.28	12.95	4.13

Solanum tuberosum: No. 1. Ad. Stöckhardt u. Vietor. — Der chemische Ackersmann 1866. 59.

No. 2. E. Reichardt. — Ztschr. f. Deutsche Landw. 1866. 280. In der lufttrocknen, noch 13.6 % Wasser enthaltenden Substanz betrug der Total-N-gehalt 1.18. Davon war als NH_3 vorhanden 0.27 %. Ausserdem enthielt das Kraut noch 0.525 % Salpetersäure, deren N oben bei der Berechnung des Proteïns nicht in Abrechnung gebracht wurde. Reinproteïn = 5.55 %.

No. 3. K. Weinhold. — Ebendas. 1869. 50.

No. 4. E. Wildt. — Landw. Jahrb. 6. 1877. 134.

No. 5 u. 6. K. Weinhold. — Der chemische Ackersmann 1869. 50.

No. 7—13. Em. Wolff. — Hohenh. Mitthl. V. 181 u. 191. No. 7—9. Auf Neubruch nach Holzgewächsen, drainirter, der Kartoffel nicht besonders zusagender Boden; Sorte: grüne Kartoffel. No. 10—13 auf frisch umgebrochener Wiese mit mildem Lehmboden; Sorte: rothe Zwiebelkartoffel.

No. 14—26. Christoph Kellermann. — Inaugural-Dissertation. Berlin, 1877. Das untersuchte Material war gelegentlich von Trockengewichtsbestimmungen bei Kartoffeln seitens der V.-St. Münster (Landw. Jahrb. 5. 1876. 657) gewonnen worden. Die angebaute Kartoffelsorte war die „weisse Sieberhäuser“; sie wuchsen auf einem mittelschweren, sandigen Lehmboden, Düngungszustand ein mittelmässiger, und erhielt eine schwache Düngung von compostirtem Pferdemist, von einem aus aufgeschlossenem Peruguano, Superphosphat und Knochenmehl bestehenden Düngergemisch.

No.	Bezeichnungen und Bemerkungen	Jahr der Untersuchung	In der ursprünglichen Substanz: Wasser %	Nh-Substanz %	Rohfett %	Nfr. Extractstoffe %	Rohfaser %	Asche %	In der Trockensubstanz: Nh-Substanz %	Rohfett %	Nfr. Extractstoffe %	Rohfaser %	Asche %	Stickstoff in der Trockensubstanz %
	Bei verschiedener Düngung und verschiedenem Boden, verschiedene Sorten.													
	I. Gewachsen zu Woolmet auf schwerem Klayboden.													
	a. Dalmahoys.													
27	Ungedüngt, ges. 13. Juli, Mitte der Vegetationszeit	1863	89.60	3.81	—	—	—	0.92	36.63	—	—	—	8.84	5.86
28	Ungedüngt, ges. 21. October, reif	1863	75.87	1.62	—	—	—	2.90	6.71	—	—	—	12.02	1.07
29	5 Ctr. Superphosphat + 3 Ctr. Guano, 13. Juli	1863	89.65	3.37	—	—	—	1.21	32.56	—	—	—	11.69	5.21
30	Desgl., 21. October	1863	77.28	1.37	—	—	—	4.14	6.03	—	—	—	18.22	0.96
31	25 tons Stalldünger, 13. Juli	1863	89.69	2.37	—	—	—	2.19	22.99	—	—	—	21.24	3.68
32	Desgl., 21. October	1863	76.24	1.25	—	—	—	3.58	5.26	—	—	—	15.07	0.84
33	35 tons Stalldünger, 13. Juli	1863	88.71	2.50	—	—	—	2.98	22.14	—	—	—	26.40	3.54
34	Desgl., 21. October	1863	76.00	1.68	—	—	—	3.46	7.00	—	—	—	14.42	1.12
	b. Regent													
35	Ungedüngt, 13. Juli	1863	87.78	3.19	—	—	—	2.28	26.10	—	—	—	18.66	4.18
36	Desgl., 21. October	1863	79.67	1.50	—	—	—	3.10	7.38	—	—	—	15.25	1.18
37	5 Ctr. Superphosphat + 3 Ctr. Guano, 13. Juli	1863	80.49	5.12	—	—	—	4.19	26.24	—	—	—	21.48	4.20
38	Desgl., 21. October	1863	76.68	1.08	—	—	—	2.88	4.63	—	—	—	12.35	0.74
39	25 tons Stalldünger, 13. Juli	1863	88.75	2.43	—	—	—	2.93	21.60	—	—	—	26.04	3.46
40	Desgl., 21. October	1863	78.50	2.18	—	—	—	2.73	10.11	—	—	—	12.70	1.62
41	35 tons Stalldünger, 13. Juli	1863	88.44	3.06	—	—	—	3.49	26.47	—	—	—	30.19	4.24
42	Desgl., 21. October	1863	76.00	1.75	—	—	—	3.43	7.29	—	—	—	14.29	1.17
	II. Gewachsen zu Dargewal auf Moorboden.													
	a. Dalmahoys.													
43	4 Ctr. Superphosphat + $2^1/_2$ Ctr. Guano, 23. Juli	1863	87.03	5.25	—	—	—	1.03	40.48	—	—	—	8.34	6.48
44	$6^1/_2$ Ctr. Superphosphat + 4 Ctr. Guano, 23. Juli	1863	89.08	3.68	—	—	—	1.07	33.70	—	—	—	9.20	5.39
45	25 tons Stalldünger, 23. Juli	1863	89.31	3.25	—	—	—	1.61	30.40	—	—	—	15.17	4.86
46	35 „ „ 23. „	1863	90.05	3.37	—	—	—	1.28	33.87	—	—	—	12.84	5.42
47	35 „ „ + $2^1/_2$ Ctr. Superphosphat, 23. Juli	1863	90.91	3.25	—	—	—	1.26	35.75	—	—	—	13.89	5.72
	b. Regent.													
48	4 Ctr. Superphosphat + $2^1/_2$ Ctr. Guano, 23. Juli	1863	91.42	2.43	—	—	—	1.36	28.32	—	—	—	15.88	4.53
49	$6^1/_2$ Ctr. Superphosphat + 4 Ctr. Guano, 23. Juli	1863	94.07	1.68	—	—	—	—	28.33	—	—	—	—	4.53
50	25 tons Stalldünger	1863	90.19	2.93	—	—	—	1.10	29.98	—	—	—	11.28	4.79
51	35 „ „	1863	86.97	4.63	—	—	—	1.14	35.53	—	—	—	8.82	5.68
52	35 „ „ + Superphosphat	1863	86.74	5.00	—	—	—	1.15	37.71	—	—	—	8.70	6.03
	Mittel aus No. 1—4. Grünes Kartoffelkraut in mittlerer Entwickelung, lufttrocken		15.00	9.00	2.76	33.79	27.96	11.49	10.59	3.25	40.21	32.90	13.05	1.70
	Mittel aus No. 27—52.													
	Junges Kartoffelkraut, Juli		88.80	3.46	—	—	—	1.83	30.89	—	—	—	16.34	4.94
	Reifes „ Sept.-Octob.		77.00	1.55	—	—	—	3.28	6.74	—	—	—	14.26	1.08

Solanum tuberosum: No. 27—52. Thom. Anderson. — Trans. Highl. Soc. Juli 1863 bis März 1865. 293. Die Düngermengen sind in englischem Gewicht angegeben u. beziehen sich auf 1 engl. Acker.

No.	Bezeichnungen und Bemerkungen	Jahr der Untersuchung	In der ursprünglichen Substanz						In der Trockensubstanz					Stickstoff in der Trockensubstanz
			Wasser %	Nh-Substanz %	Rohfett %	Nfr. Extractstoffe %	Rohfaser %	Asche %	Nh-Substanz %	Rohfett %	Nfr. Extractstoffe %	Rohfaser %	Asche %	%
	Spergula arvensis L. — Feldspörgel, Ackersperk. — Spurrey. — Spergule des champs — und Varietät **Sperg. arv. maxima Koch.** — Risenspörgel. — Giant Spurrey. — Spergule géante.													
1	Riesenspörgel, theils in der Blüthe, theils mit angesetzten Früchten	1853	77.92	1.48	0.69	—	—	1.41	6.71	3.14	—	—	6.39	1.07
2	Desgl., sehr üppig gewachsen, Ende der Blüthe, 23. Juni	1854	89.80	0.90	—	—	3.80	1.20	8.82	—	—	37.26	11.76	1.41
3	Desgl., auf Sandboden gewachsen, in der Blüthe	1858	78.54	2.45	—	—	—	2.19	11.42	—	—	—	10.21	1.83
4	Desgl., auf Lehmboden gewachsen, in der Blüthe	1858	75.57	4.21	0.48	10.77	6.55	2.42	17.23	1.96	45.09	26.81	9.91	2.76
5	Ackerspörgel, auf Sandboden gewachsen, in der Blüthe	1857	78.81	2.96	0.85	9.66	5.30	2.42	13.98	4.02	45.57	25.02	11.41	2.24
6	Desgl., anf Lehmboden gewachsen, in der Blüthe	1857	75.42	4.31	—	—	—	2.64	17.53	—	—	—	10.74	2.80
7	Riesenspörgel	1860	85.00	1.54	0.43	7.75	3.55	1.73	10.27	2.87	51.66	23.67	11.53	1.64
	In verschiedenen Entwicklungsstadien.													
8	Mässig entwickelt, 5. Juli, blühend . .	1855	83.00	1.80	0.58!	7.19	5.92	1.51	10.63	3.43	42.29	34.86	8.89	1.70
9	Desgl., 5. Sept., theilweise noch blühend	1855	78.80	2.69	0.51	6.30	8.50	3.20	12.68	2.40	29.71	40.11	15.10	2.03
	Mittel (excl. No. 1, 2 u. 9)		79.39	2.78	0.63	9.36	5.69	2.15	13.51	3.07	45.38	27.59	10.45	2.16
	Polygonum Fagopyrum L. — Buchweizen, Heidekorn. — Common Buckwheat. — Renouée sarrazine, Sarrazine, Blé noir.													
1	Bei einer Ernte pro Joch von 160 Ctr., in der Blüthe	1867	82.59	3.20	0.81	7.41	4.23	1.76	18.38	4.65	42.56	24.30	10.11	2.94
2	Desgl., 200 Ctr.	1867	84.87	2.23	0.72	5.76	5.50	0.92	14.74	4.76	38.07	36.35	6.08	2.36
3	Desgl., 340 Ctr.	1867	87.19	1.97	0.65	5.88	3.57	0.73	15.38	5.07	45.98	27.87	5.70	2.46
4	Desgl., 420 Ctr.	1867	86.49	1.76	0.53	6.21	4.20	0.81	13.15	3.96	45.45	31.39	6.05	2.10
5		1867	87.50	1.46	0.50	5.13	4.44	0.97	11.71	4.00	41.02	35.57	7.70	1.87
6		1867	73.66	4.05	0.79	15.15	4.31	1.37	15.36	3.00	60.09	16.35	5.20	2.46
7	Ganze Pflanze	1875	47.40	4.92	1.29	25.53	15.15	5.71	9.35	2.45	48.55	28.80	10.85	1.50
	Mittel (No. 1—6) . .		83.72	2.44	0.67	7.71	4.37	1.09	14.98	4.12	47.37	26.84	6.69	2.39

Spergula arvensis: No. 1. Eichhorn. — Weende'r Jahresber. 1854. II. 83. In Frankenfelde gebaut.
No. 2. E. Wolff. — Hohenheimer Mittbl. 2. Hft. 1855. 135.
No. 3—6. Jul. Lehmann. — Amtsbl. f. d. landw. Vereine Sachsens 1858. 19 u. 1859. 50. Bei No. 5 in Wasser lösliches Proteïn 1.62 %.
No. 7. Th. Dietrich. — 1. Ber. d. V.-St. Heidau 1862. 115. Der Wassergehalt konnte nicht völlig sicher ermittelt werden. An näheren Bestandtheilen wurden bestimmt: Eiweiss 0.444 %, in Wasser lösliche N-freie Stoffe 2.59 %. Holzfaser mit verdünnter Salzsäure und 1 % Kalilauge bei $\frac{1}{4}$ stündigem Kochen erhalten.
No. 8 u. 9. H. Ritthausen, — Mitthl. a. Waldau. 1. Hft. 1859. 68. Holzfaser: 2 %ige Schwefelsäure und 2 %ige Kalilauge. Die Bestandtheile der lufttrocknen Substanz ergeben nur 97 in Summa, die fehlenden 3 % scheinen als Fett anzuführen zu sein.

Polygonum fagopyrum: No. 1—4. J. Moser. — Weende'r Jahresber. 1866/67. 330. (Wiener allgem. land- u. forstw. Ztg. 1867. No. 21 u. 23.) Die procent. Zusammensetzung von uns berechnet aus den Angaben über geerntete Mengen an näheren Bestandtheilen.
No. 5. W. Henneberg. — Hoffmann's Jahresb. 10. (1867.) 254. (Hannov. landw. Ztg.) Bestand an 58.67 % Stengel und 41.33 % Blätter.
No. 6. R. Handke. — Werner's Futterbau 1875. 636.
No. 7. Al. Pasqualini. — (V.-St. Forli). 1875. Originalmitthl. Ob unter „ganze“ Pflanze Wurzel mit eingeschlossen, ist nicht ersichtlich.

No.	Bezeichnungen und Bemerkungen	Jahr der Untersuchung	In der ursprünglichen Substanz: Wasser %	Nh-Substanz %	Rohfett %	Nfr. Extractstoffe %	Rohfaser %	Asche %	In der Trockensubstanz: Nh-Substanz %	Rohfett %	Nfr. Extractstoffe %	Rohfaser %	Asche %	Stickstoff in der Trockensubstanz %
	Buchweizen-Sauerfutter.													
8		1867	70.70	4.99	1.57	13.15	7.40	2.40	17.03	5.36	44.16	25.36	8.19	2.72
9		1870	82.00	2.25	0.67	5.20	5.87	4.01	12.50	3.72	28.89	32.61	22.28	2.00
	Buchweizen-Gemengfutter.													
1	Buchweizen-Senfgemenge, schwerer Thonboden	1884	80.32	1.77	0.43	11.17	4.52	1.79	8.98	2.17	56.78	22.98	9.09	1.44
2	Buchweizengemenge, lufttrocken	1881	15.00	6.80	—	37.00	35.10	6.10	7.99	—	43.57	41.27	7.17	1.28
	Polygonum Sieboldii. — Riesenknöterich.													
1	Jung, etwa 2 Fuss hoch, Mai geschn.	1856	73.0	5.46	—	13.68	5.83	2.03	20.22	—	50.67	21.59	7.52	3.23
2	Desgl., lufttrocken	1856	16.00	16.98	—	42.55	18.13	6.32						
	Symphitum asperrimum. — Beinwell (Prickly Comfrey).													
1	Blätter	1853	88.40	2.71	—	—	8.00	1.98	23.37	—	—	—	17.14	3.74o
2	Stengel	1853	94.74	0.69	—	—	—	0.76	13.06	—	—	—	14.45	2.09
3		1869	90.66	2.72	0.20	1.28	3.30	1.84	29.12	2.20	13.65	35.43	19.60	4.66o
4	Vor der Blüthe	1876	87.28	1.69	0.40	7.00	1.90	1.73	13.30	3.12	55.05	14.91	13.62	2.13
5	Erster und zweiter Schnitt gemischt, 9. Juli u. 17. August	1878	90.00	2.24	0.31	4.30	1.32	1.83	22.37	3.06	43.04	13.24	18.29	3.58
6	In Frankreich gebaut	1878	87.00	2.16	0.17	4.81	2.98	2.88	16.66	1.33	36.97	22.13	22.91	2.66
7	Desgl.	1878	87.00	2.59	—	—	—	2.25	19.94	—	—	—	17.30	3.19
8	1. Schnitt	1878	89.25	2.03	0.26	5.69	1.15	1.62p	18.88	2.42	52.93	10.70	15.07	3.02
9	2. „	1878	88.80	2.34	0.34	5.77	1.08	1.67p	20.89	3.04	51.52	9.64	14.91	3.34
10	1. „	1879	89.19	2.45	0.30	5.13	1.27	1.66p	22.68	2.78	47.51	11.66	15.37	3.63
11	2. „ nach der Blüthe	1879	85.58	2.01	0.50	7.68	2.48	1.75p	13.94	3.47	53.25	17.20	12.14	2.23
12	3. „	1879	87.46	1.99	0.48	6.93	1.55	1.59	15.87	3.83	55.26	12.36	12.68	2.54
13		1880	89.33	2.12	0.29	4.52	1.41	2.33	19.88	2.69	42.39	13.19	21.85	3.18
14		1880	91.74	2.56	0.50	—	—	1.94	30.99	6.05	—	—	23.48	4.96
	Mittel (excl. No. 1, 2, 3 u. 14)		88.09	2.19	0.34	5.78	1.65	1.95	18.44	2.86	48.40	13.89	16.41	2.95

Buchweizen-Sauerfutter: No. 8. R. Handke. — Wie vorher unter 6. Aus dem daselbst angeführten Material bereitet.
No. 9. R. Ulbricht u. Koós Gábor. (V.-St. Ungar. Altenburg). Originalmitthl.

Buchweizen-Gemengfutter: No. 1. Th. Dietrich u. A. Hesse. — Originalmitthl.
No. 2. M. Märcker. — Originalmitthl.

Polygonum Sieboldii: No. 1 u. 2. H. Grouven. — Ztschr. f. Rheinpreussen 1856. 288. Zu Annaberg als Futterkraut gebaut.

Symphitum asperrimum: No. 1 u. 2. Aug. Völcker. — J. Highl. Soc. 1853. No. 41. 56. In No. 1 in Wasser lösliche organische Substanz 1.61, Asche 0.87.
No. 3. Desgl. — J. R. A. S. Engl. 1871. 589. Von den Nh. Substanzen in Wasser löslich 1.10 resp. 11.81, von der Asche 1.25 resp. 13.32%.
No. 4. Th. Dietrich — Originalmitthl.
No. 5. E. Wildt. — Biedermann's Centralbl. f. Agriculturchem. 1880. 290.
No. 6 u. 7. Leclerc. — Ibid. 295.
No. 8—12. J. Moser. — V.-St. Wien. Originalmitthl.
No. 13. H. Weiske, G. Kennepohl und B. Schulze (V.-St. Proskau). — Journ. f. Landw. 30. (1882.) 381. Das untersuchte Material war das Gemisch von 5 Ernten geschnitten am: 12. Mai 105.69, 5. Juni 31.95, 25. Juni 27.82, 16. August 76.40, 29. October 40.72 kg. In Summa wurde in diesen 5 Schnitten geerntet auf einer 78.9 qm betragenden Fläche 282.58 kg frisch = 34.74 kg lufttrocken. Der hohe Aschengehalt ist durch beträchtlichen (nicht bestimmten) Sandgehalt bedingt.
No. 14. A. Stutzer. — Hoffmann's Jahresb. 25. (1882.) 382. Von dem Gesammt-N-gehalt waren 25.79% als verdauliches Eiweiss (künstliche Verdauungs-Methode Stutzer, Journ. f. Landw. 29. 1881. 473.) 26.76 als Amide u. dergl. und 47.45% als unverdaul. Nucleïn vorhanden.

VIII. Futter-Unkräuter.

No.	Bezeichnungen und Bemerkungen	Jahr der Untersuchung	In der ursprünglichen Substanz						In der Trockensubstanz					Stickstoff in der Trockensubstanz
			Wasser %	Nh-Substanz %	Rohfett %	Nfr. Extractstoffe %	Rohfaser %	Asche %	Nh-Substanz %	Rohfett %	Nfr. Extractstoffe %	Rohfaser %	Asche %	%
	Achillea millefolium L. — Gemeine Schafgarbe, Common Yarrow Milfoil. — Achillée mille feuille, Herbe aux charpontiers.													
1		1849	—	—	—	—	—	—	10.34	2.51	45.46	32.69	9.00	1.65
	Anagallis arvensis L. — Ackergauchheil.													
1		1871	—	—	—	—	—	—	10.46	—	58.23	18.41	12.90	1.67
	Calluna (Erica) vulgaris. — Heidekraut. — Common heath. — Bruyère.													
1	Frisches Heidekraut	1864	51.50	4.50	2.00	8.75	29.00	4.25	9.28	4.12	18.04	59.80	8.76	1.48
2	Ganze Pflanze	1870	45.06	3.40	7.82	22.64	18.60	2.48	6.22	14.29	40.96	34.00	4.53	1.00
3	Grüne Spitzen	1870	46.65	4.21	9.11	23.36	14.69	1.98	7.89	17.02	43.85	27.53	3.71	1.26
	Mittel aus No. 1, 2 u. 3		48.28	3.62	4.39	17.21	23.50	3.00	7.00	8.49	33.26	45.44	5.81	1.12
4	Schweden (Westmanland), lufttrocken .	1878	9.23	5.00	6.04	47.95	38.58	3.20	5.51	7.05	41.39	42.52	3.53	0.88
	Centaurea nigra.													
1	24. Juli gesammelt	1849	69.05	3.03	0.64	14.28	10.84	2.16	9.79	2.07	46.09	35.04	7.01	1.57
	Cetraria islandica Achar. — Isländisches Moos.													
1	Aus Kärnthen, lufttrocken	1870	15.04	4.47	5.79	72.03	1.48	1.19	5.26	6.81	84.91	1.74	1.38	0.84
	Chenepodium album L. — Gemeinster Gänsefuss. — Pig-weed, Lamb's Quarters.													
1	In Blüthe, 1. August { frisch . . .	1876	80.80	3.94	0.76	—	2.55	3.02	20.61	3.94	46.44	13.25	15.76	3.30⁰
	In Blüthe, 1. August { lufttrocken . .	1876	9.81	18.59	3.55	—	11.95	14.21						
	Chrysanthemum leucanthemum L. — Gemeine Wucherblume, Johannisblume, Rindsauge. — White Weed, Ox-eye Daisy.													
1	23. Juni gesammelt	1849	71.85	2.12	1.00	12.64	10.51	1.86	7.53	3.49	45.02	37.33	6.63	1.19⁰
2	In voller Blüthe, luftttrocken, 30. Juni gesammelt	1872	10.87	7.00	2.42	42.27	31.00	6.44	7.86	2.71	47.51	34.79	7.23	1.26
	Mittel		71.85	2.20	0.87	13.12	10.15	1.81	7.69	3.10	46.72	36.06	6.43	1.23

Achilea millefolium: No. 1. Thom. Way. — J. Agric. Soc. Engl. 1853. I. 171.
Anagallis arvensis: No. 1. V. Hofmeister. — Amtsbl. f. d. landw. Vereine im Königr. Sachsen 1872. 7.
Calluna (Erica) vulgaris: No. 1. Blythe. — Weend. Jahresber. 1865|66. 244. (J. Agr. Highl. Soc. No. 87. January 1865. 519.)
No. 2 u. 3. H. Hellriegel u. Lehde. — Amtsbl. d. landw. Vereine d. Mark Brandenburg 1871. Das Aetherextract enthielt:

	Ganze Pflanze	Grüne Spitzen
In Wassser löslich (Gerbsäure)	39.2 %	40.6 %
In Alkohol löslich (Fett u. Chlorophyll)	47.7 „	49.4 „
In Alkohol unlöslich	13.1 „	10.0 „

No. 4. E. O. Bergstrand. — V.-St. Westeras. Originalmitthl.
Centaurea nigra: No. 1. Thom. Way. — J. Agric. Soc. Engl. 1853. I. 171.
Cetraria islandica: No. 1. Schwackhöfer. — (K. K. landw. V.-St. Wien.) Die landw. V.-St. 14. (1871.) 147.
Chenopodium album: No. 1. F. H. Storer. — Bull. Bussey Institution. Vol. II. Part. II. (1877.) 127. Asche frei von C und CO_2. Rohasche 3.82 resp. 17.95 und 19.90 %.
Chrysanthemum leucanthemum: No. 1. Th. Way. — Vergl. unter Centaurea nigra No. 1.
No. 2. F. H. Storer. — Bull. Bussey Instit. Vol. I. Part. II. (1875.) S. 349. Asche frei von C und CO_2.

No.	Bezeichnungen und Bemerkungen	Jahr der Untersuchung	In der ursprünglichen Substanz						In der Trockensubstanz					Stickstoff in der Trockensubstanz
			Wasser %	Nh-Substanz %	Rohfett %	Nfr. Extractstoffe %	Rohfaser %	Asche %	Nh-Substanz %	Rohfett %	Nfr. Extractstoffe %	Rohfaser %	Asche %	%
	Chrysanthemum segetum. Schk. — Getreide-Wucherblume, Hungerblume.													
1	In voller Blüthe von leichtem, reichem Boden, 28. Juli	1863	76.10	2.31	—	—	—	1.86	9.66	—	—	—	7.78	1.54
	Cichorium Intybus L. — Gemeine Hindläuft, Cichorie. — Succory. — Chicorée.													
1	Zu Maryhill (Schottland) gebaut . . .	1855	90.94	1.00	—	—	—	1.42	11.04	—	—	—	15.67	1.77
	In verschiedenen Wachsthumsperioden.													
2	40 Tage nach der Aussaat, 13. Juni ges.	1866	89.58	2.24	0.73	5.45	0.52	1.48	25.06	8.17	46.75	5.81	14.21	4.01
3	10 Tage später als vorher	1866	91.37	1.73	0 47	4.74	0.52	1.17	23.19	6.23	50.17	6.90	13.51	3.71
4	Desgl.	1866	90.76	1.62	0.52	5.30	0.63	1.17	20.06	6.40	53.04	7.83	12.67	3.19
5	Desgl.	1866	91.73	1.32	0.44	4.89	0.59	1.03	18.19	6.02	55.20	8.17	12.42	2.91
6	Desgl.	1866	90.26	1.39	0.50	5.90	0.70	1.25	16.44	5.87	56.54	8.28	12.87	2.63
7	Desgl.	1866	92.01	1.04	0.46	4.95	0.60	0.94	14.81	6.49	58.44	8.47	11.79	2.37
8	Desgl.	1866	90.71	1.11	0.51	5.93	0.71	1.03	13.19	6.21	60.83	8.60	11.17	2.11
9	Desgl.	1866	89.74	1.21	0.55	6.63	0.77	1.10	13.19	6.01	61.67	8.42	10.71	2.11
10	Desgl.	1866	88.47	1.17	C.59	7.71	0.87	1.19	11.38	5.74	64.18	8.40	10.30	1.82
11	Desgl.	1866	87.50	1.19	0.66	8.44	0.90	1.31	10.69	5.90	64.91	8.01	10.49	1.71
	Braunheu von Cichorienblätter.													
12		1866	41.2	9.2	2.3	25.2	8.2	13.9	15.65	3.91	42.85	13.95	23.64	2.50
	Cirsium. — Kratzdistel. Distel, frisch.													
	In verschiedenen Wachsthumsperioden.													
1	10—15 cm hoch	1854	88.0	3.50	—	—	—	—	29.19	—	—	—	—	4.67°
2	25 cm hoch, vor dem Sichtbarwerden der Blüthenknospen	1854	88.9	1.75	—	—	—	—	24.38	—	—	—	—	3.90°
3	50—75 cm hoch, im Begriff zu blühen	1854	88.1	2.38	—	—	—	—	19.94	—	—	—	—	3.19°
	Cirsium arvense Scopoli (Serratula arvensis L.). — Acker-Kratzdistel.													
4	Mitte Mai gesammelt	1867	86.68	2.91	0.95	6.08	1.42	1.96[1])	21.87	7.14	45.66	10.61	14.72[2])	3.50
	Cirsium lanceolatum (Cnicus lanceolatus Scop.). — Lanzettige Kratzdistel. — Common Thistle.													
5	In der Blüthe, Blätter	1862	85.52	3.12	—	—	—	2.31	21.55	—	—	—	15.95	3.45
6	Desgl., Stengel	1862	82.06	1.19	—	—	—	1.36	6.07	—	—	—	7.58	0.97

Chrysanthemum segetum: No. 1. Th. Anderson. — Journ. of the agric. of Scotland 1864. 181. In der Nähe von Glasgow gesammelt.

Cichorium Intybus: No. 1. Th. Anderson. — Transact. Highl. Soc. Juli 1853 bis March 1855. 555.
No. 2—11. Hugo Schulz. — L. V.-St. IX. 1867. 203. Das betr. Feld hatte 1863 Cichorie und 1864 u. 1865 Halmfrucht, gedüngt, getragen. Die Erträge waren mässig. Die Aussaat erfolgte am 4. Mai, 2 1/2 Pfd. Samen pro Morgen. Die Rohfaserbestimmung geschah nach Vorschrift von Grouven (siehe Original). 5 % Schwefelsäure, 6stündige Einwirkung u. 3 % Natronlauge.

Braunheu: No. 12. F. Stohmann. — Ztschr. d. landw. Centralver. f. Sachsen 1866. 24. Die Blätter mit den Köpfen wurden in flache Haufen zusammengebracht und schichtenweise möglichst fest zusammengestampft, bis der Haufen eine genügende Höhe erlangt hatte, dann mit Erde bedeckt der Gährung überlassen. Nach St. stellte das conservirte Futter eine dunkelbraune Blättermasse von durchdringend aromatischem, nicht unangenehmem Geruch dar. Von der Asche waren 5.4 % Sand und Erde.

Cirsium: No. 1—3. J. Pierre. — Weende'r Jahresber. 1855/56. 27. (Compt. rend. 41. 138. Ann. d'agric. franc. 6. 153.) Nh. Substanz von uns berechnet. Die Art ist nicht benannt.

Cirsium arvense: No. 4. Krocker u. Jannasch. — Annal. d. Landw. Wochenbl. 1867. 423. Die Pflanzen wurden durch ein Messer mit einem kleinen Theile der Wurzeln abgestochen (wie in der Landwirthschaft üblich), durch Waschen und Bürsten von anhängender Erde gereinigt.
[1]) Darin 0.692 Phosphorsäure, 0.68 Kalk, 1.18 Alkalien.
[2]) Darin 0.69 „ 5.15 „ 8.88 „

Cirsium lanceolatum: No. 5 u. 6. Th. Anderson. — Trans. Juli 1863 b. März 1865. 182. Auf gutem sandig. Lehm.

No.	Bezeichnungen und Bemerkungen	Jahr der Untersuchung	In der ursprünglichen Substanz: Wasser %	Nh-Substanz %	Rohfett %	Nfr. Extractstoffe %	Rohfaser %	Asche %	In der Trockensubstanz: Nh-Substanz %	Rohfett %	Nfr. Extractstoffe %	Rohfaser %	Asche %	Stickstoff in der Trockensubstanz %
	Cladonia rangiferina Hoffm. — Renthiermoos.													
1	Aus der Nähe von Stockholm, am 16. Juni nach mehrwöchentlicher trockner Wärme von einem Felsen entnommen	1868	9.5	2.6	1.4	72.1	13.4	1.0	2·87	1.55	79.68	14.80	1.10	0.46
	Clematis flammula L. — Brenn-Waldrebe, Feuerkraut.													
1	Lufttrocken, auf feucht. Boden gewachsen	1875	16.92	7.33	3.31	35.45	28.35	9.64	8.83	3.98	41.45	34.13	11.61	1.41
	Crepis virens L. — Grüner Pippau, Grundfest.													
1		—	—	—	—	—	—	—	10.11	—	53.68	19.83	16.38	1.62
	Cuscuta Epithymum Murray. — Kleeseide.													
1		1874	86.49	1.55	0.33	8.56	2.37	0.70	11.48	2.45	63.40	17.53	5.14	1.84
	Dianthus Carthusianorum L. — Karthäuser Nelke.													
1	Bei angehendem Schossen, lufttrocken .	1872	12.44	15.32	3.45	46.34	12.08	10.37	17.50	3.94	52.92	13.80	11.84	2.80
	Elodea canadensis Rich. — (Anacharis Alsinastrum Rap.?) — Wasserpest.													
1	Frisch	1878	88.00	2.22	0.27	5.14	2.01	2.36	18.46	2.29	42.83	16.76	19.69	2.95
2	Heutrocken	1878	16.88	14.44	1.93	36.68	14.10	15.97	17.37	2.32	44.17	16.98	19.22	2.78
3	Desgl.	1878	26.35	14.31	1.66	30.66	12.17	14.85	19.56	2.26	41.48	16.54	20.16	3.11
4		1868	77.33	2.52	—	—	—	5.00	11.12	—	—	—	22.05	1.78
	Mittel (No. 1—3) . .		88.00	2.22	0.27	5.14	2.01	2.36	18.46	2.29	42.82	16.76	19.67	2.95
	Equisetum arvense. — Schachtelhalm. — Common Field Horse-Tail, Scouring rush. — Queue de cheval.													
1	Fruchtbare Stengel, 21. April 1876 . .	1877	87.28	1.86	0.34	7.05	1.87	1.60	14.62	2.68	55.43	14.72	12.55	2.34
2	Unfruchtbare Stengel, 22. Mai 1876 .	1877	85.63	3.34	0.76	6.04	2.49	1.74	23.26	5.31	42.00	17.31	12.12	3.72
3		1878	82.30	2.18	—	—	3.14	—	12.31	—	—	17.73	—	1.97
	Galeopsis Tetrahit L. — Gemeiner Hohlzahn.													
1	Aus Süd-Livland, Blätter, im Herbste gesammelt	1876	—	—	—	—	—	—	23.77	5.15	43.57	13.34	14.17	3.80
	Humulus Lupulus L. — Hopfen. — Hops. — Houblon.													
1	Ranken mit Blätter	1866	53.00	2.88	2.52	—	—	6.28	3.25	2.84	—	—	7.08	0.52

Cladonia rangiferina: No. 1. Alex. Müller u. C. G. Zetterlund. — L. V.-St. 11. (1869.) 321. Die stickstofffreien Extractstoffe sind als Stärke und Amylocellulose bezeichnet.
Clematis flammula: No. 1. Al. Pasqualini. — V.-St. Forli. Originalmitthl.
Crepis virens: No. 1. V. Hofmeister. — Amtsbl. f. d. landw. Ver. im Königr. Sachsen 1872. 7. Zwischen den Stoppeln gesammelt.
Cuscuta Epithymum: J. König u. B. Farwick. — Landw. Ztg. f. Westfalen und Lippe 1874. 241.
Dianthus Carthusianorum: No. 1. A. Stöckhardt. — Der chem. Ackersm. 1872. 62. Das untersuchte Material stellte dichtgedrängte Blattbüschel von circa 6—8 Fuss Höhe dar. Einzelne Blattstengel nebst Blüthen wurden entfernt.
Elodea canadensis: No. 1—3. W. Hoffmeister. — Ztschr. d. landw. Centralv. d. Prov. Sachsen 1879. 40. Die Zusammensetzung von No. 1 wurde von uns aus dem Mittel von 2 und 3 berechnet. In der Trockensubstanz befanden sich 1.47 % Zucker und 19.4 % Stärkemehl.
No. 4. J. Fittbogen. — Annal. d. Landw. Wochenbl. 1868. 91.
Equisetum arvense: No. 1 u. 2. F. H. Storer. — Bull. Bussey Institut. II. 3. (1878.) 166.
No. 3. H. Weiske u. Th. Melis. L. V.-St. 21. (1878.) 411.
Galeopsis Tetrahit: No. 1. G. Thoms u. A. Büngner. L. V.-St. 24. (1879.) 50.
Humulus Lupulus: No. 1. Rob. Hoffmann. — Dess. Jahresb. d. Agriculturchem. 10. 1867. 255. Reinasche 4.26. — (Nach J. Maschat sind Hopfenreben vorzügliches Futter f. Milchkühe.)

No.	Bezeichnungen und Bemerkungen	Jahr der Untersuchung	In der ursprünglichen Substanz: Wasser %	Nh-Substanz %	Rohfett %	Nfr. Extractstoffe %	Rohfaser %	Asche %	In der Trockensubstanz: Nh-Substanz %	Rohfett %	Nfr. Extractstoffe %	Rohfaser %	Asche %	Stickstoff in der Trockensubstanz %
	Leontodon Taraxacum L. — Löwenzahn. — Dandelion. — Pissenlit.													
1	Kraut mit Knospen, noch nicht in der Blüthe, 18. Mai gesammelt	1875	85.54	2.81	0.69	7.45	1.52	1.99	19.38	4·77	51.59	10.52	13.74	3.10
2	Desgl., lufttrocken	1875	10.87	7.00	2.42	42.27	31.00	6.44						
3	Blätter, 4.—8. Juni gesammelt	1875	86.35	1.74	—	—	1.88	—	12.75	—	—	13.80	—	2.04
4	Blätter, 18.—22. Juni gesammelt	1875	85.15	2,19	—	—	2.13	—	14.75	—	—	14.32	—	2.36
	Matricaria inodora (Crysanthem. inodorum?). — Geruchlose Wucherblume. Scentless May flower.													
1	In voller Blüthe, von strengem Thonboden, 9. Juli	1862	77.14	1.29	—	—	—	1.13	5.64	—	—	—	4.94	0.90
	Osmunda regalis L. — Königsfarn. — Flowering Fern. Mount Royal.													
1	Lufttrocken	1874	8.23	7.38	2.97	49.10	25.59	6.73	8.04	3.23	53.52	27.88	7.33	1.29
	Oxalis stricta L. — Steifer Sauerklee.													
1	Als Stoppelfutter	—	—	—	—	—	—	—	16.06	—	49.26	22.23	12.45	2.57
	Papaver Rhoeas L. — Klatschrosen, Mohn. — Common red poppy. — Pavot rouge, Coquelicot.													
1	2. Juli gesammelt	1849	81.00	1.71	0.88	7.20	6.08	3.13	9.02	4.65	41.43	28.71	16.49	1.443
	Papaver somniferum. — Mohn. — Poppy. — Pavot.													
1	Bei beginnender Samenreife, eingesäuert	—	65.81	1.83	1.63	17.56	8.31	4.86	5.35	4.77	51.36	24.31	14.21	0.85
	Plantago lanceolata. — Wegebreit. — Rib-grass, Lance-leaved Plantain. — Plantain des prés.													
1	Blätter, 28. Mai gesammelt	1849	84.75	2.18	0.56	6.06	5.10	1.35	14.29	3.67	40.29	33.07	8.68	2.29°
2		1853	80.79	2.48	—	5.90	9.00	1.83	12.94	—	30.70	46.85	9.51	2.07
3	Als Stoppelfutter gesammelt, theilweise abgeblüht und samentragend	1872	—	—	—	—	—	—	13.64	—	50.82	22.00	11.54	2.18
	Mittel		82.77	2.35	0.63	6.69	5.85	1.71	13.62	3.67	38.83	33.97	9.91	2.18

Leontodon Taraxacum: No. 1 u. 2. F. H. Storer. — Bull. Bussey Institut. II. 2. 117.
No. 3 u. 4. H. Weiske u. Th. Mehlis. — L. V.-St. 21. (1878.) 411. Die Blätter wurden an 5 Tagen früh u. nachmittags gesammelt. Es stellte sich der Gehalt an Trockensubstanz:
Morgens durchschnittlich bei No. 3 zu 12.75 %, bei No. 4 zu 14.35 %
Nachmittags „ „ No. 3 zu 14.55 %, bei No. 4 zu 15.35 %.

Matricaria inodora: No. 1. Thom. Anderson. — J. agric. Scotland 1864. 181.

Osmunda regalis: No. 1. Fr. Storer. — Bull. Bussey Institut. Vol. I. p. IV. 1875. 350. Rohasche 6.88 % in der lufttrocknen Substanz. Von Marion, Mass., wo die Pflanze von den Farmern als Futterpflanze sehr geschätzt und gewöhnlich „Mount Royal" genannt wird.

Oxalis stricta: No. 1. V. Hofmeister. — Amtsbl. d. landw. Vereine i. Sachsen. 1872. 7. Zwischen den Getreidestoppeln gesammeltes Unkraut.

Papaveo Rhoeas: No. 1. Thom. Way. — J. Agric. Soc. Engl. 1853. I. 171.

Papaver somniferum: No. 1. E. Lecouteux u. L. Grandeau. — Hoffmann's Jahresb. 1875|76. II. 35. (Journ. d'agric. pratique 1875. 2. 901.) Im Mai gesäeter Mohn wurde im August, als die Körner fast reif waren, geerntet, zu Häcksel zerschnitten und mit 1/5 seines Gewichts an Roggenkörnern in einer gemauerten Grube eingemietet. Am 25. November hatte das Futter ein schmutzigbraunes Aussehen und einen öligen (?) Geruch. Die von L. Grandeau ausgeführte Analyse ergab:

Flüchtige Säuren (auf SO_3 berechnet)	0.104 %
Nichtflüchtige Säuren	0.489 „
N-haltige Stoffe (vorzugsweise Alkaloïde des Opiums)	2.390 „
Gummi, Dextrin	3.025 „

Plantago lanceolata: No. 1. Th. Way. — J. Agr. Soc. Engl. 1853. I. 171.
No. 2. Aug. Völcker. — J. Highl. Soc. 1853. No. 41. 56. In Wasser lösliche organische Substanz: 8.39, Asche: 1.26.
No. 3. V. Hofmeister. — Amtsbl. f. d. landw. Vereine im Königr. Sachsen 1872. 7.

No.	Bezeichnungen und Bemerkungen	Jahr der Untersuchung	In der ursprünglichen Substanz: Wasser %	Nh-Substanz %	Rohfett %	Nfr. Extractstoffe %	Rohfaser %	Asche %	In der Trockensubstanz: Nh-Substanz %	Rohfett %	Nfr. Extractstoffe %	Rohfaser %	Asche %	Stickstoff in der Trockensubstanz %
	Plantago major L. — Grosser Wegebreit. — Common Plantain.													
1	Blätter, gesammelt 25. Mai	1876	81.44	2.65	0.47	11.19	2.09	2.47*)	14.29	2.53	60.27	11.27	13.29*)	2.28
	Polygonum aviculare L. — Vogelknöterich.													
1	Stoppelfutter, theilweise abgeblüht und samentragend	1871	—	—	—	—	—	—	17.54	—	—	24.12	10.00	2.81
	Polygonum Convolvulus L. — Windenknöterich.													
2	Stoppelfutter, theilweise abgeblüht und samentragend	1871	—	—	—	—	—	—	14.06	—	—	18.25	14.56	2.25
	Portulaca oleracea L. — Gemüse-Portulak. — Purslane.													
1	Kurz vor der Blüthe, 14. Juli . . .	1876	92.61	2.24	0.40	2.16	1.03	1.56	30.25	5.35	29.38	13.96	21.06	4.84
	Poterium sanguisorba L. — Wiesenknopf, Bibernell, Pimpernell. — Salad Burnet, Burnet blood wort. — Pimpernelle, Bibinelle.													
1	In der Blüthe, 28. Mai gesammelt . .	1879	85.56	2.42	0.58	6.85	3.44	1.15	16.75	4.01	47.40	23.87	7.97	2.647°
	Ranunculus acris L. — Scharfer Ranunkel.													
1	Gesammelt 13. Juni	1849	88.15	1.18	0.51	6.26	3.00	0.91	9.98	4.28	52.69	25.39	7.71	1.59
2	Gesammelt 16. Juni, nach der Blüthe, auf armem, kaltem Boden und schattigem Standort, lufttrocken	1875	8.24	10.66	3.61	41.58	30.70	5.21	11.61	3.93	45.36	33.43	5.67	1.86
	Ranunculus repens L. — Kriechender Ranunkel. — Buttercup.													
1	Von strengem Thonboden, 8. Juli gesammelt, ganze Pflanze	1862	85.15	1.31	—	—	—	2.67	8.89	—	—	—	17.98	1.42
	Rumex acetosa L. — Gemeiner Sauerampfer. — Common Sorrel. — Oseille.													
1	4. Juli gesammelt	1849	75.37	1.90	0.55	7.62	13.04	1.51	7.71	2.19	46.82	37.16	6.12	1.213°
2	Von strengem Thonboden, 10. Juni ges.	1862	86.03	2.01	—	—	—	1.01	14.39	—	—	—	7.23	2.30
	Rumex crispus L. — Krauser Ampfer. — Dock.													
1	Von strengem Thonboden, 1. Juli gesammelt: 17.33 % Wurzeln	1862	71.76	0.65	—	—	—	1.31	2.30	—	—	—	4.63	0.37
	47.01 % Stengel	1862	79.32	1.81	—	—	—	1.45	8.75	—	—	—	7.01	1.40
	35.66 % Blätter	1862	84.51	3.06	—	—	—	2.71	19.75	—	—	—	17.49	3.16
2	Stengel u. Blätter (nach vorigem berechn.)	1862	81.55	2.35	—	—	—	2.00	12.73	—	—	—	10.84	2.03

Plantago major: No. 1. F. H. Storer. — Bull. Bussey Inst. 1877. S. 123.
*) Darin 2.16 % resp. 11.64 % Reinasche.
Polygonum aviculare u. P. Convolvulus: No. 1 u. 2. V. Hofmeister. — Amtsbl. f. d. landw. Vereine i. Kgr. Sachsen 1872. 7.
Portulaca oleracea: No. 1. F. H. Storer. — Bull. Bussey Institut. Vol. II. part. II. (1877.) 126.
Poterium sanguisorba: No. 1. Thom. Way. — J. Agr. Soc. Engl. 1853. I. 171.
Ranunculus acris: No. 1 u. 2. Thom. Way. — J. Agr. Soc. Engl. 1853. I. 171.
Ranunculus repens: No. 1. Thom. Anderson. — Trans. Highl. Soc. Juli 1863 bis März 1865. 237.
Rumex acetosa: No. 1. Thom. Way. — J. Agric. Soc. Engl. 1853. I. 171.
No. 2. Thom. Anderson. — Transact. Highl. Soc. Juli 1863 bis März 1865. 237.
Rumex crispus: No. 1. Thom. Anderson. — Ibidem.
No. 2. Von uns berechnet.

No.	Bezeichnungen und Bemerkungen	Jahr der Untersuchung	In der ursprünglichen Substanz: Wasser %	Nh-Substanz %	Rohfett %	Nfr. Extractstoffe %	Rohfaser %	Asche %	In der Trockensubstanz: Nh-Substanz %	Rohfett %	Nfr. Extractstoffe %	Rohfaser %	Asche %	Stickstoff in der Trockensubstanz %
	Senecio Jacobaea L. — Jakobs-Kreuzkraut. — Rag-weed.													
1	Von strengem Thonboden, gesammelt 20. Juli, ganze Pflanze	1862	78.36	1.49	—	—	—	5.04	6.89	—	—	—	23.28	1.10
	Senecio vulgaris L. — Gemeines Kreuzkraut. — Groundsel.													
2	Von thonigem Lehmboden, gesammelt 17. Juli, ganze Pflanze	1862	88.47	1.62	—	—	—	1.45	14.05	—	—	—	12.57	2.25
	Sonchus oleraceus L. — Saudistel, Gemüse-Gänsedistel.													
1	Stoppelfutter, theilweise abgeblüht und samentragend	1871	—	—	—	—	—	—	19.12	—	—	21.10	19.23	3.06
	Tussilago Farfara L. — Huflattich. — Coltsfort. — Tussilage.													
1	Ganze Pflanze, mit der Wurzel, nach der Blüthe am 4. Juni gesammelt	1862	86.66	1.94	—	—	—	2.13	14.54	—	—	—	15.96	2.32
	Urtica dioica L. — Grosse Nessel. — Nettle. — Ortie.													
1	Jung, 30 cm hoch	1854	84.02	5.31	—	—	—	—	33.81	—	—	—	—	5.41°
2	6 Wochen später zur Blüthezeit, oberer 35—40 cm langer Theil	1854	78.80	4.50	—	—	—	—	21.25	—	—	—	—	3.40°
3	Stengel	1862	82.06	2.12	—	—	—	1.66	11.82	—	—	—	9.25	1.89
4	Blätter	1862	75.65	5.87	—	—	—	4.34	24.11	—	—	—	21.93	3.86
5	Stengel 47.48 % und Blätter 52.52 %	1862	78.70	4.09	—	—	—	3.07	19.20	—	—	—	14.41	3.07
6	Frisch	1867	80.00	4.14	1.75	8.54	2.40	3.17	20.71	8.73	42.71	12.01	15.84	3.31
7	Lufttrocken	1867	11.42	18.34	7.73	37.83	10.64	14.03						
8	Am 22. Mai gesammelt, junge Sprossen	1876	82.44	5.50	0.67	7.13	1.96	2.30	31.32	3.83	40.56	11.15	13.14	5.01
	Viola tricolor L. — Stiefmütterchen. — Pansy. — Pensée.													
1	In voller Blüthe gesammelt	—	—	—	—	—	—	—	13.41	—	—	20.24	14.02	2.14
	Meerespflanzen. — Im lufttrocknen Zustande.													
1	Ulva latissima L., Meersalat	1877	29.75	13.35	0.21	23.11	1.77	31.81	19.00	0.30	32.91	2.52	45.27	3.04
2	Valonia Aegagropila (Agar.) Valoni	1877	7.62	5.36	0.15	30.25	3.65	52.97	5.69	0.16	32.89	3.95	57.31	0.91
3	Sphaerococcus confervoides (Ag.) und Varietäten	1877	20.01	16.25	0.11	36.47	3.10	24.06	20.31	0.14	45.59	3.88	30.08	3.25
4	Phycoseris crispata (Ktz.) u. andere Species	1877	36.61	13.01	0.36	14.16	2.15	33.71	20.36	0.56	22.96	3.36	52.76	3.26
5	Zostera mediterranea Dec. u. marina L.	1877	26.64	6.03	0.19	32.02	9.05	26.07	8.22	0.26	43.65	12.34	35.53	1.32
6	Fucus vesiculosus var. Sherardi (Ktz.)	1877	27.11	8.21	0.67	41.14	4.40	18.47	11.15	0.91	56.88	5.98	25.08	1.78
7	Solenia attenuata und subulata (Ag.)	1877	34.64	9.20	3.88	8.92	3.35	40.00	14.21	5.99	12.82	5.18	61.80	2.27

Senecio Jacobaea u. vulgaris: No. 1 u. 2. Thom. Anderson. — Vergl. Rumex crispus.
Sonchus oleraceus: No. 1. V. Hoffmeister. — Amtsbl. f. d. landw. Ver. im Königr. Sachsen 1872. 7.
Tussilago Farfara: No. 1. Th. Anderson. — Juli 1863 bis März 1865. S. 182. Aus der Umgegend von Glasgow. Sehr sandiger Boden.
Urtica dioica: No. 1 u. 2. Is. Pierre. — Weende'r Jahresber. 1855/56. II. 27.
No. 3—5. Thom. Anderson. — Wie bei Tussilago. No. 5. Von uns berechnet aus No. 3 u. 4.
No. 6 u. 7. J. Moser. — Weende'r Jahresber. 1867/68. 548. (Wiener allgem. land- u. forstw. Ztg. 1867. 1006.)
No. 8. P. H. Storer. — Bull. Bussey Institut. Vol. II, p. II. 118.
Viola tricolor: No. 1. V. Hofmeister. — Amtsbl. f. d. landw. Ver. im Königr. Sachsen 1872. 7.
Meerespflanzen: No. 1—8. F. Sestini, A. Bomboletti, V. Benzoni und G. Del Torre. Biedermann's Centralbl. 1878. 875. (Le Stazioni sperimentali agrarie italiane 1877. 6. 207.) Die Pflanzen stammen aus den venetianischen Lagunen und werden bis dahin nur als Düngemittel verwendet.

No.	Bezeichnungen und Bemerkungen	Jahr der Untersuchung	In der ursprünglichen Substanz: Wasser %	Nh-Substanz %	Rohfett %	Nfr. Extractstoffe %	Rohfaser %	Asche %	In der Trockensubstanz: Nh-Substanz %	Rohfett %	Nfr. Extractstoffe %	Rohfaser %	Asche %	Stickstoff in der Trockensubstanz %
8	Vaucheria Pilus (Mrt.)	1877	20.50	6.88	2.94	22.41	8.89	38.39	8.66	3.70	28.17	11.18	48.29	1.39
9	Suberitis massa (Nard.)	1878	25.33	9.85	3.92	31.57	9.69	19.64	13.19	5.25	42.29	12.97	26.30	2.11
10	Geodia gigas (Nard.)	1878	10.84	8.10	0.94	16.02	0.66	63.44	9.09	1.05	17.94	0.74	71.18	1.45
11	Raspaila tipica (Nard.)	1878	6.96	3.28	0.43	9.94	0.75	78.64	3.53	0.46	10.66	0.81	84.54	0.56
12	Hircinia tipica	1878	21.67	17.08	0.98	14.15	2.68	43.44	21.81	1.25	18.05	3.42	55.47	3.49
13	Caulazzo (bagno carbone genannt) . .	1878	33.91	10.40	0.52	22.22	1.13	31.83	15.74	0.79	33.60	1.71	48.16	2.52
14	Fragmente verschiedener Spongiarien .	1878	24.86	10.84	2.25	13.21	2.00	46.84	14.43	2.99	17.58	2.66	62.34	2.31
15	Reniera flava	1878	21.64	18.39	2.36	13.76	2.42	41.44	22.47	3.01	18.55	3.09	52.88	3.60

IX. Blätter (von Wurzelgewächsen).

Pastinaca sativa L. — Gemeiner Pastinak. — Common Parsnip. — Panais cultivé.

No.	Bezeichnungen und Bemerkungen	Jahr	Wasser	Nh-Substanz	Rohfett	Nfr. Extractstoffe	Rohfaser	Asche	Nh-Substanz	Rohfett	Nfr. Extractstoffe	Rohfaser	Asche	Stickstoff
1	Blätter, Mai, im 2. Vegetationsjahr . .	1867	83.15	1.81	0.40	9.88	2.17	2.59	10.74	2.37	58.74	12.78	15.37	1.72

Daucus carota L. (und Variet.) — Möhre, Mohrrübe, Riesenmöhre. — Common Carrot. — Carotte.

No.	Bezeichnungen und Bemerkungen	Jahr	Wasser	Nh-Substanz	Rohfett	Nfr. Extractstoffe	Rohfaser	Asche	Nh-Substanz	Rohfett	Nfr. Extractstoffe	Rohfaser	Asche	Stickstoff
1	Mohrrübenblätter	—	82.20	3.20	1.00	7.00	3.00	3.60	17.01	5.32	42.56	15.96	19.15	2.72
2	Riesenmöhrenblätter	1859	76.50	3.82	—	12.92	3.45	3.31	16.25	—	54.99	14.68	14.08	2.60
	Mittel		79.35*)	3.51	1.09	9.36	3.23	3.46	16.63	5.32	46.11	15.32	16.62	2.66

Beta vulgaris L. — Runkelrübe, Dickwurz, Mangold etc. — Common beet, Mangold-Wurzel. — Betterave.

a. Runkelrüben, Futterrüben.

No.	Bezeichnungen und Bemerkungen	Jahr	Wasser	Nh-Substanz	Rohfett	Nfr. Extractstoffe	Rohfaser	Asche	Nh-Substanz	Rohfett	Nfr. Extractstoffe	Rohfaser	Asche	Stickstoff
1	Etwas welk	?	88.90	3.12	—	—	—	2.38	28.13	—	—	—	21.50	4.50o
2	Frisch, im November	1851	91.96	1.76	—	—	—	1.29	22.02	—	—	—	16.07	3.523o
3	Frisch, 19. August	1853	91.42	1.40	—	—	1.14	2.03	16.32	—	—	13.29	23.66	2.61
4	„ 16. October	1853	89.96	2.23	—	—	1.38	1.99	22.21	—	—	13.74	19.82	3.55
5	Long yellow Mangold	1854	91.60	1.77	—	—	—	1.77	21.07	—	—	—	21.07	3.37
6	Yellow globe Mangold	1854	90.11	2.83	—	—	—	1.56	28.62	—	—	—	15.77	4.58
7	Long red Mangold	1854	91.12	2.39	—	—	—	2.04	26.91	—	—	—	22.52	4.31
8		1856	90.00	1.60	—	—	1.00	1.60	16.00	—	—	10.00	16.00	2.56
9	Oberndörfer, sandiger Lehmboden . .	1858	90.00	1.41	—	—	0.97	1.65	14.10	—	—	9.70	16.50	2.26

Meerespflanzen: No. 9—15. G. del Torre u. A. Bomboletti. — Biedermann's Centralbl. 1879. 949. (Le Stazioni sperimentali agrarie italiane 1878. 193.)

Pastinaca sativa: No. 1. Th. Dietrich. — Landw. Anzeig. f. d. Regbz. Kassel 1867. 185. Die Aussaat des Samens war am 14. April 1866 erfolgt in Reihen von 12 Zoll Abstand. In den Blättern 0.71 Kalkerde u. 0.28 Phosphorsäure.

Daucus carota: No. 1. J. B. Boussingault. — Dessen: Die Landwirthschaft in ihrer Beziehung zur Chemie u. s. w. Deutsch von Gräger. Halle, 1854. 3. Bd. 200.

No. 2. Th. Dietrich. (V.-St. Heidau). 1. Ber. ders. 102. Die Möhren waren auf leichtem Lehmboden gewachsen.

*) Bretschneider ermittelte (V.-St. Ida-Marienhütte Mitthl. d. landw. Centralver. in Schlesien. 12. Hft. 1861. 93) den Wassergehalt für die Blätter der „weissen grünköpfigen Riesenmöhre" in verschiedenen Vegetationsstadien wie folgt:

	25. Juli	14. August	4. Sept.	19. Sept.	10. Octob.
Wasser	85.48%	88.39%	84.96%	84.29%	82.28%

Beta vulgaris, Runkelrüben-Blätter: No. 1. J. B. Boussingault. — J. R. Agr. Soc. Engl. 1852. II. 449.

No. 2. Aug. Völcker. — J. Highl. Soc. Juli 1853. 56.

No. 3. Em. Wolff. — Möckern'sche Ber. III. 1853. 22. H. Ritthausen führte die N-Bestimmung aus.

No. 4. Keyser. — Ibid.

No. 5, 6 u. 7. Th. Anderson. — Trans. Highl. Soc. March 1854. 274. (Weende'r Jahresb. 1854. II. 21.)

	No. 5	No. 6	No. 7.
Phosphorsaure alkal. Erden	0.15	0.20	0.15
„ Alkalien . .	—	0.07	0.01

No. 8. Al. Müller. — Em. Wolff's Grundlagen d. Ackerbaues 1858. 924. Es wurden noch bestimmt: Zucker 2.9, Oxalsäure 2.0, Citronen- u. Aepfelsäure 0.15, stickstoffh. Säure 0.4 u. Salpetersäure 0.15%.

No. 9. Th. Dietrich (V.-St. Heidau) 1862. 1. Ber. ders. Zur Rohfaserbestimmung wurden circa 50 g der frischen Substanz mit 300 cm Wasser u. 6 cm concentr. Schwefelsäure 1/4 Stunde lang gekocht, filtrirt, ausgewaschen u. der verbleibende Rückstand mit einer 1%tigen Kalilauge 1/4 Stunde lang abermals gekocht etc.

No.	Bezeichnungen und Bemerkungen	Jahr der Untersuchung	In der ursprünglichen Substanz						In der Trockensubstanz					Stickstoff in der Trockensubstanz
			Wasser	Nh-Substanz	Rohfett	Nfr. Extractstoffe	Rohfaser	Asche	Nh-Substanz	Rohfett	Nfr. Extractstoffe	Rohfaser	Asche	
			%	%	%	%	%	%	%	%	%	%	%	%
10		1858	90.06	2.00	0.20	4.50	1.54	1.70	20.12	2.01	45.48	15.49	17.10	3.22
11	3 Tage nach dem Pflücken untersucht	1860	(62.33	2.05	—	—	0.12	5.17	5.31	—	—	0.32	13.76	0.85^{0})
12		1860	—	—	—	—	—	—	20.44	--	—	—	15.15	3.27^{0}
13		1861	89.34	2.66	—	—	—	1.83	24.95	—	—	—	17.17	3.99
14	Mittel aus 7 Analysen, aus Böhmen .	1866	89.00	2.20	0.10	4.60	1.90	2.20	20.00	0.91	41.82	17.27	20.00	3.20
15	Auf lehmigem Thonboden gewachsen .	1868	89.19	2.82	0.48	4.17	1.33	2.01	26.09	4.44	38.58	12.30	18.59	4.17
16	Kräftiger tiefgründiger Lehmboden mit Kuhmist gedüngt, 28. October . . .	1878	92.68	2.13	0.43	2.54	0.73	1.49	29.10	5.87	35.71	9.97	19.35	4.66
17	Gelbe Oberndörfer, Ende October ges. .	1879	89.46	2.81	0.29	3.92	1.58	1.94	26.71	2.75	37.13	14.99	18.42	4.274^{0}
18		—	77.63	1.84	0.28	5.00	2.11	13.14	17.80	2.54	48.30	20.34	11.02	2.85
19		—	79.29	2.65	1.18	8.63	2.63	1.79	12.80	5.70	60.16	12.70	8.64	2.05
20		—	88.84	2.74	0.60	2.49	2.50	2.83	24.55	5.38	22.31	22.40	25.36	3.93
	Runkelrübenblätter Minimum . . .		77.63	1.42	0.10	2.47	1.07	0.96	12.80	0.91	22.31	9.70	8.64	2.05
	Runkelrübenblätter Maximum . . .		92.68	3.22	0.65	6.66	2.48	2.81	29.10	5.87	60.16	22.40	25.36	4.66
	Runkelrübenblätter Mittel (excl. No. 11)		88.92	2.45	0.41	4.73	1.59	2.00	21.99	3.70	41.87	14.35	18.09	3.52

b. Zuckerrüben-Blätter.

No.	Bezeichnungen und Bemerkungen	Jahr der Untersuchung	Wasser	Nh-Substanz	Rohfett	Nfr. Extractstoffe	Rohfaser	Asche	Nh-Substanz	Rohfett	Nfr. Extractstoffe	Rohfaser	Asche	Stickstoff in der Trockensubstanz
1		1853	90.16	—	—	—	1.50	2.21	—	—	--	15 24	22.46	—
2		1854	88.01	2.26	—	—	2.40	2.61	27.44	—	24.49	25.57	21.77	4.39^{0}
3	Auf sandigem Lehmboden gewachsen .	1860	91.40	2.39	—	3.55	2.20	(0.46)	27.79	—	41.28	25.58	(5.35)?	4.45
4	Auf thonreichem Boden gewachsen . .	1860	87.00	2.83	—	4.78	1.60	3.79	21.76	—	36.71	12.32	29.23	3.48
5	Am 16. October gesammelt	1860	79.31	3.95	—	8.82	3.98	3.84	19.12	—	43.09	19.24	18.55	3.06
6	Von hochwüchsigen, entnommen 16. Oct., Lehmboden	1861	90.96	1.41	—	4.07	1.44	2.12	15.54	—	45.06	15.91	23.49	2.48
7	Von breitwüchsigen, entnommen 16. Oct., Lehmboden	1861	91.60	1.49	—	3.63	1.33	1.95	17.76	—	43.26	15.78	23.20	2.84
8		1858	86.80	2.71	—	—	—	2.03	20.53	—	--	—	15.36	3.28
	Zuckerrübenblätter, Mittel (No. 1—8)		88.16	2.54	—	4.65	2.29	2.36	21.42	—	40.13	18.52	19.93	3.43

Beta vulgaris, Runkelrüben-Blätter: No. 10. C. Karmrodt. — Ztschr. d. landw. Vereins f. Rheinpreussen 1858. 278.
No. 11. Rob. Hoffmann. — Centralbl. f. d. gesammte Landescultur in Böhmen 1861. No. 15. Rüben auf sandigem Lehmboden gewachsen.
No. 12. C. Karmrodt. — Wilda's landw. Centralbl. 161. I. 8.
No. 13. A. Weinhold. — Amtsbl. f. d. landw. Ver. Sachsens. Gemisch von am 14. Aug. u. 6. Sept. geernteten Blättern.
No. 14. Th. von Gohren. — Weende'r Jahresber. 1867|68. 549. A. Wiener allgem. land- u. forstw. Ztg. 1867. 1031.
No. 15. E. Heiden (V.-St. Pommritz). — Originalmitthl. Reinasche 1.88 % in der frischen, 17.39 % in der Trockensubstanz.
No. 16. Ph. du Roi (Milchwirthsch. V.-St. Kiel). — Originalmitthl.
No. 17. Osc. Kellner L. V.-St. 25. (1880). 451. Die Blätter enthielten reines Proteïn 19.29 %. N in Amid 1.058, in N_2O_5 0.502.
No. 18. W. Gerlandt und J. Robert. — Jahresber. d. Agriculturchem. 1879. 332. Mit Erde verunreinigt. Nach Abzug von 12 % Erde berechnet sich die Zusammensetzung: Wasser 88.2, Nh. Substanz 2.1, Rohfett 0.3, Nfr. Extractstoffe 5.7, Rohfaser 2.4, Asche 1.3. Die Zusammensetzung der Trockensubstanz ist unter Zugrundelegung dieser letzteren Zahlen berechnet.
No. 19. P. Wittelshöfer. — Hoffmann's Jahresber. 21. (1879). 332.
No. 20. E. H. Jenkins. — Ebendas. 26. (1883). 370. (Ann. Rep. Connectic. Agric. Exper. Stat. 1883.)

Beta vulgaris, Zuckerrübenblätter: No. 1. Keyser. — In E. Wolff's Ackerbau. 930.
No. 2. H. Ritthausen. — Mitthl. aus Waldau. 1. Heft. 1859. 77. Holzfaser 2 % Schwefelsäure und 2 % Kalilauge.
No. 3. Rob. Hoffmann. — Centralbl. f. d. gesammte Landeskultur in Böhmen 1861. No. 15.
No. 4. Rob. Hoffmann. — Dess. Jahresber. 5. (1862—63). 121. Aus V.-St. 4. 203.
No. 5. W. Bretschneider. — Dess. Jahresber. 4. (1861—62). 129. (Mitthl. d. landw. Centralver. in Schlesien. 11. 94.)
No. 6 u. 7. Fr. Nobbe u. Th. Siegert. — L. V.-St. 4. 1862. 238. Zur „Cellulose"-Bestimmung wurde getrocknete und gepulverte Substanz mit warmem Wasser ausgelaugt und dann mit 50 CC 3 % Kalilauge und nachher mit 3 % Salzsäure 15 Minuten lang gekocht, ausgewaschen u. s. w.
No. 8. C. Karmrodt. — Ztschr. d. landw. Ver. in Rheinpreussen 1858. 278.

No.	Bezeichnungen und Bemerkungen	Jahr der Untersuchung	In der ursprünglichen Substanz: Wasser %	Nh-Substanz %	Rohfett %	Nfr. Extractstoffe %	Rohfaser %	Asche %	In der Trockensubstanz: Nh-Substanz %	Rohfett %	Nfr. Extractstoffe %	Rohfaser %	Asche %	Stickstoff in der Trocken-Substanz %
	Eingesäuerte Rübenblätter.													
1	Zuckerrübenblätter, 5 Monate nach dem Einmachen	1866	73.16	0.94	0.75	9.43	2.00	13.72	5.12	4.09	51.36	10.89	28.54*)	0.82
2	Desgl.	1880	89.52	2.80	0.29	4.01	1.45	1.93	21.23	8.39	39.67	18.31	12.00	3.39
3	Runkelrübenblätter	1875	83.06	2.44	—	—	—	4.15	14.40	—	—	—	24.50	2.30
4	Zuckerrübenblätter	1858	(80.90	1.26	—	—	1.00	7.36	6.60	—	—	5.24	38.54	1.06) ?
5	Zuckerrübenblätter, ohne Zusatz eingemacht, April	1861	68.13	2.54	0.80	10.84	2.82	14.87	12.27	3.86	53.34	13.62	16.91*)	1.96
6	Zuckerrübenblätter, mit $^1/_4$ % Kochsalz eingemacht	1861	73.59	1.56	0.70	9.64	2.24	11.47	8.69	3.90	58.23	12.47	16.71*)	1.39
7	Zuckerrübenblätter, mit 3 % Weizen-Spreu eingemacht	1861	70.14	2.03	0.74	10.91	2.81	13.37	10.72	3.83	56.33	14.56	14.56*)	1.72
8	Zuckerrübenblätter, mit 6 % Weizen-Spreu eingemacht	1861	70.09	2.08	0.64	10.52	2.63	14.04	11.15	3.43	56.38	14.09	14.95*)	1.78
9	Zuckerrübenblätter und Rübenköpfe, mit 6 % Spreu eingemacht	1861	72.17	2.00	0.47	9.46	2.14	13.76	12.03	2.83	56.88	12.87	15.39*)	1.92
10	Runkelrübenblätter	1877	72.74	3.22	1.30	9.91	2.94	9.89	14.74	5.97	49.41	13.49	16.39*)	2.36
11		1879	(77.63	1.84	0.28	5.00	2.11	13.14	8.22	1.25	22.37	9.43	58.73	1.32) ?
12		1879	79.29	2.65	1.18	8.63	2.63	5.62	15.70	6.99	51.13	15.58	10.60*)	2.51
	Mittel (excl. No. 4 u. 11)		75.41	3.30	1.22	12.66	3.53	3.88	13.44	4.95	51.46	14.37	15.78	2.15

Beta vulgaris, Eingesäuerte Rübenblätter: No. 1. H. Grouven. — „Salzmünde", Eine landwirthschaftliche Monographie. Berlin, 1866.

An näheren Bestandtheilen wurden ferner ermittelt:

Freie Säure, auf Essigsäure berechnet	0.14
Flüchtige Fettsäuren, meist Buttersäure, an Basen gebunden	0.53
Ammoniak, gebunden an Säuren	0.20
In kaltem Wasser löslich: organisch	3.30
mineralisch	1.70
Asche in sehr verdünnter Salzsäure löslich	5.24
Sand und Erdschmutz	8.48

Ueber die Hälfte des N-geh. war in NH_3 übergeführt (0.94 Protein = 0.15 N, 0.20 NH_3 = 0.16 N).

*) Die Zusammensetzung der Trockensubstanz ist für die Wasser- und sandfreie Substanz berechnet.

No. 2. O. Kellner. — Landw. V.-St. 25. 1880. 454. In Folge des Einstampfens von ca. 2500 kg frischer Blätter in eine nicht ausgemauerte Grube und Aufbewahrung vom Nov. 1879 bis Ende März 1880 unter starker Erdbedeckung, wobei das Futter anscheinend sehr gut conservirt wurde, ergab sich eine Erhöhung des procentischen Gehaltes an Trockensubstanz von 10.54 auf 13.86 %, aber eine Verminderung des absoluten Trockengewichtes um nicht weniger als 49,36 % (durch Vergährung der organ. Substanz) und namentlich durch mechanisches Auspressen des Saftes und Versinken in die erdigen Umgebungen der Grube. Die Verluste berechnen sich wie folgt auf 100° ursprüngliche Trockensubstanz der frischen Blätter bezogen:

	Trockensubstanz	N im Ganzen	Reinprotein	Peptone	N in Amid	N_2O_5	Rohfaser	Rohfett	Reinasche
a) Frische Blätter	100	4.274	19.29	—	1.058	0.502	13.84	2.59	18.42
b) Gesäuerte Blätter	50.64	1.677	5.82	0.29	0.737	—	9.27	2.54	6.06
Verlust in % von a	49.36	59.8	68.3 (Reinprotein und Peptone)		30.4	100	33.7	1.5	66.5

No. 3. Fl. Fittbogen. — (V.-St. Dahme). Originalmitthl.

No. 4. W. Tod. — (V.-St. Raitz-Blansko). Wilda's Centralblatt 1858. II. 369. Die Blätter waren im October mit etwas Häcksel und Viehsalz schichtenweise in Gruben eingestampft. Die eingesalzenen Rübenblätter besassen noch ihre lebhaft dunkelgrüne Farbe, verbreiteten einen specifischen Geruch. Im Februar untersucht enthielten dieselben 2.50 % Oxalsäure.

No. 5—9. H. Grouven. — (V.-St. Salzmünde). Ann. d. Landw. in Preuss. 40. (1862). 302. Die Gruben wurden nach 6 Monaten geöffnet. Das Laub hatte noch ein grüngelbes Ansehen, war aber deutlich consistenter und trockner wie früher. Sein Geruch war penetrant, aber nicht faulig, mehr ammoniakalisch als sauer. Holzfaser wurde erhalten durch 7stündige heisse Digestion der Trockensubstanz mit 5 %iger Schwefelsäure und 3 %iger Natronlauge. In dem Säureauszug ermittelte man die zuckerartigen Materien mittelst Fehling'scher Kupferlösung. An beigemengten Erdtheilen waren enthalten:

	5	6	7	8	9
	0.41	0.56	0.38	0.52	0.26
Erdtheile	11.17	8.17	10.56	11.25	11.20

No. 10. E. Wildt. — Landw. Jahrb. 6. (1877). 143. Die eingesalzenen Blätter waren stark mit Sand verunreinigt; dieselben enthielten 19.91 % der Trockensubstanz „Unlösliches", so dass der Aschengehalt der Blätter nur 16.39 % beträgt.

No. 11. W. Gerlandt u. Jul. Robert. — Analysirt in der V.-St. Halle.

No. 12. P. Wittelshöfer. — Hoffmann's Jahresb. 22. (1879). 332. Milchsäure 1.96 %, Sand 3.83 % Reinasche 1.79 %.

No.	Bezeichnungen und Bemerkungen	Jahr der Untersuchung	In der ursprünglichen Substanz: Wasser %	Nh-Substanz %	Rohfett %	Nfr. Extractstoffe %	Rohfaser %	Asche %	In der Trockensubstanz: Nh-Substanz %	Rohfett %	Nfr. Extractstoffe %	Rohfaser %	Asche %	Stickstoff in der Trockensubstanz %
	Runkel- und Zuckerrübenblätter in verschiedenen Wachsthumsperioden.													
1	Möckern, 19. August gesammelt . .	1853	91.42	1.40	—	4.01	1.14	2.03	16.31	—	46.74	13.29	23.66	2.61
2	„ 16. October „ . .	1853	89.96	2.23	—	4.44	1.38	1.99	22.21	—	44.23	13.74	19.82	3.55
3	Hohenheim, Oberndörfer Runkel, 30. Juli gesammelt	1856	91.04	1.81	—	—	—	1.93	20.25	—	—	—	21.50	3.24°
4	Hohenheim, Oberndörfer Runkel, 28. August gesammelt	1856	91.25	1.64	—	—	—	1.66	18.75	—	—	—	19.00	3.00
5	Hohenheim, Oberndörfer Runkel, 6. October gesammelt	1856	91.79	1.78	—	—	—	1.79	21.69	—	—	—	21.80	3.47
	a. Vergilbte Blätter der Runkelrübe.													
6	Chemnitz, 20. August, nach einem sonnenhellen warmen Tage ges. . .	1856	87.38	—	—	—	—	3.75	—	—	—	—	30.79	—
7	Chemnitz, 28. August, nach trüber, windiger Witterung, kurz vor Regen	1856	88.34	—	—	—	—	3.68	—	—	—	—	31.58	—
8	Chemnitz, 1. Septbr., nach einem sonnenhellen warmen Tage . . .	1856	88.42	—	—	—	—	3.48	—	—	—	—	30.00	—
9	Chemnitz, 6. Septbr., nach trüber Witterung	1856	86.88	—	—	—	—	3.90	—	—	—	—	29.73	—
	b. Grüne Blätter.													
10	Chemnitz, 20. August } wie resp. 6—9	1856	—	—	—	—	—	1.77	—	—	—	—	—	—
11	„ 28. „	1856	91.22	—	—	—	—	1.49	—	—	—	—	16.89	—
12	„ 1. Sept.	1856	91.08	—	—	—	—	1.60	—	—	—	—	17.85	—
13	„ 6. „	1856	91.03	—	—	—	—	1.69	—	—	—	—	18.88	—
14	München, Mitte Juli gesammelt, Runkeln	1860	91.70	—	—	—	—	1.93	—	—	—	—	23.25	—
15	München, Mitte Septbr. gesammelt .	1860	91.80	—	—	—	—	0.91	—	—	—	—	11.09	—
16	„ Ende October gesammelt .	1860	93.30	—	—	—	—	1.95	—	—	—	—	29.10	—
17	Weyhenstephan, Mitte Juli gesamm., Zuckerrüben	1860	90.80	—	—	—	—	1.95	—	—	—	—	21.19	—
18	Weyhenstephan, Mitte September	1860	89.80	—	—	—	—	2.13	—	—	—	—	20.78	—
19	„ Ende October .	1860	86.90	—	—	—	—	1.40	—	—	—	—	10.68	—
20	Libesnitz (Böhmen) Zuckerrübe, am 30. Juni	1860	88.50	2.12	—	4.08	1.20	4.10	18.43	—	35.49	10.43	35.65	2.95
21	Libesnitz, am 31. August . . .	1860	87.91	2.33	—	3.96	2.20	3.60	19.27	—	32.77	18.19	29.77	3.08
22	„ am 30. October . . .	1860	87.00	2.83	—	4.77	1.60	3.80	21.76	—	36.69	12.32	29.23	3.48

Beta vulgaris, Runkel- und Zuckerrübenblätter in verschiedenen Wachsthumsperioden: No. 1 u. 2. Keyser und Em. Wolff. — Möckern'sche Berichte 3. 1854. 26.

No. 3—5. Em. Wolff. — Hohenheimer Berichte 5. 197. Oberndörfer rothe Runkel mit weissem Fleisch, in Kernen $1^1/_2$—2″ weit von einander gelegt. Boden: Verwitterungsproduct von feinkörnigem, thonigem Liassandstein.

No. 6—13. Al. Müller u. Hesse. — L. V.-St. 1. (1859). 245. Das Material wurde so gewählt, dass man den betr. einzelnen Pflanzen das vergilbte und das dem nächststehende, noch grüne Blatt zu gleicher Zeit entnahm.

No. 14—19. C. Eylerts. — Wilda's landw. Centralbl. 1862. I. 297. München: gedüngte schwarze Gartenerde, eine gelblichrothe längliche Rübe, am 2. Juni gepflanzt. Weyhenstephan: kalter, sandiger Lehm, Zuckerrüben, am 15. Mai ges.

No. 20—22. Rob. Hoffmann. — L. V.-St. 4. (1862). 203. Auf stark thonigem Boden von grauer Farbe gewachsen. Im Vorjahre hatte das Feld Mais zu Grünfutter getragen und war dazu mit Scheideschlamm und Steinkohlenasche gedüngt worden. Die Rüben waren in Kernen gelegt. Die Rübenpflanzen wogen pro Stück im Durchschnitt:

	No. 20	21	22
Blätter	99.8	248	750 g
Rüben	50.8	504	805 g

No.	Bezeichnungen und Bemerkungen	Jahr der Untersuchung	In der ursprünglichen Substanz: Wasser %	Nh-Substanz %	Rohfett %	Nfr. Extractstoffe %	Rohfaser %	Asche %	In der Trockensubstanz: Nh-Substanz %	Rohfett %	Nfr. Extractstoffe %	Rohfaser %	Asche %	Stickstoff in der Trockensubstanz %
	Ida-Marienhütte, Schlesien, Zuckerrüben.													
23	Pflanze mit 9— 12 Blättern, 20. Juli .	1860	88.78	3.15	—	4.42	1.46	2.19	28.04	—	39.46	13.00	19.50	4.48
24	„ 9. August	1860	90.50	2.81	—	3.54	1.51	1.64	29.56	—	37.32	15.86	17.26	4.73
25	„ mit 15—18 Blättern, 31. August	1860	90.28	2.03	—	4.48	1.49	1.72	20.89	—	46.10	15.32	17.69	3.34
26	„ mit 18—28 Blättern, 15. Sept.	1860	87.33	2.58	—	5.88	1.95	2.26	20.38	—	46.39	15.39	17.84	3.26
27	„ schon viele Blätter gelb, 30. September	1860	86.92	2.60	-	6.35	2.06	2.07	19.88	—	48.56	15.73	15.83	3.18
28	Pflanze, viele schon abgefallen, 16. October	1860	79.31	3.95	—	9.01	3.89	3.84	19.12	—	43.19	19.24	18.55	3.06
29	England, Orange globe Mangold . . .	1865	91.90	1.58	—	—	—	2.37	19.53	—	—	—	29.21	3.12°
30	Ostpreussen, Sandboden	1870	91.75	2.27	—	3.83	1.00	1.15	27.56	—	46.43	12.07	13.94	4.41°
31	Lobositz, Lössboden, Zuckerrübenblätter	1875	—	—	—	—	—	—	12.25	—	—	—	10.79	1.96
2	Ploscha, bindiger Lehmboden, Zuckerrübenblätter	1875	—	—	—	—	—	—	12.25	—	—	—	14.13	1.96
33	Ferbenz, Lehmboden, Zuckerrübenblätter	1875	—	—	—	—	—	—	14.00	—	—	—	11.40	2.24
	Verschiedene Blätter der Rübenpflanze.													
1	Chemnitz, junge Herzblätter, 16. Oct.	1861	88.15	3.72	—	4.68	1.95	1.50	31.39	—	39.45	16.46	12.70	5.02
2	„ vollkommen ausgewachsene frische grüne Blätter, 16. October .	1861	90.70	1.74	—	4.32	1.45	1.89	18.69	—	45.35	15.63	20.33	2.99
3	Chemnitz, bereits vergilbte (nicht vertrocknete) Blätter, 16. October .	1861	87.11	1.02	—	5.55	2.29	4.03	7.95	—	43.04	17.74	31.27	1.27
	Bei verschiedener Düngung.													
1	1 Ctr. Salz pro Acker	1865	93.40	1.20	—	—	—	1.91	18.12	—	—	—	29.12	2.90°
2	2 „ „ „ „	1865	93.20	1.52	—	—	—	1.75	22.31	—	—	—	25.75	3.57°
3	3 „ „ „ „	1865	88.25	2.29	—	—	—	3.52	14.93	—	—	—	30.01	3.11°
4	4 „ „ „ „	1865	92.10	1.58	—	—	—	2.03	20.01	—	—	—	25.63	3.20°
5	5 „ „ „ „	1865	86.66	2.87	—	—	—	3.38	21.53	—	—	—	25.33	3.44°
6	6 „ „ „ „	1865	91.40	1.59	—	—	—	2.14	18.50	—	—	—	24.92	2.96°
7	7 „ „ „ „	1865	92.00	1.40	—	—	—	2.32	17.56	—	—	—	28.98	2.81°
8	8 „ „ „ „	1865	90.90	1.78	—	—	—	2.59	19.56	—	—	—	28.48	3.13°
9	Ungedüngt (ohne Salzdüngung) . . .	1865	91.90	1.58	—	—	—	2.37	19·53	—	—	—	29.21	3.01°

Beta vulgaris: No. 23—28. W. Bretschneider. — Hoffmann's Jahresber. 3. (1860). 129. (Mitthl. d. landw. Centrlbl. in Schlesien. 11. (1860). 94. Das betreff. Feld war pr. Morgen mit 308 Pfd. Superphosphat von Knochenkohle und 102.9 Pfd. schwefelsaurem Ammoniak gedüngt. Der Ertrag war in den einzelnen Vegetationsperioden:

		20. Juli	9. Aug.	31. Aug.	15. Sept.	30. Sept.	16. Octob.	
	Wurzeln	1908	6894	13266	16002	16272	18864	Pfd.
	Blätter	3762	6390	9486	7596	5022	3888	„
Gewicht pro Pfl.	Wurzeln	0.086	0.311	0.599	0.723	0.735	0.852	„
	Blätter	0.170	0.289	0.429	0.343	0.227	0.176	„

No. 29. Aug. Voelcker. — J. R. Agric. Soc. Engl. 1866. II. 206. Vgl. Analysen bei gedüngten Rüben.

No. 30. H. Habedank. — Agriculturchem. Unters. der V.-St. Insterburg. 1870—71. Vergl. Analysen bei gedüngten Rüben.

No. 31—33. H. Hanamann. — V.-St. Lobositz. Landw. Jahrbücher. 7. (1878). 795. Vergl. Analysen bei gedüngten Rüben.

Verschiedene Blätter der Rübenpflanze: No. 1—3. Fr. Nobbe u. Th. Siegert. — L. V.-St. 4. (1862). 243. Zur „Cellulose"-Bestimmung wurde getrocknete und gepulverte Substanz nach einander mit warmem Wasser, je 50 ccm 3% Kalilauge und 9% Salzsäure (1/4 Stunde lang gekocht) behandelt.

Bei verschiedener Düngung der Rübenpflanzen: No. 1—9. Aug. Völcker. — J. R.-Agric. Soc. Engl. 1866. II. 206. Das untersuchte Material ist mit „Tops" (Rübenköpfe mit Blätter?) bezeichnet. Rübensorte: Orange Globe Mangold. Dieselbe enthielt bei Düngung mit

	1	2	3	4	5	6 Ctr. Salz	ungedüngt
in 100 Trockensubstanz Chlor	7.03	7.88	8.74	6.85	6.11	6.32	7.43 %

No.	Bezeichnungen und Bemerkungen	Jahr der Untersuchung	In der ursprünglichen Substanz						In der Trockensubstanz					Stickstoff in der Trockensubstanz
			Wasser %	Nh-Substanz %	Rohfett %	Nfr. Extractstoffe %	Rohfaser %	Asche %	Nh-Substanz %	Rohfett %	Nfr. Extractstoffe %	Rohfaser %	Asche %	%
10	Ungedüngt	1870	91.75	2.27	—	3.83	1.00	1.15	27.56	—	46.43	12.07	13.94	4.41°
11	1 Ctr. rohes schwefelsaures Kali	1870	91.11	2.65	—	3.87	1.11	1.26	29.81	—	43.53	12.49	14.17	4.77°
12	2 „ „ „ „	1870	91.61	2.36	—	3.86	1.02	1.15	28.10	—	46.05	12.15	13.70	4.49°
13	3 „ „ „ „	1870	92.18	2.47	—	2.95	1.04	1.46	31.61	—	36.40	13.29	18.70	5.06°
14	Lobositz, Ungedüngt	1875	—	—	—	—	—	—	12.25	—	—	—	10.79	1.96
15	„ Stickstoffdüngung	1875	—	—	—	—	—	—	17.50	—	—	—	13.63	2.80
16	„ Kalidüngung	1875	—	—	—	—	—	—	12.25	—	—	—	13.72	1.96
17	„ Phosphorsäuredüngung	1875	—	—	—	—	—	—	14.00	—	—	—	12.33	2.24
18	Ploscha, Ungedüngt	1875	—	—	—	—	—	—	12.25	—	—	—	14.13	1.96
19	„ Stickstoffdüngung	1875	—	—	—	—	—	—	14.00	—	—	—	13.51	2.24
20	„ Kalidüngung	1875	—	—	—	—	—	—	14.00	—	—	—	11.13	2.24
21	„ Phosphorsäuredüngung	1875	—	—	—	—	—	—	12.25	—	—	—	10.84	1.96
22	Ferbenz, Ungedüngt	1875	—	—	—	—	—	—	14.00	—	—	—	11.40	2.24
23	„ Stickstoffdüngung	1875	—	—	—	—	—	—	15.75	—	—	—	11.55	2.52
24	„ Kalidüngung	1875	—	—	—	—	—	—	12.25	—	—	—	13.28	1.96
25	„ Phosphorsäuredüngung	1875	—	—	—	—	—	—	12.25	—	—	—	10.23	1.96

X. Blätter (Laub) von Bäumen.

Acer campestre L. — Gemeiner Ahorn, Feldahorn.

No.	Bezeichnungen und Bemerkungen	Jahr	Wasser	Nh-Substanz	Rohfett	Nfr. Extractstoffe	Rohfaser	Asche	Nh-Substanz	Rohfett	Nfr. Extractstoffe	Rohfaser	Asche	Stickstoff
1	Blätter	1873	50.00	9.59	0.83	26.04	6.34	7.20	19.18	1.66	52.08	12.68	14.40	3.07
2	„	1874	60.00	6.06	1.22	17.47	9.27	5.98	15.15	3.05	43.67	23.18	14.95	2.42
3	„ am 16. Juni gesammelt	1875	49.20	6.79	—	—	—	2.38	13.37	—	—	—	4.68	2.14

Beta vulgaris, bei verschiedener Düngung: No. 10—13. H. Habedank. — Agriculturchem. Untersuch. d. V.-St. Insterburg 1870 u. 1871. 6. Ber. 14. Das betr. Ackerland war in guter Kraft und gut bearbeitet und 1 Jahr vorher mit Abtrittsinhalt gedüngt. Das zur Düngung benutzte rohe schwefelsaure Kali enthielt in Procenten:

Wasser	K_2SO_4	KCl	$CaCl_2$	$NaCl$	$MgCl_2$	Sand
6.79	15.29	0.98	3.47	66.95	3.25	3.27

und wurde in der 100fachen Menge Wasser gelöst und diese Lösung 8 Tage nach dem Auspflanzen der Rüben in die flachen Furchen zwischen die Pflanzenreihen hineingegossen. Der Boden war von sandiger Beschaffenheit und enthielt in kalter conc. Salzsäure löslich: Kali 0.031, Kalk 0.671, Magnesia 0.123, Phosphorsäure 0.167. Die Pflanzen entwickelten sich sehr üppig und waren namentlich in den Wurzeln von auffallend wässriger Beschaffenheit; die Ernte (19. Oct.) lieferte pro Morgen:

	No. 10	11	12	13
Rüben, Ctr.	368.5	425.0	448.0	481.25
Blätter, Ctr.	118.5	143.5	174.5	214.5

Ein Theil des N ist auf vorhandene Salpetersäure zu rechnen. Die Asche ist als Reinasche bezeichnet.

No. 14—25. J. Hanamann (V.-St. Lobositz). — Landw. Jahrbücher. 7. (1878). 795. Die Rüben (Zucker-) wurden auf künstlichen Beeten gezogen, die 1874 in der Nähe von Lobositz im Freien angelegt worden waren. Dieselben bestehen aus Gruben von 10 qm Grösse und 1 m Tiefe, bis zu $^2/_3$ m ist der gut gemischte Boden des Untergrundes (Löss) eingestampft, dann ist das letzte $^1/_3$ m mit den Böden der betr. Güter angefüllt worden. Letztere werden wie folgt characterisirt. Ausführliches darüber Journ. f. Landw. 24. (1876). 48:

Lobositzer Boden. Von lichtbrauner Farbe, etwas zur Krustenbildung geneigt, milder Lehmboden; Weizenboden mit guter Kleefähigkeit. Lössboden.

Ploschaer Boden. Lichtbrauner bindiger Lehmboden. Diluvialboden.

Ferbenzer Boden. Lehmboden von lichtbrauner Farbe, zwar bindig, doch unter Wasser sofort erweichend, wobei sich das Skelett leicht trennt und absetzt. Diluvialboden.

	Lobositz	Ploscha	Ferbenz
In 100 Feinboden, in heisser conc. Salzsäure löslich: Kalk	0.34	0.52	0.26
In 100 „ Phosphorsäure	0.08	0.10	0.07
In 100 „ kohlensaurer Kalk: Phosphorsäure	1.78	0.62	1.86

Als Dungstoffe wurden nur Kali, Phosphorsäure und Ammoniak, je 100 g pro Beet, angewendet, dieselben wurden mit Wasser verdünnt, mittelst Giesskanne thunlichst gleichmässig auf den betr. Beeten vertheilt. Zum Versuch dienten Rüben, deren Samen in Lobositz gezogen worden; sie wurden in Kernen gelegt.

Acer campestre: No. 1 u. 2. A. Pasqualini. — Ann. Staz. agrar. Forli 2. 1873. 65 u. 3. 1874. 113.
No. 3. E. Henry. — In Grandeau's Ann. Stat. agron. de l'Est. 1878. 117. Siehe Anh. z. Laubfutter.

No.	Bezeichnungen und Bemerkungen	Jahr der Untersuchung	In der ursprünglichen Substanz						In der Trockensubstanz					Stickstoff in der Trockensubstanz
			Wasser	Nh-Substanz	Rohfett	Nfr. Extractstoffe	Rohfaser	Asche	Nh-Substanz	Rohfett	Nfr. Extractstoffe	Rohfaser	Asche	
			%	%	%	%	%	%	%	%	%	%	%	%
	Acer Pseudoplatanus L. — Traubenblüthiger Ahorn.													
1	Blätter mit grünen, weichen Zweigspitzen, 29. Juli 1864	1864	—	—	—	—	—	—	14.50	—	65.85	14.50	5.15	2.32
	Alnus. — Erle.													
1	A. glutinosa, Blätter, incl. der noch grünen weichen Zweigspitzen, gesammelt 29. Juli 1864	1864	—	—	—	—	—	—	9.13	—	73.49	13.25	4.13	1.46
2	A. incana, Blätter, incl. der noch grünen weichen Zweigspitzen, gesammelt 29. Juli 1864	1864	—	—	—	—	—	—	17.76	—	52.99	24.75	4.50	2.82
3	Erlenblätter	1858	14.30	15.08	—	54.01	11.30	5.31	17.60	—	63.00	13.20	6.20	2.81
	In verschiedenen Vegetationsperioden.													
4	Gesammelt am 26. Juli	1882	15.00	15.55	4.98	50.81	10.40	3.24p	18.30	5.86	59.78	12.23	3.81	2.93
5	„ „ 11. August	1882	15.00	16.98	5.66	47.71	10.92	3.64	19.98	6.66	56.13	12.85	4.28	3.20
6	„ „ 26. August	1882	15.00	15.57	4.43	46.96	14.43	3.58	18.32	5.21	55.25	17.00	4.21	2.93
	Betula alba. — Birke.													
1	Blätter mit grünen und weichen Zweigspitzen, 29. Juli gesammelt	1864	—	—	—	—	—	—	10.96	—	67.42	18.10	3.52	1.75
2	Desgl.	1873	57.10	9.81	0.14	23.37	7.37	2.21	22.87	0.33	54.47	17.18	5.15	3.66
3	Blätter	1874	64.73	6.27	0.64	16.98	7.88	3.50	17.78	1.81	48.15	22.34	9.92	2.84
	In verschiedenen Vegetationsperioden.													
4	Entnommen am 30. April	1877	67.50	4.09	—	—	—	1.25	15.68	—	—	—	3.84	2.51 *)
5	„ „ 14. September	1877	51.00	3.92	—	—	—	2.11	8.00	—	—	—	4.30	1.28 *)
6	„ „ 9.—15. October	1877	50.25	1.51	—	—	—	2.33	3.06	—	—	—	4.68	0.49 *)
7	„ „ 26. Juli	1882	15.00	15.31	6.97	47.28	12.43	2.98p	18.01	8.20	55.62	14.62	3.50p	2.88
8	„ „ 11. August	1882	15.00	14.22	7.40	47.14	13.25	2.80	16.73	8.71	55.46	15.58	3.30	2.67
9	„ „ 26. „	1882	15.00	15.45	7.67	45.48	13.23	3.08	18.16	9.02	53.50	15.56	3.62	2.91

Acer Pseudoplatanus: No. 1. v. Orelli u. Junghähnel. — Chem. Ackersm. 1866. 49. — Rohfaser n. d. Weende'r Verfahren. 100 Thl. völlig trocknes 2 Fuss lang geschnittenes Reisig lieferte 70.4 Thl. Laubmasse. 100 frisches Reisig enthielten 44.4 Trockensubstanz.

Alnus: No. 1 u. 2. v. Orelli u. Junghähnel. — Chem. Ackersm. 1866. Rohfaser nach dem Weende'r Verf. best. 100 Thl. trocknes Reisig, 2 Fuss lang geschnitten, lieferten 1) 68.5%, 2) 70.3% Futterlaub, frisches Reisig enthielten bei 1) 41.2%, bei 2) 41.4% Trockensubstanz.

No. 3. Th. Dietrich. — Bericht der V.-St. Heidau. 1859.

No. 4—6. F. Werenskiold. — Privatmitthl. durch V. Dircks in Aas (Norwegen). Das an 100 Fehlende ist Sand (0.02, 0.09 und 0.03% der lufttr. Substanz). Bei No. 4 summiren sich in den Angaben die Bestandtheile auf 99, wir erhöhten die Menge der Extractstoffe um 1%.

Betula: No. 1. v. Orelli u. Junghähnel. — Chem. Ackersm. 1866. 49. 100 wasserfreie Substanz des 2 Fuss lang geschnittenen Reisigs lieferten 57.4 Futterlaub. 100 Theile des frischen Reisigs enthielten 47 Theile Trockensubstanz.

No. 2 u. 3. Al. Pasqualini. — Ann. Staz. agrar. Forli 2. 1873. 65 u. 3. 1874. 113.

No. 4—6. Grandeau u. Fliche. — Ann. Stat. agron. de l'Est. 1878. 68. Silikatboden (Tertiärablagerung).

No. 7—9. F. Werenskiold. — Privatmitthl. durch V. Dircks in Aas (Norwegen). Das an 100 Fehlende ist Sand (0.03, 0.19, u. 0.09% der lufttrocknen Substanz).

*) Aus dem Original ist nicht ersichtlich, ob der angegebene N-gehalt für die lufttrockne oder trockne Substanz gilt; der von uns daraus berechnete Proteïngehalt ist demnach möglicherweise nicht zutreffend.

No.	Bezeichnungen und Bemerkungen	Jahr der Untersuchung	In der ursprünglichen Substanz: Wasser %	Nh-Substanz %	Rohfett %	Nfr. Extractstoffe %	Rohfaser %	Asche %	In der Trockensubstanz: Nh-Substanz %	Rohfett %	Nfr. Extractstoffe %	Rohfaser %	Asche %	Stickstoff in der Trockensubstanz %
	Carpinus Betulus. — Weissbuche, Hainbuche.													
1	Blätter mit noch grünen und weichen Zweigspitzen, 29. Juli gesammelt	1864	—	—	—	—	—	—	7.81	—	—	14.80	5.28	1.25
2	Blätter am 16. Juni gesammelt	1875	56.16	6.79	—	—	—	2.28	15.50	—	—	—	5.21	2.48
	Castanea. — Kastanie.													
1	C. vulgaris, 1. Mai	1874	72.0	3.71	—	—	—	1.29	13.25	—	—	—	4.60	2.12*)
2	16. September	1874	57.0	1.81	—	—	—	2.08	4.38	—	—	—	4.75	0.70*)
3	12. October	1874	44.8	2.14	—	—	—	2.51	3.87	—	—	—	4.55	0.62*)
4	C. vesca, Abgefallene Blätter, trocken aufbewahrt	1870	—	—	—	—	—	—	11.37	—	—	—	4.09	1.82
5	Abgefallene Blätter, dem Einfluss freier Luft überlassen	1870	—	—	—	—	—	—	8.81	—	—	—	3.30	1.41
6	Am 16. October gepflückt, grün und unverwelkt	1883	60.22	4.31	3.48	23.47	6.71	1.81	10.84	8.75	58.99	16.86	4.56	—
7	Am 13. November, Blätter im Begriff abzufallen	1883	31.67	4.21	5.41	42.33	13.40	2.98	6.17	7.93	61.93	19.60	4.37	—
	Cerasus Avium L. — Vogelkirsche.													
1	Blätter, am 10. Juni gesammelt	1875	63.05	4.94	—	—	—	2.47	13.37	—	—	—	6.70	2.14
	In verschiedenen Entwickelungsstadien.													
2	28. und 29. April gesammelt	1874	70.0	3.75	—	—	—	2.34	12.50	—	—	—	7.80	2.00*)
3	3. Juli gesammelt	1874	60.2	2.36	—	—	—	2.91	5.94	—	—	—	7.30	0.95
4	7. September gesammelt	1874	54.4	2.39	—	—	—	2.91	5.25	—	—	—	6.39	0.84
5	2. October gesammelt	1874	54.2	0.31	—	—	—	3.41	0.68	—	—	—	7.24	0.11
	Corylus avellana L. — Gemeine Haselnuss.													
1	Blätter mit noch grünen und weichen Zweigspitzen, 29. Juli gesammelt	1864	—	—	—	—	—	—	14.50	—	—	14.50	5.15	2.32
2	Blätter, am 16. Juni gesammelt	1875	44.36	7.44	—	—	—	3.70	13.37	—	—	—	6.65	2.14
	Fagus sylvatica. — Buche.													
1	Blätter mit noch grünen und weichen Zweigspitzen, 29. Juli gesammelt	1864	—	—	—	—	—	—	10.64	—	—	23.75	4.18	1.70
2	Blätter, am 16. Juni gesammelt	1875	56.60	3.85	—	—	—	2.23	8.87	—	—	—	5.14	1.42

Carpinus Betulus: No. 1. v. Orelli u. Junghähnel. — Chem. Ackersm. 1866. 49. Rohfaserbestimmung nach Weende'r Verfahren. 100 Pfd. völlig trocknen, 2 Fuss lang geschnittnen Reisigs lieferten 48.4 Pfd. Laubfutter. 100 Thl. frisches Reisig enthielten 48,8 Theile Trockensubstanz. — Desgl. bei 2) 69.3% Laubfutter, resp. 39.6% Trockensubstanz.
No. 2. E. Henry. — Vergl. unter Betula alba No. 4—6.

Castanea: No. 1—3. L. Grandeau u. Fliche. — Vergl. unter Betula alba No. 4—6.
No. 4 u. 5. Bechi. — Saggi di Experienze agraric. Fasc. I. 34. Firenze, 1870.
No. 6 u. 7. S. W. Johnson u. E. H. Jenkins. — Ann. Rep. Connect. Agric. Exp. Stat. 1883. 77.

Cerasus Avium: No. 1. E. Henry. — Vergl. unter Betula alba No. 4—6.
No. 2—5. L. Grandeau u. Fliche. — Desgleichen.

Corylus avellana: No. 1. v. Orelli u. Junghähnel. — Vergl. unter Carpinus Betulus.
No. 2. E. Henry. — Vergl. unter Betula alba No. 4—6.

Fagus sylvatica: No. 1. v. Orelli u. Junghähnel. — Chem. Ackersm. 1866. 49. 100 Pfd. völlig trockenes, 2 Fuss lang geschnittenes Reisig lieferten 41.5 Pfd. Laubfutter, 100 Thl. frisches Reisig gaben 48.2 Theile Trockensubstanz.
No. 2. E. Henry. — Vergl. unter Betula alba No. 4—6.

No.	Bezeichnungen und Bemerkungen	Jahr der Untersuchung	In der ursprünglichen Substanz						In der Trockensubstanz					Stickstoff in der Trockensubstanz
			Wasser	Nh-Substanz	Rohfett	Nfr. Extractstoffe	Rohfaser	Asche	Nh-Substanz	Rohfett	Nfr. Extractstoffe	Rohfaser	Asche	
			%	%	%	%	%	%	%	%	%	%	%	%
	In verschiedenen Vegetationsperioden.													
3	Blätter, gesammelt, 7. Mai	1873	76.65	6.60	0.55	11.73	3.38	1.09	28.25	2.36	50.26	14.46	4.67	4.52
4	11. Juni	—	59.79	7.62	0.97	22.98	8.43	0.21	18.94	2.42	52.47	20.97	5.20	3.03
5	14. Juli	—	56.36	8.43	0.79	21.59	9.58	3.25	19.31	1.82	49.46	21.96	7.45	3.09
6	11. August	—	49.26	9.04	1.02	24.84	11.26	4.58	17.81	2.01	48.96	22.19	9.03	2.85
7	11. September	—	52.58	6.79	2.30	23.94	10.17	4.22	14.31	4.84	50.51	21.44	8.90	2.29
8	27. October	—	49.63	6.04	2.79	25.40	10.70	5.44	12.00	5.54	50.41	21.25	10.80	1.92
9	18. November	—	59.45	3.17	2.00	20.40	10.35	4.63	7.81	4.94	49.31	25.52	11.42	1.25
10	26. Mai	1873	79.24	—	—	—	—	0.97	—	—	—	—	4.68P	—
11	26. Juni	1873	65.68	6.13	—	19.30	7.53	1.36	17.86	—	56.26	21.93	3.95P	2.86
12	26. Juli	1873	64.00	5.94	—	19.76	8.58	1.72	16.49	—	54.91	23.82	4.78P	2.64
13	26. August, sattgrün und turgescent .	1873	62.34	5.67	—	21.76	8.15	2.08	15.32	—	54.86	24.30	5.52P	2.45
14	26. September, hellere Färbung . . .	1873	63.68	5.93	—	20.00	8.36	2.03	16.32	—	55.08	23.02	5.58P	2.61
15	26. October, hellere Färbung . . .	1873	62.85	4.44	—	21.68	8.83	2.20	11.94	—	58.38	23.77	5.91P	1.91
16	7. November, hellere Färbung . . .	1873	66.37	2.46	—	19.97	9.05	2.15	7.33	—	59.36	26.91	6.39P	1.17
	Fraxinus excelsior L. — Gemeine Esche.													
1	Blätter mit grünen und weichen Zweigspitzen, 29. Juli gesammelt . . .	1864	—	—	—	—	—	—	11.21	—	—	13.70	9.15	1.79
2	Blätter, am 16. Juni gesammelt . . .	1875	64.30	4.71	—	—	—	2.50	13.18	—	—	—	7.00	2.11
	Ilex aquifolium L. — Gemeine Stechpalme, Hülst, Hülse.													
1	Zweige	1855	52.0	2.25	—	—	—	—	4.69	—	—	—	—	0.75
2	Blätter	1855	47.8	4.34	—	—	—	—	8.31	—	—	—	—	1.33
3	Triebe mit 20 % Zweigen und 80 % Blättern	1855	48.6	3.91	—	—	—	—	7.61	—	—	—	—	1.22
	Malus acerba. — Holzapfel.													
1	Blätter, am 16. Juni genommen . . .	1875	47.64	6.48	—	—	—	4.07	12.37	—	—	—	7.77	1.98
	Morus. — Maulbeerbaum.													
	a. Vom cultivirten Maulbeerbaume.													
1	Von ungedüngtem, schattigem Standorte, 20jährige Bäume	1857	72.00	6.49	—	—	—	3.35	23.18	—	—	—	10.01	3.71

No. 3—9. L. Rissmüller. — Landw. V.-St. 17. (1874). 17. Der Baum, von welchem die Blätter entnommen wurden, steht im Münchener botanischen Garten in selten gedüngter, circa 2 Fuss mächtiger Erde, die bis zu 33 % kohlensauren Kalk enthält; Untergrund Kalkgerölle. Die Buche hatte noch nie Früchte getragen. 1000 Stück frische Bläter enthielten Trockensubstanz:

3	4	5	6	7	8	9
53.22	106.76	145.36	134.90	121.56	105.67	112.16 g

No. 10—16. L. Dulk. — Landw. V.-St. 18. 1875. 188. Die betr. Buche steht in Hohenheim auf „aufgefülltem Boden“ der Liasformation; sie ist ca. 20 Jahre alt und hatte zur Zeit der Probenahme noch keine Früchte getragen. In 100 Theilen der Trockensubstanz waren enthalten

	No. 10	11	12	13	14	15	16
Gerbsäure	—	1.16	1.80	2.40	2.93	2.80	3.58
1000 Stück frische Blätter enth. Trockensubst.	33.94	49.13	55.15	63.98	50.67	54.02	42.46

Fraxinus excelsior: No. 1. v. Orelli u. Junghähnel. — Chem. Ackersm. 1866. 49. Holzfaser nach Weende'r Verfahren. 100 Pfd. frisches Reisig enthielt 37.1 Pfd. Trockensubstanz. 100 Pfd. völlig trocknes, 2 Fuss lang geschnittenes Reisig lieferte 68.1 Pfd. Futterlaub.

No. 2. E. Henry. — Grandeau's Ann. Stat. agronomique de l'Est 1878. Siehe Anhang z. Futterlaub.

Ilex aquifolium: No. 1—3. Is. Pierre. — Weende'r Jahresb. 1857—61. II. 85. (Ann. Chim. Phys. 3. 59. 380. 3) von uns berechnet.

Malus acerba: No. 1. E. Henry. — In Grandeau's Ann. Stat. agronom. de l'Est. 1878. 117. Untersuchungen verschiedener Laubhölzer aus dem gleichen Wald. Siehe Anhang z. Laubhölzern.

Morus: No. 1—3. C. Karmrodt. — Ztschr. d. landw. Centralv. f. Rheinpreussen. 1858. 278. Die Blätter wurden am 4. Juli in Bendorf gebrochen und eingeschnitten. Die Lage der Maulbeerpflanzung ist

No.	Bezeichnungen und Bemerkungen	Jahr der Untersuchung	In der ursprünglichen Substanz: Wasser %	Nh-Substanz %	Rohfett %	Nfr. Extractstoffe %	Rohfaser %	Asche %	In der Trockensubstanz: Nh-Substanz %	Rohfett %	Nfr. Extractstoffe %	Rohfaser %	Asche %	Stickstoff in der Trocken-Substanz %
2	Von ungedüngtem, sonnigem Standorte, 12jährige Bäume	1857	64.00	5.88	—	—	—	4.58	16.33	—	—	—	10.97	2.61
3	Von ungedüngtem, sonnigem Standorte, 10jähriger Heckenpflanzen	1857	65.00	7.74	—	—	—	3.84	22.11	—	—	—	10.96	3.53
4	Ohne Blattstiele, Ende Juni geschnitten, 40jährige Bäume	1867	68.60	5.98	—	—	—	3.41	19.05	—	—	—	10.85	3.05
5	Ohne Blattstiele, Ende Juni geschnitten, 40jährige Bäume	1867	71.07	5.41	—	—	—	3.40	18.71	—	—	—	11.41	2.99
6	Ohne Blattstiele, Ende Juni geschnitten, 40jährige Bäume	1867	71.00	6.06	—	—	—	3.31	20.90	—	—	—	11.45	3.34
	b. Von M. Lhou, völlig ausgew. Blätter.													
7	Von gedüngten Pflanzen, 20. Juli entnommen	1866	82.56	3.19	—	—	—	1.69	18.31	—	—	—	9.68	2.93
8	Von ungedüngten Pflanzen, 20. Juli entnommen	1866	82.04	3.18	—	—	—	1.45	17.69	—	—	—	8.07	2.83
9	Morus alba L.	1873	62.25	7.80	0.72	15.39	7.77	6.07	20.66	1.91	40.77	20.58	16.08	3.31
10	Desgl.	1874	54.20	6.21	3.07	20.36	11.91	4.25	13.56	6.70	44.47	25.99	9.28	2.17
	Aus verschiedenen Ländern.													
11	Italien, aus Verolanova (Brescia), junge, kräftige, saftgrüne Blätter	1866	—	—	—	—	—	—	21.00	—	—	—	11.34	3.36°
12	Italien, Tortona (Piemont), starke, reife, dunkelgrüne Blätter	1866	—	—	—	—	—	—	14.63	—	—	—	14.17	2.34°
13	Desgl.	1866	—	—	—	—	—	—	14.63	—	—	—	14.45	2.34°
14	Desgl.	1866	—	—	—	—	—	—	15.56	—	—	—	14.67	2.49°
15	Frankreich, aus Alais (du Gard), grosse, reife Blätter	1866	—	—	—	—	—	—	14.88	—	—	—	11.96	2.38°
16	Japan, lange, schmale, kräftige, völlig entwickelte Blätter	1866	—	—	—	—	—	—	20.19	—	—	—	12.59	3.23°
17	Desgl.	1866	—	—	—	—	—	—	21.00	—	—	—	13.58	3.36°
18	China, grosse, gelbgrüne, ausgewachs., starke, feste Blätter	1866	—	—	—	—	—	—	19.56	—	—	—	13.53	3.13°

bei 1) gegen Süden, die Pflanzung ist sehr dicht und von Bäumen überschattet
„ 2) östlich, „ „ „ dicht,
„ 3) südöstlich, „ „ „ sehr dicht und bildet eine Hecke.

Der Boden bei 1) ist Bimsteinsand, mit etwas Humus, seit 17—20 Jahren ungedüngt.
„ „ „ 2) „ sandiger Lehm (Rheinletten) mit wenig Humus, seit 11 Jahren ungedüngt.
„ „ „ 3) „ Bimsteinsand mit Humus (Gartenerde) und war 1856 und 1857 gedüngt (vermuthlich das angrenzende Feld).

In der frischen Substanz ist unter Asche Rohasche gemeint, die Reinasche d. i. CO_2-frei beträgt 2.804, 3.948 und bezw. 3.836%; bei der Trockensubstanz ist Reinasche angegeben.

No. 4—6. C. Karmrodt. — Ztschr. d. landw. Centralv. f. Rheinpreussen. 1868. 350. Hoffmann's Jahresber. XI. 163. Die Blätter waren im Jahre 1867 am 25. und 30. Juni gepflückt von Bäumen an der Nette bei Andernach in festem Boden. Dieselben gelangten noch an den Zweigen in das Laboratorium und hatten bestens verpackt einen Transport von einigen Stunden ausgehalten. Die Blattstiele wurden dicht an der Blattfläche abgeschnitten und gelangten nicht mit zur Untersuchung. Von den 40jährigen Bäumen waren noch niemals Blätter entnommen worden.

Morus: No. 7 u. 8. F. Heidepriem. — L. V.-St. 10. 1868. 379. Die Blätter wurden einer theilweise ungedüngten, theilweise stark gedüngten (auf 220 laufende Fuss der Hecke 3 Centn. eines Kalisuperphosphats mit 13% lösliche Phosphorsäure und 12% Kali (Sulfat)) Hecke in Steglitz bei Berlin entnommen, welche Hecke auf leichtem Sandboden, der erst durch Städtischen- und Stalldünger culturfähig gemacht worden war. Gedüngt wurde am 24. April 1866, etwa 10″ tief. Die Blätter der gedüngten Hecke hatten eine gesättigt grüne Farbe, die der ungedüngten waren lichter gefärbt. Asche = kohlensäurefrei.

No. 9 u. 10. A. Pasqualini. — Annal. Staz. agrar. Forli 2. (1873). 65 u. 3. (1874). 113. In den Blättern wurden ferner bestimmt:

	No. 9	10
Zucker	Spur	0.015
Stärke	13.22	10.717

No. 11—18. E. Reichenbach. — Annal. d. Chem. u. Pharm. 143. 83. Hoffmann's Jahresber. 10. 1867. 68. Im Mittel waren die direct bezogenen, gesunden Blätter

No.	11	12 13 14	15	16 17	18
im Mittel lang	12	10	15	13	17
„ „ breit	9.5	8	12	7	13.5

No.	Bezeichnungen und Bemerkungen	Jahr der Untersuchung	In der ursprünglichen Substanz: Wasser	Nh-Substanz	Rohfett	Nfr. Extractstoffe	Rohfaser	Asche	In der Trockensubstanz: Nh-Substanz	Rohfett	Nfr. Extractstoffe	Rohfaser	Asche	Stickstoff in der Trockensubstanz
			%	%	%	%	%	%	%	%	%	%	%	%
19	Turkestan, Kassak	1870	—	—	—	—	—	—	25.00	—	—	—	—	4.00°
20	„ Marvaritak	1870	—	—	—	—	—	—	21.50	—	—	—	—	3.44°
21	„ Khorasmine	1870	—	—	—	—	—	—	25.30	—	—	—	—	4.05°
22	„ Balkhi	1870	—	—	—	—	—	—	21.10	—	—	—	—	3.38°
23	„ Schah-toute	1870	—	—	—	—	—	—	23.80	—	—	—	—	3.81°
24	Italien, gesunde (gute) Blätter	1865	—	—	—	—	—	—	22.30	—	—	—	—	3.57°
25	„ kranke (schlechte) Blätter	1865	—	—	—	—	—	—	17.70	—	—	—	—	2.83°
26	Ungarn, von einem alten 50jährigen Baume	1865	—	—	—	—	—	—	20.63	—	—	—	—	3.30°
27	Ungarn, von einem unveredelten Baume, männlicher, trockner Standort	1865	—	—	—	—	—	—	25.00	—	—	—	—	4.00°
28	Ungarn, von einem unveredelten Baume, weiblicher, trockner Standort	1865	—	—	—	—	—	—	23.13	—	—	—	—	3.70°
29	Ungarn, von einem unveredelten Baume, weiblicher, feuchter Standort	1865	—	—	—	—	—	—	20.00	—	—	—	—	3.20°
30	Ungarn, von einem veredelten Baume, grossblätterige Varietät	1865	—	—	—	—	—	—	18.13	—	—	—	—	2.90
31	Böhmen, junge Blätter	1865	—	—	—	—	—	—	15.56	—	—	—	10.57	2.49
32	„ ältere Blätter	1865	—	—	—	—	—	—	15.19	—	—	—	9.27	2.43
33	„ gemischte Blätter von der Schattenseite	1865	—	—	—	—	—	—	15.19	—	—	—	9.17	2.43
34	Böhmen, gemischte Blätter von der Sonnenseite	1865	—	—	—	—	—	—	15.19	—	—	—	6.89	2.43

In verschiedenen Vegetationsperioden.

No.	Bezeichnungen und Bemerkungen	Jahr der Untersuchung	Wasser	Nh-Substanz	Rohfett	Nfr. Extractstoffe	Rohfaser	Asche	Nh-Substanz	Rohfett	Nfr. Extractstoffe	Rohfaser	Asche	Stickstoff in der Trockensubstanz
	a. Laub vom gemeinen Maulbeerbaume (Morus alba L.)													
35	Gesammelt am 17. April	1866	78.89	6.88	—	—	—	2.15	32.56	—	—	—	10.20	5.21
36	„ „ 29. „	—	76.72	6.56	—	—	—	1.68	28.19	—	—	—	7.20	4.51
37	„ „ 6. Mai	—	75.50	5.63	—	—	—	2.00	13.81	—	—	—	8.16	2.21
38	„ „ 15. Mai	—	62.00	4.99	—	—	—	3.12	13.19	—	—	—	8.21	2.11
39	„ „ 10. August	—	67.00	3.50	—	—	—	4.22	10.63	—	—	—	12.79	1.70
	b. Laub vom wilden Maulbeerbaume.													
40	Gesammelt am 20. April	1866	74.72	6.88	—	—	—	2.15	27.19	—	—	—	8.50	4.35
41	„ „ 29. „	1866	73.10	5.94	—	—	—	1.78	22.06	—	—	—	6.60	3.53
42	„ „ 6. Mai	1866	73.00	4.38	—	—	—	2.16	16.25	—	—	—	8.00	2.60
43	„ „ 15. „	1866	66.00	5.81	—	—	—	2.65	17.06	—	—	—	7.79	2.73
44	„ „ 10. August	1866	65.00	2.63	—	—	—	4.90	7.50	—	—	—	14.00	1.20

Morus: No. 19—23. E. Reichenbach. — Hoffmann's Jahresber. 13. 1870. 52. (Ann. d. Chem. u. Pharm. 157. (1871). 92.
No. 24—25. Neumayr u. Ullmann. — Wilda's landw. Centralbl. (1865). II. 230. Die Blätter waren aus Italien nach München geschickt worden und wurden im Zöller'schen Laboratorium untersucht.
No. 26—30. Ign. Moser. — Chem. Ackersm. 13. 1867. 15.
No. 31—34. Th. v. Gohren. — Chem. Ackersm. 13. 1867. 15. In den Blättern wurden ferner gefunden 8.6—10.1 Cellulose, Fett (Aetherextract), 18.4—19.8% Traubenzucker (Fehling'sche Lösung), reducirende Substanz 24.6—30.1%. Der Wassergehalt der frischen Blätter schwankte zwischen 69—77%. Originalquellen sind uns nicht bekannt.
No. 35—48. Bechi. — Chem. Centralbl. 13. 1868. 896. (Nach Bull. de la Soc. Chim. Nouv. Ser. f. 10. (1868). 224.) Die klimatischen und Bodenverhältnisse (Umgegend von Florenz) waren für alle 3 Baumsorten die gleichen. Nh-Substanz von uns berechnet.

No.	Bezeichnungen und Bemerkungen	Jahr der Untersuchung	In der ursprünglichen Substanz						In der Trockensubstanz					Stickstoff in der Trockensubstanz
			Wasser %	Nh-Substanz %	Rohfett %	Nfr. Extractstoffe %	Rohfaser %	Asche %	Nh-Substanz %	Rohfett %	Nfr. Extractstoffe %	Rohfaser %	Asche %	%
	c. Laub von Morus cucullata.													
45	Gesammelt am 17. April	1866	77.10	5.94	—	—	—	2.76	25.94	—	—	—	12.05	4.15
46	„ „ 20. „	1866	75.94	6.00	—	—	—	2.65	25.00	—	—	—	11.02	4.00
47	„ „ 24. „	1866	77.25	6.25	—	—	—	2.32	27.44	—	—	—	10.20	4.39
48	„ „ 6. Mai	1866	72.60	3.75	—	—	—	2.85	13.69	—	—	—	10.40	2.19
	α. Laub von Morus alba, var. sylvatica.													
49	Gesammelt am 28. April	1871	75.60	9.37	—	—	—	2.00	38.40	—	—	—	8.20	6.144°
50	„ „ 8. Mai	1871	71.30	9.55	—	—	—	2.20	33.28	—	—	—	7.70	5.324
51	„ „ 12. „	1871	66.70	9.56	—	—	—	2.30	28.71	—	—	—	6.90	4.593
52	„ „ 17. „	1871	62.20	9.00	—	—	—	3.20	23.81	—	—	—	8.50	3.810
	β. Laub von Mor. alb., var. domestica.													
53	Gesammelt am 29. April	1871	78.10	8.34	—	—	—	1.80	38.10	—	—	—	8.30	6.096
54	„ „ 8. Mai	1871	73.60	7.60	—	—	—	1.90	28.58	—	—	—	7.20	4.572
55	„ „ 12. „	1871	70.10	8.53	—	—	—	2.10	28.54	—	—	—	7.10	4.566
56	„ „ 17. Mai	1871	69.40	10.44	—	—	—	2.20	35.25	—	—	—	7.20	5.641
57	γ. Laub vom chinesischen Maulbeerbaume	1871	72.40	7.01	—	—	—	2.30	25.40	—	—	—	8.30	4.064
58	δ. Laub vom einheimischen, veredelten Maulbeerbaume	1871	66.90	10.52	—	—	—	9.40	31.75	—	—	—	28.40	5.080

In Japan gewachsene Maulbeerbäume, Blätter ohne Blattstiele.

No.	Bezeichnungen und Bemerkungen	Jahr der Untersuchung	Wasser %	Nh-Substanz %	Rohfett %	Nfr. Extractstoffe %	Rohfaser %	Asche %	Nh-Substanz %	Rohfett %	Nfr. Extractstoffe %	Rohfaser %	Asche %	Stickstoff in der Trockensubstanz %
59	Blätter, geschn. v. 29. April bis 5. Mai	1882	75.59	8.03	1.26	10.85	2.39	1.88	32.89	5.15	44.46	9.80	7.70	5.262°
60	„ „ „ 6. bis 12. Mai . .	1882	74.89	7.49	1.38	11.78	2.60	1.86	29.83	5.51	46.89	10.35	7.42	4.773°
61	„ „ „ 13. bis 18. Mai . .	1882	75.45	7.12	1.20	11.49	2.78	1.96	29.00	4.88	46.78	11.34	8.00	4.640°
62	„ „ „ 19. bis 24. Mai . .	1882	74.10	7.21	1.07	12.30	3.00	2.32	27.84	4.14	47.51	11.57	8.94	4.454°
63	„ „ „ 26. Mai bis 2. Juni	1882	70.72	7.32	0.95	15.36	3.06	2.59	25.00	3.25	52.47	10.44	8.84	4.000°
64	Im Mai gesammelt	1874	77.15	7.85	--	—	—	1.60	34.37	—	—	—	7.01	5.50°
65	Im August gesammelt	1874	60.67	7.23	—	—	—	4.28	18.37	—	—	—	10.88	2.94°
66	Maulbeerblätter, M. alba, im Frühling .	1881	76.00	6.07	1.65	13.21		3.07	25.29	6.88	—	—	12.79	4.05
67	„ im Herbst	1881	67.70	4.75	3.23	17.87		6.51	14.71	10.00	—	—	20.15	2.35
	Cultivirter Maulbeerbaum: Minimum . . .		54.20	4.17	0.58	12.53	6.32	3.12	13.56	1.91	40.77	20.58	6.89	2.17
	Cultivirter Maulbeerbaum: Maximum . . .		82.56	7.77	2.06	13.79	7.97	4.51	25.30	6.70	44.47	25.99	14.67	4.05
	Cultivirter Maulbeerbaum: Mittel (No. 1—34 incl.)		69.27	5.93	1.32	12.81	7.16	3.51	19.31	4.31	41.68	23.29	11.41	3.09

Morus: No. 49—58. Fausto Sestini. (V.-St. Udine). — L. V.-St. 15. (1872). 286. Die Blätter wurden bei Udine gesammelt; die von a und b waren unter dem Einflusse von Stallmistdüngung gewachsen. Gewöhnlich werden die Zweige dieser Maulbeerbäume jährlich oder alle zwei Jahre abgehauen. Die zwei anderen Sorten, 57 u. 58, stammen von Bäumen, welche mit einer Mischung von Erde, Pferdemist und Asche gedüngt und alle 2 Jahre entlaubt werden. Die Grösse der untersuchten Blätter ist durch nachfolgend angegebene mittlere Dimensionen gekennzeichnet:

No.	49	50	51	52	53	54	55	56
lang	30	44	53	60	32	43	60	63 mm,
breit	24	32	45	39	20	36	41	35 mm.

No. 59—63. Osc. Kellner (Tokio). — Chemical Analyses of a collect. of agric. specim. from the Laboratory of the imperial College of Agriculture Komba, Tokio, Japan. Publish by Osc. Kellner. 1884. 26.

No. 64—65. Verson u. Quajat. — Bollettino di Bachicoltura. 1874. 50. Die Blätter waren von einer und derselben Pflanze gesammelt.

No. 66 u. 67. A. Funaro. L. V.-St. 28. 1882. 121. Das untersuchte Material stammt von den Versuchsfeldern der Hochschule für Landwirthschaft zu Pisa. Die Maulbeerblätter werden nur im Herbst als Futtermittel in der Landwirthschaft verwendet, während dieselben im Frühling ausschliesslich zur Ernährung der Seidenwürmer dienen. An Eiweiss-N und Eiweiss (bestimmt nach Sestini mittelst Niederschlagen des Eiweisses mit Bleizucker und Milchsäure) enthielten die Proben: No. 1 0.689 N = 4.11 % Eiweiss, No. 2 0.529 N = 3.30 % Eiweiss.

No.	Bezeichnungen und Bemerkungen	Jahr der Untersuchung	In der ursprünglichen Substanz: Wasser %	Nh-Substanz %	Rohfett %	Nfr. Extractstoffe %	Rohfaser %	Asche %	In der Trockensubstanz: Nh-Substanz %	Rohfett %	Nfr. Extractstoffe %	Rohfaser %	Asche %	Stickstoff in der Trockensubstanz %
	Olea europaea L. — Oelbaum, Olivenbaum.													
1	Blätter	1870	—	—	—	—	—	—	13.18	—	—	—	5.03	2.11
	Populus canadensis L. — Canadische Pappel.													
1	Blätter, am 2. Juni gesammelt	1854	78.40	5.50	—	—	—	—	25.50	—	—	—	—	4.08°
2	Junge, entblätterte Triebe, am 2. Juni gesammelt	1854	81.70	4.63	—	—	—	—	25.19	—	—	—	—	4.03°
3	Blätter, am 10. August gesammelt	1854	72.90	5.94	—	—	—	—	21.81	—	—	—	—	3.49°
	Populus nigra L. — Schwarze Pappel.													
1	Heutrocken	1877	16.43	5.89	3.65	34.23	31.91	7.89	7.04	4.37	40.97	38.18	9.44	1.12
2	Aestchen, (ramoscelli)	1875	29.31	2.46	0.51	16.21	34.34	17.17	3.48	0.72	22.91	48.59	24.30	0.56
3	Rinde (corteccia)	1875	19.82	3.05	0.32	14.02	45.92	16.87	3.80	0.40	17.50	57.26	21.04	0.61
	Populus tremula L. — Aspe, Espe, Zitterpappel.													
1		1863	—	—	—	—	—	—	12.85	—	—	17.17	4.21	2.05
2	Blätter mit noch grünen und weichen Zweigspitzen	1864	—	—	—	—	—	—	10.08	—	—	18.20	5.02	1.59
3	Blätter einer nicht benannnten Species, lufttrocken	1875	—	—	—	—	—	—	12.87	10.30	47.22	20.68	8.93	2.06
4	Blätter, am 16. Juni gesammelt	1875	48.12	6.13	—	—	—	4.60	11.81	—	—	—	8.87	1.89
5	Rinde	1878	10.60	1.25	9.45	35.26	39.26	4.18	1.40	10.57	39.42	43.93	4.68	0.22
	In verschiedenen Vegetationsperioden.													
6	Gesammelt am 26. Juli	1882	15.00	12.20	6.39	43.03	18.38	4.49P	14.35	7.51	50.62	21.50	5.28	2.30
7	„ „ 11. August	1882	15.00	11.75	6.18	42.87	18.42	5.29	13.82	7.27	50.43	21.67	6.22	2.21
8	„ „ 26. „	1882	15.00	11.35	5.78	42.23	19.39	6.22	13.35	6.80	49.68	22.81	7.31	2.14
	Quercus. — Eiche.													
1	Unbenannte Species, getrocknet	1863	5.00	6.02	—	66.76	14.21	8.01	6.34	—	60.27	14.96	8.43	1.01
2	Qu. pedunculata, Blätter mit grünen weichen Zweigspitzen, 29. Juli	1864	—	—	—	—	—	—	14.36	—	67.70	13.40	4.54	2.29
3	Qu. Robur, am 16. Juni entnommen	1875	57.03	6.17	—	—	—	1.94	14.36	—	—	—	4.51	2.29

Olea europaea: No. 1. Bechi. — Saggi di experienze agrarie Fasc. 1. (1870). 23.
Populus canadensis: No. 1—3. Is. Pierre. — Weende'r Jahresber. 1855—56. II. 28. (Compt. rend. 42. 317).
Populus nigra: No. 1—3. Al. Pasqualini. (V.-St. Forli). Ann. Staz. Agrar. Forli (zu 8 u. 9). 4. 1875. 119 (zu 4). 6. 1877. 49. In der Trockensubstanz wurden gefunden:

	No. 4	8	9
Stärkemehl	10.64	10.62	9.03
Zucker	4.32	0.30	0.15

Populus tremula: No. 1. Rob. Hoffmann. — Dess. Jahresber. 6. 1863—64. 47. (Centrlbl. f. d. gesammte Landeskultur in Böhmen. 1868. 265.)
No. 2. v. Orelli u. Junghähnel. — Chem. Ackersmann. 12. 1866. 51. 100 Thl. des trocknen Reisigs lieferten 63.9 Thl. trocknes Futterlaub. 100 Thle. des frischen Reisigs enthielten 53.1 Thl. Wasser.
No. 3. E. Wildt. — Landw. Jahrbücher 1877. 143.
No. 4. E. Henry. — Grandeau's Ann. Stat. agronom. de l'Est. 1878. 117. Siehe Anhang zu Laubfutter.
No. 5. F. O. Bergstrand (V.-St. Westeras-Schweden). — Originalmitthl. Von der angegebenen Menge N-freier Extractstoffe sind 13.98 in Alkohol löslich.
No. 6—8. F. Werenskiold. — Privatmitthl. durch V. Dircks in Aas (Norwegen). Das an 100 Fehlende ist Sand (0.06, 0.49 u. 0.03 % der lufttrocknen Substanz).
Quercus: No. 1. Rob. Hoffmann. — Jahresber. d. Agriculturchem. II. 1863/64. 47.
No. 2. v. Orelli u. Junghähnel. — Chem. Ackersm. 1866. 49. Rohfaser nach dem Weende'r Verfahren. 100 Thl. trocknen Reisigs, 2 Fuss lang abgeschnitten, lieferten 63.9 Thl. Futterlaub. 100 Thl. grünen Reisigs enthielten 45.3 Thl. Trockensubstanz.
No. 3. E. Henry. — Grandeau's Ann. d. l. Stat. agronom. de l'Est. 1878. 117 u. f. Untersuchungen verschiedener Laubhölzer aus dem gleichen Wald. Siehe Anhang zu Laubfutter: Vergleichende Zusammenstellung.

No.	Bezeichnungen und Bemerkungen	Jahr der Untersuchung	In der ursprünglichen Substanz: Wasser %	Nh-Substanz %	Rohfett %	Nfr. Extractstoffe %	Rohfaser %	Asche %	In der Trockensubstanz: Nh-Substanz %	Rohfett %	Nfr. Extractstoffe %	Rohfaser %	Asche %	Stickstoff in der Trockensubstanz %
	In verschiedenen Vegetationsperioden.													
4	Qu. pedunculata, Mai	1864	—	—	—	—	—	—	25.81	—	—	—	5.70	4.13
5	Juni	1864	73.9	3.96	—	—	—	1.07	15.18	—	—	—	4.11	2.43
6	Juli	1864	—	—	—	—	—	—	13.93	—	—	—	4.19	2.23
7	August	1864	51.0	4.81	—	—	—	2.25	9.81	—	—	—	4.60	1.57
8	September	1864	50.0	3.50	—	—	—	2.70	7.00	—	—	—	5.40	1.12
9	October	1864	25.0	4.96	—	—	—	3.90	6.62	—	—	—	5.20	1.06
10	Am 16. October, Blätter noch grün	1883	56.63	5.29	1.63	24.94	9.18	2.33	12.19	3.76	57.50	21.18	5.37	1.95
11	Am 13. November, Blätter braun, im Abfallen begriffen	1883	29.74	3.40	3.14	39.34	20.38	3.80	4.84	4.76	55.98	29.00	5.42	0.77
12	Am 17. März, Blätter von unteren Zweigen	1883	10.50	3.90	3.90	52.86	24.32	4.52	4.36	4.36	59.06	27.17	5.05	0.70
	Robinia Pseudo-Acacia L. — Akazie, Heuschreckenbaum, Schotendorn.													
1		1863	6.00	8.42	—	68.17	14.41	3.00	8.96	—	—	15.33	3.19	1.43
2	Blätter m. noch grünen, weichen Zweigspitzen, 20. Juli	1865	—	—	—	—	—	—	12.44	—	—	14.20	9.70	1.99
3	Blätter, heutrocken	1877	17.41	4.68	2.46	33.28	35.71	6.46	5.67	2.98	40.25	43.18	7.92	0.91
	In verschiedenen Vegetationsperioden.													
4	Kugelakazie, 2. Mai	1874	73.5	5.94	—	—	—	1.66	22.43	—	—	—	6.25	3.59*)
5	„ 3. Juli	1874	64.1	5.62	—	—	—	2.78	15.66	—	—	—	7.75	2.81*)
6	„ 7. September	1874	55.7	4.63	—	—	—	3.64	10.50	—	—	—	8.22	1.68*)
7	„ 13. October	1874	55.4	1.95	—	—	—	5.22	4.38	—	—	—	11.74	0.70*
	Salix alba L. — Weisse Weide.													
1	Blätter, lufttrocken	1875	19.45	6.98	2.82	33.52	28.66	8.57	8.67	3.50	41.64	35.56	10.63	1.38
	Salix caprea L. — Sahlweide.													
1	Blätter m. grünen, weichen Zweigspitzen, 29. Juli gesammelt	1864	—	—	—	—	—	—	12.34	—	—	18.50	6.48	1.96

Quercus: No. 4—9. A. Stöckhardt. — Chem. Ackersm. 12. 1866. 158.
No. 10—12. S. W. Johnson u. E. H. Jenkins. — Ann. Rep. Connecticut Agricult. Experim. Stat. 1883. 77. Die Art der Eiche ist nicht angegeben.
Robinia Pseudo-Acacia: No. 1. Rob. Hoffmann. — Dess. Jahresber. 1863|64. 47. (Centralbl. f. d. ges. Landeskultur in Böhmen 1863. 265.)
No. 2. v. Orelli u. Junghähnel. — Chem. Ackersm. 1866. 49. Holzfaser nach dem Weende'r Verfahren bestimmt.
No. 3. Al. Pasqualini. — Ann. Staz. Agrar. Forli VI. 1877. 49.
No. 4—7. Grandeau u. Fliche. — Ann. Stat. agronom. de l'Est. 1878. 68. Boden: Silikatboden (Tertiärablagerung).
*) Vergl. Anmerkung zu Betula.
Salix alba: No. 1. Al. Pasqualini (V.-St. Forli). — Ann. Staz. Agrar. 4. 1875. 119.
Salix caprea: No. 1. v. Orelli u. Junghähnel. — Chem. Ackersmann 1866. 49. Rohfaser n. d. Weende'r Verfahren bestimmt

No.	Bezeichnungen und Bemerkungen	Jahr der Untersuchung	In der ursprünglichen Substanz						In der Trockensubstanz					Stickstoff in der Trocken-Substanz
			Wasser	Nh-Substanz	Rohfett	Nfr. Ex-tractstoffe	Rohfaser	Asche	Nh-Substanz	Rohfett	Nfr. Ex-tractstoffe	Rohfaser	Asche	
			%	%	%	%	%	%	%	%	%	%	%	%
	Sorbus Aucuparia L. — Gemeine Eberesche.													
1	Blätter m. grünen, weichen Zweigspitzen, 29. Juli gesammelt	1865	—	—	—	—	—	—	11.34	—	64.86	16.70	7.10	1.81
	In verschiedenen Vegetationsperioden.													
2	Gesammelt am 26. Juli	1882	15.00	8.78	5.88	54.69	11.93	3.72	10.32	6.91	64.34	14.00	4.37	1.65
3	„ „ 11. August	1882	15.00	8.92	6.69	54.00	10.94	4.41	10.50	7.87	63.55	12.87	5.18	1.68
4	„ „ 26. „	1882	15.00	8.61	7.74	52.50	11.70	4.38	10.12	9.10	61.76	13.76	5.15	1.62
	Sorbus torminalis Crantz. — Elzbeer-Eberesche.													
1	Blätter, am 16. Juni aufgenommen	1875	56.83	4.86	—	—	—	2.77	11.25	—	—	—	6.42	1.80
	Tilia grandifolia Ehrh. — Sommerlinde, grossblättrige Linde.													
1	Blätter und grüne, weiche Zweigspitzen, 20. Juli	1865	—	—	—	—	—	—	13.86	—	61.64	15.20	9.30	2.22
	Tilia parvifolia Ehrh. — Winterlinde, kleinblättrige Linde.													
1	Blätter und grüne, weiche Zweigspitzen, 29. Juli	1864	—	—	—	—	—	—	14.86	—	61.37	16.15	7.32	2.38
	Ulmus. — Ulme, Rüster.													
1	U. effusa W., mit grünen und weichen Zweigspitzen, 29. August gesammelt	1864	—	—	—	—	—	—	11.71	—	61.50	19.15	7.64	1.87
2	Desgl., Blätter	1873	62.00	10.53	0.79	19.42	5.33	1.93	27.71	2.08	51.11	14.02	5.08	4.43
3	Desgl.	1874	48.40	9.15	1.81	22.78	13.42	4.44	17.73	3.61	43.05	27.01	8.60	2.84
4	U. campestris L.	1873	66.23	6.06	0.29	19.31	3.01	5.10	17.94	0.86	57.19	8.91	15.10	2.87
5	Desgl.	1874	57.20	5.93	0.26	18.11	12.88	5.62	13.72	0.60	42.89	29.79	13.00	2.20
6	U. major Sm.	1873	63.00	7.03	1.00	17.08	6.88	5.01	19.00	2.70	46.16	18.60	13.54	3.04
7	Desgl.	1874	45.06	8.93	3.00	21.12	15.56	6.33	16.25	5.46	38.45	28.32	11.52	2.60
8	U. effusa Wld.	1876	61.80	5.17	—	5.84	21.77	5.42	13.54	—	15.28	56.99	14.19	2.17
9	U. major Sm.	1876	61.67	5.24	—	5.76	22.86	4.40	13.67	—	15.21	59.64	11.48	2.19
10	U. campestris L.	1876	65.82	5.00	—	5.22	20.14	3.82	14.67	—	15.29	58.87	11.17	2.35
11	U. montana, hohe Rüster	1875	68.29	4.24	—	—	—	3.16	13.37	—	—	—	6.82	2.14

Sorbus Aucuparia: No. 1. v. Orelli und Junghähnel. — Chem. Ackersmann 1866. 49. Rohfaser n. d. Weende'r Verfahren bestimmt.
No. 2—4. F. Werenskiold. — Privatmitthl. durch V. Dircks in Aas (Norwegen). Das an 100 Fehlende ist Sand (0.00, 0.04 und 0.07% der lufttrocknen Substanz). Vom Verf. auf Substanz mit 15% Wassergehalt berechnet.

Sorbus torminalis: No. 1. E. Henry. — In Grandeau's Ann. Stat. agronom. de l'Est 1878. 117. Untersuchung verschiedener Laubhölzer aus dem gleichen Wald. Siehe Anhang: Vergleich. Zusammenstellung.

Tilia grandifolia und parvifolia: No. 1. v. Orelli u. Junghähnel. — Chem. Ackersm. 1866. 49. Rohfaser n. d. Weende'r Verfahren.

	Winterlinde	Sommerlinde
100 Thl. des trocknen Reisigs lieferten völlig trocknes Futterlaub	65.4 Thl.	70.0 Thl.
100 Thl. frischen Reisigs enthielten Trockensubstanz	39.2 „	41.6 „

Ulmus: No. 1. v. Orelli u. Junghähnel. — Chem. Ackersm. 1866. 49. Rohfaser nach dem Weende'r Verfahren bestimmt. 100 Thl. trocknen Reisigs lieferten 69.1 Thl. trocknes Futterlaub, 100 Thl. frischen Reisigs 45.7 Thl. Trockensubstanz.
No. 2—7. A. Pasqualini. — Ann. Staz. Agrar. Forli 2. 1873. 65 und 3. 1874. 113.
No. 8—10. Fausto Sestini. — Hoffmann's agric. Jahresber. 18 u. 19. 1875/76. II. 6. Die Ulme wurde im vergangenen Jahrzehnt in der Romagna als Futterpflanze cultivirt.
No. 11. E. Henry. — In Grandeau's Ann. Stat. agron. de l'Est 1878. 117. Untersuchung verschiedener Laubhölzer a. d. gleichen Wald. Siehe Anhang z. Laubfutter: Vergleichende Zusammenstellung.

No.	Bezeichnungen und Bemerkungen	Jahr der Untersuchung	In der ursprünglichen Substanz: Wasser %	Nh-Substanz %	Rohfett %	Nfr. Extractstoffe %	Rohfaser %	Asche %	In der Trockensubstanz: Nh-Substanz %	Rohfett %	Nfr. Extractstoffe %	Rohfaser %	Asche %	Stickstoff in der Trockensubstanz %
	In verschiedenen Vegetationsperioden.													
12	2. Juni gesammelt	1854	76.00	6.31	—	—	—	—	26.25	—	—	—	—	
13	11. August ges., jüngere	1854	70.00	7.06	—	—	—	—	23.63	—	—	—	—	4.20°
14	11. August ges., ältere	1854	67.60	6.00	—	—	—	—	18.44	—	—	—	—	3.78°
15	9. November ges.	1854	63.30	4.69	—	—	—	—	12.94	—	—	—	—	2.95°
														2.07°
	Viscum album L. — Mistel, frisch.													
1	Blätter und Zweige (jüngere Triebe und Blätter)	1854	64.9	5.69	—	—	—	—	16.19	—	—	—	—	2.59°
2	Zweige ohne Blätter (ältere Zweige), auf verschiedenen Nährpflanzen	1854	58.7	6.13	—	—	—	—	14.81	—	—	—	—	2.37°
3	Weide { Blätter	1877	43.43	9.22	3.31	27.02	10.82	5.70	16.45	5.90	48.19	19.30	10.16	2.63
4	Weide { Zweige	1877	41.45	7.16	4.45	28.30	14.58	4.06	12.23	7.60	48.33	24.90	6.94	1.96
5	Eiche { Blätter	1877	49.43	12.98	3.03	20.20	10.42	3.94	25.66	6.00	39.94	20.60	7.80	4.10
6	Eiche { Zweige	1877	45.20	11.18	3.11	25.47	12.49	2.55	20.40	5.68	46.47	22.80	4.65	3.26
7	Eiche { Früchte	1877	74.81	2.62	—	—	—	1.46	10.40	—	—	—	5.80	1.66
8	Rother Hartriegel, Cornus sanguinea { Blätter	1877	58.83	6.23	2.40	20.73	8.32	3.49	15.13	5.84	50.35	20.20	8.48	2.42
9	Rother Hartriegel, Cornus sanguinea { Zweige	1877	54.60	3.29	2.29	23.46	13.64	2.72	7.25	5.06	51.64	30.05	6.00	1.16
10	Rother Hartriegel, Cornus sanguinea { Früchte	1877	76.13	1.41	—	—	—	1.14	5.92	—	—	—	4.78	0.94
11	Birnbaum { Blätter	1877	53.40	6.06	2.86	24.80	9.95	2.93	13.02	6.13	53.20	21.35	6.30	2.08
12	Birnbaum { Zweige	1877	52.80	4.65	2.59	24.59	13.00	2.37	9.86	5.49	52.08	27.55	5.02	1.58
13	Birnbaum { Früchte	1877	77.50	1.51	—	—	—	1.20	6.71	—	—	—	5.34	1.07
14	Pappel { Blätter	1877	—	—	—	—	—	—	19.12	6.56	48.15	18.10	8.07	3.06
15	Pappel { Zweige	1877	—	—	—	—	—	—	15.27	8.70	43.68	26.50	5.75	2.44
16	Fichte { Blätter	1877	—	—	—	—	—	—	9.12	10.74	56.85	14.75	8.54	1.46
17	Fichte { Zweige	1877	—	—	—	—	—	—	7.41	11.76	53.73	23.50	3.60	1.18
	Vitis vinifera L. — Weinstock.													
1	Blätter, nach der Weinlese	1873	62.20	6.93	0.71	24.23	2.66	3.27	18.33	1.88	64.11	7.03	8.65	2.93
2	Desgl.	1874	53.60	6.70	2.22	23.09	10.81	3.58	14.44	4.78	49.77	23.29	7.72	2.31
3	Weinlaub (Klosterneuburg)	1875	68.00	—	—	—	—	1.50	—	—	—	—	4.69	—
4	Grüne Rebblätter, August	1876	73.14	5.41	—	—	—	1.76	20.14	—	—	—	6.55	3.22
5	Halbgelbe Rebblätter, August	1876	76.99	3.84	—	—	—	1.66	16.69	—	—	—	7.21	2.67
6	Gelbe Rebblätter, August	1876	77.97	3.99	—	—	—	2.02	18.12	—	—	—	9.17	2.90

Ulmus: No. 12—15. J. Pierre. — Weende'r Jahresber. 1855|56. II. 28. (Compt. rend. 42. 317.) Nh.-Substanz v. uns berechnet.

Viscum album: No. 1 u. 2. J. Pierre. — Weende'r Jahresber. 1855/56. (Compt. rend. 41. 135. Ann. d'agric. franc. 6. 153.) Nach Absonderung der etwa 1/5 betragenden holzigen Theile trennte der Verfasser den Rest der Pflanze in 2 Theile; a. jüngere Triebe und Blätter, 2/3 betragend, und b. ältere Zweige, 1/3 betragend. Nh. Substanz von uns berechnet.
Misteln werden nach dem Autor in der Normandie mit Vorliebe als Futter für Milchkühe verwendet.
No. 3—13. L. Grandeau u. A. Bouton. — Hoffmann's Jahresber. d. Agriculturchem. 20 1877. 120. (Compt. rend. 84. (1877). 500.) Unter Rohfett ist hier das in Schwefelkohlenstoff Lösliche zu verstehen. Alle Mistelpflanzen wurden in Lothringen mitsammt den Baumzweigen, an welchen sie befestigt waren, gesammelt; die Pappel und Akazie waren auf einem kalkhaltigen Boden des unteren Ooliths bei Pontà-Mousson gewachsen; die Tanne und Fichte stammten aus der Umgegend von Digne.
No. 14—17. Ibidem. L. Grandeau Ann. Stat. agronom. de l'Est. 1878. 401.

Vitis vinifera: No. 1 u. 2. Al. Pasqualini. — Ann. Staz. Agrar. Forli 2. 1873. 65.
No. 3. Rössler. — Originalmitthl. Asche = Reinasche.
No. 4—8. E. Mach u. Kurmann. — Originalmitthl.

No.	Bezeichnungen und Bemerkungen	Jahr der Untersuchung	In der ursprünglichen Substanz						In der Trockensubstanz					Stickstoff in der Trockensubstanz
			Wasser %	Nh-Substanz %	Rohfett %	Nfr. Extractstoffe %	Rohfaser %	Asche %	Nh-Substanz %	Rohfett %	Nfr. Extractstoffe %	Rohfaser %	Asche %	%
7	Geizabfälle von Reben, vom 24. Mai .	1877	77.26	6.87	—	12.58	2.01	1.28	30.21	—	54.32	9.84	5.63	4.83
8	Desgl., vom 2. Juli	1877	74.63	6.03	—	13.48	3.88	1.98	23.76	—	53.18	15.29	7.80	3.80
9	Am 18. Juni gesammelt { Blätter . .	1854	78.3	5.75	—	—	—	—	26.62	—	—	—	—	4.26
	Am 18. Juni gesammelt { Zweige . .	1854	90.1	1.63	—	—	—	—	16.63	—	—	—	—	2.66
10	Am 8. November gesammelt, noch grün	1854	76.1	2.88	—	—	—	—	12.13	—	—	—	—	1.94
11	Am 25. November gesammelt, die beim Schütteln der Rebstöcke abfielen . .	1854	76.0	2.18	—	—	—	—	9.00	—	—	—	—	1.44

(Anhang. Nadelholztheile.)

No.	Bezeichnungen und Bemerkungen	Jahr der Untersuchung	Wasser %	Nh-Substanz %	Rohfett %	Nfr. Extractstoffe %	Rohfaser %	Asche %	Nh-Substanz %	Rohfett %	Nfr. Extractstoffe %	Rohfaser %	Asche %	Stickstoff in der Trockensubstanz %
1	Pinus sylvestris L., Nadeln	1859	52.53	3.17	4.08	24.93	14.48	0.81	6.67	8.60	52.43	30.60	1.70	1.07
2	Junge, noch nicht verholzte Triebe . .	1859	41.27	2.51	8.16	29.06	18.07	0.93	4.39	13.90	49.33	30.80	1.58	0.70
3	Abgeschnittene Tannenzweige (Pin. abies)	1878	45.50	3.13	1.12	30.31	17.68	1.76	5.74	2.05	56.66	32.32	3.23	0.92
4	P. sylvestris, einjähr. Nadeln	1884	43.34	5.97	5.32	20.72	23.10	1.55	10.53	9.38	36.60	40.76	2.73	1.68

Anhang.

Verschiedene Laubhölzer, unter gleichen Wachsthumsbedingungen.

No.	Bezeichnungen und Bemerkungen	Jahr der Untersuchung	Wasser %	Nh-Substanz %	Rohfett %	Nfr. Extractstoffe %	Rohfaser %	Asche %	Nh-Substanz %	Rohfett %	Nfr. Extractstoffe %	Rohfaser %	Asche %	Stickstoff in der Trockensubstanz %
1	Acer campestre, Feldahorn	1877	49.20	—	—	—	—	—	13.37	—	—	—	4.68	2.14
2	Carpinus betulus, Hainbuche	1877	56.16	—	—	—	—	—	15.00	—	—	—	5.21	2.48
3	Cerasus avium, Vogelkirsche	1877	63.05	—	—	—	—	—	13.37	-	—	—	6.70	2.14
4	Corylus avellana, Haselnuss	1877	44.36	—	—	—	—	—	13.37	—	—	—	6.65	2.14
5	Fagus sylvatica, Buche	1877	56.60	3.85	—	—	—	2.23	8.87	—	—	—	5.14	1.42
6	Fraxinus excelsior, Esche	1877	64.30	4.70	—	—	—	2.50	13.18	—	—	—	7.00	2.11
7	Malus acerba, Holzapfel	1877	47.64	6.48	—	—	—	4.07	12.37	—	—	—	7.77	1.98
8	Populus tremula, Zitterpappel	1877	48.12	6.13	—	—	—	4.60	11.81	—	—	—	8.87	1.89
9	Quercus Robur, Eiche	1877	57.03	6.15	—	—	—	1.94	14.31	—	—	—	4.51	2.29
10	Sorbus torminalis, Elze-Eberesche . .	1877	56.83	4.86	—	—	—	2.77	11.25	—	—	—	6.42	1.80
11	Ulmus montana, Hohe Rüster, Ulme .	1877	68.29	4.25	—	—	—	2.16	13.37	—	—	—	6.82	2.14
12	Alnus incana, Weisserle	1864	—	—	—	—	—	—	17.76	52.99		24.75	4.50	2.84
13	Acer Pseudoplatanus, traubenbl. Ahorn	1864	—	—	—	—	—	—	14.86	64.56		15.50	5.08	2.38
14	Alnus glutinosa, Schwarzerle	1864	—	—	—	—	—	—	9.13	73.49		13.25	4.13	1.46

Vitis vinifera: No. 9—11. J. Pierre. — Weende'r Jahresber. 1855/56. 28. Compt. rend. 42. 317. Nh. Substanz von uns berechnet.

Nadelholztheile: No. 1 u. 2. H. Hellriegel. — 3. Jahresber. d. V.-St. Dahme 1860. 51.
No. 3. F. O. Bergstrand (Westeras). — Originalmitthl.
No. 4. Troschke. Deutsche landw. Presse 1884. 445. Das Material war Ende October gesammelt und bestand aus nur einjährigen Nadeln nebst den dazu gehörigen zarten äussersten Zweigspitzen und Knospen.

Verschiedene Laubhölzer: No. 1—11. E. Henry. — Grandeau's Annales de la Stat. agron. de l'Est 1878. 117. Das gesammte Material stammte aus dem Walde de Haye bei Nancy, von einer Parzelle, welche kaum die Durchschnittsvegetation des ganzen Waldes repräsentirte. Der Boden lagert auf dem unteren Oolith. Nach Entfernung des Humusdecke hat die eigentliche Vegetationserde nur eine Mächtigkeit von 0.15 m; darauf folgt eine 0.05 m tiefe Schicht von Gesteinsbröckeln mit thoniger Zwischenlagerung und dann Kalkstein, dieser aber mit vielen Spalten und Rissen, so dass die Wurzeln tief eindringen können. Die eigentliche Erde, mittelst eines 1 mm-Siebes abgesiebt, ergab nach der Methode Schlössings der mechanischen Analyse unterworfen, sowie bei der Bestimmung der Grandeau'schen Matière noire und an in kaltem angesäuertem Wasser löslichen Stoffen, und zwar in 100 Theilen des ziemlich lufttrocknen Bodens:

Wasser	Org. Reste	Sand	Thon	Matière noire	In kaltem, angesäuertem Wasser löslich: $Al_2O_3 + Fe_2O_3$	P_2O_5	CaO	MgO	K_2O	Na_2O	in Sm.
22.200	3.240	42.840	28.830	0.550	1.33	0.06	0.45	0.08	0.13	0.17	99.88

Zur speciellen Analyse wurden 100 g Feinerde mit conc. Salpetersäure gekocht und extrahirt:

Wasser	Organisches	$Fe_2O_3 + Al_2O_3$	CaO	MgO	Mn_2O_3	K_2O	Na_2O	P_2O_5	SO_3	Cl	CO_2	Unlösl.	Summa
22.200	12.800	10.900	0.600	0.356	0.220	0.248	0.160	0.180	0.248	Spur	0.270	52.420	100.612

Die Menge des N betrug im lufttrocknen Boden 0.25 %; der Untergrund besteht aus fast reinem Kalkstein. Die Blätter wurden, ebenso der Boden (und das gleichzeitig nntersuchte anderweite Material Stamm und Zweige) am 16. Juni 1875 aufgenommen. Die betr. Waldparcelle war zuletzt im Jahre 1838 abgeholzt worden, der gegenwärtige Bestand also 37 Jahre alt. Die zur Untersuchung benutzten Bäume wurden so ausgewählt, dass sie unter möglichst gleichen Bedingungen der Vegetation sich befanden.

No.	Bezeichnungen und Bemerkungen	Jahr der Untersuchung	In der ursprünglichen Substanz						In der Trockensubstanz					Stickstoff in der Trockensubstanz
			Wasser %	Nh-Substanz %	Rohfett %	Nfr. Extractstoffe %	Rohfaser %	Asche %	Nh-Substanz %	Rohfett %	Nfr. Extractstoffe %	Rohfaser %	Asche %	%
15	Betula alba, Birke	1864	—	—	—	—	—	—	10.96	67.42		18.10	3.52	1.75
16	Carpinus Betulus, Hainbuche	1864	—	—	—	—	—	—	7.81	72.11		14.80	5.28	1.25
17	Corylus avellana, Haselnuss	1864	—	—	—	—	—	—	14.50	65.85		14.50	5.15	2.32
18	Fagus sylvatica, Buche	1864	—	—	—	—	—	—	10.64	61.43		23.75	4.18	1.70
19	Fraxinus excelsior, Esche	1864	—	—	—	—	—	—	11.21	65.94		13.70	9.15	1.79
20	Populus tremula, Aspe	1864	—	—	—	—	—	—	10.08	66.70		18.20	5.02	1.61
21	Quercus pedunculata, Eiche	1864	—	—	—	—	—	—	14.36	67.70		13.40	4.54	2.29
22	Robinia pseudoxacacia, Akazie . . .	1865	—	—	—	—	—	—	12.44	63.66		14.20	9.70	1.99
23	Salix Caprea, Salweide	1864	—	—	—	—	—	—	12.34	62.68		18.50	6.48	1.97
24	Sorbus aucuparia, Eberesche	1865	—	—	—	—	—	—	11.34	64.86		16.70	7.10	1.81
25	Tilia grandifolia, Sommerlinde . . .	1865	—	—	—	—	—	—	13.86	61.64		15.20	9.30	2.22
26	Tilia parvifolia, Winterlinde	1864	—	—	—	—	—	—	14.86	61.37		16.15	7.32	2.38
27	Ulmus effusa, Hohe Rüster	1864	—	—	—	—	—	—	11.71	61.50		19.15	7.64	1.87
28	Acer campestre L., Feldahorn . . .	1873	50.00	9.59	0.83	26.04	6.34	7.20	19.17	1.66	52.09	12.68	14.40	3.07
29	Desgl.	1874	60.00	6.06	1.22	17.46	9.28	5.98	15.15	3.05	43.65	23.20	14.95	2.42
30	Betula alba L., Birke	1873	57.10	9.81	0.14	23.37	7.37	2.21	22.86	0.31	54.50	17.18	5.15	3.66
31	Desgl.	1874	64.73	6.27	0.64	16.98	7.88	3.50	17.78	1.81	48.15	22.34	9.92	2.84
32	Morus alba L., Maulbeerbaum . . .	1873	62.25	7.80	0.72	15.40	7.77	6.06	20.66	1.91	40.79	20.58	16.06	3.31
33	Desgl.	1874	54.20	6.21	3.07	20.56	11.91	4.25	13.56	6.70	44.47	25.99	9.28	2.17
34	Populus nigra L., schwarze Pappel . .	1877	16.43	5.89	3.65	34.23	31.91	7.89	7.04	4.37	40.97	38.18	9.44	1.12
35	Robinia pseudoacacia, Akazie	1877	17.41	4.68	2.46	33.28	35.71	6.46	5.67	2.98	40.25	43.18	7.92	0.91
36	Salix alba L., Weide	1877	19.45	6.98	2.82	33.52	28.66	8.57	8.67	3.50	41.64	35.56	10.63	1.38

Verschiedene Laubhölzer: No. 12—27. v. Orelli u. Junghähnel in A. Stöckhardt's Laboratorium in Tharand. Chem. Ackersmann. 12. 1866. 49. Die Einsammlung der Reisigsorten geschah am 29. Juli 1874 resp. am 20. Juli 1875; sie stammten sämmtlich von gleichem Standorte (Niederleithen, älterer Niederwald, bei Tharand). Das Reisig wurde zu 2 Fuss Länge abgeschnitten. Das untersuchte Material bestand nur aus Blättern incl. der noch grünen, weichen Zweigspitzen. Rohfaser nach Weende'r Verfahren.

	100 Thl. d. trocknen Reisigs lieferten		100 Thl. d. frischen Reisigs enthielten	
	Futterlaub (völlig trocken) %	holzige Zweige %	Wasser %	Trockensubstanz %
Acer pseudopl. . .	70.4	29.6	55.6	44.4
Alnus glutinosa . .	70.3	29.7	58.6	41.4
Alnus incana . . .	68.5	31.5	58.8	41.2
Carpin. betula . .	48.4	51.6	51.2	48.8
Corylus avellana . .	69.3	30.7	60.4	39.6
Fagus sylvatica . .	41.5	58.5	51.7	48.3
Fraxinus excelsior .	68.1	31.9	62.9	37.1
Populus tremula . .	63.9	36.1	53.1	46.9
Quercus Robur . .	63.9	36.1	54.7	45.3
Salix caprea . . .	55.4	44.6	60.9	39.1
Tilia grandifolia . .	70.0	30.0	58.4	41.6
Tilia parvifolia . .	65.4	34.6	60.8	39.2
Ulmus effusa . . .	69.1	30.9	54.3	45.7

No. 28—44. Al. Pasqualini. V.-St. Forli. — Annali della Stazione Agraria di Forli. Fasc. 2, 3, 4, 5 u. 6. In dem Material wurden auch Zucker u. Stärkemehl etc. bestimmt mit folgendem Resultat:

	Acer 1873	Acer 74	Betula 73	Bet. 74	Morus 73	Mor. 74	Popul.	Robinia	Ulm. camp. 73	Ulm. 74
Stärke	24.603	8.889	18.248	9.232	13.22	10.717	8.891	9.415	18.154	8..160
Zucker	0.559	0.800	0.415	0.771	Spur	0.015	3.614	2.821	0.224	0,082
In Wasser lösl. org. Subst.	19,610	9.241	28.980	9.302	22.930	10.509	24.699	23.192	13.900	9 398
In Wasser lösl. Asche .	10.390	3.687	0.350	0.759	2.070	1.756	1.638	1.421	11.100	2'986
In Wasser lösl. Stickstoff	1.620	0.296	0.736	0.398	2.025	0.478	0.010	0.011	3.100	0'350
In Alkohol löslich . .	32.500	10.144	16.000	6.496	17.000	8.784	16.313	15.556	15.000	5.662
In Aether löslich . . .	2.327	1,366	1.350	0.705	3.374	3.178	3.817	2.549	1.527	0.375
Ammoniak-N	0,486	0.210	—	0,022	—	Spur	—	—	0.243	Spur

	Ulm. eff. 73	Ulm. eff. 74	Ulm. maj. 73	Ulm. maj. 74	Vitis 73	Vitis 74
Stärke	12.887	11.573	12.736	8.736	17.498	12.328
Zucker	1.925	0.413	1.177	2.680	0.333	0.055
In Wasser lösliche Stoffe	23.870	13.101	10.050	16.142	24.210	11.915
In Wasser lösliche Asche	2.790	2.568	6.610	1.751	2.120	1.123
In Wasser löslicher Stickstoff	1.542	0.629	3.738	0.752	1.394	0.522
In Alkohol löslich	23.000	11.532	21.000	12.751	33.000	11.711
In Aether löslich	2.400	1.949	4.257	3.196	2.650	2.316
Ammoniak-N	Spur	0.006	—	0.080	1.324	0.382

No.	Bezeichnungen und Bemerkungen	Jahr der Untersuchung	In der ursprünglichen Substanz						In der Trockensubstanz					Stickstoff in der Trockensubstanz
			Wasser	Nh-Substanz	Rohfett	Nfr. Extractstoffe	Rohfaser	Asche	Nh-Substanz	Rohfett	Nfr. Extractstoffe	Rohfaser	Asche	
			%	%	%	%	%	%	%	%	%	%	%	%
37	Ulmus campestris L., Ulme, Rüster . .	1873	66.23	6.06	0.29	19.31	3.01	5.10	8.66	3.50	42.00	35.58	10.26	1.39
38	Desgl.	1874	57.20	5.93	0.26	18.12	12.88	5.61	13.85	0.61	42.33	30.10	13.11	2.22
39	Ulmus effusa W., Flatterrüster . . .	1873	62.00	10.53	0.79	19.42	5.33	1.93	27.70	2.08	51.12	14.02	5.08	4.43
40	Desgl.	1874	48.40	9.15	1.81	22.78	13.42	4.44	17.73	3.51	44.15	26.01	8.60	2.84
41	Ulmus major L., grosse Rüster, Ulme .	1873	63.00	7.03	1.00	17.08	6.88	5.01	18.98	2.70	46.21	18.58	13.53	3.04
42	Desgl.	1874	45.06	8.93	3.00	21.13	15.56	6.32	16.25	5.46	38.47	28.32	11.50	2.60
43	Vitis vinifera L., Wein	1873	62.20	6.93	0.71	24.24	2.66	3.26	18.34	1.88	64.11	7.04	8.63	2.93
44	Desgl.	1874	53.60	6.70	2.22	23.10	10.81	3.57	14.44	4.78	50.79	23.30	6.69	2.31
45	Alnus, gesammelt am 26. Juli . . .	1882	15.00	15.55	4.98	50.81	10.40	3.24p	18.30	5.86	59.78	12.23	3.81P	2.93
46	„ „ „ 11. August . .	1882	15.00	16.98	5.66	47.71	10.92	3.64	19.98	6.66	56.13	12.85	4.28	3.20
47	„ „ „ 26. August . .	1882	15.00	15.57	4.43	46.96	14.43	3.58	18.32	5.21	55.25	17.00	4.21	2.93
48	Betula alba, gesammelt am 26. Juli .	1882	15.00	15.31	6.97	47.28	12.43	2.98	18.01	8.20	55.62	14.62	3.50	2.88
49	„ „ „ „ 11. August	1882	15.00	14.22	7.40	47.14	13.25	2.80	16.73	8.71	55.46	15.58	3.30	2.67
50	„ „ „ „ 26. August	1882	15.00	15.45	7.67	45.48	13.23	3.08	18.16	9.02	53.50	15.56	3.62	2.91
51	Populus tremula, ges. am 26. Juli . .	1882	15.00	12.20	6.39	43.03	18.38	4.49	14.35	7.51	50.62	21.50	5.28	2.30
52	„ „ „ „ 11. August .	1882	15.00	11.75	6.18	42.87	18.42	5.29	3.82	7.27	50.43	21.67	6.22	2.21
53	„ „ „ „ 26. August .	1882	15.00	11.35	6.78	42.23	19.39	6.22	13.35	6.80	49.68	22.81	7.31	2.14
54	Sorbus Aucuparia, ges. am 26. Jnli .	1882	15.00	8.78	5.88	54.69	11.93	3.72	10.32	6.91	64.34	14.00	4.37	1.65
55	„ „ „ „ 11. August	1882	15.00	8.92	6.69	54.00	10.94	4.41	10.50	7.87	63.55	12.87	5.18	1.68
56	„ „ „ „ 26. August	1882	15.00	8.61	7.74	52.50	11.70	4.38	10.12	9.10	61.76	13.76	5.15	1.62

Verschiedene Laubhölzer: No. 45—56. F. Werenskiold. — Privatmitthl. von V. Dircks in Aas. Zu gleicher Zeit geerntetes und auf gleichem Standort gewachsenes Laub.

Sauerfutter und Braunheu.

I. Sauerfutter.

No.	Bezeichnungen und Bemerkungen	Jahr der Untersuchung	In der ursprünglichen Substanz: Wasser %	Nh-Substanz %	Rohfett %	Nfr. Extractstoffe %	Rohfaser %	Asche %	In der Trockensubstanz: Nh-Substanz %	Rohfett %	Nfr. Extractstoffe %	Rohfaser %	Asche %	Stickstoff in der Trockensubstanz %
	Sauerfutter aus Grün-Mais.													
1	Anf. Oct. mit Salz in Gruben gebracht, Anf. Mai geöffnet: Kolben allein	1869	84.57	2.31	1.35	8.67	2.26	0.84	15.06	8.73	56.27	14.64	5.30	2.41
2	Halme u. Blätter	1869	71.25	3.06	1.97	15.37	6.25	2.10	10.56	6.84	53.56	21.74	7.30	1.69
3	Ganze Pflanze	1869	74.71	2.81	1.81	13.70	5.21	1.76	11.25	7.14	54.01	20.62	6.98	1.80
4	Sauerm. aus ungarisch. Mais, 42 cm von der Oberfläche der Grube (Februar u. März entnommen)	1877	57.61	1.86	1.88	18.43	18.32	1.90P	4.39	4.43	43.52	43.18	4.48	0.70
5	Sauerm. aus ungarisch. Mais, 84 cm von der Oberfläche der Grube (Februar u. März entnommen)	1877	77.84	1.00	1.68	9.09	10.38	1.01P	4.51	4.87	39.25	46.81	4.56	0.72
6	Sauerm. aus ungarisch. Mais, 95 cm von der Oberfläche der Grube (Februar u. März entnommen)	1877	80.63	0.80	1.11	8.24	8.40	0.82P	4.13	5.73	42.54	43.37	4.23	0.66
7	Aus Mais unter No. 23, Februar entnommen	1876	—	—	—	—	—	—	8.62	6.53	41.37	34.85	8.63	1.38
8	Desgl.	1876	—	—	—	—	—	—	6.81	3.71	46.16	32.29	11.03	1.09
9	Aus Mais unter No. 24, Winter entnommen	1876	—	—	—	—	—	—	15.25	10.38	39.77	26.64	7.96	2.44
10	Aus Mais unter No. 25, Winter entnommen	1876	—	—	—	—	—	—	19.37	9.23	33.58	31.06	6.76	3.10
11	Aus Mais unter No. 26, Winter entnommen	1877	—	—	—	—	—	—	12.69	10.00	45.75	24.11	7.45	2.01
12		1878	85.62	0.90	0.47	6.66	5.49	0.89	6.26	3.27	46.31	38.18	6.19	1.00
13		1878	88.33	0.79	0.37	5.45	4.44	0.62	6.77	3.17	46.70	38.05	5.31	1.08
14		1879	82.86	0.85	0.41	9.25	5.78	0.84	4.96	2.39	53.97	33.72	4.90	0.79
15		1879	84.85	0.67	0.35	7.50	5.92	0.71	4.42	2.31	49.50	39.08	4.68	0.71
16		1871	83.60	1.24	0.49	6.74	5.52	2.41	(7.56	2.99	41.09	33.66	14.70)	1.21

Sauerfutter aus Mais: No. 1—3. J. Nessler u. C. Weigelt. 1. Ber. der V.-St. Karlsruhe 34. Auf ca. 3200 Pfd. Mais kamen 6 Pfd. Salz.

No. 4—6. Ig. Moser. 1. Ber. d. V.-St. Wien 1878. 165. No. 4 und 5 aus Grünmais unter No. 47, No. 6 aus Grünmais unter No. 46 (Seite 29). Die Proben waren in Bündel von je 6 kg gebunden in eine grössere Masse Mais eingelagert. Die Veränderungen stellten sich wie folgt:

	Ganze Masse	Wasser	Trocken-substanz	Roh-protein	Roh-fett	N-freie Extractstoffe	Roh-faser	Rein-asche	Sand
Grüner Mais (No. 47)	6000	4761.0	1239.0	54.0	45.6	649.2	400.2	37.8	52.2
4. Sauermais, 42 cm v. d. Oberfläche	2110	1215.5	894.5	39.0	39.6	350.4	386.5	40.0	39.0
5. „ 84 „ „ „ „	3655	2846.0	809.0	36.5	39.0	273.5	379.0	37.0	44.0
Verlust in %, 42 cm tief	64.8%	74.5%	27.8%	27.8%	13.1%	46.1%	3.6%	—	—
„ „ „ 84 „ „	39.1 „	40.2 „	34.7 „	32.4 „	14.5 „	57.8 „	5.3 „	—	—
Grüner Mais (No. 46)	6000	4603.2	1396.8	58.8	55.2	734.4	462.0	38.4	48.0
6. Sauermais, 95 cm tief	4820	3886.4	933.6	38.6	53.5	326.8	404.9	39.5	70.3
Verlust in %, 95 cm. tief	19.7%	15.6%	36.7%	34.4%	3.0%	55.5%	5 0	—	—

No. 7—11. C. Weigelt. Privatmittheilung. (Vergl. Tabelle S. 28.)

No. 12—15. Ig. Moser u. Böcker. Privatmitthl. (Sand bezw. 0.31, 0.20, 0.32, 0.33 in der wasserhaltigen Substanz.)

No. 16. Th. Dietrich. — Mitthl. d. land Centralv. f. den Regbz. Cassel 1871. 157.

No.	Bezeichnungen und Bemerkungen	Jahr der Untersuchung	In der ursprünglichen Substanz: Wasser %	Nh-Substanz %	Rohfett %	Nfr. Extractstoffe %	Rohfaser %	Asche %	In der Trockensubstanz: Nh-Substanz %	Rohfett %	Nfr. Extractstoffe %	Rohfaser %	Asche %	Stickstoff in der Trockensubstanz %
17	Zur Blüthezeit geschnittener Mais, 3 Monate nach dem Einlegen	1866	85.08	0.82	1.90	8.98	2.07	1.15	5.50	12.73	60.19	13.87	7.71	0.88
18	Zur Blüthezeit geschnittener Mais, 3 Monate nach dem Einlegen	1866	83.83	0.71	0.77	9.18	4.26	1.26	4.39	4.76	56.72	26.34	7.79	0.70
19		1877	78.66	1.44	—	14.39	4.08	1.43	6.75	—	67.44	19.12	6.69	1.08
20		1870	—	—	—	—	—	—	9.73	3.78	35.50	40.41	10.88	1.56
21	Aus Cinquantino und Pignoletto-M. . .	1873	—	—	—	—	—	—	13.85	3.91	44.91	28.66	8.69	2.22
22	Aus Pferdezahn-M.	1873	71.78	3.53	0.88	13.21	6.96	3.64	12.51	3.12	45.82	25.66	12.89	2.00
23		1873	82.09	1.27	0.34	9.50	5.76	1.04	7.07	1.91	53.03	32.15	5.84	1.12
24[1])	Aus Grünmais unter No. 86, fermentirt in Flaschen	1881	82.38	2.28	0.15	—[1])	6.06	—	12.94	0.85	51.82	34.39	—	2.07
25	Desgl. unter No. 87, fermentirt in Gruben	1881	83.47	1.55	0.21	—	4.46	—	9.38	1.27	62.37	26.98	—	1.50
26[1])	Desgl. unter No. 88, fermentirt in Gruben	1881	83.47	1.67	0.26	—[1])	4.55	—	10.10	1.57	60.80	27.53	—	1.62
27	Desgl. unter No. 89, eingesäuert in Silos	1882	82.38	1.39	0.42	9.96	4.80	1.05	7.87	2.35	56.56	27.24	5.98	1.26
28	Desgl. unter No. 90, eingesäuert in Silos	1882	87.68	1.38	0.37	5.62	4.04	0.91	7.42	3.00	45.50	32.83	7.42	1.18
29[2])	Desgl. unter No. 91, eingesäuert in Fässern am 12. December 1882	1883	88.01	1.34[2])	0.64	4.86[2])	4.16	0.99	11.17	5.32[2])	40.52[2])	34.73	8.26P	1.78
30	Desgl. unter No. 91, eingesäuert in Fässern am 20. Februar 1883	1883	88.27	1.32	0.70	4.76	3.94	1.01	11.24	5.98	40.62	33.57	8.59	1.79
31	Desgl. unter No. 91, eingesäuert in Fässern am 2. Mai 1883	1883	88.12	1.34	0.77	4.65	4.11	1.01	11.25	6.49	39.13	34.59	8.54	1.79
32	Desgl. unter No. 91, eingesäuert im Silo, 12. December 1882	1883	87.57	1.26	0.57	5.63	4.08	0.89	10.13	4.55	44.53	32.85	7.94	1.62
33	Desgl. unter No. 91, eingesäuert im Silo, 20. Februar 1883	1883	87.62	1.27	0.59	4.97	4.79	0.76	10.27	4.74	40.19	38.67	6.13	1.64

Sauerfutter aus Mais: No. 17 u. 18. Th. v. Gohren. — Weend. Jahresb. 1866—67. 331. (Centralbl. f. d. gesammt. Landescultur in Böhmen 1866. 433.) Der zur Blüthezeit geschnittene Mais wurde in 3—4″ lange Stücke zerschnitten in cementirte Gruben fest eingetreten und mit Erde bedeckt.

No. 19. E. Mach (St. Michele, Südtyrol). Privatmitth. In einer Höhe von 230 m üb. d. M. auf Alluvialsand gezogener Mais.

No. 20. R. Ulbricht u. Koós Gábor. Privatmitth. In Wasser löslich: Nh-Subst. 2.74, Nfr. Extractstoffe 9.25, Mineralstoffe 7.52 %.

No. 21 u. 22. R. Ulbricht u. Ordody. Privatmitth.

No. 23. S. W. Johnson. — Ann. Rept. Connect. Agricult. Experim. Staz. for 1881. 89. Unter den Extractstoffen freie Essigsäure (?) 0.66 resp. 3.69 %.

No. 24—26. G. Lechartier. Vergl. unter No. 86—88 des Grünmaises (Seite 31).

[1]) Die sonstigen Bestandtheile des frischen und eingesäuerten Maises verhielten sich wie folgt:

	Ammoniak frisch %	Ammoniak eingesäuert %	Glycose frisch %	Glycose eingesäuert %	Zucker frisch %	Zucker eingesäuert %	Stärke frisch %	Stärke eingesäuert %	Pectinstoffe frisch %	Pectinstoffe eingesäuert %
No. 24 resp. 86	0.021	0.021	2.064	0.146	0.983	0.064	4.302	3.945	0.344	0.182
No. 25 resp. 87	0.032	0.047	2.089	0.264	0.816	0.138	3.219	3.184	0.495	0.204
No. 26 resp. 88	0.023	0.024	1.832	0.714	1.084	0.310	3.089	2.845	0.410	0.073

No. 27 u. 28. S. W. Johnson. — An. Rep. Connecticut Agricult. Experiment Stat. 1882. 99 Vergl. Anm. unter 89 u. 90 v. Grünmais.

No. 29—34. J. König u. C. Böhmer. III. Ber. d. Versuchsst. Münster 1884. S. 20.

[2]) Der Verlust stellte sich in den Fässern wie folgt:

	1. Frisch: No. 29	30	31	2. Wasser- u. sandfreie Trockensubstanz: No. 32	33	34
Grünmais, eingesäuert	363.94 kg	348.40 kg	341.75 kg	46.038 kg	44.072 kg	43.231 kg
Sauermais	350.25 „	337.40 „	327.20 „	41.994 „	39.577 „	38.871 „
Abnahme	13.69 kg	11.00 kg	14.55 kg	4.044 kg	4.495 kg	4.360 kg
Oder in Procenten .	3.76 %	3.16 %	4.26 %	8.79 %	10.19 %	10.09 %

Die eingesäuerten Massen ergaben für die Trockensubstanz:

	No. 29	30	31	32	33	34	Ursprünglicher Grünmais
Reines Eiweiss	8.75 %	8.38 %	6.03 %	7.45 %	6.79 %	7.58 %	8.91 %
Desgl. in Proc. des Gesammt-N .	78.34 „	74.56 „	53.60 „	73.46 „	66.46 „	72.46 „	80.71 „
In Wasser lösliche Stoffe . . .	19.58 „	21.59 „	23.93 „	18.01 „	18.20 „	18.61 „	19.58 „
Zucker	—	—	—	—	—	—	7.49 „
Gummi + Dextrin	5.09 „	4.85 „	5.87 „	4.96 „	3.70 „	4.34 „	5.96 „
Gesammt-Säure (als SO_3) . . .	0.554 „	0.665 „	0.746 „	0.622 „	0.770 „	0.671 „	0
Flüchtige freie Säure (Essigsäure)	0.182 „	0.185 „	0.217 „	0.282 „	0.349 „	0.156 „	0
Gebundene flücht. Säure (als SO_3)	0.057 „	0.095 „	0.171 „	0.132 „	0.213 „	0.146 „	0

No.	Bezeichnungen und Bemerkungen	Jahr der Untersuchung	In der ursprünglichen Substanz: Wasser %	Nh-Substanz %	Rohfett %	Nfr. Extractstoffe %	Rohfaser %	Asche %	In der Trockensubstanz: Nh-Substanz %	Rohfett %	Nfr. Extractstoffe %	Rohfaser %	Asche %	Stickstoff in der Trocken-Substanz %
34	Aus Grünmais unter No. 91, eingesäuert im Silo 2. Mai 1883	1883	86.51	1.41	0.65	5.30	5.15	0.98	10.45	4.84	39.22	38.20	7.29P	1.67
	Grünmais, sämmtlich in Westfalen gewachsen: Ernte — aus dem Silo entnommen													
35[1])	1880, Ende Februar 1881	1881	85.73	1.36	0.53	4.62	6.66	1.10	9.52[1])	3 68	39.41	39.65	7.74	1.52
36	1881, 7. December 1881	1881	83.41	1.54	0.72	7.08	6.14	1.11	9.31	4.31	42.52	37.13	6.73	1.49
37	1881, 28. November 1881	1881	83.68	1.56	0.57	6.53	6.14	1.52	9.68	3.49	36.70	37.62	9.32	1.55
38	1881, 20. December 1881	1881	86.72	1.35	0.77	4.87	4.95	1.34	10.06	5.72	37.20	36.99	10.03	1.61
39	1881, 11. Januar 1882	1882	83.46	1.68	0.84	7.09	5.32	1.61	10.16	5.07	42.86	32.14	9.74	1.63
40	1881, 3. Februar 1882	1882	85.41	1.47	0.95	5.53	5.56	1.08	10.10	6.48	37.88	38.12	7.42	1.62
41[1])	1881, 6. December 1881	1881	83.41	1.54	0.72	7.05	6.16	1.12	9.31	4.31	42.52	37.13	6.73	1.49
42	Aus Posen, nach Goffart's Methode	1882	85.30	0.94	0.29	6.82	5.49	1.16	6.39	1.97	46.40	37.35	7.89	1.02
43	6 Monate nach dem Einmachen (Connecticut)	1882	77.65	2.00	0.55	12.00	6.02	1.78	8.95	2.46	53.70	26.93	7.96	1.43
44[2])	Aus Grünmais unter No. 102 (Mittel von 3 Analysen)	1883	84.12	1.65	0.71	5.43	6.08	2.01	10.39	4.47	34.25	38.23	12.66	1.66
45	Desgl. unter No. 103 (Mittel von 7 Analysen)	1883	83.77	0.98[3])	1.42	6.60	5.51	1.72	6.04	8.75	40.66	33.95	10.60	0.97
46	Pferdezahn-Mais, 112 Tage nach dem Einmachen, gut gerathen	1880	80.85	1.53	2.57	6.62	6.20	2.23	8.00	13.43[4])	34.55	32.29	11.63	1.28
47	Pferdezahn-Mais, 115 Tage nach dem Einmachen, schlecht gerathen	1880	80.78	1.27	2.13	6.70	6.84	2.28	6.63	11.06	34.84	35.60	11.87	1.06

Sauerfutter aus Mais: [1]) Die Proben 35—41 enthielten:

	No. 35 %	36 %	37 %	39 %	40 %	41 %	Grünmais zu letzterer Probe %
Reines Eiweiss	6.39	6.39	7.25	6.00	4.44	6.37	10.93
Eiweiss-Stickstoff	1.02	1.02	1.16	0.96	0.71	1.02	1.75
Nichteiweiss-Stickstoff	0.52	0.47	0.45	0.67	0.91	0.47	0.16
Vom Gesammt-Stickstoff in Form von reinem Eiweiss	61.20	67.46	72.05	58.90	43.83	68.46	91.63

No. 42. E. Wildt. — Landw. Centralbl. f Posen 1881. 41. Das Sauerfutter enthielt 0.63% freie flüchtige Säure (auf Essigsäure berechnet) und 1.03% freie nichtflüchtige Säure (auf Milchsäure berechnet).

No. 43. S. W. Johnson. — Ann. Report of the Connecticut Agric. Experiment Station for 1882. 102. Als nähere Bestandtheile wurden ferner ermittelt: Glucose 0.255, Essigsäure 0.103, Alkohol 0.396. In 17 anderen Proben Sauermais fand der Autor:

	als Minimum	Maximum
Wasser	74.2	84.9
Asche	0.8	1.8
Proteïn	0.9	1.9
Rohfaser	4.7	7.9
Nfr. Stoffe	7.0	13.0
Fett	0.3	0.9

No. 44 u. 45. J. Kühn, Römer u. Schwab. Mentzell u. v. Lengerke's landw. Kalender. II. Th. 1885.

[2]) Von der Maistrockensubstanz waren bei diesem Versuch durch die Einsäuerung 23.39% verloren gegangen.

[3]) Hierin 0.496% wirkliches Proteïn, während der Grünmais auf 1.15%, Rohproteïn 0.82% reines Proteïn enthielt.

No. 46 u. 47. H. Weiske u. B. Schulze. — Journ. f. Landw. 32. (1884). 81.

Zu No. 46. Am 13. August in 1 cm lange Stücke geschnittener Mais in Bottiche eingemacht. Derselbe enthielt im grünen Zustande 11.74% Trockensubstanz, welche unten folgende Zusammensetzung hatte. Das Sauerfutter war durchweg sehr gut gerathen, von gelblicher Farbe, stark sauer, Geruch und Geschmack angenehm säuerlich. Die Veränderungen und Verluste, welche der Mais, bezgl. seine einzelnen Bestandtheile in diesem Falle erfahren hatte, verhalten sich wie folgt:

	Trocken-substanz	Organische Substanz	Nh-Substanz	Aether-extract	N-freie Extractst.	Roh-faser	Asche + Sand
Grün-Mais	100.0	87.82	9.50	2.14	42.29	38.89	12.18
Sauer-Mais	73.9	65.29	5.91	9.92	25.53	23.93	8.61
Verlust oder Zunahme	— 26.1	— 22.53	— 3.59	+ 7.73	— 16.76	— 9.96	— 3.57
In % der gleichnamigen Bestandtheile	26.1%	25.66%	37.8%	+ 361.2%	39.63%	29.4%	—

[4]) In 13.43 Aetherextract waren 3.57 Milchsäure und 7.45 Buttersäure.

Zu No. 47. Zu gleicher Zeit wurde Mais in der Weise in einen Bottich eingefüllt, dass man während des Füllens den Mais hauptsächlich nur an den Rändern des Bottichs festdrückte. In dem Maasse als sich die Futtermasse nach einiger Zeit gesetzt hatte, füllte man alsdann neuen frisch geschnittenen Mais bis an den oberen Rand des Bottichs nach,

No.	Bezeichnungen und Bemerkungen	Jahr der Untersuchung	In der ursprünglichen Substanz						In der Trockensubstanz					Stickstoff in der Trockensubstanz
			Wasser %	Nh-Substanz %	Rohfett %	Nfr. Extractstoffe %	Rohfaser %	Asche %	Nh-Substanz %	Rohfett %	Nfr. Extractstoffe %	Rohfaser %	Asche %	%
48	Aus Grünmais unter No. 21 . . .	1875	81.28	1.24	0.26	9.95	4.91	2.25	6.62	1.39	53.74	26.23	12.02	1.06
49	Desgl. unter Zumischung von 1/2 Stroh und Spreu	1875	60.72	3.74	1.50	16.91	8.70	8.43	(9.52	3.82	43.05	22.15	21.46)	1.52
50	Grube, stark belastet, 4 1/2 Monate nach dem Einmachen	1882	88.70	0.80	0.60	4.10	4.50	1.40	7.08	5.31	35.39	39.83	12.39	1.13
51	Eiskeller, stark belastet, 3 Monate nach dem Einmachen	1883	87.39	0.92	0.66	3.85	5.71	1.47	7.30	5.23	30.53	45.28	11.66	1.17
52	Erdgrube, stark belastet, 5 Monate nach dem Einmachen	1883	88.10	0.87	0.90	3.60	4.90	1.60	7.39	7.64	29.79	41.60	13.58	1.18
53	Grube von incementirtem Silo, 6 1/2 Monate nach dem Einmachen . . .	1884	89.90	0.70	0.30	3.70	3.90	1.50	(6.93	2.97	36.64	38.61	14.85)	1.11
54		1884	88.16	0.67	0.44	4.27	5.04	1.42	5.66	3.72	36.06	42.57	11.99	0.91
55	Aus durch Frost gelittenem Mais . .	1884	85.42	1.75	0.32	5.40	4.17	2.94[1])	(12.00	2.19	37.03	28.60	20.18)[1])	1 92
56	Aus durch Wasser gelittenem Mais . .	1884	83.04	0.95	0.64	8.06	6.09	1.22	5.60	3.77	47.52	35.92	7.19	0.89

im Ganzen 110.3 kg. Das Nachfüllen geschah im Ganzen sechsmal (wann zuletzt ist nicht angegeben). Am 6. December wurde der Bottich entleert. Die Futtermasse hatte sich um 30.4 % der ursprünglichen Höhe gesenkt; ihr Gewicht betrug 103 kg. Die obere Schicht war dunkelbraun gefärbt und besass einen unangenehmen Geruch; der übrige Mais hatte eine gelbbraune Farbe, saure Reaction und säuerlichen, nicht angenehmen Geruch. Das Sauerfutter war sehr nass und auf dem Boden des Bottichs hatte sich eine gelbliche, stark saure Brühe angesammelt, deren Gewicht 8.07 kg betrug. 100 ccm dieser Brühe enthielten 2.8 g Trockensubstanz, 0.113 g N, 2.26 g freie flüssige Säure (auf Buttersäure berechnet) und 0.110 g freie, nicht flüchtige Säure (auf Milchsäure berechnet), in Summa 226 g Trockensubstanz, 9.19 g N und 191 g freie Säuren. Der grüne Mais enthielt im Mittel 13.64% Trockensubstanz, welche von nachstehender Zusammensetzung:

Die durch die Säuerung entstandenen Veränderungen erhellen aus Nachstehendem:

	Trockensubstanz	Organische Substanz	Nh-Substanz	Aetherextract	N-freie Extractst.	Rohfaser	Asche + Sand
Grün-Mais	100	89.12	9.31	2.42	45.02	32.37	10.88
Sauer-Mais	64.2	56.58	4.26	7.19	22.36	22.86	7.62
Verlust oder Zunahme .	— 35.8	— 32.54	— 5.05	+ 4.68	— 22.66	— 9.51	— 3.26
In % der gleichnamigen Bestandtheile . . .	35.8%	36.51%	54.2%	+ 193.4%	50.34%	29.40%	—

Ueber die Veränderungen der N-haltigen Bestandtheile nach B. Schulze noch folgende Angaben (die Trennnng der Nh-Bestandtheile geschah nach der von Stutzer vorgeschlagenen Methode [J. f. L. 29. 1881. 474].

In der ganzen Masse	N in Alkoholextrakt	N in Eiweiss	N in Amiden	Gesammt-N	In % des Gesammt-N: N in Alkoholextrakt %	N in Eiweiss %	N in Amiden %
No 46. Grün-Mais	28.04	163.84	32.47	224.35	12.50	73.03	19.47
Sauer- „	45.82	61.10	32.73	139.65	32.80	43.75	23.45
Differenz	+ 17.78	— 102.74	+ 0.26	— 84.70			
	+ 63.41%	— 62.78%	+ 0.81%	— 37.75%			
No. 47. Grün-Mais	28.65	125.52	49.12	203.29	14.09	61.75	24.16
Sauer- „	16.64	70.95	5.26 *)	92.85	17.92	76.41	5.67
Differenz	— 12.01	— 54.57	— 43.86	— 110.44			
	— 41.92%	— 43.48%	— 89.29%	— 54.32%			

*) Diese Zahl ist insofern nicht massgebend, als der N-Gehalt der Brühe unberücksichtigt geblieben ist. Derselbe betrug 9.1 g N und wird wohl hauptsächlich amidartigen Verbindungen angehört haben. Bei Addition desselben betrüge der Verlust an Amid-N 70.77%.

Sauerfutter aus Mais: No. 48 u. 49. L. Grandeau u. Barral. — Hoffmann's Jahresb. d. Agrikulturchem. 18. u. 19. (1875|76). II. 34. — No. 48 aus Grünmais unter No. 21. — No. 49 aus Mais mit 1/2 Stroh und Spreu (2 Thle. Mais, 1 Thl. Stroh + Spreu) gemischt, welches enthielt 59.02% Wasser, 2.44% Nh-Substanz, 0,66% Fett, 18.45% N-freie Extractstoffe, 15.15% Rohfaser, 1.89% Asche, 0.38% Zucker.

Der Grünmais zu No. 48 enthielt 0.13% Zucker, der vergohrene Mais (No. 48) 0.15% Zucker u. 0.22% Säure. (No. 49) 1.89% Zucker und 0.41% Säure.

No. 50—53. Ad. Mayer. — J. f. Landwirthsch. 32. 1884. 386. Das benutzte Material enthielt:

	Wasser	Nh-Substanz	Rohfett	Nfr. Extractstoffe	Rohfaser	Asche
Zu No. 50.	88.70	0.90	0.40	4.90	3.70	1.40
Zu No. 51.	90.46	0.83	0.20	3.51	3.92	1.08
Zu No. 52.	87.40	0.95	0.26	5.80	4.50	1.20
Zu No. 53.	90.50	0.80	0.20	3.50	3.90	1.10

Die Verluste an Nährstoffen durch das Einsäuern betrug bei No. 50 40%, 51 18%, 52 37%, 53 36%.

No. 54. V. St. Wageningen. — Biedermann's Centralbl. f. Agrikulturch. 13. (1884). 819.

No. 55 u. 56. S. W. Johnson u. E. H. Jenkins. — Ann. Rep. Connect. Agricult. Exper. Stat. 1884. 110.

[1]) Asche einschliesslich 3.0% bezgsw. 13.73% Sand und Thon.

No.	Bezeichnungen und Bemerkungen	Jahr der Untersuchung	In der ursprünglichen Substanz						In der Trockensubstanz					Stickstoff in der Trockensubstanz
			Wasser %	Nh-Substanz %	Rohfett %	Nfr. Extractstoffe %	Rohfaser %	Asche %	Nh-Substanz %	Rohfett %	Nfr. Extractstoffe %	Rohfaser %	Asche %	%
57	Aus Mais, auf Abschwemmungen des Basalts gewachsen, Goffart's Methode	1883	85.40	1.23	0.42	5.92	4.96	2.07	(8.42	2.88	40.55	33.97	14.18)	1.35
58	Aus Mais, auf Abschwemmungen des Basalts gewachsen, Goffart's Methode	1884	86.00	0.86	0.32	6.17	5.00	1.65	6.17	2.31	44.10	35.62	11.80	0.987
59	Im Mittel von 31 in Amerika untersuchten Proben	—	80.71	1.47	0.72	9.88	5.88	1.34	7.62	3.73	51.53	30.17	6.95	0.99
60	Von Mais mit halbreifen Körnern . .	1884	86.88	1.65	0.51	5.64	4.42	0.90	12.58	3.88	42.99	33.66	6.89	1.22
61	Aus erfrorenem Grünmais	1884	—	—	—	—	—	—	12.58	3.88	42.99	33.66	6.89	2.01
62	In Westfalen gewachsener Mais . . .	1883	88.22	0.88	0.38	3.13	4.57	2.82	7.47	3.22	26.57	38.80	23.94	1.195
63	Desgl.	1883	83.69	2.45	0.73	4.79	5.92	2.42	15.02	4.48	29.37	36.29	14.84	2.40
64	Desgl.	1883	80.66	2.46	0.64	7.46	7.14	1.64	12.72	3.31	38.57	36.92	8.48	2.035
	Sauermais: Minimum		57.61	0.72	0.23	3.22	2.26	0.42	4.39	1.39	29.78	13.87	2.57	0.70
	Maximum		89.90	2.48	1.42	10.16	7.38	3.49	15.25	8.73	62.39	45.28	21.46	2.44
	Mittel*)		83.71	1.37	0.80	7.36	5.43	1.33	8.41	4.94	45.19	33.31	8.15	1.35
	Grünmais und Sauermais nach den sich entsprechenden Analysen.													
	Grünmais (Mittel aus No. 23, 26, 86, 87, 88, 89, 90, 91, 101, 102 und 103)		83.24	1.68	0.22	8.59	4.94	1.33	10.02	1.88	50.72	29.46	7.92	1.60
	Dazu gehöriger Sauermais (Mittel aus No. 7, 11, 24, 25, 26, 27, 28, (29—34), 35, 45 und 46)		84.83	1.43	0.68	6.85	4.82	1.39	9.40	4.50	45.15	31.76	9.19	1.50

Sauerfutter aus grünem Roggen.

No.	Bezeichnungen und Bemerkungen	Jahr der Untersuchung	Wasser %	Nh-Substanz %	Rohfett %	Nfr. Extractstoffe %	Rohfaser %	Asche %	Nh-Substanz %	Rohfett %	Nfr. Extractstoffe %	Rohfaser %	Asche %	Stickstoff in der Trockensubstanz %
1	Im Silo eingemacht	1881	72.50	1.99	12.86 [1])		9.72	2.13	7.16	50.18		34.99	7.67	1.14

Sauerfutter aus Mais: No. 57. Th. Dietrich u. O. Toepelmann. — Originalmittheil. In cementirtem Silo. Gut gerathen.

No. 58. Th. Dietrich u. A. Hesse. — Originalmitthl. Der Mais war nur schwach sauer. Eiweiss-N im Sauerfutter 58.2 % des Gesammt-N. Das grüne Material enthielt 10 % Trockensubstanz und in der Trockensubstanz 8.02 % Nh-Substanz, 1.76 % Aetherextract, 49.20 % N-freie Extractstoffe, 32.32 % Rohfaser und 8.70 % Asche. Eiweiss-N 85.2 % des Gesammt-N. In cementirtem Silo, gut gerathen.

No. 59. Nach Mittheilung von E. H. Jenkins in Ann. Rep. Connecticut Agr. Exp. Stat. 1884. 113.

	Wasser	Nh-Substanz	Rohfett	N-fr. Extractstoffe	Rohfaser	Asche
Im Maxim.	87.67	2.77	1.80	13.47	10.02	—
Im Minim.	72.18	0.88	0.27	5.62	4.04	—

No. 60. C. A. Goessmann. — Biedermann's Agriculturchem. Centralbl. (nach Massachusett's State Agricult. Exper. Station. Bullet. No. 10. 1884). Die Trockensubstanz der ursprünglichen Substanz enthielt: Rohprotein 8.63 %, Rohfett 2.06 %, Extractstoffe 55.40 %, Rohfaser 29.05 %, Asche 4.86 %.

No. 61. C. A. Goessmann. — Jahresber. d. Agriculturchem. 27. 1884. 383. Das. nach First Annual Report of the Massachusetts State Agricultural Experiment Station 1884. Der zum Einsäuern verwendete erfrorene Grünmais enthielt in der Trockensubstanz 8.63 % Nh. Substanz, 2.06 % Rohfett, 55.40 % Nfr. Extractstoffe, 29.05 % Rohfaser u. 4.86 % Asche. Der Mais war am 5. September geerntet, in Stücke von 2—3 Zoll Länge geschnitten, eingestampft und mit 60 Pfund pro Quadratfuss beschwert worden. Die Sauerfutterprobe wurde genommen am 29. April als der Silo zur Verwendung des Futters geöffnet wurde. Die Farbe desselben war dunkelgelblichgrün, Geruch und Geschmack sauer. Oben und an den Seiten war eine mehrere Zoll starke Schicht verschimmelt. Die auf dem Boden des Silo befindliche Flüssigkeit enthielt 18 % Trockensubstanz und 0.59 % N, wovon 0.246 % in Form löslicher Eiweissstoffe und 0.344 % als Ammoniakverbindungen.

No. 62—64. J. König. — (V.-St. Münster). Dritter Bericht. Seite 11. Mais No. 62 enthielt 2.18 % Sand in der frischen Substanz.

*) Mit Ausschluss der extremen Zahlen.

Sauerfutter aus grünem Roggen: No. 1. Aug. Völcker. — J. R. Agr. Soc. Engl. 19. I. 237. Das Sauerfutter wurde Ende Febr. untersucht.

[1]) Mit 0.80 % Milchsäure.

No.	Bezeichnungen und Bemerkungen	Jahr der Untersuchung	In der ursprünglichen Substanz						In der Trockensubstanz					Stickstoff in der Trockensubstanz
			Wasser %	Nh-Substanz %	Rohfett %	Nfr. Extractstoffe %	Rohfaser %	Asche %	Nh-Substanz %	Rohfett %	Nfr. Extractstoffe %	Rohfaser %	Asche %	%
	Sauerfutter aus Raygras.													
1	Im Silo eingemacht, nach 75 Tagen	1884	86.73	1.46 [1])	1.29 [2])	4.73	4.12	1.67	11.00	9.72	34.64	30.05	14.59	1.76
2	Im glasirten Topf eingemacht, nach 150 Tagen	1884	91.65	0.82 [1])	0.85 [2])	3.19	2.41	1.08	10.83	10.19	38.14	27.89	12.95	1.73
	Sauerfutter aus Wiesengras.													
1		1876	64.51	4.63	2.24	12.56	11.31	4.75	13.02	6.30	35.52	31.80	13.36	2.08
2	Aus dem 2. Grasschnitt (Grummet)	1883	80.72	2.46	0.94	7.61	5.23	3.04	12.76	4.88	39.46	27.13	15.77	2.04
3	Aus Wiesengras	1884	74.30	3.01	0.72	12.92	6.50	?	11.72	2.80	—	25.32	—	1.88
4	Desgl.	1884	65.95	3.55	0.89	17.67	9.24	?	10.43	2.61	—	27.14	—	1.67
5	Desgl.	1884	—	—	—	—	—	—	13.97	2.77	43.77	32.98	7.58	2.23
6	Desgl.	1884	80.10	3.40	1.90	6.40	4.90	3.30	17.09	9.55	32.16	24.62	16.58	2.73
7	Aus Wiesengras, sogen. Oehmd (2. Schn.), nach 26 Wochen	1884	87.00	1.25	0.95	4.40	5.30	1.80	9.62	7.31	28.45	40.77	13.85	1.54
8	Aus Grummet	1884	75.50	4.06	2.05	9.04	6.58	2.77	16.57	8.37	36.90	26.86	11.30	2.65

Sauerfutter aus Raygras: No. 1 u. 2. M. Schrodt. — Landw. Wochenbl. f. Schleswig-Holstein 1885, vom 10. und 17. April. Das Raygras wurde am 23. Juni 1884 gemäht; von den geernteten 305.65 kg wurden 140.00 kg zur Heuwerbung, 140.00 kg zur Einsäuerung in einer cementirten Grube und 22.0 kg zur Einsäuerung in einem glasirten Topf verwendet.

Das Gras enthielt: 84.36 % Wasser, 1.74 % Protein (mit 1.04 % Reinprotein), 0.73 % Aetherextract, 4.11 % Holzfaser, 7.41 % Nfr. Extractstoffe und 1.67 % Asche.

An Heu wurden 28.5 kg gewonnen, an Sauerfutter in der cementirten Grube 113.5 kg, in dem glasirten Topf 17.1 kg; hiernach berechnet M. Schrodt folgenden Verlust:

	Trockensubstanz %	Rohprotein %	Reinprotein %	Aetherextract %	N-fr. Extractstoffe %	Holzfaser %	Asche %
a. Bei der Heuwerbung	— 0.73	— 5.93	— 0.57	— 6.20	+ 3.78	— 2.78	— 8.00
b. Bei der Einsäuerung in der Grube	— 17.40	— 16.00	— 29.02	— 23.14	— 40.80	+ 0.29	+ 0.30
c. Desgl. in dem Topf	— 49.42	— 52.76	— 51.44	— 37.46	— 62.86	— 41.20	— 3.52

Der Verlust an Aetherextract ist berechnet, nachdem die im Sauerfutter vorhandene Milchsäure von demselben abgezogen war.

[1]) Mit Reinprotein bei No. 1 0.74 % bei No. 2 0.51 %.

[2]) Im Aetherextract (Fett) bei No. 1 = 0.73 %, bei No. 2 = 0.39 % Milchsäure; an flüchtigen Säuren enthielt No. 1 = 0.347 %, No. 2 = 0.442 %.

Sauerfutter aus Wiesengras: No. 1. J. Fittbogen (V.-St. Dahme). — Originalmitthl. Untersucht im December.

No. 2. Th. Dietrich u. O. Toepelmann (V.-St. Marburg). — Originalmitthl. Das Gras war auf basaltischem Boden des Vogelberges gewachsen, wurde in Goffart'sche Silos eingemacht. Das Sauerfutter war von ausgezeichneter Beschaffenheit.

No. 3 u. 4. H. Wood. — Biedermann's Centralbl. f. Agrikulturchem. 13. 1884. 468. In oberirdischen aus Lehm erbauten Silos gewonnen.

An näheren Bestandtheilen wurden ferner bestimmt:

	In Wasser lösl. Protein	Unlösl. Protein	Verdauliche Faser
No. 3.	1.66	1.41	8.28
No. 4.	2.12	1.43	10.62

No. 5. Aug. Völcker. — Ebendas. 818.

No. 6. Ad. Mayer (V.-St. Wageningen). — Ebendas. 819.

No. 7. Ad. Mayer (V.-St. Wageningen). — J. f. Landw. 32. 1884. 390. Im September 1883 geerntetes Oehmdgras wurde nach Vorschrift Goffart's in gewöhnlicher Erdgrube eingemacht.

September eingekuhlt 1170 kg Gras
März „ 1450 „ „

Es war Wasser in die Grube eingedrungen. Das Gras enthielt 80.2 % Wasser, 2.6 % Eiweiss, 0.7 % Fett, 8.1 % N-freie Extractstoffe, 5.8 % Rohfaser, 2.6 % Asche. Den Verlust an Nährstoffen bei der Säuerung berechnet M. zu 32 %. Die Summe der Componenten beträgt 100.7.

No. 8. F. Soxhlet. — Landwirthschaftliche Thierzucht 1885. No. 197. S. 339. Das Sauerfutter war in Murnau in Bayern bereitet worden und zwar aus 78.4 Ctr. frischem Grummet, welches in 3 Perioden in die Grube eingefüllt worden war, am 24. Sept., 30. Sept. und 16. Oktober. Am 8. November schien die Gährung beendet und wurde mit der Fütterung begonnen. Entnommen wurden nach und nach 71.1 Ctr., woraus sich ein Substanzverlust von 93 % berechnet. Der betreffende Landwirth beobachtete einen Wärmegrad von nur 12° Ré. in dem gährenden Futter. Dasselbe entwickelte einen äusserst intensiven, durchdringenden weinigsüssen, alkoholartigen Trestergeruch und hatte eine gelblich-bräunliche Farbe. Verdorbenes und schimmliges Futter war nicht zu sehen, dasselbe wurde von sämmtlichem Vieh (Kühe) gern angenommen. Das von derselben Wiese stammende Grummet, auf grwöhnliche Weise geerntet, enthielt in der Trockensubstanz 14.39 % Protein, 4.85 % Rohfett, 49.14 % Kohlehydrate, 22.39 % Rohfaser, 9.23 % Asche.

No.	Bezeichnungen und Bemerkungen	Jahr der Untersuchung	In der ursprünglichen Substanz: Wasser %	Nh-Substanz %	Rohfett %	Nfr. Extractstoffe %	Rohfaser %	Asche %	In der Trockensubstanz: Nh-Substanz %	Rohfett %	Nfr. Extractstoffe %	Rohfaser %	Asche %	Stickstoff in der Trockensubstanz %
9		1883	80.36	2.64	0.94	7.42	6.93	1.71	13.44	4.79	37.78	35.28	8.71	2.15
10		1883	80.22	2.51	1.55	7.91	5.84	1.97	12.69	7.83	39.99	29.53	9.96	2.03
11	Fermentirtes Gras, obere Schicht . .	1884	68.64	3.04	2.35	11.10	9.90	4.87	9.72	7.52	35.51	31.67	15.58	1.555
12	„ „ mittlere Schicht .	1884	65.84	3.35	1.84	15.32	9.10	4.55	9.81	5.38	44.85	26.64	13.32	1.75
13	„ „ untere Schicht . .	1884	78.65	2.08	0.92	7.80	7.35	3.20	9.94	4.31	36.53	34.43	14.99	1.59
14	„ „ Durchschnitt der 3 Proben	—	71.10	2.82	1.66	11.26	8.93	4.23	9.76	5.74	38.96	30.91	14.63	1.56
	Mittel		72.10	3.53	1.36	10.90	8.36	3.75	12.66	4.89	39.05	29.97	13.43	2.02

Sauerfutter aus Kleegras.

No.	Bezeichnungen und Bemerkungen	Jahr	Wasser	Nh-Substanz	Rohfett	Nfr. Extractstoffe	Rohfaser	Asche	Nh-Substanz	Rohfett	Nfr. Extractstoffe	Rohfaser	Asche	Stickstoff
1	In Westfalen gewachsen	1883	79.95	3.44	0.96	8.97	5.86	2.82	17.15	4.65	35.12	29.02	14.06	2.74
2	Ende December untersucht (sogen. „Süssfutter“)	1884	—	—	—	—	—	—	16.63	4.81	44.03	27.04	7.49	2.66
3		1884	—	—	—	—	—	—	18.56	4.15	37.22	28.87	11.29	2.97

Sauerfutter aus Rothklee (Trif. pratense).

No.	Bezeichnungen und Bemerkungen	Jahr	Wasser	Nh-Substanz	Rohfett	Nfr. Extractstoffe	Rohfaser	Asche	Nh-Substanz	Rohfett	Nfr. Extractstoffe	Rohfaser	Asche	Stickstoff
1	Aus Klee, in angehender Blüthe . . .	1874	79.14	4.62	2.03	5.98	5.80	2.43	22.14	9.76	28.66	27.82	11.62	3.54
2	Aus Klee, in Flaschen fermentirt . .	1881	77.48	4.31	0.38	—	7.30	—	19.14	1.69	—	32.41	—	3.06

Aus Wiesengras: No. 9 u. 10. J. König. — Dritter Bericht d. V.-St. Münster 1884. S. 11. Bei No. 10 wurde der der Gehalt an reinem Eiweiss zu 1,74% bestimmt.

No. 11—14. Alfred Smetham. — Jahresber. d. Agriculturchem. 27. 1884. 384. Das. nach Journ. Roy. Agric. Soc. England. 19. I. 380. Das zum Fermentiren benutzte Gras war von nachstehender Zusammensetzung; und enthielten ferment. Proben ferner an näheren Bestandtheilen:

	Wasser	Fett	Lösl. Nh. Verbindungen	Stärke Zucker etc.	Lösl. Faser	Freie Säure (Essigs.)	Unlösl. Nh. Verbind.	Cellulose	Mineralstoffe löslich	Mineralstoffe unlöslich
Gras in frischem Zustande , . .	70.48	0.83	0.90	3.44	10.75	—	2.05	9.54	1.54	0.51
Gras, fermentirte obere Schicht .	—	—	1.90	1.78	9.32	0.31	1.14	9.90	4.37	0.50
Gras, fermentirte mittlere Schicht	—	—	2.07	2.94	12.38	0.35	1.28	9.10	2.92	0.63
Gras, fermentirte untere Schicht .	—	—	1.26	0.60	7.20	0.50	0.82	7.35	2.67	0.53

Anmerkung zu Wiesengras-Sauerfutter. Ueber die Veränderungen, welches Gras bei dem Einmachen erfährt, liegen noch folgende Erhebungen von Ad. Mayer, V.-St. Wageningen (J. f. Landw. 1884. 370) vor. Von am 23. Juni gemähten Gras wurden Durchschnittsmuster genommen und in nachstehender Weise behandelt:

a) so rasch wie möglich getrocknet;
b) in einer Menge von 3 kg in einem steinernen Topfe eingemacht und eine Belastung von 17 kg auf die 200 qcm betragende Oberfläche gegeben;
c) wie b eingerichtet, nur jeden Tag unten in den Topf Luft eingeblasen, was später, nachdem die Masse zu einer Art Kuchen zusammengepresst war, nicht mehr mit beabsichtigtem Effekt geschehen konnte.
d) wie b, nur zur schnelleren Vertreibung der Luft $1^1/_2$ Liter Wasser zugegeben.

Die Resultate dieses Versuchs sind in nachstehenden Zahlen enthalten:

	a. frisch getrocknet	b. eingesäuert bis zum 22. (berechnet auf den Wassergehalt des Heu's)	c. eingesäuert u. gelüftet 26. (berechnet auf den Wassergehalt des Heu's)	d. eingesäuert unter Zusatz v. Wasser 31. October (berechnet auf den Wassergehalt des Heu's)
Wasser	11.1 %	—	—	—
(Eiweiss)	(9.2 „)	—	—	—
Nährstoffe insgesammt . .	54.4 „	28.9 %	25.9 %	26.3 %
Rohfaser	27.4 „	13.8 „	12.0 „	17.5 „
Asche	7.1 „	7.1 „	7.1 „	7.1 „

Aus Kleegras: No. 1. J. König. — 3. Ber. d. V.-St. Münster. 11. Die Nh. Substanz enthielt 3.04 reines Eiweiss in der natürlichen Masse.

No. 2. V.-St. Halle. Das Futter, fälschlicherweise „Süssfutter“ benannt, war von Wagener zu Ruhr aus stark abgewelktem Material bereitet. Dasselbe enthielt 3.67 % freie Säure auf Milchsäure berechnet. Bittersäure und Essigsäure waren nicht vorhanden. Das Kleegras war Mitte August eingestampft und zu Weihnachten entnommen.

No. 3. A. Völcker. — Biedermann's Centralbl. f. Agriculturchem. 13. 1884. 818. Dabei 0.12% Ammoniak.

Aus Rothklee: No. 1. E. Heiden. — (V.-St. Pommritz). Originalmitthl.

No. 2. G. Lechartier. — Ebendas. 12. 1883. 165. Die procentischen Mengen der Bestandtheile von frischem und fermentirtem Klee stellen sich wie folgt:

	Wasser u. bei 100° flücht. Substanz	Nh. Stoffe	Ammoniak	Glycose	Zucker	Stärke	Pektinstoffe	Cellulose	Fettsubstanz
Frischer Klee . . .	76.42	4.81	0.026	0.474	0.457	4.230	1.303	8.015	0.241
Fermentirter Klee .	77.48	4.31	0.085	0.458	0.308	1.477	0.509	7.296	0.377

No.	Bezeichnungen und Bemerkungen	Jahr der Untersuchung	In der ursprünglichen Substanz						In der Trockensubstanz					Stickstoff in der Trockensubstanz
			Wasser %	Nh-Substanz %	Rohfett %	Nfr. Extractstoffe %	Rohfaser %	Asche %	Nh-Substanz %	Rohfett %	Nfr. Extractstoffe %	Rohfaser %	Asche %	%
	Sauerfutter aus Schwedischem Klee (Trif. hybridum).													
1	128 Tage nach dem Einmachen . . .	1883	75.37	3.31	1.82	10.64	6.73	2.13	13.43	6.39	44.21	27.32	8.65	2.15
	Sauerfutter aus Incarnatklee (Trif. incarnatum).													
1		1879	88.00	1.17	—	—	—	—	9.79	—	—	—	—	1.567°
	Sauerfutter aus Luzerne (Medicago sativa).													
1	Fest eingestampft, nach 102 Tagen, sauer	1881	82.22	4.13	1.56	5.08	4.98	2.03	23.25	8.79	28.52	28.03	11.41	3.72
2	Sanft eingedrückt, n. 101 Tagen, alkalisch	1881	83.65	3.51	1.40	4.39	4.97	2.08	21.44	8.58	26.83	30.40	12.75	3.43
3	Locker eingefüllt, nach 100 Tagen, schwach alkalisch	1881	83.46	3.46	1.12	4.99	4.90	2.07	20.94	6.75	20.20	29.62	12.49	3.35
	Sauerfutter aus Esparsette (Onobrych. sativa).													
1	In eben beginnender Blüthe geschnitten	1873	83.30	3.41	1.00	5.16	5.88	1.25	20.44	6.02	30.88	35.18	7.48	3.27

Aus Schwedischem Klee: No. 1. A. Stutzer. — (V.-St. Bonn). Deutsche landw. Presse. 10. 1883. 632. In einem dichten aus behauenen Steinen bestehenden Behälter von 3—4 cbm Inhalt eingemacht. Die Veränderungen, welche der am 28. Juni gemähete und eingemachte Klee durch das Einsäuern innerhalb 128 Tagen erfuhr, sind aus Nachstehendem ersichtlich:

	Gesammtmasse	Wasser	Trockensubstanz	Rohproteïn	Aetherextract	N-freie Extractstoffe	Holzfaser	Mineralstoffe
Frischer Klee . . .	525	371.17	153.83	20.61	6.16	80.63	35.55	10.97
Gesäuerter Klee . .	495	373.08	121.92	16.38	8.99	52.67	33.34	10.54
Verlust in %	5.7	+0.36	20.74	25.86	+46.47	34.67	6.21	3.96

	Eiweiss leicht verdaulich	Proteïn schwer verdaulich	Amidstoffe	leicht lösliche Kolehydrate	schwer lösl. Kolehydrate	Säure
Frischer Klee	7.86	7.22	5.49	11.13	69.49	—
Gesäuerter Klee . . .	4.26	6.81	5.20	2.09	50.58	1.836
Verlust in %	45.83	5.71	5.35	81.25	27.21	+100.00

Aus Incarnatklee: No. 1. J. de Grobert. — Biedermann's Centralbl. f. Agriculturchem. 9. (1880). 374. Obiger N-gehalt bezieht sich auf N in organischer Verbindung; ausserdem waren noch 0.541 N in Form von Ammoniak vorhanden. In der Trockensubstanz von aus demselben Klee bereiteten Heu waren 1.683 % N in organischer Verbindung, kein Ammoniak vorhanden.

Aus Luzerne: No. 1—3. H. Weiske u. B. Schulze. — J. f. L. 32. (1884). 93. Die grüne, frisch geerntete Luzerne wurde am 1. September 1880 zu ca. 1 cm langem Häcksel geschnitten, die Gesammtmenge gut durchgemengt und mit diesem Futter 3 Bottiche gefüllt. In Bottich 1 wurde die Luzerne sofort möglichst fest eingestampft und beschwert; bei 2 drückte man das eingeschüttete Futter nur mässig fest und bei 3 füllte man es ohne jedes Einstampfen ein. In dem Maasse als sich die Luzerne in den Bottichen 2 und 3 täglich festsetzte, wurde neue gleichfalls zu Häcksel geschnittene Luzerne bis zum Rand des Bottichs nachgefüllt. Bei 3 waren die oberen Schichten von schwach ammoniakalischem Geruch und deutlich alkalischer Reaction; in den tieferen Schichten zeigte das Futter eine allmälig zunehmende saure Reaction. Nach sorgfältiger Durchmischung des ganzen Futters war die Reaction eine schwach alkalische. Das Futter in Bottich 2 zeigte ein gleiches Verhalten. Beide sind als nicht gerathen und zum Verfuttern ungeeignet bezeichnet. Bottich 1 enthielt gut gerathenes, saures Futter. Die Verluste bei der Säuerung (resp. alkalisch Werden) vertheilen sich auf die einzelnen Bestandtheile der trocknen Luzerne in nachstehender Weise (in Procenten der Trockensubstanz der grünen Luzerne):

	Trockne Futtermasse %	Organ. Substanz %	Nh. Substanz %	Aetherextract %	Rohfaser %	N-freie Extractstoffe %	Asche + Sand %
1.	27.1	28.8	36.5	+44.4	9.4	44.0	9.6
2.	28.5	31.5	40.9	+24.4	5.1	48.5	—
3.	30.3	33.0	41.6	— 5.2	12.4	43.9	2.1

Nach B. Schulze zeigte Probe 1 folgende procentische Zu- resp. Abnahme von dem in nachfolgenden Verbindungen enthaltenen N. „Alkohol-Extract nach Stutzer“ +20.78, Eiweiss —59.04, Amide —12.99, Gesammt-N —36.49 %. Die Vertheilung des Gesammt-N auf die einzelnen Gruppen stickstoffhaltiger Verbindungen war nachstehende:

	Alkoholextract	Eiweiss	Amid
Luzerne, frisch	15.69 %	62.53 %	21.78 %
„ sauer	29.84 „	40.32 „	29.84 „

Aus Esparsette: No. 1. H. Weiske. — (V.-St. Proskau). Die frische geschnittene Esparsette wurde, zu Häcksel geschnitten, sofort in einer Kiste eingestampft; die Masse des gut gerathenen Sauerfutters wurde nach circa 8 Wochen entleert; das Volumen der ursprünglichen Futtermasse hatte sich um die Hälfte vermindert; es stellte eine nicht gerade angenehm riechende, gleichmässig vergohrene, speckige, stark sauer reagirende Masse dar. Der Verlust betrug bei dem Process der Säuerung 24 % der ursprünglich vorhandenen Trockensubstanz (bei Braunheubereitung 19.9 resp. 18.5 %). Nach dem gleichzeitig ausgeführten Ausnutzungsverfahren wurden pro preuss. Morgen durch einen Schnitt folgende Quantitäten verdaulicher Nährstoffe gewonnen:

No.	Bezeichnungen und Bemerkungen	Jahr der Untersuchung	In der ursprünglichen Substanz: Wasser %	Nh-Substanz %	Rohfett %	Nfr. Extractstoffe %	Rohfaser %	Asche %	In der Trockensubstanz: Nh-Substanz %	Rohfett %	Nfr. Extractstoffe %	Rohfaser %	Asche %	Stickstoff in der Trockensubstanz %
	Sauerfutter aus Lupinen (Lupin. Intus).													
1	Aus in der Blüthe gemähten Lupinen	1868	79.89	3.12	0.79	6.46	6.85	2.89[1])	15.52	3.93	32.11	34.07	14.37	2.48
2	Aus eben abgeblühten Lupinen, 128 Tage nach dem Einmachen	1881	84.37	3.11	2.11	4.38	4.93	1.10	19.88	13.48[2])	28.03	31.57	7.04	3.18
	Sauerfutter aus Erbsen (Pis. sativum).													
1		1883	81.64	2.40	0.80	7.60	5.57	1.99	13.07	4.31	41.44	30.34	10.84	2.09
	Sauerfutter aus Wicken.													
1		—	82.54	3.09	1.44	3.49	7.09	2.35	17.70	8.25	19.99	40.60	13.46	2.83
	Sauerfutter aus Senf.													
1		1880	—	—	—	—	—	—	13.62	3.98	47.70	25.74	8.96	2.18
2		1880	—	—	—	—	—	—	16.66	2.73	40.41	25.14	15.06	2.67
3	Im März untersucht	1878	84.85	2.52	0.41	6.13	3.81	2.28	16.63	2.71	40.46	25.15	15.05	2.66
	Mittel		84.85	2.37	0.48	8.26	3.84	0.20	15.64	3.14	42.86	25.34	13.02	2.50
	Sauerfutter aus Buchweizen.													
1		1867	70.70	4.99	1.57	13.15	7.40	2.40	17.03	5.36	44.16	25.36	8.19	2.72
2		1880	82.00	2.25	0.67	5.20	5.87	4.01	13.89	3.72	27.50	32.61	22.28	2.22
	Sauerfutter aus Kartoffelkraut.													
1		1875	—	—	—	—	—	—	12.50	11.13	32.88	20.31	23.18*)	2.00

	Organ. Substanz	Proteïn	Aetherextract	Rohfaser	Nfr. Stoffe
Grüne Esparsette	1286.7	508.6	78.9	321.4	917.8
Braunheu . . .	1319.8	320.2	89.3	345.6	564.7
Sauerfutter . .	933.1	238.3	102.9	219.2	372.7

(Die Zahlen für grüne Esparsette sind nach dem Verf. nicht vollkommend zutreffend, sondern wahrscheinlich etwas zu hoch.)

Aus Lupinen: No. 1. Ed. Peters. — (V.-St. Kuschen). Landw. Centralbl. v. Wilda 1868. II. 9.

[1]) Inclusive 1.31% Sand und Erde.

No. 2. H. Weiske u. B. Schulze. — Journ. f. Landw. 32. 1884. 81 u. 353. Die in 1 cm lange Stücke geschnittenen Lupinen wurden ganz frisch (am 26. Juli 1880) in einem Bottich eingemacht; die Lupinen enthielten 18.77% Trockensubstanz. Nach 128 Tagen wurde der Bottich entleert und gefunden, dass die Lupine durchweg sehr gut conservirt war. Die Farbe des Sauerfutters war in der obersten Schicht braun, tiefer hellbraun und noch tiefer gelblichgrün. Der Geruch war ein angenehm säuerlicher, Reaction sauer, Geschmack sauer und intensiv bitter. Die Veränderungen durch den Gährungsprocess werden durch nachstehende Zahlen zum Ausdruck gebracht:

	Trockensubstanz	Organische Substanz	Nh. Substanz	Aetherextract	Rohfaser	Nfr. Extract	Asche + Sand	N in Alkoholextract (in % des Gesammt-N)	N in Eiweiss (in % des Gesammt-N)	N in Amiden (in % des Gesammt-N)
Grüne Lupine	100	93.77	20.88	4.48	30.19	38.22	6.23	15.57	50.30	34.13
Gesäuerte Lupine	78.3	72.99	15.56	10.55	24.72	21.95	5.52	34.59	27.99	37.42
Verlust oder Zunahme . .	—21.7	—20.98	—5.32	+6.07	—5.47	—16.27	—0.71			
In % der gleichn. Substanz	21.7%	22.4%	25.5%	+135.5%	—18.1%	—42.6%	—11.3%			

Alkaloid im Grünfutter 0.56%, im Sauerfutter 0.66% der Trockensubstanz.

[2]) Incl. 2.38% Milchsäure und 3.58% Buttersäure.

Aus Erbsen: No. 1. E. H. Jenkins. — An. Rep. Connect. Agric. Experim. Stat. 1883.

Aus Wicken: No. 1. J. König. — Dritter Bericht der V.-St. Münster. S. 11.

Aus Senf: No. 1 u. 2. Schiller. — (V.-St. Dahme). Originalmitthl. Zu 1: Berechnet auf wasser- und sandfreie Substanz.

No. 3. J. Fittbogen. — Ebendaselbst.

Aus Buchweizen: No. 1. R. Handke. Werner's Futterbau 1875. 636. Wurde aus Buchweizen bereitet, von dem die Analyse unter Grünbuchweizen No. 6 (S. 94) mitgetheilt wurde.

No. 2. R. Ulbricht u. Kóos Gábor. — V.-St. Ungarisch Altenburg. Originalmitth.

Aus Kartoffelkraut: No. 1. H. Weiske. — V.-St. Proskau. Originalmitthl.

*) Asche + Sand.

No.	Bezeichnungen und Bemerkungen	Jahr der Untersuchung	In der ursprünglichen Substanz						In der Trockensubstanz					Stickstoff in der Trockensubstanz
			Wasser	Nh-Substanz	Rohfett	Nfr. Extractstoffe	Rohfaser	Asche	Nh-Substanz	Rohfett	Nfr. Extractstoffe	Rohfaser	Asche	
			%	%	%	%	%	%	%	%	%	%	%	%
	Sauerfutter aus Gemengfutter.													
1	Vom 1. Juni bis 17. Juli eingemacht	1885	—	—	—	—	—	—	17.74	5.53	42.14	26.35	8.24	2.84
2	Vom 12. Juli bis 4. Sept. eingemacht	1885	72.72	4.62	1.48	11.70	7.07	2.41	16.94	5.42	42.90	25.90	8.84	2.61
	Sauerfutter aus Zuckerrübenblättern.)**													
1	6 Monate nach dem Einsäuern (mit Strohhäcksel und Salz)	1858	80.90	1.26	—	8.48	1.00	7.36	6.20	—	—	5.24	38.54	1.06
2	Ohne Zusatz eingemacht	1861	68.13	2.54	0.80	10.84	2.82	14.87	12.27	3.86	53.34	13.62	16.91	1.96
3	Mit 1/4 % Kochsalz eingemacht	1861	73.59	1.56	0.70	9.64	2.24	11.47	8.69	3.90	58.23	12.47	16.71	1.39
4	Mit 3 % Weizenspreu eingemacht	1861	70.14	2.03	0.74	10.91	2.81	13.37	10.72	3.83	56.33	14.56	14.56	1.72
5	Mit 6 % „ „	1861	70.09	2.08	0.64	10.52	2.63	14.04	11.15	3.43	56.38	14.09	14.95	1.78
6	Mit Rübenköpfen und 6 % Spreu eingemacht	1861	72.17	2.00	0.47	9.46	2.14	13.76	12.03	2.83	56.88	12.87	15.39	1.92
7	5 Monate nach dem Einmachen	1866	73.16	0.94	0.75	9.43	2.00	13.72	5.12	4.09	51.36	10.89	28.54	0.82
8	Mit Rübenköpfen gemischt eingemacht	1879	77.63	1.84	0.28	5.00	2.11	13.14	8.22	1.52	22.37	9.43	58.73	1.32
9	Im Februar untersucht, auf sandfreien Zustand berechnet	1875	76.70	3.43	1.39	10.57	3.14	4.77	14.74	5.97	45.38	13.47	20.47	2.36
	Dasselbe im ursprünglichen Zustand	1875	72.74	3.22	1.30	9.90	2.94	9.90	11.81	4.78	36.32	10.79	36.30	1.89
	Mittel aus No. 2, 3, 7 u. 9		72.90	2.77	1.21	14.10	3.42	5.60	10.21	4.46	52.06	12.61	20.66	1.63
	Sauerfutter aus Runkelrübenblättern.													
1		1872	89.12	2.92	0.48	—	1.33	2.01	27.00	4.44	37.66	12.30	18.60	4.32
2	Im April untersucht	1875	83.06	2.44	—	—	—	4.15	14.40	—	—	—	24.50	2.30
3		1877	72.74	3.22	1.30	9.91	2.94	9.89	14.74	5.97	49.41	13.49	16.39 [1])	2.36

Aus Gemengfutter: No. 1 u. 2. V.-St. Halle. Deutsche landw. Presse. 12. 1885. 555. Von Wagener-Haus Ruhr bereitet u. als sogen. „Süssfutter" benannt. Aus welchen Futterpflanzen dieses Gemenge bestand ist nicht angegeben. An Milchsäure enthielten die Proben 1) 3.40 %, 2) 0.83 % in der frischen, 3.05 % in der trocknen Substanz.

**) Ueber die Verluste der Rübenblätter an Nährstoffen liegen folgende Erhebungen von M. Märcker (Biedermann's Centralbl. f. Agriculturchem. 13. (1884). 815) vor:

I. 800.5 kg Rübenkraut wurden am 24. October 1883 in Erdgruben eingemietet und nach 5 Monaten, 27. März 1884, herausgenommen. Das Gewicht des Sauerfutters betrug 667.5 kg; der Verlust mithin 16.61 %.

II. 1483.5 kg Rübenkraut in gleicher Weise und Dauer behandelt ergaben 1240.5 kg Sauerfutter, mithin 16.38 %.

Die einzelnen Futterbestandtheile wurden von nachstehenden Verlusten (in % der gleichn. Substanz) betroffen:

	Trockensubstanz	Organische Substanz	Rohproteïn	Rohfaser	N-freier Extract	Eiweiss
	%	%	%	%	%	%
I.	6.5	26.1	32.3	+4.2	35.3	39.3
II.	10.1	35.8	39.0	−7.2	42.1	46.1
Im Mittel	8.3	31.0	35.7	1.5	38.7	42.7

Aus Zuckerrübenblättern: No. 1. W. Tod. — (V.-St. Raitz-Blansko). Wilda's Centralbl. 1858. II. 369. Näheres ersiehe auf S. 104 und No. 4.

No. 2—6. H. Grouven. — (V.-St. Salzmünde). Ann. d. Landwirthsch. i. Preussen. 40. (1862). 302. Näheres ersiehe auf S. 104 und No. 5—9.

No. 7. H. Grouven. — (V.-St. Salzmünde). Eine landw. Monographie. Berlin, 1866. Näheres ersiehe S. 104 u. No. 1. Die Zusammensetzung der Trockensubstanz ist für die wasser- und sandfreie Substanz berechnet.

No. 8. V.-St. Halle. — Von W. Gerland bereitetes Sauerfutter. Biedermann's agriculturchem. Centralbl. 8. (1879). 28, aus dem Hannöver'schen Land- u. Forstw. Vereinsblatt 17. 414. Die Rübenblätter waren stark mit Erde verunreinigt und so mit den Rübenköpfen zusammen eingemietet worden.

No. 9. E. Wildt. — Landw. Jahrbücher. 6. (1877). 143. Die Rübenblätter wurden alsbald bei der Rübenernte in einer 1 m tiefen Grube unter Zusatz von 1/2 % der Trockensubstanz Kalk fest eingestampft. Die gesäuerten Blätter enthielten 19.91 % der Trockensubstanz, 5.43 % der frischen Masse, Sand und Erde.

Aus Runkelrübenblättern: No. 1. V.-St. Pommritz. — Kleine Mittheil. derselb. 1872. 16.

No. 2. J. Fittbogen (V.-St. Dahme). — Private Mittheil.

No. 3. E. Wildt (V.-St. Posen). — Landw. Jahrbücher, 6. 1877. 143. Die eingesalzenen Blätter waren stark mit Sand verunreinigt; dieselben enthielten 19.91 % der Trockensubstanz Unlösliches.

[1]) Die Zusammensetzung der Trockensubstanz ist auf sandfreie Substanz berechnet.

No.	Bezeichnungen und Bemerkungen	Jahr der Untersuchung	In der ursprünglichen Substanz: Wasser %	Nh-Substanz %	Rohfett %	Nfr. Extractstoffe %	Rohfaser %	Asche %	In der Trockensubstanz: Nh-Substanz %	Rohfett %	Nfr. Extractstoffe %	Rohfaser %	Asche %	Stickstoff in der Trockensubstanz %
4	Mit Köpfen	1880	89.52	2.80	0.29	4.01	1.45	1.93	21.23	8.39	39.67	18.31	12.00	3.39
5		1879	79.29	2.65	1.18	8.63	2.63	5.62	12.79	5.70	41.68	12.70	27.13	2.05
6		1881	69.03	4.32	1.33	7.82	4.27	13.23	18.82	5.80	34.08	18.62	22.70	3.01
	Sauerfutter aus Turnipsblättern (und Wurzeln).													
1	Im März untersucht	1875	90.55	2.56	—	—	—	1.09	27.09	—	—	—	11.53	4.33
	Sauerfutter aus Kohlblättern.													
1		1877	88.38	1.29	0.56	—	—	—	11.10	4.82	—	—	—	1.88
2		1877	89.30	1.72	0.40	—	—	—	16.08	3.74	—	—	—	2.57
	Sauerfutter aus Brachrüben.													
1		1878	85.67	1.50	0.78	7.01	2.80	2.24P	10.47	5.44	48.92	19.54	15.63	1.68
	Sauerfutter aus grünem Mohn.													
1	Von im August geernteten fast reifem Mohn unter Zusatz von $^1/_5$ seines Gew. an Roggenkörnern	1874	65.81	1.83	1.63	14.58 [1]	8.31	4.86	5.35	4.77	51.35	24.31	14.22	0.86
	Sauerfutter aus Rübsen.													
1		1869	60.36	4.98	1.54	—	—	3.64	12.56	3.87	—	—	9.20	2.01

Aus Runkelrübenblättern: No. 4. O. Kellner. — L. V.-St. 25. 1880. 454. In der Zeit vom 19.—22. October 1879 wurden in einer Grube Rübenblätter nebst den Köpfen eingemietet, theils wie gewöhnlich freilagernd, theils in Glasgefässen mit Kautschuk verschlossen, welche in die Grube mit eingesenkt wurden. Der N vertheilt sich in dem Sauerfutter auf folgende Verbindungen:

	Gesammt-N	Eiweiss-N	Pepton-N	Andere Verbindungen
Frei in der Miete	3.397	1.850	0.092	1.455
Im Glas	3.765	1.518	0.295	1.952

Ueber die bei der Säuerung entstandenen Veränderungen und Verluste geben nachstehende Zahlen Aufschluss:

	Frische Blätter	Sauerfutter a. d. Grube	Desgl. a. d. Glas
Trockensubstanz . . .	100	50.64	82.00
Gesammt-N	4.274	1.907	3.087
Eiweiss	19.29	5.82	7.78
Peptone	—	0.29	1.51
N. in anderen Verbind.	1.058	0.737	1.601
Salpetersäure	0.502	—	—
Rohfaser	13.84	9.27	9.47
Rohfett	2.59	2.54	2.62
Reinasche	18.42	6.06	18.19

An Oxalsäure wurden pr. 100 Trockensubstanz gefunden:

	In den gesäuerten Blättern: Frei in der Grube	Im Glas
Gesammtmenge . . .	3.93	3.09
In Wasser löslich . .	0.81	0.67

No. 5. P. Wittelshöfer. — Hoffmann's Jahresber. d. Agriculturchem. 22. 1879. 332. Näheres siehe S. 104 unter No. 12.

No. 6. J. König. — Dritter Bericht d. V.-St. Münster. S. 11. Die Zusammensetzung der Trockensubstanz wurde auf sandfreie Substanz berechnet. In den Nfr. Extractstoffen war enthalten 0.23 bezügl. 1.0% Säure auf SO_3 berechnet.

Aus Turnipsblättern: No. 1. A. Voelcker. — J. Agr. Soc. Engl. 1877. II. 157.

Aus Kohlblättern: No. 1 u. 2. A. Stutzer (V.-St. Bonn). Private Mittheil.

Aus Brachrüben: No. 1. A. Stutzer (V.-St. Bonn). — Priv.-Mitthl.

Aus grünem Mohn: No. 1. L. Grandeau. — Hoffmann's agriculturchem. Jahresber. 18 u. 19. (1875/76). II. 35. Die ausführliche Analyse ergab:

In Wasser lösliche Stoffe		Unlösliche Stoffe	
Flüchtige Säuren (= SO_3)	0.104 %	Fett	1.625 %
Nicht flüchtige Säuren .	0.489 „	Proteinstoffe .	1.830 „
N-haltige Stoffe (insbes. Alkaloide)	2.390 „	Holzfaser . .	8.312 „
Gummi, Dextrin etc. . .	3.025 „	N-fr. Stoffe . .	11.551 „
Asche	3.180 „	Asche	1.682 „

1) Sonstige Stoffe 2.98%.

Aus Rübsen: No. 1. Leop. Lenz. — L. V.-St. 12. 1870. 345.

II. Braunheu.

No.	Bezeichnungen und Bemerkungen	Jahr der Untersuchung	In der ursprünglichen Substanz						In der Trockensubstanz					Stickstoff in der Trockensubstanz
			Wasser %	Nh-Substanz %	Rohfett %	Nfr. Extractstoffe %	Rohfaser %	Asche %	Nh-Substanz %	Rohfett %	Nfr. Extractstoffe %	Rohfaser %	Asche %	%
	Braunheu aus Wiesengras und Gräsern.													
1	Aus der Schweiz	1857	15.00	12.75	—	—	20.91	8.25	15.00	—	—	24.60	9.70	2.40o
2	Aus Böhmen (Kladrup)	1857	15.00	6.80	—	—	19.13	7.23	8.00	—	—	22.50	8.50	1.28[0]
3	Desgl.	1857	15.00	6.85	—	—	20.49	6.46	8.06	—	—	24.10	7.60	1.29[0]
4		1857	14.30	8.60	2.90	45.50	22.40	6.30	10.04	3.38	53.09	26.14	7.35	1.61
5		1862	20.14	10.46	2.89	31.06	28.13	7.32	} 13.09	3.62	38.89	35.22	9.17	2.094[0]
6	Dasselbe auf 85 % Trockensubstanz berechnet	1862	15.00	11.13	3.08	33.05	29.94	7.80						
7		1863	15.58	11.32	2.19	42.60	20.12	8.19	13.41	2.60	50.54	23.84	9.71	2.15
8		1866	18.33	10.69	1.70	34.18	28.53	6.57	13.08	2.08	41.86	34.93	8.05	2.09[0]
9		—	—	—	—	—	—	—	13.97	2.77	43.77	32.98	7.58	2.235
10		1880	14.09	11.94	6.06	35.58	23.12	9.21	13.90	7.05	41.42	26.91	10.72	2.22
	Mittel:		15.83	10.15	3.01	40.19	23.49	7.33	12.06	3.58	47.64	27.91	8.71	1.93

Aus Wiesengras u. Gräsern: No. 1—3. A. Stöckhardt u. Th. Dietrich. — Chemischer Ackersmann. 1857. 183.

No. 4. A. Stöckhardt. — Vorträge über Agrikulturchemie von Dr. H. Grouven. 2. Aufl. 1862. 547. Ausserdem wurden bestimmt und gefunden in % der Trockensubstanz:

In Wasser löslich	36.70	Davon Protein	4.79
In verdünnter Säure löslich .	16.90	Davon Protein	4.28
In Kalilauge löslich	20.30	Unlösl. Protein	1.07
In Alkohol löslich	26.81		
In Aether löslich	2.95		

No. 5 u. 6. Th. Dietrich. — I. Bericht d. V.-St. Haydau. 1862. 110. Das Braunheu wurde mit einem Heu in vergleichender Weise untersucht, das von derselben Wiese und demselben (2.) Schnitte bereitet worden war. Die im grünen Material noch aufzufindenden Pflanzen waren folgende: Poa nemoralis, Briza media, Dactylis glomerata, Bromus mollis, Anthoxanthum odoratum, Carex caespitosa, Luzula campestris, Eriophorum angustifolium, Prunella vulgaris, eine Hieracium- und eine Equisetum-Art. Das Braunheu war von vorzüglicher Beschaffenheit und angenehmem aromatischem Geruch. An näheren Bestandtheilen wurden noch bestimmt:

	In Wasser lösliche Substanzen	Lösliches Protein	Gummi	Zucker	Organische Säure	Milchsäure	Buttersäure	Aetherextrakt	Davon in Alkohol löslich
Grün-Grummet	21.13	2.97	3.57	7.50	0.66	—	—	2.31	1.90
Braun-Grummet a	19.22	1.02	2.33	2.36	9.20	6.97	2.23	2.89	2.26
,, ,, b	20.44	1.08	3.01	2.51	9.79	7.42	2,37	3.07	2.40

Braungrummet a) ist Material mit ursprünglichem Wassergehalt 20.14 %. b) solches mit 15 % Wassergehalt. Die flüchtige Säure wurde als Buttersäurehydrat, die nichtflüchtige als Milchsäurehydrat berechnet. Die organische Säure des grünen Grummets wurde als Citronensäure berechnet. Unter Gummi ist das durch Alkohol aus der wässrigen Lösung Gefällte zu verstehen. Holzfaser wurde erhalten durch Kochen mit 1 % Salzsäure und 1 % Kalilauge. Das vergleichsweise untersuchte grüne Material enthielt bei 15 % Wassergeh. 9.79 N-h. Substanz 2.31 Rohfett, 41.58 N-fr. Extraktstoffe, 24.59 Rohfaser und 6.73 % Asche.

No. 7. Th. Dietrich (V.-St. Haydau). — Landw. Anzeig. f. Kurhessen. 1863. 22. Von ein und derselben Wiese und gleichem Schnitte wurden Grünheu und Braunheu gewonnen und vergleichend untersucht. Bei der näheren Untersuchung wurden gefunden:

	Protein in Wasser löslich	Protein in Wasser unlöslich	Rohfett	In Zucker überführb. Substanzen	Andere N-freie Substanzen	Rohfaser	Asche	Freie Säure (Milchsäure)
Grün . . .	3.52	7.76	2.19	28.10	15.04	19.52	8.05	—
Braun . . .	2.86	8.46	2.19	28.10	11.90	20.12	8.19	2.60

No. 8. Aug. Voelcker. — J. R. Agric. Soc. Engl. 1867. II. 30. Das Braunheu besass einen besonders aromatischen, fruchtähnlichen Geruch und reagirte stark sauer. An näheren Bestandtheilen wurden ferner bestimmt:

	Wasserhaltige Substanz	Wasserfreie Substanz
Lösliches Eiweiss	1.94	2.37
Gummi, Schleim etc. . .	9.24	11.31
Verdauliche Faser (?) . .	23.01	28.19
Lösliche Mineralstoffe . .	3.98	4.87
Essigsäure (? der Ref.) . .	1.93	2.36

No. 10. F. Soxhlet (V.-St. München). — Originalmitthl.

No.	Bezeichnungen und Bemerkungen	Jahr der Untersuchung	In der ursprünglichen Substanz						In der Trockensubstanz					Stickstoff in der Trockensubstanz
			Wasser %	Nh-Substanz %	Rohfett %	Nfr. Extractstoffe %	Rohfaser %	Asche %	Nh-Substanz %	Rohfett %	Nfr. Extractstoffe %	Rohfaser %	Asche %	%
	Braunheu aus Mais.													
1	Ungarisch-Paduaner- und Pferdezahn-Mais, gemengt	1877	29.96	5.68	1.63	34.26	21.85	6.59	8.11	2.33	48.95	31.20	9.41	1.30
2	Ungarischer Mais, 85 cm von der Oberfläche	1878	78.10	1.18	1.25	10.40	7.63	1.44	5.39	5.71	47.48	34.84	6.58	0.86
3	Ungarischer Mais, 170 cm von der Oberfläche	1878	80.40	0.87	0.95	9.85	6.39	1.64	4.44	4.85	49.74	32.60	8.37	0.71
	Braunheu aus Rothklee.													
1		—	—	—	—	—	—	—	10.00	2.95	53.67	26.10	7.30	1.60
2	Braun	1869	10.00	14.48	2.70	—	20.00	—	16.09	3.00	—	22.22	—	2.57
3	Brauner als voriges	1869	10.00	13.03	2.00	—	21.00	—	14.48	2.22	—	23.33	—	2.32
4	Brauner als voriges	1869	10.00	12.73	2.00	—	18.00	—	14.14	2.22	—	20.00	—	2.26
5	Brauner als voriges, fast schwarz, fest	1869	10.00	15.52	2.50	—	25.00	—	17.24	2.78	—	27.78	—	2.76
6		1866	38.02	10.00	0.90	22.18	22.33	6.57	16.14	1.45	35.78	36.03	10.60	2.57
7		1866	11.79	17.17	3.20	31.29	28.63	7.92	19.46	3.63	35.47	32.45	8.99	3.11
8	Braun	1868	16.29	13.58	5.07	29.44	23.27	12.05	16.23	6.06	35.60	27.71	14.40	2.50
9	Schwarzbraun	1868	11.35	13.33	3.63	31.41	28.51	8.76	15.04	4.09	38.83	32.16	9.88	2.41
10	Aus Klee in voller Blüthe	1868	16.15	16.16	1.62	35.43	22.20	8.44	19.28	1.93	42.24	26.48	10.07	3.08
11		1872	11.79	17.17	3.20	31.29	28.63	8.18	19.47	3.63	37.34	30.27	9.29	3.12
	Mittel		14.54	13.79	2.64	36.76	23.66	8.61	16.14	3.09	43.01	27.68	10.08	2.58
	Braunheu aus Luzerne.													
1	Aeusseres	1867	—	—	—	—	—	—	(14.40	2.90	50.50	20.50	11.70)	2.30
2	Mittleres	1867	—	—	—	—	—	—	15.50	3.20	49.50	20.30	11.50	2.48
3	Innerstes	1867	—	—	—	—	—	—	15.00	3.20	46.30	21.40	14.10	2.40

Aus Mais: No. 1—3. J. Moser. — I. Ber. d. V.-St. Wien. 1878. No 1 wurde aus einem Gemisch des Grünmais unter No. 40, 41, 45, 49 u. 50 hergestellt und wird die Qualität des Braun-Mais nach Geruch und Farbe als eine vorzügliche bezeichnet. No. 2 u. 3 waren aus Mais unter No. 47 bereitet. Die Proben waren als grüner Mais, in Bündeln gebunden, zu je 6 kg in dem Brauumaishaufen No. 2 85 cm, No. 2 170 cm von der Oberfläche eingelagert. Die vorgegangenen Veränderungeu sind aus Nachstehendem ersichtlich. (Verlust unten berechnet.)

	Ganze Masse	Wasser	Trocken-substanz	Roh-protein	Roh-fett	N-freie Extrakt-stoffe	Rohfaser	Reinasche	Sand
Grünmais	6000	4761.0	1239	54.0	45.6	649.2	400.2	37.8	52.2
Braunmais, 85 cm tiof	4250	3319.3	930.7	50.1	53.1	442.0	324.3	37.4	23.8
„ 170 „ „	5750	4623.0	1127.0	50.0	54.6	566.4	367.4	10.3	48.3
Verlust in 85 cm Tiefe	29.2%	30.3%	24.9%	7.2%	+ 16.4%	31.9%	18.0%	—	—
„ „ 170 „ „	4.2 „	2.9 „	9.1 „	7.4 „	+ 19.7 „	12.7 „	8.2 „	—	—

Aus Rothklee: No. 1. A. Stöckhardt. — Weende'r Jahresber. 1884. II. 84. Von dem N war in Wasser löslich 0.76, bei Behandlung mit schwachen Säuren und Alkalien löslich, 0.68, unlöslich 0.16%. In Weingeist lösliche Substanzen 26.81, in Wasser löslich 36.7, in verdünnter Säure löslich 16.9, in starker Kalilauge löslich 20.3%.

No. 2—5. C. Reichardt. — Annal. d. Landwirthsch. Wochenbl. 1869. 401. Die Proben repräsentirten Braunheu in verschiedenem Grade der Bräunung. Im grünen Kleeheu gleichen Ursprungs waren enthalten: 10.0% Wasser, 13.8% Nh.-Substanz, 2.0% Rohfett, 19.5% Rohfaser. „Cellulose" wurde durch Behandlung mit 5procent. Natronlauge und Schwefelsäure isolirt. Zur Berechnung der Nh.-Substanz wurde der Faktor 6.33 angewendet.

Aus Rothklee: No. 6. Aug. Voelcker. — J. Agric. R. Soc. England. 1867. II. 30. Das Material wurde im Vergleich mit Gras-braunheu unter No. 9 untersucht; dasselbe war einem zu nass eingebrachten und in Folge dessen in Gährung übergangenen Kleeheuhaufen entnommen; es roch stechend und entwickelte Aldehyd-Dämpfe. An näheren Bestandtheilen wurden ferner bestimmt:

	Wasserhaltig	Wasserfrei
Lösliches Eiweiss	1.88	3.03
Gummi, Schleim, Extraktstoffe u. s. w.	6.63	10.69
Verdauliche Faser	15.55	25.09
Lösliche Mineralstoffe	3.96	6.39

No. 7. Ed. Heiden (V.-St. Pommritz). — Kleine Mitthl. d. V.-St. Pommritz, Löbau 1872.

No. 8—11. Ed. Heiden, Fr. Voigt u. H. Fritzsche (V.-St. Pommritz). — Originalmittheil. In No. 8 waren 4.54%, in No. 9 1.16 und in No. 11 0.26% Sand.

Aus Luzerne: No. 1—3. A. Hosaeus. — Annal. d. Landw. i. Preuss. Wochenbl. 1868. 15. Das Material war ganz nach der üblichen Weise behandelt worden und das davon erhaltene Braunheu zeigte hinsichtlich

No.	Bezeichnungen und Bemerkungen	Jahr der Untersuchung	In der ursprünglichen Substanz						In der Trockensubstanz					Stickstoff in der Trocken-substanz
			Wasser	Nh-Substanz	Rohfett	Nfr. Extractstoffe	Rohfaser	Asche	Nh-Substanz	Rohfett	Nfr. Extractstoffe	Rohfaser	Asche	
			%	%	%	%	%	%	%	%	%	%	%	%
4	Vom Aussenrand entnommen . . .	1875	—	—	—	—	—	—	12.81	3.15	47.60	26.19	10.25 P	2.05
5	Zwischen Aussenrand und Mitte entnommen	1875	—	—	—	—	—	—	15.31	3.90	43.57	26.97	10.25	2.45
6	Aus der Mitte entnommen	1875	—	—	—	—	—	—	15.45	7.17	37.18	28.86	11.34	2.47
7	Brennheu nach Klappmeyer	1876	—	—	—	—	—	—	22.37	2.71	29.64	37.00	8.28	3.58
	Mittel (excl. No. 1) . .		14.54 [1])	13.73	3.32	36.16	22.89	9.36	16.07	3.89	42.30	26.79	10.95	2.57
	Braunheu aus Esparsette.													
1	In eben beginnender Blüthe	1879	11.00	18.39	4.33	31.17	28.79	6.22	20.69	4.87	35.06	32.38	7.00	3.31
2	Nachdem dieselbe beregnet	1879	10.90	16.15	4.14	29.15	33.22	6.44	18.13	4.65	32.71	37.28	7.23	2.90
	Braunheu aus gelben Lupinen.													
1		1853	—	7.2	—	—	45.6	—	—	—	—	—	—	—
	Braunheu aus Cichorienblättern.													
1	Frisch	1866	41.20	9.20	2.30	25.20	8.20	13.90	15.65	3.88	43.06	13.88	23.53	2.60
2	Lufttrocken	—	15.00	13.30	3.30	36.60	11.80	20.0						

der Farbe, des Aromas und sonstiger physikalischer Verhältnisse alle die Eigenschaften, welche es haben muss, um seine Bereitung als eine gelungene erscheinen zu lassen. No. 1 von der äusseren Umgebung konnte nicht für Braunheu gelten, es war schön grün und trocken und entsprach vollständig einem guten Grünheu. Die Probe aus dem Innersten war dunkler und mürber als die aus der mittleren Lage.

No.	1	2	3
	%	%	%
In Wasser lösliche Stoffe	29.0	33.8	28.8
Gesammt-N	2.5	2.7	2.7
NH_3	0.2	0.3	0.4

Zieht man die dem NH_3 entsprechende Menge N von der Gesammtmenge ab und berechnet aus dem N-Rest (mit 6.25) die Menge der N-h. Substanz, so ergeben sich 14.59, 15.11 u. 14.81 %. Der Gesammt-N-gehalt mit 6.25 multiplicirt 15 63, 16.88; keiner dieser Zahlenreihen stimmt mit der von dem Verf. für „Eiweiss“ berechneten.

No. 4—7. H. Weiske (V.-St. Proskau). — Originalmitthl. Unter Asche ist C- und CO_2 freie A. zu verstehen. — No. 7 ist nicht Braunheu nach gewöhnlicher Methode, sondern Brennheu nach Klappmeyer's Methode bereitet. Mit Letzterem zugleich wurde auch grünes Heu von derselben Luzerne gemacht, welches enthielt:

Nh.-Substanz 18.44 %, Rohfett 2.32 %, Nfr.-Stoffe 37.99 %, Rohfaser 34.00, Asche 7.25 %. Nach der Veröffentlichung in J. f. Landw. 25. (1875). 170, wurden an verdaulichen Nährstoffen pr. preuss. Morgen durch 1malig. Schneiden geerntet in Pfunden:

		Protein	Fett	Kohlehydrate	Mineralstoffe
Im Dürrheu	188.8	10.4	344.2	171.5	43.9
Im Braunheu	247 6	18.0	244.9	252.1	60.0

[1]) Dieser Wassergehalt ist nach dem des vorstehenden Rothklee-Braunheu's willkührlich angenommen.

Aus Esparsette: No. 1–2. H. Weiske u. A. (V.-St. Proskau). — Orig.-Mitthl. u. J. f. Landw. 25. (1877). 170. Die frisch geschnittene Esparsette mit 16.83 % Trockensubstanz (am 16. Juni) wurde in Häufchen gesetzt, unter mehrmaligem Wenden bei vollständig warmer und trockner Witterung 2 Tage auf dem Felde stehen gelassen; am 18. Juni wurde ein Theil der so vorgetrockneten abgewelkten Futtermasse in eine grosse Kiste behufs Bereitung von Braunheu festgestampft etc. Ein anderer Theil wurde am 21. Juni ebenso behandelt, jedoch nachdem er 2mal beregnet worden war. Nach ca. 4 Wochen wurden die Kisten geöffnet und Proben zur Untersuchung von dem Heu entnommen, das nicht verschimmelt war. (Vergl. Sauerheu von demselben Futter.)

Aus gelben Lupinen: No. 1. Ad. Stöckhardt. — Weende'r Jahresb. 1854. II. 13. Im Vergleich zu dem untersuchten Braunheu wurde Heu auf gewöhnliche Weise aus gelben Lupinen erhalten untersucht und gefunden 6.6 % N-h. Substanz und 48.3 % „Pflanzenfaser“. — Die Angaben beziehen sich bei beiden Proben auf lufttrockne Substanz.

Aus Cichorienblättern: No. 1. F. Stohmann. — Ztschr. d. landw. Centrlv. d. Prov. Sachsen. 23. (1866). 24. Die nach gewöhnl. Verfahren dargestellte Masse hatte einen durchdringend aromatischen, durchaus nicht unangenehmen Geruch, vielleicht an schwach gährenden Tabak erinnernd.

No.	Bezeichnungen und Bemerkungen	Jahr der Untersuchung	In der ursprünglichen Substanz						In der Trockensubstanz					Stickstoff in der Trockensubstanz
			Wasser	Nh-Substanz	Rohfett	Nfr. Extractstoffe	Rohfaser	Asche	Nh-Substanz	Rohfett	Nfr. Extractstoffe	Rohfaser	Asche	
			%	%	%	%	%	%	%	%	%	%	%	%
	Brennheu aus Wiesenheu.													
1	Unzersetztes grünes Heu	1884	7.88	11.10	3.79	46.40	25.58	5.25	12.05	3.67	50.82	27.77	5.69	1.93
2	Schwach gebräuntes Heu	1884	7.75	10.36	3.71	48.48	23.20	6.50	11.23	4.02	53.65	24.06	7.04	1.79
3	Stark gebräuntes Heu	1884	6.23	11.17	3.80	47.89	23.47	7.44	11i51	4.05	51.48	25.03	7.93	1,84
4	Heukohle (verkohltes Heu)	1884	6.97	11.45	4.14	35.98	33.73	7.93	12.31	4.45	38.48	36.25	8.51	1.97

Aus Wiesenheu: No. 1–4. E. Mach u. K. Portele. — Landw. V.-St. 32. 1885. 263. In einen ummauerten Raum wurden vom 19. Juui bis 16. Juli bei günstiger Witterung nach und nach 850 cbm Heu eingebracht. In dem Heustock wurden 2 Ventilationsschachte angebracht, welche am Boden mit einem Luftzuführungscanale in Verbindung standen. Ende August machte sich eine beträchtliche Erhitzung des Heues (bis zur Entzündung) bemerkbar. Bei der Ausschachtung des Heu's befanden sich am Boden des Heustockes Heukohle, dann schwärzlich gebräuntes, gebräuntes und zu oberst grünes Heu. Das Heu bestand in der Hauptsache aus Festuca pratensis, Poa pratensis, Avena flavescens, Dactylis glomerata, in geringerer Menge aus Agrostis stolonifera, Festuca ovina, Anthoxanthum odoratum, Centaurea scabiosa und „Trifolium pratense sativum".

Die Verluste welche das Heu bei der Erhitzung erlitten, ergiebt sich aus nachstehender Zusammenstellung. Aus 100 g Trockensubstanz von grünem Heu bildeten sich in Folge der Selbsterhitzung (in g):

	Nh. Substanz	Rohfett	Nfr. Extractstoffe	Rohfaser	Asche
100 g Trockensubstanz von grünem Heu	12.05	2.67	50.82	27.77	5.65
80.82 g „ „ schwach braunem Hen .	9.07	3.25	43.35	19.44	5.65
71.75 g „ „ braunem Heu	8.54	2 92	36.93	17.97	5.65
66.86 g „ „ verkohltem Heu	8.22	2.97	25.73	24.21	5.65

Trockenfutter.

Wiesenheu und Grummet.

Haupt-Uebersichts-Tabelle.*)

No.	Bezeichnungen und Bemerkungen	Jahr der Untersuchung	In der ursprünglichen Substanz: Wasser %	Nh-Substanz %	Rohfett %	Nfr. Extractstoffe %	Rohfaser %	Asche %	In der Trockensubstanz: Nh-Substanz %	Rohfett %	Nfr. Extractstoffe %	Rohfaser %	Asche %	Stickstoff in der Trocken-Substanz %
1	Im Mai geerntet	—	13.05	8.69	—	—	—	8.44	10.00	—	—	—	9.70	1.60
2	Im Juli geerntet	—	13.08	9.31	—	—	—	8.57	10.72	—	—	—	9.86	1.71
3	Im October geerntet	—	14.00	10.63	—	—	—	8.29	12.36	—	—	—	9.64	1.98
4		—	14.00	7.00	3.10	40.40	30.30	7.50	8.14	3.61	44.29	35.24	8.72	1.30
	Bechelbronn i. Elsass.													
5	Heu v. Jahre 1835, im Elsass geerntet	1835	11.00	6.50	—	—	—	—	7.30	—	—	—	—	1.16
6	„ „ „ 1837, „ „ „	1837	12.00	7.19	—	—	—	—	8.17	—	—	—	—	1.31
7	„ „ „ 1840, Militärlief. f. Paris	1840	10.00	7.56	—	—	—	—	8.40	—	—	—	—	1.34
8	„ „ „ 1841, im Elsass geerntet	1841	13.50	7.44	—	—	—	—	8.60	—	—	—	—	1.37
9	Ausgesuchtes Heu, vorzüglicher Güte	—	—	8.06	—	—	—	—	—	—	—	—	—	—
10	Heu, welches wenig Holzstengel enthält	—	—	13.10	—	—	—	—	—	—	—	—	—	—
11	Grummet vom Jahre 1838 (II. Schnitt)	1838	15.80	12.63	—	—	—	8.40	15.00	—	—	—	9.97	2.40
12	Grummet	—	—	12.50	—	—	—	—	—	—	—	—	—	—
13	Von Wiesen b. Kutzenhausen, nicht bewässert	1844	13.60	7.06	—	—	—	6.20	8.16	—	—	—	7.17	1.30
14	Desgl. bei Daubloch, nicht bewässert .	1844	12.00	6.25	—	—	—	—	7.10	—	—	—	—	1.13
15	„ „ Dürrenbach, bewässert . .	1844	15.60	8.13	—	—	—	7.20	6.93	—	—	—	8.53	1.54
16	„ „ Surburg, „ . .	1844	14.00	6.63	—	—	—	8.90	7.71	—	—	—	10.35	1.23
17	„ „ Lembach, „ . .	1844	13.60	8.75	—	—	—	8.90	10.12	—	—	—	10.29	1.62
18	„ „ Hoffmatt, „ . .	1844	13.00	6.69	—	—	—	7.60	7.39	—	—	—	8.74	1.18
19	„ „ Lampertsloch, „ . .	1844	14.00	6.94	—	—	—	6.66	8.07	—	—	—	7.75	1.29
20	„ „ „ „ II. Schnitt	1844	12.00	11.06	—	—	—	—	12.57	—	—	—	—	2.01
21	„ „ Dürrenbach „ II. „	1844	14.30	13.50	—	—	—	7.70	15.74	—	—	—	8.98	2.52

*) Wir geben die Analysen von Wiesenheu zunächst thunlichst chronologisch geordnet in einer Haupt-Uebersichtstabelle, um die vielen Collectiv-Untersuchungen übersichtlich zusammenzustellen; dann lassen wir, theilweise als Auszug aus der Haupttabelle, besondere Tabellen mit Analysen von characteristisch verschiedenen Wiesenheusorten folgen. Hierdurch sind zwar Wiederholungen unvermeidlich, jedoch dürfte diese Anordnung der practischen Benutzung der Tabelle am dienlichsten sein.

Zu den zahlreichen Heu-Analysen der Versuchsstation Halle a. S. konnten bis zum Druck dieses Theiles des Manuscripts die Bezeichnungen und Bemerkungen, unter welchen Verhältnissen die einzelnen Heusorten gewonnen sind, nicht angeliefert werden. Es werden daher diese Analysen mit den betreffenden Bemerkungen über die Gewinnungs- und Wachsthumsweise nochmals in einer besonderen Tabelle im Anhang am Schluss des Werkes aufgeführt werden.

No. 1—3. A. Payen. — Ann. Pharmac. a. Chim. 3. Ser. T. 16. 279. No. 1) 1.39 %, 2) 1.49 %, 3) 1.70 % N.
No. 4. Johnston. — Nach E. F. Hemming's Tabelle 1852 in J. R. agric. Soc. Engl. V. 13. p. II. 449.
No. 5—23. J. B. Boussingault. — Dessen: „Die Landwirthschaft in ihren Beziehungen z. Chemie, Physik etc.“ Deutsche Ausgabe. Halle, 1851. 2 Bd. 238.

No.	Bezeichnungen und Bemerkungen	Jahr der Untersuchung	In der ursprünglichen Substanz						In der Trockensubstanz					Stickstoff in der Trocken-Substanz
			Wasser %	Nh-Substanz %	Rohfett %	Nfr. Extractstoffe %	Rohfaser %	Asche %	Nh-Substanz %	Rohfett %	Nfr. Extractstoffe %	Rohfaser %	Asche %	%
22	Mittlere Zusammensetzung, I. Schnitt	1844	13.00	7.20	3.80	44.40	24.40	7.60	8.28	4.37	50.55	28.06	8.74	1.32
23	Desgl., II. Schnitt	1844	14.10	12.40	3.50	40.50	21.50	8.00	14.43	4.07	47.17	25.02	9.31	2.31
24	Vogesen. Wässerungswiese m. gutem Wasser, I. Schnitt	1848	—	—	—	—	—	—	8.75	—	—	—	5.30	1.40°
25	Desgl., II. Schnitt	1848	—	—	—	—	—	—	11.88	—	—	—	9.60	1.90°
26	Desgl. m. schlechtem Wasser, I. Schnitt	1848	—	—	—	—	—	—	11.25	—	—	—	6.00	1.80°
27	Desgl., II. Schnitt	1848	—	—	—	—	—	—	10.00	—	—	—	9.00	1.60
28	England. Wässerungswiese, I. Schnitt, 30. April	1849	14.30	22.20	5.60	27.47	21.54	9.03	25.91	6.54	31.87	25.14	10.54	4.15
29	Desgl., II. Schnitt, 26. Juni	1849	14.30	9.35	1.76	37.63	29.40	7.56	10.91	2.05	43.91	34.31	8.82	1.75
30	Sachsen. Bewässerte Wiese, gutes Mittelheu, etwas hart	1851	—	—	—	—	-	—	15.87	—	—	—	12.19	2.54°
31	Unbewässert, sehr gutes feines Heu	1851	—	—	—	—	—	—	14.00	—	—	—	7.84	2.24°
32	Bewässert, gutes Mittelheu	1850	—	—	—	—	—	—	13.75	—	—	—	6.44	2.20°
33	Feldheu, angesäetes Timotheegras in der Blüthe	1850	—	—	—	—	—	—	10.76	—	—	—	5.18	1.72°
34	Mässig mit Flusswasser bew., sehr gutes Heu von mittlerer Feinheit	1851	—	—	—	—	—	—	6.25	—	—	—	6.80	1.00°
35	Stark mit Flusswasser bew., gutes, aber grobes Heu	1851	—	—	—	—	—	—	6.81	—	—	—	6.25	1.09°
36	Gute Flusswiese, sehr gutes Heu von mittlerer Feinheit	1851	—	—	—	—	—	—	5.56	—	—	—	7.00	0.89°
37	Nasse Wiese, grobes saures Heu	1851	—	—	—	—	—	—	8.06	—	—	—	5.80	1.29°
38	Desgl., grob und hart, doch besser als voriges	1851	—	—	—	—	—	—	7.62	—	—	—	7.40	1.22°
39	Gute Wiese, vorzügliches Heu	1851	—	—	—	—	—	—	6.90	—	—	—	6.40	1.10°
40	Schlechte Wiese, ziemlich gutes Mittelheu	1851	—	—	—	—	—	—	6.56	—	—	--	5.70	1.05°
41	Trockne Wiese, sehr gutes feines Heu	1851	—	—	—	—	—	—	6.81	—	—	—	6.20	1.09°
42	Schottland. Geringes Heu, im Jahre der Ernte untersucht	1852	16.54	6.06	—	—	—	7.41	7.27	—	—	—	8.88	1.16
43	Desgl., ein Jahr alt untersucht	1852	13.13	3.94	—	—	—	5.26	4.53	—	—	—	6.05	0.72
44	Möckern. Gutes Mittelheu	1852	16.94	10.69	—	40.17	27.16	5.04	12.87	—	48.36	32.70	6.07	2.06
45	Heu aus jungem Gras	1852	14.30	11.70	—	43.00	24.01	6.99	13.65	—	50.11	28.02	8.22	2.18

No. 24—27. Chevandier u. Salvetet. — Die naturgesetzl. Grundlagen d. Ackerbaues, v. E. Wolff, 1856. 875. Wiesen von gleicher Bodenbeschaffenheit, mit verschiedenem Wasser bewässert. Erträge d. Wiese waren folgende, pro ha in kg:

Bewässerung	aus der guten Quelle, im Jahre 1847	aus der schlechten, im Jahre 1847	aus der guten, im Jahre 1848	aus der schlechten, im Jahre 1848
Heu	4890	1433	6887	1669
Grummet	2493	728	2889	900
Zusammen	7383	2161	9776	2569

No. 28 u. 29. Thom. Way. — J. Roy. Agr. Soc. Engl. 1853. I. 171. Das Wiesengras bestand vorzugsweise aus Poa trivialis, Holcus lanatus, Avena pratensis, Lolium perenne etc.

No. 30—41. Ad. Stöckhardt u. H. Hellriegel. — Wilda's landw. Centralbl. I. 1853. 1. 21. Die Heue No. 30 u. 31 stammen von Wiesen von gleicher Lage und Bodenbeschaffenheit in Niederreinsberg bei Nossen. No. 32 u. 33 von Langenrinne bei Freiberg; alle übrigen Nummern von Mühlbach bei Grossenhain. Letztere sind ausserdem bezeichnet: No. 34 Heu von einer Kunstwiese, mit Flusswasser in mässiger Menge bewässert, gedüngt mit Erde. No. 35 Kunstwiese, mit Flusswasser in grosser Menge bewässert, Heu mit einigen Sauergräsern. No. 36 von einer guten Flusswiese mit periodischer Ueberschwemmung, Düngung mit Kalk und Schlamm. No. 37 sehr nasse Wiese, Heu überaus grob, vorherrschend Sauergräser. No. 39 von einer guten frischen Wiese ohne Wässerung, vorzügliches sehr feines Heu, sehr reich an Blättern. No. 40 von einer dürftigen, mit Teichwasser reichlich bewässerten Wiese, mit einigen Sauergräsern. No. 41 von einer ganz trocknen Wiese, Düngung mit Schlamm u. Kalk. Die Heuproben wurden bei 30—40° C. mit einer Art künstlicher Verdauungsflüssigkeit, bestehend aus Wasser, Salzsäure u. Schleimhautextract (Labmagen von Kalb) 46 Stunden lang digerirt und aus dem Gewichtsverlust die Menge der aufgelösten organischen Stoffe bestimmt. Dieselbe betrug bei

No.	30	31	34	35	36	37	38	39	40	41
	20.8	27.5	16.4	15.5	20.8	13.4	17.2	20.7	17.3	19.6

No. 42 u. 43. Thom. Anderson. — Trans. Highl. Soc. Juli 1851 bis März 1853. 456. N-gehalt 0.97 und 0.63%, Phosphate 0.20 und 0.52% in der lufttrocknen Substanz.

No. 44 u. 45. Em. Wolff. — Dessen: Die naturgesetzl. Grundlag. d. Ackerbaus. 878. No. 44. Heu v. den sehr ergiebigen Elsterwiesen b. Möckern, 1852 gewachsen, gutes Mittelheu. No. 45 Heu aus jungem Gras, am 18. Mai zur Zeit der angehenden Blüthe gemäht. Unter dem Einflusse reichlicher Düngung und heisser Mittagssonne gewachsen.

No.	Bezeichnungen und Bemerkungen	Jahr der Untersuchung	In der ursprünglichen Substanz						In der Trockensubstanz					Stickstoff in der Trockensubstanz
			Wasser %	Nh-Substanz %	Rohfett %	Nfr. Extractstoffe %	Rohfaser %	Asche %	Nh-Substanz %	Rohfett %	Nfr. Extractstoffe %	Rohfaser %	Asche %	%
46	I. Schnitt, mehrmals durchnässt . . .	1853	18.38	9.06	—	42.74	27.15	7.67	10.46	—	49.36	31.33	8.85	1.67
47	II. Schnitt, b. günstigem Wetter geerntet	1853	13.06	10.75	—	49.71	19.02	7.46	12.36	—	57.19	21.87	8.58	1.98
48	I. Schnitt	1854	14.79	12.55	—	33.06	34.68	4.92	14.72	—	38.83	40.68	5.77	2.35
49	II. Schnitt	1854	16.14	10.93	—	35.72	28.94	6.27	13.02	—	45.04	34.47	7.47	2.08
50	Viel beregnetes Heu von einer guten Wiese	1854	22.10	9.50	—	31.95	32.11	4.34	12.19	—	41.05	41.19	5.57	1.95
51	Mittelmässiges Heu	1855	14.22	7.65	—	35.90	34.72	7.51	8.92	—	41.93	40.41	8.74	1.427°
52		1855	12.09	10.56	—	37.39	32.19	7.77	12.02	—	42.51	36.63	8.84	1.76
53		1856	14.93	8.95	—	38.88	31.84	5.40	10.53	—	45.68	37.44	6.35	1.68
54		1859	18.00	8.20	—	34.40	32.60	6.80	10.00	—	41.93	39.77	8.30	1.60
55		1854	21.00	—	—	—	27.00	—	—	—	—	34.18	—	—
56		1855	—	—	—	—	—	—	7.80	—	54.00	32.10	6.10	1.25
57		1856	10.54	8.20	4.40	35.96	31.20	9.70	9.17	4.92	40.19	34.88	10.84	1.47
58		1857	15.00	9.67	—	—	—	6.02	11.38	—	—	—	7.08	1.82 °
59	Heu von angebauten Gräsern, ungedüngt	1857	13.20	14.90	—	—	—	12.60	17.17	—	—	—	14.52	2.747°
60	Desgl., gedüngt	1857	13 90	14.78	—	—	—	11.42	17.17	—	—	—	13.26	2.747°
61	Heu von gedüngten Wiesen	1856	20.70	9.56	—	—	—	6.80	12.06	—	—	—	8.58	1.93°
62	Desgl.	1857	13.20	8.56	—	—	—	6.15	9.87	—	—	—	7.15	1.58°
63	Desgl.	1858	15.90	8.94	—	—	—	6.16	10.62	—	—	—	7.73	1.70°
64	Heu von derselben Wiese, ungedüngt .	1857	12.80	8.31	—	—	—	5.58	9.66	—	—	—	6.40	1.53°
65	Desgl.	1858	16.20	7.25	—	—	—	5.73	8.62	—	—	—	6.84	1.38°
66	Heu von Wässerungswiesen	1859	9.84	7.23	—	42.05	35.24	5.64	8.02	—	46.65	39.08	6.25	1.28
67	Desgl.	1859	12.50	10.14	—	38.60	31.10	7.66	11.59	—	44.11	35.54	8.76	1.85
68	Desgl.	1859	10.40	7.86	—	43.64	31.40	6.70	8.77	—	48.71	35.04	7.48	1.40
69	Durchschnittsprobe von 66—68 . . .	1859	10.91	8.41	—	41.30	32.58	6.67	9.35	—	47.00	36.23	7.42	1.50
70	Heu vom Klostergute Weende . . .	1858	16.95	14.17	—	33.84	25.56	9.48	17.06	—	40.86	30.78	11.30P	2.73°
71	Heu von untadeliger Beschaffenheit, jedoch nicht erste Qualität	1859	17.40	12.00	1.20	35.60	24.50	9.30	14.53	1.45	43.08	29.67	11.27	2.32
72		1865	18.00	8.20	1.20	44.30	21.10	7.20	10.00	1.46	54.02	25.74	8.78	1.60

No. 46 u. 47. Keyser. — Die naturgesetzl. Grundlagen d. Ackerbaus. 879. No. 44. Heu u. Grummet von ein und derselben Wiese bei Möckern. Das Heu mehrfach durchnässt und daher von verblichenem Aussehen; das Grummet wurde bei sehr günstiger Witterung geerntet, war noch grün gefärbt und von sehr aromatischem Geruch, feinfaseriger und blätterreicher als das Heu.

No. 48 u. 49. H. Ritthausen. — Möckern'sche Berichte. 4. 19. Zur Bestimmung der Rohfaser wurden 4proc. Schwefelsäure u. 4proc. Kalilauge angewendet. 4—6 g Trockensubstanz wurden mit ca. 100 g dieser Flüssigkeiten und ebenso vielem destillirten Wasser ½—1 Stunde, oder nach Bedürfniss länger, in der Siedhitze digerirt. Von dem hierauf mit viel Wasser versetzten Gemenge wurde, wenn es sich vollständig geklärt hatte, die Flüssigkeit gewöhnlich mit einem Heber abgenommen, der Rest filtrirt und der Rückstand ausgewaschen.

No. 50. Meyer (Ritthausen). — Ibid.

No. 51. H. Ritthausen. — Ibid 5. Heu von mittelmässiger Beschaffenheit, von einer Wiese, die im Juni durch Ueberschwemmung gelitten und deshalb erst zur Zeit der Grummeternte gemäht wurde. (Aus dem vom Autor angegebenen N-gehalt der Trockensubstanz berechnet sich ein anderer Proteïngehalt als der von ihm angegebene. Der oben angegebene wurde von uns berechnet.)

No. 52. H. Ritthausen u. H. Scheven. — Amtsbl. f. d. landw. Vereine Sachsens 1859. 59. Holzfaser wurde 4mal bestimmt und zwar zu 29.77, 29.20, 34.70 und 35.11%, im Mittel zu 32.19%.

No. 53. W. Knop u. R. Arendt. — Möckern'sche Berichte. 5. 83. Nh.-Substanz von uns berechnet.

No. 54. W. Knop. — Amtsblatt f. d. landw. Vereine Sachsens 1859. 65.

No. 55. Sussdorf. — Ibid. 1854. 56.

No. 56. A. Stöckhardt. — Weende'r Jahresber. 1855/56. II. 29.

No. 57. Ign. Moser. — Ibid. 30. Alkoholauszug (Zucker) 1.30% in ursprünglicher Substanz.

No. 58—60. C. Karmrodt. — Zeitschr. Rheinprov. 1858. 176. No. 58 aus gewöhnlichem Wiesengras. No. 59 u. 60 aus einem aus Lolium perenne, L. italicum, Avena elatior und Ceratochloa australis bestehenden Grasgemisch. Woraus die Düngung bei No. 60 bestand, ist nicht angegeben.

No. 61—65. J. B. Lawes u. J. H. Gilbert. — Journ. Royal Agricult. Soc. England 19. II u. 20. I u. II. Erläuterungen siehe unter Heu von gedüngten Wiesen.

No. 66—69. C. Schulz-Fleeth. — Weende'r Jahresber. 1857/60. II. 62. Heu No. 66 enthielt nur Halme von blühenden Wiesengräsern. No. 67 Heu war ziemlich reichlich mit Untergras und etwas Klee vermischt. No. 68 enthielt nur wenig Untergras. No. 69 Durchschnittsprobe.

No. 70. F. Stohmann. — J. f. Landw. 1860. 387.

No. 71. W. Henneberg. — Ibid. 1864. 25. Im Frühjahr nach der Ernte untersucht.

No. 72. W. Henneberg. — Ibid. 1866. 333.

No.	Bezeichnungen und Bemerkungen	Jahr der Untersuchung	In der ursprünglichen Substanz						In der Trockensubstanz					Stickstoff in der Trockensubstanz
			Wasser	Nh-Substanz	Rohfett	Nfr. Extractstoffe	Rohfaser	Asche	Nh-Substanz	Rohfett	Nfr. Extractstoffe	Rohfaser	Asche	
			%	%	%	%	%	%	%	%	%	%	%	%
73	Weserwiese, theilweise überschwemmt, gedüngt	1861	14.30	10.33	—	40.42	27.16	7.79	12.06	—	47.04	31.69	9.21	1.93
74	Bewässerte Wiese	1861	14.20	9.73	—	44.34	25.34	6.39	11.34	—	51.80	29.53	7.33	1.81
75	Zeitweise überschwemmt	1861	14.00	9.14	—	42.66	27.75	6.45	10.63	—	49.60	32.27	7.50	1.70
76	Bewässerte Wiese	1861	14.30	9.74	—	43.08	25.84	7.04	11.37	—	50.28	30.13	8.22	1.82
77	Bisweilen überschwemmt	1861	14.30	13.49	—	39.58	24.21	8.42	15.75	—	47.07	28.25	9.83	2.52
78	Sollingheu, mittlerer Güte, 1867er Ernte, April	1868	14.30	9.80	2.60	40.90	26.70	5.70	11.40	3.00	47.90	31.10	6.55P	1.824°
79	Sollingheu, mittlerer Güte, 1868er Ernte	1868	14.30	9.08	2.23	45.34	23.13	5.92	10.60	2.60	52.82	27.00	6.92P	1.696°
80	Aus dem mittleren Schweden, nasse Wiese	1860	12.87	9.75	4.20	43.76	22.09	7.33	11.19	4.82	50.33	25.36	8.30	1.78
81	Gutes Wiesenland von Tharand . . .	1865	—	—	—	—	—	—	11.20	—	48.08	29.55	7.33	1.80
82		1861	—	—	—	—	—	—	15.75	1.61	46.54	28.26	8.93	2.52°
83	Heu vom Schwarzwald (v. Schollach) .	1861	—	—	—	—	—	—	11.25	—	—	—	6.63P	1.80°
84	Desgl. (v. Bärenthal)	1861	—	—	—	—	—	—	10.94	—	—	—	6.78P	1.75°
85	Desgl. (v. Schollach)	1861	—	—	—	—	—	—	10.00	—	—	—	6.61P	1.60°
86	Bestes Elbheu (Gramineen)	1861	—	—	—	—	—	—	10.56	3.15	49.41	28.26	8.62	1.69
87	Heu aus Gramineen und Sauergräsern .	1861	—	—	—	—	—	—	10.26	2.97	50.09	29.20	7.48	1.65
88	Hen aus Gramineen mit viel Sauergräsern	1861	—	—	—	—	—	—	7.72	4.23	53.93	28.01	6.11	1.23

No. 73—77. F. Stohmann. — J. f. L. 1861. 591. No. 73. Heu vom Gute Ohr, Wiesen an der Weser mit mildem Lehmboden, Untergrund ist ein sandreicher, durchlassender Lehm, seit einigen Jahren mit Compost gedüngt. Es wachsen nur süsse Gräser auf der Wiese, insbesondere: Alopecurus pratensis, Holcus lanatus, Dactylis glomerata, Lolium perenne, Phleum pratense, Anthoxanthum odoratum, auch Wiesenklee.

No. 74. Heu vom Gute Diedersen. Seit 12 Jahren Wässerungswiesen mit Rückenbau. Undurchlassender schwerer Lehm mit sehr wenig Sand und Kalk; in der Tiefe von 3—5 Fuss steht Thon. Gedüngt wurden diese Wiesen nicht.

No. 75. Heu vom Gute Hasperde. Von Zeit zu Zeit, namentlich im Frühjahr von der Hamel überschwemmt. Untergrund Thon mit Eisenoxyd; gedüngt wurde die Wiese nicht.

No. 76. Heu vom Gute Welsede, Wiesen an der Emmer, die von dieser künstlich bewässert werden. Es wurde von einer Wiese entnommen, welche stark „geflösst" wurde und mehrfach unter Wasser gestanden hatte. Der Boden ist „geflossener" Lehm, theilweise Humus auf Grundunterlage, 3—6 Fuss stark. Im April und Mai berieselt, nach dem ersten Schnitt erforderlichenfalls bestaut.

No. 77. Heu vom Klostergute Weende, Wiesen an der Leine werden bisweilen überschwemmt, künstliche Bewässerung findet nicht statt. Boden: kalkhaltiger Lehm mit viel feinem Sand.

No. 78—79. W. Henneberg, E. Schulze u. M. Märcker (V.-St. Weende). — J. f. L. 17. (1869). 329 u. 18. (1870). 293. Ausser angegebenem N-gehalt waren in No. 78 noch 0.004% Salpetersäure-N vorhanden. Rohfaser ist asche- u. eiweissfrei.

	Im Ganzen	Mineralstoffe	Eiweiss	Aus dem Wasserextract lösten sich bei aufeinanderfolgender Behandlung in Alkohol	in Aether
No. 78 in Wasser lösl.	32.34	5.72	3.71	3.67	0.60
No. 79 „ „ „	32.68	6.07	2.74	3.38	0.21

Die Wiesen der beiden Heue sind Gebirgswiesen auf Buntsandstein.

No. 80. C. M. Eisenstuck. — L. V.-St. 3. 1861. 237. Wiese mit kalkhaltigem Untergrund. Das Heu bestand nach der botanischen Analyse von Eckmann aus Pimpinella Saxifraga L. 3.85%, Anthriscus sylvestris Hffm. 1.69„, Taraxum officinale Wigg. 1.05„, Geum rivale L. 6.33„, Ranunculus acris L. 2.95„, Spiraea Ulmaria L. 5.98„, Sonchus arvensis L. 2.45„, Carum carvi L. 5.95„, Equiseta 7.51„, Carices 17.19„, Lathyrus pratensis L. 2.45%, Vicia angustifolia R. 14.49„, Vicia Cracca L. 19.25„, Avena pratensis L. 1.77%, Poa pratensis L. 1.40„, Agrostis-Arten 5.75„.

Der Gehalt an „Cellulose" wurde ermittelt durch aufeinanderfolgende Digestion der Substanz mit 3proc. Salzsäure und 3proc. Natronlauge, Alkohol und Aether in gelinder Wärme.

No. 81. v. Orelli u. Juughähnel. — Chem. Ackersm. 1866. 49. Die Summe der Componenten beträgt nur 96.16.

No. 82. W. Henneberg (V.-St. Weende). — J. f. L. 1864. 296. In Wasser löslich 29.6%. (Ist möglicherweise mit Heu unter No. 77 identisch.)

No. 83—85. J. Nessler (V.-St. Karlsruhe). — Deren Bericht 1870, 221. Die Heusorten stammen a. d. badischen Schwarzwalde, No. 83 ist als gesundes Heu bezeichnet, die beiden anderen als schädlich, insofern in der Gegend, wo sie verfüttert werden, die Lecksucht (Hinschkrankheit) bei dem Rindvieh heimisch ist. Nessler glaubt die Ursache dafür in dem Mangel an Natron in dem Heu suchen zu sollen; er fand im Mittel von 4 unschädlichen Heusorten 0.21% Natron, im Mittel von 7 schädlichen Heusorten nur 0.05% Natron. Bei der Verfütterung von Kochsalz wurde das Uebel vielfach beseitigt.

No. 86—88. H. Hellriegel (V.-St. Dahme). — 4. u. 5. Bericht derselben. 84. No. 86. Das Elbheu (von Heinrichsberg) bestand nur aus Gramineen; Kleearten und Kräuter kamen nur in geringer Menge, Sauergräser fast nicht vor. Unter den Gramineen waren Agrostis- und Poa-Arten vorherrschend, nächst diesen Festuca- und Alopecurus-Arten. — No. 87 bestand in der Hauptsache aus Gramineen, ausserdem aber waren ziemlich viel saure Gräser aus den Gattungen Luzula und Carex vorhanden. — No. 88 enthielt noch reichlicher dieselben Sauergräser, ausserdem noch Moos, Equisetum und einzelne Exemplare Menyanthes trifoliata.

No.	Bezeichnungen und Bemerkungen	Jahr der Untersuchung	In der ursprünglichen Substanz						In der Trockensubstanz					Stickstoff in der Trockensubstanz
			Wasser %	Nh-Substanz %	Rohfett %	Nfr. Extractstoffe %	Rohfaser %	Asche %	Nh-Substanz %	Rohfett %	Nfr. Extractstoffe %	Rohfaser %	Asche %	%
89		1862	13.80	10.31	—	40.80	28.60	6.50	12.00	—	47.30	33.20	7.50	1.92°
90		1862	14.20	8.88	—	42.50	28.40	6.00	10.37	—	49.50	33.10	7.00	1.66°
91	Heu, mittlerer Güte, im Januar nach der Ernte untersucht	1862	13.10	7.98	1.86	36.31	33.64	7.11	9.18	2.14	41.78	38.72	8.18	1.47
92	Heu von guter Beschaffenheit, aber spät geerntet	1863	13.72	9.14	2.22	36.46	31.12	7.34	10.59	2.57	41.57	36.07	9.20	1.69
93	Heu von besserer Qualität als voriges .	1863	14.00	9.23	2.14	38.96	29.51	6.16	10.73	2.49	45.30	34.32	7.16	1.72
94	Feines Heu, von Ringenberg	1867	14.00	8.57	—	—	—	5.43	9.97	—	—	—	6.32	1.60
95	Grobes Heu, von Hopstetten	1867	14.00	8.14	—	—	—	7.58	9.43	—	—	—	8.82	1.51
96	Heu, 1865er Ernte, im Spätjahr untersucht	1865	14.85	7.65	1.95	40.07	29.17	6.30	8.98	2.29	47.08	34.25	7.40	1.44
97	„Samenheu“, 1868er Ernte	1868	21.60	4.77	1.32	39.46	26.30	6.55	6.09	1.68	50.31	33.56	8.36	0.97
98	Gutes Wiesenheu	1868	14.30	7.08	—	47.83	27.21	3.58	8.27	—	55.80	31.75	4.18	1.32
99	Heu aus Livland: „Landheu“	1862	9.52	8.47	—	—	—	3.98	9.36	—	—	—	4.40	1.49
100	„Luchtheu“	1862	8.66	7.39	—	—	—	3.08	8.09	—	—	—	3.37	1.29
101	„Morastheu“	1862	10.42	8.76	—	—	—	3.50	9.78	—	—	—	3.91	1.56
102	Heu aus Livland: „Blätterheu v. Hochwiesen, 8. Jul. gemäht	1865	14.17	10.44	2.19	46.91	21.92	4.37	12.03	2.52	55.17	25.25	5.03	1.92
103	„Niederungswiesen“ mit Ueberstauung, 7. Juli gemäht . .	1865	13.63	10.66	2.14	43.07	26.93	3.57	12.34	2.38	50.97	30.18	4.13	1.97
104	„Sumpfwiesen“, Ende Juni gemäht	1865	16.56	7.23	1.75	48.30	23.58	2.58	8.66	2.10	57.90	28.25	3.09	1.39
105	Heu aus Livland: „Blätterheu“ von Hochwiesen“, 15. Juli 65 gemäht . . .	1865	15.99	9.86	2.90	46.73	19.41	5.11	11.73	3.45	55.64	23.10	6.08	1.88
106	„Niederungswiesen“, 15. Juli 65 gemäht	1865	16.10	8.82	1.71	44.23	25.47	3.66	10.51	2.04	52.73	30.36	4.36	1.68
107	„Moorwiesen“, 15. Juli 65 gemäht	1865	15.83	9.51	2.29	43.35	25.64	3.38	11.30	2.72	51.50	30.46	4.02	1.81

No. 89 u. 90. H. Hellriegel u. Lucanus. — L. V.-St. 7. (1865). 389.

No. 91—93. Ed. Peters. — Ann. d. Landwirthsch. 40. (1862). 278. 41. (1863). 53. Heu unter No. 90 bestand fast nur aus Gramineen, es war aber etwas spät geerntet worden und enthielt daher ziemlich viel harte Stengel, war aber sonst von guter Beschaffenheit.

No. 94 u. 95. C. Karmrodt. — Landw. Ztschr. f. Rheinpreussen. 1867. 377. In der Gegend von Ringenberg herrscht unter dem Vieh die Knochenbrüchigkeit. An Kalk und Phosphorsäure enthielten die beiden Sorten:

	CaO No. 92	93	P_2O_5 No. 92	93
In 100 Heu	0.68	0.90	0.22	0.28
In 100 Asche	12.46	11.96	4.15	3.76

No. 96—97. J. Nessler (V.-St. Karlsruhe). — Bericht derselb. 1870. 56. „Als Zucker bestimmbare Körper“. 22, 61, resp. 15, 66 %.

No. 98. ? — Weende'r Jahresber. 1867/68. 526. Von uns auf Trockensubstanz berechnet; der Wassergehalt ist zu 2.01 % angegeben.

No. 99—107. C. Schmidt. — Livländer Jahrbücher d. Landwirthsch. 16. (1863). 129 u. 18. (1865). 89. — No. 99—101 stammten von Turnishof in Livland; No. 101—104 aus Piersal 59° 4′ n. Br. u. 21° 42′ östl. L. v. Paris; No. 105—107 von Orrisaar, 58° 59′ n. Br. u. 23° 31′ östl. L. — Die Heusorten repräsentiren die landesübliche Classification in

a. Blätterheu von Hochwiesen („Arro“),
b. Niederungswiesen niedriger Waldheuschläge mit Frühjahrs-Ueberstauung („Pajo“) und
c. Morast- oder Sumpfwiesen auf Moorgrund.

Die Böden dieser Wiesen sind wie folgt beschrieben: Die drei von Piersal haben schwach lehmigen Sand mit Grand-Untergrund, die analogen drei von Orrisaar Dolomitgerölle mit spärlich dazwischen gelagertem, plastischem blauen Thon der mittelsilurischen Formation. Es sind insbesondere die Wiesen unter No. 102, „Arro“ von Piersal, Bodenanschwellungen von Niederungen umgeben, Untergrund lehmiger Grand.

No. 103. „Pajo“ von Piersal, niedriger Waldheuschlag, Untergrund feuchter Sand.

No. 104. „Morastheu“ von Piersal, Torfboden mit Sanduntergrund.

No. 105. „Arro“ von Orrisaar, Höhenboden mit Weisserlen bestanden, mit 11 Zoll tiefer schwarzer Obererde und einem Untergrunde von sandigem, rothem Lehm mit viel Dolomitgerölle.

No. 106. „Pajo“ von Orrisaar, im Frühjahr überstauter Niederungsboden mit 10 Zoll tiefer Moorerde u. einem Untergrunde von moorigem blauem Lehm und viel Dolomitgerölle.

No.	Bezeichnungen und Bemerkungen	Jahr der Untersuchung	In der ursprünglichen Substanz						In der Trockensubstanz					Stickstoff in der Trockensubstanz
			Wasser %	Nh-Substanz %	Rohfett %	Nfr. Extractstoffe %	Rohfaser %	Asche %	Nh-Substanz %	Rohfett %	Nfr-Extractstoffe %	Rohfaser %	Asche %	%
108		1863	18.00	8.20	1.20*	44.30	21.10	7.20	10.00	1.46	54.02	25.74	8.78	1.60
109		1864	15.00	9.03	3.16	43.13	22.46	7.22	10.62	3.72	50.74	26.43	8.49	1.70°
110	Etwas hart, nicht von bester Qualität .	1864	16.50	11.22	2.32	33.16	30.97	5.83	13.44	2.79	39.81	37.00	6.96p	2.15°
111		1868	15.66	7.85	3.04	42.38	25.33	5.74	9.31	3.61	50.24	30.03	6.81	1.49
112		1868	15.20	9.58	2.54	37.77	27.96	6.95	11.30	3.00	44.40	33.10	8.20	1.80°
113	Heu von sehr guter Beschaffenheit . .	1863	15.14	8.20	2.00	45.22	24.00	5.44	9.66	2.36	53.30	28.27	6.41	1.55
114		1864	15.78	10.41	3.41	37.73	25.72	6.95	12.38	4.05	44.73	30.58	8.26	1.98
115		1865	11.82	9.14	2.76	42.86	26.85	6.57	10.29	3.01	49.07	30.23	7.40	1.65
116		1867	14.36	8.69	3.42	43.24	23.61	6.68	10.15	3.99	50.48	27.58	7.80	1.62
117		1867	16.04	8.96	3.71	42.97	21.61	6.71	10.67	4.42	51.18	25.74	7.99	1.71
118		1867	14.24	7.72	—	—	—	6.30	9.00	—	—	—	7.35	1.44
119	Ein Jahr nach der Ernte untersucht .	1870	11.90	7.93	2.57	44.30	25.00	8.30	9.00	2.92	50.28	28.38	9.42	1.44
120	Im März nach der Ernte untersucht .	1870	15.30	7.62	2.47	42.60	24.02	7.99	9.00	2.92	50.29	28.37	9.42	1.44
121	Von einer nassen Wiese mit schwerem Thonboden	1862	16.00	8.28	2.87	—	—	6.63	9.87	3.42	—	—	7.90	1.58°
122	Ebendaher nach ausgeführter Drainage	1865	16.00	10.70	3.41	—	—	7.49	12.73	4.08	—	—	8.93	2.04°
123		1863	11.21	10.21	—	—	—	7.02	11.49	—	—	—	7.90	1.84
124		—	14.30	9.59	—	44.51	25.32	6.28	11.20	—	48.08	29.55	7.33	1.79
125	Trockene Flusswiese mit zeitweiser Ueberschwemmung	1865	13.06	8.57	2.63	48.84	21.75	5.15	9.86	3.02	56.19	25.01	5.92	1.58
126	Wässerwiese aus dem nassen Jahre 1864	1865	14.00	10.07	2.07	44.36	23.50	6.00	11.70	2.41	51.58	27.33	6.98	1.87

No. 107. „Morastheu“ von Orrisaar. Unvollkommen entwässerter Niederungsboden mit 32″ tiefer Moorerde mit Untergrund wie bei vorigem. Es ist kein eigentliches „Moorheu“, da die Moräste entwässert worden sind, sich mit Weidenstrauch überzogen haben und allmählich in das Pajoland übergehen.

An näheren Bestandtheilen des Heu's wurden noch bestimmt (auf ursprüngliche Subst. bezogen):

	bei No. 99	100	101	102	103	104	105	106	107
Stärkemehl u. lösliche Kohlehydrate (auf Zucker berechnet)	—	—	—	25.64	22.47	22.22	21.37	20.83	26.67
Kalk	1.033	0.478	0.660	0.842	0.724	0.840	1.403	1.140	0.875
Magnesia	0.162	0.111	0.150	0.280	0.448	0.428	0.682	0.407	0.443
Kali	0.620	0.546	0.797	1.518	0.645	0.312	1.093	0.967	0.861
Phosphorsäure	0.386	0.460	0.743	0.300	0.334	0.267	0.367	0.281	0.276

„Unlösliche Holzfaser“ wurde bestimmt, indem 1 g lufttrockne Substanz mit 100 CC. 2-proc. Schwefelsäure, dann mit 2-proc. Kalilauge je 12 Stunden digerirt, dann aufeinanderfolgend mit siedendem Wasser, Alkohol und Aether ausgewaschen wurde; die mit Schwefelsäure erhaltene Lösung diente zur Bestimmung der in Zucker überführbaren Bestandtheile.

No. 108. W. Henneberg (V.-St. Weende). — J. f. Landw. 14. (1866). 303.

*) Der Fettgehalt wurde nicht bestimmt, sondern angenommen wie er in Wiesenheu 1859er Ernte gefunden worden war. Asche C- u. CO_2 frei.

No. 109. F. Stohmann (V.-St. Weende). — J. f. Landw. 16. (1868). 175. Der Gehalt an Trockensubstanz dieses Heu's war am 24. April 80.30%, am 4. Juni 85.67%, am 30. Juni 88.61%. In Wasser waren löslich (auf Trockensubst. bezogen) 29.96%, davon 6.46% Mineralstoffe, 0.40% Stickstoff; vom wässrigen Extrakt lösten sich aufeinanderfolgend in Alkohol 4.10%, in Aether 0.23%.

No. 110. G. Kühn (V.-St. Weende). — J. f. Landw. 13. (1865). 349. Gut eingekommen. In Wasser löslich 26.29%, dabei 5.48% Mineralstoffe u. 3.19% Proteinstoffe. Die Rohfaser enthielt noch 1.1% Protein, so dass 37% proteinfreie Rohfaser (in der Trockensubstanz) verbleiben. Untersucht wurde das Heu Januar und Februar des Jahres nach der Ernte.

No. 111 u. 112. G. Kühn (V.-St. Weende). — L. V.-St. 12. (1869). 197 u. 127. Der Trockensubstanzgehalt des Heu's No. 111 wechselte innerhalb der Zeit vom 21. Decemb. 1867 bis 23. April 1868 von 78.28—84.34%. Wir nahmen zur Berechnung der Zusammensetzung des lufttrocknen Heu's den niedrigsten (obigen) Wassergehalt an. Bei Heu No. 112 wechselte der Trockensubstanzgehalt (22. Decemb. bis 8. März) zwischen 84.32—85.23%.

No. 113—120. V. Hofmeister. — L. V.-St. 6 (1864) 187 7 (1865) 415 u. 8 (1866) 100. — 10 (1868) 284, 11 (1869) 242; mit R. Brandes 12 (1870) 9 — 16 (1873) 126 u. 351. Das Heu unter No. 119 enthielt im lufttrocknen Zustande 0.81% Phosphorsäure und 1.43% Kalk.

No. 121 u. 122. A. Voelcker. — J. R. Agric. Soc. England. 1866. II. 377.

Rohfasergehalt ist bei No. 121 mit 56.16 bezw. 67.51,
„ „ „ „ 122 „ 47.50 „ 56.57% angegeben.

In Wasser löslich:

	Nh. Subst. urspr. %	Nh. Subst. trock. Subst. %	Mineralstoffe urspr. %	Mineralstoffe trock. Subst. %
No. 121.	2.56	3.05	3.40	4.05
No. 122.	3.41	4.08	5.29	6.30

No. 123. R. Hoffmann. — Weende'r Jahresber. 1875/76. 106.

No 124. A. Stöckhardt. — Chem. Ackersm. 1866. 49. Die Zusammensetzung des lufttrockenen Heu's mit angenommenem Wassergehalt von uns berechnet.

No. 125—129. Th. Dietrich. — Landw. Anzeig. f. d. Rgbz. Cassel. 1867. 187. Die untersuchten 5 Heusorten sind nach praktischer Erfahrung von sehr verschiedenem Nährwerthe.

No.	Bezeichnungen und Bemerkungen	Jahr der Untersuchung	In der ursprünglichen Substanz						In der Trockensubstanz					Stickstoff in der Trockensubstanz
			Wasser	Nh-Substanz	Rohfett	Nfr. Extractstoffe	Rohfaser	Asche	Nh-Substanz	Rohfett	Nfr. Extractstoffe	Rohfaser	Asche	
			%	%	%	%	%	%	%	%	%	%	%	%
127	Wässerwiese aus dem trocknen Jahre 1865	1865	13.09	10.53	2.23	47.60	20.55	6.00	12.12	2.57	54.75	23.65	6.91	1.94
128	Umgebrochene Hute, im zweiten Jahre nach frischer Ansaat	1865	14.03	12.18	2.35	44.50	22.57	4.37	14.17	2.73	51.77	26.25	5.08	2.27
129	Hute vor dem Umbruch	1865	12.85	8.65	1.74	47.64	24.17	4.95	9.92	2.00	54.68	27.72	5.68	1.59
130	Aus der Memeler Niederung	1867	16.49	8.75	—	50.88	19.68	4.24	10.47	—	60.89	23.56	5.08	1.68
131	Desgl.	1867	16.92	5.81	—	52.52	18.84	6.21	7.00	—	62.84	22.68	7.48	1.12
132	Aus der sächsischen Lausitz	1867	14.31	8.68	2.00	43.80	24.99	6.22	10.13	2.33	51.12	29.16	7.26	1.62
133		1868	15.00	9.01	3.17	41.48	23.32	7.53	10.60	3.73	49.39	27.42	8.86	1.70
134		1868	15.00	9.56	4.02	40.45	23.74	7.26	11.24	4.73	47.35	28.14	8.54	1.80
135	Heu von Windenbrück (Knochenbrüchigkeit)	1866	15.00	8.55	4.12	41.02	26.72	4.59	10.06	4.85	48.25	31.44	5.40	1.61
136	Heu von Piber (Steiermark) sehr zartes Heu aus jungem Grase	1870	13.84	13.11	6.69	34.81	26.03	5.52	15.22	7.77	40.58	30.22	6.21	2.44
137	Heu von Radautz (Bukowina) . . .	1870	14.07	12.55	3.74	32.88	31.12	5.63	14.81	4.35	38.07	36.22	6.55	2 37
138	„ „ Lipizza	1870	12.05	10.48	4.89	37.02	30.18	5.38	11.92	5.56	42.09	34.31	6.12	1.91
139	„ „ Kladrup (Böhmen)	1870	14.45	12.88	5.14	40.12	21.18	6.23	15.06	6.01	46.89	24.76	7.28	2.41
140	„ „ Kisbér	1870	13.44	14.43	4.50	30.80	29.28	7.56	16.67	5.20	35.58	33.82	8.73	2.67
141	„ „ Mezöhegyes (Ungarn)	1870	11.30	12.31	6.37	29.99	33.33	6.70	13.87	7.18	33.85	37.55	7.55	2.22
142	„ „ Satoristye (Ungarn)	1870	13.73	13.05	3.74	33.19	29.28	7.01	15.12	4.33	38.49	33.94	8.12	2.42
143	„ „ Tapolvár (Ungarn)	1870	12.18	11.75	3.81	36.10	28.30	7.86	13.38	4.34	41.10	32.23	8.95	2.14
144		1874	11.44	5.40	2.08	44.90	29.99	6.19	6.10	2.35	50.76	33.86	6.99	0.98
145		1871	9.70	10.10	3.20	40.30	28.70	8.00	11.18	3.54	44.63	31.79	8.86	1.79
146		1872	—	—	—	—	—	—	10.03	2.56	52.56	27.47	7.38P	1.76
147		1869	16.65	12.00	3.31	32.66	28.62	5.90	14.40	3.97	40.21	34.34	7.08	2.30
148		1873	16.12	8.58	2.74	39.58	26.52	6.01	10.23	3.27	47.73	31.61	7.16	1.64
149	Heu von ungedüngten Wiesen . . .	1879	13.60	10.76	4.22	39.91	23.95	4.46	12.45	4.88	49.80	27.71	5.16	1.99
150	Desgl.	1879	10.18	8.47	4.48	44.23	25.56	4.83	9.43	4.99	51.75	28.45	5.38	1.51
151	Heu von gedüngten Wiesen	1879	13.60	12.24	4.11	37.67	24.42	5.79	14.16	4.76	46.13	28.25	6.70	2.27
152	Desgl.	1879	9.98	10.38	4.50	43.06	24.68	5.00	11.53	5.00	50.49	27.42	5.56	1.84

No. 125. Wiese a. d. Diemel, im Winter vorher überschwemmt gewesen, vom Jahre 1865. No. 126 u. 127. Wässerungswiese mit gutem, kalkhaltigem Rieselwasser. No. 128. Hute des Beberbecker Gestütes, im zweiten Jahre nach frischer Ansaat, welche auf eine dreijährige Pflugkultur (Kartoffeln, Kartoffeln, Hafer) folgte, Ernte 1865. No. 129. Von eben solcher Hute (mit Tertiär-Sand), noch nicht umgebrochen. An näheren Bestandtheilen wurden noch bestimmt:

No.	125	126	127	128	129
In Zucker überführbare Substanz., auf Zucker berechnet	21.36	19.30	22.93	18.30	16.91
Chlornatrium	0.29	0.45	0.56	0.11	0.06
Kalk	1.05	1.10	1.29	0.63	0.56
Phosphorsäure	0.33	0.40	0.37	0.34	0.25
Kieselsäure	1.16	1.01	1.24	0.99	1.68

Bei der Aufzucht von Pferden im Gestüte Beberbeck rechnet man dort den Nutzungswerth von 1 Pfd. Diemelheu (No. 125) gleich 2 Pfund Huteheu in der ersten Zeit nach dem Umbruche und 4 Pfund Huteheu vor jeglichem Umbruche.

No. 130 u. 131. Pincus. — Hoffmann'scher Jahresber. 1867. 256. Beide Heuproben äusserlich ganz vortrefflich, No. 131 jedoch von geringem Nähreffekt.

No. 132. Fritzsche. — Bericht über Fütterungsversuche d. V.-St. Pommritz. 1867/68. 12.

No. 133 u. 134. F. Krocker. — Annalen der Landwirthschaft in Preussen. 54. (1869). 27. Rohfaser Nfrei, Asche CO_2-frei.

No. 135. F. Stohmann (V.-St. Halle). — Ztschr. d. landw. Centralvereins d. Prov. Sachsen. 26. (1869). 9. Heu von Wiedenbrück in Westfalen, wo Knochenbrüchigkeit stationär ist. In Wasser lösliche Bestandtheile 22.61%, davon 1.81% Mineralstoffe, 4.27% Eiweiss; vom wässrigen Extrakt lösten sich bei aufeinanderfolgender Behandlung in Alkohol 2.98%, in Aether 0.30%. An Aschenbestandtheilen wurden bestimmt: Kali 1.42%, Magnesia 0.24%, Kalk 0.70%, Phosphorsäure 0.26%, Schwefelsäure 0.46%, Kieselerde 1.92%.

No. 136—143. Ign. Moser u. Schwackhöfer (V.-St. Wien). — L. V.-St. 14. (1871). 147. Die untersuchten Heue werden in den renommirtesten Gestüten von Oesterreich-Ungarn verfüttert und sind als Durchschnittsproben seitens der betr. Gestütsverwaltungen bezeichnet worden.

No. 144. J. Moser. — Hoffmann's Jahresber. d. Agrikulturchemie. 16|17. (1873/74). 4. (Aus d. Milchztg. 1874. 910.)

No. 145. E. Schulze (V.-St. Darmstadt). — Bericht derselben von P. Wagner. 1874. 44. Von einer Wiese in Oberhessen, welche früher fast werthlos, nur mit Haidekraut und mit Färberginster bewachsen war, zur Zeit der Probenahme seit 6 Jahren jedoch durch Bewässerung, durch Anwendung von Holzasche, Kalk, Gips, Superphosphat und stickstoffhaltiger Composterde meliorirt worden ist und seitdem reichliche Erträge geliefert hat.

No. 146. M. Fleischer u. C. Müller. — Privatmitthl.

No. 147—152. E. Heiden u. A. Schlimper (V.-St. Pommritz). — Private Mitthl. No. 151 u. 152 pr. ha gedüngt mit 8 Ctnr. Kainit, 4 Ctr. Knochenmehl im Herbst und mit 1 Ctr. Chilisalpeter im Frühjahr. Sand enthielten die Proben No. 149: 3.10%, No. 150: 2.25%, No. 151: 2.17%, No. 152: 2.40% der lufttrocknen Substanz.

No.	Bezeichnungen und Bemerkungen	Jahr der Untersuchung	In der ursprünglichen Substanz						In der Trockensubstanz					Stickstoff in der Trockensubstanz
			Wasser %	Nh-Substanz %	Rohfett %	Nfr. Extractstoffe %	Rohfaser %	Asche %	Nh-Substanz %	Rohfett %	Nfr. Extractstoffe %	Rohfaser %	Asche %	%
153	Heu von dem Reinhardswalde (Beberbeck)	1863	15.82	11.28	2.19	43.14	19.52	8.05	13.13	2.55	52.23	22.72	9.37	2.10
154	Heu von Wiesen auf Buntsandstein-Abschlämmung	1872	13.61	8.44	2.13	46.50	22.43	6.87	9.77	2.47	53.83	25.97	7.96	1.56
155	Desgl.	1872	11.90	8.29	1.68	48.48	23.59	6.06	9.41	1.91	55.03	26.77	6.88	1.51
156		1873	13.50	11.15	—	—	26.89	8.36	12.89	—	—	31.08	9.66	2.06
157		1873	15.51	8.12	—	41.90	29.10	5.37	9.61	—	49.61	34.43	6.35	1.54
158	Heu aus Schweinsberg (mit Sauergräsern)	1882	14.30	8.96	2.50	45.07	22.60	6.57p	10.46	2.92	52.61	26.34	7.67	1.67
159		1867	14.35	11.75	3.00	32.19	32.48	6.32	13.72	3.50	37.46	37.94	7.38	2.20
160	Mittelgut	1870	16.18	10.05	3.07	38.61	25.05	7.04	11.75	3.66	47.24	28.95	8.40	1.88
161	Frisches Heu von vorzüglicher Beschaffenheit	1871	13.30	12.09	2.09	44.89	21.74	5.89	13.75	2.42	51.95	25.08	6.80	2.20
162		1873	14.30	12.22	3.48	39.23	22.50	8.27	14.26	4.06	45.76	26.26	9.65	2.28
163	Wiesenheu, ziemlich hart und grobstengelig	1873	15.76	8.74	2.18	38.15	26.12	9.31	7.65	2.75	48.66	32.79	8.15	1.22
164	Vorzügliches Wiesenheu, im Winter nach der Ernte untersucht	1874	14.30	16.62	4.06	35.83	20.83	8.36	19.39	4.74	41.81	24.30	9.76	3.10
165	Durch Regen etwas verschlämmt	1876	14.30	11.02	3.39	37.25	27.05	6.99	12.86	3.96	43.46	31.56	8.16	2.057°
166	Desgl.	1877	14.30	8.25	2.73	41.89	19.69	3.14	9.51	3.19	40.86	22.97	15.33	1.522°
167	1876er Ernte, im Juni untersucht	1877	10.30	10.15	2.62	42.37	27.61	6.95	11.32	2.92	47.23	30.78	7.75	1.81
168	1877er Ernte, ziemlich grobstenglig, Ende Januar untersucht	1878	15.50	9.16	2.18	37.73	26.12	9.31	10.85	2.22	43.63	36.12	7.18	1.736°
169	1877er Ernte, im Mai untersucht	1878	13.40	10.67	2.33	39.29	27.31	7.00	12.32	2.69	45.17	31.54	8.08	1.97
170	Grobstengliges, etwas beregnetes Heu	1879	14.60	7.41	2.32	38.60	29.47	7.60	8.68	2.72	45.20	34.50	8.90	1.389°
171	Im Winter untersucht	1879	—	—	—	—	—	—	10.36	3.00	43.50	34.91	8.23	1.66
172		1879	—	—	—	—	—	—	9.96	2.79	43.17	35.66	8.42	1.593°
173		1879	—	—	—	—	—	—	11.60	2.89	35.10	35.70	14.71	1.85
174	Grobstengliges, gut geerntetes Heu	1879/80	—	—	—	—	—	—	11.11	2.97	41.62	35.93	8.37	1.78

No. 153. Th. Dietrich (V.-St. Haydau). — Landw. Anzeig. f. Kurhessen. 1863. 22. Das Heu enthielt (im ursprüngl. Zustande) in Zucker überführbare Substanz als Zucker berechnet 28.10%, in Wasser lösliches Protein 3.52%.

No. 154, 155, 156. Th. Dietrich (V.-St. Haydau). — Landw. Mitthl. f. d. Rgbz. Cassel. 1872. 201 u. Landw. Anzeiger f. d. Rgbz. Cassel. 1873. 219.

No. 157. Th. Dietrich. (V.-St. Altmorschen). — Landw. Ztg. f. d. Rgbz. Cassel. 1873. 529.

No. 158. Th. Dietrich (V.-St. Marburg). — Landw. Ztg. f. d. Rgbz. Cassel. 1884. Dem Heu wird eine Krankheit derjenigen Pferde zugeschrieben, welche dort aufgezogen werden; die Krankheit ist unter der Bezeichnung „Schweinsberger Pferdekrankheit" bekannt u. besteht in einem allmählich sich entwickelnden Leberleiden mit Magenerweiterung und Koller. Die Aschenanalyse ergab: Kali 18.91, Natron 5.51, Kalk 16.76, Magnesia 13.00, Eisenoxyd 1.77, Manganoxyd 0.16, Phosphorsäure 7.03, Schwefelsäure 4.01, Kieselsäure 27.93, Chlor 4.92%.

No. 159. E. Wolff (V.-St. Hohenheim). — L. V.-St. 10. (1868). 86.

No. 160. E. Wolff (V.-St. Hohenheim). — Landw. Jahrb. 8. (1879). 1. Suppl. Asche ist Reinasche + Sand.

No. 161. E. Wolff (V.-St. Hohenheim). — Landw. Jahrb. 2. (1873). 221. Das Futter war an der Südseite vor dem Hohenheimer Schlosse in freier sonniger Lage gewachsen, reich an zartem Bodengras und nahrhaften Kräutern, gegen Ende Mai geschnitten und bei sehr warmer Witterung an einem einzigen Tage getrocknet. Im Juli desselben Jahres untersucht enthielt das Heu im Mittel von 3 Bestimmungen 87.67% Trockensubstanz.

No. 162. E. Wolff. — Hoffmann's Jahresber. d. Agrikulturchemie. 16/17. (1873|74). 4. (Aus dem Württembergischen Wochenbl. f. Landw. 1873. 275.)

No. 163. E. Wolff (V.-St. Hohenheim). — Landw. Jahrbücher. 8. (1879). 1. Suppl. 73 u. f. Asche ist Reinasche + Sand.

No. 164. Ibid. 8. (1876). 513. E. W. sagt von diesem Heu, dass dasselbe im N-gehalt und bezüglich der Verdaulichkeit seiner Bestandtheile „sehr gutes Wiesenheu" übertreffe und in mancher Hinsicht der Beschaffenheit gutem Weidegras sich nähere.

No. 165—169. E. Wolff. Ibid. 8. (1879). 1. Supp. 7. 73. Asche ist Reinasche + Sand. No. 168 ist als ein ziemlich grobstengliges und etwas staubiges Heu bezeichnet, das bei nicht ganz günstiger Witterung gewonnen wurde. O. Kellner fand darin 1.736% Gesammt-N, 0.218% Nichteiweiss-N (= 12.6% des Gesammt-N) und 0.175% N in Form von Amidverbindungen.

No. 170—173. E. Wolff u. O. Kellner (V.-St. Hohenheim). — Ibidem und L. V.-St. 25. (1880). 273. O. Kellner fand in No. 170 0.166 N (= 11.95% des Gesammt-N), als Amid- oder Nichteiweiss-N; reines Eiweiss demnach nur 7.64% — in No. 172: 0.181 N (= 11.4% des Gesammt-N), Amid-N; reines Eiweiss demnach 8.83%.

No. 174. E. Wolff (L. V.-St. Hohenheim). — L. V.-St. 27. (1881). 215. Asche ist Reinasche + Sand.

No.	Bezeichnungen und Bemerkungen	Jahr der Untersuchung	In der ursprünglichen Substanz: Wasser %	Nh-Substanz %	Rohfett %	Nfr. Extractstoffe %	Rohfaser %	Asche %	In der Trockensubstanz: Nh-Substanz %	Rohfett %	Nfr. Extractstoffe %	Rohfaser %	Asche %	Stickstoff in der Trockensubstanz %
175	Heu von geringer Schmackhaftigkeit, (Sommer)	1880	12.50	9.21	2.26	39.35	29.47	7.60	10.52	2.58	44.97	30.91	11.02	1.683[o]
176	Aus jungem zarten Gras	1880	15.00	8.46	2.69	44.55	22.64	6.66	9.95	3.17	52.40	26.64	7.84	1.59
177	(Sommer)	1882	13.37	9.85	2.62	40.02	28.61	5.53	11.37	3.02	46.20	33.03	6.38	1.82
178		1870	15.60	8.13	2.40	43.31	23.62	6.94	9.63	2.84	51.32	27.99	8.22P	1.54[o]
179		1871	—	—	—	—	—	—	10.00	2.88	50.19	29.21	7.72P	1.60[o]
180		1872	—	—	—	—	—	—	9.00	3.72	52.12	27.69	7.47P	1.44[o]
181	Wiesenheu aus Lützschäna	1871	18.10	8.35	1.88	37.08	26.88	7.71	10.19	2.29	45.27	32.83	9.42P	1.63
182		1874	—	—	—	—	—	—	9.69	2.67	48.78	31.53	7.33P	1.55
183		1875/76	—	—	—	—	—	—	11.19	4.12	49.85	25.54	9.30P	1.78
184		1877	13.40	10.61	2.52	43.93	22.58	6.96	12.25	2.91	50.73	26.07	8.04P	1.96
185		1878	14.40	9.53	2.55	42.48	24.38	6.66	11.13	2.98	49.66	28.45	7.78P	1.78[o]
186		1880	13.80	9.72	2.32	41.61	25.34	7.21	11.25	2.69	48.72	29.40	8.36P	1.80[o]
187		1873	13.32	13.65	—	42.10	24.14	6.79	15.75	—	48.56	27.85	7.84P	2.52[o]
188		1874	14.35	10.12	2.89	39.35	27.63	5.66	11.81	3.37	44.95	33.26	6.61P	1.89
189		1873	14.51	10.63	3.48	41.59	23.07	6.72	12.44	4.07	48.64	26.99	7.86P	1.99[o]
190		1873	—	—	—	—	—	—	12.75	3.14	48.24	27.25	8.62P	2.04
191		1874	9.28	10.89	4.18	42.03	25.98	7.64	12.00	4.61	46.33	28.64	8.42P	1.92
192	1874er Ernte, untersucht Mai . . .	1875	12.30	9.76	3.77	44.09	23.27	6.85	11.12	4.30	50.24	26.53	7.81P	1.78[o]
193	1875er Ernte, dieselbe Wiese wie bei No. 192	1875	10.26	11.39	3.61	42.95	24.58	7.21	12.69	4.03	47.86	27.39	8.03	2.03[o]
194		1875	17.30	9.95	3.26	39.49	22.77	7.23	12.03	3.94	47.75	27.53	8.75	1.93[o]
195		1876	15.05	8.71	3.45	41.02	25.66	6.11	10.25	4.06	48.28	30.21	7.20	1.64[o]
196		1875	—	—	—	—	—	—	11.00	4.15	48.27	29.72	6.86	1.76[o]
197	Heu bester Qualität	1878	13.00	12.56	4.53	41.94	18.95	9.02	14.44	5.21	48.20	21.78	10.37	2.31[o]
198		1879	15.46	10.72	4.24	39.00	38.33	7.25	12.69	5.02	46.13	27.61	8.55	2.02
199		1881	12.57	12.57	3.61	40.33	24.11	6.81	14.38	4.13	46.12	27.58	7.79	2.30[o]
200	1878er Ernte, Februar untersucht . .	1879	13.80	8.88	3.77	42.40	24.65	6.50	10.30	4.37	49.18	28.60	7.54	1.65[o]
201	1882er Ernte, April untersucht . . .	1883	14.54	9.88	4.92	42.11	21.89	6.66	11.56	5.76	49.28	25.61	7.79	1.85
202		—	—	—	—	—	—	—	9.75	2.63	48.16	32.65	6.81	1.56[o]
203		—	—	—	—	—	—	—	10.00	2.56	47.93	32.58	6.93	1.60[o]
204	In voller Blüthe geworben	1879	13.80	10.01	2.37	43.35	25.32	5.15	11.61	2.76	50.29	29.37	5.97	1.86

No. 175. E. Wolff (L. V.-St. Hohenheim). — Landw. Jahrb. 10. (1881). 594. Nichteiweiss-N 0.156, Eiweiss-N 1.527, Eiweisssubstanz 9.54.

No. 176. E. Wolff u. O. Kellner (V.-St. Hohenheim). — Landw. Jahrb. 13. (1884). 246. Nach W. charakterisirt sich dieses Heu durch niedrigen Rohfaser- und ziemlich hohen Fettgehalt als ein junges, zartes und daher leicht verdauliches Heu.

No. 177. E. Woff u. C. Kreuzhage (V.-St. Hohenheim). Ibid. 271. In der Trockensubstanz 1.61 % Amide = 14.2 % des Rohproteïns.

No. 178—180. G. Kühn (V.-St. Möckern). — J. f. Landw. 22. (1874). 191.

No. 181. G. Kühn (V.-St. Möckern). — Amtsbl. f. d. landw. Ver. d. Königr. Sachsen. 20. (1872). 137.

No. 182—186. G. Kühn (V.-St. Möckern). — L. V.-St. 29. (1883). 80. Rohfaser ist aschenfrei, aber enthält Nh-Substanz und zwar:

No. 186	No. 187	No 188
0.63	0.25	1.44

No. 187. Eug. Wildt (V.-St. Proskau). — J. f. Landw. 22. (1874). 7.

No. 188. Eug. Wildt (V.-St. Kuschen). — Landw. Jahrb. 6. (1877). 177.

No. 189—191. H. Weiske. (V.-St. Proskau) — J. f. Landw. 22. (1874). 147 u. 370. 23. (1875). 306.

No. 192—195. H. Weiske (V.-St. Proskau). — Landw. Jahrb. 9. (1880). 205. Asche ist Reinasche + Sand. Diese 4 Heusorten enthielten in 100 Trockensubstanz:

	No. 192	193	194	195
Schwefel . . .	0.31	0.26	0.38	0.27
Reinasche . . .	7.67	7.98	8.75	7.37

Heu No. 194, obwohl in seiner procentischen Zusammensetzung Heu No. 193 fast gleich, erwies sich weniger verdaulich, als dieses.

No. 196. H. Weiske (V.-St. Proskau). — J. f. Landw. 24. (1876). 271. Rohfaser ist eiweiss- u. aschefrei, Asche C- und CO_2-frei.

No. 197—201. H. Weiske (V.-St. Proskau). — J. f. Landw. 27 (1879) 261. 28 (1880) 125. 30 (1882) 401. 33 (1885) 24. 32 (1884) 337. Das Heu (No. 200) enthielt Kali 2.20, Natron 0.12, Kalk 1.12, Magnesia 0.28, Phosphorsäure 0.55 % der Trockensubstanz.

No. 202—204. E. Kern u. H. Wattenberg (V.-St. Göttingen). — J. f. Landw. 13 (1883) 343. 28 (1880) 307.

No.	Bezeichnungen und Bemerkungen	Jahr der Untersuchung	In der ursprünglichen Substanz						In der Trockensubstanz					Stickstoff in der Trockensubstanz
			Wasser %	Nh-Substanz %	Rohfett %	Nfr. Extractstoffe %	Rohfaser %	Asche %	Nh-Substanz %	Rohfett %	Nfr. Extractstoffe %	Rohfaser %	Asche %	%
205		1882	15.50	10.32	—	—	—	—	12.21	—	—	—	—	1.954°
206	Wiesenheu von sauren Gräsern . . .	1873	17.27	6.93	1.42	42.27	26.56	5.55	8.78	1.72	50.68	32.11	6.71	1.40
207	Heu von ungedüngter Wiese, 1. Schnitt, 19. bis 21. Juni	1876	—	—	—	—	—	—	10.45	3.19	52.53	26.65	7.18	1.67
208	Heu von gedüngter Wiese	1876	—	—	—	—	—	—	11.40	2.75	49.92	27.23	8.70	1.82
209	Im Januar untersucht	1875	18.01	7.44	1.89	42.29	23.84	6.53	9.08	2.31	51.56	29.08	7.97	1.61
210	Im Februar untersucht	1875	22.09	8.06	—	39.85	23.13	6.87	10.35	—	51.13	29.70	8.82	1.66
211	Reich an Timotheegras, im Febr. unters.	1875	18.35	7.69	2.19	42.36	23.90	5.51	9.42	2.68	51.87	29.28	6.75	1.51
212	Im März untersucht	1875	13.41	9.41	3.87	47.24	22.16	3.91	10.87	4.47	54.54	25.60	4.52	1.74
213		1877	18.08	9.18	1.69	33.35	34.50	3.20	11.21	2.06	40.70	42.12	3.91	1.79
214	Elbwiesenheu	1878	16.43	9.57	2.60	39.90	24.56	6.94	11.46	3.11	47.72	29.40	8.31	1.83
215		1878	18.40	11.81	3.28	35.03	23.50	7.98	14.47	4.02	42.94	28.79	9.78	2.31
216	Wiesen mit Fruchtwasser aus einer Stärkefabrik berieselt	1879	15.00	19.91	5.47	32.60	18.78	8.24	23.41	6.43	38.38	22.09	9.69	3.75
217	Wiese mit Wasser aus dem Bischofssee berieselt	1879	15.00	19.47	4.65	32.89	20.00	7.99	22.90	5.47	38.71	23.52	9.40	3.66
218		1879	15.00	9.32	1.77	34.38	35.38	4.15	10.96	2.08	40.47	41.61	4.88	1.75
219	Moorige Wiese	1874	16.23	6.96	2.15	40.12	27.12	7.42	8.31	2.57	47.88	32.38	8.86	1.33
220	Marschboden	1874	16.80	8.60	2.02	36.99	28.46	7.13	10.34	2.43	44.45	34.21	8.57	1.65
221		1876	17.35	12.09	4.62	32.80	22.74	10.38P	14.63	5.59	39.70	27.52	12.56P	2.34
222		1877	12.25	8.00	—	52.69	20.67	6.39	9.12	—	60.04	23.56	7.28	1.46
223		1877	11.12	14.12	—	31.58	35.42	7.76	15.89	—	35.53	39.85	8.73	2.54
224	1878 er Ernte, im September	1878	16.39	9.56	2.06	44.95	22.78	4.26	11.43	2.46	53.78	27.24	5.09	1.83
225	Stauwässerung auf Wiesen m. Sandboden	1877	14.88	7.89	2.65	43.72	25.32	5.34	9.27	3.11	51.60	29.75	6.27	1.48
226	1876 er Ernte, untersucht März . . .	1877	10.47	8.81	2.37	40.45	32.40	5.50	9.84	2.65	45.18	36.19	6.14	1.57
227	Desgl.	1877	10.67	10.44	2.60	44.41	26.14	5.74	11.68	2.91	49.74	29.25	6.42	1.87
228	1877 er Ernte, untersucht November .	1877	8.22	10.00	2.52	42.53	29.29	7.44	10.90	2.75	46.31	31.93	8.11	1.75
229	Desgl.	1877	7.82	10.13	2.50	45.76	26.47	7.32	10.99	2.71	49.64	28.72	7.94	1.76
230	Desgl.	1877	9.45	7.94	2.32	43.67	28.94	7.68	8.77	2.56	48.24	31.95	8.48	1.40

No. 205. Th. Pfeiffer (V.-St. Göttingen). — J. f. Landw. 31. (1883). 224.

No. 206—208. J. König (V.-St. Münster). — Chemische u. techn. Untersuch. d. V.-St. Münster 1871—77. 40 u. 134. Vergl. Heu von gedüngten Wiesen.

No. 209—218. J. Fittbogen, Wilfarth, Schiller u. Förster (V.-St. Dahme). — Privatmitthl.

No. 219—220. A. Emmerling u. Rich. Wagner. — Centralbl. f. Agriculturchem. 8. (1875). 330. (Das. aus Landw. Wochenbl. f. Schleswig-Holstein 1875.) Auf einer moorigen Wiese in Ammerswurth bei Meldorf (Schleswig-Holstein) beobachtete man die eigenthümliche Erscheinung, dass das mit dem dort producirten Gras und Heu ernährte Vieh gegen solches, welches auf anderem Boden seine Nahrung fand, im Wachsthum zurückblieb, Neigung zum Fettansatz zeigte, dagegen sonst gut gedieh. Das daselbst gewachsene Getreide zeigt keine normale Beschaffenheit, liefert viel Stroh, welches, weich und schlaff, leicht lagert. Die Untersuchung des Bodens, auf welchen die Erscheinung zurückzuführen, enthielt in 100000 Thl. (im Vergleich zu Marschboden):

	Kali	Natron	Kalk	Phosphorsäure
Wiesenboden	15.2	13.2	139.4	103.4
Gute Marscherde	38.0	19.8	45.7	88.2
In der Asche der beiden Heusorten waren enthalten:				
In 7.42 Asche des Heus der Moorwiese	1.952	0.312	0.482	0.379
In 7.13 Asche d. Heus d. Marschbodens	2.660	0.111	0.700	0.519
In % der Asche, Moorwiese	26.30	4.20	6.50	5.11
In % der Asche, Marschboden . . .	37.30	1.11	9.83	7.28

No. 221. C. Lehmann. — J. f. Landw. 25. 1877. 60.

No. 222 u. 223. E. Mach (V.-St. St. Michele). — Privatmitthl. Reinasche betrug bei No. 222 4.63, bei No. 223 4.73 %.

No. 224. Ph. du Roi (Milchwirthschaftl. V.-St. Kiel). — Privatmitthl.

No. 225. A. Petermann (V.-St. Gembloux). — Privatmitthl. Die botanische Zusammensetzung des Heus war folgende: Trifolium repens, Festuca ovina, Dactylis glomerata, Holcus mollis, Alopecurus pratensis, Koeleria cristata, Molinia coerulea, Anthyllis vulneraria, Achillea millefolium, Lychnis flos cuculi Lysimachia Nummularia, Rumex acetosa.

No. 226—230. C. Müller (V.-St. Hildesheim). — Privatmitthl.

No.	Bezeichnungen und Bemerkungen	Jahr der Untersuchung	In der ursprünglichen Substanz						In der Trockensubstanz					Stickstoff in der Trockensubstanz
			Wasser %	Nh-Substanz %	Rohfett %	Nfr. Extractstoffe %	Rohfaser %	Asche %	Nh-Substanz %	Rohfett %	Nfr. Extractstoffe %	Rohfaser %	Asche %	%
231		1875 bis 1878	17.45	6.91	4.79	40.98	21.30	5.57	8.36	5.80	53.33	25.77	6.74	1.34
232			17.50	7.88	1.96	39.42	26.97	6.27	9.55	2.38	47.78	32.69	7.60	1.53
233			19.23	4.34	0.97	48.40	22.21	4.85	5.37	1.20	59.93	27.50	6.00	0.86
234			16.67	5.81	1.33	45.27	25.42	5.50	6.97	1.50	54.43	30.50	6.60	1.12
235			16.00	8.06	1.28	48.19	24.25	2.32	9.59	1.52	57.27	28.86	2.76	1.53
236			13.50	8.69	1.38	44.49	25.00	6.92	10.05	1.60	51.45	28.90	8.00	1.61
237	Natürliche Wiese, thoniger, ungedüngter Boden, beginnende Reife	1873	17.00	21.89	0.65	29.88	18.46	12.12	26.38	0.78	36.00	22.24	14.60	4.22
238	Natürl. Wiese, ungedüngt	1875	17.15	9.95	1.34	32.13	30.31	8.12	12.01	1.62	39.99	36.58	9.80	1.92
239	Desgl., gedüngt, feuchter Boden	1875	18.41	10.92	2.48	30.39	29.98	7.82	13.39	3.04	37.22	36.76	9.59	2.14
240	Desgl., ungedüngt, sumpfiger Boden	1875	17.64	6.52	1.23	18.26	43.22	13.13	7.92	1.86	21.81	(52.47)	15.84	1.27
241	Desgl., trockner Boden	1877	17.63	10.23	2.31	29.11	32.91	7.81	12.42	2.80	35.35	39.95	9.48	1.99
242	Heu aus der römischen Campagna	1873	14.28	17.35	1.87	26.70	30.61	9.19P	20.25	2.18	31.13	35.72	10.72P	3.24
243		1873	16.94	13.19	1.83	32.08	25.66	10.36	15.88	2.20	38.56	30.89	12.47	2.54
244		1873	13.99	12.44	1.97	27.85	34.61	9.15	14.47	2.29	32.35	40.25	10.64	2.32
245		1873	12.91	13.41	1.78	30.11	31.49	10.30	15.39	2.04	34.61	36.14	11.82	2.46
246		1873	13.47	12.26	2.14	28.61	34.84	8.69	14.16	2.47	33.04	40.28	10.05	2.27
247		1873	12.44	10.55	1.71	27.62	38.07	9.61	12.05	1.95	31.55	43.48	10.97	1.93
248		1873	15.53	6.92	2.72	31.97	34.76	8.10	8.19	3.22	37.84	41.16	9.59	1.29
249		1873	12.89	8.36	1.91	30.68	36.92	9.24P	9.56	2.19	35.27	42.38	10.60P	1.53
250	Bindiger Boden, vorwiegend Gräser und Leguminosen	1884	15.02	5.59	2.49	39.96	28.21	8.73	6.58	2.93	47.01	33.20	10.28	1.05⁰
251	Bindiger Boden, vorwiegend Gräser mit Kräutern	1884	12.36	5.99	2.53	44.05	27.88	7.18	6.83	2.89	50.28	31.81	8.19	1.09⁰
252	Leichter Sandboden, vorwiegend Gräser	1884	11.00	7.60	2.83	44.64	27.11	6.82	8.54	3.16	50.16	30.47	7.67	1.37⁰
253	Sumpfiger Boden, Gräser	1884	12.03	6.49	2.41	45.41	26.00	7.66	7.38	2.74	51.61	29.56	8.71	1.18⁰
254	Gräser	1884	11.30	6.29	2.45	41.35	32.07	6.54	7.10	2.76	46.63	36.14	7.37	1.14

No. 231—236. L. Grandeau (V.-St. Nancy). — Privatmitthl. Nach den von L. Grandeau veröffentlichten Comptes rendus des travaux du Congrès international des Directeurs des Stationes agronomiques, Paris 1881 enthielten Heue, welche im Auftrage der Compagnie générale des voitures theils von L. Grandeau, theils von Leclerc und Pol. Marchal untersucht wurden:

	1879 im Mittel von 168	1880 517 Analysen	Maxima	Minima
Wasser	17.48	14.88	24.85	10.20
Nh. Substanz	6.48	6.75	10.95	3.37
Rohfett	1.45	1.64	3.43	0.63
Nfr. Extractstoffe	44.80	45.43	55.59	35.52
Rohfaser	22.97	24.05	31.00	15.19
Asche	6.82	7.25	16.31	2.05

No. 237—241. Al. Pasqualini. — Privatmitthl. und Ann. Staz. Agr. Sperimentale di Forli p. ann. 1873, 75 u. 77. Die Heue enthielten an Stärkemehl und Zucker (in lufttrockner Substanz):

No. 238	239	240	241
16.40	15.68	10.06	16.25 %

No. 242—249. F. Sestini, M. Marro u. D. Misani. — L. V.-St. 17. (1874). 437. Der Boden der betr. Wiesen ist aus der Verwitterung vulkanischer Gesteinsarten entstanden, welche eine grosse Menge von Kalisilikaten enthalten. Nach der botanischen Analyse enthielten die 6 ersteren Nummern in %:

	No. 242	243	244	245	246	248
Gramineen	45.3	13.4	62.1	47.4	17.9	55.1
Papilionaceen	14.8	5.5	8.0	11.3	19.7	16.9
Umbelliferen (Blätter)	2.5	13.6	2.1	14.8	0.0	2.0
Compositen	9.4	33.3	11.1	8.4	11.3	18.2
Verschiedene Cruciferen, Binsen u. Winden-Theilchen	6.3	4.8	0.4	2.8	43.5	7.7

No. 242 enthielt noch 7.5% Ranunkelarten (mit Früchten), 3.2% Labiaten (Mentha), 2.0% verblühtes Wegebreit, 6.9% Liliaceen (Blätter), 1.7% Geranien.

No. 243 enthielt noch 16.1% Geranien, 7.2% Verbenen, 1.1% Equiseten; No. 244 noch 16.2% Liliaceen.

No. 245 enthielt noch 7.6% Liliaceen. 7.6% Winden; No. 246 noch 4% Labiaten, 3.5% Wegebreit.

No. 248 u. 249 sind 2 Heumuster,, welche im November nach der Landesweise von den Wiesen genommen wurden. — Im Original ist der N-gehalt der Proteïnsubstanz zu 15.5% angenommen worden; wir rechneten die Nh. Substanz auf solche von 16% N-gehalt um und corrigirten dem entsprechend die Zahlen für die Nfr. Extractstoffe. Den im Vergleich zu den anderen Heumustern geringen Gehalt von Proteïnstoffen in den 2 letzten Mustern schreibt Verf. (Sestini) dem vorgeschrittenen Reifegrade der Futterpflanzen, sowie der unzweckmässigen Heubereitungsmethode zu.

No. 250—254. Dario Toscano. — Biedermann's Centralbl. f. Agriculturchemie. 14. (1885). 283. Heu 250 bestand hauptsächlich aus guten Grasarten und Leguminosen, neben denen aber Ranunkeln häufig waren. Heu No. 251 war von einer reich mit Gräsern bestandenen Fläche entnommen, auf deren einem Theile Compositen, Ranunkeln und Galium

No.	Bezeichnungen und Bemerkungen	Jahr der Untersuchung	In der ursprünglichen Substanz						In der Trockensubstanz					Stickstoff in der Trockensubstanz
			Wasser %	Nh-Substanz %	Rohfett %	Nfr. Extractstoffe %	Rohfaser %	Asche %	Nh-Substanz %	Rohfett %	Nfr. Extractstoffe %	Rohfaser %	Asche %	%
255	Alte Wiese, armes Futter, geschnitten Ende Juni 1877	1879	14.30	7.02	1.63	45.00	27.82	4.23	8.19	1.90	52.50	32.47	4.94	1.29
256	Alte Wiese, geschn. Anfang Juli 1877	1879	14.30	6.50	1.43	47.33	25.89	4.56	7.59	1.67	55.31	30.21	5.32	1.21
257	Heu, meist aus Timothee bestehend, geschnitten 23. Juni 1879	1879	14.30	4.88	1.45	43.29	32.81	3.27	5.69	1.69	50.51	38.29	3.82	0.91
258	Heu, meist aus Timothee bestehend, geschnitten 1. Juli 1878	1879	14.30	6.20	2.00	48.10	25.30	4.10	7.24	2.33	56.12	29.53	4.78	1.16
259	Heu meist aus Timothee bestehend, fast reif, geschn. 11. Juli 1878 . . .	1879	14.30	5.30	1.90	47.20	27.50	3.80	6.19	2.22	55.07	32.09	4.43	0.99
260	Heu meist aus Timothee, Ende Jnli 1877	1879	14.30	5.57	1.08	45.19	29.48	4.38	6.50	1.26	52.73	34.40	5.11	1.04
261	Desgl.	1879	14.30	6.90	2.00	45.40	26.80	4.60	8.05	2.33	52.97	31.28	5.37	1.29
262	Heu aus Timothee und Straussgras bestehend, 17. Juni?	1879	14.30	7.85	2.48	45.08	24.72	5.57	9.16	2.89	52.60	28.85	6.50	1.47
263	Desgl., 18. Juni?	1879	14.30	8.97	2.22	39.20	28.45	6.86	10.47	2.59	45.73	33.20	8.01	1.68
264	Desgl., 20. Juli 1877	1879	14.30	6.02	1.45	46.88	26.54	4.81	7.03	1.69	54.70	30.97	5.61	1.12
265	Desgl., Ende Juli 1877	1879	14.30	7.50	1.70	45.30	26.30	4.90	8.75	1.98	52.86	30.69	5.72	1.40
266	Heu aus Timothee und Wiesenrispengras 2. Woche Juli 1877	1879	14.30	7.00	1.70	45.50	26.90	4.70	8.17	1.98	52.98	31.39	5.48	1.31
267	Sumpfheu, Swamp	1879	14.30	6.70	1.30	46.10	26.20	5.40	7.82	1.52	53.78	30.58	6.30	1.25
268	Desgl.	1879	14.30	7 27	2.16	44.49	23.22	8.56	8.48	2.52	51.91	27.10	9.99	1.36
269	Timotheeheu	1881	13.47	7.63	2.30	43.48	29.26	3.86	8.82	2.66	50.24	33.83	4.45	1.41
270	Heu von einer Niederungswiese . . .	1881	14.51	10.10	2.05	42.45	25.05	5.84	11.82	2.40	49.64	29.31	6.83	1.89
271	Timothee- u. Agrostis-Heu, geschnitten Mitte Juli	1882	14.30	4.54	—	—	31.39	—	5.35	—	—	36.63	—	0.86
272	Geschnitten Ende Juli	1882	13.45	6.44	—	—	26.49	—	7.43	—	—	30.60	—	1.19
273	Gemischte Gräser, geschnitten 1. August	1882	14.00	7.10	—	—	27.80	—	8.26	—	—	32.33	—	1.32
274	Mohar- u. Agrostis-Heu, geschn. Ende August	1882	15.37	6.81	—	—	36.00	—	8.05	—	—	42.55	—	1.29

stark vertreten waren. Heu 252 bestand vorwiegend aus Gräsern (Anthoxanthum odoratum), häufig war Linum angustifolium zu bemerken. Die Heue waren in der Nähe Pisa's gewachsen. Zur Berechnung des Proteïngehalts diente der Gesammt-N vermindert um den auf Amide etc. entfallenden N.

	No. 250	251	252	253	254
An Phosphorsäure wurde gefunden in % der Asche	2.944	3.468	3.123	3.667	2.003

No. 255—270. S. W. Johnson. — Ann. Rep. Connecticut Agric. Exper. Stat. 1879. 77. 1881. 87.

No. 255. Heu, Ernte $1^1/_2$ tons per acre.

No. 256. Heu von einer seit 10—15 Jahren bestehenden Wiese.

No. 257. Heu von einer nie unter dem Pfluge gewesenen Wiese, Gras sehr üppig entwickelt, Halme $4-4^1/_2$ Fuss hoch.

No. 258. Das Gras war zu $^1/_4$ in Blüthe, äusserst üppig entwickelt, zumeist aus Phleum pratense, zu einem kleineren Theil aus Poa pratensis bestehend.

No. 259. Aus denselben Gräsern bestehend; war zur Hälfte oder mehr so reif, dass die Samen bei geringer Berührung des Grases ausfielen. Dieses und No. 258 waren von der Farm des Agricultur-Colleg's zu New-Hampshire, geschnitten auf dem trockensten Theile der Wiese (feiner schwerer Lehmboden); gewöhnlicher Ertrag 3—4 Tonnen per Acker.

No. 260. Timothee, erster Schnitt nach der Aussaat, Ernte $2^1/_4$ Tonnen per Acker. Höhe 5 Fuss.

No. 261. Von reichem Hochland, meist Timothee, etwas Poa pratensis.

No. 262. Von trocknem Hochland, vor 3 Jahren mit Timothee und Agrostis vulgaris angesät.

No. 263. Von mässig trocknem, zeitweise überschwemmten Lande, vor 4 Jahren angesät.

No. 264. Von Neuland, zweiter Schnitt (vermuthlich zweite Ernte nach der Aussaat).

No. 265. Von feuchtem Hochland.

No. 266. Von feuchtem, reichem Hochland, meist Timotheegras, Poa pratensis (Kentucky blue-grass) und Agrostis vulgaris (red-top).

No. 267. Von feuchtem Tiefland, zuweilen überflutet, enthält ein gut Theil Carex sterilis, etwas Farnkraut, Prunella vulgaris und sehr wenig Timotheegras.

No. 268. Enthält einige Carexarten, etwas Farnkraut, Equiseten etc.

Die Heue enthielten in lufttrockner Substanz:

No.	255	256	257	258	259	260	261	262	263	264	265	266	267	268
Albumin . . .	6.38	5.69	3.69	5.38	4.75	4.44	5.50	6.69	6.88	5.31	6.25	5.56	5.69	6.31 %
Amide . . .	0.64	0.81	1.19	0.82	0.55	1.13	1.40	1.16	2.09	0.71	1.25	1.44	1.01	0.96 %

No. 271—274. H. P. Armsby. — Ibid. 1882. 104.

No.	Bezeichnungen und Bemerkungen	Jahr der Untersuchung	In der ursprünglichen Substanz: Wasser %	Nh-Substanz %	Rohfett %	Nfr. Extractstoffe %	Rohfaser %	Asche %	In der Trockensubstanz: Nh-Substanz %	Rohfett %	Nfr. Extractstoffe %	Rohfaser %	Asche %	Stickstoff in der Trockensubstanz %
275	Zweite Ernte nach der Einsaat, geschn. 1. Juli 1879	1880	13.12	6.91	2.02	45.73	28.11	4.11	7.95	2.32	52.65	32.35	4.73	1.27
276	Grobes Wiesenheu	1884	11.04	7.56	1.67	44.46	28.69	6.58	8.49	1.88	49.97	32.25	7.41	1.36
277	Gutes Wiesenheu	1884	10.48	7.31	2.68	46.60	26.93	6.00	8.17	2.99	52.06	30.08	6.70	1.31
278	Herbst	1877	14.70	9.27	2.01	29.64	34.40	9.98	10.86	2.36	34.77	40.32	11.69	1.74
279	1878er Ernte, untersucht März	1879	15.00	6.96	1.74	41.36	29.34	5.60	8.19	2.05	48.65	34.52	6.59	1.31
280	Heu v. bewässertem Sandboden, ungedüngt	1880	—	—	—	—	—	—	8.09	3.65	49.04	32.63	6.59	1.29
281	Desgl. im Mittel v. 5 gedüngt. Parzellen	1880	—	—	—	—	—	—	8.59	3.68	47.82	33.00	6.91	1.37
282	Heu v. Raden, 1880er Ernte, mooriger Boden	1881	15.00	10.20	1.52	37.43	28.56	7.29	11.99	1.79	44.38	33.58	8.34	1.92
283	Heu v. Raden, 1881er Ernte, mooriger Boden	1881	15.00	11.16	2.29	42.89	22.26	6.40	13.12	2.69	50.48	26.18	7.53	2.10
284	Heu von Lalendorf, 1880er Ernte, Moorboden	1881	15.00	12.90	2.15	30.31	32.03	7.61	15.17	2.53	35.69	37.66	8.95	2.43
285	Heu von Hunerland, 1880er Ernte	1881	15.00	10.11	2.03	41.80	24.53	6.53	11.89	2.39	49.19	28.85	7.68	1.90
286		1880	17.77	9.34	3.48	35.32	27.47	6.62	11.36	4.23	42.96	33.40	8.05	1.82
287		1880	20.68	7.64	1.57	38.48	26.29	5.34	9.63	1.98	48.51	33.15	6.73	1.54
288		1880	12.83	9.29	2.14	39.97	28.05	7.72	10.66	2.45	45.87	32.17	8.85	1.71
289		1880	—	—	—	—	—	—	10.52	2.48	44.97	30.91	11.02	1.68
290	Mittlere Qualität, gut geerntet	1881	19.00	8.39	2.19	39.34	24.75	6.33	10.36	2.71	48.57	30.56	7.80	1.66
291		1881	18.60	8.86	2.35	35.00	27.42	7.77	10.88	2.89	43.55	33.68	9.55	1.74
292		1881	—	—	—	—	—	—	6.12	1.81	56.25	29.62	6.20	0.98
293		1880	17.46	12.02	4.25	39.35	21.16	5.76	14.56	5.15	47.68	25.63	6.98	2.33
294		1882	18.43	6.78	2.51	40.92	26.06	5.30	8.31	3.08	50.16	31.95	6.50	1.33
295	Sandboden	1880	11.10	11.80	1.90	41.60	23.10	10.50	13.28	2.14	46.82	25.99	11.77	2.12
296	Von einem Aussenpolder	1880	11.20	9.30	1.90	43.60	26.90	7.10	10.47	2.14	49.11	30.29	7.99	1.68

No. 275—277. S. W. Johnson. — Ann. Rep. Connecticut Agric. Exper. Stat. 1880. 83 u. 1884. 109. Bei Heu No. 275 schliesst die Nh. Substanz 0.85 % (des lufttrocknen Heu's) Amide ein.

No. 278. R. Heinrich (V.-St. Rostock). — Bericht 1875/81. Wismar, 1882. 77.

No. 279. R. Hornberger. — Landw. Jahrbücher. 8. (1879). 933.

No. 280—281. J. König (V.-St. Münster). — 2. Ber.

No. 282—285. W. Fleischmann (Milchw. V.-St. Raden). — Bericht 1881. 20. 277.

No. 282. Bei gutem Ertrag gut geworben.

No. 283. Ertrag der grossen Trockne wegen sehr mässig; zur Hälfte gut geworben, zur andern Hälfte stark verregnet.

No. 284. Mittelertrag, von guter Qualität und gut geworben.

No. 285. Zwischen dem 28. und 30. Juni gemäht und zwischen dem 2. und 3. Juli gut eingebracht.

No. 286—287. M. Schrodt u. H. v. Peter. — Milchzeitung 1880. 641. Die Heue enthielten nach directer Bestimmung (Methode Stutzer) Eiweiss 8.46 bezw. 6.68 % der lufttrocknen Substanz.

No. 288. O. Kellner. — Landw. Jahrbücher 1880. 660 u. 986. Asche ist Reinasche + Sand. In 100 Trockensubstanz enthielt das Heu 0.195 % Nichteiweiss-N, 9.44 % reines Eiweiss.

No. 289. O. Kellner u. C. Kreuzhage. — Ibid. 10. 1881. 562 u. 568. (Jahresber. d. Agriculturchem. 1881.) Von uns im Original nicht aufzufinden.

No. 290 u. 291. O. Kellner. — Ibid. 854 u. f. No. 290 enthielt 0.164 %, No. 291 0.191 % Nichteiweiss-N der Trockensubstanz.

No. 292. C. Krauch (V.-St. Münster). — L. V.-St. 29. (1881). 236. Von der N-Substanz sind löslich in Wasser 1.72 %, unlöslich in Wasser 4.40 %. Die Nfr. Extractstoffe zerfallen in: Traubenzucker 5.21 %, Rohrzucker 1.08 %, Gummi + Dextrin 15.77 %, Stärke 1.45 %, Nfr. Extractstoffe unbekannter Natur, welche nicht in Wasser und Malzextract löslich sind, sondern bei der Weende'r Rohfaserbestimmung durch das Kochen mit Schwefelsäure und Kalilauge gelöst werden, also eigentlich der Cellulosegruppe angehören 52.74 %.

No. 293. H. Weiske, G. Kennepohl u. B. Schulze. — Journ. f. Landw. 30. (1882). 385.

No. 294. M. Schrodt u. H. Hansen. — Landw. Wochenbl. f. Schleswig-Holstein 1883. 43. Das Heu enthielt im lufttrocknen Zustande 6.40 % reines Eiweiss.

No. 295 u. 296. v. P. (V.-St. Wageningen). — Biedermann's Centralbl. f. Agriculturchem. 10. (1880). 281. (Das. nach Landbouw Courant. 34. 1880. 323.) Aussenpolder ist ausserhalb des Deichs gelegener, aus Seemarsch bestehender Boden.

Heu No. 295 bestand aus Dactylis glomerata, Lolium perenne, Bromus mollis, Bromus arvensis, Medicago lupulina, Ervum tetraspermum, Taraxacum officinale, Bellis perennis, Geranium molle, Achillea Millefolium, Polygonum lapathifolium, Lamium amplexicaule, Myosotis spec., Viola tric., Convolvula arv., Erysimum strict.

Heu No. 296 bestand hauptsächlich aus Dactylis glomerata und enthielt ferner Lolium perenne, Festuca pratensis, wenig Agrostis vulgaris, Poa triv., Thlaspi arvense, Lampsana communis, Plantago lanceol., Lolium album, Ranuncul. spec.

No.	Bezeichnungen und Bemerkungen	Jahr der Untersuchung	In der ursprünglichen Substanz						In der Trockensubstanz					Stickstoff in der Trockensubstanz
			Wasser %	Nh-Substanz %	Rohfett %	Nfr. Extractstoffe %	Rohfaser %	Asche %	Nh-Substanz %	Rohfett %	Nfr. Extractstoffe %	Rohfaser %	Asche %	%
297	Am 23. Juni 1882 gemäht	1883	11.10	(9.20)	—	—	27.40	7.10	10.35	—	—	30.83	7.99	1.67
298	Heu von frischem Klayboden, sehr fein	1882/83	(9.10*)	8.80	3.10	42.90	29.00	7.10)	9.68	3.41	47.20	31.90	7.81	1.55
299	Heu von dem Ysseldelta, von feiner Beschaffenheit	„	(9.20*)	9.30	2.50	40.80	29.50	8.70)	10.23	2.75	45.00	32.45	9.57	1.65
300	Heu von sogenanntem Blaugras, vom Ufer der Lende	„	(9.40*)	10.20	2.80	42.80	30.20	4.60)	11.26	3.09	47.23	33.34	5.08	1.80
301	Sogenanntes Giethoorusches Heu, von moorastigem Boden	„	(10.20*)	7.10	1.30	42.50	33.00	5.90)	7.91	1.45	47.31	36.76	6.57	1.27
302		1880	9.20	10.53	—	—	26.66	—	11.48	—	—	39.06	—	1.84
303		„	9.01	11.18	—	—	26.44	—	12.29	—	—	29.06	—	1.97
304		„	8.62	11.93	—	—	26.81	—	14.52	—	—	32.63	—	2.32
305		„	8.76	10.20	—	—	28.35	—	11.18	—	—	30.89	—	1.79
306		„	9.00	9.55	—	—	29.47	—	10.50	—	—	32.39	—	1.68
307		„	10.34	9.86	—	—	29.91	—	10.99	—	—	33.35	—	1.76
308		„	12.02	9.87	—	—	25.23	—	11.22	—	—	27.69	—	1.80
309		„	11.79	10.31	—	—	27.91	—	11.68	—	—	31.62	—	1.87
310		„	10.55	11.93	—	—	28.86	—	13.34	—	—	32.27	—	2.12
311		„	11.04	10.52	—	—	30.14	—	11.82	—	—	33.88	—	1.89
312		„	11.23	9.98	—	—	28.91	—	11.25	—	—	32.58	—	1.80
313		„	11.82	10.31	—	—	27.86	—	11.69	—	—	31.59	—	1.87
314		„	6.21	9.55	—	—	30.58	—	10.18	—	—	32.60	—	1.63
315		„	10.99	10.31	—	—	27.67	—	11.58	—	—	31.07	—	1.85
316		„	12.08	10.20	—	—	28.51	—	11.60	—	—	32.42	—	1.86
317		„	10.92	7.54	—	—	26.20	—	8.46	—	—	29.40	—	1.35
318		„	9.70	7.81	—	—	27.88	—	9.51	—	—	33.93	—	1.52

No. 297. A. Mayer (V.-St. Wageningen). — J. f. Landw. 32. (1884). 371. Das Heu bestand aus den Gräsern: Holcus lanatus, Alopecurus pratensis, Phleum pratense, Hordeum pratense, Arrhenaterum elatius, Poa pratensis, Dactylis glomerata, Lolium perenne, Cynosurus cristatus, Bromus arvensis, Anthoxanthum odoratum, von Cyperaceen eine Carex-Art, von Kleearten: Trifolium pratense und repens, Medicago lupulina und von den Unkrautpflanzen: eine Rumex-Art, Ranunculus arvensis, Glechoma hederacea, Plantago major und lanceolata, Chrysanthemum leucanthemum, Taraxacum officinale, Achillea millefolium, Allium vineale, Equisetum arvense, Bellis perennis, Lychnis vespertina, Hypochaeris glabra. Die Gräser waren überwiegend.

No. 298—301. A. Mayer (V.-St. Wageningen). — Ibid. 185. Die untersuchten Heuproben repräsentiren in ihren Eigenschaften sehr auseinandergehende, im Handel in ihren charakteristischen Eigenthümlichkeiten constant vorkommende Heusorten Hollands.

No. 298. War von aromatischem, ein wenig an Braunheu erinnerndem Geruch, im nördlichen Theile Hollands hoch geschätzt.

No. 299. Von dem sogen. Kamper-Eiland an der Zuidersee. Beinahe ebenso geschätzt wie voriges.

No. 300. Von dem Ufer der Lende im Drente'schen. Das Ufer der Bäche und Flüsschen der übrigens sehr sandigen Provinz Drente, welches durch Zusammenschlemmen von Lehmtheilen einen etwas bindigen Boden besitzt, dient vielfach der Kultur eines ziemlich groben und harten Grases, das einen bläulichen Schimmer besitzt.

*) Der angegebene Feuchtigkeitsgehalt ist nicht der ursprüngliche, sondern der zur Zeit der Untersuchung nach dem mehrtägigen Verweilen in den trocknen Laboratoriumsräumen gefundene. Die botanische Analyse der Heusorten ergab nachstehenden Bestand. (Die Namen der in grösserer Menge vorkommenden Pflanzen sind gesperrt gedruckt.)

No. 298. Gute Gräser: Anthoxanthum odoratum, Agrostis vulg., Poa triv., Holcus lanat., Cynosurus cristat., Glyceria maritim.; Klee: Trifolium prat.; schlechte Gräser u. Unkräuter: Agrostis alba, Ranunculus repens, Lychnis flos cuculi, Veronica serpyllifol., Cerastium glomeratum, Alopec. geniculatus, Hordeum murinum, Moos (Hypnum).

No. 299. Gute Gräser: Poa trivial., Festuca elatior, Glyceria maritima, Cynosurus cristatus, Bromus mollis, Hordeum secalinum; Klee: Trifol. minus u. pratense; schlechte Gräser u. Unkräuter: Agrostis alba, Ranunculus repens, Plantago lanceol., Carex vulpina, Crepis virens, Cerastium glomeratum.

No. 300. Gute Gräser: Poa fertilis, Anthoxanth. odor.; Klee: nicht vorhanden; schlechte Gräser und Unkräuter: Agrostis canina, Triodia decumbens, Molinia coerulea, Phragmites comm., Carex-Arten, Salix repens, Cirsium palustre, Potentilla Tormentilla.

No. 301. Gute Gräser: Anthoxanthum odor.; Klee: nicht vorhanden, im Uebrigen Juncus-Arten, Carex-Arten, Equisetum limosum, Sphagnum und andere Moose, Scutellaria galericulata, Comarum palustre, Lychnis flos cuculi, Galium palustre, Polystichum Thelypteris.

No. 302—341. F. Soxhlet (V.-St. München). — Privatmitthl. Die Wiesen, von welchen diese Heumuster stammen, sind bei Penzberg in Oberbayern gelegen und als Mooswiesen bezeichnet, welche ein Jahr vor der Entnahme der Proben drainirt wurden.

No.	Bezeichnungen und Bemerkungen	Jahr der Untersuchung	In der ursprünglichen Substanz: Wasser %	Nh-Substanz %	Rohfett %	Nfr. Extractstoffe %	Rohfaser %	Asche %	In der Trockensubstanz: Nh-Substanz %	Rohfett %	Nfr. Extractstoffe %	Rohfaser %	Asche %	Stickstoff in der Trocken-Substanz %
319		1880	12.51	8.81	—	—	26.50	—	10.07	—	—	30.29	—	1.61
320		„	10.87	9.55	—	—	26.41	—	10.71	—	—	29.61	—	1.71
321		„	12.07	10.09	—	—	25.81	—	11.46	—	—	29.32	—	1.83
322		„	12.09	8.03	—	—	27.31	—	9.14	—	—	31.08	—	1.46
323		„	12.11	7.25	—	—	28.03	—	8.24	—	—	31.90	—	1.32
324		„	12.67	14.01	—	—	25.02	—	16.04	—	—	28.65	—	2.57
325		„	13.46	10.74	—	—	25.26	—	12.42	—	—	29.20	—	1.99
326		„	12.66	9.01	—	—	24.43	—	10.32	—	—	27.97	—	1.65
327		„	12.67	8.46	—	—	29.00	—	9.69	—	—	33.21	—	1.55
328		„	13.23	9.45	—	—	27.19	—	10.89	—	—	31.32	—	1.74
329		„	12.34	8.79	—	—	26.22	—	10.03	—	—	29.92	—	1.60
330		„	13.79	8.03	—	—	26.90	—	9.31	—	—	31.20	—	1.49
331		„	14.07	10.85	—	—	24.54	—	12.63	—	—	28.56	—	2.02
332		„	12.58	8.79	—	—	24.46	—	10.06	—	—	27.98	—	1.61
333		„	12.32	9.75	—	—	24.74	—	11.16	—	—	28.33	—	1.79
334		„	9.90	9.45	—	—	27.61	—	10.49	—	—	30.65	—	1.68
335		„	12.72	10.09	—	—	28.17	—	11.56	—	—	32.28	—	1.85
336		„	10.57	9.98	—	—	26.19	—	11.15	—	—	29.25	—	1.78
337		„	10.38	9.87	—	—	28.03	—	11.01	—	—	31.38	—	1.76
338		„	10.81	9.87	—	—	28.74	—	11.06	—	—	32.22	—	1.77
339		„	10.05	7.70	—	—	28.57	—	8.56	—	—	30.67	—	1.39
340		„	11.70	7.92	—	—	30.08	—	8.97	—	—	34.08	—	1.44
341		„	15.10	8.14	—	—	28.74	—	9.59	—	—	33.86	—	1.53
342	Heu aus dem Vorarlberg	1882	14.30	11.30	—	—	29.80	—	13.19	—	—	34.78	—	2.11
343	Marschheu vom Wurg-Lande (schwere Fettweide)	1884	11.40	9.10	2.00	39.90	32.10	5.50P	10.30	2.30	45.00	36.20	6.20P	1.65
344	Marschheu von Mittenfelder Land . .	1884	13.40	11.90	2.50	38.30	26.40	7.50P	13.70	2.90	44.20	30.50	8.70P	2.19
345		1883	9.90	10.30	4.00	42.00	25.70	8.10	11.43	4.44	46.61	28.53	8.99	1.83
	Heu von natürlichen Wiesen.													
	Aus dem Amte Finmarken.													
346	Theilweise Waldheu	1882	15.00	9.15	—	46.94	21.39	7.52	10.76	—	55.25	25.15	8.84	1.72
347	Früher mit Timothee angebaut, jetzt natürlicher Graswuchs	1882	15.00	11.64	—	42.61	24.45	6.30	13.69	—	50.15	28.75	7.41	2.19
348	Desgl.	1882	15.00	10.12	—	48.77	19.85	6.26	11.90	—	57.40	23.34	7.36	1.90
349	Zu einem grossen Theil aus Alopec. nigricans bestimmt	1882	15.00	10.14	—	43.57	24.15	7.14	11.92	—	51.28	28.40	9.40	1.90

No. 342. W. Eugling (V.-St. Tisis). — Bericht der landwirthsch.-chem. V.-St. des Landes Vorarlberg 1882. 21.

No. 343 u. 344. P. Petersen (V.-St. Oldenburg). — Landw. Bl. f. Oldenburg 1885. 69. Die untersuchten 2 Proben sind im Jahre 1884 geerntetes Marschheu aus der Rodenkirchener Gegend (Oldenburg). No. 343 ist vom „Wurplande", ein Boden, der durch die Anschwemmungen des Lock Fleth's (Flussalluvium) entstanden ist und schwere Fettweiden liefert, die seltener gemäht werden. No. 344 Heu vom „Mittelfelderland", das meist Knickunterlage (ein fetter und feinvertheilter Thon) hat und Wühlerde (eine mergelige, Muschelreste führende Schicht) besitzt; die Ackerkrume ist von geringer Mächtigkeit, war aber schwach „gewühlt" und in kräftigem Düngerzustand.

No. 345. F. Becker (V.-St. Momstedt). — Biedermann's Centralbl. f. Agriculturchemie. 14. 1885. 67.

No. 346—545. V. Dircks, Fr. H. Werenskiold u. C. Tobiesen. — Nach gefälliger Mittheilung von Herrn V. Dircks. Die Analysen aus den Jahren 1877 sind von V. Dircks (D.), die aus den Jahren 1878 und 1879 theils von Werenskiold (W.), theils von Tobiesen (T.), die aus den Jahren 1881 u. 1882 sämmtlich von Werenskiold ausgeführt. Die Analysen wurden von uns nach den Aemtern geordnet, aus welchen die untersuchten Heumuster stammten.

No. 346. Stammt von nie geackerten, entfernt liegenden Wiesen, theilweise Waldheu.

No. 347. Stammt von früher geackertem Lande; Timothee angesäet, jetzt durch Agrostis, Aira u. dergl. natürliche Gräser verdrängt.

No. 348. Stammt von früher geackerten, schlecht drainirten Wiesen, Timothee ausgegangen und durch natürliche Gräser wie bei 347 ersetzt.

No. 349. Stammt von früher geackerten Wiesen.

No.	Bezeichnungen und Bemerkungen	Jahr der Untersuchung	In der ursprünglichen Substanz						In der Trockensubstanz					Stickstoff in der Trockensubstanz
			Wasser	Nh-Substanz	Rohfett	Nfr. Extractstoffe	Rohfaser	Asche	Nh-Substanz	Rohfett	Nfr. Extractstoffe	Rohfaser	Asche	
			%	%	%	%	%	%	%	%	%	%	%	%
350	Wiese auf früher geackertem Lande, humusreich	1882	15.00	10.08	—	44.98	21.99	7.95	11.85	—	52.94	25.86	9.35	1.90
351	Humusreicher, gedüngter Sandboden .	1882	15.00	10.50	—	43.57	26.56	4.37	12.35	—	51.28	31.23	5.14	1.98
352	Entwässerte und gedüngte Moorwiese .	1882	15.00	10.63	—	42.62	26.09	5.66	12.50	—	50.16	30.68	6.66	2.00
353	Gedüngter, humusreicher Boden, Heu beregnet	1882	15.00	11.95	—	37.69	26.57	8.79	14.05	—	44.36	31.25	10.34	2.25
354	Seichter, seit langem nicht gedüngt. Boden	1882	15.00	11.54	—	46.10	22.48	4.88	13.57	—	54.25	26.44	5.74	2.17
	Aus dem Amte Nordland.													
355	8—9 Jahre alte Wiese, Humusboden .	1881	15.00	9.26	—	47.61	22.64	5.49	10.89	—	56.03	26.62	6.46	1.74
356	Ungebauter, thoniger Boden, Ernte spät	1881	15.00	9.94	—	48.12	21.01	5.93	11.69	—	56.63	24.71	6.97	1.87
357	Gedüngter Thonboden, Ernte etwas spät, beregnet	1881	15.00	11.03	—	44.84	22.58	6.55	12.97	—	52.78	26.55	7.70	2.08
358	Humoser Sandboden und gebauter Moorboden	1881	15.00	7.98	—	48.28	24.07	4.67	9.38	—	56.82	28.31	5.49	1.50
359	Heu beregnet	1881	15.00	8.52	—	46.42	24.47	4.59	10.02	—	55.80	28.78	5.40	1.60
360	Heu von natürlicher Wiese mit ein wenig Kleegras gemischt	1881	15.00	10.62	—	44.42	24.40	5.56	12.49	—	52.28	28.69	6.54	2.00
361	Ungedüngter Sandboden	1882	15.00	8.75	—	45.08	25.03	6.14	10.29	—	53.05	29.44	7.22	1.65
362	Gedüngter, thoniger Boden	1882	15.00	9.82	—	49.19	20.34	5.65	11.55	—	57.89	23.92	6.64	1.85
363	Geackerte und gedüngte Wiesen . . .	1882	15.00	8.09	—	44.34	27.34	5.23	9.51	—	52.19	32.15	6.15	1.52
364	Heu stark beregnet	1882	15.00	8.67	—	45.61	25.58	5.14	10.20	—	53.68	30.08	6.04	1.63
365	Von früher geackerten Wiesen . . .	1882	15.00	7.45	—	45.66	26.41	5.48	8.76	—	53.84	31.06	6.34	1.40
366		1882	15.00	8.75	—	47.02	24.72	4.51	10.39	—	55.24	29.07	5.30	1.66
367	Von ungedüngten Moorwiesen	1882	15.00	9.14	—	48.85	21.70	5.31	10.75	—	57.49	25.52	6.24	1.72
368	Mischheu, Timothee, Agrostis, Aira u. dergl.	1882	15.00	7.55	—	47.33	25.47	4.65	8.88	—	55.70	29.95	5.47	1.42
369	Desgl.	1882	15.00	7.29	—	44.63	27.42	5.66	8.57	—	52.52	32.25	6.66	1.37
	Aus dem Amte Nordre Trondhjem.													
370	(T.)	1878	15.00	9.65	—	44.39	25.53	5.43	11.35	—	52.24	30.02	6.39	1.82
371	Sandboden (T.)	1879	15.00	11.37	—	41.99	26.42	5.22	13.37	—	49.42	31.07	6.14	2.14
372	Ueberdüngte Wiese, Heu gesalzen . .	1881	15.00	10.02	—	45.19	23.78	6.01	11.78	—	53.18	27.97	7.07	1.88
373	Gedüngter humusreicher Thonboden . .	1882	15.00	9.30	—	44.80	24.15	6.75	10.94	—	52.72	28.40	7.94	1.75
374	Mischheu von humusreichem Sandboden	1882	15.00	8.22	—	47.85	23.62	5.31	9.67	—	56.80	27.28	6.25	1.55
375	Mischheu von leichtem Humusboden .	1882	15.00	8.03	—	45.68	26.52	4.77	9.44	—	53.76	31.19	5.61	1.51
376		1882	15.00	7.09	—	48.87	24.66	4.38	8.34	—	57.51	29.00	5.15	1.33
377		1882	15.00	7.41	—	44.50	28.20	4.89	8.71	—	52.38	33.16	5.75	1.39

No. 350. Stammt von früher geackerten Wiesen, Boden humusreich, ungedüngt, Ernte spät.
No. 355. Stammt von einer seit 8—9 Jahren nicht gedüngten Wiese, mit Muschelsand gemischter Humusboden.
No. 356. Vor 3 Jahren war die Wiese mit Leberthran-Abfällen gedüngt worden.
No. 358. Von 2—7 Jahren alten Wiesen.
No. 360. Das beigemengte Kleegras bestand aus Timothee und schwedischem Klee. Die Wiese war überdüngt, die Ernte ziemlich gut.
No. 361. Die Witterung war vor der Ernte sehr trocken, es herrschte sogenannter Sonnenbrand.
No. 362. Agrostis, Trifol. repens, Luzula, Juncus und Carex.
No. 363. Ernte gut und rechtzeitig. Witterung vor der Ernte sehr trocken, Sonnenbrand.
No. 366. Agrostis, Aira, Carex, Juncus, Luzula.
No. 367. Ernte spät, aber sonst gut.
No. 372. Ernte etwas spät und weniger gut, das Heu deshalb etwas gesalzen.
No. 373. Ernte spät.
No. 374. Agrostis, Phleum, Trif. hybridum, theilweise beregnet.
No. 375. Spät geerntet und beregnet.
No. 376. Phleum, Anthoxanthum, Festuca, Aira, Agrostis, Ranunculus, Alecthorolophus, Rumex etc.
No. 377. Phleum, Trifolium, Lolium italicum, Agrostis, Carex.

No.	Bezeichnungen und Bemerkungen	Jahr der Untersuchung	In der ursprünglichen Substanz						In der Trockensubstanz					Stickstoff in der Trockensubstanz
			Wasser	Nh-Substanz	Rohfett	Nfr. Extractstoffe	Rohfaser	Asche	Nh-Substanz	Rohfett	Nfr. Extractstoffe	Rohfaser	Asche	
			%	%	%	%	%	%	%	%	%	%	%	%
	Aus dem Amte Söndre Trondhjem.													
378	Humoser Sandboden (D.)	1878	15.00	9.34	—	45.78	24.44	5.44	10.98	—	53.88	28.74	6.40	1.76
379	Am Meeresstrand, Heu gut eingebracht	1877	15.00	10.89	2.68	42.98	22.44	6.01	12.81	3.15	50.58	26.39	7.07	2.05
380	Dieselbe Wiese (T.)	1879	15.00	7.06	—	52.11	20.16	5.67	8.30	—	61.32	23.71	6.67	1.33
381	Am Meeresstrand (W.)	1879	15.00	8.12	—	46.76	25.73	4.68	9.55	—	54.69	30.26	5.50	1.53
382		1877	15.00	6.69	2.11	48.69	22.91	4.60	7.87	2.48	57.30	26.94	5.41	1.26
383	Am Meeresstrand	1877	15.00	9.68	2.07	44.37	22.97	5.91	11.38	2.43	52.23	27.01	6.95	1.82
384	Humoser Boden, ungedüngt	1881	15.00	8.46	—	46.78	23.43	6.33	9.95	—	55.06	27.55	7.44	1.57
385	Aufgeschwemmter Flusssand (Flussinsel)	1881	15.00	7.97	—	47.00	24.63	5.50	9.37	—	55.21	28.96	6.46	1.50
386	Moorboden mit Thonunterlage . . .	1881	15.00	9.88	—	45.20	25.16	4.76	11.62	—	53.02	29.59	5.77	1.86
387	Humoser sandiger Boden, vor 6 Jahren gedüngt	1881	15.00	10.46	—	47.48	21.77	5.29	12.30	—	55.88	25.60	6.22	1.97
388	Alte Wiese, jedes 2. Jahr mit Stallmist gedüngt	1881	15.00	11.29	—	43.94	21.78	7.99	13.28	—	52.14	25.21	9.37	2.12
389	Moorboden, Bergwiese	1881	15.00	6.92	—	51.06	22.32	4.70	8.15	—	60.07	26.25	5.53	1.30
390		1882	15.00	10.19	—	45.37	23.92	5.52	11.98	—	53.40	28.13	6.49	1.92
391		1882	15.00	11.14	—	41.76	26.05	6.05	13.10	—	49.26	30.63	7.01	2.10
392	Spät geerntet	1882	15.00	7.85	—	45.13	27.75	4.27	9.23	—	53.12	32.63	5.02	1.48
	Aus dem Amte Romsdal.													
393	Thon- und Sandboden, Ernte gut . .	1881	15.00	8.97	—	46.03	24.08	5.92	10.55	—	54.17	28.32	6.96	1.69
394	Thon- u. Sandboden, Ernte weniger gut	1881	15.00	10.09	—	44.80	23.91	6.20	11.87	—	52.72	28.12	7.29	1.90
395		1881	15.00	10.25	—	45.16	23.91	5.68	12.05	—	53.15	28.12	6.68	1.93
396	Wiese früher unterm Pflug gewesen, Ernte weniger gut	1881	15.00	12.21	—	42.46	24.47	5.92	14.36	—	49.90	28.78	6.96	2.30
397	Trockner, humoser Sand, Ernte spät .	1881	15.00	9.74	—	45.33	24.84	5.09	11.45	—	53.35	29.21	5.99	1.83
398	Alte Wiese, nie gedüngt, Ernte spät .	1881	15.00	12.12	—	43.54	22.06	7.28	14.25	—	51.25	25.94	8.56	2.28
399	Sandiger, humoser Boden, ungedüngt .	1881	15.00	10.78	—	46.41	21.36	6.45	12.68	—	54.71	25.02	7.59	2.03
400	Mooriger Boden	1881	15.00	9.53	—	46.15	23.41	5.91	11.21	—	54.31	27.53	6.95	1.79
401	Humoser Boden mit Thonunterlage . .	1881	15.00	10.32	—	46.57	23.30	4.81	12.14	—	54.80	27.40	5.66	1.94
402	Sandiger, humoser Boden	1881	15.00	11.99	—	44.40	22.26	6.35	14.10	—	52.25	26.18	7.47	2.26
403	Sand- und Thonboden	1882	15.00	9.30	—	44.42	25.62	5.66	10.94	—	52.27	30.13	6.66	1.75
404	Sandboden, etwas spät geerntet . . .	1882	15.00	7.37	—	47.42	24.51	5.70	8.67	—	56.81	28.82	5.70	1.39
405	Gebirgswiese mit Sandboden, gedüngt .	1882	15.00	11.24	—	44.94	22.42	6.40	13.22	—	52.88	26.37	7.53	2.12
406		1882	15.00	9.48	—	46.59	23.91	5.02	11.15	—	54.83	28.12	5.90	1.78
407	Spät geerntet, Heu beregnet	1882	15.00	8.71	—	46.53	25.27	4.49	10.24	—	54.76	29.72	5.28	1.65
408	Sandboden	1882	15.00	8.33	—	47.80	24.47	4.40	9.80	—	56.36	28.77	5.17	1.57
409		1882	15.00	10.92	—	42.90	25.88	5.30	12.84	—	50.50	30.43	6.23	2.05

No. 378. Auf Reitern getrocknet und gut eingebracht.
No. 379—381. Die Wiesen bestanden seit 51 Jahren.
No. 382. Wiese bei Vinje, südlich von Trondhjem.
No. 383. Wiese bei Beian, südlich von Trondhjem.
No. 384. 8—10 Jahre alte Wiese.
No. 385. Wiese im Frühjahr überschwemmt. Die Ernte war gut.
No. 386. Etwas Timotheebeimischung, Ernte weniger gut.
No. 391. Agrostis, Aira, Holcus, Phleum etc.
No. 393. Ungebaute und ungedüngte Wiese, etwas Timothee.
No. 398. Wiese 24 Jahre alt, Ernte spät und weniger gut.
No. 399. Ungebaute Wiese, Ernte etwas spät, Heu etwas beregnet.
No. 401. Wiese 10 Jahre alt, wenig gedüngt, Ernte weniger gut.
No. 402. Wiese z. Theil überdüngt, Ernte spät und weniger gut; Probe besonders von den Rändern der Wiesenstücke entnommen.
No. 403. Ungeackerte und ungedüngte Wiesen.
No. 406. Agrostis, Aira, Anthoxanthum u. a. m.
No. 407. Agrostis, Aira, Phleum, Orobus, Rhinanthus u. a. m.
No. 408. Agrostis, Aira, Anthoxanthum, Luzula, Carex u. dergl.
No. 409. Poa, Aira, Anthoxanthum, Alecthorolophus, Phleum, Trifolium.

No.	Bezeichnungen und Bemerkungen	Jahr der Untersuchung	In der ursprünglichen Substanz						In der Trockensubstanz					Stickstoff in der Trockensubstanz
			Wasser	Nh-Substanz	Rohfett	Nfr. Extractstoffe	Rohfaser	Asche	Nh-Substanz	Rohfett	Nfr. Extractstoffe	Rohfaser	Asche	
			%	%	%	%	%	%	%	%	%	%	%	%
	Aus dem Amte Kristians.													
410		1877	15.00	8.16	2.26	43.64	22.96	5.98	9.60	2.66	53.71	27.00	7.03	1.54
411	Aufgebrochene, mit aufgeschlossenem Knochenmehle gedüngte Wiese	1877	15.00	8.67	1.72	39.40	28.52	6.69	10.20	2.02	46.37	33.54	7.87	1.63
412	Sumpfige, überschwemmte Wiese	1877	15.00	9.96	2.26	42.13	20.85	9.80	11.71	2.66	49.59	24.52	11.52	1.87
413		1877	15.00	9.28	2.09	41.59	24.60	7.44	10.91	2.46	48.95	28.93	8.75	1.75
414	Gebirgswiese (Senne)	1877	15.00	8.80	2.57	46.55	20.76	6.32	10.35	3.02	54.79	24.41	7.43	1.66
415	Von einer der besten Wiesen in d. Gegend	1877	15.00	8.05	2.30	44.68	24.07	5.90	9.47	2.70	52.58	28.31	6.94	1.52
416	Humoser Sandboden, 1700 Fuss über dem Meere (T.)	1878	15.00	8.97	—	43.16	25.15	7.72	10.55	—	50.79	29.58	9.08	1.69
417	(T)	1878	15.00	9.11	—	46.62	21.61	7.66	10.71	—	54.87	25.41	9.01	1.71
418	Berieselte Wiese (W)	1878	15.00	10.03	—	44.48	23.66	6.83	11.80	—	52.34	27.82	8.04	1.89
419	Humoser Sandboden mit Kies, geackerte Wiese (W.)	1878	15.00	7.63	—	48.94	23.35	5.08	8.97	—	57.60	27.46	5.97	1.44
420	Gebirgswiese (Senne) (T.)	1878	15.00	7.58	—	54.95	18.72	3.75	8.91	—	64.67	22.01	4.41	1.43
421	Humoser Thonboden (T.)	1878	15.00	9.32	—	42.25	26.74	6.69	10.96	—	49.72	31.45	7.87	1.75
422	Saure Wiese in hohem Gebirgsthale (W.)	1878	15.00	11.47	2.39	46.04	21.62	3.48	13.49	2.81	54.18	25.43	4.09	2.16
423	Gebirgswiese (Senne) (W.)	1879	15.00	10.17	—	49.67	20.39	4.77	11.96	—	58.55	23.88	5.61	1.91
424	Desgl. (T.)	1879	15.00	10.98	—	46.03	21.65	6.34	12.91	—	54.17	25.46	7.46	2.07
425	Thoniger, kalkhaltiger Boden, Heu beregnet	1881	15.00	8.04	—	52.83	18.19	5.94	9.46	—	64.16	21.39	6.99	1.51
426	Theils Sand- theils Moorboden, Heu stark beregnet	1881	15.00	8.43	—	50.18	20.78	5.61	9.91	—	61.05	24.44	6.60	1.59
427	Heu theils früh, theils sehr spät geerntet	1881	15.00	9.13	—	48.49	20.75	5.63	10.74	—	58.24	24.40	6.62	1.72
428	Heu beregnet	1881	15.00	7.20	—	46.50	25.51	5.78	8.47	—	54.73	30.00	6.80	1.36
429	Ungedüngter, humoser Sandboden	1881	15.00	8.16	—	48.07	22.13	6.64	9.60	—	56.57	26.02	7.81	1.54
430	Sandboden	1881	15.00	9.90	—	49.63	18.73	6.74	11.64	—	58.76	22.03	7.57	1.86
431	Heu gut geerntet	1881	15.00	7.96	—	49.59	21.13	6.32	9.36	—	58.36	24.85	7.43	1.50
432	Auf dem besten Boden des betreff. Gutes gewachsen	1881	15.00	6.90	—	50.75	23.23	4.12	8.11	—	59.72	27.32	4.85	1.30
433	Auf weniger gutem Boden desselben Gutes gewachsen	1881	15.00	9.16	—	51.35	20.05	4.44	10.77	—	60.43	23.58	5.22	1.72
434		1881	15.00	10.70	—	46.90	19.89	7.51	12.58	—	57.20	23.39	8.83	2.01
435	Kräftiger, gedüngter, humoser, sandiger Boden	1881	15.00	9.44	—	45.70	24.51	5.35	11.10	—	53.79	28.82	6.29	1.78
436	Mehrjährige Wiese	1881	15.00	8.15	—	46.96	25.22	4.67	9.58	—	51.74	33.19	5.49	1.53
437	Armer Sandboden, dreijährige Wiese	1881	15.00	6.07	—	50.86	24.47	3.60	7.14	—	59.86	28.77	4.23	1.14
438	Gebirgswiese (Senne), Moorboden, Heu beregnet	1881	15.00	9.77	—	46.80	23.40	5.03	11.49	—	55.07	27.52	5.92	1.84
439	Gebirgswiese, gedüngt	1881	15.00	9.07	—	47.68	22.55	5.70	10.67	—	56.11	26.52	6.70	1.71
440	Gebirgswiese, thoniger Schnittboden, Heu etwas beregnet	1881	15.00	6.93	—	51.02	21.30	5.75	8.15	—	60.04	25.05	6.76	1.30
441	Gebirgswiese, Heu stark beregnet	1881	15.00	7.37	—	48.32	24.68	4.63	8.67	—	56.87	29.02	5.44	1.39
442	Gebirgswiese guter Boden	1881	15.00	6.18	—	49.12	25.32	4.38	7.27	—	57.80	29.78	5.15	1.16
443	Gebirgswiese	1881	15.00	8.48	—	50.80	20.42	5.30	9.97	—	59.79	24.01	6.23	1.60

No. 410. Stammte von Froen, Gudbrandsdalen.
No. 411. Ebendaher. Wiese steht bei Ueberschwemmungen mehrere Tage unter Wasser.
No. 412. Das Gras der betr. Wiese wird im frischen Zustande von Rindvieh nicht gefressen, von Pferden u. Schafen aus Noth.
No. 413. Stammt von Harilstad, Gudbrandsdalen.
No. 414. Ebendaher.
No. 415. Stammt von Skiaker.

No.	Bezeichnungen und Bemerkungen	Jahr der Untersuchung	In der ursprünglichen Substanz						In der Trockensubstanz					Stickstoff in der Trockensubstanz
			Wasser	Nh-Substanz	Rohfett	Nfr. Extractstoffe	Rohfaser	Asche	Nh-Substanz	Rohfett	Nfr-Extractstoffe	Rohfaser	Asche	
			%	%	%	%	%	%	%	%	%	%	%	%
	Aus dem Amte Nordre Bergenhus.													
444	Theilweise gedüngt, Heu ein wenig beregnet	1882	15.00	8.65	—	45.72	25.45	5.18	10.17	—	53.81	29.93	6.09	1.63
445	Humusreicher Sandboden	1882	15.00	8.06	—	46.19	25.93	4.82	9.48	—	54.36	30.49	5.67	1.52
446	Thonboden, theilweise beregnet . . .	1882	15.00	7.85	—	45.40	25.86	4.89	9.23	—	54.60	30.42	5.75	1.48
447	Gedüngte Wiese	1882	15.00	9.10	—	46.76	23.03	6.13	10.70	—	55.01	27.08	7.21	1.71
448		1882	15.00	8.74	—	48.08	23.51	4.67	10.28	—	56.58	27.65	5.49	1.63
	Aus dem Amte Söndre Bergenhus.													
449	Von ungedüngtem Boden, spät geerntet	1882	15.00	7.96	—	45.58	27.14	4.32	9.30	—	53.70	31.92	5.08	1.49
450	Von gedüngtem Boden	1882	15.00	7.68	—	44.11	27.04	6.17	9.03	—	51.91	31.80	7.26	1.44
451	Von gedüngtem Boden, theilw. beregnet	1882	15.00	8.67	—	43.64	26.49	6.20	10.20	—	51.36	31.15	7.29	1.65
452	Sandboden	1882	15.00	8.25	—	46.08	24.40	6.27	9.70	—	52.24	28.69	7.37	1.55
453		1882	15.00	9.26	—	45.88	25.06	4.80	10.89	—	54.00	29.47	5.64	1.73
	Aus dem Amte Buskeruds.													
454	Leichter, mager. Sandbod., Thalwiese (W.)	1878	15.00	8.26	—	46.42	24.11	6.21	9.71	—	54.64	28.35	7.30	1.55
455	Desgl. (W.)	1878	15.00	10.32	—	41.73	26.65	6.70	12.14	—	48.64	31.34	7.88	1.94
456	Humoser, nasser Thonbod., Thalwiese (W.)	1878	15.00	9.13	—	49.62	20.00	6.25	10.74	—	58.39	23.52	7.35	1.72
457	Leichter Sandboden, Thalwiese (W.) .	1878	15.00	8.89	—	46.14	23.52	6.45	10.45	—	54.30	27.66	7.59	1.68
458	Leichter Sandboden, 400 Fuss über dem Thal (W.)	1878	15.00	8.17	—	47.36	24.50	4.97	9.61	—	55.74	28.81	5.84	1.54
459	Humoser Sandboden, nahe unter der Waldgrenze (W.)	1878	15.00	8.97	—	49.39	22.43	4.21	10.55	—	58.12	26.38	4.95	1.69
460	Humoser Sandboden, a. d. Waldgrenze (W.)	1878	15.00	9.35	—	49.46	22.01	4.18	11.00	—	58.30	25.88	4.82	1.76
461	Desgl. (W.)	1878	15.00	10.50	—	48.06	22.13	4.21	12.35	—	56.69	26.01	4.95	1.98
462	Desgl. (W.)	1878	15.00	11.58	—	46.71	22.12	4.59	13.62	—	56.97	26.01	5.40	2.18
463	Humoser Sandboden, oberhalb der Waldgrenze (W.)	1878	15.00	11.62	—	45.99	22.38	5.01	13.67	—	54.12	26.32	5.89	2.19
464	Humoser Sandboden, im Hochgebirge (T.)	1878	15.00	10.94	—	49.32	20.09	4.65	12.87	—	58.03	23.63	5.47	2.06
465	1200 Fuss üb. d. Meere gewachsen (T.)	1878	15.00	9.46	—	47.79	22.80	4.94	11.12	—	56.26	26.81	5.81	1.78
466	3000 Fuss üb. d. Meere, oberhalb der Waldgrenze (T.)	1878	15.00	9.42	—	45.02	25.09	5.47	11.08	—	52.98	29.51	6.43	1.77
467	Ziemlich nasser Thonboden, südliche Abdachung (W.)	1878	15.00	6.44	—	46.91	26.12	5.53	7.57	—	55.21	30.72	6.50	1.21
468	Schwerer Thonboden, an steilen Höhen gewachsen (W.)	1878	15.00	8.30	—	43.20	27.60	5.90	9.76	—	50.84	32.46	6.94	1.56
	Aus dem Amte Smaalenene.													
469	Humoser Sandboden, Heu etwas gesalzen (W.)	1877	15.00	6.68	—	42.54	30.60	5.18	7.86	—	52.06	35.99	6.09	1.26
470	Armer Boden	1881	15.00	8.23	—	44.99	24.93	5.85	9.68	—	54.12	29.32	6.88	1.55
471	Heu-Mischung (von verschied. Wiesen)	1881	15.00	7.97	—	45.51	25.61	5.91	9.37	—	53.56	30.12	6.95	1.50
472	Desgl.	1881	15.00	7.29	—	45.89	26.25	5.57	8.57	—	54.01	30.87	6.55	1.37

No. 453. Phleum, Aira, Agrostis, Anthoxanthum.
No. 454—464. Bilden eine aus derselben Gegend stammende Serie, sind aber in verschiedener Höhe gewachsen.
No. 454. Wiese nass, jährlich überschwemmt.
No. 455. Wiese jährlich überschwemmt, wird nie gedüngt.
No. 456. Desgl.
No. 457. Desgl.
No. 458. Wiese zum Theil mit Erlen bestanden.
No. 459—464. Stammt von Sennwiesen, die zuweilen gedüngt werden.
No. 463. Wurde etwas feucht eingefahren.
No. 464. Wiese war mit Schafdünger gedüngt.
No. 466. Sennwiese.
No. 469. Heu weniger gut eingebracht, etwas gesalzen.
No. 472. 2—5jährige Wiesen mit Compost gedüngt.

No.	Bezeichnungen und Bemerkungen	Jahr der Untersuchung	In der ursprünglichen Substanz						In der Trockensubstanz					Stickstoff in der Trockensubstanz
			Wasser %	Nh-Substanz %	Rohfett %	Nfr. Extractstoffe %	Rohfaser %	Asche %	Nh-Substanz %	Rohfett %	Nfr. Extractstoffe %	Rohfaser %	Asche %	%
	Aus dem Amte Bratsberg.													
473	Humoser Boden	1881	15.00	6.94	—	48.96	24.16	4.94	8.16	—	57.62	28.41	5.81	1.31
474		1881	15.00	5.46	—	50.09	25.61	3.84	6.42	—	58.94	30.12	4.52	1.03
475	Sandboden, alte ungedüngte Wiese . . .	1881	15.00	7.67	—	46.08	25.86	5.39	9.02	—	54.23	30.41	6.34	1.44
476	Armer Boden, Heu etwas beregnet . .	1881	15.00	7.64	—	48.37	23.85	4.14	8.98	—	59.10	27.05	4.87	1.44
477	Kiesiger, grandiger Boden, Heu etwas beregnet	1881	15.00	7.38	—	50.20	22.27	5.15	8.68	—	59.07	26.19	6.06	1.40
478	Kiesiger, grandiger Boden, Heu etwas beregnet (Senne)	1881	15.00	8.91	—	49.85	22.40	3.84	10.48	—	58.66	26.34	4.52	1.68
479	Mischung von Gebirgs- und Thal-Heu .	1881	15.00	10.28	—	51.08	18.90	4.74	12.09	—	60.11	22.23	5.57	1.92
480	Mischung von Gebirgs- und Heu einer Moorwiese	1881	15.00	9.44	—	51.23	20.17	4.16	11.10	—	60.29	23.72	4.89	1.78
481	Moorboden	1881	15.00	8.26	—	50.32	23.71	2.71	9.71	—	59.22	27.88	3.19	1.55
482	Guter Boden, Gebirgswiese	1881	15.00	8.43	—	50.82	21.98	3.77	9.91	—	59.81	25.85	4.43	1.59
	Aus dem Amte Grevskaberne.													
483	Sandboden	1881	15.00	6.34	—	51.89	23.07	4.10	7.46	—	61.59	26.13	4.82	1.19
	Aus dem Amte Stavanger.													
484		1877	15.00	8.46	1.84	42.33	27.63	4.74	9.95	2.16	49.83	32.49	5.57	1.59
485	Humusreicher Thonboden, gedüngt, Heu beregnet	1882	15.00	7.02	—	44.37	28.82	4.79	8.26	—	52.22	33.89	5.63	1.32
486		1882	15.00	6.94	—	46.93	26.83	4.30	8.16	—	55.23	31.55	5.06	1.31
487	Ungedüngter humusreicher Sandboden .	1882	15.00	7.06	—	43.30	30.50	4.14	8.30	—	50.96	35.87	4.87	1.33
	Aus dem Amte Lister und Mandal.													
488	Thonboden	1881	15.00	7.58	—	47.73	23.61	6.08	8.91	—	56.17	27.77	7.15	1.43
489	Moorboden	1881	15.00	8.08	—	48.28	24.73	3.91	9.50	—	56.82	29.08	4.60	1.52
490	Humoser Sandboden	1881	15.00	8.21	—	48.06	23.80	4.93	9.66	—	56.55	27.99	5.80	1.54
491	Humoser Boden, Heu etwas beregnet .	1881	15.00	7.94	—	48.41	23.61	5.04	9.34	—	56.97	27.76	5.93	1.49
492		1881	15.00	8.34	—	47.66	23.36	5.64	9.80	—	56.10	27.47	6.63	1.57
493	Tiefer humoser Boden, gedüngt . . .	1881	15.00	9.33	—	46.41	23.81	5.45	10.97	—	54.62	28.00	6.41	1.76
494	Zum Theil gedüngt, Heu etwas beregnet	1881	15.00	10.37	—	41.10	27.23	6.30	12.20	—	48.37	32.02	7.41	1.95
495	Tiefer Boden, Ernte spät	1881	15.00	7.93	—	43.58	27.41	6.08	9.32	—	51.30	32.23	7.15	1.49
	Heu von künstlichen Wiesen.*)													
	Aus dem Amte Nordland.													
496	Thonboden	1881	15.00	10.38	—	39.16	28.29	7.17	12.91	—	45.29	33.37	8.43	2.07
497	Thonboden, gedüngt, 1. Jahr nach der Ansaat	1881	15.00	7.00	—	48.80	23.57	5.63	8.23	—	57.43	27.72	6.62	1.32
498	Timothee und Klee	1881	15.00	9.01	—	44.07	25.70	6.22	10.60	—	51.87	30.22	7.31	1.70

No. 473. Von einer 8—10 Jahre alten Wiese, nicht gedüngt.
No. 474. Von einer 12 Jahre alten Wiese.
No. 481. Derartiges Heu und Gerstenstroh bilden in der Gegend das hauptsächlichste Viehfutter und wird als Ursache der Knochenbrüchigkeit angesehen.
No. 483. Die Wiese war in den letzten 4—5 Jahren nicht gedüngt, die Ernte erfolgte etwas spät, aber ziemlich gut.
No. 484. Stammt von Klep, Jaederen.
No. 490. Wiese war ursprünglich mit Timotheegras angesät, das aber ausgegangen.
No. 491. Wiese in 10 Jahren nicht bebaut und gedüngt, Heu etwas beregnet.
No. 493. Heu etwas spät geerntet und beregnet, die Wiese war lange nicht geackert, aber, zum Theil stark, mit Vieh- und Menschendünger, Knochensuperphosphat oder Asche gedüngt.
No. 494. Zum Theil mit Compost oder Tang gedüngt.
No. 495. Wiese theilweise unter dem Pfluge gewesen, hoch gelegen.
*) Wo bei „künstlichen Wiesen" die Art der Pflanzen, mit welchen die Wiesen angesäet wurden, nicht angeführt ist, kann dieselbe nicht sicher angegeben werden; als wahrscheinlich kann man jedoch annehmen, dass die Ansaat in der Hauptsache aus Timotheegras mit Einmischung von etwas Klee und Gräsern bestand.
No. 498. Heu theils von 1jährigen, theils von älteren künstlichen Wiesen.

No.	Bezeichnungen und Bemerkungen	Jahr der Untersuchung	In der ursprünglichen Substanz: Wasser %	Nh-Substanz %	Rohfett %	Nfr. Extractstoffe %	Rohfaser %	Asche %	In der Trockensubstanz: Nh-Substanz %	Rohfett %	Nfr. Extractstoffe %	Rohfaser %	Asche %	Stickstoff in der Trockensubstanz %
499		1882	15.00	5.31	—	46.74	27.78	5.17	6.24	—	55.01	32.67	6.08	1.00
500	Sandboden, spät geerntet	1882	15.00	9.09	—	46.04	25.20	4.67	10.69	—	54.18	29.64	5.49	1.71
	Aus dem Amte Nordre Trondhjem.													
501	Thonboden (W.)	1879	15.00	6.03	—	50.98	23.76	4.23	7.08	—	60.01	27.94	4.97	1.13
502	(W.)	1879	15.00	7.56	—	48.79	24.20	4.45	8.89	—	57.42	28.46	5.23	1.42
503	(W.)	1879	15.00	6.62	—	52.36	21.92	4.10	7.79	—	61.61	25.78	4.82	1.25
504	Sand- und Thonboden, humusreich . .	1882	15.00	6.41	—	49.37	24.92	4.30	7.54	—	58.09	29.31	5.06	1.21
505	Sandboden	1882	15.00	7.41	—	47.21	25.61	4.77	8.71	—	55.49	30.19	5.61	1.39
	Aus dem Amte Söndre Trondhjem.													
506	Lehmboden, 1875 mit Timothee angesäet	1877	15.00	6.83	1.63	43.98	27.03	5.53	8.03	1.92	51.76	31.79	6.50	1.28
507	Mit Timothee angesäet	1877	15.00	8.37	1.81	41.17	29.34	4.31	9.84	2.13	48.46	34.50	5.07	1.57
508	Sandboden, vor 4 Jahren mit Timothee angesäet	1877	15.00	7.25	1.92	46.84	25.08	3.91	8.53	2.26	55.12	29.49	4.60	1.36
509	Humoser Sandboden (T.)	1878	15.00	7.84	—	45.80	27.15	4.21	9.22	—	53.90	31.93	4.95	1.48
510	Timothee	1881	15.00	6.58	—	44.23	27.21	6.98	7.74	—	51.05	32.00	9.21	1.25
511	Timothee und schwedischer Klee . .	1881	15.00	6.31	—	49.80	24.73	4.16	7.42	—	58.81	29.08	4.89	1.19
	Aus dem Amte Romsdal.													
512	Timothee, im 4. Jahre nach der Ansaat	1881	15.00	7.31	—	48.26	24.80	4.63	8.60	—	56.80	29.16	5.44	1.36
513	Timothee, humoser Boden	1881	15.00	5.37	—	50.18	25.67	3.78	6.33	—	59.03	30.19	4.45	1.01
514	Timothee, humoser, thoniger Boden . .	1881	15.00	4.42	—	49.83	26.78	3.97	5.20	—	58.64	31.49	4.67	0.83
515	Gedüngter Humusboden	1882	15.00	8.95	—	39.58	29.63	6.84	10.52	—	46.60	34.84	8.04	1.68
516	Milder Thon- und Sandboden	1882	15.00	5.02	—	47.94	27.73	4.31	5.90	—	56.42	32.61	5.07	0.94
517		1882	15.00	4.92	—	47.40	29.79	2.89	5.79	—	55.82	35.03	3.36	0.91
518	Tiefer, humusreicher Sandboden . . .	1882	15.00	6.19	—	43.80	31.71	3.30	7.28	—	51.55	37.29	3.88	1.17
	Aus dem Amte Kristians													
519	Humoser, sandig. Boden, Rieselwiese (W.)	1878	15.00	6.75	—	43.45	30.52	4.28	7.94	—	51.14	35.89	5.03	1.27
520	Humoser, kalkhaltig. Boden m. Kies (W.)	1878	15.00	9.73	—	44.89	25.78	4.60	11.44	—	52.83	30.32	5.41	1.83
521	Humoser Thonboden (T.)	1879	15.00	8.56	—	45.02	26.85	4.57	10.07	—	53.80	30.76	5.37	1.61
522	Humoser Boden mit Thonunterlage (W.)	1879	15.00	7.91	—	47.84	23.89	5.36	9.30	—	56.31	28.09	6.30	1.49
523	Tiefer, kalkhaltiger, humoser Boden, Timothee und Klee	1881	15.00	8.16	—	50.13	22.06	4.65	9.60	—	60.99	25.94	5.47	1.54
524	Timothee und schwedischer Klee . .	1881	15.00	8.50	—	48.67	21.50	6.33	10.00	—	57.28	25.28	7.44	1.60
525	Timothee und Klee, 2jährig, mit Compost gedüngt	1881	15.00	7.94	—	47.96	23.37	5.73	9.34	—	56.44	27.48	6.74	1.49
526	Timothee u. Klee, gedüngter Thonboden	1881	15.00	6.06	—	52.23	22.65	4.06	7.13	—	61.46	26.64	4.77	1.12
527	Timothe und Klee, Ernte spät, aber gut	1881	15.00	6.34	—	50.86	24.01	3.79	9.46	—	59.84	28.24	4.46	1.19
528	Timothee, 3 Jahre nach der Ansaat .	—	15.00	9.55	—	41.47	27.16	6.82	11.23	—	48.81	31.94	8.02	1.80
529	Desgl.	—	15.00	6.07	—	56.17	18.94	3.82	7.14	—	66.10	22.27	4.49	1.14
530	Mooriger Boden, 2 Jahre n. d. Ansaat (W.)	1878	15.00	6.82	—	47.13	26.74	4.31	8.02	—	55.46	31.45	5.07	1.28
531	(W.)	1878	15.00	5.78	—	47.80	27.65	3.77	6.80	—	56.25	32.52	4.43	1.09

No. 499. Phleum, Aira, Agrostis, Anthoxanthum.
No. 504. Aus Timothee u. Klee bestehend, während der Blüthe des Timotheegrases geerntet.
No. 505. Besteht aus Poa, Aira, Anthoxanthum, Alecthorolophus, Phleum, Trifolium.
No. 509. Auf Reitern getrocknet, gut geerntet.
No. 510. Mischung von 1-, 2- und 3jährigen Wiesen; zur Einsaat gedüngt; Heu etwas beregnet.
No. 512. Im vorhergehenden Jahre mit Compost gedüngt.
No. 513. Mischung von Heu von 1-, 2- u. 3jährigen Wiesen, Ernte weniger gut.
No. 514. Im ersten Jahre des Anbaues, im Jahre 1880 zu Gerste mit Stalldünger, 1881 mit Knochenmehl überdüngt Ernte weniger gut.
No. 515. Trockne Witterung während des Wachsthums und der Ernte.
No. 519. Mit Timothee angesäet, humoser mit Sand und Kies gemischter Boden.
No. 520. Vor 3 Jahren mit Timothee angesäet, bei sehr trocknem Wetter gewachsen und geerntet
No. 527. Mischung von Klee des ersten Jahres und Timothee des 2. Jahres nach der Ansaat, nach gedüngter Gerste.
No. 530. Vor 2 Jahren mit Timothee u. Klee angesäete Wiese, bei sehr trocknem Wetter gewachsen und geerntet.
No. 531. Bei sehr trocknem Wetter gewachsen und geerntet.

No.	Bezeichnungen und Bemerkungen	Jahr der Untersuchung	In der ursprünglichen Substanz: Wasser %	Nh-Substanz %	Rohfett %	Nfr. Extractstoffe %	Rohfaser %	Asche %	In der Trockensubstanz: Nh-Substanz %	Rohfett %	Nfr. Extractstoffe %	Rohfaser %	Asche %	Stickstoff in der Trockensubstanz %
	Aus dem Amte Nordre Bergenhus.													
532	Mischheu, stark beregnet	1881	15.00	8.34	—	46.79	24.84	5.03	9.81	—	55.06	29.21	5.92	1.57
	Aus dem Amte Buskeruds.													
533	Lehmboden (T.)	1878	15.00	7.99	—	38.65	32.92	5.44	9.40	—	45.59	38.61	6.40	1.50
534	Humoser, thoniger Boden (W.)	1878	15.00	5.18	—	44.12	31.01	4.69	6.09	—	52.02	36.47	5.52	0.96
535	Mooriger Boden mit Thonunterlage (T.)	1878	15.00	7.64	—	53.59	19.95	3.82	8.98	—	63.07	23.46	4.49	1.44
536	Humoser Thonboden (W.)	1878	15.00	7.68	—	45.76	26.61	4.95	8.93	—	53.96	31.29	5.82	1.44
537	Desgl. (T.)	1878	15.00	6.92	—	40.85	33.08	4.15	8.15	—	48.07	38.90	4.88	1.30
538	Desgl. (T.)	1878	15.00	8.05	—	44.90	26.35	5.70	9.57	—	52.84	30.89	6.70	1.53
539	Thalboden, 600 Fuss über d. Meere (T.)	1878	15.00	6.63	—	47.85	27.19	3.33	7.80	—	56.30	31.98	3.92	1.25
540	Schwerer Thonboden (T.)	1878	15.00	8.87	—	41.64	28.93	5.46	10.43	—	49.12	34.02	6.42	1.67
	Aus dem Amte Akershuus.													
541	Moorboden, 1. Jahr n. d. Aussaat (W.)	1879	15.00	7.10	—	44.28	29.65	3.97	8.35	—	52.11	34.87	4.67	1.34
542	Moorboden, 1. Jahr nach der Aussaat, Grummet (W.)	1879	15.00	8.28	—	41.18	29.56	5.98	9.74	—	48.47	34.76	7.03	1.56
543	Thonboden, 2. Jahr n. d. Aussaat (T.)	1879	15.00	7.22	—	43.20	30.11	4.47	8.49	—	50.84	35.41	5.26	1.36
544	Moorboden, 4jährige Wiese (T.)	1878	15.00	9.40	—	51.54	19.05	5.01	11.05	—	60.66	22.40	5.89	1.77
545	Humoser Thonboden, 3jährige Wiese (W.)	1878	15.00	4.19	—	52.36	24.80	3.65	4.93	—	61.12	29.16	4.29	0.79
	Aus dem Amte Smaalenene.													
546	Timothee und schwedischer Klee, in der Blüthe geschnitten	1881	15.00	9.61	—	43.38	25.88	6.13	11.30	—	51.06	30.43	7.21	1.81
547	Rother, weisser und schwedischer Klee	1881	15.00	10.34	—	44.34	22.16	8.16	12.16	—	52.18	26.06	9.60	1.95
548	Timothee, schwerer Thonboden, etwas beregnet	1881	15.00	3.95	—	50.06	26.21	4.78	4.65	—	58.91	30.82	5.62	0.71
	Aus dem Amte Grevskaberne.													
549	Sandboden, 1. Jahr nach der Ansaat, Timothee	1881	15.00	6.87	—	45.74	27.42	4.97	8.08	—	54.65	32.25	5.02	1.29
	Aus dem Amte Lister und Mandal.													
550	Timothee und Klee	—	15.00	8.23	—	45.72	24.53	6.52	9.68	—	53.80	28.85	7.67	1.55
	Aus dem Amte Bratsberg.													
551	Humoser, thoniger Boden, Timothee und Klee, in der Blüthe	1881	15.00	6.21	—	50.75	32.36	4.68	7.30	—	49.25	37.95	5.50	1.17
552	Wiesenheu	1880	15.00	9.0	—	46.8	22.1	7.1	10.58	—	55.08	25.99	8.35	1.70
553	„	1880	15.00	10.5	—	43.2	23.9	7.4	12.35	—	50.84	28.11	8.70	1.96
554	„	1880	15.00	9.4	—	44.8	23.7	7.1	11.05	—	52.73	27.87	8.35	1.78
555	„	1880	15.00	9.4	—	44.9	22.8	7.9	11.05	—	52.85	26.81	9.29	1.78
556	„	1880	15.00	9.3	—	43.8	24.0	7.9	10.94	—	58.55	28.22	9.29	1.75
557	„	1880	15.00	9.7	—	39.9	28.2	7.2	11.41	—	46.96	33.16	8.47	1.82
558	„	1880	15.00	9.8	—	43.6	23.8	7.8	11.52	—	51.32	27.99	9.17	1.84

No. 532. Mischung von Timothee-Kleeheu, Moorwiesenheu und gewöhnlichem Wiesenheu.
No. 536—538. Auf Reitern getrocknet, gut geerntet.
No. 541. Heu auf Reitern getrocknet.
No. 544. Timotheegras und Klee, in der Blüthe geschnitten und gut geerntet.
No. 549. Gedüngt wurde zu der vorausgegangenen Gerste; die Ernte des Heu's erfolgte etwas spät.
No. 551. Gut geerntet.
No. 552—833. M. Märcker (V.-St. Halle). — Privatmitthl. Die wenigen vorhandenen Bemerkungen wurden den „Mittheilungen über die durch die agriculturchemische Versuchsstation zu Halle im Jahre 1880 ausgeführten Untersuchungen von Futtermitteln" entnommen. Diese Analysen werden jedoch mit ausführlichen Bemerkungen und Bezeichnungen nochmals in einer besonderen Tabelle im Anhang am Schluss dieses Werkes aufgeführt werden.

No.	Bezeichnungen und Bemerkungen	Jahr der Untersuchung	In der ursprünglichen Substanz: Wasser %	Nh-Substanz %	Rohfett + Nfr. Extractstoffe %	Rohfaser %	Asche %	In der Trockensubstanz: Nh-Substanz %	Rohfett + Nfr. Extractstoffe %	Rohfaser %	Asche %	Stickstoff in der Trockensubstanz %
559	Wiesenheu	1880	15.00	8.6	40.8	28.2	7.4	9.48	48.86	33.16	8.70	1.52
560	„	„	15.00	8.2	40.8	25.9	10.1	9.64	48.02	30.46	11.88	1.54
561	„	„	15.00	10.6	41.8	26.1	6.5	12.47	49.20	30.69	7.64	2.00
562	„	„	15.00	10.1	43.8	24.1	7.0	11.88	51.55	28.34	8.23	1.90
563	„	„	15.00	11.1	43.8	24.1	6.1	13.05	51.44	28.34	7.17	2.09
564	„	„	15.00	9.6	43.8	24.0	7.6	11.29	51.55	28.22	8.94	1.81
565	„	„	15.00	10.0	43.7	25.5	5.8	11.76	51.43	29.99	6.82	1.88
566	„	„	15.00	10.1	43.1	24.4	6.4	11.88	51.90	28.69	7.53	1.90
567	„	„	15.00	12.8	42.7	23.3	6.2	15.05	50.26	27.40	7.29	2.41
568	„	„	15.00	9.5	44.3	24.7	6.5	11.17	52.14	29.05	7.64	1.79
569	„	„	15.00	12.2	43.8	23.4	5.6	14.35	51.54	27.52	6.59	2.30
570	„	„	15.00	12.7	42.5	24.3	5.5	14.94	50.01	28.58	6.47	2.39
571	„	„	15.00	11.4	40.1	27.6	5.9	13.41	47.19	32.46	6.94	2.15
572	„	„	15.00	10.9	39.8	28.7	5.6	12.82	46.84	33.75	6.59	2.05
573	„	„	15.00	8.2	47.3	23.2	6.3	9.64	55.67	27.28	7.41	1.54
574	„	„	15.00	9.4	44.4	23.8	7.4	11.05	52.26	27.99	8.70	1.78
575	Von Schlanstedt, ungedüngt, gut eingekommen	„	15.00	8.3	44.6	24.8	7.3	9.76	52.50	29.16	8.58	1.56
576	Bruchwiese, gedüngt, gut eingekommen	„	15.00	7.3	44.8	26.2	6.7	8.58	52.72	30.81	7.89	1.37
577	„ ungedüngt, beregnet	„	15.00	7.9	43.3	28.6	5.2	9.29	50.96	33.63	6.12	1.49
578	„ gedüngt, beregnet	„	15.00	7.4	42.1	30.1	5.4	8.70	49.55	35.40	6.35	1.39
579	„ ungedüngt, stark beregnet	„	15.00	7.6	42.1	30.4	4.9	8.94	49.55	35.75	5.76	1.43
580	„ gedüngt, stark beregnet	„	15.00	7.6	41.8	30.8	4.8	8.94	49.20	36.22	5.64	1.43
581	Wiesenheu	„	15.00	6.6	46.4	25.9	6.1	7.76	54.61	30.46	7.17	1.24
582	„	„	15.00	8.7	47.6	23.0	5.7	10.23	56.02	27.05	6.70	1.64
583	„	„	15.00	10.5	44.7	22.7	7.1	12.35	52.60	26.70	8.35	1.96
584	„	„	15.00	10.0	41.0	24.1	10.9	11.76	47.08	28.34	12.82	1.88
585	„	„	15.00	12.1	42.5	22.8	7.6	14.23	50.02	26.81	8.94	2.28
586	„	„	15.00	12.2	42.7	22.5	7.6	14.35	50.25	26.46	8.94	2.30
587	„	„	15.00	9.8	43.7	23.8	7.7	11.52	51.43	27.99	9.06	1.84
588	„	„	15.00	8.8	44.4	23.7	8.1	10.35	52.25	27.87	9.53	1.66
589	„	„	15.00	8.5	44.0	25.4	7.1	10.00	51.78	29.87	8.35	1.60
590	„	„	15.00	8.8	36.8	21.9	7.5	10.35	55.08	25.75	8.82	1.66
591	„	„	15.00	8.3	45.0	24.1	7.6	9.76	52.96	28.34	8.94	1.57
592	„	„	15.00	8.3	43.3	25.5	7.9	9.76	50.96	29.99	9.29	1.57
593	„	„	15.00	9.6	44.6	25.1	5.9	11.29	52.28	29.52	6.91	1.81
594	„	„	15.00	12.2	41.3	26.0	5.5	14.35	48.60	30.58	6.47	2.30
595	„	„	15.00	10.2	41.7	26.5	6.6	12.00	49.71	31.16	7.13	1.92
596	„	„	15.00	11.7	41.1	26.1	6.1	13.76	48.38	30.69	7.17	2.20
597	„	„	15.00	12.7	40.5	25.9	5.9	14.94	47.69	30.46	6.91	2.39
598	„	„	15.00	11.9	41.3	26.2	5.6	13.99	48.61	30.81	6.59	2.24
599	„	„	15.00	8.6	46.7	24.2	5.9	10.31	54.32	28.46	6.91	1.65
600	„	„	15.00	6.7	42.8	29.2	6.3	7.88	50.37	34.34	7.41	1.26
601	„	„	15.00	9.1	46.4	22.4	6.9	10.80	54.75	26.34	8.11	1.73
602	„	„	15.00	10.1	45.3	19.7	9.0	11.88	54.77	22.77	10.58	1.90
603	„	„	15.00	7.7	43.6	27.1	6.6	9.06	51.94	31.87	7.13	1.45
604	„	„	15.00	10.4	45.2	20.5	8.9	12.23	53.19	24.11	10.47	1.96
605	„	„	15.00	13.4	42.1	21.3	8.2	15.76	49.55	25.05	9.64	2.52
606	„	„	15.00	11.4	39.1	23.6	10.9	13.41	46.02	27.75	12.82	2.15
607	„	„	15.00	10.9	45.3	21.9	7.9	12.82	52.14	25.75	9.29	2.05

No.	Bezeichnungen und Bemerkungen	Jahr der Untersuchung	In der ursprünglichen Substanz: Wasser %	Nh-Substanz %	Rohfett + Nfr. Extractstoffe %	Rohfaser %	Asche %	In der Trockensubstanz: Nh-Substanz %	Rohfett + Nfr. Extractstoffe %	Rohfaser %	Asche %	Stickstoff in der Trockensubstanz %
608	Wiesenheu	1880	15.00	11.2	43.8	21.7	8.3	13.17	51.55	25.52	9.76	2.11
609	"	"	15.00	11.4	44.8	21.7	7.7	13.41	52.01	25.52	9.06	2.15
610	"	"	15.00	10.3	44.4	23.5	6.8	12.11	52.25	27.64	8.00	1.94
611	"	"	15.00	10.8	40.2	26.1	7.9	12.70	47.32	30.69	9.29	2.03
612	"	"	15.00	11.5	43.9	20.9	8.7	13.52	51.67	24.58	10.23	2.16
613	"	"	15.00	8.5	46.4	25.3	5.6	10.00	53.86	29.75	6.59	1.60
614	"	"	15.00	9.9	46.8	21.8	5.6	11.64	56.13	25.64	6.59	1.86
615	"	"	15.00	10.3	42.6	26.1	6.0	12.11	50.14	30.69	7.06	1.94
616	Von Börssum, Wiese einige Wochen vor der Ernte überschwemmt	"	15.00	10.0	42.9	24.6	7.5	11.76	50.49	28.93	8.82	1.88
617	Wiesenheu	"	15.00	9.3	41.1	26.1	8.5	10.94	48.27	30.69	10.00	1.75
618	"	"	15.00	10.0	40.4	27.2	7.4	11.76	47.55	31.99	8.70	1.88
619	Von Börssum, Wiese kurz v. d. Mähen überschwemmt, Heu verregnet	"	15.00	7.3	45.1	26.5	6.1	8.58	53.09	31.16	7.17	1.37
620	Wiesenheu	"	15.00	11.5	42.7	21.4	9.4	13.52	50.26	25.17	11.05	2.16
621	"	"	15.00	13.9	43.5	20.5	8.1	16.35	50.01	24.11	9.53	2.62
622	"	"	15.00	6.5	43.9	28.7	5.9	7.64	51.70	33.75	6.91	1.22
623	"	"	15.00	8.0	41.1	28.9	7.0	9.41	48.37	33.99	8.23	1.49
624	"	"	15.00	9.5	46.3	23.8	5.4	10.17	55.49	27.99	6.35	1.61
625	"	"	15.00	11.7	41.9	25.1	6.3	13.76	49.12	29.72	7.40	2.20
626	"	"	15.00	9.6	46.9	23.7	4.8	11.29	56.20	26.87	5.64	1.81
627	"	"	15.00	12.1	43.2	21.1	8.6	14.23	51.48	24.81	9.48	2.28
628	"	"	15.00	9.4	43.7	24.8	7.1	11.05	51.44	29.16	8.35	1.78
629	"	"	15.00	9.4	46.6	23.6	5.4	11.05	54.85	27.75	6.35	1.78
630	"	"	15 00	9.6	43.6	25.3	6.5	11.29	51.32	29.75	7.64	1.81
631	"	"	15.00	10.2	42.0	25.8	7.0	12.00	49.43	30.34	8.23	1.92
632	"	"	15.00	9.0	47.4	22.9	5.7	10.58	55.79	26.93	6.70	1.70
633	"	"	15.00	9.5	45.6	24.3	5.6	10.17	54.66	28.58	6.59	1.61
634	"	"	15.00	11.2	42.3	23 2	8.3	13.17	49.79	27.28	9.76	2.11
635	"	"	15.00	9.7	45.7	22.2	6.4	11.41	54.95	26.11	7.53	1.82
636	"	"	15.00	12.7	42 5	21.3	8.5	14.94	50.01	25.05	10.00	2.39
637	"	"	15.00	9.4	46.7	22.0	6.9	11.05	54.97	25.87	8.11	1.78
638	"	"	15.00	10.7	43.0	21.3	10.0	12.58	50.61	25.05	11.76	2.01
639	"	"	15.00	11.7	40.8	26.2	6.3	13.76	48.02	30.81	7.41	2.20
640	"	"	15 00	11.2	44.5	22.1	7.2	13.17	52.37	25.99	8.47	2.11
641	"	"	15.00	10.5	43.9	24.8	5.8	12.35	51.67	29.16	6.82	1.96
642	"	"	15.00	11.7	45.8	20.5	7.0	13.76	53.90	24.11	8.23	2.20
643	"	"	15.00	10.3	46.5	23.0	5.2	12.11	54.72	27.05	6.12	1.94
644	"	"	15.00	10.8	46.4	21.6	6.2	12.70	54.61	25.40	7.29	2.03
645	"	"	15.00	11.1	46.7	22.3	5.9	13.05	53.82	26.22	6.91	2.09
646	"	"	15.00	11.5	45.0	20.9	7.6	13.52	52.96	24.58	8.94	2.16
647	"	"	15.00	8.7	45.4	23.7	7.2	10.23	54.43	26.87	8.47	1.64
648	"	"	15.00	10.2	45.9	22.0	6.9	12.00	54.02	25.87	8.11	1.92
649	"	"	15.00	9.9	44.5	23.1	7.5	11.64	52.37	27.17	8.82	1.86
650	"	"	15.00	2.8	38.2	38.1	5.9	3.29	44.99	44.81	6.91	0.53
651	"	"	15.00	9.9	46.4	23.1	5.6	11.64	54.60	27.17	6.59	1.86
652	"	"	15.00	9.7	46.1	23.8	5.4	11.41	54.25	27.99	6.35	1.82
653	"	"	15.00	8.8	45.3	24.0	6.9	10.35	53.32	28.22	8.11	1.66
654	"	"	15.00	9.0	46.6	23.6	5.8	10.58	54.85	27.75	6.82	1.70
655	"	"	15.00	13.0	44.9	20.2	6.9	15.29	52.84	23.76	8.11	2.45

No.	Bezeichnungen und Bemerkungen	Jahr der Untersuchung	In der ursprünglichen Substanz: Wasser %	Nh-Substanz %	Rohfett + Nfr. Extractstoffe %	Rohfaser %	Asche %	In der Trockensubstanz: Nh-Substanz %	Rohfett + Nfr. Extractstoffe %	Rohfaser %	Asche %	Stickstoff in der Trocken-Substanz %
656	Wiesenheu	1880	15.00	13.1	42.1	22.8	7.0	15.41	49.55	26.81	8.23	2.47
657	"	"	15.00	10.1	45.0	23.8	6.1	11.88	52.96	27.99	7.17	1.90
658	"	"	15.00	16.1	40.4	20.9	7.6	18.93	47.55	24.58	8.94	3.03
659	"	"	15.00	15.0	38.4	24.1	7.5	17.64	45.20	28.34	8.82	2.82
660	"	"	15.00	12.6	40.9	23.4	8.1	14.82	48.13	27.52	9.53	2.37
661	"	"	15.00	16.8	39.1	21.2	7.9	19.76	46.02	24.93	9.29	3.16
662	"	"	15.00	11.0	43.7	25.3	5.0	12.94	51.43	29.75	5.88	2.07
663	"	"	15.00	10.1	45.5	25.0	4.4	11.88	53.95	29.40	4.77	1.90
664	"	"	15.00	8.8	45.4	25.0	5.8	10.35	53.43	29.40	6.82	1.66
665	"	"	15.00	9.0	42.1	26.8	7.1	10.58	49.55	31.52	8.35	1.70
666	"	"	15.00	8.8	44.4	25.8	6.0	10.35	52.25	30.34	7.06	1.66
667	"	"	15.00	7.1	47.7	24.0	6.2	8.35	56.14	28.22	7.29	1.34
668	"	"	15.00	8.8	46.7	21.9	7.6	10.35	54.96	25.75	8.94	1.66
669	"	"	15.00	9.2	44.9	22.8	8.1	10.82	52.84	26.81	9.53	1.73
670	"	"	15.00	9.4	45.8	24.1	5.7	11.05	53.91	28.34	6.70	1.78
671	"	"	15.00	9.7	46.3	23.5	5.5	11.41	54.48	27.64	6.47	1.82
672	"	"	15.00	8.2	45.5	24.8	6.5	9.64	53.56	29.16	7.64	1.54
673	"	"	15.00	6.7	49.0	23.4	5.9	7.87	57.67	27.52	6.94	1.26
674	Von Wolmirsleben, Wiese einige Wochen vor der Ernte überschwemmt . . .	"	15.00	9.2	43.3	22.2	10.3	10.82	50.96	26.11	12.11	1.73
675	Von Wolmirsleben, Wiese kurz vor dem Mähen überschwemmt	"	15.00	6.5	45.4	25.4	7.7	7.64	53.43	29.87	9.06	1.22
676	Wiesenheu	"	15.00	9.9	46.8	22.3	6.0	11.64	55.08	26.22	7.06	1.86
677	"	"	15.00	9.6	45.3	23.2	6.9	11.29	53.32	27.28	8.11	1.81
678	"	"	15.00	8.6	46.2	23.4	6.8	9.48	55.00	27.52	8.00	1.52
679	"	"	15.00	9.7	45.4	24.6	5.3	11.41	53.43	28.93	6.23	1.82
680	"	"	15.00	12.5	44.5	21.7	6.3	14.70	52.37	25.52	7.41	2.35
681	"	"	15.00	13.2	42.1	22.6	7.1	15.52	49.55	26.58	8.35	2.48
682	"	"	15.00	12.1	43.7	21.8	7.4	14.23	51.43	25.64	8.70	2.28
683	"	"	15.00	12.2	42.5	23.9	6.4	14.35	50.01	28.11	7.53	2.30
684	"	"	15.00	12.8	43.2	22.2	6.8	15.05	50.84	26.11	8.00	2.41
685	"	"	15.00	11.9	44.6	20.9	7.6	13.99	52.49	24.58	8.94	2.24
686	"	"	15.00	12.6	42.7	23.3	6.4	14.82	50.25	27.40	7.53	2.37
687	"	"	15.00	10.9	44.9	22.4	6.8	12.82	50.84	26.34	8 00	2.05
688	"	"	15.00	10.2	42.8	25.2	6.8	12.00	50.36	29.64	8.00	1.92
689	"	"	15.00	10.8	37.0	26.7	10.5	12.70	43.55	31.40	12.35	2.03
690	"	1881	15.00	13.2	39.2	26.5	6.3	15.52	45.91	31.16	7.41	2.48
691	"	"	15.00	11.2	41.6	23.5	8.7	13.17	48.96	27.64	10.23	2.11
692	"	"	15.00	8.6	43.3	27.1	7.0	9.48	50.42	31.87	8.23	1.52
693	"	"	15.00	9.9	45.1	23.4	6.6	11.64	53.91	27.52	7.13	1.86
694	"	"	15.00	9.1	34.8	29.3	6.8	10.70	47.16	34.46	8.00	1.71
695	"	"	15.00	8.2	42.2	26.9	7.7	9.64	49.67	31.63	9.06	1.54
696	"	"	15.00	8.4	42.3	27.0	7.3	9 88	49.79	31.75	8.58	1.58
697	"	"	15.00	6.5	47.8	23.7	7.0	7.64	56.26	27.87	8.23	1.22
698	"	"	15.00	8.3	47.8	22.5	6.4	9.76	56.25	26.46	7.53	1.56
699	"	"	15.00	9.3	44.3	23.0	8.4	10.94	52.13	27.05	9.88	1.75
700	"	"	15.00	9.2	43.7	24.7	7.4	10.82	51.43	29.05	8.70	1.73
701	"	"	15.00	9.8	42.4	26.3	6.5	11.52	49.91	30.93	7.64	1.84
702	"	"	15.00	7.7	49.3	23.5	4.5	9.06	58.01	27.64	5.29	1.45
703	"	"	15.00	7.6	46.9	24.2	6.3	8.94	57.00	28.66	7.40	1.43

No.	Bezeichnungen und Bemerkungen	Jahr der Untersuchung	In der ursprünglichen Substanz: Wasser %	Nh-Substanz %	Rohfett % / Nfr. Extractstoffe %	Rohfaser %	Asche %	In der Trockensubstanz: Nh-Substanz %	Rohfett % / Nfr. Extractstoffe %	Rohfaser %	Asche %	Stickstoff in der Trockensubstanz %
704	Wiesenheu	1881	15.00	7.4	47.9	24.2	5.5	8.70	56.17	28.66	6.47	1.39
705	„	„	15.00	8.8	46.0	23.5	6.7	10.35	54.14	27.64	7.87	1.66
706	„	„	15.00	6.8	46.8	24.9	6.5	8.00	55.08	29.28	7.64	1.28
707	„	„	15.00	8.4	46.6	21.9	8.1	9.88	54.84	25.75	9.53	1.58
708	„	„	15.00	12.1	47.6	18.2	7.1	14.23	56.02	21.40	8.35	2.28
709	„	„	15.00	7.2	47.4	22.7	7.7	8.47	55.77	26.70	9.06	1.35
710	„	„	15.00	8.9	45.4	23.9	6.7	10.57	53.45	28.11	7.87	1.70
711	„	„	15.00	9.9	45.9	23.8	5.4	11.64	54.02	27.99	6.35	1.86
712	„	„	15.00	9.3	47.7	22.8	5.2	10.94	56.13	26.81	6.12	1.75
713	„	„	15.00	9.4	43.0	26.5	6.1	11.05	50.62	31.16	7.17	1.78
714	„	„	15.00	8.4	39.5	29.6	7.5	9.88	46.49	34.81	8.82	1.58
715	„	„	15.00	10.5	39.5	25.1	9.9	12.35	46.49	29.52	11.64	1.98
716	„	„	15.00	9.0	41.3	26.5	8.2	10.58	48.62	31.16	9.64	1.70
717	„	„	15.00	11.8	37.0	27.2	9.0	13.88	43.55	31.99	10.58	2.22
718	„	„	15.00	13.5	38.6	23.1	9.8	15.88	45.43	27.17	11.52	2.38
719	„	„	15.00	7.5	44.8	25.4	7.3	7.82	53.73	29.87	8.58	1.25
720	„	„	15.00	9.9	45.1	22.7	7.3	11.64	53.08	26.70	8.58	1.86
721	„	„	15.00	9.3	45.0	24.0	6.7	10.94	52.97	28.22	7.87	1.75
722	„	„	15.00	7.9	45.8	24.8	6.5	9.29	53.91	29.16	7.64	1.49
723	„	„	15.00	10.0	45.5	22.9	6.6	11.76	54.18	26.93	7.13	1.88
724	„	„	15.00	7.6	45.9	24.9	6.6	8.94	54.55	29.38	7.13	1.43
725	„	„	15.00	10.0	44.1	24.7	6.2	11.76	51.90	29.05	7.29	1.88
726	„	„	15.00	9.3	45.8	23.9	6.0	10.94	53.89	28.11	7.06	1.75
727	„	„	15.00	8.2	43.6	25.7	7.5	9.64	51.32	30.22	8.82	1.54
728	„	„	15.00	11.4	43.5	23.7	6.4	13.41	51.19	27.87	7.73	2.15
729	„	„	15.00	11.0	40.8	23.8	9.4	12.94	48.02	27.99	11.05	2.07
730	„	„	15.00	11.4	43.9	23.1	6.6	13.41	52.28	27.18	7.13	2.15
731	„	„	15.00	11.2	40.6	24.2	9.0	13.17	47.79	28.46	10.58	2.11
732	„	„	15.00	9.5	43.0	22.9	9.6	11.17	50.61	26.93	11.29	1.74
733	„	„	15.00	11.4	46.7	21.4	5.5	13.41	54.95	25.17	6.47	2.15
734	„	„	15.00	10.9	44.9	23.1	6.1	12.82	52.83	27.18	7.17	2.05
735	„	„	15.00	10.5	42.5	22.6	9.4	12.35	50.02	26.58	11.05	1.98
736	„	„	15.00	9.5	44.8	25.9	4.8	11.17	52.73	30.46	5.64	1.74
737	„	„	15.00	10.3	45.2	22.3	7.2	12.11	53.20	26.22	8.47	1.94
738	„	„	15.00	9.9	45.5	23.6	6.0	11.64	53.55	27.75	7.06	1.86
739	„	„	15.00	10.0	46.1	23.1	5.8	11.76	54.24	27.18	6.82	1.88
740	„	„	15.00	10.3	44.0	24.8	5.9	12.11	51.79	29.16	6.94	1.94
741	„	„	15.00	9.2	45.9	23.6	6.3	10.82	54.02	27.75	7.41	1.73
742	„	„	15.00	8.8	46.3	23.9	6.0	10.35	54.48	28.11	7.06	1.65
743	„	„	15.00	8.7	44.2	25.9	6.2	10.23	52.02	30.46	7.29	1.64
744	„	„	15.00	9.1	45.0	24.9	6.0	10.70	52.86	29.38	7.06	1.71
745	„	„	15.00	9.0	43.1	26.5	6.4	10.58	50.73	31.16	7.53	1.70
746	„	„	15.00	9.6	45.0	23.3	7.1	11.29	52.96	27.40	8.35	1.81
747	„	„	15.00	8.2	44.6	26.4	5.8	9.64	52.49	31.05	6.82	1.54
748	„	„	15.00	8.8	45.1	24.5	6.6	10.35	53.71	28.81	7.13	1.66
749	„	„	15.00	10.3	41.4	24.2	9.1	12.11	48.63	28.46	10.80	1.94
750	„	„	15.00	8.7	43.6	26.3	6.4	10.23	51.31	30.93	7.53	1.64
751	„	„	15.00	9.9	45.9	24.1	5.1	11.64	54.02	28.34	6.00	1.86
752	„	„	15.00	8.7	44.5	25.8	6.0	10.23	52.37	30.34	7.06	1.64
753	„	„	15.00	8.2	42.9	27.1	6.8	9.64	50.49	31.87	8.00	1.54

No.	Bezeichnungen und Bemerkungen	Jahr der Untersuchung	In der ursprünglichen Substanz					In der Trockensubstanz				Stickstoff in der Trocken-Substanz
			Wasser	Nh-Substanz	Rohfett + Nfr. Extractstoffe	Rohfaser	Asche	Nh-Substanz	Rohfett + Nfr. Extractstoffe	Rohfaser	Asche	
			%	%	%	%	%	%	%	%	%	%
754	Wiesenheu	1881	15.00	7.9	44.0	27.1	6.0	9.29	51.78	31.87	7.06	1.49
755	"	"	15.00	9.4	40.6	28.2	6.8	11.05	47.79	33.16	8.00	1.78
756	"	"	15.00	7.5	46.8	24.3	6.4	8.82	55.07	28.58	7.53	1.40
757	"	"	15.00	7.9	45.8	25.0	6.3	9.29	53.90	29.40	7.41	1.49
758	"	"	15.00	7.6	46.5	24.7	6.2	8.94	54.72	29.05	7.29	1.43
759	"	"	15.00	5.1	45.9	27.8	6.2	6.00	54.02	32.69	7.29	0.96
760	"	"	15.00	8.3	45.6	23.7	7.4	9.76	53.87	27.87	8.70	1.56
761	"	"	15.00	7.0	46.2	25.3	6.5	8.23	54.38	29.75	7.64	1.32
762	"	"	15.00	7.7	44.5	26.7	6.1	9.06	52.37	31.40	7.17	1.45
763	"	"	15.00	14.8	37.4	24.5	8.3	17.40	45.03	27.81	9.76	2.70
764	"	"	15.00	7.9	41.2	29.2	6.7	9.29	50.48	34.34	7.89	1.49
765	"	"	15.00	8.7	45.3	24.6	6.4	10.23	53.31	28.93	7.53	1.64
766	"	"	15.00	7 2	45.6	26.5	5.5	8.47	53.90	31.16	6.47	1.52
767	"	"	15.00	7.7	45.4	25.9	6.0	9.06	53.42	30.46	7.06	1.45
768	"	1882	15.00	9.0	44.1	25.6	6.3	10.58	51.90	30.11	7.41	1.70
769	"	"	15.00	8.3	46.1	24.2	6.4	9.76	54.25	28.46	7.53	1.56
770	"	"	15.00	7.8	43.3	26.9	7.0	9.17	50.97	31.63	8.23	1.47
771	"	"	15.00	8.0	43.0	26.5	7.5	9.41	50.61	31.16	8.82	1.49
772	"	"	15.00	8.5	42.7	27.1	6.7	10.00	50.24	31.87	7.89	1.60
773	"	"	15.00	8.8	43.6	25.4	7.2	10.35	51.31	29.87	8.47	1.66
774	"	"	15.00	9.7	43.2	25.6	6.5	11.41	50.84	30.11	7.64	1.82
775	"	"	15.00	7.8	48.0	22.9	6.3	9.17	56.49	26.93	7.41	1.47
776	"	"	15.00	8.4	45.1	24.4	7.1	9.88	53.08	28.69	8.35	1.58
777	"	"	15.00	8.0	48.0	22.9	6.1	9.41	56.49	26.93	7.17	1.49
778	"	"	15.00	8.1	45.0	25.1	6.8	9.53	52.95	29.52	8.00	1.52
779	"	"	15.00	8.8	46.1	23.7	6.4	10.35	54.25	27.87	7.53	1.66
780	"	"	15.00	8.1	45.3	23.6	8.0	9.53	53.30	27.76	9.41	1.52
781	"	"	15.00	6.1	41.5	28.2	9.3	7.17	48.73	33.16	10.94	1.15
782	"	"	15.00	10.5	43.1	24.9	6.5	12.35	50.63	29.38	7.64	1.98
783	"	"	15.00	11.1	45.2	22.1	6.6	13.05	53 20	25.99	7.76	2.09
784	"	"	15.00	15.3	38.1	24.4	7.2	17.99	44.85	28.69	8.47	2.88
785	"	"	15.00	7.1	46.5	23.8	7.6	8.35	54.72	27.99	8.94	1.34
786	"	"	15.00	9.3	44.4	25.2	6.1	10.94	52.25	29.64	7.17	1.75
787	"	"	15.00	9.9	45.0	21.9	8.2	11.64	52.97	25.75	9.64	1.86
788	"	"	15.00	9.2	45.9	21.4	8.5	10.82	54.01	25.17	10.00	1.73
789	"	"	15.00	9.1	45.2	22.4	8.3	10.80	53.10	26.34	9.76	1.73
790	"	"	15.00	9.9	44.8	21.9	8.4	11.64	52.73	25.75	9.88	1.86
791	"	"	15.00	10.1	43.7	22.1	9.1	11.88	51.33	25.99	10.80	1.90
792	"	"	15.00	10.5	44.1	21.6	8.8	12.35	51.90	25.40	10.35	1.98
793	"	"	15.00	10.2	44.1	22.3	8.4	12.00	51.90	26.22	9.88	1.92
794	"	"	15.00	9.3	43.2	25.6	6.9	10.94	50.84	30.11	8.11	1.75
795	"	"	15.00	9.5	44.3	24.4	6.8	10.17	53.14	28.69	8.00	1.61
796	"	"	15.00	8.1	42.8	27.6	6.5	9.53	50.37	32.46	7.64	1.52
797	"	"	15.00	6.7	44.1	26.9	7.0	7.89	52.25	31.63	8.23	1.26
798	"	"	15.00	8.4	45.4	24.2	7.0	9.88	53.43	28.46	8.23	1.58
799	"	"	15.00	6.5	45.0	27.7	5.8	7.64	52.96	32.58	6.82	1.22
800	"	"	15.00	12.2	38.6	23.8	10.4	14.35	45.43	27.99	12.23	2.30
801	"	"	15.00	9.9	42.0	25.3	7.8	11.64	49.44	29.75	9.17	1.86
802	"	"	15.00	11.4	40.5	25.0	8.2	13.41	47.55	29.40	9.64	2.15
803	"	"	15.00	11.2	45.2	23.1	5.5	13.17	53.19	27.17	6.47	2.11

No.	Bezeichnungen und Bemerkungen	Jahr der Untersuchung	In der ursprünglichen Substanz: Wasser %	Nh-Substanz %	Rohfett %	Nfr. Extractstoffe %	Rohfaser %	Asche %	In der Trockensubstanz: Nh-Substanz %	Rohfett %	Nfr. Extractstoffe %	Rohfaser %	Asche %	Stickstoff in der Trockensubstanz %
804	Wiesenheu	1882	15.00	9.9	46.5		23.4	5.2	11.64	54.62		27.52	6.12	1.86
805	"	"	15 00	10.1	42.4		22.9	9.6	11.88	49.90		26.93	11.29	1.90
806	"	"	15.00	10.0	44.6		25.9	4.5	11.76	52.49		30.46	5.29	1.88
807	"	"	15.00	11.3	44.1		25.5	4.1	13.29	51.90		29.99	4.82	2.13
808	"	"	15.00	12.6	42.4		22.6	7.4	14.82	49.90		26.58	8.70	2.37
809	"	"	15.00	8.3	46.1		25.5	5.1	9.76	54.25		29.99	6.00	1.56
810	"	"	15.00	5.6	47.7		27.5	4.2	6.59	56.13		32.34	4.94	1.05
811	"	"	15.00	7.1	46.9		25.9	5.1	8.35	55.19		30.46	6.00	1.34
812	"	"	15.00	9.0	42.3		27.3	6.4	10.58	49.79		32.10	7.53	1.70
813	"	"	15.00	9.4	44.8		24.7	6.1	11.05	52.74		29.04	7.17	6.78
814	"	"	15.00	9.3	43.9		26.5	5.3	10.94	51.67		31.16	6.23	1.75
815	"	"	15.00	9.1	45.8		24.4	5.7	10.80	53.81		28.69	6.70	1.73
816	"	"	15.00	9.0	44.3		25.7	6.0	10.58	52.14		30.22	7.06	1.70
817	"	"	15.00	10.4	40.1		27.8	7.7	12.23	46.02		32.69	9.06	1.96
818	"	"	15.00	10.9	42.1		25.4	6.6	12.82	50.18		29.87	7.13	2.05
819	"	"	15.00	20.6	30.4		22.2	11.8	24.23	35.88		26.11	13.78	3.88
820	"	"	15.00	11.4	43.4		24.8	5.4	13.41	51.08		29.16	6.35	2.15
821	"	"	15.00	8.8	43.7		25.9	6.6	10.35	51.43		30.46	7.76	1.66
822	"	"	15.00	8.9	42.7		27.2	6.2	10.47	50.25		31.99	7.29	1.68
823	"	"	15.00	8.0	43.2		26.7	17.1	9.41	50.84		31.40	8.35	1.51
824	"	"	15.00	15.5	40.3		21.7	7.6	18.23	47.31		25.52	8.94	2.92
825	"	"	15.00	14.3	43.3		21.1	6.3	16.82	50.96		24.81	7.41	2.69
826	"	"	15.00	8.2	44.3		24.3	8.2	9.64	52.14		28.58	9.64	1.54
827	"	"	15.00	12.1	40.2		23.2	9.5	14.23	48.32		27.28	10.17	2.28
828	"	"	15.00	9.4	45.1		24 3	6.2	11.05	53.08		28.58	7.29	1.78
829	"	"	15.00	15.9	34.7		27.9	6.5	18.70	40.85		32.81	7.64	2.99
830	"	"	15.00	12.8	41.4		24.2	6.6	15.05	49.36		28.46	7.13	2.41
831	Rieselwiesenheu	"	15.00	12.2	38.0		27.5	7.3	14.35	44.73		32.34	8.58	2.28
832	"	"	15.00	13.9	38.0		25.9	7.2	16.35	44.72		30.46	8.47	2.62
833	Heu v. künstlichen Wiesen, Feldgras-Heu	1880	15.00	7.0	44.6		28.2	5.2	8.23	52.49		33.16	6.12	1.32
834	" " " " "	"	15.00	6.2	45.0		29.2	4.7	7.29	52.84		34.34	5.53	1.17
835	Garten, bewässert mit Spodiumwasser	"	17.47	7.59	28.39		28.32	8.23	9.20	46.51		34.32	9.97	1.47
836	Garten, nicht bewässert	"	14.96	9.27	34.14		34.71	6.92	10.90	40.15		40.82	8.13	1.74
837	Wiese, bewässert mit Spodiumwasser	"	16.00	7.84	37.60		29.53	9.03	9.33	44.76		35.15	10.76	1.49
838	Wiese, nicht bewässert	"	16.12	7.68	38.89		28.89	8.42	9.15	46.37		34.44	10.04	1.46
839	Heu von der Lohwiese (schlechte Qualität)	"	16.79	9.44	31.34		34.57	7.86	11.34	37.67		41.54	9.45	1.81
840	Von Fuldawiesen b. Cassel (leichter Boden)	1884	15.00	13.11	1.76	39.13	17.55	13.45	15.42	2.08	46.03	20.65	15.82	2.47
841	Von Lahnwiesen b. Marburg, leicht. Boden	"	14.45	11.93	3.51	44.76	17.76	7.59	13.95	4.10	52.32	20.76	8.87	2.23
842	Grummet von Lahnwiesen, gut gedüngt, feuchter Boden	"	15.18	12.87	3.94	42.06	16.78	9.17	15.17	4.64	49.60	19.78	10.81	2.43
843	Von Lahnwiesen, leichter Boden	"	15.00	10.14	3.52	43.87	19.42	8.05	11.93	4.14	51.61	22.85	9.47	1.91
844	Heu, magerer, aber feuchter Boden	"	14.78	7.81	3.21	46.37	21.33	6.50	9.16	3.77	54.41	25.03	7.63	1.46
845	Grummet, dieselbe Wiese	"	24.95	9.55	2.73	34.05	19.03	9.69	12.72	3.64	45.38	25.35	12.91	2.03
846		1872	—	—	—	—	—	—	11.00	3.09	57.15	25.65	8.75	1.76

No. 835—839. J. Hanamann (V.-St. Lobositz). — Privatmitthl. Die Heuproben stammen aus der Fürstl. Schwarzenberg'schen Herrschaft Lobositz, aus den Meiereien Lobositz, Sullowitz u. Wchinitz. Bezüglich der Proben 835 u. 836 ist zu bemerken, dass die betreffenden Wiesen durch die in mehreren Jahren sich stets wiederholenden Ueberschwemmungen der Elbe befeuchtet werden. Die fortgesetzte Bewässerung mit Spodiumwasser, welches sehr viel Ca Cl enthält, musste schliesslich unterbleiben, weil Gras und Heu so unschmackhaft wurde, dass es das Vieh nicht mehr frass. Dasselbe gilt von dem Heu der Wiese (No. 837 u. 838) und ist die Qualität des Heu's schlecht, sobald bewässert wurde.

No. 840—845. Th. Dietrich (V.-St. Marburg). — Directe Mitthl. No. 841. Heu wurde gut geerntet.

No. 846. G. Kühn (V.-St. Möckern). — Sächs. landw. Ztschr. 23. 1875. 156.

NB. Die Analysen unter 835—846 sind zur Mittelwerthsberechnung nicht benutzt worden, da sie nachträglich eingefügt wurden.

No.	Bezeichnungen und Bemerkungen	Jahr der Untersuchung	In der ursprünglichen Substanz						In der Trockensubstanz					Stickstoff in der Trockensubstanz
			Wasser %	Nh-Substanz %	Rohfett %	Nfr. Extractstoffe %	Rohfaser %	Asche %	Nh-Substanz %	Rohfett %	Nfr. Extractstoffe %	Rohfaser %	Asche %	%
	a. Bestes Wiesenheu.[1]													
	Minimum		9.28	10.26	1.24	30.78	18.29	3.49	12.00	1.45	36.00	21.40	4.09	1.92
	Maximum		18.40	20.80	6.64	47.17	26.64	12.48	24.33	7.77	55.17	31.16	14.60	3.88
	Mittel (aus 141 Analysen)		14.50[2]	12.05	3.22	39.88	23.20	7.15	14.09	3.77	46.64	27.14	8.36	2.25
	b. Mittelgutes Wiesenheu.[1]													
	Minimum		9.00	7.69	1.26	30.01	19.14	3.45	9.00	1.46	35.10	22.40	4.03	1.44
	Maximum		22.09	10.26	4.92	48.97	30.92	13.11	12.00	5.76	57.27	36.16	15.33	1.92
	Mittel (aus 393 Analysen)		14.50[2]	9.07	2.51	42.54	25.00	6.38	10.61	2.94	49.74	29.24	7.47	1.69
	c. Geringes Wiesenheu.[1]													
	Minimum		9.45	4.22	1.04	27.78	18.82	2.87	4.93	1.20	32.50	22.01	3.36	0.79
	Maximum		19.23	7.69	4.96	51.24	36.38	12.69	9.00	5.80	59.93	42.55	14.85	1.44
	Mittel (aus 145 Analysen)		14.50[2]	6.74	2.09	44.56	26.79	5.32	7.88	2.44	52.13	31.33	6.22	1.26
	Wiesenheu. — Alpwiesen, Bergwiesen, Hochlandwiesen.													
1	„Bergheu“, von ungedüngten Wiesen, 1. Schnitt	1856	—	—	—	—	—	—	11.4	—	48.1	32.0	8.5	1.83°
2	„Bergheu“, von ungedüngten Wiesen, 2. Schnitt	1856	—	—	—	—	—	—	13.9	—	47.5	27.2	11.4	2.22°
3	„Thalheu“, von ungedüngten Wiesen, 1. Schnitt	1856	—	—	—	—	—	—	14.1	—	47.4	30.2	8.3	2.25°
4	„Thalheu“, von ungedüngten Wiesen, 2. Schnitt	1856	—	—	—	—	—	—	16.3	—	45.9	26.8	11.0	2.60°
5	Alpenheu von gedüngter Wiese, Seifenmoos-Alpe	1868	—	13.75	—	—	—	2.70P	—	—	—	—	—	—
6	Alpenheu von ungedüngter Wiese, Seifenmoos-Alpe	1868	—	9.88	—	—	—	2.22	—	—	—	—	—	—

[1]) Bei der Mittelwerthsberechnung sind zunächst die Analysen bis 1860 nicht mit berücksichtigt.

Zur Classificirung des Heu's als „bestes“, „mittelgutes“ und „geringes“ Wiesenheu haben wir für bestes Wiesenheu solche Analysen gewählt, deren Proteïn-Gehalt über 12% liegt und deren Holzfaser-Gehalt 31% in der Trockensubstanz im wesentlichen nicht übersteigt; für „mittelgutes“ Wiesenheu solche Analysen, deren Proteïn-Gehalt zwischen 9—12% liegt und deren Holzfaser-Gehalt nur wenig mehr als 36% beträgt, während für „geringes“ Wiesenheu solche Analysen, deren Proteïn-Gehalt 9% und darunter beträgt und deren Holzfaser-Gehalt keine Grenze nach obenhin hat. Dieses Princip der Eintheilung mag willkührlich erscheinen; aber es folgen weiter unten noch besondere Tabellen, in welchen die Analysen aufgeführt sind, welche ausdrücklich mit der Bezeichnung „sehr gutes“ (oder vorzügliches), „mittelgutes“ und „geringes“ Wiesenheu bezeichnet sind und es ist dort ersichtlich, dass der berechnete mittlere Gehalt wenigstens an Proteïn so nahe mit obigen Mitteln übereinstimmt, dass dieses Princip der Eintheilung gerechtfertigt erscheint. Die vorstehenden Mittelzahlen haben aber vor den späteren den Vorzug der grösseren Wahrscheinlichkeit, weil sie aus einer grösseren Anzahl von Analysen berechnet sind.

[2]) Dieser Wassergehalt ist willkührlich angenommen; der wirkliche mittlere Wassergehalt, wie er sich aus den Analysen, in welchen der natürliche Wassergehalt wirklich bestimmt ist, ergiebt, berechnet sich:

a. Für bestes Wiesenheu zu 14.58%
b. „ mittelg. „ „ 13.69 „
c. „ geringes „ „ 13 82 „

Die Minima und Maxima für die natürliche frische Substanz sind ebenfalls auf den willkührlich angenommenen mittleren Wassergehalt von 14.5% zurückgeführt.

Alpwiesen etc.

No. 1—4. Ad. Stöckhardt und Th. Dietrich. — Chemischer Ackersmann. 3. (1857). 176. Das Bergheu kam von einem Höhenkamm ca. 3500′ über d. Meere im Canton Appenzell, von ungedüngten Wiesen mit kalkreicher Nagelfluh als Boden. Das Thalheu wurde eine Stunde tiefer (ca. 2500′ üb. d. Meere) in einer Schlucht gewonnen. Der Untergrund der Thalwiese ist Sandstein (wie die Nagelfluh des Berglandes), der Süsswassermelasse angehörend. Die Düngung der Thalwiese bestand in Abtritts- u. Stalldünger.

No. 5—8. W. Fleischmann und von Gise. — L. V.-St. (1869). 314. Das Heu dieser 4 Nummern characterisirt sich dem gewöhnlichen gegenüber als Alpenheu, d. i. Heu, welches aus einer grossen Anzahl von jungen Pflanzen besteht.

No. 5 u. 6 sind von der Alp Seifenmoos im bayerischen Allgäu.

No.	Bezeichnungen und Bemerkungen	Bodenart	Höhe üb. d. Meere m	Jahr der Untersuchung	In der ursprünglichen Substanz: Wasser %	Nh-Substanz %	Rohfett %	Nfr. Extractstoffe %	Rohfaser %	Asche %	In der Trockensubstanz: Nh-Substanz %	Rohfett %	Nfr. Extractstoffe %	Rohfaser %	Asche %	Stickstoff in der Trockensubstanz %
7	Alpenheu von gedüngter Wiese, Rothenfels-Alpe			1868	—	12.25	—	—	—	3.65	—	—	—	—	—	—
8	Alpenheu von ungedüngter Wiese, Rothenfels-Alpe			1868	—	12.50	—	—	—	3.10	—	—	—	—	—	—
9	„Waldheu"			1870	14.56	14.34	4.69	30.70	29.23	6.48p	16.78	5.49	35.96	34.19	7.58p	2.68
	Aus dem Hochgebirge in Pongau.															
	Bezeichnung des Heu's	Bodenart	Höhe üb. d. Meere m													
10	„Wildheu"	Schiefergebirge	2060	1873	11.18	15.38	3.68	35.04	28.68	6.04	17.32	4 15	39.43	32.30	6.80	2.76
11	„Heu u. Dungmahd"	Kalkgebirge	1740	1873	11.77	14.93	4.46	39.38	24.49	4.97	16.93	5.05	44.63	27.76	5.64	2.71
12	„Heu u. Dungmahd"	„	1100	1873	11.02	10.62	4.10	41.93	26.14	6.19	11.93	4.61	47.12	29.38	6.96	1.91
13	„Heu"	Schiefergebirge	1266	1873	11.27	14.67	4.04	36.39	25.40	8.23	16.53	4.55	41.00	28.63	9.29	2.64
14	„Wiesen- und Rossheu"	Schiefergebirge	950	1873	9.96	10.49	6.27	35.63	30.43	7.22	11.66	6.98	39.55	33.80	8.02	1.87
15	Gedüngt. „Egartenheu"	Schiefergebirge	1266	1873	7.37	9.61	4.00	47.47	26.29	7.26	10.38	4.32	49.07	28.39	7.84	1.66
16	„Heu"	Kalkgebirge	950	1873	10.52	10.15	2.89	45.29	24.59	6.56	11.35	3.24	50.58	27.49	7.34	1.81
17	„Egartenheu"	Alluvial-Boden	443	1873	9.52	9.09	2.48	37.56	35.23	6.11	10.05	2.75	41.51	38.94	6.75	1.61
18	„Egartenkrumet"	„	443	1873	9.29	12.09	3.77	39.30	28.38	7.19	13.32	4.15	43.32	31.28	7.92	2.13
19	„Anger- und Wiesenheu"	leichter Sandboden	—	1873	9.90	9.48	2.79	42.69	29.92	5.21	10.52	3.10	47.38	33.21	5.79	1.68
20	„Öhmd"	Alluvialboden mit Schiefer	—	1873	9.51	19.47	5.08	38.51	18.51	8.92	21.52	5.61	42.56	20.45	9.86	3.44

No. 7 u. 8 von Rothenfels im westlichen Allgäu. Der Seifenmooser Boden ist etwa 3′ tief ein cultivierter, rauher sehr kalkarmer Sandboden, arm an Eisen und Magnesia, ziemlich reich an Phosphorsäure und Kali, besonders in der Tiefe. Der Rothenfelser Boden ist ein rauher Sand, bedeckt mit einer Lehmschicht, ziemlich reich an Kalk und Kali, in der Oberkrume sehr erschöpft an Phosphorsäure.

Die Erträge pr. bayr. Tagwerk waren:

		Ctnr.
No. 5.	Gedüngt mit Kalisalpeter	31.2
No. 6.	Ungedüngt	16
No. 7.	Gedüngt überreich mit aufgeschloss. Guano, mit aufgeschl. Knochenmehl und Kalisulfat . . .	50
No. 8.	Ungedüngt	12

No. 9. J. Moser u. Schwackhöfer. — L. V.-St. 11. (1871). 147. Unter „Waldheu" versteht man auf dem Wiener Markte die beste Qualität von Heu. Dasselbe wird meist in der Alpenregion geworben, hat eine grosse Beithat von aromatischen Kräutern und wird insbesondere für das Milchvieh gesucht. Die Probe war von der k. k. Militär-Verpflegungsverwaltung geliefert.

No. 10—20. Th. von Gohren u. Th. Langer. — Directe Mitthl. (Veröffentl. in Wilda's landwirthsch. Centralbl. 1874. I. 366 und Schweizerische landwirthsch. Ztschr. 2. 1874. 14.) Zur Characterisierung der Heusorten, welche sämmtlich aus dem Pongau (in den Salzburger Alpen) von den Besitzungen des Frh. von Riese-Stallburg stammen, sind noch folgende Angaben gemacht:

	Ort der Wiesen	Lage der Wiesen	Höhe des Grases cm	
No. 10.	Von der Britzach-Hubalpe	südliche Abdachung	15	
No. 11.	Von d. Cederberg-Alpe im Klein-Arl-Thale	nordöstliche Abdachung	15—20	
No. 12.	Von d. Schwabalpe im Klein-Arl-Thale	schattig, gegen Norden ausmünd. Thal	15—25	
No. 13.	Von d. Grund Alpe d. Hubalpe in Gross-Arl	mässige südliche Abdachung des nach Osten laufenden Thales	20—25	
No. 14.	Vom Hubgute in Gross-Arl	östliche, ziemlich steile Abdachung	22	
No. 15.	„ „ „ „	östliche, ziemlich steile Abdachung	25	
No. 16.	Vom Stöckel-Lehen im Klein-Arlthale	—	20—30	seinerzeit m. Wollabfällen ged., jetzt alle 2 Jahre Düngung mit Kuhdünger.
No. 17.	Vom Auhof-Lehen b. St. Johann	ebene Lage an der Salzach	105—110	in langer guter Cultur, Heu des zweiten Gras-Erträgniss-Jahres.
No. 18.	Vom Rothof-Lehen b. St. Johann	—	35—50	Boden etwas schieferhaltig.
No. 19.	Vom Altach-Lehen b. St. Johann	—	20	—
No. 20.	Vom Auhof-Lehen b. St. Johann	ebene Lage	—	Oehmd unmittelhar nach Getreideernte (?) Boden mit Schiefer in verwittertem Zustande.

Unter Egärten versteht man Grundstücke in Gebirgsgegenden, die abwechselnd eine Reihe von Jahren zum Getreidebau und dann eine Reihe von Jahren zum Graswuchs, mit oder ohne künstliche Einsaat, benutzt und eingefriedigt werden. Das dort gewonnene Feldgrasheu ist Egartenheu.

No.	Bezeichnungen und Bemerkungen		Jahr der Untersuchung	In der ursprünglichen Substanz						In der Trockensubstanz					Stickstoff in der Trockensubstanz
				Wasser %	Nh-Substanz %	Rohfett %	Nfr. Extractstoffe %	Rohfaser %	Asche %	Nh-Substanz %	Rohfett %	Nfr. Extractstoffe %	Rohfaser %	Asche %	%
	Alpenheu.														
	Bezeichnung der Alpe — Bodenart	Höhe üb. d. Meere m	Jahr d. Ernte												
21	Valzavenz, Gneiss	2164	1876	14.30	14.80	4.80	34.20	25.10	6.80P	16.70	5.60	40.43	29.32	7.94	2.67
22	Christberg, Glimmer	1486	1876	14.30	15.80	5.10	40.30	17.70	6.80	18.45	5.96	46.98	20.67	7.94	2.95
23	Saluver, Kalkboden (Kreide)	1978	1875	14.30	15.10	4.00	35.40	24.50	6.70	17.64	4.67	41.24	28.62	7.83	2.82
24	Vordermellen, Kalkboden (Kreide)	1890	1879	14.30	15.00	4.20	35.10	24.70	6.70	17.52	4.91	40.89	28.85	7.83	2.80
25	Gera, Kalkboden (Trias)	1544	1877	14.30	13.50	3.90	37.40	24.80	6.10	15.77	4.56	43.58	28.97	7.12	2.52
26	Brüggelen, Kalkbod. m. Gyps (Trias)	1550	1880	14.30	13.20	3.80	42.50	19.00	7.20P	15.42	4.44	49.54	22.19	8.41P	2.47
27	Moosbrugger Uelpele, Flysch	1660	1877	14.30	12.70	3.20	40.80	22.10	6.90	14.83	3.74	47.56	25.81	8.06	2.37
28	Geschwend, dolomitischer Kalk	1351	1876	14.30	12.80	4.50	37.30	24.90	6.20	14.95	5.26	43.47	29.08	7.24	2.39
29	Sicca, lehmiger Kalk (Kreide)	1398	1879	14.30	14.50	3.70	43.50	18.20	5.80	16.94	4.32	50.71	21.26	6.77	2.71
30	Furx, lehmiger Kalk (Kreide)	1268	1875	14.30	12.00	3.60	40.30	24.10	5.70	14.02	4.20	46.97	28.15	6.66	2.28
31	Furx, lehmiger Kalk (Kreide)	1268	1876	14.30	10.60	3.40	42.20	23.70	5.80	12.38	3.97	49.14	27.74	6.77	1.98
32	Furx, lehmiger Kalk, (Kreide)	1268	1879	14.30	11.80	3.80	42.50	22.30	5 30	13.78	4.44	49.54	26.05	6.19	2.20
33	Pfänder, Nagelflue	1060	1880	14.30	13.30	3.00	40.10	24.10	5.30	15.53	3.50	46.63	28.15	6.19	2.48
34	Schmalzberg, Molasse	1120	1877	14.30	14.20	3.70	40.30	22.30	5.20	16.59	4.32	39.97	33.05	6.07	2.65
	Heu aus Hochthälern.														
35	Brandnerthal, Kalk	1029	1879	14.30	10.30	2.90	44.20	20.20	7.60	12.03	3.39	52.11	23.59	8.88	1.92
36	Laternserthal, Kalk	912	1877	14.30	11.60	3.20	41.30	21.90	7.70	13.55	3.74	48.14	25.58	8.99	2.17
37	Inner-Montavon, Gneiss, Glimmer	951	1877	14.30	13.10	3.40	36.50	25.50	7.20	15.30	3.97	42.54	29.78	8.41	2.45
38	Kleines Walserthal, dolomit. Kalk	1212	1879	14.30	13.60	3.50	40.40	21·60	6.60	15.88	4.09	47.09	25.23	7.71	2.54
39	Bregenzerwald, Molasse u. Nagelflue	748	1880	14.30	10.60	2.70	41.20	24.40	6.80	12.38	3.15	48.01	28.52	7.94	1.98
	Thalheu.														
40	Bregenz, Inundationsboden	420	1878	14.30	10.80	2.50	40.20	24.70	7.50	12.60	2.92	46.86	28.83	8.76	2.02
41	Feldkirch, Kalkboden (Kreide)	456	1880	14.30	11.30	2.80	34.70	29.80	7.10	13.20	3.27	40.43	34.81	8.29	2.11
42	Bludenz, Kalkboden (Trias)	581	1880	14.30	12.00	3.10	38.40	25.60	6.60	14.02	3.62	44.75	29.90	7.71	2.24
43	Dornbirn, Flysch	432	1880	14.30	11.10	2.70	39.10	25.80	7.00	12.96	3.15	45.58	30.13	8.18	2.07
44	Tione (Südtyrol)		1876	14.30	12.80	2.90	39.40	22.50	8.10	14.95	3.39	45.92	26.28	9.46	2.39
45	Alpenheu, 1876er Ernte, Porphyrgebirge	1200	1877	13.98	9.18	—	42.52	27.91	6.41	10.67	—	49.05	32.83	7.45	1.71
46	Bergheu, 1876er Ernte, Kalkgebirge	600	—	11.79	9.22	-	47.63	24.96	6.40	10.45	—	53.99	28.31	7.25	1.67
	„Alpenheu“ in der Blüthe geschnitten.														
47	Vom Blaser, Kalkboden	2212	1880	14.59	10.25	3.68	45.66	17.22	8.60	12.00	4.31	53.46	20.16	10.07	1.95
48	Vom Blaser, Kalkboden	1896	1880	14.59	11.83	3.59	45.19	18.97	5.83	13.85	4.20	52.91	22.21	6.83	2.22
49	Vom Valzam, Schieferboden	1896	1880	14.59	10.61	4.87	46.13	16.70	7.10	12.42	5.70	54.01	19.56	8.31	1.99
50	Vom Ortler	1800	1880	14.59	10.48	3.32	46.63	20.16	4.82	13.37	3.89	53.49	23.61	5.64	2.14
51	Wildheu aus den Berner Alpen	—	1880	14.59	11.51	3.57	43.47	18.81	8.59	13.48	4.18	50.25	22.03	10.06	2.16

An Phosphorsäure enthielt das Heu:

	No. 10	11	12	13	14	15	16	17	18	19	20
Im lufttrockenen Zustande	0.600	0.329	0.743	0.993	0.434	0.371	0.456	0.339	0 523	0.286	0.328
In der Trockensubstanz .	0.676	0.372	0.835	1.119	0.481	0.400	0.510	0.375	0.577	0.317	0.363

Die 4 letzten Heue, insbesondere aber die 2 letzten möchten eigentlich nicht zu den Gebirgswiesenheu gezählt werden, sie sollten aber nicht von den übrigen Analysen des Pongau-Heues getrennt werden. (D. Verf.)

No. 21—44. W. Eugling. — Jahresber. d. V.-St. des Landes Vorarlberg i. Tisis. 1880. Die untersuchten Heue entstammten dem von den besseren Stellen der Alpwiesen eingebrachten Heu, wie es während ungünstiger Witterung auf der Alp (in den Ställen) verfüttert wird; das Heu war in früher Vegetationsperiode der Gräser geworben; die Alpwiesen waren gedüngt.

No. 45 u. 46. E. Mach. — Privatmitthl. Reinasche in No. 45: 5.37, in No. 46: 4.45.

No. 47—50. Ernst Kramer. — Biedermann's Centralbl. f. Agriculturchemie. 10. 1881. 456. (Das. nach Oesterreich. landw. Wochenblatt. 7. (1881). No. 8.

No. 47. Versuchswiese auf Plateau mit sanfter Neigung gegen Süden.

No. 48. Südliches Gehänge, 1000 Fuss unterhalb der Versuchswiese.

No. 49. Nördliches Gehänge.

No. 50. Die Wiese liegt in der Schattenseite, das Terrain ist hängig, die Wiese war gedüngt.

No.	Bezeichnungen und Bemerkungen	No. d. Haupt-tabelle	Jahr der Untersuchung	In der ursprünglichen Substanz						In der Trockensubstanz					Stickstoff in der Trockensubstanz
				Wasser	Nh-Substanz	Rohfett	Nfr. Extractstoffe	Rohfaser	Asche	Nh-Substanz	Rohfett	Nfr. Extractstoffe	Rohfaser	Asche	
				%	%	%	%	%	%	%	%	%	%	%	%
	Von Gebirgswiesen in Norwegen.														
52	Senne	414	1877	15.00	8.80	2.57	46.55	20.76	6.32	10.35	3.02	54.79	24.41	7.43	1.66
53	Senne	420	1877	15.00	7.58	—	54.95	18.72	3.75	8.91	—	64.67	22.01	4.41	1.43
54	Oberhalb der Waldgrenze, etwas feucht eingefahren	463	1878	15.00	11.62	—	45.99	22.38	5.01	13.67	—	54.12	26.32	5.89	2.19
55	Hochgebirgswiese mit Schafdünger gedüngt	464	1878	15.00	10.94	—	49.32	20.09	4.65	12.87	—	58.03	23.63	5.47	2.06
56	1200 Fuss üb. d. Meere gewachsen	465	1878	15.00	9.46	—	47.79	22.80	4.94	11.12	—	56.76	26.31	5.81	1.78
57	3000 Fuss üb. d. Meere gewachsen	466	1878	15.00	9.42	—	45.02	25.09	5.47	11.08	—	52.98	29.51	6.43	1.77
58	Senne	423	1878	15.00	10.17	—	49.67	20.39	4.77	11.96	—	58.45	23.98	5.61	1.91
59	Senne	424	1878	15.00	10.98	—	46.03	21.65	6.34	12.91	—	54.17	25.46	7.46	2.07
60	Auf kiesigem Boden gewachsen, etwas beregnet	478	1881	15.00	8.91	—	49.85	22.40	3.84	10.48	—	58.66	26.34	4.52	1.68
61	Auf gutem Boden gewachsen, etwas beregnet	482	1881	15.00	8.43	—	50.82	21.98	3.77	9.91	—	59.81	25.85	4.43	1.59
62	Auf Moorboden gewachsen . . .	389	1881	15.00	6.92	—	51.06	22.32	4.70	8.14	—	60.08	26.25	5.53	1.30
63	Auf Moorboden gewachsen, etwas beregnet	438	1881	15.00	9.77	—	46.80	23.40	5.03	11.49	—	55.07	27.52	5.92	1.84

Die Heusorten sind gemäht worden als die meisten Pflanzen in Blüthe standen. Der Grasbestand war nach den Bestimmungen von v. Kerner aus folgenden Pflanzen gebildet. *) bedeutet Milchsaft führende Pflanzen; **) bedeutet Pflanzen mit wintergrünen Blättern.

No. 47. Agrostis alpina, Anthyllis alpestris, Bartsia alpina, Biscutella laevigata, Campanula Scheuchzeri*), Carex sempervirens**), Carlina acaulis, Crepis aurea*), Daphne striata**), Festuca nigricans, Gentiana campestris, G. acaulis**), Globularia nudicaulis**) (häufig), Gnaphalium Leontopodium, Hieracium senile*), Homogyne alpina**), Leontodon hastilis*), Meum mutellina, Peducularis incarnata, Phleum Michelii, Phyteuma orbiculare*), Poa alpina, Polygonum viviparum, Primula auricula**) Ranunculus montanus, Scabiosa lucida, Sesleria coerulea, Silene inflata, Soldanella alpina**), Trollius europaeus.

Die Wiese enthält von Glumaceen insbesondere Carex sempervirens, welche Species wohl als der Hauptbestandtheil der Grasnarbe zu bezeichnen ist. Auffallend ist die grosse Zahl der Pflanzen mit Milchsaft und jener mit wintergrünen Blättern. Papilionaceen fehlen bis auf eine Art: Anthyllis alpestris, welche allerdings häufig ist, gänzlich. Von Pflanzen mit ätherischen Oelen ist insbesondere Meum mutellina ziemlich reichlich vorhanden. Die Halmhöhe der Glumaceen erreicht 20—40 cm.

No. 48. Agrostis alpina, A. vulgaris (sehr spärlich), Aira flexuosa, Anemone alpina, A. vernalis, Anthoxantum odoratum, Anthyllis alpestris, Arnica montana, Avena versicolor, A. pseudo-violacea, Bartsia alpina, Biscutella laevigata, Botrychium Lunaria, Briza media, Calluna vulgaris**), Campanula Scheuchzeri*), Carduus defloratus, Carex sempervirens**) (spärlich), Carlina aculis, Crepis aurea*), C. grandiflora*), Daphne striata**), Erigeron alpinus, Euphrasia alpicola, Festuca nigricans (häufig), F. rubra, Gentiana acaulis**), G. campestris, Geranium silvaticum, Geum montanum, Globularia nudi-caulis**), Gnaphalium dioicum, Gymnadenia albida, G. conopea, Hieracium pilosellaeforme*), Homogyne alpina**), Leontodon hastilis*), Laserpitium latifolium, Lotus corniculatus, Luzula Siebari, L. sudetica, Meum mutellina (häufig), Nardus stricta (spärlich), Pedicularis foliosa, Phleum Michelii, P. alpinum, Phyteuma orbiculare*), Scabiosa dipsacifolia. S. lucida, Sesleria coerulea, Solidago alpestris, Tofzeldia calyculata, Trifolium badium, T. nivale, Vaccinium Myrtillus (spärlich).

Die Wiese enthält auffallend viele Arten von Glumaceen (16 Species unter 56 Pflanzenarten). Einige Gräser, wie Festuca nigricans und Phleum Mich. et alpinum erreichen sogar die Halmhöhe von 68—75 cm. Papilionaceen sind nur spärlich vorhanden, dagegen ziemlich reichlich der aromatische und hochgeschätzte Madaun (Meum mutellina). Die Zahl der wintergrünen Pflanzen ist im Verhältniss zu der Wiese I geringer.

No. 49. Agrostis alpina, A. rupestris, Aira flexuosa, Anemone alpina, A. vernalis, Anthoxanthum odoratum, Arnica montana, Avena versicolor, Bartsia alpina, Campanula barbata*), C. Scheuchzeri*), Erigeron uniflorus, Crepis grandiflora*), Crocus vernus, Euphrasia minima, E. intermedia, Festuca nigricans (häufig), Gentiana excisa**), Geranium silvaticum, Geum montanum, Gnaphalium carpaticum, Gymnadenia albida, G. conopea, Hedysarum obscurum, Hieracium alpinum*), H. aurantiacum*), H. Bocconei**), Hypochoeris helvetica*), Juncus Jacquini, Leontodon pyrenaicus*), Luzula sudetica, Meum mutellina, Nardus stricta, Nigritella angustifolia**), Oxytropis campestris, Parnassia palustris, Pedicularis tuberosa, Phaca frigida, Phyteuma hemisphaericum*), Phleum alpinum, Potentilla aurea, P. Tormentilla, Polygonum viviparum, Rhinanthus angustifolius, Silene acaulis, Solidago alpestris, Thymus polytrichus, Trifolium nivale. Veronica bellidioides.

Die Wiese enthält zwar ziemlich viel Glumaceen, aber doch nicht in so reicher Artenzahl wie die Wiese II; dagegen fällt hier die verhältnissmässig grosse Zahl von Pflanzen mit Milchsaft auf. Papilionaceen sind reichlich vorhanden, besonders verdient hervorgehoben zu werden: Phaca frigida und Hedysarum obscurum, welche zu den besten Futterkräutern der Alpinen-Region zu zählen sind. Die Gewächse mit wintergrünen Blättern sind weniger zahlreich. Die Halmhöhe der höheren Glumaceen beträgt 60—70 cm.

No. 50. Ist nur bemerkt, dass dichte und hochstämmige Gräser und Kräuter die Grasnarbe bildeten.

No. 51. E. Schulze, an voriger Stelle von E. Kramer mitgetheilt. Die Zusammensetzung dieses und der vorigen Heue ist auf den angegebenen mittleren Wassergehalt der letzteren berechnet.

No. 52—69. V. Dircks, F. Werenskiold u. C. Tobiesen. — Privatmitthl. Vergl. die Haupttabelle.

No.	Bezeichnungen und Bemerkungen	Jahr der Untersuchung	In der ursprünglichen Substanz						In der Trockensubstanz					Stickstoff in der Trockensubstanz
			Wasser %	Nh-Substanz %	Rohfett %	Nfr. Extractstoffe %	Rohfaser %	Asche %	Nh-Substanz %	Rohfett %	Nfr. Extractstoffe %	Rohfaser %	Asche %	%
64	Auf gedüngter Wiese gewachsen . 439	1881	15.00	9.07	—	47.68	22.55	5.70	10.67	—	56.11	26.52	6.70	1.71
65	Auf thonigem Schuttboden gewachsen, etwas beregnet . . 440	1881	15.00	6.93	—	51.02	21.30	5.75	8.15	—	60.04	25.05	6.76	1.30
66	Heu stark beregnet 441	1881	15.00	7.37	—	18.32	24.68	4.63	8.67	—	56.87	29.02	5.44	1.39
67	Auf gutem Boden gewachsen . . 442	1881	15.00	6.18	—	49.12	25.32	4.38	7.67	—	57.40	29.78	5.15	1.23
68	443	1881	15.00	8.48	—	50.80	20.42	5.30	9.97	—	59.79	24.01	6.23	1.55
69	Auf gedüngtem Sandboden gewachsen 405	1882	15.00	11.24	—	44.94	22.42	6.40	13.22	—	52.88	26.37	7.53	2.12
70	„Harzheu“ von der Elbingeröder Flur .	1882	14.50	12.59	4.02	37.89	23.22	7.78	14.74	4.70	44.29	27.17	9.10	2.36
	Gebirgs-Heu in den Alpen.													
	Mittel für Alpenheu (No. 21—34) .		(14.50*)	13.47	3.90	39.50	22.47	6.16	15.75	4.56	46.20	26.28	7.21	2.52
	Mittel für Hochthälerheu (No. 35—39)		14.50	11.82	3.14	40.68	22.69	7.17	13.83	3.67	47.58	25.54	8.38	2.21
	Mittel für Thalheu (No. 40—43) . .		14.50	11.58	2.79	38.40	25.65	7.08	13.55	3.27	44.90	30.00	8.28	2.17
	Gesammtmittel für Gebirgs-Heu in den Alpen (No. 9—51) . .		14.50	12.12	3.62	39.60	23.63	6.43	14.17	4.23	46.44	27.64	7.52	2.27
	Gebirgs-Heu in Norwegen.													
	Mittel (No. 52—69)		14.50	9.08	2.58	45.58	23.19	5.07	10.62	3.02	53.31	27.12	5.93	1.70
	Wiesenheu. — Waldgrasheu.													
1	Waldgrasheu	1871	16.42	6.85	2.06	37.10	31.69	5.88	8.20	2.47	44.37	37.92	7.04	1.31
2	Desgl.	1871	15.42	8.85	2.24	36.15	31.08	6.26	10.47	2.65	42.73	36.75	7.40	1.67
3	Desgl.	1871	13.64	7.14	2.41	35.88	33.97	6.96	8.27	2.79	41.45	39.34	8.06	1.32
4	Desgl.	1871	18.08	8.49	1.75	35.75	28.40	6.73	10.37	2.14	43.62	34.67	9.20	1.66
5	Waldgrasheu, ausser Gräsern Laub, Moos und Haidekraut enthaltend	1876	15.00	9.09	—	48.18	24.73	2.94	10.69	—	56.77	29.08	3.46	1.71
6	Desgl.	1878	15.00	8.40	—	48.10	24.94	2.86	9.88	—	57.44	29.32	3.36	1.58
7	Desgl.	1878	15.00	7.95	—	49.70	23.82	2.53	9.35	—	59.66	28.01	2.98	1.50
8	Waldgrasheu	1878	15.00	10.16	—	45.69	24.76	4.39	11.95	—	53.77	29.12	5.16	1.91
9		1882	15.00	10.53	—	46.14	24.60	3.73	12.38	—	54.30	28.93	4.39	1.98
10		1882	15.00	8.81	—	47.35	23.20	5.64	10.36	—	55.73	27.28	6.63	1.66
11		1882	15.00	8.67	—	46.70	25.08	4.55	10.20	—	54.96	29.49	5.35	1.63
12		1882	15.00	10.16	—	47.36	21.37	5.11	11.95	—	56.91	25.13	6.01	1.91
13		1882	15.00	8.10	—	49.12	21.80	5.98	9.53	—	57.80	25.64	7.03	1.52
14		1882	15.00	8.74	—	48.08	23.51	4.67	10.28	—	56.58	27.65	5.49	1.64
	Mittel (No. 1—14)		14.50 **)	8.79	2.15	43.42	26.16	4.98	10.28	2.51	50.78	30.60	5.83	1.64

No. 70. W. Henneberg. — Magdeburger Zeitung 1882. Beilage zu No. 6045, das. mitgetheilt von M. Märcker.
*) Der Wassergehalt ist willkührlich angenommen.

Waldgrasheu.

No. 1—4. E. Schulze u. K. Schäfer (V.-St. Darmstadt). Bericht derselb. von P. Wagner. Darmstadt, 1874. Die Proben stammen aus dem Wöllsteiner Wald in Rheinhessen.

No. 5—8. V. Dircks. 9—14. F. Werenskiold. — Privatmitthl. des Ersteren. Die untersuchten Proben stammen aus Norwegen. Zu dem Waldheu 5—7 ist bemerkt, dass dieselben aus verschiedenen Gegenden des Nedenars-Amtes stammten. Vieh, welches mit solchem Heu allein in Verbindung mit Stroh gefüttert wird, ist zur Knochenbrüchigkeit geneigt. Sand enthielten die Proben bezw. 0.16, 0.11 und 0.05 %.

No. 8. Stammt aus Nordlandsamt.

No. 9. Aus dem Amte Söndre Trondhjem, bestand aus Moosen, Laub, Gnaphalium, Aira- und Agrostis-Arten etc.

No. 10—12. Aus dem Amte Romsdal.

No. 10 enthielt: Trisetum, Aira, Carex, Potentilla, Ranunculus, Plantago etc.

No. 11 enthielt: Anthoxanthum, Potentilla, Ranunculus, Polygonum, Moose, Vaccinium u. s. w.

No. 12 enthielt: Anthoxanthum, Potentilla, Ranunculus, Polygonum, Moose, Vaccinium und Juncus.

No. 13 u. 14. Aus dem Amte Nordre Bergenhus.

**) Willkührlich angenommen; der aus den ersten 4 Analysen berechnete mittlere Wassergehalt ist = 15.89 %.

No.	Bezeichnungen und Bemerkungen	Jahr der Untersuchung	In der ursprünglichen Substanz						In der Trockensubstanz					Stickstoff in der Trockensubstanz
			Wasser %	Nh-Substanz %	Rohfett %	Nfr. Extractstoffe %	Rohfaser %	Asche %	Nh-Substanz %	Rohfett %	Nfr.-Extractstoffe %	Rohfaser %	Asche %	%
	Salzwiesenheu.													
1		—	13.00	9.31	—	—	—	7.99	10.70	—	—	—	9.18	1.71
2	Vom Ostseestrande	1862	15.67	11.87	3.20	35.25	27.52	6.49	14.08	3.80	41.78	32.64	7.70	2.25
3	Memeler Niederung, gute Qualität . .	1867	16.49	8.75	—	50.88	19.68	4.24	10.47	—	60.89	23.56	5.08	1.68
4	Memeler Niederung, schlechte Qualität	1867	16.92	5.81	—	52.52	18.84	6.21	4.00	—	62.84	22.68	7.48	1.12
5	Natürliche Wiese am Meeresstrand, Heu gut eingebracht	1877	15.00	10.89	2.68	42.98	22.44	6.01	12.81	3.15	—	26.39	7.07	2.05
6	Natürl. Wiese am Meeresstrand, Sandboden	1877	15.00	9.68	2.07	44.37	22.97	5.91	11.38	2.43	—	27.01	6.95	1.82
7	Dieselbe Wiese	1879	15.00	7.06	—	52.11	20.16	5.67	8.30	—	—	23.71	6.67	1.33
8	Am Meeresstrand	1879	15.00	8.12	—	46.47	25.73	4.68	9.55	—	—	30.26	5.50	1.53
9	Von S. Rossore bei Pisa	1881	8.68	7.99	3.93	47.14	(24.20)	8.06	9.46	4.31	50.98	26.42	8.83	1.51
10	Desgl.	1881	9.85	8.69	3.00	38.21	(32.25)	8.00	9.64	3.33	52.39	35.77	8.87	1.54
11	Desgl.	1881	9.33	10.31	3.21	41.17	(27.12)	8.86	11.37	3.54	45.41	29.91	9.77	1.82
12	Desgl.	1881	12.75	10.91	4.20	35.14	(26.00)	11:00	12.50	4.81	40.28	29.80	12.61	2.00
13	Desgl.	1881	10.15	8.64	3.50	37.41	(30.90)	9.40	9.62	3.90	41.63	34.39	10.46	1.54
14	Desgl.	1881	10.75	10.14	3.85	30.88	(35.90)	8.48	11.35	4.31	34.68	40.17	9.49	1.82
15	Von Coltano bei Pisa	1881	12.60	9.17	1.75	45.20	(25.60)	5.68	10.49	1.90	51.82	29.29	6.50	1.68
16	Desgl.	1881	14.00	10.53	1.60	41.63	(24.40)	7.84	12.25	1.86	48.39	28.38	9.12	1.96
17	„Short-Salt-grasses", 1872er Ernte . .	Winter 1874/75	7.93	7.09	2.90	44.39	31.40	6.29	7.70	3.15	48.22	34.10	6.83	1.23
18	Desgl., 1874er Ernte		8.91	7.53	3.14	39.73	32.90	7.79	8.27	3.45	43.61	36.12	8.55	1.32
19	Desgl., 1874er Ernte		7.84	7.79	2.77	40.66	33.84	7.10	8.45	3.01	44.12	36.72	7.70	1.35
20	Desgl., 1874er Ernte		8.70	4.88	1.68	48.52	28.71	7.51	5.75	1.84	52.68	31.49	8.24	0.92
21	Desgl., 1874er Ernte		8.61	4.38	1.83	41.30	37.91	5.97	4.79	2.00	45.21	41.47	6.53	0.77
22	„Coarse Salt-hays", 1872er Ernte . .		11.70	4.33	2.29	41.30	30.54	9.84	4.91	2.59	46.75	34.60	11.15	0.79
23	Desgl., 1874er Ernte, von der Wiese wie unter 22		17.47	5.55	2.26	35.15	30.01	9.56	6.73	2.74	42.57	36.37	11.59	1.08
24	Desgl., 1874er Ernte		18.61	5.38	2.49	34.07	27.64	11.81	6.61	3.06	41.85	33.97	14.51	1.06
25	„Black Grass Hay", 1874er Ernte . .		7.17	7.39	2.09	42.55	35.90	4.90	8.92	2.52	39.32	43.33	5.91	1.43
26	Desgl., 1874er Ernte		10.25	6.18	2.51	45.15	30.43	5.48	6.78	2.78	50.44	33.90	6.10	1.08
	Minimum		7.17	4.09	1.57	29.65	19.39	4.34	4.79	1.84	34.68	22.68	5.08	0.77
	Maximum		18.61	12.04	4.11	51.15	37.05	12.41	14.08	4.81	59.83	43.33	14.51	2.25
	Mittel		(14.50*)	7.87	2.62	40.39	27.44	7.18	9.21	3.06	47.23	32.10	8.40	1.47

Salzwiesenheu.

No. 1. A. Payen. — Ann. Pharm. et Chim. 3 Ser. T. XVI. 279. No. 1. 49.

No. 2. Gust. Lehmann. — L. V.-St. VI. 1864. 483. Von einer Wiese auf der Ostsee-Insel Pöhl bei Wismar, im Herbste 1861 eingesandt und bis zur Untersuchung (wann?) an einem trocknen und luftigen Orte aufbewahrt gewesen. Die botanische Analyse (F. Nobbe) ergab folgenden Bestand des Heu's: (anerkannt treffliche Futtergewächse) 50 % Junc. bottnicus Whlb. in der Blüthe, 30—40 % Agrostis alba Schrad. abgeblüht, beide von äusserst zartem Halm- und Blätterwerk. Die übrigen 10—20 % sind Beimengungen von Ammophila baltica Schrad., den Blüthenschaften von Armeria vulgaris L., fruchtreifen Pflänzchen von Glaux maritima L., Triglochin maritimum L., Spergula arvensis L., Leguminosen fehlen. Asche sandfrei.

No. 3 u. 4. Pincus. — Hoffmann'scher Jahresber. d. Agriculturchem. X. 1867. 256. Beide Heusorten äusserlich ganz vortrefflich, die 2. Sorte erwies sich aber in Bezug auf Milch- und Fleischproduction „verschlagsamer" als die erste.

No. 5—6. V. Dircks. No. 7. C. Tobiesen. No. 8. F. Werenskiold (V.-St. Aas-Norwegen). — Privatmitthl. des Herrn Dircks.

No. 5. Stammt v. Reinskloster b. Trondhjem, von einer vor c. 50 Jahren eingesäeten Wiese, die noch gute Ernten giebt.
No. 6. Stammt von einer Wiese zu Beian, südlich von Trondhjem.
No. 7. Stammt von gleicher Wiese.
No. 8. Stammt aus gleicher Gegend, von gleich alter Wiese.

No. 9—16. A. Funaro. L. V.-St. 28. (1882). 120. Die analysirten Heusorten stammen aus den königl. Besitzungen bei S. Rossore u. Coltano bei Pisa. Sie bestehen fast ganz aus Gramineen und enthalten nur wenig Leguminosen. Die betr. Wiesen sind zwischen den Flüssen Arno und Serchio gelegen und der Boden besteht aus Anschwemmungen dieser Flüsse. Das Heu wurde im richtigen Reifepunkt (?) gemäht. Der Gehalt an Eiweiss-N, nach Sestini's Methode durch Fällen mit Bleizucker und Milchsäure bestimmt, betrug in % der lufttrocknen Substanz:

	No. 9	10	11	12	13	14	15	16
	0.914	0.944	1.146	1.256	0.856	0.711	1.125	1.013
Eiweiss	5.71	5.90	7.16	7.85	5.35	4.44	7.03	6.33

Der Gehalt an Rohproteïn wurde von uns aus dem angegebenen Gesammt-N-gehalt berechnet und für den im Original angegebenen Eiweissgehalt eingesetzt, der Gehalt von Nfr. Extractstoffen entsprechend corrigirt. Die Rohfaser wurde nach F. Schulze's Methode bestimmt. — Das Heu unter 14 wird als das feinste bezeichnet und soll von dem Vieh, da das Heu ganz aus Gramineen gebildet ist, allen anderen Sorten vorgezogen werden. Die Wiesen liegen nahe am Meere, das Heu enthielt daher eine grosse Menge Kochsalz und hat einen salzigen Geschmack.

No. 17—26. F. H. Storer. — Originalmitthl. und Bull. Bussey Instit. Vol. I. Part. IV. (1875). 339.

*) Der aus den Analysen sich berechnende wirkliche mittlere Wassergehalt beträgt 11.70 %.

No.	Bezeichnungen und Bemerkungen	Jahr der Untersuchung	In der ursprünglichen Substanz						In der Trockensubstanz					Stickstoff in der Trockensubstanz
			Wasser	Nh-Substanz	Rohfett	Nfr. Extractstoffe	Rohfaser	Asche	Nh-Substanz	Rohfett	Nfr. Extractstoffe	Rohfaser	Asche	
			%	%	%	%	%	%	%	%	%	%	%	%
	Wiesenheu, in verschiedenen Stadien des Wachsthums der Gräser geworben.													
1	Heu aus jungem, am 24. April gemähtem Gras	1874	15.48	21.18	4.97	32.17	15.29	10.91	25.06	5.88	38.05	18.10	12.91	4.01^{0}
2	Heu aus jungem, am 13. Mai vor der Blüthe des Grases gemäht	1874	11.67	14.41	4.75	46.59	15.33	7.23	16.31	5.38	52.76	17.36	8.19	2.61^{0}
3	Heu aus in Blüthe stehendem Gras, am 10. Juni gemäht	1874	11.70	11.58	3.84	43.25	22.88	6.75	13.37	4.43	48.00	26.41	7.79	2.14^{0}
4	Heu aus jungem, am 14. Mai gemähtem Gras	1877	17.90	14.49	2.62	33.55	18.86	12.58	17.65	3.19	40.86	22.97	15.33	2.824^{0}
5	Heu zur gewöhnlichen Zeit der Heuernte, 9. Juni gemäht	1877	15.75	9.77	2.31	36.09	29.39	6.69	11.16	2.74	43.27	34.88	7.95	1.787^{0}
6	Heu am 26. Juni zur Zeit der Ueberreife des Grases gemäht	1877	13.38	7.33	2.35	37.52	33.05	6.37	8.46	2.71	43.34	38.15	7.34	1.354^{0}
7	Heu aus Wiesengräsern, vor der Blüthe	1875	15.24	7.53	4.41	36.90	28.46	7.46	8.88	5.19	43.59	33.55	8.79	1.42
8	Heu aus Wiesengräsern, während d. Blüthe	1875	13.89	8.26	3.90	38.08	28.55	6.60	9.59	4.52	44.98	33.15	7.66	1.53
9	Heu aus Wiesengräsern, nach d. Blüthe	1875	15.50	5.88	3.01	40.03	28.57	7.01	6.96	3.56	47.40	33.79	8.29	1.11

No. 17. Die Probe bestand aus einer Mischung von Brizopyrum spicatum, Spartina juncea und etwas Glyceria maritima.

No. 18. Die Probe bestand meist aus Brizopyrum spicatum, etwas Juncus bulbosus und wenigen Stengeln von einer Calamagrostisart (upland grass).

No. 19. Bestand vorwiegend aus Brizopyrum spicatum, gemischt mit Glyceria maritima, etwas von einer Poaart (upland grass) und ein wenig Juncus. — Diese 3 Proben stammten von Hingham, Mass., waren auf derselben Localität, einem schmalen Streifen Marschland zwischen Hochland und einem Sumpf mit Salzwasser gelegen, gewachsen.

No. 20. Salzheu vorwiegend aus Spartina juncea (rush salt grass) mit etwas Brizopyrum spic.

No. 21. Bestand fast nur aus Spartina juncea.

No. 22. Bestand fast nur aus Spartina stricta var. alterniflora in der Gegend „sedge" genannt; die Halme trugen weder Samen noch Blüthen.

No. 23 u. 24. Wie vorige Probe.

No. 25. Juncus bulbosus var. Gerardi oder Bothnicus aus No. 6 ausgelesen.

No. 26. Desgleichen aus anderer Localität, zum Theil mit samentragenden Halmen.

NB. Diese Heusorten sind zwar als Salzwiesenheu bezeichnet, möchten aber ihrem botanischen Character nach zu dem „Sumpfheu" gehören.

Wiesenheu, in verschied. Wachsthumsstadien der Gräser geworben.

No. 1—3. E. Wolff, C. Kreuzhage und W. Funke. — Die Ernährung der landwirthschaftl. Nutzthiere. Gekrönte Preisschrift von E. Wolff. Berlin, 1876. 110, ferner Landw. Jahrbücher 8. (1879). 1. Supplem. 53 und Grundlagen einer wissenschaftlichen Versuchsthätigkeit auf grösseren Landgütern von W. Funke. Berlin, 1877. 182. Die Heue wurden auf der gleichen Wiese und ziemlich auf derselben Stelle wie folgende unter 4—6 und in gleicher Weise geworben. Die Wiese hatte eine Jauchendüngung 1½ Jahre vor der 1874er Ernte erhalten. Alles Uebrige siehe unter „Weidegras" No. 21—24 (Seite 57 d. W.) und hier unter 4—6.

No. 4—6. E. Wolff, C. Kreuzhage u. O. Kellner. — Landw. Jahrb. 8. (1879). 1. Suppl. 35.
Bei der Ernte von Probe 4 befanden sich die Pflanzen in demselben Entwickelungsstadium, wie man bei einer guten und üppig bestandenen Rindviehweide durchschnittlich annehmen kann.
Heu 5 war zu einer Zeit geworben, wo in Hohenheim die Heuernte gewöhnlich beginnt; es entsprach daher einem guten Wiesenheu, obgleich es verhältnissmässig reich war an Rohfaser.
Heu 6 war nach dem Datum des Mähens einem überreifen und daher grobstengligen Wiesenheu zu vergleichen, aber doch insofern von dem letzteren verschieden und von guter Beschaffenheit, als es sehr rasch bei günstiger Witterung getrocknet worden war.

Die 3 Heue waren auf einer hochgelegenen, ziemlich trocknen Wiese bei meist kühler Witterung, aber in grosser Ueppigkeit aufgewachsen. Die Wiese hatte im zeitigen Frühjahr eine starke Düngung mit Jauche erhalten; der Boden ist ein milder Lehm, Verwitterungsprodukt des Liassandsteins.

Um jeden Verlust an Blättern und sonstigen zarten Pflanzentheilen zu vermeiden, wurde das Wiesenfutter der beiden ersten Entwickelungsstadien sofort nach dem Abmähen auf einem geräumigen, luftigen und staubfreien Boden flach ausgebreitet, unter Anwendung aller erforderlichen Vorsichtsmassregeln an der Luft getrocknet. Es handelt sich also nicht um gewöhnliches Wiesenheu, sondern vielmehr um ein Futter von solcher Beschaffenheit, wie es bei der Grünfütterung der Thiere in Anwendung kommt. Auf Trockensubstanz berechnet enthielt das Heu:

	%	Nichteiweiss-N in % vom Gesammt-N	N in Amidverbindungen
No. 1	0.875	21.8	0.763
No. 2	0.496	19.0	0.415
No. 3	0.293	13.7	0.257
No. 4	0.983	34.8	0.892
No. 5	0.285	16.0	0.239
No. 6	0.102	7.5	0.033

Asche frei von C und CO_2.

No. 7—9. C. Weigelt (V.-St. Rufach). — Originalmitthl. Die Heue stammen von einer Wiese aus dem unteren Münsterthale. Die Heue stammen anscheinend von ein- und derselben Wiese, ausdrücklich ist das nicht bemerkt.

No.	Bezeichnungen und Bemerkungen	Jahr der Untersuchung	In der ursprünglichen Substanz						In der Trockensubstanz					Stickstoff in der Trockensubstanz
			Wasser %	Nh-Substanz %	Rohfett %	Nfr. Extractstoffe %	Rohfaser %	Asche %	Nh-Substanz %	Rohfett %	Nfr. Extractstoffe %	Rohfaser %	Asche %	%
10	Schnitt vor der Blüthe, 19. Mai	1882	19.63	10.81	4.67	35.39	22.60	6.90	13.45	5.81	44.03	28.12	8.59	2.15
11	Schnitt nach der Blüthe, 19. Juli	1882	18.23	5.75	1.94	39.20	26.77	8.11	7.03	2.37	47.94	32.74	9.92	1.12
12	Vor der Blüthe	—	—	17.90	—	—	—	—	—	—	—	—	—	—
13	In der Blüthe, 24 Tage später	—	—	13.60	—	—	—	—	—	—	—	—	—	—
14	Bei der Samenreife, 36 Tage später	—	—	10.40	—	—	—	—	—	—	—	—	—	—
	Wiesenheu, unter dem Einfluss der Düngung.													
	Versuche zu Rothamsted v. J. B. Lawes und J. H. Gilbert.	Ernte												o
1	A. Ungedüngt (Mittel von 2 Parzellen)	1856	18.1	10.81	—	40.14	24.5	6.45	13.19	—	49.04	29.9	7.87	2.11
2	A. Desgl.	1857	13.8	8.50	—	49.13	22.9	5.67	9.88	—	56.65	26.9	6.57	1.58
3	A. Desgl.	1858	14.3	8.56	—	48.61	22.9	5.63	10.00	—	56.83	26.6	6.57	1.60
4	Mittel von 3 Jahren		15.4	9.31	—	45.98	23.4	5.91	11.00	—	54.20	27.8	7.00	1.76
5	B. 2000 Pfund Sägemehl	1856	19.3	10.44	—	—	—	6.62	12.94	—	—	—	8.20	2.07
6	B. Desgl.	1857	12.3	8.63	—	—	—	5.64	9.81	—	—	—	6.43	1.57
7	B. Desgl.	1858	15.6	8.81	—	—	—	5.61	10.44	—	—	—	6.65	1.67
8	Mittel von 3 Jahren		15.7	9.31	—	—	—	5.96	11.06	—	—	—	7.09	1.77
9	C. 200 Pfd. schwefelsaures Ammoniak und 200 Pfd. Chlorammon	1856	20.0	9.81	—	38.95	24.8	6.44	12.25	—	48.69	31.0	8.06	1.96
10	C. Desgl.	1857	13.3	9.69	—	48.43	23.1	5.48	11.13	—	55.95	26.6	6.32	1.78
11	C. Desgl.	1858	15.9	10.31	—	45.75	22.9	5.14	12.25	—	54.44	27.2	6.11	1.96
12	Mittel von 3 Jahren		16.4	9.94	—	44.37	23.6	5.69	11.87	—	53.00	28.3	6.83	1.90
13	D. Sägemehl und Ammoniaksalze, wie bei B. und C.	1856	20.4	9.94	—	—	—	6.01	12.43	—	—	—	7.54	1.99
14	D. Desgl.	1857	12.4	9.31	—	—	—	5.51	10.69	—	—	—	6.29	1.71
15	D. Desgl.	1858	16.1	9.75	—	—	—	5.33	11.62	—	—	—	6.35	1.86
16	Mittel von 3 Jahren		16.3	9.69	—	—	—	5.62	11.57	—	—	—	6.73	1.85
17	E. 275 Pfd. salpetersaures Natron	1858	15.2	10.50	—	—	—	5.73	12.37	—	—	—	6.75	1.98
18	F. 550 Pfd. salpetersaures Natron	1858	14.2	10.69	—	—	—	5.38	12.43	—	—	—	6.26	1.99

No. 10 u. 11. Emmerling. — Landw. Wochenbl. f. Schleswig-Holstein 1884. 287. Heu vom Hofe Lenz bei Gremsmühlen. Der Boden bestand aus humus- und kalkhaltigem Lehm. Die Wiese wurde 1881 zur Bewässerung eingerichtet, der Boden wurde gemischt, es war aber noch nicht gerieselt worden. Der Aufwuchs bestand aus: Wiesenfuchsschwanz, Timothee, Goldhafer, Geruchgras, französischem u. englischem Raygras, Riespengras, Wiesenschwingel und etwas Bastardklee. Der Ertrag von dem vor der Blüthe geschnittenen Gras betrug 52 Ctr. Heu pro ha, vom Gras nach der Blüthe geschnitten, 56 Ctr.

No. 12—14. Ed. Peters. — Pro ha berechnet wurden geerntet:

	Heu	Darin Nh. Substanz
No. 12	2700 kg	483.4 kg
No. 13	2980 „	405.2 „
No. 14	3800 „	395.2 „

Wiesenheu, unter dem Einfluss der Düngung.

No. 1—66. J. B. Lawes u. J. H. Gilbert. — Report of experiments with different manures on permanent meadow Land (from the Journ. of the Royal agricultural society of England 19. II u. 20. I u. II). Die Versuche wurden auf einem ca. 6 Acker grossen Stück Land im Park zu Rothamsted ausgeführt, das wohl über ein Jahrhundert lang beständig mit Gras bewachsen war. Der Boden ist ein etwas schwerer Lehm mit rothem Untergrund auf Kreide ruhend, durchlassend. Das Versuchsstück ist vollkommen eben. Eine Einsaat irgend welcher Art hat, weder während der mehrjährigen Versuche, noch viele Jahre zuvor stattgefunden. Vor 1851 war gelegentlich mit Stallmist, zuweilen mit Guano oder anderem käuflichen Dünger gedüngt worden. Die Parzellen wurden im Jahre 1856 eingerichtet, die Salpeter-Parzellen kamen 1858 hinzu. Die Art und Menge der jährlich wiederholten Düngung erhellt aus Obigen; die Mineraldüngermischung bestand pro engl. Acker aus 200 Pfd. Knochenasche mit 150 Pfd. Schwefelsäure von 1.7 spec. Gew. zu Superphosphat verarbeitet, aus 300 Pfd. schwefelsaurem Kali, 200 Pfd. schwefelsaurem Natron und 100 Pfd. schwefelsaurer Magnesia.

No.		Bezeichnungen und Bemerkungen	Jahr der Untersuchung	In der ursprünglichen Substanz						In der Trockensubstanz					Stickstoff in der Trockensubstanz
				Wasser %	Nh-Substanz %	Rohfett %	Nfr. Extractstoffe %	Rohfaser %	Asche %	Nh-Substanz %	Rohfett %	Nfr. Extractstoffe %	Rohfaser %	Asche %	%
			Ernte												o
19	G.	Mineraldüngergemisch	1856	19.8	10.44	—	38.84	24.0	6.92	13.06	—	48.42	29.89	8.63	2.09
20	G.	Desgl.	1857	13.3	9.44	—	48.10	23.0	6.16	10.86	—	55.52	26.52	7.10	1.74
21	G.	Desgl.	1858	14.4	8.75	—	45.37	25.0	6.48	10.25	—	52.98	29.20	7.57	1.64
22		Mittel von 3 Jahren .		15.8	9.56	—	44.12	24.0	6.52	11.37	—	52.53	28.33	7.77	1.82
23	H.	Mineraldünger-Gemisch u. 2000 Pfd. Sägemehl	1856	19.5	11.06	—	—	—	7.31	13.81	—	—	—	9.08	2.21
24	H.	Desgl.	1857	13.2	9.25	—	—	—	6.60	10.69	—	—	—	7.60	1.71
25	H.	Desgl.	1858	15.9	8.69	—	—	—	6.47	10.31	—	—	—	7.70	1.65
26		Mittel von 3 Jahren .		16.2	9.69	—	—	—	6.79	11.62	—	—	—	8.13	1.86
27	I.	Mineraldünger-Gemisch u. 400 Pfd. Ammoniaksalze	1856	21.0	7.69	—	39.04	25.5	6.77	9.69	—	49.60	32.13	8.58	1.55
28	I.	Desgl.	1857	13.0	7.38	—	48.04	25.3	6.28	8.50	—	55.20	29.09	7.21	1.36
29	I.	Desgl.	1858	17.9	7.75	—	43.72	24.1	6.53	9.50	—	53.20	29.35	7.95	1.52
30		Mittel von 3 Jahren .		17.3	7.63	—	43.54	25.0	6.53	9.25	—	52.61	30.23	7.91	1.48
31	K.	Düngergemisch wie unter B., C. u. G.	1856	22.7	7.69	—	—	—	7.03	10.25	—	—	—	9.09	1.64
32	K.	Desgl.	1857	12.8	6.94	—	—	—	6.42	7.94	—	—	—	7.36	1.27
33	K.	Desgl.	1858	16.2	7.31	—	—	—	6.80	8.75	—	—	—	8.11	1.40
34		Mittel von 3 Jahren .		17.2	7.37	—	—	—	6.75	9.00	—	—	—	8.19	1.44
35	L.	Mineraldüngergem., Ammoniaksalze u. 2000 Pfd. geschn. Weizenstroh	1856	20.8	9.19	—	—	—	6.72	11.56	—	—	—	8.49	1.85
36	L.	Desgl.	1857	13.2	8.31	—	—	—	6.72	9.69	—	—	—	8.49	1.55
37	L.	Desgl.	1858	17.6	8.44	—	—	—	6.68	10.25	—	—	—	8.11	1.64
38		Mittel von 3 Jahren .		17.2	8.63	—	—	—	6.71	10.50	—	—	—	8.36	1.68
39	M.	Mineraldüngermischung u. 800 Pfd. Ammoniaksalze	1856	21.9	9.31	—	36.62	25.6	6.57	11.75	—	46.04	32.8	8.41	1.88
40	M.	Desgl.	1857	14.1	10.13	—	45.15	24.2	6.42	11.75	—	52.58	28.2	7.47	1.88
41	M.	Desgl.	1858	19.3	10.69	—	40.06	23.6	6.35	13.25	—	49.58	29.3	7.87	2.12
42		Mittel von 3 Jahren .		18.4	10.06	—	40.09	24.5	6.45	12.25	—	49.73	30.1	7.92	1.96
43	N.	Mineraldünger u. 275 Pfd. Natronsalpeter	1858	13.6	9.50	—	—	—	6.40	11.00	—	—	—	7.40	1.76
44	O.	Mineraldünger u. 550 Pfd. Natronsalpeter	1858	14.8	8.25	—	—	—	6.52	9.69	—	—	—	7.65	1.55

Die Stickstoffmengen in den Ammoniaksalzen einerseits und dem Salpeter anderseits waren gleich.

	1856	1857	1858
Die Wiese wurde gemäht . . .	25. Juni	23. Juni	26. Juni
Das Heu wurde geerntet . . .	1. Juli	26. u. 27. Juli	29—30. Juli

Der Mehrertrag der gedüngten Parzellen an Heu betrug im Durchschnitt der 3 Jahresernten (pro Acker):

	tons	cwt.	qrs.	lb.
Sägemehl	0	3	2	0
Ammoniaksalze	0	11	0	5
Sägemehl und Ammoniaksalze . . .	0	11	0	11
Salpeter	0	2	1	9
Salpeter, doppelte Menge	0	7	3	5
Mineraldüngermischung	0	9	0	27
„ und Sägemehl	0	11	3	20

No.	Bezeichnungen und Bemerkungen	Jahr der Untersuchung	In der ursprünglichen Substanz						In der Trockensubstanz					Stickstoff in der Trockensubstanz
			Wasser	Nh-Substanz	Rohfett	Nfr. Extractstoffe	Rohfaser	Asche	Nh-Substanz	Rohfett	Nfr. Extractstoffe	Rohfaser	Asche	
			%	%	%	%	%	%	%	%	%	%	%	%
		Ernte												
45	P. 14 Tonnen Stallmist	1856	23.9	8.63	—	36.48	23.7	7.29	11.06	—	48.16	31.2	9.58	1.77
46	P. Desgl.	1857	12.7	8.19	—	46.90	25.8	6.51	9.38	—	53.57	29.6	7.45	1.50
47	P. Desgl.	1858	15.4	7.37	—	46.01	24.5	6.72	8.75	—	54.30	29.0	7.95	1.40
48	Mittel von 3 Jahren		17.4	8.00	—	43.06	24.7	6.84	9.87	—	51.90	29.9	8.33	1.58
49	Q. 14 Tonnen Stallmist und 200 Pfd. Ammoniaksalze	1856	20.4	10.13	—	38.35	23.6	7.52	12.75	—	48.10	29.7	9.45	2.04
50	Q. Desgl.	1857	13.8	6.75	—	48.00	25.0	6.45	7.87	—	55.65	29.0	7.48	1.26
51	Q. Desgl.	1858	17.3	7.94	—	43.72	24.3	6.74	9.56	—	52.90	29.4	8.14	1.53
52	Mittel von 3 Jahren		17.2	8.25	—	43.35	24.3	6.90	10.06	—	52.18	29.4	8.36	1.61
53	Mittel sämmtlicher Proben	1856	20.7	9.56	—	—	—	6.80	12.06	—	—	—	8.58	1.93
54	Desgl.	1857	13.2	8.56	—	—	—	6.15	9.87	—	—	—	7.15	1.58
55	Desgl.	1858	15.9	8.94	—	—	—	6.16	10.62	—	—	—	7.73	1.70
56	Desgl. von 3 Jahren		11.6	9.00	—	—	—	6.37	10.87	—	—	—	7.82	1.74
57	Heugemisch von derselben Wiese, der ganzen übrigen Ernte entnommen (im December)	1857	12.8	8.31	—	—	—	5.58	9.56	—	—	—	6.40	1.53
58		1858	16.2	7.25	—	—	—	5.73	8.62	—	—	—	6.84	1.38

Uebersicht der Zusammensetzung des im Jahre 1858 geernteten Heu's.

No.	Bezeichnungen und Bemerkungen	Jahr	Wasser	Nh-Substanz	Rohfett	Nfr. Extractstoffe	Rohfaser	Asche	Nh-Substanz	Rohfett	Nfr. Extractstoffe	Rohfaser	Asche	Stickstoff in der Trockensubstanz
59	A. Ungedüngt (von einer der Parzellen)	1858	14.10	8.56	2.87	45.89	22.88	5.70	10.19	3.34	53.20	26.63	6.64	1.63
60	C. Ammoniaksalze allein	1858	15.90	10.31	3.00	42.88	22.87	5.14	12.25	3.57	50.87	27.20	6.11	1.96
61	G. Mineraldüngergemisch	1858	14.40	8.75	2.55	42.85	24.97	6.48	10.25	2.98	50.03	29.17	7.57	1.64
62	I. Mineraldüngergemisch und 400 Pfd. Ammoniaksalze	1858	17.90	7.75	1.99	41.72	24.11	6.53	9.50	2.42	50.76	29.37	7.95	1.52
63	M. Mineraldüngergemisch und 800 Pfd. Ammoniaksalze	1858	19.30	10.69	2.36	37.66	23.64	6.35	13.25	2.93	46.65	29.30	7.87	2.12
64	P. Stallmist	1858	15.40	7.37	2.48	43.52	24.51	6.72	8.75	2.93	51.40	28.97	7.95	1.40
65	Q. Stallmist und Ammoniaksalze	1858	17.30	7.94	2.80	40.91	24.31	6.74	9.56	3.39	49.51	29.40	8.14	1.53
66	Mittel		16.33	8.80	2.58	42.15	23.90	6.24	10.53	3.08	50.36	28.58	7.45	1.68

	tons	cwt.	qrs.	lb.
Mineraldüngermischung und Ammoniaksalze	1	15	1	13
„ Ammoniaksalze u. Sägemehl	1	11	2	8
„ Ammoniaksalze u. Weizenstroh	1	10	0	20
„ u. doppelte Menge Ammoniaksalze	1	19	2	24
„ und Salpeter (1858)	0	13	3	5
„ und doppelte Menge Salpeter (1858)	1	6	1	15
Stallmist	0	16	0	24
Stallmist und Ammoniaksalze	1	4	2	11
Der Ertrag einer der ungedüngten Parzellen betrug durchschnittlich:	1	3	1	10

Bezüglich der analytischen Untersuchungsmethode ist zu bemerken: Die Daten sind Mittel aus je 2 Bestimmungen. Die Rohfaserbestimmung wurde in folgender Weise ausgeführt: ungefähr 10 g der feingepulverten, bei 212° F. völlig getrockneten Substanz wurden zunächst ¾ Stunde lang bei 180° F. mit 150 p. septems (1 septem = $^1/_{1000}$ Pfund avoirdupois) zu 1 : 3 verdünnter Schwefelsäure digerirt. Nach dieser Digestion wurde die ganze Masse mit heissem Wasser verdünnt, filtrirt, und die unlösliche Substanz mit heissem Wsser gut ausgewaschen. Dieser Rückstand wurde alsdann vom Filter abgelöst und mit 600 septems einer sehr verdünnten Natronlauge ½ Stunde lang gekocht. Der unlösliche Rückstand wurde dann auf's Filter gebracht nnd mit kochendem Wasser, das mit einem Tropfen Schwefelsäure versetzt war, gut ausgewaschen, getrocknet und gewogen. Nach dieser Behandlung enthielt der Rückstand 0.1% seines Gewichts oder weniger Nh. Substanz und etwas Mineralstoffe; beide wurden bestimmt und deren Menge in Abzug gebracht.

Im Original ist nur für die Proben unter 59—66 der Gehalt an Nh. Substanz aus dem N-gehalt berechnet und zwar unter der Annahme, dass diese 15.875% N enthalte (Factor 6.3). Wir corrigirten diese und berechneten für alle anderen Proben die Nh. Substanz mit Anwendung des Factors 6.25.

Die Zusammensetzung der Proben unter 59–66 in botanischer Hinsicht wird folgendermassen in % des Heu's angegeben:

	A.	C.	G.	I.	M.	P.	Q.	Mittel
Gramieenhalme, Blüthen oder Samen tragend	50.25	35.91	42.18	72.66	65.08	69.76	64.62	57.21
Gramieenblätter	25.85	53.20	29.64	24.72	32.27	17.91	15.05	28.38
Leguminosenartige Kräuter	5.12	2.20	22.89	—	...	3.70	1.78	5.10
Verschiedene Kräuter (hauptsächlich Unkräuter)	15.73	6.14	1.71	1.85	1.67	7.05	16.43	7.23
Ausgefallene Samen und unbestimmte vegetab. Substanz	3.05	2.55	3.58	0.77	0.98	1.58	2.12	2.08

No.	Bezeichnungen und Bemerkungen	Jahr der Untersuchung	In der ursprünglichen Substanz						In der Trockensubstanz					Stickstoff in der Trockensubstanz
			Wasser	Nh-Substanz	Rohfett	Nfr. Extractstoffe	Rohfaser	Asche	Nh-Substanz	Rohfett	Nfr. Extractstoffe	Rohfaser	Asche	
			%	%	%	%	%	%	%	%	%	%	%	%
	(Fortsetzung.) **Wiesenheu, unter dem Einfluss der Düngung.**													
67	Frisch meliorirt, aber ungedüngt	1858	—	—	—	—	—	—	13.9	48.3		32.5	5.32	2.22
68	10 Schachtruthen Mergel pro Morgen	„	—	—	—	—	—	—	10.7	50.9		31.5	6.87	1.71
69	10 „ Moder	„	—	—	—	—	—	—	11.5	48.7		34.7	5.10	1.84
70	10 „ Lehm	„	—	—	—	—	—	—	12.2	51.0		30.9	5.91	1.95
71	10 „ Sand	„	—	—	—	—	—	—	10.8	50.3		33.4	5.47	1.73
72	30 Ctr. Kalk	„	—	—	—	—	—	—	10.6	47.3		37.8	4.34	1.70
73	3 „ Gyps	„	—	—	—	—	—	—	12.3	40.3		40.7	6.66	1.97
74	300 „ Compost	„	—	—	—	—	—	—	13.2	41.7		39.9	5.24	2.11
75	18 „ Rindviehmist	„	—	—	—	—	—	—	13.4	45.9		34.2	6.52	2.14
76	10 „ Pferdemist	„	—	—	—	—	—	—	12.6	50.1		30.7	6.60	2.01
77	20 „ Schweinemist	„	—	—	—	—	—	—	12.6	49.5		31.1	6.76	2.01
78	10 „ Schafmist	„	—	—	—	—	—	—	13.2	48.0		30.8	7 96	2.11
79	1 „ Federviehdung	„	—	—	—	—	—	—	12.5	51.6		29.7	6.25	2.00
80	2 „ Jauche	„	—	—	—	—	—	—	13.3	46.2		33.4	7.08	2.13
81	2 „ Guano u. 10 Ctr. Moorerde	„	—	—	—	—	—	—	9.6	52.5		32.4	5.53	1.53
82	$2^1/_2$ „ Knochenmehl u. 10 Ctr. Moorerde	„	—	—	—	—	—	—	12.4	53.4		27.4	6.80	1.98
83	5 „ Rapskuchenm. u. 10 Ctr. Moorerde	„	—	—	—	—	—	—	11.7	51.6		30.5	6.23	1.87
84	70 „ Torfasche u. 10 Ctr. Moorerde	„	—	—	—	—	—	—	12.9	46.6		34.7	5.98	2.06
85	10 „ Holzasche u. 10 Ctr. Moorerde	„	—	—	—	—	—	—	8.6	49.9		34.9	6.60	1.37
86	5 Schachtruthen Bauschutt	„	—	—	—	—	—	—	9.5	59.5		35.1	5.86	1.52
87	1 Ctr. Kochsalz	„	—	—	—	—	—	—	14.1	45.2		35.3	5.36	2.25
88	{ Heu von angebauten Gräsern, ungedüngt	1857	13.20	14.90	—	—	—	12.60	17.17	—	—	—	14.52	2.747°
89	{ Desgl. gedüngt	1857	13.90	14.78	—	—	—	11.42	17.17	—	—	—	13.26	2.747°
90	{ Heu von ungedüngter Wiese, 1. Schnitt	1876	14.00	8.99	2.74	45.18	22.92	6.17	10.45	3.19	52.53	26.65	7.18	1.67
91	{ Heu von gedüngter Wiese, 1. Schnitt	1876	14.00	9.80	2.37	42.93	23.42	7.48	11.40	2.75	49.92	27.23	8.70	1.82

No. 67—87. H. Helriegel u. R. Ulbricht. — Hoffmann's Jahresber d. Agriculturchem. 2. 1859/60. 311. (Aus d. Ann. d. Landw. 1859. 177 u. f.) Das Material stammte von einem von A. Engelbrecht auf Parzellen von $^1/_{10}$ Morgen ausgeführten Düngungsversuch. Die Wiese war frisch meliorirt und mit Kappen von Klee und guten Gräsern bebaut worden. Der Ernteertrag nach den verschiedenen Düngungen (oben pro Morgen angegebene Quantitäten) war folgender (in Pfunden):

	No. 67	68	69	70	71	72	73	74	75	86	77	78	79	80	81	82	83	84	85	86	87
1857	1280	1440	1380	1160	1180	1120	1390	2730	1460	1450	1480	1570	1830	2430	4470	1880	1880	2010	2200	2850	2170
1858	2270	1910	1860	1750	2050	2440	2030	3670	2230	2280	2130	2020	2200	2210	3480	2230	1920	1614	2900	3250	2980

Da über die Berechnung der Nh. Substanz in unserer Quelle nichts angegeben, deren Gehalt aber möglicherweise mittelst einem anderen Factor als dem 6.25 erhalten wurde, so sind möglicherweise auch die von uns berechneten Zahlen für N nicht zutreffend.

No. 88 u. 89. C. Karmrodt. — Landw. Zeitschr. f. Rheinpreussen 1858. Die angebauten Gräser waren Lolium perenne und italicum, Avena elatior, Ceratochloa australis und Sorghum saccharatum. Woraus die Düngung bei No. 68 bestand, ist im Original nicht bemerkt; vermuthlich wurde mit Steinkohlenasche gedüngt.

No. 90 u. 91. J. König (V.-St. Münster). — 1. Bericht derselb. 1878. 134. Auf Rieselwiesen der Bocker-Haide gewachsen. Der Boden der gedüngten und ungedüngten Fläche war von etwas verschiedener, nachstehender Beschaffenheit:

	Obergrund von ungedüngter,	von gedüngter Fläche
1) Humus- u. chemisch gebundenes Wasser des bis 120° getrockn. Bodens	6.22	5.81
2) Stickstoff	0.205	0.207
3) In Salzsäure löslich (auf geglühten Boden berechnet):		
Eisenoxyd und Thonerde	1.937	1.757
Kalk	0.620	0.235
Magnesia	0.039	0.018
Kali	0.109	0.101
Phosphorsäure	0.066	0.071

Der Sand des Untergrundes (von beiden Parzellen vereinigt) enthielt: Eisenoxyd u. Thonerde 2.705, Kalk 0.300, Magnesia 0.182, Kali 0.395. Die Düngung bestand aus Superphosphat (ohne Angabe der Menge). Gemäht wurde am 19.—21. Juni. Die Gräser der gedüngten Fläche waren höher und grobstengliger und in der Entwicklung weiter vorgeschritten als die der ungedüngten Fläche. Erstere hatten zum geringen Theil die Blüthe überschritten oder waren in voller Blüthe, während die meisten Gräser der ungedüngten Fläche eben angehende Blüthe zeigten. Wassergehalt der lufttrocknen Substanz ist willkührlich angenommen. Von der Trockensubstanz waren in Wasser löslich:

	ungedüngte	gedüngte Wiese	in % der vorhandenen Menge ungedüngt	gedüngt
Proteïn	1.59	2.57	15.09 %	22.54 %
Nfr. Extractstoffe	27.86	23.17	53.03 „	46.41 „
Mineralstoffe	4.72	4.18	65.74 „	47.99 „

No.	Bezeichnungen und Bemerkungen	Jahr der Untersuchung	In der ursprünglichen Substanz: Wasser %	Nh-Substanz %	Rohfett %	Nfr. Extractstoffe %	Rohfaser %	Asche %	In der Trockensubstanz: Nh-Substanz %	Rohfett %	Nfr. Extractstoffe %	Rohfaser %	Asche %	Stickstoff in der Trocken-Substanz %
92	Ungedüngt, 1. Schnitt	1880	—	—	—	—	—	—	8.09	3.65	49.04	32.63	6.59	1.29
93	Gedämpftes Knochenmehl, 1. Schnitt	1880	—	—	—	—	—	—	8.37	3.34	47.92	33.75	6.62	1.34
94	Gefällter 3 bas. phosphorsaurer Kalk u. Ammoniaksalz, 1. Schnitt	1880	—	—	—	—	—	—	7.98	3.52	48.28	33.68	6.54	1.28
95	Gefällter 2 bas. phosphorsaurer Kalk u. Ammoniaksalz, 1. Schnitt	1880	—	—	—	—	—	—	9.33	3.55	47.48	32.73	6.91	1.48
96	Zurückgegangene Phosphorsäure u. Ammoniaksalz, 1. Schnitt	1880	—	—	—	—	—	—	8.50	3.95	48.28	32.04	7.23	1.36
97	Superphosphat (wasserlösliche Phosphorsäure) u. Ammoniaksalz, 1. Schnitt	1880	—	—	—	—	—	—	8.78	4.04	47.15	32.81	7.22	1.40
98	Ungedüngt, 2. Schnitt	1880	—	—	—	—	—	—	10.56	5.16	48.13	27.70	8.45	1.69
99	Gedämpftes Knochenmehl, 2. Schnitt	1880	—	—	—	—	—	—	11.13	6.30	46.02	27.86	8.65	1.78
100	Gefällter 3 bas. phosphorsaurer Kalk u. Ammoniaksalz, 2. Schnitt	1880	—	—	—	—	—	—	10.81	5.65	45.22	29.44	8.88	1.73
101	Gefällter 2 bas. phosphorsaurer Kalk u. Ammoniaksalz, 2. Schnitt	1880	—	—	—	—	—	—	10.86	5.18	45.90	28.76	9.30	1.74
102	Zurückgegangene Phosphorsäure u. Ammoniaksalz, 2. Schnitt	1880	—	—	—	—	—	—	11.19	5.05	45.48	29.35	8.93	1.79
103	Heu von mit Guano gedüngter Wiese, 1. u. 2. Schnitt	1876	13.10	—	—	—	22.40	—	—	—	—	25.78	—	—
104	Heu von mit Ammoniak-Superphosphat gedüngter Wiese	1876	13.40	—	—	—	26.20	—	—	—	—	30.48	—	—
105	Heu von mit Guano gedüngter Wiese	1877	14.20	—	—	—	24.20	—	—	—	—	28.20	—	—
106	Heu von mit Ammoniak-Superphosphat gedüngter Wiese	1877	14.20	—	—	—	31.40	—	—	—	—	36.64	—	—
107	Bruchwiese, ungedüngt	1880	15.00	8.30	—	44.60	24.80	7.30	9.76	—	52.50	29.16	8.58	1.56
108	Bruchwiese, mit Superphosphat gedüngt	1880	15.00	7.30	—	44.80	26.20	6.70	8.58	—	52.73	30.81	7.88	1.37

No. 92—102. J. König. — Zweiter Bericht der V.-St. Münster 1878/80. 47. Die Versuche wurden 1880 auf einer „Flösswiese" mit kalkarmem, humosem Sandboden gemacht. Die Mengen an Stickstoff und Phosphorsäure, welche in den verschiedenen Düngungen gegeben wurden, waren in Pfunden pro Morgen:

	Stickstoff	wasserlösliche P_2O_5	citratlösliche P_2O_5	Gesammt-P_2O_5
Knochenmehl	8.0	—	3.04	40.68
3 bas. phosphors. Kalk u. Ammonsalz	8.92	—	5.74	47.32
2 bas. phosphors. Kalk u. Ammonsalz	8.50	—	13.98	46.14
Zurückgegangene Phosphors. u. Ammonsalz	8.70	18.50	30.82	76.18
Superphosphat u. Ammonsalz	8 80	37.84	—	42.84

Die auf 1 ha berechneten Erträge waren folgende in kg:

	Ungedüngt	Knochenmehl	3 bas. phosphors. Kalk u. Ammonsalz	2 bas. phosphors. Kalk u. Ammonsalz	Zurückgeg. Phosphors. u. Ammonsalz	Superphosphat u. Ammonsalz
1. Schnitt, 2. Juli	3174.6	3401.4	3918.5	4186.6	4143.4	3650.3
2. Schnitt, 15. Sept.	1807.9	2093.3	2179.8	2249.0	2698.8	2629.6
Summa	4982.5	5494.7	6098.3	6435.6	6834.2	6279.9
An P_2O_5 war vorhanden:						
in % der Heu-Trockensubstanz						
1. Schnitt	0.307	0.326	0.396	0.486	0.588	0.778
2. Schnitt	0.468	0.513	0.550	0.631	0.705	—
in % der Asche						
1. Schnitt	4.66	4.93	6.06	7.01	8.14	10.77
2. Schnitt	5.53	5.93	6.19	6.79	7.90	—

Die Analyse des 2. Schnittes der letzten Parzelle fehlt.

No. 103—106. W. Eugling (V.-St. Tisis). — Ber. d. landw.-chem. V.-St. d. Landes Vorarlberg 1876/77. 46. Ein seit ca. 4 Jahren nur mit Torfasche gedüngter Theil des Versuchsgartens wurde, nachdem der Boden gut gemischt und ausgeglichen war (er enthielt 58% kohlensauren Kalk), im Frühjahr 1876 mit einer Grasmischung angesät. Nachdem das Gras 2 Zoll Höhe erreicht hatte, wurde überdüngt und zwar pro 4 qm je mit 18 g N, 20 g Phosphorsäure und 5 g Kali. Die eine Parzelle erhielt diese Nährstoffe in Form von aufgeschlossenem Peruguano und schwefelsaurem Kali, die andere in Form von Knochenasche-Superphosphat, schwefelsaurem Ammoniak und schwefelsaurem Kali. (Man wollte die Beobachtung gemacht haben, dass das Heu nach Düngung letzterer Art grobstengeliger ausfalle.) Das Guano-Gras erschien blätterreicher, das der anderen Parzelle wuchs rascher in die Höhe. Die Erträge waren folgende pro 4 qm:

	Guanodüngung	Ammoniak-Superphosphat
1876 (Trockensubstanz)	1925 g	2037 g
1877 (Trockensubstanz)	2364 „	2171 „
	4289 g	4208 g

No. 107 u. 108. M. Märcker (V.-St. Halle). — Ztschr. des landw. Centralver. Prov. Sachsen 1881. No. 10 u. 11.

No.	Bezeichnungen und Bemerkungen	No. d. Haupttabelle	Jahr der Untersuchung	In der ursprünglichen Substanz: Wasser %	Nh-Substanz %	Rohfett %	Nfr. Extractstoffe %	Rohfaser %	Asche %	In der Trockensubstanz: Nh-Substanz %	Rohfett %	Nfr. Extractstoffe %	Rohfaser %	Asche %	Stickstoff in der Trockensubstanz %
	Heu von nassen und sumpfigen Wiesen, Moorwiesen, Bruchwiesen, Torfwiesen (zum Theil Auszug aus der Haupttabelle).														
1	Nasse Wiese, grobes saures Heu	37	1851	—	—	—	—	—	—	8.06	—	—	—	5.80	1.29°
2	Nasse Wiese, grob und hart, doch besser als voriges	38	1851	—	—	—	—	—	—	7.62	—	—	—	7.40	1.22°
3	Nasse Wiese, aus dem mittleren Schweden	80	1860	12.87	9.75	4.20	43.76	22.09	7.33	11.19	4.82	50.33	25.36	8.30	1.78
4	Nasse Wiese, m. schwerem Thonboden	121	1862	16.00	8.28	2.87	10.12	56.10	6.63	9.87	3.42	(11.30)	(67.51)	7.90	1.58°
5	Nasse Wiese, aus Schweinsberg .	158	1882	14.30	8.96	2.50	45.07	22.60	6.57P	10.46	2.92	52.61	26.34	7.67	1.67
6	Nasse Wiese	206	1873	17.27	6.93	1.42	42.27	26.56	5.55	8.78	1.92	50.68	32.11	6.71	1.40
7	Nasse Wiese, aus Norwegen, hohes Gebirgsthal	—	1878	15.00	11.47	2.39	46.04	21.62	3.48	13.49	2.81	54.19	25.42	4.09	2.16
	Sumpfige Wiesen, Sumpfheu.														
8	„Morastheu", Livland	101	1862	10.42	8.76	—	—	—	3.50	9.78	—	—	—	3.91	1.56
9	„Sumpfwiesen", Livland, Ende Juni gemäht	104	1865	16.56	7.23	1.75	48.30	23.58	2.58	8.66	2.10	57.90	28.25	3.09	1.39
10	„Sumpfwiesen", ungedüngt, Italien	240	1875	17.64	6.52	1.23	18.26	43.22	13.13	7.92	1.86	(21.81)	(52.47)	15.94	1.27
11	Sumpfiger Boden	253	1884	12.03	6.49	2.41	45.41	26.00	7.66	7.38	2.74	51.61	29.56	8.71	1.18
12	„Swamp"	267	1879	14.30	6.70	1.30	46.10	26.20	5.40	7.82	1.52	3.758	30.58	6.30	1.25
13	„Swamp"	268	1879	14 30	7.27	2.16	44.49	23.22	8.56	8.48	2.52	51.91	27.10	9.99	1.36
14	„Sumpfige Wiese", überschwemmt	—	1877	15.00	9.96	2.26	42.13	20.85	9.80	11.71	2.66	49.60	24.51	11.52	1.87
15	Heu mit vielen Sauergräsern . .	88	1861	—	—	—	—	—	—	7.72	4.23	53.93	28.01	6.11	1.23
16	„Bog Hay", Nordamerika		1872	8.00	8.37	3.32	42.84	33.93	3.54	9.10	3.61	46.51	36.88	3.90	1.46
17	Desgl., nahe der Reife		1874	7.46	10.41	2.21	39.80	33.60	6.58	11.25	2.39	42.93	36.32	7.11	1.80
18	Desgl.		1874	7.33	9.38	2.13	41.08	33.91	6.32	10.12	2.30	42.08	36.68	8.82	1.62
19	Desgl., ohne Samen und Blüthen . .		1874	7.96	6.31	3.00	43.53	33.55	5.87	6.85	3.26	47.08	36.44	6.37	1.10
20	Desgl.		1874	8.38	7.44	1.92	43.53	33.30	5.56	8.12	2.09	47.39	36.33	6.07	1.30
21	Desgl., im December geerntet . . .		1874	9.32	4.63	0.74	40.90	39.99	4.42	5.11	0.82	45.18	44.01	4.88	0.82
22	Heu von Juncus effusus (Common Rush)		1874	6.88	6.75	—	42.26	41.48	2.63	7.25	—	44.38	44.55	3.82	1.16
23	„Short-Salt-grasses", 1872er Ernte . .		1874	7.93	7.09	2.90	44.39	31.40	6.29	7.70	3.15	48.22	34.10	6.83	1.23
24	Desgl., 1874er Ernte		1874	8.91	7.53	3.14	39.73	32.90	7.79	8.27	3.45	43.71	36.12	8.55	1.32
25	Desgl., 1874er Ernte		1874	7.84	7.79	2.77	40.66	33.84	7.10	8.45	3.01	44.12	36.72	7.70	1.35
26	Desgl., 1874er Ernte		1874	8.70	4.88	1.68	48.52	28.71	7.51	5.34	1.84	53.16	31.44	8.22	0.85
27	Desgl., 1874er Ernte		1874	8.61	4.38	1.83	41.30	37.90	5.97	4.79	2.00	45.22	41.46	6.53	0.77
28	„Coars-Salt hays", 1872er Ernte . .		1874	11.70	4.33	2.29	41.30	30.54	9.84	4.91	2.59	45.62	35.73	11.15	0.79

Heu von nassen Wiesen etc.

No. 1—15 sind der Haupttabelle entnommen und ist dort das Nähere an betreff. No. zu ersehen.

No. 16—21. F. H. Storer. — Bull. Bussey Institut. Vol. 1. p. 4. 1875. 344. No. 16 wurde von Johnson (Connecticut Exper. Stat.) untersucht und die Analyse von Storer hier mitgetheilt. No. 17—21 als Fresh-meadow or Bog Hays bezeichnet, bestanden aus Carex stricta, welches mit der Hand gepflückt wurde.

No. 22. F. H. Storer. — Ibid. 348.

No. 23—32. F. H. Storer. — Ibid. 340. Diese Heumuster sind zwar als „Hays from Salt-Marshes Salzwiesenheu" bezeichnet, gehören jedoch ihrem botanischen Character nach in die Gruppe des Sauerwiesenheu's.

No. 23 bestand aus einer Mischung von Brizopyrum spicatum, Spartina juncea und etwas Glyceria maritima.

No. 24 bestand meist aus Brizopyrum spic., etwas Juncus bulbosus und wenigen Stengeln von einer Calamagrostis-Art (upland-grass).

No. 25 bestand vorwiegend aus Brizopyrum spic. und Glyceria maritima, von etwas einer Poa-Art (upland-grass) und ein wenig Juncus. Diese 3 Proben, No. 23—25 stammten von Hingham, Mass., waren auf ein und demselben Platze, einem schmalen Streifen Marschland, zwischen Hochland und Salzwassersumpf gelegen, gewachsen.

No. 26 „Salzheu" vorwiegend aus Spartina juncea (rush salt grass) mit ewas Brizopyrum spicat bestehend.

No. 27 bestand fast nur aus Spartina juncea.

No. 28, 29 u. 30 bestanden fast nur aus Spartina stricta, var. alterniflora, in der Gegend „sedge" genannt.

No.	Bezeichnungen und Bemerkungen	No. d. Haupttabelle	Jahr der Untersuchung	In der ursprünglichen Substanz: Wasser %	Nh-Substanz %	Rohfett %	Nfr. Extractstoffe %	Rohfaser %	Asche %	In der Trockensubstanz: Nh-Substanz %	Rohfett %	Nfr. Extractstoffe %	Rohfaser %	Asche %	Stickstoff in der Trockensubstanz %
29	Desgl., 1874er Ernte		1874	17.47	5.55	2.26	35.15	30.01	9.56	6.73	2.74	42.46	36.48	11.59	1.08
30	Desgl., 1874er Ernte		1874	18.61	5.38	2.49	34.07	27.64	11.81	6.61	3.06	41.85	33.97	14.51	1.06
31	„Black-Grass Hay", 1874er Ernte . .		1874	7.17	7.39	2.09	42.55	35.90	4.90	7.96	2.25	45.45	38.66	5.68	1.27
32	Desgl., 1874er Ernte		1874	10.25	6.18	2.51	45.15	30.43	5.48	6.88	2.80	50.32	33.90	6.10	1.10
	Moorwiesenheu.														
33	Moorwiesenheu, Livland, 15. Juli gemäht	107	1865	15.83	9.51	2.29	43.35	25.64	3.38	11.30	2.72	51.50	30.46	4.02	1.81
34	Moorige Wiese	219	1874	16.23	6.96	2.15	40.12	27.12	7.42	8.31	2.57	47.88	32.38	8.86	1.33
35	Mooriger Boden, Raden, 1880er Ernte	282	1881	15.00	10.20	1.52	37.43	28.56	7.29	11.99	1.79	44.38	33.58	8.34	1.92
36	Desgl., Raden, 1881er Ernte . .	283	1881	15.00	11.16	2.29	42.89	22.26	6.40	13.12	2.69	50.48	26.18	7.53	2.10
37	Desgl., Lalendorf, 1880er Ernte	284	1881	15.00	12.90	2.15	39.31	32.03	7.61	15.17	2.53	35.69	37.66	8.95	2.43
38	Moorboden, vierjährige Wiese .	542	1878	15.00	9.40	51.54		19.05	5.01	11.05	60.66		22.40	5.89	1.77
39	Moorboden, vor 2 Jahren mit Klee und Timothee angesäet . . .	529	1878	15.00	6.82	47.13		26.74	4.31	8.02	55.46		31.45	5.07	1.28
40	Mooriger Boden mit Thonunterlage	534	1878	15.00	7.64	53.59		19.95	3.82	8.98	63.07		23.46	4.49	1.44
41	Mooriger Boden, Kunstwiese, erstes Jahr der Nutzung	540	1878	15.00	7.10	44.28		29.65	3.97	8.35	52.11		34.87	4.67	1.34
42	Mooriger Boden, dieselbe Wiese, Grummet	541	1878	15.00	8.28	41.18		29.56	5.98	9.74	48.47		34.76	7.03	1.56
43	Mooriger Boden, mit Gebirgsheu gemischt	480	1881	15.00	9.44	51.23		20.17	4.16	11.10	60.29		23.72	4.89	1.78
44	Mooriger Boden	481	1881	15.00	8.26	50.32		23.71	2.71	9.71	59.22		27.88	3.19	1.55
45	Mooriger Boden	489	1881	15.00	8.08	48.28		24.73	3.91	9.50	56.82		29.08	4.60	1.52
46	Mooriger Boden	400	1881	15.00	9.53	46.15		23.41	5.91	11.21	54.31		27.53	6.95	1.79
47	Mooriger Boden mit Thonunterlage	386	1881	15.00	9.88	45.20		25.16	4.76	11.62	53.02		29.59	5.77	1.86
48	Mooriger Boden, Bergwiese . .	389	1881	15.00	6.92	51.06		22.32	4.70	8.15	60.07		26.25	5.53	1.30
49	Mooriger Boden, gemischt m. Heu von Sandboden, stark beregnet	426	1881	15.00	8.43	50.18		20.78	5.61	9.91	61.05		24.44	6.60	1.59
50	Mooriger Boden, Gebirgswiese (Senne), beregnet	438	1881	15.00	9.77	46.80		23.40	5.03	11.49	55.07		27.52	5.92	1.84
51	Entwässerte u. gedüngte Moorwiese	352	1881	15.00	10.63	42.62		26.09	5.66	12.50	50.16		30.68	6.66	2.00
52	Moorwiese, ungedüngt	367	1882	15.00	9.14	48.85		21.70	5.31	10.75	57.49		25.52	6.24	1.72
53	Bruchheu		1881	15.00	9.5	43.7		26.7	5.1	11.17	51.43		31.40	6.00	1.79
54	„		1881	15.00	7.2	42.7		26.0	7.1	8.47	52.60		30.58	8.35	1.36
55	„		1881	15.00	9.1	44.3		25.1	6.5	10.70	52.14		29.52	7.64	1.71
56	„		1882	15.00	8.0	45.1		26.5	5.4	9.41	53.08		31.16	6.35	1.51
57	„		1882	15.00	9.9	46.4		20.4	8.3	11.64	54.61		23.99	9.76	1.86
58	„		1882	15.00	8.4	47.2		24.1	5.3	9.88	55.55		28.24	6.23	1.58
59	„		1882	15.00	8.8	47.4		23.4	5.4	10.35	55.78		27.52	6.35	1.66
60	Bruchgrummet		1882	15.00	10.6	45.3		22.4	6.7	12.47	53.31		26.34	7.88	2.00
61			1882	15.00	8.8	47.7		22.5	6.0	10.35	56.13		26.46	7.06	1.66
62			1882	15.00	9.7	45.7		22.5	7.1	11.41	53.78		26.46	8.35	1.82
63			1882	15.00	9.3	45.5		20.9	8.3	10.94	53.55		25.75	9.76	1.75
	Minimum			6.88	4.09	0.70	35.78	19.15	2.64	4.79	0.82	41.85	22.40	3.09	0.77
	Maximum			18.61	12.97	4.12	51.59	38.09	13.6[illegible]	15.17	4.82	60.35	44.55	15.94	2.43
	Mittel (excl. 1, 2, 4 u. 10)			(14.50*)	8.10	2.33	42.69	26.43	6.07	9.47	2.72	49.80	30.91	7.10	1.52

No. 31 bestand aus Juncus bulbosus var. Gerardi oder Bothnicus aus No. 24 ausgelesen.
No. 32 desgl. von anderer Localität, zum Theil mit samentragenden Halmen.
No. 33—52 sind der Haupttabelle entnommen.
No. 53—63. M. Märcker (V.-St. Halle). — Privatmitthl.
*) Der aus den Analysen No. 3—34 sich berechnende wirkliche mittlere Wassergehalt beträgt 10.95 %.

No.	Bezeichnungen und Bemerkungen	No. d. Haupttabelle	Jahr der Untersuchung	In der ursprünglichen Substanz: Wasser %	Nh-Substanz %	Rohfett %	Nfr. Extractstoffe %	Rohfaser %	Asche %	In der Trockensubstanz: Nh-Substanz %	Rohfett %	Nfr. Extractstoffe %	Rohfaser %	Asche %	Stickstoff in der Trockensubstanz %
	Heu von bewässerten und überschwemmten Wiesen.														
1	Von den Wiesen bei Dürrenbach, bewässert	15	1844	15.60	8.13	—	—	—	7.20	9.63	—	—	—	8.53	1.54
2	Von den Wiesen bei Surburg	16	1844	14.00	6.63	—	—	—	8.90	7.71	—	—	—	10.35	1.23
3	Von den Wiesen bei Lembach	17	1844	13.60	8.75	—	—	—	8.90	10.12	—	—	—	10.29	1.62
4	Von den Wiesen bei Hoffmatt	18	1844	13.00	6.69	—	—	—	7.60	7.39	—	—	—	8.74	1.18
5	Von den Wiesen bei Lampertsloch	19	1844	14.00	6.94	—	—	—	6.66	8.07	—	—	—	7.75	1.29
6	Aus den Vogesen, gutes Wasser	24	1848	—	—	—	—	—	—	8.75	—	—	—	5.30	1.40°
7	Aus den Vogesen, schlechtes Wasser	26	1848	—	—	—	—	—	—	11.25	—	—	—	6.00	1.80°
8	Aus England, geschn. 30. April	28	1849	14.30	22.20	5.60	27.47	21.54	9.03	25.91	6.54	31.87	25.14	10.54	4.15
9	Aus Sachsen, gutes Mittelheu, etwas hart	30	1851	—	—	—	—	—	—	15.87	—	—	—	12.19	2.54°
10	Desgl.	32	1850	—	—	—	—	—	—	13.75	—	—	—	6.44	2.20°
11	Mässig mit Flusswasser bewässerte Wiese, sehr gutes Heu	34	1851	—	—	—	—	—	—	6.25	—	—	—	6.80	1.00°
12	Stark mit Flusswasser bewässerte Wiese, gutes, aber grobes Heu	35	1851	—	—	—	—	—	—	6.81	—	—	—	6.25	1.09°
13	Gute Flusswiese, sehr gutes Heu von mittlerer Feinheit	36	1851	—	—	—	—	—	—	5.56	—	—	—	7.00	0.89
14	Heu von Wässerungswiesen	66	1859	9.84	7.23	—	42.05	35.24	5.64	8.02	—	46.65	39.08	6.25	1.28
15	Desgl.	67	1859	12.50	10.14	—	38.60	31.10	7.66	11.59	—	44.11	35.54	8.76	1.85
16	Desgl.	68	1859	10.40	7.86	—	43.64	31.40	6.70	8.77	—	48.71	35.04	7.48	1.40
17	Berieselt m. Wasser a. d. Bischofssee	217	1879	15.00	19.47	4.65	32.89	20.00	7.99	22.90	5.47	38.71	23.52	9.40	3.66
18	Stau-Wässerung, Sandboden	225	1877	14.88	7.89	2.65	43.72	25.52	5.34	9.27	3.11	51.60	29.75	6.27	1.48
19	Aus dem nassen Jahre 1864	126	1865	14.00	10.07	2.07	44.36	23.50	6.00	11.70	2.41	51.58	27.33	6.98	1.87
20	Aus dem trocknen Jahre 1865	127	1865	13.09	10.53	2.23	47.60	20.55	6.00	12.12	2.57	54.75	23.65	6.91	1.94
21	Wiesen mit Rückenbau, schwerer Boden	74	1861	14.20	9.73	—	44.34	25.34	6.39	11.34	—	51.80	29.53	7.33	1.81
22	Ueberschwemmungswiesen an der Hamel	75	1861	14.00	9.14	—	42.66	27.75	6.45	10.63	—	49.60	32.27	7.50	1.70
23	Künstliche Bewässerung mit Flusswasser	76	1861	14.30	9.74	—	43.08	25.84	7.04	11.37	—	50.28	30.13	8.22	1.82
24	Bisweilen überschwemmt, an der Leine	77	1861	14.30	13.49	—	39.58	24.21	8.42	15.75	—	47.07	28.25	9.83	2.52
25	Weserwiese, nur theilweise überschwemmt	73	1861	14.30	10.33	—	40.42	27.16	7.79	12.06	—	47.04	31.69	9.21	1.93
26	Berieselte Wiese	418	1878	15.00	10.03	—	44.48	23.66	6.83	11.80	—	52.34	27.82	8.04	1.89
27	Trockne Flusswiese, mit zeitweiser Ueberschwemmung	125	1865	13.06	8.57	2.63	48.84	21.75	5.15	9.86	3.02	56.19	25.01	5.92	1.58
28	Wiese m. Fruchtwasser einer Stärkefabrik berieselt	216	1879	15.00	19.91	5.47	32.60	18.78	8.24	23.41	6.43	38.38	22.09	9.69	3.75
29	Heu von bewässertem Sandboden, ungedüngt	280	1880	—	—	—	—	—	—	8.09	3.65	49.04	32.63	6.59	1.29
30	Desgl., gedüngt	281	1880	—	—	—	—	—	—	8.59	3.68	47.82	33.00	6.91	1.37
31	Heu von bewässerter Kunstwiese	518	1878	15.00	6.75	—	43.45	30.52	4.28	7.94	—	51.14	35.89	5.03	1.27

Heu von bewässerten und überschwemmten Wiesen.
No. 1—33. Vergl. die betreffenden Nummern der Haupttabelle.

No.	Bezeichnungen und Bemerkungen	No. d. Haupttabelle	Jahr der Untersuchung	In der ursprünglichen Substanz: Wasser %	Nh-Substanz %	Rohfett %	Nfr. Extractstoffe %	Rohfaser %	Asche %	In der Trockensubstanz: Nh-Substanz %	Rohfett %	Nfr. Extractstoffe %	Rohfaser %	Asche %	Stickstoff in der Trockensubstanz %
32	Jährlich überschwemmte Thalwiese, leichter Sandboden	454	1878	15.00	8.26	—	46.42	24.11	6.21	9.71	—	54.64	28.35	7.30	1.55
33	Flussinsel-Wiese, alljährlich überschwemmt	385	1881	15.00	7.97	—	47.00	24.63	5.50	9.37	—	55.21	28.96	6.46	1.50
34	Rieselwiesenheu	—	1882	15.00	12.20	—	38.00	27.50	7.30	14.35	—	44.73	32.34	8.58	2.30
35	Desgl.	—	1882	15.00	13.90	—	38.00	25.90	7.20	16.34	—	44.74	30.45	8.47	2.61
	Mittel (excl. No. 1—13)			14.50	10.29	3.25	39.72	25.74	6.50	12.04	3.79	46.46	30.11	7.60	1.93

Grummet, II. oder III. Schnitt der Wiesen.

a. Von unbewässerten Wiesen.

No.	Bezeichnungen und Bemerkungen	No. d. Haupt-Tabelle	Jahr der Untersuchung	In der ursprünglichen Substanz: Wasser %	Nh-Substanz %	Rohfett %	Nfr. Extractstoffe %	Rohfaser %	Asche %	In der Trockensubstanz: Nh-Substanz %	Rohfett %	Nfr. Extractstoffe %	Rohfaser %	Asche %	Stickstoff in der Trockensubstanz %
1	1838er Ernte	11	1838	15.80	12.63	—	—	—	8.40	15.00	—	—	—	9.97	2.40
2		12	1838	—	12.50	—	—	—	—	—	—	—	--	—	—
3	Bei günstigem Wetter geerntet, aus Möckern	47	1853	13.06	10.75	—	49.71	19.02	7.46	12.36	—	57.19	21.87	8.58	1.98
4	Aus Möckern	49	1854	16.14	10.93	—	35.72	28.94	6.27	13.02	—	45.04	34.47	7.47	2.08
5			1855	14.50	8.40	—	38.10	30.79	8.30	9.82	—	44.55	35.92	9.71	1.57
6			1859	13.80	12.43	4.00	41.67	22.60	5.50	14.42	4.64	48.35	26.22	6.38	2.31
7	Zum Theil saure Gräser		1860	15.00	9.79	2.31	41.58	24.59	6.73	11.52	2.72	48.92	28.93	7.91	1.84
8	Frisches Grummet v. guter Beschaffenheit		1871	16.20	10.58	3.16	35.80	26.92	7.34	12.63	3.77	42.72	32.12	8.76	2.02
9	Von vorzüglicher Güte		1872	17.00	12.08	3.35	37.46	22.19	7.92	14.56	4.04	45.18	26.73	9.49	2.33
10			1873	16.60	9.07	3.64	42.20	20.98	7.51	10.87	4.37	50.60	25.15	9.01	1.74
11	Grummet von Greene, gut eingekommen		1868	20.20	12.86	2.47	38.76	18.35	7.36	16.11	3.10	48.57	23.00	9.22P	2.578[0]
12	Grummet von Möckern		1871	19.30	11.90	3.43	37.95	19.40	8.02	14.75	4.25	47.02	24.04	9.94	2.36
13			1877	11.40	13.13	3.33	39.34	24.31	8.49	14.82	3.76	44.38	27.45	9.59	2.37
14			1868	13.30	10.46	3.91	44.12	19.83	8.38	12.06	4.51	50.91	22.86	9.66	1.93
15	Grummet von Raden, 1881er Ernte mooriger Boden		1881	15.00	14.01	2.53	35.93	23.34	9.19	16.48	2.98	42.28	27.45	10.81	2.64
16	Von einer Wiese der Schweiz . . .		1865	12.35	18.46	4.96	33.34	19.71	11.18	21.06	5.66	38.03	22.49	12.76	3.37
17			1860	14.30	11.90	—	40.70	23.30	9.70	13.90	—	47.56	27.21	11.33	2.22
18			1860	14.30	13.90	—	39.30	22.90	9.40	16.24	—	46.03	26.75	10.98	2.60

No. 34 u. 35. V.-St. Halle.

Grummet, II. oder III. Schnitt der Wiesen.

No. 1 u. 2. J. B. Boussingault. (Vergl. die betreff. Nummern der Haupttabelle.)

No. 3. Keyser. — Em. Wolff's: Die naturgesetzlichen Grundlagen des Ackerbaues 1856. 878.

No. 4. H. Ritthausen. — Möckern'sche Berichte. 4. 19.

No. 5. F. Crusius. — Ztschr. f. Deutsche Landwirthe 1856. 50.

No. 6. F. Crusius u. E. Schickedanz. — L. V.-St. 1. (1858). 101.

No. 7. Th. Dietrich. — Erster Ber. d. V.-St. Haidau 1862. 112. Die im Grummet aufzufindenden Pflanzen waren: Poa nemoralis, Briza media, Dactylis glomerata, Bromus mollis, Anthoxanthum odorat., Carex caespitosa, Luzula campestris, Eriophorum angustifolium, Prunella vulgaris, Hieracium, Equisetum. Das Grummet enthielt an in Wasser löslichen Bestandtheilen 21.13 %, davon 2.97 % Nh. Substanz.

No. 8. E. Wolff. — Landw. Jahrbücher. 2. (1873). 221. Auf den Hohenheimer Wiesen Ende August 1871 bei ziemlich günstiger Witterung geerntet und anscheinend von guter Beschaffenheit. Im October untersucht enthielt das Heu im Mittel zweier Bestimmungen 83.8 % Trockensubstanz; Rohfaser ist eiweissfrei, Asche frei von C und CO_2.

No. 9 u. 10. E. Wolff. — Landw. Jahrbücher. 8. (1879). 1 Suppl. 73 etc.

No. 11. W. Henneberg (V.-St. Weende). — J. f. L. 17. (1869). 329.

No. 12. G. Kühn (V.-St. Möckern). — Amtsbl. f. d. landw. Ver. d. Königr. Sachsen. 20. (1872). 137.

No. 13. C. Müller (V.-St. Hildesheim). — Originalmitthl.

No. 14. J. Nessler (V.-St. Karlsruhe). — Bericht derselb. 1870. 56. Als Zucker bestimmbare Körper 18.10 % der lufttrocknen Substanz.

No. 15. W. Fleischmann (Milchw. V.-St. Raden). — Bericht derselb. 1881. 20. Der Ertrag an Grummet war mittelmässig, zu 2 Drittel gut geerntet, zu 1 Drittel verregnet.

No. 16. P. Bretschneider. — Der schlesische Landwirth 1866. 406.

No. 17 u. 18. A. Stöckhardt.

No.	Bezeichnungen und Bemerkungen	Jahr der Untersuchung	In der ursprünglichen Substanz: Wasser %	Nh-Substanz %	Rohfett %	Nfr. Extractstoffe %	Rohfaser %	Asche %	In der Trockensubstanz: Nh-Substanz %	Rohfett %	Nfr. Extractstoffe %	Rohfaser %	Asche %	Stickstoff in der Trockensubstanz %
19		1872	—	—	—	—	—	—	12.30	3.79	44.14	31.05	8.72	1.98
20	Grummet von zarter und gleichförmiger Beschaffenheit	1879	15.44	12.14	3.39	38.65	22.36	8.02	14.36	4.01	45.71	26.44	9.48	2.29
21		1872	12.53	11.13	2.42	46.29	19.87	7.76	13.02	2.77	52.63	22.71	8.87	2.08
22		1873	15.60	8.75	—	44.76	24.14	6.75	10.26	—	53.50	28.32	7.92	1.64
23		1884	15.00	13.11	1.76	39.13	17.55	13.45	15.42	2.07	46.72	20.64	15.17	2.47
24	Grummet von ungedüngter Wiese . .	1880	—	—	—	—	—	—	10.56	5.16	48.13	27.70	8.45	1.69
25	Grummet im Mittel von 4 gedüngten Parzellen	1880	—	—	—	—	—	—	11.00	5.54	45.65	28.85	8.96	1.76
26		1880	8.80	13 56	—	—	26.51	—	14.86	—	—	29.05	—	2.38
27	Grummet von ungedüngten Bergwiesen .	1856	—	—	—	—	—	—	13.90	47.5		27.20	14.40	2.22°
28	Grummet von gedüngten Thalwiesen .	1856	—	—	—	—	—	—	16.30	45.9		26.80	11.00	2.60°
29	Grummet von natürlichem Wiesengras .	1856	15.00	15.30	40.63		20.52	8.55	17.99	47.83		24.13	10.05	2.88
30	Grummet	1880	15.00	13.9	40.8		21.0	9.3	16.15	48.21		24.70	10.94	2.58
31	"	"	15.00	12.1	40.2		24.2	8.5	14.23	47.11		28.66	10.00	2.28
32	"	"	15.00	11.7	45.7		20.6	7.0	13.76	53.78		24.23	8.23	2.20
33	"	"	15.00	12.8	42.2		19.7	9.3	15.05	50.84		23.17	10.94	2.51
34	"	"	15.00	13.8	38.4		21.4	11.4	16.23	45.29		25.17	13.31	2.60
35	"	"	15.00	12.7	41.6		21.6	9.1	14.94	48.96		25.40	10.70	2.39
36	"	"	15.00	10.2	39.7		25.8	9.3	12.00	46.72		30.34	10.94	1.92
37	"	"	15.00	11.6	43.1		21.5	8.8	13.64	50.73		25.28	10.35	2.18
38	"	"	15.00	11.5	46.9		17.7	8.9	13.52	55.19		20.82	10.47	2.16
39	"	"	15.00	9.7	46.0		21.4	7.9	11.41	54.13		25.17	9.29	1.82
40	"	"	15.00	9.1	44.6		22.6	8.7	10.70	52.48		26.58	10.24	1.71
41	"	"	15.00	11.4	43.2		21.4	9.0	13.41	50.61		25.40	10.58	2.15
42	"	"	15.00	10.2	43.8		18.4	12.6	12.00	53.54		21.64	14.82	1.92
43	"	"	15.00	10.1	46.5		19.1	9.3	11.88	54.72		22.46	10.94	1.90
44	"	"	15.00	11.7	44.8		20.3	8.2	13.76	52.73		23.87	9.64	2.20
45	"	"	15.00	11.7	43.5		22.4	7.4	13.76	51.20		26.34	8.70	2.20
46	"	"	15.00	14.0	37.9		22.6	10.5	16.46	44.61		26.58	12.35	2.63
47	"	"	15.00	10.9	44.9		18.9	10.3	12.82	52.84		22.23	12.11	2.05
48	"	"	15.00	13.3	43.6		20.0	8.1	15.64	51.31		23.52	9.53	2.50
49	"	"	15.00	12.8	39.8		26.7	5.7	15.05	46.85		31.40	6.70	2.51
50	"	"	15.00	14.6	38.9		25.3	6.2	17.17	45.79		29.75	7.29	2.75
51	"	"	15.00	11.6	47.0		19.9	6.5	13.64	55.32		23.40	7.64	2.18
52	"	"	15.00	11.5	46.7		19.7	7.1	13.52	54.96		23.17	8.35	2.16
53	"	"	15.00	11.1	45.5		21.8	6.6	13.05	53.55		25.64	7.76	2.09
54	"	"	15.00	13.9	39.8		20.2	11.1	16.15	47.04		23.76	13.05	2.58
55	"	"	15.00	11.6	42.2		21.0	10.2	13.64	49.66		24.70	12.00	2.18
56	"	"	15.00	10.2	44.6		22.0	8.2	12.00	52.49		25.87	9.64	1.92
57	"	"	15.00	10.0	44.3		22.5	8.2	11.76	52.14		26.46	9.64	1.88

No. 19. E. Wolff. — Landw. Jahrbücher. (1873). 280.
No. 20. E. Wolff u. C. Kreuzhage (V.-St. Hohenheim). — L. V.-St. 27. (1881). 215. Asche ist Reinasche u. Sand.
No. 21—23. Th. Dietrich (V.-St. Altmorschen bzw. Marburg). — Landw. Anzeig. f. d. Regbz. Cassel 1872, 201. 1873, 219. No. 23 noch nicht veröffentlicht. Letzteres ist von 1884er Ernte; gute Gräser sind vorherrschend. Boden der Wiese ist sandiger Lehm, mit Untergrund von weissem Thon, theils auch drainirter Moorboden; geerntet Ende August; gedüngt im Herbst vorher mit Compost.
No. 24 u. 25. J. König (V.-St. Münster). — 2. Bericht derselb. Vergl. Heu von gedüngten Wiesen.
No. 26. F. Soxhlet (V.-St. München). — Privatmitthl. Wiese bei Penzberg in Oberbayern ist als Mooswiese bezeichnet, wurde im Jahr vor Entnahme der Probe drainirt.
No. 27 u. 28. Ad. Stöckhardt u. Th. Dietrich. — Chem. Ackersm. 3. (1857). 176. Vergl. Heu von Alpwiesen.
No. 29. F. Werenskiold. — Privatmitthl.
No. 30—84. M. Märcker. — Privatmitthl. Die Bemerkungen zu diesen Analysen folgen später im Anhang in einer besonderen Tabelle.

No.	Bezeichnungen und Bemerkungen	Jahr der Untersuchung	In der ursprünglichen Substanz: Wasser %	Nh-Substanz %	Rohfett %	Nfr. Extractstoffe %	Rohfaser %	Asche %	In der Trockensubstanz: Nh-Substanz %	Rohfett %	Nfr. Extractstoffe %	Rohfaser %	Asche %	Stickstoff in der Trockensubstanz %
58	Grummet	1881	15.00	11.2	42.6		22.7	8.5	13.17	50.12		26.71	10.00	2.11
59	"	"	15.00	10.0	41.9		23.3	9.8	11.76	49.32		27.40	11.52	1.88
60	"	"	15.00	10.1	42.9		24.3	7.7	11.88	50.48		28.58	9.06	1.90
61	"	"	15.00	9.6	44.9		21.9	8.6	11.29	52.85		25.75	10.11	1.81
62	"	"	15.00	12.5	41.2		21.9	9.5	14.70	48.38		25.75	11.17	2.35
63	"	"	15.00	8.8	44.8		23.9	7.5	10.35	52.72		28.11	8.82	1.66
64	"	"	15.00	11.9	42.9		21.4	8.8	13.99	50.49		25.17	10.35	2.24
65	"	"	15.00	10.2	41.8		24.2	8.8	12.00	48.99		28.66	10.35	1.92
66	"	1882	15.00	11.7	40.6		24.2	9.5	13.76	46.41		28.66	11.17	2.20
67	"	"	15.00	10.5	42.9		23.8	7.8	12.35	50.49		27.99	9.17	1.98
68	"	"	15.00	9.7	45.6		21.5	8.2	11.41	53.67		25.28	9.64	1.82
69	"	"	15.00	9.4	44.5		23.3	7.8	11.05	52.38		27.40	9.17	1.77
70	"	"	15.00	12.2	40.4		24.2	8.2	14.34	47.36		28.66	9.64	2.28
71	"	"	15.00	13.4	37.0		25.8	8.8	15.76	43.55		30.34	10.35	2.52
72	"	"	15.00	12.6	39.8		23.8	8.8	14.82	46.84		27.99	10.35	2.37
73	"	"	15.00	11.7	42.3		24.8	6.2	13.76	49.79		29.16	7.29	2.20
74	"	"	15.00	13.9	37.3		24.2	9.6	16.15	43.90		28.66	11.29	2.58
75	"	"	15.00	12.5	42.7		23.1	6.8	14.70	50.13		27.17	8 00	2.35
76	"	"	15.00	13.3	40.3		24.3	7.1	15.64	47.43		28.58	8.35	2.50
77	"	"	15.00	10.5	42.4		25.5	6.6	12.35	49.90		29.99	7.76	1.98
78	"	"	15.00	12.7	40.2		22.8	9.3	14.94	47.32		26.80	10.94	2.39
79	"	"	15.00	14.7	38.7		22.2	9.4	17.29	46.45		25.21	11.05	2.77
80	"	"	15.00	12.0	44.1		21.8	7.1	14.11	51.90		25.64	8.35	2.26
81	"	"	15.00	11.1	42.8		23.0	8.2	13.05	50.26		27.05	9.64	2.09
82	"	"	15.00	10.6	44.8		23.1	6.5	12.47	52.72		27.17	7.64	2.00
83	"	"	15.00	11.2	42.8		21.7	9.3	13.17	50.47		25.52	10.94	2.11
84	"	"	15.00	11.6	42.1		21:5	9.8	13.64	49.56		25.28	11.52	2.18
	Minimum		11.40	8.77	1.77	32.51	17.65	5.46	10.26	2.07	38.03	20.64	6.38	1.64
	Maximum		20.20	18.01	4.84	44.99	27.46	12.97	21.06	5.66	52.63	32.12	15.17	2.88
	Mittel (excl. 1—5) .		14.50 *)	11.80	3.27	39.41	22.48	8.54	13.80	3.83	46.08	26.30	9.99	2.21

b. Grummet von bewässerten Wiesen.

No.	Bezeichnungen und Bemerkungen	No. d. Haupttabelle	Jahr der Untersuchung	Wasser %	Nh-Substanz %	Rohfett %	Nfr. Extractstoffe %	Rohfaser %	Asche %	Nh-Substanz %	Rohfett %	Nfr. Extractstoffe %	Rohfaser %	Asche %	Stickstoff in der Trockensubstanz %
1	Von Wiesen bei Lampertsloch . .	20	1844	12.00	11.06	—	—	—	—	12.57	—	—	—	—	2.01
2	Von Wiesen bei Dürrenbach . .	21	1844	14.30	13.50	—	—	—	7.70	15.75	—	—	—	8.98	2.52
3	Von Wiesen in den Vogesen, gutes Wasser	25	1848	—	—	—	—	—	—	11.88	—	—	—	9.60	1.90[o]
4	Desgl., schlechtes Wasser . . .	27	1848	—	—	—	—	—	—	10.00	—	—	—	9.00	1.60[o]
5			1865	12.35	18.46	4.96	33.34	19.71	11.18	21.02	5.65	38.25	22.35	12.73	3.36
6	Von Wiesen mit Sandboden, ungedüngt		1880	—	—	—	—	—	—	10.56	5.16	48.13	27.70	8.45	1.69
7	Von Wiesen mit Phosphaten u. Ammonsalz gedüngt		1880	—	—	—	—	—	—	11.00	5.54	45.65	28.85	8.96	1.76

*) Der aus den Analysen (excl. 29—84) sich ergebende mittlere Wassergehalt beträgt 14.73 %.

Grummet von bewässerten Wiesen.

No. 1 u. 2. J. B. Boussingault. — Die Landwirthschaft in ihren Beziehungen zur Chemie etc. Deutsche Ausgabe. Halle. 1851. 2 Bd. 238.

No. 3 u. 4. Chevandier u. Salvetet. Die naturgesetzl. Grundlagen des Ackerbaues, von E. Wolff 1856. 875.

No. 5. P. Bretschneider. — Der schlesische Landwirth 1866. 406.

No. 6 u. 7. J. König. — 2. Ber. d. V.-St. Münster.

No.	Bezeichnungen und Bemerkungen		Jahr der Untersuchung	In der ursprünglichen Substanz: Wasser	Nh-Substanz	Rohfett	Nfr. Extractstoffe	Rohfaser	Asche	In der Trockensubstanz: Nh-Substanz	Rohfett	Nfr. Extractstoffe	Rohfaser	Asche	Stickstoff in der Trockensubstanz
				%	%	%	%	%	%	%	%	%	%	%	%
	Wiesenheu. Zum Theil Auszug aus der Haupttabelle. Vergleichsweise Untersuchungen von Heu (1. Schnitt) und Grummet (2. Schnitt) von ein und derselben Wiese														
		No. d. Haupttabelle													
1	Mittlere Zusammensetzung d. Wiesenheu's	22	1844	13.00	7.20	3.80	44.40	24.40	7.60	8.28	4.37	50.55	28.06	8.74	1.32
	Desgl. des Grummet's	23	1844	14.10	12.40	3.50	40.50	21.50	8.00	14.43	4.07	47.17	25.02	9.31	2.31
2	Wässerungswiese m. gutem Wasser, Heu	24	1848	—	—	—	—	—	—	8.75	—	—	—	5.30	1.40°
	Desgl., Grummet	25	1848	—	—	—	—	—	—	11.88	—	—	—	9.60	1.90°
3	Wässerungswiese mit schlechtem Wasser, Heu	26	1848	—	—	—	—	—	—	11.25	—	—	—	6.00	1.80°
	Desgl., Grummet	27	1848	—	—	—	—	—	—	10.00	—	—	—	9.00	1.60°
4	Wässerungswiese, gemäht 30. April, Heu von jungem Gras	28	1849	14.30	22.20	5.60	27.47	21.54	9.03	25.91	6.54	31.87	25.14	10.54	4.15
	Wässerungswiese, gemäht 26. Juni, Grummet	29	1849	14.30	9.35	1.76	37.63	29.40	7.56	10.91	2.05	43.91	34.31	8.82	1.75
5	Mehrmals durchnässt, aus Möckern	46	1853	13.38	9.06	—	42.74	27.15	7.67	10.46	—	49.36	31.33	8.85	1.67
	Bei günstigem Wetter geerntet, aus Möckern	47	1853	13.06	10.75	—	49.71	19.02	7.46	12.36	—	57.19	21.87	8.58	1.98
6	Aus Möckern	48	1854	14.79	12.55	—	33.06	34.68	4.92	14.72	—	38.83	40.68	5.77	2.35
	Desgl.	49	1854	16.14	10.93	—	35.72	28.94	6.27	13.03	—	45.04	34.47	7.47	2.08
		No. d. Tabelle S. 175													
7	Wässerungswiese, ungedüngt, 1. Schn.	92	1880	—	—	—	—	—	—	8.09	3.65	49.04	32.63	6.59	1.29
8	Desgl., 2. Schnitt	98	1880	—	—	—	—	—	—	10.56	5.16	48.13	27.70	8.95	1.69
9	Wässerungswiese, Knochenmehl, 1. Schnitt	93	1880	—	—	—	—	—	—	8.37	3.34	47.92	33.75	6.62	1.34
10	Desgl. 2. Schnitt	99	1880	—	—	—	—	—	—	11.13	6.30	46.02	27.86	8.65	1.78
11	Wässerungswiese, 3 bas. phosphors. Kalk u. schwefelsaur. Ammoniak, 1. Schnitt	94	1880	—	—	—	—	—	—	7.98	3.52	48.28	33.68	6.54	1.28
12	Desgl., 2. Schnitt	100	1880	—	—	—	—	—	—	10.81	5.65	45.22	29.44	8.88	1.73
13	Wässerungswiese, 2 bas. phosphors. Kalk u. schwefelsaur. Ammoniak, 1. Schnitt	95	1880	—	—	—	—	—	—	9.33	3.55	47.48	32.73	6.91	1.48
14	Desgl., 2. Schnitt	101	1880	—	—	—	—	—	—	10.86	5.18	45.90	28.76	9.30	1.74
15	Wässerungswiese, Zurückgegangene Phosphorsäure u. Ammoniaksalz, 1. Schnitt	96	1880	—	—	—	—	—	—	8.50	3.95	48.28	32.04	7.23	1.36
16	Desgl., 2. Schnitt	102	1880	—	—	—	—	—	—	11.19	5.05	45.48	29.35	8.93	1.79
17	Maggengo-Heu, geschn. 12. April, 1. Schnitt	—	1875	14.52	16.76	2.52	—	—	7.56p	19.61	2.95	—	—	8.84	3.14
18	Agostano-Heu, geschn. 29. Mai, 2. Schnitt	—	1875	13.91	15.17	4.42	—	—	7.63p	17.63	5.14	—	—	8.87	2.82

Wiesenheu. Zum Theil Auszug aus der Haupttabelle.
No. 1—6. Vergl. Haupttabelle.
No. 7—16. J. König. — Vergl. Wiesenheu, gedüngt. Die beigefügten No. beziehen sich auf die Tabelle gedüngt. Heu's.
No. 17—20. Giovanni Musso (Milchvers.-St. Lodi bei Mailand). — Originalmitthl. Heue von einer Wiese aus der Umgebung von Lodi mit humusreichem Lehmboden (Sedimentär) Bewässerung möglich.

No.	Bezeichnungen und Bemerkungen	Jahr der Untersuchung	In der ursprünglichen Substanz						In der Trockensubstanz					Stickstoff in der Trocken-substanz
			Wasser %	Nh-Substanz %	Rohfett %	Nfr. Ex-tractstoffe %	Rohfaser %	Asche %	Nh-Substanz %	Rohfett %	Nfr. Ex-tractstoffe %	Rohfaser %	Asche %	%
19	Terzuolo-Heu, geschnitten 27. Juli, 3. Schnitt	1875	14.00	15.68	4.39	—	—	7.76P	18.24	5.11	—	—	9.02	2.92
20	Quarticolo-Heu, geschnitten 3. October, 4. Schnitt	1875	18.71	20.03	4.04	—	—	9.90P	24.67	4.98	—	—	12.20	3.95
21	Künstliche Wiese, Moorboden, 1. Schnitt, Heu	1879	15.00	7.10	—	44.30	29.65	3.97	8.35	—	52.11	34.87	4.67	1.34
22	Desgl., 2. Schnitt, Grummet	1879	15.00	8.28	—	41.18	29.56	5.98	9.74	—	48.47	34.76	7.03	1.56
23	Bergheu von ungedüngten Wiesen, 1. Schnitt	1856	—	—	—	—	—	—	11.4	—	48.1	32.0	8.5	1.83°
24	Desgl., 2. Schnitt (Grummet)	1856	—	—	—	—	—	—	13.9	—	47.5	27.2	11.4	2.22°
25	Thalheu von gedüngten Wiesen, 1. Schnitt	—	—	—	—	—	—	—	14.1	—	47.4	30.2	8.3	2.25°
26	Desgl., 2. Schnitt	—	—	—	—	—	—	—	16.3	—	45.9	28.8	11.0	2.60°
	Mittel (excl. No. 1—4 und 19—22) von einer und derselben Wiese: I. Heu		14.50	8.66	3.08	39.22	28.55	5.99	10.13	3.60	45.88	33.39	7.00	1.62
	II. Grummet		14.50	10.25	4.68	38.26	24.64	7.67	11.99	5.47	44.75	28.82	8.97	1.92

Beregnetes Heu.

Vergleichende Untersuchungen von gut eingebrachtem und von beregnetem Wiesenheu.

No.	Bezeichnungen und Bemerkungen	Jahr der Untersuchung	Wasser %	Nh-Substanz %	Rohfett %	Nfr. Extractstoffe %	Rohfaser %	Asche %	Nh-Substanz %	Rohfett %	Nfr. Extractstoffe %	Rohfaser %	Asche %	Stickstoff in der Trockensubstanz %
1	Innerhalb 3 Tagen getrocknet	1851	—	—	—	—	—	—	7.8	—	54.0	32.1	6.1	1.25
2	13 Tage lang bei abwechselnd nassem und trocknem Wetter im Freien gelegen	1851	—	—	—	—	—	—	6.5	—	49.8	36.5	7.2	1.04
3	Heu aus dem Vorarlberg, gut getrocknet	1882	14.30	11.30	—	—	29.80	—	13.40	—	—	34.81	—	2.14
4	In noch halb frischem Zustande beregnet	1882	14.30	11.50	—	—	34.20	—	13.63	—	—	39.95	—	2.18
5	In trocknem Zustande beregnet	1882	14.30	10.00	—	—	36.50	—	11.68	—	—	42.63	—	1.87
6	In trocknem Zustande, stärker beregnet	1882	14.30	9.30	—	—	42.30	—	10.86	—	—	49.41	—	1.74
7	Ungedüngt, gut eingekommen	1880	15.00	8.30	—	44.60	24.80	7.30	9.76	—	52.50	29.16	8.58	1.56
8	„ beregnet	1880	15.00	7.90	—	43.30	28.60	5.20	9.29	—	50.96	33.63	6.12	1.49
9	„ bis zur beginnenden Fäulniss beregnet	1880	15.00	7.60	—	42.10	30.40	4.90	8.94	—	49.55	35.75	5.76	1.43
10	Gedüngt, gut eingekommen	1880	15.00	7.30	—	44.80	26.20	6.70	8.58	—	52.73	30.81	7.88	1.37
11	„ beregnet	1880	15.00	7.40	—	42.10	30.10	5.40	8.70	—	51.55	35.40	6.35	1.39
12	„ bis zur beginnenden Fäulniss beregnet	1880	15.00	7.60	—	41.80	30.80	4.80	8.94	—	49.20	36.22	5.64	1.43

No. 21 u. 22. F. Werenskiold. — Privatmitthl. d. V.-St. Dircks. Die Heue stammten aus dem Norwegischen Amte Akershus und enthielten in der Hauptsache Timotheegras, etwas Klee und natürliche Gräser.

No. 23—26. Ad. Stöckhardt u. Th. Dietrich. — Chem. Ackersm. 3. 1857. 176. Vergl. Heu von Alpenwiesen.

Beregnetes Heu.

No. 1 u. 2. A. Stöckhardt. — Die 2 Heuproben stammten von ein und derselben Wiese und waren zu gleicher Zeit gemäht worden. — Em. Wolff's „Die naturgesetzl. Grundlagen des Ackerbaus“. Leipzig, 1856. 878. An direct bestimmbarem Zucker enthielt No. 1: 0.71, No. 2: 0.12 %.

No. 3—6. W. Eugling. — Ber. der landw.-chemischen Versuchsstat. d. Landes Vorarlberg 1882. 21. Um festzustellen, in wie weit durch die im Vorarlberg zum Trocknen des Heu's üblichen Trockengestelle („Heinzen“) des letztern vor dem Auswaschen durch die bisweilen dort 200—250 mm Höhe erreichende Niederschlagsmenge geschützt wird, wurden Portionen von je 4 kg halbtrocknen und trocknen Heu's von bekannter Zusammensetzung auf die Gestelle gebracht, einer künstlichen Beregnung ausgesetzt, wobei die Niederschlagsmenge auf 25 mm Höhe per Tag regulirt wurde. No. 4 erhielt im Ganzen 50 mm, No. 5 100 mm, No. 6 150 mm Niederschlag. An Amiden enthielten die Proben: No. 3: 1 02. No. 4: 1.42. No. 5: 2.1. No. 6: 1.5 %.

No. 7—12. M. Märcker (V.-St. Halle). — Ztschr. d. landw. Centralvereins d. Prov. Sachsen. No. 10 u. 11 Bruchwiese in Schlanstedt; die Düngung bestand in Superphosphat. Unter der Annahme, dass die Holzfaser beim Beregnen unverändert bleibt, berechnet Märcker, dass von Wiesenheu durch das Beregnen verloren gingen im Ganzen: ungedüngt 18.4, mit Superphosphat gedüngt 17.6 %. Von den einzelnen Bestandtheilen gingen verloren:

	Nh. Substanz	Mineralstoffe	Nfr. Extractstoffe
Ungedüngt	25.5	47.7	22.9 %
Gedüngt	15.1	40.5	24.9 %

Wiesenheu. Einfluss der Kultur.

No.	Bezeichnungen und Bemerkungen	No. d. Haupttabelle	Jahr der Untersuchung	In der ursprünglichen Substanz: Wasser %	Nh-Substanz %	Rohfett %	Nfr. Extractstoffe %	Rohfaser %	Asche %	In der Trockensubstanz: Nh-Substanz %	Rohfett %	Nfr. Extractstoffe %	Rohfaser %	Asche %	Stickstoff in der Trocken-Substanz %
1	Von einer nassen Wiese mit schwerem Thonboden . . .	121	1862	16.00	8.28	2.87	—	—	6.63	9.87	3.42	—	—	7.90	1.58°
2	Ebendaher, nach ausgeführter Drainage	122	1865	16.00	10.70	3.41	—	—	7.49	12.73	4.08	—	—	8.93	2.04°
3	Heu vor dem Umbruch . . .	129	1865	12.85	8.65	1.74	47.64	24.17	4.95	9.92	2.00	54.68	27.72	5.68	1.59
4	Umgebrochene Hute, im 2. Jahr nach der Ansaat	128	1865	14.03	12.18	2.35	44.50	22.57	4.37	14.17	2.73	51.77	26.55	5.08	2.27

Heu von Wiesen mit humosem Boden.

No.	Bezeichnungen und Bemerkungen	No. d. Haupttabelle	Jahr der Untersuchung	In der ursprünglichen Substanz: Wasser %	Nh-Substanz %	Rohfett %	Nfr. Extractstoffe %	Rohfaser %	Asche %	In der Trockensubstanz: Nh-Substanz %	Rohfett %	Nfr. Extractstoffe %	Rohfaser %	Asche %	Stickstoff in der Trocken-Substanz %
1	Natürliche Wiese mit tiefem humosem Boden	492	1881	15.00	9.33	—	46.41	23.81	5.45	10.97	—	54.62	28.00	6.41	1.76
2	Künstliche Wiese, humoser Boden	512	1881	15.00	5.37	—	50.18	25.67	3.78	6.33	—	59.03	30.19	4.45	1.01
3	Natürliche Wiese, humoser Boden, ungedüngt	384	1881	15.00	8.46	—	46.78	23.43	6.33	9.95	—	55.06	27.55	7.44	1.57
4	Natürliche Wiese, Humusboden mit Muschelsand gemischt . . .	355	1881	15.00	9.26	—	47.61	22.64	5.49	10.89	—	56.03	26.62	6.46	1.74
5	Natürliche Wiese, humusreicher Boden, gedüngt	353	1882	15.00	11.95	—	37.69	26.57	8.79	14.03	—	44.36	31.25	10.34	2.25
6	Mischheu, v. leichtem Humusboden	375	1882	15.00	8.03	—	45.68	26.52	4.77	9.44	—	53.76	31.19	5.61	1.57
7	Künstliche Wiese, von gedüngtem Humusboden	514	1882	15.00	8.95	—	39.58	29.63	6.84	10.52	—	46.60	34.84	8.04	1.68
8	Humoser Boden mit Thonunterlage	401	1881	15.00	10.32	—	46.57	23.30	4.81	12.14	—	54.80	27.40	5.66	1.94
9	Humoser Boden	473	1881	15.00	6.94	—	48.96	24.16	4.94	8.16	—	57.62	28.41	5.81	1.31
10	Humoser Boden, Heu etwas beregnet	491	1881	15.00	7.94	—	48.41	23.61	5.04	9.80	—	56.10	27.47	6.63	1.57
11	Kunstwiese, humoser kalkhaltiger Boden	519	1878	15.00	9.73	—	44.89	25.78	4.60	11.44	—	52.83	30.32	5.41	1.83
12	Desgl.	521	1881	15.00	8.16	—	50.13	22.06	4.65	9.60	—	60.99	25.94	5.47	1.54
	Mittel			14.50	8.57	—	47.94	23.45	5.54	10.26	—	55.83	27.43	6.48	1.65

Heu von Wiesen mit humosem Thonboden, schwerem Thonboden.

No.	Bezeichnungen und Bemerkungen	No. d. Haupttabelle	Jahr der Untersuchung	In der ursprünglichen Substanz: Wasser %	Nh-Substanz %	Rohfett %	Nfr. Extractstoffe %	Rohfaser %	Asche %	In der Trockensubstanz: Nh-Substanz %	Rohfett %	Nfr. Extractstoffe %	Rohfaser %	Asche %	Stickstoff in der Trocken-Substanz %
1	Natürl. Wiese, im Frühjahr etwas bewässert, ungedüngt . . .	421	1878	15.00	9.32	—	42.25	26.74	6.69	10.96	—	49.72	31.45	4.87	1.75
2	Natürl. Wiese, nass, jährlich überschwemmt	456	1878	15.00	9.13	—	49.62	20.00	6.25	10.74	—	58.39	23.52	7.35	1.72
3	Natürliche Wiese, ziemlich nass .	467	1878	15.00	6.44	—	46.91	26.12	5.53	7.57	—	53.21	30.72	6.50	1.21
4	Natürliche Wiese, schwerer Boden, steile Anhöhe	468	1878	15.00	8.30	—	43.20	27.60	5.90	9.76	—	50.84	32.46	6.94	1.56
5	Künstliche Wiese, mit schwerem Untergrunde	544	1878	15.00	4.19	—	52.36	24.80	3.65	4.93	—	61.62	29.16	4.29	0.79
6	Desgl.	532	1878	15.00	5.18	—	44.12	31.01	4.69	6.09	—	52.02	36.47	5.52	0.96
7	Künstliche Wiese, gut geerntet .	535	1878	15.00	7.68	—	45.76	26.61	4.95	8.93	—	54.86	31.29	5.82	1.43
8	Desgl.	536	1878	15.00	6.92	—	40.85	33.08	4.15	8.15	—	48.07	38.90	4.88	1.30
9	Desgl.	537	1878	15.00	8.05	—	44.90	26.35	5.70	9.57	—	52.84	30.89	6.70	1.53
10	Künstl. Wiese, schwerer Thonboden	539	1878	15.00	8.87	—	41.64	28.93	5.46	10.43	—	49.12	34.02	6.42	1.67
11	Künstl. Wiese, im 2. Jahre n. d. Ansaat	542	1879	15.00	7.22	—	43.20	30.11	4.47	8.49	—	50.84	35.41	5.26	1.36
12	Künstl. Wiese, Thonunterlage .	520	1879	15.00	8.56	—	45.02	26.85	4.57	10.07	—	53.80	30.76	5.37	1.61

No.	Bezeichnungen und Bemerkungen	No. d. Haupttabelle	Jahr der Untersuchung	In der ursprünglichen Substanz: Wasser %	Nh-Substanz %	Rohfett %	Nfr. Extractstoffe %	Rohfaser %	Asche %	In der Trockensubstanz: Nh-Substanz %	Rohfett %	Nfr. Extractstoffe %	Rohfaser %	Asche %	Stickstoff in der Trockensubstanz %
13	Künstliche Wiese, Thonunterlage .	521	1879	15.00	7.91	—	47.84	23.89	5.36	9.30	—	56.31	28.09	6.30	1.49
14	Desgl.	500	1879	15.00	6.03	—	50.98	23.76	4.23	7.08	—	60.01	27.94	4.97	1.13
15	Desgl.	550	1879	15.00	6.21	—	50.75	23.36	4.68	7.30	—	49.25	37.95	5.50	1.17
16	Natürliche Wiese	488	1879	15.00	7.58	—	47.73	23.61	6.08	8.91	—	56.17	27.77	7.15	1.43
17	Natürl. Wiese, 10 Jahre alt, Thonunterlage	401	1879	15.00	10.32	—	46.57	23.30	4.81	12.14	—	54.80	27.40	5.66	1.94
18	Künstl. Wiese, Ernte nicht gut .	513	1879	15.00	4.42	—	49.83	26.78	3.97	5.20	—	58.64	31.49	4.67	0.83
19	Natürl. Wiese, Ernte spät . . .	356	1879	15.00	9.94	—	48.12	21.01	5.93	11.69	—	56.63	24.71	6.97	1.87
20	Natürl. Wiese, gedüngt	357	1879	15.00	11.03	—	44.84	22.58	6.55	12.97	—	52.78	26.55	7.70	2.08
21	Künstl. Wiese, fast nur Gräser .	495	1879	15.00	10.38	—	39.16	28.29	7.17	12.91	—	45.29	33.37	8.43	2.07
22	Künstl. Wiese, 1. Jahr nach der Ansaat, gedüngt	496	1879	15.00	7.00	—	48.80	23.57	5.63	8.23	—	57.43	27.72	6.62	1.32
23	Künstl. Wiese, beregnet . . .	547	1881	15.00	3.95	—	50.06	26.21	4.78	(4.65	—	58.91	30.82	5.62	0.71)
24	Natürl. Wiese, gedüngt	362	1881	15 00	9.82	—	49.19	20.34	5.65	11.55	—	57.89	23.92	6.64	1.85
25	Desgl., gedüngt, humusreich . .	373	1882	15.00	9.30	—	44.80	24.15	6.75	10.94	—	52.72	28.40	7.94	1.75
26	Desgl., theilweise beregnet . .	446	1882	15.00	7.85	—	45.40	25.86	4.89	9.23	—	54.60	30.42	5.75	1.48
27	Desgl., gedüngt	485	1882	15.00	7.02	—	44.37	28.82	4.79	8.26	—	52.22	33.89	5.63	1.32
28	Desgl., nass	121	1862	16.00	8.28	2.87	—	—	6.63	9.87	3.42	—	—	7.90	1.58[o]
29	Desgl., dieselbe, trocken gelegt .	122	1862	16.00	10.70	3.41	—	—	7.49	12.73	4.08	—	—	8.93	2.04[o]
30	Desgl., friesischer Klayboden, sehr feines Heu	298	1882	9.10	8.80	3.10	42.90	29.00	7.10	9.68	3.41	47.20	31.90	7.81	1.55
31	Desgl., ungedüngt, beginnende Reife	237	1873	17.00	21.89	0.65	29.88	18.46	12.12	26.38	0.78	36.00	22.24	14.60	4.22
32	Desgl., thoniger kalkhaltiger Boden, Heu etwas beregnet	425	1881	15.00	8.04	—	52.83	18.19	5.94	9.46	—	64.16	21.39	6.99	1.51
	Minimum			9.10	3.97	0.67	30.78	18.29	3.67	4.65	0.78	36.00	21.39	4.29	0.71
	Maximum			17.00	22.55	3.49	52.36	33.26	12.48	26.38	4.08	61.24	38.90	14.60	4.22
	Mittel			14.50	8.39	2.49	43.29	25.67	5.66	9.82	2.92	50.61	30.03	6.62	1.57

Wiesen mit Lehmboden, sandigem Lehm, lehmigem Sand.

No.	Bezeichnungen und Bemerkungen	No. d. Haupttabelle	Jahr der Untersuchung	In der ursprünglichen Substanz: Wasser %	Nh-Substanz %	Rohfett %	Nfr. Extractstoffe %	Rohfaser %	Asche %	In der Trockensubstanz: Nh-Substanz %	Rohfett %	Nfr. Extractstoffe %	Rohfaser %	Asche %	Stickstoff in der Trockensubstanz %
1	Bewässerte Wiese auf „geflossenem Lehm“	76	1861	14.30	9.74	—	43.08	25.84	7.04	11.37	—	50.28	30.13	8.22	1.82
2	Thalwiese, überschwemmt, „milder“ Lehmboden	73	1861	14.30	10.33	—	40.42	27.16	7.79	12.06	—	47.04	31.69	9.21	1.93
3	Bisweilen überschwemmt, kalkhaltiger, sandiger Lehmboden . .	77	1861	14.30	13.49	—	39.58	24.21	8.42	15.75	—	47.07	28.25	9.83	2.52
4	Sollingheu, Buntsandsteinabschwemmung, 1867er	78	1868	14.30	9.80	2.60	40.90	26.70	5.70	11.40	3.00	47.90	31.10	6.55[p]	1.824
5	Desgl., 1868er	79	1868	14.30	9.08	2.23	45.34	23.13	5.92	10.60	2.60	52.82	27.00	6.92[p]	1.696
6	Blätterheu, humoser Lehm (Livland)	105	1865	15.99	9.86	2.90	46.73	19.41	5.11	11 73	3.45	55.64	23.10	6.08	1.88
7	Buntsandsteinabschwemmung . .	154	1872	13.61	8.44	2.13	46.50	22.43	6.87	9.77	2.47	53.83	25.97	7.96	1.56
8	Desgl.	155	1872	11.90	8.29	1.68	48.48	23.59	6.06	9.41	1.91	55.03	26.77	6.88	1.51
9	Lehmboden, künstliche Wiese .	532	1878	15.00	7.99	—	38.65	32.92	5.44	9.40	—	45.59	38.61	6.40	1.50
	Mittel			14.50	9.64	2.30	42.15	24.95	6.46	11.28	2.69	49.29	29.18	7.56	1.80

Heu von Wiesen mit Sandboden.

No.	Bezeichnungen und Bemerkungen	No. d. Haupttabelle	Jahr der Untersuchung	In der ursprünglichen Substanz: Wasser %	Nh-Substanz %	Rohfett %	Nfr. Extractstoffe %	Rohfaser %	Asche %	In der Trockensubstanz: Nh-Substanz %	Rohfett %	Nfr. Extractstoffe %	Rohfaser %	Asche %	Stickstoff in der Trockensubstanz %
1	Stauwässerung	225	1877	14.88	7.89	2.65	43.72	25.32	5.34	9.27	3.11	51.60	29.75	6.27	1.48
2	Bewässert, ungedüngt	280	1880	—	—	—	—	—	—	8.09	3.65	49.04	32.63	6.59	1.29
3	Bewässert, dieselbe Wiese, gedüngt	281	1880	—	—	—	—	—	—	8.59	3.68	47.82	33.00	6.91	1.37
4		295	1880	11.10	11.80	1.90	41.60	23.10	10.50	13.27	2.14	48.37	30.26	5.96	2.12
5	Leichter Sandboden, vorwieg. Gräser	252	1884	11.00	7.60	2.83	44.64	27.11	6.82	8.54	3.16	50.16	30.47	7.67	1.37
6	Humusreicher, gedüngt. Sandboden	351	1882	15.00	10.50	—	43.57	26.56	4.37	12.35	—	51.28	31.23	5.14	1.98
7	Humoser Sandboden (z. Thl. geb. Moorboden)	358	1881	15.00	7.98	—	48.28	24.07	4.67	9.38	—	56.82	28.31	5.49	1.50
8	Ungedüngter Sandboden	361	1882	15.00	8.75	—	45.08	25.03	6.14	10.29	—	53.05	29.44	7.22	1.65
9	Sandboden	371	1879	15.00	11.37	—	41.99	26.42	5.22	13.37	—	49.42	31.07	6.14	2.14
10	Mischheu v. humusreich. Sandboden	374	1882	15.00	8.22	—	47.85	23.62	5.31	9.67	—	56.80	27.28	6.25	1.55
11	Humoser Sandboden	378	1878	15.00	9.34	—	45.78	24.44	5.44	10.98	—	53.88	28.74	6.40	1.76
12	Aufgeschwemmter Flusssand	385	1881	15.00	7.97	—	47.00	24.63	5.50	9.37	—	55.21	28.96	6.46	1.50
13	Humoser, sandiger Boden	387	1881	15.00	10.46	—	47.48	21.77	5.29	12.30	—	55.88	25.60	6.22	1.97
14	Trockner, humoser Sand	397	1881	15.00	9.74	—	45.33	24.84	5.09	11.45	—	53.35	29.21	5.99	1.83
15	Sandiger, humoser Boden	399	1881	15.00	10.78	—	46.41	21.36	6.45	12.68	—	54.71	25.02	7.59	2.03
16	Sandiger, humoser Boden	402	1881	15.00	11.99	—	44.40	22.26	6.35	14.10	—	52.25	26.18	7.47	2.26
17	Sandboden	404	1882	15.00	7.37	—	47.42	24.51	5.70	8.67	—	56.81	28.82	5.70	1.39
18	Sandboden, Gebirgswiese	405	1882	15.00	11.24	—	44.94	22.42	6.40	13.22	—	52.88	26.37	7.53	2.12
19	Sandboden	408	1882	15.00	8.33	—	47.80	24.47	4.40	9.80	—	56.36	28.77	5.17	1.57
20	Humoser Sandboden, 1700 Fuss über dem Meere	416	1878	15.00	8.97	—	43.16	25.15	7.72	10.55	—	50.79	29.58	9.08	1.69
21	Humoser Sandboden, mit Kies	419	1878	15.00	7.63	—	48.94	23.35	5.08	8.97	—	57.60	27.46	5.97	1.44
22	Sand- (theils Moor-) Boden, Heu beregnet	426	1881	15.00	8.43	—	50.18	20.78	5.61	9.91	—	61.05	24.44	6.60	1.59
23	Ungedüngter, humoser Sandboden	429	1881	15.00	8.16	—	48.07	22.13	6.64	9.60	—	56.57	26.02	7.81	1.54
24	Sandboden	430	1881	15.00	9.90	—	49.63	18.73	6.74	11.64	—	58.76	22.03	7.57	1.86
25	Kräftiger, gedüngt., humoser Sandboden	435	1881	15.00	9.44	—	45.70	24.51	5.35	11.10	—	53.79	28.83	6.29	1.78
26	Armer Sandboden, dreijähr. Wiese	437	1881	15.00	6.07	—	50.86	24.49	3.60	7.14	—	59.86	28.77	4.23	1.14
27	Humusreicher Sandboden	445	1882	15.00	8.06	—	46.19	25.93	4.82	9.48	—	54.36	30.49	5.67	1.52
28	Sandboden	452	1882	15.00	8.25	—	46.08	24.40	6.27	9.70	—	54.24	28.69	7.37	1.55
29	Leichter, magerer Sandboden (Thalwiese)	454	1878	15.00	8.26	—	46.42	24.11	6.21	9.71	—	54.64	28.35	7.30	1.55
30	Desgl.	455	1878	15.00	10.32	—	41.73	26.65	6.70	12.14	—	48.64	31.34	7.88	1.94
31	Leichter Sandboden	457	1878	15.00	8.89	—	46.14	23.52	6.45	10.45	—	54.30	27.66	7.59	1.68
32	Leichter Sandboden, 400 Fuss üb. dem Thal	458	1878	15.00	8.17	—	47.36	24.50	4.97	9.61	—	55.74	28.81	5.84	1.54
33	Humoser Sandboden, nahe unter der Waldgrenze	459	1878	15.00	8.97	—	49.39	22.43	4.21	10.55	—	58.12	26.38	4.95	1.69
34	Humoser Sandboden, an der Waldgrenze	460	1878	15.00	9.35	—	49.46	22.01	4.18	11.00	—	58.30	25.88	4.82	1.76
35	Desgl.	461	1878	15.00	10.50	—	48.06	22.13	4.21	12.35	—	56.69	26.01	4.95	1.98
36	Desgl.	462	1878	15.00	11.58	—	46.71	22.12	4.59	13.62	—	56.97	26.01	5.40	2.18
37	Desgl., oberhalb der Waldgrenze	463	1878	15.00	11.62	—	45.99	22.38	5.01	13.67	—	54.12	26.32	5.89	2.19
38	Desgl., im Hochgebirge	464	1878	15.00	10.94	—	49.32	20.09	4.65	12.87	—	58.03	23.63	5.47	2.06

No.	Bezeichnungen und Bemerkungen	No. d. Haupttabelle	Jahr der Untersuchung	In der ursprünglichen Substanz: Wasser %	Nh-Substanz %	Rohfett %	Nfr. Extractstoffe %	Rohfaser %	Asche %	In der Trockensubstanz: Nh-Substanz %	Rohfett %	Nfr. Extractstoffe %	Rohfaser %	Asche %	Stickstoff in der Trockensubstanz %
39	Humoser Sandboden, Heu etwas gesalzen	469	1877	15.00	6.68	—	42.54	30.60	5.18	7.86	—	52.06	35.99	6.09	1.26
40	Sandboden, alte ungedüngte Wiese	475	1881	15.00	7.67	—	46.08	25.86	5.39	9.02	—	54.23	30.41	6.34	1.44
41	Sandboden	483	1881	15.00	6.34	—	51.89	23.07	4.10	7.46	—	61.59	26.13	4.82	1.19
42	Humusreicher Sandboden, ungedüngt	487	1882	15.00	7.06	--	43.30	30.50	4.14	8.30	—	50.96	35.87	4.87	1.33
43	Humoser Sandboden	490	1882	15.00	8.21	—	48.06	23.80	4.93	9.66	—	56.55	27.99	5.80	1.54
44	Sandboden, künstliche Wiese, spät geerntet	499	1882	15.00	9.09	—	46.04	25.20	4.67	10.69	—	54.18	29.64	5.49	1.71
45	Sandboden, künstliche Wiese . .	504	1882	15.00	7.41	—	47.21	25.61	4.77	8.71	—	55.49	30.19	5.61	1.39
46	Sandboden, künstliche Wiese . .	507	1877	15.00	7.25	1.02	46.84	25.08	3.91	8.53	2.26	55.12	29.49	4.60	1.36
47	Humoser Sandboden, künstl. Wiese	508	1878	15.00	7.84	—	45.80	27.15	4.21	9.22	—	53.90	31.93	4.95	1.48
48	Tiefer, humusreicher Sandboden, künstliche Wiese	517	1882	15.00	6.19	—	43.80	31.71	3.30	7.28	—	51.55	37.29	3.88	1.32
49	Humoser, sandiger Boden, künstl. Wiese, Rieselwiese	518	1878	15.00	6.75	—	43.45	30.52	4.28	7.94	—	51.14	35.89	5.03	1.27
50	Sandboden, künstliche Wiese . .	548	1881	15.00	6.87	—	45.75	27.42	4.97	8.08	—	54.65	32.25	5.02	1.29
	Minimum			11.00	6.10	1.83	38.89	18.84	3.32	7.14	2.14	45.49	22.03	3.88	1.14
	Maximum			14.88	12.05	3.15	49.97	31.88	7.76	14.10	3.68	58.44	37.29	9.08	2.26
	Mittel			14.50 *)	8.76	2.57	44.14	24.81	5.22	10.24	3.00	51.63	29.02	6.11	1.64
	Heu von Wiesen mit armem, kiesigem Boden.														
1	Armer Boden, Heu etwas beregnet	476	1881	15.00	7.64	—	48.37	23.85	4.14	8.98	—	59.10	27.05	4.87	1.44
2	Kiesiger, grandiger Boden, Heu etwas beregnet	477	1881	15.00	7.38	—	50.20	22.27	5.15	8.68	—	59.07	26.19	6.06	1.40
3	Kiesiger, grandiger Boden, Gebirgswiese	478	1881	15.00	8.91	—	49.85	22.40	3.84	10.48	—	58.66	26.34	4.52	1.68
4	Armer Boden	470	1881	15.00	8.23	—	44.99	24.93	5.85	9.68	—	54.12	29.32	6.88	1.55
	Mittel			14.50 *)	8.08	—	49.43	23.27	4.72	9.45	—	57.75	27.22	5.58	1.51
	Wiesenheu, als beste Qualität bezeichnet.														
1	„Ausgesuchtes Heu vorzügl. Güte“	9	—	—	8.06	—	—	—	—	—	—	—	—	—	—
2	„Heu mit nur wenig verholzten Theilen“	10	—	—	13.10	—	—	—	—	—	—	—	—	—	—
3	Aus jungem, zartem Gras, 28. April geschnitten, Rieselwiese . . .	28	1849	14.30	22.20	5.60	27.47	21.54	9.03	25.91	6.54	31.87	25.14	10.54	4.15
4	Aus jungem, zartem Gras . . .	176	1880	15.00	8.46	2.69	44.55	22.64	6.66	9.95	3.17	52.40	26.64	7.84	1.59
5	„Sehr gutes, feines Heu“ . . .	31	1851	—	—	—	—	—	—	14.00	—	—	—	7.84	2.24^{0}
6	„Sehr gutes Heu von mittlerer Feinheit“	34	1851	—	—	—	—	—	—	6.25	—	—	—	6.80	1.00^{0}
7	Desgl.	36	1851	—	—	—	—	—	—	5.56	—	--	—	7.00	0.89^{0}
8	„Vorzügliches Heu“	39	1851	—	—	—	—	—	—	6.90	—	—	—	6.40	1.10^{0}
9	„Sehr gutes, feines Heu“, trockne Wiese	41	1851	—	—	—	—	—	—	6.81	—	—	—	6.20	1.09^{0}
10	„Heu aus jungem Gras“ . . .	45	1852	14.30	11.70	—	43.00	24.01	6.99	13.65	—	50.11	28.02	8.22	2.18

*) Willkührlich angenommener Wassergehalt.

No.	Bezeichnungen und Bemerkungen	No. d. Haupttabelle	Jahr der Untersuchung	In der ursprünglichen Substanz						In der Trockensubstanz					Stickstoff in der Trockensubstanz
				Wasser %	Nh-Substanz %	Rohfett %	Nfr. Extractstoffe %	Rohfaser %	Asche %	Nh-Substanz %	Rohfett %	Nfr. Extractstoffe %	Rohfaser %	Asche %	%
11	„Bestes Elbheu“, fast nur Gräser	86	1861	—	—	—	—	—	—	10.56	3.15	49.41	28.26	8.62	1.69
12	Von sehr guter Beschaffenheit .	93	1863	14.00	9.23	2.14	38.96	29.51	6.16	10.73	2.49	45.30	34.32	7.16	1.72
13	„Blätterheu von Hochwiesen“ . .	102	1865	14.17	10.44	2.19	46.91	21.92	4.37	12.03	2.52	55.17	25.25	5.03	1.92
14	„Niederungswiese m. Ueberstauung“	103	1865	13.63	10.66	2.14	43.07	26.93	3.57	12.34	2.38	50.97	30.18	4.13	1.97
15	„Blätterheu“	105	1865	15.99	9.86	2.90	46.73	19.41	5.11	11.73	3.45	55.64	23.10	6.08	1.88
16	Niederungswiesen	106	1865	16.10	8.82	1.71	44.23	25.47	3.66	10.51	2.04	52.73	30.36	4.36	1.68
17	Heu von sehr guter Beschaffenheit	113	1863	15.14	8.20	2.00	45.22	24.00	5.44	9.66	2.36	53.30	28.27	6.41	1.55
18	„Vortreffliches Heu“, aus der Memeler Niederung	130	1867	16.49	8.75	—	50.88	19.68	4.24	10.47	—	60.89	23.56	5.08	1.68
19	„Frisches Heu von vorzüglicher Beschaffenheit“	161	1871	13.30	12.09	2.09	44.89	21.74	5.89	13.75	2.42	51.95	25.08	6.80	2.20
20	„Vorzügliches Wiesenheu“ . . .	164	1874	14.30	16.62	4.06	35.83	20.83	8.36	19.39	4.74	41.81	24.30	9.76	3.10
21	„Heu bester Qualität“	197	1878	13.00	12.56	4.53	41.94	18.95	9.02	14.44	5.21	48.20	21.78	10.37	2.31°
22	Heu von Wässerungswiesen . .	216	1879	15.00	19.91	5.47	32.60	18.78	8.24	23.41	6.43	38.58	22.09	9.69	3.75
23	Desgl.	217	1879	15.00	19.47	4.65	32.89	20.00	7.99	22.90	5.47	38.71	23.52	9.40	3.66
24	Heu von friesischem Klayboden, sehr fein	298	1882	9.10	8.80	3.10	42.90	29.00	7.10	9.68	3.41	47.20	31.90	7.81	1.55
25	Heu von d. Ysseldelta, von feiner Beschaffenheit	299	1882	9.20	9.30	2.50	40.80	29.50	8.70	10.23	2.75	45.00	32.45	9.57	1.65
26	Trockne Flusswiese mit zeitweiser Ueberschwemmung	125	1865	13.06	8.57	2.63	48.84	21.75	5.15	9.86	3.02	56.19	25.01	5.92	1.58
27	Sehr zartes Heu aus jungem Gras (Steiermark)	136	1870	13.84	13.11	6.69	34.81	26.03	5.52	15.22	7.77	40.58	30.22	6.21	2.44
28	Heu aus Radautz, Bukowina*) .	137	1870	14.07	12.55	3.74	32.88	31.12	5.63	14.81	4.35	38.07	36.22	6.55	2.37
29	Heu aus Lippiza	138	1870	12.05	10.48	4.89	37.02	30.18	5.38	11.92	5.56	42.09	34.31	6.12	1.91
30	Heu aus Kladrub (Böhmeu) . .	139	1870	14.45	12.88	5.14	40.12	21.18	6.23	15.06	6.01	46.89	24.76	7.28	2.41
31	Heu au Kisbér	140	1870	13.44	14.43	4.50	30.80	29.28	7.56	16.67	5.20	35.58	33.82	8.73	2.67
32	Heu aus Mezöhegyes (Ungarn) .	141	1870	11.30	12.31	6.37	29.99	33.33	6.70	13.87	7.18	33.85	37.55	7.55	2.22
33	Heu aus Satoristye (Ungarn) . .	142	1870	13.73	13.05	3.74	33.19	29.28	7.01	15.12	4.33	38.49	33.94	8.12	2.42
34	Heu aus Tapolvár (Ungarn) . .	143	1870	12.18	11.75	3.81	36.10	28.30	7.86	13.38	4.34	41.10	32.23	8.95	2.14
35	„Marschheu“ (schwere Fettweide)	343	1884	11.40	9.10	2.00	39.90	32.10	5.50P	10.30	2.30	45.00	36.20	6.20P	1.65
36	„Marschheu“	344	1884	13.40	11.90	2.50	38.30	26.40	7.50P	13.70	2.90	44.20	30.50	8.70P	2.19
37	„Waldheu“ (bestes Heu für Milchvieh) **)	9	1870	14.56	14.34	4.69	30.70	29.23	6.48P	16.78	5.49	35.96	34.19	7.58P	2.68
38	Umgebrochene Hute im 2. Jahre nach der Ansaat	128	1865	14.03	12.18	2.35	44.50	22.57	4.37	14.17	2.73	51.77	26.25	5.08	2.27
	Minimum			9.10	8.26	1.74	27.94	18.62	3.53	9.66	2.04	33.85	21.78	4.13	1.55
	Maximum			16.49	20.02	6.64	48.04	32.10	8.87	23.41	7.77	56.19	37.55	10.37	3.75
	Mittel[1]) (excl. 1—10) .			14.50[2])	11.69	3.48	39.10	25.02	6.21	13.67	4.07	45.74	29.26	7.26	2.19

*) Die Heumuster unter No. 28—34 (137—145) sind zwar als Durchschnittsmuster der an betr. Gestüten verfütterten Heu bezeichnet, dem Anschein nach sind aber, wenn nicht nur beste Qualität verfüttert wird, die vorzüglicheren Sorten herausgegriffen worden.

**) No. 9 der Alpenwiesenheue.

[1]) Nach S. 164 berechnet sich unter Zugrundelegung eines Proteïn-Gehaltes von 12 % und darüber sowie eines Holzfaser-Gehaltes von nicht viel mehr als 31 % in der Trockensubstanz für „bestes“ Wiesenheu aus 141 Analysen:

	Wasser %	Proteïn %	Fett %	Nfr. Extractstoffe %	Holzfaser %	Asche %
a. Für lufttrocknes Heu . .	14.50	12.05	3.22	39.88	23.20	7.15
b. Für die Trockensubstanz	—	14.09	3.77	46.64	27.14	8.36

Letztere Zahlen stimmen mit den obigen bis auf den Holzfaser-Gehalt ziemlich gut überein, dürften aber vor den obigen mehr Wahrscheinlichkeit für sich haben, weil sie aus einer grösseren Anzahl von Analysen (nämlich 141) berechnet sind.

[2]) Der aus den aufgeführten Bestimmungen sich ergebende wirkliche mittlere Wassergehalt beträgt 13.55 %.

No.	Bezeichnungen und Bemerkungen	No. d. Haupttabelle	Jahr der Untersuchung	In der ursprünglichen Substanz: Wasser %	Nh-Substanz %	Rohfett %	Nfr. Extractstoffe %	Rohfaser %	Asche %	In der Trockensubstanz: Nh-Substanz %	Rohfett %	Nfr. Extractstoffe %	Rohfaser %	Asche %	Stickstoff in der Trocken-Substanz %
	Als gutes Mittelheu, Heu mittlerer Güte und gutes Wiesenheu bezeichnet.														
1	„Gutes Mittelheu", etwas hart .	30	1851	—	—	—	—	—	—	15.87	—	—	—	12.19	2.54^{o}
2	Desgl., bewässerte Wiese . . .	32	1851	—	—	—	—	—	—	13.75	—	—	—	6.44	2.20^{o}
3	Desgl., aber grobes Heu . . .	35	1851	—	—	—	—	—	—	6.81	—	—	—	6.25	1.09^{o}
4	„Ziemlich gutes Mittelheu" . .	40	1851	—	—	—	—	—	—	6.56	—	—	—	5.70	1.05^{o}
5	„Gutes Mittelheu"	44	1852	16.94	10.69	—	40.17	27.16	5.04	12.87	—	48.36	32.70	6.07	2.06
6	Von untadeliger Beschaffenheit, jedoch nicht erste Qualität . .	71	1859	17.40	12.00	1.20	35.60	24.50	9.30	14.53	1.45	43.08	29.67	11.27	2.32
7	Sollingheu, 1867er Ernte . . .	78	1868	14.30	9.80	2.60	40.90	26.70	5.70	11.40	3.00	47.90	31.10	6.55^{P}	1.824^{o}
8	Sollingheu, 1868er Ernte . . .	79	1868	14.30	—	—	—	—	—	10.60	2.60	52.82	27.00	6.92^{P}	1.696^{o}
9	Gutes Wiesenheu	81	1865	—	—	—	—	—	—	11.20	—	48.08	29.55	7.33	1.80
10	Heu mittlerer Güte	91	1862	13.10	7.98	1.86	36.31	33.64	7.11	9.18	2.14	41.78	38.72	8.18	1.47
11	„Von guter Beschaffenheit", aber spät geerntet	92	1863	13.72	9.14	2.22	36.46	31.12	7.34	10.59	2.57	41.57	36.07	9.20	1.69
12	„Feines Heu" von Ringenberg .	94	1867	14.00	8.57	—	—	—	5.40	9.97	—	—	—	6.32	1.60
13	„Gutes Wiesenheu"	98	1868	14.30	7.08	—	47.83	27.21	3.58	8.27	—	55.80	31.75	4.18	1.32
14	„Etwas hart, nicht v. bester Qualit."	110	1864	16.50	11.22	2.32	33.16	30.97	5.83	13.44	2.79	39.81	37.00	6.96^{P}	2.15^{o}
15		126	1865	14.00	10.07	2.07	44.36	23.50	6.00	11.70	2.41	51.58	27.33	6.98	1.87
16		127	1865	13.09	10.53	2.23	47.60	20.55	6.00	12.12	2.57	54.75	23.65	6.91	1.94
17	„Mittelgut"	160	1870	16.18	10.05	3.07	38.61	25.05	7.04	11.75	3.66	47.24	28.95	8.40	1.88
18		214	1878	16.43	9.57	2.60	39.90	24.56	6.94	11.46	3.11	47.72	29.40	8.31	1.83
19	„Gutes Wiesenheu"	277	1884	10.48	7.31	2.68	46.60	26.93	6.00	8.17	2.99	52.06	30.08	6.70	1.31
20	„Mittlerer Qualität", gut geerntet	290	1881	19.00	8.39	2.19	39.34	24.75	6.33	10.36	2.71	48.57	30.56	7.80	1.66
	Mittel[1]) (excl. 1—5) . .			14.50[2])	9.37	2.28	41.15	26.31	6.39	10.98	2.67	48.11	30.77	7.47	1.76
	Als geringes, grobes, mittelmässiges Heu bezeichnet.														
1	Grobes, saures Heu	37	1851	—	—	—	—	—	—	8.06	—	—	—	5.80	1.29^{o}
2	Grob und hart, doch besser als voriges	38	1851	—	—	—	—	—	—	7.62	—	—	—	7.40	1.22^{o}
3	Geringes Heu	42	1852	16.54	6.06	—	—	—	7.41	7.27	—	—	—	8.88	1.16
4	Mittelmässiges Heu	51	1855	14.22	7.65	—	35.90	34.72	7.51	8.92	—	41.93	40.41	8.74	1.427^{o}
5	„Grobes Heu"	95	1867	14.00	8.14	—	—	—	7.58	9.43	—	—	—	8.82	1.51
6	Hute vor dem Umbruch . . .	129	1865	12.85	8.65	1.74	47.64	24.17	4.95	9.92	2.00	54.68	27.72	5.68	1.59
7	„Ziemlich hart uud grobstenglig"	163	1873	15.76	6.44	2.32	41.00	27.62	6.86	7.65	2.75	48.66	32.79	8.15	1.22
8	„Ziemlich grobstenglig" . . .	168	1878	15.50	9.16	2.18	37.73	26.12	9.31	10.85	2.22	43.63	36.12	7.18	1.736^{o}
9	„Grobstenglig, etwas beregnet" .	170	1879	14.60	7.41	2.32	38.60	29.47	7.60	8.68	2.72	45.20	34.50	8.90	1.389^{o}
10	„Grobstenglig, gut geerntet" . .	174	1879	—	—	—	—	—	—	11.11	2.97	41.62	35.93	8.37	1.78

[1]) Nach S. 164 berechnet sich unter Zugrundelegung eines Proteïn-Gehaltes von 9—12% und eines Holzfaser-Gehaltes von nicht viel mehr als 36% in der Trockensubstanz für „mittelgutes" Wiesenheu aus 393 Analysen:

	Wasser %	Proteïn %	Fett %	Nfr. Extractstoffe %	Holzfaser %	Asche %
a. Für lufttrocknes Heu . .	14.50	9.07	2.51	42.54	25.00	6.38
b. Für die Trockensubstanz	—	10.61	2.94	49.74	29.24	7.47

Letztere Durchschnittszahlen stimmen mit den obigen ziemlich gut überein, sind aber wahrscheinlicher als diese, weil sie aus einer viel grösseren Anzahl von Analysen berechnet sind.

[2]) Der aus den aufgeführten Bestimmungen sich ergebende wirkliche mittlere Wassergehalt beträgt 14.77%.

No.	Bezeichnungen und Bemerkungen	Jahr der Untersuchung	In der ursprünglichen Substanz						In der Trockensubstanz					Stickstoff in der Trockensubstanz
			Wasser %	Nh-Substanz %	Rohfett %	Nfr. Extractstoffe %	Rohfaser %	Asche %	Nh-Substanz %	Rohfett %	Nfr. Extractstoffe %	Rohfaser %	Asche %	%
	No. d. Haupttabelle													
11	„Von geringer Schmackhaftigkeit“ 175	1880	12.50	9.21	2.2	39.35	27.04	9.64	10.52	2.58	44.97	30.91	11.02	1.68°
12	„Armes Futter“, alte Wiese . . 255	1879	14.30	7.02	1.63	45.00	27.82	4.23	8.19	1.90	52.50	32.47	4.94	1.29
13	Desgl. 256	1879	14.30	6.50	1.43	47.33	25.89	4.56	7.59	1.67	55.31	30.21	5.32	1.21
14	„Grobes Wiesenheu“ 276	1884	11.04	7.56	1.67	44.46	28.69	6.58	8.49	1.88	49.97	32.25	7.41	1.36
	Mittel[1]) (excl. 1—3) . .		(14.50[2])	7.88	1.96	40.60	28.49	6.57	9.22	2.29	47.48	33.33	7.68	1.47

Wiesenheu.

Einfluss des Alters des Heu's und der verschiedenen Art der Aufbewahrung auf die Zusammensetzung.

No.	Bezeichnungen und Bemerkungen	Jahr der Untersuchung	Wasser %	Nh-Substanz %	Rohfett %	Nfr. Extractstoffe %	Rohfaser %	Asche %	Nh-Substanz %	Rohfett %	Nfr. Extractstoffe %	Rohfaser %	Asche %	Stickstoff in der Trockensubstanz %
1	Bei guter Witterung getrockn. „Oehmdheu“	1868	13.30	10.46	3.91	44.12	19.83	8.38	12.06	4.52	51.08	22.70	9.66	1.93
2	Dasselbe 8 Tage länger im Freien gelegen	1868	—	—	—	—	—	—	11.87	2.75	—	25.60	—	1.89
3	Dasselbe in einen Ballen zusammengepresst bis zum Mai 1869 aufbewahrt, äussere Lage	1869	13.00	9.92	3.58	—	27.06	—	11.40	4.11	—	31.10	—	1.82
4	Desgl., innere Lage	1869	14.20	10.38	3.77	—	20.68	—	12.10	4.39	—	27.40	—	1.93
5	„Grassamenheu“, gleich n. d. Trocknen	1868	21.60	4.77	1.32	39.46	26.30	6.55	6.09	1.69	50.30	33.50	8.33	0.97
6	Dasselbe, bis Mai 1869 aufbewahrt .	1869	15.10	5.09	1.16	—	33.03	—	6.00	1.78	—	38.90	—	0.96
7	Wiesenheu vom Jahre 1865, im Spätjahr untersucht	1865	14.85	7.65	1.95	40.08	29.17	6.30	8.98	2.29	47.08	34.25	7.40	1.44
8	Dasselbe, im Februar 1866 untersucht	1866	17.12	7.92	0.56	—	—	—	9.45	6.75	—	—	—	1.51
9	Wiesenheu, ziemlich hart und grobfaserig, November	1873	15.76	6.44	2.11	43.20	27.62	6.87	7.65	2.75	48.66	32.79	8.15	1.22
10	Desgl., Januar	1874	15.20	6.48	2.99	40.28	28.60	6.45	7.63	2.71	48.42	33.73	7.61	1.20
11	Desgl., März	1874	14.30	6.10	2.03	41.55	29.40	6.62	7.12	2.37	48.48	34.30	7.73	1.14
12	Grummet derselben Wiese, schmackhafter als das Heu, November . .	1873	16.60	8.90	3.64	42.36	20.99	7.51	10.87	4.37	50.60	25.15	9.01	1.74
13	Desgl., Januar	1874	16.70	8.95	3.54	41.05	22.32	7.44	10.75	4.25	49.22	26.80	8.98	1.72
14	Desgl., März	1874	15.90	8.99	3.36	41.02	23.18	7.55	10.69	4.00	48.77	27.56	8.98	1.71

[1]) Wenn man nach S. 164 für geringes Wiesenheu unter Zugrundelegung eines Proteïn-Gehaltes von 9% und darunter aus den diesbezüglichen Analysen der Haupttabelle das Mittel nimmt, so enthält man im Mittel von 145 Analysen:

	Wasser %	Proteïn %	Fett %	Nfr. Extractstoffe %	Holzfaser %	Asche %
a. Für lufttrocknes Heu . .	14.50	6.74	2.09	44.56	26.79	5.32
b. Für die Trockensubstanz	—	7.88	2.44	52.13	31.33	6.22

Diese und die obigen Zahlen weichen erheblich von einander ab; es will uns scheinen, dass die obigen Mittelwerthe mehr für ein „mittelmässiges“ Heu passen, während letztere für ganz geringhaltiges. Freilich sollte sich dabei der Holzfaser-Gehalt umgekehrt verhalten; es ist jedoch zu berücksichtigen, dass der letztere Mittelwerth mehr Wahrscheinlichkeit für sich hat, weil er aus einer viel grösseren Anzahl von Analysen gewonnen ist. Jedenfalls sieht man aus vorstehenden Zusammenstellungen, dass die bis jetzt üblichen Mittelwerthe in den Futterstoff-Tabellen für „bestes“, „mittelgutes“ und „geringes“ Heu durchaus nicht mit den Mittelwerthen übereinstimmen, wie sie sich wirklich aus zahlreichen Analysen berechnen; erstere müssen demnach wohl willkührlich angenommen sein.

[2]) Der aus den aufgeführten Bestimmungen sich ergebende wirkliche mittlere Wassergehalt beträgt 13.91%.

No. 1—6. J. Nessler, H. Körner u. Briegel. — Ber. über Arbeiten d. V.-St. Karlsruhe 1870. 26. 1) Bei guter Witterung im September 1868 getrocknetes „Oehmdheu“. 2) Dasselbe 8 Tage länger im Freien gelegen; während dieser Zeit wurde das Heu einmal von einem schwachen Regen durchnässt, ohne ausgewaschen worden zu sein, die übrige Zeit war jeden Tag heller Sonnenschein und Nachts wurde das Heu durch Thau angefeuchtet. Durch das Liegen im Freien hatte das Heu sehr viel von seiner ursprünglichen grünen Farbe verloren. 3 u. 4) Ein Theil desselben Heu's wurde zu Ballen von 90—100 Pfund zusammengepresst und auf einem trocknen Speicher bis Mai 1869 aufbewahrt; das zusammengepresste Heu hatte sich im Innern schon im ersten Tag auf 49° C. erwärmt. Rohfaserbestimmung nach E. Wolff's „Anleitung“.

No. 7 u. 8. J. Nessler u. E. Muth. — Ebendas. 56. Als Zucker bestimmbare Körper enthielt das Heu ursprünglich 22.61%, im Februar darauf nur 18.26%. Die beiden Heuproben entstammen zwar nicht ein und demselben Heu, sondern wurden von dem Speicher zu verschiedener Zeit entnommen, derselbe enthielt aber nur Heu von den gleichen Wiesen.

No. 9—14. E. Wolff u. C. Kreuzhage. — Landw. Jahrb. 8. (1879). 1 Suppl. 156. Asche ist Reinasche und Sand.

No.	Bezeichnungen und Bemerkungen	Jahr der Untersuchung	In der ursprünglichen Substanz: Wasser %	Nh-Substanz %	Rohfett %	Nfr. Extractstoffe %	Rohfaser %	Asche %	In der Trockensubstanz: Nh-Substanz %	Rohfett %	Nfr. Extractstoffe %	Rohfaser %	Asche %	Stickstoff in der Trockensubstanz %
15	Grummet vorzüglicher Güte, untersucht November	1872	17.00	12.08	3.35	37.50	22.19	7.88	14.56	4.04	45.18	26.73	9.49	2.33
16	Desgl., Februar	1873	17.00	11.90	3.32	37.49	21.95	8.34	14.34	4.00	45.17	26.44	10.05	2.29
17	Desgl., April	1873	17.00	11.51	3.44	38.98	21.26	7.81	13.87	4.15	46.96	25.61	9.41	2.22
18	Heu, untersucht November	1879	—	—	—	—	—	—	9.96	2.79	43.17	35.66	8.42	1.593
19	Desgl., Juni—Juli	1880	—	—	—	—	—	—	10.66	2.45	45.87	32.17	8.85	1.706
20	Wiesengrummet von guter Beschaffenheit, untersucht frisch im October	1871	16.20	10.58	3.16	35.80	26.92	7.34	12.63	3.77	42.72	32.12	8.76	2.02
21	Desgl., Januar	1872	15.44	10.34	3.15	37.31	26.07	7.69	12.22	3.72	44.13	30.83	9.10	1.95
22	Desgl., März	1872	13.73	10.38	3.35	39.63	26.04	6.87	12.05	3.88	45.57	30.19	8.31	1.93
23	Heu 1877er Ernte, unters. im Mai	1878	13.40	10.67	2.33	39.29	27.31	7.00	12.32	2.69	45.17	31.54	8.08	1.97
24	Desgl., August	1878	14.90	12.25	2.21	35.74	28.07	6.83	12.04	2.60	44.35	32.98	8.03	1.93

Kleegras-Heu.

Heu von Kleegrasmischung.

No.	Bezeichnungen und Bemerkungen	Jahr der Untersuchung	Wasser %	Nh-Substanz %	Rohfett %	Nfr. Extractstoffe %	Rohfaser %	Asche %	Nh-Substanz %	Rohfett %	Nfr. Extractstoffe %	Rohfaser %	Asche %	Stickstoff in der Trockensubstanz %
1	Etwas spät geerntet	1877	13.21	9.67	2.61	38.74	29.54	6.23	11.14	3.01	44.64	34.03	7.18	1.78
2	Rothklee u. Timotheegras (Schweden)	1877	16.53	8.75	1.13	—	—	6.43	10.48	1.35	—	—	7.70	1.68
3	Wagner'sche Futtermischung bestehend aus Bastardklee, Schotenklee, Hopfenklee, Weissklee, Vogelwicke, ital. Raygras, franz. Raygras, Wiesenschwingel, Timotheegras: 1/4 Klee, 3/4 Gras	1879	—	—	—	—	—	—	14.13	2.93	44.76	30.16	8.02	2.26
4	1/3 „ 2/3 „	1879	—	—	—	—	—	—	16.88	3.64	38.85	30.87	9.76	2.70
5	1/3 „ 2/3 „	1879	—	—	—	—	—	—	16.71	3.39	43.56	27.86	8.48	2.67
6	1/4 „ 3/4 „	1879	—	—	—	—	—	—	16.42	3.32	42.61	29.22	8.43	2.63
7	1/4 „ 3/4 „	1879	—	—	—	—	—	—	14.42	2.89	39.29	34.07	9.33	2.31
8		1879	15.91	15.33	3.03	33.08	25.11	7.54	18.24	3.72	39.21	29.86	8.47	2.93
9	Zweiter Schnitt, in 43 Tagen gewachsen	1879	26.14	11.49	2.58	32.23	22.02	7.51	15.56	3.49	43.67	29.81	7.47	2.49
10	Rothkleegras (mit etwas Bastardklee)	1879	15.24	9.68	1.79	32.22	35.98	5.12	11.42	2.11	37.97	42.46	6.04	1.83
11	Schwedischer Klee mit Timothee	1879	15.45	8.55	2.19	39.23	30.53	4.16	10.11	2.59	46.26	36.12	4.92	1.62

No. 15—17. E. Wolff u. B. Kreuzhage. — Landw. Jahrb. 8. (1879). 1 Suppl 123. Asche ist Reinasche und Sand.
No. 18 u. 19. E. Wolff, C. Kreuzhage u. O. Kellner. — Landw. Jahrb. 10. (1881). 559. O. Kellner fand:

	No. 18	19
Amid-N	0.181 %	0.195 %
Amid-N in % des Gesammt-N	11.4 „	11.4 „
Eiweisssubstanz	8.83 „	9.44 „

No. 20—22. E. Wolff u. M. Fleischer (V.-St. Hohenheim). — Landw. Jahrb. 2. (1873). 221. Auf den Hohenheimer Wiesen Ende August 1871 bei ziemlich günstiger Witterung geerntet und anscheinend von guter Beschaffenheit. Rohfaser ist N-frei, Asche ist frei von C und CO_2.
No. 23 u. 24. E. Wolff u. C. Kreuzhage. — Landw. Jahrb. 8. (1879). 1 Suppl. 73. Asche ist Reinasche und Sand.
Heu von Kleegrasmischung.
No. 1. C. Lehmann. — J. f. L. 25. 1877. 60.
No. 2. F. O. Bergstrand (V.-St. Westeras). — Privatmitthl.
No. 3—9. von der Becke u. C. Krauch. — Landw. Ztg. f. Westfalen u. Lippe 1879. 312. Futter von sogen. Wagnerschen Futterfeldern, deren Einsaat in Folgendem besteht: Bastardklee 3 Pfd., Schotenklee 3 Pfd., Hopfenklee 3 Pfd., Weissklee 2 Pfd., Vogelwicke 2 Pfd., ital. Raygras 3 Pfd., Knaulgras 4 Pfd., Wiesenschwingel 5 Pfd., franz. Raygras 5 Pfd., Timotheegras 3 Pfd. pro Morgen. Die Felder waren zum Theil im Herbst 1877, theils im Frühjahr 1878 angelegt und waren wie folgt gedüngt (pro Morgen):
No. 3. I. Gebrannter Kalk, 4½ Ctr. Knochenmehl und 40 Ctr. Stallmist.
No. 4. II. „ „ 2 Ctr. Knochenmehl und 20 Ctr. Stallmist.
No. 5. III. „ „ 2½ Ctr. Knochenmehl und 20 Ctr. Stallmist.
No. 6. IV. „ „ 4 Ctr. Knochenmehl und Jauche.
No. 7. V. „ „ 2 Ctr. Superphosphat und 75 Ctr. Stallmist.
No. 8. VI. „ „ 2 Ctr. Fischguano und 120 Ctr. Stallmist.
No. 9. VII. Früher Stallmist, jetzt 170 Pfd. Guano.

Das Kleegras wurde bei No. 3—6 gemäht als die Blüthenköpfe des Klee's noch nicht erschienen und dasselbe etwa 50 cm hoch war; bei No. 7 war die Vegetation etwas weiter vorgeschritten und das Gras 70—80 cm hoch. Der allgemeine Entwicklungszustand zur Zeit des Mähens war, dass bei allen Feldern Bastardklee vorwiegend war, dann folgten Rothklee, Raygras und Timotheegras; von den Kleesorten war der Hopfenklee allein in Blüthe.

Das Kleegras stand auf sehr schlechtem Boden, No. 9 auf Grauwackeschieferboden 6. Cl. mit ca. 3 Zoll Ackerkrume. Die Erträge waren befriedigend.
No. 10 u. 11. J. König (V.-St. Münster). — Ibid. 1880. 38 und Privatmitthl. In 300 m Höhe, auf Boden V. bis VII. Cl. gewachsen. Bei voller Blüthe des Klee's gemäht. Kleegras unter No. 11 war im dritten Jahre der Nutzung.

No.	Bezeichnungen und Bemerkungen	Jahr der Untersuchung	In der ursprünglichen Substanz						In der Trockensubstanz					Stickstoff in der Trockensubstanz
			Wasser %	Nh-Substanz %	Rohfett %	Nfr. Extractstoffe %	Rohfaser %	Asche %	Nh-Substanz %	Rohfett %	Nfr. Extractstoffe %	Rohfaser %	Asche %	%
12	Rothklee mit Timothee und Agrostis .	1879	13.12	6.91	2.02	45.73	28.11	4.11	7.95	2.32	52.65	32.35	4.73	1.27
13	Weissklee mit Timothee, Agrostis und Poa pratensis	1879	14.30	14.42	3.09	43.23	19.66	5.30	16.82	3.60	50.54	22.95	6.19	2.69
14	Weiss- und Rothklee, Timothee, Poa pratensis, Agrostis	1879	14.30	10.60	2.70	42.40	24.90	5.10	12.37	3.15	49.47	29.06	5.95	1.98
15	Gelbklee und Timothee, etwas Agrostis und Poa compressa	1879	14.30	9.06	1.50	42.21	28.19	4.74	10.57	1.75	49.31	32.89	5.48	1.69
16	Meist Timothee und Agrostis, etwas Rothklee und Chrysanthemum vulgare . .	1879	14.30	9.00	1.80	44.90	24.90	5.10	10.51	2.10	52.38	29.06	5.95	1.68
17	Kleegras, 1880er Ernte, von Raden .	1881	15.00	10.03	1.62	35.04	30.67	7.64	11.80	1.91	41.25	36.06	8.98	1.89
18	„ 1881er „ von Raden .	1881	15.00	9.63	2.21	43.00	24.52	5.64	11.32	2.60	50.59	28.86	6.63	1.81
19	„ 1880er „ von Lalendorf	1881	15.00	11.21	1.67	36.47	28.66	6.99	13.18	1.96	42.94	33.70	8.22	2.11
20	„ 1880er „ von Hunerland	1881	15.00	8.76	1.76	41.85	27.35	5.28	10.30	2.07	49.26	32.16	6.21	1.62
21	Anfang Mai entnommen	1867	16.00	16.38	3.39	37.29	18.77	8.17[p]	19.50	4.04	44.38	22.35	9.73[p]	3.12[o]
22	Sogenanntes Wagner'sches Futterfeld .	1882	16.00	7.60	2.74	45.97	21.35	6.34	9.05	3.26	54.73	25.41	7.55	1.45
23	Kleegrasheu	1880	15.00	11.2	—	46.4	22.1	5.3	13.17	—	54.61	25.99	6.23	2.11
24	„	1880	15.00	9.4	—	42.9	27.9	4.8	11.05	—	50.50	32.81	5.64	1.77
25	„	1881	15.00	6.5	—	47.8	24.8	5.9	7.64	—	56.26	29.16	6.94	1.22
26	„	1882	15.00	8.6	—	43.5	27.6	5.3	10.11	—	51.20	32.46	6.23	1.62
27	„	1882	15.00	13.4	—	39.0	25.1	7.5	15.76	—	45.90	29.52	8.82	2.52
	In verschiedenen Vegetationsperioden.													
28	Incarnatklee u. Raygras: Beginn d. Blüthe, 17. Mai geschn.	1882	14.60	11.20	4.94	—	63.41	5.85	13.12	5.79	—	—	6.85	2.09
29	Incarnatklee u. Raygras: 24. Mai geschnitten	1882	14.50	7.84	3.55	—	68.40	5.71	9.16	4.16	—	—	6.68	1.47
30	Incarnatklee u. Raygras: 31. Mai geschnitten	1882	14.30	6.53	3.25	—	70.65	5.27	7.60	3.80	—	—	6.16	1.21
31	Incarnatklee u. Raygras: 20. Juni geschnitten	1882	14.10	5.80	3.24	—	70.84	6.02	6.74	3.77	—	—	7.01	1.08

No. 12—16. S. W. Johnson. — Ann. Rep. Connect. Agric. Experim. Stat. 1879 u. 1880. 83. Kleegras No. 12 war auf trocknem Bergland mit schwerem Lehmboden gewachsen und wurde am 30. Mai 1879 geschnitten. Kleegras No. 13 war auf trocknem, aber gutem Bergland gewachsen, das bereits seit ca. 40 Jahren unterm Pflug war, und wurde in der letzten Woche des Juli 1877 geschnitten. Kleegras No. 14 war am 1. Juli 1877, No. 15 in der ersten Woche des August geschnitten. Die Nh. Substanz schliesst Amide ein:

	No. 12	13	14	15	16
Im Heuzustande . . .	0.85	2.86	1.91	1.56	1.75 %
In der Trockensubstanz	—	3.34	2.23	1.82	2.04 %.

No. 17—20. W. Fleischmann. — Bericht der milchwirthschaftl. V.-St. Raden pro 1881. 19. Zu den Proben wird bemerkt:

No. 17. Quantitativ sehr gute Ernte. Die Hälfte vorzüglich geworben, ein Viertel mässig und ein Viertel gänzlich verregnet. Saatmischung: $^{7}/_{14}$ Rothklee, $^{2}/_{14}$ Weissklee, $^{3}/_{14}$ Timotheegras, $^{1}/_{14}$ Raygras, $^{1}/_{14}$ Kümmel. Sandiger Lehmboden.

No. 18. Quantitativ geringe Ernte. Vorzüglich geworben. Saatmischung wie bei voriger No. Lehmboden.

No. 19. Mittelernte. Qualität mittelgut. Saatmischung: $^{5}/_{8}$ Rothklee, $^{2}/_{8}$ Weissklee, $^{1}/_{8}$ Timotheegras. Viel ausgefallener Roggen war mit aufgelaufen. Milder Lehmboden.

No. 20. Vorzüglich geworben. Saatmischung: $^{6}/_{17}$ Rothklee, $^{6}/_{17}$ Weissklee, $^{4}/_{17}$ Timotheegras, $^{1}/_{17}$ engl. Raygras. — Die Zusammensetzung ist vom Autor auf 15.0 % Wassergehalt berechnet.

No. 21. H. Schultze, E. Schulze u. M. Märcker. — Ann. d. Landw. 57. 1871. 131. Von Reinshof b. Göttingen. Aus Ansaat von 4 Pfd. weissem, 2 Pfd. gelbem Klee, 3 Pfd. Timotheegras, 2 Pfd. englischem, 2 Pfd. italienischem Raygras, 1 Pfd. Kümmel erwachsen, Wassergehalt von 16 % von uns angenommen. Näheres siehe unter Weidegras No. 6—10 u. f.

No. 22. Th. Dietrich u. O. Toepelmann (V.-St. Marburg). — Privatmitth. Wassergehalt v. 16 % v. uns angenommen.

No. 23—27. M. Märcker (V.-St. Halle). — Privatmitth.

No. 28—31. A. Stutzer u. J. P. Kallen. — Bericht über die Thätigkeit d. V.-St. Bonn 1882. Von einer Fläche, welche Incarnatklee und verschiedene Gräser, hauptsächlich englisches Raygras in gleichmässigem Bestande trug, wurde zu verschiedenen Zeiten je 1 qm geschnitten, um zu ermitteln, zu welcher Zeit die Gräser am vortheilhaftesten geschnitten werden. Die procentische Zusammensetzung wurde von uns nach den folgenden Angaben berechnet:

Von 1 qm Fläche wurden geerntet am	17. Mai	24. Mai	31. Mai	20. Juni
Lufttrocknes Heu	900	925	1160	1140 g
Darin:				
Organische Trockensubstanz	716.0	738.1	932.9	910.6 g
Feuchtigkeit	131.4	134.1	165.9	160.7 g
Mineralstoffe	52.6	52.8	61.2	68.7 g
Fett	44.5	32.9	37.7	37.0 g
Nfr. Extractstoffe und Rohfaser . .	570.7	632.7	819.4	807.6 g
Rohproteïn	100.8	72.5	75.8	66.0 g
Das Rohproteïn besteht aus:				
Leicht verdaulichem Eiweiss . . .	50.9	35.0	46.7	29.4 g
Nichteiweissartigen Stoffen	30.3	17.3	3.7	10.8 g
Unverdaulichen Nh. Stoffen	19.6	20.2	25.4	25.8 g

No.	Bezeichnungen und Bemerkungen	Jahr der Untersuchung	In der ursprünglichen Substanz						In der Trockensubstanz					Stickstoff in der Trockensubstanz
			Wasser %	Nh-Substanz %	Rohfett %	Nfr. Extractstoffe %	Rohfaser %	Asche %	Nh-Substanz %	Rohfett %	Nfr. Extractstoffe %	Rohfaser %	Asche %	%
	In verschiedenem Grade der Entwickelung.													
32	In normaler Entwickelung	1871	16.70	8.16	3.48	46.86	18.77	5.03	11.00	4.18	56.24	22.54	6.04	1.76
33	Von Geilstellen	1871	16.70	16.89	3.99	34.42	22.15	5.85	20.28	4.80	41.30	26.59	7.03	3.24
	Minimum		13.12	6.42	1.13	32.63	18.77	3.79	7.64	1.35	38.85	22.35	4.73	1.22
	Maximum		26.14	16.38	3.39	44.22	35.66	8.19	19.50	4.04	52.65	42.46	9.76	3.12
	Mittel (No. 1—27) .		16.00*)	11.10	1.96	38.99	25.86	6.09	13.21	2.33	46.43	30.78	7.25	2.11

Heu von Kleearten und kleeartigen Gewächsen. Papilionaceen.

Anthyllis Vulneraria L. — Wundklee, Tannenklee. — Lady's Finger, Common Kidney Vetch. — Anthyllide vulnéraire, Trèfle jaune, Vulnéraire des paysaus.

No.	Bezeichnungen und Bemerkungen	Jahr der Untersuchung	Wasser %	Nh-Substanz %	Rohfett %	Nfr. Extractstoffe %	Rohfaser %	Asche %	Nh-Substanz %	Rohfett %	Nfr. Extractstoffe %	Rohfaser %	Asche %	Stickstoff in der Trockensubstanz %
	Kurz vor der Blüthe.													
1	Lehmiger Sandboden	1865	16.70	12.91	2.50	35.54	25.87	6.48	15.50	3.00	42.66	31.06	7.78	2.48
2	Lehmiger Sandboden, am 27. Mai geschnitten	1872	16.70	13.06	3.29	43.11	17.01	6.82p	15.68	3.95	51.75	20.42	8.19p	2.508o
	Mittel (kurz vor d. Blüthe)		16.00*)	13.09	2.92	39.66	21.62	6.71	15.59	3.48	47.20	25.74	7.99	2.49
	In der Blüthe.													
3	Leichter, trockner Boden	1859	16.70	7.58	3.12	39.15	25.91	7.54	9.10	3.74	47.00	31.10	9.06	1.456o
4	Trocken eingebracht	1867	16.70	9.89	2.68	35.48	30.16	5.09	11.87	3.22	42.59	36.20	6.11	1.90
5	Derselbe, 3 Wochen lang im Regen gelegen	1867	16.70	7.22	0.84	38.10	33.20	3.94	8.66	1.01	45.74	39.86	4.72	1.385
6	Im Beginn der Blüthe geschnitten . .	1872	16.70	10.81	2.66	40.55	25.14	4.14p	12.97	3.19	48.69	30.18	4.96	2.075o
7		1880	15.00	9.20	32.5		35.60	7.70	10.82	38.25		41.87	9.06	1.73
8		1880	15.00	9.10	34.9		34.00	8.00	10.70	39.91		39.98	9.41	1.71
9		1880	15.00	10.50	41.3		27.90	5.30	12.35	48.61		32.81	6.23	1.98
10		1880	15.00	11.40	35.7		32.20	5.70	13.41	42.02		37.87	6.70	2.15
11		1881	15.00	9.30	41.4		29.30	5.00	10.94	48.72		34.46	5.88	1.75
12		1882	15.00	9.10	38.8		36.40	3.70	10.70	42.14		42.81	4.35	1.71
	Mittel (in der Blüthe)		16.00	9.36	2.34	35.87	30.84	5.59	11.15	2.79	42.70	36.71	6.65	1.78

No. 32 u. 33. H. Weiske u. E. Wildt. — Vergl. Kleegras im grünen Zustande No. 37 u. 38. S. 60.

*) Hier wie bei den folgenden Durchschnittszahlen von Heu von Kleearten ist ein Wassergehalt von 16.00 % willkürlich angenommen, um die Zahlen auch für die natürliche Substanz unter sich vergleichbar zu machen.

Anthyllis Vulneraria.

No. 1. F. Krocker. — Ann. d. Landwirthsch. Wochenbl. 1865. 285. Der Klee war ohne Ueberfrucht auf dem Versuchsfeld in Proskau gewachsen und stand im 2. Jahre. Geerntet wurde pro preuss. Morgen:

Vor der Blüthe geschnitten = 194.23 Ctr. = 29.6 Ctr. Heu
In voller Blüthe geschnitten = 181.77 Ctr. = 38.5 Ctr. Heu.

Die Rohfaser wurde erhalten bei nach einanderfolgender Behandlung der Substanz mit Wasser, Alkohol, Aether, 3procent. Schwefelsäure, 3procent. Kalilauge, Wasser und Essigsäure. Dieselbe war frei von Nh. Substanz und Asche. Im Original ist für das wasserhaltige Heu 13.80 % Proteïn, 35.06 % stickstofffreie Extractstoffe, 25.5 % Holzfaser uud 6.44 % Asche angegeben, Zahlen die nicht mit der Zusammensetzung der Trockensubstanz harmoniren. Das Heu von dem in voller Blüthe geschnittenen Klee wurde nicht untersucht.

No. 2. J. Fittbogen (V.-St. Dahme). — Landw. Jahrb. 1. 1872. 622. Näheres unter 15—17.

No. 3. H. Hellriegel (V.-St. Dahme). — Dritter Bericht d. V.-St. Dahme 1859. 50. Die Zusammensetzung des lufttrocknen Heu's wurde vom Verf. aus der Zusammensetzung der Trockensubstanz unter Annahme obigen Wassergehalts berechnet.

No. 4 u. 5. A. Bayer. — Weende'r Jahresber. 1867/68. 528. Die Zusammensetzung der lufttrocknen Substanz wurde von uns unter der Annahme des obigen Wassergehalts berechnet.

No. 6. J. Fittbogen. — Wie unter 2.

No. 7—12. M. Märcker (V.-St. Halle). — Privatmitthl. Angaben über Wachsthumsverhältnisse fehlen. Wir glaubten annehmen zu sollen, dass die betr. Heue von in Blüthe stehendem Klee gewonnen wurden.

No.	Bezeichnungen und Bemerkungen	Jahr der Untersuchung	In der ursprünglichen Substanz: Wasser %	Nh-Substanz %	Rohfett %	Nfr. Extractstoffe %	Rohfaser %	Asche %	In der Trockensubstanz: Nh-Substanz %	Rohfett %	Nfr. Extractstoffe %	Rohfaser %	Asche %	Stickstoff in der Trocken-Substanz %
	Ende der Blüthe.													
13	In England gebaut	1867	16.70	6.86	1.10	40.85	29.76	4.73	8.24	1.32	49.04	35.72	5.68	1.32
14	Am 5. Juli gemäht	1872	16.70	8.41	2.11	41.60	26.62	4.56P	10.09	2.54	49.94	31 96	5.48P	1.615°
	In verschiedenen Vcgetationsperioden.													
15	Kurz vor der Blüthe, geschnitten 27. Mai	1872	16.70	13.06	3.29	43.11	17.01	6.82P	15.68	3.95	51.75	20.42	8.19P	2.508°
16	Beginn der Blüthe, geschnitten 6. Juni	1872	16.70	10.81	2.66	40.55	25.14	4.14P	12.97	3.19	48.69	30.18	4.96	2.075°
17	Vier Wochen später, geschnitten 5. Juli	1872	16.70	8.41	2.11	41.60	26.62	4.56P	10.09	2.54	49.94	31.96	5.48	1.615°
	Dolichos sinensis (?). — Cow-Pea.													
1	Dolichos var. Clay	1884	16.00	14.29	3.20	38.70	19.81	8.00	17.02	3.81	46.06	23.58	9.23	2.72
2	Dolichos var. Whippoorwill	1884	16.00	14.24	3.25	38.95	18.78	8.78	16.95	3.87	46.36	22.36	10.46	2.71
	Mittel		16.00*)	14.27	3.23	38.82	19.29	8.39	16.99	3.84	46.20	22.97	10.00	2.72
	Ervum Lens L. — (Cicer Lens Willd. Lens esculenta Moench.). — Linse. — Lentil. — Lentille.													
1	In der Blüthe, gesammelt am 28. Juli	1854	12.50	19.80	30.40		32.10	5.20	22.63	34.74		36.69	5.94	3.62
2	Bereits Schoten angesetzt (Italien) . .	1873	12.50	24.45	0.64	35.21	19.49	7.71	27.94	0.73	40.24	22.28	8.81	4.47
	Hedysarum coronarium L. — Kronen-Hahnkopf, spanischer Süssklee, Schildklee (Sulla ital.).													
1	In Italien gewachsen, magerer Boden .	1875	17.15	10.36	2.23	39.89	19.01	11.36	12.50	2.69	48.15	22.95	13.71	2.00
	Lathyrus maritimus. — Strand-Platterbse.													
1	Gepflückt 24. Juni 1873	1874	14.30	21.63	4.60	25.67	27.30	6.50P	25.24	5.37	29.94	31.86	7.59P	4.00
2	Gepflückt 16. Juli 1873, Hochland . .	1874	14.30	13.44	4.58	33.92	27.72	6.04P	15.80	5.34	39.47	32.34	7.05P	2.53
3	Gepflückt 28. August 1873, leichter Sandboden	1874	14.30	16.91	2.83	32.89	25.08	7.99P	19.73	3.30	38.38	29.27	9.32P	3.16
	Mittel		16.00	17.02	3.92	30.18	26.17	6.71	20.26	4.67	35.92	31.16	7.99	3.23
	Lathyrus pratensis L. — Wiesen-Platterbse, gelbe Platterbse. — Meadow Vetch. — Gesse des près.													
1	In der Blüthe, von einer Wiese gesammelt	1855	12.50	18.30	—	37.70	26.50	5.00	20.92	—	43.51	30.13	5.44	3.347°

No. 13. A. Völcker. — J. R. Agric. Soc. Engl. 1867. II. 581. Völcker fand im Heu 10.46 % Wasser und hält diesen Gehalt für „abnorm niedrig", wir nehmen deshalb keinen Anstand die Zusammensetzung auf den Wassergehalt zu berechnen, wie er von Anderen angenommen worden. Der Klee war stengelig und hart und zu spät gemäht. Von den Eiweissstoffen waren in Wasser löslich 3.20 % der Trockensubst., von den Aschenbestandtheilen 5.03 %.
No. 14. J. Fittbogen (V.-St. Dahme). — Wie unter 2.
No. 15—17. Ebendas. — Der Wundklee wurde im Gemisch mit Weissklee und Raygras auf dem Felde angesäet. Die zur Untersuchung genommenen Pflanzen wurden dicht unterhalb der Wurzelblätter abgeschnitten, ohne Anwendung künstlicher Wärme an der Luft getrocknet und gepulvert; sie enthielten in diesem Zustande 9—10 % Wasser. Die Zusammensetzung wurde vom Autor auf Wassergehalt von 16.7 % berechnet. Vergl. Notiz bei frischem Wundklee. Der Klee wuchs auf lehmigem Sandboden.

Dolichos sinensis.
No. 1 u. 2. Massachusetts State Agric. Exper. Station, Bullet. No. 8. 1884. (Nach Jahresber. d. Agriculturchem. 1884.)
*) Der Wassergehalt ist von uns willkürlich angenommen.

Ervum Lens.
Die Zusammensetzung des Heu's ist aus der grünen Pflanze abgeleitet.
No. 1. H. Ritthausen. — Mitthl. aus Waldau. 1. 77.
No. 2. Al. Pasqualini. — Ann. Staz. Agrar. Forli 2. 1873. 45.

Hedysarum coronarium.
No. 1. Al. Pasqualini. — Ann. Staz. Agrar. Forli 4. 1875. 116.

Lathyrus maritimus.
No. 1—3. F. H. Storer. — Bull. Bussey Instit. 1. 4. 1875. 348. Von 3 verschiedenen Standorten. Im Original ist der Wassergehalt der längere Zeit im Zimmer gelegenen Proben zu 7—8 % angegeben. Die Asche ist frei von C und CO_2. An Rohasche enthielten die lufttrocknen Proben 8.01, 7.83 und bezw. 9.50 %.

Lathyrus pratensis.
Die Analyse unter 1 ist aus der Zusammensetzung der grünen Pflanze vom Autor berechnet.
No. 1. H. Ritthausen. — Mitthl. aus Waldau. 1. 68.

No.	Bezeichnungen und Bemerkungen	Jahr der Untersuchung	In der ursprünglichen Substanz: Wasser %	Nh-Substanz %	Rohfett %	Nfr. Extractstoffe %	Rohfaser %	Asche %	In der Trockensubstanz: Nh-Substanz %	Rohfett %	Nfr. Extractstoffe %	Rohfaser %	Asche %	Stickstoff in der Trockensubstanz %
2	Vor der Blüthe, gesammte oberirdische Pflanze	1882	15.16	20.73	1.61	37.96	19.02	5.52P	24.44	1.91	44.77	22.53	6.35P	3.91
3	Dieselbe, die jüngsten Stengel u. Blätter	1882	—	—	—	—	—	—	29.81	—	—	—	—	4.77
	Mittel		16.00	21.05	1.60	34.28	22.12	4.95	25.06	1.91	40.81	26.33	5.89	4.01
	Lathyrus sativus L. — Essbare Platterbse, Kicherling. — Gesse cultivée, Pois carré. — Cicerchia (italien.).													
1	In voller Blüthe, schwerer Boden	1873	14.30	19.87	1.99	45.78	11.36	6.70	23.19	2.32	53.41	13.26	7.82	3.71
2		1874	14.30	16.37	2.89	32.14	23.09	11.21	19.10	3.37	37.50	26.95	13.08	3.06
	Mittel		16.00	17.77	2.39	38.17	16.89	8.78	21.15	2.85	45.44	20.11	10.45	3.38
	Lespedeza cyrtolifera.													
1	Geschnitten im August	1883	16.00	14.69	3.67	30.81	28.94	5.89	17.51	4.37	36.66	34.45	7.01	2.801°
	Lespedeza striata. — Japan clover.													
1	Von Alabama	1878	16.00	12.69	3.69	45.01	19.97	3.64	15.11	4.40	52.39	23.77	4.33	2.42
	Lotus corniculatus L. — Gemeiner Schotenklee oder Hornklee. — Common Bird's foot. — Lotier corniculé, Trèt de cornu.													
1	In der Blüthe, von einer Wiese	1855	12.50	13.10	—	48·90	22.50	6.80	15.23	—	51.60	25.48	7.69	2.437
	Lotus uliginosus Schk. (L. major Sm.). — Sumpfhornklee. — Greater Bird's foot. — Lotie velu.													
1	In der Knospung, von einer Wiese	1855	12.50	18.80	—	39.10	23.40	6.00	21.50	—	44.61	26.78	7.11	3.440°
	Lupinus albus L. — Weisse Lupine. — White lupine. — Lupine blanc. — Lupino bianco.													
1	In Italien gewachsen	1874	16.00*)	19.66	1.83	26.98	31.09	4.44	23.40	2.18	32.12	37.01	5.29	3.74
	Lupinus angustifolius L. — Blaue Lupine. — Blue lupine. — Lupin bleu.													
1	Fast völlig abgeblüht, halbreif, ganze Pflanze	1870	10.71	11.30	1.09	47.01	25.67	4.02P	12.66	1.22	52.65	28.75	4.50P	2.03

No. 2. P. Baessler. — L. V.-St. 29. 1883. 434. Das untersuchte Material war (wild?) auf ungedüngtem Grauwackeboden gewachsen (westfälisches Sauerland) und enthielt in der Trockensubstanz 20.31% Reinproteïn, entsprechend 3.25% N. 0.0046% Salpetersäure, 0.0380% Ammoniak, ferner Amidosäureamid-N 0.053%, Amidosäure-N 0.044%; es verbleiben als nicht bestimmter N 0.53% der Trockensubstanz.

Lathyrus sativus.
No. 1 u. 2. Al. Pasqualini. — Ann. Staz. Agrar. Forli. 2. 1873. 35 und 3. 1874. 111.

Lespedeza cyrtolifera.
No. 1. O. Kellner. — Chemic. Analys. from the Laboratory of the Imperial College of Agriculture Komaba, Tokio, Japan. 11. N in Amiden: 0.648% der Trockensubstanz.

Lespedeza striata.
No. 1. Peter Collier. — Ann. Rep. of the Commissioner of Agriculture 1878. 181.

Lotus corniculatus.
No. 1. H. Ritthausen. — Mitthl. aus Waldau. 1. 68. Die Zusammensetzung des Heu's wurde vom Autor aus der grünen Pflanze berechnet.

Lotus uliginosus.
No. 1. H. Ritthausen. — Mitthl. aus Waldau. 1. 68. Desgl.

Lupinus albus.
No. 1. All. Pasqualini. — Ann. Staz. Agrar. Forli 3. 1874. 111.
*) Willkührlich angenommener Wassergehalt. Im Original ist derselbe zu 18% angegeben.

Lupinus angustifolius.
No. 1—5. M. Siewert. — Ztschr. d. landw. Centralv. d. Prov. Sachsen 1870. 75. Die Lupinen stammten aus Hundisburg (Preuss. Prov. Sachsen). Die ganze Pflanze setzte sich zusammen aus 45.17% Stengeln, 17.95% Blättern, 24.78% leeren Hülsen und 12.10% Körnern. Nach diesem Verhältniss und der procentischen Zusammensetzung der einzelnen Theile berechnet sich für die das Heu ausmachende ganze Pflanze obige Zusammensetzung. An Alkaloid enthielten die Proben (in der lufttrocknen Substanz):

	No. 1	2	3	4	5
Alkaloid	0.18	0.10	0.13	0.22	0.63%.

No.	Bezeichnungen und Bemerkungen	Jahr der Untersuchung	In der ursprünglichen Substanz: Wasser %	Nh-Substanz %	Rohfett %	Nfr. Extractstoffe %	Rohfaser %	Asche %	In der Trockensubstanz: Nh-Substanz %	Rohfett %	Nfr. Extractstoffe %	Rohfaser %	Asche %	Stickstoff in der Trockensubstanz %
2	{ Stengel	1870	11.14	3.76	0.64	51.15	29.59	3.62	4.23	0.72	57.69	33.29	4.07	0.68
3	{ Blätter	1870	8.80	20.62	2.15	35.34	25.84	7.12	22.60	2.36	38.72	28.32	7.80	3.62
4	{ Leere Hülsen	1870	12.00	14.17	0.81	47.55	22.57	2.68	16.11	0.92	54.26	25.66	3.05	2.58
5	{ Halbreife Körner	1870	9.30	19.75	1.80	47.79	16.99	3.74	21.74	1.98	53.45	18.71	4.12	3.48
6	Ganze Pflanze b. eben beginnender Blüthe	1885	16.00*)	18.82	2.35	35.61	20.58	6.64	22.4	2.8	42.4	24.5	7.9	3.57
7	Desgl. in voller Blüthe	1885	16.00*)	17.97	1.93	34.53	23.69	5.88	21.4	2.3	41.1	28.2	7.0	3.42
	Lupinus hirsutus. — Rothe Lupine.													
1	Ganze Pflanze bei eben beginnender Blüthe	1885	16.00	13.61	3.19	39.14	19.74	8.32	16.2	3.8	46.6	23.5	9.9	2.59
2	Desgl. in voller Blüthe	1885	16.00	13.36	2.77	39.05	21.76	7.06	15.9	3.3	46.5	25.9	8.4	2.54
	Lupinus luteus L. — Gelbe Lupine. — Yellow Lupine. — Lupine jaune.													
1		1854	(—	6.6	—	28.1	48.3)	—	—	—	—	—	—	—
2	In der Blüthe	1872	25.93	14.36	1.12	29.81	22.99	5.79	19.42	1.51	40.23	31.03	7.81	3.11
3	Desgl.	1878	—	—	—	—	—	—	22.52	2.24	39.11	29.63	6.50	3.60
4	Desgl., beginnender Schotenansatz	1876	—	—	—	—	—	—	24.06	4.38	33.63	34.08	3.85	3.85
5	Zur Hälfte abgeblüht, mit unreifen Schoten	—	12.00	11.80	2.90	28.50	35.50	6.30	13.42	3.30	35.76	40.36	7.16	2.15
6	Desgl., lehmiger Sandboden	1863	14.70	14.00	1.36	30.46	34.20	5.28	16.42	1.59	35.71	40.10	6.19	2.63
7	Desgl., ohne Blätterabfall (?)	1866	—	—	—	—	—	—	15.00	3.16	41.27	35.55	5.03P	2.40
8	Desgl.	1869	9.73	25.10	2.12	31.39	27.27	4.39	27.80	2.35	34.78	30.20	4.87	4.45
9	Desgl., halbreif	1870	11.00	16.40	1.62	44.00	23.50	3.35	18.43	1.82	49.57	26.41	3.77	2.95
10	{ Von schädlicher Wirkung	1879	8.77	18.57	1.87	35.25	29.54	6.00	20.35	2.05	38.66	32.36	6.58	3.26
11	{ Unschädlich	1879	9.32	18.66	1.11	33.28	32.23	5.40	20.58	1.22	36.69	35.55	5.96	3.29
12		1879	6.16	17.81	2.13	33.29	35.00	5.61	29.65	2.27	24.79	37.31	5.98	4.74
13	In der Reife	1878	—	—	—	—	—	—	18.66	2.34	40.72	33.88	4.40	2.99
14		1880	15.00	16.3	28.5		33.0	7.2	19.17	35.55		38.81	8.47	3.07
15		1880	15.00	16.4	37.1		26.1	5.4	19.29	43.76		30.69	6.35	3.09
16		1880	15.00	10.4	37.8		32.1	4.7	12.23	44.50		37.74	5.53	1.96
17		1881	15.00	15.0	31.4		33.0	5.6	17.64	36.96		38.81	6.59	2.82
18		1881	15.00	13.9	31.2		32.7	7.2	16.35	36.72		38.46	8.47	2.62

No. 6—7. Troschke. — Deutsche landw. Presse 1885. No. 12. S. 366. Daselbst nach No. 8 der Wochenschr. d. Pomm. ökonomischen Gesellschaft.

Lupinus hirsutus.

No. 1 u. 2. Troschke. — Desgl.

Lupinus luteus.

No. 1. A. Stöckhardt. — Weende'r Jahresber. 1854. II. 13. (A. d. Ztschr. f. Deutsche Landw. 1854. 103.)

No. 2. J. König (V.-St. Münster). — Landw. Ztg. f. Westfalen 1872. 338.

No. 3. C. Brimmer. — Originalmitthl. (Wochenschrift d. pomm. ökonom. Gesellsch. 1879. 21.) Stammt von demselben Felde wie No. 13.

No. 4. O. Kellner. — Deutsche landw. Presse 1876. 474. Im März nach der Ernte untersucht. Das Heu hatte eine noch ziemlich frische Farbe und war zu rechter Zeit und anscheinend unter nicht ungünstigen Witterungsverhältnissen geerntet worden. Die Lupinen mit Schotenansatz, im Kreise Crossen (Rgbz. Frankfurt a. d. O.) auf ächten Lupinenboden gewechsen, wirkten bei Schafen giftig.

No. 5. von Gohren. — In dessen „Naturgesetzen der Fütterung" 1871. Mittlerer Gehalt aus einer Anzahl von Analysen berechnet.

No. 6. Th. Dietrich. — Mitthl. des landw. Centralver. f. d. Kurfürstenthum Hessen 1863. 23.

No. 7. A. Beyer. — Hoffmann's Jahresber. d. Agriculturchem. 1867. 66. (Aus d. Landw. Monatsschrift d. pommersch. ökonom. Gesellsch 16. 86.) Aus der Zusammensetzung der einzelnen Theile der Pflanze (siehe No. 1) berechnet. Bei 100° getrocknet bestand die Pflanze aus 584 g Stengel, 1541 g Blätter, 341 g Schoten und 298 g Samen.

No. 8. F. Heidepriem u. W. Jani. — L. V.-St. 16. 1873. 5. Die Zusammensetzung wurde von uns auf sandfreies Heu berechnet, dasselbe enthielt 6.26% Sand.

No. 9. M. Siewert. — Hoffmann's Jahresber. d. Agriculturchem. 1870—72. II. 6. Die Lupinen stammten von Königsborn (Prov. Sachsen) und enthielten in Procenten der lufttrocknen Substanz 14.84% Stengel, 27.15% Blätter, 37.15% leere Schoten und 20.86% Körner. Das Heu enthielt 0.23% Alkaloid.

No. 10 u. 11. C. Brimmer. — Privatmitthl.

No. 12. P. Wittelshöfer. — Privatmitthl.

No. 13. C. Brimmer. — Privatmitth. Von einem und demselben Felde wie No. 3.

No. 14—24. M. Märcker (V.-St. Halle). — Privatmitthl.

No.	Bezeichnungen und Bemerkungen	Jahr der Untersuchung	In der ursprünglichen Substanz: Wasser %	Nh-Substanz %	Rohfett %	Nfr. Extractstoffe %	Rohfaser %	Asche %	In der Trockensubstanz: Nh-Substanz %	Rohfett %	Nfr. Extractstoffe %	Rohfaser %	Asche %	Stickstoff in der Trockensubstanz %
19		1881	15.00	15.7	33.4		30.4	5.4	18.46	39.44		35.75	6.35	2.95
20		1881	15.00	9.9	34.8		36.7	3.6	11.64	40.97		43.16	4.23	1.70
21		1881	15.00	16.7	33.4		24.6	5.1	19.66	45.41		28.93	6.00	3.15
22		1881	15.00	15.5	32.1		30.4	7.1	18.23	37.67		35.75	8.35	2.92
23		1881	15.00	10.6	33.2		36.3	4.9	12.47	39.08		42.69	5.76	2.00
24		1881	15.00	9.3	34.6		37.8	3.3	10.94	40.73		44.45	3.88	1.75
	Mittel (aus No. 2, 3 u. 4, in der Blüthe)		16.00	18.48	2.27	31.64	26.53	5.08	22.00	2.71	37.66	31.58	6.05	3.52
	Mittel (aus 5—9 incl. z. Hälfte abgeblüht)		16.00	15.29	2.05	33.13	28.99	4.54	18.21	2.44	39.43	34.52	5.40	2.92
	In verschiedenen Vegetationsperioden.													
1	Vor der Blüthe, 1. Juli geschnitten	1879	14.95	23.94	1.04	34.31	16.48	9.28	28.15	1.22	40.34	19.38	10.91	4.50
2	Beginn der Blüthe, 22. Juli geschnitten	1879	15.99	22.88	1.10	32.76	19.86	7.41	27.23	1.31	39.00	23.64	8.82	4.36
3	Schotenansatz, 24. August geschnitten	1879	12.67	17.25	1.36	33.45	29.28	5.99	19.75	1.56	38.20	33.53	6.86	3.16
4	Reife, 24. September geschnitten	1879	8.96	16.75	2.09	33.44	33.58	5.18	18.40	2.30	36.73	36.88	5.69	2.94
5	Ganze Pflanze bei eben beginnender Blüthe	1885	—	—	—	—	—	—	24.5	3.5	41.4	22.3	8.3	3.92
6	Desgl. in voller Blüthe	1885	—	—	—	—	—	—	23.1	2.9	38.2	28.4	7.4	3.70
	Nach verschiedener Düngung.													
1*)	Mit fast reifen Körnern, ungedüngt	1884	20.80	17.81	2.50	22.28	32.04	4.57	22.49*)	3.16	28.13	40.45	5.77	3.60
2*)	Desgl., mit Kainit gedüngt	1884	18.77	16.43	2.12	26.13	31.66	4.89	20.23*)	2.61	32.17	38.97	6.02	3.23
3*)	Desgl., mit Kainit u. Phosphat gedüngt	1884	21.70	15.30	2.18	21.44	35.10	4.28	19.54*)	2.78	27.38	44.83	5.47	3.12
4*)	Desgl., mit Kainit, Phosphat und Stickstoff gedüngt	1884	21.30	19.05	2.82	22.63	29.06	5.14	24.21*)	3.58	28.76	36.92	6.53	3.87
5*)	Desgl., mit Phosphat u. Stickstoff gedüngt	1884	18.34	17.18	2.15	24.45	32.79	5.09	21.04*)	2.63	29.95	40.15	6.23	3.37
	Einzelne Theile des Lupinenheu's.													
1	Nach der Blüthe gesammelt: Blätter . . 55.6 %	1866	—	—	—	—	—	—	16.35	3.40	44.48	29.71	6.06	2.62
2	Nach der Blüthe gesammelt: Stengel . . 21.4 „	1866	—	—	—	—	—	—	7.06	1.94	37.31	49.83	3.86	1.13
3	Nach der Blüthe gesammelt: Schoten . . 12.3 „	1866	—	—	—	—	—	—	5.79	0.96	38.27	52.82	2.16	0.93
4	Nach der Blüthe gesammelt: Unreife Samen 10.7 „	1866	—	—	—	—	—	—	34.37	6.76	37.39	17.46	4.02	5.50
5	Fast völlig abgeblüht, Samenschoten ziemlich vollkommen ausgebildet: Stengel . . 14.84 %	1870	12.13	5.06	0.54	43.60	35.13	3.34	5.76	0.61	49.85	39.98	3.80	0.92
6	Fast völlig abgeblüht, Samenschoten ziemlich vollkommen ausgebildet: Blätter . . 27.15 „	1870	11.10	16.31	2.40	47.53	16.23	6.23	18.35	2.70	52.68	18.26	8.01	2.79
7	Fast völlig abgeblüht, Samenschoten ziemlich vollkommen ausgebildet: Leere Schoten 37.15 „	1870	10.60	7.00	0.88	50.39	28.67	2.20	7.83	0.98	56.65	32.08	2.46	1.25
8	Fast völlig abgeblüht, Samenschoten ziemlich vollkommen ausgebildet: Körner . . . 20.86 „	1870	10.82	36.76	2.75	28.89	16.50	3.93	41.21	3.08	32.80	18.50	4.41	6.59

In No. 19–24, one value is printed across both the Rohfett and Nfr. Extractstoffe columns, under one brace. It is entered in the Rohfett column of each group.

In verschiedenen Vegetationsperioden.

No. 1–4. E. Wein. — L. V.-St. 26. 1880. 191. Zur Aussaat gelangten annähernd gleich grosse und schwere Samen, von denen 100 ein Gewicht von 14.2 g hatten. Die Aussaat erfolgte am 6. Mai 1879 in Kieselsandparcellen, auf welchen schon im Jahre vorher gelbe Lupinen gestanden hatten. Pro 1 qm standen 64 Pflanzen. Gedüngt wurde mit Calciumcarbonat, Kaliumsulfat, Chilisalpeter und Knochenmehl. In Folge ungünstiger Witterung war das Wachsthum ein langsames und ungleiches.

No. 5–6. Troschke. — Deutsche landw. Presse 1885. No. 12. S. 366. Das. nach No. 8 d. Pomm. ökonom. Gesellschaft.

Nach verschiedener Düngung.

No. 1–5. C. Böhmer u. E. Schmidt. — Originalmitthl.

*) Das Heu von den ungedüngten und den verschieden gedüngten Parzellen kann kaum mit einander verglichen werden, weil die Lupinen auf den einzelnen Parzellen verschieden stark vom Wurmfrass gelitten hatten; die Lupinen der ungedüngten Parzelle waren in der Entwickelung zurückgeblieben und zartstengeliger, so dass sie ohne Zweifel aus dem Grunde eine qualitativ bessere Beschaffenheit hatten als die Lupinen von den gedüngten Parzellen No. 2, 3 und 5. An Rein-Proteïn enthielten die 5 Sorten:

	No. 1	2	3	4	5
In der Trockensubstanz	19.36	18.12	16.89	21.54	18.90 %

Einzelne Theile des Lupinenheu's.

No. 1–4. A. Beyer. — Hoffmann's Jahresber. d. Agrikulturchemie 1867. 66.

No. 5–12. M. Siewert. — Ibid. 1870–72. II. 6. Vergl. Lupinen unter No. 9. Von den reifen Lupinen wurde der Bestand derselben an einzelnen Theilen nicht ermittelt. Die Pflanzentheile enthielten im lufttrocknen Zustande Alkaloid:

Stengel		Blätter		Schoten		Körner	
No. 5	9	6	10	7	11	8	12
0.20	0.08	0.20	0.12	0.20	0.06	0.35	0.60 %

No.	Bezeichnungen und Bemerkungen	Jahr der Untersuchung	In der ursprünglichen Substanz: Wasser %	Nh-Substanz %	Rohfett %	Nfr. Extractstoffe %	Rohfaser %	Asche %	In der Trockensubstanz: Nh-Substanz %	Rohfett %	Nfr. Extractstoffe %	Rohfaser %	Asche %	Stickstoff in der Trockensubstanz %
9	Zur Zeit der vollendeten Fruchtreife: Stengel	1870	10.08	8.05	0.86	46.17	31.48	3.28	9.02	0.96	51.03	35.29	3.68	1.44
10	Blätter	1870	12.04	17.31	3.10	40.89	20.93	5.61	19.68	3.52	46.62	23.80	6.38	3.15
11	Leere Schoten . . .	1870	12.50	8.05	0.57	48.59	28.22	2.01	9.20	0.65	55.59	32.26	2.30	1.47
12	Körner	1870	9.45	39.13	4.06	31.73	11.45	3.58	43.20	4.48	35.72	12.64	3.96	6.91

Medicago media Pers. (M. intermedia Schultes) grosse Sandluzerne, gelbe Luzerne. — Brownisch flowered or immediate Lucerne. — Luzerne rustique.

No.	Bezeichnungen und Bemerkungen	Jahr	Wasser	Nh-Substanz	Rohfett	Nfr. Extractstoffe	Rohfaser	Asche	Nh-Substanz	Rohfett	Nfr. Extractstoffe	Rohfaser	Asche	Stickstoff
1	In Frankenfelde gebaut, angehende Blüthe	1853	16.00	14.09	2.76	—	—	7.13	16.76	3.29	—	—	8.49	2.682^{0}

Medicago lupulina L. — Hopfenschneckenklee, Hopfenluzerne, Gelbklee. — Yellow Clover, Hop medic Trefoil. — Luzerne lupuline, Trèfle jaune, Luzerne houblounée.

No.	Bezeichnungen und Bemerkungen	Jahr	Wasser	Nh-Substanz	Rohfett	Nfr. Extractstoffe	Rohfaser	Asche	Nh-Substanz	Rohfett	Nfr. Extractstoffe	Rohfaser	Asche	Stickstoff
1	Beginnende Blüthe	1870	13.22	18.00	33.95		27.25	7.58	20.74	39.14		31.39	8.73	3.32
2	Desgl.	1870	10.46	17.56	41.53		23.08	7.47	19.61	46.27		25.78	8.34	3.14
3	In voller Blüthe, 12. Juni geschnitten .	1854	16.70	12.40	35.90		27.50	7.50	14.60	43.79		32.85	8.76	2.34
4	Beinahe gänzlich abgeblüht, 23. Juni geschnitten	1854	16.70	13.00	37.50		26.80	6.00	15.47	45.30		32.05	7.18	2.48
5	Desgl., 9. Juni gesammelt v. einer Wiese	1854	16.70	11.30	38.90		27.00	6.10	13.73	46.35		32.62	7.30	2.20^{0}
6	Von einer Wiese, in der Blüthe, 6. Juni gesammelt	1849	16.60	20.20	3.38	28.13	22.66	9.03	24.22	4.06	33.69	27.19	10.84	3.876^{0}
7	Aus englischem Samen, in der Blüthe .	1851	16.60	12.88	—		—	7.46	15.44	—		—	8.95	2.47^{0}
8	Aus französischem Samen, in der Blüthe	1851	16.60	11.42	—		—	6.82	13.69	—		—	8.18	2.19^{0}
9	Im Beginn der Blüthe	1853	16.60	16.68	—		—	7.43	20.00	—		—	8.91	3.20^{0}
	Mittel (aus No. 1, 2 u. 9 bei beginnender Blüthe) . . .		16.00	16.90	35.81		24.02	7.27	20.12	42.63		28.59	8.66	3.22
	Mittel (aus No. 3, 6, 7 u. 8 in der Blüthe)		16.00	14.24	3.41	33.77	24.88	7.70	16.96	4.06	40.19	29.62	9.17	2.71

Medicago sativa L. — Luzerne, Schneckenklee, blauer Klee, ewiger Klee, Sinfin. — Lucerne, Purple medick Lucerne commune, Foiu de Bourgogne, Trèfle de Bourgogne. — Lucerna medica (Italien).

No.	Bezeichnungen und Bemerkungen	Jahr	Wasser	Nh-Substanz	Rohfett	Nfr. Extractstoffe	Rohfaser	Asche	Nh-Substanz	Rohfett	Nfr. Extractstoffe	Rohfaser	Asche	Stickstoff
	Vor und bei Beginn der Blüthe.													
1	In Frankenfelde angebaut	1853	17.15	13.84	4.04	—	—	6.57	16.71	4.88	—	—	7.93	2.673^{0}
2	In Baden angebaut	1868	15.70	11.60	2.57	37.19	26.47	6.47	13.76	3.05	44.13	31.39	7.67	2.20
3	In Ungar.-Altenburg angebaut . . .	1866	19.19	16.53	3.11	30.96	23.99	6.22	20.45	3.85	38.33	29.68	7.69	3.27
4	In der Gegend von Leipzig angebaut .	1870	—	—	—	—	—	—	17.19	2.22	42.07	29.93	8.59P	2.75
5	In Proskau angebaut	1870	—	—	—	—	—	—	18.44	2.32	37.99	34.00	7.25P	2.95
6	Desgl.	1873	12.80	15.43	3.36	34.19	24.44	9.78	17.70	3.85	39.10	28.03	11.22P	2.83
7	Desgl., var. chinensis	1873	13.80	16.42	3.31	32.66	23.52	10.29P	19.06	3.96	37.75	27.29	11.94P	3.05

Medicago media.

No. 1. Eichhorn. — Ockel's Berichte. I. 211. (Weende'r Jahresber. 1854. II. 83.) Der Klee war in Frankenfelde gebaut und zu Heu gemacht. 100 frischer Klee gaben 20 Heu. Im Original ist zur Berechnung der Nh. Substanz angenommen, dass dieselbe 15.75 % N enthalte.

Medicago lupulina.

(Die Zusammensetzung für No. 3—9 wurde aus den Analysen frischer Pflanzen (auf Heu) berechnet).

No. 1 u. 2. H. Weiske u. E. Wildt. — Preuss. Annal. d. Landw. Wochenbl. 1871. 310.

No. 3—5. E. Wolff. — Hohenheimer Mitthl. II. 1855. 129. Der Hopfenklee 3 u. 4 war im Gemenge mit Rothklee, Weissklee und Raygras auf dem Felde angebaut und war sehr üppig gewachsen. No. 5 stammte von einer sonnigen Wässerungswiese.

Medicago sativa.

No. 1. Eichhorn. — Ockel's Berichte. I. 211. (Weende'r Jahresber. 1854. II. 79.) In Frankenfelde angebaut, gemäht und zu Heu gemacht. 100 frische Luzerne gaben 21.75 Heu.

No. 2. J. Nessler u. E. Muth. — Ber. d. V.-St. Karlsruhe 1870. 56.

No. 3. J. Moser. — Weende'r Jahresber. 1867/68. 529.

No. 4. G. Kühn (V.-St. Möckern). — Amtsbl. f. d. landw. Vereine Sachsens 1871. 134.

No. 5. H. Weiske u. E. Wildt. — Beiträge zur Frage über Weidewirthschaft u. Stallfütterung. Breslau, 1871. 38.

No. 6 u. 7. H. Weiske. — Der Landwirth 1875. Beide Sorten Luzerne wurden in Proskau auf einem Felde mit humosem Thonboden und 30 % Kalk enthaltendem Thonmergel als Untergrund angebaut. Das untersuchte Material wurde im 4. Jahre der Vegetation entnommen.

No.	Bezeichnungen und Bemerkungen	Jahr der Untersuchung	In der ursprünglichen Substanz: Wasser %	Nh-Substanz %	Rohfett %	Nfr. Extractstoffe %	Rohfaser %	Asche %	In der Trockensubstanz: Nh-Substanz %	Rohfett %	Nfr. Extractstoffe %	Rohfaser %	Asche %	Stickstoff in der Trockensubstanz %
8	In Hohenheim angebaut, noch jung, 3. Schnitt	1875	16.40	16.59	1.98	32.31	26.76	5.96P	19.84	2.38	38.64	32.01	7.13P	3.18
9	Desgl., 2. Schnitt	1875	15.34	14.95	1.97	31.77	30.65	5.32P	17.34	2.33	37.84	36.21	6.28P	2.74
10	In der Zeit vom 25. Juni bis zum 3. Juli geschnitten	1876	—	—	—	—	—	—	21.19	45.19		24.55	9.07	3.39
11	In Italien angebaut	1876	17.02	14.94	3.46	32.37	23.18	9.03	18.03	4.18	38.91	27.98	10.90	2.88
12	Desgl.	1876	16.32	15.62	3.90	31.79	23.42	8.95	18.67	4.66	37.98	27.99	10.70	2.99
13	Sorgfältig (ohne Verlust) getrocknet . .	1876	12.18	14.93	38.47		27.93	6.49	17.00	43.80		31.81	7.39	2.72
14	Gewöhnlich getrocknet, beregnet . . .	1876	15.50	12.62	37.48		28.64	5.86	14.94	44.22		33.90	6.94	2.39
15	In Böhmen gebaut, auf Lössboden gewachsen	1880	17.70	13.46	25.67		35.55	7.62	16.36	31.06		43.20	9.38	2.62
	Mittel (bei Beginn der Blüthe)		(16.00*)	14.92	2.88	32.65	26.27	7.28	17.76	3.43	38.86	31.28	8.67	2.84
	In der Blüthe und gegen Ende der Blüthe.													
1	Im Elsass gebaut	—	15.00	12.00	3.50	41.80	22.00	5.70	14.11	4.12	49.20	25.87	6.70	2.26
2		1868	15.70	11.59	2.58	37.21	26.46	6.46	13.75	3.06	44.13	31.39	7.67	2.20
3		1876	19.60	16.33	1.63	29.44	26.93	6.07	20.31	2.03	36.60	33.50	7.56	3.25°
4		1877	16.60	16.73	3.17	32.10	24.31	7.09	20.06	3.80	38.48	29.15	8.51	3.21°
5	Mitte der Blüthe, 4.—11. Juli geschn.	1876	15.00	16.68	—	40.60	20.43	7.29	19.63	—	47.75	24.04	8.58	3.14
6	Ende der Blüthe, 12—17. Juli geschn.	1876	15.00	16.52	—	39.20	22.27	7.01	19.44	—	46.10	26.21	8.25	3.11
7	Ende der Blüthe	1876	17.15	16.09	3.53	31.29	23.16	8.78	19.42	4.26	37.77	27.95	10.60	3.11
8	Ende der Blüthe	1877	16.94	18.51	4.03	31.97	21.02	7.53	22.29	4.85	38.38	25.41	9.07	3.60
9		1880	—	—	—	—	—	—	16.03	—	—	—	—	2.549°

No. 8 u. 9. C. Kreuzhage. — L. V.-St. 21. 1878. No. 8 Auf dem Felde der Versuchsstation Hohenheim angebaut, No. 8 als dritter Schnitt und bei günstiger Witterung und in guter Beschaffenheit geerntet. Die Zusammensetzung der Trockensubstanz ist das Mittel von 3 zu verschiedenen Zeiten ausgeführten Analysen. No. 8 ist der zweite Schnitt desselben Jahrganges, untersucht im November. Dasselbe Heu früher von O. Kellner untersucht ergab:

	Nh. Substanz	Rohfett	Nfr. Extractstoffe	Rohfaser	Rohasche
Im Juni . . .	15.78	3.62	35.82	38.64	6.14
Im August . .	16.54	3.69	35.62	36.99	7.16

Asche ist frei von Kohle und CO_2 (in beiden Proben). Die Proben stammten aus der vorjährigen Ernte und hatten ein ganzes Jahr, bezw. 1½ Jahre lang in einem trocknen und luftigen Bodenraume gelagert.

No. 10. H. Weiske. — Privatmitthl.

No. 11 u. 12. Al. Pasqualini. — Ann. Staz. Agrar. Forli 1876 u. 1877.

No. 13 u. 14. O. Kellner. — L. V.-St. 21. 1878. 426. Die Luzerne wurde am 27. Juli kurz vor der Blüthe geschnitten (ca. 40 cm hoch) und zu je 250 kg getrocknet. Es wurden hiervon erhalten:

Von der sorgfältig getrockneten Luzerne lufttrockne Substanz . . . . 79.00 kg, Trockensubstanz 69.38 kg
Von der auf dem Felde getrockneten u. beregneten Luzerne lufttrockne Subst. 76.25 kg, Trockensubstanz 64.43 kg

Das gewonnene Heu wurde auf dem Boden bei der unter einem Zinkdache höheren Wärme aufbewahrt, so dass bei der späteren Probenahme neue, nicht unbeträchtliche Verluste durch Abbröckeln entstanden. Die oben für lufttrockne Substanz von uns berechnete Zusammensetzung vernachlässigt diese Verluste.

No. 15. J. Hanamann (V.-St. Lobositz). — Privatmitthl. Näheres unter Med. sat. volle Blüthe No. 14.

*) Dieser Wassergehalt ist willkürlich angenommen; der wirkliche mittlere Wassergehalt nach obigen Analysen ist = 15.76 %.

In der Blüthe und gegen Ende der Blüthe.

No. 1. J. B. Boussingault. — Die Landwirthschaft in ihren Beziehungen zur Physik u. Chemie etc. 1854.

No. 2. J. Nessler (V.-St. Karlsruhe). — Ber. derselb. 1870. 26. Das Heu war bei guter Witterung im Septemb. 1868 bereitet.

No. 3. W. Henneberg, E. Kern u. F. Meinecke (V.-St. Göttingen). — J. f. Landwirthsch. 25. 1877. 449. Die Zusammensetzung der lufttrocknen Substanz von uns berechnet. Der angegebene Wassergehalt ist das Mittel von 6 zu verschiedenen Zeiten (Februar—Mai) ausgeführten Bestimmungen; Extreme 20.6 u. 19.0 %.

No. 4. E. Kern u. H. Wattenberg (V.-St. Göttingen). — Ibid. 1878. 614. Zusammensetzung der lufttrocknen Substanz und deren Wassergehalt von uns berechnet. Letzterer ist das Mittel von 13 zu verschiedenen Zeiten (Ende November bis Mitte Juni) ausgeführten Bestimmungen; Extreme 19.1 und 13.58 %.

No. 5 u. 6. H. Weiske (V.-St. Proskau). — J. f. Landwirthschaft. 27. 1879. 201. Der angegebene Wassergehalt wurde von uns aus den Angaben über Aufnahme von Wasser und Trockensubstanz bei Fütterungsversuchen berechnet, desgl. die Zusammensetzung der lufttrocknen Substanz.

No. 7 u. 8. Al. Pasqualini. — Ann. Staz. Agrar. Forli 5. 1876 und 6. 1877.

No. 9. A. Stutzer. — J. f. Landwirthschaft. 28. 1880. 443. Nach Behandeln mit Kupferoxydhydrat gefunden 1.83 % N. Durch sauren Magensaft (künstliche Verdauungsflüssigkeit) blieben unverdaut 0.549 % N. Von dem in dem untersuchten Luzerneheu enthaltenen N sind in Form von solchen Verbindungen vorhanden, die durch Kupferoxydhydrat

nicht gefällt werden	fällbar, resp. unlöslich sind in sauren Magensaft	
28.20 %	50.27 %	21.53 %.

No.	Bezeichnungen und Bemerkungen	Jahr der Untersuchung	In der ursprünglichen Substanz: Wasser %	Nh-Substanz %	Rohfett %	Nfr. Extractstoffe %	Rohfaser %	Asche %	In der Trockensubstanz: Nh-Substanz %	Rohfett %	Nfr. Extractstoffe %	Rohfaser %	Asche %	Stickstoff in der Trockensubstanz %
10	Am 30. Mai geschnitten, 1881er Ernte	1881	11.60	14.19	2.73	37.77	26.95	6.76	16.05	3.09	42.72	30.49	7.65	2.57
11	Am 18. Juni geschnitten, 1881er Ernte	1881	13.50	12.38	2.57	35.35	28.11	8.09	14.31	2.97	41.12	32.25	9.35	2.29
12	In Italien gebaut	1882	10.67	11.69	4.91	35.91	31.10	5.72	13.08	5.49	40.23	34.80	6.40	2.09
13		1883	—	—	—	—	—	—	17.43	—	—	—	—	2.788°
14	In Böhmen gebaut, Lössboden, vorzüglich	1880/84	19.11	13.34	—	27.94	30.71	8.87	16.50	—	34.55	37.98	10.97	2.64
15	Desgl.	„	20.25	13.13	—	30.75	28.01	7.86	16.46	—	38.56	35.12	9.86	2.63
16	Desgl.	„	19.56	12.40	—	33.12	22.56	12.36	15.42	—	41.17	28.05	15.36	2.47
17	Desgl.	„	17.96	11.86	—	25.64	32.52	12.02	14.66	—	31.05	39.64	14.65	2.35
18	Desgl.	„	13.52	14.06	—	36.51	28.22	7.69	16.26	—	42.22	32.63	8.89	2.60
19	Desgl.	„	13.50	12.83	—	36.32	30.51	6.84	14.84	—	42.08	35.27	7.91	2.37
20	Desgl.	„	14.52	11.08	—	27.03	40.46	6.91	12.97	—	31.61	47.34	8.08	2.08
21	Desgl.	„	20.22	10.22	—	23.67	38.42	7.47	12.94	—	29.53	48.16	9.37	2.07
22	Humuser Lehmboden, ungedüngt, I. Schn.	1880	15.00	16.96	3.53	30.75	24.15	9.61	19.94	4.15	36.21	28.40	11.30	3.19
23	Lehmiger Thonboden, humusarm, I. Schn.	„	15.00	14.98	2.5	30.82	26.64	10.51	17.62	2.94	35.75	31.33	12.36	2.82
24	Mit etwas Rothklee, tiefgründiger Lehm I. Schnitt	„	15.00	14.26	2.48	29.10	30.58	8.49	16.77	2.92	34.37	35.96	9.98	2.68
25	II. Schnitt von No. 23	„	15.00	13.9	36.2		27.6	7.3	16.35	42.61		32.46	8.58	2.62
26	II. Schnitt von No. 24	„	15.00	13.5	37.1		26.7	7.7	15.88	43.66		31.40	9.06	2.54
27	Humusreicher, gypsreicher, lehmig. Sand, I. Schnitt	„	15.00	10.7	41.6		25.2	7.5	12.58	48.96		29.64	8.82	2.01
28	Auf dem Boden getrocknet	„	15.00	14.2	37.1		25.5	8.2	16.70	43.67		29.99	9.64	2.67
29	17 Tage auf d. Felde gelegen, beregnet	„	15.00	13.6	35.4		28.8	7.2	15.99	41.67		33.87	8.47	2.56
30	25 Tage auf d. Felde gelegen, beregnet	„	15.00	11.3	32.6		34.0	7.1	13.29	38.38		39.98	8.35	2.13
31	Humusreicher, gypsreicher, lehmiger Sand, stark beregnet	„	15.00	14.3	32.5		28.4	9.8	16.82	38.26		33.40	11.52	2.69
32	Humusreicher Lehmboden, öfters beregnet	„	15.00	12.5	37.0		29.0	6.5	14.70	43.56		34.10	7.64	2.35
33	Desgl.	„	15.00	14.5	37.0		25.9	7.6	17.05	43.55		30.46	8.94	2.73
34	Etwas kiesiger Lehmboden	„	15.00	14.9	35.0		27.2	7.9	17.52	41.20		31.99	9.29	2.80
35	Desgl., II. Schnitt	„	15.00	15.5	34.6		28.2	7.7	18.23	39.55		33.16	9.06	2.92
36	Buntsandsteinboden m. schwerem thonig. Lehmuntergrund	„	15.00	13.0	34.3		29.8	7.9	15.29	40.38		35.04	9.29	2.45
37	Tiefgründiger, humoser Lehm, II. Schnitt	„	15.00	15.5	35.7		24.5	9.3	18.23	42.02		28.81	10.94	2.92
38	Milder Lehmboden, Berghang, II. Schn.	„	15.00	14.0	37.0		25.8	8.2	16.46	43.56		30.34	9.64	2.63
39	Lehmiger Thonboden, humusarm . . .	1881	15.00	13.5	36.9		26.1	8.5	15.88	43.43		30.69	10.00	2.54

No. 10 u. 11. F. Wolff, O. Vossler, C. Kreuzhage u. O. Kellner. — Landw. Jahrbücher. 13. 1884. 257. Die Luzerne wurde auf einem Hohenheimer Felde zuerst am 30. Mai geschnitten und am 7. Juni als Heu eingefahren; die zweite Sorte bezieht sich auf die in der Vegetation um fast 3 Wochen weiter vorgeschrittene Pflanze und wurde erst am 18. Juni gemäht. In Procenten der Trockensubstanz wurden gefunden:

	No. 10	No. 11
Proteïn	12.85 %	12.22 %
Amide etc.	3.20 %	2.09 %

Unter Asche ist „Reinasche u. Sand" zu verstehen. Die Luzerne gelangte 3—4 Wochen nach der Ernte zur Untersuchung.

No. 12. A. Funaro. — L. V.-St. 28. 1882. 121. Die Luzerne stammte von den Versuchsfeldern der Hochschule für Landwirthschaft in Pisa. Eiweiss-N der lufttr. Substanz (Methode Sestini) betrug 1.72 % = 10.75 % Proteïn.

No. 13. Th. Pfeiffer. — J. f. Landwirthschaft. 31. 1883. 226. Das Luzerneheu (Trockensubst.) enthielt 0.688 % N in künstlicher Verdauungsflüssigkeit (Stutzer) unlöslich = 23.96 % des Gesammt-N. Bei natürlicher Verdauung (durch Schafe) blieben 26.20 % des Gesammt-N unverdaut (ohne Berücksichtigung der Stoffwechselproducte).

No. 14—21. J. Hanamann. — Fürst Schwarzenberg'sche agriculturchem. Versuchsstation. Privatmitthl. Das untersuchte Luzerneheu ist auf der Fürstl. Schwarzenberg'schen Herrschaft Lobositz in Böhmen gewachsen und zwar No. 14—17 auf der Meierei Sullowitz, No. 18—21 auf der Meierei Wchinitz. Die Bodenverhältnisse, unter welchen die Luzerne gebaut wurden, sind für deren Gedeihen äusserst günstig. Die Felder haben im Obergrund Lösslehm, im Untergrund Lössmergel, welcher letzterer bis zu 18 % kohlensauren Kalk enthält. Die Probe unter No. 19 war dem Vorrathe im Schober, die unter 20 vom Boden entnommen.

No. 22—106. M. Märcker (V.-St. Halle). — Privatmitthl. Der Stickstoff ist in diesen wie den folgenden Heuanalysen nach der Natronkalk-Methode bestimmt; eine Wiederholung der Bestimmung nach Kjeldahl hat durchweg ca. 1/10 % mehr Stickstoff geliefert; die vorstehenden Zahlen für N wären daher event. um diese Grösse zu erhöhen.

No.	Bezeichnungen und Bemerkungen	Jahr der Untersuchung	In der ursprünglichen Substanz: Wasser %	Nh-Substanz %	Rohfett %	Nfr. Extractstoffe %	Rohfaser %	Asche %	In der Trockensubstanz: Nh-Substanz %	Rohfett %	Nfr. Extractstoffe %	Rohfaser %	Asche %	Stickstoff in der Trockensubstanz %
40	Lehmig. Thonbod., humusarm, Höhenlage	1881	15.00	7.7	43.6		26.7	7.0	9.06	51.31		31.40	8.23	1.45
41	Humoser Auelehm, nicht drainirt, Tiefenlage	„	15.00	9.7	37.2		31.8	6.3	11.41	43.78		37.40	7.41	1.83
42	Schwarzer, humusreicher Lehmboden, Höhenlage	„	15.00	13.3	33.3		31.6	6.8	15.64	39.20		37.16	8.00	2.50
43	Stark humoser, milder Lehmboden, I. Classe	„	15.00	15.9	36.0		24.2	8.9	18.70	42.37		28.46	10.47	2.99
44	Lehmboden	„	15.00	14.5	34.6		27.3	8.7	17.05	40.62		32.10	10.23	2.73
45	Humusreicher, tiefgründiger Lehm, Höhenlage	„	15.00	14.6	33.2		30.1	7.1	17.17	39.08		35.40	8.35	2.75
46	Leichter Lehmboden	„	15.00	18.0	35.5		23.0	8.1	21.17	42.25		27.05	9.53	3.39
47	Desgl.	„	15.00	19.0	37.6		20.2	8.2	22.34	34.26		23.76	9.64	3.57
48	Humusreicher Lehmboden, Tiefenlage, I. Schnitt	„	15.00	16.6	32.6		28.5	7.4	19.52	38.26		33.52	8.70	3.12
49	Desgl., II. Schnitt	„	15.00	17.4	30.6		30.3	6.7	20.46	36.03		35.63	7.88	3.27
50	Desgl., III. Schnitt	„	15.00	18.3	29.4		28.4	8.9	21.52	34.61		33.40	10.47	3.44
51	Humusreicher, tiefgründiger Lehmboden, Höhenlage, I. Schnitt	„	15.00	12.6	33.5		31.8	7.1	14.82	39.43		37.40	8.35	2.21
52	Desgl., II. Schnitt	„	15.00	15.6	35.7		26.7	7.8	18.35	41.08		31.40	9.17	2.94
53	Desgl., III. Schnitt	„	15.00	15.4	34.7		27.6	7.3	18.11	40.85		32.46	8.58	2.90
54	Sandiger Lehmboden mit einigen Thonköpfen, I. Schnitt	„	15.00	15.0	34.8		27.0	8.2	17.64	40.97		31.75	9.64	2.82
55	Desgl., II. Schnitt	„	15.00	15.8	32.2		28.6	7.4	18.58	39.09		33.63	8.70	2.97
56	Desgl., III. Schnitt	„	15.00	19.5	29.6		27.6	8.3	22.93	36.03		32.46	8.58	3.67
57	Auf Bergland gewachsen	„	15.00	12.6	40.4		25.2	6.8	14.82	47.54		29.64	8.00	2.21
58	Thoniger Kalkschieferboden, Höhenlage, I. Schnitt	„	15.00	13.5	36.7		26.4	8.4	15.88	43.19		31.05	9.88	2.54
59	Desgl., II. Schnitt	„	15.00	14.4	37.5		24.9	8.2	16.93	44.15		29.28	9.64	2.71
60	Milder Lehmboden, Höhenlage	1882	15.00	15.0	32.2		29.8	8.0	17.64	37.91		35.04	9.41	2.82
61	Bester humoser, milder Lehmboden, auf Reutern getrocknet	„	15.00	11.7	37.3		29.2	6.8	13.76	43.90		34.34	8.00	2.20
62	Desgl., in Puppen getrocknet	„	15.00	13.8	37.1		26.5	7.6	16.23	43.67		31.16	8.94	2.60
63	Desgl., in Fröschen getrocknet	„	15.00	12.2	39.0		27.1	6.7	14.35	45.90		31.87	7.88	2.30
64	Humoser Lehmboden, Höhenlage	„	15.00	15.4	37.1		24.2	8.3	18.11	44.85		28.46	8.58	2.90
65	Humusreicher Lehmboden, I. Schnitt	„	15.00	15.6	33.0		30.2	6.2	18.35	38.84		35.52	7.29	2.94
66	Desgl., II. Schnitt	„	15.00	18.4	37.1		22.1	7.4	21.64	43.67		25.99	8.70	3.46
67	Tiefgründiger Lehmboden, niedrige Lage	„	15.00	14.8	32.0		30.5	7.7	17.40	37.67		35.87	9.06	2.78
68	Desgl.	„	15.00	11.3	37.5		29.7	6.5	13.29	44.14		34.93	7.64	2.13
69	Sandiger Lehm, Tiefenlage	1880	15.00	13.90	2.22	27.66	32.75	8.47	16.35	2.61	32.57	38.51	9.96	2.62
70	Sandiger, humoser Lehm	„	15.00	19.51	2.66	32.26	22.40	8.43	22.94	3.13	37.68	26.34	9.91	3.67
71	Humoser, milder Lehmboden, I. Schnitt	„	15.00	12.8	32.8		33.1	6.3	15.05	38.61		38.93	7.41	2.41
72	Desgl., II. Schnitt	„	15.00	16.2	33.9		27.4	7.5	19.05	39.91		32.22	8.82	3.05
73	II. Schnitt von No. 69	„	15.00	15.4	35.4		26.9	7.3	18.11	41.68		31.63	8.58	2.90
74	Sehr thoniger, tiefgründiger Höhenboden	„	15.00	13.6	39.1		24.1	8.2	15.99	46.03		28.34	9.64	2.56
75	Humoser, schwerer Lehm, III. Schnitt	„	15.00	16.2	37.6		21.7	9.5	19.05	44.26		25.52	11.17	3.05
76	Thoniger Kalkboden, humusreich	1881	15.00	11.1	38.0		27.7	8.2	13.05	44.73		32.58	9.64	2.09
77	Humusarmer Lehm, flachgründig, Höhenlage	„	15.00	10.7	37.9		29.5	6.9	12.58	44.62		34.69	8.11	2.01
78	Tiefgründiger Auelehm mit Mergeluntergrund	„	15.00	16.2	37.5		20.5	10.7	19.05	44.26		24.11	12.58	3.05

No.	Bezeichnungen und Bemerkungen	Jahr der Untersuchung	In der ursprünglichen Substanz: Wasser %	Nh-Substanz %	Rohfett %	Nfr. Extractstoffe %	Rohfaser %	Asche %	In der Trockensubstanz: Nh-Substanz %	Rohfett %	Nfr. Extractstoffe %	Rohfaser %	Asche %	Stickstoff in der Trockensubstanz %
79	Humusreicher Lehm, tiefgründig . .	1881	15.00	14.8	35.4		27.6	7.2	17.40	41.67		32.46	8.47	2.78
80	Schwere, feste Elbaue	„	15.00	13.6	40.4		23.9	7.1	15.99	47.55		28.11	8.35	2.56
81	Desgl.	„	15.00	14.0	32.5		31.6	6.9	16.46	38.27		37.16	8.11	2.63
82	Humoser, lehmiger, kalkreicher Boden, I. Schnitt	„	15.00	16.6	33.8		27.5	7.1	19.52	39.79		32.34	8.35	3.12
83	Desgl., II. Schnitt	„	15.00	16.6	34.4		26.7	7.3	19.52	40.50		31.40	8.58	3.12
84	Desgl., III. Schnitt	„	15.00	16.2	31.0		29.3	8.6	19.05	36.38		34.46	10.11	3.05
85	Lehmboden, I. Schn., im Freien getrocknet	„	15.00	10.0	41.2		26.6	7.2	11.76	48.49		31.28	8.47	1.88
86	Desgl., auf dem Boden getrocknet . .	„	15.00	10.1	39.3		26.9	8.7	11.88	46.26		31.63	10.23	1.90
87	Desgl., total verregnet	„	15.00	8.4	36.9		33.4	6.3	9.88	43.43		39.28	7.41	1.58
88	Desgl., im Freien getrocknet	„	15.00	12.2	37.8		25.5	9.5	14.35	44.49		29.99	11.17	2.30
89	Desgl., auf dem Boden getrocknet . .	„	15.00	13.9	37.8		23.1	10.2	16.35	44.48		27.17	12.00	2.62
90	Desgl., total verregnet	„	15.00	11.3	29.8		36.4	7.5	13.29	35.08		42.81	8.82	2.13
91	Desgl., ziemlich gut eingekommen . .	„	15.00	15.7	32.4		26.7	10.2	18.46	38.14		31.40	12.00	2.95
92		„	15.00	16.7	33.8		24.8	9.7	19.64	39.79		29.16	11.41	3.13
93		„	15.00	12.0	29.4		36.2	7.4	14.11	34.62		42.57	8.70	2.26
94		„	15.00	15.0	33.6		26.9	9.5	17.64	38.60		31.63	11.17	2.82
95		„	15.00	15.1	36.4		24.5	9.0	18.72	41.89		28.81	10.58	3.00
96		„	15.00	11.1	30.8		35.9	7.2	13.05	36.26		42.22	8.47	2.09
97		„	15.00	18.7	32.7		24.0	9.6	21.99	38.50		28.22	11.29	3.52
98		„	15.00	19.6	36.1		20.0	9.3	23.05	42.49		23.52	10.94	3.69
99		„	15.00	16.3	30.3		27.6	10.8	19.17	35.67		32.46	12.70	3.07
100		„	15.00	18.4	33.3		25.3	8.0	21.64	39.20		29.75	9.41	3.46
101		„	15.00	20.2	33.0		21.4	10.4	23.76	38.84		25.17	12.23	3.80
102		„	15.00	17.2	30.5		27.4	9.9	20.23	35.91		32.22	11 64	3.24
103		„	15.00	18.9	31.6		25.4	9.2	22.23	37.08		29.87	10.82	3.56
104		„	15.00	18.6	33.5		22.7	10.2	21.87	39.43		26.70	12.00	3.50
105		„	15.00	18.4	28.8		29.1	8.7	21.64	33.91		34.22	10.23	3.46
106		1882	15.00	12.8	39.7		26.5	6.0	15.05	46.73		31.16	7.06	2.41
	Medicago sativa: Minimum		10.67	7.61	2.19	21.86	19.76	5.37	9.06	2.61	26.02	23.52	6.40	1.45
	Medicago sativa: Maximum		20.25	19.96	4.61	40.15	40.45	12.90	23.76	5.49	47.80	48.16	15.36	3.80
	Medicago sativa: Mittel (i. d. Blüthe No. 1—21)		16.00	13.76	3.14	56.59	2.76	7.75	16.38	3.74	39.78	32.87	9.23	2.64

I. und II. Schnitt von einem und demselben Felde.

No.	Bezeichnungen und Bemerkungen	Jahr der Untersuchung	Wasser %	Nh-Substanz %	Rohfett %	Nfr. Extractstoffe %	Rohfaser %	Asche %	Nh-Substanz %	Rohfett %	Nfr. Extractstoffe %	Rohfaser %	Asche %	Stickstoff in der Trockensubstanz %
	Mittel, I. Schnitt (No. 23, 24, 48, 51, 54, 58, 65, 71, 82)		16.00	14.30	2.46	28.06	31.53	7.65	17.02	2.93	33.41	37.53	9.11	2.72
	Mittel, II. Schnitt (No. 25, 26, 49, 52, 55, 59, 66, 72, 83)		16.00	15.57	36.00		26.45	7.38	18.53	31.19		31.49	8.79	2.96

Bei verschiedener Behandlung und Zubereitung und bei verschiedenem Alter des Heu's.

No.	Bezeichnungen und Bemerkungen	Jahr der Untersuchung	Wasser %	Nh-Substanz %	Rohfett %	Nfr. Extractstoffe %	Rohfaser %	Asche %	Nh-Substanz %	Rohfett %	Nfr. Extractstoffe %	Rohfaser %	Asche %	Stickstoff in der Trockensubstanz %
1	Heu gut und eben fertig	1868	15.70	11.59	2.58	37.21	26.46	6.46	13.75	3.06	44.13	31.39	7.67	2.20
2	Dasselbe nach d. Trocknen 8 Tage im Freien gelegen	1868	15.70	11.01	1.31	37.58	28.29	6.11	13.06	1.56	44.56	33.57	7.25	2.09
3	Dasselbe, zusammengepresst, bis zum Mai 1869 aufbewahrt: aussen	1868	14.50	8.49	2.01	—	23.17	—	9.94	2.35	—	27.10	—	1.59
4	Dasselbe, zusammengepresst, bis zum Mai 1869 aufbewahrt: innen	1868	14.50	8.79	2.11	—	20.09	—	10.29	2.47	—	23.50	—	1.65

Bei verschiedener Behandlung und Zubereitung und bei verschiedenem Alter des Heu's.

No. 1—4. J. Nessler, Körner u. Brigel. — Ber. d. V.-St. Karlsruhe 1870. 26. Das Heu war bei guter Witterung im September 1868 bereitet. Das 8 Tage im Freien gelegene Heu wurde einmal von einem schwachen Regen durchnässt, ohne ausgewaschen worden zu sein, die übrige Zeit war jeden Tag heller Sonnenschein und Nachts wurde das Heu durch Thau angefeuchtet. Ein dritter Theil des Heu's wurde zu Ballen von 90—100 Pfd. zusammengepresst und auf einem trocknen Speicher bis Mai 1869 aufbewahrt. Das zusammengepresste Heu hatte sich im Innern schon am ersten Tage auf 40° C. erwärmt.

No.	Bezeichnungen und Bemerkungen	Jahr der Untersuchung	In der ursprünglichen Substanz: Wasser %	Nh-Substanz %	Rohfett %	Nfr. Extractstoffe %	Rohfaser %	Asche %	In der Trockensubstanz: Nh-Substanz %	Rohfett %	Nfr. Extractstoffe %	Rohfaser %	Asche %	Stickstoff in der Trockensubstanz %
5	Sorgfältig, ohne Verlust getrocknet .	1876	12.18	14.93	—	38.64	27.93	6.32	17.00	—	43.80	31.81	7.39	2.72
6	Gewöhnlich getrocknet und beregnet .	1876	15.50	12.62	—	37.38	28.64	5.86	14.94	—	44.22	33.90	6.94	2.39
7	Dürrheu, sorgfältig, ohne Verlust getrocknet	1870	—	—	—	—	—	—	20.62	3.65	37.57	30.34	7.82P	3.30
8	Desgl., auf gewöhnliche Weise getrocknet	1870	—	—	—	—	—	—	18.44	2.32	37.99	34.00	7.25	2.95
9	Brennheu	1870	—	—	—	—	—	—	22.37	2.71	29.64	37.00	8.28	3.58
10	Braunheu, vom Aussenrand des Haufens	1870	—	—	—	—	—	—	12.81	3.15	47.60	26.19	10.25	2.05
11	Desgl., zwischen Aussenrand u. Mitte	1870	—	—	—	—	—	—	15.31	3.90	43.57	26.97	10.25	2.45
12	Desgl., von der Mitte des Haufens .	1870	—	—	—	—	—	—	15.45	7.17	37.18	28.86	11.34	2.47
13		—	16.30	16.56	1.98	32.44	26.80	5.92	19.79	2.37	38.74	32.02	7.08	3.17
14		—	15.70	16.55	1.98	33.92	26.84	6.01	19.63	2.35	39.05	31.84	7.13	3.14
15		—	17.20	16.65	1.99	31.60	26.62	5.94	20.11	2.41	38.13	32.17	7.18	3.22
16	Im Juni untersucht	—	—	—	—	—	—	—	15.78	3.62	35.82	38.64	6.14	2.52
17	Im August untersucht	—	—	—	—	—	—	—	16.54	3.69	35.62	36.99	7.16	2.65
18	Im November untersucht	—	—	—	—	—	—	—	17.34	2.33	37.84	36.21	6.28	2.37

Luzerneheu,*) in verschiedenen Vegetationsperioden.

No.	Bezeichnungen und Bemerkungen	Jahr der Untersuchung	Wasser %	Nh-Substanz %	Rohfett %	Nfr. Extractstoffe %	Rohfaser %	Asche %	Nh-Substanz %	Rohfett %	Nfr. Extractstoffe %	Rohfaser %	Asche %	Stickstoff in der Trockensubstanz %
1*)	Im Stadium kräftig. Entwicklung (Blüthe?)	1851	15.00	13.18	—	—	—	10.00	15.50	—	—	—	11.77	2.48°
2*)	In der Blüthe, von einer Wiese . . .	1849	15.00	10.67	2.34	34.32	29.08	8.59	12.56	2.76	40.16	34.21	10.11	2.01
3*)	Gerade in die Blüthe getreten . . .	1553	15.00	14.07	—	—	—	9.84	16.56	—	—	—	11.58	2.65°
4*)	6jährige Pflanzen, 22. April	1854	15.00	27.94	—	—	—	8.15	32.88	—	—	—	9.59	5.26°
5*)	10jährige Pflanzen, 24. April . . .	1854	15.00	29.11	—	—	—	8.93	34.25	—	—	—	10.50	5.48°
6*)	6jährige Pflanzen, 5. Mai	1854	15.00	23.83	—	—	—	8.34	28.04	—	—	—	9.81	4.89°
7*)	10jährige Pflanzen, 5. Mai	1854	15.00	18.22	—	—	—	10.84	21.43	—	—	—	12.75	3.43°
8*)	Zweiter Schnitt, 22. Mai	1854	15.00	22.26	—	—	—	9.71	26.19	—	—	—	11.43	4.19°
9*)	Zweiter Schnitt, 3. Mai	1854	15.00	15.09	—	—	—	7.39	17.75	—	—	—	8.70	2.84°
10*)	Am 24. Mai gesammelt	1855	15.00	16.13	3.68	—	—	9.90	18.98	4.33	—	—	11.65	3.03°
11	Anfang der Blüthe, 25. Juni bis 3. Juli gesammelt	1876	15.00	18.01	—	38.50	20.78	7.71	21.19	—	45.19	24.55	9.07	3.41
12	Mitte der Blüthe, 4. Juli bis 11. Juli gesammelt	1876	15.00	16.68	—	40.60	20.43	7.29	19.63	—	47.75	24:04	8.58	3.14
13	Ende der Blüthe, 12. Juli bis 17. Juli gesammelt	1876	15.00	16.52	—	39.19	22.28	7.01	19.44	—	46.10	26.21	8.25	3.11
14	Beim Erscheinen der Blüthen . . .	1876	17.02	14.94	3.46	36.37	23.18	9.03	18.00	4.17	39.02	27.93	10.88	2.88
15	Ende der Blüthe	1876	17.15	16.09	3.53	31.29	23.16	8.78	19.42	4.26	37.77	27.95	10.60	3.11
16	Bei Reife der Samen	1876	17.12	17.92	3.76	32.36	21.23	7.81	21.63	4.54	38.78	25.62	9.43	3.46
17	Beim Erscheinen der Blüthen . . .	1877	16.32	15.62	3.90	31.79	23.42	8.95	18.67	4.66	37.98	27.99	10.70	2.99
18	Ende der Blüthe	1877	16.94	18.51	4.03	31.97	20.02	7.53	22.29	4.85	38.48	25.31	9.07	3.57

No. 5 u. 6 u. 13—18. V.-St. Hohenheim. Vergl. Luzerneheu 10 u. 11 u. a.
No. 7—12. H. Weiske u. E. Wildt. — Beiträge zur Frage über Weidewirthschaft u. Stallfütterung. Breslau, 1871. 38. Eben in die Blüthe getretene Luzerne; Brennheu wurde nach der Klappmeyer'schen Methode bereitet.
Luzerneheu, in verschiedenen Vegetationsperioden.
*) No. 1—10. Umfasst solche Analysen, welche von Analysen von Luzerne im grünen Zustande auf heutrockne Substanz berechnet wurden.
No. 1. Th. Anderson. — Transact. Highl. Soc. Juli 1851 bis March. 1853. 440. In einem Garten zu Edinburg auf kleiner Parzelle gebaut; Mitte September entnommen.
No. 2. Th. Way. — J. Agr. Soc. Engl. 1853. I. 171. Die Luzerne wurde an ihrem natürlichen Standorte, auf einer Wiese mit kalkhaltigem Lehmboden zur Zeit ihrer Blüthe in Cirencister gesammelt.
No. 3. Aug. Völcker. — J. Highl. Soc. Juli 1853. 56. Die Luzerne war auf kleinem Beete auf einem Ackerfelde gebaut.
No. 4—10. H. Ritthausen u. Scheven. — Mitthl. aus Waldau.
No. 11—13. H. Weiske. — J. f. Landwirthschaft 1877. 201.
No. 14—18. Al. Pasqualini. — Ann. Staz. Agrar. Forli 5. 1866 u. 6. 1867.

No.	Bezeichnungen und Bemerkungen	Jahr der Untersuchung	In der ursprünglichen Substanz: Wasser	Nh-Substanz	Rohfett	Nfr. Extractstoffe	Rohfaser	Asche	In der Trockensubstanz: Nh-Substanz	Rohfett	Nfr. Extractstoffe	Rohfaser	Asche	Stickstoff in der Trockensubstanz
			%	%	%	%	%	%	%	%	%	%	%	%
	Melilotus alba L. — Weisser Steinklee, Honigklee. — Bokhara clover. — Mélilot blanc.													
1	Bei Beginn der Blüthe	1870	12.00	14.03	3.02	28.53	37.00	5.42	15.94	3.43	32.44	42.03	6.16	2.55
2		?	14.30	19.88	2.74	24.00	24.69	14.39	23.22	3.20	28.28	28.49	16.81	3.72
3	In der Blüthe	1870	14.30	21.18	4.82	36.46	12.14	11.10	24.72	5.62	42.54	14.17	12.95	3.95
4	In die Blüthe getreten	—	14.30	15.05	—	—	—	8.66	17.56	—	—	—	10.11	2.81⁰
	Mittel (in der Blüthe) .		16.00	17.10	3.42	30.10	23.71	9.67	20.36	4.08	35.82	28.23	11.51	3.26
	Onobrychis sativa Lam. (Hedysarum Onobrychis L.) Esparsette. — Sain foin. — Esparsette, Fenasse.													
	In beginnender Blüthe.													
1	In Proskau gewachsen	1871	11.77	15.44	—	36.24	30.86	5.69P	17.49	—	41.09	34.96	6.46	2.80
2	In Proskau gewachsen, sehr üppig und hoch gewachsen, 8. Juni	1873	16.70	19.68	3.03	33.22	22.42	5.95	23.63	3.64	38.66	26.92	7.15	3.78
3	In Italien gewachsen	1876	16.42	14.15	3.30	34.50	23.76	7.87	16.42	3.95	41.80	28.42	9.41	2.71
4	Desgl.	1877	17.17	15.35	3.57	32.95	23.35	7.61	18.53	4.31	39.89	28.08	9.19	2.96
5	In England gewachsen, 8. Juni ges. .	1849	14.30	15.81	2.58	39.39	21.18	6.74	18.16	3.01	46.25	24.71	7.87	2.907⁰
6	In England gewachsen, gerade in die Blüthe getreten	1853	16.70	12.91	—	—	—	6.34	15.50	—	—	—	7.62	2.48⁰
	Mittel (aus No. 1—6, bei beginnender Blüthe) . . .		16.00	15.36	3.15	34.77	24.04	6.68	18.29	3.75	41.39	28.62	7.95	2.92
	Volle Blüthe.													
7	In Hohenheim sehr üppig im Garten gewachsen	1853	16.7	—	—	—	34.0	6.2	—	—	—	40.08	7.44	—
8	In Proskau ausserordentlich üppig und hoch gewachsen, 16. Juni	1873	16.70	15.46	2.41	32.16	28.26	5.01P	18.56	2.89	38.60	33.93	6.02P	2.97
9	In Westfalen geb. 7 Jahre alte Pflanze, etwas spät gemäht	1879	14.47	10.87	2.37	35.85	31.22	5.22	12.71	2.77	41.92	36.50	6.10	2.03
	Mittel (aus No. 8 u. 9, in voller Blüthe)		16.00	13.14	2.38	33.31	29.58	5.09	15.64	2.83	40.25	35.22	6.06	2·50
	Ende der Blüthe.													
10	In Proskau ausserordentlich üppig und hoch gewachsen, 24. Juni	1873	16.7	13.23	3.24	32.65	29.62	4.56P	15.88	3.90	39.19	35.56	5.47P	2.54
11	In Italien gewachsen	1876	16.25	16.43	3.90	33.34	23.38	6.70	19.65	4.66	40.36	27.53	7.80	3.14
12	Desgl.	1876	16.12	16.29	3.72	34.33	23.02	6.52	19.42	4.43	40.94	27.44	7.77	3.11
	Mittel (aus No. 10—12, Ende der Blüthe)		16.00	15.38	3.64	33.74	25.35	5.89	18.32	4.33	40.16	30.18	7.01	2.93

Melilotus alba.
(Die Analysen unter 3 u. 4 sind aus der Zusammensetzung des grünen Klee's berechnet.)
No. 1. H. Weiske u. E. Wildt. — Preuss. Annal. d. Landw. Wochenbl. 1871. 311.
No. 2. Ed. Peters. — Die landw. Fütterungslehre von H. Settegast. 205.
No. 3. G. Hirzel. — Hoffmann's Jahresber. d. Agriculturchemie. 13/15. 1870/72. II. 5. (Das. nach Ztschr. d. landw. Vereins in Bayern 1871. 346.)
No. 4. A. Völcker. — J. Highl. Soc. Juli 1853. 56.

Onobrychis sativa.
(Die Analysen des Heu's unter 5, 12 u. 20 sind aus der Zusammensetzung der grünen Pflanze berechnet.)
No. 1, 2, 8, 10 u. 14. H. Weiske (V.-St. Proskau), E. Wildt, R. Pott, O. Pfeiffer, M. Schrodt u. O. Kellner. — Journ. f. Landw. 25. 1877. 170.
No. 5. Th. Way. — Th. Way. — J. R. Agric. Soc. of Engl. 14. I. 1853. 171—187. Von ihrem natürlichen Standorte, Wiese mit kalkhaltigem Lehm, genommen.
No. 6. A. Völcker. — J. Highl. Soc. Juli 1853. 56.
No. 3, 4, 11, 12 u. 13. A. Pasqualini.
No. 9. J. König. — Landw. Ztg. f. Westfalen u. Lippe 1880. 38. In 300 m Meereshöhe auf Boden V.—VI. Classe gewachsen; Boden nie gedüngt. Esparsette hatte etwas durch Mäusefrass gelitten.
No. 7. E. Wolff. Hohenheimer Mitthl. II. 1855. 129.

No.	Bezeichnungen und Bemerkungen	Jahr der Untersuchung	In der ursprünglichen Substanz: Wasser %	Nh-Substanz %	Rohfett %	Nfr. Extractstoffe %	Rohfaser %	Asche %	In der Trockensubstanz: Nh-Substanz %	Rohfett %	Nfr. Extractstoffe %	Rohfaser %	Asche %	Stickstoff in der Trockensubstanz %
13	Beginnende Reife der Samen, in Italien gewachsen	1876	16.51	16.73	3.85	33.09	23.13	6·69	20.04	4.61	39.63	27.71	8.01	3.21
14	Sorgfältig getrocknet vom Beginn bis zu Ende der Blüthe gesam., etwas höher abgeschnitten als in der Praxis . .	1873	—	—	—	—	—	—	22.56	3.77	39.10	28.21	6.36P	3.61

Sonstige Analysen von Esparsette-Heu.

No.	Bezeichnungen und Bemerkungen	Jahr der Untersuchung	Wasser %	Nh-Substanz %	Rohfett %	Nfr. Extractstoffe %	Rohfaser %	Asche %	Nh-Substanz %	Rohfett %	Nfr. Extractstoffe %	Rohfaser %	Asche %	Stickstoff in der Trockensubstanz %
15	Tiefgründiger, humoser Lehm, etwas kalte Höhenlage	1880	15.00	16.58	2.57	34.81	24.88	6.16	19.50	3.02	40.98	29.26	7.24	3.12
16	Humoser, schwarzer Lehm	„	15.00	17.3	45.0		16.0	6.7	20.34	52.96		18.82	7.88	3.25
17	Zweischürige Esparsette: Tiefgründig., kalkhalt. schwerer Klayboden, I. Schnitt . .	„	15.00	12.8	38.0		28.1	6.1	15.05	44.73		33.05	7.17	2.41
18	Zweischürige Esparsette: Desgl., II. Schnitt	„	15.00	16.3	42.9		18.7	7.1	19.17	49.49		22.99	8.35	3.07
19	Flacher Kalkboden mit steiniger Unterlage, Höhenlage	„	15.00	13.8	34.3		27.0	4.9	16.23	46.26		31.75	5.76	2.60
20		„	15.00	15.6	40.1		24.9	4.4	18.35	49.20		29.28	5.17	2.94
21	Kalkhaltiger Lehm, Höhenlage . . .	„	15.00	12.0	38.9		29.4	4.8	14.11	45.68		34.57	5.64	2.26
22		„	15.00	14.2	35.0		30.9	4.9	16.70	41.30		36.24	5.76	2.67
23	Humusreicher, tiefgründiger Lehm . .	1881	15.00	15.0	38.5		26.7	4.7	17.64	45.43		31.40	5.53	2.80
24	Humoser, tiefgründiger Lehm . . .	„	15.00	15.6	34.4		29.4	5.6	18.35	40.49		34.57	6.59	2.94
25	Höhenland mit wenig Ackerkrume, zu anderen Zwecken nicht zu benutzen .	„	15.00	10.9	41.4		24.9	7.8	12.82	48.73		29.28	9.17	2.05
26	Humusreicher, tiefgründiger Lehm . .	„	15.00	13.9	38.2		27.5	5.4	16.35	44.96		32.34	6.35	2.62
27	Humusreicher, tiefgründiger Lehm, Tiefenlage	„	15.00	12.8	38.7		28.5	5.0	15.05	45.54		33.52	5.89	2.41
28	Humoser, kalkreicher Lehmboden . .	„	15.00	14.5	34.8		29.3	6.4	17.05	40.96		34.46	7.53	2.73
29	Höhenlage	„	15.00	11.9	44.7		24.0	4.4	13.99	52.64		28.22	5.17	2.08
30	Muschelkalkboden, Höhenlage	„	15.00	10.8	43.0		27.0	4.2	12.70	50.61		31.75	4.94	2.03
31	Desgl.	„	15.00	10.5	41.5		28.2	4.8	12.35	48.85		33.16	5.64	1.98
32	Desgl.	„	15.00	11.1	42.7		26.6	4.6	13.05	50.26		31.28	5.41	2.09
33	Flachgründiger Lehm, Höhenlage . .	1882	15.00	12.8	37.7		28.2	6.3	15.05	44.38		33.16	7.41	2.41
34	Kalkhaltiger Thonboden, Heu auf Reutern getrocknet	„	15.00	12.4	41.0		27.1	4.5	14.58	48.26		31.87	5.29	2.33
35	Desgl., in Puppen getrocknet	„	15.00	13.5	37.6		28.8	5.1	15.88	46.25		33.87	6.00	2.54
36	Desgl., in Fröschen getrocknet . . .	„	15.00	11.7	35.8		32.7	4.8	13.76	42.14		38.46	5.64	2.20
37	Humusreicher, tiefgründiger Lehmboden	„	15.00	14.8	43.9		20.2	6.1	17.40	51.67		23.76	7.17	2.78
38		1880	15.00	12.5	43.3		24.0	5.2	14.70	50.96		28.22	6.12	2.35
39		1881	15.00	11.7	43.4		24.2	5.7	13.76	51.08		28.46	6.70	2.20
40		„	15.00	14.5	41.2		25.0	4.3	17.05	48.49		29.40	5.06	2.73
41		„	15.00	12.4	42.0		25.9	4.7	14.58	49.43		30.46	5.53	2.33
	Mittel aus No. 15—41 .		16.00	13.24	2.54	37.34	28.76	2.12	15.76	3.02	40.75	34.24	6.23	2.52

Esparsette. Beregnetes Heu im Vergleich zu gut eingebrachtem.

No.	Bezeichnungen und Bemerkungen	Jahr der Untersuchung	Wasser %	Nh-Substanz %	Rohfett %	Nfr. Extractstoffe %	Rohfaser %	Asche %	Nh-Substanz %	Rohfett %	Nfr. Extractstoffe %	Rohfaser %	Asche %	Stickstoff in der Trockensubstanz %
42*)	In voller Blüthe geschn., gut eingebracht	1873	16.7	15.46	2.41	32.16	28.26	5.01P	18.56	2.89	38.60	33.93	6.02P	2.97
43*)	In voller Blüthe geschnitten, beregnet	1873	16.7	14.48	3.14	30.96	29.59	5.13	17.38	3.77	37.16	35.53	6.16P	2.78

No. 15—41. M. Märcker (V.-St. Halle). — Privatmitthl. Ueber die N-Bestimmung vergl. Medicago sativa No. 23—106.
No. 42—43. H. Weiske (V.-St. Proskau). — Journ. f. Landw. 1877. Bd. 25. S. 170.
*) Ein Theil der unter No. 42 am 16. Juni geschnittenen Esparsette bekam am 28. Juni einen schwachen, am 19. Juni einen starken Regen; sie hatte in Folge dessen einen Verlust von 3.8% der Trockensubstanz erlitten.

No.	Bezeichnungen und Bemerkungen	Jahr der Untersuchung	In der ursprünglichen Substanz: Wasser %	Nh-Substanz %	Rohfett %	Nfr. Extractstoffe %	Rohfaser %	Asche %	In der Trockensubstanz: Nh-Substanz %	Rohfett %	Nfr. Extractstoffe %	Rohfaser %	Asche %	Stickstoff in der Trockensubstanz %
	Esparsetteheu. Dürrheu, Braunheu und Sauerheu (Sauerfutter).													
44*)	In voller Blüthe geschnitten 16. Juni: Dürrheu, sorgfältig getrocknet	1873	16.70	—	—	—	—	—	—	—	—	—	—	—
45*)	Braunheu I, gut	1873	11.10	18.39	4.33	31.17	28.79	6·22	20.69	4.87	35.06	32.38	7.00	3.31
46*)	Braunheu II aus beregneter Esparsette, gut	1873	10.90	16.15	4.14	29.15	33.22	6.44	18.13	4.65	32.71	37.28	7.23	2.90
7*)	Sauerheu	1873	83.30	3.41	1.00	5.16	5.88	1.25	20.44	6.02	30.88	35.18	7.48	3.27
	Ornithopus sativus Brot. — Serradella.													
1	Am 20. September geschnitten, vermuthlich in der Blüthe	1861	16.70	15.42	2.36	27.87	29.31	8.34	18.51	2.84	33.46	35.18	10.01	2.96
2	Eine jüngere Pflanze, vor der Blüthe .	1858	16.70	15.30	1.90	35.30	26.10	4.70	18.37	2.28	42.38	31.31	5.64	2.94
3	Eine ältere Pflanze, nach der Blüthe .	1858	16.70	14.60	1.50	27.70	33.90	5.60	17.52	1.80	33.26	40.70	6.72	2.80
4	Beginn der Blüthe, am 18. Juli geschn.	1873	16.70	13.23	4.38	39.04	17.47	9.17	15.88	5.27	46.87	20.98	11.01	2.54
5	Volle Blüthe, am 7. August geschn. .	1873	16.70	11.12	4.79	37.78	21.80	7.81	13.35	5.75	45.36	26.17	9.38	2.136
6	Ende der Blüthe, am 3. Sept. geschn.	1873	16.70	13.48	4.70	35.68	21.95	7.50	16.18	5.64	42.83	26.35	9.00	2.59
7	Beginn d. Blüthe, 2. Schnitt, 2. Octob., Nachwuchs	1880	16.70	20.62	4.26	28.60	22.58	7.24	24.75	5.12	34.33	27.11	8.69	3.96
8	Volle Blüthe, 1. Schnitt, 22. Juli .	1880	16.70	18.84	4.33	25.73	24.70	9.70	22.62	5.20	30.89	29.65	11.64	3.62
9	Ende der Blüthe, 1. Schnitt, 2. Octob.	1880	16.70	15.93	3.29	26.98	29.75	7.35	19.13	3.95	32.39	35.71	8.82	3.06
10	In der Blüthe, 11. August	1884	—	—	—	—	—	—	17.85	2.37	49.54	24.37	5.87	2.86
11	Völlig reif, 3. September	1884	—	—	—	—	—	—	15.26	2.91	50.23	25.14	6.46	2.44
	Mittel, Beginn der Blüthe, No. 2, 4 u. 7		16.00	16.52	3.54	34.62	22.23	7.09	19.67	4.22	41.19	26.47	8.45	3.18
	Mittel, Volle Blüthe, No. 5, 8 u. 10		16.00	15.07	3.73	35.23	22.45	7.52	17.94	4.44	41.93	26.73	8.96	2.87
	Mittel, Ende d. Blüthe, No. 3, 6 u. 9		16.00	14.79	3.27	28.30	28.77	6.87	17.61	3.89	37.38	34.25	6.87	2.82
	Pisum sativum L. — Erbse.													
1	Winter-Erbse, mässig entwickelt, in der Blüthe, 20. Juni	1854	12.50	16.3	36.7		28.3	6.0	18.63	42.16		32.35	6.86	2.98
2	Grüne Erbse, kräftig entwickelt, in der Blüthe, 21. Juli	1854	12.50	21.2	30.2		28.8	7.3	24.23	33.51		33.92	8.34	3.88
3	Gelbe Erbse, sehr üppig entwickelt, Beginn der Blüthe, 9. Juli	1855	12.50	23.6	37.0		19.8	7.1	25.97	43.28		22.63	8.12	4.16
4	Desgl., 26. Juli	1855	12.50	15.9	44.2		20.9	6.5	18.17	50.51		23.89	7.43	2.91
5	Desgl., 6. August	1855	12.50	14.3	38.2		28.3	6.7	16.34	43.65		32.35	7.66	2.61
6	Blätter vom 21. Juli (zu No. 2 gehörig)	1854	12.50	21.7	43.9		14.3	7.5	24.80	50.29		16.34	8.57	3.97
7	Stengel vom 21. Juli (zu No. 2 gehörig)	1854	12.50	18.2	27.9		46.5	9.4	20.80	15.31		53.15	10.74	3.33
8	Weisse Erbse, bei Beginn der Blüthe .	1882	16.00	22.7	2.7	26.8	24.9	6.9	27.01	3.21	31.89	29.64	8.20	4.32
9	Graue Felderbse, bei Beginn der Blüthe	1882	16.00	21.9	2.5	28.7	23.1	7.8	26.10	2.98	34.16	27.46	9.30	4.17
10	Sanderbse, bei Beginn der Blüthe . .	1882	16.00	20.8	3.4	30.8	21.8	7.2	24.76	4.05	36.66	25.96	8.57	3.96

*) Zu der Braunheu- und Sauerheu-Bereitung wurde ebenfalls die am 16. Juni geschnittene Esparsette verwendet; dabei erfuhr die Esparsette-Trockensubstanz folgende Verluste resp. Zunahme:

	Nh. Substanz	Aether-extract	Nfr. Extract	Rohfaser	Asche
Bei der Bereitung von Braunheu I 18.5 % Trockensubstanz in %	— 9.2	+37.4	—26.3	—22.2	—5.0
Bei der Bereitung von Braunheu II aus beregnetem Heu 22.9 % Verlust durch Regen und Gährung in %	—24.7	+24.2	—34.7	—15.3	—7.3
Bei der Bereitung v. Sauerheu 24.0 % Verlust durch Gährung in %	—16.3	+58.1	—21.2	—39.2	—5.3

Ornithopus sativus.

No. 1. H. Hellriegel. — 4. u. 5. Jahresber. d. V.-St. Dahme 1862. 86 u. Wochenbl. d. Annal. d. Landw. in Preussen 1861. 506. In der Gegend von Dahme gebaut. Der Samen wurde am 27. April in Reihen von 15 Zoll Abstand eingedrillt. Gemäht am 20. September zur selben Zeit, als in der Praxis das Serradellaheu geworben wurde.

No. 2 u. 3. Ebendas. — Eine junge und eine reife Serradellapflanze, beide an demselben Standort gewachsen wie No. 1.

No. 4—6. J. Fittbogen. — Landw. Jahrb. III. 1874. 159. In der Gegend von Regenwalde auf ungedüngtem Sandboden gebaut; am 3. Mai ausgesäet. Bei No. 5 befanden sich bereits hin und wieder Fruchtansätze, untere Blätter abgestorben.

No. 7—9. H. Weiske, G. Kennepohl u. B. Schulze. — J. f. L. 30. 1882. 391. Vergl. Ornithopus im frischen Zustande S. 67. Der Wassergehalt der lufttrocknen Substanz berechnet sich nach den Angaben im Original auf 7.7, 23.2 und 21.4 %. Wir nahmen zum Vergleich mit den vorhergehenden Analysen 1—6 den obigen Wassergehalt an.

No. 10 u. 11. Massachusetts State Agricult. Experim. Stat. Bull. No. 9. 1884. Jahresber. d. Agriculturchem. 1884. 382.

Pisum sativum.

No. 1—7. H. Ritthausen. — Mitthl. aus Waldau. 1. Heft. 1859. 68. Vergl. Pisum sativum im grünen Zustande. Vom Verf. auf lufttrockne Substanz berechnet.

No. 8—10. Troschke. — Centralbl. f. Agriculturchem. 12. 1883. 490. (Wochenschr. d. Pomm. ökon. Gesellsch. 1883. 33.)

No.	Bezeichnungen und Bemerkungen	Jahr der Untersuchung	In der ursprünglichen Substanz: Wasser %	Nh-Substanz %	Rohfett %	Nfr. Extractstoffe %	Rohfaser %	Asche %	In der Trockensubstanz: Nh-Substanz %	Rohfett %	Nfr. Extractstoffe %	Rohfaser %	Asche %	Stickstoff in der Trockensubstanz %
	Pueraria Thunbergiana.													
1	Geschnitten im August (in Japan gew.)	1882	16.00	17.49	2.60	29.08	27.60	7.23	20.83	3.10	34.72	32.74	8.61	3.33°
	Soja hispida Moench. — Sojabohne.													
1	Samen nicht zur Reife gelangt . . .	1878	—	—	—	—	—	—	12.75	4.13	48.85	30.79	13.48	2.04
2		1882	15.00	19.8	22.5		35.9	6.8	23.28	26.50		42.22	8.00	3.72
3	Schoten eben angesetzt (in Japan gew.)	1882	16.85	14.06	2.13	26.11	35.06	5.79	16.91	2.56	31.28	42.29	6.96	2.705°
	Spartium scoparium L. — Besenstrauch.													
1	Lufttrocken	1879	16.00	14.55	4.85	27.10	30.28	7.22	17.32	5.77	32.26	36.05	8.60	2.77
	Trifolium alexandrinum. — Aegyptischer Klee, Alexandrion und Egyptian clover.													
1	Zweiter Schnitt, in der Blüthe . . .	1875	16.00	20.21	—	29.03	21.73	13.03	24.06	34.56		25.87	15.51	3.85
	Trifolium filiforme L. — Fadenförmiger Klee. — Small yellow clover, Suckling. — Trèfle filiforme.													
1	Von einer Wiese, in der Blüthe . .	1855	16.00	14.17	—	38.42	26.63	4.78	16.87	45.53		31.71	5.69	2.69
	Trifolium hybridum L. — Bastardklee, Schwedischer Klee. — Hybrid, Swedisch or Alsike clover. — Trèfle hybride.													
1	Anfang der Blüthe, kräftiger, thoniger Lehmboden	1853	16.00	16.73	35.60		24.44	7.23	19.91	42.40		29.09	8.60	3.19
2	Volle Blüthe, kräftiger, thoniger Lehmboden	1853	16.00	11.45	40.90		24.66	6.99	13.63	48.70		29.35	8.32	2.18
3	Ganz jung, 9. Mai gesammelt . . .	1854	16.00	24.24	36.12		16.28	7.36	28.85	43.02		19.37	8.76	4.62
4	Blüthe hervortretend, 2. Juni gesammelt	1854	16.00	17.57	36.77		21.96	7.70	20.91	43.80		26.13	9.16	3.35
5	Volle Blüthe, 22. Juni gesammelt .	1854	16.00	14.31	35 32		26.97	7.20	17.03	42.31		32.09	8.57	2.72
6	Ende der Blüthe, 10. Juli gesammelt	1854	16.00	12.70	28.59		36.51	6.20	15.11	34.06		43.45	7.38	2.42
7	Samenklee, 28. August gesammelt .	1854	16.00	10.21	21.18		48.69	3.92	12.15	25.25		57.94	4.66	1.94
8	Erster Schnitt, in voller Blüthe . .	1859	16.00	9.21	2.35	42.51	25.14	4.79	10.96	2.80	50.60	29.93	5.71	1.754°
9	Zweiter Schnitt, reif	1859	16.00	7.90	2.79	41.47	26.37	5.47	9.41	3.33	49.36	31.39	6.51	1.506°
10	Im Beginn der Blüthe	1853	16.00	17.37	—	—	—	7.41	20.68	—	—	—	8.82	3.31
11	In der Blüthe, von einer Wiese . .	1849	16.00	13.75	3.13	31.69	27.21	8.22	16.37	3.73	37.73	32.39	9.78	2.62
	Mittel, Beginn d. Blüthe, No. 1, 4 u. 10		16.00	17.22	—	36.15	23.19	7.44	20.50	—	43.03	27.61	8.86	3.28
	Mittel, Volle Blüthe, No. 2, 5, 8 u. 11		16 00	12.17	2.75	36.31	25.98	6.79	14.49	3.27	43.21	30.94	8.09	2.32

Pueraria.
No. 1. O. Kellner. — Japan. Chem. Anal. from the Laborat. of the Imperial College of Agricult. Komaba, Tokio. 11.

Soja hispida.
No. 1. H. Weiske. — J. f. Landwirthsch. 1879. 512.
No. 2. Edw. Kinch. — Biedermann's agriculturchem. Centralbl. 1882. 753.
No. 3. O. Kellner. — Mitthl. d. agriculturchem. Laboratoriums zu Tokio. L. V.-St. 32. 1885. 72. In Procenten der Trockensubstanz enthielt das Heu 2.146 Eiweiss-N = 13.41 Eiweiss.

Spartium scoparium.
No. 1. P. Wittelshöfer. — Biedermann's agriculturchem. Centralbl. 1879. 713.

Trifolium alexandrinum.
No. 1. H. Weiske. — Der Landwirth 1876. 89. Aus der Zusammensetzung der Trockensubstanz mit willkürlich angenommenem Wassergehalt.

Trifolium filiforme.
No. 1. H. Ritthausen. — Mitthl. a. Waldau. 1. Hft. 68. Die Zusammensetz. d. Heu's aus d. grünen Pflanze berechnet.

Trifolium hybridum.
No. 1 u. 2. E. Wolff. — Möckern'sche Ber. III. 11. Aus der Zusammensetzung d. grünen Pflanze vom Verf. berechnet.
No. 3—7. H. Ritthausen. — Möckern'sche Ber. IV. 65. Desgl. Das Verhältniss der einzelnen Pflanzenstiele war folgendes, Blätter = 1 gesetzt.

	No. 3	4	5	6
Stengel . . .	1.7	2.9	3.9	6.3
Blätter . . .	—	—	0.29	0.82

No. 8 u. 9. H. Hellriegel. — 3. Jahresber. d. V.-St. Dahme 1860. 47. Das Feld (leichter Boden) hatte 4 Jahre vorher Rothklee, wozu gekälkt, getragen. Zur Einsaat des schwedischen Klee's wurde nochmals gekälkt.
No. 10. Aug. Völcker. — J. Highl. Soc. Juli 1853. 56. Aus der Zusammensetzung der Trockensubstanz berechnet.
No. 11. Th. Way. — J. Agr. Soc. Engl. 1853. I. 171. Der Incarnatklee wurde auf einem natürlichen Standorte (Wiese mit kalkhaltigem Lehmboden) zur Zeit der Blüthe in Cirencister gesammelt. Die Zusammensetzung wurde aus der lufttrocknen Substanz berechnet.

No.	Bezeichnungen und Bemerkungen	Jahr der Untersuchung	In der ursprünglichen Substanz: Wasser %	Nh-Substanz %	Rohfett %	Nfr. Extractstoffe %	Rohfaser %	Asche %	In der Trockensubstanz: Nh-Substanz %	Rohfett %	Nfr. Extractstoffe %	Rohfaser %	Asche %	Stickstoff in der Trocken-Substanz %
	Trifolium incarnatum L. — Incarnatklee, Blutklee, Rosenklee. — Carnation clover, Crimson, Italian clover. Trèfle incarnat. Ferouche. Ferou. — Trifoglio incarnato.													
1	Gegen Ende der Blüthe, 4. Juni geschn.	1854	17.23	11.52	33.92		31.91	5.42	13.67	41.23		38.55	6.55	2.35
2		1879	9.03	8.61	1.36	45.79	25.88	9.33	9.46	1.49	50.30	28.44	10.31	1.51
3		1879	10.08	8.61	1.34	44.87	28.04	7.06	9.57	1.49	49.91	31.18	7.85	1.53
4		1879	—	—	—	—	—	—	14.23	3.36	42.63	32.71	7.07	2.28
5	In Italien gebaut	1876	18.20	12.72	3.35	32.67	23.26	9.80	15.54	4.09	40.97	27.42	11.98	2.49
6	Aus französischem Samen, in der Blüthe, August	1851	—	—	—	—	—	—	18.56	—	—	—	10.81	2.97⁰
7	In der Blüthe	1849	—	—	—	—	—	—	16.34	3.73	37.76	32.39	9.78	2.615⁰
8	Anfang der Blüthe, 21. Mai	1856	—	—	—	—	—	—	15.19	—	—	—	—	2.43⁰
9	In voller Blüthe, 21. Juni	1856	—	—	—	—	—	—	15.25	—	—	—	—	2.44⁰
10	Nach dem Abblühen	1856	—	—	—	—	—	—	13.63	—	—	—	—	2.18⁰
	Mittel aus No. 6, 7 u. 9, in d. Blüthe		16.00	14.04	3.13	30.98	27.21	8.64	16.72	3.73	36.87	32.39	10.29	2.68
	Trifolium pratense L. — Rothklee, Kopfklee, Wiesenklee. — Common or red clover. — Trèfle des prés. Trèfle rouge.													
	Heu von ganz jungem Klee.													
1	Tharand, sehr jung, 3 Zoll hoch . .	1852	—	—	—	—	—	—	19.94	—	—	(16.50)	—	3.19
2	Desgl., 4 Zoll hoch	1852	—	—	—	—	—	—	17.46	—	—	(20.30)	—	2.79
3	Frankenfelde, Weideklee	1853	—	—	—	—	—	—	21.06	(0.93)	—	(21.77)	13.01	3.37⁰
4	Möckern, kräftiger, thoniger Lehmboden, 23. Mai geschn.	1854	16.00	20.89	35.80		20.23	7.58	24.86	42.05		24.07	9.02	3.98
5	Hohenheim, 2. Schnitt, 20. Juli geschn.	1854	16.70	21.90	26.90		24.70	9.80	26.28	32.92		29.64	11.16	4.20
	Heu von Klee, kurz vor und bei Beginn der Blüthe.													
1	Elsass, vor der Blüthe geschnitten .	—	12.20	13.30	4.00	(41.30	21.10)	8.10	15.15	4.56	47.03	24.03	9.23	2.42
2	Tharand, zu Anfang der Blüthe . . .	1852	14.00	11.77	—	—	(23.99)	—	13.69	—	—	(27.90)	—	2.17
3	Frankenfelde, 1. Schn., angehende Blüthe, 15. Juni	1853	14.00	14.78	(0.73	39.00	23.83)	8.66	17.19	(0.85	44.18	27.71)	10.07	2.75
4	Desgl., 2. Schn., 24. August	1853	14.00	12.04	(0.53	39.86	26.20)	7.37	14.02	(0.62	46.35	30.47)	8.56	2.24

Trifolium incarnatum.
(Die Zusammensetzung der Heuproben 6—10 sind aus der Zusammensetzung grünen Klee's berechnet.)
No. 1. H. Grouven. — Annal. d. Landwirthsch. in Preussen 1855. 21. (Weende'r Jahresber. 1855/56. II. 25.) Der Klee war nach Roggen auf lehmig-sandigem Boden von mittlerem Culturzustande erbaut.
No. 2 u. 3. L. Mutschler. — V.-St. Münster.
No. 4. C. Krauch (V.-St. Münster). — Landw. V.-St. 1880. 236. Von der Nh. Substanz sind in Wasser löslich 7.38%, unlöslich 6.85%. Die Nfr. Extractstoffe zerfallen in Traubenzucker 1.69%, Rohrzucker 2.15%, Gummi und Dextrin 16.60%, Stärke 1.09%, Nfr. Extractstoffe unbekannter Natur, welche nicht in Wasser u. Malzextract löslich sind 21.10%.
No. 5. Al. Pasqualini. — Ann. Staz. Agrar. Forli 3. 1876.
No. 6. Th. Anderson. — J. Transact. Highl. Soc. Juli 1851 bis März 1853. 440. Auf kleiner Parzelle im Garten gebaut.
No. 7. Th. Way. — J. Agr. Soc. Engl. 1853. I. 171. Die Pflanze wurde an ihrem natürlichen Standorte, auf Wiese mit kalkhaltigem Lehm zur Zeit ihrer Blüthe in Cirencister gesammelt.
No. 8—10. Is. Pierre. — Weende'r Jahresber. 1857/60. II. 64.

Trifolium pratense.
No. 1 u. 2. Ad. Stöckhardt. — Chem. Ackersmann. 1. 1855 143.
No. 3. Ad. Stöckhardt u. Ant. Rosing. — Chem. Ackersmann. 2. 1856. 182. Weideklee. Der Klee wurde (in Frankenfelde) so oft abgeschnitten und abgerupft, als er wieder lang genug geworden war, um von Kühen abgeweidet zu werden; es geschah dies vom 29. Mai bis zum 24. August 6mal. Das auf einem luftigen Boden getrocknete und sorgsam gemischte Heu dieser sechs Ernten bildete das Untersuchungsmaterial. Um auch die durch das Weidevieh successive erfolgende natürliche Düngung nachzuahmen, wurde die betr. Fläche nach jeder Abrupfung mit soviel Loth in 1/4 Quart gelöstem Guano gedüngt als sie Pfunde grünen Klee gegeben hatte.
No. 4. H. Ritthausen. — Möckern'sche Berichte. 4. 65. Auf 1 Thl. Blätter kommen 3.5 Thl. Stengel.
No. 5. E. Wolff. — Hohenheimer Mitthl. 2. 1855. 126. Unter dem Einflusse feuchter Witterung gewachsen, reichlich 1 Fuss hoch.

Beginn der Blüthe.
No. 1. J. B. Boussingault. — Dessen „Landwirthschaft in ihren Beziehungen zur Chemie etc." Deutsche Ausgabe von Gräger. 1854. 3. 200.
No. 2. Ad. Stöckhardt. — Chem. Ackersmann. 1. 1855. 143.
No. 3 u. 4. Ad. Stöckhardt u. Ant. Rosing. — Ibid. 2. 1856. 182. Vergl. Klee in verschied. Vegetationsperioden.

No.	Bezeichnungen und Bemerkungen	Jahr der Untersuchung	In der ursprünglichen Substanz						In der Trockensubstanz					Stickstoff in der Trocken-Substanz
			Wasser %	Nh-Substanz %	Rohfett %	Nfr. Extractstoffe %	Rohfaser %	Asche %	Nh-Substanz %	Rohfett %	Nfr. Extractstoffe %	Rohfaser %	Asche %	%
5	Möckern, thoniger Lehmboden, 11. Juni	1853	16.00	15.68	30.22		(21.03)	7.09	18.66	47.87		25.03	8.44	2.99
6	Desgl., 2. Juni	1854	16.00	14.59	36.12		(25.25)	8.04	17.36	43.02		30.05	9.57	2.78
7	Möckern, auf Reiter getrocknet, stark beregnet	1854	16.03	15.85	23.38		(37.24)	7.50	18.88	27.84		44.35	8.93	3.02
8	Hohenheim, 13. Juni geschn. . . .	1854	16.70	13.80	29.50		(32.80)	7.20	16.56	35.44		39.36	8.64	2.65
9	Braunschweig, sandiger Lehmboden, 1. Schn., 12. Juni	1865	26.20	13.26	—		—	5.27^{P}	17.97	—		—	7.14^{P}	2.88
10	Desgl., 2. Schn., 8. September . . .	1865	19.60	14.80	—		—	5.64^{P}	18.41	—		—	7.01^{P}	2.95
11	Darmstadt, auf Böcken getrocknet, stark beregnet, 22. Mai	1872	14.12	13.83	36.03		25.72	10.30	16.10	41.95		29.95	12.00	2.58
12	Belgien, auf sandigem Thonboden .	1880	13.81	10.88	—		—	8.45	12.62	—		—	9.80	2.02
13	Forli (Italien), 22. Mai geschn. . .	1876	16.52	12.46	3.10	36.24	18.38	13.30	14.93	3.71	43.41	22.02	15.93	2.39
14	Desgl., 13. Juni geschn.	1876	16.42	13.05	3.63	33.24	24.77	8.89	15.71	4.34	39.70	29.62	10.63	2.51
15	Desgl., 30. Juni geschn.	1877	17.32	13.15	3.81	32.47	25.00	8.25	15.90	4.61	39.29	30.23	9.97	2.54
16	Connecticut, armer Lehmboden, gedüngt	1875	14.40	12.23	1.47	41.02	23.79	7.15^{P}	14.27	1.71	47.93	27.75	8.34^{P}	2.28
17	Desgl., Stoppelklee, 21. August . . .	1879	17.40	13.54	2.24	37.07	25.86	3.89	16.40	2.71	44.86	31.32	4.71	2.62
18	Desgl., Stoppelklee, 1. September . .	1882	16.62	13.00	—	—	25.10	—	15.59	—	—	30.09	—	2.49
19	Noch vor der Blüthe geschnitten, II. Schnitt, stark verregnet	1880	15.00	21.50	—	—	—	16.60	25.28	—	—	—	19.52	4.04
20	Desgl., sorgfältig getrocknet, II. Schnitt	1880	15.00	24.90	—	—	—	10.50	29.28	—	—	—	12.38	4.52
21	Beginnende Blüthe, stark verregnet, II. Schnitt	1880	15.00	22.20	—	—	—	10.10	26.11	—	—	—	11.88	4.18
22	Desgl., sorgfältig getrocknet, II. Schnitt	1880	15.00	20.40	—	—	—	9.10	23.99	—	—	—	10.70	3.84
	Mittel aus No. 9—18, Rothklee bei Beginn der Blüthe . . .		(16.00*)	13.26	2.87	35.78	24.11	7.98	15.79	3.42	42.58	28.71	9.50	2.53

Trifolium pratense. Heu von Rothklee in Blüthe.**)

No.	Bezeichnungen und Bemerkungen	Jahr der Untersuchung	Wasser %	Nh-Substanz %	Rohfett %	Nfr. Extractstoffe %	Rohfaser %	Asche %	Nh-Substanz %	Rohfett %	Nfr. Extractstoffe %	Rohfaser %	Asche %	Stickstoff in der Trocken-Substanz %
1	Elsass, in der Blüthe	—	20.00	10.60	3.20	39.20	22.00	5.00	13.25	4.00	49.00	27.50	6.25	1.12
2	Elsass, vom 2. Jahr	—	10.10	9.63	—	—	—	—	10.63	—	—	—	—	1.70^{0}
3	Schottland, 2. Schnitt	1852	16.84	13.31	—	—	—	5.21	16.01	—	—	—	6.26	2.56
4	England	1852	21.39	11.56	—	—	—	6.28	14.69	—	—	—	—	2.35^{0}
5	Desgl.	1852	18.76	12.69	—	—	—	8.42	15.69	—	—	—	10.36	2.51^{0}

No. 5. Em. Wolff. — Möckern'sche Ber. 3. 11.
No. 6. H. Ritthausen. — Möckern'sche Ber. 4. 65. Auf 1 Thl. Blätter kommen 3.3 Thl. Stengel.
No. 7. H. Ritthausen. — „Grundlagen des Ackerbaues" von E. Wolff. 1856. 894. Der gemähte, auf Reiter gebrachte Klee wurde 14 Tage hindurch fast täglich von sehr starken und anhaltenden warmen Regen durchnässt, besass jedoch noch eine leidliche Beschaffenheit. Blätter und Stengel hatten noch eine blassgrüne Farbe und waren frei von Fäulniss, so dass der Klee, getrocknet, noch als Futter benutzt werden konnte.
No. 8. E. Wolff. — Hohenh. Mitthl. 2. 1855. 126. Unter dem Einflusse einer anhaltend feuchten Witterung gewachsen.
No. 9 u. 10. C. Kreuzhage. — Journ. f. Landw. 1866. 413. Mittel von je 9 Analysen von verschieden gedüngtem Klee. Vergl. Klee, verschieden gedüngt.
No. 11. P. Wagner u. K. Schäfer. — Bericht der V.-St. Darmstadt 1874. 75. Das Heu war stark beregnet worden, während es sich auf Heuböcken befand.
No. 12. A. Petermann u. E. Simon. — Privatmitthl.
No. 13—15. Al. Pasqualini. — Ann. Staz. Agrar. Forli 5. 1876. 83 und 6. 1877.
No. 16. W. O. Atwater. — Rep. Middletown Agric. Experim. Stat. 1877—78. 32.
No. 17 u. 18. S. W. Johnson. — Connecticut Agric. Experim. Stat. for 1880. 83. Die Nh. Substanz schliesst 1.85% Amide ein (in der lufttrocknen Substanz).
No. 19—22. M. Märcker (V.-St. Halle). — Privatmitthl.
*) Willkürlich angenommen; der wirkliche mittlere Wassergehalt aus den 10 Analysen beträgt 17.24%.
Heu von Rothklee in Blüthe.
**) Umfasst auch diejenigen Analysen, bei welchen nähere Bezeichnungen über das Stadium des Wachsthums der Kleepflanze bei der Heubereitung nicht gemacht sind.
No. 1 u. 2. J. B. Boussingault. — Dessen: „Die Landwirthschaft in ihren Beziehungen zur Chemie etc." Deutsch von Gräger. 1854. 3. 200 und 2. 264.
No. 3. Th. Anderson. — Transact. Highl. Soc. Juli 1851 bis März 1853. 45.
No. 4—8. J. B. Lawes u. J. H. Gilbert. — Report of the british assoc. for the advancement of science for 1852. (On the composition of foods in relation to respiration and the feeding of animals 1852. 7.) Die Kleeheuproben wurden gelegentlich der Ausführung von Fütterungsversuchen untersucht. Obige Zahlen wurden aus den Angaben der Autoren über den Gehalt der Proben an N, Trockensubstanz und Asche von uns berechnet.

No.	Bezeichnungen und Bemerkungen	Jahr der Untersuchung	In der ursprünglichen Substanz						In der Trockensubstanz					Stickstoff in der Trockensubstanz
			Wasser %	Nh-Substanz %	Rohfett %	Nfr. Extractstoffe %	Rohfaser %	Asche %	Nh-Substanz %	Rohfett %	Nfr. Extractstoffe %	Rohfaser %	Asche %	%
6	England	1852	16.34	14.00	—	—	—	7.20	16.75	—	—	—	8.60	2.68°
7	Desgl.	1852	19.52	17.06	—	—	—	8.10	21.25	—	—	—	10.06	3.40°
8	Desgl.	1852	19.92	17.06	—	—	—	8.18	21.38	—	—	—	10.17	3.42°
9	Tharand, 1. Schn., volle Blüthe, 7. Juli	1853	14.00	10.70	(0.52	37.09	30.99)	6.70	12.44	(0.60	43.14	36.04)	7.78	1.99°
10	Desgl., 2. Schn., volle Blüthe, 24. Aug.	1853	14.00	11.93	(0.39	36.62	28.68)	8.38	13.88	(0.45	42.58	33.35)	9.74	2.22°
11	Möckern, 25. Juni geschnitten	1853	16.00	10.60	37.80		(31.65)	5.95	12.41	42.85		(37.66)	7.08	1.97
12	Desgl., thoniger Lehmboden, 12. Juni geschnitten	1854	16.00	13.31	36.52		(27.75)	6.42	15.84	43.50		(33.02)	7.64	2.54
13	Hohenheim, 1. Schn., ziemlich volle Blüthe, 13. Juni	1854	16.70	13.80	29.50		(32.80)	7.20	16.56	35.44		(39.36)	8.64	2.65
14	Weende, von sehr guter Qualität	1858	17.16	10.10	1.20	38.60	27.50	5.40P	12.19	1.45	46.70	33.20	6.46P	1.95°
15	Weende	1860	18.80	14.60	1.70	29.80	28.90	6.20P	17.98	2.09	36.70	35.60	7.63P	2.88
16	Desgl.	1862	21.00	15.70	1.70	28.30	26.50	6.80P	19.89	3.15	34.78	33.57	8.61P	3.18
17	Desgl., 2. Schnitt, 1859er Ernte, volle Blüthe	1860	18.78	14.64	—	—	28.85	6.25	18.03	—	—	35.52	7.69	2.88
18	Rieckenrode, 1. Schn., 1859er Ernte, volle Blüthe	1860	23.39	12.64	—	—	23.37	5.55	16.50	—	—	30.50	7.25	2.64
19	Weende, 1. Schnitt, 1860er Ernte, volle Blüthe	1860	—	—	—	—	—	—	16.62	—	—	35.79	6.90	2.66
20	Weende	1862	20.50	10.94	2.41	39.17	20.16	6.82	13.77	3.03	48.81	25.80	8.59	2.20
21	Desgl.	1862	18.39	12.56	1.98	39.67	21.57	5.83	15.39	2.43	48.62	26.42	7.14	2.46
22	Desgl., 1. Schnitt, von guter Qualität	1863	20.40	13.18	2.93	33.82	24.68	4.99P	16.56	3.68	42.49	31.00	6.27P	2.65°
23	Weende	1862	17.80	13.66	1.14	34.44	27.29	5.67	16.62	1.39	41.89	33.20	6.90	2.66
24	Desgl.	1862	17.79	15.26	1.36	33.70	27.72	4.17(?)	18.56	1.66	49.80	33.72	5.07(?)	2.97
25	Desgl.	1862	17.79	17.01	1.10	32.31	25.17	6.62	20.69	1.34	39.30	30.62	8.05	3.31
26	1. Schnitt, gut eingebracht	1861	14.55	11.86	1.97	30.41	32.40	8.81	13.88	2.28	35.62	37.91	10.31	2.22
27	2. Schnitt, etwas beregnet	1861	14.87	12.12	1.40	29.31	33.84	8.46	14.24	1.65	34.41	39.76	9.94	2.28
28	2. Schnitt, dasselbe Heu	1861	14.77	11.74	1.42	27.40	35.72	8.95	13.77	1.67	32.16	41.90	10.50	2.20
29	Haidau, Alluvialbod., Stoppelklee i. Blüthe	1861	15.40	15.88	2.56	30.53	27.03	8.60	18.77	3.03	39.08	31.95	10.17	3.00
30	Blansko, Mähren	1862	14.30	14.20	2.60	38.30	(22.90)	7.70	16.57	3.04	44.69	26.72	8.98	2.65
31	Braunschweig	1865	22.90	14.02	2.45	27.69	27.52	5.42	18.19	3.17	35.92	35.69	7.03	2.91
32	Salis	1865	19.30	13.87	28.53		35.70	8.60	16.84	29.38		43.34	10.44	2.69

No. 9 u. 10. A. Stöckhardt u. A. Rosing. — Der Chemische Ackersmann. 2. 1856. 184. Vergl. Notiz bei Klee in verschiedenen Vegetationsperioden.
No. 11. E. Wolff. — Möckern'sche Ber. 3. 11.
No. 12. H. Ritthausen. — Möckern'sche Ber. 4. 65. Auf 1 Thl. Blätter kamen 3.9 Thl. Stengel.
No. 13. E. Wolff. — Hohenh. Mitthl. 2. 1855. 126. Unter dem Einfluss einer anhaltend feuchten Witterung gewachsen.
No. 14—16. W. Henneberg u. Fr. Stohmann. — Journ. f. Landwirthsch. 1859. 324 u. 1864. 25. Asche frei von CO_2. Fettgehalt bei No. 15 angenommen wie bei No. 16 gefunden.
No. 17—19. F. Rautenberg (V.-St. Weende). — J. f. Landw. 9. 1861 94 u. 99. Zu 18. Die Ackerkrume ist etwa 1 Fuss tief und liegt unmittelbar auf den mergelig zerfallenen Schichten des Keupers. Der Untergrund besteht aus losem Kalktuff. No. 19 ist auf Boden der Formation des bunten Sandsteins gewachsen. Die Böden enthielten an in Salzsäure löslichen Bestandtheilen (bezogen auf getrockneten Boden):

	$Fe_2O_3 + Al_2O_3$	CaO	MgO	K_2O	Na_2O	P_2O_5	SO_3	ferner N
Von No. 18	8.44	0.69	2.38	0.70	0.94	0.13	0.07	0.155
Von No. 19	4.83	0.27	0.47	0.10	0.47	0.14	0.04	0.12

No. 20 u. 21. F. Stohmann. — J. f. Landw. Beil. z. Jahrg. 1865. 1. Kleeheu No. 21 war stark m. Unkräutern durchwachsen.
No. 22. G. Kühn, L. Aronstein u. H. Schultze. — J. f. Landw. 1865. 349. Asche frei von CO_2. Die Rohfaser enthielt 0.8 Proteïn, so dass 29.2 % proteïn-freie Rohfaser bleiben. Das wässrige Extract enthielt 5.01 Nh- und 22.88 Nfr. organische Substanz, sowie 2.97 Mineralstoffe.
No. 23—25. W. Henneberg, F. Stohmann u. F. Rautenberg. — J. f. Landw. 1864. 283. Im Mai des auf die Ernte folgenden Jahres untersucht.
No. 26—29. Th. Dietrich (V.-St. Altmorschen). — Das Heu 26—28 stammt aus der Imshäuser Flur. Der 2. Schnitt war etwas beregnet und im feuchten Zustande eingefahren, No. 27 aus der Mitte des Bansraumes, festgetreten, No. 28 dasselbe Heu, locker gebanst.
No. 30. Th. von Gohren (V.-St. Blansko). — L. V.-Stat. 5. 1863. 9. Zur Bestimmung der Rohfaser wurden 10 g Substanz zweimal je mit 400 ccm Wasser 1/2 Stunde lang gekocht, die ausgekochte Substanz wurde wieder mit 200 g verdünnter Schwefelsäure (1 : 20) und 400 g Wasser 1/2 Stunde lang gekocht. Nach Abgiessen der säurehaltigen Flüssigkeit wurde die rückständige Substanz noch zweimal mit je 600 ccm Wasser ausgekocht. Darauf wurde der noch feuchte Rückstand mit 200 ccm 5procent. Kalilauge und 400 ccm Wasser 1/2 Stunde lang gekocht, nachher abermals zweimal mit 600 Wasser digerirt, auf gewogenes Filter gebracht u. s. w.
No. 31. F. Stohmann u. C. Kreuzhage (V.-St. Braunschweig). — J. f. Landw. 1867. 160. Das Kleeheu war wegen ungünstiger Witterung verhältnissmässig feucht eingebracht, dasselbe war jedoch schimmelfrei und gesund.
No. 32. F. Crusius. — Weende'r Jahresber. 1855/56. 96. (Das. nach der Zeitschr. für Deutsche Landw. 1856. 50.)

No.	Bezeichnungen und Bemerkungen	Jahr der Untersuchung	In der ursprünglichen Substanz: Wasser %	Nh-Substanz %	Rohfett %	Nfr. Extractstoffe %	Rohfaser %	Asche %	In der Trockensubstanz: Nh-Substanz %	Rohfett %	Nfr. Extractstoffe %	Rohfaser %	Asche %	Stickstoff in der Trockensubstanz %
33	Hohenheim, von sehr guter Beschaffenheit, 1. Schn., 1868er Ernte . . .	1869	17.51	15.98	3.17	36.23	20.17	6.95	19.37	3.84	43.92	24.45	8.42	3.10
34	Desgl., von sehr guter Beschaffenheit, 2. Schn., 1869er Ernte	1869	17.30	13.95	2.97	34.19	26.04	5.55	16.87	3.58	41.35	31.49	6.71	2.70
35	Hohenheim	1870	15.50	16.43	3.52	35.06	23.52	5.97	19.44	4.17	41.49	27.84	7.06P	3.11
36	Desgl.	1870	11.15	12.27	2.72	36.77	28.95	8.14	13.81	3.06	41.38	32.59	9.16P	2.21
37	Desgl., in der Blüthe geschnitten, sehr gut geerntet	1870	20.23	10.92	2.16	37.68	25.12	3.89	13.69	2.71	47.24	31.49	4.87	2.19
38	Desgl., von sehr guter Beschaffenheit .	1870	13.66	16.22	2.21	37.66	24.69	5.56	18.78	2.56	43.62	28.60	6.44	3.00
39	Desgl., bei vorherrschend nasser Witterung gewachsen, 1878er Ernte . .	1879	13.90	12.85	1.91	32.97	31.90	6.47	14.92	2.22	38.29	37.05	7.52	2.39
40	Desgl., bei vorherrschend nasser Witterung gewachsen, 1878er Ernte . .	1879	13.90	11.12	1.92	32.85	33.49	6.72	12.91	2.23	38.16	38.89	7.81	2.07
41	Desgl., in ziemlich voller Blüthe, Ende Juni geerntet	1881	15.26	12.48	2.42	36.68	27.65	5.51	14.73	2.85	43.29	32.63	6.50	2.36
42	Hohenheim	1882	19.57	11.48	2.26	32.09	28.01	6.59	14.27	2.81	39.91	34.82	8.19	2.28
43	Desgl.	1884	—	—	—	—	—	—	14.54	1.90	38.78	39.08	5.70	2.32
44	Pommritz, Lehmboden	1870	18.80	16.19	4.81	30.44	24.43	5.33	19.94	5.92	37.48	30.09	6.57	3.17
45	Desgl., Lehmboden	1870	19.01	14.78	4.23	29.59	25.85	6.54	18.25	5.22	36.53	31.92	8.08	2.92
46	Desgl., Lehmboden	1870	16.00	13.73	3.22	—	—	5.89	15.15	3.82	—	—	7.07	2.42
47	Desgl., Lehmboden, im December des Erntejahrs untersucht	1877	21.90	13.81	2.70	25.41	30.50	5.68	15.68	3.46	32.55	39.04	9.27	2.51
48	Altmorschen Buntsandsteinboden . .	1874	18.38	11.19	1.93	41.27	22.12	5.11	13.70	2.26	50.68	27.10	6.26	2.19
49	Desgl., Basaltboden	1874	18.38	13.07	2.11	37.17	23.28	5.98	16.01	2.58	45.66	28.52	7.23	2.56
50	Desgl., Röthboden	1874	18.38	11.51	2.13	36.83	25.40	5.75	14.10	2.61	45.13	31.12	7.04	2.26
51	Desgl., Muschelkalkboden	1874	18.38	9.88	1.75	40.70	23.94	5.35	11.10	2.14	50.98	29.23	6.55	1.78
52	Desgl., Lehmboden	1874	18.38	10.48	2.54	38.13	25.78	4.69	12.84	3.11	46.73	31.58	5.74	2.05
53	Desgl.	1873	17.90	10.79	1.50	35.13	28.84	5.84	13.14	1.83	43.11	34.83	7.09	2.10
54	Marburg, sandiger Lehmboden . .	1880	16.78	12.41	3.52	35.04	25.15	7.10	14.92	4.23	42.08	30.24	8.53	2.39
55	Darmstadt	1872	14.11	11.22	2.40	35.33	32.68	4.26	13.06	2.80	41.13	38.05	4.96	2.09

No. 33 u. 34. E. Wolff u. C. Kreuzhage. — Landw. Jahrb. 1879. I. Supplem. 123. Frei von Gras und von sehr guter Beschaffenheit, ohne Ueberfrucht auf kräftigem Boden gewachsen. No. 33 untersucht im Februar 1869. No. 34 im November 1879.

No. 35 u. 36. M. Fleischer. — J. f. Landw. 1871. 422. Der Wassergehalt ist bei No. 35 das Mittel von 14 (25. Januar bis 11. Mai) Einzelbestimmungen (Extreme 11.3 und 19.4%), bei No. 36 das Mittel von 3 (24. Mai bis 13. Juni) ausgeführten Einzelbestimmungen. Letzteres Heu stand dem vorigen an Schmackhaftigkeit bedeutend nach.

No. 37 u. 38. E. Wolff u. C. Kreuzhage. — Landw. Jahrb. 1. 1872. 536 u. 557. No. 37 bestand aus reinem Rothklee; derselbe war auf den Feldern der V.-St. ohne Ueberfrucht gesäet, im zweiten Jahre der Vegetation in der Blüthe geschnitten und bei sehr günstiger Witterung geerntet. Asche bei beiden Proben frei von C und CO_2.

No. 39 u. 40. E. Wolff, C. Kreuzhage u. O. Kellner. — Landw. Jahrbüch. 10. 1881. 585. Beide Kleesorten im Jahre 1878 bei vorherrschend nasser Witterung gewachsen. No. 39 in Birkach bei Hohenheim, No. 40 auf dem Hohenheimer Versuchsfeld. No. 39 gewöhnlicher Rothklee in reiner ungemischter Saat cultivirt, No. 40 ostpreussischer Rothklee, wozu man den Samen in Hohenheim, aber aus einer direct bezogenen Originalprobe gewonnen hatte. Beide Sorten bestanden fast nur aus Stengeln, hatten wegen ungünstiger Erntewitterung und längerer Aufbewahrung die Blätter grösstentheils verloren und waren auch, insbesondere der ostpreussische in kräftigem Boden bei nasser Witterung schon sehr langstenglig und blattarm aufgewachsen. In Procenten der Trockensubstanz enthielten die Kleesorten:
No. 39 0.333% Amid-N, demnach 12.84% Eiweissstoffe
No. 40 0.323% Amid-N, demnach 10.89% Eiweissstoffe.

No. 41. E. Wolff, O. Vossler, C. Kreuzhage u. O. Kellner. — Landw. Jahrbüch. 13. 1884. 257. Klee ohne Beimischung von Gras. In % der Trockensubstanz enthielt das Heu 1.80% Amide und 12.93% Eiweissstoffe.

No. 42. E. Wolff u. C. Kreuzhage. — Ibid. 13. 1884. 271. In % der Trockensubstanz wurden gefunden 2.99% Amide.

No 43. E. Wolff. — Grundlagen für die rationelle Fütterung des Pferdes. Berlin, 1885. 36.

No. 44 u. 45. E. Heiden u. L. Brunner. — Amtsbl. f. d. landw. Ver. des Königr. Sachsen 1872. 98. Klee No. 44 war gegypst. Der Lehmboden ist aus der Verwitterung von Granit hervorgegangen. In einer Privatmittheilung der Autoren ist der Wassergehalt derselben Proben zu 17.0, bezw. zu 14.5% angegeben.

No. 46 u. 47. E. Heiden (V.-St. Pommritz). — Privatmitthl. Derselbe Boden wie bei vorigen Proben.

No. 48—52. Th. Dietrich u. E. Rehm. — Privatmitthl. Der Klee war in verschiedenen Bodenarten aber sonst unter ganz gleichen Verhältnissen gewachsen.

No. 53 u. 54. Th. Dietrich (V.-St. Altmorschen resp. Marburg).

No. 55. E. Schulze (V.-St. Darmstadt). — Ber. d. V.-St. Darmstadt 1874. 40. Der Klee wurde am 15. u. 16. Juni gemäht, am 17. gewendet und am 18. auf Kleereuter gebracht. Er blieb dann während der in der letzten Hälfte des Juni eintretenden Regenperiode im Felde und wurde erst am 7. Juli eingefahren.

No.	Bezeichnungen und Bemerkungen	Jahr der Untersuchung	In der ursprünglichen Substanz						In der Trockensubstanz					Stickstoff in der Trockensubstanz
			Wasser	Nh-Substanz	Rohfett	Nfr. Extractstoffe	Rohfaser	Asche	Nh-Substanz	Rohfett	Nfr. Extractstoffe	Rohfaser	Asche	
			%	%	%	%	%	%	%	%	%	%	%	%
56	Darmstadt, in voller Blüthe, 13. Juni geschnitten	1872	13.00	10.71	—	36.76	31.91	7.62	12.31	—	42.24	36.68	8.77	1.97
57	Wien	1873	10.78	13.65	2.42	36.81	27.44	8.90	15.30	2.71	41.26	30.76	9.97	2.45
58	Proskau	1873	14.95	11.59	3.44	38.36	27.27	4.39P	13.63	4.05	45.09	32.06	5.17P	2.18
59	Desgl.	1874	—	—	—	—	—	—	14.72	2.37	43.25	31.55	8.11P	2.36
60	Möckern	1875	—	—	—	—	—	—	12.63	2.80	46.42	31.40	6.75	2.02
61	Desgl.	1874	—	—	—	—	—	—	18.94	2.79	31.43	40.09	6.75P	3.03
62	Desgl.	1877	—	—	—	—	—	—	18.06	2.97	27.11	44.64	7.22P	2.89
63	Regenwalde	1878	10.24	16.03	1.81	43.09	24.16	4.67	17.86	2.02	48.00	26.92	5.20	2.86
64	Kiel, von kleemüdem Boden, in voller Blüthe	1878	—	—	—	—	—	—	14.79	2.04	44.84	29.16	9.17	2.37
65	Dahme	1880	15.00	11.76	1.99	32.52	32.66	6.07	13.83	2.34	38.28	38.41	7.14	2.21
66	Desgl.	1880	15.84	9.27	1.85	39.02	28.46	5.56	11.01	2.20	46.37	33.81	6.61	1.76
67	München	1880	9.53	13.16	—	—	32.48	—	14.55	—	–	35.92	—	2.33
68	Desgl.	1880	12.63	17.47	—	—	27.09	–	20.00	—	—	31.02	—	3.20
69	Insterburg	1860	12.60	15.99	—	—	29.47	7.62	18.29	—	—	33.73	8.71	2.93
70	Braunschweig, 1. Schnitt, 12. Juli, Blüthe	1865	26.20	13.29	—	—	—	6.41	18.01	—	—	—	8.69P	2.88
71	Desgl., 2. Schnitt, 8. Septemb., Blüthe	1865	19.60	14.81	—	—	—	6.87	18.42	—	—	—	8.54	2.95
72	Aus dem Pongau, 443 m üb. d. Meer	1873	9.77	11.61	2.88	39.94	28.76	7.04	12.87	3.19	44.26	31.88	7.80	2.06
73	Dresden	1872	16.30	13.40	3.00	37.80	23.20	6.30	16.01	3.59	45.15	27.72	7.53	2.58
74	Kiel	1878	21.90	13.81	2.70	25.41	30.50	5.68	17.67	3.46	32.56	39.04	7.27	2.83
75	Lobositz, mittlerer Boden } im Juni	1883	16.11	13.64	31.80		32.98	5.47	16.26	37.85		39.31	6.58	2.60
76	Desgl., sehr leichter Boden } i. d. Blüthe	1883	15.93	12.39	35.19		31.64	4.85	14.74	41.85		37.64	5.77	2.36
77	Desgl., schwerer Boden } geschnitten	1883	16.04	12.40	35.96		29.92	5.68	14.77	42.82		35.64	6.77	2.36
78	Connecticut, armer Lehmboden, gedüngt	1875	14.62	11.54	2.04	41.52	23.72	6.56P	13.48	2.38	48.70	27.79	7.65P	2.14

No. 56. P. Wagner (V.-St. Darmstadt). — Ber. d. V.-St. Darmstadt 1874. 75. Mässig beregnet. Vergl. Klee in verschiedenen Vegetationsperioden.
No. 57. J. Moser (V.-St. Wien). — 1. Ber. derselb. 1870—77. Tabelle IV auf Seite XXVII.
No. 58 u. 59. H. Weiske (V.-St. Proskau). — J. f. Landw. 22. 1874. 150 und der „Landwirth" 1875. 179.
No. 60. G. Kühn (V.-St. Möckern). — Sächs. landw. Ztschr. 1875. 153.
No. 61 u. 62. Derselbe. — Privatmitthl.
No. 63. C. Brimmer (V.-St. Regenwalde). — Privatmitthl.
No. 64. Emmerling u. Rich. Wagner. — Landw. Wochenbl. f. Schleswig-Holstein 1879. No. 1. Der betreffende Boden litt an grosser Kleemüdigkeit; der Klee- und Graswuchs verging gewissermassen um Johanni; die Weide wurde braun und starb ab, wenn nicht einen um den andern Tag Regen kam. Besser als der Rothklee kam der Weissklee fort. Der Boden war verhältnissmässig arm an Kali und auch an Phosphorsäure; Derselbe enthielt an in kalter Salzsäure (vermischt mit 1 Vol. Wasser) löslichen Stoffen in 100000 Theilen der lufttrocknen Feinerde:

	SO_3	P_2O_5	K_2O	N_2O	CaO	MgO	ferner Humus	N
In der Oberkrume . .	5	24	19	32	461	8	3010	71 Thl.
In dem Untergrunde .	4	16	18	24	359	7	2420	64 „

No. 65 u. 66. J. Fittbogen (V.-St. Dahme). — Privatmitthl. No. 65 wurde von Schiller, No. 66 von Wilfarth untersucht.
No. 67 u. 68. F. Soxhlet (Centralversuchs-Station München). — Privatmitthl.
No. 69. Pincus u. Bauck. — Agriculturchem. Untersuchungen d. V.-St. Insterburg. II. 61. Mittel von 3 Proben. Vergl. „Gedüngter Klee".
No. 70 u. 71. C. Kreuzhage (V.-St. Braunschweig). — J. f. Landw. 1866. 413. Jede der Nummern ist das Mittel von 9 verschieden gedüngten, bezw. ungedüngten Kleeheuproben. Vergl. „Gedüngten Klee".
No. 72. Th. von Gohren u. Langer. — Privatmitthl. Das Kleeheu stammt aus Windfelden-Lehen bei St. Johann im Pongau. Der Boden ist ein schieferhaltiger Alluvialboden. Der Klee war beim Schneiden 75—80 cm hoch.
No. 73. V. Hofmeister. — L. V.-St. 16. (1873). 347.
No. 74. Ph. du Roi (Milchw. V.-St. Kiel). — Privatmitthl.
No. 75—77. J. Hanamann. — Privatmitthl. Der Klee No. 75 wurde auf der Meierei Berghof, No. 76 u. 77 wurden auf der Meierei Neuhof der Fürstl. Schwarzenberg'schen Herrschaft Wittingau in Süd-Böhmen gebaut. Rothklee gedieh nicht in der Gegend von Wittingau, jedoch nach energischer Kälkung mit gebranntem Magnesit vorzüglich. Der untersuchte Klee wurde zur Blüthezeit im Juni geschnitten und bei gutem Wetter in wenigen Tagen eingebracht. Für den Boden von der Meierei Berghof ist nachstehende Analyse bezeichnend. (In % des humus- und wasserfreien Feinbodens):

	Gyps	Kalkcarbonat	Magnesiacarbonat	P_2O_5	K_2O	Na_2O	MgO	CaO	$Fe_2O_3 + Al_2O_3$
Obergrund	Spur	0.15	Spur	0.06	1.82	0.45	0.49	0.49	10.63
Untergrund	—	—	—	0.11	1.97	0.50	0.68	0.32	13.45

No. 78. W. O. Atwater. — Rep. Agric. Experim. Stat. Middletown, Connecticut 1877—78. 31. Nach Angabe über geerntetes Heu und Ernte von trockner Substanz von uns berechnet. Vorfrüchte waren 1870 gedüngte Kartoffeln, 1871 Futtermais, ebenfalls gedüngt, 1872 Gerste, 1873 Futtermais, 1874 Weizen mit Kleeeinsaat. Boden mehr thonig als sandig, Untergrund fast reiner Thon.

No.	Bezeichnungen und Bemerkungen	Jahr der Untersuchung	In der ursprünglichen Substanz						In der Trockensubstanz					Stickstoff in der Trockensubstanz
			Wasser	Nh-Substanz	Rohfett	Nfr. Extractstoffe	Rohfaser	Asche	Nh-Substanz	Rohfett	Nfr. Extractstoffe	Rohfaser	Asche	
			%	%	%	%	%	%	%	%	%	%	%	%
79	Connecticut, geschnitten am 10. Juli	1880	16.07	9.36	—	—	29.41	—	11.15	—	—	35.03	—	1.78
80		1883	—	—	—	—	—	—	10.80	4.24	48.15	30.39	6.42	1.73
81		1873	22.13	10.99	2.33	35.60	22.64	6.31	14.12	2.99	44.69	29.09	9.11	2.26
82	Sandiger Thon, humusarm	1880	15.00	17.6	32.1		26.9	8.4	20.69	37.80		31.63	9.88	3.31
83	Gemergelter Sandboden	"	15.00	16.2	42.8		19.8	6.2	19.05	50.38		23.28	7.29	3.05
84	Desgl.	"	15.00	14.3	41.6		22.6	6.5	16.82	48.96		26.58	7.64	2.69
85	Desgl.	"	15.00	12.7	41.8		24.6	5.9	14.94	49.19		28.93	6.94	2.39
86	Humusreicher, flachgelegener Lehmboden, mehrfach beregnet	"	15.00	16.1	40.3		21.0	7.6	18.93	47.43		24.70	8.94	3.03
87	Mässig tiefgründiger Lehmboden, mässig feuchte Elbaue, I. Schnitt	"	15.00	20.0	43.1		15.4	6.5	23.52	50.73		18.11	7.64	3.76
88	Desgl., II. Schnitt	"	15.00	13.3	41.4		25.3	5.0	15.64	48.72		29.75	5.89	2.50
89	Lehmiger Sandboden, I. Schnitt	"	15.00	14.6	40.3		22.4	7.7	17.17	47.43		26.34	9.06	2.75
90	Desgl., II. Schnitt	"	15.00	16.2	37.1		26.1	5.6	19.05	43.67		30.69	6.59	3.05
91	Tiefgründiger, humusreicher Lehmboden	"	15.00	11.6	43.3		24.7	5.4	13.64	50.96		29.05	6.35	2.18
92	Humusreicher Lehmboden mit lehmiger Sandunterlage	"	15.00	11.4	43.6		23.8	6.2	13.41	51.31		27.99	7.29	2.15
93	Humoser, lehmiger Sand mit Sandunterlage	"	15.00	15.0	38.6		24.7	6.7	17.64	45.43		29.05	7.88	2.82
94	Sandiger Lehm, ziemlich humusreich, Höhenlage, I. Schnitt	"	15.00	14.6	39.4		24.2	6.8	17.17	46.37		28.46	8.00	2.75
95	Desgl., II. Schnitt	"	15.00	15.1	36.4		26.6	6.9	17.76	42.85		31.28	8.11	2.84
96	Desgl., III. Schnitt	"	15.00	17.9	40.1		18.2	7.8	21.05	48.38		21.40	9.17	3.37
97	Humoser Alluvialboden	"	15.00	13.7	35.4		28.2	7.7	16.11	41.67		33.16	9.06	2.58
98	Humusarmer, lehmig. Sand, ungemergelt, undrainirt	"	15.00	9.1	44.2		26.8	4.9	10.70	52.02		31.52	5.76	1.71
99	Lehmiger Sand, humos	"	15.00	9.7	41.3		26.1	7.9	11.41	48 61		30.69	9.29	1.83
100	Humoser, sandiger Lehm, II. Schnitt, stark beregnet	"	15.00	11.1	36.4		32.3	5.2	13.05	42.85		37.98	6.12	2.09
101	Desgl., noch stärker beregnet	"	15.00	9.9	37.7		32.6	4.8	11.64	44.38		38.34	5.64	1.86
102		"	15.00	16.5	41.6		19.4	7.5	19.40	48.97		22.81	8.82	3.10
103	Tiefgründiger Lehm, Höhenlage, kalter Boden	"	15.00	15.73	3.69	37.16	20.52	7.90	18.49	48.10		24.12	9.29	2.96
104	Schwerer, lehmiger Höhenboden auf Buntsandstein, I. Schnitt	"	15.00	13.9	40.3		24.3	6.5	16.35	47.44		28.57	7.64	2.62
105	Desgl., II. Schnitt	"	15.00	13.0	39.1		26.8	6.1	15.29	44.02		31.52	7.17	2.45
106	Kiesiger Lehm bis tiefgründiger Lehmboden, I. Schnitt	"	15.00	14 4	33.4		29.1	8.1	16.93	39.32		34.22	9.53	2.71
107	Desgl., II. Schnitt	"	15.00	16.7	35.1		24.7	8.5	19.64	41.31		29.05	10.00	3.14
108	Lehmboden, in voller Blüthe gemäht, etwas verregnet, I. Schnitt	"	15.00	16.1	—		—	7.2	18.93	—		—	8.47	3.03
109	Desgl., aus der Mitte des Reuters genommen	"	15.00	15.6	—		—	10.0	18.35	—		—	11.76	2.94
110	Desgl., oben vom Reuter genommen	"	15.00	15.0	—		—	9.5	17.64	—		—	11.17	2.80
111	Desgl., verregnet	"	15.00	14.3	—		—	7.1	16.82	—		—	8.35	2.69

No. 79. H. P. Armsby. — Ann. Rep. Connect. Agricult. Exper. Stat. for 1882. 104.
No. 80. F. Becker (V.-St. Momstedt). — Biedermann's agriculturchem. Centralbl. 14. 1885. 68. Daselbst ist der Wassergehalt der lufttrocknen Substanz zu 6.5 % angegeben.
No. 81. J. König (V.-St. Münster). — Privatmitthl.
No. 82—152. M. Märcker (V. St. Halle). — Privatmitthl.

No.	Bezeichnungen und Bemerkungen	Jahr der Untersuchung	In der ursprünglichen Substanz: Wasser %	Nh-Substanz %	Rohfett % Nfr. Extractstoffe %	Rohfaser %	Asche %	In der Trockensubstanz: Nh-Substanz %	Rohfett % Nfr. Extractstoffe %	Rohfaser %	Asche %	Stickstoff in der Trockensubstanz %
112	Lehmboden, in voller Blüthe gemäht, sorgfältig getrocknet	1880	15.00	14.3	—	—	6.7	16.82	—	—	7.88	2.69
113	In voller Blüthe, vorzüglich eingekommen, II. Schnitt	„	15.00	14.3	—	—	6.7	16.82	—	—	7.88	2.69
114	Sandiger Lehmboden	„	15.00	14.6	39.7	24.8	5.9	17.17	46.73	29.16	6.94	2.75
115	Tiefgründiger, humoser Lehmboden mit Kalkuntergrund, I. Schnitt	„	15.00	13.5	38.3	26.1	7.1	15.88	45.08	30.69	8.35	2.54
116	Desgl., II. Schnitt	„	15.00	13.4	42.7	22.2	6.7	15.76	50.25	26.11	7.88	2.52
117	Kalkhaltiger Lehm, Höhenlage . . .	„	15.00	13.7	40.7	24.2	7.1	16.11	47.08	28.46	8.35	2.58
118	Tiefgründiger, humoser Lehm, Höhenlage	1881	15.00	11.5	46.0	22.7	4.8	13.52	54.14	26.70	5.64	2.16
119	Gemergelter Sandboden, drainirt . . .	„	15.00	14.1	41.4	24.1	5.4	16.58	48.73	28.34	6.35	2.65
120	Humusarm, flache Tiefenlage, thonig .	„	15.00	10.3	47.2	21.3	6.2	12.11	55.55	25.05	7.29	1.94
121	Muschelkalkformation, Höhenlage . .	„	15 00	11.2	44.1	23.6	6.1	13.17	51.91	27.75	7.17	2.11
122	Gemisch von Thon- und Kalkschiefer, Höhenlage, etwas beregnet, I. Schnitt	„	15.00	14.0	31.1	27.6	7.3	16.46	42.50	32.46	8.58	2.63
123	Desgl., II. Schnitt	„	15.00	12.7	37.6	27.0	7.7	14.94	44.45	31.75	9.06	2.39
124	Lehmiger Sand, Klee grösstentheils ausgewintert, fast nur Gräser enthaltend	„	15.00	6.7	46.4	26.5	5.4	7.88	54.61	31.16	6.35	1.26
125	Schwarzer, milder Lehmboden . . .	„	15.00	13.8	36.9	28.2	6.2	16.23	43.32	33.16	7.29	2.60
126	Tiefgründiger, nicht drainirter Thonboden, Höhenlage	„	15.00	13.1	43.6	21.8	6.5	15.41	51.31	25.64	7.64	2.47
127	Tiefgründige Elbaue, öfters beregnet .	„	15.00	13.1	41.3	24.8	5.8	15.41	48.61	29.16	6.82	2.47
128	Desgl., sehr gut eingekommen . . .	„	15.00	12.3	43.9	22.8	6.0	14.46	51.67	26.81	7.06	2.31
129	Desgl., II. Schnitt, von No. 125 . .	„	15.00	16.0	38.0	23.2	7.8	18.82	44.73	27.28	9.17	3.01
130	Humusreicher Sandboden mit Lehmuntergrund	„	15.00	15.2	40.5	22.4	6.9	17.88	47.67	26.34	8.11	2.86
131	Desgl.	„	15.00	13.8	40.5	23.0	7.7	16.23	47.66	27.05	9.06	2.60
132	Humusreicher, mässig tiefgründiger Lehm	1882	15.00	12.8	38.7	28.7	4.8	15.05	45.56	33.75	5.64	2.41
133	Humoser Lehmboden, Höhenlage . .	„	15.00	9.1	45.3	25.9	4.7	10.70	53.31	30.46	5.53	1.71
134	Lehmiger Sand, I. Schnitt	„	15.00	7.0	46.5	26.5	5.0	8.23	56.73	31.16	5.88	1.32
135	Desgl., II. Schnitt	„	15.00	13.3	39.8	28.7	3.2	15.64	46.85	33.75	3.76	2.50
136	Humusreicher, sandiger Lehm, gemergelt, II. Schnitt	„	15.00	11.8	36.1	32.3	4.8	13.88	42.50	37.98	5.64	2.22
137	Humusreicher, tiefgründiger Lehmboden, Tiefenlage, II. Schnitt	„	15.00	13.0	35.3	31.4	5.4	15.29	41.43	36.93	6.35	2.45
138	Desgl., I. Schnitt	„	15.00	12.8	41.8	24.3	6.1	15.05	49.21	28.57	7.17	2.41
139	Tiefgründiger, feuchter, lehmiger Sand, Höhenlage	„	15.00	7.9	41.5	25.5	6.1	9.29	53.55	29.99	7.17	1.49
140	Kalter Lehmboden, nicht Esparsette-fähig, Höhenlage	„	15.00	11.2	31.0	36.6	6.2	13.17	36.50	43.04	7.29	2.11
141	Tiefgründiger Lehmboden, Nordhang .	„	15.00	13.1	37.9	29.7	4.3	15.41	44.60	34.93	5.06	2.47
142	Tiefgründiger, humusreicher, drainirter Lehm, Höhenlage	„	15.00	12.2	38.5	27.0	7.3	14.35	45.32	31.75	8.58	2.30
143	Humusarmer, mitteltiefgründiger Kalkboden, Höhenlage	1882	15.00	12.9	36.4	29.2	6.5	15.17	42.85	34.34	7.64	2.43
144	Lehmiger, humusreicher Sand, Höhenlage, I. Schnitt	„	15.00	14.1	35.9	30.6	4.4	16.58	42.26	35.99	5.17	2.65
145	Desgl., II. Schnitt	„	15.00	13.2	42.9	23.8	5.1	15.52	50.49	27.99	6.00	2.48
146	Thoniger, tiefgründiger, humoser Lehm, Höhenlage	„	15.00	14.7	37.4	26.7	6.2	17·29	44.02	31.40	7.29	2.77

No.	Bezeichnungen und Bemerkungen	Jahr der Untersuchung	In der ursprünglichen Substanz: Wasser %	Nh-Substanz %	Rohfett %	Nfr. Extractstoffe %	Rohfaser %	Asche %	In der Trockensubstanz: Nh-Substanz %	Rohfett %	Nfr. Extractstoffe %	Rohfaser %	Asche %	Stickstoff in der Trockensubstanz %
147	Rothkleeheu	1882	15.00	11.8	45.8		19.9	7.5	13.88	53.90		23.40	8.82	2.22
148	Desgl.	„	15.00	13.8	43.5		20.9	6.8	16.23	51.19		24.58	8.00	2.60
149	Desgl.	„	15.00	14.0	40.8		23.2	7.0	16.46	48.03		27.28	8.23	2.63
150	Desgl.	„	15.00	15.0	43.8		18.7	7.5	17.64	51.55		21.99	8.82	2.82
151	Desgl.	„	15.00	10.9	44.7		22.9	6.5	12.82	52.61		26.93	7.64	2.05
152	Desgl.	„	15.00	10.0	44.5		24.5	6.0	11.76	52.37		28.81	7.06	1.88
	Minimum } Rothkleeheu in der Blüthe, aus Analysen von No. 16—82		9.53	9.07	1.13	22.77	20.54	4.09	10.80	1.34	27.11	24.45	4.87	1.73
	Maximum } Rothkleeheu in der Blüthe, aus Analysen von No. 16—82		26.20	17.38	4.97	42.82	37.49	8.82	20.69	5.92	50.98	44.64	10.50	3.31
	Mittel } Rothkleeheu in der Blüthe, aus Analysen von No. 16—82		16.00	13.76	2.40	33.58	27.92	6.34	16.38	2.86	39.97	33.24	7.55	2.62

I. und II. Schnitt von einem und demselben Felde.

Bezeichnungen und Bemerkungen	Jahr	Wasser	Nh-Substanz	Rohfett	Nfr. Extractstoffe	Rohfaser	Asche	Nh-Substanz	Rohfett	Nfr. Extractstoffe	Rohfaser	Asche	Stickstoff
Mittel, I. Schnitt (No. 87, 89, 94, 104, 106, 115, 122, 125, 134, 138 u. 144)		16.00	13.66	39.48		24.48	6.38	16.26	47.00		29.14	7.60	2.60
Mittel, II. Schnitt (No. 88, 90, 95, 105, 107, 116, 123, 129, 135 137 u. 145)		16.00	14.00	38.19		25.70	6.11	16.67	45.46		30.60	7.27	2.67

Heu von Rothklee bei fast vollendeter Blüthe.

No.	Bezeichnungen und Bemerkungen	Jahr	Wasser	Nh-Substanz	Rohfett	Nfr. Extractstoffe	Rohfaser	Asche	Nh-Substanz	Rohfett	Nfr. Extractstoffe	Rohfaser	Asche	Stickstoff
1	Dahlen, 1. Schnitt, lehmiger Sandboden	1854	—	—	—	—	—	—	12.20	—	—	—	5.8	1.97
2	Hohenheim, 1. Schnitt, 23. Juni .	1854	16.7	11.2	—	33.4	32.9	5.8	13.44	40.12		39.48	6.96	2.15
3	Middletown, armer Lehmboden, gedüngt	1875	14.80	11.20	1.55	40.60	25.56	6.29P	13.13	1.80	47.86	29.87	7.34P	2.10
4	Möckern, lehmiger Sandboden, 9. Juli	1854	13.05	10.63	—	23.73	46.25	6.34	12.22	27.29		53.19	7.30	1.96
5	Desgl., lehmiger Sandboden, mit Asche gedüngt, 9. Juli	1854	12.91	15.39	—	15.24	48.09	8.37	17.68	17.44		55.26	9.62	2.83
6	Desgl., lehmiger Sandboden, 4. Juni .	1854	14.53	13.63	—	32.45	32.20	7.19	15.95	37.97		37.67	8.41	2.55
7	Forli, 10. Juli	1877	17.08	13.93	3.86	33.47	23.68	7.98	16.80	4.66	40.36	28.56	9.62	2.69
8	Desgl., nicht gegypst, 4. Juli	1876	15.84	13.34	3.87	33.56	25.09	8.30	15.85	4.60	39.88	29.81	9.86	2.54
9	Desgl., gegypst, 4. Juli	1876	15.82	13.33	3.83	33.36	25.16	8.50	15.84	4.55	39.62	29.89	10.10	2.54
	Mittel aus No. 3, 7, 8 u. 9, gegen Ende der Blüthe		16.00 *)	13.00	3.27	35.18	24.80	7.75	15.48	3.90	46.86	29.53	9.23	2.48

Roth-Kleeheu (Stroh) „zur Saatgewinnung".

No.	Bezeichnungen und Bemerkungen	Jahr	Wasser	Nh-Substanz	Rohfett	Nfr. Extractstoffe	Rohfaser	Asche	Nh-Substanz	Rohfett	Nfr. Extractstoffe	Rohfaser	Asche	Stickstoff
1		—	15.00	9.5	—	—	—	5.1	11.17	—	—	—	6.00	1.79

Heu von Rothklee bei fast vollendeter Blüthe.

No. 1. H. Ritthausen. — J. f. Landw. 9. 1891. 94. Auf lehmigem Sandboden gewachsen „auf welchem Weizen und Raps nicht eben vorzüglich gedeihen".
No. 2. E. Wolff. — Hohenheimer Mitthl. II. 1855. 126. Unter dem Einflusse einer anhaltend feuchten Witterung gewachsen.
No. 3. W. O. Atwater. — Rep. Agric. Exper. Stat. Middletown, Conn. 1877/78. 31. Nach Angaben über Wassergehalt und Gehalt der Trockensubstanz von uns berechnet. Armer Lehmboden, mehr thonig als sandig.
No. 4 u. 5. H. Ritthausen. — Möckern'sche Ber. IV. 44.
No. 6. H. Grouven. — Ann. d. Landw. 25. 1854. 21. Rheingegend bei Bonn, Klee nach Roggen auf lehmigem Sandboden in mittlerem Culturzustand.
No. 7. Al. Pasqualini. — Ann. Staz. Agrar. Forli VI. 1877. 63.
No. 8 u. 9. Al. Pasqualini. — Ibid. V. 1876. 83.
*) Willkürlich angenommener Wassergehalt; der wirkliche mittlere Wassergehalt aus den 4 Analysen ist = 15.88 %.

Kleeheu zur Saatgewinnung.

No. 1. M. Märcker (V.-St. Halle). — Privatmitthl.

No.	Bezeichnungen und Bemerkungen		Jahr der Untersuchung	In der ursprünglichen Substanz						In der Trockensubstanz					Stickstoff in der Trockensubstanz
				Wasser	Nh-Substanz	Rohfett	Nfr. Extractstoffe	Rohfaser	Asche	Nh-Substanz	Rohfett	Nfr. Extractstoffe	Rohfaser	Asche	
				%	%	%	%	%	%	%	%	%	%	%	%
	Heu von Rothklee in verschiedenen Entwicklungsperioden.														
1	Tharand	3 Zoll hoch, sehr jung .	1852	—	—	—	—	—	—	19.94	—	48.56	16.50	—	3.19
2		4 Zoll hoch, sehr jung .	1852	—	—	—	—	—	—	17.46	—	50.54	20.30	—	2.79
3		Beginn der Blüthe . .	1852	—	—	—	—	—	—	13.69	—	50.00	27.90	—	2.19
4	Frankenfelde, sehr jung (Weideklee)		1853	—	—	—	—	—	—	21.06	0.93	43.23	21.77	13.01	3.37°
5	Frühzeitig gemäht	Beginn der Blüthe, I. Schn., 15. Juni	1853	—	—	—	—	—	—	17.19	0.85	44.18	27.71	10.07	2.75°
6		Beginn der Blüthe, II. Schn., 24. August	1853	—	—	—	—	—	—	13.88	0.45	42.58	33.35	9.74	2.22°
7	Spät gemäht	Volle Blüthe, I. Schn., 7. Juli	1853	—	—	—	—	—	—	12.44	0.60	43.14	36.04	7.78	1.99°
8		Volle Blüthe, II. Schn., 24. Aug.	1853	—	—	—	—	—	—	14.00	0.62	46.35	30.47	8.56	2.24°
9	Möckern, kräftig. thonig. Lehmboden	Beginn d. Blüthe, 11. Juni	1853	16.00	15.68	—	40.20	21.03	7.09	18.66		47.87	25.03	8.44	2.99
10		Volle Blüthe, 25. Juni .	1853	16.00	10.60	—	35.80	31.65	5.95	12.61		42.65	37.66	7.08	2.02
11	Desgl.	Sehr jung, 23. Mai	1854	16.00	20.89	—	35.30	20.23	7.58	24.86		42.05	24.07	9.02	3.98
12		Blüthe hervortretend, 2. Juni	1854	16.00	14.59	—	36.12	25.25	8.04	17.36		43.02	30.05	9.57	2.78
13		Volle Blüthe, 13. Juni . . .	1854	16.00	13.31	—	36.52	27.75	6.42	15.84		43.50	33.02	7.64	2.53
14	Bechelbronn	Vor der Blüthe . .	—	12.20	13.30	4.00	41.30	21.10	8.10	15.15	4.56	47.03	24.03	9.23	2.42
15		In der Blüthe . . .	—	20.00	10.60	3.20	39.20	22.00	5.00	13.25	4.00	49.00	27.50	6.25	2.12
16	Hohenheim	Sehr jung, II. Schn., 20. Juli	1854	16.70	21.90	—	26.90	24.70	9.80	26.28		32.32	29.64	11.76	4.20
17		Ziemlich volle Blüthe, I. Schn., 13. Juni	1854	16.70	13.80	—	29.50	32.80	7.20	16.56		35 44	39.36	8.64	2.65
18		Ende der Blüthe, I. Schn., 23. Juni	1854	16.70	11.20	—	33.40	32.90	5.80	13.44		40.12	39.48	6.96	2.15
19		Desgl., 20. Juli	1854	16.70	9.50	—	26.50	41.70	5.60	11.40		31.84	50.04	6.72	1.82
20	Middletown (Connecticut), armer Lehmboden, gedüngt	Kurz vor der Blüthe .	1875	14.40	12.23	1.47	41.02	23.79	7.15P	14.27	1.71	47.93	27.75	8.34P	2.22
21		In voller Blüthe . .	1875	14.62	11.54	2.04	41.52	23.72	6.56P	13.48	2.38	48.70	27.79	7.65P	2.16
22		Blüthe dem Ende nahe	1875	14.80	11.20	1.55	40.60	25.56	6.29P	13.13	1.80	47.86	29.87	7.34P	2.10
23		Nahezu reifer Klee .	1875	15.49	8.75	2.03	41.41	26.83	5.49P	10.35	2.40	49.00	31.75	6.50P	1.66
24	Forli (Italien)	Beim Erscheinen d. Blüthen	1876	16.42	13.05	3.63	33.24	24.77	8.89	15.61	4.34	39.80	29.62	10.63	2.50
25		Abgeblüht	1876	15.84	13.34	3.87	33.56	25.09	8.30	15.85	4.60	39.83	29.86	9.86	2.54
26		Zur Zeit der Samenreife .	1876	15.69	13.68	3.92	33.12	25.14	8.45	16.22	4.65	39.29	29.82	10.02	2.60
27	Desgl.	Beginn der Blüthe, 30. Juni	1877	17.32	13.15	3.81	32.47	25.00	8.25	16.84	4.67	40.17	28.67	9.65	2.69
28		Ende der Blüthe, 10. Juli .	1877	17.08	13.93	3.86	33.47	23.68	7.98	16.80	4.66	40.36	28.56	9.62	2.69

Heu von Rothklee in verschiedenen Entwicklungsperioden.

No. 1—3. Ad. Stöckhardt. — Chem. Ackersm. I. 1855. 143. Nh. Substanz umgerechnet nach dem Factor 6.25.

No. 4—8 Ad. Stöckhardt u. Ant. Rosing — Ibid. II. 1856. 182. Der Wassergehalt des lufttrocknen Klee's betrug 13.2 bis 14.7%, bei 110° getrocknet.

	No. 4	5	6	7	8
In Wasser lösliche Stoffe	27.12	27.95	18.82	24.07	26.32
Darin Eiweiss	1.50	2.57	1.42	2.00	2.75
„ *Zucker*	0.44	1.08	0.86	0.80	0.46
„ *Dextrin und Pectin*	8.62	5.72	4.42	6.50	5.25
In verdünnter Salzsäure lösliche Stoffe	19.95	14.12	16.05	13.17	15.75
In verdünntem Alkali lösliche Stoffe	31.16	30.22	31.78	26.72	27.46
Unlösliche Pflanzenfaser	21.77	27.71	33.35	36.04	30.47
	100.00	100.00	100.00	100.00	100.00
In Alkohol lösliche Stoffe	16 60	12.25	12.02	12.02	17.32
Davon in Wasser löslich	11.37	9.22	7.92	7.77	13.65
„ „ „ *unlöslich (harzähnlich)*	5.23	3.03	4.10	4.25	3.67
Darauf noch in Aether löslich (Fett)	0.93	0.85	0.45	0.60	0.62

No. 9—10. E. Wolff. — Möckern'sche Berichte. III. 11.

No. 11—13. H. Ritthausen. — Ibid. IV. 65. Auf 1 Thl. Blätter kamen Stengel (Gewichtstheile) 3.5, 3.3 resp. 3.9.

No. 14 u. 15. J. B. Boussingault. — Dessen „Landwirthsch. in ihren Beziehungen z. Chemie, Physik etc.“ Deutsche Ausgabe. 1854. 3. B. 200.

No. 16—19. E. Wolff. — Hohenheim. Mitthl. II. 1855. 126. Unter dem Einfluss einer anhaltend feuchten Witterung gewachsen. No. 16 reichlich 1 Fuss hoch.

No. 20—23. W. O. Atwater. — Rep. Agric. Exper. Stat. Conn. 1877/78. 31.

No. 24—26. Al. Pasqualini. — Ann. Staz. Agrar. Forli 1876. 65.

No. 27 u. 28. Al. Pasqualini. — Ibid. 1877. 63.

No.	Bezeichnungen und Bemerkungen	Jahr der Untersuchung	In der ursprünglichen Substanz: Wasser %	Nh-Substanz %	Rohfett %	Nfr. Extractstoffe %	Rohfaser %	Asche %	In der Trockensubstanz: Nh-Substanz %	Rohfett %	Nfr. Extractstoffe %	Rohfaser %	Asche %	Stickstoff in der Trockensubstanz %
29	Darmstadt, Wendelsheim in Hessen: Unmittelbar v. d. Blüthe, 22. Mai	1872	14.12	13.83	36.02		25.72	10.31	16.10	41.95		29.95	12.00	2.58
30	In voller Blüthe, 13. Juni	1872	12.99	10.71	36.74		31.93	7.63	12.31	42.24		36.68	8.77	1.97
31	Gegen Ende der Blüthe, 1. Juli	1872	12.46	9.80	36.67		33.42	7.65	11.19	42.89		31.18	8.74	1.79
	Kleeheu, nach verschiedener Düngung.													
1	Möckern, lehmig. Sandboden, grösstentheils verblüht, 9. Juli: Ungedüngt . . .	1854	13.05	10.63	(23.73		46.25)	6.34	12.22	(27.30		53.19)	7.29	1.95
2	Asche von Kiefernholz und Torf .	1854	12.91	15.39	(15.24		48.09)	8.37	17.67	(27.51		55.21)	9.61	2.83
3	Ungegypst	1860	12.95	14.70	36.55		28.85	6.95	16.89	41.99		33.14	7.98	2.70
4	Mit Magnesiumsulfat gedüngt	„	13.27	15.81	33.28		29.70	7.94	18.23	38.37		34.25	9.15	2.92
5	Gegypst	„	11.60	17.45	33.12		29.87	7.96	19.74	37.46		33.79	9.01	3.18
6	Stengel, ungegypst	„	12.25	10.15	33.00		39.55	5.05	11.57	37.62		45.06	5.75	1.85
7	„ mit Magnesiumsulfat gedüngt	„	13.00	11.42	29.36		39.47	6.75	13.13	33.74		45.37	7.76	2.10
8	„ mit Gyps gedüngt	„	11.85	12.34	30.41		38.75	6.65	13.99	34.49		43.98	7.54	2.24
9	Blätter, ungegypst	„	13.04	22.08	38.65		15.07	11.16	25.38	44.44		17.33	12.85	4.06
10	„ mit Magnesiumsulfat gedüngt	„	14.45	24.37	37.63		12.58	10.97	28.47	44.00		14.70	12.83	4.56
11	„ mit Gyps gedüngt	„	10.70	28.74	35.38		13.73	11.45	32.18	39.62		15.38	12.82	5.10
12	Blüthen, ungegypst	„	15.05	17.59	44.68		16.36	6.32	20.71	52.59		19.26	7.44	3.31
13	„ mit Magnesiumsulfat gedüngt	„	12.12	19.59	43.74		17.08	7.47	22.29	49.77		19.44	8.50	3.57
14	„ mit Gyps gedüngt . . .	„	12.24	20.57	42.78		16.96	7.45	23.44	48.75		19.32	8.49	3.75
15	Braunschweig: Ungedüngt, I. Schn.	1865	25.2	12.80	—		—	5.18	17.12	—		—	6.93P	2.74
16	„ II. „	„	19.0	15.66	—		—	5.59	19.33	—		—	6.90P	3.09
17	Desgl.: Kalisalpeter, I. Schnitt . .	„	26.7	13.51	—		—	5.23	18.44	—		—	7.13P	2.95
18	„ II. „ . .	„	19.3	14.98	—		—	5.79	18.56	—		—	7.18P	2.97

No. 29—31. P. Wagner u. K. Schäfer. — Ber. d. V.-St. Darmstadt 1874. 76. Die 3 Kleesorten wurden einem gleichmässig beschaffenen Felde entnommen; der Klee wurde auf Böcken getrocknet. No. 29 war auf den Böcken stark beregnet worden; No. 30 war ebenfalls, aber weniger beregnet worden, während das von No. 31 gut getrocknet war. Der Regen scheint von geringem Einfluss auf die Beschaffenheit des Kleeheu's gewesen zu sein. Geerntet wurden von 224 Quadratmetern in Kilo:

	No. 29	30	31
An lufttrockner Erntemasse .	42.5	57.0	64.0
„ Trockensubstanz	36.5	49.6	56.0
„ Nh. Substanz	5.88	6.10	6.27
„ Nfr. Extractstoffen . . .	15.31	20.95	23.47
„ Rohfaser	10.94	18.19	21.39
„ Asche	4.38	4.35	4.90

Kleeheu, nach verschiedener Düngung.

No. 1 u. 2. H. Ritthausen. — Möckern'sche Berichte. IV. 44.

No. 3—14. Pincus u. Bauck. — Agriculturchemische u. chemische Untersuchungen und Versuche der V.-St. Insterburg. II. 61. (Hoffmann's Jahresber. 4. 1861|62. 276.) Material von einem Düngungsversuche zu Lenkeninken, ausgeführt 1860 auf kleefähigem, in hohem Culturzustande befindlichem Boden. Ueberdüngt wurde anfangs Mai, als die Pflanzen ungefähr einen Zoll hoch waren, mit je 1 Ctr. pro Morgen. Am 24. Juni wurde der Klee gemäht; an lufttrocknem Heu wurden geerntet pro Morgen:

	Ungedüngt	Magnesiumsulfat	Gyps
Heu	21.6 Ctr.	32.4 Ctr.	30.6 Ctr.

In 100 Theilen des lufttrocknen Heu's waren enthalten:

Blüthen	17.15 %	12.16 %	11.72 %
Blätter	27.45 „	26.22 „	25.28 „
Stengel	55.40 „	61.62 „	63.00 „

No. 15—34. C. Kreuzhage. — J. f. Landw. 1866. 413. Das betr. Feldstück hatte sandigen Lehmboden, war von keiner besonderen Güte, hatte 30 Jahre lang als Baumschule gedient und während dieser Zeit keine Düngung erhalten, wurde gekälkt nnd ohne weitere Düngung mit Hafer ausgestellt, der einen sehr guten Ertrag lieferte. Der Klee wurde dem Hafer untergesäet und blieb bis zum 20. April des folgenden Jahres, wo die Ueberdüngung stattfand, unberührt. Der Klee war zur Zeit der Ueberdüngung gut 1 Zoll hoch und stand sehr gleichmässig. Chlorammonium und Salpeter hatten den Einfluss auf den Klee, dass die bestreuten Blätter sich schwärzten und abstarben, Chlorammon in starkem, der Salpeter in geringem Grade. Die hierdurch bewirkten Verschiedenheiten im Stande des Klee's wurden nach und nach ausgeglichen, so dass die Blüthezeit auf allen Parzellen zu derselben Zeit eintrat und der Klee z. d. Z. überall gleich hoch und dicht stand. Der erste Schnitt geschah am 12. Juli und wurde am 20. Juli geerntet, nachdem er in den letzten 3 Tagen wiederholt Regen bekommen hatte. Daher mag sich der ungewöhnlich hohe Wassergehalt erklären. Bei der nachfolgenden Vegetation trat die Blüthe wieder gleichmässig ein, der 2. Schnitt geschah am 8. September, erhielt mehrmals Regen und konnte erst am 22. September geerntet werden. Die Ernte an Heu, berechnet auf 1 preuss. Morgen betrug in Centnern:

I. Schnitt	31.7	30.0	34.5	28.2	33.3	36.0	30.6	32.1	30.3
II. Schnitt	16.2	16.2	15.3	17.1	16.5	17.7	18.3	18.0	15.9
Summa	47.9	46.2	49.8	45.3	49.8	53.7	48.9	50.1	46.2

No.	Bezeichnungen und Bemerkungen	Jahr der Untersuchung	In der ursprünglichen Substanz: Wasser %	Nh-Substanz %	Rohfett %	Nfr. Extractstoffe %	Rohfaser %	Asche %	In der Trockensubstanz: Nh-Substanz %	Rohfett %	Nfr. Extractstoffe %	Rohfaser %	Asche %	Stickstoff in der Trocken-Substanz %
19	Desgl. Natronsalpeter, I. Schnitt	1865	26.10	12.24	—	—	—	5.62P	16.56	—	—	—	7.60P	2.65
20	„ II. „	„	19.50	15.03	—	—	—	5.84P	18.68	—	—	—	7.25P	2.99
21	Desgl. Kaliumsulfat, I. Schnitt	„	25.40	11.74	—	—	—	5.14P	15.75	—	—	—	6.89P	2.52
22	„ II. „	„	20.40	13.53	—	—	—	6.14P	17.00	—	—	—	7.72P	2.73
23	Desgl. Natriumsulfat, I. Schnitt	„	29.90	13.32	—	—	—	5.76P	19.00	—	—	—	8.22P	3.04
24	„ II. „	„	19.20	14.89	—	—	—	5.37P	18.44	—	—	—	6.65P	2.95
25	Desgl. Calciumsulfat, I. Schnitt	„	26.70	12.63	—	—	—	4.71P	17.25	—	—	—	6.43P	2.76
26	„ II. „	„	20.00	14.89	—	—	—	5.38P	18.62	—	—	—	6.72P	2.98
27	Desgl. Magnesiumsulfat, I. Schnitt	„	28.00	18.85	—	—	—	5.09P	20.63	—	—	—	7.07P	3.30
28	„ II. „	„	18.60	15.83	—	—	—	5.18P	19.44	—	—	—	6.37P	3.11
29	Desgl. Knochenkohle-superphosphat I. Schnitt	„	23.80	15.77	—	—	—	5.13P	20.69	—	—	—	6.73P	3.31
30	Desgl. Knochenkohle-superphosphat II. „	„	20.80	14.25	—	—	—	5.45P	18.00	—	—	—	6.88P	2.88
31	Desgl. Chlorammonium, I. Schnitt	„	24.30	12.57	—	—	—	5.49P	16.62	—	—	—	7.25P	2.66
32	„ II. „	„	19.50	14.22	—	—	—	5.96P	17.67	—	—	—	7.41P	2.83
33	Mittel der Schnitte I	„	26.20	13.29	—	—	—	6.41P	18.01	—	—	—	8.69P	2.88
34	Mittel der Schnitte II	„	19.60	14.81	—	—	—	6.86P	18.42	—	—	—	8.54P	2.95
35	Pommritz (Sachsen), Lehmboden (Granitverwitterung) Nicht gegypst	1870	19.01	14.78	4.23	29.59	25.85	6.54	18.25	5.22	36.53	31.92	8.08	2.92
36	Pommritz (Sachsen), Lehmboden (Granitverwitterung) Gegypst	1870	18.80	16.19	4.81	30.44	24.43	5.33	19.94	5.92	37.48	30.09	6.57	3.19
37	Forli (Italien) Beginn der Blüthe Nicht gegypst	1876	16.42	13.05	5.63	33.24	24.77	8.89	15.61	4.34	40.00	29.62	10.43	2.50
38	Forli (Italien) Beginn der Blüthe Gegypst	„	16.42	13.05	3.63	30.03	24.71	8.96	15.61	4.34	40.06	29.45	10.54	2.50
38	Forli (Italien) Abgeblüht Nicht gegypst	„	15.84	13.34	3.87	33.56	25.09	8.30	15.85	4.60	39.83	29.86	9.86	2.54
40	Forli (Italien) Abgeblüht Gegypst	„	15.82	13.33	3.83	33.36	25.16	8.50	15.84	4.55	39.62	29.89	10.10	2.54
41	Forli (Italien) Zur Zeit der Samenreife Nicht gegypst	„	15.69	13.68	3.92	33.12	25.14	8.45	16.22	4.65	39.29	29.82	10.02	2.60
42	Forli (Italien) Zur Zeit der Samenreife Gegypst	„	15.65	13.67	3.90	33.91	25.25	8.62	16.21	4.63	40.94	30.00	10.22	2.59

Kleeheu, gut eingebrachtes verglichen mit beregnetem.

No.	Bezeichnungen und Bemerkungen	Jahr der Untersuchung	In der ursprünglichen Substanz: Wasser %	Nh-Substanz %	Rohfett %	Nfr. Extractstoffe %	Rohfaser %	Asche %	In der Trockensubstanz: Nh-Substanz %	Rohfett %	Nfr. Extractstoffe %	Rohfaser %	Asche %	Stickstoff in der Trocken-Substanz %
1	Möckern, 2. Juni, angeh. Blüthe: Gut eingebracht	1854	16.00	14.59	—	36.12	25.25	8.04	17.36	—	43.02	30.05	9.57	2.78
2	Möckern, 2. Juni, angeh. Blüthe: Beregnet, 14 Tage lang	1854	16.03	15.85	—	23.38	37.24	7.50	18.88	—	27.84	44.35	8.93	3.02
3	Pommritz: I. Schn., gut eingebracht	1870	14.51	17.05	5.06	31.72	25.73	6.62	19.95	5.92	36.28	30.10	7.75	3.19
4	Pommritz: II. Schn., durch Regen ausgewaschen	1870	14.51	14.02	3.29	9.77	52.69	5.72	16.40	3.85	11.41	61.65	6.69	2.62
5	Proskau: Trocken eingebracht	1875	—	—	—	—	—	—	14.72	2.37	43.25	31.55	8.11P	2.35
6	Proskau: Beregnet	1875	—	—	—	—	—	—	15.71	3.06	34.57	37.48	9.19P	2.51
7	Regenwalde: Trocken eingebracht	1878	10.24	16.03	1.81	43.09	24.16	4.67	17.89	2.02	48.10	26.96	5.03P	2.86
8	Regenwalde: Beregnet	1878	10.90	15.30	1.90	35.90	31.40	4.60	17.23	2.14	40.49	35.37	4.82P	2.76

No. 35 u. 36. E. Heiden u. L. Brunner. — Amtsbl. f. d. landw. Ver. Sachsens 1872. 98. Zusammensetzung d. lufttrockn. Substanz von uns berechnet. — Boden war Lehm mit Lehmuntergrund, aus der Verwitterung des Granits hervorgegangen. Der Klee war bei äusserst günstiger Witterung gewachsen, 2½—3 Fuss hoch, stark lagernd. Gegypst wurde am 26. April mit 1½ Ctr. pro sächs. Acker (ca. 150 kg pr. ha). Pro ha wurden geerntet in kg:

	Kleeheu	Trockensubstanz	Nh. Substanz	Fett	Nfr. Extractst.	Rohfaser	Asche
Nicht gegypst . . .	6031	4884	891	255	1784	1559	395
Gegypst	5871	4767	951	282	1787	1434	313

Die Asche des gegypsten Klee's enthielt beträchtlich mehr Kalk, Magnesia, Phosphorsäure und Schwefelsäure als die des nicht gegypsten, letztere enthielt dagegen mehr als noch einmal soviel Kali als erstere.

No. 37—42. Al. Pasqualini. — Ann. Stat. Agrar. Forli 1876. 65.

Kleeheu, gut eingebrachtes verglichen mit beregnetem.

No. 1—2. H. Ritthausen. — Möckern'sche Ber. IV. 73. Der beregnete Klee hatte 14 Tage auf Reutern gelegen und war während dieser Zeit fast täglich von anhaltendem Regen durchnässt worden; das Heu war aber noch von leidlicher Beschaffenheit, ohne Fäulniss und noch blassgrün. No. 1 ist zum Vergleich beigefügt und repräsentirt ein gut eingebrachtes Kleeheu aus derselben Vegetationsperiode, geschnitten am 2. Juni.

No. 3 u. 4. E. Heiden (V.-St. Pommritz). — Originalmitthl. Die beiden Kleesorten waren zwar von einem und demselben Felde, aber nicht von einem und demselben Schnitte und sind daher nicht gut vergleichbar.

No. 5 u. 6. H. Weiske. — Der Landwirth 1875. 179.

No. 7 u. 8. C. Brimmer. — Privatmitthl. (Deutsche landw. Presse 1878. 557.) No. 7 war zu rechter Zeit und unter ganz günstigen Witterungsverhältnissen geerntet worden; Klee No. 8 dagegen hatte während einer 14tägigen Regenzeit auf dem Felde gelegen und durch Nässe viel gelitten. In Wasser lösliche Stoffe waren vorhanden in Procenten der Trockensubstanz: No. 7 49.04, No. 8 42.33.

No.	Bezeichnungen und Bemerkungen	Jahr der Untersuchung	In der ursprünglichen Substanz: Wasser %	Nh-Substanz %	Rohfett %	Nfr. Extractstoffe %	Rohfaser %	Asche %	In der Trockensubstanz: Nh-Substanz %	Rohfett %	Nfr. Extractstoffe %	Rohfaser %	Asche %	Stickstoff in der Trockensubstanz %
9	Darmstadt, Wintersheim in Hessen: Trocken eingebracht, aber älter, 30. Juni	1871	14.43	8.72	2.14	35.69	34.71	4.31	10.19	2.50	41.71	40.56	5.04	1.63
10	Darmstadt, Wintersheim in Hessen: Auf Kleereutern, 14 Tage im Regen .	1871	14.11	11.22	2.40	35.33	32.68	4.26	13.06	2.80	41.13	38.05	4.96	2.09
11	Darmstadt, Wintersheim in Hessen: Auf d. Felde liegend, 14 Tage im Regen .	1871	14.76	8.15	1.61	29.60	43.02	2.86	9.56	1.89	34.73	50.47	3.35	1.53

Trifolium repens L. — Weissklee, kriechender Klee, Steinklee. — White trefoil, Dutch clover. — Trèfle rampant, Triolet, petit Trèfle blanc.

No.	Bezeichnungen und Bemerkungen	Jahr der Untersuchung	In der ursprünglichen Substanz: Wasser %	Nh-Substanz %	Rohfett %	Nfr. Extractstoffe %	Rohfaser %	Asche %	In der Trockensubstanz: Nh-Substanz %	Rohfett %	Nfr. Extractstoffe %	Rohfaser %	Asche %	Stickstoff in der Trockensubstanz %
1	Von einer Wiese, in der Blüthe . . .	1849	—	—	—	—	—	—	18.76	4.38	—	26.53	10.29	2.952°
2	Gerade in die Blüthe getreten . . .	1851	—	—	—	—	—	—	27.31	—	—	—	9.60	4.37°
3	Von einer Wiese, in der Blüthe, 13. Juni gesammelt	1853	—	—	—	—	—	—	20.71	—	—	25.00	8.70	3.31°
4	Bei beginnender Blüthe	1870	9.82	17.00	—	44.90	18.83	9.45	18.85	—	49.79	20.88	10.48	3.02
5	Von kleemüdem Boden	1878	—	—	—	—	—	—	16.57	2.34	39.27	34.07	7.80	2.65
6		1880	15.00	15.60	39.50		22.50	7.30	18.35	46.61		26.46	8.58	2.94
7		1880	15.00	12.60	43.20		23.10	6.10	14.82	50.84		27.17	7.17	2.37
8		1880	15.00	13.30	36.20		29.10	6.40	15.64	42.61		34.22	7.53	2.50
9		1881	15.00	7.70	44.30		28.20	4.80	9.06	52.14		33.16	5.64	1.45
	Mittel aus No. 4—8 in der Blüthe		16.00	15.15	1.97	36.25	23.99	6.64	16.85	2.34	44.34	28.56	7.91	2.69

Trigonella Foenum graecum L. — Bockshorn, Fönugräc. Griechisches Heu. — Fanugreck. — Fenugrec. Foin grec. — Fieno greco.

No.	Bezeichnungen und Bemerkungen	Jahr der Untersuchung	In der ursprünglichen Substanz: Wasser %	Nh-Substanz %	Rohfett %	Nfr. Extractstoffe %	Rohfaser %	Asche %	In der Trockensubstanz: Nh-Substanz %	Rohfett %	Nfr. Extractstoffe %	Rohfaser %	Asche %	Stickstoff in der Trockensubstanz %
1	In Italien gewachsen	1874	16.00	12.19	1.88	29.90	34.73	5.30	14.51	2.24	35.66	41.35	6.24	2.32

Vicia Cracca L. — Gemeine Vogelwicke. — Tufted vetch. — Vesce multiflore, Pois à crapaud.

No.	Bezeichnungen und Bemerkungen	Jahr der Untersuchung	In der ursprünglichen Substanz: Wasser %	Nh-Substanz %	Rohfett %	Nfr. Extractstoffe %	Rohfaser %	Asche %	In der Trockensubstanz: Nh-Substanz %	Rohfett %	Nfr. Extractstoffe %	Rohfaser %	Asche %	Stickstoff in der Trockensubstanz %
1	Knospen hervortretend, 10. Juni ges. .	1855	12.50	20.60	—	31.80	29.90	5.10	23.55	—	36.44	34.18	5.83	3.77
2	Vor der Blüthe gesammelt	1882	15.60	23.09	1.22	37.46	16.37	5.76P	27.37	1.43	44.38	19.99	6.83P	4.38
3	Desgl.	1882	17.64	13.51	2.14	37.39	26.16	3.16	16.40	2.60	45.40	31.76	3.84	2.624°
	Mittel		16.00	18.85	1.69	35.06	24.06	4.34	22.44	2.02	41.93	28.64	5.17	3.59

No. 9—11. E. Schulze. — Bericht d. V.-St. Darmstadt 1874. 40. No. 10 wurde am 15. und 16. Juni gemäht, am 17. gewendet und am 18. auf Reuter gebracht, blieb dann während des in der letzten Hälfte des Juni eintretenden Regenwetters im Felde und wurde erst am 7. Juli eingefahren. No. 11 Heu währenddem auf dem Felde liegen geblieben, mehrmals gewendet, endlich am 30. Juni, theils am 2. Juli in Haufen gesetzt und am 3. Juli eingefahren. No. 10 u. 11 stammen zwar nicht von derselben Parzelle, jedoch von nahe aneinanderliegenden Parzellen von ganz gleicher Bodenbeschaffenheit. No. 9 ist von anderer Stelle des Gutes, wurde 14 Tage später gemäht und am 7. Juli eingefahren. Die 3 Sorten sind also streng genommen nicht vergleichbar.

Trifolium repens.

No. 1. Th. Way. — J. Agr. Soc. Engl. 1853. I. 171. Die Kleepflanze wurde an ihrem natürlichen Standorte auf einer Wiese mit kalkhaltigem Lehmboden zur Zeit ihrer Blüthe in Cirenciester gesammelt.

No. 2. Aug. Völcker. — J. Highl. Soc. Juli 1853. 56. Auf kleinem Beete auf einem Felde angebaut.

No. 3. H. Ritthausen u. M. Scheven. — Mitthl. a. Waldau. I. 68. Von einer ziemlich fruchtbaren Wiese bei Möckern kurz vor der Heuernte gesammelt.

No. 4. H. Weiske u. E. Wildt. — Preuss. Annal. d. Landw. 1871. 310.

No. 5. Emmerling u. R. Wagner. — Landw. Wochenbl. f. Schlesw.-Holstein 1879. No. 1. Vergl. Notiz bei Rothklee No. 64.

No. 6—9. M. Märcker (V.-St. Halle). — Privatmitthl.

Trigonella Foenum graecum.

No. 1. Al. Pasqualini. — Ann. Staz. Agrar. Forli 3. 1874. 111. Der Wassergehalt ist im Original zu 14.3 % angegeben.

Vicia Cracca.

No. 1. H. Ritthausen. — Mitthl. a. Waldau. 1. Heft. 1855. 68. Von einer ziemlich fruchtbaren, feuchten Wiese gesammelt. Zur Holzfaserbestimmung wurden 2 %ige Schwefelsäure und 2 %ige Kalilauge verwendet. Nh. Substanz ist N × 6.25. Die Zusammensetzung der lufttrocknen Substanz vom Autor aus der der grünen Pflanze berechnet.

No. 2. P. Baessler. — L. V.-St. 27. 1882. 415. Von niemals gedüngtem Grauwackeboden im westfälischen Sauerland. 100 Thl. Reinasche enthalten 37.02 Thl. Kali und 10.28 Thl. Phosphorsäure.

No. 3. O. Kellner. — Chemic. Analys. Laborat. Imper. Coll. of Agricult. Komaba, Tokio, Japan, 1884.

No.	Bezeichnungen und Bemerkungen	Jahr der Untersuchung	In der ursprünglichen Substanz: Wasser %	Nh-Substanz %	Rohfett %	Nfr. Extractstoffe %	Rohfaser %	Asche %	In der Trockensubstanz: Nh-Substanz %	Rohfett %	Nfr. Extractstoffe %	Rohfaser %	Asche %	Stickstoff in der Trockensubstanz %
	Vicia Faba L. — Buff- oder Saubohne, Pferdebohne. — Bean. — Fève.													
1	Ganze Pflanze	1854	12.50	19.30	37.20		27.50	6.90	22.06	38.52		31.43	7.99	3.53
2	Blätter	1854	12.50	27.10	42.70		10.20	7.50	30.97	48.80		11.66	8.57	4.96
3	Stengel	1854	12.50	4.40	30.90		43.30	8.80	5.03	37.22		46.69	10.06	0.80
	Vicia sativa L. — Saatwicke, gemeine Futterwicke. — Common Vetch, Fave. — Vesce cultivée, Vesce de pigeon.													
1	Natürlicher Standort, am 13. Juni geschn., in der Blüthe	1849	14.30	19.93	2.62	34.12	23.46	5.57	23.26	3.06	—	27.38	6.50	3.721°
2	Angebaut, in der Blüthe	1852	14.30	17.14	—	—	—	7.39	20.00	—	—	—	8.63	3.20°
3	Zu Beginn der Blüthe, am 11. Juli geschn.,	1854	16.70	19.80	25.00		26.40	12.10	23.76	30.04		31.68	14.52	3.80
4	Schwarze Wicke, in der Blüthe, 23. Juni geschnitten	1854	16.70	13.60	34.20		27.20	8.30	16.32	31.08		32.64	9.96	2.61
5	Schwarze Wicke (Italien)	1874	16.80	18.78	3.07	28.69	25.63	7.03	22.57	3.69	34.48	30.81	8.45	3.61
6		1873	—	—	—	—	—	—	23.77	2.77	34.26	28.13	11.07	3.80
7	In der Blüthe, geschn. 15. August	1884	—	—	—	—	—	—	15.76	2.30	43.29	30.68	7.97	2.52
8	Völlig reif, geschn. 3. September	1884	—	—	—	—	—	—	14.42	2.69	44.34	30.05	8.50	2.31
	Mittel aus No. 1—7, in der Blüthe		16.00	17.45	2.48	30.63	25.38	8.06	20.78	2.95	36.46	30.22	9.59	3.32
	In verschiedenen Vegetationsperioden.													
1	Grüne Wicke, geschn. 23. Mai 1854	1854	12.50	25.4	30.9		20.8	10.4	29.03	35.31		23.77	11.89	4.64
2	„ „ „ 12. Juni 1854	1854	12.50	17.0	33.1		29.2	8.2	30.86	26.39		33.38	9.37	4.94
3	„ „ „ 23. Juni 1854	1854	12.50	14.3	35.9		28.6	8.7	16.34	41.04		32.68	9.94	2.61
4	„ „ „ 12. Juli 1854	1854	12.50	13.8	27.4		39.8	6.4	15.77	31.42		45.49	7.32	2.52
5	„ „ „ 9. Juli 1855	1855	12.50	22.6	32.4		22.9	9.6	25.83	37.03		26.17	10.97	4.13
6	„ „ „ 25. Juli 1855	1855	12.50	16.6	36.1		27.6	9.6	18.97	38.51		31.55	10.97	3.04
7	„ „ „ 6. August 1855	1855	12.50	21.5	25.3		32.3	8.1	24.57	29.25		36.92	9.26	3.92
	Vicia sepium L. — Zaunwicke. — Bush Vetch. — Vesce des haies.													
1	Natürl. Standort, ges. 9. Juni in der Blüthe	1849	14.30	19.48	2.47	28.72	26.59	8.44	22.74	2.88	33.49	31.04	9.85	3.639
2	Wiese, ges. 10. Juni in der Blüthe	1854	12.50	20.1	33.0		30.1	4.2	23.32	37.48		34.40	4.80	3.73
	Mittel		16.00	19.35	2.42	28.59	27.48	6.16	23.03	2.88	34.04	32.72	7.33	3.69

Vicia Faba.
No. 1—3. H. Ritthausen. — Mitthl. a. Waldau. 1. 1859. 68. Vergl. Vicia Faba im grünen Zustande. Vom Verf. auf lufttrockne Substanz berechnet.

Vicia sativa.
No. 1. Th. Way. — J. Agr. Soc. England 1853. I. 171. Natürlicher Standort: eine Wiese mit kalkhaltigem Lehmboden. Von uns auf lufttrockne Substanz mit angenommenem Wassergehalt berechnet. Vergl. Vic. sat. im grünen Zustande.
No. 2. Aug. Völcker. — J. Highl. Soc. Juli 1853. 56. Wurde vergleichsweise mit anderen Futtergewächsen in kleinen Beeten auf einem Ackerfelde von gleichmässiger Bodenbeschaffenheit angebaut. Von uns auf lufttrockne Substanz berechnet.
No. 3. Em. Wolff u. Jani. — Hohenh. Mitthl. II. 1855. 129. Im Gemenge mit Hafer angebaut, sehr üppig entwickelt. Hafer wurde gesondert untersucht.
No. 4. Ritthausen. — Wolff's Grundlagen d. Ackerbaues 1856. 897.
No. 5. Al. Pasqualini. — Ann. Staz. Agrar. Forli 3. 1874. 111.
No. 6. Em. Wolff. — Württemberg'sches Wochenbl. 1873. 275.
No. 7 u. 8. V.-St. Massachusetts State, Bulletin No. 9. 1884. (Jahresb. d. Agriculturchem. 1884. 382.) Die untersuchte Wicke war die Varietät Vicia sativa angustifolia.

In verschiedenen Vegetationsperioden.
No. 1—7. H. Ritthausen. — Mitthl. a. Waldau. 1. Heft 1859. 68. Vergl. Wicken im grünen Zustande. Vom Autor auf lufttrockne Substanz berechnet.

Vicia sepium.
No. 1. Thom. Way. — J. Agr. Soc. Engl. 1853, I. 171. Natürlicher Standort: eine Wiese mit kalkhaltigem Lehmboden. Von uns auf lufttrockne Substanz mit angenommenen Wassergehalt berechnet. Vergl. V. sep. in grünem Zustande.
No. 2. H. Ritthausen. — Mittheil. aus Waldau. 1. Hft. 1855. 68. Von einer ziemlich fruchtbaren, zwischen zwei Flüsschen gelegenen Wiese. Zur Holzfaserbestimmung wurden 2 %ige Schwefelsäure u. 2 %ige Kalilauge verwendet.

No.	Bezeichnungen und Bemerkungen	Jahr der Untersuchung	In der ursprünglichen Substanz: Wasser	Nh-Substanz	Rohfett	Nfr. Extractstoffe	Rohfaser	Asche	In der Trockensubstanz: Nh-Substanz	Rohfett	Nfr. Extractstoffe	Rohfaser	Asche	Stickstoff in der Trockensubstanz
			%	%	%	%	%	%	%	%	%	%	%	%

Vicia villosa Roth. — Zottige Wicke, Sandwicke. — Large Russian Vetch, Villous Vetch. — Vesce velu.

No.	Bezeichnungen und Bemerkungen	Jahr	Wasser	Nh-Substanz	Rohfett	Nfr. Extractstoffe	Rohfaser	Asche	Nh-Substanz	Rohfett	Nfr. Extractstoffe	Rohfaser	Asche	Stickstoff
1	Von leichtestem Sandboden, in d. Blüthe	1884	10.10	24.40	2.00	27.90	27.50	8.10	27.14	2.23	31.03	30.59	9.01	4.34
2	Auf sandig-lehmig. Mittelboden des Gartens der Versuchsstat. Münster (Westfalen) gewachsen: 8. Juli, Beginn d. Blüthe . . .	1885	(15.00*)	(26.47†)	3.59	24.03	22.32	8.59	(31.15†)	4.23	28.25	26.26	10.11	4.98
3	16. Juli, Volle Blüthe . . .	1885	(15.00*)	(23.68†)	2.93	23.57	25.47	9.35	(27.86†)	3.45	27.72	29.97	11.00	4.46
4	29. Juli, Ende d. Blüthe . . .	1885	(15.00*)	(17.49†)	3.10	27.65	29.19	7.57	(20.58†)	3.65	32.51	34.35	8.91	3.29
	Mittel aus No. 1 u. 3, i. d. Blüthe		16.00	23.10	2.39	24.67	25.43	8.41	27.50	2.84	29.37	30.28	10.01	4.40

Gemengklee. Aus Luzerne, Esparsette, Rothklee und Weissklee bestehend.

No.	Bezeichnungen und Bemerkungen	Jahr	Wasser	Nh-Substanz	Rohfett	Nfr. Extractstoffe	Rohfaser	Asche	Nh-Substanz	Rohfett	Nfr. Extractstoffe	Rohfaser	Asche	Stickstoff
1	Humoser Lehmboden	1880	15.00	20.2	3.45	32.89	18.85	9.61	23.76	4.06	38.71	22.17	11.30	3.80
2	Sandiger Lehmboden, Holzland . . .	„	15.00	9.50	3.32	39.75	24.57	7.86	11.17	3.90	46.80	28.89	9.24	1.79
3	Humusreicher, sandiger Lehmboden, Tiefenlage	„	15.00	14.5	42.6		21.3	6.6	17.03	50.16		25.05	7.76	2.73
4	Humusreicher, sandiger Lehmboden . .	„	15.00	14.17	3.60	39.53	19.74	7.96	16.66	4.23	46.54	23.21	9.36	2.67
5	Tiefgründiger Lehm, Höhenlage . . .	„	15.00	15.31	3.53	35.96	22.23	7.97	18.00	4.15	42.34	26.14	9.37	2.88
6	Humoser Thonboden	„	15.00	14.8	33.7		27.5	9.0	17.40	39.68		32.34	10.58	2 78
7	Sandig-thoniger Humusboden	„	15.00	15.8	38.3		24.1	6.8	18.58	45.08		28.34	8.00	2.97
8	Desgl., II. Schnitt	„	15.00	15.8	33.7		28.4	7.1	18.58	39.67		33.40	8.35	2.97
9	Tiefgründiger Lehm, Höhenlage . . .	„	15.00	14.3	37.6		27.4	5.7	16.82	44.26		32.22	6.70	2.69
10	Sandiger Lehm	„	15.00	12.7	36.7		29.3	6.3	14.94	43.19		34.46	7.41	2.39
11	Lehmiger Sand	„	15.00	14.1	38.7		25.7	6.5	16.58	45.56		30.22	7.64	2.65
12	Tiefgründiger, humoser Lehmboden, ebene Lage	1881	15.00	13.1	39.1		25.7	7.1	15.41	46.02		30.22	8.35	2.47
13	Humoser Lehmboden	„	15.00	18.6	37.9		20.2	8.2	21.87	44.73		23.76	9.64	3.50
14	Lehmboden	„	15.00	15.6	36.0		26.5	7.0	18.35	42.26		31.16	8.23	2.94
15	Tiefgründiger, humusreicher Lehmboden	„	15.00	9.1	39.7		27.9	8.3	10.70	46.73		32.81	9.76	1.71
16	Thonboden	„	15.00	9.4	45.7		23.6	6.3	11.05	53.79		27.75	7.41	1.77
17	Mässig humusreicher Lehmboden mit Kiesuntergrund, Höhenlage	„	15.00	12.8	38.2		27.4	6.6	15.05	44.97		32.22	7.76	2.41
18	Humusreicher Boden m. Lehmuntergrund, Höhenlage	„	15.00	12.6	36.4		30.8	5.2	14.82	42.84		36.22	6.12	2.37
19	Desgl.	„	15.00	12.4	36.3		30.8	5.5	14.58	42.73		36.22	6.47	2.33
20	Tiefgründiger Lehmboden, Ebenlage .	„	15.00	10.1	44.3		25.9	5.6	11.88	51.07		30.46	6.59	1.90
21	Milder Lehmbod., humusreich, Höhenlage	„	15.00	14.4	37.2		26.9	6.5	16.93	43.80		31.63	7.64	2.71

Vicia villosa.
No. 1. Troschke. — D. landw. Presse 1884. 370. Das untersuchte Material stammt von einem Anbauversuche in Regenwalde.
No. 2—4. J. König u. E. Schmid. — Landw. Ztg. f. Westfalen und Lippe 1886. No. 3.
*) Dieser Wassergehalt ist willkürlich angenommen; der Wassergehalt der frisch geernteten Wicke war folgender:

No. 2	No. 3	No. 4
Beginn der Blüthe	Volle Blüthe	Ende der Blüthe
85.19 %	84.78 %	81.00 %

†) Von dem Rohproteïn war nach der Methode von Stutzer als reines Eiweiss vorhanden:

	No. 2	No. 3	No. 4
In der Trockensubstanz	23.94 %	20.64 %	18.10 %
Auf 15 % Wassergehalt berechnet . .	20.35 „	17.54 „	15.38 „

Gemengklee. Aus Luzerne, Esparsette, Rothklee und Weissklee bestehend.
No. 1—45. M. Märcker (V.-St. Halle). — Privatmitthl.

No.	Bezeichnungen und Bemerkungen	Jahr der Untersuchung	In der ursprünglichen Substanz: Wasser %	Nh-Substanz %	Rohfett %	Nfr. Extractstoffe %	Rohfaser %	Asche %	In der Trockensubstanz: Nh-Substanz %	Rohfett %	Nfr. Extractstoffe %	Rohfaser %	Asche %	Stickstoff in der Trockensubstanz %
22	Milder Lehmbod., humusreich, Höhenlage	„	15.00	15.6	36.2		25.6	7.6	18.35	42.60		30.11	8.94	2.94
23	Lehm, tiefgründig mit einigen Thonköpfen, Höhenlage	„	15.00	12.0	43.5		23.2	6.5	14.11	50.97		27.28	7.64	2.26
24	Desgl., II. Schnitt	„	15.00	12.3	41.1		26.4	8.2	14.46	48.37		31.05	6.12	2.31
25	Desgl., etwas beregnet	„	15.00	12.7	42.8		22.6	6.9	14.94	50.37		26.58	8.11	2.39
26	Gemergelter Sandboden	„	15.00	9.5	40.3		30.0	5.2	11.17	47.43		35.28	6.12	1.79
27	Desgl., trocken	„	15.00	8.8	43.8		27.6	4.8	10.35	51.55		32.46	5.64	1.66
28	Sandiger Lehmboden	„	15.00	13.4	37.4		27.0	7.0	15.76	44.26		31.75	8.23	2.52
29	Tiefgründiger, etwas thoniger Lehmboden	1882	15.00	10.3	45.3		23.3	6.1	12.11	53.32		27.40	7.17	1.94
30	Lehmboden	„	15.00	11.8	44.6		23.2	5.4	13.88	52.49		27.28	6.35	2.22
31	Desgl.	„	15.00	12.6	35.0		31.1	6.3	15.12	40.90		36.57	7.41	2.42
32	Tiefgründig., milder Lehmboden, Sonnenhang	„	15.00	13.9	40.5		24.3	6.3	16.35	47.67		28.57	7.41	2.62
33	Tiefgründiger, humusreicher Lehmboden	„	15.00	10.7	41.8		27.1	5.4	12.58	49.20		31.87	6.35	2.01
34	Desgl.	„	15.00	11.3	39.9		27.9	5.9	13.29	46.96		32.81	6.94	2.13
35	Desgl.	„	15.00	16.2	35.0		27.0	6.8	19.05	41.20		31.75	8.00	3.05
36	Desgl.	„	15.00	8.8	45.7		23.5	7.0	10.35	53.78		27.64	8.23	1.66
37	Humusarmer, kiesiger Thonboden, Höhenlage, II. Schnitt, tiefgründig . .	„	15.00	15.2	39.5		23.6	6.7	17.88	46.49		27.75	7.88	2.86
38	Desgl., flachgründig	„	15.00	17.6	36.9		24.9	5.6	20.70	43.43		29.28	6.59	3.31
39	Humusreicher, sandiger Lehm, Höhenlage	„	15.00	16.0	39.0		23.2	6.8	18.82	45.90		27.28	8.00	3.01
40		1880	15.00	16.7	36.7		23.9	7.7	19.64	43.19		28.11	9.06	3.14
41		1881	15.00	12.2	38.4		25.6	9.8	14.35	44.02		30.11	11.52	2.30
42		1881	15.00	15.8	38.5		21.4	9.3	18.59	45.30		25.17	10.94	2.97
43		1881	15.00	16.3	36.7		23.1	9.0	19.17	43.08		27.17	10.58	3.07
44		1881	15.00	13.7	35.8		28.2	7.3	16.11	42.15		33.16	8.58	2.58
45		1881	15.00	19.1	35.9		20.4	9.6	22.06	42.66		23.99	11.29	3.53
	Minimum		—	8.69	3.27	29.89	18.62	4.74	10.35	3.90	35.58	22.17	5.64	1.66
	Maximum		—	19.96	3.55	41.75	30.72	9.68	23.76	4.23	49.70	36.57	11.52	3.80
	Mittel		16.00	13.62	3.44	35.09	25.00	6.85	16.21	4.09	41.79	29.76	8.15	2.59

(Bei No. 22–45 sind Rohfett und Nfr. Extractstoffe zusammengefasst.)

Heu von Gemengfutter.

No.	Bezeichnungen und Bemerkungen	Jahr der Untersuchung	Wasser %	Nh-Substanz %	Rohfett %	Nfr. Extractstoffe %	Rohfaser %	Asche %	Nh-Substanz %	Rohfett %	Nfr. Extractstoffe %	Rohfaser %	Asche %	Stickstoff in der Trockensubstanz %
1	Wickhafer, in der Blüthe	1853	14.50	11.15	2.85	—	—	6.82	13.04	3.33	—	—	7.98	2.09
2	Desgl.	1871	14.50	15.66	2.13	28.43	29.39	9.89	18.32	2.49	33.25	34.37	11.57	2.93
3	Desgl.	1873	14.50	10.70	—	33.47	31.43	9.90	12.51	—	39.15	36.76	11.58	2.00
4	Desgl.	1877	11.49	7.61	7.35	30.09	16.37	27.09	10.44	10.07	41.23	22.43	15.83	1.67
5	Desgl.	1878	14.31	10.19	2.37	30.98	36.17	5.96	11.89	2.77	36.17	42.21	6.96	1.90
6	Desgl.	1880	15.00	11.00	57.00		11.60	5.40	12.94	67.07		13.64	6.35	2.07
7	Desgl.	1880	15.00	9.50	37.80		27.90	9.80	11.17	44.50		32.81	11.52	1.79

Heu von Gemengfutter.

No. 1. Eichhorn. — Weende'r Jahresber. 1854. II. 79. (Ockel's Berichte. No. 1. 211.) Von uns auf heutrockne Substanz berechnet. 53% Wicken, 47% Hafer.

No. 2. H. Weiske u. E. Wildt (V.-St. Proskau). — Preuss. Annal. d. Landw. Wochenbl. 1871. 311. Von uns auf heutrockne Substanz berechnet.

No. 3. Th. Dietrich (V.-St. Altmorschen). — Landw. Ztschr. f. d. Rgbz. Cassel 1873. 529.

No. 4. Ign. Moser. — 1. Ber. d. V.-St. Wien 1870—1877. Die heutrockne Substanz enthielt 15.54% Sand. Die Zusammensetzung der wasserfreien Substanz bezieht sich auf sandfreie Masse. 1/3 Wicken, 1/3 Hafer. (Ob das letzte Drittel des Gemengfutters aus anderen Gewächsen bestand und event. aus welchen, ist nicht angegeben; möglicherweise liegt insofern auch ein Druckfehler vor als die Angabe auf 1/2 und 1/2 lauten soll.)

No. 5. J. König (V.-St. Münster). — 2. Ber. 1881. 18.

No. 6 u. 7. M. Märcker. — Privatmitthl.

No.	Bezeichnungen und Bemerkungen	Jahr der Untersuchung	In der ursprünglichen Substanz: Wasser %	Nh-Substanz %	Rohfett %	Nfr. Extractstoffe %	Rohfaser %	Asche %	In der Trockensubstanz: Nh-Substanz %	Rohfett %	Nfr. Extractstoffe %	Rohfaser %	Asche %	Stickstoff in der Trockensubstanz %
8	Buchweizen und Senf	1881	15.00	6.80	37.00		35.10	6.10	8.00	43.55		41.28	7.17	1.28
9	Desgl., in der Blüthe des Senfs geschn.	1884	15.00	7.65	1.83	48.30	19.50	7.72	9.00	2.15	58.84	22.93	9.08	1.44
	Mittel, Wickhafer in der Blüthe (No. 1—7)		14.50	11.03	3.99	35.74	25.97	8.77	12.90	4.67	41.80	30.37	10.26	2.06
			16.00	10.84	3.92	35.11	25.51	8.62	—	—	—	—	—	

Sinapis alba. — Senfheu.

No.	Bezeichnungen und Bemerkungen	Jahr der Untersuchung	Wasser %	Nh-Substanz %	Rohfett %	Nfr. Extractstoffe %	Rohfaser %	Asche %	Nh-Substanz %	Rohfett %	Nfr. Extractstoffe %	Rohfaser %	Asche %	Stickstoff in der Trockensubstanz %
1	Humusreicher, thonig. Lehmboden, mehrfach beregnet	1882	15.00	11.1	29.7		36.3	7.7	13.05	35.20		42.69	9.06	2.09
2	Lehmiger Sandboden, Höhenlage . .	1880	15.00	7.1	30.2		41.9	5.8	8.35	35.56		49.27	6.82	1.34
3	Sandiger Lehm, schlecht eingekommen, vielfach beregnet	1880	15.00	8.8	31.7		36.2	8.3	10.35	37.32		42.57	9.76	1.66
4	Bei eben erschienenen Blüthenständen, 8. Juni	1885	16.00	14.0	3.0	38.0	20.1	8.9	16.66	3.57	45.26	23.92	10.59	2.67
5	Beginn der Blüthe, 15. Juni	1885	16.00	10.2	2.5	37.3	26.9	7.1	12.14	2.98	44.42	32.01	8.45	1.94
6	Volle Blüthe, 22. Juni	1885	16.00	8.7	2.9	35.0	31.3	6.1	10.35	3.45	41.69	37.35	7.26	1.66
7	Ende der Blüthe, 29. Juni	1885	16.00	6.8	2.7	31.8	37.2	5.5	8.09	3.21	37.88	44.27	6.55	1.29

Brassica Napus oleifera L. — Rapsheu.

No.	Bezeichnungen und Bemerkungen	Jahr der Untersuchung	Wasser %	Nh-Substanz %	Rohfett %	Nfr. Extractstoffe %	Rohfaser %	Asche %	Nh-Substanz %	Rohfett %	Nfr. Extractstoffe %	Rohfaser %	Asche %	Stickstoff in der Trockensubstanz %
1	In der Blüthe, 22. Mai gesammelt . .	1855	12.5	16.6	5.9	33.8	20.4	10.7	18.97	6.74	38.74	23.32	12.23	3.04
2	In der Blüthe	1877	11.24	19.00	1.61	27.88	31.73	8.54	21.41	1.81	31.40	35.76	9.62	3.43
	Mittel		14.50	17.26	3.66	39.96	25.26	9.36	20.19	4.28	35.04	29.54	10.95	3.23

Urtica dioica L. — Brenn-Nessel-Heu.

No.	Bezeichnungen und Bemerkungen	Jahr der Untersuchung	Wasser %	Nh-Substanz %	Rohfett %	Nfr. Extractstoffe %	Rohfaser %	Asche %	Nh-Substanz %	Rohfett %	Nfr. Extractstoffe %	Rohfaser %	Asche %	Stickstoff in der Trockensubstanz %
1		1867	11.42	18.34	7.73	37.83	10.64	14.03	20.71	8.73	42.71	12.01	15.84	3.31

Spergula arvensis L. — Feldspergel-Heu.

No.	Bezeichnungen und Bemerkungen	Jahr der Untersuchung	Wasser %	Nh-Substanz %	Rohfett %	Nfr. Extractstoffe %	Rohfaser %	Asche %	Nh-Substanz %	Rohfett %	Nfr. Extractstoffe %	Rohfaser %	Asche %	Stickstoff in der Trockensubstanz %
1	In der Blüthe, 5. Juli	1855	12.50	9.3	(3.0)	37.0	30.5	7.7	10.63	(3.43)	42.29	34.86	8.89	1.70
2	Theilweise noch blühend, 5. September	1855	12.50	11.1	2.1	26.0	35.1	13.2	12.68	2.40	29.71	40.11	15.10	2.03

No. 8. M. Märcker (V.-St. Halle). — Privatmitthl.
No. 9. Th. Dietrich (V.-St. Marburg). — Landw. Ztschr. f. d. Rgbz. Cassel 1884.

Sinapis alba.
No. 1—3. M. Märcker (V.-St. Halle). — Privatmitthl.
No. 4—7. Troschke (V.-St. Regenwalde). — Deutsche landw. Presse. 12. 1885. 560. Daselbst nach No. 20 der „Wochenschrift der pommerschen ökonom. Gesellschaft". Die Pflanzen waren auf einem geringen, in sehr mässigem Kulturzustande befindlichen Boden gewachsen und hatten zur Zeit der ersten Periode (8. Juni = 6 Wochen nach der Aussaat) eine durchschnittliche Höhe von rund 60 cm erreicht, die in der letzten Periode (29. Juni) auf circa 75 cm anstieg. Die Production an grüner wasserhaltiger Pflanzenmasse betrug für je 100 Pflanzen:

Periode	4	5	6	7
	942	1104	1210	1024 g
An Trockensubstanz	122	181.6	228.7	229.4 g

Der Senf enthielt an Reinproteïn in der lufttrocknen Substanz:

Reinproteïn	10.2	7.9	7.4	6.5 %

Die Zusammensetzung des Senfheu's wurde von dem Autor aus der Analyse der grünen Masse berechnet.

Brassica Napus oleifera.
No. 1. Ritthausen u. Scheven. — Mitthl. aus Waldau. 1. Heft. 1859.
No. 2. Ign. Moser. — 1. Ber. d. V.-St. Wien. Seite XXVII der Tabellen. Wurde aus Winterraps, der in der Blüthezeit durch Frost beschädigt wurde, bereitet.

Urtica dioica.
No. 1. Ign. Moser. — Weende'r Jahresber. 1867/68. 548. (Wiene'r allgem. land- u. forstw. Ztg. 1867. 1006.)

Spergula arvensis.
No. 1 u. 2. Scheven. — Mitthl. a. Waldau. 1. 77. Vom Autor auf Heu mit obigem Wassergehalt berechnet. Der Spergel war auf dem Felde nach umgeackertem, gedüngtem Weizen gebaut, war aber mässig entwickelt. Holzfaser wurde bei Anwendung von 2procent. Schwefelsäure und 2procent. Kalilauge erhalten. Die Bestandtheile des Heu's summiren sich auf 97, die fehlenden 3 % nahmen wir als Fett an.

No.	Bezeichnungen und Bemerkungen	Jahr der Untersuchung	In der ursprünglichen Substanz: Wasser %	Nh-Substanz %	Rohfett %	Nfr. Extractstoffe %	Rohfaser %	Asche %	In der Trockensubstanz: Nh-Substanz %	Rohfett %	Nfr. Extractstoffe %	Rohfaser %	Asche %	Stickstoff in der Trockensubstanz %
3	Ende d. Blüthe (Sp. arv. maxima), 13. Juni	—	16.70	7.3	—	35.4	31.0	9.6	8.76	—	42.52	37.20	11.52	1.40
4	Desgl.	1853	16.70	5.7	2.6	—	—	5.3	6.71	3.14	—	—	6.39	1.03
5	Desgl.	1858	14.30	8.81	2.48	46.72	20.28	9.91	10.29	2.90	51.55	23.69	11.57	1.65

Heu von Unkräutern.

No.	Bezeichnungen und Bemerkungen	Jahr der Untersuchung	In der ursprünglichen Substanz: Wasser %	Nh-Substanz %	Rohfett %	Nfr. Extractstoffe %	Rohfaser %	Asche %	In der Trockensubstanz: Nh-Substanz %	Rohfett %	Nfr. Extractstoffe %	Rohfaser %	Asche %	Stickstoff in der Trockensubstanz %
1	Von Osmunda regalis	1874	8.23	7.38	2.97	48.95	25.59	6.88	7.98	3.21	53.71	27.66	7.44	1.28
2	Von Ranunculus acris, 16. Juni 1873 .	1874	8.24	10.66	3.64	40.84	30.70	5.92	11.62	3.97	46.68	33.46	4.27	1.86
3	Von Leucanthemum vulgare, 13. Juni 1872	1874	10.87	7.00	2.42	41.10	31.00	7.61	7.85	2.72	46.11	34.78	8.54	1.26

No. 3. E. Wolff. — Dess. Grundlagen des Ackerbau's 1856. 396. Der Spergel war auf ziemlich thonigem Boden sehr üppig gewachsen.
No. 4. Eichhorn. — Weende'r Jahresber. 1854. II. 79. (Ockels Ber. 1. 211.) In Frankenfelde gebaut.
No. 5. Th. Dietrich (V.-St. Haydau). — Landw. Anzeiger für Kurhessen 1858. 134.
Heu von Unkräutern.
No. 1—3. F. H. Storer. — Bulletin Bussey Instit. 1. IV. 1875. 351.

Stroh.

No.	Bezeichnungen und Bemerkungen	Jahr der Untersuchung	In der ursprünglichen Substanz: Wasser %	Nh-Substanz %	Rohfett %	Nfr. Extractstoffe %	Rohfaser %	Asche %	In der Trockensubstanz: Nh-Substanz %	Rohfett %	Nfr. Extractstoffe %	Rohfaser %	Asche %	Stickstoff in der Trockensubstanz %

Cerealienstroh.

Weizenstroh.

No.	Bezeichnungen und Bemerkungen	Jahr der Untersuchung	Wasser	Nh-Substanz	Rohfett	Nfr. Extractstoffe	Rohfaser	Asche	Nh-Substanz	Rohfett	Nfr. Extractstoffe	Rohfaser	Asche	Stickstoff in der Trockensubstanz
1	Im Elsass gebaut	1837	26.00	1.62	—	—	—	5.15	2.19	—	—	—	6.97	0.35^{0}
2	Desgl.	1837	26.00	1.90	2.20	35.90	28.90	5.10	2.50	3.00	48.51	39.05	6.94	0.40
3	Desgl., alt	1837	12.30	3.10	2.40	39.90	36 30	6.00	3.56	2.73	45.50	41.37	6.84	0.57
4	Mittel von 4 Analysen	—	—	3.00	—	—	—	—	—	—	—	—	—	—
5	Mittel von 40 Analysen	—	12.00	—	—	—	—	4.50	—	—	—	—	5.11	—
6	Old red Lammas, Ernte 5545 Pfd., Erntej.	1845	—	—	—	—	—	—	5.75	—	—	—	7.06	0.92^{0}
7	„ „ 4114 „ „	1846	—	—	—	—	—	—	4.19	—	—	—	6.02	0.67^{0}
8	„ „ 5221 „ „	1847	—	—	—	—	—	—	4.56	—	—	—	5.56	0.73^{0}
9	„ „ 4517 „ „	1848	—	—	—	—	—	—	4.87	—	—	—	7.24	0.78^{0}
10	Red Cluster „ 5321 „ „	1849	17.40	4.23	—	—	—	5.10	5.12	—	—	—	6.17	0.82^{0}
11	„ „ 5496 „ „	1850	15.60	4.59	—	—	—	4.96	5.44	—	—	—	5.88	0.87^{0}
12	„ „ 5279 „ „	1851	15.30	4.12	—	—	—	4.98	4.87	—	—	—	5.88	0.78^{0}
13	„ „ 4299 „ „	1852	17.40	4.08	—	—	—	5.39	4.94	—	—	—	6.53	0.79^{0}
14	Rostock „ 3932 „ „	1853	19.00	6.07	—	—	—	5.08	7.50	—	—	—	6.27	1.20^{0}
15	„ „ 6803 „ „	1854	16.30	3.61	—	—	—	4.25	4.31	—	—	—	5.08	0.69^{0}
16	Erntegew. 5053. Im Mittel d. 10 Jahre	—	16.80	4.26	—	—	—	5.05	5.12	—	—	—	6.17	0.82^{0}
17	Von Red Wheat	1852	13.34	1.38	—	—	—	6.80	1.59	—	—	—	7.86	0.25
18	Von White Wheat	1852	11.23	1.25	—	—	—	7.98	1.41	—	—	—	8.99	0.23
19	Winter-Igelweizen	1854	14.30	4.00	29.80		45.00	6.90	4.67	34.76		52.52	8.05	0.75
20	Sommerweizen	1854	14.30	1.50	26.70		52.60	4.90	1.75	31.15		61.38	5.72	0.28

Weizenstroh.

No. 1—3. J. B. Boussingault. — Dessen „Die Landwirthsch. in ihren Beziehungen zur Chemie, Physik u. s. w.“ Deutsch von Gräger. 2. Bd. 170 u. Bd. 3. 200.

No. 4. Payen. No. 5. Way, aus Hemming's Tabelle in J. R. Agric. Soc. England. 13. II. (1852). 449.

No. 6—16. J. B. Lawes u. J. H. Gilbert. — On some points in the Composition of Wheat-Grain, its products in the mill, and bread. London, 1857. Vom Jahre 1844 an wurde ununterbrochen auf demselben Felde, ein ziemlich thoniger Lehmboden, Weizen angebaut, vom Jahre 1844—1848 einschliesslich wurde „Old Red Lammas-“, von da ab bis 1852 einschliesslich „Red Cluster-“ und dann „Rostock“-Weizen gebaut. Die obigen Analysen repräsentiren den Durchschnittsgehalt der in jedem Jahre auf einer grösseren Reihe verschieden gedüngter Parzellen geernteten Weizenstroh's (siehe unter Stroh von gedüngtem Weizen). Das Erntegewicht an Weizen (Korn u. Stroh) pro Acker in Pfunden (beide englisch), findet sich oben bemerkt.

No. 17 u. 18. Thom. Anderson. — Trans. Highl. Soc. 1851—1853. Nh. Subst. v. uns aus angegebenem N-gehalt berechnet.

No. 19 u. 20. E. Wolff u. Dietlen. — Hohenh. Mitthl. II. 1855. 140. Die Sommerhalmfrüchte haben im Jahre 1854 in Hohenheim hinsichtlich der Körnererträge im allgemeinen günstiger sich ausgebildet als die Winterfrüchte, was die Ursache sein mag, dass das Stroh des Winterweizens einen höheren Futterwerth zeigte als das Stroh des Sommerweizens.

No.	Bezeichnungen und Bemerkungen	Jahr der Untersuchung	In der ursprünglichen Substanz						In der Trockensubstanz					Stickstoff in der Trockensubstanz
			Wasser %	Nh-Substanz %	Rohfett %	Nfr. Extractstoffe %	Rohfaser %	Asche %	Nh-Substanz %	Rohfett %	Nfr. Extractstoffe %	Rohfaser %	Asche %	%
21	Winterweizen, Igel-Weizen	1857	—	—	—	—	—	—	2.38	—	—	—	9.10	0.38^{o}
22	„ Talavera-Weizen . . .	1857	—	—	—	—	—	—	2.37	—	—	—	8.20	0.38^{o}
23	„ „ . . .	1859	—	—	—	—	—	—	2.94	—	—	—	7.44	0.47^{o}
24	„ Frankensteiner-Weizen .	1859	—	—	—	—	—	—	3.56	—	—	—	7.11	0.57^{o}
25	„ Whitington-Weizen . .	1859	—	—	—	—	—	—	3.87	—	—	—	7.36	0.62^{o}
26		1855	11.70	1.94	—	—	—	5.60	2.20	—	—	—	6.34	0.35
27	Vom Weizen Goutte d'or	1856	20.60	3.00	—	—	—	—	3.81	—	—	—	—	0.61^{o}
28	Vom rothen Weizen	1856	15.00	2.12	—	—	—	—	2.50	—	—	—	—	0.40^{o}
29		1858	13.49	3.30	—	33.06	44.31	5.84	3.81	—	38.10	51.22	6.87^{p}	0.61
30	Gut geerntetes Weizenstroh	1860	13.33	2.93	1.74	23.66	54.13	4.21	3.38	2.01	27.28	62.47	4.86	0.54
31	Völlig reifes Stroh	1860	8.14	2.12	1.10	(6.28	79.31)	3.05	2.31	1.20	(6.80	86.37)	3.32	0.37
32	Ueberreif	1860	9.17	2.12	0.65	(3.46	82.26)	2.34	2.33	0.72	(3.80	90.57)	2.58	0.37
33	Von Wittingham . . } Stroh von guter,	1861	10.62	1.37	0.80	48.13	32.88	6.20	1.53	0.90	53.84	36.79	6.94	0.24
34	Von Camptown . . } gewöhnlicher	1861	10.93	1.49	1.00	43.76	34.78	8.04	1.67	1.12	49.12	39.06	9.03	0.27
35	Von Kent . . . . } Qualität	1861	11.15	2.37	1.50	43.65	35.01	6.32	2.67	1.69	49.14	39.39	7.11	0.43
36	Sommerweizen	1860	10.08	2.63	—	—	—	5.48	2.92	—	—	—	6.09	0.47
37		1865	16.96	2.61	1.40	30.64	43.62	4.76	3.14	1.69	33.92	52.52	8.73	0.50
38		1865	14.30	5.12	0.68	34.11	39.61	6.18	5.98	0.79	39.80	46.22	7.21	0.94
39		1865	16.46	4.00	1.91	35.43	38.87	3.33	4.79	2.29	42.40	46.53	3.99	0.77
40		—	15.30	5.56	0.65	32.97	39.75	5.77	6.56	0.77	38.93	46.93	6.81^{p}	1.05^{o}
41		—	15.30	4.98	0.65	34.05	38.83	6.19	5.88	0.77	40.19	45.85	7.31	0.94^{o}
42		—	15.30	4.66	0.71	34.22	38.77	6.34	5.50	0.84	40.29	45.88	7.49	0.88^{o}
43		1870	13.33	2.93	1.74	23.46	54.13	4.21	3:38	2.01	27.28	62.47	4.86	0.54
44	Stroh unter 43, vergohren	1870	7.76	4.19	1.60	45.90	34.54	6.01	4.54	1.73	49.78	37.44	6.51	0.73
45	Aus Irland	1870	13.00	2.51	1.22	—	—	3.25	2.88	1.40	—	—	3.73	0.46
46	Desgl.	1870	13.15	2.38	1.13	—	—	3.19	2.74	1.30	—	—	3.67	0.43

No. 26. F. Crusius. — Weende'r Jahresber. 1855|56. II. 96. (Ztschr. f. Dtsch. Landw. 1856. 50.)

No. 27 u. 28. J. Pierre. — Ibid. 23. (Ann. d'agric. franc. 6. 385; Compt. rend. 41. 566.) Proteïn von uns aus angegebenem N-gehalt berechnet.

No. 29. W. Henneberg u. F. Stohmann. — Ibid. 1857|61. 43. Asche frei von C und CO_2.

No. 30—32. Aug. Völcker. — Journ. Roy. agric. Soc. England 1861. I. 22 und Ueber die Zusammensetzung und den Nahrungswerth des Strohes von Dr. A. Völcker. — Deutsch von J. Holzendorf. Berlin, 1863. An näheren Bestandtheilen unterschied Völcker:

	Lösliche Proteïnstoffe	Unlösliche Proteïnstoffe	Zucker, Schleim u. Extractivstoffe	Verdauliche Faser	Lösliche unorganische Stoffe	Unlösliche unorganische Stoffe
No. 30	1.28	1.65	4.26	19.40	1.13	3.08
No. 31	0.50	1.62	6.28	—	1.99	1.06
No. 32	0.06	2.06	3.46	—	1.29	1.05

No. 33—35. Th. Anderson. — Annal. d. Landw. in Preussen. 40. (1862.) 254. (Aus dem Englischen.) An näheren Bestandtheilen unterschied Anderson:

	No. 33	No. 34	No. 35
In Wasser lösliche Respirationsmittel .	2.68	6.68	5.26
In Wasser lösliche Proteïnstoffe . . .	0.86	0.37	1.37
In Wasser lösliche Mineralstoffe . . .	3.18	1.55	4.97

No. 36. R. H. Ph. Zöller. — Ergebnisse agriculturchem. Versuche an d. V.-St. München. 3. Heft. 1861. 184. Im Jahre 1860 auf einem Felde zu Bogenhausen ohne Düngung gebaut; vor 2 Jahren Roggen gedüngt, im Vorjahre Hafer ohne Düngung. Boden ist ein reicher Lehmboden.

No. 37. J. Nessler u. E. Muth. — Ber. d. V.-St. Karlsruhe 1870. 56. „Als Zucker bestimmbare Körper“: 18.19 %.

No. 38. F. Stohmann. — Journ. f. Landw. 1867. 160.

No. 39. J. Moser u. Lenz. — Weende'r Jahresber. 1867/78. 530. (Wiener allgem. land- u. forstw. Ztg. 1867. 999.)

No. 40—42. W. Henneberg, F. Stohmann u. F. Rautenberg. — Journ. f. Landw. 1864. 283. Asche C- u. CO_2-frei. Der Fettgehalt bei No. 40 ist angenommen wie bei No. 41 bestimmt.

No. 43 u. 44. Aug. Völcker. — Jahresber. d. Agriculturchem. 13/15. 1870|72. 29. Weizenstroh wurde im rohen und im vergohrenen Zustande vergleichend untersucht. Letzteres wurde hergestellt indem das Stroh zu Häcksel geschnitten und, unter Zusatz von 1—1½ Pfd. Salz auf 1 Ctr. Häcksel, schichtenweise mit Grünfutter eingestampft und zur Säuerung gebracht. Das vergohrene Weizenstroh war mürbe und waren Geruch und Geschmack dem des Heu's ähnlich. Die beiden Strohproben enthielten (in der ursprünglichen Substanz):

	No. 43	No. 44
In Wasser lösliche organische Stoffe . . .	4.26	10.16
Durch Kali und Säure lösliche Stoffe . . .	19.40	35.74
Unlösliche Mineralstoffe	3.08	3.20
Lösliche Mineralstoffe (hauptsächl. Kochsalz)	1.13	2.81

No. 45—50. L. Léouzon. — Hoffmann's Jahresber. d. Agriculturchem. 13/15. 1870/72. 7. (Journ. d'agricult. pratique 1872. 2. 76.)

No.	Bezeichnungen und Bemerkungen	Jahr der Untersuchung	In der ursprünglichen Substanz: Wasser %	Nh-Substanz %	Rohfett %	Nfr. Extractstoffe %	Rohfaser %	Asche %	In der Trockensubstanz: Nh-Substanz %	Rohfett %	Nfr. Extractstoffe %	Rohfaser %	Asche %	Stickstoff in der Trocken-Substanz %
47	Aus Irland	1870	12.14	1.85	1.14	—	—	3.23	2.11	1.30	—	—	3.68	0.34
48	Desgl.	1870	10.88	2.56	0.90	—	—	3.71	2.87	1.01	—	—	4.16	0.46
49	Desgl.	1870	11.22	1.42	1.17	—	—	3.12	1.60	1.32	—	—	3.51	0.26
50	Desgl.	1870	12.12	2.05	1.08	—	—	3.29	2.33	1.23	—	—	3.74	0.37
51	Aus Frankreich	1872	11.15	1.50	3.71	39.24	40.63	3.77	1.69	4.17	44.23	45.67	4.24	0.27
52	Desgl., Mittel von 34 Analysen . . .	1879	17.73	2.94	1.05	42.60	24.10	6.58	3.76	1.33	56.07	30.51	8.33	0.60
53	Desgl., Mittel von 99 Analysen . . .	1880	14.92	3.14	1.10	42.79	31.23	6.82	3.69	1.29	50.31	36.70	8.01	0.59
54	Winterweizen (Sommer)	1876	16.70	3.80	0.97	33.54	38.73	6.26	4.57	1.16	40.27	46.49	7.51	0.73
55	Desgl.	—	16.70	3.07	1.22	33.34	40.68	4.99	3.69	1.46	40.02	48.84	5.99	0.59
56	Desgl.	—	16.70	3.21	1.11	34.44	40.08	4.46	3.85	1.33	41.35	48.12	5.35	0.62
57	Desgl. (Winter)	1877	16.70	3.14	1.17	33.89	40.38	4.72	3.77	1.40	40.68	48.48	5.67	0.60
58	Desgl.	—	11.64	3.59	1.27	35.63	39.18	8.69	4.06	1.44	40.32	44.34	9.84	0.65
59		—	—	—	—	—	—	—	5.32	1.59	44.91	40.74	7.44	0.85
60	Auf sandigem Lehmboden, nach frischer Mistdüngung	1884	12.57	2.00	1.16	40.68	38.86	4.73	2.29	1.33	46.51	44.46	5.41	0.37
61		1873	14.29	2.32	—	39.67	38.51	5.21	2.71	—	46.27	44.94	6.08	0.43
62		1873	17.52	3.67	—	39.70	32.31	3.67	4.45	—	51.94	39.16	4.45	0.71
63	In Norwegen gewachsen	1879	11.36	3.89	—	—	—	—	4.38	—	—	—	—	0.70
64	Kessinglandweizen, Thonschieferboden, Höhenlage	1880	15.00	2.8	40.5		36.1	5.6	3.29	47.67		42.45	6.59	0.53
65	Märkischer Weizen, schwerer Thonboden, Höhenlage	„	15.00	1.6	45.3		37.1	4.1	1.88	49.67		43.63	4.82	0.30
66	Shiriff square head, humoser Thonboden	„	15.00	1.8	38.8		36.6	8.4	2.12	44.94		43.04	9.88	0.34
67	Märkischer Weizen, sandiger Lehm .	„	15.00	6.0	40.1		35.4	3.5	7.06	47 19		41.63	4.12	1.13
68	Goldentrop, milder, humoser, kalkhaltiger Thon	„	15.00	3.1	37.2		38.7	6.0	3.65	43.78		45.51	7.06	0.58
69	Kessingland, tiefgründiger, humusreicher Lehm	„	15.00	3.4	37.9		39.2	5.3	4.00	43.67		46.10	6.23	0.64
70	Shiriff square head, humoser Lehm, 30 kg Stickstoff u. 40 kg Phosphorsäure p. ha	„	15.00	2.7	35.0		40.1	7.2	3.18	41.19		47.16	8.47	0.51
71	Rivetts bearded, humoser Lehmboden .	„	15.00	3.9	36.5		37.2	7.4	4.59	42.96		43.75	8.70	0.72
72	Desgl.	„	15.00	3.4	33.0		40.6	8.9	4.00	37.78		47.75	10.47	0.64
73	Märkischer Weizen, humoser Lehmboden	„	15.00	3.1	39.5		37.8	4.6	3.65	46.49		44.45	5.41	0.58
74	Shiriff square head, humoser Elbkley .	„	15.00	2.9	37.6		38.4	6.1	3.41	44.26		45.16	7.17	0.55
75	Brauner Elbweizen, humoser Elbkley .	„	15.00	2.8	38.2		38.1	5 9	3.29	44.96		44.81	6.94	0.53
76	Kessingland, Muschelkalk auf undurchlassendem Boden, Höhenlage . . .	1881	15.00	4.8	42.3		32.1	5.8	5.64	49.79		37.75	6.82	0.90

No. 51. L. Grandeau. — Privatmitthl.

No. 52 u. 53. L. Grandeau, Leclerc u. Pol. Marchal. — Comptes rendus des travaux du Congrès international des directeurs des stations agronomiques, publiés par L. Grandeau. Paris, 1881. Die Maximal- und Minimalzahlen waren folgende:

	Wasser	Nh. Substanz	Fett	Extractstoffe	Rohfaser	Asche
1879 Maxima . .	19.80	5.43	1.70	50.83	32.43	9.16
1879 Minima . . .	15.57	1.87	0.48	34.08	21.13	4.20
1880 Maxima . .	20.00	5.02	1.70	50.83	36.58	9.58
1880 Minima . .	10.45	1.87	0.50	33.08	20.83	4.68

No. 54—58. E. Wolff u. C. Kreuzhage. — Landw. Jahrb. 8. Bd. Supplem. 1879. 7 u. 74.

No. 59. Aus First. Ann. Rep. Massachusetts State Agric. Experim. Stat. 1884.

No. 60. Th. Dietrich (V.-St. Marburg). — Privatmitthl.

No. 61 u. 62. Derselbe. — Landw. Ztschr. f. d. Rgbz. Cassel 1873. 219 u. 529.

No. 63. F. Werenskiold. — Privatmitthl.

No. 64—92. M. Märcker (V.-St. Halle) — Privatmitthl. Von den Stroh-Analysen Märcker's gilt wahrscheinlich dasselbe wie von Heuanalysen, nämlich dass die nach der Methode von Kjeldahl ausgeführten N-Bestimmungen um $^1/_{10}$—$^2/_{10}$% höhere Zahlen als die vorhergehenden, nach der Natronkalkmethode ergeben haben. Es wären daher die bezüglichen Zahlen event. um diese Grösse zu erhöhen.

No.	Bezeichnungen und Bemerkungen	Jahr der Untersuchung	In der ursprünglichen Substanz: Wasser %	Nh-Substanz %	Rohfett %	Nfr. Extractstoffe %	Rohfaser %	Asche %	In der Trockensubstanz: Nh-Substanz %	Rohfett %	Nfr. Extractstoffe %	Rohfaser %	Asche %	Stickstoff in der Trockensubstanz %
77	Braunweizen, leichter, humoser Lehmboden	1882	15.00	2.0	42.5		36.7	3.8	2.35	50.02		43.16	4.47	0.38
78	Desgl.	„	15.00	2.1	40.2		39.3	3.4	2.47	47.31		46.22	4.00	0.40
79	Shiriff square head, humoser Lehmboden	„	15.00	1.1	40.5		37.9	5.5	1.29	47.67		44.57	6.47	0.21
80	Desgl., ohne Stickstoffdüngung . . .	„	15.00	1.1	40.2		36.9	6.8	1.29	47.32		43.39	8.00	0.21
81	Desgl., 40 kg Phosphorsäure u. 40 kg Stickstoff als Chilisalpeter p. ha, Octob.	„	15.00	1.5	40.3		36.7	6.5	1.76	47.44		43.16	7.64	0.28
82	Desgl., Chilisalpeter im December . .	„	15.00	1.5	40.3		37.0	6.3	1.76	47.32		43.51	7.41	0.28
83	Desgl., Chilisalpeter, Februar	„	15.00	2.0	40.7		36.9	5.4	2.35	47.91		43.39	6.35	0.38
84	Desgl., Chilisalpeter, März	„	15.00	2.1	39.7		36.3	6.9	2.47	46.73		42.69	8.11	0.40
85	Desgl., Chilisalpeter, Mai	„	15.00	1.7	41.1		36.1	6.1	2.00	48.48		42.45	7.17	0.32
86	Desgl., Ammoniak, October	„	15.00	1.4	39.4		38.4	5.8	1.65	46.37		45.16	6.82	0.25
87	Desgl., Stickstoff, halb Chilisalpeter, halb Ammoniak	„	15.00	1.3	38.2		37.9	7.7	1.53	44.84		44.57	9.06	0.24
88	Desgl., Stickstoff, Ammoniak ohne Phosphorsäure, October	„	15.00	1.2	38.5		37.8	7.5	1.41	45.32		44.45	8.82	0.23
89	Hallets genealogischer, humoser Lehmboden	„	15.00	2.6	38.1		39.5	4.8	3.06	44.85		46.45	5.64	0.49
90	Probsteier Weizen, humoser Lehmboden	„	15.00	1.5	38.3		37.6	7.6	1.76	45.08		44.22	8.94	0.28
91	Goldentrop, humoser Lehmboden . .	„	15.00	1.5	37.8		38.1	7.6	1.76	44.49		44.81	8.94	0.28
92	Shiriff square head, humoser Lehmboden	„	15.00	3.2	35.6		41.5	4.7	3.76	41.91		48.80	5.53	0.60
	Minimum		7.76	1.00	0.59	23.32	26.09	3.15	1.29	0.69	27.28	30.51	3.68	0.21
	Maximum		17.73	6.04	3.56	47.94	53.41	8.95	7.06	4.17	56.07	62.47	10.47	1.13
	Mittel (von No. 37—92) .		(14.50*)	2.82	1.25	37.70	38.14	5.59	3.30	1.46	44.09	44.61	6.54	0.53

Unter dem Einflusse der Düngung.

No.	Bezeichnungen und Bemerkungen	Jahr d. Ernte	Wasser %	Nh-Substanz %	Rohfett %	Nfr. Extractstoffe %	Rohfaser %	Asche %	Nh-Substanz %	Rohfett %	Nfr. Extractstoffe %	Rohfaser %	Asche %	Stickstoff in der Trockensubstanz %
1	Ammoniaksalze allein	1845	—	—	—	—	—	—	5.75	—	—	—	—	0.92⁰
2	{ Ammoniaksalze allein.	1846	—	—	—	—	—	—	3.94	—	—	—	—	0.63⁰
3	{ Ammoniaksalze und Mineraldünger .	1846	—	—	—	—	—	—	4.44	—	—	—	5.84	0.71⁰
4	{ Ungedüngt	1847	—	—	—	—	—	—	4.63	—	—	—	5.97	0.74⁰
5	{ Ammoniaksalze allein	1847	—	—	—	—	—	—	4.63	—	—	—	5.55	0.74⁰
6	{ Ammoniaksalze und Mineraldünger .	1847	—	—	—	—	—	—	4.38	—	—	—	5.33	0.70⁰
7	{ Ungedüngt	1848	—	—	—	—	—	—	4.30	—	—	—	8.03	0.69⁰
8	{ Ammoniaksalze allein	1848	—	—	—	—	—	—	5.13	—	—	—	6.77	0.82⁰
9	{ Ammoniaksalze und Mineraldünger .	1848	—	—	—	—	—	—	5.25	—	—	—	7.01	0.84⁰
10	{ Ungedüngt	1849	17.90	4.11	—	—	—	5.96	5.00	—	—	—	7.26	0.80⁰
11	{ Ammoniaksalze allein	1849	16.10	4.45	—	—	—	5.14	5.31	—	—	—	6.13	0.85⁰
12	{ Ammoniaksalze und Mineraldünger .	1849	17.50	4.23	—	—	—	4.93	5.13	—	—	—	5.97	0.82⁰
13	{ Ungedüngt	1850	17.40	4.28	—	—	—	5.95	5.19	—	—	—	7.21	0.83⁰
14	{ Ammoniaksalze allein	1850	14.30	—	—	—	—	4.69	—	—	—	—	5.47	—
15	{ Ammoniaksalze und Mineraldünger .	1850	15.60	4.96	—	—	—	4.78	5.88	—	—	—	5.67	0.94⁰

*) Willkürlich angenommen.

Unter dem Einflusse der Düngung.

No. 1—30. J. B. Lawes u. J. H. Gilbert. — On some points in the Composition of Wheat-Grain, its products in the mill, and bread. London, 1857. Vom Jahre 1844 an wurde ununterbrochen auf demselben Felde, ein ziemlich thoniger Lehmboden, Weizen angebaut. Jahr für Jahr wurde auf einem und demselben Platze derselbe Dünger aufgegeben. Ein Platz blieb stets ungedüngt; ein anderer erhielt nur Ammoniaksalze. Das Stroh unter der Rubrik „Ammoniaksalze u. Mineraldünger" entstammte verschiedenen Plätzen, von denen ein jeder dieselbe Menge Ammoniaksalze wie der Platz „Ammoniaksalze allein" erhielt aber daneben eine mehr oder weniger vollständige Mischung von Mineralsalzen. Bis zum Jahre 1848 incl. wurde „Old Red Lammas"-Weizen, von 1849—1852 incl. „Red Cluster"- und dann „Rostock"-Weizen angebaut. Aus den Angaben des Gehalts des Strohs an Trockensubstanz, Asche und N von uns berechnet.

No.	Bezeichnungen und Bemerkungen	Jahr der Untersuchung	In der ursprünglichen Substanz						In der Trockensubstanz					Stickstoff in der Trockensubstanz
			Wasser %	Nh-Substanz %	Rohfett %	Nfr. Extractstoffe %	Rohfaser %	Asche %	Nh-Substanz %	Rohfett %	Nfr. Extractstoffe %	Rohfaser %	Asche %	%
16	Ungedüngt	1851	15.70	3.95	—	—	—	5.71	4.69	—	—	—	6.78	0.75
17	Ammoniaksalze allein	1851	15.10	—	—	—	—	4.73	—	—	—	—	5.58	—
18	Ammoniaksalze und Mineraldünger	1851	15.60	4.33	—	—	—	4.72	5.13	—	—	—	5.60	0.82
19	Ungedüngt	1852	17.20	4.81	—	—	—	6.13	5.81	—	—	—	7.41	0.93
20	Ammoniaksalze allein	1852	16.70	4.63	—	—	—	4.87	5.56	—	—	—	5.85	0.89
21	Ammoniaksalze und Mineraldünger	1852	17.40	4.08	—		—	4.94	4.94	—	—	—	5.99	0.79
22	Ungedüngt	1853	18.40	6.48	—	—	—	5.30	7.94	—	—	—	6.50	1.27
23	Ammoniaksalze allein	1853	19.10	6.52	—	—	—	4.97	8.06	—	—	—	6.15	1.29
24	Ammoniaksalze und Mineraldünger	1853	18.80	5.23	—	—	—	4.84	6.44	—	—	—	5.96	1.03
25	Ungedüngt	1854	16.70	3.90	—	—	—	4.38	4.69	—	—	—	5.26	0.75
26	Ammoniaksalze allein	1854	15.70	2.95	—	—	—	3.99	5.30	—	—	—	4.74	0.56
27	Ammoniaksalze und Mineraldünger	1854	15.90	3.94	—	—	—	4.13	4.69	—	—	—	4.92	0.75
28	Ungedüngt (Mittel aller Jahre)	—	17.20	4.34	—	—	—	5.63	5.25	—	—	—	6.80	0.84
29	Ammoniaksalze allein (Mittel aller Jahre)	—	16.20	4.40	—	—	—	4.84	5.25	—	—	—	5.78	0.84
30	Ammoniaksalze u. Mineraldünger (Mittel aller Jahre)	—	16.80	4.26	—	—	—	4.83	5.13	—	—	—	5.81	0.82
	Winterweizen.													
31	Ungedüngt	1859	13.92	—	—	—	—	4.31	—	—	—	—	5.01	—
32	Schwefelsaures Ammoniak	„	13.48	—	—	—	—	3.30	—	—	—	—	3.82	—
33	Salpetersaurer Kalk	„	13.22	—	—	—	—	3.18	—	—	—	—	3.67	—
34	Saurer phosphorsaurer Kalk	„	13.63	—	—	—	—	4.14	—	—	—	—	4.80	—
35	Desgl. und Ammonsulfat	„	13.98	—	—	—	—	3.43	—	—	—	—	4.00	—
36	Desgl. und salpetersaurer Kalk	„	14.20	—	—	—	—	3.65	—	—	—	—	4.26	—
	Sommerweizen.													
37	Ungedüngt	„	14.55	—	—	—	—	3.30	—	—	—	—	3.87	—
38	Schwefelsaures Ammoniak	„	14.13	—	—	—	—	3.70	—	—	—	—	4.31	—
39	Salpetersaurer Kalk	„	14.62	—	—	—	—	2.88	—	—	—	—	3.38	—
40	Saurer phosphorsaurer Kalk	„	14.74	—	—	—	—	2.72	—	—	—	—	3.19	—
41	Desgl. und Ammonsulfat	„	14.54	—	—	—	—	2.00	—	—	—	—	2.33	—
42	Desgl. und salpetersaurer Kalk	„	14.55	—	—	—	—	1.95	—	—	—	—	2.28	—
43	Winterweizen, Mittel	„	13.74	—	—	—	—	3.67	—	—	—	—	4.26	—
44	Sommerweizen, Mittel	„	14.52	—	—	—	—	2.76	—	—	—	—	3.23	—
45	Ungedüngt (Sommerweizen)	1872	—	—	—	—	—	—	4.13	—	—	—	6.80	0.66[o]
46	Desgl.	„	—	—	—	—	—	—	3.06	—	—	—	6.44	0.49
47	Desgl.	„	—	—	—	—	—	—	3.56	—	—	—	5.63	0.57
48	Superphosphat	„	—	—	—	—	—	—	3.88	—	—	—	7.70	0.62
49	Schwefelsaures Ammmoniak	„	—	—	—	—	—	—	6.19	—	—	—	6.41	0.99
50	Salpetersaures Natron	„	—	—	—	—	—	—	3.94	—	—	—	5.07	0.63
51	Ammoniaksalz und Salpeter	„	—	—	—	—	—	—	5.44	—	—	—	5.44	0.87
52	Superphosphat und Salpeter	„	—	—	—	—	—	—	5.88	—	—	—	5.97	0.94
53	Mittel von ungedüngt	—	—	—	—	—	—	—	3.56	—	—	—	6.29	0.57
54	Mittel von Stickstoffdüngung	—	—	—	—	—	—	—	5.38	—	—	—	5.72	0.86

No. 31—44. Th. Siegert. — D. Landw. V.-St. 3. (1861.) 128. Bei dem Anbau von Weizen im Chemnitzer landw. Versuchsgarten erhalten, dessen Ackerkrume aus einem ziemlich schweren, aus Felsittuff entstandenen Thonboden besteht; dieselbe Fläche hatte vorher mehrere Jahre Kartoffeln getragen. Der angebaute Winterweizen war Mary's Goldweizen (Trit. vulg.), der angebaute Sommerweizen gemeiner Sommerweizen. Ersterer wurde am 4., letzterer am 18. August geerntet.

No. 45—54. H. Ritthausen u. R. Pott. — Ibid. 16. 1873. Die Versuchsparzellen, auf welchen der Sommerweizen angebaut wurde, waren je 15 qm gross und wurden sehr stark gedüngt und zwar mit 2.5 kg Ammonsulfat, 4 kg Superphosphat, 3 kg Salpeter etc. bzw. Mittel unter 53 u. 54 von uns berechn., desgl. der Proteïngehalt.

No.	Bezeichnungen und Bemerkungen	Jahr der Untersuchung	In der ursprünglichen Substanz						In der Trockensubstanz					Stickstoff in der Trockensubstanz
			Wasser	Nh-Substanz	Rohfett	Nfr. Extractstoffe	Rohfaser	Asche	Nh-Substanz	Rohfett	Nfr. Extractstoffe	Rohfaser	Asche	
			%	%	%	%	%	%	%	%	%	%	%	%
	Einzelne Theile.													
1	Leere Weizenähren	1856	19.90	3.88	—	—	—	—	4.88	—	—	—	—	0.78°
2	Weizenblätter	1856	17.10	3.00	—	—	—	—	3.63	—	—	—	—	0.58°
3	Oberer Theil des Weizenhalms	1856	14.60	2.44	—	—	—	—	2.88	—	—	—	—	0.46°
4	Unterer Theil desselben	1856	15.60	1.50	—	—	—	—	1.75	—	—	—	—	0.28
5	Weizen-Stoppeln	1856	17.66	2.94	0.42	5.01	71.04	2.93	3.57	0.51	6.12	86.24	3.56	0.57
	Spelz- und Schlegeldinkelstroh.													
1	Schlegeldinkel	1854	14.30	2.20	27.40		50.20	5.90	2.57	31.96		58.58	6.89	0.41
2	Spelzstroh	1865	14.68	2.50	1.42	32.45	44.01	4.93	2.93	1.66	38.05	51.58	5.78	0.47
	Roggenstroh.													
1	In Bechelbronn (Elsass) gebaut	1837	18.70	1.53	—	—	—	2.99	1.88	—	—	—	3.68	0.30°
2	Desgl.	1837	18.60	1.50	1.50	43.00	32.40	3.00	1.84	1.84	52.81	39.82	3.69	0.29
3	Desgl.	1841	12.20	1.25	—	—	—	—	1.42	—	—	—	—	0.23
4	Aus der Umgegend von Paris	1841	12.60	3.13	—	—	—	—	3.58	—	—	—	—	0.57
5	Aus der Gegend von Dresden	1854	18.00	—	—	—	42.50	—	—	—	—	51.85	—	—
6	Aus der Gegend von Leipzig	1855	17.80	2.38	—	—	—	6.70	2.90	—	—	—	8.15	0.46
7	Desgl.	1860	14.00	2.69	2.00	33.71	44.20	3.40	3.13	2.33	41.51	49.08	3.95	0.50°
8	Winterroggen	1854	14.30	2.10	—	25.60	54.90	3.10	2.45	—	29.86	64.07	3.62	0.39
9	Desgl., ungedüngt	1855	—	—	—	—	—	—	1.88	—	—	—	—	0.30°
10	Von sehr guter Qualität	1858	11.80	3.09	—	38.30	42.96	3.85	3.50	—	43.62	48.70	4.36	0.56°
11	{	1861	12.77	10.40	—	37.75	36.28	2.80	11.92	—	43.29	41.58	3.21	1.91
		—	(12.77	10.01	—	34.13	39.73	3.36)	11.57	—	39.05	45.53	3.85	1.85
12		—	11.16	7.44	—	—	—	—	8.38	—	—	—	—	1.34
13	Aus dem mittleren Schweden	1860	12.39	2.68	1.43	42.66	36.05	4.79	3·06	1.63	48.71	41.13	5.47	0.49
14	Winterroggen	1861	13.20	2.03	1.01	24.08	54.85	4.84	2.34	1.16	27.74	63.18	5.58	0.37

Einzelne Theile.

No. 1—4. Is. Pierre. — Weende'r Jahresber. 1855|56. II. 24. (Ann. d'agric. franc. 6. 385.)

No. 5. Aug. Völcker. — Hoffmann's Jahresber. 6. 1863—64. 44.

Spelz- u. Schlegeldinkelstroh.

No. 1. E. Wolff u. Dietlen. — Hohenh. Mitthl. II. 1855. 140.

No. 2. J. Nessler u. E. Muth. — Ber. d. V.-St. Karlsruhe 1870. 56. Als Zucker bestimmbare Körper 13.0%.

Roggenstroh.

No. 1 u. 2. J. B. Boussingault. — Dessen: „D. Landwirthschaft in ihren Beziehungen zur Chemie etc." Deutsch v. Gräger. Halle, 1854. 2. Bd. S. 175. 3. Bd. S. 200.

No. 3 u. 4. Boussingault u. Payen. — E. Wolff's Grundlagen des Ackerbaues 1856. 853.

No. 5. Sussdorf. — Weende'r Jahresber. 1854. II. 98. (Sächs. Amts- u. Anzeigeblatt 1854. 56.) Die Holzfaser wurde nach der Wolff'schen Methode bestimmt.

No. 6. F. Crusius. — Ibid. 1855/56. II. 97. (Ztschr. f. Deutsche Landw. 1856. 50.)

No. 7. F. Crusius u. C. Schickedanz. — Landw. V.-St. 1. 1859. 101.

No. 8. E. Wolff u. Dietlen. — Mitthl. a. Hohenheim. 2. 1855. 140. Von Winterroggen, der 1854 in Hohenheim in einem dungkräftigen, ziemlich schweren Boden gewachsen, und dessen Körnerertrag kein besonders reichlicher war.

No. 9. A. Stöckhardt (durch Liesmann u. Schaffhirt). — Chem. Ackersm. 1857. 43. Vergl. Stroh unter dem Einfluss verschiedener Düngung.

No. 10. W. Henneberg u. F. Stohmann. — Journ. f. Landw. 1859. 353. Reinasche (d. i. Asche frei von C u. CO_2) 4.18.

No. 11 u. 12. Krocker u. Schneider. — Ann. d. Landw. i. Preussen. 38. 1861. 411 u. 415. Durchschnitt einer grösseren Menge zu Häcksel geschnittenen Strohs. Gleichzeitig wurde eine Probe gebrühten Stroh's, welches nach Vorschrift von Schwarz aus demselben Stroh bereitet war, untersucht. Auf gleichen Wassergehalt berechnet, hatte dasselbe obige Zusammensetzung. Vergleichsweise enthielten beide Proben:

	Rohes Stroh	Gebrüht
In Wasser lösliche organische Stoffe	3.90%	3.56%
In Wasser mit 1% Salzsäure organische Stoffe	4.00 „	4.59 „

(Vergl. „Einzelne Theile des Stroh's". Aus den Angaben hierüber lässt sich keineswegs der ungewöhnlich hohe Proteïngehalt erklären.)

No. 13. C. M. Eisenstuck. — Landw. V.-St. 3. 1861. 239. Der Roggen war im mittleren Schweden auf an sich zwar gutem, aber ausgetragenem und ungedüngtem Boden gewachsen. Die Rohfaser war durch aufeinanderfolgende Digestion des Materials mit 3%iger Salzsäure und 3%iger Natronlauge gewonnen.

No. 14. E. Peters. — Ann. d. Landw. i. Preussen. 40. 1862. 275.

No.	Bezeichnungen und Bemerkungen	Jahr der Untersuchung	In der ursprünglichen Substanz						In der Trockensubstanz					Stickstoff in der Trocken-Substanz
			Wasser	Nh-Substanz	Rohfett	Nfr. Extractstoffe	Rohfaser	Asche	Nh-Substanz	Rohfett	Nfr. Extractstoffe	Rohfaser	Asche	
			%	%	%	%	%	%	%	%	%	%	%	%
15	Auf armem Kalkboden gewachsen . .	1861	10.21	2.13	—	—	—	5.26	2.37	—	—	—	5.86	0.38
16		1861	11.20	4.34	—	37.30	43.70	3.43	4.84	—	42.10	49.20	3.86	0.78⁰
17	In Livland gewachsen	1862	8.29	2.24	—	—	—	2.46	2.44	—	—	—	2.68	0.39
18	Desgl.	„	9.71	2.77	—	—	—	2.43	3.06	—	—	—	2.70	0.49
19	Desgl.	„	8.65	2.99	—	—	—	3.76	3.27	—	—	—	4.11	0.52
20		„	16.00	4.18	1.24	37.03	37.10	4.45	4.87	1.48	46.20	44.15	3.30	0.78
21	1861er Ernte	„	14.30	3.11	1.15	39.51	37.43	4.50	3.63	1.34	46.10	43.68	5.25	0.58
22		„	11.06	4.43	1.32	39.22	39.31	4.72	4.98	1.48	44.05	44.18	5.31	0.80
23		„	14.40	3.11	1.15	39.49	37.36	4.49	3.63	1.34	46.15	43.64	5.24	0.58
24		„	13.00	4.33	1.29	38.35	38.42	4.61	4.98	1.48	44.10	44.14	5.30	0.80
25		„	12.00	4.38	1.30	38.31	38.85	4.66	4.99	1.48	44.11	44.13	5.29	0.80
26		„	11.00	4.43	1.32	39.22	39.31	4.72	4.98	1.48	44.05	44.18	5.31	0.80
27		„	12.10	4.13	1.59	44.85	32.50	5.33	4.70	1.81	50.43	36.99	6.07	0.75
28		„	14.00	3.12	1.16	39.64	37.56	4.52	3.63	1.35	46.08	43.68	5.26	0.58
29		„	14.90	3.00	1.59	41.04	34.17	5.30	3.53	1.87	48.22	40.15	6.23	0.56
30		„	15.30	2.99	1.59	40.85	34.04	5.27	3.53	1.88	48.17	40.20	6.22	0.56
31	Weende'r Roggenstroh	1857	15.75	4.77	—	34.66	40.88	3.94	5.66	—	41.14	48.52	4.68	0.91
32	Rieckenrode'r Roggenstroh	1860	16.41	4.28	—	37.11	37.96	4.24	5.07	—	44.40	45.41	5.12	0.81
33	Von untadelhafter Beschaffenheit, Frühjahr	1859	15.80	4.80	1.00	33.60	40.90	3.90	5.70	1.19	39.89	48.59	4.63	0.91
34	Desgl.	1860	15.80	4.80	1.30	33.30	40.90	3.90	5.70	1.54	39.54	48.59	4.63	0.91
35	Desgl.	1862	16.80	5.50	1.30	33.10	39.50	3.80	6.61	1.56	39.78	47.48	4.57	1.06
36		1862	15.87	2.67	1.07	37.48	38.89	4.02	3.21	1.29	53.88	46.78	4.84	0.51
37		1862	12.38	1.93	1.42	35.49	45.67	3.11	2.20	1.62	40.52	52.11	3.55	0.35
38		1874	13.01	2.31	1.22	48.04	32.84	2.58	2.66	1.40	55.20	37.77	2.97	0.43
39		1874	13.43	2.76	1.32	48.43	31.69	2.37	3.19	1.53	56.14	36.60	2.74	0.51
40	Russischer Sommerroggen	1871	10.79	4.60	1.83	23.38	53.92	5.48P	5.16	2.05	26.31	60.44	6.14	0.83
41	Untersucht Anfang Januar	1875	15.69	2.62	1.79	43.87	32.17	3.86	3.11	2.03	52.14	38.15	4.57	0.50
42	Desgl.	1875	15.91	3.00	1.73	43.51	31.62	4.23	3.57	2.06	51.74	37.60	5.03	0.57
43	Untersucht Ende Februar	1875	14.95	2.45	—	45.86	32.06	4.68	2.88	—	53.92	37.70	5.50	0.46
44	Untersucht Mitte März	1875	15.48	2.00	1.45	41.91	35.47	3.69	2.37	1.72	49.58	41.96	4.37	0.38
45		1875	15.50	2.37	1.68	37.80	39.60	3.05	2.81	1.99	44.73	46.86	3.61	0.45
46	Verfroren, aus der Nähe von Minden .	1883	17.14	4.30	1.56	34.92	38.12	3.94	5.19	1.88	42.16	46.01	4.76	0.83

No. 15. Ph. Zöller. — Ergebnisse landwirthschaftl. u. agriculturchem. Versuche d. V.-St. München. 3. Bericht. 1861. S. 148. Das untersuchte Stroh war „ein sehr schönes" und war in Schleissheim gewachsen.
No. 16. Lucanus (V.-St. Dahme). — Landw. V.-St. 7. 1865. 242.
No. 17—19. C. Schmidt. — Livländer Jahrbücher der Landwirthschaft. 16. 1863. 134. Zu Turneshof in Livland 1862 bei trockner, warmer Witterung geerntet. Die Zahlen beziehen sich auf (auf der „Riegendarre") getrocknetes, an freier Luft wieder „lufttrocken" gewordenes Material.
No. 20—30. H. Grouven. — Zweiter Bericht d. V.-St. Salzmünde 1864. 275 u. ff. Zur Rohfaserbestimmung wurden 10 g Substanz in einer Literflasche mit 200 ccm einer 5 procent. Schwefelsäure übergossen und 6—7 Stunden lang der Siedehitze nahe digerirt. Am Ende der Digestion füllte man den Kolben mit kochendem Wasser an und filtrirte heiss durch ein Filter. Der vom Filter abgelöste Rückstand wurde in einer Literflasche mit 200 ccm einer 3 procent. Natronlauge 6—7 Stunden der Siedehitze nahe digerirt. Darauf die Flüssigkeit mit Wasser verdünnt und filtrirt, der Rückstand ausgewaschen, getrocknet und gewogen. In der so gewonnenen Rohfaser wurde schliesslich noch Asche und Proteïn bestimmt und deren Menge von dem Gewicht der Rohfaser abgezogen. Die Fettextraction geschah mit 10 g Strohpulver im Robiquet'schen Apparate.
No. 31 u. 32. F. Rautenberg (V.-St. Weende). — Journ. f. Landw. 1861. 63. No. 31. Der Roggen war in einer 1 Fuss tiefen unmittelbar auf den merglig zerfallenden Schichten des Keupers ruhenden Ackerkrume gewachsen. Der Rieckenrode'r Boden, auf welchem Roggen No. 32 gewachsen, gehört der Formation des Buntsandsteins an.
No. 33—35. W. Henneberg. — J. f. Landw. 1864. 25.
No. 36 u. 37. V. Hofmeister. — L. V.-St. 7. 1865. 415 u. 8. 1866. 111.
No. 38 u. 39. L. Grandeau (V.-St. Nancy). — Privatmitthl.
No. 90. Fr. Schwackhöfer. — L. V.-St. 15. (1872.) 105. Der Roggen war seit 2 Jahren auf dem Grundstücke der Ackerbauschule zu Erbenschütz in Mähren, in kräftigem Sandboden cultivirt und erwies sich als besonders ertragreich an grossen, schweren Körnern.
No. 41—44. J. Fittbogen (V.-St. Dahme) — Privatmitthl.
No. 45. G. Kühn (V.-St. Möckern). — Sächs. landw. Ztschr. 1875. 156.
No. 46—48. J. König (V.-St. Münster). — Dritter Bericht d. V.-St. Münster 1881—1883. 51.

No.	Bezeichnungen und Bemerkungen	Jahr der Untersuchung	In der ursprünglichen Substanz						In der Trockensubstanz					Stickstoff in der Trockensubstanz
			Wasser %	Nh-Substanz %	Rohfett %	Nfr. Extractstoffe %	Rohfaser %	Asche %	Nh-Substanz %	Rohfett %	Nfr. Extractstoffe %	Rohfaser %	Asche %	%
47	Verfroren, aus der Nähe von Minden	1883	19.12	3.67	1.54	33.14	38.87	3.66	4.54	1.90	41.00	48.04	4.52	0.73
48	Desgl.	1883	16.94	2.76	1.85	36.20	38.51	3.74	3.32	2.23	43.58	46.37	4.50	0.53
49	Auf diluvialem Sandboden gewachsen	1884	12.22	3.00	1.75	39.91	38.76	4.36	3.42	1.99	45.47	44.15	4.97	0.55
50	In Nordamerika auf schwerem Lehmboden gewachsen	1878	11.33	6.99	2.69	36.20	34.66	3.14	7.88	3.04	40.82	39.08	9.18	1.26
51		1884	9.73	2.19	1.00	41.04	43.29	2.75	2.41	1.10	45.80	47.66	3.03	0.39
52		1880	—	—	—	—	—	—	2.52	—	—	—	—	0.40[o]
53	Leichter Boden (Berghof)	1879	10 52	3.13	—	—	—	2.53[p]	3.50	—	—	—	2.83[p]	0.56[o]
54	Mittelschwerer Boden (Wranin)	1879	11.27	3.11	—	—	—	3.04[p]	3.50	—	—	—	3.43[p]	0.56[o]
55	Schwerer Boden (Mühlhof	1879	11.05	3.05	—	—	—	3.80[p]	3.44	—	—	—	4.27[p]	0.55
56	Stroh von erfrorenem Roggen	1880	15.00	6.38	1.57	31.56	40.46	5.03	7.50	1.85	37.16	47.58	5.91	1.20
57	Stroh von erfrorenem und gedroschenem Roggen	1880	15.00	4.38	1.19	33.07	42.77	3.59	5.15	1.40	38.93	50.30	4.22	0.82
58	Stroh von magerem Sandboden	1884	11.91	2.31	1.14	43.35	37.65	4.64	2.60	1.28	48.58	42.32	5.22	0.42
59	Humoser Lehmboden, 8—10 Tage vor der gehörigen Reife gemäht	1880	15.00	2.7	40.3		36.6	5.4	3.18	37.43		43.04	6.25	0.51
60		„	15.00	1.8	42.8		37.6	2.8	2.12	50.37		44.22	3.29	0.34
61	Humoser Lehmboden, bei der Reife gemäht	„	15.00	3.0	38.5		37.8	5.7	3.53	45.32		44.45	6.70	0.56
62	Lehmiger Sand. Pirnaer Roggen	„	15.00	3.8	41.4		35.7	4.1	4.47	48.73		41.98	4.82	0.72
63	Staudenroggen, sandiger Lehm	„	15.00	3.5	40.7		35.0	5.8	4.12	47.90		41.16	6.82	0.66
64	Vierländer Roggen, lehmiger Sand	„	15.00	3.2	41.4		35.9	4.5	3.76	48.73		42.22	5.29	0.60
65	Sandboden	„	15.00	2.5	41.5		36.1	5.0	2.94	48.73		42.45	5.88	0.47
66	Humoser Lehmboden	„	15.00	4.5	36.4		37.8	6.3	5.29	42.85		44.45	7.41	0.85
67	Desgl.	„	15.00	4.4	35.9		39.2	5.5	5.17	42.26		46.10	6.47	0.83
68	Campine Roggen, humusreicher, flacher Sand, Höhenlage	„	15.00	2.0	41.7		38.3	3.0	2.35	49.08		45.04	3.53	0.38
69	Zeeländer Roggen, humusreicher Sand	„	15.00	2.8	40.0		39.1	3.1	3.29	47.08		45.98	3.65	0.53

No. 49. Th. Dietrich (V.-St. Marburg). — Privatmitthl. Roggen nach gedüngten Erbsen gebaut.
No. 50. W. O. Atwater (analys. C. D. Woods). — Rep. Agric. Experim. Stat. Middletown Conn. 1877—78. 37.
No. 51. S. W. Johnson. — Ann. Rep. Connect. Agricult. Experim. Stat. 1884. 109.
No. 52. A. Stutzer. — J. f. Landw. 1880. 444. Untersuchte Roggenstroh auf die darin vorkommenden Nh. Verbindungen und fand in einem Roggenstroh, welches 0.404% Gesammtstickstoff enthielt, nach Behandeln mit Kupferoxydhydrat:

a. Ohne vorherige Einwirkung von mit Essigsäure sauer gemachtem Alkohol 0.401% N
b. Nach Auskochen mit Essigsäure sauer gemachtem Alkohol . . . . . . 0.401% N.

Durch sauren Magensaft blieben unverdaut:

Nach 24 stündiger Einwirkung 0.177% }
„ 36 „ „ 0.203% } Mittel 0.193%.

Von dem in dem untersuchten Roggenstroh enthaltenen N sind in Form von solchen Verbindungen vorhanden, die durch Kupferoxydhydrat:

Nicht fällbar sind	Fällbar, resp. unlöslich sind und durch sauren Magensaft verdaulich	Fällbar, resp. unlöslich sind und durch sauren Magensaft unverdaulich
—	52.23	47.77

No. 53—55. Jos. Hanamann (V.-St. Lobositz). — Aus E. Wolff's Aschenanalysen 2. Thl. 8 entnommen, daselbst nach schriftlicher Mittheilung des Autors. Ernte des Jahres 1879 (gedüngter Winterroggen) Vorfrucht war Klee. Die Felder gehörten zu der Fürstl. Schwarzenberg'schen Herrschaft Wittingau in Böhmen und zwar zu den Meiereien Berghof, bezw. Wranin und Mühlhof. Die Böden der Meiereien sind Tertiärböden. In 100 Gewichtstheilen des Feinbodens sind nach der Analyse des Autors enthalten:

	Kohlens. Kalk %	CaO %	MgO %	$K_2O + Na_2O$ %	Der Boden enthielt Feinerde %
Berghof	0.13	0.49	0.75	0.89	60.55
Wranin	0.10	0.85	0.37	0.82	73.5
Mühlhof	0.09	0.58	0.29	5.77	87.9

No. 56 u. 57. Schiller (V.-St. Dahme). — Privatmitthl. An Asparagin und Reinproteïn enthielten die beiden Proben

	No. 56	No. 57
Asparagin	1.85%	0.86%
Reinproteïn	4.21 „	3.38 „

Bei No. 57 ergeben im Original die Componenten die Summe von 104.22; wir corrigirten durch entsprechende Subtraction bei den Nfr. Extractstoffen.
No. 58. Th. Dietrich (V.-St. Marburg). — Privatmitthl.
No. 59—83. M. Märcker (V.-St. Halle). — Privatmitthl. Bezüglich der N-Bestimmungen vergleiche unter Analysen von Weizenstroh No. 64—92.

No.	Bezeichnungen und Bemerkungen	Jahr der Untersuchung	In der ursprünglichen Substanz: Wasser %	Nh-Substanz %	Rohfett %	Nfr. Extractstoffe %	Rohfaser %	Asche %	In der Trockensubstanz: Nh-Substanz %	Rohfett %	Nfr. Extractstoffe %	Rohfaser %	Asche %	Stickstoff in der Trocken-Substanz %
70	Sandboden	1880	15.00	4.4	42.2		34.4	4.0	5.17	49.68		40.45	4.70	0.83
71	Guter Sandboden	1880	15.00	4.2	41.8		35.0	4.0	4.94	49.20		41.16	4.70	0.79
72	Probsteier Roggen, sandiger Lehm .	1881	15.00	2.0	40.9		38.9	3.2	2.35	48.14		45.75	3.76	0.38
73	Vierländer Roggen, sandiger Lehm . .	„	15.00	2.3	38.5		39.8	4.4	2.70	45.33		46.80	5.17	0.43
74	Zeeländer Roggen, humoser, milder Lehm	„	15.00	2.6	38.6		38.4	5.4	3.06	45.43		45.16	6.35	0.49
75	Desgl., lehmiger Sand	„	15.00	1.9	38.9		40.4	3.8	2.23	45.79		47.51	4.47	0.36
76	Probsteier Roggen, in der Aue gewachsen	„	15.00	2.7	43.1		36.7	2.5	3.18	50.82		43.16	2.94	0.51
77	Sandboden, Höhenlage	„	15.00	2.7	40.3		37.8	4.2	3.18	47.43		44.45	4.94	0.51
78	Bergland, leichter, steiniger Boden . .	„	15.00	1.5	40.8		38.9	3.7	1.76	48.14		45.75	4.35	0.28
79	Desgl.	„	15.00	2.3	41.4		36.5	4.8	2.70	48.74		42.92	5.64	0.43
80	Gewöhnl. Landroggen, steiniger Muschelkalkboden	„	15.00	2.3	42.0		36.7	4.0	2.70	49.44		43.16	4.70	0.43
81	Lehmboden	„	15.00	2.0	39.6		39.2	4.2	2.35	46.61		46.10	4.94	0.38
82	Champagnerroggen, humoser Lehmboden	1882	15.00	1.3	38.8		41.2	3.7	1.53	45.67		48.45	4.35	0.24
83	Johannisroggen, schwerer Thonboden mit etwas Mergel	1882	15.00	1.8	37.3		40.5	5.4	2.12	43.90		47.63	6.35	0.34
	Minimum		9.73	1.31	0.94	22.49	32.24	2.29	1.53	1.10	26.31	37.70	2.68	0.24
	Maximum		17.14	6.74	2.59	44.46	51.67	7.85	7.88	3.04	52.00	60.44	9.18	1.26
	Mittel (von No. 17—83)		14.50	3.16	1.42	38.73	38.05	4.14	3.70	1.66	45.30	44.50	4.84	0.59

Roggenstroh von gesunden und kranken Pflanzen.

No.	Bezeichnungen und Bemerkungen	Jahr	Wasser	Nh-Substanz	Rohfett	Nfr. Extractstoffe	Rohfaser	Asche	Nh-Substanz	Rohfett	Nfr. Extractstoffe	Rohfaser	Asche	Stickstoff
1	a. Von gesunden Roggenpflanzen, Halme	1856	29.89	3.17	—	—	—	2.37	4.53	—	—	—	3.53	0.726°
2	b. Von vom Mutterkorn befallenen Pflanzen, Halme	„	33.80	3.51	—	—	—	2.45	5.31	—	—	—	3.70	0.850°
3	a. Aehren	„	55.80	4.44	—	—	—	1.89	10.06	—	—	—	4.29	1.61°
4	b. Aehren	„	51.86	6.43	—	—	—	2.31	13.37	—	—	—	4.81	2.14°

Roggenstroh in verschiedenen Reifeperioden und unter dem Einfluss der Nachreife.

No.	Bezeichnungen und Bemerkungen	Jahr	Wasser	Nh-Substanz	Rohfett	Nfr. Extractstoffe	Rohfaser	Asche	Nh-Substanz	Rohfett	Nfr. Extractstoffe	Rohfaser	Asche	Stickstoff
1	Nachreife ausgeschlossen — I. 28. Juni geschnitten	1860	—	—	—	—	—	—	4.04	1.78	54.63	36.58	2.98	0.65
2	Nachreife ausgeschlossen — II. 3. Juli „	„	—	—	—	—	—	—	3.53	2.35	52.95	38.51	2.66	0.56
3	Nachreife ausgeschlossen — III. 10. Juli „	„	—	—	—	—	—	—	2.71	1.63	52.06	40.70	2.90	0.43
4	Nachreife ausgeschlossen — IV. 18. Juli „	„	—	—	—	—	—	—	2.23	1.12	47.40	45.76	3.49	0.36
5	Nachreife ausgeschlossen — V. 26. Juli „	„	—	—	—	—	—	—	1.82	0.67	45.97	48.29	3.25	0.29

Roggenstroh von gesunden und kranken Pflanzen.

No. 1—4. H. Grouven. — Weende'r Jahresber. 1853—57. I. 125. (Ztschr. f. D. Landw. 1856. 306.) Grouven sammelte am 1. Juli 1856 von einem Roggenfelde 10 recht auffällig von Mutterkorn befallene und ebensoviel gesund ausgebildete Pflanzen, trennte die Halme von den Aehren und untersuchte beide Theile für sich. Die Pflanzen wogen:

	Gesunde	Kranke
10 Halme . . .	37.3 g	46.9 g
10 Aehren . . .	25.5 g	26.8 g
10 Pflanzen . . .	62.8 g	73.7 g

Roggenstroh in verschiedenen Reifeperioden.

No. 1—12. B. Lucanus (V.-St. Dahme). — L. V.-St. 4. 1862. 147. Unter Stroh ist hier Halme und Blätter zu verstehen. Der Roggen wurde in 5 Perioden stets von einer und derselben Stelle und die Pflanzen jeder Periode von möglichst gleicher Grösse und Reife geerntet. Das Material der 1. Periode wurde am 28. Juni 1860 gesammelt. Das Stroh war noch völlig grün. Die Körner gleichfalls grün, sehr weich.

2. Periode. Das Stroh war wie in der 1. Periode, frisch und grün.
3. Periode. Das Stroh war noch ziemlich grün.
4. Periode. Das Stroh war gelb und ziemlich trocken.
5. Periode. Das Stroh war völlig reif.

Bei der ersten Versuchsreihe (No. 1—5) wurden Stroh und Körner alsbald getrennt und untersucht.

Bei der anderen Versuchsreihe (No. 6—10) wurden die ganzen Pflanzen mit den Wurzeln aus der Erde gehoben und in destillirtes Wasser gestellt und blieben bis Mitte September stehen.

No. 11 u. 12 entsprechen Stroh nach üblichem Verfahren.

No.	Bezeichnungen und Bemerkungen	Jahr der Untersuchung	In der ursprünglichen Substanz: Wasser %	Nh-Substanz %	Rohfett %	Nfr. Extractstoffe %	Rohfaser %	Asche %	In der Trockensubstanz: Nh-Substanz %	Rohfett %	Nfr. Extractstoffe %	Rohfaser %	Asche %	Stickstoff in der Trockensubstanz %
6	Nachreife möglichst vollständig I. 28. Juni geschnitten	1860	—	—	—	—	—	—	2.64	0.53	46.10	46.69	4.04	0.42
7	Nachreife möglichst vollständig II. 3. Juli „	„	—	—	—	—	—	—	1.95	1.89	48.49	44.24	3.43	0.31
8	Nachreife möglichst vollständig III. 10. Juli „	„	—	—	—	—	—	—	2.77	2.64	47.39	43.81	3.39	0.44
9	Nachreife möglichst vollständig IV. 18. Juli „	„	—	—	—	—	—	—	2.44	1.24	45.14	47.90	3.24	0.39
10	Nachreife möglichst vollständig V. 26. Juli „	„	—	—	—	—	—	—	2.06	2.12	45.49	47.33	2.99	0.33
11	In d. Praxis übliche Methode I. 28. Juni „	„	—	—	—	—	—	—	3.50	0.88	54.30	37.69	3.44	0.56
12	In d. Praxis übliche Methode IV. 18. Juli „	„	—	—	—	—	—	—	0.95	1.84	46.25	47.51	3.45	0.15
13	Von Sandboden, 16. Juli geschnitten, Milchreife	1875	—	—	—	—	—	—	2.31	1.52	44.53	47.74	3.90	0.37
14	Desgl., 21. Juli geschnitten, Gelbreife .	„	—	—	—	—	—	—	2.17	1.21	44.28	48.31	4.04	0.35
15	Desgl., 25. Juli geschnitten, Todtreife .	„	—	—	—	—	—	—	2.48	1.12	44.75	47.77	3.88	0.40
16	Von leichtem Lehmboden, 14. Juli geschnitten, Milchreife	„	—	—	—	—	—	—	2.07	1.58	45.40	47.77	3.18	0.33
17	Desgl., 21. Juli geschnitten, Gelbreife .	„	—	—	—	—	—	—	2.52	1.24	45.26	47.78	3.20	0.40
18	Desgl., 25. Juli geschnitten, Gelbreife .	„	—	—	—	—	—	—	2.14	1.38	44.51	48.65	3.32	0.34
19	Desgl., 30. Juli geschnitten, Todtreife .	„	—	—	—	—	—	—	1.99	1.32	45.66	48.06	2.97	0.32

Roggenstroh (bezw. auch Spreu*) unter dem Einfluss verschiedener Düngung.

No.	Bezeichnungen und Bemerkungen	Jahr der Untersuchung	In der ursprünglichen Substanz: Wasser %	Nh-Substanz %	Rohfett %	Nfr. Extractstoffe %	Rohfaser %	Asche %	In der Trockensubstanz: Nh-Substanz %	Rohfett %	Nfr. Extractstoffe %	Rohfaser %	Asche %	Stickstoff in der Trockensubstanz %
1	Ohne Ueberdüngung	1855	—	—	—	—	—	—	1.88	—	—	—	—	0.30 °
2	Mit $^3/_4$ Ctr. Chilisalpeter, vor d. Blüthe	„	—	—	—	—	—	—	2.44	—	—	—	—	0.39°
3	Mit 1 Ctr. Guano, vor der Blüthe .	„	—	—	—	—	—	—	2.44	—	—	—	—	0.39°
4	Mit 1 Ctr. Guano, nach der Blüthe .	„	—	—	—	—	—	—	1.94	—	—	—	—	0.31°
5	Parzelle 1. Ungedüngt a	1873	10.83	2.89	2.06	38.93	35.32	9.97	3.39	2.42	45.66	41.42	7.11	0.54
6	„ 2. Ungedüngt b	„	8.37	2.78	2.33	41.95	37.43	7.14	3.10	2.60	46.85	41.80	5.65	0.50
7	„ 3. Aetzkalk	„	9.80	3.26	2.33	41.36	37.58	5.67	3.66	2.62	46.43	42.19	5.10	0.59
8	„ 4. Schwefelsaures Ammon .	„	9.34	2.79	2.18	41.21	38.68	5.80	3.13	2.45	46.30	43.45	4.67	0.50
9	„ 5. Phosphorsaurer Kalk .	„	10.50	2.69	2.05	37.79	38.49	8.48	3.11	2.37	43.73	44.53	6.26	0.50
10	„ 6. Schwefelsaures Kali . .	„	9.30	4.34	2.00	38.13	38.00	8.23	4.93	2.27	43.31	43.16	6.33	0.79

Die möglichst gut zerkleinerte Substanz wurde mit der 25 fachen Menge sehr verdünnter (1 % iger) Schwefelsäure erhitzt und über einer kleinen Flamme zwei Stunden lang bei einer Temperatur erhalten, die dem Kochpunkte sehr nahe lag. Dann wurde heiss filtrirt und zum Filtrat soviel Schwefelsäure zugesetzt, dass die Flüssigkeit die 50 fache Menge der angewendeten Substanz betrug und 8 % SO_3 entlrielt. Nach weiterem 4 stündigen Kochen wurde die Lösung neutralisirt und mit Kupferlösung die vorhandene Zuckermenge bestimmt. Unter „Dextrin und Zucker“ sind in Nachstehendem diejenigen in Wasser löslichen Körper zu verstehen, welche Fehling'sche Kupferlösung reducirten. Die durch Behandlung mit Säure in Zucker übergeführten Körper wurden als Stärkemehl bezeichnet.

	No. 1	2	3	4	5	6	7	8	9	10	11	12
Dextrin u. Zucker .	6.76	4.69	4.08	1.11	0.45	1.60	2.16	2.56	0.39	0.27	12.81	2.08
Stärkemehl	15.29	16.64	13.84	12.88	13.24	12.81	12.39	11.75	10.38	12.97	6.57	11.48
Zusammen	22.05	21.33	17.92	13.99	13.69	14.41	14.55	14.31	10.77	13.24	19.38	13.56

No. 13—19. C. Brimmer u. Chr. Kellermann (V.-St. Münster). — Landw. Jahrb. 5. 1876. 785. Die Zahlen beziehen sich auf Roggenstroh, von dem die Aehren abgeschnitten waren und das von Gras und Unkräutern gereinigt worden und zwar auf sand- und wasserfreie Substanz.

Das Stroh No. 16—19 wurde mit Wasser ausgezogen und an löslichen Stoffen gefunden:

	No. 16 %	17 %	18 %	19 %
Proteïn	0.698	1.284	0.749	0.523
Extractivstoffe . . .	7.788	7.004	7.235	6.937
Asche	2.306	2.169	2.390	2.066
Zusammen	10.792	10.457	10.374	9.526

Roggenstroh unter dem Einfluss verschiedener Düngung.

*) No. 5—22 Stroh und Spreu.

No. 1—4. A. Stöckhardt (durch Liesmann u. Schaffhirt). — Chem. Ackersm. 1857. 43. Der Roggen wurde im Frühjahr in obiger Weise überdüngt.

No. 5—22. E. Heiden u. Franz Voigt (V.-St. Pommritz). — Denkschrift zur Feier des fünfundzwanzigjährigen Bestehens d. V.-St. Pommritz. II. Theil. Studien über schweren Boden. Haunover, 1883. Der Boden war Verwitterungsproduct des Granit und war in folgender Weise zubereitet. Von 12 sächsischen Quadratruthen Fläche wurde die Ackerkrume 2 Fuss tief entfernt und sodann von der Hälfte dieser Fläche, also von 6 Quadratruthen, die nächsten 2 Fuss Boden abgegraben und auf die andere Hälfte gebracht. Hier war somit bis 4 Fuss Tiefe roher Boden, welcher möglichst sorgfältig durchgearbeitet und gemischt wurde. Die Fläche gab 6 Parzellen von je 1 Quadratruthe (= 18.44 qm) Ausdehnung. Der Untergrund unter der 4 Fuss mächtigen Bodenschicht ist schwerer Lehm, dann folgt Gestein. Die Parzellen dienten Versuchen zur Beantwortung der Frage: „Wie wird roher, schwerer Boden fruchtbar gemacht?“

No.	Bezeichnungen und Bemerkungen	Jahr der Untersuchung	In der ursprünglichen Substanz: Wasser %	Nh-Substanz %	Rohfett %	Nfr. Extractstoffe %	Rohfaser %	Asche %	In der Trockensubstanz: Nh-Substanz %	Rohfett %	Nfr. Extractstoffe %	Rohfaser %	Asche %	Stickstoff in der Trockensubstanz %
11	Parzelle 1. Ungedüngt a	1875	9.83	2.29	1.92	41.95	37.04	6.62	2.60	2.19	47.79	42.60	4.82	0.42
12	„ 2. Ungedüngt b	„	9.30	2.60	1.98	40.76	39.47	5.89	2.94	2.24	46.05	44.59	4.18	0.47
13	„ 3. Aetzkalk	„	8.25	2.76	2.04	41.04	41.13	4.78	3.05	2.25	45.30	45.39	4.01	0.49
14	„ 4. Schwefelsaures Ammon	„	9.08	2.99	1.98	38.65	40.33	6.98	3.41	2.26	44.14	46.05	4.13	0.55
15	„ 5. Phosphorsanrer Kalk	„	9.55	2.73	1.87	38.47	40.51	6.87	3.10	2.13	43.78	46.10	4.88	0.50
16	„ 6. Schwefelsaures Kali	„	9.50	2.81	1.96	37.57	39.91	8.26	3.24	2.26	43.30	46.02	5.17	0.52
17	Parzelle 1. Ungedüngt a	1877	9.55	3.49	2.35	37.69	37.41	9.51	4.05	2.73	43.44	43.77	6.01	0.65
18	„ 2. Ungedüngt b	„	10.05	3.40	2.10	36.47	39.22	8.77	3.96	2.45	42.47	45.67	5.45	0.63
19	„ 3. Aetzkalk	„	10.32	6.44	3.15	40.02	33.30	6.76	7.42	3.63	46.14	38.39	4.42	1.19
20	„ 4. Schwefelsaures Ammon	„	8.83	4.99	1.87	37.94	40.02	6.35	5.74	2.15	43.63	46.03	2.45	0.92
21	„ 5. Phosphorsaurer Kalk	„	8.08	3.38	1.87	38.85	40.47	7.36	3.87	2.14	44.54	46.40	3.05	0.62
22	„ 6. Schwefelsaures Kali	„	10.23	3.90	2.22	38.69	36.67	8.29	4.53	2.57	44.85	42.51	5.54	0.72
23	Parzelle 1. Ungedüngt	1878	12.66	1.50	—	—	—	—	1.73	—	—	—	—	0.28
24	Parzelle 2. 10 g wasserlösliche Phosphorsäure	„	12.47	1.52	—	—	—	—	1.74	—	—	—	—	0.28
25	Parzelle 3. 10 g wasserlösliche und zurückgegangene Phosphorsäure	„	12.64	1.63	—	—	—	–	1.91	—	—	—	—	0.31
26	Parzelle 4. Wasserlösliche Phosphorsäure und Chilisalpeter	„	10.42	1.73	—	—	—	—	1.93	—	—	—	—	0.31
27	Parzelle 5. Wasserlösl. u. zurückgegangene Phosphors. u. Chilisalpeter	„	10.14	1.98	—	—	—	—	2.20	—	—	—	—	0.35

Gerstenstroh.

No.	Bezeichnungen und Bemerkungen	Jahr der Untersuchung	Wasser %	Nh-Substanz %	Rohfett %	Nfr. Extractstoffe %	Rohfaser %	Asche %	Nh-Substanz %	Rohfett %	Nfr. Extractstoffe %	Rohfaser %	Asche %	Stickstoff in der Trockensubstanz %
1	Wintergerste aus dem Elsass	—	14.20	1.88	1.70	43.82	34.40	4.00	2.19	1.98	51.06	40.11	4.66	0.35
2	In England gewachsene Chevalier-Gerste	1851	10.89	1.88	—		—	6.24	2.11	—		—	7.00	0.34
3	Wintergerste, sandiger Lehmboden	1854	12.04	1.98	32.29		48.35	5.34	2.25	36.71		54.97	6.07	0.36

Zu dem Ende wurden 4 Parzellen in den Jahren 1868, 1871, 1872, 1873 und 1877 wiederholt gedüngt, je eine mit 12 Pfd. Aetzkalk, 2 Pfd. schwefelsaurem Ammoniak, 2 Pfd. phosphorsaurem Kalk und 2 Pfd. schwefelsaurem Kali. Zwei Parzellen blieben ungedüngt zur Lösung der Frage, ob Bearbeitung allein oder Bearbeitung und Bestellung am günstigsten auf den rohen Boden einwirkt. Zu diesem Zwecke wurde die eine der ungedüngten Parzellen (a) in den ersten 4 Jahren (1868—1871) jährlich 4 mal gegraben und erst vom Jahre 1872 an, die andere Parzelle (b) dagegen mit den übrigen Parzellen von 1869 an bestellt. Gedüngt wurde schon 1868, die Bestellung aber 1869 zum ersten Male vorgenommen. Bestellt wurde in folgender Reihe: 1869 Hafer, 1870 Hafer, 1871 Hafer, 1872 Wicken, 1873 Roggen, 1874 Klee, 1875 Roggen, 1876 Erbsen, 1877 Roggen, 1878 Kartoffeln, 1879 Hafer, 1880 Kartoffeln. Die Ernte des Roggens betrug auf der Fläche von je 1 sächs. Quadratruthe:

		Ungedüngt a	Ungedüngt b	Aetzkalk	Schwefels. Ammon	Phosphors. Kalk	Schwefels. Kali
1873	Körner	850	825	1790	4297.5	1330	940 g
	Stroh u. Spreu	2600	2525	4860	13522.5	3875	2360 g
1875	Körner	1220	1595	2140	1190	1815	1229 g
	Stroh u. Spreu	2917	3730	4607	2643	4395	2950 g
1877	Körner	855	970	1570	8380	1870	995 g
	Stroh u. Spreu	1642	1902	2919	10608	3838	2475 g

Die obigen Analysen beziehen sich auf Stroh u. Spreu und zwar bei der lufttrocknen Substanz auf sandhaltige, bei der Trockensubstanz auf sandfreie Substanz. Die Sandmenge betrug:

Parzelle	1	2	3	4	5	6
1873	3.91	2.08	1.13	1.64	3.07	2.66
1875	2.38	2.19	1.15	3.36	2.58	3.77
1877	4.33	4.09	2.93	4.22	4.70	3.51

No. 23—27. E. Wein. — Ztschr. d. landw. Ver. in Bayern 1879. 452. 5 Kästen von je 1 qm Grösse wurden in oben bezeichneter Weise, nämlich Parzelle 2 u. 4 mit je 10 g wasserlöslicher Phosphorsäure (in 51.28 g Mejillones-Superphosphat mit 19.5 % lösl. P_2O_5), Parzelle 3 u. 5 mit 10 g löslicher und zurückgegangener Phosphorsäure (in 36.9 g Lahnphosphorit-Superphosphat mit 19.8 % wasserlöslicher und 7.3 % zurückgegangener Phosphorsäure) gedüngt, Parzellen 4 u. 5 bekamen ausserdem je 30 g Chilisalpeter. Erträge siehe bei Roggen-Körner.

Gerstenstroh.

No 1. J. B. Boussingault. — „Die Landwirthschaft in ihren Beziehungen zur Chemie etc.“ Deutsch von Gräger. Halle, 1854. 3. Bd. 200. Nh. Substanz von uns noch angegebenem N-gehalt berechnet.

No. 2. Th. Anderson. Transact. Higl. Soc. Juli 1851 bis März 1853. 456.

No. 3—5. H. Ritthausen. — Möckern'sche Berichte. 4. 76. Die Wintergerste war (in Möckern wie auch 4 u. 5.) nach gedüngtem Futtermais gebaut, die Vegetation derselben war kräftig, doch wurde die Ernte während des Trocknens mehrfach vom Regen durchnässt. Die Annatgerste war theils nach gedüngten Kartoffeln, theils nach Zuckerrüben gebaut, die Probsteigerste nach gedüngten Runkelrüben. Die während der Gerste herrschende nasse Witterung be-

No.	Bezeichnungen und Bemerkungen	Jahr der Untersuchung	In der ursprünglichen Substanz: Wasser %	Nh-Substanz %	Rohfett %	Nfr. Extractstoffe %	Rohfaser %	Asche %	In der Trockensubstanz: Nh-Substanz %	Rohfett %	Nfr. Extractstoffe %	Rohfaser %	Asche %	Stickstoff in der Trockensubstanz %
4	Annatgerste, thoniger Lehmboden	1854	13.47	3.72	33.60		42.65	6.56	4.30	38.82		49.30	7.58	0.69
5	Probsteigerste „ „	„	13.39	3.96	32.20		42.64	7.81	4.57	37.16		49.25	9.02	0.73
6	Annatgerste	„	14.30	1.90	21.70		54.00	8.10	2.22	25.31		63.02	9.45	0.36
7	Desgl.	„	14.30	2.60	23.00		52.30	7.80	3.00	26.87		61.03	9.10	0.48
8	Gewöhnliche 2-zeilige Gerste	„	14.30	3.10	29.20		47.40	6.00	3.62	34.06		55.32	7.00	0.59
9	Vierzeilige Wintergerste	1857	—	—	—		—	—	3.75	—		—	8.70	0.56°
10	Jerusalemgerste	„	—	—	—		—	—	2.63	—		—	6.97	0.42°
11	Chevaliergerste (Sommergerste)	„	—	—	—		—	—	2.38	—		—	7.50	0.38°
12	Vierzeilige Wintergerste	1859	—	—	—		—	—	3.31	—		—	7.64	0.53°
13	Desgl.	„	—	—	—		—	—	3.81	—		—	7.98	0.61°
14	Sommergerste, Chevalier	„	—	—	—		—	—	4.44	—		—	8.35	0.71°
15	Desgl., Schlanstädter	„	—	—	—		—	—	4.81	—		—	7.76	0.77°
16	Gerstenstroh mit Klee und Unkräutern durchwachsen	1853	11.75	6.12	31.14		42.95	8.04	6.93	35.30		48.66	9.11	1.11
17	Desgl.	1854	15.67	6.24	29.98		41.12	6.99	7.40	35.54		48.77	8.29	1.18
18		1855	13.47	3.95	33.37		42.65	6.56	4.57	38.49		49.35	7.59	0.73°
19	Mit Superphosphat gedüngt	1857	9.65	—	—		—	4.93	—	—		—	5.46	0.41°
20	Desgl. u. Ammoniaksalz u. Kochsalz	„	9.82	—	—		—	4.85	—	—		—	5.38	0.44°
21	Mit Natronsalpeter gedüngt	„	10.39	—	—		—	5.06	—	—		—	5.65	0.46°
22	„ Kalisalpeter „	„	10.44	—	—		—	5.06	—	—		—	5.65	0.43°
23		1854	24.70	—	—		33.70	—	—	—		44.75	—	—
24		1857	11.69	2.89	—	32.98	46.30	6.14	3.27	37.37		52.41	6.95	0.52
25		1858	13.34	8.94	0.76	30.61	39.59	6.76	10.32	0.88	35.32	45.68	7.80	1.65
26	Von Wittingham	1861	11.44	2.94	0.97	39.08	41.34	4.21	3.32	1.10	44.16	46.67	4.75	0.53
27	„ Camptown	„	11.15	1.51	0.88	44.22	36.62	5.62	1.70	0.99	49.79	41.20	6.32	0.27
28	„ Kent	„	11.10	2.64	1.05	32.83	47.53	4.85	2.97	1.18	36.92	53.47	5.46	0.48
29	Todtreif	„	15.20	4.43	1.36	8.21	66.54	4.26	5.22	1.60	9.71	78.45	5.02	0.84
30	Unreif	„	17.50	5.37	1.17	—	—	4.52	6.51	1.42	—	—	5.48	1.04

(Bei No. 4–18 und 23 sind Rohfett und Nfr. Extractstoffe durch Klammer zusammengefasst.)

nachtheiligte die Ausbildung und Reife der Körner bei der Sommergerste, begünstigte dagegen die Strohbildung. Die Gersten gaben folgende Erträge pr. sächs. Acker in Pfunden:

	Tag der Aussaat	Tag der Ernte	Körner	Stroh	Spreu
Wintergerste	19. Sept. 1853	28. Juli 1854	2895	4400	540
Annatgerste	27. April 1854	5. Aug. 1854	2520	5000	500
Probsteigerste	24. „ 1854	2. „ 1854	1800	4675	450

No. 6—8. Em. Wolff u. Dietlen. — Mitthl. v. Hohenheim. 2. 1855. 140. Die im Jahre 1854 in Hohenheim cultivirte (Sommer-) Gerste reifte im Ganzen unter günstigen Witterungsverhältnissen.
No. 9—15. Em. Wolff. — Hohenheimer Mitthl. 5. 161.
No. 16. E. Wolff. — Dessen Naturgesetzl. Grundlagen des Ackerbau's. Leipzig, 1856. 858. In Möckern gebaut.
No. 17. Th. Ritthausen. — Ibid. In Möckern gebaut.
No. 18. Th. Ritthausen. — Möckern'sche Berichte 5. (1857.) 4. Scheint mit Gerstenstroh No. 4 identisch zu sein, obwohl der Proteïngehalt verschieden. Die Nh. Substanz wurde von uns aus dem angegebenen N-gehalt berechnet.
No. 19—22. Ph. Zöller. — Ergebnisse der Münchener Vers.-Stat. Stroh unter 19 u. 20 stammen aus Schleissheim, No. 21 u. 22 aus Weihenstephan. In concentrirter Salzsäure waren auflöslich von dem lufttrocknen Boden:

	Kali	Natron	Kalk, kohlensaurer	Magnesia	Phosphorsäure	Schwefelsäure
Schleissheim	0.199	0.042	23.04	1,412	0,103	0.040
Weihenstephan	0.249	0.163	0.75	0.102	0.219	0.040

No. 23. Sussdorf. — Weende'r Jahresber. 1854. II. 98. (Amts- u. Anzeigebl. 1854. 56). Die Rohfaser wurde nach der Wolff'schen Methode bestimmt.
No. 24. W. Knop u. R. Arendt. — Möckern'sche Ber. 5. 1857. 83. Nh. Substanz ist daselbst aus dem N-gehalt mit dem Factor 6.33 berechnet; wir corrigirten nach jetzt gebräuchlichem Factor 6.25. Im Original summiren sich die Componenten auf 107.0; wir berechneten die Nfr. Extractstoffe nach üblicher Weise.
No. 25. P. Bretschneider. — Mitthl. d. landwirthschaftl. Centralv. f. Schlesien (3. Bericht d. Vers.-Stat. Ida-Marienhütte) 52.
No. 26—28. Th. Anderson. — Ann. d. Landw. i. Preussen 40. (1862). 254. (Aus dem Englischen.) An näheren Bestandtheilen unterschied Anderson:

	No. 26	27	28
in Wasser lösliche Respirationsmittel	3.22	6.11	4.56
„ „ „ Proteïnstoffe	1.42	0.39	0.66
„ „ „ Mineralstoffe	3.30	2.87	3.38

No. 29 u. 30. Aug. Voelcker. — Hoffmann's Jahresber. d. Agrikulturchem. 6. 1863|64. 44. (Ueber die Zusammensetzung und den Nahrungswerth des Strohes von Dr. A. Voelcker. Deutsch von F. Holzendorf. Berlin, 1863).

No.	Bezeichnungen und Bemerkungen	Jahr der Untersuchung	In der ursprünglichen Substanz						In der Trockensubstanz					Stickstoff in der Trockensubstanz
			Wasser %	Nh-Substanz %	Rohfett %	Nfr. Extractstoffe %	Rohfaser %	Asche %	Nh-Substanz %	Rohfett %	Nfr. Extractstoffe %	Rohfaser %	Asche %	%
31		1861	12.95	8.01	—	—	—	—	9.20	—	—	—	—	1.47
32	Aus Livland, bei trockener Witterung geerntet	1862	10.49	4.11	—	—	—	3.70	4.59	—	—	—	4.13	0.734
33	Von guter Beschaffenheit	1868	15.00	3.16	2.04	35.25	36.98	7.57	3.90	2.40	41.30	43.50	8.90	0.62[o]
34		1870	9.73	9.10	2.34	32.56	39.25	7.03	10.08	2.59	36.05	43.49	7.79	1.61
35		1870	14.60	5.29	1.66	34.32	37.87	6.26	6.19	1.94	41.19	44.35	7.33	0.99
36		1872	—	—	—	—	—	—	4.31	1.91	43.59	43.66	6.53	0.69
37		1870	15.40	2.61	1.83	36.97	37.13	6.06	3.06	2.14	44.22	43.48	7.10	0.49
38		„	16.60	3.08	1.86	35.43	37.77	5.26	3.69	2.23	42.48	45.29	6.31	0.59
39		„	16.50	1.04	1.98	39.66	36.42	4.40	1.25	2.37	47.49	43.62	5.27	0.20
40		1875	16.72	2.06	1.93	39.75	33.43	6.11	2.47	2.32	47.72	40.15	7.34	0.40
41	1875er Ernte	1876	18.60	4.02	2.02	37.96	34.39	5.01	4.94	2.48	44.18	42.25	6.15[p]	0.79
42	Aus Posen	1878	14.11	4.03	1.70	38.90	36.00	5.26	4.69	2.06	45.22	41.91	6.12[p]	0.75
43	Aus Schottland	1876	15.00	3.00	1.50	34.00	42.00	4.50	3.53	1.76	40.03	49.39	5.29	0.56
44	Aus Norwegen	1878	12.70	4.79	—	—	—	—	5.48	—	—	—	—	0.88
45	1880er Ernte, auf Lehmboden, stark verregnet	1881	15.00	4.24	1.10	41.01	31.97	6.68	4.99	1.29	48.26	37.60	7.86	0.80
46	Sommergerstenstroh von sehr guter Beschaffenheit	1881	16.55	4.53	1.74	36.33	36.24	4.61	5.43	2.09	43.53	43.43	5.52	0.87[o]
47		1882	14.30	3.50	1.40	36.70	40.00	4.10	4.08	1.63	42.83	46.68	4.78	0.65
48	Chevaliergerste, humoser Lehmboden	1880	15.00	3.1	38.8		35.9	7.2	3.65	45.66		42.22	8.47	0.58
49	Landgerste, humoser Lehmboden	„	15.00	2.9	38.6		35.8	7.7	8.41	45.43		42.10	9.06	0.55
50	Chevaliergerste, tiefgründiger humoser Thonboden	„	15.00	3.1	37.7		38.4	5.8	3.65	44.37		45.16	6.82	0.58
51	Schottische Gerste, Thonboden	„	15.00	1.5	37.1		36.6	9.8	1.76	43.68		43.04	11.52	0.28
52	Schottische Gerste, humoser Thonboden	„	15.00	2.8	38.3		36.5	7.4	3.29	45.09		42.92	8.70	0.53
53	Landgerste, lehmiger Sand	„	15.00	3.4	40.0		37.1	4.5	4.00	47.08		43.63	5.29	0.64
54	Desgl. humoser leichter Lehmboden	„	15.00	2.9	38.7		37.3	6.1	3.41	45.56		43.86	7.17	0.55
55	Chevaliergerste, humoser Lehmboden	„	15.00	2.6	37.3		39.0	6.1	3.06	43.91		45.86	7.17	0.49
56	Desgl.	„	15.00	4.7	38.2		35.5	6.6	5.53	44.96		41.75	7.76	0.88
57	Desgl.	„	15.00	2.9	36.7		38.0	7.4	3.41	43.20		44.69	8.70	0.55
58	Humoser Elbkleyboden, Landgerste	„	15.00	3.7	39.4		36.2	5.7	4.35	46.38		42.57	6.70	0.70
59	Chevaliergerste, humoser Lehmboden	„	15.00	4.1	36.3		36.0	8.6	4.82	42.73		42.34	10.11	0.77
60	Desgl.	„	15.00	3.3	36.0		37.3	8.4	3.88	42.38		43.86	9.88	0.62

No. 31. Krocker u. Schneider. — Annal. d. Landwirthsch. in Preussen 1861. 415. Das Gerstenstroh setzte sich zusammen aus:

a. Aehrenspindel . . 6.46 % mit 9.52 % Wasser und 1.84 % N-gehalt
b. Blätter u. Scheiden 46.25 % „ 13.40 % „ „ 1.72 % „
c. Halme . . . . . . 47.29 % „ 13.00 % „ „ 0.82 % „

No. 32. C. Schmidt. — Livländer Jahrbücher der Landwirthsch. 16. 2. Hft. Vom Gute Turneshof in Livland. Das Stroh wurde gedörrt und durch Liegen an der Luft wieder lufttrocken gemacht.
No. 33. G. Kühn (V.-St. Möckern). — L.-V.-St. 12. (1869.) 127. Der Trockensubstanzgehalt des Strohs wechselte.
No. 34. Leop. Lenz. L.-V.-St. 12. 345.
No. 35. M. Fleischer. J. f. Landw. 19. 1871. 422.
No. 36. Wilckens. Untersuchungen über den Magen der wiederkäuenden Hausthiere, 1872. 35.
No. 37—39. G. Kühn (V.-St. Möckern). — Journ. f. Landwirthsch. 22. 1874. 191.
No. 40. J. Fittbogen (V.-St. Dahme). — Privatmitthl.
No. 41. E. Wildt (V.-St Posen). — Landwirthsch. Jahrb. 6. 1877. 143. Nach den analytischen Belegen.
No. 42. E. Wildt (V.-St. Posen). — J. f. Landwirthschaft 27. 1879. 177. Nach den analytischen Belegen.
No. 43. Aug. Voelcker. J. R. Agric. Soc. Engl. 1876. II. 220.
No. 44. F. Werenskiold (V.-St. Aas-Norwegen). — Privatmitthl.
No. 45. W. Fleischmann (Milchwirthsch. V.-St. Raden). — Bericht pro 1881. 19. Ertrag an Kern und Stroh sehr gut. Stark verregnet.
No. 46. O. Kellner. — Landw. Jahrbüch. 10. (1881.) 854. Stroh rost- und brandfrei, mit der Maschine gedroschen. Nicht-Eiweiss-N. O. 0.093 %. Durch Magensaft unverdaulicher N. 0.463 %.
No. 47. M. Märcker (V.-St. Halle). — J. f. Landwirthsch. 30. 1882. 431.
No. 48— 78. M. Märcker (V.-St. Halle). — Privatmitthl. Ueber die N-Bestimmung vergl. unter Weizenstroh-Analysen No. 64—92.

No.	Bezeichnungen und Bemerkungen	Jahr der Untersuchung	In der ursprünglichen Substanz: Wasser %	Nh-Substanz %	Rohfett %	Nfr. Extractstoffe %	Rohfaser %	Asche %	In der Trockensubstanz: Nh-Substanz %	Rohfett %	Nfr. Extractstoffe %	Rohfaser %	Asche %	Stickstoff in der Trockensubstanz %
61	Chevaliergerste, humoser Lehmboden .	1880	15.00	3.0	36.3		38.0	7.7	3.53	42.72		44.69	9.06	0.56
62	Landgerste, humoser Thon, Höhenlage .	„	15.00	2.1	39.4		38.1	5.4	2.47	46.37		44.81	6.35	0.40
63	Chevaliergerste, sandiger Lehm . . .	1881	15.00	2.2	38.5		38.3	6.0	2.59	45.31		45.04	7.06	0.41
64	Desgl., humoser Lehmboden	„	15.00	3.1	38.4		38.2	6.3	3.65	44.02		44.92	7.41	0.58
65	Landgerste, schwach lehmiger Sand . .	„	15.00	2.3	39.7		38.2	4.8	2.70	46.74		44.92	5.64	0.43
66	Chevaliegerste von Aueboden	„	15.00	1.0	41.6		36.8	5.6	1.18	48.95		43.28	6.59	0.19
67	Desgl., humoser Lehmboden	„	15.00	2.8	38.6		36.7	7.9	3.29	44.26		43.16	9.29	0.53
68	Desgl., leichter sandiger Lehm, Tiefenlage	„	15.00	3.1	38.5		36.1	7.3	3.65	45.72		42.45	8.58	0.58
69	Buschgerste, thonhaltiger Lehmboden mit Muschelkalk	„	15.00	5.3	41.7		32.9	5.1	6.23	49.08		38.69	6.00	1.00
70	Chevaliergerste, humoser Lehmboden .	„	15.00	2.0	38.0		39.5	5.5	2.35	44.73		46.45	6.47	0.38
71	Desgl.	„	15.00	3.6	39.3		38.0	4.1	4.23	46.26		44.69	4.82	0.68
72	Desgl.	1882	15.00	2.9	38.1		39.4	4.1	3.41	45.44		46.33	4.82	0.55
73	Chevaliergerste, leichter humoser Lehmboden	„	15.00	2.7	41.0		36.7	4.6	3.18	48.25		43.16	5.41	0.51
74	Desgl..	„	15.00	2.8	40.7		37.6	3.9	3.29	47.90		44.22	4.59	0.53
75	Chevaliergerste, lehmiger Sand . . .	„	15.00	2.2	39.6		37.8	5.4	2.59	46.61		44.45	6.35	0.41
76	Bestehorn's Gerste, tiefgründiger, etwas kalter Lehmboden.	„	15.00	2.9	37.4		38.0	6.7	3.41	44.02		44.69	7.88	0.55
77	Chevaliergerste, humoser thoniger Lehm	„	15.00	2.2	38.8		39.1	4.9	2.59	45.67		45.98	5.76	0.41
78	Chevaliergerste, humoser Lehmboden .	1880	15.00	2.9	38.1		38.4	5.6	3.41	44.84		45.16	6.59	0.55
	Minimum		9.73	1.01	1.10	24.82	32.14	4.09	1.18	1.29	36.05	37.60	4.78	0.19
	Maximum		18.60	8.62	2.21	41.26	42.21	8.64	10.08	2.59	48.26	49.39	10.11	1.61
	Mittel (No. 33—78) .		(14.50*)	3.23	1.79	46.98	37.43	6.07	3.78	2.09	43.25	43.78	7.10	0.60

(In No. 61—78 sind Rohfett und Nfr. Extractstoffe durch Klammer zusammengefasst.)

Gerstenstroh unter dem Einfluss verschiedener Düngung.

No.	Bezeichnungen und Bemerkungen	Jahr der Untersuchung	Wasser %	Nh-Substanz %	Rohfett %	Nfr. Extractstoffe %	Rohfaser %	Asche %	Nh-Substanz %	Rohfett %	Nfr. Extractstoffe %	Rohfaser %	Asche %	Stickstoff in der Trockensubstanz %
1	A. Ohne Stickstoff im Dünger . .	1852	15.68	2.31	—	—	—	—	2.75	—	—	—	—	0.44°
2		1853	11.67	2.88	—	—	—	—	3.25	—	—	—	—	0.52°
3		1854	17.76	1.88	—	—	—	—	2.31	—	—	—	—	0,37°
4		1855	16.61	2.00	—	—	—	—	2.44	—	—	—	—	0.39°
5		1856	16.00	2.75	—	—	—	—	3.31	—	—	—	—	0.53°
6		1857	17.97	2.44	—	—	—	—	3.00	—	—	—	—	0.48°
7	Durchschnitt der 6 Jahre		15.95	2.38	—	—	—	—	2.88	—	—	—	—	0.46°

*) Willkührlich angenommen.

Gerstenstroh unter dem Einfluss verschiedener Düngung.

No. 1—24. J. B. Lawes à J. H. Gilbert. — On the Growth of Barley by different manures. London, 1858. 70. 71. (J. R. Agric. Soc. Engl. 18. 454.) Versuche über die Wirkung derselben alljährlich wiederholten Düngung beim Anbau derselben Fruchtgattung. Dieselben erstrecken sich auf die Jahre 1852—1871, Untersuchungen über die Ernteproducte erstreckten sich jedoch nur auf die ersten sechs Jahre in aus obiger Zusammenstellung ersichtlicher Einschränkung. Die Ernteproducte wurden behufs der chemischen Analyse in obige Gruppen gebracht.

A. ohne N im Dünger, umfasst die Ernte der Parzellen „ungedüngt“ „gemischte Alkalien“, „Superphosphat“ und Superphosphat u. gemischte Alkalien (Durchschnitt).

B. mit Ammoniaksalzen', Durchschnitt der Parzellen „Ammoniaksalze“, „Ammoniaksalze u. gemischte Alkalien „Ammoniaksalze u. Superphosphat“, „Ammoniaksalze u. gemischte Mineralstoffe“,

C. mit Ammoniaksalzen, entspricht denselben Düngungen mit doppelter Menge Ammoniaksalzen.

D. mit Rapskuchen, Durchschnitt der Parzellen: „Rapskuchen“, „Rapskuchen u. gemischte Alkalien“, „Rapskuchen u. Superphosphat“, Rapskuchen und gemischte Mineralien“.

No.	Bezeichnungen und Bemerkungen	Jahr der Untersuchung	In der ursprünglichen Substanz						In der Trockensubstanz					Stickstoff in der Trockensubstanz
			Wasser	Nh-Substanz	Rohfett	Nfr. Extractstoffe	Rohfaser	Asche	Nh-Substanz	Rohfett	Nfr. Extractstoffe	Rohfaser	Asche	
			%	%	%	%	%	%	%	%	%	%	%	%
8	B. Mit Ammoniaksalzen, 41 Pfd. Stickstoff pr. engl. Acker	1852	15.56	2.50	—	—	—	—	2.94	—	—	—	—	0.47^{0}
9		1853	12.09	2.75	—	—	—	—	3.13	—	—	—	—	0.50^{0}
10		1854	17.83	2.13	—	—	—	—	2.63	—	—	—	—	0.42^{0}
11		1855	16.62	2.63	—	—	—	—	3.19	—	—	—	—	0.51^{0}
12		1856	15.83	2.50	—	—	—	—	3.00	—	—	—	—	0.48^{0}
13		1857	16.65	2.81	—	—	—	—	3.38	—	—	—	—	0.54^{0}
14	Durchschnitt der 6 Jahre	—	15.76	2.56	—	—	—	—	3.06	—	—	—	—	0.49^{0}
15	C. Mit Ammoniaksalzen, 82 Pfd. Stickstoff pr. Acker	1852	15.69	3.25	—	—	—	—	3.88	—	—	—	—	0.62^{0}
16		1853	13.13	3.13	—	—	—	—	3.56	—	—	—	—	0.57^{0}
17		1854	17.99	3.06	—	—	—	—	3.75	—	—	—	—	0.60^{0}
18														
		1855	17.25	3.69	—	—	—	—	4.44	—	—	—	—	0.71^{0}
19		1856	16.10	3.25	—	—	—	—	3.88	—	—	—	—	0.62^{0}
20		1857	16.10	3.38	—	—	—	—	4.00	—	—	—	—	0.64^{0}
21	Durchschnitt der 6 Jahre	—	16.04	3.31	—	—	—	—	3.94	—	—	—	—	0.63^{0}
22	D. Mit Stickstoff in Form v. Rapskuchen, 82—100 Pfd. Stickstoff pr. Acker	1852	15.32	2.44	—	—	—	—	2.88	—	—	—	—	0.46^{0}
23		1853	12.45	2.50	—	—	—	—	2.88	—	—	—	—	0.46^{0}
24		1854	17.14	2.31	—	—	—	—	2.81	—	—	—	—	0.45^{0}
25		1855	16.04	3.50	—	—	—	—	4.31	—	—	—	—	0.69^{0}
26		1856	15.51	3.31	—	—	—	—	3.84	—	—	—	—	0.68^{0}
27		1857	16.21	2.44	—	—	—	—	2.94	—	—	—	—	0.47^{0}
28	Durchschnitt der 6 Jahre	—	15.45	2.81	—	—	—	—	3.31	—	—	—	—	0.53^{0}
29	Chilisalpeter, 41 Pfd. N pr. Acker	1853-57	15.33	2.38	—	—	—	—	2.81	—	—	—	—	0.45^{0}
30	Chilisalpeter, 82 Pfd. N pr. Acker	1853-57	15.13	3.25	—	—	—	—	3.81	—	—	—	—	0.61^{0}
31	Ohne Ueberdüngung	1855	—	—	—	—	—	—	3.13	—	—	—	—	0.50^{0}
32	Ueberdüngung mit $^3/_4$ Ctr. Chilisalpeter vor der Blüthe	„	—	—	—	—	—	—	3.31	—	—	—	—	0.53^{0}
33	Ueberdüngung mit 1 Ctr. Guano vor der Blüthe	„	—	—	—	—	—	—	3.19	—	—	—	—	0.51^{0}
34	Ueberdüngung mit 1 Ctr. Guano nach der Blüthe	„	—	—	—	—	—	—	3.56	—	—	—	—	0.57^{0}
35	Knochenasche, schwefelsaures Kali und Natronsalpeter	1879	12.30	—	—	—	—	7.0	—	—	—	—	7.53	—
36	Knochenaschensuperphosphat, Chlorkalium u. Natronsalpeter	„	10.80	—	—	—	—	7.1	—	—	—	—	7.05	—
37	Gemahl. Coprolithen, schwefels. Kali u. Natronsalpeter	„	13.30	—	—	—	—	6.7	—	—	—	—	6.71	—
38	Aufgeschl. Coprolithen, Chlorkalium u. Natronsalpeter	„	12.80	—	—	—	—	7.3	—	—	—	—	7.30	—

Die Düngung mit Chilisalpeter geschah ohne gleichzeitige Anwendung anderer Düngemittel. Unter „gemischte Alkalien" ist zu verstehen eine Mischung von 300 Pfd. schwefelsaurem Kali, 200 schwefelsaurem Natron und 100 Pfd. schwefelsaurer Magnesia pr. Acker. Das Superphosphat wurde aus 200 Pfd. Knochenasche und 150 Pfd. Schwefelsäure von 1.7 spec. Gew. (pr. Acker) bereitet. Die gemischten Mineralstoffe bestanden aus einer Mischung der gemischten Alkalien und des Superphosphats.

No. 31—43. Ad. Stöckhard. — Chem. Ackersm. 1837. 43. (Durch Liesmann u. Schaffhirt untersucht.)

No. 38—57. Andrew Aitken. — Separatabzug der Transactions Highland and Agricultural Society of Scotland. Die Düngungsversuche wurden zu Pumpherston in Schottland ausgeführt. Jede Parzelle erhielt eine Düngung von 40 Pfd. Phosphorsäure, 30 Pfd. Kali und 10 Pfd. Stickstoff. Vergleiche die Bemerkung bei Gerstenkörner desselben Versuchs.

No.	Bezeichnungen und Bemerkungen	Jahr der Untersuchung	In der ursprünglichen Substanz: Wasser %	Nh-Substanz %	Rohfett %	Nfr. Extractstoffe %	Rohfaser %	Asche %	In der Trockensubstanz: Nh-Substanz %	Rohfett %	Nfr. Extractstoffe %	Rohfaser %	Asche %	Stickstoff in der Trockensubstanz %
39	Knochenmehl, schwefels. Kali u. Natronsalpeter	1879	11.90	—	—	—	—	6.8	—	—	—	—	7.20	—
40	Aufgeschl. Knochenmehl, Chlorkalium u. Natronsalpeter	„	13.60	—	—	—	—	6.6	—	—	—	—	6.61	—
41	Guanophosphat, schwefels. Kali u. Natronsalpeter	„	13.60	—	—	—	—	7.1	—	—	—	—	7.30	—
42	Aufgeschl. Guanophosphat, Chlorkalium u. Natronsalpeter	„	12.20	—	—	—	—	7.3	—	—	—	—	7.35	—
43	Apatit, schwefels. Kali u. Natronsalpeter	„	11.40	—	—	—	—	6.8	—	—	—	—	6.85	—
44	Aufgeschl. Apatit, Chlorkalium u. Natronsalpeter	„	13.60	—	—	—	—	7.0	—	—	—	—	7.00	—
45	Kein Phosph., schwefels. Kali u. Natronsalp.	„	12.20	—	—	—	—	6.8	—	—	—	—	6.85	—
46	Knochenasche	„	12.70	—	—	—	—	6.5	—	—	—	—	6.51	—
47	Natronsalpeter, Knochenasche u. schwefelsaures Kali	1878	13.70	—	—	—	—	7.2	—	—	—	—	7.96	—
48	Schwefels. Ammoniak, Knochenasche u. Chlorkalium	„	12.40	—	—	—	—	6.7	—	—	—	—	7.16	—
49	Shoddy, Knochenasche u. schwefels. Kali	„	13.40	—	—	—	—	7.0	—	—	—	—	7.54	—
50	Blutmehl, Knochenasche u. schwefels. Kali	„	13.40	—	—	—	—	6.9	—	—	—	—	7.50	—
51	Ohne Stickstoff; Knochenasche u. schwefelsaures Kali	„	12.10	—	—	—	—	6.8	—	—	—	—	7.25	—
52	Natronsalpeter allein	„	13.90	—	—	—	—	6.9	—	—	—	—	7.31	—
53	Schwefelsaures Kali, Natronsalpeter u. Knochenasche	„	13.40	—	—	—	—	6.7	—	—	—	—	7.73	—
54	Chlorkalium, Natronsalpeter u. Knochenasche	„	13.60	—	—	—	—	6.8	—	—	—	—	7.87	—
55	Kein Kali; Natronsalpeter u. Knochenasche	„	13.50	—	—	—	—	6.6	—	—	—	—	7.26	—
56	Peruguano, Knochenasche u. schwefels. Kali	„	13.00	—	—	—	—	7.0	—	—	—	—	8.00	—
57	Fischguano, Knochenasche u. schwefels. Kali	„	12.10	—	—	—	—	6.6	—	—	—	—	7.50	—
58	Ichaboeguano, Knochenasche u. schwefelsaures Kali	„	12.60	—	—	—	—	6.1	—	—	—	—	6.40	—
59	Künstl. Guano	„	13.10	—	—	—	—	7.4	—	—	—	—	8.51	—
60	Ungedüngt	„	13.70	—	—	—	—	7.4	—	—	—	—	7.83	—
61	10 % lösl. Phosphors. Kalk, schwefels. Ammon. u. schw. Kali	„	13.90	—	—	—	—	7.2	—	—	—	—	7.83	—
62	20 % lösl. Phosphors. Kalk, schwefels. Ammon. u. schw. Kali	„	13.50	—	—	—	—	6.9	—	—	—	—	7.51	—
63	30 % lösl. Phosphors. Kalk, schwefels. Ammon. u. schw. Kali	„	12.80	—	—	—	—	6.7	—	—	—	—	6.93	—
64	600 kg aufgeschlossener Peruguano	1880	15.00	3.4	37.8		37.3	6.5	4.00	44.50		34.86	7.64	0.64
65	300 kg Chilisalpeter u. 200 kg Superphosph.	„	15.00	2.6	38.7		38.8	4.9	3.06	45.55		45.63	5.76	0.49
66	600 kg roher Peru- u. 200 kg Bakerguano	„	15.00	2.8	37.7		38.8	5.7	3.29	44.38		45.63	6.70	0.53
67	250 kg Chilisalpeter, 250 kg aufgeschl. Peruguano u. 125 kg Bakerguano	„	15.00	2.8	38.4		38.5	5.3	3.29	45.20		45.28	6.23	0.53

No. 64—67. M. Märcker (V.-St.Halle). — Private Mitthl. Der Düngungsversuch wurde mit Chevaliergerste auf humosem Lehmboden ausgeführt.

No.	Bezeichnungen und Bemerkungen	Jahr der Untersuchung	In der ursprünglichen Substanz						In der Trockensubstanz					Stickstoff in der Trockensubstanz
			Wasser	Nh-Substanz	Rohfett	Nfr. Extractstoffe	Rohfaser	Asche	Nh-Substanz	Rohfett	Nfr. Extractstoffe	Rohfaser	Asche	
			%	%	%	%	%	%	%	%	%	%	%	%

Haferstroh.

No.	Bezeichnungen und Bemerkungen	Jahr	Wasser	Nh-Substanz	Rohfett	Nfr. Extractstoffe	Rohfaser	Asche	Nh-Substanz	Rohfett	Nfr. Extractstoffe	Rohfaser	Asche	Stickstoff
1	Aus Bechelbronn	1837	28.70	1.69	—	—	—	3.63	2.38	—	—	—	5.09	0.38^{o}
2	Elsass	—	21.00	1.88	5.10	38.42	30.00	3.60	2.38	6.46	48.62	37.98	4.56	0.38
3	Altes Stroh	—	12.70	2.06	4.80	40.04	35.40	4.00	2.36	5.50	47.03	40.53	4.58	0.38
4	Early Angus	1852	12.06	1.38	—	—	—	4.81	1.57	—	—	—	5.47	0.25
5	Hopetounhafer	1854	14.30	2.60	—	27.50	50.20	5.40	3.03	—	32.09	58.58	6.30	0.48
6	Rispenhafer	„	14.30	7.70	—	25.20	48.30	4.80	8.99	—	29.04	56.37	5.60	1.44
7	Weisser unbegrannter Hafer	1857	—	—	—	—	—	—	2.38	—	—	—	7.39	0.38^{o}
8	Brauner Rispenhafer	„	—	—	—	—	—	—	3.00	—	—	—	9.10	0.48^{o}
9	Früher weisser Rispenhafer	„	—	—	—	—	—	—	2.38	—	—	—	8.14	0.38^{o}
10	Weisser Fahnenhafer	1859	—	—	—	—	—	—	1.69	—	—	—	8.39	0.27^{o}
11	Brauner Rispenhafer	„	—	—	—	—	—	—	2.88	—	—	—	6.85	0.46^{o}
12	Hopetounhafer	„	—	—	—	—	—	—	3.19	—	—	—	7.19	0.51^{o}
13	Aus England	1851	18.72	—	—	—	—	6.42	—	—	—	—	7.87	—
14		1855	21.20	1.25	—	27.05	45.20	5.30	1.59	—	40.32	57.36	6.73	0.25
15	Von sehr guter Qualität	1858	12.59	3.28	—	42.79	36.10	5.24	3.75	—	48.95	41.30	6.00	0.60^{o}
16	Scirving'scher Sandhafer	1861	11.70	1.28	1.45	43.85	35.36	6.36	1.45	1.64	49.63	40.07	7.21	0.23
17	Harveg'scher „	„	10.95	1.63	0.77	41.64	38.73	6.28	1.83	0.86	46.77	43.49	7.05	0.29
18	Aus Melhill, Juchturn	„	11.70	2.29	1.60	25.19	45.27	3.95	2.59	1.81	39.83	51.29	4.48	0.41
19	Aus Midhurst, Kent	„	10.55	0.65	1.00	46.78	47.40	3.62	0.73	1.12	41.11	52.99	4.05	0.12
20	Aus Ost-Lothian, See-Seite	„	12.60	1.06	1.25	31.04	48.94	5.11	1.21	1.43	35.52	55.99	5.85	0.19
21	Aus Ost-Lothian, 850 F. üb. d. Meere	„	11.28	1.33	1.36	36.56	44.40	5.07	1.50	1.53	41.22	50.04	5.71	0.24
22	Livland, gut geerntet	1862	10.78	2.34	—	—	—	3.69	2.63	—	—	—	4.14	0.42
23		1864	12.93	3.96	2.23	38.04	37.42	5.42	4.55	2.56	43.66	43.00	6.23	0.73
24		„	10.30	2.85	1.24	33.19	47.19	5.31	3.18	1.38	36.90	52.62	5.92	0.51
25		„	15.14	3.45	2.73	39.46	33.51	5.71	4.06	3.22	46.52	39.47	6.73	0.65
26		1866	15.69	7.00	1.64	33.26	37.13	5.28	8.30	1.95	39.45	44.04	6.26	1.16
27		1864	17.65	5.92	0.98	34.94	33.97	6.54^{p}	7.19	1.19	42.19	41.25	8.18^{p}	1.15^{o}
28		„	19.55	6.64	2.05	29.42	36.69	5.65	8.25	2.61	36.54	45.60	7.00^{p}	1.32^{o}
29		„	16.20	5.24	2.71	32.96	36.22	6.67	6.25	3.23	39.22	43.34	7.96^{p}	1.00^{o}

Haferstroh.

No. 1—3. J. B. Boussingault. — Die „Landwirthschaft in ihren Beziehungen zur Chemie etc." Deutsch von Gräger. Halle, 1854. No. 1 Seite 173 des 2. Bds., No. 2 u. 3 Seite 200 des 3. Bds. Nh. Substanz von uns nach dem angegebenen N-gehalt berechnet.

No. 4. Thom. Anderson. — Trans. Highl. Soc. 1851—53. 513. Nh. Substanz von uns aus angegebenem N-gehalt berechnet.

No. 5 u. 6. Em. Wolff u. Dietlen. — Mitthl. von Hohenheim 2. (1855.) 140. Der Hopetounhafer war in den Körnern gut ausgebildet, während der Rispenhafer sehr viel trübe Aehren hatte.

No. 7—12. Em. Wolff. — Ibidem. 5. 161.

No. 13. J. B. Lawes u. J. H. Gilbert. — On the composition of foods etc. London, 1853. 5.

No. 14. F. Crusius. — Weende'r Jahresber. 1855/56. II. 97. (Ztschr. f. Deutsche Landw. 1856. 50.)

No. 15. W. Henneberg u. F. Stohmann. (V.-St. Weende.) — J. f. Landwirtsch. 1859. 324. Asche frei von C u. CO_2.

No. 16—21. Th. Anderson. — Ann. d. Landw. in Preussen 40. (1862.) 254. (Aus d. Englischen.) An näheren Bestandtheilen wurden bestimmt:

	16	17	18	19	20	21
in Wasser lösliche Respirationsmittel	10.12	6.90	12.01	6.23	7.16	7.42
„ „ „ Proteïnstoffe	0.40	1.06	0.98	0.33	0.68	0.94
„ „ „ Asche	3.97	5.01	1.60	1.92	3.84	2.91

Die Nh. Substanz wurde von uns aus dem angegebenen N-gehalt bestimmt.

No. 22. C. Schmidt. — Livländer Jahrbücher d. Landwirthsch. 16. 136. Zu Turneshof in Livland 1862 in trockenem warmem Herbst geerntet.

No. 23—25. V. Hofmeister. — L.-V.-St. 10. (1868.) 284 u. 237 u. 8. 352.

No. 26. Em. Wolff. — L.-V.-St. 10. (1868.) 86.

No. 27. W. Henneberg, F. Stohmann u. F. Rautenberg. — J. f. Landwirthsch. 12. 1864. 283.

No. 28 u. 29. G. Kühn, L. Aronstein u. H. Schultze. — J. f. L. 13. 1865. 349. In Procenten der Trockensubstanz waren:

	No. 28	29
in Wasser löslich im Ganzen	19.76 %	19.57 %
davon Proteïn	3.78 „	3.06 „
Mineralstoffe	5.30 „	6.50 „

Weingeistiger Extract aus der mit Wasser erschöpften Substanz . . . . 1.33 % u. 2.00 %
Aetherischer Extract aus der mit Wasser u. Alkohol erschöpften Substanz . . 0.22 „ u. 0.73 „

No.	Bezeichnungen und Bemerkungen	Jahr der Untersuchung	In der ursprünglichen Substanz: Wasser %	Nh-Substanz %	Rohfett %	Nfr. Extractstoffe %	Rohfaser %	Asche %	In der Trockensubstanz: Nh-Substanz %	Rohfett %	Nfr. Extractstoffe %	Rohfaser %	Asche %	Stickstoff in der Trockensubstanz %
30		1865	13.75	2.85	—	37.71	39.59	6.20	3.30	—	43.61	45.90	7.19P	0.53°
31	Von Granit-Verwitterungsboden . . .	1868	11.89	2.00	2.00	41.14	37.24	5.73	2.27	2.27	46.69	42.27	6.50	0.36
32	Desgl.	1869	10.84	5.50	2.19	31.02	42.37	8.08	6.17	2.37	34.85	47.54	9.07	0.99
33	Desgl.	1869	11.06	5.49	2.18	30.95	42.26	8.06	6.17	2.45	35.32	47.50	9.06	0.99
34	Desgl. { längere Zeit	1872	11.33	5.76	2.40	35.30	35.57	9.64	6.50	2.71	39.80	40.12	10.87	1.04
35	Desgl. { in Cultur	„	15.99	1.87	2.05	39.31	36.98	3.80	2.22	2.44	46.81	44.01	4.52	0.36
36	Irländisches	„	14.00	6.17	1.84	—	—	4.24	7.18	2.14	—	—	4.93	1.15
37	Desgl.	„	14.00	5.18	1.40	—	—	4.96	6.02	1.63	–	—	5.78	0.96
38	Desgl.	„	14.00	5.04	1.26	—	—	4.07	5.87	1.47	—	—	4.73	0.94
39	Desgl.	„	14.00	3.69	1.00	—	—	4.86	4.29	1.16	—	—	5.65	0.69
40		1867	14.30	4.14	2.50	32.52	42.81	3.73	4.83	2.92	37.94	49.96	4.35	0.77
41		187?	10.70	2.25	2.18	40.26	38.37	6.24P	2.52	2.44	45.12	42.94	6.98	0.40
42		1870	14.60	5.29	1.66	34.43	37.76	6.26	6.19	1.94	40.33	44.21	7.33P	0.99°
43		1875	16.85	4.62	2.00	33.49	35.33	7.71	5.56	2.40	40.28	42.49	9.27P	0.89°
44	December	1877	19.09	4.32	1.76	44.38	25.30	5.15	5.34	2.18	54.84	31.27	6.37	0.85
45	October	1878	23.29	5.59	1.76	34.96	30.14	4.27	7·29	2.30	45.54	39.30	5.57	1.17
46		1879	15.20	7.24	1.50	36.49	34.89	4.68	8.54	1.77	45.03	41.14	3.52	1.37
47	Beregnet	1879	14.29	3.03	1.69	32.92	43.02	5.05	3.54	1.94	38.43	50.20	5.89	0.57
48	In Frankreich gewachsen	1878	11.33	3.00	2.78	38.65	37.55	6.69	3.38	3.14	43.57	42.36	7.55	0.54
49	Desgl., Mittel von zahlreichen Analysen	1879	18.41	3.58	1.42	39.92	29.99	6.68	4.39	1.74	48.91	36.77	8.19	0.70
50	Desgl., Mittel von 137 Analysen . . .	1880	13.40	3.28	1.36	42.51	33.30	6.15	3.79	1.58	49.07	38.46	7.10	0.61
51		1881	9.95	3.16	2.46	42.46	36.94	5.03	3.48	2.76	47.60	40.63	5.53	0.56
52		1882	18.93	3.24	1.74	35.24	36.24	4.61	4.00	2.15	43.44	44.72	5.69	0.64
53	Milder Lehmboden, zieml. gut eingebracht	1880	15.00	4.02	1.55	39.22	34.08	6.13	4.73	1.82	46.16	40.08	7.21	0.76
54	Desgl., gut geworben	„	15.00	4.11	1.53	36.22	36.75	6.39	4.83	1.80	42.64	43.22	7.51	0.77
55	Durch längeren Regen bedeutend gelitten	„	15.00	3.27	1.58	38.97	35.28	5.90	3.85	1.86	45.86	41.49	6.94	0.62
56	{	1870–71	15.15	3.15	1.35	34.93	38.99	6.43	3.71	1.59	41.17	45.95	7.58	0.59
	b		15.15	6.76	2.66	34.21	33.91	7.31	7.86	3.13	40.42	39.97	8.62	1.26

No. 30. W. Henneberg (V.-St. Göttingen). — J. f. Landwirthsch. 19. 1871. 24.

No. 31—35. E. Heiden (V.-St. Pommritz). — Privatmitthl. An Sand enthielt das untersuchte Stroh:

No.	31	32	33	34	35
Sand	0.36	1.20	1.20	2.75	0.17

No. 36—39. L. Léouzon. — Hoffmann's Jahresber. d. Agriculturchem. 13—15 (1870—1872). 7. (Journ. d'agricult. prat. 1872. 2. 76.)

No. 40. F. Krocker. — Ann. d. Landw. i. Preussen 54. (1869.) 37. Im Original summiren sich die Componenten auf 98, wir ergänzten das an 100 Fehlende bei den Nfr. Extractstoffen. Rohfaser ist stickstoff- und aschefrei. Die Asche ist CO_2-frei.

No. 41. C. Lehmann. — J. f. Landwirthsch. 25. 1877. 60.

No. 42. M. Fleischer (V.-St. Hohenheim). — Ibid. 1871. 422. Der Wassergehalt ist das von uns berechnete Mittel von 9 Einzelbestimmungen, derselbe schwankt (Februar-Mai) von 10.93—18.21 %.

No. 43. E. Kern u. F. Meinecke (V.-St. Göttingen). — Ibid. 1877. 402. Nach den analytischen Belegen. Der Wassergehalt ist das von uns berechnete Mittel von 6 Einzelbestimmungen; derselbe schwankte (23. Februar—1. Mai) von 16.1—18.0 %.

No. 44 u. 45. Ph. du Roi (Milchwirthsch.-V.-St. Kiel). — Privatmitthl.

No. 46. M. Schrodt u. H. v. Peter (Milchwirthsch.-V.-St. Kiel.). — Milchzeitung 1880. 641. Der Eiweissgehalt wurde nach Stutzer zu 4. 95 % bestimmt.

No. 47. J. König (V.-St. Münster). — Landw. Ztg. f. Westfalen und Lippe 1880. No. 5. Bei 300 m Meereshöhe auf Boden V.—VI. Classe gewachsen, von abgetragenem Boden, theilweise durch Regen gelitten.

No. 48. L. Grandeau. Privatmitthl.

No. 49 u. 50. Leclerc u. Pol Marchal. — Nach Grandeau's Mitthl. in Compt. rend. Congrès internation. Paris, 1881. S. 232 u. 259. Für die Zusammensetzung des Haferstrohs sind nachstehende extreme Zahlen angegeben:

		Wasser	Nh. Subst.	Fett	Nfr. Extr.	Rohfaser	Asche
1879	Maxima	20.62	5.29	1.58	43.01	31.47	8.97
	Minima	16.00	2.04	0.82	35.33	28.12	5.54
1879 u. 1880	Maxima	20.62	5.29	3.64	51.66	38.40	9.07
	Minima	10.30	1.55	0.35	28.23	27.32	1.98

No. 51. M. Schrodt u. H. v. Peter. — Milchzeitung 1881. No. 41. Eiweiss 2.09 % in der lufttrockenen Substanz.

No. 52. M. Schrodt u. H. Hansen. — Landw. Wochenbl. f. Schleswig-Holstein 1853. 456. Eiweiss 3.06 % i. d. lufttr. Subst.

No. 53—55. W. Fleischmann. — Bericht d. Milchwirthschaftl. V.-St. Raden pro 1881. 21. Stroh No. 53 stammte von Raden, Ertrag an Stroh u. Korn war gut; No. 54 stammte von Lalendorf, Ertrag reichlich, Qualität gut; No. 55 stammte von Hunerland.

No. 56. E. Wolff u. C. Kreuzhage. — Landw. Jahrbücher 8. (1879.) 1. Supplement 193. Der von diesem Stroh von Schafen verzehrte Theil hatte die unter b angegebene Zusammensetzung.

No.	Bezeichnungen und Bemerkungen	Jahr der Untersuchung	In der ursprünglichen Substanz: Wasser %	Nh-Substanz %	Rohfett %	Nfr. Extractstoffe %	Rohfaser %	Asche %	In der Trockensubstanz: Nh-Substanz %	Rohfett %	Nfr. Extractstoffe %	Rohfaser %	Asche %	Stickstoff in der Trocken-Substanz %
57		1877	18.10	5.05	1.80	34.01	32.43	8.61	6.18	2.20	41.51	39.60	10.51	0.99
58	Nordamerika, sehr armer schwerer Lehmboden	1878	11.45	2.33	1.02	26.73	56.63	1.83	2.63	1.15	30.19	63.96	2.07	0.42
59	Nordamerika, Mittel von 3 Analysen	„	10.11	3.35	2.07	36.97	42.78	4.72	3.73	2.30	41.13	47.59	5.25	0.60
60	Stroh, auf magerem Sandboden gew.	1884	17.24	3.63	1.88	39.81	31.04	6.40	4 39	2.27	48.11	37.50	7.73	0.70
61	Probsteier Hafer, leichter Sand	1879	15.00	2.12	2.03	38.24	38.59	4.1	2.49	46.96		45.73	4.82	0.40
62	Sandhafer, sandiger, kalkhaltiger Boden	1880	15.00	2.6	43.3		33.5	5.6	3.06	50.95		39.40	6.59	0.49
63	Probsteier Hafer, schwarzer Thonboden	„	15.00	4.6	39.2		32.9	8.3	5.41	46.14		38.69	9.76	0.87
64	Landhafer, Sandboden	„	15.00	7.7	34.9		38.1	4.3	9.06	41.07		44.81	5.06	1.45
65	Sandhafer, mooriger Sand	„	15.00	5.7	41.9		31.5	5.9	6.70	49.32		37.04	6.94	1.07
66	Hopetoun-Hafer, tiefgründiger Thon, Höhenlage	„	15.00	2.5	39.2		37.4	5.9	2.94	46.14		43.98	6.94	0.47
67	Frühhafer, flacher sandiger Lehm	„	15.00	4.5	41.4		32.3	6.8	5.29	48.73		37.98	8.00	0.85
68	Humoser Lehmboden	„	15.00	2.1	38.0		38.5	6.4	2.47	44.72		45.28	7.53	0.40
69	Desgl.	„	15.00	2.0	36.4		38.9	7.7	2.35	42.84		45.75	9.06	0.38
70	Desgl.	„	15.00	2.8	35.3		38.9	8.0	3.29	41.55		45.75	9.41	0.53
71	Weisser sächsischer Hafer, lehmiger Sand	„	15.00	2.8	40.6		37.8	3.8	3.29	47.79		44.45	4.47	0.53
72	Leichter Sandboden, Landhafer	„	15.00	2.6	40.3		37.8	4.3	3.06	47.43		44.45	5.06	0.49
73	Desgl.	„	15.00	2.4	38.4		39.4	4.8	2.82	45.21		46.33	5.64	0.45
74	Desgl.	„	15.00	2.5	38.6		40.5	3.7	2.94	45.08		47.63	4.35	0.47
75	Desgl.	„	15.00	2.9	37.6		39.0	5.5	3.41	44.26		45.86	6.47	0.55
76	Desgl.	„	15.00	2.7	36.4		41.5	4.4	3.18	42.85		48.80	5.17	0.51
77	Desgl.	„	15.00	3.0	36.7		40.8	4.5	3.53	43.10		47.98	5.29	0.56
78	Desgl.	„	15.00	2.7	39.7		38.1	4.5	3.18	46.72		44.81	5.29	0.51
79	Desgl.	„	15.00	1.8	38.2		40.4	4.6	2.12	44.96		47.51	5.41	0.34
80	Desgl.	„	15.00	2.4	37.4		40.5	4.7	2.82	44.12		47.63	5.53	0.45
81	Desgl.	„	15.00	2.0	37.6		40.7	4.7	2.35	44.26		47.86	5.53	0.38
82	Desgl.	„	15.00	2.3	37.7		39.9	5.1	2.70	46.38		46.92	6.00	0.43
83	Desgl.	„	15.00	0.9	39.4		40.0	4.7	1.06	46.37		47.04	5.53	0.17
84	Desgl.	„	15.00	1.2	40.1		39.1	4.6	1.41	47.20		45.98	5.41	0.23
85	Desgl.	„	15.00	1.1	39.5		40.1	4.3	1.29	46.49		47.16	5.06	0.21
86	Desgl.	„	15.00	1.4	39.2		40.2	4.2	1.65	46.23		47.28	4.94	0.25
87	Sommerhafer, kalkhaltiger Lehm, Höhenlage	„	15.00	2.7	39.5		36.8	6.0	3.18	47.48		42.28	7.06	0.51
88	Weisser Landhafer, Elbkleyboden	„	15 00	2.7	38.6		37.1	6.6	3.18	45.43		43.63	7.76	0.51
89	Probsteier Hafer, humoser thoniger Lehm	„	15.00	3.0	35.6		38.1	8.3	3.53	41.90		44.81	9.76	0.56
90	Landhafer, Höhenlage	„	15.00	3.1	42.3		33.2	6.4	3.65	49.78		39.04	7.53	0.58
91	Sächsischer Gelbhafer, Moorboden	„	15.00	4.2	39.1		35.7	6.0	4.94	46.02		41.98	7.06	0.79
92	Landhafer, Moorboden	1881	15.00	1.7	42.2		36.9	5.2	2.00	48.49		43.39	6.12	0.32
93	Augusthafer, humoser kalkhaltiger Sand, Tiefenlage	„	15.00	3.4	39.5		38.3	3.9	4.00	46.37		45.04	4.59	0.64
94	Beseler's verbesserter Anderbecker, kalkhaltiger Thon	„	15.00	2.0	38.8		38.4	5.8	2.35	45.67		45.16	6.82	0.38
95	Desgl., milder humoser Lehm	„	15.00	1.0	39.2		39.1	5.7	1.18	46.34		45.98	6.70	0.19

No. 57. E. Kern u. H. Wattenberg (V.-St. Göttingen). — J. f. Landwirthsch. 28. 1880. 307.
No. 58. W. O. Atwater (u. C. D. Woods). — Rep. Agric. Experim. Stat. Middleton, Conn. 1877/78. 37.
No. 59. Aus E. H. Jenkins Tabelle der Zusammensetzung amerikanischer Futterstoffe in Ann. Rep. Connect. Agric. Experim. Stat. for 1884. 113. In dem Mittel der drei Analysen ist vermuthlich die Analyse unter No. 58 eingeschlossen.
No. 60. Th. Dietrich (V.-St. Marburg). — Privatmitthl.
No. 61—110. M. Märcker (V.-St. Halle). — Privatmitthl.

No.	Bezeichnungen und Bemerkungen	Jahr der Untersuchung	In der ursprünglichen Substanz: Wasser %	Nh-Substanz %	Rohfett %	Nfr. Extractstoffe %	Rohfaser %	Asche %	In der Trockensubstanz: Nh-Substanz %	Rohfett %	Nfr. Extractstoffe %	Rohfaser %	Asche %	Stickstoff in der Trockensubstanz %
96	In der Aue gewachsen	1881	15.00	2.6	37.3		37.9	7.2	3.06	43.90		44.57	8.47	0.49
97	Deutscher gelber Herbsthafer, Muschelkalk auf undurchlassendem Boden, Höhenlage.	„	15.00	4.5	40.1		34.2	6.2	5.29	47.20		40.22	7.29	0.85
98	Humusreicher Lehmboden, Landhafer .	„	15.00	2.6	37.2		37.4	7.9	3.06	43.67		43.98	9.29	0.49
99	Lehmiger Sand, Landhafer	1882	15.00	2.4	41.2		37.5	3.9	2.82	48.49		44.10	4.59	0.45
100	Desgl.	„	15.00	1.9	39.8		39.2	4.1	2.23	46.85		46.10	4.82	0.36
101	Desgl.	„	15.00	2.2	40.7		38.1	4.0	2.59	47.90		44.81	4.70	0.41
102	Desgl.	„	15.00	2.7	43.8		34.7	3.8	3.18	51.54		40.81	4.47	0.51
103	Desgl.	„	15.00	2.9	40.1		37.7	4.3	3.41	47.19		44.34	5.06	0.55
104	Desgl.	„	15.00	2.3	36.8		42.2	3.7	2.70	43.27		49.68	4.35	0.43
105	Desgl.	„	15.00	2.6	41.0		37.5	3.9	3.06	48.25		44.10	4.59	0.49
106	Desgl.	„	15.00	1.5	41.0		39.2	3.1	1.76	48.49		46.10	3.65	0.28
107	Augusthafer, humoser Lehmboden . .	„	15.00	2.5	40.0		37.2	5.3	2.94	47.08		43.75	6.23	0.47
108	Desgl.	„	15.00	2.0	41.3		38.2	3.5	2.35	48.61		44.92	4.12	0.38
109	Landhafer, tiefgründiger humoser Lehm	„	15.00	4.2	39.6		34.0	7.2	4.94	46.61		39.98	8.47	0.79
110		„	15.00	3.7	38.8		37.4	5.1	4.35	45.68		43.98	5.99	0.69
111	Erhitztes Haferstroh	—	22.00	2.31	1.43	25.83	45.82	2.61	2.96	1.83	31.12	58.74	3.35	0.47
112	Verschimmeltes Haferstroh	—	29.00	3.88	1.33	26.06	37.45	2.28	5.46	1.87	36.71	52.75	3.21	0.87
	Minimum		9.95	0.65	0.77	25.19	25.30	1.83	0.73	0.86	29.04	31.27	2.07	0.12
	Maximum		28.70	7.70	5.10	46.78	56.63	9.29	9.06	6.46	54.84	63.96	10.87	1.45
	Mittel (No. 26—113)		14.50*)	3.39	1.80	37.93	36.94	5.44	3.96	2.11	44.36	43.21	6.36	0.63

(Bei No. 96—110 und 113—117 sind Rohfett und Nfr. Extractstoffe durch eine Klammer zusammengefasst.)

Haferstroh. Vergleichende Untersuchungen verschiedener Varietäten.

No.	Bezeichnungen und Bemerkungen	Jahr der Untersuchung	Wasser %	Nh-Substanz %	Rohfett %	Nfr. Extractstoffe %	Rohfaser %	Asche %	Nh-Substanz %	Rohfett %	Nfr. Extractstoffe %	Rohfaser %	Asche %	Stickstoff in der Trockensubstanz %
113	Weisser tartarischer Fahnen-	1884	15.00	2.5	36.3		38.8	7.4	2.94	42.73		45.63	8.70	0.47
114	Lüneburger Kley	„	15.00	1.4	35.0		42.4	6.2	1.65	41.20		49.86	7.29	0.25
115	Schwarzer californischer Prolific . . .	„	15.00	1.6	36.7		39.6	7.1	1.88	43.11		46.57	8.44	0.30
116	Probsteier Original	„	15.00	1.3	36.7		40.5	6.5	1.53	43.20		47.63	7.64	0.24
117	Hopetoun	„	15.00	1.5	36.0		40.5	7.0	1.76	42.38		47.63	8.23	0.28

No. 111 u. 112. Stutzer. — Ztschr. d. landw. Ver. f. Rheinpreussen 1886. 19. In Folge nasser Witterung konnte Hafer nicht eingebracht werden. Ein Theil davon suchte man durch Selbsterhitzung zu trocknen, ein anderer Theil blieb nass und verschimmelte. Nach dem Autor waren in den Nh. Stoffen vorhanden:

	Im erhitzten	Im verschimmelten Stroh
In Form von Amiden	—	—
In Form von verdaulichem Eiweiss	7.6 %	32.6 %
In Form von unverdaulichen Stoffen	92.4 %	67.4 %

*) Willkürlich angenommen.

Haferstroh. Vergleichende Untersuchungen verschiedener Varietäten.

No. 113—122. M. Märcker. (V.-St. Halle.) — Nach einem Separat-Abzug a. d. Ztschr. d. landw. Centralv. d. Prov. Sachsen 1885. 3. Hft. Das untersuchte Material wurde bei Anbauversuchen erhalten, welche O. Beseler mit 10 Hafervarietäten auf dem Klostergute Anderbeck im Jahre 1884 ausführte. Der zu diesem Versuche ausgewählte Boden ist ein warmer humoser Lehmboden 2. u. 3. Bodenklasse. Derselbe befindet sich in Bezug auf seinen Gehalt an Stallmist in einem mittleren Kraftzustande; in Folge jahrelanger starker Zufuhr von Phosphorsäure haben sich grosse Ueberschüsse von diesem Nährstoffe im Boden aufgespeichert. Der Acker wird in Norfolker Fruchtfolge bewirthschaftet und erhält jedes vierte Jahr eine Stallmist-Düngung von 24—30.000 kg per ha.

Das Versuchstück trug:

im Jahre 1881: Kartoffeln gedüngt mit Stallmist
„ „ 1882: Weizen „ „ künstlichem Dünger
„ „ 1883: Zuckerrüben „ „ „ „

Die künstliche Düngung zum Hafer bestand pro ha aus
300 kg Chilisalpeter und
100 kg concentrirtem Superphosphat, darin 37.5 % wasserlösliche, 5.5 % citratlösliche, 2.0 % schwerlösliche Phosphorsäure.

Da eine Umackerung der Rübenstoppel vor dem Winter nicht möglich gewesen war, so wurde das Versuchsstück erst unmittelbar vor der Bestellung am 30. März in Angriff genommen, zweimal mit dem Cultivator durchzogen, mehrere Male geeggt und geringelt. Am 31. März wurde der Hafer gedrillt und darauf der Eggenschlag mit der Cambridgewalze zugewalzt. Die weitere Cultur bestand in je einmaligem Hacken mit der Pferdehacke und mit der Handhacke. Die Drillweite betrug 21 cm. Die Einsaat pro ha schwankte zwischen 66 und 72 kg je nach der Grösse des Korns der Hafersorte. Das Wetter war dem Gedeihen des Hafers aussergewöhnlich günstig. Erträge s. bei Hafer-Körner.

No.	Bezeichnungen und Bemerkungen	Jahr der Untersuchung	In der ursprünglichen Substanz: Wasser %	Nh-Substanz %	Rohfett %	Nfr. Extractstoffe %	Rohfaser %	Asche %	In der Trockensubstanz: Nh-Substanz %	Rohfett %	Nfr. Extractstoffe %	Rohfaser %	Asche %	Stickstoff in der Trockensubstanz %
118	Beseler's Anderbecker	1884	15.00	1.8	34.5		41.8	6.9	2.12	40.61		49.16	8.11	0.34
119	Australischer	„	15.00	1.4	35.3		41.5	6.8	1.65	41.55		48.80	8.00	0.25
120	Dänischer	„	15.00	1.2	35.4		42.1	6.3	1.41	41.67		49.51	7.41	0.23
121	Hallef's canadischer	„	15.00	1.1	36.9		40.5	6.5	1.29	43.44		47.63	7.64	0.21
122	Kylberg's pedigree, schwedischer . .	„	15.00	0.9	38.4		39.4	6.3	1.06	45.20		46.33	7.41	0.17

Haferstroh. Unter dem Einflusse verschiedener Düngung und verschiedener Aussaatstärke.

No.	Bezeichnungen und Bemerkungen	Jahr der Untersuchung	Wasser %	Nh-Substanz %	Rohfett %	Nfr. Extractstoffe %	Rohfaser %	Asche %	Nh-Substanz %	Rohfett %	Nfr. Extractstoffe %	Rohfaser %	Asche %	Stickstoff in der Trockensubstanz %
	Dünnsaat 44 kg pro ha, Drillweite 23.5 cm.													
1	Ungedüngt	1882	15.00	1.83	38.6		38.9	5.7	2.15	45.40		45.75	6.70	0.34
2	— kg Chilisalp. u. 200 kg Superphosph.	„	15.00	1.66	36.9		40.5	5.9	1.95	43.48		47.63	6.94	0.31
3	— „ „ „ 400 „ „	„	15.00	1.51	39.2		39.5	5.8	1.78	44.95		46.45	6.82	0.28
4	200 „ „ „ — „ „	„	15.00	1.55	39.3		38.2	5.9	1.82	46.32		44.92	6.94	0.29
5	300 „ „ „ — „ „	„	15.00	1.62	37.7		39.5	6.2	1.91	44.35		46.45	7.29	0.31
6	400 „ „ „ — „ „	„	15.00	1.86	33.7		43.2	6.2	2.19	39.72		50.80	7.29	0.35
7	200 „ „ „ 200 „ „	„	15.00	1.62	37.9		39.7	5.8	1.91	44.58		46.69	6.82	0.31
8	300 „ „ „ 200 „ „	„	15.00	1.71	27.1		39.8	6.4	2.01	43.66		46.80	7.53	0.32
9	400 „ „ „ 200 „ „	„	15.00	2.04	37.4		39.5	6.1	2.40	43.98		46.45	7.17	0.38
10	200 „ „ „ 400 „ „	„	15.00	1.51	36.4		41.2	5.9	1.78	42.83		48.45	6.94	0.28
11	300 „ „ „ 400 „ „	„	15.00	1.36	36.0		41.9	5.7	1.60	42.43		49.27	6.70	0.26
12	400 „ „ „ 400 „ „	„	15.00	1.69	38.4		39.2	5.9	1.99	44.97		46.10	6.94	0.32
	Stärkere Aussaat 76 kg pro ha, Drillweite 17 cm.													
13	Ungedüngt	1882	15.00	1.27	38.1		40.1	5.5	1.49	44.88		47.16	6.47	0.24
14	— kg Chilisalp. u. 400 kg Superphosph.	„	15.00	1.24	39.0		39.5	5.3	1.46	45.86		46.45	6.23	0.23
15	400 „ „ „ — „ „	„	15.00	1.49	37.7		40.4	5.4	1.75	44.39		47.51	6.35	0.28
16	200 „ „ „ 200 „ „	„	15.00	1.27	38.2		40.3	5.2	1.49	45.00		47.39	6.12	0.24
17	400 „ „ „ 200 „ „	„	15.00	1.63	39.0		38.9	5.5	1.92	45.86		45.75	6.47	0.31
18	400 „ „ „ 400 „ „	„	15.00	1.46	37.9		40.0	5.6	1.72	44.65		47.04	6.59	0.28
	Aussaat pr. ha kg													
19	Ungedüngt 44	1883	15.00	2.4	40.6		35.4	6.6	2.82	47.79		41.63	7.76	0.45
20	Desgl. 44	„	15.00	2.0	40.5		36.3	6.2	2.35	47.67		42.69	7.29	0.38
21	Mittel der 2 Parzellen	„	15.00	2.2	40.5		35.9	6.4	2.59	47.66		42.22	7.53	0.41
22	Desgl. 76	„	15.00	2.8	39.9		35.5	6.8	3.29	46.96		41.75	8.00	0.53
23	Desgl. 76	„	15.00	2.2	40.2		36.5	6.1	2.59	47.32		42.92	7.17	0.41
24	Mittel der 2 Parzellen	„	15.00	2.5	40.0		36.0	6.5	2.94	47.08		42.34	7.64	0.47
25	200 kg Chilisalp. u. — Superph. 44	„	15.00	2.3	40.8		35.9	6.0	2.70	48.02		42.22	7.06	0.43
26	200 „ „ „ — „ 76	„	15.00	2.5	39.9		36.7	5.9	2.94	46.96		43.16	6.94	0.47

(Rohfett and Nfr. Extractstoffe are given together.)

Haferstroh. Unter dem Einfluss verschiedener Düngung und verschiedener Aussaatstärke.

No. 1—36. M. Märcker (V.-St. Halle). — Nach Separatabzügen aus der Ztschr. d. landw. Centralvereins der Provinz Sachsen 1883. Hft. 2 u. 3 u. 1884 Hft. 4 u. 5.

Die betr. Versuche, welche das untersuchte Material lieferten, wurden von O. Beseler zu Anderbecken ausgeführt. Zu den 1882er Versuchen wird bemerkt: Der zu dem Versuch ausgewählte Boden ist ein milder, humoser, tiefgründiger Lehm und befindet sich in Bezug auf seinen Gehalt an Stallmist in einem mittleren Kraftzustande. Dem Boden ist seit 20 Jahren durch jährliche Düngung weit mehr Phosphorsäure zugeführt als entnommen worden und ist also grosser Ueberschuss an Phosphorsäure vorhanden. Der Acker wird in Norfolker Fruchtfolge bewirthschaftet und erhält einmal während des Turnus, also jedes vierte Jahr eine Stallmistdüngung von 120—150 Ctr. pro 25 Ar. Das Versuchsstück trug im Jahre 1879 Kartoffeln gedüngt mit Stallmist, im Jahre 1880 Weizen gedüngt mit künstlichem Dünger, im Jahre 1881 Zuckerrüben gedüngt mit künstlichem Dünger. Der Hafer wurde 4—5 cm tief eingedrillt. Die Witterung während der Vegetationszeit war der Entwicklung des Hafers im Allgemeinen günstig. Geschnitten wurde vom 5. bis 10. August und musste der Hafer in Folge häufiger Regenschauer bis zum 27. August im Felde stehen bleiben, doch war das Stroh von gesundem Aussehen.

Das verwendete Superphosphat enthielt 19.5 % wasserlösl. Phosphorsäure. Erträge siehe bei Hafer-Körner.

N wurde nach der Kjeldahl'schen Methode bestimmt.

Zu den Versuchen im Jahre 1883 wurde ein, dem des vorjährigen Versuchsfeldes ähnlicher Boden, ein milder, humoser, tiefgründiger Lehmboden im mittleren Kraftzustand gewählt. Vorfrüchte: 1880 Kartoffeln, gedüngt mit Stallmist, 1881 Roggen, gedüngt mit künstlichem Dünger, 1882 Zuckerrüben, gedüngt mit künstlichem Dünger. Die Witterung war wegen einiger trocknen Perioden und Regen zur unrechten Zeit der Entwicklung des Hafers nicht so günstig wie im vorhergehenden Jahre, dagegen erfolgte die Ernte bei günstigem Wetter. Die Dünnsaat erfolgte in Drillweite von 23.5 cm, die Dicksaat in Drillweite von 17 cm.

N wurde nach der Methode Kjeldahl bestimmt.

Der angebaute Hafer war „Beseler's verbesserter Anderbecker".

No.	Bezeichnungen und Bemerkungen	Jahr der Untersuchung	In der ursprünglichen Substanz: Wasser %	Nh-Substanz %	Rohfett %	Nfr. Extractstoffe %	Rohfaser %	Asche %	In der Trockensubstanz: Nh-Substanz %	Rohfett %	Nfr. Extractstoffe %	Rohfaser %	Asche %	Stickstoff in der Trocken-Substanz %
	Aussaat pr. ha kg													
27	400 kg Chilisalp. u. — Superph. 44	1883	15.00	3.0	40.5		34.7	6.8	3.53	47.66		40.81	8.00	0.56
28	400 „ „ „ — „ 76	„	15.00	2.6	39.5		36.0	6.9	3.06	46.49		42.34	8.11	0.49
29	200 „ „ „ 200 „ 44	„	15.00	2.6	39.9		36.1	6.4	3.06	46.96		42.45	7.53	0.49
30	200 „ „ „ 200 „ 76	„	15.00	2.3	39.3		37.3	6.1	2.73	46.24		43.86	7.17	0.43
31	400 „ „ „ 200 „ 44	„	15.00	2.6	39.0		36.9	6.5	3.06	45.91		43.39	7.64	0.49
32	400 „ „ „ 200 „ 76	„	15.00	2.8	39.4		36.2	6.6	3.29	46.38		42.57	7.76	0.53
33	200 „ „ „ 400 „ 44	„	15.00	2.1	39.6		37.0	6.3	2.47	46.61		43.51	7.41	0.40
34	200 „ „ „ 400 „ 76	„	15.00	2.1	40.1		36.7	6.1	2.47	47.20		43.16	7.17	0.40
35	400 „ „ „ 400 „ 44	„	15.00	2.9	39.3		36.3	6.5	3.41	46.26		42.69	7.64	0.55
36	400 „ „ „ 400 „ 76	„	15.00	2.6	38.0		38.1	6.3	3.06	44.72		44.81	7.41	0.49
	Mittel der Proben 19—32		15.00	2.45	39.71		36.35	6.45	2.88	46.78		42.75	7.59	0.46

Haferstroh. Unter dem Einfluss verschiedener Düngung (Stroh und Spreu).

No.	Bezeichnungen und Bemerkungen	Ernte	Wasser	Nh-Substanz	Rohfett	Nfr. Extractstoffe	Rohfaser	Asche	Nh-Substanz	Rohfett	Nfr. Extractstoffe	Rohfaser	Asche	Stickstoff
37	Ungedüngt b	1869	10.32	3.26	2.34	41.05	28.72	14.31	3.98	2.85	50.08	35.03	8.06	0.64
38	Aetzkalk	„	6.69	3.40	2.07	41.45	36.69	9.70	3.85	2.34	46.93	41.54	5.34	0.62
39	Schwefelsaures Ammoniak	„	11.59	4.49	1.75	39.79	33.24	9.14	5.33	2.08	47.27	39.48	5.84	0.85
40	Phosphorsaurer Kalk	„	7.47	3.51	1.88	42.81	33.00	11.33	4.04	2.16	49.26	37.97	6.57	0.65
41	Schwefelsaures Kali	„	8.59	3.53	2.16	41.66	32.22	11.84	4.19	2.56	49.36	38.20	5.66	0.67
42	Ungedüngt b	1870	11.51	4.94	2.15	38.20	30.24	12.96	6.05	2.63	46.75	37.00	7.58	0.97
43	Aetzkalk	„	11.51	3.95	2.15	39.33	30.24	12.82	4.75	2.59	47.45	36.49	8.70	0.76
44	Schwefelsaures Ammoniak	„	8.00	3.99	2.77	43.18	27.83	14.23	4.75	3.30	51.43	33.15	7.37	0.76
45	Phosphorsaurer Kalk	„	8.94	4.03	2.40	40.48	29.34	14.81	4.92	2.93	49.38	35.79	6.98	0.79
46	Schwefelsaures Kali	„	8.42	4.44	2 20	41.10	30.49	13.35	5.33	2.64	49.37	36.62	6.04	0.85
47	Ungedüngt b	1871	10.63	5.39	3.36	38.66	29.12	12.84	6.48	4.04	46.49	35.02	7.97	1.04
48	Aetzkalk	„	9.52	3.81	2.76	42.92	31.52	9.47	4.37	3.17	49.21	36.15	7.10	0.70
49	Schwefelsaures Ammoniak	„	10.48	4.91	2.41	38.61	36.38	7.21	5.56	2.73	43.72	41.19	6.80	0.89
50	Phosphorsaurer Kalk	„	10.34	5.16	3.54	40.43	29.03	11.50	6.09	4.18	47.68	34.25	7.80	0.97
51	Schwefelsaures Kali	„	10.87	5.20	3.12	39.26	31.52	10.03	5.97	3.58	45.03	36.16	9.26	0.96

Haferstroh. In verschiedenen Reifeperioden.

No.	Bezeichnungen und Bemerkungen	Jahr	Wasser	Nh-Substanz	Rohfett	Nfr. Extractstoffe	Rohfaser	Asche	Nh-Substanz	Rohfett	Nfr. Extractstoffe	Rohfaser	Asche	Stickstoff
1	Haferstroh, unreif	1861	77.14	2.31	0.43	11.53	6.76	1.83	10.06	1.87	50.66	29.44	7.97	1.61
2	„ reif	„	46.64	2.60	0.67	25.89	20.18	4.02	4.87	1.19	48.59	37.82	7.53	0.78
3	Uebereif	„	35.20	2.81	0.97	23.86	32.26	4.90	4.34	1.41	36.91	49.78	7.56	0.69

Haferstroh. Unter dem Einfluss verschiedener Düngung.

No. 37—51. E. Heiden, Franz Voigt, H. Hanneck u. Th. Wetzke (V.-St. Pommritz). — Denkschrift zur Feier des 25jährigen Bestehens d. V.-St. Pommritz. II. Theil. Studien über schweren Boden. Hannover, 1883. Näheres ersiehe Roggenstroh. Die Ernte des Hafers betrug auf der Fläche von je 1 sächs. Quadratruthe:

		Ungedüngt b	Aetzkalk	Schwefelsaures Ammoniak	Phosphorsaurer Kalk	Schwefelsaures Kali
1869	Körner	820	1450	3090	960	780
	Stroh und Spreu .	2090	2955	5885	1850	1530
1870	Körner	89	146	89	103	147
	Stroh und Spreu . .	320	618	522	331	543
1871	Körner	167	639	5267	189	141
	Stroh und Spreu . .	523	1831	9185	527	833

Die Analysen beziehen sich auf Stroh und Spreu und zwar bei der „ursprünglichen Substanz" auf sandhaltige, bei der „Trockensubstanz" auf sandfreie Substanz. Die Sandmenge betrug:

	Parzelle 2	3	4	5	6
1869	7.70	4.98	4.22	5.62	7.07
1870	6.77	5.61	8.04	9.09	8.32
1871	6.21	3.28	1.20	4.89	1.96

Haferstroh. In verschiedenen Reifeperioden.

No. 1—3. Aug. Völcker. — Hoffmann's Jahresber. d. Agriculturchem. 6. 1863/64. Das. nach: Ueber die Zusammensetzung u. den Nahrungswerth des Strohes von A. Völcker. Deutsch v. F. Holzendorf, Berlin 1863.

An näheren Bestandtheilen wurden noch bestimmt:

	No. 1 unreif	No. 2 reif	No. 3 überreif
in Wasser lösliche Proteïnstoffe	1.50	1.67	1.00
„ „ „ Mineralstoffe	1.57	2.30	1.75
Zucker, Schleim und andere lösliche Extractstoffe .	4.36	6.72	2.45
Verdauliche Faser etc.	7.17	19.17	21.41

(Unerklärt bleibt es, wie reifes und überreifes Stroh noch 46, resp. 35 % Wasser haben kann.)

No.	Bezeichnungen und Bemerkungen	Jahr der Untersuchung	In der ursprünglichen Substanz						In der Trockensubstanz					Stickstoff in der Trockensubstanz
			Wasser %	Nh-Substanz %	Rohfett %	Nfr. Extractstoffe %	Rohfaser %	Asche %	Nh-Substanz %	Rohfett %	Nfr. Extractstoffe %	Rohfaser %	Asche %	%
	Maisstroh.													
1	Elsass	—	(72.0	6.25	0.90	13.55	5.2	3.3	22.32	3.21	44.12	18.57	11.78	3.57)
2	Lufttrockne Maisstengel, in Baden gewachsen	1855	10.4	0.96	—	48.7	36.8	3.14	1.07	—	54.36	41.07	3.50	0.17
3	Maisstrohhäcksel (Blätter und Stengel)	1855	11.20	4.31	1.10	35.26	43.00	5.13	4.85	1.24	39.73	48.42	5.78	0.78
4	Maize Stover, Field cured } Ohio Dent	1878	36.49	4.62	1.16	35.78	19.08	2.87	7.28	1.83	56.32	30.05	4.52	1.16
	Maize Stover, Air-dry } Ernte 1877	1878	10.72	6.50	1.61	50.31	26.82	4.04	7.28	1.80	56.36	30.04	4.52	1.16
5	Norfolk White	1878	27.59	4.97	1.55	36.37	24.67	4.76	6.86	2.14	50.24	34.19	6.57	1.10
6	Desgl.	1878	26.92	3.79	1.07	39.42	25.18	3.62	5.17	1.46	53.96	34.46	4.95	0.83
7	White Flint Corn, Ernte 1877 . . .	1878	14.30	6.45	1.49	45.00	28.33	4.43	7.57	1.75	52.49	33.06	5.13	1.21
8		1881	23.13	7.19	1.65	36.45	27.24	4.34	9.36	2.14	47.41	35.44	5.65	1.50
9		1882	28.71	3.00	—	—	24.53	—	4.21	—	—	34.42	—	0.67
10	Maisstengel (Steli secchi)	1877	19.43	3.08	1.13	32.93	38.36	5.07	3.82	1.40	40.86	48.30	5.62	0.61
11	Oberer Theil derselben (Cime degli steli)	1877	19.30	5.65	2.22	31.38	36.92	4.53	7.00	2.75	38.90	45.74	5.61	1.12
12	Blätter	1877	17.43	4.89	3.01	30.91	37.34	6.42	5.92	3.65	37.64	45.02	7.77	0.95
13		1884	—	—	—	—	—	—	6.58	1.27	54.75	34.28	3.12	1.05
	Mittel (No. 4, 5, 6, 7, 8, 9, 10 u. 13)		14.50 *)	5.52	1.47	44.37	29.86	4.28	6.46	1.72	51.89	34.92	5.01	1.03
	Reisstroh.													
1		1882	—	—	—	—	—	—	5.15	2.12	44.11	41.86	6.76P	0.825O
2		1882	—	—	—	—	—	—	3.99	2.92	42.02	40.76	10.31P	0.639
3		1876	11.32	7.88	3.04	40.82	39.08	9.18	8.89	3.43	33.24	44.08	10.36	1.42
	Mittel		14.50	5.14	2.41	34.03	36.11	7.81	6.01	2.82	39.80	42.23	9.14	0.96
	Gemengekornstroh.													
1		1880	16.00	6.02	1.22	37.30	33.78	5.68	7.17	1.45	44.41	40.21	6.76	1.15

Leguminosenstroh.

Linsenstroh. — Stroh von Ervum lens.

No.	Bezeichnungen und Bemerkungen	Jahr der Untersuchung	Wasser %	Nh-Substanz %	Rohfett %	Nfr. Extractstoffe %	Rohfaser %	Asche %	Nh-Substanz %	Rohfett %	Nfr. Extractstoffe %	Rohfaser %	Asche %	Stickstoff in der Trockensubstanz %
1		1855	12.5	14.5	—	26.7	36.6	8.9	16.57	—	31.43	41.83	10.17	2.65
2		1880	—	—	—	—	—	—	16.19	1.98	37.03	38.08	5.92	2.59
	Mittel		16.00*)	13.76	1.66	38.25	33.57	6.76	16.38	1.98	33.63	39.96	8.05	2.62

Maisstroh.
No. 1. J. B. Boussingault. — Die Landw. in ihren Beziehungen zur Chemie etc. 3. Bd. 200.
No. 2. Herth. Mitgetheilt von v. Babo. — Weende'r Jahresber. 1855/56. 23. (Bad. Correspondenzbl. 1856. 73.)
No. 3. Ign. Moser. — Ibidem.
No. 4. S. W. Johnson. — Ann. Rep. Connect. Agric. Exper. Stat. for 1878. 60. Ein und dasselbe Stroh, feldtrocken und lufttrocken.
No. 5—7. S. W. Johnson. — Ibid. 1879. 156 u. 80. Bei No. 7 bestand die Nh. Substanz aus 3.94 % Eiweiss u. 2.51 % Amide.
No. 8. S. W. Johnson u. Armsby. — Ibid. 1881. 88.
No. 9. Armsby. — Ibid. 1882. 104.
No. 10—12. Al. Pasqualini. — Ann. Staz. Agrar. Forli 6. 1877. 48. An näheren Bestandtheilen wurden ferner in der lufttrocknen Substanz bestimmt:

	Stärkemehl	Zucker	Nfr. Extractstoffe	In Wasser lösl. N
No. 10	15.63 %	2.65 %	14.42 %	0.088 %
No. 11	12.64 „	3.00 „	15.23 „	0.073 „
No. 12	10.43 „	2.29 „	16.83 „	0.078 „

No. 13. Massachusetts State Agric. Exper. Stat. Bull. No. 10 u. 11.
*) Willkürlich angenommen; der wirkliche mittlere Wassergehalt nach den aufgeführten 8 Analysen beträgt 23.41 %.

Reisstroh.
No. 1 u. 2. O. Kellner. — Die landw. V.-St. 30. 1883. 31. Das Material stammte aus japanischen Wirthschaften. Die Proben enthielten:

	No. 1	2
Eiweiss-N	0.722	0.565
Nichteiweiss-N . .	0.103	0.074

No. 3. W. O. Atwater. — Rep. Agric. Exp. Stat. Middletown 1877—78. 156.

Gemengekornstroh.
No. 1. W. Fleischmann. — Ber. 1881. 19. In Hunerland gebaut. Im Ganzen gut geworben. Saatmischung: $^{4}/_{10}$ gelbe Erbsen, $^{3}/_{10}$ Hafer, $^{2}/_{10}$ kleine Futterbohnen, $^{1}/_{10}$ Wicken.

Linsenstroh.
No. 1. H. Ritthausen. — Mitthl. aus Waldau. I. 77.
No. 2. B. Schulze. — Jahresber. d. Agriculturchem. 1882. 389. (Der Landwirth. 17. 1881 453.)
*) Willkürlich angenommen.

No.	Bezeichnungen und Bemerkungen	Jahr der Untersuchung	In der ursprünglichen Substanz: Wasser %	Nh-Substanz %	Rohfett %	Nfr. Extractstoffe %	Rohfaser %	Asche %	In der Trockensubstanz: Nh-Substanz %	Rohfett %	Nfr. Extractstoffe %	Rohfaser %	Asche %	Stickstoff in der Trockensubstanz %
	Lupinenstroh. — Stroh von Lupinus-Arten.													
1		1855	14.40	4.70	—	34.9	41.8	4.4	5.49	—	40.55	48.82	5.14	0.88
2		1872	10.34	6.28	1.10	35.63	43.46	3.24	6.95	1.23	39.75	48.46	3.61	1.11
3		1876	13.78	8.07	1.40	39.09	34.75	2.91	9.36	1.62	45.33	40.31	3.38	1.50
4	Lupinus luteus	1880	—	—	—	—	—	—	7.25	2.26	34.31	50.18	6.00	1.16
5	Weisssamige, gelbblühende Lupine	"	—	—	—	—	—	—	6.94	2.88	32.43	52.22	5.53	1.11
6	Lupinus hirsutus	"	—	—	—	—	—	—	4.25	1.66	38.35	52.06	3.68	0.68
7	Lupinus albus	"	—	—	—	—	—	—	3.31	20.4	35.61	56.30	2.74	0.53
8	Lupinus termis	"	—	—	—	—	—	—	3.31	1.27	34.07	58.03	3.32	0.53
9	Dicksamige, weissblühende Lupine	"	—	—	—	—	—	—	3.94	1.31	35.11	56.52	3.12	0.63
10	Lupinus Cruikshanksii	"	—	—	—	—	—	—	8.69	1.56	33.43	51.11	5.21	1.39
11	Lupinus angustifolius	"	—	—	—	—	—	—	4.19	0.87	30.91	60.69	3.34	0.67
12	Blaue Lupine	"	—	—	—	—	—	—	3.50	1.60	32.95	58.42	3.53	0.56
13	Weisssamige, blaublüh. Lupine	"	—	—	—	—	—	—	2.13	1.57	35.23	56.99	4.08	0.34
14	Lupinus linifolius	"	—	—	—	—	—	—	4.19	1.90	34.93	54.93	4.07	0.67
15	Gelbe Lupinen, mooriger Sandboden	"	15.00	7.7	33.1		40.0	4.2	9.06	38.96		47.04	4.94	1.45
16	Weisse Lupinen, humusarmer lehmiger Sand	"	15·00	5.8	35.3		40.4	3.5	6.82	41.55		47.51	4.12	1.09
17	Gelbe Lupinen, Sandboden	"	15.00	4.2	35.0		42.1	3.7	4.94	41.20		49.51	4.35	0.79
18	Desgl.	1882	15.00	5.7	40.6		35.0	3.7	6.70	47.79		41.16	4.35	1.07
19	Desgl.	"	15.00	7.1	31.0		43.7	3.2	8.35	36.50		51.39	3.76	1.34
20	Desgl.	"	15.00	7.9	30.2		42.8	4.1	9.29	35.56		50.33	4.82	1.49
21	Desgl.	"	15.00	7.2	31.4		52.1	4.3	8.47	25.20		61.27	5.06	1.36
22	Desgl.	"	15.00	6.2	32.4		42.5	3.7	7.29	38.28		49.98	4.35	1.17
23	Desgl.	"	15.00	7.0	31.0		43.4	3.7	8.23	36.38		51.04	4.35	1.32
24	Desgl.	"	15.00	7.5	30.6		42.5	4.4	8.82	36.03		49.98	5.17	1.41
25	Desgl.	"	15.00	7.5	31.1		41.6	4.8	8.82	36.62		48.92	5.64	1.41
	Mittel (Stroh von gelben Lupinen No. 15, 17—25)		16.00	6.72	31.30		42.05	3.93	8.00	37.26		50.06	4.68	1.28

Lupinenstroh, Stengel und Blätter getrennt.

No.	Bezeichnungen und Bemerkungen	Jahr der Untersuchung	Wasser %	Nh-Substanz %	Rohfett %	Nfr. Extractstoffe %	Rohfaser %	Asche %	Nh-Substanz %	Rohfett %	Nfr. Extractstoffe %	Rohfaser %	Asche %	Stickstoff in der Trockensubstanz %
1	Stengel der gelben Lupine, reif	1870	10.08	8.05	0.86	46.17	31.48	3.28	8.95	0.96	51.43	35.01	3.65	1.43
2	Stengel " " " halbreif	"	12.13	5.06	0.54	43.60	35.13	3.34	5.76	0.61	49.85	39.98	3.80	0.92
3	Stengel " blauen " halbreif	"	11.14	3.76	0.64	51.15	29.59	3.62	4.23	0.72	57.69	33.29	4.07	0.68
4	Blätter " gelben " reif	"	12.04	17.31	3.10	40.89	20.93	5.61	19.68	3.52	46.62	23.80	6.38	3.15
5	Blätter " " " halbreif	"	11.10	16.31	2.40	47.53	16.23	6.23	18.35	2.70	53.68	18.26	7.01	2.94
6	Blätter " blauen " "	"	8.80	20.62	2.15	35.34	25.84	7.12	22.60	2.36	38.92	28.32	7.80	3.62

Lupinenstroh. Stroh von Lupinus-Arten.

No. 1. H. Ritthausen. — Mitthl. v. Waldau. I. 77.
No. 2. F. Heidepriem. L.-V.-St. — 16. 1.
No. 3. Fittbogen. (V.-St. Dahme). Or.
No. 4—14. E. Flechsig (V.-St. Breslau.) — L. V.-St. 30. (1884.) 445. Die verschiedenen Lupinenarten waren auf dem Versuchsfelde zu Proskau vergleichend nebeneinandergebaut, also unter gleichen Boden-, Düngungs- und Witterungs-Verhältnissen.
No. 15—25. M. Märcker (V.-St. Halle). — Privatmitthl.

Lupinenstroh, Stengel und Blätter getrennt.

No. 1—6. M. Siewert. — Ztschr. d. landw. Centralv. f. d. Prov. Sachsen 1870. 75. An Alkaloid (oben an 100 fehlend) enthielten die Stengel 1) 0.08, die Blätter 4) 0.12 %
2) 0.20, " " 5) 0.20 %
3) 0.10, " " 6) 0.13

No.	Bezeichnungen und Bemerkungen	Jahr der Untersuchung	In der ursprünglichen Substanz: Wasser %	Nh-Substanz %	Rohfett %	Nfr. Extractstoffe %	Rohfaser %	Asche %	In der Trockensubstanz: Nh-Substanz %	Rohfett %	Nfr. Extractstoffe %	Rohfaser %	Asche %	Stickstoff in der Trockensubstanz %
	Bohnenstroh. — Stroh von Phaseolus vulgaris.													
1	In Italien gewachsen	1877	12.22	6.42	2.62	23.31	48.70	6.63	7.32	2.99	26.56	55.57	7.56	1.17
2	Im Versuchsgarten zu Proskau gewachsen	1880	15.46	6.97	1.51	38.88	31.00	6.18	8.25	1.79	45.99	36.66	7.31	1.32[0]
	Mittel.		16.00	6.54	2.01	38.66	30.74	6.05	7.79	2.39	36.26	46.12	7.44	1.25
	Sanderbsenstroh. — Stroh von Pisum arvense L. (Peluschke.)													
1	In Pommern gewachsen	1882	15.00	7.3	1.6	33.6	38.5	4.0	8.58	1.88	39.56	45.28	4.70	1.37
2	Desgl.	„	16.00	6.8	1.1	28.7	43.5	3.9	8.09	1.31	34.20	51.76	4.64	1.29
	Mittel		16.00	7.01	1.32	3.99	40.76	3.92	8.34	1.60	36.87	48.52	4.67	1.33
	Erbsenstroh. — Stroh von Pisum sativum.													
1	Gelbe Erbsen, auf gedüngtem Boden gewachsen	1837	11.80	12.74	—	—	—	9.98	14.44	—	—	—	11.32	2.31[0]
2	Golderbse	1854	14.30	4.80	—	24.80	51.80	4.30	5.60	—	28.93	60.45	5.02	0.90
3	Von der gelben Erbse	1855	12.50	10.10	—	39.80	34.30	3.30	11.54	—	45.49	39.20	3.77	1.85
4	In England gewachsen	1860	16.02	8.86	2.34	25.06	42.79	4.93	10.55	2.79	29.83	50.96	5.87	1.69
5	Granitverwitterungsboden, längere Zeit in Cultur	1869	12.32	6.76	1.88	26.39	47.19	5.46	7.71	2.15	30.07	53.84	6.23	1.23
6 a	Ziemlich blätterreich, mit einigen halbausgebildeten Schoten . . a	1870	15.86	9.57	1.65	30.97	37.18	4.75	11.37	1.96	36.84	44.19	5.64	1.82
6 b	b	1870	15.86	11.77	2.01	37.36	26.87	6.13	13.99	2.39	44.40	31.93	7.29	2.24
7	Sandiger Diluvialboden, frisch gedüngt .	1884	14.12	6.81	1.66	37.54	35.28	4.59	7.93	1.93	43.73	41.07	5.34	1.27
8	Victoriaerbsen, humusreicher Lehm . .	1880	15.00	6.52	1.37	27.68	44.03	5.40	7.67	34.20		51.78	6.35	1.23
9	Desgl., humoser Lehm	„	15.00	7.1	34.3		37.3	6.3	8.85	40.38		43.86	7.41	1.34
10	Desgl., humoser sandiger Lehm . .	„	15.00	8.0	31.0		39.5	6.5	9.41	36.50		46.45	7.64	1.51
11	Kleine weisse Erbsen, lehmiger Sand, Bergland	„	15.00	7.0	31.7		40.7	5.6	8.23	37.32		47.86	6.59	1.32
12	Victoriaerbsen, humoser Lehm . . .	„	15.00	7.1	29.4		43.7	4.8	8.35	34.62		51.39	5.64	1.34
13	Kleine weisse Erbse, humusreicher kalkhaltiger Lehm	„	15.00	12.3	30.6		34.8	7.3	14.64	35.86		40.92	8.58	2.34
14	Victoriaerbsen, in der Aue gewachsen .	1881	15.00	6.7	32.8		40.2	5.3	7.88	38.61		47.28	6.23	1.26
15	Desgl., humoser leichter Boden, verhagelt	„	15.00	8.0	40.2		31.5	5.3	9.41	46.42		37.94	6.23	1.51

Bohnenstroh. Stroh von Phaseolus vulgaris.

No. 1. A. Pasqualini. — Ann. Staz. Agrar. Forli 6. 1878. 48. Ausserdem wurden an näheren Bestandtheilen ermittelt (frische Substanz): Stärkemehlartige Stoffe 11.731, Zucker 2.638 %.

No. 2. H. Weiske, G. Kennepohl u. B. Schultze. — J. f. Landw. 31. 1883. 209.

Sanderbsenstroh. Stroh von Pisum arvense L. (Peluschke.)

No. 1 u. 2. Troschke. — Hoffmann's Jahresb. d. Agriculturchem. 26. 1883. 363.

Erbsenstroh. Stroh von Pisum sativum.

No. 1. J. B. Boussingault. — Dessen „die Landwirthschaft in ihren Beziehungen zur Chemie etc." Deutsch v. Gräger, Halle, 1851, 2. Band. 175. Das Material war in Bechelbronn (Elsass) gebaut.

No. 2. E. Wolff u. Dietlen. — Mitthl. v. Hohenheim 2. 1855. 140.

No. 3. H. Ritthausen. — Mitthl. v. Waldau 1. 1856. 77.

No. 4. A. Völcker. — Hoffmann's Jahresber. 6. 1862/63. 45. (Ueber die Zusammensetzung u. den Nahrungswerth des Strohes v. Dr. Aug. Völcker, deutsch von A. Holzendorf, Berlin, 1863.) Das Stroh enthielt im lufttrockenen Zustande 2.96 % in Wasser lösliche Proteïnstoffe, 8.32 % Zucker, Schleim u. andere nfr. in Wasser lösliche Stoffe, 16.74 % verdauliche Faser etc., 2.72 % in Wasser lösliche Salze.

No. 6a u. b. Em. Wolff u. C. Kreuzhage. — Landw. Jahrbücher 8. 1879. I. Supplement. 193. Die Analyse unter b bezieht sich auf das von Hammeln verzehrte Erbsenstroh, aus der Zusammensetzung des vorgelegten Erbenstrohs (a) und der der Futterreste berechnet. Asche ist Reinasche u. Sand.

No. 5. E. Heiden. — Ber. d. V.-St. Pommeritz 1868—69. 38. In der Asche des lufttrocknen Strohs 1.34 Sand.

Ne. 7. Th. Dietrich u. A. Hesse. Privatmitthl. Das Erbenstroh war nicht unkrautfrei und war auf röthlichem, sandigem, schiefrigem Diluvialgerölle, flachgründigem Boden mit kalksteinhaltigem Untergrund nach frischer Mistdüngung gewachsen.

No. 8—17. M. Märcker (V.-St. Halle). — Privatmitthl.

No.	Bezeichnungen und Bemerkungen	Jahr der Untersuchung	In der ursprünglichen Substanz						In der Trockensubstanz					Stickstoff in der Trockensubstanz
			Wasser %	Nh-Substanz %	Rohfett %	Nfr. Extractstoffe %	Rohfaser %	Asche %	Nh-Substanz %	Rohfett %	Nfr. Extractstoffe %	Rohfaser %	Asche %	%
16	Victoriaerbsen, humoser Lehmboden	1881	15.00	5.4	31.3		42.6	5.6	6.35	36.96		50.10	6 59	1.02
17	Erfurter Klunkererbsen, thoniger Lehm, Höhenlage	1882	15.00	5.6	32.5		24.1	4.8	6.59	38.26		49.51	5.64	1.05
	Mittel*)		16.00	8.32	2.10	27.93	39.98	5.67	9.90	2.50	33.25	47.60	6.95	1.58

Erbsenstroh. Unter dem Einflusse verschiedener Düngung.

No.	Bezeichnungen und Bemerkungen	Jahr	Wasser	Nh-Substanz	Rohfett	Nfr. Extractstoffe	Rohfaser	Asche	Nh-Substanz	Rohfett	Nfr. Extractstoffe	Rohfaser	Asche	Stickstoff
1	{ Ungedüngt	1878	12.76	5.00	—	—	—	7.45	5.73	—	—	—	8.54	0.92
2	{ Mit Knochensuperphosphat gedüngt	„	12.45	9.00	—	—	—	7.06	10.28	—	—	—	8.06	1.64
3	Ungedüngt	1879	10.13	7.31	—	—	—	—	8.14	—	—	—	—	1.30
4	Wasserlösliche Phosphorsäure	„	10.07	7.38	—	—	—	—	8.21	—	—	—	—	1.31
5	2-bas. phosphorsaurer Kalk	„	10.14	8.25	—	—	—	—	9.18	—	—	—	—	1.47
6	3-bas. „ „	„	11.80	7.25	—	—	—	—	8.22	—	—	—	—	1.32
7	Phosphorsaure Thonerde	„	10.09	8.31	—	—	—	—	9.24	—	—	—	—	1.48
8	Phosphorsaures Eisenoxyd	„	10.47	7.56	—	—	—	—	8.44	—	—	—	—	1.35
9	Superphosphat	„	10.88	7.21	—	—	—	—	8.09	—	—	—	—	1.29
10	Ungedüngt a	1876	13.42	6.08	2.35	34.07	37.21	6.87	7.15	2.76	40.04	43.74	6.31	1.14
11	„ b	„	13.13	8.10	2.33	31.78	38.31	6.35	9.44	2.71	37.02	44.62	6.21	1.51
12	Aetzkalk	„	12.79	7.36	2.44	35.05	36.52	5.75	8.53	2.83	40.63	42.34	5.67	1.35
13	Schwefelsaures Ammoniak	„	13.19	9.69	2.19	30.88	38.07	5.98	11.20	2.53	35.69	44.02	6.56	1.80
14	Phosphorsaurer Kalk	„	13.10	11.24	2.33	27.99	39.05	6.29	13.02	2.70	32.43	45.25	6.60	2.08
15	Schwefelsaures Kali	„	11.22	7.47	2.38	30.90	40.44	7.59	8.62	2.75	35.66	46.68	6.29	1.38
16	Ungedüngt	1883	10.45	5.52	—	—	—	—	6.16	—	—	—	—	0.99
17	Stickstoff	„	10.76	4.56	—	—	—	—	5.11	—	—	—	—	0.82
18	Kali	„	10.74	4.36	—	—	—	—	4.89	—	—	—	—	0.78
19	Phosphorsäure	„	8.92	5.69	—	—	—	—	6.24	—	—	—	—	1.00
20	Stickstoff und Kali	„	9.56	4.55	—	—	—	—	5.02	—	—	—	—	0.80
21	Phosphorsäure und Kali	„	10.65	4.93	—	—	—	—	5.51	—	—	—	—	0.88
22	Phosphorsäure, Kali (ClK), Stickstoff	„	8.68	5.11	—	—	—	—	5.60	—	—	—	—	0.90
23	Phosphorsaures Kalium, Stickstoff	„	9.02	5.82	—	—	—	—	6.33	—	—	—	—	1.01
24	Stickstoff	„	8.93	4.71	—	—	—	—	5.17	—	—	—	—	0.81
25	150 kg wasserlösl. Phosphors. u. Stickstoff	„	9.00	4.98	—	—	—	—	5.47	—	—	—	—	0.88
26	150 kg citratlösl. „ „ „	„	9.42	6.30	—	—	—	—	6.94	—	—	—	—	1.11
27	300 kg wasserlösl. „ „ „	„	8.58	6.08	—	—	—	—	6.64	—	—	—	—	1.06
28	300 kg citratlösl. „ „ „	„	9.50	7.34	—	—	—	—	8.10	—	—	—	—	1.30
29	450 kg wasserlösl. „ „ „	„	8.05	7.30	—	—	—	—	8.00	—	—	—	—	1.28
30	450 kg. citratlösl. „ „ „	„	9.23	6.90	—	—	—	—	7.59	—	—	—	—	1.31
31	Gyps	„	8.28	5.58	—	—	—	—	6.08	—	—	—	—	0.97

*) Das Mittel wurde berechnet unter Berücksichtigung des N- und Aschengehalts von Stroh unter No. 1—17, des Rohfasergehalts von Stroh unter No. 5—17, des Fettgehalts von Stroh unter No. 4—7 und sämmtlicher Zahlen von den Analysen unter No. 10—15 der gedüngten Erbsen.

Erbsenstroh. Unter dem Einflusse verschiedener Düngung.

No. 1 u. 2. E. Wein. — Hoffmann's agrik. Jahresber. 1878. 440. Die untersuchten Erbsen waren in Kästen von 1 qm und auf einem sehr sterilen Kalkkiesboden der oberbayrischen Hochebene gebaut. Die Düngung bei No. 2 bestand in 12 g in Wasser löslicher, 3 g unlöslicher Phosphorsäure und 2 g Stickstoff. Die Analysen beziehen sich auf Erbsenstroh ohne Hülsen.

No. 3—9. E. Wein. — Ztschr. d. landw. Ver. in Bayern 1880. 257. Die Erbsen wurden in Kästen von 1 qm Grösse auf humosem Kalkboden gezogen. Gedüngt wurde p. 1 qm mit 10 g Chilisalpeter, 5 g schwefelsaurem Kali und 10 g Phosphorsäure in verschiedener oben angegebener Form. Das angewandte Superphosphat enthielt 11.35 g freie P_2O_5 und 2.96 % solche als sauren phosphorsauren Kalk.

No. 10—15. E. Heiden u. Th. Wetzke. — Denkschrift d. V.-St. Pommritz 1882. Studien über schweren Boden. 103. Näheres ersiehe bei Roggenstroh. — Die Analysen beziehen sich auf Stroh, welches Stengel, Blätter und Hülsen umfasst. Die lufttrockne Substanz enthielt Sand:

No. 10	11	12	13	14	15
1. 50 %	1.02 %	0.95 %	0.32 %	0.59 %	2.14 %

Die Zusammensetzung der Trockensubstanz ist auf sandfreie Substanz berechnet.

No. 16—31. P. Wagner (V.-St. Darmstadt). — Landw. Jahrb. 12. 1883. 672. Alles Nähere ersiehe b. Erbsenkörnern, gedüngt.

No.	Bezeichnungen und Bemerkungen	Jahr der Untersuchung	In der ursprünglichen Substanz: Wasser %	Nh-Substanz %	Rohfett %	Nfr. Extractstoffe %	Rohfaser %	Asche %	In der Trockensubstanz: Nh-Substanz %	Rohfett %	Nfr.-Extractstoffe %	Rohfaser %	Asche %	Stickstoff in der Trockensubstanz %
	Sojabohnen-Stroh.													
1		1878	—	—	—	—	—	—	10.87	2.77	45.97	31.97	8.42	1.74
2		„	—	—	—	—	—	—	10.77	2.86	41.15	33.63	11.59	1.73
3		„	12.44	9.43	2.51	36.03	29.45	10.14	10.77	2.87	41.15	33.63	11.58	1.73
4	Gelbe und braunsamige Sojabohnen . .	1879	19.46	7.70	2.90	40.04	18.67	11.23	9.56	3.60	48.91	23.99	13.94	1.53
5		„	14.00	6.08	2.03	37.12	22.79	17.98	7.07	2.36	43.16	26.50	20.91	1.13
6	Gelbe Sojabohnen	„	9.16	7.75	1.84	46.60	24.61	10.04	8.53	2.03	51.29	27.10	11.05	1.36
7	Braune Sojabohnen	„	10.71	7.00	1.81	44.42	24.61	11.45	7.84	2.03	49.75	27.56	12.82	1.23
8	Stroh und Hülsen	1878	5.40	7.40	0.90	43.50	36.20	6.60	7.82	0.95	45.99	38.26	6.98	1.23
9		1880	13.72	5.29	1.99	36.15	34.10	8.75	6.13	2.31	41.90	39.52	10.14	0.98°
10		—	11.30	7.80	2.20	41.60	24.90	12.20	8.79	2.48	46.92	28.06	13.75	1.41
	Mittel (1—10) . . .		16.00	7.41	2.04	38.31	26.06	10.18	8.80	2.43	45.63	31.02	12.12	1.41
	Bohnenstroh (Vicia faba).													
1	Kurz vor der Reife geschnitten . . .	1856	14.47	16.38	2.23	31.63	25.84	9.45	19.15	2.61	36.98	30.21	11.05	3.06
2	Common Scoths-Bean	1852	19.23	6.57	—	—	—	5.39	8.13	—	—	—	6.67	1.30°
3	Winter-Bean, ohne Samenhülsen . . .	„	20.90	5.29	—	—	—	5.02	6.69	—	—	—	6 35	1.07°
4	Desgl., mit Samenhülsen	„	20.40	4.48	—	—	—	5.09	5.63	—	—	—	6.39	0.90°
5	Desgl., Samenhülsen allein	„	22.01	7.92	—	—	—	4.85	10.19	—	—	—	6.22	1.63°
6		1861	22.23	9.37	0.68	31.00	31.92	4.70	12.06	0.88	39.91	41.10	6.05	1.93°
7	Stroh von Rauhzeug	1862	17.90	9.20	1.40	28.10	38.50	4.90	11.21	1.71	34.22	46.89	5.97	1.79
8	In England gewachsen	1861	19.40	3.36	1.02	(6.93	65.58)	3.71	4.17	1.27	(8.38	81.38)	4.80	0.67
9	Im Versuchs-Garten zu Proskau gewachsen	1880	15.54	7.86	1.05	34.41	35.20	5.94	9.31	1.24	40.75	41.67	7.03	1.49°
10	Humoser Boden	„	15.00	6.50	29.20		43.10	6.20	7.64	34.38		50.69	7.29	1.22
11	Lehmboden, Höhenlage	„	15.00	7.20	33.90		38.20	5.20	8.47	40.49		44.92	6.12	1.36
12	Muschelkalkboden, Höhenlage	1881	15.00	13.00	35.00		30.60	6.40	15.29	41.19		35 99	7.53	2.45
13	„ „ . . .	1882	15.00	7.40	31.30		40.70	5.60	8.70	36.85		47.86	6.59	1.39
	Mittel (6—13) . . .		16.00	8.07	1.08	32.37	37.09	5.39	9.61	1.28	38.53	44.16	6.42	1.54

Sojabohnenstroh.

No. 1. E. Wildt. — Jahresb. d. Agrikulturchemie 21. (1878.) 744. (Landwirthschaftl. Centralbl. f. Posen 1878. 119.)
No. 2. Fr. Haberlandt. — Jahresber. d. Agrikulturchemie 21. (1878.) 744. (Wiener landw. Ztg. 1878. 13.)
No. 3. Schwackhöfer. — Jahresber. d. Agrikulturchemie 21. (1878.) 744. (Milchzeitung 1878. 134.)
No. 4. H. Weiske (V.-St. Proskau). — J. f. Landwirthsch. 27. 1879. 511. Das untersuchte Stroh war 1878 auf Oderalluvium gewachsen, welches in Bezug auf Mischnng, Tiefe und Cultur einen Boden von bester Beschaffenheit repräsentirte. Es stammte von gelb- und von braunsamiger Sojabohnenvarietät und hatte die ansitzenden Blätter gut erhalten; die Schoten waren davon entfernt.
No. 5. Caplan, mitgetheilt von E. Wein. — Ibid. Ergänzungsheft 12.
No. 6 u. 7. E. Wein. — Ibid. Ergänzungsheft 12.
No. 8. P. Wagner u. W. Rohn. — Privatmitthl.
No. 9. H. Weiske (V.-St. Proskau). J. f. Landwirthsch. 31. 1883. 209. Im Versuchsgarten zu Proskau gebaut.
No. 10. Edw. Kinch. — Biedermann's Centrlbl. 1882. 753.

Bohnenstroh (Vicia faba).

No. 1. Th. Way. — Weende'r Jahresber. 1857—61. II. 43. (Journ. Royl. Agr. Soc. 21 I. 161.) Derselbe Autor untersuchte noch fünf Proben Bohnenstroh auf Wasser- und Aschengehalt und fand im Mittel 10.0 % Wasser und 5.5 % Asche.
No. 2—5. Th. Anderson. — Transact. Highland Soc. 1851—53. 513. Nfr. Sbst. von uns berechnet.
No. 6. W. Henneberg, F. Stohmann u. F. Rautenberg. J. f. L. 12. 1864. 283.
No. 7. W. Henneberg, F. Stohmann u. F. Rautenberg. Ibid. 25.
No. 8. A. Voelcker. — Hoffmann's Jahresber. 6. 1863/64. 45. (Ueber die Zusammensetzung und den Nahrungswerth des Strohes von Dr. A. Voelcker. Deutsch von J. Holzendorf, Berlin, 1863.) Das Stroh enthielt im lufttrocknen Zustande in Wasser lösliche Proteïnstoffe 1.51 %, Zucker, Schleim und andere in Wasser lösliche Nfr. Stoffe 4.18 %, „verdauliche Faser u. s. w." 2.75 %, in Wasser lösliche Salze 2.31 %.
No. 9. H. Weiske, G. Kennepohl u. B. Schnlze. — J. f. Landw. 31. 1883. 209.
No. 10—13. M. Märcker (V.-St. Halle). — Privatmitthl.

No.	Bezeichnungen und Bemerkungen	Jahr der Untersuchung	In der ursprünglichen Substanz						In der Trockensubstanz					Stickstoff in der Trocken-Substanz
			Wasser	Nh-Substanz	Rohfett	Nfr. Extractstoffe	Rohfaser	Asche	Nh-Substanz	Rohfett	Nfr. Extractstoffe	Rohfaser	Asche	
			%	%	%	%	%	%	%	%	%	%	%	%
	Wickenstroh. — Stroh von Vicia sativa.													
1	Futterwicken	1854	16.00	6.47	19.98		51.96	5.59	7.70	23.68		61.97	6.65	1.23
2	Von der grünen Wicke	1854	16.00	6.43	38.38		31.11	8.08	7.66	45.59		37.03	9.72	1.23
3	Von der schwarzen Wicke	1854	16.00	6.82	30.70		39.27	7.11	8.12	36.67		46.75	8.46	1.30
	Wickenstroh und Spreu. — Unter dem Einflusse der Düngung.													
1	Ungedüngt a	1872	20.06	6.75	1.64	21.22	40.92	5.41	8.61	2.09	27.05	57.30	4.95	1.38
2	Ungedüngt b	1872	10.64	8.50	1.74	29.49	43.67	5.96	9.63	1.97	33.40	49.47	5.53	1.54
3	Aetzkalk	1872	11.72	8.72	1.67	31.51	40.18	6.20	9.95	1.91	35.97	45.87	6.30	1.59
4	Schwefelsaures Ammon	1872	11.37	8.06	1.52	28.55	44.38	6.12	9.22	1.74	32.68	50.79	5.57	1.48
5	Phosphorsaurer Kalk	1872	12.54	9.25	1.60	27.86	42.27	6.48	10.76	1.86	32.40	49.15	5.83	1.72
6	Schwefelsaures Kali	1872	13.33	8.97	1.82	28.96	40.87	6.05	10.46	2.12	33.70	47.65	6.00	1.67
	Mittel (No. 1—6)		16.00	8.21	1 64	27.33	42.03	4.79	9.77	1.95	32.54	50.04	5.70	1.56
	Sandwicke. — Stroh von Vicia villosa.													
1		1884	16.00	6.16	1.04	34.20	38.06	4.54	7.33	1.24	40.71	45.31	5.41	1.17

Stroh von verschiedenen Feldgewächsen.

No.	Bezeichnungen und Bemerkungen	Jahr der Untersuchung	Wasser	Nh-Substanz	Rohfett	Nfr. Extractstoffe	Rohfaser	Asche	Nh-Substanz	Rohfett	Nfr. Extractstoffe	Rohfaser	Asche	Stickstoff in der Trocken-Substanz
	Buchweizenstroh. — Stroh von Polygonum fagopyrum.													
1	Ungedüngt	1856	25.10	6.56	—	—	—	—	8.75	—	—	—	—	1.40°
2	Mit phosphorsäurehaltig. Dünger gezogen	1856	18.70	3.31	—	—	—	—	4.06	—	—	—	—	0.65°
3	Oberer Theil (1/3)	1856	17.70	4.25	—	—	—	—	5.19	—	—	—	—	0.83°
4	Unterer Theil (2/3)	1856	19.30	2.75	—	—	—	—	3.44	—	—	—	—	0.55
5		1862	16.00	8.04	1.08	45.37	19.31	10.20	9.57	1.28	54.02	22.99	12.14	1.53
6		1877	10.35	4.38	1.42	32.08	46.83	4.94	4.91	1.58	35.71	52.28	5.52	0.78
7		1877	10.39	3.33	1.70	34.49	44.93	5.16	3.72	1.90	38.51	50.12	5.76	0.59
	Rapsstroh.													
1	Stroh	1856	19.9	2.69	—	—	—	—	3.31	—	—	—	—	0.53°
2	Oberes Drittel (mit Aehren)	1856	23.4	2.44	—	—	—	—	3.12	—	—	—	—	0.50°
3	Unterer Theil (2/3)	1856	19.2	2.44	—	—	—	—	3.00	—	—	—	—	0.48°
4		—	16.00	2.27	36.54		42.17	3.02	2.70	43.5		50.2	3.6	0.43

Wickenstroh.
No. 1. Em. Wolff u. Dietlen. — Hohenheim. Mitthl. II. 1855. 140.
No. 2 u. 3. Ritthausen. — Mitthl. aus Waldau. I. 77—90. (Weende'r Jahresber. 1857. II. 46.)

Wickenstroh und Spreu. Gedüngt.
No. 1—6. E. Heiden u. Th. Wetzke (V.-St. Pommritz). — Denkschr. z. Feier des 25 jähr. Bestehens d. V.-St. Pommritz. II. Thl. Studien über schweren Boden. Hannover, 1883. Näheres siehe bei gedüngtem Roggenstroh. Die Ernte an Wicken betrug pro sächsische Quadratruthe:

	No 1	2	3	4	5	6
Körner	1857 g	1666 g	2508 g	2233 g	2689 g	2692 g
Stroh und Spreu	6123 g	6391 g	8717 g	7214 g	8292 g	7093 g

Sandwicke.
No. 1. Troschke. — Deutsche landw. Presse 1884. 370. Das Material stammte von einem Anbauversuche in Regenwalde auf leichtestem Sandboden.

Buchweizenstroh.
No. 1—4. Is. Pierre. — Ann. d'agricult. franc. 6. 385.
No. 5. H. Hellriegel. — 6. Ber. d. V.-St. Dahme 1863. 9. Dabei Sand 5.1 %.
No. 6 u. 7. Fr. H. Storer. — Bull. Bussey Instit. II. 1. 1877. 54.

Rapsstroh.
No. 1—3. Is. Pierre. — Ann. d'agricult. franc. 6. 385. Proteïngehalt von uns aus angegebenem N-gehalt berechnet.
No. 4. H. Hellriegel. — 1. Ber. d. V.-St. Dahme 1858. 43.

No.	Bezeichnungen und Bemerkungen	Jahr der Untersuchung	In der ursprünglichen Substanz: Wasser %	Nh-Substanz %	Rohfett %	Nfr. Extractstoffe %	Rohfaser %	Asche %	In der Trockensubstanz: Nh-Substanz %	Rohfett %	Nfr. Extractstoffe %	Rohfaser %	Asche %	Stickstoff in der Trockensubstanz %
	Rübsenstroh.													
1		1858	16.00	1.93	39.64		39.07	3.36	2.3	47.2		46.5	4.0	0.37
	Mohnstroh.													
1	Mohnstroh	1882	15.00	5.60	30.7		40.20	8.30	6.59	36.37		47.28	9.76	1.05
2		1881	14.80	6.70	1.50	36.10	31.53	9.37	7.87	1.76	42.34	37.02	11 01	1.26
	Mittel		16.00	6.07	1.48	32.51	35.41	8.73	7.23	1.76	38.47	42.15	10.39	1.16
	Hanfschabe. — Abfall beim Hanfbrechen.													
1	„Chenovette"	1878	10.67	1.90	0.98	37.49	46.45	2.51	2.13	1.10	41.98	51.98	2.81	0.34
	Leinstroh. — Abfall der Flachsbereitung.													
1		1878	12.99	7.69	3.22	37.19	26.44	12.47	8.84	3.70	42.75	30.38	14.33	1.25
	Lamellaria iberica. — Stroh und Spreu.													
1		1877	16.00	11.81	2.34	40.07	27.61	12.17	14.06	2.78	35.80	32.87	14.49P	2.25

Rübsenstroh.
No. 1. H. Hellriegel. — 1. Ber. d. V.-St. Dahme 1858. 43.

Mohnstroh.
No. 1. M. Märcker (V.-St. Halle.) — Privatmitthl.
No. 2. Th. Dietrich u. O. Toepelmann. — Privatmitthl. Die Probe stammte aus der Nähe von Hersfeld (Regbz. Cassel) von auf lehmigem Sandboden gewachsenem Mohn.

Hanfschabe.
No. 1. L. Grandeau. — Privatmitthl.

Leinstroh.
No. 2. M. C. de Leeuw. — Privatmitthl.

Lamellaria iberica.
No. 1. E. Wildt. — Landw. Centralbl. f. d. Prov. Posen 1878. 132. (Sommerfrucht, in Deutschland leicht reifende Labiate von der Pariser Abtheil. der Wiener Weltausstellung.)

Spreu.

(Schoten, Hülsen, Kaff, Kappen, Schalen.)

No.	Bezeichnungen und Bemerkungen	Jahr der Untersuchung	In der ursprünglichen Substanz						In der Trockensubstanz					Stickstoff in der Trockensubstanz
			Wasser	Nh-Substanz	Rohfett	Nfr. Extractstoffe	Rohfaser	Asche	Nh-Substanz	Rohfett	Nfr. Extractstoffe	Rohfaser	Asche	
			%	%	%	%	%	%	%	%	%	%	%	%
	Weizenspreu.													
1	In Bechelbrom gewachsen	1837	11.50	5.20	1.40	52.50	20.30	9.30	5.88	1.58	59.09	22.94	10.51	0.94
2	Winter-Igelweizen	1854	14.30	4.90	31.2		37.80	11.80	5.72	36.99		44.11	13.18	0.92
3	Sommerweizen	1854	14.30	3.30	29.4		39.70	13.30	3.85	34.30		46.33	15.52	0.62
4	Leere Aehren	1856	19.90	3.88	—		—	—	4.87	—		—	—	0.78^{0}
5	Reine Weizenspreu	1856	18.60	3.12	—		—	—	3.87	—		—	—	0.62^{0}
6	Desgl.	1856	17.70	4.81	—		—	—	5.81	—		—	—	0.93^{0}
7	Desgl.	1856	17.90	3.87	—		—	—	4.75	—		—	—	0.76^{0}
8	Desgl.	1856	18.20	3.50	—		—	—	4.25	—		—	—	0.68^{0}
9	Desgl.	1856	14.10	3.18	—		—	—	3.75	—		—	—	0.60^{0}
10	Käufliche, von rothem Weizen . . .	1856	18.20	4.68	—		—	—	5.43	—		—	—	0.87^{0}
11	Käufliche, von weissem Grannenweizen, Franc-blè	1856	19.90	6.37	—		—	—	7.87	—		—	—	1.26
12	Käufliche, von chicot rouge	1856	20.00	6.75	—		—	—	8.44	—		—	—	1.35^{0}
13		1856	8.50	7.25	51.65		29.30	3.30	7.92	57.45		31.02	3.61	1.27
14	Im frischen Zustande	1861	16.12	4.61	38.29		33.27	7.71	5.40	45.75		39.66	9.19	0.86
15	Nach einiger Zeit der Aufbewahrung .	1861	12.01	4.17	45.19		31.10	7.53	4.74	51.38		35.33	8.55	0.76
16	Granitverwitterungs-Boden	1869	12.58	7.44	3.17	34.91	29.08	12.82	8.51	3.64	39.91	33.27	14.67	1.36
17	Desgl.	1869	12.23	4.55	1.30	36.02	37.68	8.22	5.18	1.48	41.06	42.92	9.36	0.83
18		1878	14.00	5.98	1.25	38.81	37.45	2.51	6.95	1.45	45.23	43.55	2.92	1.11
19		1879	12.71	5.51	1.51	35.49	33.95	10.79	4.11	1.78	42.83	38.91	12.37	0.66
20	Goldentrop, tiefgründig., kalkhaltig. Thon	1880	15.00	5.60	49.40		26.90	12.10	6.59	47.57		31.61	14.23	1.05
21	Kessingland, tiefgründiger, humusreicher Lehm	1880	15.00	7.10	42.70		26.00	9.60	8.35	49.78		30.58	11.29	1.34
22	Rauchweizen, humoser Lehm	1880	15.00	6.80	38.20		22.70	17.30	8.00	44.96		26.70	20.34	1.28
23	Shiriff square head, Elbklayboden . .	1880	15.00	4.90	38.30		26.10	15.70	5.76	45.09		30.69	18.46	0.92
24	Kessingland, Thonboden, auf Muschelkalk	1881	15.00	8.80	43.30		22.10	10.80	10 35	49.96		26.99	12.70	1.66

Weizenspreu.

No. 1 u. 2. Boussingault. — Dessen „Die Landwirthschaft in Beziehungen zur Chemie etc." Deutsch von Gräger. Halle, 1851. 2. Bd. 170 u. 3. Bd. 200.
No. 3. Em. Wolff u. Dietlen. — Hohenheim. Mitthl. II. 1855. 140.
No. 4—12. Is. Pierre. — Ann. d'agricult. franc. 6. 385.
No. 13. F. Crusius. — Ztschr. f. Deutsche Landwirthe 1856. 50.
No. 14 u. 15. A. Voelcker. — J. R. Agric. Soc. England. I. 22. (1861.)
No. 16 u. 17. E. Heiden (V.-St. Pommritz). — Privatmitthl. u. Ber. d. V.-St. 1868/69. 38. In Asche von No. 16 4.36 % Sand, in No. 17 2.20 % Sand.
No. 18. L. Grandeau. — Privatmitthl. (Unter der Bezeichnung „Balles".)
No. 19. J. König (V.-St. Münster). — Ztg. f. Westfalen 1880. No. 5. 38.
No. 20—29. M. Märcker (V.-St. Halle). — Privatmitthl.

No.	Bezeichnungen und Bemerkungen	Jahr der Untersuchung	In der ursprünglichen Substanz: Wasser %	Nh-Substanz %	Rohfett %	Nfr. Extractstoffe %	Rohfaser %	Asche %	In der Trockensubstanz: Nh-Substanz %	Rohfett %	Nfr. Extractstoffe %	Rohfaser %	Asche %	Stickstoff in der Trockensubstanz %
25	Braunweizen, leicht., humoser Lehmboden	1882	15.00	2.3	43.6		30.7	8.4	2.70	51.32		36.10	9.88	0.43
26	Desgl.	1882	15.00	3.6	42.7		30.4	8.3	4.23	50.26		35.75	9.76	0.68
27	Shiriff square head, humoser Lehmboden	1882	15.00	2.1	40.0		34.2	8.7	2.47	47.08		40.22	10.23	0.40
28	Desgl.	1880	15.00	3.0	37.1		35.0	9.9	3.53	43.67		41.16	11.64	0.56
29	Humoser Lehmboden, Rivetts bearded .	1880	15.00	3.6	35.9		33.3	12.2	4.23	44.26		39.16	14.35	0.68
	Minimum		11.50	1.41	1.24	32.42	22.82	2.49	1.65	1.45	37.92	26.70	2.92	0.26
	Maximum		16.12	8.84	3.11	42.21	37.23	17.39	10.35	3.64	49.37	43.55	20.34	1.66
	Mittel*)		14.50	4.87	1.79	38.09	30.60	10.15	5.70	2.09	45.55	36.69	11.87	0.91
	Weizenspreu. Unter dem Einfluss verschiedener Düngung.													
1	Shiriff square head, humoser Lehmboden, 40 kg Phosphorsäure pro ha ohne Stickstoff	1882	15.00	1.7	39.0		34.1	10.2	2.00	45.90		40.10	12.00	0.32
2	Desgl., 40 kg Phosphorsäure, 40 kg Stickstoff als Chili, im October ausgestr. .	„	15.00	2.0	40.5		31.4	11.1	2.35	47.67		36.93	13.05	0.38
3	Desgl., 40 kg Phosphorsäure, 40 kg Stickstoff als Chili, im December ausgestr.	„	15.00	1.8	40.3		33.3	9.6	2.12	47.43		39.16	11.29	0.34
4	Desgl., 40 kg Phosphorsäure, 40 kg Stickstoff als Chili, im Februar ausgestr. .	„	15.00	2.4	40.9		33.7	8.2	2.82	47.91		39.63	9.64	0.45
5	Desgl., 40 kg Phosphorsäure, 40 kg Stickstoff als Chili, im Mai ausgestr. . .	„	15.00	2.1	39.2		31.3	12.4	2.47	46.14		36.81	14.58	0.40
6	Desgl., 40 kg Phosphorsäure, 40 kg Stickstoff als schwefels. Ammoniak, October	„	15.00	2.0	41.0		31.0	11.0	2.35	48.25		36.46	12.94	0.38
7	Desgl., 40 kg Phosphorsäure, 40 kg Stickstoff als Chili, halb Herbst, halb Frühj.	„	15.00	2.0	39.6		32.7	10.7	2.35	46.61		38.46	12.58	0.38
8	Desgl., 40 kg Phosphorsäure, 20 kg Stickstoff als Ammoniak, Herbst . . .	„	15.00	1.7	39.0		32.9	11.4	2.00	45.90		38.69	13.41	0.32
9	Desgl., 20 kg Stickstoff als Chili im Frühjahr, 40 kg Stickstoff ohne Phosphorsäure im Herbst	„	15.00	1.4	39.2		33.7	10.7	1.65	46.14		39.63	12 58	0.26
	Mittel (No. 1—9) . .		15.00	1.91	39.84		32.67	10.88	2.25	46.87		38.43	12.45	0.36
	Schlegeldinkelspreu.													
1		1854	14.50	2.89	32.75		41.48	8.38	3.38	38.31		48.51	9.80	0.54
	Roggenspreu.													
1	Von Winterroggen	1854	14.3	3.7	—	28.0	46.6	7.4	4.32	32.66		54.38	8.64	0.69
2		1855	14.1	12 8	—	27.6	29.3	16.2	14.89	32.19		34.08	18.84	2.38
3	Mit Beimengung grüner Pflanzentheile .	1879	12.22	11.99	3.49	32.33	33.52	6.45	13.66	3.97	36.84	38.18	7.35	2.19
4		1875	—	—	—	—	—	—	8.30	3.48	47.12	30.20	10.90	1.33
5	Gelbreif, abgeschnitten entkörnte Aehren	1860	—	—	—	—	—	—	3.10	2.54	52.94	32.78	8.64	0.50
6	Gelbreife Aehren, Sandboden	1875	—	—	—	—	—	—	4.60	1.80	52.31	31.56	9.73	0.74
7	Gelbreife Aehren, leichter Lehmboden .	1875	—	—	—	—	—	—	4.50	2.02	51.62	32.50	9.36	0.72
	Mittel (No. 4—7) . .		14.50	4.39	2.10	43.60	37.15	8.26	5.13	2.46	50.99	31.76	9.66	0.82

Weizenspreu. Unter dem Einfluss verschiedener Düngung.
No. 1—9. M. Märcker (V.-St. Halle). — Privatmitthl.
*) Zur Berechnung der Mittelzahlen wurden sämmtliche Zahlen für N u. Asche, für Fett die Zahlen unter No. 16—19 und für Rohfaser die Zahlen unter No. 16—29 verwendet, der Wassergehalt wurde willkürlich angenommen.

Schlegeldinkelspreu.
No. 1. E. Wolf u. Dietlen. — Hohenheim. Mitthl. II. 1855. 140.

Roggenspreu.
No. 1. E. Wolff u. Dietlen. — Hohenheim. Mitthl. II. 1855. 140. Von Winterroggen der 1854 in Hohenheim in einem dungkräftigen, ziemlich schweren Boden gewachsen und dessen Körnerertrag kein besonders reichlicher war.
No. 2. H. Scheven. — Mitthl. a. Waldau. I. 77.
No. 3. J. König (V.-St. Münster). — Ztg. f. Westf. 1880. No. 5. 38.
No. 4. G. Kühn. — Sächs. landw. Ztg. 1875. 156.
No. 5. B. Lucanus (V.-St. Dahme). — 4. u. 5. Bericht derselben. (Vergl. Nachfolgendes.)
No. 6. C. Brimmer u. Chr. Kellermann (V.-St. Münster). — Landw. Jahrb. 5. (1876.) 785. (Vergl. Nachfolgendes.)

No.	Bezeichnungen und Bemerkungen	Jahr der Untersuchung	In der ursprünglichen Substanz: Wasser %	Nh-Substanz %	Rohfett %	Nfr. Extractstoffe %	Rohfaser %	Asche %	In der Trockensubstanz: Nh-Substanz %	Rohfett %	Nfr. Extractstoffe %	Rohfaser %	Asche %	Stickstoff in der Trockensubstanz %
	Roggen-Aehren (Spelzen und Spindeln) in verschiedenen Reifeperioden und unter dem Einflusse der Nachreife.													
1	Nachreife der Körner ausgeschlossen: I. Per., am 28. Juni geschn., nach grün	1860	—	—	—	—	—	—	5.72	4.29	54.68	28.37	6.94	0.92
2	II. Per., am 3. Juli geschn., noch grün	„	—	—	—	—	—	—	5.49	3.76	52.47	30.52	7.76	0.88
3	III. Per., am 10. Juli geschn., gelbgrün	„	—	—	—	—	—	—	4.72	3.03	52.57	31.93	7.75	0.76
4	IV. Per. am 18. Juli, geschn., gelb	„	—	—	—	—	—	—	3.92	1.70	55.00	30.96	8.42	0.63
5	V. Per., am 26. Juli geschn., völlig reif	„	—	—	—	—	—	—	3.55	1.58	53.51	33.71	7.65	0.57
6	Nachreife möglichst vollständig: I. Per., am 28. Juni geschn.,	„	—	—	—	—	—	—	5.61	1.86	53.22	31.15	8.16	0.90
7	II. „ „ 3. Juli „	„	—	—	—	—	—	—	4.88	3.40	52.25	31.87	7.61	0.76
8	III. „ „ 10. „ „	„	—	—	—	—	—	—	5.01	4.03	50.86	32.83	7.28	0.80
9	IV. „ „ 18. „ „	„	—	—	—	—	—	—	5.37	2.06	52.02	33.24	7.31	0.86
10	V. „ „ 26. „ „	„	—	—	—	—	—	—	3.85	2.78	48.78	37.25	7.33	0.62
11	Nachreife beschränkt: I. Periode	„	—	—	—	—	—	—	5.85	1.47	55.09	30.09	7.50	0.94
12	IV. „	„	—	—	—	—	—	—	3.89	0.97	52.49	33.37	9.28	0.62
13	Aufbewahrungsmethode der in der Praxis üblichen gleich: I. Per.	„	—	—	—	—	—	—	3.59	2.62	57.37	29.61	6.82	0.57
14	IV. Per.	„	—	—	—	—	—	—	3.10	2.54	52.94	32.78	8.64	0.50
15	Sandboden: 16. Juli geschnitten zur Zeit der Milchreife	1875	—	—	—	—	—	—	4.45	1.98	52.92	30.79	9.86	0.71
16	21. Juli geschnitten zur Zeit der Gelbreife	„	—	—	—	—	—	—	4.60	1.80	52.31	31.56	9.73	0.74
17	26. Juli geschnitten zur Zeit der Todtreife	„	—	—	—	—	—	—	5.16	1.86	52.86	30.24	9.88	0.83
18	Leichter Lehmboden: 14. Juli geschnitten, Milchreife	„	—	—	—	—	—	—	5.24	2.24	52.02	31.93	9.12	0.84
19	21. „ „ Gelbreife a	„	—	—	—	—	—	—	6.46	2.25	49.72	32.32	9.24	1.03
20	25. „ „ „ b	„	—	—	—	—	—	—	4.50	2.02	51.62	32.50	9.36	0.72
21	30. „ „ Todtreife	„	—	—	—	—	—	—	4.71	1.85	50.09	34.47	8.88	0.75
	Gertsenspreu.													
1	Von Annatgerste	1854	14.3	3.5	—	39.8	31,3	11.1	4.08	46.44 (Rohfett + Nfr. Extractstoffe)		36.53	12.95	0.65
2	Desgl. auf thonigem Boden	„	13.89	2.73	—	40.55	29.71	13.12	3.17	47.11		34.49	15.23	0.51
3	Probsteigerste auf thonigem Lehmboden	;,	13.91	2.62	—	39.66	29.29	14.52	3.04	46.06		34.03	16.87	0.49
	Mittel		14.50	2.95	—	39·79	29.94	12.84	3.43	46.53		35.02	15.02	0.55

Roggen-Aehren (Spitzen und Spindeln) in verschiedenen Reifeperioden und unter dem Einflusse der Nachreife.

No. 1—14. B. Lucans (V.-St. Dahme). — L. V.-St 4. 1862. 147 u. 4. u. 5. Bericht d. V.-St Dahme. 1862. 124. Das Nähere siehe bei „Roggenstroh“ in verschiedenen Reifeperioden. An näheren Bestandtheilen wurden noch Zucker und Stärkemehl bestimmt und von diesen in dem Material gefunden:

	No. 1	2	3	4	5	6	7	8	9	10	11	12	13	14
Dextrin und Zucker	1.90	2.25	1.50	0.20	0.12	1.31	3.40	1.44	?	0.13	3.26	?	4.68	0.21
Stärkemehl . . .	25.28	25.15	27.02	23.45	22.14	15.24	19.12	21.47	18.82	15.72	19.50	19.16	16.86	20.48
zusummen	27.18	27.40	28.52	23.65	22.26	16.55	22.52	22.91	?	15.85	22.76	?	21.54	20.69

No. 15—21. C. Brimmer u. Chr. Kellermann (V.-St. Münster). — Landw. Jahrbücher 5. (1876.) 785. Die Zahlen beziehen sich auf die von den Halmen abgeschnittenen, entkörnten Aehren und zwar auf wasser- und sandfreie Substanz. Das Material der 2. Versuchsreihe, No. 18—21, wurde noch auf die Menge der in Wasser löslichen Stoffe (auf Trockensubstanz berechnet) untersucht und gefunden:

	No. 18 %	19 %	20 %	21 %
Proteïn . . .	1.765	3.287	1.770	1.952
Extractivstoffe	6.932	7.495	7.164	6.631
Asche . . .	3.118	2.132	2.228	2.851
zusammen	11.815	12.914	11.162	11.434

Gerstenspreu.

No. 1. Em. Wolff u. Dietlen. — Hohenheim. Mitthl. II. 1885. 140.

No. 2 u. 3. H. Ritthausen. — Möckern'sche Berichte IV. 1855. 73. No. 2 nach gedüngten Kartoffeln und Zuckerrüben, No. 3 nach gedüngten Runkelrüben.

No.	Bezeichnungen und Bemerkungen	Jahr der Untersuchung	In der ursprünglichen Substanz: Wasser %	Nh-Substanz %	Rohfett %	Nfr. Extractstoffe %	Rohfaser %	Asche %	In der Trockensubstanz: Nh-Substanz %	Rohfett %	Nfr. Extractstoffe %	Rohfaser %	Asche %	Stickstoff in der Trockensubstanz %
	Haferspreu.													
1		1848	18.72	—	—	—	—	6.42	—	—	—	—	7.87	—
2		?	11.00	—	—	—	—	15.10	—	—	—	—	16.96	—
3	Hopetoun-Hafer	1854	14.30	4.00	28.00		34.90	18.80	4.67	32.67		40.73	21.93	0.75
4		1867	13.96	7.00	1.50	40.67	25.92	10.95	8.14	1.75	47.21	30.17	12.72	1.30
5	Auf Granitverwitterungsboden gewachsen	1868	12.64	3.75	1.26	43.21	35.11	4.03	4.29	1.44	49.49	40.17	4.61	0.69
6		1879	8.57	9.06	5.17	52.03	19.61	5.56	9.91	5.66	56.91	21.44	6.08	1.58
7		1879	13.50	5.56	3.16	42.28	27.24	8.26	6.43	3.65	48.88	31.49	9.55	1.03
8		1880	(14.35	5.54	2.90	41.97	26.53	8.71)	6.47	3.38	49.33	30.66	10.16	1.04
9		1881	(15.00	5.51	1.60	30.34	40.48	7.07)	6.48	1.88	35.73	47.60	8.31	1.04
10	Sandhafer, mergeliger humoser Sandboden	1880	15.00	5.0	36.8		16.6	26.6	5.88	47.32		19.52	31.28	0.94
11	Landhafer, lehmiger Sandboden, stark befallen	„	15.00	5.1	46.8		28.0	5.1	6.00	55.07		32.93	6.00	0.96
12	Landhafer, Sandboden	„	15.00	4.9	49.8		20.5	9.8	5.76	58.61		24.11	11.52	0.92
13	Sandhafer, Moorboden	„	15.00	8.7	42.4		22.5	11.4	10.23	49.90		26.46	13.41	1.63
14	Frühhafer, humusarmer sandiger Lehm	„	15.00	6.9	35.2		20.1	12.8	8.11	53.20		23.64	15.05	1.30
15	Humoser Lehm	„	15.00	6.7	44.2		20.6	13.5	7.88	52 01		24.23	15.88	1.26
16	Landhafer, leichter Sandboden	„	15.00	6.6	42.5		27.9	8.0	7.76	50.02		32.81	9.41	1.26
17	Desgl.	„	15.00	5.6	45.6		27.1	6.7	6.59	53.66		31.87	7.88	1.05
18	Desgl.	„	15.00	5.7	45.5		26.6	7.2	6.70	53.55		31.28	8.47	1.07
19	Desgl.	„	15.00	7.2	44.3		25.9	7.6	8.47	52.13		30.46	8.94	1.36
20	Desgl.	„	15.00	6.2	41.5		26.4	10.9	7.29	48.84		31.05	12.82	1.17
21	Desgl.	„	15.00	6.4	43.0		28.1	7.5	7.53	50.50		33.15	8.82	1.20
22	Desgl.	„	15.00	6.3	42.6		28.1	8.0	7.41	50.03		33.15	9.41	1.19
23	Desgl.	„	15.00	4.7	45.7		28.1	6.5	5.53	53.68		33.15	7.64	0.88
24	Desgl.	„	15.00	4.5	43.9		30.1	6.5	5.29	51.67		35.40	7.64	0.85
25	Desgl.	„	15.00	4.2	43.3		29.8	7.7	4.94	50.96		35.04	9.06	0.79
26	Desgl.	„	15.00	3.7	43.7		29.6	8.0	4.35	51.43		34.81	9.41	0.70
27	Desgl.	„	15.00	1.9	39.3		39.1	4.7	2.23	46.26		45.98	5.53	0.36
28	Desgl.	„	15.00	3.8	43.1		32.1	6.0	4.47	49.72		38.75	7.06	0.72
29	Desgl.	„	15.00	4.9	45.9		26.5	7.7	5.76	54.02		31.16	9.06	0.92
30	Desgl.	„	15.00	4.2	47.5		26.4	6.9	4.94	55.90		31.05	8.11	0.79
31	Desgl.	„	15.00	4.5	47.0		26.8	6.7	5.29	55.31		31.52	7.88	0.85
32	Desgl.	„	15.00	3.4	46.8		28.7	6.1	4.00	55.08		33.75	7.17	0.64
33	Beseler's verbesserter Anderbecker, milder humosor Lehm	1881	15.00	4.1	41.8		23.1	16.0	4.82	49.19		27.17	18.82	0.77
34	Deutscher gelber Herbsthafer, Thonboden auf kalkhaltigem Muschellager	„	15.00	6.5	45.1		23.5	9.9	7.64	35.08		27.64	11.64	1.22

Haferspreu.

No. 1. Lawes u. Gilbert. — Agricult. chemistry-Sheep Feeding and Manure. Part. I. 1849.
No. 2. Norton. — Edw. Hemming's Tabelle in J. Roy. agricult. Soc. England. 13. II. (1852.) 449. Mittel aus 7 Analysen.
No. 3. E. Wolff u. Dietlen. — Hohenheimer Mitthl. II. 1855. 140.
No. 4. Fritzsche. — Bericht der V.-St. Pommritz. 1867/68. 27.
No. 5. E. Heiden. — Bericht der V.-St. Pommritz 1868/69. 27. In der Asche der lufttrocknen Substanz 0.38 Sand.
No. 6. J. König (V.-St. Münster). — Ztg. f. Westfalen und Lippe 1880. No. 5. 36.
No. 7. J. König. — 2. Bericht d. V.-St. Münster 1878—1880.
No. 8. Th. Dietrich (V.-St. Marburg). — Landw. Ztg. f. d. Rgbz. Cassel. 1880.
No. 9. W. Fleischmann. — Milchwirthschaftl. V.-St. Raden. Ber. derselben 1881. 19.
No. 10—44. M. Märcker (V.-St. Halle). — Privatmitthl.

No.	Bezeichnungen und Bemerkungen	Jahr der Untersuchung	In der ursprünglichen Substanz: Wasser %	Nh-Substanz %	Rohfett %	Nfr. Extractstoffe %	Rohfaser %	Asche %	In der Trockensubstanz: Nh-Substanz %	Rohfett %	Nfr. Extractstoffe %	Rohfaser %	Asche %	Stickstoff in der Trockensubstanz %
35	Humoser lehmiger Sand, Landhafer . .	1882	15.00	5.0	49.5		24.5	6.0	5.88	58.25		28.81	7.06	0.94
36	Desgl.	„	15.00	3.9	49.6		24.6	6.9	4.59	58.37		28.93	8.11	0.73
37	Desgl.	„	15.00	3.9	49.6		24.8	6.7	4.59	58.37		29.16	7.88	0.73
38	Desgl.	„	15.00	4.5	47.5		24.2	8.8	5.29	55.90		28 46	10.35	0.85
39	Desgl.	„	15.00	4.7	48.7		24.3	7.3	5.53	57.31		28.58	8.58	0.88
40	Desgl.	„	15.00	4.6	47.8		24.8	7.8	5.41	56.26		29.16	9.17	0.87
41	Desgl.	„	15.00	4.6	47.0		24.4	8.0	5.41	56.49		28.69	9.41	0.87
42	Desgl.	„	15:00	4.8	48.4		23.7	8.1	5.64	56.96		27.87	9.53	0.90
43	Augusthafer, humoser Lehmboden . .	„	15.00	4.8	45.4		26.5	8.3	5.64	53.44		31.16	9.76	0.90
44	Desgl.	„	15.00	4.6	45.9		25.3	9.2	5.41	54.01		29.75	10.83	0.87
	Haferspreu von verschiedenen vergleichsweise angebauten Hafervarietäten.													
45	Weisser tartarischer Fahnen-Hafer . .	1884	15.00	4.0	—	—	—	19.6	4.70	—	—	—	23.05	0.75
46	Lüneburger Kley-Hafer	„	15.00	3.3	—	—	—	16.8	3.88	—	—	—	19.76	0.62
47	Schwarzer californischer prolific . . .	„	15.00	3.8	—	—	—	17.0	4.47	—	—	—	19.99	0.72
48	Probsteier Original	„	15.00	3.9	—	—	—	19.6	4.59	—	—	—	23.05	0.73
49	Hopetoun	„	15.00	3.7	—	—	—	16.7	4.35	—	—	—	19.64	0.70
50	Beseler's Anderbecker	„	15.00	3.9	—	—	—	17.3	4.59	—	—	—	20.34	0.73
51	Australischer	„	15.00	4.1	—	—	—	17.6	4.82	—	—	—	20.70	0.77
52	Dänischer	„	15.00	3.6	—	—	—	17.2	4.23	—	—	—	19.33	0.68
53	Hallet's canadischer	„	15.00	3.6	—	—	—	17.6	4.23	—	—	—	20.70	0.68
54	Kylberg's pedigree, schwedischer . . .	„	15.00	4.2	—	—	—	19.1	4.94	—	—	—	22.46	0.79
	Minimum	—		1.91	1.23	30.24	16.68	4.73	2.23	1.44	35.37	19.52	5.53	0.36
	Maximum	—		8.47	4.84	48.66	40.69	26.74	9.91	5.66	56.92	47.60	31.28	0.58
	Mittel (No. 3—54). .		14.50	4.94	2.53	41.12	26.53	10 38	5.78	2.96	48.09	31.03	12.14	0.93

Haferspreu unter dem Einfluss verschiedener Düngung und verschiedener Aussaatstärke.

Dünnsaat 44 kg pro ha. Drillweite 23.5 cm.

No.	Bezeichnungen und Bemerkungen	Jahr der Untersuchung	Wasser %	Nh-Substanz %	Rohfett %	Nfr. Extractstoffe %	Rohfaser %	Asche %	Nh-Substanz %	Rohfett %	Nfr. Extractstoffe %	Rohfaser %	Asche %	Stickstoff in der Trockensubstanz %
1	Ungedüngt	1882	15.0	4.3	41.9		24.9	13.9	5.06	49.31		29.28	16.35	0.81
2	— kg Chilisalp. u. 200 kg Superphosph.	„	15.0	4.8	41.7		24.4	14.1	5.64	49.09		28.69	16.58	0.90
3	— „ „ u. 400 „ „	„	15.0	4.3	41.8		24.9	14.0	5.06	49.20		29.28	16.46	0.81
4	200 „ „ u. — „ „	„	15.0	4.8	42 2		23.7	14.3	5.64	49.67		27.87	16.82	0.90
5	300 „ „ u. — „ „	„	15.0	5.2	41.3		24.9	13.6	6.12	48 61		29.28	15.99	0.97
6	400 „ „ u. — „ „	„	15.0	5.3	40.7		24.0	15.0	6.23	47.91		28.22	17.64	1.00
7	200 „ „ u. 200 „ „	„	15.0	5.3	42.8		23.9	13.0	6.23	50.37		28.11	15.29	1.00
8	300 „ „ u. 200 „ „	„	15.0	5.4	41.8		24.1	13.7	6.35	49.20		28.34	16.11	1.02
9	400 „ „ u. 200 „ „	„	15.0	5.9	40.4		23.6	15.1	6.94	47.55		27.75	17.76	1.11
10	200 „ „ u. 400 „ „	„	15.0	5.0	41.8		23.6	14.6	5.88	49.20		27.75	17.17	0.94
11	300 „ „ u. 400 „ „	„	15.0	5.0	41.9		23.9	14.2	5.88	49.31		28.11	16.70	0.94
12	400 „ „ u. 400 „ „	„	15.0	5.7	42.3		23.1	13.9	6.70	49.78		27.17	16.35	1.07

Haferspreu von verschiedenen vergleichsweise angebauten Hafervarietäten.

No. 45—54. M. Märcker (V.-St. Halle). — Ztschr. d. landw. Centralv. d. Prov. Sachsen 1885. 3. Hft. Näheres ersiehe bei Haferstroh und Haferkörner.

Haferspreu unter dem Einfluss verschiedener Düngung und verschiedener Aussaatstärke.

No. 1—37. M. Märcker (V.-St. Halle). — Nach Separatabzügen v. d. Ztsch. d. landw. Centralv. d. Prov. Sachsen 1883. Hft. 2 u. 3 und 1884. Hft. 4 u. 5. Näheres siehe bei Haferstroh, gedüngt. No. 1—39.

Die Zahlen für die Spreu unter 19.37 können nicht als normale angesehen werden, da dieselbe wohl aus ebensoviel Staub und Verunreinigungen als aus Pflanzensubstanz bestand, wie ihr wechselnder Aschengehalt (von 17.3—41.4%) zeigt.

Stärkere Aussaat 76 kg pro ha. Drillweite 17 cm.

No.	Bezeichnungen und Bemerkungen	Jahr der Untersuchung	In der ursprünglichen Substanz: Wasser %	Nh-Substanz %	Rohfett %	Nfr. Extractstoffe %	Rohfaser %	Asche %	In der Trockensubstanz: Nh-Substanz %	Rohfett %	Nfr. Extractstoffe %	Rohfaser %	Asche %	Stickstoff in der Trockensubstanz %
13	Ungedüngt	1882	15.0	4.5	43.2		23.5	13.8	5.29	50.84		27.64	16.23	0.85
14	— kg Chilisalp. u. 400 kg Superphosph.	„	15.0	4.9	42.1		23.9	14.1	5.76	49.55		28.11	16.58	0.92
15	400 „ „ „ — „ „	„	15.0	5.3	41.6		24.2	13.9	6.23	48.96		28.46	16.35	1.00
16	260 „ „ „ 200 „ „	„	15.0	4.6	43.8		23.5	13.1	5.41	51.54		27.64	15.41	0.87
17	400 „ „ „ 200 „ „	„	15.0	4.4	42.4		24.0	14.2	5.17	49.91		28.22	16.70	0.83
18	400 „ „ „ 400 „ „	„	15.0	4.4	41.4		24.8	14.4	5.17	48.74		29.16	16.93	0.83
	Aussaat pro ha kg													
19	Ungedüngt 44	1883	15.0	2.6	39.4		16.0	27.0	3.06	46.37		31.75	18.82	0.49
20	Desgl. 44	„	15.0	3.7	26.4		21.3	33.6	4.35	31.09		39.51	25.05	0.70
21	Mittel der 2 Parzellen 44	„	15.0	3.2	32.9		18.6	30.3	3.76	38.74		35.63	21.87	0.60
22	Desgl. 76	„	15.0	2.0	31.7		15.7	35.6	2.35	37.32		41.87	18.46	0.38
23	Desgl. 76	„	15.0	3.7	33.5		22.9	24.9	4.35	39.44		29.28	26.93	0.70
24	Mittel der 2 Parzellen 76	„	15.0	2.9	32.5		19.3	30.3	3.41	38.66		35.63	22.30	0.55
25	200 kg Chilisalp. u. — Superph. 44	„	15.0	2.4	32.3		12.9	41.4	2.82	33.32		48.69	15.17	0.45
26	200 „ „ „ — „ 76	„	15.0	2.5	32.2		15.3	35.0	2.96	37.89		41.16	17.99	0.47
27	400 „ „ „ — „ 44	„	15.0	4.1	31.9		16.9	32.1	4.82	37.56		37.75	19.87	0.77
28	400 „ „ „ — „ 76	„	15.0	3.5	35.3		17.9	28.3	4.12	41.55		33.28	21.05	0.66
29	200 „ „ „ 200 „ 44	„	15.0	3.3	37.7		20.3	23.7	3.88	44.38		27.87	23.87	0.62
30	200 „ „ „ 200 „ 76	„	15.0	3.3	35.4		19.4	26.9	3.88	31.68		31.63	22.81	0.62
31	400 „ „ „ 200 „ 44	„	15.0	3.5	36.9		19.3	25.3	4.12	43.83		29.75	22.30	0.66
32	400 „ „ „ 200 „ 76	„	15.0	4.1	35.7		18.4	26.8	4.82	42.02		31.52	21.64	0.77
33	200 „ „ „ 400 „ 44	„	15.0	3.3	34.9		19.9	26.9	3.88	41.09		23.40	31.63	0.62
34	200 „ „ „ 400 „ 76	„	15.0	3.4	39.9		24.4	17.3	4.00	46.97		28.69	20.34	0.64
35	400 „ „ „ 400 „ 44	„	15.0	4.3	30.5		21.9	28.3	5.06	35.91		25.75	33.28	0.81
36	400 „ „ „ 400 „ 76	„	15.0	4.4	35.5		22.6	22.5	5.17	41.79		26.58	26.46	0.83
37	Mittel der Proben v. 19—37	„	15.0	3.38	34.09		19.06	28.47	3.97	40.24		22.31	33.48	0.64

Grünkernspreu.

No.	Bezeichnungen und Bemerkungen	Jahr der Untersuchung	Wasser %	Nh-Substanz %	Rohfett %	Nfr. Extractstoffe %	Rohfaser %	Asche %	Nh-Substanz %	Rohfett %	Nfr. Extractstoffe %	Rohfaser %	Asche %	Stickstoff in der Trockensubstanz %
1		1882	9.85	2.31	1.53	50.50	29.21	6.60	2.56	1.70	56.02	34.40	7.32	0.41

Maiskolben (die entkörnten Samenträger von Zea Mais).

No.	Bezeichnungen und Bemerkungen	Jahr der Untersuchung	Wasser %	Nh-Substanz %	Rohfett %	Nfr. Extractstoffe %	Rohfaser %	Asche %	Nh-Substanz %	Rohfett %	Nfr. Extractstoffe %	Rohfaser %	Asche %	Stickstoff in der Trockensubstanz %
1	Von badischem Mais	1855	11.75	0.81	—	45.94	36.49	5.01	0.92	—	52 09	41.32	5.67	0.14
2	Von frühreifem, steirischem Mais . .	„	10.79	3.86	1.50	58.71	22.84	2.30	4.33	1.68	65.91	25.50	2.58	0.70
3	Von amerikanischem Mais	„	8.79	3.00	0.89	53.62	30.80	2.90	3.29	0.98	58.81	33.74	3.18	0.53
4	Aus steirischem Mais — Maiskolbenmehl	„	10.50	7.21	—	54.69	28.00	9.60	8.12	—	49.88	31.28	10.72	1.30
5	Maiskolbenmehl, I. Qualität	„	8.70	7.35	1.10	18.19	61.62	3.04	8.05	1.20	19.95	67.47	3.33	1.29
6	Desgl., II. Qualität	„	10.20	11.23	1.60	63.17	9,80	4.00	12.51	1.78	70.33	10.92	4.46	2.00

Grünkernspreu. (Abfall von der Fabrikation des Grünkerns, einer Art Graupen aus halbreifem Dinkel (Spelz) durch Dürren und Dreschen hergestellt.

No. 1. J. Nessler. Wochenbl. d. landw. Ver. in Baden 1882. 309.

Maiskolben.

No. 1. Herth. — Weende'r Jahresber. 1855/56. 22. (Bad. Correspondenzbl. 1856. 73.) Mitgetheilt von v. Babo, der das Fehlen des Fettes hervorhebt.

No. 2 u. 3. — Ign. Moser. — Ebendaselbst. (Arenst. land- u. forstw. Ztg. 1856. 380.) Die Proben enthielten Zucker (Alkoholauszug): No. 2 1.98, No. 3 1.20 %. Moser konnte in Maiskolben aus Oberösterreich bei mikroskopischer Untersuchung nur sparsam Stärkemehlkörner entdecken.

No. 4. A. Schrötter. — Mitgetheilt von v. Babo. Ebendaselbst.

No. 5. u. 6. Heller. — Mitgeth. von Moser. Ebendas. Die beiden Proben ergaben Alkoholauszug (Zucker): No. 5 4.90, No. 6 5.00 %.

No.	Bezeichnungen und Bemerkungen	Jahr der Untersuchung	In der ursprünglichen Substanz						In der Trockensubstanz					Stickstoff in der Trocken-Substanz
			Wasser %	Nh-Substanz %	Rohfett %	Nfr. Extractstoffe %	Rohfaser %	Asche %	Nh-Substanz %	Rohfett %	Nfr. Extractstoffe %	Rohfaser %	Asche %	%
7	Desgl. aus Steiermark, feinere Sorte .	1855	9.20	1.64	0.37	46.04	39.90	2.85	1.81	0.41	50.71	43.93	3.14	0.29
8	Desgl., gröbere Sorte	„	8.82	1.27	0.35	45.31	41.15	3.10	1.39	0.38	49.69	45.14	3.40	0.22
9	Von unreifem Sweet Corn, geerntet 9. Aug.	1877	10.10	8.56	2.10	51.14	21.40	6.70	9.52	2.34	56.89	23.80	7.45	1.52
10	Von unreifem Sweet Corn, geerntet 25. Aug.	„	9.02	3.00	0.84	54.91	29.63	2.60	3.30	0.92	60.36	32.56	2.86	0.53
11	Von Sweet Corn, geerntet 5. September	„	8.82	2.69	0.92	55.53	30.57	1.47	2.95	1.01	60.89	33.54	1.61	0.47
12	Von Ohio Dent, Ernte 1877	„	8.21	2.56	0.28	56.99	30.99	0.97	2.79	0.30	62.10	33.75	1.06	0.45
13	Von Norfolk White Corn	„	7.18	1.81	0.31	59.57	29.80	1.33	1.94	0.33	64.20	32.10	1.43	3.10
14	Von Tuscarora, Ernte 1877	„	8.37	2.56	0.34	57.15	30.01	1.57	2.79	0.37	62.38	32.75	1.71	0.45
15	Von Vermont White Cap, Ernte 1877	„	8.40	2.63	0.33	57.21	30.47	0.96	2.87	0.36	62.45	33.27	1.05	0.46
16	Von Rowley, Ernte 1877	„	8.05	1.81	0.23	56.54	32.39	0.98	1.97	0.25	61.50	35.21	1.07	0.32
17	Von Canada Yellow	1869	7.52	2.35	0.51	57.72	29.76	2.14	2.54	0.55	62.43	32.17	2.31	0.41
18	Von Eigt-rowed „Yellow“ or „Canada“	„	11.45	1.30	0.10	47.60	38.30	1.30p	1.38	0.11	53.80	43.19	1.52P	0.22
19	Rafles de mais.	1878	9.78	7.19	1.48	44.35	34.70	2.50	7.97	1.64	49.17	38.45	2.77	1.28
20	Farina grossolana dei rachidi di Zea Mais	1871	6.84	0.73	0.28	22.86	66.68	1.61	0.78	0.30	20.82	71.55	6.55	0.12
21		1884	11.50	4.25	0 52	46.16	35.12	2.45	4.80	0.59	52.15	39.69	2.77	0.77
22		„	13.75	3.75	0.63	36.42	43.82	1.63	4.34	0.73	42.30	50.74	1.89	0.69
	Reisschalen. (Von Oryza sativa.)													
1		1870	10.02	3.06	1.37	33.08	35.07	17.40	3.40	1.52	36.76	38.98	19.34	0.54
2		1872	9.80	4.20	1.10	48.30	26.80	9.80	4.66	1.22	53.55	29.71	10.86	0.74
3		1878	8.91	2.75	1.18	26.16	45.15	15.85	3.02	1.29	28.72	49.57	17.40	0.48
4		1878	10.79	5.56	1.98	28.66	32.28	10.73	6.23	2.22	43.34	36.18	12.03	1.00
5		1881	10.01	3.13	1.68	35.95	35.37	13.86	3.47	1.96	39.92	39.25	15.40	0.55
6		1881	9.65	3.97	2.00	35.20	35.30	13.83	4.40	2.21	38.98	39.10	15.31	0.70
7		1881	9.95	3.38	1.08	27.09	43.33	15.17	3.75	1.20	30.08	48.12	16.85	0.60
8		1881	9.45	3.56	2.08	28.29	40.52	16.10	3.93	2.30	31.24	44.75	17.78	0.63
9		1882	9.61	3.31	1.01	25.74	44.44	15.89	3.66	1.11	28.48	49.17	17.58	0.58
	Mittel		9.20	3.69	1.52	33.39	37.82	14.38	4.06	1.67	36.78	41.65	15.84	0.65
	Sorghumspreu.													
1	Von ägypt. Dari (Sorghum tataricum) .	1861	14.50	3.54	0.86	51.04	22.83	7.23	4.14	1.01	59.04	27.35	8.64	0.66

No. 7 u. 8, Stoeckhardt (durch Nyberg). — Ebendaselbst. 23. Chem. Ackersm. 2. 1856. 132. An näheren Bestandtheilen wurden ferner bestimmt und gefunden:

	No. 7	No. 8
Stärke	8.08	5.01
Zucker	3.47	2.45
Dextrin und im Wasser lösliche Extractstoffe	14.32	14.73
In schwacher Lauge lösliche Stoffe	20.17	23.12

No. 9—16. S. W. Johnson. — Connect. Agricult. Exper. Stat. Ann. Rep. 1878. 72.
No. 17. W. O. Atwater. — Ebendaselbst. Mitgetheilt von S. W. Johnson.
No. 18. W. O. Atwater. — Rep. Agricult. Experiment. Stat. Middletown. Conn. 1877—78. 28.
No. 19. L. Grandeau. — Privatmitthl.
No. 20. Ettore Celi. — La Stazione Agraria di Modena. Bullettino No. 1. 53. In der lufttrocknen Substanz wurden ferner gef.nden: 0.58 % Zucker, 1.46 % Dextrin und 21.79 % Stärke.
No. 21 u. 22. F. Sestini u. A. Dicocco. — Biedermann's Centralbl. f. Agriculturchemie. 1855. 211. Die Kolben stammen von Mais, der aus dem Schwemmlande des Arno und zwar auf gedüngtem Boden gewachsen war. Der Gesammt-Stickstoffgehalt dieser Proben wird zu 0.87 und bezw. 0.76 % angegeben, welche Zahlen nicht zu dem angegebenen Proteïngehalt in Verhältniss stehen.

Reisschalen.
No. 1. Th. Dietrich u. J. König. — Anzeig. d. landw. Centralver. f. d. Regbz. Cassel 1870. 115
No. 2. A. Voelcker. — J. Roy. Agric. Soc. England i. Landw. Centralbl. 1873. 2. 378.
No. 3 u. 4. J. König (V.-St. Münster). — Ber. d. V.-St. Münster 1878/80. 16.
No. 5 u. 6. Th. Dietrich (V.-St. Marburg). — Landw. Ztg. u. Anzeiger 1882. 128.
No. 7—9. C. Kreuzhage (V.-St. Hohenheim). — Württemb. Wochenbl. f. Landw. 1882. 229 u. 1883. 210.

Sorghumspreu.
No. 1. M. C. de Leeuw. — Bulletin No. 2. Laboratoire agricole de Hasselt. — Enthielt 30.13 % Stärkemehl.

No.	Bezeichnungen und Bemerkungen	Jahr der Untersuchung	In der ursprünglichen Substanz						In der Trockensubstanz					Stickstoff in der Trockensubstanz
			Wasser	Nh-Substanz	Rohfett	Nfr. Extractstoffe	Rohfaser	Asche	Nh-Substanz	Rohfett	Nfr. Extractstoffe	Rohfaser	Asche	
			%	%	%	%	%	%	%	%	%	%	%	%
	Erdnusshülsen und Erdnuss-Samenschalen. (Von Arachis hypogaea.)													
1	Gröbere Hülsen	1882	10.5	6.9	3.2	14.5	62.1	2.8	7.71	3.57	16.22	69.37	3.13	1.22
2	Feinere Hülsen	1882	10.7	7.3	3.3	16.0	59.5	3.2	8.18	3.70	17.90	66.64	3.58	1.31
3	Samenschalen	1882	10.8	22.4	19.2	23.8	18.7	5.1	25.11	21.52	26.89	20.96	5.72	4.00
	Linsenkaff. (Spreu von Ervum lens L.)													
1	Auf leichtem, in gutem Düngungszustande befindlichem Boden gewachsen . . .	1859	15.00	15.75	1.52	41.90	21.31	4.52	18.52	1.79	49.31	25.06	5.32	2.96
2		1881	15.00	20.88	2.04	34.83	17.76	9.49	24.56	2.40	40.98	20.89	11.17	3.93
	Mittel		15.00	18.31	1.79	38.36	19.53	7.01	21.54	2.10	45.13	22.98	8.25	3.45
	Lupinenspreu (Hülsen, Schoten, Fruchtschalen von Lupinusarten).													
1	Blaublühende Lupine	1855	14.81	2.70	1.61	46.61	31.42	2.85	3.17	1.89	54.70	36.89	3.35	0.51
2	Gelbblühende „	„	13.88	2.38	0.91	45.10	34.96	2.77	2.76	1.06	52.37	40.59	3.22	0.44
3	Gelbe Lupine, reif*)	1870	12.50	8.05	0.57	48.59	28.22	2.01	9.20	0.65	55.59	32.26	2.30	1.47
4	Desgl., halbreif	„	10.66	7.00	0.88	50.39	28.67	2.20	7.83	0.98	56.65	32.08	2.46	1.25
5	Blaue Lupine, halbreif	„	12.00	14.17	0.81	47.55	22.57	2.68	16.10	0.92	54.30	25.64	3.04	2.58
6		1877	5.80	14.00	5.60	44.72	20.60	9.28	14.87	5.95	47.44	21.88	9.86	2.38
7	Gelbe Lupinen, Sandboden	1880	15.00	7.5	40.1		32.9	4.5	8.82	47.20		38.69	5.29	1.41
8	Weisse Lupinen, Sandboden	„	15.00	6.8	37.5		35.1	5.6	8.00	44.13		41.28	6.59	1.28
9	Gelbe Lupinen, Sandboden	„	15.00	7.2	40.5		27.1	10.2	8.47	47.66		31.87	12.00	1.36
10	Desgl.	„	15.00	6.2	34.3		30.9	8.6	7.29	46.26		36.34	10.11	1.17
11	Desgl.	„	15.00	5.1	41.3		30.1	8.5	6.00	48.60		35.40	10.00	0.96
	Mittel (No. 3—11) .		15.00	8.17	1.81	41.29	27.91	5.82	9.62	2.13	48.56	32.84	6.85	1.54
	Erbsenspreu (Hülsen, Fruchtschalen von Pisum sativum).													
1	Schoten der Golderbse	1854	14.3	8.1	—	32.0	39.5	6.1	9.45	—	37.33	46.10	7.12	1.51
2	Fruchtschalen	1864	13.68	7.12	1.09	21.65	53.71	2.75	8.34	1.26	25.13	62.19	3.18	1.32
3	Auf Granitverwitterungsboden gewachsen	1868	12.25	15.81	4.74	33.15	22.45	11.60	18.02	5.40	37.77	25.59	13.22	2.92

(In No. 7—11 the values 40.1, 37.5, 40.5, 34.3, 41.3 and 47.20, 44.13, 47.66, 46.26, 48.60 are bracketed together for Rohfett and Nfr. Extractstoffe.)

Erdnusshülsen und Erdnuss-Samenschalen.
No. 1—3. E. Wolff (V.-St. Hohenheim). — Württemberg'sches Wochenbl. f. Landw. 1883. 211. Die zwei ersten Analysen beziehen sich auf die Fruchthülsen und zwar auf das gleiche Material in mehr oder weniger fein geriebenem Zustande; die dritte Analyse bezieht sich auf die dünne und zarte, röthlich gefärbte Haut, welche den „Kern der Nuss" umkleidet (Samenschale).

Linsenkaff.
No. 1. H. Hellriegel. — 4. u. 5. Ber. d. V.-St. Dahme 1862. 35.
No. 2. B. Schulze. — Jahresber. d. Agrikulturchem. 25. 1882. 389. (Der Landwi.th 17. 1881. 453.) Nach dem Autor erklärt sich die hohe Zahl für Proteïn aus dem Umstande, dass die Spreu der Leguminosen ausser den Samenhülsen auch sonstige stickstoffreiche Pflanzentheile, so namentlich beim Dreschen zertrümmerte Blätter zu enthalten pflegt.

Lupinenspreu.
No. 1—2. Eichhorn. — Wilda's landw. Centralbl. 1855. I. 20.
*) Liebscher (Bericht aus dem physiologischen Laboratorium des landwirthschaftlichen Instituts zu Halle, mitgetheilt in der Magdeburger Ztg. No. 539. 1880.) untersuchte die Lupine auf ihren Alkaloidgehalt und fand (lufttrockne Substanz): in den reifen Hülsen 0.175 %
„ „ halbreifen „ 0.658 %
„ „ jüngeren „ 0.673 %
No. 3—5. M. Siewert. — Ztschr. d. landw. Centralv. f. d. Prov. Sachsen. 1870. 75. An Alkaloid (oben an 100 fehlend) enthielten die Schoten: No. 2 0.06, No. 3 0.20, No. 40.22 %.
No. 6. Schiller (V.-St. Dahme). — Privatmitthl.
No. 7—11. M. Märcker (V.-St. Halle). — Privatmitthl.

Erbsenspreu.
No. 1. E. Wolff u. Dietlen. — Hohenh. Mitthl. II. 1855. 140.
No. 2. Aug. Voelcker. — J. Roy. Agric. Soc. Engl. 1865. I. 147.
No. 3. E. Heiden. — Or. Bericht d. V.-St. Pommritz 1868/69. 27. 3.07 % Sand 8.53 % Reinasche.

No.	Bezeichnungen und Bemerkungen	Jahr der Untersuchung	In der ursprünglichen Substanz						In der Trockensubstanz					Stickstoff in der Trockensubstanz
			Wasser	Nh-Substanz	Rohfett	Nfr. Extractstoffe	Rohfaser	Asche	Nh-Substanz	Rohfett	Nfr. Extractstoffe	Rohfaser	Asche	
			%	%	%	%	%	%	%	%	%	%	%	%
	Erbsenspreu. Unter dem Einflusse verschiedener Düngung.													
1	Ungedüngt	1878	12.03	3.80	—	—	—	8.93	4.32	—	—	—	10.16	0.69
2	Mit Knochensuperphosphat gedüngt . .	„	11.93	5.06	—	—	—	8.64	5.74	—	—	—	9.81	0.92
3	Ungedüngt	1879	10.14	5.31	—	—	—	—	5.91	—	—	—	—	0.04
4	Wasserlösliche Phosphorsäure	„	12.33	5.94	—	—	—	—	6.77	—	—	—	—	1.08
5	Neutralisirter Kalkphosphat	„	11.13	6.06	—	—	—	—	6.82	—	—	—	—	1.09
6	Basischer Kalkphosphat	„	11.76	5.13	—	—	—	—	5.81	—	—	—	—	0.93
7	Phosphorsaure Thonerde	„	11.10	5.19	—	—	—	—	5.84	—	—	—	—	0.93
8	Phosphorsaures Eisenoxyd	„	10.04	5.50	—	—	—	—	6.11	—	—	—	—	0.98
9	Superphosphat	„	12.83	6.13	—	—	—	—	7.03	—	—	—	—	1.12
	Sojabohnenhülsen. (Spreu, Schalen von Soja-Arten.)													
1		1878	14.00	4.64	1.29	41.87	30.45	7.84	5.38	1.50	49.01	35.32	8.79	0.86
2	Gelbe und braune Soja	1879	16.83	4.89	1.26	41.19	28.04	7.79	5.88	1.52	49.51	33.72	9.37	0.92
3	Gelbe Soja	„	9.48	7.25	1.70	42.32	30.40	8.85	8.01	1.88	46.74	33.59	9.78	1.28
4	Braune Soja	„	9.60	6.69	1.73	43.49	30.40	8.09	7.40	1.91	48.12	33.62	8.95	1.18
5		—	10.20	6.00	1.50	43.00	31.00	8.30	6.68	1.67	47.87	34.53	9.25	1.07
	Mittel (No. 1—5) . .		15.00	5.67	1.45	40.99	29.04	7.85	6.67	1.70	48.24	34.16	9.23	1.07
	Bohnenschalen. (Samenhülsen von Vicia Faba.)													
1		1852	22.01	10.19	—	—	—	6.22	13.06	—	—	—	7.97	2.09
2	(Spreu der Saubohne)	1855	12.5	11.3	—	30.3	37.5	8.3	12.91	—	37.24	42.36	9.49	2.07
	Wickenspreu (von Vicia sativa).													
1	Von der Futterwicke	1854	14.3	7.2	22.5		49.6	6.4	8.40	26.25		57.88	7.47	1.34
2	Von der grünen Wicke	1855	15.14	9.49	43.52		22.74	9.31	11.18	51.06		26.79	10.97	1.79
3	Von der schwarzen Wicke	„	14.71	15.30	26.54		33.98	9.47	17.93	31.15		39.82	11.10	2.87
4	Auf Granitverwitterungsboden gewachsen	1869	13.04	10.60	2.44	33.18	30.76	9.98	12.19	2.81	38.15	35.37	11.48	1.95
	Kleespreu. (Samenhülsen von verschiedenen Kleearten.)													
1	Ernte 1847, Probenahme Anfangs 1848	1849	21.39	11.54	—	—	—	6.28	14.69	—	—	—	7.99	2.35°
2	Ernte 1847, Probenahme Septsmber 1848	1849	15.34	13.19	—	—	—	7.27	15.63	—	—	—	8.58	2.50°
3	Von gelbem Klee (Medic. lupulina) . .	—	15.00	28.19	0.90	22.50	25.37	8.04	33.15	1.06	26.49	29.84	9.46	5.31
4	Kleekaff	1862	14.30	17.20	1.40	33.80	23.10	10.20	20.07	1.63	39.44	26.96	11.90	3.21
5	Kleesamenhülsen	1863	12.78	12.74	0.97	—	—	10.53	14.61	1.11	—	—	12.08	2.34
6	Samenspreu vom Weissklee	?	11.41	18.35	3.09	36.83	22.42	7.90	20.72	3.49	41.56	25.31	8.92	3.32

Erbsenspreu. Unter dem Einflusse verschiedener Düngung.
No. 1 u. 2. E. Wein. — Hoffmann's Jahresber. 1878. 441. Ueber Boden- und Düngungsverhältnisse siehe bei Stroh von gedüngten Erbsen.
No. 3—9. E. Wein. — Ztschr. d. landw. Ver. in Bayern 1880. 257. Näheres bei Erbsenstroh No. 3—9.

Sojabohnenhülsen.
No. 1. Caplan. — Mitgetheilt von E. Wein. J. f. Landwirthschaft. Ergänzungsheft 1881. 13.
No. 2. H. Weiske (V.-St. Proskau). — J. f. Landwirthsch. 27. (1879.) 511. Die untersuchten Schalen waren ein Gemisch von Schalen der gelben u. der braunen Sojabohne, welche auf Oderalluvium (bester Boden) 1878 gewachsen waren u. von Schalen der Sojabohne, welche in demselben Jahre auf einem trocknen, humusarmen, grobkörnigen Kiesboden zu Proskau gewachsen waren.
No. 3 u. 4. E. Wein. — Wie unter No. 1.
No. 5. Edw. Kinch. — Biedermann's Centralbl. f. Agriculturchemie. 1882. 753.

Bohnenschalen.
No. 1. Th. Anderson. — Trans. 51—53. 513. Nh. Substanz v. u. ber.
No. 2. H. Ritthausen. — Mitthl. a. Waldau I. 1877. (Mit v. Verf. angenommenem obigen Wassergehalt.)

Wickenspreuschoten.
No. 1. E. Wolff u. Dietlen. — Hohenheimer Mitthl. II. 1855. 140.
No. 2 u. 3. Ritthausen. — Waldauer Mitthl. I. 77—90.
No. 4. E. Heiden (V.-St. Pommritz). — Bericht derselben 1868/69. 27. 2.42 % Sand, 7.56 % Reinasche.

Kleespreu.
No. 1 u. 2 J. B. Lawes. — J. R. A. S. England. XII. 1849. S. 286. 299.
No. 3. L. Grandeau. — Original. Unter der Bezeichnung: balles de minette.
No. 4. H. Hellriegel (V.-St. Dahme). — Sechster Ber. derselb. 1863. 8. Dabei 4.6 % Sand.
No. 5. C. Karmrodt. — 17. Jahresber. d. V.-St. Bonn 1873. 17.
No. 6. Senff. — Chem. Ackersm. 1871. 126.

No.	Bezeichnungen und Bemerkungen	Jahr der Untersuchung	In der ursprünglichen Substanz: Wasser %	Nh-Substanz %	Rohfett %	Nfr. Extractstoffe %	Rohfaser %	Asche %	In der Trockensubstanz: Nh-Substanz %	Rohfett %	Nfr. Extractstoffe %	Rohfaser %	Asche %	Stickstoff in der Trocken-Substanz %
	Rapsschalen. (Von Brassica Napus oleifera.)													
1		1856	13.48	3.33	1.61	46.76	30.90	6.91	3.85	1.86	50.59	35.71	7.99	0.62
2	Rapsschalen (Schoten)	1856	18.0	3.75		—	—	—	4.56		—	-	—	0.73°
3	Rapsfruchtstiele und Schotenmembranen	1856	19.5	4.44		—	—	—	5.50		—	—	—	0.88°
4	Kleinere Fruchtzweige	1856	21.5	3.37		—	—	—	4.25		—	—	—	0.68°
5		1856	6.5	4.9		39.9	43.6	5.1	5.24		42.70	46.61	5.45	0.84
6	Rapsschalen	1858	13.8	3.0		41.5	35.8	5.9	3.50		41.5	41.50	6.90	0.56
7	Rapskappen v. Jahre 1866	1867	13.07	5.37	1.52	34.93	38.49	6.62	6.18	1.75	40.16	44.28	7.62	0.99°
8	Rapsschoten	1879	14.39	2.93	1.69	30.53	39.89	10.57	3.42	1.97	35.67	46.59	12.35	0.55
9	Desgl.	1881	15.0	1.1		39.2	38.5	6.2	1.29		46.14	45.28	7.29	0.21
10	Rapskaff	1880	15.0	3.7		33.6	38.7	9.0	4.35		39.56	45.51	10.58	0.70
11	Desgl.	1881	15.0	2.1		40.7	33.8	8.4	2.47		47.90	39.75	9.88	0.40
12		1882	15.0	4.3		34.1	38.9	6.7	5.06		41.31	45.75	7.88	0.81
	Mittel (No. 6—12) .		15.00	3.19	1.58	35.16	37.48	7.59	3.75	1.86	41.37	44.09	8.93	0.60
	Rübsenschalen. (Von Brassica Rapa oleifera.)													
1	Von Sommerrübsen	—	—	—		—	—	—	4.62		—	—	10.83	0.75
2		1858	15.2	3.5		43.8	31.5	6.5	3.6		51.7	37.1	7.6	0.58
	Leinspreu. — Entkörnte Samenkapseln des Linum usitatissimum.													
1	Granitverwitterungsboden.	1869	10.39	9.21	3.39	27.50	33.79	15.72	10.28	3.79	30.68	37.71	17.54	1.64
2	„Leinschalen"	1876	11.58	3.50	3.42	35.01	40.71	5.78	3.96	3.87	39.60	46.04	6.53	0.63
3	Flachsspreu	—	14.6	4.8	2.8	21.4	49.0	7.4	5.62	3.28	25.05	57.38	8.67	0.90
	Leindotterschalen. (Von Camelina sativa.)													
1		1876	11.16	2.72	1.07	32.58	45.24	7.23	3.06	1.20	36.66	50.94	8.14	0.49
	Buchweizenspreu. (Kaff. Von Polygonum Fagopyrum.)													
1		1863	12.38	4.38	—	28.79	52.25	2.20	5.00	—	32.87	59.62	2.51	0.80

Rapsschalen.
No. 1. Jul. Lehmann. — Amtsbl. f. d. landw. Ver. Sachsens 1858. 11. Von der Nh. Substanz der lufttrocknen Substanz waren 1.59 in Wasser löslich, von den Gesammt-Nährstoffen (?) waren 15.04% in Wasser löslich.
No. 2—4. Isid. Pierre. — Ann. d'agricult. franc. 6. 385. Von uns Nh. Substanz aus angegebenem N-gehalt berechnet.
No. 5. F. Crusius. — Ztschr. f. Deutsche Landwirthe 1856. 50.
No. 6. H. Hellriegel. — 1. Ber. d. V.-St. Dahme 1858. 42.
No. 7. Ernst Barth. — L. V.-St. 9. 1867. 329. Von im Jahre 1866 in Stenn bei Zwickau erbautem Raps. Nh. Substanz von uns umgerechnet.
No. 8. J. König (V.-St. Münster). — Ztschr. f. Westfalen 1880. No. 5. 38.
No. 9—12. M. Märcker (V.-St. Halle). — Privatmitthl.

Rübsenschalen.
No. 1. Ad. Stöckhardt. — Nach E. Wolff's Ackerbau 1856. 947.
No. 2. H. Hellriegel. — 1. Bericht d. V.-St. Dahme 1858. 42.

Leinspreu.
No. 1. E. Heiden. — Original. Ber. d. V.-St. Pommritz 1868/69. 27. 9.81% Sand und 5.91% Reinasche.
No. 2. A. Petermann. — Original.
No. 3. A. Völcker. — Jahresber. d. Agr. 1873/74. 16—17. 6. Das. nach J. R. Agr. Soc. in Landw. Centralbl. 1873. 2. 378.

Leindotterschalen.
No. 1. A. Petermann (V.-St. Gembloux). — Privatmitthl.

Buchweizenspreu.
No. 1. C. Karmrodt. — Zeitschr. für die Rheinprovinz 1863. 345.

No.	Bezeichnungen und Bemerkungen	Jahr der Untersuchung	In der ursprünglichen Substanz: Wasser %	Nh-Substanz %	Rohfett %	Nfr. Extractstoffe %	Rohfaser %	Asche %	In der Trockensubstanz: Nh-Substanz %	Rohfett %	Nfr. Extractstoffe %	Rohfaser %	Asche %	Stickstoff in der Trockensubstanz %
	Hülsen von Gleditschia glabra.													
1		1870	8.24	4.54	3.67	60.70	19.80	3.05	4.95	4.00	66.15	21.58	3.32	0.79
	Hülsen von Gleditschia triacanthos L.													
1	Halbreif	–	—	—	—	—	—	—	13.75	2.54	53.04	27.49	3.18	—
2	Vollreif	—	—	—	—	—	—	--	9.69	2.67	59.69	25.48	2.47	—
	Cacaoschalen. (Von Theobroma Cacao.)													
1		1878	12.30	10.19	3.22	39.44	23.00	11.85	11.62	3.67	44.98	26.22	13.51	1.86
2		„	14.30	8.44	1.89	62.27	10.05	3.05	9.85	2.21	72.65	11.73	3.56	1.58
3		„	9.62	12.31	2.78	47.09	18.00	10.20	12.61	3.07	53.13	19.91	11.28	2.02
4		„	11.72	9.98	2.38	42.11	24.49	9.32	11.31	2.70	47.68	27.75	10.56	1.81
5	Caracas I	„	7.41	13.93	4.94	40.78	12.91	20.03*)	17.42	6.18	51.00	16.14	9.26	2.79
6	Desgl. II	„	7.74	11.68	5.99	35.29	12.79	26.51*)	15.77	8.09	47.64	17.27	11.23	2.52
7	Guayaquil I	„	8.93	13.44	8.12	48.01	13.87	7.63*)	14.90	9.00	53.20	15.36	7.54	2.38
8	Desgl. II	„	9.11	12.94	10.75	47.08	13.12	7.00*)	14.27	11.85	51.92	14.47	7.49	2.28
9	Trinidad I	„	9.04	14.94	6.18	44.80	16.36	8.68*)	16.85	6.97	50.58	18.45	7.20	2.69
10	Desgl. II	„	8.30	15.44	4.23	46.05	18.00	7.98*)	17.02	4.67	50.74	19.84	7.73	2.72
11	Puerto-Cabello	„	6.40	13.75	4.38	47.12	14.83	13.52*)	15.96	5.09	54.71	17.21	7.03	2.55
12	Socosnusco	„	6.48	19.12	6.48	39.39	15.67	12.86*)	21.52	7.30	44.40	17.60	9.18	3.44
13		„	11.13	25.87	8.22	34.15	13.35	7.28	29.11	9.25	38.42	15.02	8.20	4.65
14		„	11.46	10.32	4.99	49.94	14.81	8.98	11.97	5.79	57.90	17.17	7.17	1.92
	Mittel		10.00	14.15	5.58	46.21	16.20	7.77	15.73	6.13	51.35	18.01	8.64	2.52
	Baumwollesamenschalen. (Von Gossypium-Arten.)													
1		1883	13.30	3.89	35.51		44.60	2.70	4.49	40.98		51.42	3.11	0.72

Hülsen von Gleditschia glabra.
No. 1. Ign. Moser (V.-St. Wien). — Erster Bericht derselb. 1870—77. Seite 68 u. Tabelle IV. Seite XXVII. In den Samenhülsen der Gleditschia glabra wurde eisengrünende Gerbsäure, als solche wie in den Divi-Divi-Schoten gefunden. Ihre Menge beträgt, nach der Löwenthal'schen Methode bestimmt und als Eichengerbsäure berechnet, 7,7%.

Hülsen von Gleditschia triacanthos.
No. 1 u. 2. B. Schulze. – Jahresber. d. Agriculturchem. 1882. 389. (Der Landwirth. 17. 1881. 453.)

Cacaoschalen.
No. 1—4. L. Grandeau. – Privatmitthl.
No. 5—12. G. Laube u. B. Allendorff. – König's Chem. Zusammensetz. der menschlichen Nahrungsmittel u. s. w. 2. Aufl. 261. Die Schalen wurden nach dem Trocknen mechanisch abgetrennt. Die Zusammensetzung der Trockensubstanz ist von uns auf sandfreie Substanz berechnet.

Ueber den Theobromin-Gehalt der Cacao-Schalen giebt G. Wolfram (6. u. 7. Jahresber. der chem. Centralstelle für öffentliche Gesundheitspflege in Dresden 1878. S. 76, nach König's Zusammens. menschl. Nahrungsm. 2. Aufl. S. 262) folgende Zahlen für die bei 100° C. getrocknete Substanz:

	Theobromin	Asche
1) Caracas	1.11%	13.32%
2) Guayaquil	0.97 „	5.99 „
3) Domingo	0.56 „	10.61 „
4) Bahia	0.71 „	5.13 „
5) Puerto-Cabello	0.81 „	9.28 „
6) Tabasoa	0.42 „	5.87 „

No. 13. C. Portele. — Biedermann's Centralbl. f. Agriculturchem. 1879. 304.
No. 14. Ign. Moser u. Pszezolka (V.-St. Wien). — Privatmitthl. In der Asche 2.30% Sand. Zusammensetzung der Trockensubstanz von uns auf sandfreie Substanz berechnet.

*) Darin:

	No. 5	6	7	8	9	10	11	11
Sand	12.62%	18.19%	0.82%	0.21%	2.29%	0.92%	7.46%	4.71%

Baumwollesamenschalen.
No. 1. M. Siewert. — L. V.-St. 30. 1884. 160.

Anhang.

No.	Bezeichnungen und Bemerkungen	Jahr der Untersuchung	In der ursprünglichen Substanz: Wasser %	Nh-Substanz %	Rohfett %	Nfr. Extractstoffe %	Rohfaser %	Asche %	In der Trockensubstanz: Nh-Substanz %	Rohfett %	Nfr. Extractstoffe %	Rohfaser %	Asche %	Stickstoff in der Trocken-Substanz %
	Sägemehl.													
1	Von Birke (Betula alba)	1878	18.00	—	2.51	—	51.48	0.75	—	3.06	—	62.81	0.92	—
2	Von Erle (Alnus glutinosa)	1878	15.72	—	—	—	58.66	0.87	—	—	—	69.51	1.03	—
3	Von Fichte (Pinus sylvestris)	1878	16.27	—	4.17	—	63.81	0.45	—	4.98	—	76.19	0.54	—
4	Von Tanne (Pinus abies)	1878	18.14	—	—	—	65.78	0.50	—	—	—	80.38	0.61	—
5	Von Buche (rein)	1886	32.57	1.62	0.40	15.64	48.89	0.88	2.40	0.59	23.22	72.49	1.30	0.38
6	Von Buche (präparirt)	1886	34.73	1.25	0.35	14.38	48.36	0.93	1.42	0.53	22.05	74.08	1.42	0.31

Sägemehl.
No. 1—4. F. O. Bergstrand (Westeras). — Privatmitthl.
No. 5 u. 6. J. König. — Originalmitthl. No. 6 war nach dem Wendenburg'schen patentirten Verfahren präparirt; dasselbe besteht in Folgendem:

Das feingeraspelte resp. gemahlene Holz wird mit recht trockenem und feingemahlenem Viehsalz gut gemengt. Für den Centner Holzmehl ist je nach Alter und Feuchtigkeit des Holzes 2 bis 3 Pfund Salz nöthig. Die Mischung, in einem hohen Haufen aufgehäuft, bleibt dann 6 bis 8 Stunden ruhig liegen. Der darauf wieder ausgebreitete Haufen wird mit durch Wasser verdünnter Salzsäure — 65 g auf den Ctr. Holzmehl gerechnet — übersprengt und dann tüchtig mit einer Schaufel durchgearbeitet. Die zur Verdünnung der Salzsäure zu nehmende Menge Wasser richtet sich nach dem Trockenzustande des Holzmehls.

Es ist so viel nöthig, dass die Masse durchweg schwach durchfeuchtet wird. Die Masse wird hierauf wieder in einen Spitzhaufen zusammengebracht.

Nach mindestens 6, am besten nach 12 Stunden wird der wieder ausgebreitete Haufen mit einer Lösung von Chlorkalkwasser und Soda — von letzterer wird auf den Ctr. Holzmehl 65 g gerechnet — besprengt und tüchtig durcheinander gemengt. Zur Lösung der nöthigen Quantität Soda wird von dem Chlorkalkwasser, welches durch eine Mischung von 500 g Chlorkalk mit 500 Liter Wasser gewonnen wird, mehr oder weniger, je nach dem höheren oder geringeren Feuchtigkeitsgrade des Holzmehls genommen, um letzteres gleichmässig aber schwach zu durchfeuchten.

Die wieder zu einem Spitzhaufen aufgethürmte Masse bleibt hierauf nochmals mindestens 6, am besten 12 Stunden liegen und ist dann zur Fütterung fertig.

Soll die fertige Masse längere Zeit aufbewahrt bleiben, so darf sie nicht höher, als 1 m hoch zur Lagerung gebracht werden und muss so lange täglich 1 bis 2mal durchgeschaufelt werden, bis sie völlig trocken geworden ist. Später bedarf es nur einer einmaligen Durchschaufelung in der Woche.

Wurzeln und Knollen.

No.	Bezeichnungen und Bemerkungen	Jahr der Untersuchung	In der ursprünglichen Substanz: Wasser %	Nh-Substanz %	Rohfett %	Nfr. Extractstoffe %	Rohfaser %	Asche %	Trockensubstanz %	In der Trockensubstanz: Nh-Substanz %	Rohfett %	Nfr. Extractstoffe %	Rohfaser %	Asche %	Stickstoff in der Trocken-Substanz %
	Kartoffeln. — Knollen von Solanum tuberosum L. — Potato. — Pomme de terre.														
1	Im Mittel von 90, bezw. 7 Analysen	—	75.30	2.25	—	—	—	0.87	24.70	9.38	—	—	—	3.52	1.50^{0}
2	Im Mittel von 20 Analysen	—	—	1.4	0.2	19.1	3.1	—	—	—	—	—	—	—	—
3		—	75.20	2.30	—	18.00	2.20	2.35	24.80	10.40	—	—	10.00	9.40	1.66
4		—	74.00	1.60	0.10	21.09	1.64	1.56	26.00	6.15	0.38	81.26	6.21	6.00	0.98

Ueber die Zusammensetzung der Kartoffeln liegen noch Analysen aus älterer Zeit vor, die sich in den Rahmen unserer Zusammenstellung nicht einfügen lassen, deren wir aber, da sie doch von Werth sind, an dieser Stelle Erwähnung thun.

Vauquelin (J. B. Boussingault's „Landwirthschaft etc." Bd. 1. 253) fand unter den in Wasser löslichen Bestandtheilen (in 100 Kartoffeln): Asparagin 0.1 %, Albumin 0.7 %, nicht genauer bestimmte Nh. Substanz 0.4 %, citronensauren Kalk 1.2 %. Qualitativ wies derselbe noch nach citronensaures Kali und freie Citronensäure. Ferner fand derselbe bei Untersuchung von 48 Kartoffelsorten, dass sie in 100 Theilen enthalten: 1—1½ Thl. Holzfaser, 2—3 Thl. auflösliche oder extractartige Substanzen, 20—28 Thl. Stärkemehl und 67—78 Thl. Wasser.

Henri (Ebendaselbst, nach Berzelius Lehrbuch der Chemie) wies in einer bei Paris angebauten Varietät folgende Stoffe nach: Zellgewebe 6.8 %, Amylum 13.3 %, Albumin 0.9 %, Zucker 3.3 %, Salze u. Säuren 1.4 %, Fett 0.1 %, Wasser 74.2 %.

Payen (Ebendaselbst 255) bestimmte in einigen Sorten Wasser- und Stärkemehlgehalt, und fand:

	Rohan %	Grosse gelbe %	Shaw (Schottland) %	Späte von Island %	Segonzac %	Sibirische %	Duvillers %
Wasser	75.2	68.7	69.8	79.4	71.2	77.8	78.3
Trockensubstanz . .	24.8	31.3	30.2	20.6	28.8	22.2	21.7
Stärkemehl	16.6	23.3	22.0	12.3	20.5	14.0	13.6

Girardin (Cours d'agriculture Le Cte. de Gasparin. 3. Aufl. 4. Bd. S. 9) fand bei Untersuchung von 55 Sorten Kartoffeln den Wassergehalt, wenn sie gebaut wurden in

	Alluvialsand	Torfboden	Thonboden	Kalkboden
zu:	76.2 %	76.7 %	74.8 %	76.0 %

Proust (Ebendaselbst) fand bei Untersuchung von 22 in Spanien gewachsenen Sorten: Sucs extractifs, y compris le glutine 4.5 %, Amidon 15.5 %, Fibres 9.0 %, Eau 71 %.

Einhof (Moleschott's Physiologie d. Nahrungsmittel. II. 150).

	Wasser %	Eiweiss %	Stärkemehl %	Zellstoff %	Dextrin %
Rothe Kartoffel	75.0	1.4	15.0	7.0	4.1
Nierenkartoffel	81.3	0.8	9.1	8.8	—
Grosse rothe	78.0	0.7	12.9	6.0	—
Zuckerkartoffel	74.3	0.8	15.1	8.2	—
Lampadius (Ebendaselbst).					
Peruanische Kartoffel . .	76.0	1.9	15.0	5.2	1.9 } incl. Asche.
Englische Kartoffel . . .	77.5	1.1	12.9	6.8	1.7 } incl. Asche.
Zwiebelkartoffel	70.3	0.9	18.7	8.4	1.7 } incl. Asche.
Voigtländische Kartoffel .	74.3	1.2	15.4	7.1	1.7 } incl. Asche.

Michaelis (Ebendaselbst) fand 66.87 % Wasser, 0.5 % Eiweiss, 0.02 % Dextrin, 0.06 % Fett, 0.06 % Asparagin, 0.92 % Extractivstoffe, 1.02 % Salze und Säuren.

Fresenius. (Dessen Lehrbuch d. Chemie f. Landwirthe.)

	Wasser %	Eiweiss %	Stärkemehl %	Gummi u. organ. Säuren %	Faser %
Ungekeimte Kartoffel . .	75.0	1.4	15.0	4.1	7.0
Gekeimte Kartoffel . . .	73.0	1.3	15.2	3.7	6.8
Keime	93.1	0.4	0.4	3.3	2.8

Kartoffeln.

No. 1 u. 2. Fromberg. — J. Roy. Agric. Soc. Engl. 30. (1852.) 449. Tabelle von T. Hemming. Der Gehalt bei No. 1 an Wasser und Asche ist das Mittel von 90 Analysen: der Gehalt an N und der von uns aus diesem berechnete Gehalt an Nh. Substanz ist das Mittel von 7 Analysen. Bei No. 2 ist die Nh. Substauz als „Gluten" bezeichnet und der Gehalt wie oben angegeben; ausserdem wurden ermittelt: 15.2 % Stärke, 0.6 % Gummi und Dextrin, 3.3 % Zucker und 3.1 % Faserstoff und Schalen.

No. 3. G. Philipps. — Ebendaselbst. Auch hier wurden ermittelt: 16.0 % Stärke, 1.3 % Gummi und Dextrin, 0.7 % Zucker, 2.2 % Faserstoff und Schalen und 2.3 % Gluten.

No. 4. Payen. — Aus Moleschott's Physiologie der Nahrungsmittel 1859. II. 150.

No.	Bezeichnungen und Bemerkungen	Jahr der Untersuchung	In der ursprünglichen Substanz							In der Trockensubstanz					Stickstoff in der Trockensubstanz
			Wasser	Nh-Substanz	Rohfett	Nfr. Extractstoffe	Rohfaser	Asche	Trockensubstanz	Nh-Substanz	Rohfett	Nfr. Extractstoffe	Rohfaser	Asche	
			%	%	%	%	%	%	%	%	%	%	%	%	%
5	Strenger Boden, von Bechelbronn .	1836	75.90	2.26	—	—	—	0.94	24.10	9.38	—	—	—	3.90	1.50^{0}
6	Blassgelbe von Bechelbronn . .	„	75.90	2.50	0.20	20.20	0.40	0.80	24.10	10.37	0.83	83.82	1.66	3.32	1.66
7	Rothe von Bechelbronn	„	70.00	3.00	0.30	25.20	0.60	0.90	30.00	10.00	1.00	84.00	2.00	3.00	1.60
8	Weisse von Giessen	1846	74.95	2.49	—	—	—	0.90	25.05	9.96	—	—	—	3.61	1.56^{0}
9	Blaue von Giessen	„	68.49	2.37	—	—	—	1.06	31.51	7.66	—	—	—	3.36	1.20^{0}
10	Gelbe (Mittel aus vielen Analysen)	—	71.10	2.43	0.10	—	—	0.97	28.90	8.41	0.35	—	—	3.36	1.35
11	Rothe (Mittel aus vielen Analysen)	—	75.00	1.40	—	—	—	—	25.00	5.60	—	—	—	—	0.90
12	Rothe (Mittel aus 3 Analysen verschieden gedüngter Kartoffeln) .	1847	77.87	0.81	—	13.70	6.39	1.22	22.13	3.66	—	—	28.88	5.51	0.59
13	Rosenkartoffel	1852/53	75.52	0.92	—	—	—	—	24.48	3.76	—	—	9.68	—	0.60
14	Sechswochenkartoffel	„	79.86	0.90	—	—	—	—	20.14	4.47	—	—	—	—	0.72
15	Englische Spargelkartoffel . . .	„	73.00	0.85	—	—	2.92	—	27.00	3.15	—	—	10.82	—	0.50
16	Rothblau marmorirte Kartoffel . .	„	78.00	0.79	—	—	—	—	22.00	3.59	—	—	—	—	0.57
17	Neue gelbe Chilikartoffel . . .	„	79.00	0.74	—	—	1.76	—	21.00	3.52	—	—	8.38	—	0.56
18	Weiss-rothe Chilikartoffel . . .	„	73.54	1.05	—	—	1.66	—	26.46	3.95	—	—	6.24	—	0.63
19	Blassrothe Zwiebelk., 1850er Ernte	1851	76.94	0.66	0.15	19.90	1.32	1.03	23.06	2.86	0.65	86.31	5.72	4.46	0.46
20	Desgl., 1851er Ernte	1852	77.69	2.81	—	17.30	1.07	1.13	22.31	12.59	—	77.55	4.80	5.06	2.01
21	Weissenfelser weisse Kartoffel . .	1854	75.77	2.37	—	20.13	0.38	1.35	24.23	9.78	—	83.08	1.57	5.57	1.56
22	Mecklenburger weisse Kartoffel .	„	78.30	1.85	—	18.46	0.31	1.08	21.70	8.52	—	84.97	1.53	4.98	1.36
23	Gelbfleischige Zwiebelkart., kleine Knollen	„	73.81	0.99	—	21.46	2.73	1.01	26.19	3.78	—	81.94	10.42	3.86	0.60
24	Desgl., grosse Knollen	„	71.28	1.43	—	23.87	2.44	0.98	28.72	4.98	—	83.11	8.50	3.41	0.80
25	Rothe Zwiebelkartoffel, gelbfleischige	1856	71.52	1.72	—	24.79	0.89	1.08	28.48	6.03	—	87.06	3.12	3.79	0.96^{0}
26	Weissfleischige Zwiebelkartoffel .	„	72.32	2.24	—	23.14	0.97	1.33	27.68	8.00	—	83.69	3.50	4.81	1.28^{0}
27	Mineralische Düngung (Mittel von 7 Analysen)	„	76.40	2.17	0.29	19.15	0.99	1.00	23.60	9.19	1.23	81.15	4.19	4.24	1.47
28	Stickstoffreiche Düngung (Mittel v. 7 Analysen)	„	75.20	3.60	0.31	18.96	1.03	0.90	24.80	14.52	1.25	76.45	4.15	3.63	2.32

No. 5—7. J. B. Boussingault. — Dessen „Landwirthschaft etc." Bd. 2. 169 u. Bd. 3. 21.

No. 8 u. 9. E. N. Horsford u. Krocker. — Annal. d. Chemie u. Pharmacie. 58. (1846.) 166. Krocker bestimmte in den Kartoffelsorten das Stärkemehl und fand bei No. 8: 18.06%, bei No. 9: 23.00%.

No. 10 u. 11. C. R. Fresenius. — Dessen „Lehrbuche der Chemie für Landwirthe etc." 1847. 319; daselbst ist über die Zusammensetzung der Kartoffeln ferner mitgetheilt:

	Stärkemehl	Gummi und organ. Säuren	Fettes Oel und Harz	Faser	Asparagin
	%	%	%	%	%
Gelbe, wasserhaltig . .	15.00	3.30	0.10	7.00	0.10
„ wasserfrei	51.89	11.42	0.35	24.22	0.35
Rothe, wasserhaltig . . .	15.00	4.1	—	7.0	—

No. 12. Fresenius. — Ebendaselbst. Vergleiche Kartoffeln unter dem Einflusse der Düngung.

No. 13—18. L. Häcker. — Weende'r Jahresber. 1853. II. 26. (Wilda's Landw. Centralbl. 1. 383. Wolff's Grundlagen des Ackerbaues 1856. 913.) Die Analysen wurden im technischen Laboratorium der Landw. Lehranstalt Ungarisch-Altenburg in den Monaten December 1852 und Januar 1853 nach der von Fresenius (Lehrbuch d. Chemie f. Landw. etc. 643) angegebenen Methode ausgeführt. Ausser Obigem wurde noch ermittelt:

	No. 13	14	15	16	17	18
Stärke	17.74 % }	17.53 %	20.93 % }	18.08 %	15.66 %	19.87 %
Faser	2.37 „ }		2.92 „ }		1.76 „	1.66 „
Dextrin, Zucker, Asche .	2.77 „	1.79 „	2.63 „	3.05 „	3.25 „	3.53 „
Ertrag pro ha in kg . .	12420 kg	—	6980 kg	—	10400 kg	5600 kg

No. 19. Em. Wolff. — Weende'r Jahresber. 1853. II. (Ztschr. f. Deutsch. Landw. 1852. 119. Wolff's Grundlagen des Ackerbaues 1856. 913.) Die nähere Analyse ergab noch: Stärke 17.15%, Zucker 3.20%, Dextrin, Pectin 0.14%, Pectinsäure 0.44%, Albumin 0.49%, Casein 0.04%, Fibrin 0.13%. Eine N-bestimmung scheint nicht ausgeführt worden zu sein. (Vgl. nächste No.) Im April und Mai 1851 untersucht.

No. 20. Em. Wolff. — Grundl. d. Ackerb. Diese Kartoffelsorte (No. 19 mit betreffend) war seit 7—8 Jahren in Möckern bei Leipzig gebaut worden, hatte aber in schwerem und nassem Boden ihre ursprüngliche Güte und Ertragsfähigke schon seit einigen Jahren ziemlich verloren.

No. 20—22. H. Ritthausen. — Ebendaselbst.

No. 23 u. 24. H. Hellriegel. — Ebendaselbst.

No. 25 u. 26. H. Scheven. — Ztschr. d. landw. Centralv. d. Prov. Sachsen 1857. 60.

No. 27—31. H. Grouven. — Dessen „Vorträge über Agriculturchemie". 2. Aufl. 1862. 355 u. 495 (z. Thl. entnommen aus d. Annal. der Landw. 1856. II. 60). An näheren Bestandtheilen wurden ferner bestimmt:

No.	Bezeichnungen und Bemerkungen	Jahr der Untersuchung	In der ursprünglichen Substanz							In der Trockensubstanz					Stickstoff in der Trockensubstanz
			Wasser %	Nh-Substanz %	Rohfett %	Nfr. Extractstoffe %	Rohfaser %	Asche %	Trockensubstanz %	Nh-Substanz %	Rohfett %	Nfr. Extractstoffe %	Rohfaser %	Asche %	%
29	Mittel von 19 Analysen	1856	76.00	2.80	0.30	18.94	1.01	0.95	24.00	11.67	1.25	78.91	4.21	3.96	1.87
30	Frische, weisse Kartoffeln, ungedüngt	1860	74.95	2.11	0.07	20.09	1.90	0.88	25.05	8.42	0.28	80.21	7.58	3.51	1.35
31	Desgl., gedüngt	1860	78.01	3.19	0.05	16.46	1.24	1.05	21.99	14.51	0.23	74.84	5.64	4.78	2.32
32	Weisse Kartoffel	1852	74.95	2.49	—	—	—	—	25.05	9.94	—	—	—	—	1.59
33	Rothe Kartoffel	1852	68.94	2.38	—	—	—	—	31.06	7.66	—	—	—	—	1.23
34		1862	76.32	1.16	—	—	—	0.78	23.68	4.90	—	—	—	3.29	0.78
35	Heiligenstädter Kartoffel . . .	1864	75.02	1.10	—	—	1.58	0.95	24.98	4.40	—	85.48	6.32	3.80	0.70
36	Sächs. rothe Zwiebelk., ungedüngt	1859	75.00	4.00	—	18.79	0.99	0.82	25.00	17.59	—	75.14	3.98	3.29	2.81
37	Desgl., gedüngt (Mittel aus 7 Analysen vergleichend gedüngt. Kartoffeln)	1859	75.00	3.81	—	19.36	0.90	0.93	25.00	15.24	—	77.44	3.60	3.72	2.44
38		1859	74.50	2.23	0.20	21.32	0.85	1.10	25.50	8.75	0.78	82.83	3.33	4.31	1.40°
39	Zwiebelkartoffel	1860	70.70	2.01	0.80	23.00	2.39	1.10	29.30	6.86	2.73	78.50	8.16	3.75	1.10
40		1857	74.60	2.38	—	—	—	0.74	25.40	9.38	—	—	—	2.90	1.50°
41		1855	75.50	0.90	—	—	2.40	—	24.50	3.67	—	—	9.80	—	0.59
42		1855	73.00	0.80	—	—	2.90	—	27.00	2.96	—	—	10.74	—	0.47
43		1855	79.00	0.70	—	—	1.80	—	21.00	3.33	—	—	8.57	—	0.53
44	Aus dem mittleren Schweden . .	1860	75.74	1.68	—	20.67	0.64	1.27	24.26	6.92	—	85.21	2.64	5.23	1.11
45		1855	74.95	2.21	—	19.70	1.51	1.63	25.05	8.82	—	78.64	6.03	6.51	1.25
46	Im December untersucht . . .	1865	77.23	1.97	0.18	18.90	0.53	1.19	22.77	8.65	0.79	83.00	2.33	5.23	1.38
47	Andere Sorte, im Mai untersucht .	„	68.29	2.40	0.28	26.57	0.90	1.56	31.71	7.57	0.88	83.79	2.84	4.92	1.21
48		„	70.00	2.28	0.24	25.23	0.85	1.40	30.00	7.60	0.80	84.10	2.83	4.67	1.22
49	Zwiebelkartoffel	„	68.03	3.27	—	—	—	1.12	31.97	10.21	—	—	—	3.50	1.63
50	Heiligenstädter	„	74.66	2.06	—	—	—	1.07	25.34	8.13	—	—	—	4.21	1.30
						Stärke						Stärke			
51	Heiligenstädter, Voigtland . . .	„	76.14	1.57	—	19.41	—	1.00	23.86	6.58	—	81.35	—	4.19	1.05
52	„ Friesen	„	75.10	1.90	—	19.89	—	1.49	24.90	7.63	—	79.88	—	5.98	1.22
53	„ Pfaffengrün . . .	„	72.19	1.62	—	24.01	—	1.14	27.81	5.83	—	86.34	—	4.10	0.93
54	„ Neutaubenheim .	„	72.38	1.50	—	22.42	—	1.43	27.62	5.43	—	81.18	—	5.18	0.87
55	„ Mosel	„	78.71	1.36	—	17.68	—	1.29	21.29	6.38	—	82.95	—	6.05	1.02
56	Heiligenstädter, Mittel v. 20 Analysen	1866	75.05	2.02	—	19.14	—	1.13	24.95	8.10	—	76.71	—	4.53	1.30

	No. 26	27	28	29	30
Stärke	14.91	15.58	15.24	17.33	13.40
Schleim, Dextrin	2.34	1.29	1.81	—	—
Zucker	0.15	0.11	0.13	—	—
Extractivstoffe	1.70	1.99	1.83	—	—
Albumin	—	—	—	0.47	0.89
Caseïn	—	—	—	0.038	0.034
Pflanzenleim	—	—	—	0.29	0.25
Pflanzenfibrin	—	—	—	1.31	2.02
Gummi und Pectin . . .	—	—	—	0.76	1.56
Organische Säuren . . .	—	—	—	2.00	1.50

No. 32—35. C. Schmidt. — Livländische Jahrbücher d. Landwirthsch. 1852. 121. (Wilda's landw. Centralbl. 1853. I. 96 u. 16 (1863) 139 u. 17 (1864) 184.) No. 33 war zu Turneshof in Livland im trocknen Sommer 1862 gebaut; No. 34 war auf Alt-Kusthof, südlich von Dorpat im nassen Sommer 1864 gebaut; sie enthielt 1.27 % Aepfelsäure, 20.08 % Stärkemehl, letzteres aus dem spec. Gew. der Kartoffel berechnet.

No. 36 u. 37. P. Bretschneider u. Metzdorf. — 4. Ber. d. V.-St. Ida-Marienhütte. Vergl. „Kartoffeln, unter dem Einflusse der Düngung".

No. 38. F. Crusius. — Die Landwirthsch. V.-St. 1. 1859. 101.

No. 39. Rob. Hoffmann. — Jahresber. d. Agriculturchemie. 4. 1861/62. 52.

No. 40. Em. Wolff. — Mitthl. a. Hohenheim. 5. 161.

No. 41—43. C. Schulz-Fleeth. — Aus dessen: „Der rationelle Ackerbau". Berlin. 1856. Für die Zusammensetzung der Kartoffel wurde ferner angegeben:

	No. 41	42	43
Stärke	17.7	20.9	15.7
Dextrin und Asche . .	2.8	2.6	3.3

No. 44. C. M. Eisenstuck. — Die Landw. V.-St. 3. 1861. 237. Die Ermittlung der „Cellulose" geschah durch aufeinanderfolgende Digestion mit dreiprocentiger Salzsäure, dreiprocentiger Natronlauge, Alkohol und Aether.

No. 45. G. Herth. — Weende'r Jahresber. 1855/56. 31.

No. 46—48. V. Hofmeister. — Die Landw. V.-St. 8. 1866. 352 u. 10. 1868. 281.

No. 49—65. Fr. Nobbe. — Sächs. Amtsbl. 1867. 11.

No.	Bezeichnungen und Bemerkungen	Jahr der Untersuchung	In der ursprünglichen Substanz: Wasser %	Nh-Substanz %	Rohfett %	Nfr. Extractstoffe %	Rohfaser %	Asche %	Trockensubstanz %	In der Trockensubstanz: Nh-Substanz %	Rohfett %	Nfr. Extractstoffe %	Rohfaser %	Asche %	Stickstoff in der Trockensubstanz %
						Stärke						Stärke			
57	Zwiebelkartoffel, Voigtland . . .	1865	73.64	1.71	—	22.54	—	1.18	26.36	6.49	—	85.52	—	4.48	1.04
58	Desgl., wilde rothe, Voigtland . .	„	76.65	1.80	—	18.23	—	1.07	23.35	7.71	—	78.08	—	4.58	1.23
59	Desgl., rothe	„	72.21	1.84	—	24.75	—	1.43	27.79	6.62	—	89.05	—	5.25	1.06
60	Desgl., rothe, späte, Neutaubenheim	„	72.72	2.10	—	22.30	—	1.30	27.28	7.70	—	81.76	—	4.77	1.23
61	Victoria, Voigtland	„	67.65	1.58	—	17.99	—	1.12	23.35	6.77	—	77.05	—	4.80	1.08
62	Grosse weisse	„	78.12	1.82	—	16.58	—	1.01	21.88	8.32	—	75.77	—	4.62	1.33
63	Lerchenkartoffel	„	66.92	2.79	—	24.99	—	1.24	33.08	8.43	—	75.54	—	3.74	1.35
64	Frühe rothe Senftenberger . . .	„	75.03	1.64	—	19.17	—	1.27	24.97	6.57	—	76.78	—	5.09	1.05
65	Ordinär rothe Futterkartoffel . .	„	75.28	2.06	—	18.23	—	1.15	24.72	8.33	—	73.74	—	4.65	1.33
66	Heiligenstädter aus Giessenstein, ungedüngt	1866	71.20	2.12	—	21.10	—	—	28.80	7.38	—	73.26	—	—	1.18°
67	Desgl. aus Döhlen, ungedüngt . .	„	70.60	2.35	—	21.60	—	—	29.40	8.00	—	73.46	—	—	1.28°
68	Desgl. aus Sayda, ungedüngt . .	„	72.00	2.12	—	20.40	—	—	28.00	7.56	—	72.85	—	—	1.21°
69	Desgl. aus Bräunsdorf, ungedüngt .	„	68.00	2.28	—	24.20	—	—	32.00	7.13	—	75.63	—	—	1.14°
70	Desgl. aus Olbernhau, ungedüngt .	„	68.40	2.21	—	23.70	—	—	31.60	7.31	—	75.01	—	—	1.17°
71	Desgl. aus Friedebach, ungedüngt .	„	71.20	2.68	—	21.10	—	—	28.80	9.31	—	73.74	—	—	1.49°
72	Zwiebelkartoffel aus Tharand, ungedüngt	„	68.70	3.28	—	23.50	—	—	31.3	10.50	—	75.08	—	—	1.68°
73	Gemisch zweier Sorten, zu verschiedener Zeit untersucht	1864/65	72.90	2.49	0.09	22.90	0.67	0.95	27.10	9.18	0.33	84.51	2.46	3.52	1.47
74		„	76.40	2.52	0.11	19.36	0.75	0.86	23.60	10.68	0.48	82.04	3.16	3.64	1.71
75		„	77.08	1.97	0.08	19.21	0.72	0.94	22.92	8.63	0.37	83.80	3.12	4.08	1.38
76		1865	75.00	2.40	0.20	20.00	1.40	1.00	25.00	9.60	0.80	80.00	5.60	4.00	1.54
77	Dalmahoys } zu Woolmet auf schwerem Klayboden gewachsen	1863	74.44	0.81		23.69		1.06	25.56	3.31		92.54		4.15	0.53°
78	Regents	„	75.33	0.87		22.74		1.06	24.67	3.56		92.14		4.30	0.57°
79	Dalmahoys } zu Dargaval auf Moorboden gewachsen	„	80.11	1.50		17.86		0.53	10.89	8.13		89.21		2.66	1.30°
80	Regents	„	78.97	1.43		18.95		0.65	21.03	6.75		90.16		3.09	1.08°
81	Flukes . . . } zu Dargaval auf gedüngtem Moorboden gewachsen	„	79.18	1.62		18.44		0.66	20.82	8.00		88.87		3.17	1.28°
82	Skerry Reds .	„	78.79	1.81		18.69		0.71	21.21	8.69		87.96		3.35	1.39°
83	White Rocks .	„	77.91	1.68		19.41		1.00	22.09	7.69		87.78		4.53	1.23°
84	Orkney Reds .	„	79.45	1.75		18.25		0.55	20.55	8.69		88.63		2.68	1.39°
85	White Rocks, gedüngt . } auf leichtem Sandboden gewachsen	„	74.22	1.62		23.06		1.10	25.78	6.31		89.58		4.11	1.01°
86	Flukes, gedüngt . . .	„	76.77	1.56		19.41		1.16	23.23	7.31		87.68		5.01	1.17°
87	Skerry Blues, gedüngt .	„	73.22	2.00		23.69		1.09	26.78	7.50		88.42		4.08	1.20
88	Orkney Reds, gedüngt .	„	74.38	1.81		22.68		1.12	25.62	7.25		88.37		4.38	1.16
89	Regents, ungedüngt .	„	71.75	2.00		25.12		1.13	28.25	7.19		88.80		4.01	1.15°
90	Dalmahoys, ungedüngt .	„	74.85	1.68		22.62		0.85	25.15	6.94		88.91		4.15	1.11°
91	Hecklingkartoffel, 1865er Ernte, untersucht Februar	1866	75.00	1.76	0.10	21.12	1.02	1.00	25.00	7.04	0.40	84.88	4.08	4.00	1.13
92	Runkelkartoffel, Haut roth, Fleisch weiss	„	73.92	2.37	0.11	21.70	0.91	0.99	26.08	9.09	0.42	83.20	3.49	3.80	1.45
93	Sächs. Zwiebelkartoffel, innen gelb	„	73.31	2.07	0.09	22.64	0.86	1.01	26.69	7.76	0.34	84.90	3.22	3.78	1.24
94	1869er Ernte, untersucht November	1869/70	81.68	2.03	0.08	14.68	0.52	0.83	18.32	11.06	0.46	81.07	2.85	4.56	1.77

No. 66—72. A. Stöckhardt. — Chem. Ackersm. 13. 1867. 52. Die im Jahre 1865 an oben genannten Orten aus direct bezogenem Heiligenstädter Saatgut gebauten Knollen dienten zu einem Anbauversuche, der von Osc. Lehmann auf dem academischen Gute bei Tharand auf schwerem flachgründigem Thonschieferboden ausgeführt wurde. (Vergl. gedüngte Kartoffeln.) Der oben angegebene Gehalt an Trockensubstanz resp. Wasser und Stärkemehl wurde aus dem spec. Gew. der Knollen berechnet.
No. 73—75. F. Stohmann. — J. f. Landwirthsch. 1867. 160.
No. 76. E. Peters. — Preuss. Annal. der Landw. 50. 1867. 6.
No. 77—90. Thom. Anderson. — Transact. Highl. Soc. New Ser. Juli 1862 bis März 1865. 293. Die Kartoffeln waren auf ungedüngtem Boden gewachsen. (Vergl. Kartoffeln, gedüngt.)
No. 91—93. J. Nessler, Brigel u. E. Muth. — Ber. d. V.-St. Karlsruhe 1370. 56.
No. 94. E. Wolff (V.-St. Hohenheim). — Ein Programm derselben 1870. 92. Ferner: Die Ernährung der landw. Nutzthiere 1876. 158.

No.	Bezeichnungen und Bemerkungen	Jahr der Untersuchung	In der ursprünglichen Substanz							In der Trockensubstanz					Stickstoff in der Trockensubstanz
			Wasser	Nh-Substanz	Rohfett	Nfr. Extractstoffe	Rohfaser	Asche	Trockensubstanz	Nh-Substanz	Rohfett	Nfr. Extractstoffe	Rohfaser	Asche	
			%	%	%	%	%	%	%	%	%	%	%	%	%
95		1870/71	75.41	2.07	0.07	21.07	0.50	0.88	24.59	8.40	0.27	85.70	2.04	3.59	1.34
96	1869er Ernte, im Juni untersucht	1870	71.24	2.20	0.34	23.63	1.26	1.33	28.76	7.65	1.18	82.17	4.38	4.62	1.23
97		1864	74.39	1.87	0.27	21.92	0.43	1.12	25.61	7.30	1.05	85.60	1.68	4.37	1.17
98		1866	74.19	1.93	0.13	22.00	0.57	1.18	25.81	7.48	0.50	85.24	2.21	4.57	1.20
99		1866	74.15	1.64	0.24	21.89	0.76	1.32	25.85	6.54	0.93	84.48	2.94	5.11	1.03
100		1868	73.30	2.69	0.08	21.90	0.63	1.40	26.70	10.07	0.30	82.03	2.36	5.24	1.61
101	Mit Stallmist gedüngt	1870	71.10	2.80	—	23.60	1.42	0.88	28.90	10.33	—	81.68	4.93	3.08	1.65
102	Desgl.	1871	68.64	2.73	0 12	26.37	1.00	1.14	31.36	8.71	0.38	84.08	3.19	3.64	1.39
103	Ungedüngt, Mittel zweier Parzellen	1869	71.53	3.07	0.11	23.78	0.61	0.90	28.47	10.78	3.86	80.06	2.14	3.16	1.72
104	Riesen-Marmont-Kartoffel . . .	1872	71.60	1.62	—	—	—	—	28.40	5.70	—	—	—	—	0.91
105		1874	71.90	2.23	(0.01)	23.73	0.68	1.45	28.10	7.94	(0.04)	84.43	2.42	5.17	1.27
106		1871	73.88	2.56	0.15	21.49	0.74	1.18	26.12	9.81	0.56	82.30	2.82	4.51P	1.57
107	Frühe Rosenkartoffel	„	75.80	1.15	0.15	18.28	0.27	0.80	24.20	4.75	0.62	90.20	1.12	3.31	0.76
108	Späte Rosenkartoffel	„	73.86	2.08	0.20	20.22	0.34	0.86	26.14	7.96	0.77	86.58	1.30	3.39	1.27
109	1869er, im Monat Juni untersucht	1870	71.24	2.20	0.34	23.63	1.26	1.33	28.76	7.65	1.18	82.17	4.38	4.62	1.22
110		„	75.48	2.33	0.09	20.09	0.63	1.38	24.52	9.70	0.37	81.73	2.57	5.63	1.58
111		„	75.21	1.82	0.09	20.99	0.80	1.09	24.79	7.34	0.36	84.67	3.23	4.40	1.17
112	Weisse Sieberhäuser, Saatknollen, im Frühjahr	1875	75.65	1.44	0.08	21.11	0.61	1.11	24.35	5.92	0.33	86.70	2.49	4.56	0.95
113	Desgl., von No. 112 gezogene Knollen	„	76.74	2.18	0.07	19.52	0.60	0.89	23.26	9.38	0.30	83.89	2.58	3.85	1.50
114	Gedämpfte Kartoffel, Mittel aus 6 Analysen	„	72.45	2.10	0.15	21.70	0.59	1.20	27.55	7.63	0.54	85.33	2.14	4.36	1.22
115	Desgl.	„	74.32	2.08	0.15	21.53	0.59	1.19	25.68	8.10	0.58	84.39	2.30	4.63	1.30
116	Desgl.	„	71.16	2.82	0.17	23.55	0.81	1.33	28.84	9.78	0.59	82.21	2.81	4.61	1.56
117		„	73.30	3.69	0.08	21.90	0.63	1.30	26.70	13.82	0.30	79.25	1.76	4.87	2.21
118		1869/70	70.64	3.61	0.15	23.34	0.64	1.48	29.36	12.30	0.51	79.97	2.18	5.04	1.97
119	Eingesumpfte Kartoffel	1869/70	72.80	2.86	0.19	21.90	0.63	1.56	27.20	10.51	0.70	80.75	2.31	5.73	1.68
120		1870	74.08	2.04	0.04	21.76	0.65	1.41	25.92	7.87	0.15	84.03	2.51	5.44	1.26
121		1873	71.00	3.01	0·12	24.23	0.57	1.06	29.00	10.38	0.41	83.59	1.97	3.65	1.66
122		1871	70.88	2.32	0.09	24.11	1.07	1.47	29.12	7.97	0.31	83.00	3.67	5.05	1.28
123		1872	72.08	2.90	0.12	23.32	0.55	1.01	27.92	10.37	0.43	83.61	1.97	3.62	1.66
124	1874er Ernte, im April untersucht	1875	74.75	2.25	0.09	21.11	0.84	0.96	25.25	8.92	0.34	83.62	3.32	3.80P	1.43
125		1873	74.75	2.06	0.08	21.49	0.57	1.05	25.25	8.14	0.33	85.11	2.27	4.15	1.30
126		„	76.90	2.69	0.08	18.58	0.82	0.93	23.10	11.63	0.36	80.45	3.55	4.02	1.86
127		„	80.44	2.86	0.15	15.21	0.59	0.75	19.56	14.64	0.76	77.76	3.00	3.83	2.34

No. 95. E. Wolff (V.-St. Hohenheim). — Die Landw. V.-St. 14. 1871. 406. Landw. Jahrb. 1. 1872. 540.
No. 96. V. Hofmeister. — Ebendaselbst. 16. 1873. 126.
No. 97. J. Lehmann u. Joh. Seyffert. — Amtsbl. f. d. landw. Ver. in Sachsen 1865. 59.
No. 98 u. 99. V. Hofmeister u. R. Brandes. — Die Landw. V.-St. 12. 1870. 9.
No. 100—102. E. Heiden (V.-St. Pommritz). — Amtsbl. f. d. landw. Ver. in Sachsen. 18. 1870. 8 u. 20. 1872. 60.
No. 103. Derselbe. — Privatmitthl.
No. 104. P. Wagner. — Ber. d. V.-St. Darmstadt 1874. 44. Zur Untersuchung dienten 3 Knollen und zwar von 210, 153 und 104 g. An reinem Stärkemehl wurde gefunden 22.8 %.
No. 105. G. Kühn (V.-St. Möckern) — Sächs. landw. Ztschr. 1875. 156.
No. 106. H. Weiske u. E. Wildt (V.-St. Proskau). — Ztschr. f. Biologie. 10. 1874. 6.
No. 107 u. 108. Birner (V.-St. Regenwalde). — Wochenschr. d. Pomm. ökonom. Gesellsch. 1873. 3.
No. 109. V. Hofmeister. — Die Landw. V.-St. 16. 1873. 126.
No. 110 u. 111. J. König u. B. Farwick (V.-St. Münster). — Privatmitthl.
No. 112 u. 113. J. König u. C. Brimmer (V.-St. Münster). — Landw. Jahrbücher. 5. 1876. 661. Die unter No. 113 angeführten Knollen wurden im Garten der V.-St. Münster in mittelschwerem, sandigem Lehmboden, der in mittelmässigem Düngungszustand war, angebaut.
No. 114—123. E. Heiden, Voigt, Wetzke, v. Gruber, Güntz, Bochmann (V.-St. Pommritz). — Beiträge zur Ernährung des Schweins. Leipzig u. Hannover 1877. 129.
No. 124. E. Wildt (V.-St. Kuschen). — Landw. Jahrb. 6. 1877. 180.
No. 125.—129. E. Wolff, Kreuzhage, Kellner u. G. Dittmann (V.-St. Hohenheim). — Landw. Jahrb. 8. 1879. Supplem. 156. 201.

No.	Bezeichnungen und Bemerkungen	Jahr der Untersuchung	In der ursprünglichen Substanz							In der Trockensubstanz					Stickstoff in der Trockensubstanz
			Wasser %	N-Substanz %	Rohfett %	Nfr. Extractstoffe %	Rohfaser %	Asche %	Trockensubstanz %	N-Substanz %	Rohfett %	Nfr. Extractstoffe %	Rohfaser %	Asche %	%
128		1873	79.47	2.60	0.10	16.66	0.39	0.78	20.53	12.65	0.51	81.12	1.90	3.82	2.02
129		„	76.26	2.83	0.15	19.22	0.63	0.91	23.74	11.91	0.63	80.98	2.65	3.84	1.91
130		„	75.50	2.92	0.11	19.60	0.98	0.89	24.50	11.90	0.46	80.02	4.00	3.62	1.90
131	Aus München	1872	79.81	2.42	0.22	15.70	0.69	1.16	20.19	11.99	1.09	77.75	3.41	5.75	1.92
132	Sächsische Zwiebel, 140 Stück auf 10 kg, Winter	1876	75.30	1.69	0.20	20.90	1.04	0.87	24.70	6.84	0.81	84.62	4.21	3.52	1.09
133	Märkische Zwiebel, 66 Stück auf 10 kg, Winter	„	73.00	2.18	0.10	22.80	1.00	0.92	27.00	8.07	0.37	84.45	3.70	3.41	1.29
134	Schlesische Zwiebel, 100 Stück auf 10 kg, Winter	„	75.05	2.16	0.08	20.50	1.04	1.17	24.95	8.66	0.32	82.16	4.17	4.69	1.39
135	Victoria, Winter	„	77.34	1.62	0.05	19.34	0.80	0.85	22.66	7.15	0.22	85.35	3.53	3.75	1.14
136	Early rose, Winter	„	84.90	0.50	0.04	12.81	0.95	0.80	15.10	3.31	2.65	82.55	6.29	5.20	0.53
137	Gemenge diverser Sorten . . .	„	80.20	1.45	—	—	—	—	19.80	7.32	—	—	—	—	1.17
138	Gemenge von No. 132—134 . .	„	74.07	1.55	0.05	22.04	1.05	1.24	25.93	5.98	0.19	85.00	4.05	4.78	0.96
139	Frisch nach der Ernte	1878	75.03	2.35	0.36	20.92	0.34	1.00p	24.97	9.41	1.44	83.78	1.36	4.01	1.51
140	Desgl.	1878	75.88	1.79	0.43	20.80	0.35	0.75	24.12	7.42	1.78	86.24	1.45	3.11	1.19
141	Gedämpfte Kartoffel	1869	72.98	2.82	0.15	21.92	0.82	1.31	27.02	10.44	0.56	81.12	3.03	4.85	1.67
142	Kartoffel nach Stallmistdüngung .	„	74.08	2.04	0.04	21.76	0.65	1.43	25.92	7.87	0.15	83.95	2.51	5.52	1.26
143	Rohe Kartoffeln	„	73.65	2.77	0.19	21.22	0.61	1.56	26.35	10.51	0.72	84.33	2.31	2.13	1.68
144	Dieselben gedämpft	„	71.08	3.56	0.15	22.99	0.65	1.59	28.92	12.31	0.52	79.42	2.25	5.50	1.97
145		„	70.75	3.49	0.23	22.81	0.70	1.54	29.25	11.93	0.79	79.62	2.39	5.27	1.91
146		„	70.89	3.41	0.22	23.15	0.83	1.50	29.11	11.71	0.76	79.53	2.85	5.15	1.87
147		1875	73.71	2.14	0.15	22.05	0.60	1.35	26.29	8.14	0.57	83.88	2.28	5.13	1.30
148		„	73.74	2.13	0.15	22.03	0.60	1.35	26.26	8.11	0.57	83.90	2.28	5.14	1.30
149		„	72.28	2.25	0.16	23.24	0.64	1.43	27.72	8.23	0.58	83.62	2.34	5.23	1.32
150		„	76.01	1.95	0.14	20.12	0.55	1.23	23.99	8.13	0.58	83.67	2.29	5.13	1.30
151		„	74.86	2.04	0.15	21.08	0.58	1.29	25.14	8.12	0 60	83.84	2.31	5.13	1.30
152		„	75.36	2.00	0.14	20.68	0.56	1.26	24.64	8.12	0.57	83.93	2.27	5.11	1.30
153	Nach Stallmistdüngung	1870	71.16	2.56	0.04	24.53	0.52	1.19	28.84	8.88	0.14	85.05	1.80	4.13	1.42
154	Desgl., nach Gülichs-Methode gepflügt	1871	72.67	2.69	0.06	22.47	0.84	1.28	27.33	9.85	0.22	82.18	3.07	4.68	1.58
155	Desgl. (vergl. No. 102)	1871	68.64	2.73	0.12	23.36	1.00	1.14	31.36	8.71	0.38	84.08	3.19	3.64	1.39
156	Frische Kartoffeln	1880	76.94	2.26	0.12	19.26	0.68	0.73	23.06	9.80	0.52	83.56	2.95	3.17	1.57
157	Aus Ostpreussen, im Juni untersucht	1878	69.44	2.01	0.09	26.44	1.07	0.94	30.56	6.58	0.29	86.55	3.50	3.08	1.05
158	White Star	1884	78.01	2.19	0.08	18.39	0.33	1.00	21.99	9.96	0.36	83.63	1.50	4.55	1.59

No. 130. E. Wolff u. O. Kellner (V.-St. Hohenheim). — Landw. Jahrb. 13. 1884. 245. Die Trockensubstanz der Kartoffeln enthielt 7.13% reines Proteïn und 4.77% Amide etc.

No. 131. J. Lehmann. — Oekonomische Fortschritte 1872. 220.

No. 132—138. F. Schwackhöfer, J. Stua u. Dehaglio. Technisch-chemisches Laborat. d. k. k. Hochschule f. Bodencultur in Wien. — Privatmitthl. Je 30 Stück Knollen wurden einzeln auf ihr spec. Gewicht geprüft und gefunden:

		No. 132	133	134	135	136
Spec. Gewicht	Maximum	1.1200	1.118	1.107	1.099	1.079
	Minimum	1.0699	1.078	1.081	1.055	1.038
Dar. berechnetes Stärkemehl . .	Maximum	23.05	22.61	20.22	18.56	15.24
	Minimum	14.36	15.12	15.50	—	—
Dar. berechnete Trockensubstanz	Maximum	28.23	27.75	25,11	23.26	19,30
	Minimum	18.02	19.14	19,63	—	—

No. 139 u. 140. F. Schwackhöfer. — Ebendas. Bei der Analyse der näheren Bestandtheile wurden unterschieden:

Proteïn, löslich . .	1.64	coagulirbar . .	0.56	1.79	0.66
		nicht coagulirbar	1,08		1.13
„ unlöslich .	0.71				0,00
Stärke	16.72			17.00	
Zucker	0.07			0.13	
Mineralst. löslich	0.64				
Mineralst. unlösl.	0.36				

No. 141—155. E. Heiden (V.-St. Pommritz). — Privatmitthl.

No. 156. Förster (V.-St. Dahme). — Privatmitthl. Spec. Gew. 1.091.

No. 157. W. Hoffmeister. — Privatmitthl.

No. 158. The Connecticut Agricultural Experiment Station, Ann. Rep. f. 1884. 107.

No.	Bezeichnungen und Bemerkungen	Jahr der Untersuchung	In der ursprünglichen Substanz: Wasser %	Nh-Substanz %	Rohfett %	Nfr. Extractstoffe %	Rohfaser %	Asche %	Trockensubstanz %	In der Trockensubstanz: Nh-Substanz %	Rohfett %	Nfr. Extractstoffe %	Rohfaser %	Asche %	Stickstoff in der Trockensubstanz %
159		1884	79.69	1.14	0.12	17.75	0.28	1.02	20.31	5.61	0.59	87.40	1.38	5.02	0.90
160		1884	77.61	1.32	0.14	19.69	0.48	0.76	22.39	5.90	0.63	87.94	2.14	3.39	0.94
161	Mittel zweier ungedüngter Parzellen	1869	71.53	3.06	0.12	23.78	0.61	0.90	28.47	10.75	0.42	83.53	2.14	3.16	1.70
162	Saatknollen	1878	69.68	2.08	0.17	26.39	0.61	1.07	30.32	6.86	0.56	87.04	2.01	3.53	1.10
163	Aus vorigen erbaute Kartoffeln, Mittel von zwei unged. Parzellen	1878	73.78	1.41	0.13	22.98	0.62	1.08	26.22	5.48	0.50	87.54	2.36	4.12	0.88
164	Ungedüngt	1885	74.65	2.23	0.12	21.65	0.57	0.78	25.35	8.80	0.47	85.40	2.25	3.08	1.41
165	Gedüngte, Mittel v. zwei Parzellen	1885	75.02	2.22	0.15	21.11	0.64	0.86	24.98	8.89	0.60	84.49	2.56	3.46	1.42
166	Saatknollen, Farinosakartoffel . .	1876	68.63	2.56	0.07	26.82	0.67	1.25	31.37	8.19	0.20	85.50	2.14	3.97[p]	1.31[o]
167	Aus vorigen erwachsen	1876	77.83	2.70	0.06	17.88	0.54	0.99	—	12.26	0.26	80.56	2.43	4.48	1.962[o]
					Stärke	Sonstige Nfr. Extractstoffe u. Holzfaser					Stärke	Sonstige Nfr. Extractstoffe u. Rohfaser			
168	Sächsische Zwiebel, gemergelter leichter Sandboden	1880	78.5	1.9	15.7	3.1		0.8	21.5	8.84	73.02	14.42		3.72	1.41
169	Desgl.	„	79.5	2.1	14.7	2.8		0.9	20.5	10.24	71.71	13.66		4.39	1.64
170	Desgl.	„	78.3	2.1	16.0	1.7		0.9	21.7	9.68	73.73	12.44		4.15	1.55
171	Desgl.	„	77.6	2.0	16.6	2.7		0.9	22.4	8.93	74.10	12.95		4.02	1.43
172	Desgl.	„	76.9	2.1	17.3	2.8		0.9	23.1	9.08	72.82	14.21		3.89	1.45
173	Desgl.	„	77.6	2.2	16.6	2.7		0.9	22.4	9.82	74.10	12.06		4.02	1.57
174	Desgl.	„	79.2	2.2	15.0	2.8		0.8	20.8	10.58	72.12	13.45		3.85	1.69
175	Desgl.	„	78.3	2.2	15.9	2.8		0.8	21.7	10.14	73.27	12.90		3.69	1.62
176	Desgl.	„	77.3	2.2	16.9	2.8		0.8	22.7	9.69	74.44	12.35		3.52	1.55
177	Desgl.	„	76.3	2.2	17.9	2.8		0.8	23.7	9.28	75.52	11.42		3.78	1.48
178	Desgl.	„	80.0	1.7	14.2	3.0		1.1	20.0	8.50	71.00	15.00		5.50	1.36
179	Desgl.	„	78.9	1.7	15.3	3.1		0.7	21.1	8.06	72.51	16.11		3.32	1.29
180	Alkohol	„	74.8	1.8	19.4	3.1		0.9	25.2	7.14	76.98	12.31		3.57	1.14
181	The farmers blush	„	76.8	1.7	17.4	3.3		0.8	23.2	7.33	74.99	14.23		4.45	1.17
182	Paulsen No. 13	„	78.7	1.8	15.5	3.1		0.9	21.3	8.94	76.96	9.63		4.47	1.43
183	Early Goodrich	„	79.8	2.5	14.4	2.6		0.7	20.2	12.38	71.28	12.87		3.47	1.98
184	Richters Schneerose . . .	„	78.1	1.8	16.1	3.1		0.9	21.9	8.22	73.51	14.16		4.11	1.32
185	Polygonos	„	75.8	—	18.4	4.8		1.0	24.2	—	76.03	19.84		4.13	—
186	Gesundheit	„	75.2	—	19.0	4.9		0.9	24.8	—	76.61	19.76		3.63	—
187	Neue Lippische	„	76.2	1.3	18.0	3.5		1.0	23.8	5.46	75.64	14.70		4.20	0.87
188	Frühe blaue	„	75.3	—	18.9	4.9		0.9	24.7	—	76.53	19.83		3.64	—
189	Dumbar regent . . . . . } Humoser Lehmboden	„	73.8	1.4	20.4	3.5		0.9	26.2	4.94	77.87	13.75		3.44	0.79
190	Alkohol, violette	„	75.1	1.5	19.1	3.2		1.1	24.9	6.02	76.71	12.85		4.42	0.96
191	Fürstenwalder	„	73.0	1.5	21.2	3.4		0.9	27.0	5.56	78.52	12.59		3.33	0.89
192	Paulsen No. 1	„	74.1	1.7	20.1	3.0		1.1	25.9	6.56	77.61	11.58		4.25	1.05
193	Sieberhäuser	„	76.2	1.9	18.0	2.8		1.1	23.8	7.98	75.64	11.76		4.62	1.28
194	Achilles	„	73.6	2.0	20.6	2.7		1.1	26.4	7.58	78.03	10.22		4.17	1.21
195	Champion	„	75.8	2.1	18.4	2.7		1.0	24.2	8.68	76.03	11.16		4.13	1.39
196	Gelbe Rose	„	73.7	1.9	21.5	1.7		1.2	27.3	6.96	78.75	9.89		4.40	1.11
197	Garnet Chili	„	73.5	2.1	21.2	2.1		1.1	27.0	7.78	78.52	9.63		4.07	1.25
198	Eos	„	74.9	1.9	19.3	2.9		1.0	25.1	7.57	76.89	11.56		3.98	1.21
199	Blanka	„	75.6	1.9	18.6	2.9		1.0	24.4	7.79	76.22	11.89		4.10	1.25

No. 159 u. 160. The Connecticut Agricultural Experiment Station, Ann. Rep. für 1884. 107. Tabelle 115.
No. 161—165. E. Heiden (V.-St. Pommritz). — Privatmitthl. (Siehe unter gedüngten Kartoffeln No. 136 u. f., 152 u. f. und No. 159 u. f.)
No. 166 u. 167. U. Kreusler (V.-St. Poppelsdorf). — Landw. Jahrb. 15. (1886.) 309. (Siehe Kartoffeln in verschiedenen Vegetationsperioden No. 78 u. f.)
No. 168—224. M. Märcker (V.-St. Halle). — Privatmitthl.

No.	Bezeichnungen und Bemerkungen	Jahr der Untersuchung	In der ursprünglichen Substanz: Wasser %	Nh-Substanz %	Stärke %	Sonstige Nfr. Extractstoffe und Holzfaser %	Asche %	Trockensubstanz %	In der Trockensubstanz: Nh-Substanz %	Stärke %	Sonstige Nfr. Extractstoffe und Rohfaser %	Asche %	Stickstoff in der Trockensubstanz %
200	Paulsen No. 56 (Humoser Lehmboden)	1880	75.0	—	19.2	4.5	1.3	25.0	—	76.80	18.00	5.20	—
201	Aurora (Humoser Lehmboden)	„	74.9	—	19.3	4.7	1.1	25.1	—	76.89	18.73	4.38	—
202	Richters Imperator (Humoser Lehmboden)	„	75.8	1.8	18.4	3.1	0.9	24.2	7.44	76.03	12.81	3.72	1.19
203	Daber'sche (Humoser Lehmboden)	„	76.4	1.8	17.8	2.8	1.2	23.6	7.63	75.40	11.89	5.08	1.22
204	Griesenhagen (Humoser Lehmboden)	„	74.6	2.1	19.6	2.7	1.0	25.4	8.27	77.17	10.62	3.94	1.32
205	Trophime (Humoser Lehmboden)	„	74.7	2.1	13.5	8.7	1.0	25.3	8.30	53.37	34.38	3.95	1.33
206	Bresées prolific (Humoser Lehmboden)	„	79.4	2.0	14.8	3.0	0.8	20.6	9.71	71.84	14.57	3.88	1.55
207	Paulsens No. 75 (Humoser Lehmboden)	„	72.7	1.9	21.5	2.8	1.1	27.3	6.96	78.75	10.26	4.03	1.11
208	Chardon (Humoser Lehmboden)	„	80.6	2.1	13.6	2.7	1.0	19.4	10.83	71.11	12.90	5.16	1.73
209	Gelbfleischige sächsische Zwiebel, humoser Sandboden	„	77.3	1.9	16.9	2.6	1.3	22.7	8.37	74.44	11.46	5.73	1.34
210	Desgl., weniger gut als voriger	„	78.2	2.4	16.0	2.2	1.2	21.8	11.01	73.39	10.10	5.50	1.76
211	Sächsische Zwiebel, Sandboden	„	80.0	1.6	14.3	3.1	1.0	20.0	8.00	71.50	15.50	5.00	1.28
212	Desgl.	„	79.9	1.7	14.3	3.0	1.0	20.1	8.46	71.14	15.52	4.98	1.35
213	Desgl.	„	81.0	1.7	13.2	3.0	1.1	19.0	8.95	69.47	17.79	5.79	1.43
214	Desgl.	„	82.0	2.0	12.2	2.7	1.1	18.0	11.11	67.78	15.00	6.11	1.78
215	Desgl.	„	81.6	1.7	12.6	3.0	1.1	18.4	9.24	68.48	16.30	5.98	1.48
216	Gelbfleischige Zwiebel, humoser Sandboden, in kräftiger Cultur	1881	75.5	1.3	18.7	3.2	1.3	24.5	5.32	76.52	12.84	5.32	0.85
217	Desgl., weniger guter Sandboden	„	74.8	1.4	19.4	3.1	1.3	25.2	5.56	77.00	12.28	5.16	0.89
218	Sächsische Zwiebel, weissfleischig, sandiger Lehm	„	71.9	1.8	22.3	2.9	1.1	28.1	6.41	79.37	10.31	3.91	1.03
219	Unbekannt, schwerer Thonboden	„	78.4	1.7	15.8	3.11	1.02	21.6	7.73	73.15	14.40	4.72	1.24
220	Halbgute weisse Kartoffel, humoser Lehm	1882	78.4	2.09	15.8	2.41	1.30	21.6	9.68	73.15	11.15	6.02	1.55
221	Desgl.	„	78 87	1.80	15.1	2.96	1.34	21.13	8.52	71.47	13.67	6.34	1.36
222	Zwiebelkartoffel, ohne Kainit, humoser Lehmboden	„	74.54	2.12	19.4	2.68	1.30	25.46	8.33	76.20	10.36	5.11	1.33
223	Desgl., mit Kainit, humoser Lehmboden	„	76.62	1.66	17.9	2.14	1.70	23.38	7.10	76.56	9.07	7.27	1.14
224	Champion, humoser Lehmboden	„	73.95	1.89	19.7	2.57	1.94	26.05	7.26	75.63	9.62	7.49	1.16
	Minimum (von No. 46 bis 224)		68.03	0.83	0.04	19.45 0.28	0.53	15.10	3.31	0.15	77.75 1.12	2.13	0.53
	Maximum (von No. 46 bis 224)		84.90	3.66	0.96	22.57 1.57	1.87	31.97	14.64	3.86	90.20 6.29	7.49	2.34
	Mittel*) (von No. 46 bis 224)		74.98	2.08	0.15	21.01 0.69	1.09	25.02	8.33	0.61	83.92 2.77	4.37	1.33

Kartoffeln. — Unter dem Einflusse des Bodens.

Auf schwerem Klayboden gewachsen.

No.	Bezeichnungen und Bemerkungen	Jahr	Wasser	Nh-Substanz	Stärke	Sonstige Nfr. Extractstoffe und Holzfaser	Asche	Trockensubstanz	Nh-Substanz	Stärke	Sonstige Nfr. Extractstoffe und Rohfaser	Asche	Stickstoff
1	Dalmahoys, Mittel von 4 Analysen	1863	75.10	0.78	—	23.02	1.01	24.90	3.44	—	92.50	4.06	0.55
2	Regents, Mittel von 4 Analysen	1863	76.10	1.06	—	21.79	1.05	23.90	4.44	—	91.17	4.39	0.71
3		—	78.40	1.70	15.80	3.08	1.02	21.60	10.87	73.14	11.27	4.72	1.75

Auf Moorboden gewachsen.

No.	Bezeichnungen und Bemerkungen	Jahr	Wasser	Nh-Substanz	Stärke	Sonstige Nfr. Extractstoffe und Holzfaser	Asche	Trockensubstanz	Nh-Substanz	Stärke	Sonstige Nfr. Extractstoffe und Rohfaser	Asche	Stickstoff
4	Dalmahoys, Mittel von 7 Analysen	1863	80.40	1.51	—	17.49	0.60	19.60	8.00	—	88.94	3.06	1.28
5	Regents, Mittel von 7 Analysen	1863	79.74	1.33	—	18.04	0.69	20.26	6.56	—	90.03	3.41	1.05
6	Flukes, gedüngt	1863	79.18	1.62	—	18.54	0.66	20.92	8.00	—	87.85	4.15	1.28⁰

*) Mittel. Zur Berechnung des N-Mittels wurden ferner benutzt No. 5—9, 20—26 und 32—45.

Kartoffeln. — Unter dem Einflusse des Bodens.
No. 1 u. 2. Th. Anderson. — Transact. Highl. Soc. 1865. 293. Siehe Kartoffeln unter dem Einflusse der Düngung.
No. 3. M. Märcker (V.-St. Halle). — Privatmitthl.
No. 4—15. Wie bei No. 1 u. 2.

No.	Bezeichnungen und Bemerkungen	Jahr der Untersuchung	In der ursprünglichen Substanz: Wasser %	Nh-Substanz %	Stärke %	Nfr. Extractstoffe %	Rohfaser %	Asche %	Trocken-substanz %	In der Trockensubstanz: Nh-Substanz %	Stärke %	Nfr. Extractstoffe %	Rohfaser %	Asche %	Stickstoff in der Trocken-substanz %
7	Skerry Red's, gedüngt	1863	78.79	1.81	—	18.69		0.71	21.21	8.68	—	87.97		3.35	1.39°
8	White Rocks, gedüngt	1863	77.91	1.68	—	19.41		1.00	22.09	7.68	—	87.80		4.52	1.23°
9	Orkney Red's, gedüngt	1863	79.45	1.75	—	18.25		0.55	20.55	8.68	—	88.64		2.68	1.39°
	Auf leichtem Sandboden gewachsen.														
10	Dalmahoys, Mittel von 4 Analysen	1863	75.70	1.65	—	21.60		1.07	24.30	6.94	—	87.98		5.08	1.11
11	Regents, Mittel von 4 Analysen .	„	73.90	1.74	—	23.20		1.16	26.10	6.72	—	88.82		4.46	1.075
12	Flukes, gedüngt	„	76.77	1.56	—	19.41		1.16	23.23	7.31	—	87.68		5.01	1.17
13	Skerry Blues, gedüngt	„	73.22	2.00	—	23.69		1.09	26.78	7.50	—	88.42		4.08	1.20
14	Orkney Red's, gedüngt	„	74.38	1.81	—	22.68		1.12	25.62	7.25	—	88.37		4.38	1.16
15	White Rocks, gedüngt	„	74.22	1.62	—	23.06		1.10	25.78	6.31	—	89.58		4.11	1.01
16	Sächsische Zwiebel, Boden gemergelt, Mittel von 12 Analysen	1880	78.20	2.10	16.0	18.70		0.90	21.80	9.63	73.39	12.85		4.13	1.54
17	Gelbfleischige Zwiebel, Sandboden, Mittel von 9 Analysen . . .	1880/81	78.9	1.27	15.3	18.68		1.15	21.10	6.02	72.51	16.20		5.27	0.96
	Auf humosem Lehmboden gewachsen.														
18	Mittel von 34 Proben verschiedener Sorten	1880	72.8	1.87	18.30	—		1.07	27.2	6.87	67.27	21.93		3.93	1.05

Kartoffeln. — Einfluss des Lagerns im Keller während des Winters, bezw. von Wärme, Licht und Luftfeuchtigkeit.

No.	Bezeichnungen und Bemerkungen	Jahr der Untersuchung	Wasser %	Nh-Substanz %	Stärke %	Nfr. Extractstoffe %	Rohfaser %	Asche %	Trocken-substanz %	Nh-Substanz %	Stärke %	Nfr. Extractstoffe %	Rohfaser %	Asche %	Stickstoff in der Trocken-substanz %
1	Rothe Zwiebelkart. am 21. Febr.	1857	72.40	1.67	—	—	—	—	27.60	5.99	—	—	—	—	0.96o
2	Desgl. am 23. Februar . . .	„	71.10	1.55	—	—	—	—	28.90	5.63	—	—	—	—	0.90°
3	Desgl. am 10. März	„	71.28	2.06	—	—	—	—	28.72	7.16	—	—	—	--	1.13°
4	Desgl. am 28. März	„	71.50	1.63	—	24.95	0.90	1.02	28.50	5.63	—	87.63	3.16	3.58	0.90°
5	Desgl. am 2. April	„	71.31	1.69	—	24.98	0.88	1.14	28.69	5.81	—	87.15	3.07	3.97	0.93o
6	Mittel	„	71.52	1.72	—	24.79	0.89	1.08	28.48	6.00	—	87.06	3.12	3.82	0.96
					Stärkemehl am 17/12.	Stärkemehl am 27/2.	Stärkemehl am 7/6.				Stärkemehl	Stärkemehl	Stärkemehl		
7	I. Hell-trocken-kühle Aufbewahrung	1865	69.25	2.69	18.00	22.77	21.89	1.28	30.75	7.85	58.54	74.05	71.19	4.16	1.26
8	II. Hell-trocken-warme „	„	52.49	8.01	21.18	19.19	29.40	2.71	47.51	16.86	44.58	40.39	61.89	5.70	2.70
9	III. Hell-feucht-kühle „	„	73.26	1.21	22.77	20.25	18.50	1.14	26.74	4.53	85.16	75.74	69.19	4.26	0.72
10	IV. Hell-feucht-warme „	„	53.87	5.70	22.48	22.53	27.69	2.47	46.13	12.36	48.74	48.85	60.03	5.35	1.98
11	V. Dunkel-trocken-kühle „	„	68.78	2.39	20.85	22.46	19.30	1.81	31.22	7.66	66.78	71.94	61.82	5.80	1.23
12	VI. Dunkel-trocken-warme „	„	49.60	5.19	19.89	19.60	34.06	2.92	50.40	10.10	39.46	38.89	67.58	3.93	1.62
13	VII. Dunkel-feucht-kühle „	„	75.02	1.43	23.38	18.92	17.43	1.19	24.98	5.72	93.59	75.74	69.77	4.76	0.92
14	VIII. Dunkel-feucht-warme „	„	47.78	3.11	26.49	24.99	38.22	2.50	52.22	5.96	50.76	47.86	73.19	4.79	0.95

No. 16—18. M. Märcker (V.-St. Halle). — Privatmitthl. Von uns aus der Haupttabelle zusammengestellt.

Kartoffeln. — Einfluss des Lagerns im Keller während des Winters, bezw. von Wärme, Licht und Luftfeuchtigkeit.

No. 1—6. Scheven, — Ztschr. f. d. Prov. Sachsen 1857. 136. Die besondere Stärkemehlbestimmung ergab:

No. 3	4	5	6
16.27	17.12	16.26	16.55

No. 7—14. Fr. Nobbe u. Kleckl. — Die L. V.-St. 7. 1865. Je 2 mittelgrosse (sächsische Zwiebel-) Kartoffeln von bestimmtem Gewicht und Stärkemehlgehalt wurden theils im zerstreuten Tageslicht des Laboratoriums, theils am Boden eines dunklen Wandschrankes unter Glasglocken aufbewahrt, welche letzteren jedoch den Zutritt der Luft nicht ganz ausschlossen. Zur Herstellung von feuchter und trockner Luft wurde unter die Glasglocken ein Gefäss mit Wasser, bezw. mit concentrirter Schwefelsäure gestellt. Unter warmer Temperatur ist eine solche von 15—30° C., unter kühler eine solche von 10—22° C. zu verstehen. Der Versuch begann am 12. December 1864 und wurde am 7. Juni 1865 beendet. Die Verluste, welche die Kartoffeln an Gewicht etc. verloren, erhellt aus nachfolgenden Daten:

	No. I	II	III	IV	V	VI	VII	VIII
Verlust im Ganzen	34.05 %	57.25 %	20.15 %	57.65 %	34.45 %	63.25 %	13.35 %	62.1 %

Am Schlusse des Versuchs enthielt die ursprüngliche Substanz noch:

No.	Bezeichnungen und Bemerkungen	Jahr der Untersuchung	In der ursprünglichen Substanz: Wasser %	Nh-Substanz %	Rohfett %	Nfr. Extractstoffe %	Rohfaser %	Asche %	Trocken-substanz %	In der Trockensubstanz: Nh-Substanz %	Rohfett %	Nfr-Extractstoffe %	Rohfaser %	Asche %	Stickstoff in der Trockensubstanz %
	Kartoffeln. — Einfluss der Culturmethode auf die Zusammensetzung der Knollen.														
1	Einfluss der Pflanztiefe: 1 Zoll tief gelegt	1870	71.72	2.80	—	22.89	1.68	0.91	28.28	9.89	—	80.95	5.93	3.23	1.57
2	4 „ „ „	„	70.06	2.85	—	24.50	1.67	0.92	29.94	9.56	—	81.79	5.57	3.18	1.53
3	8 „ „ „	„	70.78	3.12	—	24.00	1.17	0.93	29.22	10.67	—	82.13	4.01	3.19	1.71
4	18 „ „ „	„	71.83	3.15	—	23.07	1.18	0.77	28.17	11.19	—	81.88	4.21	2.72	1.79
5	24 „ „ „	„	—	—	—	—	—	—	—	11.13	—	82.25	3.80	2.82	1.78
6	36 „ „ „	„	74.06	2.89	—	20.98	1.31	0.76	25.94	11.14	—	80.88	5.04	2.94	1.78
7	Gewöhnliches Verfahren	1871	68.64	2.73	0.12	26.37	1.00	1.14	31.36	8.72	0.39	84.07	3.18	3.64	1.40
8	Nach Gülich's Methode angebaut	1871	72.67	2.69	0.06	22.46	0.84	1.28	27.33	9.85	0.22	82.18	3.06	4.69	1.56
9	Desgl.	1870	71.16	2.56	0.04	24.53	0.52	1.19	28.84	8.88	0.14	85.05	1.80	4.13	1.42
	Kartoffeln. — Einfluss der Entlaubung der Kartoffelpflanze auf die Zusammensetzung der Knollen.														
1	Nicht entlaubt, 2 mal hehäufelt	1861	70.21	2.91	—	25.32	0.67	0.88	29.79	9.77	—	85.03	2.25	2.95	1.56
2	Wiederholt entlaubt	1861	76.11	2.63	—	19.50	0.85	0.91	23.89	11.01	—	81.62	3.56	3.81	1.76
3	27 mal entlaubt	1863	85.72	2.50	—	9.08	1.76	0.94	14.28	17.50	—	63.62	12.31	6.57	2.80
4	14 „ „	„	84.12	3.07	—	10.29	1.37	1.15	15.88	19.36	—	64.82	8.61	7.21	3.08
5	4 „ „	„	84.60	2.35	—	10.52	1.59	0.94	15.40	15.23	—	68.31	10.34	6.12	2.44
6	2 „ „	„	84.47	2.44	—	10.44	1.72	0.93	15.53	15.73	—	67.21	11.09	5.97	2.52
7	1 „ „	„	70.44	2.83	—	24.82	1.06	0.85	29.56	9.59	—	83.95	3.59	2.87	1.53
8	1 „ „	„	82.88	2.15	—	12.05	2.10	0.82	17.12	12.55	—	70.41	12.28	4.76	2.75
9	1 „ „	„	75.09	2.42	—	20.03	1.69	0.77	24.91	9.72	—	80.41	6.80	3.07	1.56
10	Normal, nicht entlaubt	„	71.77	3.10	—	22.71	1.95	0.88	28.23	10.99	—	80.43	5.45	3.13	1.76
11	Musterparcelle	„	70.01	2.62	—	24.45	1.69	0.97	29.99	8.75	—	81.53	6.50	3.22	1.40

	No. I %	II %	III %	IV %	V %	VI %	VII %	VIII %
Stärkemehl	15.8	12.5	14.8	11.5	12.6	12.7	15.1	14.4
Proteïn	1.587	1.658	1.321	1.499	1.540	1.337	1.512	1.209
Asche	0.84	1.16	0.91	1.03	1.18	1.09	1.02	0.95
Von ursprüngl. Stärkemehlmenge noch vorhanden	87.8	59.0	65.0	50.8	60.4	63.9	64.6	54.4

Zu letzterer Zahlenreihe ist zu bemerken, dass bei No. 6 u. 8 der Stärkemehlgehalt nur bei einer Knolle bestimmt worden war; ferner dass der Stärkemehlgehalt zu Anfang des Versuchs aus dem spec. Gewicht der Knollen, zu Ende des Versuchs jedoch auf chemischem Wege ermittelt worden war.

Kartoffeln. — Einfluss der Culturmethode auf die Zusammensetzung der Knollen.

No. 1–6. F. Nobbe. — Amtsbl. f. d. landw. Ver. i. Sachsen. 19. 1871. 17. Die angebaute Sorte war die weissfleischige sächsische Zwiebelkartoffel und waren die Knollen möglichst gleichmässig nach Grösse, Gewicht und Knospenanlage ausgesucht. Ueberall wurden die weiten Pflanzlöcher noch einen Fuss über die beabsichtigte Pflanztiefe hinaus ausgegraben, und die Sohle mit demselben guten Oberboden ausgefüllt, der auch zur Bedeckung der Saatknollen verwendet wurde.

No. 7–8. E. Heiden. No. 9. Alfr. Wolf (V.-St. Pommritz). — Ebendaselbst. 20. 1872. S. 60. Das unter No. 7 u. 8 untersuchte Material war bei einem vergleichenden Anbauversuch geerntet, bei welchem einerseits das landesübliche Verfahren — Aussaat der Kartoffeln in Dämmen, welche unter sich 1¼ Ellen entfernt waren und in welche die Kartoffeln in 1 Fuss Entfernung gelegt wurden — anderseits das Gülich'sche Verfahren in Anwendung kam. Letzteres besteht in der Hauptsache darin, dass jeder Saatkartoffel ein Raum von 12 Quadrat-Fuss (preuss.) gegeben und diese so hoch auf Hügel gelegt wird, dass die späteren Wurzeln mit dem Grundwasser nicht in Berührung kommen. Die ausgelegte Kartoffel war die sächsische Zwiebelkartoffel. Die Erträge an Knollen waren:

Bei gewöhnlichem Verfahren . . . 14784 Pfd. pro Acker
Bei Gülich's Methode . . . . . . 15878 „ „ „

No. 9 war nach Gülichs Methode gebaut.

Kartoffeln. — Einfluss der Entlaubung der Kartoffelpflanze auf die Zusammensetzung der Knollen.

No. 1 u. 2. Fr. Nobbe u. Th. Siegert. — Die L. V.-St. 4. 1862. 95. Im Chemnitzer Versuchsgarten wurde auf einem Stück Land, drainirter mittelschwerer Thonboden, am 3. Mai Kartoffeln (Spätkartoffeln) bepflanzt. Ein Theil der Kartoffelpflanzen wurde am 13. Juli bei Beginn der Blüthe und dann am 9. und 17. August nochmals theilweise, zuletzt völlig entlaubt. Die Ernte der Knollen fand am 26. September, 147 Tage nach der Aussaat statt und hatte nachstehendes Resultat. Knollenertrag in Procenten: Normalparcelle = 100, zweimal behäufelt 101.1, einmal mässig entlaubt 97.3, wiederholt entlaubt 30.4 %.

No. 3–11. Dieselben. — Ebendaselbst. 6. 1864. 450. Ein mit Zwiebelkartoffeln bestelltes Land des Chemnitzer Versuchsgartens wurde in 6 Abtheilungen mit je 15 Kartoffelstauden gebracht, welche letztere in verschiedenem Grade entlaubt wurden und zwar:

1) Liess man durch 2 mal in der Woche, im Ganzen 27 mal wiederholtes Abschneiden der grünen Sprossen dicht über dem Boden gar kein Laub aufkommen;
2) Wurden alle 7 Tage, im Ganzen 15 mal die Sprösslinge dicht am Boden abgeschnitten;
3) Fand alle 3 Wochen, 4 mal im Ganzen;
4) Fand alle 6 Wochen, 2 mal im Ganzen;
5) Fand einmal, zur Zeit der vollen Blüthe;
6) Fand einmal, nach dem Abblühen eine gänzliche Entlaubung statt;

Abthl. 7) bildeten Kartoffelpflanzen, die gar nicht entlaubt wurden. Ausserdem war noch eine behufs Veredelung des Saatgutes mit besonderer Sorgfalt behandelte „Musterparcelle“ vorhanden.

No.	Bezeichnungen und Bemerkungen	Jahr der Untersuchung	In der ursprünglichen Substanz							In der Trockensubstanz					Stickstoff in der Trockensubstanz
			Wasser %	Nh-Substanz %	Rohfett %	Nfr. Extractstoffe %	Rohfaser %	Asche %	Trockensubstanz %	Nh-Substanz %	Rohfett %	Nfr. Extractstoffe %	Rohfaser %	Asche %	%
12	Ib. Am 13/7. entlaubt, am 30/9. geerntet	1864	78.19	1.84	0.23	18.06	0.49	1.19	21.81	8.45	1.04	82.85	2.25	5.41	1.35
13	IIb. Am 30/7. entlaubt, am 30/9. geerntet	„	82.02	1.72	0.21	14.59	0.61	0.85	17.98	9.57	1.16	81.18	3.37	4.72	1.53
14	IIIb. Am 18/8. entlaubt, am 30/9. geerntet	„	76.36	1.81	0.09	20.05	0.63	1.06	23.64	7.99	0.38	84.90	2.66	4.07	1.28
15	IVb. Am 2/9. entlaubt, am 30/9. geerntet	„	74.72	2.37	0.07	20.91	0.61	1.32	25.28	9.10	0.29	82.93	2.43	5.25	1.45
16	V. Am 30/9. geerntet	„	76.82	1.92	0.07	19.62	0.52	1.05	23.18	8.28	0.29	84.64	2.25	4.54	1.32
17	IIa. Am 30/7. geerntet . . .	„	79.01	1.49	0.18	17.59	0.52	1.21	20.99	7.13	0.86	83.77	2.48	5.76	1.14
18	IIIa. Am 18/8. geerntet . . .	„	74.86	2.22	0.06	20.97	0.83	1.06	25.14	8.92	0.24	83.58	3.05	4.21	1.43
19	IVa. Am 2/9. geerntet . . .	„	75.14	2.66	0.07	26.24	0.68	1.21	24.86	10.70	0.28	81.41	2.72	4.89	1.71

Kartoffeln. — Gefrorene und eingesumpfte, eingesäuerte.

No.	Bezeichnungen und Bemerkungen	Jahr der Untersuchung	Wasser %	Nh-Substanz %	Rohfett %	Nfr. Extractstoffe %	Rohfaser %	Asche %	Trockensubstanz %	Nh-Substanz %	Rohfett %	Nfr. Extractstoffe %	Rohfaser %	Asche %	Stickstoff in der Trockensubstanz %
1	Frisch	1882	70.89	2.00	0.11	25.25	0.61	0.88	29.11	6.87	0.36	87.66	2.09	3.02	1.10
2	Ungedämpft eingesäuert	1882	54.15	1.61	0.06	34.72	0.77	1.17	45.85	4.20	0.16	90.58	2.01	3.05	0.67
3	Gedämpft eingesäuert	1882	68.43	2.15	0.07	25.22	0.75	1.19	31.57	7.32	0.24	85.84	2.55	4.05	1.17
4	Frisch, gedämpft, 11. Nov. 1881 .	1881	66.47	2.08	0.06	29.66	1.04	0.69	33.53	6.19	0.18	88.47	3.10	2.06[P]	0.99[0]
5	Dieselben, 50 Tage eingesäuert, 31. December 1881	1882	68.33	1.90	0.03	27.82	1.17	0.75	31.67	6.00	0.09	87.85	3.69	2.37	0.96[0]

Die Ergebnisse des Versuchs sind aus nachstehend tabellarisch geordneten für je 1 Pflanze geltenden Zahlen zu ersehen:

Entlaubung	Zahl der grünen Sprossen	Knollen Zahl	Knollen Gewicht g	Gewicht einer Knolle g
Wöchentlich 2 mal (27 mal) . . .	139	0.8	6	7.5
Wöchentlich 1 mal (15 mal) . . .	128	0.3	1.2	4.4
Alle 3 Wochen (4 mal)	13.8	5.0	14.2	3.0
Alle 6 Wochen (2 mal)	7.1	9.3	54	5.7
Am 12. Juni (1 mal)	14.6	15.7	354	24.5
Am 5. Juli (1 mal)	4.7	10.1	134	11.8
Am 16. August (1 mal)	5.1	11.9	481	40.5
Normal-Parzelle	5.0	15.7	629	40.1
Muster-Parzelle	5.8	18.8	822	44.0

No. 12—19. Ed. Heiden. — Die L. V.-St. 7. (1865.) 218. Im Jahre 1864 (ungünstige Kartoffel-Witterung) wurden auf dem Versuchsfelde zu Waldau, sandiger Lehmboden mit Lehm im Untergrunde, Kartoffeln angebaut (weissfleischige sächsische Zwiebel). Das Stück Land hatte 1860 Grünwicken, 1861 Rübsen (mit Schafdung), 1862 Weizen, 1863 Gerste (mit Schafdung) getragen. Dasselbe wurde in 5 Abtheilungen gebracht und deren Bestand an Kartoffelpflanzen wie folgt behandelt:

Abthl. 1 am 13. Juli, 75 Tage nach der Bestellung entlaubt. Ernte der Knollen b) am 30. Sept.
Abthl. 2 am 30. Juli, 92 Tage nach der Bestellung entlaubt. Ernte der Knollen a) am 30. Juli, b) am 30. September.
Abthl. 3 am 18. Aug. 111 Tage nach der Bestellung entlaubt. Ernte der Knollen a) am 18. Aug., b) am 30. September.
Abthl. 4 am 2. Sept. 126 Tage nach der Bestellung entlaubt. Ernte der Knollen a) am 2. Sept., b) am 30. September.
Abthl. 5 nicht entlaubt. Ernte am 30. September.

Am 1. August zeigten sich an den Blättern die ersten Spuren von Krankheit, welche schnell zunahm, so dass am 18. August alles Kraut der bis dahin noch nicht entlaubten Abtheilungen schwarz war.

Das spec. Gewicht der geernteten Knollen und der danach und nach der Krocker'schen Tabelle sich berechnende Gehalt an Trockensubstanz und Stärkemehl war wie folgt:

	Ib	IIb	IIIb	IVb	V	IIa	IIIa	IVa
Spec. Gewicht	1.071	1.0745	1.0953	1.0977	1.095	1.0837	1.103	1.1015
Trockensubstanz	19.09	20.30	25.27	25.55	25.18	22.22	27.12	26.76
Stärkemehl	11.93	12.78	17.60	18.15	17.55	14.68	19.41	19.05

An näheren Bestandtheilen enthielten (zur Ergänzung der oben gegebenen chemischen Zusammensetzung) die Kartoffeln:

	Ib	IIb	IIIb	IVb	V	IIa	IIIa	IVa
Stärke	13.93	11.95	18.24	17.08	17.70	15.71	19.40	17.64
Zucker, Dextrin	0.63	0.38	0.45	0.55	0.41	0.63	0.28	0.38
Eiweiss	0.10	0.09	0.15	0.08	0.09	0.05	0.15	0.05
Unlösliche Proteïnkörper .	1.74	1.63	1.66	2.29	1.83	1.44	2.07	2.61
Nicht bestimmte Stoffe . .	3.48	2.26	1.36	3.23	1.49	1.22	1.29	2.18
Sand	0.01	0.02	—	0.04	0.02	0.03	—	0.04

Kartoffeln. — Gefrorene und eingesumpfte, eingesäuerte.

No. 1—3. Birner (V.-St. Regenwalde). — Wochenschr. d. Pomm. ökonom. Gesellsch. 1882. 15. 1 kg Masse enthielt an freier Säure (Milchsäure) No. 2: 3.2 g, No. 3: 8.3 g.

No. 4—9. J. Fittbogen u. O. Foerster. — Landw. Jahrb. 13. 1884. 291. Im Frühherbst 1881 im Lande erfrorene Kartoffeln wurden gewaschen, im Henzedämpfer gedämpft und in gemauerte Silos eingestampft. Die etwas über den Rand der Silos vorstehende Masse wurde mit einer Lehmlage von 5 cm Stärke überdeckt und dann mit 36 cm Erde beworfen. Die Probe unter No. 4 vom 11. November 1881 entstammte dem Kartoffelbrei, wie er in Silos geschafft war. Für die eingesäuerten Kartoffeln betrug die Menge des in anderen als eiweissartigen Verdauungsformen enthaltenen Stickstoffs in der Probe

5	6	7
19.8	13.9	1.4% des Gesammt-N.

No.	Bezeichnungen und Bemerkungen	Jahr der Untersuchung	In der ursprünglichen Substanz: Wasser %	Nh-Substanz %	Rohfett %	Nfr. Extractstoffe %	Rohfaser %	Asche %	Trockensubstanz %	In der Trockensubstanz: Nh-Substanz %	Rohfett %	Nfr. Extractstoffe %	Rohfaser %	Asche %	Stickstoff in der Trockensubstanz %
6	Frisch, gedämpft, 76 Tage eingesäuert, 26. Januar 1882 . .	1882	67.69	1.60	0.03	28.99	0.88	0.81	32.31	4.94	0.09	89.74	2.72	2.51	0.79⁰
7	Dieselben, 140 Tage eingesäuert .	1882	69.69	1.38	0.01	27.24	0.88	0.80	30.31	4.56	0.03	89.87	2.90	2.64	0.73⁰
8	Ungedämpft eingesäuert und unzerkleinert eingekuhlt, am 30. Jan. entnommen	1882	73.43	1.41	23.77		0.77	0.62	26.57	5.31	—	89.46	2.90	2.33	0.85
9	Ungedämpft, zerkleinert eingesäuert, am 5. Juni entnommen . .	1882	55.32	2.06	0.05	40.61	1.07	0.89	44.68	4.61	0.11	90.90	2.39	1.99	0.74
10		1868	74.18	2.69	0.50	19.23	1.78	1.62	25.82	10.42	1.94	75.20	6.89	5.55	1.67
11		1869	70.75	3.49	0.23	22.81	0.70	2.02	29.25	11.92	0.79	78.00	2.39	6.90	1.91
12	Frisch	—	73.90	2.2	22.1		0.76	1.1	26.10	8.43	—	84.45	2.91	4.21	1.35
13	Eingesäuert	—	56.60	2.0	35.8		1.1	4.4	43.40	4.61	—	82.72	2.53	10.14	0.74

Kartoffeln. — Einfluss der Grösse auf die Zusammensetzung.

No.	Bezeichnungen und Bemerkungen	Jahr	Wasser	Nh-Substanz	Rohfett	Nfr. Extractstoffe	Rohfaser	Asche	Trockensubstanz	Nh-Substanz	Rohfett	Nfr. Extractstoffe	Rohfaser	Asche	Stickstoff
1	Weisse Speisekartoffel, Knollen 90—120 g schwer	1855	76.55	—	—	—	—	—	23.45	—	—	—	—	—	—
2	Desgl., Knollen 60 g schwer .	1855	75.77	—	—	—	—	—	24.23	—	—	—	—	—	—
3	Desgl., Knollen 20—40 g schwer	1845	75.40	—	—	—	—	—	24.60	—	—	—	—	—	—

Die nähere Untersuchung der Kartoffelproben ergab nachstehende Zusammensetzung auf 100 Gewichtstheile sandfreier Trockensubstanz:

	No. 4	5	6	7
Eiweiss	5.37	4.81	4.25	4.50
Nichteiweiss, berechnet als Asparagin .	0.69	1.02	0.59	0.05
Stärkemehl	74.83	71.12	74.38	69.55
Traubenzucker	0.08	0.04	0.07	2.73
Zellstoff	3.10	3.69	2.72	2.90
Fett	0.18	0.09	0.09	0.03
Nicht bestimmte Nfr. Extractstoffe . . .	13.69	16.45	15.09	16.88
Milchsäure	—	0.19	0.15	0.23
Buttersäure	—	0.22	0.15	0.49
Reinasche	2.06	2.37	2.51	2.64
N in Form von Eiweissstoffen	0.86	0.77	0.68	0.72
N iu Form von Nichteiweiss	0.13	0.19	0.11	0.01
Eiweiss-N in % des Gesammt-N	86.9	80.2	86.1	98.6

No. 10 u. 11. E. Heiden u. v. Gruber (V.-St. Pommritz). — Privatmitthl. Die Probe No. 10 enthielt 16.94 % Stärke, 1.13 % Dextrin und Pflanzenschleim, 0.09 % Zucker, 1.07 % sonstige Nfr. Nährstoffe.

No. 12 u. 13. M. Märcker (V.-St. Halle). — Centralbl. f. Agriculturchem. 12. 1883. 269. Die durch das Einsäuern hervorgerufenen Verluste an den einzelnen Nährstoffen betragen:

Gesammtgewicht	Feuchtigkeit	Trockensubstanz	Mineralstoffe	Nh. Stoffe	Holzfaser	Nfr. Stoffe incl. Fett
53.6 %	64.5 %	22.7 %	35.4 %	57.0 %	25.9 %	24.6 %.

H. Müller-Thurgau macht über die Zusammensetzung süsser Kartoffeln und solcher, die durch Aufbewahren bei 25—26° C. ihre Süsse wieder verloren hatten, folgende Angaben (Landw. Jahrb. 11. 1882. 751.):

	In den süssen Kartoffeln	In den nicht mehr süssen Kartoffeln
Direct reducirender Zucker	2.758 %	0.664 %
Nach der Inversion reducirender Zucker	1.244 „	0.544 „
Gesammt-N	0.3259 „	0.3262 „
N der unlöslichen Eiweissstoffe . . .	0.0276 „	0.0521 „
N der löslichen Verbindungen	0.2960 „	0.2754 „
N der löslichen Eiweissstoffe	0.1010 „	0.0930 „

Schwackhöfer giebt über die Unterschiede in der Zusammensetzung frischer und gefrorener Kartoffeln nachstehende Zusammenstellnng (Jahresber. d. Agriculturchem. 24. 1881. 382):

In 100 Trockensubstanz

	I. Frisch	I. Gefroren	II. Frisch	II. Gefroren	III. Frisch	III. Gefroren
Lösliche Bestandtheile in Summe	15.22	20.03	16.01	18.49	13.15	14.36
Davon Zucker	0.27	0.42	0.53	0.66	0.71	1.71
Dextrin	—	—	—	—	0.55	0.85
Proteïn, coagulirbar . . .	2.26	2.04	2.78	1.92	3.43	2.76
Proteïn, nicht coagulirbar .	4.32	4.69	4.68	5.34	1.62	0.99
Unlösliche Bestandtheile in Summe	84.78	79.97	83.99	81.51	86.85	85.64
Davon Stärkemehl	66.94	58.17	70.52	61.57	75.52	72.32
Proteïn	2.86	2.69	—	—	2.26	3.45
Stärkewerth	67.18	58.55	71.00	62.16	76.71	74.71

Kartoffeln. — Einfluss der Grösse auf die Zusammensetzung.

No. 1—6. Ritthausen. — Weende'r Jahresber. 1855/56. II. 31. (Journ. f. pract. Chem. 66. 303.)

No.	Bezeichnungen und Bemerkungen	Jahr der Untersuchung	In der ursprünglichen Substanz: Wasser %	Nh-Substanz %	Rohfett %	Nfr. Extractstoffe %	Rohfaser %	Asche %	Trockensubstanz %	In der Trockensubstanz: Nh-Substanz %	Rohfett %	Nfr. Extractstoffe %	Rohfaser %	Asche %	Stickstoff in der Trockensubstanz %
4	Weisse Zwiebel, grosse	1855	—	–	—	—	—	—	—	6.16	—	—	—	—	0.985°
5	Desgl., mittlere	1855	—	—	—	—	—	—	—	7.44	—	—	—	—	1.190°
6	Desgl., kleinste	1855	—	—	—	—	—	—	—	5.94	—	—	—	—	0.950°
7	Farinosakartoffel, grössere Saatknollen ca. 70—90 g schwer	1876	68.82	2.72	0.03	26.59	0.60	1.24	—	8.73	0.09	85.29	1.93	3.96p	1.397°
8	Desgl., kleinere Saatknollen ca. 30—48 g schwer	1876	68.44	2.41	0.10	27.05	0.74	1.26	—	7.65	0.30	85.70	2.36	3.99p	1.224°

Kartoffeln. — Abnorm entwickelt.

No.	Bezeichnungen und Bemerkungen	Jahr	Wasser	Nh-Substanz	Rohfett	Nfr. Extractstoffe	Rohfaser	Asche	Trockensubstanz	Nh-Substanz	Rohfett	Nfr. Extractstoffe	Rohfaser	Asche	Stickstoff
1		1881	73.59	0.71	—	(13.18)?	—	—	26.41	2.69	—	(49.91)?	—	—	0.43
2		1881	72.91	0.81	—	(11.59)?	—	—	27.09	2.90	—	(41.53)?	—	—	0.46
3	Kartoffelnachwuchs	1868	76.57	3.78	0.43	17.46	0.48	1.34	23.43	16.13	1.84	74.26	2.05	5.72	2.58

Kartoffeln. — In verschiedenen Vegetationsperioden.

No.	Bezeichnungen und Bemerkungen	Jahr	Wasser	Nh-Substanz	Rohfett	Nfr. Extractstoffe	Rohfaser	Asche	Trockensubstanz	Nh-Substanz	Rohfett	Nfr. Extractstoffe	Rohfaser	Asche	Stickstoff
1	Knollen von Erbsen- bis Haselnuss-Grösse, 1. Juli	1857	81.1	1.76	—	—	—	0.74	18.90	9.31	—	—	—	3.9	1.49°
2	Desgl., 29. Juli	„	73.4	2.31	—	—	—	0.69	26.60	8.69	—	—	—	2.6	1.39°
3	Desgl., 28. August	„	74.0	2.29	—	—	—	0.78	26.00	8.82	—	—	—	3.0	1.41°
4	Desgl., 2. October	„	74.6	2.38	—	—	—	0.74	25.40	9.38	—	—	—	2.9	1.50°
	Zu Woolmet in schwerem Thonboden gewachsen					Stärke						Stärke			
5	Dalmehoykart. [Ernte am 13. Juli]: Ungedüngt	1863	79.84	1.93	—	17.14	—	1.01	20.16	9.69	—	85.01	—	5.01	1.55°
6	5 Ctr. Superphosph. u. 3 Ctr. Guano	„	79.15	1.81	—	18.22	—	0.77	20.85	8.69	—	84.76	—	3.58	1.39°
7	25 tons Stallmist	„	79.19	1.68	—	18.13	—	0.86	20.81	8.31	—	87.11	—	4.13	1.33°
8	35 tons Stallmist	„	81.13	1.75	—	16.10	—	1.00	18.87	8.93	—	85.11	—	5.30	1.43°
9	Regentkartoffel [Ernte am 13. Juli]: Ungedüngt	„	76.86	2.31	—	20.00	—	0.75	23.14	10.19	—	86.18	—	3.11	1.63°
10	5 Ctr. Superphosph. u. 3 Ctr. Guano	„	79.74	2.37	—	17.25	—	0.64	20.26	11.81	—	85.15	—	3.16	1.89°
11	25 tons Hofmist	„	77.96	1.87	—	19.25	—	0.92	22.04	8.69	—	87.34	—	4.17	1.39°
12	35 tons Hofmist	„	80.18	2.50	—	16.36	—	0.96	19.82	12.69	—	8?.54	—	4.84	2.03°
13	Im Mittel der 8 Analysen, junge Knollen	„	79.25	2.03	—	17.81	—	0.86	20.75	9.88	—	85.83	—	4.14	1.58°
						Nf.Extractstoffe						Nf.Extractstoffe			
14	Dalmahoykart. [Geerntet 21. Oct. bei Knollenreife]: Ungedüngt	„	74.44	0.81	—	23.69	—	1.06	25.56	3.31	—	92.54	—	4.15	0.53°
15	5 Ctr. Superphosph. u. 3 Ctr. Guano	„	71.67	1.00	—	26.45	—	0.88	28.33	4.31	—	92.59	—	3.10	0.69°
16	25 tons Stallmist	„	76.42	0.81	—	21.66	—	1.01	23.58	3.69	—	92.03	—	4.28	0.59°
17	35 tons Stallmist	„	78.20	0.50	—	20.19	—	1.11	21.80	2.31	—	92.60	—	5.09	0.37°

No. 7 u. 8. U. Kreusler. — Landw. Jahrb. 15. 1886. 309. (Vergl. Kartoffeln in verschiedenen Vegetationsperioden. No. 78 u. f.)

Kartoffeln. — Abnorm entwickelt.

No. 1 u. 2. Sacc. — Centralbl. f. Agriculturchem. 12. 1883. 337. (Journ. d'agricult. prat. 46. 1882. II. 333.) Die Kartoffel wird in Montevideo zu jeder Jahreszeit ausgepflanzt, damit stets frische Marktwaare vorhanden ist. Solche Knollen sind jedoch klein, wässerig, speckig und geschmacklos und zeigen obige Zusammensetzung. Werden die Knollen im October gepflanzt und im Juni aufgenommen, so sind sie von normaler Beschaffenheit und enthalten 18—22 % Stärkemehl. Die abnorm entwickelten enthielten:

	Dextrin	Zucker	Stärkemehl	Bitteres Extract	Calciumbimalat
No. 1	0.02 %	—	10.20 %	2.25 %	0.05 %
No. 2	0.05 „	1.83 %	12.81 „	—	—

No. 3. E. Heiden. — Privatmitthl.

Kartoffeln. — In verschiedenen Vegetationsperioden.

No. 1—4. Em. Wolff. — Mitthl. a. Hohenheim. 5. 161.

No.	Bezeichnungen und Bemerkungen	Jahr der Untersuchung	In der ursprünglichen Substanz: Wasser %	Nh-Substanz %	Rohfett %	Nfr. Extractstoffe %	Rohfaser %	Asche %	Trockensubstanz %	In der Trockensubstanz: Nh-Substanz %	Rohfett %	Nfr. Extractstoffe %	Rohfaser %	Asche %	Stickstoff in der Trockensubstanz %
18	Zu Woolmet in schwerem Thonboden gewachsen; Regentkartoffel; Geerntet 21. Oct. bei Knollenreife: Ungedüngt . . .	1863	75.33	0.87	—	22.74	—	1.06	24.67	3.56	—	92.14	—	4.30	0.57
19	5 Ctr. Superphosph. u. 3 Ctr. Guano .	„	76.90	1.00	—	21.08	—	1.02	23.10	4.44	—	91.14	—	4.42	0.71
20	25 tons Stallmist .	„	76.45	1.31	—	21.21	—	1.03	23.55	5.69	—	89.94	—	4.37	0.91
21	35 tons Stallmist .	„	75.77	1.00	—	22.14	—	1.09	24.23	4.19	—	91.36	—	4.45	0.67
22	Im Mittel der 8 Analysen, reife Knollen . . .	„	75.65	0.91	—	22.80	—	1.03	24.35	3.94	—	91.83	—	4.23	0.63
23	Zu Dargavel in Moorboden gewachsen; Dalmahoykartoffel; Geerntet am 23. Juli: 4 Ctr. Superphosph. u. $2^1/_2$ Ctr. Guano .	„	82.18	1.95	—	15.17	—	0.70	17.82	10.88	—	85.19	—	3.93	1.74
24	$6^1/_2$ Ctr. Superphosph. u. 4 Ctr. Guano .	„	86.04	1.68	—	11.78	—	0.50	13.96	12.56	—	83.86	—	3.58	2.01
25	25 tons Stallmist . .	„	82.09	1.25	—	16.10	—	0.56	17.91	7.25	—	89.42	—	3.33	1.16
26	35 tons Stallmist . .	„	78.14	2.00	—	19.02	—	0.84	21.86	9.44	—	86.52	—	4.04	1.51
27	35 tons Stallmist u. $2^1/_2$ Ctr. Superph. .	„	84.25	1.37	—	13.74	—	0.64	15.75	8.81	—	87.13	—	4.06	1.41
28	Regentkartoffel: 4 Ctr. Superphosph. u. $2^1/_2$ Ctr. Guano .	„	81.06	1.87	—	16.39	—	0.68	18.94	10.06	—	86.45	—	3.59	1.61
29	$6^1/_2$ Ctr. Superphosph. u. 4 Ctr. Guano .	„	—	—	—	—	—	—	—	—	—	—	—	—	—
30	25 tons Stallmist . .	„	80.56	1.31	—	17.40	—	0.73	19.44	6.94	—	89.30	—	3.76	1.11
31	35 tons Stallmist . .	„	84.50	1.56	—	13.14	—	0.80	15.50	10.31	—	84.53	—	5.16	1.65
32	35 tons Stallmist u. $2^1/_2$ Ctr. Superph. .	„	83.14	1.50	—	14.70	—	0.66	16.86	9.06	—	87.03	—	3.91	1.45
33	Im Mittel der 9 Analysen, junge Knollen	„	82.44	1.61	—	15.27	—	0.68	17.56	9.50	—	86.62	—	3.88	1.52
34	Dalmahoykartoffel; Geerntet am 26. September: 4 Ctr. Superphosph. u. $2^1/_2$ Ctr. Guano .	„	77.74	1.62	—	19.91	—	0.73	22.26	7.50	—	89.22	—	3.28	1.20
35	$6^1/_2$ Ctr. Superphosph. u. 4 Ctr. Guano .	„	79.24	1.50	—	18.55	—	0.71	20.76	7.25	—	89.33	—	3.42	1.16
36	25 tons Mist . . .	„	78.87	2.31	—	18.10	—	0.72	21.13	11.06	—	85.53	—	3.41	1.77
37	35 tons Mist . . .	„	78.02	1.56	—	19.42	—	0.90	21.98	7.69	—	88.21	—	4.10	1.23
38	35 tons Mist u. $2^1/_2$ Ctr. Superphosphat . .	„	73.76	1.87	—	23.53	—	0.84	26.24	7.19	—	89.71	—	3.20	1.15
39	Regentkartoffel: 4 Ctr. Superphosph. u. $2^1/_2$ Ctr. Guano .	„	77.74	1.62	—	19.91	—	0.73	22.26	7.50	—	89.22	—	3.28	1.20
40	$6^1/_2$ Ctr. Superphosph. u. 4 Ctr. Guano .	„	79.24	1.50	—	18.55	—	0.71	20.86	7.25	—	89.35	—	3.40	1.16
41	25 tons Stallmist . .	„	78.87	2.31	—	18.10	—	0.72	21.13	11.06	—	85.53	—	3.41	1.77
42	35 tons Stallmist . .	„	78.02	1.56	—	19.42	—	0.90	21.98	7.69	—	88.31	—	4.10	1.23
43	35 tons Stallmist u. $2^1/_2$ Ctr. Superph. .	„	73.76	1.87	—	23.53	—	0.84	26.24	7.19	—	89.71	—	3.20	1.15
44	Mittel der 10 Analysen der halbreifen Knollen .	„	77.53	1.77	—	19.92	—	0.78	22.47	8.13	—	88.50	—	3.47	1.30
45	Dalmahoykartoffel; Geerntet bei d. Reife: Ungedüngt	„	80.11	1.50	—	17.86	—	0.53	19.89	8.13	—	89.21	—	2.66	1.30
46	4 Ctr. Superphosph. u. $2^1/_2$ Ctr. Guano .	„	80.84	1.43	—	17.31	—	0.42	19.16	7.69	—	90.12	—	2.19	1.23
47	5 Ctr. Superphosph. u. 3 Ctr. Guano . .	„	82.86	1.31	—	15.39	—	0.44	17.14	7.84	—	89.59	—	2.57	1.27
48	$6^1/_2$ Ctr. Superphosph. u. 4 Ctr. Guano .	„	80.84	1.56	—	17.16	—	0.44	19.16	8.25	—	89.45	—	2.30	1.32

No.	Bezeichnungen und Bemerkungen	Jahr der Untersuchung	In der ursprünglichen Substanz: Wasser %	Nh-Substanz %	Rohfett %	Nfr. Extractstoffe %	Rohfaser %	Asche %	Trockensubstanz %	In der Trockensubstanz: Nh-Substanz %	Rohfett %	Nfr. Extractstoffe %	Rohfaser %	Asche %	Stickstoff in der Trockensubstanz %
49	Zu Dalgamer in Moorboden gewachsen, geerntet bei der Knollenreife. Dalmahoyk.: 25 tons Stallmist	1863	78.22	1.68	—	19.16	—	0.94	21.78	7.84	—	87.94	—	4.32	1.27°
50	35 tons Stallmist	„	79.62	1.68	—	17.99	—	0.71	20.38	8 38	—	88.14	—	3.48	1.34°
51	35 tons Stallmist u. 2½ Ctr. Superph.	„	80.41	1.43	—	17.47	—	0.69	19.59	7.75	—	88.73	—	3.52	1.24°
52	Regentkartoffel: Ungedüngt	„	78.97	1.43	—	19.85	—	0.65	21.03	6.75	—	88.34	—	4.91	1.08°
53	4 Ctr. Superphosph. u. 2½ Ctr. Guano	„	80.02	1.31	—	18.11	—	0.56	19.98	7.00	—	90.20	—	2.80	1.12°
54	6½ Ctr. Superphosph. u. 4 Ctr. Guano	„	79.34	1.25	—	18.75	—	0.66	20.64	6.06	—	90.74	—	3.20	0.97°
55	25 tons Stallmist	„	81.24	1.25	—	16.68	—	0.83	18.76	6.69	—	88.89	—	4.42	1.07°
56	35 tons Stallmist	„	79.43	1.31	—	18.59	—	0.67	20.57	6.38	—	90.36	—	3.26	1.02°
57	35 tons Stallmist u. 2½ Ctr. Superph.	„	77.25	1.43	—	20.55	—	0.77	22.75	6.38	—	90.24	—	3.38	1.02°
58	5 Ctr. Superphosph. u. 3 Ctr. Guano	„	81.96	1.37	—	17.94	—	0.73	18.04	6.88	—	89.07	—	4.05	1.10°
59	Im Mittel der 14 Analysen, reife Knollen	„	80.00	1.42	—	18.00	—	0.71	20.00	7.31	—	89.14	—	3.55	1.17
60	Am 30. Juli geerntet	1864	79.01	1.49	0.18	17.59	0.52	1.21	20.99	7.13	0.86	83.77	2.48	5.76	1.14
61	Am 18. August geerntet	„	74.86	2.22	0.06	20.97	0.83	1.06	25.14	8.92	0.24	83 58	3.05	4.21	1.43
62	Am 2. September geerntet	„	75.14	2.66	0.07	20.24	0.68	1.21	24.86	10.70	0.28	81.41	2.72	4.89	1.71
63	Am 30. September geerntet	„	76.82	1.92	0.07	19.62	0.52	1.05	23.18	8.28	0.29	84.64	2.25	4.54	1.32
64	Weisse Sieberhäuser: Am 2. Juli geerntet	1876	86.20	1.54	0.08	10.92	0.55	0.71	13.80	11.17	0.58	79.08	3.95	5.21	1.79°
65	Am 6. August geerntet	„	77.56	1.31	0.04	20.02	0.38	0.69	22.44	5.83	0.17	89.24	1.68	3.08	0.93°
66	Am 10. Septemb. geerntet	„	76.74	2.14	0.04	19.92	0.33	0.83	23.26	9.19	0.18	85.62	1.43	3.58	1.47°
67	Weissfleisch. Wahlsdorfer: Am 2. Juli geerntet	1874	86.89	1.41	0.07	10.34	0.50	0.79	13.11	10.76	0.53	78.87	3.81	6.03	1.72
68	Am 25. Juli geerntet	„	75.53	1.54	0.07	21.33	0.46	1.07	24.47	6.29	0.29	87.17	1.88	4.37	1.01
69	Am 20. August geerntet	„	75.46	2.18	0.10	20.40	0.60	1.26	24.54	8.88	0.41	87.13	2.45	5.13	1.42
70	Am 22. September geerntet	„	73.32	2.96	0.11	21.40	0.70	1.51	26.68	11.09	0.41	80.22	2.62	5.66	1.77
						Stärke						Stärke			
71	I. 0.15 g schwer	1862	82.10	—	—	11.01	—	1.31	17.90	—	—	61.51	—	7.32	—
72	II. 0.15—0.5 g schwer	„	79.62	—	—	14.55	—	0.94	20.38	—	—	71.40	—	4.61	—
73	III. 2—3 g schwer	„	73.41	—	—	19.94	—	1.12	26.59	—	—	74.91	—	4.21	—

No. 60—63. Ed. Heiden. — Die L. V.-St. 7. (1865.) 218. Näheres siehe bei Kartoffeln unter dem Einfluss der Entlaubung. No. 12 u. f.

No. 64—66. Chr. Kellermann. — Inaugural-Dissertation. Berlin, 1877. Das untersuchte Material war gelegentlich von Trockengewichtsbestimmungen bei Kartoffeln seitens d. V.-St. Münster (Landw. Jahrb. 5. 1876. 657) gewonnen worden. Die angebaute Kartoffelsorte war die „weisse Sieberhäuser"; sie wuchs auf einem mittelschweren, sandigen Lehmboden, Düngungszustand ein mittelmässiger, und erhielt eine schwache Düngung von compostirtem Pferdemist und von einem aus aufgeschlossenem Peruguano, Superphosphat und Knochenmehl bestehenden Düngergemisch.

No. 67—70. J. Fittbogen, J. Groenland u. G. Fraude. — Landw. Jahrb. 5. 1876. 597. Die untersuchte Kartoffel war die blassrothe, weissfleischige märkische Sorte, welche unter dem Namen „Wahlsdorfer" oder „Petkuser", sonst auch als „Fürstenwalder" oder „Dabersche" Kartoffel bekannt ist. Dieselbe wurde im Versuchsgarten auf ziemlich humosem, seit längerer Zeit nicht gedüngtem Boden von sandiger Beschaffenheit gebaut. Ausser Obigem wurden an näheren Bestandtheilen Traubenzucker (Glykose) und Stärkemehl nach folgenden Methoden bestimmt. Zur Bestimmung des Zuckers wurden 5—10 g der gepulverten trocknen Substanz mit 150 resp. 300 ccm Weingeist von 85 % Tr. im Wasserbade am Rückflusskühler ½ Stunde lang ausgekocht, die Lösung filtrirt, mit Wasser verdünnt und nach dem Verdampfen des Alkohols auf ein bestimmtes Volumen gebracht. Die Bestimmung des Zuckers erfolgte alsdann gewichtsanalytisch mit Fehling'scher Kupferlösung. 100 Thl. wasserfreier Traubenzucker = 220.5 Thl. Kupferoxyd.

Zur Bestimmung des Stärkemehls wurde je 1 g des trocknen Materials mit 20 ccm einer verdünnten Schwefelsäure (enthaltend 0.48 g Schwefelsäurehydrat) in zugeschmolzener Röhre 12 Stunden lang bei der Temperatur einer siedenden concentrirten Kochsalzlösung digerirt; die erhaltene Lösung wurde nach geschehener Neutralisation der Säure bis zu 250 ccm verdünnt. Die weitere Behandlung war die wie bei der Traubenzuckerbestimmung. Es wurde auf diese Weise gefunden:

	No. 12	13	14	15
Stärkemehl	7.57	15.88	17.40	18.22
Traubenzucker	0.36	0.19	0.14	0.18

No. 71—73. Fr. Nobbe u. Siegert. — Die L. V.-St. 7. 1865. 451. Von einem mit „sächsischer Zwiebelkartoffel" bestandenem Felde des Versuchsgartens zu Chemnitz wurden in 5 verschiedenen Terminen des Sommers 1862 je eine Anzahl Stöcke ausgehoben, die vorhandenen Knollen abgepflückt, nach ihrer Grösse in 8 Entwicklungsstufen gruppirt, getrocknet und analysirt.

No.	Bezeichnungen und Bemerkungen	Jahr der Untersuchung	In der ursprünglichen Substanz: Wasser %	Nh-Substanz %	Rohfett %	Nfr. Extractstoffe %	Rohfaser %	Asche %	Trockensubstanz %	In der Trockensubstanz: Nh-Substanz %	Rohfett %	Nfr. Extractstoffe %	Rohfaser %	Asche %	Stickstoff in der Trockensubstanz %
74	IV. 5—6 g schwer	1862	77.20	—	—	Stärke 17.42	—	0.82	22.80	—	—	Stärke 75.64	—	3.56	—
75	V. 10—12 g schwer	„	72.50	—	—	20.35	—	1.10	27.50	—	—	73.99	—	4.00	—
76	VI. 20—22 g schwer	„	74.36	—	—	20.28	—	0.85	25.64	—	—	79.11	—	3.32	—
77	VII. 50 g schwer	„	70.78	—	—	23.79	—	0.82	29.22	—	—	81.41	—	2.81	—
78	VIII. 100 g schwer	„	68.84	—	—	25.74	—	0.87	31.16	—	—	82.60	—	2.79	—
79	Saatknollen (Farinosa-Kartoffel), grössere	1876	68.82	2.72	0.03	Nf.Extractstoffe 26.59	0.60	1.24	31.18	8.73	0.09	Nf.Extractstoffe 85.29	1.93	3.96P	1.397°
80	Aus solchen erwachsene Knollen am 9. Juli	„	86.52	1.99	0.20	9.88	0.70	0.71	13.48	14.76	1.46	73.33	5.18	5.27	2.361°
81	Desgl. am 7. August	„	79.02	1.65	0.09	17.77	0.67	0.80	20.98	7.86	0.42	84.73	3.17	3.82	1.258°
82	Desgl. am 10 September . . .	„	76.69	2.66	0.05	19.13	0.56	0.91	23.31	11.43	0.21	82.06	2.39	3.91	1.828°
83	Saatknollen (Farinosa-Kartoffel), kleinere	„	68.44	2.41	0.10	27.05	0.74	1.26	31.56	7.65	0.30	85.70	2.36	3.99	1.224°
84	Aus solchen erwachsene Knollen am 9. Juli	„	87.67	2.35	0.22	8.36	0.65	0.74	12.33	19.09	1.78	67.87	5.29	5.97	3.053°
85	Desgl. am 7. August	„	79.12	1.98	0.09	17.43	0.55	0.83	20.88	9.49	0.43	83.50	2.63	3.95	1.519°
86	Desgl. am 10. September . . .	„	78.98	2.95	0.07	16.62	0.52	1.06	21.02	13.09	0.32	79.07	2.47	5.05	2.095°

No. 79—86. U. Kreusler, Prehn u. G. Becker. — Landw. Jahrbücher. 15. (1886.) 309. Das untersuchte Material stammte von Versuchen, die im Jahre 1875 H. Werner, G. Havenstein und U. Kreusler in Poppelsdorf über die Frage anstellten: inwieweit Auswahl und Vorbereitung der Setzknollen die Kartoffelerträge beeinflusst (deren Ergebnisse mitgetheilt sind in Hugo Werner: „Der Kartoffelbau nach seinem jetzigen rationellen Standpunkte". Berlin, 1876. Parey). Die zu den Versuchen benutzte Fläche, nahrungsreicher durchlassender Lehmboden, hatte 1871 Runkelrüben mit voller Stallmistdüngung (48000 kg p. ha), 1872 Sommerroggen, 1873 Winterroggen, 1874 Runkelrüben mit 50000 kg Stallmist p. ha getragen. Die Blätter der letzten Ernte blieben auf dem Lande liegen und wurden im Frühjahr 1875 untergepflügt. Am 23. April wurde der Acker abgeeggt und gewalzt und dieselbe Arbeit am 27. April wiederholt, an welchem Tage auch die Düngung mit 400 kg aufgeschlossenem Guano und 300 kg Superphosphat pro ha stattfand, sowie die Unterbringung desselben durch Eggen und nachheriges Walzen. Von dem so zubereiteten Lande wurde ein 12 m langes und 6 m breites Stück Land abgetrennt, die Ackerkrume bis zu einer Tiefe von 25 cm mit dem Spaten herausgenommen, auf einen Haufen gebracht und durch viermaliges Umstechen eine möglichst gleichartige Beschaffenheit herzustellen gesucht. Der Untergrund wurde durch Umhacken mit dem Karst auf eine Tiefe bis zu 15 cm gelockert und darauf die compostirte Ackerkrume gleichmässig vertheilt und geebnet. Am 7. Mai wurden die Kartoffeln in gleichmässigen Abständen von 50 cm gesetzt und zwar jede Knolle so tief, dass die Spitze des Kronentheils der Knolle (Nabel nach unten) 8 cm hoch mit lockerer Erde bedeckt wurde. Zum Anbau und zur Untersuchung der Mutterknolle wurden Knollen der „Farinosa"-Kartoffel von 1.125 bis 1.128 spec. Gewicht ausgesucht und dieselben nach ihrem absoluten Gewicht in 2 Gruppen gebracht, von denen die mit „grössere Knollen" bezeichnete solche von ca. 70—90 g, im Mittel 80 g enthielt, die mit „kleinere Knollen" bezeichnete solche von 29.8 g bis 47.7 g, im Mittel 39.5 g enthielt. Bezüglich der Untersuchungsmethode verweisen wir auf die Abhandlung des Autors; es wurden im allgemeinen die bekannten Methoden angewendet. Zur Stärkemehlbestimmung wurden die frischen, mit Wasser ausgelaugten Knollen mit Malzaufguss behandelt und das durch dieses Mittel Gelöste als Stärkemehl betrachtet und berechnet nach der Formel: x (Stärkemehl) = c (Trockensubstanz) — w (in Wasser, Malzaufguss und Aether Unlösliches) + g (Wasserextract) + q (Fett). Die eingehendere Untersuchung ergab:

A. Für die frische Substanz.

		No. 79	80	81	82	83	84	85	86
Im Rohproteïn	Salpeter-Stickstoff . . .	Spur	0.001	0.001	0.001	Spur	—	Spur	0.001
	Amido-Stickstoff	0.079	0 041	0.040	0.114	0.050	0.036	0.029	0.142
	Sonstiger Stickstoff . . .	0.036	0.058	0.035	0.025	0.061	0.114	0.060	0.025
	Nichtproteïn-Stickstoff .	0.115	0.100	0.076	0.140	0.111	0.150	0.089	0.168
	Proteïn-Stickstoff . . .	0.320	0.218	0.188	0.286	0.275	0.226	0.228	0.272
	Gesammt-Stickstoff . . .	0.435	0.318	0.264	0.426	0.386	0.376	0.317	0.440
	Wirkliche Proteïnstoffe .	2.000	1.361	1.175	1.788	1.716	1.414	1.419	1.703
	Salpetersäure (N_2O_5) . .	0.002	0.005	0.003	0.004	0.003	—	0.001	0.005
In den Nfr. Extractstoffen	Stärke	23.834	6.827	15.077	17.142	23.954	5.423	14.931	14.600
	Glykose	0.000	1.112	0.000	0.000	0.000	1.107	0.000	0.000
	Dextrin etc.	0.424	0.080	0.399	0.000	0.563	0.007	0.327	0.000
	Sonstige Extractstoffe . .	2.332	1.864	2.300	1.989	2.529	1.827	2.171	2.024
	Coagulirtes Eiweiss . .	1.335	0.478	0.454	0.893	1.226	0.472	0.557	0.957
Im frischen wässrigen Auszug	N im coagulirten Eiweiss	0.214	0.076	0.073	0.143	0.196	0.076	0.089	0.153
	N im Eiweissfiltrat . . .	0.115	0.100	0.076	0.140	0.111	0.150	0.089	0.168
	N im Ganzen	0.329	0.176	0.149	0.283	0.307	0.226	0.178	0 321
	Rohproteïn	2.056	1.100	0.931	1.769	1.919	1.413	1.113	2.006
	Nfr. Substanzen	1.782	1.937	1.607	1.122	1.717	1.834	1.392	1 032
	Organische Substanz . .	3.838	3.037	2.538	2.891	3.636	3.247	2.505	3.038
	Reinasche	0.995	0.664	0.731	0.854	0.999	0.762	0.798	1.053
	Trockensubstanz	4.833	3.701	3.269	3.745	4.635	4.009	3.303	4.091

No.	Bezeichnungen und Bemerkungen	Jahr der Untersuchung	In der ursprünglichen Substanz: Wasser %	Nh-Substanz %	Rohfett %	Nfr. Extractstoffe %	Rohfaser %	Asche %	Trockensubstanz %	In der Trockensubstanz: Nh-Substanz %	Rohfett %	Nfr. Extractstoffe %	Rohfaser %	Asche %	Stickstoff in der Trocken-Substanz %
	Kartoffeln. — Unter dem Einflusse der Düngung.														
1	Rothe Kartoffel, mit Kuhmist reichlich gedüngt	1846	80.02*)	0.70	—	11.86†)	6.02	1.40	19.98	3.50	—	59.36	30.13	7.01	0.56
2	Desgl., ungedüngt	„	75.64	0.93	—	15.71	6.63	1.09	24.36	3.82	—	64.49	27.22	4.47	0.61
3	Desgl., mit Salzen (chemisch) gedüngt	„	77.96	0.80	—	13 54	6.52	1.18	22.04	3.63	—	61.43	29.59	5.35	0.58
4	1. Ungedüngt	1854	75.71	2.47	0.22	19.82	0.87	0.98	24.29	10.17	0.91	81.31	3.58	4.03	1.63
5	6. Eisenoxyduloxyd 6 Pfd.	„	75.70	1.77	—	21.56	—	0.97	24.30	7.10	—	89.01	—	3.89	1.14
6	7. Manganbioxyd 2 Pfd.	„	76.19	2.12	—	20.77	—	0.92	23.81	8.90	—	87.24	—	3.86	1.42
7	8. Gyps 4 Pfd.	„	75.81	2.40	0.30	19.49	0.84	1.16	24.19	9.92	1.24	80.58	3.47	4.79	1.51
8	9. Kohlensaurer Kalk 4 Pfd.	„	74.90	2.51	0.29	20.64	0.71	0.95	25.10	10.04	1.16	82.16	2.84	3.80	1.61
9	10. Kohlensaure Magnesia $1^1/_2$ Pfd.	„	75.64	1.46	0.38	20.09	1.51	0.92	25.36	5.76	1.50	87.16	5.95	3.63	0.92
10	11. Kohlensaures Kali $1^1/_2$ Pfd.	„	78.33	2.65	0.29	16.84	0.87	1.02	21.67	12.23	1.34	77.70	4.02	4.71	1.96
11	13. Chlorkalium $^1/_4$ Pfd. u. kohlensaurer Kalk $1^3/_4$ Pfd.	„	77.77	2.27	0.28	17.87	0.73	1.08	22.23	10.21	1.26	80.39	3.28	4.86	1.63

B. Für die trockne Substanz.

		No. 79	80	81	82	83	84	85	86
Im Rohproteïn	Salpeter-Stickstoff	0.002	0.009	0.003	0.005	0.003	—	0.001	0.006
	Amido-Stickstoff	0.253	0.306	0.189	0.490	0.157	0.291	0.141	0.678
	Sonstiger Stickstoff	0.116	0.430	0.170	0.106	0.194	0.926	0.289	0.115
	Nichtproteïn-Stickstoff	0.371	0.745	0.362	0.601	0.354	1.217	0.431	0.799
	Proteïn-Stickstoff	1.026	1.616	0.896	1.227	0.870	1.836	1.088	1.296
	Gesammt-Stickstoff	1.397	2.361	1.258	1.828	1.224	3.053	1.519	2.095
	Wirkliche Proteïnstoffe	6.413	10.100	5.600	7.669	5.438	11.475	6.800	8.100
	Salpetersäure (N_2O_5)	0.007	0.035	0.012	0.020	0.010	—	0.004	0.023
In den Nfr. Extractstoffen	Stärke	76.450	50.654	71.860	73.535	75.906	44.010	71.531	69.445
	Glycose	0.000	8.251	0.000	0.000	0.000	8.983	0.000	0.000
	Dextrin etc.	1.360	0.594	1.902	0.000	1.784	0.057	1.567	0.000
	Sonstige Extractstoffe	7.480	13.831	10.968	8.525	8.010	14.820	14.402	9.625
	Coagulirtes Eiweiss	4.282	3.547	2.164	3.831	3.884	3.830	2.668	4.552
Im wässrigen Auszug	N im coagulirten Eiweiss	0.685	0.568	0.346	0.613	0.621	0.613	0.427	0.728
	N im Eiweissfiltrat	0.371	0.745	0.362	0.601	0.354	1.217	0.431	0.799
	N im Ganzen	1.056	1.313	0.708	1.214	0.975	1.830	0.858	1.527
	Rohproteïn	6.600	8.206	4.425	7.588	6.094	11.437	5.363	9.544
	Stickstofffreie Substanzen	5.710	14.329	7.672	4.814	5.427	14.912	6.638	4.907
	Organische Substanz	12.310	22.535	12.097	12.402	11.521	26.349	12.001	14.451
	Reinasche	3.192	4.927	3.484	3.663	3.166	6.184	3.823	5.008
	Trockensubstanz	15.502	27.462	15.581	16.065	14.687	32.533	15.824	19.459

Kartoffeln. — Unter dem Einfluss der Düngung.

No. 1—3. R. Fresenius. — Dess. Chemie f. Landwirthe etc. Braunschweig, 1847. 529. Auf dem Gute Geisberg bei Wiesbaden ausgeführter Düngungsversuch. Auf drei gleich beschaffene Feldchen, jedes 6 qm gross, wurden je sechs vollkommen gesunde, möglichst gleichartige, rothe Kartoffeln gesteckt. Das Gewicht jeder Kartoffelabtheilung war gleich und betrug 250 g. Die erste Abtheilung wurde mit Kuhmist reichlich gedüngt; die zweite Abtheilung wurde nicht gedüngt; die dritte Abtheilung wurde mit denjenigen Salzen gedüngt, welche die ganze Kartoffelpflanze in der Asche liefert. (Der Dünger bestand aus 20 Thl. Buchenholzasche, 15 gebrannten Knochen, 10 Gyps, 15 Kochsalz und 40 gebranntem, zerfallenem Kalk. Jede Kartoffel erhielt 15 g des gleichförmig gemengten Pulvers.) Der Boden war ein ganz schlechter: ein schwerer, zäher Thon, aus der Verwitterung des Taunusschiefers entstanden, er war noch nie gedüngt gewesen und enthielt kaum Spuren von organischer Substanz. Der Ertrag an Knollen und Kraut war folgender:

	Abthl. I g	Kranke	Abthl. II g	Kranke	Abthl. III g	Kranke
Frische Knollen	1707	(11.3%)	1735	(4.6%)	4205	(3.8%)
Welkes Kraut incl. Wurzeln	106		87		312.5	

*) Wasser = Wasser, fettes Oel, Harz und Verlust.

†) Es wurden ermittelt:

	I	II	III
Stärke	10.00	13.37	11.04
Gummi, Aepfelsäure und Ammonsalze	1.86	2.34	2.50

Die Analyse wurde ausgeführt nach Anleitung in genanntem Lehrbuche. S. 643.

No. 4—25. H. Grouven. — Annal. d. Landw. in Preussen. 28. (1856.) 60. Vom Verf. angestellter Versuch über die Frage „welche Nährstoffe vorzüglich die Kartoffelkrankheit befördern, welche sie wirksam verhüten und welchen Einfluss die Düngstoffe auf die Qualität der geernteten Producte ausüben". Das Versuchsfeld hat ärmeren Sandboden der Gegend von Köln. Hoch und trocken gelegen, war es seit der letzten spärlichen Stallmist-Düngung durch 2 auf einander folgende Roggenernten, der zuletzt noch Stoppelrüben folgten, sehr ausgesogen. Die Ernte an letzteren war sehr gering. Der Boden war frei von Säure und Unkraut; er brauste deutlich beim Uebergiessen mit Salzsäure. Die Untersuchung des Bodens, 1 Fuss tief aufgenommen, ergab auf 1000 Thl. wasserfreie Erde berechnet, Folgendes:

No.	Bezeichnungen und Bemerkungen	Jahr der Untersuchung	In der ursprünglichen Substanz							In der Trockensubstanz					Stickstoff in der Trockensubstanz
			Wasser %	Nh-Substanz %	Rohfett %	Nfr. Extractstoffe %	Rohfaser %	Asche %	Trockensubstanz %	Nh-Substanz %	Rohfett %	Nfr. Extractstoffe %	Rohfaser %	Asche %	%
12	15. Chlornatrium 1/2 Pfd. und kohlensaures Natron 1/2 Pfd.	1854	76.02	1.95	0.31	19.34	1.41	0.97	23.98	8.15	1.30	80.61	5.89	4.05	1.30
13	17. Kohlens. Ammoniak 1 1/2 Pfd.	„	73.53	4.44	0.25	19.57	1.32	0.89	26.47	16.77	0.94	73.94	4.99	3.36	2.68
14	18. Schwefels. Ammoniak 1 Pfd.	„	75.37	3.62	0.37	18.72	0.99	0.93	24.63	14.70	1.50	76.00	4.02	3.78	2.35
15	19. Phosphors. Ammoniak 1/2 Pfd.	„	76.36	2.75	0.35	18.73	0.93	0.88	23.64	11.63	1.48	79.24	3.93	3.72	1.86
16	21. Gemisch von Ammoniaksalzen	„	72.88	3.67	0.26	21.31	1.07	0.81	27.12	13.53	0.96	78.57	3.95	2.99	2.16
17	22. Salpetersaures Kali 1/4 Pfd. .	„	76.42	3.15	0.22	18.04	1.13	1.04	23.58	13.36	0.93	76.51	4.79	4·41	2.14
18	23. Salpetersaures Natron 3/4 Pfd.	„	74.61	4.03	0.36	19.31	0.88	0.81	25.39	15.87	1.02	77.45	2.47	3.19	2.54
19	24. Guano 2 Pfd.	„	77.21	3.57	0.32	17.18	0.88	0.84	22.79	15.66	1.40	75.39	3.86	3.69	2.51
20	26. Guano 2 Pfd. u. Metalloxyde	„	76.06	3.53	—	19.47	—	0.94	23.94	14.74	—	81.33	—	3.93	2.36
21	28. 40 Pfd. Kuhmist, Nierenkartoffel	„	78.99	2.35	—	17.66	—	1.00	21.01	11.19	—	84.05	—	4.76	1.79
22	29. Desgl., roth-weisse Kartoffel .	„	78.77	2.38	—	17.95	—	0.90	21.23	11.21	—	85.55	—	4.24	1.79
23	Mittel aus allen 19 Analysen . .	„	76.00	2.80	0.30	18.94	1.01	0.95	24.00	11.67	1.25	78.91	4.21	3.96	1.87
24	Mittel aus der stickstoffreichen Düngung (7 Analysen)	„	75.20	3.60	0.31	18.96	1.03	0.90	24.80	14.52	1.25	76.45	4.15	3.63	2.32
25	Mittel aus mineralischer Düngung (7 Analysen)	„	76.40	2.17	0.29	19.15	0.99	1.00	23.60	9.20	1.23	81.13	4.20	4.24	1.47

	I. In Wasser löslich	II. In Salpetersäure löslich
Kohlensäure	0.0920	6.59
Kieselsäure	0.1992	1.24
Schwefelsäure . . .	0.0152	0.22
Chlor	0.0007	—
Phosphorsäure . . .	—	0.09
Eisenoxyd	0.0104	22.08
Manganoxyd	—	1.11
Thonerde	0.0078	15.56
Kalkerde	0.0840	10.72
Bittererde	0.0062	1.46
Kali	0.0050	1.86
Natron	0.0357	3.50
	0.4562	64.43
Organische Substanz .	0.101	

Organische humose Materie .	21.314
Amorphe Kieselsäure . . .	10.324
Sand und Thon	901.498
	933.136
Gesammt-Stickstoffgehalt . .	0.779
Gesammtmenge d. gebundenen Kohlensäure (ungeglühte natürliche Erde)	6.609

Das Versuchsfeld wurde im Frühjahr 1854 ein Fuss tief umgespatet und in 30 Versuchsfelder von je 36 Quadrat-Fuss rh. getheilt; auf jedes Feldchen wurden 9 Stück äusserlich gesunde, mittelgrosse Kartoffeln (weisse Speisekartoffeln) gepflanzt. Die oben angegebenen Düngermengen beziehen sich auf die Grösse der Versuchsfelderchen. Bei No. 16, Versuchsfeld 21, bestand das Gemisch aus 1/4 Pfd. kohlensaurem, 1/2 Pfd. schwefelsaurem, 1/4 Pfd phosphorsaurem Ammoniak und 1/4 Pfd. salpetersaurem Natron; bei No. 20, Feld 26, war der Zusatz zu Guano 1 Pfd. Manganbioxyd und 2 Pfd. Eisenoxyduloxyd. Die Untersuchung der geernteten Knollen erstreckte sich ausser auf obige noch auf folgende Bestandtheile und wurden dieselben in nachstehenden Mengen bestimmt:

	No. 4	7	8	9	10	11	12	13	14	15	16	17	18	19	23	24	25
Stärke	16.64	15.69	16.17	14.94	12.77	13.40	14.80	16.38	15.83	15.02	18.02	14.35	15.02	14.44	15.24	15.58	14.91
Dextrin und Pectin .	1.03	2.13	2.87	3.21	2.15	2.58	2.43	0.74	0.56	1.23	1.71	1.62	2.03	1.14	1.81	1.29	2.34
Zucker	0.10	0.15	0.11	0.14	0.18	0.21	0.17	0.15	0.12	0.12	0.13	0.10	0.10	0.07	0.13	0.11	0.15
Extractionsstoff . . .	1.94	1.48	1.48	1.63	1.72	1.70	1.93	2.29	2.16	2.31	1.45	1.95	2.14	1.54	1.83	1.99	1.70

In der Asche von 100 Gewichtstheilen Kartoffeln waren enthalten:

	No. 4	7	8	9	10	11	12	13	14	15	16	17	18	19	23	24	25
Phosphorsäure . . .	0.161	0.180	0.166	—	0.156	0.175	—	0.169	0.142	0.186	0.149	0.153	0.137	0.124	0.160	—	—
Schwefelsäure . . .	0.058	0.099	0.065	—	0.045	0.026	—	0.029	0.061	0.045	0.038	0.024	0.030	0.032	0.044	—	—

Bezüglich der Untersuchungsmethode ist zu bemerken: Von jeder Abtheilung wurden ca. 20 Knollen ausgesucht, aus der Mitte einer jeden Knolle eine 1/4 Zoll dicke Scheibe herausgeschnitten, auf Glasplatten zerschnitten und getrocknet. Von der wasserfreien, gut gemischten Substanz wurden 15—20 g zur Bestimmmung der Asche abgewogen und der Rest, ca. 50 g, in einem Porzellanmörser unter Reiben gemahlen; „das feinste Pulver wurde durch Leinewand von dem gröberen abgebeutelt. Letzteres diente als Reserve, ersteres zu der Analyse". N-Bestimmung nach Varrentrapp-Will. 6 g des Pulvers wurden 3—4 mal mit siedendem Alkohol von 80% ausgezogen; der unlösliche Rückstand auf dem Filter wurde einigemale mit einem heissen Gemische von Aether und Alkohol ausgewaschen. Die alkoholischen und ätherisch-alkoholischen Filtrate wurden vereinigt und in gewogenem Kölbchen eingedampft, der bei 100° getrocknete Rückstand besteht aus Fett, Zucker u. Extractivstoff. Derselbe wurde mit einer genügenden Menge Aethers übergossen, 6 Stunden digerirt; darnach die ätherische Lösung in einen Platintiegel abgegossen und dann bei gelinder Wärme verdunstet, giebt die Menge des Fettes. Zur Bestimmung des Zuckers wurde das Kölbchen halb mit Wasser gefüllt, Knochenkohle zugefügt und zum Sieden seines Inhaltes erhitzt. In dem klaren Filtrate wurde der Zucker mittelst „Probekupferlösung" bestimmt; das auf dem Filter gesammelte Kupferoxydul im Platintintiegel geglüht als Oxyd gewogen. 220 Thl. Kupferoxyd = 100 Thl. wasserfreien Traubenzuckers. Das Gewicht von Fett und Zucker von dem Gesammtgewicht Fett + Zucker + Extractivstoff abgezogen, ergiebt das Gewicht des letzteren.

Das auf dem Filter befindliche, in Alkohol und Aether unlösliche Kartoffelpulver wurde in ein Becherglas gespritzt und mit ca. 1 Pfd. einer kalten verdünnten Schwefelsäure (20 Thl. Wasser + 5 Thl. concentr. Schwefelsäure) übergossen. Die Mischung 24 Stunden unter öfterem Aufrühren, dann zum Klären stehen gelassen; die klare Lösung

No.	Bezeichnungen und Bemerkungen	Ertrag p. ha	Jahr der Untersuchung	In der ursprünglichen Substanz: Wasser %	Nh-Substanz %	Rohfett %	Nfr. Extractstoffe %	Rohfaser %	Asche %	Trockensubstanz %	In der Trockensubstanz: Nh-Substanz %	Rohfett %	Nfr. Extractstoffe %	Rohfaser %	Asche %	Stickstoff in der Trockensubstanz %
26	Ungedüngt	19634	1859	75.00	4.40	—	18.79	0.99	0.82	—	17.59	—	75.14	3.98	3.29	2.81
27	Knochenmehl 192 kg .	19680	„	75.00	3.70	—	19.58	0.76	0.96	—	14.81	—	78.31	3.03	3.85	2.37
28	Kalkphosphat 184 kg u. Potasche 100 kg . .	20549	„	75.00	3.48	—	19.73	0.89	0.91	—	13.92	—	78.91	3.55	3.62	2.23
29	Knochenmehl 192 kg u. Potasche 100 kg . .	20708	„	75.00	3.09	—	20.30	0.77	0.84	—	12.34	—	81.21	3.10	3.35	1.97
30	Poudrette I 400 kg . .	20822	„	75.00	3.65	—	19.64	0.84	0.87	—	14.62	—	78.55	3.34	3.49	2.35
31	Künstl. Guano 400 kg .	20994	„	75.00	4.10	—	18.59	1.13	1.18	—	16.39	—	74.35	4.54	4.72	2.62
32	Kalkphosphat 184 kg .	21680	„	75.00	4.48	—	18.71	0.91	0.90	—	17.91	—	74.83	3.65	3.61	2.87
33	Poudrette II 500 kg . .	22786	„	75.00	4.18	—	18.96	0.98	0.88	—	16.71	—	75.83	3.91	3.55	2.67
34	Zu Woolmet auf schwerem Klayboden gewachsen — Dalmahoykart.: Ungedüngt		1863	74.44	0.81		23.69		1.06	25.56	3.31		92.54		4.15	0.53°
35	5 Ctr. Superphosphat und 3 Ctr. Guano . . .		„	71.67	1.00		26.45		0.87	28.33	4.31		92.59		3.10	0.69°
36	25 tons Stallmist . . .		„	76.42	0.81		21.76		1.01	23.58	3.69		92.02		4.29	0.59°
37	35 tons Stallmist . . .		„	78.20	0.50		20.19		1.11	21.80	2.31		92.61		5.09	0.37°
38	Regentkartoffel: Ungedüngt		„	75.33	0.87		22.74		1.06	24.67	3.56		92.19		4.30	0.57°
39	5 Ctr. Superphosphat und 3 Ctr. Guano . . .		„	76.90	1.00		21.08		1.02	23.10	4.44		94.37		4.42	0.71°
40	25 tons Stallmist . . .		„	76.45	1.31		21.21		1.03	23.55	5.69		90.06		4.37	0.91°
41	35 tons Stallmist . . .		„	75.77	1.00		22.14		1.09	24.23	4.19		90.38		4.45	0.67°
42	Zu Dargaval auf Moorboden gewachsen — Dalmahoykartoffel: Ungedüngt		„	80.11	1.50		17.86		0.53	19.89	8.13		89.21		2.66	1.30°
43	4 Ctr. Superphosphat und 2 1/2 Ctr. Guano . . .		„	80.84	1.43		17.31		0.42	19.16	7.69		90.12		2.19	1.23°
44	5 Ctr. Superphosphat und 3 Ctr. Guano . . .		„	82.86	1.31		15.39		0.44	17.14	7.84		89.59		2.57	1.27°
45	6 1/2 Ctr. Superphosphat u. 4 Ctr. Guano . . .		„	80.84	1.56		17.16		0.44	19.16	8.25		89.45		2.30	1.32°
46	25 tons Stallmist . . .		„	78.22	1.68		19.16		0.94	21.78	7.84		87.94		4.32	1.27°
47	35 tons Stallmist . . .		„	79.62	1.68		17.99		0.71	20.38	8.38		88.14		3.48	1.34°
48	35 tons Stallmist und 2 1/2 Ctr. Superphosphat . .		„	80.41	1.43		17.47		0.69	19.59	7.75		88.73		3.52	1.24°

wurde mit einer Pipette abgehoben, der Rückstand mit 1 Pfund reinem Wasser übergossen und nach 12stünd. Stehen letzteres ebenfalls abgehoben. Dieses Auswaschen mit reinem Wasser wurde noch 3—4mal wiederholt, so lange bis das Decantationswasser noch gefärbt wurde; zuletzt wurde der ungelöste Rückstand auf ein gewogenes Filter gebracht, noch mehrmals ausgewaschen, getrocknet und gewogen. Das Unlösliche wurde als Stärke + Holzfaser in Rechnung gebracht; in die wässrige säurehaltige Flüssigkeit sind übergegangen: Proteïnstoffe + Dextrin, Pectin + Aschensalze. Da das Gewicht der Proteïnstoffe und der Asche durch die directe Bestimmung ermittelt ist, so ergiebt die Differenz der Menge dieser Stoffe und der Menge des schwefelsauren Extractes im Ganzen das Gewicht des Dextrins und Pectins.

Ein aliquoter Theil des aus Stärkemehl und Zellstoff bestehenden Rückstandes wurde mit verdünnter Schwefelsäure von oben bemerkter Concentration unter bisweiliger Ergänzung des verdampften Wassers 8 Stunden lang gekocht. Das hierbei nicht in Lösung Gehende wurde auf ein gewogenes Filter gebracht, ausgewaschen, getrocknet, gewogen und als Holzfaser in Rechnung gebracht; das Gewicht der Stärke wurde aus der Differenz berechnet.

No. 26—33. P. Bretschneider u. Metzdorf. — 4. Ber. d. V.-St. Ida-Marienhütte. 95. Der Wassergehalt der Knollen schwankte zwischen 73—76%; derselbe wurde vom Autor durchgängig zu 75% angenommen.

No. 34—75. Thom. Anderson. — Transact. Highl. Soc. New. Ser. Juli 1863 bis März 1835. 293. Die Düngermengen sind in englischem Gewicht angegeben und beziehen sich auf 1 engl. Acker. Die im Original angegebenen Mengen von Stickstoff in feuchter Substanz einerseits und in trockner Substanz andererseits stehen in vielen Fällen nicht in Uebereinstimmung und berechnet sich der Gehalt der Proteïnsubstanz aus dem N-gehalt in der trocknen Kartoffelmasse meist höher als wenn man diesen aus der Menge der frischen Substanz berechnet. Auch ist bisweilen die Summe der Componenten unter 100. Das Fehlende wurde von uns bei den „stickstofffreien Substanzen“ ergänzt. Die Mittelzahlen unter 72—75 wurden von uns berechnet. Die Kartoffelknollen wurden von dem Autor zu verschiedenen Vegetationsperioden untersucht; die betr. Zahlen sind in dem betreffenden Abschnitt zu ersehen. Vergleiche auch Kartoffeln unter dem Einflusse verschiedener Böden.

No.	Bezeichnungen und Bemerkungen	Jahr der Untersuchung	In der ursprünglichen Substanz: Wasser %	Nh-Substanz %	Rohfett %	Nfr. Extractstoffe %	Rohfaser %	Asche %	Trockensubstanz %	In der Trockensubstanz: Nh-Substanz %	Rohfett %	Nfr. Extractstoffe %	Rohfaser %	Asche %	Stickstoff in der Trockensubstanz %
49	Zu Dargaval auf Moorboden gewachsen, Regentkartoffel: Ungedüngt	1863	78.97	1.43		19.85		0.65	21.03	6.75		88.34		4.91	0.08^{0}
50	4 Ctr. Superphosphat und $2^1/_2$ Ctr. Guano	„	80.02	1.31		18.11		0.56	19.98	7.00		90.20		2.80	1.12^{0}
51	5 Ctr. Superphosphat und 3 Ctr. Guano	„	81.96	1.37		17.94		0.73	18.04	6.88		89.07		4.05	1.10^{0}
52	$6^1/_2$ Ctr. Superphosphat u. 4 Ctr. Guano	„	79.34	1.25		18.75		0.66	20.64	6.06		90.74		3.20	0.97^{0}
53	25 tons Stallmist	„	81.24	1.25		16.68		0.83	18.76	6.69		88.89		4.42	1.07^{0}
54	35 tons Stallmist	„	79.43	1.31		18.59		0,67	20.57	6.38		90.36		3.26	1.02^{0}
55	35 tons Stallmist und $2^1/_2$ Ctr. Superphosphat	„	77.25	1.43		20.55		0.77	22.75	6.38		90.24		3.38	1.02^{0}
56	Flukes (35 tons Stallmist u. $2^1/_2$ Ctr. Superphosphat)	„	79.18	1.62		18.44		0.66	20.82	8.00		88.59		3.41	1.28^{0}
57	Skerry Reds	„	78.79	1.81		18.69		0.71	21.21	8.69		88.96		2.35	1.39^{0}
58	White Rocks	„	77.91	1.68		19.41		1.00	22.09	7.69		88.78		4.53	1.23^{0}
59	Orkney Reds	„	79.45	1.75		18.25		0.55	20.55	8.69		88.63		2.68	1.39^{0}
60	Zu Dargaval auf leichtem Sandboden gewachsen: Flukes (15 tons Stallmist u. $2^1/_2$ Ctr. Superphosphat)	„	76.77	1.56		19.41		1.16	23.23	7.31		87.68		5.01	1.17^{0}
61	Skerry Blues	„	73.22	2.00		23.69		1.09	26.78	7.50		88.42		4.08	1.20^{0}
62	White Rocks	„	74.22	1.62		23.06		1.10	25.78	6.31		89.58		4.11	1.01^{0}
63	Orkney Reds	„	74.38	1.81		22.68		1.12	25.62	7.25		88.37		4.38	1.16^{0}
64	Regentkartoffel: Ungedüngt	„	71.75	2.00		25.12		1.13	28.25	7.19		88.80		4.01	1.15^{0}
65	3 Ctr. Guano u. $2^1/_2$ Ctr. Superphosphat	„	72.08	1.87		24.75		1.30	27.92	6.88		88.46		4.66	1.10^{0}
66	25 tons Stallmist	„	76.47	1.50		21.10		0.92	23.53	6.38		89.63		3.99	1.02^{0}
67	35 tons Stallmist	„	75.24	1.56		21.92		1.28	24.76	6.44		89.38		5.18	1.03^{0}
68	Dalmahoykart.: Ungedüngt	„	74.85	1.68		22.62		0.85	25.15	6.94		90.91		4.15	1.11^{0}
69	3 Ctr. Guano u. $2^1/_2$ Ctr. Superphosphat	„	77.88	1.56		19.44		1.12	22.12	7.13		87.78		5.09	1.14^{0}
70	25 tons Stallmist	„	77.00	1.50		20.40		1.10	23.00	6.75		88.45		4.80	1.08^{0}
71	35 tons Stallmist	„	73.06	1.87		23.85		1.22	26.94	7.06		86.57		6.37	1.13^{0}
72	Im Mittel d. ungedüngten Abtheil.	„	75.92	1.38		21.82		0.88	24.08	6.00		90.35		3.65	0.96
73	Im Mittel der Guano- und Superphosphat-Abtheilungen	„	78.44	1.36		19.56		0.75	21.56	6.63		89.89		3.48	1.06
74	Im Mittel d. Stallmistdüng., 25 tons	„	77.64	1.34		19.90		0.97	22.36	6.19		89.47		4.34	0.99
75	Im Mittel d. Stallmistdüng., 35 tons	„	76.89	1.32		20.78		1.01	23.11	5.81		89.82		4.37	0.93
						Stärkemehl						Stärkemehl			
76	I. Roher Torf	„	84.66	1.67	—	11.82	—	0.60	15.34	10.88	—	77.05	—	3.88	1.74^{0}
77	II. Roher Torf u. Ammoniaksalze	„	77.26	3.48	—	16.98	—	0.85	22.74	15.31	—	74.68	—	3.69	2.45^{0}
78	III. Roher Torf, Kali u. Natronsalze	„	80.18	2.16	—	14.96	—	1.20	19.82	10.88	—	75.47	—	6.66	1.74^{0}

No. 76—78. Ph. Zöller. — J. f. Landw. 14. 1866. 80. Die Versuche, welche vom Autor in Gemeinschaft mit Just v. Liebig und Nägeli angestellt wurden, sollten die Frage erledigen: wie verhält es sich mit dem Gesammtwachsthum und der chemischen Zusammensetzung verschiedener Culturpflanzen, wenn, unter übrigens sonst gleichen Verhältnissen, ihre Cultur in Böden stattfindet, welche die absorbirbaren Pflanzennahrungsstoffe physikalisch gebunden und ausserdem in quantitativ verschiedenen Verhältnissen enthalten? Die Versuche zu Kartoffeln wurden in Kästen von 1.5 m Länge, 1.2 m Breite und 0.45 m Tiefe, enthaltend 720 Liter = 298 kg Torf, ausgeführt. Der Kasten I enthielt nur rohen Torf, der Torf der Kästen II und III wurde gedüngt. Die dem Torfe zugesetzten Pflanzennahrungsstoffe waren Ammoniak, Phosphorsäure, Kali, Natron, Kalk und Schwefelsäure. Die 4 ersteren Nährstoffe wurden in einer Menge gegeben, dass der Torf (pulverförmiger Hochmoortorf aus Haspelmoor) halb damit gesättigt war (physikalisch absorbirt); nur aus Versehen erhielt der Kasten III die Hälfte der hierzu nöthigen Phosphorsäuremenge. Die chemischen Verbindungen und die Mengen, in welchen die einzelnen Nährstoffe gegeben wurden, erhellen aus Nachstehendem:

Kasten I rohes Torfpulver	II Torfpulver mit	III Torfpulver mit
	863 g phosphorsaurem Ammoniak	600 g phosphorsaurem Natron
	383 g schwefelsaurem Ammoniak	250 g phosphorsaurem Kali
	378 g kohlensaurem Ammoniak	790 g kohlensaurem Kali
		500 g Gyps.

Der Torf an sich enthielt 0.11 % Kali, 0.22 % Phosphorsäure, 1.1 % Kalk, 0.095 % Magnesia, 2.46 % Stickstoff und zwar 0.183 % Ammoniak.

An Knollen wurden geerntet	I 2520 g	II 3062 g	III 7201 g
An Kraut wurde geerntet . .	I 1837 g	II 3535 g	III 2870 g

No.	Bezeichnungen und Bemerkungen		Vorfrucht	Jahr der Untersuchung	In der ursprünglichen Substanz: Wasser %	Nh-Substanz %	Rohfett %	Nfr. Extractstoffe %	Rohfaser %	Asche %	Trockensubstanz %	In der Trockensubstanz: Nh-Substanz %	Rohfett %	Nfr. Extractstoffe %	Rohfaser %	Asche %	Stickstoff in der Trockensubstanz %
								Stärke						Stärke			
79	Sächsische Zwiebelkartoffel	Ungedüngt a . .	Felderbsen	1866	72.00	2.14	—	22.05	—	0.85	28.00	7.65	—	78.74	—	3.84	1.22
80		Ungedüngt b . .	„	„	73.27	2.61	—	20.37	—	1.46	26.73	9.77	—	76.20	—	5.46	1.56
81		5 Ctr. Chlorkalium	„	„	71.15	3.07	—	22.54	—	1.00	28.85	10.66	—	78.12	—	3.47	1.71
82		5 Ctr. schwefels. Magnesia u. 5 Ctr. Kalk	„	„	72.28	2.86	—	21.09	—	1.07	27.77	10.30	—	75.86	—	3.85	1.65
83		5 Ctr. schwefels. Kali	„	„	73.18	2.34	—	21.50	—	0.90	26.82	8.98	—	80.17	—	3.36	1.44
84		3 Ctr. Kalisalz u. 3 Ctr. Bakerguano	„	„	75.61	2.51	—	18.93	—	1.12	24.39	10.31	—	77.61	—	4.59	1.65
85		5 Ctr. dreifach conc. Kalisalz . . .	Kartoffeln	„	73.40	1.84	—	20.97	—	1.06	26.60	6.92	—	78.85	—	3.99	1.11
86		Desgl.	„	„	72.32	2.09	—	21.81	—	1.09	27.68	7.57	—	78.80	—	3.94	1.21
87		5 Ctr. Chlorkalium	Gerste	„	74.28	2.20	—	19.77	—	1.15	25.72	8.56	—	76.87	—	4.47	1.37
88		Desgl.	„	„	73.22	2.24	—	21.33	—	1.22	26.78	8.36	—	79.65	—	4.56	1.34
89		5 Ctr. aufgeschloss. Bakerguano . .	Mais	„	72.14	2.40	—	23.03	—	0.90	27.86	8.62	—	82.65	—	3.24	1.38
90		Desgl.	„	„	70.18	2.46	—	24.37	—	1.01	29.82	8.31	—	81.72	—	3.39	1.33
91		5 Ctr. Peruguano	Brechbohne	„	73.66	1.88	—	19.89	—	1.23	26.34	7.13	—	75.50	—	4.67	1.14
92		Desgl.	„	„	71.31	2.20	—	23.27	—	1.20	28.69	7.68	—	81.12	—	4.18	1.23
93		3 Ctr. Superphosph. u. 3 Ctr. Chlorkalium . . .	Gerste	„	74.30	2.15	—	20.13	—	1.10	25.70	8.38	—	78.33	—	4.28	1.34
94		Desgl.	„	„	73.38	1.85	—	20.85	—	1.23	26.62	6.96	—	78.33	—	4.62	1.11
95		5 Ctr. Salpeter .	„	„	74.11	2.16	—	20.13	—	1.15	25.89	8.33	—	77.74	—	4.44	1.33
96		Desgl.	„	„	72.81	1.85	—	19.77	—	1.26	27.19	6.81	—	72.71	—	4.63	1.09
97		5 Ctr Gyps . .	„	„	71.43	2.36	—	22.22	—	1.16	28.57	8.24	—	77.77	—	4.06	1.32
98		Desgl.	„	„	72.77	1.84	—	24.04	—	1.10	27.23	6.76	—	88.27	—	4.04	1.08
99	Mittel der 20 Analysen			„	72.84	2.25	—	21.40	—	1.11	27.16	8.31	—	78.79	—	4.09	1.33
100	Heiligenstädter Kartoffel	Ungedüngt a . .	Felderbsen	„	75.89	1.85	—	17.68	—	1.17	24.11	7.67	—	73.34	—	4.85	1.23
101		Ungedüngt b . .	„	„	72.56	2.18	—	22.66	—	1.04	27.44	7.93	—	82.57	—	3.79	1.27
102		5 Ctr. Chlorkalium	„	„	72.18	2.22	—	21.57	—	1.00	27.82	7.94	—	77.54	—	3.60	1.27
103		5 Ctr. schwefels. Magnesia u. 5 Ctr. Kalk	„	„	73.23	2.59	—	21.23	—	0.97	26.77	9.66	—	79.32	—	4.62	1.55
104		5 Ctr. schwefels. Kali	„	„	73.77	2.33	—	19.89	—	1.03	26.23	8.87	—	74.27	—	3.85	1.42
105		3 Ctr. Kalisalz u. 3 Ctr. Bakerguano	„	„	74.35	2.06	—	22.54	—	1.11	25.65	8.03	—	87.93	—	4.33	1.28
106		5 Ctr. dreifach conc. Kalisalz . . .	Kartoffeln	„	75.40	2.06	—	19.89	—	1.21	24.60	8.36	—	80.85	—	4.92	1.34
107		Desgl.	„	„	75.58	2.24	—	18.93	—	1.23	24.42	9.15	—	77.52	—	5.04	1.46
108		5 Ctr. Chlorkalium	Gerste	„	76.21	1.92	—	16.11	—	1.23	23.79	8.06	—	67.76	—	5.17	1.29
109		Desgl.	„	„	75.51	2.27	—	19.65	—	1.25	24.49	9.26	—	80.23	—	5.10	1.48
110		5 Ctr. aufgeschloss. Bakerguano . .	Mais	„	74.32	2.10	—	20.25	—	0.96	25.68	8.18	—	78.85	—	3.74	1.31
111		Desgl.	„	„	72.79	1.89	—	20.61	—	1.06	27.21	6.96	—	75.74	—	3.90	1.11

No. 79—120. Fr. Nobbe, — Sächs. Amtsbl. 1867. 89.

No.	Bezeichnungen und Bemerkungen	Jahr der Untersuchung	In der ursprünglichen Substanz: Wasser	Nh-Substanz	Rohfett	Nfr. Extractstoffe	Rohfaser	Asche	Trockensubstanz	In der Trockensubstanz: Nh-Substanz	Rohfett	Nfr. Extractstoffe	Rohfaser	Asche	Stickstoff in der Trocken-Substanz
			%	%	%	%	%	%	%	%	%	%	%	%	%
	Heiligenstädter Kartoffel: Vorfrucht					Stärke						Stärke			
112	5 Ctr Peruguano Brechbohne	1866	75.28	1.80	—	19.17	—	1.21	24.72	7.29	—	77.52	—	4.89	1.17
113	Desgl. . . . . „	„	76.86	2.06	—	16.35	—	1.20	23.14	8.89	—	70.66	—	5.19	1.42
114	3 Ctr. Superphosph. u. 3 Ctr. Chlorkalium . . . Gerste	„	75.72	1.89	—	17.05	—	1.12	24.28	7.76	—	70.23	—	4.61	1.24
115	Desgl. . . . . „	„	77.88	1.70	—	16.11	—	1.25	22.12	7.68	—	72.83	—	5.65	1.23
116	5 Ctr. Salpeter . „	„	75.20	1.76	—	18.23	—	1.28	24.80	7.08	—	73.50	—	5.16	1.13
117	Desgl. . . . . „	„	79.10	1.86	—	15.19	—	1.20	20.90	8.88	—	72.70	—	5.74	1.42
118	5 Ctr. Gyps . . „	„	73.59	1.84	—	20.73	—	1.09	26.41	6.96	—	78.50	—	4.13	1.11
119	Desgl. . . . . „	„	74.61	1.81	—	18.93	—	1.13	23.59	7.14	—	74.56	—	4.45	1.14
120	Mittel der 20 Analysen	„	75.05	2.02	—	19.14	—	1.13	24.98	8.08	—	76.62	—	4.52	1.29
121	Heiligenstädter Kartoffel: Aus Giessenstein, ungedüngt	„	71.20	2.11	—	21.10	—	—	28.80	7.34	—	73.26	—	—	1.18$_0$
122	Desgl., stark gedüngt . .	„	74.10	1.99	—	18.20	—	—	25.90	7.68	—	70.27	—	—	1.23$_0$
123	Aus Döhlen, ungedüngt . .	„	70.60	2.36	—	21.60	—	—	29.40	8.03	—	73.46	—	—	1.28$_0$
124	Desgl., stark gedüngt . .	„	75.30	2.90	—	17.00	—	—	24.70	11.75	—	68.83	—	—	1.44$_0$
125	Aus Sayda, ungedüngt . .	„	72.00	2.12	—	20.40	—	—	28.00	7.56	—	72.54	—	—	1.21$_0$
126	Desgl., stark gedüngt . .	„	74.50	1.98	—	17.80	—	—	25.50	7.76	—	69.79	—	—	1.24$_0$
127	Aus Bräundorf, ungedüngt .	„	68.00	2.28	—	24.20	—	—	32.00	7.14	—	75.68	—	—	1.14$_0$
128	Desgl., stark gedüngt . .	„	72.90	2.79	—	19.40	—	—	27.10	10.31	—	71.59	—	—	1.65$_0$
129	Aus Olbernhau, ungedüngt .	„	68.40	2.30	—	23.70	—	—	31.60	7.29	—	75.01	—	—	1.17$_0$
130	Desgl., stark gedüngt . .	„	73.60	2.26	—	18.70	—	—	26.40	8.56	—	70.41	—	—	1.37$_0$
131	Aus Friedebach, ungedüngt	„	71.20	2.68	—	21.10	—	—	28.80	9.31	—	73.26	—	—	1.49$_0$
132	Desgl., stark gedüngt . .	„	75.50	2.33	—	16.80	—	—	24.50	9.50	—	68.58	—	—	1.52$_0$
						Nfr. Stoffe						Nfr. Stoffe			
133	Ungedüngt	1882	75.20	1.77	—	21.53	0.35	1.13	24.80	7.12	—	86.88	1.40	4.60	1.14
134	1 Ctr. Chilisalpeter u. wasserlösl. Phosphorsäure	„	76.50	1.79	—	20.20	0.38	1.16	23.50	7.63	—	85.97	1.60	4.80	1.22
135	2 Ctr. Chilisalpeter u. wasserlösl. Phosphorsäure	„	77.50	2.05	—	21.06	0.29	1.10	22.50	9.13	—	84.67	1.30	4.90	1.52
136	3 Ctr. Chilisalpeter u. wasserlösl. Phosphorsäure	„	79.10	2.36	—	16.93	0.44	1.17	20.90	11.30	—	81.00	2.10	5.60	1.81
137	Ungedüngt a	1869	72.10	3.12	0.09	23.23	0.59	0.87	27.90	11.18	0.32	83.27	2.11	3.12	1.76
138	Ungedüngt b	„	70.96	3.01	0.14	24.32	0.63	0.94	29.04	10.37	0.48	83.74	2.17	3.24	1.66

No. 121—132. A. Stöckhardt. — Chem. Ackersm. 13. 1867. 52. Die im Jahre 1865 an oben genannten Orten aus direct bezogenem Heiligenstädter Saatgut gebauten Knollen dienten zu einem Düngungsversuche, der von Osc. Lehmann im Jahre 1866 auf dem Folgengute bei Tharand auf schwerem, nicht tiefgründigem Thonschieferboden ausgeführt wurde. Die Düngung der „stark gedüngten" Abtheilungen bestand per sächs. Scheffel Land aus: 14.38 Ctr. Chilisalpeter, 7.19 Ctr. schwefelsaurem Ammoniak, 60 Fuder Stalldünger und 129.4 Fass (à 20 Ctr.) Jauche. Der oben angegebene Gehalt an Trockensubstanz, resp. Wasser und Stärkemehl wurde aus dem spec. Gew. der Knollen berechnet.

No. 133—136. M. Märcker, Gräger u. Vibrans. — Agriculturchem. Centralbl. 12. 1883. 365. Auf einem sandigen Lehmboden mit Lehmuntergrund wurden von 4 je ½ Morgen grossen Parzellen 3 gleichmässig mit 20 Pfd. wasserlösliche Phosphorsäure und wechselnden Mengen Chilisalpeter gedüngt; eine Parzelle blieb ungedüngt. Das Feld hatte im Vorjahre Gerste mit Kleeeinsaat getragen, welche letztere wegen Mäusefrass umgepflügt werden musste, und wurde 1882 mit „Alkohol-Kartoffel" bestellt.

pro Morgen	Ungedüngt	1 Ctr.	2 Ctr.	3 Ctr. Chilisalpeter
Ertrag an Knollen	112.0 Ctr.	128.0 Ctr.	124.5 Ctr.	139 0 Ctr.
Ertrag an Stärkemehl . . .	21.58 „	23.18 „	20.74 „	18.43 „
Trockensubstanz in % . . .	24.8 %	23.5 %	22.5 %	20.9 %

An näheren Bestandtheilen wurden ferner bestimmt (in der Trockensubstanz):

Eiweiss	5.94 %	6.56 %	7.06 %	7.06 %
Amide (als Asparagin) .	1.18 „	1.07 „	2.07 „	4.24 „
Stärke	77.51 „	77.07 „	73.95 „	63.64 „
Nfr. Extractstoffe . . .	9.37 „	8.89 „	10.72 „	17.36 „

No. 137—152. E. Heiden, L. Brunner, C. Schumann u. O. v. Gruber (V.-St. Pommritz). — Analysen durch Privatmitthl., Düng- und Bodenverhältnisse Amtsbl. f. d. landw. Ver. Sachsens. 18. 1870. 95. Das Feld, Granitverwitterungsboden, hatte 1863 Kartoffeln, mit Stallmist gedüngt, 1864 Gerste, mit 11 Scheffel Kalk pr. sächs. Acker gedüngt, 1865/66 Rothklee, 1867 Winterweizen, mit 6 Ctr. Knochenmehl pr. Acker gedüngt und 1868 Winterroggen, mit 4 Ctr. Knochenmehl pr. Acker und desselben Jahres im Herbst noch Grünfuttergemenge getragen. 1869 folgten Kartoffeln in das landesüblich vorbereitete Land. Die Versuchsparzellen waren je 9 Qu.-Ruthen breit und 40 Qu.-Ruthen lang. Ueber Düngerquantum, Ertrag an Knollen pr. Acker und deren aus dem spec. Gewicht ermittelten procentischen Stärkemehlgehalt giebt nachstehende Uebersicht Auskunft:

No.	Bezeichnungen und Bemerkungen	Jahr der Untersuchung	In der ursprünglichen Substanz: Wasser %	Nh-Substanz %	Rohfett %	Nfr. Extractstoffe %	Rohfaser %	Asche %	Trockensubstanz %	In der Trockensubstanz: Nh-Substanz %	Rohfett %	Nfr. Extractstoffe %	Rohfaser %	Asche %	Stickstoff in der Trockensubstanz %
139	Superphosphat	1869	73.27	2.38	0.14	22.68	0.54	0.99	26.73	8.90	0.52	84.86	2.02	3.70	1.42
140	Holzasche	„	71.97	2.62	0.10	23.66	0.60	1.05	28.03	9.35	0.36	84.40	2.14	3.75	1.50
141	Peruguano	„	72.69	2.68	0.14	23.05	0.65	0.79	27.31	9.81	0.52	85.50	2.38	1.79	1.57
142	Schwefelsaures Ammoniak . . .	„	74.03	3.33	0.10	20.13	0.77	0.64	25.97	12.83	0.39	81.34	2.97	2.47	2.08
143	Knochenmehl	„	73.51	2.74	0.12	22.17	0.62	0.94	26.49	10.34	0.45	83.32	2.34	3.55	1.65
144	Schwefelsaures Kali	„	72.49	2.49	0.07	23.36	0.58	1.01	27.51	9.04	0.25	84.93	2.11	3.67	1.45
145	Stallmist	„	73.39	2.49	0.05	22.52	0.52	1.03	26.61	9.36	0.19	84.62	1.96	3.87	1.50
146	Stallmist u. Superphosphat . . .	„	72.77	2.35	0.18	23.31	0.41	0.98	27.23	8.63	0.65	85.61	1.51	3.60	1.38
147	Stallmist u. Knochenmehl . . .	„	73.33	2.50	0.18	22.40	0.78	0.81	26.67	9.38	0.68	83.97	2.93	3.04	1.50
148	Stallmist n. Peruguano	„	73.52	2.75	0.11	22.12	0.52	0.98	26.48	10.38	0.42	83.54	1.96	3.70	1.66
149	Stallmist u. schwefelsaures Kali .	„	74.05	2.36	0.13	21.78	0.57	1.11	25.95	9.07	0.50	83.97	2.19	4.27	1.45
150	Knochenmehl u. schwefelsaures Kali	„	71.41	2.69	0.19	24.24	0.49	0.98	28.59	9.41	0.66	84.79	1.71	3.43	1.51
151	Knochenmehl u. Holzasche . . .	„	71.31	3.05	0.19	23.91	0.53	1.01	28.69	10.63	0.66	83.34	1.85	3.52	1.70
152	Peruguano u. schwefelsaures Kali	„	71.96	2.87	0.11	23.41	0.68	0.97	28.04	10.23	0.39	83.50	2.42	3.46	1.64
153	Ausgesetzte Knollen	1878	69.68	2.08	0.17	26.39	0.61	1.07	30.32	6.86	0.55	87.12	2.02	3.45	1.10
154	I. Ungedüngt a	„	74.33	1.30	0.18	22.48	0.64	1.07	25.67	5.06	0.71	87.72	2.51	4.00	0 81
155	II. Ungedüngt b, Boden mehrfach bearbeitet	„	73.24	1.52	0.08	23.47	0.61	1.08	26.76	5.73	0.32	87.81	2.29	3.85	0.92
156	III. Aetzkalk	„	70.69	1.59	0.17	25.84	0.71	1.00	29.31	5.45	0.58	88.27	2.42	3.28	0.87
157	IV. Schwefelsaures Ammoniak .	„	74.89	1.84	0.13	21.84	0.53	0.77	25.11	7.36	0.53	86.96	2.13	3.02	1.18
158	V. Phosphorsaurer Kalk . . .	„	73.15	1.52	0.11	23 45	0.61	1.15	26.85	5.67	0.41	87.48	2.27	4.17	0.91
159	VI. Schwefelsaures Kali . . .	„	74.11	1.28	0.08	22.70	0.65	1.18	25.89	4.96	0.31	87.74	2.53	4.46	0.79

Düngung und deren Gehalt an	N Pfd.	P_2O_5 Pfd.	K_2O Pfd.	Ertrag an Knollen Pfd.	Zucker	Dextrin	Stärke	Anderweit. Nf. Extractst.
Ungedüngt, Mittel v. 4 Parzellen	—	—	—	14950	0.27	0.64	19.95	2.38
Ungedüngt	—	—	—	—	0.90	1.36	20.35	1.72
600 Pfd. Superphosphat	—	108.7	—	17400	0.22	1.32	18.77	3.38
1000 „ Holzasche	—	18.5	39.5	17730	0.60	0.48	18.12	4.48
400 „ Peruguano	61.5	56.4	—	18255	0.24	0.20	18.94	3.68
200 „ Schwefels. Ammoniak .	40.3	—	—	16657	0.72	1.19	16.03	3.19
300 „ Knochenmehl	14.5	62.8	—	18052	0.72	0.90	19.21	1.25
200 „ Schwefelsaures Kali .	—	—	102.6	19560	0.75	0.86	19.63	2.13
37702 „ Stallmist	26.0	167.9	312.3	19942	0.13	0.25	19.53	2.61
34832 „ Stallmist und / 150 „ Superphosphat . . .	236.9	177.2	—	20730	0.21	0.29	18.79	4.03
34875 „ Stallmist und / 200 „ Peruguano . . .	271.3	178.1	—	21067	—	0.21	19.61	2.30
36232 „ Stallmist und / 100 „ Schwefels. Kali . .	25.0	155.8	341.2	20760	0.23	0.20	19.28	2.07
39037 „ Stallmist und / 300 „ Knochenmehl . . .	283.9	230.7	312.3	19995	0.11	0.49	19.69	3.96
300 „ Knochenmehl und / 150 „ Schwefels. Kali .	14.5	62.8	77.0	18296	0.21	0.29	17.76	4.16
300 „ Knochenmehl und / 500 „ Holzasche .	14.5	72.1	19.8	17838	0.17	0.85	20.32	2.59
150 „ Peruguano und / 150 „ Schwefels. Kali . .	23.1	21.1	70.0	19867	0.32	1.05	17.63	4.41

Die Witterung des Jahres war für die Entwicklung der Kartoffeln ungünstig. Die Ernte der 4 ungedüngten Parzellen war wenig übereinstimmend (Extreme: 16845 u. 12690 Pfd.) was auf ungleichmässige Beschaffenheit des Bodens der Parzellen schliessen lässt. In der Aschenmenge der frischen Knollen ist eine kleine Menge Sand 0.11—0.01 % eingeschlossen.

No. 153—159. E. Heiden u. E. Güntz. (V.-St. Pommritz). — Denkschrift d. V.-St. Pommritz 1882. Hannover, 1883. 109. Studien über schweren Boden. Näheres ersiehe bei gedüngtem Roggenstroh. Die Kartoffeln wurden in schwerem Thonboden, Verwitterungsproduct des Granits, gebaut, der in ausgegrabene Parzellen eingefüllt und verschieden behandelt und gedüngt worden war. Die Ernte an Knollen betrug pr. sächs. Quadratruthe in Kilo:

	I	II	III	IV	V	VI	Setzkartoffeln
Knollen	1112.7	1318.7	1870.2	4656.7	2203.6	1783.5	—

Die Analyse der Knollen erstreckte sich auf die vorhandenen verschiedenen Formen des Stickstoffs und die näheren Bestandtheile der stickstofffreien Stoffe, ferner auf die Ermittelung des Sand- und Thongehalts.

	I	II	III	IV	V	VI	Setzkartoffeln
Eiweissstoffe	0.861	0.990	0.982	1.113	0.916	0.801	1.502
a. N für nicht eiweissartige, durch Phosphorwolframsäure fällbare Stoffe . .	0.003	0.001	0.017	0.006	0.010	0.008	0.005
b. N für nicht eiweissartige, durch gen. Reagens nicht fällbare	0.067	0.074	0.081	0.111	0.076	0.069	0.069
Ammoniak (NH_3)	0.000	0.013	0.000	0.000	0.014	0.000	0.022
Zucker	Spur	0.000	0.000	Spur	0.000	0.000	1.220
Dextrin	0.330	0.333	0.354	0.331	0.344	0.318	2.150
Stärkemehl	19.350	20.487	22.360	19.107	20.093	19.678	19.618
Sand und Thon	0.044	0.055	0.040	0.014	0.037	0.026	0.022

No.	Bezeichnungen und Bemerkungen	Jahr der Untersuchung	In der ursprünglichen Substanz: Wasser %	Nh-Substanz %	Rohfett %	Nfr. Extractstoffe %	Rohfaser %	Asche %	Trockensubstanz %	In der Trockensubstanz: Nh-Substanz %	Rohfett %	Nfr. Extractstoffe %	Rohfaser %	Asche %	Stickstoff in der Trockensubstanz %
160	Ungedüngt	1885	74.65	2.23	0.12	21.65	0.57	0.78	25.35	8.80	0.47	85.60	2.05	3.08	1.25
161	Mit Superphosphatgyps conservirter Mist	„	73.98	1.93	0.17	22.34	0.70	0.88	26.02	7.42	0.65	85.86	2.69	3.38	1.19
162	Die Bestandtheile des vorigen in künstlichen Düngemitteln . .	„	76.06	2.51	0.12	19.89	0.58	0.84	23.94	10.48	0.50	83.09	2.42	3.51	1.68
	Spec. Gewicht	Jahr d. Anbaues				Stärke *)						Stärke *)			
163	1 Ungedüngt 1.097	1876	76.1	1.71	—	17.5	—	0.84	23.9	7.13	—	73.22	—	3.53	1.14°
164	2 14 Tonnen Stalldünger . 1.091	„	76.6	1.41	—	16.2	—	0.96	23.4	6.06	—	69.24	—	4.11	0.97°
165	3 14 Ton. Stalldünger u. 3½ Ctr. Superphosphat 1.097	„	76.5	1.21	—	17.5	—	1.00	23.5	5.19	—	74.40	—	4.27	0.83°
166	4 14 Ton. Stalldünger u. 550 Pfd. Chilisalpeter u. 3½ Ctr. Superphosphat 1.085	„	78.8	1.87	—	14.9	—	0.83	21.2	8.81	—	70.28	—	3.92	1.41°
167	5 400 Pfd. Ammoniaksalze 1.087	„	77.9	2.11	—	15.4	—	0.81	22.1	9.50	—	69.69	—	3.67	1.52°
168	6 550 Pfd. Chilisalpeter . 1.091	„	78.0	2.08	—	16.2	—	0.79	22.0	9.44	—	73.63	—	3.59	1.51°
169	7 400 Pfd. Ammoniaksalze, 3½ Ctr. Superphosphat, 300 Pfd. Kalium-, 100 Pfd. Natrium-, 100 Pfd. Magnesiumsulfat 1.090	„	79.1	1.69	—	16.0	—	0.98	20.9	8.06	—	76.56	—	4.71	1.29°
170	8 550 Pfd. Chilisalpeter, 3½ Ctr. Superphosphat, 300 Pfd. Kalium-, 100 Pfd. Natrium-, 100 Pfd. Magnesinmsulfat 1.088	„	78.1	1.85	—	15.6	—	0.98	21.9	8.44	—	71.23	—	4.46	1.35°
171	9 3½ Ctr. Superphosphat 1.003	„	76.5	1.26	—	18.8	—	1.10	23.5	5.38	—	79.92	—	4.72	0.86°
172	10 3½ Ctr. Superphosphat, 300 Pfd. Kalium-, 100 Pfd. Natrium-, 100 Pfd. Magnesiumsulfat 1.102	„	77.1	1.08	—	18.6	—	1.06	22.9	4.75	—	81.34	—	4.64	0.76°

In der sand- und wasserfreien Substanz:

	I	II	III	IV	V	VI	Setzkartoffeln
Eiweiss	3.361	3.709	3.356	4.433	3.417	3.098	4.958
N a	0.012	0.003	0.059	0.023	0.037	0.030	0.018
N b	0.260	0.278	0.276	0.444	0.282	0.268	0.227
NH_3	0.000	0.050	0.000	0.000	0.052	0.000	0.072
Zucker	Spur	0.000	0.000	Spur	0.000	0.000	4.027
Dextrin	1.288	1.247	1.209	1.319	1.283	1.230	7.096
Stärke	76.213	76.715	76.394	76.133	74.939	76.093	64.751

Bezüglich der Untersuchungsmethode ist auf die Original-Abhandlung S. 68 zu verweisen.

No. 160—162. E. Heiden u. O. Toepelmann (V.-St. Pommritz). — Privatmitthl. An näheren Bestandtheilen wurden ferner bestimmt:

	Zucker	Dextrin	Stärkemehl	Sonst. Nfr. Extractst.	Eiweiss
No. 160 . . .	Spur	1.580	16.116	3.957	0.454
No. 161 . . .	„	1.615	16.582	4.141	0.384
No. 162 . . .	„	1.373	14.904	3.625	0.467

*) Stärke aus dem spec. Gewicht nach Holdefleiss berechnet.

No. 163—262. J. B. Lawes. — Memoranda of the origin, plan and results of the field and other experiments, conducted on the farm and in the Laboratory of Sir John Bennet Lawes, Bart., LL. D., F. R. S. at Rothamsted, Herts. Das Land, Hoos field, zu den betreffenden Versuchen hatte bereits zu den bekannten Düngungsversuchen bei Weizen von 1856 bis 1874 gedient und war bis dahin wie folgt gedüngt worden: Platz 1, 2, 3 u. 4 waren zu Weizen ungedüngt geblieben; Platz 5 und 6 hatten jedes Jahr zu Weizen dieselbe Menge Ammoniaksalze erhalten, welche nunmehr Platz 5 zu Kartoffeln empfing; Platz 6 erhielt jetzt dieselbe Menge N in Form von Chilisalpeter, welche in dem Ammoniaksalz enthalten war; Platz 7 u. 8 hatten zu Weizen das gleiche Mineralsalzgemisch und Ammoniaksalz erhalten, was Platz 7 jetzt zu Kartoffeln erhielt; Platz 8 erhielt nunmehr neben Mineralsalzen Chilisalpeter statt Ammoniaksalz; Platz 9 und 10 hatten dasselbe Mineralsalzgemisch (ohne N) zu Weizen erhalten, welches jetzt Platz 10 zu Kartoffeln erhielt; Platz 9 erhielt zu Kartoffeln nur Superphosphat. Letzteres wurde bereitet in allen Fällen aus 200 Pfd. Knochenasche und 150 Pfd. Schwefelsäure von 1.7 spec. Gewicht (und Wasser). „Ammoniaksalze“ bestanden zu gleichen Theilen aus käuflichem Salmiak und Ammonsulfat. Der Düngungsplan war demnach folgender:

No.	Bezeichnungen und Bemerkungen	Spec. Gewicht	Jahr der Untersuchung (Jahr d. Anbaues)	In der ursprünglichen Substanz: Wasser %	Nh-Substanz %	Rohfett %	Nfr. Extractstoffe % (Stärke)	Rohfaser %	Asche %	Trockensubstanz %	In der Trockensubstanz: Nh-Substanz %	Rohfett %	Nfr-Extractstoffe % (Stärke)	Rohfaser %	Asche %	Stickstoff in der Trockensubstanz %
173	1 Ungedüngt	1.119	1877	67.0	1.89	—	22.2	—	1.05	33.0	5.69	—	67.27	—	3.17	0.91°
174	2 Stalldünger	1.109	„	73.5	1.33	—	20.1	—	1.06	26.5	5.00	—	75.86	—	4.00	0.80°
175	3 Stalldünger u. Phosphors.	1.103	„	74.0	1.29	—	18.8	—	1.11	26.0	5.00	—	72.30	—	4.26	0.80°
176	4 Stalldünger, Phosphorsäure u. Chilisalpeter .	1.112	„	72.8	1.88	—	20.7	—	1.06	27.2	6.94	—	76.09	—	3.90	1.11°
177	5 Ammoniaksalze . . .	1.107	„	78.0	1.76	—	19.7	—	0.67	22.0	8.00	—	89.54	—	3.07	1.28°
178	6 Chilisalpeter	1.116	„	74.1	1.88	—	21.6	—	0.74	25.9	7.25	—	83.40	—	2.85	1.16°
179	7 Ammoniaksalze, Phosphorsäure u. Mineralsalze	1.103	„	71.6	1.69	—	18.8	—	1.23	28.4	5.94	—	66.19	—	4.33	0.95°
180	8 Chilisalpeter, Phosphorsäure u. Mineralsalze .	1.112	„	72.7	1.68	—	20.7	—	1.16	27.3	6.13	—	75.82	—	4.26	0.98°
181	9 Superphosphat . . .	1.109	„	73 5	1.27	—	20.1	—	1.18	26.5	4 75	—	75.86	—	4.44	0.76°
182	10 Superph. u. Mineralsalze	1.109	„	73.2	1.30	—	20.1	—	1.21	26.8	4.88	—	74.99	—	4.52	0.78°
183	1 Ungedüngt	1.107	1878	74.0	1.43	—	19.7	—	0.85	26.0	5.50	—	75.77	—	3.26	0.88°
184	2 Stalldünger	1.100	„	75.6	1.31	—	18.2	—	1.02	24.4	5.38	—	74.58	—	4.20	0.86°
185	3 Stalldünger u. Superph.	1.090	„	76.2	1.56	—	16.0	—	1.03	23.8	5.38	—	67.23	—	4.35	0.86°
186	4 Stalldünger, Superphosph. u. Chilisalpeter . . .	1.078	„	77.1	1 68	—	13.5	—	0.97	21.9	7.69	—	61.64	—	4.45	1.23°
187	5 Ammoniaksalze . . .	1.099	„	75.1	1.94	—	17.9	—	0.78	24.9	7.80	—	71.89	—	3.12	1.25°
188	6 Chilisalpeter	1.105	„	74.5	2.04	—	19.2	—	0.67	25.5	8.00	—	75.30	—	2.64	1.28°
189	7 Ammoniaksalze u. Mineralsalze	1.093	„	76.4	1.39	—	16.6	—	1.08	23.6	5.94	—	70.33	—	4.57	0.95°
190	8 Chilisalpeter, Superphosphat u. Mineralsalze .	1.097	„	75.6	1.43	—	17.5	—	1.08	24.4	5.88	—	71.72	—	4.41	0.94°
191	9 Superphosphat . . .	1.097	„	75.9	1.03	—	17.5	—	1.14	24.1	4.25	—	72.61	—	4.74	0.68°
192	10 Superphosphat u. Mineralsalze	1.068	„	76.3	1.04	—	17.7	—	1.16	23.7	4.44	—	74.68	—	4.90	0.71°

No.	1856—1874 jährlich zu Weizen	1876—1881 zu Kartoffeln	1882—1884 zu Kartoffeln
1	Ungedüngt	Ungedüngt	Ungedüngt
2	Ungedüngt	Stallmist	Ungedüngt
3	Ungedüngt	Stallmist u. Superphosphat	Stallmist u. Superphosphat
4	Ungedüngt	Stallmist, Superph. u. Chilisalpeter	Stallmist u. Superphosphat
5	Ammoniaksalze	Ammoniaksalz	
6	Ammoniaksalze	Chilisalpeter	
7	Salzgemisch u. Ammoniak-N	Salzgemisch u. Ammoniak-N	Wie früher
8	Salzgemisch u. Ammoniak-N	Salzgemisch u. Salpeter-N	
9	Salzgemisch u. Superphosphat	Superphosphat	
10	Salzgemisch u. Superphosphat	Superphosphat u. Salzgemisch	

Die von 1876 bis 1879 angebaute Kartoffel-Varietät war die „Rock“, die von 1880 bis 1883 angebaute: die „Champion“. Die Reihen waren 25 Zoll auseinander, in den Reihen waren die Setzstellen bei der „Rock“ 12, bei der „Champion“ 14 Zoll auseinander. Das Versuchsfeld hatte eine Fläche von 2 engl. Acker. Die angegebenen, sich jedes Jahr wiederholenden Düngermengen beziehen sich auf 1 engl. Acker. Die Analysen beziehen sich auf gute ausgewachsene Knollen. Obige Zahlen wurden von uns berechnet aus den Angaben über den Gehalt an Trockensubstanz, an Mineralstoffen und Stickstoff. Die Erträge an Knollen im Ganzen in engl. Centnern per engl. Acker waren folgende:

	Platz: 1	2	3	4	5	6	7	8	9	10
	c.	c.	c.	c.	c.	c.	c.	c.	c.	c.
1876 Gepflanzt 10. Juni, geerntet 30. October . . .	77	85	107	135	58	78	162	176	131	124
1877 „ 27. April, „ 8. October . . .	61	118	105	163	81	107	158	174	66	76
1878 „ 29. April, „ 18. September . .	58	112	146	169	71	93	177	184	78	81
1879 „ 2. Mai, „ 13. October . . .	16	49	50	75	23	21	56	49	42	22
1880 „ 13. April, „ 28. September*) .	21	104	123	131	18	21	134	151	79	77
Im Mittel der 5 Jahre	47	94	106	135	50	64	137	147	73	76
1881 Gepflanzt 31. März, geerntet 5. October . . .	41	160	140	182	51	64	216	200	112	119
1882 „ 21. März, „ 25. September . .	39	80	116	93	42	42	171	143	96	90
1883 „ 22. März, „ 22. October . . .	52	110	121	94	65	63	179	163	100	99
1884 „ 21. März, „ 24. September . .	46	52	79	81	49	40	112	100	80	80

*) Im Jahre 1880 fand die Ernte der Plätze 5 u. 6 bereits am 9. September statt.
Mit dem Jahre 1882 trat die oben ersichtliche Abänderung des Düngungsplanes ein.

No.	Bezeichnungen und Bemerkungen	Spec. Gewicht	Jahr der Untersuchung (Jahr d. Anbaues)	In der ursprünglichen Substanz: Wasser %	Nh-Substanz %	Rohfett %	Nfr. Extractstoffe % (Stärke)	Rohfaser %	Asche %	Trocken-substanz %	In der Trockensubstanz: Nh-Substanz %	Rohfett %	Nfr. Extractstoffe % (Stärke)	Rohfaser %	Asche %	Stickstoff in der Trocken-substanz %
193	1 Ungedüngt	1.103	1879	75.7	1.51	—	18.8	—	0.96	24.3	6.25	—	77.36	—	3.95	1.00°
194	2 Stalldünger	1.103	„	76.3	1.38	—	18.8	—	0.99	23.7	5.81	—	79.32	—	4.16	0.93°
195	3 Stalldünger u. Phosphors.	1.099	„	76.0	1.36	—	17.9	—	1.02	24.0	5 69	—	74.59	—	4.26	0.91°
196	4 Stalldünger, Phosphorsäure u. Chilisalpeter .	1.102	„	75.4	1.59	—	18.6	—	0.91	24.6	6.50	—	75.61	—	3.69	1.04°
197	5 Ammoniaksalze . . .	1.103	„	75.4	1.69	—	18.8	—	0.76	24.6	6.88	—	76.42	—	3.06	1.10°
198	6 Chilisalpeter	1.104	„	75.0	1.88	—	19.0	—	0.76	25.0	7.50	—	76.00	—	3.05	1.20°
199	7 Ammoniaksalze, Phosphorsäure u. Mineralsalze	1.098	„	76.9	1.51	—	17.7	—	0.95	23.1	6.56	—	76.62	—	4.13	1.05°
200	8 Chilisalpeter, Phosphorsäure u. Mineralsalze .	1.102	„	76.1	1.70	—	18.6	—	1.04	23.9	7.13	—	77.82	—	4.36	1.14°
201	9 Superphosphat . . .	1.099	„	76.4	1.37	—	17.9	—	1.10	23.6	5.81	—	75.84	—	4.65	0.93°
202	10 Superph. u. Mineralsalze	1.099	„	76.5	1.32	—	17.9	—	1.15	23.5	5.63	—	76.19	—	4.89	0.90°
203	1 Ungedüngt	1.123	1880	71.2	2.39	—	23.1	—	0.77	28.8	8.31	—	79.72	—	2.66	1.33°
204	2 Stalldünger	1.114	„	72.4	1.79	—	21.1	—	0.98	27.6	6.50	—	76.45	—	3.56	1.04°
205	3 Stalldünger u. Superph.	1.117	„	72.2	1.72	—	21.8	—	0.98	27.8	6.19	—	78.48	—	3.52	0.99°
206	4 Stalldünger, Superphosphat u. Chilialpeter . .	1.102	„	74.8	2.23	—	18.6	—	0.88	25.2	8.81	—	73.80	—	3.48	1.41°
207	5 Ammoniaksalze . . .	1.114	„	71.5	2.69	—	21.1	—	0.84	28.5	9.44	—	83.43	—	2.95	1.51°
208	6 Chilisalpeter	1.117	„	71.2	2.59	—	21.8	—	0.88	28.8	9.00	—	75.23	—	3.06	1.44°
209	7 Ammoniaksalze, Superphosphat u. Mineralsalze	1.097	„	74.1	2.04	—	17.5	—	0.97	25.9	7.88	—	67.57	—	3.73	1.26°
210	8 Chilisalpeter, Superphosphat u. Mineralsalze . .	1.118	„	73.3	1.99	—	22.0	—	0.96	26.7	7.44	—	82.13	—	3.59	1.19°
211	9 Superphosphat . . .	1.114	„	72.8	1.54	—	21.1	—	1.03	27.2	5.69	—	77.56	—	3.81	0.91°
212	10 Superphosphat u. Mineralsalze	1.116	„	72.7	1.48	—	21.6	—	1.06	27.3	5.44	—	79.12	—	3.86	0.87°
213	Im Mittel der 5 Jahre 1876—1880: 1 Ungedüngt . . .	1.110	1876/80	72.8	1.78	—	20.3	—	0.89	27.2	6.56	—	74.62	—	3.31	1.05°
214	2 Stalldünger . . .	1.103	„	74.9	1.44	—	18.8	—	1.00	25.1	5.75	—	74.90	—	4.01	0.92°
215	3 Stalldünger u. Phosphorsäure	1.101	„	75.0	1.38	—	18.4	—	1.03	25.0	5.50	—	73.61	—	4.13	0.88°
216	4 Stalldüng., Phosphorsäue u. Chilisalpeter	1.096	„	76.0	1.85	—	17.3	—	0.93	24.0	7.75	—	72.58	—	3.89	1.24°
217	5 Ammoniaksalze . .	1.102	„	75.6	2.04	—	18.6	—	0.77	24 4	8.31	—	76.22	—	3.17	1.33°
218	6 Chilisalpeter . . .	1.107	„	74.6	2.09	—	19.7	—	0.77	25.4	8.25	—	77.58	—	3.04	1.32°
219	7 Ammoniaksalze, Phosphors. u. Mineralsalze	1.096	„	75.6	1.66	—	17.3	—	1.04	24.4	6.88	—	70.89	—	4.29	1.10°
220	8 Chilisalpeter, Phosphors. u. Mineralsalze	1.103	„	75.2	1.73	—	18.8	—	1.04	24.8	7.00	—	75.80	—	4.22	1.12°
221	9 Superphosphat . .	1.104	„	75.0	1.29	—	19.0	—	1.11	25.0	5.19	—	76.00	—	4.77	0.83°
222	10 Superphosphat u. Mineralsalze	1.105	„	75.2	1.42	—	19.2	—	1.13	24.8	5.00	—	77.41	—	4.56	0.80°
223	1 Ungedüngt	1.125	1881	69.5	2.43	—	23.5	—	0.86	30.5	8.00	—	77.06	—	2.32	1.28°
224	2 Stalldünger	1.116	„	70.9	1.84	—	21.6	—	0.99	29.1	6.31	—	74.22	—	3.41	1.01°
225	3 Stalldünger u. Superph.	1.113	„	71.9	1.84	—	20.9	—	1.07	28.1	6.56	—	74.36	—	3.81	1.05°
226	4 Stalldünger, Superphosphat u. Chilisalpeter .	1.107	„	74.0	2.24	—	19.7	—	0.91	26.0	8.69	—	75.77	—	3.52	1.39°
227	5 Ammoniaksalze . . .	1.I15	„	72.1	2.31	—	21.4	—	0.84	27.9	8.44	—	76.70	—	3.03	1.35°
228	6 Chilisalpeter	1.114	„	72.0	2.37	—	21.1	—	0.76	28.0	8.50	—	71.35	—	2.70	1.36°

No.	Bezeichnungen und Bemerkungen	Spec. Gewicht	Jahr der Untersuchung / Jahr d. Anbaues	In der ursprünglichen Substanz: Wasser %	Nh-Substanz %	Rohfett %	Nfr. Extractstoffe %	Rohfaser %	Asche %	Trocken-substanz %	In der Trockensubstanz: Nh-Substanz %	Rohfett %	Nfr. Extractstoffe %	Rohfaser %	Asche %	Stickstoff in der Trocken-substanz %
							Stärke						Stärke			
229	7 Ammoniaksalze, Superphosphat u. Mineralsalze	1.110	1881	73.3	1.91	—	20.3	—	1.06	26.7	7.19	—	75.94	—	3.97	1.15^{0}
230	8 Chilisalpeter, Superphosphat u. Mineralsalze . .	1.107	„	74.7	2.13	—	19.7	—	0.98	25.3	8.44	—	77.85	—	3.89	1.35^{0}
231	9 Superphosphat . . .	1.123	„	71.0	1.51	—	23.1	—	1.14	29.0	5.19	—	79.65	—	3.92	0.83^{0}
232	10 Superphosphat u. Mineralsalze	1.122	„	71.7	1.41	—	22.9	—	1.17	28.3	5.00	—	80.93	—	4.13	0.80^{0}
233	1 Ungedüngt	1.127	1882	70.5	1.85	—	24.0	—	0.86	29.5	6.25	—	81.36	—	2.82	1.00^{0}
234	2 Unged., früher Stallmist	1.131	„	69.7	1.63	—	24.8	—	0.99	30.3	5.38	—	82.84	—	3.01	0.86^{0}
235	3 Stallmist u. Superphosph.	1.122	„	71.3	1.69	—	22.9	—	1.07	28.7	5.69	—	79.78	—	3.39	0.91^{0}
236	4 Stallmist u. Superphosph., früher mit Chilisalpeter	1.116	„	73.4	1.96	—	21.6	—	0.91	26.6	7.38	—	81.19	—	3.48	1.18^{0}
237	5 Ammoniaksalze . . .	1.119	„	72.1	2.33	—	22.2	—	0.84	27.9	8.38	—	79.56	—	2.78	1.34^{0}
238	6 Chilisalpeter	1.119	„	72.1	2.55	—	22.2	—	0.76	27.9	9.13	—	79.56	—	2.82	1.46^{0}
239	7 Ammoniaksalze, Superphosphat u. Mineralsalze	1.120	„	72.5	1.91	—	22.5	—	1.06	27.5	6.94	—	81.81	—	3.49	1.11^{0}
240	8 Chilisalpeter, Superphosphat u. Mineralsalze . .	1.123	„	71.8	2.10	—	23.1	—	0.98	28.2	7.44	—	81.91	—	3.46	1.19^{0}
241	9 Superphosphat . . .	1.128	„	70.7	1.31	—	24.2	—	1.14	29.3	4.44	—	82.59	—	3.53	0.71^{0}
242	10 Superphosphat u. Mineralsalze	1.125	„	70.9	1.43	—	23.5	—	1.17	29.1	4.94	—	80.75	—	3.71	0.79^{0}
243	1 Ungedüngt	1.123	1883	71.5	1.95	—	23.1	—	0.79	28.5	6.88	—	89.17	—	2.78	1.10^{0}
244	2 Desgl.	1.128	„	71.7	1.73	—	24.2	—	0.88	28.3	6.06	—	85.52	—	3.10	0.97^{0}
245	3 Stallmist (ohne Superph.)	1.117	„	73.4	1.81	—	21.8	—	0.95	26.6	6.81	—	81.95	—	3.56	1.09^{0}
246	4 Stallmist allein . . .	1.109	„	73.8	2.00	—	20.1	—	0.93	26.2	7.63	—	75.55	—	3.53	1.22^{0}
247	5 Ammoniaksalze . . .	1.117	„	73.2	2.30	—	21.8	—	0.75	26.8	8.56	—	81.34	—	2.81	1.37^{0}
248	6 Chilisalpeter	1.118	„	73.2	2.46	—	22.0	—	0.71	26.8	9.19	—	82.08	—	2.64	1.47^{0}
249	7 Ammoniaksalze, Superphosphat u. Mineralsalze	1.113	„	73.8	1.76	—	20.9	—	0.96	26.2	6.75	—	78.58	—	3.67	1.08^{0}
250	8 Chilisalpeter, Superphosphat u. Mineralsalze . .	1.111	„	73.8	2.24	—	20.5	—	0.97	26.2	8.56	—	77.08	—	3.86	1.37^{0}
251	9 Superphosphat . . .	1.123	„	72.8	1.31	—	23.1	—	1.02	27.2	4.81	—	84.93	—	3.76	0.77^{0}
252	10 Superphosphat u. Mineralsalze	1.022	„	72.8	1.23	—	22.9	—	1.05	27.2	4.56	—	84.18	—	3.86	0.73^{0}
253	1 Ungedüngt	1.117	1884	73.0	2.25	—	21.8	—	0.75	27.0	8.31	—	80.75	—	2.78	1.33^{0}
254	2 Ungedüngt seit 1882 .	1.125	„	73.1	2.31	—	21.4	—	0.80	26.9	8.37	—	79.54	—	2.99	1.34^{0}
255	3 Stallmist allein . . .	1.102	„	75.4	2.44	—	18.6	—	0.91	24.6	9.94	—	75.61	—	3.69	1.59^{0}
256	4 Desgl.	1.099	„	76.2	2.39	—	17.9	—	0.92	23.8	10.06	—	75.22	—	3.88	1.61^{0}
257	5 Ammoniaksalze . . .	1.107	„	74.2	2.85	—	19.7	—	0.67	25.8	11.06	—	76.35	—	2.58	1.77^{0}
258	6 Chilisalper	1.105	„	74.8	2.77	—	19.2	—	0.66	25.2	11.00	—	76.19	—	2.61	1.76^{0}
259	7 Ammoniaksalze, Superphosphat u. Mineralsalze	1.099	„	75.7	2.42	—	17.9	—	0.95	24.3	9.94	—	73.66	—	3.89	1.59^{0}
260	8 Chilisalpeter, Superphosphat u. Mineralsalze . .	1.098	„	76.2	2.75	—	17.7	—	0.89	23.8	11.56	—	74.38	—	3.72	1.85^{0}
261	9 Superphosphat . . .	1.117	„	73.4	1.63	—	21.8	—	1.01	26.6	6.13	—	81.95	—	3.78	0.98^{0}
262	10 Superphosphat u. Mineralsalze	1.118	„	73.2	1.49	—	22.0	—	1.07	26.8	5.50	—	82.08	—	3.98	0.88^{0}

Anhang zu Kartoffeln.

1) Anmerkung zu dem Gehalt der Kartoffeln an Stickstoff-Substanz.

Ueber den Eiweissgehalt und den Gehalt an nicht-eiweissartigen stickstoffhaltigen Stoffen der Kartoffeln liegen noch eine Reihe von Bestimmungen vor, von welchen wir nachstehende anführen.

E. Schulze u. J. Barbieri (L. V.-St. 21. 1878. 63), E. Schulze u. E. Eugster (Landw. V.-St. 27. 1882. 357) fanden:

Kartoffelsorte	Stickstoffgehalt frische Knollen	Stickstoffgehalt Trockensubstanz	Vom Gesammt-N fallen auf Eiweissstoffe	Vom Gesammt-N fallen auf Nicht-Eiweiss-Substanz	Trockensubstanz der Knollen
	%	%	%	%	%
Bodensprenger I	0.349	1.504	60.7	39.3	23.2
Bodensprenger II	0.340	1.388	59.7	40.3	24.5
Frühe Rosen-Kartoffel . .	0.291	1.141	47.4	52.6	25.5
König der Frühen	0.336	1.412	48.2	51.8	23.8
Bisquit-Kartoffel	0.360	1.526	65.2	35.0	33.6
Bodensprenger	0.292	—	65.4	34.6	—
Rosenkartoffel	0.237	—	43.9	56.1	—
König der Frühen . . .	0.287	—	48.4	51.6	—
Bisquit-Kartoffel	0.294	—	57.5	42.2	—

Unter den Nicht-Eiweiss-Verbindungen fand E. Schulze: Peptone, Xanthin-Körper, Asparagin, Leucin, Tyrosin.

O. Kellner theilt über die Verbindungen des N in der Kartoffelknolle Folgendes mit (Landw. Jahrbücher 1879. I. Supplement. 243).

No.	Kartoffelsorten	Trockensubstanz	In der Trockensubstanz Gesammt-N	Amid-N	Eiweiss-N	Von dem Gesammt-N im Eiweiss N
		%	%	%	%	%
1	Peach Blow	19.15	2.906	1.540	1.366	43.9
2	Van der Veer	19.16	1.555	0.762	0.793	51.0
3	Frühe Füllhorn	19.24	2.195	1.076	1.119	50.9
4	Weisse Futter	19.82	1.680	0.908	0.772	46.0
5	Dunkelgelbe Futter	19.88	2.250	1.045	1.205	53.6
6	Weisse Nieren	21.14	1.686	0.721	0.965	57.4
7	Hellgelbe Futter	23.81	1.382	0.577	0.805	58.3
8	Rohan	21.85	1.686	0.721	0.965	57.2
9	Erste vom nassen Grunde	24.35	1.722	0.718	1.004	58.3
	Mittel für No. 1—5	19.45	2.117	—	—	49.1
	„ für No. 6—9	22.29	1.619	—	—	57.7

Die Kartoffeln waren zum Theil (No. 1 u. 2) auf rigoltem, früher mit Gemüse bebautem Boden, zum Theil (No. 3—9) auf einer Parzelle gezogen worden, die früher den Zwecken einer Baumschule gedient hatte. Sämmtliche Sorten waren den Winter über in Tonnen eingemietet gewesen und gelangten erst im April zur Analyse. Die untersuchten Knollen zeichnen sich sämmtlich durch niedrigen Gehalt an Trockensubstanz und zumeist durch einen hohen N-gehalt aus, was sich nach Ansicht des Autors aus der Beschaffenheit des betr. Bodens (in Hohenheim) erklärt, welcher für die Kartoffelcultur sehr wenig geeignet ist.

A. Morgen (Deutsche landw. Presse 1879. 533) hat 40 verschiedene Kartoffelsorten analysirt. Von 100 Gewichtstheilen Gesammt-N fielen auf:

	Eiweissstoffe	Amide
Im Maximum	64.64	51.66
Im Minimum	43.20	30.34
Im Mittel	55.88	38.52

2) Einfluss verschiedener Factoren auf den Gehalt an Stärkemehl u. Trockensubstanz etc.

Kaum bei einem zweiten Futtermittel schwankt die Qualität in so weiten Grenzen wie bei der Kartoffelknolle. Der Gehalt derselben an Trockensubstanz, als Ausdruck der Qualität der Knollen, als Futtermittel angenommen, schwankt in Grenzen von 16—33 % (also um 100 %), so dass Kartoffeln nicht ungewöhnlich sind, deren Werth doppelt so hoch ist als der einer anderen und vom Mittelwerthe um 33 % differiren.

Die Qualität der Kartoffeln ist abhängig von der Sorte, von den Boden-, Witterungs- und Düngungsverhältnissen. Die vorliegenden zahlreichen Analysen der Kartoffeln bringen diese verschiedenen Einflüsse auf die Zusammensetzung, auf die Qualität nicht in genügender Weise zur Anschauung. Mehr als diese gewähren einige derjenigen Untersuchungen einen

Einblick in dieser Beziehung, bei welchen man sich auf die Bestimmung des specifischen Gewichts und Berechnung des Trockensubstanz- und Stärkemehlgehaltes beschränkte. Wir bringen deshalb als Ergänzung der vorstehenden Analysen die Ergebnisse einiger dieser Untersuchungen, welche uns zu dem Zwecke geeignet erscheinen.

Schwankungen des Gehalts der Kartoffeln an Trockensubstanz und Stärkemehl:

I. Bei unter gleichen Boden-, Düngungs- und Witterungsverhältnissen vergleichend angebauten Sorten, gruppirt nach Form und Farbe.

A. Einfluss des Sortencharacters auf Gehalt der Knolle an Trockensubstanz und Stärkemehl.

	1866			1867		
	Im Mittel von Sorten	Trockensubstanz %	Stärkemehl %	Im Mittel von Sorten	Trockensubstanz %	Stärkemehl %
1) 1) Gelbschalige Sorten: a. runde	29	24.0	16.4	28	25.4	17.8
b. lange	16	23.3	15.7	18	24.2	16.6
überhaupt	45	23.7	16.1	46	24.9	17.3
2) Rothschalige Sorten: a. runde	9	25.2	17.6	10	25.2	17.5
b. lange	12	24.9	17.3	11	26.1	18.4
überhaupt	21	25.0	17.4	21	25.7	18.0
3) Buntschalige: roth und gelbe	10	22.5	14.9	8	25.7	18.0
4) Buntschalige: blau und gelbe	6	24.2	16.6	5	24.4	16.8
5) Blauschalige: a. runde	3	20.0	12.5	3	23.2	15.6
b. lange	2	25.4	17.8	2	24.3	16.7
6) Mäuse- (Nieren-) Kartoffel: a. gelbe	9	23.0	15.4	8	24.5	16.9
b.	5	22.3	14.8	5	23.9	16.3
Die Kartoffeln im Durchschnitt	106	23.7	16.0	98	25.0	17.4
Maximum	—	28.6	20.8	—	30.7	22.9
Minimum	—	ca. 16.0	ca. 9	—	21.8	14.2

Aeussere Beschaffenheit der Knollen	Zahl der analysirten Sorten (auf 100 berechnet)	Unter je 100 analysirten Sorten befanden sich: Sorten mit 13 %	Sorten mit 14 %	Sorten mit 15 %	Sorten mit 16 %	Sorten mit 17 %	Sorten mit 18 %	Sorten mit 19 %	Sorten mit 20 %	Sorten mit 21 %	Sorten mit 22 %	Mittlerer Stärkegehalt %	Mittlerer Gehalt an Trockensubstanz %
2) 1) Gesammtform der Knollen: rund	44	0	0	0	18	29	23	14	2	5	0	17.78	25.4
länglich	19	5	5	21	16	12	10	16	5	0	0	17.77	25.4
2) Farbe der Rinde: röthlich	63	0	3	6	14	17	22	21	6	8	2	17.86	25.5
gelb	41	2	0	15	19	29	18	10	5	2	0	17.00	24.7
3) Farbe des Fleisches: weiss	24	0	0	12	12	12	28	20	0	8	4	17.88	25.5
hellgelb	37	0	3	8	11	32	27	8	0	11	0	17.33	25.0
gelb	59	4	4	7	29	16	14	17	7	2	0	17.08	24.7
hochgelb	15	0	0	27	0	13	7	33	20	0	0	17.80	25.5
gelb überhaupt	111	2	3	10	19	23	7	16	6	4	0	17.32	25.0
röthlich	2	0	0	0	0	0	0	50	0	0	50	20.50	28.2
4) Beschaffenheit der Rinde: derb (fest)	45	0	2	7	16	13	20	27	4	7	4	18.00	25.7
fein (zart)	60	3	5	10	17	27	20	12	3	3	0	17.01	24.7
glatt	17	6	0	12	24	24	12	6	18	0	0	17.06	24.7
rauh	20	0	0	15	25	25	20	10	5	5	0	17.19	24.8
borkig	9	0	11	0	22	11	22	22	0	11	0	17.56	25.2
klüftig	6	0	0	0	0	20	20	40	0	40	0	19.17	26.9
5) Beschaffenheit des Fleisches: derb (fest)	41	0	0	5	17	12	22	22	7	10	5	18.03	25.7
fein (weich)	49	0	4	16	16	26	14	16	6	0	0	17.04	24.7
6) Entwicklung der Augen: tiefliegend	48	0	0	8	14	27	18	20	2	6	2	17.71	25.4
flachliegend	24	4	0	12	25	25	21	4	4	4	0	16.96	24.5

1) Th. Dietrich. Landw. Zeitschr. f. Kurhessen 1867. 169 u. 1868. 195.
2) F. Nobbe. Die landw. Versuchs-Station. 6. 1864. 413.
} Aus dem specifischen Gewicht nach der Tabelle von Balling berechnet.

Aeussere Beschaffenheit der Knollen		Zahl der analysirten Sorten (auf 100 berechnet)	Unter je 100 analysirten Sorten befanden sich										Mittlerer Stärkegehalt	Mittlerer Gehalt an Trockensubstanz
			Sorten mit 13 %	Sorten mit 14 %	Sorten mit 15 %	Sorten mit 16 %	Sorten mit 17 %	Sorten mit 18 %	Sorten mit 19 %	Sorten mit 20 %	Sorten mit 21 %	Sorten mit 22 %	%	%
7) Entwicklung der Blattkissen:	gewölbt .	37	0	0	5	8	33	22	22	8	3	0	17.83	25.5
	flach . .	34	6	6	9	21	18	21	12	3	3	3	17.00	24.7
	mässig gewölbt	59	0	4	10	18	20	22	15	2	7	2	17.44	25.0
8) Beschaffenheit dos Schaumes:	fest (dicht)	64	0	0	2	12	22	24	25	9	3	3	18.14	25.8
	wässrig .	52	2	8	22	24	20	12	10	2	4	0	16.56	24.2
	mässig fest	16	6	0	6	12	31	25	12	0	6	0	17.25	24.9

No. der Sorten		Stärkemehl %	Trockensubstanz %	No. der Sorten		Stärkemehl %	Trockensubstanz %
3)							
1	Brownell's Beauty, v. Gröling .	15.77	19.99	18	Frühe weisse Rosen, v. Gröling	17.78	22.37
11	Lapstone Kidney, v. Gröling .	16.88	21.32	5	Späte Rosen	16.22	20.54
21	Paterson's blaue Nieren, v. Gröling	17.77	22.59	59	Weisse Rosen, Haage u. Schmidt	23.92	29.19
25	Heiligenstädter, v. GrOling . .	18.16	22.81	42	Weisse sächsische Zwiebel . .	20.43	25.35
31	Weisse Speisekartoffel, Halle .	18.76	23.48	48	Desgl.	21.52	26.59
37	Bisquit, v. Gröling	19.37	24.17	53	Desgl.	22.61	27.75
41	Rothe Zwiebel	20.22	25.11	55	Desgl.	23.27	28.47
50	Snowflake, v. Gröling	22.18	27.27	58	Desgl.	23.70	28.95
54	Poachblow, v. Gröling	22.83	27.99	60	Desgl.	23.92	29.19
61	Daber'sche, v. Gröling	24.13	29.43	70	Desgl.	28.09	33.98
71	Daber'sche, Salzmünde . . .	28.80	34.88	72	Desgl.	29.39	35.68
72	Weissfleischige Zwiebel, v. Gröling	29.39	35.68		Mittel (42—72) .	24.3	29.6
3	Frühe weisse Rosen	15.77	19.99				
9	Frühe weisse Rosen, v. Gröling	16.71	21.12				

B. Schwankungen im Gehalt der Kartoffeln in verschiedenen Jahren.

Bezeichnung der Sorten	Bei 12 jährigem Anbau				Stärkemehl-Gehalt Mittel
	Stärkemehl		Stärkemehl		
	Minimum	Jahr	Maximum	Jahr	%
4) a. Runde gelbe:					
Lammer's Sechswochenkartoffel	14.2	1864	17.7	1856	16.5
Gelbe frühe Johanniskartoffel	12.0	1858	23.5	1856	18.6
Fars	14.0	1865	24.7	1863	19.0
Englische Spargelkartoffel	13.0	1865	21.5	1855	18.0
Gelbe frühe Jacobikartoffel	13.7	1855	20.4	1856	17.2
Holländische Zuckerkartoffel	11.7	1865	21.3	1863	17.0
Neue schottische Kartoffel	13.0	1865	20.0	1862	16.5
Englische mehlige Roastbeefkartoffel	11.3	1861	21.0	1856 u. 1863	17.5
Feinste volltragende	14.0	1865	21.7	1856	18.0
Pygmene	13.2	1859	22.5	1863	16.7
Neunwochen	11.7	1855	19.7	1862	17.0
Early prolific	14.0	1855	21.6	1856	17.7
Feine neue Everlasting	10.5	1860	22.2	1863	16.5

[3]) Holdefleiss. Landw. Jahrbücher 1877. 6. Supplement. 107. Nach directen Bestimmungen und darnach construirter Tabelle.

[4]) Von Blomeyer zusammengestellt. Landw. Jahrbücher. 2. 1873. 178. (Ergebnisse über die wichtigsten Arbeiten auf dem Versuchsfelde zu Proskau.) Ueber den Character der Witterung während der Vegetationszeit in den 12 Jahren des Anbaues sind Angaben leider nicht gemacht. Die Maximal- und Minimalzahlen bei No. 4 wurden von uns zusammengestellt. Die Zahlen bei No. 5 auf Seite 297 wurden von uns berechnet.

Bezeichnung der Sorten	Bei 12jährigem Anbau				Stärkemehl-Gehalt Mittel
	Stärkemehl		Stärkemehl		
	Minimum	Jahr	Maximum	Jahr	%
Braunschweiger Zucker	13.7	1860	21.0	1863	17.0
Späte Lumptzer	13.5	1860	20.6	1856 u. 1862	16.8
Rodland	11.7	1865	19.5	1856	16.2
Eier	13.2	1855	23.5	1863	17.2
Aus den Intermedos	11.6	1860	20.1	1856	15.2
Von Elsner's Sämling	15.2	1866	20.7	1862	18.5
Ganz frühe englische Zuckerkartoffel	11.0	1860	21.0	1863	15.0
Albert's neue Maikartoffel	13.3	1860	22.2	1863	16.7
Frühe Cockney von 1838	11.7	1865	20.5	1861	16.7
Knecht's Intermedos	11.7	1865	22.2	1863	17.2
Aus der Pfalz	11.7	1865	19.7	1861	16.7
Ashleaved Kidney	7.6	1859	20.2	1863	15.2
Runde Sechswochen	13.7	1857	21.0	3 mal	17.5
Harburger vortreffliche	13.0	1858	21.2	1856	17.3
Arakacha	13.0	1865	22.0	1856	18.7
Guhrauer	14.0	1864	22.2	1863	17.6
Weisse Rosen	13.0	1865	21.2	1863	16.7
Frühe London	10.5	1859	19.5	1855	15.2
Frühe Trauben	14.0	1865	21.0	1863	17.7
Montevideo	11.0	1859	18.5	1856	14.2
Reinhard's frühe	13.0	1865 u. 1866	19.7	1856	16.7
Weisse Peruaner	13.0	1865	23.0	1863	16.0
Belle de Calais	10.7	1861	22.2	1863	16.0
Frühe englische Treibkartoffel	13.0	1865	21.0	1863	17.8
Echte englische	11.7	1865	20.7	1862	17.0
b. Lange gelbe:					
Familienkartoffel	12.3	1859	20.5	1857	16.7
c. Runde rothe:					
Early toll american	11.6	1865	19.5	1857	17.8
Frühe rothe Ascherslebener	12.4	1861	20.7	1862	17.2
Englische Rosett-Kidney	8.7	1859 u. 1860	22.2	1863	16.3
Zwiebelkartoffel	11.0	1860	20.4	1862	16.5
Dochnahl's Neunwochen	16.5	1861	20.7	1862	19.7
Frühe Hasler	10.6	1865	18.7	1866	15.2
Späte rothe Aschersiebener	13.5	1865	21.8	1856	17.0
Dänische rothe runde	12.7	1859	22.5	1856	18.0
Pomme de terre de Berlin	13.7	1858	22.0	1857	17.3
Märkische	10.5	1858	21.0	1863	16.5
Schwaben	11.7	1858	22.5	1862	17.7
Rothe Yams	12.7	1859	23.5	1863	17.8
d. Lange rothe:					
Runkelrüben	13.0	1865	17.7	1861	16.4
e. Runde blaue:					
Oschard	13.2	1865	21.0	1863	17.0
Schwarze aus Algier	13.7	1855	22.2	1856	22.2
Blaugraue preussische	12.0	1860	23.5	1862	17.2
Ulmer blaue	13.7	1855	21.2	1863	17.1
Liverpool	11.2	1865	22.5	1862	17.8
Frühe blaue von Richter	8.0	1859 u. 1860	21.0	1863	16.5
Bisquit von Proskau	15.2	4 mal	21.0	1862	16.7

Bezeichnung der Sorten	Bei 12jährigem Anbau				Stärkemehl-gehalt Mittel
	Stärkemehl		Stärkemehl		
	Minimum	Jahr	Maximum	Jahr	%
f. Bunte:					
Bunte Rocks	13.1	1865	21.0	1856 u. 1863	17.5
Wengiersky'sche Joget	11.5	1859	21.0	1862	17.5
g. Nierenförmige:					
Algierische Nieren	11.7	1865	18.7	3 mal	16.2
Corcilleren	12.0	1860	25.5	1857	17.0
Frühe Cantalouge	11.0	1860	20.4	1862	16.3

5) Mittlerer Stärkegehalt verschiedener (vorstehender) Kartoffelsorten bei vergleichsweisem Anbau in 12 aufeinanderfolgenden Jahren:

Im Mittel von 63 Sorten	1855: 16.0%	Im Mittel von 78 Sorten	1861: 15.9%
Im Mittel von 72 Sorten	1856: 18.8%	Im Mittel von 99 Sorten	1862: 19.4%
Im Mittel von 72 Sorten	1857: 18.0%	Im Mittel von 99 Sorten	1863: 19.3%
Im Mittel von 76 Sorten	1858: 16.0%	Im Mittel von 115 Sorten	1864: 17.2%
Im Mittel von 76 Sorten	1859: 15.0%	Im Mittel von 120 Sorten	1865: 14.4%
Im Mittel von 77 Sorten	1860: 14.7%	Im Mittel von 138 Sorten	1866: 17.1%

6) C. Einfluss der Lufttemperatur, der Wärmesumme, auf den Gehalt der Kartoffelknollen an Stärkemehl.

Jahr	Wärmesumme	Procent. Stärkemehlgehalt a.	b.
1865	2171 °C.	19.0%	—
1867	1912 °C.	18.5%	17.4%
1866	1224 °C.	17.4%	16.0%

7) D. Einfluss des Bodens und der Höhenlage eines Feldes auf den Stärkemehlgehalt der Kartoffel (Anbau desselben Saatgutes auf verschiedenenen Gütern).

Ort des Anbaues	Geognostischer Character des Bodens	Uebliche Bezeichnung des Bodens	Höhe über dem Meere ca.	Proc. Stärkemehlgehalt %
Benkendorf bei Halle	Muschelkalk	Leichter humoser Boden	200 Fuss	26.7
Kriechen bei Liegnitz	Diluvial-Sand	Reiner Sandboden, flachgründig	?	25.4
Aderstedt bei Halberstadt	?	Bruchboden, auf weissem Klay	?	23.8
Muschten b. Frankfurt a. d. O.	Alluvium	In alter Cultur stehender sandiger Lehm	280	22.3
Costeletz bei Kollin	Zechstein	Mergelboden	1350	21.5
Parey bei Genthin	Alluvium (Flusssand)	Sandboden mit Lehmunterlage	100	21.2
Markleeberg bei Leipzig	Diluvium	Tiefgründiger sandiger Lehm	400	19.8
Tost bei Sarnau	Kalkstein	Milder Lehm m. Kalksteingerölle im Untergr.	900	19.4
Klamin bei Danzig	Diluvium	Milder Lehm mit durchlassendem Untergrund	50	17.4

8) E. Einfluss abnormer Entwicklung der Kartoffel (des „Durchwachsens") auf die Qualität derselben.

	Trockensubstanz normal	Trockensubstanz anormal	Stärkemehl normal	Stärkemehl anormal
Rothe Benkendorfer	32.1	31.6	24.6	24.1
Erdbeer-Rothauge	27.2	27.4	19.5	19.9
Gelbfleischige Zwiebel	29.6	29.9	21.9	22.2
Weisse Tannzapfen	29.0	27.9	21.3	20.3
Blaue Horn	27.6	27.9	20.0	20.3

6) Th. Dietrich. Landw. Ztg. f. Kurhessen 1868. 195. — Die Wärmesumme wurde gefunden durch Multiplication der mittleren Tagestemperatur während der Vegetationszeit mit der Anzahl der Tage, welche die Vegetation der Kartoffeln dauerte.

Die Zahlen unter a. beziehen sich auf den Durchschnittsgehalt von 24 Sorten, welche die 3 Jahre hindurch in dem Garten der Versuchsstation Altmorschen angebaut worden waren, die unter b. auf den Durchschnitt von 98, bezw. 106 Sorten, welche im zweiten und dritten Jahre gebaut wurden.

7) H. Grouven. Jahresber. d. Agriculturchemie. 11 u. 12. (1868 u. 1869.) 416. Die angewendete Kartoffelsorte war die „sächsische Zwiebel". Die für die Saat an sämmtlichen Orten benutzte Kartoffel war gemeinschaftlich bezogen worden.

8) J. Kühn. Jahresber. d. Agriculturchemie. 11 u. 12. (1868 u. 1869.) 212. Als „durchwachsene" Kartoffeln sind hier solche im Lande frisch erzogene Knollen zu verstehen, aus welchen durch abnorme Witterungsverhältnisse bereits wieder neue Knollen ausgewachsen sind, und durch welche Erscheinung die Knolle bereits im Jahre ihrer Erzeugung (scheinbar) zur Mutterknolle wird. Nach vorstehenden Zahlen ist die Differenz im Gehalte normal und anormal entwickelter Knollen unbedeutend, aus welchem Umstande der Autor den Schluss zieht, dass die Ausbildung der jungen Knollen (2. Generation) nicht auf Kosten der Knollen erster Generation erfolgt sein kann.

	Trockensubstanz normal	Trockensubstanz anormal	Stärkemehl normal	Stärkemehl anormal
Tosca	29.0	27.4	21.3	19.6
Friedrich Wilhelm	29.7	29.4	22.0	21.6
Lange rothe Tannzapfen . . .	29.0	28.1	21.3	20.7
Frühe rothe Fürstenwalder . .	32.4	31.3	24.8	23.9
Späte Oschersiebener	27.6	27.9	20.0	20.3
Grüne oder Heiligenstädter . .	23.3	25.3	15.9	17.8
Mittel . .	29.4	27.9	21.6	20.3

No.	Bezeichnungen und Bemerkungen	Jahr der Untersuchung	In der ursprünglichen Substanz							In der Trockensubstanz					Stickstoff in der Trockensubstanz
			Wasser %	Nh-Substanz %	Stärke %	Nfr. Extractstoffe %	Rohfaser %	Asche %	Trockensubstanz %	Nh-Substanz %	Stärke %	Nfr. Extractstoffe %	Rohfaser %	Asche %	%

Topinambur.*) — Knolle von Helianthus tuberosus L., Erdbirne, Erdapfel, Grundbirne, Erd-Artischoke. — Jerusalem-artichoke. — Topinambour, Poire de terre.

No.	Bezeichnungen und Bemerkungen	Jahr	Wasser	Nh-Substanz	Stärke	Nfr. Extractstoffe	Rohfaser	Asche	Trockensubstanz	Nh-Substanz	Stärke	Nfr. Extractstoffe	Rohfaser	Asche	Stickstoff
1		—	77.05	0.99	0.09	22.65	1.22	—	22.95	4.31	0.39	89.98	5.32	—	0.69
2		—	76.04	3.12	0.20	17.85	1.50	1.29	23.96	13.02	0.83	74.51	6.26	5.38	2.08
3		—	79.20	2.04	—	17.53	—	1.23	20.80	9.81	—	84.25	—	5.94	1.57°
4		—	79.20	2.10	0.30	16.1	1.2	1.1	20.80	10.10	1.44	77.40	5.77	5.29	1.62
5		1855	76.68	3.45	—	15.19	3.30	1.38	23.32	14.79	—	65.14	14.15	5.92	2.37
6	Rothe Knollen	1858	81.50	1.78	—	15.39	1.33	(1.22)	18.50	9.71	—	78.38	7.25	6.66	1.55
7	Weisse Knollen	1858	79.30	1.81	—	17.65	1.23	(1.15)	20.70	8.77	—	79.73	5.94	5.56	1.40
8		1859	80.30	1.82	0.10	16.18	0.80	0.80	19.70	9.24	0.51	82.13	4.06	4.06	1.48
9		1860	83.46	1.32	0.09	13.75	0.51	0.87	16.54	7.98	5.44	78.24	3.08	5.26	1.28

Topinambur.

*) Auch in den Knollen des Topinamburs ist nur ein Theil des vorhandenen N in Form von Eiweiss vorhanden wie O. Kellner (Landw. Jahrb. 8. 1879. I. Supplem. 252.) nachgewiesen hat. Eine Probe von Topinamburknollen, welche im März 1879 aus der Erde genommen worden waren, wurde in grosse und kleine Knollen, zu 63.0 und 25.7 g Gewicht sortirt, welche getrennt zur Untersuchung gelangten. Es wurde gefunden:

	Trockensubstanz	Gesammt-N in der Trockensubstanz	Vom Gesammt-N in Eiweiss gebunden
In den grossen Knollen . . .	18.13 %	1.372 %	57.6 %
In den kleinen Knollen . . .	20.87 „	1.038 „	57.7 „

No. 1. Braconnot. — Boussingault: Die Landwirthschaft in ihren Beziehungen zur Chemie etc. Deutsch von Gräger. 1851. 260. Ausserdem ist eine Analyse von demselben Autor in Moleschott's Physiologie der Nahrungsmittel 1859. II. 156 mitgetheilt, die von obiger etwas abweicht. Die näheren Bestandtheile werden wie folgt mitgetheilt.

Boussingault:

Unkrystallisirbarer Zucker	14.80 %	Kalk u. Kali mit Phosphorsäure verbunden	0.20 %
Inulin	3.00 „	Schwefelsaures Kali	0.12 „
Gummi	1.22 „	Chlorkalium	0.08 „
Albumin	0.99 „	Aepfelsaure und weinsaure Kalkerde- und Kalisalze .	0.05 „
Fett	0.09 „	Holzfaser	1.22 „
Citronensaurer Kalk- und Kalisalze	1.15 „	Kieselerde	0.03 „

Moleschott:

Dextrin	1.08 %	Schwefelsaures Kali	0.12 %
Fett	0.06 „	Phosphorsaure Erden	0.14 „
Cerin	0.03 „	Chlorkalium	0.08 „
Weinsaurer Kalk	0.01 „	Kieselsäure	0.02 „
Aepfelsaures Kali	0.03 „	Wasser	77.21 „
Citronensaures Kali	1.07 „	Eiweiss	—
Citronensaurer Kalk	0.08 „	Zucker	14.80 „
Phosphorsaures Kali	0.06 „	Inulin	3.00 „

No. 2. Payen, Poinsot u. Féry. — Moleschott's Physiologie der Nahrungsmittel 1859. II. 157. Als nähere Bestandtheile wurden noch bestimmt: Eiweiss, dem noch zwei andere Nh. Stoffe beigemengt waren, 3.12 %, Zucker 14.70 %, Inulin 1.86 %, Pectin 0.37 %, Pectinsäure 0.92 %, Zellstoff 1.50 %, phosphorsaures Kali 0.366 %, schwefelsaures Kali 0.144 %, kohlensaures Kali 0.115 %, kohlensaurer Kalk 0.053 %, kohlensaure Bittererde 0 025 %, phosphorsaure Erden 0.434 %, Thonerde 0.019 %, Chlorkalium 0.108 %, Kieselsäure 0.026 %. Siehe auch Boussingault, dessen Landw. 3. Bd. 25. Dingler's Polytechn. Journ. 117. Bd.

No. 3 u. 4. J. B. Boussingault. — Dessen: Die Landw. in ihren Beziehung. zur Chemie etc. Bd. 2. 176 u. Bd. 3. 200.

No. 5. G. Herth. — Weende'r Jahresber. 1855/56. 37. (Wilda's Centralbl. 1855. 1. 290.) Der N-gehalt der frischen Knollen ist zu 0.552 % angegeben und darnach von uns die Menge der Nh. Substanz berechnet; da letztere nicht mit der angegebenen übereinstimmt, musste demzufolge auch die Menge der Nfr. Extractstoffe corrigirt werden.

No. 6 u. 7. C. Schulz-Fleeth. — Ebendaselbst 1857—1861. 71. (Lüdersdorff's Annal. d. Landw. 34. 7.) Die Componenten ergeben ohne die Asche 100.

No. 8 u. 9. Krocker. — Annal. d. Landw. in Preussen. Wochenbl. 1861. 424. Die Knollen waren in Proskau auf Parzellen von einigen Quadratruthen in den Jahren 1859 und 1860 erbaut worden. Die Nfr. Extractstoffe bestehen aus:

No.	Bezeichnungen und Bemerkungen	Jahr der Untersuchung	In der ursprünglichen Substanz: Wasser %	Nh-Substanz %	Rohfett %	Nfr. Extractstoffe %	Rohfaser %	Asche %	Trockensubstanz %	In der Trockensubstanz: Nh-Substanz %	Rohfett %	Nfr. Extractstoffe %	Rohfaser %	Asche %	Stickstoff in der Trockensubstanz %
10	Im Jahre 1859 gebaut, im März 1860 geerntet	1860	78.78	3.02	—	14.98	1.30	0.82	21.21	14.24	—	75.76	6.13	3.87	2.28
11	Gelbe, süssschmeckende Knollen .	1859	81.57	2.90	0.37	13.33	0.90	0.93	18.43	15.74	2.01	72.32	4.88	5.05	2.52
	Spec. Gew.														
12	Rothe, grosse Knollen . 1.030	1860	80.68	2.24	—	14.00	2.03	1.05	19.32	11.59	—	72.47	10.51	5.43	1.85
13	Rothe, kleine Knollen . 1.044	1860	79.55	2.25	—	14.77	2.43	1.00	20.45	11.00	—	72.23	11.88	4.89	1.76
14	Gelbe, grosse Knollen . . 1.037	1860	79.04	2.02	—	16.04	1.55	1.34	20.96	9.64	—	76.57	7.40	6.39	1.54
15	Gelbe, kleine Knollen . . 1.045	1860	80.49	2.26	—	13.95	2.23	1.07	19.51	11.58	—	71.51	11.43	5.48	1.85
16	Gelbe Knollen	1868	82.14	1.37	0.21	—	—	—	17.86	7.62	1.17	—	—	—	1.22
17	Rothe Knollen	1868	84.24	1.09	0.17	—	—	—	15.76	6.92	1.08	—	—	—	1.11
18		1877	(71.64	3.63	0.42	19.86	1.03	3.42)	28.36	12.80	1.48	70.03	3.63	12.06	2.05
19	Weisse Knollen, November . . .	1878	79.09	1.90	1.38	15.88	0.62	1.13	20.91	9.06	6.58	76.01	2.96	5.39	1.45
20	Röthliche Knollen	1878	78.05	1.64	1.38	16.88	0.97	1.08	21.95	7.47	6.29	76.90	4.42	4.92	1.20
21		—	(77.05	0.99	—	19.02	1.22	1.72)	22.95	(4.31	—	82.89	5.31	7.49	0.69)
22		—	79.88	2.54	0.16	14.94	1.01	1.47	20.12	12.62	0.80	74.25	5.02	7.31	2.02
23	Grosse Knollen, durchschn. Gew. 63 g	—	81.87	0.70	—	—	—	—	18.13	8.57	—	—	—	—	1.37
24	Kleine Knollen, durchschn. Gew. 26 g	1878	79.13	1.35	—	—	—	—	20.87	6.49	—	—	—	—	1.04
	Mittel (No. 10—17, 19, 20, 22—24)		80.00	2.06	0.56	14.86	1.44	1.08	20.00	10.31	2.78	74.31	7.18	5.42	1.65

Brassica Napus esculenta DC. — Kohlrübe, Steckrübe, Unterkohlrabi, Krautrübe, Rutabaga, Wrucke. — Swedish turnip, Swedes. — Chou rutabaga, Chou-rave, Navet de Suède.

No.	Bezeichnungen und Bemerkungen	Jahr der Untersuchung	Wasser %	Nh-Substanz %	Rohfett %	Nfr. Extractstoffe %	Rohfaser %	Asche %	Trockensubstanz %	Nh-Substanz %	Rohfett %	Nfr. Extractstoffe %	Rohfaser %	Asche %	Stickstoff in der Trockensubstanz %
1	„Turnips“	—	86.10	1.60	0.15	10.85	0.40	0.90	13.90	11.51	1.08	78.06	2.88	6.47	1.84
2	„Gelbe Rüben“	—	85.00	1.90	0.20	11.5	0.5	0.9	15.00	12.67	1.33	76.67	3.33	6.00	2.03
3	„Rutabaga“	—	91.00	1.10	0.05	7.0	0.3	0.6	9.00	12.22	0.56	77.22	3.33	6.67	1.96
4	Schwedische Turnips	1852	87.97	—	—	—	—	—	12.03	—	—	—	—	—	—
	Spec. Gew.														
5	Green top white, Thonboden 0.841	1855	94.56	0.63	2.51		1.73	0.57	5.44	11.59	46.13		31.80	10.48	1.85
6	Desgl., leichter Boden . . 0.894	„	94.00	0.44	3.09		1.82	0.65	6.00	7.33	51.51		30.33	10.83	1.17
7	Purple top yellow, Mittelboden 0.866	„	94.52	0.62	2.58		1.79	0.49	5.48	11.31	47.09		32.66	8.94	1.81

	No. 8	No. 9
Zuckergebende Substanz als Inulin berechnet .	13.88 %	11.86 %
Pectin, Gummi etc.	2.30 „	1.89 „

Die Abweichungen im Gehalt an Trockensubstanz erklärt der Autor aus den verschiedenen Witterungsverhältnissen der beiden Jahre, 1859 in den Monaten Juni, Juli, August 6.78″ Pariser und 1860 in den gleichen Monaten 12.31″ P. Die Knollen wurden im zeitigen Frühjahr aus dem Boden genommen.

No. 10 u. 11. Krocker. — Mitgeth. v. E. Wollny. Landw. Jahrb. 2. 1873. 186. Die Knollen wurden wie vorige in Proskau auf kleineren Flächen gebaut. Obwohl die Analysen mit denen unter 8 und 9 wenig übereinstimmen, so hat es doch den Anschein, als wenn sie sich auf das gleiche Material bezögen, da sie in den gleichen Jahren, auf gleicher Fläche und mit demselben Erntegewicht erbaut wurden, wenigstens No. 8 u. 10. Bei No. 11 bestanden die Nfr. Extractstoffe aus 10.65 % Traubenzucker und 2.63 % Pectin und Inulin.

No. 12—15. J. Nessler und No. 16 u. 17. J. Nessler u. Brigel (V.-St. Karlsruhe). — Bericht Derselb. 1870. 58. Als Zucker war in den Proben vorhanden bei No. 12: 4.30 %, No. 13: 5.20 %, No. 14: 5.20 % und No. 15: 4.52 %. Die Knollen waren im Februar aus der Erde genommen worden.

No. 18. Al. Pasqualini. — Ann. Staz. Agrar. Forli 6. (1877.) 49. Als nähere Bestandtheile werden ferner noch angegeben: stickstofffreie Extractstoffe 8.46 %, Stärke 10.22 %, Zucker 1.10 %. In Wasser lösliche Substanz 14.65 % davon organisch 12.70 %.

No. 19 u. 20. F. Schwackhöfer u. L. Jahne. — Privatmitthl. aus d. technolog. Laboratorium d. k. k. Hochschule für Bodencultur Auf Trockensubstanz bez. enthielten die Knollen No. 19 2.67 %, No. 20 2.58 % Zucker.

No. 21. H. Dill. — Agriculturchem. Centralbl. 1881. 557. Zucker 14.8 %, Inulin 3.0 %, Gummi 1.22 %. (Allgem. Zeitung für Deutsche Land- u. Forstw. 11. 1881. 185.) In unserer Quelle ist diese Analyse als die von Dill angegeben; ein Vergleich derselben mit der unter No. 1 zeigt aber die vollständige Uebereinstimmung mit dieser, dieselbe ist also nur eine Wiedergabe der Analyse von Braconnot.

No. 22. Leop. Lenz (Iglau). — L. V.-St. 12. 1870. 344.

No. 23 u. 24. O. Kellner. — Landw. Jahrb. 8. 1879. I. Supplem. 252.

Brassica Napus.

No. 1—3. J. B. Boussingault. — Dessen: Die Landwirthschaft in ihren Beziehungen zur Chemie etc. 3. Bd. 200.

No. 4. William K. Sullivan. — Weende'r Jahresber. 1853. II. 27. Mittel einer grossen Zahl von Analysen.

No. 5—23. Thom. Anderson. — Transact. Highl. Soc. Jan. 1856. 195. Die Rüben waren von Lord Tweeddale cultivirt, der dadurch die besten Rüben zu erzielen suchte, dass er fortgesetzt jedesmal die specifisch schwersten Rüben zur Saat auswählte. Von den Rüben sind die No. 5—17 im Herbste untersucht, die übrigen, nachdem sie den Winter hindurch aufbewahrt worden waren. Im Original sind die Analysen nach folgendem Schema aufgeführt:

Faser			Saft			Asche im Ganzen
Pectinsäure u. Holzfaser	Proteïnkörper	Asche	Wasser	Proteïnkörper	Zucker u. Gummi etc.	

Obige Zahlen für Rohfaser umfassen also auch Pectinkörper. Es ist fraglich, ob nicht einige der untersuchten Rüben der Brassica Rapa angehören.

No.	Bezeichnungen und Bemerkungen		Jahr der Untersuchung	In der ursprünglichen Substanz: Wasser %	Nh-Substanz %	Rohfett %	Nfr. Extractstoffe %	Rohfaser %	Asche %	Trockensubstanz %	In der Trockensubstanz: Nh-Substanz %	Rohfett %	Nfr. Extractstoffe %	Rohfaser %	Asche %	Stickstoff in der Trockensubstanz %
		Spec. Gew.														
8	Purple top yellow, Thonboden	0.904	1855	93.29	1.11	3.01		1.92	0.67	6.71	16.54	44.86		28.61	9.99	2.65
9	Green top yellow, Thonboden	0.952	„	92.45	0.69	4.43		2.02	0.41	7.55	9.14	58.68		26.75	5.43	1.46
10	. . . .	0.937	„	92.57	0.87	3.45		2.39	0.72	7.43	11.71	46.43		32.17	9.69	1.87
11	Schwedische, Mittelboden .	1.015	„	92.32	0.69	4.39		1.88	0.72	7.68	8.98	57.40		24.48	9.14	1.44
12	. . . .	0.911	„	92.69	0.54	3.78		2.51	0.43	7.31	7.39	51.70		34.34	6.57	1.18
13	Purple top	0.861	„	93.29	0.62	3.11		2.49	0.49	6.71	9.24	46.35		37.11	7.30	1.48
14	Green top, Thonboden . .	0.933	„	95.54	0.65	1.51		1.82	0.48	4.46	14.57	33.86		40.81	10.76	2.33
15	Desgl., leichter Boden . .	0.884	„	91.15	0.96	4.71		2.54	0.61	8.85	10.85	53.56		28.70	6.89	1.74
16	Schwedische, Thonboden .	1.010	„	90.87	1.23	4.19		3.17	0.54	9.13	13.47	45.90		34.72	5.91	2.16
17	Desgl.	1.015	„	91.01	0.77	5.25		2.47	0.50	8.99	8.56	58.41		27.47	5.56	1.37
18	Tweeddale purple top . .	0.954	„	90.54	1.11	4.82		2.61	0.92	9.46	11.72	51.00		27.56	9.72	1.87
19	Desgl.	0.941	„	91.54	1.03	3.89		2.71	0.83	8.46	12.17	45.99		32.03	9.81	1.95
20	Desgl.	0.807	„	90.74	0.76	4.05		3.70	0.75	9.26	8.21	43.73		39.96	8.10	1.31
21	Desgl.	0.850	„	92.60	0.75	2.67		3.21	0.77	7.40	10.14	36.07		43.38	10.41	1.62
22	Desgl.	0.866	„	92.58	1.03	3.59		3.12	0.68	7.42	13.88	34.91		42.05	9.16	2.22
23	Desgl.	0.782	„	93.13	0.50	2.82		2.83	0.72	6.87	7.28	41.05		41.19	10.48	1.16
		Gew. d. Rüben														
24	„Kohlrüben“	3.4 kg	„	89.80	0.84	—		—	0.75	10.2	8.24	—		—	7.35	1.32
25	Desgl.	0.50 „	„	87.70	1.44	—		—	0.90	12.3	11.71	—		—	7.32	1.87
26	Desgl.	0.42 „	„	84.70	1.69	—		—	1.07	15.3	11.05	—		—	6.99	1.77
27	Desgl.	3.4 „	„	88.60	0.76	8.80		1.09	0.75	11.4	6.64	77.29		9.52	6.55	1.06
28	Desgl.	0.55 „	„	87.50	0.83	—		—	0.79	12.5	6.64	—		—	7.02	1.06
29	Desgl.	1.27 „	„	89.70	0.68	—		—	0.61	10.3	6.60	—		—	5.92	1.06
30	Desgl.	0.58 „	„	85.70	1.23	—		—	0.96	14.3	8.60	—		—	6.71	1.38
31	Desgl, weit gepflanzt, stark gedüngt		1856	89.56	1.04	—		—	0.97	10.66	9.44	—		—	8.77	1.51°
32	Desgl., eng gepflanzt, „ „		„	90.25	1.13	—		—	0.82	9.75	11.62	—		—	8.41	1.86°
33	Desgl., weit gepflanzt, „ „		„	88.47	—	—		—	—	11.53	—	—		—	—	—
34	Desgl., eng gepflanzt, „ „		„	87.90	—	—		—	—	12.10	—	—		—	—	—
35	Desgl., „ „		„	90.13	—	—		—	—	9.87	—	—		—	—	—
36	Desgl., weit gepflanzt, „ „		„	88.10	—	—		—	—	11.90	—	—		—	—	—
37	Desgl., eng gepflanzt, „ „		„	87.11	—	—		—	—	12.89	—	—		—	—	—
38	Desgl., stark mit Stallmist u. Jauche gedüngt		„	89.48	1.23	—		—	0.82	10.52	11.63	—		—	7.42	1.86
39	„Kohlrabi“, green top		1857	86.02	2.36	0.23	8.98	1.23	1.18	13.98	16.85	1.62	64.38	8.80	8.55	2.70
40	Desgl., purple top		„	89.00	2.27	0.18	6.38	1.11	1.06	11.00	20.68	1.61	58.03	10.06	9.62	3.31
41	Desgl., (Köpfe?)		„	86.74	2.75	—	8.62	0.77	1.12	13.26	20.74	—	65.00	5.81	8.45	3.31
42	Desgl., böhmischer, ca. 8 kg schwer		1858	90.99	1.44	—	4.65	0.82	(2.10)	9.01	15.98	—	51.58	9.11	(23.33)	2.55

(In Nos. 8–38 the values for Rohfett and Nfr. Extractstoffe are given together, bracketed.)

No. 24—30. H. Hellriegel. — Chem. Ackersm. 1856. 238. Die Analysen beziehen sich z. Thl. auf Rüben von 6—7 Pfd. Gewicht, die anderen Analysen auf Rüben von 1—2½ Pfd. Dieselben waren sämmtlich gut gedüngt und alle gesund.
No. 31—37. H. Hellriegel u. H. Gaudich. — Amts-Anzeigebl. f. d. Königr. Sachsen 1857. 22.
No. 38. H. Ritthausen. — Ebendas. 73. Das Gewicht der untersuchten Rübe betrug 7½ Pfd. An Zucker enthielt die frische Rübe 3.95%, auf Trockensubstanz berechnet 37.48%.
No. 39 u. 40. Aug. Völcker. — J. R. Agric. Soc. Engl. 21. 93. Die nähere Untersuchung ergab:

	greentop	purpletop
Lösliche Proteïnstoffe	2.056	2.006
Unlösliche Proteïnstoffe	0.300	0.269
Gummi, Zucker, Pectin	6.007	4.486
Lösliche Faser und unlösliche Pectinstoffe .	2.993	1.896
Holzige Faser	1.230	1.106
In Wasser lösliche Salze	0.970	0.919
Unlösliche Mineralstoffe	0.197	0.139
In Wasser lösliche Stoffe	9.260	7.588
In Wasser unlösliche Stoffe	4.720	3.410

No. 41. Th. Anderson. — J. R. Agric. Soc. 20. 523.
No. 42. W. Knop. — Amtsbl. f. d. landw. Ver. Sachsens 1858. 95. Von dem gefundenen N schien ein geringer Theil als Ammoniak vorhanden zu sein.

No.	Bezeichnungen und Bemerkungen	Jahr der Untersuchung	In der ursprünglichen Substanz: Wasser %	Nh-Substanz %	Rohfett %	Nfr. Extractstoffe %	Rohfaser %	Asche %	Trocken-substanz %	In der Trockensubstanz: Nh-Substanz %	Rohfett %	Nfr. Extractstoffe %	Rohfaser %	Asche %	Stickstoff in der Trocken-substanz %
43	Purple top, Swedish Turnips . .	1852	83.5	—	—	—	—	—	16.5	—	—	—	—	—	—
44	Rutabaga	„	84.8	—	—	—	—	—	15.2	—	—	—	—	—	—
45	Rothgrauhäutige Riesensteckrübe .	„	84.2	—	—	—	—	—	15.8	—	—	—	—	—	—
46	Rothköpfige Riesensteckrübe . .	„	85.0	—	—	—	—	—	15.0	—	—	—	—	—	—
47	Swedish Turnips, vom Felde, December 1847	1848	89.42	1.64	—	—	—	0.58	10.58	15.56	—	—	—	5.46	2.49°
48	Desgl., eingemietet November 1847, untersucht Februar 1848 . .	„	87.88	0.94	—	—	—	0.63	12.12	7.81	—	—	—	5.21	1.25°
49	Desgl.	„	90.19	1.44	—	—	—	0.61	9.81	14.75	—	—	—	6.19	2.36°
50	Desgl.	„	89.68	1.88	—	—	—	0.61	10.32	16.31	—	—	—	5.87	2.61°
51	Desgl.	„	89.12	1.12	—	—	—	0.50	10.88	10.37	—	—	—	4.63	1.66°
52	Desgl.	„	89.30	1.75	—	—	—	0.58	10.70	16.44	—	—	—	5 41	2.63°
53	Desgl.	„	87.40	1.69	—	—	—	0.76	12.60	13.81	—	—	—	6.00	2.21°
54	Desgl.	„	89.11	1.44	—	—	—	0.52	10.89	13.44	—	—	—	4.79	2.15°
55	Desgl.	„	88.12	1.56	—	—	—	0.62	11 88	13.37	—	—	—	5.23	2.14°
56	Norfolk White Turnips, mineralische Düngung	„	90.63	0.91	—	—	—	0.63	9.37	9.75	—	—	—	6.69	1.56°
57	Desgl., Mineraldünger u. Ammoniaksalz	„	91.58	1.09	—	—	—	0.63	8.42	13.00	—	—	—	7.48	2.08°
58	Desgl., Mineraldünger u. Rapskuchen	„	92.22	1.14	—	—	—	0.64	7.78	14.75	—	—	—	8.21	2.36°
59	Desgl., Mineraldünger, Rapskuchen u. Ammoniaksalze	„	92.12	1.57	—	—	—	0.70	7.88	20.00	—	—	—	8.92	3.20°
60	Swedes, beim Einmieten, Nov. 1850	1850	92.54	0.85	0.13	3.36	2.65	0.57	7.46	11.39	1.74	43.61	35.52	7.74	1.82
61	Desgl., dieselben aus der Miete Februar 1851	1851	93.00	0.53	0.09	3.47	2.35	0.56	7.00	7.57	1.29	49.57	33.57	8.00	1.21
62	Schwedischer Turnips, zu Warwick, günstiges Klima, gewachsen . .	1855	93.39	0.75	—	—	—	0.50	6.61	11.35	—	—	—	7.56	1.82
63	Desgl., zu Argyll, feuchtkaltes Klima, gewachsen	„	95.22	0.44	—	—	—	0.50	4.78	9.21	—	—	—	10.46	1.47
64	Gelber Turnips, zu Warwick gew.	„	94.11	0.62	—	—	—	0.70	5.89	10.43	—	—	—	11.88	1.67
65	Desgl., zu Argyll gewachsen . .	„	95.35	0.50	—	—	—	0.72	4.65	10.75	—	—	—	15.48	1.72
66	White globe Turnips, Mittel von 25 Analysen, gedüngt	1852	92.45	1.49	0.19	3.03	2.14	0.70	7.55	19.74	2.52	40.13	28.34	9.27	3.16
67	Desgl., guter Boden, Mittel von 3 Analysen	„	92.16	1.28	0.15	3.61	1.94	0.86	7.84	16.74	1.91	45.61	24.76	10.98	2.68
68	Desgl., mittelguter Boden, Mittel von 4 Analysen	„	90.98	1.24	0.22	4.54	2.35	0.67	9.02	13.75	2 44	41.33	26.05	7.43	2.20
69	Purple top Yellows, guter Boden, Mittel von 3 Analysen . . .	„	91.14	1.25	0.14	4.60	2.27	0.60	8 86	14.01	1.58	52.21	25.63	6.77	2.24
70	Green top Globes, Stalldünger, roher Boden	„	92.20	2.48	0.31	1.55	2.70	0.76	7.80	31.80	3.97	19.87	34.62	9.74	5.09

No. 43—46. Rohde. — Weende'r Jahresber. 1853. I. 152. Die Rüben wurden im Vergleich mit Varietäten der Brassica rapa auf dem Eldenaer Versuchsfelde angebaut. Der Boden, ein sandiger Lehmboden, wurde mit 2 Ctr. Guano pro Morgen gedüngt. Die Bestimmung der Trockensubstanz geschah im Wasserbad bei 100° C., dürfte aber zufolge einer Bemerkung des Autors auf wissenschaftlichen Werth keinen Anspruch machen.

No. 47—59. J. B. Lawes u. J. H. Gilbert. — On the Composition of foods in relation to respiration and the feeding of animals. (From the report of the British association for the advancement of Science for 1852.) London, 1853. 5. Aus den Angaben über Gehalt an Trockensubstanz, Asche und N abgeleitet.

No. 60 u. 61. Th. Anderson. — Transact. Highl. Soc. Juli 1851 bis März 1853. 46.

No. 62—65. Th. Anderson. — Ebendaselbst. October 1856. 418. Die gelbe Turnips gehört möglicherweise der Brassica rapa an und bringen wir dort die Analysen nochmals.

No. 66—73. Th. Anderson. — Ebendaselbst. Juli 1851 bis März 1853. 46. Von uns berechnete Mittel aus Düngungsversuchen. Siehe gedüngte Kohlrüben No. 1—48.

No.	Bezeichnungen und Bemerkungen	Jahr der Untersuchung	In der ursprünglichen Substanz							In der Trockensubstanz					Stickstoff in der Trocken-Substanz
			Wasser	Nh-Substanz	Rohfett	Nfr. Extractstoffe	Rohfaser	Asche	Trocken-substanz	Nh-Substanz	Rohfett	Nfr. Extractstoffe	Rohfaser	Asche	
			%	%	%	%	%	%	%	%	%	%	%	%	%
71	Swedes, gedüngt, Mittel von 2 Analysen, roher Boden	1852	90.03	2.54	0.26	6.54	—	0.63	9.97	25.48	2.61	65.59	—	6.32	4.08
72	Desgl., gedüngt, Mittel von 2 Analysen, mittelguter Boden . . .	„	93.13	0.74	—	2.21	3.24	0.68	6.87	10.77	—	33.17	47.16	8.90	1.72
73	Yellow Turnips, Mittel von 7 Analysen verschieden gedüngter Rüben	„	92.89	0.78	—	—	—	0.61	7.11	10.97	—	—	—	8.58	1.76
74	Swedes	1867	90.85	0.81	—	—	—	0.69	9.65	8.39	—	—	—	7.15	1.34
75	Kohlrabi	„	86.02	2.35	0.23	9.00	1.23	1.17	13.98	16.81	1.65	64.37	8.80	8.37	2.69
76	Kohlrüben	„	87.05	3.13	0.65	3.95	3.56	1.66	12.95	24.17	5.02	30.50	(27.49)	12.82	3.87
77	1865er, nach starker Mistdüngung gewachsen	1866	92.19	0.64	—	—	—	0.39	7.81	8.49	—	—	—	4.99	1.31
78	Winterkohlrabi	„	89.51	1.51	0.31	—	—	—	10.49	14.39	2.96	—	—	—	2.30
79	Gelbe Turnips, Mittel v. 11 Analysen	1864	89.80	0.95	—	—	—	0.77	10.20	9.37	—	—	—	7.55	1.50^{0}
80	Spec. Gewicht 1.033	1876	87.70	1.69	—	8.91	1.00	0.70	12.30	13.77	—	72.41	8.16	4.75	2.20^{0}
81	„ „ 1.013	„	86.30	1.63	—	10.15	1.16	0.76	13.70	11.90	—	74.08	8.49	5.52	1.90^{0}
82	„ „ 1.022	„	87.90	1.93	—	8.45	1.08	0.65	12.10	15.87	—	69.82	8.89	5.37	2.55^{0}
83	„ „ 1.017	„	85.65	1.74	—	10.68	1.26	0.66	14.35	12.15	—	74.47	8.76	4.63	1.94^{0}
84		„	89.00	1.06	—	8.25	1.07	0.61	11.00	9.65	—	75.03	9.71	5.60	1.55^{0}
85	„ „ 1.012	„	87.35	1.71	—	9.16	1.16	0.61	12.65	13.49	—	72.46	9.19	4.86	2.13^{0}
86	„ „ 1.016	„	82.22	2.08	—	12.46	1.31	0.93	16.78	12.40	—	74.23	7.80	5.57	1.98^{0}
87		„	84.04	2.48	—	11.06	1.24	0.77	15.60	15.90	—	70.93	7.94	5.22	2.54^{0}
88	„ „ 1.014	„	85.50	1.50	—	10.66	1.42	0.92	14.50	10.34	—	73.54	9.72	6.40	1.66^{0}
89		„	87.65	1.55	—	9.06	1.08	0.66	12.35	12.55	—	73.38	8.73	5.34	2.01^{0}
90	„ „ 1.003	„	87.40	2.25	—	7.46	1.29	0.60	12.60	17.90	—	67.07	10.23	4.58	2.87^{0}
91	„ „ 1.039	„	84.15	1.88	—	11.68	1.52	0.76	15.85	11.90	—	73.66	9.59	4.84	1.91^{0}
92	Mittel	„	86.35	1.79	—	9.93	1.22	0.71	13.65	13.13	—	72.74	8.91	5.22	2.10
93		1877	90.68	1.64	0.07	6.04	0.49	1.08	9.32	17.60	0.75	64.80	5.26	11.59	2.82
94	Flaschen-Wroke-Rübe	1874	89.16	0.73	0.15	7.87	1.44	0.65	10.84	6.73	1.38	72.61	13.28	6.00	1.08
95	Rothgrauhäutige Steckrübe . . .	„	89.43	0.79	0.17	7.63	1.27	0.71	10.57	7.47	1.61	72.18	12.02	6.72	1.20
96	Chou-rave grand vert	1879	89.00	1.87	—	7.15	1.18	0.80	11.00	17.00	—	65.00	10.73	7.27	2.72

No. 74. Th. Anderson. — Ebendaselbst 1868|69. S. 4. II. 66. (Weende'r Jahresber. 1867|68. 540.)

No. 75 u. 76. A. Völcker. — Weende'r Jahresber. 1867|68. 540. Bei No. 76 fehlt die Angabe über Aschengehalt, die Differenz von der Summe der Componenten und 100 ergiebt 1.66, welche wir für Asche angesetzt haben. Die nähere Analyse ergab:

	Lösl. Eiweissstoffe	Lösl. Mineralstoffe	Gummi	Zucker
No. 75 . . .	2.056	0.970	—	—
No. 76 . . .	1.640	—	1.729	2.218

Bei No. 75 ist das in verdünnten Säuren und Alkalien Lösliche als „Zucker und verdauliche Holzfaser" bezeichnet.

No. 77. H. Schultze u. E. Schulze (V.-St. Weende). — L. V.-St. 9. 1867. 434. Die untersuchten Rüben stammten von der 1865 auf Domaine Wasserleben erhaltenen Ernte. Dieselben enthielten am 19. April 1866 8.83%, am 9. Mai 1866 7.81% Trockensubstanz. Von Letzterer gelten die gemachten Bestimmungen. Ausser dem angegebenen Gehalt an organischem N enthielt die Trockensubstanz noch 0.15% Salpetersäure.

No. 78. J. Nessler u. C. Weigelt. — Bericht der V.-St. Carlsruhe 1870. 57.

No. 79. Th. Anderson. — Transact. Highl. Soc. Juli 1863 bis März 1865. 499. Von uns berechnetes Mittel aus 11 Analysen verschieden gedüngter Turnips. Vergl. Gedüngte Turnips No. 49—60.

No. 80—92. A. Völcker. — J. Roy. Agric. Soc. England. II. Ser. 13. 1877. 157. Die untersuchten Rüben stammten von einem Felde, die Untersuchung derselben sollte die Schwankungen darthun, welche die Zusammensetzung einer und derselben Rübensorte unter gleichen Boden- und Witterungsverhältnissen erfährt. Die nähere Analyse ergab ferner für die frischen Rüben:

	No. 80	81	82	83	84	85	86	87	88	89	90	91
Von den Nh. Stoffen in Wasser löslich .	1.49	1.41	1.68	1.52	0.85	1.54	1.71	2.08	1.21	1.24	2.02	1.47%
Von den Mineralstoffen in Wasser löslich	0.59	0.63	0.54	0.54	0.51	0.51	0.81	0.65	0.77	0.55	0.46	0.62 „
Zucker, Gummi	6.69	7.81	6.47	8.15	6.17	6,78	9.67	8.13	8.95	7.24	5.05	8.71 „
Pectin und verdauliche Cellulose . . .	2.21	2.34	1.98	2.54	2.08	2.40	2.78	2.94	1.71	1.83	2.41	2.97 „

Die Mittelzahlen unter No. 92 wurden von uns berechnet.

No. 93. F. W. Kirchner. — Milchzeitung 1878. 466.

No. 94 u. 95. Emmerling (V.-St. Kiel). — Zusammenstellung von Analysen von Futtermitteln in den Jahren 1871—77. Kiel, 1877.

No. 96. Alfr. Dudouy. — Jahresber. d. Agriculturchem. 23. 1880. 410. (Journ. d'agric. prat. 1880. I. 440.) Der Samen zu dieser Rübe wurde 1877 aus England importirt, 1878 mit Erfolg cultivirt und 1879 nochmals in demselben Boden, sandiger Lehm, kalireiches Alluvium und bei Düngung mit Ammoniak-Superphosphat angebaut.

No.	Bezeichnungen und Bemerkungen	Jahr der Untersuchung	In der ursprünglichen Substanz							In der Trockensubstanz					Stickstoff in der Trockensubstanz
			Wasser	Nh-Substanz	Rohfett	Nfr. Extractstoffe	Rohfaser	Asche	Trockensubstanz	Nh-Substanz	Rohfett	Nfr. Extractstoffe	Rohfaser	Asche	
			%	%	%	%	%	%	%	%	%	%	%	%	%
97	Englischer Futterkohlrabi . . .	1884	87.18	1.77	0.09	8.42	1.60	0.94	12.82	13.84	0.68	65.69	12.45	7.34	2.21
98	Turnips, sehr stark gedüngt . .	1872	90.77	1.17	0.17	5.62	1.21	1.06	9.23	12.66	1.82	57.03	13.07	11.53	2.03
99	1646 g schwer	1871	87.19	1.06	0.10	10.07	1.04	0.54p	12.81	8.27	0.78	78.61	8.12	4.22	1.32
100		1877	89.08	1.93	0.07	5.73	2.35	0.84	10.92	17.67	0.64	52.48	21.52	7.69	2.83
101		1877	88.88	1.07	0.08	8.24	1.16	0.57	11.12	9.63	0.73	74.09	10.46	5.09	1.54
102	„Gelbe Wrucken“	1880	91.11	1.09	—	—	—	—	8.89	12.26	—	—	—	—	1.96
103	„Weisse Wrucken“	1880	88.66	1.40	—	—	—	—	11.34	12.35	—	—	—	—	1.98
104	Aus Münster	1876	91.87	0.79	0.08	5.88	0.84	0.54	8.13	9.69	0.98	72.36	10.33	6.64	1.55°
105	Mitte October aus dem Boden genommen, mittleres Gewicht 500 g	1876	89.39	1.55	0.08	6.79	1.33	0.86p	10.61	14.60	0.74	64.00	12.58	8.08p	2.33°
	Minimum		82.22	0.44	0.05	5.62	0.49	0.39	4.46	6.62	0.56	52.48	5.26	4.22	1.06
	Maximum		95.84	3.13	0.65	12.46	2.35	2.10	17.78	31.81	5.02	78.61	21.52	23.33	5.09
	Mittel*)		87.80	1.54	0.21	8.22	1.32	0.91	12.20	12.65	1.69	67.41	10.80	7.45	2.02

Brassica Napus esc., unter dem Einfluss des Bodens.

No.	Bezeichnungen und Bemerkungen	Jahr der Untersuchung	Wasser	Nh-Substanz	Rohfett	Nfr. Extractstoffe	Rohfaser	Asche	Trockensubstanz	Nh-Substanz	Rohfett	Nfr. Extractstoffe	Rohfaser	Asche	Stickstoff in der Trockensubstanz
1	Swedes 1849, schwerer Thonboden	1849	90.58	1.00	0.36	5.36	2.05	0.65	9.42	10.62	3.82	56.90	21.76	6.90	1.70
2	Desgl., mittelschwerer Thonboden	„	89.78	1.15	0.26	5.98	2.27	0.56	10.22	11.25	2.54	58.52	22.21	5.48	1.80
3	Desgl., leichter Lehmboden . .	„	87.12	1.81	0.55	6.62	3.32	0.58	12.88	14.05	4.27	51.40	25.78	4.50	2.25
4	Swedes 1850, schwerer Thonboden	1850	92.73	0.78	—	—	—	0.51	7.27	10.73	—	—	—	7.02	1.72
5	Desgl., mittelschwerer Thonboden	„	92.78	0.73	—	—	—	0.52	7.22	10.11	—	—	—	7.20	1.62
6	Desgl., leichter Lehmboden . .	„	92.68	0.93	—	—	—	0.70	7.32	12.70	—	—	—	9.56	2.03
7	Aberdeen Yellows 1849, schwerer Thonboden	1849	91.19	1.24	0.25	4.93	1.79	0.60	8.81	14.08	2.84	55.95	20.32	6.81	2.25
8	Desgl., mittelschwerer Thonboden	„	90.48	1.12	0.18	5.15	2.37	0.70	9.52	11.76	1.89	54.11	24.89	7.35	1.88
9	Desgl., leichter Lehmboden . .	„	90.58	1.80	0.44	4.18	2.35	0.65	9.42	19.11	4.67	44.37	24.95	6.90	3.06
10	Aberdeen Yellows 1850, schwerer Thonboden	1850	94.26	0.69	—	1.84	2.51	0.70	5.74	12.02	—	32.05	43.73	12.20	1.92
11	Desgl., mittelschwerer Thonboden	„	90.59	1.06	—	3.01	3.35	1.99	9.41	11.26	—	31.99	35.60	21.15	1.80
12	Desgl., leichter Lehmboden . .	„	93.99	0.98	—	2.16	2.49	0.38	6.01	16.31	—	35.94	41.43	6.32	2.62
13	Schwerer Thonboden, Mittel von 1, 4, 7 u. 10	„	92.19	0.93	0.30	4.05	1.92	0.61	7.81	11.91	3.84	51.86	24.58	7.81	1.91
14	Mittelschwerer Thonboden, Mittel von 2, 5, 8 u. 11	„	90.91	0.77	0.22	4.50	2.66	0.94	9.09	8.47	2.42	49.51	29.26	10.34	1.36
15	Leichter Lehmboden, Mittel von 3, 6, 9 u. 12	„	91.09	1.38	0.50	3.75	2.72	0.56	8.91	15.49	5.61	42.09	30.53	6.28	2.48
16	Guter Boden, white globe T., Mittel von 3 Analysen	1852	92.16	1.28	0.15	3.61	1.94	0.86	7.84	16.33	1.91	46.05	24.74	10.97	2.61
17	Mittelguter Boden, white globe T., Mittel von 4 Analysen . . .	„	90.98	1.24	0.22	4.54	2.35	0.67	9.02	13.75	2.44	50.33	26.05	7.43	2.20

No. 97. M. Märcker (V.-St. Halle). — Centralbl. f. Agriculturchem. 1885. 281. (Magdeburger Ztg. 1884. No. 555.) Die untersuchte Rübe war auf leichtem Boden in Schafdung- und Chilisalpeterdüngung gewachsen und hatte 266 Ctr. Ertrag pro Morgen gegeben.

No. 98. E. Wolff (V.-St. Hohenheim). — Landw. Jahrb. 8 (1879.) I. Supplem. 132. Die Rübentrockensubstanz enthielt in Folge sehr starker Düngung eine ungewöhnlich grosse Menge Salpetersäure, 3.89 %, welche mit ihrem N-gehalt bei der Berechnung des Rohproteïns in Abzug kam. Die Turnipsrüben waren (mit Latrinendünger) gleichsam überdüngt und in Folge dessen zum Theil krankhaft ausgebildet; bei beträchtlichem Umfang und Gewicht hatten sie im Innern oft Höhlungen und das Fleisch war ziemlich hartfaserig.

No. 99. J. Fittbogen (V.-St. Dahme). — Ebendas. 1. 1872. 628. Nähere Analyse siehe bei eingesäuerten Kohlrüben.

No. 100 u. 101. J. Fittbogen u. Förster (V.-St. Dahme). — Privatmitthl. Bei der Analyse der Rübe No. 101 ergeben die Componenten 111.15 — wir corrigirten bei den Nfr. Extractstoffen.

No. 102 u. 103. Klien (V.-St. Königsberg). — Bericht d. V.-St. 1881.

No. 104. J. König u. Farwick (V.-St. Münster). — Ztschr. f. Biologie 1876. 497.

No. 105. H. W. Dahlen. — Landw. Jahrb. 4. 1875. 613. Die Rüben enthielten 18.60 % bezw. 1.97 % Traubenzucker.

*) Zur Berechnung des Mittels wurden betr. Trockensubstanz, Asche, Fett und N in der Trockensubstanz sowie der davon abgeleiteten Zahlen sämmtliche Analysen (mit Ausnahme der ( ) Zahlen) benutzt, betr. der Rohfaser und der Nfr. Extractstoffe die Analysen von No. 75—105.

Unter dem Einfluss des Bodens.

No. 1—21. Thom. Anderson. — Transact. Highl. Soc. Juli 1851 bis März 1853. 46. No. 13—21 von uns berechn. Mittel.

No.	Bezeichnungen und Bemerkungen	Jahr der Untersuchung	In der ursprünglichen Substanz: Wasser %	Nh-Substanz %	Rohfett %	Nfr. Extractstoffe %	Rohfaser %	Asche %	Trocken-substanz %	In der Trockensubstanz: Nh-Substanz %	Rohfett %	Nfr. Extractstoffe %	Rohfaser %	Asche %	Stickstoff in der Trocken-Substanz %
18	Guter Boden, purple top Yellows, Mittel von 3 Analysen . . .	1852	91.14	1.25	0.14	4.60	2.27	0.60	8.86	14.11	1.58	51.92	25.62	6.77	2.26
19	Mittelguter Boden, Swedes, Mittel von 2 Analysen	„	93.13	0.74	—	2.21	3.24	0.68	6.87	10.77	—	32.17	47.16	9.90	1.72
20	Roher Boden, Swedes, Mittel von 2 Analysen	„	90.03	2.54	0.26	6.54	—	0.63	9.97	25.48	2.61	65.59	—	6.32	4.08
21	Roher Boden, green top glob., Stalldünger	„	92.20	2.48	0.31	1.55	2.70	0.76	7.80	31.75	3.97	19.98	34.57	9.73	5.08
	Brassica Napus esc., unter dem Einfluss verschiedener Setzweite.														
1	Entfernungen 78.6 cm u. 78.6 cm Raum für 3338 Pflanzen pro 1/4 ha	1858	86.3	—	—	—	—	—	13.7	—	—	—	—	—	—
2	Entfernungen 62.9 cm u. 62.9 cm Raum für 5476 Pflanzen pro 1/4 ha	„	86.9	—	—	—	—	—	13.1	—	—	—	—	—	—
3	Eutfernungen 47.1 cm u. 47.1 cm Raum für 10366 Pflanzen pro 1/4 ha	„	85.5	—	—	—	—	—	14.5	—	—	—	—	—	—
4	Entfernungen 31.4 cm u. 31.4 cm Raum für 22796 Pflanzen pro 1/4 ha	„	86.0	—	—	—	—	—	14.0	—	—	—	—	—	—
5	Entfernungen 31.4 cm u. 15.7 cm Raum für 44870 Pflanzen pro 1/4 ha	„	85.0	—	—	—	—	—	15.0	—	—	—	—	—	—
	Brassica Napus esc., Einfluss der Grösse der Rübe auf die Zusammensetzung derselben.														
1	Schwedischer Turnips, über 7 Pfd. schwer	1853	89.24	—	—	—	—	—	10.76	—	—	—	—	—	—
2	Desgl., über 5 Pfd. schwer . .	„	88.74	—	—	—	—	—	11.26	—	—	—	—	—	—
3	Desgl., von 3—5 Pfd. schwer . .	„	87.19	—	—	—	—	—	12.81	—	—	—	—	—	—
4	Desgl., im Mittel	„	87.97	—	—	—	—	—	12.03	—	—	—	—	—	—
5	Kohlrüben, 3.42 kg	1855	89.8	0.84	—	—	—	0.75	10.2	8.24	—	—	—	7.35	1.32
6	Desgl., 3.40 kg	„	88.6	0.76	—	—	1.09	0.75	11.4	6.67	—	—	9.56	6.58	1.07
7	Desgl., 1.27 kg	„	89.7	0.68	—	—	—	0.61	10.3	6.65	—	—	—	5.92	1.06
8	Desgl., 0.58 kg	„	85.7	1.23	—	—	—	0.96	14.3	8.61	—	—	—	6.72	1.38
9	Desgl., 0.55 kg	„	87.5	0.83	—	—	—	0.79	12.5	6.64	—	—	—	6.32	1.06
10	Desgl., 0.50 kg	„	87.7	1.44	—	—	—	0.90	12.3	11.73	—	—	—	7.32	1.88
11	Desgl., 0.42 kg	„	84.7	1.69	—	—	—	1.07	15.3	11.05	—	—	—	6.99	1.93
	Kohlrüben. Im 2. Jahre ihrer Vegetation.														
1	Swedes, gepflanzt am 20. März .	1876	90.10	1.67		7.68		0.55	9.90	17.17		77.27		5.56	2.75
2	Desgl., analysirt 14. April . . .	„	90.20	0.94		8.23		0.63	9.80	9.59		85.98		6.43	1.53
3	Desgl., analysirt 29. April . . .	„	90.15	1.25		8.05		0.55	9.85	12.69		81.73		5.58	2.03

Unter dem Einfluss verschiedener Setzweite.

No. 1—5. Ockel. — Wilda's Centralbl. 1869. I. 123. Die angebaute Rübe war die „englische Riesensteckrübe". Das betreff. Feld hatte 5 Jahre Luzerne und darauf und zuletzt Hafer getragen, wurde zu den Rüben mit 250 Ctr. Stallmist pro Morgen gedüngt. Der Samen wurde erst am 4. Juni gelegt, die Ernte fand am 25. October statt. Die grössten Rüben lieferten die Abtheilungen 1 und 2 und fanden sich auf der ersteren viele Exemplare von 11—12 Pfd. Gewicht, auf der zweiten solche von 8—9 Pfd. Der Ertrag war bei 1/2 Morgen:

No. 1	2	3	4	5	
17%	16%	10%	12%	13%	Fehlstellen
45 Ctr.	58 Ctr.	77 Ctr.	76 Ctr.	75 Ctr.	Rüben.

Die Trockengewichtsbestimmung fand von je 2 Pfd. in Würfel geschnittener Rüben mittlerer Grösse auf der Darre statt. Die erhaltenen Ergebnisse dürften nur relative Gültigkeit haben.

Einfluss der Grösse der Rübe auf die Zusammensetzung derselben.

No. 1—4. William K. Sullivan. — Weende'r Jahresber. 1853. II. 27. (Farmer's Magaz. Juli bis December 1853. 127.) Aus einer grossen Zahl von Analysen ergaben sich die obigen Durchschnittswerthe.

No. 5—11. H. Hellriegel. — Chem. Ackersm. 1856. 238. Die Rüben waren stark gedüngt, jedoch völlig gesund.

Kohlrüben. Im 2. Jahre ihrer Vegetation.

No. 1—7. Aug. Voelcker. — J. Roy. Agric. Soc. England. II. Ser. 13. Bd. I. (1877.) 157.

No.	Bezeichnungen und Bemerkungen	Jahr der Untersuchung	In der ursprünglichen Substanz: Wasser %	Nh-Substanz %	Rohfett %	Nfr. Extractstoffe %	Rohfaser %	Asche %	Trockensubstanz %	In der Trockensubstanz: Nh-Substanz %	Rohfett %	Nfr. Extractstoffe %	Rohfaser %	Asche %	Stickstoff in der Trockensubstanz %
4	Swedes, analysirt 15. Mai . . .	1876	89.85	1.69		7.78		0.68	10.15	16.65		77.14		6.21	2.66
5	Desgl., analysirt 28. Mai . . .	„	94.00	0.75		4.58		0.67	6.00	12.50		76.33		11.17	2.00
6	Desgl., analysirt 4. Juli	„	91.75	1.00		6.44		0.86	8.25	12.12		77.46		10.42	1.94
7	Desgl., analysirt 2. August . . .	„	91.40	1.75		5.49		1.36	8.60	20.35		63.93		15.72	3.26

Brassica Napus. — Unter dem Einflusse der Düngung.

No.	Bezeichnungen und Bemerkungen	Jahr	Wasser	Nh-Substanz	Rohfett	Nfr. Extractstoffe	Rohfaser	Asche	Trockensubstanz	Nh-Substanz	Rohfett	Nfr. Extractstoffe	Rohfaser	Asche	Stickstoff
	I. Serie. White globe Turnip.														
1	6 Ctr. Ichaboe-Guano	1852	93.64	0.95	0.13	2.36	2.28	0.64	6.36	14.94	2.04	57.18	15.78	10.06	2.39
2	Desgl.	„	92.37	1.03	0.12	4.86	1.02	0.60	7.63	13.50	1.57	63.69	13.37	7.87	2.16
3	Desgl.	„	93.69	0.94	0.08	2.07	2.52	0.70	6.31	14.90	1.27	32.80	39.94	11.09	2.38
4	Desgl.	„	93.18	1.10	0.24	2.20	2.61	0.67	6.82	16.13	3.52	32.26	38.27	9.82	2.58
5	15 Ctr. Hornmehl	„	91.02	1.68	0.21	3.52	2.87	0.70	8.98	18.72	3.34	38.18	31.96	7.80	3.00
6	6 Ctr. aufgeschloss. Knochen . .	„	92.73	1.48	0.21	2.85	1.97	0.76	7.27	20.36	2.89	39.20	27.10	10.45	3.26
7	20 Bushel Knochenmehl . . .	„	93.13	1.23	0.22	2.13	2.52	0.77	6.87	17.90	3.20	31.01	36.68	11.21	2.86
8	10 Ctr. Rapskuchenmehl . . .	„	89.87	2.11	0.12	4.90	2.23	0.77	10.13	20.83	1.18	48.38	22.01	7.60	3.33
9	6 Ctr. Superphosphat	„	94.69	1.53	0.21	1.85	1.12	0.60	5.31	28.81	3.95	34.85	21.09	11.30	4.61
10	10 Ctr. Rapsmehl	„	94.27	1.36	0.14	1.57	1.93	0.73	5.73	23.73	2.44	27.41	33.68	12.74	3.80
11	30 Ctr. Knochenkohle (Thierkohle)	„	93.55	1.75	0.16	2.10	1.66	0.78	6.45	27.13	2.48	32.56	25.74	12.09	4.34
12	3 Ctr. Guano u. 3 Ctr. aufgeschloss. Knochen	„	92.33	1.78	0.18	2.91	2.02	0.78	7.67	23.21	2.35	37.93	26.34	10.17	3.71
13	3 Ctr. Guano u. 3 Ctr. Superphosph.	„	93.24	1.31	0.11	1.68	2.79	0.87	6.76	19.38	1.63	24.85	41.27	12.87	3.10
14	4 Ctr. Guano u. 3 Ctr. Rapsmehl	„	93.46	1.67	0.26	0.79	3.00	0.82	6.54	25.54	3.98	12.07	45.87	12.54	4.09
15	4 Ctr. Guano u. 3 Ctr. Mohnkuchen	„	94.79	0.98	0.17	1.51	1.93	0.62	5.21	18.81	3.26	28.99	37.04	11.90	3.01
16	4 Ctr. Guano u. 3 Ctr. Knochenmehl	„	91.45	1.71	0.14	4.25	1.82	0.63	8.55	20.00	1.64	49.70	21.29	7.37	3.20
17	2 Ctr. Ammonsulfat u. 3 Ctr. Knochenmehl	„	94.94	0.88	0.16	1.09	2.21	0.72	5.06	17.39	3.16	21.54	43.68	14.23	2.78
18	2 Ctr. Ammonsulfat u. 2 Ctr. aufgeschlossenes Knochenmehl . .	„	91.93	1.44	0.33	3.52	2.36	0.42	8.07	17.84	4.09	43.62	29.25	5.20	2.85
19	2 Ctr. Ammonsulfat u. 3 Ctr. Rapsmehl	„	91.45	1.47	0.26	3.70	2.40	0.72	8.55	17.19	3.04	53.28	28.07	8.42	2.75
20	2 Ctr. Ammonsulfat u. 12 Ctr. Knochenkohle	„	94.09	0.99	0.21	1.76	2.24	0.71	5.91	16.75	3.55	29.79	37.90	12.01	2.68
21	4 Ctr. Guano u. 5 Ctr. Hornmehl	„	90.79	1.68	0.29	4.40	2.08	0.76	9.21	18.24	3.15	47.78	22.58	8.25	2.92
22	5 Ctr. Hornmehl u. 6 Ctr. Rapsmehl	„	91.98	1.77	0.11	4.12	1.29	0.73	8.02	22.07	1.37	51.37	16.09	9.10	3.53
23	6 Ctr. Rapskuchen u. 3 Ctr. aufgeschlossene Knochen	„	89.97	1.81	0.20	5.14	1.93	0.95	10.03	18.02	1.99	51.28	19.24	9.47	2.88
24	6 Ctr. Pigeon's Dung u. 2 Ctr. Ammonsulfat	„	88.39	2.76	0.25	5.26	2.24	1.10	11.61	23.77	2.15	45.40	19.21	9.47	3.80
25	4 Ctr. aufgeschl. Knochen u. 12 Ctr. Knochenkohle	„	90.44	1.88	0.34	3.94	2.59	0.81	9.56	19.66	3.56	41.22	27.09	8.47	3.11
26	Mittel der I. Serie	„	92.45	1.49	0.19	3.03	2.14	0.70	7.55	19.74	2.52	40.13	28.34	9.27	3.15
	II. Serie. White globe Turnip.														
27	Stalldünger, guter Boden . . .	„	91.41	1.36	0.11	4.26	1.95	0.91	8.59	15.83	1.29	49.59	22.70	10.59	2.53
28	Stalldünger u. Guano, guter Boden	„	92.20	1.19	0.12	3.76	1.89	0.84	7.80	15.26	1.54	48.20	24.23	10.77	2.44
29	Guano, guter Boden	„	92.36	1.28	0.23	2.83	1.97	0.83	7.14	17.93	3.22	39.64	27.59	11.62	2.87

Brassica Napus. — Unter dem Einflusse der Düngung.
No. 1—48. Th. Anderson. — Transact. Highl. Soc. Juli 1851 bis März 1853. 40.

No.	Bezeichnungen und Bemerkungen	Jahr der Untersuchung	In der ursprünglichen Substanz: Wasser %	Nh-Substanz %	Rohfett %	Nfr. Extractstoffe %	Rohfaser %	Asche %	Trocken-substanz %	In der Trockensubstanz: Nh-Substanz %	Rohfett %	Nfr. Extractstoffe %	Rohfaser %	Asche %	Stickstoff in der Trocken-substanz %
	Purple top Yellows.														
30	Stalldünger, guter Boden . . .	1852	91.20	1.12	0.10	4.35	2.60	0.63	8.80	12.73	1.14	49.42	29.55	7.16	2.04
31	Stalldünger u. Guano, guter Boden	„	89.72	1.58	0.16	6.07	1.83	0.64	10.28	15.40	1.56	58.96	17.84	6.24	2.46
32	Guano, guter Boden	„	92.50	1.06	0.16	3.26	2.38	0.64	7.50	14.13	2.13	43.59	31.62	8.53	2.23
	White globe Turnip.														
33	Stalldünger, mittelguter Boden .	„	91.43	0.67	0.17	4.91	2.20	0.62	8.57	7.52	1.98	57.60	25.67	7.23	1.20
34	Guano, mittelguter Boden . . .	„	91.40	1.51	0.13	3.80	2.34	0.82	8.60	17 56	1.51	44.19	27.21	9.53	2.81
35	Stalldünger, mittelguter Boden .	„	90.37	1.50	0.33	4.67	2.52	0.61	9.63	15.58	3.43	48.49	26.17	6.33	2.49
36	Stalldüng. u. Guano, mittelg. Boden	„	90.72	1.30	0.24	4.74	2.36	0.64	9.28	14.01	2.59	51.07	25.43	6.90	2.24
	Swedes.														
37	20 Fuder Stalldünger u. 3 Ctr. Guano, mittelguter Boden . .	„	92.43	0.97	—	2.78	3.22	0.60	7.57	12.81	—	36.72	42.54	7.93	2.05
38	6 Ctr. Guano, mittelguter Boden	„	93.83	0.51	—	1.64	3.26	0.76	6.17	8.27	—	26.58	52.83	12.32	1.32
39	Stalldünger, roher Boden in rauher, hoher Lage	„	90.55	2.76	0.28	3.06	2.75	0.60	9.45	29.21	2.96	32.38	29.10	6.35	4.67
40	Stalldünger u. 3 Ctr. Guano, roher Boden in rauher, hoher Lage .	„	89.52	2.33	0.24	7.24	—	0.67	10.48	22.23	22.90	48.48	—	6.39	3.56
	Green top Globes.														
41	Stalldünger, roher Boden in rauher hoher Lage	„	92.20	2.48	0.31	1.55	2.70	0.76	7.80	31.80	3.97	19.85	34.62	9.74	5.09
	III. Serie. Yellow Turnip.														
42	16 Fuder Stalldünger	„	93.27	0.84	—	—	—	0.40	6.73	12.48	—	—	—	5.94	2.00
43	Desgl. u. 4 Ctr. White's Dünger .	„	93.87	0.64	—	—	—	0.67	6.13	10.44	—	—	—	10.93	1.67
44	Desgl., 2 Ctr. Guano u. 2 Ctr. Salz	„	94.11	0.68	—	—	—	0.55	5.89	11.55	—	—	—	9.34	1.85
45	Desgl. u. 3 Ctr. London manure .	„	92.85	0.96	—	—	—	0.76	7.15	13.43	—	—	—	10.63	2.15
46	Desgl. u. 4 Ctr. Superphosphat .	„	92.43	0.73	—	—	—	0.59	7.57	9.64	—	—	—	7.79	1.54
47	Desgl, 3 Ctr. Guano u. 1 Ctr. Superphosph. (aufgelöst mit je 200 Gallonen Wasser)	„	88.62	1.17	—	—	—	0.75	11.38	10.28	—	—	—	6.59	1.64
48	Desgl. u. 3 Ctr. Superph. (aufgelöst mit je 200 Gallonen Wasser)	„	95.09	0.41	—	—	—	0.56	4.91	8.35	—	—	—	11.41	1.34
49	Gelbe Turnips, ungedüngt . . .	1864	89.25	0.72	—	—	—	0.84	10.75	10.00	—	—	—	7.81	1.60°
50	Desgl., gemahlene Coprolithen . .	„	88.48	0.78	—	—	—	0.85	11.52	10.00	—	—	—	7.38	1.60°
51	Desgl., aufgeschlossene Coprolithen	„	90.25	—	—	—	—	—	9.75	—	—	—	—	—	—
52	Desgl., gemahlene Knochenasche .	„	89.56	0.92	—	—	—	0.54	10.44	9.31	—	—	—	4.83	1.49°
53	Desgl., aufgeschloss. Knochenasche	„	89.76	0.86	—	—	—	0.84	10.24	9.31	—	—	—	8.20	1.49°
54	Desgl., Knochenasche u. Gips . .	„	90.79	0.81	—	—	—	0.76	9.21	9.69	—	—	—	8.25	1.55°
55	Desgl., gemahlene Knochon . .	„	88.38	1.04	—	—	—	0.78	11.62	9.69	—	—	—	6.71	1.55°
56	Desgl., aufgeschlossene Knochen .	„	91.89	0.61	—	—	—	0.71	8.11	8.69	—	—	—	8.75	1.39°
57	Desgl., Bolivia-Guano . . .	„	89.17	0.96	—	—	—	0.77	10.83	9.69	—	—	—	7.11	1.55°
58	Desgl., derselbe aufgeschlossen .	„	89.51	0.87	—	—	—	0.88	10.49	9.31	—	—	—	8.40	1.49°
59	Desgl., Schwefelsäure	„	90.64	0.77	—	—	—	0.75	9.26	9.00	—	—	—	8.01	1.44°
60	Desgl., Gips	„	89.92	0.76	—	—	—	0.74	10.08	8.69	—	—	—	7.34	1.39
	Harelaw, Swedes.														
61	1 Knochenasche, roh, Kaliumsulfat, Chilisalpeter	1879	89.68	1.05	—	—	—	0.78	10.32	10.2	—	—	—	7.55	1.63
62	2 Knochenasche, aufgeschl., Chlorkalium, Chilisalpeter	„	90.87	0.89	—	—	—	0.69	9.13	9.8	—	—	—	7.54	1.57

No. 49—60. Th. Anderson. — Transact. Highl. Soc. Juli 1863 bis März 1865. 499.
No. 61—120. Andrew P. Aitken. — Exper. Stat. of the Highland and Agricultural Soc. of Scotland. Report for 1879. (From the Transact. Vol. XII.) Die betr. Versuche wurden sowohl in Harelaw als auch in Pumpherston ausgeführt, auf Boden, welcher mit Stallmist nicht gedüngt worden war. Die Art der Düngung ist aus obigen Angaben ersichtlich. Die Mengen der Düngemittel war so genommen, dass jeder Platz von 1 Ruthe (1/4 Acker?) 40 Pfd. Phosphorsäure, 30 Pfd. Kali und 10 Pfd. Stickstoff erhielt. Die Düngung auf Platz 23, 24 und 25 enthielt 10% Ammoniak und 10% lösliche Phosphate (?).

No.	Bezeichnungen und Bemerkungen	Jahr der Untersuchung	In der ursprünglichen Substanz							In der Trockensubstanz					Stickstoff in der Trockensubstanz
			Wasser %	Nh-Substanz %	Rohfett %	Nfr. Extractstoffe %	Rohfaser %	Asche %	Trockensubstanz %	Nh-Substanz %	Rohfett %	Nfr. Extractstoffe %	Rohfaser %	Asche %	%
63	3 Coprolithen, gemahl., Kaliumsulfat u. Chilisalpeter . . .	1879	90.21	1.01	—	—	—	0.59	9.79	10.3	—	—	—	6.00	1.65
64	4 Coprolithen, aufgeschl., Chlorkalium u. Chilisalpeter . . .	„	90.38	0.90	—	—	—	0.74	9.62	9.4	—	—	—	7.70	1.50
65	5 Knochenmehl, roh, Kaliumsulfat u. Chilisalpeter	„	89.10	1.04	—	—	—	0.74	10.90	9.5	—	—	—	6.81	1.52
66	6 Knochenmehl, aufgeschl., Chlorkalium u. Chilisalpeter . . .	„	91.28	0.85	—	—	—	0.72	8.72	9.8	—	—	—	8.26	1.57
67	7 Phosphat-Guano, roh, Kaliumsulfat u. Chilisalpeter . . .	„	90.74	0.99	—	—	—	0.71	9.26	10.7	—	—	—	7.67	1.71
68	8 Phosphat-Guano, aufgeschloss., Chlorkalium u. Chilisalpeter .	„	91.45	0.85	—	—	—	0.72	8.55	9.9	—	—	—	8.40	1.58
69	9 Apatit, roh, Kaliumsulfat u. Chilisalpeter	„	90.05	1.09	—	—	—	0.63	9.95	11.0	—	—	—	6.38	1.76
70	10 Apatit, aufgeschl., Chlorkalium, u. Chilisalpeter	„	91.26	0.83	—	—	—	0.72	8.74	9.5	—	—	—	8.21	1.52
71	11 Kaliumsulfat u. Chilisalpeter .	„	90.66	0.98	—	—	—	0.68	9.34	10.5	—	—	—	7.29	1.68
72	12 Knochenasche	„	89.77	0.94	—	—	—	0.66	10.23	9.2	—	—	—	6.48	1.47
73	13 Chilisalpeter, Knochenasche u. Kaliumsulfat	„	90.13	0.94	—	—	—	0.74	9.87	9.5	—	—	—	7.47	1.52
74	14 Schwefels. Ammoniak, Knochenasche u. Chlorkalium . . .	„	90.44	0.83	—	—	—	0.71	9.56	8.7	—	—	—	7.41	1.39
75	15 Shoddy, Knochenasche u. Kaliumsulfat	„	89.82	1.15	—	—	—	0.68	10.18	11.3	—	—	—	6.67	1.81
76	16 Getrockn. Blut, Knochenasche u. Kaliumsulfat	„	90.37	1.13	—	—	—	0.67	9.63	11.7	—	—	—	6.98	1.87
77	17 Knochenasche u. Kaliumsulfat	„	89.79	—	—	—	—	—	10.21	—	—	—	—	—	—
78	18 Chilisalpeter allein	„	90.94	—	—	—	—	0.65	9.06	—	—	—	—	7.17	—
79	19 Kaliumsulfat, Chilisalpeter u. Knochenasche	„	90.39	—	—	—	—	0.62	9.61	—	—	—	—	6.50	—
80	20 Chlorkalium, Chilisalpeter u. Knochenasche	„	89.98	—	—	—	—	0.67	10.02	—	—	—	—	6.66	—
81	21 Chilisalpeter u. Knochenasche .	„	90.25	1.01	—	—	—	0.59	9.75	10.4	—	—	—	6.03	1.66
82	22 Kaliumsulfat allein	„	89.64	0.64	—	—	—	0.64	10.46	6.1	—	—	—	6.13	0.98
83	23 Peruguano, Knochenasche u. Kaliumsulfat	„	89.83	0.79	—	—	—	0.66	10.17	7.8	—	—	—	6.46	1.25
84	24 Fischguano, Knochenasche u. Kaliumsulfat	„	90.14	0.86	—	—	—	0.66	9.86	8.7	—	—	—	6.70	1.39
85	25 Ichaboe-Guano, Knochenasche u. Kaliumsulfat	„	—	—	—	—	—	—	—	—	—	—	—	—	—

Der Ernteertrag an Rüben pro Acker (engl.) betrug in Centnern (engl.):

	Harelaw	Pumpherston		Harelaw	Pumpherston
No. 1	296	468	No. 16	232	351
No. 2	322	387	No. 17	232	143
No. 3	300	409	No. 18	224	209
No. 4	316	443	No. 19	238	264
No. 5	267	322	No. 20	238	212
No. 6	301	403	No. 21	212	196
No. 7	307	404	No. 22	204	70
No. 8	329	426	No. 23	203	249
No. 9	307	377	No. 24	188	134
No. 10	329	417	No. 25	224	206
No. 11	262	241	No. 26	241	170
No. 12	248	187	No. 27	213	104
No. 13	234	298	No. 28	219	145
No. 14	228	286	No. 29	225	218
No. 15	231	123	No. 30	248	124

No.	Bezeichnungen und Bemerkungen	Jahr der Untersuchung	In der ursprünglichen Substanz: Wasser %	Nh-Substanz %	Rohfett %	Nfr. Extractstoffe %	Rohfaser %	Asche %	Trockensubstanz %	In der Trockensubstanz: Nh-Substanz %	Rohfett %	Nfr. Extractstoffe %	Rohfaser %	Asche %	Stickstoff in der Trockensubstanz %
86	26 Künstlicher Guano	1879	88.65	0.99	—	—	—	0.76	11.35	8.7	—	—	—	6.66	1.39
87	27 Ungedüngt	„	90.65	0.73	—	—	—	0.63	9.35	7.8	—	—	—	6.77	1.25
88	28 10 % lösl. Phosphorsäure, Ammonsulfat u. Chlorkalium	„	88.70	0.97	—	—	—	0.79	11.30	8.6	—	—	—	6.95	1.38
89	29 20 % lösl. Phosphors., Ammonsulfat u. Chlorkalium	„	90.73	0.71	—	—	—	0.64	9.27	7.7	—	—	—	6.89	1.23
90	30 30 % lösl. Phosphors., Ammonsulfat u. Chlorkalium	„	89.20	1.11	—	—	—	0.70	10.80	10.3	—	—	—	6.47	1.65
	Pumpherston, Fosterton hybrid.														
91	1 Knochenasche, Kaliumsulfat u. Chilisalpeter	„	91.15	0.69	—	—	—	0.85	8.85	7.8	—	—	—	9.60	1.25
92	2 Knochenasche, aufgeschl., Chlorkalium u. Chilisalpeter	„	91.14	0.61	—	—	—	0.76	8.86	6.9	—	—	—	8.57	1.10
93	3 Coprolithen, Kaliumsulfat u. Chilisalpeter	„	90.63	0.59	—	—	—	0.85	9.37	6.3	—	—	—	9.07	1.01
94	4 Coprolithen, aufgeschl., Chlorkalium u. Chilisalpeter	„	91.02	0.54	—	—	—	0.83	8.98	6.0	—	—	—	9.26	0.96
95	5 Knochenmehl, Kaliumsulfat u. Chilisalpeter	„	91.15	0.63	—	—	—	0.88	8.85	7.1	—	—	—	9.91	1.14
96	6 Knochenmehl, aufgeschl., Chlorkalium u. Chilisalpeter	„	90.50	0.57	—	—	—	0.81	9.50	6.0	—	—	—	9.61	0.96
97	7 Guano-Phosphat, Kaliumsulfat u. Chilisalpeter	„	90.28	0.60	—	—	—	0.79	9.72	6.2	—	—	—	8.17	0.99
98	8 Guano-Phosphat, aufgeschloss., Chlorkalium u. Chilisalpeter	„	90.35	0.60	—	—	—	0.86	9.65	6.0	—	—	—	8.88	0.96
99	9 Apatit, Kaliumsulfat u. Chilisalpeter	„	91.19	0.60	—	—	—	0.81	8.81	6.8	—	—	—	9.29	1.09
100	10 Apatit, aufgeschl., Chlorkalium u. Chilisalpeter	„	90.87	0.57	—	—	—	0.77	9.13	6.2	—	—	—	8.39	0.99
101	11 Kaliumsulfat u. Chilisalpeter	„	91.06	0.60	—	—	—	0.90	8.94	6.1	—	—	—	10.03	0.98
102	12 Knochenasche allein	„	91.30	0.60	—	—	—	0.81	8.70	6.9	—	—	—	9.29	1.10
103	13 Chilisalpeter, Knochenasche u. Kaliumsulfat	„	91.08	0.62	—	—	—	0.72	8.92	6.9	—	—	—	8.03	1.10
104	14 Ammonsulfat, Knochenasche u. Chlorkalium	„	90.13	0.59	—	—	—	0.83	9.87	6.0	—	—	—	8.43	0.96
105	15 Shoddy, Knochenasche u. Kaliumsulfat	„	90.44	0.65	—	—	—	0.85	9.56	6.8	—	—	—	8.92	1.09
106	16 Getrockn. Blut, Knochenasche u. Kaliumsulfat	„	92.00	0.60	—	—	—	0.79	8.00	7.5	—	—	—	9.86	1.20
107	17 Knochenasche u. Kaliumsulfat	„	90.85	0.64	—	—	—	0.79	9.15	7.0	—	—	—	8.61	1.12
108	18 Chilisalpeter allein	„	92.52	0.45	—	—	—	0.69	7.48	6.0	—	—	—	9.17	0.96
109	19 Kaliumsulfat, Chilisalpeter u. Knochenasche	„	93.75	—	—	—	—	0.58	6.25	—	—	—	—	9.32	—
110	20 Chlorkalium, Chilisalpeter u. Knochenasche	„	91.18	—	—	—	—	0.82	8.82	—	—	—	—	9.35	—
111	21 Chilisalpeter u. Knochenasche	„	92.55	—	—	—	—	0.74	7.45	—	—	—	—	9.92	—
112	22 Kaliumsulfat allein	„	90.97	—	—	—	—	0.80	9.03	—	—	—	—	8.82	—
113	23 Peruguano, Knochenasche u. Kaliumsulfat	„	90.03	—	—	—	—	—	9.97	—	—	—	—	—	—
114	24 Fischguano, Knochenasche u. Kaliumsulfat	„	91.07	—	—	—	—	—	8.93	—	—	—	—	—	—

No.	Bezeichnungen und Bemerkungen	Jahr der Untersuchung	In der ursprünglichen Substanz: Wasser %	Nh-Substanz %	Rohfett %	Nfr. Extractstoffe %	Rohfaser %	Asche %	Trockensubstanz %	In der Trockensubstanz: Nh-Substanz %	Rohfett %	Nfr. Extractstoffe %	Rohfaser %	Asche %	Stickstoff in der Trockensubstanz %
115	25 Ichaboe-Guano, Knochenasche u. Kaliumsulfat	1879	90.44	—	—	—	—	—	9.56	—	—	—	—	—	—
116	26 Künstlicher Guano	„	90.02	—	—	—	—	—	9.98	—	—	—	—	—	—
117	27 Ungedüngt	„	89.04	—	—	—	—	—	10.96	—	—	—	—	—	—
118	28 10 % lösl. Phosphorsäure, Ammonsulfat u. Chlorkalium . .	„	89.78	—	—	—	—	—	10.22	—	—	—	—	—	—
119	29 20 % lösl. Phosphors., Ammonsulfat u. Chlorkalium . . .	„	89.94	—	—	—	—	—	10.06	—	—	—	—	—	—
120	30 30 % lösl. Phosphors., Ammonsulfat u. Chlorkalium . . .	„	90.08	—	—	—	—	—	9.92	—	—	—	—	—	—
	Harelaw Swedes, purple top.														
121	1 Knochenasche, Kaliumsulfat u. Chilisalpeter	1880	89.4	0.78	—	7.97	1.21	0.64	10.6	7.4	—	75.4	11.4	5.8	1.18
122	2 Knochenasche, aufgeschl., Chlorkalium u. Chilisalpeter . . .	„	90.4	0.66	—	7.27	1.14	0.53	9.6	6.9	—	75.7	11.9	5.5	1.10
123	3 Coprolithen, Kaliumsulfat u. Chilisalpeter	„	89.5	0.80	—	8.02	1.14	0.54	10.5	7.6	—	76.4	10.9	5.1	1.22
124	4 Coprolithen, aufgeschl., Chlorkalium u. Chilisalpeter . . .	„	89.6	0.70	—	7.92	1.23	0.55	10.4	6.7	—	76.2	11.8	5.3	1.07
125	5 Knochenmehl, Kaliumsulfat u. Chilisalpeter	„	89.4	0.74	—	8.16	1.16	0.54	10.6	7.0	—	77.0	10.9	5.1	1.12
126	6 Knochenmehl, aufgeschl., Chlorkalium u. Chilisalpeter . . .	„	89.9	0.73	—	7.70	1.12	0.55	10.1	7.2	—	76.3	11.1	5.4	1.15
127	7 Guano-Phosphat, Kaliumsulfat, u. Chilisalpeter	„	89.3	0.83	—	8.19	1.16	0.52	10.7	7.8	—	76.5	10.8	4.9	1.25
128	8 Guano-Phosphat, aufgeschloss., Chlorkalium u. Chilisalpeter .	„	89.8	0.71	—	7.74	1.23	0.52	10.2	7.0	—	75.8	12.1	5.1	1.12
129	9 Canada-Apatit, Kaliumsulfat u. Chilisalpeter	„	89.6	0.73	—	8.03	1.12	0.52	10.4	7.0	—	77.2	10.8	5.0	1.12
130	10 Canada-Apatit, aufgeschl., Chlorkalium u. Chilisalpeter . . .	„	89.5	0.71	—	8.14	1.10	0.55	10.5	6.8	—	77.5	10.5	5.2	1.09
131	11 Curaçao-Phosphat, Kaliumsulfat u. Chilisalpeter	„	89.7	0.72	—	7.75	1.30	0.53	10.3	7.0	—	75.3	12.6	5.1	1.12
132	12 Curaçao-Phosphat, aufgeschl., Chlorkalium u. Chilisalpeter .	„	90.0	0.75	—	7.38	1.33	0.54	10.0	7.5	—	73.8	13.3	5.4	1.20
133	13 Chilisalpeter, Knochenasche u. Kaliumsulfat	„	90.0	0.77	—	7.64	1.06	0.53	10.0	7.7	—	76.4	10.6	5.3	1.23
134	14 Ammonsulfat, Knochenasche u. Chlorkalium	„	90.3	0.71	—	7.41	1.07	0.51	9.6	7.4	—	76.2	11.1	5.3	1.18
135	15 Desgl.	„	90.5	0.66	—	7.37	1.00	0.47	9.4	7.0	—	77.4	10.6	5.0	1.12

No. 121—160. **Andr. Aitken.** — Exper. Stat of the Highland and Agricult. Soc. of Scotland. Report for 1880. Fortsetzung der vorigen Düngungsversuche auf demselben Felde und Platze. Die Erträge waren in Centnern p. Acker:

	Harelaw	Pumpherston		Harelaw	Pumpherston
No. 1	157	297	No. 11	211	294
No. 2	241	385	No. 12	228	385
No. 3	202	339	No. 13	239	361
No. 4	202	310	No. 14	219	448
No. 5	206	273	No. 15	258	346
No. 6	246	308	No. 16	252	364
No. 7	223	275	No. 28	243	381
No. 8	257	334	No. 29	248	394
No. 9	177	193	No. 30	234	397
No. 10	236	390	Mittel	225	336

No.	Bezeichnungen und Bemerkungen	Jahr der Untersuchung	In der ursprünglichen Substanz: Wasser %	Nh-Substanz %	Rohfett %	Nfr. Extractstoffe %	Rohfaser %	Asche %	Trockensubstanz %	In der Trockensubstanz: Nh-Substanz %	Rohfett %	Nfr. Extractstoffe %	Rohfaser %	Asche %	Stickstoff in der Trockensubstanz %
136	16 Getrockn. Blut, Knochenasche u. Kaliumsulfat	1880	89.5	0.74	—	8.20	1.07	0.49	10.5	7.0	—	78.1	10.2	4.7	1.12
137	28 10 % lösl. Phosphorsäure, Ammonsulfat u. Chlorkalium . .	„	90.1	0.73	—	7.62	1.06	0.49	9.9	7.4	—	77.0	10.7	4.9	1.18
138	29 20 % lösl. Phosphors., Ammonsulfat u. Chlorkalium . . .	„	90.4	0.67	—	7.40	1.04	0.49	9.6	7.0	—	77.1	10.8	5.1	1.12
139	30 30 % lösl. Phosphors., Ammonsulfat u. Chlorkalium . . .	„	89.2	0.82	—	8.17	1.26	0.55	10.8	7.6	—	75.6	11.7	5.1	1.22
140	Im Mittel der Parzellen	„	89.8	0.73	—	7.80	1.14	0.53	10.2	7.2	—	76.4	11.2	5.2	1.15
	Pumpherston, Fosterton hybrid, yellows.														
141	1 Knochenasche, Kaliumsulfat u. Chilisalpeter	„	91.9	0.50	—	6.14	0.88	0.58	8.1	6.2	—	75.8	10.9	7.1	0.99
142	2 Knochenasche, aufgeschl., Chlorkalium u. Chilisalpeter . . .	„	91.8	0.48	—	6.16	0.96	0.60	8.2	5.8	—	75.2	11.7	7.3	0.93
143	3 Coprolithen, Kaliumsulfat u. Chilisalpeter	„	92.0	0.53	—	6.15	0.68	0.64	8.0	6.6	—	74.1	11.3	8.0	1.06
144	4 Coprolithen, aufgeschl., Chlorkalium u. Chilisalpeter . . .	„	91.5	0.53	—	6.33	1.00	0.64	8.5	6.2	—	74.5	11.8	7.5	0.99
145	5 Knochenmehl, Kaliumsulfat u. Chilisalpeter	„	92.0	0.46	—	6.05	0.87	0.62	8.0	5.8	—	75.5	10.9	7.8	0.93
146	6 Knochenmehl, aufgeschl., Chlorkalium u. Chilisalpeter . . .	„	91.8	0.53	—	6.17	0.87	0.63	8.2	6.6	—	75.1	10.6	7.7	1.06
147	7 Guano-Phosphat, Kaliumsulfat u. Chilisalpeter	„	92.0	0.54	—	6.16	0.68	0.62	8.0	6.8	—	74.1	11.3	7.8	1.09
148	8 Guano-Phosphat, aufgeschloss., Chlorkalium u. Chilisalpeter .	„	91.8	0.53	—	6.14	0.89	0.64	8.2	6.6	—	74.7	10.9	7.8	1.06
149	9 Canada-Apatit, Kaliumsulfat u. Chilisalpeter	„	92.9	0.44	—	5.30	0.81	0.55	7.1	6.2	—	74.6	11.4	7.8	0.99
150	10 Canada-Apatit, aufgeschl., Chlorkalium u. Chilisalpeter . . .	„	92.1	0.46	—	5.97	0.88	0.59	7.9	5.8	—	75.4	11.3	7.5	0.93
151	11 Curaçao-Phosphat, Kaliumsulfat u. Chilisalpeter	„	92.1	0.43	—	6.03	0.88	0.56	7.9	5.5	—	76.3	11.1	7.1	0.88
152	12 Curaçao-Phosphat, aufgeschl., Chlorkalium u. Chilisalpeter .	„	91.8	0.46	—	6.26	0.84	0.64	8.2	5.6	—	76.3	10.3	7.8	0.90
153	13 Chilisalpeter, Knochenmehl u. Kaliumsulfat	„	92.5	0.50	—	5.50	0.95	0.55	7.5	6.6	—	73.5	12.6	7.3	1.06
154	14 Ammonsulfat, Knochenmehl u. Chlorkalium	„	93.0	0.46	—	5.21	0.78	0.55	7.0	6.6	—	74.4	11.1	7.9	1.06
155	15 Desgl.	„	92.4	0.43	—	5.79	0.83	0.55	7.6	5.7	—	76.1	10.9	7.3	0.91
156	16 Getrockn. Blut, Knochenmehl u. Kaliumsulfat	„	92.6	0.50	—	5.49	0.86	0.55	7.4	6.8	—	74.2	11.6	7.4	1.09
157	28 10 % lösl. Phosphorsäure, Ammonsulfat u. Chlorkalium . .	„	92.6	0.41	—	5.56	0.85	0.58	7.4	5.5	—	75.2	11.5	7.8	0.88
158	29 20 % lösl. Phosphors., Ammonsulfat u. Chlorkalium . . .	„	93.1	0.46	—	5.06	0.88	0.50	6.9	6.6	—	73.5	12.7	7.2	1.06
159	30 30 % lösl. Phosphors., Ammonsulfat u. Chlorkalium . . .	„	93.0	0.40	—	5.33	0.76	0.51	7.0	5.7	—	76.1	10.9	7.3	0.91
160	Mittel	„	92.3	0.48	—	5.78	0.86	0.58	7.7	6.2	—	75.1	11.2	7.5	0.99

No.	Bezeichnungen und Bemerkungen	Jahr der Untersuchung	In der ursprünglichen Substanz: Wasser %	Nh-Substanz %	Rohfett %	Nfr. Extractstoffe %	Rohfaser %	Asche %	Trockensubstanz %	In der Trockensubstanz: Nh-Substanz %	Rohfett %	Nfr.-Extractstoffe %	Rohfaser %	Asche %	Stickstoff in der Trockensubstanz %
	Brassica Napus. — Zu verschiedener Zeit geerntet und in verschiedener Weise aufbewahrt.														
1	Swedes, am 30. November aus der Erde genommen	1875	89.10	1.50	—	(4.58	4.37)	0 45	10.90	13.76		41.02	41 09	4.13	2.20
2	Swedes, erst am 22. Februar des nächsten Jahres geerntet . .	1876	90.40	1.08	—	(4.65	3.44)	0.45	9.60	11.25		50.43	33.83	4.69	1.80
3	Swedes, am 12. März des nächsten Jahres geerntet	„	90.57	0.92	—	(4.50	3.53)	0.48	9.43	9.76		47.71	37.44	5.09	1.56
4	Swedes, am 25. April des nächsten Jahres geerntet	„	90.47	0.80	—	(4.00	4.14)	0.59	9.53	8.39		42.00	43.44	6.17	1.34
5	Swedes, leicht mit Erde und Stroh bedeckt, untersucht 12. März .	„	90.84	0.99	—	(4.71	3.01)	0.45	9.16	10.81		51.42	32.86	4.91	1.73
6	Swedes, leicht mit Erde und Stroh bedeckt, untersucht 25. April .	„	90.90	0.77	—	(3.31	4.46)	0.56	9.10	8.46		36.37	49.02	6.15	1.35
7	Swedes, im Felde stehen gebliebene, mit Erde bedeckt, unters. 12. März	„	91 13	1.09	—	(4.07	3.27)	0.44	8.87	12.29		45.88	36.87	4.96	1.97
8	Swedes, zu gleicher Zeit ausgezogene Rüben, in Gruben mit Erde bedeckt, unters. 12. März	„	92.10	0.77	—	(3.95	2.72)	0.46	7.90	9.75		50.20	34.23	5.82	1.56
9	Swedes, desgl., untersucht 25. April	„	93.13	0.81	—	(2.20	3.37)	0.49	6.87	11.79		32.03	49.05	7.13	1.89
	Gewicht d. untersucht. Rüben kg														
10	Swedes, ausgezogen 30. Sept., untersucht 2. October . 1.80	„	88.19	1.26	—	(8.73	1.17)	0.65	11.81	10.69		73.90	9.91	5.50	1.71
11	Swedes, desgl. 2.35	„	88.91	1.23	—	(8.27	1.07)	0.52	11.09	11.09		74.57	9.65	4.69	1.77
12	Swedes, desgl. 2.25	„	90.19	1.06	—	(7.02	1.13)	0.61	9.81	10.81		73.45	11.52	6.22	1.73
13	Mittel von 10—12 . . . 2.13	„	89.10	1.18	—	(8.01	1.12)	0.59	10.90	10.83		73.49	10.27	5.41	1.73
14	Swedes, ausgezogen 23. Oct., untersucht 28. October . 2.40	„	89.86	1.23	—	(7.34	1.02)	0.55	10.14	12.03		72.49	10.06	5.42	1.92
15	Swedes, desgl. 3.26	„	89.01	1.48	—	(7.61	1.14)	0.76	10.99	13.46		69.25	10.37	6.92	2.15
16	Swedes, desgl. 2.39	„	90.44	1.31	—	(6.35	1.11)	0.79	9.56	13.70		66.43	11.61	8.26	2.19
17	Mittel von 14—16 . . . 2.68	„	89.77	1.34	—	(7.10	1.09)	0.70	10.23	13.09		69.43	10.64	6.84	2.08
18	Swedes, seit d. 12. Oct. eingemietet, unters. im Januar: a. von der Aussenseite des Haufens 0.93	„	86.32	1.09	—	(10.03	1.76)	0.81	13.68	7.97		73.24	12.87	5.92	1.28
19	b. von d. Mitte desselben . . . 1.38	„	89.74	0.71	—	(8.03	0.82)	0.71	10.26	6.92		78.17	7.99	6.92	1.11
20	c. Zwischen Rand und Mitte . . 1.64	„	91.12	0.53	—	(6.36	1.21)	0.79	8.88	5.97		71.50	13.63	8.90	0.96
21	Mittel von 18—20 . . . 1.32	„	89.06	0.77	—	(8.14	1.26)	0.77	10.94	7.04		74.40	11.52	7.04	1.13

Brassica Napus. — In verschiedener Zeit geerntet.

No. 1—25. Aug. Völcker. — J. Roy. Agric. Soc. England. 2. Ser. 13. Bd. 1877. I. 257. Die untersuchten Rüben waren spät im Juni gepflanzt worden und waren noch im Wachsthum begriffen, als am 29. November ein strenger Frost eintrat, der mehrere Tage anhielt. Nach einigen milden Tagen nahm man theilweise die Ernte vor, andere Rüben blieben in der Erde und zwar:

No. 1—4 in der Erde geblieben und untersucht, nachdem sie unberührt und unbedeckt in der Erde stehen geblieben waren bis zum 22. Februar, 12. März, bezw. 25. April;

No. 5 u. 6 betreffen Rüben, die am 30. November geköpft und geputzt, mit Stroh und Erde bedeckt bis zum 12. März, resp. 25. April liegen blieben;

No. 7 war ebenfalls in der Erde stehen geblieben, wurde aber leicht mit Erde bedeckt bis zur Untersuchung am 12. März;

No. 8 u. 9 betreffen Rüben, die am 30. November mit den Köpfen aus der Erde gezogen und in flacher Grube mit Erde bedeckt bis zum 12. März, resp. 25. April liegen blieben;

No. 10—25 betreffen 12 Exemplare Rüben (bezw. von uns berechnete Mittel) von einem und demselben Felde, welche theils zu verschiedener Zeit geerntet (No. 10—12 am 30. September, No. 14—16 am 23. October) theils eingemietet und zu verschiedener Zeit der Miete entnommen wurden.

Das Wetter war im December und Januar sehr milde, in Folge dessen die Rüben in der dritten Woche des Januar Sprossn trieben.

Bei einzelnen der Rüben wurden auch Zuckerbestimmungen ausgeführt und zwar enthielten: No. 1 = 3.87%, No. 2 = 3.88%, No. 9 = 1.72%, No. 4 = 3.26% und No. 6 = 2.56% Zucker.

No. 10—24 enthielten in Wasser lösliches Eiweiss:

No. 10	11	12	14	15	16	18	19	20	22	23	24
1.06	1.07	0.87	1.06	1.27	1.10	0.74	0.55	0.35	0.94	0.83	0.76%

No.	Bezeichnungen und Bemerkungen	Jahr der Untersuchung	In der ursprünglichen Substanz: Wasser %	Nh-Substanz %	Rohfett %	Nfr. Extractstoffe %	Rohfaser %	Asche %	Trockensubstanz %	In der Trockensubstanz: Nh-Substanz %	Rohfett %	Nfr. Extractstoffe %	Rohfaser %	Asche %	Stickstoff in der Trockensubstanz %
	Gewicht d. untersucht. Rüben kg														
22	Swedes, desgl. a (untersucht 30. März) 2.28	1876	87.37	1.08	—	(9.41	1.67)	0.47	12.63	8.55	74.51		13.22	3.72	1.37
23	Swedes, desgl. b (untersucht 30. März) 2.85	„	89.35	0.97	—	(9.72	1.16)	0.61	10.65	9.10	74.28		10.89	5.73	1.46
24	Swedes, desgl. c (untersucht 30. März) 2.17	„	89.10	0.89	—	(7.55	1.75)	0.70	10.90	8.16	68.77		16.55	6.52	1.29
25	Mittel von 22—24. . . . 2.43	„	88.61	0.98	—	(8.29	1.53)	0.59	11.39	8.60	72.79		13.43	5.18	1.38
	Brassica Napus. — Eingesäuerte Kohlrüben.*)														
1	Vom 21. Mai	1871	84.08	2.25	—	—	2.43	—	15.92	14.13	—	—	15.26	—	2.26
2	a. Sand- u. aschenfrei, v. 21. April	1872	87.00	1.38	0.107	—	2.34	—	13.00	10.61	0.82	—	18.00	—	1.70
	b. Sand- u. aschenhalt., v. 21. April	1872	84.60	1.37	0.104	11.89	2.27	0.77	15.40	8.90	0.68	70.68	14.74	5.00	1.42

Brassica Rapa rapifera Metzger (Br. Rapa esculenta Koch). — Weisse Rübe, Wasserrübe, Brachrübe, Stoppelrübe, Saatrübe, Steckrübe, Turnips. — Turnip. — Rave, Chou-Turneps, Chou de Laponie.

No.	Bezeichnungen und Bemerkungen	Jahr der Untersuchung	Wasser %	Nh-Substanz %	Rohfett %	Nfr. Extractstoffe %	Rohfaser %	Asche %	Trockensubstanz %	Nh-Substanz %	Rohfett %	Nfr. Extractstoffe %	Rohfaser %	Asche %	Stickstoff in der Trockensubstanz %
1	Stoppelrübe	—	92.5	0.79	0.20	5.64	0.30	0.57	7.5	10.50	2.67	75.25	4.00	7.58	1.68°
	I. Globe Turnip.														
2	White red top hybrid T. . . .	1852	86.8	—	—	—	—	—	13.2	—	—	—	—	—	—
3	White Norfolk T.	„	89.0	—	—	—	—	—	11.0	—	—	—	—	—	—
4	White Globe T.	„	86.7	—	—	—	—	—	13.3	—	—	—	—	—	—
5	Dale's hybrid T.	„	90.0	—	—	—	—	—	10.0	—	—	—	—	—	—
6	Lawson hybrid T.	„	89.0	—	—	—	—	—	11.0	—	—	—	—	—	—
7	White Tankard T.	„	88.4	—	—	—	—	—	11.6	—	—	—	—	—	—
	II. Bullock Turnip.														
8	Improved purple top Scotsh or Bullock T.	„	86.8	—	—	—	—	—	13.2	—	—	—	—	—	—
9	Scotsh or Bullock T.	„	84.4	—	—	—	—	—	15.6	—	—	—	—	—	—
10	Altringham T.	„	87.2	—	—	—	—	—	12.8	—	—	—	—	—	—
11	Invincible yellow green top T. .	„	84.7	—	—	—	—	—	15.3	—	—	—	—	—	—
12	Aberdeen yellow with purple top T.	„	85.3	—	—	—	—	—	14.7	—	—	—	—	—	—
13	Red top Imperial yellow T. . .	„	86.6	—	—	—	—	—	13.4	—	—	—	—	—	—
14	Yellow Tankard T.	„	86.2	—	—	—	—	—	13.8	—	—	—	—	—	—

Brassica Napus. — Eingesäuerte Kohlrüben.

No. 1 u. 2. J. Fittbogen. — Landw. Jahrb. 1. 1872. 628. Zu No. 2: Die Rüben waren im Herbst in 2.5 m breite und 1.3—1.6 m tiefe Gruben eingestampft und mit einer Erdschicht bedeckt worden, welche ebenso hoch war wie die Rübenschicht. Das durchschnittliche Gewicht der Rüben war 1640 g. Die ausführliche Analyse im Vergleich mit der frischen im Herbst zur Zeit des Einlegens untersuchten Rübe ergab Folgendes:

	Frische Rübe	Eingesäuerte Rübenschnitte
Wasser	87.193	84.602
Proteïnstoffe	1.059	1.366
Traubenzucker	6.066	0.988
Rohrzucker	0.426	0.127
Milchsäurehydrat	—	1.187
Fett	0.104	0.104
Rohfaser	1.043	2.274
Nicht bestimmte organische Stoffe	3.565	6.590
Reinasche	0.544	0.773
Sand	—	1.989
	100.000	100.000
Stickstoff	0.169	0.219
Schwefel	0.033	0.032
Wasserextract	9.356	5.628
mit Proteïnsubstanzen . .	0.766	0.691
mit Nfr. Substanzen . . .	8.104	4.356
mit Aschenbestandtheilen .	0.486	0.481

Buttersäure konnte bei der qualitativen Prüfung nicht nachgewiesen werden.

Zu Brassica Napus (Kohlrübe) ist noch nachzutragen:

*) O. Kellner fand nach privater Mittheilung in der Trockensubstanz von Kohlrüben:

	Gesammt-N	N in Form von Nichtproteïn excl. Salpetersäure	Salpetersäure
Aus Osdorf (Rieselfelder) . .	2.40	0.97	0.37
Versuchsfeld Hohenheim . .	2.89	1.13	Spur

Brassica Rapa rapifera.

No. 1. J. B. Boussingault. — Dessen: Die Landw. in ihren Beziehungen zur Chemie etc. 3. Bd. 200.

No. 2—14. Rohde. — Weende'r Jahresber. 1853. I. 152. Die Rüben wurden im Vergleich mit Varietäten der Brassica Napus auf dem Eldenaer Versuchsfelde angebaut. Der Boden, ein sandiger Lehmboden, wurde mit 2 Ctr. Guano pro Morgen gedüngt. Die Bestimmung der Trockensubstanz geschah im Wasserbade bei 100° C., dürfte aber zufolge einer Bemerkung des Autors auf wissenschaftlichen Werth keinen Anspruch machen. Nach Mittheilung des Autors sind die Globe Turnip weissfleischig, die Bullock Turnip gelbfleischig.

No.	Bezeichnungen und Bemerkungen	Jahr der Untersuchung	In der ursprünglichen Substanz: Wasser %	Nh-Substanz %	Rohfett %	Nfr. Extractstoffe %	Rohfaser %	Asche %	Trocken-substanz %	In der Trockensubstanz: Nh-Substanz %	Rohfett %	Nfr. Extractstoffe %	Rohfaser %	Asche %	Stickstoff in der Trockensubstanz %
15	Greystone Turnip, auf Lehmboden gewachsen, ca. 15 Pfd. schwer .	1865	93.84	0.56	0.26	2.99	1.73	0.63	6.16	9.08	4.02	48.53	(28.15)	10.22	1.45
16	Desgl., auf Sandboden gewachsen, ca. 15 Pfd. schwer	„	94.12	0.74	0.34	2.32	1.96	0.53	5.88	12.58	5.78	39.45	(33.18)	9.01	2.01
17	Stoppelrüben, 792 g schwer . .	„	93.32	1.29	0.20	—	—	—	6.68	19.31	2.99	—	—	—	3.09
18	Desgl., klein, 405 g das Stück .	1868	90.57	1.86	0.23	—	—	—	9.43	19.72	2.44	—	—	—	3.16
19	Brassica Rapa depressa Dec. . .	1861	91.10	2.34	—	—	—	0.82	8.90	26.32	—	—	—	—	4.21
20	White Pomeranian globe . . .	1868	90.99	1.14	—	—	—	—	9.01	12.69	—	—	—	—	2.03
21	Dale's hybrid.	„	89.55	1.32	—	—	—	—	10.45	12.68	—	—	—	—	2.03
22	Yellow Tankard	„	89.32	1.58	—	—	—	—	10.68	14.87	—	—	—	—	2.37
23	White red-top Tankard	„	90.99	1.10	—	—	—	—	9.01	12.23	—	—	—	—	1.95
24	White green-top Tankard . . .	„	88.44	1.76	—	—	—	—	11.56	15.20	—	—	—	—	2.43
25	Weisse lange rothköpfige Ackerrübe v. St. Nicolas	„	87.12	1.80	—	—	—	—	12.88	14.00	—	—	—	—	2.24
26	Weisse runde Wasserrübe von St. Nicolas	„	89.23	1.50	—	—	—	—	10.77	14.00	—	—	—	—	2.24
27	White green-top globe	„	91.64	1.09	—	—	—	—	8.36	13.13	—	—	—	—	2.10
28	Green-top yellow Bullock . . .	„	89.66	1.31	—	—	—	—	10.34	12.61	—	—	—	—	2.02
29	Woolton's hybrid	„	90.10	1.38	—	—	—	—	9.90	14.00	—	—	—	—	2.24
30	White globe	„	89.92	1.18	—	—	—	—	10.08	11.80	—	—	—	—	1.89
31	Norfolk White Turnip: Gewöhnl. u. mineralische Düngung	1848	90.63	0.91	—	—	—	0.63	9.37	9.75	—	—	—	6.69	1.56[o]
32	Norfolk White Turnip: Desgl. u. Ammonsalze .	„	91.58	1.09	—	—	—	0.63	8.42	13.00	—	—	—	7.48	2.08[o]
33	Norfolk White Turnip: Desgl. u. Rapskuchen . .	„	92.22	1.14	—	—	—	0.64	7.78	14.75	—	—	—	8.21	2.36[o]
34	Norfolk White Turnip: Desgl., Ammonsalz u. Rapskuchen	„	92.12	1.58	—	—	—	0.70	7.88	20.00	—	—	—	8.92	3.20[o]
35	Stoppelrüben (mit Blättern) . .	1858	89.17	1.55	—	—	—	1.36	10.83	14.31	—	—	—	12.56	2.29
36	Durchschnittsanalysen aus früheren Untersuchungen	1853	92.11	1.27	—	—	—	0.78	7.89	16.10	—	—	—	9.89	2.58
37	Gelbe Turnips, zu Warwick (günstiges Klima)	1855	94.11	0.62	—	—	—	0.70	5.89	10.53	—	—	—	11.88	1.68
38	Desgl., zu Argyll (ungünstiges Klima)	1855	95.35	0.50	—	—	—	0.72	4.64	10.78	—	—	—	15.52	1.72
39	Steckrüben, nach starker Mistdüng.	1866	92.19	0.62	—	—	—	0.40	7.81	7.94	—	—	—	4.99	1.27[o]

No. 15 u. 16. T. Anderson. — Journ. Agric. and the Transact. 1865. 488. Von den Nh. Verbindungen waren in Wasser löslich 0.36, bezw. 0.56%. Unter Rohfaser sind hier unlösliche Stoffe, hauptsächlich Holzfaser zu verstehen.

No. 17 u. 18. J. Nessler u. Brigel. — Bericht d. V.-St. Carlsruhe 1870. 56.

No. 19. G. Wunder. — Die L. V.-St. 3. 1861. 19. Aus den Angaben des Autors über die Zusammensetzung der Ernte von uns berechnet.

No. 20—30. J. J. Fühling. — Neue Landw. Ztg. 1869. 4. Die Sorten wurden unter gleichen Verhältnissen bei Entfernungen von 47 cm und 26 cm angebaut. Von uns aus den Angaben über Ertrag an Rüben, Trockensubstanz und Proteïn berechnet. Geerntet wurden pro ha in kg:

No.	20	21	22	23	24	25	26	27	28	29	30
Frische Rüben. . . .	78624	66826	58968	53029	42568	55029	47170	54366	53029	44226	40618.5
Darin Trockensubstanz	7082.4	6982.9	6296.6	4781.4	4923.7	7086.3	5050.5	4543.5	5481.5	4377.7	4096.9
Darin Proteïn	898.9	885.3	936.0	585.0	748.8	992.6	707.8	596.7	694.2	612.3	485.6

No. 31—34. J. B. Lawes u. J. H. Gilbert. — Composition of foods in relation to respiration and the feeding of animals. London, 1853. 36. Auch in Sheep feeding and manure. Agricultural Chemistry. Part. I. 1849. 13. Aus den Angaben über Gehalt an Trockensubstanz, Asche und N abgeleitet.

No. 35. C. Karmrodt. — Ztschr. f. Rheinpreussen 1858. 293.
No. 36. Th. Anderson. — Transact. Highl. Soc. March 1854. 274.
No. 37 u. 38. Ibidem. October 1856. 418.
No. 39. H. Schultze u. E. Schulze. — L. V.-St. 9. 1867. 242. Die Steckrüben stammten vom Gute Wasserleben und waren im Jahre 1865 erbaut worden; die Untersuchung fand im Mai 1866 statt. Ausser oben angegebenem N enthielt die Rüben-Trockensubstanz noch 0.04% N in Form von Salpetersäure (0.15%).

No.	Bezeichnungen und Bemerkungen	Jahr der Untersuchung	In der ursprünglichen Substanz							In der Trockensubstanz					Stickstoff in der Trockensubstanz
			Wasser	Nh-Substanz	Rohfett	Nfr. Extractstoffe	Rohfaser	Asche	Trockensubstanz	Nh-Substanz	Rohfett	Nfr. Extractstoffe	Rohfaser	Asche	
			%	%	%	%	%	%	%	%	%	%	%	%	%
40	Weisse grünköpfige Kugel . . .	1871	92.33	1.01	—	—	—	0.62	7.67	13.22	—	—	—	8.14	2.12
41	Orangegelbe grünköpfige Jelly . .	„	90.14	1.20	—	—	—	0.74	9.86	12.17	—	—	—	7.50	1.90
42	Gelbe grünköpfige Lawrencekirk .	„	90.86	0.84	—	—	—	0.66	9.14	9.15	—	—	—	7.24	1.46
43	Ovale Pomeranian	„	92.28	0.64	—	—	—	0.61	7.72	8.28	—	—	—	7.89	1.32
44	Lange dicke weisse	„	91.64	0.73	—	—	—	0.72	8.36	8.73	—	—	—	8.57	1.40
45	Englische Futterrübe	„	92.14	1.06	—	4.58	1.26	0.96	7.86	13.50	—	58.13	16.10	12.27	2.16
46	Rothe Pfahl-Turnips	1880	87.80	1.44	—	—	—	—	12.20	11.80	—	—	—	—	1.89
47	Gelbe Horn-Turnips	„	90.48	1.25	—	—	—	—	9.52	13.12	—	—	—	—	2.11
48	Rothe Horn-Turnips	„	91.05	1.19	—	—	—	—	8.95	13.30	—	—	—	—	2.13
49	Gelbe Pfahl-Turnips	„	89.40	1.31	—	—	—	—	10.60	12.36	—	—	—	—	1.98
50	Turnips	„	87.70	1.10	—	—	—	0.90	12.30	8.94	—	—	—	7.32	1.43
51	Desgl., nach Stalldünger, sandiger Höhenboden	„	85.40	1.10	—	—	—	1.00	14.60	7.53	—	—	—	6.85	1.20
52	Desgl. von Alnarp in Schweden .	1873	87.13	1.86	—	10.09	0.98	0.94	12.87	14.45	—	70.64	7.61	7.30	2.31
53	Desgl., gelbe	1875	88.40	1.01	—	7.62	1.94	1.03	11.60	8.69	—	65.75	16.70	8.86	1.39
54	Desgl., rothe	1876	89.28	1.25	—	7.17	1.29	1.01	10.72	11.66	—	66.88	12.04	9.42	1.87
55	„Wasserrübe", Lehmboden . . .	1878	93.16	0.85	—	4.43	1.05	0.51	6.84	12.43	—	64.76	15.35	7.46	1.99
56	Weisse	1874	89.22	1.58	0.21	6.31	1.47	1.21	10.78	14.66	1.95	58.53	13.64	11.22	2.35
57	Gelbe	1874	89.01	1.75	0.22	6.88	1.19	0.95	10.99	15.92	2.00	62.61	10.83	8.64	2.55
58	Golden Tankard	1884	86.80	1.10	0.08	10.32	0.80	0.90	13.20	8.33	0.61	78.18	6.06	6.82	1.33
59	Ende August einem Acker entnommen	1876	91.01	1.24	0.05	6.08	0.98	0.64P	8.99	13.82	0.50	67.61	10.87	7.20P	2.21
60	Turnips (Kabura) in Japan gewachs.	1883	93.06	1.46	0.07	3.83	0.93	0.65	6.94	21.00	0.95	55.17	13.47	9.41	3.36o
61	Weisse grünköpfige . . } von Virnheim in Hessen	1871	92.36	1.01	—	—	—	—	7.64	13.22	—	—	—	—	2.12
62	Orangegelbe grünköpfige } von Virnheim in Hessen	„	90.14	1.20	—	—	—	—	9.86	12.17	—	—	—	—	1.95
63	Gelbe grünköpfige . . } von Virnheim in Hessen	„	90.82	0.84	—	—	—	—	9.18	9.15	—	—	—	—	1.46
64	Ovale grünköpfigo . . } von Virnheim in Hessen	„	92.27	0.64	—	—	—	—	7.73	8.28	—	—	—	—	1.32
65	Lange weisse . . . } von Virnheim in Hessen	„	91.64	0.73	—	—	—	—	8.36	8.73	—	—	—	—	1.40
66	Gelbe von Northeim	„	92.14	1.05	—	—	—	—	7.86	13.35	—	—	—	—	2.14
	Minimum } excl. No. 2—14 u. No. 35		85.40	0.50	0.05	11.22	0.80	0.40	4.64	7.53	0.50	55.17	6.06	4.99	1.20
	Maximum } excl. No. 2—14 u. No. 35		95.36	2.34	0.34	0.39	1.94	1.21	14.60	26.32	5.78	78.18	16.70	12.27	4.21
	Mittel } excl. No. 2—14 u. No. 35		90.78	1.18	0.22	5.89	1.13	0.80	9.22	12.83	2.39	63.83	12.27	8.70	2.05

No. 40—45. E. Schulze (V.-St. Darmstadt). — Bericht 1874. 35. Die untersuchten Rüben stammten theils vom Gute Virnheim, theils vom Gute Gernsheim. Erstere (40—44) waren als Stoppelrüben nach Wintergerste gebaut und hatten einen Ertrag von 640—720 Ctr. pro ha gegeben. Die untersuchten Exemplare waren 4—5 Pfd. schwer. In den Mineralstoffen der Trockensubstanz:

	No. 40	41	42	43	44
Salpetersaures Kalium .	0.39	0.49	0.19	0.11	0.71

Rüben No. 45 waren nur $1^1/_4$—$1^1/_2$ Pfd. schwer, hatten trotz günstiger Anbauverhältnisse höchstens den halben Ertrag gegeben, wie Runkelrüben. Die Trockensubstanz enthielt, den Mineralstoffen zugerechnet, 1.22 % salpetersaures Kalium.

No. 46—49. R. Heinrich (V.-St. Rostock). — Bericht 1875/81. Wismar, 1882. 76.

No. 50—51. M. Märcker (V.-St. Halle). — Privatmitthl.

No. 52—54. E. W. Olbers (V.-St. Altnarp, Schweden). — Privatmitthl.

No. 55. E. Mach (V.-St. St. Michele). — Privatmitthl. Der Zuckergehalt der Rübe betrug 0.21 %, der des Saftes 0.23 %.

No. 56 u. 57. J. König (V.-St. Münster). — 1. Bericht 1871/77. 39.

No. 58. A. Mayer (V.-St. Wageningen). — Centralbl. f. Agriculturchem. 1884. 538. Zu Wageningen (Holland) auf gutem Lehmboden und im Vergleich mit Runkelrübensorten (siehe diese No. 237 u. f.) angebaut. Ertrag pro ha 74000 kg, Zuckergehalt 7.7 %.

No. 59. H. W. Dahlen. — Landw. Jahrb. 5. 1875. 613.

No. 60. Osc. Kellner. — Chem. Anal. College of Agricult. Komaba, Tokio, Jagom 1884. 21. N in Amiden etc. (bestimmt durch Fällung mit Phosphorwolframsäure) 1.473 %, Gesammt-N 3.361 %, Eiweiss-N 1.838 % = 11.8 % Eiweiss.

No. 61—66. E. Schulze. — Landw. V.-St. 15. 1872. 170. Die untersuchten Rüben stammen von einem humosen, künstlich mit Sand gemischten Lehmboden und sind als Stoppelrüben gezogen. Ausser der angegebenen Nh. organischen Substanz enthielten die Rüben noch Nh. anorganische Substanz in Form von Salpetersäure und zwar:

	No. 61	62	63	64	65	66
In der frischen Rübe	0.016	0.026	0.009	0.004	0.032	0.051 %
In der Trockensubstanz	0.21	0.26	0.10	0.058	0.38	0.65 „
Der Gesammt-N der Trockensubstanz × 6.25 .	13.56	12.60	9.31	8.37	9.35	14.41 „

Brassica Rapa, Weisse Rüben, enthalten nach Stammer a) u. Herapath b) (Moleschott's Physiolog. d. Nahrungsmittel):

	Wasser	Organ. Substanz	Asche
a)	93.31	6.23	0.46
b)	91,26	8.09	0.65

No.	Bezeichnungen und Bemerkungen	Jahr der Untersuchung	In der ursprünglichen Substanz: Wasser %	Nh-Substanz %	Rohfett %	Nfr. Extractstoffe %	Rohfaser %	Asche %	Trockensubstanz %	In der Trockensubstanz: Nh-Substanz %	Rohfett %	Nfr. Extractstoffe %	Rohfaser %	Asche %	Stickstoff in der Trockensubstanz %
	Brassica rapa rapifera. — In verschiedenen Vegetationsperioden.														
	Aberdeen purple top														
1	Am 7. Juli gesammelt	1859	81.13	6.31	—	—	—	3.34	18.87	33.41	—	—	—	17.68	5.34
2	Am 11. August gesammelt	„	89.90	1.06	—	—	—	0.88	10.10	10.50	—	—	—	8.71	1.68
3	Am 1. September gesammelt	„	90.02	1.40	—	—	—	1.02	9.98	14.03	—	—	—	10.22	2.24
4	Am 5. October gesammelt	„	90.50	1.18	—	—	—	1.99	9.50	12.42	—	—	—	20.95	1.99
5	Drei Wochen alt } noch nicht	„	89.62	—	—	—	—	—	10.38	—	—	—	—	17.73	—
6	Sieben Wochen alt } verpflanzt	„	—	—	—	—	—	—	—	18.25	—	—	—	7.88	2.92°
7	Dreizehn Wochen alt } verpflanzt	„	91.79	2.36	—	—	—	0.93	8.21	28.44	—	—	—	11.34	4.55°
8	Achtzehn Wochen alt } verpflanzt	„	91.75	2.43	—	—	—	0.73	8.25	29.44	—	—	—	8.85	4.71°
9	Einundzwanzig Wochen alt } verpflanzt	„	91.10	2.34	—	—	—	0.82	8.90	26.31	—	—	—	9.16	4.21°
10	Zwei Wochen alt	1860	—	—	—	—	—	—	—	21.88	—	—	—	17.77	3.50°
11	Vierzehn Wochen alt	„	91.50	2.19	—	—	—	0.84	8.50	25.74	—	—	—	9.86	4.11°
12	Siebzehn Wochen alt	„	92.08	2.08	—	—	—	0.79	7.92	26.25	—	—	—	9.93	4.20°
13	Zwanzig Wochen alt	„	90.76	2.64	—	—	—	0.93	9.24	28.06	—	—	—	10.07	4.49°
14	Zweiundzwanzig Wochen alt	„	91.59	2.15	—	—	—	0.92	8.41	25.56	—	—	—	10.92	4.09°
	Brassica rapa rapifera. — Einzelne Theile der Rübe.														
1	Innerer Theil } 480 Ctr. Stalldüng.	1854	87.86	—	—	—	—	0.59	12.14	—	—	—	—	4.86	—
2	Aeusserer Theil } p. engl. Acker	„	89.43	—	—	—	—	0.78	10.57	—	—	—	—	7.38	—
3	Innerer Theil } 240 Ctr. Stalldüng.	„	88.81	—	—	—	—	0.48	11.19	—	—	—	—	4.29	—
4	Aeusserer Theil } u. 2.5 Ctr. Guano	„	88.87	—	—	—	—	0.73	11.13	—	—	—	—	6.56	—
5	Innerer Theil } 5 Ctr. Guano	„	87.45	—	—	—	—	0.63	12.55	—	—	—	—	5.02	—
6	Aeusserer Theil } 5 Ctr. Guano	„	88.21	—	—	—	—	0.67	11.79	—	—	—	—	5.68	—
7	Innerer Theil } 240 Ctr. Stalldünger u.	„	88.50	—	—	—	—	0.48	11.50	—	—	—	—	4.08	—
8	Aeusserer Theil } 12 Bushel Knochen	„	89.05	—	—	—	—	0.51	10.95	—	—	—	—	4.66	—
	Brassica rapa rapifera. — Unter dem Einflusse verschiedener Düngung.														
1	480 Ctr. Stalldünger	1854	88.64	0.92	—	—	—	0.67	11.36	8.12	—	—	—	5.90	1.30°
2	240 Ctr. Stalldünger u. 2.5 Ctr. Peruguano	1854	88.84	0.99	—	—	—	0.61	11.16	8.88	—	—	—	5.47	1.42°

In verschiedenen Vegetationsperioden.

No. 1—4. Th. Anderson. — Transact. Highl. Soc. 1860. 306. Die Pflanzen wuchsen auf einem leichten sandigen Boden, der jedoch nicht arm an Nährstoffen war und besonders viel Kali enthielt. Derselbe enthielt an den wichtigeren Nährstoffen (in 10000 Thl.):

	K_2O	CaO	MgO	P_2O_5
In Wasser löslich	1.25	0.36	0.49	0.72 Thl.
In Säuren löslich	221.05	33.77	27.71	37.77 „

Anfangs Juni 1859 wurde das Feld (in der Nähe von Kiskintilloch in Schottland), das mit 20 tons Hofdünger p. Acker gedüngt war, mit Turnips besäet. Zur Zeit der 2. Probenahme (11. Aug.) hatten die Wurzeln die Dicke von Daumenbreite bis zu der eines Hühnerei's; die Blätter bedeckten nahezu die Rüben.

No. 5—9. G. Wunder. Die Landw. V.-St. 3. 1861. 19. Die betreff. Turnipspflanzen (Br. R. depressa DC., kurze Weissrüben) wurden auf dem Versuchsfelde d. landw. V.-St. zu Chemnitz in einem der Entwicklung nicht eben sehr günstigen, ziemlich schweren Thonboden gezogen. Die Aussaat war am 18. Mai erfolgt, die Auspflanzung am 8. Juli. Die zu Ende der 7. Woche entnommenen, noch nicht versetzten Pflanzen waren in der letzten Zeit zu Folge des dichten Standes in ihrem Wachsthum etwas gehemmt, so dass die Zusammensetzung derselben von der früher und später geernteten in einzelnen Punkten wesentlich abweicht.

No. 10—14. G. Wunder. — Ebendas. 23. Bei Wiederholung desselben Versuchs wurde auf den schweren Boden eine 1½ Zoll hohe Sandschicht gebracht und der Sand mit untergegraben.

Einzelne Theile der Rübe.

No. 1—8. Templeton u. Hodges. — Weende'r Jahresber. 1855/56. I. 304. Angebaute Varietät: Skirving's purple top Swedish. Näheres siehe unter Brass. Rapa, gedüngt, No. 1—4.

Unter dem Einflusse verschiedener Düngung.

No. 1—4. Templeton u. Hodges. — Ebendas. (J. R. Agric. Soc. England 1855. 163.) Auf einem 220 Fuss hoch über dem Meere gelegenen Felde, drainirt und von gleichmässig guter Beschaffenheit, gebaut. Vorfrucht war Hafer nach Lein. Die Samen der Skirving's purple top Swedish wurden wegen trocknen Wetters erst am 4. Juli 1853 gesäet. Die oben angegebenen Düngermengen beziehen sich auf 1 engl. Acker; jede Versuchsparcelle war 1 Acker gross. Der verwendete Stallmist enthielt 23.5% organische Substanz und 1% Mineralstoffe, ferner 1.21% Stickstoff, 0.035% Kali und 0.045% Phosphorsäure. Der Guano enthielt 38.5% Asche und hatte einen 13.73% Ammoniak entsprechenden N-Gehalt. Die theils am 16. December, theils am 3. Februar aufgenommenen Rüben gaben folgenden Ertrag p. Acker:

No.	Bezeichnungen und Bemerkungen	Jahr der Untersuchung	In der ursprünglichen Substanz							In der Trockensubstanz					Stickstoff in der Trockensubstanz
			Wasser %	Nh-Substanz %	Stärke %	Nfr. Extractstoffe %	Rohfaser %	Asche %	Trockensubstanz %	Nh-Substanz %	Stärke %	Nfr. Extractstoffe %	Rohfaser %	Asche %	%
3	5 Ctr. Peruguano	1854	87.83	1.35	—	—	—	0.65	12.17	11.12	—	—	—	5.34	1.78°
4	240 Ctr. Stalldünger u. 12 Bushel Knochen	1854	88.78	1.27	—	—	—	0.50	11.22	11.37	—	—	—	4.46	1.82°

Beta vulgaris L. — Runkelrübe, Dickwurz. — Mangold. — Garden-beet. — Bette commune.

No.	Bezeichnungen und Bemerkungen	Jahr der Untersuchung	Wasser %	Nh-Substanz %	Stärke %	Nfr. Extractstoffe %	Rohfaser %	Asche %	Trockensubstanz %	Nh-Substanz %	Stärke %	Nfr. Extractstoffe %	Rohfaser %	Asche %	Stickstoff in der Trockensubstanz %
1	Gewöhnliche Feldrunkelrübe . .	—	87.8	1.26	0.10	7.90	2.20	0.76	12.2	10.38	0.82	64.53	18.03	6.24	1.66°
2	Schlesische Runkelrübe	—	84.0	1.56	0.10	11.70	2.00	0.60	16.0	9.75	0.63	73.37	12.50	3.75	1.55
3	Rothe Zuckerrunkel	—	82.0	2.81	0.10	11.60	2.50	1.00	18.0	15.61	0.56	64.38	13.89	5.56	2.50
4	„Long red Mangold", Probenahme 16. März	1848	87.06	1.88	—	—	—	1.00	12.94	14.75	—	—	—	7.74	2.36°
5	Desgl., Probenahme 3. April . .	„	86.86	1.75	—	—	—	0.98	13.14	13.63	—	—	—	7.45	2.18
6	Mittel	„	86.96	1.81	—	—	—	0.99	13.04	14.19	—	—	—	7.60	2.27
7	In Möckern gebaute Runkelrüben .	1850	87.67	—	0.16	9.63	1.79	0.75	12.33	—	1.30	78.10	14.52	6.08	—
8	Desgl.	1852	86.07	1.44	—	9.24	1.97	1.28	13.93	10.34	—	66.32	14.14	9.20	1.65
9	Lange rothe	„	85.2	1.60	—	—	—	1.14	14.8	10.79	—	—	—	7.96	1.72
10	Kurze rothe	„	84.7	2.12	—	—	—	0.75	15.3	13.88	—	—	—	4.90	2.22
11	Orange runde	„	86.5	1.94	—	—	—	0.84	13.5	14.40	—	—	—	6.23	2.30
12	Lange gelbe Mangoldrüben, über d. Erde wachsende	„	88.43	1.90	—	—	—	1.33	11.57	16.42	—	—	—	11.50	2.63
13	Lange rothe Mangoldrüben, unter der Erde wachsende	„	90.66	1.54	—	—	—	1.18	9.34	16.49	—	—	—	12.63	2.64
14	Gelbe runde Mangoldrüben . . .	„	90.24	1.75	—	—	—	1.26	9.76	17.93	—	—	—	12.91	2.87
						Zucker						Zucker			
15	Feldrunkelrübe, Ernte November .	„	88.05	—	—	—	—	—	11.95	—	—	—	—	—	—
16	Gelbe deutsche Rübe, Ernte Nov.	„	86.30	—	—	10.05*)	—	—	13.70	—	—	73.35	—	—	—
17	Rosenrothe von Valenciennes, Ende September	„	86.60	—	—	7.64	—	—	13.40	—	—	57.02	—	—	—
18	Grüne v. Valenciennes, Ende Sept.	„	85.40	—	—	7.40	—	—	14.60	—	—	50.68	—	—	—
19	Rosenrothe v. Keredou b. Nantes, Anfang October	„	87.20	—	—	8.24	—	—	12.80	—	—	64.38	—	—	—
20	Grüne von Keredou, Anf. October	„	89.04	—	—	7.24	—	—	10.96	—	—	66.06	—	—	—
21	Desgl., Anfang November . . .	„	86.00	—	—	9.32	—	—	14.00	—	—	66.57	—	—	—

No. 1	2	3	4
363 Ctr. 14 Pfd.	354 Ctr. 84 Pfd.	248 Ctr. 28 Pfd.	320 Ctr. 14 Pfd.

In unserer Quelle ist neben Wasser- und Aschengehalt noch der „Stickstoff"-Gehalt der Rüben angegeben zu 1.30, 1.42, 1.78 u. bezw. 1.82%. Wir haben angenommen, dass diese Zahlen nicht Nh. Substanz der frischen Rüben, sondern den N-gehalt der Trockensubstanz betreffen und haben darnach obigen Gehalt an Nh. Substanz berechnet.

Beta vulgaris L. Runkelrüben.

Nach Cameron's Untersuchung, bei welcher die Bestimmung der Proteïnverbindungen resp. Nh. Substanz offenbar zu niedrig ausgefallen und vermuthlich direct ausgeführt war, ist die Zusammensetzung einiger Varietäten die folgende:

	Wasser	Gummi	Zucker	Caseïn	Albumin	Holzfaser u. Pectinsäure
Lange rothe	85.18	0.67	9.79	0.39	0.09	3.08
Kurze rothe	84.68	0.50	11.90	0.26	0.18	3.31
Orange runde . . .	86.52	0.13	10.24	0.33	0.03	2.45

No. 1—3. J. B. Boussingault. — Dessen: Die Landw. in ihren Beziehungen zur Chemie etc. Deutsch von Gräger. 2. Thl. 173. 3. Thl. 200.

No. 4—6. J. B. Lawes. — Journ. R. Agric. Soc. England. X. II. 1849. 323 u. Agric. Chem. Sheep feeding and manure. P. I. 1849. 50.

No. 7 u. 8. E. Wolff. — Dessen: Grundlagen des Ackerbaues 1856. 924. Zucker 8.33, Dextrin 0.09, Pectinsäure 1.37, Albumin 0.10 und Caseïn 0.49%, letztere beide direct und offenbar zu niedrig bestimmt.

No. 9—11. Fromberg. — Wolff's Grundlagen d. Ackerbaues 1856. 925. Trockensubstanz und Wassergehalt von uns berechnet. Vergl. vorausgehende Analysen Camerons.

No. 12—14. Th. Anderson. — Trans. Highl. Soc. March. 1854. 274. Die lange gelbe Rübe wächst zum grösseren Theil ihrer Länge über der Erde, die lange rothe wächst fast ganz unter der Erde.

No. 15—21. Bobierre. — Weende'r Jahresber. 1853. II. 29. Die Runkelrüben waren im Thonboden der unteren Loire (bei Nantes) gebaut worden. Zum Vergleich wurden Rüben (Zuckerrüben?) aus der Gegend von Valenciennes untersucht. Der Zuckergehalt wurde durch Extraction mit kochendem Alkohol von 83% bestimmt.

*) Bei dieser Rübe nahm der Alkohol eine ziemlich grosse Menge eines schön gelben Farbstoffs auf, welcher also im Gewicht des Zuckers inbegriffen ist.

No.	Bezeichnungen und Bemerkungen	Jahr der Untersuchung	In der ursprünglichen Substanz							In der Trockensubstanz					Stickstoff in der Trocken-Substanz
			Wasser	Nh-Substanz	Rohfett	Nfr. Extractstoffe	Rohfaser	Asche	Trocken-substanz	Nh-Substanz	Rohfett	Nfr. Extractstoffe	Rohfaser	Asche	
			%	%	%	%	%	%	%	%	%	%	%	%	%
						Zucker						Zucker			
22		1852	81.61	2.83	—	10.20	—	0.35	18.39	15.39	—	55.46	—	1.90	2.46
23		1852	81 61	3.03	—	—	—	—	18.39	16.47	—	—	—	—	2.64
24	In Möckern gebaut	1853	88.67	0.69	—	5.61	0.96	0.90	11.33	6.09	—	49.51	8.47	7.94	0.98
25	Rothe lange, zur Hälfte über dem Boden wachsende	„	87.70	0.78	—	6.68	1.21	0.93	12.30	6.34	—	54.31	9.84	7.56	1.01
						Nfr. Extractst.						Nfr. Extractst.			
26	Runde, Mittel aus 6 Analysen . .	„	89 02	0.78	—	8.35	0.92	0.93	10.98	7.22	—	75.62	8.43	8.73	1.16
27	Lange, Mittel aus 3 Analysen . .	„	87.69	0.86	—	9.39	1.14	0.93	12.31	7.00	—	75.63	9.22	8.15	1.12
28	Im Garten zu Möckern gebaut, Mittel von 3 Sorten	1856	92.23	1.66	—	—	—	1.94	7.77	21.37	—	—	—	—	3.42°
29	Würzburger Rüben, stark gedüngt, 9—10 Pfd. schwer	1856	91.85	1.33	—	—	—	1.41	9.15	14.50	—	—	—	15.39	2.32°
30	8—9 Pfd. schwer, hohl . .	1854	89.30	1.12	—	7.04	1.15	1.39	10.70	10.47	—	65.79	10.75	12.99	1.71
31	4 Pfd. schwer, gesund . . .	„	86.00	0.80	—	—	—	1.19	14.00	8.71	—	—	—	8.50	1.39
32	4 Pfd. schwer, etwas hohl .	„	87.90	0.73	—	—	—	1.06	12.10	6.03	—	—	—	8.76	0.96
33	Desgl.	„	89.2	0.75	—	—	—	1.26	10.80	6.94	—	—	—	11.67	1.11
34	Gegen 5 Pfd. schwer, gesund	„	88.6	0.80	—	8.71	0.01	0.98	11.40	7.02	—	76.40	7.98	8.60	1.12
35	2 Pfd. schwer, gesund . . .	„	86.20	1.14	—	—	1.08	1.24	13.80	8.26	—	—	7.82	8.99	1.32
36	3 Pfd. schwer, gesund . . .	„	90.10	1.03	—	—	—	1.33	9.90	10.91	—	—	—	13.43	1.75
37	2 Pfd. schwer, etwas schwammig } stark gedüngt (No. 30—41)	„	88.00	0.94	—	—	—	1.37	12.00	7.83	—	—	—	11.42	1.25
38	Gelbe, weit gepflanzt, gegen 10 Pfd. schwer	1855	91.09	1.10	—	—	—	1.13	8.91	12.37	—	—	—	12.85	1.98°
39	Gelbe, eng gepflanzt, gegen 7 Pfd. schwer	„	89.02	1.09	—	—	—	1.11	10.98	9.94	—	—	—	10.30	1.59°
40	Rothe, weit gepflanzt, 7 Pfd. schwer	„	91.25	0.75	—	—	—	1.11	8.75	8.56	—	—	—	12.70	1.37°
41	Rothe, eng gepfl., 3 Pfd. schwer	„	85.68	1.10	—	—	—	1.07	14.32	7.94	—	—	—	7.75	1.27°
42	Oberndörfer, gelbe, 1 Pfd. schwer	1859	85.05	1.28	0.09	11.91	0.90	0.77	14.95	8.56	0.60	79.70	5.99	5.15	1.37
43	Steiger'sche (Leutewitzer) Rübe, 2.23 Pfd. schwer	„	88.45	1.69	0.08	7.85	1.03	0.90	11.55	14.63	0.69	71.97	8.92	7.79	2.34
44	Koppe's Futter-Zuckerrunkel, 1.76 Pfd. schwer	„	83.95	0.92	0.11	12.31	1.81	0.90	16.05	5.73	0.69	76.59	11.28	5.71	0.92
45	Desgl., 1 Pfd. schwer	„	82.29	0.88	0.10	14.24	1.54	0.95	17.71	4.97	0.56	80.41	8.70	5.36	0.79
46	Desgl., 0.37 Pfd. schwer . . .	„	81.88	0.81	0.09	15.02	1.30	0.90	18.12	4.47	0.50	82.90	7.17	4.96	0.72
47	Mittel	„	83.17	0.90	0.10	13.24	1.67	0.92	16.83	5.35	0.59	78.67	9.92	5.47	0.86

No. 22 u. 23. Frerichs. — Aus J. Moleschott's Physiologie der Nahrungsmittel. Giessen, 1859. 2. Thl. 161.

No. 24. H. Ritthausen. — E. Wolff's „Grundlagen des Ackerbaues". 3. Aufl. S. 922. Im Mittel aus 4 Untersuchungen von Rüben verschiedener Grösse. Vergl. Abthl. Einfluss der Grösse der Rüben auf die Zusammensetzung derselben. Die Rüben waren geblattet worden.

No. 25. H. Ritthausen. — Ebendaselbst. Ebenfalls Mittel der Analysen grosser und kleiner Rüben.

No. 26 u. 27. H. Ritthausen. — Möckern'sche Berichte 1854. 22.

No. 28 u. 29. H. Ritthausen. — Amts- u. Anzeigebl. 1857. 73. In der Trockensubstanz der 3 Sorten (Mittel No. 29) war enthalten:

	1. Sorte	2. Sorte	3. Sorte
Mineralsubstanz	25.00	13.75	8.24%
Proteïn	21.64	14.88	12.88 „

Die Würzburger Rüben, Gewicht sämmtlicher Exemplare je 9—10 Pfd., waren in stark mit Stallmist und Jauche gedüngtem Boden gewachsen.

No. 30—37. H. Hellriegel. — Chem. Ackersm. 1856. 229.

No. 38—41. H. Hellriegel u. H. Gaudich. — Amts- u. Anzgbl. f. Kgr. Sachsen 1857. 22. (Chem. Ackersm. 1857. 210.)

No. 42—52. Th. Dietrich (V.-St. Heidau). — Landw. Anz. f. Kurhessen 1859. 44. 1860. 35. Die Rüben unter 42—47 waren vergleichend in Heidau, lehmiger Sandboden, angebaut worden. Der Samen der „Leutewitzer" war direct von Leutewitz (Steiger), der Samen der Koppe'schen „Futter"- und „Zucker-Runkelrübe" von Hohenheim bezogen worden. Der Samen der Oberndörfer war in Heidau selbst gebaut worden. Die Rüben wurden durch Verpflanzen von jungen Pflanzen erzogen. An Rüben wurden geerntet von der

Oberndörfer Rübe	240 Ctr. (pro hess. Acker)
Koppe'sche Rübe	250 Ctr.
Leutewitzer Rübe	260 Ctr.

No.	Bezeichnungen und Bemerkungen	Jahr der Untersuchung	In der ursprünglichen Substanz							In der Trockensubstanz					Stickstoff in der Trockensubstanz
			Wasser %	Nh-Substanz %	Rohfett %	Nfr. Extractstoffe %	Rohfaser %	Asche %	Trockensubstanz %	Nh-Substanz %	Rohfett %	Nfr. Extractstoffe %	Rohfaser %	Asche %	%
48	Rothe Rübe, 1.1 Pfd. schwer . .	1859	78.40	1.50	—	16.70	1.70	1.70	21.60	6.95	—	77.31	7.87	7.87	1.11
49	Gelbe Rübe, 0.8 Pfd. schwer . .	„	75.40	1.95	—	18.00	2.20	2.45	24.60	7.93	—	73.17	8.94	9.96	1.27
50	Gelbe runde, 1.85 Pfd. schwer .	„	86.00	1.17	—	11.05	0.73	1.05	14.00	8.36	—	78.93	5.21	7.50	1.34
51	Rothe runde, 1.65 Pfd. schwer .	„	86.70	1.16	—	10.02	1.05	1.07	13.30	8.72	—	75.34	7.89	8.05	1.40
52	Rothe lange, 2.28 Pfd. schwer .	„	84.20	1.14	—	12.32	1.21	1.13	15.80	7.34	—	77.85	7.66	7.15	1.17
53	Oberndörfer	1857	88.94	1.66	—	7.32	0.91	1.17	11.06	15.01	—	66.18	8.23	10.58	2.40
54	Futterrunkelrübe	„	87.68	1.12	—	9.74	0.84	0.62	12.32	9.12	—	79.02	6.85	5.01	1.46
55	Yellow globe	„	87.44	1.10	—	—	—	1.47	12.56	8.76	—	—	—	11.70	1.40
56	Desgl.	„	88.45	0.99	—	—	—	1.02	11.55	8.57	—	—	—	8.83	1.37
57	Futter-Runkelrübe, 6. October geerntet, 1307 g	1855	90.02	0.69	—	—	—	0.97	9.98	6.94	—	—	—	9.72	1.11°
58	Futterrübe, 5. October geerntet .	„	90.50	1.18	—	—	—	1.99	9.50	12.42	—	—	—	20.95	1.99
59	Rüben auf Lehmboden gewachsen .	1858	87.14	2.37	—	7.29	1.29	1.91	12.86	18.43	—	56.69	10.06	14.82	2.95
60	Auf Lehmboden mit $1^1/_2$ Ctr. Gyps gedüngt	„	89.04	2.29	—	6.13	0.88	1.66	10.96	20.89	—	55.80	8.17	15.14	3.34
61	Auf Lehmboden m. $1^1/_2$ Ctr. Schlämmkreide gedüngt	„	88.66	2.38	—	6.64	0.90	1.42	11.34	20.98	—	58.56	7.98	12.48	3.37
62	Auf sehr unfruchtbarem Sand gew.	„	90.74	1.91	—	4.34	1.38	1.63	9.26	20.64	—	47.87	14.94	17.55	3.30
63	Mittel von 2 Analysen	1855	86.68	1.23	—	9.35	1.75	0.99	13.32	9.23	—	70.10	13.14	7.43	1.48
64		„	82.70	1.80	—	13.40	0.80	1.30	17.30	10.40	—	77.48	4.61	7.51	1.66
65	Zwei Jahre alt, gesund	„	92.25	1.13	—	4.08	1.18	1.36	7.75	14.57	—	52.67	15.22	17.54	2.32°
66		„	86.53	1.64	—	—	3.40	—	13.47	12.18	—	—	25.24	—	1.95
67		1854	86.45	2.57	—	—	2.53	1.35	13.55	18.97	—	52.39	18.67	9.97	3.04
68	Rothe runde Oberdörfer, Sandboden	1859	—	1.31	—	—	—	1.09	—	—	—	—	—	—	—
69	Desgl., leichter Lehmboden . .	„	—	1.18	—	—	—	1.15	—	—	—	—	—	—	—
70	Runkelrüben	„	85.40	1.47	—	9.70	2.00	0.84	14.60	10.07	—	70.48	13.70	5.75	1.61

An näheren Bestandtheilen wurden noch ermittelt:

	Traubenzucker	Rohrzucker	Pectinstoffe
No. 42	1.08	9.48	1.35
No. 43	0.23	5.44	2.18
No. 44	—	10.56	1.70
No. 45	—	11.04	3.25
No. 46	—	12.58	2.51

Die bei den Rüben unter No. 48—52 angegebenen Gewichte sind das Mittel des Gewichts von je 3 zur Untersuchung gelangten Rüben.

No. 53. R. Ulbricht (V.-St. Dahme). — Lüdersdorff's Annal. d. Landw. 33. 154.

No. 54. W. Henneberg (V.-St. Weende). — Journ. f. Landw. 1859. 324.

No. 55 u. 56. A. Völcker. — Journ. Roy. Agric. Soc. Engl. 21. 97. An näheren Bestandtheilen wurden ermittelt:

	Zucker, Gummi u. lösliches Pectin	Lösliches Proteïn	Unlösliches Proteïn	Lösliche Mineralstoffe	Unlösliche Mineralstoffe	Holzfaser u. unlösl. Pectin
No. 55	7.408	0.956	0.144	1.356	0.113	2.583
No. 56	7.538	0.887	0.104	0.952	0.074	1.995

No. 57. E. Wolff. — Mitthl. aus Hohenheim. 5. 161.

No. 58. Th. Anderson. — Trans. Highl. Soc. 1860. March. 306. Juli 369.

No. 59—62. W. Knop u. Ritter. — Amts- u. Anzgbl. f. d. Königr. Sachsen 1859. 6. Die Rüben wurden in Kästen von 2 Ellen Breite, 3 Ellen Länge und 1 Elle 2 Zoll Tiefe gebaut. Der Boden wurde mit wenig Guano gedüngt.

No. 63. W. Knop u. Arendt. — Möckern'sche Ber. 5. 82. Zucker 4.95%.

No. 64. F. Crusius. — Ztschr. f. Deutsche Landw. 1856 50.

No. 65. A. Völcker. — Hoffmann's Jahresber. d. Agriculturchemie. 2. 1859/60. 74. (J. R. Agr. Soc. Engl. 20. 1. 131.) An näheren Bestandtheilen wurden noch ermittelt:

	Lösliche Proteïnstoffe	Unlösliche Proteïnstoffe	Zucker, Gummi, Pectin	Lösliche Salze
In der frischen Rübe . . .	0.97	0.16	4.08	1.23
In der Trockensubstanz . .	12.51	2.06	52.67	15.87

No. 66. Trommer. — Weende'r Jahresber. 1853. II. 29. Mittel von 3 Analysen verschieden gedüngter Rüben.

No. 67. Herth. — Ebendas. 1855/56. II. 32. (Aus Wilda's landw. Centralbl. 1855. I. 290 u. Bad. Correspondenzblatt 1855. 37.) Unter Rohfaser ist „Pflanzenfaser u. Pectin" zu verstehen, 7.20% Zucker.

No. 68 u. 69. Töpler. — Hoffmann's Jahresber. 3. 1860/61. 237. In Kästen, unter Einfluss verschiedener Düngemittel gezogene Rüben. Von uns berechnete Mittel von je 6 Analysen. Vergl. gedüngte Rüben No. 17—28. Ausser Proteïn und Asche wurden noch bestimmt:

	No. 68	69
Rohrzucker	6.20	6.36
Cellulose und Pectin . . .	2.31	2.26

No. 70. W. Knop (V.-St. Möckern). — Amtsbl. f. d. landw. Vereine i. Königr. Sachsen 1859. 66.

No.	Bezeichnungen und Bemerkungen	Mittleres Gew. kg	Jahr der Untersuchung	In der ursprünglichen Substanz: Wasser %	Nh-Substanz %	Rohfett %	Nfr. Extractstoffe %	Rohfaser %	Asche %	Trockensubstanz %	In der Trockensubstanz: Nh-Substanz %	Rohfett %	Nfr. Extractstoffe %	Rohfaser %	Asche %	Stickstoff in der Trocken-Substanz %
71	Albert's grösste neue Riesen	2.40	1861	88.66	1.44	0.20	8.67	—	1.04	11.34	12.70	1.76	76.37	—	9.17	2.03
72	Pohl's gelbe Riesen . . .	2.20	„	88.53	1.51	0.23	8.86	—	0.88	11.47	13.16	2.00	77.17	—	7.67	2.11
73	Leutewitzer, gelbe . . .	2.33	„	89.62	1.45	0.18	7.63	—	1.12	10.38	13.97	1.73	73.51	—	10.79	2.24
74	Runde gelbe Wiener Teller-	1.34	„	85.92	1.72	0.22	11.12	—	1.02	14.08	12.23	1.56	78.96	—	7.25	1.96
75	Runde rothe Klumpers . .	1.26	„	83.30	1.89	0.55	13.37	—	0.88	16.70	11.34	3.30	80.44	—	4.92	1.81
76	Oberndörfer, echte . . .	2.45	„	88.52	1.41	0.20	8.92	—	0.95	11.48	12.28	1.74	77.70	—	8.28	1.96
77	Runde rothe Wiener Teller-	2 03	„	87.26	1.51	0.22	9.83	—	1.18	12.74	11.85	1.73	77.16	—	9.26	1.90
78	Metz No. 1	2.31	„	89.51	1.20	0.19	7.93	—	1.16	10.49	11.44	1.81	75.69	—	11.06	1.83
79	Metz No. 3	2.80	„	89·40	1.06	0.19	8.31	—	1.04	10.60	10.00	1.79	78.40	—	9.81	1.60
80	Runde gelbe Klumpers . .	1.60	„	85.81	1.30	0.23	11.70	—	0.95	14.19	9.16	1.62	82.53	—	6.69	1.47
81	Lange gelbe aus der Erde wachsend	1.12	„	84.90	1.65	0.31	11.43	—	1.71	15.10	10.93	2.05	75.70	—	11.32	1.73
82	Rothe Flaschenrübe . . .	0.70	„	84.42	1.43	0.26	12.18	—	1.71	15.58	9.18	1.67	78.18	—	10.97	1.45
83	Gelbe Flaschenrübe . . .	1.31	„	87.15	1.09	0.22	10.42	—	1.12	12.85	8.48	1.71	81.09	—	8.72	1.34
84	Halblange gelbe Rübe . .	1.16	„	86.93	1.14	0.29	10.58	—	1.06	13.07	8.74	2.22	80.91	—	8.13	1.40
85	Lange weisse aus der Erde wachsend	1.60	„	85.99	1.59	0.21	11.23	—	0.97	14.01	11.35	1.50	80.23	—	6.92	1.82
86	Rothe Riesen Pfahl- . .	2.12	„	88.62	1.09	0.26	8.77	—	1.25	11.38	9.58	2.35	77.09	—	10.98	1.53
87	Lange rothe a. d. Erde wachs.	1.69	„	87.26	1.23	0.29	10.02	—	1.21	12.74	9.65	2.28	78.57	—	9.50	1.54
88	Halblange dicke rothe . .	1.32	„	85.95	1.35	0.24	11.22	—	1.24	14.05	9.61	1.71	79.85	—	8.83	1.54
89	Orange globe Mangold, schwerer Thonboden		1865	90.05	1.33	—	—	—	1.21	9.95	13.37	—	—	—	12.16	2.14
90	Aus Quesnoy sur Deule, ungedüngt		„	85.55	—	—	—	—	0.72	14.45	—	—	—	—	4.98	—
91	Ebendaher, mit flamändischem Dünger gedüngt		„	85.30	—	—	—	—	0.80	14.70	—	—	—	—	5.44	—
92	Ebendaher, mit Oelkuchen gedüngt		„	85.65	—	—	—	—	0.73	14.35	—	—	—	—	5.09	—
93	Ebendaher, mit Guano gedüngt .		„	86.00	—	—	—	—	0.67	14.00	—	—	—	—	4.79	—
94	Köpfe der Rüben von No. 92 . .		„	86.76	—	—	—	—	0.86	13.24	—	—	—	—	6.50	—
95	Sumpfiger Boden von St. Omer, mit Schlamm gedüngt		„	88.74	—	—	—	—	0.97	11.26	—	—	—	—	8.61	—
96	Niederungen v. Dünkirchen, unged.		„	87.26	—	—	—	—	1.08	12.74	—	—	—	—	8.58	—
97	Lille, mit flamändischem Dünger .		„	89.70	—	—	—	—	0.87	10.30	—	—	—	—	8.45	—
98	Nevers, mit Stallmist u. flüssigem Dünger		„	84.72	—	—	—	—	0.77	15.28	—	—	—	—	5.04	—
99	Aisne, ebenso gedüngt		„	78.50	—	—	—	—	1.30	21.50	—	—	—	—	6.05	—
100	Futter-Runkelrüben		1864	87.81	1.19	--	9.57	0.92	0.71	12.19	9.75	—	76.88	7.55	5.82P	1.57
101	Desgl.		1863	87.85	0.84	0.19	9.03	1.15	0.94	12.15	6.91	1.56	74.31	9.47	7.75	1.11
102	Desgl.		„	89.10	1.10	0.10	7.90	1.00	0.80	10.90	10.09	0.91	72.49	9.17	7.34	1.61

No. 71—88. C. Karmrodt. — Ztschr. d. landw. Ver. f. Rheinpreussen 1863. 160. Die stickstoffhaltige Substanz wurde aus dem N-Gehalt durch Multiplication mit 6.25 erhalten. Der nachstehende Zuckergehalt wurde durch Polarisation ermittelt. Die Ernteerträge, pro ha in kg berechnet, waren folgende:

No.	71	72	73	74	75	76	77	78	79	80	81	82	83	84	85	86	87	88
Zuckergehalt	6.50	7.07	5.89	8.05	10.23	6.24	6.97	4.51	6.30	8.89	9.47	9.55	7.87	8.34	8.60	5.34	8.66	9.41 %
Erntegewicht	88901	60372	83889	57915	58968	71702	57564	—	—	66905	69362	45043	62225	68796	68445	101790	59768	51597

No. 89. Aug. Völcker. — J. R. Agric. Soc. 1866. 210. Mittel aus 9 Analysen verschieden gedüngter Rüben. Vergl. No. 29—37 gedüngter Rüben.

No. 90—99. B. Corenwinder. — Hoffmann's Jshresber. 8. (1865.) 106. (Compt. rend. 60. 154.) Der Zuckergehalt wurde wie folgt gefunden:

No.	90	91	92	93	94	95	96	97	98	99
Zucker . . .	10.09	9.73	9.53	8.80	6.60	6.82	7.15	5.22	11.00	13.75 %

No. 100. W. Henneberg, G. Kühn, L. Aronstein u. H. Schultze. — J. f. Landw. 1865. 349. Das wässrige Extract der Trockensubstanz enthielt 7.69 % Nh. Substanz, 74.93 % Nfr. Substanz.

No. 101. F. Stohmann. — J. f. Landw. 1865. Anhang S. 1.

No. 102. W. Henneberg. — Ibid. 1866. 331. Der Fettgehalt wurde nicht direct bestimmt, sondern wie früher gefunden angenommen.

No.	Bezeichnungen und Bemerkungen	Jahr der Untersuchung	In der ursprünglichen Substanz							In der Trockensubstanz					Stickstoff in der Trockensubstanz
			Wasser %	Nh-Substanz %	Rohfett %	Nfr. Extractstoffe %	Rohfaser %	Asche %	Trockensubstanz %	Nh-Substanz %	Rohfett %	Nfr. Extractstoffe %	Rohfaser %	Asche %	%
103	Runkeln	1866	88.42	1.78	0.06	8.74	1.05	0.95	11.58	15.37	0.52	68.56	9.07	6.48	2.46
104		„	84.13	1.61	0.12	12.17	1.17	0.80	15.87	10.14	0.76	76.69	7.37	5.04	1.62
105		„	87.90	1.10	0.10	9.10	0.85	0.95	12.10	9.09	0.83	75.21	7.02	7.85	1.45
106	Mittel aus 3 Analysen	„	87.52	1.02	0.20	8.63	1.38	1.25	12.48	8.17	1.60	69.15	11.06	10.02	1.31
107	Futterrüben (Mangolds)	„	86.99	1.08	—	—	—	0.91	13.01	8.30	—	—	—	6.99	1.33
108	Gelbe Futterrunkelrüben von 1865, 12. April 1866	„	87.22	0.79	—	—	—	1.02	12.78	6.18	—	—	—	7.99	0.99°
109	Desgl. von 1865, 11. Juli 1866 .	„	89.75	0.75	—	—	—	0.88	10.25	7.31	—	—	—	8.61	1.17
110	Desgl. von 1866, vor der Reife geerntet, 25. Jnli 1866 . . .	„	91.70	0.73	—	—	—	0.67	8.30	8.81	—	—	—	8.08	1.41
111	Desgl., 27. Juli 1866	„	91.79	1.12	—	—	—	0.83	8.21	13.62	—	—	—	10.13	2.18
112	Oberndorfer Rübe, 1865 er Ernte, untersucht November	1865	87.07	1.47	0.17	9.56	0.93	0.86	12.93	11.37	1.31	73.48	7.19	6.65	1.82
113	Desgl., untersucht Februar . . .	1866	89.85	0.95	—	7.44	0.90	—	10.15	9.36	—	81.77	8.87	—	1.50
114	Oberndorfer, 1868 er Ernte, 14 Pfd. schwer	1868	91.31	1.98	—	—	0.86	—	8.69	22.79	—	—	9.90	—	3.65
115	Desgl., 4 Pfd. schwer	„	89.75	1.75	—	—	0.79	—	10.25	17.07	—	—	7.71	—	2.73
116	Oberndorfer	1871	89.48	0.94	0.08	7.83	0.74	0.94	10.52	8.94	0.72	74.46	7.04	8.84	1.43
117	Vilmorin-Futterrübe	„	89.49	1.21	0.07	7.19	0.77	1.27	10.51	11.54	0.62	68.49	7.28	12.07	1.85
118		1869	86.71	2.12	0.22	7.94	1.16	1.85	13.29	15.95	1.66	59.74	8.73	13.92	2.55
119	Olivenförmige	1870	84.65	1.50	0.14	10.81	1.32	1.58	15.35	9.77	0.91	70.37	8.66	10.29	1.56
120	Auf Lehmboden gewachsen . . .	1868	87.52	1.02	0.20	8.63	1.38	1.25P	12.48	8.17	1.60	69.51	11.06	9.66	1.31
121	Desgl.	1869	88.20	1.59	0.14	7.42	1.31	1.33	11.80	13.76	1.19	62.68	11.10	11.27	2.20
122	Goldwalze	1878	88.84	1.94	0.31	6.46	1.34	1.11	11.16	17.38	2.78	57.88	12.01	9.95	2.78
123	In Pommritz gewachsen	1869	87.51	2.14	0.22	8.01	1.17	0.95	12.49	17.13	1.76	64.13	9.37	7.61	2.74
124	Desgl., im Frühjahr untersucht .	„	89.17	1.47	0.06	7.62	0.76	0.92	10.83	13.60	0.56	70.35	7.04	8.45	2.18
125	Futterrüben, flaschenförmig, Ende November untersucht	1872	84.83	0.93	0.06	12.48	0.93	0.75	15.17	6.16	0.39	82.32	6.16	4.97	0.99
126	Desgl., lang, Ende Nov. untersucht	„	82.36	1.07	0.09	13.83	1.60	1.05	17.64	6.08	0.48	78.40	9.07	5.97	0.97
127	Desgl.	„	89.73	0.92	0.18	6.86	1.30	1.01	10.27	8.87	1.74	67.11	12.54	9.74	1.42

No. 103. E. Wolff. — L. V.-St. 10. 1868. 86.
No. 104. J. Moser u. Lenz. — Weende'r Jahresber. 1867/68. 539. (Wiener allgem. land- u. forstw. Ztg. 1867. 999.)
No. 105. E. Peters. — Annal. d. Landw. in Preussen. 50. (1867.) 6.
No. 106. Fritzsche. — Jahresber. d. V.-St. Pommritz 1867/68. 27. Mittel aus 3 Analysen.
No. 107. Th. Anderson. — Trans. Highl. and Agric. Soc. of Scotland 1868/69. Ser. 4. II. 66.
No. 108—111. H. Schultze u. E. Schulze (V.-St. Weende). — L. V.-St. 9. 1867. 434. Die Rüben unter 108 u. 109 stammten vom Klostergute Weende.
No. 112 u. 113. J. Nessler u. E. Muth (V.-St. Karlsruhe). — Deren Bericht 1870. 56. Als „Zucker bestimmbare Körper“ 7.50 bezw. 6.01 %.
No. 114 u. 115. J. Nessler u. C. Weigelt (V.-St. Karlsruhe). — Ebendaselbst. Als „Zucker bestimmbare Körper“ 3.38 bezw. 6.15 %.
No. 116 u. 117. E. Schulze. — Bericht d. V.-St. Darmstadt 1874. 38. Das Feld, auf welchem die beiden Rübensorten gewachsen waren, hatte im Vorjahre Weizen, und vor diesem Wicken getragen, zu welchen letzteren starke Pfuhldüngung und ausserdem 4 Ctr. Kalisuperphosphat pr. Morgen gegeben worden war. Die Rüben enthielten (oben der Asche zugerechnet) salpetersaures Kalium:

	No. 116	117
In der frischen Rübe . .	0.160 %	0.453 %
In der Trockensubstanz .	1.52 „	4.31 „

Der Gehalt der Rüben an Trockensubstanz war je nach der Grösse der Rüben:

	No. 116	117
Kleine	11.99 %	11.39 %
Mittlere	10.45 „	11.53 „
Grosse	9.09 „	8.60 „
Mittlerer Trockengehalt .	10.52 %	10.51 %

No. 118—122. E. Heiden u. Fritzsche (V.-St. Pommritz). — Privatmitthl. Die Rüben enthielten (in der Asche) Sand:

No. 118	119	122
0.94	0.01	0.29.

No. 123. E. Heiden. — Kleine Mitthl. d. V.-St. Pommritz im Jahre 1872. Zucker 5.77 %.
No. 124. E. Wolff u. C. Kreuzhage. — Die landw.-chem. V.-St. Hohenheim v. E. Wolff. Ein Progr. Berlin, 1871. 77.
No. 125 u. 126. U. Kreusler u. R. Alberti. — 1. Ber. d. V.-St. Hildesheim. 29.
No. 127. R. Alberti. — 2. Ber. d. V.-St. Hildesheim. 26.

No.	Bezeichnungen und Bemerkungen	Jahr der Untersuchung	In der ursprünglichen Substanz							In der Trockensubstanz					Stickstoff in der Trockensubstanz
			Wasser %	Nh-Substanz %	Rohfett %	Nfr. Extractstoffe %	Rohfaser %	Asche %	Trockensubstanz %	Nh-Substanz %	Rohfett %	Nfr. Extractstoffe %	Rohfaser %	Asche %	%
128		1871	84.34	0.82[1])	0.11	13.02	0.90	0.81	15.66	5.22[1])	0.68	83.18	5.73	5.19P	0.90
129	Oberndörfer Rübe	„	91.45	0.69	0.17	6.33	0.56	0.80	8.55	8.25	1.99	73.87	6.55	9.34	1.32
130	Runkelrüben	1881	89.85	0.94	0.06	7.48	0.79	0.88	10.15	9.26	0.59	73.70	7.78	8.67	1.50
131	Desgl.	„	89.10	0.96	0.06	8.35	0.70	0.83	10.90	6.11	0.55	79.31	6.42	7.61	0.98
132	Desgl.	„	89.77	1.23	0.07	7.04	0.77	1.12	10.23	12.02	0.68	68.82	7.53	10.95	1.92
133	Desgl.	1880	88.63	0.93	0.05	8.73[2])	0.75	0.91	11.37	8.18	0.44	76.78	6.60	8.00	1.29
134	„Buchner'sche Futterrüben" . .	1871	87.32	1.22	0.13	9.66	0.94	0.73	12.68	9.62	1.02	76.20	7.41	5.75	1.54
135	Rothe Oberndörfer	„	85.99	1.51	0.17	10.11	1.05	1.17	14.01	10.78	1.21	72.17	7.49	8.35	1.72
136	Runde gelbe Oberndörfer . . .	1875	91.18	0.82	0.07	6.14	0.86	0.93	8.82	9.30	0.79	69.62	9.75	10.54	1.49
137	Leutewitzer Runkelrübe	„	89.83	1.06	0.06	7.09	0.85	1.11	10.17	10.41	0.59	69.75	8.35	10.90	1.67
138	Rothe Runkelrübe	1876	91.17	1.28	0.10	5.31	0.79	1.35	8.83	14.50	1.13	60.13	8.95	15.29	2.32
139	Gelbe Runkelrübe	„	89.26	1.04	0.14	7.37	1.03	1.16	10.74	9.68	1.30	68.63	9.59	10.80	1.55
140	Oberndörfer Futterrüben, milder Lehmboden	1880	88.49	1.00	0.03	8.71	0.87	0.90	11.51	8.69	0.26	75.67	7.56	7.82	1.39
141	In Schweden (Alnarp) gewachsen .	1876	89.86	0.50	—	7.37	1.24	1.03	10.14	4.93	—	72.68	12.23	10.16	0.79
142	Runkelrübe, birnförmig	1877	88.40	—	—	—	0.90	1.00	11.60	—	—	—	7.76	8.62	—
143	Desgl., rothe Land-	„	86.20	—	—	—	0.80	1.00	13.80	—	—	—	5.80	7.25	—
144	Futterrüben, 1877 er, April unters.	1878	90.68	1.64	0.07	6.04	0.49	1.08	9.32	17.60	0.75	64.80	5.26	11.59	2.82
145	Desgl., 1878 er, October untersucht	„	86.04	1.34	0.15	10.53	0.82	1.13	13.96	9.60	1.07	75.37	5.87	8.09	1.54
146	Runkelrübe	„	87.77	0.85	0.06	9.13	1.06	1.13	12.23	6.95	0.49	74.65	8.67	9.24	1.11
147	Futterrunkeln, 1874er Ernte, Anfang Januar	1875	88.02	1.06	0.04	9.12	0.68	1.08	11.98	8.85	0.33	76.13	5.68	9.01	1.42
148	Desgl., Ende Februar	„	88.15	1.19	0.02	8.86	0.63	1.15	11.85	10.04	0.17	74.77	5.32	9.70	1.61
149	Zucker-Futterrunkel, 932 g schwer	1878	83.42	1.34	—	13.35	0.86	1.03	16.58	8.08	—	80.52	5.19	6.21	1.29
150	Desgl., 1080 g schwer	„	84.07	1.45	—	14.67	0.95	0.86	15.93	9.10	—	79.54	5.96	5.40	1.46
151	Desgl., 1245 g schwer	„	89.57	1.29	—	7.50	0.67	0.97	10.43	12.37	—	71.91	6.42	9.30	1.98
152	Riesenpfahlrübe, roth, October .	1879	90.43	1.24	0.11	7.01	0.60	0.61	9.57	12.96	1.15	73.25	6.27	6.37	2.07
153	Mammuthrübe, weiss, October . .	„	88.88	2.03	0.16	7.35	0.82	0.76	11.12	18.26	1.44	66.10	7.37	6.83	2.92
154	Runkelrüben	1871/73	88.33	0.87	0.05	9.22	0.81	0.72	11.67	7.44	0.44	79.05	6.93	6.14P	1.19
155	Desgl.	„	88.28	0.72	0.10	9.28	0.90	0.72	11.72	6.13	0.87	79.24	7.65	6.11	0.98
156	Desgl.	„	88.56	0.91	0.06	9.20	0.69	0.58	11.44	7.94	0.53	80.42	6.01	5.10	1.27
157	Futterrüben	1876	86.54	1.11	0.06	10.53	0.90	0.86	13.46	8.25	0.45	78.22	6.69	6.39	1.32
158	Desgl.	„	91.75	1.21	0.13	5.18	0.84	0.89	8.25	14.68	1.58	62.77	10.18	10.79	2.35
159	Desgl.	„	88.65	1.29	0.17	7.94	0.90	1.05	11.35	11.37	1.50	69.95	7.93	9.25	1.82
160	Oberndörfer, aus Kernsaat gezogen	1875	89.00	1.50	—	—	—	1.20	11.00	13.64	—	—	—	10.91	2.18
161	Desgl., aus Pflanzen gezogen . .	„	92.30	1.25	—	—	—	1.14	7.70	16.34	—	—	—	14.81	2.60

No. 128. H. Weiske. — J. f. Landw. 24. 1876. 265. — [1]) Nach Abzug des in Form von Salpetersäure vorhandenen N.
No. 129. J. König (V.-St. Münster). — Landw. Ztg. f. Westfalen u. Lippe 1871. 369.
No. 130—132. J. König (V.-St. Münster). — 3. Ber. ders. 1881/83. 11.
No. 133. J. König (V.-St. Münster). — Landw. Ztg. f. Westfalen 1881. 38. — [2]) Darin 5.94 % Zucker.
No. 134—139. R. Emmerling (V.-St. Kiel). — Zusammenstellung von Analysen von Futtermitteln in d. Jahren 1871—77. Kiel, 1877.
No. 140. W. Fleischmann. — Ber. d. milchwirthschaftl. V.-St. Raden 1881. 19. Die Rüben waren in Lalendorf gebaut worden; der Ertrag war sehr reichlich, die Qualität gut.
No. 141. E. W. Olbers. — Privatmittheilung.
No. 142 u. 143. Ad. Mayer. — Privatmittheilung.
No. 144 u. 145. Ph. du Roi. — Privatmittheilung. Auf kräftigem, tiefgründigem Lehmboden gewachsen, mit Kuhmist gedüngt.
No. 146. J. Fittbogen u. Förster. — Privatmittheilung.
No. 147 u. 148. J. Fittbogen. — Privatmittheilung.
No. 149—151. Kohlrausch. — Privatmittheilung. Die Rüben enthielten Zucker: No. 149 9.27, No. 150 9.64 u. No. 151 4.79 %.
No. 152 u. 153. Fr. Schwackhöfer. — Privatmitthl. d. techn. Laboratoriums d. k. k. Hochschule f. Bodencultur in Wien.
No. 154—156. G. Kühn (V.-St. Möckern). — J. f. Landw. 22. (1874.) 295. Der Wassergehalt der Rüben schwankte beträchtlich in den verfütterten, wiederholt untersuchten Rüben.
No. 157. A. Pagel (V.-St. Halle). — Ztschr. d. Central-Ver. d. Prov. Sachsen 1877. 91.
No. 158—165. P. Wagner. — Hoffmann's Jahresber. 18—19. 1875—76. II. 9. (Fühling's landw. Ztg. 1876. 641.)

No.	Bezeichnungen und Bemerkungen	Jahr der Untersuchung	In der ursprünglichen Substanz: Wasser %	Nh-Substanz %	Rohfett %	Nfr. Extractstoffe %	Rohfaser %	Asche %	Trockensubstanz %	In der Trockensubstanz: Nh-Substanz %	Rohfett %	Nfr. Extractstoffe %	Rohfaser %	Asche %	Stickstoff in der Trockensubstanz %
162	Rothe Riesenflaschenrübe, aus Kernsaat gezogen	1875	87.90	1.25	—	—	—	1.36	12.10	10.33	—	—	—	11.24	1.65
163	Desgl., aus Pflanzen gezogen . .	„	91.00	1.25	—	—	—	1.13	9.00	13.39	—	—	—	12.56	2.14
164	Vilmorins, gelbe eiförmige, aus Kernsaat gezogen	„	89.30	1.43	—	—	—	1.22	10.70	13.36	—	—	—	11.40	2.14
165	Desgl., aus Pflanzen gezogen . .	„	92.10	1.31	—	—	—	1.24	7.90	16.58	—	—	—	15.70	2.65
166	Grosse rothe, 1875er Ernte, Februar, März	1866	87.67	0.52	0.15	10.01	0.71	0.94	12.33	4.19	1.24	81.13	5.79	7.65	0.67^{o}
167	Kleine gelbe, 1875er Ernte, April	„	86.83	0.51	0.14	10.46	0.90	1.16	13.17	3.88	1.05	79.50	6.80	8.77	0.62^{o}
168	Feldrüben	„	87.38	1.07	0.17	9.36	1.02	1.00	12.62	8.45	1.34	74.25	8.06	7.90	1.35
169	Grosse rothe, 1876er Ernte . .	1876	86,76	0.53	0.12	10.80	0.76	1.03	13.24	4.00	0.88	81.59	5.77	7.76^{P}	0.64
170	Kleine gelbe, 1876er Ernte, April, Mai	1877	86.88	0.48	0.15	10.61	1.00	0.88	13.12	3.69	1.12	80.83	7.65	6.71	0.59^{o}
171	Rothe Riesenflasche, November	1878	90.96	0.88	—	6.25	0.94	0.97	9.04	9.73	—	69.14	10.40	10.73	1.56
172	Gelbe Riesenflasche . . .	„	88.76	0.98	—	8.46	0.89	0.91	11.24	8.72	—	75.26	7.92	8.10	1.40
173	Rothe Riesenpfahlrübe . .	„	90.91	1.28	—	6.16	0.76	0.89	9.09	14.08	—	67.77	8.36	9.79	2.25
174	Gelbe Riesenpfahlrübe . .	„	89.09	1.03	—	8.15	0.70	1.03	10.91	9.45	—	74.68	6.42	9.45	1.51
175	Imperial-Runkelrübe . . . } 1878er Ernte	„	84.96	1.53	—	11.64	1.12	0.75	15.04	10.17	—	77.39	7.45	4.99	1.63
176	Mammuth-Runkelrübe . . .	„	91.79	0.63	—	5.88	0.76	0.94	8.21	7.67	—	71.62	9.26	11.45	1.23
177	Gelbe Oberndörfer	„	89.39	1.15	—	7.64	0.79	1.03	10.61	10.84	—	72.00	7.45	9.71	1.73
178	Rothe Oberndörfer	„	90.19	1.75	—	6.57	0.64	0.85	9.81	17.84	—	66.98	6.52	8.66	2.85
179	Dicker rother Klumpen . .	„	90.80	1.28	—	5.22	1.51	1.19	9.20	13.91	—	56.74	16.41	12.94	2.23
180	Gelber Riesenklumpen . .	„	90.07	1.17	—	7.34	0.74	0.68	9.93	11.78	—	73.92	7.45	6.85	1.88
181	Futterrübe	1875	83.70	0.72	0.14	13.25	0.94	1.30	16.30	4.42	0.86	80.97	5.77	7.98	0.71
182	Desgl.	„	91.40	0.76	—	—	—	0.83	8.60	8.84	—	—	—	9.65	1.41
183	Desgl.	1876	89.20	0.82	0.54	7.18	1.70	0.56	10.80	7.59	5.00	66.48	15.74	5.19	1.21
184	Gelbe Oberndörfer	1877	87.29	1.12	0.06	9.73	0.91	0.89	12.71	8.81	0.47	76.57	7.15	7.00	1.41
185	Desgl.	„	85.63	0.82	0.04	11.79	0.79	0.95	14.37	5.71	0.28	81.90	5.50	6.61	0.91
186	Desgl.	1878	85.96	1.12	0.06	11.09	0.94	0.82	14.04	7.98	0.43	79.05	6.70	5.84	1.28
187	Rothe englische Futterrübe . . .	„	85.55	1.09	0.06	11.65	0.70	0.92	14.45	7.48	0.42	80.89	4.84	6.37	1.18
188	Amerikanische yellow globe . .	„	84.96	1.64	0.06	11.62	0.98	0.94	15.04	10.90	0.40	75.94	6.51	6.25	1.74
189	Futterrübe	1879	88.65	1.21	0.06	—	—	—	11.35	10.66	0.53	—	—	—	1.71
190	Desgl.	„	86.85	0.78	0.06	—	—	—	13.15	5.93	0.56	—	—	—	0.95
191	Pfahlförmige gelbe Riesenrunkel .	1880	88.40	1.56	—	—	—	—	11.60	13.45	—	—	—	—	2.15
192	Rothe französische Runkel . . .	„	87.55	1.75	—	—	—	—	12.45	14.06	—	—	—	—	2.25
193	Gelbe französische Runkel . . .	„	88.20	1.81	—	—	—	—	11.80	15.34	—	—	—	—	2.45
194	Flaschenförmige gelbe Riesen . .	„	87.10	1.75	—	—	—	—	12.90	13.57	—	—	—	—	2.17
195	Vilmorin	„	85.00	3.00	—	—	—	—	15.00	20.00	—	—	—	—	3.20
196	Pfahlförmige rothe Riesen . . .	„	88.90	1.75	—	—	—	—	11.10	15.77	—	—	—	—	2.52
197	Flaschenförmige rothe Riesen . .	„	88.80	1.75	—	—	—	—	11.20	15.63	—	—	—	—	2.50

No. 166 u. 167. W. Henneberg, E. Kern u. F. Meinecke. — J. f. Landw. 1877. 449. Die rothe Rübe stammte vom Versuchsfelde, die gelbe vom Klostergute Weende. Bei der Analyse der Rüben wurde im Allgemeinen nach den üblichen Untersuchungsmethoden verfahren; der unten angegebene Eiweissgehalt ist aus dem N-Gehalte der Marksubstanz und dem Eiweiss-N des Rübensaftes berechnet; er beträgt bei No. 166 4.206, bei No. 167 3.894 %.

No. 168. V. Hofmeister. — Landw. V.-St. 11. (1869.) 242.

No. 169 u. 170. W. Hennneberg, E. Kern u. F. Meinecke. — Journ. f. Landw. 1878. 549.

No. 171—180. E. Mach u. C. Portale (V.-St. S. Michele, Südtirol). — Privatmitthl. Die Rübensorten wurden vergleichsweise im Versuchsfeld der Station auf Lehmboden gezogen. Dieselben enthielten ferner:

	No. 171	172	173	174	175	176	177	178	179	180
Zucker in der Rübe . .	5.57	6.95	4.81	5.44	10.73	5.39	5.74	4.20	4.88	5.57 %
Zucker im Saft	5.91	9.60	6.38	9.44	13.45	7.15	7.87	5.00	5.69	9.07 %
Der Ertrag war pro ha .	45454	40746	62962	40067	26902	67340	45454	37037	43434	48821 kg

No. 181—208. R. Heinrich (V.-St. Rostock). — Bericht derselben. Wismar, 1882. 76. Rübe No. 182 enthielt 0.1 % Sand, No. 184 enthielt 7.5 %, No. 185 10.0 % Zucker. Für die Rüben unter No. 196—206 ist der N-Gehalt der frischen Rübe angegeben, mit dem Bemerken, dass die Rüben mehr oder weniger Salpeter enthielten.

No.	Bezeichnungen und Bemerkungen	Jahr der Untersuchung	In der ursprünglichen Substanz: Wasser %	Nh-Substanz %	Rohfett %	Nfr. Extractstoffe %	Rohfaser %	Asche %	Trockensubstanz %	In der Trockensubstanz: Nh-Substanz %	Rohfett %	Nfr. Extractstoffe %	Rohfaser %	Asche %	Stickstoff in der Trockensubstanz %
198	Pohls gelbe Riesen	1880	89.80	1.81	—	—	—	—	10.20	17.75	—	—	—	—	2.84
199	Englische rothe Riesen	„	87.90	1.19	—	—	—	—	12.10	9.83	—	—	—	—	1.57
200	Rothe Oberndörfer	„	89.70	2.12	—	—	—	—	10.30	20.58	—	—	—	—	3.30
201	Rothe Leutewitzer	„	88.63	1.87	—	—	—	—	11.37	16.45	—	—	—	—	2.63
202	Rothe Klumpen	„	87.84	1.87	—	—	—	—	12.16	15.38	—	—	—	—	2.46
203	Gelbe Leutewitzer	„	88.70	1.75	—	—	—	—	11.30	15.49	—	—	—	—	2.48
204	Gelbe Oberndörfer	„	85.65	1.81	—	—	—	—	14.35	12.61	—	—	—	—	2.02
205	Gelbe Thaus-Riesen	„	89.30	1.37	—	—	—	—	10.70	12.80	—	—	—	—	2.05
206	Imperial	„	87.15	1.87	—	—	—	—	12.85	14.55	—	—	—	—	2.33
207	Breite gelbe Rübe	1881	80.27	1.14	0.21	14.92	2.21	1.26	19.73	5.78	1.06	75.57	11.20	6.39	0.97
208	Futterrübe	„	81.23	0.98	0.19	15.13	1.50	0.96	18.77	5.22	1.01	80.67	7.99	5.11	0.84
209	Runkelrüben	1871	89.17	1.47	0.06	7.62	0.76	0.92	10.83	13.60	0.56	70.35	7.04	8.45	2.18
210	Desgl., Februar-März	1872	90.76	1.16	0.07	6.37	0.70	0.94	9.24	12.60	0.79	67.08	7.53	10.21	2.02
211	Desgl., März-April	„	89.16	1.14	0.10	7.50	1.17	0.93	10.84	10.55	0.96	71.75	6.81	8.59	1.69
212	Futterrüben	1870/77	85.28	1.72	0.13	11.09	0.94	0.83	14.72	11.68	0.88	75.41	6.39	5.64	1.85
213	Desgl., rothe	„	87.36	1.64	0.19	8.97	0.83	1.01	12.64	12.97	1.50	70.97	6.57	7.99	2.08
214	Desgl., gelbe	„	88.48	1.66	0.22	8.02	0.79	0.83	11.52	14.41	1.91	69.61	6.86	7.21	2.31
215	Mangolds, Mittel von 3 Analysen .	1879	92.04	1.70	0.20	4.19	0.82	1.05	7.96	21.36	2.51	52.64	10.30	13.19	3.42
216	Runkelrübe	„	86·04	1.33	0.15	10.53	0.82	1.13	13.96	9.53	1.07	75.44	5.87	8.09	1.52
217	Rothe Riesenpfahl-Runkel, Rübenboden	„	87.68	1.25	—	9.19	0.87	1.01	12.32	10.15	—	74.59	7.06	8.20	1.62
218	Desgl., Sandboden	„	85.91	1.15	—	11.39	0.74	0.81	14.09	8.16	—	80.84	5.25	5.75	1.31
219	Gelbe olivenförmige Runkel, Rübenboden	„	86.96	1.25	—	9.78	0.86	1.15	13.04	9.59	—	74.99	6.60	8.82	1.53
220	Desgl., Sandboden	„	82.06	1.02	—	15.03	1.05	0.84	17.94	5.69	—	83.78	5.85	4.68	0.91
221		1880	88.66	1.35	0.08	8.08	0.74	1.09	11.34	11.91	0.71	71.24	6.53	9.61	1.91
222		„	86.92	0.57	0.17	10.71	0.63	1.00	13.08	4.37	1.30	81.88	4.80	7.65	0.70
223		„	87.02	0.56	0.18	10.86	0.47	0.91	12.98	4.28	1.41	83.67	3.65	6.99	0.68
224		„	88.63	0.93	0.05	8.73	0.91	0.75	11.37	8.18	0.44	76.78	8.00	6.60	1.29
225	Mammouth	„	—	0.96	—	7.74	—	—	—	—	—	—	—	—	—
226	Preis von Berkshire	„	—	1.02	—	10.06	—	—	—	—	—	—	—	—	—
227	Golden Tankard	„	—	1.17	—	9.05	—	—	—	—	—	—	—	—	—

No. 209—211. E. Wolff u. C. Kreuzhage (V.-St. Hohenheim). — Landw. Jahrb. 8. (1879.) I. Suppl. 124 u. 132. Die Runkelrübe No. 210 war in einem üppigen noch dazu mit Blut gedüngtem Gartenboden gewachsen, sehr gross und wässerig, sonst aber gut ausgebildet. Die Runkelrübe No. 211 stammte von einem kräftigen, frisch gedüngten Ackerboden.

No. 212—214. J. Moser. — 1. Ber. d. V.-St. Wien 1870/77. Tabelle S. XXVI. Durchschnittsgewicht der untersuchten rothen Rüben 2116 g, der gelben 1434 g. Die Aschen bestanden aus:

	No. 212	213	214
Reinasche	0.77	0.98	0.81
Sand	0.06	0.03	0.02

No. 215. Ann. Rep. Connect. Agricult. Experim. Stat. 1883. Table of the composition of american feeding Stuffs. 92.

No. 216. W. Kirchner. — Jahresber. d. Agriculturchem. 22. 1879. 342.

No. 217—220. P. Behrend u. A. Morgen. — Ztschr. d. landw. Centralver. d. Prov. Sachsen 1873. 49. Von 100 Theilen N sind in der Rübe:

	Nichteiweiss-N Rübenboden	Sandboden	Eiweiss im Saft Rübenb.	Sandb.	Mark Rübenb.	Sandb.	Zucker Rübenb.	Sandb.
Riesenpfahl-Runkel .	60.5	62	27.8	23.2	2.88	2.60	8.35	10.46 %
Olivenförmige Runkel	54.5	37.4	33.5	30.9	3.07	3.65	8.39	13.90 %

No. 221. M. Schrodt u. von Peter. — Milchztg. 1880. 641. Nach Stutzer's Methode direct Eiweiss bestimmt 0.87 %.

No. 222 u. 223. E. Kern u. A. Wattenberg (V.-St. Göttingen). — Journ. f. Landw. 25. 1880. 307. Die obigen Zahlen für Nh. Substanz repräsentiren reines Eiweiss.

No. 224. J. König (V.-St. Münster). — Landw. Ztg. f. Westfalen u. Lippe 1880. 38. Die Rüben waren auf stark verunkrautetem Boden V.—VII. Cl. bei 300 m Meereshöhe gewachsen; der Ertrag war unter Mittel. Die Rüben enthielten 5.49 % Zucker.

No. 225—227. Alfred Dudouy. — Journ. d'agric. prat. 1880. 440. Der Samen zu diesen Rüben wurde 1877 aus England importirt, 1878 mit Erfolg cultivirt und 1879 nochmals in demselben Boden, sandigem Lehm (kalireiches Alluvium) angebaut und dazu pro ha mit 400 kg schwefelsaurem Ammoniak, 800 kg Superphosphat und 200 kg Gyps, entsprechend 80 kg N, 112 kg P_2O_5 und 59 kg CaO gedüngt. Die Rüben enthielten:

	No. 225	226	227
Glucose	0.68	0.19	0.33 %
Rohrzucker . . .	5,88	8.20	6,20 %

No.	Bezeichnungen und Bemerkungen	Jahr der Untersuchung	In der ursprünglichen Substanz: Wasser %	Nh-Substanz %	Rohfett %	Nfr. Extractstoffe %	Rohfaser %	Asche %	Trockensubstanz %	In der Trockensubstanz: Nh-Substanz %	Rohfett %	Nfr. Extractstoffe %	Rohfaser %	Asche %	Stickstoff in der Trockensubstanz %
228		1880	91.29	0.85	—	4.98	0.87	2.01	8.71	9.76	—	57.17	9.99	23.08	1.56
229	Leutewitzer	1881	—	—	—	—	—	—	—	12.50	0.50	72.34	7.15	7.51	2.00
230	Oberndörfer	„	—	—	—	—	—	—	—	13.80	0.75	68.97	7.97	8.51	2.21
231	Champion of yellow globe . . .	„	—	—	—	—	—	—	—	17.54	0.72	65.12	7.62	9.00	2.81
232		1882	90.08	1.22	0.12	6.84	0.72	1.02	9.92	12.30	1.21	68.95	7.26	10.28	1.95
233	Golden Tankard	1884	86.80	1.10	0.08	10.32	0.80	0.90	13.20	8.33	0.61	78.94	5.30	6.82	1.33
234	Oberndörfer	„	89.00	1.20	0.14	7.56	1.00	1.10	11.00	10.91	1.27	68.73	9.09	10.00	1.75
235	Giant long red	„	88.00	1.10	0.21	8.19	1.30	1.20	12.00	9.17	1.75	68.25	10.83	10.00	1.47
236	Giant yellow	„	86.60	1.30	0.17	9.63	1.20	1.10	13.40	9.70	1.27	71.86	8.96	8.21	1.55
237	Yellow globe	„	87.70	1.70	0.15	7.85	1.20	1.40	12.30	13.82	1.22	63.82	9.76	11.38	2.21
238	Mammouth	„	91.90	1.20	0.15	4.15	1.00	1.60	8.10	14.82	1.85	51.23	12.35	19.75	2.37
239	Runkelrüben, humoser Lehmboden, Stalldünger	1880	87.4	0.91		—		0.97	12.60	7.22		—		7.70	1.16
240		„	83.5	1.1		14.3		1.1	16.50	6.67		—		6.67	1.07
241		„	89.9	0.7		8.4		1.0	10.10	6.93		—		9.90	1.11
242	Runkelrüben, humoser Lehm, Stalldünger	„	88.2	0.7		—		1.05	11.80	5.93		—		8.90	0.95
243	Oberndörfer, humoser Lehm, Stalld.	1882	87.93	1.04		9.97		1.06	12.07	8.62		82.78		8.60	1.38
244	Pfahlrübe, humos. Lehm, Stalldüng.	„	88.28	1.3		9.60		1.09	11.72	11.09		79.61		9.30	1.77
245	Dobitas verbesserte, humoser Lehm, Stalldünger	„	87.88	0.79		10.27		1.06	12.12	6.52		84.73		8.75	1.04
246	Oberndörfer, humoser Lehm, Stalld.	„	88.23	0.76		10.01		1.00	11.77	5.46		86.04		8.50	0.87
247	Rothe Mammouthrübe, humos. Sand	„	89.13	1.16		8.40		1.31	10.87	10.67		77.28		12.05	1.71
248		„	85.9	1.0		12.4		0.9	14.10	7.09		86.52		6.39	1.13
249		„	90.70	1.3		7.3		0.7	9.30	13.98		78.59		7.53	2.24
250		„	83.8	1.5		7.9		0.8	10.20	14.71		77.45		7.84	2.35
251		1853	88.43	0.67	—	8.97	1.00	0.93	11.57	5.79	—	—	8.64	8.04	0.93
252		1870	85.82	—	—	—	—	1.10	14.18	—	Zucker 92.17	—	—	7.76	—
253	Futter-Zuckerrunkel	1866	80.00	1.76	0.07	15.88	0.90	1.39	20.00	8.80	Fett 0.35	79.40	4.50	6.95	1.41
254	Runkelrüben	1873	86.36	1.32	—	10.19	1.18	0.95	13.64	9.68	—	74.71	8.65	6.96	1.55
255	Desgl.	1875	90.68	1.22	—	6.61	0.66	0.83	9.32	13.09	—	70.98	7.08	8.85	2.09
256	Desgl.	1875	88.35	1.14	—	8.71	0.76	1.04	11.65	9.79	—	74.73	6.52	8.96	1.57
257	Desgl.	1880	91.29	0.85	—	4.98	0.87	2.01	8.71	9.76	—	57.17	9.99	(23.08)	1.56
258	Lange gelbe, v. Klostergute Weende	1871	93.81	0.63	—	—	—	—	10.18	6.19	—	—	—	—	0.99
259	Desgl.	1871	92.69	0.61	—	—	—	—	8.35	7.31	—	—	—	—	1.17

No. 228. Th. Dietrich. — Privatmittheilung. Die Rüben waren sehr sandig.
No. 229—231. von Oppenau. — Jahresber. d. Agriculturchem. 25. 1882. 392. (Landw. Ztschr. f. Elsass-Lothringen. 10. 1882. 74.) Auf der kaiserl. Obst- u. Gartenbauschule Grafenburg-Brumath cultivirt. Das Durchschnittsgewicht der Rüben war 1,57, 1,32 u. 1,92 kg. Die Rüben enthielten 50.50, 46.26 u. 45.96 %. Rohrzucker.
No. 232. M. Schrodt u. H. Hansen. — Ebendaselbst 26. 1883. 364. (Landw. Wochenbl. f. Schleswig-Holstein 1883. 456.)
No. 233—238. Ad. Mayer. — Biedermann's Centralbl. f. Agriculturchem. 1884. 538. Die Rüben wurden zu Wageningen (Holland) auf gutem Lehmboden angebaut. Der Ertrag pro ha in kg und der Gehalt an Rohrzucker in Proc. war:

No.	233	234	235	236	237	238
Ertrag . . .	74000	50000	60000	64500	52800	68000 kg
Rohrzucker .	7.7	6.8	6.8	7.8	5.8	2.7 %

No. 233 „Golden Tankard" ist dem Namen nach eine Brassica Rapa. Die untersuchten Exemplare haben jedoch einen dieser letzteren Futterrübenart seltenen Trockensubstanz-Gehalt.
No. 239—250. M. Märcker (V.-St. Halle). — Privatmittheilung.
No. 251. E. Wolff. — Möckern'sche Ber. 2. 1.
No. 252. E. Philippar. — Jahresber. d. Agriculturchem. 13/15. 1870—72. II. 13. Mittel von 3 Proben verschieden gedüngter Rüben, die fast völlig gleiche Mengen Trockensubstanz und Zucker enthielten. Zucker 13.07 %.
No. 253. Th. Dietrich (V.-St. Altmorschen). — Landw. Anzeig. f. Kurhessen 1866. 41.
No. 254—256. Th. Dietrich (V.-St. Altmorschen). — Landw. Ztschr. u. Anz. f. d. Rgbz. Cassel 1873. 219; 1875. 451.
No. 257. Th. Dietrich (V.-St. Marburg). — Privatmittheilung.
No. 258—266. Ernst Schulze. — Landw. V.-St. 15. 1872. 170. Die Futterrüben No. 258—260 sind auf kalkhaltigem Lehmboden in starker Düngung gewachsen; No. 261 u. 262 wuchsen auf einem kalkreichen, in hohem Düngungszustande befindlichen Boden, No. 263 u. 264 stammten von einem kalkhaltigen Lehmboden und war zu denselben mit viel Mistjauche u. 4 Ctr. Kalisuperphosphat pro hess. Morgen gedüngt worden. Die Rüben enthielten ausser der oben angegebenen Nh. organischen Substanz noch Salpetersäure wie folgt:

No.	Bezeichnungen und Bemerkungen	Jahr der Untersuchung	In der ursprünglichen Substanz: Wasser %	Nh-Substanz %	Rohfett %	Nfr. Extractstoffe %	Rohfaser %	Asche %	Trocken-substanz %	In der Trockensubstanz: Nh-Substanz %	Rohfett %	Nfr. Extractstoffe %	Rohfaser %	Asche %	Stickstoff in der Trockensubstanz %
260	Lange gelbe, v. Klostergute Weende	1871	90.30	0.67	—	—	—	—	9.70	6.91	—	—	—	—	1.11
261	Lange gelbe, unreif } v. Garten der Versuchsstat.	„	91.72	0.73	—	—	—	—	8.28	8.81	—	—	—	—	1.41
262	Desgl. . . . . }	„	90.75	1.01	—	—	—	—	9.25	11.13	—	—	—	—	1.78
263	Lange gelbe . . . } v. Gestorf b. Hannover	„	91.00	0.55	—	—	—	—	9.00	6.13	—	—	—	—	0.98
264	Rothe runde Klumpers }	„	88.42	0.63	—	—	—	—	11.58	5.44	—	—	—	—	0.87
265	Oberndörfer . . } v. Wintersheim in Hessen	„	89.49	0.94	—	—	—	—	10.51	8.94	—	—	—	—	1.43
266	Vilmorin . . . }	„	89.60	1.21	—	—	—	—	10.40	11.54	—	—	—	—	1.85
267	Grosse rothe	1877	86.76	1.75	—	—	—	—	13.24	13.22	—	—	—	—	2.69
268	Kleine gelbe	„	86.88	2.21	—	—	—	—	13.12	16.81	—	—	—	—	2.12
269	Oberndorfer, schwerer Thonboden .	„	84.20	1.68	—	—	—	—	15.80	10.63	—	—	—	—	1.70
	Minimum		75.40	0.48	0.02	4.19	0.47	0.56	7.70	3.69	0.17	47.87	3.65	4.68	0.59
	Maximum		93.81	3.00	0.55	17.50	2.21	2.45	24.60	22.79	5.00	83.67	16.41	20.95	3.65
	Mittel*)		87.50	1.34	0.14	8.90	0.98	1.14	12.50	10.70 **)	1.12	71.19	7.85	9.14	1.71

Runkelrüben. — Einfluss der Blätterentnahme während des Wachsthums.

No.	Bezeichnungen und Bemerkungen	Jahr der Untersuchung	Wasser	Nh-Substanz	Zucker	Pectin, Gummi	Rohfaser	Asche	Trocken-substanz	Nh-Substanz	Zucker	Pectin, Gummi	Rohfaser	Asche	Stickstoff in der Trockensubstanz
1	{Runde, geblattet	1853	89.49	0.94	5.08	2.60	0.87	1.01	10.51	8.93	48.32	24.87	8.27	9.61	1.43
2	{Runde, nicht geblattet . .	„	89.82	1.02	6.18	1.09	0.84	1.05	10.19	9.91	60.71	10.72	8.28	10.38	1.59
3	{Lange, geblattet	„	89.55	0.77	4.59	3.20	0.94	0.94	10.45	7.40	43.99	30.42	9.16	9.03	1.18
4	{Lange, nicht geblattet	„	87.48	1.00	5.36	4.02	1.00	1.13	12.52	7.97	42.85	32.18	8.02	8.98	1.28
5	Viermal geblattet	„	83.3	1.02	6.47	—	—	0.85	16.70	8.75	55.4	—	—	7.26	1.40
6	Dreimal geblattet	„	87.0	0.84	7.61	—	—	0.77	13.00	6.44	58.4	—	—	5.95	1.03
7	Zweimal geblattet	„	86.8	0.91	7.58	—	—	1.04	13.20	6.90	57.3	—	—	7.96	1.10
8	Einmal geblattet	„	84.3	1.24	8.75	—	—	0.91	15.70	7.94	55.8	—	—	5.76	1.27
9	Ungeblattet	„	86.3	1.23	7.79	—	—	0.95	13.70	8.94	56.1	—	—	6.92	1.43

Runkelrüben. — Bei verschiedener Setzweite der Rüben.

No.	Bezeichnungen und Bemerkungen	Jahr	Wasser	Nh-Substanz	Rohfett	Nfr. Extractstoffe	Rohfaser	Asche	Trocken-substanz	Nh-Substanz	Rohfett	Nfr. Extractstoffe	Rohfaser	Asche	Stickstoff
1	In 11 u. 11 Zoll Entfernung gebaut	1859	87.75	—	—	—	—	—	12.25	—	—	—	—	—	—
2	In 14 u. 14 Zoll „ „	„	87.37	—	—	—	—	—	12.63	—	—	—	—	—	—
3	In 17 u. 17 Zoll „ „	„	88.49	—	—	—	—	—	11.51	—	—	—	—	—	—
4	In 20 u. 20 Zoll „ „	„	88.92	—	—	—	—	—	11.08	—	—	—	—	—	—

	No. 258	259	260	261	262	263	264	265	266
In der frischen Rübe	0.048	0.064	0.078	0.212	0.285	0.074	0.043	0.085	0.242 %
In der Trockensubstanz	0.47	0.77	0.80	2.56	3.13	0.82	0.37	0.81	2.30 %
Gesammt-N der Trockensubstanz × 6.25	6.95	8.56	8.19	12.96	16.19	7.44	6.04	10.25	15.26 %

No. 267 u. 268. E. Kern u. H. Wattenberg. — J. f. Landw. 26. 1878. 618. Von dem Gesammt-N gehörten Eiweissverbindungen nur 23.5 bezw. 28 % an, so dass sich der wirkliche Eiweissgehalt bei No. 267 auf 3.97, bei No. 268 auf 3.70 % der Trockensubstanz berechnet.

No. 269. O. Kellner. — Landw. Jahrb. 8. 1879. I. Suppl. 251. Die untersuchte Rübe war auf der Hohenheimer Gutswirthschaft, auf schwerem mit Stallmist gedüngtem Thonboden gewachsen. Von dem Gesammt-N waren nur 61.2 % als Eiweissverbindungen vorhanden, so dass sich der Gehalt an diesen auf 6.58 % der Trockensubstanz berechnet.

*) Zur Ermittelung der Mittelzahlen wurden als zuverlässig erscheinenden Analysen herangezogen, nur zur Berechnung des Mittels der Rohfaser wurden die Analysen erst von No. 100 ab benutzt.

**) N × 6.25. Der Gehalt der Runkelrübe an Nichteiweiss-Stickstoff beträgt im Mittel ca. 60 % des Gesammt-Stickstoffs, so dass der Gehalt der Rübentrockensubstanz an Reinproteïn im Mittel nicht mehr als 3.6—4.0 % betragen dürfte.

Runkelrüben. — Einfluss der Blätterentnahme während des Wachsthums.

No. 1—4. E. Wolff u. H. Ritthausen. — Möckern'sche Berichte 1854. 22. (Weende'r Jahresber. 1854. I. 274.) Die Rüben wurden am 19. August zum ersten, Mitte September zum zweiten Male geblattet. Die runden Rüben gehörten einer hellrothen Varietät mit weissem Fleisch an, völlig in der Erde wachsend. Die langen Rüben waren ebenfalls hellroth mit weissem Fleisch, zur Hälfte über der Erde wachsend. Beide Sorten waren in stark gedüngtem Boden gewachsen. Die Ernte war durch's Blatten um 1/5 vermindert.

No. 5—9. Al. Müller. — Wolff's Grundlagen d. Ackerbaues. 3. Aufl. 920. Die Rüben wurden geblattet:

1. Abtheilung am 1. u. 15. September, am 1. u. 15. October
2. „ „ 15. „ „ 1. u. 15. „
3. „ „ 1. u. 15. „
4. „ „ 15. „

Die Ernte der Rüben erfolgte am 1. November; sie waren in Chemnitz unter ungünstigen Culturverhältnissen gebaut, so dass ihr Gewicht pro Stück nur 1/2 bis 1 Pfd. betrug.

Runkelrüben. — Bei verschiedener Setzweite der Rüben.

No. 1—4. H. Hellriegel. — Dritter Jahresber. d. V.-St. Dahme. 70.

No.	Bezeichnungen und Bemerkungen	Jahr der Untersuchung	In der ursprünglichen Substanz: Wasser	Nh-Substanz	Rohfett	Nfr. Extractstoffe	Rohfaser	Asche	Trocken-substanz	In der Trockensubstanz: Nh-Substanz	Rohfett	Nfr. Extractstoffe	Rohfaser	Asche	Stickstoff in der Trocken-substanz
			%	%	%	%	%	%	%	%	%	%	%	%	%
	Runkelrüben. — Einzelne Theile derselben.														
4	Long yellow Mangold, oberer Theil	1854	88.65	2.25	—	—	—	1.25	11.35	19.82	—	—	—	11.02	3.17
1	Desgl., unterer Theil	„	88.22	1.44	—	—	—	1.44	11.78	12.22	—	—	—	12.22	1.96
2	Long red Mangold, oberer Theil .	„	90.48	1.44	—	—	—	1.21	9.52	15.13	—	—	—	12.71	2.42
3	Desgl., unterer Theil	„	90.84	1.56	—	—	—	1.16	9.16	17.03	—	—	—	12.66	2.72
	Runkelrüben. — Unter dem Einflusse verschiedener Düngung.														
1	Ungedüngt	1853	86.4	1.38	—	—	3.4	—	13.60	10.15	—	—	25.00	—	1.62
2	Mit Guano gedüngt	„	86.7	1.94	—	—	3.5	—	13.30	14.59	—	—	26.32	—	2.33
3	Mit Jauche gedüngt	„	86.5	1.63	—	—	3.4	—	13.50	12.07	—	—	25.18	—	1.93
						Zucker	Holzfas. und Pectin					Zucker	Holzfas. und Pectin		
4	I. Ungedüngt	1854	79.8	1.77	—	9.90	7.63	0.90	20.20	8.76	—	49.01	37.77	4.46	1.40
5	II. Gedüngt	„	80.0	2.70	—	9.90	6.50	0.90	20.00	13.50	—	49.50	32.50	4.50	2.16
6	III. Gleiche Düngung mit reichlichem Stickstoff	„	81.6	2.40	—	10.80	4.41	0.79	18.40	13.04	—	58.70	23.97	4.29	2.09
7	Ungedüngt	1857	84.09	—	—	9.98	—	0.75	15.91	—	—	62.72	—	4.71	—
8	Stallmist, 250 Ctr.	„	82.95	—	—	9.01	—	1.03	17.05	—	—	52.84	—	6.04	—
9	Chilisalpeter, 2 Ctr	„	84.52	—	—	10.88	—	0.81	15.48	—	—	70.20	—	5.15	—
10	Oberndörfer, gelbe, unged., 1494 g	„	84.09	2.09	—	—	—	0.75	15.91	13.12	—	—	—	4.71	2.10
11	Desgl., Stallmist, 1216 g . . .	„	82.95	2.11	—	—	—	1.03	17.05	12.37	—	—	—	6.00	1.98
12	Desgl., Natronsalpeter, 1250 g .	„	84.52	—	—	—	—	0.81	15.48	10.63	—	—	—	5.20	1.70(?)
						Rohrzucker	Cellulose u. Pectin								
13	Sandfelder: Ungedüngt	1859	—	1.11	—	5.58	2.36	0.97	—	—	—	—	—	—	—
14	Sandfelder: 209.6 g kohlensaurer Kalk .	„	—	0.99	—	7.25	2.51	1.09	—	—	—	—	—	—	—
15	Sandfelder: 209.6 g kohlensaurer Kalk u. 86.6 g kohlensaures Kali .	„	—	1.42	—	6.70	1.96	1.15	—	—	—	—	—	—	—

Runkelrüben. — Einzelne Theile derselben.

No. 1—4. Th. Anderson. — Transact. Highl. Soc. March. 1854. 274.

Runkelrüben. — Unter dem Einflusse verschiedener Düngung.

No. 1—3. Trommer. — Weende'r Jahresber. 1853. II. 29 u. I. 102. (Eldena'er Jahrb. Bd. 3. 103.) Nh. Substanz von uns berechnet. Die Runkeln waren gepflanzt und beim Pflanzen jeder derselben $^1/_2$ Loth Guano, bezw. $^3/_4$ Quart Jauche gegeben. Der Guano wurde mit Erde gemischt in die Pflanzlöcher eingestreut. Die „Jauche" bestand aus einem Gemisch von gleichen Masstheilen frischen Kuhkothes und Wasser, womit die Pflanzen angegossen wurden. Die übrigen Pflanzen wurden mit reinem Wasser angegossen. Die Ernte stellte sich pro preuss. Morgen berechnet wie folgt:

Ungedüngt	Guano	Jauche
123.96 Ctr.	160.5 Ctr.	262.2 Ctr.

No. 4—6. Alex. Müller. — Weende'r Jahresber. 1855/56. I. 303. Auf einem ausgetragenen Kleefelde wurden 1854 71 Stück Pflanzen der gewöhnlichen kleinen Landrunkelrübe in Entfernung von 12 Zoll gepflanzt. Dann blieben 21 Stück ungedüngt. Für die Uebrigen war die Erde vorher mit einem den unorganischen Bestandtheilen der Rübe entsprechenden Dünger vermischt, in einer Quantität, dass auf jede Pflanze 11.8 g des Düngers kamen. Dieser bestand aus: 64 g Kalk (in Form von Kreide), 87 g Kali u. 10 g Schwefelsäure (in Form von Potasche), 23 g Schwefelsäure u. 50 g Kalkphosphat (in Form von aufgeschlossener Knochenasche), 35 g Natron (in Form von Soda), 18 g Magnesia, 49 g Kochsalz. Von Anfang Juli an wurden die Abtheilungen II und III vier Wochen lang alle 3 Tage mit einer Lösung von salpetersaurem Ammoniak begossen, welche im Ganzen 74 g Stickstoff enthielt, so dass auf jede Rübe 1.5 g N kamen. Mitte August erhielten die 21 Pflanzen der III. Abtheilung nochmals eine gleiche N-Düngung, so dass auf jede Pflanze im Ganzen 3.8 g N kamen. Die Ernte ergab folgendes Resultat:

Abthl.	Stück Pflanzen	Rüben	Blätter	Gesammtgewicht
I.	21	2375 g	2018 g	4393 g
II.	28	5257 g	6366 g	11623 g
III.	21	4606 g	4577 g	9183 g

No. 7—9. H. Ritthausen. — I. Ber. d. V.-St. Saarau. 56. Die angebaute Runkel war die Oberndörfer Futterrübe. Auf dem betreffenden Felde war im Jahre 1856 Hafer, vorher Winterroggen gebaut worden. Der Ertrag war pr. Morgen: No. 7 122 Ctr., No. 8 168 Ctr., No. 9 222.5 Ctr. Das mittlere Gewicht der zur Untersuchung angewendeten Rüben betrug: No. 7 1494 g, No. 8 1216 g, No. 9 1250 g.

No. 10—12. H. Ritthausen u. B. Brettschneider. — Mitthl. d. landw. Centralver. f. Schlesien. 9. Hft. 1858. S. 120. Nh. Substanz von uns aus dem angegebenen N-Gehalt berechnet. Die Runkeln wurden direct aus Kernen gezogen. 1855 war den Rüben Winterroggen, 1856 Hafer vorausgegangen. Der Gehalt an Zucker wurde mit Fehling'scher Lösung bestimmt und dabei gefunden: No. 10 9.98%, No. 11 9.01%, No. 12 10.88%.

No. 13—24. Töpler. — Hoffmann's Jahresb. 3. 1860/61. 237. Die Untersuchung bezieht sich auf bei Düngungsversuche gewonnenen Rüben. Diese Versuche wurden in Kästen von 6 Fuss Länge, 4 Fuss Breite und 3 Fuss Höhe ausgeführt,

No.		Bezeichnungen und Bemerkungen	Jahr der Untersuchung	In der ursprünglichen Substanz: Wasser %	Nh-Substanz %	Rohfett %	Nfr. Extractstoffe %	Rohfaser %	Asche %	Trockensubstanz %	In der Trockensubstanz: Nh-Substanz %	Rohfett %	Nfr. Extractstoffe %	Rohfaser %	Asche %	Stickstoff in der Trockensubstanz %
							Rohrzucker	Cellulose u. Pectin								
16	Sandfelder	163.6 g kohlensaurer Kalk u. 75.2 salpetersaurer Kalk .	1859	—	1.60	—	5.17	1.83	1.14	—	—	—	—	—	—	—
17	Sandfelder	216.5 g phosphorsaurer Kalk	„	—	1.32	—	6.84	3.39	1.14	—	—	—	—	—	—	—
18	Sandfelder	216.5 g phosphors. Kalk, 86.6 g kohlensaures Kali u. 75.2 g salpetersaurer Kalk . .	„	—	1.41	—	5.68	1.86	1.06	—	—	—	—	—	—	—
19	Lehmfelder	Ungedüngt	„	—	1.20	—	7.36	2.29	1.08	—	—	—	—	—	—	—
20	Lehmfelder	Kalk	„	—	1.29	—	6.55	2.80	1.18	—	—	—	—	—	—	—
21	Lehmfelder	Kalk und Kali	„	—	0.95	—	6.58	2.35	1.07	—	—	—	—	—	—	—
22	Lehmfelder	Kalk und Salpetersäure . .	„	—	1.10	—	5.49	1.75	1.09	—	—	—	—	—	—	—
23	Lehmfelder	Kalk und Phosphorsäure . .	„	—	1.37	—	6.36	2.02	1.31	—	—	—	—	—	—	—
24	Lehmfelder	Kalk, Kali, Salpeter- u. Phosphorsäure	„	—	1.16	—	5.83	2.36	1.16	—	—	—	—	—	—	—
25	Feldrüben	Ungedüngt	„	88.47	—	—	—	—	—	11.53	—	—	—	—	—	—
26	Feldrüben	Superphosphat	„	86.95	—	—	—	—	—	13.05	—	—	—	—	—	—
27	Feldrüben	Guano	„	87.33	—	—	—	—	—	12.67	—	—	—	—	—	—
28	Feldrüben	Rübendünger	„	88.33	—	—	—	—	—	11.67	—	—	—	—	—	—
29	Feldrüben	Chilisalpeter u. Superphosphat	„	87.43	—	—	—	—	—	12.57	—	—	—	—	—	—
30	Feldrüben	Chilisalpeter allein . . .	„	88.89	—	—	—	—	—	11.11	—	—	—	—	—	—
31	Feldrüben	Chilisalpeter u. Potasche . .	„	89.47	—	—	—	—	—	10.53	—	—	—	—	—	—
		Mittleres Gew. d. untersucht. Rüben					Zucker						Zucker			
32	Orange globe Mangold's, steifer, kalkhalt. Thonboden	1 Ctr. Salz . 4.58 Pfd.	1865	91.65	1.13	—	4.47	1.69	1.07	8.35	13.53	—	53.53	20.24	12.81	2.16
33	Orange globe Mangold's, steifer, kalkhalt. Thonboden	2 „ „ . 3.75 „	„	90.67	1.22	—	5.25	1.57	1.31	9.33	13.08	—	57.27	16.83	14.04	2.09
34	Orange globe Mangold's, steifer, kalkhalt. Thonboden	3 „ „ . 3.25 „	„	89.48	1.44	—	5.44	2.45	1.20	10.52	13.69	—	51.71	23.29	11.41	2.19
35	Orange globe Mangold's, steifer, kalkhalt. Thonboden	4 „ „ . 4.00 „	„	90.13	1.10	—	5.63	2.04	1.10	9.87	11.15	—	57.04	20.67	11.15	1.78
36	Orange globe Mangold's, steifer, kalkhalt. Thonboden	5 „ „ . 4.00 „	„	90.03	1.55	—	4.37	2.63	1.42	9.97	15.61	—	44.01	26.48	14.32	2.50
37	Orange globe Mangold's, steifer, kalkhalt. Thonboden	6 „ „ . 4.50 „	„	92.65	1.22	—	2.33	2.62	1.18	7.35	16.60	—	31.70	35.65	16.05	2.66
38	Orange globe Mangold's, steifer, kalkhalt. Thonboden	7 „ „ . 3.50 „	„	89.86	1.62	—	4.57	2.69	1.26	10.14	15.98	—	45.07	26.53	12.43	2.56
39	Orange globe Mangold's, steifer, kalkhalt. Thonboden	8 „ „ . 3.00 „	„	89.75	1.54	—	4.47	3.08	1.16	10.25	15.02	—	43.62	30.05	11.32	2.40
40	Orange globe Mangold's, steifer, kalkhalt. Thonboden	Ungedüngt	„	90.79	1.20	—	4.66	2.18	1.16	9.21	13.03	—	50.60	23.67	12.60	2.08

von denen die eine Reihe mit Sand von dem Untergrunde eines Ackerfeldes, die andere mit einem sandigen Lehm gefüllt worden waren. Die oben bei No. 14—18 bemerkten, aus reinen Präparaten bestehenden Zusätze wurden auch bei No. 20—24 gemacht. Die Kästen hatten bereits in vorhergehendem Jahre in gleicher Weise und unter gleicher Düngung Rüben getragen. Die zu den Versuchen gewählte Runkelrübensorte war die rothe runde Oberndörfer; jeder Kasten erhielt 18 einem Saatbeete entnommene Pflänzlinge. Die Erträge pro Kasten waren in g:

	Abthl. 1	2	3	4	5	6
Auf den Sandfeldern . .	8718	6587	7883	12202	7246	14024
Auf den Lehmfeldern . .	14189	15017	16796	22000	15999	23724

No. 25—31. H. Hellriegel. — Dritter Jahresber. d. V.-St. Dahme. 69. Näheres über Bodenbeschaffenheit und Menge des angewendeten Düngers ist nicht mitgetheilt. Der concentrirte Rübendünger aus der Berliner Düng-Pulver-Fabrik enthielt in der Hauptsache: phosphorsauren Kalk und Magnesia 20.03 %, Stickstoff 8.53 %, Kali und Natron 1.08 %. Der Einfluss der Düngung zeigt sich in folgendem Ernteertrag pro 4 Quadratruthen in Pfunden:

	No. 25	26	27	28	29	30	31
Rüben . . .	384	401	464	492	447	484	596

No. 32—40. A. Völcker. — J. R. Agric. Soc. Engl. 1866. I. 201. Die Bodenbeschaffenheit war dem Gedeihen der Rübe nicht zusagend, auch die Jahreswitterung nicht; es wurden daher bei den Düngungen mit verschiedenen Salzmengen nur geringe Erträge erzielt und waren die Rüben zum Theil nicht ausgereift. Der Autor ermittelte die in Wasser löslichen Mengen an Proteïnstoffen und Mineralstoffen wie folgt:

Lösliches Proteïn . . .	1.002	1.005	1.195	0.937	1.344	1.081	1.412	1.354	1.008
Lösliche Mineralstoffe . .	1.014	1.216	1.071	1.015	1.197	—	1.145	—	1.092
Chlor	0.188	0.236	0 268	0.264	0.285	0.269	0.264	0.182	0.257

Die Rohfaser = „Holzfaser u. Pectin“.

No.	Bezeichnungen und Bemerkungen		Jahr der Untersuchung	In der ursprünglichen Substanz							In der Trockensubstanz					Stickstoff in der Trockensubstanz
				Wasser	Nh-Substanz	Rohfett	Nfr. Extractstoffe	Rohfaser	Asche	Trockensubstanz	Nh-Substanz	Rohfett	Nfr. Extractstoffe	Rohfaser	Asche	
				%	%	%	%	%	%	%	%	%	%	%	%	%
41	Ungedüngt		1870	93.72	0.77	—	3.47	0.61	0.75P	6.28	12.19	—	55.23	9.72	10.90	1.95°
42	1 Ctr. Kalisalz		„	93.60	0.99	—	3.68	0.70	0.85	6.40	15.44	—	57.53	10.95	13.28	2.47°
43	2 „ „		„	91.65	1.18	—	5.14	0.64	0.78	8.35	14.19	—	61.51	7.71	9.34	2.27°
44	3 „ „		„	93.38	1.14	—	3.45	0.66	0.93	6.62	17.19	—	52.06	10.01	14.05	2.75°
							Zucker						Zucker			
45	1 Stalldünger, 14 tons . .	Serie 1	1876	87.86	—	—	7.14	—	0.969	12.14	—	—	58.34	—	7.93	—
46	2 Stalldünger u. $3^1/_2$ Ctr. Superphosphat		„	87.59	—	—	7.19	—	0.943	12.41	—	—	57.95	—	7.57	—
47	3 Ungedüngt, seit 1846 . .		„	84.86	—	—	—	—	0.828	15.14	—	—	—	—	5.48	—
48	4 $3^1/_2$ Ctr. Superphosphat, 500 Pfd. Kaliumsulfat, 200 Pfd. Chlornatrium u. 200 Pfd. Magnesiumsulfat		„	86.01	—	—	8.98	—	0.905	13.99	—	—	64.20	—	6.51	—
49	5 $3^1/_2$ Ctr. Superphosphat .		„	86.49	—	—	9.48	—	0.818	13.51	—	—	70.17	—	6.00	—
50	6 $3^1/_2$ Ctr. Superphosphat u. 500 Pfd. Kaliumsulfat . .		„	86.33	—	—	8.74	—	0.928	13.67	—	—	63.93	—	6.80	—
51	7 $3^1/_2$ Ctr. Superphosphat, 500 Pfd. Kaliumsulfat u. $36^1/_2$ Pfd. Ammoniaksalze . .		„	86.37	—	—	—	—	0.882	13.63	—	—	—	—	6.46	—
52	8 Ungedüngt, seit 1853 . .		„	86.94	—	—	—	—	0.900	13.06	—	—	—	—	6.89	—
53	1 Stalldünger	Serie 2, wie Serie 1 mit 500 Pfd. Chilisalpeter	„	89.46	—	—	—	—	1.031	10.54	—	—	—	—	7.08	—
54	2 Stalldünger u. Superphosph.		„	90.65	—	—	4.85	—	1.020	9.35	—	—	51.87	—	10.91	—
55	3 Ungedüngt, seit 1846 . .		„	88.06	—	—	—	—	0.903	11.94	—	—	—	—	7.54	—
56	4 Superphosph. u. Salzgemisch		„	88.64	—	—	6.32	—	1.013	11.36	—	—	53.63	—	8.89	—
57	5 Superphosphat		„	89.01	—	—	6.36	—	0.917	10.99	—	—	57.87	—	8.37	—
58	6 Superphosph. u. Kaliumsulfat		„	88.77	—	—	7.67	—	0.929	11.23	—	—	68.30	—	8.28	—
59	7 Superphosphat, Kaliumsulfat u. Ammoniaksalze . . .		„	88.39	—	—	—	—	0.922	11.61	—	—	—	—	7.92	—
60	8 Ungedüngt, seit 1853 . .		„	88.77	—	—	—	—	0.945	11.23	—	—	—	—	8.46	—
61	1 Stalldünger	Serie 3, 400 Pfd. Ammonsalze	„	89.35	—	—	—	—	1.080	10.65	—	—	—	—	10.14	—
62	2 Stalldüng. u. Superphosph.		„	90.36	—	—	5.72	—	1.018	9.64	—	—	59.33	—	11.00	—
63	3 Ungedüngt, seit 1846 .		„	87.84	—	—	—	—	0.904	12.16	—	—	—	—	7.40	—
64	4 Superph. u. Salzgemisch .		„	87.77	—	—	7.03	—	0.989	12.23	—	—	57.48	—	8.10	—

No. 41—44. H. Habedank. — Agriculturchem. Untersuchungen u. Versuche auf der V.-St. Insterburg 1870 u. 1871. 6. Ber. S. 14. Das zur Düngung benutzte „rohe schwefelsaure Kali“ enthielt:

Wasser	K_2SO_4	KCl	$CaCl_2$	NaCl	$MgCl_2$	Sand
6.79	15.29	0.98	3.47	66.95	3.25	3.27

Siehe Weiteres Wolff's Aschenanal. II. 43.

No. 45—454. J. B. Lawes. — Memoranda of the origin, plan and results of the field and other experiments, conducted on the farm and in the laboratory of Sir John Bennet Lawes, Bart., LL. D. F. R. S., at Rothamsted, Herts; Juni 1885. Die Düngungsversuche, welche das Untersuchungsmaterial lieferten, sind die Fortsetzung der 5jährigen Düngungsversuche bei Zuckerrüben, so dass dieselben die gleiche Einrichtung hatten wie letztere, auf welche wir hier bezügl. des Näheren verweisen. Nur die No. 9 wurde bei Serie 3 den bestehenden 8 Plätzen hinzugefügt und wie oben angegeben gedüngt; vorher war dieser Platz ungedüngt und hatte wie No. 1—8 5 Jahre hindurch Zuckerrüben getragen. Die Saat „Yellow Globe“ wurde auf Dämme gedibbelt in Entfernungen von 26 und 11 Zoll. Die Versuchsfläche betrug 8 Acker. Die Blätter der Ernte wurden nach dem Wiegen auf jedem Platz untergepflügt. Die Erträge pro engl. Acker in engl. Centnern waren folgende: (Alle Mittelzahlen von uns berechnet.)

1876 Platz	1. Serie Wurz. Ctr.	1. Serie Bl. Ctr.	2. Serie Wurz. Ctr.	2. Serie Bl. Ctr.	3. Serie Wurz. Ctr.	3. Serie Bl. Ctr.	4. Serie Wurz. Ctr.	4. Serie Bl. Ctr.	5. Serie Wurz. Ctr.	5. Serie Bl. Ctr.	Mittel d. 5 Serien Wurz. Ctr.	Mittel d. 5 Serien Bl. Ctr.
1	392	89	502	145	599	152	629	205	489	119	522	142
2	393	86	553	143	588	150	618	196	599	132	550	141
3	130	34	413	112	283	90	399	147	344	95	314	95
4	168	35	501	120	399	89	608	173	508	110	437	105
5	150	34	420	114	270	101	342	154	357	117	308	104
6	136	32	422	108	355	93	528	180	410	104	370	103
7	173	43	451	114	382	111	542	189	412	115	392	114
8	109	30	316	103	237	96	362	151	312	98	267	76
9	—	—	—	—	514	146	—	—	—	—	—	—
Im Mittel der Plätze	206	48	447	120	403	114	503	174	430	111	—	—

No.	Bezeichnungen und Bemerkungen		Jahr der Untersuchung	In der ursprünglichen Substanz: Wasser %	Nh-Substanz %	Stärke %	Nfr. Extractstoffe %	Rohfaser %	Asche %	Trocken-substanz %	In der Trockensubstanz: Nh-Substanz %	Stärke %	Nfr. Extractstoffe %	Rohfaser %	Asche %	Stickstoff in der Trockensubstanz %
							Zucker						Zucker			
65	5 Superphosphat	Serie 3, 400 Pfd. Ammoniaksalze	1876	88.27	—	—	7.93	—	0.735	11.73	—	—	67.60	—	6.31	—
66	6 Superphosph. u. Kaliumsulfat		„	88.98	—	—	7.41	—	0.993	11.02	—	—	67.24	—	8.98	—
67	7 Superphosphat, Kaliumsulfat u. Ammoniaksalze . . .		„	89.38	—	—	—	—	0.969	10.62	—	—	—	—	9.13	—
68	8 Ungedüngt, seit 1853 . .		„	88.57	—	—	—	—	0.905	11.43	—	—	—	—	7.96	—
69	9 Stalldünger u. Superphosph.		„	88.41	—	—	7.80	—	0.876	11.59	—	—	67.30	—	7.59	—
70	1 Stalldünger	Serie 4, 2000 Pfd. Rapskuchen u. 400 Pfd. Ammoniaksalze	„	91.02	—	—	—	—	1.065	8.98	—	—	—	—	11.90	—
71	2 Stalldünger u. Superphosph.		„	91.08	—	—	—	—	1.034	8.92	—	—	—	—	11.54	—
72	3 Ungedüngt, seit 1846 . .		„	88.40	—	—	—	—	0.811	11.60	—	—	—	—	6.98	—
73	4 Superphosph. u. Salzgemisch		„	90.09	—	—	5.62	—	1.067	9.91	—	—	56.71	—	10.80	—
74	5 Superphosphat		„	89.07	—	—	6.05	—	0.816	10.93	—	—	55.25	—	7.50	—
75	6 Superphosph. u. Kaliumsulfat		„	89.44	—	—	5.40	—	1.036	10.56	—	—	51.14	—	9.85	—
76	7 Superphosphat, Kaliumsulfat u. Ammoniaksalze . . .		„	89.34	—	—	—	—	1.015	10.66	—	—	—	—	9.57	—
77	8 Ungedüngt, seit 1853 . .		„	89.80	—	—	—	—	0.856	10.20	—	—	—	—	8.43	—
78	1 Stalldünger	Serie 5, 2000 Pfd. Rapskuchen	„	88.70	—	—	—	—	0.989	11.30	—	—	—	—	8.76	—
79	2 Stalldünger u. Superphosph.		„	89.49	—	—	—	—	1.005	10.51	—	—	—	—	9.61	—
80	3 Ungedüngt, seit 1846 . .		„	87.58	—	—	—	—	0.751	12.42	—	—	—	—	6.04	—
81	4 Superphosph. u. Salzgemisch		„	88.72	—	—	6.94	—	1.003	11.28	—	—	61.42	—	8.87	—
82	5 Superphosphat		„	89.35	—	—	6.84	—	0.744	10.65	—	—	64.23	—	6.95	—
83	6 Superphosph. u. Kaliumsulfat		„	88.45	—	—	7.30	—	0.911	11.55	—	—	63.20	—	7.88	—
84	7 Superphosphat, Kaliumsulfat u. Ammoniaksalze . . .		„	88.42	—	—	—	—	0.936	11.58	—	—	—	—	8.12	—
85	8 Ungedüngt, seit 1853 . .		„	88.39	—	—	—	—	0.757	11.61	—	—	—	—	6.55	—
86	1 Stalldünger, 14 tons . .	Serie 1, 550 Pfd. Chilisalpeter	1877	85.52	—	—	9.04	—	0.988	14.48	—	—	62.43	—	6.84	—
87	2 Stalldünger u. $3^1/_2$ Ctr. Superphosphat		„	86.15	—	—	10.02	—	0.961	13.85	—	—	72.34	—	6.93	—
88	3 Ungedüngt, seit 1846 . .		„	83.42	—	—	11.19	—	0.827	16.58	—	—	67.49	—	5.02	—
89	4 $3^1/_2$ Ctr. Superphosphat, 500 Pfd. Kaliumsulfat, 500 Pfd. Chlornatrium u. 200 Pfd. Magnesiumsulfat		„	84.58	—	—	10.92	—	0.948	15.42	—	—	68.82	—	6.16	—
90	5 $3^1/_2$ Ctr. Superphosphat .		„	84.16	—	—	11.62	—	0.797	15.84	—	—	73.36	—	5.05	—
91	6 $3^1/_2$ Ctr. Superphosphat u. 500 Pfd. Kaliumsulfat . .		„	83.85	—	—	11.31	—	0.891	16.15	—	—	69.33	—	5.46	—
92	7 $3^1/_2$ Ctr. Superphosphat, 500 Pfd. Kaliumsulfat u. $36^1/_2$ Pfd. Ammoniaksalze . . .		„	84.12	—	—	—	—	0.943	15.88	—	—	—	—	5.92	—
93	8 Ungedüngt, seit 1853 . .		„	83.77	—	—	—	—	0.933	16.23	—	—	—	—	5.73	—

1877 Platz	1. Serie Wurz. Ctr.	Bl. Ctr.	2. Serie Wurz. Ctr.	Bl. Ctr.	3. Serie Wurz. Ctr.	Bl. Ctr.	4. Serie Wurz. Ctr.	Bl. Ctr.	5. Serie Wurz. Ctr.	Bl. Ctr.	Mittel d. 5 Serien Wurz. Ctr.	Bl. Ctr.
1	307	41	493	74	541	84	605	105	518	64	493	74
2	334	39	528	72	538	86	575	109	492	59	493	73
3	109	20	337	74	176	60	269	79	277	50	234	57
4	136	23	420	70	330	42	549	78	424	37	372	50
5	121	19	405	61	242	50	303	78	303	42	275	50
6	108	18	419	58	306	36	498	76	383	32	343	44
7	140	23	442	76	333	47	515	100	413	48	369	59
8	79	23	197	104	144	70	229	91	203	63		70
9	—	—	—	—	277	80	—	—	—	—		—
Im Mittel der Plätze	167	26	405	74	320	62	443	89	377	49	—	—

No.	Bezeichnungen und Bemerkungen		Jahr der Untersuchung	In der ursprünglichen Substanz							In der Trockensubstanz					Stickstoff in der Trockensubstanz
				Wasser %	Nh-Substanz %	Rohfett %	Nfr. Extractstoffe %	Rohfaser %	Asche %	Trockensubstanz %	Nh-Substanz %	Rohfett %	Nfr. Extractstoffe %	Rohfaser %	Asche %	%
							Zucker						Zucker			
94	1 Stalldünger	Serie 2, 550 Pfd. Chilisalp.	1877	87.99	—	—	8.21	—	1.122	12.01	—	—	68.36	—	9.33	—
95	2 Stalldünger u. Superphosph.		„	87.09	—	—	8.22	—	1.107	12.91	—	—	63.67	—	8.60	—
96	3 Ungedüngt, seit 1846		„	85.94	—	—	8.76	—	1.072	14.06	—	—	62.30	—	7.51	—
97	4 Superphosph. u. Salzgemisch		„	87.75	—	—	7.26	—	1.121	12.25	—	—	59.39	—	9.16	—
98	5 Superphosphat		„	87.10	—	—	8.54	—	0.889	12.90	—	—	66.20	—	6.91	—
99	6 Superphosph. u. Kaliumsulfat		„	87.47	—	—	9.10	—	1.135	12.53	—	—	72.63	—	9.10	—
100	7 Superphosphat, Kaliumsulfat u. Ammoniaksalze		„	87.26	—	—	—	—	1.034	12.74	—	—	—	—	8.08	—
101	8 Ungedüngt, seit 1853		„	85.99	—	—	—	—	1.023	14.01	—	—	—	—	7.28	—
102	1 Stalldünger	Serie 3, 400 Pfd. Ammonsalze	„	87.05	—	—	8.95	—	1.097	12.95	—	—	69.11	—	8.49	—
103	2 Stalldünger u. Superphosph.		„	86.76	—	—	7.84	—	1.089	13.24	—	—	59.22	—	8.23	—
104	3 Ungedüngt, seit 1846		„	82.89	—	—	10.16	—	0.888	17.11	—	—	59.39	—	5.20	—
105	4 Superphosph. u. Salzgemisch		„	86.89	—	—	9.35	—	1.085	13.11	—	—	71.92	—	8.31	—
106	5 Superphosphat		„	84.37	—	—	10.00	—	0.838	15.63	—	—	63.98	—	5.37	—
107	6 Superphosph. u. Kaliumsulfat		„	84.95	—	—	9.45	—	1.095	15.05	—	—	62.16	—	7.24	—
108	7 Superphosphat, Kaliumsulfat u. Ammoniaksalze		„	86.04	—	—	—	—	1.098	13.66	—	—	—	—	7.88	—
109	8 Ungedüngt, seit 1853		„	85.05	—	—	—	—	0.932	14.95	—	—	—	—	6.22	—
110	9 Stalldünger u. Superphosph.		„	85.16	—	—	10.01	—	1.011	14.84	—	—	67.46	—	6.81	—
111	1 Stalldünger	Serie 4, 2000 Pfd. Rapskuch. u. 400 Pfd. Ammonsalze	„	87.56	—	—	7.97	—	1.114	12.44	—	—	64.06	—	8.92	—
112	2 Stalldünger u. Superphosph.		„	88.22	—	—	7.68	—	1.126	11.78	—	—	66.20	—	9.59	—
113	3 Ungedüngt, seit 1846		„	85.56	—	—	9.80	—	0.834	14.44	—	—	67.87	—	5.75	—
114	4 Superphosph. u. Salzgemisch		„	87.31	—	—	7.51	—	1.221	12.69	—	—	59.18	—	9.61	—
115	5 Superphosphat		„	85.64	—	—	8.24	—	0.786	14.36	—	—	57.38	—	5.50	—
116	6 Superphosph. u. Kaliumsulfat		„	85.73	—	—	8.90	—	1.061	14.27	—	—	62.37	—	7.43	—
117	7 Superphosphat, Kaliumsulfat u. Ammoniaksalze		„	87.42	—	—	—	—	1.136	12.58	—	—	—	—	9.06	—
118	8 Ungedüngt, seit 1853		„	85.49	—	—	—	—	0.811	14.51	—	—	—	—	5.58	—
119	1 Stalldünger	Serie 5, 2000 Pfd. Rapskuch.	„	86.66	—	—	7.79	—	1.010	13.34	—	—	58.39	—	7.57	—
120	2 Stalldünger u. Superphosph.		„	88.92	—	—	8.51	—	1.000	11.08	—	—	76.80	—	9.03	—
121	3 Ungedüngt, seit 1846		„	83.59	—	—	10.21	—	0.819	16.41	—	—	62.22	—	5.00	—
122	4 Superphosph. u. Salzgemisch		„	86.55	—	—	9.81	—	1.046	13.45	—	—	72.94	—	7.81	—
123	5 Superphosphat		„	84.65	—	—	10.66	—	0.784	15.35	—	—	69.45	—	5.08	—
124	6 Superphosph. u. Kaliumsulfat		„	85.90	—	—	9.94	—	0.978	14.10	—	—	70.49	—	6.95	—
125	7 Superphosphat, Kaliumsulfat u. Ammoniaksalze		„	86.17	—	—	—	—	1.036	13.83	—	—	—	—	7.51	—
126	8 Ungedüngt, seit 1853		„	85.13	—	—	—	—	0.807	14.87	—	—	—	—	5.44	—
127	1 Stalldünger, 14 tons	Ser. 1, 550 Pf. Chilisalp.	1878	87.74	1.06	—	7.32	—	0.995	12.26	8.63	—	60.30	—	8.24	1.38
128	2 Stalldünger u. $3^1/_2$ Ctr. Superphosphat		„	88.49	1.14	—	6.97	—	0.981	11.51	9.88	—	60.06	—	8.51	1.58
129	3 Ungedüngt, seit 1846		„	84.75	1.16	—	10.20	—	0.824	15.25	7.63	—	66.88	—	5.38	1.22

1878 Platz	1. Serie Wurz. Ctr.	1. Serie Bl. Ctr.	2. Serie Wurz. Ctr.	2. Serie Bl. Ctr.	3. Serie Wurz. Ctr.	3. Serie Bl. Ctr.	4. Serie Wurz. Ctr.	4. Serie Bl. Ctr.	5. Serie Wurz. Ctr.	5. Serie Bl. Ctr.	Mittel d. 5 Serien Wurz. Ctr.	Mittel d. 5 Serien Bl. Ctr.
1	265	56	375	84	411	106	444	123	341	73	368	88
2	296	59	424	95	395	103	418	117	377	75	382	90
3	70	24	202	56	87	51	131	67	123	57	123	51
4	109	27	370	86	283	52	422	94	319	62	301	64
5	94	28	291	78	162	66	164	63	161	66	174	60
6	78	23	301	67	240	54	303	91	245	63	233	60
7	108	29	278	61	238	58	280	85	239	68	229	60
8	53	24	239	87	133	65	132	90	124	65	136	66
9	—	—	—	—	317	109	—	—	—	—	—	—
Im Mittel der Plätze	134	34	310	77	252	74	287	91	241	66	—	—

No.	Bezeichnungen und Bemerkungen		Jahr der Untersuchung	In der ursprünglichen Substanz: Wasser %	Nh-Substanz %	Rohfett %	Nfr. Extractstoffe %	Rohfaser %	Asche %	Trockensubstanz %	In der Trockensubstanz: Nh-Substanz %	Rohfett %	Nfr. Extractstoffe %	Rohfaser %	Asche %	Stickstoff in der Trockensubstanz %
							Zucker						Zucker			
130	4 $3^1/_2$ Ctr. Superphosphat, 500 Pfd. Kaliumsulfat, 500 Pfd. Chlornatrium u. 200 Pfd. Magnesiumsulfat	Serie 1, 550 Pfd. Chilisalpeter	1878	86.44	0.81	—	9.01	—	0.928	13.56	5.94	—	66.45	—	6.86	0.95
131	5 $3^1/_2$ Ctr. Superphosphat .		„	86.09	0.90	—	9.17	—	0.810	13.91	6.50	—	65.91	—	5.82	1.04
132	6 $3^1/_2$ Ctr. Superphosphat u. 500 Pfd. Kaliumsulfat . .		„	85.77	1.08	—	9.12	—	0.989	14.23	7.63	—	64.09	—	6.96	1.22
133	7 $3^1/_2$ Ctr. Superphosphat, 500 Pfd. Kaliumsulfat u. $36^1/_2$ Ammoniaksalze		„	86.58	—	—	—	—	0.976	13.42	—	—	—	—	7.30	—
134	8 Ungedüngt, seit 1853 . .		„	85.50	—	—	—	—	0.903	14.50	—	—	—	—	6.21	—
135	1 Stalldünger	Serie 2, 550 Pfd. Chilisalp.	„	88.53	1.36	—	6.36	—	1.036	11.47	11.88	—	82.60	—	9.07	1.90
136	2 Stalldünger u. Superphosph.		„	89.95	1.35	—	5.21	—	1.072	10.05	13.44	—	51.84	—	10.65	2.15
137	3 Ungedüngt, seit 1846 . .		„	87.98	1.32	—	7.08	—	0.908	12.02	10.94	—	58.90	—	7.57	1.75
138	4 Superphosph. u. Salzgemisch		„	88.97	1.18	—	6.24	—	1.084	11.03	10.63	—	56.57	—	9.79	1.70
139	5 Superphosphat		„	88.39	1.18	—	6.90	—	0.873	11.61	10.13	—	57.03	—	7.49	1.62
140	6 Superphosph. u. Kaliumsulfat		„	88.96	1.21	—	6.23	—	0.986	11.04	10.94	—	56.46	—	8.97	1.75
141	7 Superphosphat, Kaliumsulfat u. Ammoniaksalze . . .		„	88.74	—	—	—	—	0.982	11.26	—	—	—	—	8.69	—
142	8 Ungedüngt, seit 1853 . .		„	88.90	—	—	—	—	0.937	11.10	—	—	—	—	8.47	—
143	1 Stalldünger	Serie 3, 400 Pfd. Ammonsalze	„	88.83	1.29	—	6.27	—	1.013	11.17	11.50	—	56.14	—	9.04	1.84
144	2 Stalldünger u. Superphosph.		„	89.00	1.29	—	6.08	—	1.034	11.00	11.75	—	55.26	—	9.36	1.88
145	3 Ungedüngt, seit 1846 . .		„	86.53	1.63	—	8.09	—	0.811	13.47	12.13	—	60.06	—	6.01	1.94
146	4 Superphosph. u. Salzgemisch		„	88.10	0.90	—	7.27	—	0.975	11.90	7.56	—	61.09	—	8.23	1.21
147	5 Superphosphat		„	87.00	1.17	—	8.14	—	0.845	13.00	9.00	—	62.61	—	6.54	1.44
148	6 Superphosph. u. Kaliumsulfat		„	86.45	1.15	—	8.67	—	0.988	13.55	8.50	—	63.98	—	7.31	1.36
149	7 Superphosphat, Kaliumsulfat u. Ammoniaksalze . . .		„	88.08	—	—	—	—	0.932	11.92	—	—	—	—	7.80	—
150	8 Ungedüngt, seit 1853 . .		„	87.19	—	—	—	—	0.869	12.81	—	—	—	—	6.79	—
151	9 Stalldünger u. Superphosph.		„	89.23	—	—	6.21	-	0.939	10.77	—	—	57.66	—	8.73	—
152	1 Stalldünger	Serie 4, 2000 Pfd. Rapskuch. u. 400 Pfd. Ammonsalze	„	89.17	1.51	—	5.65	—	1.046	10.83	13.94	—	52.17	—	9.70	2.23
153	2 Stalldünger u. Superphosph.		„	89.50	1.36	—	5.94	—	0.987	10.50	12.94	—	56.57	—	9.43	2.07
154	3 Ungedüngt, seit 1846 . .		„	87.14	1.54	—	7.61	—	0.802	12.86	12.00	—	59.18	—	6.22	1.92
155	4 Superphosph. u. Salzgemisch		„	89.67	1.13	—	5.88	—	1.027	10.33	10.94	—	56.92	—	9.97	1.75
156	5 Superphosphat		„	87.31	1.53	—	7.68	—	0.739	12.69	12.00	—	60.33	—	5.81	1.92
157	6 Superphosph. u. Kaliumsulfat		„	87.91	1.47	—	6.96	—	1.016	12.09	12.13	—	57.57	—	8.44	1.94
158	7 Superphosphat, Kaliumsulfat u. Ammoniaksalze . . .		„	87.97	—	—	—	—	0.986	12.03	—	—	—	—	8.22	—
159	8 Ungedüngt, seit 1853 . .		„	88.07	—	—	—	—	0.879	11.93	—	—	—	—	7.38	—
160	1 Stalldünger	Serie 5, 2000 Pfd. Rapskuch.	„	88.02	1.16	—	6.90	—	0.985	11.98	9.69	—	57.59	—	8.26	1.55
161	2 Stalldünger u. Superphosph.		„	89.34	1.09	—	6.14	—	0.948	10.66	10.25	—	57.60	—	8.91	1.64
162	3 Ungedüngt, seit 1846 . .		„	85.90	1.50	—	8.82	—	0.846	14.10	10.63	—	62.55	—	6.03	1.70
163	4 Superphosph. u. Salzgemisch		„	88.78	1.07	—	6.53	—	1.044	11.22	9.50	—	57.25	—	9.25	1.52
164	5 Superphosphat		„	86.13	1.32	—	8.66	—	0.786	13.87	9.50	—	62.44	—	5.70	1.52
165	6 Superphosph. u. Kaliumsulfat		„	87.82	1.23	—	7.36	—	0.940	12.18	10.06	—	60.43	—	7.72	1.61
166	7 Superphosphat, Kaliumsulfat u. Ammoniaksalze . . .		„	87.95	—	—	—	—	0.977	12.05	—	—	—	—	8.13	—
167	8 Ungedüngt, seit 1853 . .		„	87.48	—	—	—	—	0.863	12.52	—	—	—	—	6.87	—

No.	Bezeichnungen und Bemerkungen		Jahr der Untersuchung	In der ursprünglichen Substanz: Wasser %	Nh-Substanz %	Rohfett %	Nfr. Extractstoffe %	Rohfaser %	Asche %	Trockensubstanz %	In der Trockensubstanz: Nh-Substanz %	Rohfett %	Nfr. Extractstoffe %	Rohfaser %	Asche %	Stickstoff in der Trockensubstanz %
							Zucker						Zucker			
168	1 Stalldünger, 14 tons . .	Serie 1, 550 Pfd. Chilisalpeter	1879	85.09	1.09	—	9.62	—	1.007	14.91	7.31	—	64.52	—	6.77	1.17
169	2 Stalldünger u. $3^1/_2$ Ctr. Superphosphat		„	85.22	1.16	—	9.49	—	1.012	14.78	7.81	—	64.73	—	6.89	1.25
170	3 Ungedüngt, seit 1846 . .		„	81.19	1.28	—	12.50	—	0.861	18.81	5.68	—	66.45	—	4.57	1.09
171	4 $3^1/_2$ Ctr. Superphosphat, 500 Pfd. Kaliumsulfat, 200 Pfd. Chlornatrium u. 200 Pfd. Magnesiumsulfat		„	84.44	0.94	—	10.44	—	0.980	15.56	6.06	—	67.10	—	6.30	0.97
172	5 $3^1/_2$ Ctr. Superphosphat .		„	83.47	0.99	—	11.29	—	0.848	16.53	6.00	—	68.30	—	5.14	0.96
173	6 $3^1/_2$ Ctr. Superphosphat u. 500 Pfd. Kaliumsulfat . .		„	83.66	0.98	—	10.97	—	1.008	16.34	5.94	—	67.14	—	6.18	0.95
174	7 $3^1/_2$ Ctr. Superphosphat, 500 Pfd. Kaliumsulfat u. $36^1/_2$ Pfd. Ammoniaksalze . . .		„	83.67	—	—	—	—	0.895	16.33	—	—	—	—	5.51	—
175	8 Ungedüngt, seit 1853 . .		„	81.54	—	—	—	—	0.903	18.46	—	—	—	—	4.88	—
176	1 Stalldünger	Serie 2, 550 Pfd. Chilisalp.	„	86.82	1.23	—	7.97	—	1.010	13.18	9.31	—	60.47	—	7.66	1.49
177	2 Stalldünger u. Superphosph.		„	86.57	1.15	—	8.08	—	1.016	13.43	8.56	—	60.27	—	7.61	1.37
178	3 Ungedüngt, seit 1846 . .		„	83.99	1.41	—	10.00	—	0.955	16.01	8.81	—	60.25	—	6.00	1.41
179	4 Superphosph. u. Salzgemisch		„	87.17	0.98	—	8.10	—	1.010	12.83	7.63	—	63.13	—	7.87	1.22
180	5 Superphosphat		„	87.40	1.12	—	7.82	—	0.951	12.60	8.93	—	62.07	—	7.54	1.43
181	6 Superphosph. u. Kaliumsulfat		„	86.25	1.12	—	8.76	—	0.972	13.75	8.19	—	63.71	—	7.05	1.31
182	7 Superphosphat, Kaliumsulfat u. Ammoniaksalze . . .		„	87.03	—	—	—	—	0.997	12.97	—	—	—	—	7.71	—
183	8 Ungedüngt, seit 1853 . .		„	86.22	—	—	—	—	0.963	13.78	—	—	—	—	6.97	—
184	1 Stalldünger	Serie 3, 400 Pfd. Ammonsalze	„	86.14	1.21	—	8.67	—	1.025	13.86	8.63	—	62.55	—	7.43	1.38
185	2 Stalldünger u. Superphosph.		„	86.86	1.13	—	8.07	—	1.051	13.14	8.56	—	61.41	—	7.99	1.37
186	3 Ungedüngt, seit 1846 . .		„	82.82	1.57	—	11.08	—	0.834	17.18	9.13	—	64.50	—	4.83	1.46
187	4 Superphosph. u. Salzgemisch		„	85.97	0.84	—	9.28	—	0.962	14.03	5.94	—	66.15	—	6.84	0.95
188	5 Superphosphat		„	84.39	1.26	—	10.43	—	0.814	15.61	8.06	—	66.81	—	5.19	1.29
189	6 Superphosph. u. Kaliumsulfat		„	85.50	1.01	—	9.60	—	0.998	14.50	7.00	—	66.21	—	6.90	1.12
190	7 Superphosphat, Kaliumsulfat u. Ammoniaksalze . . .		„	85.53	—	—	—	—	0.946	14.47	—	—	—	—	6.57	—
191	8 Ungedüngt, seit 1853 . .		„	84.56	—	—	—	—	0.812	15.44	—	—	—	—	5.25	—
192	9 Stalldünger u. Superphosph.		„	85.48	1.16	—	9.36	—	0.930	14.52	8.69	—	64.46	—	6.40	1.39
193	1 Stalldünger	Serie 4, 2000 Pfd. Rapskuch. u. 400 Pfd. Ammonsalze	„	86.66	1.16	—	8.01	—	1.025	13.34	8.56	—	60.04	—	7.72	1.37
194	2 Stalldünger u. Superphosph.		„	86.46	1.63	—	8.32	—	1.064	13.54	10.00	—	61.45	—	7.82	1.60
195	3 Ungedüngt, seit 1846 . .		„	83.73	1.07	—	10.44	—	0.831	16.27	7.81	—	64.16	—	5.10	1.25
196	4 Superphosph. u. Salzgemisch		„	86.33	1.38	—	8.36	—	1.086	13.67	9.25	—	61.15	—	7.97	1.48
197	5 Superphosphat		„	85.16	1.34	—	9.25	—	0.810	14.84	9.94	—	62.34	—	5.46	1.59
198	6 Superphosph. u. Kaliumsulfat		„	86.51	—	—	8.47	—	1.038	13.49	—	—	62.78	—	7.71	—
199	7 Superphosphat, Kaliumsulfat u. Ammoniaksalze . . .		„	85.82	—	—	—	—	0.947	14.18	—	—	—	—	6.70	—
200	8 Ungedüngt, seit 1853 . .		„	85.87	—	—	—	—	0.853	14.13	—	—	—	—	6.02	—

1879 Platz	1. Serie Wurz. Ctr.	Bl. Ctr.	2. Serie Wurz. Ctr.	Bl. Ctr.	3. Serie Wurz. Ctr.	Bl. Ctr.	4. Serie Wurz. Ctr.	Bl. Ctr.	5. Serie Wurz. Ctr.	Bl. Ctr.	Mittel d. 5 Serien Wurz. Ctr.	Bl. Ctr.
1	123	35	188	49	246	71	276	75	214	52	209	56
2	133	36	231	58	232	69	281	77	198	51	215	58
3	32	12	97	39	72	44	157	63	128	37	97	39
4	42	14	173	48	150	35	250	59	147	34	152	38
5	38	14	165	49	100	36	193	65	131	32	125	39
6	35	13	156	47	129	32	231	65	157	33	142	38
7	38	14	162	46	127	34	222	66	164	40	143	40
8	25	11	116	47	70	36	182	74	129	45	104	43
9	—	—	—	—	187	59	—	—	—	—	—	—
Im Mittel der Plätze	58	19	161	48	146	46	224	68	158	40	—	—

No.	Bezeichnungen und Bemerkungen		Jahr der Untersuchung	In der ursprünglichen Substanz							In der Trockensubstanz					Stickstoff in der Trockensubstanz
				Wasser %	Nh-Substanz %	Rohfett %	Nfr. Extractstoffe %	Rohfaser %	Asche %	Trockensubstanz %	Nh-Substanz %	Rohfett %	Nfr. Extractstoffe %	Rohfaser %	Asche %	%
							Zucker						Zucker			
201	1 Stalldünger	Serie 5, 2000 Pfd. Rapskuch.	1879	85.38	1.11	—	9.19	—	1.022	14.62	7.56	—	62.76	—	6.98	1.21
202	2 Stalldünger u. Superphosph.		„	85.60	1.37	—	9.24	—	0.995	14.40	9.50	—	65.55	—	6.94	1.52
203	3 Ungedüngt, seit 1846 . .		„	83.84	1.27	—	10.46	—	0.842	16.16	7.81	—	64.73	—	5.20	1.25
204	4 Superphosph. u. Salzgemisch		„	86.49	0.85	—	8.62	—	0.938	13.51	6.25	—	63.81	—	6.96	1.00
205	5 Superphosphat		„	84.43	1.14	—	10.40	—	0.840	15.57	7.31	—	66.80	—	5.40	1.17
206	6 Superphosph. u. Kaliumsulfat		„	85.58	0.98	—	9.35	—	0.949	14.42	6.81	—	64.84	—	6.59	1.09
207	7 Superphosphat, Kaliumsulfat u. Ammoniaksalze . . .		„	84.65	—	—	—	—	0.947	15.35	—	—	—	—	6.19	—
208	8 Ungedüngt, seit 1853 . .		„	84.42	—	—	—	—	0.852	15.58	—	—	—	—	5.46	—
209	1 Stalldünger, 14 tons . .	Serie 1, 500 Pfd. Chilisalpeter	1880	87.35	0.79	—	8.30	—	0.841	12.65	6.25	—	65.61	—	6.64	1.00
210	2 Stalldünger u. $3^1/_2$ Ctr. Superphosphat		„	87.13	0.85	—	8.06	—	0.850	12.87	6.63	—	62.63	—	6.60	1.06
211	3 Ungedüngt, seit 1846 . .		„	82.98	0.89	—	11.78	—	0.739	17.02	5.19	—	69.21	—	4.35	0.83
212	4 $3^1/_2$ Ctr. Superphosphat, 500 Pfd. Kaliumsulfat, 200 Pfd. Chlornatrium u. 200 Pfd. Magnesiumsulfat		„	85.95	0.51	—	9.87	—	0.756	14.05	3.63	—	70.24	—	5.41	0.58
213	5 $3^1/_2$ Ctr. Superphosphat .		„	86.28	0.63	—	9.44	—	0.709	13.72	4.56	—	67.48	—	5.17	0.73
214	6 $3^1/_2$ Ctr. Superphosphat u. 500 Pfd. Kaliumsulfat . .		„	85.96	0.61	—	9.59	—	0.761	14.04	4.31	—	68.31	—	8.41	0.69
215	7 $3^1/_2$ Ctr. Superphosphat, 500 Pfd. Kaliumsulfat u. $36^1/_2$ Pfd. Ammoniaksalze . .		„	86.37	—	—	—	—	0.798	13.63	—	—	—	—	5.87	—
216	8 Ungedüngt, seit 1853 . .		„	85.74	—	—	—	—	0.776	14.26	—	—	—	—	5.47	—
217	1 Stalldünger	Serie 2, 500 Pfd. Chilisalp.	„	89.28	1.16	—	6.00	—	0.942	10.72	10.75	—	55.97	—	8.77	1.72
218	2 Stalldünger u. Superphosph.		„	89.56	1.18	—	5.88	—	0.986	10.44	11.13	—	56.32	—	9.48	1.78
219	3 Ungedüngt, seit 1846 . .		„	87.82	1.36	—	7.36	—	0.874	12.18	6.88	—	60.43	—	7.14	1.10
220	4 Superphosph. u. Salzgemisch		„	87.64	0.85	—	8.11	—	0.847	12.36	9.38	—	65.62	—	6.88	1.50
221	5 Superphosphat		„	88.50	1.08	—	6.90	—	0.819	11.50	8.06	—	60.00	—	7.13	1.29
222	6 Superphosph. u. Kaliumsulfat		„	88.14	0.96	—	7.47	—	0.807	11.86	8.25	—	62.99	—	6.83	1.32
223	7 Superphosphat, Kaliumsulfat u. Ammoniaksalze . . .		„	88.36	—	—	—	—	0.862	11.64	—	—	—	—	7.39	—
224	8 Ungedüngt, seit 1853 . .		„	87.39	—	—	—	—	0.863	12.61	—	—	—	—	6.82	—
225	1 Stalldünger	Serie 3, 400 Pfd. Ammonsalze	„	88.77	1.08	—	6.82	—	0.871	11.23	9.56	—	60.73	—	7.95	1.53
226	2 Stalldünger u. Superphosph.		„	88.32	1.18	—	7.03	—	0.891	11.68	10.13	—	60.19	—	7.62	1.62
227	3 Ungedüngt, seit 1846 . .		„	85.52	1.70	—	9.21	—	0.746	14.48	7.00	—	63.60	—	5.18	1.12
228	4 Superphosph. u. Salzgemisch		„	87.77	0.74	—	8.23	—	0.849	12.23	6.06	—	67.30	—	6.95	0.97
229	5 Superphosphat		„	87.16	0.99	—	8.47	—	0.769	12.84	7.69	—	65.96	—	6.00	1.23
230	6 Superphosph. u. Kaliumsulfat		„	87.60	0.77	—	7.96	—	0.878	12.40	6.19	—	64.20	—	7.10	0.99
231	7 Superphosphat, Kaliumsulfat u. Ammoniaksalze . . .		„	87.86	—	—	—	—	0.863	12.14	—	—	—	—	7.08	—
232	8 Ungedüngt, seit 1853 . .		„	85.92	—	—	—	—	0.772	14.08	—	—	—	—	5.47	—
233	9 Stalldünger u. Superphosph.		„	88.68	—	—	7.15	—	0.801	11.32	—	—	63.16	—	7.07	—

1880 Platz	1. Serie Wurz. Ctr.	1. Serie Bl. Ctr.	2. Serie Wurz. Ctr.	2. Serie Bl. Ctr.	3. Serie Wurz. Ctr.	3. Serie Bl. Ctr.	4. Serie Wurz. Ctr.	4. Serie Bl. Ctr.	5. Serie Wurz. Ctr.	5. Serie Bl. Ctr.	Mittel d. 5 Serien Wurz. Ctr.	Mittel d. 5 Serien Bl. Ctr.
1	371	54	528	65	504	110	543	121	545	81	498	86
2	348	40	556	74	515	110	520	112	549	83	498	84
3	50	18	280	53	197	51	224	60	246	59	199	48
4	117	19	466	63	394	38	621	112	484	66	414	60
5	103	16	366	44	198	33	249	58	288	53	241	41
6	95	14	430	51	372	54	544	111	428	47	374	57
7	140	19	430	46	386	59	520	106	462	51	388	56
8	30	17	234	65	119	57	244	61	241	55	184	51
9	—	—	—	—	419	80	—	—	—	—	—	—
Im Mittel der Plätze	163	25	411	58	345	67	432	93	405	62	—	—

No.	Bezeichnungen und Bemerkungen		Jahr der Untersuchung	In der ursprünglichen Substanz: Wasser %	Nh-Substanz %	Rohfett %	Nfr. Extractstoffe %	Rohfaser %	Asche %	Trockensubstanz %	In der Trockensubstanz: Nh-Substanz %	Rohfett %	Nfr. Extractstoffe %	Rohfaser %	Asche %	Stickstoff in der Trockensubstanz %
							Zucker						Zucker			
234	1 Stalldünger	Serie 4, 2000 Pfd. Rapskuch. u. 400 Pfd. Ammonsalze	1880	88.74	1.33	—	6.77	—	0.877	11.26	11.75	—	60.22	—	7.82	1.88
235	2 Stalldünger u. Superphosph.		„	89.53	1.38	—	6.33	—	0.948	10.47	13.13	—	60.46	—	9.07	2.10
236	3 Ungedüngt, seit 1846 . .		„	88.25	1.41	—	7.10	—	0.716	11.75	11.94	—	60.43	—	6.13	1.91
237	4 Superphosph. u. Salzgemisch		„	89.23	0.94	—	6.53	—	0.883	10.77	8.75	—	60.62	—	8.17	1.40
238	5 Superphosphat		„	89.28	1.20	—	6.61	—	0.679	10.72	11.25	—	61.66	—	6.34	1.80
239	6 Superphosph. u. Kaliumsulfat		„	87.84	1.18	—	7.47	—	0.837	12.16	9.69	—	61.43	—	6.91	1.55
240	7 Superphosphat, Kaliumsulfat u. Ammoniaksalze . . .		„	88.32	—	—	—	—	0.906	11.68	—	—	—	—	7.79	—
241	8 Ungedüngt, seit 1853 . .		„	88.71	—	—	—	—	0.693	11.29	—	—	—	—	6.11	—
242	1 Stalldünger	Serie 5, 2000 Pfd. Rapskuch.	„	87.92	1.10	—	7.17	—	0.877	12.08	9.06	—	59.35	—	7.68	1.45
243	2 Stalldünger u. Superphosph.		„	88.34	1.07	—	7.13	—	0.855	11.66	9.19	—	61.15	—	7.38	1.47
244	3 Ungedüngt, seit 1846 . .		„	87.05	1.27	—	8.32	—	0.690	12.95	9.81	—	64.25	—	5.33	1.57
245	4 Superphosph. u. Salzgemisch		„	88.82	0.77	—	7.19	—	0.869	11.18	6.88	—	64.31	—	6.78	1.10
246	5 Superphosphat		„	88.73	1.03	—	7.84	—	0.676	12.27	8.38	—	63.90	—	5.54	1.34
247	6 Superphosph. u. Kaliumsulfat		„	86.83	0.94	—	8.68	—	0.745	13.17	7.19	—	65.91	—	5.69	1.15
248	7 Superphosphat, Kaliumsulfat u. Ammoniaksalze . . .		„	87.21	—	—	—	—	0.742	12.79	—	—	—	—	5.79	—
249	8 Ungedüngt, seit 1853 . .		„	87.09	—	—	—	—	0.672	12.91	—	—	—	—	5.19	—
250	1 Stalldünger	Serie 1, kein N-Zusatz	1876–1880 Mittel aus den 5 Jahrgängen	86.71	0.98	—	8.57	—	0.960	13.29	7.38	—	64.48	—	7.22	1 18
251	2 Stalldünger u. Superphosph.			86.92	1 05	—	8.64	—	0.949	13.08	8.00	—	66.05	—	7.46	1.28
252	3 Ungedüngt, seit 1846 . .			83.44	1.11	—	11.42	—	0.816	16.56	6.69	—	68.90	—	4.95	1.07
253	4 Superphosph. u. Salzgemisch			85.48	0.76	—	9.84	—	0.903	14.52	5.19	—	67.77	—	6.19	0.83
254	5 Superphosphat			85.30	0.84	—	10.20	—	0.796	14.70	5.69	—	69.39	—	5.44	0.91
255	6 Superphosph. u. Kaliumsulfat			85.20	0.89	—	9.95	—	0.915	14.80	5.94	—	67.33	—	6.23	0.95
256	7 Superphosphat, Kaliumsulfat u. Ammoniaksalze . . .			85.42	—	—	—	—	0.899	14.58	—	—	—	—	5.56	—
257	8 Ungedüngt			84.70	—	—	—	—	0.883	15.30	—	—	—	—	5.75	—
258	1 Stalldünger	Serie 2, N-Zusatz in Form von Chilisalpeter		88.42	1.25	—	7.14	—	1.028	11.58	10.75	—	61.66	—	8.81	1.72
259	2 Stalldünger u. Superphosph.			88.76	1.23	—	6.85	—	1.040	11.24	10.88	—	60.90	—	9.25	1.74
260	3 Ungedüngt, seit 1846 . .			86.76	1.36	—	8.30	—	0.942	13.24	10.31	—	62.69	—	7.10	1.65
261	4 Superphosph. u. Salzgemisch			88.03	1.00	—	7.21	—	1.015	11.97	8.31	—	60.23	—	8.52	1.33
262	5 Superphosphat			88.08	1.13	—	7.30	—	0.890	11.92	9.44	—	61.24	—	7.47	1.51
263	6 Superphosph. u. Kaliumsulfat			87.92	1.09	—	7.85	—	0.966	12.08	9.06	—	64.98	—	8.03	1.45
264	7 Superphosphat, Kaliumsulfat u. Ammoniaksalze . . .			87.96	—	—	—	—	0.959	12.04	—	—	—	—	7.97	—
265	8 Ungedüngt			87.45	—	—	—	—	0.946	12.55	—	—	—	—	7.57	—
266	1 Stalldünger	Serie 3, N-Zusatz in Form v. Ammonsalzen		88.03	1.19	—	7.68	—	1.017	11.97	9.94	—	64.16	—	8.52	1.59
267	2 Stalldünger u. Superph.			88.26	1.20	—	7.26	—	1.017	11.74	10.19	—	61.38	—	8.62	1.63
268	3 Ungedüngt, seit 1846 .			85.12	1.64	—	9.64	—	0.837	14.88	11.00	—	64.78	—	5.64	1.76
269	4 Superph. u. Salzgemisch			87.30	0.83	—	8.23	—	0.972	12.70	6.50	—	64.80	—	7.64	1.04
270	5 Superphosphat . . .			86.24	1.14	—	8.99	—	0.788	13.76	8.25	—	65.33	—	5.74	1.32

Mittel von 1876/1880 Platz	1. Serie Wurz. Ctr.	1. Serie Bl. Ctr.	2. Serie Wurz. Ctr.	2. Serie Bl. Ctr.	3. Serie Wurz. Ctr.	3. Serie Bl. Ctr.	4. Serie Wurz. Ctr.	4. Serie Bl. Ctr.	5. Serie Wurz. Ctr.	5. Serie Bl. Ctr.	Mittel d. 5 Serien Wurz. Ctr.	Mittel d. 5 Serien Bl. Ctr.
1	292	55	417	83	460	105	499	126	421	78	418	89
2	301	52	458	88	454	104	482	122	443	80	428	89
3	86	22	266	67	163	59	236	83	224	38	195	54
4	114	24	388	77	311	55	288	101	378	62	296	64
5	101	22	329	69	194	61	250	82	248	62	224	59
6	90	20	346	66	280	56	422	105	325	56	293	61
7	120	26	353	69	293	62	416	109	338	64	304	66
8	69	21	220	81	141	65	240	93	202	65	174	65
9	—	—	—	—	343	95	—	—	—	—	—	—
Im Mittel der Plätze	147	30	347	75	293	74	354	103	322	63	—	—

No.	Bezeichnungen und Bemerkungen		Jahr der Untersuchung	In der ursprünglichen Substanz: Wasser %	Nh-Substanz %	Rohfett %	Nfr. Extractstoffe %	Rohfaser %	Asche %	Trocken-substanz %	In der Trockensubstanz: Nh-Substanz %	Rohfett %	Nfr. Extractstoffe %	Rohfaser %	Asche %	Stickstoff in der Trocken-substanz %
271	6 Superph. u. Kaliumsulfat	Serie 3, N-Zusatz in Form v. Ammonsalzen	1876-1880	86.70	0.98	—	Zucker 8.62	—	0.930	13.30	7.25	—	Zucker 64.81	—	6.99	1.16
272	7 Superph., Kaliumsulfat u. Ammoniaksalze . . .			87.38	—	—	—	—	0.962	12.62	—	—	—	—	7.61	—
273	8 Ungedüngt, seit 1853 .			86.26	—	—	—	—	0.858	13.74	—	—	—	—	6.26	—
274	9 Stalldünger u. Superph.			87.39	1.33	—	8.11	—	0.911	12.61	11.69	—	64.18	—	7.20	1.87
275	1 Stalldünger	Serie 4, N-Zusatz in Form v. Rapskuch. u. Ammonsalzen	Mittel aus den 5 Jahrgängen	88.63	1.30	—	7.10	—	1.025	11.37	11.75	—	62.44	—	9.06	1.88
276	2 Stalldünger u. Superphosph.			88.96	1.53	—	7.07	—	1.032	11.04	11.37	—	64.04	—	9.33	1.82
277	3 Ungedüngt, seit 1846 . .			86.62	1.05	—	8.74	—	0.799	13.38	9.13	—	65.32	—	5.98	1.46
278	4 Superphosph. u. Salzgemisch			88.53	1.37	—	6.78	—	1.057	11.47	10.75	—	59.11	—	9.24	1.72
279	5 Superphosphat			87.29	1.33	—	7.57	—	0.766	12.71	10.56	—	59.62	—	6.83	1.69
280	6 Superphosph. u. Kaliumsulfat			87.49	—	—	7.44	—	0.998	12.51	—	—	59.48	—	7.99	—
281	7 Superphosphat, Kaliumsulfat u. Ammoniaksalze . . .			87.77	—	—	—	—	0.998	12.23	—	—	—	—	8.18	—
282	8 Ungedüngt, seit 1853 . .			87.59	—	—	—	—	0.818	12.41	—	—	—	—	6.61	—
283	1 Stalldünger	Serie 5, N-Zusatz in Form von Rapskuchen		87.34	1.13	—	7.76	—	0.977	12.66	8.88	—	61.30	—	7.74	1.42
284	2 Stalldünger u. Superphosph.			87.74	1.18	—	7.76	—	0.961	12.26	9.56	—	63.30	—	7.83	1.53
285	3 Ungedüngt, seit 1846 . .			85.59	1.34	—	9.45	—	0.790	14.41	9.31	—	65.58	—	5.48	1.49
286	4 Superphosph. u. Salzgemisch			87.87	0.89	—	7.82	—	0.980	12.13	7.25	—	64.47	—	8.08	1.16
287	5 Superphosphat			86.46	1.16	—	8.88	—	0.766	13.54	8.56	—	65.59	—	5.67	1.37
288	6 Superphosph. u. Kaliumsulfat			86.92	1.05	—	8.53	—	0.905	13.08	8.00	—	65.21	—	6.96	1.28
289	7 Superphosphat, Kaliumsulfat u. Ammoniaksalze . . .			86.88	—	—	—	—	0.928	13.12	—	—	—	—	7.09	—
290	8 Ungedüngt, seit 1853 . .			86.50	—	—	—	—	0.790	13.50	—	—	—	—	5.85	—
291	1 Stalldünger	Serie 1, kein N-Zusatz	1881	87.02	1.29	—	—	—	0.946	12.98	9.94	—	—	—	7.32	1.59
292	2 Stalldünger u. Superphosph.		„	87.65	1.07	—	—	—	0.883	12.35	8.62	—	—	—	7.13	1.38
293	3 Ungedüngt, seit 1846 . .		„	82.12	1.28	—	—	—	0.700	17.88	7.19	—	—	—	3.92	1.15
294	4 Superphosph. u. Salzgemisch		„	84.89	0.84	—	—	—	0.839	15.11	5.50	—	—	—	5.56	0.88
295	5 Superphosphat		„	84.24	0.87	—	—	—	0.724	15.76	5.56	—	—	—	4.57	0.89
296	6 Superphosph. u. Kaliumsulfat		„	83.90	0.83	—	—	—	0.797	16.10	5.19	—	—	—	4.97	0.83
297	7 Superphosphat, Kaliumsulfat u. Ammoniaksalze . . .		„	84.89	—	—	—	—	0.870	15.11	—	—	—	—	5.76	—
298	8 Ungedüngt, seit 1853 . .		„	84.23	—	—	—	—	0.788	15.77	—	—	—	—	5.01	—
299	1 Stalldünger	Serie 2, N-Zusatz in Form von Chilisalpeter	„	87.74	1.61	—	—	—	1.014	12.26	13.06	—	—	—	8.24	2.09
300	2 Stalldünger u. Superphosph.		„	88.09	1.36	—	—	—	0.946	11.91	11.88	—	—	—	7.98	1.90
301	3 Ungedüngt, seit 1846 . .		„	86.02	1.49	—	—	—	0.864	13.98	10.62	—	—	—	6.15	1.70
302	4 Superphosph. u. Salzgemisch		„	87.23	1.36	—	—	—	1.020	12.77	10.62	—	—	—	5.99	1.70
303	5 Superphosphat		„	87.50	1.28	—	—	—	0.836	12.50	10.25	—	—	—	6.72	1.64
304	6 Superphosph. u. Kaliumsulfat		„	85.86	1.23	—	—	—	0.910	14.14	8.69	—	—	—	6.44	1.39
305	7 Superphosphat, Kaliumsulfat u. Ammoniaksalze . . .		„	87.58	—	—	—	—	0.945	12.42	—	—	—	—	7.65	—
306	8 Ungedüngt, seit 1853 . .		„	87.60	—	—	—	—	0.876	12.40	—	—	—	—	7.10	—

1881 Platz	1. Serie Wurz. Ctr.	1. Serie Bl. Ctr.	2. Serie Wurz. Ctr.	2. Serie Bl. Ctr.	3. Serie Wurz. Ctr.	3. Serie Bl. Ctr.	4. Serie Wurz. Ctr.	4. Serie Bl. Ctr.	5. Serie Wurz. Ctr.	5. Serie Bl. Ctr.	Mittel d. 5 Serien Wurz. Ctr.	Mittel d. 5 Serien Bl. Ctr.
1	275	48	359	76	314	73	303	90	305	74	311	72
2	302	43	392	84	330	88	366	105	305	76	339	79
3	88	13	226	52	75	34	138	52	159	56	137	41
4	123	16	338	65	257	50	433	106	348	61	300	60
5	111	13	313	50	143	58	209	77	217	64	199	52
6	99	12	328	49	229	50	347	87	337	50	268	50
7	132	16	337	57	252	53	355	84	361	53	287	53
8	90	13	216	73	83	41	178	69	200	62	153	52
9	—	—	—	—	418	110	—	—	—	—	—	—
Im Mittel der Plätze	152	21	314	63	233	62	291	84	279	62	—	—

No.	Bezeichnungen und Bemerkungen		Jahr der Untersuchung	In der ursprünglichen Substanz							In der Trockensubstanz					Stickstoff in der Trocken-Substanz
				Wasser %	Nh-Substanz %	Rohfett %	Nfr. Extractstoffe %	Rohfaser %	Asche %	Trockensubstanz %	Nh-Substanz %	Rohfett %	Nfr. Extractstoffe %	Rohfaser %	Asche %	%
307	1 Stalldünger	Serie 3, N-Zusatz in Form von Ammonsalzen	1881	87.62	1.52	—	—	—	0.984	12.38	12.25	—	—	—	7.92	1.96
308	2 Stalldünger u. Superphosph.		„	88.17	1.48	—	—	—	0.995	11.83	12.50	—	—	—	8.45	2.00
309	3 Ungedüngt, seit 1846 . .		„	82.87	2.08	—	—	—	0.801	17.13	12.12	—	—	—	9.66	1.94
310	4 Superphosph. u. Salzgemisch		„	85.90	1.20	—	—	—	0.977	14.10	8.50	—	—	—	6.95	1.36
311	5 Superphosphat		„	84.50	1.49	—	—	—	0.649	14.50	10.25	—	—	—	4.49	1.64
312	6 Superphosph. u. Kaliumsulfat		„	86.16	1.25	—	—	—	1.007	13.84	9.06	—	—	—	7.30	1.45
313	7 Superphosphat, Kaliumsulfat u. Ammoniaksalze . . .		„	86.46	—	—	—	—	1.033	13.54	—	—	—	—	7.61	—
314	8 Ungedüngt, seit 1853 . .		„	84.72	—	—	—	—	0.766	15.28	—	—	—	—	5.04	—
315	9 Stalldünger u. Superphosph.		„	87.27	—	—	—	—	0.865	12.73	—	—	—	—	6.83	—
316	1 Stalldünger	Serie 4, N-Zusatz in Form v. Rapskuch. u. Ammonsalzen	„	87.14	1.61	—	—	—	0.983	12.86	12.50	—	—	—	7.63	2.00
317	2 Stalldünger u. Superphosph.		„	86.68	1.75	—	—	—	0.963	13.32	13.12	—	—	—	7.21	2.10
318	3 Ungedüngt, seit 1846 . .		„	84.06	2.00	—	—	—	0.722	15.94	12.56	—	—	—	4.51	2.01
319	4 Superphosph. u. Salzgemisch		„	86.98	1.59	—	—	—	1.057	13.02	12.25	—	—	—	8.14	1.96
320	5 Superphosphat		„	85.41	1.67	—	—	—	0.708	14.59	11.44	—	—	—	4.87	1.83
321	6 Superphosph. u. Kaliumsulfat		„	86.35	1.39	—	—	—	0.985	13.65	10.19	—	—	—	7.25	1.63
322	7 Superphosphat, Kaliumsulfat u. Ammoniaksalze . . .		„	86.67	—	—	—	—	0.982	13.33	—	—	—	—	7.35	—
323	8 Ungedüngt, seit 1853 . .		„	85.93	—	—	—	—	0.671	14.07	—	—	—	—	4.76	—
324	1 Stalldünger	Serie 5, N-Zusatz in Form von Rapskuchen	„	88.20	1.35	—	—	—	0.945	11.80	11.50	—	—	—	8.55	1.84
325	2 Stalldünger u. Superphosph.		„	87.93	1.46	—	—	—	0.929	12.07	12.12	—	—	—	7.71	1.94
326	3 Ungedüngt, seit 1846 . .		„	84.07	1.60	—	—	—	0.675	15.93	10.06	—	—	—	4.27	1.61
327	4 Superphosph. u. Salzgemisch		„	86.65	1.19	—	—	—	0.979	13.35	8.88	—	—	—	7.34	1.42
328	5 Superphosphat		„	86.04	1.39	—	—	—	0.691	13.96	9.94	—	—	—	4.94	1.59
329	6 Superphosph. u. Kaliumsulfat		„	86.31	1.26	—	—	—	0.978	13.69	9.25	—	—	—	7.16	1.48
330	7 Superphosphat, Kaliumsulfat u. Ammoniaksalze . . .		„	86.56	—	—	—	—	0.888	13.44	—	—	—	—	6.62	—
331	8 Ungedüngt, seit 1853 . .		„	85.22	—	—	—	—	0.704	14.78	—	—	—	—	4.74	—
332	1 Stalldünger	Serie 1, kein N-Zusatz	1882	85.71	0.96	—	—	—	0.850	14.29	6.69	—	—	—	5.95	1.07
333	2 Stalldünger u. Superphosph.		„	86.81	0.89	—	—	—	0.871	13.19	6.75	—	—	—	6.60	1.08
334	3 Ungedüngt, seit 1846 . .		„	82.92	0.96	—	—	—	0.746	17.08	5.56	—	—	—	4.39	0.89
335	4 Superphosph. u. Salzgemisch		„	84.59	0.90	—	—	—	0.820	15.41	5.81	—	—	—	5.32	0.93
336	5 Superphosphat		„	84.95	0.79	—	—	—	0.720	15.05	5.25	—	—	—	4.78	0.84
337	6 Superphosph. u. Kaliumsulfat		„	84.60	0.84	—	—	—	0.794	15.40	5.06	—	—	—	5.13	0.81
338	7 Superphosphat, Kaliumsulfat u. Ammoniaksalze . . .		„	84.81	—	—	—	—	—	15.19	—	—	—	—	—	—
339	8 Ungedüngt, seit 1853 . .		„	84.58	—	—	—	—	0.808	15.42	—	—	—	—	5.25	—
340	1 Stalldünger	Serie 2, N-Zusatz in Form v. Chilisalpeter	„	86.68	1.09	—	—	—	0.901	13.32	8.19	—	—	—	6.76	1.31
341	2 Stalldünger u. Superph.		„	86.92	1.25	—	—	—	0.929	13.08	9.56	—	—	—	7.11	1.53
342	3 Ungedüngt, seit 1848 .		„	85.22	1.20	—	—	—	0.817	14.78	8.12	—	—	—	5.55	1.30
343	4 Superph. u. Salzgemisch		„	87.55	0.91	—	—	—	0.883	12.45	7.31	—	—	—	7.07	1.17
344	5 Superphosphat . . .		„	87.42	1.01	—	—	—	0.781	12.58	8.00	—	—	—	6.20	1.28

1882 Platz	1. Serie Wurz. Ctr.	1. Serie Bl. Ctr.	2. Serie Wurz. Ctr.	2. Serie Bl. Ctr.	3. Serie Wurz. Ctr.	3. Serie Bl. Ctr.	4. Serie Wurz. Ctr.	4. Serie Bl. Ctr.	5. Serie Wurz. Ctr.	5. Serie Bl. Ctr.	Mittel d. 5 Serien Wurz. Ctr.	Mittel d. 5 Serien Bl. Ctr.
1	294	52	439	79	465	113	544	135	503	84	449	93
2	318	57	502	104	465	124	510	138	512	83	461	101
3	92	19	285	55	123	68	240	88	261	61	200	58
4	99	20	363	68	353	53	566	103	430	58	362	60
5	94	21	310	75	188	78	232	106	274	64	220	69
6	85	18	316	62	342	58	484	123	399	53	325	63
7	121	23	328	74	346	65	472	119	416	62	337	69
8	70	17	229	72	140	78	194	95	212	81	169	69
9	—	—	—	—	363	110	—	—	—	—	—	—
Im Mittel der Plätze	147	28	346	74	309	83	405	113	376	68	—	—

No.		Bezeichnungen und Bemerkungen		Jahr der Untersuchung	In der ursprünglichen Substanz: Wasser %	Nh-Substanz %	Rohfett %	Nfr. Extractstoffe %	Rohfaser %	Asche %	Trockensubstanz %	In der Trockensubstanz: Nh-Substanz %	Rohfett %	Nfr. Extractstoffe %	Rohfaser %	Asche %	Stickstoff in der Trocken-Substanz %
345	6	Superph. u. Kaliumsulfat	Ser. 2, N-Zusatz in Form v. Chilisalp.	1882	86 13	1.02	—	—	—	0.830	13.87	7.37	—	—	—	5.98	1.18
346	7	Superph., Kaliumsulfat u. Ammoniaksalze . . .		„	86.33	—	—	—	—	—	13.67	—	—	—	—	—	—
347	8	Ungedüngt, seit 1853 .		„	87.43	—	—	—	—	0.891	12.57	—	—	—	—	7.08	—
348	1	Stalldünger	Serie 3, N-Zusatz in Form von Ammonsalzen	„	87.27	1.22	—	—	—	0.900	12.73	9.62	—	—	—	7.17	1.54
349	2	Stalldünger u. Superphosph.		„	87.48	1 41	—	—	—	0.849	12.52	11.25	—	—	—	6.79	1.80
350	3	Ungedüngt, seit 1846 . .		„	84.57	1.76	—	—	—	0.745	15.43	11.37	—	—	—	4.86	1.82
351	4	Superphosph. u. Salzgemisch		„	85.74	0.90	—	—	—	0.882	14.26	6.31	—	—	—	6.17	1.01
352	5	Superphosphat		„	85.31	1.52	—	—	—	0 656	14.69	10.31	—	—	—	4.49	1.65
353	6	Superphosph. u. Kaliumsulfat		„	85.41	1.02	—	—	—	0.862	14.59	7.00	—	—	—	5.89	1.12
354	7	Superphosphat, Kaliumsulfat u. Ammoniaksalze . . .		„	85.77	—	—	—	—	—	14.23	—	—	—	—	—	—
355	8	Ungedüngt, seit 1853 . .		„	85.96	—	—	—	—	0.858	14.04	—	—	—	—	6.13	—
356	9	Stalldünger u. Superphosph.		„	87.11	—	—	—	—	0.896	12.89	—	—	—	—	5.44	—
357	1	Stalldünger	Serie 4, N-Zusatz in Form v. Rapskuch. u. Ammonsalz.	„	88.40	1.40	—	—	—	0.940	11.60	12.06	—	—	—	8.10	1.93
358	2	Stalldünger u. Superphosph.		„	87.25	1.44	—	—	—	0.885	12.75	11.31	—	—	—	6.98	1.81
359	3	Ungedüngt, seit 1846 . .		„	85.63	1.83	—	—	—	0.675	14.37	12.75	—	—	—	4.73	2.04
360	4	Superphosph. u. Salzgemisch		„	87.19	1.04	—	—	—	0.885	12.81	8.06	—	—	—	6.95	1.29
361	5	Superphosphat		„	87.04	1 71	—	—	—	0.701	12.96	13.19	—	—	—	5.40	2.11
362	6	Superphosph. u. Kaliumsulfat		„	87.03	1.35	—	—	—	0.873	12.97	10.38	—	—	—	6.71	1.66
363	7	Superphosphat, Kaliumsulfat u. Ammoniaksalze . . .		„	86.59	—	—	—	—	—	13.41	—	—	—	—	—	—
364	8	Ungedüngt, seit 1853 . .		„	86.69	—	—	—	—	0.696	13.31	—	—	—	—	5.26	—
365	1	Stalldünger	Serie 5, N-Zusatz in Form von Rapskuchen	„	87.49	1.22	—	—	—	0.898	12.51	9.81	—	—	—	7.19	1.57
366	2	Stalldünger u. Superphosph.		„	86.86	1.11	—	—	—	0.869	13.14	8.44	—	—	—	6.62	1.35
367	3	Ungedüngt, seit 1846 . .		„	84.33	1.56	—	—	—	0.677	15.67	9.94	—	—	—	4.34	1.59
368	4	Superphosph. u. Salzgemisch		„	86.68	0.87	—	—	—	0.811	13.32	6.56	—	—	—	6.08	1.05
369	5	Superphosphat		„	85.02	1.34	—	—	—	0.665	14.98	8.94	—	—	—	4.47	1.43
370	6	Superphosph. u. Kaliumsulfat		„	85.42	0.97	—	—	—	0.836	14.58	6.69	—	—	—	5.76	1.07
371	7	Superphosphat, Kaliumsulfat u. Ammoniaksalze . . .		„	85.90	—	—	—	—	0.833	14.10	—	—	—	—	5.89	—
372	8	Ungedüngt, seit 1853 . .		„	86.01	—	—	—	—	0.662	13.99	—	—	—	—	4.72	—
373	1	Stalldünger	Serie 1, kein N-Zusatz	1883	86.90	—	—	—	—	0.820	13.10	—	—	—	—	6.26	—
374	2	Stalldünger u. Superphosph.		„	86.70	—	—	—	—	0.841	13.30	—	—	—	—	6.32	—
375	3	Ungedüngt, seit 1846 . .		„	82.76	—	—	—	—	0.707	17.24	—	—	—	—	4.12	—
376	4	Superphosph. u. Salzgemisch		„	84.82	0.71	—	—	—	0.764	15.18	4.69	—	—	—	4.96	0.75
377	5	Superphosphat		„	84.83	0.78	—	—	—	0.686	15.17	5.12	—	—	—	4.55	0.82
378	6	Superphosph. u. Kaliumsulfat		„	85.26	0.81	—	—	—	0.813	14.74	5.50	—	—	—	5.50	0.88
379	7	Superphosphat, Kaliumsulfat u. Ammoniaksalze . . .		„	85 06	—	—	—	—	—	14.94	—	—	—	—	—	—
380	8	Ungedüngt, seit 1853 . .		„	84.74	—	—	—	—	0.718	15.26	—	—	—	—	4.76	—

1883 Platz	1. Serie Wurz. Ctr.	1. Serie Bl. Ctr.	2. Serie Wurz. Ctr.	2. Serie Bl. Ctr.	3. Serie Wurz. Ctr.	3. Serie Bl. Ctr.	4. Serie Wurz. Ctr.	4. Serie Bl. Ctr.	5. Serie Wurz. Ctr.	5. Serie Bl. Ctr.	Mittel d. 5 Serien Wurz. Ctr.	Mittel d. 5 Serien Bl. Ctr.
1	452	76	545	87	486	123	665	147	665	87	563	104
2	379	56	5,5	102	465	130	654	151	622	79	539	104
3	98	21	374	82	166	80	263	98	273	59	235	68
4	115	21	475	76	398	62	672	115	470	62	426	67
5	103	18	432	70	215	69	292	103	324	65	273	65
6	86	16	421	54	384	57	665	129	469	53	405	62
7	124	21	454	59	412	57	664	128	497	64	430	66
8	86	18	340	79	151	60	261	95	270	81	222	67
9	—	—	—	—	411	109	—	—	—	—	—	—
Im Mittel der Plätze	180	31	452	76	348	83	517	121	449	69	—	—

No.	Bezeichnungen und Bemerkungen		Jahr der Untersuchung	In der ursprünglichen Substanz: Wasser %	Nh-Substanz %	Rohfett %	Nfr. Extractstoffe %	Rohfaser %	Asche %	Trockensubstanz %	In der Trockensubstanz: Nh-Substanz %	Rohfett %	Nfr. Extractstoffe %	Rohfaser %	Asche %	Stickstoff in der Trockensubstanz %
381	1 Stalldünger	Serie 2, N-Zusatz in Form von Chilisalpeter	1883	88.18	—	—	—	—	0.870	11.82	—	—	—	—	7.36	—
382	2 Stalldünger u. Superphosph.		„	88.60	—	—	—	—	0.882	11.40	—	—	—	—	7.72	—
383	3 Ungedüngt, seit 1846 . .		„	86.47	—	—	—	—	0.720	13.53	—	—	—	—	5.32	—
384	4 Superphosph. u. Salzgemisch		„	87.20	0.95	—	—	—	0.897	12.80	7.37	—	—	—	7.03	1.18
385	5 Superphosphat		„	87.84	1.08	—	—	—	0.821	12.16	8.81	—	—	—	6.74	1.41
386	6 Superphosph. u. Kaliumsulfat		„	86.48	0.94	—	—	—	0.804	13.52	6.94	—	—	—	5.92	1.11
387	7 Superphosphat, Kaliumsulfat u. Ammoniaksalze . . .		„	86.96	—	—	—	—	—	13.04	—	—	—	—	—	—
388	8 Ungedüngt, seit 1853 . .		„	88.15	—	—	—	—	0.744	11.85	—	—	—	—	6.24	—
389	1 Stalldünger	Serie 3, N-Zusatz in Form von Ammonsalzen	„	87.77	—	—	—	—	0.852	12.23	—	—	—	—	6.94	—
390	2 Stalldünger u. Superphosph.		„	88.70	—	—	—	—	0.843	11.30	—	—	—	—	7.43	—
391	3 Ungedüngt, seit 1846 . .		„	85.44	—	—	—	—	0.714	14.56	—	—	—	—	4.88	—
392	4 Superphosph. u. Salzgemisch		„	86.54	0.79	—	—	—	0.832	13.46	5.87	—	—	—	6.17	0.94
393	5 Superphosphat		„	86.99	1.32	—	—	—	0.691	13.01	10.12	—	—	—	5.30	1.62
394	6 Superphosph. u. Kaliumsulfat		„	85.94	0.92	—	—	—	0.820	14.06	6.50	—	—	—	5.83	1.04
395	7 Superphosphat, Kaliumsulfat u. Ammoniaksalze . . .		„	86.06	—	—	—	—	—	13.94	—	—	—	—	—	—
396	8 Ungedüngt, seit 1853 . .		„	85.64	—	—	—	—	0.653	14.36	—	—	—	—	4.53	—
397	9 Stalldünger u. Superphosph.		„	87.26	—	—	—	—	—	12.74	—	—	—	—	—	—
398	1 Stalldünger	Serie 4, N-Zusatz in Form v. Rapskuch. u. Ammonsalz.	„	87.76	—	—	—	—	0.812	12.24	—	—	—	—	6.62	—
399	2 Stalldünger u. Superphosph.		„	87.38	—	—	—	—	0.727	12.62	—	—	—	—	5.78	—
400	3 Ungedüngt, seit 1846 . .		„	87.67	—	—	—	—	0.668	12.33	—	—	—	—	5.43	—
401	4 Superphosph. u. Salzgemisch		„	86.56	1.08	—	—	—	0.930	13.44	8.00	—	—	—	6.92	1.28
402	5 Superphosphat		„	86.86	1.46	—	—	—	0.636	13.14	11.12	—	—	—	4.87	1.78
403	6 Superphosph. u. Kaliumsulfat		„	87.17	1.02	—	—	—	0.846	12.83	7.94	—	—	—	6.62	1.27
404	7 Superphosphat, Kaliumsulfat u. Ammoniaksalze . . .		„	86.90	—	—	—	—	—	13.10	—	—	—	—	—	—
405	8 Ungedüngt, seit 1853 . .		„	86 02	—	—	—	—	0.629	13.98	—	—	—	—	4.51	—
406	1 Stalldünger	Serie 5, N-Zusatz in Form von Rapskuchen	„	86.68	—	—	—	—	0.813	13.32	—	—	—	—	6.08	—
407	2 Stalldünger u. Superphosph.		„	86.28	—	—	—	—	0.764	13.72	—	—	—	—	5.53	—
408	3 Ungedüngt, seit 1846 . .		„	85.42	—	—	—	—	0.585	14.58	—	—	—	—	4.05	—
409	4 Superphosph. u. Salzgemisch		„	86.19	0.79	—	—	—	0.860	13.81	5.69	—	—	—	6.23	0.91
410	5 Superphosphat		„	84.96	1.15	—	—	—	0.614	15.04	7.69	—	—	—	4.06	1.23
411	6 Superphosph. u. Kaliumsulfat		„	86.02	0.93	—	—	—	0.844	13.98	6.62	—	—	—	6.00	1.06
412	7 Superphosphat, Kaliumsulfat u. Ammoniaksalze . . .		„	86.32	—	—	—	—	—	13.68	—	—	—	—	—	—
413	8 Ungedüngt, seit 1853 . .		„	86.34	—	—	—	—	0.553	13.66	—	—	—	—	4.03	—
414	1 Stalldünger	Serie 1, kein N-Zusatz	1884	86.73	—	—	—	—	0.947	13.27	—	—	—	—	7.17	—
415	2 Stalldünger u. Superphosph.		„	86.28	—	—	—	—	0.892	13.72	—	—	—	—	6.49	—
416	3 Ungedüngt, seit 1846 . .		„	83.59	—	—	—	—	0.748	16.41	—	—	—	—	4.57	—
417	4 Superphosph. u. Salzgemisch		„	85.55	0.78	—	—	—	0.934	14.45	6.06	—	—	—	6.44	0.87
418	5 Superphosphat		„	85.01	0.78	—	—	—	0.754	14.99	5.19	—	—	—	5.00	0.83

1884 Platz	1. Serie Wurz. Ctr.	Bl. Ctr.	2. Serie Wurz. Ctr.	Bl. Ctr.	3. Serie Wurz. Ctr.	Bl. Ctr.	4. Serie Wurz. Ctr.	Bl. Ctr.	5. Serie Wurz. Ctr.	Bl. Ctr.	Mittel d. 5 Serien Wurz. Ctr.	Bl. Ctr.
1	319	40	534	72	443	93	502	83	537	60	467	70
2	328	40	533	83	454	94	263	88	514	66	418	74
3	111	19	145	48	115	49	156	55	200	58	145	46
4	127	21	241	59	278	63	279	94	387	46	262	57
5	119	18	117	35	94	52	167	65	184	60	136	46
6	109	15	99	27	195	61	433	99	355	47	238	50
7	149	21	63	15	160	42	398	86	386	52	231	43
8	95	16	28	13	62	27	148	52	144	49	55	31
9	—	—	—	—	288	68	—	—	—	—	—	—
Im Mittel der Plätze	170	24	220	44	232	61	293	78	338	55	—	—

No.	Bezeichnungen und Bemerkungen		Jahr der Untersuchung	In der ursprünglichen Substanz: Wasser %	Nh-Substanz %	Rohfett %	Nfr. Extractstoffe %	Rohfaser %	Asche %	Trocken-substanz %	In der Trockensubstanz: Nh-Substanz %	Rohfett %	Nfr. Extractstoffe %	Rohfaser %	Asche %	Stickstoff in der Trocken-Substanz %
419	6 Superphosph. u. Kaliumsulfat	Ser. 1, kein N-Zusatz	1884	84.17	0.69	—	—	—	0.818	15.83	4.37	—	—	—	5.16	0.70
420	7 Superphosphat, Kaliumsulfat u. Ammoniaksalze . . .		„	85.44	—	—	—	—	—	14.56	—	—	—	—	—	—
421	8 Ungedüngt, seit 1853 . .		„	84.41	—	—	—	—	0.806	15.59	—	—	—	—	5.20	—
422	1 Stalldünger	Serie 2, N-Zusatz in Form von Chilisalpeter	„	87.63	—	—	—	—	0.957	12.37	—	—	—	—	7.76	—
423	2 Stalldünger u. Superphosph.		„	89.31	—	—	—	—	1.018	10.69	—	—	—	—	9.54	—
424	3 Ungedüngt, seit 1846 . .		„	86.11	—	—	—	—	0.973	13.89	—	—	—	—	7.08	—
425	4 Superphosph. u. Salzgemisch		„	88.17	1.28	—	—	—	1.100	11.83	10.81	—	—	—	9.30	1.73
426	5 Superphosphat		„	88.16	1.99	—	—	—	1.055	11.84	16.75	—	—	—	8.95	2.68
427	6 Superphosph. u. Kaliumsulfat		„	87.37	1.49	—	—	—	1.059	12.63	11.81	—	—	—	8.39	1.89
428	7 Superphosphat, Kaliumsulfat u. Ammoniaksalze . . .		„	86.90	—	—	—	—	—	13.10	—	—	—	—	—	—
429	8 Ungedüngt, seit 1853 . .		„	87.26	—	—	—	—	1.010	12.74	—	—	—	—	7.93	—
430	1 Stalldünger	Serie 3, N-Zusatz in Form von Ammonsalzen	„	88.26	—	—	—	—	0.887	11.74	—	—	—	—	7.58	—
431	2 Stalldünger u. Superphosph.		„	87.82	—	—	—	—	0.908	12.18	—	—	—	—	7.47	—
432	3 Ungedüngt, seit 1846 . .		„	83.70	—	—	—	—	0.734	16.30	—	—	—	—	4.48	—
433	4 Superphosph. u. Salzgemisch		„	88.17	1.12	—	—	—	1.123	11.83	9.50	—	—	—	9.47	1.52
434	5 Superphosphat		„	85.33	1.59	—	—	—	0.834	14.67	10.87	—	—	—	5.73	1.74
435	6 Superphosph. u. Kaliumsulfat		„	86.36	1.27	—	—	—	1.020	13.64	9.31	—	—	—	7.48	1.49
436	7 Superphosphat, Kaliumsulfat u. Ammoniaksalze . . .		„	87.12	—	—	—	—	1.082	12.88	—	—	—	—	8.39	—
437	8 Ungedüngt, seit 1853 . .		„	85.09	—	—	—	—	0.898	14.91	—	—	—	—	6.04	—
438	9 Stalldünger u. Superphosph.		„	86.73	—	—	—	—	—	13.27	—	—	—	—	—	—
439	1 Stalldünger	Serie 4, N-Zusatz in Form v. Rapskuch. u. Ammonsalz.	„	88.67	—	—	—	—	0.903	11.33	—	—	—	—	7.94	—
440	2 Stalldünger u. Superphosph.		„	88.72	—	—	—	—	0.893	11.28	—	—	—	—	7.89	—
441	3 Ungedüngt, seit 1846 . .		„	85.39	—	—	—	—	0.722	14.61	—	—	—	—	4.93	—
442	4 Superphosph. u. Salzgemisch		„	88.84	1.34	—	—	—	1.113	11.16	12.00	—	—	—	9.95	1.92
443	5 Superphosphat		„	86.36	1.64	—	—	—	0.776	13.64	12.00	—	—	—	5.72	1.92
444	6 Superphosph. u. Kaliumsulfat		„	86.07	1.27	—	—	—	0.971	13.93	9.19	—	—	—	6.96	1.47
445	7 Superphosphat, Kaliumsulfat u. Ammoniaksalze . . .		„	87.42	—	—	—	—	—	12.58	—	—	—	—	—	—
446	8 Ungedüngt, seit 1853 . .		„	86.30	—	—	—	—	0.763	13.70	—	—	—	—	5.55	—
447	1 Stalldünger	Serie 5, N-Zusatz in Form von Rapskuchen	„	87.77	—	—	—	—	0.878	12.23	—	—	—	—	7.20	—
448	2 Stalldünger u. Superphosph.		„	87.56	—	—	—	—	0.891	12.44	—	—	—	—	7.15	—
449	3 Ungedüngt, seit 1846 . .		„	84.42	—	—	—	—	0.716	15.58	—	—	—	—	4.62	—
450	4 Superphosph. u. Salzgemisch		„	87.21	0.95	—	—	—	0.952	12.79	7.44	—	—	—	7.43	1.19
451	5 Superphosphat		„	85.30	1.74	—	—	—	0.746	14.70	11.87	—	—	—	5.10	1.90
452	6 Superphosph. u. Kaliumsulfat		„	86.11	1.15	—	—	—	0.963	13.89	8.25	—	—	—	6.91	1.32
453	7 Superphosphat, Kaliumsulfat u. Ammoniaksalze . . .		„	87.02	—	—	—	—	—	12.98	—	—	—	—	—	—
454	8 Ungedüngt, seit 1853 . .		„	85.18	—	—	—	—	0.757	14.82	—	—	—	—	5.13	—

Zu den analytischen Daten ist zu bemerken, dass im Original die Gehalte an Trockensubstanz, an Rohasche, an Zucker und an N in der frischen Rübe angegeben sind, die Zahlen für Proteïn der frischen Rübe, sowie der Proteïn-N-, Zucker- und Aschengehalt der Trockensubstanz wurden von uns berechnet. Der Zuckergehalt wurde im Saft durch Polarisation gefunden und auf die Rüben berechnet unter der Annahme, dass dieselben 96% Saft enthalten.

No.	Bezeichnungen und Bemerkungen	Jahr der Untersuchung	In der ursprünglichen Substanz: Wasser %	Nh-Substanz %	Rohfett %	Nfr. Extractstoffe %	Rohfaser %	Asche %	Trocken-substanz %	In der Trockensubstanz: Nh-Substanz %	Rohfett %	Nfr. Extractstoffe %	Rohfaser %	Asche %	Stickstoff in der Trocken-substanz %
	Runkeln. — Einfluss der Grösse und des Gewichtes auf die Zusammensetzung der Rüben.														
	Gew. d. Rüben				Zucker	Pectin					Zucker				
1	Runde rothe . . . . 2196 g	1853	89.78	0.72	4.86	2.81	0.89	0.94	10.22	7.04	47.50	75.10	8.70	9.16	1.13
2	Desgl. . . . . 1463 g	„	89.96	0.74	5.55	1.88	0.93	0.94	10.04	7.24	55.25	74.09	9.26	9.41	1.16
3	Desgl. . . . . 988 g	„	86.90	0.61	6.12	4.38	1.08	0.91	13.10	4.63	46.73	80.20	8.21	6.96	0.74
4	Desgl. . . . . 643 g	„	88.04	0.67	5.94	3.58	0.94	0.83	11.96	5.57	49.64	79.66	7.87	6.90	0.89
5	Lange rothe { halb über der Erde wachsend } 366 g	„	85.83	0.79	8.77	2.21	1.48	0.91	14.17	5.62	61.85	77.45	10.49	6.44	0.90
6	Desgl. 1636 g	„	89.55	0.77	4.59	7.79	0.94	0.94	10.45	7.40	43.99	74.41	9.16	9.03	1.18
7	Lange rothe R., über 7 Pfd. schwer	„	89.98	—	—	—	—	—	10.02	—	—	—	—	—	—
8	Desgl., über 5 Pfd. schwer . .	„	88 52	—	—	—	—	—	11.48	—	—	—	—	—	—
9	Desgl., von 3—5 Pfd. schwer . .	„	85.07	—	—	—	—	—	14.93	—	—	—	—	—	—
10	Im Mittel	„	86.36	—	—	—	—	—	13.64	—	—	—	—	—	—
11	Gelbe runde R., über 7 Pfd. schwer	„	89.22	—	—	—	—	—	10.78	—	—	—	—	—	—
12	Desgl., über 5 Pfd. schwer . .	„	88.97	—	—	—	—	—	11.03	—	—	—	—	—	—
13	Desgl., von 3—5 Pfd. schwer . .	„	86.03	—	—	—	—	—	13.97	—	—	—	—	—	—
14	Im Mittel	„	87.36	—	—	—	—	—	12.64	—	—	—	—	—	—
15	Rothe runde R., über 7 Pfd. schwer	„	91.30	—	—	—	—	—	8.70	—	—	—	—	—	—
16	Desgl., über 5 Pfd. schwer . .	„	89.89	—	—	—	—	—	10.11	—	—	—	—	—	—
17	Desgl., von 3—5 Pfd. schwer . .	„	87.95	—	—	—	—	—	12.05	—	—	—	—	—	—
18	Im Mittel	„	88.81	—	—	—	—	—	11.19	—	—	—	—	—	—
19	Oberndörfer, 14 Pfd. schwer . .	1868	91.31	1.98	—	—	0.86	—	8.69	22.78	—	—	9.90	—	3.64
20	Desgl., 4 Pfd. schwer	„	89.75	1.75	—	—	0.79	—	10.25	17.07	—	—	7.71	—	2.73
	Runkelrübe. — In verschiedenen Vegetationsperioden.														
1	Am 30. Juli entnommen . . .	1856	89.96	1.09	—	—	—	0.91	10.04	10.87	—	—	—	9.06P	1.74°
2	Am 28. August entnommen . .	„	89.65	0.90	—	—	—	0.96	10.35	8.69	—	—	—	9.52	1.39°
3	Am 6. October entnommen . .	„	90.02	0.69	—	—	—	0.97	9.98	6.94	—	—	—	9.72	1.11°
	Beta vulgaris L. — Zuckerrübe.														
						Zucker						Zucker			
1	Schlesische Zuckerrübe v. Keredou bei Nantes, Octob. 1851 . . .	(April) 1852	86.00	—	—	5.00	—	—	14.00	—	—	35.72	—	—	—
2	Collet rose v. Valenciennes, geerntet Ende September 1852 . . .	„	86.60	—	—	7.64	—	—	13.40	—	—	57.02	—	—	—
3	Collet vert von Valenciennes, Ende September 1852	„	85.40	—	—	7.40	—	—	14.60	—	—	50.68	—	—	—
4	Collet rose von Keredou (Nantes), Anfang October	„	87.20	—	—	8.24	—	—	12.80	—	—	64.38	—	—	—
5	Collet vert von Keredou (Nantes), Anfang October	„	89.04	—	—	7.24	—	—	10.96	—	—	66.06	—	—	—
6	Desgl., November	„	86.00	—	—	9.32	—	—	14.00	—	—	66.57	—	—	—
7	Gelbe birnförmige	„	82.35	—	—	11.45	—	0.65	17.65	—	—	64.98	—	3.68	—

Runkeln. — Einfluss der Grösse und des Gewichtes auf die Zusammensetzung der Rüben.
No. 1—6. H. Ritthausen. — Weende'r Jahresber. 1855/56. II. 31. (Journ. f. pract. Chem. 65. 4.) Die runden, rothen, völlig in der Erde wachsenden Rüben waren sämmtlich geblattet worden, sie wurden im December 1853 analysirt.
No. 7—18. William K. Sullivan. — Ibidem 1853. II. 27. (Farmer's Magaz. Juli—December 1853. 127.)
No. 19 u. 20. J. Nessler u. C. Weigelt. — Ber. d. V.-St. Carlsruhe 1870. 56. Die Rüben enthielten an als Zucker bestimmbaren Stoffen: No. 19 3.38%, No. 20 6.15%.

Runkelrübe. — In verschiedenen Vegetationsperioden.
No. 1—3. E. Wolff. — Mitthl. a. Hohenheim. 5. 161. Die Runkel war die rothe Oberndörfer mit weissem Fleisch. Sie wurde in Kernen gelegt, in Entfernungen von 2 Fuss und 1½ Fuss.

Beta vulgaris L. — Zuckerrübe.
No. 1—6. Bolierre. — Weende'r Jahresber. 1853. II. 29. Die Rüben unter 1 und 4—6 waren im Thonboden der unteren Loire bei Nantes gebaut worden.
No. 7. Payen. — Ebendas.

No.	Bezeichnungen und Bemerkungen	Jahr der Untersuchung	In der ursprünglichen Substanz: Wasser %	Nh-Substanz %	Rohfett %	Nfr. Extractstoffe %	Rohfaser %	Asche %	Trocken-substanz %	In der Trockensubstanz: Nh-Substanz %	Rohfett %	Nfr-Extractstoffe %	Rohfaser %	Asche %	Stickstoff in der Trocken-substanz %
					Gummi etc.	Zucker									
8	Mittel aus 3 Analysen	1853	81.12	0.86	4.21	11.53	1.28	0.89	18.88	4.56	22.32	61.09	7.31	4.72	0.73
9	Rüben mittlerer Grösse, durchschn. Gewicht 660 g	„	81.64	0.87	—	11.42	—	0.86	18.36	4.76	—	62.22	—	4.69	0.76
10	Rüben über mittlerer Grösse, durchschnittl. Gewicht 1960 g . .	„	84.83	0.97	—	6.93	—	1.14	15.17	6.41	—	45.71	—	7.54	1.03
11		„	81.56	0.87	3.47	11.88	1.33	0.89	18.44	4.72	18.82	64.42	7.21	4.83	0.76
						Extr.-stoffe									
12		1854	84.15	0.80	—	13.01	1.05	0.99	15.85	5.08	—	82.05	6.62	6.25	0.81
13	Rüben mittl. Grösse (Durchschn. v. 20 Analysen) ca. 500—600 g .	1858	84.67	0.86	—	—	—	0.82	15.33	5.63	—	—	—	5.38	0.90
14	Rüben üppig entwickelt (Durchschn. von 3 Analysen), 2380 g . .	„	88.00	2.08	—	—	—	2.40	12.00	17.34	—	—	—	20.02	2.77
15	Rüben mittlerer Grösse (Mittel von 12 Analysen), 5—600 g schwer	1860	83.17	1.37	—	—	—	0.70	16.83	8.14	—	—	—	4.28	1.30
16		1854	81.8	1.80	0.30	—	—	0.90	18.20	9.89	1.65	—	—	4.95	1.58
						Zucker						Zucker			
17	Mittel von 11 Analysen gedüngter Rüben	1858	83.02	2.35	—	10.64	—	0.81	16.98	13.88	—	62.64	—	4.75	2.22
18	Mittel aus 10 Analysen gedüngter Rüben	1857	82.42	2.25	—	10.93	—	0.74	17.58	12.81	—	62.16	—	4.24	2.05
19	Ungedüngt	1861	82.16	1.04	—	10.24	—	0.77	17.84	5.83	—	57.40	—	4.32	0.93
20	Starke Stallmistdüngung	„	82.34	1.32	—	10.75	—	0.83	17.66	7.48	—	60.88	—	4.70	1.20
21	Mit Stassfurter Abraumsalz gedüngt, Mittel von 7 Analysen . . .	„	81.48	0.96	—	13.04	—	0.77	18.52	5.08	—	70.42	—	4.16	0.81
22	Mit Chilisalpeter gedüngt, Mittel von 10 Analysen	„	81.29	1.18	—	13.00	—	0.73	18.71	6.30	—	69.40	—	3.90	1.01
23	Mit Kalkphosphat gedüngt, Mittel von 10 Analysen	„	81.09	1.01	—	13.70	—	0.78	18.91	5.34	—	72.45	—	4.12	0.85
24	Mit Bakerguano gedüngt, Mittel v. 9 Analysen	„	80.92	1.04	—	12.11	—	0.73	19.08	5.45	—	63.47	—	3.83	0.87
25	Mit Gemischen voriger gedüngt, Mittel von 4 Analysen . . .	„	81.15	1.01	—	12.33	—	0.75	18.85	5.42	—	66.15	—	4.02	0.87
26	Weit gepflanzt, gelbe	1856	84.30	0.89	—	—	—	1.10	15.70	5.88	—	—	—	7.25	0.94°
27	Eng gepflanzt, gelbe	„	80.95	0.80	—	—	—	0.95	19.05	4.13	—	—	—	4.90	0.66°
28	Armer lehmiger Sandboden . . .	1859	77.83	0.80	—	—	—	0.64	22.17	3.61	—	—	—	2.89	0.58

No. 8. H. Ritthausen. — Weende'r Jahresber. 1855/56. II. 32. Mittel von 3 Rüben verschiedener Grösse 1060, 522 und 243 g, nach schwacher Mistdüngung gebaut.
No. 9 u. 10. A. Stöckhardt. — Wolff's Grundlagen des Ackerbaues. 3. Aufl. 926. No. 9 von uns berechnetes Mittel aus 12, No. 10 aus 5 Analysen von Rüben verschiedenen Gewichts. Vergl. Abthl. „Einfluss der Grösse" unter No. 9—27.
No. 11. E. Wolff. — Ebendas. 931.
No. 12. H. Ritthausen. — Möckern'sche Ber. 5. 4. Zucker 9.08 %.
No. 13 u. 14. C. W. Tod (V.-St. Raitz-Blansko). — Mitthl. d. K. K. Mährisch-Schlesischen Gesellschaft f. Ackerbau 1859. 185. Obige Zahlen sind Mittel von 20, resp. 3 Analysen, die von Rüben bei Düngungsversuchen gemacht wurden (siehe gedüngte Rüben 89—111). Boden: magerer sandiger Lehm, ausser aller Dungkraft. Bei den üppig entwickelten Rüben war der Dünger unmittelbar an die Pflanzen gebracht worden. Der Zuckergehalt, der mittelst Fehling'scher Lösung ermittelt wurde, betrug:

	Frische Rübe	Trockensubstanz
No. 13 . . .	9.23 %	60.2 %
No. 14 . . .	5.58 „	46.5 „

No. 15. Bretschneider u. Küllenberg. — 4. Ber. d. V.-St. Ida-Marienhütte. 36. Mittel aus 14 Analysen von bei Düngungsversuchen geernteten Rüben. Nh. Substanz von uns berechnet aus dem angegebenen N-gehalt. Vergl. gedüngte Zuckerrüben No. 112—125.
No. 16. Rohde u. Trommer. — Weende'r Jahresber. 1855/56. 116. Ausser obigen Zahlen ist noch angegeben: Extractivstoff 0.5, Pectin u. Pflanzenfaser 3.0, Zucker 11.7 %.
No. 17. P. Bretschneider. — Mitthl. d. landw. Centralver. f. Schlesien. 10. Heft. 48. (Vgl. gedüngte Rüben 132—142.)
No. 18. H. Ritthausen u. Bretschneider. — Ibidem. Heft 9. (1858). 120. Vergl. gedüngte Zuckerrüben 142—152.
No. 19—25. P. Bretschneider u. O. Küllenberg. — Mitthl. d. landw. Centralver. f. Schlesien. 13. (1862). 24. (5. Ber. d. V.-St. Ida-Marienhütte.) Vergl. gedüngte Zuckerrüben 147—195.
No. 26 u. 27. H. Hellriegel u. Gaudich. — Chem. Ackersm. 1857. 210. Auf gleichem Felde gewachsen.
No. 28. C. Karmrodt. — Ztschr. f. d. Rheinprov. 1860. 352.

No.	Bezeichnungen und Bemerkungen	Jahr der Untersuchung	In der ursprünglichen Substanz							In der Trockensubstanz					Stickstoff in der Trockensubstanz
			Wasser %	Nh-Substanz %	Rohfett %	Nfr. Extractstoffe %	Rohfaser %	Asche %	Trockensubstanz %	Nh-Substanz %	Rohfett %	Nfr. Extractstoffe %	Rohfaser %	Asche %	%
29	Thoniger bindiger Boden . . .	1860	75.20	2.20	—	19.23	2.07	1.30	24.80	8.87	—	77.54	8.35	5.24	1.42
30	Vollkommen gesund, $1^3/_4$ Pfd. schw., kräftiger guter Rübenboden . .	„	75.20	0.91	—	21.68	1.40	0.80	24.80	3.67	—	87.47	5.64	3.22	0.59
31	Hochwüchsige Rüben, mittler. Gew. 720 g, October	1861	86.10	1.48	—	10.49	1.16	0.77	13.90	10.64	—	75.43	8.37	5.56	1.70
32	Breitwüchsige Rüben, mittl. Gew. 774 g, October	„	86.09	1.66	—	10.35	1.03	0.86	13.91	11.96	—	74.38	7.45	6.21	1.91
33	Am 16. October geerntet . . .	1858	82.19	2.28	—	13.75	1.10	0.68	17.81	12.84	—	76.91	6.42	3.83	2.05
34	Imperial-Zuckerrübe, 1.89 kg . .	1861	83.57	0.86	0.20	14.43	—	0.94	16.43	5.23	1.22	87.83	—	5.72	0.84
35	Weisse schlesische Zuckerr., 1.05 kg	„	80.73	1.52	0.22	16.27	—	0.26	19.27	7.90	1.14	89.61	—	(1.35)	1.27
36	Aus Steffeshausen, auf Schiffelland gebaut	1860	84.00	1.32	—	—	—	1.22	—	—	—	—	—	—	—
37	Aus Wiesenbach, auf Schiffelland gebaut	„	79.60	1.13	—	—	—	1.04	—	—	—	—	—	—	—
38		1864	80.60	1.28	—	16.10	1.14	0.90	19.40	6.65	—	82.90	5.90	4.65	1.06
39		1863	81.92	0.84	—	14.84	1.31	0.89	18.08	4.65	—	83.18	7.25	4.92	0.74
40	Weisse schlesische Rübe, kieselig thoniger Boden	„	—	—	Zucker 11.27	—	—	—	—	—	—	—	—	—	—
41	Weisse, mit rothem Hals, kieselig thoniger Boden	„	—	—	9.78	—	—	—	—	—	—	—	—	—	—
42	Blutrothe Rübe, thonig kalkiger Boden	„	—	—	9.89	—	—	—	—	—	—	—	—	—	—
43	Weisse, mit grünem Hals, thonig kieseliger Boden	„	—	—	7.86	—	—	—	—	—	—	—	—	—	—
44	Gewöhnliche Zuckerrübe . . .	1871	83.01	0.83	Fett 0.08	14.43	0.95	0.70	16.99	4.88	0.49	84.89	3.61	4.13	0.78
45		„	80.10	0.99	0.14	16.53	1.13	1.11	19.90	4.98	0.68	83.07	5.69	5.58	0.80
46	Von ziemlich normal. Beschaffenheit	1872/73	83.00	1.18	0.07	14.00	1.00	0.75	17.00	6.92	0.41	82.08	5.88	4.39	1.11
47	Von normaler Beschaffenheit . .	1873/74	83.40	0.80	0.08	14.10	0.88	0.74	16.60	4.79	0.48	84.96	5.32	4.45	0.77

No. 29. R. Hoffmann. — Die L. V.-St. 4. 1860. 203.

No. 30. R. Hoffmann. — Centralbl. f. d. gesammte Landescultur in Böhmen 1861. 15.

No. 31 u. 32. Fr. Nobbe u. Th. Siegert. — L. V.-St. 4. (1860). 238. Die Rüben wuchsen im landw. Versuchsgarten zu Chemnitz. Zur Cellulosebestimmung wurde getrocknete und gepulverte Substanz wiederholt mit lauwarmem Wasser ausgezogen, dann aufeinanderfolgend mit 3% Kalilauge (50 ccm auf 5—6 g trockne Substanz) und 3% Salzsäure je 15 Minuten lang in der Kochhitze behandelt, ausgewaschen etc.

No. 33. P. Bretschneider. — 3. Ber. d. V.-St. Ida-Marienhütte. Das betr. Feld war mit 308 Pfund Knochenkohle-Superphosphat und 102,9 Pfd. schwefelsaurem Ammonium pro Morgen gedüngt worden. Zucker in der frischen Rübe 11.90% in der Trockensubstanz 66.81%.

No. 34 u. 35. C. Karmrodt. — Ztschr. d. landw. Ver. f. Rheinpreussen 1863. 160. An Zucker enthielten die Rüben No. 33: 10.51%, No. 34: 13.64%.

No. 36 u. 37. C. Karmrodt. — Ibidem 1860. Zuckergehalt bei No. 36: 6.2%, bei No. 37: 10.74%.

No. 38. H. Grouven. — Weende'r Jahresber. 1865/66. 254.

No. 39. E. Wolff. — Möckern'sche Ber. 2.

No. 40—43. Corbeiller. — Weende'r Jahresber. 1855/56. Das mittlere absolute Gewicht und das mittlere specifische Gewicht der untersuchten Rüben war:

	No. 40	41	42	43
Absolutes Gewicht	1.327	1.398	1.228	1.500 kg
Specifisches Gewicht . . .	1.033	1.025	1.026	1.022 „

No. 44. E. Schulze. — Ber. d. V.-St. Darmstadt 1874. 38. Die Rüben stammten von Wintersheim in Hessen. Das betr. Feld hatte im Vorjahre Roggen getragen, zu welchem mit 4 Ctr. Kalisuperphosphat und 1 Ctr. aufgeschlossenem Peruguano pro Morgen gedüngt worden war. Der Trockensubstanzgehalt der Rüben war bei kleineren Rüben 17.25%, bei mittelgrossen 16.60%, bei grösseren 17.11%. Der Asche ist 0.024, resp. 0.14% salpetersaures Kalium zugerechnet worden. Der Gehalt an Zucker betrug 11.38, resp. 67.0%.

No. 45. K. Müller u. M. Fleischer. — J. f. Landw. 21. 1873. 98. Von den untersuchten Rüben enthielten:

	Grosse Rübe	Mittlere Rübe	Kleinere Rübe
	735 g	530 g	350 g schwer
Trockensubstanz	20.3%	19.5%	19.8%

No. 46. E. Wolff, C. Kreuzhage u. O. Kellner. — Landw. Jahrb. 8. 1879. I. Supplem. 132. Der Gehalt an Trockensubstanz war bei Proben vom:

18.—22. December 1872 . . . 17.74
6.—11. Januar 1873 . . . . 16.67 } im Mittel 17.0%.
17.—22. Januar 1873 . . . . 16.70

Die Rübe enthielt ferner auf Trockensubstanz bezogen 0.32% Salpetersäure. Die Asche ist Reinasche und Sand.

No. 47. Dieselben. — Ebendas. 156. Der Trockensubstanzgehalt schwankte in sehr engen Grenzen vom 1. Decemb. 1873 bis 16. Januar 1874 von 16.45 bis 16.78%. Wir nahmen das Mittel zur Berechnung der Zusammensetzung der frischen Rübe an.

No.	Bezeichnungen und Bemerkungen	Jahr der Untersuchung	In der ursprünglichen Substanz: Wasser %	Nh-Substanz %	Rohfett %	Nfr. Extractstoffe %	Rohfaser %	Asche %	Trockensubstanz %	In der Trockensubstanz: Nh-Substanz %	Rohfett %	Nfr. Extractstoffe %	Rohfaser %	Asche %	Stickstoff in der Trockensubstanz %
48	Imperial, November	1878	84.96	1.53	—	—	1.12	0.75	15.04	10.17	—	—	7.45	4.99	1.63
					Rohrzucker						Rohrzucker				
49	Toupé Blanche choisie . . .	1865	89.34	2.06	5.22	5·43	1.72	1.45	10.66	19.32	49.07	50.94	16.14	13.60	3.06
50	Blanche commune	„	89.42	1.50	5.90	5.98	1.70	1.40	10.58	13.18	55.77	57.52	16.07	13.23	2.11
51	Rose ordinaire	„	90.63	1.75	3.94	4.74	1.60	1.28	9.37	18.68	42.05	50.58	17.08	13.66	2.99
52	Toupé Rose choisie	„	90.47	2.01	3.54	4.32	1.77	1.43	9.53	21.09	37.15	45.34	18.57	15.00	3.37
53	Weisse schlesische, 11 Pfd. 6 Unz. schwer	1868	92.58	1.40	2.22	2.69	1.73	1.60	7.42	18.87	29.92	36.25	23.32	21.56	3.02
54	Desgl., $6^1/_2$ Pfd. schwer . . .	„	88.13	2.16	4.82	5.26	2.74	1.71	11.87	18.20	40.61	44.31	23.08	14.41	2.91
55	Schlesische, rothschalige, Sandboden, 1 Pfd. 8 Unz. . . .	„	88.21	2.12	—	4.91	3.07	1.69	11.78	17.99	—	41.60	26.06	14.35	2.88
56	Desgl., weiss, $14^1/_2$ Unz. . .	„	86.02	2.86	—	5.84	3.59	1.69	13.98	20.46	—	41.77	25.68	12.09	3.27
57	Desgl., rothschalige, stark gedüngt, 2 Pfd. $2^1/_2$ Unz. . .	„	87.32	2.63	—	4.90	3.21	1.94	12.68	20.74	—	38.05	25.31	15.90	3.32
58	Desgl., weiss, 2 Pfd. $5^1/_2$ Unz. .	„	89.62	2.38	—	3.55	2.54	1.91	10.38	22.99	—	34.14	24.47	18.40	3.68
59	Desgl., roth, ungedüngt, 2 Pfd. 6 Unz.	„	85.63	1.60	—	8.61	2.87	1.29	14.37	11.13	—	59.92	19.97	8.98	1.78
60	Desgl., weiss, Moorboden, 2 Pfd. 3 Unz.	„	86.47	2.12	—	7.23	2.65	1.53	13.53	15.83	—	52.97	19.78	11.42	2.53
61	Desgl., roth, 1 Pfd. 4 Unz. .	„	86.71	2.76	—	6.19	2.58	1.76	13.29	20.77	—	46.58	19.41	13.24	3.32
62	Desgl., weiss, 1 Pfd. 6 Unz. .	„	88.10	2.74	—	4.24	2.86	2.06	11.90	23.02	—	35.64	24.03	17.31	3.68
					Zucker						Zucker				
63	Desgl., roth, gedüngt, 2 Pfd. $2^1/_4$ Unz.	„	80.79	0.88	(13.19)	14.10	3.32	0.91	19.21	4.58	(78.67)	73.40	17.28	4.74	0.75
64	Desgl., weiss, gedüngt, 4 Pfd. 1 Unz.	„	87.94	1.26	(6.05)	6.53	3.08	1.19	12.06	10.45	(50.17)	54.14	25.54	9.87	1.67
65	Desgl., dunkelroth, in Holland gebaut, 2 Pfd. $10^3/_4$ Unz. .	„	82.79	1.12	(10.56)	11.01	4.07	1.01	17.21	6.49	(61.36)	63.99	23.65	5.87	1.04
66	Desgl., blassroth, 1 Pfd. $13^1/_4$ Unz.	„	85.67	1.91	(7.42)	7.75	3.40	1.27	14.33	13.33	(47.78)	54.08	23.73	8.86	2.13
	Gewicht d. analysirten Rübe in kg				Rohrzucker						Rohrzucker				o
67	Dünn, weiss 0.57	„	78.97	1.97	(12.65)	13.37	4.69	1.10	21.03	9.39	(60.15)	63.58	22.30	5.23	1.502
68	Rother Kopf, birnenförmig 1.08	„	79.18	1.66	(12.84)	13.64	4.56	0.96	20.82	8.00	(61.67)	65.50	21.90	4.61	1.280
69	Weiss, birnenförmig . . 0.67	„	80.41	1.46	(12.49)	13.22	3.99	0.92	19.59	7.50	(63.75)	67.46	20.36	4.69	1.200
70	Rother Kopf, röthl. Schale 0.33	„	80.67	2.55	(9.26)	10.23	5.28	1.27	19.33	13.23	(47.90)	53.89	27.31	5.57	2.116
71	Grüner Kopf 0.71	„	81.06	1.76	(11.49)	12.31	3.83	1.04	18.94	10.01	(60.67)	64.28	20.22	5.49	1.489
72	Weiss, dünn 0.45	„	81.15	1.86	(11.58)	12.10	3.90	0.99	18.85	9.88	(61.47)	64.17	20.70	5.25	1.581
73	Weiss, grüner Kopf . . 0.68	„	81.32	1.36	(11.33)	11.98	4.31	1.03	18.68	7.29	(60.65)	64.13	23.07	5.51	1.166
74	Desgl. 0.84	„	81.42	1.68	(10.59)	11.28	4.34	1.28	18.58	9.75	(57.00)	60.00	23.36	6.89	1.448
75	Weiss 1.40	„	81.56	1.50	(12.18)	12.75	3.28	0.91	18.44	9.39	(66.05)	67.89	17.79	4.93	1.302
76	Rother Kopf 1.30	„	81.61	1.06	(11.72)	12.35	3.86	1.12	18.39	5.68	(63.73)	67.24	20.99	6.09	0.909
77	Dünn, roth 0.59	„	81.76	2.13	(10.55)	11.25	3.77	1.09	18.24	11.69	(60.04)	61.66	20.67	5.98	1.870
78	Rother Kopf 0.66	„	81.76	1.27	(11.12)	11.86	4.09	1.02	18.24	6.99	(60.96)	65.00	22.42	5.59	1.118
79	Orangefarbige Schale . . 0.81	„	81 86	2.37	(8.78)	9.54	4.79	1.44	18.14	13.09	(48.40)	62.56	16.41	7.94	2.095
80	Dick, weiss 1.13	„	81.87	1.56	(11.99)	12.57	3.02	0.98	18.13	8.61	(66.14)	69.32	16.66	5.41	1.378

No. 48. E. Mach u. C. Portele (V.-St. St. Michele). — Privatmittheilung. Die Rüben enthielten Rohrzucker in der Rübe 10.73 %, im Safte 13.45 %.

No. 49—128. Aug. Völcker. — J. R. Agric. Soc. England 1869. 357 u. folg. Rüben unter 49—52 waren auf ziemlich steifem Boden aus französischem Samen in England gebaut worden. Die Rüben unter 63 u. 64 waren mit London Sewage gedüngt worden. Die Rüben unter 67—128 waren im Jahre 1868 in verschiedenen Gegenden Englands gebaut. Methode der Untersuchung in der Uebersicht der Untersuchungsmethoden. Der Zucker wurde mittelst Kupferlösung bestimmt.

No.	Bezeichnungen und Bemerkungen	Gewicht d. analysirten Rübe in kg	Jahr der Untersuchung	In der ursprünglichen Substanz: Wasser %	Nh-Substanz %	Rohfett % (Rohrzucker)	Nfr. Extractstoffe %	Rohfaser %	Asche %	Trocken-substanz %	In der Trockensubstanz: Nh-Substanz %	Rohfett % (Rohrzucker)	Nfr. Extractstoffe %	Rohfaser %	Asche %	Stickstoff in der Trockensubstanz %
81	Rother Kopf, röthl. Schale	1.13	1868	82.01	1.93	(11.14)	11.96	3.12	0.98	17.99	10.77	(61.93)	66.44	17.34	5.45	1.723
82	Weiss	1.29	„	82.17	1.47	(11.24)	12.08	3.26	1.02	17.83	8.28	(63.05)	67.71	18.29	5.72	1.324
83	Weiss, birnenförmig . .	0.75	„	82.24	1.81	(11.13)	11.71	3.35	0.89	17.76	10.21	(62.67)	65.92	18.86	5.01	1.633
84	Desgl.	0.95	„	82.27	1.08	(11.14)	11.88	3.73	1.04	17.73	6.10	(62.83)	66.99	21.04	5.87	0.976
85	Roth	1.16	„	82.35	1.55	(11.09)	11.61	3.25	1.24	17.65	8.78	(62.84)	65.78	18.41	7.03	1.405
86	Grüner Kopf	1.25	„	82.41	1.41	(11.21)	11.89	3.31	0.98	17.59	8.06	(63.73)	67.55	18.82	5.57	1.290
87	Rother Kopf	0.93	„	82.59	2.26	(9.10)	9.81	4.15	1.19	17.41	12.99	(52.27)	56.33	23.84	6.84	2.079
88	Röthlich, dünn	0.64	„	82.65	1.60	(9.62)	10.46	4.11	1.18	17.35	9.26	(55.45)	60.25	23.69	6.80	1.481
89	Roth, lang	0.80	„	82.70	1.23	(10.72)	11.40	3.60	1.07	17.30	7.12	(61.96)	65.89	20.81	6.18	1.139
90	Roth. Kopf, rosaroth. Schale	1.03	„	82.72	1.44	(10.94)	11.39	3.38	1.07	17.28	8.36	(63.31)	65.89	19.56	6.19	1.338
91	Roth	0.48	„	82.76	1.37	(9.97)	10.69	4.01	1.17	17.24	7.98	(57.83)	61.97	23.26	6.79	1.276
92	Weiss, grüner Kopf . .	0.82	„	82.76	1.66	(10.91)	11.43	3.08	1.07	17.24	9.64	(63.28)	66.29	17.86	6.21	1.543
93	Roth, birnenförmig . .	0.96	„	82.94	1.61	(10.17)	10.82	3.38	1.25	17.06	9.49	(59.62)	63.37	19.81	7.33	1.518
94	Grüner Kopf	1.05	„	83.00	2.23	(9.42)	10.24	3.18	1.35	17.00	13.75	(55.41)	59.61	18.70	7.94	2.100
95	Weiss, birnenförmig . .	0.68	„	83.03	1.71	(9.31)	9.91	4.31	1.04	16.97	10.13	(54.86)	58.34	25.40	6.13	1.620
96	Weiss, grüner Kopf . .	1.25	„	83.11	1.25	(10.51)	11.14	3.43	1.07	16.89	7.40	(62.23)	65.95	20.31	6.34	1.184
97	Grüner Kopf	1.20	„	83.25	2.66	(8.20)	8.80	3.90	1.39	16.75	15.89	(48.95)	52.53	23.28	8.30	2.543
98	Weiss, birnenförmig . .	1.25	„	83.34	2.12	(9.74)	10.26	3.04	1.24	16.66	12.76	(58.46)	61.55	18.25	7.44	2.041
99	Rosa	1.49	„	83.36	1.41	(10.46)	11.29	2.88	1.06	16.64	8.53	(62.86)	67.79	17.31	6.37	1.364
100	Lange rothe	0.91	„	83.43	1.53	(10.04)	10.54	3.49	1.01	16.57	9.24	(60.59)	63.60	21.06	6.10	1.478
101	Weiss	1.33	„	83.93	1.76	(9.31)	9.94	3.21	1.16	16.07	11.01	(57.94)	61.79	19.98	7.22	1.761
102	Rosa	1.20	„	83.96	1.27	(9.69)	10.44	3.12	1.21	16.04	7.95	(60.43)	65.04	19.46	7.55	1.272
103	Dünn, weiss	0.45	„	84.32	1.28	(9.42)	9.90	3.51	0.99	15.68	8.21	(60.08)	63.09	22.39	6.31	1.314
104	Grüner Kopf	1.42	„	84.38	1.24	(9.50)	10.26	3.05	1.07	15.62	7.96	(60.82)	65.66	19.53	6.85	1.274
105	Rother Kopf	0.74	„	84.53	2.06	(7.78)	8.48	3.59	1.34	15.47	13.38	(50.29)	54.75	23.21	8.66	2.140
106	Weiss	1.25	„	84.67	1.95	(7.27)	8.10	3.99	1.29	15.33	12.72	(47.42)	52.84	26.03	8.41	2.035
107	Weiss	1.30	„	84.73	1.91	(8.39)	8.91	3.20	1.25	15.27	12.56	(54.95)	58.29	20.96	8.19	2.010
108	Roth, dünn, spindelförmig	0.34	„	84.79	2.05	(6.82)	7.53	4.13	1.50	15.21	13.52	(44.84)	49.47	27.15	9.86	2.163
109	Weiss, grüner Kopf . .	0.37	„	84.86	2.12	(6.11)	6.85	4.48	1.69	15.14	14.04	(40.30)	45.21	29.59	11.16	2.246
110	Lang, roth	1.36	„	85.06	1.28	(8.96)	9.39	3.08	1.19	14.94	8.58	(60.03)	62.81	20.64	7.97	1.372
111	Roth	0.71	„	85.07	2.41	(6.32)	6.88	4.11	1.53	14.93	16.16	(42.34)	46.05	27.54	10.25	2.585
112	Roth	0.49	„	85.21	0.93	(8.65)	9.09	3.53	1.24	14.79	4.78	(58.48)	62.97	23.87	8.38	0.764
113	Dick, weiss	0.91	„	85.22	1.51	(7.46)	8.01	4.11	1.15	14.78	10.28	(50.47)	54.34	27.80	7.78	1.644
114	Roth	0.82	„	85.23	1.70	(8.86)	9.33	2.92	0.82	14.76	11.56	(60.03)	63.10	19.78	5.56	1.850
115	Weiss, grüner Kopf . .	2.44	„	85.27	1.75	(8.04)	8.78	2.99	1.21	14.73	11.93	(54.58)	59.56	20.30	8.21	1.908
116	Roth	?	„	85.37	0.97	(9.19)	9.64	2.93	1.09	14.63	6.66	(62.94)	66.00	20.07	7.47	1.066
117	Rother Kopf	0.93	„	85.48	2.01	(7.03)	7.57	3.59	1.35	14.52	13.82	(48.92)	52.16	24.72	9.30	2.211
118	Weiss	1.49	„	86.02	1.40	(8.43)	8.74	2.65	1.19	13.98	10.00	(60.30)	62.53	18.96	8.51	1.600
119	Roth	1.32	„	86.18	0.84	(8.45)	8.89	2.73	1.36	13.82	6.11	(61.14)	64.30	19.75	9.84	0.977
120	Roth	1.22	„	86.39	2.13	(5.52)	6.27	3.79	1.42	13.61	17.18	(40.56)	44.55	27.84	10.43	2.748
121	Weiss	1.02	„	86.71	2.13	(7.17)	6.67	3.13	0.86	13.29	16.04	(53.95)	53.94	23.55	6.47	2.566
122	Weiss	?	„	86.82	1.10	(7.04)	7.54	3.17	1.37	13.18	8.34	(53.41)	57.22	24.05	10.39	1.335
123	Rother Kopf, roth . . .	0.93	„	87.66	1.43	(6.48)	7.10	2.69	1.12	12.34	11.65	(52.51)	57.47	21.80	9.08	1.864
124	Rother Kopf, röthlich .	1.78	„	87.75	2.37	(5.08)	5.50	2.85	1.53	12.25	19.39	(41.31)	44.86	23.26	12.49	3.102
125	Weiss, sehr dick . . .	3.00	„	88.13	2.16	(4.82)	5.26	2.74	1.71	11.87	18.27	(40.61)	44.24	23.08	14.41	2.923
126	Roth	0.96	„	89.44	1.26	(5.46)	5.94	2.21	1.15	10.56	12.01	(51.71)	56.17	20.93	10.89	1.922
127	Weiss	0.96	„	90.36	1.58	(3.62)	4.08	2.75	1.23	9.64	16.41	(37.55)	42.30	28.53	12.76	2.625
128	Weiss, sehr dick . . .	5.16	„	92.58	1.40	(2.22)	2.69	1.73	1.60	7.42	18.95	(29.92)	36.17	23.32	21.56	3.032

No.	Bezeichnungen und Bemerkungen	Jahr der Untersuchung	In der ursprünglichen Substanz							In der Trockensubstanz					Stickstoff in der Trockensubstanz
			Wasser %	Nh-Substanz %	Rohfett %	Nfr. Extractstoffe %	Rohfaser %	Asche %	Trockensubstanz %	Nh-Substanz %	Rohfett %	Nfr. Extractstoffe %	Rohfaser %	Asche %	%
129	In England geb., spec. Gew. 1.077	1870	78.30	0.85	Zucker (13.15)	19.52	0.65	0.68	21.70	3.92	Zucker (60.60)	89.95	3.00	3.13	0.63
130		1884	84.42	1.69	Fett 0.08	11.75	0.93	1.13	15.58	10.85	Fett 0.51	75.42	5.97	7.25	1.74
131		1880	83.90	1.81	—	—	—	—	16.10	11.24	—	—	—	—	1.80
132	Imperial	„	87.15	1.87	—	—	—	—	12.85	14.55	—	—	—	—	2.33
133	Kleine Wanzlebener Zuckerrübe, 1876er Ernte	1877	84.66	1.33	Zucker (8.60)	11.70	1.03	1.28	15.34	8.66	Zucker (56.06)	76.29	6.71	8.34	1.39
134	Januar	1871	83.69	1.29	Fett 0.07	13.49	0.91	0.55	16.31	7.94	Fett 0.44	82.65	5.60	3.37	1.27
135	Von Wintersheim in Hessen .	„	83.00	0.83	—	—	—	—	17.00	4.88	—	—	—	—	0.78
136	Von Gestrof in Hannover . .	„	85.52	1.24	—	—	—	—	14.48	8.56	—	—	—	—	1.37
	Minimum } No. 19—48 und No. 131—136, in Deutschland gewachsene Zuckerrüben		75.20	0.64	0.03	22.98	0.64	0.51	12.85	3.61	0.41	73.00	3.61	2.89	0.58
	Maximum }		87.15	2.58	0.22	7.08	1.49	1.48	24.80	14.55	1.22	87.00	8.37	8.34	2.33
	Mittel }		82.25	1.27	0.12	14.40	1.14	0.82	17.75	7.15	0.70	81.13	6.40	4.62	1.14

Zuckerrüben. — Einfluss der Grösse auf die Zusammensetzung der Rübe.

No.	Bezeichnungen und Bemerkungen	Jahr der Untersuchung	Wasser %	Nh-Substanz %	Zucker	Gummi, Pectin	Rohfaser %	Asche %	Trockensubstanz %	Nh-Substanz %	Zucker	Gummi, Pectin	Rohfaser %	Asche %	Stickstoff in der Trockensubstanz %
1	{Schlesische, Gewicht 1060 g .	1853	81.77	0.84	11.21	3.86	1.36	0.94	18.23	4.64	61.17	21.53	7.48	5.18	0.74
2	{Desgl., 522 g	„	82.07	0.83	11.31	3.69	1.26	0.84	17.93	4.62	63.11	20.59	7.02	4.66	0.74
3	{Desgl., 243 g	„	79.53	0.90	12.07	5.09	1.23	0.88	20.47	4.42	58.98	24.86	7.44	4.31	0.71
4	{Gewicht, 1 Pfd. 30 Loth . .	1855	83.8	—	—	—	—	—	16.2	—	—	—	—	—	—
5	„ 1 Pfd. 13 Loth . .	„	82.1	—	—	—	—	—	17.9	—	—	—	—	—	—
6	„ 1 Pfd.	„	80.4	—	—	—	—	—	19.6	—	—	—	—	—	—
7	„ 30 Loth	„	80.6	—	—	—	—	—	19.4	—	—	—	—	—	—
8	„ 25 Loth	„	78.3	—	—	—	—	—	21.7	—	—	—	—	—	—
	Rüben mittlerer Grösse														
9	850 g	„	82.72	0.54	12.70	—	—	0.66	17.28	3.11	73.50	—	—	3.80	0.50
10	650 g	„	79.92	0.66	13.33	—	—	0.60	20.08	3.26	66.36	—	—	3.00	0.52
11	360 g	„	79.56	0.71	12.36	—	—	0.84	20.44	3.49	60.48	—	—	4.13	0.56
12	650 g	„	82.62	0.59	12.78	—	—	0.64	17.38	3.42	73.53	—	—	3.69	0.55
13	570 g	„	80.00	0.68	13.38	—	—	0.74	20.00	3.40	66.88	—	—	3.71	0.54
14	720 g	„	82.66	0.93	12.35	—	—	0.79	17.34	5.37	71.20	—	—	4.58	0.86
15	720 g	„	84.50	0.67	10.42	—	—	0.67	15.50	4.32	67.20	—	—	4.32	0.69
16	570 g	„	80.40	0.94	11.85	—	—	0.92	19.60	4.78	60.46	—	—	4.66	0.76
17	750 g	„	80.76	1.20	10.77	—	—	1.10	19.24	6.25	56.00	—	—	5.70	1.00
18	750 g	„	82.02	1.21	8.49	—	—	1.03	17.98	6.76	47.20	—	—	5.75	1.08
19	900 g	„	81.80	1.16	10.15	—	—	1.12	18.20	6.41	55.80	—	—	6.14	1.03
20	900 g	„	82.70	1.14	8.30	—	—	1.17	17.30	6.61	48.00	—	—	6.79	1.06

No. 129. A. H. Church. — Transact. Highl. Soc. 4. Ser. Vol. IV. (1872.) 85.
No. 130. E. H. Jenkins. — Ann. Rep. Connecticut Agricult. Experim. Stat. 1884. 107.
No. 131 u. 132. R. Heinrich. — Ber. d. V.-St. Rostock 1875/81. 76.
No. 133. Th. Dietrich (V.-St. Altmorschen). — Landw. Ztschr. u. Anzeig. f. d. Rgbz. Cassel 1877. 49.
No. 134. U. Kreusler. — 1. Ber. d. V.-St. Hildesheim 1873. 28. Sandgehalt d. frischen Rübe 0.04, der Trockensubst. 0.22 %.
No. 135 u. 136. E. Schulze. — Landw. V.-St. 15. 1872. 170. No. 135 stammte von einem kalkhaltigen Lehmboden, der mit 4 Ctr. Kali-Superphosphat und 1 Ctr. aufgeschl. Peruguano gedüngt worden war. No. 136 war als Futterrübe in starker Düngung gebaut. Ausser der Nh. organischen Substanz war in den Rüben noch Salpetersäure vorhanden und zwar in der frischen Rübe bei No. 135: 0.013, bei No. 136: 0.158 %; in der Trockensubstanz bei No. 135: 0.076, bei No. 136: 1.09 %.

Zuckerrüben. — Einfluss der Grösse auf die Zusammensetzung der Rübe.
No. 1—3. Ritthausen. — Weende'r Jahresber. 1855/56. II. 32. Rüben in schwacher Mistdüngung gebaut.
No. 4—8. Ad. Stöckhardt. — Chem. Ackersm. 1856. 242. Die Rüben wuchsen auf vorzüglichem, stark gedüngtem Aueboden.
No. 9—27. Ad. Stöckhardt. — Wolff's Grundlagen d. Ackerbaues. 3. Aufl. 926. Die Rüben waren nicht an gleichem Orte, sondern No. 9—11 in Lockwitz bei Dresden, No. 12 u. 14 in Gröningen, No. 13 u. 16 in Schlanstädt, alle anderen in Tharand gebaut, zu No. 9—13 war nicht, zu allen übrigen Rüben war frisch mit Stallmist, zu No. 7 u. 8 mit Guano gedüngt worden.

No.	Bezeichnungen und Bemerkungen	Jahr der Untersuchung	In der ursprünglichen Substanz: Wasser %	Nh-Substanz %	Rohfett %	Nfr. Extractstoffe %	Rohfaser %	Asche %	Trocken-substanz %	In der Trockensubstanz: Nh-Substanz %	Rohfett %	Nfr. Extractstoffe %	Rohfaser %	Asche %	Stickstoff in der Trocken-substanz %
	Rüben über mittlerer Grösse				Zucker						Zucker	Gummi, Pectin			
21	1050 g	1853	83.00	0.96	10.72	—	—	0.94	17.00	5.63	63.04	—	—	5.55	0.90
22	1750 g	„	82.09	1.14	9.25	—	—	1.15	17.91	6.39	51.00	—	—	6.43	1.02
23	1900 g	„	84.54	1.06	8.45	—	—	0.93	15.46	6.83	54.02	—	—	6.60	1.08
24	2500 g	„	86.50	0.86	4.40	—	—	1.01	13.50	6.36	32.60	—	—	7.45	1.02
25	2600 g	„	88.00	0.82	3.35	—	—	1.39	12.00	6.82	27.90	—	—	11.65	1.09
26	Durchschnitt der Rüben mittlerer Grösse, 660 g	„	81.64	0.87	11.42	—	—	0.86	18.36	4.76	62.22	—	—	4.69	0.76
27	Desgl., über mittl. Grösse, 1960 g	„	84.83	0.97	6.93	—	—	1.14	15.17	6.41	45.71	—	—	7.54	1.03
28	Weisse schlesische Zuckerrübe, über 7 Pfund	„	89.80	—	—	—	—	—	10.20	—	—	—	—	—	—
29	Desgl., über 5 Pfund	„	88.35	—	—	—	—	—	11.65	—	—	—	—	—	—
30	Desgl., von 3—5 Pfund . . .	„	84.29	—	—	—	—	—	15.71	—	—	—	—	—	—
31	Desgl., im Mittel	„	85.47	—	—	—	—	—	14.53	—	—	—	—	—	—
32	Desgl., 11 Pfd. 6 Unz. . . .	1868	92.58	1.40	2.22	2.69	1.73	1.60	7.42	18.87	29.92	6.33	23.32	21.56	3.02
33	Desgl., 6 Pfd. 8 Unz. . . .	„	88.13	2.16	4.82	5.26	2.74	1.71	11.87	18.20	40.61	3.70	23.08	14.41	2.91

Zuckerrüben. — In verschiedenen Vegetationsperioden.

No.	Bezeichnungen und Bemerkungen	Jahr	Wasser	Nh-Substanz	Rohfett	Nfr. Extractstoffe	Rohfaser	Asche	Trocken-substanz	Nh-Substanz	Rohfett	Nfr. Extractst.	Rohfaser	Asche	Stickstoff
1	Pflanzen mit 9—12 entwickelten Blättern, 20. Juli	1858	88.78	2.08	(4.54)	7.15	1.17	0.82	11.22	18.61	(40.46)	—	10.50	7.31	2.98
2	Pflanzen mit 15—18 entwickelten Blättern, 9. August	„	88.99	2.35	(5.15)	6.82	1.09	0.75	11.01	18.67	(46.77)	—	9.89	6.81	2.99
3	Pflanzen mit 18—28 entwickelten Blättern, 31. August . . .	„	86.62	2.01	(7.81)	9.47	1.01	0.89	13.38	15.06	58.37	—	8.30	6.66	2.41
4	Schon viele Blätter gelb, viele schon abgefallen: 15. Sept. .	„	85.46	2.13	(9.17)	10.47	1.21	0.73	14.54	14.74	62.98	—	8.34	5.02	2.36
5	30. Sept. .	„	82.19	2.48	(11.81)	13.34	1.22	0.77	17.81	13.92	66.31	—	7.43	4.33	2.23
6	16. Octob.	„	82.19	2.28	(11.90)	13.75	1.10	0.68	17.81	12.84	66.81	—	6.42	3.83	2.05
7	Am 30. Juni entnommen . .	1860	89.20	1.00	(4.00)	8.13	1.01	0.66	10.80	9.26	37.03	75.27	9.35	6.12	1.48
8	Am 31. August entnommen .	„	83.20	1.64	(9.42)	12.76	1.50	0.90	16.80	9.76	55.95	75.96	8.92	5.36	1.56
9	Am 30. October entnommen .	„	75.20	2.20	(15.00)	19.23	2.07	1.30	24.80	8.87	60.48	77.54	8.35	5.24	1.42
10	Längliche gelb-lichrothe, in München gebaut: Mitte Juli entn.	„	89.20	0.59	(3.93)	4.67	4.46	1.08	10.80	5.46	(36.39)	43.24	41.30	10.00	0.87
11	Mitte Sept. entn.	„	90.00	0.40	(3.75)	5.54	3.15	0.91	10.00	4.00	(37.50)	55.40	31.50	9.10	0.64
12	Ende Oct. entn.	„	81.20	0.30	(13.98)	14.30	1.66	2.54	18.80	1.60	(74.36)	76.06	8.83	13.51	0.26
13	Aus d. Magdeb. Gegend bezogener Samen in Weihenstephan gebaut: Mitte Juli entn.	„	90.80	0.48	(4.29)	4.68	3.17	0.87	9.20	5.22	(46.63)	50.86	34.46	9.46	0.84
14	Mitte Sept. entn.	„	89.80	0.40	(5.55)	7.58	1.55	0.67	10.20	3.92	(54.41)	74.31	15.20	6.57	0.63
15	Ende Oct. entn.	„	86.90	0.22	(6.77)	10.04	1.37	1.47	13.10	1.68	(51.68)	76.64	10.46	11.22	0.27

Zuckerrüben. — Einzelne Theile derselben.

No.	Bezeichnungen und Bemerkungen	Jahr	Wasser	Nh-Substanz	Rohfett	Nfr. Extractstoffe	Rohfaser	Asche	Trocken-substanz	Nh-Substanz	Rohfett	Nfr. Extractstoffe	Rohfaser	Asche	Stickstoff
1	Innerster, erster Ring . . .	1861	83.94	0.91	—	—	—	0.66	16.04	5.66	—	—	—	4.13	0.905°
2	Zweiter Ring	„	83.66	0.88	—	—	—	0.57	16.34	5.36	—	—	—	3.50	0.858°

No. 28—31. William K. Sullivan. — Weende'r Jahresber. 1853. II. 27.
No. 32 u. 33. Aug. Voelcker. — J. R. Agric. Soc. England 1869. 357. Siehe unter No. 53 u. 54 Seite 343.
Zuckerrüben. — In verschiedenen Vegetationsperioden.
No. 1—6. P. Bretschneider. — Mitthl. d. landw. Centralver. f. Schlesien. 11. 50. 3. Ber. d. V.-St. Ida-Marienhütte. Die Rüben waren mit 616 kg Knochenkohle-Superphosphat und 206 kg schwefelsaurem Ammoniak gedüngt.
No. 7—9. R. Hoffmann. — Die L. V.-St. 4. 1863. 203. Die Rüben wuchsen auf einem starkthonigen Boden von grauer Farbe und grosser Bindigkeit. Derselbe enthielt in Procenten: Kali 0.192, Magnesia 0.045, Kalk 1.259, Phosphorsäure 0.307 (in Säure löslich), organische Substanz 6.59, Stickstoff 0.276%. Den Fettgehalt der Rüben fand Autor im Mittel von 10 verschiedenen Rüben zu 0.13% der Trockensubstanz.
No. 10—15. C. Eylerts. — Wilda's landw. Centralbl. 1862. 1. 297. (Arch. d. Pharm. Bd. 159. 105; durch Chem. Centralbl.) Die in München gebaute Rübe wurde in einer Anzahl von 30 kleinen Pflänzchen am 2. Juni 1860 in ein Beet eingesetzt, eine gedüngte schwarze Gartenerde, in sonniger geschützter Lage. In Weihenstephan wurden die Kerne gelegt am 14. u. 15. Mai in mit Mist gedüngtem Boden, ein kalter sandiger Lehm mit etwas Kiesel, im Untergrunde grobkörniger Sand und Thon. Die Witterung war ungünstig und gediehen die Rüben schlecht. Ueber die Untersuchungsmethode ist in unserer Quelle nichts mitgetheilt.
Zuckerrüben. — Einzelne Theile derselben.
No. 1—8. P. Bretschneider u. O. Küllenberg. — Mitthl. d. landw. Centralver. f. Schlesien. 13. 1862. 5. Ber. d. V.-St. Ida-Marienhütte. Die Rüben wurden möglichst genau nach den einzelnen concentrischen Ringen getrennt.

No.	Bezeichnungen und Bemerkungen	Jahr der Untersuchung	In der ursprünglichen Substanz: Wasser %	Nh-Substanz %	Rohfett %	Nfr. Extractstoffe %	Rohfaser %	Asche %	Trockensubstanz %	In der Trockensubstanz: Nh-Substanz %	Rohfett %	Nfr. Extractstoffe %	Rohfaser %	Asche %	Stickstoff in der Trockensubstanz %
3	Dritter Ring	1861	83.34	0.67	—	—	—	0.54	16.66	4.07	—	—	—	3.22	0.651°
4	Vierter Ring	„	83.07	0.62	—	—	—	0.51	16.93	3.67	—	—	—	2.99	0.587°
5	Fünfter Ring	„	82.78	0.78	—	—	—	0.51	17.22	4.55	—	—	—	2.97	0.728°
6	Sechster Ring	„	84.01	1.51	—	—	—	0.91	15.99	9.48	—	—	—	5.72	1.516°
7	Wurzelkopf	„	83.17	1.17	—	—	—	0.68	16.83	7.01	—	—	—	4.03	1.121°
8	Wurzelende	„	83.17	1.01	—	—	—	0.63	16.83	6.04	—	—	—	3.77	0.966°

Zuckerrübe. — Im zweiten Jahre der Vegetation.

No.	Bezeichnungen und Bemerkungen	Jahr	Wasser	Nh-Substanz	Rohfett	Nfr. Extractstoffe	Rohfaser	Asche	Trockensubstanz	Nh-Substanz	Rohfett	Nfr. Extractstoffe	Rohfaser	Asche	Stickstoff
1	Samenzuckerrüben, nach dem Abblühen, 2 Pfd. schwer . . .	1860	93.60	1.46	—	(0.29?)	2.40	(2.40?)	6.40	22.81	—	—	37.50	(37.50?)	3.65

Zuckerrüben. — Unter dem Einflusse der Düngung.

No.	Düngung pro badischen Morgen	Ertrag in kg	Jahr	Wasser	Nh-Substanz	Rohfett	Zucker	Pectin und Zellstoff	Asche	Trockensubstanz	Nh-Substanz	Rohfett	Zucker	Pectin und Zellstoff	Asche	Stickstoff
1	Ungedüngt	6875	1855	87.87	2.07	—	6.38	2.32	1.23	12.13	17.07	—	52.60	19.13	10.14	2.73
2	12.5 kg Kalisalpeter .	7800	„	87.26	2.10	—	6.63	2.71	1.16	12.74	16.48	—	52.04	21.27	9.10	2.64
3	25 „ „ .	8925	„	85.44	2.99	—	6.52	3.48	1.35	14.56	20.54	—	44.78	23.90	9.27	3.29
4	50 „ „ .	10300	„	85.22	2.59	—	6.13	3.71	1.12	14.78	17.52	—	43.16	15.69	7.58	2.80
5	75 „ „ .	9350	„	85.62	3.06	—	6.57	3.38	1.17	14.38	21.28	—	45.69	23.50	8.14	3.40
6	100 „ „ .	9375	„	88.46	2.39	—	4.01	3.78	1.20	11.54	20.69	—	34.71	32.72	10.39	3.31
7	Ungedüngt	6875	„	85.57	2.88	—	7.87	2.00	1.49	14.43	19.96	—	54.53	13.86	10.33	3.19
8	25 kg Holzasche . . .	5935	„	88.75	2.18	—	6.10	1.42	1.40	11.25	19.38	—	54.22	12.62	12.44	3.08
9	50 „ „ . . .	9105	„	86.17	2.50	—	7.00	2.09	1.43	13.83	18.08	—	50.62	15.11	10.34	2.89
10	100 „ „ . . .	9377	„	86.46	2.68	—	7.12	2.37	1.26	13.54	19.79	—	52.59	17.50	9.21	3.17
11	125 „ „ . . .	8780	„	88.93	3.09	—	5.10	1.23	1.45	11.07	27.91	—	46.07	11.11	13.10	4.47
12	150 „ „ . . .	8140	„	89.44	2.64	—	5.04	1.12	1.58	10.56	25.00	—	47.73	10.61	14.96	4.00
13	Ungedüngt	9465	„	84.24	3.33	—	6.05	5.09	1.06	15.76	21.13	—	38.39	32.30	6.73	3.38
14	25 kg Chlorammon . .	7850	„	84.45	1.85	—	6.87	5.55	1.37	15.55	11.90	—	44.18	35.69	8.81	2.49
15	37 „ „ . .	10625	„	85.87	2.63	—	7.13	2.72	1.48	14.13	18.62	—	50.47	19.25	10.48	2.98
16	75 „ „ . .	11265	„	85.15	2.81	—	6.01	4.55	1.29	14.85	18.92	—	40.47	30.64	8.69	3.03
17	125 „ „ . .	12762	„	86.65	2.51	—	6.56	2.54	1.58	13.35	18.82	—	49.19	19.04	11.85	3.01
18	150 „ „ . .	14025	„	86.33	2.72	—	6.49	2.85	0.43	13.67	19.89	—	47.47	20.85	3.15	3.18

Der als „Wurzelkopf" bezeichnete obere Theil der Wurzel (1/4 oder 1/5 der ganzen Rübe) beginnt an dem Punkte, wo die Gefässbündel das Parenchym in scheinbar unregelmässiger Anordnung durchsetzen, d. h. wo man bei dem unteren Theile des Markes angelangt ist. In der Regel kann man mehr als 6 Ringe unterscheiden; was über den 5. hinaus lag, wurde als 6. zusammengefasst. Die Wurzelspitze wurde für sich untersucht. Am Tag der Ernte betrug der auf die einzelnen Ringe entfallende Antheil in Procenten des Gewichts der ganzen Rübe

Kopf	6. Ring	5. Ring	4. Ring	3. Ring	2. Ring	1. Ring	Wurzelende
19.9	9.6	9.1	10.4	16.6	15.5	10.4	4.9%

Zuckerrübe. — Im zweiten Jahre der Vegetation.

No. 1. Rob. Hoffmann. — Centralbl. f. d. gesammte Landescultur in Böhmen 1861. No. 15.

Zuckerrüben. — Unter dem Einflusse der Düngung.

No. 1—66. G. Herth. — Weende'r Jahresber. f. 1855/56. I. 300. (Journ. f. prakt. Chemie. 64. 129; Chem. Centralbl. 1855. 234; Wilda's landw. Centralbl. 1855. I. 141.) Das Versuchsfeld hatte einen thonhaltigen humusreichen Sandboden, welcher im vorhergehenden Jahre ohne Dünger mit Tabak bestellt worden war. Die einzelnen Versuchsbeete waren 16 Quadrat-Fuss gross und wurden durch festgestampfte Wege von 1 Fuss Breite von einander getrennt und dann mit je 8 Pflanzen der weissen schlesischen Rübe besetzt. Die Ernte musste wegen eintretenden Frostes schon am 24. October begonnen werden. Die von den Blättern befreiten Rüben wurden gewaschen, abgetrocknet und gewogen. Die oben angegebene Quantität der Düngung und die Erträge sind auf 1 badischen Morgen berechnet. Zur Untersuchung der Rübe wurde ein horizontales Stück aus der Mitte der Rübe heraus- und dieses in Scheiben geschnitten. Die Scheiben wurden an seidenen Fäden aufgehängt und anfangs in einem mässig warmen Raume, später bei 100° getrocknet. Zur Zuckerbestimmung wurde eine grössere Quantität Rüben auf dem Reibeisen zerrieben, die zerkleinerte Substanz eine halbe Stunde lang mit sehr verdünnter Schwefelsäure gekocht, die Flüssigkeit durch Filtration mit einem röhrenförmigen Trichter abgesondert, der Rückstand 3—4mal mit Wasser ausgewaschen und der Zuckergehalt der Flüssigkeit nach der Fehling-Trommerschen Methode bestimmt. Die Bestimmung des Stickstoffs wurde nach der Peligot'schen Methode ausgeführt. Die Berechnung der Nh. Substanz wurde von uns nach dem angegebenen Stickstoffgehalt (× 6.25) ausgeführt. Im Original fand der Factor 6.6 Anwendung. Die Differenz wurde als Pectin und Zellstoff in Rechnung gebracht. Wir beliessen die hierfür vom Autor berechneten Zahlen.

No.	Bezeichnungen und Bemerkungen		Jahr der Untersuchung	In der ursprünglichen Substanz							In der Trockensubstanz					Stickstoff in der Trockensubstanz
				Wasser	Nh-Substanz	Rohfett	Nfr. Extractstoffe	Rohfaser	Asche	Trockensubstanz	Nh-Substanz	Rohfett	Nfr. Extractstoffe	Rohfaser	Asche	
				%	%	%	%	%	%	%	%	%	%	%	%	%
	Düngung pro badischen Morgen	Ertrag in kg					Zucker	Pectin und Zellstoff					Zucker	Pectin und Zellstoff		
19	Ungedüngt	6400	1855	85.30	2.04	—	7.12	4.88	0.92	14.70	13.99	—	48.82	30.72	6.31	2.24
20	12.5 kg Kochsalz . .	8135	„	86.29	2.33	—	5.18	4.60	1.45	13.71	17.00	—	37.78	33.55	10.58	2.72
21	25.5 „ „ . .	7800	„	86.00	2.38	—	4.84	5.55	1.07	14.00	17.00	—	34.57	39.64	7.64	2.72
22	50 „ „ . .	6252	„	91.82	2.08	—	3.10	1.37	1.49	8.18	25.43	—	37.90	16.75	18.22	4.07
23	200 „ „ . .	8765	„	89.56	—	—	3.23	—	1.59	10.44	—	—	30.94	—	15.23	—
24	Ungedüngt	5645	„	85.64	3.05	—	7.28	2.41	1.41	14.36	21.24	—	50.70	16.78	9.82	3.40
25	37 kg Soda (b. 100° getrockn.)	5402	„	89.55	1.74	—	4.00	3.18	1.42	10.45	16.65	—	38.28	30.43	13.59	2.66
26	75 „ „ „	5300	„	87.30	1.78	—	4.93	4.30	1.57	12.70	14.02	—	38.82	33.86	12.36	2.24
27	120 „ „ „	6317	„	91.33	1.78	—	3.19	2.04	1.53	8.67	20.53	—	36.79	23.53	17.65	3.28
28	125 „ „ „	7547	„	83.81	3.43	—	6.63	4.76	1.14	16.19	21.19	—	40.95	29.40	7.04	3.39
29	Ungedüngt	6280	„	80.36	2.82	—	7.12	8.47	1.05	19.64	14.36	—	36.26	43.13	5.35	2.30
30	12 kg schwefels. Ammoniak	6875	„	82 74	3.66	—	7.51	4.68	1.16	17.26	21.21	—	43.51	27.12	6.72	3.39
31	25 „ „ „	8140	„	85.92	2.59	—	6.12	3.42	1.21	14.08	18.40	—	43.46	24.29	8.59	2.94
32	37 „ „ „	5800	„	81.53	3.35	—	6.19	7.07	1.63	18.47	18.14	—	33.51	38.28	8.82	2.90
33	63 „ „ „	8902	„	86.77	3.01	—	5.73	3.36	1.61	13.23	22.75	—	43.31	25.40	12.17	3.64
34	Ungedüngt	8125	„	87.19	3.01	—	5.38	3.13	1.08	12.81	23.50	—	42.00	24.82	8.41	3.76
35	12 kg kohlens. Ammoniak	10937	„	87.91	2.59	—	5.14	2.67	1.48	12.09	21.42	—	42.51	22.08	12.24	3.43
36	25 „ „ „	9340	„	87.77	3.03	—	5.19	2.23	1.58	12.23	24.78	—	42.44	18.23	12.92	3.96
37	37 „ „ „	11405	„	86.17	2.42	—	6.63	3.10	1.51	13.83	17.50	—	47.94	22.42	10.92	2.80
38	63 „ „ „	8167	„	83.68	2.92	—	9.47	4.05	1.45	16.32	17.89	—	58.02	24.81	8.88	2.86
39	Ungedüngt	10525	„	83.18	3.58	—	9.01	2.75	1.25	16.82	21.28	—	53.56	16.35	7.43	3.40
40	50 kg Chilisalpeter . .	13907	„	84.80	2.92	—	8.10	2.71	1.28	15.20	20.21	—	53.35	17.83	8.42	3.23
41	75 „ „ . .	12412	„	85.86	2.08	—	7.07	3.48	1.37	14.14	14.71	—	50.00	24.61	9.69	2.35
42	100 „ „ . .	12785	„	87.99	2.06	—	6.20	2.40	1.21	12.01	17.15	—	51.62	19.98	10.07	2.74
43	150 „ „ . .	15077	„	84.99	2.13	—	8.93	2.77	1.04	15.01	14.19	—	59.49	18.45	6.93	2.27
44	Ungedüngt	7500	„	85.84	2.47	—	7.12	3.54	0.86	14.16	17.44	—	50.28	25.00	6.07	2.79
45	25 kg kohlensaures Kali	11407	„	86.05	2.32	—	7.25	3.22	1.01	13.95	16.64	—	51.97	23.08	7.24	2.66
46	50 „ „ „	15025	„	84.30	2.52	—	9.20	2.43	1.38	15.70	15.75	—	58.59	15.48	8.79	2.52
47	75 „ „ „	15515	„	84.26	2.48	—	9.56	2.31	1.23	15.74	15.76	—	60.73	14.68	7.81	2.52
48	100 „ „ „	21332	„	84.15	2.35	—	7.41	4.65	1.28	15.85	14.83	—	46.75	29.34	8.08	2.37
49	Ungedüngt	11280	„	84.06	2.52	—	7.41	4.73	1.20	15.94	15.83	—	48.53	29.70	7.54	2.53
50	25 kg gebrannte Knochen	8127	„	84.05	2.37	—	6.51	5.40	1.51	15.95	14.85	—	40.82	33.86	9.47	2.38
51	37 „ „ „	11282	„	89.40	1.54	—	5.73	1.87	1.39	10.60	14.53	—	54.06	17.64	13.11	2.32
52	50 „ „ „	8750	„	86.55	2.16	—	5.60	4.31	1.23	13.45	16.06	—	41.64	32.04	9.15	2.57
53	75 „ „ „	12232	„	85.13	1.74	—	6.88	4.91	1.23	14.87	11.71	—	46.32	33.05	8.28	1.87
54	Ungedüngt	8840	„	87.69	—	—	5.51	—	1.29	12.31	—	—	44.76	—	10.48	—
55	25 kg gebrannter Kalk .	13932	„	83.69	2.20	—	6.00	6.44	1.52	16.31	13.49	—	36.79	39.48	9.32	2.16
56	100 „ „ „ .	16320	„	86.91	1.69	—	5.37	4.37	1.55	13.09	12.91	—	41.02	33.38	11.84	2.07
57	150 „ „ „ .	15027	„	86.19	1.91	—	5.30	4.83	1.28	13.81	13.83	—	38.38	32.57	9.27	2.21
58	300 „ „ „ .	13840	„	88.73	1.38	—	5.01	3.37	1.42	11.27	12.24	—	44.45	29.90	12.60	1.96
59	25 kg Gyps	6957	„	86.14	1.49	—	5.73	5.39	1.15	13.86	10.75	—	41.34	38.89	8.30	1.72
60	100 „ „	11432	„	84.80	1.61	—	6.57	5.70	1.22	15.20	10.59	—	43.22	37.50	8.03	1.69
61	150 „ „	11880	„	86.02	1.20	—	5.85	5.74	1.18	13.98	8.58	—	41.85	41.06	8 44	1.27
62	300 „ „	10915	„	84.68	1.71	—	5.96	6.69	0.84	15.32	10.16	—	38.90	43.67	5.48	1.63
63	Stalldünger	8910	„	86.36	2.58	—	6.91	2.74	1.23	13.64	18.91	—	50.66	20.09	9.02	3.03
64	„	9620	„	84.20	2.98	—	6.73	4.40	1.50	15.80	18.86	—	42.59	27.85	9.49	3.02
65	„	11309	„	82.57	3.50	—	6.85	6.01	0.84	17.43	20.08	—	39.30	34.48	4.82	3.21
66	„	10790	„	88.00	2.00	—	9.27	2.12	1.48	12.00	16.67	—	77.25	17.67	12.33	2.67

No.	Bezeichnungen und Bemerkungen		Jahr der Untersuchung	In der ursprünglichen Substanz							In der Trockensubstanz					Stickstoff in der Trockensubstanz
				Wasser	Nh-Substanz	Stärke	Nfr. Extractstoffe	Rohfaser	Asche	Trockensubstanz	Nh-Substanz	Stärke	Nfr. Extractstoffe	Rohfaser	Asche	
				%	%	%	%	%	%	%	%	%	%	%	%	%
	Düngung Ctr.	Ertrag Ctr.					Zucker						Zucker			
67	Ungedüngt	82.3	1857	83.38	2.55	—	9.63	—	0.70	16.62	15.34	—	57.94	—	4.21	2.45
68	10 Ctr. Rapsmehl . . .	120.2	„	82.41	2.39	—	10.09	—	0.69	17.59	13.59	—	57.36	—	3.92	2.17
69	10 Ctr. Rapsmehl u. 3 Ctr. Knochenmehl	118.3	„	82.83	2.17	—	10.73	—	0.65	17.17	12.64	—	42.49	—	3.79	2.02
70	5 Ctr. Rapsmehl u. 3 Ctr. Knochenmehl	141.5	„	82.14	2.16	—	11.11	—	0.68	17.86	12.09	—	62.20	—	3.81	1.93
71	$3^7/_{11}$ Ctr. Rapsmehl u. $1^1/_{11}$ Ctr. Knochenmehl . .	128.5	„	80.72	2.22	—	11.25	—	0.63	19.28	11.53	—	58.41	—	3.27	1.84
72	3 Ctr. Knochenmehl . .	130.3	„	82.48	2.01	—	11.65	—	0.65	17.52	11.47	—	66.50	—	3.71	1.83
73	40 Pfd. Potasche u. 3 Ctr. Knochenmehl	142.2	„	81.26	2.39	—	12.11	—	0.87	18.74	12.75	—	64.62	—	4.64	2.04
74	1 Ctr. Ammonsulfat u. 3 Ctr. Knochenmehl	157.7	„	83.31	2.19	—	10.79	—	0.74	16.69	12.92	—	63.66	—	4.37	2.07
75	2 Ctr. Ammonsulfat . .	159 0	„	82.63	2.24	—	11.15	—	0.77	17.37	12.90	—	64.19	—	4.43	2.06
76	6.9 Ctr. Rapsmehl, 80 Pfd. Potasche und 165 Pfd. Holzasche	165.9	„	82.93	2.36	—	11.01	—	0.76	17.07	13 83	—	64.51	—	4.45	2.21
								Holzfas. und Pectin						Holzfas. und Pectin		
77	Ungedüngt		1856	80.40	1.36	—	12.88	4.53	0.82	19.60	6.96	—	65.73	23.10	4.20	1.11
78	Potasche		„	81.06	1.37	—	12.77	3.97	0.84	18.94	7.24	—	67.41	20.94	4.41	1.16
79	Schwefelsaures Kali		„	79.80	1.41	—	13.35	4.67	0.87	20.20	6.97	—	66.10	22.61	4.32	1.12
80	Chlorkalium		„	80.55	1.46	—	11.81	5.21	0.97	19.45	7.50	—	60.70	26.80	5.00	1.20
81	Phosphorsaures Kali		„	79.90	1.38	—	14.64	3.26	0.83	20.10	6.86	—	72.82	16.21	4.11	1.10
82	Kalisalpeter		„	80.02	1.48	—	12.24	5.35	0.91	19.98	7.44	—	61.26	26.76	4.54	1.19
83	Natronsalpeter		„	79.47	1.43	—	14.00	4.18	0.99	20.53	6.97	—	68.16	20.36	4.50	1.12
84	Kohlensaures Ammoniak . . .		„	80.25	1.40	—	13.06	4.57	0.72	19.75	7.06	—	66.11	23.16	3.67	1.13
85	Salzsaures Ammoniak		„	79.73	1.40	—	14.57	3.44	0.86	20.27	6.91	—	71.87	16.97	4.25	1.11
86	Phosphorsaures Ammoniak . . .		„	80.39	1.40	—	13.92	3.51	0.77	19.61	7.14	—	70.98	17.92	3.96	1.14
87	Knochenmehl, aufgeschlossen . .		„	79.56	1.39	—	14.88	3.33	0.83	20.44	6.82	—	72.81	16.33	4.05	1.09
88	Knochenmehl, aufgeschl. u. Potasche		„	79.90	1.48	—	14.02	3.66	0.94	20.10	7.37	—	69.71	18.23	4.68	1.18
		Mittleres Gew. d. untersucht. Rüben														
89	Chilisalpeter	620 g	1858	85.51	1.27	—	7.6	—	1.25	14.49	8.70	—	52.45	—	8.64	1.23
90	Schwefelsaures Ammoniak	628 g	„	84.92	1.13	—	8.3	—	1.06	15.08	7.47	—	55.04	—	7.03	1.20

No. 67—76. H. Ritthausen. — I. Ber. d. V.-St. Saarau. 56. Auf dem Felde, welches zu vorstehendem Düngungsversuche diente, war im Jahre 1856 Hafer, vorher Winterroggen gebaut worden. Die 4—5 zöllige Ackerkrume war zuvor auf 7 Zoll vertieft. Aussaat auf Kämmen am 28. April, 18 Zoll Reihenentfernung, die Pflanzen 8 Zoll auseinander. Die zur Untersuchung verwendeten Rüben hatten nachstehendes Gewicht:

No. 67	68	69	70	71	72	73	74	75	76
656	738	806	796	818	713	770	756	1270	795 g

Die Menge der Nh. Substanz wurde von uns aus dem angegebenen N-gehalt berechnet.

No. 77—88. Auf der Besitzung des Anton Richter in Königsaal ausgeführter Düngungsversuch. Wilda's landw. Centralbl. 1857. II. 261. (Centralbl. f. d. gesammte Landescultur in Böhmen.) Der Boden, auf welchem die Versuche ausgeführt wurden, ist ein strenger Lehmboden. In 100 Thl. der lufttrocknen Erde waren enthalten in Säure löslich: kohlensaures Kali 0.141, Natron 0.053, Kalk 0.252, Magnesia 0.220, Phosphorsäure 0.071, Kieselerde 0.091, Schwefelsäure Spur. Jede Parzelle war $1^2/_3$ Quadrat-Klafter (= 6 qm) gross und erhielt 70 Rüben. Das Quantum des aufgebrachten Düngers ist nicht angegeben. Die Witterung war anfänglich so trocken, dass die Keimung erst 4 Wochen nach der Aussaat erfolgte. Der Ertrag der Rüben und das mittlere Gewicht der untersuchten Rüben waren wie folgt:

	No. 77	78	79	80	81	82	83	84	85	86	87	88	
Gewicht der Ernte	41	46	56	46	46	48	53	45	59.5	48.5	49	60	Pfunde
Gewicht d. untersuchten Rüben	412	416	509	412	444	464	504	419	540	478	450	560	Gramme

Stickstoffsubstanz bestimmt durch Verbrennen der trocknen Substanz mit Natronkalk ist N × 6.25. Die Bestimmung des Zuckers geschah durch Ausziehen der Substanz mit 85 procent. Weingeist (Asche des Extractes kam in Abzug).

No. 89—111. C. W. Tod (V.-St. Raitz-Blansko). — Mitthl. d. k. k. Mährisch-Schlesischen Gesellschaft f. Ackerbau 1859. 185. Boden: magerer sandiger Lehm mit einem Untergrunde von grobkörnig eisenschüssigem Quarze, ausser aller Dungkraft. Die verwendeten Düngemittel hatten nachstehenden Gehalt:

No.	Bezeichnungen und Bemerkungen	Mittleres Gew. d. untersucht. Rüben	Jahr der Untersuchung	In der ursprünglichen Substanz: Wasser %	Nh-Substanz %	Rohfett %	Nfr. Extractstoffe %	Rohfaser %	Asche %	Trockensubstanz %	In der Trockensubstanz: Nh-Substanz %	Rohfett %	Nfr. Extractstoffe %	Rohfaser %	Asche %	Stickstoff in der Trockensubstanz %
							Zucker						Zucker			
91	Jauche	607 g	1858	85.14	0.94	—	7.2	—	0.82	14.86	6.32	—	48.45	—	5.54	1.01
92	Stallmist	630 „	„	85.41	1.07	—	6.2	—	0.97	14.59	7.33	—	42.49	—	6.67	1.17
93	Peruguano	614 „	„	82.63	1.12	—	8.4	—	0.99	17.37	6.45	—	48.36	—	5.67	1.03
94	Knochenmehl	608 „	„	83.45	0.89	—	10.3	—	0.69	16.55	5.37	—	62.23	—	4.17	0.86
95	Superphosphat	600 „	„	84.82	0.85	—	10.8	—	0.72	16.18	5.25	—	66.75	—	4.48	0.84
96	Oelkuchen	618 „	„	84.91	0.80	—	9.4	—	0.78	15.09	5.30	—	62.23	—	5.21	0.85
97	Holzasche	631 „	„	84.29	0.63	—	9.4	—	0.83	15.71	4.01	—	59.83	—	5.30	0.64
98	Gyps	580 „	„	84.25	0.84	—	10.2	—	0.79	15.75	5.33	—	64.76	—	5.05	0.85
99	Gaskalk	590 „	„	84.73	0.77	—	10.1	—	0.88	15.27	5.11	—	66.14	—	5.75	0.82
100	Beer's Guano	574 „	„	85.18	0.89	—	8.9	—	0.73	14.82	6.00	—	60.05	—	4.91	0.96
101	Beer's Compostdünger .	589 „	„	85.30	0.87	—	9.1	—	0.73	14.70	5.98	—	61.90	—	4.99	0.96
102	Holleschauer Guano . .	640 „	„	85.00	1.03	—	9.8	—	0.79	15.00	6.86	—	65.33	—	5.26	1.10
103	Poudrette	583 „	„	84.09	0.84	—	10.7	—	0.63	15.91	5.28	—	67.25	—	3.96	0.84
104	Urfus-Frost's Mineraldüng.	602 „	„	84.13	0.76	—	10.0	—	0.81	15.87	4.79	—	63.01	—	5.13	0.77
105	Urfus-Frost's Dünger . .	648 „	„	84.68	—	—	7.0	—	0.91	15.32	—	—	45.69	—	5.93	—
106	Ungedüngt	503 „	„	85.60	0.61	—	9.4	—	0.69	14.40	4.24	—	65.28	—	4.80	0.68
107	Desgl.	552 „	„	85.17	0.66	—	10.3	—	0.73	14.83	4.15	—	69.45	—	5.03	0.66
108	Desgl.	510 „	„	85.14	0.73	—	11.5	—	0.63	14.86	4.91	—	77.39	—	4.20	0.79
109	Chilisalpeter	2590 „	„	88.21	2.01	—	5.3	—	2.68	11.79	17.05	—	44.96	—	22.74	2.73
110	Schwefelsaures Ammoniak	2208 „	„	86.52	1.98	—	6.7	—	2.29	13.48	14.69	—	49.70	—	17.01	2.35
111	Peruguano	2340 „	„	89.30	2.24	—	4.8	—	2.17	10.70	20.93	—	44.86	—	20.33	3.35
112	Ungedüngt	591 „	1860	84.17	1.18	—	9.80	—	0.77	15.83	7.63	—	62.86	—	4.42	0.22
113	40 Pfd. Chilisalpeter . .	515 „	„	82.99	1.58	—	11.19	—	0.76	17.01	9.42	—	65.78	—	4.46	1.52
114	50 „ „ . .	582 „	„	82.73	1.16	—	10.45	—	0.82	17.27	6.53	—	60.47	—	4.74	1.04
115	60 „ „ . .	532 „	„	83.60	1.40	—	10.81	—	0.66	16.40	8.65	—	65.91	—	4.02	1.38
116	70 „ „ . .	533 „	„	84.92	1.55	—	9.72	—	0.64	15.08	10.34	—	64.45	—	4.24	1.65
117	80 „ „ . .	553 „	„	82.02	1.30	—	10.51	—	0.61	17.98	7.28	—	58.45	—	3.33	1 16
118	90 „ „ . .	581 „	„	—	—	—	10.07	—	—	—	—	—	—	—	—	—
119	100 „ „ . .	573 „	„	82.76	1.41	—	11.57	—	0.68	17.24	8.23	—	67.11	—	3.96	1.32
120	200 „ „ . .	518 „	„	82.33	1.49	—	10.50	—	0.81	17.67	8.43	—	59.42	—	4.58	1.35
121	2000 Pfd. Aetzkalk . .	604 „	„	82.81	1.43	—	10.70	—	0.77	17.19	8.37	—	62.24	—	4.47	1.34
122	50 Pfd. Chilisalpeter u. 50 Pfd. Kalkphosphat . .	572 „	„	—	—	—	9.79	—	0.64	—	—	—	—	—	—	—
123	50 Pfd. Chilisalpeter u. 100 Pfd. Kalkphosphat . .	557 „	„	82.69	1.51	—	10.72	—	0.66	17.31	8.83	—	61.92	—	3.81	1.41
124	50 Pfd. Chilisalpeter, 50 Pfd. Kalkphosphat und 2000 Pfd. Aetzkalk .	573 „	„	82.88	1.28	—	10.26	—	0:62	17.12	7.65	—	59.92	—	3.62	1.22
125	100 Pfd. Kalkphosphat .	591 „	„	84.17	1.18	—	9.82	—	0.77	15.83	7.58	—	62.03	—	4.86	1.21

Beer's Guano	38 % organ. Substanz,	dabei 5.9 % N,	15 % phosphors. Erden,	10.3 % schwefels. Kalk,
Beer's Compost	21.5 „ „ „	„ 2.0 „ „	4.5 „ Alkalien,	
Poudrette		3.0 „ „	1.5 „ „	3.9 „ Phosphorsäure
Holleschauer Guano	38 „ „ „	„ 7.7 „ „	25.2 „ phosphors. Erden,	22.7 „ Alkalisilicat,
Urfus-Frost's Mineraldünger	10 „ „ „	„ 2.9 „ „	14.3 „ „ „	6.3 „ Alkalien,
Urfus-Frost's Dünger . . .		2.3 „ „	4.3 „ Phosphorsäure,	5.2 „ „

Bei No. 109—111 war der Dünger unmittelbar an die Pflanzen gebracht worden. Der Zucker wurde mittelst Fehling'scher Lösung bestimmt. Die Nh. Substanz ist aus dem N-gehalt mit dem Factor 6.33 berechnet.

No. 112—125. Bretschneider u. Küllenberg. — 4. Ber. d. V.-St. Ida-Marienhütte. 36. Vorfrüchte waren 1857 Zuckerrüben, 1858 Gerste, welche ungewöhnlich schlecht stand, 1859 Roggen. Die Rübenkerne wurden am 20. April gelegt. Die Erträge per Morgen in Centnern waren folgende:

Ungedüngt	120 Ctr.	80 Pfd. Chilisalpeter	154.5 Ctr.	Chilisalpeter u. 50 Pfd. Phosphat	150.4 Ctr.
40 Pfd. Chilisalpeter	107.4 Ctr.	90 Pfd. Chilisalpeter	156.4 Ctr.	Chilisalpeter u. 100 Pfd. Phosphat	137.4 Ctr.
50 Pfd. Chilisalpeter	106.7 Ctr.	100 Pfd. Chilisalpeter	159.5 Ctr.	Chilisalpeter, Phosphat u. Kalk .	175.8 Ctr.
60 Pfd Chilisalpeter	125.4 Ctr.	200 Pfd. Chilisalpeter	185.7 Ctr.	100 Pfd. phosphorsaurer Kalk . .	118.4 Ctr.
70 Pfd. Chilisalpeter	162.7 Ctr.	2000 Pfd. Aetzkalk .	131.5 Ctr.		

No.	Bezeichnungen und Bemerkungen	Mittleres Gew. d. untersucht. Rüben	Jahr der Untersuchung	In der ursprünglichen Substanz: Wasser %	Nh-Substanz %	Rohfett %	Nfr. Extractstoffe %	Rohfaser %	Asche %	Trockensubstanz %	In der Trockensubstanz: Nh-Substanz %	Rohfett %	Nfr. Extractstoffe %	Rohfaser %	Asche %	Stickstoff in der Trockensubstanz %
							Zucker						Zucker			
126	Ungedüngt	462 g	1858	83.91	2.19	—	10.06	—	0.79	16.09	13.62	—	62.52	—	4.93	2.18
127	411 kg Knochenmehl p. ha	720 „	„	83.66	2.66	—	10.69	—	0.83	16.34	16.25	—	65.42	—	5.04	2.60
128	534 kg Knochenmehl-Superphosphat pro ha .	580 „	„	83.90	2.37	—	10.42	—	0.79	16.10	14.69	—	64.72	—	4.91	2.35
129	823 kg Knochenmehl p. ha	608 „	„	82.32	2.27	—	10.34	—	0.74	17.68	12.81	—	58.48	—	4.19	2.05
130	1068 kg Knochenmehl-Superphosphat pro ha .	607 „	„	82.91	2.46	—	9.88	—	0.81	17.09	14.37	—	57.81	—	4.74	2.30
131	411 kg Chilisalpeter . .	628 „	„	82.29	2.27	—	11.77	—	0.90	17.71	12.69	—	66.46	—	5.07	2.03
132	411 kg schwefelsaures Ammoniak	604 „	„	83.16	2.46	—	10.36	—	0.88	16.84	14.56	—	61.52	—	5.24	2.33
133	986 kg Knochenmehl-Superphosphat u. 740 kg Holzasche	622 „	„	83.86	2.23	—	10.03	—	0.90	16.14	13.81	—	62.13	—	5.56	2.21
134	616 kg Knochenkohle-Superphosphat	705 „	„	82.57	2.45	—	10.21	—	0.85	17.43	14.00	—	58.57	—	4.85	2.24
135	616 kg Knochenkohle-Superphosphat u. 206 kg schwefels. Ammoniak .	654 „	„	82.19	2.26	—	11.90	—	0.68	17.81	12.62	—	66.81	—	3.82	2.02
136	616 kg Knochenkohle-Superphosphat u. 206 kg Chilisalpeter	670 „	„	82.48	2.35	—	11.33	—	0.79	17.52	13.37	—	64.60	—	4.53	2.14
137	Ungedüngt	656 „	1857	83.38	2.56	—	9.63	—	0.70	16.62	15.37	—	57.90	—	4.22	2.46⁰
138	2000 kg Rapsmehl . .	738 „	„	82.41	2.39	—	10.09	—	0.69	17.59	13.44	—	56.80	—	3.92	2.15⁰
139	2000 kg Rapsmehl u. 600 kg Knochenmehl . .	806 „	„	82.83	2.17	—	10.73	—	0.65	17.17	12.62	—	62.50	—	3.79	2.02⁰
140	1000 kg Rapsmehl u. 600 kg Knochenmehl . .	796 „	„	82.14	2.16	—	11.11	—	0.68	17.86	12.12	—	62.20	—	3.80	1.94⁰
141	630 kg Rapsmehl u. 218 kg Knochenmehl . . .	818 „	„	80.72	2.22	—	11.25	—	0.64	19.28	11.50	—	58.30	—	3.29	1.84⁰
142	600 kg Knochenmehl .	713 „	„	82.48	2.04	—	11.65	—	0.65	17.52	11.62	—	66.50	—	—	1.86⁰
143	600 kg Knochenmehl u. 80 kg Potasche . .	770 „	„	81.26	2.39	—	12.11	—	0.87	18.74	12.75	—	64.60	—	4.63	2.04⁰
144	600 kg Knochenmehl u. 200 kg Ammonsulfat .	756 „	„	83.31	2.19	—	10.79	—	0.74	16.69	13.06	—	64.16	—	4.40	2.09⁰
145	400 kg schwefelsaur. Ammoniak	1270 „	„	82.63	2.24	—	11.15	—	0.78	17.37	12.56	—	64.20	—	4.47	2.01⁰
146	1380 kg Rapsmehl, 160 kg Potasche, 330 kg Holzasche	795 „	„	82.93	2.36	—	11.01	—	0.76	17.07	13.12	—	64.50	—	4.45	2.10⁰

No. 126—136. P. Bretschneider. — Mitthl. d. landw. Centralver. f. Schlesien. 10. Heft. 48. Nh. Substanz von uns berechnet. Die angegebenen Düngermengen beziehen sich auf 1 ha, die nachstehenden Erträge auf den preuss. Morgen.

		Wurzeln Ctr.	Blätter Ctr.
No. 126.	Ungedüngt	139.8	52.5
No. 127.	Knochenmehl	180.9	59.5
No. 128.	Knochenmehl-Superphosphat	173.8	49.3
No. 129.	Knochenmehl	172.3	57.0
No. 130.	Knochenmehl-Superphosphat	175.1	43.3
No. 131.	Chilisalpeter	204.6	62.0
No. 132.	Schwefelsaures Ammoniak	181.1	49.8
No. 133.	Knochenmehl-Superphosphat u. Holzasche . .	219.7	40.3
No. 134.	Knochenkohle-Superphosphat	165.9	38.1
No. 135.	Knochenkohle-Superph. u. schwefels. Ammoniak	165.6	36.3
No. 136.	Superphosphat-Knochenkohle u. Chilisalpeter .	199.5	49.5

No. 137—146. H. Ritthausen u. P. Bretschneider. — Ibidem. 9. Heft. (1858.) 120. Vorfrüchte 1855 Winterroggen, 1856 Hafer. Nh. Substanz von uns berechnet. Die angegebenen Düngermengen beziehen sich auf 1 engl. Acker.

No.	Bezeichnungen und Bemerkungen	Mittleres Gew. d. untersucht. Rüben	Jahr der Untersuchung	In der ursprünglichen Substanz							In der Trockensubstanz					Stickstoff in der Trockensubstanz
				Wasser	Nh-Substanz	Rohfett	Nfr. Extractstoffe	Rohfaser	Asche	Trockensubstanz	Nh-Substanz	Rohfett	Nfr. Extractstoffe	Rohfaser	Asche	
				%	%	%	% (Zucker)	%	%	%	%	%	% (Zucker)	%	%	%
147	200 kg Abraumsalz p. ha	407 g	1861	82.48	0.77	—	12.37	—	0.70	17.52	4.40	—	70.61	—	4.00	0.70
148	300 „ „ „ „	293 „	„	81.25	1.27	—	13.81	—	0.82	18.75	6.77	—	73.65	—	4.37	1.08
149	400 „ „ „ „	415 „	„	81.25	0.99	—	13.03	—	0.77	18.75	5.28	—	69.49	—	4.11	0.84
150	500 „ „ „ „	362 „	„	81.39	0.84	—	12.30	—	0.76	18.61	4.51	—	66.29	—	4.08	0.72
151	600 „ „ „ „	316 „	„	80.36	1.03	—	14.83	—	0.83	19.64	5.30	—	76.27	—	4.27	0.85
152	700 „ „ „ „	422 „	„	82.26	0.86	—	12.95	—	0.64	17.74	4.85	—	73.00	—	3.61	0.78
153	800 „ „ „ „	342 „	„	81.61	0.95	—	12.62	—	0.84	18.61	5.00	—	67.81	—	4.51	0.80
154	Mittel der Salzdüngung .	365 „	„	81.48	0.96	—	13.04	—	0.77	18.52	5.25	—	70.42	—	4.16	0.84
155	80 kg Chilisalpeter . .	383 „	„	82.62	1.05	—	12.62	—	0.71	17.38	6.04	—	72.62	—	4.09	0.97
156	120 „ „ . .	368 „	„	82.39	1.03	—	12.73	—	0.76	17.61	5.85	—	72.29	—	4.32	0.94
157	200 „ „ . .	368 „	„	83.12	0.99	—	12.69	—	0.78	16.88	5.86	—	75.18	—	4.62	0.94
158	240 „ „ . .	354 „	„	79.86	1.63	—	13.59	—	0.73	20.14	8.09	—	67.47	—	3.62	1.29
159	280 „ „ . .	351 „	„	80.54	1.20	—	12.67	—	0.72	19.46	6.17	—	65.11	—	3.70	0.99
160	320 „ „ . .	394 „	„	81.16	1.11	—	12.94	—	0.70	18.84	5.89	—	68.69	—	3.72	1.94
161	360 „ „ . .	382 „	„	80.23	1.39	—	12.99	—	0.73	19.77	7.03	—	65.69	—	3.69	1.12
162	400 „ „ . .	453 „	„	81.22	1.06	—	13.54	—	0.69	18.78	5.64	—	72.10	—	3.67	0.90
163	500 „ „ . .	546 „	„	80.60	1.28	—	13.40	—	0.72	19.40	6.60	—	69.08	—	3.72	1.06
164	600 „ „ . .	501 „	„	81.21	1.19	—	12.88	—	0.72	18.79	6.33	—	68.55	—	3.83	1.01
165	Mittel der Salpeterdüngung	410 „	„	81.29	1.18	—	13.00	—	0.73	18.71	6.31	—	69.49	—	3.90	1.01
166	80 kg präcip. Kalkphosph.	351 „	„	81.83	0.79	—	13.62	—	0.72	18.17	4.35	—	74.96	—	3.96	0.70
167	120 „ „ „	273 „	„	80.29	1.12	—	14.43	—	0.76	19.71	5.68	—	73.22	—	3.86	0.91
168	160 „ „ „	378 „	„	82.26	0.99	—	12.94	—	0.87	17.74	5.58	—	72.94	—	4.90	0.89

No. 147—195. P. Bretschneider u. E. Küllenberg. — Ibidem. 13. (1862.) 24. (5. Ber. d. V.-St. Ida-Marienhütte.) Das betr. Versuchsfeld hatte 1857 mit Stallmist gedüngte Würzburger Futterrüben, 1858 Weisskraut, 1859 Mohar, 1860 Weisskraut getragen, wurde im Herbst 1860 mit dem Spaten 12 Zoll tief umgegraben. Die Parzellen waren je 1 preuss. Qu.-Ruthe gross und trugen je auf 8 Horsten 128 Stück Rübenpflanzen. Gedüngt wurde am 15. April, der Stallmist wurde untergegraben, die übrigen Düngemittel mit dem Rechen untergebracht. Die angewendeten Düngemittel enthielten (in der Hauptsache):

Stassfurter Abraumsalz		Präcipit. Kalkphosphat		Bakerguano	
Chlormagnesium . .	24.14 %	3 bas. phosphorsauren Kalk	38.31 %	Phosphorsäure . . .	26.21 %
Chlornatrium . . .	18.80 „	2 bas. phosphorsauren Kalk	8.31 „	Stickstoff	0.44 „
Schwefelsaures Kali .	13.18 „	Eisenphosphat	2.10 „		
Schwefelsaures Natron	9.36 „	3 bas. phosphors. Magnesia	0.61 „		

Der Chilisalpeter enthielt 61.19 % Salpetersäure = 15.86 % N.

Die Erträge an Rüben und Blättern pro Morgen waren folgende:

	pro ha kg	Wurzeln Ctr.	Blätter Ctr.
Abraumsalz . . .	200	127.8	28.8
„ . . .	300	124.2	28.8
„ . . .	400	136.8	30.6
„ . . .	500	133.2	28.8
„ . . .	600	129.6	27.0
„ . . .	700	117.0	28.8
„ . . .	800	147.6	34.2
	Mittel	130.9	29.6
Chilisalpeter . .	80	147.6	34.2
„ . .	120	154.8	34.2
„ . .	200	180.0	37.8
„ . .	240	164.0	37.8
„ . .	280	144.7	30.6
„ . .	320	134.8	34.2
„ . .	360	158.0	39.6
„ . .	400	169.7	39.6
„ . .	500	203.0	45.0
„ . .	600	233.1	48.6
	Mittel	169.0	38.2
Kalkphosphat . .	80	133.2	28.8
„ . .	120	114.8	21.6
„ . .	160	126.5	23.4
„ . .	200	153.2	27.0
„ . .	240	154.8	25.2

	pro ha kg	Wurzeln Ctr.	Blätter Ctr.
Kalkphosphat . .	280	144.7	28.8
„ . .	320	133.2	28.8
„ . .	360	133.2	25.2
„ . .	400	158.0	34.2
„ . .	600	163.3	30.6
	Mittel	141.5	27.4
Bakerguano . . .	120	154.8	32.4
„ . . .	160	153.2	34.2
„ . . .	200	124.2	28.8
„ . . .	240	127.8	27.0
„ . . .	280	141.2	28.8
„ . . .	320	136.8	28.8
„ . . .	400	136.8	32.4
„ . . .	500	141.5	34.2
„ . . .	600	136.8	37.8
	Mittel	139.2	31.6
Gemisch No. 187		144.7	34.2
„ „ 188		228.1	73.8
„ „ 189		191.3	23.3
„ „ 190		176.4	39.6
	Mittel	185.1	42.7
Stalldünger		213.1	37.8
„		198.0	36.0
Ungedüngt		116.5	19.8

Der Boden des Versuchsfeldes ist ein armer, lehmiger Sandboden. Zur Untersuchung der Rüben wurden von jeder Parzelle 3 Rüben, eine grössere, eine mittlere und eine kleinere verwendet, diese auf einer Reibe zerrieben und der erhaltene Brei zur Bestimmung der Trockensubstanz verwendet. In der Trockensubstanz wurden Stickstoff und Asche bestimmt. Die Nh. Substanz wurde von uns aus dem angegebenen N-gehalt berechnet.

No.	Bezeichnungen und Bemerkungen	Mittleres Gew. d. untersucht. Rüben	Jahr der Untersuchung	In der ursprünglichen Substanz: Wasser %	Nh-Substanz %	Rohfett %	Nfr. Extractstoffe %	Rohfaser %	Asche %	Trockensubstanz %	In der Trockensubstanz: Nh-Substanz %	Rohfett %	Nfr. Extractstoffe %	Rohfaser %	Asche %	Stickstoff in der Trockensubstanz %
							Zucker						Zucker			
169	200 kg präcip. Kalkphosph.	385 g	1861	80.62	1.06	—	14.53	—	0.75	19.38	5.47	—	74.97	—	3.87	0.88
170	240 „ „ „	359 „	„	81.03	1.14	—	13.63	—	0.85	18.97	6.01	—	71.86	—	4.48	0.96
171	280 „ „ „	355 „	„	82.18	1.19	—	13.73	—	0.86	17.82	6.68	—	77.03	—	4.83	1.07
172	320 „ „ „	383 „	„	81.13	1.02	—	13.36	—	0.72	18.87	5.40	—	70.73	—	3.81	0.86
173	360 „ „ „	424 „	„	80.47	0.99	—	13.90	—	0.76	19.53	5.07	—	71.17	—	3.89	0.81
174	400 „ „ „	337 „	„	81.61	0.91	—	13.04	—	0.78	18.39	4.95	—	70.91	—	4.24	0.79
175	600 „ „ „	320 „	„	79.51	0.94	—	13.89	—	0.76	20.49	4.59	—	67.76	—	3.71	0.73
176	Mittel d. Phosphatdüngung	356 „	„	81.09	1.01	—	13.70	—	0.78	18.91	5.34	—	72.45	—	4.12	0.85
177	120 kg Bakerguano . .	409 „	„	81.53	1.08	—	12.71	—	0.77	18.47	5.85	—	68.81	—	4.17	0.94
178	160 „ „ . .	338 „	„	81.52	0.96	—	12.22	—	0.61	18.48	5.19	—	66.12	—	3.30	0.83
179	200 „ „ . .	312 „	„	81.17	0.94	—	12.29	—	0.76	18.83	4.99	—	65.27	—	4.04	0.80
180	240 „ „ . .	256 „	„	81.88	0.96	—	10.79	—	0.71	18.12	5.30	—	59.55	—	3.92	0.85
181	280 „ „ . .	342 „	„	80.76	0.89	—	11.80	—	0.71	19.24	4.63	—	61.34	—	3.69	0.74
182	320 „ „ . .	342 „	„	81.15	0.87	—	12.34	—	0.62	18.85	4.62	—	65.46	—	3.29	0.74
183	400 „ „ . .	387 „	„	79.95	0.92	—	13.26	—	0.81	20.08	4.58	—	66.03	—	4.03	0.73
184	500 „ „ . .	323 „	„	80.32	0.97	—	11.75	—	0.82	19.68	4.93	—	59.70	—	4.17	0.79
185	600 „ „ . .	375 „	„	80.10	1.09	—	11.86	—	0.78	19.90	5.48	—	59.60	—	3.92	0.88
186	Mittel der Bakerguano-Düngung	342 „	„	80.92	1.04	—	12.11	—	0.73	19.08	5.45	—	63.47	—	3.83	0.87
187	80 kg Chilisalpeter, 200 kg Abraumsalz und 80 kg Kalkphosphat . . .	410 „	„	81.56	1.03	—	—	—	0.75	18.44	5.59	—	—	—	4.07	0.89
188	600 kg Chilisalp., 800 kg Abraumsalz und 600 kg Kalkphosphat . . .	542 „	„	80.56	1.06	—	12.61	—	0.78	19.44	5.45	—	64.87	—	4.01	0.87
189	400 kg Chilisalp., 400 kg Abraumsalz und 120 kg Kalkphosphat . . .	408 „	„	81.00	0.91	—	12.50	—	0.71	19.00	4.79	—	65.79	—	3.74	0.77
190	400 kg Chilisalp., 400 kg Abraumsalz und 120 kg Bakerguano	405 „	„	81.48	1.05	—	11.93	—	0.78	18.52	5.67	—	64.42	—	4.21	0.91
191	Mittel der Düngungen m. comb. Düngung . . .	441 „	„	81.15	1.01	—	12.33	—	0.75	18.85	5.36	—	65.41	—	3.98	0.86
192	60000 kg Stalldünger .	346 „	„	82.97	1.30	—	9.83	—	0.88	17.03	7.63	—	57.72	—	5.17	1.22
193	Desgl.	396 „	„	81.71	1.34	—	11.67	—	0.78	18.29	7.33	—	63.80	—	4.28	1.17
194	Mittel d. Stallmistdüngung	371 „	„	82.34	1.32	—	10.75	—	0.83	17.66	7.48	—	60.88	—	4.70	1.20
195	Ungedünger	321 „	„	82.16	1.04	—	10.24	—	0.77	17.84	5.83	—	57.40	—	4.32	0.93
196	1. Stalldünger, 14 tons . .		„	82.96	0.89	—	11.77	—	0.821	17.04	5.21	—	69.08	—	4.81	0.833
197	2. Stalldünger, 14 tons u. 3½ Superphosphat . . .		„	82.76	0.91	—	11.91	—	0.826	17.24	5.29	—	69.08	—	4.81	0.847
198	Ungedüngt, seit 1846 . . [Serie 1]		„	82.53	—	—	12.51	—	0.711	17.47	—	—	71.61	—	4.06	—
	4. 3½ Ctr. Superphosphat, 300 Pfd. Kaliumsulfat, 200 Pfd. Natriumsulfat u. 100 Pfd. Magnesiumsulfat		„	81.93	—	—	12.99	—	0.738	18.07	—	—	71.89	—	4.10	—
200	5. 3½ Ctr. Superphosphat .		„	82.11	—	—	13.23	—	0.746	17.89	—	—	74.00	—	4.19	—

No. 196—395. J. B. Lawes u. J. H. Gilbert. — Memoranda of the origin, plan and results of the field and other experiments, conducted on the farm and in the laboratory of Sir John Bennet Lawes, Bart., LL. D., F. R. S., at Rothamsted, Herts. Juni 1885. Düngungsversuche zu Zuckerrüben (Vilmorin's green top white Silesiau) auf dem Barnfield, begonnen 1871 und fortgesetzt Jahr für Jahr auf demselben Lande. Vorausgegangen auf demselben Lande waren:

No.	Bezeichnungen und Bemerkungen		Jahr der Untersuchung	In der ursprünglichen Substanz: Wasser %	Nh-Substanz %	Rohfett %	Nfr. Extractstoffe %	Rohfaser %	Asche %	Trockensubstanz %	In der Trockensubstanz: Nh-Substanz %	Rohfett %	Nfr. Extractstoffe %	Rohfaser %	Asche %	Stickstoff in der Trockensubstanz %
201	6. $3^1/_2$ Ctr. Superphosphat u. 300 Pfd. Kaliumsulfat . .	Serie 1	1871	81.91	—	—	Zucker 13.00	—	0.778	18.09	—	—	Zucker 71.86	—	4.31	—
202	7. $3^1/_2$ Ctr. Superphosphat, 300 Pfd. Kaliumsulfat u. $36^1/_2$ Pfd. Ammoniaksalze . .		„	82.03	—	—	13.17	—	0.762	17.97	—	—	73.29	—	4.23	—
203	8. Ungedüngt, seit 1853, (vorher z. Thl. m. Superph. ged.)		„	81.68	—	—	13.02	—	0.791	18.32	—	—	71.08	—	4.39	—
204	1. Stalldünger	Ser. 2, den vorhergehenden Düngungen entsprechend, gleichzeitig mit 550 Pfd. Chilisalpeter gedüngt	„	85.17	1.25	—	9.76	—	0.945	14.83	7.75	—	65.81	—	6.41	1.24
205	2. Stalldünger u. Superph.		„	84.97	1.25	—	9.80	—	0.970	15.03	8.31	—	65.20	—	6.45	1.33
206	3. Ungedüngt		„	84.64	—	—	10.37	—	0.861	15.36	—	—	67.52	—	5.60	—
207	4. Superph. u. Salzgemisch		„	84.28	—	—	10.81	—	0.828	15.72	—	—	68.76	—	5.28	—
208	5. Superphosphat . . .		„	84.07	—	—	11.07	—	0.787	15.93	—	—	69.49	—	4.96	—
209	6. Superph. u. Kaliumsulf.		„	84.71	—	—	10.47	—	0.856	15.29	—	—	68.47	—	5.62	—
210	7. Superph., Kaliumsulfat u. Ammoniaksalze . .		„	84.14	—	—	10.49	—	0.901	15.86	—	—	66.14	—	5.67	—
211	8. Ungedüngt		„	84.02	—	—	11.07	—	0.856	15.98	—	—	69.28	—	5.38	—
212	1. Stalldünger	Serie 3, 400 Pfd. Ammoniaksalze	„	83.93	1.54	—	11.05	—	0.934	16.07	9.56	—	68.76	—	5.79	1.53
213	2. Stalldünger u. Superphosph.		„	84.88	1.33	—	9.95	—	0.977	15.12	9.31	—	66.81	—	6.48	1.49
214	3. Ungedüngt		„	82.25	—	—	10.98	—	0.901	17.75	—	—	61.86	—	5.07	—
215	4. Superphosph. u. Salzgemisch		„	31.32	—	—	11.87	—	0.907	18.68	—	—	63.54	—	4.87	—
216	5. Superphosphat		„	83.64	—	—	11.44	—	0.754	16.36	—	—	69.92	—	4.58	—
217	6. Superphosph. u. Kaliumsulfat		„	83.67	—	—	11.51	—	0.843	16.33	—	—	70.49	—	5.14	—
218	7. Superphosphat, Kaliumsulfat u. Ammoniaksalze . . .		„	83.29	—	—	11.50	—	0.826	16.71	—	—	66.12	—	4.97	—
219	8. Ungedüngt		„	83.92	—	—	10.88	—	0.764	16.08	—	—	68.42	—	4.79	—

1843—48 (6 Jahre) Düngungsversuche zu Norfolk white Turnips,
1849—52 (4 Jahre) Düngungsversuche zu Swede Turnips,
1853—55 (3 Jahre) Gerste ohne Düngung,
1856—70 (15 Jahre) Düngungsversuche zu Swede Turnips,

bei welchen die Einrichtung so war, wie sie im ersten Jahre zu den Zuckerrüben gegeben wurde, mit der Ausnahme, dass in den letzten 10 Jahren die Alkaliendüngung zu den schwedischen Rüben wegfiel. Im zweiten u. in den folgenden Jahren dieser Zuckerrüben-Versuche wurde eine Abänderung in dem Mineraldünger getroffen. Die Düngungsweise der 8 Plätze ist aus obigen Angaben unter 1—8 ersichtlich; dieselben erhielten ausserdem eine Quertheilung in 5 Serien, von denen vier ausserdem eine Stickstoffdüngung erhielten und eine keinen N-Zusatz bekam. Der Düngungsplan war also folgender:

1. Serie Hauptdünger ohne Stickstoffdünger,
2. Serie Hauptdünger mit 550 Pfd. Chilisalpeter,
3. Serie Hauptdünger mit 400 Pfd. Ammoniaksalzen,
4. Serie Hauptdünger mit 2000 Pfd. Rapskuchen u. 400 Pfd. Ammoniaksalzen,
5. Serie Hauptdünger mit 2000 Pfd. Rapskuchen.

Im 4. und 5. Jahre blieben diese N-Zusätze sowie die Stallmistdüngung weg. Die Düngermengen sind in englischen Pfunden pro engl. Acker angegeben. Das „Superphosphat“ ist in allen Fällen aus 200 Pfd. Knochenasche und 150 Pfd. Schwefelsäure von 1.7 spec. Gew. (und Wasser) dargestellt. Die Ammoniaksalze bestehen zu gleichen Theilen aus käuflichem Chlorammon und schwefelsaurem Ammoniak. Die Saat wurde gedibbelt in Reihen von 22 Zoll Entfernung und von 11 Zoll Entfernung in den Reihen. Die geernteten Blätter wurden, nachdem sie gewogen, auf dem zugehörigen Platz ausgebreitet und dann untergepflügt. Die Wurzeln wurden in dem Zustande gewogen, wie man sie verfüttert, nicht im Zustande wie sie in die Zuckerfabriken geliefert werden. Die Ernteerträge sind pro engl. Acker in Centnern aus Nachstehendem ersichtlich.

1871 Platz	1. Serie Wurz. Ctr.	1. Serie Bl. Ctr.	2. Serie Wurz. Ctr.	2. Serie Bl. Ctr.	3. Serie Wurz. Ctr.	3. Serie Bl. Ctr.	4. Serie Wurz. Ctr.	4. Serie Bl. Ctr.	5. Serie Wurz. Ctr.	5. Serie Bl. Ctr.	Mittel d. 5 Serien Wurz. Ctr.	Mittel d. 5 Serien Bl. Ctr.
1	363	65	553	139	441	106	524	134	578	114	492	112
2	293	54	516	115	435	86	502	127	504	105	450	117
3	151	40	443	112	306	96	398	140	416	92	343	96
4	151	25	455	88	350	65	455	123	427	79	368	76
5	112	28	419	74	304	79	398	152	379	85	322	83
6	101	24	425	73	344	64	471	131	420	71	352	53
7	118	25	419	78	368	83	420	100	427	77	350	73
8	150	34	433	76	322	95	349	151	407	89	332	89
Im Mittel d. 8 Plätze	180	37	458	94	359	84	440	132	445	88	376	87

No.	Bezeichnungen und Bemerkungen		Jahr der Untersuchung	In der ursprünglichen Substanz: Wasser %	Nh-Substanz %	Rohfett %	Nfr. Extractstoffe %	Rohfaser %	Asche %	Trockensubstanz %	In der Trockensubstanz: Nh-Substanz %	Rohfett %	Nfr. Extractstoffe %	Rohfaser %	Asche %	Stickstoff in der Trockensubstanz %
							Zucker						Zucker			
220	1. Stalldünger	Serie 4, 2000 Pfd. Rapskuchen u. 400 Pfd. Ammoniaksalze	1871	85.27	1.53	—	9.36	—	1.021	14.73	10.38	—	63.55	—	6.92	1.66
221	2. Stalldünger u. Superphosph.		„	85.20	1.58	—	9.23	—	0.988	14.80	10.50	—	62.37	—	6.69	1.68
222	3. Ungedüngt		„	83.29	—	—	9.66	—	0.915	16.71	—	—	57.81	—	5.48	—
223	4. Superphosph. u. Salzgemisch		„	83.13	—	—	9.90	—	1.002	16.87	—	—	58.69	—	5.93	—
224	5. Superphosphat		„	85.37	—	—	9.28	—	0.843	14.63	—	—	63.43	—	5.74	—
225	6. Superphosph. u. Kaliumsulfat		„	84.82	—	—	9.71	—	0.956	15.28	—	—	63.54	—	6.28	—
226	7. Superphosphat, Kaliumsulfat u. Ammoniaksalze . . .		„	84.01	—	—	10.23	—	0.904	15.99	—	—	63.98	—	5.63	—
227	8. Ungedüngt		„	85.10	—	—	9.33	—	0.806	14.90	—	—	61.68	—	5.35	—
228	1. Stalldünger	Serie 5, 2000 Pfd. Rapskuch.	„	84.56	1.20	—	10.25	—	0.892	15.44	7.75	—	66.46	—	5.76	1.24
229	2. Stalldünger u. Superphosph.		„	83.89	—	—	10.80	—	0.909	16.11	—	—	67.04	—	5.65	—
230	3. Ungedüngt		„	83.05	—	—	11.72	—	0.758	16.95	—	—	69.15	—	4.48	—
231	4. Superphosph. u. Salzgemisch		„	83.39	—	—	11.69	—	0.767	16.61	—	—	70.37	—	4.64	—
232	5. Superphosphat		„	83.16	—	—	11.85	—	0.722	16.84	—	—	70.37	—	4.28	—
233	6. Superphosph. u. Kaliumsulfat		„	82.95	—	—	12.08	—	0.812	17.05	—	—	70.85	—	4.75	—
234	7. Superphosphat, Kaliumsulfat u. Ammoniaksalze . . .		„	82.43	—	—	12.30	—	0.782	17.57	—	—	70.01	—	4.44	—
235	8. Ungedüngt		„	83.27	—	—	11.93	—	0.747	16.73	—	—	71.31	—	4.48	—
236	1. Stalldünger, 14 tons . .	Serie 1, Ohne N-Zusatz, wie 1871, mit Abänderung der alkalischen Salze	1872	81.77	—	—	12.97	—	0.874	18.23	—	—	71.15	—	4.77	—
237	2. Stalldünger u. $3^1/_2$ Ctr. Superphosphat		„	81.93	—	—	13.04	—	0.822	18.07	—	—	72.16	—	4.54	—
238	3. Ungedüngt		„	80.78	—	—	13.99	—	0.767	19.22	—	—	72.79	—	4.01	—
239	4. $3^1/_2$ Ctr. Superphosphat, 500 Pfd. Kaliumsulfat, 200 Pfd. Chlornatrium u. 200 Pfd. Magnesiumsulfat		„	80.92	0.69	—	14.16	—	0.778	19.08	3.56	—	74.21	—	4.09	0.57
240	5. $3^1/_2$ Ctr. Superphosphat .		„	81.33	0.63	—	13 92	—	0.712	18.67	3.38	—	74.56	—	3.80	0.54
241	6. $3^1/_2$ Ctr. Superphosphat u. 500 Pfd. Kaliumsulfat . .		„	81.17	0.61	—	13.81	—	0.772	18.83	3.25	—	73.34	—	4.09	0.52
242	7. $3^1/_2$ Ctr. Superphosphat, 500 Pfd. Kaliumsulfat u. $36^1/_2$ Pfd. Ammoniaksalze . . .		„	80.97	—	—	13.94	—	0.742	19.03	—	—	73.26	—	3.89	—
243	8. Ungedüngt		„	81.31	—	—	—	—	0.701	18.69	—	—	—	—	3.75	—
244	1. Stalldünger	Ser. 2, 550 Pfd. Chilisalp.	„	82.93	—	—	12.04	—	0.973	17.07	—	—	70.53	—	5.68	—
245	2. Stalldünger u. Superphosph.		„	84.03	—	—	11.12	—	1.000	15.97	—	—	69.56	—	6.26	—
246	3. Ungedüngt		„	82.17	—	—	12.78	—	0.823	17.83	—	—	72.32	—	4.64	—
247	4. Superphosph. u. Salzgemisch		„	83.03	0.93	—	12.19	—	0.860	16.97	5.44	—	71.84	—	5.07	0.87
248	5. Superphosphat		„	83.63	1.04	—	11.16	—	0.866	16.37	6.38	—	68.18	—	5.31	1.02
249	6. Superphosph. u. Kaliumsulfat		„	82.92	1.04	—	11.88	—	0.891	17.08	5.69	—	69.56	—	5.21	0.91
250	7. Superphosphat, Kaliumsulfat u. Ammoniaksalze . . .		„	83.34	—	—	11.22	—	0.937	16.66	—	—	67.34	—	5.64	—
251	8. Ungedüngt		„	83.16	—	—	—	—	0.911	16.84	—	—	—	—	4.81	—

1872 Platz	1. Serie Wurz. Ctr.	Bl. Ctr.	2. Serie Wurz. Ctr.	Bl. Ctr.	3. Serie Wurz. Ctr.	Bl. Ctr.	4. Serie Wurz. Ctr.	Bl. Ctr.	5. Serie Wurz. Ctr.	Bl. Ctr.	Mittel d. 5 Serien Wurz. Ctr.	Bl. Ctr.
1	313	82	469	159	454	180	528	191	445	121	442	147
2	320	78	486	176	440	156	509	194	415	111	434	143
3	157	33	427	126	303	93	416	201	323	71	325	105
4	134	30	402	119	310	67	268	153	358	75	294	89
5	137	28	386	124	285	93	371	204	318	76	299	105
6	126	25	336	114	287	79	456	189	317	74	304	96
7	135	28	340	121	309	79	269	190	310	75	273	99
8	104	25	306	119	270	81	392	197	300	86	274	102
Im Mittel d. 8 Plätze	179	41	394	132	332	104	401	190	348	86	331	111

No.	Bezeichnungen und Bemerkungen		Jahr der Untersuchung	In der ursprünglichen Substanz: Wasser %	Nh-Substanz %	Rohfett %	Nfr. Extractstoffe %	Rohfaser %	Asche %	Trocken-substanz %	In der Trockensubstanz: Nh-Substanz %	Rohfett %	Nfr. Extractstoffe %	Rohfaser %	Asche %	Stickstoff in der Trocken-Substanz %
252	1. Stalldünger	Serie 3, 400 Pfd. Ammoniaksalze	1872	82.93	—	—	Zucker 11.95	—	0.962	17.07	—	—	Zucker 70.00	—	5.62	—
253	2. Stalldünger u. Superphosph.		„	83.96	—	—	10.43	—	0.982	16.04	—	—	65.02	—	6.11	—
254	3. Ungedüngt		„	80.38	—	—	14.38	—	0.691	19.62	—	—	73.22	—	3.51	—
255	4. Superphosph. u. Salzgemisch		„	81.45	0.80	—	13.32	—	0.800	18.55	4.31	—	71.09	—	4.27	0.69
256	5. Superphosphat		„	81.60	1.04	—	13.02	—	0.734	18.40	5.63	—	70.76	—	3.97	0.90
257	6. Superphosph. u. Kaliumsulfat		„	81.30	1.04	—	13.46	—	0.837	18.70	5.56	—	71.97	—	4.49	0.89
258	7. Superphosphat, Kaliumsulfat u. Ammoniaksalze . . .		„	81.29	—	—	13.35	–	0.787	18.71	—	—	71.36	—	4.22	—
259	8. Ungedüngt		„	—	—	—	—	—	0.790	—	—	—	—	—	—	—
260	1. Stalldünger	Serie 4, 2000 Pfd. Rapskuch. u. 400 Pfd. Ammoniaksalze	„	82.83	—	—	12.07	—	0.930	17.17	—	—	70.30	—	5.42	—
261	2. Stalldünger u. Superphosph.		„	82.93	—	—	11.81	—	0.965	17.07	—	—	69.18	—	5.68	—
262	3. Ungedüngt		„	82.93	—	—	12.60	—	0.720	17.87	—	—	70.51	—	4.03	—
263	4. Superphosph. u. Salzgemisch		„	81.51	1.15	—	12.66	—	0.965	18.49	6.25	—	68.47	—	5.25	1.00
264	5. Superphosphat		„	84.18	1.56	—	10.40	—	0.918	15.82	9.88	—	65.74	—	5.82	1.58
265	6. Superphosph. u. Kaliumsulfat		„	82.62	1.08	—	12.15	—	0.879	17.38	6.25	—	69.91	—	5.06	1.00
266	7. Superphosphat, Kaliumsulfat u. Ammoniaksalze . . .		„	82.02	—	—	12.83	—	0.797	17.98	—	—	71.36	—	4.45	—
267	8. Ungedüngt		„	82.00	—	—	—	—	0.738	18.00	—	—	—	—	4.11	—
268	1. Stalldünger	Serie 5, 2000 Pfd. Rapskuch.	„	—	—	—	12.35	—	0.925	—	—	—	—	—	—	—
269	2. Stalldünger u. Superphosph.		„	—	—	—	12.82	—	0.875	—	—	—	—	—	—	—
270	3. Ungedüngt		„	—	—	—	13.95	—	0.683	—	—	—	—	—	—	—
271	4. Superphosph. u. Salzgemisch		„	—	0.87	—	13.38	—	0.795	—	4.63	—	—	—	—	0.74
272	5. Superphosphat		„	—	0.99	—	13.22	—	0.705	—	5.50	—	—	—	—	0.88
273	6. Superphosph. u. Kaliumsulfat		„	—	1.01	—	13.17	—	0.780	—	5.50	—	—	—	—	0.88
274	7. Superphosphat, Kaliumsulfat u. Ammoniaksalze . . .		„	—	—	—	14.06	—	0.809	—	—	—	—	—	—	—
275	8. Ungedüngt		„	—	—	—	—	—	0.685	—	—	—	—	—	—	—
276	1. Stalldünger, 14 tons . .	Serie 1, ohne N-Zusatz	1873	82.38	—	—	12.73	—	0.924	17.62	—	—	72.24	—	5.22	—
277	2. Stalldünger u. $3^1/_2$ Ctr. Superphosphat		„	81.51	—	—	13.02	—	0.847	18.49	—	—	70.41	—	4.60	—
278	3. Ungedüngt, seit 1846 . .		„	81.04	—	—	13.84	—	0.710	18.96	—	—	72.99	—	3.75	—
279	4. $3^1/_2$ Ctr. Superphosphat, 500 Pfd. Kaliumsulfat, 200 Pfd. Natriumsulfat u. 200 Pfd. Magnesiumsulfat		„	81.20	0.83	—	13.81	—	0.796	18.80	4.38	—	73.46	—	4.26	0.70
280	5. $3^1/_2$ Ctr. Superphosphat .		„	80.75	0.76	—	14.27	—	0.679	19.25	3.94	—	74.13	—	3.53	0.63
281	6. $3^1/_2$ Ctr. Superphosphat u. 500 Pfd. Kaliumsulfat . .		„	80.36	0.74	—	14.35	—	0.757	19.64	4.13	—	73.07	—	3.87	0.66
282	7. $3^1/_2$ Ctr. Superphosphat, 500 Pfd. Kaliumsulfat u. $36^1/_2$ Pfd. Ammoniaksalze . .		„	80.37	—	—	14.43	—	0.747	19.63	—	—	73.51	—	3.82	—
283	8. Ungedüngt, seit 1853 (vorher z. Thl. m. Superph. ged.)		„	79.78	—	—	14.66	—	0.742	20.22	—	—	72.51	—	3.66	—

1873 Platz	1. Serie Wurz. Ctr.	1. Serie Bl. Ctr.	2. Serie Wurz. Ctr.	2. Serie Bl. Ctr.	3. Serie Wurz. Ctr.	3. Serie Bl. Ctr.	4. Serie Wurz. Ctr.	4. Serie Bl. Ctr.	5. Serie Wurz. Ctr.	5. Serie Bl. Ctr.	Mittel d. 5 Serien Wurz. Ctr.	Mittel d. 5 Serien Bl. Ctr.
1	302	112	405	209	442	198	455	250	470	148	415	183
2	286	102	430	210	384	169	467	266	438	138	401	177
3	101	31	285	131	183	76	312	191	293	81	235	102
4	102	33	329	131	250	70	403	160	321	68	281	92
5	105	31	368	113	219	100	295	188	279	89	253	104
6	92	25	317	84	258	72	402	185	294	71	273	87
7	119	32	334	103	260	95	396	180	317	84	285	99
8	89	27	249	118	168	59	302	188	242	76	210	94
Im Mittel d. 8 Plätze	150	49	340	137	271	105	379	201	332	94	214	117

No.	Bezeichnungen und Bemerkungen		Jahr der Untersuchung	In der ursprünglichen Substanz: Wasser %	Nh-Substanz %	Rohfett %	Nfr. Extractstoffe %	Rohfaser %	Asche %	Trocken-substanz %	In der Trockensubstanz: Nh-Substanz %	Rohfett %	Nfr. Extractstoffe %	Rohfaser %	Asche %	Stickstoff in der Trockensubstanz %
							Zucker						Zucker			
284	1. Stalldünger	Serie 2, Chilisalpeter	1873	83.36	—	—	11.20	—	0.947	16.64	—	—	67.31	—	5.71	—
285	2. Stalldünger u. Superphosph.		"	83.65	—	—	10.75	—	0.973	16.35	—	—	65.75	—	5.93	—
286	3. Ungedüngt		"	83.03	—	—	11.89	—	0.843	16.97	—	—	70.07	—	4.95	—
287	4. Superphosph. u. Salzgemisch		"	82.03	1.13	—	12.06	—	0.934	17.97	6.25	—	66.91	—	5.18	1.00
288	5. Superphosphat		"	83.11	1.15	—	11.50	—	0.847	16.89	6.81	—	68.09	—	5.03	1.09
289	6. Superphosph. u. Kaliumsulfat		"	82.06	1.06	—	12.49	—	0.810	17.94	5.88	—	69.62	—	4.51	0.94
290	7. Superphosphat, Kaliumsulfat u. Ammoniaksalze . . .		"	82.58	—	—	11.71	—	0.907	17.42	—	—	67.23	—	5.22	—
291	8. Ungedüngt		"	83.50	—	—	10.90	—	0.917	16.50	—	—	66.06	—	5.58	—
292	1. Stalldünger	Serie 3, Ammoniaksalze	"	83.24	—	—	11.33	—	0.965	16.76	—	—	67.61	—	5.79	—
293	2. Stalldünger u. Superphosph.		"	83.46	—	—	11.59	—	0.951	16.54	—	—	70.07	—	5.74	—
294	3. Ungedüngt		"	81.24	—	—	13.07	—	0.762	18.76	—	—	69.66	—	4.05	—
295	4. Superphosph. u. Salzgemisch		"	81.69	1.01	—	13.11	—	0.877	18.31	5.50	—	71.59	—	4.81	0.88
296	5. Superphosphat		"	81.76	1.16	—	13.17	—	0.604	18.24	6.38	—	72.21	—	3.29	1.02
297	6. Superphosph. u. Kaliumsulfat		"	81.58	0.88	—	13.21	—	0.894	18.42	4.75	—	71.72	—	4.83	0.76
298	7. Superphosphat, Kaliumsulfat u. Ammoniaksalze . . .		"	81.19	—	—	13.72	—	0.858	18.81	—	—	72.94	—	4.57	—
299	8. Ungedüngt		"	81.53	—	—	13.20	—	0.756	18.47	—	—	71.46	—	4.11	—
300	1. Stalldünger	Serie 4, 2000 Pfd. Rapskuch. u. 400 Pfd. Ammoniaksalze	"	81.80	—	—	10.21	—	1.267	18.80	—	—	54.31	—	7.02	—
301	2. Stalldünger u. Superphosph.		"	86.61	—	—	10.29	—	0.905	13.39	—	—	76.70	—	6.80	—
302	3. Ungedüngt		"	84.00	—	—	11.24	—	0.755	16.00	—	—	64.31	—	5.69	—
303	4. Superphosph. u. Salzgemisch		"	83.33	1.17	—	11.21	—	0.974	16.67	—	—	67.26	—	5.82	1.12
304	5. Superphosphat		"	83.34	1.42	—	11.65	—	0.734	16.66	—	—	72.23	—	4.38	1.36
305	6. Superphosph. u. Kaliumsulfat		"	82.44	1.33	—	11.89	—	0.906	17.56	—	—	67.71	—	5.18	1.21
306	7. Superphosphat, Kaliumsulfat u. Ammoniaksalze . . .		"	82.32	—	—	12.11	—	0.870	17.68	—	—	68.49	—	4.92	—
307	8. Ungedüngt		"	83.46	—	—	10.83	—	0.782	16.54	—	—	65.48	—	4.72	—
308	1. Stalldünger	Serie 5, 2000 Pfd. Rapskuch.	"	83.12	—	—	11.64	—	0.887	16.88	—	—	68.96	—	5.27	—
309	2. Stalldünger u. Superphosph.		"	83.67	—	—	11.52	—	0.960	16.33	—	—	70.55	—	5.88	—
310	3. Ungedüngt		"	82.06	—	—	14.20	—	0.735	17.94	—	—	79.14	—	4.12	—
311	4. Superphosph. u. Salzgemisch		"	81.70	0.93	—	13.18	—	0.861	18.30	5.06	—	72.02	—	4.70	0.81
312	5. Superphosphat		"	81.07	1.00	—	13.48	—	0.664	18.93	5.25	—	71.21	—	3.49	0.84
313	6. Superphosph. u. Kaliumsulfat		"	81.78	0.93	—	12.97	—	0.845	18.22	5.06	—	71.28	—	4.66	0.81
314	7. Superphosphat, Kaliumsulfat u. Ammoniaksalze . . .		"	81.00	—	—	13.09	—	0.852	19.00	—	—	68.89	—	4.47	—
315	8. Ungedüngt		"	81.94	—	—	13.07	—	0.695	18.06	—	—	72.37	—	3.88	—

1874 Mineraldünger wie in den Jahren 1872 und 1873, aber kein Stalldünger und kein N-Zusatz.

No.	Bezeichnungen und Bemerkungen		Jahr der Untersuchung	Wasser %	Nh-Substanz %	Rohfett %	Nfr. Extractstoffe %	Rohfaser %	Asche %	Trocken-substanz %	Nh-Substanz %	Rohfett %	Nfr. Extractstoffe %	Rohfaser %	Asche %	Stickstoff in der Trockensubstanz %
316	1. Ungedüngt, früher Stalldüng.	Serie 1	1874	85.34	—	—	11.15	—	1.100	14.66	—	—	76.05	—	7.50	—
317	2. Superph. früher m. Stalldüng.		"	85.00	—	—	12.75	—	1.022	15.00	—	—	85.00	—	6.80	—
318	3. Ungedüngt		"	82.55	—	—	13.20	—	0.792	17.45	—	—	68.01	—	4.07	—
319	4. Superphosph. u. Salzgemisch		"	81.46	—	—	13.10	—	0.721	18.54	—	—	70.66	—	3.88	—
320	5. Superphosphat		"	81.94	—	—	13.01	—	0.668	18.06	—	—	72.04	—	3.71	—

1874 Platz	1. Serie Wurz. Ctr.	1. Serie Bl. Ctr.	2. Serie Wurz. Ctr.	2. Serie Bl. Ctr.	3. Serie Wurz. Ctr.	3. Serie Bl. Ctr.	4. Serie Wurz. Ctr.	4. Serie Bl. Ctr.	5. Serie Wurz. Ctr.	5. Serie Bl. Ctr.	Mittel d. 5 Serien Wurz. Ctr.	Mittel d. 5 Serien Bl. Ctr.
1	216	106	234	169	227	163	267	187	290	148	247	155
2	263	109	149	96	185	117	245	147	261	124	221	119
3	102	25	62	46	67	44	51	50	79	49	72	43
4	130	28	176	66	150	40	212	56	162	71	166	52
5	119	27	150	66	146	48	155	104	117	66	137	62
6	111	25	161	54	161	38	190	93	153	62	155	54
7	134	23	185	51	175	34	234	91	164	69	178	54
8	100	22	153	56	130	40	146	87	72	41	120	49
Im Mittel d. 8 Plätze	147	46	159	76	155	66	188	102	162	79	162	74

No.	Bezeichnungen und Bemerkungen		Jahr der Untersuchung	In der ursprünglichen Substanz: Wasser %	Nh-Substanz %	Rohfett %	Nfr. Extractstoffe %	Rohfaser %	Asche %	Trockensubstanz %	In der Trockensubstanz: Nh-Substanz %	Rohfett %	Nfr. Extractstoffe %	Rohfaser %	Asche %	Stickstoff in der Trockensubstanz %
321	6. Superphosph. u. Kaliumsulfat		1874	82.17	—	—	Zucker 12.99	—	0.752	17.83	—	—	Zucker 72.86	—	4.31	—
322	7. Superphosphat, Kaliumsulfat u. Ammoniaksalze	Serie 1	„	83.12	—	—	—	—	0.730	16.88	—	—	—	—	4.32	—
323	8. Ungedüngt		„	81.24	—	—	—	—	0.762	18.76	—	—	—	—	4.05	—
324	1. Unged., früher Stalldünger		„	85.73	—	—	10.16	—	1.089	14.27	—	—	71.20	—	7.64	—
325	2. Superphosphat		„	86.16	—	—	9.93	—	1.082	13.84	—	—	71.74	—	7.80	—
326	3. Ungedüngt		„	84.40	—	—	10.17	—	0.990	15.60	—	—	65.19	—	6.35	—
327	4. Superphosph. u. Salzgemisch		„	86.00	—	—	9.73	—	0.840	14.00	—	—	69.50	—	6.00	—
328	5. Superphosphat	Serie 2	„	85.09	—	—	9.78	—	0.898	14.91	—	—	65.59	—	5.97	—
329	6. Superphosph. u. Kaliumsulfat		„	84.05	—	—	10.50	—	0.859	15.95	—	—	65.84	—	5.39	—
330	7. Superphosphat, Kaliumsulfat u. Ammoniaksalze . . .		„	84.44	—	—	—	—	0.903	15.56	—	—	—	—	5.79	—
331	8. Ungedüngt		„	84.70	—	—	—	—	0.890	15.30	—	—	—	—	5.82	—
332	1. Unged., früher Stalldünger		„	85.65	—	—	9.79	—	1.112	14.35	—	—	68.23	—	7.74	—
333	2. Superphosphat		„	85.76	—	—	10.11	—	1.081	14.24	—	—	70.99	—	7.58	—
334	3. Ungedüngt		„	83.95	—	—	11.69	—	0.863	16.05	—	—	72.84	—	5.36	—
335	4. Superphosph. u. Salzgemisch		„	83.30	—	—	12.41	—	0.921	16.70	—	—	74.31	—	5.51	—
336	5. Superphosphat	Serie 3	„	83.13	—	—	12.42	—	0.833	16.87	—	—	73.63	—	4.92	—
337	6. Superphosph. u. Kaliumsulfat		„	83.30	—	—	13.69	—	0.865	16.70	—	—	81.98	—	5.21	—
338	7. Superphosphat, Kaliumsulfat u. Ammoniaksalze . . .		„	82.26	—	—	—	—	0.784	17.74	—	—	—	—	4.40	—
339	8. Ungedüngt		„	82.65	—	—	—	—	0.771	17.35	—	—	—	—	4.39	—
340	1. Unged., früher Stalldünger		„	86.47	—	—	10.24	—	1.029	13.53	—	—	75.68	—	7.61	—
341	2. Superphosphat		„	85.41	—	—	10.11	—	0.970	14.59	—	—	69.29	—	6.65	—
342	3. Ungedüngt		„	84.46	—	—	11.44	—	0.861	15.54	—	—	73.62	—	5.53	—
343	4. Superphosph. u. Salzgemisch		„	82.83	—	—	11.62	—	1.026	17.17	—	—	67.67	—	6.00	—
344	5. Superphosphat	Serie 4	„	85.11	—	—	11.55	—	0.746	14.89	—	—	77.57	—	5.04	—
345	6. Superphosph. u. Kaliumsulfat		„	84.70	—	—	12.05	—	0.938	15.30	—	—	78.76	—	6.14	—
346	7. Superphosphat, Kaliumsulfat u. Ammoniaksalze . . .		„	83.92	—	—	—	—	0.907	16.08	—	—	—	—	5.72	—
347	8. Ungedüngt		„	84.52	—	—	—	—	0.841	15.48	—	—	—	—	5.43	—
348	1. Unged., früher Stalldünger		„	85.61	—	—	10.85	—	0.972	14.39	—	—	75.40	—	6.74	—
349	2. Superphosphat		„	85.66	—	—	10.88	—	0.933	14.34	—	—	75.88	—	6.48	—
350	3. Ungedüngt		„	84.96	—	—	11.16	—	0.864	15.04	—	—	74.20	—	5.72	—
351	4. Superphosph. u. Salzgemisch		„	85.02	—	—	12.55	—	1.027	14.98	—	—	83.78	—	6.88	—
352	5. Superphosphat	Serie 5	„	83.74	—	—	10.82	—	0.796	16.26	—	—	66.54	—	4.92	—
353	6. Superphosph. u. Kaliumsulfat		„	83.71	—	—	11.04	—	0.879	16.29	—	—	67.76	—	5.40	—
354	7. Superphosphat, Kaliumsulfat u. Ammoniaksalze . . .		„	84.50	—	—	—	—	0.868	15.50	—	—	—	—	5.61	—
355	8. Ungedüngt		„	83.49	—	—	—	—	0.772	16.51	—	—	—	—	4.66	—
	1875 wie im Jahre 1874.															
356	1. Unged., früher Stalldünger		1875	83.98	—	—	11.71	—	0.749	16.02	—	—	73.09	—	4.68	—
357	2. Superphosphat		„	83.92	—	—	11.72	—	0.784	16.08	—	—	73.71	—	4.91	—
358	3. Ungedüngt		„	82.71	—	—	12.78	—	0.671	17.29	—	—	73.92	—	4.05	—
359	4. Superphosph. u. Salzgemisch		„	83.33	0.64	—	12.11	—	0.773	16.67	3.88	—	72.66	—	4.62	0.62
360	5. Superphosphat	Serie 1	„	83.06	0.67	—	12.99	—	0.686	16.94	3.94	—	76.68	—	4.07	0.63
361	6. Superphosph. u. Kaliumsulfat		„	81.96	0.79	—	12.66	—	0.782	18.04	4.38	—	70.17	—	4.32	0.70
362	7. Superphosphat, Kaliumsulfat u. Ammoniaksalze . . .		„	82.49	—	—	—	—	0.730	17.51	—	—	—	—	4.17	—
363	8. Ungedüngt		„	83.19	—	—	—	—	0.770	16.81	—	—	—	—	4.58	—

No.	Bezeichnungen und Bemerkungen		Jahr der Untersuchung	In der ursprünglichen Substanz: Wasser %	Nh-Substanz %	Rohfett %	Nfr. Extractstoffe %	Rohfaser %	Asche %	Trockensubstanz %	In der Trockensubstanz: Nh-Substanz %	Rohfett %	Nfr. Extractstoffe %	Rohfaser %	Asche %	Stickstoff in der Trockensubstanz %
364	1. Unged., früher Stalldünger	Serie 2	1875	83.34	—	—	Zucker 11.85	—	0.751	16.16	—	—	Zucker 73.32	—	4.64	—
365	2. Superphosphat		„	84.33	—	—	11.22	—	0.687	15.67	—	—	71.61	—	4.40	—
366	3. Ungedüngt		„	84.34	—	—	11.52	—	0.720	15.66	—	—	73.57	—	4.60	—
367	4. Superphosph. u. Salzgemisch		„	83.90	0.70	—	12.06	—	0.751	16.10	4.38	—	74.90	—	4.66	0.70
368	5. Superphosphat		„	83.47	0.78	—	12.09	—	0.722	16.53	4.69	—	73.14	—	4.36	0.75
369	6. Superphosph. u. Kaliumsulfat		„	83.22	0.77	—	12.47	—	0.762	16.78	4.56	—	74.81	—	4.56	0.73
370	7. Superphosphat, Kaliumsulfat u. Ammoniaksalze . . .		„	83.78	—	—	—	—	0.874	16.22	—	—	—	—	5.36	—
371	8. Ungedüngt		„	83.99	—	—	—	—	0.812	16.01	—	—	—	—	5.06	—
372	1. Unged., früher Stalldünger	Serie 3	„	83.67	—	—	11.51	—	0.814	16.33	—	—	70.48	—	4.96	—
373	2. Superphosphat		„	84.57	—	—	10.77	—	0.863	15.43	—	—	69.80	—	5.57	—
374	3. Ungedüngt		„	82.48	—	—	12.80	—	0.675	17.52	—	—	73.06	—	3.88	—
375	4. Superphosph. u. Salzgemisch		„	82.93	—	—	12.32	—	0.755	17.07	—	—	72.17	—	4.45	—
376	5. Superphosphat		„	83.45	0.76	—	12.08	—	0.683	16.55	4.63	—	72.99	—	4.11	0.74
377	6. Superphosph. u. Kaliumsulfat		„	83.81	0.85	—	12.21	—	0.752	16.19	5.25	—	75.42	—	4.63	0.84
378	7. Superphosphat, Kaliumsulfat u. Ammoniaksalze . . .		„	83.50	—	—	—	—	0.802	16.50	—	—	—	—	4.85	—
379	8. Ungedüngt		„	83.44	—	—	—	—	0.767	16.56	—	—	—	—	4.65	—
380	1. Unged., früher Stalldünger	Serie 4	„	83.71	—	—	12.02	—	0.840	16.29	—	—	73.79	—	5.16	—
381	2. Superphosphat		„	84.30	—	—	10.90	—	0.770	15.70	—	—	69.42	—	4.90	—
382	3. Ungedüngt		„	84.10	—	—	11.45	—	0.652	15.90	—	—	72.01	—	4.09	—
383	4. Superphosph. u. Salzgemisch		„	83.44	0.78	—	11.89	—	0.758	16.56	4.69	—	71.80	—	4.59	0.75
384	5. Superphosphat		„	84.66	0.95	—	11.20	—	0.682	15.34	6.19	—	73.01	—	4.43	0.99
385	6. Superphosph. u. Kaliumsulfat		„	83.79	0.99	—	11.58	—	0.777	16.21	5.56	—	71.44	—	4.81	0.98
386	7. Superphosphat, Kaliumsulfat u. Ammoniaksalze . . .		„	84.12	—	—	—	—	0.856	15.88	—	—	—	—	5.42	—
387	8. Ungedüngt		„	84.04	—	—	—	—	0.768	15.96	—	—	—	—	4.83	—
388	1. Unged., früher Stalldünger	Serie 5	„	83.87	—	—	11.57	—	0.780	16.13	—	—	71.73	—	4.84	—
389	2. Superphosphat		„	84.08	—	—	11.71	—	0.793	15.92	—	—	73.55	—	4.96	—
390	3. Ungedüngt		„	83.52	—	—	12.12	—	0.641	16.48	—	—	73.54	—	3.88	—
391	4. Superphosph. u. Salzgemisch		„	83.76	0.76	—	11.69	—	0.775	16.24	4.63	—	71.91	—	4.80	0.74
392	5. Superphosphat		„	84.14	0.77	—	11.81	—	0.622	15.86	4.88	—	81.91	—	4.30	0.78
393	6. Superphosph. u. Kaliumsulfat		„	83.47	0.88	—	12.09	—	0.759	16.53	5.31	—	73.14	—	4.60	0.85
394	7. Superphosphat, Kaliumsulfat u. Ammoniaksalze . . .		„	83.62	—	—	—	—	0.866	16.38	—	—	—	—	5.31	—
395	8. Ungedüngt		„	84.14	—	—	—	—	0.658	15.86	—	—	—	—	4.58	—
		Gew. d. Rüben														
396	Phosphorsaures Kali a .	360 g	1868	77.36	—	—	9.32	—	0.76	22.63	—	—	41.12	—	3.36	—
397	„ „ b .	398 „	„	78.52	—	—	10.43	—	0.71	21.48	—	—	48.56	—	3.51	—
398	„ „ c .	440 „	„	79.06	—	—	10.81	—	0.78	20.94	—	—	51.63	—	3.73	—
399	„ „ d .	431 „	„	76.20	—	—	12.30	—	0.68	23.80	—	—	51.68	—	2.86	—

1875 Platz	1. Serie Wurz. Ctr.	Bl. Ctr.	2. Serie Wurz. Ctr.	Bl. Ctr.	3. Serie Wurz. Ctr.	Bl. Ctr.	4. Serie Wurz. Ctr.	Bl. Ctr.	5. Serie Wurz. Ctr.	Bl. Ctr.	Mittel d. 5 Serien Wurz. Ctr.	Bl. Ctr.
1	345	51	398	54	420	66	447	72	393	51	401	59
2	311	42	398	58	377	58	409	65	370	41	373	53
3	109	21	185	32	160	23	281	53	237	30	194	32
4	109	20	188	27	156	21	254	34	203	27	182	26
5	111	22	199	30	156	24	277	48	222	34	193	32
6	104	20	164	24	141	22	248	46	202	29	172	28
7	111	21	162	26	146	21	237	37	206	31	172	27
8	95	20	144	22	121	24	242	51	232	53	167	34
Im Mittel d. 8 Plätze	162	27	230	34	210	32	299	51	258	37	232	36

No. 396—415. O. Kohlrausch (396—403) u. O. Kohlrausch u. A. Petermann. Aschen-Analysen von Em. Wolff. 2. Thl. 44 u. f. (Oekonom. Fortschritte 1870. 289 u. Organ d. Ver. f. Rübenzuckerind. in d. österr.-ungar. Monarchie 1872. 171.) Das untersuchte Material wurde bei Vegetationsversuchen erhalten. Je 125 kg eines mit Salzsäure aus-

No.	Bezeichnungen und Bemerkungen		Jahr der Untersuchung	In der ursprünglichen Substanz							In der Trockensubstanz					Stickstoff in der Trocken-Substanz
				Wasser	Nh-Substanz	Rohfett	Nfr. Extractstoffe	Rohfaser	Asche	Trocken-substanz	Nh-Substanz	Rohfett	Nfr. Extractstoffe	Rohfaser	Asche	
				%	%	%	%	%	%	%	%	%	%	%	%	%
		Gew. d. Rüben					Zucker						Zucker			
400	Kohlensaures Kali a . .	491 g	1868	79.32	—	—	9.41	—	0.83	20.68	—	—	45.51	—	4.01	—
401	„ „ b . .	560 „	„	80.49	—	—	9.51	—	0.74	19.51	—	—	48.75	—	3.89	—
402	„ „ c . .	366 „	„	79.09	—	—	11.08	—	0.73	20.91	—	—	52.98	—	3.49	—
403	„ „ d . .	428 „	„	78.85	—	—	11.62	—	0.77	21.15	—	—	54.94	—	3.64	—
404	Phosphorsaures Kali a .	296 „	1871	80.65	1.32	—	10.07	—	0.95	19.35	6.82	—	52.04	—	4.91	1.06
405	„ „ b .	316 „	„	79.42	1.80	—	10.58	—	0.92	20.58	8.75	—	51.41	—	4.47	1.40
406	„ „ c .	429 „	„	78.09	1.39	—	10.76	—	0.89	21.91	6.34	—	49.11	—	4.06	1.01
407	„ „ d .	498 „	„	79.95	1.42	—	11.13	—	0.82	20.05	10.10	—	55.63	—	4.10	1.62
408	Kohlensaures Kali a . .	374 „	„	78.79	1.16	—	12.78	—	0.64	20.21	5.74	—	63.24	—	3.17	0.92
409	„ „ b . .	391 „	„	80.39	1.31	—	13.10	—	0.78	19.61	6.68	—	66.80	—	3.98	1.07
410	„ „ c . .	532 „	„	81.11	1.04	—	13.31	—	0.93	18.89	5.51	—	70.46	—	4.92	0.88
411	„ „ d . .	490 „	„	80.01	1.66	—	14.26	—	0.86	19.99	8.30	—	51.34	—	4.30	1.33
412	Phosphorsaur. Kali (Mittel von 396—399) . .	407 „	1868	77.78	—	—	10.71	—	0.73	22.22	—	—	48.20	—	3.29	—
413	Kohlensaures Kali (Mittel von 400—403) . .	461 „	„	79.44	—	—	10.40	—	0.77	20.56	—	—	50.59	—	3.75	—
414	Phosphorsaur. Kali (Mittel von 404—407) . .	409 „	1871	74.53	1.48	—	10.63	—	0.89	25.47	5.75	—	41.32	—	3.46	0.92
415	Kahlensaures Kali (Mittel von 408—411) . .	407 „	„	80.33	1.29	—	13.38	—	0.80	19.67	6.56	—	68.02	—	4.07	1.05
416	2 g Kalisalpeter . .	151.5 „	1874	89.49	—	—	5.32	—	0.98	10.51	—	—	50.61	—	9.33	—
417	4 „ „ . .	207 „	„	87.98	—	—	8.26	—	0.95	12.02	—	—	68.72	—	7.90	—
418	6 „ „ . .	336 „	„	90.12	—	—	5.48	—	0.92	9.88	—	—	55.47	—	9.31	—
419	8 „ „ . .	266.5 „	„	88.84	—	—	7.03	—	0.93	11.19	—	—	62.99	—	8.33	—
420	10 „ „ . .	267 „	„	88.79	—	—	5.44	—	1.59	11.21	—	—	48.53	—	14.18	—
421	12 „ „ . .	305.5 „	„	88.33	—	—	6.78	—	1.02	11.67	—	—	58.09	—	8.74	—
422	14 „ „ . .	298 „	„	88.14	—	—	5.73	—	1.22	11.86	—	—	48.31	—	10.45	—
423	16 „ „ . .	274.5 „	„	87.27	—	—	6.37	—	1.05	12.73	—	—	50.04	—	8.25	—
424	2 „ „ . .	190 „	1875	89.57	—	—	5.97	—	1.22	10.43	—	—	57.24	—	11.70	—
425	4 „ „ . .	259 „	„	90.48	—	—	4.71	—	1.16	9.52	—	—	49.47	—	12.18	—
426	6 „ „ . .	251 „	„	87.37	—	—	7.22	—	1.01	12.63	—	—	57.16	—	8.00	—

gezogenen Flusssandes befanden sich in Holzkästen, die mit Zinkblech ausgefüttert waren und am Boden ein Abzugsrohr hatten. Die Pflanzennährstoffe wurden in der Form von phosphorsaurem und salpetersaurem Kali, phosphorsaurem Natron, phosphorsaurem Ammon, salpetersaurem Kalk, schwefelsaurer Magnesia und Chlornatrium (Lösungen von 30 g im Liter) beigemischt und zwar betrug diese Beimischung überall neben der N-Nahrung pro 1 kg Sand:

K_2O	Na_2O	CaO	MgO	P_2O_5	SO_3	Cl
0.0529	0.0125	0.0123	0.0080	0.0400	0.0160	0.0073 g

Ausserdem wurde in dem betreffenden Kasten pro 1 kg Sand an Kali zugesetzt und zwar:

a	b	c	d	
No. 396 = 0.0083 g,	No. 397 = 0.0166 g,	No. 398 = 0.0249 g,	No. 399 = 0.0332 g	als phosphorsaures Kali
No. 400 = 0.0113 g,	No. 401 = 0.0226 g,	No. 402 = 0.0339 g,	No. 403 = 0.0452 g	als kohlensaures Kali.

Die Samen legte man nach zweitägigem Einquellen in einer Gypslösung am 25. April; sie gingen zwischen dem 4. und 8. Mai auf, am 23. Mai wurden die Pflanzen in jedem Kasten bis auf 4 weggeschnitten und am 6. Juni überall vereinzelt, so dass in jedem Kasten nur eine und zwar die beste Pflanze stehen blieb. Mitte September, nachdem die grösseren Blätter verwelkt und die übrigen gelb gefärbt waren, fand die Ernte statt. Erträge oben bemerkt (Gewicht der Rübe). Die Versuche von 1871 sind eine Wiederholung der von 1868. Die Mittelzahlen unter 412—415 wurden von uns berechnet.

No. 416—431. O. Kohlrausch u. F. Strohmer. — Organ d. Ver. f. Rübenzucker-Industrie 1876. 77. Vegetationsversuche im Anschluss an die vorher erwähnten, bei welchen im wesentlichen wie bei diesen verfahren wurde, nur erhielten die 35 kg Sand enthaltenden Kästen neben der allgemeinen Düngung steigende Mengen Kalisalpeter in gelöster Form und zwar am 20. Juni, nachdem die Pflanzen bis auf eine entfernt worden waren. Die angegebenen Mengen Kalisalpeter beziehen sich auf je 1 Kasten. Die Rübenkerne, der rothen Vilmorin angehörend, wurden nach Auswahl der besten Kerne nach dem specifischen Gewicht 1874 am 1. Mai, im Jahre 1875 am 27. April gelegt. Die Ernte fand am 12., bezw. 6. October statt. Das Gewicht der Rüben ist oben bemerkt.

Die Saftmenge der Rüben schwankte von 96.42—97.79% im Jahre 1874 und von 96.57—97.85% im Jahre 1875. In der Ernte des letzteren Jahres wurde auch die Meuge der Salpetersäure bestimmt und gefunden:

	No. 424	425	426	427	428	429	430	431
Salpetersäure in der frischen Rübe . .	0.168	0.082	0.079	0.093	0.302	0.246	0.196	0.077%
Salpetersäure in der Trockensubstanz .	1.61	0.86	0.63	0.90	1.90	2.44	1.42	0.60%

Bei Rübe 431 war der Saft zur Zeit der Salpetersäurebestimmung schon in Zersetzung begriffen.

No.	Bezeichnungen und Bemerkungen	Jahr der Untersuchung	In der ursprünglichen Substanz: Wasser %	Nh-Substanz %	Rohfett %	Nfr. Extractstoffe %	Rohfaser %	Asche %	Trockensubstanz %	In der Trockensubstanz: Nh-Substanz %	Rohfett %	Nfr. Extractstoffe %	Rohfaser %	Asche %	Stickstoff in der Trockensubstanz %
	Gew. d. Rüben					Zucker						Zucker			
427	8 g Kalisalpeter . . 254 „	1875	89.64	—	—	5.36	—	1.20	10.36	—	—	53.67	—	11.58	—
428	10 „ „ . . 276 „	„	84.08	—	—	8.05	—	1.15	15.92	—	—	50.37	—	7.22	—
429	12 „ „ . . 675 „	„	89.92	—	—	4.68	—	1.25	10.08	—	—	46.43	—	12.40	—
430	14 „ „ . . 242 „	„	86.22	—	—	6.68	—	1.58	13.78	—	—	48.48	—	11.46	—
431	16 „ „ . . 266 „	„	87.22	—	—	6.99	—	1.25	12.78	—	—	54.70	—	9.94	—
					Invertzucker	Rohrzucker	Nichtzucker	Salze							
432	Mistdüngung m. Kalimagnesia*) .	1867	(84.46	0.84	0.11	13.79	0.83	0.71	15.54	5.41	0.71	88.74	5.34	4.57	0.87)
433	Mistdüngung ohne diese	„	(85.45	1.32	0.19	12.56	1.07	0.73	14.55	9.04	1.31	86.32	7.35	5.02	1.45)
434	Mistdüngung m. Kalimagnesia . .	„	(84.46	0.99	0.12	13.88	0.83	0.71	15.54	6.37	0.77	85.36	5.34	4.57	1.02)
435	Desgl.	„	(84.01	0.99	0.17	13.99	0.96	0.87	15.99	6.19	1.06	87.49	6.00	5.44	0.99)
436	Mistdüngung ohne diese	„	(84.73	1.23	0.23	12.79	1.38	0.87	15.27	8.06	1.51	83.76	9.04	5.70	1.29)
437	Lobositz: Ungedüngt	1877	78.57	1.37	—	15.76	—	0.67	21.43	6.39	—	73.54	—	3.13	1.02
438	Lobositz: Stickstoff	„	80.75	1.94	—	13.94	—	0.76	19.25	10.10	—	72.56	—	3.96	1.62
439	Lobositz: Kali	„	77.03	1.69	—	15.18	—	0.74	22.97	9.36	—	66.09	—	3.22	1.50
440	Lobositz: Phosphorsäure . .	„	77.97	1.69	—	15.94	—	0.66	22.07	7.66	—	72.22	—	2.99	1.23
441	Ploscha: Ungedüngt	„	79.34	1.31	—	15.45	—	0.66	20.66	6.34	—	74.78	—	3.19	1.01
442	Ploscha: Stickstoff	„	79.62	1.44	—	14.60	—	0.63	20.38	7.07	—	71.63	—	3.09	1.13
443	Ploscha: Kali	„	78.46	1.12	—	15.56	—	0.69	21.54	5.20	—	72.25	—	3.20	0.83
444	Ploscha: Phosphorsäure . .	„	78.24	1.37	—	15.14	—	0.66	21.76	6.28	—	69.64	—	3.04	1.00
445	Ferbenz: Ungedüngt	„	79.11	1.12	—	14.97	—	0.61	20.89	5.36	—	71.66	—	2.92	0.86
446	Ferbenz: Stickstoff	„	79.25	1.37	—	14.61	—	0.63	20.75	6.63	—	70.70	—	3.05	1.06
447	Ferbenz: Kali	„	77 41	1.12	—	15.16	—	0.67	22.59	4.96	—	67.11	—	2.97	0.79
448	Ferbenz: Phosphorsäure . .	„	78.90	1.06	—	15.54	—	0.66	22.10	5.22	—	73.64	—	3.13	0.84

No. 432—436. Th. Becker u. Koppe-Wollup. — Jahresber. d. Agriculturchem. 11. u. 12. Bd. 1868/69. 716. (Ztschr. d. Ver. f. Rübenzucker-Industrie im Zollverein 1868. 257.) Die Versuche, bei welchen das untersuchte Material gewonnen wurde, wurden auf 3 verschiedenen Schlägen à 30 Morgen ausgeführt, von denen die eine Hälfte gewöhnliche Mistdüngung, die andere ausserdem noch pro Morgen 1 Ctr. Kalimagnesia (mit 15% Kali und 50% Kochsalz) erhielt. Die Ernte, scheinbar auf allen Stücken gleich gross, erfolgte Ende October. Zur Untersuchung wurden am 26. November von den eingemieteten Rüben jeder Parcelle 60 Stück entnommen und in Gruppen von 20 Stück getrennt polarisirt. Die obigen Zahlen sind Durchschnittsergebnisse der Untersuchung.

*) Wir geben dieselben, obwohl sie vermuthlich sich nicht blos bezügl. des Zuckers auf Saft beziehen, da sie unter sich vergleichbar sind. In unserer Quelle ist der N-Gehalt angegeben, nach welchem wir die Nh. Substanz berechneten.

No. 437—448. Jos. Hanamann. — Landw. Jahrbücher. 7. 1878. 795 u. 8. 1879. 823. Journ. f. Landw. 24. 1876. 41. Verfasser liess im Jahre 1874 auf einem freigelegenen Platz 36 Gruben von 10 qm Fläche und 1 m Tiefe ausgraben, die Erde des Untergrundes (reiner Löss) gut mischen und bis zu $^2/_3$ m Höhe wieder einstampfen, hierauf die Gruben an den Seiten ausmauern und dann je 5 Gruben mit der Ackererde verschiedener Bodenarten, vorher sorgfältig gemischt, anfüllen, so dass sämmtliche Versuchsböden nur bis auf 33 cm Tiefe reichten, die Ackerkrume bildeten und auf einem ganz gleichen Untergrunde ruhten. Es wurden nun 3 Jahre hintereinander jedesmal zu Anfang März vor dem Anbau der Zuckerrübe immer nur mit einem einzigen, aber chemisch reinen Nährstoff (nämlich Ammoniak, Kali oder Phosphorsäure) und zwar stets mit 100 g pro Jahr und Parcelle von 10 qm gedüngt (die Nährstoffe in Wasser gelöst und mittelst der Giesskanne sehr gleichförmig über die Flächen vertheilt), also derselbe Versuch dreimal wiederholt, 1875—1877, und im dritten Jahre erst zur Analyse der sämmtlichen geernteten Rüben, jedesmal 100 Pflanzen, geschritten. Die hier in Betracht kommenden 3 Bodenarten waren Diluvialböden von Lobositz, Ploscha und Ferbenz von folgender Zusammensetzung (Analyse nach Knop's Methode):

	In 100 Thl. d. b. 100° C. getrockn. Bodens: Steinchen	Grobsand	Feinsand	Feinerde	In 100 Thl. lufttrockner Feinerde: Hygrosc. H_2O	Geb. H_2O	Humus	Feinboden	Absorption
Lobositz	1.95	2.15	4.94	90.96	2.72	4.03	1.65	91.60	78
Ploscha	2.43	2.61	5.96	89.00	2.66	6.16	2.03	89.15	87
Ferbenz	1.12	1.85	3.57	93.46	2.52	4.75	1.96	90.77	80

In 100 Gewichtstheilen Feinboden:

	Cl	$CaSO_4$	$CaCO_3$	$MgCO_3$	SiO_2	Al_2O_3	Fe_2O_3	CaO	MgO	K_2O	Na_2O
Lobositz	Spur	0.04	1.78	0.16	76.14	12.32	5.05	1.32	1.15	2.04 (K₂O + Na₂O)	
Ploscha	0.07	Spur	0.62	Spur	73.04	14.26	7.25	1.16	0.91	2.12	0.57
Ferbenz	0.06	Spur	1.86	Spur	76.47	13.21	6.26	0.25	0.66	1.23 (K₂O + Na₂O)	

In heisser concentrirter Salzsäure löslich in Procenten des Feinbodens:
Lobositz: $K_2O = 0.34$, $P_2O_5 = 0.08$. Ploscha: $K_2O = 0.52$, $P_2O_5 = 0.10$. Ferbenz: $K_2O = 0.26$, $P_2O_5 = 0.07$%.

Die Ernte betrug im dritten Jahre (1877), auf jeder Parcelle 100 Pflanzen, an frischer Substanz in Grammen

	Lobositz: Unged.	N	K_2O	P_2O_5	Ploscha: Unged.	N	K_2O	P_2O_5	Ferbenz: Unged.	N	K_2O	P_2O_5
Rüben	25370	31220	24180	30910	25930	46425	26570	28265	25260	27615	23105	25550
Blätter	8428	11452	8956	6725	5960	11260	8620	8860	10460	13130	5840	4350

Die Analysen der Rüben wurden bereits im Jahre 1878 mitgetheilt, jedoch im Jahrgang 1879 in etwas corrigirter Form reproducirt; daselbst ist der N-gehalt angegeben, der von uns auf Nh. Substanz umgerechnet wurde.

Anmerkung zu dem Gehalt der Runkel- (und Zucker-Rüben) Beta vulgaris an Stickstoff-Substanz.

Ueber den Eiweissgehalt und den Gehalt an nicht-eiweissartigen stickstoffhaltigen Stoffen der Rüben liegen noch einige Bestimmungen vor.

O. Hesse (Jahresber. d. Agriculturchemie. 1. 77. aus J. f. praktische Chemie. 73. 113) fand im Rübensaft beim Kochen mit Kalilauge a. 0.0044, b. 0.0014 % Ammoniak (NH_3).

Hugo Schultze u. E. Schulze (L. V.-St. 9. 1867. 434; Jahresber. 1867. 73) fanden in der gelben Futterrunkelrübe nach den betreffenden Schlösing'schen Methoden:

	Salpetersäure in % der Trockensubstanz	Salpetersäure in % der frischen Rübe
1) Aus dem Garten der Versuchsstation, von 1866	1.320	0.120
2) Desgl.	1.482	0.132
3) Desgl.	1.438	0.143
4) Desgl.	2.315	0.196
5) Desgl.	3.128	—
6) Desgl., unreif geerntet	2.560	0.213
7) Vom Klostergute Weende, von 1865	0.770	0.064
8) Desgl., von 1866	0.655	0.058
9) Desgl.	0.902	0.075
10) Desgl.	0.796	—
11) Vom Dorfe Weende, von 1866	0.821	0.076
12) Desgl.	2.050	0.178

Die Rüben unter 1—6 waren auf kalkreichem, in hohem Düngungszustande befindlichen Boden gewachsen; die Rüben unter 7—10 auf kalkhaltigem Lehmboden bei starker Mistdüngung.

Im Mittel von 8 Einzelbestimmungen ergab sich 0.0158 % (0.0084—0.0223) Ammoniak in dem mittelst Bleiessig von Eiweiss befreitem Safte.

E. Schulze u. A. Urich (L. V.-St. 18. 296) führten eine Untersuchung über die stickstoffhaltigen Bestandtheile der Futterrüben (dicke, gelbe Runkel aus der Umgebung von Zürich, A. auf leichtem Boden bei Gülledüngung, B. auf mit Stallmist gedüngtem Kiesboden gewachsen) aus, mit nachstehendem Ergebniss. Die frische Rübensubstanz enthielt:

	Gesammt-N	N in Form von unlösl. Eiweiss	N in Form von löslichem Eiweiss	N in Amidform	N in N_2O_5	N in NH_3
A. 1	0.2390	0.0158	0.0358	0.0857	0.1053	0.0050
A. 2	0.2286	0.0146	0.0380	0.0777	0.0691	0.0081
B. 1	0.1495	0.0125	0.0442	0.0488	0.0409	0.0043
B. 2	0.1363	0.0112	0.0294	0.0623	0.0129	0.0050
Von 100 Theilen des Gesammt-Stickstoffs waren vorhanden:						
A. 1		6.61	14.98	35.86	44.06	2.09
A. 2		6.39	16.62	33.99	30.23	3.54
B. 1		8.36	29.56	32.64	27.36	2.88
B. 2		8.22	21.57	45.71	9.46	3.67

Asparagin fand sich unter den Amiden nicht vor, dagegen wurde in den Rüben A. Betaïn nachgewiesen und zwar in Procenten des frischen Saftes:

	N in Form von Betaïn	= Betaïn ($C_5H_{11}NO_2$)
A. 5	0.0117 %	0.099 %
A. 6	0.0213 %	0.178 %

Scheibler (Ber. d. Deutsch. chem. Ges. 1870. 155) fand in reifen Zuckerrüben durchschnittlich $^1/_{10}$ %, in unreifen bis zu $^1/_4$ % Betaïn.

E. Schulze u. A. Urich fanden bei einer späteren Untersuchung nachstehenden Gehalt an Stickstoffverbindungen (L. V.-St. 20. 1877. 213) in Rüben wie oben unter A. Die frische Wurzelsubstanz (Mark und Saft) enthielt:

	In den Rüben von 1874		In den Rüben von 1875	
Lösliche Eiweissstoffe	0.2306 %	mit 0.0369 % N	0.1413 %	mit 0.0226 % N
Unlösliche Eiweissstoffe	0.0950 „	„ 0.0152 „ „	0.1023 „	„ 0.0164 „ „
Glutamin (und Asparagin)	0.4066 „	„ 0.0780 „ „	0.4425 „	„ 0.0847 „ „
Betaïn	0.1359 „	„ 0.0161 „ „	0.0226 „	„ 0.0027 „ „
Salpetersäure	0.3363 „	„ 0.0872 „ „	0.2843 „	„ 0.0644 „ „
Ammoniak	0.0080 „	„ 0.0066 „ „	0.0085 „	„ 0.0071 „ „
	Zusammen	0.2400 % N		0.1979 % N

Vergl. hier Untersuchungen von P. Behrend und A. Morgen (Ztschr. d. landw. Centralv. d. Prov. Sachsen 1879. 49) S. 323 d. unter No. 217—220.

Osc. Kellner (Deutsche landw. Presse 1880. 493) fand:

(Trockensubstanz)	Gesammt-N	N in Form von Nicht-Eiweiss	Salpetersäure N_2O_5
In Futterrunkeln von Osdorf	3.13 %	1.39 %	3.15 %
In Futterrunkeln von Hohenheim	2.42 %	1.25 %	0.42 %

ferner (Landw. Jahrb. 10. 1881. 854), Oberndörfer Rübe 0.904 % N in Form von Nicht-Eiweiss u. 1.40 % Salpetersäure.

No.	Bezeichnungen und Bemerkungen	Jahr der Untersuchung	In der ursprünglichen Substanz: Wasser %	Nh-Substanz %	Rohfett %	Nfr. Extractstoffe %	Rohfaser %	Asche %	Trocken-substanz %	In der Trockensubstanz: Nh-Substanz %	Rohfett %	Nfr. Extractstoffe %	Rohfaser %	Asche %	Stickstoff in der Trocken-substanz %
	Chaerophyllum bulbosum L. — Kerbelrübe.														
1	In Frankreich gebaut	—	63.62	2.60	0.35	30.45	1.48	1.50	36.38	7.14	0.96	83.71	4.07	4.12	1.14
2	In Baden gebaut	1854	68.44	4.61	0.20	24.78	0.52	1.45	31.56	14.61	0.63	78.51	1.65	4.60	2.34
	Chaerophyllum Prescottii. — Sibirische Kerbelrübe.														
1	In Eldena angebaut	1854	76.00	3.20	0.60	—	—	0.90	24.00	13.33	2.50	—	—	3.75	2.13
	Daucus Carota L. — Gemeine Möhre, Mohrrübe, gelbe Rübe, gelbe Wurzeln. — Common Carrot. — Carrotte.														
1		—	85.00	1.50	0.40	8.35	3.00	1.75	15.0	10.00	2.67	55.66	20.00	11.67	1.60
2	Mohrrüben	—	87.60	1.88	0.30	9.02	0.70	0.60	12.4	15.16	2.42	71.93	5.65	4.84	2.43
3	Weisse Carrotte	—	86.00	1.50	0.17	10.90	0.80	0.60	14.0	10.71	0.91	78.38	5.71	4.29	1.71
4	Bei Dorpat gewachsen, auf gut gedüngtem Gartenboden	1853	86.97	2.23	—	—	—	—	13.03	17.10	—	—	—	—	2.74
5	Desgl., auf schwarzem Ackerboden	„	86.45	1.94	—	—	—	—	13.55	14.32	—	—	—	—	2.29
6	Desgl., auf Sandboden	„	86.81	1.34	—	—	—	—	13.19	10.16	—	—	—	—	1.63
7	Gelbe Rüben, bei Giessen gewachsen	„	83.28	1.54	—	—	—	0.671	16.72	9.21	—	—	—	4.01	1.47
8	Altringham-Möhre, gelblichweiss, 518 g schwer	„	87.59	0.53	—	—	—	0.87	12.41	4.27	—	—	—	7.01	0.68
9	Desgl., rothgelb, 277 g schwer .	„	89.92	0.67	—	—	—	1.23	10.08	6.65	—	—	—	12.20	1.06
10	Desgl., gelblichweiss, 131 g schwer	„	81.10	0.91	—	—	—	1.68	18.90	4.81	—	—	—	8.89	0.77
11	Riesenmöhre, weisse, grünköpfige, in Hohenheim geb., 316 g schwer	1852	82.40	1.58	—	11.84	3.07	1.11	17.60	8.98	—	67.32	17.39	6.31	1.28
12	Desgl., gelbe, in Möckern gebaut, 143 g schwer	„	83.86	1.37	—	10.24	3.24	1.29	16.14	8.49	—	63.44	20.08	7.99	1.36
13	Desgl., magerer Kalkboden . . .	1851	88.26	0.60	—	—	—	0.74	11.74	5.11	—	—	—	6.30	0.82
14	Weisse belgische Möhre . . .	1852	88.72	0.61	—	—	—	0.70	11.28	5.41	—	—	—	6.21	0.87
15	520 g schwer	„	85.40	0.71	—	—	—	1.27	14.60	4.86	—	—	—	8.70	0.78
16	100 g schwer	„	79.20	1.00	—	15.30	2.25	2.25	20.80	4.81	—	73.55	10.82	10.82	0.77
17	Röthl. Hohenheimer, 1255 g schwer	1854	87.78	—	—	—	1.23	0.91	12.22	7.25	—	—	10.07	7.45	1.16°
18	Desgl., 430 g schwer	„	86.37	—	—	—	1.35	0.81	13.63	7.93	—	—	9.91	5.94	1.27°
19	Desgl., 168 g schwer	„	84.48	—	—	—	1.60	0.99	15.52	5.13	—	—	10.31	6.53	0.82°

Chaerophyllum bulbosum L.

No. 1. Payen. — Weende'r Jahresber. 1855/56. II. 38. (Compt. rend. 43. 769.) Ferner wurden noch bestimmt: Stärkemehl und verwandte Stoffe 28.634 %, Rohrzucker 1.200 %, Pectin 0.622 %.

Nach dem specifischen Gewicht gesondert zeigten die Wurzeln nachstehenden verschiedenen Gehalt an Wasser und Trockensubstanz:

	Wasser	Trockensubstanz
Leichteste Wurzel	63.04 %	36.96 %
Weniger leicht, kaum auf dem Wasser schwimmend	58.55 „	41.45 „
Weniger leicht, langsam im Wasser sinkend . . .	57.28 „	42.72 „
Schwerste Wurzel	55.16 „	44.84 „

No. 2. G. Herth. — Ebendaselbst. (Wilda's landw. Centralbl. 1855. II. 133.) Nach ausführlicherer Untersuchung enthielt die Rübe: Stärkemehl 18.73 %, Gummi 4.05 %, Zucker 2.00 %.

Chaerophyllum Prescottii.

No. 1. Trommer. — Weende'r Jahresber. 1855|56. II. 38. (Eldena'er Archiv 1855. 275.) Nach ausführlicherer Untersuchung enthielt die (ertragreiche, äusserst wohlschmeckende, zarte, goldgelbe, weissfleischige) Wurzel 17.3 % Stärkemehl, 2.0 % Pectin und Pflanzenfaser.

Daucus Carota L.

No. 1. Johnston. — Moleschott's Physiologie der Nahrungsmittel 1859. 2. Thl. 156.

No. 2 u. 3. J. B. Boussingault. — Dessen: Die Landwirthschaft in ihren Beziehungen zur Chemie etc. 3. Bd. 200. Livländer Jahrbücher der Landwirthschaft.

No. 4—6. C. Schmidt. — Annal. d. Chemie u. Pharmazie. 83. (1852.) 325. Nh. Substanz von uns aus angegebenem N-gehalt berechnet.

	No. 4	5	6
Rohrzucker	7.19	7.81	8.07

Derselbe wurde sowohl durch Gährung als durch Kupferlösung bestimmt.

No. 7. Horsford. — Wolff's Grundlagen des Ackerbau's. 3. Aufl. 1856. 938.

No. 8—10. Hörle. — Ebendaselbst.

No. 11 u. 12. E. Wolff. — Ebendaselbst.

No. 13 u. 14. Aug. Voelcker. — Ebendaselbst.

No. 15 u. 16. H. Hellriegel. — Chem. Ackersm. 1856. 229.

No. 17—21. H. Ritthausen. — Weende'r Jahresber. 1855/56. (Chem. Centralbl. 1857. 14.) Die Möhren waren 1854 in Möckern gebaut. Das angegebene Gewicht der Rüben bezieht sich auf je 3 Stück. Nh. Substanz von uns aus angegebenem N-gehalt berechnet.

No.	Bezeichnungen und Bemerkungen	Jahr der Untersuchung	In der ursprünglichen Substanz							In der Trockensubstanz					Stickstoff in der Trockensubstanz
			Wasser	Nh-Substanz	Rohfett	Nfr. Extractstoffe	Rohfaser	Asche	Trockensubstanz	Nh-Substanz	Rohfett	Nfr. Extractstoffe	Rohfaser	Asche	
			%	%	%	%	%	%	%	%	%	%	%	%	%
20	Gelbe belgische, 656 g schwer .	1854	87.60	—	—	—	1.53	1.07	12.31	8.34	—	—	12.43	8.69	1.35°
21	Weisse belgische, 776 g schwer .	„	87.90	—	—	—	1.41	0.89	12.10	6.13	—	—	11.65	7.35	0.98°
22	Riesenmöhre, 325 g schwer . .	1859	85.30	0.66	—	11.90	1.03	1.11	14.70	4.49	—	81.95	7.01	7.55	0.72
23	Desgl., 795 g schwer	1860	88.64	0.62	0.24	8.25	1.30	0.95	11.36	5.27	2.04	73.56	11.05	8.08	1.82
24	Desgl., 350 g schwer	„	86.04	0.69	0.26	9.93	2.00	1.08	13.96	4.94	1.86	71.13	14.33	7.74	0.79
25	Desgl., 150 g schwer	„	86.91	0.58	0.24	9.50	1.79	0.98	13.09	4.43	1.83	72.48	13.77	7.49	0.71
26	Desgl., Mittel	„	87.72	0.64	0.24	8.86	1.55	0.99	12.28	5.21	1.95	72.16	12.62	8.06	0.83
27	Desgl., 250 g schwer	„	84.00	1.25	0.24	12.03	1.28	1.20	16.00	7.81	1.50	75.19	8.00	7.50	1.25
28	Grünköpfige rothfleischige Möhre, 300 g schwer	„	84.14	1.24	0.29	11.56	1.58	1.19	15.86	7.82	1.83	72.90	9.96	7.49	1.25
29	Grünköpfige gelbfleischige Möhre, 200 g schwer	„	80.54	1.46	0.23	14.41	2.01	1.35	19.46	7.50	1.18	74.05	10.33	6.94	1.20
30	Saalfelder Möhre	1859	86.45	2.18	—	8.00	2.36	1.01	13.55	16.09	—	59.04	17.42	7.45	2.57
31	Riesenmöhre, grünköpfige . . .	„	88.05	1.56	—	6.16	2.78	1.45	11.95	13.05	—	51.55	(23.26?)	12.14	2.09
32	Grünköpfige weisse Möhre . . .	1854	86.00	0.90	—	—	—	1.00	14.00	6.43	—	—	—	7.14	1.03
33	White Belgian Carrot, Kalkboden	1852	87.34	0.67	0.20	7.47	3.47	0.85	12.66	5.27	1.60	59.03	(27.41?)	6.69	0.84
34	Im Mittel von 7 Analysen (gedüngte Möhre), 400 g	1859	89.18	0.85	—	—	—	0.67	10.82	7.86	—	—	—	6.19	1.26
35	Weisse grünköpfige, stark gedüngt, 10. October	„	89.24	0.73	—	8.18	1.20	0.65	10.76	6.78	—	76.02	11.16	6.04	1.85
36	Rothe Mohrrübe	1852	86.63	—	—	—	—	—	13.37	—	—	—	—	—	—
37	Weisse, belgische	„	87.01	—	—	—	—	—	12.99	—	—	—	—	—	—
38	Weisse Riesenmöhre, 500 g . .	„	88.25	1.72	—	—	—	—	11.75	14.64	—	—	—	—	2.34
39	Rothe Riesenmöhre, 500 g . . .	„	88.70	1.88	—	—	—	—	11.30	16.64	—	—	—	—	2.66
40	Gelbe Möhren von 1865, 25. Mai	1866	82.18	2.48	—	—	—	1.12	17.82	13.94	—	—	—	6.30	2.23°
41	Weisse grünköpfige Riesenmöhre .	—	84.57	2.12	—	—	—	—	15.43	13.73	—	—	—	—	2.03°

No. 22. Th. Dietrich. — Landw. Anzeiger für Kurhessen 1859. 45.

No. 23—26. Th. Dietrich. — Ebendas. 1860. 35. Die Mittelzahlen (unter No. 26) sind berechnet unter der Annahme, dass 100 Gew. Erntemasse nicht aus gleichen Gewichtstheilen der grossen, mittleren und kleinen Möhren, sondern aus gleichen Antheilstheilen derselben gebildet sind:

	No. 23	24	25	26
Zucker	4.04	5.31	7.03	4.73 %
Pectinstoffe	4.21	4.62	2.47	4.13 %

No. 27—29. Th. Dietrich. — Ebendas. 1860. 38. Die Möhrensorten waren vergleichsweise auf einem Felde gebaut. An näheren Bestandtheilen wurden ermittelt:

	No. 27	28	29
Traubenzucker	4.94	2.95	8.09
Rohrzucker	4.16	6.60	3.99
Pectinstoffe	2.93	2.01	2.33

No. 30 u. 31. J. Nessler. — Ber. d. V.-St. Carlsruhe 1870. 58. An näheren Bestandtheilen wurden noch ermittelt:

	Zucker	Stärke	Pectin u. Gummi
No. 30	7.15	—	0.85
No. 31	5.34	0.22	0.60

No. 32. Rohde u. Trommer. — Weende'r Jahresber. 1855/56. II. 117. (Eldena'er Archiv 1855. 240.) Ausser obigen Zahlen ist noch angegeben: Zucker 7.2 %, Holzfaser u. Pectin 4.2 %. Die angegebenen Bestandtheile summiren sich auf 100.1.

No. 33. Aug. Voelcker. — J. R. Agr. Soc. of England. 14. II. (1852.) 385. Auf der Farm d. R. Agr. Coll., auf kalkhaltigem, ziemlich flachgründigem und steinigem Boden gewachsen. An näheren Bestandtheile wurden ermittelt:

	Frisch	Trocken		Frisch	Trocken
Water	27.338	—	Salts insoluble in alcohol . .	0.293	2.314
Cellular fibre	3.471	27.412	Sugar	6.544	51.682
Ash united with the fibre . .	0.145	1.145	Salts soluble in alcohol . . .	0.409	3.230
Insoluble protein compounds	0.169	1.334	Ammonia in the state of ammoniacal salts	0.008	0.063
Soluble casein	0.498	3.934			
Gum and pectin	0.885	6.989	Oil	0.203	1.604

No. 34 u. 35. P. Bretschneider u. Küllenberg. — 4. Ber. d. V.-St. Ida-Marienhütte. 74 u. 95.

No. 36 u. 37. William K. Sullivan. — Weende'r Jahresber. 1853. II. 27. (Farmer's Magaz. Juli-Decemb. 1853. 127.)

No. 38 u. 39. H. Ritthausen. — Land- u. forstw. Ztg. f. d. Prov. Preussen. 3. 28.

	Weisse	Gelbe
Rohrzucker	0.86	1.59
Traubenzucker . . .	2.76	3.92

No. 40. H. Schultze u. E. Schulze (V.-St. Weende). — L. V.-St. 9. 1867. 433. Ausser angegebener Nh. Substanz enthielt die Möhre 0.27 % (auf Trockensubstanz bezogen) Salpetersäure.

No. 41—43. Fühling. — Aus H. Werner's Handbuch des Futterbaues. Berlin, 1875. 729. Der procentische Zuckergehalt betrug bei No. 41 = 5.1 %, bei No. 42 = 5.1 %, bei No. 43 = 8.26 %. Der Ertrag pro ha in kg war bei:

No. 41	42	43
46176	34573	25155

No.	Bezeichnungen und Bemerkungen	Jahr der Untersuchung	In der ursprünglichen Substanz							In der Trockensubstanz					Stickstoff in der Trockensubstanz
			Wasser	Nh-Substanz	Rohfett	Nfr. Extractstoffe	Rohfaser	Asche	Trockensubstanz	Nh-Substanz	Rohfett	Nfr. Extractstoffe	Rohfaser	Asche	
			%	%	%	%	%	%	%	%	%	%	%	%	%
42	Orangegelbe grünköpfige Riesenm.	—	86.41	1.26	—	—	—	—	13.59	9.29	—	—	—	—	1.49^{0}
43	Altringham-Möhre	—	84.04	1.81	—	—	—	—	15.96	11.34	—	—	—	—	1.82^{0}
44	Weisse grünköpfige Möhre, mittl. Gew. 600 g	—	88.20	1.73	—	—	—	—	11.80	14.65	—	—	—	—	2.34
45	Rothe Möhre, mittl. Gew. 600 g .	—	88.70	1.88	—	—	—	—	11.30	16.62	—	—	—	—	2.66
46	„Gelbe Riesenmöhre", Lehmboden	1878	84.90	0.60	—	11.56	1.71	1.23	15.10	3.97	—	76.55	11.33	8.15	0.64
47	„Grünkopf-Riesenmöhre", Lehmb.	„	89.06	0.70	—	8.39	1.10	0.75	10.94	6.40	—	76.68	10.06	6.86	1.02
48	Saalfelder dicke Futtermöhre, Lehmb.	„	85.97	2.11	—	9.55	1.28	1.09	14.03	15.04	—	68.07	9.12	7.77	2.41
49	Grünköpfige Möhren, grandiger Lehmboden	1880	89.80	1.06	0.10	7.00	1.07	0.97	10.20	10.39	0.98	68.63	10.49	9.51	1.66
50	Möhren	1881	89.71	1.26	0.14	6.94	1.09	0.86	10.29	12.23	1.35	67.48	10.63	8.31	1.80
51	In Amerika gebaut	—	88.82	0.97	0.65	7.39	0.86	1.31	11.18	8,68	5.31	66.60	7.69	11.72	1.39
52	Desgl.	—	87.85	1.35	0.71	6.86	2.32	0.91	12.15	11.11	5.84	56.47	19.09	7.49	1.78
	Minimum		80.54	0.52	0.13	7.46	0.93	0.73	10.29	3.97	0.98	56.47	7.01	6.04	0.64
	Maximum		89.71	2.20	0.77	9.96	2.52	1.55	19.46	16.64	5.84	79.54	19.09	11.72	2.66
	Mittel		86.79	1.23	0.30	9.17	1.49	1.02	13.21	9.31*)	2.27	69.41	11.29	7.72	1.49

Daucus Carota. — In verschiedenen Vegetationsperioden.

No.	Bezeichnungen und Bemerkungen	Jahr der Untersuchung	Wasser	Nh-Substanz	Rohfett	Nfr. Extractstoffe	Rohfaser	Asche	Trockensubstanz	Nh-Substanz	Rohfett	Nfr. Extractstoffe	Rohfaser	Asche	Stickstoff in der Trockensubstanz
1	Weisse, grünköpfige, 25. Juli geerntet	1859	90.58	1.10	—	6.64	1.07	0.61	9.42	11.68	—	70.48	11.36	6.48	1.87
2	Desgl., am 14. August geerntet .	„	90.20	1.00	—	6.80	1.31	0.69	9.80	10.20	—	69.39	13.37	7.04	1.63
3	Desgl., am 4. September geerntet	„	89.95	1.03	—	7.10	1.29	0.63	10.05	10.25	—	70.64	12.84	6.27	1.64
4	Desgl., am 19. September geerntet	„	90.47	0.83	—	6.93	1.20	0.57	9.53	8.71	—	72.72	12.59	5.98	1.39
5	Desgl., am 10. October geerntet .	„	89.24	0.73	—	8.18	1.20	0.65	10.76	6.78	—	75.66	11.15	6.41	1.08

Daucus Carota. — Unter Einfluss der Düngung.

No.	Bezeichnungen und Bemerkungen (Mittl. Gew. d. untersucht. Rüben)	Jahr der Untersuchung	Wasser	Nh-Substanz	Rohfett	Nfr. Extractstoffe	Rohfaser	Asche	Trockensubstanz	Nh-Substanz	Rohfett	Nfr. Extractstoffe	Rohfaser	Asche	Stickstoff in der Trockensubstanz
1	Ungedüngt . . . . . 444 g	1859	89.88	0.81	—	—	—	0.60	10.12	8.00	—	—	—	5.92	1.28
2	100 kg Chilisalpeter pr. ha 391 „	„	88.46	0.86	—	—	—	0.82	11.54	7.45	—	—	—	7.11	1.19
3	200 kg Chilisalpeter pr. ha 390 „	„	88.06	0.85	—	—	—	0.65	11.94	7.12	—	—	—	5.45	1.14
4	300 kg Chilisalpeter pr. ha 330 „	„	89.41	0.87	—	—	—	0.67	10.59	8.22	—	—	—	6.33	1.32

No. 44 u. 45. Von der Goltz u. Funk. — Aus H. Werner's Handbuch d. Futterbaues. Berlin, 1875. 729. Der Ertrag an Wurzeln pro ha und an Zucker war bei:

	No. 44	45
Wurzeln	6415.5 kg	6169.8 kg
Proteïn	939.8 kg	1025.7 kg
Zucker	1782.3 kg	3008.8 kg

No. 46—48. E. Mach u. C. Portale (V.-St. St. Michele). — Privatmitthl. Die Möhren enthielten:

	No. 46	47	48
In der Wurzel	8.94	4.84	3.98 % Zucker
Im Saft	9.68	6.90	6.68 % „

No. 49. W. Fleischmann (Milchw. V.-St. Raden). — Bericht pro 1881. Ertrag sehr reichlich, Qualität gut.

No. 50. E. Wolff u. Osc. Kellner. — Landw. Jahrb. 13. 1884. 245. Die Nh. Substanz der Trockensubstanz bestand aus 6.72 % Proteïn und 5.51 % Amiden etc. Unter Zurechnung der letzteren betrugen demnach die Nfr. Extractstoffe 72.99 %. Unter Asche ist hier Reinasche und Sand zu verstehen.

No. 51 u. 52. E. H. Jenkin's Tabelle über die Zusammensetzung amerikanischer Futtermittel in Ann. Rep. Connect. Agricult. Exper. Stat. 1883.

*) Mittel, für Rohfaser und Fett, von No. 17 an. H. Schultze u. E. Schulze (vergl. Anmerkung No. 40) fanden in Möhren:

	Gehalt an N_2O_5 auf Trockensubstanz berechnet	auf frische Rüben berechnet
Gelbe Möhren vom Felde, 1866	0.270	0.048
Weisse Riesenmöhren a. d. Garten, 1866 a.	0.134	0.021
Weisse Riesenmöhren a. d. Garten, 1866 b.	0.165	0.023

O. Kellner fand in Pferdemöhren (Trockensubstanz):

	Gesammt N	Nichtproteïn-N (excl. N_2O_5)	N_2O_5
Vom Osdorfer Rieselfelde . . .	2.33	1.02	0.82
Versuchsfeld Hohenheim	1.83	0.56	0.49

Daucus Carota. — In verschiedenen Vegetationsperioden.

No. 1—5. P. Bretschneider u. Küllenberg. — 4. Ber. d. V.-St. Ida-Marienhütte 1859. 74. Die Möhren waren mit 200 kg phosphorsaurem Kalk und 200 Ctr. Chilisalpeter pro ha gedüngt. An Zucker enthielten die Möhren:

	No. 1	2	3	4	5
Rohrzucker	1.17	1.04	1.30	1.35	2.49
Fruchtzucker	3.13	3.65	3.91	3.63	3.59

Daucus Carota. — Unter Einfluss der Düngung.

No. 1—7. P. Bretschneider u. Küllenberg. — Ebendas. 95. An näheren Bestandtheilen enthielten die Möhren, (weisse, grünköpfige) ferner:

	No. 1	2	3	4	5	6	7
Rohrzucker	2.41	2.23	2.83	2.85	2.65	2.49	2.43
Fruchtzucker	3.49	4.33	3.18	3.34	3.37	3.59	3.52

No.	Bezeichnungen und Bemerkungen	Jahr der Untersuchung	In der ursprünglichen Substanz: Wasser %	Nh-Substanz %	Rohfett %	Nfr. Extractstoffe %	Rohfaser %	Asche %	Trockensubstanz %	In der Trockensubstanz: Nh-Substanz %	Rohfett %	Nfr. Extractstoffe %	Rohfaser %	Asche %	Stickstoff in der Trockensubstanz %
	Mittl. Gew. d. untersucht. Rüben														
5	100 kg Chilisalpeter und 200 kg Kalkphosphat . 379 g	1859	89.59	0.87	—	—	—	0.68	10.41	8.36	—	—	—	6.53	1.34
6	200 kg Chilisalpeter und 200 kg Kalkphosphat . 428 „	„	89.24	0.73	—	—	—	0.65	10.76	6.78	—	—	—	6.04	1.85
7	300 kg Chilisalpeter und 200 kg Kalkphosphat . 439 „	„	89.61	0.97	—	—	—	0.63	10.39	9.34	—	—	—	6.06	1.49

Pastinaca sativa L. — Gemeiner Pastinak. — Parsnip. — Panais cultivé.

No.	Bezeichnungen und Bemerkungen	Jahr der Untersuchung	Wasser %	Nh-Substanz %	Rohfett %	Nfr. Extractstoffe %	Rohfaser %	Asche %	Trockensubstanz %	Nh-Substanz %	Rohfett %	Nfr. Extractstoffe %	Rohfaser %	Asche %	Stickstoff in der Trockensubstanz %
1		—	88.30	1.58	0.2	8.2	1.00	0.7	11.70	13.50	1.71	70.26	8.55	5.98	2.16
2	Auf kalkigem, ziemlich steinigem flachgründigem Boden	1852	82.05	1.22	0.55	7.16	8.02	1.00	17.95	6 77	3.04	39.92	44.69	5.58	1.08
3		1878	79.31	1.32	—	16.36	1.73	1.28	20.69	6.38	—	79.07	8.36	6.19	1.02

Sium Sisarum L. — Zuckerwurzel.

No.	Bezeichnungen und Bemerkungen	Jahr der Untersuchung	Wasser %	Nh-Substanz %	Rohfett %	Nfr. Extractstoffe %	Rohfaser %	Asche %	Trockensubstanz %	Nh-Substanz %	Rohfett %	Nfr. Extractstoffe %	Rohfaser %	Asche %	Stickstoff in der Trockensubstanz %
1		1861	72.51	2.87	0.34	19.69	2.11	2.48	27.49	10.44	1.24	71.62	7.68	9.02	1.67
2		—	62.41	2.09	—	27.59	7.91		37.59	5.56	—	73.40	21.04		0.89

Weniger gebräuchliche Knollen- und Wurzelknollen-Arten.

Apios tuberosa Mönch. — Viginische Knollenwicke, Amerikanische Erdnuss.

No.	Bezeichnungen und Bemerkungen	Jahr der Untersuchung	Wasser %	Nh-Substanz %	Rohfett %	Nfr. Extractstoffe %	Rohfaser %	Asche %	Trockensubstanz %	Nh-Substanz %	Rohfett %	Nfr. Extractstoffe %	Rohfaser %	Asche %	Stickstoff in der Trockensubstanz %
1		—	57.6	4.5	0.8	33.35	1.30	2.25	42.40	10.62	1.89	79.11	3.07	5.31	1.70

Boussingaultia baselloïdes H. B.

No.	Bezeichnungen und Bemerkungen	Jahr der Untersuchung	Wasser %	Nh-Substanz %	Rohfett %	Nfr. Extractstoffe %	Rohfaser %	Asche %	Trockensubstanz %	Nh-Substanz %	Rohfett %	Nfr. Extractstoffe %	Rohfaser %	Asche %	Stickstoff in der Trockensubstanz %
1		—	85.1	2.3	0.27	10.53	0.4	1.4	14.90	15.44	1.81	70.67	2.68	9.40	2.47

Dioscorea alata L. — Yamswurzel, Igname.

No.	Bezeichnungen und Bemerkungen	Jahr der Untersuchung	Wasser %	Nh-Substanz %	Rohfett %	Nfr. Extractstoffe %	Rohfaser %	Asche %	Trockensubstanz %	Nh-Substanz %	Rohfett %	Nfr. Extractstoffe %	Rohfaser %	Asche %	Stickstoff in der Trockensubstanz %
1		1847	79.64	1.93	—	17.33	—	1.10	20.36	9.48	—	85.12	—	5.40	1.52

Pastinaca sativa L.

No. 1. Boussingault. 3. 200.

No. 2. Aug. Voelcker. — The Journ. of the Royal Agricult. Society of England. 14. II. 385. (1852.) Auf der Farm d. R. Agr. Coll. auf kalkhaltigem, flachgründigem Boden gewachsen. Ausführliche Analyse:

	Frisch	Trocken
Water	82.050	—
Cellular fibre	8.022	44.691
Ash united with the fibre	0.208	1.159
Insoluble protein compounds	0.550	3.064
Soluble casein	0.665	3.704
Gum and pectin	0.748	4.166
Salts insoluble in alcohol	0.455	2.535
Sugar	2.882	16.055
Salts soluble in alcohol	0.339	1.888
Ammonia in the state of ammoniacal salts . .	0.033	0.184
Starch	3.507	19.537
Oil	0.546	3.041

No. 3. E. Mach (V.-St. St. Michele). — Originalmitthl. Die Pastinak waren auf Lehmboden gewachsen; sie enthielten 1.89 % Zucker.

Sium Sisarum L.

No. 1. Payen. — Ann. d'agricult. prat. 5. Ser. t. 17. Juni 1861. 513. Nach ausführlicherer Analyse enthielt die Wurzel:

Pectose et acid pectique	2.200 %	Sucre de Canne	4.500 %
Gummi, dextrin et mucilage . . .	8.814 %	Fécule amylacée	4.060 %

Der N-gehalt ist zu 0.459 % angegeben, darnach ist von uns die Menge der Nh. Substanz berechnet worden, während diese im Original zu 2.983 % angegeben ist.

No. 2. Sacc. — Weende'r Jahresber. 1855|56. II. 38. (Wilda's landw. Centralbl. 1856. II. 359.) Nach ausführlicher Analyse enthält die Wurzel: Stärkemehl = 18.09 %, Rohrzucker = 6.60 %, Pectin = 1.00 %, Gummi 0.53 %, lösliche Salze = 1.37 %. (Die Wurzel wird in China Ninsi genannt.)

Apios tuberosa.

No. 1. Payen. — Weende'r Jahresber. 1854. 2. 20, (Wilda's landw. Centralbl. 1854. 1. 321.) Compt. rend. 18. 189.

Boussingaultia baselloïdes.

No. 1. J. B. Boussingault. — Dessen: Die Landwirthsch. in ihren Beziehungen zur Chemie etc. 3. Bd. 200.

Dioscorea alata.

No. 1. A. Payen. — Nach König's Chemie der menschlichen Nahrungsmittel. 2. Aufl. 1882. 1. Thl. 125.

No.	Bezeichnungen und Bemerkungen	Jahr der Untersuchung	In der ursprünglichen Substanz: Wasser %	Nh-Substanz %	Rohfett %	Nfr. Extractstoffe %	Rohfaser %	Asche %	Trockensubstanz %	In der Trockensubstanz: Nh-Substanz %	Rohfett %	Nfr. Extractstoffe %	Rohfaser %	Asche %	Stickstoff in der Trockensubstanz %
	Dioscorea Batatas Decaisne (D. japonica Thunb., Convolvulus Batatas(?)) — Chinesische Yamswurzel, Ignama. — Sweet Potato.														
1	„Igname de Chine"	1854	79.3	1.5	—	17.1	1.0	1.1	20.70	7.25	—	82.61	4.83	5.31	1.16
2	„D. japonica", aus Algerien . .	—	77.05	2.50	—	17.06	1.45	1.90	22.95	10.89	—	74.51	6.32	8.28	1.74
3		—	70.4	—	—	—	—	—	29.60	—	—	—	—	—	—
4	„D. japonica", aus dem Garten des Museums (Paris)	—	82.6	2.4	0.4	13.1	0.4	1.30	17.40	13.79	2.30	74.14	2.30	7.47	2.21
5	„Convolvul. Batatas"	—	73.10	0.92	1.12	16.60	6.79	1.40*)	26.90	3.42	4.16	61.98	25.24	5.20	0.55
6	Desgl., aus der Umgegend v. Paris	—	79.64	1.10	0.25	14.22	0.54	3.25	20.36	5.40	1.23	74.76	2.65	15.96	0.86
7	Desgl., aus d. südlichen Frankreich	—	67.50	1.50	0.30	26.25	0.45	2.90	32.50	4.62	0.92	84.66	1.38	8.42	0.74
8	„D. japonica" (Naga-imo), Japan .	1883	80.74	2.26	0.16	15.31	0.84	0.69	19.26	11.74	0.84	79.46	4.36	3.60	1.88
9	„Yam", Gewicht 2708 g . . .	1878	71.23	2.06	0.25	25.24	0.75	0.67	28.77	7.11	0.86	87.13	2.59	2.31	1.14
10	Conv. Batat. Sweet Potato, „Nansemond Improved"	1878	73.39	1.28	0.28	23.00	0.98	1.07	26.61	4.81	1.05	86.44	3.68	4.02	0.77
11	Conv. Batat. Sweet Potato . . .	1877	65.96	0.45	0.30	29.72	2.50	1.07	34.04	1.32	0.88	87.31	7.35	3.14	0.21
12	Im botan. Garten zu Bonn gewachsen	1856	83.00	1.13	0.32	13.75	0.70	1.10	17.00	6.65	1.88	80.90	4.12	6.47	1.06
13	Aus vorigem Saatgut gezogen . .	1857	76.50	4.61	0.21	15.56	1.57	1.55	23.50	19.61	0.89	66.22	6.68	6.60	3.15
14	In England gebaut, „Batate" . .	1871	69.64	1.34	0.48	26.28	1.12	1.14	30.36	4.41	1.59	86.60	3.66	3.74	0.71
15	Desgl.	„	71.53	0.72	0.54	24.89	1.27	1.05	28.47	2.51	1.89	87.45	4.46	3.69	0.40
16	Desgl.	„	71.77	0.71	0.44	24.85	1.21	1.02	28.23	2.51	1.57	88.01	4.30	3.61	0.40
17	Desgl.	„	67.33	1.51	0.44	28.11	1.43	1.18	32.67	4.63	1.35	86.04	4.37	3.61	0.74
18	Von den Azoren	1876	86.45	0.39	—	12.12	0.49	0.55	13.55	2.88	—	89.44	3.62	4.06	0.46
19	Von Malaga	„	69.10	1.20	—	27.06	1.32	1.32	30.90	3.88	—	87.58	4.27	4.27	0.62
20	In Südamerika gebaut, „Moniato"	—	67.00	0.56	—	21.42	10.02	1.00	33.00	1.70	—	64.91	(30.36?)	3.03	0.27
21	In Südamerika geb., „Rothe Batate"	1883	68.19	0.64	—	13.34	17.83		31.81	2.01	—	41.93	56.06		0.32
	Mittel aus No. 8—21 (excl. No. 12 u. 13) .		71.86	1.00	0.20	25.05	1.03	0.86	28.14	4.13	1.25	86.80	4.27	3.55	0.66

Dioscorea Batatas.

No. 1. Fremy. — Weende'r Jahresber. 1854. 1. 264. (Ann. d'agricult. Franc. Juli-Dec. 1854. 319.) Die untersuchten Knollen wurden von Decaisne 1854 im botanischen Garten zu Paris angebaut, 6. November geerntet.

No. 2. Payen. — No. 3. Pepin. — No. 4. Boussingault. — Die betr. Analysen wurden von Fremy an bezeichneter Stelle zum Vergleich angeführt. Die Analysen unterscheiden bezügl. der Nfr. Stoffe:

	No. 1	2	3	4
Stärke	16.0	16.76	18.3	13.1
Fett, Zucker etc.	1.1	0.30	—	0.4

No. 5. Henry. — No. 6 u. 7. Payen. — Aus Moleschott's Physiologie der Nahrungsmittel 1859. 2. 152. Als nähere Bestandtheile sind angegeben;

	No. 5	6	7
Stärkemehl	13.30	9.42	16.05
Zucker	3.30	3.50	10.20
Pectinsäure	—	1.30	—

*) Säuren und Salze.

No. 8. Osc. Kellner. — Chemical Analyses. Tokio, 1884. 21. Von den Nfr. Stoffen waren (in der Trockensubstanz) 22.13 % Stärkemehl. Stickstoff in Amidform etc. bestimmt durch Ausfällen mit Phosphorwolframsäure: 0.675.

No. 9 u. 10. S. W. Johnson. — No. 9. Rep. Ct. Ag. Exper. Stat. 1878. 16. No. 10. Americ. Journ. Scien. u. Arts. 1877. 197. (Beide Analÿsen aus Ann. Rep. Connect. Agricult. Exper. Stat. 1879. 158.) An näheren Bestandtheilen wurden bestimmt 1.08 % Gummi, 6.86 % Traubenzucker und 15.06 % Stärkemehl (aus der Differenz).

No. 11. T. Antisell. — Ibidem.

No. 12 u. 13. H. Grouven. — Ztschr. d. landw. Ver. f. Rheinpreussen 1857. 173. Die Yamsknolle No. 12 war $1^1/_2$ Fuss lang, 1 Zoll dick, mit weissem Fleisch, die von No. 13, welche in düngerreichem Gartenboden gewachsen, 2 Fuss lang. An näheren Bestandtheilen wurden unterschieden:

	No. 12	13
Stärke	8.00	3.04
Schleim und Pectin .	1.92	0.31
Extractivstoffe . . .	3.11	2.89
Zucker	0.72	0.32

No. 14—17. C. Neubauer u. J. Oeconomides. Mitgetheilt von H. W. Dahlen. — Landw. Jahrb. 4. 1875. 625. An näheren Bestandtheilen wurden unterschieden (im frischen Zustande):

	No. 14	15	16	17
Traubenzucker	3.47	2.10	2.50	0.44
Stärke und Dextrin . . .	21.02	20.18	19.57	23.01
Sonstige Nfr. Extractstoffe	1.79	2.61	2.78	4.66

Die Knollen hatten vermuthlich bei dem Transport von England nach Wiesbaden etwas an Wasser verloren.

No. 18 u. 19. Corenwinder. — König, Chemie der Nahrungsm. 2. Aufl. 1882. 1. Thl. 125. (Ann. agron. 1876. 2. 429.)

No. 20 u. 21. Sacc. — Agriculturchem. Centralbl. 12. 1883. 337. An näheren Bestandtheilen wurden ferner bestimmt:

	Traubenzucker	Gummi	Pectinsäure	Stärkemehl
No. 20 . . .	4.00	1.15	1.27	15.00 %
No. 21 . . .	0.33	—	—	13.01 %

No.	Bezeichnungen und Bemerkungen	Jahr der Untersuchung	In der ursprünglichen Substanz: Wasser %	Nh-Substanz %	Rohfett %	Nfr. Extractstoffe %	Rohfaser %	Asche %	Trockensubstanz %	In der Trockensubstanz: Nh-Substanz %	Rohfett %	Nfr. Extractstoffe %	Rohfaser %	Asche %	Stickstoff in der Trockensubstanz %
	Dioscorea edulis. — Batatas edulis (Sweet potatoe nach O. Kellner).														
1	Aus Oberitalien	1874	60.72	4.49	0.35	32.45	1.09	0.90P	39.28	11.42	0.89	82.62	2.79	2.28	1.83
2	(Satsuma-imo in Japan), späte Varietät, weissfleischig	1883	64.27	1.47	1.07	31.58	0.98	0.63	35.73	4.12	3.00	88.39	2.74	1.75P	0.66°
3	Desgl., gelbfleischig	„	65.56	1.86	0.37	30.19	1.23	0.79	34.44	5.40	1.06	87.77	3.57	2.30P	0.87°
4	Desgl., frühe Varietät, weissfleischig	„	75.01	1.42	0.29	20.32	0.94	2.02	24.99	5.70	1.16	81.27	3.78	8.09P	0.91°
	Mittel		66.39	2.24	0.50	28.58	1.08	1.21	33.61	6.66	1.50	85.01	3.22	3.61	1.07
	Dioscorea sativa.*)														
1		—	67.58	—	—	25.86	6.51	—	32.42	—	—	79.91	20.09	—	—
	Jatropha Manihot L. Manihot utilissima (Manioc.).														
1	Var. Yuca dulce, ganze Knolle	1856	63.21	—	—	—	—	—	36.79	—	—	—	—	—	—
2	Desgl., entschälte Knolle	„	67.65	1.17	0.40	28.63	1.50	0.65	32.35	3.62	1.24	88.49	4.64	2.01	0.58
	Polymnia edulis. — Erdbirne, Poire de terre Cochet.														
1	Im Garten der Aclimatisat. Ges. in Paris gebaut	1867	86.00	9.65 (Nh-Substanz, Rohfett, Nfr. Extractstoffe zusammen)			4.35 (Rohfaser und Asche zusammen)		14.00	68.93 (Nh-Substanz, Rohfett, Nfr. Extractstoffe zusammen)			31.07 (Rohfaser und Asche zusammen)		—

Dioscorea edulis.

No. 1. J. Moser. — L. V.-St. 20. 1877. Der Autor erklärt ausdrücklich, dass die Species, deren Knollen untersucht, nicht mit Convolv. Batatas (gewöhnliche Batate) und Diosc. sativa oder alata, welche die Yamswurzel liefern, zu verwechseln sei. Als interessantes Vorkommniss wurde die Anwesenheit von Kautschukkörpern neben Fett und einem Harz von nicht bitterem, aber auch nicht angenehmem Geschmack constatirt. Die Knollen waren beim Beginn der Untersuchung bereits stark welk, so dass der Wassergehalt nicht dem der frischen Knollen entspricht. Die sämmtlichen Bestimmungen, mit Ausnahme die des Pectins, sind „direct durchgeführt“ worden. An näheren Bestandtheilen wurden unterschieden:

	Aether-extract	Alkohol u. Schwefelkohlenstoff-Extract	Rohrzucker	Lävulose	Stärkemehl	Pectin u. Extractivstoffe
Im frischen Zustande	0.348	0.265	4.79	0.18	25.19	2.03
Im trocknen Zustande	1.56 (beide zusammen)		12.20	0.46	64.12	5.18

No. 2—4. Osc. Kellner. — Japan. Chemic. Analys. fr. Labor. Imper. Coll. of Agric. Komaba. Tokio, 1884. 22. In der Trockensubstanz sind nach ausführlicherer Analyse ferner enthalten:

	No. 2	3	4
Stärke	78.59	67.77	—
Dextrin und Rohrzucker	5.07	14.99	—
Glucose	1.14	Spuren	—
Andere Nfr. Substanzen	3.54	4.97	—
Stickstoff in Amiden etc.	0.202	—	0.304

Asche ist frei von C und CO_2.

Dioscorea sativa.

No. 1. Sauersen. — Moleschott's Physiologie der Nahrungsmittel. II. Thl. 153. Stärkemehl 22.66 %, Zucker 0.26 %, Pectin 2.94 %.

*) Ueber den Stärkemehlgehalt der Knollen dieser und anderer Species der Dioscorea sind ebendaselbst noch folgende Angaben gemacht:

	Shier	Harris
Dioscorea edulis	16.31 %	10.47 %
Dioscorea sativa	24.47 „	—
Dioscorea von Barbados	18.75 „	—
Dioscorea bulbifera	—	10.47 %
Dioscorea aculeata	17.03 „	—
Dioscorea triphylla	16.07 „	—
Desgl.	15.63 „	—
Desgl.	14.83 „	—

Jatropha Manihot.

No. 1 u. 2. Payen. — Wilda's landw. Centralbl. 1857. 1. 328. (Compt. rend. 44. 407. Journ. f. prakt. Chem. 71. 175.) Bei No. 1 wurden direct durch Zerreiben und Durchsieben erhalten: Stärkemehl 21.00 %, durch Schwefelsäure in Dextrin und Traubenzucker überführbares Stärkemehl 6.05 %, 7.70 % in Wasser lösliche Substanzen, 1.59 % Faser, Pectose, Pectinsäure, Kieselsäure, fettige Stoffe.

Bei No. 2 wurden an näheren Bestandtheilen unterschieden 23.10 % Stärkemehl, 5.52 % zuckerige, gummöse und dergleichen Stoffe, 1.50 % Faserstoff, Pectose und Pectinsäure, 0.40 % fette Stoffe und ätherische Oele.

Polymnia edulis.

No. 1. Boutmy. — Weende'r Jahresber. 1867/68. 539. (Journ. d'agricult. prat. 1868. I. 263.) Glucose 2.80 %, krystallisirbarer Zucker 6.85 %.

Anmerkungen*) zu dem Gehalt der Wurzelgewächse an Nh. Substanz.

Ueber den Eiweissgehalt und den Gehalt an nicht-eiweissartigen stickstoffhaltigen Verbindungen der Wurzelgewächse sind noch folgende Angaben zu machen:

Ernst Schulze[1]) bestimmte den Gehalt an Salpetersäure nachstehender Wurzelfrüchte, sämmtlich nach der Schlösing'schen Methode:

		In der frischen Substanz		In der Trockensubtanz		Gesammt-N d. Trockensubstanz
		Salpetersäure %	Proteïn %	Salpetersäure %	Proteïn %	× 6.25
Futterrunkelrüben.						
1. Lange gelbe Rübe	vom Klostergute Weende	0.048	0.63	0.47	6.19	6.95
2. „ „ „	vom Klostergute Weende	0.064	0.61	0.77	7.31	8.56
3. „ „ „	vom Klostergute Weende	0.078	0.67	0.80	6.91	8.19
4. „ „ „ (unreif)	aus dem Garten der Versuchsstation	0.212	0.73	2.56	8.81	12.96
5. „ „ „	aus dem Garten der Versuchsstation	0.285	1.01	3.13	11.13	16.19
6. „ „ „	von Gestorf b. Hannover	0.074	0.55	0.82	6.13	7.44
7. Rothe runde Klumpers	von Gestorf b. Hannover	0.043	0.63	0.37	5.44	6.04
8. Oberndörfer	von Wintersheim in Hessen	0.085	1.94	0.81	8.94	10.25
9. Vilmorin	von Wintersheim in Hessen	0.242	1.21	2.30	11.54	15.26
Zuckerrüben.						
10. Zuckerrübe von Wintersheim in Hessen		0.013	0.83	0.076	4.88	5.01
11. Zuckerrübe von Gestorf bei Hannover		0.158	1.24	1.09	8.56	10.31
Englische Futterrübe (Weissrüben) Brassica Rapa rapifera.						
12. Weisse grünköpfige	von Viernheim in Hessen	0.016	1.01	0.21	13.22	13.56
13. Orangegelbe „	von Viernheim in Hessen	0.026	1.20	0.26	12.17	12.60
14. Gelbe „	von Viernheim in Hessen	0.009	0.84	0.10	9.15	9.31
15. Ovale „	von Viernheim in Hessen	0.004	0.64	0.058	8.28	8.37
16. Lange weisse	von Viernheim in Hessen	0.032	0.73	0.38	8.73	9.35
17. Gelbe von Northeim		0.051	1.05	0.65	13.35	14.41

Die Futterrüben No. 1—3 sind auf kalkhaltigem Lehmboden in starker Düngung gewachsen. No. 4 und 5 wuchsen auf einem kalkreichen, in hohem Düngungszustande befindlichen Boden. No. 8, 9 und 10 stammten von einem kalkhaltigen Lehmboden, 8 und 9 waren mit viel Mistjauche und mit 4 Ctr. pro hess. Morgen Kali-Superphosphat, No. 10 ebenfalls mit Kali-Superphosphat und 1 Ctr. aufgeschlossenem Guano gedüngt. No. 11 war als Futterrübe in starker Düngung gebaut. No. 12—16 stammen von einem humosen künstlich mit Sand gemischten Lehmboden und sind als Stoppelrüben gezogen.

E. Schulze und A. Urich[2]) wiesen nach, dass in Futterrüben sich ein sehr bedeutender Theil des N in Form von Amiden, Glutamin (Amidobrenzweinsäure-Amid) und z. B. Betaïn (Trimethylglycoll), dass weniger als die Hälfte des N in Form von Eiweissverbindungen vorhanden ist. Vier „dicke runde gelbe" Rüben aus dem Jahre 1874 enthielten in Procenten:

In der frischen Rübe:	1.	2.	3.	4.
An Trockensubstanz	8.07	8.00	11.54	10.84 %
An Gesammt-N	0.2390	0.2286	0.1495	0.1363 %
An N in Amidform	0.0857	0.0777	0.0488	0.0623 „
An N in Form von N_2O_5	0.1053	0.0691	0.0409	0.0129 „
An N in Form von NH_3	0.0050	0.0081	0.0043	0.0050 „
An N in Eiweissform	0.0516	0.0526	0.0567	6.0406 „
An Eiweiss	0.3225	0.3287	0.3543	0.2537 „
In Procenten vom Gesammt-N waren gebunden:				
In Eiweiss	21.59	23.01	37.92	29.79 %
In Amiden	35.86	33.99	32.64	45.71 „
In Salpetersäure	44.06	30.23	27.36	9.46 „
In Ammoniak	2.09	3.54	2.88	3.67 „

*) Als Ergänzung zu der Anmerkung Seite 362.
[1]) Landw. V.-St. 15. 1872. 170.
[2]) Landw. V.-St. 18. 1875. 296.

Im frischen Saft von zwei der Rüben wurde gefunden:

	N in Form von Betaïn	Betaïn ($C_5H_{11}NO_2$)
1.	0.0177 %	0.099 %
2.	0.0213 „	0.178 „

In einer darauf folgenden Arbeit wurden theils in denselben Rüben, theils in Rüben vom Jahre 1875 nachstehende N-Verbindungen bestimmt:

	Rüben von 1874		Rüben von 1875	
Lösliche Eiweissstoffe . . .	0.2306 %	mit 0.0369 % N	0.1413 %	mit 0.0226 % N
Unlösliche Eiweissstoffe . .	0.0950 „	„ 0.0152 „ „	0.1023 „	„ 0.0164 „ „
Glutamin (und Asparagin) . .	0.4066 „	„ 0.0780 „ „	0.4425 „	„ 0.0847 „ „
Betaïn	0.1359 „	„ 0.0161 „ „	0.0226 „	„ 0.0027 „ „
Salpetersäure	0.3363 „	„ 0.0872 „ „	0.2483 „	„ 0.0644 „ „
Ammoniak	0.0080 „	„ 0.0066 „ „	0.0085 „	„ 0.0071 „ „

E. Kern und H. Wattenberg[1]) erhielten bei der Untersuchung zweier Sorten Futterrunkeln und O. Kellner[2]) bei der gelben Oberndörfer, die auf dem schweren, mit Stallmist gedüngten Thonboden der Hohenheimer Gutswirthschaft gewachsen war, folgende Resultate:

	Trocken-substanz	In der Trockensubstanz Eiweiss-N	Nichteiweiss-N	Vom Gesammt-N war in Eiweiss
Grosse rothe	13.24	0.635	2.054	23.5 %
Kleine gelbe	13.12	0.592	1.523	28.0 „
Oberndörfer	15.80	1.053	0.6513	61.2 „

In gleicher Richtung untersuchte O. Kellner[3]) verschiedene Wurzelgewächse, welche zum Theil von den bei Lichterfelde gelegenen Rieselfeldern, zum Theil von Hohenheim (schwerer Thonboden, der Rübencultur sehr ungünstig) gewachsen waren. Erstere hatten nur wenig Spüljauche erhalten und waren nicht grösser (im maximum 3 kg pro Stück) als die Hohenheimer Rüben. In der Trockensubstanz wurde gefunden:

	Gesammt-N %	Nichtproteïn-N (excl. N_2O_5) %	Salpetersäure %
Futterrunkeln aus Lichterfelde	3.13	1.39	3.15
Futterrunkeln aus Hohenheim (ungedüngt) .	2.42	1.25	0.42
Speiserüben aus Lichterfelde	2.14	0.72	0.68
Pferdemöhren aus Lichterfelde	2.33	1.02	0.82
Pferdemöhren aus Hohenheim	1.83	0.56	0.49
Kohlrüben aus Lichterfelde	2.40	0.97	0.37
Kohlrüben aus Hohenheim	2.89	1.13	Spur
Stoppelrüben (nach Roggen) aus Hohenheim (milder lehmiger Sand)	2.58	1.15	0.18

P. Behrend und A. Morgen[4]) untersuchten in gleicher Richtung Rüben und zogen dabei Rüben von Sandboden und solche von Rübenboden in Vergleich:

	Rothe Riesenpfahlrübe auf Rübenboden %	Rothe Riesenpfahlrübe auf Sandboden %	Gelbe olivenförmige Rübe auf Rübenboden %	Gelbe olivenförmige Rübe auf Sandboden %
Gesammt-N	0.200	0.184	0.200	0.163
Davon unlöslich im Mark	0.030	0.012	0.036	0.043
Löslich im Saft	0.170	0.172	0.164	0.120
Vom Saft-N war:				
Gebunden in Eiweiss	0.049	0.058	0.055	0.050
In Amiden	0.095	0.078	0.087	0.066
In NH_3, N_2O_5 u. A.	0.032	0.012	0.022	—
Wirkliches Eiweiss in der ganzen Rübe	0.491	0.438	0.569	0.638
Von 100 Gesammt-N waren in Eiweiss gebunden .	39.5	38.0	45.5	62.6
Nicht in Eiweiss gebunden	60.5	62.0	54.5	37.4

[1]) Journ. f. Landw. 26. 1878. 619.
[2]) Landw. Jahrb. 8. 1879. I. Supplem. 251.
[3]) Agriculturchem. Centralbl. 1881. 540.
[4]) Ztschr. d. landw. Centralver. d. Prov. Sachsen 1879. 49. Vergl. No. 220—223 der Analysen von Runkelrüben.

Körner und Samen.

I. Nacktweizen.

No.	Bezeichnungen und Bemerkungen	Jahr der Untersuchung	In der ursprünglichen Substanz: Wasser %	Nh-Substanz %	Rohfett %	Nfr. Extractstoffe %	Rohfaser %	Asche %	In der Trockensubstanz: Nh-Substanz %	Rohfett %	Nfr. Extractstoffe %	Rohfaser %	Asche %	Stickstoff in der Trockensubstanz %
	Weizenkörner. — (Triticum vulgare, Tr. turgidum, Tr. durum.) — Wheat. — Blé.													
1	Winter-Weizen, Bechelbronn, freies Feld	1836	14.50	12.23	2.22	64.64	—	2.06	14.31	2.60	75.60	—	2.41	2.29°
2	Desgl., stark gedüngtes Gartenland . .	„	—	—	—	—	—	—	21.94	—	—	—	2.31	3.51°
3	Rother Weizen	„	14.50	12.30	1.50	67.60	2.10	2.00	14.39	1.75	79.07	2.45	2.34	2.30
4	Hühner-Weizen	„	14.40	15.60	1.00	65.60	1.50	1.90	18.22	1.17	76.63	1.75	2.23	2.91
5	Harter Weizen	„	14.80	13.60	2.00	65.70	2.30	1.60	15.96	2.34	77.12	2.70	1.88	2.55

Weizenkörner.

No. 1—5. J. B. Boussingault. — Die Landwirthschaft etc. I. Thl. 292. II. Thl. 170. III. Thl. 200. Der Weizen unter No. 1 ergab im trocknen Zustande 13.7% Kleie und 86.3% Mehl und diese enthielten:

	Kleber	Stärke	Zucker	Gummi	Fett	Holzfaser	Asche
In 100 trockner Kleie	20.0	—	—	28.8	5.5	45.7% (Holzfaser + Asche)	
In 100 trocknem Mehl	13.4	73.2	5.6	4.2	2.1	—	1.5%

Rohfaser von uns aus der Differenz berechnet.

Boussingault und Le Bel bestimmten in dem selbst dargestellten Mehle einer Anzahl Weizensorten den N-gehalt und berechneten aus diesem den Gehalt des Mehles an Proteïnsubstanzen, deren Gehalt an N zu 16% angenommen. Die analysirten Weizen waren in demselben Jahre in Jardin des Plantes geerntet und daher in gleich gut gedüngtem Boden und unter völlig gleichen meteorologischen Verhältnissen angebaut. Durch Zerreiben im Achatmörser wurde ausserdem Kleie und Mehl dargestellt und deren Menge bestimmt, indem das Mehl durch ein Florsieb getrennt und die rückständige Kleie gewogen wurde; die Menge des Mehles wurde aus dem Gewichtsverlust bestimmt.

Bezeichnung der Weizenart	Beschaffenheit der Körner	In 100 Thl. Weizen Kleie	In 100 Thl. Weizen Mehl	In 100 Thl. Mehl N	In 100 Thl. Mehl Proteïn	Ansehen des Mehl's
Weizen von Barel, Trit. spelta rufa mutiva .	gering, klein	21.9	78.1	3.85	24.1	grau, rauh
Tr. monococcum, kleiner Spelt	mittel	20.8	79.2	3.97	24.8	glatt
Grosser Spelt	sehr gross	26.9	73.1	3.53	22.1	sehr rauh
Mekka-Weizen	hornartig, lang	32.0	68.0	3.71	23.8	gelb, rauh
Bartweizen mit violetter Hülle	klein, braun	13.2	86.8	3.63	22.7	sehr rauh
Winterweizen, Tr. hybernum	mittel	38.5	61.5	2.92	18.3	gelblich, glatt
Gewöhnlicher Weizen	röthlich	23.5	76.5	3.77	23.5	rauh
Weizen von Reyel	gelb, schön	14.0	86.0	3.00	18.7	sehr weiss, glatt
Rother ägyptischer Weizen	klein, hart	15.0	85.0	3.45	21.6	gelblich, dick
Vierzeiliger Weizen	hart	15.0	85.0	3.27	20.4	ein wenig rauh
Rother Weizen von Marcel (Paris)	dick	21.5	78.5	3.04	19.0	gelb, glatt
Weizen von Danzig	weich	24.0	76.0	3.63	22.7	weiss, sehr glatt
Weizen du Nord	ziemlich hart	20.5	79.5	3.58	22.4	gelblich
Weizen, feiner rother von Foix	weich	18.5	81.5	3.51	21.9	weiss, sehr glatt
Weizen von Smyrna	weiss, hart	19.0	81.0	3.18	19.9	weisslich, ziemlich rauh
Bengalischer Weizen	weiss, hart	21.5	78.5	2.97	18.6	glatt, weiss
Weizen von Taganrog	klein	23.5	76.5	3.86	24.1	weiss, glänzend
Weizen von Afrika	grau, hart	24.5	75.5	4.25	26.5	gelb, sehr rauh
Weizen vom Cap	gelb, dick	19.0	81.0	2.92	18.2	weiss, glänzend
Weizen aus Russland	runzlig	18.0	82.0	3.53	22.1	gelb, glänzend
Weizen aus Sicilien	klein, roth	19.5	80.5	3.89	24.3	gelb, rauh
Weizen von St. Helena	hart, sehr gross	25.0	75.0	3.35	20.9	gelb, rauh
Weizen von Subernac (Pyrenäen)	wohlgebildet	20.5	79.5	3.04	19.0	weiss, glänzend
Feiner rother Weizen von Roussillon . . .	röthlich	16.0	84.0	3.61	22.6	weiss, glänzend

No.	Bezeichnungen und Bemerkungen	Jahr der Untersuchung	In der ursprünglichen Substanz						In der Trockensubstanz					Stickstoff in der Trockensubstanz
			Wasser %	Nh-Substanz %	Rohfett %	Nfr. Extractstoffe %	Rohfaser %	Asche %	Nh-Substanz %	Rohfett %	Nfr. Extractstoffe %	Rohfaser %	Asche %	%
6	Harter afrikanischer	1840	—	—	—	—	—	—	18.75	—	—	—	—	3.00°
7	Aus Venezuela	„	11.52	19.35	—	—	—	—	21.87	—	—	—	—	3.50°
8	Berechnetes Mittel aus verschiedenen Analysen	„	13.00	13.53	1.85	66.38	3.24	2.00	15.55	2.12	76.31	3.72	2.30	2.49
9	Mittel von 7 Analysen	—	12.90	12.90	—	(60.30	10.00)	1.90	14.81	—	—	—	2.18	2.37
10	Mittel von 62 Analysen	—	11.70	—	—	—	—	1.67	—	—	—	—	1.89	—
11	Mittel von 12 Analysen	—	16.63	10.63	—	—	—	—	12.75	—	—	—	—	2.04°
12	Weizen aus Schottland, 1 hl = 79.9 kg	1852	16.88	8.88	1.99	—	—	1.57	10.68	2.39	—	—	1.89	1.71
13	Winterigelweizen, Hohenheim, fruchtbares Jahr	1850	14.78	11.28	—	—	2.42	1.68	13.24	—	—	2.84	1.97	2.12
14	Desgl., Hohenheim, unfruchtbares Jahr	1851	16.08	10.56	—	—	2.78	1.65	12.59	—	—	3.32	1.97	2.01
15	Talavera-Weizen a. Hohenheim (Winterw.)	1845	15.43	13.69	—	—	—	2.36	16.19	—	—	—	2.80	2.59°
16	Whittington-W. a. Hohenheim (Winterw.)	„	13.93	14.42	—	—	—	2.69	16.75	—	—	—	3.13	2.68°
17	Sandomierz-W. a. Hohenheim (Winterw.)	„	15.48	14.21	—	—	—	2.03	16.81	—	—	—	2.40	2.69°
18	Spalding-Weizen, dünne Körner . . .	1852	19.90	12.42	—	—	—	1.80	15.50	—	—	—	2.25	2.48°
19	Desgl., dicke Körner	„	19.10	11.78	—	—	—	1.79	14.56	—	—	—	2.21	2.33°
20	Victoria-Weizen, dünne Körner . . .	„	16.80	12.69	—	—	—	1.81	15.25	—	—	—	2.18	2.44°
21	Desgl., dicke Körner	„	17.58	10.71	—	—	—	1.62	13.00	—	—	—	1.97	2.08°

Von anderen, nicht in den Rahmen unserer Zusammenstellung passenden Analysen von Weizenkörnern sind nachstehende von Interesse: Sigism. Frdr. Hermbstädt. — Versuche über den Einfluss der Düngungsmittel auf die Erzeugung der näheren Bestandtheile der Getreidearten (Schweigger's Journ. f. Chemie u. Physik. 46. (1826.) 278.) Die zugehörigen Analysen führen wir bei „Weizenkörner, unter dem Einflusse des Düngers" ausführlicher an, hier nur die Analyse des auf ungedüngtem Lande geernteten Sommerweizens. In ähnlicher Weise untersuchte W. E. Fuss (Ebendas. 64. (1832.) 324) nach wenig von dem Hermbstädt's abweichendem Verfahren (siehe Untersuchungsmethoden) 3 Proben amerikanischen Weizens. Die Analysen ergaben nachstehendes Resultat:

	Feuchtigkeit	Hülsensubstanz	Kleber	Eiweiss	Getreideöl	Amylon	Schleimzucker	Gummi	Saurer phosphors. Kalk	Verlust
Hermbstädt, ungedüngter Weizen	4.20	14.00	9.20	0.72	1.00	66.66	1.92	1.88	0.36	0.06 %
W. E. Fuss, amerikan. Weizen 1	9.38	8.30	15.04	0.15	—	56.03	0.60	0.41	0.08	10.01 „
„ „ 2	8.45	6.65	19.56	0.88	—	56.67	0.60	0.48	0.06	6.65 „
„ „ 3	9.70	6.99	15.51	0.30	—	58.90	0.68	0.40	0.06	7.46 „

No. 6 u. 7. Payen. — Boussingault's d. Landwirthschaft etc. I. 291.

No. 8. Moleschott's Physiologie der Nahrungsmittel. II. 105.

No. 9. Gregory. — Hemming's Tabelle in J. R. Agric. Soc. England. 14. II. (1852.) 452. In dem Weizen wurden ferner bestimmt 4.6 % Gummi etc., 55.7 % Stärkemehl, 11.9 % Faser und Schalen.

No. 10. Way. — Ebendaselbst.

No. 11. Gilbert. — Ebendaselbst. Wassergehalt von uns berechnet.

No. 12. Th. Anderson. — Trans. Highl. Soc. Juli 1851 bis März 1853. (Weende'r Jahresber. 1853. II. 8. Chem. Pharm. Centralbl. 1853. 331.) Nh. Substanz von uns berechnet. Der Gehalt an Wasser (durch Austrocknen), an Oel (durch Ausziehen der getrockneten Substanz mit Aether) und Asche direct bestimmt. In 100 frischer Substanz 1.42 % N, 0.53 % Phosphate und 0.28 % Phosphorsäure.

No. 13 u. 14. Fehling u. Faist. — Liebig u. Kopp Jahresber. 1853. (Weende'r Jahresber. 1853. II. 7.) Holzfaser wurde durch aufeinanderfolgendes Auslaugen der Substanz mit verdünnter Säure und verdünnter Kalilauge erhalten. Der Wassergehalt der frischen Körner, der Klebergehalt (aus dem N-gehalt berechnet), der Holzfaser- und Aschengehalt, der Gehalt an Phosphorsäure und Kieselsäure wurden direct, der Stärkemehl- und Fettgehalt (den wir nicht aufführen) aus dem Verluste bestimmt. Die Körner enthielten in 100 Trockensubstanz:

	No. 13	14
Phosphorsäure	0.71	0.72 %
Kieselsäure	0.14	0.14 „

No. 15—17. E. N. Horsford. — Annal. d. Chem. u. Pharm. 58. (1846.) 166—212. Mit Ergänzungen (Stärkemehlbestimmung) von Krocker. Diese Weizen enthielten in Procenten der frischen Substanz:

	No. 15	16	17
Stärkemehl . . .	56.25 %	52.45 %	53.38 %

Nh. Substanz von uns nach angegebenem N-gehalt berechnet.

No. 18—45. J. Reiset. — Dingler's Polytechn. Journ. 129. (1883) 298. (Aus Compt. rend. Mai 1853. No. 20.) Von den Weizenproben No. 26—45 wurde auch mittelst des Regnault'schen Volumenometers die Dichte der Körner bestimmt; wir haben das specifische Gewicht nicht beigefügt, bemerken aber, dass die untersuchten Weizen nach ihrer verschiedenen Dichte, mit dem der niedrigsten (1.290) beginnend und mit dem der höchsten Dichte (1.407) schliessend, geordnet sind. Ueber die Weizen ist noch Folgendes bemerkt:

No. 26. Geerntet zu Varrières (Vilmorin)
No. 27. Geerntet zu Crespel (Strasse von Calais)
No. 28. Schlechte Ernte
No. 29. Eingesandt von Herrn Malingié
No. 30. Geerntet zu Avrigny (Picardie)
No. 31. Gesäet zu Ecorche-boeuf 1851
No. 32. Eingesandt von Herrn Mabioe
No. 33. Geerntet zu Bouyères bei Arpajon
No. 34. Geerntet zu Vollerand (Seine und Oise)
No. 35. Aus der Umgegend von Pontoise
No. 36. Untere Seine
No. 37. Untere Seine
No. 38. Geerntet zu Bruyères bei Arpajon
No. 39. Geerntet zu Neufchâtel (untere Seine)
No. 40. Eingesandt von Herrn Malingié
No. 41. Geerntet zu Varrières (Vilmorin)
No. 42. Geerntet zu Bruyères
No. 44. Gesäet zu Ecorche-boeuf 1851
No. 45. Geerntet zu Varrières (Seine und Oise)

Proteïngehalt von uns aus dem angegebenen N-gehalt berechnet.

No.	Bezeichnungen und Bemerkungen	Hectoliter-gew. kg	Jahr der Untersuchung	In der ursprünglichen Substanz: Wasser %	Nh-Substanz %	Rohfett %	Nfr. Extractstoffe %	Rohfaser %	Asche %	In der Trockensubstanz: Nh-Substanz %	Rohfett %	Nfr. Extractstoffe %	Rohfaser %	Asche %	Stickstoff in der Trockensubstanz %
22	Albert-Weizen, dünne Körner . . .		1852	18.34	13.22	—	—	—	1.72	16.19	—	—	—	2.11	2.59^0
23	Desgl., dicke Körner		„	18.70	11.94	—	—	—	1.69	14.69	—	—	—	2.08	2.35^0
24	I. geerntet 6. August		„	16.20	11.68	—	—	—	—	13.94	—	—	—	—	2.23^0
25	II. geerntet 22. August		„	16.54	12.10	—	—	—	—	14.50	—	—	—	—	2.32
26	Petagnelle noir (Poulard) halbweich	73.96	1851/52	14.10	9.17	—	—	—	1.83	10.68	—	—	—	2.14	1.71^0
27	Weisser, weicher, engl. Weizen	76.74	„	14.47	10.05	—	—	—	1.61	11.75	—	—	—	1.88	1.88^0
28	Weizen, geerntet zu Ecorcheboeuf 1850	74.88	„	15.90	14.67	—	—	—	1.65	12.68	—	—	—	1.89	2.03^0
29	Weizen von Charmoise . . .	77.42	„	14.97	9.93	—	—	—	1.78	11.68	—	—	—	2.10	1.87^0
30	Englischer Weizen (3. Jahr nach der Einführung)	79.16	„	15.64	10.38	—	—	—	1.62	12.31	—	—	—	1.92	1.97^0
31	Barker's Weizen, 1851 eingeführt	79.30	„	16.51	9.55	—	—	—	1.57	11.44	—	—	—	1.88	1.83^0
32	Weisser russischer Weizen (in Neufchatel geerntet) . . .	81.60	„	15 00	10.78	—	—	—	1.67	12.68	—	—	—	1.97	2.03^0
33	Hérrison- (Sommer-) W., halbweich, 1851	79.56	„	13.48	15.43	—	—	—	1.88	17.93	—	—	—	2.19	2.87^0
34	Richelle von Neapel, weisser Sommerweizen, 1851 . . .	80.11	„	14.13	11.97	—	—	—	1.81	13.94	—	—	—	2.11	2.23^0
35	Victoria-Weizen (Sommerfrucht)	74.54	„	15.49	12.94	—	—	—	1.70	15.31	—	—	—	2.02	2.45^0
36	Spalding-Weizen, in Ecorcheboeuf gebaut, 1851 . . .	78.23	„	14.69	10.55	—	—	—	1.73	12.37	—	—	—	2.03	1.98^0
37	Victoria-W., in Ecorche-boeuf gebaut, 1851	78.45	„	13.27	10.24	—	—	—	1.66	11.81	—	—	—	1.92	1.89^0
38	Xeres-Weizen, sehr hart . . .	80.36	„	13.60	10.47	—	—	—	1.65	12.12	—	—	—	1.91	1.94^0
39	Rother russischer Weizen (7 Jahr nach der Einfuhr)	79.50	„	13.65	10.41	—	—	—	1.52	12.06	—	—	—	1.77	1.93^0
40	Weizen aus Pont-Levoy . . .	77.50	„	12.81	10.90	—	—	—	1.30	12.50	—	—	—	1.61	2.00^0
41	Weizen v. Sicilien, harte Sommerfrucht, 1851	80.30	„	14.25	11.79	—	—	—	1.81	13.75	—	—	—	2.11	2.20^0
42	Nouette- oder Riesenweizen von St. Helena	79.98	„	13.11	11.44	—	—	—	1.72	13.05	—	—	—	1.98	2.09^0
43	Richelleweizen v. Grignon, weich	80.58	„	14.11	10.68	—	—	—	1.61	12.44	—	—	—	1.87	1.99^0
44	Albertweizen (aus England 1851 eingeführt)	81.53	„	16.11	11.27	—	—	—	1.79	13.43	—	—	—	2.13	2.15^0
45	Polnischer Weizen (sehr hart) .	74.62	„	12.20	14.32	—	—	—	1.91	16.31	—	—	—	2.18	2.61^0
46	Geerntet 22. August		1851	—	—	—	—	—	—	14.94	—	—	—	1.92	2.39^0
47	Poulard bleu conique		—	14.40	15.60	1.40	67.10	1.50	1.90	18.22	1.63	76.18	1.75	2.22	2.92
48	Midatin du Midi		—	13.60	16.00	1.10	66.20	1.40	1.70	18.51	1.27	76.63	1.62	1.97	2.96
49	Weisser niederländischer Weizen, 1841		—	14.60	10.7	1.0	71.9	1.8	—	12.53	1.17	84.19	2.11	—	2.00
50	Hunter-Weizen, 1843		—	13.60	12.5	1.1	71.3	1.5	—	14.46	1.27	82.53	1.74	—	2.31
51	Weisser Toucelle aus der Provence, 1842		—	14.60	9.9	1.3	—	—	—	11.59	1.52	—	—	—	1.85
52	Odessa-Weizen aus Polen		—	15.2	14.3	1.5	67 6	—	1.4	16.86	1.77	79.72	—	1.65	2.70
53	Blé Hérisson, 1842		—	13.2	11.7	1.2	73.9	—	—	13.48	1.38	85.14	—	—	2.16
54	Poulard roux, 1840		—	13.9	10.6	1.0	74.5	—	—	12.31	1.16	84.53	—	—	1.97

No. 46. A. Stöckhardt. — Aus E. Wolff's Grundlagen d. Ackerbaues. Leipzig, 1856. 841.
No. 47—61. Peligot. — Aus Bibra's d. Getreidearten etc. 138 u. 226. An näheren Bestandtheilen wurden unterschieden und bestimmt:

	No. 47	48	49	50	51	52	53	54	55	56	57	58	59	60	Mittel 61
Nh. in Wasser unlösliche Stoffe (Kleber) . .	13.8	14.4	8.3	10.5	8.1	12.7	10.0	8.7	16.7	19.8	11.8	19.1	8.9	12.2	12.8
Nh. in Wasser lösliche Stoffe (Albumin) . .	1.8	1.6	2.4	2.0	1.8	1.6	1.7	1.9	1.4	1.7	1.6	1.5	1.8	1.4	1.8
Lösliche Nfr. Substanzen (Gummi, Zucker) .	7.2	6.4	9.2	10.5	8.1	6.3	6.8	7.8	5.9	6.8	5.4	6.0	7.3	7.9	7.2
Stärkemehl	59.9	59.8	62.7	60.8	66.1	61.3	67,1	66.7	59.7	55.1	65.6	58.8	63.6	57.9	59.7

No.	Bezeichnungen und Bemerkungen	Jahr der Untersuchung	In der ursprünglichen Substanz: Wasser %	Nh-Substanz %	Rohfett %	Nfr. Extractstoffe %	Rohfaser %	Asche %	In der Trockensubstanz: Nh-Substanz %	Rohfett %	Nfr. Extractstoffe %	Rohfaser %	Asche %	Stickstoff in der Trocken-Substanz %
55	Poulard bleu conique, sehr trocknes Jahr, 1846	—	13.2	18.1	1.2	65.6	—	1.9	20.85	1.38	75.58	—	2.19	3.34
56	Polnischer Weizen, 1844	—	13.2	21.5	1.5	61.9	—	1.9	24.77	1.33	71.71	—	1.19	3.96
57	Ungarischer Weizen, 1845 (Lemat) . .	—	14.5	13.4	1.1	71.0	—	—	15.67	1.29	83.04	—	—	2.51
58	Aegyptischer Weizen	—	13.5	20.6	1.1	64.8	—	—	23.81	1.27	74.92	—	—	3.81
59	Spanischer Weizen	—	15.2	10.7	1.8	70.9	—	1.4	12.62	2.12	83.61	—	1.65	2.02
60	Taganrog-Weizen	—	14.8	13.6	1.9	65.8	2.3	1.6	15.97	2.23	77.02	2.90	1.88	2.56
61	Mittel der vorstehenden 14 Analysen .	—	14.0	14.6	1.2	66.9	1.7	1.6	16.98	1.40	77.78	1.98	1.86	2.72
	I. Im Jahre 1848 in der Umgegend von Lille (Norden) geerntet.													
62	Spanischer Weizen, weich, weiss, gross	1848	16.5	12.06	1.56	66.57	1.80	1.51	14.45	1.87	79.71	2.16	1.81	2.31
63	Englischer rother Weizen, weich, sehr in's Rothe gefärbt	„	17.1	10.35	1.59	67.78	1.74	1.44	12.48	1.92	81.76	2.10	1.74	2.00
64	Anderer engl. rother Weizen, ebenso .	„	—	12.05	—	—	—	—	—	—	—	—	—	—
65	Bartweizen (blé barbu), weich, weiss .	„	17.1	11.08	1.41	66.95	1.93	1.53	13.26	1.70	80.86	2.33	1.85	2.12
66	Blé blauzé, weich, weiss	„	17.1	11.78	1.70	65.84	1.88	1.70	14.21	2.05	79.42	2.27	2.05	2.27
67	Desgl.	„	17.0	10.80	1.63	67.13	1.80	1.64	13.01	1.96	80.88	2.17	1.98	2.08
68	Blé duvet, weich	„	17.1	10.23	1.80	67.69	1.71	1.47	12.34	2.17	81.66	2.06	1.77	1.97
69	Blé de miracle (Wunderweizen), etwas hornartig	„	17.7	13.02	1.47	64.44	2.00	1.37	15.82	1.79	78.30	2.43	1.66	2.53
70	Weicher, weisser Weizen, feste Körner, etwas hornig	„	—	12.34	—	—	1.78	—	—	—	—	—	—	—
	II. Weizensorten (bis No. 82), welche 1852 u. 1853 in der Umgegend von Algier und unter benachbarten Breitengraden geerntet wurden.													
71	Zu Chéragas geerntet, weich, weiss . .	1852/53	13.70	11.15	1.88	69.77	1.70	1.80	12.92	2.18	80.84	1.97	2.09	2.07
72	Zu Guyotville gebaut, gross, weich, weiss	„	12.23	9.92	2.14	72.87	1.40	1.44	11.30	2.44	83.03	1.59	1.64	1.81
73	Desgl., nur die halbharten Körner . .	„	—	11.80	—	—	—	—	—	—	—	—	—	—
74	Desgl., wenig rothe, weiche und halbharte Körner	„	13.01	11.71	1.98	69.71	1.84	1.75	13.47	2.28	80.12	2.12	2.01	2.16
75	Desgl., wie voriger, weniger entwickelt	„	13.19	11.93	1.88	69.12	2.18	1.70	13.74	2.17	79.62	2.51	1.96	2.20
76	Weicher Weizen von Mitidja, kleine und lange Körner	„	12.60	12.32	2.07	68.57	2.35	2.09	14.09	2.37	78.46	2.69	2.39	2.25
77	Anderer Weizen v. Mitidja, grosse Menge halbharter Körner	„	--	15.21	—	—	—	—	—	—	—	—	—	—
78	Harter Weizen, roth und voluminös, aus der Provinz Oran	„	12.01	13.38	2.03	69.01	1.80	1.77	15.20	2.31	78.44	2.04	2.01	2.43
79	Desgl., weiss und voluminös, aus der Provinz Constantine	„	12.15	13.05	2.10	69.35	1.58	1.77	14.85	2.40	78.94	1.80	2.01	2.38
80	Harter Weizen von Mitidja	„	12.67	13.81	2.03	67.29	2.10	2.10	15.81	2.32	77.07	2.40	2.40	2.53
81	Weizen gebaut in La gouot, lange und voluminöse Körner	„	—	12.69	—	—	—	—	—	—	—	—	—	—
82	Weizen von Odessa	„	—	17.04	—	—	—	—	—	—	—	—	—	—

No. 62—82. Millon. — Weende'r Jahresber. 1854. II. 9 und v. Bibra, Die Getreidearten. Nürnberg, 1860. 231. (J. f. prakt. Chemie. 61. 340. Chem. pharm. Centralbl. 1854. 110. Liebig u. Kopp, Jahresber. 1854. 789.) Zu den untersuchten Weizen wird noch Folgendes bemerkt; zu No. 62: Der Same war aus Spanien gekommen und seit 8 Jahren ohne Erneuerung gebaut; zu No. 63: der aus England bezogene Samen wurde seit 3 Jahren zu Fives gebaut; zu No. 66: die Samen waren von Castres Baillaud genommen; zu No. 67: ein Jahr vorher ebendaher bezogen; zu No. 68: Varietät des Weizens unter No. 63; zu No. 69: der Weizen reift nicht immer im Departement Lille; er wurde nur versuchsweise gebaut, hatte runzlige Hülsen und hornartigen Bruch; zu No. 70: dem blé blauzé ähnlich, aber von etwas hornartigem Bruch; zu No. 72: die Körner waren sehr in die Breite entwickelt, von mehligem Bruch, wenige Korn von halbhornartigem Bruch; zu No. 81: halbharte Körner mit weichen Körnern gemengt. An „trocknem Kleber" enthielten diese Weizen (in lufttrocknem Zustande):

No. 62	63	64	65	66	67	68	69	70	71	72	73	74	75	76	77	78	79	80	81	82
9.9	6.0	10.2	9.0	9.1	8.7	8.2	12.3	11.72	9.0	4.8	11.8	12.52	12.37	11.60	14.30	14.87	13.93	16.66	11.38	17.49

No.	Bezeichnungen und Bemerkungen	Jahr der Untersuchung	In der ursprünglichen Substanz						In der Trockensubstanz					Stickstoff in der Trockensubstanz
			Wasser %	Nh-Substanz %	Rohfett %	Nfr. Extractstoffe %	Rohfaser %	Asche %	Nh-Substanz %	Rohfett %	Nfr. Extractstoffe %	Rohfaser %	Asche %	%
83	Rother schottischer Weizen	1855	—	8.44	—	—	—	—	—	—	—	—	—	—
84	Weizen vom schwarzen Meer	„	—	12.06	—	—	—	—	—	—	—	—	—	—
85	Chevalier-Weizen	„	—	10.75	—	—	—	—	—	—	—	—	—	—
86	Harter russischer Weizen	„	—	13.94	—	—	—	—	—	—	—	—	—	—
87	Franc-blé	„	—	14.06	—	—	—	—	—	—	—	—	—	—
88	Goutte d'or-Weizen	„	—	11.62	—	—	—	—	—	—	—	—	—	—
89	Poperingue-Weizen	„	—	12.12	—	—	—	—	—	—	—	—	—	—
90	Franc-blé, ohne Grannen	„	—	13.50	—	—	—	—	—	—	—	—	—	—
91	Adelaide-Weizen	„	—	11.62	—	—	—	—	—	—	—	—	—	—
92	Burrel-Weizen	„	—	12.00	—	—	—	—	—	—	—	—	—	—
93	Bastard v. Danziger u. rothem schottischen Weizen	„	—	11.69	—	—	—	—	—	—	—	—	—	—
94	Marthampton-Weizen	„	—	11.94	—	—	—	—	—	—	—	—	—	—
95	Australischer Weizen	„	—	13.87	—	—	—	—	—	—	—	—	—	—
96	Grober, harter Auvergne-Weizen . .	„	—	15.12	—	—	—	—	—	—	—	—	—	—
97	Rother Lammas-Weizen	„	—	13.31	—	—	—	—	—	—	—	—	—	—
98	Chaplain-Weizen	„	—	13.69	—	—	—	—	—	—	—	—	—	—
99	Blé chicot blanc	„	—	13.75	—	—	—	—	—	—	—	—	—	—
100	Bastard von weissem flandrischen und franc-blé	„	—	13.00	—	—	—	—	—	—	—	—	—	—
101	Franc-blé ohne Grannen von Brodier-Weizen abstammend	„	—	14.31	—	—	—	—	—	—	—	—	—	—
102	Chiddam-Weizen	„	—	22.44	—	—	—	—	—	—	—	—	—	—
103	Alter amerikanischer Weizen	1854	10.80	10.88	1.16	67.17	8.30	1.69	12.20	1.30	74.2	9.3	1.90	1.94
104	Neuer schottischer Weizen, ½ Jahr alt	„	14.80	7.07	1.19	63.05	12.44	1.45	8.30	1.40	73.1	14.6	1.70	1.33
105	Harter und weicher Weizen	„	14.50	14.40	1.90	63.30	4.20	1.70	16.38	2.22	74.50	4.91	1.99	2.62
106	Rother ägyptischer Weizen (Béhéri) .	1858	12.17	10.34	2.30	65.44	7.86	1.89	11.78	2.62	74.51	8.95	2.14	1.88
107	Winterweizen, schwer, Hectol. 76.75 kg	1854	15.65	11.84	2.61	65.79	(2.54)	1.57	14.00	3.10	78.03	3.01	1.86	2.24
108	Desgl., leicht, Hectol. 52.55 kg . .	„	15.56	12.97	2.39	61.24	(6.04)	1.80	15.38	2.83	71.33	7.15	3.31	2.46

No. 83—102. Is. Pierre. — Weende'r Jahresber. 1855/56. II. 17. (Ann. d'agric. franc. 6. 87. Compt. rend. 41. 47. Wilda's landw. Centralbl. 55. II. 198.) Der procentische Gehalt an Nh. Substanz von uns aus angegebenem Gewicht der Ernte von Körnern und Stickstoff berechnet. Der Ertrag der verschiedenen Weizensorten, die unter gleichen klimatischen und Bodenverhältnissen in der Normandie in demselben Jahre gebaut wurden, war folgender pro ha:

	No. 83	84	85	86	87	88	89	90	91	92
Körner {Hectoliter	27.0	25.5	29.0	22.0	28.0	20.0	27.5	25.0	30.0	29.0
Körner {Kilogramm	2187	2053	2320	1826	1837	2250	2214	2050	2430	2378
Stickstoff, kg	29.6	39.6	39.9	40.7	41.3	41.8	42.9	44.3	45.2	45.7
Berechneter % N-gehalt . .	1.35	1.93	1.72	2.23	2.25	1.86	1.94	2.16	1.86	1.92

	No. 93	94	95	96	79	98	99	100	101	102
Körner {Hectoliter	30.0	30.0	25.5	24.0	28.0	29.0	29.0	30.0	27.0	31.0
Körner {Kilogramm	2460	2445	2129	2028	2324	2334	2334	2490	2268	2480
Stickstoff, kg	46.0	46.7	47.3	49.1	49.5	51.1	51.4	51.8	51.9	89.0
Berechneter % N-gehalt . .	1.87	1.91	2.22	2.42	2.13	2.19	2.20	2.08	2.29	3.59

No. 103 u. 104. Arch. Polson. — Ebendas. 19. (Aus d. Chem. Gaz. 1855. 211 im J. prakt. Chem. 66. 320.) Die Summe der Componenten beträgt nur 98.9 bezw. 90.1. Für Stärke, Gummi u. Zucker werden nachstehende Zahlen angegeben:

	No. 103	104		No. 103	104
Stärke	69.9	66.9	Gummi u. Zucker	4.3	6.2 %

No. 105. Poggiale. — Ebendas. 19. (N. J. Pharm. 30. 180 u. 255.) Die Zahlen repräsentiren die mittlere Zusammensetzung von hartem und weichem Weizen. Der Gehalt an Holzfaser wurde bestimmt, indem zunächst die in Wasser und in Aether löslichen Substanzen des Weizens entfernt und im Rest dann durch Diastase das Stärkemehl in Zucker übergeführt und vom Gewicht des Rückstandes die durch directe Bestimmungen ermittelte Menge der in ihnen enthaltenen Nh. Substanzen abgezogen wurde. Auf diese Weise bestimmte Poggiale noch in einigen Weizensorten die Holzfaser und fand:

Im weissen baltischen Weizen . .	4.301 %	Im Bordeaux-Weizen	4.157 %
Im Blé Poulard	4.525 „	Im rothen amerikanischen Weizen	4.823 „
Im harten spanischen Weizen . .	3.687 „	Im weichen französischen Weizen .	4.629 „
Im harten afrikanischen Weizen .	3.823 „		

No. 106. Poggiale. — Ebendas. 1857—60. II. 39. (Compt. rend. 49. 128. Kopp u. Will's Jahresber. 1859. 732.)

No. 107—110. Al. Müller u. Mittenzwey. — Amts- u. Anzeigebl. f. Sachsen 1855. 38. (Wilda's landw. Centralbl. 1855. II. 201. J. f. L. 3. 190. Weende'r Jahresber. 1855/56. II. 15.)

	No. 107	108		No. 107	108
Im Hectoliter sind enthalten Körner	2399960	3987000	Specifisches Gewicht	1.398	1.392
Gewicht eines Kornes	0.0320 g	0.0132 g	Volum eines Korns in ccm . .	0.0229	0.0095

No.	Bezeichnungen und Bemerkungen	Jahr der Untersuchung	In der ursprünglichen Substanz: Wasser %	Nh-Substanz %	Rohfett %	Nfr. Extractstoffe %	Rohfaser %	Asche %	In der Trockensubstanz: Nh-Substanz %	Rohfett %	Nfr. Extractstoffe %	Rohfaser %	Asche %	Stickstoff in der Trockensubstanz %
109	Winterweizen, schwer, Hectol. 76.70 kg	1855	13.28	8.75	—	—	(2.66)	—	10.09	—	—	3.07	—	1.61
110	Desgl., leicht, Hectol. 53.20 kg . . .	1855	14.39	10.62	—	—	(4.12)	—	12.40	—	—	4.81	—	1.98
111	Old Red Lammes, Ernte von	1845	19.20	11.36	—	—	—	1.54	14.06	—	—	—	1.91	2.25^0
112	Desgl.	1846	15.70	11.33	—	—	—	1.65	13.44	—	—	—	1.96	2.15^0
113	Desgl.	1847	—	—	—	—	—	—	14.37	—	—	—	—	2.30^0
114	Desgl.	1848	10.70	13.34	—	—	—	1.80	14.94	—	—	—	2.02	2.39^0
115	Red Cluster	1849	16.90	10.07	—	—	—	1.53	12.12	—	—	—	1.84	1.94^0
116	Desgl.	1850	15.60	11.34	—	—	—	1.68	13.44	—	—	—	1.99	2.15^0
117	Desgl.	1851	15.80	10.42	—	—	—	1.59	12.37	—	—	—	1.89	1.98^0
118	Desgl.	1852	16.80	12.37	—	—	—	1.66	14.87	—	—	—	2.00	2.38^0
119	Rostock	1853	19.20	11.87	—	—	—	1.81	14.69	—	—	—	2.24	2.35^0
120	Desgl.	1854	15.10	11.35	—	—	—	1.64	13.37	—	—	—	1.93	2.14^0
121	Mittel	—	17.10	11.46	—	—	—	1.64	13.75	—	—	—	1.98	2.20^0
122	Ungedüngt . . . . . } Mittel einer 10j. Cultur in Rothamsted 1845—54	1855	17.10	11.03	—	—	—	1.72	13.31	—	—	—	2.07	2.13^0
123	Ammoniaksalze allein . . }	„	17.00	11.72	—	—	—	1.54	14.12	—	—	—	1.85	2.26^0
124	Ammoniaks. u. Mineralsalze }	„	17.10	11.50	—	—	—	1.62	13.87	—	—	—	1.96	2.22^0
125	Arnautischer W. v. Schleissheim, weich	1856	14.33	10.31	—	—	—	—	12.06	—	—	—	—	1.93^0
126	Sommerweizen, von Schleissheim, hart .	„	13.47	12.44	—	—	—	1.90	14.31	—	—	—	2.19	2.29^0
127	Winterweizen von Mönchshofen, hart .	„	11.04	12.44	—	—	—	1.68	14.00	—	—	—	1.89	2.24^0
128	Desgl. v. Mönchshofen, nicht völlig reif	„	10.97	12.31	—	—	—	—	13.81	—	—	—	—	2.21^0
129	Winterweizen von Brennberg, mittelweich	„	13.39	10.87	—	—	—	2.04	12.56	—	—	—	2.36	2.01^0
130	Winterweizen von Litzendorf, mittelweich	„	13.68	11.75	—	—	—	—	13.62	—	—	—	—	2.18^0
131	Winterweizen von Geisfeld, mittelweich	„	13.83	12.50	—	—	—	—	14.50	—	—	-	—	2.32^0
132	Winterweizen von Triesdorf, mittelweich	„	12.43	12.62	—	—	—	—	14.44	—	—	—	—	2.31^0
133	Winterw. von Triesdorf, weisser, weich	„	13.10	12.25	—	—	—	—	14.12	—	—	—	—	2.26^0

No. 111—121. J. B. Lawes u. J. H. Gilbert. — On some points in the composition of wheat-grain, its products etc. London, 1857. 6. Der untersuchte Weizen war in den Jahren 1845—1854 aufeinanderfolgend in verschiedener Düngung auf demselben Felde gewachsen. Der Ertrag an Weizen, pro engl. Acker, war folgender:

Im Jahre	1845	1846	1847	1848	1849	1850	1851	1852	1853	1854	Im Mittel
Gesammtertrag an Korn und Stroh . . .	5545	4114	5221	4517	5321	5496	5279	4299	3932	6803	5053 engl. Pfunde
Körner in % des Gesammtertrags . . .	38.1	43.1	36.4	36.7	40.9	33.6	38.2	31.6	25.1	35.8	35.4
Gereinigte Körner in % des Körnerertrags	90.1	93.2	93.6	89.0	95.5	94.3	92.1	92.1	85.9	95.6	92.1
1 Bushel gereinigtes Korn wiegt	56.7	63.1	62.0	58.5	63.5	60.9	62.6	56.7	50.2	61.4	59.6 engl. Pfunde

Vergl. Weizen unter dem Einflusse der Düngung No. 1—33.

No. 122—124. Lawes u. Gilbert. — Ebendas. Die Zahlen sind das aus je 10 Analysen berechnete Mittel von Weizen, der alljährlich gleiche Düngung erhalten hatte. Vergl. Weizenkörner unter dem Einflusse der Düngung No. 1—33.

No. 125—135. W. Mayer (V.-St. München). — Ergebnisse agriculturchem. Versuche. 1. Heft. 1857. 1. Bodenbeschaffenheit der betreffenden Felder: Schleissheim in Oberbayern, Isargerölle im Untergrund, sonst Kalkboden mit sehr seichter Krume. Mönchshofen in Niederbayern, Lehm, Donaualluvium (Gegend von Straubing, berühmt wegen des vortrefflichen Getreides). Der Kraftzustand ist vortrefflich. Brennberg in der Oberpfalz, kalkhaltiger Lehm, Verwitterungsproduct von Granit und Gneis. Die Getreidearten wurden auf stark gedüngtem Lande in fünfjährigem Turnus mit nachstehender Fruchtfolge gebaut: 1) Weizen, Winterroggen, 2) Sommerroggen, Hafer, 3) Schmalsaat, 4) Gerste mit eingesäetem Klee, 5) Klee. Geifsfeld, Oberfranken, schwarzer Jura. Litzendorf, Oberfranken, brauner Jura. Triesdorf in Mittelfranken, sandiger Lehm und Lehm. Gelchsheim in Unterfranken, fetter Thon, Untergrund: Muschelkalk. Gedüngt mit 1½ Ctr. Guano p. bayr. Tagwerk. Martinshöhe, Rheinpfalz, bunter Vogesensandstein mit etwas Muschelkalk. Der Muschelkalk lagert über dem Vogesensandstein, hat sich aber nur auf den höchsten Punkten der Gegend erhalten. Fruchtfolge: 1) Brache, 2) Kohl (Winterraps), 3) Wintergetreide, 4) Kartoffeln, 5) Hafer oder Gerste, 6) Klee, 7) Hafer oder Wintergetreide. Die Brache wird mit 400 Ctr. Stallmist pro Tagwerk gedüngt und ausserdem wird Knochenmehl, Asche, Gyps, gebrannter Kalk, Guano beigefügt, je nach Beschaffenheit der Felder.

Ueber die Beschaffenheit der Körner ist noch zu ergänzen:

No. 125 weich, gemischt mit sehr wenig mittelweichem und hartem Weizen;
No. 126 hart, gemischt mit wenig mittelweichem und weichem Weizen;
No. 127 u. 128 (vor der vollen Reife geschnitten), hart mit wenig weichem und mittelweichem Weizen;
No. 129 mittelweich, mit ziemlich viel hartem und wenig weichem Weizen;
No. 133 fast rein weisser Winterweizen, fast nur weiche Körner;
No. 134 hart, mit mittelweichem und wenig weichem.

Verf. unterscheidet: harte Weizen mit länglichem, schmalem, glattem, glänzendem, dunkelem Korn, auf dem Querschnitt hornartig, halb durchscheinend, fest.

Weiche Weizen mit rundlichem, dickem, viel hellerem, rauherem, mattem Korn, auf dem Querschnitt weich, ganz weiss, undurchsichtig, mehlreich.

Zur Wasserbestimmung wurden die Samen bei 100° getrocknet. Die Einäscherung geschah in der Muffel unter Anwendung von Barytlauge (nach Strecker); die N-Bestimmungen wurden nach dem Verfahren von Varentrapp und Will ausgeführt. Der Weizen enthielt Phosphorsäure:

No.	125	126	127	128	129	130	131	132	133	134	135
Im lufttrocknen Zustande	0.903	1.025	0.914	0.899	0.808	0.915	0.968	1.019	0.999	1.003	0.866
In der Trockensubstanz	1.053	1.185	1.027	1.009	0.935	1.060	1.125	1.163	1.149	1.156	0.997

No.	Bezeichnungen und Bemerkungen	Jahr der Untersuchung	In der ursprünglichen Substanz						In der Trockensubstanz					Stickstoff in der Trockensubstanz
			Wasser %	Nh-Substanz %	Rohfett %	Nfr. Extractstoffe %	Rohfaser %	Asche %	Nh-Substanz %	Rohfett %	Nfr. Extractstoffe %	Rohfaser %	Asche %	%
134	Winterweizen von Gelchsheim, hart	1856	13.16	12.50	—	—	—	1.77	14.44	—	—	—	2.04	2.31°
135	Winterweizen v. Martinshöhe mittelweich	„	13.11	11.94	—	—	—	—	13.62	—	—	—	—	2.18°
136	Winterweizen von Bogenhausen, ungedüngter Lehmboden	1858	14.26	12.37	—	—	—	1.85	14.44	—	—	—	2.16	2.31°
137	Desgl., aber gedüngt mit Superphosphat	„	14.12	12.87	—	—	—	1.82	15.00	—	—	—	2.12	2.40°
138	Aegyptischer Weizen von Luxor, bessere Qualität	—	11.80	8.20	1.45	75.28	1.73	1.54	9.30	1.64	85.35	1.96	1.75	1.49
139	Desgl., geringere Qualität	—	11.10	9.59	1.49	74.45	1.67	1.61	10.79	1.68	83.84	1.88	1.81	1.73
	Winterw. aus Süddeutschland.													
140	Rother Kolbenweizen, gemengt, mehr mehlig	1857	11.22	15.20	1.95	—	—	—	17.12	2.20	—	—	—	2.74°
141	St. Helena-Weizen, mehlig	„	14.00	13.22	1.76	—	—	1.75	15.37	2.05	—	—	2.04P	2.46°
142	Sicilianischer W., gemengt, mehr glasig	„	13.10	12.22	—	—	—	1.69	14.06	—	—	—	1.95P	2.25°
143	Whittington-Weizen, mehlig	„	12.11	12.25	1.76	—	—	1.56	13.94	2.00	—	—	1.78P	2.23°
144	Richmond's Riesenweizen, mehlig	„	8.00	9.77	1.88	—	—	1.74	10.62	2.04	—	—	1.89P	1.70°
145	Weisser Toucelle-Weizen, mehlig	„	14.70	8.74	1.39	—	—	—	10.25	1.63	—	—	—	1.64°
146	Wunderweizen, glasig	„	8.00	16.39	—	—	—	—	17.81	—	—	—	—	2.85°
147	Weizen aus Tunis, glasig	„	14.08	13.21	—	—	—	1.72	15.37	—	—	—	2.00P	2.46°
148	Mumien-Weizen, glasig	„	12.08	13.09	1.78	—	—	1.76	15.00	2.03	—	—	2.00P	2.40°
149	Glatter Winterw., gemengt, mehr mehlig	„	13.30	13.87	1.78	—	—	—	15.31	2.05	—	—	—	2.45°
150	Weizen aus einer Mühle Unterfrankens, gemengt, mehr mehlig	„	8.90	12.94	—	—	—	—	14.19	—	—	—	—	2.27°
151	Winterweizen aus Würzburg, übergehend	„	—	—	—	—	—	—	10.62	—	—	—	—	1.70°
152	Winterweizen aus Spiessheim, mehlig	„	—	—	—	—	—	—	10.19	—	—	—	—	1.63°
	Sommerw. aus Süddeutschland.													
153	Brauner Bartweizen, glasig	—	12.02	13.14	1.94	—	—	—	14.94	2.20	—	—	—	2.39°
154	Weisser Bartweizen, glasig	—	15.33	12.28	—	—	—	—	14.50	—	—	—	—	2.32°
155	Glatter Sommerw. aus Spiessheim, mehlig	—	13.42	11.20	—	—	—	—	12.94	—	—	—	—	2.07°
156	Desgl. aus Lohr, glasig	—	—	—	—	—	—	—	12.75	—	—	—	—	2.04°
157	Desgl. aus Lohr, glasig	—	—	—	—	—	—	—	10.88	—	—	—	—	1.74°
158	Glatter Weizen aus Schwebheim, glasig	—	12.20	8.89	1.23	—	—	—	10.12	1.40	—	—	—	1.62°
159	Sommerweizen aus Trautskirchen, gemengt, mehr mehlig	—	16.00	8.14	—	—	—	—	9.69	—	—	—	—	1.55°

No. 136 u. 137. W. Mayer (V.-St. München). — Ergebn. agrikulturchemischer Versuche. Heft 2. 154. Angebaut in Bogenhausen auf Lehmboden; dieser war seit 6 Jahren nicht gedüngt und hatte vorher Winterroggen, dann Klee und hierauf 3mal Hafer getragen, war aber immer noch in ziemlichem Kraftzustand.

No. 138 u. 139. A. Houzeau. — Compt. rend. 68. 453. Die Proben waren grösseren Vorräthen entnommen; beide stammten von Land, das nicht gedüngt worden war, sie unterschieden sich aber dadurch, dass Probe No. 1 in einer grösseren Wirthschaft gebaut und gereinigt, No. 2 in einer Bauernwirthschaft gebaut und nicht gereinigt worden war.

No. 140—239. von Bibra. — Die Getreidearten und das Brod. Nürnberg, 1860. Die Weizen No. 140—145 u. 153 u. 154 stammten von Weihenstephan, von sandigem Thonboden. Zu denselben ist noch über Vorfrucht u. Düngung zu bemerken:

	Vorfrucht	Düngung		Vorfrucht	Düngung
No. 140.	Sommerroggen	Stallmist	No. 144.	Mohn	Stallmist
No. 141.	Oelrettig	„	No. 145.	Bastardklee	„
No. 142.	Nepaul-Gerste	„	No. 153.	Gedüngte Wicken	
No. 143.	Weberdistel	„	No. 154.	Plattererbsen	

Die Weizen No. 146—148 stammten aus Lichtenhof bei Nürnberg, steriles, aber stark mit Stalldünger gedüngtes Sandland. Der Weizen aus Tunis war die dritte Generation von Originalsamen, der Mumienweizen war die vierte Generation von angeblich ächtem, altem Mumienweizen. No. 149 stammt aus Trautskirchen. Von den Weizen wurde das specifische Gewicht und ausserdem das Gewicht von je 20 Körnern bestimmt.

No.	140	141	142	143	144	145	146	147	148	149	150	151	152	153	154	155	156	157	158	159
Spec. Gew.	1.39	1.31	1.36	1.37	1.32	1.34	1.43	1.42	1.32	1.35	1.42	—	1.33	1.43	1.43	—	1.38	1.35	1.50	1.30
Gew. v. 20 Körn.	0.992	1.400	0.920	0.920	0.910	0.950	0.770	1.147	0.993	0.725	0.675	—	—	0.640	0.575	—	0.700	0.688	0.700	0.630

Die Weizen aus Norddeutschland, 160 bis 183, sind sämmtlich auf dem Gute der Akademie Eldena, Prov. Pommern, gezogen worden und zwar auf gutem Gerstenboden von lehmig-sandiger Beschaffenheit und günstiger wasserhaltenden Kraft. Nach einer Analyse von Fr. Schulze besteht der Boden seinen mechanischen Gemengtheilen nach aus: und enthielt:

Kleinen Steinen	1.00 %	Kalkerde	0.20—0.40 %
Grandigem Sand	4.00 „	Kali und Natron	0.07—0.10 „
Streusand	70.00 „	Thonerde	3.00 %
Staubsand	16.00 „	Glühverlust	4.00 „
Humus	1.8—2.0 „	In Wasser lösliche Theile	0.1075—0.11 %

No.	Bezeichnungen und Bemerkungen	Jahr der Untersuchung	In der ursprünglichen Substanz: Wasser %	Nh-Substanz %	Rohfett %	Nfr. Extractstoffe %	Rohfaser %	Asche %	In der Trockensubstanz: Nh-Substanz %	Rohfett %	Nfr. Extractstoffe %	Rohfaser %	Asche %	Stickstoff in der Trockensubstanz %
	Weizen aus Norddeutschland													
	Triticum vulgare muticum.													
160	Sächsischer Wechselweizen, glasig . .	—	—	—	—	—	—	—	18.25	—	—	—	—	2.92^{o}
161	Ungegrannter Bartweizen von Toucelle, weiss, mehlig	—	—	—	—	—	—	—	16.37	—	—	—	—	2.62^{o}
162	Schönermarks Kolbenweizen, übergehend	—	—	—	—	—	—	—	16.37	—	—	—	—	2.62^{o}
163	Dessauer Kolbenweizen, mehlig . . .	—	—	—	—	—	—	—	16.12	—	—	—	—	2.58^{o}
164	Hunter's Weizen, mehlig	—	—	—	—	—	—	—	15.19	—	—	—	—	2.43^{o}
165	Spalding's prolific, weiss, mehlig . . .	—	—	—	—	—	—	—	15.19	—	—	—	—	2.43^{o}
166	Essexweizen, gemengt	—	—	—	—	—	—	—	15.00	—	—	—	—	2.40^{o}
167	Standart rouge, mehlig	—	—	—	—	—	—	—	14.81	—	—	—	—	2.37^{o}
168	Vipound-Weizen, mehlig	—	—	—	—	—	—	—	14.81	—	—	—	—	2.37^{o}
169	Suffolk-Weizen, mehlig	—	—	—	—	—	—	—	14.62	—	—	—	—	2.34^{o}
170	Daunton's neuer Saatweizen, überwiegend glasig	—	—	—	—	—	—	—	14.37	—	—	—	—	2.30^{o}
171	Bartweizen, glasig	—	—	—	—	—	—	—	14.19	—	—	—	—	2.27^{o}
172	Castilianischer Weizen, mehlig . . .	—	—	—	—	—	—	—	13.75	—	—	—	—	2.20^{o}
173	Weisser bengalischer Weizen, mehlig .	—	—	—	—	—	—	—	13.12	—	—	—	—	2.10^{o}
174	Champignon-Weizen, mehlig	—	—	—	—	—	—	—	13.62	—	—	—	—	2.18^{o}
175	Begrannter Bartw. aus Neapel, übergehend	—	—	—	—	—	—	—	12.44	—	—	—	—	1.99^{o}
176	Lama-Weizen, mehlig oder übergehend	—	—	—	—	—	—	—	11.88	—	—	—	—	1.90^{o}
177	Klarke's Stanwick-Weizen, übergehend .	—	—	—	—	—	—	—	10.00	—	—	—	—	1.60^{o}
178	Clover's rother Kolbenweizen, mehlig .	—	—	—	—	—	—	—	9.94	—	—	—	—	1.59^{o}
179	Preisweizen von Oxford, mehlig . . .	—	—	—	—	—	—	—	9.81	—	—	—	—	1.57^{o}
	Triticum turgidum.													
180	Blauer englischer Weizen, weiss, mehlig	—	—	—	—	—	—	—	14.25	—	—	—	—	2.28^{o}
181	Violetter englischer Weizen, gemengt .	—	—	—	—	—	—	—	13.75	—	—	—	—	2.20^{o}
182	Taganrog-Weizen, glasig	—	—	—	—	—	—	—	13.12	—	—	—	—	2.10^{o}
183	Riesenweizen von St. Helena, glasig .	—	—	—	—	—	—	—	12.00	—	—	—	—	1.92^{o}
	Gleiche Weizen, auf englischem und deutschem Boden kultivirt.													
184	{Spalding's-W., England 1856, mehlig	1858	—	—	—	—	—	—	11.25	—	—	—	—	1.80^{o}
185	{Desgl., Poppelsdorf 1857, mehlig . .	„	—	—	—	—	—	—	10.62	—	—	—	—	1.70^{o}
186	{Hunter's-Weizen, England 1856, mehlig	„	—	—	—	—	—	—	14.06	—	—	—	—	2.25^{o}
187	{Desgl., Poppelsdorf 1857, mehlig . .	„	—	—	—	—	—	—	11.56	—	—	—	—	1.85^{o}
188	{Henton-W., Poppelsdorf, 1. Gen. mehlig	„	—	—	—	—	—	—	12.87	—	—	—	—	2.06^{o}
189	{Desgl., 2. Gen, glasig	„	—	—	—	—	—	—	12.31	—	—	—	—	1.97^{o}
	Weizen aus Schottland.													
190	Chevalier white-Weizen, mehlig . . .	„	8.03	13.05	1.56	—	—	1.46	14.19	1.70	—	—	1.59P	2.27^{o}
191	Chevalier brown-W., mehlig, wenig glasig	„	10.73	12.05	1.72	—	—	1.63	13.50	1.93	—	—	1.83P	2.16^{o}
192	Tenton-Weizen, mehlig	„	12.00	11.61	—	—	—	—	13.19	—	—	—	—	2.11^{o}
193	Hunter's-Weizen, mehlig	„	9.09	11.54	1.88	—	—	—	12.69	2.07	—	—	—	2.03^{o}
194	Early champion white-Weizen, mehlig .	„	10.10	10.39	—	—	—	—	11.56	—	—	—	—	1.85^{o}

No.	160	161	162	163	164	165	166	167	168	169	170	171
Spec. Gew.	1.54	1.44	—	1.46	1.35	1.35	1.43	1.39	1.37	—	1.54	1.34
Gew. v. je 20 Körnern .	0.85	1.01	0.91	0.99	0.80	0.87	0.80	0.86	0.92	0.80	0.94	0.92

No.	172	173	174	175	176	177	178	179	180	181	182	183
Spec. Gew.	1.40	—	—	1.40	—	—	1.35	1.34	—	—	1.35	1.43
Gew. v. je 20 Körnern .	1.03	1.00	0.96	0.89	0.96	0.88	0.86	0.74	1.23	1.11	1.02	1.49

No.	184	185	186	188	189	190	191	192	193	194
Spec. Gew.	1.33	1.38	1.37	1.40	1.34	1.43	1.38	1.48	1.34	1.40
Gew. v. je 20 Körnern . .	0.93	1.00	0.86	0.91	0.70	0.91	0.89	0.77	0.87	0.99

No.	Bezeichnungen und Bemerkungen	Jahr der Untersuchung	In der ursprünglichen Substanz: Wasser %	Nh-Substanz %	Rohfett %	Nfr. Extractstoffe %	Rohfaser %	Asche %	In der Trockensubstanz: Nh-Substanz %	Rohfett %	Nfr. Extractstoffe %	Rohfaser %	Asche %	Stickstoff in der Trockensubstanz %
195	Fullard red-Weizen, mehlig	1858	9.09	10.51	2.05	—	—	1.56	11.56	2.25	—	—	1.72^{P}	1.85^{o}
196	Yellow Danzig, gemengt	„	11.00	9.96	1.87	—	—	—	11.19	2.10	—	—	—	1.79^{o}
197	Golden drop, mehlig	„	12.00	9.73	1.96	—	—	—	11.06	2.23	—	—	—	1.77^{o}
198	Vipount-Weizen, mehlig	„	—	—	—	—	—	—	12.50	—	—	—	—	2.00^{o}
199	Moos-Weizen, gemengt	„	—	—	—	—	—	—	14.62	—	—	—	—	2.34^{o}
200	Blutstropfen-Weizen, gemengt	„	—	—	—	—	—	—	12.94	—	—	—	—	2.07^{o}
201	Preisweizen von Oxford, gemengt . .	„	—	—	—	—	—	—	12.69	—	—	—	2.09^{P}	2.03^{o}
202	Gemeiner Perlweizen, mehlig	„	—	—	—	—	—	—	12.31	—	—	—	—	1.97^{o}
203	Rother Wunderweizen, mehlig . . .	„	—	—	—	—	—	—	12.31	—	—	—	1.72^{P}	1.97^{o}
	Weizen aus Spanien.													
204	Weizen v. d. Balearen (a. Mahon Minorca), mehlig	„	—	—	—	—	—	—	24.12	2.66	—	—	—	3.86^{o}
205	Desgl. (Malorca Arta), glasig	„	—	—	—	—	—	—	15.31	2.70	—	—	2.13^{P}	2.45^{o}
206	Derselbe Weizen, mehlig	„	—	—	—	—	—	—	13.87	—	—	—	—	2.22^{o}
207	Weizen v. d. Höhen v. Barcelona, glasig	„	—	—	—	—	—	—	14.25	1.73	—	—	2.30^{P}	2.28^{o}
208	Weizen v. d. Hochgebirge in Catalonien, übergehend	„	—	—	—	—	—	—	13.87	—	—	—	—	2.22^{o}
209	Weizen v. d. Balearen (Malorca Aleuda), übergehend	„	—	—	—	—	—	—	13.31	1.31	—	—	—	2.13^{o}
210	Weizen v. d. Ebene v. Barcelona, glasig	„	—	—	—	—	—	—	11.81	2.53	—	—	—	1.89^{o}
211	W. v. d. Belearen (Malorca Palma), glasig	„	—	—	—	—	—	—	11.56	2.40	—	—	2.00^{P}	1.85
212	Weizen von Andalusien (Sevilla), glasig	„	—	—	—	—	—	—	11.25	2.23	—	—	1.88^{P}	1.80
	Weizen aus Russland.													
213	Sommerweizen, Trit. durum album, glasig	„	—	—	—	—	—	—	21.69	—	—	—	—	3.47^{o}
214	Sommerw., rother, Tr. vulgare aestivum, glasig	„	—	—	—	—	—	—	16.56	—	—	—	—	2.65^{o}
215	Desgl., glasig	„	—	—	—	—	—	—	14.94	—	—	—	—	2.39^{o}
216	Weizen, glasig	„	—	—	—	—	—	—	14.81	2.13	—	—	2.27^{P}	2.37^{o}
217	Desgl.	„	—	—	—	—	—	—	14.56	2.30	—	—	—	2.33^{o}
218	Desgl.	„	—	—	—	—	—	—	14.25	—	—	—	—	2.28^{o}
219	Sommerw., Tr. vulg. aestiv., übergehend	„	—	—	—	—	—	—	10.44	—	—	—	—	1.67^{o}
	Weizen aus Algier.													
220	I. Blé dur de Mr. Medioni, glasig . .	„	—	—	—	—	—	—	15.50	2.40	—	—	2.10^{P}	2.48^{o}
221	Desgl.	„	—	—	—	—	—	—	15.31	—	—	—	—	2.45^{o}
222	Desgl.	„	—	—	—	—	—	—	15.00	—	—	—	—	2.40^{o}
223	II. Blé dur de Mr. Medioni, glasig . .	„	—	—	—	—	—	—	15.37	1.30	—	—	—	2.46^{o}
224	Desgl.	„	—	—	—	—	—	—	14.94	—	—	—	—	2.39^{o}
225	Blé dur, de Mr. M. J. à Bon Sfer, glasig	„	—	—	—	—	—	—	14.81	2.20	—	—	2.80^{P}	2.37^{o}
226	Blé tendre, 1854, de Mr. David à Kléber, mehlig	„	—	—	—	—	—	—	14.12	1.74	—	—	1.90^{P}	2.26^{o}
227	Desgl.	„	—	—	—	—	—	—	13.88	—	—	—	—	2.22^{o}
228	Desgl.	„	—	—	—	—	—	—	13.88	—	—	—	—	2.22^{o}
229	Blé tendre, 1854, Mr. J. à Bon Sfer, mehlig	„	—	—	—	—	—	—	11.81	2.42	—	—	1.55^{P}	1.89^{o}

No.	195	196	197	198	199	200	201	202	203	204	205	206
Spec. Gew.	1.38	1.39	1.43	1.39	1.40	1.46	1.52	1.39	1.40	1.44	1.51	1.36
Gew. v. je 20 Körnern .	0.99	0.87	1.00	1.04	0.85	1.00	0.92	0.95	1.03	0.95	0.91	1.02

No.	207	208	209	210	211	212	213	214	215	216	217	218
Spec. Gew.	1.48	1.48	1.47	1.54	1.50	1.40	1.45	1.37	1.38	1.40	1.33	1.40
Gew. v. je 20 Körnern .	0.77	0.83	0.84	0.65	0.79	0.92	1.07	0.36	0.89	0.80	0.70	0.83

No.	219	220	223	225	226	229	230	232	233	235	236
Spec. Gew.	1.37	1.39	1.35	1.39	1.30	1.30	1.36	1.40	1.35	1.37	1.59
Gew. v. je 20 Körnern .	0.40	1.27	1.30	1.06	1.04	1.07	1.02	0.92	—	—	—

No.	Bezeichnungen und Bemerkungen	Jahr der Untersuchung	In der ursprünglichen Substanz: Wasser %	Nh-Substanz %	Rohfett %	Nfr. Extractstoffe %	Rohfaser %	Asche %	In der Trockensubstanz: Nh-Substanz %	Rohfett %	Nfr. Extractstoffe %	Rohfaser %	Asche %	Stickstoff in der Trockensubstanz %
230	Blé tendre, 1854, non plus ultra, mehlig	1858	—	—	—	—	—	—	11.68	2.33	—	—	—	1.87°
231	Desgl.	„	—	—	—	—	—	—	11.25	—	—	—	—	1.80°
232	Blé tendre Mons. Bardieu, mehlig . .	„	—	—	—	—	—	—	11.25	—	—	—	—	1.80°
	Weizen aus Aegypten.													
233	Weizen aus Oberägypten, 1851, mehlig	„	8.90	9.06	1.31	—	—	1.71	9.94	1.44	—	—	1.88	1.59°
234	Desgl.	„	—	—	—	—	—	—	8.88	1.80	—	—	—	1.42°
235	W. anderer Art aus Oberägypten, mehlig	„	—	—	—	—	—	—	8.88	—	—	—	—	1.42°
236	W. aus einem alten Mumiensarge, scheinbar glasig	—	7.41	8.39	—	—	—	—	9.06	—	—	—	—	1.45°
237	Desgl.	—	—	—	—	—	—	—	8.75	—	—	—	—	1.40°
	Weizen aus Australien.													
238	Weizen, 1851, glasig	—	12.20	8.78	1.40	—	—	—	10.00	1.60	—	—	—	1.60°
239	Weizen anderer Art, glasig	—	—	—	—	—	—	—	9.94	—	—	—	—	1.59°
240	Weizen aus Indien (Trit. vulg.), glasig .	1859	—	—	—	—	—	—	14.62	—	—	—	—	2.34°
241	Aus den Niederlanden	„	16.00	11.51	1.76	63.00	6.05	1.68	13.70	2.10	75.00	7.20	2.00	2.19
242	Kleiner Bartw., Mittel v. 7 verschieden ged. Winter-W. Vorderkorn	„	12.41	10.87	2.05	68.80	3.87	2.00	12.41	2.34	78.55	4.42	2.28	1.99
243	Kleiner Bartw., Mittel v. 7 verschieden ged. Winter-W. Hinterkorn	„	11.05	16.44	2.85	63.81	3.68	2.17	18.48	3.20	71.74	4.14	2.44	2.96
244	Talavera-Weizen	1857	—	—	—	—	—	—	10.25	—	—	—	1.88	1.64°
245	Winterigel-Weizen	„	—	—	—	—	—	—	10.94	—	—	—	1.99	1.75°
246	Talavera-Weizen	1859	—	—	—	—	—	—	12.50	—	—	—	2.14	2.00°
247	Frankensteiner-Weizen	„	—	—	—	—	—	—	12.56	—	—	—	2.04	2.01°
248	Whittington-Weizen	„	—	—	—	—	—	—	13.69	—	—	—	2.08	2.19°
249	Australischer Weizen No. 2	—	—	—	—	—	—	—	12.12	—	—	—	—	1.94°
250	Australischer Weizen No. 3	—	—	—	—	—	—	—	14.87	—	—	—	—	2.38°

Die Weizen unter No. 184 u. 186 waren 1856 in England gebaut und davon noch in demselben Herbst in Poppelsdorf ausgesäet worden, die 1857er Ernte davon ist repräsentirt durch die No. 185 und resp. 187.

Die schottischen Weizen No. 190—197 stammen von der Ausstellung in London und waren im Jahre 1849 in der Nähe von Edinburg gebaut; die unter No. 198—203 stammen aus Haddingtonshire und sind dort im Jahre 1852 auf gutem Weizenboden erbaut worden.

Für die spanischen Weizen sind folgende Bodenverhältnisse zu bemerken: No. 204 fetter Boden, No. 205 u. 206 schwarzer Boden 1. Classe, No. 207 steiniger, bewässerter Lehmboden, No. 208 kalter Untergrund, No. 209 Boden 2. Cl., sandig, No. 210 1. Cl., Lehm, Mergel, No. 211 rother Boden 1. Cl., No. 212 gutes Land, Thon, bewässert.

Bezüglich der russischen Weizen ist zu bemerken: dass No. 214 aus Jeniseisk in Sibirien stammt, No. 213 aus dem Gouvernement Samara, Steppen-Schwarzerde, No. 219 aus der deutschen Colonie im Gouv. Saratow an d. Wolga, Steppen-Schwarzerde. Die übrigen sind unbekannter Herkunft.

Die Weizen aus Algier No. 220—232 stammen sämmtlich aus der Provinz Oran und waren s. Z. auf der Pariser Ausstellung und zu diesem Zweck ausgelesen worden; sie zeichneten sich deshalb durch besondere Grösse, Schönheit und Gleichmässigkeit des Korns aus.

Die Weizen aus Aegypten kamen von der Ausstellung in London. Die Aechtheit des Mumienweizens unter No. 236 ist sicher verbürgt.

Zur Bestimmung des Fettes wurden die bei 40—50° R. getrockneten und nicht völlig fein zerkleinerten Körner wiederholt mit Aether in der Wärme digerirt, dieser noch warm abfiltrirt und die gesammelten Filtrate in gewogenem Gefässe abgedampft.

Zur Bestimmung des Stickstoffs wurde mit Natronkalk verbrannt und die vorgelegte verdünnte Schwefelsäure mit Natronlauge zurücktitrirt.

Die Bestimmung des Wassergehaltes geschah mit Weizen, der in verschlossenen Holzkästen ein halbes Jahr lang unter ganz gleichen Verhältnissen in einem Zimmer aufbewahrt worden, welches im Winter geheizt war. Das Austrocknen geschah im Luftbade bei 80—85° R. Alle Proben waren vorher mit der Feile zerkleinert worden. Das Trocknen wurde bis zum gleichbleibenden Gewicht fortgesetzt.

Die Asche wurde gewonnen, indem eine abgewogene Menge der Körner im Platintiegel bei geringer Hitze verkohlt, die Kohle mit Wasser ausgelaugt, getrocknet und wieder geglüht wurde, bis der Rest kohlefrei war. Die Aschen sind kohlen- und kohlensäurefrei in Rechnung gebracht.

No. 240. v. Bibra. — Die Getreidearten und das Brod. Nürnberg, 1860. 283. Der indische Weizen war von Paulasa múdrum Maissúr. Das Korn war klein röthlich, durchweg glasig. Gewachsen 2400 engl. Fuss über der Meeresfläche. 20 Körner wogen 0.875 g.

No. 241. Oudemans. — Ebendas. 283. Die ausführlichere Analyse ergab:

	Stärkemehl	Dextrin (Gummi)	Glutin, lösl. in Alkohol, unlösl. in Wasser	Coagulirbares Eiweiss	2 nicht coagulirbare Eiweisskörper	Unlösl. Eiweissstoffe (Fibrin)	Extractgebende und andere Stoffe
Im ursprünglichen Zustande .	57.04	4.54	0.42	0.26	1.55	9.27	1.40 %
In der getrockneten Substanz	67.90	5.40	0.50	0.30	1.90	11.00	1.70 „

No. 242 u. 243. C. W. Tod u. A. Wels (V.-St. Raitz-Blansko). — Mitthl. d. K. K. Mährisch-Schles. Gesellsch. zur Beförderung des Ackerbaues etc. 1859. 1. Boden: ausser aller Dungkraft stehender, sandiger Lehmboden.

No. 244 u. 248. E. Wolff. — Hohenh. Mitthl. 5. 161. Bei dem Talaveraweizen 1857er Ernte waren 48.3 % der Aehren brandig; die Ernte war am 29. Juli; die Reife des Frankensteiner und des Talavera-W. war 1859 am 27. Juli, die des Whittington-W. am 1. August. Beim Talavera-W. war die Hälfte der Aehren mit Staubbrand gefüllt, bei dem Whittington-W. weit über die Hälfte.

No. 249 u. 250. J. B. Lawes u. J. H. Gilbert. — Aus Wolff's Grundlagen des Ackerbaues. 771.

No.	Bezeichnungen und Bemerkungen	Jahr der Untersuchung	In der ursprünglichen Substanz: Wasser %	Nh-Substanz %	Rohfett %	Nfr. Extractstoffe %	Rohfaser %	Asche %	In der Trockensubstanz: Nh-Substanz %	Rohfett %	Nfr. Extractstoffe %	Rohfaser %	Asche %	Stickstoff in der Trockensubstanz %
251	Mary's Goldw. (Winterw.), Mittel	1859	16.26	11.47	—	—	—	1.65	13.70	—	—	—	1.94	2.19
252	Englischer St. Helena-W. Mittel	1858	12.07	15.28	—	—	2.81	2.12	17.37	—	77.02	3.20	2.41	2.78
253	aus Poppelsdorf, Mittel	1859	13.40	14.00	1.13	65.46	4.07	1.94	16.17	1.31	75.58	4.70	2.24	2.59
254	Winter-Weizen Mittel	1860	15.48	10.96	1.19	68.71	1.67	1.99	12.97	1.41	81.29	1.98	2.35	2.08
255	Weizen aus Ungarisch-Altenburg, trockne Witterung, 1866	1866	12.28	16.36	2.08	64.73	2.75	1.80	18.62	2.37	73.83	3.13	2.05	2.98
256	Desgl., mehr feuchte Witterung, 1870	1870	14.18	12.81	2.24	65.94	3.26	1.57	14.94	2.61	76.82	3.80	1.83	2.39
	a. Europäisches Russland.													
257	Aus Orenburg, hart	1865	12.86	23.14	1.77	—	—	—	26.56	2.03	—	—	—	4.25
258	Aus Walucka, hart	„	11.23	23.52	1.21	—	—	—	26.50	1.36	—	—	—	4.24
259	Aus Lebedjan, halbhart	„	10.91	22.16	—	—	—	—	24.87	—	—	—	—	3.98
260	Aus Kupjansk, hart	„	11.61	21.99	—	—	—	—	24.87	—	—	—	—	3.98
261	Aus Ischigrow, halbhart	„	12.29	20.82	1.03	—	—	—	24.87	1.18	—	—	—	3.98
262	Aus Troizk, halbhart	„	10.62	22.07	1.36	—	—	—	24.69	1.53	—	—	—	3.95
263	Aus Peremyschl, halbhart	„	11.44	21.08	—	—	—	—	23.81	—	—	—	—	3.81
264	Aus Kosaken, hart	„	10.88	20.44	1.73	—	—	—	22.93	1.94	—	—	—	3.67
265	Aus Novousensk, hart	„	9.97	20.59	1.74	—	—	—	22.87	1.93	—	—	—	3.66
266	Aus Swenigorod, mehlig	„	13.47	19.68	1.06	—	—	—	22.75	1.23	—	—	—	3.64
267	Aus Kotjelniki, mehlig	„	12.77	19.79	—	—	—	—	22.69	—	—	—	—	3.63
268	Aus Kamyschin, halbhart	„	10.74	19.86	2.29	—	—	—	22.25	2.57	—	—	—	3.56
269	Aus Nowoioskol, hart	„	11.00	19.70	—	—	—	—	22.25	—	—	—	—	3.56
270	Aus Nowosilek, halbhart	„	11.78	19.57	1.39	—	—	—	22.19	1.57	—	—	—	3.55
271	Aus Michailowsk, halbhart	„	11.73	19.58	1.17	—	—	—	21.94	1.31	—	—	—	3.51
272	Aus Kotjelniki, halbhart	„	12.56	18.31	—	—	—	—	20.94	—	—	—	—	3.35
273	Aus Theodosia, hart	„	10.72	17.41	1.79	—	—	—	19.50	2.12	—	—	—	3.12
274	Desgl.	„	10.97	15.58	—	—	—	—	17.50	—	—	—	—	2.80
275	Aus Troksk, mehlig	„	12.36	10.68	1.95	—	—	—	12.19	2.23	—	—	—	1.95
276	Mittel	„	11.52	19.79	1.55	—	—	—	22.37	1.75	—	—	—	3.58
	b. Kaukasus.													
277	Gouvern. Eriwan, hart	„	10.10	24.16	—	—	—	—	27.88	—	—	—	—	4.30
278	„ Nachitschewan, mehlig	„	12.53	18.64	1.54	—	—	—	21.31	1.76	—	—	—	3.41
279	„ Imiretien, hart	„	10.49	18.74	1.76	—	—	—	20.94	1.97	—	—	—	3.35
280	„ Tiflis, hart	„	11.55	14.99	—	—	—	—	16.37	—	—	—	—	2.62
281	Mittel der kaukasischen Weizen	„	11.16	15.08	1.75	—	—	—	21.37	1.86	—	—	—	3.42
	c. Sibirien.													
282	Tobolsk, halbhart	„	12.27	15.08	1.75	—	—	—	17.19	2.00	—	—	—	2.75
283	Tobolsk, dem vorigen ähnlich	„	12.20	14.98	—	—	—	—	17.06	—	—	—	—	2.73
284	Mittel der sibirischen Weizen	„	12.30	15.03	1.75	—	—	—	17.12	2.00	—	—	—	2.74
285	Mittel der russischen W. No. 257—283	„	11.52	17.92	1.57	—	—	—	20.25	1.78	—	—	—	3.24
286	Winterweizen v. Folgengut b. Tharandt, völlig reif	1862	9.70	21.18	1.68	63.19	2.92	1.33	23.45	1.86	69.99	3.23	1.47	3.75
287	Winterweizen, völlig reif	1866	—	—	—	—	—	—	11.82	1.90	81.09	3.22	(1.97)	1.89

No. 251. Th. Siegert. — Die landw. V.-St. 3. 1861. 128. Die Zahlen repräsentiren das Mittel von 6 Analysen verschieden gedüngten, bezw. ungedüngten Weizens.
No. 252—254. Hartstein, Topp u. Töpler. — Ann. d. Landw. in Preussen. 37. 1861. Die Zahlen repräsentiren das von uns berechnete Mittel von je 6 Analysen verschieden gedüngten, bezw. ungedüngten Weizens.
No. 255 u. 256. Leop. Lenz. — D. L. V.-St. 12. (1870.) 344. An näheren Bestandtheilen wurden noch bestimmt (in % der lufttrocknen Substanz):

	Zucker u. Gummi	Stärkemehl
No. 255	8.06	56.66
No. 256	12.51	53.43

No. 257—285. N. Laskowsky. — Jahresber. d. Agriculturchem. 8. 1865. 102. Weende'r Jahresber. 1865/66. 76. (Liebig's Ann. d. Chem. u. Pharm. 135. (1865.) 346.
No. 286. R. Handtke. — Chem. Ackersm. 16. 1870. 163. Vergl. Weizenkörner in verschiedenen Reifegraden No. 15—19.
No. 287. R. Heinrich. — Ann. d. Landwirthsch. in Preussen. 50. (1867.) 314. Der Aschengehalt ist im Original nicht angegeben; die dafür oben angegebene Zahl ist von uns aus der Differenz berechnet. Vergl. Weizen in verschiedenen Reifegraden No. 9—11. Der Weizen war nach Kleegras auf einem Verwitterungsboden von Thonschiefer gewachsen und hatte als Düngung 2 Ctr. Peruguano und 3 Ctr. Knochenmehl pro sächsischen Acker erhalten.

No.	Bezeichnungen und Bemerkungen	Jahr der Untersuchung	In der ursprünglichen Substanz						In der Trockensubstanz					Stickstoff in der Trockensubstanz
			Wasser %	Nh-Substanz %	Rohfett %	Nfr. Extractstoffe %	Rohfaser %	Asche %	Nh-Substanz %	Rohfett %	Nfr. Extractstoffe %	Rohfaser %	Asche %	%
288	Winterweizen, völlig reif	1868	11.82	10.91	1.44	72.97	1.33	1.51	12.37	1.63	82.78	1.51	1.71	1.98
289	Grosse Körner	1874	12.82	12.52	2.29	66.36	4.18	1.83	14.36	2.63	76.12	4.79	2.10	2.30
290	Kleine Körner	„	12.52	13.55	2.19	63.46	6.42	2.04	15.49	2.50	72.34	7.34	2.33	2.48
291	Stammbaum-Weizen	1871	12.75	9.63	1.61	71.28	2.71	1.71	11.12	1.96	81.84	3.11	1.97	1.78
292	Prinz Albert-Weizen	„	12.44	9.55	1.75	71.79	2.65	1.51	10.94	2.03	81.89	3.07	1.74	1.75
293	Broviks-red-Weizen	„	12.27	11.75	1.56	67.93	4.16	1.95	13.44	1.79	77.77	4.76	2.24	2.15
294	Weisser flandrischer Sammtweizen	„	12.28	10.79	2.28	68.52	4.30	1.48	12.56	2.40	78.46	4.90	1.68	2.01
295	Rheinischer Weizen von Cleve	„	12.35	10.60	1.78	69.49	3.86	1.64	12.23	2.05	79.36	4.45	1.89	1.96
296	Aus Quaaland (Dänemark), Tr. turgid., rundlich, gelbweiss	1869	13.22	8.51	3.60	71.59	2.57	0.51	9.81	4.15	82.48	2.97	0.59	1.57
297	Von Fühnen, rund-oval, gelbgrau	„	13.93	10.46	1.87	70.33	1.80	1.61	12.12	2.17	81.75	2.09	1.87	1.94
298	Aus Holstein, länglich, gelbgrau	„	14.09	10.38	1.99	69.65	2.27	1.62	12.06	2.32	81.09	2.64	1.89	1.93
299	Von Seeland, rundlich, weissgelb	„	14.69	8.84	1.78	—	—	1.83	10.38	2.09	—	—	2.14	1.66
300	Von Jütland, oval, weissgelb	„	14.50	9.35	2.03	—	—	1.38	10.94	2.38	—	—	1.61	1.75
301	Von Halle a. S., Verkaufswaare II, länglich, gelbbraun	„	13.26	8.94	1.85	71.60	2.81	1.54	10.31	2.13	82.54	3.24	1.78	1.65
302	Von Halle a. S., Weissweizen, länglich-oval, grauweissgelb	„	12.95	8.97	1.78	—	—	1.31	10.31	2.05	—	—	1.51	1.65
303	Von Halle a. S., Verkaufswaare III, länglich, braungelb	„	13.20	10.44	2.02	71.76	1.23	1.55	12.00	2.33	82.46	1.42	1.79	1.92
304	Desgl., Verkaufswaare I, oval, braungelb	„	13.35	9.08	2.01	72.39	1.68	1.49	10.50	2.32	83.52	1.94	1.72	1.68
305	Sommerweizen aus Schafstedt b. Halle, rund-oval, braungraugelb	„	13.23	12.15	2.04	—	1.97	—	14.00	2.35	—	2.27	—	2.24
306	Ungarischer Weizen	„	10.51	13.99	—	—	—	1.51	15.64	—	—	—	1.69	2.50°
307	Desgl.	„	10.74	15.66	—	—	—	1.50	17.54	—	—	—	1.68	2.81

No. 288. A. Nowacki. — Chem. Ackersm. 16. 1870. 160. Vergl. Weizenkörner in verschiedenen Reifegraden No. 12—14.

No. 289 u. 290. G. Marek. — Jahresbericht d. Agriculturchem. 18. 1875. 6.

No. 291—295. W. Pillitz (V.-St. Wiesbaden). — Fresenius, Ztschr. f. analytische Chemie. 11. 1872. 46. Die untersuchten Weizen waren englisches Product vom Jahre 1870. Die Nh. Substanz ist vom Verf. zu 15.5 % N-gehalt angenommen; die Zahlen für Nh. Substanz sind von uns auf solche von 16 % N-gehalt umgerechnet worden und darnach die Menge der Nfr. Extractstoffe abgeändert. Die ausführlichere Untersuchung ergab für den Weizen in Wasser lösliche Stoffe:

		Albumin	Zucker	Nfr. Extractst.	Salze	Dextrin	Stärkemehl
Im lufttrocknen Weizen	No. 291	0.29	1.39	3.59	0.71	1.53	64.58
	No. 292	0.33	1.36	3.94	0.91	1.99	64.36
	No. 293	0.84	0.93	0.71	1.42	4.60	61.27
	No. 294	1.66	0.53	1.64	1.38	4.02	62.22
	No. 295	1.38	0.51	3.27	1.44	1.62	63.10
In der Trockensubstanz	No. 291	0.35	1.60	4.12	0.82	1.76	74.02
	No. 292	0.38	1.56	4.54	1.05	2.28	73.51
	No. 293	0.96	1.07	0.81	1.63	5.27	70.17
	No. 294	1.79	0.58	1.87	1.57	4.58	70.99
	No. 295	1.59	0.59	3.78	1.82	1.82	72.79

Wasser, N, Fett und Asche wurden in üblicher Weise bestimmt; zur Stärckebestimmung wurde der gemahlene Weizen zunächst nach dem Prinzip der Real'schen Presse (durch den Druck einer Wassersäule) seiner in Wasser löslichen Stoffe beraubt, dann zunächst über Schwefelsäure unter der Luftpumpe, dann bei 100° getrocknet; davon 1—1.2 g mit 40 ccm gesäuertem Wasser (3—3.5 cc Schwefelsäure von 1.16 spec. Gew. auf 1000 ccm Wasser) im zugeschmolzenen Rohre bei 140—145° C. 8 Stunden lang erhitzt. In erhaltener Lösung wurde der Zucker resp. die Särke mit Fehling'scher Lösung titrirt. In gleicher Weise wurden direct im gemahlenen Weizen die in Zucker überführbaren Kohlehydrate bestimmt (Stärke, Dextrin u. Zucker), ferner der Zucker in der wässrigen Lösung. Die bestimmten Zuckermengen der Stärke und des Zuckers von denen der Gesammtkohlehydrate abgezogen ergab die Dextrinmenge.

Als „Zellstoffe" wurden die bei der Stärkemehl- resp. Dextrinsubstanz verbleibenden ungelösten Zellstoffe und Hülsen, nachdem dieselben nacheinander mit Wasser, Alkohol und Aether gewaschen worden getrocknet und gewogen.

No. 296—305. O. Wolffenstein. — Ztschr. f. d. gesammten Naturwissenschaften von Giebel u. Heintz. 32. 151. Die untersuchten Weizen enthielten:

	No. 296	297	298	299	301	303	304
Stärkemehl	63.65	65.76	66.04	63.54	65.65	68.36	69.60
Zucker	—	2.06	1.74	2.40	—	—	1.16

Das specifische Gewicht derselben betrug bei

	No. 296	297	298	299	300	301	302	303	304	305
	1.4069	1.4055	1.2881	1.4019	1.3970	1.4228	1.4009	1.4177	1.4140	1.3884
Gewicht v. je 100 Korn	3.55	3.65	3.56	3.42	3.85	3.73	3.11	3.54	3.80	2.68g

No. 306 u. 307. O. Dempwolf. — Annal. d. Chem. u. Pharm. 149. 1869. 343. Der untersuchte Weizen No. 306 war aus Ungarn von einer Pester Mühle geliefert und war nach deren Angabe aus $^2/_3$ Theiss- und $^1/_3$ Banat-Weizen gemischt. Der Stärkemehlgehalt ist zu 65.41 % angegeben, der für „Fett und Holzfaser" zu 8.225 %. Gefunden wurde für Holzfaser 7.144 %. Zucker konnte direct nicht nachgewiesen werden.

No. 307 wird als eine ebendaher stammende Mehlprobe bezeichnet, „welche noch alle Kleie enthielt und deren Zusammensetzung fast völlig dem des ganzen Kornes gleicht". Stärkemehl 64.475 %.

No.	Bezeichnungen und Bemerkungen	Jahr der Untersuchung	In der ursprünglichen Substanz						In der Trockensubstanz					Stickstoff in der Trockensubstanz
			Wasser	Nh-Substanz	Rohfett	Nfr. Extractstoffe	Rohfaser	Asche	Nh-Substanz	Rohfett	Nfr. Extractstoffe	Rohfaser	Asche	
			%	%	%	%	%	%	%	%	%	%	%	%
308	Sommer-Saatweizen	1872	13.82	14.00	—	—	—	—	16.25	—	—	—	—	2.60^{o}
309	A. Mittel von Ungedüngt, aus vorigem Saatgut	„	13.64	14.03	—	—	—	2.42	16.25	—	—	—	2.80	2.60^{o}
310	B. Mittel von Phosphorsäuredüngung, aus vorigem Saatgut	„	13.50	15.27	—	—	—	2.08	17.65	—	—	—	2.41	2.82^{o}
311	C. Mittel von N-Düngung, aus vorigem Saatgut	„	13.70	18.55	—	—	—	2.10	21.50	—	—	—	2.43	3.44^{o}
312	D. Mittel von N- u. P_2O_5-Düngung, aus vorigem Saatgut	„	13.60	19.54	—	—	—	2.44	22.62	—	—	—	2.82	3.62^{o}
313	Sommerw., Jekaterinoslow, Südrussland, glasig	1871	11.81	18.79	—	—	—	—	21.31	—	—	—	—	3.41^{o}
314	Desgl., Cherson, Südrussland, glasig und übergehend	„	13.11	16.67	—	—	—	—	19.19	—	—	—	—	3.07^{o}
315	*Winterw., Cherson, Südrussland, übergehend und mehlig	„	12.90	13.66	—	—	—	—	15.69	—	—	—	—	2.51^{o}
316	Sommerw., rheinischer, Poppelsdorfer Feld, 1869 er Ernte, glasig . . .	„	16.16	16.35	—	—	—	—	19.50	—	—	—	—	3.12^{o}
317	{ Gallizischer Sommerw., Tr. vulgare,	„	13.21	17.36	—	—	—	—	20.00	—	—	—	—	3.20^{o}
318	1871 er Ernte, glasig }	„	—	—	—	—	—	—	18.00	—	—	—	—	2.88^{o}
319	{ Gelbähriger Sommer-Binkel-Weizen,	„	13.27	16.04	—	—	—	—	18.50	—	—	—	—	2.96^{o}
320	Tr. vulgare, 1871 er Ernte, glasig }	„	—	—	—	—	—	—	15.69	—	—	—	—	2.51^{o}
321	Weiss- u. gelbähriger Sommer-Igel-W., Tr. boeoticum, 1870 er Ernte, glasig	1872	13.80	19.56	—	—	—	—	22.69	—	—	—	—	3.63^{o}
322	Desgl., 1871 er Ernte, glasig	„	—	—	—	—	—	—	18.44	—	—	—	—	2.95^{o}
323	Blauähriger Sommer-Bart-W., Tr. vulgare, 1870 er Ernte, glasig	„	14.19	17.43	—	—	—	—	20.31	—	—	—	—	3.25^{o}
324	Desgl., 1871 er Ernte, glasig	„	—	—	—	—	—	—	19.69	—	—	—	—	3.15^{o}
325	Weisser gemeiner Sommer-Bart-W., Tr. vulgare, 1870 er Ernte, glasig . . .	„	13.33	17.17	—	—	—	—	19.81	—	—	—	—	3.17^{o}
326	Desgl., 1871 er Ernte, glasig	„	—	—	—	—	—	—	17.25	—	—	—	—	2.76^{o}
327	Victoria-Weizen, 1870 er Ernte, glasig .	„	14.33	18.42	—	—	—	—	21.50	—	—	—	—	3.44^{o}
328	Desgl., 1871 er Ernte, glasig	„	—	—	—	—	—	—	18.62	—	—	—	—	2.98^{o}
329	Braunsamiger Sommer-Igel-W., 1870 er Ernte, glasig	„	13.76	15.90	—	—	—	—	18.44	—	—	—	—	2.95^{o}
330	Desgl., 1871 er Ernte, glasig	„	—	—	—	—	—	—	18.00	—	—	—	—	2.88^{o}

No. 308—312. H. Ritthausen u. R. Pott. — Landw. V.-St. 16. 1873. 384. Der angewendete Saatweizen war eine in Poppelsdorf schon seit längerer Zeit angebaute Sorte, völlig glasig, hart und von dunkler Farbe; die Samen der daraus hervorgegangenen Weizen waren bei A. u. B. halbmehlige und übergehende, bei C. u. D. klein, glasig hart und dunkel wie die Saat. Weiteres siehe bei Sommerweizen unter dem Einfluss der Düngung No. 17 u. f.

No. 313—352. H. Ritthausen, U. Kreusler, W. Dittmar u. R. Pott. — Die Eiweisskörper der Getreidearten etc. von Dr. H. Ritthausen. Bonn, 1872. 10 u. 76. Die südrussischen Weizen No. 313—315 waren direct aus den betreffenden Gegenden bezogen. No. 317—322 waren im Garten der Akademie Poppelsdorf theils im Jahre 1870, theils im Jahre 1871 cultivirt. Die Beschaffenheit der Samen ist oben beigedruckt. Die Reihenfolge der Bezeichnungen bei gemischten Weizen giebt — die voranstehende für die vorwaltende Körnerart — zugleich das Mengenverhältniss an, in welchem die einzelnen Arten von Körnern der Schätzung nach vorhanden waren. Die Weizen, bei derem Mehle sich der Kleber nicht auf gewöhnliche Weise ausscheiden liess, sind mit einem * gekennzeichnet.

Die Weizen „Kessingland-W." und „Blumen-W." (No. 347 u. 349) waren Weizen, die von Müllern und Bäckern nicht gern gekauft wurden; ersterer verschmiert angeblich die Steine und bäckt sich ohne Zusatz von glasigem Weizen schlecht; letzterer soll viel Mehl aber verhältnissmässig wenig Backwaare geben.

Der St. Helena-W. war auf dem Versuchsfeld seit einer Reihe von Jahren ohne Dünger gebaut, er enthielt neben vollkommen ausgebildeten viele unausgebildete und stark zusammengeschrumpfte Körner; er war sehr schwierig zu mahlen und gab ein sehr unansehnliches Mehl.

Die N-bestimmung wurde mit völlig trocknem Material durch Verbrennen mit Natronkalk ausgeführt, der N mittelst Platinchlorid und Wägung des aus dem Platinsalmiak erhaltenen Platins bestimmt.

Wir berechneten aus dem ermittelten N-gehalt die Nh. Substanz durch Multiplication mit 6.25. (Ritthausen benutzt hierzu den Factor 6.0, da er für die Proteïnstoffe des Weizens den Minimalgehalt an N zu 16.66% annimmt.)

No.	Bezeichnungen und Bemerkungen	Jahr der Untersuchung	In der ursprünglichen Substanz						In der Trockensubstanz					Stickstoff in der Trocken-Substanz
			Wasser %	Nh-Substanz %	Rohfett %	Nfr. Extractstoffe %	Rohfaser %	Asche %	Nh-Substanz %	Rohfett %	Nfr. Extractstoffe %	Rohfaser %	Asche %	%
331	Fern-Weizen, 1870er Ernte, glasig . .	1872	13.87	16.74	—	—	—	—	19.44	—	—	—	—	3.11°
332	Desgl., 1871er Ernte, glasig	„	—	—	—	—	—	—	18.06	—	—	—	—	2.89°
333	Hartweizen aus Algier, glasig . . .	„	13.00	11.80	—	—	—	—	13.56	—	—	—	—	2.17°
334	Weizen a. d. Banat (Originalsamen), glasig und weich	„	12.62	16.82	—	—	—	—	19.25	—	—	—	—	3.08°
335	Weizen a. Neuschottland (Originals.), glasig	„	13.20	16.87	—	—	—	—	19.44	—	—	—	—	3.11°
336	Sommer-Weizen, Versuchsfeld Poppelsdorf, 1871er Ernte, glasig	„	15.88	13.77	—	—	—	—	16.37	—	—	—	—	2.62°
337	Rheinischer Kling-W., Versuchsf. Poppelsdorf, 1871er Ernte, glasig . .	„	15.55	13.77	—	—	—	—	16.31	—	—	—	—	2.61°
338	Ungarischer Weizen von Kezthely, glasig	„	13.78	13.85	—	—	—	—	16.06	—	—	—	—	2.57°
339	Ung. Sommer-W., Versuchsf. Poppelsdorf, 1871er Ernte, glasig, übergeh. u. weich	„	14.81	13.31	—	—	—	—	15.62	—	—	—	—	2.50°
340	Winter-W. v. Priesa b. Meissen in Sachsen, glasig, übergehend und weich . . .	„	16.77	11.96	—	—	—	—	14.37	—	—	—	—	2.30°
341	Bismarck-W., Versuchsfeld Poppelsdorf, 1871er Ernte, weich, glasig u. übergeh.	„	14.37	13.44	—	—	—	—	15.69	—	—	—	—	2.51°
342	Frankensteiner Weizen, Frankenstein in Schlesien, weich, glasig u. übergehend	„	14.40	10.75	—	—	—	—	12.56	—	—	—	—	2.01°
343	Kujawischer W., Kapelnik, Posen, weich hart und übergehend	„	16.01	12.07	—	—	—	—	14.37	—	—	—	—	2.30°
344	Winter-W. v. d. Ahr, weich, übergehend und glasig	„	15.46	11.67	—	—	—	—	13.81	—	—	—	—	2.21°
345	Winter-W. v. Brodersdorf b. Kiel, weich, hart und übergehend	„	16.51	11.16	—	—	—	—	13.37	—	—	—	—	2.14°
346	*Winter-W. v. Liebstadt in Sachsen, weich mit wenig übergehend	„	14.11	8.75	—	—	—	—	10.19	—	—	—	—	1.63°
347	*Kessingland-W., Versuchsf. 1871, weich mit wenig übergehend	„	17.14	10.45	—	—	—	—	12.62	—	—	—	—	2.02°
348	*Hallet's genealogischer Weizen, Versuchsfeld 1871, weich, hart u. übergehend	„	15.53	10.14	—	—	—	—	12.00	—	—	—	—	1.92°
349	*Blumen-W. von Schieritz bei Meissen, weich, übergehend und hart . . .	„	15.26	9.85	—	—	—	—	11.62	—	—	—	—	1.86°
350	St. Helena-W., Versuchsfeld 1871, hart, übergehend und weich	„	15.10	13.42	—	—	—	—	15.81	—	—	—	—	2.53
351	Kaiser-W. v. Proskau, Schlesien, weiche Körner, hart, weich und übergehend	„	14.68	10.29	—	—	—	—	12.06	—	—	—	—	1.93
352	Desgl., harte Körner	„	15.06	11.73	—	—	—	—	13.81	—	—	—	—	2.21
353	Sommerweizen, ungedüngt	1874	—	—	—	—	—	—	19.00	—	—	—	—	3.04
354	Desgl., N-Düngung	„	—	—	—	—	—	—	20.19	—	—	—	—	3.23
355	Desgl., P_2O_5-Düngung	„	—	—	—	—	—	—	17.19	—	—	—	—	2.75
356	Desgl., N- und P_2O_5-Düngung . . .	„	—	—	—	—	—	—	21.31	—	—	—	—	3.41
357	Weizen von Alzey	1876	5.33	14.75	1.96	72.86	3.20	1.90	15.58	2.07	77.77	3.38	1.20	2.49
358	Weizen aus der Wetterau	„	5.82	9.94	2.20	77.32	2.80	1.92	10.56	2.34	82.09	2.97	2.04	1.69
359	Kujavischer (Winter)-Weizen (Kolbenw.)	1879	10.76	11.87	—	—	2.52	1.48	13.31	—	—	2.82	1.66	2.13
360	Desgl.	„	10.98	11.45	—	—	2.21	1.46	12.86	—	—	2.48	1.64	2.06

No. 353—356. U. Kreusler u. E. Kern. — J. f. Landwirthschaft. 24. 1876. 1. Tiefgründiger, reicher Lehmboden. Vergl. Sommerweizen, gedüngt, No. 34—61.

No. 357—358. P. Wagner. — Ztschr. f. d. landw. Ver. d. Grossh. Hessen 1876. 159. Der Wetterau'er Weizen liefert ein Mehl von wesentlich grösserer Backfähigkeit, als der Alzey'er Weizen. (Nach Ansicht des Verf. ist ein Mehl um so weniger tauglich zum Backen, je mehr Kleber es enthält.)

No. 359—362. E. Wollny. — Jahresber. f. Agriculturchem. 22. (1879.) 338. (Allgem. Hopfenzeitung 1879. 711.)

No.	Bezeichnungen und Bemerkungen	Jahr der Untersuchung	In der ursprünglichen Substanz						In der Trockensubstanz					Stickstoff in der Trockensubstanz
			Wasser %	Nh-Substanz %	Rohfett %	Nfr. Extractstoffe %	Rohfaser %	Asche %	Nh-Substanz %	Rohfett %	Nfr. Extractstoffe %	Rohfaser %	Asche %	%
361	Kujavischer (Winter)-Weizen (Kolbenw.)	1879	11.13	11.82	—	—	2.33	1.48	13.30	—	—	2.62	1.67	2.13
362	Desgl.	„	10.59	11.92	—	—	2.68	1.49	13.33	—	—	3.00	1.67	2.13
363	Hallet's Pedigree red, 1881er Ernte .	1880	16.44	10.80	1.66	67.29	2.38	1.50	12.93	1.89	80.53	2.85	1.80	2.07
364	Shiriff's square headed (Winterweizen), 1881er Ernte	„	16.16	10.40	1.62	67.58	2.39	1.85	12.41	1.93	80.60	2.85	2.21	1.99
365	Neuseeländer Weissweizen, 1881er Ernte	„	16.04	11.20	1.70	67.10	2.16	1.80	13.34	2.02	79.93	2.57	2.14	2.13
366	Hallet's Pedigree red, 1882er Ernte .	1882	15.00	12.46	1.52	67.37	1.95	1.70p	14.65	1.79	79.27	2.29	2.00	2.34
367	Shiriff's square headed, 1882er Ernte .	„	15.00	10.04	1.68	69.74	1.89	1.65p	11.81	1.98	82.05	2.22	1.94	1.89
368	Neuseeländer Weissweizen, 1882er Ernte	„	15.00	12.71	1.82	66.99	1.93	1.55p	14.95	2.14	78.82	2.27	1.82	2.39
369	Kaiserweizen (Winterw.), Mittel von 5 Analysen	„	14.60	10.47	2.17	—	—	1.80	12.26	2.54	—	—	2.11	1.96
370	„Rostiger" Weizen	„	10.83	13.22	1.79	70.43	2.01	1.72	14.82	2.01	78.99	2.25	1.93	2.37
371	Spec. Gewicht 1.319	1877	9.94	10.81	—	—	5.53	—	12.00	—	—	6.14	—	1.92
372	„ „ 1.369	„	11.50	10.38	—	—	3.33	—	11.73	—	—	3.76	—	1.88
373	„ „ 1.329	„	10.58	10.06	—	—	4.67	—	11.85	—	—	5.22	—	1.90
374	„ „ 1.304	1878	11.42	14.25	—	—	3.76	1.49	16.09	—	—	4.25	1.68	2.57
375	„ „ 1.306	„	11.34	11.06	—	—	3.26	1.87	12.48	—	—	3.68	2.11	1.98
376	„ „ 1.326	„	11.98	11.00	—	—	2.72	1.69	12.50	—	—	3.09	1.92	2.00
377	„ „ 1.249	„	12.08	11.56	—	—	3.04	1.77	13.14	—	—	3.47	2.01	2.10
378	„ „ 1.244	„	12.00	8.62	—	—	3.08	2.28	9.79	—	—	3.50	2.59	1.57
379	Kessinglandweizen, Thonschieferboden, Höhenlage	1880	15.00	9.9	1.9	69.2	2.1	1.9	11.64	2.23	82.43	2.47	2.23	1.86
380	Märkischer Weizen, schwerer Thonboden, Bergland	„	15.00	9.4	2.7	69.0	2.0	1.9	11.05	3.18	81.19	2.35	2.23	1.77
381	Desgl., sandiger Lehm	„	15 00	14.2	1.1	64.6	2.0	3.1	16.70	1.29	76.01	2.35	3.65	2.67
382	Blumenw., tiefgründiger Lehm, Höhenlage	„	15.00	8.2	1.6	70.9	2.4	1.9	9.64	1.88	83.43	2.82	2.23	1.54
383	Goldendropweizen, tiefgründiger, kalkhaltiger, milder Thonboden . . .	„	15.00	8.7	1.6	70.2	2.5	2.0	10.23	1.88	82.60	2.94	2.35	1.64
384	Kessinglandw., tiefgründ., humoser Lehm	„	15.00	10.5	1.6	68.5	2.1	2.3	12.34	1.88	80.61	2.47	2.70	1.97
385	Shiriff's square headed, humoser, kalkhaltiger Lehmboden	„	15.00	10.0	1.6	68.9	2.3	2.2	11.76	1.88	81.07	2.70	2.59	1.88
386	Glatter Sommerweizen, kalkhaltiger Lehm, Höhenlage	„	15.00	10.9	1.6	66.8	2.5	3.2	12.82	1.88	78.60	2.94	3.76	2.05
387	Märkischer Weizen, humoser Lehm . .	„	15.00	10.2	1.6	68.6	2.3	2.3	12.00	1.88	80.72	2.70	2.70	1.92
388	Shiriff's square headed, Elbkleyboden .	„	15.00	11.1	1.4	67.9	2.2	2.4	13.05	1.65	79.89	2.59	2.82	2.09
389	Brauner Elbweizen, Elbkleyboden . .	„	15.00	9.8	1.2	69.1	2.3	2.6	10.92	1.41	81.91	2.70	3.06	1.75
390	Landweizen, humoser Thonboden . .	1881	15.00	10.0	1.3	68.3	2.2	3.2	11.76	1.53	80.36	2.59	3.76	1.88
391	Gelber Landweizen, Lehmboden . . .	„	15.00	10.0	1.4	69.4	2.2	2.0	11.76	1.65	81.65	2.59	2.35	1.88
392	Probsteier Weizen, Lehmboden . . .	„	15.00	10.6	1.4	68.4	2.5	2.1	12.47	1.65	80.47	2.94	2.47	2.00
393	Desgl., schwerer Thonboden auf Muschelkalk, Höhenlage	„	15.00	8.3	1.4	71.3	2.2	1.8	9.76	1.65	83.88	2.59	2.12	1.55
394	Kessinglandweizen	„	15.00	9.8	1.4	68.7	3.1	2.0	11.52	1.65	80.83	3.65	2.35	1.84
395	Rivetts bearded, Rauhweizen	„	15.00	8.7	1.4	70.9	2.0	2.0	10.23	1.65	83.42	2.35	2.35	1.64

No. 363—365. J. Fittbogen u. Wilfarth. — Privatmittheilung. Der Klebergehalt betrug bei No. 363: 7.5 %, bei No. 364: 9.2 %, bei No. 365: 9.8 %. Mit der Klebermenge in gleichem Verhältniss stand die Güte des Backwerk's, No. 365 lieferte den weissesten Kleber mit dem höchsten N-gehalt und das weisseste Brod.
No. 366—368. J. Fittbogen u. Schiller. — Privatmittheilung.
No. 369. H. Werner u. A. Stutzer. — Landw. Jahrb. 11. 1882. 338. Mittel von 5 verschieden gedüngten Weizen. Vergl. Weizen, gedüngt, No. 82—86.
No. 370. J. Moser. — Erster Bericht d. V.-St. Wien 1878. Seite XXVI. (Tab. IV.) Dabei 0.04 % Sand.
No. 371—378. O. Kohlrausch. — V.-St. d. Centralver. f. Rübenzuckerindustrie in d. österr.-ungar. Monarchie zu Wien. Privatmittheilung. Die Weizen enthielten (in % der lufttrocknen Substanz) Kleber:

No. 371	372	373	374	375	376	377	378
8.99	9.29	7.07	11.28	7.78	8.24	8 62	5.98

No. 379—420. M. Märcker (V.-St. Halle). — Privatmittheilung.

No.	Bezeichnungen und Bemerkungen	Jahr der Untersuchung	In der ursprünglichen Substanz						In der Trockensubstanz					Stickstoff in der Trockensubstanz
			Wasser %	Nh-Substanz %	Rohfett %	Nfr. Extractstoffe %	Rohfaser %	Asche %	Nh-Substanz %	Rohfett %	Nfr. Extractstoffe %	Rohfaser %	Asche %	%
396	Brauner Weizen, humoser Lehmboden	1882	15.00	9.2	1.6	69.0	3.2	2.0	10.92	1.88	81.09	3.76	2.35	1.75
397	Desgl.	„	15.00	8.6	1 4	69.9	2.9	2.2	10.11	1.65	82.24	3.41	2.59	1.62
398	Shiriff's square headed, humos. Lehmbod.	„	15.00	12.1	1.4	67.1	2.5	1.9	14.23	1.65	78.95	2.94	2.23	2.28
399	Desgl.	„	15.00	8.9	1.6	70.5	2.2	1.8	10.47	1.88	82.94	2.59	2.12	1.68
400	Spaldingweizen, humoser Lehmboden	„	15.00	9.0	1.4	70.7	2.2	1.7	10.58	1.65	83.18	2.59	2.00	1.69
401	Shiriff's square headed, humos. Lehmbod.	„	15.00	8.2	1.5	71.1	2.0	2.2	9.64	1.76	83.66	2.35	2.59	1.54
402	Wolmirstedter (humoser, tiefgründiger, kalkreicher Lehmboden)	„	15.00	11.7	1.5	66.7	2.4	2.7	13.76	1.76	78.48	2.82	3.18	2.20
403	Mainstage	„	15.00	9.9	1.4	69.1	2.0	2.6	11.64	1.65	81.30	2.35	3.06	1.86
404	Mold's red prolific	„	15.00	10.2	1.2	69.0	2.4	2.2	12.00	1.41	81.18	2.82	2.59	1.92
405	Utoba	„	15.00	7.7	1.5	71.4	2.1	2.3	9.06	1.76	84.01	2.47	2.70	1.45
406	Shiriff's square headed, humoser Lehm	„	15.00	9.3	1.4	70.1	2.3	1.9	10.94	1.65	82.48	2.70	2.23	1.75
407	Desgl. mit N und P_2O_5 gedüngt, Mittel von 8 Analysen	„	15.00	8.9	1.5	70.6	2 2	1.8	10.47	1.76	83.06	2.59	2.12	1.68
408	Sommerweizen (humoser, tiefgründiger, kalkreicher Lehmboden)	„	15.00	8.9	1.6	70.0	2.2	2.3	10.47	1.88	82.36	2.59	2.70	1.68
409	Desgl.	„	15.00	9.9	1.8	69.1	2.3	1.9	11.64	2.12	81.31	2.70	2.23	1.86
410	Shiriff's square headed	„	15.00	8.7	1.4	69.7	2.6	2.6	10.23	1.65	82.00	3.06	3.06	1.64
411	Riesen-Sommerweizen	„	15.00	15.2	1.6	63.4	2.0	2.8	17.58	1.88	74.90	2.35	3.29	2.81
412	Sommerweizen	„	15.00	10.0	1.9	68.7	2.5	1.9	11.76	2.23	80.84	2.94	2.23	1.88
413	Mold's improved golden	„	15.00	9.0	1.5	70.4	2.2	1.9	10.58	1.76	82.84	2.59	2.23	1.69
414	Hallet	„	15.00	7.8	1.4	72.0	2.0	1.8	9.17	1.65	84.71	2.35	2.12	1.47
415	Griechischer Weizen	„	15.00	9.9	1.4	68.9	2.3	2.5	11.64	1.65	81.07	2.70	2.94	1.86
416	Rivett's bearded	„	15.00	7.6	1.3	69.3	2.0	1.7	8.94	1.53	85.18	2.35	2.00	1.43
417	Juliweizen	„	15.00	8.9	1.7	70.7	2.3	1.4	10.47	2.00	83.18	2.70	1.65	1.68
418	Spalding's prolific	„	15.00	9.9	1.5	68.8	2.4	2.2	11.64	1.76	81.19	2.82	2.59	1.86
419	Brauner Sommerweizen	„	15.00	11.1	1.5	66.8	2.0	2.6	13.05	1.76	79.78	2.35	3.06	2.09
420	Weizen	„	15.00	10.5	1.4	69.0	2.3	1.8	12.34	1.65	81.19	2.70	2.12	1.97
421	Mold's White-Winterweizen	1878	8.64	9.63	2.32	76.14	1.63	1.64	10.54	2.54	83.35	1.78	1.79	1.69
422	Mold's Red-Winterweizen	„	8.75	10.50	2.05	75.71	1.27	1.72	11.50	2.25	82.95	1.39	1.88	1.84
423	Hessischer Landweizen (Winter-)	1883	—	9.11	—	—	—	—	—	—	—	—	—	—
424	Goldendrop (vom Händler)	„	—	6.85	—	—	—	—	—	—	—	—	—	—
425	Prolific-Weizen, im Fuldathal auf gutem Boden gewachsen	„	—	10.37	—	—	—	—	—	—	—	—	—	—
426	Shiriff-W., höhere Lage, armer Boden	„	—	9.06	—	—	—	—	—	—	—	—	—	—
427	Russischer Weizen (Original-)	1886	13.25	15.12	2.33	65.11	2.35	1.84	17.43	2.69	75.04	2.71	2.13	2.79
428	Derselbe im Hanauischen, Höhenlage, nachgebaut	„	15.00	11.19	2.30	67.41	2.35	1.75	13.16	2.70	79.31	2.77	2.06	2.11
	Minimum		5.33	7.19	1.00	60.61	1.20	(0.51)	8.30	1.16	69.99	1.39	(0.59)	1.33
	Maximum		19.90	24.15	3.59	73.94	6.38	3.25	27.88	4.15	85.35	7.34	3.76	4.30
	Mittel*)		13.37	12.57	1.70	68.01	2.56	1.79	14.51	1.96	78.50	2.96	2.07	2.32

No. 421 u. 422. Pet. Collier. — Ann. Rep. of the Commissioner of Agriculture for 1878. Washington. 146. Die beiden Weizen waren in England gewachsen. (Analysen amerikanischer Weizen desselben Autors siehe bei „Weizen aus Nordamerika".) An näheren Bestandtheilen wurden noch ermittelt:

	In der ursprünglichen Substanz				In der Trockensubstanz			
	Zucker	Gummi	Stärke	In Alkohol lösl. Eiweissstoffe	Zucker	Gummi	Stärke	In Alkohol lösl. Eiweissstoffe
No. 421	3.12	3.38	69.64	1.07	3.41	3.70	76.24	1.17
No. 422	2.74	2.58	70.39	1.51	3.00	2.83	77.15	1.65

No. 423—426. Th. Dietrich (V.-St. Marburg). — Privatmittheilung.

No. 427 u. 428. Th. Dietrich u. O. Greittherr (V.-St. Marburg). — Privatmitthl. No. 427: Der russische Originalweizen bestand aus kleinen Körnern, von denen 100 Stück nur 2.2 g wogen. Der aus diesem erbaute Weizen No. 428 hatte wesentlich grössere Körner und wogen 100 Stück 3.4 g. Aus dem von diesen Weizen von den Autoren selbst hergestellten stark schalenhaltigen Mehl wurde Kleber ausgeknetet, der bei dem Mehle aus Weizen No. 427 schön zäh und lang, bei dem aus No. 428 weniger schön war. Deren Menge betrug:

	Frischer roher Kleber	Trockner Kleber	Reiner aus dem N-Gehalt des rohen berechneter Kleber
No. 427 . . .	46.8	17.8	12.65 %
No. 428 . . .	30.8	10.7	7.94 %

*) Für Wasser, Nh. Substanz, Fett und Asche wurde das Mittel aus sämmtlichen Analysen, für Holzfaser erst von No. 252 an berechnet. Die willkürlich angenommenen Zahlen für den Wassergehalt sind bei der Mittelwerthsberechnung ausgeschlossen worden.

Weizenkörner, geordnet nach Ländern, in denen sie gewachsen.

Weizen aus nördlichen und östlichen Gegenden Deutschlands, sowie Mitteldeutschlands.

(Der Haupttabelle entnommen.)

a. Winterweizen.

No.	Bezeichnungen und Bemerkungen	No. d. Haupttabelle	Jahr der Untersuchung	In der ursprünglichen Substanz: Wasser %	Nh-Substanz %	Rohfett %	Nfr. Extractstoffe %	Rohfaser %	Asche %	In der Trockensubstanz: Nh-Substanz %	Rohfett %	Nfr. Extractstoffe %	Rohfaser %	Asche %	Stickstoff in der Trockensubstanz %
1	Reif, geerntet 22. Aug. 1851 .	46	1851	—	—	—	—	—	—	14.94	—	—	—	1.92	2.39°
2	Schwere Körner, Hectol. 76.75 kg	107	1854	15.65	11.84	2.61	65.79	(2.54)	1.57	14.00	3.10	78.03	3.01	1.86	2.24
3	Leichte „ „ 52.55 kg	108	„	15.56	12.97	2.39	61.24	(6.04)	1.80	15.38	2.83	71.33	7.15	3.31	2.46
4	Schwere „ „ 76.70 kg	109	1855	13.28	8.75	—	—	(2.66)	—	10.09	—	—	3.07	—	1.61
5	Leichte „ „ 53.20 kg	110	„	14.39	10.62	—	—	(4.12)	—	12.40	—	—	4.81	—	1.98
	Triticum vulgare muticum.														
6	Sächsischer Wechselweizen, glasig	160	1857/58	—	—	—	—	—	—	18.25	—	—	—	—	2.92°
7	Unbegrannter Bartw. von Toucelle, meist mehlig	161	„	—	—	—	—	—	—	16.37	—	—	—	—	2.62°
8	Schönermarks Kolbenw., übergeh.	162	„	—	—	—	—	—	—	16.37	—	—	—	—	2.62°
9	Dessauer Kolbenweizen, mehlig .	163	„	—	—	—	—	—	—	16.12	—	—	—	—	2.58°
10	Hunter's-Weizen, mehlig . . .	164	„	—	—	—	—	—	—	15.19	—	—	—	—	2.43°
11	Spalding's prolific, meist mehlig .	165	„	—	—	—	—	—	—	15.19	—	—	—	—	2.43°
12	Essex-Weizen, gemengt	166	„	—	—	—	—	—	—	15.00	—	—	—	—	2.40°
13	Standart rouge, mehlig	167	„	—	—	—	—	—	—	14.81	—	—	—	—	2.37°
14	Vipound-Weizen, mehlig . . .	168	„	—	—	—	—	—	—	14.81	—	—	—	—	2.37°
15	Suffolk-Weizen, mehlig	169	„	—	—	—	—	—	—	14.62	—	—	—	—	2.34°
16	Daunton's neuer Saat-Weizen, überwiegend glasig	170	„	—	—	—	—	—	—	14.37	—	—	—	—	2.30°
17	Bartweizen, glasig	171	„	—	—	—	—	—	—	14.19	—	—	—	—	2.27°
18	Castilianischer Weizen, mehlig .	172	„	—	—	—	—	—	—	13.75	—	—	—	—	2.20°
19	Weisser bengalischer, mehlig . .	173	„	—	—	—	—	—	—	13.12	—	—	—	—	2.10°
20	Champignon-Weizen, mehlig . .	174	„	—	—	—	—	—	—	13.62	—	—	—	—	2.18°
21	Begrannter Bartweizen aus Neapel, übergehend	175	„	—	—	—	—	—	—	12.44	—	—	—	—	1.99°
22	Lama-W., mehlig oder übergehend	176	„	—	—	—	—	—	—	11.87	—	—	—	—	1.90°
23	Klarke's Stanwick-W., übergehend	177	„	—	—	—	—	—	—	10.00	—	—	—	—	1.60°
24	Clover's rother Kolbenw., mehlig	178	„	—	—	—	—	—	—	9.94	—	—	—	—	1.59°
25	Preisweizen von Oxford, mehlig .	179	„	—	—	—	—	—	—	9.81	—	—	—	—	1.57°
	Triticum turgidum.														
26	Blauer engl. Weizen, meist mehlig	180	„	—	—	—	—	—	—	14.25	—	—	—	—	2.28°
27	Violetter engl. Weizen, gemengt .	181	„	—	—	—	—	—	—	13.75	—	—	—	—	2.20°
28	Taganrog-Weizen, glasig . . .	182	„	—	—	—	—	—	—	13.12	—	—	—	—	2.10°
29	Riesenweizen v. St. Helena, glasig	183	„	—	—	—	—	—	—	12.00	—	—	—	—	1.92°
30	Spalding's-W., Poppelsdorf 1857, mehlig	185	„	—	—	—	—	—	—	10.62	—	—	—	—	1.70°
31	Hunter's-W., Poppelsdorf, 1857 mehlig	187	„	—	—	—	—	—	—	11.56	—	—	—	—	1.85°
32	Henton's-W., Poppelsdorf, 1. Gen., mehlig	188	„	—	—	—	—	—	—	12.87	—	—	—	—	2.06°
33	Desgl., 2. Gen., glasig	189	„	—	—	—	—	—	—	12.31	—	—	—	—	1.97°
34	Mary's Gold-Winterw.	251	1859	16.26	—	—	—	—	—	13.70	—	—	—	1.94	2.19°

No.	Bezeichnungen und Bemerkungen	No. d. Haupttabelle	Jahr der Untersuchung	In der ursprünglichen Substanz: Wasser %	Nh-Substanz %	Rohfett %	Nfr. Extractstoffe %	Rohfaser %	Asche %	In der Trockensubstanz: Nh-Substanz %	Rohfett %	Nfr. Extractstoffe %	Rohfaser %	Asche %	Stickstoff in der Trockensubstanz %
35	Vom Folgengut bei Tharant	286	1862	9.70	21.18	1.68	63.19	2.92	1.33	23.45	1.86	69.99	3.23	1.47	3.75
36	Desgl.	288	1868	11.82	10.91	1.44	72.97	1.33	1.51	12.37	1.63	82.78	1.51	1.71	1.98
37	Desgl.	287	1866	—	—	—	—	—	—	11.82	1.90	81.09	3.22	(1.97)	1.89
38	Halle a. d. S., II. Waare	301	1869	13.26	8.94	1.85	71.60	2.81	1.54	10.31	2.13	82.54	3.24	1.78	1.65[o]
39	Desgl., Weissweizen	302	„	12.95	8.97	1.78	—	—	1.31	10.31	2.05	—	—	1.51	1.65[o]
40	Desgl., III. Waare	303	„	13.20	10.44	2.02	71.76	1.23	1.55	12.00	2.33	82.46	1.42	1.79	1.92[o]
41	Desgl., I. Waare	304	„	13.35	9.08	2.01	72.39	1.68	1.49	10.50	2.32	83.52	1.94	1.72	1.68[o]
42	Von Priesa bei Meissen in Sachsen	340	1872	16.77	—	—	—	—	—	14.37	—	—	—	—	2.30[o]
43	Aus Frankenstein in Schlesien	342	„	14.40	—	—	—	—	—	12.56	—	—	—	—	2.01[o]
44	Kujavischer Weizen aus Posen	343	„	16.01	—	—	—	—	—	14.37	—	—	—	—	2.30[o]
45	Von Brodersdorf bei Kiel	345	„	16.51	—	—	—	—	—	13.37	—	—	—	—	2.14[o]
46	Von Liebstadt in Sachsen	346	„	14.11	—	—	—	—	—	10.19	—	—	—	—	1.63[o]
47	Blumen-W. v. Schieritz in Sachsen	349	„	15.26	—	—	—	—	—	11.62	—	—	—	—	1.86[o]
48	Kaiserweizen v. Proskau in Schlesien	351	„	14.68	—	—	—	—	—	12.06	—	—	—	—	1.93[o]
49	Desgl.	352	„	15.06	—	—	—	—	—	13.81	—	—	—	—	2.21
50	Kujavischer Kolbenweizen	359	1879	10.76	11.87	—	—	2.52	1.48	13.31	—	—	2.82	1.66	2.13
51	Desgl.	360	„	10.98	11.45	—	—	2.21	1.46	12.86	—	—	2.48	1.64	2.06
52	Desgl.	361	„	11.13	11.82	—	—	2.33	0.48	13.30	—	—	2.62	1.67	2.13
53	Desgl.	362	„	10.59	11.92	—	—	2.68	1.49	13.33	—	—	3.00	1.67	2.13
54	Hallet's Pedigree red, 1881 er Ernte	363	1880	16.44	10.80	1.66	67.22	2.38	1.50	12 93	1.89	80.53	2.85	1.80	2.07
55	Shiriff's square headed, 1881 er E.	364	„	16.16	10.40	1.62	67.58	2.39	1.85	12.41	1.93	80.60	2.85	2.21	1.99
56	Neuseeländer Weissw., 1881 er E.	365	„	16.04	11.20	1.70	67.10	2.16	1.80	13.34	2.02	79.93	2.57	2.14	2.13
57	Hallet's Pedigree red, 1882 er Ernte	366	1882	15.00	12.46	1.52	67.37	1.95	1.70[P]	14.65	1.79	79.27	2.29	2.00	2.34
58	Shiriff's square headed, 1882 er E.	367	„	15.00	10.04	1.68	69.74	1.89	1.65[P]	11.81	1.98	82.05	2.22	1.94	1.89
59	Neuseeländer Weissw., 1882 er E.	368	„	15.00	12.71	1.82	66.99	1.93	1.55[P]	14.95	2.14	78.82	2.27	1.82	2.39
60	Kessingland-W., Thonschieferboden	379	1880	15.00	9.90	1.90	69.20	2.10	1.90	11.64	2.23	82.43	2.47	2.23	1.86
61	Märkischer Weizen	380	„	15.00	9.40	2.70	69.00	2.00	1.90	11.05	3.18	81.19	2.35	2.23	1.77
62	Desgl.	381	„	15.00	14.20	1.10	64.60	2.00	3.10	16.70	1.29	76.01	2.35	3.65	2.67
63	Blumenweizen	382	„	15.00	8.20	1.60	70.90	2.40	1.90	9.64	1.88	83.43	2.82	2.23	1.54
64	Golden drop	383	„	15.00	8.70	1.60	70.20	2.50	2.00	10.23	1.88	82.60	2.94	2.35	1.64
65	Kessingland-Weizen	384	„	15.00	10.50	1.60	68.50	2.10	2.30	12.34	1.88	80.61	2.47	2.70	1.97
66	Shiriff's square headed	385	„	15.00	10.00	1.60	68.90	2.30	2.20	11.76	1.88	81.07	2.70	2.59	1.88
67	Märkischer Weizen	387	„	15.00	10.20	1.60	68.60	2.30	2.30	12.00	1.88	80.72	2.70	2.70	1.92
68	Shiriff's square headed	388	„	15.00	11.10	1.40	67.90	2.20	2.40	13.05	1.65	79.89	2.59	2.82	2.09
69	Brauner Elbweizen	389	„	15.00	9.80	1.20	69.10	2.30	2.60	10.92	1.41	81.91	2.70	3.06	1.75
70	Landweizen	390	1881	15.00	10.00	1.30	68.30	2.20	3.20	11.76	1.53	80.36	2.59	3.76	1.88
71	Gelber Landweizen	391	„	15.00	10.00	1.40	69.40	2.20	2.00	11.76	1.65	81.65	2.59	2.35	1.88
72	Probsteier Weizen	392	„	15.00	10.60	1.40	68.40	2.50	2.10	12.47	1.65	80.47	2.94	2.47	2.00
73	Desgl.	393	„	15.00	8.30	1.40	71.30	2.20	1.80	9.76	1.65	83.88	2.59	2.12	1.55
74	Kessingland-Weizen	394	„	15.00	9.80	1.40	68.70	3.10	2.00	11.52	1.65	80.83	3.65	2.35	1.84
75	Rivett's bearded-Rauhweizen	395	„	15.00	8.70	1.40	70.90	2.00	2.00	10.23	1.65	83.42	2.35	2.35	1.64
76	Braunweizen	396	1882	15.00	9.20	1.60	69.00	3.20	2.00	10.92	1.88	81.09	3.76	2.35	1.75
77	Desgl.	397	„	15.00	8.60	1.40	69.90	2.90	2.20	10.11	1.65	82.24	3.41	2.59	1.62
78	Shiriff's square headed	398	„	15.00	12.10	1.40	67.10	2.50	1.90	14.23	1.65	78.95	2.94	2.23	2.28
79	Desgl.	399	„	15.00	8.90	1.60	70.50	2.20	1.80	10.47	1.88	82.94	2.59	2.12	1.68
80	Spalding-Weizen	400	„	15.00	9.00	1.40	70.70	2.20	1.70	10.58	1.65	83.18	2.59	2.00	1.69
81	Shiriff's square headed	406	„	15.00	9.30	1.40	70.10	2.30	1.90	10.94	1.65	82.48	2.70	2.23	1.75
82	Desgl.	407	„	15.00	8.90	1.50	70.60	2.20	1.80	10.47	1.76	83.06	2.59	2.12	1.68
83	Desgl.	410	„	15.00	8.70	1.40	69.70	2.60	2.60	10.23	1.65	82.00	3.06	3.06	1.64

No.	Bezeichnungen und Bemerkungen	No. d. Haupttabelle	Jahr der Untersuchung	In der ursprünglichen Substanz: Wasser %	Nh-Substanz %	Rohfett %	Nfr. Extractstoffe %	Rohfaser %	Asche %	In der Trockensubstanz: Nh-Substanz %	Rohfett %	Nfr. Extractstoffe %	Rohfaser %	Asche %	Stickstoff in der Trockensubstanz %
84	Mold's improved golden . . .	413	1882	15.00	9.00	1.50	70.40	2.20	1.90	10.58	1.76	82.84	2.59	2.23	1.69
85	Hallet	414	„	15.00	7.80	1.40	72.00	2.00	1.80	9.17	1.65	84.71	2.35	2.12	1.47
86	Griechischer	415	„	15.00	9.90	1.40	68.90	2.30	2.50	11.64	1.65	81.07	2.70	2.94	1.86
87	Rivett's bearded	416	„	15.00	7.60	1.30	69.30	2.00	1.70	8.94	1.53	85.18	2.35	2.00	1.43
88	Juliweizen	417	„	15.00	8.90	1.70	70.70	2.30	1.40	10.47	2.00	83.18	2.70	1.65	1.68
89	Spalding's prolific	418	„	15.00	9.90	1.50	68.80	2.40	2.20	11.64	1.76	81.19	2.82	2.59	1.86
90	Aus Holstein	298	1869	14.09	10.38	1.99	69.65	2.27	1.62	12.06	2.32	81.09	2.64	1.89	1.93
	Minimum			9.70	7.74	1.22	60.61	1.13	1.27	8.94	1.41	69.99	1.42	1.47	1.43
	Maximum			16.77	20.31	2.68	73.79	3.26	3.26	23.45	3.10	85.18	3.76	3.76	3.75
	Mittel			13.37[1])	10.93	1.65	70.01	2.12	1.92	12.62	1.90	80.81	2.45[2])	2.22	2.02

b. Sommerweizen.

No.	Bezeichnungen und Bemerkungen	No. d. Haupttabelle	Jahr	Wasser %	Nh-Substanz %	Rohfett %	Nfr. Extractstoffe %	Rohfaser %	Asche %	Nh-Substanz %	Rohfett %	Nfr. Extractstoffe %	Rohfaser %	Asche %	Stickstoff %
1	Aus Schafstädt bei Halle a. d. S. .	305	1869	13.23	12.15	2.04	—	1.97	—	14.00	2.35	—	2.27	—	2.24°
2	Glatter Sommerw., kalkhalt. Lehm	386	1880	15.00	10.90	1.60	66.80	2.50	3.20	12.82	1.88	78.60	2.94	3.76	2.05
3	Humoser, tiefgründig., kalkr. Lehm	408	1882	15.00	8.90	1.60	70.00	2.20	2.30	10.47	1.88	82.86	2.59	2.70	1.68
4	Desgl.	409	„	15.00	9.90	1.80	69.10	2.30	1.90	11.64	2.12	81.31	2.70	2.23	1.86
5	Desgl., Riesenweizen	411	„	15.00	15.20	1.60	63.40	2.00	2.80	17.58	1.88	74.90	2.35	3.29	2.81
6	Desgl.	412	„	15.00	10.00	1.90	68.70	2.50	1.90	11.76	2.23	80.84	2.94	2.23	1.88
7	Desgl., brauner Weizen	419	„	15.00	11.10	1.50	66.80	2.00	2.60	13.05	1.76	79.78	2.35	3.06	2.09
8	Desgl.	420	„	15.00	10.50	1.40	69.00	2.30	1.80	12.34	1.65	81.19	2.70	2.12	1.97
	Mittel			13.37[3])	11.23	2.03	68.61	2.26	2.52	12.96	2.34	79.18	2.61	2.91	2.07

Weizen aus dem südlichen und westlichen Deutschland.

a. Winterweizen.

No.	Bezeichnungen und Bemerkungen	No. d. Haupttabelle	Jahr	Wasser %	Nh-Substanz %	Rohfett %	Nfr. Extractstoffe %	Rohfaser %	Asche %	Nh-Substanz %	Rohfett %	Nfr. Extractstoffe %	Rohfaser %	Asche %	Stickstoff %
1	Elsass, Bechelbronn	1	1836	14.50	12.23	2.22	64.64	—	2.06	14.31	2.60	75.60	—	2.41	2.29°
2	Desgl.	2	„	—	—	—	—	—	—	21.94	—	—	—	2.31	3.51°
3	Desgl., rother Weizen	3	„	14.50	12.30	1.50	67.60	2.10	2.00	14.39	1.75	79.07	2.45	2.34	2.30
4	Desgl., Hühner-Weizen	4	„	14.40	15.60	1.00	65.60	1.50	1.90	18.22	1.17	76.63	1.75	2.23	2.91
5	Desgl., harter Weizen	5	„	14.80	13.60	2.00	65.70	2.30	1.60	15.96	2.34	77.12	2.70	1.88	2.55
6	Württemberg, Hohenheim, Igelw.	13	1850	14.78	11.28	—	—	2.42	1.68	13.24	—	—	2.84	1.97	2.12°
7	Desgl.	14	1851	16.08	10.56	—	—	2.78	1.65	12.59	—	—	3.32	1.97	2.01°
8	Desgl., Talavera-Weizen . . .	15	1845	15.43	13.69	—	—	—	2.36	16.19	—	—	—	2.80	2.59°
9	Desgl., Whittington-Weizen . .	16	„	13.93	14.42	—	—	—	2.69	16.75	—	—	—	3.13	2.68°
10	Desgl., Sandomierz-Weizen . .	17	„	15.48	14.21	—	—	—	2.03	16.81	—	—	—	2.40	2.69°
11	Bayern, Schleissheim, Arnaut. W.	125	1856	14.33	10.31	—	—	—	—	12.06	—	—	—	—	1.93°
12	Desgl., Mönchshofen	127	„	11.04	12.44	—	—	—	1.68	14.00	—	—	—	1.89	2.24°
13	Desgl.	128	„	10.97	12.31	—	—	—	—	13.81	—	—	—	—	2.21°
14	Desgl., Brennberg	129	„	13.39	10.87	—	—	—	2.04	12.56	—	—	—	2.36	2.01°
15	Desgl., Litzendorf	130	„	13.68	11.75	—	—	—	—	13.62	—	—	—	—	2.18°
16	Desgl., Geisfeld	131	„	13.83	12.50	—	—	—	—	14.50	—	—	—	—	2.32°
17	Desgl., Triesdorf	132	„	12.43	12.62	—	—	—	—	14.44	—	—	—	—	2.31°
18	Desgl.	133	„	13.10	12.25	—	—	—	—	14.12	—	—	—	—	2.26°
19	Desgl., Gelchsheim	134	„	13.16	12.50	—	—	—	1.77	14.44	—	—	—	2.04	2.31°
20	Desgl., Martinshöhe	135	„	13.11	11 94	—	—	—	—	13.62	—	—	—	—	2.18°

1) Nach obigem Mittel der Haupttabelle angenommen; das wirklich gefundene Mittel für Wasser ist 14.01.
2) Mittel aus Analysen von No. 35 an. (Der N-Gehalt im Mittel der 90 Analysen beträgt 2.07 %.)
3) Nach dem obigen Mittel der Haupttabelle auch hier zu Grunde gelegt.

No.	Bezeichnungen und Bemerkungen	No. d. Haupttabelle	Jahr der Untersuchung	In der ursprünglichen Substanz: Wasser %	Nh-Substanz %	Rohfett %	Nfr. Extractstoffe %	Rohfaser %	Asche %	In der Trockensubstanz: Nh-Substanz %	Rohfett %	Nfr. Extractstoffe %	Rohfaser %	Asche %	Stickstoff in der Trockensubstanz %
21	Bayern, Bogenhausen	136	1858	14.26	12.37	—	—	—	1.85	14.44	—	—	—	2.16	2.31o
22	Desgl.	137	„	14.12	12.87	—	—	—	1.82	15.00	—	—	—	2.12	2.40o
23	Desgl., Weihenstephan, rother Kolbenweizen	140	„	11.22	15.20	1.95	—	—	—	17.12	2.20	—	—	—	2.74o
24	Desgl., St. Helena-Weizen	141	„	14.00	13.22	1.76	—	—	1.75	15.37	2.05	—	—	2.04p	2.46o
25	Desgl., Sicilianischer Weizen	142	„	13.10	12.22	—	—	—	1.69	14.06	—	—	—	1.95p	2.25o
26	Desgl., Whittington-Weizen	143	„	12.11	12.25	1.76	—	—	1.56	13.94	2.00	—	—	1.78	2.23o
27	Desgl., Richmond's Riesenweizen	144	„	8.00	9.77	1.88	—	—	1.74	10.62	2.04	—	—	1.89	1.70o
28	Desgl., Weisser Toucelle-Weizen	145	„	14.70	8.74	1.39	—	—	—	10.25	1.63	—	—	—	1.64o
29	Desgl., Lichtenhof, Wunderweizen	146	„	8.00	16.39	—	—	—	—	17.81	—	—	—	—	2.85o
30	Desgl., aus Tunis	147	„	14.08	13.21	—	—	—	1.72	15.37	—	—	—	2.00p	2.46o
31	Desgl., Mumienweizen	148	„	12.08	13.09	1.78	—	—	1.76	15.00	2.03	—	—	2.00p	2.40o
32	Desgl., Trautskirchen	149	„	13.30	13.87	1.78	—	—	—	15.31	2.05	—	—	—	2.45
33	Desgl., Unterfranken	150	„	8.90	12.94	—	—	—	—	14.19	—	—	—	—	2.27o
34	Desgl., Würzburg	151	„	—	—	—	—	—	—	10.62	—	—	—	—	1.70o
35	Desgl., Spiessheim	152	„	—	—	—	—	—	—	10.19	—	—	—	—	1.63o
36	Württemberg, Hohenheim, Talavera-Weizen	244	1857	—	—	—	—	—	—	10.25	—	—	—	1.88	1.64o
37	Desgl., Igelweizen	245	„	—	—	—	—	—	—	10.94	—	—	—	1.99	1.75o
38	Desgl., Talavera-Weizen	246	1859	—	—	—	—	—	—	12.50	—	—	—	2.14	2.00o
39	Desgl., Frankensteiner Weizen	247	„	—	—	—	—	—	—	12.56	—	—	—	2.04	2.01o
40	Desgl., Whittington-Weizen	248	„	—	—	—	—	—	—	13.69	—	—	—	2.08	2.19
41	Preuss. Rheinprovinz, Poppelsdorf, St. Helena-Weizen	252	1858	12.07	15.28	—	—	2.81	2.12	17.37	—	77.02	3.20	2.41	2.78
42	Desgl.	253	„	13.40	14.00	1.13	65.46	4.07	1.94	16.17	1.31	75.58	4.70	2.24	2.59
43	Desgl.	254	„	15.48	10.96	1.19	68.71	1.67	1.99	12.97	1.41	81.29	1.98	2.35	2.08
44	Desgl., Rheinischer Klingweizen	337	1872	15.55	—	—	—	—	—	16.31	—	—	—	—	2.61o
45	Desgl., Bismarck-Weizen, 1871er	341	„	14.37	—	—	—	—	—	15.69	—	—	—	—	2.51o
46	Desgl., von der Ahr	344	„	15.46	—	—	—	—	—	13.81	—	—	—	—	2.21o
47	Desgl., Poppelsdorf, Kessingland-W.	347	„	17.14	—	—	—	—	—	12.62	—	—	—	—	2.02o
48	Desgl., Hallet's genealogischer	348	„	15.53	—	—	—	—	—	12.00	—	—	—	—	1.92o
49	Desgl., St. Helena-Weizen	350	„	15.10	—	—	—	—	—	15.81	—	—	—	—	2.53o
50	Desgl., Kaiserweizen	369	1882	14.60	10.47	2.17	—	—	1.80	12.26	2.54	—	—	2.11	1.96
51	Hessen, Rheinhessen, Alzey	357	1876	5.33	14.75	1.96	72.86	3.20	1.90	15.58	2.07	77.77	3.38	1.20	2.49
52	Desgl., aus der Wetterau	358	„	5.82	9.94	2.20	77.32	2.80	1.92	10.56	2.34	82.09	2.97	2.04	1.69
	Minimum			5.33	8.83	1.01	65.47	1.71	1.04	10.19	1.17	(75.58)	1.98	1.20	1.63
	Maximum			17.14	19.01	2.25	70.11	4.07	2.71	21.94	2.60	(82.09)	4.70	3.13	3.51
	Mittel			13.37[1])	12.29	1.71	67.96	2.82	1.85	14.19	1.97	78.46	3.25[2])	2.13	2.27

b. Sommerweizen.

No.	Bezeichnungen und Bemerkungen	No. d. Haupttabelle	Jahr der Untersuchung	Wasser %	Nh-Substanz %	Rohfett %	Nfr. Extractstoffe %	Rohfaser %	Asche %	Nh-Substanz %	Rohfett %	Nfr. Extractstoffe %	Rohfaser %	Asche %	Stickstoff in der Trockensubstanz %
1	Bayern, Schleissheim	126	1856	13.47	12.44	—	—	—	1.90	14.31	—	—	—	2.19	2.29o
2	Desgl., Weihenstephan	153	1858	12.02	13.14	1.94	—	—	—	14.94	2.20	—	—	—	2.39o
3	Desgl.	154	„	15.33	12.28	—	—	—	—	14.50	—	—	—	—	2.32o
4	Desgl., Spiessheim	155	„	13.42	11.20	—	—	—	—	12.94	—	—	—	—	2.07o
5	Desgl., Lohr	156	„	—	—	—	—	—	—	12.75	—	—	—	—	2.04o

[1]) Nach dem obigen Mittel der Haupttabelle auch hier zu Grunde gelegt; das wirkliche Mittel aus vorstehenden Zahlen beträgt 13.18%.
[2]) Mittel aus No. 41, 42, 43, 51 u. 52.

No.	Bezeichnungen und Bemerkungen	No. d. Haupttabelle	Jahr der Untersuchung	In der ursprünglichen Substanz: Wasser %	Nh-Substanz %	Rohfett %	Nfr. Extractstoffe %	Rohfaser %	Asche %	In der Trockensubstanz: Nh-Substanz %	Rohfett %	Nfr. Extractstoffe %	Rohfaser %	Asche %	Stickstoff in der Trocken-Substanz %
6	Bayern, Lohr	157	1858	—	—	—	—	—	—	10.87	—	—	—	—	1.74^{0}
7	Desgl., Schwebheim	158	„	12.20	8.89	1.23	—	—	—	10.12	1.40	—	—	—	1.62^{0}
8	Desgl., Trautskirchen	159	„	16.00	8.14	—	—	—	—	9.69	—	—	—	—	1.55^{0}
9	Preuss. Rheinprovinz, Poppelsdorf, Saatweizen	308	1872	13.82	14.00	—	—	—	—	16.25	—	—	—	—	2.60^{0}
10	Desgl., davon gebaut	309	„	13.64	14.03	—	—	—	2.42	16.25	—	—	—	2.80	2.60^{0}
11	Desgl.	310	„	13.50	15.27	—	—	—	2.08	17.65	—	—	—	2.41	2.82^{0}
12	Desgl.	311	„	13.70	18.55	—	—	—	2.10	21.50	—	—	—	2.43	3.44^{0}
13	Desgl.	312	„	13.60	19.54	—	—	—	2.44	22.62	—	—	—	2.82	3.62^{0}
14	Desgl., rheinischer	316	„	16.16	16.35	—	—	—	—	19.50	—	—	—	—	3.12^{0}
15	Desgl., galizischer, 1870	317	„	13.21	17.36	—	—	—	—	20.00	—	—	—	—	3.20^{0}
16	Desgl., 1871	318	„	—	—	—	—	—	—	18.00	—	—	—	—	2.88^{0}
17	Desgl., gelbähriger Binkel, 1870	319	„	13.27	16.04	—	—	—	—	18.50	—	—	—	—	2.96^{0}
18	Desgl., 1871	320	„	—	—	—	—	—	—	15.69	—	—	—	—	2.51^{0}
19	Desgl., Igel-Weizen, 1870	321	„	13.80	19.56	—	—	—	—	22.69	—	—	—	—	3.63^{0}
20	Desgl., 1871	322	„	—	—	—	—	—	—	18.44	—	—	—	—	2.95^{0}
21	Desgl., blauer Bartweizen, 1870	323	„	14.19	17.43	—	—	—	—	20.31	—	—	—	—	3.25^{0}
22	Desgl., 1871	324	„	—	—	—	—	—	—	19.69	—	—	—	—	3.15^{0}
23	Desgl., weisser Bartweizen, 1870	325	„	13.33	17.17	—	—	—	—	19.81	—	—	—	—	3.17^{0}
24	Desgl., 1871	326	„	—	—	—	—	—	—	17.25	—	—	—	—	2.76^{0}
25	Desgl., Igel-Weizen, 1870	329	„	13.76	15.90	—	—	—	—	18.44	—	—	—	—	2.95^{0}
26	Desgl., 1871	330	„	—	—	—	—	—	—	18.00	—	—	—	—	2.88
27	Desgl., ungedüngt	353	1874	—	—	—	—	—	—	19.00	—	—	—	—	3.04^{0}
28	Desgl., N-Düngung	354	„	—	—	—	—	—	—	20.19	—	—	—	—	3.23^{0}
29	Desgl., P_2O_5-Düngung	355	„	—	—	—	—	—	—	17.19	—	—	—	—	2.75^{0}
30	Desgl., N- u. P_2O_5-Düngung	356	„	—	—	—	—	—	—	21.31	—	—	—	—	3.41^{0}
	Mittel			13.37[1])	14.95	1.56	67.93	—	2.19	17.26	1.80	—	78.41	2.53	2.76

Weizen aus Oesterreich-Ungarn.

Winterweizen.

No.	Bezeichnungen und Bemerkungen	No. d. Haupttabelle	Jahr der Untersuchung	Wasser %	Nh-Substanz %	Rohfett %	Nfr. Extractstoffe %	Rohfaser %	Asche %	Nh-Substanz %	Rohfett %	Nfr. Extractstoffe %	Rohfaser %	Asche %	Stickstoff in der Trocken-Substanz %
1	Ungarn, Banat	57	—	14.50	13.40	1.10	—	—	—	15.67	1.29	—	—	—	2.51
2	Mähren, grosse Körner	242	1859	12.41	10.87	2.05	68.80	3.87	2.00	12.41	2.34	78.55	4.42	2.28	1.99
3	Desgl., kleine Köner	243	„	11.05	16.44	2.85	63.81	3.68	2.17	18.48	3.20	71.74	4.14	2.44	2.96
4	Ungarn, Altenburg, trockne Witterung, 1866	255	1866	12.28	16.36	2.08	64.73	2.75	1.80	18.62	2.37	73.83	3.13	2.05	2.98^{0}
5	Desgl., nasse Witterung, 1870	256	1870	14.18	12.81	2.24	65.94	3.26	1.57	14.94	2.61	76.82	3.80	1.83	2.39^{0}
6	Desgl., Theiss und Banat	306	„	10.51	13.99	—	—	—	1.51	15.64	—	—	—	1.69	2.50^{0}
7	Desgl.	307	„	10.74	15.66	—	—	—	1.50	17.54	—	—	—	1.68	2.81
8	Rostiger Weizen	370	1872	10.83	13.22	1.79	70.43	2.01	1.72	14.82	2.01	78.99	2.25	1.93	2.37
9	. . . .	371	1877	9.94	10.81	—	—	5.53	—	12.00	—	—	6.14	—	1.92
10	. . . .	372	„	11.50	10.38	—	—	3.33	—	11.73	—	—	3.76	—	1.88
11	. . . .	373	„	10.58	10.06	—	—	4.67	—	11.85	—	—	5.22	—	1.90
12	. . . .	374	1878	11.42	14.25	—	—	3.76	1.49	16.09	—	—	4.25	1.68	2.57
13	. . . .	375	„	11.34	11.06	—	—	3.26	1.87	12.48	—	—	3.68	2.11	1.98
14	. . . .	376	„	11.98	11.00	—	—	2.72	1.69	12.50	—	—	3.09	1.92	2.00

[1]) Nach dem obigen Mittel der Haupttabelle angenommen; der wirkliche mittlere Wassergehalt nach vorstehehenden Zahlen beträgt 13.80 %

No.	Bezeichnungen und Bemerkungen	No. d. Haupttabelle	Jahr der Untersuchung	In der ursprünglichen Substanz: Wasser %	Nh-Substanz %	Rohfett %	Nfr. Extractstoffe %	Rohfaser %	Asche %	In der Trockensubstanz: Nh-Substanz %	Rohfett %	Nfr. Extractstoffe %	Rohfaser %	Asche %	Stickstoff in der Trockensubstanz %
15	. . . .	377	1878	12.08	11.56	—	—	3.04	1.77	13.14	—	—	3.47	2.01	2.10
16	. . . .	378	„	12.00	8.62	—	—	3.08	2.28	9.79	—	—	3.50	2.59	1.57
17	Banat	334	1872	12.62	—	—	—	—	—	19.25	—	—	—	—	3.08°
18	Kezthely	338	„	13.78	—	—	—	—	—	16.06	—	—	—	—	2.57°
	Mittel			13.37[1])	12.66	1.99	66.84	3.39	1.75	14.61	2.30	77.16	3.91	2.02	2.34

Weizen aus Russland.

No.	Bezeichnungen und Bemerkungen	No. d. Haupttabelle	Jahr der Untersuchung	Wasser %	Nh-Substanz %	Rohfett %	Nfr. Extractstoffe %	Rohfaser %	Asche %	Nh-Substanz %	Rohfett %	Nfr. Extractstoffe %	Rohfaser %	Asche %	Stickstoff in der Trockensubstanz %
1	Odessa-Weizen aus Polen . . .	52	—	15.20	14.30	1.50	67.60	—	1.40	16.86	1.77	79.72	—	1.65	2.70
2	Desgl.	56	—	13.20	21.50	1.50	61.90	—	1.90	24.77	1.33	71.71	—	2.19	3.96
3	Sommerweizen, Mittel . .	213—219	1858	—	—	—	—	—	—	15.31	2.21	—	—	—	2.45°
4	Europ. Russland, Mittel .	257—275	1865	11.52	19.79	1.55	—	—	—	22.37	1.75	—	—	—	3.58°
5	Kaukasus, Mittel . . .	277—280	„	11.16	18.99	1.65	—	—	—	21.37	1.86	—	—	—	3.42°
6	Sibirien, Mittel	282—283	„	12.30	15.03	1.75	—	—	—	17.12	2.00	—	—	—	2.74°
7	Sommerw., Südrussl., Jekaterinoslaw	313	1871	11.81	18.79	—	—	—	—	21.31	—	—	—	—	3.41°
8	Desgl., Cherson	314	„	13.11	16.67	—	—	—	—	19.19	—	—	—	—	3.07°
9	Winterw., Südrussland, Cherson .	315	„	12.90	13.66	—	—	—	—	15.69	—	—	—	—	2.51°
10	Aus Odessa	82	1852	—	17.04	—	—	—	—	—	—	—	—	—	—
	Mittel			13.37[2])	17.65	1.58	—	—	1.66	19.33	1.82	—	—	1.92	3.09

Weizen aus England.

No.	Bezeichnungen und Bemerkungen	No. d. Haupttabelle	Jahr der Untersuchung	Wasser %	Nh-Substanz %	Rohfett %	Nfr. Extractstoffe %	Rohfaser %	Asche %	Nh-Substanz %	Rohfett %	Nfr. Extractstoffe %	Rohfaser %	Asche %	Stickstoff in der Trockensubstanz %
1	Old red Lammes, 1845—1848, Mittel, 4jähr. Anbau . .	111—114	—	15.20	12.03	—	—	—	1.66	14.19	—	—	—	1.96	2.27
2	Red Clustor, 1849—1852, Mittel, 4jähr. Anbau	115—118	—	16.30	11.04	—	—	—	1.62	13.19	—	—	—	1.94	2.11
3	Rostock, 1853 und 1854, Mittel, 2jähr. Anbau	119 u. 120	—	12.10	12.36	—	—	—	1.83	14.06	—	—	—	2.08	2.25
4	Ungedüngt, 1845—1854 . . .	122	—	17.10	11.03	—	—	—	1.72	13.31	—	—	—	2.07	2.13°
5	Ammoniaksalz-Düng., 1845—1854	123	—	17.00	11.72	—	—	—	1.54	14.12	—	—	—	1.85	2.26°
6	Ammoniaksalz- u. Mineralsalz-Düngung, 1845—1854	124	—	17.10	11.50	—	—	—	1.62	13.87	—	—	—	1.96	2.22°
7	Spalding, 1856er Ernte . . .	184	1858	—	—	—	—	—	—	11.25	—	—	—	—	1.80°
8	Hunter's, 1856er Ernte . . .	186	„	—	—	—	—	—	—	14.06	—	—	—	—	2.25°
9	Stammbaum-Weizen, 1870er Ernte	291	1871	12.75	9.63	1.61	71.28	2.71	1.71	11.12	1.96	81.84	3.11	1.97	1.78
10	Prinz Albert-Weizen, 1870er Ernte	292	„	12.44	9.55	1.75	71.79	2.65	1.51	10.94	2.03	81.89	3.07	1.74	1.75
11	Broviks red-Weizen, 1870er Ernte	293	„	12.57	11.75	1.56	67.93	4.16	1.95	13.44	1.79	77.77	4.76	2.24	2.15
12	Weisser flandrischer Sammtweizen	294	„	12.28	10.79	2.28	68.52	4.30	1.48	12.56	2.40	78.46	4.90	1.68	2.01
13	Rheinischer Weizen	295	„	12.35	10.60	1.78	79.49	3.86	1.64	12.25	2.05	79.36	4.45	1.89	1.96
14	Mold's White Winterweizen . .	421	1878	8.64	9.63	2.32	76.14	1.63	1.64	10.54	2.54	83.35	1.78	1.79	1.69
15	Mold's Red Winterweizen . . .	422	„	8.75	10.50	2.05	75.71	1.27	1.72	11.50	2.25	82.95	1.39	1.88	1.84
	Mittel			13.37[3])	10.99	1.86	69.21	2.90	1.67	12.69	2.15	79.88	3.35	1.93	2.03

[1]) Nach obigem Mittel der Haupttabelle angenommen; der wirkliche mittlere Wassergehalt nach vorstehenden Zahlen beträgt 11.72 %.

[2]) Nach obigem Mittel der Haupttabelle angenommen; der wirkliche mittlere Wassergehalt nach vorstehenden Zahlen beträgt 12.65 %.

[3]) Nach obigem Mittel der Haupttabelle angenommen; der wirkliche mittlere Wassergehalt nach vorstehenden Zahlen beträgt 13,41 %.

No.	Bezeichnungen und Bemerkungen	No. d. Haupttabelle	Jahr der Untersuchung	In der ursprünglichen Substanz: Wasser %	Nh-Substanz %	Rohfett %	Nfr. Extractstoffe %	Rohfaser %	Asche %	In der Trockensubstanz: Nh-Substanz %	Rohfett %	Nfr. Extractstoffe %	Rohfaser %	Asche %	Stickstoff in der Trocken-Substanz %
	Weizen aus Schottland.														
1	1 Hektoliter 79.9 kg schwer . .	12	1852	16.88	8.88	1.99	—	—	1.57	10.68	2.39	—	—	1.89	1.71
2	Neuer schottischer, 1/2 Jahr alt .	104	1854	14.80	7.07	1.19	63.05	12.44	1.45	8.30	1.40	73.10	(14.60)	1.70	1.33
3	Chevalier white	190	1858	8.03	13.05	1.56	—	—	1.46	14.19	1.70	—	—	1.59P	2.27[o]
4	Chevalier brown	191	„	10.73	12.05	1.72	—	—	1.63	13.50	1.93	—	—	1.83P	2.16[o]
5	Fenton-Weizen	192	„	12.00	11.61	—	—	—	—	13.19	—	—	—	—	2.11[o]
6	Hunter's-Weizen	193	„	9.09	11.54	1.88	—	—	—	12.69	2.07	—	—	—	2.03[o]
7	Early champion white	194	„	10.10	10.39	—	—	—	—	11.56	—	—	—	—	1.85[o]
8	Fullard red-Weizen	195	„	9.09	10.51	2.05	—	—	1.56	11.56	2.25	—	—	1.72P	1.85[o]
9	Yellow Danzig	196	„	11.00	9.96	1.87	—	—	—	11.19	2.10	—	—	—	1.79[o]
10	Golden drop	197	„	12.00	9.73	1.96	—	—	—	11.06	2.23	—	—	—	1.77[o]
11	Vipount-Weizen	198	„	—	—	—	—	—	—	12.50	—	—	—	—	2.00[o]
12	Moos-Weizen	199	„	—	—	—	—	—	—	14.62	—	—	—	—	2.34[o]
13	Blutstropfen-Weizen	200	„	—	—	—	—	—	—	12.94	—	—	—	—	2.07[o]
14	Preisweizen aus Oxford . . .	201	„	—	—	—	—	—	—	12.69	—	—	—	2.09P	2.03[o]
15	Gemeiner Perlweizen	202	„	—	—	—	—	—	—	12.31	—	—	—	—	1.97[o]
16	Rother Wunderweizen	203	„	—	—	—	—	—	—	12.31	—	—	—	1.72P	1.97[o]
	Mittel			(13.37[1])	10.58	1.73	72.77	—	1.55	12.21	2.00	84.00		1.79	1.95
	Weizen aus Frankreich.														
1	Mittel von 28 Analysen . .	18—45	—	15.38	11.42	—	—	—	1.67	13.50	—	—	—	1.98	2.16
2	Mittel von 14 Analysen . .	46—60	—	14.00	14.60	1.20	66.90	1.70	1.60	16.98	1.40	77.78	1.98	1.86	2.72
3	Mittel von 7 Analysen . .	62—70	—	17.10	11.52	1.60	66.43	1.83	1.52	13.89	1.93	80.14	2.21	1.83	2.22
4	Mittel von 20 Analysen . .	83—102	—	—	13.16	—	—	—	—	—	—	—	—	—	—
5		105	—	14.50	14.40	1.90	63.30	4.20	1.70	16.38	2.22	74.50	4.91	1.99	2.62
	Mittel			(13.37[2])	12.64	1.41	68.92	2.00	1.66	14.59	1.63	79.56	2.30	1.92	2.33
	Weizen aus Dänemark.														
1	Aus Quaaland	296	1869	13.22	8.51	3.60	71.59	2.57	0.51	9.81	4.15	82.48	2.97	0.59	1.57
2	Aus Fünen	297	„	13.93	10.46	1.87	70.33	1.80	1.61	12.12	2.17	81.75	2.09	1.87	1.94
3	Aus Seeland	299	„	14.69	8.84	1.78	—	—	1.83	10.38	2.09	—	—	2.14	1.66
4	Aus Jütland	300	„	14.50	9.35	2.03	—	—	1.38	10.94	2.38	—	—	1.61	1.75
	Mittel			(13.37[3])	9.36	2.34	71.40	2.19	1 34	10.81	2.70	82 41	2 53	1.55	1.73
	Weizen aus Spanien.														
1	Von den Balearen, Mahon Minorca	204	1858	—	—	—	—	—	—	24.12	2.66	—	—	—	3.86[o]
2	Desgl., Malorca Arta, glasig . .	205	„	—	—	—	—	—	—	15.31	2.70	—	—	2.13P	2.45[o]
3	Desgl., mehlig	206	„	—	—	—	—	—	—	13.87	—	—	—	—	2.22[o]
4	Desgl., Malorca Alcuda	209	„	—	—	—	—	—	—	13.31	1.31	—	—	—	2.13[o]
5	Desgl., Malorca Palma	211	„	—	—	—	—	—	—	11.56	2.40	—	—	2.00P	1.85[o]
6	Von den Höhen von Barcelona .	207	„	—	—	—	—	—	—	14.25	1.73	—	—	2.30P	2.28[o]

[1]) Nach obigem Mittel der Haupttabelle angenommen; der wirkliche mittlere Wassergehalt nach vorstehenden Zahlen beträgt 11,37%.
[2]) Desgl.; der wirkliche mittlere Wassergehalt beträgt 15.20%.
[3]) Desgl.; der wirkliche mittlere Wassergehalt beträgt 13.95%.

No.	Bezeichnungen und Bemerkungen	No. d. Haupttabelle	Jahr der Untersuchung	In der ursprünglichen Substanz: Wasser %	Nh-Substanz %	Rohfett %	Nfr. Extractstoffe %	Rohfaser %	Asche %	In der Trockensubstanz: Nh-Substanz %	Rohfett %	Nfr. Extractstoffe %	Rohfaser %	Asche %	Stickstoff in der Trockensubstanz %
7	Von der Ebene von Barcelona .	210	1858	—	—	—	—	—	—	11.81	2.53	—	—	—	1.89^{0}
8	Von dem Hochgebirge in Catalonien	208	„	—	—	—	—	—	—	13.87	—	—	—	—	2.22^{0}
9	Von Andalusien, Sevilla . . .	212	„	—	—	—	—	—	—	11.25	2.23	—	—	1.88^{P}	1.80^{0}
	Mittel			13.37	12.45	1.92	70.46		1.80	14.37	2.22	81.33		2.08	2.30

Weizen aus Afrika.

No.	Bezeichnungen und Bemerkungen	No. d. Haupttabelle	Jahr der Untersuchung	In der ursprünglichen Substanz: Wasser %	Nh-Substanz %	Rohfett %	Nfr. Extractstoffe %	Rohfaser %	Asche %	In der Trockensubstanz: Nh-Substanz %	Rohfett %	Nfr. Extractstoffe %	Rohfaser %	Asche %	Stickstoff in der Trockensubstanz %
1	Harter afrikanischer	6	—	—	—	—	—	—	—	18.75	—	—	—	—	3.00^{0}
	Umgegend von Algier und benachbarte Länder.														
2	Aus Cheragas	71	1852/53	13.70	11.15	1.88	69.77	1.70	1.80	12.92	2.18	80.84	1.97	2.09	2.07
3	Aus Guyotville	72	„	12.23	9.92	2.14	72.87	1.40	1.44	11.30	2.44	83.03	1.59	1.64	1.81
4	Desgl., ausgelesen, halbharte Körner	73	„	—	11.80	—	—	—	—	—	—	—	—	—	—
5	Desgl., vollkommen entwickelte Körner	74	„	13.01	11.71	1.98	69.71	1.84	1.75	13.47	2.28	80.12	2.12	2.01	2.16
6	Desgl., unvollkommen entwickelte Körner	75	„	13.19	11.93	1.88	69.12	2.18	1.70	13.74	2.17	79.62	2.51	1.96	2.20
7	Aus Mitidja	76	„	12.60	12.32	2.07	68.57	2.35	2.09	14.09	2.37	78.46	2.69	2.39	2.25
8	Desgl.	77	„	—	15.21	—	—	—	—	—	—	—	—	—	—
9	Aus der Provinz Oran	78	„	12.01	13.38	2.03	69.01	1.80	1.77	15.20	2.31	78.44	2.04	2.01	2.43
10	Aus der Provinz Constantine . .	79	„	12.15	13.05	2.10	69.35	1.58	1.77	14.85	2.40	78.94	1.80	2.01	2.38
11	Aus Mitidja	80	„	12.67	13.81	2.03	67.29	2.10	2.10	15.81	2.32	77.07	2.40	2.40	2.53
12	Aus Lagouot	81	„	—	12.69	—	—	—	—	—	—	—	—	—	—
13	Blé dur, Prov. Oran, I	220	1858	—	—	—	—	—	—	15.50	2.40	—	—	2.10^{P}	2.48^{0}
14	Desgl., I	221	„	—	—	—	—	—	—	15.31	—	—	—	—	2.45^{0}
15	Desgl., I	222	„	—	—	—	—	—	—	15.00	—	—	—	—	2.40^{0}
16	Desgl., II	223	„	—	—	—	—	—	—	15.37	1.30	—	—	—	2.46^{0}
17	Desgl., II	224	„	—	—	—	—	—	—	14.94	—	—	—	—	2.39^{0}
18	Desgl.	225	„	—	—	—	—	—	—	14.81	2.20	—	—	2.80^{P}	2.37^{0}
19	Blé tendre 1854, Oran	226	„	—	—	—	—	—	—	14.12	1.74	—	—	1.90^{P}	2.26^{0}
20	Desgl.	227	„	—	—	—	—	—	—	13.87	—	—	—	—	2.22^{0}
21	Desgl.	228	„	—	—	—	—	—	—	13.87	—	—	—	—	2.22^{0}
22	Desgl.	229	„	—	—	—	—	—	—	11.81	2.42	—	—	1.55^{P}	1.89^{0}
23	Desgl., non plus ultra	230	„	—	—	—	—	—	—	11.69	2.33	—	—	—	1.87^{0}
24	Desgl.	231	„	—	—	—	—	—	—	11.25	—	—	—	—	1.80^{0}
25	Desgl.	232	„	—	—	—	—	—	—	11.25	—	—	—	—	1.80^{0}
26	Hartweizen aus Algier	333	1872	13.00	11.80	—	—	—	—	13.56	—	—	—	—	2.17^{0}
	Weizen aus Aegypten.														
27	Rother ägyptischer, Béhéri . .	106	1858	12.17	10.34	2.30	65.44	7.86	1.89	11.78	2.62	74.51	(8.95)	2.14	1.88
28	Von Luxor, bessere Qualität . .	138	„	11.80	8.20	1.45	75.28	1.73	1.54	9.30	1.64	85.35	1.96	1.75	1.49
29	Desgl., geringere Qualität . . .	139	„	11.10	9.59	1.49	75.54	1.67	1.61	10.79	1.68	83.84	1.88	1.81	1.73
30	Aus Oberägypten	233	„	8.90	9.06	1.31	—	—	1.71	9.94	1.44	—	—	1.88	1.59^{0}
31	Desgl.	234	„	—	—	—	—	—	—	8.87	1.80	—	—	—	1.42^{0}
32	Desgl.	235	„	—	—	—	—	—	—	8.87	—	—	—	—	1.42^{0}
33	Aus einem alten Mumiensarge .	236	„	7.41	8.39	—	—	—	—	9.06	—	—	—	—	1.45^{0}
34	Desgl.	237	„	—	—	—	—	—	—	8.75	—	—	—	—	1.40^{0}
	Minimum			7.41	7.68	1.12	64.54	1.38	1.34	8.87	1.30	74.51	1.59	1.55	1.42
	Maximum			13.70	16.24	2.27	73.93	(7.75)	2.42	18.75	2.62	85.35	(8.95)	2.80	3.00
	Mittel			13.37[1])	11.18	1.83	70.04	1.82	1.76	12.90	2.11	80.86	2.10	2.03	2.06

[1]) Nach dem Mittel der Haupttabelle angenommen; der wirkliche mittlere Wassergehalt beträgt 11,80 %.

No.	Bezeichnungen und Bemerkungen	Jahr der Untersuchung	In der ursprünglichen Substanz: Wasser %	Nh-Substanz %	Rohfett %	Nfr. Extractstoffe %	Rohfaser %	Asche %	In der Trockensubstanz: Nh-Substanz %	Rohfett %	Nfr. Extractstoffe %	Rohfaser %	Asche %	Stickstoff in der Trockensubstanz %

Weizen aus Asien (Indien).

No.	Bezeichnungen und Bemerkungen	Jahr	Wasser	Nh-Substanz	Rohfett	Nfr. Extractstoffe	Rohfaser	Asche	Nh-Substanz	Rohfett	Nfr. Extractstoffe	Rohfaser	Asche	Stickstoff
1	Trit. vulgare aus Paulasa mudrum, Maissúr, No. d. Haupttabelle . 240	1859	—	—	—	—	—	—	14.62	–	—	—	—	2.34°
	100 Korn wogen													
2	Yellow piecy, hart . . . . 4.35 g	1886	13.00	12.99	2.12	68.64	1.80	1.45	14.93	2.44	78.90	2.07	1.66	2.39
3	Hard red, hart . . . . . 3.80 „	„	12.37	11.87	2.09	70.23	2.12	1.32	13.54	2.39	80.14	2.42	1.51	2.17
4	Soft red, weich . . . . . 3.65 „	„	12.62	9.43	2.34	71.84	2.13	1.64	10.79	2.68	82.21	2.44	1.88	1.73
5	Club I, weisser, weich . . . 4.50 „	„	12.10	9.75	2.06	73.20	1.53	1.36	11.09	2.34	83.28	1.74	1.55	1.77
6	Laskari, gelb, hart . . . . 4.20 „	„	12.60	11.36	2.06	70.27	2.32	1.39	13.00	2.36	80.40	2.65	1.59	2.08
7	Soft white Kurrachee . . . 3.30 „	„	12.00	9.61	2.23	72.57	1.94	1.65	10.92	2.54	82.47	2.20	1.87	1 75
8	Soft red Kurrachee . . . . 3.20 „	„	13.27	10.74	1.80	71.01	1.75	1.43	12.38	2.07	81.88	2.02	1.65	1.98
	Mittel, harte Körner . .		12.66	12.07	2 09	69.71	2.08	1 39	13.82	2.39	79.82	2 38	1 59	2 21
	„ weiche Körner .		12.50	9 89	2.11	72.17	1.81	1.52	11.30	2 41	82.48	2.07	1.74	1.81
	„ der 8 Analysen .		12 57	11 09	2 10	70.84	1.94	1.46	12 66	2.40	81 05	2.22	1.67	2.03

Weizen aus Australien.

No.	Bezeichnungen und Bemerkungen	No. d. Haupttabelle	Jahr	Wasser	Nh-Substanz	Rohfett	Nfr. Extractstoffe	Rohfaser	Asche	Nh-Substanz	Rohfett	Nfr. Extractstoffe	Rohfaser	Asche	Stickstoff
1	No. 2	249	—	—	—	—	—	—	—	12.12	—	—	—	—	1.94°
2	No. 3	250	—	—	—	—	—	—	—	14.87	—	—	—	—	2.38°
3	1851er Ernte	238	1858	12.20	8.78	1.40	—	—	—	10.00	1.60	—	—	—	1.60°
4		239	—	—	—	—	—	—	—	9.94	—	—	—	—	1.59°
	Mittel			13.37[1]	10.16	1.39	—	—	—	11.73	1.60	—	—	—	1.88

Weizen aus Nordamerika.

a. Winterweizen.

No.	Bezeichnungen und Bemerkungen	Jahr	Wasser	Nh-Substanz	Rohfett	Nfr. Extractstoffe	Rohfaser	Asche	Nh-Substanz	Rohfett	Nfr. Extractstoffe	Rohfaser	Asche	Stickstoff
1	Michigan White, gereinigt	1877	12.75	11.64	1.26	70.96	1.83	1.56	13 34	1.44	81.33	2.10	1.79	2.13
2	Missouri Red Fall, gereinigt	„	13.52	11.79	1.47	69.95	1.72	1.55	13.63	1.70	80.89	1.99	1.79	2.18
3	Diehl, Michig	„	9.64	12.38	76.26			1.72	13.69	84.41			1.90	2.19
4	Desgl.	„	12.18	13.78	72.22			1.82	15.63	83.30			2.07	2.50

Weizen aus Asien (Indien).

No. 2—8. Th. Dietrich u. O. Greittherr (V.-St. Marburg). — Die untersuchten Weizen sind diejenigen indischen Sorten, welche zur Zeit der Untersuchung hauptsächlich gehandelt wurden. Die Weizen unter No. 7—8 sind nach den Ausfuhrhäfen als Kurachee- die übrigen als Bombay-Weizen bezeichnet. An näheren Bestandtheilen wurden ferner ermittelt

	No. 2	3	4	5	6	7	8
Lufttrockne Körner:							
In Wasser lösliche Nh. Substanz . . .	3.18	1.81	2.62	2.00	5.25	4.12	2.81
Zucker	7.63	4.20	4.68	5.98	5.96	4.51	6.18
Dextrin	10.60	6.45	9.54	9.11	9.84	3.44	8.95
Stärkemehl . . .	50.41	61.92	56.05	58.10	56.04	63.06	55.10
Trockensubstanz:							
In Wasser lösliche Nh. Substanz . . .	3.66	2.06	3.00	2.27	6.00	4.75	3.21
Zucker	8.77	4.77	5.35	6.80	6.82	5.20	7.05
Dextrin	12.19	7.33	10.92	10.36	11.26	3.97	10.21
Stärkemehl . . .	57.94	70.37	64.13	66.12	64.13	72.71	62.88
Aus dem selbst hergestellten schalenhaltigen Mehle wurde Kleber dargestellt und gewonnen (in % d. lufttr. Mehles):							
Kleber im frischen Zustande	42.0	24.6	24.5	27.35	—	32.30	39.96
Kleber, getrocknet	17.25	10.19	9.05	10.45	8.34	13.43	16.16
Aus dem bestimmten N-Gehalt berechn.	10.73	6.70	6.78	7.20	6.78	8.83	9.74

Weizen aus Australien.

[1]) Nach dem obigen Mittel der Haupttabelle angenommen, um die Zahlen mit den Mittelzahlen dieser und den anderen Tabellen vergleichbar zu machen.

Weizen aus Nordamerika.

No. 1 u. 2. W. O. Atwater u. Warnecke. — Report of work of the Agricultural Exper. Stat. Middletown, Connect. 1877—78. 25.

No. 3—41. R. C. Kedzie. — Ann. Report of the Connecticut Agric. Exper. Stat. for 1879. 137. (Rep. Mich. Bd. Ag. 1877. 350.)

No.	Bezeichnungen und Bemerkungen	Jahr der Untersuchung	In der ursprünglichen Substanz: Wasser %	Nh-Substanz %	Rohfett %	Nfr. Extractstoffe %	Rohfaser %	Asche %	In der Trockensubstanz: Nh-Substanz %	Rohfett %	Nfr-Extractstoffe %	Rohfaser %	Asche %	Stickstoff in der Trockensubstanz %
5	Diehl, Michig	1877	12.68	11.81		73.74		1.77	13.54		84.43		2.03	2.17
6	Desgl.	„	10.25	11.88		76.37		1.50	13.24		85.09		1.67	2.12
7	Soules	„	11.02	11.81		75.44		1.73	12.81		84.75		1.94	2.05
8	Soules, British Columbia	„	8.51	12.25		77.61		1.63	13.39		84.84		1.78	2.14
9	Desgl.	„	11.22	11.88		74.81		2.09	13.34		84.29		2.35	2.13
10	Desgl.	„	10.07	13.45		74.59		1.89	14.96		82.94		2.10	2.39
11	Lincoln, Mich.	„	13.38	11.90		73.16		1.56	13.78		84.42		1.80	2.20
12	Desgl.	„	10.78	11.38		76.09		1.75	12.76		85.27		1.97	2.04
13	Fultz, Mich.	„	11.45	11.59		75.22		1.74	13.09		84.93		1.98	2.09
14	Desgl.	„	12.53	14.47		71.26		1.74	16.54		81.47		1.99	2.65
15	Treadwell Mich.	„	12.69	12.50		78.10		1.71	14.31		83.73		1.96	2.29
16	Desgl.	„	9.94	11.69		76.57		1.80	12.99		84.99		2.02	2.08
17	Desgl.	„	10.00	11.88		76.36		1.76	13.20		84.84		1.96	2.11
18	Buckeye or White Wabash	„	12.73	10.97		74.92		1.38	12.69		85.73		1.58	2.03
19	Tappahannock, Mich.	„	11.21	13.56		73.46		1.77	15.27		82.73		2.00	2.44
20	Lancaster	„	11.93	14.00		72.25		1.82	15.88		82.06		2.06	2.54
21	Asiatic	„	11.11	12.25		74.94		1.70	13.78		84.31		1.91	2.20
22	Gold Medal	„	10.55	11.15		76.57		1.73	12.47		85.60		1.93	2.00
23	Desgl.	„	10.12	13.06		74.82		2.00	14.51		83.26		2.23	2.32
24	Egyptian red	„	11.48	11.19		75.64		1.69	12.64		85.45		1.91	2.02
25	Clawson	„	12.29	11.88		74.19		1.64	13.54		84.59		1.87	2.17
26	Desgl.	„	11.30	10.94		76.02		1.74	12.33		85.70		1.97	1.97
27	Desgl.	„	12.29	11.16		74.76		1.79	12.72		85.22		2.06	2.04
28	Clawson, Mich.	„	10.36	11.81		76.19		1.64	13.21		84.96		1.83	2.11
29	Desgl.	„	11.19	12.06		74.99		1.76	13.59		84.42		1.99	2.17
30	Desgl.	„	11.09	12.38		74.89		1.64	13.93		84.22		1.85	2.23
31	Desgl.	„	11.08	12.25		75.18		1.49	13.78		84.54		1.68	2.20
32	Desgl.	„	10.43	12.69		75.18		1.70	14.17		83.93		1.90	2.27
33	Desgl.	„	10 31	12.25		75.84		1.60	13.66		84.56		1.78	2.19
34	Desgl.	„	13.00	11.37		73.84		1.79	13.07		84.88		2.05	2.09
35	Desgl., Oregon	„	12.99	10.50		74.74		1.77	12.07		85.90		2.03	1.93
36	Weeks, Mich.	„	10.03	11.00		77.38		1.59	12.22		86.01		1.77	1.96
37	Powers, Mich.	„	10.85	12.03		75.42		1.70	13.50		84.69		1.91	2.16
38	Armstrong, Mich.	„	12.21	12.88		72.94		1.97	14.66		83.10		2.24	2.35
39	Tuscan, Mich.	„	13.77	11.37		73.14		1.72	13.19		84.82		1.99	2.11
40	Post, Mich.	„	10.27	11.25		76.90		1.58	12.54		85.70		1.76	2.01
41	Senora Club, Oregon	„	10.91	10.63		77.00		1.46	11.93		86.44		1.63	1.91
42	Yellow Missouri	1878	7.69	11.59	2.11	75.17	1.53	1.91	12.56	2.29	81.42	1.66	2.07	2.01
43	Swamp, gewachsen in Ohio	„	7.63	11.59	2.41	74.99	1.54	1.84	12.55	2.61	81.17	1.67	2.00	2 01
44	Victor, gewachsen in Ontario, Canada .	„	7.49	9.45	2.27	77.71	1.69	1.39	10.22	2.44	84.01	1.83	1.50	1.64
45	Silver Chaff, gewachs. in Ontario, Canada	„	8.93	9.89	2.44	75.41	1.75	1.58	10.86	2.68	82.81	1.92	1.73	1.74
46	Foizy, gewachsen in Oregon	„	8.98	8.40	2.28	77.52	1.25	1.57	9.23	2.51	85.16	1.37	1.73	1.48
47	Brazilian, gewachsen in Oregon . . .	„	9.29	9.45	1.99	76.33	1.17	1.77	10.42	2.19	84.15	1.29	1.95	1.67
48	Polish, gewachsen in Maryland . . .	„	10.08	12.43	2.67	71.59	1.56	1.67	13.82	2.97	79.62	1.73	1.86	2.21
49	White, gewachsen in Oregon	„	9.52	8.58	1.69	77.11	1.53	1.57	9.47	1.87	85.24	1.68	1.74	1.52

(For Nos. 5–41, Rohfett, Nfr. Extractstoffe and Rohfaser are given together in one figure.)

No. 42—49. P. Collier. — Ann. Rep. of the Commissioner of Agriculture, Washington f. 1878. 147. An näheren Bestandtheilen wurden ferner unterschieden in Procenten der lufttrocknen Körner:

	No. 42	43	44	45	46	47	48	49
Zucker	2.92	2.92	2.66	3.79	3.78	4.67	3.77	4.21
Gummi	2.02	3.26	1.88	2.54	3.77	2.51	1.93	2.66
Stärke	70.23	68.81	73.17	69.08	69.97	60.15	65.89	70.24 (aus d. Differenz)
Von den Eiweissstoffen in Alkohol löslich	2.06	1.08	3.52	2.70	3.38	3.23	3.08	2.34

No.	Bezeichnungen und Bemerkungen	Gew. von 100 Körn. g	Jahr der Untersuchung	In der ursprünglichen Substanz						In der Trockensubstanz					Stickstoff in der Trockensubstanz
				Wasser	Nh-Substanz	Rohfett	Nfr. Extractstoffe	Rohfaser	Asche	Nh-Substanz	Rohfett	Nfr. Extractstoffe	Rohfaser	Asche	
				%	%	%	%	%	%	%	%	%	%	%	%
50	Minnesota No. 1		1872	12.34	13.06	—	—	2.03	1.59	14.90	—	—	2.32	1.81	2.38
51	Desgl. No. 2		„	11.31	13.00	—	—	2.37	1.92	14.66	—	—	2.67	2.17	2.35
52	Desgl. No. 3		„	11.85	13.56	—	—	2.50	1.97	15.39	—	—	2.84	2.24	2.46
53	Pensylvania, Mittel von 6 verschieden gedüngten Weizen		„	12.93	11.16	1,93	69.24	2.55	2.16	12.82	2.22	79.55	2.93	2.48	2.05
	Canada, Ontario														
54	Silver Chaff, gelb	3.60	1879	11.05	9.80	2.28	73.27	1,70	1.90	11.02	2.56	82.37	1.91	2.14	1.76
55	Midge Proof, weiss	2.96	„	11.60	9.80	2.04	73.43	1.68	1.45	11.08	2.31	83.07	1.90	1.64	1.77
56	Arnold's Victor, gelb	2.97	„	10.90	11.55	2.14	72.23	1.58	1.60	12.96	2.40	81.07	1.77	1.80	2.07
57	Vermont, Cross. gelb, glasig . .	4.07	1881	10.87	10.69	2.04	72.13	2.52	1.75	11.99	2.29	80.93	2.83	1.96	1.92
58	New York, Landreth, weich . .	4.54	1882	11.43	10.85	2.02	71.85	1.75	2.10	12.25	2.28	81.12	1.98	2.37	1.96
	Pennsylvania.														
59	Champion Amber (Hybrid), hart	3.28	1881	8.95	11.03	2.21	74.56	1.35	1.90	12.13	2.43	81.87	1.48	2.09	1.94
60	Lemon (Hybrid v. Champion Amber u. Hughes Prolific), gelb, hart	3.42	„	8.35	15.58	2.51	70.13	1.53	1.90	17.00	2.74	76.52	1.67	2.07	2.72
61	Gold Medal, gelb, hart	3.08	„	8.60	9.80	2.37	76.05	1.38	1.80	10.72	2.59	83.21	1.51	1.97	1.72
62	German Amber, hart	2.94	„	7.60	11.03	2.64	75.98	1.05	1.70	11.93	2.86	82.23	1.14	1.84	1.91
63	Washington Glass, gelb, hart .	3.74	„	8.45	12.08	2.23	73.44	1.75	2.05	13.19	2.44	80.22	1.91	2.24	2.09
64	Swamp, roth, hart	4.06	1879	9.95	12.78	2.13	71.94	1.55	1.65	14.19	2.36	79.90	1.72	1.83	2.27
65	Hedge's Prolific, roth, hart . .	3.10	„	10.00	10.68	1.77	75.07	1.33	1.15	11.87	1.97	83.40	1.48	1.28	1.90
66	Glick, roth, hart	3.96	„	11.55	12.25	2.10	70.50	1.80	1.80	13.85	2.38	79.69	2.04	2.04	2.22
67	Champion Amber, roth, hart . .	3.21	„	9.90	11.20	2.41	72.74	1.90	1.85	12.43	2.68	80.73	2.11	2.05	1.99
68	Medit. White Chaff, roth, hart .	3.85	„	10.05	12.08	2.30	72.04	1.83	1.70	13.43	2.56	80.08	2.04	1.89	2.15
69	Sandimika, gelb, hart	2.08	„	11.30	12.60	2.15	71.05	1.60	1.30	14.20	2.42	80.11	1.80	1.47	2.27
70	Fultz, hart	3.27	„	11.40	10.50	1.51	74.79	0.90	0.90	11.85	1.70	84.32	1.02	1.11	1.90
71	Gold Dust, gelb, hart	2.53	„	11.45	10 50	1.61	74.61	1.03	0.80	11.85	1.82	84.27	1.16	0.90	1.90
72	Eureka, gelb, hart	3.24	„	10.50	11.55	2.14	72.86	1.60	1.35	12.90	2.39	81.41	1.79	1.51	2.06
73	Washington, Glass, gelb, hart .	3.60	„	10.40	11·55	1.90	73.87	1.23	1.05	12.89	2.12	82.45	1.37	1.17	2.06
74	Clawson, gelb, hart	3.12	„	10.60	11.38	2.09	72.10	2.23	1.60	12.73	2.34	80.65	2.49	1.79	2.04
75	Gold Medal, gelb, hart . . .	2.58	„	11.45	10.68	1.39	74.60	0.98	0.90	12.06	1.57	84.24	1.11	1.02	1.93
76	Mountain White, weiss, weich .	2.71	1882	9.50	9.98	2.38	75.12	1.32	1.70	11.03	2.63	83.00	1.46	1.88	1.76
77	Mediterranean, gelb, hart . . .	4.06	„	8.85	11.55	2.25	74.45	1.25	1.65	12.67	2.47	81.68	1.37	1.81	2.03
78	Fultz, gelb, hart	3.02	„	9.55	9.45	2.30	75.20	1.70	1.80	10.45	2.54	83.14	1.88	1.99	1.67

No. 50—52. Noyes. — Aus: An Investigation of the composition of American Wheat and Corn. Clifford Richardson. Departement of Agriculture. Chemical Division Bulletin No. I.. 18.

No. 53. Jordan. — Ebendaselbst. Mittel von Analysen 6 verschieden gedüngter Weizen, von uns berechnet.

No. 54—488. Clifford Richardson. — Departement of Agriculture, Chemical Division. 1, 4 u. 9. An Investigation of the composition of american wheat and corn. 1., 2. u. 3. Bericht. Zu einzelnen der untersuchten Weizenproben ist noch Folgendes erwähnenswerth:

No. 60 ist ein Kreuzungsproduct von Champion Amber und Hughe's Prolific. No. 64—75 wurden auf der Eastern Experiment Farm, West Grove, Penns. gebaut. No. 82 gilt als der beste Weizen in der Umgegend (Centre County, Penns.). No. 91 stammte von No. 87, 1882er Ernte und war auf Maisboden unter Anwendung von vollständigem Handelsdünger gebaut worden. No. 88 stammte von demselben Weizen und war auf Brachland gebaut worden. No. 93 wuchs auf sandigem Lehm mit rothem Thon im Untergrund, ungedüngt. No. 102 u. 103 waren auf sehr leichtem, ungedüngtem Sandboden gewachsen. No. 105 wuchs auf schwerem, rothem Thonboden. No. 109 wuchs auf Lehm mit Thon im Untergrund, nicht gedüngt. No. 110 wuchs auf schwerem, ungedüngtem Boden, im 2. Jahre seiner Cultur. No. 115 wuchs auf schwerem, rothem, ungedüngtem Lehmboden, der im Jahr vorher Mais getragen hatte. No. 116 wuchs auf Sandboden mit Thon im Untergrund, der mit gut verrottetem Compost aus Baumwollsamen und Kuhdünger gedüngt war. No. 139—155 wuchsen auf armem, ungedüngten Sandboden. No. 156 wuchs auf einem grandigen, kiesigen Höhenboden, der im Vorjahr zu Baumwolle mit einem Compost aus Phosphat, Stalldünger und Baumwollensaat gedüngt worden war. No. 157 war derselbe Weizen, auf lehmigem Tiefland, weniger schwer, gewachsen. No. 160—200 wuchsen auf der Ohio Agric. Experiment Station Farm, Columbus. No. 201 wuchs auf schwerem Thonboden, ungedüngt. No. 202—222 stammen von Michigan Agric. College zu Lansing. Der Boden der Farm ist ein sandiger Lehmboden. No. 224 u. 225 wuchsen auf Kalksteinboden mit etwas Lehm und Sandmergel (? gravel). No. 234 auf schwerem Boden gewachsen. No. 236 wuchs auf dunklem, ungedüngtem Lehmboden von mittlerer Fruchtbarkeit. Der Weizen war im 3. Jahre der Cultur. No. 245 wuchs auf flachem Thonboden, der im Vorjahre gedüngt worden. No. 247 wuchs auf ungedüngtem Thonboden. No. 267 u. 268 wuchsen auf humosem, ungedüngtem Thonboden. No. 294 wuchs auf Sand-, No. 295 auf grauem Kalkboden, Tiefland, ungedüngt. No. 296 wuchs auf ungedüngtem Lehmboden.

No.	Bezeichnungen und Bemerkungen	Gew. von 100 Körn. g	Jahr der Untersuchung	In der ursprünglichen Substanz: Wasser %	Nh-Substanz %	Rohfett %	Nfr. Extractstoffe %	Rohfaser %	Asche %	In der Trockensubstanz: Nh-Substanz %	Rohfett %	Nfr. Extractstoffe %	Rohfaser %	Asche %	Stickstoff in der Trockensubstanz %
79	Fultz, roth, übergehend . . .	3.47	1879	11.00	11.38	2.11	72.38	1.73	1.40	12.79	2.37	81.33	1.94	1.57	2.05
80	Clawson, gelb, hart.	4.29	„	11.35	11.20	1.90	71.90	1.75	1.90	12.62	2.14	81.13	1.97	2.14	2.02
81	Hybrid, hart	2.99	1881	11.50	11.20	2.22	71.80	1.78	1.50	12.66	2.51	81.12	2.01	1.70	2.03
82	Bukholder, Kalkboden, weiss, weich	4.66	1883	10.78	10.15	1.93	73.53	1.69	1.93	11.38	2.06	82.51	1.89	2.16	1.82
83	Pennsylv. Amber, Kalkb., übergeh.	3.64	„	10.72	11.38	1.91	72.06	1.95	1.98	12.62	2.12	80.90	2.16	2.20	2.02
84	Fultz, Kalkboden, übergehend .	3.88	„	11.45	13.65	1.46	69.61	1.86	1.97	15.41	1.65	78.62	2.10	2.22	2.47
85	Martin's Amber, weiss, hart . .	—	„	11.30	13.13	—	—	—	2.03	14 80	—	—	—	2.29	2.37
	Maryland.														
86	Rice, roth, hart	3.59	1881	8.40	12.43	2.67	71.59	1.56	2.15	13.57	2.92	79 46	1.70	2.35	2.17
87	Fultz, hart	3.20	1882	11.06	14.53	2.32	70.97	1.63	1.85	11.22	2.23	82.62	1.91	2.02	1.79
88	Rice, roth, hart	3.08	„	10.00	9.98	1.98	73 43	1.70	1.80	11.08	2.20	82.83	1.89	2.00	1.77
89	Centennial Amber, gelb, übergeh.	5.08	1879	11.05	12.08	2.11	71.03	1.68	2.05	13.58	2.37	79.86	1.89	2.30	2.17
90	Midge Proof, gelb, weich . . .	3.08	„	9.45	10.85	1.93	74.79	1.63	1.35	11.98	2.13	82.60	1.80	1.49	1.92
91	Fultz, nach Mais, gedüngt, amber, hart	3.69	1883	11.34	9.80	2.27	73.21	1.72	1.66	11.05	2.57	82.55	1.94	1.87	1.77
92	Fultz, Brachland, amber, gedüngt	3.60	„	11.38	10.85	1.55	72.99	1.59	1.64	12.24	1.75	82.37	1.79	1.85	1.96
93	White Mediterranean, weich . .	3.47	„	11.92	12.08	1.77	70.30	2.30	1.63	13.71	1.71	80.12	2.61	1.85	2.19
	Virginia.														
94	Mc. Gehee's Red, roth, hart . .	2.81	1881	8.80	13.65	2.49	72.53	1.48	1.05	14.96	2.73	79.54	1.62	1.15	2.39
95	Finlay, roth, hart	3.29	„	9.45	11.72	2.38	73.67	1.18	1.60	12.94	2.63	81.36	1.30	1.77	2.07
96	Hybrid, roth, hart	3.65	1882	11.54	12.78	2.00	70.30	1.73	1.65	14.44	2.26	79.49	1.95	1.86	2.31
97	Shenandoah 1, roth, hart . . .	1.83	„	9.45	14.00	2.18	70.02	1.90	2.45	15.46	2.41	77.33	2.10	2.70	2.46

Von nachstehenden Weizen liegen nähere Analysen vor; diese Weizen waren auf dem reichen Boden von Colorado, auf der Versuchs-Farm des Colorado Agricultur-Collegs zu Fort Collins gewachsen; der Boden ist ein Alluvialboden, welcher von den benachbarten Kreideschiefern sehr reichlich Kalk erhalten hat. Die Weizen wurden unter Leitung von A. E. Blount nach sorgfältiger Auswahl, Hybridation und fortgesetzter Cultur angebaut.

Im wasserhaltigen Weizen:

No.		Frischer Kleber	Trockner Kleber	Zucker etc.	Dextrin etc.	Stärke etc.	Albumin in 80 % Alkohol löslich	Albumin in Alkohol unlöslich
23	Sommerweizen, Hedge's Row	30.14	10.69	3.12	2.10	66.66	4.19	8.75
300	Winterw., Blount's Hybr. 18	32.22	10.74	3.32	1.94	67.23	3.57	9.37
301	„ „ „ 19	36.96	12.14	3.44	2.68	64.47	3.28	9.10
302	„ „ „ 20	35,22	11.74	3.64	2.66	63.32	3.71	8.54
303	„ Seed from New South Wales .	28.31	10.64	4.22	3.03	64.68	5.05	7.57
304	„ El Dorado	25.06	9.49	3.28	1.82	66.83	3.83	7.92
305	„ Russian	32.41	12.13	3.70	2.20	63.96	3.81	10.68
306	„ Imperial Fife	39.47	14.23	4.04	2.06	61.95	5.96	9.98
307	„ Clawson	26.91	9.99	4.10	2.30	65.86	3.44	8.31
308	„ Doty	35.81	12.52	3.68	2.32	63.94	5.69	8.31
342	„ Oregon Club	28.92	10.06	3.10	1.50	67.86	4.34	7.91
345	„ Australian Club	25.23	8.91	3.30	1.92	68.28	3.01	8.18
347	„ Sonora	34.86	11.80	3.18	3.00	63.92	6.51	7.67
350	„ White Mexican	42.21	14.33	3.46	2.20	64.61	4.20	9.61
355	„ Rio Grande	35.01	12.34	2.86	2.58	63.53	3.19	11.50
358	„ Judkin	33.59	12.10	4.96	2.80	63.55	1.97	10.28
361	„ Lost Nation	29.52	11.23	3.52	2.40	64.01	1.64	11.29
364	„ Touzelle	33.25	10.90	3.24	1.88	65.05	4.01	9.49
369	„ Pringle's No. 6	34.78	11.83	3.52	2.20	65.85	5.25	7.88
371	„ „ „ 7	33.69	12.01	2.94	2.06	63.68	3.40	11.85
373	„ Centennial	23.80	9.22	3.06	2.10	67.67	4.26	7.80
375	„ Hedge's Row	34.01	12.11	2.80	2.02	66.68	4.66	8.96
378	„ Blount's Hybrid No. 10	42.22	14.44	4.12	2.22	61.10	4.30	9.60
383	„ „ „ „ 15	32.24	11.38	2.92	2.46	66.12	3.18	9.06
386	„ „ „ „ 16	52.92	11.19	3.38	1.90	67.24	4.26	7.49
389	„ „ „ „ 17	34.16	11.88	4.20	9.00	53.66	0.80	12.82
392	„ Fountain	35.15	11.93	2.86	2.32	64.36	3.53	10.29
400	„ White Chaff	32.44	11.37	4.80	2.00	62.88	4.89	9.11
402	„ Perfection	35.36	12.07	2.84	1.80	65.39	4.34	9.84
404	„ German Fife	38.33	14.45	2.02	1.50	63.42	4.24	10.82
406	„ Triticum	34.32	13.08	4 60	2.84	62.09	5.65	7.97
408	„ Durum Russian	37.54	13.51	4.28	3.00	61.30	6.48	8.77
410	„ Meekins	38.61	13.83	5.12	2.04	61.17	5.36	9.89
	Minimum	52.92	14.45	5.12	9.00	68.28	6.51	12.82
	Maximum	23.80	8.91	2.02	1.50	53.66	0.80	7.49
	Mittel . . . . , .	34.1	11.83	3.56	2.45	64.31	4.12	9.29

No.	Bezeichnungen und Bemerkungen	Gew. von 100 Körn. g	Jahr der Untersuchung	In der ursprünglichen Substanz: Wasser %	Nh-Substanz %	Rohfett %	Nfr. Extractstoffe %	Rohfaser %	Asche %	In der Trockensubstanz: Nh-Substanz %	Rohfett %	Nfr. Extractstoffe %	Rohfaser %	Asche %	Stickstoff in der Trockensubstanz %
98	Shenandoah 2, roth, hart . . .	2.66	1882	11.15	10.15	2.56	72.76	1.78	1.60	11.42	2.88	81.90	2.00	1.80	1.83
99	Desgl. 3, roth, hart	3.20	„	9.28	11.55	2.38	73.16	1.63	2.00	12.73	2.62	80.65	1.80	2.20	2.04
100	Harrison, roth, hart	3.71	1879	11.14	11.73	2.46	71.11	1.70	1.86	13.20	2.77	80.03	1.91	2.09	2.11
101	Mc. Gehee's White, weiss, weich	3.50	1883	9.35	12.43	1.85	72.81	1.96	1.60	13.71	2.04	80.33	2.16	1.76	2.19
102	Dallas, roth, übergehend . . .	4.14	„	12.26	12.78	1.83	69.59	1.96	1.58	14.57	2.09	79.31	2.23	1.80	2.33
103	Fultz-Clawson, roth, übergehend .	4.21	„	12.10	10.50	2.01	71.84	1.75	1.80	11.55	2.29	82.12	1.99	2.05	1.85
104	Wysor	3.80	1881	9.25	12.60	2.16	72.71	1.73	1.55	13.89	2.38	80.11	1.91	1.71	2.22
105	White Mediterranean, schwerer, rother Thonboden	4.26	1883	7.73	11.03	—	—	—	2.32	11.96	—	—	—	2.51	1.91
106	Fultz and Longberry	—	„	9.62	12.78	—	—	—	1.93	14.13	—	—	—	2.13	2.26
107	Osterey	3.56	„	9.22	12.60	—	—	—	2.50	13.89	—	—	—	2.76	2.22
108	Red	3.46	„	9.33	11.20	—	—	—	2.15	12.35	—	—	—	2.37	1.98
	West-Virginia.														
109	Early Amber	—	„	9.42	10.85	—	—	—	2.00	11.98	—	—	—	2.21	1.92
110	Osterey	3.39	„	7.68	11.03	—	—	—	2.13	11.95	—	—	—	2.31	1.91
	Georgia.														
111	Dallas, amber, hard	4.02	1881	7.95	12.60	2.48	73.17	1.65	2.15	13.68	2.69	79.51	1.79	2.33	2.17
112	Bennet, hard	3.22	„	8.05	14.00	2.22	72.30	1.38	2.05	15.22	2.41	78.64	1.50	2.23	2.44
113	Italian White, hard	4.63	1882	11.22	9.45	2.68	73.47	1.48	1.70	10.64	3.02	82.76	1.67	1.91	1.70
114	Purple Straw, roth, hard . . .	4.51	„	10.49	10.15	2.12	73.46	1.48	2.30	11.33	2.37	82.08	1.65	2.57	1.81
115	Red Mediterranean, roth, hard .	2.89	1883	9.19	12.43	2.13	72.18	2.03	2.04	13.69	2.35	79.47	2.24	2.25	2.17
116	Desgl.	2.83	„	12.20	12 60	2.09	69.57	1.88	1.66	14.35	2.38	79.24	2.14	1.89	2.30
	North-Carolina.														
117	Kivet, gelb, hart	4.23	1882	11.70	11.03	2.22	71.22	2.28	1.55	12.50	2.52	80.64	2.58	1.76	2.00
118	Desgl.	3.63	„	11.65	8.93	2.11	73.86	1.65	1.80	10.11	2.39	83 61	1.87	2.04	1.62
119	Desgl.	4.39	„	10.15	12.25	2.15	72.52	1.43	1,50	13.63	2.39	80.72	1.59	1.67	2.18
120	Desgl.	3.38	„	10.90	9.98	2.32	73.18	2.12	1.50	11.20	2.60	82.14	2.38	1.68	1.79
121	Rust Proof, roth, übergehend .	4.30	„	10.40	10.33	2.39	72.46	2.87	1.55	11.53	2.67	80.87	3.20	1.73	1.84
122	Desgl.	4.03	„	10.60	10.15	2.33	72.63	2.84	1.45	11.36	2.61	81.23	3.18	1.62	1.82
123	Desgl.	4.63	„	9.30	9.28	2.25	75.42	1.95	1.80	10.24	2.48	83.14	2.15	1.99	1.64
124	Baltimore, gelb, mittel	3.91	„	9.55	9.98	2.28	75.05	1.54	1.60	11.04	2.52	82.97	1.70	1.77	1.77
125	Desgl.	3.43	„	9.85	11.20	2.32	74.08	1.10	1.45	12.42	2.57	82.07	1.33	1.61	1.99
126	Desgl.	3.92	„	9.65	9.10	2.25	76.35	1.00	1.65	10.07	2.49	84.50	1.11	1.83	1.61
127	Desgl.	3.30	„	9.20	10.15	2.06	75.14	1.60	1.85	11.18	2.27	82.75	1.76	2.04	1.79
128	Desgl.	4.15	„	9.70	11.38	2.16	73.48	1.63	1.65	12.60	2.39	81.38	1.80	1.83	2.02
129	Purple Straw, roth, hart . . .	3.24	„	9.40	10.15	2.47	74.58	1.70	1.70	11.21	2.73	82.30	1.88	1.88	1.79
130	Desgl.	2.78	„	10.55	11.90	2.42	72.12	1.66	1.35	13.30	2.71	80.62	1.86	1.51	2.13
131	Davis, roth, hart	3.76	„	8.45	11.73	2.28	73.26	2.53	1.75	12.81	2.49	82.03	2.76	1.91	2.05
132	Desgl.	3.28	„	8.35	10.68	2.43	76.50	0.44	1.60	11.65	2.65	83.47	0.48	1.75	1.96
133	Desgl.	3.70	„	11.05	12.43	2.31	70.85	1.81	1.55	13.97	2.60	81.66	2.03	1.74	2.24
134	Earnhardt, gelb, weich . . .	3.95	„	10.92	9.98	2.10	74.07	1.63	1.30	11.21	2.36	83.14	1.83	1.46	1.79
135	Golden Premium, gelb, weich .	4.37	„	10.66	9.63	2.03	74.44	1.54	1.70	7.45	2.27	86.66	1.72	1.90	1.19
136	Wintergreen, gelb, weich . .	3.57	„	9.40	9.45	2.34	76.17	1.44	1.20	10.43	2.58	84.08	1.59	1.32	1.67
137	Hick's prolific, roth, hart . . .	3.42	„	8.15	9.63	2.20	76.64	1.53	1.85	10.48	2.38	83.46	1.67	2.01	1.68
138	White Australian, roth, mittel .	3.65	1879	11 15	10.15	2.02	72.48	2.50	1.70	11.41	2.27	81.60	2.81	1.91	1.83
	Alabama.														
139	Lancaster Red (bebart.), roth, mittel	3.93	1883	11.18	12.60	1.64	70.70	1.51	2.37	14.18	1.85	79.60	1.70	2.67	2.27
140	Smooth Mediter., roth, mittel .	3.96	„	10.42	11.38	2.30	72.28	1.61	2.01	12.70	2.57	80.69	1.80	2.24	2.03
141	Tuscan Island (bebartet, mit langen gelben Aehren), roth, mittel .	4.06	„	10.52	10.85	2.69	72.40	1.51	2.03	12.13	3.01	80.90	1.69	2.27	1.94

No.	Bezeichnungen und Bemerkungen	Gew. von 100 Körn. g	Jahr der Untersuchung	In der ursprünglichen Substanz: Wasser %	Nh-Substanz %	Rohfett %	Nfr. Extractstoffe %	Rohfaser %	Asche %	In der Trockensubstanz: Nh-Substanz %	Rohfett %	Nfr. Extractstoffe %	Rohfaser %	Asche %	Stickstoff in der Trockensubstanz %
142	Rogers Red (kurze Aehren), roth, weich	2.01	1883	9.36	10.85	2.50	73.24	1.88	2.17	12.08	2.78	80.63	2.09	2.42	1.93
143	Dot, roth, mittel	3.71	„	10.21	10.85	2.37	72.85	1.54	2.18	12.09	2.64	81.12	1.72	2.43	1.93
144	Clawson, bgelb*), hart	2.24	„	9.81	9.98	1.94	74.37	1.81	2.09	11.07	2.15	82.45	2.01	2.32	1.77
145	Rice, roth, mittel	3.73	„	10.78	11.55	2.42	71.67	1.56	2.02	12.95	2.71	82.33	1.75	2.26	2.72
146	Bill Dallas, bgelb, hart	4.65	„	11.03	10.15	2.01	73.72	1.32	1.77	11.41	2.26	82.86	1.48	1.99	1.83
147	Tennessee Amber, bgelb, mittel	3.49	„	10.84	11.03	2.07	72.57	1.53	1.96	12.38	2.32	81.38	1.72	2.20	1.98
148	Emporium, roth, mittel	2.79	„	11.62	11.90	2.04	70.93	1.60	1.91	13.46	2.31	80.26	1.81	2.16	2.15
149	Lovell's New, bgelb, mittel	2.18	„	11.57	9.80	2.28	72.42	1.74	2.19	11.08	2.58	81.89	1.97	2.48	1.77
150	Washington Glass, weiss, mittel	2.17	„	10.84	9.80	2.42	73.02	1.80	2.12	11.00	2.72	81.88	2.02	2.38	1.76
151	Eureka, bgelb, mittel	2.68	„	11.43	11.38	2.09	71.49	1.65	1.96	12.85	2.36	82.72	1.86	2.21	2.06
152	Purple Straw, roth, hart	2.82	„	12.12	12.78	2.40	68.99	1.77	1.94	14.54	2.73	78.51	2.01	2.21	2.33
153	Kilpatric Rust Proof, roth, hart	4.26	„	12.36	12.25	2.13	69.89	1.49	1.88	13.98	2.43	79.74	1.70	2.15	2.24
154	Hughes Rust Proof, roth, hart	3.59	„	12.18	13.65	2.07	68.52	1.68	1.90	15.55	2.36	78.02	1.91	2.16	2.49
155	Red Mediterr., roth, hart	4.08	„	9.68	12.25	2.22	72.29	1.55	2.01	13.56	2.46	80.04	1.71	2.23	2.17
156	Dallas, gelb, hart	4.45	1882	9.29	11.20	—	—	—	1.79	12.34	—	—	—	1.97	1.97
157	Desgl.	4.28	1883	10.31	10.33	—	—	—	1.69	11.52	—	—	—	1.88	1.84
	Ohio.														
158	Swamp	3.98	1878	7.63	11.59	2.41	74.99	1.54	1.84	12.55	2.61	81.18	1.67	1.99	2.01
159	Michigan Amber, roth, hart	3.64	1883	11.30	11.73	1.40	71.80	1.78	1.99	13.22	1.58	80.85	2.01	2.24	2.12
160	Royal Australian, weiss, weich	4.09	„	10.53	10.68	—	—	—	1.80	11.94	—	—	—	2.01	1.91
161	Treadwell, bgelb, mittel	3.41	„	11.16	11.73	—	—	—	1.97	13.21	—	—	—	2.22	2.11
162	Champion Amber, bgelb, mittel	3.27	„	12.31	11.20	—	—	—	2.03	12.77	—	—	—	2.31	2.04
163	Mc. Pherson, bgelb, mittel	3.50	„	10.65	11.73	—	—	—	2.00	13.13	—	—	—	2.24	2.10
164	Clawson, gelb, weich	3.30	„	10.54	13.83	—	—	—	1.93	15.45	—	—	—	2.16	2.47
165	Treadwell, bearded, gelb, weich	3.59	„	9.74	12.78	—	—	—	2.30	14.16	—	—	—	2.55	2.27
166	Valley, bgelb, mittel	3.25	„	12.49	11.90	—	—	—	1.55	13.60	—	—	—	1.77	2.18
167	Pool, roth, hart	3.50	„	10.60	12.08	—	—	—	1.90	13.52	—	—	—	2.13	2.16
168	Landreth, weiss, weich	3.90	„	11.82	11.20	—	—	—	1.73	12.70	—	—	—	1.96	2.03
169	Theiss, roth, hart	2.99	„	10.95	13.83	—	—	—	2.00	15.53	—	—	—	2.25	2.48
170	Michigan Amber, hellroth, hart	5.80	„	10.42	11.73	—	—	—	2.06	13.24	—	—	—	2.35	2.12
171	Finley, bgelb, mittel	3.59	„	10.00	14.00	—	—	—	1.96	15.55	—	—	—	2.18	2.49
172	Zimmermann, bgelb, mittel	3.33	„	11.39	13.13	—	—	—	2.04	14.82	—	—	—	2.30	2.37
173	Golden Drop, bgelb, mittel	3.55	„	11.86	12.08	—	—	—	1.74	13.71	—	—	—	1.97	2.19
174	Rocky Mountains, bgelb, mittel	3.06	„	9.56	13.30	—	—	—	1.77	14.71	—	—	—	1.96	2.35
175	Travis, hellgelb, weich	2.99	„	10.66	12.25	—	—	—	2.20	13.71	—	—	—	2.46	2.19
176	Mc. Gehee's White, weiss, weich	3.22	„	10.68	12.60	—	—	—	1.75	14.11	—	—	—	1.96	2.26
177	White Velvet, bgelb, weich	2.78	„	10.60	11.90	—	—	—	2.06	13.32	—	—	—	2.31	2.13
178	Russian, bgelb, mittel	2.64	„	9.87	14.70	—	—	—	2.09	16.30	—	—	—	2.32	2.61
179	Nigger, roth, hart	4.16	„	10.67	11.38	—	—	—	1.81	12.75	—	—	—	2.03	2.04
180	Waney's Select, gelb, weich	2.66	„	10.73	13.30	—	—	—	1.75	14.90	—	—	—	1.96	2.38
181	Bennett, gelb, weich	2.88	„	10.69	12.95	—	—	—	1.81	14.50	—	—	—	2.03	2.32
182	Siver Chaff, gelb, weich	3.27	„	10.11	11.73	—	—	—	1.87	13.18	—	—	—	2.09	2.11
183	Mc. Gehee's Red, bgelb, mittel	3.29	„	9.76	14.35	—	—	—	1.87	15.90	—	—	—	1.97	2.54
184	Lancaster, hellroth, hart	3.89	„	9.90	15.05	—	—	—	2.15	16.71	—	—	—	2.39	2.67
185	Rogers, bgelb, hart	3.11	„	9.48	13.48	—	—	—	1.65	14.90	—	—	—	1.82	2.38
186	Red Fultz, roth, hart	3.29	„	11.32	13.30	—	—	—	2.05	15.00	—	—	—	2.31	2.40
187	Tasmanian, roth, hart	3.58	„	10.60	13.65	—	—	—	2.05	15.17	—	—	—	2.29	2.43
188	Michigan Bronze, roth, hart	4.09	„	10.58	10.68	—	—	—	1.89	11.94	—	—	—	2.11	1.91
189	Golden Straw, bgelb, mittel	3.76	„	10.30	13.48	—	—	—	2.00	15.03	—	—	—	2.23	2.40

*) „bgelb" abgekürzt für bernsteingelb (amber).

No.	Bezeichnungen und Bemerkungen	Gew. von 100 Körn. g	Jahr der Untersuchung	In der ursprünglichen Substanz: Wasser %	Nh-Substanz %	Rohfett %	Nfr. Extractstoffe %	Rohfaser %	Asche %	In der Trockensubstanz: Nh-Substanz %	Rohfett %	Nfr. Extractstoffe %	Rohfaser %	Asche %	Stickstoff in der Trockensubstanz %
190	Velvet Chaff, roth, hart . . .	3.98	1883	10.16	15.23	—	—	—	2.10	16.95	—	—	—	2.34	2.71
191	Germann Amber, roth, hart . .	3.76	„	9.75	14.70	—	—	—	2.02	16.29	—	—	—	2.44	2.61
192	Democrat, weiss, weich . . .	3.32	„	10.03	12.08	—	—	—	2.14	13.42	—	—	—	2.38	2.15
193	York White Chaff, gelb, weich .	3.10	„	11.45	12.08	—	—	—	1.90	13.64	—	—	—	2.15	2.18
194	Rice, bernsteingelb, mittel . .	3.39	„	11.36	14.18	—	—	—	2.09	16.00	—	—	—	2.36	2.56
195	Mediterranean, bernsteingelb, hart	3.94	„	11.13	16.10	—	—	—	2.13	18.11	—	—	—	2.40	2.90
196	Martin's Amber, weiss, hart . .	3.34	„	11.32	12.25	—	—	—	2.03	13.82	—	—	—	2.29	2.21
197	Fultz, hellroth, hart	3.51	„	11.37	13.13	—	—	—	2.00	14.81	—	—	—	2.26	2.37
198	Heighe's Prolific, hellroth, hart	3.38	„	10.05	13.48	—	—	—	1.79	14.99	—	—	—	1.99	2.40
199	Grecian, gelb, mittel	3.31	„	10.95	11.20	—	—	—	1.86	12.58	—	—	—	2.10	2.01
200	Egyptian, bernsteingelb, mittel .	3.56	„	11.98	12.95	—	—	—	1.76	14.71	—	—	—	2.00	2.35
201	Sandomirka, hellroth, hart . .	2.90	„	11.76	13.83	—	—	—	1.88	15.67	—	—	—	2.13	2.51
	Indiana.														
202	Osterey, gelb, hart	2.77	„	10.16	10.85	1.51	73.41	2.02	2.05	12.08	1.68	81.71	2.25	2.38	1.93
	Michigan.														
203	Silver Chaff, weiss, weich . . .	4.20	1879	10.25	10.85	1.70	75.00	1.20	1.00	12.09	1.89	82.66	2.25	1.11	1.93
204	Louisiana, weiss, mittel . . .	3.74	„	10.30	10.50	2.07	73.73	1.80	1.60	11.71	2.31	82.86	1.34	1.78	1.87
205	Jersey Red, roth, hart	3.98	„	9.05	11.73	2.17	73.17	2.18	1.70	12.90	2.39	80.86	1.98	1.87	2.06
206	Powers, weiss, hart	3.61	„	9.70	10.50	1.79	75.91	1.05	1.05	11 62	1.98	82.83	2.41	1.16	1.78
207	Dot, roth, hart	4.54	„	9.70	12.43	2.23	71.94	1.80	1.90	13.76	2.47	80.51	1.16	2.10	2.20
208	Michigan Wick, weiss, mittel .	3.93	„	9.65	10.68	2.09	73.88	2.05	1.65	11.82	2.31	82.05	1.99	1.83	1.89
209	Schaeffer, gelb, mittel	4.27	„	9.35	11.20	2.12	73.80	1.88	1.65	12.35	2.34	81.23	2.26	1.82	1.98
210	Lancaster Red, roth, hart . . .	4.63	„	11.25	12.95	2.21	69.96	1.83	1.80	14.59	2.49	78.83	2.06	2.03	2.33
211	Velvet Chaff, gelb, hart . . .	4.14	„	11.50	14.00	2.17	68.60	1.68	2.05	15.82	2.45	77.51	1.90	2.32	2.53
212	Shumaker, bernsteingelb, hart .	4.53	„	11.10	12.60	1.97	71.38	1.60	1.35	14.18	2.22	80.28	1.80	1.52	2.27
213	Armstrong, gelb, hart	3.98	„	10.60	10.68	2.30	72.62	2.10	1.70	11.95	2.57	81.23	2.35	1.90	1.91
214	Muskingum, roth, mittel . . .	4.01	„	11.35	12.60	2.16	70.59	1.90	1.40	14.21	2.44	79.63	2.14	1.58	2.27
215	Mediterranean, roth, mittel . .	4.90	„	10.90	15.23	1.98	69.41	1.23	1.25	17.10	2.22	77.90	1.38	1.40	2.74
216	Red Russian, roth, weich . . .	4.81	„	10.40	12.08	2.31	71.38	1.78	2.05	13.48	2.58	79.66	1.99	2.29	2.16
217	Diehl, weiss, weich	3.40	„	10.90	10.50	2.14	73.11	1.60	1.75	11.79	2.40	82.04	1.80	1.97	1.89
218	Clawson, gelb, mittel	4.10	„	11.40	10.68	2.20	72.12	1.95	1.65	12.06	2.48	81.40	2.20	1.86	1.93
219	Jennings, weiss, weich	3.93	„	11.65	12.25	1.99	70.61	1.65	1.85	13.87	2.25	80.92	1.87	2.09	2.22
220	Buckeye, gelb, weich	4.10	„	11.55	12.43	1.89	70.73	1.95	1.45	14.01	2.13	80.03	2.20	1.63	2.24
221	Trump, gelb, weich	4.30	„	10.95	11.38	1.95	72 02	2.00	1.70	12.78	2.19	80.87	2.25	1.91	2.04
222	Shumaker, bernsteingelb, hart .	4.38	1882	10.05	9.13	2.45	74.01	2.28	2.08	10.15	2.72	82.28	2.54	2.31	1.62
223	Clawson, gelb, mittel	3.86	„	11.20	10.69	2.18	71.59	2.35	1.97	12.04	2.45	80.64	2.65	2.22	1.93
	Kentucky.														
224	Fultz, roth, hart	3.67	„	10.55	11.90	2.30	71.87	1.98	1.40	13.30	2.57	80.35	2.21	1.57	2.13
225	Rice, roth, hart	3.46	1833	10.53	14.53	1.99	69.55	1.61	1.79	16.24	2.22	77.74	1.80	2.00	2.60
226	Desgl.	3.64	„	10.96	14.00	1.94	69.89	1.69	1.52	15.72	2.18	78.49	1.90	1.71	2.52
227	Fultz, bernsteingelb, hart . . .	3.27	?	12.44	12.78	1.87	69.44	1.71	1.76	14.59	2.14	79.31	1.95	2.01	2.33
228	Odessa, bernsteingelb, weich . .	3.15	?	10.68	11.90	1.64	71.75	2.27	1.76	13.32	1.84	80.33	2.54	1.97	2.13
229	German Amber, bgelb, mittel .	3.54	?	9.86	14.18	1.79	69.95	2.44	1.78	15.73	1.99	77.60	2.71	1.97	2.52
230	White, weiss, weich	3.40	?	9.94	12.78	1.65	71.22	2.34	2.07	14.19	1.83	79.08	2.60	2.30	2.27
231	Fultz, bernsteingelb, mittel . .	3.50	?	11.68	13.13	1.80	69.26	2.25	1.88	14.86	2.04	78.42	2.55	2.13	2.38
	Tennessee.														
232	Swamp, roth, hart	3.66	1881	7.10	16.63	2.08	70.24	1.85	2.10	17.89	2.24	75.62	1.99	2.26	2.86
233	Tennessee Amber, bgelb, hart .	3.20	1882	9.90	11.90	2.09	72.78	1.48	1.85	13.21	2.32	80.78	1.64	2.05	2.11
234	Spark's Swamp, bgelb, hart . .	3.55	„	10.24	11.55	2.31	72.37	1.73	1.80	12.87	2.57	80.62	1.93	2.01	2.06
235	Rice, roth, hart	3.73	1883	9.91	9.98	2.15	74.40	2.24	2.04	10.99	1.37	82.93	2.46	2.25	1.76

No.	Bezeichnungen und Bemerkungen	Gew. von 100 Körn. g	Jahr der Untersuchung	In der ursprünglichen Substanz						In der Trockensubstanz					Stickstoff in der Trockensubstanz
				Wasser %	Nh-Substanz %	Rohfett %	Nfr. Extractstoffe %	Rohfaser %	Asche %	Nh-Substanz %	Rohfett %	Nfr. Extractstoffe %	Rohfaser %	Asche %	%
236	White Mediterranean, weiss, weich	2.47	1883	10.92	15.23	1.90	66.71	2.86	2.38	15.10	2.13	76.89	3.21	2.67	2.42
237	Desgl.	2.14	„	10.64	10.15	2.04	72.87	2.20	2.10	11.37	2.28	81.54	2.46	2.35	1.82
238	Tennessee Amber, bgelb, mittel .	3.20	„	9.90	11.90	2.09	72.78	1.48	1.85	13.21	2.32	80.78	1.64	2.05	2.11
239	Desgl., gelb, weich	2.45	?	11.10	12.60	2.06	70.95	1.67	1.62	14.18	2.32	79.80	1.88	1.82	2.27
240	Red, bernsteingelb, hart . . .	2.57	?	11.85	10.85	2.00	71.57	1.83	1.90	12.30	2.27	81.20	2.08	2.15	1.93
241	Bearded, bernsteingelb, weich .	3.33	?	11.30	12.43	2.12	69.71	2.54	1.90	14.01	2.39	78.60	2.86	2.14	2.24
242	Fultz, bernsteingelb, mittel . .	2.76	?	10.64	12.60	2.16	70.87	2.13	1.60	14.10	2.42	79.31	2.38	1.79	2.26
243	Desgl.	3.74	?	10.66	12.08	1.87	71.11	2.36	1.92	13.52	2.09	79.60	2.64	2.15	2.16
244	California Gold Chaff, bgelb, hart	3.30	?	10.26	15.40	1.69	68.72	2.21	1.72	17.16	1.88	76.58	2.46	1.92	2.75
245	Swamp, bernsteingelb, hart . .	3.99	1882	8.95	11.90	2.20	73.60	2.70	1.65	13.07	2.42	79.74	2.96	1.81	2.09
246	Roth, weich	—	1883	10.92	12.25	—	—	—	2.32	13.76	—	—	—	2.61	2.20
	Illinois.														
247			„	9.05	12.43	—	—	—	2.06	13.67	—	—	—	2.27	2.19
	Arkansas.														
248	Mediterranean, roth, weich . . .	—	„	9.56	12.95	—	—	—	2.52	14.32	—	—	—	2.79	2.30
	Dakota.														
249	Castle Fife, hart	3.51	1882	10.98	10.68	2.11	72.20	1.83	2.20	11.99	2.37	81.11	2.06	2.47	1.92
	Minnesota.														
250	Egyptian, gelb, hart	3.83	?	10.44	13.30	1.77	70.99	1.55	1.95	14.86	1.98	79.25	1.73	2.18	2.38
251	Scotch Fife, bernsteingelb, mittel	3.15	1882	10.62	10.85	2.08	72.24	2.31	1.90	12.14	2.33	80.82	2.58	2.13	1.94
252	Red Fern, bernsteingelb, mittel .	3.19	„	11.74	17.15	2.16	64.84	2.20	1.91	19.43	2.45	73.47	2.49	2.16	3.11
253	Fife, gelb, weich	3.05	„	10.31	13.48	2.16	69.37	2.89	1.79	15.03	2.41	77.34	3.22	2.00	2.80
254	Old Settlers, roth, mittel . . .	3.36	„	10.10	12.43	1.83	72.26	1.81	1.57	13.82	2.03	80.39	2.01	1.75	2.21
255	Red Fern, roth, mittel	3.24	„	10.08	12.25	2.19	72.09	1.96	1.43	13.62	2.44	80.17	2.18	1.59	2.18
256	Fife, bernsteingelb, weich . . .	3.12	„	11.34	11.55	2.02	71.77	1.82	1.50	13.03	2.29	80.94	2.05	1.69	2.08
257	Golden Drop, bernsteingelb, weich	3.55	„	11.10	11.55	1.89	71.97	1.96	1.53	12.99	2.13	80.95	2.21	1.72	2.08
258	White Fife, weiss, mittel . . .	3.70	„	9.70	11.38	2.19	73.05	1.88	1.80	12.60	2.42	80.91	2.08	1.99	2.02
	Missouri.														
259	Yellow, gelb, hart	3.10	1878	7.69	11.59	2.11	75.17	1.53	1.91	12.55	2.29	81.43	1.66	2.07	2.01
260	Fultz, roth, hart	3.45	1879	10.28	10.50	2.28	72.86	2.28	1.80	11.70	2.54	81.21	2.54	2.01	1.87
261	Shumaker, roth, hart	3.35	„	8.64	12.44	2.33	72.11	2.49	1.99	13.62	2.55	78.93	2.73	2.17	2.18
262	Zimmermann, roth, hart . . .	3.87	„	9.18	11.38	2.35	72.51	2.57	2.01	12.53	2.59	79.84	2.83	2.21	2.00
263	Clawson, bernsteingelb, hart . .	3.86	„	9.18	11.19	2.16	73.28	2.28	1.91	12.32	2.38	80.69	2.51	2.10	1.97
264	Russian No. 2, gelb, hart . . .	3.47	„	8.43	11.00	2.23	73.53	2.72	2.09	12.01	2.54	80.20	2.97	2.28	1.92
265	Smooth Mediterr., bgelb, hart .	3.58	„	9.45	11.75	1.80	72.43	2.68	1.89	12.97	1.99	79.99	2.96	2.09	2.08
266	Silver Chaff, bernsteingelb, hart .	3.49	„	10.99	11.19	2.42	70.89	2.29	2.22	12.57	2.72	79.65	2.57	2.49	2.01
267	Osterey, hart	3.34	1882	11.48	11.43	2.36	70.95	1.88	1.90	12.93	2.67	80.12	2.13	2.15	2.07
268	Rice, roth, hart	—	1883	9.36	14.00	2.37	70.62	1.77	1.88	15.44	2.61	77.93	1.95	2.07	2.47
269	Tennessee Amber, bgelb, hart .	—	„	9.41	10.50	2.35	74.01	1.85	1.88	11.60	2.59	81.69	2.04	2.08	1.86
	Kansas.														
270	Weiss, weich	3.42	?	11.58	10.85	1.98	71.87	2.01	1.72	12.27	2.34	81.17	2.27	1.95	1.96
271	Roth, mittel	3.33	1883	11.77	11.20	2.07	71.15	1.97	1.84	12.69	2.35	80.65	2.23	2.08	2.03
272	Weiss, weich	3.35	„	11.60	10.50	2.04	72.19	1.89	1.78	11.88	2.31	81.66	2.14	2.01	1.90
273	Roth, hart	3.00	„	11.36	12.25	1.91	70.18	2.76	1.54	13.82	2.15	79.18	3.11	1.74	2.21
274	Roth, mittel	3.33	„	11.57	11.03	2.02	72.29	1.62	1.47	12.47	2.28	81.36	2.23	1.66	2.00
275	Desgl.	3.41	„	12.38	10.50	1.83	71.96	1.75	1.58	11.98	2.09	82.13	2.00	1.80	1.92
276	Bernsteingelb, mittel	2.98	„	12.27	11.90	2.01	70.12	2.09	1.61	13.57	2.29	79.92	2.38	1.84	2.17
277	Weiss, weich	3.39	„	12.10	10.85	1.96	71.73	1.66	1.70	12.35	2.23	81.60	1.89	1.93	1.98
278	Bernsteingelb, mittel	2.88	„	11.62	10.68	2.12	70.87	3.05	1.66	12.09	2.40	80.18	3.45	1.88	1.93
279	Roth, mittel	2.96	„	11.76	11.73	1.83	71.15	2.03	1.50	13.29	2.07	80.64	2.30	1.70	2.13

No.	Bezeichnungen und Bemerkungen	Gew. von 100 Körn. g	Jahr der Untersuchung	In der ursprünglichen Substanz: Wasser %	Nh-Substanz %	Rohfett %	Nfr. Extractstoffe %	Rohfaser %	Asche %	In der Trockensubstanz: Nh-Substanz %	Rohfett %	Nfr. Extractstoffe %	Rohfaser %	Asche %	Stickstoff in der Trockensubstanz %
	Texas.														
280	Roth, mittel	2.61	1883	10.64	12.43	2.39	70.23	2.39	1.92	13.91	2.67	78.60	2.67	2.15	2.23
281	Roth, hart	2.66	„	9.70	12.95	2.56	71.14	1.99	1.66	14.34	2.83	77 39	1.60	1.84	2.29
282	Desgl.	2.71	„	9.26	14.35	1.94	70.19	2.08	2.18	15.81	2.14	77.36	2.29	2.40	2.53
283	Desgl.	2.83	„	9.36	13.65	2.15	70.95	2.25	1.64	15.06	2.37	78.27	2.48	1.82	2.41
284	Bernsteingelb, hart	2.70	„	9.50	11.03	2.00	73.86	2.01	1.60	12.19	2.21	81.61	2.22	1.77	1.93
285	Weiss, weich	3.94	„	9.55	13.65	1.89	71.13	1.89	1.94	15.10	2.09	78.57	2.09	2.15	2.42
286	Bernsteingelb, weich	2.41	„	9.66	14.18	1.86	69.68	2.19	2.43	15.70	2.06	77.13	2.42	2.69	2.51
287	Desgl., hart	2.63	„	10.26	13.65	1.96	70.37	1.90	1.86	15.21	2.18	78.42	2.12	2.07	2.43
288	Roth, mittel	2.69	„	10.24	12.60	1.76	41.46	2.22	1.72	14.04	1.96	79.61	2.47	1 92	2.25
289	Bernsteingelb, mittel	2.61	„	10.00	14.00	1.92	70.55	2.01	1.52	15.55	2.13	78.40	2.23	1.69	2.49
290	Desgl., weich	2.71	„	9.62	14.00	1.72	70.79	2.19	1.68	15.48	1.90	78.34	2.42	1.86	2.48
291	Nicaraguan, gelb, weich	3.13	„	10.00	14.70	1.83	69.55	2.20	1.72	16.32	2.03	77.30	2.44	1.91	2.61
292	Weiss, weich	4.74	„	10.28	10.68	2.46	72.73	2.05	1.80	11.91	2.74	81.05	2.29	2.01	1.91
293	Roth, weich	2.62	„	10.04	12.60	2.46	70.95	2.19	1.76	14.01	2.74	78.85	2.44	1.96	2.24
294	Roth, mittel	2.56	„	10.00	12.60	2.83	70.78	2.03	1.76	14.00	3.14	78.64	2.26	1.96	2.24
295	Red Mediterr., roth, hart	3.53	„	8.88	15.23	2.34	69.44	2.09	2.02	16.71	2.57	76.21	2.29	2.22	2.67
296	Desgl.	3.32	„	11.61	12.08	2.08	70.62	1.92	1.69	13.67	2.35	79.90	2.17	1.91	2.19
297	White Mediterr., weiss, weich	3.70	„	12.05	13.48	1.59	68.95	1.91	2.02	15.33	1.81	78.39	2.17	2.30	2.45
298	Nicaraguan, glasig, hart	—	1882	9.94	11.73	2.29	72.75	1.71	1.58	13.02	2.54	80.70	1.99	1.75	2.08
	Provinces.														
299	Saskatchiwan,. roth, hart	3.11	1883	8.85	15.58	—	—	—	1.92	17.11	—	—	—	2.11	2.74
300	Manitoba, roth, hart	3.46	„	7.84	13.48	—	—	—	1.33	14.63	—	—	—	1.44	2.34
	Colorado.														
301	Blount's Hybrid No. 18	—	1881	9.74	12.94	1.58	71.95	1.60	2.19	14.34	1.75	79.71	1.77	2.43	2.29
302	Desgl.. No. 19	—	„	10.45	12.44	2.19	70.59	1.79	2.54	13.90	2.45	78.81	2.00	2.84	2.22
303	Desgl. No. 20, roth	—	„	10.57	12.25	2.32	69.62	1.67	3.57	13.70	2.59	77.85	1.87	3.99	2.19
304	New South Wales Seed, gelb, mittel	4.66	„	9.47	12.62	2.40	71.78	1.55	2.18	13.95	2.65	79.28	1.71	2.41	2.23
305	El Dorado, gelb, hart	4.70	„	10.55	11.75	2.43	71.93	1.10	2.24	13.14	2.72	80.41	1.23	2.50	2.10
306	Russian, roth, weich	4.13	„	9.55	14.49	2.62	69.86	1.49	1.99	16.03	2.90	77.22	1.65	2.20	2.56
307	Imperial Fife, gelb, hart	4.15	„	9.48	15.94	2.31	68.00	1.63	2.64	17.61	2.55	75.12	1.80	2.92	2.82
308	Clawson, gelb, weich	4.57	„	10.14	11.75	2.31	72.26	1.60	1.94	13.08	2.57	80.41	1.78	2.16	2.09
309	Doty, roth, weich	4.37	„	9.41	14.00	2.50	69.94	1.80	2.35	15.46	2.76	77.20	1.99	2.59	2.47
310	Mc. Gehee's Red, roth, hart	4.16	1882	7.85	14.00	1.97	72.53	1.80	1.85	15.19	2.14	78.71	1.95	2.01	2.43
311	Finley, roth, hart	4.13	„	9.30	12.60	2.36	72.16	1.73	1.85	13.90	2.60	79.55	1.91	2.04	2.22
312	Champion Amber, bgelb, hart	4.35	„	8.20	11.90	2.47	73.68	1.55	2.21	12.96	2.69	80.25	1.69	2.41	2.07
313	Dallas, roth, hart	4.67	„	10.05	14.53	2.46	69.38	1.73	1.85	16.16	2.74	77.12	1.92	2.06	2.59
314	Bennet, roth, hart	3.98	„	7.85	13.65	2.58	71.67	2.05	2.20	14.81	2.80	77.78	2.22	2.39	2.37
315	Lemon, roth, hart	4.33	„	8.45	12.43	2.14	73.25	1.68	2.05	13.57	2.34	80.01	1.84	2.24	2.17
316	Gold Medal, roth, hart	4.38	„	9.25	12.25	2.26	72.71	1.73	1.80	13.50	2.49	80.12	1.91	1.98	2.16
317	German Amber, bgelb, mittel	4.03	„	8.80	12.43	2.42	72.80	1.75	1.80	13.62	2.65	79.82	1.94	1.97	2.18
318	Rice, roth, hart	4.10	„	8.50	14.18	2.39	70.86	1.97	2.10	15.50	2.61	77.44	2.15	2.30	2.48
319	Washington Glass, roth, hart	4.45	„	8.60	11.55	2.41	74.31	1.18	1.95	12.64	2.64	81.30	1.29	2.13	2.02
320	Swamp, roth, hart	4.42	„	10.15	14.35	2.29	69.31	1.85	2.05	15.97	2.55	77.13	2.07	2.28	2.56
321	Wysor, roth, hart	4.61	„	8.55	12.60	2.20	72.27	2.13	2.25	13.77	2.40	79.07	2.33	2.43	2.20
322	White Chili, gelb, weich	3.50	—	8.23	9.80	—	—	—	1.99	10.68	—	—	—	2.17	1.71
323	Colorado Red Chaff, bgelb, mittel	3.48	—	9.16	9.80	—	—	—	2.01	10.79	—	—	—	2.21	1.73
324	No. 6 El Dorado, gelb, hart	4.22	1883	9.53	9.80	—	—	—	1.95	10.83	—	—	—	2.15	1.73
325	No. 8 Defiance, gelb, weich	3.77	„	9.79	10.68	—	—	—	1.74	11.84	—	—	—	1.93	1.89
326	Blount's Hybrid No. 9	4.50	„	9.53	10.50	—	—	—	1.97	11.60	—	—	—	2.18	1.86
327	Russian, roth, hart	3.81	„	8.15	12.25	—	—	—	2.07	13.34	—	—	—	2.25	2.13

No.	Bezeichnungen und Bemerkungen	Gew. von 100 Körn. g	Jahr der Untersuchung	In der ursprünglichen Substanz: Wasser %	Nh-Substanz %	Rohfett %	Nfr. Extractstoffe %	Rohfaser %	Asche %	In der Trockensubstanz: Nh-Substanz %	Rohfett %	Nfr. Extractstoffe %	Rohfaser %	Asche %	Stickstoff in der Trockensubstanz %
328	Blount's Hybrid No. 18, bernsteingelb, hart	3.35	1883	9.16	11.03	—	—	—	2.10	12.14	—	—	—	2.31	1.94
329	Desgl. No. 19, gelb, weich	3.44	„	9.47	9.98	—	—	—	1.96	11.03	—	—	—	2.17	1.76
330	Desgl. No. 21, bgelb, weich	3.54	„	9.51	10.85	—	—	—	1.89	11.99	—	—	—	1.54	1.92
331	Desgl. No. 23, gelb, weich	3.94	„	9.09	10.50	—	—	—	2.31	11.55	—	—	—	2.54	1.85
332	Desgl. No. 24, gelb, weich	3.00	„	9.58	9.80	—	—	—	2.07	10.84	—	—	—	2.29	1.73
333	Desgl. No. 25, gelb, mittel	3.87	„	9.30	10.85	—	—	—	2.14	11.97	—	—	—	2.36	1.92
334	Desgl. No. 27, gelb, mittel	2.64	„	9.46	8.93	—	—	—	1.98	9.86	—	—	—	2.19	1.58
335	Desgl. No. 29, gelb, hart	3.00	„	9.33	9.10	—	—	—	1.91	10.04	—	—	—	2.11	1.61
336	Desgl. No. 30, gelb, mittel	2.90	„	9.70	9.28	—	—	—	1.81	10.27	—	—	—	2.00	1.64
337	Desgl. No. 31, gelb, mittel	3.32	„	10.40	9.10	—	—	—	2.19	11.16	—	—	—	2.44	1.79
338	Desgl. No. 36, bernsteingelb, hart	3.22	„	9.08	10.68	—	—	—	2.00	11.74	—	—	—	2.20	1.88
339	Prossoe, 3. Ernte, gelb, weich	4.28	„	8.85	13.30	—	—	—	2.38	14.59	—	—	—	2.61	2.33
340	Desgl.	4.65	1882	9.62	12.08	—	—	—	2.52	13.36	—	—	—	2.79	2.14
341	Winnipeg Russian, 1. Ernte, bernsteingelb, mittel	3.44	„	8.92	12.78	—	—	—	2.31	14.03	—	—	—	2.54	2.24
342	Desgl., 2. Ernte, bgelb, weich	3.99	1883	9.68	12.25	—	—	—	2.14	13.56	—	—	—	2.37	2.17
343	Oregon Club, gelb, weich	4.43	1881	9.59	12.25	2.19	72.46	1.60	1.91	13.55	2.42	80.55	1.37	2.11	2.17
344	Desgl.	3.71	1883	8.75	11.38	—	—	—	2.10	12.47	—	—	—	2.30	2.00
345	Desgl., bernsteingelb	3.65	1884	6.93	11.20	2.13	75.58	2.18	1.98	12.03	2.29	81.21	2.34	2.13	1.92
346	Australian Hard, gelb, weich	5.51	1881	9.78	11.19	2.23	73.50	1.45	1.85	12.40	2.47	81.47	1.61	2.05	1.98
347	Desgl., bernsteingelb	4.04	1884	7.46	11.73	1.95	74.76	2.05	2.05	12.68	2.11	80.77	2.22	2.22	2.03
348	Sonora, gelb, weich	4.74	1881	10.17	14.18	2.13	70.10	1.40	2.02	15.78	2.37	78.04	1.56	2.25	2.52
349	Desgl.	3.62	1883	9.12	12.78	—	—	—	1.96	14.06	—	—	—	2.16	2.25
350	Desgl.	3.83	1884	7.31	12.25	2.27	74.64	1.63	1.90	13.22	2.45	80.52	1.76	2.05	2.12
351	White Mexican, gelb	—	1881	9.91	13.81	1.89	70.27	1.52	2.60	15.33	2.10	78.99	1.69	2.89	2.45
352	Desgl.	4.44	1883	8.35	11.90	—	—	—	2.20	12.98	—	—	—	2.40	2.08
353	Desgl.	4.89	1884	7.27	11.55	1.94	75.69	1.50	2.05	12.45	2.09	81.63	1.62	2.21	1.99
354	Improved Fife, bernsteingelb	3.78	1883	9.28	13.83	—	—	—	2.04	15.24	—	—	—	2.64	2.44
355	Desgl.	3.67	1884	8.72	14.18	2.24	71.18	1.90	1.87	15.52	2.46	77.89	2.08	2.05	2.48
356	Rio Grande, roth, weich	5.91	1881	9.51	14.69	2.96	68.97	1.79	2.08	16.23	3.27	76.22	1.98	2.30	2.60
357	Desgl.	4.16	1883	8.89	12.35	—	—	—	2.03	14.23	—	—	—	2.23	2.28
358	Desgl., bernsteingelb	4.74	1884	8.74	12.43	2.49	72.92	1.90	1.52	13.62	2.77	79.86	2.08	1.67	2.18
359	Judkin, roth, hart	—	1881	9.75	12.25	2.42	71.31	1.70	2.57	13.57	2.68	79.02	1.88	2.85	2.17
360	Desgl., bernsteingelb	3.76	1883	9.13	11.55	—	—	—	1.91	12.71	—	—	—	1.99	2.03
361	Desgl., dunkelbernsteingelb	3.92	1884	7.63	12.25	2.97	74.06	1.85	1.94	13.27	2.46	80.17	2.00	2.10	2.09
362	Lost Nation, roth, mittel	3.85	1881	10.24	12.93	2.99	69.93	1.74	2.17	14.40	3.24	78.00	1.94	2.42	2.30
363	Desgl., bernsteingelb	3.74	1883	9.93	11.55	—	—	—	1.87	12.82	—	—	—	2.06	2.05
364	Desgl.	4.15	1884	7.29	12.08	2.25	75.40	1.45	1.53	13.03	2.43	81.34	1.55	1.65	2.08
365	Touzelle, gelb, mittel	5.21	1881	10.23	13.50	2.35	70.17	1.65	2.10	15.05	2.62	78.15	1.84	2.34	2.41
366	Desgl.	4.25	1883	10.73	13.30	—	—	—	2.12	14.90	—	—	—	2.37	2.38
367	Desgl., hellbernsteingelb	4.30	1884	6.98	14.18	1.94	73.63	1.48	1.79	15.24	2.09	79.16	1.59	1.92	2.44
368	Australian Club, gelb	4.42	1883	8.97	11.03	—	—	—	1.97	12.12	—	—	—	2.17	1.92
369	Desgl., gemischt	4.54	1884	7.16	11.55	1.98	76.97	1.18	1.16	12.44	2.13	82.91	1.27	1.25	1.99
370	Pringles No. 6, gelb, mittel	5.15	1881	9.89	13.13	2.52	70.63	1.70	2.12	14.57	2.80	78.39	1.89	2.35	2.33
371	Desgl.	4.65	1883	9.30	13.65	—	—	—	2.08	15.06	—	—	—	2.29	2.41
372	Pringles No. 7, bgelb, hart	4.64	1881	9.89	15.25	2.20	68.65	1.78	2.23	16.93	2.44	76.17	1.98	2.48	2.71
373	Desgl., gelb	3.97	1883	9.15	12.08	—	—	—	2.05	13.30	—	—	—	2.26	2.11
374	Centennial, gelb	—	1881	9.66	12.06	2.00	72.83	1.10	2.35	13.35	2.21	80.62	1.22	2.60	2.14
375	Desgl., gelb	5.88	1883	8.60	11.55	—	—	—	2.10	12.64	—	—	—	2.30	2.02

No.	Bezeichnungen und Bemerkungen	Gew. von 100 Körn. g	Jahr der Untersuchung	In der ursprünglichen Substanz: Wasser %	Nh-Substanz %	Rohfett %	Nfr. Extractstoffe %	Rohfaser %	Asche %	In der Trockensubstanz: Nh-Substanz %	Rohfett %	Nfr. Extractstoffe %	Rohfaser %	Asche %	Stickstoff in der Trocken-Substanz %
376	Hedge Row, white Chaff, gelb, mittel	4.07	1881	9.07	13.62	2.11	71.50	1.62	2.08	14.98	2.34	79.41	1.78	2.29	2.40
377	Desgl.	2.84	1883	9.16	11.73	—	—	—	2.02	12.91	—	—	—	2.22	2.07
378	Desgl., gelb	3.17	1884	5.95	9.98	2.43	78.85	1.29	1.50	10.61	2.58	83.85	1.37	1.59	1.70
379	Hybrid No. 10, bgelb, hart	—	1881	9.72	13.75	2.16	70.77	1.32	2.28	15.24	2.39	78.38	1.46	2.53	2.44
380	Desgl., gelb	5.02	1883	8.68	11.03	—	—	—	2.26	12.08	—	—	—	2.47	1.93
381	Desgl., bernsteingelb	4.69	1884	9.57	9.45	1.78	78.60	1.85	1.75	10.45	1.97	83.59	2.05	1.94	1.67
382	Hybrid No. 13, roth	3.70	1883	10.27	10.68	—	—	—	2.10	11.90	—	—	—	2.34	1.90
383	Desgl., bernsteingelb	3.17	1884	7.13	12.95	2.59	74.07	1.48	1.78	13.95	2.79	79.75	1.59	1.92	2.23
384	Hybrid No. 15, roth, hart	—	1881	10.07	12.25	2.68	71.50	1.57	1.93	13.62	2.98	79.50	1.75	2.15	2.18
385	Desgl.	3.57	1883	8.87	11.73	—	—	—	2.03	12.87	—	—	—	2.23	2.06
386	Desgl., gelb	3.20	1884	8.19	12.08	2.32	74.23	1.43	1.75	13.16	2.53	80.84	1.56	1.91	2.11
387	Hybrid No. 16, roth, mittel	4.82	1881	9.53	11.75	2.54	72.52	1.62	2.04	12.98	2.81	80.17	1.79	2.25	2.08
388	Desgl., bernsteingelb	5.04	1883	8.70	11.03	—	—	—	2.13	12.08	—	—	—	2.33	1.93
389	Desgl., gemischt	4.11	1884	7.04	11.38	2.27	75.78	1.58	1.95	12.24	2.44	81.52	1.70	2.10	1.96
390	Hybrid No. 17, bgelb, hart	5.14	1881	9.93	13.62	3.93	68.86	1.59	2.07	15.12	4.36	76.46	1.76	2.30	2.42
391	Desgl., roth	4.82	1883	8.90	14.35	—	—	—	2.23	15.76	—	—	—	2.45	2.52
392	Desgl.	4.74	1884	7.00	12.25	2.55	75.45	1.15	1.60	13.17	2.74	81.14	1.23	1.72	2.11
393	Fountain, gelb, hart	5.10	1881	10.58	13.62	2.15	69.63	1.32	2.70	15.23	2.40	77.87	1.48	3.02	2.44
394	Desgl.	4.19	1883	8.27	11.90	—	—	—	2.14	12.97	—	—	—	2.33	2.08
395	White Chaff, roth, weich	4.21	1881	9.57	14.04	2.44	69.64	2.18	2.03	15.53	2.70	77.10	2.42	2.25	2.48
396	Desgl.	3.25	1883	7.95	12.08	—	—	—	2.05	13.12	—	—	—	2.23	2.10
397	Perfection, gelb, hart	5.54	1881	9.93	14.18	2.32	70.03	1.55	1.99	15.74	2.58	77.74	1.72	2.22	2.52
398	Desgl.	5.03	1883	10.29	12 95	—	—	—	2.08	14.44	—	—	—	2.32	2.31
399	German Fife, roth, weich	5.27	1881	10.42	15.06	2.79	67.94	1.48	2.31	16.81	3.11	75.85	1.65	2.58	2.69
400	Desgl., bernsteingelb	4.55	1883	10.05	12.60	—	—	—	2.28	14.01	—	—	—	2.54	2.24
401	Triticum, gelb, hart	5.75	1881	10.02	13.62	2.65	69.53	1.51	2.67	15.13	2.94	77.25	1.71	2.97	2.42
402	Desgl.	4.86	1883	8.98	14.00	—	—	—	2.02	15.39	—	—	—	2.42	2.46
403	Russian durum, bgelb, hart	5.92	1881	9.91	15.25	2.00	68.98	1.54	2.32	16.93	2.22	76.56	1.71	2.58	2.71
404	Desgl., gelb	4.76	1883	8.70	14.35	—	—	—	2.10	15.71	—	—	—	2.30	2.51
405	Meekin's, roth, weich	5.19	1881	9.38	15.15	2.97	68.38	1.59	2.53	16.73	3.28	75.44	1.76	2.79	2.68
406	Desgl.	4.41	1883	10.15	13.48	—	—	—	2.05	15.00	—	—	—	2.28	2.40
407	Hybrid No. 26, gelb	3.99	1883	9.40	14.38	—	—	—	2.20	15.88	—	—	—	2.43	2.54
408	Desgl., hellbernsteingelb	5.34	1884	8.12	12.08	2.01	74.39	1.45	1.95	13.14	2.19	80.97	1.58	2.12	2.10
409	Hybrid No. 28, gelb	3.83	1883	9.32	9.98	—	—	—	2.28	11.01	—	—	—	2.51	1.76
410	Desgl., dunkelgelb	4.68	1884	9.15	11.20	2.32	73.43	1.80	2.10	12.33	2.55	80.83	1.98	2.31	1.97
411	Hybrid No. 33, gelb	2.72	1883	10.15	8.93	—	—	—	1.87	9.94	—	—	—	2.08	1.59
412	Desgl., dunkelgelb	3.59	1884	8.00	9.80	2.31	76.30	1.75	1.84	10.65	2.51	82.94	1.90	2.00	1.70
413	Hybrid No. 34, bernsteingelb	5.18	1883	8.82	12.60	—	—	—	2.43	13.82	—	—	—	2.67	2.21
414	Desgl., bernsteingelb, glasig	6.62	1884	8.42	12.08	1.99	73.31	1.95	2.25	13.19	2.17	80.05	2.13	2.46	2.11
415	Hybrid No. 35, gelb	3.06	1883	9.37	10.50	—	—	—	2.27	11.59	—	—	—	2.51	1.85
416	Desgl.	3.80	1884	7.53	10.50	2.42	76.57	1.48	1.50	11.35	2.62	82.81	1.60	1.62	1.82
417	Hick's Prolific, bernsteingelb	2.88	1883	9.21	10.33	—	—	—	2.04	11.38	—	—	—	2.25	1.82
418	Desgl., roth	3.89	1884	6.88	12.78	2.10	75.04	1.75	1.45	13.73	2.26	80.57	1.88	1.56	2.20
419	Geiger, gelb	4.06	1883	9.92	14.33	—	—	—	2.20	15.91	—	—	—	2.44	2.55
420	Desgl., bernsteingelb	4.24	1884	6.23	13.13	2.25	74.81	1.58	2.00	14.00	2.40	79.79	1.68	2.13	2.24
421	Hybrid No. 37, gelb	3.56	1883	10.72	11.90	—	—	—	2.44	13.23	—	—	—	2.73	2.12
422	Desgl.	3.85	1884	6.08	12.20	2.58	75.26	1.78	2.05	12.99	2.75	81.18	1.90	2.18	2.08
423	Brook's, bernsteingelb	3.84	1884	6.86	13.13	1.96	74.55	1.88	1.80	14.10	2.11	79.84	2.02	1.93	2.26
424	Canada Club, bernsteingelb	3.76	1884	7.85	12.43	2.14	74.11	1.60	1.87	13.49	2.32	80.42	1.74	2.03	2.16

No.	Bezeichnungen und Bemerkungen	Gew. von 100 Körn. g	Jahr der Untersuchung	In der ursprünglichen Substanz: Wasser %	Nh-Substanz %	Rohfett %	Nfr. Extractstoffe %	Rohfaser %	Asche %	In der Trockensubstanz: Nh-Substanz %	Rohfett %	Nfr. Extractstoffe %	Rohfaser %	Asche %	Stickstoff in der Trockensubstanz %
425	Golden Globe, bernsteingelb . .	4.67	1884	7.08	13.83	2.67	72.80	1.65	1.97	14.88	2.87	78.35	1.78	2.12	2.38
426	China Tea, bernsteingelb . . .	5.00	„	7.38	13.13	2.58	74.48	1.25	1.18	14.18	2.79	80.41	1.35	1.27	2.27
427	Chili, gelb	4.44	„	6.55	11.38	2.02	77.16	1.28	1.61	12.18	2.16	82.57	1.37	1.72	1.90
428	Egyptian Fife, gelb	4.84	„	6.98	12.43	2.11	75.64	1.23	1.61	13.36	2.27	81.32	1.32	1.73	2.14
429	Saxon Fife, roth	3.69	„	6.51	14.35	2.38	73.98	1.50	1.28	15.35	2.55	79.12	1.61	1.37	2.46
430	Dominion, roth und gelb . . .	4.11	„	6.26	13.30	2.22	74.84	1.63	1.75	14.19	2.37	79.83	1.74	1.87	2.27
431	Prussian, dunkelbernsteingelb .	3.61	„	7.01	10.15	1.22	76.61	2.10	1.91	10.91	1.31	83.47	2.26	2.05	1.75
432	Pringle, hellbernsteingelb . . .	4.30	„	6.97	11.90	2.24	75.09	1.95	1.85	12.79	2.41	80.71	2.10	1.99	2.05
433	Italian, roth und gelb	5.02	„	6.92	11.90	2.17	75.50	1.60	1.91	12.78	2.33	81.12	1.72	2.05	2.04
434	Nox No. 1, gelb	3.98	„	6.35	11.55	2.08	77.07	1.33	1.62	12.34	2.22	82.29	1.42	1.73	1.97
435	Andriola Amber, roth und bgelb	3.79	„	8.07	14.18	2.61	71.64	1.60	1.90	15.43	2.84	77.92	1.74	2.07	2.47
436	Red Clawson, dunkelbernsteingelb	3.66	„	7.51	12.78	2.19	74.06	1.61	1.85	13.82	2.37	80.07	1.74	2.00	2.21
437	Big Mary, dunkelgelb	4.71	„	7.16	11.20	2.09	75.87	1.63	2.05	12.06	2.25	81.72	1.76	2.21	1.93
438	Casaca, roth	3.30	„	8.65	11.73	2.55	73.29	1.68	2.10	12.84	2.79	80.23	1.84	2.30	2.05
439	Monmuth, hellroth	4.83	„	8.24	12.78	2.68	72.70	1.55	2.05	13.37	2.92	79.79	1.69	2.23	2.14
440	Vermillion, roth	3.50	„	7.84	14.70	2.34	71.49	1.63	2.00	15.95	2.54	77.57	1.77	2.17	2.55
441	Edenton Fife, roth	4.01	„	9.33	13.30	2.50	71.30	1.64	1.93	14.67	2.76	78.62	1.81	2.14	2.35
442	Nox 2, gelb	4.17	„	7.52	11.38	2.16	75.34	1.30	2.30	12.30	2.33	81.66	1.22	2.49	1.97
443	Nox 4, hellroth	4.67	„	8.13	11.90	2.51	74.51	1.30	1.65	12.95	2.73	81.11	1.41	1.80	2.07
444	Nox 3, bernsteingelb, glasig und zusammengeschrumpft . . .	5.50	„	8.43	14.53	2.80	70.79	1.40	2.05	15.87	3.06	77.30	1.53	2.24	2.52
445	Nox 5, gelb	4.24	„	8.48	12.25	2.21	74.31	1.30	1.45	13.38	2.41	81.21	1.42	1.58	2.14
446	Pringle No. 17, gelb	4.17	„	7.94	12.60	2.73	73.03	1.70	2.00	13.68	2.96	79.34	1.85	2.17	2.19
447	Wales, hellgelb	5.07	„	7.74	10.85	1.97	76.39	1.55	1.50	11.76	2.14	82.79	1.68	1.63	1.88
448	Northcotes Improved, gelb . .	3.57	„	7.66	10.50	1.34	75.62	1.93	1.95	11.37	1.45	82.98	2.09	2.11	1.82
449	Northcotes Amber, hellroth . .	4.12	„	7.46	10.85	2.38	76.01	1.25	2.05	11.73	2.57	82.13	1.35	2.22	1.88
450	Black Chaff, roth	3.42	„	8.28	11.20	2.03	75.54	1.35	1.60	12.21	2.21	82.37	1.47	1.74	1.95
451	Hebron, gelb	3.50	„	7.69	14.00	1.90	72.96	1.35	2.10	15.16	2.06	79.05	1.46	2.27	2.43
452	Nebraska, bernsteingelb . . .	4.44	„	7.08	13.83	2.10	72.86	1.98	2.15	14.88	2.26	78.42	2.13	2.31	2.38
453	White North Carolina, hellroth .	4.40	„	6 90	13.13	2.52	74.20	1.75	1.50	14.10	2.71	79.70	1.88	1.61	2.26
454	Kivet, tiefgelb	4.22	„	7.18	14.00	2.35	72.57	1.95	1.95	15.08	2.53	77.19	2.10	2.10	2.41
455	Baltimore, hellroth	5.06	„	7.06	12.60	2.29	71.45	1.55	2.05	13.56	2.36	80.20	1.67	2.21	2.17
456	Davis, hellroth	4.22	„	7.12	14.88	1.96	72.71	1.38	1.95	16.03	2.11	78.27	1.49	2.10	2.56
457	Wintergreen bernsteingelb . .	3.93	„	7.11	13.13	1.95	74.91	1.38	1.35	14.14	2.10	80.82	1.49	1.45	2.26
458	Sea Island, roth	3.42	„	6.77	12.43	2.07	75.75	1.58	1.40	13.34	2.22	81.24	1.70	1.50	2.13
459	Edenton, bernsteingelb	5.18	„	7.69	12.60	2.56	74.25	1.85	1.65	13.65	2.77	79.79	2.00	1.79	2.18
460	Winnipeg Russian, hellroth . .	4.12	„	9.17	12.08	2.52	72.25	1.83	2.15	13.30	2.77	79.55	2.01	2.37	2.13
461	Manitoba, roth	3.58	„	8.09	12.25	3.36	73.45	1.80	2.05	13.33	3.66	78.82	1.96	2.23	2.13
462	Winnipeg, tiefgelb, glasig . . .	5.56	„	7.39	14.18	2.84	71.81	1.78	2.00	15.31	3.07	77.54	1.92	2.16	2.45
463	Hallet's Pedigree, gelb	3.88	„	8.31	12.08	2.63	—	1.95	—	13.18	2.87	—	2.13	—	2.11
464	China No. 2, bernsteingelb . .	3.18	„	8.94	15.05	2.20	69.71	1.75	2.35	16.52	2.42	76.56	1.92	2.58	2.64
465	Mo Turkey	4.00	„	—	12.25	—	—	1.32	—	—	—	—	—	—	—
466	Mo Mediterranean, hellroth . .	4.48	„	8.68	14.00	2.21	71.21	1.75	2.15	15.33	2.42	77.98	1.92	2.35	2.45
467	Scottish Fife, roth	3.44	„	8.13	14.00	2.50	71.67	1.80	1.90	15.23	2.40	78.13	1.90	2.34	2.44
468	Rye, dunkel- und hellroth . .	4.76	„	7.96	13.30	2.04	73.03	1.72	1.95	14.44	2.22	79.35	1.87	2.12	2.31
469	Sandomirka, dunkelroth . . .	4.06	„	7.54	12.95	2.36	73.25	1.90	2.00	14.01	2.55	80.22	1.06	2.16	2.24
470	Hopetown, bernsteingelb . . .	4.50	„	8.97	13.30	2.17	72.53	2.08	0.95	14.62	2.38	79.67	2.29	1.04	2.34
	Oregon.														
471	Hudson Bay	4.25	1882	10.97	8.58	2.31	74.51	1.88	1.75	9.64	2.59	83.69	2.11	1.97	1.54
472	Velvet Chaff, weiss	5.14	„	10.92	8.05	1.80	75.60	1.68	1.95	9.44	2.00	84.52	1.87	2.17	1.51

No.	Bezeichnungen und Bemerkungen	Gew. von 100 Körn. g	Jahr der Untersuchung	In der ursprünglichen Substanz: Wasser %	Nh-Substanz %	Rohfett %	Nfr. Extractstoffe %	Rohfaser %	Asche %	In der Trockensubstanz: Nh-Substanz %	Rohfett %	Nfr. Extractstoffe %	Rohfaser %	Asche %	Stickstoff in der Trockensubstanz %
	Utah.														
473	Red Taos, gelb, weich, 1875er Ernte	4.08	1883	9.27	10.50	—	—	—	1.93	11.57	—	—	—	2.13	1.85
474	Leran, gelb, weich, 1875er Ernte	3.70	„	9.07	9.80	—	—	—	2.53	10.78	—	—	—	2.78	1.72
	Neu-Mexico.														
475	Taos, gelb, weich, 1882er Ernte	3.19	„	9.50	11.73	—	—	—	2.10	12.96	—	—	—	2.32	2.07
476	German, gelb, 1875er Ernte . .	3.96	„	9.10	9.28	—	—	—	1.77	10.21	—	—	—	1.95	1.63
477	Propo, gelb, weich, 1875er Ernte	3.62	„	11.37	12.08	—	—	—	1.87	13.64	—	—	—	2.11	2.18
478	Sonora, gelb, weich, 1875er Ernte	3.32	„	11.40	10.15	—	—	—	2.02	11.46	—	—	—	2.28	1.83
479	Nonpareil, gelb, weich, 1875er .	5.18	„	11.82	11.20	—	—	—	1.79	12.70	—	—	—	2.03	2.03
480	Pride of Butte, gelb, weich, 1875er	3.44	„	11.18	9.98	—	—	—	1.90	11.24	—	—	—	2.14	1.80
481	Nonpareil, gelb, weich, 1875er .	3.91	„	10.82	12.78	—	—	—	1.93	14.33	—	—	—	2.16	2.29
482	White Chili, gelb, weich, 1875er	4.16	„	10.47	11.90	—	—	—	1.95	13.29	—	—	—	2.18	2.13
483	White Austral., gelb, weich, 1875er	5.04	„	10.38	9.10	—	—	—	2.02	10.54	—	—	—	2.34	1.69
484	Jones, gelb, weich, 1875er . .	3.61	„	10.16	9.45	—	—	—	1.68	10.52	—	—	—	1.87	1.68
485	Fultz, roth, hart, 1875er . . .	3.10	„	10.20	12.25	—	—	—	1.49	13.65	—	—	—	1.66	2.18
486	White Colorado, gelb, weich, 1875er	3.54	„	9.53	10.50	—	—	—	1.97	11.60	—	—	—	2.18	1.86
	Washington Territory.														
487	Walla Walla, weiss, weich, 1883er	2.58	„	10.13	7.70	—	—	—	1.95	8.57	—	—	—	2.17	1.37
488	Tappahanock, gelb, glasig, 1871er	4.73	„	9.65	8.75	—	—	—	2.02	9.69	—	—	—	2.24	1.55
	Weizenanalysen anderen Ursprungs als dem des Departement of Agriculture.														
489	White Winter, New York		—	13.07	10.63	1.65	71.23	1.79	1.63	12.22	1.90	81.95	2.06	1.87	2.96
490	Red Winter, New York		—	13.30	13.60	1.59	68.08	1.73	1.70	15.69	1.83	78.52	2.00	1.96	2.51
491	From limestone land, New Jersey . .		—	13.30	11.39	1.70	69.62	1.90	2.09	13.13	1.96	80.31	2.19	2.41	2.10
492	From gray rock, gravel soil, New Jersey		—	13.67	12.50	1.74	68.34	1.93	1.82	14.48	2.01	79.17	2.23	2.11	2.32
493	No. 1, white winter, Michigan . . .		—	12.89	11.06	1.56	70.74	1.90	1.85	12.70	1.79	81.21	2.18	2.12	2.03
494	Fultz, Wisconsin		—	12.34	11.09	1.62	71.30	1.76	1.89	12.65	1.85	81.33	2.01	2.16	2.02
495	Macaroni, California		1879	10.70	13.76	1.46	70.21	1.90	1.97	15.41	1.64	78.61	2.13	2.21	2.47
496	Macaroni, California		„	10.93	12.84	1.63	71.40	1.75	1.45	14.42	1.83	80.15	1.97	1.63	2.31
497	White Club, California		„	11.23	8.25	1.67	74.78	2.14	1.93	9.29	1.88	84.25	2.41	2.17	1.49
498	No. 1, San Francisco Produce Exchange, California		„	11.03	9.69	1.77	73.58	2.15	1.78	10.86	1.99	82.74	2.41	2.00	1.74
499	Aus Neuschottland, Canada		1872	13.20	16.88	—	—	—	—	19.44	—	—	—	—	3.11
	Minimum der Analysen v. Winterweizen a. Nordamerika			(5.95)	6.45	1.13	60.93	0.41	0.78	7.45	1.31	73.47	0.48	0.90	1.19
	Maximum der Analysen v. Winterweizen a. Nordamerika			13.77	16.84	3.78	75.07	2.99	3.46	19.44	4.36	86.66	3.45	3.99	3.11
	Mittel der Analysen v. Winterweizen a. Nordamerika			13.37[1])	11.60	2.07	69.47	1.70	1.79	13.39	2.39	80.19	1.96	2.07	2.14

b. Amerikanischer Sommerweizen.

No.	Bezeichnungen und Bemerkungen	Jahr der Untersuchung	Wasser %	Nh-Substanz %	Rohfett %	Nfr. Extractstoffe %	Rohfaser %	Asche %	Nh-Substanz %	Rohfett %	Nfr. Extractstoffe %	Rohfaser %	Asche %	Stickstoff in der Trockensubstanz %
1	Canada, Ontario-Improved Fife . . .	1878	8.50	14.70	2.56	71.15	1.62	1.47	16.07	2.80	77.75	1.77	1.61	2.64
2	New York-Champlain	„	8.79	15.40	2.55	69.72	1.49	2.05	16.89	2.80	76.43	1.63	2.25	2.70
3	New York-Defiance	„	8.12	14.00	2.49	71.78	2.04	1.57	15.23	2.71	78.13	2.22	1.71	2.44

No. 489—498. Brewer. — Aus Cliff. Richardson's second report: The composition of american wheat etc. 27. (Tenth Census of the United States, Vol. III. Statics of Agriculture. p. 414.)

No. 499. H. Ritthausen. — Siehe No. 335 der Haupttabelle.

[1]) Nach obigem Mittel angenommen; der wirkliche mittlere Wassergehalt der vorstehenden Analysen berechnet sich zu 9.92 %.

Amerikanischer Sommerweizen.

No. 1—5. P. Collier. — Ann. Rep. of the Commissioner of Agriculture for 1878. 146. An näheren Bestandtheilen wurden ferner bestimmt:

	In Procenten der lufttrocknen Körner: No. 1	2	3	4	5	In Procenten der trocknen Körner: No. 1	2	3	4	5
Zucker	3.37	3.61	3.50	4.07	3.30	3.68	3.96	3.81	4.42	3.67
Gummi	2.46	2.12	2.27	4.45	2.14	2.69	2.32	2.47	4.83	2.37
Stärkemehl	65.32	63.99	66.01	70.14	69.14	71.38	70.15	71.85	76.17	76.51
In Alkohol lösliches Eiweiss	4.69	4.45	4.10	2.73	2.74	5.13	4.88	4.46	2.96	3.03

No.	Bezeichnungen und Bemerkungen	Jahr der Untersuchung	In der ursprünglichen Substanz: Wasser %	Nh-Substanz %	Rohfett %	Nfr. Extractstoffe %	Rohfaser %	Asche %	In der Trockensubstanz: Nh-Substanz %	Rohfett %	Nfr. Extractstoffe %	Rohfaser %	Asche %	Stickstoff in der Trockensubstanz %
4	Oregon-Chili Club	1878	7.90	8.14	2.33	78.66	1.41	1.56	8.83	2.53	85.42	1.53	1.69	1.41
5	Oregon-Noah, Island	„	9.64	9.20	2.06	75.18	1.92	2.00	10.84	2.28	82.55	2.12	2.21	1.73
6	Oregon-Red Chaff	1882	10.68	8.40	2.16	74.91	1.65	2.20	9.40	2.42	83.87	1.85	2.46	1.50
7	Georgia-Spring, hart	„	10.92	11.20	2.40	71.55	2.13	1.80	12.58	2.70	80.31	2.39	2.02	2.01
8	Dakota: Scotch Fife, hart	„	10.08	14.35	2.25	69.69	1.83	1.80	15.96	2.50	77.51	2.03	2.00	2.55
9	Dakota: Cass County (Hard Spring wheat, 1883er Rothe, dicke, harte Körner)	1883	8.89	16.10	—	—	—	1.89	17.78	—	—	—	2.08	2.84
10	Desgl.	„	7.71	16.10	—	—	—	1.95	17.45	—	—	—	2.11	2.79
11	Desgl.	„	7.67	14.53	—	—	—	2.10	15.74	—	—	—	2.27	2.52
12	Desgl.	„	7.73	15.23	—	—	—	1.91	16.51	—	—	—	2.07	2.64
13	Desgl.	„	8.48	17.33	—	—	—	1.76	18.94	—	—	—	1.92	3.03
14	Desgl.	„	8.47	14.00	—	—	—	1.96	15.30	—	—	—	2.14	2.45
15	Desgl.	„	8.56	14.35	—	—	—	2.07	15.73	—	—	—	2.27	2.52
16	La Moure County	„	8.07	16.28	—	—	—	1.99	17.71	—	—	—	2.17	2.83
17	Desgl.	„	9.57	18.03	—	—	—	1.89	19.94	—	—	—	2.09	3.19
18	Pembina	„	9.92	12.43	—	—	—	1.84	13.80	—	—	—	2.04	2.21
19	Minnesota: Wheat No. 1, rothe, dicke, harte Körner	„	9.56	14.18	—	—	—	1.91	15.68	—	—	—	2.17	2.51
20	Minnesota: Polk County, Scotch Fife, rothe, mittlere, harte Körner	„	8.31	14.35	—	—	—	2.05	15.66	—	—	—	2.24	2.51
21	Minnesota: Desgl., rothe, dicke, harte Körner	„	8.05	13.83	—	—	—	1.93	15.03	—	—	—	2.10	2.40
22	Minnesota: Hard Spring, Saatweizen, rothe, feine, harte Körner	„	8.11	15.23	—	—	—	1.76	16.57	—	—	—	1.91	2.65
23	Colorado: Hedge Row, Red Chaff, hart	1881	9.17	12.94	2.09	71.88	1.33	2.59	13.65	2.30	79.74	1.46	2.85	2.18
24	Colorado	1883	9.18	12.95	—	—	—	2.19	14.26	—	—	—	2.41	2.28
25	Colorado: Mediterranean Spring	1884	7.53	13.30	2.61	73.27	1.60	1.69	14.38	2.82	79.24	1.73	1.83	2.30
26	Colorado: China Spring	„	6.39	14.00	2.49	74.24	1.65	1.23	14.95	2.66	79.32	1.76	1.31	2.39
27	Colorado: Russian Spring	„	8.41	13.48	2.36	72.01	1.79	1.95	14.72	2.58	78.62	1.95	2.13	2.36
28	Colorado: Desgl.	1883	9.68	12.25	—	—	—	2.14	13.56	—	—	—	2.37	2.17
29	Colorado: Desgl.	1882	8.92	12.78	—	—	—	2.31	14.03	—	—	—	2.54	2.24
30	Red Mediterranean, bgelb, hart . 3.65	1883	9.50	13.65	—	—	—	2.10	15.08	—	—	—	2.32	2.41
31	French Imperial, bgelb, mittel . 4.59	„	9.55	12.95	—	—	—	1.95	14.32	—	—	—	2.16	2.29
32	Rust Proof, bgelb, weich . . . 4.96	„	10.25	12.43	—	—	—	2.10	13.85	—	—	—	2.34	2.22
33	Purple Straw, bgelb, weich . . 3.23	„	11.11	12.60	—	—	—	2.04	14.18	—	—	—	2.30	2.25
34	Golden Premium, gelb, mittel . 3.82	„	9.44	11.38	—	—	—	2.17	12.56	—	—	—	2.40	2.01
35	White Mediterranean, gelb, weich 4.18	„	9.69	11.20	—	—	—	2.19	12.40	—	—	—	2.42	1.98
36	Amber-bearded, Maine	1880	13.35	11.81	2.00	69.06	1.99	1.79	13.63	2.31	79.59	2.40	2.07	2.18
37	Red Mammoth, Wisconsin	„	12.13	15.13	2.07	66.07	2.30	2.30	17.22	2.36	75.14	2.66	2.62	2.76
38	Spring weath, Minnesota	„	11.13	14.00	—	—	—	1.95	15.75	—	—	—	2.19	2.52
39	Scotch Fife, Dakota	„	12.60	13.50	1.82	68.09	2.01	1.98	15.42	2.08	78.30	1.93	2.27	2.47
40	Desgl.	„	12.90	13.25	1.82	68.33	1.93	1.77	15.21	2.09	78.45	2.22	2.03	2.43
	Minimum der amerikanischen Sommerweizen*)		(6.39)	7.65	1.81	65.09	1.26	1.13	8.83	2.09	75.14	1.46	1.31	1.41
	Maximum der amerikanischen Sommerweizen*)		13.35	17.27	2.44	74.00	2.30	2.47	19.94	2.82	85.42	2.66	2.85	3.19
	Mittel der amerikanischen Sommerweizen*)		13.37[1])	12.92	2.15	67.98	1.72	1.86	14.92	2.48	78.46	1.99	2.15	2.39

No. 6—35. Clifford Richardson. — An Investigation of the composition of american wheat etc. Depart. of Agriculture, Bureau of Chemistry. Bulletins No. 1, 4 u. 9.
Die Weizen No. 30—35 waren aus Winterweizen umgebildete Sommerweizen.
No. 36 u. 37, 39 u. 40. Brewer. — Aus Cliff. Richardson's second report: The composition of american wheat etc. 27. (Tenth Census of the United States, Vol. III, Statistics of Agriculture, p. 414.)
No. 38. Kedzie. — Ebendaselbst.
*) N-, Wasser- und Aschengehalt No. 1—40, Fett-, Kohlehydrate- und Holzfasergehalt 16 Analysen.
1) Nach obigem Mittel der Haupttabelle angenommen; der wirkliche mittlere Wassergehalt nach vorstehenden Zahlen berechnet sich zu 9.36%.

No.	Bezeichnungen und Bemerkungen	Zahl der Analysen	Jahr der Untersuchung	In der ursprünglichen Substanz: Wasser %	Nh-Substanz %	Rohfett %	Nfr. Extractstoffe %	Rohfaser %	Asche %	In der Trockensubstanz: Nh-Substanz %	Rohfett %	Nfr. Extractstoffe %	Rohfaser %	Asche %	Stickstoff in der Trockensubstanz %
	Mittlere Zusammensetzung von amerikanischem Weizen (incl. Sommerweizen).														
1	Canada	6	1879/83	9.74	10.87	—	—	—	1.56	12.04	—	—	—	1.73	1.93
2	Pennsylvania	33	„	10.73	11.44	—	—	—	1.70	12.81	—	—	—	1.90	2.05
3	Maryland	9	„	10.52	11.65	—	—	—	1.75	13.02	—	—	—	1.96	2.12
4	Virginia	15	„	9.98	12.10	—	—	—	1.84	13.44	—	—	—	1.64	2.15
5	West-Virginia	2	„	8.55	10.94	—	—	—	2.07	11.96	—	—	—	2.26	1.91
6	North Carolina	22	„	10.03	10.43	—	—	—	1.59	11.59	—	—	—	1.77	1.85
7	Georgia	7	„	10.00	11.78	—	—	—	1.96	13.09	—	—	—	2.12	2.09
8	Alabama	19	„	10.82	11.29	—	—	—	1.96	12.67	—	—	—	2.20	2.03
9	Ohio	44	„	10.68	12.83	—	—	—	1.94	14.37	—	—	—	2.17	2.30
10	Tennessee	15	„	10.24	12.50	—	—	—	1.92	13.93	—	—	—	2.14	2.23
11	Kentucky	8	„	10.83	13.15	—	—	—	1.75	14.74	—	—	—	1.96	2.36
12	Michigan	22	„	10.71	11.67	—	—	—	1.64	13.09	—	—	—	1.84	2.09
13	Missouri	12	„	9.80	11.56	—	—	—	1.92	12.82	—	—	—	2.13	2.05
14	Arkansas	1	„	9.56	12.95	—	—	—	2.52	14.32	—	—	—	2.79	2.30
15	Minnesota	13	„	9.96	13.19	—	—	—	1.77	14.65	—	—	—	1.97	2.35
16	Dakota	12	„	8.84	14.95	—	—	—	1.96	16.20	—	—	—	2.15	2.59
17	Manitoba	2	„	8.35	14.53	—	—	—	1.63	15.84	—	—	—	1.78	2.53
18	Kansas	10	„	11.80	11.15	—	—	—	1.64	12.64	—	—	—	1.86	2.02
19	Texas	19	„	10.03	13.14	—	—	—	1.81	14.60	—	—	—	2.01	2.02
20	Colorado	106	„	9.73	12.73	—	—	—	2.21	14.10	—	—	—	2.45	2.26
21	Utah	2	„	9.17	10.15	—	—	—	2.23	11.17	—	—	—	2.45	1.79
22	New Mexico	2	„	9.30	10.50	—	—	—	1.98	11.58	—	—	—	2.18	1.85
23	California	10	„	10.73	10.94	—	—	—	1.86	12.25	—	—	—	2.08	1.96
24	Oregon	8	„	9.74	8.60	—	—	—	1.84	9.53	—	—	—	2·04	1.52
25	Washington Territory	2	„	9.89	8.23	—	—	—	1.98	9.14	—	—	—	2.19	1.46
26	Atlantic and Golf States	117	„	10.34	11.35	—	—	—	1.77	12.66	—	—	—	1.97	2.03
27	Middle States	91	„	10.61	12.50	—	—	—	1.85	13.99	—	—	—	2.07	2.25
28	Western States	177	„	9.83	12.74	—	—	—	2.06	14.12	—	—	—	2.28	2.26
29	Pacific States	20	„	10.25	9.73	—	—	—	1.87	10.83	—	—	—	2.08	1.73
30	**United States and British America**	407	„	10.16	12.15	—	—	—	1.92	13.52	—	—	—	2.14	2.16
31	Colorado wheat, nach 6jähr. Anbau	24	1884	7.15	12.44	2.24	74.83	1.64	1.70	13.40	2.41	80.59	1.77	1.83	2.14
32	Desgl., nach 5jährigem Anbau	7	„	7.19	11.98	2.32	75.27	1.49	1.75	11.98	2.50	82.04	1.60	1.88	1.92
33	Desgl., nach 3jährigem Anbau	19	„	8.11	12.05	2.34	73.90	1.59	2.01	13.11	2.55	80.43	1.73	2.18	2.10
34	Desgl., nach 2jährigem Anbau	21	„	7.34	12.90	2.32	73.96	1.67	1.81	13.93	2.51	79.81	1.80	1.95	2.23
35	Desgl., nach 1jährigem Anbau	7	„	8.37	13.77	2.25	71.90	1.83	1.88	15.02	2.45	78.48	2.00	2.05	2.40
36	Colorado-Weizen	—	1881	9.86	13.40	2.41	70.48	1.57	2.28	14.86	2.67	78.20	1.74	2.53	2.38
37	Desgl.	—	1882	8.80	13.04	2.38	72.03	1.76	1.99	14.29	2.61	78.99	1.93	2.18	2.29
38	Desgl.	—	1883	9.38	11.74	—	—	—	2.09	12.95	—	—	—	2.31	2.07
39	Desgl.	—	1884	7.54	12.53	2.29	74.19	1.64	1.81	13.56	2.48	80.23	1.77	1.96	2.17
	Mittlere Zusammensetzung der nach Ländern geordneten Weizen.														
1	Mittel nach der Haupttabelle	397	—	13.37	12.57	1.70	68.01	2.56	1.79	14.51	1.96	78.50	2.96	2.07	2.32
2	Weizen aus nördl., östlichen u. mittl. Deutschland a. Winterweizen	90	—	13.37	10.93	1.65	70.01	2.12	1.92	12.62	1.90	80.81	2.45	2.22	2.02
	b. Sommerweizen	8	—	13.37	11.23	2.03	68.61	2.26	2.52	12.96	2.34	79.18	2.61	2.91	2.07

No. 26. Die Atlantic- und Golf-Staaten umfasst die Staaten Canada bis Alabama incl.

No. 27 u. 28. Die Middle-West-Staaten werden von dem Mississippi-Strom begrenzt; die Western-States sind die Staaten westlich vom Mississippi einschliesslich Texas, Colorado, Kansas, Missouri und Minnesota.

No.	Bezeichnungen und Bemerkungen	Zahl der Analysen	Jahr der Untersuchung	In der ursprünglichen Substanz: Wasser %	Nh-Substanz %	Rohfett %	Nfr. Extractstoffe %	Rohfaser %	Asche %	In der Trockensubstanz: Nh-Substanz %	Rohfett %	Nfr. Extractstoffe %	Rohfaser %	Asche %	Stickstoff in der Trockensubstanz %
3	Weizen aus südlichem u. westlichem Deutschland, a. Winterweizen	52	—	13.37	12.29	1.71	67.96	2.82	1.85	14.19	1.97	78.46	3.25	2.13	2.27
	b. Sommerweizen	30	—	13.37	14.95	1.56	67.93		2.19	17.26	1.80	78.41		2.53	2.76
4	Oesterreich-Ungarn, Winterweizen	18	—	13.37	12.66	1.99	66.94	3.39	1.75	14.61	2.30	77.16	3.91	2.02	2.34
5	Russland, Sommerweizen	39	—	13.37	17.65	1.58	65.74	—	1.66	19.33	1.82	76.93	—	1.92	3.09
6	England, Winterweizen (?)	22	—	13.37	10.99	1.86	69.21	2.90	1.67	12.69	2.15	79.88	3.35	1.93	2.03
7	Schottland, Winterweizen (?)	16	—	13.37	10.58	1.73	72.77		1.55	12.21	2.00	84.00		1.79	1.95
8	Frankreich (?)	70	—	13.37	13.16	1.60	67.59	2.62	1.66	15.19	1.85	78.01	3.03	1.92	2.43
9	Dänemark, Winterweizen (?)	4	—	13.37	9.36	2.34	71.40	2.19	1.34	10.81	2.70	82.41	2.53	1.55	1.73
10	Spanien, Sommerweizen (?)	9	—	13.37	12.45	1.92	70.46		1.80	14.37	2.22	81.33		2.08	2.30
11	Afrika	34	—	13.37	11.18	1.83	70.04	1.82	1.76	12.90	2.11	80.86	2.10	2.03	2.06
12	Asien (excl. Sibirien), (Indien), Sommerweizen (?)	8	—	13.37	10.97	2.08	70.31	1.92	1.45	12.66	2.40	81.05	2.22	1.67	2.03
13	Australien	4	—	13.37	10.16	1.39	—	—	—	11.73	1.60	—	—	—	1.88
14	Nordamerika, a. Winterweizen	504	—	13.37	11.60	2.07	69.47	1.70	1.79	13.39	2.39	80.19	1.96	2.07	2.14
	b. Sommerweizen	40	—	13.37	12.92	2.15	67.98	1.72	1.86	14.92	2.48	78.46	1.99	2.15	2.39

Weizenkörner, unter dem Einfluss der Düngung. Winterweizen.

No.	Bezeichnungen und Bemerkungen	Jahr der Untersuchung	Wasser %	Nh-Substanz %	Rohfett %	Nfr. Extractstoffe %	Rohfaser %	Asche %	Nh-Substanz %	Rohfett %	Nfr. Extractstoffe %	Rohfaser %	Asche %	Stickstoff in der Trockensubstanz %
	Old-Lammas-Weizen.													
1	a Ungedüngt	1845	18.8	11.57	—	—	—	1.57	14.25	—	—	—	1.93	2.28°
2	b Ammoniaksalze allein	„	20.0	11.15	—	—	—	1.51	13.94	—	—	—	1,89	2.23°
3	c Mineralsalze u. Ammoniaksalze	„	19.1	—	—	—	—	1.61	—	—	—	—	1.99	—
4	a Ungedüngt	1846	16.0	11.08	—	—	—	1.71	13.19	—	—	—	2.03	2.11°
5	b Ammoniaksalze allein	„	14.8	11.66	—	—	—	0.93	13.69	—	—	—	1.88	2.19°
6	c Mineralsalze und Ammoniaksalze	„	15.9	11.35	—	—	—	1.61	13.50	—	—	—	1.91	2.16°
7	a Ungedüngt	1847	—	—	—	—	—	—	13.50	—	—	—	—	2.16°

Weizenkörner, unter dem Einfluss der Düngung. Winterweizen.

In diesen Abschnitt fallen Analysen von gedüngtem Weizen, welche von Sigismund Friedrich Hermbstaedt im Jahre 1823 ausgeführt wurden, von Material, welches bei „Versuchen über den Einfluss auf die Erzeugung der näheren Bestandtheile der Getreidearten" erhalten wurden. — Dr. J. S. C. Schweigger's und Dr. Fr. W. Schweigger-Seidel's Journ. f. Chemie u. Physik. 46. (1826). 278. — Die verwendeten Düngerarten wurden rein und ohne Vermengung mit Streumitteln gesammelt und bei einer Temperatur, welche 70° R. nicht überstieg, ausgetrocknet. Ein sandiger Lehmboden wurde in 10 Beete von je 100 Quadratfuss Flächenraum abgetheilt, sodann im October in jedes einzelne derselben eine gleiche Gewichtsmenge der gesammelten Düngerarten untergegraben, nur das 10. Beet blieb ohne Düngung. Im Monat März des folgenden Jahres wurden sämmtliche Beete aufs neue umgegraben und jedes mit 16 Loth Samenkörner von ein und derselben Art Sommerweizen in Reihen besäet. Die im August geernteten Samen wurden der Analyse (nach bei den „Untersuchungsmethoden" mitgetheiltem Verfahren) der Untersuchung unterzogen. Nachstehend das Ergebniss derselben (die Zahlen sind im Original auf 5000 Theile der Substanz bezogen, hier von uns auf Procente umgerechnet):

	Rindsblut	Menschenkoth	Schaafmist	Ziegenmist	Menschenharn	Pferdemist	Taubenmist	Kuhmist	Pflanzenerde	Ungedüngt
Körner-Ertrag	14 fältig		12 facher Ertrag			10 fach	9 fach	7 fach	5 fach	3 fach
Natürliche Feuchtigkeit	4.30	4.34	4.28	4.30	5.00	4.34	4.30	4.22	4.22	4.20
Hülsensubstanz	13.90	14.00	13.96	14.28	14.24	14.00	14.00	13.94	14.04	14.00
Kleber (Triticin)	34.24	33.94	32.90	32.88	35.10	13.68	12.20	11.96	9.60	9.20
Amylon	41.30	41.44	42.80	42.42	39.90	61.64	63.18	62.34	65.94	66.66
Getreideöl	0.90	1.10	1.08	0.90	1.08	1.00	0.92	1.04	0.98	1.00
Eiweiss	1.06	1.30	1.30	1.32	1.40	1.12	0.96	1.00	0.80	0.72
Schleimzucker	1.88	1.60	1.50	1.56	1.44	1.68	1.96	1.98	1.98	1.92
Gummi	1.84	1.60	1.56	1.56	1.60	1.72	1.92	1.90	1.90	1.88
Saurer phosphorsaurer Kalk	0.52	0.60	0.72	0.70	0.80	0.76	0.50	0.50	0.48	0.36
Verlust	0.06	0.08	0.08	0.08	0.10	0.06	0.06	0.08	0.06	0.06
	100.00	100.00	100.00	100.00	100.00	100.00	100.00	100.00	100.00	100.00

No. 1—33. J. B. Lawes u. J. H. Gilbert. — On some points in the composition of wheat-grain, its products in the mill, and bread. London, 1857. Vom Jahre 1844 an wurde ununterbrochen auf demselben Felde, ein ziemlich thoniger Lehmboden, Weizen angebaut. Jahr für Jahr wurde auf einem und demselben Platze derselbe Dünger aufgegeben. Ein Platz blieb stets ungedüngt; ein anderer erhielt nur Ammoniaksalze; der Weizen unter der Rubrik „Ammoniaksalze und Mineraldünger" entstammte verschiedenen Plätzen, von denen ein jeder dieselbe Menge Ammoniaksalze

No.	Bezeichnungen und Bemerkungen	Jahr der Untersuchung	In der ursprünglichen Substanz: Wasser %	Nh-Substanz %	Rohfett %	Nfr. Extractstoffe %	Rohfaser %	Asche %	In der Trockensubstanz: Nh-Substanz %	Rohfett %	Nfr. Extractstoffe %	Rohfaser %	Asche %	Stickstoff in der Trockensubstanz %
8	b Ammoniaksalze allein	1847	—	—	—	—	—	—	14.62	—	—	—	—	2.34°
9	c Mineralsalze u. Ammoniaksalze . .	„	—	—	—	—	—	—	15.00	—	—	—	—	2.40°
10	a Ungedüngt	1848	—	—	—	—	—	—	14.62	—	—	—	2.14	2.34°
11	b Ammoniaksalze allein	„	18.8	12.28	—	—	—	1.62	15.12	—	—	—	2.00	2.42°
12	c Mineralsalze u. Ammoniaksalze . .	„	19.6	12.11	—	—	—	1.62	15.06	—	—	—	2.02	2.41°
	Red Cluster-Weizen.													
13	a Ungedüngt	1849	17.7	9.56	—	—	—	1.56	11.62	—	—	—	1.90	1.86°
14	b Ammoniaksalze allein	„	17.3	10.08	—	—	—	1.41	12.19	—	—	—	1.71	1.95°
15	c Mineralsalze u. Ammoniaksalze . .	„	17.0	10.47	—	—	—	1.50	12.62	—	—	—	1.81	2.02°
16	a Ungedüngt	1850	16.2	10.89	—	—	—	1.73	13.00	—	—	—	2.07	2.08°
17	b Ammoniaksalze allein	„	15.7	11.22	—	—	—	1.60	13.31	—	—	—	1.90	2.13°
18	c Mineralsalze u. Ammoniaksalze . .	„	15.6	11.77	—	—	—	1.70	13.94	—	—	—	2.01	2.23°
19	a Ungedüngt	1851	15.7	9.48	—	—	—	1.65	11.25	—	—	—	1.96	1.80°
20	b Ammoniaksalze allein	„	15.5	11.36	—	—	—	1.54	13.44	—	—	—	1.82	2.15°
21	c Mineralsalze u. Ammoniaksalze . .	„	16.0	10.39	—	—	—	1.57	12.37	—	—	—	1.87	1.98°
22	a Ungedüngt	1852	17.4	11.93	—	—	—	1.74	14.44	—	—	—	2.11	2.31°
23	b Ammoniaksalze allein	„	16.3	12.97	—	—	—	1.60	15.50	—	—	—	1.91	2.48°
24	c Mineralsalze u. Ammoniaksalze . .	„	16.5	12.32	—	—	—	1.65	14.75	—	—	—	1.98	2.36°
	Rostock-Weizen.													
25	a Ungedüngt	1853	19.9	11.61	—	—	—	2.02	14.50	—	—	—	2.52	2.32°
26	b Ammoniaksalze allein	„	19.6	12.21	—	—	—	1.67	15.19	—	—	—	2.08	2.43°
27	c Mineralsalze u. Ammoniaksalze . .	„	19.1	11.63	—	—	—	1.72	14.37	—	—	—	2.13	2.30°
28	a Ungedüngt	1854	15.3	10.64	—	—	—	1.70	12.56	—	—	—	2.01	2.01°
29	b Ammoniaksalze allein	„	15.2	12.19	—	—	—	1.52	14.37	—	—	—	1.79	2.30°
30	c Mineralsalze u. Ammoniaksalze . .	„	14.9	11.28	—	—	—	1.61	13.25	—	—	—	1.89	2.12°
31	a Ungedüngt . . . . } Mittel	—	17.1	11.03	—	—	—	1.72	13.31	—	—	—	2.07	2.13°
32	b Ammoniaksalze allein . . . } d. 10	—	17.0	11.72	—	—	—	1.54	14.12	—	—	—	1.85	2.26°
33	c Mineralsalze u. Ammoniaksalze } Jahre	—	17.1	11.50	—	—	—	1.62	13.87	—	—	—	1.96	2.22°
	Kleiner Bartweizen.													
34	Kalksuperphosphat	1844	—	—	—	—	—	—	18.94	—	—	—	—	3.03°
35	Desgl. und Ammoniaksalze	„	—	—	—	—	—	—	16.56	—	—	—	—	2.65°
36	Liebig's Patentdünger	1846	—	—	—	—	—	—	11.31	—	—	—	—	1.81
37	Desgl. und Ammoniaksalze	„	—	—	—	—	—	—	10.56	—	—	—	—	1.69
38	Desgl. und Rapskuchen	„	—	—	—	—	—	—	11.81	—	—	—	—	1.89
39	Desgl., Rapskuchen und Ammonsalze .	„	—	—	—	—	—	—	11.75	—	—	—	—	1.88

wie der Platz „Ammoniaksalze allein" erhielt, daneben aber eine mehr oder weniger vollständige Mischung von Mineralsalzen. Bis zum Jahre 1848 incl. wurde Old Red Lammas-Weizen, von 1849—1852 incl. Red Cluster-Weizen und dann Rostock-Weizen angebaut. Aus den Angaben des Gehalts der Körner an Trockensubstanz, Asche und N von uns berechnet. Der Ertrag an Stroh und Körnern pro engl. Acker und in engl. Pfunden war (Ungedüngt ist mit a, Ammoniaksalze allein mit b und Ammoniaksalze und Mineralsalze mit c bezeichnet):

	1845 a	1845 b	1845 c	1846 a	1846 b	1846 c	1847 a	1847 b	1847 c	1848 a	1848 b	1848 c	1849 a	1849 b	1849 c
1) Gesammt-Ertrag an Korn und Stroh .	4153	6246	—	2720	4094	4666	3025	4593	5479	2664	3701	4661	2813	4992	5619
2) Körner in % des Gesammt-Ertrags . .	34.7	31.7	—	44.4	45.2	42.4	37.1	37.1	36.0	35.7	36.0	36.5	43.2	42.9	40.5
3) Gereinigte Körner in % d. Körnerertrags	90.9	90.4	—	94.7	94.1	93.6	91.6	93.1	93.1	88.8	83.9	89.3	96.1	94.8	95.4
4) 1 Bushel gereinigter Körner wiegt . .	56.5	56.2	—	63.7	63.6	63.1	60.9	61.5	62.3	57.3	58.1	58.7	61.4	62.3	63.7

	1850 a	1850 b	1850 c	1851 a	1851 b	1851 c	1852 a	1852 b	1852 c	1853 a	1853 b	1853 c	1854 a	1854 b	1854 c
1) Gesammt-Ertrag an Korn und Stroh .	2721	4810	5877	2710	5036	5583	2457	4107	4970	1772	2691	4913	3496	5808	8311
2) Körner in % des Gesammt-Ertrags . .	36.8	35.8	33.2	40.0	39.0	38.1	35.0	32.1	30.6	20.2	23.8	26.8	38.9	38.1	34.7
3) Gereinigte Körner in % d. Körnerertrags	95.6	94.2	94.2	89.5	91.0	92.3	90.9	92.6	92.1	74.3	75.2	89.5	93.9	94.0	95.6
4) 1 Bushel gereinigter Körner wiegt . .	60.6	60.2	61.2	61.6	61.9	62.6	56.6	55.9	56.5	45.9	48.6	51.9	60.6	60.5	61.9

	Mittel a	Mittel b	Mittel c
1) Gesammt-Ertrag an Korn und Stroh .	2856	4608	5564
2) Körner in % des Gesammt-Ertrags . .	36.6	36.2	35.4
3) Gereinigte Körner in % d. Körnerertrags	90.6	90.3	92.8
4) 1 Bushel gereinigter Körner wiegt . .	58.5	58.9	60.2

No. 34—43. J. B. Lawes u. J. H. Gilbert. — Aus Wolff's Grundlagen des Ackerbaues. 771.

No.	Bezeichnungen und Bemerkungen	Jahr der Untersuchung	In der ursprünglichen Substanz: Wasser %	Nh-Substanz %	Rohfett %	Nfr. Extractstoffe %	Rohfaser %	Asche %	In der Trockensubstanz: Nh-Substanz %	Rohfett %	Nfr. Extractstoffe %	Rohfaser %	Asche %	Stickstoff in der Trockensubstanz %
40	Erschöpfter Boden, ungedüngt . . .	1846	—	—	—	—	—	—	12.19	—	—	—	—	1.95
41	Desgl. mit Ammoniaksalzen	„	—	—	—	—	—	—	12.56	—	—	—	—	2.01
42	Desgl. mit Rapskuchen	„	—	—	—	—	—	—	11.56	—	—	—	—	1.85°
43	Desgl. mit Rapskuchen u. Ammoniaksalzen	„	—	—	—	—	—	—	12.06	—	—	—	—	1.93
	Kleiner Bartweizen.													
	A. die grösseren Körner, Vorderweizen.													
44	1. Peruguano	1859	12.75	11.81	1.82	67.59	4.02	2.01	13.53	2.09	77.47	4.61	2.30	2.16
45	2. Fledermaus-Guano	„	12.03	9.75	2.04	70.30	3.98	1.90	11.09	2.32	79.91	4.52	2.16	1.77
46	3. Oelkuchen	„	12.82	10.50	2.13	68.31	4.16	2.08	12.04	2.44	78.36	4.77	2.39	1.93
47	4. Asche	„	12.65	10.62	1.90	68.94	3.74	2.15	12.16	2.18	78.92	4.28	2.46	1.95
48	5. Oelkuchen u. Asche	„	12.62	10.50	2.27	69.25	3.36	2.00	12.01	2.60	79.26	3.84	2.29	1.92
49	6. Ungedüngt	„	11.84	11.87	2.07	68.66	3.78	1.88	13.46	2.35	77.77	4.29	2.13	2.15
50	7. Ungedüngt	„	12.20	11.19	2.12	68.42	4.04	2.03	12.75	2.41	77.93	4.60	2.31	2.04
51	Mittel der ungedüngten Parzellen .	„	12.02	11.53	2.09	68.50	3.91	1.95	13.11	2.38	77.84	4.45	2.22	2.10
52	Mittel d. Parz. 1—7 (No. 44—50)	„	12.41	10.87	2.05	68.80	3.87	2.00	12.41	2.34	78.55	4.42	2.28	1.99
	B. die kleineren Körner, Hinterweizen.													
53	1. Peruguano	„	11.41	15.44	2.52	64.56	3.92	2.15	17.43	2.85	72.86	4.43	2.43	2.79
54	2. Fledermaus-Guano	„	11.25	21.87	2.89	58.18	3.64	2.17	24.65	3.26	65.55	4.10	2.44	3.94
55	3. Oelkuchen	„	10.94	14.12	2.65	65.68	3.90	2.71	15.86	2.98	77.74	4.38	3.04	2.54
56	4. Asche	„	12.30	15.94	1.82	63.56	3.51	2.27	18.17	2.07	73.17	4.00	2.59	2.91
57	5. Oelkuchen u. Asche	„	11.01	15.12	1.87	66.92	2.89	2.19	17.01	2.10	75.17	3.25	2.47	2.72
58	6. Ungedüngt	„	11.52	16.19	1.75	64.50	3.92	2.12	18.29	1.98	72.90	4.43	2.40	2.93
59	7. Ungedüngt	„	11.16	16.37	2.66	63.63	3.97	2.21	18.43	2.00	72.61	4.47	2.49	2.95
60	Mittel der ungedüngten Parzellen .	„	11.34	16.28	2.20	64.07	3.95	2.16	18.36	2.48	72.26	4.46	2.44	2.94
61	Mittel d. Parz. 1—7 (No. 53—59)	„	11.05	16.44	2.85	63.81	3.68	2.17	18.48	3.20	71.74	4.14	2.44	2.96

No. 44—61. C. W. Tod u. A. Wels (V.-St. Raitz-Blansko). — Mitthl. d. K. K. Mährisch-Schlesischen Gesellschaft zur Beförderung des Ackerbaues etc. 1859. 1. Boden: ausser aller Dungkraft stehender, sandiger Lehmboden, 8 Zoll tief bearbeitet. Die Parzellen hatten eine Grösse von 33⅓ Quadrat-Klaftern = 1/12 Wiener Joch = 4.76 Are. Die Aussaat erfolgte Ende September 1858, nachdem die Dungmittel unmittelbar vorher mit einem mehrfachen Volumen Erde gemischt, gleichmässig ausgestreuet und flach eingerecht worden waren. Der angewendete Peruguano enthielt 10.9% N und 18.6% phosphorsaure Erden, der Fledermaus-Guano 7.7% N u. 3.15% Phosphorsäure, die Oelkuchen 3% N (?) u. 3.4% phosphorsaure Erden. Die pro österreichisches Joch verwendeten Mengen von Dünger und erhaltenen Erträge waren nachstehende (in österr. Pfunden):

	Düngerquantum	Ertrag: Körner	Ertrag: Stroh u. Spreu
1. Peruguano	480 Pfd.	1728 Pfd.	2481 Pfd.
2. Fledermaus-Guano . .	960 „	1536 „	3153 „
3. Oelkuchen	1920 „	1440 „	3042 „
4. Asche	2380 „	1359 „	2961 „
5. Oelkuchen und Asche .	{1440 „ / 228 „}	1632 „	3600 „
6. Ungedüngt	—	1344 „	2760 „

Das Verhältniss der geernteten gut entwickelten zu den unvollkommen entwickelten Körnern erhellt aus nachstehenden Zahlen:

	Guano	Flederm.-Guano	Oelkuchen	Asche	Oelkuch. u. Asche	Ungedüngt	Ungedüngt
Vorderkörner . .	65	67	54	34	55	29	31%
Hinterkörner . .	35	33	46	66	45	71	69 „

Die ausführlichere Analyse ergab noch an näheren Bestandtheilen:

		Guanó	Fledermaus-Guano	Oel-kuchen	Asche	Oelkuchen u. Asche	Unge-düngt	Unge-düngt	Durch-schnitt
Vorder-körner	Kleber	8.42	7.22	7.56	7.80	8.64	8.92	8.53	8.16
	Albumin	3.54	2.66	3.10	2.97	1.97	4.11	2.72	3.01
	Stärke	64.47	65.81	63.72	65.06	66.23	64.35	65.48	65.02
	Nfr. lösliche Stoffe .	2.97	4.36	4.43	3.73	2.91	3.05	2.88	3.48
	N	1.89	1.56	1.68	1.70	1.68	1.90	1.79	1.74
	P_2O_5	0.904	0.925	0.976	1.031	1.058	0.914	0.928	0.962
Hinter-körner	Kleber	12.65	13.32	12.04	12.63	12.42	13.54	12.02	12.66
	Albumin	2.91	2.40	2.21	3.41	2.85	2.78	2.47	2.71
	Stärke . , ...	61.83	61.59	62.69	61.28	64.03	60.75	62.28	62.12
	Nfr. lösliche Stoffe .	2.61	2.74	2.86	2.58	2.74	3.62	2.83	2.31
	N	2.47	3.50	2.26	2.55	2.42	2.59	2.62	2.63
	P_2O_5	1.098	1.221	1.001	1.226	1.212	—	1.287	1.174

Wir berechneten in unserer Tabelle die Menge der Nh. Substanz nach dem angegebenen N-gehalt; im Original steht der N-gehalt zu dem angegebenen Gehalt an Nh. Substanzen in einem Verhältniss = 1 : 6.33 (doch nicht durchgehend richtig berechnet). Bezüglich der Methode ist zu erwähnen: Wasser wurde bei 110° bestimmt. Asche ist Rohasche. Albumin wurde durch Coagulation aus dem wässrigen Auszuge ausgeschieden und als solches gewogen. Die Gesammtmenge des Proteïns wurde durch Multiplikation des N-Gehaltes mit 6.33 bestimmt, Kleber = Gesammtproteïn — Eiweiss. Fett ist Aetherextract. „Holzfaser“ wurde durch oft wiederholtes, abwechselndes Ausziehen der Substanz mit verdünnter Kalilauge und verdünte Schwefelsäure erhalten. Der von Albumin befreite, wässrige Auszug wurde nach dem Eindampfen im Wasserbade gewogen und verascht; er ist nach Abzug der Aschenmenge als stickstofffreie lösliche Substanz (Dextrin) in Rechnung gebracht. Der Gehalt an Stärkemehl wurde aus der Differenz berechnet.

No.	Bezeichnungen und Bemerkungen		Jahr der Untersuchung	In der ursprünglichen Substanz: Wasser %	Nh-Substanz %	Rohfett %	Nfr. Extractstoffe %	Rohfaser %	Asche %	In der Trockensubstanz: Nh-Substanz %	Rohfett %	Nfr. Extractstoffe %	Rohfaser %	Asche %	Stickstoff in der Trockensubstanz %
62	Ungedüngt (Mary's Goldweizen) . . .		1859	16.48	—	—	—	—	1.70	14.31	—	—	—	2.03	2.29°
63	Schwefelsaures Ammoniak		„	15.99	—	—	—	—	1.62	13.13	—	—	—	1.93	2.10°
64	Salpetersaurer Kalk		„	16.97	—	—	—	—	1.62	13.63	—	—	—	1.95	2.18°
65	Saurer phosphorsaurer Kalk		„	15.40	—	—	—	—	1.81	13.44	—	—	—	1.98	2.15°
66	Desgl. u. schwefelsaures Ammoniak . .		„	15.90	—	—	—	—	1.63	13.25	—	—	—	1.94	2.12°
67	Desgl. u. salpetersaurer Kalk		„	16.84	—	—	—	—	1.52	14.44	—	—	—	1.83	2.31°
68	Mittel		„	16.26	—	—	—	—	1.65	13.70	—	—	—	1.94	2.19°
	Englischer St. Helena-W. a. Poppelsdorf.														
69	Ungedüngt	Gedüngt 1857 (Nachwirkung)	1858	12.77	14.67	68.25		2.47	1.84	16.83	78.23		2.83	2.11	2.69
70	Kohlensaurer Kalk	Gedüngt 1857 (Nachwirkung)	„	12.16	15.01	67.61		3.23	1.99	17.09	76.92		3.73	2.26	2.73
71	Kohlensaures Kali u. kohlens. Kalk	Gedüngt 1857 (Nachwirkung)	„	12 02	14.73	68.30		2.94	2.01	16.74	77.63		3.34	2.29	2.68
72	Salpetersaurer Kalk u. kohlens. Kalk	Gedüngt 1857 (Nachwirkung)	„	11.43	15.84	66.95		3.00	2.78	17.88	75.59		3.39	3.14	2.86
73	Phosphorsaurer Kalk	Gedüngt 1857 (Nachwirkung)	„	12.14	14.91	69.02		2.06	1.87	16.97	77.56		2.34	2.13	1.32
74	Salzgemisch	Gedüngt 1857 (Nachwirkung)	„	11.89	16.55	66.17		3.15	2.24	18.78	75.11		3.57	2.54	3.00
75	Mittel		„	12.07	15.28	67.72		2.81	2.12	17.37	76.03		4.19	2.41	2.78
76	Ungedüngt	Frisch gedüngt	1859	13.20	12.28	1.15	67.26	4.30	1.81	14.15	1.32	77.49	4.95	2.09	2.26
77	Kohlensaurer Kalk	Frisch gedüngt	„	13.54	13.75	1.11	65.78	3.93	1.89	15.91	1.28	76.11	4.54	2.16	2.55
78	Kohlensaures Kali u. kohlens. Kalk	Frisch gedüngt	„	13.31	13.13	1.20	66.46	4.02	1.88	15.15	1.38	76.66	4.64	2.17	2.42
79	Salpetersaurer Kalk u. kohlens. Kalk	Frisch gedüngt	„	13.61	14.36	1.14	64.85	4.19	1.85	16.60	1.32	75.10	4.84	2.14	2.66
80	Phosphorsaurer Kalk	Frisch gedüngt	„	12.90	14.12	1.14	65.58	3.94	2.32	16.21	1.31	75.30	4.52	2.66	2.59
81	Salzgemisch	Frisch gedüngt	„	13.88	16.31	1.05	62.83	4.02	1.91	18.94	1.22	72.95	4.67	2.22	3.03
82	Mittel		„	13.40	14.00	1.13	65.46	4.07	1.94	16.17	1.31	75.58	4.70	2.24	2.59

No. 62—68. Th. Siegert. — Die L. V.-St. 3. 1861. 128. Versuchsgarten zu Chemnitz, dessen Ackerkrume aus einem ziemlich schweren, aus Felsittuff entstandenen Thonboden besteht; die Fläche hatte vorher mehrere Jahre Kartoffeln ohne Düngung getragen. Die zu 17.3 qm abgetheilten Beete erhielten bezw. je 114 g N und 152 g P_2O_5. Die Erträge waren folgende:

	No. 62	63	64	65	66	67
Körner	2750	4750	2750	2500	4000	3000 g
Stroh und Spreu	8500	11750	7250	7350	12450	10350 „

Die Proteïnstoffe wurden geschieden in unlösliche und lösliche und wurden davon gefunden:

	No. 62	63	64	65	66	67	Mittel
Unlösliche Nh. Substanz .	10.12	9.19	9.13	8.94	9.06	9.81	9.37 %
Lösliche Nh. Substanz . .	4.19	3.94	4.50	4.50	4.19	4.63	4.33 „

No. 69—89. Hartstein, Sopp u. Töpler. — Annal d. Landw. in Preussen. 37. 1861. 163. Das untersuchte Material wurde bei Düngungsversuchen in Kästen gewonnen. Als Boden wurde der sandige Lehm des Rheinalluviums verwendet. Die Oberkrume des Landes wurde bis zu 2 Fuss Tiefe abgegraben und erst die darauf folgende Erdschicht nach sorgfältigem Mischen zur Füllung der Kästen benutzt. Der sandige Lehm bei 100° getrocknet enthielt:

Grössere Steine (Quarz, Grauwacke u. Thonschiefer) bis zu Erbsengrösse	0.53 %
Feinen Sand	63.24 „
Abschlämmbare Theile	33.79 „
Wasser und organische Bestandtheile	2.26 „
In Wasser lösliche Salze	0.18 „

Specifisches Gewicht des Bodens: 2.694, wasserhaltende Kraft 38.4 %. Die chemische Zusammensetzung des Bodens war folgende:

	Wasser u. organ. Substanz	Kohlensaurer Kalk	Quarz u. in Salzsäure unlösl. Silicate	SiO_2	F_2O_3	Al_2O_3	CaO	MgO	K_2O	Na_2O	P_2O_5
In den 63.24 % feinen Sand	0.41	1.02	58.89	0.83	0.38	0.58	0.58	0.16	0.08	0.22	0.04
In den 33.79 % abschlämmb. Theilen	—	0.0	22.95	4.54	1.65	2.78	0.53	0.33	0.44	0.09	0.05

Der gleichmässig gemischte Boden wurde in Kästen von 6 Fuss Länge, 4 Fuss Breite und 3 Fuss Tiefe gebracht, welche in entsprechender Tiefe in die Erde eines freien Gartens eingelassen wurden. Die Düngung betrug bei Kasten II: 209.6 g kohlensauren Kalk, bei III: 86.6 g kohlensaures Kali und 209.6 g kohlensauren Kalk, bei IV: 75.2 g salpetersauren Kalk und 163.6 g kohlensauren Kalk, bei V: 216.5 g dreibasischen phosphorsauren Kalk, bei VI: 216.5 g dreibas. phosphorsauren Kalk, 86.6 g kohlensaures Kali und 75.2 g salpetersauren Kalk (Salzgemisch).

Die Erträge an Körnern und Stroh in den 3 Jahren waren folgende:

	1858 Körner g	1858 Stroh g	1859 Körner g	1859 Stroh g	1860 Körner g	1860 Stroh g
I.	64	638	354	3044	219.5	610.4
II.	57	650	408	3080	185.3	463.1
III.	54	673	437	3618	199.8	536.5
IV.	51	659	443	4357	315.5	944.7
V.	56	679	474	3571	218.1	538.2
VI.	25	565	387	3583	253.0	667.5

Die Kästen wurden im Jahre 1857 mit Gerste bestellt und war dazu wie bemerkt gedüngt worden. Nach Aberntung der Gerste folgte Winterweizen ohne frische Düngung. Die darauf folgende zweite Bestellung mit Winterweizen erhielt frische Düngung (in gleicher Weise wie vorher). Im Herbst 1859 wurde zum drittenmal mit Winterweizen bestellt.

No.	Bezeichnungen und Bemerkungen	Jahr der Untersuchung	In der ursprünglichen Substanz: Wasser %	Nh-Substanz %	Rohfett %	Nfr. Extractstoffe %	Rohfaser %	Asche %	In der Trockensubstanz: Nh-Substanz %	Rohfett %	Nfr. Extractstoffe %	Rohfaser %	Asche %	Stickstoff in der Trockensubstanz %
83	Ungedüngt	1860	14.92	10.05	1.18	70.04	1.84	1.97	11.81	1.39	82.33	2.16	2.31	1.89
84	Kohlensaurer Kalk	„	15.30	10.48	1.14	69.22	1.57	2.29	12.38	1.35	81.81	1.86	2.60	1.98
85	Kohlensaures Kali u. kohlensaurer Kalk	„	14.70	11.25	1.30	69.11	1.48	2.16	13.19	1.52	81.03	1.73	2.53	2.11
86	Salpetersaurer Kalk u. kohlensaurer Kalk	„	16.17	11.81	1.10	67.72	1.27	1.93	14.09	1.31	80.78	1.52	2.30	2.25
87	Phosphorsaurer Kalk	„	17.08	10.57	1.17	67.30	2.07	1.81	12.75	1.41	81.16	2.50	2.18	2.04
88	Salzgemisch	„	14.68	11.62	1.25	68.87	1.81	1.77	13.82	1.47	80.52	2.12	2.07	2.21
89	Mittel	„	15.48	10.96	1.19	68.71	1.67	1.99	12.97	1.41	81.29	1.98	2.35	2.08
90	Wasserlösliche P_2O_5 (Winterweizen)	1882	14.06	11.08	2.22	—	—	2.57	12.90	2.58	81.53	—	2.99	2.06
91	Präcipit. Kalkphosphat	„	14.53	10.35	2.16	—	—	1.05	12.11	2.53	83.13	—	2.23	1.94
92	Unlöslich gemachte P_2O_5	„	14.93	10.26	2.12	—	—	1.78	12.07	2.49	83.35	—	2.09	1.93
93	Phosphorit	„	14.61	10.10	2.08	—	—	1.85	11.83	2.44	83.56	—	2.17	1.89
94	Ungedüngt	„	14.84	10.59	2.26	—	—	1.76	12.43	2.65	82.85	—	2.07	1.99
95	40 kg Phosphorsäure, kein Stickstoff	„	15.00	8.80	1.70	70.60	2.50	1.40	10.35	2.00	83.26	2.94	1.65	1.66
96	40 kg Stickstoff und 40 kg Phosphorsäure: Chilisalpeter im October	„	15.00	9.10	1.40	70.60	2.10	1.80	10.70	1.65	83.06	2.47	2.12	1.71
97	Desgl. im December	„	15.00	8.70	1.40	70.50	2.30	2.10	10.23	1.65	82.95	2.70	2.47	1.64
98	Desgl. im Februar	„	15.00	9.70	1.40	69.80	2.20	1.90	11.31	1.65	82.22	2.59	2.23	1.81
99	Desgl. im Mai	„	15.00	9.30	1.50	70.40	2.20	1.60	10.94	1.76	82.85	2.59	1.86	1.75
100	Schwefels. Ammoniak im October	„	15.00	9.40	1.50	70.50	2.00	1.60	11.05	1.76	82.98	2.35	1.86	1.77
101	1/2 schwefelsaures Ammoniak im Herbst, 1/2 Chili im Frühjahr	„	15.00	8.40	1.60	71.10	2.10	1.80	9.88	1.86	83.67	2.47	2.12	1.58
102	40 kg Stickstoff (Form?) im Herbst, keine P_2O_5	„	15.00	7.70	1.60	71.20	2.10	2.40	9.06	1.86	84.96	2.47	1.65	1.45
103	Ungedüngt	„	15.00	9.30	1.40	70.10	2.30	1.90	10.94	1.65	82.48	2.70	2.23	1.75
104	Ungedüngt	„	13.33	10.86	1.99	69.02	2.76	2.04	12.53	2.30	79.63	3.19	2.35	2.00
105	P_2O_5 u. K_2O	„	13.04	10.50	1.97	69.85	2.65	1.99	12.08	2.27	80.31	3.05	2.29	1.93
106	Desgl. u. 1fach N	„	13.16	11.16	1.90	69.24	2.51	2.03	12.85	2.19	78.73	2.89	3.34	2.06
107	Desgl. u. 2fach N	„	13.06	11.69	1.90	67.90	2.47	2.98	13.44	2.19	78.10	2.84	3.43	2.15
108	Desgl. u. 3fach N	„	12.59	11.70	1.92	69.43	2.53	1.83	13.38	2.20	79.44	2.89	2.09	2.14
109	Stalldünger	„	12.41	11.04	1.89	70.10	2.37	2.09	12.59	2.15	80.18	2.70	2.38	2.01

Weizenkörner, unter dem Einflusse der Düngung. Sommerweizen.

No.	Bezeichnungen und Bemerkungen	Jahr der Untersuchung	Wasser %	Nh-Substanz %	Rohfett %	Nfr. Extractstoffe %	Rohfaser %	Asche %	Nh-Substanz %	Rohfett %	Nfr. Extractstoffe %	Rohfaser %	Asche %	Stickstoff in der Trockensubstanz %
1	Saatfrucht (Sommerweizen)	1860	13.46	13.19	1.24	65.90	4.28	1.93	15.25	1.43	76.54	4.95	2.23	2.44
2	Ungedüngt	„	14.03	12.62	1.14	66.53	3.78	1.90	14.68	1.33	77.38	4.40	2.21	2.35
3	Mit Guano gedüngt	„	13.93	12.12	1.13	67.81	3.18	1.83	14.08	1.31	78.72	3.71	2.18	2.41
4	Schwefelsaures Ammoniak	„	13.92	12.87	1.28	66.67	3.38	1.88	14.95	1.49	77.45	3.93	2.18	2.39

No. 90—94. Hugo Werner u. A. Stutzer (V.-St. Bonn). — Landw. Jahrbücher. 11. 1882. 833. Der Weizen erwuchs aus Boden, der bis zur Tiefe von 2 m aus Alluviallehm ohne grössere Gesteinstrümmer und dessen Untergrund aus durchlassendem Rheinkies bestand. 100 Feinerde enthielten 0.099 g P_2O_5 und absorbirten 0.2368 g P_2O. Jede Parzelle, 50 m lang, 10 m breit, also 500 qm gross, empfing 5 kg P_2O_5 in einer der oben angegebenen Formen. Der Versuch wurde zuerst (1880) mit Hafer und eingesäetem Klee begonnen. Nach Aberntung des Klee's wurde von Neuem gedüngt und mit Kaiserweizen (20. October 1881) besäet. Die Erträge waren folgende:

	No. 90	91	92	93	94	
Körner	155.5	153.0	161.0	145.5	143.5	kg
Stroh und Spreu	238.0	224.5	259.5	224.5	221.5	„

Von N in den Körnern sind vorhanden in Form von (lufttrockne Substanz):

	No. 90	91	92	93	94
Verdaulichem Eiweiss	1.521	1.417	1.430	1.299	1.456
Nucleïn	0.105	0.078	0.105	0.091	0.118
Amiden	0.148	0.161	0.108	0.226	0.121
Verdauliches Eiweiss	9.506	8.856	8.937	8.118	9.100

No. 95—103. M. Märcker (V.-St. Halle). — Privatmitthl.

No. 104—109. Jordan. — Aus Clifford Richardson: „An Investigation of the composition of American Wheat and Corn. Departement of Agriculture. Chemical Division. Bulletin No. I". Die Menge der Nfr. Extractstoffe ist dort bei No. 105 zu 69.35, bei No. 107 zu 68.90 und bei No. 108 zu 69.53 % angegeben; die Componenten ergeben da aber 99.50, 101.00 und 100.10; wir corrigirten bei den Nfr. Extractstoffen.

Weizenkörner, unter dem Einflusse der Düngung. Sommerweizen.

No. 1—9. Ph. R. Zöller. — München'er Ergebnisse. 3. 134. Boden: reicher Lehm in Bogenhausen; derselbe enthielt (an wichtigeren Stoffen) in Procenten der lufttrocknen Erde: (in kalter Salzsäure löslich)

K_2O	Na_2O	CaO	MgO	P_2O_5	SO_3	N
0.251	0.135	0.887	0.707	0.312	0.030	0.258

No.	ehnungen und Bemerkungen	Jahr der Untersuchung	In der ursprünglichen Substanz						In der Trockensubstanz					Stickstoff in der Trockensubstanz
			Wasser %	Nh-Substanz %	Rohfett %	Nfr. Extractstoffe %	Rohfaser %	Asche %	Nh-Substanz %	Rohfett %	Nfr. Extractstoffe %	Rohfaser %	Asche %	%
5	Schwefelsaures Ammoniak u. Kochsalz .	1860	13.71	12.50	1.24	67.81	2.90	1.84	14.49	1.44	78.58	3.36	2.13	2.32
6	Holzasche	„	13.93	12.37	1.25	66.88	3.68	1.89	14.37	1.45	77.70	4.28	2.20	2.30
7	Chilisalpeter	„	13.92	12.44	1.40	67.45	3.01	1.78	14.46	1.63	78.34	3.50	2.07	2.31
8	Phosphorsaures Ammoniak und Kochsalz	„	13.90	12.31	1.17	67.71	3.11	1.80	14.79	1.36	78.15	3.61	2.09	2.37
9	Guanisirtes Knochenmehl	„	13.95	12.44	1.38	67.21	3.20	1.82	14.46	1.60	78.11	3.72	2.11	2.31
10	Ungedüngt	1859	16.24	12.53	—	—	—	1.91	14.94	—	—	—	2.23	2.39
11	Schwefelsaures Ammoniak	„	15.78	14.37	—	—	—	1.63	17.06	—	—	—	1.93	2.73
12	Salpetersaurer Kalk	„	15.88	14.77	—	—	—	1.61	17.56	—	—	—	1.92	2.81
13	Saurer phosphorsaurer Kalk	„	15.67	13.12	—	—	—	1.83	15.56	—	—	—	2.16	2.49
14	Desgl. u. schwefelsaures Ammoniak . .	„	15.68	13.80	—	—	—	1.69	16.37	—	—	—	2.00	2.62
15	Desgl. u. salpetersaurer Kalk . . .	„	16.06	14.69	—	—	—	1.53	17.50	—	—	—	1.81	2.80
16	Mittel	„	15.88	13.88	—	—	—	1.70	16.50	—	—	—	2.01	2.64
17	Parz. 1 A. Ungedüngt	1872	13.42	15.04	—	—	—	2.56	17.37	—	—	—	2.96	2.78
18	7 A. Desgl.	„	13.59	14.26	—	—	—	2.35	16.50	—	—	—	2.72	2.64
19	12 A. Desgl.	„	13.91	12.86	—	—	—	2.34	14.94	—	—	—	2.72	2.39
20	4 B. 4 kg Superphosphat	„	13.16	17.04	—	—	—	2.36	19.62	—	—	—	2.27	3.14
21	8 B. 4 „ „	„	13.80	14.92	—	—	—	2.11	17.31	—	—	—	2.45	2.77
22	11 B. 6 „ „	„	13.53	13.84	—	—	—	2.18	16.00	—	—	—	2.52	2.56
23	2 C. 2.5 kg schwefelsaures Ammoniak	„	13.94	18.50	—	—	—	1.97	21.50	—	—	—	2.29	3.44
24	5 C. 3.0 kg salpetersaures Natron .	„	13.71	18.28	—	—	—	1.57	21.19	—	—	—	2.51	3.39
25	9 C. 1.25 kg schwefels. Ammoniak u. 2.0 kg Natronsalpeter . .	„	13.45	18.82	—	—	—	2.16	21.75	—	—	—	2.50	3.48

Das Feld hatte zwei Jahre vorher gedüngten Roggen, hierauf Hafer getragen. Die Jahreswitterung war der Entwicklung des Sommerweizens äusserst günstig und lagerte sich derselbe bald nach der Blüthe. Düngermengen pro 240 Quadratfuss der Parzellen waren folgende: Guano 2 Pfd. 16 Loth, schwefelsaures Ammoniak je 1 Pfd. 16 Loth, Kochsalz je 1 Pfd. 10 Loth, Chilisalpeter 2 Pfd., Holzasche 25 Pfd., phosphorsaures Ammoniak 1 Pfd. 16 Loth, guanisirtes Knochenmehl 5 Pfd.

Die Erträge, auf 1 bayrisches Tagewerk berechnet, waren:

	No. 2	3	4	5	6	7	8	9	
Körner . .	1042	911	854	1125	708	938	1041	1000	Pfunde in abgerundeten Zahlen
Stroh . . .	3123	3565	3519	3613	3665	3540	3540	3373	

Die gut gereinigten Körner wurden zerkleinert und davon bei 100° getrocknet.

Zur Bestimmung des Wassers wurde eine besondere Menge verwendet. Die Rohfaserbestimmung geschah nach Peligot's Vorschlag. Behandeln der verkleisterten Substanz mit Malzauszug bei 60—65° C. und Auskochen des ungelösten Rückstandes mit 3procentiger Kalilauge während 15 Minuten; der Rückstand wurde ausgewaschen und alsdann ebenso mit 3procentiger Salzsäure behandelt. Die Menge der sauren und alkalischen Flüssigkeit betrug auf ca. 5 g Substanz 40 ccm. der Flüssigkeiten. Nach wiederholtem Auswaschen mit warmem Wasser, Alkohol und Aether wurde der Rückstand gesammelt und als Holzfaser gewogen, die nur noch wenig Asche, aber keine Stärke noch Nh. Substanz enthielt. Zur Bestimmung von Stärke (und Gummi) wurde die gepulverte Substanz zunächst zur Entfernung des grössten Theiles Kleber mit schwefelsäurehaltigem Weingeist behandelt und dann die Substanz zuerst mit Wasser erhitzt, dann 5—6 Stunden nach Zusatz von 12—18 Tropfen Schwefelsäure gekocht. Die Zuckerbestimmung geschah hiernach durch Titration mit Fehling'scher Kupferlösung.

No. 10—16. Th. Siegert. — L. V.-St. 3. 1861. 128. Versuchsgarten zu Chemnitz, dessen Ackerkrume aus einem ziemlich schweren aus Felsittuff entstandenen Thonboden besteht; die Fläche hatte vorher mehrere Jahre Kartoffeln ohne Düngung getragen. Die zu 17.3 qm abgetheilten Beete erhielten bezw. je 114 g N und 152 g P_2O_5.

Die Erträge waren folgende:

	No. 10	11	12	13	14	15
Körner	2000	2350	2100	2100	2100	2100 g
Stroh und Spreu . .	4000	6100	4750	4600	5350	4900 g

Die Proteïnstoffe wurden geschieden in unlösliche und in lösliche und wurden davon gefunden:

	No. 10	11	12	13	14	15	Mittel
Unlösliche Nh. Substanz . .	11.00	13.00	13.25	11.62	12.63	13.63	12.52
Lösliche Nh. Substanz . . .	3.94	4.06	4.31	3.94	3.75	3.87	3.98

No. 17—32. H. Ritthausen und R. Pott. — L. V.-St. 16. 1873. 284. Das untersuchte Material war bei „Untersuchungen über den Einfluss einer an N- und P_2O_5 reichen Düngung auf die Zusammensetzung der Samen von Sommerweizen" gewonnen worden. Auf Beeten von 15 qm Fläche wurde 1872 Weizen gezogen unter folgender Düngung und mit folgendem Ertrag:

No. d. Beetes	Düngung	Körner kg	Stroh kg	Spreu kg
1	Ungedüngt	2.84	5.53	0.75
12	Ungedüngt	2.57	5.48	0.73
4	4.0 kg Superphosphat	2.43	7.59	0.79
8	4.0 kg Superphosphat	2.99	6.24	0.78
11	6.0 kg Superphosphat	2.74	5.86	0.89
2	2.5 kg schwefelsaures Ammoniak	2.21	6.82	1.05
5	3.0 salpetersaures Natron	2.38	6.45	0.81
9	1.25 kg schwefels. Ammoniak u. 2.0 kg salpeters. Natron .	2.32	6.35	0.93
3	2.5 kg schwefelsaures Ammoniak u. 4.0 kg Superphosphat .	2.30	7.65	1.05
6	3.0 kg salpetersaures Natron u. 4.0 kg Superphosphat . . .	2.04	6.68	0.81
10	Wie 9 u. 4.0 kg Superphosphat	1.75	5.92	0.84

No.	Bezeichnungen und Bemerkungen	Jahr der Untersuchung	In der ursprünglichen Substanz: Wasser %	Nh-Substanz %	Rohfett %	Nfr. Extractstoffe %	Rohfaser %	Asche %	In der Trockensubstanz: Nh-Substanz %	Rohfett %	Nfr. Extractstoffe %	Rohfaser %	Asche %	Stickstoff in der Trockensubstanz %
26	Parz. 3 } D. 2.5 kg schwefels. Ammoniak u. 4 kg Superphosphat . . .	1872	13.45	20.66	—	—	—	2.39	23.87	—	—	—	2.76	3.82°
27	6 } D. 3.0 kg salpetersaures Natron u. 4 kg Superphosphat . . .	„	13.71	18.12	—	—	—	2.36	21.00	—	—	—	2.73	3.36°
28	10 } D. Wie 9 u. 4 kg Superphosphat	„	13.65	19.85	—	—	—	2.56	23.00	—	—	—	2.96	3.68°
29	A. Mittel von Ungedüngt	„	13.64	14.03	—	—	—	2.42	16.25	—	—	—	2.80	2.60°
30	B. Mittel von Phosphorsäuredüngung .	„	13.50	15.17	—	—	—	2.08	17.65	—	—	—	2.41	2.82°
31	C. Mittel von Stickstoffdüngung . . .	„	13.70	18.55	—	—	—	2.11	21.50	—	—	—	2.43	3.44°
32	D. Mittel v. Phosphorsäure- u. N-Düngung	„	13.60	19.54	—	—	—	2.44	22.62	—	—	—	2.82	3.62°
33	Ia. Ungedüngt	1874	—	—	—	—	—	—	18.06	—	—	—	—	2.89°
34	IIa. Desgl.	„	—	—	—	—	—	—	19.94	—	—	—	—	3.19°
35	IIIa. Desgl.	„	—	—	—	—	—	—	18.94	—	—	—	—	3.03°
36	Mittel	„	—	—	—	—	—	—	19.00	—	—	—	—	3.04°
37	Ib. 1 kg schwefelsaures Ammoniak .	„	—	—	—	—	—	—	19.06	—	—	—	—	3.05°
38	IIb. Desgl.	„	—	—	—	—	—	—	20.37	—	—	—	—	3.26°
39	IIIb. Desgl.	„	—	—	—	—	—	—	20.62	—	—	—	—	3.30°
40	Mittel	„	—	—	—	—	—	—	20.00	—	—	—	—	3.20°
41	Ic. 5 kg schwefelsaures Ammoniak .	„	—	—	—	—	—	—	19.44	—	—	—	—	3.11°
42	IIc. Desgl.	„	—	—	—	—	—	—	21.19	—	—	—	—	3.39°
43	IIIc. Desgl.	„	—	—	—	—	—	—	20.19	—	—	—	—	3.23°
44	Mittel	„	—	—	—	—	—	—	20.31	—	—	—	—	3.25°
45	Id. 2 kg Superphosphat	„	—	—	—	—	—	—	16.25	—	—	—	—	2.60°
46	IId. Desgl.	„	—	—	—	—	—	—	17.69	—	—	—	—	2.83°
47	IIId. Desgl.	„	—	—	—	—	—	—	17.69	—	—	—	—	2.83°
48	Mittel	„							17.19	—	—	—	—	2.75°
49	Ie. 1 kg Ammoniaksalz u. 2 kg Superphoshphat	„	—	—	—	—	—	—	20.37	—	—	—	—	3.26°
50	IIe. Desgl.	„	—	—	—	—	—	—	21.19	—	—	—	—	3.39°
51	IIIe. Desgl.	„	—	—	—	—	—	—	20.94	—	—	—	—	3.35°
52	Mittel	„	—	—	—	—	—	—	20.81	—	—	—	—	3.33°
53	If. 5 kg Ammoniaks. u. 2 kg Superph.	„	—	—	—	—	—	—	21.00	—	—	—	—	3.36°
54	IIf. Desgl.	„	—	—	—	—	—	—	21.75	—	—	—	—	3.48°
55	IIIf Desgl.	„	—	—	—	—	—	—	21.31	—	—	—	—	3.41°
56	Mittel	„	—	—	—	—	—	—	21.31	—	—	—	—	3.41°
57	Ig. 5 kg Ammoniaks. u. 8 kg Superph.	„	—	—	—	—	—	—	22.00	—	—	—	—	3.52°
58	IIg. Desgl.	„	—	—	—	—	—	—	21.62	—	—	—	—	3.46°
59	IIIg. Desgl.	„	—	—	—	—	—	—	21.94	—	—	—	—	3.51°
60	Mittel	„	—	—	—	—	—	—	21.87	—	—	—	—	3.50°

Der Weizen der mit N gedüngten Beete lagerte sich in Folge eines Regens schon nach dem Schossen.

Während der verwendete Saatweizen (siehe No. 308 der allgemeinen Tabelle) ein völlig glasiger, harter und dunkler Weizen war, waren die von den ungedüngten Beeten geernteten Samen vorwiegend halbmehlige oder übergehende und hellfarbige Körner, gross und voll, mit glatten und glänzenden Oberflächen; auch die wenigen glasigen Körner zeigten die letztgenannten Eigenschaften.

Die Körner der Phosphorsäure-Düngung waren von gleicher Beschaffenheit, nur variirten sie mehr in der Grösse; die Zahl der kleinen, vorwiegend glasigen Körner war dem Anschein nach gleich der der grossen.

Die N-Düngung erzeugte nur kleine, jedoch nur gut ausgebildete Körner, durchweg hart, glasig und dunkelfarbig.

Die Mischdüngung erzeugte in der Hauptsache gleiche Körner wie die reine N-Düngung, doch enthielten die Samen eine beträchtliche Anzahl verschrumpfter, unausgebildeter Körner.

No. 33—60. U. Kreusler u. E. Kern. — Journ. f. Landwirthsch. 24. 1876. 1. Das untersuchte Material wuchs auf tiefgründigem, reichem Lehmboden, der seit einer Reihe von Jahren ohne Düngung war und 1872 Erbsen, 1873 Hafer getragen hatte. Die Düngungsparzellen waren je 30 qm gross. Die Aussaat erfolgte 12 Stunden nach der Düngung am 9. April 1874. Die Wägung der Ernteproducte ergab Folgendes: (Summe der 3 Parzellen)

	Ia.	Ib.	Ic.	Id.	Ie.	If.	Ig.
Körner	8.50	8.78	8.52	8.40	9.57	9.07	10.03 kg
Stroh und Kaff . .	19.54	20.04	14.79	14.46	17.61	16.62	21.18 „

Die geernteten Samen (die Vegetation hatte durch Witterungseinflüsse nicht gelitten, keine Lagerung) waren (im Gegensatz zu dem Ritthausen'schen Ergebnisse No. 17—32) durchweg von gleichmässiger Beschaffenheit und zeigten in Bezug auf Farbe, Härte und Grösse keine merklichen Unterschiede.

Auf die Ermittlung der ursprünglichen Feuchtigkeit wurde verzichtet.

Zusammensetzung von Winterweizen.*)

No.	Bezeichnungen und Bemerkungen	No. d. Haupt-tabelle	Jahr der Untersuchung	In der ursprünglichen Substanz: Wasser %	Nh-Substanz %	Rohfett %	Nfr. Extractstoffe %	Rohfaser %	Asche %	In der Trockensubstanz: Nh-Substanz %	Rohfett %	Nfr. Extractstoffe %	Rohfaser %	Asche %	Stickstoff in der Trockensubstanz %
1	Bechelbronn, freies Feld . . .	1	1836	14.50	12.23	2.22	64.64	(4.35)	2.06	14.31	2.60	75.60	(5.08)	2.41	2.29[o]
2	Desgl., Gartenland, stark gedüngt	2	„	—	—	—	—	—	—	21.94	—	—	—	2.31	3.51[o]
3	Igelweizen v. Hohenheim, fruchtbares Jahr	13	1850	14.78	11.28	—	—	2.42	1.68	13.24	—	—	2.84	1.97	2.12
4	Desgl., unfruchtbares Jahr . . .	14	1851	16.08	10.56	—	—	2.78	1.65	12.59	—	—	3.32	1.97	2.01
5	Talavera-Weizen v. Hohenheim .	15	1845	15.43	13.69	—	—	—	2.36	16.19	—	—	—	2.80	2.59[o]
6	Whittington-Weizen v. Hohenheim	16	„	13.93	14.42	—	—	—	2.69	16.75	—	—	—	3.13	2.68[o]
7	Sandomierz-Weizen v. Hohenheim	17	„	15.48	14.21	—	—	—	2.03	16.81	—	—	—	2.40	2.69[o]
8	Mittel von 4 Analysen . .	107—110	1854/55	14.72	11.04	2.50	—	—	1.68	12.94	2.93	—	—	1.97	2.07
9	Mittel 10jähr. Cult., 10 Anal.	111—121	1845/54	17.10	11.39	—	—	—	1.64	13.75	—	—	—	1.98	2.20[o]
10	Desgl. von 3 Analysen . .	122—124	1855	17.10	13.39	—	—	—	1.64	13.77	—	—	—	1.96	2.20[o]
11	Desgl. von 11 Analysen . .	127—137	1856	13.00	12.23	—	—	—	1.83	14.06	—	—	—	2.10	2.25
12	Desgl. v. 13 Analysen süddeutschen Weizens	140—152	1858	11.77	12.18	1.76	—	—	1.71	13.81	2.00	—	—	1.94	2.21
13	Desgl. v. Vorder- u. Hinterkorn	242—243	1859	11.73	13.66	2.45	66.30	3.78	2.08	15.48	2.78	75.10	4.28	2.36	2.48
14	Mary's Goldweizen	251	„	16.26	11.47	—	—	—	1.65	13.70	—	—	—	1.94	2.19[o]
15	Engl. St. Helena-W., 3 Anal.	252—254	„	13.65	13.41	1.16	66.91	2.85	2.02	15.53	1.34	77.49	3.30	2.34	2.48
16	Vom Folgengut b. Tharand, völlig reif	287	1862	9.70	21.18	1.68	63.19	2.92	1.33	23.45	1.86	69.99	3.23	1.47	3.75
17	Nach Kleegras, stark gedüngt .	288	1866	—	—	—	—	—	—	11.82	1.90	81.09	3.22	(1.97)	1.89
18	Aus Sachsen	341	1871	16.77	11.96	—	—	—	—	14.37	—	—	—	—	2.30[o]
19	Von der Ahr	345	„	15.46	11.67	—	—	—	—	13.81	—	—	—	—	2.21[o]
20	Aus der Nähe von Kiel . . .	346	„	16.51	11.16	—	—	—	—	13.37	—	—	—	—	2.14[o]
21	Aus Sachsen	347	„	14.11	8.75	—	—	—	—	10.19	—	—	—	—	1.63
22	Cujavischer Kolbenweizen .	360—363	1879	10.86	11.76	—	73.47	2.43	1.48	13.19	—	82.42	2.73	1.66	2.11
23	Shiriff's square headed	365	1880	16.16	10.40	1.62	67.58	2.39	1.85	12.41	1.93	80.60	2.85	2.21	1.99
24	Desgl.	368	1882	15.00	10.04	1.68	69.74	1.89	1.65[p]	11.81	1.98	82.05	2.22	1.94	1.89
25	Kaiserweizen	370	„	14.60	10.47	2.17	—	—	1.80	12.26	2.54	—	—	2.11	1.96
26	Hessischer Landweizen	424	1883	—	9.11	—	—	—	—	—	—	—	—	—	—
27	Golden drop	425	„	—	6.85	—	—	—	—	—	—	—	—	—	—
28	Shiriff	427	„	—	9.06	—	—	—	—	—	—	—	—	—	—
29	Russischer Original-Weizen . .	428	1886	13.25	15.12	2.33	65.11	2.35	1.84	17.43	2.69	75.04	2.71	2.13	2.79
30	Russischer nachgebauter Weizen .	429	„	15.00	11.19	2.30	67.41	2.35	1.75	13.16	2.70	79.31	2.77	2.06	2.11
31	Kessingland-W., Thonschieferboden	380	1880	15.00	9.90	1.90	69.20	2.10	1.90	11.64	2.23	82.43	2.47	2.23	1.86
32	Desgl., tiefgründiger humoser Lehm	385	„	15.00	10.50	1.60	68.50	2.10	2.30	12.34	1.88	80.61	2.47	2.47	1.97
33	Desgl., schwerer Thon auf Muschelkalk	395	„	15.00	9.80	1.40	68.70	3.10	2.00	11.52	1.65	80.83	3.65	2.35	1.84
34	Golden drop, kalkhalt. Lehmboden	384	„	15.00	8.70	1.60	70.20	2.50	2.00	10.23	1.88	82.60	2.94	2.35	1.64
35	Shiriff's square headed, kalkhaltiger Lehm	386	„	15.00	10.00	1.60	68.90	2.30	2.20	11.76	1.88	81.07	2.70	2.59	1.88
36	Desgl., Elbklayboden	389	„	15.00	11.10	1.40	67.90	2.20	2.40	13.05	1.65	79.89	2.59	2.82	2.09
37	Desgl., humoser Lehm	399	1882	15.00	12.10	1.40	67.10	2.50	1.90	14.23	1.65	78.95	2.94	2.23	2.28
38	Desgl.	400	„	15.00	8.90	1.60	70.50	2.20	1.80	10.47	1.88	82.94	2.59	2.12	1.68
39	Desgl.	402	„	15.00	8.20	1.50	71.10	2.00	2.20	9.64	1.76	83.66	2.35	2.59	1.54
40	Desgl.	407	„	15.00	9.30	1.40	70.10	2.30	1.90	10.94	1.65	82.48	2.70	2.23	1.75
41	Desgl.	408	„	15.00	8.90	1.50	70.60	2.20	1.80	10.47	1.76	83.06	2.59	2.12	1.68
42	Desgl.	411	„	15.00	8.70	1.40	69.70	2.60	2.60	10.23	1.65	82.00	3.06	3.06	1.64

*) Als Winterweizen-Analysen wurden nur solche Analysen in diese Zusammenstellung eingestellt, bei welchen bestimmt ersichtlich war, dass dieselben von Winterweizen gemacht wurden.

No.	Bezeichnungen und Bemerkungen	No. d. Haupt-tabelle	Jahr der Untersuchung	In der ursprünglichen Substanz: Wasser %	Nh-Substanz %	Rohfett %	Nfr. Extractstoffe %	Rohfaser %	Asche %	In der Trockensubstanz: Nh-Substanz %	Rohfett %	Nfr. Extractstoffe %	Rohfaser %	Asche %	Stickstoff in der Trockensubstanz %
43	Rivetts bearded	396	1881	15.00	8.70	1.40	70.90	2.00	2.00	10.23	1.65	83.42	2.35	2.35	1.64
44	Spalding's Prolific, humoser Lehm	401	„	15.00	9.00	1.40	70.70	2.20	1.70	10.58	1.65	83.18	2.59	2.00	1.69
45	Rivett's bearded	417	1882	15.00	7.60	1.30	69.30	2.00	1.70	8.94	1.53	85.18	2.35	2.00	1.43
46	Spalding's Prolific	419	„	15.00	9.90	1.50	68.80	2.40	2.20	11.64	1.76	81.19	2.82	2.59	1.86
47	Blumen-Weizen, Lehm	383	1880	15.00	8.20	1.60	70.90	2.40	1.90	9.64	1.88	83.43	2.82	2.23	1.54
48	Brauner Elbweizen, Elbklayboden	390	„	15.00	9.80	1.20	69.10	2.30	2.60	10.92	1.41	81.91	2.70	3.06	1.75
49	Landweizen, humoser Thonboden .	391	1881	15.00	10.00	1.30	68.30	2.20	3.20	11.76	1.53	80.36	2.59	3.76	1.88
50	Desgl., Lehmboden	392	„	15.00	10.00	1.40	69.40	2.20	2.00	11.76	1.65	81.65	2.59	2.35	1.88
51	Probstei-Weizen	393	„	15.00	10.60	1.40	68.40	2.50	2.10	12.47	1.65	80.47	2.94	2.47	2.00
52	Desgl.	394	„	15.00	8.30	1.40	71.30	2.20	1.80	9.76	1.65	83.88	2.59	2.12	1.55
53	Brauner Weizen	397	1882	15.00	9.20	1.60	69.00	3.20	2.00	10.92	1.88	81.09	3.76	2.35	1.75
54	Desgl.	398	„	15.00	8.60	1.40	69.90	2.90	2.20	10.11	1.65	82.24	3.41	2.59	1.62
55	Mold's White-Winterweizen . .	422	1878	8.64	9.63	2.32	76.14	1.63	1.64	10.54	2.54	83.35	1.78	1.79	1.69
56	Mold's Red-Winterweizen . . .	423	„	8.75	10.50	2.05	75.71	1.27	1.72	11.50	2.25	82.95	1.39	1.88	1.84
57	Nordamerik. W., Mittel v. 407 Anal.	—	—	10.16	12.15	—	—	—	1.92	13.52	—	—	—	2.14	2.16
	Minimum			8.64	6.85	1.16	60.56	1.20	1.27	8.94	1.34	69.99	1.39	1.47	1.43
	Maximum			17.10	21.18	2.54	76.14	3.71	3.26	23.45	2.93	85.18	4.28	3.76	3.75
	Mittel (aus 503 Analysen)			13.37[1])	11.64	1.72	69.07	2.34	1.86	13.44	1.99	79.72	2.70	2.15	2.15
	Sommerweizen.*)														
1	Hérrison-Weizen, halbweich . .	33	1851	13.48	15.43	—	—	—	1.88	17.93	—	—	—	2.19	2.87°
2	Richelle von Neapel, weisser . .	34	„	14.13	11.97	—	—	—	1.81	13.94	—	—	—	2.11	2.23°
3	Victoria-Weizen	35	„	15.49	12.94	—	—	—	1.70	15.31	—	—	—	2.02	2.45°
4	Weizen von Sicilien, hart . . .	41	„	14.25	11.79	—	—	—	1.81	13.75	—	—	—	2.11	2.20
5	Von Schleissheim, hart	126	1856	13.47	12.44	—	—	—	1.90	14.31	—	—	—	2.19	2.29°
6	Sommerw. aus Südrussland . .	153—159	1858	13.80	10.66	1.55	—	—	—	12.37	1.80	—	—	—	1.98
7	Desgl. aus Russland	213—219	„	—	—	—	—	—	—	15.31	2.22	—	—	2.27P	2.45
8	. . . .	306	1869	13.23	12.15	2.04	—	1.97	—	14.00	2.35	—	2.27	—	2.24
9	. . . .	309	1872	13.82	14.00	—	—	—	—	16.25	—	—	—	—	2.60°
10	Aus Südrussland	314	1871	11.81	18.79	—	—	—	—	21.31	—	—	—	—	3.41°
11	Desgl.	315	„	13.11	16.67	—	—	—	—	19.19	—	—	—	—	3.07°
12	In Poppelsdorf angeb., 17 Anal.	317—333	„	14.32	16.33	—	—	—	—	19.06	—	—	—	—	3.05°
13	Desgl.	337	„	15.88	13.77	—	—	—	—	16.37	—	—	—	—	2.62°
14	Desgl.	340	„	14.81	13.31	—	—	—	—	15.62	—	—	—	—	2.50
15	Desgl., 4 Analysen . . .	354—357	1874	—	—	—	—	—	—	19.57	—	—	—	—	3.13
16	Glatter Sommerweizen, Lehmboden	387	1880	15.00	10.90	1.60	66.80	2.50	3.20	12.82	1.88	78.60	2.94	3.76	2.05
17	. . . .	409	1882	15.00	8.90	1.60	70.00	2.20	2.30	10.47	1.88	82.36	2.59	2.70	1.68
18	. . . .	410	„	15.00	9.90	1.80	69.10	2.30	1.90	11.64	2.12	81.31	2.70	2.23	1.86
19	Riesen-Sommerweizen	412	„	15.00	15.20	1.60	63.40	2.00	2.80	17.58	1.88	74.90	2.35	3.29	2.81
20	Sommerweizen	413	„	15.00	10.00	1.90	68.70	2.50	1.90	11.76	2.23	80.84	2.94	2.23	1.88
21	Brauner Sommerweizen	420	„	15.00	11.10	1.50	66.80	2.00	2.60	13.05	1.76	79.78	2.35	3.06	2.09
22	Desgl.	421	„	15.00	10.50	1.40	69.00	2.30	1.80	12.34	1.65	81.19	2.70	2.12	1.97
23	Nordamerikanische Weizen, Mittel von 40 Analysen	—	—	9.36	13.52	2.25	71.12	1.80	1.95	14.92	2.48	78.46	1.99	2.15	2.39
	Mittel aus 93 Analysen .			13.37[2])	13.59	2.00	67.29	1.81	1.94	15.69	2.31	77.67	2.09	2.24	2.51

[1]) Nach obigem Mittel der Haupttabelle angenommen; der wirkliche mittlere Wassergehalt berechnet sich nach vorstehenden Analysen zu 10.67 %.

*) Als Sommerweizen-Analysen wurden nur solche Analysen in diese Zusammenstellung eingestellt, bei welchen bestimmt ersichtlich war, dass dieselben von Sommerweizen gemacht wurden.

[2]) Nach obigem Mittel der Haupttabelle angenommen; der wirkliche mittlere Wassergehalt berechnet sich nach vorstehenden Analysen zu 12.00 %.

No.	Bezeichnungen und Bemerkungen	Jahr der Untersuchung	In der ursprünglichen Substanz: Wasser %	Nh-Substanz %	Rohfett %	Nfr. Extractstoffe %	Rohfaser %	Asche %	In der Trockensubstanz: Nh-Substanz %	Rohfett %	Nfr. Extractstoffe %	Rohfaser %	Asche %	Stickstoff in der Trocken-Substanz %
	Weizenkörner. In verschiedenem Grade der Reife.													
1	Körner, sehr teigartig, 24. Juli	1852	16.7	11.50	—	—	—	—	13.81	—	—	—	—	2.21
2	Desgl., im Beginn d. Mehlbildung, 29. Juli	„	16.4	12.07	—	—	—	—	14.44	—	—	—	—	2.31
3	Desgl., vollständig fest (reif), 6. August	„	16.2	11.68	—	—	—	—	13.94	—	—	—	—	2.23
4	Körner, teigartig, 15. Juli	„	17.41	10.03	—	—	—	—	13.38	—	—	—	—	2.14
5	Desgl., schon zieml. ausgebildet, 21. Juli	„	16.94	10.59	—	—	—	—	12.75	—	—	—	—	2.04
6	Desgl., vollkommen reif	„	16.54	12.10	—	—	—	—	14.50	—	—	—	—	2.32
7	Körner, noch milchig, 1. August 1851	1851	—	—	—	—	—	—	13.00	—	—	—	2.16	2.08
8	Desgl., reif, 22. August 1851	„	—	—	—	—	—	—	14.94	—	—	—	1.92	2.39
9	Gesammelt 4. Juli, Fruchtknoten	1870	—	—	—	—	—	—	14.15	5.69	65.48	10.35	4.33	2.26
10	Desgl. 18. Juli, 14 Tage n. d. Blüthe	„	—	—	—	—	—	—	14.05	2.25	74.45	6.77	2.48	2.25
11	Desgl. 1. August, Beginn der Reife	„	—	—	—	—	—	—	12.21	2.08	80.03	3.54	2.14	1.95
12	Desgl. 8. August, reif, Mähezeit	„	—	—	—	—	—	—	11.82	1.90	81.09	3.22	1.97	1.89
13	Desgl. 23. August, überreif	„	—	—	—	—	—	—	11.67	1.90	81.35	3.20	1.88	1.87
14	Milchreif, 9. Juli, nachgereift	—	12.03	11.15	1.47	71.63	1.80	1.91	12.67	1.67	81.48	2.04	2.14	2.03
15	Gelbreif, 20. Juli, nachgereift	—	11.97	11.76	1.51	71.90	1.35	1.50	13.36	1.72	81.69	1.53	1.70	2.14
16	Todtreif, 23. Juli	—	11.82	10.91	1.44	72.97	1.33	1.51	12.36	1.63	82.79	1.51	1.71	1.98
17	Körner v. 2. u. 3. Aug., nahezu gelbreif	1862	10.60	21.13	2.32	61.63	2.60	1.72	23.64	2.60	68.93	2.91	1.92	3.78
18	Desgl. vom 4. u. 5. August	„	10.75	21.03	2.19	61.77	2.71	1.55	23.55	2.45	69.22	3.04	1.74	3.77
19	Desgl. vom 6. u. 7. August	„	10.00	20.95	1.81	62.96	2.76	1.52	23.28	2.01	69.95	3.07	1.69	3.72
20	Desgl. vom 8. u. 9. August	„	9.55	21.18	1.78	63.31	2.82	1.36	23.43	1.97	69.98	3.12	1.50	3.75
21	Desgl. v. 10. u. 11. Aug., nahezu todtreif	„	9.70	21.18	1.68	63.19	2.92	1.33	23.45	1.86	69.90	3.23	1.56	3.75

Weizenkörner. In verschiedenem Grade der Reife.

No. 1—6. **Reiset.** — Dingler's Polyt. Journ. 129. 298.

No. 7 u. 8. **A. Stöckhardt.** — Zeitschr. f. D. Landw. 1851.

No. 9—13. **R. Heinrich.** — Ann. d. Landw. in Preussen. 50. 1867. 314 u. 57. 1871. 31. Zur Zeit der ersten Sammlung war der Weizen noch in Blüthe und die Hälfte des Weizens, welcher als Untersuchungsmaterial diente, blühte zu dieser Zeit noch; es wurden hier die Fruchtknoten für die Analyse gesammelt. Der Weizen hatte eine Düngung von 2 Ctr. Peruguano und 3 Ctr. Knochenmehl pr. sächs. Acker (1 sächs. Acker = 0.5534 ha) erhalten und hatte in den zwei vorhergehenden Jahren Kleegras getragen. In den 2 ersten Perioden enthielt das Material auch Zucker und zwar wurden an solchem und an anderen in Wasser löslichen Bestandtheilen gefunden:

	No. 9	10	11	12	13
Krümelzucker	4.08	1.27	Spuren	—	—
Rohrzucker	6.97	4.24			
Gummi	12.64	7.50	5.86	5.43	4.97 %
Stärke	41.79	61.44	74.17	75.66	76.38 „

Zur Gummibestimmung wurden 2 g Trockensubstanz mit Wasser ausgezogen, das Filtrat zur Trockne verdampft und der Abdampfrückstand mit 92 procentigem Alkohol ausgezogen, der verbleibende Rückstand in Wasser aufgelöst und die Lösung von dem ungelösten Eiweiss abfiltrirt, das Filtrat eingedampft, gewogen, verascht und die Asche in Abzug gebracht.

No. 14—16. **A. Nowacki.** — Aus A. Nowacki's Schrift: „Untersuchungen über das Reifen des Getreides, nebst Bemerkungen über den zweckmässigsten Zeitpunkt der Ernte". Ueber die Volumenverminderung des Weizenkorns in seinen verschiedenen Reifegraden beim Nachreifen geben nachstehende Zahlen Auskunft:

	Volumen v. 1000 Körnern im frischen Zustande	Nachgereift, lufttrocken
In der Milchreife	53 ccm	24 ccm
In der Gelbreife	43 „	34 „
In der Vollreife	35 „	34 „

Die chemische Zusammensetzung ändert sich beim Reifen in folgender Weise. 1000 nachgereifte Körner enthielten:

	Wasser	Stärke etc.	Proteïn	Fett	Rohfaser	Asche
In der Milchreife	4.055	24.139	3.757	0.495	0.609	0.645 g
In der Gelbreife	5.830	35.014	5.729	0.736	9.658	0.732 „
In der Todtreife	5.675	35.026	5.239	0.693	0.639	0.728 „

Die Körner zeigten bei der Milchreife von aussen ein grünes Ansehen, im Innern eine milchige Beschaffenheit; bei der Gelbreife war die Farbe der Körner gelb bis gelbbraun, das Innere war fadenziehend oder bereits so fest geworden, dass viele Körner bei wachsartiger Consistenz leicht über den Nagel brachen. Bei der Voll- oder Todtreife waren die Körner soweit erhärtet, dass sie sich zwar biegen, aber nicht mehr über den Nagel brechen liessen; sie lösten sich leicht aus den Aehren.

No. 17—21. **R. Handtke.** — Chem. Ackersm. 16. 1870. 163. Die Körner wurden während des letzten Stadiums des Reifens auf dem akademischen Gute bei Tharandt gesammelt. Die Sammlung des Materials geschah, indem vom 2. bis 11. August täglich Aehren von den Weizenhalmen abgeschnitten und die lufttrocken gewordenen und sortirten vollkommenen Körner ausgekernt wurden. Dieselben enthielten:

	No. 17	18	19	20	21	
In Wasser unlösliche Substanz	74.25	74.88	74.43	75.45	75.35 %	der lufttrocknen Substanz
In Wasser unlösliche Nh. Substanz	15.35	—	16.08	—	16.66 %	
Das Gewicht von 500 Körnern betrug	20.65	21.35	22.82	22.30	22.92 g	

No.	Bezeichnungen und Bemerkungen	No. d. Haupttabelle	Jahr der Untersuchung	In der ursprünglichen Substanz: Wasser %	Nh-Substanz %	Rohfett %	Nfr. Extractstoffe %	Rohfaser %	Asche %	In der Trockensubstanz: Nh-Substanz %	Rohfett %	Nfr. Extractstoffe %	Rohfaser %	Asche %	Stickstoff in der Trockensubstanz %

Weizenkörner, unter dem Einflusse des Bodens. Auf Thonboden, schwerem Boden gewachsen.

No.	Bezeichnungen und Bemerkungen	No. d. Haupttabelle	Jahr	Wasser	Nh-Substanz	Rohfett	Nfr. Extractstoffe	Rohfaser	Asche	Nh-Substanz	Rohfett	Nfr. Extractstoffe	Rohfaser	Asche	Stickstoff
1	Verwitterungsbod. v. Thonschiefer, Winterweizen	288	—	—	—	—	—	—	—	11.82	1.90	81.09	3.22	(1.97)	1.89
2	Desgl. von Felsittuff, Mary's Gold-Winterweizen	251	—	16.26	11.47	—	—	—	1.65	13.70	—	—	—	1.94	2.19°
3	Thonschieferbod., Höhenlage, Kessinglandweizen	380	—	15.00	9.90	1.90	69.20	2.10	1.90	11.64	2.23	82.43	2.47	2.23	1.86
4	Schwerer Thonboden, Bergland, märkischer Weizen	381	—	15.00	9.40	2.70	69.00	2.00	1.90	11.05	3.18	81.19	2.35	2.23	1.77
5	Desgl., roth, White Mediterr.-W.	105	—	7.73	11.03	—	—	—	2.32	11.96	—	—	—	2.51	1.91
6	Desgl., ungedüngt, Osterey-Weizen	110	—	7.68	11.03	—	—	—	2.13	11.96	—	—	—	2.31	1.91
7	Desgl.	201	—	10.16	10.85	1.51	73.41	2.02	2.05	12.08	1.68	81.71	2.25	2.28	1.93
8	Desgl., Boden, Rice-Weizen . .	234	—	9.19	9.98	2.15	74.40	2.24	2.04	10.99	1.37	82.93	2.46	2.25	1.76
9	Flacher Thonboden, im Vorjahre gedüngt	245	—	10.92	12.25	—	—	—	2.32	13.76	—	—	—	2.61	2.20
10	Ungedüngter Thonboden, Mediterranean-Weizen	247	—	9.56	12.95	—	—	—	2.52	14.32	—	—	—	2.79	2.30
11	Humoser Thonboden, ungedüngt, Rice-Weizen	267	—	9.36	14.00	2.37	70.62	1.77	1.88	15.44	2.61	77.93	1.95	2.07	2.47
12	Desgl., unged., Tennessee Amber	268	—	9.41	10.51	2.35	74.01	1.85	1.88	11.60	2.59	81.69	2.04	2.08	1.86
13	Desgl., Landweizen	391	—	15.00	10.00	1.30	68.30	2.20	3.20	11.76	1.53	80.36	2.59	3.76	1.88
14	Elbklaybod., Shiriff's square headed	389	—	15.00	11.10	1.40	67.90	2.20	2.40	13.05	1.65	79.89	2.59	2.82	2.09
15	Desgl., brauner Elbweizen . . .	390	—	15.00	9.80	1.20	69.10	2.30	2.60	10.92	1.41	81.91	2.70	3.06	1.75
16	Fetter Thon auf Muschelkalk, Gelchsheimer Winterweizen .	134	—	13.16	12.50	—	—	—	1.77	14.44	—	—	—	2.04	2.31°
17	Thonboden, tiefgründiger, kalkhalt., milder, Golden drop	384	—	15.00	8.70	1.60	70.20	2.50	2.00	10.23	1.88	82.60	2.94	2.35	1.64
18	Thonboden auf Muschelkalk, Höhenlage, Probstei-Weizen . . .	394	—	15.00	8.30	1.40	71.30	2.20	1.80	9.76	1.65	83.88	2.59	2.12	1.55
19	Thonboden, sandiger, Weihenstephan, rother Kolbenweizen .	140	—	11.22	15.20	1.95	—	—	—	17.12	2.20	—	—	—	2.74°
20	Desgl., St. Helena-Weizen . . .	141	—	14.00	13.22	1.76	—	—	1.75	15.37	2.05	—	—	2.04[p]	2.46°
21	Desgl., Sicilianischer Weizen . .	142	—	13.10	12.22	—	—	—	1.69	14.06	—	—	—	1.95[p]	2.25°
22	Desgl., Whittington-Weizen . .	143	—	12.11	12.25	1.76	—	—	1.56	13.94	2.00	—	—	1.78[p]	2.23°
23	Desgl., Richmond's Riesenweizen	144	—	8.00	9.77	1.88	—	—	1.74	10.62	2.04	—	—	1.89	1.70°
24	Desgl., weisser Toucelle-Weizen .	145	—	14.70	8.74	1.39	—	—	—	10.25	1.63	—	—	—	1.64°
25	Desgl., brauner Bartw., Sommerw.	153	—	12.02	13.14	1.94	—	—	—	14.94	2.20	—	—	—	2.39°
26	Desgl., weisser Bartw., Sommerw.	154	—	15.33	12.28	—	—	—	—	14.50	—	—	—	—	2.32°
	Mittel			(13.37[1])	11.04	1.72	69.69	2.17	2.01	12.74	1.99	80.44	2.51	2.32	2.04

Weizenkörner, auf schwerem Lehmboden gewachsen.

No.	Bezeichnungen und Bemerkungen	No. d. Haupttabelle	Jahr	Wasser	Nh-Substanz	Rohfett	Nfr. Extractstoffe	Rohfaser	Asche	Nh-Substanz	Rohfett	Nfr. Extractstoffe	Rohfaser	Asche	Stickstoff
1	Mittel 10jähriger Cultur . . .	121	—	17.10	11.46	—	—	—	1.64	13.75	—	—	—	1.98	2.20°
2	Desgl., derselbe Boden, ungedüngt	122	—	17.10	11.03	—	—	—	1.72	13.31	—	—	—	2.07	2.13°
3	Desgl., mit Ammoniaksalz gedüngt	123	—	17.00	11.72	—	—	—	1.54	14.12	—	—	—	1.85	2.26°
4	Desgl., mit Ammoniak- u. Mineralsalz gedüngt	124	—	17.10	11.50	—	—	—	1.62	13.87	—	—	—	1.99	2.22°

[1]) Nach obigem Mittel der Haupttabelle angenommen; der wirkliche mittlere Wassergehalt berechnet sich nach vorstehenden Analysen zu 10.00 %.

No.	Bezeichnungen und Bemerkungen	No. d. Haupt-tabelle	Jahr der Untersuchung	In der ursprünglichen Substanz: Wasser %	Nh-Substanz %	Rohfett %	Nfr. Extractstoffe %	Rohfaser %	Asche %	In der Trockensubstanz: Nh-Substanz %	Rohfett %	Nfr. Extractstoffe %	Rohfaser %	Asche %	Stickstoff in der Trockensubstanz %
5	Lehmboden, ungedüngt	136	—	14.26	12.37	—	—	—	1.85	14.44	—	—	—	—	2.31^{o}
6	Desgl., gedüngt m. Superphosphat	137	—	14.12	12.87	—	—	—	1.82	15.00	—	—	—	—	2.40^{o}
7	Desgl., Donaualluvium b. Straubing	127	—	11.04	12.44	—	—	—	1.68	14.00	—	—	—	1.89	2.24^{o}
8	Desgl.	128	—	10.97	12.31	—	—	—	—	13.81	—	—	—	—	2.21^{o}
9	„Guter Weizenboden“, Schottland, Vipount-Weizen	198	—	—	—	—	—	—	—	12.50	—	—	—	—	2.00^{o}
10	Desgl., Moos-Weizen	199	—	—	—	—	—	—	—	14.62	—	—	—	—	2.34^{o}
11	Desgl., Blutstropfen-Weizen . .	200	—	—	—	—	—	—	—	12.94	—	—	—	—	2.07^{o}
12	Desgl., Preisweizen von Oxford .	201	—	—	—	—	—	—	—	12.69	—	—	—	2.09P	2.03^{o}
13	Desgl., gem. Perlweizen . . .	202	—	—	—	—	—	—	—	12.31	—	—	—	—	1.97^{o}
14	Desgl., rother Wunderweizen .	203	—	—	—	—	—	—	—	12.31	—	—	—	1.72P	1.97^{o}
15	Lehmboden, tiefgründiger, reicher, ungedüngt	354	—	—	—	—	—	—	—	19.00	—	—	—	—	3.04^{o}
16	Desgl., N-Düngung	355	—	—	—	—	—	—	—	20.19	—	—	—	—	3.23
17	Desgl., P_2O_5-Düngung	356	—	—	—	—	—	—	—	17.19	—	-	—	—	2.75
18	Desgl., N- u. P_2O_5-Düngung . .	357	—	—	—	—	—	—	—	21.31	—	—	—	—	3.41
19	Lehmboden, tiefgründiger, Höhenlage, Blumenweizen	383	—	15.00	8.20	1.60	70.90	2.40	1.90	9.64	1.88	83.43	2.82	2.23	1.54
20	Desgl., gelber Landweizen . . .	392	—	15.00	10.00	1.40	69.40	2.20	2.00	11.76	1.65	81.65	2.59	2.35	1.88
21	Desgl., Probsteier-Weizen . . .	393	—	15.00	10.60	1.40	68.40	2.50	2.10	12.47	1.65	80.47	2.94	2.47	2.00
22	Desgl., reicher in Bogenhausen, Saatfrucht	—	—	13.46	13.19	1.24	65.90	4.28	1.93	15.34	1.45	76.08	4.88	2.25	2.45
23	Desgl., ungedüngt	—	—	14.03	12.62	1.14	66.53	3.78	1.90	14.67	1.33	77.40	4.40	2.20	2.35
24	Desgl., gedüngt	—	—	13.90	12.45	1.26	67.35	3.21	1.83	14.45	1.46	78.24	3.73	2.12	2.31
25	Desgl., schwerer, rother, ungedüngt red Mediterr.	115	--	9.19	12.43	2.13	72.18	2.03	2.04	13.69	2.35	79.47	2.24	2.25	2.17
26	Desgl., dunkler, v. mittlerer Fruchtbarkeit, white Mediterr. . .	236	—	10.64	10.15	2.04	72.87	2.20	2.10	11.37	2.28	81.54	2.46	2.35	1.82
27	Desgl., humoser, tiefgründig., Kessingland-Weizen	385	—	15.00	10.50	1.60	68.50	2.10	2.30	12.34	1.88	80.61	2.47	2.70	1.97
28	Desgl., humoser, Braunweizen .	397	—	15.00	9.20	1.60	69.00	3.20	2.00	10.92	1.88	81.09	3.76	2.35	1.95
29	Desgl.	398	—	15.00	8.60	1.40	69.90	2.90	2.20	10.11	1.65	82.24	3.41	2.59	1.62
30	Desgl., Shiriff's square headed .	399	—	15.00	12.10	1.40	67.10	2.50	1.90	14.23	1.65	78.95	2.94	2.23	2.28
31	Desgl.	400	—	15.00	8.90	1.60	70.50	2.20	1.80	10.47	1.88	82.94	2.59	2.12	1.68
32	Desgl., Spalding-Weizen . . .	401	—	15.00	9.00	1.40	70.70	2.20	1.70	10.58	1.65	83.18	2.59	2.00	1.69
33	Desgl., Shiriff's square headed .	402	—	15.00	8.20	1.50	71.10	2.00	2.20	9.64	1.76	83.66	2.35	2.59	1.54
34	Desgl., derselbe, ungedüngt . .	407	—	15.00	9.30	1.40	70.10	2.30	1.90	10.94	1.65	82.48	2.70	2.23	1.75
35	Desgl., Mittel von gedüngt . .	408	—	15.00	8.90	1.50	70.60	2 20	1.80	10.47	1.76	83.06	2.59	2.12	1.68
36	Desgl., humoser, kalkhaltig., tiefgründiger, Wolmirstädter .	403	—	15.00	11.70	1.50	66.70	2.40	2.70	13.76	1.76	83.66	2.35	2.59	1.54
37	Desgl., Mainstay	404	—	15.00	9.90	1.40	69.10	2.00	2.60	11.64	1.76	78.48	2.82	3.18	2.20
38	Desgl., Mold's red prolific . . .	405	—	15.00	10.20	1.20	69.00	2.40	2.20	12.06	1.65	81.30	2.35	3.06	1.86
39	Desgl., Utoba	406	—	15.00	7.70	1.50	71.40	2.10	2.30	9.06	1.41	81.18	2.82	2.59	1.92
40	Desgl., Sommerweizen	409	—	15.00	8.90	1.60	70.00	2.20	2.30	10.47	1.88	83.26	2.59	2.70	1.68
41	Desgl., Sommerweizen	410	—	15.00	9.90	1.80	69.10	2.30	1.90	11.64	2.12	81.31	2.70	2.23	1.86
42	Desgl., Shiriff's square headed .	411	—	15.00	8.70	1.40	69.70	2.60	2.60	10.23	1.65	82.06	3.06	3.06	1.64
43	Desgl., Riesen-Sommerweizen . .	412	—	15.00	15.20	1.60	63.40	2.00	2.80	17.58	1.88	74.90	2.35	3.29	2.81
44	Desgl., Sommerweizen	413	—	15.00	10.00	1.90	68.70	2.50	1.90	11.76	2.23	80.84	2.94	2.23	1.88
45	Desgl., Mold's improved golden .	414	—	15.00	9.00	1.50	70.40	2.20	1.90	10.58	1.76	82.84	2.59	2.23	1.69
46	Desgl., Hallet	415	—	15.00	7.80	1.40	72.00	2.00	1.80	9.17	1.65	84.71	2.35	2.12	1.47

No.	Bezeichnungen und Bemerkungen	No. d. Haupttabelle	Jahr der Untersuchung	In der ursprünglichen Substanz: Wasser %	Nh-Substanz %	Rohfett %	Nfr. Extractstoffe %	Rohfaser %	Asche %	In der Trockensubstanz: Nh-Substanz %	Rohfett %	Nfr. Extractstoffe %	Rohfaser %	Asche %	Stickstoff in der Trocken-Substanz %
47	Desgl., Griechischer	416	—	15.00	9.90	1.40	68.90	2.30	2.50	11.64	1.65	81.07	2.70	2.94	1.86
48	Desgl., Rivett's bearded	417	—	15.00	7.60	1.30	69.30	2.00	1.70	8.94	1.53	85.18	2.35	2.00	1.43
49	Desgl., Juliweizen	418	—	15.00	8.90	1.70	70.70	2.30	1.40	10.47	2.00	83.18	2.70	1.65	1.68
50	Desgl., Spalding's prolific	419	—	15.00	9.90	1.50	68.80	2 40	2.20	11.64	1.76	81.19	2.82	2.59	1.86
51	Desgl., brauner Sommerweizen	420	—	15.00	11.10	1.50	66.80	2.00	2.60	13.05	1.76	79.78	2.35	3.06	2.09
52	Desgl.	421	—	15.00	10.50	1.40	69.00	2.30	1.80	12.34	1.65	81.19	2.70	2.12	1.97
53	Desgl., Shiriff's square headed	386	—	15.00	10.00	1.60	68.90	2.30	2.20	11.76	1.88	81.07	2.70	2.59	1.88
54	Desgl., kalkhaltiger, Höhenlage, glatter Sommerweizen	387	—	15.00	10.90	1.60	66.80	2.50	3.20	12.82	1.88	78.60	2.94	3.76	2.05
55	Desgl., kalkhaltiger, Winterweizen von Brennberg	129	—	13.39	10.87	—	—	—	2.04	12.56	—	—	—	2.36	2.01°
	Mittel			13.37[1])	11.10	1.53	69.49	2.44	2.07	12.81	1.77	80 21	2.82	2.39	2.05

Weizenkörner, auf leichterem (sandigerem) Lehmboden gewachsen.

No.	Bezeichnungen und Bemerkungen	No. d. Haupttabelle	Jahr der Untersuchung	Wasser %	Nh-Substanz %	Rohfett %	Nfr. Extractstoffe %	Rohfaser %	Asche %	Nh-Substanz %	Rohfett %	Nfr. Extractstoffe %	Rohfaser %	Asche %	Stickstoff in der Trocken-Substanz %
1	Sandiger Lehmboden, Winterweiz. von Triesdorf	132	—	12.43	12.62	—	—	—	—	14.44	—	—	—	—	2.31°
2	Desgl.	133	—	13.10	12.25	—	—	—	—	14.12	—	—	—	—	2.26°
3	Lehmiger, sandiger Boden, guter Gerstenboden zu Eldena, Trit. vulg. muticum, sächs. Wechselw.	160	—	—	—	—	—	—	—	18.25	—	—	—	—	2.92°
4	Desgl., Toucelle-W., unbegrannter	161	—	—	—	—	—	—	—	16.37	—	—	—	—	2.62°
5	Desgl., Schönermark's Kolbenw.	162	—	—	—	—	—	—	—	16.37	—	—	—	—	2.62°
6	Desgl., Dessauer Kolbenweizen	163	—	—	—	—	—	—	—	16.12	—	—	—	—	2.58°
7	Desgl., Hunter's Weizen	164	—	—	—	—	—	—	—	15.19	—	—	—	—	2.43°
8	Desgl., Spalding's prolific	165	—	—	—	—	—	—	—	15.19	—	—	—	—	2.43°
9	Desgl., Essex-Weizen	166	—	—	—	—	—	—	—	15.00	—	—	—	—	2.40°
10	Desgl., Standart rouge	167	—	—	—	—	—	—	—	14.81	—	—	—	—	2.37°
11	Desgl., Vipound-Weizen	168	—	—	—	—	—	—	—	14.81	—	—	—	—	2.37°
12	Desgl., Suffolk-Weizen	169	—	—	—	—	—	—	—	14.62	—	—	—	—	2.34°
13	Desgl., Daunton's, neuer	170	—	—	—	—	—	—	—	14.37	—	—	—	—	2.30°
14	Desgl., Bartweizen	171	—	—	—	—	—	—	—	14.19	—	—	—	—	2.27°
15	Desgl., Castilianischer Weizen	172	—	—	—	—	—	—	—	13.75	—	—	—	—	2.20°
16	Desgl., weisser, bengalischer W.	173	—	—	—	—	—	—	—	13.12	—	—	—	—	2.10°
17	Desgl-, Champignon-Weizen	174	—	—	—	—	—	—	—	13.62	—	—	—	—	2.18°
18	Desgl., begrannter Bartw. v. Neapel	175	—	—	—	—	—	—	—	12.44	—	—	—	—	1.99°
19	Desgl., Lama-Weizen	176	—	—	—	—	—	—	—	11.88	—	—	—	—	1.90°
20	Desgl., Klarke's Stanwick-Weizen	177	—	—	—	—	—	—	—	10.00	—	—	—	—	1.60°
21	Desgl., Clover's rother Kolbenw.	178	—	—	—	—	—	—	—	9.94	—	—	—	—	1.59°
22	Desgl., Preisweizen von Oxford	179	—	—	—	—	—	—	—	9.81	—	—	—	—	1.57°
23	Lehmiger, sandiger Boden, Trit. turgidum, blauer, englischer	180	—	—	—	—	—	—	—	14.25	—	—	—	—	2.28°
24	Desgl., violetter, englischer	181	—	—	—	—	—	—	—	13.75	—	—	—	—	2.20°
25	Desgl., Taganrog-Weizen	182	—	—	—	—	—	—	—	13.12	—	—	—	—	2.10°
26	Desgl., Riesenw. von St. Helena	183	—	—	—	—	—	—	—	12.00	—	—	—	—	1.92°
27	Sandiger Lehmboden, ausser aller Dungkraft, Mittel gedüngt	242	—	12.41	10.87	2.05	68.80	3.87	2.00	12.41	2.34	78.55	4.42	2.28	1.99

[1]) Nach obigem Mittel der Haupttabelle angenommen; der wirkliche mittlere Wassergehalt berechnet sich nach vorstehenden Analysen zu 12.45 %.

No.	Bezeichnungen und Bemerkungen	No. d. Haupttabelle	Jahr der Untersuchung	In der ursprünglichen Substanz: Wasser %	Nh-Substanz %	Rohfett %	Nfr. Extractstoffe %	Rohfaser %	Asche %	In der Trockensubstanz: Nh-Substanz %	Rohfett %	Nfr. Extractstoffe %	Rohfaser %	Asche %	Stickstoff in der Trockensubstanz %
28	Sandiger Lehmboden, Poppelsdorf, 1858er Ernte	252	—	12.07	15.28	—	—	2.81	2.12	17.37	—	77.02	3.20	2.41	2.78
29	Desgl., 1859er Ernte } desselben Weizens	253	—	13.40	14.00	1.13	65.46	4.07	1.94	16.17	1.31	75.58	4.70	2.24	2.59
30	Desgl., 1860er Ernte } desselben Weizens	254	—	15.48	10.96	1.19	68.71	1.67	1.99	12.97	1.41	81.29	1.98	2.35	2.08
31	Desgl., Sommerweizen	309	—	13.82	14.00	—	—	—	—	16.25	—	—	—	—	2.60^{0}
32	Desgl., Sommerweizen, ungedüngt	310	—	13.64	14.03	—	—	—	2.42	16.25	—	—	—	2.80	2.60^{0}
33	Desgl., P_2O_5-Düngung	311	—	13.50	15.27	—	—	—	2.08	17.65	—	—	—	2.41	2.82^{0}
34	Desgl., N-Düngung	312	—	13.70	18.55	—	—	—	2.10	21.50	—	—	—	2.43	3.44^{0}
35	Desgl., P_2O_5- u. N-Düngung	313	—	13.60	19.54	—	—	—	2.44	22.62	—	—	—	2.82	3.62^{0}
36	Desgl., Kaiserweizen	370	—	14.60	10.47	2.17	—	—	1.80	12.26	2.54	—	—	2.11	1.96
37	Im Fuldathal gebaut, Prolific	426	—	—	10.37	—	—	—	—	—	—	—	—	—	—
38	Sandiger Lehm, märkischer W.	382	—	15.00	14.20	1.10	64.60	2.00	3.10	16.70	1.29	76.01	2.35	3.65	2.67
39	Humoser Lehm, märkischer W.	388	—	15.00	10.20	1.60	68.60	2.30	2.30	12.00	1.88	80.72	2.70	2.70	1.92
40	Sandiger Lehm, rother Thon im Untergrund, ungedüngt	93	—	11.92	12.08	1.77	70.30	2.30	1.63	13.71	1.71	80.12	2.61	1.85	2.19
41	Lehm, Tiefland, Dallas	157	—	10.31	10.33	—	—	—	1.69	11.52	—	—	—	1.88	1.84
42	Sandiger Lehm, Michigan, Mittel von 21 Sorten	202—222	—	10.61	11.67	2.10	72.17	1.80	1.65	13.06	2.35	80.73	2.01	1.85	2.09
43	Lehmbod., unged., White Mediterr.	296	—	12.05	13.48	1.59	68.95	1.91	2.02	15.33	1.81	78.39	2.17	2.30	2.45
	Mittel			(13.37[1])	12.79	1.44	67.80	2.51	2.09	14.19	1.66	78.84	2.90	2.41	2.27

Weizenkörner, auf Sandboden gewachsen.

No.	Bezeichnungen und Bemerkungen	No. d. Haupttabelle	Jahr der Untersuchung	Wasser %	Nh-Substanz %	Rohfett %	Nfr. Extractstoffe %	Rohfaser %	Asche %	Nh-Substanz %	Rohfett %	Nfr. Extractstoffe %	Rohfaser %	Asche %	Stickstoff in der Trockensubstanz %
1	Vogesensandstein (Rheinpfalz)	135	—	13.11	11.94	—	—	—	—	13.62	—	—	—	—	2.18^{0}
2	Steriles Sandland, aber stark gedüngt	146	—	8.00	13.69	—	—	—	—	17.81	—	—	—	—	2.85^{0}
3	Desgl.	147	—	14.08	13.21	—	—	—	1.72	15.37	—	—	—	2.00P	2.46^{0}
4	Desgl.	148	—	12.08	13.09	1.78	—	—	1.76	15.00	2.03	—	—	2.00P	2.40^{0}
5	Sehr leichter Sandboden, ungedüngt, Nordamerika	102	—	12.26	12.78	1.83	69.59	1.96	1.58	14.57	2.09	79.31	2.23	1.80	2.33
6	Desgl.	103	—	12.10	10.50	2.01	71.84	1.75	1.80	11.55	2.29	82.12	1 99	2.05	1.85
7	Sandboden m. Thon im Untergrund, gedüngt, Nordamerika	116	—	12.20	12.60	2.09	69.57	1.88	1.66	14.35	2.38	79.24	2.14	1.89	2.30
8	Sandboden, armer, unged., Alabama, Mittel von 17 Sorten	139—155	—	10.94	11.36	2.21	71.84	1.62	2.03	12.96	2.48	80.46	1.82	2.28	2.07
9	Sandboden, Texas	294	—	8.88	15.23	2.34	69.44	2.09	2.02	16.71	2.57	76.21	2.29	2.22	2.67
	Mittel			(13.37[2])	12.70	2.00	68.36	1.81	1.76	14.66	2.31	78.91	2.09	2.03	2.35

Weizenkörner, auf Kalkboden gewachsen.

No.	Bezeichnungen und Bemerkungen	No. d. Haupttabelle	Jahr der Untersuchung	Wasser %	Nh-Substanz %	Rohfett %	Nfr. Extractstoffe %	Rohfaser %	Asche %	Nh-Substanz %	Rohfett %	Nfr. Extractstoffe %	Rohfaser %	Asche %	Stickstoff in der Trockensubstanz %
1	Kalkboden mit seichter Krume, auf Isargerölle	125	—	14.33	10.31	—	—	—	—	12.06	—	—	—	—	1.93^{0}
2	Desgl., Sommerweizen	126	—	13.47	12.44	—	—	—	1.90	14.31	—	—	—	2.19	2.29^{0}
3	Kalkboden, Pennsylvania, Burkholder-Weizen	82	—	10.78	10.15	1.93	73.53	1.69	1.93	11.38	2.06	82.51	1.89	2.16	1.82
4	Desgl., Pennsylv.-Amber-Weizen	83	—	10.72	11.38	1.91	72.06	1.95	1.98	12.62	2.12	80.90	2.16	2.20	2.02
5	Desgl., Fultz-Weizen	84	—	11.45	13.65	1.46	69.61	1.86	1.97	15.41	1.65	78.62	2.10	2.22	2.47

[1]) Nach obigem Mittel der Haupttabelle angenommen; der wirkliche mittlere Wassergehalt berechnet sich nach vorstehenden Analysen zu 12.23%.
[2]) Nach obigem Mittel der Haupttabelle angenommen; der wirkliche mittlere Wassergehalt berechnet sich nach vorstehenden Analysen zu 11.52%.

No	Bezeichnungen und Bemerkungen	No. d. Haupt-tabelle	Jahr der Untersuchung	In der ursprünglichen Substanz: Wasser %	Nh-Substanz %	Rohfett %	Nfr. Extractstoffe %	Rohfaser %	Asche %	In der Trockensubstanz: Nh-Substanz %	Rohfett %	Nfr. Extractstoffe %	Rohfaser %	Asche %	Stickstoff in der Trockensubstanz %
6	Kalksteinboden mit etwas Lehm u. Sandmergel	224	—	10.53	14.53	1.99	69.55	1.61	1.79	16.24	2.22	77.74	1.80	2.00	2.60
7	Desgl.	225	—	10.96	14.00	1.94	69.89	1.69	1.52	15.72	2.18	78.50	1.89	1.71	2.52
8	Kalkboden, grauer, Tiefland, unged.	295	—	11.61	12.08	2.08	70.62	1.92	1.69	13.66	2.85	79.41	2.17	1.91	2.18
9	Limeston land, New Jersey . .	496	—	13.30	11.30	1.70	69.62	1.90	2.09	13.03	1.96	80.41	2.19	2.41	2.08
10	Kreideboden (gray rock, gravel soil)	497	—	13.67	12.50	1.74	68.34	1.93	1.82	13 32	7.01	75.33	2.23	2.11	2.12
	Mittel			13.37[1])	11.94	2.39	68.70	1.78	1.82	13.78	2.76	79.31	2.05	2.10	2.20

Weizenkörner, nach ihrer Mehligkeit. Harte, glasige.

No	Bezeichnungen und Bemerkungen	No. d. Haupt-tabelle	Jahr der Untersuchung	Wasser %	Nh-Substanz %	Rohfett %	Nfr. Extractstoffe %	Rohfaser %	Asche %	Nh-Substanz %	Rohfett %	Nfr. Extractstoffe %	Rohfaser %	Asche %	Stickstoff in der Trockensubstanz %
1	Xeres-Weizen, sehr hart . . .	38	1851/52	13.60	10.47	—	—	—	1.65	12.12	—	—	—	1.91	1.94^{0}
2	Sommerweizen aus Sicilien, hart .	41	„	14.25	11.79	—	—	—	1.81	13.75	—	—	—	2.11	2.20^{0}
3	Polnischer Weizen, sehr hart .	45	„	12.20	14.32	—	—	—	1.91	16.31	—	—	—	2.18	2.61^{0}
4	Rother Weizen aus d. Prov. Oran	78	„	12.01	13.38	2.03	69.01	1.80	1.77	15.20	2.31	78.44	2.04	2.01	2.43
5	Weisser W. a. d. Prov. Constantine	79	„	12.15	13.05	2.10	69.35	1.58	1.77	14.85	2.40	78.94	1.80	2.01	2.38
6	Weizen von Mitidja	80	„	12.67	13.81	2.03	67.29	2.10	2.10	15.81	2.32	77.07	2.40	2.40	2.53
7	Russischer Weizen	86	1855	—	13.94	—	—	—	—	—	—	—	—	—	—
8	Grober Auvergne-Weizen . . .	96	„	—	15.12	—	—	—	—	—	—	—	—	—	—
9	Sommerweizen v. Schleissheim .	126	1856	13.47	12.44	—	—	—	1.90	14.31	—	—	—	2.19	2.29^{0}
10	Winterweizen von Mönchshofen .	127	„	11.04	12.44	—	—	—	1.68	14.00	—	—	—	1.89	2.24^{0}
11	Desgl. von Gelchsheim	134	„	13.16	12.50	—	—	—	1.77	14.44	—	—	—	2.04	2.31^{0}
12	Wunderweizen, glasig	146	1857	8.00	16.39	—	—	—	—	17.81	—	—	—	—	2.85^{0}
13	Weizen von Tunis	147	„	14.08	13.21	—	—	—	1.72	15.37	—	—	—	2.00P	2.46^{0}
14	Mumienweizen	148	„	12.08	13.09	1.78	—	—	1.76	15.00	2.03	—	—	2.00P	2.40^{0}
15	Brauner Bartweizen, Sommerw. .	153	„	12.02	13.14	1.94	—	—	—	14.94	2.20	—	—	—	2.39^{0}
16	Weisser Bartweizen, Sommerw. .	154	„	15.33	12.28	—	—	—	—	14.50	—	—	—	—	2.32^{0}
17	Glatter Sommerweizen von Lohr .	156	„	—	—	—	—	—	—	12.75	—	—	—	—	2.04^{0}
18	Desgl.	157	„	—	—	—	—	—	—	10.87	—	—	—	—	1.74^{0}
19	Desgl. von Schwebheim . . .	158	„	12.80	8.89	1.23	—	—	—	10.12	1.40	—	—	—	1.62^{0}
20	Sächsischer Wechselweizen . .	160	„	—	—	—	—	—	—	18.25	—	—	—	—	2.92^{0}
21	Bartweizen	171	„	—	—	—	—	—	—	14.19	—	—	—	—	2.27^{0}
22	Taganrog-Weizen	182	„	—	—	—	—	—	—	13.12	—	—	—	—	2.10^{0}
23	Riesenweizen von St. Helena . .	183	„	—	—	—	—	—	—	12.00	—	—	—	—	1.92^{0}
24	Henton-W., Poppelsdorf, 2. Gener.	189	„	—	—	—	—	—	—	12.31	—	—	—	—	1.97^{0}
25	W. v. d. Balearen (Malorca Arta)	205	„	—	—	—	—	—	—	15.31	2.70	—	—	2.13P	2.45^{0}
26	Weizen v. d. Höhen b. Barcelona	207	„	—	—	—	—	—	—	14.25	1.73	—	—	2.30P	2.28^{0}
27	Weizen v. d. Ebene b. Barcelona	210	„	—	—	—	—	—	—	11.81	2.53	—	—	—	1.89^{0}
28	W. v. d. Balearen (Malorca Palma)	211	„	—	—	—	—	—	—	11.56	2.40	—	—	2.00P	1.85^{0}
29	Weizen von Andalusien (Sevilla) .	212	„	—	—	—	—	—	—	11.25	2.23	—	—	1.88P	1.80^{0}
30	Sommerweizen aus Russland . .	213	„	—	—	—	—	—	—	21.69	—	—	—	—	3.47^{0}
31	Sommerw., rother, aus Russsland	214	„	—	—	—	—	—	—	16.56	—	—	—	—	2.65^{0}
32	Desgl.	215	„	—	—	—	—	—	—	14.94	—	—	—	—	2.39^{0}
33	Desgl.	216	„	—	—	—	—	—	—	14.81	2.13	—	—	2.27P	2.37^{0}
34	Desgl.	217	„	—	—	—	—	—	—	14.56	2.30	—	—	—	2.33^{0}
35	Desgl.	218	„	—	—	—	—	—	—	14.25	—	—	—	—	2.28^{0}
36	Blé dur I, Oran	220	„	—	—	—	—	—	—	15.50	2.40	—	—	2.10P	2.48^{0}
37	Desgl.	221	„	—	—	—	—	—	—	15.31	—	—	—	—	2.45^{0}

[1]) Nach obigem Mittel der Haupttabelle angenommen; der wirkliche mittlere Wassergehalt berechnet sich nach vorstehenden Analysen zu 12.23 %.

No.	Bezeichnungen und Bemerkungen	No. d. Haupttabelle	Jahr der Untersuchung	In der ursprünglichen Substanz						In der Trockensubstanz					Stickstoff in der Trockensubstanz
				Wasser %	Nh-Substanz %	Rohfett %	Nfr. Extractstoffe %	Rohfaser %	Asche %	Nh-Substanz %	Rohfett %	Nfr. Extractstoffe %	Rohfaser %	Asche %	%
38	Blé dur I, Oran	222	1857	—	—	—	—	—	—	15.00	—	—	—	—	2.40
39	Blé dur II, Oran	223	„	—	—	—	—	—	—	15.37	1.30	—	—	—	2.46
40	Desgl.	224	„	—	—	—	—	—	—	14.94	—	—	—	—	2.39
41	Desgl.	225	„	—	—	—	—	—	—	14.81	2.20	—	—	2.80	2.37
42	Aus Australien, 1851	238	„	—	—	—	—	—	—	10.00	1.60	—	—	—	1.60
43	Desgl.	239	„	—	—	—	—	—	—	9.94	—	—	—	—	1.59
44	Aus Indien	240	„	—	—	—	—	—	—	14.62	—	—	—	—	2.34
45	Aus Orenburg	257	1865	12.86	23.14	1.77	—	—	—	26.56	2.03	—	—	—	4.25
46	Aus Walniki	258	„	11.23	23.52	1.21	—	—	—	26.50	1.36	—	—	—	4.24
47	Aus Kupjansk	260	„	11.61	21.99	—	—	—	—	24.87	—	—	—	—	3.98
48	Aus Kosaken	264	„	10.88	20.44	1.73	—	—	—	22.93	1.94	—	—	—	3.67
49	Aus Novousensk	265	„	9.97	20.59	1.74	—	—	—	22.87	1.93	—	—	—	3.66
50	Aus Nowoioskol	269	„	11.00	19.70	—	—	—	—	22.25	—	—	—	—	3.56
51	Aus Theodosia	273	„	10.72	17.41	1.79	—	—	—	19.50	2.12	—	—	—	3.12
52	Desgl.	274	„	10.97	15.58	—	—	—	—	17.50	—	—	—	—	2.80
53	Aus Eriwan	277	„	10.10	24.16	—	—	—	—	27.88	—	—	—	—	4.30
54	Aus Imiretien	279	„	10.49	18.74	1.76	—	—	—	20.94	1.97	—	—	—	3.35
55	Aus Tiflis	280	„	11.55	14.99	—	—	—	—	16.37	—	—	—	—	2.62
56	Sommerweizen aus Jekaterinoslaw	313	1870	11.81	18.79	—	—	—	—	21.31	—	—	—	—	3.41
57	Rheinischer Sommerweizen	316	„	16.16	16.35	—	—	—	—	19.50	—	—	—	—	3.12
58	Galizischer Sommerweizen	317	„	13.21	17.36	—	—	—	—	20.00	—	—	—	—	3.20
59	Gelbähriger Sommerbinkel	319	„	13.27	16.04	—	—	—	—	18.50	—	—	—	—	2.96
60	Sommer-Igelweizen	321	„	13.80	19.56	—	—	—	—	22.69	—	—	—	—	3.63
61	Sommer-Bartweizen, blauähriger	323	„	14.19	17.43	—	—	—	—	20.31	—	—	—	—	3.25
62	Desgl., weisser, gemeiner	325	„	13.33	17.17	—	—	—	—	19.81	—	—	—	—	3.17
63	Victoria	327	„	14.33	18.42	—	—	—	—	21.50	—	—	—	—	3.44
64	Sommer-Igelweizen, braunsamiger	329	„	13.76	15.90	—	—	—	—	18.44	—	—	—	—	2.95
65	Fernweizen	331	„	13.87	16.74	—	—	—	—	19.44	—	—	—	—	3.11
66	Hartweizen aus Algier	333	„	13.00	11.80	—	—	—	—	13.56	—	—	—	—	2.17
67	Aus Neuschottland	335	„	13.20	16.87	—	—	—	—	19.44	—	—	—	—	3.11
68	Aus Poppelsdorf, Sommerweizen	336	„	15.88	13.77	—	—	—	—	16.37	—	—	—	—	2.62
69	Aus Poppelsdorf, Rhein. Klingw.	337	„	15.55	13.77	—	—	—	—	16.31	—	—	—	—	2.61
70	Ungarischer aus Kezthely	338	„	13.78	13.85	—	—	—	—	16.06	—	—	—	—	2.25
		Amerik. Haupttabelle W.-W.													
71	Vermont, Cross	57	1881	10.87	10.69	2.04	72.13	2.52	1.75	11.99	2.29	80.93	2.83	1.96	1.92
72	Champion Amber	59	„	8.95	11.03	2.21	74.56	1.35	1.90	12.13	2.43	81.87	1.48	2.09	1.94
73	Lemon	60	„	8.35	15.58	2.51	70.13	1.53	1.90	17.00	2.74	76.52	1.67	2.07	2.72
74	Gold Medal	61	„	8.60	9.80	2.37	76.05	1.38	1.80	10.72	2.59	83.21	1.51	1.97	1.72
75	German Amber	62	„	7.60	11.03	2.64	75.98	1.05	1.70	11.93	2.86	82.23	1.14	1.84	1.91
76	Washington Glass	63	„	8.45	12.08	2.23	73.44	1.75	2.05	13.19	2.44	80.22	1.91	2.24	2.09
77	Swamp	64	„	9.95	12.78	2.13	71.94	1.55	1.65	14.19	2.36	79.90	1.72	1.83	2.27
78	Hedge's Prolific	65	„	10.00	10.68	1.77	75.07	1.33	1.15	11.87	1.97	83.40	1.48	1.28	1.90
79	Glick	66	„	11.55	12.25	2.10	70.50	1.80	1.80	13.85	2.38	79.69	2.04	2.04	2.22
80	Champion Amber	67	„	9.90	11.20	2.41	72.74	1.90	1.85	12.43	2.68	80.73	2.11	2.05	1.99
81	Medit, White Chaff	68	„	10.05	12.08	2.30	72.04	1.83	1.70	13.43	2.56	80.08	2.04	1.89	2.15
82	Sandimika	69	„	11.30	12.60	2.15	71.05	1.60	1.30	14.20	2.42	80.11	1.80	1.47	2.27
83	Fultz	70	„	11.40	10.50	1.51	74.79	0.90	0.90	11.85	1.70	84.32	1.02	1.11	1.90
84	Gold-Dust	71	„	11.45	10.50	1.61	74.61	1.03	0.80	11.85	1.82	84.27	1.16	0.90	1.90
85	Eureka	72	„	10.50	11.55	2.14	72.86	1.60	1.35	12.90	2.39	81.41	1.79	1.51	2.06

No.	Bezeichnungen und Bemerkungen	Amerik. Haupt-tabelle W.-W.	Jahr der Untersuchung	In der ursprünglichen Substanz: Wasser %	Nh-Substanz %	Rohfett %	Nfr. Extractstoffe %	Rohfaser %	Asche %	In der Trockensubstanz: Nh-Substanz %	Rohfett %	Nfr. Extractstoffe %	Rohfaser %	Asche %	Stickstoff in der Trockensubstanz %
86	Washington Glass	73	1881	10.40	11.55	1.90	73.87	1.23	1.05	12.89	2.12	82.45	1.37	1.17	2.06
87	Clawson	74	„	10.60	11.38	2.09	72.10	2.23	1.60	12.73	2.34	80.65	2.49	1.79	2.04
88	Gold Medal	75	„	11.45	10.68	1.39	74.60	0.98	0.90	12.06	1.57	84.24	1.11	1.02	1.93
89	Mediterrranean	77	„	8.85	11.55	2.25	74.45	1.25	1.65	12.67	2.47	81.68	1.37	1.81	2.03
90	Fultz	78	„	9.55	9.45	2.30	75.20	1.70	1.80	10.45	2.54	83.14	1.88	1.99	1.67
91	Clawson	80	„	11.35	11.20	1.90	71.90	1.75	1.90	12.62	2.14	81.13	1.97	2.14	2.02
92	Hybrid	81	„	11.50	11.20	2.22	71.80	1.78	1.50	12.66	2.51	81.12	2.01	1.70	2.03
93	Martin's Amber	85	„	11.30	13.13	—	—	—	2.03	14 80	—	—	—	2.29	2.37
94	Rice	86	„	8.40	12.43	2.67	71.59	1.56	2.15	13.57	2.92	79.46	1.70	2.35	2.17
95	Fultz	87	„	11.06	14.53	2.32	70.97	1.63	1.85	11.22	2.23	82.62	1.91	2.02	1.79
96	Rice	88	„	10.00	9.98	1.98	73.43	1.70	1.80	11.08	2.20	82.83	1.89	2.00	1.77
97	Fultz, nach Mais, gedüngt	91	„	11.34	9.80	2.27	73.21	1.72	1.66	11.05	2.57	82.55	1.94	1.87	1.77
98	Fultz, Brachland	92	„	11.38	10.85	1.55	72.99	1.59	1.64	12.24	1.75	82.37	1.79	1.85	1.96
99	Mc. Gehee's Red	94	„	8.80	13.65	2.49	72.53	1.48	1.05	14.96	2.73	79.54	1.62	1.15	2.39
100	Finlay	95	„	9.45	11.72	2.38	73.67	1.18	1.60	12.94	2.63	81.36	1.30	1.77	2.07
101	Hybrid	96	„	11.54	12.78	2.00	70.30	1.73	1.65	14.44	2.26	79.49	1.95	1.86	2.31
102	Shenandoah 1	97	„	9.45	14.00	2.18	70.02	1.90	2.45	15.46	2.41	77.33	2.10	2.70	2.46
103	Desgl. 2	98	„	11.15	10.15	2.56	72.77	1.78	1.60	11.42	2.88	81.90	2.00	1.80	1.83
104	Desgl. 3	99	„	9.28	11.55	2.38	73.16	1.63	2.00	12.73	2.62	80.65	1.80	2.20	2.04
105	Harrison	100	„	11.14	11.73	2.46	71.11	1.70	1.86	13.20	2.77	80.03	1.91	2.09	2.11
106	Dallas	111	„	7.95	12.60	2.48	73.17	1.65	2.15	13.68	2.69	79.51	1.79	2.33	2.17
107	Bennet	112	„	8.05	14.00	2.22	72.30	1.38	2.05	15.22	2.41	78.64	1.50	2.23	2.44
108	Italian White	113	„	11.22	9.45	2.68	73.47	1.48	1.70	10.64	3.02	82.76	1.67	1.91	1.70
109	Purple Straw	114	„	10.49	10.15	2.12	73.46	1.48	2.30	11.33	2.37	82.08	1.65	2.57	1.81
110	Red Mediterranean	115	„	9.19	12.43	2.13	72.18	2.03	2.04	13.69	2.35	79.47	2.24	2.25	2.17
111	Desgl.	116	„	12.20	12.60	2.09	69.57	1.88	1.66	14.35	2.38	79.24	2.14	1.89	2.30
112	Kivet	117	„	11.70	11.03	2.22	71.22	2.28	1.55	12.50	2.52	80.64	2.58	1.76	2.00
113	Desgl.	118	„	11.65	8.93	2.11	73.86	1.65	1.80	10.11	2.39	83.61	1.87	2.04	1.62
114	Desgl.	119	„	10.15	12.25	2.15	72.52	1.43	1.50	13.63	2.39	80.72	1.59	1.67	2.18
115	Desgl.	120	„	10.90	9.98	2.32	73.18	2.12	1.50	11.20	2.60	82.14	2.38	1.68	1.79
116	Purple Straw	129	„	9.40	10.15	2.47	74.58	1.70	1.70	11.21	2.73	82.30	1.88	1.88	1.79
117	Desgl.	130	„	10.55	11.90	2.42	72.12	1.66	1.35	13.30	2.71	80.62	1.86	1.51	2.13
118	Davis	131	„	8.45	11.73	2.28	73.26	2.53	1.75	12.81	2.49	82.03	2.76	1.91	2.05
119	Desgl.	132	„	8.35	10.68	2.43	76.50	0.44	1.60	11.65	2.65	83.47	0.48	1.75	1.96
120	Desgl.	133	„	11.05	12.43	2.31	70.85	1.81	1.55	13.97	2.60	81.66	2.03	1.74	2.24
121	Hick's prolific	137	„	8.15	9.63	2.20	76.64	1.53	1.85	10.48	2.38	83.46	1.67	2.01	1.68
122	Clawson	144	„	9.81	9.98	1.94	74.37	1.81	2.09	11.07	2.15	82.45	2.01	2.32	1.77
123	Bill Dallas	146	„	11.03	10.15	2.01	73.72	1.32	1.77	11.41	2.26	82.86	1.48	1.99	1.83
124	Purple Straw	152	„	12.12	12.78	2.40	68.99	1.77	1.94	14.54	2.73	78.51	2.01	2.21	2.33
125	Kilpatric Rust Proof	153	„	12.36	12.25	2.13	69.89	1.49	1.88	13.98	2.43	79.74	1.70	2.15	2.24
126	Hughes Rust Proof	154	„	12.18	13.65	2.07	68.52	1.68	1.90	15.55	2.36	78.02	1.91	2.16	2.49
127	Red Mediterranean	155	„	9.68	12.25	2.22	72.29	1.55	2.01	13.56	2.46	80.04	1.71	2.23	2.17
128	Dallas	156	„	9.29	11.20	—	—	—	1.79	12.34	—	—	—	1.97	1.97
129	Desgl.	157	„	10.31	10.33	—	—	—	1.69	11.52	—	—	—	1.88	1.84
130	Michigan Amber	159	„	11.30	11.73	1.40	71.80	1.78	1.99	13.22	1.58	80.95	2.01	2.24	2.12
131	Pool	167	„	10.60	12.08	—	—	—	1.90	13.52	—	—	—	2.13	2.16
132	Theiss	169	„	10.95	13.83	—	—	—	2.00	15.53	—	—	—	2.25	2.48
133	Michigan Amber	170	„	10.42	11.73	—	—	—	2.06	13.24	—	—	—	2.35	2.12
134	Nigger	179	„	10.67	11.38	—	—	—	1.81	12.75	—	—	—	2.03	2.04

No.	Bezeichnungen und Bemerkungen	Amerik. Haupt-tabelle W.-W.	Jahr der Untersuchung	In der ursprünglichen Substanz: Wasser %	Nh-Substanz %	Rohfett %	Nfr. Extractstoffe %	Rohfaser %	Asche %	In der Trockensubstanz: Nh-Substanz %	Rohfett %	Nfr. Extractstoffe %	Rohfaser %	Asche %	Stickstoff in der Trockensubstanz %
135	Lancaster	184	1881	9.90	15.05	—	—	—	2.15	16.71	—	—	—	2.39	2.67
136	Rogers	185	„	9.48	13.48	—	—	—	1.65	14.90	—	—	—	1.82	2.38
137	Red Fultz	186	„	11.32	13.30	—	—	—	2.05	15.00	—	—	—	2.31	2.40
138	Tasmanian	187	„	10.60	13.65	—	—	—	2.05	15.17	—	—	—	2.29	2.43
139	Michigan Bronze	188	„	10.58	10.68	—	—	—	1.89	11.94	—	—	—	2.11	1.91
140	Velvet Chaff	190	„	10.16	15.23	—	—	—	2.10	16.95	—	—	—	2.34	2.71
141	German Amber	191	„	9.75	14.70	—	—	—	2.02	16.29	—	—	—	2.44	2.61
142	Mediterranean	195	„	11.13	16.10	—	—	—	2.13	18.11	—	—	—	2.40	2.90
143	Martin's Amber	196	„	11.32	12.25	—	—	—	2.03	13.82	—	—	—	2.29	2.21
144	Fultz	197	„	11.37	13.13	—	—	—	2.00	14.81	—	—	—	2.26	2.37
145	Heighe's Prolific	198	„	10.05	13.48	—	—	—	1.79	14.99	—	—	—	1.99	2.40
146	Sandomirka	201	„	11.76	13.83	—	—	—	1.88	15.67	—	—	—	2.13	2.51
147	Osterey	202	„	10.16	10.85	1.51	73.41	2.02	2.05	12.08	1.68	81.71	2.25	2.38	1.93
148	Jersey Red	205	„	9.05	11.73	2.17	73.17	2.18	1.70	12.90	2.39	80.86	1.98	1.87	2.06
149	Powers	206	„	9.70	10.50	1.79	75.91	1.05	1.05	11.62	1.98	82.83	2.41	1.16	1.78
150	Dot	207	„	9.70	12.43	2.23	71.94	1.80	1.90	13.76	2.47	80.51	1.16	2.10	2.20
151	Lancaster Red	210	„	11.25	12.95	2.21	69.96	1.83	1.80	14.59	2.49	78.83	2.06	2.03	2.33
152	Velvet Chaff	211	„	11.50	14.00	2.17	68.60	1.68	2.05	15.82	2.45	77.51	1.90	2.32	2.53
153	Shumaker	212	„	11.10	12.60	1.97	71.38	1.60	1.35	14.18	2.22	80.28	1.80	1.52	2.27
154	Armstrong	213	„	11.60	10.68	2.30	72.62	2.10	1.70	11.95	2.57	81.23	2.35	1.90	1.91
155	Shumaker	222	„	10.05	9.13	2.45	74.01	2.28	2.08	10.15	2.72	82.28	2.54	2.31	1.62
156	Fultz	224	„	10.55	11.90	2.30	71.87	1.98	1.40	13.30	2.57	80.35	2.21	1.57	2.13
157	Rice	225	„	10.53	14.53	1.99	69.55	1.61	1.79	16.24	2.22	77.74	1.80	2.00	2.60
158	Desgl.	226	„	10.96	14.00	1.94	69.89	1.69	1.52	15.72	2.18	78.49	1.90	1.71	2.52
159	Fultz	227	„	12.44	12.78	1.87	69.44	1.71	1.76	14.59	2.14	79.31	1.95	2.01	2.33
160	Swamp	232	„	7.10	16.63	2.08	70.24	1.85	2.10	17.89	2.24	75.62	1.99	2.26	2.86
161	Tennessee Amber	233	„	9.90	11.90	2.09	72.78	1.48	1.85	13.21	2.32	80.78	1.64	2.05	2.11
162	Spark's Swamp	234	„	10.24	11.55	2.31	72.37	1.73	1.80	12.87	2.57	80.62	1.93	2.01	2.06
163	Rice	235	„	9.19	9.98	2.15	74.40	2.24	2.04	10.99	1.37	82.93	2.46	2.25	1.76
164	Red	240	„	11.85	10.85	2.00	71.57	1.83	1.90	12.30	2.27	81.20	2.08	2.15	1.93
165	California Gold Chaff	244	„	10.26	15.40	1.69	68.72	2.21	1.72	17.16	1.88	76.58	2.46	1.92	2.75
166	Swamp	245	„	8.95	11.90	2.20	73.60	2.70	1.65	13.07	2.42	79.74	2.96	1.81	2.09
167	Castle Fife	249	„	10.98	10.68	2.11	72.20	1.83	2.20	11.99	2.37	81.11	2.06	2.47	1.92
168	Egyptian	250	„	10.44	13.30	1.77	70.99	1.55	1.95	14.86	1.98	79.25	1.73	2.18	2.38
169	Yellow	259	„	7.69	11.59	2.11	75.17	1.53	1.91	12.55	2.29	81.43	1.66	2.07	2.01
170	Fultz	260	„	10.28	10.50	2.28	72.86	2.28	1.80	11.70	2.54	81.21	2.54	2.01	1.87
171	Shumaker	261	„	8.64	12.44	2.33	72.11	2.49	1.99	13.62	2.55	78.93	2.73	2.17	2.18
172	Zimmermann	262	„	9.18	11.38	2.35	72.51	2.57	2.01	12.53	2.59	79.84	2.83	2.21	2.00
173	Clawson	263	„	9.18	11.19	2.16	73.28	2.28	1.91	12.32	2.38	80.69	2.51	2.10	1.97
174	Russian No. 2	264	„	8.43	11.00	2.23	73.53	2.72	2.09	12.01	2.54	80.20	2.97	2.28	1.92
175	Smooth Mediterranean	265	„	9.45	11.75	1.80	72.43	2.68	1.89	12.97	1.99	79.99	2.96	2.09	2.08
176	Silver Chaff	266	„	10.99	11.19	2.42	70.89	2.29	2.22	12.57	2.72	79.65	2.57	2.49	2.01
177	Osterey	267	„	11.48	11.43	2.36	70.95	1.88	1.90	12.93	2.67	80.12	2.13	2.15	2.07
178	Rice	268	„	9.36	14.00	2.37	70.62	1.77	1.88	15.44	2.61	77.93	1.95	2.07	2.47
179	Tennessee Amber	269	„	9.41	10.50	2.35	74.01	1.85	1.88	11.60	2.59	81.69	2.04	2.08	1.86
180	Aus Kansas	273	„	11.36	12.25	1.91	70.18	2.76	1.54	13.82	2.15	79.18	3.11	1.74	2.21
181	Aus Texas	281	„	9.70	12.95	2.56	71.14	1.99	1.66	14.34	2.83	77.39	1.60	1.84	2.29
182	Desgl.	282	„	9.26	14.35	1.94	70.19	2.08	2.18	15.81	2.14	77.36	2.29	2.40	2.53
183	Desgl.	283	„	9.36	13.65	2.15	70.95	2.25	1.64	15.06	2.37	78.27	2.48	1.82	2.41

No.	Bezeichnungen und Bemerkungen	Amerik. Haupttabelle	Jahr der Untersuchung	In der ursprünglichen Substanz: Wasser %	Nh-Substanz %	Rohfett %	Nfr. Extractstoffe %	Rohfaser %	Asche %	In der Trockensubstanz: Nh-Substanz %	Rohfett %	Nfr. Extractstoffe %	Rohfaser %	Asche %	Stickstoff in der Trockensubstanz %
		W.-W.													
184	Aus Texas	282	1881	9.50	11.03	2.00	73.86	2.01	1.60	12.19	2.21	81.61	2.22	1.77	1.93
185	Desgl.	287	„	10.26	13.65	1.96	70.37	1.90	1.86	15.21	2.18	78.42	2.12	2.07	2.43
186	Red Mediterranean	295	„	8.88	15.23	2.34	69.44	2.09	2.02	16.71	2.57	76.21	2.29	2.23	2.67
187	Desgl.	296	„	11.61	12.08	2.08	70.62	1.92	1.69	13.67	2.35	79.90	2.17	1.91	2.19
188	Nicaraguan	298	„	9.94	11.73	2.29	72.75	1.71	1.58	13.02	2.54	80.70	1.99	1.75	2.08
189	Saskatchiwan	299	„	8.85	15.58	—	—	—	1.92	17.11	—	—	—	2.11	2.74
190	Manitoba	300	„	7.84	13.48	—	—	—	1.33	14.63	—	—	—	1.44	2.34
191	El Dorado	305	„	10.55	11.75	2.43	71.93	1.10	2.24	13.14	2.72	80.41	1.23	2.50	2.10
192	Imperial Fife	307	„	9.48	15.94	2.31	68.00	1.63	2.64	17.61	2.55	75.12	1.80	2.92	2.82
193	Mc. Gehee's Red	310	„	7.85	14.00	1.97	72.53	1.80	1.85	15.19	2.14	78.71	1.95	2.01	2.43
194	Finley	311	„	9.30	12.60	2.36	72.16	1.73	1.85	13.90	2.60	79.55	1.91	2.04	2.22
195	Champion Amber	312	„	8.20	11.90	2.47	73.68	1.55	2.21	12.96	2.69	80.25	1.69	2.41	2.07
196	Dallas	313	„	10.05	14.53	2.46	69.38	1.73	1.85	16.16	2.74	77.12	1.92	2.06	2.59
197	Bennet	314	„	7.85	13.65	2.58	71.67	2.05	2.20	14.81	2.80	77.78	2.22	2.39	2.37
198	Lemon	315	„	8.45	12.43	2.14	73.25	1.68	2.05	13.57	2.34	80.01	1.84	2.24	2.17
199	Gold Medal	316	„	9.25	12.25	2.26	72.71	1.73	1.80	13.50	2.49	80.12	1.91	1.98	2.16
200	Rice	318	„	8.50	14.18	2.39	70.86	1.97	2.10	15.50	2.61	77.44	2.15	2.30	2.48
201	Washington Glass	319	„	8.60	11.55	2.41	74.31	1.18	1.95	12.64	2.64	81.30	1.29	2.13	2.02
202	Swamp	320	„	10.15	14.35	2.29	69.31	1.85	2.05	15.97	2.55	77.13	2.07	2.28	2.56
203	Wysor	321	„	8.55	12.60	2.20	72.27	2.13	2.25	13.77	2.40	79.07	2.33	2.43	2.20
204	No. 6 El Dorado	324	„	9.53	9.80	—	—	—	1.95	10.83	—	—	—	2.15	1.73
205	Russian	327	„	8.15	12.25	—	—	—	2.07	13.34	—	—	—	2.25	2.13
206	Blount's Hybrid No. 29 . . .	335	„	9.33	9.10	—	—	—	1.91	10.04	—	—	—	2.11	1.61
207	Desgl. No. 36	338	„	9.08	10.68	—	—	—	2.00	11.74	—	—	—	2.20	1.88
208	Judkin	359	„	9.75	12.25	2.42	71.31	1.70	2.57	13.57	2.68	79.02	1.88	2.85	2.17
209	Pringles No. 7	372	„	9.89	15.25	2.20	68.65	1.78	2.23	16.93	2.44	76.17	1.98	2.48	2.71
210	Hybrid No. 10	379	„	9.72	13.75	2.16	70.77	1.32	2.28	15.24	2.39	78.38	1.46	2.53	2.44
211	Desgl. No. 15	384	„	10.07	12.25	2.68	71.50	1.57	1.93	13.62	2.98	79.50	1.75	2.15	2.18
212	Desgl. No. 17	390	„	9.93	13.62	3.93	68.86	1.59	2.07	15.12	4.36	76.46	1.76	2.30	2.42
213	Fountain	393	„	10.58	13.62	2.15	69.63	1.32	2.70	15.23	2.40	77.87	1.48	3.02	2.44
214	Perfection	397	„	9.93	14.18	2.32	70.03	1.55	1.99	15.74	2.58	77.74	1.72	2.22	2.52
215	Triticum	401	„	10.02	13.62	2.65	69.53	1.51	2.67	15.13	2.94	77.25	1.71	2.97	2.42
216	Russian durum	403	„	9.91	15.25	2.00	68.78	1.54	2.32	16.93	2.22	76.56	1.71	2.58	2.71
217	Hybrid No. 34	414	„	8.42	12.08	1.99	73.31	1.95	2.25	13.19	2.17	80.05	2.13	2.46	2.11
218	Nox 3	445	„	8.43	14.53	2.80	70.79	1.40	2.05	15.87	3.06	77.30	1.53	2.24	2.52
219	Winnipeg	462	„	7.39	14.18	2.84	71.81	1.78	2.00	15.31	3.07	77.54	1.92	2.16	2.45
220	Fultz	485	„	10.20	12.25	—	—	—	1.49	13.65	—	—	—	1.66	2.18
221	Tappahanock	488	„	9.65	8.75	—	—	—	2.02	9.69	—	—	—	2.24	1.55
		S.-W.													
222	Aus Georgia	7	„	10.92	11.20	2.40	71.55	2.13	1.80	12.58	2.70	80.31	2.39	2.02	2.01
223	Aus Dakota, Scotch Fife . . .	8	„	10.08	14.35	2.25	69.69	1.83	1.80	15.96	2.50	77.51	2.03	2.00	2.55
224	Aus Dakota, Cass County . . .	9	„	8.89	16.10	—	—	—	1.89	17.78	—	—	—	2.08	2.84
225	Desgl.	10	„	7.71	16.10	—	—	—	1.95	17.45	—	—	—	2.11	2.79
226	Desgl.	11	„	7.67	14.53	—	—	—	2.10	15.74	—	—	—	2.27	2.52
227	Desgl.	12	„	7.73	15.23	—	—	—	1.91	16.51	—	—	—	2.07	2.64
228	Desgl.	13	„	8.48	17.33	—	—	—	1.76	18.94	—	—	—	1.92	3.03
229	Desgl.	14	„	8.47	14.00	—	—	—	1.96	15.30	—	—	—	2.14	2.45
230	Desgl.	15	„	8.56	14.35	—	—	—	2.07	15.37	—	—	—	2.27	2.52
231	Aus Dakota, La Moure County .	16	„	8.07	16.28	—	—	—	1.99	17.71	—	—	—	2.17	2.83

No.	Bezeichnungen und Bemerkungen		Jahr der Untersuchung	In der ursprünglichen Substanz: Wasser %	Nh-Substanz %	Rohfett %	Nfr. Extractstoffe %	Rohfaser %	Asche %	In der Trockensubstanz: Nh-Substanz %	Rohfett %	Nfr. Extractstoffe %	Rohfaser %	Asche %	Stickstoff in der Trocken-Substanz %
		Amerik. Haupttabelle S.-W.													
232	Aus Dakota, La Moure County .	17	1881	9.57	18.03	—	—	—	1.89	19.94	—	—	—	2.08	3.19
233	Aus Dakota, Pembina	18	„	9.92	12.43	—	—	—	1.84	13.80	—	—	—	2.04	2.21
234	Colorado, Hedge Row Red Chaff .	23	„	9.17	12.94	2.09	71.88	1.33	2.59	13.65	2.30	79.74	1.46	2.85	2.18
235	Minnesota, Wheat No. 1 . . .	19	„	9.56	14.18	—	—	—	1.91	15.68	—	—	—	2.17	2.51
236	Minnesota, Scotch Fife	20	„	8.31	14.35	—	—	—	2.05	15.66	—	—	—	2.24	2.51
237	Desgl.	21	„	8.05	13.83	—	—	—	1.93	15.03	—	—	—	2.10	2.40
238	Minnesota, Hard Spring, Saatw. .	22	„	8.11	15.23	—	—	—	1.76	16.57	—	—	—	1.91	2.65
239	Red Mediterranean	30	„	9.50	13.65	—	—	—	2.10	15.08	—	—	—	2.32	2.41
	Minimum			(7.39)	8.39	1.12	65.07	0.41	0.78	9.69	1.30	75.12	0.48	0.90	1.55
	Maximum			16.16	24.15	3.78	73.04	2.69	2.61	27.88	4.36	84.32	3.11	3.02	4.30
	Mittel			(13.37[1])	12.67	2.07	68.41	1.69	1.79	14.61	2.39	78.98	1.95	2.07	2.34

Weizenkörner, weiche, mehlige.

No.	Bezeichnungen und Bemerkungen	No. d. Haupttabelle	Jahr der Untersuchung	Wasser %	Nh-Substanz %	Rohfett %	Nfr. Extractstoffe %	Rohfaser %	Asche %	Nh-Substanz % (Trockensubstanz)	Rohfett %	Nfr. Extractstoffe %	Rohfaser %	Asche %	Stickstoff in der Trocken-Substanz %
1	Spanischer, weiss, gross . . .	62	1848	16.50	12.06	1.56	66.57	1.80	1.51	14.45	1.87	79.71	2.16	1.81	2.31
2	Englischer, roth	63	„	17.10	10.35	1.59	67.78	1.74	1.44	12.48	1.92	81.76	2.10	1.74	2.00
3	Desgl.	64	„	—	12.05	—	—	—	—	—	—	—	—	—	—
4	Blé barbu, weiss	65	„	17.10	11.08	1.41	66.95	1.93	1.53	13.36	1.70	80.86	2.33	1.85	2.12
5	Blé blauzé, weiss	66	„	17.10	11.78	1.70	65.84	1.88	1.70	14.21	2.05	79.42	2.27	2.05	2.27
6	Desgl.	67	„	17.00	10.80	1.63	67.13	1.80	1.64	13.01	1.96	80.88	2.17	1.98	2.08
7	Blé duvet	68	„	17.10	10.23	1.80	67.69	1.71	1.47	12.34	2.17	81.66	2.06	1.77	1.97
8	Zu Chéragas geerntet, weiss . .	71	1853	13.70	11.15	1.88	69.77	1.70	1.80	12.92	2.18	80.84	1.97	2.09	2.07
9	Zu Guyotville geerntet, weiss, gross	72	„	12.23	9.92	2.14	72.87	1.40	1.44	11.30	2.44	83.03	1.59	1.64	1.81
10	Von Mitidja, kleine u. lange Körner	76	„	12.60	12.32	2.07	68.57	2.35	2.09	14.09	2.37	78.46	2.69	2.39	2.25
11	Arnautischer W. von Schleissheim	125	1856	14.33	10.31	—	—	—	—	12.06	—	—	—	—	1.93^{o}
12	Winterweizen von Triesdorf, weiss	133	„	13.10	12.25	—	—	—	—	14.12	—	—	—	—	2.26^{o}
13	St. Helena-Weizen	141	1857	14.00	13.22	1.76	—	—	1.75	15.37	2.05	—	—	2.04^{p}	2.46^{o}
14	Whittington-Weizen	143	„	12.11	12.25	1.76	—	—	1.56	13.94	2.00	—	—	1.78^{p}	2.23^{o}
15	Richmond's Riesenweizen . . .	144	„	8.00	9.77	1.88	—	—	1.74	10.62	2.04	—	—	1.89^{p}	1.70^{o}
16	Weisser Toucelle-Weizen . . .	145	„	14.70	8.74	1.39	—	—	—	10.25	1.63	—	—	—	1.64^{o}
17	Winterweizen von Spiessheim .	152	„	—	—	—	—	—	—	10.19	—	—	—	—	1.63^{o}
18	Sommerweiz. v. Spiessheim, glatter	155	„	13.42	11.20	—	—	—	—	12.94	—	—	—	—	2.07^{o}
19	Dessauer Kolbenweizen	163	„	—	—	—	—	—	—	15.81	—	—	—	—	2.58^{o}
20	Hunter's Weizen	164	„	—	—	—	—	—	—	15.19	—	—	—	—	2.43^{o}
21	Standart rouge	167	„	—	—	—	—	—	—	14.81	—	—	—	—	2.37^{o}
22	Vipound-Weizen	168	„	—	—	—	—	—	—	14.81	—	—	—	—	2.37^{o}
23	Suffolk-Weizen	169	„	—	—	—	—	—	—	14.62	—	—	—	—	2.34^{o}
24	Castilianischer Weizen	172	„	—	—	—	—	—	—	13.75	—	—	—	—	2.20^{o}
25	Weisser bengalischer Weizen . .	173	„	—	—	—	—	—	—	13.12	—	—	—	—	2.10^{o}
26	Champignon-Weizen	174	„	—	—	—	—	—	—	13.62	—	—	—	—	2.18^{o}
27	Clover's rother Kolbenweizen . .	178	„	—	—	—	—	—	—	9.94	—	—	—	—	1.59^{o}
28	Preisweizen von Oxford . . .	179	„	—	—	—	—	—	—	9.81	—	—	—	—	1.57^{o}
29	Spalding's Weizen, England 1856	184	„	—	—	—	—	—	—	11.25	—	—	—	—	1.80^{o}
30	Desgl., Poppelsdorf 1857 . . .	185	„	—	—	—	—	—	—	10.62	—	—	—	—	1.70^{o}

[1]) Nach obigem Mittel der Haupttabelle angenommen; der wirkliche mittlere Wassergehalt berechnet sich nach vorstehenden Analysen zu 10.42 %.

No.	Bezeichnungen und Bemerkungen	No. d. Haupttabelle	Jahr der Untersuchung	In der ursprünglichen Substanz: Wasser %	Nh-Substanz %	Rohfett %	Nfr. Extractstoffe %	Rohfaser %	Asche %	In der Trockensubstanz: Nh-Substanz %	Rohfett %	Nfr. Extractstoffe %	Rohfaser %	Asche %	Stickstoff in der Trockensubstanz %
31	Hunter's Weizen, England 1856 .	186	1857	—	—	—	—	—	—	14.06	—	—	—	—	2.25^{0}
32	Desgl., Poppelsdorf 1857 . . .	187	„	—	—	—	—	—	—	11.56	—	—	—	—	1.85^{0}
33	Henton-W., Poppelsdorf, 1. Gen.	188	„	—	—	—	—	—	—	12.87	—	—	—	—	2.06^{0}
34	Chevalier white-Weizen . . .	190	„	8.03	13.05	1.56	—	—	1.46	14.19	1.70	—	—	1.59^{p}	2.27^{0}
35	Tenton-Weizen	192	„	12.00	11.61	—	—	—	—	13.19	—	—	—	—	2.11^{0}
36	Hunter's Weizen	193	„	9.09	11.54	1.88	—	—	—	12.69	2.07	—	—	—	2.03^{0}
37	Early champion white-Weizen .	194	„	10.10	10.39	—	—	—	—	11.56	—	—	—	—	1.85^{0}
38	Fullard red-Weizen	195	„	9.09	10.51	2.05	—	—	1.56	11.56	2.25	—	—	1.72^{p}	1.85^{0}
39	Golden drop	197	„	12.00	9.73	1.96	—	—	—	11.06	2.23	—	—	—	1.77^{0}
40	Vipount-Weizen	198	„	—	—	—	—	—	—	12.50	—	—	—	—	2.00^{0}
41	Gemeiner Perlweizen	202	„	—	—	—	—	—	—	12.31	—	—	—	—	1.97^{0}
42	Rother Wunderweizen	203	„	—	—	—	—	—	—	12.31	—	—	—	1.72^{p}	1.97^{0}
43	W. v. d. Balearen (Mahon Minorca)	204	„	—	—	—	—	—	—	24.12	2.66	—	—	—	3.86^{0}
44	Desgl. (Malorca Arta)	206	„	—	—	—	—	—	—	13.87	—	—	—	—	2.22^{0}
45	Blé tendre 1854	226	„	—	—	—	—	—	—	14.12	1.74	—	—	1.90	2.26^{0}
46	Desgl.	227	„	—	—	—	—	—	—	13.87	—	—	—	—	2.22^{0}
47	Desgl.	228	„	—	—	—	—	—	—	13.87	—	—	—	—	2.22^{0}
48	Desgl.	229	„	—	—	—	—	—	—	11.81	2.42	—	—	1.55^{p}	1.89^{0}
49	Desgl.	230	„	—	—	—	—	—	—	11.69	2.33	—	—	—	1.87^{0}
50	Desgl.	231	„	—	—	—	—	—	—	11.25	—	—	—	—	1.80^{0}
51	Desgl.	232	„	—	—	—	—	—	—	11.25	—	—	—	—	1.80^{0}
52	Aus Oberägypten, 1851 . . .	233	„	8.90	9.06	1.31	—	—	1.71	9.94	1.44	—	—	1.88^{p}	1.59^{0}
53	Desgl.	234	„	—	—	—	—	—	—	8.88	1.80	—	—	—	1.42^{0}
54	Desgl.	235	„	—	—	—	—	—	—	8.88	—	—	—	—	1.42^{0}
55	Aus Swenigorod	266	1865	13.47	19.68	1.06	—	—	—	22.75	1.23	—	—	—	3.64^{0}
56	Aus Kotjelniki	267	„	12.77	19.79	—	—	—	—	22.69	—	—	—	—	3.63^{0}
57	Aus Troksk	275	„	12.36	10.68	1.95	—	—	—	12.19	2.23	—	—	—	1.95^{0}
58	Aus dem Gouvern. Nachitschewan	278	„	12.53	18.64	1.54	—	—	—	21.31	1.76	—	—	—	3.41^{0}
59	Richelleweizen	43	1851	14.11	10.68	—	—	—	1.61	12.44	—	—	—	1.87	1.99^{0}
60	Winterw. v. Liebstadt in Sachsen	347	1872	14.11	8.75	—	—	—	—	10.19	—	—	—	—	1.63^{0}
61	. . . .	348	„	17.14	10.45	—	—	—	—	12.62	—	—	—	—	2.02^{0}
		Amerika S.-W.													
62	Rust Proof	32	1883	10.25	12.43	—	—	—	2.10	13.85	—	—	—	2.34	2.22
63	Purple Straw	33	„	11.11	12.60	—	—	—	2.04	14.18	—	—	—	2.30	2.25
64	White Mediterranean	35	„	9.69	11.20	—	—	—	2.19	12.40	—	—	—	2.42	1.98
		W.-W.													
65	Landreth	58	1882	11.43	10.85	2.02	71.85	1.75	2.10	12.25	2.28	81.12	1.98	2.37	1.96
66	Mountain White	76	„	9.50	9.98	2.38	75.12	1.32	1.70	11.03	2.63	83.00	1.46	1.88	1.76
67	Burkholder	82	1883	10.78	10.15	1.93	73.53	1.69	1.93	11.38	2.06	82.51	1.89	2.16	1.82
68	Midge Proof	90	1879	9.45	10.85	1.93	74.79	1.63	1.35	11.98	2.13	82.60	1.80	1.49	1.92
69	White Mediterranean	93	1883	11.92	12.08	1.77	70.30	2.30	1.63	13.71	1.71	80.12	2.61	1.85	2.19
70	Mc. Gehee's White	101	„	9.35	12.43	1.85	72.81	1.96	1.60	13.71	2.04	80.33	2.16	1.76	2.19
71	Earnhardt	134	1882	10.92	9.98	2.10	74.07	1.63	1.30	11.21	2.36	83.14	1.83	1.46	1.79
72	Golden Premi	135	„	10.66	9.63	2.03	74.44	1.54	1.70	7.45	2.27	86.66	1.72	1.90	1.19
73	Wintergreen	136	„	9.40	9.45	2.34	76.17	1.44	1.20	11.43	2.58	84.08	1.59	1.32	1.67
74	Rogers Red	142	1883	9.36	10.85	2.50	73.24	1.88	2.17	12.08	2.78	80.63	2.09	2.42	1.93
75	Royal Australian	160	„	10.53	10.68	—	—	—	1.80	11.94	—	—	—	2.01	1.91
76	Clawson	164	„	10.54	13.83	—	—	—	1.93	15.45	—	—	—	2.16	2.47
77	Treadwell, bearded	165	„	9.74	12.78	—	—	—	2.30	14.16	—	—	—	2.55	2.27
78	Landreth	168	„	11.82	11.20	—	—	—	1.73	12.70	—	—	—	1.96	2.03

No.	Bezeichnungen und Bemerkungen	No. d. Haupt-tabelle	Jahr der Untersuchung	In der ursprünglichen Substanz: Wasser %	Nh-Substanz %	Rohfett %	Nfr. Extractstoffe %	Rohfaser %	Asche %	In der Trockensubstanz: Nh-Substanz %	Rohfett %	Nfr. Extractstoffe %	Rohfaser %	Asche %	Stickstoff in der Trockensubstanz %
79	Travis	175	1883	10.66	12.25	—	—	—	2.20	13.71	—	—	—	2.46	2.19
80	Mc. Gehee's White	176	„	10.68	12.60	—	—	—	1.74	14.11	—	—	—	1.96	2.26
81	White Velvet	177	„	10.60	11.90	—	—	—	2.06	13.32	—	—	—	2.31	2.13
82	Waney's Select	178	„	10.73	13.30	—	—	—	1.75	14.90	—	—	—	1.96	2.38
83	Benett	181	„	10.69	12.95	—	—	—	1.81	14.50	—	—	—	2.03	2.32
84	Silver Chaff	182	„	10.11	11.73	—	—	—	1.87	13.18	—	—	—	2.09	2.11
85	Democrat	192	„	10.03	12.08	—	—	—	2.14	13.42	—	—	—	2.38	2.15
86	York White Chaff	193	„	11.45	12.08	—	—	—	1.90	13.64	—	—	—	2.15	2.18
87	Silver Chaff	203	1879	10.25	10.85	1.70	75.00	1.20	1.00	12.09	1.89	82.66	2.25	1.11	1.93
88	Red Russian	216	„	10.40	12.08	2.31	71.38	1.78	2.05	13.48	2.58	79.66	1.99	2.29	2.16
89	Diehl	217	„	10.90	10.50	2.14	73.11	1.60	1.75	11.79	2.40	82.04	1.80	1.97	1.89
90	Jennings	219	„	11.65	12.25	1.99	70.61	1.65	1.85	13.87	2.25	80.92	1.87	2.09	2.22
91	Buckeye	220	„	11.55	12.43	1.89	70.73	1.95	1.45	14.01	2.13	80.03	2.20	1.63	2.24
92	Trump	221	„	10.95	11.38	1.95	72.02	2.00	1.70	12.78	2.19	80.87	2.25	1.91	2.04
93	Odessa	228	?	10.68	11.90	1.64	71.75	2.27	1.76	13.32	1.84	80.33	2.54	1.97	2.13
94	White	230	?	9.94	12.78	1.65	71.22	2.34	2.07	14.19	1.83	80.08	2.60	2.30	2.27
95	White Mediterranean	236	1883	10.92	15.23	1.90	66.71	2.86	2.38	15.10	2.13	76.89	3.21	2.67	2.42
96	Desgl.	237	„	10.64	10.15	2.04	72.87	2.20	2.10	11.37	2.28	81.54	2.46	2.35	1.82
97	Tenessee Amber	239	?	11.10	12.60	2.06	70.95	1.67	1.62	14.18	2.32	79.80	1.88	1.82	2.27
98	Bearded	241	?	11.30	12.43	2.12	69.71	2.54	1.90	14.01	2.39	78.60	2.86	2.14	2.24
99		246	„	10.92	12.25	—	—	—	2.32	13.76	—	—	—	2.61	2.20
100	Mediterranean	248	„	9.56	12.95	—	—	—	2.52	14.32	—	—	—	2.79	2.30
101	Fife	253	?	10.31	13.48	2.16	69.37	2.89	1.79	15.03	2.41	77.34	3.22	2.00	2.80
102	Desgl.	256	„	11.34	11.55	2.02	71.77	1.82	1.50	13.03	2.29	80.94	2.05	1.69	2.08
103	Golden Drop	257	„	11.10	11.55	1.89	71.97	1.96	1.53	12.99	2.13	80.95	2.21	1.72	2.08
104	Aus Kansas	270	?	11.58	10.85	1.98	71.87	2.01	1.72	12.27	2.34	81.17	2.27	1.95	1.96
105	Desgl.	272	„	11.60	10.50	2.04	72.19	1.89	1.78	11.88	2.31	81.66	2.14	2.01	1.90
106	Desgl.	277	„	12.10	10.85	1.96	71.73	1.66	1.70	12.35	2.23	81.60	1.89	1.93	1.98
107	Aus Texas	285	„	9.55	13.65	1.89	71.13	1.89	1.94	15.10	2.09	78.57	2.09	2.15	2.42
108	Desgl.	286	„	9.66	14.18	1.86	69.68	2.19	2.43	15.70	2.06	77.13	2.42	2.69	2.51
109	Desgl.	290	„	9.62	14.00	1.72	70.79	2.19	1.68	15.48	1.90	78.34	2.42	1.86	2.48
110	Desgl. (Nicaraguan)	291	„	10.00	14.70	1.83	69.55	2.20	1.72	16.32	2.03	77.30	2.44	1.91	2.61
111	Desgl.	292	„	10.28	10.68	2.46	72.73	2.05	1.80	11.91	2.74	81.05	2.29	2.01	1.91
112	Desgl.	293	„	10.04	12.60	2.46	70.95	2.19	1.76	14.01	2.74	78.85	2.44	1.96	2.24
113	White Mediterranean	297	„	12.05	13.48	1.59	68.95	1.91	2.02	15.33	1.81	78.39	2.17	2.30	2.45
114	Russian	306	1881	9.55	14.49	2.62	69.86	1.49	1.99	16.03	2.90	77.22	1.65	2.20	2.56
115	Clawson	308	„	10.14	11.75	2.31	72.26	1.60	1.94	13.08	2.57	80.41	1.78	2.16	2.09
116	Doty	309	„	9.41	14.00	2.50	69.94	1.80	2.35	15.46	2.76	77.20	1.99	2.59	2.47
117	White Chili	322	1882	8.23	9.80	—	—	—	1.99	10.68	—	—	—	2.70	1.71
118	C. No. 8, Defiance	325	1883	9.79	10.68	—	—	—	1.74	11.84	—	—	—	1.93	1.89
119	Blount's Hybrid No. 9	326	„	9.53	10.50	—	—	—	1.97	11.60	—	—	—	2.18	1.86
120	Desgl. No. 19	329	„	9.47	9.98	—	—	—	1.96	11.03	—	—	—	2.17	1.76
121	Desgl. No. 21	330	„	9.51	10.85	—	—	—	1.89	11.99	—	—	—	1.54	1.92
122	Desgl. No. 23	331	„	9.09	10.50	—	—	—	2.31	11.55	—	—	—	2.54	1.85
123	Desgl. No. 24	332	„	9.58	9.80	—	—	—	2.07	10.84	—	—	—	2.29	1.73
124	Prossoe, 3. Ernte	339	„	8.85	13.30	—	—	—	2.38	14.59	—	—	—	2.61	2.33
125	Desgl.	340	1882	9.62	12.08	—	—	—	2.52	13.36	—	—	—	2.79	2.14
126	Winnipeg Russian, 2. Ernte	342	1883	9.68	12.25	—	—	—	2.14	13.56	—	—	—	2.37	2.17
127	Oregon Club	343	1881	9.59	12.25	2.19	72.46	1.60	1.91	13.55	2.42	80.55	1.37	2.11	2.17
128	Australian Hard	346	„	9.78	11.19	2.23	73.50	1.45	1.85	12.40	2.47	81.47	1.61	2.05	1.98

No.	Bezeichnungen und Bemerkungen	No. d. Haupt-tabelle	Jahr der Untersuchung	In der ursprünglichen Substanz: Wasser %	Nh-Substanz %	Rohfett %	Nfr. Ex-tractstoffe %	Rohfaser %	Asche %	In der Trockensubstanz: Nh-Substanz %	Rohfett %	Nfr. Ex-tractstoffe %	Rohfaser %	Asche %	Stickstoff in der Trocken-substanz %
129	Sonora	348	1881	10.17	14.18	2.13	70.10	1.40	2.02	15.78	2.37	78.04	1.56	2.25	2.52
130	Rio Grande	356	„	9.51	14.69	2.96	68.97	1.79	2.08	16.23	3.27	76.22	1.98	2.30	2.60
131	White Chaff	395	„	9.57	14.04	2.44	69.64	2.18	2.03	15.53	2.70	77.10	2.42	2.25	2.48
132	German Fife	399	„	10.42	15.06	2.79	67.94	1.48	2.31	16.81	3.11	75.85	1.65	2.58	2.69
133	Meekin's	405	„	9.38	15.15	2.97	68.28	1.59	2.53	16.73	3.28	75.44	1.76	2.79	2.68
134	Red Taos, 1875er Ernte	473	1883	9.27	10.50	—	—	—	1.93	11.57	—	—	—	2.13	1.85
135	Leran, 1875er Ernte	474	„	9.07	9.80	—	—	—	2.53	10.78	—	—	—	2.78	1.72
136	Taos	475	„	9.50	11.73	—	—	—	2.10	12.96	—	—	—	2.32	2.07
137	Propo	477	„	11.37	12.08	—	—	—	1.87	13.64	—	—	—	2.11	2.18
138	Sonora	478	„	11.40	10.15	—	—	—	2.02	11.46	—	—	—	2.28	1.83
139	Nonpareil	479	„	11.82	11.20	—	—	—	1.79	12.70	—	—	—	2.03	2.03
140	Pride of Butte	480	„	11.18	9.98	—	—	—	1.90	11.24	—	—	—	2.14	1.80
141	Nonpareil	481	„	10.82	12.78	—	—	—	1.93	14.33	—	—	—	2.16	2.29
142	White Chili	482	„	10.47	11.90	—	—	—	1.95	13.29	—	—	—	2.18	2.13
143	White Australian	483	„	10.38	9.10	—	—	—	2.02	10.54	—	—	—	2.34	1.69
144	Jones	484	„	10.16	9.45	—	—	—	1.68	10.52	—	—	—	1.87	1.68
145	White Colorado	486	„	9.53	10.50	—	—	—	1.97	11.60	—	—	—	2.18	1.86
146	Walla Walla	487	„	10.13	7.70	—	—	—	1.95	8.57	—	—	—	2.17	1.37
	Minimum			8.03	6.45	1.06	65.45	1.19	0.96	7.45	1.23	75.55	1.37	1.11	1.19
	Maximum			17.14	20.89	2.84	75.07	2.79	2.41	24.12	3.28	86.66	3.22	2.78	3.86
	Mittel			(13.37[1])	11.38	1.93	69.71	1.83	1.78	13.14	2.23	79.46	2.11	2.06	2.10

II. Spelzweizen.

Spelz. (Dinkel, Schlegeldinkel, Schwabendinkel.) Triticum Spelta L. — Spelt. — Épautre.

No.	Bezeichnungen und Bemerkungen	Jahr der Untersuchung	Wasser %	Nh-Substanz %	Rohfett + Nfr. Extractstoffe %		Rohfaser %	Asche %	Nh-Substanz %	Rohfett + Nfr. Extractstoffe %		Rohfaser %	Asche %	Stickstoff in der Trockensubstanz %
1	„Schlegeldinkel" (mit den Hülsen) aus Hohenheim, 1850	1851	14.33	10.56	63.62		7.99	3.50	12.33	73.26		(9.32)	4.09	1.97
2	Desgl., 1851	„	15.25	11.09	60.84		9.59	3.23	13.08	72.92		(10.19)	3.81	2.09
3	„Kernen" (enthülster Spelz) v. Ochsenhausen, 1850	„	12.97	11.93	72.16		1.10	1.84	13.71	82.92		1.26	2.11	2.19
4	Desgl., 1851	„	14.33	14.96	67.33		1.58	1.80	17.46	78.60		1.84	2.10	2.79
5	Desgl. von Kirchberg, 1850	„	15.06	11.99	70.42		0.78	1.75	14.12	82.90		0.92	2.06	2.26
6	Desgl., 1851	„	14.86	12.06	70.07		1.20	1.81	14.16	82.30		1.41	2.13	2.27
7	Winter-Spelz von Schleissheim	1856	13.88	9.75	—	—	—	—	11.31	—	—	—	—	1.81°
8	Desgl. von Illerfeld (mit den Spelzen)	„	12.56	14.44	—	—	—	—	16.50	—	—	—	—	2.64°
9	Rother Kolbenspelt aus Weihenstephan, mehlig	„	7.00	13.02	1.69	—	—	—	14.00	1.82	—	—	—	2.24°

[1]) Nach obigem Mittel der Haupttabelle angenommen; der wirkliche mittlere Wassergehalt berechnet sich nach vorstehenden Analysen zu 11.63%.

Spelz.

J. Boussingault (D. „Landwirthschaft" etc. 1. 289) untersuchte 2 Proben Spelt, wovon die eine als „Weizen von Barel, Trit. spelta rufa mutiva mit geringen kleinen Körnern" bezeichnet ist, welche letztere 78.1% eines „grauen, rauhen" Mehles ergaben; das Mehl enthielt 3.85% N, entspr. 24.1% Nh. Substanz; wovon ferner die andere als „grosser Spelt mit sehr grossen Körnern" bezeichnet ist, welche letztere 73.1% eines sehr „rauhen" Mehles ergaben; das Mehl enthielt 3.53% N, entspr. 22.1% Nh. Substanz. (Vergl. die Bemerkungen unter „Weizenkörner" S. 1.)

No. 1—6. Fehling u. Faist, Liebig u. Kopp. — Jahresber. 1853. 812. (Weende'r Jahresber. 1853. II. 7.) Der Wassergehalt der frischen Körner, der Klebergehalt (aus dem N-gehalt berechnet), die Holzfaser (durch aufeinanderfolgendes Auslaugen mit verdünnter Säure und ebensolcher Kalilauge) und der Aschengehalt wurden „grösstentheils" direct, der Stärkemehl- und Fettgehalt dagegen aus dem Verluste bestimmt.

No. 7 u. 8. W. Mayer. — München'er Ergebnisse. I. 1. Boden in Schleissheim: Kalkboden mit sehr seichter Krume und Isargerölle im Untergrund.

No. 9—16. von Bibra. — „Die Getreidearten und das Brod". Nürnberg, 1860. No. 9 u. 10 wuchsen in Weihenstephan auf sandigem Thonboden, frisch mit Stallmist gedüngt; No. 9 hatte Senf, No. 10 Puffbohnen als Vorfrucht. No. 11 u. 12 wuchsen ebenfalls auf frisch mit Stallmist gedüngtem sandigen Thonboden. No. 13 Thonboden gedüngt. No. 14—16 wuchsen in Eldena auf sandigem Lehm.

No.	Bezeichnungen und Bemerkungen	Jahr der Untersuchung	In der ursprünglichen Substanz						In der Trockensubstanz					Stickstoff in der Trockensubstanz
			Wasser %	Nh-Substanz %	Rohfett %	Nfr. Extractstoffe %	Rohfaser %	Asche %	Nh-Substanz %	Rohfett %	Nfr- Extractstoffe %	Rohfaser %	Asche %	%
10	Weisser Kolbenspelt aus Weihenstephan, übergehend	1856	8.07	13.22	1.66	—	—	—	14.37	1.80	—	—	—	2.30^{0}
11	Spelt aus Mörlach, übergehend	„	13.10	9.39	1.49	—	—	1.48	10.81	1.72	—	—	1.70	1.73^{0}
12	Desgl., mehlig	„	—	—	—	—	—	—	10.62	—	—	—	—	1.70^{0}
13	Spelt aus dem Ries, mehlig	„	13.10	9.07	1.13	—	—	1.22	10.44	1.30	—	—	1.40	1.67^{0}
14	Bengalischer Spelt aus Eldena, glasig	„	—	—	—	—	—	—	20.31	—	—	—	—	3.25^{0}
15	Rother Grannenspelt aus Eldena, glasig	„	—	—	—	—	—	—	13.75	—	—	—	—	2.20^{0}
16	Weisser Spelt aus Eldena, glasig	„	—	—	—	—	—	—	11.87	—	—	—	—	1.90^{0}
17	„Spelz", enthülst	1871	13.10	11.30	2.53	67.49	2.92	1.91	13.40	2.72	78.29	3.38	2.21	2.14
18	„Dünkel", enthülst	„	12.82	11.90	2.96	67.53	2.27	1.95	13.75	3.42	77.96	2.62	2.25	2.20
	Mittel*)		13.37[1])	11.84	1.85	69.22	1.65	2.07	13.67	2.13	79.90	1.91	2.39	2.19

Emmer. (Amelkorn, Gerstendinkel, Reisdinkel.) Triticum amyleum Scr. Amel-corn. — Épautre.

No.	Bezeichnungen und Bemerkungen	Jahr der Untersuchung	Wasser %	Nh-Substanz %	Rohfett %	Nfr. Extractstoffe %	Rohfaser %	Asche %	Nh-Substanz %	Rohfett %	Nfr- Extractstoffe %	Rohfaser %	Asche %	Stickstoff in der Trockensubstanz %
1	Winter-Emmer von Schleissheim, mit Spelzen	1856	13.59	12.44	—	—	—	—	14.38	—	—	—	—	2.30^{0}
2	Sommer-Emmer von Schleissheim, mit Spelzen	„	13.79	12.94	—	—	—	—	14.88	—	—	—	—	2.38^{0}
3	Dichter rother Emmer, Eldena, glasig	1858	—	—	—	—	—	—	14.69	—	—	—	—	2.35^{0}
4	Weisser Emmer, Eldena, glasig	„	—	—	—	—	—	—	12.75	—	—	—	—	2.04^{0}
	Mittel		13.37[2])	12.28	—	—	—	—	14.18	—	—	—	—	2.27

Einkorn. (Pferdedinkel, Peterskorn, Blicken, Dinkel.) Triticum monococcum L. — One-grainet-wheat.

No.	Bezeichnungen und Bemerkungen	Jahr der Untersuchung	Wasser %	Nh-Substanz %	Rohfett %	Nfr. Extractstoffe %	Rohfaser %	Asche %	Nh-Substanz %	Rohfett %	Nfr- Extractstoffe %	Rohfaser %	Asche %	Stickstoff in der Trockensubstanz %
1	Einkorn von Giessen	1845	14.40	11.08	—	—	—	1.72	12.94	—	—	—	2.01	2.07^{0}
2	Rothes Einkorn, meist glasig	„	—	—	—	—	—	—	11.06	—	—	—	—	1.77^{0}

No. 17 u. 18. W. Pillitz (V.-St. Wiesbaden). — Fresenius Ztschr. f. analytische Chemie. 11. (1872.) 46. Methode der Untersuchung siehe bei „Weizenkörner-Analysen" desselben Autors No. 291. Seite 382. Die nähere Analyse ergab:

		Stärke	Dextrin	Zucker	Extractstoffe	Unlösl. Albumin	Lösliches Albumin	Unlösl. Asche	Lösliche Asche
No. 17	Im ursprünglichen Zustande	61.72	2.12	1.06	2.59	9.03	2.27	0.52	1.39
	In der Trockensubstanz	71.60	2.46	1.23	3.00	10.77	2.63	0.60	1.61
No. 18	Im ursprünglichen Zustande	61.61	1.32	0.92	3.68	9.47	2.43	0.65	1.30
	In der Trockensubstanz	71.13	1.52	1.06	4.25	10.94	2 81	0.75	1.50

*) Für die Mittelwerthsberechnung der N-Substanz, des Fettes und der Asche wurden sämmtliche Analysen, für die der Rohfaser nur No. 17 u. 18 berücksichtigt.

1) Nach obigem Mittel der Haupttabelle bei Weizen angenommen; der wirkliche mittlere Wassergehalt beträgt nach vorstehenden Analysen 12.89 %.

Emmer.

Zenneck (Schweigger's Journ. f. Chem. u. Phys. 39. (1823.) 323) untersuchte eine Probe rothen Emmer („Trit. dicoccon"), der auf sandigem Lehmboden in Hohenheim gewachsen war; dieselbe wurde gröblich gemahlen und ohne gebeutelt worden zu sein, als schwärzliches Mehl der Untersuchung unterworfen. Die Analyse (deren Methode unter „analytische Methoden") ergab 12.5 % Wasser, 13.0 % Kleber, 20.0 % Hülsensubstanz, 58.8 % Stärkemehl, 0.3 % Extractivstoff, 0.2 % Seifenstoff und 0.3 % Schleim mit Eiweiss. Ausserdem wurden 7.1 % Asche gefunden.

No. 1 u. 2. W. Mayer — München'er Ergebnisse. 1. 1. Boden: Kalkboden mit seichter Krume und Thongerölle im Untergrund.

No. 3 u. 4. v. Bibra. — Die Getreidearten und das Brod. Nürnberg, 1860. Boden: sandiger Lehm.

2) Nach obigem Mittel der Haupttabelle bei Weizen angenommen; der mittlere Wassergehalt nach obigen 2 Analysen beträgt 13.69 %.

Einkorn.

J. B. Boussingault (Die „Landwirthschaft" etc. 1. 289) untersuchte eine Probe „Tr. monococcum, kleiner Spelt", deren Körner als „klein" und deren Mehl als „glatt" bezeichnet ist. Die Körner lieferten 79.2 % Mehl, welches 3.97 % N, entsprechend 24.8 % Nh. Substanz, enthielten. (Vergl. Bemerkung unter Weizenkörner.)

Zenneck (Schweigger's Journ. f. Chem. u. Phys. 43. 487) untersuchte eine Probe Einkorn (vergl. Trit. amyleum, Bemerkung) und fand im Mehl gebeutelt 15.34 % Kleber, 0.81 % Faser, 76.46 % Stärkemehl, 0.19 % Eiweiss, 7.2 % Extract (in der Trockensubstanz); Wasser im frischen Mehl 15.8 %; im Schrot ungebeutelt 15.0 % Kleber, 7.5 % Faser, 65.0 % Stärkemehl, 1.4 % Eiweiss, 11.1 % Extract (in der Trockensubstanz); Wasser im frischen Schrot 16.5 %, Asche im frischen Schrot 1.6 %.

No. 1. E. N. Horsford. — Annal. d. Chem. u. Pharm. 58. (1846.) 166.

No. 2. v. Bibra. — Die Getreidearten und das Brod. Nürnberg, 1860. Das untersuchte Einkorn stammte von Eldena. Bodenverhältnisse siehe bei Weizenkörner No. 160 u. f.

Nachtrag zu Weizenanalysen.

No.	Bezeichnungen und Bemerkungen		Jahr der Untersuchung	In der ursprünglichen Substanz: Wasser %	Nh-Substanz %	Rohfett %	Nfr. Extractstoffe %	Rohfaser %	Asche %	In der Trockensubstanz: Nh-Substanz %	Rohfett %	Nfr. Extractstoffe %	Rohfaser %	Asche %	Stickstoff in der Trocken-Substanz %
		Mehlige u. übergeh. Körner %													
1	Rivet, Original, a. England bezogen	99	1886	11.83	9.26	—	—	—	1.70	10.50	—	—	—	1.93	1.68°
2	Rivet, Nachbau, in Mähren angebaut	71	„	10.95	13.36	—	—	—	1.73	15.00	—	—	—	1.94	2.40°
3	Shiriff's square head, aus der Prov. Sachsen bezogen	94	„	11.28	10.92	—	—	—	1.43	12.31	—	—	—	1.61	1.97°
4	Nachbau, in Mähren angebaut . .	71	„	11.51	13.88	—	—	—	1.65	15.69	—	—	—	1.87	2.51°
5	Mold's red prolific (Original?) . .	99	„	11.41	8.86	—	—	—	1.47	10.00	—	—	—	1.66	1.60°
6	Nachbau, in Mähren angebaut . .	83	„	10.77	11.10	—	—	—	1.31	12.44	—	—	—	1.47	1.99°
7	Nachbau, in Obergrafendorf angebaut	85	„	10.07	14.39	—	—	—	1.56	16.00	—	—	—	1.73	2.56°
8	Kolbenweizen, in Niederöster. angeb.	66	„	10.73	15.45	—	—	—	1.76	17.31	—	—	—	1.97	2.77°
9	Weissenburger, Graner Comitat .	22	„	11.23	15.65	—	—	—	1.65	17.63	—	—	—	1.86	2.82
10	Probsteier Winterweizen, Nordböhmen		„	—	—	—	—	—	—	13.13	—	—	—	—	2.10°
11	Landweizen, Nordböhmen		„	—	—	—	—	—	—	10.75	—	—	—	—	1.72°
12	Winterweizen a. d. Banat, Nachbau, Neutra'er Comitat		„	—	—	—	—	—	—	12.06	—	—	—	—	1.93°
13	Theissweizen, Békaser Comitat . . .		„	—	—	—	—	—	—	16.25	—	—	—	—	2.60°
	Winterweizen.	Gew. von 1000 Korn g		Originalsaat (Trockensubstanz)						Ernteproduct (Trockensubstanz)					
14	Shiriff's square head	47.5	„	—	25.67	—	—	—	4.108	13.37	—	—	—	—	2.14°
15	Blé blanc de Flandre	37.5	„	—	23.22	—	—	—	3.716	14.38	—	—	—	—	2 30°
16	Rauher Weizen	41.1	„	—	22.68	—	—	—	3.630	11.69	—	—	—	—	1.87°
17	Steierischer Weizen	39.3	„	—	22.40	—	—	—	3.577	13.37	—	—	—	—	2.14°
18	Blé de Scholey	29.4	„	—	22.35	—	—	—	3.586	12.31	—	—	—	—	1.97°
19	Steierischer Wechselweizen . .	40.9	„	—	21.99	—	—	—	3.519	17.31	—	—	—	—	2.77°
20	Blé de Hongrie rouge	39.7	„	—	21.34	—	—	—	3.414	12.50	—	—	—	—	2.00°
21	Fischhäuser, hochbunter . . .	31.7	„	—	20.99	—	—	—	3.359	13.75	—	—	—	—	2.20°
22	Blé roseau	44.8	„	—	20.80	—	—	—	3.328	13.75	—	—	—	—	2.20°
23	Goldendrop	50.1	„	—	20.75	—	—	—	3.321	13.62	—	—	—	—	2.18°
24	Blé redchaff Danzig	33.6	„	—	20.60	—	—	—	3.296	11.94	—	—	—	—	1.91°
25	Probsteier	39.4	„	—	20.37	—	—	—	3.262	13.94	—	—	—	—	2.23°
26	Weizen von Allenburg	29.4	„	—	20.35	—	—	—	3.255	13.19	—	—	—	—	2.11°
27	Blé herrisson barbu	29.3	„	—	20.25	—	—	—	3.243	12.88	—	—	—	—	2.06°
28	Manchester	34.3	„	—	19.64	—	—	—	3.144	11.50	—	—	—	—	1.84°
29	Blé rouge inversable	52.2	„	—	19.22	—	—	—	3.076	11.25	—	—	—	—	1.80°
30	Weizen von Kiew	20.7	„	—	19.00	—	—	—	3.040	15.00	—	—	—	—	2.48°
31	Zeeländer	35.6	„	—	18.95	—	—	—	3.033	11.50	—	—	—	—	1.84°
32	Weizen aus Fastow (Kiew) . .	29.8	„	—	18.84	—	—	—	3.015	14.69	—	—	—	—	2.35°
33	Blé de haie ou de Cunstall . .	27.9	„	—	18.38	—	—	—	2.942	12.37	—	—	—	—	1.98°
34	Weizen aus Spola (Kiew) . . .	27.7	„	—	18.16	—	—	—	2.906	15.25	—	—	—	—	2.44°
35	Blé rousselin	40.4	„	—	18.02	—	—	—	2.884	10.18	—	—	—	—	1.63°
36	Blé saumure d'automne, blè Galland	48.3	„	—	18.01	—	—	—	2.881	10.63	—	—	—	—	1.70°

Anhang zu Weizenanalysen.

No. 1—13. F. Schindler. — Biedermann's Centralbl. f. Agriculturchem. 15. (1886.) 607 (n. d. Wien. landw. Ztg. 1886).

No. 14—108. Marek. — Nach gefälliger, directer Mittheilung des Autors. Gelegentlich mehrjähriger Anbauversuche zur Prüfung der Widerstandsfähigkeit gegen die Einflüsse des Winters wurden diese Weizen auf ihren Stickstoffgehalt untersucht. Die Berechnung desselben auf „Nh. Substanz" wurde von uns mittelst des Factors 6.25 bewirkt. Die Weizen wurden bezogen von Itzenplitz-Cöln, Frommer-Budapest, Akademie Hohenheim, Alnary-Tradgardar-Schweden, Fischer-Kosterczare, Bittrich-Rodmannshöfen, Vilmorin Andrieux u. Co.-Paris, Metz u. Co.-Berlin, Fellmann-Graz, Wissinger-Berlin und Wien-Königsberg. Die englischen Weizensorten rangiren unter den stickstoffreichsten, wie stickstoffärmsten. Von den 5 aus Graz bezogenen Sorten betrug der durchschnittliche Proteïngehalt 20.52 %; 19 Sorten aus Paris bezogen im Mittel 17.42 %, 4 russische besassen im Mittel 15.98 %, 8 ostpreussische Weizen 14.17 % Proteïn. (Nach Verf. Berechnung, wobei 1 N = 5.8 Proteïn.) Die Angaben des Gewichts von je 1000 Korn beziehen sich auf die Originalsaat.

No.	Bezeichnungen und Bemerkungen	Gew. von 1000 Korn g	Jahr der Untersuchung	In der ursprünglichen Substanz: Wasser %	Nh-Substanz %	Rohfett %	Nfr. Extractstoffe %	Rohfaser %	Asche %	In der Trockensubstanz: Nh-Substanz %	Rohfett %	Nfr. Extractstoffe %	Rohfaser %	Asche %	Stickstoff in der Trockensubstanz %
				Originalsaat (Trockensubstanz)						Ernteproduct (Trockensubstanz)					
37	Dänischer Weizen (Square head)	42.9	1886	—	17.94	—	—	—	2.871	11.31	—	—	—	—	1.81°
38	Blé de Hunters	27.9	„	—	17.87	—	—	—	2.859	10.75	—	—	—	—	1.72°
39	Shirriff's square head	40.8	„	—	17.79	—	—	—	2.848	10.94	—	—	—	—	1.75°
40	Blé richelle blanche	34.8	„	—	17.42	—	—	—	2.789	13.31	—	—	—	—	2.13°
41	Rivett's Grannen-W. (rauher W.)	41.7	„	—	17.22	—	—	—	2.756	10.87	—	—	—	—	1.74°
42	Hallet's pedigree red	46.2	„	—	17.26	—	—	—	2.763	10.25	—	—	—	—	1.64°
43	Clever Hochland	31.3	„	—	17.19	—	—	—	2.751	13.37	—	—	—	—	2.14°
44	Mainstay	39.0	„	—	17.10	—	—	—	2.757	12.50	—	—	—	—	2.00°
45	Blé hongrie blanche	54.1	„	—	16.96	—	—	—	2.714	9.94	—	—	—	—	1.59°
46	Blé chiddam d'automne . . .	74.7	„	—	16.75	—	—	—	2.681	9.56	—	—	—	—	1.53°
47	Banater, importirter	40.0	„	—	16.53	—	—	—	2.645	14.06	—	—	—	—	2.25°
48	Blé d'Australie	36.5	„	—	16.33	—	—	—	2.613	10.75	—	—	—	—	1.72°
49	Hellbunter von Osterode . . .	35.5	„	—	15.97	—	—	—	2.556	12.37	—	—	—	—	1.98°
50	Blé de Noë	54.9	„	—	15.78	—	—	—	2.524	8.87	—	—	—	—	1.42°
51	Masurischer aus Rastenburg . .	29.2	„	—	15.51	—	—	—	2.482	11.50	—	—	—	—	1.84°
52	Hallet's genealogischer	43.8	„	—	15.19	—	—	—	2.432	9.94	—	—	—	—	1.59°
53	Blé petonielle blanche	40.9	„	—	14.99	—	—	—	2.399	10.06	—	—	—	—	1.61°
54	Frankensteiner	32.2	„	—	14.97	—	—	—	2.396	8.87	—	—	—	—	1.42°
55	Weizen aus Bartenstein . . .	31.7	„	—	14.74	—	—	—	2.358	11.31	—	—	—	—	1.81°
56	Blé prince Albert	35.3	„	—	14.25	—	—	—	2.280	11.56	—	—	—	—	1.85°
57	Weizen Dominium Brandenburg .	32.5	„	—	13.97	—	—	—	2.237	11.75	—	—	—	—	1.88°
58	Kujawischer	30.7	„	—	13.79	—	—	—	2.208	10.37	—	—	—	—	1.66°
59	Weisser flandrischer glatter . .	43.0	„	—	13.77	—	—	—	2.204	—	—	—	—	—	—
60	Neapolitanischer Wechselweizen .	52.1	„	—	13.72	—	—	—	2.196	—	—	—	—	—	—
61	Kosterizaner Wechselweizen . .	54.6	„	—	13.62	—	—	—	2.181	—	—	—	—	—	—
62	Winter-Fern	36.6	„	—	13.55	—	—	—	2.167	16.06	—	—	—	—	2.57°
63	Hickling's weissspelziger . . .	40.2	„	—	13.05	—	—	—	2.082	—	—	—	—	—	—
64	Shirriff's weisser glatter . . .	40.1	„	—	13.03	—	—	—	2.082	—	—	—	—	—	—
65	Hallet's Goldendrop A. . . .	37.6	„	—	12.96	—	—	—	2.075	—	—	—	—	—	—
66	Blé rouge de St. Loud . . .	45.7	„	—	12.94	—	—	—	2.071	9.88	—	—	—	—	1.58°
67	Blé blood red	42.6	„	—	12.88	—	—	—	2.060	10.75	—	—	—	—	1.72°
68	Kessingland	39.5	„	—	12.84	—	—	—	2.056	11.06	—	—	—	—	1.77°
69	Hallet's whit Victoria, glatter .	37.7	„	—	12.66	—	—	—	2.026	—	—	—	—	—	—
70	Hallet's Goldendrop B. . . .	37.8	„	—	12.55	—	—	—	2.010	—	—	—	—	—	—
71	Blé galland (Wissinger) . . .	50.1	„	—	12.50	—	—	—	2.000	—	—	—	—	—	—
72	Spalding's prolific	38.4	„	—	12.41	—	—	—	1.987	—	—	—	—	—	—
73	Probsteier (Nachz. Rodmannshöfen)	35.5	„	—	12.19	—	—	—	1.950	—	—	—	—	—	—
74	Blé roseau (Wissinger) . . .	42.0	„	—	12.03	—	—	—	1.925	—	—	—	—	—	—
75	Weizen aus Volhinien	35.3	„	—	12.02	—	—	—	1.923	13.12	—	—	—	—	2.10°
76	Amerikanischer Sandweizen . .	39.9	„	—	11.94	—	—	—	1.911	10.44	—	—	—	—	1.67°
77	Hallet's red pedrigee	41.7	„	—	11.92	—	—	—	1.907	—	—	—	—	—	—
78	Blé bleu de Noë	48.6	„	—	11.03	—	—	—	1.766	—	—	—	—	—	—
79	Rother Saumur	47.9	„	—	11.02	—	—	—	1.764	—	—	—	—	—	—
80	Blé de Bordeaux	51.2	„	—	11.01	—	—	—	1.763	—	—	—	—	—	—
81	Koströmer	34.3	„	—	10.55	—	—	—	1.688	—	—	—	—	—	—
82	Weisser ungarischer	37.0	„	—	9.28	—	—	—	1.485	—	—	—	—	—	—
83	Samländer, bester	30.7	„	—	8.48	—	—	—	1.357	11.06	—	—	—	—	1.77°
84	Redchaff, rothspelziger . . .	48.0	„	—	8.44	—	—	—	1.352	—	—	—	—	—	—
85	Blood red scotsch (glatter) . .	41.6	„	—	8.42	—	—	—	1.348	—	—	—	—	—	—
86	Spalding's prolific	—	„	—	—	—	—	—	—	10.69	—	—	—	—	1.71°

No.	Bezeichnungen und Bemerkungen	Jahr der Untersuchung	In der ursprünglichen Substanz						In der Trockensubstanz					Stickstoff in der Trockensubstanz
			Wasser	Nh-Substanz	Rohfett	Nfr. Extractstoffe	Rohfaser	Asche	Nh-Substanz	Rohfett	Nfr. Extractstoffe	Rohfaser	Asche	
			%	%	%	%	%	%	%	%	%	%	%	%
	Sommerweizen.		Originalsaat (Trockensubstanz)						Ernteproduct (Trockensubstanz)					
87	Défiance	1886	—	18.35	—	—	—	2.936	14.75	—	—	—	—	2.36°
88	Igelweizen von Hohenheim	„	—	17.80	—	—	—	2.847	14.12	—	—	—	—	2.26°
89	Unbegrannter	„	—	17.62	—	—	—	2.819	13.88	—	—	—	—	2.22°
90	Chiddam	„	—	16.94	—	—	—	2.714	13.56	—	—	—	—	2.17°
91	Verbesserter vom Kaukasus	„	—	16.69	—	—	—	2.675	12.81	—	—	—	—	2.05°
92	Noë	„	—	16.65	—	—	—	2.672	11.12	—	—	—	—	1.78°
93	Hohenheimer Wechselweizen	„	—	16.55	—	—	—	2.648	—	—	—	—	—	—
94	Russischer Ghirka	„	—	16.28	—	—	—	2.606	14.00	—	—	—	—	2.24°
95	Carrirter von Sicilien	„	—	16.24	—	—	—	2.598	11.81	—	—	—	—	1.89°
96	Vom Cap	„	—	16.10	—	—	—	2.578	13.11	—	—	—	—	2.13°
97	Telavera	„	—	15.75	—	—	—	2.521	11.31	—	—	—	—	1.81°
98	Doggun	„	—	15.31	—	—	—	2.450	12.31	—	—	—	—	1.97°
99	Englischer Fern- oder April-Weizen .	„	—	15.28	—	—	—	2.445	13.87	—	—	—	—	2.22°
100	Saumure	„	—	14.90	—	—	—	2.386	13.00	—	—	—	—	2.08°
101	Champlaine	„	—	14.65	—	—	—	2.343	15.75	—	—	—	—	2.52°
102	Kosterizaner	„	—	13.60	—	—	—	2.179	10.75	—	—	—	—	1.72°
103	Siegerländer	„	—	13.12	—	—	—	2.101	13.56	—	—	—	—	2.17°
104	Schwedischer	„	—	12.80	—	—	—	2.049	—	—	—	—	—	—
105	Bastard	„	—	11.96	—	—	—	1.915	14.12	—	—	—	—	2.26°
106	Rodmannshöfer	„	—	11.44	—	—	—	1.833	—	—	—	—	—	—
107	Budapest	„	—	—	—	—	—	—	10.75	—	—	—	—	1.72°
108	Connecticut	„	—	—	—	—	—	—	13.87	—	—	—	—	2.22°

III. Roggen.

Roggenkörner. — Rye. — Seigle. Winterroggen.*)

No.	Bezeichnungen und Bemerkungen	Jahr der Untersuchung	Wasser	Nh-Substanz	Rohfett	Nfr. Extractstoffe	Rohfaser	Asche	Nh-Substanz (T)	Rohfett (T)	Nfr. Extractstoffe (T)	Rohfaser (T)	Asche (T)	Stickstoff in der Trockensubstanz
1	Mittel aus 2 Analysen	—	—	—	—	—	—	—	11.56	—	—	—	2.28	1.85°
2		—	14.24	10.72	1.93	68.22	2.66	2.23	12.50	2.25	79.55	3.10	2.60	2.00
3		—	14.98	7.20	1.92	69.10	6.18	0.52	8.47	2.26	81.39	7.27	0.61	1.36
4		1836	16.60	8.81	2.00	67.62	3.00	1.97	10.56	2.40	81.07	3.60	2.37	1.69
5		„	14.00	12.50	2.00	66.20	3.30	2.00	14.54	2.33	76.96	3.84	2.33	2.33
6		1853	—	—	—	—	—	—	12.12	—	—	—	2.00	1.94°

Roggenkörner. Winterroggen.

*) Bei den mit * versehenen Analysen fehlt die Angabe, ob der untersuchte Roggen Winter- oder Sommerroggen war.

Davy (v. Bibra, Die Getreidearten etc.) fand im ganzen Korn des Roggens: Kleber 9.5%, Eiweiss 3.3%, Stärke 61.0% Zucker 3.3%, Gummi 11.1%, Cellulose und Verlust 11.8%.

Hermbstädt (Fresenius, Lehrbuch der Chemie f. Landwirthe 1847. 289):

	Kleber	Eiweiss	Stärke	Zucker	Gummi	Hülsen	Asche	Fett	Wasser
I. Kleberreicher Roggen	13.3	4.0	57.8	4.0	6.9	11.9	0.9	1.2	—
II. Kleberarmer Roggen .	9.5	2.9	62.5	5.3	6.1	11.2	1.5	1.0	—

Fresenius (ebendaselbst) giebt als mittlere Zusammensetzung für Roggen an:

Lufttrocken	10.79	3.04	51.14	3.74	5.31	10.29	1.74	0.95	13.00
Wasserfrei	12.40	3.50	58.78	4.30	6.10	11.83	2.00	—	—

Fraas (Weende'r Jahresber. 1855/56, Bayerisch-landw. Centralbl.) fand in einem aus dem Jahre 1427 stammenden, eingemauert gefundenen Roggen 1.15% N bei 7.4% Wassergehalt. Das Korn war braunroth geworden, roch erwärmt wie gebrannter Kaffee und gab an Wasser eine braune Humussubstanz ab.

No. 1. Herepath. — Journ. Roy. Agric. Soc. England. 14. 2. 450. (Edw. T. Hemming's Tabelle.)
No. 2. Payen. No. 3. Fürstenberg. — Aus Moleschott's Physiologie der Nahrungsmittel. 2. Thl. 107.
No. 4 u. 5. J. B. Boussingault. — Dessen: Die Landwirthschaft etc. Bd. 2. 174 u. Bd. 3. 200.
No. 6. A. Stöckhardt. — Aus Wolff's Grundlagen des Ackerbau's 1856. 853.

No.	Bezeichnungen und Bemerkungen	Jahr der Untersuchung	In der ursprünglichen Substanz: Wasser %	Nh-Substanz %	Rohfett %	Nfr. Extractstoffe %	Rohfaser %	Asche %	In der Trockensubstanz: Nh-Substanz %	Rohfett %	Nfr. Extractstoffe %	Rohfaser %	Asche %	Stickstoff in der Trockensubstanz %
7	Staudenroggen, 1850, Hohenheim . .	1851	14.04	13.61	67.53		2.84	1.98	15.83	78.58		3.29	2.30	2.53
8	Desgl., 1851, Hohenheim	„	14.06	11.42	70.53		2.23	1.76	13.29	82.07		2.59	2.05	2.13
9	Roggen, 1850, Ochsenhausen	„	12.62	10.76	73.14		1.82	1.66	12.32	83.70		2.08	1.90	1.97
10	Desgl., 1851, Ochsenhausen	„	14.07	11.34	71.83		1.07	1.69	13.20	83.59		1.24	1.97	2.11
11	Desgl., 1851, Kirchberg	„	14.70	11.80	69.81		1.99	1.70	13.83	81.85		2.33	1.99	2.21
12	Desgl., 1850, Ellwangen	„	14.66	12.12	69.56		2.11	1.55	14.20	81.51		2.47	1.82	2.27
13	Desgl., 1851, Ellwangen	„	14.49	12.06	69.08		1.99	2.58	10.40	85.25		2.33	2.02	1.66
14	Desgl. (geschroten)	1853	16.50	(9.60)	2.10	61.10	(8.50)	3.30	11.50	2.52	71.85	(10.18)	3.95	1.84
15	Staudenroggen aus Hohenheim . . .	1846	13.94	14.95	—	—	—	2.09	17.37	—	—	—	2.43	2.78^{0}
16	Schilfroggen aus Hohenheim	„	13.82	13.31	—	—	—	2.04	15.44	—	—	—	2.37	2.47^{0}
17	Winterroggen, schwere Körner . . .	1854	18.34	9.08	2.33	65.33	3.52	1.40	11.12	2.85	79.91	4.31	1.71	1.78
18	Desgl., leichte Körner	„	16.46	10.06	2.81	64.23	4.64	1.80	12.04	3.36	77.00	5.55	2.05	1.93
19	Desgl., schwere Körner	1856	17.94	9.53	67.10		3.41	2.02	11.61	81.78		4.15	2.46	1.86
20	Desgl., leichte Körner	„	17.49	10.00	66.14		4.22	2.15	12.12	80.16		5.11	2.61	1.96
21	Desgl., schwere Körner	„	16.95	8.96	70.67		2.04	1.38	10.79	85.09		2.46	1.66	1.73
22	Desgl., leichte Körner	„	17.55	9.67	68.72		2.57	1.49	11.73	83.34		3.12	1.81	1.88
23	Roggen von 1855	„	15.53	8.79	1.99	65.53	(6.39)	1.77	10.41	2.36	77.09	(8.04)	2.10	1.68
24	Desgl. v. Schleissheim, seichter Kalkboden	„	13.61	11.93	—	—	—	1.92	13.81	—	—	—	2.22	2.21^{0}
25	Desgl. v. Mönchshofen, Lehm, Donaualluvium	„	11.77	12.79	—	—	—	—	14.50	—	—	—	—	2.32^{0}
26	Desgl. von Illerfeld	„	13.59	12.75	—	—	—	—	14.75	—	—	—	—	2.36^{0}
27	Desgl. von Brennberg, kalkhaltig. Lehm	„	13.86	12.76	—	—	—	1.77	14.81	—	—	—	2.05	2.37^{0}
28	Desgl. von Litzendorf, brauner Jura .	„	14.31	10.50	—	—	—	—	12.25	—	—	—	—	1.96^{0}
29	Desgl. von Geisfeld, schwarzer Jura .	„	14.24	11.74	—	—	—	—	13.69	—	—	—	—	2.19^{0}
30	Desgl. von Tiefenellern, weisser Jura .	„	14.19	11.69	—	—	—	—	13.62	—	—	—	—	2.18^{0}
31	Desgl. von Triesdorf, sandiger Lehm .	„	13.74	10.30	—	—	—	1.79	11.94	—	—	—	2.07	1.91^{0}
32	Desgl. von Gelchsheim, fetter Thon .	„	13.12	12.22	—	—	—	—	14.06	—	—	—	—	2.25^{0}
33	Desgl. v. Gerhardsbrunn, bunter Vogesensandstein	„	14.06	11.49	—	—	—	—	13.37	—	—	—	—	2.14^{0}
	Aus Deutschland. (Spec. Gew.)													
34	Römischer Roggen, Eldena, übergehend 1.53	1858	—	—	—	—	—	—	22.75	—	—	—	—	3.64^{0}
35	Desgl., Trautskirchen, mehlig . 1.45	„	8.00	14.09	—	—	—	—	15.31	—	—	—	—	2.45^{0}

Mo. 7—13. Fehling u. Faisst. — Liebig u. Kopp's Jahresber. 812. Der Wassergehalt der frischen Körner, der „Kleber" gehalt (aus dem N-gehalt berechnet), die Holzfaser (durch aufeinanderfolgendes Auslaugen mit verdünnter Säure und ebensolcher Kalilauge), der Aschengehalt wurden direct, der Stärke- und Fettgehalt (den wir nicht anführen) aus dem Verluste bestimmt.

No. 14. E. Wolff. — Weende'r Jahresber. 1853. II. 9. (Ztschr. f. Deutsche Landwirthe 1853. 118.) Die stickstoffhaltige Substanz wurde direct bestimmt, nicht aus dem N-gehalt berechnet. Die stickstofffreien Extractstoffe enthielten 56.7% Stärke und 6.4% Dextrin und Zucker. Die Summe der Bestandtheile ergiebt 101.1.

No. 15 u. 16. E. N. Horsford. — Annal. d. Chem. u. Pharm. 58. (1846.) 166. Krocker bestimmte in denselben Roggenproben den Stärkemehlgehalt und fand in No. 15 45.09, in No. 16 47.42% der trocknen Substanz. Im Original ist der N-gehalt der Nh. Substanz zu 15.7% angenommen; wir nahmen denselben zu 16% an.

No. 17 u. 18. Al. Müller. — Amts- u. Anzeigebl. f. Sachsen 1855. 38. (Weende'r Jahresber. 1855/56. II. 15.) Die beiden Roggen waren auf demselben Felde gewachsen und nur durch Wurfen in Körner von verschiedenem Scheffelgewicht getrennt worden.

	Gew. des Hectol.	Körnerzahl d. Hectol.	Gew. eines Korns	Spec. Gew.	Volumen eines Korns
No. 17 . .	72.5 kg	2 813 000	0.0258 g	1.387	0.0186 ccm
No. 18 . .	58.57 „	4 529 800	0.0129 „	1.383	0.0093 „

No. 19—22. G. Wunder. — Ebendaselbst 1857. April. Der Roggen No. 19 u. 20 stammte von einem anderen Standorte als der von A. Müller untersuchte (No. 16 u. 17) und zwar vom Versuchsfelde der Chemnitzer Versuchs-Station. No. 21 u. 22 stammten von Dittersdorf.

	No. 19	20	21	22
Gewicht von 1 Dresdner Scheffel	165.34 Pfd.	149.20 Pfd.	171 Pfd.	158 Pfd.
Zahl der Körner in 1 Dresdner Scheffel .	2 550 000	4 272 000	—	—

No. 23. Poggiale. — Weende'r Jahresber. 1855/56. II. 20. (Polytechn. Centralbl. 1858. 6.) Rohfaser mittelst Malzaufguss erhalten (vergl. Weizenanalysen von demselben Autor).

No. 24—33. W. Mayer. — Ergebnisse der V.-St. München. 1. 1857. 1. Näheres über Boden- und Bestellungsverhältnisse vergl. Weizenanalysen desselben Autors.

No. 34—57. v. Bibra. — Dessen: Die Getreidearten u. das Brod. Nürnberg, 1860. 294. Nh. Substanz von uns berechnet. Näheres über Bodenverhältnisse siehe bei Weizenanalysen desselben Autors. Zur Bestimmung des Wassergehalts

No.	Bezeichnungen und Bemerkungen	Spec. Gew.	Jahr der Untersuchung	In der ursprünglichen Substanz: Wasser %	Nh-Substanz %	Rohfett %	Nfr. Extractstoffe %	Rohfaser %	Asche %	In der Trockensubstanz: Nh-Substanz %	Rohfett %	Nfr. Extractstoffe %	Rohfaser %	Asche %	Stickstoff in der Trockensubstanz %
36	Probstei-R., Triesdorf, gemengt	1.41	1858	7.35	13.90	—	—	—	—	15.00	—	—	—	—	2.40°
37	Stauden-Roggen, Schwebheim, gut gedüngter Sandboden, mehlig	1.33	„	10.80	13.33	—	—	—	1.75	14.94	—	—	—	1.97	2.39°
38	Champagner-R., Triesdorf, mehlig	1.44	„	10.00	12.93	—	—	—	—	14.37	—	—	—	—	2.30°
39	Desgl., Eisenach, glasig . . .	—	„	—	—	—	—	—	—	13.75	—	—	—	—	2.20°
40	Desgl., Lohr, rother lehmiger Sand (Buntsandstein), mehlig . . .	1.40	„	—	—	—	—	—	—	13.44	—	—	—	2.03	2.15°
41	Desgl., Eisenach, Muschelkalk, mehlig	—	„	—	—	—	—	—	—	13.00	—	—	—	2.00	2.08°
42	Desgl., Würzburg, mehlig . . .	—	„	—	—	—	—	—	—	12.50	—	—	—	2.51	2.00°
43	Desgl., Würzburg, glasig . . .	—	„	—	—	—	—	—	—	12.19	—	—	—	—	1.95°
44	Desgl., Dahme, meist mehlig .	1.55	„	—	—	—	—	—	—	11.87	—	—	—	—	1.90°
45	Desgl., Schwebheim, mehlig . .	1.40	„	12.70	9.50	—	—	—	—	10.87	—	—	—	—	1.74°
46	Abyssinischer R., Eldena, übergeh.	1.47	„	—	—	—	—	—	—	10.62	—	—	—	—	1.70°
47	Johannistag-Roggen, Eldena, meist mehlig	1.39	„	—	—	—	—	—	—	9.37	—	—	—	—	1.50°
48	Roggen aus Nürnberg von 1347	1.58	„	—	—	—	—	—	—	8.94	—	—	—	—	1.43°
	Aus England und Schottland.														
49	Aus England, mehlig		„	—	—	—	—	—	—	12.50	—	—	—	—	2.00°
50	Aus Edinburg, mehlig		„	—	—	—	—	—	—	12.50	—	—	—	—	2.00°
51	Aus England, mehlig		„	—	—	—	—	—	—	12.19	—	—	—	—	1.95°
52	Desgl.		„	—	—	—	—	—	—	11.69	—	—	—	—	1.87°
53	Riesen-Roggen, Edinburg, gemengt . .		„	9.10	10.05	—	—	—	—	11.06	—	—	—	—	1.77°
54	Grosser, nordischer a. Edinburg, gemengt		„	10.02	9.17	—	—	—	—	10.19	—	—	—	—	1.63°
55	Desgl., mehlig		„	—	—	—	—	—	—	9.69	—	—	—	—	1.55°
	Aus Schweden.														
56	Aus der Provinz Herike, mehlig . .		„	—	—	—	—	—	—	12.94	—	—	—	—	2.07°
57	Aus der Provinz Herike		„	—	—	—	—	—	—	11.38	—	—	—	—	1.90°
58	Holsteiner Winterroggen, Mittel verschieden gedüngter Roggen		1859	18.68	11.65	—	—	—	1.69	14.33	—	—	—	2.08	2.29°
59	Gelbreife Körner, nicht nachgereift, geerntet 18. Juli		1860	—	—	—	—	—	—	8.75	1.12	(73.30)	2.39	2.49	1.40
60	Desgl., nachgereift, geerntet 18. Juli .		„	—	—	—	—	—	—	8.53	0.43	(74.73)	2.79	2.21	1.36
61	Desgl., bei gewöhnlicher Aufbewahrung, geerntet 18. Juli		„	—	—	—	—	—	—	9.53	0.49	(73.87)	2.87	2.42	1.52
62	Desgl., bei beschränkter Nachreife, geerntet 26. Juli		„	—	—	—	—	—	—	9.11	0.39	(73.79)	2.55	2.09	1.46
63	Völlig reife (überreife) Körner, ohne Nachreife		„	—	—	—	—	—	—	8.39	0.73	(76.64)	2.36	2.58	1.34
64	Völlig reife m. Nachreife, geerntet 26. Juli		„	—	—	—	—	—	—	9.47	0.24	(75.71)	2.52	2.46	1.52
65	Aus dem mittleren Schweden		„	14.29	8.50	2.29	71.34	1.47	2.11	9.92	2.67	83.23	1.72	2.46	1.59
66	Aus Schleissheim, Kalkboden		„	15.66	12.19	1.70	63.80	4.97	1.68	14.46	2.02	75.64	5.89	1.99	2.31

der Roggen wurden dieselben ein halbes Jahr lang in hölzernen Kästen in einem geheizten Zimmer aufbewahrt und dann erst, nachdem sie also so gleichmässig wie möglich trocken geworden waren, ihr Wassergehalt durch Trocknen bei 80—85° R. ermittelt.

No. 58. Th. Siegert (V.-St. Chemnitz). — D. landw. V.-St. 3. 128. (Vergl. gedüngten Roggen No. 1—7.)

No. 59—64. B. Lucanus (V.-St. Dahme). — Ebendaselbst. 4. 1862. 147. Vergl. Roggen in verschiedenen Reifeperioden. Der Roggen war zu Dahme (leichter Sandboden?) gewachsen.

No. 65. C. M. Eisenstuck. — L. V.-St. 3. 1861. 241. Der Roggen ist auf einem zwar guten, aber ausgetragenen Boden, nach dem in früherer Zeit in Schweden ziemlich allgemeinen System der Zweifelderwirthschaft ohne allem Dünger gebaut worden. Die Rohfaser (Cellulose) wurde durch aufeinanderfolgende Digestion der Substanz mit 3 procent. Salzsäure, 3 procent. Natronlauge, Alkohol und Aether erhalten.

No. 66. R. H. Ph. Zöller. — Ergebnisse d. V.-St. München. 3. 148. Von uns berechnetes Mittel der Analysen von 8 verschieden gedüngten Roggen. Vergl. gedüngter Winterroggen No. 8—16. Die Roggenkörner enthielten Stärkemehl: 61.6%.

No.	Bezeichnungen und Bemerkungen	Jahr der Untersuchung	In der ursprünglichen Substanz						In der Trockensubstanz					Stickstoff in der Trockensubstanz
			Wasser	Nh-Substanz	Rohfett	Nfr. Extractstoffe	Rohfaser	Asche	Nh-Substanz	Rohfett	Nfr. Extractstoffe	Rohfaser	Asche	
			%	%	%	%	%	%	%	%	%	%	%	%
67	Saatroggen I, 1 Hectol. wiegt 71.94 kg	1862	9.10	13.61	—	—	—	1.84	14.97	—	—	—	2.03	2.39
68	Desgl. II, 1 Hectol. wiegt 72.20 kg .	„	9.38	12.63	—	—	—	1.80	13.93	—	—	—	1.99	2.23
69	Gebrauchsroggen III, 1 Hectol. wiegt 71.87 kg	„	10.64	13.89	—	—	—	1.76	15.54	—	—	—	1.97	2.49
70	*Aus Sachsen	1868	15.57	11.01	2.07	66.05	2.58	2.72	13.04	2.45	78.24	3.05	3.22	2.09
71	*	1871	13.85	12.44	2.17	66.26	3.93	1.45	14.47	2.52	77.05	4.22	1.74	2.32
72	*Aus Ungarisch-Altenburg, trocknes Jahr 1866	1870	12.70	15.94	2.26	64.41	2.40	1.60	18.25	2.59	74.58	2.75	1.83	2.92
73	Desgl., nasses Jahr, 1870	„	13.85	15.35	2.01	64.59	2.39	1.80	17.81	2.33	75.00	2.77	2.09	2.85
74	In Westfalen gebaut	1877	—	—	—	—	—	—	11.23	—	—	—	2.37	1.80
75	Saatroggen	1872	15.40	11.47	1.96	67.24	1.92	1.77	13.60	2.32	79.70	2.28	2.10	2.18
76	Daraus auf schwerem Boden erzogener Roggen	1873	13.68	8.94	2.26	71.54	1.71	1.87	10.35	2.62	82.87	1.99	2.17	1.66
77	Saatroggen	1874	12.88	11.20	1.98	70.13	1.76	1.90	12.88	2.28	80.64	2.02	2.18	2.06
78	Daraus auf schwerem Boden erzogener Roggen	1875	12.86	10.83	1.91	70.83	1.70	1.87	12.43	2.19	81.28	1.95	2.15	1.99
79	Saatroggen	1876	7.08	13.21	2.00	73.76	1.89	2.00	14.23	2.15	79.43	2.03	2.16	2.28
80	Daraus auf schwerem Boden erzogener Roggen	1877	12 80	12.51	1 92	69.14	1.82	1.81	14.35	2.20	79.29	2.08	2.08	2.30
81	Aus Hannover, geschroten	1871	15.27	12.50	1.72	66.21	2.39	1.91	14.75	2.03	78.15	2.82	2.25	2.36
82	Aus Hannover, Körner	„	15.03	—	—	—	2.53	1.75	—		—	2.98	2.06	—
83	*	1875	—	—	—	—	—	—	12.94	1.75	79.87	2.50	2.94p	2.07
84	*	1878	16.00	11.80	2.00	63.10	4.20	2.90	14.04	2.38	75.13	5.00	3.45	2.25
85	Von Cassel	1880	15.61	8.43	1.63	70.08	1.71	2.54	9.99	1.93	83.04	2.03	3.01	1.60
86	*Roggen, geschroten	1875	13.90	13.40	2.46	60.30	6.20	3.80	15.56	2.79	70.04	7.20	4.41	2.49
87	*Desgl.	„	13.18	14.13	3.02	61.50	4.65	3.52	16.28	3.48	70.82	5.36	4.06	2.60
88	Pirnaer Roggen, Sandmergelboden . .	1880	15.00	9.9	70.2		2.0	2.9	11.64	82.60		2.35	3.41	1.86
89	Desgl.	„	15.00	9.4	71.9		1.7	2.0	11.05	84.60		2.00	2.35	1.77
90	Staudenroggen, sandig lehmiger Boden .	„	15.00	11.1	1.7	67.1	2.0	3.1	13.05	2.00	78.95	2.35	3.65	2.09

No. 67—69. C. Schmidt. — Livländische Jahrbücher d. Landwirthschaft. 16. 1863. 129. Zu Turneshof in Livland 1862 geerntet. Die Zahlen beziehen sich auf (auf der „Riegendarre“) getrocknetes, an freier Luft wieder „lufttrocken“ gewordenes Material. Der trockne warme Herbst des Erntejahrs erklärt den durchschnittlich um 2—3% unter dem Mittel bleibenden geringeren Wassergehalt. No. 67 u. 69 stammen von Binnenschlägen, No. 68 von Schafweideschlag (Aussenschlag) des Gutes. Der „Stärkemehlgehalt“ wurde ermittelt, indem 1 Thl. Substanz mit 50 Thl. einer 4 Volumenprocente Schwefelsäurehydrat enthaltenden Säure bis zum Aufhören der Jodreaction digerirt und die erhaltene Lösung mit Kupferlösung titrirt wurde. (Die Zahlen für „Stärkemehl“ umfassen daher auch alle in Zucker überführbaren Bestandtheile. Der Ref.) Die Differenz von 100 einer- und der Summe von Wasser, Albumin, Stärkemehl und Asche anderseits ist als „Cellulose etc.“ bezeichnet. Die Zahlen für Stärkemehl und Cellulose sind folgende:

	I.	II.	III.
Stärkemehl	63.19	63 42	63.56%
Cellulose etc.	12.26	12.77	10.15 „

No. 70. J. Lehmann. — Amtsbl. f. d. landw. Vereine in Sachsen. 17. 1868. 18.

No. 71. W. Pillitz. — Fresenius Ztschr. f. analyt. Chemie. 11. 1872. 46. Methode der Untersuchung siehe bei Weizenanalysen desselben Autors. Die Summe der Bestandtheile der lufttrocknen Körner ergiebt 99.89. Die Körner enthielten:

	Stärkemehl	Dextrin	Zucker	In Wasser lösl. Extractstoffe	Lösliches Eiweiss	Lösliche Salze
Lufttrocken . .	56.41	4.97	1.87	3.01	3.33	1.23%
Wasserfrei . . .	65.60	5.78	2.07	3.50	3.87	1.50 „

No. 72 u. 73. Leop. Lenz. — Die L. V.-St. 12. 1870. 344. Der untersuchte Roggen stammte von dem Landgute der landw. Lehranstalt zu Ungarisch-Altenburg. Die Witterung des Jahres 1866 war eine trockue, die im Jahre 1870 eine solche, „wie sie feuchten, nördlichen Klimaten zukommt“.

No. 74. J. König. — 1. Ber. d. V.-St. Münster 1871/77. 140. Mittel von 3 Analysen verschieden gedüngten Roggens. Vergl. gedüngter Winterroggen No. 17—19.

No. 75—80. E. Heiden u. Franz Voigt. — Denkschrift d. V.-St. Pommritz 1882. Näheres ersiehe bei gedüngtem Roggen No. 20—33. Die Analysen von No. 76 u. 78 sind die von uns berechneten Mittel von je 6 Analysen verschieden gedüngten Roggens.

No. 81 u. 82. U. Kreusler. — 1. Ber. d. V.-St. Hildesheim. Celle, 1873. 26.

No. 83. H. Weiske. — Der Landwirth. 11. 1875. 219.

No. 84. P. Wagner u. W. Rohn. — Privatmittheilung.

No. 85. Th. Dietrich. Privatmittheilung.

No. 86 u. 87. M. Märcker u. F. Holdefleiss (V.-St. Halle). — Ztschr. d. landw. Centralv. d. Prov. Sachsen 1876. 243.

No. 88—106. M. Märcker (V.-St. Halle). — Privatmittheilung.

No.	Bezeichnungen und Bemerkungen	Jahr der Untersuchung	In der ursprünglichen Substanz						In der Trockensubstanz					Stickstoff in der Trockensubstanz
			Wasser %	Nh-Substanz %	Rohfett %	Nfr. Extractstoffe %	Rohfaser %	Asche %	Nh-Substanz %	Rohfett %	Nfr. Extractstoffe %	Rohfaser %	Asche %	%
91	Vierländer Roggen, lehmiger Sand . .	1880	15.00	9.7	1.3	69.5	2.1	2.4	11.41	1.53	81.77	2.47	2.82	1.83
92	Liprechtröder Landroggen, lehmiger Sand, Bergland	„	15.00	9.9	1.4	69.2	2.0	2.5	11.64	1.65	81.42	2.35	2.94	1.86
93	Landroggen, lehmiger Sand	„	15.00	9.0	1.4	70.7	2.0	1.9	10.58	1.65	83.19	2.35	2.23	1.69
94	Desgl., humoser Lehm	„	15.00	9.9	1.3	68.4	2.1	3.3	11.64	1.53	80.48	2.47	3.88	1.86
95	Desgl., Sandboden	„	15.00	10.9	1.6	67.5	2.0	3.0	12.82	1.88	79.42	2.35	3.53	2.05
96	Desgl., Sandboden	„	15.00	10.9	1.5	66.6	1.9	4.1	12.82	1.76	78.37	2.23	4.82	2.05
97	Desgl., Sandboden	„	15.00	11.2	1.4	66.9	2.2	3.3	13.17	1.65	78.71	2.59	3.88	2.11
98	Desgl., schwerer Thonboden	1881	15.00	9.5	1.4	69.7	2.7	2.7	10.17	1.65	81.82	3.18	3.18	1.63
99	Champagnerroggen, mässig humoser Sandboden, Höhenlage	„	15.00	8.8	1.5	70.1	2.0	2.6	10.35	1.76	82.48	2.35	3.06	1.66
100	Probsteier Roggen	„	15.00	8.2	1.1	71.5	2.1	2.1	9.64	1.29	84.13	2.47	2.47	1.54
101	Vierländer Roggen	„	15.00	8.3	1.3	71.7	2.1	1.6	9.76	1.53	84.36	2.47	1.88	1.56
102	Zeeländer, humoser, milder, kalkreicher Lehm	„	15.00	8.5	1.6	70.6	2.0	2.3	10.00	1.88	83.07	2.35	2.70	1.60
103	Probsteier Roggen, sandiger, humusarmer Lehm	„	15.00	8.5	1.4	71.6	2.0	1.5	10.00	1.65	84.24	2.35	1.76	1.60
104	Landroggen, steiniger Muschelkalkboden	„	15.00	8.6	1.3	71.1	2.0	2.0	10.11	1.53	83.66	2.35	2.35	1.62
105	Champagnerroggen, humoser Lehm . .	1882	15.00	7.3	1.2	70.1	2.5	3.9	8.58	1.42	82.47	2.94	4.59	1.37
106	Johannisroggen, humusarm. Thon, Höhenlage	„	15.00	8.4	1.3	70.4	2.5	2.4	9.88	1.53	82.83	2.94	2.82	1.58

Roggen aus Nordamerika. Winterroggen.

No.	Bezeichnungen und Bemerkungen	Gew. v. 100 Körn. g	1 Bushel wiegt Pfd.	Jahr der Untersuchung	Wasser %	Nh-Substanz %	Rohfett %	Nfr. Extractstoffe %	Rohfaser %	Asche %	Nh-Substanz %	Rohfett %	Nfr. Extractstoffe %	Rohfaser %	Asche %	Stickstoff in der Trockensubstanz %
107	Von Pennsylvanien (White Winter-Rye)			1878	8.68	12.07	2.07	73.91	1.40	1.87	13.22	2.27	80.93	1.53	2.05	2.12
108	Mittel von 6 Analysen			—	11.60	10.60	1.70	72.60	1.60	1.90	11.99	1.92	82.13	1.81	2.15	1.92
	Vermont.															
109	Common New England .	2.10	62.3	1885	7.80	10.33	2.00	76.84	1.35	1.68	11.21	2.17	83.34	1.46	1.82	1.79
110	White winter	2.40	64.1	„	8.07	11.55	2.12	75.03	1.38	1.85	12.57	2.31	81.61	1.50	2.01	2.01
111	Winter	2.10	58.6	„	8.90	11.03	1.80	75.32	1.35	1.60	12.11	1.98	82.67	1.48	1.76	1.95
	Connecticut.															
112	Common-R.	2.41	—	„	8.84	10.85	1.91	75.02	1.38	2.00	11.90	2.10	82.30	1.51	2.19	1.90
113	Desgl.	1.99	60.2	„	7.74	10.50	2.09	75.72	1.75	2.20	11.38	2.27	82.07	1.90	2.38	1.82
114	Common White-R. . . .	2.38	61.5	„	9.17	10.25	1.74	75.55	1.32	1.97	11.29	1.92	83.17	1.45	2.17	1.81
115	Winter	2.52	62.8	„	9.69	9.80	1.80	75.38	1.45	1.88	10.85	1.99	83.47	1.61	2.08	1.75
	Rhode Island.															
116	Winter	2.15	—	„	9.75	10.15	1.71	74.40	1.89	2.10	11.25	1.89	82.44	2.09	2.33	1.80
	New-York.															
117	Winter	2.24	60.4	„	8.02	14.53	2.09	71.43	1.38	2.55	15.79	2.27	77.67	1.50	2.77	2.53

No. 107. P. Collier. — Ann. Report of the Commissioner of Agriculture for 1878. 146. An näheren Bestandtheilen sind noch genannt: Zucker 4.82 %, in Alkohol lösliche Eiweissstoffe 2.72 %, Gummi 4.40 %, Stärke (Differenz) 64.69 %.

No. 108. Ann. rep. Connect. Agric. Exper. St. for 1884. Tafel von der Zusammensetzung amerikanischer Futterstoffe von Dr. E. H. Jenkins. Als Maximal- und Minimalgehalte der 6 Analysen sind angegeben:

	Trockensubstanz	Proteïn	Fett	Nfr. Extractstoffe	Rohfaser
Minimum	86.80	9.50	1.40	70.70	1.40
Maximum	91.30	12.10	2.10	73.90	2.10

No. 109—173. Clifford Richardson. — (Depart. of Agriculture, Division of Chemistry. Bull. No. 9.) Third Report on the chemical composition and physical properties of american cereals Wheat, Oats, Barley and Rye. Washington, 1886. 52 u. 81. Von einigen der Roggen wurden noch nähere Bestandtheile bestimmt und zwar (in lufttrockner Substanz):

No.	115	116	119	123	124	128	136	137	138	140	141	148	151	155	156	161
Zucker etc.	8.10	6.74	7.85	6.20	9.46	7.89	8.49	6.25	7.10	7.45	7.83	6.92	7.29	7.89	7.52	7.93
Dextrin etc.	4.76	4.36	5.19	6.02	4.44	4.14	4.38	5.56	5.00	4.46	4.80	4.54	5.32	4.44	4.20	4.50
Stärkemehl	62.52	63.31	61.33	62.12	59.81	62.23	59.61	64.34	62.40	62.59	62.19	63,55	60.55	58.73	62.74	60.47
Albuminoide in 80 % Alkohol lösl.	2.20	1.90	2.17	1.76	3.08	2.71	3.45	2.17	2.76	2.56	2.15	2.14	2.44	3.03	2.18	3.17
Albuminoide darin unlöslich . .	7.60	8.25	9.38	9.97	8.65	9.37	9.68	9.03	8.44	8.99	9.39	9.24	9.26	9.05	9,20	9.78

No.	Bezeichnungen und Bemerkungen	Gew. v. 100 Körn. g	1 Bushel wiegt Pfd.	Jahr der Untersuchung	In der ursprünglichen Substanz: Wasser %	Nh-Substanz %	Rohfett %	Nfr. Extractstoffe %	Rohfaser %	Asche %	In der Trockensubstanz: Nh-Substanz %	Rohfett %	Nfr. Extractstoffe %	Rohfaser %	Asche %	Stickstoff in der Trockensubstanz %
118	Winter	2.32	56.2	1885	9.12	10.68	1.58	74.96	1.26	2.40	11.75	1.74	82.48	1.39	2.64	1.88
119	Native	2.31	60.1	„	8.98	11.55	1.69	74.37	1.25	2.16	12.69	1.86	81.71	1.37	2.37	2.03
120	White	2.16	62.6	„	8.93	9.45	2.10	76.42	1.33	1.77	10.38	2.29	83.93	1.46	1.94	1.66
121	Common	2.06	63.1	„	7.35	11.38	2.13	75.37	1.61	2.16	12.28	2.30	81.35	1.74	2.33	1.96
	Pennsylvania New Jersey.															
122	Common white	1.70	63.3	„	9.05	9.98	2.16	75.61	1.10	2.10	10.98	2.38	83.12	1.21	2.31	1.76
123	Jersey	2.60	59.1	„	8.93	11.73	1.74	74.34	1.23	2.03	12.88	1.91	81.63	1.35	2.23	2.06
124	White	2.42	59.3	„	9.35	11.73	1.86	73.71	1.20	2.15	12.94	2.05	81.32	1.32	2.37	2.07
125	Common	2.81	62.3	„	8.75	11.38	1.76	74.63	1.34	2.14	12.47	1.93	81.78	1.47	2.35	2.00
126	Canada	2.59	63.5	„	9.35	11.20	1.92	74.31	1.52	1.70	12.35	2.12	81.97	1.68	1.88	1.98
	Ohio.															
127	Common	2.79	61.6	„	9.81	10.50	1.79	74.00	1.35	2.55	11.64	1.99	82.04	1.50	2.83	1.86
128	Black Fall	2.08	61.7	„	8.15	12.08	1.93	74.26	1.88	1.70	13.16	2.10	80.84	2.05	1.85	2.11
	Illinois.															
129	. . . .	1.91	60.4	„	9.57	10.33	2.16	74.59	1.42	1.93	11.47	2.39	82.44	1.57	2.13	1.84
130	White	1.87	60.7	„	9.99	10.55	1.98	72.41	1.35	3.72	11.62	2.20	80.55	1.50	4.13	1.86
131	Common Winter	1.72	61.7	„	8.85	10.15	2.09	76.01	1.10	1.80	11.13	2.29	83.40	1.21	1.97	1.78
132	Common	1.41	57.8	„	7.62	12.96	2.06	72.68	1.95	2.73	14.02	2.23	78.69	2.11	2.95	2.24
133	White Winter	2.10	60.0	„	8.85	10.85	1.85	75.05	1.25	2.15	11.90	2.03	82.34	1.37	2.36	1.90
134	Common Black	1.82	58.7	„	8.73	13.13	1.86	71.33	1.58	3.37	14.39	2.04	78.15	1.73	3.69	2.30
135	Winter	1.64	58.1	„	9.45	10.50	1.92	75.08	1.45	1.60	11.59	2.12	82.92	1.60	1.77	1.85
136	Desgl.	1.84	59.4	„	8.45	13.13	1.98	72.48	1.60	2.36	14.34	2.16	78.17	1.75	3.58	2.29
137	Common white	1.67	60.1	„	9.18	11.20	1.70	75.15	1.15	1.62	12.33	1.87	82.75	1.27	1.78	1.97
	Wisconsin.															
138	Common	2.00	60.4	„	8.65	11.20	1.86	74.50	1.47	2.32	12.26	2.04	81.56	1.60	2.54	1.96
139	. . . .	2.10	62.6	„	8.41	10.33	1.59	76.97	1.15	1.55	11.28	1.74	84.03	1.26	1.69	1.80
140	?	1.69	60.6	„	8.80	11.55	1.84	74.50	1.35	1.96	12.66	2.02	81.69	1.48	2.15	2.03
141	Black Winter	1.85	60.2	„	8.38	11.90	1.38	74.88	1.56	1.90	12.93	1.51	81.77	1.70	2.09	2.07
142	White	2.70	61.9	„	10.00	10.85	1.69	74.13	1.38	1.95	12.05	1.88	82.37	1.53	2.17	1.93
	Minnesota.															
143	. . . .	2.13	60.8	„	9.13	11.20	1.63	74.70	1.40	1.94	12.32	1.79	82.22	1.54	2.13	2.13
144	Canada White	2.78	62.2	„	8.75	11.90	1.94	74.38	1.18	1.85	13.04	2.13	80.51	1.29	2.03	2.09
145	?	1.90	—	„	7.25	12.43	2.46	73.51	1.95	2.40	13.40	2.65	79.26	2.10	2.59	2.14
	Jowa.															
146	Common	1.59	60.2	„	7.69	10.68	2.16	75.81	1.68	1.98	11.57	2.34	82.13	1.82	2.14	1.85
147	Summer Hill	1.30	58.2	„	8.50	11.38	2.48	73.32	1.53	2.80	12.44	2.71	80.52	1.27	3.06	1.99
148	White Winter	2.10	60.2	„	8.32	11.38	1.93	75.01	1.28	2.08	12.42	2.11	81.80	1.40	2.27	1.99
	Missourie.															
149	White	—	—	„	7.27	11.20	2.19	75.82	1.59	1.93	12.20	2.38	81.58	1.73	2.11	1.95
	Nebraska.															
150	Common, mixed	1.30	60.3	„	8.27	9.28	2.25	77.54	1.39	1.31	10.12	2.45	84.48	1.52	1.43	1.62
	Maryland.															
151	?	2.17	62.0	„	9.70	11.73	1.93	73.16	1.38	2.10	12.99	2.14	81.02	1.53	2.32	2.08
152	Early White	2.57	59.9	„	9.64	10.85	1.65	74.63	1.43	1.80	12.01	1.83	82.59	1.58	1.99	1.92
	Virginia.															
153	Winter	1.92	60.2	„	8.60	12.43	1.77	73.10	1.80	2.30	13.60	1.94	79.97	1.97	2.52	2.18
	West-Virginia.															
154	Pennsylvania White	2.43	62.8	„	8.87	11.55	1.90	73.70	1.31	2.67	12.67	2.08	80.88	1.44	2.93	2.03
155	White	2.06	59.4	„	8.35	12.08	1.75	73.60	1.54	2.68	13.18	1.91	80.31	1.68	2.92	2.11

No.	Bezeichnungen und Bemerkungen	Gew. v. 100 Körn. g	1 Bushel wiegt Pfd.	Jahr der Untersuchung	In der ursprünglichen Substanz: Wasser %	Nh-Substanz %	Rohfett %	Nfr. Extractstoffe %	Rohfaser %	Asche %	In der Trockensubstanz: Nh-Substanz %	Rohfett %	Nfr. Extractstoffe %	Rohfaser %	Asche %	Stickstoff in der Trockensubstanz %
	North-Carolina.															
156	White	1.87	62.1	1885	8.75	11.38	1.85	74.46	1.55	2.01	12.47	2.01	81.62	1.70	2.20	2.00
157	White	1.67	62.3	„	8.60	12.25	2.33	74.64	1.63	1.55	13.40	2.55	80.57	1.78	1.70	2.14
	South-Carolina.															
158	Common	2.04	—	„	8.44	10.50	1.73	76.01	1.56	1.76	11.47	2.89	82.02	1.70	1.92	1.84
	Kentucky.															
159	White	1.58	—	„	—	12.25	2.27	—	1.70	—	—	—	—	—	—	—
160	Black	2.25	—	„	9.82	12.08	1.93	72.86	1.38	1.93	13.40	2.14	80.79	1.53	2.14	2.14
	Georgia.															
161	Georgia	1.24	—	„	8.24	12.95	2.17	72.90	1.83	1.91	14.12	2.37	79.44	1.99	2.08	2.26
	Colorado.															
162	. . . .	—	—	„	9.05	15.58	1.98	68.74	1.85	2.80	17.14	2.18	75.56	2.04	3.08	2.78
163	. . . .	—	—	„	8.05	12.95	2.91	72.38	1.76	1.95	14.05	3.13	78.79	1.91	2.12	2.25
164	. . . .	1.81	61.4	„	6.85	11.38	2.01	76.23	1.48	2.05	12.22	2.16	81.83	1.59	2.20	1.96
	Washington Territory.															
165	Department	3.45	—	„	7.00	11.03	2.05	76.27	1.55	2.10	11.86	2.20	82.01	1.67	2.26	1.90
166	Kansas	—	—	„	11.60	12.60	2.22	70.49	1.49	1.60	14.25	2.51	79.74	1.69	1.81	2.28
167	Berechnetes Mittel aus No. 109—166, R. a. Nordamer.	—	—	„	11.20	12.40	1.88	71.32	1.40	1.80	13.96	2.12	80.31	1.58	2.03	2.23
168	United States, 57 Analysen	2.07	60.9	„	8.67	11.32	1.94	74.52	1.46	2.09	12.40	2.12	81.59	1.60	2.29	1.98
169	Staaten an der Atlantischen Küste, 25 Analysen .	2.19	61.2	„	8.75	11.26	1.91	74.74	1.45	1.99	12.34	2.09	81.80	1.59	2.18	1.97
170	Staaten an der Pacific-Küste, 4 Analysen	—	—	„	7.74	12.73	2.24	73.40	1.66	2.23	13.80	2.43	79.55	1.80	2.42	2.21
171	Nördl. Staaten, 43 Analys.	2.07	60.8	„	8.73	11.10	1.92	74.74	1.43	2.08	12.17	2.10	81.88	1.57	2.28	1.95
172	West-Staaten, 25 Analysen	1.75	60.0	„	8.71	11.17	1.94	74.62	1.44	2.12	12.81	2.12	81.17	1.58	2.32	2.05
173	Süd-Staaten, 10 Analysen .	1.98	61.2	„	8.80	11.68	1.90	74.01	1.54	2.07	12.80	2.08	81.16	1.69	2.27	2.05
	Minimum				6.85	7.27	0.21	60.68	1.05	0.53	8.39	0.24	70.04	1.21	0.61	1.34
	Maximum				18.68	19.71	3.01	63.71	5.10	4.18	22.75	3.48	85.09	5.89	4.82	3.64
	Mittel*)				(13.37[1])	10.81	1.77	70.21	1.78	2.06	12.48	2.04	81.04	2.06	2.38	2.00

Roggenkörner. Sommerroggen.

No.	Bezeichnungen und Bemerkungen	Spec. Gew.	Jahr	Wasser	Nh-Substanz	Rohfett	Nfr. Extractstoffe	Rohfaser	Asche	Nh-Substanz	Rohfett	Nfr. Extractstoffe	Rohfaser	Asche	Stickstoff
1	Sommerroggen v. Schleissheim, seichter Kalkboden		1856	14.16	15.45	—	—	—	—	18.00	—	—	—	—	2.88⁰
2	Riesenroggen, Triesdorf, glasig .	1.39	1858	—	—	—	—	—	—	16.87	—	—	—	—	2.70⁰
3	Desgl., Poppelsdorf, gemengt . .	—	„	—	—	—	—	—	—	16.75	—	—	—	—	2.68⁰
4	Staudenroggen, Schwebheim, mehlig	1.38	„	—	—	—	—	—	—	14.56	—	—	—	—	2.33⁰
5	Desgl., Triesdorf, gemengt . .	1.40	„	—	—	—	—	—	—	14.19	—	—	—	—	2.27⁰
6	Probsteiroggen, Triesdorf, gemengt	1.42	„	—	—	—	—	—	—	13.50	—	—	—	—	2.16⁰
7	Desgl., Proskau, gemengt . . .	1.40	„	—	—	—	—	—	—	12.50	—	—	—	—	2.00⁰
8	Aus Mecklenburg		1860	14.70	13.80		63.20	6.50	1.80	16.17	—	74.01	(7.62)	2.20	2.59

*) Für die Berechnung des Mittels sind bei N-Substanz, Fett und Asche sämmtliche Analysen, bei Holzfaser nur die von No. 66 an berücksichtigt.

[1]) Nach dem mittleren Wassergehalt bei Weizen angenommen; der wirkliche mittlere Wassergehalt nach vorstehenden Analysen beträgt 11.15 %.

Roggenkörner. Sommerroggen.
No. 1. W. Mayer. — Ergebn. d. V.-St. München. 1. 1857. 1. Nh. Substanz von uns berechnet.
No. 2—7. v. Bibra. — Dessen: „Die Getreidearten und das Brod". Nürnberg, 1860. 294. Nh. Substanz v. uns berechnet.
No. 8. Wicke — Wilda's landw. Centralbl. 1862. 2. 371. (J. f. Landw. 1862. 215.) Unter stickstofffreien Extractstoffen sind aufgeführt: Lignin, Kork, Cuticula, Schleim 10.0 %, Stärke 40.3 %, Zucker und Dextrin 12.9 %.

No.	Bezeichnungen und Bemerkungen	Jahr der Untersuchung	In der ursprünglichen Substanz: Wasser %	Nh-Substanz %	Rohfett %	Nfr. Extractstoffe %	Rohfaser %	Asche %	In der Trockensubstanz: Nh-Substanz %	Rohfett %	Nfr. Extractstoffe %	Rohfaser %	Asche %	Stickstoff in der Trockensubstanz %
9	Russischer Sommerroggen, lettiger Sandboden	1870	12.90	17.34	2.54	62.46	2.66	2.10	18.91	2.92	72.71	3.05	2.41	3.03
10	Aus Wisconsin, Common	—	8.65	11.29	1.86	74.50	1.47	2.32	12.69	2.04	81.11	1.61	2.55	2.03
11	Aus Indiana, Spring	—	9.60	8.75	1.73	77.22	1.13	1.57	9.68	1.91	85.42	1.25	1.74	1.55
	Mittel		(13.37[1])	12.90	1.98	68.11	1.71	1.93	14.89	2.29	78.62	1.97	2.23	2.38

Roggenkörner aus dem nördlichen Deutschland.

No.	Bezeichnungen und Bemerkungen	No. d. Haupttabelle	Jahr der Untersuchung	In der ursprünglichen Substanz: Wasser %	Nh-Substanz %	Rohfett %	Nfr. Extractstoffe %	Rohfaser %	Asche %	In der Trockensubstanz: Nh-Substanz %	Rohfett %	Nfr. Extractstoffe %	Rohfaser %	Asche %	Stickstoff in der Trockensubstanz %
1	Eldena, römischer Roggen, übergeh.	34	1858	—	—	—	—	—	—	22.75	—	—	—	—	3.64^{0}
2	Eisenach, glasig	39	„	—	—	—	—	—	—	13.75	—	—	—	—	2.20^{0}
3	Desgl., auf Muschelkalk gew., mehlig	41	„	—	—	—	—	—	—	13.00	—	—	—	2.00	2.08^{0}
4	Dahme, Winterroggen, meist mehlig	44	„	—	—	—	—	—	—	11.87	—	—	—	—	1.90^{0}
5	Eldena, Abyssinischer R., übergeh.	46	„	—	—	—	—	—	—	10.62	—	—	—	—	1.70^{0}
6	Desgl., Johannistag R., meist mehlig	47	„	—	—	—	—	—	—	9.37	—	—	—	—	1.50^{0}
7	Proskau, Sommerroggen	7	„	—	—	—	—	—	—	12.50	—	—	—	—	2.00^{0}
8	Mecklenburg, Sommerroggen . .	8	1860	14.70	13.80	63.20		6.50	1.80	16.17	74.01		(7.62)	2.20	2.59
9	Sachsen, Holsteiner Winterroggen	58	1859	18.68	11.65	-	—	—	1.69	14.33	—	—	—	2.08	2.29^{0}
10	Dahme, Winterroggen	61	1860	—	—	—	—	—	—	9.53	0.49	73.87	2.87	2.42	1.52
11	Gegend von Cassel, Winterroggen .	85	1880	15.61	8.43	1.63	70.08	1.71	2.54	9.99	1.93	83.04	2.03	3.01	1.60
12	Sachsen, Winterroggen	17	1854	18.34	9.08	2.33	65.33	3.52	1.40	11.12	2.85	79.91	4.31	1.71	1.78
13	Desgl.	19	1856	17.94	9.53	67.10		3.41	2.02	11.61	81.78		4.15	2.46	1.86
14	Desgl.	21	„	16.95	8.96	70.67		2.04	1.38	10.79	85.09		2.46	1.66	1.73
15	Sachsen	70	1868	15.57	11.01	2.07	66.05	2.58	2.72	13.04	2.45	78.24	3.05	3.22	2.09
16	Desgl., Saatroggen	75	1872	15.40	11.47	1.96	67.24	1.92	1.77	13.60	2.32	79.70	2.28	2.10	2.18
17	Desgl., aus vorigem, auf schwerem Boden gewachsen	76	1873	13.68	8.94	2.26	71.54	1.71	1.87	10.35	2.62	82.87	1.99	2.17	1.66
18	Desgl., Saatroggen	77	1874	12.88	11.20	1.98	70.13	1.76	1.90	12.88	2.28	80.64	2.02	2.18	2.06
19	Sachsen, aus vorigem, auf schwerem Boden gewachsen	78	1875	12.86	10.83	1.91	70.83	1.70	1.87	12.43	2.19	81.28	1.95	2.15	1.99
20	Desgl., Saatroggen	79	1876	7 08	13 21	2.00	73.76	1.89	2.00	14.23	2.15	79.43	2.03	2.16	2.28
21	Desgl., aus vorigem, auf schwerem Boden gewachsen	80	1877	12.80	12.51	1.92	69.14	1.82	1.81	14.35	2.20	79.29	2.08	2.08	2.30
22	Westfalen	74	1877	—	—	—	—	—	—	11.23	—	—	—	2.37	1.80
23	Desgl., Sandboden, gelbreif . . .	—	1875	—	—	—	—	—	—	11.30	1.27	83.55	1.63	2.25	1.81
24	Desgl., Lehmboden, gelbreif . .	—	1875	—	—	—	—	—	—	9.84	1.14	85.12	1.95	1.94	1.57
25	Hannover	81	1871	15.27	12.50	1.72	66.21	2.39	1.91	14.75	2.03	78.15	2.82	2.25	2.36
26	Provinz Sachsen, Mittel von	88—107	1880/82	15.00	9.37	1.33	69.39	2.10	2.61	11.02	1.57	81.87	2.47	3.07	1.76
27	Rheinland, Poppelsdorf, Sommer-R.	3	1858	—	—	—	—	—	—	16.87	—	—	—	—	2.70^{0}
	Mittel			(13.37[2])	11.01	1.70	69.78	2 17	1.97	12.71	1.96	80.55	2.51	2.27	2.03

No. 9. Fr. Schwackhöfer (K. K. landw. chem. V.-St. Wien). Die Landw. V.-St. 15. 1872. 105. Auf dem Lande der Ackerbauschule zu Eibenschütz in Mähren cultivirt, 2. Ernte. 1 Hectol. wog 86 kg. Ertrag auf lettigem, ziemlich kräfiigem Sandboden $11^{5}/_{8}$fach. Der Roggen besteht aus grossen schweren Körnern.

No. 10 u. 11. Clifford Richardson. — Vergl. Amerikanische Winterroggen No. 109. Der Roggen No. 10 stammte aus dem County Chippewa, Staat Wisconsin, der unter No. 11 aus dem County Elkhart, Staat Indiana.

	Gesäet	Geerntet	Gew. v. 100 Korn	Gew. v. 1 Bushel
No. 10	1. April	1. August	2.00 g	60.4 Pfd.
No. 11	10. April	25. Juli	2.10 g	63.5 Pfd.

1) Nach obigem mittleren Wassergehalt bei Weizen angenommen; der wirkliche mittlere Wassergehalt nach vorstehenden 5 Analysen beträgt 12.00 %.

2) Nach obigem mittleren Wassergehalt bei Weizen angenommen; der wirkliche mittlere Wassergehalt nach vorstehenden Analysen beträgt 14.84 %.

No.	Bezeichnungen und Bemerkungen	No. d. Haupttabelle	Jahr der Untersuchung	In der ursprünglichen Substanz						In der Trockensubstanz					Stickstoff in der Trockensubstanz
				Wasser %	Nh-Substanz %	Rohfett %	Nfr. Extractstoffe %	Rohfaser %	Asche %	Nh-Substanz %	Rohfett %	Nfr. Extractstoffe %	Rohfaser %	Asche %	%

Roggenkörner aus dem südlichen Deutschland.

No.	Bezeichnungen und Bemerkungen	No. d. Haupttabelle	Jahr	Wasser	Nh-Substanz	Rohfett	Nfr. Extractstoffe	Rohfaser	Asche	Nh-Substanz	Rohfett	Nfr. Extractstoffe	Rohfaser	Asche	Stickstoff
1	Elsass	4	1836	16.60	8.81	2.00	67.62	3.00	1.97	10.56	2.40	81.07	3.60	2.37	1.69^{0}
2	Desgl.	5	„	14.00	12.50	2.00	66.20	3.30	2.00	14.54	2.33	76.96	3.84	2.33	2.33
	Württemberg.														
3	1850er Ernte, Staudenroggen	7	1851	14.04	13.61	67.53		2.84	1.98	15.83	78.58		3.29	2.30	2.53
4	1851er Ernte	8	„	14.06	11.42	70.53		2.23	1.76	13.29	82.07		2.59	2.05	2.13
5	1850er Ernte	9	„	12.62	10.76	73.14		1.82	1.66	12.32	83.70		2.08	1.90	1.97
6	1851er Ernte	10	„	14.07	11.34	71.83		1.07	1.69	13.20	83.59		1.24	1.97	2.11
7	1851er Ernte	11	„	14.70	11.80	69.81		1.99	1.70	13.83	81.85		2.33	1.99	2.21
8	1850er Ernte	12	„	14.66	12.12	69.56		2.11	1.55	14.20	81.51		2.47	1.82	2.27
9	1851er Ernte	13	„	14.49	12.06	69.08		1.99	2.58	10.40	85.25		2.33	2.02	1.66
10	Staudenroggen von Hohenheim	15	1846	13.94	14.95	—	—	—	2.09	17.37	—	—	—	2.43	2.78^{0}
11	Schilfroggen von Hohenheim	16	„	13.82	13.31	—	—	—	2.09	15.44	—	—	—	2.37	2.47^{0}
12	Hessen	84	1878	16.00	11.80	2.00	63.10	4.20	2.04	14.04	2.38	75.13	5.00	3.45	2.25
	Bayern.														
13	Schleissheim, seichter Kalkboden	24	1856	13.61	11.93	—	—	—	1.92	13.81	—	—	—	2.22	2.21^{0}
14	Mönchshofen, Lehm, Donaualluvium	25	„	11.77	12.79	—	—	—	—	14.50	—	—	—	—	2.32^{0}
15	Illerfeld	26	„	13.59	12.75	—	—	—	—	14.75	—	—	—	—	2.36^{0}
16	Brennberg, kalkhaltiger Lehm	27	„	13.86	12.76	—	—	—	1.77	14.81	—	—	—	2.05	2.37^{0}
17	Litzendorf, brauner Jura	28	„	14.31	10.50	—	—	—	—	12.25	—	—	—	—	1.96^{0}
18	Geisfeld, schwarzer Jura	29	„	14.24	11.74	—	—	—	—	13.69	—	—	—	—	2.19^{0}
19	Tiefenellern, weisser Jura	30	„	14.19	11.69	—	—	—	—	13.62	—	—	—	—	2.18^{0}
20	Triesdorf, sandiger Lehm	31	„	13.74	10.30	—	—	—	1.79	11.94	—	—	—	2.07	1.91^{0}
21	Gelchsheim, fetter Thon	32	„	13.12	12.22	—	—	—	—	14.06	—	—	—	—	2.25^{0}
22	Gerhardsbrunn, bunter Vogesensandstein	33	„	14.06	11.49	—	—	—	—	13.37	—	—	—	—	2.14^{0}
23	Trautskirchen	35	1858	8.00	14.08	—	—	—	—	15.31	—	—	—	—	2.45^{0}
24	Triesdorf, Probstei-Roggen	36	„	7.35	13.90	—	—	—	—	15.00	—	—	—	—	2.40^{0}
25	Schwebheim, Stauden-R., Sandboden	37	„	10.80	13.33	—	—	—	1.75	14.94	—	—	—	1.97	2.39^{0}
26	Triesdorf, Champagner-Roggen	38	„	10.00	12.93	—	—	—	—	14.37	—	—	—	—	2.30^{0}
27	Lohr, lehmiger Sandboden	40	„	—	—	—	—	—	—	13.44	—	—	—	2.03	2.15^{0}
28	Würzburg	42	„	—	—	—	—	—	—	12.50	—	—	—	2.51	2.00^{0}
29	Desgl.	43	„	—	—	—	—	—	—	12.19	—	—	—	—	1.95^{0}
30	Schwebheim	45	1858	12.70	—	—	—	—	—	10.87	—	—	—	—	1.74^{0}
31	Schleissheim	66	1860	15.66	12.19	1.70	63.80	4.97	1.68	14.46	2.02	75.64	5.89	1.99	2.31
32	Desgl., Sommerroggen	1	1856	14.16	15.45	—	—	—	—	18.00	—	—	—	—	2.88^{0}
33	Triesdorf, Riesen-Sommerroggen	2	1858	—	—	—	—	—	—	16.87	—	—	—	—	2.70^{0}
34	Schwebheim, Stauden-Sommerroggen	4	„	—	—	—	—	—	—	14.56	—	—	—	—	2.33^{0}
35	Triesdorf, Stauden-Sommerroggen	5	„	—	—	—	—	—	—	14.19	—	—	—	—	2.27^{0}
36	Desgl., Probstei-Sommerroggen	6	„	—	—	—	—	—	—	13.50	—	—	—	—	2.16^{0}
	Mittel			13.37[1]	12.04	1.98	67.97	2.73	1.91	13.88	2.28	78.49	3.15	2.20	2.22

Roggen aus Schweden.

No.	Bezeichnungen und Bemerkungen	No. d. Haupttabelle	Jahr	Wasser	Nh-Substanz	Rohfett	Nfr. Extractstoffe	Rohfaser	Asche	Nh-Substanz	Rohfett	Nfr. Extractstoffe	Rohfaser	Asche	Stickstoff
1	Provinz Herike, mehlig	56	1858	—	—	—	—	—	—	12.94	—	—	—	—	2.07^{0}
2	Desgl., mehlig	57	„	—	—	—	—	—	—	11.38	—	—	—	—	1.90^{0}
3	Aus dem mittleren Schweden	65	1860	14.29	8.50	2.29	71.34	1.47	2.11	9.92	2.67	83.23	1.72	2.46	1.59

[1]) Nach obigem mittleren Wassergehalt bei Weizen angenommen; der wirkliche mittlere Wassergehalt nach vorstehenden Analysen beträgt 12.31%.

No.	Bezeichnungen und Bemerkungen		Jahr der Untersuchung	In der ursprünglichen Substanz: Wasser %	Nh-Substanz %	Rohfett %	Nfr. Extractstoffe %	Rohfaser %	Asche %	In der Trockensubstanz: Nh-Substanz %	Rohfett %	Nfr. Extractstoffe %	Rohfaser %	Asche %	Stickstoff in der Trockensubstanz %
	Roggen aus Livland.														
1	Saatroggen I, 1 hl wiegt 71.94 kg	67	1862	9.10	13.61	—	—	—	1.84	14.97	—	—	—	2.03	2.40
2	Desgl. II, 1 hl wiegt 72.20 kg .	68	„	9.38	12.63	—	—	—	1.80	13.93	—	—	—	1.99	2.23
3	Gebrauchsroggen III, 1 hl wiegt 71.87 kg	69	„	10.64	13.89	—	—	—	1.76	15.54	—	—	—	1.97	2.49
	Roggen aus England und Schottland.														
1	England, mehlig	49	1858	—	—	—	—	—	—	12.50	—	—	—	—	2.00°
2	Desgl., mehlig	50	„	—	—	—	—	—	—	12.19	—	—	—	—	1.95°
3	Desgl., mehlig	51	„	—	—	—	—	—	—	11.69	—	—	—	—	1.87°
4	Edinburg, mehlig	52	„	—	—	—	—	—	—	12.50	—	—	—	—	2.00°
5	Desgl., Riesenroggen, gemengt . .	53	„	—	—	—	—	—	—	11.06	—	—	—	—	1.77°
6	Desgl., grosser nordischer Roggen, gemengt	54	„	—	—	—	—	—	—	10.19	—	—	—	—	1 63
7	Desgl., Winterroggen, mehlig . .	55	„	—	—	—	—	—	—	9.69	—	—	—	—	1.55°
	Roggen aus Frankreich.														
1	1885er Ernte		1856	15.53	8.79	1.99	71.92		1.77	10.41	2.36	85.13		2.10	1.67
	Roggen aus Ungarn.														
1	Trocknes Jahr, 1866		1870	12.70	15.94	2.26	64.41	2.40	1.60	18.25	2.59	76.58	2.75	1.83	2.92
2	Nasses Jahr, 1870		„	13.85	15.35	2.01	64.59	2.39	1.80	17.81	2.33	75.00	2.77	2.09	2.85
	Roggen aus Mähren.														
1	Russischer Sommerroggen, lettiger Sandb.		1870	12.90	17.34	2.54	62.46	2.66	2.10	19.91	2.92	71.71	3.05	2.41	3.19
	Roggen aus Amerika.														
1	Mittel von 57 Analysen, No. 110—166		—	13.37	10.74	1.84	70.68	1.39	1.98	12.40	2.12	81.59	1.60	2.29	1.98
	Zusammenstellung.														
1	Roggen aus Norddeutschland		—	13.37	11.01	1.70	69.78	2.17	1.97	12.71	1.96	80.55	2.51	2.27	2.03
2	Roggen aus Süddeutschland		—	13.37	12.04	1.98	67.97	2.73	1.91	13.88	2.28	78.49	3.15	2.20	2.22
	Deutscher Roggen . . .		·	13.37	11.52	1.84	68.88	2.45	1.94	13.30	2.12	79.51	2.83	2.24	2.13
	Roggenkörner. In verschiedenen Reifeperioden und unter dem Einfluss der Nachreife.														
1	Nachreife ausgeschlossen: I. 28. Juni geschnitten .		1860	—	—	—	—	—	—	10.22	2.62	67.31	3.11	2.88	1.64
2	II. 3. Juli „ .		„	—	—	—	—	—	—	8.22	2.16	67.73	2.96	3.02	1.32
3	III. 10. Juli „ .		„	—	—	—	—	—	—	8.77	1.77	70.92	2.57	2.28	1.40
4	IV. 18. Juli „ .		„	—	—	—	—	—	—	8.75	1.12	73.30	2.39	2.49	1.40
5	V. 26. Juli „ .		„	—	—	—	—	—	—	8.39	0.73	76.64	2.36	2.58	1.34

Roggenkörner. In verschiedenen Reifeperioden.

No. 1—14. B. Lucanus (V.-St. Dahme). — L. V.-St. 4. 1862. 147. Der Roggen wurde in 5 Perioden stets von einer und derselben Stelle und die Pflanzen jeder Periode von möglichst gleicher Grösse und Reife geerntet. Das Material wurde zu nachstehenden Zeiten gesammelt:

I. 28. Juni, die Körner waren noch grün, sehr weich, klein und der Saft in denselben hell und klar;
II. 3. Juli, die Körner waren schon stärkemehlhaltig, der Saft derselben fing an milchig zu werden;
III. 10. Juli, der Saft in den Körnern war dick und milchig weiss;
IV. 18. Juli, die Körner fest, Saft verschwunden, der Zusammenhang derselben mit den Spelzen noch ziemlich fest. Gelbreife;
V. 26. Juli, völlige Reife (auch Ueberreife), Körner durch gelinden Druck von den Spelzen trennbar.

Der Ernteertrag jeder dieser fünf Reifungsperioden wurde in vier Reihen gestellt. Bei der Reihe 1 wurden am Tage der Ernte die Körner alsbald aus den Spelzen getrennt und untersucht, eine Nachreife war also unmöglich. No. 1—5 der Analysen.

No.	Bezeichnungen und Bemerkungen	Jahr der Untersuchung	In der ursprünglichen Substanz: Wasser %	Nh-Substanz %	Rohfett %	Nfr. Extractstoffe %	Rohfaser %	Asche %	In der Trockensubstanz: Nh-Substanz %	Rohfett %	Nfr. Extractstoffe %	Rohfaser %	Asche %	Stickstoff in der Trockensubstanz %
6	Nachreife möglichst vollständig: I. 28. Juni geschnitten	1860	—	—	—	—	—	—	11.27	1.27	72.48	3.18	2.90	1.80
7	II. 3. Juli „	„	—	—	—	—	—	—	9.53	2.38	71.51	2.99	2.42	1.52
8	III. 10. Juli „	„	—	—	—	—	—	—	8.38	1.42	74.08	2.82	2.31	1.34
9	IV. 18. Juli „	„	—	—	—	—	—	—	8.53	0.43	74.73	2.79	2.21	1.36
10	V. 26. Juli „	„	—	—	—	—	—	—	9.47	0.24	75.71	2.52	2.46	1.52
11	Nachreife möglich, Aufbewahrung wie in der Praxis: I. 28. Juni geschn.	„	—	—	—	—	—	—	12.26	0.85	71.43	3.53	3.59	1.96
12	IV. 18. Juli geschn.	„	—	—	—	—	—	—	9.53	0.49	73.87	2.87	2.42	1.52
13	Nachreife beschränkt: I. 28. Juni geschnitten	„	—	—	—	—	—	—	10.22	0.12	68.51	3.47	2.56	1.64
14	IV. 18. Juli geschnitten	„	—	—	—	—	—	—	9.11	0.39	73.79	2.55	2.09	1.46
15	Sandboden, Milchreife 16. Juli	—	—	—	—	—	—	—	10.94	1.47	83.81	1.56	2.22	1.75
16	Desgl., Gelbreife 21. Juli	—	—	—	—	—	—	—	11.30	1.27	83.55	1.63	2.25	1.81
17	Desgl., Todtreife 25. Juli	—	—	—	—	—	—	—	12.92	1.37	81.87	1.59	2.25	2.07
18	Lehmboden, Milchreife 14. Juli	—	10.28	8.36	1.12	76.70	1.69	1.85	9.32	1.25	85.49	1.88	2.06	1.49
19	Desgl., Gelbreife 21. Juli	—	10.22	8.90	1.14	76.41	1.65	1.68	9.91	1.27	85.12	1.84	1.87	1.59
20	Desgl., Gelbreife 25. Juli	—	8.18	9.04	1.05	78.16	1.79	1.78	9.84	1.14	85.12	1.95	1.94	1.57
21	Desgl., Todtreife 30. Juli	-	12.15	8.92	1.01	74.68	1.66	1.58	9.93	1.15	85.23	1.89	1.80	1.59

Roggenkörner. Winterroggen unter dem Einfluss der Düngung.

No.	Bezeichnungen und Bemerkungen	Jahr der Untersuchung	Wasser %	Nh-Substanz %	Rohfett %	Nfr. Extractstoffe %	Rohfaser %	Asche %	Nh-Substanz %	Rohfett %	Nfr. Extractstoffe %	Rohfaser %	Asche %	Stickstoff in der Trockensubstanz %
1	Ungedüngt	1860	19.43	11.38	—	—	—	1.71	14.13	—	—	—	2.12	2.26^{0}
2	Schwefelsaures Ammoniak	„	19.17	11.52	—	—	—	1.69	14.25	—	—	—	2.10	2.28^{0}
3	Salpetersaurer Kalk	„	20.80	12.03	—	—	—	1.61	15.19	—	—	—	2.04	2.43^{0}
4	Saurer phosphorsaurer Kalk	„	18.51	11.25	—	—	—	1.69	13.81	—	—	—	2.08	2.21^{0}
5	Desgl. und schwefelsaures Ammoniak	„	18.11	12.19	—	—	—	1.70	14.88	—	—	—	2.08	2.38^{0}
6	Desgl. und salpetersaurer Kalk	„	16.07	11.54	—	—	—	1.72	13.75	—	—	—	2.05	2.20^{0}
7	Mittel	„	18.68	11.65	—	—	—	1.69	14.33	—	—	—	2.08	2.29^{0}
8	Superphosphat, Glaubersalz u. Kochsalz	„	15.83	12.19	1.74	64.20	4.35	1.69	14.48	2.07	76.27	5.17	2.01	2.32
9	Desgl., schwefels. Ammoniak u. Kochsalz	„	15.12	12.44	1.59	64.92	4.20	1.73	14.65	1.87	76.50	4.94	2.04	2.34

Die 2. Reihe (No. 6—10 der Analysen) bildeten Pflanzen, die mit den gröberen, etwa 3—4 Zoll langen Wurzeln aus der Erde gehoben und in destillirtes Wasser gestellt wurden, worin sie bis Mitte September stehen blieben; alsdann erfolgte die Trennung der einzelnen Theile. Die Nachreife wurde also möglichst begünstigt.

Bei der 3. Reihe wurden die Körner in Verbindung mit den Spelzen (und Spindeln) der Aehre gelassen. Nachreife der Körner war hier nur auf Kosten der Spelzen möglich.

Die Pflanzen der 4. Reihe wurden so aufbewahrt, dass Körner, Halme und Spelzen im Zusammenhange blieben; es konnten daher hier die Halme an dem Nachreifen der Körner sich betheiligen.

Die Methode der Analyse siehe bei Roggenstroh in verschiedenen Reifeperioden, No. 1—12. Stärke, Dextrin und Zucker wurden gesondert bestimmt.

	1. Reihe					2. Reihe					3. Reihe		4. Reihe	
	I.	II.	III.	IV.	V.	I.	II.	III.	IV.	V.	I.	IV.	I.	IV.
No.	1	2	3	4	5	6	7	8	9	10	11	12	13	14
Dextrin u. Zucker	2.56	2.45	1.21	1.08	0.96	3.69	2.40	0.80	0.36	0.51	2.49	0.40	2.10	0.30
Stärkemehl . . .	64.75	65.28	69.71	72.22	75.68	68.79	69.11	73.28	74.37	75.20	68.94	73.47	66.41	73.49

No. 15—21. J. König, C. Brimmer u. Chr. Kellermann (V.-St. Münster). — Deren 1. Ber. 1871/77. 141 u. Landw. Jahrb. 5. 1876. 785. Der Roggen unter No. 15—17 stammte von Sandboden des Gutes Coerde, der unter No. 18—21 von Lehmboden des Gutes Kump bei Münster.

No.	15	16	17	18	19	20	21	
Gewicht von 100 Körnern	24.77	22.52	23.12	23.81	24.61	24.04	24.10	g
Volumgewicht von 1 Liter Körnern . .	—	—	—	800.6	809.7	792.4	812	π
Desgl., wasserfrei gedacht	—	—	—	718.3	717.0	727.5	713.6	„
Spec. Gew. d. gemahl. Trockensubstanz	1.376	1,378	1.386	1.389	1.410	1.440	1.394	„ g

Roggenkörner. Unter dem Einfluss der Düngung.

No. 1—7. Th. Siegert (V.-St. Chemnitz). — Die Landw. V.-St. 3. 128. Die Versuche wurden auf einem Stück Gartenland mit ziemlich schwerem, aus Felsittuff entstandenem Thonboden ausgeführt; die Fläche hatte vorher mehrere Jahre hintereinander Kartoffeln getragen, ohne jedoch gedüngt worden zu sein. Der im Herbst 1858 ausgesäete Roggen war Holsteiner Winterroggen. Die gedüngten Parzellen erhielten 114 g N resp. 152 g P_2O_5, resp. beides zusammen. Die Ernteerträge von je 17.323 qm Fläche betrugen:

	Ungedüngt	Schwefelsaures Ammoniak	Salpetersaurer Kalk	Saurer phosphors. Kalk	Saurer phosphors. Kalk u. schwefels. Ammoniak	Saurer phosphors. Kalk u. salpeters. Kalk	
Körner	3850	4200	4750	3750	4100	4100	g
Stroh u. Spreu .	7350	11450	8700	6950	10500	8750	„

No. 8—16. R. H. Ph. Zöller. — Ergebn. d. V.-St. München. 3. 148. Die untersuchten Roggenkörner waren bei Düngungsversuchen, die 1858 zu Schleissheim auf armem Kalkboden ausgeführt worden waren, gewonnen. Auf 100 Thl. Boden

No.	Bezeichnungen und Bemerkungen	Jahr der Untersuchung	In der ursprünglichen Substanz						In der Trockensubstanz					Stickstoff in der Trockensubstanz
			Wasser %	Nh-Substanz %	Rohfett %	Nfr. Extractstoffe %	Rohfaser %	Asche %	Nh-Substanz %	Rohfett %	Nfr. Extractstoffe %	Rohfaser %	Asche %	%
10	Superphosphat, Chilisalpeter u. Kochsalz	1860	15.45	12.94	1.79	63.71	4.39	1.72	15.15	2.10	75.60	5.14	2.01	2.42
11	Desgl. u. Kochsalz	„	15.84	12.23	1.80	63.86	4.57	1.70	14.53	2.14	75.88	5.43	2.02	2.32
12	Desgl. u. Chilisalpeter	„	15.66	12.13	1.72	64.67	4.14	1.68	14.37	2.04	76.69	4.91	1.99	2.30
13	Desgl.	„	15.78	12.88	1.75	62.99	4.88	1.72	15.29	2.08	74.80	5.79	2.04	2.45
14	Phosphorit	„	15.65	11.13	1.58	63.35	6.69	1.60	13.19	1.87	75.11	7.93	1.90	2.11
15	Ungedüngt	„	15.91	11.56	1.63	62.79	6.50	1.61	13.74	1.94	74.68	7.73	1.91	2.20
16	Mittel	„	15.66	12.19	1.70	63.80	4.97	1.68	14.46	2.02	75.64	5.89	1.99	2.31
17	Ammoniak-Superphosphat (Herbst) . .	1877	—	—	—	—	—	—	10.95	—	—	—	2.35	1.75
18	Superphosphat (Herbst), Chilisalpeter (Frühjahr)	„	—	—	—	—	—	—	11.76	—	—	—	2.43	1.88
19	Ungedüngt	„	—	—	—	—	—	—	10.99	—	—	—	2.34	1.76
20	Saatroggen	1873	15.40	11.47	1.96	67.24	1.92	1.77	13.60	2.32	79.70	2.28	2.10	2.18
21	I. Ungedüngt	„	14.13	9.15	2.12	70.19	1.71	1.92	10.75	2.49	82.49	2.01	2.26	1.72
22	II. Ungedüngt	„	12.79	9.13	2.31	71.38	1.67	1.84	10.58	2.68	82.68	1.93	2.13	1.69
23	III. Aetzkalk	„	13.96	8.00	2.30	72.34	1.51	1.77	9.31	2.68	84.19	1.76	2.06	1.49
24	IV. Schwefelsaures Ammoniak . . .	„	13.19	8.13	2.18	72.85	1.84	1.70	9.38	2.51	84.03	2.12	1.96	1.50
25	V. Phosphorsaurer Kalk	„	12.80	9.13	2.25	71.14	1.66	2.08	10.58	2.61	82.48	1.92	2.41	1.69
26	VI. Schwefelsaures Kali	„	15.14	9.73	2.32	67.94	1.82	1.83	11.63	2.77	81.23	2.18	2.19	1.86
27	Saatroggen	1875	12.88	11.20	1.98	70.13	1.76	1.90	12.88	2.28	80.64	2.02	2.18	2.06
28	I. Ungedüngt	„	13.00	10.51	1.90	71.14	1.54	1.86	12.09	2.19	81.81	1.77	2.14	1.93
29	II. Ungedüngt	„	13.27	10.82	1.93	70.51	1.62	1.79	12.48	2.23	81.36	1.87	2.06	2.00
30	III. Aetzkalk	„	12.42	10.74	1.92	71.37	1.69	1.82	12.27	2.19	81.53	1.93	2.08	1.96
31	IV. Schwefelsaures Ammoniak . . .	„	12.78	10.82	1.92	70.74	1.82	1.89	12.41	2.20	81.14	2.09	2.16	1.99
32	V. Phosphorsaurer Kalk	„	12.81	10.74	1.92	70.74	1.75	2.00	12.33	2.20	81.17	2.01	2.29	1.97
33	VI. Schwefelsaures Kali	„	12.90	11.36	1.85	70.25	1.74	1.87	13.04	2.13	80.69	2.00	2.14	2.09
34	Saatroggen	1877	7.08	13.21	2.00	73.76	1.89	2.00	14.23	2.15	79.43	2.03	2.16	2.32
35	I. Ungedüngt	„	7.78	12.94	1.87	73.12	2.22	2.00	14.04	2.03	79.35	2.41	2.18	2.23
36	II. Ungedüngt	„	14.00	13.05	1.93	67.37	1.78	1.82	15.19	2.24	78.38	2.07	2.12	2.43
37	III. Aetzkalk	„	12.80	12.39	1.95	69.00	2.00	1.84	14.21	2.24	79.14	2.30	2.12	2.27
38	IV. Schwefelsaures Ammoniak . . .	„	14.58	11.63	1.95	68.44	1.79	1.60	13.61	2.28	80.14	2.10	1.87	2.18
39	V. Phosphorsaurer Kalk	„	12.35	12.28	1.90	70.17	1.51	1.77	14.01	2.17	80.08	1.72	2.02	2.24
40	VI. Schwefelsaures Kali	„	15.25	12.76	1.90	66.65	1.61	1.82	15.05	2.24	78.66	1.90	2.14	2.41

kommen 39—48 Thl. Kalksteine. 100 Thl. lufttrockne Erde enthalten: Natron 0.010, Kali 0.116, Magnesia 0.570, kohlensauren Kalk 3.414, Eisenoxyd 4.482, Thonerde 3.498, Phosphorsäure 0.051, Schwefelsäure 0.020, lösliche Kieselerde 0.578, Wasser 5.040, organische Substanzen und Glühverlust 6.078, Thon und Sand 76.143, Stickstoff 0.1206 %.

Die Parzellen waren je 1/8 bair. Tagewerk gross und erhielten bezw. gleiche Mengen Stickstoff, Phosphorsäure und Natron. Düngermengen und Erträge pro 1/8 Tagewerk sind aus Folgendem ersichtlich:

		I.	II.	III.	IV.	V.	VI.	VII.	VIII.
Düngung		Superphosphat 45 Pfd.	Desgl.	Desgl.	Desgl.	Desgl.	Desgl.	Phosphorit 40 Pfd.	—
		Glaubersalz 58 Pfd.	Ammoniaksalz 24 Pfd.	Chilisalp. 31 Pfd.	—	Desgl.	—	—	Unged.
		Kochsalz 10 1/2 Pfd.	Desgl.	Desgl.	Desgl.	—	—	—	—
Ertrag	Körner	53 3/4 Pf.	55 3/4 Pf.	46 3/4 Pf.	40 1/2 Pf.	49 3/4 Pf.	46 Pf.	10 3/4 Pf.	8 3/4 Pf.
	Stroh	119 „	126 „	102 „	88 1/2 „	114 „	102 „	29 1/2 „	21 1/2 „

Vergleiche Analysen gedüngten Weizens von demselben Autor.

Die Nh. Substanz wurde von uns nach angegebenem N-gehalt berechnet.

Die Roggenkörner enthielten Stärkemehl:

No. 8	9	10	11	12	13	14	15	16
62.00	62.85	61.99	61.20	62.25	61.28	59.51	59.77	61.6

No. 17—19. J. König. 1. Ber. d. V.-St. Münster 1871/77. 138. Eine gleichmässig beschaffene Fläche des Gutes Sudbrack bei Bielefeld wurde in Stücke von 12.5 Are getheilt und davon das eine im Herbst 1876 mit 50 kg Ammoniak-Superphosphat (5 N und 14 % P_2O_5), das andere zu gleicher Zeit mit 14 % Superphosphat und im Frühjahr 1877 mit 16.5 kg Chilisalpeter gedüngt. Der Ertrag war pro 12.5 Are folgender:

	I (No. 17)	II (No. 18)	III (No. 19)
Körner	219	246.7	211 kg
Stroh	432	460.0	369.5 „

No. 20—40. E. Heiden u. Franz Voigt. — Denkschrift der V.-St. Pommritz 1882. Näheres ersiehe bei Roggenstroh, gedüngt. Die Zahlen für die Trockensubstanz beziehen sich auf wasser- und sandfreie Substanz. Die Zusammensetzung der lufttrocknen Körner ist noch durch einen geringen Sandgehalt zu ergänzen. Derselbe betrug bei

No. 20	21	22	23	24	25	26	27	28	29	30	31	32	33
0.24	0.78	0.88	0.12	0.11	0.94	1.22	0.15	0.045	0.055	0.03	0.035	0.04	0.043

Die Analysen wurden von Franz Voigt ausgeführt.

IV. Gerste.

No.	Bezeichnungen und Bemerkungen	Jahr der Untersuchung	In der ursprünglichen Substanz: Wasser %	Nh-Substanz %	Rohfett %	Nfr. Extractstoffe %	Rohfaser %	Asche %	In der Trockensubstanz: Nh-Substanz %	Rohfett %	Nfr. Extractstoffe %	Rohfaser %	Asche %	Stickstoff in der Trocken-Substanz %
1		—	18.6	10.9	2.3	54.5	13.7	—	13.40	2.80	67.0	16.80	—	2.14
2		—	15.0	5.1	0.2	66.5	12.4	—	6.00	0.30	79.0	14.70	—	0.96
3	Mittel von 3 Analysen	—	11.0	—	—	—	—	2.19	—	—	—	—	2.46	—
4		—	13.1	10.70	—	—	—	2.69	12.31	—	—	—	3.09	1.97°
5	Mittel von 4 Analysen	—	16.3	8.95	—	—	—	2.30	10.69	—	—	—	2.77	1.71°
6		—	13.0	7.88	—	—	—	—	9.06	—	—	—	—	1.45°
7	Aus Schottland	—	12.71	12.88	—	—	—	2.84	14.75	—	—	—	3.26	2.36
8	(Hord. distichum), Jerusalem-Gerste von Hohenheim	1845	16.79	12.02	—	—	—	2.36	14.44	—	—	—	2.84	2.31°
9	(Hord. vulgare), gem. Wintergerste von Hohenheim	„	13.80	15.03	—	—	4.57	4.76	17.44	—	—	5.30	5.52	2.79°
10	Desgl., gem. Gerste aus Bechelbronn	„	13.00	11.64	—	—	—	—	13.38	—	—	—	—	2.14°
11	Desgl., Wintergerste aus Bechelbronn	„	13.00	13.40	2.80	63.70	2.60	4.50	15.41	3.22	73.22	2.98	5.17	2.446°
12	Aus England	1848	14.46	9.31	—	—	—	2.31	10.87	—	—	—	2.70	1.74°
13	Desgl.	„	18.16	9.06	—	—	—	2.32	11.13	—	—	—	2.84	1.78°
14	Desgl.	1852	17.62	11.37	2.34	—	—	2.19	13.81	2.84	—	—	2.66	2.21°
15	Desgl.	„	19.05	11.44	2.33	—	—	2.18	14.12	2.88	—	—	2.69	2.26°
16	Desgl.	„	17.47	9.69	1.41	—	—	2.05	11.75	1.71	—	—	2.48	1.88°
17		„	18.14	11.46	2.34	—	—	2.14	14.00	2.86	—	—	2.61	2.24°
18	Hord. distichum, Chevalier-Gerste: Aus England	„	20.37	8.98	—	—	—	—	11.28	—	—	—	—	1.805
19	Desgl.	1853	20.30	8.82	—	—	—	—	11.08	—	—	—	—	1.770
20	Desgl.	1854	18.00	8.31	—	—	—	—	10.14	—	—	—	—	1.62
21	Desgl.	1855	19.05	9.30	—	—	—	—	11.45	—	—	—	—	1.83
22	Desgl.	1556	18.00	9.44	—	—	—	—	11.50	—	—	—	—	1.84
23	Desgl.	1857	17.03	9.70	—	—	—	—	11.62	—	—	—	—	1.86
24	Im Dünger kein N, Mittel v. 6 Jahren	1852-57	18.91	7.94	—	—	—	—	9.81	—	—	—	—	1.57°
25	Im Dünger 41 Pfd. N als Ammoniaksalz, Mittel von 6 Jahren	„	19.09	8.62	—	—	—	—	10.69	—	—	—	—	1.71°
26	Im Dünger 82 Pfd. N als Ammoniaksalz, Mittel von 6 Jahren	„	18.78	10.19	—	—	—	—	12.50	—	—	—	—	2.00°
27	Im Dünger N in Form von Rapskuchen, Mittel von 6 Jahren	„	18.51	9.62	—	—	—	—	11.75	—	—	—	—	1.88°
28	Im Dünger 41 Pfd. N in Form von Chilisalpeter, Mittel von 6 Jahren	1853-57	18.37	8.69	—	—	—	—	10.62	—	—	—	—	1.70°
29	Im Dünger 82 Pfd. N in Form von Chilisalpeter, Mittel von 6 Jahren	„	18.29	10.19	—	—	—	—	12.50	—	—	—	—	2.00°

Gerstenkörner.

No. 1 Johnston, No. 2 Hermbstädt, No. 3 Way, No. 4 Thomson, No. 5 Lawes, No. 6 Fromberg. — Journ. Roy. Agric. Soc. England. 13. II. 449. Tabelle von Edward T. Hemming.

No. 7. Thomson. — Aus von Bibra's: Die Getreidearten und das Brod. Nürnberg, 1860. 301. Nh. Substanz von uns aus dem angegebenen N-gehalt berechnet.

No. 8 u. 9. E. N. Horsford. — Ann. d. Chem. u. Pharm. 58. (1846.) 166. Krocker bestimmte in denselben Gersten den Gehalt an Stärkemehl und fand in No. 8: 42.35%, in No. 9: 38.30%.

No. 10 u. 11. J. B. Boussingault. — Dessen: Die Landwirthschaft in ihren Beziehungen zur Chemie. Deutsch von Gräger. 1. 294 u. 3. 39.

No. 12—17. — J. B. Lawes u. J. H. Gilbert. — Composition of foods in relation to respiration and the feeding of animals. (From the Report of the British Association for the Advancement of Science for 1852.) S. 5 u. f. und Pig feeding, von J. B. Lawes. London, 1854. 42.

No. 18—29. Dieselben. — On the Growth of Barley by different manures.. London, 1858. (From the Journ. Roy. Agric. Soc. England. 18. II.) Vergl. Gerste, unter dem Einflusse verschiedener Düngung, No. 1—30. Die Zahlen wurden aus dem angegebenen Gehalt an Trockensubstanz und N berechnet; die Mittel unter 16—21 wurden von uns berechnet.

No. 30—35. Fehling u. Faisst. — Liebig u. Kopp Jahresber. 1853. 812. (Weende'r Jahresber. 1833. II. 7.) Der Wassergehalt der frischen Körner, der Aschengehalt, die Menge der P_2O_5 und der SiO_2 wurden direct bestimmt; der „Klebergehalt" wurde aus dem gefundenen N-gehalt berechnet (wie hoch der N-gehalt des Klebers angenommen wurde,

No.		Bezeichnungen und Bemerkungen	1 Bushel wiegt Pfd.	Jahr der Untersuchung	In der ursprünglichen Substanz: Wasser %	Nh-Substanz %	Rohfett %	Nfr. Extractstoffe %	Rohfaser %	Asche %	In der Trockensubstanz: Nh-Substanz %	Rohfett %	Nfr. Extractstoffe %	Rohfaser %	Asche %	Stickstoff in der Trockensubstanz %
30		Jerusalem-Gerste, 1850, aus Hohenheim		1850/51	13.97	13.53	—	—	2.22	2.43	15.73	—	—	2.58	2.82	2.51
31		Desgl., 1851, aus Hohenheim . . .		„	13.73	11.87	—	—	4.28	2.35	13.76	—	—	4.96	2.73	2.20
32		Desgl., 1851, aus Ochsenhausen . . .		„	15.19	10.19	—	—	3.50	2.36	12.01	—	—	4.13*	2.78	1.92
33		Desgl., 1850, aus Kirchberg		„	15.60	11.09	—	—	3.48	2.46	13.14	—	—	4.13*	2.92	2.10
34		Desgl., 1850, aus Ellwangen		„	15.17	10.32	—	—	3.54	2.22	12.16	—	—	4.18	2.62	1.94
35		Desgl., 1851, aus Ellwangen		„	13.91	11.09	—	—	3.92	2.62	12.88	—	—	4.55	3.04	2.06
36	Hord. distichum, Chevalier-Gerste	Gerste aus Schottland . .	56	1852	15.97	7.63	1.88	—	—	2.14	9.08	2.44	—	—	2.55	1.45
37	Hord. distichum, Chevalier-Gerste	Kiesboden zu Phantasie, East Lothian	57	1856	14.52	7.09	—	—	8.28	3.68	8.30	—	—	9.69	4.30	1.327
38	Hord. distichum, Chevalier-Gerste	Reicher dunkler Lehm zu Belton, East Lothian . .	56	„	14.82	6.91	—	—	8.57	3.13	8.11	—	—	10.06	3.67	1.298
39	Hord. distichum, Chevalier-Gerste	Rother Lehm	54	„	14.85	10.30	—	—	8.00	1.10	12.09	—	—	9.39	1.29	1.935
40	Hord. distichum, Chevalier-Gerste	Scharfer Kies zu St. Mungo's Wells, East Lothian . .	$55^1/_4$	„	12.76	8.22	—	—	5.94	2.51	9.43	—	—	6.81	2.88	1.508
41	Hord. distichum, Chevalier-Gerste	Leichter Sandbod. zu Gullane, East Lothian	55	„	14.08	8.10	—	—	10.28	2.39	9.43	—	—	11.97	2.78	1.508
42	Hord. distichum, Chevalier-Gerste	Schwerer rother Thon zu Redside, Preston Kirk, East Lothian	—	„	15.29	7.96	—	—	5.65	4.70	9.43	—	—	6.67	5.57	1.508
43	Hord. distichum, Chevalier-Gerste	Thonboden zu Scougall, East Lothian, vor dem Regen eingebracht	—	„	14.43	9.37	—	—	5.23	2.42	10.94	—	—	6.11	2.83	1.751
44	Hord. distichum, Chevalier-Gerste	Sandiger Boden, ebendaselbst, nach d. Regen eingebracht	—	„	14.30	8.69	—	—	9.67	2.82	10.14	—	—	11.28	3.29	1.62
45	Hord. distichum, Chevalier-Gerste	Zu Nayd, Kincardine, Perthshire	—	„	17.08	7.17	—	—	3.90	2.53	8.65	—	—	4.70	3.05	1.38
46	Hord. vulgare	Zu Carrat, Kincardine, Perthshire	53	„	14.11	11.18	—	—	6.64	3.07	13.01	—	—	7.73	3.57	2.08
47	Hord. vulgare	Flacher Thonboden, Coalston Mains, East Lothian . .	$55^1/_4$	„	14.60	8.97	—	—	11.10	1.19	10.50	—	—	13.06	2.22	1.68
48	Hord. vulgare	Moorboden, East Lothian .	54	„	13.82	11.09	—	—	6.15	3.10	12.86	—	—	7.14	3.60	2.06
49	Hord. vulgare	Sandiger Boden, East Lothian	$53^1/_2$	„	12.47	9.39	—	—	5.25	2.56	10.72	—	—	6.00	2.92	1.72
50	Hord. vulgare	Trockner Boden zu Campsie	52	„	14.87	7.78	—	—	13.49	3.44	9.14	—	—	15.85	4.04	1.46
51	Hord. vulgare	Zu Nayd, Kincardine, Pertshire	—	„	13.58	7.02	—	—	7.84	3.50	8.12	—	—	9.07	4.05	1.30
52	Hord. vulgare	Engl. Gerste, tiefer schwerer Boden bei Grangemouth .	54	„	13.48	7.37	—	—	3.67	2.88	8.52	—	—	4.24	3.33	1.36
53	Hord. vulgare	Wenige Fuss über d. Meeresspiegel, auf leichtem Lehm zu Nether Mains, Kilwinning	51	„	14.22	10.25	—	—	10.08	2.60	11.95	—	—	11.75	3.03	1.91

ist nicht angegeben). Die „Holzfaser" wurde durch aufeinanderfolgendes Auslaugen der Substanz mit verdünnter Säure und verdünnter Kalilauge etc. erhalten. Die mit * bezeichneten Zahlen sind nicht durch directe Bestimmung erhalten, sondern sind angenommene Mittelwerthe. Die Zahlen für lufttrockne Substanz (ausser die für Wasser) wurden von uns berechnet. Die Körner enthielten im wasserfreien Zustande:

	No. 30	31	32	33	34	35
P_2O_5	1.13	0.86	0.95	1.07	1.13	1.07
SiO_2	0.54	0.66	0.86	0.79	0.54	0.69

No. 36. Thom. Anderson. — Transact. Highl. Soc. Juli 1851 bis März 1853. 512. Nh. Substanz von uns aus dem angegebenen N-gehalt berechnet.

No. 37—56. Derselbe. — Ebendaselbst. März 1858. 289. Alle untersuchten Gersten stammten aus dem Jahre 1856.

No.	Bezeichnungen und Bemerkungen	1 Bushel wiegt Pfd.	Jahr der Untersuchung	In der ursprünglichen Substanz: Wasser %	Nh-Substanz %	Rohfett %	Nfr. Extractstoffe %	Rohfaser %	Asche %	In der Trockensubstanz: Nh-Substanz %	Rohfett %	Nfr. Extractstoffe %	Rohfaser %	Asche %	Stickstoff in der Trockensubstanz %
54	Kintyre bere, H. vulg.: Vierreihig, 30 Fuss über dem Meere, leichter sandig. Boden zu Trodigal, Campbeltown .	51	1856	14.55	11.86	—	—	8.09	2.18	13.88	—	—	9.47	2.55	2.22
55	Kintyre bere, H. vulg.: Vierreihig, 40 Fuss üb. d. Meere, leichter Sandb., Campbeltown	52	„	13.87	11.38	—	—	11.10	2.72	13.21	—	—	12.89	3.16	2.11
56	Kintyre bere, H. vulg.: Vierreihig, Lokalität nicht bezeichnet	—	„	14.34	7.08	—	—	6.84	0.59	8.26	—	—	7.98	6.89	1.32
57	Gersten-Schrot		1851	15.70	(10.50)	2.00	55.80	13.60	3.80	12.55	2.37	64.44	16.13	4.51	2.01
58	H. vulg., 4zeil. Winter-Gerste . .		1857	—	—	—	—	—	—	—	—	—	—	3.08	1.65°
59	H. dist., Jerusalem-Gerste		„	—	—	—	—	—	—	—	—	—	—	3.00	1.55°
60	Desgl., Chevalier-Gerste		„	—	—	—	—	—	—	—	—	—	—	3.00	1.853°
61	H. vulg., 4zeil. Winter-Gerste . .		1859	—	—	—	—	—	—	10.06	—	—	—	3.50	1.61°
62	Desgl.		1856	—	—	—	—	—	—	10.62	—	—	—	3.10	1.70°
63	H. dist., Chevalier-G., 20. Juli geerntet		1859	—	—	—	—	—	—	10.50	—	—	—	2.98	1.68°
64	Desgl., Schlanstädter G., 19. Juli geerntet		„	—	—	—	—	—	—	10.81	—	—	—	3.20	1.73°
65	Schottische Gerste, 1/2 Jahr n. d. Ernte		1855	12.00	13.20	2.60	57.90	11.50	2.80	15.10	3.00	65.80	13.00	3.10	1.42
66			„	15.23	10.66	2.38	60.33	8.78	2.62	12.58	2.81	71.16	10.36	3.09	2.01
67	Gersten-Schrot		1856	14.22	11.77	—	69.67	3.19	2.15	13.75	—	—	3.72	2.51	2.20
68	Winter-Gerste, sandiger Lehmboden .		1854	16.14	8.39	—	—	8.48	2.27	10.00	—	—	10.11	2.71	1.60
69	H. dist., Annat-G., thoniger Lehmboden		„	14.18	11.02	—	—	6.43	2.60	12.84	—	—	7.49	3.03	2.05
70	Desgl., Probstei-G., thoniger Lehmboden		„	14.07	11.04	—	—	7.30	2.40	12.85	—	—	8.49	2.79	2.06
71	Schwere Gerste, 1 Hectol. = 70.7 kg		1856	20.88	9.52	—	—	5.90	2.72	12.03	—	—	7.46	3.44	1.925°
72	Leichte Gerste, 1 Hectol. = 53.9 kg .		„	19.81	10.66	—	—	6.44	3.00	13.29	—	—	8.03	3.20	2.127°
73	H. vulg., 4zeil. Gerste v. Schleissheim, flachgründiger Kalkboden		„	13.16	11.62	—	—	—	—	13.44	—	—	—	—	2.15°
74	H. dist., 2zeilige Gerste: Schleissheim, flachgründig. Kalkbod.		„	13.77	11.87	—	—	—	3.12	13.75	—	—	—	2.69	2.20°
75	H. dist., 2zeilige Gerste: Mönchshofen, Lehm		„	10.75	10.81	—	—	—	—	12.13	—	—	—	—	1.94°
76	H. dist., 2zeilige Gerste: Illerfeld		„	12.51	10.62	—	—	—	—	12.19	—	—	—	—	1.95°
77	H. dist., 2zeilige Gerste: Brennberg, halkhaltiger Lehm . .		„	13.02	9.94		—	—	3.04	11.44	—	—	—	2.63	1.83°
78	H. dist., 2zeilige Gerste: Litzendorf, brauner Jura		„	13.94	10.25	—	—	—	—	11.88	—	—	—	—	1.90°
79	H. dist., 2zeilige Gerste: Geisfeld, schwarzer Jura		„	13.71	10.50	—		—	—	12.19	—	—	—	—	1.95°
80	H. dist., 2zeilige Gerste: Triesdorf, sandiger Lehm . . .		„	14.02	10.50	—	—	—	3.24	12.25		—	—	2.79	1.96°
81	H. dist., 2zeilige Gerste: Gelchsheim, fetter Thon		„	13.24	10.44	—	—	—	—	12.00	—	—	—	—	1.92°
82	H. dist., 2zeilige Gerste: Gerhardsbrunn, Vogesensandstein .		„	12.36	10.75	—	—	—	—	12.25	—	—	—	—	1.96°
83	H. dist., Saatfrucht, Bogenhausen, reicher Lehmboden		1857	13.25	10.75	2.04	63.46	7.89	2.51	12.39	2.35	73.27	9.10	2.89	1.98

No. 57. E. Wolff. — Weende'r Jahresber. 1853. II. 9. (Ztschr. f. Deutsche Landw. 1853. 118.) Die Nh. Substanz ist direct bestimmt und nicht aus dem N-gehalt berechnet. Die Gerste enthielt 50.3 % Stärke u. 5.5 % Dextrin u. Zucker.
No. 56—64. E. Wolff. — Mitthl. aus Hohenheim. 5. 161.
No. 65. Arch. Polson. — Weende'r Jahresber. 1855/56. II. 18. (Chem. Gaz. 1855. 211.) Die Gerste enthielt:

	Stärke	Gummi u. Zucker
In der ursprünglichen Substanz	52.7	4.2
In der Trockensubstanz	61.1	4.7

No. 66. Poggiale. — Ebendas. (N. J. Pharm. 30 180 u. 255.) Zur „Holzfaser"-Bestimmung wurde die Substanz mit einem Aufguss von Malz behandelt; der verbleibende Rückstand minus der aus dem darin gefundenen N-Gehalt berechneten Klebermenge wurde als Holzfaser angesehen. Von schwach befeuchteten Gerstenkörnern liessen sich 10 % Hülsen abschälen, die weder Stärke noch Kleber enthielten.
No. 67. W. Knop u. R. Arendt. — 5. Ber. d. V.-St. Möckern (Agriculturchem. Untersuchungen) 82.
No. 68—70. H. Ritthausen. — 4. Ber. d. V.-St. Möckern (Agriculturchem. Untersuchungen) 76. Die Wintergerste war nach gedüngtem Futtermais gebaut; die Vegetation derselben war kräftig, doch wurde die Ernte während des Trocknens mehrfach von Regen durchnässt. Die Annatgerste war nach gedüngten Kartoffeln und Zuckerrüben, die Probsteigerste nach gedüngten Runkelrüben gebaut. Die Nh. Substanz wurde von uns auf solche von 16 % N-Gehalt umgerechnet. Die Gersten enthielten in der lufttrocknen Substanz Stärkemehl No. 68: 39.8, No. 69: 44.0 und No. 70: 40.52 %.
No. 71 u. 72. G. Wunder. — Amts- u. Anzeigebl. d. landw. Ver. f. d. Kgr. Sachsen 1857. 33. Die Gerste wurde durch Wurfen in Sorten von verschiedenem Scheffelgewicht gesondert und durch Auslesen von allen Unkrautsamen befreit.
No. 73—82. W. Mayer. — Ergebn. d. V.-St. München. 1. 25. Näheres ersiehe bei Weizenanalysen desselben Autors. Nh. Substanz von uns aus angegebenem N-gehalt berechnet.
No. 83—89. Ph. Zöller. — Ebendas. 2. 1859. Vergl. gedüngte Gerste No. 40—54. (Methode siehe bei Weizenanalysen desselben Autors.) Mittel von uns berechnet.

No.	Bezeichnungen und Bemerkungen	Jahr der Untersuchung	In der ursprünglichen Substanz						In der Trockensubstanz					Stickstoff in der Trocken-Substanz
			Wasser %	Nh-Substanz %	Rohfett %	Nfr. Extractstoffe %	Rohfaser %	Asche %	Nh-Substanz %	Rohfett %	Nfr. Extractstoffe %	Rohfaser %	Asche %	%
84	H. vulg., Saatfrucht, Schleissheim, magerer Kalkboden	1858	13.30	11.44	2.00	62.21	8.11	2.54	13.19	2.31	72.22	9.35	2.93	2.11
85	H. dist., Saatfrucht, Weihenstephan, kräftiger Lehmboden	„	13.42	11.13	2.16	65.23	5.52	2.54	12.86	2.49	75.34	6.38	2.93	2.06
86	H. dist., Mittel von 6 Analysen (Bogenhausen)	„	13.64	11.43	1.83	60.88	9.63	2.59	13.24	2.12	70.49	11.15	3.00	2.12
87	Mittel von 2 Analysen (Schleissheim)	„	13.51	11.54	2.10	63.18	7.14	2.53	13.34	2.43	73.06	8.25	2.92	2.13
88	Mittel von 2 Analysen (Weihenstephan)	„	13.50	10.50	2.30	65.25	5.93	2.52	12.14	2.66	75.43	6.86	2.91	1.94
89	Vorzügliche Braugerste	„	13.24	10.88	2.14	65.89	5.63	2.52	12.34	2.47	75.79	6.49	2.91	1.97
90	H. dist., Mittel aus 8 Analysen	1854	13.60	9.13	—	—	—	2.50	10.53	—	—	—	2.92	1.685
91	Nackte Gerste von Tunis, glasig	1858	12.00	13.75	—	—	—	—	15.62	—	—	—	—	2.50°
92	H. dist., Jerusalemgerste aus Weihenstephan, übergehend	„	—	—	—	—	—	—	15.00	—	—	—	2.83	2.40°
93	Desgl., Schwarze abyssinische Gerste von Eldena, mehlig	„	13.22	12.96	—	—	—	1.56	14.94	—	—	—	1.80	2.39°
94	Desgl., Gerste von den Balearen, von Malorca-Palma, mehlig	„	10.33	12.61	—	—	—	1.73	14.06	—	—	—	1.93	2.25°
95	H. vulg., 6zeilig. Gerste von Triesdorf, glasig	„	8.70	11.87	—	—	—	—	13.00	—	—	—	—	2.08°
96	H. dist., nackte 2zeil. Gerste v. Triesdorf, mehlig	„	—	—	—	—	—	—	13.00	—	—	—	2.03	2.08°
97	H. vulg., Schwarze Wintergerste, Haddingtonshire, Schottland, mehlig	„	14.20	9.34	—	—	—	1.97	10.88	—	—	—	2.30	1.74°
98	H. dist., Jerusalemg., Triesdorf, übergeh.	„	—	—	—	—	—	—	10.69	—	—	—	—	1.71°
99	Desgl., Schottische G., Triesdorf, übergeh.	„	—	—	—	—	—	—	10.62	—	—	—	2.09	1.70°
100	Desgl., Lange 2zeil. G., Triesdorf, mehlig	„	—	—	—	—	—	—	10.50	—	—	—	—	1.68°
101	Desgl., nackte 2zeil. G., Proskau, übergeh.	„	—	—	—	—	—	—	10.19	—	—	—	—	1.63°
102	Desgl., nackte 2zeil. G., Poppelsdorf, glasig	„	—	—	—	—	—	—	10.19	—	—	—	2.53	1.63°
103	Nackte Phönixgerste, Proskau	„	—	—	—	—	—	—	9.81	—	—	—	—	1.57°
104	3zeilige nackte ägypt., Triesdorf, glasig	„	—	—	—	—	—	—	9.69	—	—	—	—	1.55°
105	„Sommergerste", Möglin, mehlig	„	—	—	—	—	—	—	8.56	—	—	—	—	1.37°
106	Schwarze nackte Victoriagerste, Proskau, glasig	„	14.00	2.31	—	—	—	—	(2.69)	—	—	—	—	(0.43)
107	Sommergerste von Lehmboden, schwer, 1 Hectol. = 68.1 kg	1855	14.89	10.00	1.20	64.52	6.23	3.16	11.75	1.41	75.81	7.32	3.71	1.88
108	Desgl., leicht, 1 Hectol. = 37.8 kg	„	15.02	10.00	1.02	63.56	7.01	3.39	11.77	1.20	74.79	8.25	3.99	1.89
109	Mittel von 6 verschiedenen Gersten	1858	14.13	12.81	—	—	4.58	2.84	14.93	—	—	5.34	3.31	2.39
110	Desgl., etwas feuchtes Jahr	1860	16.28	10.16	1.43	62.37	6.48	3.28	12.13	1.71	74.68	7.56	3.92	1.94
111		1856	—	—	—	—	—	—	12.19	3.56	61.97	(19.86)	2.42	1.95

No. 90. Al. Müller. — Weende'r Jahresber. 1855/56. I, 180. Vergl. gedüngte Gerste No. 31—39.

No. 91—106. von Bibra. — Dessen: Die Getreidearten und das Brod. Nürnberg, 1860. 313. Der auffallend geringe N-Gehalt bei der schwarzen nackten Victoriagerste unter No. 106 wurde durch sechs fast ganz übereinstimmende Bestimmungen des Autors festgestellt. Das specifische Gewicht, zu dessen Bestimmung die Körner entspelzt wurden, und das Gewicht von je 20 Körnern war:

No.	91	92	93	94	95	96	97	98	99	100	101	102	103	104	105	106
Spec. Gew.	1.40	1.49	1.40	1.40	1.39	1.29	—	1.38	1.41	1.39	—	1.40	1.37	1.40	—	1.39
Gew. v. 20 Körn.	1.080	1.110	—	0.885	0.880	0.995	1.160	—	1.075	1.060	1.030	1.280	0.875	0.900	0.895	0.740

Die entspelzten Körner von No. 91 gaben 2.15 % N, die entspelzten Körner von No. 98 gaben 1.61 % N.

No. 107 u. 108. Al. Müller. — J. f. prakt. Chem. 82. (1861.) 27. Die Gersten enthielten im lufttrocknen Zustande No. 107: 1.02 %, No. 108: 1.24 % Zucker. Nh. Substanz von uns berechnet.

No. 109 u. 110. Hartstein u. Töpler. — Ann. d. Landw. in Preussen. 37. 1861. 163. Vergl. gedüngte Gerste No. 59—72.

No. 111. W. Stein. — Chem. Centralbl. 1856. 753. Die Gerste enthielt 54.3 % Stärkemehl, 6.5 % Dextrin, 0.9 % Extraktstoffe, 1.3 % lösliches und 11.2 % unlösliches Proteïn. Nh. Substanz von uns berechnet.

No.	Bezeichnungen und Bemerkungen	Jahr der Untersuchung	In der ursprünglichen Substanz						In der Trockensubstanz					Stickstoff in der Trockensubstanz
			Wasser %	Nh-Substanz %	Rohfett %	Nfr. Extractstoffe %	Rohfaser %	Asche %	Nh-Substanz %	Rohfett %	Nfr. Extractstoffe %	Rohfaser %	Asche %	%
112	Saatgerste, 1 Hectol. = 64.28 kg . .	1862	11.48	10.46	—	—	—	2.15	11.82	—	—	—	2.43	1.89
113	Gebrauchsgerste, 1 Hectol. = 65.71 kg	„	10.70	10.99	—	—	—	2.08	12.31	—	—	—	2.33	1.47
114		1865	13.00	14.05	—	—	6.32	2.29	16.13	—	—	7.26	2.63	2.58
115	Gerstenschrot	1864	14.70	11.50	1.90	64.20	5.40	2.30	13.48	2.23	75.86	5.73	2.70	2.16
116		„	14.08	9.50	2.00	63.98	7.35	3.09	11.06	2.33	74.45	8.56	3.60	1.78
117	Prima Pfalz-Gerste aus Saarbrückner Brauereien	1865	12.08	11.20	—	—	4.78	2.14	12.73	—	—	5.43	2.43	2.04
118	Prima Euerner-G. aus Deutsch-Euern .	„	12.92	8.75	—	—	4.44	2.40	10.05	—	—	5.10	2.76	1.61
119	Gerste aus Bitburg, v. schwerstem Thonboden, 1865er Ernte	„	12.60	11.64	—	—	4.98	2.48	13.32	—	—	5.70	2.84	2.13
120	Gerste aus Mötsch, von sandigem Thonboden, 1865er Ernte	„	12.20	12.86	—	—	5.50	2.52	14.65	—	—	6.26	2.87	2.34
121	Gerste von Helenenberger Kalkboden, 1865er Ernte	„	11.76	11.64	—	—	4.48	2.52	13.19	—	—	5.08	2.86	2.11
122	Desgl., 1864er Ernte	„	12.10	11.37	—	—	4.35	2.36	12.94	—	—	4.95	2.69	2.07
123	Gerste aus Wolsfild, von Kasselboden, Alluvialboden, 1865er Ernte . . .	„	12.06	12.07	—	—	4.27	2.50	13.72	—	—	4.85	2.84	2.20
124	Gerste v. Meckel, Kalkbod., 1865er Ernte	„	11.94	12.00	—	—	4.27	2.66	13.63	—	—	4.85	3.02	2.18
125	Gerstenschrot	1869	—	—	—	—	—	—	11.63	2.20	—	5.90	3.13[p]	1.86[o]
126	Desgl.	1870	17.30	11.48	1.22	64.44	3.57	2.99	13.88	1.48	76.70	4.32	3.62	2.22
127		„	15.43	8.88	2.66	66.21	3.77	2.85	10.50	3.14	78.53	4.46	3.37	1.68
128		„	—	—	—	—	—	—	11.50	1.99	78.98	3.80	3.73[p]	1.84[o]
129		1874	9.30	9.52	2.68	72.14	3.56	2.80	10.50	2.98	79.50	3.93	3.09[p]	1.68[o]
130		„	9.46	15.43	—	—	—	—	17.04	—	—	—	—	2.726
131		1863	16.90	9.97	1.81	60.46	7.50	3.36	11.99	2.18	72.77	9.02	4.04	1.92
132		„	14.51	10.83	2.11	61.38	8.17	3.00	12.67	2.47	71.79	9.56	3.51	2.03
133		„	11.34	12.72	2.85	61.25	7.49	4.35	14.35	3.21	69.08	8.45	4.91	2.30
134	Granitverwitterungsboden	1868	11.66	15.81	1.81	63.00	5.13	2.59	17.90	2.05	71.31	5.81	2.93	2.86
135	Desgl.	1869	13.79	13.81	2.17	61.49	5.66	3.08	16.02	2.52	71.32	6.57	3.57	2.56
136	Desgl.	1870	14.44	10.53	2.83	66.13	3.59	2.53	12.31	3.31	77.22	4.20	2.96	1.97
137	Desgl.	1871	16.76	9.96	2.05	65.18	3.55	2.50	11.96	2.46	78.32	4.26	3.00	1.91
138	Desgl.	1872	14.43	13.63	2.33	61.18	4.97	3.46	15.93	2.52	71.70	5.81	4.04	2.55
139	Desgl.	„	15.17	10.69	2.27	62.16	6.05	3.66	12.60	2.68	73.27	7.13	4.32	2.02
140	Desgl.	1873	16.51	10.86	3.08	63.20	3.52	2.83	13.00	3.69	75.55	4.17	3.39	2.08

No. 112 u. 113. C. Schmidt. — Livländ. Jahrbüch. d. Landw. 16. 1863. 129. Vergl. die Analysen desselben Autors von Roggen. Die Gersten enthielten:

	Wasserhaltig No. 112	Wasserhaltig 113	Wasserfrei No. 112	Wasserfrei 113
Stärkemehl . . .	58.39	57.96	65.96	64.91
Cellulose	17.52	18.27	19.79	20.45

Zur Untersuchung wurde unkrautfreie Gerste verwendet.

No. 114. Meissner. — Weende'r Jahresber. 1867/68. 514. (Oekonom. Fortschritte. II. 259.) Die ausführlichere Analyse ergab: unlösliche Eiweisskörper 10.18%, lösliches Eiweiss 3.87%, Zucker 4.33%, Stärke 54.67%, Fett, Gummi und Extractivstoffe 5.33%.

No. 115. E. Wolff. — Die L. V.-St. 10. (1868.) 86.

No. 116. E. Peters. — Ann. d. Landw. 50. 1867. 6.

No. 117—124. C. Karmrodt. — Weende'r Jahresber. 1866/67. 323. (Ztschr. d. landw. Ver. f. Rheinpreussen 1866. 275.)

	No. 117	118	119	120	121	122	123	124
1 preuss. Scheffel wiegt . . .	64.0	66.5	65.0	63.6	69.7	71.0	65.0	65.7 Pfd.
1000 Körner wiegen	44.75	50.11	42.95	40.88	45.87	49.30	46.99	45.28 g

No. 125. E. Schulze u. M. Märcker. — Journ f. Landw. 1870. 294.

No. 126. M. Fleischer. — Ebendas. 1871. 422.

No. 127. G. Kühn (V.-St. Möckern). — Ebendas. 1874. 191.

No. 128 u. 129. H. Weiske (V.-St. Proskau). — Ebendas. 1874. 374 u. 1875. 307. Rohfaser N- und Asche-frei. Asche C- und CO_2-frei.

No. 130. U. Kreusler u. E. Kern. — Ebendas. 1876. Vergl. gedüngte Gerste No. 73—101.

No. 131. Seyffert. — No. 132. J. Lehmann. — No. 133. Gerdemann (V.-St. Pommritz). — Amtsbl. d. landw. Ver. Sachsens 1868. 14. Rohfaser nach Weende'r Methode bestimmt.

134—144. E. Heiden (V.-St. Pommritz). — Privatmittheilung und Bericht über Schweinefütterungsversuche. Die Gersten waren sandhaltig und betrug die Menge der Reinasche bei

No. 138	139	140	141	142	143	144
2.46	2.57	2.02	1.90	1.67	1.67	1.62

No.	Bezeichnungen und Bemerkungen	Jahr der Untersuchung	In der ursprünglichen Substanz						In der Trockensubstanz					Stickstoff in der Trockensubstanz
			Wasser %	Nh-Substanz %	Rohfett %	Nfr. Extractstoffe %	Rohfaser %	Asche %	Nh-Substanz %	Rohfett %	Nfr. Extractstoffe %	Rohfaser %	Asche %	%
141	Granitverwitterungsboden	1873	21.59	10.20	2.89	59.35	3.31	2.66	13.01	3.68	75.70	4.22	3.39	2.09
142	Desgl.	1875	40.70	14.00	2.75	62.27	4.09	2.19	16.41	3.22	73.01	4.79	2.57	2.63
143	Desgl.	„	14.87	13.97	2.74	62.15	4.08	2.19	16.41	3.22	73.01	4.79	2.57	2.63
144	Desgl.	„	17.56	13.53	2.66	60.18	3.95	2.12	16.41	3.23	73.00	4.79	2.57	2.63
145	Nackte Gerste von Afrika	1873	10.77	8.76	1.81	74.70	2.03	1.93	9.82	2.03	83.71	2.28	2.16	1.57
146		1871	13.88	13.76	2.66	59.17	7.76	2.33	15.98	3.08	69.38	8.88	2.68	2.56
147	In trocknem Jahr gewachs., 1866er Ernte	1867	13.34	12.93	2.47	65.45	4.04	1.77[p]	14.92	2.85	75.53	4.66	2.04	2.39
148	In mehr feuchtem Jahr gew., 1870er E.	1870	12.95	13.50	2.55	64.98	3.95	2.07[p]	15.72	2.91	74.50	4.51	2.36	2.52
149		1872	14.00	12.34	1.44	64.93	4.51	2.78[p]	14.35	1.67	75.50	5.24	3.24[p]	2.30
150	In Frankreich gewachsen	1875	11.40	8.31	2.65	66.93	5.98	4.73	9.38	3.00	75.53	6.75	5.34	1.50
151	Belgische Gerste	1876	13.72	14.74	2.50	61.69	4.35	3.00	17.07	2.90	71.51	5.04	3.48	2.89
152	Gerste aus Thessalien	1880	12.14	9.05	1.87	70.05	4.84	2.05	10.30	2.13	82.73	2.51	2.33	1.65
153	In der Nähe von Cassel gewachsen . .	1880	16.03	10.81	1.84	63.37	4.27	2.68	12.87	2.19	76.66	5.09	3.19	2.06
154	Probsteier Gerste, grosse Körner . .	1879	10.93	11.51	—	—	4.74	2.47	12.94	—	—	5.32	2.77	2.07[o]
155	Desgl., kleine Körner	„	9.70	12.57	—	—	6.29	2.58	13.94	—	—	6.93	2.86	2.23[o]
156		1881	—	—	—	—	—	—	12.25	2.51	77.95	4.40	2.89	1.96
157	Schwemmgerste (?)	1877	—	12.25	3.60	—	—	—	—	—	—	—	—	—
158		1879	16.28	12.28	1.15	62.75	3.99	3.55	14.67	1.37	74.95	4.77	4.24	2.348[o]
159		1884	13.85	9.56	0.80	65.96	6.77	3.06	11.10	0.93	76.56	7.86	3.55	1.78
160	Calbe a. d. Saale, Mittel v. 10 Analysen verschieden gedüngter Gerste . . .	1880	15.00	8.13	1.44	67.36	4.29	3.78	9.56	1.69	79.25	5.05	4.45	1.53
161	Nedlitz, Mittel v. 4 Analysen verschieden gedüngter Gerste	„	15.00	8.45	2.25	66.72	4.60	2.98	9.94	2.65	78.50	5.41	3.50	1.59
162	Kochstedt, gedüngt mit Stallmist und Superphosphat	„	15.00	7.9	2.3	67.6	4.3	2.9	9.19	2.70	79.64	5.06	3.41	1.47
163	Hohenberg, gedüngt m. Chili u. Superph.	„	15.00	9.4	1.1	67.5	4.1	2.9	11.05	1.29	79.43	4.82	3.41	1.77
164	Heringen, gedüngt	„	15.00	6.9	1.5	69.6	4.1	2.9	8.11	1.76	81.90	4.82	3.41	1.30
165	Hohenziatz	„	15.00	8.2	1.9	67.1	4.7	8.1	9.64	2.23	73.07	5.53	9.53	1.54

No. 145. A. Petermann u. Lejeune. — Privatmittheilung.

No. 146. W. Pillitz. — Fresenius Ztschr. f. analyt. Chemie 1872. 46. In der Trockensubstanz Stärkemehl 62.65 %, Dextrin 1.96 %, Zucker 2.71 %, Extractivstoffe 1.73 %, in Wasser lösliches Proteïn 2.05 %, in Wasser lösliche Asche 1.45 %. Im Original ist der N-gehalt des Proteïns zu 15.5 % angenommen, wir berechneten die Nh. Substanz zu 16 % N.

No. 147 u. 148. Leop. Lenz (Iglau). — L. V.-St. 12. (1870.) 344. Das untersuchte Material stammte von Ungarisch-Altenburg. Ueber die Ernte 1870 ist bemerkt, dass die Witterung eine solche war, wie sie feuchten, nördlichen Klimaten zukommt. Die Nfr. Extractstoffe bestanden aus

	No. 147	148
Stärkemehl	57.56	56.08
Zucker und Gummi	7.90	8.90

No. 149. M. Fleischer u. C. Müller. — Privatmittheilung. Zusammensetzung der ursprünglichen Substanz von uns mit angenommenem Wassergehalt berechnet.

No. 150. L. Grandeau. — Privatmittheilung.

No. 151. A. Petermann. — No. 152. A. Petermann u. Warsage. — Original.

No. 153. Th. Dietrich. — Privatmittheilung.

No. 154 u. 155. E. Wollny. — Jahresber. d. Agriculturchem. 1879. (Aus d. Allgem. Hopfenzeitung 1879. 711.)

No. 156. H. Weiske, G. Kennepohl u. B. Schultze. 30. (1882.) 404.

No. 157. R. Heinrich. — Bericht d. V.-St. Rostock. Wismar, 1882. 75.

No. 158. E. Wolff u. O. Kellner. — Landw. Jahrb. 9. (1880.) 678 u. 10. (1881.) 569. Amid-N enthielt die Gerste 0.032 % = 1.4 % des Gesammt-N; darnach berechnet sich die Menge der Eiweisssubstanz auf 14.24 in Procenten der Trockensubstanz.

No. 159. E. Meissl. — Ztschr. f. Biologie 1885. 93.

No. 160—183. M. Märcker (V.-St. Halle). — Die angewendeten Düngermengen betrugen bei
No. 162: 33000 kg Stallmist u. 200 kg Superphosphat pro ha,
No. 163: 200 kg Ammoniak-Superphosphat 9 u. 9 u. 50 kg Chilisalpeter pro ha,
No. 164: 300 kg Superphosphat pro ha,
No. 166: 24000 kg Stallmist pro ha,
No. 167: 30000 kg Stallmist pro ha,
No. 168—170: je 70000 kg Fabrikcompost, 400 kg Ammoniak-Superphosphat, $^{5}/_{12}$ pro ha,
No. 172: 200 kg Chilisalpeter pro ha,
No. 174: 28000 kg Stalldünger, 200 kg Superphosphat und 67 kg Chilisalpeter pro ha,
No. 175: 67 kg Chilisalpeter pro ha,
No. 176: 200 kg Ammoniak-Superphosphat $^{9}/_{9}$ pro ha,
No. 177: 200 kg Chilisalpeter, 120 kg Superphosphat und 200 kg Kalimagnesia pro ha.

No.	Bezeichnungen und Bemerkungen	Jahr der Untersuchung	In der ursprünglichen Substanz						In der Trockensubstanz					Stickstoff in der Trockensubstanz
			Wasser %	Nh-Substanz %	Rohfett %	Nfr. Extractstoffe %	Rohfaser %	Asche %	Nh-Substanz %	Rohfett %	Nfr. Extractstoffe %	Rohfaser %	Asche %	%
166	Klein-Costritz, gedüngt mit Stallmist .	1880	15.00	10.0	1.0	65.8	4.7	3.5	11.76	1.18	77.41	5.53	4 12	1.88
167	Fischbeck, gedüngt mit Stallmist . .	„	15.00	8.8	1.4	67.2	3.9	3.7	10.35	1.65	79.06	4.59	4.35	1.66
168	Schlanstedt, gedüngt mit Compost und Ammon-Superphosphat	„	15.00	8.7	0.8	65.9	4.7	4.9	10.23	0.94	77.54	5.53	5.76	1.64
169	Desgl.	„	15.00	8.8	1.2	66.7	5.0	3.3	10.35	1.41	78.48	5.88	3.88	1.66
170	Desgl.	„	15.00	9.0	1.3	65.5	4.8	4.4	10.58	1.53	77.08	5.64	5.17	1.70
171	Bindersleben	1881	15.00	8.4	1.3	68.2	4.0	3.1	9.88	1.53	80.24	4.70	3.65	1.58
172	Torgau, mit Chilisalper gedüngt . . .	„	15.00	8.9	2.0	65.2	5.4	3.5	10.47	2.35	76.71	6.35	4.12	1.68
173	Rönnebeck	„	15.00	7.3	1.4	68.1	4.9	3.3	8.58	1.65	80.13	5.76	3.88	1.37
174	Emersleben, Stalldünger, Superphosphat und Chili	„	15.00	8.8	1.6	65.1	4.8	4.7	10.35	1.88	76.60	5.64	5.53	1.70
175	Warchow, Chilisalpeter	„	15.00	7.7	1.8	66.7	6.2	2.6	9.06	2.12	78.47	7.29	3.06	1.45
176	Dietenborn, Ammoniaksuperphosphat .	„	15.00	9.4	1.4	66.3	4.8	3.1	11.05	1.65	78.01	5.64	3.65	1.77
177	Bründel, mit Chilisalpeter, Superphosphat und Kalimagnesia gedüngt	„	15.00	8.2	2.0	63.6	4.8	6.4	9.64	2.35	74.84	5.64	7.53	1.54
178	Chevaliergerste, Mittel von 4 Analysen gedüngter Gerste	1882	15.00	9.5	1.4	66.2	4.9	3.0	11.17	1.65	77.89	5.76	3.53	1.79
179	Desgl., Lehmboden	„	15.00	6.7	1.3	67.9	5.4	3.7	7.88	1.53	79.89	6.35	4.35	1.26
180	Desgl., lehmiger humoser Sand . . .	„	15.00	8.4	1.6	68.2	3.9	2.9	9.88	1.88	80.24	4.59	3.41	1.58
181	Desgl., thoniger Lehm, Höhenlage . .	„	15.00	8.8	1.6	66.7	4.9	3.0	10.35	1.88	78.48	5.76	3.53	1.70
182	Desgl., Lehmboden	„	15.00	8.8	1.4	67.5	4.7	2.6	10.35	1.65	79.41	5.53	3.06	1.70
183	Desgl., Lehmboden	„	15.00	8.8	1.6	66.6	4.6	3.4	10.35	1.88	78.36	5.41	4.00	1.70
184	Reicher, gedüngter Sandboden, Mittel von 6 Analysen	1885	—	15.44	—	—	—	—	—	—	—	—	—	—
185		—	9.51	10.75	1.88	69.33	5.56	2.97	12.43	2.19	76.19	6.76	2.43	1.99
186	Probsteier-Gerste	1885	12.34	11.25	1.98	66.11	6.12	2.20	12.83	2.26	75.42	6.78	2.51	1.80⁰
187	Chevalier-Gerste	„	10.24	10.58	1.86	69.27	5.28	2.77	11.79	2.07	77.17	5.88	3.09	1.886⁰
188	Slowakische G., Saatgerste mit 92 % mehligen Körnern	„	15.00	7.70	—	—	—	—	9.06	—	—	—	—	1.45
189	Mährische G., Saatgerste, mit 90 % mehligen Körnern	„	15.00	7.70	—	—	—	—	9.06	—	—	—	—	1.45
190	Dänische G., Saatgerste, mit 90 % mehl. Körnern	„	15.00	7.70	—	—	—	—	9.06	—	—	—	—	1.45
191	Saal-G., Saatgerste, mit 80 % mehlig. Körnern	„	15.00	8.10	—	—	—	—	9.53	—	—	—	—	1.52
	Hektolitergew.													
192	Schottische Perl-G., Original . 67.8 kg	1886	15.00	9.20	—	—	—	—	10.82	—	—	—	—	1.73
193	Goldene Melonen-G., Original 67.8 „	„	15.00	7.60	—	—	—	—	8.94	—	—	—	—	1.43
194	v. Trotha'sche G., Chevalierg. 67.2 „	„	15.00	9.70	—	—	—	—	11.41	—	—	—	—	1.82
195	Saalgerste . . . . 62.4 „	„	15.00	9.30	—	—	—	—	10.94	—	—	—	—	1.75

No. 184: W. Hoffmeister (V.-St. Insterburg). — Landw. Jahrb. 15. (1886.) 865.

No. 185. M. Märcker u. Lauenstein (V.-Rt. Halle). — Magdeburger Ztg. 1880. No. 479. Nähere Zusammensetzung ersiehe bei ausgewachsener Gerste unter No. 2.

No. 186 u. 187. Fr. Farsky. — Biedermann's Centralbl. f. Agriculturchem. 15. 1886. (5. Ber. d. V.-St. Tabor 1886. 1.) Nähere Zusammensetzung ersiehe bei ausgewachsener Gerste unter No. 4 u. 5.

No. 188—198. M. Märcker (V.-St. Halle). — Sep.-Abdr. d. Magdeburger Zeitung 1885 No. 443 u. 455 und 1886 No. 513, 527 u. 537. Die Gersten werden hinsichtlich ihrer Qualität wie folgt bezeichnet: No. 188 Slowakische Gerste von vorzüglicher Beschaffenheit; No. 189 eine als ausgezeichnet anerkannte mährische Gerste; No. 190 die beste Gerste aus der Collection der dänischen Landwirthschaftsgesellschaft; No. 191 sog. Saalgerste von bester Beschaffenheit (eine Chevaliergerste, ursprünglich aus Originalsaat gezogen, aber durch vieljährigen Nachbau in der Prov. Sachsen heimisch geworden). No. 188—190 entstammen der 1885 in Magdeburg stattgefundenen Gerstenausstellung. Die Gersten unter No. 192 u. 193 entstammen der Züchtung des Herrn Oakshott in England. Trotha'sche Gerste unter No. 194 ist eine vorzügliche Nachzucht von Chevalier-Gerste. No. 195 wie unter No. 191. No. 196 die Nachzucht der däuischen Gerste No. 190, erbaut auf dem Gute Bründel. No. 197 wurde als Originalgerste gekauft. No. 198 ebenfalls, eine zwar nicht hochfeine, aber noch milde und sehr ertragreiche Gerste.

No.	Bezeichnungen und Bemerkungen	Jahr der Untersuchung	In der ursprünglichen Substanz: Wasser %	Nh-Substanz %	Rohfett %	Nfr. Extractstoffe %	Rohfaser %	Asche %	In der Trockensubstanz: Nh-Substanz %	Rohfett %	Nfr. Extractstoffe %	Rohfaser %	Asche %	Stickstoff in der Trockensubstanz %
	Hektolitergew.													
196	Dänische G., Nachbau . . . 66.0 „	1886	15.00	9.70	—	—	—	—	11.41	—	—	—	—	1.82
197	Slowakische G., Original . . 67.0 „	„	15.00	8.60	—	—	—	—	10.11	—	—	—	—	1.62
198	Slowakische Landg., Original . 61.6 „	„	15.00	9.40	—	—	—	—	11.05	—	—	—	—	1.77
199	Aus Sardinien, grobe Hülsen	1885	11.72	11.91	—	Stärke 53.96	—	—	13.38	—	Stärke 61.12	—	—	2.140°
200	Bestehorn-G., Raitz in Mähren . .	1884/86	—	—	—	—	—	—	8.50	—	68.25	—	—	1.36
201	Desgl., Steinitz-Bisenz, Mähren . . .	„	—	—	—	—	—	—	8.50	—	67.78	—	—	1.36
202	Desgl., Steinitz-Bisenz, Hof Dambořitz .	„	—	—	—	—	—	—	9.62	—	66.20	—	—	1.54
203	Imperial-G., Kutliř b. N.-Kolin . .	„	—	—	—	—	—	—	9.50	—	66.66	—	—	1.52
204	Hanna-G., Gross Statěnic, Mähren .	„	—	—	—	—	—	—	9.00	—	67.16	—	—	1.44
205	Desgl., Kremsier	„	—	—	—	—	—	—	9.06	—	—	—	—	1.45
206	Desgl., Rataj b. Kremsier	„	—	—	—	—	—	—	9.12	—	66.54	—	—	1.46
207	Desgl., Něčič, Mähren	„	—	—	—	—	—	—	9.20	—	67.68	—	—	1.47
208	Desgl., Kremsier	„	—	—	—	—	—	—	9.37	—	66.75	—	—	1.50
209	Desgl., Rataj b. Kremsier	„	—	—	—	—	—	—	9.62	—	—	—	—	1.54
210	Desgl., Merutek b. Kremsier	„	—	—	—	—	—	—	10.12	—	65.71	—	—	1.62
211	Desgl., Popowitz, Mähren	„	—	—	—	—	—	—	10.31	—	68.02	—	—	1.65
212	Desgl., Stechowitz, Mähren	„	—	—	—	—	—	—	10.37	—	65.07	—	—	1.66
213	Pfauen-G., Mödritz b. Brünn . . .	„	—	—	—	—	—	—	8.06	—	69.25	—	—	1.29
214	Desgl., Kanzelhof, Niederösterreich . .	„	—	—	—	—	—	—	9.18	—	67.52	—	—	1.47
215	Desgl., Serowitz, Mähren	„	—	—	—	—	—	—	9.56	—	65.80	—	—	1.53
216	Desgl., Plavnitz, Böhmen	„	—	—	—	—	—	—	12.56	—	67.42	—	—	2.01
217	Probstei-G., Lutopec b. Kremsier .	„	—	—	—	—	—	—	9.75	—	65.27	—	—	1.56
218	Desgl, Ploscha, Böhmen	„	—	—	—	—	—	—	9.95	—	66.43	—	—	1.59
219	Desgl., Bezměrov b. Kremsier . . .	„	—	—	—	—	—	—	10.21	—	65.86	—	—	1.63
220	Hallet's Pedigrée-G., Weissbach, Oester.-Schlesien	„	—	—	—	—	—	—	10.06	—	65.82	—	—	1.61
221	Austral-G., Lobositz, Böhmen . . .	„	—	—	—	—	—	—	10.56	—	67.55	—	—	1.69
222	Annat-G., Birnbaum b. Austerlitz, Mähren	„	—	—	—	—	—	—	9.25	—	66.65	—	—	1.48
223	Desgl., Malenowitz, Mähren	„	—	—	—	—	—	—	9.31	—	66.43	—	—	1.49
224	Desgl., Sazowitz, Mähren	„	—	—	—	—	—	—	10.37	—	66.93	—	—	1.66
225	Desgl., Szökefeld, Ungarn	„	—	—	—	—	—	—	10.75	—	66.17	—	—	1.72
226	Desgl., Lobositz, Böhmen	„	—	—	—	—	—	—	14.18	—	65.52	—	—	2.27
227	Primadonna-G., Frauenberg . . .	„	—	—	—	—	—	—	10.96	—	67.09	—	—	1.75
228	Mährische G., Plavnitz-Böhmen . .	„	—	—	—	—	—	—	11.37	—	68.92	—	—	1.82
229	Schwedische Hochlandg., Zittolieb, Böhmen	„	—	—	—	—	—	—	10.10	—	70.13	—	—	1.62
230	Desgl., Zittolieb, Böhmen	„	—	—	—	—	—	—	12.95	—	67.34	—	—	2.07
231	Gold-G., Lobositz	„	—	—	—	—	—	—	10.50	—	68.10	—	—	1.68
232	Desgl., Frauenberg	„	—	—	—	—	—	—	10.88	—	67.40	—	—	1.74
233	Desgl., Zittolieb	„	—	—	—	—	—	—	11.27	—	66.18	—	—	1.80
234	Desgl., Zamosk, Böhmen	„	—	—	—	—	—	—	11.51	—	64.17	—	—	1.84
235	Desgl., Zittolieb (einheimische) . . .	„	—	—	—	—	—	—	13.47	—	67.30	—	—	2.16

No. 199. L. Marx. — Ztschr f. d. gesammte Brauwesen 1885. 272. (Revue de la Brassorie et Malterie No. 601.)

No. 200—263. J. Hanamann (V.-St. Lobositz). — Ztschr. f. d. gesammte Brauwesen. 10. 1887. 203. „Stärke- u. Stickstoffbestimmungen böhmischer und mährischer Gersten aus den Jahren 1884, 1885 u. 1886“. Die Mittel an Proteïn (N × 6.25) berechnen sich für die untersuchten Gerstensorten wie folgt:

Bestehorn-G. (3)	8.87 %	Chevalier-G. (11)	11.66 %	Primadonna-G. (1)	10.96 %
Hanna-G. (9)	9.57 „	Imperial-G. (3)	11.26 „	Mährische G. (1)	11.37 „
Pfauen-G. (4)	9.84 „	Oregon-G. (6)	12,48 „	Elsass-Chevalier-G. (1) . .	12.31 „
Probstei-G. (3)	9.90 „	Golden Melon-G. (2) . . .	13.38 „	Jerusalem-G. (1)	12.64 „
Annat-G. (5)	10.75 „	Schottische Hochlandg. (3) .	13,84 „	Böhmische G. (1)	14.25 „
Schwedische Hochlandg. (2)	11.52 „	Hallet's Pedigrée-G. (1) . .	10.06 „		
Gold-G. (5)	11.56 „	Austral-G. (1)	10.56 „		

No.	Bezeichnungen und Bemerkungen	Jahr der Untersuchung	In der ursprünglichen Substanz: Wasser %	Nh-Substanz %	Rohfett %	Nfr. Extractstoffe %	Rohfaser %	Asche %	In der Trockensubstanz: Nh-Substanz %	Rohfett %	Nfr. Extractstoffe %	Rohfaser %	Asche %	Stickstoff in der Trockensubstanz %
236	Chevalier-G., Gross Herrlitz, Oester.-Schlesien	1884/86	—	—	—	—	—	—	8.00	—	Stärke 65.65	—	—	1.28
237	Desgl., Tauschetin, Böhmen	„	—	—	—	—	—	—	8.55	—	73.96	—	—	1.37
238	Desgl., Zossen, Oester.-Schlesien . . .	„	—	—	—	—	—	—	8.75	—	67.48	—	—	1.40
239	Desgl., Hranic b. Kolin	„	—	—	—	—	—	—	9.12	—	68.10	—	—	1.46
240	Desgl., Wischenau, Mähren	„	—	—	—	—	—	—	9.31	—	65.94	—	—	1.49
241	Desgl., Postoupek b. Kremsier . . .	„	—	—	—	—	—	—	10.31	—	66.83	—	—	1.65
242	Desgl., Gross Herrlitz, Oester.-Schlesien	„	—	—	—	—	—	—	10.93	—	69.04	—	—	1.75
243	Desgl., Czabaj b. Neutra, Ungarn . .	„	—	—	—	—	—	—	11.87	—	63.90	—	—	1.90
244	Desgl., Frauenberg, Böhmen	„	—	—	—	—	—	—	12.01	—	67.70	—	—	1.92
245	Desgl., Plavnitz, Böhmen	„	—	—	—	—	—	—	13.43	—	64.86	—	—	2.15
246	Desgl., Zottolieb	„	—	—	—	—	—	—	14.35	—	67.76	—	—	2.30
247	Elsass-Chevalier-G., Lobositz . .	„	—	—	—	—	—	—	12.31	—	70.25	—	—	1.97
248	Imperial-G., Widobl, Böhmen . .	„	—	—	—	—	—	—	11.68	—	67.00	—	—	1.87
249	Desgl., Frauenberg, Böhmen	„	—	—	—	—	—	—	11.84	—	69.19	—	—	1.89
250	Desgl., Frauenberg, Böhmen	„	—	—	—	—	—	—	12.04	—	69.19	—	—	1.93
251	Oregon-G., Pohlig b. Kaaden . . .	„	—	—	—	—	—	—	9.06	—	66.30	—	—	1.45
252	Desgl., Szonolany, Ungarn	„	—	—	—	—	—	—	10.43	—	66.74	—	—	1.67
253	Desgl., Frauenberg	„	—	—	—	—	—	—	12.00	—	67.20	—	—	1.92
254	Desgl., Frauenberg	„	—	—	—	—	—	—	12.42	—	67.90	—	—	1.99
255	Desgl., Frauenberg	„	—	—	—	—	—	—	14.93	—	67.20	—	—	2.39
256	Desgl., Frauenberg	„	—	—	—	—	—	—	15.27	—	67.20	—	—	2.44
257	Jerusalem-G., Lobositz	„	—	—	—	—	—	—	12.64	—	65.60	—	—	2.02
258	Golden Melon-G., Zittolieb . . .	„	—	—	—	—	—	—	12.06	—	64.85	—	—	1.93
259	Desgl., Zittolieb	„	—	—	—	—	—	—	14.70	—	64.66	—	—	2.35
260	Schottische Hochlandsg., Frauenberg	„	—	—	—	—	—	—	11.96	—	67.80	—	—	1.91
261	Desgl., Zittolieb	„	—	—	—	—	—	—	12.06	-	68.02	—	—	1.93
262	Desgl., Zittolieb	„	—	—	—	—	—	—	17.50	—	66.08	—	—	2.80
263	Böhmische G., Plavnitz	„	—	—	—	—	—	—	14.25	—	68.02	—	—	2.28
	Minimum		9.30	5.16	0.26	53.26	2.22	1.11	6.00	0.30	61.97	2.58	1.29	0.96
	Maximum		21.59	15.05	3.19	71.95	13.86	8.19	17.50	3.69	83.71	16.13	9.53	2.80
	Mittel*)		14.05	9.71	1.89	65.75	5.76	2.84	11.30	2.21	76.48	6.70	3.31	1.81

Gerstenkörner aus Mittel- und Nord-Deutschland.

No.	Königreich Sachsen.	No. d. Haupttabelle	Jahr	Wasser	Nh-Substanz	Rohfett	Nfr. Extractstoffe	Rohfaser	Asche	Nh-Substanz	Rohfett	Nfr. Extractstoffe	Rohfaser	Asche	Stickstoff
1	Gegend von Leipzig, Wintergerste	66	1854	16.14	8.39	—	—	8.48	2.27	10.00	—	—	10.11	2.71	1.60
2	Desgl., Annatgerste	67	„	14.18	11.02	—	—	6.43	2.60	12.84	—	—	7.49	3.03	2.054
3	Desgl., Probsteigerste	68	„	14.07	10.04	—	—	7.30	2.40	11.68	—	—	8.49	2.79	1.87
4	Desgl.	65	1856	14.22	11.77	—	—	3.19	2.15	13.75	—	—	3.72	2.51	2.20
5	Gegend v. Chemnitz, 1 hl = 70.7 kg	69	„	20.88	9.52	—	—	5.90	2.72	12.03	—	—	7.46	3.44	1.925
6	Desgl., 1 hl = 53.9 kg . . .	70	„	19.81	10.66	—	—	6.44	3.00	13.29	—	—	8.03	3.20	2.127
7	Desgl., 1 hl = 68.1 kg . . .	104	1855	14.89	10.00	1.20	64.52	6.23	3.16	11.75	1.41	75.81	7.32	3.71	1.88
8	Desgl., 1 hl = 37.8	105	„	15.02	10.00	1.02	63.56	7.01	3.39	11.77	1.20	74.79	8.25	3.99	1.89
9	Desgl., Mittel verschied. gedüngt. G.	87	1854	13.60	9.13	—	—	—	2.50	10.53	—	—	—	2.92	1.69
10	. . . .	108	1856	—	—	—	—	—	—	12.19	3.56	61.97	(19.86)	3.37	1.95

[1]) Zur Berechnung des Mittels des Wasser-, N- und Aschengehalts wurden von No. 4 an alle Analysen benutzt, zur Berechnung des mittleren Fettgehaltes von No. 11 an, des Mittels der Rohfaser von No. 80 an, immer mit Ausnahme der eingeklammerten Zahlen.

No.	Bezeichnungen und Bemerkungen	No. d. Haupttabelle	Jahr der Untersuchung	In der ursprünglichen Substanz: Wasser %	Nh-Substanz %	Rohfett %	Nfr. Extractstoffe %	Rohfaser %	Asche %	In der Trockensubstanz: Nh-Substanz %	Rohfett %	Nfr. Extractstoffe %	Rohfaser %	Asche %	Stickstoff in der Trockensubstanz %
11	Gegend von Leipzig	127	1870	15.43	8.88	2.66	66.21	3.77	2.85	10.50	3.14	78.53	4.46	3.37	1.68
12	Lausitz	131	1863	16.90	9.57	1.81	60.46	7.50	3.36	11.99	2.18	72.77	9.02	4.04	1.92
13	Desgl.	132	„	14.51	10.83	2.11	61.38	8.17	3.00	12.67	2.47	71.79	9.56	3.51	2.03
14	Desgl.	133	„	11.34	12.72	2.85	61.25	7.49	4.35	14.35	3.21	69.08	8.45	4.91	2.30
15	Desgl.	134	1868	11.66	15.81	1.81	63.00	5.13	2.59	17.90	2.05	71.31	5.81	2.93	2.86
16	Desgl.	135	1869	13.79	13.81	2.17	61.49	5.66	3.08	16.02	2.52	71.32	6.57	3.57	2.56
17	Desgl.	136	1870	14.44	10.53	2.83	66.13	3.59	2.53	12.31	3.31	77.22	4.20	2.96	1.97
18	Desgl.	137	1871	16.76	9.96	2.05	65.18	3.55	2.50	11.96	2.46	78.32	4.26	3.00	1.91
19	Desgl.	138	1872	14.43	13.63	2.33	61.18	4.97	3.46	15.93	2.52	71.70	5.81	4.04	2.55
20	Desgl.	139	„	15.17	10.69	2.27	62.16	6.05	3.66	12.60	2.68	73.27	7.13	4.32	2.02
21	Desgl.	140	„	16.51	10.86	3.08	63.20	3.52	2.83	13.00	3.69	75.75	4.17	3.39	2.08
22	Desgl.	141	„	21.59	10.20	2.89	59.35	3.31	2.66	13.01	3.68	75.70	4.22	3.39	2.09
23	Desgl.	142	„	14.70	14.00	2.75	62.27	4.09	2.19	16.41	3.22	73.01	4.79	2.57	2.63
24	Desgl.	143	„	14.87	13.97	2.74	62.15	4.08	2.19	16.41	3.22	73.01	4.79	2.57	2.63
25	Desgl.	144	„	17.56	13 53	2.66	60.18	3.95	2.12	16.41	3.23	73.00	4.79	2.57	2.63
	Preussen, Prov. Sachsen und Thüringen.														
26	Halle a. d. Saale, Saalgerste, 1876er	—	1876/77	15.08	9.11	—	—	—	2.51	10.73	—	—	—	2.95	1.717
27	Zörbig, 1877 er	—	1877/78	14.80	8.89	—	—	—	2.16	10.43	—	—	—	2.54	1.669
28	Magdeburg, Chevalierg., 1877 er	—	„	12.29	10.43	—	—	—	2.18	11.90	—	—	—	2.49	1.904
29	Desgl., 1877 er	—	„	13.56	9.25	—	—	—	2.36	10.70	—	—	—	2.73	1.712
30	Saale, Chevaliergerste, 1877 er	—	„	13.26	8.19	—	—	—	2.48	10.60	—	—	—	2.86	1.696
31	Halle a. d. Saale, 1877 er	—	„	13.28	10.00	—	—	—	2.19	11.53	—	—	—	2.52	1.845
32	Mühlhausen, 1877 er	—	„	14.24	9.34	—	—	—	2.42	10.89	—	—	—	2.82	1.742
33	Halle a. d. S., Landgerste, 1878 er	—	1878/79	16.76	8.69	—	—	—	2.61	10.20	—	—	—	3.14	1.63°
34	Desgl., 1878 er	—	„	16.20	8.56	—	—	—	2.21	10.21	—	—	—	2.64	1.63°
35	Desgl., 1880 er	—	1880/81	16.18	7.41	—	—	—	—	8.84	—	—	—	—	1.414°
36	Magdeburg	—	„	16.86	8.48	—	—	—	—	10.20	—	—	—	—	1.632°
37	Calbe a. S. (Mittel verschied. Anal.)	160	1880	15.00	8.13	1.44	67.36	4.29	3.78	9.56	1.69	79.25	5.05	4.45	1.53
38	Nedlitz (Mittel verschied. Anal.)	161	„	15.00	8.45	2.25	66.72	4.60	2.98	9.94	2.65	78.50	5.41	3.50	1.59
39	Kochstedt	162	„	15.00	7.9	2.3	67.6	4.3	2.9	9.19	2.70	79.64	5.06	3.41	1.47
40	Hohenberg	163	„	15.00	9.4	1.1	67.5	4.1	2.9	11.05	1.29	79.43	4.82	3.41	1.77
41	Heringen	164	„	15.00	6.9	1.5	69.6	4.1	2.9	8.11	1.76	81.90	4.82	3.41	1.30
42	Hohenziatz	165	„	15.00	8.2	1.9	67.1	4.7	(8.1)	9.64	2.23	73.07	5.53	(9.53)	1.54
43	Klein-Costritz	166	„	15.00	10.0	1.0	65.8	4.7	3.5	11.76	1.18	77.41	5.53	4.12	1.88
44	Fischbeck	167	„	15.00	8.8	1.4	67.2	3.9	3.7	10.35	1.65	79.06	4.59	4.35	1.66
45	Schlansted	168	„	15.00	8.7	0.8	65.9	4.7	4.9	10.23	0.94	77.54	5.53	5.76	1.64
46	Desgl.	169	„	15.00	8.8	1.2	66.7	5.0	3.3	10.35	1.41	78.48	5.88	3 88	1.66
47	Desgl.	170	„	15.00	9.0	1.3	65.5	4.8	4.4	10.58	1.53	77.08	5.64	5.17	1.70
48	Bindersleben	171	1881	15.00	8.4	1.3	68.2	4.0	3.1	9.88	1.53	80.24	4.70	3.65	1.58
49	Torgau	172	„	15.00	8.9	2.0	65.2	5.4	3.5	10.47	2.35	76.71	6.35	4.12	1.68
50	Rönnebeck	173	„	15.00	7.3	1.4	68.1	4.9	3.3	8 58	1.65	80.13	5.76	3.88	1.37
51	Emersleben	174	„	15.00	8.8	1.6	65.1	4.8	4.7	10.35	1.88	76.60	5.64	5.53	1.70
52	Warchow	175	„	15.00	7.7	1.8	66.7	6.2	2.6	9.06	2.12	78.47	7.29	3.06	1.45
53	Dietenborn	176	„	15.00	9.4	1.4	66.3	4.8	3.1	11.05	1.65	78.01	5.64	3.65	1.77
54	Bründel	177	„	15.00	8.2	2.0	63.6	4.8	6.4	9.64	2.35	78.84	5.64	7.53	1.54

No. 26, 78, 83—91. K. Reischauer, mitgetheilt v. L. Aubry in Ztschr. f. d. gesammte Brauwesen 1881, Separatabdruck. No. 27—36, 79, 92—96, 98, 99 u. 116—120. L. Aubry. Ebendas. 1883, ferner dritter, vierter und fünfter Jahresber. d. wissenschaftl. Stat. f. Brauerei in München 1878/79, 1879/80, 1880/81.

No.	Bezeichnungen und Bemerkungen	No. d. Haupttabelle	Jahr der Untersuchung	In der ursprünglichen Substanz Wasser %	Nh-Substanz %	Rohfett %	Nfr. Extractstoffe %	Rohfaser %	Asche %	In der Trockensubstanz Nh-Substanz %	Rohfett %	Nfr. Extractstoffe %	Rohfaser %	Asche %	Stickstoff in der Trockensubstanz %
55	Chevaliergerste	178	1882	15.00	9.5	1.4	66.2	4.9	3.0	11.17	1.65	77.89	5.76	3.53	1.79
56	Desgl.	179	„	15.00	6.7	1.3	67.9	5.4	3.7	7.88	1.53	79.89	6.35	4.35	1.26
57	Desgl.	180	„	15.00	8.4	1.6	68.2	3.9	2.9	9.88	1.88	80.24	4.59	3.41	1.58
58	Desgl.	181	„	15.00	8.8	1.6	66.7	4.9	3.0	10.35	1.88	78.48	5.76	3.53	1.70
59	Desgl.	182	„	15.00	8.8	1.4	67.5	4.7	2.6	10.35	1.65	79.41	5.53	3.06	1.70
60	Desgl.	183	„	15.00	8.8	1.6	66.6	4.6	3.4	10.35	1.88	78.36	5.41	4.00	1.70
61	. . . .	185	—	9.51	10.75	1.88	69.33	5.56	2.97	12.43	2.19	76.19	6.76	2.43	1.99
62	Saalgerste	191	1885	15.00	8.10	—	—	—	—	9.53	—	—	—	—	1.52
63	Saalgerste (Mittel von 34 Analysen)	—	„	15.00	9.33	—	—	—	—	10.97	—	—	—	—	1.76
64	Dänische G. (Mittel v. 34 Analysen)	—	„	15.00	9.33	—	—	—	—	10.97	—	—	—	—	1.76
65	Mährische G. (Mittel v. 34 Analysen)	—	„	15.00	9.48	—	—	—	—	11.15	—	—	—	—	1.78
66	Slowakische G. (Mittel v. 34 Anal.)	—	„	15.00	9.22	—	—	—	—	10.84	—	—	—	—	1.73
67	v. Trotha'sche Chevalierg. (Mittel v. 24 Analysen)	—	1886	15.00	8.86	—	—	—	—	10.42	—	—	—	—	1.67
68	Saalgerste (Mittel v. 24 Analys.)	—	„	15.00	8.77	—	—	—	—	10.31	—	—	—	—	1.65
69	Dänische G. (Mittel v. 24 Analys.)	—	„	15.00	8.77	—	—	—	—	10.31	—	—	—	—	1.65
70	Slowakische G. (Mittel v. 24 Anal.)	—	„	15.00	8.74	—	—	—	—	10.28	—	—	—	—	1.64
71	Slowak. Landg. (Mittel v. 24 Anal.)	—	„	15.00	8.99	—	—	—	—	10.57	—	—	—	—	1.69
72	Aus der Magdeburger Börde . .	—	1878	—	—	—	—	—	—	10.73	—	—	—	2.40	1.72
73	Aus Erfurt, Chevalierg., 1 hl = 69.25 kg	—	1879	16.03	9.40	—	—	—	—	11.60	—	—	—	—	1.856^{o}
	Schlesien.														
74	Proskau, nackte 2 zeil. Gerste .	101	1858	—	—	—	—	—	—	10.19	—	—	—	—	1.63^{o}
75	Desgl., Phönixgerste	103	„	—	—	—	—	—	—	9.81	—	—	—	—	1.57^{o}
76	Desgl., schwarze nackte Victoriag.	106	„	14.00	(2.31)	—	—	—	—	(2.69)	—	—	—	—	(0.43)^{o}
77	Nackte 2 zeil. Gerste	128	1870	—	—	—	—	—	—	11.50	1.99	78.98	3.80	3.73^{P}	1.84^{o}
78	Desgl.	129	1874	9.30	9.52	2.68	72.14	3.56	2.80	10.50	2.98	79.50	3.93	3.09^{P}	1.68^{o}
79	Desgl.	156	1881	—	—	—	—	—	—	12.25	2.51	77.95	4.40	2.89	1.96
80	Liegnitz, 1876 er	—	1876/77	14.89	9.96	—	—	—	2.64	11.70	—	—	—	3.10	1.872^{o}
81	Desgl., 1879 er	—	1879/80	16.04	8.75	—	—	—	2.38	10.42	—	—	—	2.84	1.660^{o}
	Oestlich der Elbe.														
82	Eldena, schwarze abessynische G.	93	1858	13.22	12.96	—	—	—	1.56	14.94	—	—	—	1.80	2.39^{o}
83	Möglin, Sommergerste	105	„	—	—	—	—	—	—	8.56	—	—	—	—	1.37^{o}
84	Posen	116	1864	14.08	9.50	2.00	63.98	7.35	3.09	11.06	2.33	74.45	8.56	3.60	1.78^{o}
85	Uckermark, Pr. Brandenburg, 1876	—	1876/77	15.10	9.98	—	—	—	3.45	11.76	—	—	—	2.88	1.882^{o}
86	Gussow, Pr. Brandenburg, 1876er	—	„	13.74	10.93	—	—	—	2.61	12.67	—	—	—	3.02	2.027^{o}
87	Oderbruch, 1876 er	—	„	12.96	11.01	—	—	—	2.15	12.65	—	—	—	2.47	2.024
88	Desgl., 2 zeil., 1876 er	—	„	15.69	9.45	—	—	—	2.39	11.21	—	—	—	2.83	1.794
89	Bromberg, 1876 er	—	„	15.42	8.58	—	—	—	2.28	10.14	—	—	—	2.69	1.622
90	Memel, 1876 er	—	„	17.72	9.73	—	—	—	1.96	11.82	—	—	—	2.38	1.891
91	Scharken, 1876 er	—	„	17.36	7.92	—	—	—	2.51	9.58	—	—	—	3.04	1.533
92	Tilsiter Niederung, 1876 er . .	—	„	17.26	8.52	—	—	—	2.42	10.03	—	—	—	2.93	1.605
93	Desgl., 1876 er	—	„	17.44	10.91	—	—	—	2.40	13.21	—	—	—	2.91	2.114
94	Posen, 1879 er	—	„	16.16	8.93	—	—	—	2.46	10.65	—	—	—	2.93	1.704
95	Oderbruch, Cüstriner Gegend, 1879	—	„	16.11	9.07	—	—	—	2.12	10.81	—	—	—	2.53	1.729
96	Stettiner Gegend, 1879 er . . .	—	„	15.98	9.36	—	—	—	2.32	11.14	—	—	—	2.76	1.782
97	Desgl., Greifenhagen, 1879 er . .	—	„	16.94	9.80	—	—	—	2.27	11.80	—	—	—	2.73	1.888

No. 63—71. M. Märcker (V.-St. Halle). — Sonderabdruck aus der Magdeburger Zeitung 1885 u. 1886.

No.	Bezeichnungen und Bemerkungen	No. d. Haupttabelle	Jahr der Untersuchung	In der ursprünglichen Substanz: Wasser %	Nh-Substanz %	Rohfett %	Nfr. Extractstoffe %	Rohfaser %	Asche %	In der Trockensubstanz: Nh-Substanz %	Rohfett %	Nfr. Extractstoffe %	Rohfaser %	Asche %	Stickstoff in der Trockensubstanz %
98	Eldena (Pommern), 1880er . .	—	—	16.29	9.27	—	—	—	—	11.07	—	—	—	—	1.771
99	Insterburg, Mittel von 6 Analysen	184	1885		15.44	—	—	—	—	—	—	—	—	—	—
	Westlich der Elbe.														
100	Poppelsdorf, Gegend v. Bonn, nackte 2 zeil. Gerste	102	1858	—	—	—	—	—	—	10.19	—	—	—	2.53	1.63^0
101	Desgl., Mittel v. 6 verschied. Gersten	109	„	14.13	12.81	—	—	4.58	2.84	14.93	—	—	5.34	3.31	2.39
102	Desgl., Mittel v. 6 verschied. Gersten	110	1860	16.28	10.16	1.43	62.37	6.48	3.28	12.13	1.71	74.68	7.56	3.92	1.54
103	Gegend v. Saarbrücken, Pfalzgerste	117	1865	12.08	11.20	—	—	4.78	2.14	12.73	—	—	5.43	2.43	2.04
104	Gegend v. Deutsch-Euern, Euerng.	118	„	12.92	8.75	—	—	4.44	2.40	10.05	—	—	5.10	2.76	1.60
105	Bitburg, 1865er	119	„	12.60	11.64	—	—	4.98	2.48	13.32	—	—	5.70	2.84	2.13
106	Mötsch, 1865er	120	„	12.20	12.86	—	—	5.50	2.52	14.65	—	—	6.26	2.87	2.34
107	Helenberg, 1865er	121	„	11.76	11.64	—	—	4.48	2.52	13.19	—	—	5.08	2.86	2.11
108	Desgl., 1864er	122	„	12.10	11.37	—	—	4.35	2.36	12.94	—	—	4.95	2.69	2.07
109	Wolsfild, 1865er	123	„	12.06	12.07	—	—	4.27	2.50	13.72	—	—	4.85	2.84	2.20
110	Meckel, 1865er	124	„	11.94	12.00	—	—	4.27	2.66	13.63	—	—	4.85	3.02	2.18
111	Hannover, Weende	125	1869	—	—	—	—	—	—	11.63	2.20	—	5.90	3.13P	1.86^0
112	Desgl.	126	1870	17.30	11.48	1.22	63.44	3.57	2.99	13.88	1.48	76.70	4.32	3.62	2.22
113	Gegend von Bonn	130	1874	9.46	15.43	—	—	—	—	17.04	—	—	—	—	2.726
114	Gegend von Göttingen (?) . . .	149	1872	14.00	12.34	1.44	64.93	4.51	2.78P	14.35	1.67	75.50	5.24	3.24P	2.30
115	Gegend von Cassel	153	1880	16.03	10.81	1.84	63.17	4.27	2.68	12.87	2.19	76.66	5.09	3.19	2.06
116	Gegend v. Cöln, Chevalierg., 1880er	—	1880/81	17.61	8.81	—	—	—	—	10.69	—	—	—	—	1.710^0
117	Wolfenbüttel, Braunschweig, 1880er	—	„	17.82	8.54	—	—	—	—	10.39	—	—	—	—	1.662^0
118	Helmstädt, Braunschweig, 1880er	—	„	17.50	8.70	—	—	—	—	10.54	—	—	—	—	1.686^0
119	Jerxheim, Braunschweig, 1877er .	—	1877/78	15.11	9.02	—	—	—	2.14	10.62	—	—	—	2.52	1.699^0
120	Mattierzell, Braunschweig, 1877er	—	„	15.33	7.65	—	—	—	2.24	9.03	—	—	—	2.64	1.445^0
	Minimum			9.30	6.70	0.80	59.35	3.31	1.56	7.88	0.94	69.08	3.80	1.80	1.26
	Maximum			21.59	15.81	3.08	72.14	8.17	6.40	17.90	3.69	81.90	9.56	7.53	2.86
	Mittel der Gersten aus Mittel- und Norddeutschland . .			14.05[1])	9.88	1.80	66.75	4.77	2.75	11.50	2.09	77.66	5.55	3.20	1.84

Gerstenkörner. Südliches und westliches Deutschland.

No.	Bezeichnungen und Bemerkungen	No. d. Haupttabelle	Jahr der Untersuchung	Wasser %	Nh-Substanz %	Rohfett %	Nfr. Extractstoffe %	Rohfaser %	Asche %	Nh-Substanz %	Rohfett %	Nfr. Extractstoffe %	Rohfaser %	Asche %	Stickstoff in der Trockensubstanz %
	Bayern.														
1	Hord. vulg., Schleissheim, flacher Kalkboden	73	1856	13.16	11.62	—	—	—	—	13.44	—	—	—	—	2.15^0
2	Hord. dist., Schleissheim, flacher Kalkboden	74	„	13.77	11.87	—	—	—	—	13.75	—	—	—	2.69	2.20^0
3	Desgl., Mönchshofen, Lehm . .	75	„	10.75	10.81	—	—	—	—	12.13	—	—	—	—	1.94^0
4	Desgl., Illerfeld	76	„	12.51	10.62	—	—	—	—	12.19	—	—	—	—	1.95^0
5	Desgl., Brennberg, kalkhalt. Lehm	77	„	13.02	9.94	—	—	—	2.29	11.44	—	—	—	2.63	1.83^0
6	Desgl., Litzendorf, brauner Jura .	78	„	13.94	10.25	—	—	—	—	11.88	—	—	—	—	1.90^0
7	Desgl., Geisfeld, schwarzer Jura .	79	„	13.71	10.50	—	—	—	—	12.19	—	—	—	—	1.95^0
8	Desgl., Triesdorf, sandiger Lehm	80	„	14.02	10.50	—	—	—	2.40	12.25	—	—	—	2.79	1.96^0
9	Desgl., Gelchsheim, fetter Lehm .	81	„	13.24	10.44	—	—	—	—	12.00	—	—	—	—	1.92^0
10	Desgl., Gerhardsbrunn, Sandstein	82	„	12.36	10.75	—	—	—	—	12.25	—	—	—	—	1.96^0
11	Desgl., Saatfrucht, Bogenhausen .	83	1857	13.25	10.75	2.04	63.46	7.89	2.51	12.39	2.35	73.27	9.10	2.89	1.98
12	Saatfrucht, Schleissheim . . .	84	1858	13.30	11.44	2.00	62.21	8.11	2.54	13.19	2.31	72.27	9.35	2.93	2.11

[1]) Nach dem Mittel der Haupttabelle angenommen; das wirkliche Mittel beträgt 14.92 %. Bei Berücksichtigung aller Einzelanalysen unter No. 63—66 (je 34 Analysen) und No. 67—71 (je 24 Analysen), sowie der unter No. 101 u. 102 (je 6 Analysen) berechnet sich das Mittel für Stickstoff = 1.76 % resp. 10.97 % Nh. Substanz in der Trockensubstanz.

No.	Bezeichnungen und Bemerkungen	No. d. Haupt-tabelle	Jahr der Untersuchung	In der ursprünglichen Substanz: Wasser %	Nh-Substanz %	Rohfett %	Nfr. Extractstoffe %	Rohfaser %	Asche %	In der Trockensubstanz: Nh-Substanz %	Rohfett %	Nfr. Extractstoffe %	Rohfaser %	Asche %	Stickstoff in der Trockensubstanz %
13	Saatfrucht, Weihenstephan . . .	85	1858	13.42	11.13	2.16	65.23	5.52	2.54	12.86	2.49	75.34	6.38	2.93	2.06
14	H. dist. (Mittel), Bogenhausen .	86	„	13.64	11.43	1.83	60.88	9.63	2.59	13.24	2.12	70.49	11.15	3.00	2.12
15	Desgl., Schleissheim	87	„	13.51	11.54	2.10	63.18	7.14	2.53	13.34	2.43	73.06	8.25	2.92	2.13
16	Desgl., Weihenstephan	88	„	13.50	10.50	2.30	65.25	5.93	2.52	12.14	2.66	75.43	6.86	2.91	1.94
17	Vorzügliche Braugerste	89	„	13.24	10.88	2.14	65.59	5.63	2.52	12.13	2.47	75.79	6.49	2.91	1.97
18	H. dist., Jerusalemg., Weihenstephan	92	„	—	—	—	—	—	—	15.00	—	—	—	2.83	2.40°
19	H. vulg., 6 zeil., Triesdorf . .	95	„	8.70	11.87	—	—	—	—	13.00	—	—	—	—	2.08°
20	H. dist., nackte 2 zeil., Triesdorf	96	„	—	—	—	—	—	—	13.00	—	—	—	2.03	2.08°
21	Desgl., Jerusalemgerste, Triesdorf	98	„	—	—	—	—	—	—	10.69	—	—	—	—	1.71°
22	Schottische Gerste, Triesdorf . .	99	„	—	—	—	—	—	—	10.62	—	—	—	2.09	1.70°
23	H. dist., lange 2 zeil., Triesdorf .	100	„	—	—	—	—	—	—	10.50	—	—	—	—	1.68°
24	Desgl., nackte 3 zeil., ägyptische, Triesdorf	104	„	—	—	—	—	—	—	9.69	—	—	—	—	1.55°
	Ober-Bayern.														
25	Fürstenfeldbruck, 1876 er		1876	13.68	8.55	—	—	—	2.36	9.90	—	—	—	2.73	1.584°
26	Parsdorf, 1876 er		„	14.07	8.47	—	—	—	2.48	9.86	—	—	—	2.89	1.578°
27	Kirchdorf, Amperthal, 1876 er . . .		„	15.34	9.21	—	—	—	2.46	10.88	—	—	—	2.91	1.741°
28	Desgl., 1876 er		„	14.28	9.33	—	—	—	2.27	10.88	—	—	—	2.65	1.741°
29	Jarzt, 1876 er		„	15.12	7.89	—	—	—	2.06	9.30	—	—	—	2.43	1.488°
30	Erding, 1877 er		1877	16.03	9.62	—	—	—	2.22	11.48	—	—	—	2.65	1.837°
31	Desgl., 1878 er		1878	15.56	9.99	—	—	—	2.53	11.83	—	—	—	2.78	1.89°
32	Desgl., 1880 er		1880	16.89	8.52	—	—	—	—	10.25	—	—	—	—	1.64°
	Nieder-Bayern.														
33	Straubing, 1878 er		1878	15.82	8.91	—	—	—	2.14	10.59	—	—	—	2.54	1.69°
34	Desgl., 1878 er		„	14.23	9.04	—	—	—	2.38	10.53	—	—	—	2.77	1.68°
35	Malching, Rottthal, 1880 er		1880	15.97	9.87	—	—	—	—	11.75	—	—	—	—	1.88°
36	Pilsting, 1880 er		„	16.09	9.63	—	Stärke 54.21	—	—	11.48	—	Stärke 64.60	—	—	1.837°
37	Straubinger Gegend, 1876 er		1876	14.86	8.69	—	—	—	2.38	10.21	—	—	—	2.80	1.634°
38	Desgl., 1876 er		„	15.58	8.59	—	—	—	2.49	10.18	—	—	—	2.95	1.629°
39	Landshuter Gegend, 1876 er . . .		„	15.66	8.05	—	—	—	2.41	9.54	—	—	—	2.86	1.526°
40	Straubinger Gegend, 1877 er		1877	16.50	9.47	—	—	—	2.27	11.34	—	—	—	2.72	1.814°
41	Pilsting, 1878 er		1878	15.57	10.00	—	—	—	2.30	11.85	—	—	—	2.73	1.89°
42	Straubing, 1878 er		„	14.23	9.03	—	—	—	2.38	10.53	—	—	—	2.77	1.68°
43	Riedgerste, 1878 er		„	16.49	9.75	—	—	—	2.51	11.67	—	—	—	3.01	1.87°
	Ober-Pfalz.														
44	Regensburg, 1877 er		1877	15.33	9.93	—	—	—	2.41	11.73	—	—	—	2.85	1.877°
	Ober-Franken.														
45	Streitberg, 1876 er		1876	13.54	8.57	—	—	—	2.47	9.91	—	—	—	2.86	1.586°
46	Baireuth, Victoriagerste I, 1877 er . .		1877	13.57	10.62	—	—	—	2.52	12.29	—	—	—	2.91	1.97

No. 25—29, 37—39, 45, 49, 52—64, 74, 75, 97—99. K. Reischauer, mitgetheilt v. L. Aubry. — Wissenschaftl. Station für Brauerei in München. Ztschr. f. d. gesammte Brauwesen 1881.

No. 30—36, 40—44, 46—48, 50, 51, 65—73, 76—80. L. Aubry. — Ebendaselbst 1883 und 3., 4. u. 5. Jahresber. d. wissenschaftl. Station f. Brauerei in München 1877—81. Die Gersten enthielten in der Trockensubstanz:

	No. 25	26	27	28	29	30
P_2O_5	1.017	0.728	0.950	0.790	0.830	0.666

Die Gersten unter 46—48 kamen von dem Versuchsfelde der Kreisackerbauschule in Baireuth. Gerste No. 46 hatte stark gedüngte Runkeln zur Vorfrucht, zur Gerste selbst war gekälkt worden 8 Ctr. pro 0.34 ha. Gerste No. 47 hatte stark gedüngte Kartoffeln zur Vorfrucht, die Gerste selbst erhielt eine Düngung von $2\frac{1}{2}$ Ctr. aufgeschlossenen Peruguano pro 0.34 ha. No. 49 hatte ungedüngte Kartoffeln zur Vorfrucht, zur Gerste wurde mit 250 Ctr. Stallmist pro 0.34 ha gedüngt. No. 49—51 wuchsen auf einem Felde von Ebensfeld. No. 49 u. 50 wuchsen nach mit Stallmist gedüngten Runkeln. Gerste No. 50 war vor der Reife ungünstigen Witterungsverhältnissen ausgesetzt. No. 51 wuchs nach Klee auf einem Felde, das seit 1869 nicht gedüngt worden war, die Gerste selbst wurde mit Knochenmehl gedüngt.

No.	Bezeichnungen und Bemerkungen	No. d. Haupttabelle	Jahr der Untersuchung	In der ursprünglichen Substanz: Wasser %	Nh-Substanz %	Rohfett %	Nfr. Extractstoffe %	Rohfaser %	Asche %	In der Trockensubstanz: Nh-Substanz %	Rohfett %	Nfr. Extractstoffe %	Rohfaser %	Asche %	Stickstoff in der Trocken-Substanz %
47	Baireuth, Victoriagerste II, 1877 er		1877	13.34	10.49	—	—	—	2.61	12.10	—	—	—	3.01	1.94
48	Desgl., Probsteigerste, 1877 er		„	13.37	10.50	—	—	—	2.42	11.89	—	—	—	2.79	1.90
49	Ebensfeld, Kaisergerste I, 1876 er		„	13.22	9.08	—	—	—	2.37	10.47	—	—	—	2.73	1.68
50	Desgl., Kaisergerste II, 1877 er		„	13.87	9.38	—	—	—	2.21	10.89	—	—	—	2.57	1.75
51	Desgl., Chevaliergerste, 1877 er		„	13.45	10.04	—	—	—	2.54	11.60	—	—	—	2.93	1.86
	Unter-Franken.														
52	Schweinfurter Gegend, 1876 er		1876/77	15.73	7.64	—	—	—	2.33	9.07	—	—	—	2.77	1.451^0
53	Arnstein 1875 er		„	14.74	9.23	—	—	—	2.66	10.83	—	—	—	3.12	1.733^0
54	Desgl., 1876 er		„	14.34	9.11	—	—	—	2.42	10.64	—	—	—	2.83	1.702^0
55	Essleben, 1876 er		„	14.03	8.18	—	—	—	2.42	9.52	—	—	—	2.82	1.523^0
56	Hammelburg, 1876 er		„	14.85	8.40	—	—	—	2.47	9.86	—	—	—	2.79	1.578^0
57	Geroltzhofen, 1876 er		„	14.38	8.44	—	—	—	2.47	10.33	—	—	—	2.89	1.653^0
58	Karlstadt, 1876 er		„	14.87	8.42	—	—	—	2.46	9.88	—	—	—	2.88	1.581^0
59	Würzburg, 1876 er		„	14.49	9.15	—	—	—	2.37	10.70	—	—	—	2.76	1.712^0
60	Hassfurt, 1876 er		„	14.54	8.57	—	—	—	2.40	10.03	—	—	—	2.81	1.605^0
61	Schweinfurt, 1876 er		„	15.01	8.60	—	—	—	2.35	10.12	—	—	—	2.76	1.619^0
62	Ochsenfurt, 1876 er		„	14.69	8.03	—	—	—	2.45	9.41	—	—	—	2.87	1.506^0
63	Untergleichfeld, 1876 er		„	14.26	8.44	—	—	—	2.43	9.84	—	—	—	2.83	1.544^0
64	Kirchheim, 1876 er		„	13.88	8.35	—	—	—	2.51	9.69	—	—	—	2.92	1.550^0
65	Volkach a. M., 1877 er		1877	17.65	9.67	—	—	—	2.31	11.62	—	—	—	2.81	1.859^0
66	Marktsteft a. M., 1878 er		1878	16.14	9.73	—	—	—	2.00	11.60	—	—	—	2.38	1.85^0
67	Würzburg a. M., 1878 er		„	16.71	7.71	—	—	—	2.43	9.26	—	—	—	2.92	1.48^0
68	Hammelburg, Saalgerste, 1878 er		„	15.10	9.48	—	—	—	2.70	11.17	—	—	—	3.18	1.79^0
69	Desgl., 1878 er		„	14.70	9.62	—	—	—	2.24	11.28	—	—	—	2.63	1.80^0
70	Würzburger, 1878 er		„	16.57	9.46	—	—	—	2.44	11.34	—	—	—	2.92	1.81
71	Fränkische, 1878 er		„	17.43	8.04	—	—	—	2.68	9.74	—	—	—	3.24	1.56
72	Zirndorfer, 1 hl = 69.50 kg, 1879 er		1879	16.25	9.18	—	—	—	—	10.96	—	—	—	—	1.748^0
73	Schwaben-Nördlingen, 1877 er		„	14.04	7.28	—	—	—	2.36	8.47	—	—	—	2.75	1.355^0
74	Rheinpfalz, Speyer, 1876 er		1876/77	15.20	10.15	—	—	—	2.43	11.97	—	—	—	2.87	1.915
75	Desgl., 1876 er		„	14.37	9.77	—	—	—	2.59	11.41	—	—	—	3.02	1.826
76	Desgl., 1877 er		1877/78	12.46	9.39	—	—	—	2.46	10.73	—	—	—	2.81	1.717
77	Desgl., 1878 er		1878/79	15.91	9.80	—	—	—	2.56	11.65	—	—	—	3.05	1.860
78	Desgl., 1879 er		1879/80	15.33	10.00	—	—	—	2.51	11.81	—	—	—	2.97	1.890
79	Desgl., 1879 er		„	15.97	9.82	—	—	—	2.52	11.69	—	—	—	3.00	1.870
80	Desgl., 1879 er		„	14.20	9.08	—	—	—	2.42	10.58	—	—	—	2.82	1.693
	Mittel			14.05[1])	9.62	—	—	—	2.41	11.19	—	—	—	2.81	1.79
	Württemberg.														
81	Wintergerste v. Hohenheim, H. vulg.	9	1845	13.80	15.03	—	—	4.57	4.76	17.44	—	—	5.30	5.52	2.74^0
82	Jerusalemg. v. Hohenheim, H. dist.	8	„	16.79	12.02	—	—	—	2.36	14.44	—	—	—	2.84	2.31^0
83	Desgl., H. dist., 1850 er	30	1851	13.97	13.53	—	—	2.22	2.43	15.73	—	—	2.58	2.82	2.51
84	Desgl., H. dist., 1851 er	31	„	13.73	11.87	—	—	4.28	2.35	13.76	—	—	4.96	2.73	2.20
85	Gegend von Ochsenhausen	32	„	15.19	10.19	—	—	3.50	2.36	12.01	—	—	4.13	2.78	1.92
86	Gegend von Kirchberg	33	„	15.60	11.09	—	—	3.48	2.46	13.14	—	—	4.13	2.92	2.10
87	Gegend von Ellwangen	34	„	15.17	10.32	—	—	3.54	2.22	12.16	—	—	4.18	2.62	1.94
88	Desgl.	35	„	13.91	11.09	—	—	3.92	2.62	12.88	—	—	4.55	3.04	2.06
89	Hohenheim, 4 zeil. Winterg. H. vulg.	58	1857	—	—	—	—	—	—	—	—	—	—	3.08	1.65^0
90	Desgl., Jerusalemgerste, H. dist.	59	„	—	—	—	—	—	—	—	—	—	—	3.00	1.55^0
91	Desgl., Chevaliergerste, H. dist.	60	„	—	—	—	—	—	—	—	—	—	—	3.00	1.853^0
92	Desgl., 4 zeil. Wintergerste, H. vulg.	61	1859	—	—	—	—	—	—	10.06	—	—	—	3.50	1.61^0
93	Desgl., 4 zeil. Wintergerste, H. vulg.	62	1856	—	—	—	—	—	—	10.62	—	—	—	3.10	1.70^0

[1]) Nach dem Mittel der Haupttabelle angenommen; das wirkliche Mittel beträgt 14.50%.

No.	Bezeichnungen und Bemerkungen	No. d. Haupttabelle	Jahr der Untersuchung	In der ursprünglichen Substanz: Wasser %	Nh-Substanz %	Rohfett %	Nfr. Extractstoffe %	Rohfaser %	Asche %	In der Trockensubstanz: Nh-Substanz %	Rohfett %	Nfr. Extractstoffe %	Rohfaser %	Asche %	Stickstoff in der Trockensubstanz %
94	Hohenheim, Chevaliergerste, H. dist.	63	1859	—	—	—	—	—	—	10.50	—	—	—	2.98	1.68°
95	Desgl., Schlanstädtergerste, H. dist.	64	„	—	—	—	—	—	—	10.81	—	—	—	3.20	1.73°
96	Desgl.	158	1879	16.28	12.28	1.15	62.75	3.99	3.55	14.67	1.37	74.95	4.77	4.24	2.348°
97	Hall-Mergentheim, Jaxtkreis, 1876er .		1877	16.06	8.81	—	—	—	2.38	10.49	—	—	—	2.83	1.679°
98	Weickersheim a. d. Tauber, 1876er . .		„	14.65	8.76	—	—	—	2.44	10.26	—	—	—	2.86	1.642°
99	Böblingen, 1876er		„	14.58	8.83	—	—	—	2.47	10.34	—	—	—	2.89	1.654°
	Baden.														
100	Gegend von Karlsruhe, 1877er . . .		„	13.81	10.27	—	—	—	2.52	11.91	—	—	—	2.92	1.905°
101	Desgl., 1878er		1878	17.29	9.88	—	—	—	2.23	11.95	—	—	—	2.70	1.910°
102	Ladenburger, 1879er		1879	15.60	8.91	—	—	—	2.49	10.53	—	—	—	2.94	1.685°
103	Schwetzingen, 1879er		„	16.03	9.11	—	—	—	2.44	10.85	—	—	—	2.91	1.704°
104	Ludwigshafen, 1879er		„	15.62	8.35	—	—	—	2.46	9.90	—	—	—	2.91	1.580°
105	Desgl., 1879er		„	16.94	8.38	—	—	—	2.30	10.09	—	—	—	2.77	1.610°
106	Breisgau, Gegend v. Kaiserstuhl, 1880er		1880	16.61	9.11	—	—	—	—	10.92	—	—	—	—	1.747°
107	Rheinthal bei Basel, badisch, 1880er .		„	19.33	12.10	—	—	—	—	15.00	—	—	—	—	2.400°
	Mittel			14.05[1])	10.21	—	—	—	2.65	11.88	—	—	—	3.08	1.90
	Elsass-Lothringen.														
108	Bechelbronn, gemeine Gerste . .	10	1845	13.00	11.64	—	—	—	—	13.38	—	—	—	—	2.14°
109	Desgl., Wintergerste	11	„	13.00	13.40	2.80	63.70	2.60	4.50	15.41	3.22	73.22	2.98	5.17	2.466°
110	Elsässer, 1876er		1876/77	16.16	9.07	—	—	—	4.46	10.82	—	—	—	2.93	1.731°
111	Desgl., 1876er		„	15.57	8.11	—	—	—	2.52	9.61	—	—	—	2.99	1.538°
112	Desgl., 1876er		„	15.22	9.67	—	—	—	2.37	11.41	—	—	—	2.80	1.826°
113	Desgl., 1876er		„	13.24	9.24	—	—	—	2.16	10.65	—	—	—	2.49	1.704°
114	Harth in Oberelsass, 1877er		1877/78	14.10	10.05	—	—	—	2.16	11.17	—	—	—	2.52	1.787°
115	Elsässer, 1877er		„	13.46	9.54	—	—	—	2.43	11.02	—	—	—	2.78	1.763°
116	Desgl., 1877er		„	16.30	9.98	—	—	—	2.35	11.92	—	—	—	2.81	1.907°
117	Desgl., 1878er		1878/79	16.62	9.58	—	—	—	2.56	11.49	—	—	—	3.07	1.84°
118	Lützelstadt, Chevaliergerste, 1878er .		„	17.27	9.68	—	—	—	2.38	11.72	—	—	—	2.88	1.87°
119	Hochfrankheim, Chevaliergerste, 1878er		„	15.33	11.18	—	—	—	2.53	13.22	—	—	—	2.99	2.11°
120	Bodenfeld, Chevaliergerste, 1878er . .		„	13.33	9.53	—	—	—	2.54	11.00	—	—	—	2.93	1.76°
121	Desgl., Chevaliergerste, 1878er . . .		„	14.16	10.21	—	—	—	2.53	11.89	—	—	—	2.95	1.90°
122	Buchsweiler, Chevaliergerste, 1878er .		„	14.11	10.79	—	—	—	2.59	12.56	—	—	—	3.02	2.01°
123	Lutterbach, Chevaliergerste, 1878er .		„	14.11	8.73	—	—	—	2.30	10.16	—	—	—	2.68	1.62°
124	Harth, 1878er		„	14.20	9.07	—	—	—	2.17	10.57	—	—	—	2.53	1.69°
125	Rufach, Chevaliergerste, 1878er . .		„	15.17	9.53	—	—	—	2.54	11.24	—	—	—	2.99	1.79°
126	Elsässer, Chevaliergerste, 1878er . .		„	—	—	—	—	—	—	12.32	—	—	—	2.71	1.97°
127	Desgl., 1879er		1879/80	16.98	9.30	—	—	—	2.51	11.20	—	—	—	3.02	1.790°
128	Desgl., 1879er		„	17.07	8.97	—	—	—	2.40	10.82	—	—	—	2.90	1.730°

[1]) Nach der Haupttabelle angenommen; das wirkliche Mittel beträgt 15.55 %.

No. 110—162. K. Reischauer (d. Gersten 1876er Ernte) u. L. Aubry. — Ztschr. f. d. gesammte Brauwesen 1881 u. 1883, Sonderabdrücke u. 3., 4. u. 5. Jahresber. d. wissenschaftl. Station f. Brauerei in München.

Die Gersten unter No. 131—139 entstammen dem Elsässer Kulturverein. No. 131 wuchs auf festem, thonigem Kalk nach 2 mal vorhergegangenen Kartoffeln. No. 132 wuchs nach Kälkung und Düngung mit präcipitr. Kalkphosphat. No. 133 nach Kartoffeln, zur Gerste gekälkt. No. 134 wuchs auf leichtem, sandigem Kalkboden. No. 136 wuchs auf schwerem Thonboden, „prachtvoll gleichmässig grosse Gerste". No. 137 wuchs nach Kartoffeln. No. 139 wuchs auf schwerem Lehmboden. Die Gersten 153, 154, 156 u. 157 enthielten in Procenten des Gesammt-N:

	No. 153	154	155	156
Amidstickstoff . . .	4.46	3.69	4.92	4.68 %.

No.	Bezeichnungen und Bemerkungen	Jahr der Untersuchung	In der ursprünglichen Substanz						In der Trockensubstanz					Stickstoff in der Trockensubstanz
			Wasser %	Nh-Substanz %	Rohfett %	Nfr. Extractstoffe %	Rohfaser %	Asche %	Nh-Substanz %	Rohfett %	Nfr. Extractstoffe %	Rohfaser %	Asche %	%
129	Elsässer, 1879er	1879/80	16.61	9.31	—	—	—	2.29	11.16	—	—	—	2.75	1.784^{0}
130	Lothringer, 1879er	„	17.32	9.78	—	—	—	2.56	11.83	—	—	—	3.10	1.893^{0}
131	Königshofen, Chevaliergerste (Wintergerste, 1879er*)	„	12.33	11.73	—	—	—	—	13.38	—	—	—	—	1.820^{0}
132	Murhof, Chevalierg., (Winterg.), 1879er	„	12.37	10.80	—	—	—	—	12.33	—	—	—	—	1.973^{0}
133	Desgl., Chevalierg. (Sommerg.), 1879er	„	19.00	10.44	—	—	—	—	12.69	—	—	—	—	2.030^{0}
134	Desgl., Chevalierg. (Winterg.), 1879er	„	12.37	9.32	—	—	—	—	10.64	—	—	—	—	1.700^{0}
135	Desgl., Chevalierg. (Sommerg.), 1879er	„	12.25	7.99	—	—	—	—	9.10	—	—	—	—	1.456^{0}
136	Elsass, Chevalierg. (Sommerg.), 1879er	„	11.98	9.31	—	—	—	—	10.58	—	—	—	—	1.690^{0}
137	Rufach, Chevalierg. (Sommerg.), 1879er	„	13.19	7.00	—	—	—	—	8.06	—	—	—	—	1.289^{0}
138	Osthofen, Chevalierg. (Winterg.), 1879er	„	14.25	10.81	—	—	—	—	12.61	—	—	—	—	2.017^{0}
139	Scharrachbergheim, 1879er	„	14.14	10.36	—	—	—	—	12.07	—	—	—	—	1.931^{0}
140	Wasselnheim, 1880er	1880/81	16.35	9.24	—	—	—	—	11.05	—	—	—	—	1.768^{0}
141	Oberehnheim, 1880er	„	15.95	9.69	—	—	—	—	11.53	—	—	—	—	1.845^{0}
142	Elsässer, 1880er	„	15.38	8.34	—	—	—	—	9.85	—	—	—	—	1.576^{0}
						Stärke					Stärke			
143	Elsässer, Chevalierg., 1880er	„	15.67	8.64	—	56.80	—	—	10.25	—	67.35	—	—	1.639^{0}
144	Desgl., 1880er	„	15.40	8.64	—	56.94	—	—	10.21	—	67.31	—	—	1.634^{0}
145	Desgl., 1880er	„	15.59	8.12	—	56.87	—	—	9.74	—	67.37	—	—	1.558^{0}
146	Desgl., 1880er	„	14.95	7.99	—	57.64	—	—	9.40	—	67.77	—	—	1.512^{0}
147	Schlettstadt, 1880er	„	16.25	8.92	—	—	—	—	10.65	—	—	—	—	1.704^{0}
148	Colmar, 1880er	„	15.48	7.94	—	—	—	—	9.40	—	—	—	—	1.503^{0}
149	Markolsheim, 1880er	„	15.85	8.13	—	—	—	—	9.66	—	—	—	—	1.545^{0}
150	Colmar, 1880er	„	15.08	7.99	—	—	—	—	9.41	—	—	—	—	1.506^{0}
151	Gemar, 1880er	„	15.02	9.02	—	—	—	—	10.62	—	—	—	—	1.698^{0}
152	Colmar, 1880er	„	14.29	8.84	—	—	—	—	10.31	—	—	—	—	1.649^{0}
153	Elsässer, Chevaliergerste, 1880er	„	15.84	8.73	—	52.66	—	—	10.37	—	62.57	—	—	1.659^{0}
154	Desgl., 1880er	„	14.80	7.69	—	53.97	—	—	9.02	—	65.35	—	—	1.443^{0}
155	Desgl., 1880er	„	15.42	8.70	—	55.10	—	—	10.29	—	65.14	—	—	1.646^{0}
156	Desgl., 1880er	„	14.27	8.82	—	52.47	—	—	10.29	—	61.20	—	—	1.646^{0}
157	Desgl., 1880er	„	13.70	8.77	—	55.34	—	—	10.16	—	64.12	—	—	1.625^{0}
158	Desgl., 1880er	„	15.28	9.63	—	55.75	—	—	11.37	—	65.78	—	—	1.819^{0}
159	Desgl., 1880er	„	13.41	9.47	—	57.30	—	—	10.94	—	66.17	—	—	1.750^{0}
160	Desgl., 1880er	„	14.09	8.56	—	55.27	—	—	9.96	—	64.34	—	—	1.593^{0}
161	Desgl., 1879er	1879	16.54	9.96	—	—	—	2.43	11.93	—	—	—	2.91	1.908^{0}
162	Wasselnheim, 1879er	„	18.12	—	—	—	—	—	9.82	—	—	—	2.87	1.572^{0}
	Mittel		14.05[1])	9.40	—	—	—	2.54	10.94	—	—	—	2.95	1.75
	Hessen.													
163	Nassau (Grossherz. Hessen), 1876er	1876/77	14.77	9.92	—	—	—	2.42	11.64	—	—	—	2.84	1.862^{0}
164	Wetterau, 1876er	„	15.62	8.91	—	—	—	2.57	10.56	—	—	—	3.05	1.690^{0}
165	Alzey, Rheinhessen, 1876er	„	15.00	9.02	—	—	—	2.45	10.61	—	—	—	2.88	1.698^{0}
166	Hessen, 1877er	1877/78	16.74	9.74	—	—	—	2.26	11.85	—	—	—	2.70	1.896^{0}
167	Gernsheim, 1877er	„	16.37	8.98	—	—	—	2.20	10.74	—	—	—	2.63	1.718^{0}
168	Desgl., 1877er	„	16.39	9.32	—	—	—	2.05	11.15	—	—	—	2.84	1.784^{0}
169	Kloppenheim i. d. Wetterau, 1877er	„	14.29	9.34	—	—	—	2.28	10.90	—	—	—	2.66	1.744^{0}

*) In der Benennung der Gersten unter No. 131—138 als Chevaliergerste und der Bezeichnung einiger derselben als Wintergerste in der erst 1887 veröffentlichten Erläuterung zu den 1881 veröffentlichten Analysen (Ztschr. f. d. gesammte Brauwesen 1887. No. 1) besteht insofern ein Widerspruch als man unter Chevaliergerste nur Sommergerste versteht. (Vergl. A. Nowacki, Getreidebau 1886. 282).

[1]) Nach der Haupttabelle angenommen; das wirkliche Mittel beträgt 14.94 %.

No. 163—185. K. Reischauer u. L. Aubry. — Wie unter 110—162 der Elsässer Gersten.

No.	Bezeichnungen und Bemerkungen	No. d. Haupttabelle	Jahr der Untersuchung	In der ursprünglichen Substanz: Wasser %	Nh-Substanz %	Rohfett %	Nfr. Extractstoffe %	Rohfaser %	Asche %	In der Trockensubstanz: Nh-Substanz %	Rohfett %	Nfr. Extractstoffe %	Rohfaser %	Asche %	Stickstoff in der Trockensubstanz %
170	Meisenheim, 1877 er		1877/78	15.50	7.94	—	—	—	2.08	9.40	—	—	—	2.46	1.504^{0}
171	Pfungstadt, 1878 er		1878/79	15.12	9.57	—	—	—	2.54	11.27	—	—	—	2.99	1.80^{0}
172	Desgl., 1878 er		„	15.73	10.29	—	—	—	2.64	12.21	—	—	—	3.13	1.95^{0}
173	Desgl., 1878 er		„	15.38	9.71	—	—	—	2.52	11.48	—	—	—	2.98	1.84^{0}
174	Lorsch b. Happenheim, 1878 er		„	15.58	9.73	—	—	—	2.79	11.53	—	—	—	3.30	1.84^{0}
175	Rüsselheim a. M., 1878 er		„	16.82	7.10	—	—	—	2.31	8.54	—	—	—	2.78	1.36^{0}
176	Hessische Gerste, 1879 er		1879/80	16.70	9.50	—	—	—	2.37	11.40	—	—	—	2.85	1.820^{0}
177	Desgl., 1879 er		„	17.02	8.41	—	—	—	2.41	10.14	—	—	—	2.91	1.620^{0}
178	Desgl., 1879 er		„	16.54	9.25	—	—	—	2.45	11.08	—	—	—	2.94	1.770^{0}
179	Desgl., 1879 er		„	18.07	9.81	—	—	—	2.56	11.97	—	—	—	3.12	1.915^{0}
180	Desgl., 1879 er		„	17.12	9.66	—	—	—	2.44	11.65	—	—	—	2.94	1.864^{0}
181	Desgl., 1880 er		„	13.83	9.86	—	—	—	—	11.45	—	—	—	—	1.83^{0}
182	Desgl., 1880 er		„	14.14	7.59	—	—	—	—	8.84	—	—	—	—	1.41^{0}
183	Desgl., 1880 er		„	14.89	9.08	—	—	—	—	10.67	—	—	—	—	1.707
184	Desgl., 1880 er		„	15.19	9.30	—	—	—	—	10.97	—	—	—	—	1.755
185	Desgl.		„	17.50	8.65	—	—	—	2.24	10.49	—	—	—	2.72	1.679
	Mittel			14.05[1])	9.35	—	—	—	2.48	10.88	—	—	—	2.88	1.74
	Minimum . . der Gersten a. d.			8.70	7.00	1.15	60 88	3.99	2.00	8.06	1.37	70.49	4.77	2.03	1.289
	Maximum . . südl. u. westl.			19.33	15.03	2.80	65.59	9.63	4.76	17.44	3.22	75 79	11.15	5.52	2.74
	Mittel . . . Deuschland			14.05[2])	9.62	2.30	64 84	6.70	2.49	11.19	2.68	75.44	7.79	2.90	1.79

Gerstenkörner. Oesterreich-Ungarn.

No.	Bezeichnungen und Bemerkungen	No. d. Haupttabelle	Jahr der Untersuchung	Wasser %	Nh-Substanz %	Rohfett %	Nfr. Extractstoffe %	Rohfaser %	Asche %	Nh-Substanz %	Rohfett %	Nfr. Extractstoffe %	Rohfaser %	Asche %	Stickstoff in der Trockensubstanz %
	Böhmen.														
1	Saazer Gegend, 1876 er		1876/77	16.03	8.72	—	—	—	2.25	10.39	—	—	—	2.68	1.66
2	Weisse Gerste, 1876 er		„	14.83	6.82	—	—	—	2.60	8.01	—	—	—	3.05	1.28
3	Gerste von Krussa		„	15.95	7.98	—	—	—	2.55	9.49	—	—	—	3.03	1.52
4	Saazer Gegend, Rudig, 1876 er		„	15.72	6.97	—	—	—	2.48	8.27	—	—	—	2.94	1.32
5	Bubna, 1876 er		„	15.40	7.24	—	—	—	2.33	8.56	—	—	—	2.76	1.37
6	Lobositz, 1876 er		„	14.78	—	—	—	—	2.53	—	—	—	—	2.97	—
7	Desgl., 1877 er		1877/78	13.70	9.76	—	—	—	2.22	11.31	—	—	—	2.57	1.81
8	Desgl., 1878 er		„	15.13	6.45	—	—	—	2.02	7.60	—	—	—	2.85	1.21
9	Desgl., 1878 er		„	13.83	7.71	—	—	—	2.31	8.95	—	—	—	2.68	1.43
10	Desgl., 1879 er		„	15.97	9.29	—	—	—	2.30	11.06	—	—	—	2.74	1.77
11	Desgl., Pilsen, 1879 er		„	14.46	8.48	—	—	—	2.30	9.91	—	—	—	2.69	1.59
12	Töplitzhof, 1880 er		„	14.86	7.59	—	—	—	—	8.92	—	—	—	—	1.43
13	Maschau, 1880 er		„	14.21	7.64	—	—	—	—	8.90	—	—	—	—	1.42
14	Laun a. d. Eger, 1880 er,		„	13.85	7.20	—	—	—	—	8.36	—	—	—	—	1.34
15	Tabor, Probsteiergerste	186	1885	12.34	11.25	1.98	66.11	6.12	2.20	11.25	2.26	77.00	6.98	2.51	1.80
16	Desgl., Chevaliergerste	187	„	10.24	10.58	1.86	69.27	5.28	2.77	11.79	2.07	77.17	5.88	3.09	1.89
17	Kutliř b. N.-Kolin, Imperialgerste		1884/86	—	—	—	—	—	—	9.50	—	66.66	—	—	1.52
18	Widobl, Imperialgerste		„	—	—	—	—	—	—	11.68	—	67.00	—	—	1.87
19	Frauenberg, Imperialgerste		„	—	—	—	—	—	—	11.84	—	69.19	—	—	1.89
20	Desgl., Imperialgerste		„	—	—	—	—	—	—	12.04	—	69.19	—	—	1.93
21	Plavnitz, Pfauengerste		„	—	—	—	—	—	—	12.56	—	67.42	—	—	2.01
22	Ploscha, Probsteigerste		„	—	—	—	—	—	—	9.95	—	66.43	—	—	1.59
23	Lobositz, Elsass-Chevaliergerste		„	—	—	—	—	—	—	12.31	—	70.25	—	—	1.97
24	Desgl., Australgerste		„	—	—	—	—	—	—	10.56	—	67.55	—	—	1.69
25	Desgl., Jerusalemgerste		„	—	—	—	—	—	—	12.64	—	65.60	—	—	2.02
26	Desgl., Annatgerste		„	—	—	—	—	—	—	14.18	—	65.52	—	—	2.27

No. 185. ? mitgetheilt v. L. Aubry. — 4. Jahresber. d. wissenschaftl. Station f. Brauerei. München, 1879/80. 8.

[1]) Nach der Haupttabelle angenommen; das wirkliche Mittel beträgt 15.84 %. — [2]) Das wirkliche Mittel beträgt 14.94 %.

Gerstenkörner. Oesterreich-Ungarn.

No. 1—14. Reischauer u. L. Aubry. — Wie unter 110—162 der Elsässer Gerste.

No. 17—26. J. Hanamann. — Ztschr. f. d. gesammte Bräuwesen. 10. 1887. 203.

No.	Bezeichnungen und Bemerkungen	Jahr der Untersuchung	In der ursprünglichen Substanz: Wasser %	Nh-Substanz %	Rohfett %	Nfr. Extractstoffe %	Rohfaser %	Asche %	In der Trockensubstanz: Nh-Substanz %	Rohfett %	Nfr. Extractstoffe %	Rohfaser %	Asche %	Stickstoff in der Trockensubstanz %
						Stärke					Stärke *)			
27	Lobositz, Goldgerste	1884/86	—	—	—	—	—	—	10.50	—	68.10	—	—	1.68
28	Frauenberg, Primadonna-Gerste . . .	„	—	—	—	—	—	—	10.96	—	67.09	—	—	1.75
29	Desgl., Goldgerste	„	—	—	—	—	—	—	10.88	—	67.40	—	—	1.74
30	Desgl., Chevaliergerste	„	—	—	—	—	—	—	12.01	—	67.70	—	—	1.92
31	Desgl., Oregon	„	—	—	—	—	—	—	12.00	—	67.20	—	—	1.92
32	Desgl., Oregon	„	—	—	—	—	—	—	12.42	—	67.90	—	—	1.99
33	Desgl., Oregon	„	—	—	—	—	—	—	14.93	—	67.26	—	—	2.39
34	Desgl., Oregon	„	—	—	—	—	—	—	15.27	—	67.20	—	—	2.44
35	Desgl., Schottische Hochlandsgerste . .	„	—	—	—	—	—	—	11.96	—	67.80	—	—	1.91
36	Plavnitz, Mährische Gerste	„	—	—	—	—	—	—	11.37	—	68.92	—	—	1.82
37	Desgl., Chevaliergerste	„	—	—	—	—	—	—	13.43	—	64.86	—	—	2.15
38	Desgl., Böhmische Gerste	„	—	—	—	—	—	—	14.25	—	68.02	—	—	2.28
39	Zittolieb, Schwedische Hochlandsgerste .	„	—	—	—	—	—	—	10.10	—	70.13	—	—	1.62
40	Desgl., Schwedische Hochlandsgerste .	„	—	—	—	—	—	—	12.95	—	67.34	—	—	2.07
41	Desgl., Goldgerste	„	—	—	—	—	—	—	11.27	—	66.18	—	—	1.80
42	Desgl., Goldgerste (einheimische) . .	„	—	—	—	—	—	—	13.47	—	67.30	—	—	2.16
43	Desgl., Chevaliergerste	„	—	—	—	—	—	—	14.35	—	67.76	—	—	2.30
44	Desgl., Golden Melon	„	—	—	—	—	—	—	12.06	—	64.85	—	—	1.93
45	Desgl., Golden Melon	„	—	—	—	—	—	—	14.70	—	64.66	—	—	2.35
46	Desgl., Schottische Hochlandsgerste . .	„	—	—	—	—	—	—	12.06	—	68.02	—	—	1.93
47	Desgl., Schottische Hochlandsgerste . .	„	—	—	—	—	—	—	17.50	—	66.08	—	—	2.80
48	Zamosk, Goldgerste	„	—	—	—	—	—	—	11.51	—	64.17	—	—	1.84
49	Tauschetin, Chevaliergerste	„	—	—	—	—	—	—	8.55	—	73.96	—	—	1.37
50	Hranic, Chevaliergerste	„	—	—	—	—	—	—	9.12	—	68.10	—	—	1.46
51	Pohlig, Oregon	„	—	—	—	—	—	—	9.06	—	66.30	—	—	1.45
	Mittel		14.05[1])	9.72	—	—	—	2.41	11.31	—	—	—	2.81	1.81
	Mähren.													
52	Hanna, 1875 er	1876/77	14.77	7.19	—	—	—	2.37	8.44	—	—	—	2.78	1.350°
53	Desgl., 1876 er	„	14.67	7.19	—	—	—	2.33	8.43	—	—	—	2.73	1.349°
54	Bisenz, 1876 er	„	16.25	7.21	—	—	—	2.45	8.61	—	—	—	2.92	1.378°
55	Hradisch, 1876 er	„	15.41	8.74	—	—	—	2.33	10.23	—	—	—	2.75	1.637°
56	Hanna, 1877 er	1877/78	14.07	9.01	—	—	—	2.16	10.49	—	—	—	2.51	1.678°
57	Mährische, 1877 er	„	14.90	9.31	—	—	—	2.26	10.94	—	—	—	2.65	1.750°
58	Znaym, 1878 er	„	15.36	7.71	—	—	—	2.50	9.11	—	—	—	2.95	1.36°
59	Gelbe mährische Gerste, 1878 er . .	„	14.14	8.59	—	—	—	2.46	10.00	—	—	—	2.86	1.60°
60	Weisse mährische Gerste, 1878 er . .	„	13.01	7.99	—	—	—	2.45	9.19	—	—	—	2.82	1.47°
61	Hannagerste, 1878 er	„	13.98	8.94	—	—	—	2.24	10.39	—	—	—	2.60	1.65°
62	Aus der Gegend von Prosnitz, 1878 er	„	12.55	8.19	—	—	—	2.47	9.36	—	—	—	2.83	1.50°
63	Desgl., 1878 er	„	12.61	8.77	—	—	—	2.49	10.04	—	—	—	2.85	1.59°
64	Desgl., 1878 er	„	12.58	8.79	—	—	—	2.44	10.06	—	—	—	2.79	1.61°
65	Hanna Napagedl, 1880 er	„	13.85	7.98	—	—	—	—	9.26	—	—	—	—	1.482°
66	Hanna, 1880 er	„	13.77	8.20	—	59.16	—	—	9.51	—	68.65	—	—	1.522°
67	Gelbe Mährische, 1880 er	„	13.66	9.05	—	—	—	—	10.48	—	—	—	—	1.677°
68	Desgl., 1880 er	„	13.85	8.62	—	—	—	—	10.00	—	—	—	—	1.600°
69	Desgl., 1880 er	„	14.13	8.99	—	—	—	—	10.47	—	—	—	—	1.675°

*) Von No. 17 ab ist statt Nfr. Extractstoffe „Stärke“ zu lesen.
[1]) Nach der Haupttabelle angenommen; das wirkliche Mittel (von 16 Analysen) beträgt 14.46 %
No. 52—105. W. Reischauer, mitgetheilt von Louis Aubry u. L. Aubry. — Ztschr. f. d. gesammte Brauwesen 1881. Sonderabdruck und Separatabzug 1883 u. 3., 4. u. 5. Jahresber. der wissenschaftl. Station für Brauerei in München 1878—1881.

No.	Bezeichnungen und Bemerkungen	Jahr der Untersuchung	In der ursprünglichen Substanz: Wasser %	Nh-Substanz %	Rohfett %	Nfr. Extractstoffe %	Rohfaser %	Asche %	In der Trockensubstanz: Nh-Substanz %	Rohfett %	Nfr. Extractstoffe %	Rohfaser %	Asche %	Stickstoff in der Trockensubstanz %
70	Mährische aus Olmütz, von sehr schöner Farbe, 1878er	1877/78	—	—	—	—	—	—	10.55	—	Stärke —	—	2.80	1.69
71	Raitz, Bestehorngerste	1884/86	—	—	—	—	—	—	8.50	—	68.25	—	—	1.36
72	Steinitz-Bisenz, Bestehorngerste . . .	„	—	—	—	—	—	—	8.50	—	67.78	—	—	1.36
73	Desgl., Hof Dambořitz, Bestehorngerste	„	—	—	—	—	—	—	9.62	—	66.20	—	—	1.54
74	Gross Statěnic, Hannagerste	„	—	—	—	—	—	—	9.00	—	67.16	—	—	1.44
75	Kremsier, Hannagerste	„	—	—	—	—	—	—	9.06	—	—	—	—	1.45
76	Rataj b. Kremsier, Hannagerste . . .	„	—	—	—	—	—	—	9.12	—	66.54	—	—	1.46
77	Něčič, Hannagerste	„	—	—	—	—	—	—	9.20	—	67.68	—	—	1.47
78	Kremsier, Hannagerste	„	—	—	—	—	—	—	9.37	—	66.75	—	—	1.50
79	Rataj, Hannagerste	„	—	—	—	—	—	—	9.62	—	—	—	—	1.54
80	Merutek, Hannagerste	„	—	—	—	—	—	—	10.12	—	65.71	—	—	1.62
81	Popowitz, Hannagerste	„	—	—	—	—	—	—	10.31	—	68.02	—	—	1.65
82	Stěchowitz, Hannagerste	„	—	—	—	—	—	—	10.37	—	65.07	—	—	1.66
83	Mödritz b. Brünn, Pfauengerste . . .	„	—	—	—	—	—	—	8.06	—	69.25	—	—	1.29
84	Serowitz, Pfauengerste	„	—	—	—	—	—	—	9.56	—	65.80	—	—	1.53
85	Lutopec b. Kremsier, Probsteigerste .	„	—	—	—	—	—	—	9.75	—	65.27	—	—	1.56
86	Bezměrow b. Kremsier, Probsteigerste .	„	—	—	—	—	—	—	10.21	—	65.86	—	—	1.63
87	Birnbaum b. Austerlitz, Annatgerste .	„	—	—	—	—	—	—	9.25	—	66.65	—	—	1.48
88	Malenowitz, Annatgerste	„	—	—	—	—	—	—	9.31	—	66.43	—	—	1.49
89	Sazowitz, Annatgerste	„	—	—	—	—	—	—	10.37	—	66.93	—	—	1.66
90	Wischenau, Chevaliergerste	„	—	—	—	—	—	—	9.31	—	65.94	—	—	1.49
91	Postoupek b. Kremsier, Chevaliergerste	„	—	—	—	—	—	—	10.31	—	66.83	—	—	1.65
	Mittel		14.05[1])	8.24	—	—	—	2.38	9.59	—	—	—	2.77	1.535
	Oesterreich-Schlesien.													
92	Zossen, Chevaliergerste	1884/86	—	—	—	—	—	—	8.75	—	67.48	—	—	1.40
93	Gross-Herrlitz, Chevaliergerste . . .	„	—	—	—	—	—	—	8.00	—	65.65	—	—	1.28
94	Desgl., Chevaliergerste	„	—	—	—	—	—	—	10.93	—	69.04	—	—	1.75
95	Weissbach, Hallet's Pedigree	„	—	—	—	—	—	—	10.06	—	65.82	—	—	1.61
	Mittel		—	—	—	—	—	—	9.44	—	—	—	—	1.51
	Steiermark.													
96	Kanischau, 1876er	1876/77	14.77	8.22	—	—	—	2.69	9.65	—	—	—	3.16	1.544
97	Steiermark, 1876er	„	15.78	8.41	—	—	—	2.54	9.98	—	—	—	3.02	1.597
98	Desgl., 1876er	„	15.29	8.43	—	—	—	1.88	9.95	—	—	—	2.22	1.592
99	Graz, 1877er	1877/78	12.44	11.26	—	—	—	2.61	12.85	—	—	—	2.98	2.057
	Mittel		14.05[2])	9.12	—	—	—	2.45	10.61	—	—	—	2.85	1.70
	Oberösterr. Innkreis.													
100	1876er	1876/77	14.17	9.10	—	—	—	2.42	10.60	—	—	—	2.82	1.696
101	1876er	„	15.01	9.26	—	—	—	2.38	10.61	—	—	—	2.80	1.698
	Mittel		14.05[3])	9.12	—	—	—	2.42	10.61	—	—	—	2.81	1.70
	Niederösterreich.													
102	Tulln, 1877er	1877/78	14.82	10.42	—	—	—	2.02	12.23	—	—	—	2.37	1.957
103	Liesing b. Wien, 1878er	„	16.22	9.94	—	—	—	2.37	11.87	—	—	—	2.83	1.90
104	Hemmersdorf b. Wien, 1878er . . .	„	14.97	9.39	—	—	—	2.55	11.04	—	—	—	3.00	1.76
105	Kanzelhof, Pfauengerste	„	—	—	—	—	—	—	9.18	—	67.52	—	—	1.47
	Mittel		14.05[4])	9.51	—	—	—	2.35	11.06	—	—	—	2.73	1.77
	Mittel d. österreich. Gersten		14.05[5])	9.02	(1.87	67.13	5.53)	2.40	10.50	(2.17	78.11	6.43)	2.79	1.68

[1]) Nach der Haupttabelle angenommen; das wirkliche Mittel beträgt 14.09%.
[2]) Nach der Haupttabelle angenommen; das wirkliche Mittel beträgt 14.57%.
[3]) Nach der Haupttabelle angenommen; das wirkliche Mittel beträgt 14.59%.
[4]) Nach der Haupttabelle angenommen; das wirkliche Mittel beträgt 15.34%.
[5]) Nach der Haupttabelle angenommen; das wirkliche Mittel beträgt 14.38%.

No.	Bezeichnungen und Bemerkungen	No. d. Haupttabelle	Jahr der Untersuchung	In der ursprünglichen Substanz: Wasser %	Nh-Substanz %	Rohfett %	Nfr. Extractstoffe %	Rohfaser %	Asche %	In der Trockensubstanz: Nh-Substanz %	Rohfett %	Nfr. Extractstoffe %	Rohfaser %	Asche %	Stickstoff in der Trockensubstanz %
	Gerstenkörner aus Ungarn.														
1	Ungarisch-Altenburg	147	1867	13.34	12.93	2.47	65.45	4.04	1.77P	14.92	2.85	75.53	4.66	2.04	2.39
2	Desgl., etwas feuchte Witterung .	148	1870	12.95	13.50	2.55	64.98	3.95	2.07P	15.51	2.93	74.64	4.54	2.38	2.48
3	Oedenburg, 1876er		1876/77	14.72	7.19	—	—	—	2.34	8.43	—	—	—	2.74	1.349^{0}
4	Steinamanger, 1876er		„	14.19	7.78	—	—	—	2.35	9.07	—	—	—	2.74	1.451^{0}
5	Veszprim, 1876er		„	14.59	8.75	—	—	—	2.42	10.25	—	—	—	2.83	1.640^{0}
6	Raab, 1876er		„	15.66	8.64	—	—	—	2.39	10.24	—	—	—	2.83	1.638^{0}
7	Westungarn, 1876er		„	16.08	9.11	—	—	—	2.24	10.86	—	—	—	2.67	1.738^{0}
8	„Ungarn", 1877er		1877/78	14.88	9.23	—	—		2.42	10.84	—	—	—	2.84	1.734^{0}
9	Kaposvár, 1877er		„	15.35	7.98	—	—	—	2.52	9.43	—	—	—	2.98	1.509^{0}
10	Bóglar, 1877er		„	12.57	10.57	—	—	—	2.47	9.80	—	—	—	2.82	1.568^{0}
11	Gegend von Pèst, 1877er		„	12.29	10.71	—	—	—	2.39	12.21	—	—	—	2.73	1.953^{0}
12	Chevaliergerste, 1877er		„	12.60	10.30	—	—	—	2.33	11.78	—	—	—	2.67	1.885^{0}
13	Czorna, Oedenburg, 1877er		„	12.22	10.92	—	—	—	2.40	12.44	—	—	—	2.73	1.990^{0}
14	Bóglar, 1877er		„	14.68	9.65	—	—	—	2.30	11.31	—	—	—	2.69	1.809^{0}
15	1877er		„	19.15	9.14	—	—	—	2.37	11.31	—	—	—	2.93	1.809^{0}
16	1877er		„	17.94	9.67	—	—	—	2.17	11.79	—	—	—	2.65	1.886^{0}
17	Bóglar, 1877er		„	12.82	9.98	—	—	—	2.36	11.45	—	—	—	2.71	1.832^{0}
18	Neuhäusl, 1877er		„	13.39	8.91	—	—	—	2.18	10.29	—	—	—	2.52	1.646^{0}
19	Desgl., 1877er		„	13.39	8.70	—	—	—	2.49	10.04	—	—	—	2.88	1.606^{0}
20	Raab, 1877er		„	13.73	9.00	—	—	—	2.13	10.43	—	—	—	2.47	1.669^{0}
21	1877er		„	13.24	9.34	—	—	—	2.65	10.77	—	—	—	3.06	1.723^{0}
22	1877er		„	13.16	9.87	—	—	—	2.38	11.37	—	—	—	2.63	1.819^{0}
23	Neutra, 1878er		1878	15.24	11.00	—	—	—	2.53	13.09	—	—	—	2.98	2.09^{0}
24	Neuhäusl, 1878er		„	15.03	9.70	—	—	—	2.35	11.42	—	—	—	2.77	1.82^{0}
25	1878er		„	15.64	9.56	—	—	—	2.45	11.33	—	—	—	2.91	1.81^{0}
26	Waizen, 1878er		„	15.67	8.96	—	—	—	2.41	10.63	—	—	—	2.86	1.71^{0}
27	Tyrnau, 1878er		„	15.56	9.35	—	—	—	2.12	11.07	—	—	—	2.81	1.77^{0}
28	Neuhäusl, 1878er		„	15.23	9.20	—	—	—	2.45	10.85	—	—	—	2.89	1.74^{0}
29	Ungarische, 1879er		„	16.08	9.03	—	—	—	2.39	10.76	—	—	—	2.85	1.722^{0}
30	Desgl., 1879er		„	16.11	8.02	—	—	—	2.42	9.55	—	—	—	2.88	1.529^{0}
31	Desgl., 1879er		1878	13.59	8.46	—	—	—	2.51	9.79	—	—	—	2.91	1.566^{0}
32	Desgl., 1880er		„	15.37	8.08	—	—	—	—	9.54	—	—	—	—	1.526^{0}
33	Bóglar, Chevaliergerste, 1880er . . .		„	13.20	8.38	—	—	—	—	9.66	—	—	—	—	1.545^{0}
34	Ungarn, 1880er		„	12.95	8.01	—	—	—	—	9.20	—	—	—	—	1.472^{0}
35	Raab, 1884er		1884	12.45	8.40	—	Stärke 60.87	—	—	9.60	—	Stärke 69.53	—	—	1.544^{0}
36	Agram, 1884er		„	14.19	9.22	—	53.84	—	—	10.75	—	62.74	—	—	1.720^{0}

Gerstenkörner aus Ungarn.
No. 3—7. K. Reischauer, mitgetheilt von Louis Aubry. — (Wissenschaftl. Stat. f. Brauerei in München.) Ztschr. f. d. gesammte Brauwesen 1881. (Separatabzug.)
No. 8—22 u. 37 u. 38. L. Aubry. — Ebendaselbst 1883. (Separatabzug.)
No. 23—34 u. 39 u. 40. L. Aubry. — 3., 4. u. 5. Jahresber. d. wissenschaftl. Stat. f. Brauerei in München pro 1878/79 1879/80 u. 1880/81. (Die Gersten unter No. 25 u. 26 sind von anderer Seite untersucht, Analysen jedoch v. A. mitgetheilt.
No. 35 u. 36. Louis Marx. — Ztschr. f. d. gesammte Brauwesen. 8. 1885. 272. Die Gersten hatten feine Hülsen. Dieselben enthielten in der Trockensubstanz:

No.	3	4	5	6	7	8	9	10	11	12	13	14
P_2O_5	0.988	1.008	0.924	0.943	1.048	1.020	0.643	0.837	0.679	0.737	0.776	1.010

No.	15	16	22	23	24	25	26	27	28	29	30	31
P_2O_5	0.551	0.430	0.927	1.165	0.931	1.197	0.928	0.885	1.001	1.103	0.959	1.037

No.	32	33	34	35	36	37	39	40	41	42
P_2O_5	0.947	1.107	1.161	1.203	1.077	0.790	1.050	0.887	1.030	1.017

No.	Bezeichnungen und Bemerkungen	Jahr der Untersuchung	In der ursprünglichen Substanz: Wasser %	Nh-Substanz %	Rohfett %	Nfr. Extractstoffe %	Rohfaser %	Asche %	In der Trockensubstanz: Nh-Substanz %	Rohfett %	Nfr. Extractstoffe %	Rohfaser %	Asche %	Stickstoff in der Trockensubstanz %
	No. d. Haupttab.					Stärke					Stärke			
37	Slowakei, 1877er	1877	14.07	8.75	—	—	—	2.27	10.18	—	—	—	2.64	1.629°
38	Slowakei, Neutra, 1877er	„	12.57	11.45	—	—	—	2.21	13.10	—	—	—	2.53	2.096°
39	Slowakei, 1878er	1878	15.24	9.09	—	—	—	2.69	10.72	—	—	—	3.17	1.71°
40	Slowakei, 1878er	„	15.43	9.14	—	—	—	2.34	10.81	—	—	—	2.77	1.73°
41	Desgl., 1 hl = 63.70 kg, 1879er	1879	16.16	9.43	—	44.81	—	2.43	11.25	—	53.45	—	2.90[P]	1.800°
42	Pressburg, 1 hl = 63.23 kg, 1879er	„	15.01	9.37	—	45.51	—	2.10	11.03	—	53.55	—	2.47[P]	1.765°
43	Szököföld, Annatgerste	„	—	—	—	—	—	—	10.75	—	66.17	—	—	1.72
44	Czabaj b. Neutra, Chevaliergerste	„	—	—	—	—	—	—	11.87	—	63.90	—	—	1.87
45	Szonolany, Oregongerste	„	—	—	—	—	—	—	10.43	—	66.74	—	—	1.67
	Mittel d. ungarischen Gerste		14.05[1])	9.39	(2.48	67.77	3.95)	2.36	10.93	(2.89	78.83	4.60)	2.75	1.75
	Minimum der Gersten aus Oesterr.-Ungarn[2])		10.24	6.45	(1.86	64.98	3.95)	1.77[P]	7.56	(2.07	74.64	4.54)	2.04[P]	1.21
	Maximum der Gersten aus Oesterr.-Ungarn[2])		19.15	15.04	(2.25	69.27	6.12)	2.77	17.50	(2.93	77.17	6.98)	3.17	2.80
	Mittel der Gersten aus Oesterr.-Ungarn[2])		14.05[3])	9.29	(2.17	67.37	4.74)	2.38	10.81	(2.53	78.38	5.51)	2.77	1.73

Gerstenkörner aus den Donaufürstenthümern.

No.	Bezeichnungen und Bemerkungen	Jahr der Untersuchung	Wasser %	Nh-Substanz %	Rohfett %	Nfr. Extractstoffe %	Rohfaser %	Asche %	Nh-Substanz %	Rohfett %	Nfr. Extractstoffe %	Rohfaser %	Asche %	Stickstoff in der Trockensubstanz %
						Stärke					Stärke			
1	Feine Hülsen, 1884er	1885	10.96	9.09	—	54.89	—	—	12.01	—	61.65	—	—	1.922°
2	Desgl., 1884er	„	12.88	11.06	—	53.72	—	—	12.69	—	61.66	—	—	2.030°
3	Desgl., 1884er	„	12.88	10.79	—	53.74	—	—	12.44	—	61.75	—	—	1.990°
	Mittel		14.05[4])	10.64	—	53.04	—	—	12.38	—	61.69	—	—	1.981

Gerstenkörner aus Russland.

a. Nord-Russland.

No.	Bezeichnungen und Bemerkungen	Jahr der Untersuchung	Wasser %	Nh-Substanz %	Rohfett %	Nfr. Extractstoffe %	Rohfaser %	Asche %	Nh-Substanz %	Rohfett %	Nfr. Extractstoffe %	Rohfaser %	Asche %	Stickstoff in der Trockensubstanz %
1	Kurland, 1876er	1876	17.33	10.25	—	—	—	2.28	12.40	—	—	—	2.76	1.984°
2	Desgl., 1876er	„	14.65	10.34	—	—	—	2.46	12.12	—	—	—	2.88	1.939°
3	Desgl., 1876er	„	14.45	10.34	—	—	—	2.28	12.09	—	—	—	2.67	1.934°
4	Listrowo Nijni Nowgorod a. d. Wolga, 1880er	1880	15.33	11.08	—	Stärke 56.18	—	—	13.09	—	Stärke 66.35	—	—	2.094°
5	Gouvernement Minsk	„	13.40	9.92	—	57.78	—	—	11.45	—	66.72	—	—	1.832°
6	Tscheremissex, Wolga	„	13.35	10.21	—	57.73	—	—	11.78	—	66.63	—	—	1.885°
7	Desgl.	„	13.75	10.19	—	55.29	—	—	11.82	—	64.10	—	—	1.892°
8	Livland, Saatgerste 112	1862	11.48	10.46	—	—	—	2.15	11.82	—	—	—	2.43	1.89°
9	Desgl., Gebrauchsgerste 113	„	10.70	10.99	—	—	—	2.08	12.31	—		—	2.33	1.97°
	Mittel		14.05[5])	10.40	—	—	—	2.24	12.10	—	—	—	2.61	1.93

No. 41—45. L. Aubry. — 4. Jahresber. d. wissenschaftl. Stat. f. Brauerei in München 1879/80. 19. Nach ihren äusseren Merkmalen beurtheilt, gehören beide Gersten zu den geringen, leichten Sorten. Die Aschenmenge wurde bei No. 41 u. 42 von uns aus den angegebenen Einzelbestandtheilen berechnet.

¹) Nach der Haupttabelle angenommen; das wirkliche Mittel beträgt 14.70 %.

²) Analysen mit Angabe von Rohfett, stickstofffreien Extractstoffen und Rohfaser liegen nur 4 vor; die für Maximum, Minimum und Mittel dieser Bestandtheile angegebenen Zahlen haben daher nur beschränkten Werth.

³) Nach der Haupttabelle angenommen; das wirkliche Mittel des Wassergehalts (aus 85 Anaalysen) beträgt 14.54 %.

Gerstenkörner aus den Donaufürstenthümern.

No. 1—3. Louis Marx. — Ztschr. f. d. gesammte Brauwesen 1885. 272. (Revue de la Brasserie et Malterie. No. 601.)

⁴) Nach der Haupttabelle angenommen; das wirkliche Mittel beträgt 12.33 %.

Gerstenkörner aus Russland. Nord-Russland.

No. 1—3. K. Reischauer, mitgetheilt v. Louis Aubry. — Wissenschaftl. Stat. f. Brauerei in München. Ztschr. f. d. gesammte Brauwesen 1881.

No. 4—7. L. Aubry. — 5. Jahresber. d. wissenschaftl. Stat. f. Brauerei in München pro 1880/81. 9.

	No. 1	2	3	4	5	6	7
P_2O_5	0.948	1.002	0.885	0.923	1.069	1.254	1.096.

⁵) Nach der Haupttabelle angenommen; das wirkliche Mittel beträgt 13.83 %.

b. Süd-Russland.

No.	Bezeichnungen und Bemerkungen	No. d. Haupttabelle	Jahr der Untersuchung	In der ursprünglichen Substanz: Wasser %	Nh-Substanz %	Rohfett %	Nfr. Extractstoffe %	Rohfaser %	Asche %	In der Trockensubstanz: Nh-Substanz %	Rohfett %	Nfr. Extractstoffe %	Rohfaser %	Asche %	Stickstoff in der Trockensubstanz %
1	Südrussland		1876	14.24	11.33	—	—	—	2.24	13.21	—	—	—	2.61	2.114^{0}
2	Desgl.		„	15.57	13.57	—	—	—	2.14	16.07	—	—	—	2.77	2.571^{0}
3	Desgl.		„	15.11	13.74	—	—	—	2.40	16.18	—	—	—	2.83	2.589^{0}
							Stärke					Stärke			
4	Nicolaieff, Gouvernement Cherson, 1884 er		1884	12.35	12.29	—	54.96	—	—	14.02	—	62.70	—	—	2.243^{0}
5	Berdiamska, Gouvernement Cherson		„	11.71	13.87	—	51.34	—	—	15.71	—	58.15	—	—	2.514^{0}
6	Desgl.		„	12.09	14.41	—	53.14	—	—	16.39	—	60.45	—	—	2.622^{0}
7	Taganrog, Gouvernement Cherson		„	13.93	11.94	—	49.13	—	—	13.87	—	59.14	—	—	2.219^{0}
8	Polnische Gerste, 1885 er		1885	15.02	10.18	—	—	—	—	11.98	—	—	—	—	1.917^{0}
9	Grjasi-Zarizin-Gerste, 1885 er		„	13.16	13.87	—	—	—	—	15.97	—	—	—	—	2.555^{0}
10	Saratow-Gerste, 1884 er		„	13.97	10.79	—	—	—	—	12.54	—	—	—	—	2.007^{0}
11	Desgl., 1885 er		„	13.20	13.50	—	—	—	—	15.55	—	—	—	—	2.488^{0}
12	Kiew-Gerste, 1885 er		„	15.34	13.55	—	—	—	—	16.01	—	—	—	—	2.561^{0}
	Mittel			14.05[1])	12.71	—	—	—	2.36	14.79	—	—	—	2.74	2.37

Gerstenkörner aus England und Schottland.

No.	Bezeichnungen und Bemerkungen	No. d. Haupttabelle	Jahr der Untersuchung	Wasser %	Nh-Substanz %	Rohfett %	Nfr. Extractstoffe %	Rohfaser %	Asche %	Nh-Substanz %	Rohfett %	Nfr. Extractstoffe %	Rohfaser %	Asche %	Stickstoff in der Trockensubstanz %
1	. . . .	4	—	13.10	10.70	—	—	—	2.69	12.31	—	—	—	3.09	1.97^{0}
2	Mittel aus 4 Analysen	5	—	16.30	8.95	—	—	—	2.30	10.69	—	—	—	2.77	1.71^{0}
3	Aus Schottland	7	—	12.71	12.88	—	—	—	2.84	14.75	—	—	—	3.26	2.36
4	. . . .	12	1848	14.46	9.31	—	—	—	2.31	10.87	—	—	—	2.70	1.74^{0}
5	. . . .	13	—	18.16	9.06	—	—	—	2.32	11.13	—	—	—	2.84	1.78^{0}
6	. . . .	14	1852	17.62	11.37	2.34	—	—	2.19	13.81	2.84	—	—	2.66	2.21^{0}
7	. . . .	15	„	19.05	11.44	2.33	—	—	2.18	14.12	2.88	—	—	2.69	2.26^{0}
8	. . . .	16	„	17.47	9.69	1.41	—	—	2.05	11.75	1.71	—	—	2.48	1.88^{0}
9	Hordeum distichum, Chevalierg.	18	1852	20.37	8.98	—	—	—	—	11.28	—	—	—	—	1.805
10	Desgl.	19	1853	20.30	8.82	—	—	—	—	11.08	—	—	—	—	1.770
11	Desgl.	20	1854	18.00	8.31	—	—	—	—	10.14	—	—	—	—	1.62
12	Desgl.	21	1855	19.05	9.30	—	—	—	—	11.45	—	—	—	—	1.83
13	Desgl.	22	1856	18.00	9 44	—	—	—	—	11.50	—	—	—	—	1.84
14	Desgl.	23	1857	17.03	9.70	—	—	—	—	11.62	—	—	—	—	1.86
15	H. dist., Chevaliergerste Mittel von 6 Jahren: Stickstofffreie Düngung	24	1852-57	18.91	7.94	—	—	—	—	9.81	—	—	—	—	1.57^{0}
16	Ammoniaksalzdüng., 41 Pfd. N pro Acker	25	„	19.09	8.62	—	—	—	—	10.69	—	—	—	—	1.71^{0}
17	Desgl., 82 Pfd. N pro Acker	26	„	18.78	10.19	—	—	—	—	12.50	—	—	—	—	2.00^{0}
18	Rapskuchendüngung	27	„	18.51	9.62	—	—	—	—	11.75	—	—	—	—	1.88^{0}
19	Salpeterdüngung 41 Pfd. N pro Acker	28	„	18.37	8.69	—	—	—	—	10.62	—	—	—	—	1.70^{0}
20	Desgl., 82 Pfd. N pro Acker	29	„	18.29	10.19	—	—	—	—	12.50	—	—	—	—	2.00^{0}

Gerstenkörner aus Russland. Süd-Russland.

No. 1—3. K. Reischauer, mitgetheilt v. L. Aubry. — (Wissenschaftl. Stat. f. Brauerei in München.) Ztschr. f. d. gesammte Brauwesen 1881.

No. 4—7. Louis Marx. — Ebendas. 1885. 272. (Revue de la Brasserie et Malterie. No. 601.) Die Gersten hatten sämmtlich feine Hülsen.

No.	1	2	3	4	5	6	7
P_2O_5	0.850	0.928	0.917	0.889	0.688	0.827	0.913

No. 8—12. Th. Senff. — Aus dem Laboratorium der Trochgorny-Brauerei in Moskau. Ebendaselbst. 9. 1886. 237. N-Bestimmung nach Kjeldahl (Modific. Willfarth).

[1]) Nach der Haupttabelle angenommen; das wirkliche Mittel beträgt 13.81%.

No.	Bezeichnungen und Bemerkungen	No. d. Haupt-tabelle	Jahr der Untersuchung	In der ursprünglichen Substanz: Wasser %	Nh-Substanz %	Rohfett %	Nfr. Extractstoffe %	Rohfaser %	Asche %	In der Trockensubstanz: Nh-Substanz %	Rohfett %	Nfr. Extractstoffe %	Rohfaser %	Asche %	Stickstoff in der Trocken-Substanz %
21	Hord. dist., Chevaliergerste: Aus Schottland	36	1852	15.97	7.63	1.88	—	—	2.14	9.08	2.24	—	—	2.55	1.45
22	East-Lothian, Kiesboden	37	1856	14.52	7.09	—	—	8.28	3.68	8.30	—	—	9.69	4.30	1.327
23	Desgl., Lehmboden	38	„	14.82	6.91	—	—	8.57	3.13	8.11	—	—	10.06	3.67	1.298
24	Rother Lehm	39	„	14.85	10.30	—	—	8.00	1.10	12.09	—	—	9.39	1.29	1.935
25	East Lothian, Kiesboden	40	„	12.76	8.22	—	—	5.94	2.51	9.43	—	—	6.81	2.88	1.508
26	Desgl., leichter Sandboden	41	„	14.08	8.10	—	—	10.28	2.39	9.43	—	—	11.97	2.78	1.508
27	Desgl., Thonboden	42	„	15.29	7.96	—	—	5.65	4.70	9.43	—	—	6.67	5.57	1.508
28	Desgl., Thonb., gut eingebracht	43	„	14.43	9.37	—	—	5.23	2.42	10.94	—	—	6.11	2.83	1.751
29	Desgl., Sandboden, beregnet	44	„	14.30	8.69	—	—	9.67	2.82	10.14	—	—	11.28	3.29	1.62
30	Perthshire	45	„	17.08	7.17	—	—	3.90	2.53	8.65	—	—	4.70	3.05	1.38
31	Hordeum vulgare: Perthshire	46	„	14.11	11.18	—	—	6.64	3.07	13.01	—	—	7.73	3.57	2.08
32	East Lothian	47	„	14.60	8.97	—	—	11.10	1.19	10.50	—	—	13.00	2.22	1.68
33	Desgl., Moorboden	48	„	13.82	11.09	—	—	6.15	3.10	12.86	—	—	7.14	3.60	2.06
34	Desgl., sandiger Boden	49	„	12.47	9.39	—	—	5.25	2.56	10.72	—	—	6.00	2.92	1.72
35	Campsie, trockner Boden	50	„	14.87	7.78	—	—	13.49	3.44	9.14	—	—	15.85	4.04	1.46
36	Perthshire	51	„	13.58	7.02	—	—	7.84	3.50	8.12	—	—	9.07	4.05	1.30
37	Grangemouth, schwerer Boden	52	„	13.48	7.37	—	—	3.67	2.88	8.52	—	—	4.24	3.33	1.36
38	Kilwinnig, am Meeresspiegel, Lehm	53	„	14.22	10.25	—	—	10.08	2.60	11.95	—	—	11.75	3.03	1.91
39	Hord. vulgare Kentyre bere: Campbeltown, 30 Fuss über Meeresspiegel, Sand	54	„	14.55	11.86	—	—	8.09	2.18	13.88	—	—	9.47	2.55	2.22
40	Desgl., 40 Fuss über Meeresspiegel, Sand	55	„	13.87	11.38	—	—	11.10	2.72	13.21	—	—	12.89	3.16	2.11
41	. . . .	56	„	14.34	7.08	—	—	6.84	0.59	8.26	—	—	7.98	6.89	1.32
42	Schottische Gerste, ½ Jahr nach der Ernte	65	1855	12.00	13.20	2.60	57.90	11.50	2.80	15.10	3.00	65.80	13.00	3.10	1.42
43	Schottische schwarze Wintergerste	99	1858	14.20	9.34	—	—	—	1.97	10.88	—	—	—	2.30	1.74°
44	Mittel von verschieden gedüngter Gerste		1879	14.90	9.70	—	—	—	2.82	11.40	—	—	—	3.31	1.80
45	Desgl.		„	14.70	10.00	—	—	—	3.09	11.72	—	—	—	3.62	1.88
46	Northamptonshire, 1879er		„	16.50	9.19	—	—	—	—	11.01	—	—	—	—	1.762°
47	Herts und Essex, 1879er		„	16.75	9.08	—	—	—	—	10.91	—	—	—	—	1.745°
48	Avenue of Cambridge, 1879er		„	16.08	9.81	—	—	—	—	11.69	—	—	—	—	1.870°
49	Portskewit, 1879er		„	16.52	8.47	—	—	—	—	10.15	—	—	—	—	1.624°
50	Norfolk, 1880er		1880	19.49	7.61	—	—	—	—	9.45	—	—	—	—	1.512°
51	Isle of Man. 1880er		„	20.70	8.25	—	—	—	—	10.40	—	—	—	—	1.664°
	Mittel			14.05[1])	9.80	2.17	64.45	6.84	2.69	11.04	2.53	75.34	7.96	3.13	1.77

Gerstenkörner aus Frankreich.

No.	Bezeichnungen und Bemerkungen	No. d. Haupt-tabelle	Jahr	Wasser	Nh-Substanz	Rohfett	Nfr. Extractstoffe	Rohfaser	Asche	Nh-Substanz	Rohfett	Nfr. Extractstoffe	Rohfaser	Asche	Stickstoff
1	. . . .	66	1855	15.23	10.66	2.38	60.33	8.78	2.62	12.58	2.81	71.16	10.36	3.09	2.01
2	. . . .	150	1875	11.40	8.31	2.65	66.93	5.98	4.73	9.38	3.00	75.53	6.75	5.34	1.50
3	Champagne (sortirt prima), 1876er		1876	16.44	14.92	—	—	—	2.26	17.85	—	—	—	2.71	2.856°
4	Desgl.		„	16.40	9.01	—	—	—	2.16	10.78	—	—	—	2.58	1.725°
5	Desgl.		„	16.22	9.03	—	—	—	2.31	10.78	—	—	—	2.76	1.725°

No. 46—51. Louis Aubry. — 4. Jahresber. d. wissenschaftl. Stat. f. Brauerei in München pro 1879/80. Als Manuscript gedruckt. (Mit Erlaubniss des Autors entnommen.) Seite 5 u. 5. Bericht S. 11.

[1]) Nach der Haupttabelle angenommen; das wirkliche Mittel beträgt 16.01 %.

Gerstenkörner aus Frankreich.

No. 3—12. K. Reischauer u. L. Aubry. — (Mitthl. d. wissenschaftl. Station f. Brauerei in München.) Ztschr. f. d. gesammte Brauwesen 1881 u. 1883. An P_2O_5 enthielten die Gersten:

No. 3	4	5	6	7	8	9	10	11	12
0.777	0.725	0.856	0.979	0.823	0.777	0.923	0.869	0.842	1.042

No.	Bezeichnungen und Bemerkungen	Jahr der Untersuchung	In der ursprünglichen Substanz: Wasser %	Nh-Substanz %	Rohfett %	Nfr. Extractstoffe %	Rohfaser %	Asche %	In der Trockensubstanz: Nh-Substanz %	Rohfett %	Nfr. Extractstoffe %	Rohfaser %	Asche %	Stickstoff in der Trockensubstanz %
6	Champagne	1876	15.94	9.78	—	—	—	2.47	11.63	—	—	—	2.93	1.861°
7	Desgl.	„	15.68	—	—	—	—	2.49	—	—	—	—	2.95	—
8	Desgl.	„	16.06	9.29	—	—	—	2.07	11.07	—	—	—	2.47	1.771°
9	Desgl.	„	15.55	9.09	—	—	—	2.26	10.76	—	—	—	2.68	1.722°
10	Chevaliergerste	„	15.57	8.17	—	—	—	2.34	9.68	—	—	—	2.77	1.549°
11	Dijon, Burgund	„	13.68	9.73	—	—	—	2.51	11.27	—	—	—	2.91	1.803°
12	Haute-Saône	„	13.50	9.64	—	—	—	2.89	11.14	—	—	—	3.34	1.878°
13	Champagne, Vitry, 1877 er	1877	14.85	9.85	—	—	—	2.33	11.57	—	—	—	2.74	1.851°
14	Desgl., Vitry	„	15.04	9.03	—	—	—	2.28	10.63	—	—	—	2.68	1.749°
15	Desgl.	„	15.59	10.53	—	—	—	2.63	12.47	—	—	—	3.12	1.995°
16	Auvergne	„	13.55	8.44	—	—	—	2.31	9.76	—	—	—	2.67	1.562°
17	Champagne, Vitry, 1878 er	1878/79	16.07	9.34	—	—	—	2.47	11.13	—	—	—	2.94	1.78°
18	Desgl., 1878 er	„	16.61	9.21	—	—	—	2.53	11.04	—	—	—	3.03	1.76°
19	Desgl., Troyes, 1878 er	„	16.35	9.48	—	—	—	2.16	11.31	—	—	—	2.58	1.81°
20	Auvergne, Landgerste, 1878 er	„	13.76	9.20	—	—	—	2.44	10.67	—	—	—	2.84	1.71°
21	Champagne, 1878 er	„	—	—	—	—	—	—	11.07	—	—	—	2.90	1.77°
22	Auvergne-Gerste, 1878 er	„	—	—	—	—	—	—	10.28	—	—	—	2.42	1.64°
23	Champagne, Vitry, 1879 er	1879/80	16.67	8.92	—	—	—	2.50	10.70	—	—	—	3.00	1.710°
24	Desgl., 1879 er	„	17.06	9.12	—	—	—	2.46	11.00	—	—	—	2.96	1.760°
25	Midi-Gerste, 1879 er	„	12.89	8.52	—	—	—	2.46	9.78	—	—	—	2.82	1.564°
26	Auvergne, 1879 er	„	14.87	7.64	—	—	—	2.15	8.98	—	—	—	2.53	1.438°
27	Desgl., 1879 er	„	12.00	9.00	—	—	—	2.49	10.23	—	—	—	2.83	1.629°
28	Desgl., 1879 er	„	15.10	8.35	—	—	—	2.54	9.83	—	—	—	2.99	1.573°
29	Desgl., 1879 er	„	14.90	7.23	—	—	—	2.54	8.50	—	—	—	2.98	1.360°
30	Desgl., 1880 er	1880/81	15.47	8.27	—	Stärke 54.36	—	—	9.78	—	Stärke 64.31	—	—	1.565°
31	Desgl.	„	16.13	7.47	—	53.90	—	—	8.91	—	64.27	—	—	1.425°
32	Champagne, Vitry	„	16.38	8.97	—	54.27	—	—	10.73	—	64.90	—	—	1.717°
33	Sarthe	„	16.69	8.45	—	48.86	—	—	10.14	—	65.85	—	—	1.622°
34	Champagne	„	16.29	9.58	—	—	—	—	11.45	—	—	—	—	1.832
35	Desgl.	„	16.99	8.50	—	—	—	—	10.24	—	—	—	—	1.638°
36	Desgl.	„	17.00	8.33	—	—	—	—	10.04	—	—	—	—	1.606°
37	Aube Champagne	„	15.60	8.85	—	—	—	—	10.48	—	—	—	—	1.677°
38	Dijon Burgund	„	15.03	9.03	—	—	—	—	10.63	—	—	—	—	1.701°
39	Arcis sur Aube	„	15.61	8.03	—	—	—	—	9.75	—	—	—	—	1.560°
40	Chalons sur Marne	„	15.53	9.01	—	—	—	—	10.67	—	—	—	—	1.707°
41	Bézier	„	13.63	8.49	—	—	—	—	9.83	—	—	—	—	1.573°
42	Arcis sur Aube	„	16.05	8.23	—	—	—	—	9.80	—	—	—	—	1.568°
43	Champagne, Vitry	„	16.73	7.57	—	—	—	—	9.09	—	—	—	—	1.454
44	Champagne, feine Hülsen, 1884 er	1884	11.93	9.10	—	Stärke 55.91	—	—	10.33	—	Stärke 63.48	—	—	1.652°
45	Desgl., feine Hülsen, 1884 er	„	14.00	8.72	—	56.20	—	—	10.14	—	65.35	—	—	1.622°

No. 13—43. Louis Aubry. — Dritter, vierter u. fünfter Jahresber. d. wissenschaftl. Station f. Brauerei in München 1878/79, 1879/80 u. 1880/81. (No. 14 u. 15 sind von anderer Seite dem Autor mitgetheilt und ebendaselbst, 4. Bericht, veröffentlicht.) An P_2O_5 in der Trockensubstanz enthielten die Gersten:

No.	13	14	15	16	17	18	19	20	21	22	23	24	25	26	27	28
	1.011	0.892	1.199	0.637	1.076	1.327	1.076	0.951	1.083	0.715	1.092	1.050	0.892	0.852	1.000	1.045

No.	29	30	31	32	33	34	35	36	37	38	39	40	41	42	43
	1.029	1.016	0.938	1.040	0.014	0.804	0.876	0.818	1.049	1.032	0.965	0.913	0.990	1.014	1.101

No. 44—54 u. 62. Louis Marx. — Ztschr. f. d. gesammte Brauwesen. 8. 1885. 272. (Revue de la Brassierie et Malterie. No. 601.) Die Gersten unter No. 44—51 werden als Gersten mit feinen Hülsen bezeichnet, die unter 52—54 als solche mit groben Hülsen. In der Trockensubstanz dieser Gersten war enthalten:

No.	44	45	46	47	48	49	50	51	52	53	54
P_2O_5	1.075	0.806	0.775	1.024	1.108	1.006	0.837	0.836	0.628	0.795	0.660

No.	Bezeichnungen und Bemerkungen	Jahr der Untersuchung	In der ursprünglichen Substanz: Wasser %	Nh-Substanz %	Rohfett %	Nfr. Extractstoffe %	Rohfaser %	Asche %	In der Trockensubstanz: Nh-Substanz %	Rohfett %	Nfr. Extractstoffe %	Rohfaser %	Asche %	Stickstoff in der Trockensubstanz %
46	Auvergne, feine Hülsen, 1884 er	1884	13.97	7.95	—	Stärke 55.15	—	—	9.24	—	Stärke 64.05	—	—	1.478°
47	Desgl., feine Hülsen, 1884 er	„	14.07	7.23	—	56.22	—	—	8.41	—	65.42	—	—	1.345°
48	Desgl., feine Hülsen, 1884 er	„	14.57	8.06	—	55.73	—	—	9.43	—	65.24	—	—	1.508°
49	Arles Paumelles, Montpellier, feine Hülsen, 1884 er	„	11.25	9.59	—	57.04	—	—	10.81	—	64.27	—	—	1.723°
50	Desgl., Sommières, feine Hülsen, 1884 er	„	12.66	7.80	—	56.42	—	—	8.93	—	64.60	—	—	1.428°
51	Desgl., Pézenas, feine Hülsen, 1884 er	„	12.89	7.69	—	56.67	—	—	8.83	—	65.05	—	—	1.412°
52	Desgl., Lunel, grobe Hülsen, 1884 er .	„	12.42	9.36	—	54.68	—	—	10.69	—	62.44	—	—	1.710°
53	Desgl., Arles, grobe Hülsen, 1884 er .	„	11.69	8.80	—	54.61	—	—	9.97	—	61.84	—	—	1.545°
54	Desgl., Arles, grobe Hülsen, 1884 er .	„	13.51	10.34	—	52.96	—	—	11.95	—	61.23	—	—	1.911°
55	Vitry, „Champagnergerste"	1879	17.29	8.55	—	—	—	2.45	10.37	—	—	—	2.96	1.659°
56	Champagne, Vitry, 1878 er	1878	—	—	—	—	—	—	11.40	—	—	—	—	1.82°
57	Auvergne, weisse Chevaliergerste, 1879 er	1879	13.04	8.57	—	—	—	—	9.86	—	—	—	—	1.580
58	Desgl., 1879 er	„	15.58	8.24	—	—	—	2.50	9.76	—	—	—	2.96	1.561°
59	Desgl., 1879 er	„	15.08	8.35	—	—	—	2.54	9.83	—	—	—	2.99	1.573
60	Desgl., 1879 er	„	14.88	7.24	—	—	—	2.54	8.50		—	—	2.98	1.360°
61	Vitry, Champagnergerste, 1879 er . .	„	17.29	8.58	—	—	—	2.45	10.37	—	—	—	2.96	1.659°
62	Corsika, grobe Hülsen, 1884 er . . .	1885	12.28	6.75	—	Stärke 57.20	—	—	7.70	—	Stärke 65.21	—	—	1.232
	Mittel		14.05[1])	9.08	1.64	65.43	7.31	2.49	10.57	1.91	76.11	8.51	2.90	1.70

Gerstenkörner aus Schweden und Norwegen.

No.	Bezeichnungen und Bemerkungen	Jahr der Untersuchung	Wasser %	Nh-Substanz %	Rohfett %	Nfr. Extractstoffe %	Rohfaser %	Asche %	Nh-Substanz %	Rohfett %	Nfr. Extractstoffe %	Rohfaser %	Asche %	Stickstoff in der Trockensubstanz %
1	Aus Norwegen	—	—	9.89	1.94	—	—	—	—	—	—	—	—	—
2	Aus Schweden, Gothland, 1876 er . .	1876	13.55	11.21	—	—	—	2.68	12.97	—	—	—	3.10	2.075°
3	Desgl., Oedgothlong, Wadstena, 1876 er	„	15.89	8.34	—	—	—	2.03	9.92	—	—	—	2.52	1.587
4	Desgl., Schonen, Iststadt, 1876 er . .	„	16.19	9.53	—	—	—	2.23	11.37	—	—	—	2.66	1.819
5	Desgl., Oeland 1876 er	„	15.92	13.65	—	—	—	2.09	16.23	—	—	—	2.48	2.597
6	Desgl., Upland, 1876 er	„	16.13	14.76	—	—	—	2.08	11.26	—	—	—	2.48	1.802
7	Desgl., Schonen, Landskrona, 1876 er .	„	16.03	9.91	—	—	—	1.78	11.80	—	—	—	2.12	1.888
8	Desgl., Gottland, 1876 er	„	15.82	10.95	—	—	—	1.84	13.01	—	—	—	2.25	2.082
9	Desgl., Wisby auf Gottland, 1877 er .	1877	18.31	8.19	—	—	—	2.15	10.03	—	—	—	2.63	1.605
10	Desgl., Oeland, 1878 er	1878	16.39	8.19	—	—	—	2.37	9.80	—	—	—	2.83	1.57
11	Desgl., Oeland, 1878 er	„	15.63	8.99	—	—	—	2.08	10.66	—	—	—	2.47	1.70
12	Desgl., Gottland, Ostküste, 1878 er . .	„	16.29	8.25	—	—	—	2.13	9.85	—	—	—	2.54	1.57
13	Desgl., Gottland, Westküste, 1878 er .	„	15.93	8.27	—	—	—	2.04	9.84	—	—	—	2.43	1.53
14	Desgl., Gottland, Westküste, 1878 er .	„	16.15	7.86	—	—	—	2.18	9.37	—	—	—	2.60	1.16
15	Desgl., Prov. Schonen, 1878 er . . .	„	16.21	9.12	—	—	—	2.24	10.88	—	—	—	2.67	1.73

No. 55. L. Aubry. — 4. Jahresber. d. wissenschaftl. Station f. Brauerei in München pro 1879/80. 28. In der Trockensubstanz der Gerste 1.085 % Phosphorsäure.
No. 56. L. Aubry. — Ebendas. 3. Jahresber. 34. P_2O_5 in der Trockensubstanz 1.021 %.
No. 57. L. Aubry. — Ztschr. f. d. gesammte Brauwesen 1887. 2. Vom Autor früher als Elsässer Gerste aufgeführt.
No. 58—60. ? mitgetheilt von L. Aubry. — 4. Jahresber. d. wissenschaftl. Stat. f. Brauerei in München 1879/80. 8.
No. 61. L. Aubry. — Ebendas. 26.
[1]) Nach der Haupttabelle angenommen; das wirkliche Mittel beträgt 14.97 %.

Gerstenkörner aus Schweden und Norwegen.
No. 1. F. Werenskiold. — Landbrugskemiker Werenskiold Beretning. 76.
No. 2—8. K. Reischauer, mitgetheilt von L. Aubry. — (Wissenschaftl. Stat. f. Brauerei in München.) Ztschr. f. d. gesammte Brauwesen, Separatabdruck, 1881. In Procenten der Trockensubstanz enthielten diese Gersten:

No.	2	3	4	5	6	7	8
P_2O_5	0.996	0.796	1.048	0.884	0.742	0.693	0.730

No. 9. L. Aubry. — Ebendas., Separatabdr., 1883. In Procenten der Trockensubstanz enthielt diese Gerste P_2O_5: 0.767.
No. 10—15. L. Aubry. — 3. Jahresber. d. wissenschaftl. Stat. f. Brauerei in München pro 1878/69. 27. In Procenten der Trockensubstanz enthielten die Gersten:

No.	10	11	12	13	14	15
P_2O_5	1.086	0.891	0.862	0.718	0.977	1.037

No.	Bezeichnungen und Bemerkungen	Jahr der Untersuchung	In der ursprünglichen Substanz: Wasser %	Nh-Substanz %	Rohfett %	Nfr. Extractstoffe %	Rohfaser %	Asche %	In der Trockensubstanz: Nh-Substanz %	Rohfett %	Nfr. Extractstoffe %	Rohfaser %	Asche %	Stickstoff in der Trocken-Substanz %
	No. d. Haupttabelle													
16	Desgl., Schonen, 1880er	1880	14.56	10.29	—	—	—	—	12.04	—	—	—	—	1.926
17	Desgl., Upland, 1880er	„	12.68	9.89	—	Stärke 56.56	—	—	11.33	—	Stärke 64.77	—	—	1.813^{0}
18	Desgl., Upland, 1880er	„	13.02	10.92	—	56.52	—	—	12.56	—	64.98	—	—	2.010^{0}
19	Desgl., Westergöthland, 1880er	„	13.07	10.97	—	56.54	—	—	12.62	—	65.04	—	—	2.02^{0}
20	Desgl., Ostergöthland, 1880er	„	11.76	9.01	—	58.00	—	—	10.21	—	65.73	—	—	1.633^{0}
21	Desgl., Gottland, 1880er	„	12.00	11.00	—	57.55	—	—	12.50	—	65.40	—	—	2.000^{0}
22	Desgl., Sehonen, 1880er	„	11.98	10.95	—	57.55	—	—	12.44	—	65.38	—	—	1.991^{0}
23	Desgl., Oeland, 1880er	„	12.16	10.54	—	58.00	—	—	12.00	—	66.03	—	—	1.919^{0}
	Mittel		14.05[1])	9.35	—	—	—	2.20	10.88	—	—	—	2.56	1.74

Gerstenkörner aus Dänemark.

No.	Bezeichnungen und Bemerkungen	Jahr der Untersuchung	Wasser %	Nh-Substanz %	Rohfett %	Nfr. Extractstoffe %	Rohfaser %	Asche %	Nh-Substanz %	Rohfett %	Nfr. Extractstoffe %	Rohfaser %	Asche %	Stickstoff in der Trocken-Substanz %
1	Sechszeilige Gerste, 1876er	1876/77	16.30	9.00	—	—	—	2.22	10.75	—	—	—	2.65	1.720^{0}
2	Zweizeilige Gerste, 1876er	„	15.17	8.49	—	—	—	2.37	10.01	—	—	—	2.79	1.602^{0}
3	Desgl., 1878er	1878/79	15.52	8.99	—	—	—	2.21	10.64	—	—	—	2.62	1.70^{0}
	Mittel		14.05[2])	8.98	—	—	—	2.36	10.45	—	—	—	2.75	1.67

Gerstenkörner aus der Türkei.

No.	Bezeichnungen und Bemerkungen	Jahr der Untersuchung	Wasser %	Nh-Substanz %	Rohfett %	Nfr. Extractstoffe %	Rohfaser %	Asche %	Nh-Substanz %	Rohfett %	Nfr. Extractstoffe %	Rohfaser %	Asche %	Stickstoff in der Trocken-Substanz %
	Europäische Türkei.													
1	Rodosto, grobe Hülsen, 1884er	1884	12.02	9.95	—	Stärke 54.74	—	—	11.31	—	Stärke 62.22	—	—	1.809^{0}
2	Desgl., 1884er	„	12.22	9.90	—	51.73	—	—	11.28	—	59.16	—	—	1.805^{0}
3	Desgl., 1884er	„	13.38	9.36	—	54.78	—	—	10.81	—	63.24	—	—	1.730^{0}
4	Salonichi, grobe Hülsen, 1884er	„	12.81	10.11	—	54.42	—	—	11.60	—	62.42	—	—	1.855^{0}
5	Desgl., 1884er	„	12.75	7.59	—	58.28	—	—	8.70	—	66.80	—	—	1.391^{0}
6	Desgl., 1884er	„	12.64	8.56	—	54.12	—	—	9.80	—	64.24	—	—	1.562^{0}
7	Desgl., 1884er	„	13.16	9.07	—	55.27	—	—	10.45	—	63.65	—	—	1.672^{0}
8	Dardanellen, grobe Hülsen, 1884er	„	12.02	9.27	—	55.66	—	—	10.54	—	63.27	—	—	1.687^{0}
9	Desgl., 1884er	„	12.52	8.52	—	54.78	—	—	9.74	—	62.62	—	—	1.550^{0}
10	Desgl., 1884er	„	12.36	9.47	—	52.60	—	—	10.80	—	60.02	—	—	1.727^{0}
11	Desgl., 1884er	„	12.84	8.41	—	56.24	—	—	9.66	—	64.52	—	—	1.545^{0}
12	Volo, grobe Hülsen, 1884er	„	12.86	8.89	—	55.21	—	—	10.20	—	63.39	—	—	1.631
13	Mittel von 1—12	„	12.83	9.07	—	54.88	—	—	10.40	—	62.96	—	—	1.633
14	Thessalien . . . 152	1880	12.14	9.05	1.87	Nfr. Extractstoffe 70.05	4.84	2.05	10.30	2.13	Nfr. Extractstoffe 79.73	5.51	2.33	1.65^{0}
	Asiatische Türkei.													
15	Smyrna, grobe Hülsen, 1884er	1884	11.34	7.70	—	Stärke 55.72	—	—	8.68	—	Stärke 62.85	—	—	1.389^{0}
16	Desgl., 1884er	„	12.69	9.94	—	54.42	—	—	11.38	—	62.33	—	—	1.821^{0}

No. 16—23. L. Aubry. Fünfter Jahresber. d. wissenschaftl. Stat. f. Brauerei in München pro 1880/81. In Procenten der Trockensubstanz enthielten die Gersten P_2O_5:

No. 16	17	18	19	20	21	22	23
0.910	1.389	1.278	1.440	1.152	1.120	1.216	0.853

[1]) Nach der Haupttabelle angenommen; das wirkliche Mittel beträgt 14.71 %.

Gerstenkörner aus Dänemark.

[2]) Nach der Haupttabelle angenommen; das wirkliche Mittel beträgt 15.66 %.

Gerstenkörner aus der Türkei.

No. 1—25. L. Marx. — Ztschr. f. d. gesammte Brauwesen. 8. 1885. 272. (Revue de la Brasserie et Malterie. No. 601.) Die Gersten unter No. 1—12, 15—18 u. 22—24 hatten grobe Hülsen, No. 19—21 feine Hülsen. In Procenten der Trockensubstanz enthielten die Gersten P_2O_5:

No. 1	2	3	4	5	6	7	8	9	10	11	12
0.793	0.979	0.998	1.011	0.913	0.934	0.942	0.740	0.682	0.765	0.694	0.792
No. 13	15	16	17	18	19	20	21	22	23	24	25
0.853	0.804	0.802	0.910	0.947	0.884	0.960	0.764	0.877	0.708	0.898	0.823

No.	Bezeichnungen und Bemerkungen	No. d. Haupttabelle	Jahr der Untersuchung	In der ursprünglichen Substanz: Wasser %	Nh-Substanz %	Rohfett %	Nfr. Extractstoffe %	Rohfaser %	Asche %	In der Trockensubstanz: Nh-Substanz %	Rohfett %	Nfr. Extractstoffe %	Rohfaser %	Asche %	Stickstoff in der Trockensubstanz %
17	Desgl., 1884er		1884	11.28	8.69	—	Stärke 55.66	—	—	9.80	—	Stärke 62.74	—	—	1.567^{0}
18	Desgl., 1884er		„	11.26	9.25	—	57.41	—	—	10.42	—	64.70	—	—	1.667^{0}
19	Samsoum, feine Hülsen, 1884er . . .		„	11.62	9.57	—	56.62	—	—	10.83	—	64.06	—	—	1.733^{0}
20	Desgl., 1884er		„	12.98	8.48	—	54.56	—	—	9.75	—	62.70	—	—	1.560^{0}
21	Desgl., 1884er		„	12.97	9.43	—	56.17	—	—	10.84	—	64.54	—	—	1.734^{0}
22	Mittel von 14—21		„	12.02	8.97	—	55.79	—	—	10.19	—	63.41	—	—	1.638^{0}
23	Syrien, Tripolis, grobe Hülsen, 1884er		„	12.51	8.07	—	58.72	—	—	9.22	—	67.12	—	—	1.475^{0}
24	Cypern, grobe Hülsen, 1884er . . .		„	11.90	8.55	—	54.55	—	—	9.71	—	61.92	—	—	1.553^{0}
	Asien.														
25	Indien, Kurrachée, grobe Hülsen, 1884er		„	11.47	7.96	—	56.92	—	—	8.99	—	64.03	—	—	1.438^{0}
	Mittel			14.05[1])	8.78	1.82	71.19	(2.16)	(2.00)	10.21	(2.13)	82.82	(2.51)	(2.33)	1.63

Gerstenkörner aus Spanien.

No.	Bezeichnungen und Bemerkungen	No. d. Haupttabelle	Jahr der Untersuchung	Wasser %	Nh-Substanz %	Rohfett %	Nfr. Extractstoffe %	Rohfaser %	Asche %	Nh-Substanz %	Rohfett %	Nfr. Extractstoffe %	Rohfaser %	Asche %	Stickstoff in der Trockensubstanz %
1	Balearen, Mallorca Palma, mehlig	94	1858	10.33	12.61	—	—	—	1.73	14.06	—	—	—	1.93	2.25^{0}
2	Sevilla, strohig, 1884er		1884	11.51	8.04	—	Stärke 53.90	—	—	9.09	—	Stärke 60.91	—	—	1.454^{0}
3	Pampelune, feine Hülsen, 1884er . .		„	13.84	7.15	—	53.37	—	—	8.30	—	61.94	—	—	1.328^{0}
4	Las Campanos, grobe Hülsen, 1884er .		„	13.86	6.35	—	57.55	—	—	7.37	—	66.81	—	—	1.179^{0}
	Mittel			14.05[2])	8.44	—	—	—	—	9.71	—	—	—	—	1.55

Gerstenkörner aus Afrika.

No.	Bezeichnungen und Bemerkungen	No. d. Haupttabelle	Jahr der Untersuchung	Wasser %	Nh-Substanz %	Rohfett %	Nfr. Extractstoffe %	Rohfaser %	Asche %	Nh-Substanz %	Rohfett %	Nfr. Extractstoffe %	Rohfaser %	Asche %	Stickstoff in der Trockensubstanz %
1	Nackte Gerste aus Tunis, glasig .	91	1858	12.00	13.75	—	—	—	—	15.62	—	—	—	—	2.50^{0}
2	Nackte Gerste aus Afrika . . .	145	1873	10.77	8.76	1.81	74.70	2.03	1.93	9.82	2.03	83.71	2.28	2.16	1.57
3	Aus Afrika		1876	15.42	9.67	—	—	—	2.50	11.43	—	—	—	2.96	1.829^{0}
4	Desgl.		„	13.92	9.89	—	—	—	2.15	11.49	—	—	—	2.50	1.838^{0}
5	Chevalier von Algier, 1880er . . .		1880	15.63	10.08	—	—	—	—	11.95	—	—	—	—	1.91^{0}
6	Algerien, Algier, 1884er		1884	12.48	8.86	—	Stärke 53.35	—	—	10.12	—	Stärke 60.96	—	—	1.628^{0}
7	Desgl., Médiagh, 1884er		„	10.92	9.29	—	56.49	—	—	10.43	—	63.41	—	—	1.668^{0}
8	Desgl., Oran, 1884er		„	12.09	7.31	—	56.57	—	—	8.31	—	64.35	—	—	1.329^{0}
9	Desgl., Oran, 1884er		„	12.81	8.85	—	—	—	—	10.15	—	—	—	—	1.624^{0}
10	Aegypten (Alexandrien), 1884er . . .		„	12.61	7.17	—	57.26	—	—	8.20	—	65.52	—	—	1.311^{0}
11	Tripolis in der Berberei, 1884er . .		„	12.54	8.66	—	54.46	—	—	9.90	—	62.27	—	—	1.584^{0}
12	Tunisien, 1884er		„	11.75	8.15	—	54.70	—	—	9.24	—	61.98	—	—	1.477^{0}

[1]) Nach der Haupttabelle angenommen; das wirkliche Mittel beträgt 12.40 %.

Gerstenkörner aus Spanien.

No. 2—4. Louis Marx. — Ztschr. f. d. gesammte Brauwesen. 8. 1885. 272. (Revue de la Brasserie et Malterie No. 601.) In Procenten der Trockensubstanz enthielten dieselben P_2O_5:

No. 2	3	4
1.097	0.801	0.606

[2]) Nach der Haupttabelle angenommen; das wirkliche Mittel beträgt 12.39 %.

Gerstenkörner aus Afrika.

No. 3 u. 4. K. Reischauer, mitgetheilt v. L. Aubry. — (Wissenschaftl. Stat. f. Brauerei in München). Ztschr. f. d. gesammte Brauwesen 1881. P_2O_5 in der Trockensubstanz:

No. 3	4
0.949	0.614

No. 5. L. Aubry. — Fünfter Jahresber. d. wissenschaftl. Stat. f. Brauerei in München pro 1880/81. 9.

No. 6—14. Louis Marx. — Ztschr. f. d. gesammte Brauw. 8. 1885. 272. (Revue de la Brasserie et Malterie No. 601.)

	No. 6	7	8	9	10	11	12	13
P_2O_5	0.979	0.655	0.811	—	0.807	0.732	0.585	0.914

Die Gersten hatten sämmtlich grobe Hülsen.

No.	Bezeichnungen und Bemerkungen	Jahr der Untersuchung	In der ursprünglichen Substanz: Wasser %	Nh-Substanz %	Rohfett %	Nfr. Extractstoffe %	Rohfaser %	Asche %	In der Trockensubstanz: Nh-Substanz %	Rohfett %	Nfr. Extractstoffe %	Rohfaser %	Asche %	Stickstoff in der Trockensubstanz %
13	Desgl., 1884er	1884	13.29	8.43	—	Stärke 54.30	—	—	9.72	—	Stärke 62.62	—	—	1.554^0
14	Marocco, Mazagran, 1884er	„	12.36	9.29	—	53.22	—	—	10.60	—	60.73	—	—	1.695^0
15		1879	12.02	8.61	—	—	—	2.10	9.79	—	—	—	2.39	1.566^0
	Mittel		14.05[1])	8.98	(1.74	71.12	1.96)	2.15	10.45	(2.03	82.74	2.28)	2.50	1.67

Gerstenkörner aus Nordamerika.

No.	Bezeichnungen und Bemerkungen	Gew. p. Bushel in engl. Pfd.	Jahr der Untersuchung	Wasser %	Nh-Substanz %	Rohfett %	Nfr. Extractstoffe %	Rohfaser %	Asche %	Nh-Substanz %	Rohfett %	Nfr. Extractstoffe %	Rohfaser %	Asche %	Stickstoff in der Trockensubstanz %
1	Nepaul-Gerste aus Californien . .	163	1877	7.23	13.17	3.15	72.96	1.55	1.94	14.19	3.40	78.65	1.67	2.09	2.25^0
2	Mittel von 9 Analysen		1879/83	11.10	12.40	1.80	69.30	2.90	2.50	13.95	2.03	77.95	3.26	2.81	2.23
3	Wisconsin		1877	13.32	9.74	—	—	—	2.38	11.24	—	—	—	2.74	1.798^0
4	Canada	$50^1/_2$	1883	10.04	9.65	—	—	—	2.50	10.73	—	—	—	2.78	1.72
5	Jowa	$48^3/_4$	„	9.22	10.15	—	—	—	2.87	11.18	—	—	—	3.16	1.79
6	Kansas, Bald-barley	$57^1/_2$	„	10.41	9.10	—	—	—	2.56	10.16	—	—	—	2.86	1.63
7	Western barley	$48^1/_2$	„	9.56	11.22	—	—	—	2.91	12.39	—	—	—	3.21	1.98
8	Western barley	$48^1/_2$	„	9.36	10.30	—	—	—	3.00	11.36	—	—	—	3.31	1.82
9	Wisconsin, (Waukesha County), Scotsch barley	48	„	10.21	7.34	—	—	—	3.38	8.18	—	—	—	3.77	1.31
10	New York State	—	„	12.05	11.24	—	—	—	2.28	12.79	—	—	—	2.59	2.05
11	California, Chevaliergerste . .	54	„	12.40	11.91	—	—	—	2.15	13.60	—	—	—	2.45	2.18
12	Wisconsin	$48^1/_2$	„	11.89	9.05	—	—	—	2.50	10.27	—	—	—	2.84	1.64
13	Wisconsin (Farmer barley) . .	47	„	11.56	10.82	—	—	—	2.62	12.23	—	—	—	2.96	1.96
14	New York State	50	„	14.06	9.98	—	—	—	2.16	11.62	—	—	—	2.51	1.86
15	Mittel von 4—14	$50^1/_8$	„	10.96	10.07	—	—	—	2.63	11.32	—	—	—	2.95	1.81
	Vermont.														
16	Windsor, Four-rowed	52.2	1885	6.70	14.00	2.90	70.28	3.90	2.22	15.01	3.0	75.32	4.18	2.38	2.40
17	Washington, Four-rowed . . .	51.4	„	6.50	12.60	2.65	72.37	3.48	2.40	13.47	2.82	77.42	3.72	2.57	2.16
18	Orleans, Common	52.4	„	6.55	12.08	2.75	71.57	4.15	2.90	12.93	2.94	76.59	4.44	3.10	2.07

No. 15. Unbenannter Autor, Analyse mitgetheilt von L. Aubry im vierten Jahresber. d. wissenschaftl. Stat. f. Brauerei in München. 8. In der Trockensubstanz der Asche 0.623 % Phosphorsäure.

[1]) Nach der Haupttabelle angenommen; das wirkliche Mittel beträgt 12.76 %.

Gerstenkörner aus Nordamerika.

No. 2. Aus Dr. E. H. Jenkins Tabelle über die Zusammensetzung amerikanischer Futterstoffe in Ann. Rep. Connect. Agr. Experim. Station for 1883.

No. 3. L. Aubry. — Wissenschaftl. Stat. f. Brauerei in München. Ztschr. f. d. gesammte Brauw. 1883. Sonderabdruck.

No. 4—15. Wissenschaftl. Stat. f. Brauwesen in New York. (Biedermann's Centralbl. f. Agriculturchem. 13. 1884. 491.) In den Gersten wurden ferner Stärkemehl und Phosphorsäure bestimmt und betrugen deren Mengen in Procenten der Trockensubstanz:

	No. 4	5	6	7	8	9	10	11	12	13	14	15
Stärkemehl . .	63.63	59.48	64.49	60.30	61.36	59.54	66.31	66.54	65.98	66.29	63.70	63.42
Phosphorsäure . .	0.950	1.149	0.997	1.124	1.278	1.582	—	—	1.000	1.030	—	1.139

No. 16—101. Clifford Richardson. — Third Report on the Chemical composition etc. of American Cereals. (Depart. of Agriculture, Division of Chemistry, Bulletin No. 9.) Washington, 1886. 64. Die untersuchten Gersten stammen von denjenigen Länderstrichen der Vereinigten Staaten Nordamerikas, deren Landwirthschaft von Bedeutung ist. Die Canadischen Gersten 76—95 waren vom Bureau of Agriculture and Arts in Toronto gesammelt, aus 4 Bezirken des Landes, welche wie folgt erläutert werden: A nördlich vom centralen Theil des Erie-See's; B nördlich vom nordwestlichen Theil des Ontario-See's; C nördlich vom centralen Theil des Ontario-See's; D nördlich vom nordöstlichen Theil des Ontario-See's, begrenzt von der Quinte-Bay. Der letztere Bezirk liefert die beste Gerste, deren Güte war jedoch im Jahre der Probenahme durch Regenwetter beeinträchtigt; die schönsten Körner lieferten in diesem Jahre der Bezirk B. Die untersuchten Gersten waren ihrer Qualität nach in 3 Gruppen gebracht, eine jede derselben ihrer Consistenz (ihrer Mehligkeit nach) begutachtet. Darnach enthielten die Gersten der

	I. Qualität					II. Qualität					III. Qualität				
	A	B	C	D	Mittel	A	B	C	D	Mittel	A	B	C	D	Mittel
Mehlige Körner , . . .	16	—	40	12	17	36	16	12	24	22	36	16	—	20	18
Halbmehlige Körner . .	32	48	28	36	36	40	36	36	40	38	28	44	40	32	36
Viertelmehlige Körner .	24	36	20	36	29	12	28	32	32	26	24	32	44	24	31
Wenigmehlige Körner .	20	12	12	16	15	12	16	20	4	13	8	—	16	20	11
Glasige Körner	8	4	—	—	3	—	4	—	—	1	4	8	—	4	4

No.	Bezeichnungen und Bemerkungen	Gew. p. Bushel in engl. Pfd.	Jahr der Untersuchung	In der ursprünglichen Substanz: Wasser %	Nh-Substanz %	Rohfett %	Nfr. Extractstoffe %	Rohfaser %	Asche %	In der Trockensubstanz: Nh-Substanz %	Rohfett %	Nfr. Extractstoffe %	Rohfaser %	Asche %	Stickstoff in der Trockensubstanz %
	Connecticut.														
19	Lichtfield, Two-rowed	53.0	1885	6.50	10.15	2.33	75.14	2.89	2.99	10.85	2.49	80.39	3.09	3.18	1.74
	New York.														
20	. . . .	54.5	„	6.86	11.73	2.76	72.85	3.40	2.40	13.59	2.96	77.22	3.65	2.58	2.17
21	Allegany, Five-rowed	51.4	„	6.77	11.38	2.77	73.41	3.55	2.12	12.22	2.97	78.73	3.81	2.27	1.96
22	Ontario, Canada six-rowed, mehlig, weiss	53.4	„	5.90	11.03	2.58	74.14	3.05	2.70	11.71	2.74	79.45	3.24	2.86	1.87
23	Otsego, Canada two-rowed . . .	49.3	„	6.95	10.15	2.66	74.47	3.13	2.64	10.91	2.86	80.03	3.36	2.84	1.75
24	Cayuga, Imperial six-rowed . .	54.7	„	7.39	10.85	2.48	73.10	3.73	2.45	11.72	2.68	78.92	4.03	2.65	1.87
	Pennsylvania.														
25	Crawford, Nohama	50.4	„	6.27	11.90	2.06	72.89	3.83	3.05	12.70	2.20	77.76	4.09	3.25	2.03
	Ohio.														
26	Butler, Early May (Wintergerste), braun	53.9	„	6.85	10.68	3.53	71.84	3.80	3.30	11.47	3.79	77.12	4.08	3.54	1.84
27	Wood, Fall (Wintergerste) . .	50.8	„	6.25	10.50	2.40	73.13	4.65	3.07	11.20	2.56	78.00	4.96	3.28	1.79
28	Warren	52.5	„	6.81	10.15	2.58	72.91	4.00	3.55	10.89	2.77	78.25	4.29	3.80	1.74
29	Butler, Common Fall (Wintergerste)	51.0	„	6.80	9.80	2.06	73.92	4.32	3.10	10.52	2.21	79.30	4.64	3.33	1.68
	Michigan.														
30	Genesee, Four-rowed	54.3	„	6.44	13.13	2.70	71.33	3.43	2.97	14.04	2.89	76.23	3.67	3.17	2.25
31	Livingston, Six-rowed	49.3	„	6.37	14.70	2.73	69.73	3.88	2.59	15.70	2.92	74.47	4.14	2.77	2.51
32	Saint Clair, Four-rowed . . .	56.8	„	6.73	12.95	2.90	71.83	3.03	2.56	13.88	3.11	77.12	3.25	2.74	2.22
33	Shiawassee, Four-rowed . . .	53.7	„	5.27	11.90	2.71	73.36	3.71	3.05	12.57	2.86	77.43	3.92	3.22	2.01
34	Cheboygan, Common	58.7	„	6.55	9.63	2.55	75.45	3.07	2.75	10.30	2.73	80.79	3.28	2.90	1.65
	Indiana.														
35	Shelby, Common	53.2	„	5.99	11.38	3.54	71.19	4.40	3.50	12.11	3.77	75.82	4.68	3.62	1.86
36	Spencer, (nicht bekannt), Wintergerste	54.3	„	5.92	9.45	2.73	75.37	3.58	2.95	10.05	2.90	80.10	3.81	3.14	1.61
	Illinois.														
37	Stephenson, Common	50.4	„	6.06	12.60	2.61	70.88	4.51	3.34	13.42	2.78	75.44	4.80	3.56	2.15
38	Ogle, Common spring	49.8	„	6.18	11.38	2.59	72.55	4.14	3.16	12.13	2.76	78.33	4.41	2.37	1.94

In gleicher Weise wurden auch die übrigen Gersten unter No. 16—72 begutachtet und zwar wie folgt:

No.	16	17	18	19	20	21	22	23	24	25	26	27	28	29	30	31
Mehlige Körner . . .	—	40	—	12	—	—	16	20	8	8	16	36	40	40	16	—
Halbmehlige Körner .	16	36	20	24	—	36	28	40	24	36	40	36	44	32	36	32
Viertelmehlige Körner .	44	16	40	36	—	44	28	28	24	24	32	20	12	20	40	36
Wenig mehlige Körner	24	8	40	28	—	20	28	12	44	32	12	8	4	8	8	24
Glasige Körner . . .	16	—	—	—	—	—	—	—	—	—	—	—	—	—	—	8

No.	32	33	34	35	36	37	38	39	40	41	42	43	44	45	46	47
Mehlige Körner . . .	4	16	24	24	48	32	28	24	12	8	36	36	16	16	12	16
Halbmehlige Körner .	36	40	32	48	22	28	32	36	28	32	32	24	36	28	44	36
Viertelmehlige Körner .	44	28	28	28	16	20	32	24	24	40	32	24	28	28	32	36
Wenig mehlige Körner	16	16	16	—	14	20	8	16	36	20	—	16	12	20	12	12
Glasige Körner . . .	—	—	—	—	—	—	—	—	—	—	—	—	8	8	—	—

No.	48	49	50	51	52	53	54	55	56	57	58	59	60	61	62	63
Mehlige Körner . . .	24	40	12	28	16	20	8	8	12	4	8	16	20	16	16	40
Halbmehlige Körner .	44	36	44	36	36	36	20	32	28	28	40	32	36	52	36	28
Viertelmehlige Körner .	28	24	40	28	28	28	32	44	52	40	36	40	32	24	28	24
Wenig mehlige Körner	4	—	4	8	20	16	32	16	8	28	16	12	8	8	20	8
Glasige Körner . . .	—	—	—	—	—	—	8	—	—	—	—	—	14	—	—	—

No.	66	67	68	69	70	71	72	73	95	96	97	99	100	101
Mehlige Körner . . .	76	24	20	16	—	24	24	24	19	20	11	21	27	21
Halbmehlige Körner .	24	44	44	28	24	36	48	52	37	35	29	35	35	40
Viertelmehlige Körner .	28	28	28	36	40	40	20	24	29	29	32	30	26	29
Wenig mehlige Körner	4	8	8	20	36	—	8	—	13	15	26	13	11	10
Glasige Körner . . .	—	—	—	—	—	—	—	—	2	1	2	1	1	—

Von nachfolgenden Gersten wurden noch an näheren Bestandtheilen bestimmt:

No.	23	24	27	30	31	40	46	52	55	59	70	72
Zucker etc.	6.01	6.93	6.21	7.12	8.73	7.71	5.97	5.82	8.30	7.21	5.38	7.44
Dextrin etc.	3.14	3.80	3.40	3.92	4.64	3.60	3.58	3.48 }	62.72 (Dextrin und Stärkemehl)	3.70	3.46	3.42
Stärkemehl	65.32	62.37	63.52	60.29	56.36	60.46	64.24	62.98 }		61.32	66.72	63.88
Eiweissstoffe, löslich in Alkohol, 80 %	3.07	3.41	3.01	3.76	4.79	4.25	2.85	3.18	4.38	3.95	2.86	3.42
Eiweissstoffe, unlösl. in Alkohol, 80 %	7.08	7.44	7.49	9.37	9.91	8.35	8.00	8.55	7.87	8.13	5.89	5.68

No.	Bezeichnungen und Bemerkungen	Gew. p. Bushel in engl. Pfd.	Jahr der Untersuchung	In der ursprünglichen Substanz: Wasser %	Nh-Substanz %	Rohfett %	Nfr. Extractstoffe %	Rohfaser %	Asche %	In der Trockensubstanz: Nh-Substanz %	Rohfett %	Nfr. Extractstoffe %	Rohfaser %	Asche %	Stickstoff in der Trockensubstanz %
39	Mc Henry, Spring	52.0	1885	6.72	12.95	2.81	72.15	2.64	2.73	13.88	3.01	77.35	2.83	2.93	2.22
40	Lee, Common	52.2	„	6.52	12.60	2.66	71.77	3.37	3.08	13.48	2.85	76.77	3.61	3.29	2.16
	Wisconsin.														
41	Chippew, Common	50.6	„	7.15	12.25	2.76	70.51	4.43	2.90	13.19	2.97	75.95	4.77	3.12	2.11
42	Vernon	50.6	„	7.40	10.50	2.74	73.17	3.83	2.30	11.34	2.96	78.08	5.14	2.48	1.81
43	La Fayette	48.5	„	6.60	10.85	2.65	72.03	4.27	3.60	11.62	2.84	77.11	4.57	3.86	1.86
44	Fond du Lac, Scotch Pearl	53.3	„	7.70	10.50	2.50	72.77	3.78	2.75	11.37	2.71	75.85	4.09	2.98	1.82
45	Dodge, Mensury	53.3	„	6.40	13.13	2.49	70.88	3.95	3.15	14.02	2.66	75.74	4.22	3.36	2.24
	Minnesota.														
46	Dodge, Three-rowed	50.8	„	7.60	10.85	2.69	73.79	3.57	1.50	11.74	2.91	79.87	3.86	1.62	1.72
47	Winona, Scotch	52.8	„	6.20	9.45	3.07	73.88	4.40	3.00	10.07	3.27	78.77	4.69	3.20	1.61
48	Dakota, Scotch	50.8	„	6.30	9.28	2.76	74.72	4.43	2.51	9.90	2.94	79.75	4.73	2.68	1.58
49	Blue Earth, Four-rowed	51.8	„	7.22	11.90	2.80	71.25	3.08	3.15	12.83	3.02	77.44	3.31	3.40	2.05
50	Olmsted, Scotch	51.8	„	9.15	10.50	2.72	70.69	3.97	2.97	11.24	3.01	77.27	4.39	3.09	1.80
	Jowa.														
51	Scott, Scotch	52.6	„	6.47	12.73	2.63	71.34	3.93	2.85	13.62	2.81	76.26	4.21	3.10	2.18
52	Palo Alto, Four-rowed	51.3	„	5.69	11.73	2.75	72.28	4.37	3.18	12.43	2.92	76.65	4.63	3.37	1.99
53	Winneschiek, Common	54.8	„	6.24	11.38	2.83	72.68	3.90	2.97	12.04	3.02	77.61	4.16	3.17	1.93
54	Fayette, Common	55.3	„	6.67	14.35	2.65	69.19	3.81	3.33	15.37	2.84	74.14	4.08	3.57	2.46
	Nebraska.														
55	Antelope, Com. six-row.	53.2	„	7.58	12.25	2.70	71.12	3.35	3.00	13.25	2.92	76.92	3.62	3.25	2.12
	Dakota.														
56	Stutsmann, Common	54.3	„	5.80	14.88	3.01	69.97	3.29	3.05	15.80	3.20	74.27	3.49	3.24	2.53
57	Cass, Chevalier	56.7	„	5.55	11.55	2.46	74.19	3.35	2.90	12.22	2.60	78.57	3.54	3.07	1.96
58	Bon Homme, Four-rowed	53.0	„	5.75	13.48	2.94	71.02	3.68	3.13	14.30	2.92	75.56	3.90	3.32	2.29
59	Traill	52.0	„	6.00	12.02	2.74	72.23	3.75	3.20	12.79	2.92	78.90	3.99	3.40	2.05
60	Lawrence	—	„	5.95	13.13	2.68	71.34	4.25	2.65	13.96	2.85	75.85	4.52	2.82	2.23
	Montana.														
61	Meagher, Com. two-row.	58.6	„	7.55	9.63	2.60	74.53	3.99	1.70	10.41	2.81	80.63	4.31	1.84	1.67
62	Gallatin, Two-row. or Engl.	58.1	„	6.60	10.33	2.52	74.20	3.35	3.00	11.06	2.70	79.44	3.59	3.21	1.77
63	Deer Lodge, Two-rowed brewers	57.4	„	4.95	9.45	2.56	76.79	3.10	3.15	9.94	2.69	80.80	3.26	3.31	1.59
	South-Carolina.														
64	Laurens, Four-row (Wintergerste)	—	„	6.85	10.33	2.45	73.62	4.10	2.65	11.09	2.63	79.03	4.40	2.85	1.77
	Kentucky.														
65	Jefferson, Canada (Wintergerste)	—	„	6.00	8.75	2.37	75.73	4.25	2.90	9.31	2.52	80.56	4.52	3.09	1.49
	Utah.														
66	Wasatch, Two-rowed	60.2	„	7.70	10.50	2.53	72.99	2.88	3.40	11.37	2.74	79.09	3.12	3.68	1.82
	Arizona.														
67	Pinal, Common (Wintergerste)	53.2	„	6.26	9.63	2.63	74.30	4.28	2.90	10.28	2.81	78.25	4.57	4.09	1.64
	Washington.														
68	Pierce, Black Nepaul	65.8	„	5.95	12.25	2.98	70.97	4.35	3.50	13.03	2.17	76.46	4.62	3.72	2.08
	Oregon.														
69	Baker, Chevalier, braun	59.9	„	6.27	11.90	2.06	72.89	3.83	3.05	12.72	2.20	77.74	4.08	3.26	2.04
70	Linn	52.2	„	6.20	8.75	2.71	75.56	4.00	2.78	9.33	2.89	80.56	4.26	2.96	1.49
	California.														
71	Contra Costa, Six-row.	55.7	„	6.70	9.10	3.01	74.32	4.14	2.74	9.76	3.23	79.63	4.44	2.94	1.56
72	Solano	53.5	„	4.53	9.10	2.72	74.74	4.48	4.43	9.53	2.85	78.28	4.70	4.64	1.52
73	Monterey, Common	—	„	6.18	8.93	2.50	75.52	4.13	2.74	9.52	2.67	80.49	4.40	2.92	1.52

No.	Bezeichnungen und Bemerkungen	Gew. p. Bushel in engl. Pfd.	Jahr der Untersuchung	In der ursprünglichen Substanz: Wasser %	Nh-Substanz %	Rohfett %	Nfr. Extractstoffe %	Rohfaser %	Asche %	In der Trockensubstanz: Nh-Substanz %	Rohfett %	Nfr. Extractstoffe %	Rohfaser %	Asche %	Stickstoff in der Trockensubstanz %
74	Wyoming	—	1885	6.70	11.55	2.52	74.03	3.00	2.20	12.38	2.70	79.34	3.22	2.36	1.98
75	Colorada	—	„	8.15	13.30	2.87	68.99	3.92	2.77	14.47	3.12	75.14	4.26	3.01	2.16
	Canada-Gersten.														
76	Erste Qualität, Bezirk A	54.8	„	7.58	10.15	2.70	73.49	3.10	2.98	10.98	2.92	79.53	3.35	3.22	1.76
77	Desgl., Bezirk B	56.1	„	8.35	9.45	2.69	73.23	3.55	2.73	10.31	2.93	79.91	3.87	2.98	1.65
78	Desgl., Bezirk C	55.9	„	6.95	9.80	2.64	74.28	3.65	2.68	10.54	2.84	79.82	3.92	2.88	1.69
79	Desgl., Bezirk D	52.7	„	8.35	9.28	2.67	73.13	3.69	2.88	10.12	2.91	79.80	4.03	3.14	1.62
80	Desgl., Durchschnitt	54.9	„	7.81	9.67	2.67	73.53	3.50	2.82	10.49	2.90	79.77	3.78	3.06	1.68
81	Zweite Qualität, Bezirk A	54.5	„	7.85	10.50	2.72	72.76	3.22	2.95	11.39	2.95	78.97	3.49	3.20	1.82
82	Desgl., Bezirk B	54.7	„	7.03	10.15	2.80	73.46	3.76	2.80	10.92	3.01	79.01	4.05	3.01	1.75
83	Desgl., Bezirk C	53.5	„	10.08	9.45	2.78	72.58	3.49	1.62	10.51	3.09	80.72	3.88	1.80	1.68
84	Desgl., Bezirk D	53.5	„	8.43	9.80	2.63	72.55	3.41	3.18	10.69	2.86	79.26	3.72	3.47	1.71
85	Desgl., Durchschnitt	54.1	„	8.35	9.97	2.73	72.84	3.47	2.64	10.88	2.98	80.17	3.79	2.88	1.74
86	Dritte Qualität Bezirk A	52.4	„	8.78	9.98	2.69	72.35	3.50	2.70	10.94	2.95	80.13	3.82	2.96	1.75
87	Desgl., Bezirk B	54.8	„	6.75	10.15	2.72	73.87	3.68	2.83	10.88	2.92	79.20	3.94	3.06	1.74
88	Dritte Qualität, Bezirk C	52.4	„	8.13	9.98	2.67	72.82	3.35	3.05	10.86	3.00	79.18	3.64	3.32	1.74
89	Desgl., Bezirk D	54.3	„	7.93	9.33	2.74	73.47	3.35	3.18	10.13	2.98	79.80	3.64	3.45	1.62
90	Desgl., Durchschnitt	53.5	„	7.89	9.86	2.71	73.13	3.47	2.94	10.71	2.94	79.39	3.77	3.19	1.71
91	Duzchschnitt von Bezirk A	53.9	„	8.07	10.21	2.70	72.87	3.27	2.88	11.11	2.94	79.26	3.56	3.13	1.78
92	Desgl. von B	55.2	„	7.37	9.92	2.74	73.52	3.66	2.79	10.71	2.96	79.37	3.95	3.01	1.71
93	Desgl. von C	53.9	„	8.39	9.74	2.70	73.23	3.49	2.45	10.63	2.95	79.94	3.81	2.67	1.70
94	Desgl. von D	53.5	„	8.24	9.47	2.68	73.05	3.48	3.08	10.32	2.92	80.61	3.79	3.36	1.65
95	Desgl. der Canadischen Gersten	54.1	„	8.02	9.83	2.70	73.17	3.48	2.80	10.69	2.93	79.56	3.78	3.04	1.71
96	Desgl., der Gersten der Vereinigt. Staaten, 60 Analysen		„	6.53	11.33	2.68	72.77	3.80	2.89	12.12	2.87	77.85	4.07	3.09	1.94
97	Desgl. der Gersten d. atlantischen Küstenstaaten, 10 Analysen		„	6.64	11.59	2.59	73.02	3.57	2.51	12.41	2.77	78.31	3.82	2.69	1.99
98	Desgl. der Nordstaaten, 48 Analysen		„	6.55	11.58	2.69	72.55	3.76	2.87	12.39	2.88	77.64	4.02	3.07	1.98
99	Desgl. der Weststaaten, 30 Analysen		„	6.66	11.52	2.73	72.26	3.87	2.96	12.34	2.92	77.43	4.14	3.17	1.97
100	Desgl. der Nordweststaaten, 8 Analysen		„	6.02	11.82	2.69	73.03	3.59	2.85	12.58	2.86	77.71	3.82	3.03	2.01
101	Desgl. d. Pacific-Küsten-Staaten, 10 Anal.		„	6.47	11.50	2.65	72.43	3.90	3.05	12.31	2.84	77.42	4.17	3.26	1.97
	Minimum der nordamerikanischen Gersten			4.53	7.03	1.74	63.72	1.44	1.39	8.18	2.03	74.14	1.67	1.62	1.31
	Maximum der nordamerikanischen Gersten			14.06	13.58	3.26	69.45	4.26	3.99	15.80	3.79	80.80	4.96	4.64	2.53
	Mittel der nordamerikanischen Gersten			14.05[1])	10.48	2.42	66.94	3.47	2.64	12.19	2.82	77.88	4.04	3.07	1.95

Gerstenkörner aus Südamerika.

No.	Bezeichnungen und Bemerkungen	Jahr der Untersuchung	Wasser %	Nh-Substanz %	Rohfett %	Stärke %	Rohfaser %	Asche %	Nh-Substanz %	Rohfett %	Stärke %	Rohfaser %	Asche %	Stickstoff in der Trockensubstanz %
1	Chili, 1884er	1884	10.83	7.13	—	61.31	—	—	8.00	—	68.76	—	—	1.280°
2	Chili, 1884er	„	11.18	8.21	—	62.48	—	—	9.24	—	70.34	—	—	1.478°
3	Chili, 1884er	„	11.22	7.85	—	59.56	—	—	8.84	—	67.09	—	—	1.413°
	Mittel		14.05[2])	7.47	—	—	—	—	8.69	—	—	—	—	1.39

[1]) Nach der Haupttabelle angenommen; das wirkliche Mittel beträgt 7.01%.

Gerstenkörner aus Südamerika.

No. 1—3. Louis Marx. — Ztschr. f. d. gesammte Brauwesen. 8. 1885. 272. (Revue de la Brasserie et Malterie. No. 601.) Die Gersten hatten feine Hülsen und enthielten in Procenten der Trockensubstanz $P_2 P_5$:

No. 1	2	3
0.903	0.722	1.076

[2]) Nach der Haupttabelle angenommen; das wirkliche Mittel beträgt 11.08%.

No.	Bezeichnungen und Bemerkungen	Jahr der Untersuchung	In der ursprünglichen Substanz						In der Trockensubstanz					Stickstoff in der Trockensubstanz
			Wasser %	Nh-Substanz %	Rohfett %	Nfr. Extractstoffe %	Rohfaser %	Asche %	Nh-Substanz %	Rohfett %	Nfr. Extractstoffe %	Rohfaser %	Asche %	%
	Gerstenkörner, geschält.													
1	Aus dem Staate New York	1885	6.88	12.60	2.20	75.22	1.22	1.88	13.53	2.36	80.79	1.30	2.02	2.16
2	Desgl.	„	6.25	10.50	2.60	76.27	1.98	2.40	11.20	2.77	81.36	2.11	2.56	1.79
3	Aus dem Staate Michigan	„	5.55	11.38	2.84	76.14	1.74	2.35	12.04	3.00	80.63	1.84	2.49	1.93
4	Aus dem Staate Indiana	„	6.55	13.30	2.30	73.77	1.88	2.20	14.23	2.46	78.95	2.01	2.35	2.28
5	Aus dem Staate Minnesota	„	5.60	11.55	2.55	76.91	1.19	2.20	12.23	2.70	81.48	1.26	2.33	1.96
6	Desgl.	„	6.00	11.38	2.76	76.35	1.41	2.10	12.11	2.93	81.23	1.50	2.23	1.94
7	Aus dem Staate Jowa	„	6.41	11.38	3.12	74.67	2.27	2.15	12.15	3.33	79.80	2.42	2.30	1.94
8	Desgl.	„	6.35	12.25	2.65	75.52	1.25	1.98	13.08	2.83	80.64	1.34	2.11	2.09
9	Desgl.	„	6.25	12.25	2.76	75.19	1.40	2.15	13.07	2.94	80.21	1.49	2.29	2.09
10	Aus dem Staate Missouri	„	7.50	12.25	2.81	73.95	1.47	2.02	13.24	3.04	79.95	1.59	2.18	2.12
11	Aus dem Staate Nevada	„	7.20	9.80	2.77	75.93	1.92	2.38	10.56	2.99	81.81	2.07	2.57	1.69
12	Desgl.	„	2.87	9.63	2.47	81.31	1.73	1.99	9.92	2.54	83.71	1.78	2.05	1.59
13	Aus dem Staate California	„	5.80	11.73	2.61	76.03	1.23	2.60	12.46	2.77	80.70	1.31	2.76	1.99
14	Desgl.	„	6.85	12.60	2.61	74.49	1.40	2.05	13.57	2.81	79.90	1.51	2.21	2.17
15	Aus dem Staate Colorado	„	7.78	14.00	2.86	71.16	1.90	2.30	15.18	3.10	77.17	2.06	2.49	2.43
	Geschälte Gersten, Durchschnitt 1–15		6.26	11.77	2.66	74.53	1.60	2.18	12.56	2.54	80.56	1.71	2.33	2.01
	Gerstenkörner, unter dem Einflusse verschiedener Düngung.*)													
		Erntej.												
1	A. Ohne Stickstoff im Dünger	1852	21.38	8.12	—	—	—	—	10.31	—	—	—	—	1.65^{0}
2		1853	20.03	7.87	—	—	—	—	9.81	—	—	—	—	1.57^{0}
3		1854	18.44	7.19	—	—	—	—	8.81	—	—	—	—	1.41^{0}
4		1855	18.55	7.50	—	—	—	—	9.19	—	—	—	—	1.47^{0}
5		1856	18.13	8.81	—	—	—	—	10.81	—	—	—	—	1.73^{0}
6		1857	16.92	8.12	—	—	—	—	9.81	—	—	—	—	1.57^{0}
7	Durchschnitt der 6 Jahre	—	18.91	7.94	—	—	—	—	9.81	—	—	—	—	1.57^{0}

Gerstenkörner, geschält.

No. 1–16. Clifford Richardson. — 3 Rep. Chemic. Compos. of Americ. Cereals (Bullet. No. 9), Washington, 1886. 4. Von einigen dieser Gersten wurde der Gehalt an Korn und Schale (Nulls) ermittelt und zwar wie folgt:

	No. 1	3	4	5	6	7	8	9	11	12	13	Mittel
Korn	84.96	84.01	83.78	84.47	86.28	83.70	84.25	85.72	84.93	87.45	83.06	84.78
Schale . . .	15.04	15.99	16.22	15.53	13.72	16.30	15.75	14.28	15.07	12.55	16.94	15.22

Gerstenkörner, unter dem Einflusse verschiedener Düngung.

*) Polstorff zog Gerste a. in gewöhnlicher Gartenerde, b. in einer Mischung von Ziegelmehl und Mineraldünger (bestehend aus kieselsaurem Natronkali, kohlensaurem Kalkkali, phosphorsaurem Kalknatronkali, Knochenerde und Gips), c. in Ziegelmehl, gemischt mit Mineraldünger und phosphorsaurer Ammoniakkalkerde und d. in Ziegelmehl, gemischt mit festen und flüssigen menschlichen Excrementen. Die dabei geernteten Gerstenkörner hatten nachstehende procentische Zusammensetzung:

	Wasser	Hülsen	Nfr. Stoffe	Nh. Stoffe	Asche
b. . . .	16.0	14.5	53.9	13.0	2.6
c. . . .	15.0	14.5	58.5	9.0	3.0
d. . . .	14.0	12.5	62.7	8.3	2.0

E. Wolff's Grundlagen des Ackerbau's 1856. 770.

No. 1–30. J. B. Lawes u. J. H. Gilbert. — On the Growth of Barley by different manures. London, 1858. (J. R. Agric. Soc. England. 18. II. 454.) Versuche über die Wirkung derselben alljährlich wiederholten Düngung beim Anbau derselben Fruchtgattung. Dieselben erstrecken sich auf die Jahre 1852–1871. Untersuchungen über die Ernteproducte erstreckten sich jedoch nur auf die ersten sechs Jahre in aus obiger Zusammenstellung ersichtlicher Einschränkung. Die Ernteproducte wurden behufs der chemischen Analyse in obige Gruppen gebracht.

A. Ohne N im Dünger, umfasst die Ernte der Parzellen „ungedüngt", „gemischte Alkalien", „Superphosphat" und gemischte Alkalien". Durchschnitt.

B. Mit Ammoniaksalzen, Durchschnitt der Parzellen „Ammoniaksalze", „Ammoniaksalze und gemischte Alkalien", „Ammoniaksalze und Superphosphat", „Ammoniaksalze und gemischte Mineralstoffe".

C. Mit Ammoniaksalzen entspricht denselben Düngungen wie unter B, jedoch mit doppelter Menge Ammoniaksalzen.

D. Mit Rapskuchen, wie unter B, nur wurden statt der Ammoniaksalze Rapskuchen angewendet.

E. u. F. Die Düngung mit Chilisalpeter geschah ohne gleichzeitige Anwendung anderer Düngemittel.

Unter „gemischte Alkalien" ist zu verstehen eine Mischung von 300 Pfd. schwefelsaurem Kali, 200 Pfd. schwefelsaurem Natron und 100 Pfd. schwefelsaurer Magnesia pro Acker. Das Superphosphat wurde aus 200 Pfd. Knochenasche und 150 Pfd. Schwefelsäure von 1.7 spec. Gew. (pro Acker) bereitet. Die „gemischten Mineralstoffe" bestanden aus einer Mischung der gemischten Alkalien und des Superphosphats.

Die angebaute Sorte Gerste war Chevaliergerste, sie wurde gedrillt und wurden davon verbraucht in den Jahren 1852 und 1853 $2^1/_2$ Bushels pro Acker, in den folgenden Jahren 7 engl. Metzen.

No.	Bezeichnungen und Bemerkungen	Jahr der Untersuchung	In der ursprünglichen Substanz: Wasser %	Nh-Substanz %	Rohfett %	Nfr. Extractstoffe %	Rohfaser %	Asche %	In der Trockensubstanz: Nh-Substanz %	Rohfett %	Nfr. Extractstoffe %	Rohfaser %	Asche %	Stickstoff in der Trocken-Substanz %
		Erntej.												
8	B. Mit Ammoniaksalzen, 41 Pfd. Stickstoff pro engl. Acker	1852	20.68	8.88	—	—	—	—	11.19	—	—	—	—	1.79°
9		1853	20.26	8.56	—	—	—	—	10.75	—	—	—	—	1.72°
10		1854	18.41	7.56	—	—	—	—	9.25	—	—	—	—	1.48°
11		1855	19.52	8.62	—	—	—	—	10.69	—	—	—	—	1.71°
12		1856	18.71	8.69	—	—	—	—	10.69	—	—	—	—	1.71°
13		1857	16.96	9.37	—	—	—	—	11.31	—	—	—	—	1.81°
14	Durchschnitt der 6 Jahre	—	19.09	8.62	—	—	—	—	10.69	—	—	—	—	1.71°
15	C. Mit Ammoniaksalzen, 82 Pfd. Stickstoff pro engl. Acker	1852	19.88	9.94	—	—	—	—	12.44	—	—	—	—	1.99°
16		1853	20.17	9.87	—	—	—	—	12.44	—	—	—	—	1.99°
17		1854	17.18	9.44	—	—	—	—	11.50	—	—	—	—	1.84°
18		1855	19.86	10.37	—	—	—	—	12.94	—	—	—	—	2.07°
19		1856	17.71	10.25	—	—	—	—	12.44	—	—	—	—	1.99°
20		1857	17.07	11.06	—	—	—	—	13.37	—	—	—	—	2.14°
21	Durchschnitt der 6 Jahre	—	18.78	10.19	—	—	—	—	12.50	—	—	—	—	2.00°
22	D. Mit Rapskuchen, 82—100 Pfd. Stickstoff pro engl. Acker	1852	19.55	9.00	—	—	—	—	11.19	—	—	—	—	1.79°
23		1853	20.74	9.00	—	—	—	—	11.31	—	—	—	—	1.81°
24		1854	17.92	9.00	—	—	—	—	11.00	—	—	—	—	1.76°
25		1855	18.27	10.62	—	—	—	—	13.00	—	—	—	—	2.08°
26		1856	17.44	10.00	—	—	—	—	12.12	—	—	—	—	1.94°
27		1857	17.16	9.87	—	—	—	—	11.94	—	—	—	—	1.91°
28	Durchschnitt der 6 Jahre	—	18.51	9.62	—	—	—	—	11.75	—	—	—	—	1.88°
29	E. Chilisalpeter, 41 Pfd. N pro Acker	1853–57	18.37	8.69	—	—	—	—	10.62	—	—	—	—	1.70°
30	F. Chilisalpeter, 82 Pfd. N pro Acker	„	18.29	10.19	—	—	—	—	12.50	—	—	—	—	2.00°
	pro ha kg … pro ha kg													
31	340 Peruguano . . . . . N 37.4	1854	12.50	9.31	—	—	—	2.40	10.63	—	—	—	2.80	1.70
32	268 aufgeschl. Knochenmehl . N 14.0	„	13.10	9.00	—	—	—	2.50	10.38	—	—	—	2.90	1.66
33	170 Chilisalpeter . . . . N 25.0	„	12.50	9.13	—	—	—	2.40	10.44	—	—	—	2.80	1.67
34	655 entleimtes Knochenmehl N 30	„	13.80	9.50	—	—	—	2.80	11.00	—	—	—	3.20	1.76

Der Boden ist ein leichter, flacher, brauner, sandiger Lehm, auf vortrefflichem, kalkreichem Mergel ruhend. Das Feld hatte 1849 Klee, 1850 Weizen und 1851 mit schwefelsaurem Ammoniak gedüngte Gerste getragen. Die Parzellen waren 1/5 Acker gross. Ueber die Erträge in gleicher Weise wie die Analysen gruppirt und geordnet, sowie über die Beschaffenheit der geernteten Körner geben nachstehende Zahlen Auskunft (pro Acker in Pfd.):

		Ertrag an Körnern Pfd.	Ertrag an Stroh Pfd.	Ertrag an Körnern u. Stroh Pfd.	Körner in % d. Gesammt-ertrags %	Gewicht der gereinigten Körner pro Bushel Pfd.
A.	1852	1628	1906	3534	46.1	52.3
	1853	1754	2000	3754	46.7	51.8
	1854	2159	2481	4640	46.5	53.7
	1855	1978	1972	3950	50.1	52.7
	1856	933	1024	1957	47.7	47.8
	1857	1875	1744	3619	51.8	52.8
	Mittel	1721	1855	3576	48.1	51.9
B.	1852	2190	2809	4999	43.8	50.9
	1853	2301	2828	5129	44.9	52.6
	1854	3131	4069	7200	43.5	54.0
	1855	2561	3136	5697	44.9	51.8
	1856	1519	2175	3694	41.0	47.6
	1857	2703	2626	5329	50.7	51.3
	Mittel	2401	2940	5341	44.8	51.7
E.	1853—1857	2364	2862	5226	45.2	51.9

		Ertrag an Körnern Pfd.	Ertrag an Stroh Pfd.	Ertrag an Körnern u. Stroh Pfd.	Körner in % d. Gesammt-ertrags %	Gewicht der gereinigten Körner pro Bushel Pfd.
C.	1852	2483	3078	5561	44.6	49.9
	1853	2445	3175	5620	43.5	51.4
	1854	3393	4734	8127	41.7	52.6
	1855	2629	4049	6678	39.4	49.9
	1856	1781	3227	5008	35.6	46.8
	1857	3202	3322	6524	49.1	52.8
	Mittel	2655	3598	6253	42.3	50.6
D.	1852	2064	2638	4702	43.9	51.5
	1853	2244	2946	5190	43.2	51.2
	1854	3367	4783	8150	41.3	52.7
	1855	2742	4081	6823	40.2	50.1
	1856	1834	3205	5039	36.4	46.6
	1857	3505	3656	7161	48.9	53.8
	Mittel	2626	3551	6177	42.3	52.0
F.	1853—1857	2666	3532	6198	43.0	50.9

No. 31—39. Alex. Müller. — Ztschr. f. D. Landw. 1855. 168. Weende'r Jahresber. 1355/56. 180 u. 298. Gerste (Hord. distichon nutans) auf feuchtem, etwas kalkgründigem Ldhmboden (unsicherer Gerstenboden) gewachsen. Der Boden hervorgegangen aus der Verwitterung von Rothsandstein, enthielt circa 80% abschlämmbare Theile. Vorfrucht 1853 Roggen in 2. Tracht mit eingesäetem Klee, der verrast 1854 umgebrochen wurde. Mit Ausnahme des Rindviehmistes hatten die Düngermengen gleichen Geldwerth. Nh. Substanz von uns nach angegebenem N-Gehalt berechnet. Mittel der Analysen von uns berechnet.

No.	Bezeichnungen und Bemerkungen	Jahr der Untersuchung	In der ursprünglichen Substanz						In der Trockensubstanz					Stickstoff in der Trockensubstanz
			Wasser %	Nh-Substanz %	Rohfett %	Nfr. Extractstoffe %	Rohfaser %	Asche %	Nh-Substanz %	Rohfett %	Nfr. Extractstoffe %	Rohfaser %	Asche %	%
	pro ha kg … pro ha kg													
35	600 reines Knochenmehl . . N 32.3	1854	13.70	9.50	—	—	—	2.60	11.00	—	—	—	3.00	1.76
36	400 Leinkuchenmehl . . . N 16.5	„	13.20	8.50	—	—	—	2.40	9.81	—	—	—	2.80	1.57
37	1700 Rindviehdüngung . . . N 8.5	„	13.50	9.19	—	—	—	2.60	10.63	—	—	—	3.00	1.70
38	850 Poudrette . . . . . N 15.7	„	13.60	8.94	—	—	—	2.50	10.38	—	—	—	2.90	1.66
39	Mittel der 8 Analysen	„	13.60	9.13	—	—	—	2.50	10.53	—	—	—	2.92	1.685
						Stärke					Stärke			
40	Bogenhausen, Saatfrucht 2zeil. G., 1857	1858	13.35	10.75	2.04	(58.04)	7.89	2.51	12.41	2.35	(66.98)	9.11	2.90	1.99
41	Desgl., gedüngt mit Guano	„	13.69	11.00	2.31	(59.32)	6.43	2.53	12.74	2.67	(68.69)	7.45	2.93	2.04
42	Desgl., gedüngt m. schwefels. Ammoniak	„	13.62	11.69	1.71	(53.51)	10.86	2.58	13.54	1.98	(61.86)	12.58	2.99	2.17
43	Desgl., ged. m. schwefels. Ammoniak u. Kochsalz	„	13.72	10.75	1.83	(58.03)	8.04	2.49	12.46	2.12	(67.26)	9.32	2.89	2.00
44	Bogenhausen, ged. m. gedämpft. Knochen	„	13.97	11.63	1.75	(51.85)	11.89	2.66	13.51	2.03	(60.25)	13.82	3.09	2.17
45	Desgl., ged. m. Superphosph. u. Stickstoff	„	13.40	11.94	1.66	(54.65)	9.07	2.62	13.79	1.92	(63.12)	10.48	3.03	2.21
46	Desgl., ged. m. gefälltem Phosphorit u. Gips	„	13.46	11.50	1.74	(52.95)	11.52	2.64	13.29	2.01	(61.21)	13.32	3.05	2.13
47	Schleissheim, Saatfrucht, 1858 . . .	„	13.30	11.44	2.00	(57.32)	8.11	2.54	13.19	2.31	(66.09)	9.35	2.93	2.11
48	Desgl., gedüngt mit Superphosphat . .	„	13.39	11.88	2.12	(56.92)	7.34	2.55	13.73	2.45	(65.74)	9.48	2.95	2.20
49	Desgl., ged. m. Superphosph., schwefels. Ammoniak und Kochsalz	„	13.64	11.19	2.09	(58.30)	6.93	2.51	12.96	2.42	(67.51)	8.07	2.91	2.07
50	Weihenstephan, Saatfrucht, 1858 . .	„	13.42	11.13	2.16	(60.43)	5.52	2.54	12.86	2.49	(69.80)	6.38	2.93	2.06
51	Desgl., gedüngt mit Natronsalpeter . .	„	13.47	10.63	2.25	(60.68)	6.14	2.52	13.44	2.60	(70.15)	7.10	2.91	2.15
52	Desgl., gedüngt mit Kalisalpeter . . .	„	13.54	10.38	2.35	(61.07)	5.72	2.51	12.01	2.72	(70.66)	6.62	2.90	1.92
53	Desgl., vorzügliche Braugerste . . .	„	13.24	10.88	2.14	(61.22)	5.63	2.52	12.52	2.46	(70.46)	6.48	2.90	2.00
54	Mittel d. ged. G. in Bogenhausen, 41—46	„	13.64	11.42	1.83	(55.05)	9.63	2.59	13.22	2.12	(63.74)	11.15	3.00	2.12
55	Nach Guano, 1 Ctr. pro Morgen . .	1859	16.35	7.52	—	69.61	4.75	1.77	8.99	—	83.22	5.68	2.11	1.44
56	Nach künstl. Dünger, 2 Ctr. pro Morgen	„	15.80	7.96	—	69.63	4.77	1.84	9.45	—	82.71	5.66	2.18	1.51
57	Nach ungedüngt	„	16.16	9.25	—	68.33	4.30	1.96	11.04	—	81.49	5.13	2.34	1.77
58	Nach Schafmist, 8 Fuder pro Morgen .	„	16.40	10.14	—	66.87	4.54	2.05	12.13	—	79.99	5.43	2.45	1.94
59	a. Ungedüngt, 1858	1858	14.21	12.46	—	—	2.90	2.53	14.53	—	—	3.38	2.95	2.32
60	b. Ged. m. kohlensaurem Kalk, 1858 .	„	13.81	11.93	—	—	3.50	2.46	13.94	—	—	4.06	2.85	2.23
61	c. Ged. m. kohlensaurem Kali, 1858 .	„	14.03	12.37	—	—	3.85	3.35	14.39	—	—	4.48	3.90	2.30

No. 40—54. Ph. Zöller u. Fraas (u. Andere). — Ergebn. landw. u. agriculturchem. Versuche an der Station d. Generalcomité d. bayr. landw. Vereins in München. 2. Heft. Erlangen, 1859. Die Boden der 3 Felder sind durch folgenden Gehalt charakterisirt: in lufttrocknem Boden, in kalter concentrirter Salzsäure löslich;

	K_2O	Na_2O	MgO	$CaCO_3$	P_2O_5
Reicher Lehmboden in Bogenhausen . . .	0.093	0.014	0.580	1.552	0.129
Magerer Kalkboden in Schleissheim . . .	0.199	0.042	1.412	23.040	0.103
Kräftiger Lehmboden in Weihenstephan .	0.249	0.163	0.102	0.752	0.219

Das Feld in Bogenhausen hatte vor 3 Jahren Roggen in gewöhnlicher Stallmistdüngung und darauf 2 mal hintereinander Hafer getragen, das Feld in Weihenstephan: Rüben gedüngt, dann Erbsen und im 3. Jahre nach der Mistdüngung Weizen. Die Versuchsfelder befanden sich daher in ausgetragenem Zustande.

Im Original ist der N-Gehalt der Nh. Substanz zu 15.5% angenommen; dieselbe wurde von uns aus dem angegebenen N-Gehalt durch Multiplication mit 6.25 berechnet. Zur Bestimmung der Holzfaser wurde die in Kleister übergeführte Substanz (nach Peligot) mit Malzaufguss bei 60—65° C 3—4 Stunden digerirt, der unlösliche Rückstand mit 3%iger Kalilauge 15 Minuten gekocht, ausgewaschen und hierauf mit 3%iger Salzsäure eine Viertelstunde gekocht. Zum Schluss wurde mit Wasser, Alkohol und Aether ausgewaschen. Die so gewonnene Holzfaser enthielt wenig Asche, aber weder N noch Stärke. Die Methode der Stärke- (u. Gummi)-Bestimmung bestand in Ueberführung der Stärke und des Gummis in Zucker und Bestimmung des letzteren mittelst Fehling'scher Lösung. Die Substanz wurde zunächst zur Entfernung des Klebers mit SO_3-haltigem Weingeist behandelt. 2—4 g Substanz wurden mit 30—40 cc. Wasser und 12—18 Tropfen verdünnter Schwefelsäure 5—6 Stunden gekocht.

No. 55—58. H. Hellriegel. — 3. Ber. d. V.-St. Dahme. 63. Das betr. Land, welches die Gerste trug, litt im Frühjahr stets ziemlich an Nässe, so dass die Bestellung zu Gerste etwas mangelhaft war. Jede Parzelle war ½ Morgen gross. Der angewendete Guano enthielt 14% N und 21% phosphorsaure Salze, der künstliche Dünger 9.34% N und 17.48% phosphorsaure Kalk- und Talkerde, der etwas strohige Schafdünger 0,581% N und 0.72% phosphorsaure Salze. Der Ertrag an Körnern pro Morgen war:

No. 55	56	57	58
560	544	374	576 Pfd.

No. 59—72. Hartstein u. Töpler. — Ann. d. Landw. in Preussen. 37. 1861. 163. Die Düngungsversuche wurden in Kästen von 6 Fuss Länge, 4 Fuss Breite und 3 Fuss Tiefe, die in Boden eingelassen und mit Sandboden (2 Fuss

No.	Bezeichnungen und Bemerkungen	Jahr der Untersuchung	In der ursprünglichen Substanz						In der Trockensubstanz					Stickstoff in der Trockensubstanz
			Wasser %	Nh-Substanz %	Rohfett %	Nfr. Extractstoffe %	Rohfaser %	Asche %	Nh-Substanz %	Rohfett %	Nfr. Extractstoffe %	Rohfaser %	Asche %	%
62	d. Ged. m. salpetersaurem Kalk, 1858 .	1858	13.94	12.54	—	—	10.80	2.82	14.57	—	—	12.55	3.28	2.33
63	e. Ged. m. phosphorsaurem Kalk, 1858	„	13.65	13.44	—	—	3.29	3.12	15.56	—	—	4.11	3.61	2.49
64	f. Ged. m. Salzgemenge, 1858 . . .	„	15.13	14.10	—	—	3.12	2.79	16.61	—	—	3.68	3.29	2.66
65	a. Ungedüngt 1860	1860	15.39	10.38	1.55	65.21	3.83	3.64	12.26	1.83	77.08	4.53	4.30	1.96
66	b. Ged. m. kohlensaurem Kalk, 1860 .	„	15.95	10.67	1.34	65.62	2.84	3.58	12.67	1.59	78.11	3.37	4.26	2.03
67	c. Ged. m. kohlensaurem Kali, 1860 .	„	15.32	10.71	1.54	66.05	3.05	3.33	12.65	1.82	78.00	3.60	3.93	2.03
68	d. Ged. m. salpetersaurem Kalk, 1860 .	„	17.45	10.39	1.32	63.66	4.11	3.07	12.58	1.60	77.12	4.98	3.72	2.01
69	e. Ged. m. phosphorsaurem Kalk, 1860	„	17.87	8.92	1.32	64.84	3.50	3.55	10.86	1.61	78.95	4.26	4.32	1.74
70	f. Ged. m. Salzgemenge, 1860 . . .	„	15.71	9.87	1.48	66.84	3.58	2.52	11.71	1.76	79.29	4.25	2.99	1.87
71	Mittel der 1858er Ernte	1858	14.13	12.81	—	—	4.58	2.84	14.92	—	76.43	5.34	3.31	2.39
72	Mittel der 1860er Ernte	1860	16.28	10.16	1.43	62.37	6.48	3.28	12.13	1.71	79.60	2.74	3.92	1.94
73	a. Ungedüngt . . . . a.	1874	10.13	13.03	—	—	—	—	14.50	—	—	—	—	2.32
74	b.	„	10.46	11.02	—	—	—	—	12.31	—	—	—	—	1.97
75	c.	„	7.96	15.19	—	—	—	—	16.50	—	—	—	—	2.64
76	Mittel	„	9.52	13.07	—	—	—	—	14.44	—	—	—	—	2.31
77	b. Schwefelsaures Ammoniak (70 kg N pro ha) . . . . a.	„	9.92	14.41	—	—	—	—	16.00	—	—	—	—	2.56
78	b.	„	8.61	14.06	—	—	—	—	15.38	—	—	—	—	2.46
79	c.	„	7.50	16.65	—	—	—	—	18.00	—	—	—	—	2.88
80	Mittel	„	8.68	15.07	—	—	—	—	16.50	—	—	—	—	2.64
81	c. Schwefelsaures Ammoniak (350 kg N pro ha) . . . . a.	„	10.38	18.09	—	—	—	—	20.19	—	—	—	—	3.23
82	b.	„	7.51	18.62	—	—	—	—	20.13	—	—	—	—	3.22
83	c.	„	8.12	17.86	—	—	—	—	19.44	—	—	—	—	3.11
84	Mittel	„	8.67	18.21	—	—	—	—	19.94	—	—	—	—	3.19
85	d. Superph. (126 kg lösl. P_2O_5 pro ha) a.	„	9.36	10.99	—	—	—	—	12.13	—	—	—	—	1.94
86	b.	„	10.59	11.35	—	—	—	—	12.69	—	—	—	—	2.03
87	c.	„	8.54	12.49	—	—	—	—	14.75	—	—	—	—	2.36
88	Mittel	„	9.50	17.59	—	—	—	—	19.44	—	—	—	—	2.11
89	e. Schwefels. Ammoniak u. Superphosph. (70 kg N u. 126 kg lösl. P_2O_5 p. ha) a.	„	11.06	12.95	—	—	—	—	14.56	—	—	—	—	2.33
90	b.	„	13.00	13.70	—	—	—	—	15.75	—	—	—	—	2.52
91	c.	„	8.60	14.85	—	—	—	—	16.25	—	—	—	—	2.60
92	Mittel	„	10.87	13.82	—	—	—	—	15.50	—	—	—	—	2.48

unter der Oberfläche entnommen) gefüllt wurden. Der Boden enthielt 0.63 % organ. Bestandtheile, 1.96 % abschlämmbare Theile und 96.38 % Sand. Die abschlämmbaren Theile enthielten 1.09 % Kali, 0.43 % Magnesia, 0.61 % Kalk und Spuren von P_2O_5. Die Düngung bestand pro Kasten bei

b. aus 209.6 g kohlensaurem Kalk,
c. aus 209.6 g kohlensaurem Kalk u. 86.6 g kohlensaurem Kali,
d. aus 163.6 g kohlensaurem Kalk u. 75.2 g salpetersaurem Kalk,
e. aus 216.5 g bas. phosphorsaurem Kalk,
f. aus 216.5 g bas. phosphorsaurem Kalk, 75.2 g salpetersaurem Kalk u. 86.6 g kohlensaurem Kali.

Die Düngung wurde alljährlich wiederholt. (Die Ernte 1859 ging verloren.)
Das Jahr 1860 war gegenüber dem Jahre 1858 durch feuchte Witterung ausgezeichnet.
Ueber die Untersuchungsmethode ist im Original nichts mitgetheilt.

No. 73—101. U. Kreusler u. E. Kern. — J. f. L. 1876. 1. Feld in Poppelsdorf. Tiefgründiger, reicher Lehmboden, seit einer Reihe von Jahren ohne Düngung, mit Erbsen (1872) und Hafer (1873) als letzten Vorfrüchten. Zu dem Versuche (Einfluss N-reicher und P_2O_5-reicher Düngung auf die Zusammensetzung der Getreidekörner) dienten Parzellen von je 30 qm Inhalt. Die Aussaat der Gerste erfolgte 12 Stunden nach der Düngung, April 1874. Die Ernteerträge lassen keine ausgesprochenen Beziehungen zu der Düngung erkennen. Die geernteten Samen waren durchweg von gleichmässiger Beschaffenheit und zeigten in Bezug auf Farbe, Härte und Grösse keinerlei merkliche Unterschiede. Die Qualität der Samen wird durch nachstehende relativen Zahlen, die nur geringe Differenzen zeigen, angegeben:

Düngung	a.	b.	c.	d.	e.	f.	g.
Gewicht eines bestimmten Volumens .	106	102	100	108	106	103	102
Zahl der Samen in demselben	101	103	106	100	103	107	108

Die Angaben über Wassergehalt beziehen sich auf Material, das bei 90° vorgetrocknet, gemahlen und 36—48 Stunden in Schalen flach ausgebreitet der Luftfeuchtigkeit ausgesetzt worden war. 100 Theile der Trockensubstanz enthielten:

	a.	b.	c.	d.	e.	f.	g.
P_2O_5	1.22	1.28	1.13	1.15	1.23	1.18	1.29
K_2O	0.65	0.69	0.70	0.70	0.68	0.58	0.59

No.	Bezeichnungen und Bemerkungen	Jahr der Untersuchung	In der ursprünglichen Substanz: Wasser %	Nh-Substanz %	Rohfett %	Nfr. Extractstoffe %	Rohfaser %	Asche %	In der Trockensubstanz: Nh-Substanz %	Rohfett %	Nfr. Extractstoffe %	Rohfaser %	Asche %	Stickstoff in der Trockensubstanz %
93	f. Desgl. (350 kg N und 126 kg lösl. P_2O_5 pro ha) . . . . a.	1874	10.09	17.87	—	—	—	—	19.88	—	—	—	—	3.18
94	b.	„	8.85	18.00	—	—	—	—	19.75	—	—	—	—	3.16
95	c.	„	8.43	17.16	—	—	—	—	18.69	—	—	—	—	2.99
96	Mittel	„	9.12	17.67	—	—	—	—	19.44	—	—	—	—	3.11
97	g. 350 kg N u. 506 kg lösl. P_2O_5 p. ha a.	„	10.81	18.62	—	—	—	—	20.88	—	—	—	—	3.34
98	b.	„	7.55	18.78	—	—	—	—	20.31	—	—	—	—	3.25
99	c.	„	11.22	17.67	—	—	—	—	19.56	—	—	—	—	3.13
100	Mittel	„	9.86	18.25	—	—	—	—	20.25	—	—	—	—	3.24
101	Mittel der 21 Bestimmungen .	„	9.46	15.43	—	—	—	—	17.04	—	—	—	—	2.726^{0}
102	Ged. m. 220 kg pro ha schwefels. Kalium	1877	16.32	10.74	—	—	—	2.40	12.84		—	—	2.87	2.054^{0}
103	Ged. m. 293 kg Superphosphat . .	„	15.53	9.87	—	—	—	2.48	11.64	—	—	—	2.92	1.862^{0}
104	Ged. m. 220 kg Peruguano	„	16.93	10.43	—	—	—	2.38	12.55	—	—	—	2.86	2.008^{0}
105	Ungedüngt	„	—	—	—	—	—	—	10.08	—	—	—	—	1.612^{0}
106	Durchschnitt der 3 resp. 4 Gersten . .	„	16.16	10.35	—	—	—	2.42	11.78	—	—	—	2.88	—
107	Ged. m. 220 kg pro ha schwefels. Kalium	1878	18.51	8.81	—	—	—	2.66	10.81	—	—	—	3.26	1.730^{0}
108	Ged. m. 293 kg Superphosphat . .	„	16.89	8.39	—	—	—	2.45	10.09	—	—	—	2.95	1.615^{0}
109	Ged. m. 220 kg Peruguano	„	17.06	9.20	—	—	—	2.80	11.09	—	—	—	3.37	1.775
110	Ungedüngt	„	16.57	8.13	—	—	—	2.45	9.74	—	—	—	2.94	1.558
111	Durchschnitt der 4 Analysen	„	17.26	8.63	—	—	—	2.59	10.43	—	—	—	3.13	1.67
	Calbe a. d. Saale, Prov. Sachsen — pro ha ged. mit													
112	I. 300 kg, 2/5 Chili, 2/5 aufgeschl. Guano, 1/5 Baker-G.-Superph. .	1880	15.00	6.5	1.5	70.7	3.4	2.9	7.64	1.76	83.19	4.00	3.41	1.22
113	II. 300 kg roher Peruguano . .	„	15.00	6.5	1.4	69.5	4.0	3.6	7.64	1.65	81.78	4.70	4.23	1.22
114	III. 200 kg Chilisalpeter . . .	„	15.00	7.1	1.3	69.6	3.7	3.3	8.35	1.53	81.89	4.35	3.88	1.34
115	IV. 300 kg aufgeschl. Peruguano .	„	15.00	6.5	1.4	70.6	3.7	2.8	7.64	1.65	83.07	4.35	3.29	1.22
116	V. 200 kg Gemenge wie bei I. .	„	15.00	7.0	1.4	68.6	4.2	3.8	8.23	1.65	80.71	4.94	4.47	1.32
117	VI. 300 kg, 2/5 Chili, 3/5 aufgeschl. Guano	„	15.00	7.3	1.4	68.2	4.2	3.9	8.58	1.65	80.24	4.94	4.59	1.37
118	VII. 600 kg aufgeschl. Peruguano	„	15.00	11.2	1.6	62.8	4.6	4.8	13.17	1.88	73.90	5.41	5.64	2.11
119	VIII. 300 kg Chili u. 200 kg Baker-Guano-Superphosphat	„	15.00	9.6	1.6	63.4	6.0	4.4	11.29	1.88	74.60	7.06	5.17	1.81
120	IX. 600 kg roher Peruguano und 200 kg Superphosphat . . .	„	15.00	9.8	1.2	65.1	4.6	4.3	11.52	1.41	76.60	5.41	5.06	1.84
121	X. 600 kg, 2/5 Chili, 2/5 aufgeschl. Peruguano, 1/5 Baker-G.-Superph.	„	15.00	9.8	1.6	65.1	4.5	4.0	11.52	1.88	76.61	5.29	4.70	1.84
122	Mittel	„	15.00	8.13	1.44	67.36	4.29	3.78	9.56	1.69	79.37	5.05	4.33	1.53
	Nedlitz, Pr. Sachs.													
123	Ungedüngt	„	15.00	8.3	1.6	67.0	4.5	3.6	9.76	1.88	78.84	5.29	4.23	1.56
124	133 kg Chili	„	15.00	8.9	2.7	66.1	4.8	2.5	10.47	3.18	77.77	5.64	2.94	1.68
125	133 kg Chili u. 200 kg Superph.	„	15.00	8.4	2.5	66.6	4.6	2.9	9.88	2.94	78.36	5.41	3.41	1.58
126	133 kg Chili u. 125 kg präcipit. Kalkphosphat	„	15.00	8.2	2.2	67.2	4.5	2.9	9.64	2.59	79.07	5.29	3.41	1.54
127	Mittel	„	15.00	8.45	2.25	66.72	4.60	2.98	9.94	2.65	78.50	5.41	3.50	1.59
	Chevaliergerste, humoser Lehmboden													
128	Ungedüngt	1882	15.00	10.6	1.8	65.2	4.8	2.6	11.84	2.12	77.34	5.64	3.06	1.89
129	Mit Kainit gedüngt . .	„	15.00	10.5	1.2	65.1	4.7	3.5	12.35	1.41	77.77	5.53	2.94	1.98
130	Mit Kainit, Superphosphat und Chili gedüngt . .	„	15.00	8.2	1.5	67.4	5.3	2.6	9.64	1.76	79.31	6.23	3.06	1.54
131	Mit Melasseschlempe ged.	„	15.00	8.6	1.3	67.2	4.8	3.1	10.11	1.53	79.07	5.64	3.65	1.62

No. 102—111. C. Lintner. — Biedermann's agriculturchem. Centralbl. 1878. 225 u. 1879. 18. Der Gehalt an Nh. Substanz und Asche in der lufttrocknen Substanz von uns berechnet; ebenso der Gehalt an Nh. Substanz in der Trockensubstanz, da die in citirter Quelle nicht genau der üblichen Rechnung entsprach.
No. 112—131. M. Märcker (V.-St. Halle). — Privatmitthl.

No.	Bezeichnungen und Bemerkungen	Jahr der Untersuchung	In der ursprünglichen Substanz: Wasser %	Nh-Substanz %	Rohfett %	Nfr. Extractstoffe %	Rohfaser %	Asche %	In der Trockensubstanz: Nh-Substanz %	Rohfett %	Nfr. Extractstoffe %	Rohfaser %	Asche %	Stickstoff in der Trockensubstanz %
	Phosphat-Dünger.													
132	1. Knochenasche, Kaliumsulfat u. Natronsalpeter	—	14.2	10.0	—	—	—	2.75	11.65	—	—	—	3.20	1.86
133	2. Knochenasche aufgeschl., Chlorkalium u. Natronsalpeter	—	14.8	9.7	—	—	—	2.83	11.39	—	—	—	3.32	1.82
134	3. Coprolithen, Kaliumsulfat u. Natronsalpeter	—	14.9	10.8	—	—	—	2.97	12.69	—	—	—	3.49	2.03
135	4. Coprolithen aufgeschl., Chlorkalium u. Natronsalpeter	—	14.9	10.2	—	—	—	2.91	11.98	—	—	—	3.42	1.92
136	5. Knochenmehl, Kaliumsulfat u. Natronsalpeter	—	14.5	10.6	—	—	—	2.88	12.39	—	—	—	3.37	1.98
137	6. Knochenmehl aufgeschl., Chlorkalium u. Natronsalpeter	—	14.7	11.0	—	—	—	2.87	12.89	—	—	—	3.36	2.06
138	7. Guanophosphat, Kaliumsulfat u. Natronsalpeter	—	14.8	9.5	—	—	—	2.84	11.15	—	—	—	3.33	1.78
139	8. Guanophosphat aufgeschl., Chlorkalium u. Natronsalpeter	—	14.5	9.7	—	—	—	2.84	11.34	—	—	—	3.32	1.81
140	9. Apatit, Kaliumsulfat u. Natronsalp.	—	14.6	10.2	—	—	—	2.75	11.94	—	—	—	3.22	1.91
141	10. Apatit aufgeschl., Chlorkalium u. Natronsalpeter	—	14.6	10.2	—	—	—	2.71	11.94	—	—	—	2.17	1.91
142	11. (Kein Phosphat), Kaliumsulfat u. Natronsalpeter	—	15.3	8.6	—	—	—	2.79	10.15	—	—	—	3.29	1.62
143	12. Knochenasche allein	—	14.4	9.5	—	—	—	2.83	11.10	—	—	—	2.31	1.78
	Stickstoff-Dünger.													
144	13. Natronsalpeter, Knochenasche und Kaliumsulfat	—	14.9	9.3	—	—	—	2.71	10.93	—	—	—	3.18	1.75
145	14. Ammonsulfat, Knochensche u. Chlorkalium	—	15.1	10.6	—	—	—	2.80	12.49	—	—	—	3.30	2.00
146	15. Shoddy, Knochenasche u. Kaliumsulf.	—	15.3	8.4	—	—	—	2.85	9.91	—	—	—	3.36	1.59
147	16. Getrocknetes Blut, Knochenasche u. Kaliumsulfat	—	14.9	8.0	—	—	—	2.86	9.40	—	—	—	3.36	1.50
148	17. (Kein N), Knochenasche u. Kaliumsulfat	—	14.9	10.2	—	—	—	2.79	11.99	—	—	—	3.28	1.92
149	18. Natronsalpeter allein	—	15.0	9.9	—	—	—	2.79	11.64	—	—	—	3.28	1.86
	Kali-Dünger.													
150	19. Kaliumsulfat, Natronsalpeter und Knochenasche	—	15.5	10.6	—	—	—	2.80	12.54	—	—	—	3.31	2.01
151	20. Chlorkalium, Natronsalpeter und Knochenasche	—	14.6	8.6	—	—	—	2.76	10.07	—	—	—	3.23	1.61
152	21. (Kein K_2O), Natronsalpet. u. Knochenasche	—	15.0	10.8	—	—	—	2.72	12.70	—	—	—	3.20	2.03
153	22. Kaliumsulfat allein	—	15.3	8.2	—	—	—	2.61	9.68	—	—	—	3.08	1.55
	Guano's.													
154	23. Peruguano, Knochenasche u. Kaliumsulfat	—	15.3	8.2	—	—	—	2.82	9.68	—	—	—	3.33	1.55

No. 132—203. Andrew Aitken. — Separatabdr. aus Transactions of the Highland and Agricult. Soc. of Scotland vol. 13. Die untersuchten Gerstenproben wurden bei im Jahre 1879 ausgeführten Düngungsversuchen erhalten, die von No. 132—172 zu Pumpherston, No. 173—203 zu Harelaw, 2 Versuchsfeldern der Society. Bei erster Station war frisch gedüngt, bei letzter zur Vorfrucht. Jede Parzelle erhielt 20 Pfd. Phosphorsäure, 15 Pfd. Kali und 5 Pfd. Stickstoff oder $^2/_3$ oder $^4/_3$ davon.

No.	Bezeichnungen und Bemerkungen	Jahr der Untersuchung	In der ursprünglichen Substanz						In der Trockensubstanz					Stickstoff in der Trockensubstanz
			Wasser %	Nh-Substanz %	Rohfett %	Nfr. Extractstoffe %	Rohfaser %	Asche %	Nh-Substanz %	Rohfett %	Nfr. Extractstoffe %	Rohfaser %	Asche %	%
155	24. Fischguano, Knochenasche u. Kaliumsulfat	—	15.1	9.0	—	—	—	2.62	10.60	—	—	—	3.09	1.70
156	25. Ichaboeguano, Knochenasche u. Kaliumsulfat	—	15.3	9.3	—	—	—	2.90	10.97	—	—	—	3.42	1.76
157	26. Kunstguano	—	14.7	9.7	—	—	—	2.74	11.37	—	—	—	3.21	1.82
158	27. Ungedüngt	—	15.0	9.7	—	—	—	3.05	11.41	—	—	—	3.59	1.23
	Superphosphate.													
159	28. Knochenasche, $^1/_3$ aufgeschl., Ammonsulfat u. Chlorkalium	—	14.9	10.2	—	—	—	2.75	11.99	—	—	—	3.23	1.92
160	29. Knochenasche, $^2/_3$ aufgeschl., Ammonsulfat u. Chlorkalium	—	15.3	10.8	—	—	—	2.85	12.74	—	—	—	3.36	2.04
161	30. Knochenasche, $^3/_3$ aufgeschl., Ammonsulfat u. Chlorkalium	—	14.6	9.9	—	—	—	2.68	11.39	—	—	—	3.14	1.82
162	31 a. $^2/_3$ der Düngerquantitäten unter 1	—	15.1	9.9	—	—	—	2.97	11.66	—	—	—	3.50	1.86
163	31 b. $^4/_3$ der Düngerquantitäten unter 1	—	14.7	10.8	—	—	—	2.87	12.66	—	—	—	3.36	2.03
164	32 a. $^2/_3$ der Düngerquantitäten unter 2	—	15.0	9.3	—	—	—	2.94	10.94	—	—	—	3.46	1.75
165	32 b. $^4/_3$ der Düngerquantitäten unter 2	—	15.4	9.0	—	—	—	2.91	10.64	—	—	—	3.44	1.70
166	33 a. $^2/_3$ der Düngerquantitäten unter 14	—	15.5	8.6	—	—	—	3.08	10.17	—	—	—	3.64	1.63
167	33 b. $^4/_3$ der Düngerquantitäten unter 14	—	15.3	10.3	—	—	—	3.06	12.15	—	—	—	3.61	1.94
168	34 a. $^2/_3$ der Düngerquantitäten unter 20	—	14.5	9.7	—	—	—	2.79	11.34	—	—	—	3.36	1.81
169	34 b. $^4/_3$ der Düngerquantitäten unter 20	—	14.8	9.9	—	—	—	2.82	11.62	—	—	—	3.31	1.85
170	35 a. Rapsmehl, Knochenasche u. Kaliumsulfat	—	14.7	9.3	—	—	—	2.78	10.90	—	—	—	3.26	1.74
171	35 b. Mehl, Baumwollesamenk. (v. gesch. Samen), Knochenasche u. Kaliumsulfat	—	14.8	8.6	—	—	—	2.71	10.10	—	—	—	3.18	1.61
172	Mittel der 40 Analysen	—	14.9	9.7	—	—	—	2.82	11.40	—	—	—	3.31	1.82
	Gerste nach in folgender Weise gedüngtem Turnips (Swedes), Versuche zu Harelaw 1879.													
	Phosphat-Dünger.													
173	1. Knochenasche, Kaliumsulfat u. Natronsalpeter	—	14.8	8.8	—	—	—	3.00	10.31	—	—	—	3.52	1.65
174	2. Knochenasche aufgeschl., Chlorkalium u. Natronsalpeter	—	14.5	10.6	—	—	—	3.10	12.39	—	—	—	3.62	1.98
175	3. Coprolithen, Kaliumsulfat u. Natronsalpeter	—	13.8	9.5	—	—	—	3.01	11.02	—	—	—	3.56	1.76
176	4. Coprolithen aufgeschl., Chlorkalium u. Natronsalpeter	—	14.4	11.5	—	—	—	3.06	13.43	—	—	—	3.57	2.15
177	5. Knochenmehl, Kaliumsulfat u. Natronsalpeter	—	15.5	9.6	—	—	—	3.06	11.36	—	—	—	3.62	1.82
178	6. Knochenmehl aufgeschl., Chlorkalium u. Natronsalpeter	—	14.2	11.0	—	—	—	3.17	12.82	—	—	—	3.69	2.05
179	7. Guanophosphat, Kaliumsulfat u. Natronsalpeter	—	14.4	11.0	—	—	—	3.08	12.85	—	—	—	3.60	2.06
180	8. Guanophosphat aufgeschl., Chlorkalium u. Natronsalpeter	—	15.6	9.7	—	—	—	3.17	11.49	—	—	—	3.76	1.84
181	9. Apatit, Kaliumsulfat u. Natronsalpeter	—	14.9	9.7	—	—	—	3.33	11.40	—	—	—	3.91	1.82
182	10. Apatit aufgeschl., Chlorkalium u. Natronsalpeter	—	14.4	11.0	—	—	—	3.09	12.85	—	—	—	3.61	2.06
183	11. (Kein Phosphat), Kaliumsulfat und Natronsalpeter	—	14.1	9.3	—	—	—	3.18	10.83	—	—	—	3.70	1.73

No.	Bezeichnungen und Bemerkungen	Jahr der Untersuchung	In der ursprünglichen Substanz: Wasser	Nh-Substanz	Rohfett	Nfr. Extractstoffe	Rohfaser	Asche	In der Trockensubstanz: Nh-Substanz	Rohfett	Nfr. Extractstoffe	Rohfaser	Asche	Stickstoff in der Trockensubstanz
			%	%	%	%	%	%	%	%	%	%	%	%
184	12. Knochenasche allein	—	14.7	9.1	—	—	—	3.18	10.66	—	—	—	3.73	1.71
	Stickstoff-Dünger.													
185	13. Natronsalpeter, Knochenasche und Kaliumsulfat	—	14.5	9.7	—	—	—	3.08	11.34	—	—	—	3.60	1.81
186	14. Ammonsulfat, Knochenasche u. Chlorkalium	—	14.7	10.5	—	—	—	3.13	12.31	—	—	—	3.67	1.97
187	15. Shoddy, Knochenasche u. Kaliumsulfat	—	14.1	9.7	—	—	—	2.78	11.29	—	—	—	3.24	1.81
188	16. Getrocknetes Blut, Knochenasche u. Kaliumsulfat	—	14.3	9.5	—	—	—	3.17	11.09	—	—	—	3.70	1.77
189	17. (Kein N), Knochenasche u. Kaliumsulfat	—	14.1	8.8	—	—	—	2.98	10.24	—	—	—	3.47	1.64
190	18. Natronsalpeter allein	—	14.8	9.1	—	—	—	2.99	10.68	—	—	—	2.34	1.71
	Kali-Dünger.													
191	19. Kaliumsulfat, Natronsalpeter und Knochenasche	—	14.9	8.8	—	—	—	2.98	10.34	—	—	—	3.50	1.65
192	20. Chlorkalium, Natronsalpeter und Knochenasche	—	14.8	10.2	—	—	—	3.04	11.97	—	—	—	3.57	1.92
193	21. (Kein K_2O), Natronsalpeter u. Knochenasche	—	14.7	11.3	—	—	—	3.01	13.24	—	—	—	3.53	2.12
194	22. Kaliumsulfat allein	—	15.0	10.8	—	—	—	3.02	12.70	—	—	—	3.55	2.03
	Guano's.													
195	23. Peruguano, Knochenasche u. Kaliumsulfat	—	14.9	11.5	—	—	—	3.17	13.51	—	—	—	3.72	2.16
196	24. Fischguano, Knochenasche u. Kaliumsulfat	—	15.0	9.9	—	—	—	3.03	11.64	—	—	—	3.56	1.86
197	25. Ichaboeguano, Knochenasche, u. Kaliumsulfat	—	14.8	10.6	—	—	—	3.33	12.44	—	—	—	3.91	1.99
198	26. Kunstguano	—	15.5	10.8	—	—	—	3.05	12.78	—	—	—	3.61	2.06
199	27. Ungedüngt	—	15.8	10.6	—	—	—	3.11	12.57	—	—	—	3.69	2.01
	Superphosphate.													
200	28. Knochenasche, $^1/_3$ aufgeschl., Ammonsulfat u. Chlorkalium	—	15.5	9.8	—	—	—	3.44	11.59	—	—	—	4.07	1.85
201	29. Knochenasche, $^2/_3$ aufgeschl., Ammonsulfat u. Chlorkalium	—	14.3	9.3	—	—	—	3.05	10.85	—	—	—	3.56	1.74
202	30. Knochenasche, $^3/_3$ aufgeschl., Ammonsulfat u. Chlorkalium	—	15.6	10.2	—	—	—	3.00	12.09	—	—	—	3.56	1.93
203	Mittel der 30 Analysen	—	14.7	10.0	—	—	—	3.09	11.72	—	—	—	3.62	1.88
	Gew. v. 1000 Körn. g													
204	Ungedüngt 38.3	1885	—	14.62	—	—	—	—	—	—	—	—	—	—
205	Desgl. 38.6	"	—	15.00	—	—	—	—	—	—	—	—	—	—
206	Chilisalpeter 35.9	"	—	14.62	—	—	—	—	—	—	—	—	—	—
207	Chilisalpeter 34.5	"	—	16.69	—	—	—	—	—	—	—	—	—	—
208	Chilisalpeter u. Superphosphat . 34.5	"	—	15.87	—	—	—	—	—	—	—	—	—	—
209	Desgl. 37.1	"	—	16.00	—	—	—	—	—	—	—	—	—	—
210	Mittel 36.5	"	—	15.47	—	—	—	—	—	—	—	—	—	—

No. 204—210. W. Hoffmeister (V.-St. Insterburg). — Landw. Jahrbücher. 15. (1886.) 865. Die untersuchte Gerste war auf durch langjährige Anreicherung (menschliche Excremente) in hohem Culturzustande befindlichem, reinem Sandboden gewachsen; die oben angegebene Düngung war auf den Ertrag ohne Einfluss. Vergl. auch Gerstenkörner in verschiedener Grösse.

No.	Bezeichnungen und Bemerkungen		Jahr der Untersuchung	In der ursprünglichen Substanz: Wasser %	Nh-Substanz %	Rohfett %	Nfr. Extractstoffe %	Rohfaser %	Asche %	In der Trockensubstanz: Nh-Substanz %	Rohfett %	Nfr. Extractstoffe %	Rohfaser %	Asche %	Stickstoff in der Trockensubstanz %
211	Ungedüngt		1881	20.68	7.47	1.74	64.38	3.85	1.88P	9.42	2.19	81.17	4.85	2.37	1.51
212	Mit Chilisalpeter gedüngt		„	21.43	8.57	1.75	62.79	3.65	1.81P	10.91	2.23	79.91	4.65	2.30	1.75
		Hectol.-Gew. kg													
213	100 kg Chilisalpeter, Saalgerste .	67.2	1885	15.00	9.19	—	—	—	—	10.81	—	—	—	—	1.73
214	200 kg Chilisalpeter, Saalgerste .	67.0	„	15.00	9.48	—	—	—	—	11.15	—	—	—	—	1.78
215	100 kg Chilisalpeter, Dänische .	67.2	„	15.00	9.11	—	—	—	—	10.71	—	—	—	—	1.71
216	200 kg Chilisalpeter, Dänische .	66.8	„	15.00	9.56	—	—	—	—	11.24	—	—	—	—	1.80
217	100 kg Chilisalpeter, Mährische .	67.8	„	15.00	9.18	—	—	—	—	10.80	—	—	—	—	1.73
218	200 kg Chilisalpeter, Mährische .	67.5	„	15.00	9.78	—	—	—	—	11.50	—	—	—	—	1.84
219	100 kg Chilisalpeter, Slowakische	67.3	„	15.00	8.92	—	—	—	—	10.49	—	—	—	—	1.68
220	200 kg Chilisalpeter, Slowakische	66.7	„	15.00	9.52	—	—	—	—	11.20	—	—	—	—	1.80
221	100 kg Chilisalp. v. Trotha'sche G.	67.9	1886	15 00	8.88	—	—	—	—	10.44	—	—	—	—	1.67
222	100 kg schwefels. Ammoniak, v. Trotha'sche G.	68.0	„	15.00	8.83	—	—	—	—	10.38	—	—	—	—	1.66
223	100 kg. Chilisalpeter, Saalgerste	68.1	„	15.00	8.76	—	—	—	—	10.30	—	—	—	—	1.65
224	100 kg schwefels. Ammon., Saalg.	68.2	„	15.00	8.78	—	—	—	—	10.33	—	—	—	—	1.65
225	100 kg Chilisalpeter, Dänische .	67.8	„	15.00	8.80	—	—	—	—	10.35	—	—	—	—	1.66
226	100 kg Ammoniaksalz, Dänische	68.1	„	15.00	8.73	—	—	—	—	10.27	—	—	—	—	1.64
227	100 kg Chilisalpeter, Slowakische	68.0	„	15.00	8.77	—	—	—	—	10.32	—	—	—	—	1.65
228	100 kg Ammoniaksalz, Original .	68.2	„	15.00	8.71	—	—	—	—	10.24	—	—	—	—	1.64
229	100 kg Chilisalp., Slowak. Landg.	67.1	„	15 00	9.08	—	—	—	—	10.68	—	—	—	—	1.71
230	100 kg Ammoniaksalz, Slow. Landg.	67.0	„	15.00	8.89	—	—	—	—	10.45	—	—	—	—	1.67

Gerstenkörner, unter Einfluss des Bodens.

Sand- und Kiesboden.

No.	Bezeichnungen und Bemerkungen	No. d. Haupttabelle	Jahr der Untersuchung	Wasser %	Nh-Substanz %	Rohfett %	Nfr. Extractstoffe %	Rohfaser %	Asche %	Nh-Substanz %	Rohfett %	Nfr. Extractstoffe %	Rohfaser %	Asche %	Stickstoff in der Trockensubstanz %
1	Schottland, scharfer Kies . . .	40	1856	12.76	8.22	—	—	—	2.51	9.43	—	—	—	2.88	1.508
2	Desgl., leichter Sandboden . . .	41	„	14.08	8.10	—	—	—	2.39	9.43	—	—	—	2.78	1.508
3	Desgl., sandiger Boden	44	„	14.30	8.69	—	—	9 67	2.82	10.14	—	—	11.28	3.29	1.62
4	Desgl., sandiger Boden	49	„	12.47	9.39	—	—	5.25	2.56	10.72	—	—	6.00	2.92	1.72
5	Desgl., leichter, sandiger Boden .	54	„	14.55	11.86	—	—	8.09	2.18	13.88	—	—	9.47	2.55	2.22
6	Desgl., leichter Sandboden . . .	55	„	13.87	11.38	—	—	11.10	2.72	13.21	—	—	12.89	3.16	2.11
	Mittel			14.05[1])	9.57	—	65.35	8.51	2.52	11.14	—	76.03	9.90	2.93	1.78

No. 211 u. 212. Emmerling. — Von M. Märcker in der Magdeburger Ztg. No. 439 1881 mitgetheilt. Eine Fläche von gleichmässigem Bestand wurde in 2 Parzellen à 1 are Fläche abgetheilt, von welcher die eine mit 4 Pfund Chilisalpeter gedüngt wurde.

No. 213—220. M. Märcker (V.-St. Halle). — Separatabdr. aus der Magdeburgischen Ztg. 1885. No. 443 u. 455. Vergl. Analysen unter 185—188 der Haupttabelle. Die Gersten wurden auf 19 verschiedenen Gütern der preuss. Provinz Sachsen angebaut unter Anwendung von 100 bezw. 200 kg Chilisalpeter pro ha. Die oben angegebenen Gehalte an Proteïn sind die berechneten Mittel von bei 17 bezw. 16 Proben erhaltenen Resultaten und betrugen die Extreme

	bei Saalgerste		Dänische G.		Mährische G.		Slowakische G.	
	100	200	100	200	100	200	100	200 kg Chilisalpeter
Maximum . . .	12.2	11.6	10.9	12.5	10.8	12.2	13.2	13.2 % Proteïn
Minimum . . .	7.5	7.9	7.7	8.1	8.2	8.4	7.5	7.7 „ „

No. 221—230 M. Märcker (V.-St. Halle). — Separatabdr. d. Magdeb. Ztg. 1886. No. 513, 527 u. 537. Vergl. Analysen unter No. 191—195 der Haupttabelle. Die Gersten wurden auf 12 verschiedenen Gütern der preuss. Provinz Sachsen angebaut. Die angegebenen Düngermengen beziehen sich auf 1 ha. Die für Proteïn angegebenen Zahlen sind Mittelzahlen, berechnet aus dem Proteïngehalt von je 12 Proben Gerste gleicher Saat und gleicher Düngung. Die Extreme im Proteïngehalt betrugen: (a. Chilisalpeter, b. Ammoniaksalz.)

	v. Trotha'sche		Saalgerste		Dänische G.		Slowakische G.		Slowak. Landg.	
	a.	b.	a.	b.	a.	b.	a.	b.	a.	b.
Maximum . .	11.4	10.7	11.5	11.3	10.6	10.7	11.1	11.1	11.4	10.8 % Proteïn
Minimum . .	7.1	7.3	7.1	7.6	7.1	7.0	7.2	7.1	7.7	7.5 „ „

(Zu bemerken ist, dass sich sämmtliche Maxima auf ein und dasselbe Gut — Rossla —, die Minima auf ein und dasselbe Gut — Schlanstedt — beziehen).

[1]) Nach der Haupttabelle angenommen; das wirkliche Mittel beträgt 14.02 %.

No.	Bezeichnungen und Bemerkungen	No. d. Haupttabelle	Jahr der Untersuchung	In der ursprünglichen Substanz						In der Trockensubstanz					Stickstoff in der Trockensubstanz
				Wasser %	Nh-Substanz %	Rohfett %	Nfr. Extractstoffe %	Rohfaser %	Asche %	Nh-Substanz %	Rohfett %	Nfr. Extractstoffe %	Rohfaser %	Asche %	%
	Lehmiger Sand.														
7	„Guter Gerstenboden", schwarze abessynische Gerste	93	1858	13.22	12.96	—	—	—	1.56	14.94	—	—	—	1.80	2.39°
8	Mittel von 6 verschieden gedüngten Gersten	110	„	14.13	12.81	—	—	4.58	2.84	14.93	—	—	5.34	3.31	2.39
9	Desgl., etwas feuchtes Jahr . .	111	1860	16.28	10.16	1.43	62.37	6.48	3.28	12.13	1.71	74.68	7.56	3.92	1.94
10	Lehmiger, humoser Sand . . .	180	1882	15.00	8.40	1.60	68.20	3.90	2.90	9.88	1.88	80.24	4.59	3.41	1.58
	Mittel			14.05[1]	11.15	1.55	65.57	5.01	2.67	12.97	1.80	76.29	5.83	3.11	2.08
	Sandiger Lehm, leichter Lehmboden.														
11	Wintergerste	68	1854	16.14	8.39	—	—	8.48	2.27	10.00	—	—	10.11	2.71	1.60
12	Triesdorf, 2 zeilige Gerste . . .	80	1856	14.02	10.50	—	—	3.24	—	12.25	—	—	—	2.79	1.96°
13	Sommergerste, schwere	107	1855	14.89	10.00	1.20	64.52	6.23	3.16	11.75	1.41	75.81	7.32	3.71	1.88
14	Desgl., leichte	108	„	15.02	10.00	1.02	63.56	7.01	3.39	11.77	1.20	74.79	8.25	3.99	1.89
15	Gegend von Cassel	153	1880	16.03	10.81	1.84	63.37	4.27	2.68	12.87	2.19	76.66	5.09	3.19	2.06
16	Chevaliergerste	182	1882	15.00	8.80	1.40	67.50	4.70	2.60	10.35	1.65	79.41	5.53	3.06	1.70
17	Desgl.	183	„	15.00	8.80	1.60	66.60	4.60	3.40	10.35	1.88	78.36	5.41	4.00	1.70
18	Mittel vieler Analysen aus den Jahrgängen 1852—57 . . .	18—29	1852/57	18.80	9.07	—	—	—	—	11.18	—	—	—	—	1.787
19	Aus Schottland	53	1856	14.22	10.25	—	—	—	2.60	11.95	—	—	11.75	3.03	1.91
	Mittel			14.05[2]	9.79	1.44	65.21	6.67	2.84	11.39	1.67	75.99	7.64	3.31	1.83
	Thoniger Lehm, schwerer Lehmboden.														
20	Annatgerste	69	1854	14.18	11.02	—	—	6.43	2.60	12.84	—	—	7.49	3.03	2.05
21	Probsteigerste	70	„	14.07	11.04	—	—	7.30	2.40	12.85	—	—	8.49	2.79	2.06
22	Zweizeilige Gerste	75	1856	10.75	10.81	—	—	—	—	12.13	—	—	—	—	1.94°
23	Desgl., kalkhaltiger Lehmboden .	77	„	13.02	9.94	—	—	—	—	11.44	—	—	—	2.63	1.83°
24	Desgl., reicher Lehmboden .	83	1857	13.25	10.75	2.04	63.46	7.89	2.51	12.39	2.35	73.27	9.10	2.89	1.98
25	Desgl., kräftiger Lehmboden . .	85	1858	13.42	11.13	2.16	65.23	5.52	2.54	12.86	2.49	75.34	6.38	2.93	2.06
26	Desgl., reicher Lehmboden . .	86	„	13.64	11.43	1.83	60.88	9.63	2.59	13.24	2.12	70.49	11.15	3.00	2.12
27	Desgl., kräftiger Lehmboden . .	88	„	13.50	10.50	2.30	65.25	5.93	2.52	12.14	2.66	75.43	6.86	2.91	1.94
28	Desgl., feuchter kalkgründig. Lehmboden	90	1854	13.60	9.13	—	—	—	2.50	10.53	—	—	—	2.92	1.685°
29	Jerusalemgerste	92	1858	—	—	—	—	—	—	15.00	—	—	—	2.83	2.40°
30	Sandiger Thonboden	120	—	12.20	12.86	—	—	5.50	2.52	14.65	—	—	6.26	2.87	2.34
31	. . . .	130	—	9.46	15.43	—	—	—	—	17.04	—	—	—	—	2.726
32	Chevaliergerste	179	1882	15.00	6.70	1.30	67.90	5.40	3.70	7.88	1.53	79.89	6.35	4.35	1.26
33	Desgl., Höhenlage	181	—	15.00	8.80	1.60	66.70	4.90	3.00	10.35	1.88	78.48	5.76	3.53	1.70
34	Von Scharrachbergheim, Elsass .	—	1879/80	14.14	10.36	—	—	—	—	12.07	—	—	—	—	1.931°
35	Aus Schottland, Chevaliergerste .	38	1856	14.82	6.91	—	—	—	3.13	8.11	—	—	—	3.67	1.298
36	Desgl.	39	„	14.85	10.30	—	—	—	1.10	12.09	—	—	—	1.29	1.935
	Mittel			14.05[3]	10.49	1.87	64.56	6.48	2.55	12.21	2.17	75.11	7.54	2.97	1.95

[1]) Nach der Haupttabelle angenommen; das wirkliche Mittel beträgt 14.41 %.
[2]) Nach der Haupttabelle angenommen; das wirkliche Mittel beträgt 15.05 %.
[3]) Nach der Haupttabelle angenommen; das wirkliche Mittel beträgt 13.21 %.

No.	Bezeichnungen und Bemerkungen	No. d. Haupttabelle	Jahr der Untersuchung	In der ursprünglichen Substanz: Wasser %	Nh-Substanz %	Rohfett %	Nfr. Extractstoffe %	Rohfaser %	Asche %	In der Trockensubstanz: Nh-Substanz %	Rohfett %	Nfr. Extractstoffe %	Rohfaser %	Asche %	Stickstoff in der Trockensubstanz %
	Thonboden.														
37	Fetter Thon, Gelchsheim	81	1856	13.24	10.44	—	—	—	—	12.00	—	—	—	—	1.92°
38	Schwerster Thonboden, 1865er	119	1865	12.60	11.64	—	—	4.98	2.48	13.32	—	—	5.70	2.84	2.13
39	Granitverwitterungsboden	134	1868	11.66	15.81	1.81	63.00	5.13	2.59	17.90	2.05	71.31	5.81	2.93	2.86
40	Desgl.	135	1869	13.79	13.81	2.17	61.49	5.66	3.08	16.02	2.52	71.32	6.57	3.57	2.56
41	Desgl.	136	1870	14.44	10.53	2.83	66.13	3.59	2.53	12.31	3.31	77.22	4.20	2.96	1.97
42	Desgl.	137	1871	16.76	9.96	2.05	65.18	3.55	2.50	11.96	2.46	78.32	4.26	3.00	1.91
43	Desgl.	138	1872	14.43	13.63	2.33	61.18	4.97	3.46	15.93	2.52	71.50	5.81	4.04	2.55
44	Desgl.	139	„	15.17	10.69	2.27	62.16	6.05	3.66	12.60	2.68	73.27	7.13	4.32	2.02
45	Desgl.	140	1873	16.51	10.86	3.08	63.20	3.52	2.83	13.00	3.69	75.75	4.17	3.39	2.08
46	Desgl.	141	„	21.59	10.20	2.89	59.35	3.31	2.66	13.01	3.68	75.70	4.22	3.39	2.09
47	Desgl.	142	1875	14.70	14.00	2.75	62.27	4.09	2.19	16.41	3.22	73.01	4.79	2.57	2.63
48	Desgl.	143	„	14.87	13.97	2.74	62.15	4.08	2.19	16.40	3.22	73.01	4.79	2.57	2.63
49	Desgl.	144	„	17.56	13.53	2.66	60.18	3.95	2.12	16.41	3.23	73.00	4.79	2.57	2.63
50	Elsass, schwerer Thonboden	—	1879/80	11.98	—	—	—	—	—	10.58	—	—	—	—	1.690°
51	Schottland, schwerer, rother Thon	42	1856	15.29	7.96	—	—	5.65	4.70	9.43	—	—	6.67	5.57	1.508
52	Desgl., Thonboden	43	„	14.43	9.37	—	—	5.23	2.42	10.94	—	—	6.11	2.83	1.751
53	Desgl., flacher Thonboden	47	„	14.60	8.97	—	—	11.10	1.19	10.50	—	—	(13.00)	2.22	1.68
54	Desgl., tiefer, schwerer Boden	52	„	13.48	7.37	—	—	—	2.88	—	—	—	—	—	—
	Mittel			14.05[1])	11.56	2.54	63.59	4.61	3.65	13.45	2.96	74.98	5.36	3.25	2.15
	Kalkboden.														
55	Vierzeil. v. Schleissheim (flachgründiger magerer Kalkboden)	73	1856	13.16	11.62	—	—	—	—	13.44	—	—	—	—	2.15°
56	Zweizeil. v. Schleissheim (flachgründiger magerer Kalkboden)	74	„	13.77	11.87	—	—	—	—	13.75	—	—	—	2.69	2.20°
57	Saatfrucht, Schleissheim (flachgründiger magerer Kalkboden)	84	1858	13.30	11.44	2.00	62.21	8.11	2.54	13.19	2.31	72.22	9.35	2.93	2.11
58	Zweizeil. v. Schleissheim (flachgründiger magerer Kalkboden)	87	„	13.51	11.54	2.10	63.18	7.14	2.53	13.34	2.43	73.06	8.25	2.92	2.13
59	Gerste von Helenenberger Kalkboden, 1865er	121	—	11.76	11.64	—	—	4.48	2.52	13.19	—	—	5.08	2.86	2.11
60	Desgl., 1864er	122	—	12.10	11.37	—	—	4.35	2.36	12.94	—	—	4.95	2.69	2.07
61	Gerste von Meckel	124	—	11.94	12.00	—	—	4.27	2.66	13.63	—	—	4.85	3.02	2.18
62	Gerste von Königshofen, Elsass, schwerer Kalkboden	—	1879/80	12.33	9.98	—	—	—	—	11.38	—	—	—	—	1.820°
63	Gerste v. Murhof, Elsass, leichter, sandiger Kalkboden	—	„	12.25	7.99	—	—	—	—	9.10	—	—	—	—	1.456°
	Mittel			14.05[2])	10.91	2.04	65.42	5.23	2.45	12.66	2.37	76.03	6.09	2.85	2.03

Gerstenkörner, glasige und mehlige.*)

a. glasige.

No.	Bezeichnungen und Bemerkungen	No. d. Haupttabelle	Jahr der Untersuchung	Wasser %	Nh-Substanz %	Rohfett %	Nfr. Extractstoffe %	Rohfaser %	Asche %	Nh-Substanz %	Rohfett %	Nfr. Extractstoffe %	Rohfaser %	Asche %	Stickstoff in der Trockensubstanz %
1	Nackte Gerste von Tunis	91	1858	12.00	—	—	—	—	—	15.62	—	—	—	—	2.50°
2	Sechszeilige Gerste von Triesdorf	95	„	8.70	—	—	—	—	—	13.00	—	—	—	—	2.08°
3	Nackte Gerste von Poppelsdorf	102	„	—	—	—	—	—	—	10.19	—	—	—	2.53	1.63°
4	Dreizeilige nackte ägyptische von Triesdorf	104	„	—	—	—	—	—	—	9.69	—	—	—	—	1.55°

[1]) Nach der Haupttabelle angenommen; das wirkliche Mittel beträgt 14.02 %

[2]) Nach der Haupttabelle angenommen; das wirkliche Mittel beträgt 12.68 %.

Gerstenkörner, glasige und mehlige.

*) Zur Gruppirung der Gersten in glasige und mehlige Körner wurden nur solche verwendet, die als solche bezeichnet wurden.

No.	Bezeichnungen und Bemerkungen	No. d. Haupttabelle	Jahr der Untersuchung	In der ursprünglichen Substanz: Wasser %	Nh-Substanz %	Rohfett %	Nfr. Extractstoffe %	Rohfaser %	Asche %	In der Trockensubstanz: Nh-Substanz %	Rohfett %	Nfr. Extractstoffe %	Rohfaser %	Asche %	Stickstoff in der Trocken-Substanz %
5	Aus Emersleben, Saalgerste		1885	15.00	10.30	—	—	—	—	12.11	—	—	—	—	1.94
6	Aus Schlanstedt, Slowakische		„	15.00	9.90	—	—	—	—	11.64	—	—	—	—	1.86
7	Aus Schraplau, v. Trotha'sche Chevalierg.		1886	15.00	9.80	—	—	—	—	11.52	—	—	—	—	1.84
8	Aus Leimbach, v. Trotha'sche Chevalierg.		„	15.00	10.00	—	—	—	—	11.76	—	—	—	—	1.88
9	Aus Trotha, v. Trotha'sche Chevalierg.		„	15.00	10.00	—	—	—	—	11.76	—	—	—	—	1.88
10	Aus Juliushof, Saalgerste		„	15.00	9.30	—	—	—	—	10.94	—	—	—	—	1.75
11	Aus Schraplau, Saalgerste		„	15.00	10.20	—	—	—	—	12.00	—	—	—	—	1.92
12	Aus Juliushof, Dänische Gerste . . .		„	15.00	9.40	—	—	—	—	11.00	—	—	—	—	1.76
13	Aus Schraplau, Dänische Gerste . . .		„	15.00	8.90	—	—	—	—	10.47	—	—	—	—	1.68
14	Aus Leimbach, Dänische G., Chilisalpeter		„	15.00	9.30	—	—	—	—	10.94	—	—	—	—	1.75
15	Desgl., Ammoniaksalz		„	15.00	9.40	—	—	—	—	11.00	—	—	—	—	1.76
16	Aus Winningen, Slowakische Gerste .		„	15.00	9.20	—	—	—	—	10.82	—	—	—	—	1.73
17	Aus Kirchengel, Slowakische G., Chilisalp.		„	15.00	8.80	—	—	—	—	10.35	—	—	—	—	1.66
18	Desgl., Ammoniaksalz		„	15.00	8.80	—	—	—	—	10.35	—	—	—	—	1.66
19	Aus Winningen . . . } Slowakische Landgerste, Chilisalpeter		„	15.00	10.20	—	—	—	—	12.00	—	—	—	—	1.92
20	Aus Kirchengel . . . }		„	15.00	8.50	—	—	—	—	10.00	—	—	—	—	1.60
21	Aus Leimbach . . . }		„	15.00	10.90	—	—	—	—	12.82	—	—	—	—	2.05
22	Aus Mahndorf . . . }		„	15.00	9.40	—	—	—	—	11.00	—	—	—	—	1.76
23	Aus Sülldorf . . . . } Slowakische Landgerste, Ammoniaksalz		„	15.00	8.90	—	—	—	—	10.47	—	—	—	—	1.68
24	Aus Schlanstedt . . . }		„	15.00	7.50	—	—	—	—	8.82	—	—	—	—	1.41
25	Aus Leimbach . . . }		„	15.00	9.80	—	—	—	—	11.52	—	—	—	—	1.84
	b. mehlige.														
1	Schwarze abessynische aus Eldena	93	1858	13.22	—	—	—	—	—	14.94	—	—	—	1.80	2.39°
2	Gerste von den Balearen . . .	94	„	10.33	—	—	—	—	—	14.06	—	—	—	1.93	2.25°
3	Nackte zweizeil. G. von Triesdorf	96	„	—	—	—	—	—	—	13.00	—	—	—	2.03	2.08°
4	Schwarze Winterg. aus Schottland	97	„	14.20	—	—	—	—	—	10.88	—	—	—	2.30	1.74°
5	Lange zweizeil. aus Triesdorf .	100	„	—	—	—	—	—	—	10.50	—	—	—	—	1.68°
6	Sommergerste aus Möglin . . .	105	„	—	—	—	—	—	—	8.56	—	—	—	—	1.37°
7	Slowakische Saatgerste mit 92 % mehligen Körnern*)	188	1885	15.00	7.70	—	—	—	—	9.06	—	—	—	—	1.45
8	Mährische Saatgerste, 90 % . .	189	„	15.00	7.70	—	—	—	—	9.06	—	—	—	—	1.45
9	Dänische Saatgerste, 90 % . .	190	„	15.00	7.70	—	—	—	—	9.06	—	—	—	—	1.45
10	Saal-Saatgerste, 80 %	191	„	15.00	8.10	—	—	—	—	9.53	—	—	—	—	1.52
11	Aus Schafstädt, Saalgerste, 84 % . .		„	15.00	9.00	—	—	—	—	10.58	—	—	—	—	1.69
12	Aus Bründel, Saalgerste, 86 % . . .		„	15.00	9.90	—	—	—	—	11.64	—	—	—	—	1.86
13	Aus Sülldorf, Saalgerste, 76 % . . .		„	15.00	8.20	—	—	—	—	9.64	—	—	—	—	1.54
14	Aus Schafstädt, Saalgerste, 96 % . .		„	15.00	8.1	—	—	—	—	9.53	—	—	—	—	1.52
15	Aus Bründel, 76 %		„	15.00	10.0	—	—	—	—	11.76	—	—	—	—	1.88
16	Aus Münchenhof, 78 %		„	15.00	11.2	—	—	—	—	13.07	—	—	—	—	2.09
17	Aus Sülldorf, 72 %		„	15.00	8.8	—	—	—	—	10.35	—	—	—	—	1.66
18	Aus Schafstädt, Dänische, 84 % . . .		„	15.00	10.0	—	—	—	—	11.76	—	—	—	—	1.88
19	Desgl., 96 %		„	15.00	8.2	—	—	—	—	9.64	—	—	—	—	1.54
20	Aus Bründel, Dänische, 94 % . . .		„	15.00	9.8	—	—	—	—	11.52	—	—	—	—	1.84
21	Desgl., 74 %		„	15.00	10.7	—	—	—	—	12.58	—	—	—	—	2.01
22	Aus Schwaneberg, Dänische, 90 % . .		„	15.00	8.8	—	—	—	—	10.35	—	—	—	—	1.66
23	Desgl., 88 %		„	15.00	8.2	—	—	—	—	9.64	—	—	—	—	1.54
24	Aus Münchenhof, Dänische, 82 % . .		„	15.00	10.3	—	—	—	—	12.11	—	—	—	—	1.94
25	Aus Sülldorf, Dänische, 84 % . . .		„	15.00	7.7	—	—	—	—	9.06	—	—	—	—	1.45

*) Die Procentzahlen unter No. 7—36 beziehen sich auf den Antheil mehliger Körner in der Gerste.

No.	Bezeichnungen und Bemerkungen		Jahr der Untersuchung	In der ursprünglichen Substanz: Wasser %	Nh-Substanz %	Rohfett %	Nfr. Extractstoffe %	Rohfaser %	Asche %	In der Trockensubstanz: Nh-Substanz %	Rohfett %	Nfr. Extractstoffe %	Rohfaser %	Asche %	Stickstoff in der Trockensubstanz %
26	Aus Schafstädt, Mährische, 88 %		1885	15.00	10.2	—	—	—	—	12.00	—	—	—	—	1.92
27	Desgl., 92 %		„	15.00	8.8	—	—	—	—	10.35	—	—	—	—	1.66
28	Aus Münchenhof, Mährische, 68 %		„	15.00	9.4	—	—	—	—	11.00	—	—	—	—	1.76
29	Aus Sülldorf, Mährische, 84 %		„	15.00	8.8	—	—	—	—	10.35	—	—	—	—	1.66
30	Aus Bründel, Slowakische, 94 %		„	15.00	8.8	—	—	—	—	10.35	—	—	—	—	1.66
31	Desgl., 80 %		„	15.00	9.9	—	—	—	—	11.64	—	—	—	—	1.86
32	Aus Schönewerda, Slowakische, 72 %		„	15.00	8.5	—	—	—	—	10.00	—	—	—	—	1.60
33	Aus Schwaneberg, Slowakische, 90 %		„	15.00	7.5	—	—	—	—	8.82	—	—	—	—	1.41
34	Aus Münchenhof, Slowakische, 92 %		„	15.00	9.4	—	—	—	—	11.00	—	—	—	—	1.76
35	Aus Sülldorf, Slowakische, 88 %		„	15.00	7.7	—	—	—	—	9.06	—	—	—	—	1.45
36	Desgl., 66 %		„	15.00	8.2	—	—	—	—	9.64	—	—	—	—	1.54
37	Aus Schafstädt, v. Trotha'sche Gerste		1886	—	8.4	—	—	—	—	9.88	—	—	—	—	1.58
38	Aus Schlanstedt		„	—	7.1	—	—	—	—	8.44	—	—	—	—	1.35
39	Aus Benkendorf, Slowakische Landgerste		„	—	8.4	—	—	—	—	9.88	—	—	—	—	1.58
40	Desgl.		„	—	8.2	—	—	—	—	9.64	—	—	—	—	1.54
		Amerikan. Analysen No.*)													
41	Four-rowed, Washington	17	1885	6.50	12.60	2.65	72.37	3.48	2.40	13.47	2.82	77.42	3.72	2.57	2.16
42	Fall, Wood, Wintergerste	27	„	6.25	10.50	2.40	73.13	4.65	3.07	11.20	2.56	78.00	4.96	3.28	1.79
43	Warren	28	„	6.81	10.15	2.58	72.91	4.00	3.55	10.89	2.77	78.25	4.29	3.80	1.74
44	Common Fall, Butler, Wintergerste	29	„	6.80	9.80	2.06	73.92	4.32	3.10	10.52	2.21	79.30	4.64	3.33	1.68
45	Common, Shelby	35	„	5.99	11.38	3.54	71.19	4.40	3.50	12.11	3.77	75.82	4.68	3.62	1.86
46	Spencer, Wintergerste	36	„	5.92	9.45	2.73	75.37	3.58	2.95	10.05	2.90	80.10	3.81	3.14	1.61
47	Four-rowed, Blue Earth	49	„	7.22	11.90	2.80	71.25	3.08	3.15	12.83	3.02	77.44	3.31	3.40	2.05
48	Two-rowed, Wassatch	66	„	7.70	10.50	2.53	72.99	2.88	3.40	11.37	2.74	79.09	3.12	3.68	1.82
49	Six-rowed, Contra-Costa	71	„	6.70	9.10	3.01	74.32	4.14	2.74	9.76	3.23	79.63	4.44	2.94	1.56
50	Solano	72	„	4.53	9.10	2.72	74.74	4.48	4.43	9.53	2.85	78.28	4.70	4.64	1.52
51	Canadagerste, zweite Qualität	81	„	7.85	10.50	2.72	72.76	3.22	2.95	11.39	2.95	78.97	3.49	3.20	1.82
52	Desgl.	84	„	8.43	9.80	2.63	72.55	3.41	3.18	10.69	2.86	79.26	3.72	3.47	1.71
	Mittel der glasigen Körner			14.05[1])	9.69	—	—	—	2.17	11.27	—	—	—	(2.53)	1.80
	Mittel der mehligen Körner			14.05[2])	9.22	2.48	67.82	3.50	2.93	10.73	2.89	78.90	4.07	3.41	1.72

Gerstenkörner, in verschiedener Grösse und Schwere.

No.	Bezeichnungen und Bemerkungen	No. d. Haupttabelle	Jahr der Untersuchung	Wasser %	Nh-Substanz %	Rohfett %	Nfr. Extractstoffe %	Rohfaser %	Asche %	Nh-Substanz %	Rohfett %	Nfr. Extractstoffe %	Rohfaser %	Asche %	Stickstoff in der Trockensubstanz %
1	Sommergerste v. Lehmboden, 1 hl = 68.1 kg	107	1855	14.89	10.00	1.20	64.52	6.23	3.16	11.75	1.41	75.81	7.32	3.71	1.88
2	Desgl., 1 hl = 37.8 kg	108	„	15.02	10.00	1.02	63.56	7.01	3.39	11.77	1.20	74.49	8.25	3.99	1.89
3	Desgl., 1 hl = 70.7 kg	71	1856	20.88	9.52	—	—	5.90	2.72	12.03	—	—	—	3.44	1.925⁰
4	Desgl., 1 hl = 53.9 kg	72	„	19.81	10.66	—	—	6.44	3.00	13.29	—	—	—	3.20	2.127⁰
5	Probsteier Gerste, grosse Körner	154	1879	10.93	11.51	—	—	4.74	2.47	12.94	—	—	—	—	2.07⁰
6	Desgl., kleine Körner	155	„	9.70	12.57	—	—	6.29	2.58	13.94	—	—	—	—	2.23⁰

*) Von den amerikanischen Gersten wurden unter die Gruppe „mehlige“ Gerste diejenigen aufgenommen, welche 70 und mehr Procent „mehlige“ und „halbmehlige“ Körner aufweisen.

1) Nach der Haupttabelle angenommen; das wirkliche Mittel beträgt 10.35 %.

2) Nach der Haupttabelle angenommen; das wirkliche Mittel beträgt 7.45 %.

Gerstenkörner, in verschiedener Grösse und Schwere.

No. 7—58. W. Hoffmeister (V.-St. Insterburg.) — Landw. Jahrb. 15. (1886.) 865. No. 7—9 sind das Mittel von je 6 Analysen verschieden gedüngter Gerste (Imperial-G.), welche auf einem fast reinen Sandboden, der aber seit längerer Zeit alljährlich reichlich mit menschlichen Excrementen gedüngt worden war und in hohem Culturzustand sich befand, gebaut worden war. No. 10—12 repräsentiren die Mittel von je 9 Analysen verschiedener, auf „anscheinend zu dürftigem“ Boden gewachsener Gersten. Auch die nachfolgenden Analysen unter No. 13—45 und 55—58 beziehen sich auf solche, auf dem Saatmarkte zu Insterburg gesammelter Gersten. Die Analysen unter No. 46—54 beziehen sich auf

No.	Bezeichnungen und Bemerkungen	Gew. v. 1000 Körn. g	Jahr der Untersuchung	In der ursprünglichen Substanz: Wasser %	Nh-Substanz %	Rohfett %	Nfr. Extractstoffe %	Rohfaser %	Asche %	In der Trockensubstanz: Nh-Substanz %	Rohfett %	Nfr. Extractstoffe %	Rohfaser %	Asche %	Stickstoff in der Trockensubstanz %
7	Grosse Körner, reicher Boden	49.9	1885	—	14.88	—	—	—	—	—	—	—	—	—	—
8	Mittlere Körner, reicher Boden	34.8	„	—	15.62	—	—	—	—	—	—	—	—	—	—
9	Kleine Körner, reicher Boden	20.8	„	—	16.81	—	—	—	—	—	—	—	—	—	—
10	Grosse Körner, dürftiger Boden	54.3	„	—	11.19	—	—	—	—	—	—	—	—	—	—
11	Mittlere Körner, dürftiger Boden	41.3	„	—	9.94	—	—	—	—	—	—	—	—	—	—
12	Kleine Körner, dürftiger Boden	29.1	„	—	9.69	—	—	—	—	—	—	—	—	—	—
13	Imperial-Gerste, grosse Körner	58.9	„	—	11.06	—	—	—	—	—	—	—	—	2.47	2.023[o]
14	Desgl., mittlere Körner	40.2	„	—	9.62	—	—	—	—	—	—	—	—	2.57	1.762[o]
15	Desgl., kleinere Körner	34.7	„	—	9.75	—	—	—	—	—	—	—	—	2.67	1.785[o]
16	Schwedische G., grosse Körner	69.0	„	—	10.56	—	—	—	—	11.95	—	—	—	1.93	1.913[o]
17	Desgl., mittlere Körner	51.4	„	—	9.69	—	—	—	—	11.06	—	—	—	1.77	1.771[o]
18	Desgl., kleine Körner	38.9	„	—	9.06	—	—	—	—	10.31	—	—	—	1.68	1.650[o]
19	Chevalier-G. (Orig.), grosse Körn.	53.7	„	—	8.81	—	—	—	—	9.98	—	—	—	2.65	1.597[o]
20	Desgl., mittlere Körner	42.6	„	—	8.62	—	—	—	—	—	—	—	—	—	—
21	Desgl., kleine Körner	34.5	„	—	8.75	—	—	—	—	9.84	—	—	—	2.72	1.574[o]
22	Schottische Gerste, in d. Probstei gebaut, grosse Körner	57.6	„	—	8.56	—	—	—	—	9.65	—	—	—	2.64	1.544[o]
23	Desgl., mittlere Körner	50.0	„	—	8.69	—	—	—	—	9.86	—	—	—	2.61	1.577[o]
24	Desgl., kleine Körner	31.8	„	—	8.94	—	—	—	—	10.16	—	—	—	2.68	1.626[o]
25	Hanna-G. (Orig.), grosse Körner	52.7	„	—	8.56	—	—	—	—	9.94	—	—	—	1.59	1.590[o]
26	Desgl., mittlere Körner	41.8	„	—	8.50	—	—	—	—	9.89	—	—	—	1.59	1.582[o]
27	Desgl., kleine Körner	27.0	„	—	8.81	—	—	—	—	10.25	—	—	—	1.64	1.640[o]
28	Probsteier, II. Saat, grosse Körn.	43.8	„	—	11.19	—	—	—	—	12.13	—	—	—	2.87	1.941[o]
29	Desgl., mittlere Körner	35.4	„	—	9.94	—	—	—	—	—	—	—	—	—	—
30	Desgl., kleine Körner	21.1	„	—	8.75	—	—	—	—	10.99	—	—	—	2.86	1.759[o]
31	Probsteier Gerste, grosse Körner	—	„	—	—	—	—	—	—	12.13	—	—	—	2.87	1.941[o]
32	Desgl., kleine Körner	—	„	—	—	—	—	—	—	11.00	—	—	—	2.86	1.759[o]
33	Desgl., grosse Körner	47.4	„	13.70	12.00	—	—	—	2.60	13.45	—	—	—	3.01	2.152[o]
34	Desgl., kleine Körner	27.9	„	—	11.19	—	—	—	—	12.73	—	—	—	3.00	2.036[o]
35	Desgl., grosse Körner	57.8	„	—	9.94	—	—	—	—	11.12	—	—	—	2.98	1.780[o]
36	Desgl., kleine Körner	29.6	„	—	8.44	—	—	—	—	9.66	—	—	—	2.50	1.546[o]
37	Desgl., grosse Körner	48.2	„	—	11.62	—	—	—	—	10.37	—	—	—	2.68	1.651[o]
38	Desgl., kleine Körner	21.5	„	—	10.75	—	—	—	—	11.80	—	—	—	2.99	1.886[o]
39	Desgl., grosse Körner	47.8	„	—	12.87	—	—	—	—	14.52	—	—	—	3.06	2.324[o]
40	Desgl., kleine Körner	26.6	„	—	12.31	—	—	—	—	14.80	—	—	—	3.21	2.369[o]
41	Desgl., grosse Körner	54.8	„	—	9.56	—	—	—	—	10.69	—	—	—	2.46	1.710[o]
42	Desgl., kleine Körner	32.6	„	—	7.87	—	—	—	—	8.70	—	—	—	2.32	1.394[o]
43	Desgl., grosse Körner	52.9	„	—	13.00	—	—	—	—	14.80	—	—	—	2.84	2.367[o]
44	Desgl., mittlere Körner	45.2	„	—	12.69	—	—	—	—	14.59	—	—	—	3.14	2.335[o]
45	Desgl., kleine Körner	32.0	„	—	12.81	—	—	—	—	15.49	—	—	—	3.25	2.479[o]
46	Mit Chilisalpeter gedüngt: grosse Körner	49.5	„	—	16.00	—	—	—	—	18.25	—	—	—	2.72	2.920[o]
47	mittlere Körner	33.6	„	—	17.19	—	—	—	—	19.51	—	—	—	2.65	3.121[o]
48	kleine Körner	19.1	„	—	17.81	—	—	—	—	20.19	—	—	—	3.08	3.233[o]
49	Ungedüngt: grosse Körner	48.5	„	—	13.75	—	—	—	—	15.12	—	—	—	2.68	2.420[o]
50	mittlere Körner	40.0	„	—	14.75	—	—	—	—	16.14	—	—	—	2.62	2.584[o]
51	kleine Körner	27.6	„	—	15.44	—	—	—	—	17.20	—	—	—	3.00	2.759[o]

dasselbe Material wie die unter 7—9. Die Nh. Substanz wurde von uns aus dem angegebenen N-gehalt berechnet. Der Wassergehalt ist im Original nicht angegeben und wurde von uns aus dem Verhältniss des Gehalts an Nh. Substanz in ursprünglicher und in der Trockensubstanz berechnet. Bei No. 37 ist im Original der N-Gehalt der Trockensubstanz niedriger angegeben, als der der ursprünglichen Substanz.

No.	Bezeichnungen und Bemerkungen	Gew. v. 1000 Körn. g	Jahr der Untersuchung	In der ursprünglichen Substanz: Wasser %	Nh-Substanz %	Rohfett %	Nfr. Extractstoffe %	Rohfaser %	Asche %	In der Trockensubstanz: Nh-Substanz %	Rohfett %	Nfr. Extractstoffe %	Rohfaser %	Asche %	Stickstoff in der Trockensubstanz %
52	Mit Chilisalp. u. Superphosph. gedüngt: grosse Körner	52.5	1885	—	15.00	—	—	—	—	16.42	—	—	—	2.72	2.627°
53	mittlere Körner	34.5	„	—	16.50	—	—	—	—	18.53	—	—	—	2.67	2.965°
54	kleine Körner	19.4	„	—	17.31	—	—	—	—	19.48	—	—	—	3.09	3.107°
55	Kleine Gerste: grosse Körner	44.0	„	—	9.37	—	—	—	—	—	—	—	—	—	—
56	mittlere Körner	35.1	„	—	8.94	—	—	—	—	—	—	—	—	—	—
57	kleine Körner	24.3	„	—	9.25	—	—	—	—	—	—	—	—	—	—
58	kleinste Körner	18.0	„	—	9.62	—	—	—	—	—	—	—	—	—	—
	Mittel der grossen Körner (No. 7—58)			14.05 [1])	10.93	—	—	—	2.27	12.72	—	—	—	2.64	2.04
	Mittel d. mittleren Körner (No. 7—58)			14.05 [2])	12.22	—	—	—	2.11	14.22	—	—	—	2.45	2.28
	Mittel der kleinen Körner (No. 7—58)			14.05 [3])	11.10	—	—	—	2.34	12.91	—	—	—	2.72	2.07

Gerste, ausgewachsene im Vergleich zu gut geernteter.

No.	Bezeichnungen und Bemerkungen	Jahr der Untersuchung	Wasser %	Nh-Substanz %	Rohfett %	Nfr. Extractstoffe %	Rohfaser %	Asche %	Tr.: Nh-Substanz %	Rohfett %	Nfr. Extractstoffe %	Rohfaser %	Asche %	Stickstoff in der Trockensubstanz %
1	Ausgewachsen	—	8.57	11.69	1.65	69.49	5.44	3.16	12.79	1.81	75.99	5.95	3.46	2.05
2	Normale	—	9.51	10.75	1.88	69.33	5.56	2.97	11.88	2.08	76.62	6.14	3.28	1.90
3	Beregnete Probsteier-G., im Anfange des Auswachsens	1885	14.76	11.45	1.67	64.00	5.72	2.40	13.43	1.96	75.08	6.71	2.82	1.832°
4	Nicht beregnete Probsteier-G.	„	12.34	11.25	1.98	66.11	6.12	2.20	12.83	2.26	75.42	6.98	2.51	1.80°
5	Chevalier-Gerste, gesund	„	10.24	10.58	1.86	69.27	5.28	2.77	11.79	2.07	77.17	5.88	3.09	1.886°
6	Desgl., beregnet nach 1 Tag	„	10.56	10.09	1.88	68.95	5.13	2.79	11.95	2.10	77.74	5.74	3.12	1.912°
7	Desgl., beregnet nach 5 Tagen	„	11.28	9.93	1.76	68.80	5.34	2.89	11.19	1.98	77.55	6.02	3.26	1.790°
8	Desgl., verbrüht(?)	„	13.75	10.71	1.64	66.24	5.09	2.57	12.19	1.90	77.03	5.90	2.98	1.950°
9	Desgl., ausgewachsen	„	37.16	7.95	1.01	47.98	3.94	1.96	12.65	1.61	76.35	6.27	3.12	2.024°

Gerstenkörner-Schrot.

Als Schrot bezeichnete, vermuthlich eines Theils ihres Mehles beraubte Gerste. Gekauftes Gerstenschrot.

No.	Bezeichnungen und Bemerkungen	Jahr der Untersuchung	Wasser %	Nh-Substanz %	Rohfett %	Nfr. Extractstoffe %	Rohfaser %	Asche %	Tr.: Nh-Substanz %	Rohfett %	Nfr. Extractstoffe %	Rohfaser %	Asche %	Stickstoff in der Trockensubstanz %
1	Der allgemeinen Tabelle entnommen	1871	12.47	14.31	5.50	49.79	13.27	4.66	16.34	6.28	56.91	15.15	5.32	2.61
2		„	13.19	11.94	5.09	52.92	10.49	6.37	13.75	5.86	60.97	12.08	7.34	2.20
3		1878	8.98	20.70	6.45	49.30	8.87	5.70	22.75	7.09	54.15	9.75	6.26	3.64
4		1873	11.80	13.00	2.70	56.10	10.80	5.60	14.94	3.10	63.12	12.41	6.43	2.39
5		1875	11.11	11.50	5.03	50.62	14.60	7.14	12.90	5.70	57.00	16.40	8.00	2.06

[1]) Nach der Haupttabelle angenommen; das wirkliche Mittel beträgt 12.32 %.
[2]) Nach der Haupttabelle angenommen; das wirkliche Mittel beträgt 12.32 %.
[3]) Nach der Haupttabelle angenommen; das wirkliche Mittel beträgt 9.70 %.

Gerste, ausgewachsene im Vergleich zu gut geernteter.

No. 1 u. 2. M. Märcker u. Lauenstein (V.-St. Halle). — Magdeburger Ztg. 1880. No. 479. Beide Proben stammen von ein und demselben Felde, das zur Hälfte ohne Regen abgeerntet werden konnte, während die Ernte der anderen Hälfte stark beregnet wurde, so dass die Gerstenkörner zum Auswachsen kamen. An Kohlehydraten enthielten die Gersten in Procenten der Trockensubstanz:

	Stärke, unlöslich	Stärke, löslich	Dextrin	Maltose
Ausgewachsen	52.34	1.17	2.44	14.70
Normal	62.02	1.76	2.14	3.12

Von 100 Theilen Stickstoff waren vorhanden in Form von

	Amiden	Ammoniak	löslichem Eiweiss	unlösl. Eiweiss
Ausgewachsen	22.2	2.2	1.8	73.8 %
Normal	1.5	2.4	4.6	91.5 „

No. 3–9. Fr. Farsky. — Biedermann's Centralbl. f. Agriculturchem. 15. 1886. (5. Ber. d. V.-St. Tabor 1886.) 1—9. In Procenten der Trockensubstanz enthielten die Gersten:

	No. 3	No. 4
K_2O	0.46 %	0.47 %
P_2O_5	0.82 „	0.79 „

In Procenten des Gesammt-N enthielten die Gersten:

	No. 3	4	5	6	7	8	9
N in Form von N_2O_5	Spur	0.08	—	—	—	—	—
N in Form von NH_3	0.54	0.57	0.58	0.60	0.58	0.60	0.72
N in Form von Amiden	20.00	1.50	1.63	3.26	4.32	21.12	24.32
N in Form von löslichem Eiweiss	2.77	4.52	5.01	4.77	5.25	3.08	3.53
N in Form von unlöslichem Eiweiss	76.69	93.33	92.78	91.37	89.85	75.20	71.43

An in Wasser löslichen Substanzen in Procenten der Trockensubstanz wurden gefunden:

	No. 3	4	5	6	7	8	9
Dextrin	1.05	2.12	2.45	2.28	2.05	1.67	2.92
Zucker (Dextrose und Maltose)	6.59	1.56	0.50	0.82	3.49	10.12	8.47
Andere lösliche Stoffe	6.35	4.72	5.42	5.50	5.28	4.42	5.32
Milchsäure	—	—	0.246	0.327	0.411	0.462	0.704

No.	Bezeichnungen und Bemerkungen	Jahr der Untersuchung	In der ursprünglichen Substanz						In der Trockensubstanz					Stickstoff in der Trockensubstanz
			Wasser %	Nh-Substanz %	Rohfett %	Nfr. Extractstoffe %	Rohfaser %	Asche %	Nh-Substanz %	Rohfett %	Nfr. Extractstoffe %	Rohfaser %	Asche %	%
6	Der allgemeinen Tabelle entnommen	1875	12.00	14.00	3.40	54.00	12.10	4.50	15.90	3.90	61.30	13.80	5.10	2.54
7		1876	14.47	12.81	4.70	50.97	10.96	6.09	14.97	5.49	59.61	12.81	7.12	2.40
8		1875	11.09	8.62	2.58	49.81	19.56	8.34	9.70	2.90	56.01	22.01	9.38	1.55
9		„	10.70	14.60	4.70	52.00	10.80	7.20	16.35	5.26	58.23	12.10	8.06	2.62
10		„	12.00	13.00	2.29	53.76	13.95	5.00	14.77	2.60	61.10	15.85	5.68	2.36
11		1877	10.70	8.75	1.90	66.53	7.98	4.14	9.80	2.13	74.49	8.94	4.64	1.57
12		„	10.84	11.75	3.67	53.32	12.97	7.45	12.58	4.12	60.39	14.55	8.36	2.01
13	Mittel von 3 Analysen	1878	10.60	13.00	3.90	55.70	9.80	6.90	14.55	4.36	62.40	10.97	7.72	2.33

V. Hafer.

Hafer. — Avena sativa L. — Avoine. — Oats.

No.	Bezeichnungen und Bemerkungen	Jahr der Untersuchung	Wasser %	Nh-Substanz %	Rohfett %	Nfr. Extractstoffe %	Rohfaser %	Asche %	Nh-Substanz %	Rohfett %	Nfr. Extractstoffe %	Rohfaser %	Asche %	Stickstoff in der Trockensubstanz %
1	Im Elsass gebaut	1842	20.80	10.85	6.31	—	—	—	13.70	6.70	—	—	—	2.19
2	Desgl.	„	20.80	11.01	—	—	—	3.15	14.00	—	—	—	3.98	2.24^{o}
3	Desgl.	1848	14.00	11.90	5.50	61.50	4.10	3.00	13.84	6.40	71.50	4.77	3.49	2.21
4		—	16.00	11.00	6.00	—	—	2.50	13.10	7.15	—	—	2.98	2.10
5	Hohenheim, Kamtschatka-Hafer . . .	1845	12.71	13.04	—	—	—	2.84	14.94	—	—	—	3.26	2.39^{o}
6	Desgl., weisser früher Rispenhafer . .	„	12.94	15.35	—	—	—	3.60	17.63	—	—	—	4.14	2.82^{o}
7	In England gebaut	1847	14.82	12.99	—	—	—	2.94	15.25	—	—	—	3.45	2.44^{o}
8	Hopetoun-Hafer	1850	—	—	—	—	—	—	13.69	—	—	—	—	2.19^{o}
9	Desgl.	„	—	—	—	—	—	—	14.69	—	—	—	—	2.35^{o}
10	Desgl.	„	—	—	—	—	—	—	14.25	—	—	—	—	2.28^{o}
11	Hafer von Barnbarroch, Wigtonshire .	„	—	—	—	—	—	—	18.06	—	—	—	—	2.89^{o}
12	Desgl.	„	—	—	—	—	—	—	21.44	—	—	—	—	3.43^{o}
13	Desgl.	„	—	—	—	—	—	—	15.56	—	—	—	—	2.49^{o}
14	Potato-Hafer	„	—	—	—	—	—	—	17.25	—	—	—	—	2.76^{o}
15	Desgl.	„	—	—	—	—	—	—	17.62	—	—	—	—	2.82^{o}
16	Imperial-Hafer, New-York	„	—	—	—	—	—	—	18.75	—	—	—	—	3.00^{o}
17	Aus Frankreich	—	11.70	12.70	4.85	61.65	6.23	2.87	14.39	5.50	69.80	7.06	3.25	2.30^{o}

Hafer-Körner.

No. 1—3. J. B. Boussingault. — Dessen: „Die Landwirthschaft in ihren Beziehungen zur Chemie etc." Deutsch von Gräger. 2. Aufl. Halle, 1851. 1. 294. 2. 39 u. 200. Bei No. 1 ergab die directe Bestimmung der näheren Bestandtheile in der trocknen Substanz: Stärkemehl 46.1, Zucker 6.0, Gummi 3.8 %, ausserdem blieben Holzfaser, Asche und Verlust 21.7 %.

No. 4. Johnston. — Aus Moleschott's Physiologie d. Nahrungsmittel. II. 110.

No. 5 u. 6. E. N. Horsford. — Ann. d. Chem. u. Pharm. 58. (1846.) 166—222. Nh. Substanz von uns berechnet. Krocker bestimmte in denselben Haferproben den Stärkemehlgehalt und fand in Procenten der Trockensubstanz: No. 5 = 39.86, No. 6 = 37.42 %.

No. 7. J. B. Lawes. — Agric. Chemistry. Sheep feeding and Manure, London 1849. 13 aus J. R. Agric. Soc. England. 10. I. 1849.

No. 8—16. John Pitkin Norton. — Aus v. Bibra's: Die Getreidearten und das Brod. Nürnberg 1862. 319. Nh. Substanz von uns berechnet.

Von demselben Autor und von Fromberg werden an gleicher Stelle nachstehende Analysen von Hafer mitgetheilt. (Dieselben beziehen sich auf Haferkorn nach Entfernung der Schale.)

	Hopetoun-Hafer von Northumberland	Potato-Hafer	Hopetoun-Hafer v. Ayrshire 1.	Hopetoun-Hafer v. Ayrshire 2.
Stärke	65.24	65.60	64.79	46.80
Gummi	4.51	0.80	2.09	2.58
Zucker	2.10	2.28	2.12	2.41
Oel	5.44	7.38	6.41	6.97
Avenin . . . . } Proteïn	15.76	16.29	17.72	16.26
Eiweiss . . . . } Proteïn	0.46	2.17	1.76	1.29
Kleber . . . . } Proteïn	2.47	1.45	1.33	1.46
Epidermis	1.18	2.28	2.84	2.39
Alkalisalze und Verlust .	2.36	1.75	0.94	1.84

No. 17. Payen. — Aus Moleschott's Physiologie der Nahrungsmittel.

No.	Bezeichnungen und Bemerkungen	Jahr der Untersuchung	In der ursprünglichen Substanz: Wasser %	Nh-Substanz %	Rohfett %	Nfr. Extractstoffe %	Rohfaser %	Asche %	In der Trockensubstanz: Nh-Substanz %	Rohfett %	Nfr. Extractstoffe %	Rohfaser %	Asche %	Stickstoff in der Trocken-Substanz %
18	Aus Schottland (43 Pfd. pro Bushel) .	1852	12.66	10.00	6.12	—	—	2.66	11.45	7.01	—	—	3.05	1.83
19	Weisser Schottischer (42 Pfd. pro Bushel)	„	—	—	—	—	—	—	14.94	—	—	—	—	2.39^{0}
20	Schwarzer Englischer ($37^1/_2$ Pfd. p. Bushel)	„	—	—	—	—	—	—	13.94	—	—	—	—	2.23^{0}
21	Hafer, geschroten	„	(18.0	9.2	2.5	37.2	29.8	4.60)	—	—	—	—	—	—
22	Kamtschatka-Hafer, Hohenheim, Württemberg 1850	—	12.75	13.60	—	—	9.94	2.43	15.59	—	—	11.39	2.78	2.49
23	Desgl., 1851	—	14.13	12.22	—	—	8.50	2.48	14.11	—	—	9.90	2.89	2.26
24	Hafer aus Ochsenhausen, Württemb. 1850	1851	12.47	10.82	—	—	9.07	2.63	12.37	—	—	10.37*)	3.01	1.98
25	Desgl., 1851	„	12.96	10.11	—	—	9.03	2.32	11.62	—	—	10.37*)	2.66	1.86
26	Hafer aus Kirchberg, Württemberg 1850	„	13.27	9.99	—	—	8.99	2.51	11.53	—	—	10.37*)	2.89	1.84
27	Desgl., 1851	„	13.43	11.29	—	—	8.98	2.55	13.04	—	—	10.37*)	2.95	2.09
28	Hafer aus Ellwangen, Württemberg 1850	„	13.71	10.37	—	—	8.81	2.29	12.02	—	—	10.21	2.65	1.92
29	Desgl., 1851	„	12.59	9.43	—	—	8.74	2.53	10.69	—	—	10.00	2.90	1.71
30	Weisshafer, 1 hl = 59.12 kg, schwerer	1854	14.70	9.00	6.56	58.54	8.46	2.74	10.55	7.49	68.83	9.92	3.21	1.69
31	Desgl., 1 hl = 51.16 kg, mittlerer .	„	14.67	8.76	6.37	57.89	9.60	2.71	10.27	7.47	67.83	11.25	3.18	1.64
32	Desgl., 1 hl = 43.21 kg, leichter . .	„	14.64	8.52	6.18	57.24	10.74	2.68	9.99	7.24	67.04	12.59	3.14	1.60
33	Fahnenhafer v. Tharand } schwerer,	1851	—	—	—	—	—	—	6.83	—	—	—	—	1.092^{0}
34	Hopetounh. v. Tharand } nasser, kalter	„	—	—	—	—	—	—	6.84	—	—	—	—	1.094^{0}
35	Schwarzh. von Tharand } Thonboden	„	—	—	—	—	—	—	7.88	—	—	—	—	1.260^{0}
36	Hafer v. Kleinopitz b. Tharand, bindiger, kräftiger Lehmboden	„	—	—	—	—	—	—	9.37	—	—	—	—	1.500^{0}
37	Hafer v. Frankenfelde, leichter, warmer, sandiger Lehmboden	„	—	—	—	—	—	—	11.56	—	—	—	—	1.850^{0}
38	Sandwich-H., englischer Saathafer, 1854	1855	—	—	—	—	—	—	9.51	—	—	14.14	3.00	1.52
39	Desgl., daraus Ernte in Sachsen 1855 .	„	—	—	—	—	—	—	11.65	—	—	13.71	3.44	1.86
40	Potato-Hafer, englischer Saathafer, 1854	„	—	—	—	—	—	—	9.76	—	—	13.72	2.26	1.56
41	Desgl., daraus Ernte in Sachsen, 1855	„	—	—	—	—	—	—	12.09	—	—	13.14	2.90	1.93
42	Jütländischer H., engl. Saathafer, 1854	„	—	—	—	—	—	—	9.19	—	—	12.73	3.26	1.47
43	Desgl., daraus Ernte in Sachsen, 1855	„	—	—	—	—	—	—	11.78	—	—	12.42	3.10	1.88
44	Aus Schleissheim, seichter Kalkb., Bayern	1857	13.14	9.88	—	—	—	—	11.37	—	—	—	—	1.82^{0}
45	Aus Illerfeld, Bayern	„	11.79	10.42	—	—	—	3.17	11.81	—	—	—	3.59	1.89^{0}
46	Aus Brennberg, kalkhalt. Lehmb., Bayern	„	12.36	9.68	—	—	—	2.64	11.12	—	—	—	3.01	1.78^{0}
47	Aus Litzendorf, brauner Jura, Bayern .	„	12.81	9.15	—	—	—	—	10.50	—	—	—	—	1.68^{0}
48	Aus Geisfeld, schwarzer Jura, Bayern .	„	13.86	10.01	—	—	—	—	11.62	—	—	—	—	1.86^{0}

No. 18. Th. Anderson. — Trans. Highl. Soc. Juli 1851 bis März 1853. 512. Nh. Substanz von uns aus angegebenem N-Gehalt berechnet.

No. 19 u. 20. A. Voelcker. — Ebendaselbst. 552. Die beiden Hafer enthielten:

	No. 19	No. 20
An Schale	28.5 %	33.75 %
An Mehl	71.5 „	66.25 „

No. 21. Em. Wolff. — Ztschr. f. Deutsche Landw. 1853. 118. Die Nh. Substanz ist direct bestimmt und nicht aus dem N-Gehalt berechnet. Der Hafer enthielt Stärke 30.5 %, Dextrin, Zucker 6.7 %, Holzfaser und Hülsen 29.8 %.

No. 22—29. Fehling u. Faisst. — Liebig u. Kopp's Jahresber. 1853. 812. Die Holzfaser wurde durch aufeinanderfolgendes Auslaugen der Substanz mit verdünnter Schwefelsäure und verdünnter Kalilauge dargestellt. Die mit *) bezeichneten Zahlen sind Mittelwerthe aus den übrigen Bestimmungen. Vergl. die Anmerkung bei Weizenanalysen derselben Autoren.

No. 30—32. Al. Müller. — Amts- u. Anzeigebl. f. d. landw. Ver. im Königr. Sachsen 1855. 38. Der schwere und leichte Hafer war durch Wurfen geschieden; der „mittlere" ist das berechnete Mittel der beiden anderen Hafer.

An näheren Bestandtheilen wurden ferner bestimmt:

Zucker und Dextrin . .	2.40	2.46	2.53 %	} in der lufttrocknen Substanz.
Stärkemehl	56.14	55.43	54.71 „	

Weitere Bestimmungen ergaben:

	No. 30	No. 32
Körnerzahl, 1 Hectoliter . .	1939136	1544650
Gewicht 1 Kornes	0.0305 g	0.0279 g
Specifisches Gewicht . . .	1.39	1.39
Volum eines Korns	0.021 ccm	0.010 ccm

No. 33—37. Ad. Stöckhardt. — Aus E. Wolff's Grundlagen des Ackerbau's 1856. 864.

No. 38—43. Ad. Stöckhardt. — Chem. Ackersmann 1856. 179.

No. 44—52. W. Mayer. — 1. Ber. d. V.-St. München 1857. 1.

No.	Bezeichnungen und Bemerkungen	Jahr der Untersuchung	In der ursprünglichen Substanz						In der Trockensubstanz					Stickstoff in der Trockensubstanz
			Wasser %	Nh-Substanz %	Rohfett %	Nfr. Extractstoffe %	Rohfaser %	Asche %	Nh-Substanz %	Rohfett %	Nfr. Extractstoffe %	Rohfaser %	Asche %	%
49	Aus Tiefenellern, weisser Jura, Bayern	1857	13.81	8.78	—	—	—	—	10.19	—	—	—	—	1.63°
50	Aus Triesdorf, sandiger Lehmb., Bayern	„	13.13	9.77	—	—	—	3.16	11.25	—	—	—	3.64	1.80°
51	Aus Gelchsheim, fetter Thon, ged., Bayern	„	16.40	8.04	—	—	—	—	9.62	—	—	—	—	1.54°
52	Aus Gerhardsbrunn, bunter Vogesensandstein	„	13.62	10.37	—	—	—	—	12.00	—	—	—	—	1.92°
53	Weisser unbegrannter Hafer, Hohenheim	„	—	—	—	—	—	—	13.12	—	—	—	3.27	2.10
54	Brauner Rispenhafer	„	—	—	—	—	—	—	12.94	—	—	—	3.62	2.07°
55	Früher weisser Rispenhafer	„	—	—	—	—	—	—	12.81	—	—	—	3.40	2.05°
56	Weisser Fahnenhafer	1859	—	—	—	—	—	—	11.56	—	—	—	3.55	1.85°
57	Brauner Rispenhafer	„	—	—	—	—	—	—	13.19	—	—	—	3.55	2.11°
58	Hopetoun-Hafer	„	—	—	—	—	—	—	12.56	—	—	—	3.63	2.01°
59	Aus der Grafschaft Schaumburg	1860	13.74	13.77	4.45	51.45	13.02	3.70	15.96	5.16	59.50	15.09	4.29	2.55
60	Aus Schlesien	1861	16.58	17.18	—	—	—	4.42	20.50	—	—	—	5.30	3.28
61	Aus Livland, 1 hl = 48.48 kg	1862	11.23	9.32	—	—	—	2.86	10.50	—	—	—	3.23	1.68
62	Desgl., 1 hl = 44.64 kg	„	10.71	10.89	—	—	—	3.44	12.19	—	—	—	3.85	1.95
63	Aus Sachsen	1864	13.95	8.56	5.37	61.69	7.16	3.27	9.94	6.25	71.68	8.33	3.80	1.59
64	Desgl.	1865	12.86	11.34	6.11	57.66	9.10	2.93	13.00	7.01	66.18	10.45	3.36	2.08
65	Desgl.	1863	13.23	10.40	6.16	58.11	8.81	3.29	12.00	7.10	66.96	10.15	3.79	1.92
66	Desgl.	1864	15.48	9.72	5.85	57.31	9.03	2.61	11.50	6.92	67.81	10.68	3.09	1.84
67	Desgl., sogen. „grauschaliger“	„	15.67	9.21	6.34	53.75	12.31	2.72	10.94	7.52	63.71	14.60	3.23	1.75
68	Aus Schlesien	1868	13.00	9.64	5.74	55.58	12.76	3.28	11.06	6.60	63.91	14.66	3.77	1.77
69	Aus Ungarn, 1866er Ernte, trockne Witterung	1866	7.67	13.41	5.58	54.74	16.10	2.50	14.50	6.04	59.31	17.44	2.71	2.32
70	Desgl., 1870er Ernte, feuchte Witterung	1870	8.09	14.38	7.09	56.64	10.29	3.51	15.63	7.71	61.64	11.20	3.82	2.50
71	Aus Sachsen, Granitverwitterungsboden	1868	10.47	12.81	5.52	55.58	10.48	5.14	14.31	6.16	62.08	11.71	5.74	2.29
72	Desgl., Granitverwitterungsboden, längere Zeit in Cultur	1872	8.68	13.53	4.42	60.65	9.40	3.32	14.82	4.84	66.41	10.29	3.64	2.37
73	Desgl., Saathafer	1869	10.76	14.69	4.59	53.70	12.26	3.64	16.65	5.61	60.85	13.89	3.00	2.66
74	Desgl., Mittel verschieden gedüngt., aus vorigem gezogen	„	10.44	10.23	5.30	56.46	14.73	2.84	11.42	5.92	63.15	16.34	3.17	1.83
75	Desgl., Saathafer	1870	6.26	11.52	6.84	60.67	10.87	3.84	12.49	7.42	65.79	11.79	2.51	2.00
76	Desgl., aus vorigem gezogen, Mittel verschieden gedüngten Hafers	„	9.80	9.87	5.19	59.18	12.87	3.09	10.94	5.75	65.61	14.27	3.43	1.75
77	Desgl., Saathafer	1871	11.05	10.46	6.04	58.74	10.47	3.24	11.77	6.80	66.12	11.79	3.52	1.88
78	Desgl., aus vorigem gezogen, Mittel verschieden gedüngten Hafers	„	12.10	8.54	5.41	56.28	13.98	3.69	9.72	6.15	64.00	15.93	4.20	1.56

No. 53—58. E. Wolff. — Mitthl. aus Hohenheim. 5. 161—346. In Hohenheim gezogener Hafer. Die Ernte war bei den verschiedenen Sorten 1857 gleichmässig am 7. August, 1859 am 1. August. Nh. Substanz von uns berechnet.

No. 59. Th. Dietrich. — Landw. Anzeiger f. Kurhessen 1860. 54.

No. 60. P. Bretschneider. — Mitthl. d. landw. Centralv. f. Schlesien 1859.

No. 61 u. 62. C. Schmidt. — Livländer Jahrb. d. Landw. 16. 1863. 136. Bemerkungen siehe unter Roggenanalysen desselben Autors. Die nähere Analyse ergab für

	lufttrocknen I.	lufttrocknen II.	trocknen Hafer I.	trocknen Hafer II.
Stärkemehl	50.51	49.45 %	56.89	55.39 %
Cellulose	26.08	25.51 „	29.38	28.57 „

No. 63 u. 64. Jl. Lehmann. — Amtsbl. f. d. landw. Ver. Sachsens 1865. 59 u. 1868. 17.

No. 65—67. V. Hofmeister. — Die Landw. V.-St. 6. 1864. 190; 7. 1865. 413 u. 8. 1866. 111.

No. 68. F. Krocker u. H. Weiske. — Ann. d. Landw. in Preussen. 54. 1869. 49. Rohfaser N-frei, Asche frei von C und CO_2.

No. 69 u. 70. Leop. Lenz. — Landw. V.-St. 12. 1870. 345. „Die Witterung im Jahre 1870 war eine solche, wie sie feuchten, nördlichen Klimaten zukommt“. Auf den Feldern der landwirthschaftlichen Akademie Ungar. Altenburg gewachsen. An Zucker und Gummi enthielten die beiden Hafer im lufttrocknen Zustande: No. 69 = 7.89 %; No. 70 = 5.91 %.

No. 71—78. E. Heiden (V.-St. Pommritz). — No. 71 Amtsbl. d. landw. Ver. Sachsens 1870; 8. No. 72 u. f. Privatmitthl. und „Denkschrift“. Vergl. Hafer unter dem Einflusse der Düngung No. 1—18. Die Mittel wurden von uns berechnet. Die Zusammensetzung der wasserhaltigen Substanz bezieht sich auf sandhaltige, die der Trockensubstanz auf sandfreie Substanz.

No.	Bezeichnungen und Bemerkungen	Jahr der Untersuchung	In der ursprünglichen Substanz: Wasser %	Nh-Substanz %	Rohfett %	Nfr. Extractstoffe %	Rohfaser %	Asche %	In der Trockensubstanz: Nh-Substanz %	Rohfett %	Nfr. Extractstoffe %	Rohfaser %	Asche %	Stickstoff in der Trockensubstanz %
79		1871	13.61	12.26	4.20	(50.16	16.21)	3.56	14.36	4.92	(57.57	18.98)	4.17	2.297^{o}
80	Aus Schlesien	1873	12.70	9.44	5.54	60.00	9.35	2.97	10.81	6.35	68.73	10.71	3.40	1.73^{o}
81	Desgl.	1875	—	—	—	—	—	—	12.19	5.43	67.18	10.68	4.52	1.95^{o}
82	Desgl.	„	—	—	—	—	—	—	11.37	6.05	66.64	12.39	3.55	1.82
83	Desgl.	1883	14.00	9.03	7.60	59.28	7.49	2.60	10.50	8.84	68.93	8.71	3.02^{p}	1.68
84	Aus Bayern	1879	9.12	15.50	5.22	56.19	11.48	2.49	17.06	5.74	62.13	12.63	2.44	2.73
85	Desgl.	„	9.34	15.75	5.35	54.22	12.90	2.44	17.38	5.90	59.80	14.23	2.69	2.78
86	Desgl.	„	9.41	13.66	5.78	54.14	14.48	2.53	15.06	6.38	59.78	15.99	2.79	2.41
87	Aus Nieder-Hessen	„	13.55	11.21	4.91	57.86	8.61	3.86	12.97	5.68	66.92	9.96	4.47	2.08
88	Schrot	1870	—	—	—	—	—	—	9.25	7.10	63.41	16.20	4.04	1.48
89	Württemberg, Hohenheim	1871	15.33	12.28	4.26	53.25	10.75	4.13	14.50	5.03	62.89	12.70	4.88	2.32^{o}
90	Desgl., Hohenheim	1872	—	—	—	—	—	—	14.84	6.12	62.12	13.42	3.50	2.373^{o}
91	Desgl., Hohenheim, 1875er E., Sommer	1875	12.00	11.71	5.92	56.88	9.72	3.77	13.31	6.73	64.63	11.05	4.28	2.13
92	Desgl., Hohenheim, 1875er E., Winter	„	12.80	11.44	5.47	56.42	10.22	3.65	13.12	6.27	64.70	11.72	4.19	2.10
93	Desgl., Hohenheim	1876	17.80	11.69	4.95	50.33	10.83	4.40	14.22	6.02	61.24	13.17	5.35	2.28^{o}
94	Desgl., Hohenheim	„	15.17	10.41	4.27	57.10	9.42	3.63	12.27	5.03	67.31	11.11	4.28	1.96^{o}
95	Desgl., Sommer	1879	15.10	10.50	5.33	54.65	11.29	3.13	12.37	6.28	64.36	13.30	3.69	1.98
96	Desgl., Winter	1881	13.48	12.16	4.62	54.95	10.09	3.70	14.03	6.49	63.54	11.66	4.28	2.24
97	Desgl., Sommer	1879	13.57	11.44	4.63	53.14	11.71	5.51	13.24	5.36	61.47	13.55	6.38	2.12
98	Desgl., Winter	1884	—	—	—	—	—	—	11.69	5.21	63.60	15.67	3.83	1.87
99	Desgl., Winter	„	—	—	—	—	—	—	10.56	7.41	65.69	12.67	3.67	1.69
100	Desgl., Frühjahr	1882	—	—	—	—	—	—	14.38	5.36	63.53	12.70	3.93	2.30
101	Desgl., Winter	„	—	—	—	—	—	—	11.71	5.50	66.35	12.13	4.31	1.87
102	Desgl.	1876/77	—	—	—	—	—	—	13.22	6.50	64.67	11.38	4.23	2.12
103	Auf Niederungsmoor gewachsen . . .	1879	—	—	—	—	—	—	14.44	—	—	—	3.96^{p}	2.31
104	Desgl.	„	—	—	—	—	—	—	15.13	—	—	—	3.18^{p}	2.42
105	Gelber	1883	—	—	—	—	—	—	14.32	4.68	65.64	10.97	4.39	2.29
106	Weisser	„	—	—	—	—	—	—	13.86	4.56	65.65	11.87	4.06	2.22
107	Russischer	„	—	—	—	—	—	—	13.42	4.69	64.18	12.37	5.34	2.15
108		1880	18.46	8.25	4.85	56.96	9.24	2.14	10.11	5.95	69.99	11.33	2.62	1.62
109	I.	„	—	—	—	—	—	—	(10.96	—	—	—	—	(1.753)^{o}
110	II. Besser ausgebildete Körner als bei I.	„	—	—	—	—	—	—	(9.72)	—	—	—	—	(1.556)^{o}

No. 79. **Wilh. Pillitz.** — Ztschr. f. analyt. Chem. 11. 1872. 46. Zur Bestimmung der Rohfaser wurde ein von dem Weende'r abweichendes Verfahren angewendet. (Siehe näheres bei Weizenanalysen desselben Autors.) Der N-Gehalt des Proteïns ist vom Autor zu 15.5 % angenommen, wir berechneten Nh. Substanz mit 16 % N-gehalt. Die ausführlichere Analyse ergab:

	Stärkemehl	Dextrin	Zucker	in Wasser lösl. Eiweiss	in Wasser lösl. Asche	Extraktivstoffe
Wasserhaltige Substanz	45.78	1.25	0.32	2.30	1.23	1.42 %
Wasserfreie Substanz .	53.62	1.46	0.27	2.69	1.44	1.66 „

No. 80—83. **H. Weiske** (V.-St. Proskau). — J. f. Landwirthsch. 22. 1874. 150; 24. 1876. 271 u. 32. 1884. 338. Rohfaser = N-frei, Asche = C- u. CO_2-frei. No. 81. D. Landwirth 1875. 219.

No. 84—86. **E. Wollny.** — Allgem. Hopfenzeitung 1879. 711.

No. 87. **Th. Dietrich.** — Landw. Ztschr. u. Anzeig. f. d. Regierungsbezirk Cassel 1879. 379.

No. 88. **E. Schulze u. M. Märcker.** — Journ. f. Landwirthsch. 18. 1870. 294.

No. 89 u. 90. **E. Wolff, M. Fleischer u. J. Skalweit.** — Landw. Jahrb. 2. 1873. 225 u. 268. Zusammensetzung der ursprünglichen Substanz von uns berechnet. Rohfaser ist N-frei.

No. 91—94. **E. Wolff, C. Kreuzhage u. O. Kellner** (V.-St. Hohenheim). — Landw. Jahrbücher 1879. I. Supplem. 7. 32 u. 74.

No. 95—98. **E. Wolff u. C. Kreuzhage.** — Landw. Jahrb. 10. 1881. 563 u. 885; 9. 1880. 666; 13. 246 u. 255. Hafer No. 96 enthielt N als Nichtproteïn 0.214 in Procenten der Trockensubstanz. (12.74 % Proteïn und 1.29 % Amide etc.)

No. 99—102. **E. Wolff u. C. Kreuzhage.** — Grundlagen für die rationelle Fütterung des Pferdes. Berlin 1885. 44. Unter Asche ist bei den Hohenheimer Analysen Reinasche und Sand zu verstehen.

No. 103 u. 104. **M. Fleischer.** — Aus E. Wolff's Aschen-Analysen. 2. Thl. 1880. 13. Beide Hafer waren vom Drömling. No. 103 war auf noch niemals, No. 104 auf seit 6 Jahren nicht gedüngtem Niederungsmoor gewachsen.

No. 105—107. **J. König** (V.-St. Münster). — 3. Ber. ders. 1884.

No. 108. **Rich. Wagner.** — Landw. V.-St. 25. (1880.) 208. Gesammt-N-Gehalt 1.32 %, davon in Form von Proteïn 1.17 % (7.31 % Proteïn) und 0.15 % Amid-N (= 0.71 % Amid). Letztere nach der Tannin-Methode des Autors ermittelt.

No. 109 u. 110. **A. Stutzer.** — J. f. Landw. 28. 1880. 440. Aus dem Original ist nicht ersichtlich, ob der ermittelte N-Gehalt sich auf lufttrockne oder wasserfreie Substanz bezieht, wir nahmen Letzteres an. Von dem in den untersuchten Haferkörnern enthaltenen N sind in Form von solchen Verbindungen vorhanden, welche durch Kupferoxydhydrat

No.	Bezeichnungen und Bemerkungen	Jahr der Untersuchung	In der ursprünglichen Substanz						In der Trockensubstanz					Stickstoff in der Trockensubstanz
			Wasser %	Nh-Substanz %	Rohfett %	Nfr. Extractstoffe %	Rohfaser %	Asche %	Nh-Substanz %	Rohfett %	Nfr. Extractstoffe %	Rohfaser %	Asche %	%
111	a. Viel Wasser im Boden	—	—	—	—	—	—	—	13.38	—	—	—	3.77	2.141°
112	b. Weniger Wasser im Boden	—	—	—	—	—	—	—	13.32	—	—	—	4.29	2.132°
113	c. Noch weniger Wasser im Boden	—	—	—	—	—	—	—	11.87	—	—	—	3.94	1.900°
114	d. Am wenigsten im Boden	—	—	—	—	—	—	—	15.22	—	—	—	4.01	2.435°
115	Probsteier Hafer, Mittel verschieden gedüngten Hafers	1881	10.33	11.40	5.41	—	—	3.53	12.71	6.03	—	—	3.94	2.03
	Haferkörner, gewonnen bei vergleichenden Anbauversuchen.													
116	Weisser tartarischer Fahnenhafer, Saatgut, 1883er Ernte	1884	15.00	11.1	4.8	57.8	8.5	2.8	13.05	5.64	68.02	10.00	3.29	2.09
117	Desgl., Anbau, 1884er Ernte	„	15.00	10.1	4.7	57.3	9.9	3.0	11.88	5.53	67.42	11.64	3.53	1.90
118	Lüneburger Kley, Saatgut, 1883er Ernte	„	15.00	12.3	4.4	56.5	8.9	2.9	14.64	5.17	66.31	10.47	3.41	2.34
119	Desgl., Anbau, 1884er Ernte	„	15.00	9.8	4.3	59.0	9.2	2.7	11.52	5.06	69.42	10.82	3.18	1.84
120	Schwarzer Californischer prolific, Saatgut, 1883er Ernte	„	15.00	9.7	5.2	56.9	10.2	3.0	11.41	6.12	66.94	12.00	3.53	1.83
121	Desgl., Anbau, 1884er Ernte	„	15.00	9.8	5.4	56.6	10.2	3.0	11.52	6.35	66.60	12.00	3.53	1.84
122	Probsteier Original, Saatgut, 1883er E.	„	15.00	10.7	4.3	57.0	9.9	3.1	12.58	5.06	67.07	11.64	3.65	2.01
123	Desgl., Anbau, 1884er Ernte	„	15.00	9.3	4.6	58.8	9.5	2.8	10.94	5.41	69.19	11.17	3.29	1.75
124	Hopetown, Saatgut, 1883er Ernte	„	15.00	11.3	4.7	58.1	8.4	2.5	13.29	5.53	68.36	9.88	2.94	2.13
125	Desgl., Anbau, 1884er Ernte	„	15.00	11.2	4.7	57.0	9.8	2.3	13.17	5.53	67.08	11.52	2.70	2.11
126	Australischer, Saatgut, 1883er Ernte	„	15.00	10.1	5.0	58.4	8.9	2.6	11.88	5.88	68.71	10.47	3.06	1.90
127	Desgl., Anbau, 1884er Ernte	„	15.00	10.2	5.1	58.1	9.3	1.3	12.00	6.00	69.53	10.94	1.53	1.92
128	Dänischer, Saatgut, 1883er Ernte	„	15.00	13.0	4.2	55.1	9.9	2.8	15.29	4.94	64.84	11.64	3.29	2.45
129	Desgl., Anbau, 1884er Ernte	„	15.00	8.5	4.3	60.2	9.5	2.5	10.00	5.06	70.83	11.17	2.94	1.60
130	Hallet's canadischer, Saatgut, 1884er E.	„	15.00	11.5	4.7	56.5	9.3	3.0	13.52	5.53	66.48	10.94	3.53	2.16
131	Desgl., Anbau, 1884er Ernte	„	15.00	11.7	4.6	57.6	9.0	2.1	13.76	5.41	67.78	10.58	2.47	2.20
132	Kylberg's pedigree, Schwedischer, Saatgut, 1883er Ernte	„	15.00	13.2	4.1	53.3	11.3	3.1	15.52	4.82	62.72	13.29	3.65	2.48
133	Desgl., Anbau, 1884er Ernte	„	15.00	9.5	4.5	55.6	12.8	2.6	11.17	5.29	65.41	15.05	3.08	1.79
134	Beseler's Anderbecker, Anbau, 1884er	„	15.00	8.7	4.3	58.7	10.5	2.8	10.23	5.06	69.07	12.35	3.29	1.64
135	Provinz Sachsen, Dünnsaat, Mittel von 12 Analysen	1882	15.00	9.47	3.65	58.50	10.10	3.20	11.14	4.29	68.93	11.88	3.76	1.78

	nicht fällbar	fällbar, resp. unlöslich sind und durch sauren Magensaft verdaulich	unverdaulich
Hafer I	9.1	78.2	12.7%
Hafer II	4.1	84.1	11.8 „

Hafer II bestand durchschnittlich aus grösseren und besser ausgebildeten Körnern als Hafer I.

No. 111—114. J. Fittbogen. — Landw. Jahrb. 2. 1873. 353. Der Boden, in welchem die Pflanzen 1870 cultivirt wurden, war eine den obersten Schichten des Gartens der Regenwalder Versuchsstation entnommene Feinerde von entschieden sandiger Beschaffenheit (in concentrirter heisser Salzsäure lösliche Stoffe 3.696%, Unlösliches 91.990% und organische Substanz nebst gebundenem Wasser 4.090%). Die wasserhaltende Kraft des bei 105° getrockneten Bodens betrug 36.8%. Der Hafer wurde in Glastöpfen gezogen und dabei die Erde im Feuchtigkeitszustande während der ganzen Dauer des Versuchs in a. auf 80—60%, in b. auf 60—40%, in c. auf 40—30% u. in e. auf 20—10% der wasserhaltenden Kraft erhalten. An Trockensubstanz wurde producirt, zusammen in jedesmal 4 Gefässen:

	a.	b.	c.	d.	e.
Körner	23.14	21.20	24.39	16.22	2.56 g
Stroh und Spreu	30.78	27.45	26.94	14.79	3.73 „

No. 115. H. Werner u. A. Stutzer. — Landw. Jahrb. 11. 1882. 833. Mittel von Analysen verschieden gedüngten Hafers (siehe diese No. 77—81). Der Hafer enthielt in Procenten der lufttrocknen Substanz verdauliches Eiweiss 10.22%, N in Form von Nucleïn 0.156%, N in Form von Amiden 0.033%.

No. 116—134. M. Märcker (V.-St. Halle). — Ztschr. d. landw. Ver. f. d. Prov. Sachsen 1885. 3. Hft. (Näheres ersiehe bei den Analysen des zugehörigen Haferstroh's S. 244.) Nachzutragen bleiben noch die bei den betreffenden Anbauversuchen gewonnenen Erträge:

Ertrag pro ha	No. 117	119	121	123	125	127	129	131	133	134	
An Körnern	3221	3918	3282	3994	3300	3368	4024	3803	3182	4188	kg
An Stroh und Spreu	6544	6553	6335	6094	6582	6485	5888	6550	5729	6929	„
Gewichtsverhältniss d. Ernteproducte: Körner	33	37	34	40	33	34	41	37	36	38	%
Gewichtsverhältniss d. Ernteproducte: Stroh	67	63	66	60	67	66	59	63	64	62	„
1 Hectoliter Körner wiegt	50	52	47	51	54	56	52	50	60	52	kg

No. 135—138. M. Märcker (V.-St. Halle). — Privatmittheilung.

No.	Bezeichnungen und Bemerkungen	Jahr der Untersuchung	In der ursprünglichen Substanz						In der Trockensubstanz					Stickstoff in der Trocken-Substanz
			Wasser %	Nh-Substanz %	Rohfett %	Nfr. Extractstoffe %	Rohfaser %	Asche %	Nh-Substanz %	Rohfett %	Nfr. Extractstoffe %	Rohfaser %	Asche %	%
136	Desgl., stärkere Aussaat, Mittel v. 6 Anal.	1882	15.00	9.05	3.65	59.23	9.90	3.17	10.64	4.29	69.70	11.64	3.73	1.70
137	Desgl., Dünnsaat, Mittel von 9 Analysen	1883	15.00	11.20	3.55	58.23	9.30	2.72	13.17	4.17	68.52	10.94	3.20	2.11
138	Desgl., stärkere Aussaat, Mittel v. 9 Anal.	„	15.00	10.64	3.70	58.30	9.60	2.76	12.51	4.35	68.60	11.29	3.25	2.00
139	Beseler's Anderbecker, 1882 er . . .	1882	15.00	9.20	3.7	58.9	10.0	3.2	10.82	4.35	69.31	11.76	3.76	1.73
140	Desgl., 1883 er	1883	15.00	11.0	3.5	58.4	9.4	2.7	12.94	4.12	68.71	11.05	3.18	2.07
141	Desgl., 1884 er	1884	15.00	8.6	4.4	59.0	10.0	3.0	10.11	5.17	69.43	11.76	3.53	1.62
142	Triumphhafer (v. Metz u. Co. bezogen), 1885 er Ernte	1885	15.00	11.42	4.24	55.42	11.15	2.77	13.42	4.99	65.24	13.09	3.26	2.15
143	Weisser canadischer Rispenhafer, 1885 er	„	15.00	11.94	4.78	55.19	10.54	2.55	14.04	5.63	64.93	12.40	3.00	2.25
144	Triumphh. (v. Platz u. Sohn bez.), 1885 er	„	15.00	12.50	4.13	53.24	12.41	2.72	14.70	4.86	62.65	14.59	3.20	2.35
145	Beseler's Anderbecker, 1885 er . . .	„	15.00	9.74	4.25	58.19	9.87	2.95	11.45	5.00	68.47	11.61	3.47	1.83
146	Hafer (v. Dietrich-Schwaneberg), 1885 er	„	15.00	9.84	4.07	58.24	9.95	2.90	11.57	4.79	68.53	11.70	3.41	1.85
147	Weisser gemeiner Rispenhafer (Landhafer)	„	15.00	9.24	4.19	58.00	10.27	3.30	10.87	4.93	68.24	12.08	3.88	1.74
148	Brauner tartarischer Fahnenhafer, begrannt, 1885 er	„	15.00	11.16	4.11	55.50	11.17	3.06	13.12	4.83	65.31	13.14	3.60	2.10
149	Sandhafer, Sandboden	1880	15.00	8.1	—	62.5	10.6	3.8	9.53	—	73.53	12.47	4.47	1.52
150	Lehmiger Sand, Landhafer, ungedüngt .	„	15.00	9.9	3.7	56.5	10.8	4.1	11.64	4.35	66.49	12.70	4.82	1.86
151	Desgl., 200 kg Chilisalpeter	„	15.00	10.8	4.2	57.2	9.7	3.1	12.70	4.94	67.30	11.41	3.65	2.03
152	Desgl., 200 kg Chilisalpeter u. 200 kg Superphosphat	„	15.00	10.7	3.8	56.0	10.7	3.8	12.58	4.47	65.90	12.58	4.47	2.01
153	Desgl., 200 kg Chilisalpeter u. 125 kg Präcipitat	„	15.00	11.8	3.9	53.8	12.1	3.4	13.88	4.59	63.30	14.23	4.00	2.22
154	Probsteier Hafer, humoser Thonboden .	„	15.00	8.4	3.1	58.5	11.2	3.8	9.88	3.65	68.83	13.17	4.47	1.58
155	Landhafer, lehmiger Sand, gemergelt .	„	15.00	9.1	3.5	57.3	11.4	3.7	10.70	4.12	67.02	13.81	4.35	1.71
156	Sandhafer, Moorboden	„	15.00	12.0	4.4	53.3	11.5	3.8	14.11	5.17	62.73	13.52	4.47	2.26
157	Hoppetownhafer, Lehmboden, Höhenlage	„	15.00	7.8	4.5	61.2	9.4	3.1	9.17	5.29	70.84	11.05	3.65	1.47
158	Frühhafer, flachgründiger, sandiger Lehm	„	15.00	10.5	2.7	56.6	11.5	3.7	12.35	3.18	66.60	13.52	4.35	1.98
159	Landhafer, gemergelter, leichter Sandb.	„	15.00	10.6	4.5	57.4	8.8	3.7	12.47	5.29	67.54	10.35	4.35	2.00
160	Desgl.	„	15.00	10.1	10.3	56.2	4.3	4.1	11.88	12.11	66.13	5.06	4.82	1.90
161	Desgl.	„	15.00	10.0	5.3	56.0	10.8	2.9	11.76	6.23	65.90	12.70	3.41	1.88
162	Desgl.	„	15.00	10.0	3.1	59.4	9.3	3.2	11.76	3.65	69.89	10.94	3.76	1.88
163	Desgl.	„	15.00	10.3	3.8	47.3	10.6	3.0	12.11	4.47	67.42	12.47	3.53	1.94
164	Desgl.	„	15.00	10.8	4.1	56.8	9.9	3.4	12.70	4.82	66.84	11.64	4.00	2.03
165	Desgl.	„	15.00	10.1	3.8	54.9	12.2	4.0	11.88	4.47	64.60	14.35	4.70	1.90
166	Desgl.	„	15.00	9.5	4.2	58.6	10.5	2.7	11.17	4.94	68.36	12.35	3.18	1.79
167	Desgl.	„	15.00	8.8	3.7	56.9	11.9	2.7	10.35	4.35	68.03	13.99	3.18	1.66
168	Desgl.	„	15.00	10.4	3.4	60.5	8.1	2.6	12.23	4.00	71.18	9.53	3.06	1.96
169	Desgl.	„	15.00	9.2	3.8	58.4	10.6	3.0	10.82	4.47	68.71	12.47	3.53	1.73
170	Desgl.	„	15.00	10.8	3.9	56.7	10.4	3.2	12.70	4.59	66.72	12.23	3.76	2.03

No. 139—141. M. Märcker. — Berechnete Mittel aus den Analysen unter 19—66 gedüngten Hafers und 133. No. 1—9 Hafer unter dem Einfluss verschiedener Aussaatstärke und Drillweite.

No. 142—148. Jul. Kühn u. Schwab (Landw. Institut Halle). — Ztschr. d. landw. Centralv. f. d. Prov. Sachsen 1886. 124. Der Boden des Versuchsfeldes ist Diluviallehm und enthält 2.4% Perlsand u. Kies, 2.17% gröberen und 62.06% feinen Sand. Die 33.37% betragenden abschlämmbaren Theile zeigten unter dem Mikroskop einen reichen Gehalt an feinstem Quarzstaub, welcher gegen $^2/_3$ des Bestandes ausmachte. Der Glühverlust (Humusgehalt) betrug 3.54%, der Gehalt an kohlensaurem Kalk 0.9%. Der Untergrund besteht aus Diluvialmergel. Das Land hatte 1884 Futterrüben getragen, zu welchen pro ha 1000 Ctr. sehr guter Stalldünger, 2.22 Ctr. Superphosphat und 4.44 Ctr. Chilisalpeter verwendet wurden. Zu Hafer wurde nicht gedüngt; derselbe wurde zu 60 kg pro ha in Entfernungen von 23.5 cm gedrillt. Die angebauten Hafervarietäten gehörten, mit einer Ausnahme, zu Avena sativa patula mutica Alef., der Fahnenhafer gehörte zu Avena sativa orientalis pugna Alef. Die Erträge pro ha waren folgende:

	No. 142	143	144	145	146	147	148	
Körner	1722	2904	1916	3075	3066	2921	2776	kg
Stroh und Spreu	5933	5446	6235	5869	6439	5341	5690	„
1 Hectoliter Körner wiegt .	48	52¾	48	45	46⅛	44¾	44½	„

No. 149—193. M. Märcker (V.-St. Halle). — Privatmittheilung

No.	Bezeichnungen und Bemerkungen	Jahr der Untersuchung	In der ursprünglichen Substanz: Wasser %	Nh-Substanz %	Rohfett %	Nfr. Extractstoffe %	Rohfaser %	Asche %	In der Trockensubstanz: Nh-Substanz %	Rohfett %	Nfr. Extractstoffe %	Rohfaser %	Asche %	Stickstoff in der Trocken-Substanz %
171	Landhafer, gemergelter, leichter Sandb.	1880	15.00	8.4	4.0	60.8	8.7	3.1	9.88	4.70	71.54	10.23	3.65	1.58
172	Desgl.	„	15.00	7.7	4.4	59.4	10.5	3.0	9.06	5.17	69.81	12.35	3.53	1.61
173	Desgl.	„	15.00	7.3	3.8	60.0	10.9	3.0	8.58	4.47	70.60	12.82	3.53	1.37
174	Desgl.	„	15.00	7.9	3.8	59.7	11.0	2.6	9.29	4.47	70.24	12.94	3.06	1.49
175	Sommerhafer, kalkhalt. Lehm, Höhenlage	„	15.00	9.3	3.9	57.2	11.2	3.4	10.94	4.59	67.30	13.17	4.00	1.75
176	Landhafer, humoser Lehm	„	15.00	9.8	3.3	57.2	10.4	4.3	11.52	3.88	67.31	12.23	5.06	1.84
177	Desgl., Sandboden	„	15.00	11.5	4.6	52.8	12.3	3.8	13.52	5.41	62.14	14.46	4.47	2.16
178	Weisser Landhafer, Elbkleyboden . .	„	15.00	9.0	3.9	59.0	8.9	4.2	10.58	4.59	69.42	10.47	4.94	1.69
179	Probsteier H., humoser, thoniger Lehm	„	15.00	7.1	3.7	59.3	11.2	3.7	8.35	4.35	69.78	13.17	4.35	1.34
180	Gelber Landhafer, humoser Sandboden, Höhenlage	1881	15.00	11.1	4.9	56.5	9.4	3.1	13.05	5.76	66.49	11.05	3.65	2.09
181	Sandhafer, Moorboden	„	15.00	9.3	5.2	55.7	11.7	3.1	10.94	6.12	65.53	13.76	3.65	1.75
182	Unbekannten Ursprungs	„	15.00	8.5	3.9	59.1	10.5	3.0	10.00	4.59	69.53	12.35	3.53	1.60
183	Desgl.	„	15.00	8.5	3.6	59.9	9.5	3.5	10.00	4.23	70.48	11.17	4.12	1.60
184	Beseler's verbesserter Anderbecker, milder humoser Lehm	„	15.00	10.9	3.3	57.9	7.6	3.3	12.82	3.88	70.48	8.94	3.88	2.05
185	Desgl.	„	15.00	9.3	3.4	59.8	9.3	3.2	10.94	4.00	70.36	10.94	3.76	1.75
186	Deutscher gelber Herbsthafer, Muschelkalkbod. auf strengem Boden, Höhenlage	„	15.00	8.2	3.4	54.8	12.2	6.4	9.64	4.00	64.48	14.35	7.53	1.54
187	Milder Lehmboden, Landhafer . . .	„	15.00	10.4	4.5	51.4	10.7	8.0	12.23	5.29	60.59	12.48	9.41	1.96
188	Landhafer, 2 Ctr. Kainit	1882	15.00	9.4	4.5	55.6	11.0	4.5	11.05	5.29	65.43	12.94	5,29	1.77
189	Desgl., 5 Ctr. Kalk pro Morgen . . .	„	15.00	10.3	4.3	53.9	11.6	4.9	12.11	5.06	63.63	13.64	5.76	1.94
190	Desgl., ungedüngt	„	15.00	10.4	4.8	56.2	10.6	2.9	11.05	5.64	67.43	12.47	3.41	1.77
191	Desgl., 2 Ctr. Kainit	„	15.00	9.9	4.5	56.0	10.5	4.1	11.64	5.29	65.90	12.35	4.82	1.86
192	Augusthafer, humoser Lehmb. mit Kainit	„	15.00	9.8	3.8	56.1	12.1	3.2	11.52	4.47	66.02	14.23	3.76	1.84
193	Desgl., humoser Lehmboden ohne Kainit	„	15.00	9.3	4.6	56.1	11.8	3.2	10.94	5.41	66.01	13.88	3.76	1.75
194	Schwarzer Kylberg Pedigree	1886	15.00	10.0	4.1	55.3	12.0	3.6	11.76	4.82	65.08	14.11	4.23	1.88
195	Amerikanischer Milton	„	15.00	8.7	4.0	58.4	10.6	3.3	10.23	4.70	68.72	12.47	3.88	1.64
196	Weisser canadischer Riesenhafer . . .	„	15.00	12.6	4.4	51.7	13.2	3.1	14.82	5.17	60.84	15.52	3.65	2.37
197	Hallet's schwarzer tartarischer Fahnenh.	„	15.00	12.0	3.3	54.7	11.6	3.4	14.11	3.88	64.37	13.64	4.00	2.26
198	Russischer Tobit	„	15.00	9.1	4.2	55.2	13.4	3.1	10.70	4.94	64.95	15.76	3.65	1.71
199	Weisser Kylberg Podigree	„	15.00	10.5	4.8	54.0	12.6	3.1	12.35	5.64	63.54	14.82	3.65	1.98
200	Triumph-Hafer	„	15.00	12.3	4.9	51.2	13.2	3.4	14.46	5.76	60.26	15.52	4.00	2.31
201	Weisser canadischer Riesenhafer . .	„	15.00	9.5	4.2	55.9	12.6	2.8	11.17	4.94	65.78	14.82	3.29	1.79
202	Original-Probstei-Hafer	„	15.00	8.4	4.6	58.2	10.7	3.1	9.88	5.41	64.48	12.58	3.65	1.58
203	Original-Ungarischer Hafer	„	15.00	10.0	4.7	55.5	11.5	3.3	11.76	5.53	65.31	13.52	3.88	1.88
204	Hallet's gelber Fahnenhafer	„	15.00	11.0	4.0	53.5	13.0	3.5	12.94	4.70	62.95	15.29	4.12	2.07
205	Von Piber (Steiermark)	1870	13.86	14.74	5.72	50.35	11.72	3.61P	17.12	6.64	58.44	13.61	4.19	2.74
206	Von Radautz (Bukowina)	„	13.67	13.61	6.35	50.95	12.15	3.25P	15.75	7.35	59.07	14.07	3.76	2.52
207	Von Lipizza	„	12.36	13.47	7.11	53.07	10.28	3.70P	15.37	8.11	60.57	11.73	4.22	2.46
208	Von Kladrub (Böhmen)	„	11.79	12.93	6.86	53.93	11.40	3.08P	14.69	7.78	61.11	12.93	3.49	2.35
209	Von Kisbér	„	11.70	13.96	6.71	53.31	11.11	3.21P	15.81	7.60	60.36	12.59	3.64	2.53

No. 194—204. Behrend. — Biedermann's Centralbl. f. Agriculturchemie. 16. 1887. 420. Das untersuchte Material wurde bei vergleichenden Anbauversuchen auf den Versuchsfeldern der Akademie Hohenheim erhalten. Die Erträge dabei waren pro ha folgende:

	194	195	196	197	198	199	200	201
Körner	2739	2633	2529	2496	1934	1760	1410	1637 kg
Stroh	4708	4243	4195	3237	4151	3329	4200	3882 „

No. 205—214. J. Moser V.-St. Wien (No. 205 Tauber; No. 206—209 u. 211—213 Schwackhöfer; 210 Moser und 214 Moser u. Schwackhöfer). — L. V.-St. 14. 1871. 117. Das untersuchte Material ist den renommirtesten Gestüten von Oesterreich-Ungarn entnommen; die Hafer sind als Durchschnittsproben angegeben worden. Die Asche ist Reinasche. Die Hafer enthielten:

	No. 205	206	207	208	209	210	211	212	213
P_2O_5	0.749	0.913	0.900	0.683	0.680	0.740	0.701	0.745	0.892 %
K_2O	0.378	0.497	0.580	0.567	0.558	0.517	0.703	0.587	0.575 „

No.	Bezeichnungen und Bemerkungen	Jahr der Untersuchung	In der ursprünglichen Substanz: Wasser %	Nh-Substanz %	Rohfett %	Nfr. Extractstoffe %	Rohfaser %	Asche %	In der Trockensubstanz: Nh-Substanz %	Rohfett %	Nfr. Extractstoffe %	Rohfaser %	Asche %	Stickstoff in der Trockensubstanz %
210	Von Mezöhegyes (Ungarn)	1870	11.27	18.51	6.18	51.02	9.81	3.22P	20.87	6.96	57.48	11.06	3.63	3.34
211	Von Satoristye (Ungarn)	„	13.13	15.56	5.89	47.96	13.39	3.88P	17.94	6.78	55.40	15.41	4.47	2.87
212	Von Tapolvár (Ungarn)	„	11.58	10.10	6.25	56.24	10.96	4.84P	11.44	7.07	63.62	12.40	5.47	1.83
213	Aus den k. k. Hofstallungen	„	14.42	13.86	6.81	49.71	11.36	3.83P	16.19	7.95	58.32	13.27	4.47	2.59
214	Aus der k. k. Militär-Verpflegsverwaltung	„	13.64	14.09	6.64	51.84	10.20	3.60P	16.19	7.69	60.14	11.81	4.17	2.59
215	Berghafer aus Salzburg: Lungauer Hafer aus Mauterndorf, ca. 1100 m Meereshöhe	1881	13.00	13.61	5.39	55.76	9.49	2.75	15.62	6.19	64.03	10.90	3.26	2.50
216	Pongauer Eggart-Hafer aus Werfen	„	13.00	11.73	5.95	57.37	9.69	2.26	13.50	6.87	65.90	11.13	2.60	2.16
217	Pongauer Späthafer	„	13.00	11.47	6.11	56.62	10.21	2.59	13.12	7.03	65.14	11.73	2.98	2.10
218	Sibirischer Hafer aus Radstadt	„	13.00	9.35	4.21	58.35	12.64	2.45	10.69	4.84	67.13	14.52	2.82	1.71
219	Australischer Hafer aus St. Johann	„	13.00	13.62	4.15	56.24	10.52	2.47	15.62	4.77	64.68	12.09	2.84	2.50
220	Flachgrauer Hafer aus Seekirchen, Moorboden, ca. 580 m Meereshöhe	„	13.00	10.80	7.15	54.85	11.19	3.01	12.44	8.22	63.02	12.86	3.46	1.99
221	Berghafer aus Oberösterreich: aus d. Umgebung des Attersee's, ca. 360 m Meereshöhe: dort heimischer Hafer	„	13.00	10.51	5.06	58.44	9.66	3.33	12.06	5.81	67.20	11.10	3.83	1.93
222	schwarzschalig	„	13.00	10.77	3.77	58.55	11.03	2.88	12.37	4.33	67.32	12.67	3.31	1.93
223	degenerirter Probsteier	„	13.00	9.18	4.41	56.53	13.67	3.21	10.56	5.07	66.97	15.71	3.69	1.69
224	schwarzschalig	„	13.00	9.27	4.62	58.24	12.20	2.67	10.62	5.31	66.98	14.02	3.07	1.70
225	Gemisch von weissem und schwarzem Hafer	„	13.00	8.76	4.81	61.60	8.81	3.02	10.06	5.53	70.82	10.12	3.47	1.61
226	von d. Traunufer, ca. 360 m Meereshöhe, heimischer Hafer	„	13.00	10.09	5.33	56.26	12.55	2.77	11.56	6.12	64.72	14.42	3.18	1.85
227	Berghafer aus Munkácz, ungarische Karpathenregion, weisser	„	13.00	8.26	7.08	55.50	12.82	3.34	9.50	8.13	63.80	14.73	3.84	1.52
228	Desgl., schwarzer	„	13.00	9.05	5.43	57.42	11.32	3.78	11.06	6.24	65.35	13.01	4.34	1.77
229	Landhafer aus Ungarn: Sárvár, Raabthal	„	13.00	8.98	6.88	58.96	8.98	3.20	11.00	7.91	67.09	10.32	3.68	1.76
230	Plattensee, Keszthély: heimischer Hafer	„	13.00	8.43	5.91	60.02	9.54	3.10	9.69	6.79	69.00	10.96	3.56	1.55
231	Ligovo-Hafer	„	13.00	6.21	5.66	60.08	12.51	2.50	7.19	6.50	69.07	14.37	2.87	1.15
232	Milton-Hafer	„	13.00	10.82	6.13	58.64	8.76	3.65	12.44	7.04	66.26	10.07	4.19	1.99
233	heimischer Hafer	„	13.00	8.44	5.69	59.92	9.78	3.27	9.69	6.54	70.77	11.24	3.76	1.55
234	Banat, Theissebene: heimischer Hafer	„	13.00	6.55	5.79	63.57	7.99	3.10	7.56	6.65	73.05	9.18	3.56	1.21
235	desgl.	„	13.00	11.20	5.50	56.06	10.45	3.79	12.88	6.32	64.44	12.01	4.35	2.06
236	desgl.	„	13.00	9.63	6.23	57.75	10.21	3.18	11.06	7.16	66.40	11.73	3.65	1.77

No. 215—239. J. Moser V.-St. Wien (No. 215, 220', 227, 228, 232, 233 L. Meyer; No. 216, 229 Wolfbauer; No. 217, 221—225, 230, 231 u. 236 Böcker; No. 218 u. 219 E. Meissl; No. 226 Kramer; No. 234 u. 235 von Schmied). — L. V.-St. 27. 1882. 209. Die untersuchten Hafer stammen sämmtlich von der 1881er Ernte und waren landläufige Marktwaare, durchgehends Rispenhafer. Die Sorten folgen nach der Höhe ihres Standortes mit dem höchsten beginnend. No. 215—219 sind aus der Exportwirthschaft, No. 220 aus einer Feldwirthschaft, No. 226 aus dem Hügellande am rechten Ufer der Traun (Berg Ritzlhof). Die Witterung des Jahres 1881 war der Entwicklung des Hafers nicht günstig, auch der Bergung der Ernte nicht und zwar am wenigsten in den Gebirgsländern. Ueber die Qualität des Hafers sind noch nachstehende Angaben gemacht und noch an näheren Bestandtheilen ermittelt:

No.	215	216	217	218	219	220	221	222	223	224	225	226	227
Reinheit in %	98.08	99.52	96.49	96.67	96.00	98.91	94.47	97.58	98.87	99.47	99.05	98.52	98.43
Keimfähigkeit in %	77	86	68	88	86	80	69	75	81	87	94	82	92
Gew. v. 1000 Körnern in g	33.45	28.25	25.50	30.77	32.69	24.21	27.30	22.39	26.95	25.80	26.34	32.10	24.70
Hectolitergewicht in kg	47.88	48.67	45.25	52.33	55.94	45.04	47.13	44.32	43.09	49.94	46.80	47.29	42.74
Stärke	53.12	52.51	52.18	54.01	51.28	50.98	55.15	55.12	52.90	56.06	59.28	51.91	52.92
Zucker u. Dextrin	2.64	4.86	4.44	4.34	4.96	3.87	3.29	3.43	3.63	2.18	2.32	4.35	2.58
Reinasche	2.23	1.91	1.78	1.87	2.02	2.51	2.31	1.73	2.01	1.71	2.30	2.02	1.86
P_2O_5	0.76	0.79	0.80	0.65	0.89	1.05	0.97	0.88	0.81	0.83	0.85	0.89	0.81
K_2O	0.34	0.49	0.49	0.35	0.32	0.49	0.25	0.45	0.20	0.29	0.33	0.38	0.49

No.	228	229	230	231	232	233	234	235	236	237	238	239
Reinheit in %	99.38	99.44	98.43	98.61	97.06	99.62	97.80	98.40	99.36	—	—	—
Keimfähigkeit in %	93	81	88	90	96	94	92	94	93	—	—	—
Gewicht von 100 Körnern in g	21.99	22.84	21.02	23.17	20.98	22.18	21.90	25.80	25.85	—	—	—
Hectolitergewicht in kg	42.23	46.16	43.65	40.28	44.31	45.18	43.78	49.65	46.86	—	—	—
Stärke	54.72	53.77	56.24	57.09	52.27	57.35	61.53	53.88	53.65	53.72	55.74	54.46
Zucker und Dextrin	2.70	5.19	3.78	2.99	5.27	2.47	2.04	2.18	4.10	3.54	3.50	3.53
Reinasche	2.54	2.32	2.27	1.60	2.88	2.33	2.38	2.51	2.62	2.06	2,36	2.17
P_2O_5	0.83	0.79	0.87	0.67	0.84	0.97	0.98	0.96	0.81	0.90	0.86	0.88
K_2O	0.57	0.51	0.31	0.25	0.55	0.50	0.45	0.52	0.55	0.39	0.45	0.41

No.	Bezeichnungen und Bemerkungen	Gew. v. 1 hl kg	Volumen v. 100 kg Liter	Jahr der Untersuchung	In der ursprünglichen Substanz						In der Trockensubstanz					Stickstoff in der Trockensubstanz
					Wasser %	Nh-Substanz %	Rohfett %	Nfr. Extractstoffe %	Rohfaser %	Asche %	Nh-Substanz %	Rohfett %	Nfr. Extractstoffe %	Rohfaser %	Asche %	%
237	Berghafer im Durchschn. (No. 215—228)			1881	13.00	10.46	5.25	57.26	11.13	2.90	12.02	6.03	65.83	12.79	3.33	1.92
238	Landhafer im Durchschn. (No. 229—236)			„	13.00	8.78	5.97	59.24	9.78	3.23	10.09	6.86	68.30	11.24	3.71	1.61
239	Gesammtdurchschnitt (No. 215—236) .			„	13.00	9.85	5.51	57.99	10.64	3.02	11.32	6.33	66.65	12.23	3.47	1.81
240	Compagnie des omnibus .	32.0	312.5	1875	13.30	11.24	4.25	54.72	13.70	2.79	12.96	4.90	63.12	15.80	3.22	2.07
241	Vosges	35.2	284.0	„	11.30	9.42	5.02	60.99	9.45	3.82	10.62	5.66	68.72	10.65	4.31	1.70
242	Mélange Dobelle . . .	37.0	27₀.0	„	12.91	10.55	3.92	57.48	12.06	3.08	12.07	4.50	66.05	13.84	3.54	1.93
243	Vosges	38.4	260.4	„	12.24	9.88	2.77	62.02	9.99	4.10	11.25	3.15	69.56	11.37	4.67	1.80
244	Haute Marne	38.5	259.0	„	12.10	8.75	2.90	64.29	8.44	3.52	9.96	3.30	73.13	9.60	4.01	1.59
245	Desgl.	38.8	258.0	„	13.98	10.06	2.81	52.99	14.70	5.46	11.70	3.27	61.58	17.1(	6.35	1.87
246	Desgl.	40.0	250.8	1874	11.85	9.81	4.18	56.06	14.89	3.21	11.12	4.74	63.55	16.95	3.64	1.78
247	Bourgogne (couleur) . .	41.2	242.7	1875	11.00	10.06	5.90	60.58	8.72	3.74	11.31	6.63	68.06	9.80	4.20	1.81
248	Haute Saône	42.5	235.2	„	13.70	9.37	3.15	55.32	13.85	4.61	10.86	3.65	64.17	15.98	5.34	1.74
249	Beauce	42.7	234.1	„	11.90	10.12	3.70	56.47	11.67	6.14	11.49	4.20	64.09	13.25	6.97	1.84
250	Bourgogne	42.8	233.6	„	11.26	8.63	5.68	58.42	9.94	6.07	9.73	6.40	68.83	11.20	6.84	1.56
251	Brie (grise-noire) . . .	43.0	232.5	„	10.10	7.75	2.97	64.65	10.39	4.14	8.62	3.30	71.93	11.55	4.60	1.38
252	Beauce (grise-noire) . .	43.0	232.5	„	11.40	9.38	3.55	64.34	6.73	4.60	10.59	4.01	72.61	7.60	5.19	1.69
253	Mortières (Envir. d. Paris)	43.0	232.5	1874	12.13	9.53	4.29	60.71	10.32	3.02	10.85	4.89	69.08	11.74	3.44	1.81
254	Russie (blanche) . . .	43.5	229.8	1875	10.00	8.13	5.50	63.55	9.67	3.15	9.03	6.11	70.62	10.74	3.50	1.44
255	Avoine grise	44.0	227.2	„	14.01	10.66	3.75	55.98	12.80	2.80	12.40	4.36	65.09	14.89	3.26	1.98
256	Avoine blanche . . .	44.0	227.2	„	12.75	9.59	6.73	56.88	11.56	2.49	10.99	7.71	65.20	13.25	2.85	1.76
257	Russie	44.0	227.2	„	11.60	11.00	3.82	61.44	9.72	2.42	12.44	4.32	69.51	10.99	2.74	1.99
258	Irlande (noire)	44.0	227.2	1874	12.00	10.38	6.21	57.95	10.82	2.64	11.89	7.11	65.59	12.39	3.02	1.90
259	Brie (noire)	44.0	227.2	1875	13.00	9.81	6.44	57.23	10.18	3.34	11.27	7.40	65.79	11.70	3.84	1.80
260	Centre (printemps) . .	44.2	226.2	„	10.80	9.94	4.46	61.99	8.79	4.02	11.14	5.50	69.00	9.85	4.51	1.78
261	Normandie (rouge) . .	44.2	226.2	„	11.86	10.44	4.78	58.51	11.68	2.73	11.85	5.43	66.36	13.26	3.10	1.90
262	Bourgogne	44.5	224.7	„	10.00	8.52	6.30	60.08	12.11	2.99	9.47	7.00	66.76	13.45	3.32	1.52
263	Champagne	45.0	222.2	„	11.85	10.05	4 95	58.29	11.63	3.23	11.40	5.61	66.14	13.19	3.66	1.82
264	Vendée	45.0	222.2	„	14.00	9.09	5.29	58.33	10.11	3.18	10.58	6.15	67.81	11.76	3.70	1.69
265	Russie	45.5	219.7	„	10.81	11.25	5.02	57.27	11.50	4.15	12.61	5.63	64.22	12.89	4.65	2.02
266	Champagne	45.8	218.9	„	12.24	9.06	4.35	60.87	9.24	4.04	10.31	4.95	69.62	10.52	4.60	1.65
267	Beauce (Chartres) . . .	45.9	217.8	1874	12.00	10.56	4.31	61.86	8.10	3.17	12.09	4.93	70.08	9.27	3.63	1.93
268	Bretagne	46.0	217.3	1875	12.78	10.25	3.77	56.78	13.64	2.78	11.76	4.32	65.08	15.65	3.19	1.88
269	Beauce normande . . .	46.0	217.3	„	13.70	10.42	5.43	55.99	11.39	3.07	12.08	6.29	64.87	13.20	3.56	1.93
270	Chartres	46.0	217.3	„	13.88	10.68	5.34	55.62	11.47	3.07	12.40	6.20	64.56	13.32	3.52	1.98
271	Beauce (Malesherbes) .	46.0	217.3	„	13.46	10.49	5.02	54.72	13.10	3.11	12.13	5.80	63.33	15.14	3.60	1.94
272	Beauce (Orléans) . . .	46.2	216.7	„	11.74	10.50	5.40	59.80	9.70	3.34	11.90	6.12	67.21	10.99	3.78	1.90
273	Centre	46.2	216.7	„	11.20	7.93	5.36	51.63	20.16	3.73	8.93	6.04	58.13	22.70	4.20	1.43
274	Beauce (Chartres) . . .	46.5	215.8	„	12.70	9.95	7.33	55.63	11.39	3.09	11.19	8.39	63.84	13.04	3.54	1.79

No. 240—366. L. Grandeau. — Journ. d'agric. prat. und Compt. rend. des travaux du Congrès international des directeurs des Stations agronomiques. Paris, 1881. 219. 244 und Privatmittheilung. Die Hafer stammten aus den Jahren 1874 u. 1875 und waren von der Compagnie générale des voitures de Paris angekauft.

Höchster und niedrigster Gehalt aus den Analysen unter No. 365 u. 366 werden wie folgt angegeben:

		Wasser	Nh. Substanz	Rohfett	Nfr. Extractstoffe	Rohfaser	Asche	Nh. Substanz	Rohfett	Nfr. Extractstoffe	Rohfaser	Asche	Stickstoff in d. Trocken-Substanz
Aus 54 Analysen, 1875—1879	Maxima	15.50	12.43	7.13	64.65	14.89	6.14	14.76	8.43	76.48	17.61	7.26	2.36
	Minima	8.50	7.12	2.77	48.60	6.73	2.06	7.78	3.03	53.12	7.35	2.25	1.24
Aus 120 Analysen, 1875—1880	Maxima	19.00	12.43	8.05	66.86	14.89	6.14	15.35	9.94	82.59	18.39	7.58	2.46
	Minima	8.50	7.12	2.77	48.60	5.12	2.06	7.78	3.03	53.12	5.60	2.25	1.24

No.	Bezeichnungen und Bemerkungen	Gew. v. 1 hl kg	Volumen v. 100 kg Liter	Jahr der Untersuchung	In der ursprünglichen Substanz: Wasser %	Nh-Substanz %	Rohfett %	Nfr. Extractstoffe %	Rohfaser %	Asche %	In der Trockensubstanz: Nh-Substanz %	Rohfett %	Nfr. Extractstoffe %	Rohfaser %	Asche %	Stickstoff in der Trockensubstanz %
275	Beauce grise	46.5	215.8	1875	11.90	9.07	3.57	60.01	11.14	4.31	10.29	4.05	68.13	12.64	4.89	1.65
276	Beauce (Angerville) . .	47.0	217.7	„	12.70	9.11	4.06	57.68	12.87	3.58	10.43	4.65	66.08	14.74	4.10	1.67
277	Beauce (Étampes) . . .	47.0	217.7	„	13.65	9.25	4.45	56.72	12.82	3.11	10.71	5.15	65.69	14.85	3.60	1.71
278	Érreux (rouge) . . .	47.0	217.7	„	11.50	8.37	5.22	60.05	11.63	3.20	9.45	5.90	67.90	13.14	3.61	1.51
279	Beauce (Corbeil) . . .	47.0	217.7	„	14.15	10.89	4.11	56.42	11.29	3.14	12.69	4.79	65.71	13.15	3.66	2.03
280	Caux (Bretagne) . . .	47.4	210.9	„	11.70	10.25	3.74	61.88	9.71	2.70	11.61	4.24	70.09	11.00	3.06	1.86
281	Bretagne (noire) . . .	47.7	209.6	„	13.00	7.25	5.88	61.36	9.87	2.64	8.33	6.76	70.57	11.35	3.03	1.33
282	Bretagne (grise-noire) .	48.0	206.3	„	11.40	8.38	5.01	60.73	11.21	3.27	9.46	5.66	68.53	12.66	3.69	1.51
283	Blanche Suède	48.0	206.3	„	10.10	8.01	3.59	61.56	12.41	3.33	8.91	3.99	69.60	13.80	3.70	1.43
284	Centre grise	48.0	206.3	„	12.00	9.38	3.70	65.74	9.95	3.40	10.66	4.20	69.98	11.30	3.86	1.71
285	Desgl.	49.0	204.1	„	14.82	10.37	3.78	48.68	19.46	2.97	12.17	4.44	57.05	22.85	3.49	1.95
286	Bretagne (pauvrette) . .	50.0	200.0	„	13.00	10.00	4.43	62.95	7.53	2.09	11.49	5.09	72.37	8.65	2.40	1.84
287	Centre	50.5	198.0	„	12.36	9.88	3.77	61.32	9.86	2.81	11.27	4.30	69.87	11.25	3.31	1.80
288	Noire Suède	50.5	198.0	1874	12.00	9.75	5.19	62.51	7.74	2.81	11.07	5.90	71.05	8.79	3.19	1.78
289	Desgl.	51.0	196.0	1875	9.45	10.58	4.91	58.41	13.76	2.89	11.68	5.42	64.52	15.19	3.19	1.87
290	Grise Poitou	51.1	195.6	1874	11.00	9.44	6.50	61.04	9.35	2.67	10.61	7.31	68.57	10.51	3.00	1.70
291				—	14.99	8.25	7.41	58.91	8.50	1.94	9.70	8.71	69.31	10.00	2.28	1.55
292				—	12.20	10.88	6.53	54.05	13.39	2.95	12.39	7.44	61.56	15.25	3.36	1.98
293				—	10.45	12.11	5.28	58.17	10.61	3.38	13.53	5.90	64.94	11.85	3.78	2.16
294				—	11.40	12.43	4.45	57.25	11.42	3.05	14.03	5.02	64.62	12.89	3.44	2.24
295				—	10.35	10.86	3.26	60.80	11.52	3.21	12.10	3.63	67.86	12.83	3.58	1.92
296				—	10.50	10.59	2.47	62.92	10.29	3.22	11.83	2.76	70.32	11.49	3.60	1.89
297				—	11.50	10.09	2.12	61.96	11.06	3.27	11.40	2.40	70.00	12.50	3.70	1.82
298				—	9.80	11.18	2.35	63.09	10.92	2.66	12.40	2.61	69.93	12.11	2.95	1.99
299				—	10.66	10.05	4.72	57.67	13.94	2.96	11.25	5.28	64.56	15.60	3.31	1.80
300				—	10.50	11.62	4.74	58.43	11.72	2.99	12.98	5.29	65.30	13.09	3.34	2.08
301				—	12.00	11.88	4.50	56.22	12.32	3.18	13.50	5.11	63.78	14.00	3.61	2.16
302				—	10.20	9.20	5.03	58.00	14.05	3.52	10.25	5.60	64.58	15.65	3.92	1.64
303				—	14.40	7.12	3.25	62.21	10.27	2.75	8.32	3.80	72.67	12.00	3.21	1.33
304				—	15.50	7.58	3.59	60.12	10.14	3.07	8.97	4.25	71.15	12.00	3.63	1.44
305				—	14.40	8.06	3.24	61.05	10.49	2.76	9.41	3.78	71.34	12.25	3.22	1.51
306				—	12.29	9.00	3.54	61.43	11.40	2.34	10.27	4.04	73.01	10.01	2.67	1.64
307				—	11.65	11.93	3.29	57.99	11.74	3.40	13.53	3.73	65.57	13.31	3.86	2.16
308				—	11.18	12.43	2.96	56.45	13.36	3.62	14.00	3.34	63.53	15.04	4.09	2.24
309				—	10.44	9.62	4.28	61.16	11.24	3.26	10.75	5.90	68.15	12.56	2.64	1.72
310				—	11.70	9.93	4.80	56.77	13.46	3.34	11.25	5.44	64.28	15.25	3.78	1.80
311				—	11.59	11.44	3.83	58.33	11.40	3.41	12.94	4.33	65.98	12.89	3.86	2.07
312				—	11.86	10.43	3.90	57.11	13.62	3.08	11.84	4.43	64.77	15.46	3.50	1.89
313				—	10.50	8.44	2.95	60.99	13.05	4.07	9.43	3.30	68.14	14.58	4.55	1.51
314				—	8.50	8.40	3.30	65.16	11.44	3.20	9.18	3.61	71.21	12.50	3.50	1.47
315				—	11.00	9.90	2.32	61.56	11.53	3.69	11.13	2.61	69.15	12.96	4.15	1.76
316				—	12.00	8.44	3.63	60.34	12.14	3.45	9.59	4.12	68.58	13.79	3.92	1.52
317				—	12.80	9.06	3.31	61.34	10.77	2.72	10.39	3.80	70.34	12.35	3.12	1.66
318				—	12.50	10.19	3.76	60.71	10.63	2.21	11.65	4.30	69.37	12.15	2.53	1.86
319				—	14.40	7.88	4.96	63.15	10.41	2.70	9.20	5.79	69.70	12.16	3.15	1.47
320				—	11.65	8.55	5.65	60.02	11.04	3.09	9.70	6.41	67.87	12.52	3.50	1.55
321				—	11.50	7.61	4.62	61.71	10.49	4.07	8.60	5.22	69.73	11.85	4.60	1.38
322				—	11.80	8.06	5.13	61.74	9.92	3.35	9.14	5.82	69.99	11.25	3.80	1.48
323				—	11.30	7.63	5.32	61.76	9.97	4.02	8.60	6.00	69.63	11.24	4.53	1.38

No.	Bezeichnungen und Bemerkungen			Jahr der Untersuchung	In der ursprünglichen Substanz						In der Trockensubstanz					Stickstoff in der Trockensubstanz
					Wasser	Nh-Substanz	Rohfett	Nfr. Extractstoffe	Rohfaser	Asche	Nh-Substanz	Rohfett	Nfr. Extractstoffe	Rohfaser	Asche	
					%	%	%	%	%	%	%	%	%	%	%	%
324				—	14.00	7.40	4.23	61.71	9.46	3.20	8.61	4.92	71.75	11.00	3.72	1.38
325				—	13.30	8.86	4.04	60.27	10.06	3.47	10.22	4.66	69.52	11.60	4.00	1.64
326				—	13.30	8.39	5.29	59.19	10.62	3.21	9.71	6.10	68.25	12.24	3.70	1.55
327				—	11.45	8.57	4.11	61.70	10.27	3.90	9.68	4.64	69.69	11.59	4.40	1.55
328				—	12.30	8.96	4.51	61.20	9.87	3.16	10.21	5.14	69.80	11.25	3.60	1.64
329				—	12.00	8.52	5.14	60.63	10.12	3.59	9.68	5.85	68.89	11.50	4.08	1.55
330				—	12.50	8.00	5.32	60.97	9.80	3.41	9.14	6.08	69.68	11.20	3.90	1.46
331				—	12.45	12.24	4.73	57.93	9.50	3.15	12.97	5.40	67.20	10.84	3.59	2.08
332				—	12.59	9.39	5.51	59.40	9.70	3.41	10.74	6.30	67.96	11.10	3.90	1.72
333				—	12.00	10.41	5.81	56.79	14.44	3.55	11.83	6.60	61.14	16.40	4.03	1.89
334				—	11.50	11.42	4.41	59.96	9.65	3.36	12.90	4.98	67.42	10.90	3.80	2.06
335				—	12.33	9.90	5.08	59.01	9.77	3.91	11.29	5.79	67.32	11.14	4.46	1.81
336				—	10.90	11.02	5.00	60.20	9.85	3.03	12.36	5.61	67.58	11.05	3.40	1.98
337				—	11.30	11.45	4.74	56.08	12.42	4.01	12.90	5.34	63.24	14.00	4.52	2.06
338				—	11.60	10.81	4.68	58.85	10.70	3.36	12.23	5.41	66.46	12.10	3.80	1.97
339				—	11.80	10.32	4.53	59.74	10.14	3.47	11.70	5.14	67.70	11.53	3.93	1.87
340				—	12.09	10.00	4.60	59.44	10.56	3.40	11.38	5.23	67.50	12.02	3.87	1.82
341	De Lorraine	ungereinigt	a	1880	14.55	9.64	7.52	56.08	8.46	3.75	11.28	8.80	65.63	9.90	4.39	1.80
		gereinigt	b	„	15.30	8.76	5.93	60.22	6.90	2.89	10.35	7.00	70.09	8.15	3.41	1.66
342	Des Vosges	ungereinigt	a	„	15.10	9.93	5.68	57.92	8.57	7.80	11.70	6.69	62.32	10.10	9.19	1.87
		gereinigt	b	„	16.55	9.75	5.84	57.18	8.26	2.42	11.68	7.00	68.52	9.90	2.90	1.87
343	De Beauce (rouge de la Loupe)	ungereinigt	a	„	13.10	10.07	5.90	58.98	8.86	3.09	11.59	6.79	67.86	10.20	3.56	1.85
		gereinigt	b	„	14.60	8.84	6.08	60.17	7.21	3.10	10.35	7.12	70.46	8.44	3.63	1.66
344	Macotte de Picardie .	ungereinigt	a	„	13.90	10.42	3.96	62.64	5.12	3.96	12.10	4.60	72.76	5.94	4.60	1.94
		gereinigt	b	„	12.95	8.66	4.87	62.60	7.74	3.12	9.95	5.60	72.08	8.89	3.48	1.59
345	De Brie	ungereinigt	a	„	13.35	8.60	5.37	61.81	7.15	3.72	9.92	6.20	71.34	8.25	4.29	1.59
		gereinigt	b	„	16.05	8.35	5.03	59.10	8.18	3.29	9.94	5.99	70.41	9.74	3.92	1.59
346	De Champagne . . .	ungereinigt	a	„	12.80	9.74	5.75	61.53	7.71	2.47	11.17	6.60	63.56	8.84	9.83	1.79
		gereinigt	b	„	12.02	8.75	4.92	63.91	7.70	2.70	9.95	5.59	72.64	8.75	3.07	1.59
347	De Bourgogne . . .	ungereinigt	a	„	12.80	9.80	5.23	61.50	7.71	2.96	11.24	6.00	70.52	8.84	3.40	1.80
		gereinigt	b	„	14.75	9.31	5.29	62.59	7.06	4.00	10.92	6.21	69.90	8.28	4.69	1.75
348	De Champagne . . .	ungereinigt	a	„	12.30	8.44	5.78	60.94	9.47	3.07	9.62	6.59	69.49	10.80	3.50	1.55
		gereinigt	b	„	16.40	8.49	4.85	59.01	8.19	3.06	10.11	5.78	70.73	9.75	3.63	1.72
349	De Bretagne, schwarz .	ungereinigt	a	„	15.60	9.96	5.40	57.60	7.68	3.76	11.80	6.40	68.24	9.10	4.46	1.89
		gereinigt	b	„	16.30	9.26	5.85	58.96	7.32	2.31	11.07	6.99	70.43	8.75	2.76	1.79
350	De Beauce	ungereinigt	a	„	12.50	9.42	5.60	61.84	7.39	3.25	10.77	6.40	70.67	8.45	3.71	1.72
		gereinigt	b	„	14.00	8.30	5.50	60.36	7.74	4.04	9.65	6.40	70.25	9.00	4.70	1.56
351	De Bourgogne . . .	ungereinigt	a	„	12.50	9.24	4.81	62.99	7.35	3.11	10.56	5.50	71.99	8.40	3.55	1.69
		gereinigt	b	„	13.90	9.25	5.16	61.03	6.45	4.21	10.63	5.93	71.19	7.41	4.84	1.70
352	De Brie	ungereinigt	a	„	11.40	11.37	6.55	61.35	6.11	3.22	12.83	7.39	69.24	6.90	3.64	2.05
		gereinigt	b	„	13.90	8.21	6.45	62.72	6.45	2.27	9.43	7.41	73.14	7.41	2.61	1.51
353	De Normandie . . .	ungereinigt	a	„	13.30	10.40	6.33	60.06	6.67	3.24	11.99	7.30	69.28	7.69	3.74	1.90
		gereinigt	b	„	15.50	8.18	5.83	61.23	5.91	3.35	9.68	6.90	72.47	6.99	3.96	1.55
354	De Brie	ungereinigt	a	„	12.10	9.83	5.71	62.22	6.59	3.55	11.19	6.50	70.77	7.50	4.04	1.79
		gereinigt	b	„	11.50	10.08	6.37	62.09	7.21	2.75	11.39	7.20	70.25	8.15	3.01	1.82
355	De Beauce	ungereinigt	a	„	13.55	10.47	5.36	57.87	7.69	5.06	12.11	6.20	66.94	8.90	5.85	1.94
		gereinigt	b	„	15.55	9.78	5.91	57.96	8.40	2.40	11.58	7.00	68.63	9.95	2.84	1.85
356	De Bretagne, grise .	ungereinigt	a	„	15.20	9.22	6.27	57.72	7.84	3.75	10.87	7.39	68.07	9.25	4.42	1.74
		gereinigt	b	„	16.05	8.35	5.03	59.10	8.18	3.29	9.94	5.99	71.51	8.64	3.92	1.59
357	De Berry	ungereinigt	a	„	13.30	9.06	6.64	59.42	7.89	3.69	10.45	7.66	68.54	9.10	4.25	1.67
		gereinigt	b	„	15.38	8.15	6.00	57.33	9.85	3.29	9.63	7.09	67.75	11.64	3.89	1.54

No.	Bezeichnungen und Bemerkungen	Jahr der Untersuchung	In der ursprünglichen Substanz: Wasser %	Nh-Substanz %	Rohfett %	Nfr. Extractstoffe %	Rohfaser %	Asche %	In der Trockensubstanz: Nh-Substanz %	Rohfett %	Nfr. Extractstoffe %	Rohfaser %	Asche %	Stickstoff in der Trockensubstanz %
358	De la Haute-Saône . . { ungereinigt a	1880	13.80	9.27	4.74	59.31	9.00	3.88	10.75	5.50	68.81	10.44	4.50	1.72
	{ gereinigt b	„	15.75	7.77	4.55	61.94	8.38	1.61	9.22	5.40	73.52	9.95	1.91	1.48
359	Du Limousin, grise . { ungereinigt a	„	13.02	8.37	6.61	58.45	9.78	3.77	9.70	7.66	66.93	11.34	4.37	1.55
	{ gereinigt b	„	11.15	8.47	8.44	59.52	9.28	3.14	9.53	9.50	67.00	10.44	3.53	1.52
360	{ ungereinigt a	„	15.60	9.26	5.94	57.74	8.56	2.90	10.97	7.04	68.41	10.14	3.44	1.76
	{ gereinigt b	„	15.00	9.07	4.33	58.75	8.58	4.27	10.67	5.09	69.13	10.09	5.02	1.71
361	De Beauce . . . . { ungereinigt a	„	12.80	9.48	5.58	61.65	7.06	3.43	10.87	6.40	70.70	8.10	3.93	1.74
	{ gereinigt b	„	14.00	8.29	5.84	62.91	7.31	1.65	9.64	6.79	73.15	8.50	1.92	1.54
362	De la Vendée . . . { ungereinigt a	„	14.50	8.24	6.32	58.93	7.48	4.53	9.64	7.39	68.92	8.75	5.30	1.54
	{ gereinigt b	„	13.75	9.73	5.69	58.96	9.56	2.31	11.28	6.59	68.37	11.08	2.68	1.80
363	Mittel der Analysen von rohem Hafer a	„	13.52	9.56	5.32	59.98	7.73	3.49	11.05	6.15	69.83	8.94	4.03	1.77
364	Mittel d. Analysen v. gereinigtem Hafer b	„	13.43	8.81	5.62	60.36	7.81	2.97	10.30	6.57	70.53	9.13	3.47	1.65
365	Mittel von 54 Analysen, 1884er Ernte	„	12.01	9.80	4.58	59.09	11.20	3.32	11.13	5.20	67.18	12.72	3.77	1.76
366	Mittel von 120 Analysen aus den Jahren 1875—1880	„	13.93	9.37	5.74	59.27	8.44	3.25	10.77	6.60	69.20	9.70	3.73	1.72
367	Aus Thessalien	„	12.17	11.36	5.65	56.45	11.64	2.73	12.94	6.44	64.25	12.36	3.11	2.07
368	Aus Macedonien	„	12.18	10.33	5.54	59.01	10.92	2.02	11.65	6.31	67.30	12.44	2.30	1.88
369	Aus Italien, Weisshafer	1877	16.33	18.35	3.52	40.95	16.33	4.62	21.88	4.20	48.90	19.50	5.52	3.50
370	Aus Illinois, (?) Weisshafer, Qualität I	1878	11.23	11.54	5.06	57.08	12.18	2.91	13.01	5.70	64.28	13.73	3.28	2.08
371	Sehr armer schwerer Lehmboden . .	„	12.36	8.00	4.70	59.02	12.89	3.03	9.13	5.36	67.34	14.71	3.46	1.46
372	In Norwegen gewachsener Hafer . .	1882	—	8.68	5.27	—	—	—	—	—	—	—	—	—
373	Desgl.	„	—	8.35	4.95	—	—	—	—	—	—	—	—	—
374	Ostpreussischer Landhafer (Mittel von 26 Proben)	1885	—	7.90	—	—	—	—	—	—	—	—	—	—
375	Desgl., in stark gedüngtem Lehmboden gewachsen	„	—	11.36	—	—	—	—	—	—	—	—	—	—
376	Aus Niederhessen	1887	9.43	9.00	7.31	61.75	9.48	3.03	9.94	8.07	68.17	10.47	3.35	1.59
377	Mittel v. 20 Analysen amerikan. Hafer	1883	10.56	11.41	4.97	61.10	9.01	2.95	12.76	5.56	68.31	10.07	3.30	2.04
	Minimum		6.21	6.00	2.11	48.69	4.45	1 34	6.83	2.40	55.40	5.06	1.53	1.09
	Maximum		20.80	18 84	10.65	64.63	20.08	8 64	21.44	12.11	73.53	22.85	9.83	3.43
	Mittel*)		12 11	10.66	4 99	58.37	10 58	3 29	12.13	5.68	66 41	12 04	3.74	1.94

Haferkörner. Mittel- und Nord-Deutschland.

No.	Sachsen.	No. d. Haupttabelle	Jahr	Wasser	Nh-Substanz	Rohfett	Nfr. Extractstoffe	Rohfaser	Asche	Nh-Substanz	Rohfett	Nfr. Extractstoffe	Rohfaser	Asche	Stickstoff
1	Weisshafer, Mittel v. 2 Analys.	30 u. 32	1854	14.67	8.76	6.37	57.89	9.60	2.71	10.27	7.49	67.83	11.25	3.18	1.64
2	Aus der Gegend von Tharand, Mittel von 4 Analysen . .	30—36	1851	—	—	—	—	—	—	7.73	—	—	—	—	1.236

No. 361—368. A. Petermann u. Warsage. — Originalmittheilung. Die Hafer waren direct vom Orte ihres Anbaues an die Autoren gelangt.
No. 369. A. Pasqualini. — Annali della Stazione Agraria di Forli. 6. 1877. 48. An näheren Bestandtheilen wurden ferner bestimmt: Stärke 30.08, Zucker 2.61, andere N-freie Extractstoffe 8.03, in Wasser lösliche organ. Substanz 10.31, in Wasser lösliche Mineralstoffe 2.10, N in Form in Wasser löslicher Stoffe 0.501, in Alkohol lösliche Substanzen 9.84 %.
No. 370 u. 371. W. O. Atwater u. C. D. Woods. — Report of Work of the Agric. Exper. Stat. Middletown, Connect. 1877—78. 27.
No. 372 u. 373. Werenskiold. — Privatmittheilung.
No. 374. W. Hoffmeister (V.-St. Insterburg). — Landw. Jahrb. 15. 1886. 277. Die 26 Haferproben waren in Ostpreussen angebaut worden, insbesondere in der Umgebung von Insterburg. Der geringste Proteïngehalt betrug 6.74, der höchste 9.56 %. Bei denselben Hafern wurde das Körnergewicht und der Gehalt an äusserer Schale ermittelt. Das Gewicht von 1000 Körnern betrug in maximo 40.60 g (bei 27.2 % Schalen und 8.81 % Proteïngehalt), in minimo 24.42 g (bei 34.7 % Schalen und 6.74 % Proteïngehalt).
No. 375. W. Hoffmeister. — Ebendaselbst.
Nr. 376. O. Greittherr (V.-St. Marburg). — Privatmittheilung.
No. 377. Brewer, mitgetheilt von Cl. Richardson. — Departement of Agric. Dir. of chemistry. Washington, 1886 Bulletin No. 9. 44.
*) Das Mittel für Holzfaser ist aus den Analysen von No. 63 an berechnet.

No.	Bezeichnungen und Bemerkungen	No. d. Haupttabelle	Jahr der Untersuchung	In der ursprünglichen Substanz: Wasser %	Nh-Substanz %	Rohfett %	Nfr. Extractstoffe %	Rohfaser %	Asche %	In der Trockensubstanz: Nh-Substanz %	Rohfett %	Nfr. Extractstoffe %	Rohfaser %	Asche %	Stickstoff in der Trockensubstanz %
3	Sandwich-Hafer, 1855er Ernte .	39	1855	—	—	—	—	—	—	11.65	—	—	—	3.44	1.86
4	Potato-Hafer, 1855er Ernte . .	41	„	—	—	—	—	—	—	12.09	—	—	—	2.90	1.93
5	Jütländischer Hafer, 1855er Ernte	43	„	—	—	—	—	—	—	11.78	—	—	—	3.10	1.88
6	. . . .	63	1864	13.95	8.56	5.37	61.69	7.16	3.27	9.94	6.25	71.68	8.33	3.80	1.59
7	. . . .	64	1865	12.86	11.34	6.11	57.66	9.10	2.93	13.00	7.01	66.18	10.45	3.36	2.08
8	Mittel von 3 Analysen. . .	65—67	1863/64	14.80	9.78	6.11	56.39	10.05	2.87	11.48	7.17	66.18	11.80	3.37	1.837
9	Mittel von 8 Analysen . .	71—78	1868-72	10.00	—	—	—	—	—	12.77	6.08	64.25	13.25	3.65	2.043
	Preuss. Provinz Sachsen.														
10	Mittel von 19 Analysen . .	116—126	1884	15.00	10.63	4.64	57.30	9.75	2.68	12.50	5.55	67.28	11.52	3.15	2.00
11	Mittel von 7 Analysen . .	134—140	1885	15.00	10.78	4.25	56.31	10.76	2.90	12.68	5.00	66.26	12.65	3.41	2.03
12	Desgl.	141—185	1880/82	15.00	—	—	—	—	—	—	—	—	—	—	—
13	Desgl.	131—133	1882/84	15.00	—	—	—	—	—	—	—	—	—	—	—
14	Unged. Niederungsmoor, Drömling, Mittel von 2 Analysen	119—120	„	—	—	—	—	—	—	14.78	—	—	—	3.57	2.365
	Schlesien.														
15	. . . .	60	1861	16.58	17.18	—	—	—	4.42	20.50	—	—	—	5.30	3.28
16	. . . .	68	1868	13.00	9.64	5.74	55.58	12.76	3.28	11.06	6.60	63.91	14.66	3.77	1.77°
17	Mittel von 4 Analysen . .	80—83	—	13.35	—	—	—	—	—	11.22	6.67	67.87	10.62	3.62	1.79
	Mark Brandenburg.														
18	Dahme, Mittel v. 4 Analysen	111—114	1872	—	—	—	—	—	—	13.45	—	—	—	4.00	2.152
19	Frankenfelde, leicht., warmer Lehmb.	37	1851	—	—	—	—	—	—	11.56	—	—	—	—	1.850°
	Schleswig-Holstein.														
20	Holstein	108	1880	18.46	8.25	4.85	56.96	9.24	2.14	10.11	5.95	69.99	11.33	2.62	1.62
	Ostpreussen.														
21	Ostpreuss. Landh., Mittel v. 26 Proben	374	1855	—	7.90	—	—	—	—	—	—	—	—	—	—
22	Desgl., in stark gedüngt. Boden gew.	375	„	—	11.36	—	—	—	—	—	—	—	—	—	—
	Nordwestliches Deutschland.														
23	Westfalen, gelber	105	1853	—	—	—	—	—	—	14.32	4.68	65.64	10.97	4.39	2.29
24	Desgl., weisser	106	„	—	—	—	—	—	—	13.86	4.56	65.65	11.87	4.06	2.22
25	Russischer	107	„	—	—	—	—	—	—	13.42	4.69	64.18	12.37	5.34	2.15
	Rheinprovinz.														
26	Aus Poppelsdorf	109	1880	—	—	—	—	—	—	(10.96)	—	—	—	—	(1.753)°
27	Desgl.	110	„	—	—	—	—	—	—	(9.72)	—	—	—	—	(1.556)°
28	Probsteier Hafer, Mittel versch. ged.	115	1881	10.33	11.40	5.41	—	—	3.53	12.71	6.03	—	—	3.94	2.03
29	Aus dem Schaumburger Lande .	59	1860	13.74	13.77	4.45	51.45	13.02	3.70	15.96	5.16	59.50	15.09	4.29	2.55
30	Aus Niederhessen	87	1879	13.55	11.21	4.91	57.86	8.61	3.86	12.97	5.68	66.92	9.96	4.47	2.08
31	Desgl.	376	1887	9 43	9.00	7.31	61.75	9.48	3.93	9.94	8.07	68.17	10.47	3.35	1.59
	Mittel			12.11[1])	10.82	5.30	58.23	10.25	3.29	12.31	6.03	66.26	11.66	3.74	1.97

Haferkörner. Südliches und südwestliches Deutschland.

No.	Bezeichnungen und Bemerkungen	No. d. Haupttabelle	Jahr der Untersuchung	Wasser %	Nh-Substanz %	Rohfett %	Nfr. Extractstoffe %	Rohfaser %	Asche %	Nh-Substanz %	Rohfett %	Nfr. Extractstoffe %	Rohfaser %	Asche %	Stickstoff in der Trockensubstanz %
1	Im Elsass gebaut, Mittel v. 3 Anal.	1—3	1842/48	—	—	—	—	—	—	13.84	6.39	71.52	4.76	3.49	2.21
	Württemberg.														
2	Hohenheim, Kamtschatka-Hafer . .	5	1845	12.71	13.04	—	—	—	2.84	14.94	—	—	—	3.26	2.39°
3	Desgl., weisser früher Rispenhafer .	6	„	12.94	15.35	—	—	—	3.60	17.63	—	—	—	4.14	2.82°
4	Desgl., Kamtschatka-Hafer, Mittel von 2 Analysen	22—23	1851	13.44	12.86	—	—	9.22	2.45	14.85	—	—	10.65	2.83	2.38
5	Ochsenhausen, Mittel v. 2 Anal.	24—25	„	12.70	10.50	—	—	9.07	2.48	12.00	—	—	10.37	2.83	1.92
6	Kirchberg, Mittel v. 2 Analys.	26—27	„	13.35	10.64	—	—	8.99	2.45	12.28	—	—	10.37	2.92	1.96

[1]) Nach der Haupttabelle angenommen; das wirklich gefundene Mittel beträgt 12.45 %.

No.	Bezeichnungen und Bemerkungen	No. d. Haupttabelle	Jahr der Untersuchung	In der ursprünglichen Substanz: Wasser %	Nh-Substanz %	Rohfett %	Nfr. Extractstoffe %	Rohfaser %	Asche %	In der Trockensubstanz: Nh-Substanz %	Rohfett %	Nfr. Extractstoffe %	Rohfaser %	Asche %	Stickstoff in der Trocken-Substanz %
7	Ellwangen, Mittel v. 2 Annlysen	28—29	1851	—	—	—	—	—	—	11.35	—	—	10.10	2.78	1.82
8	Hohenheim, weisser unbegrannter H.	53	1857	—	—	—	—	—	—	13.12	—	—	—	3.27	2.10^{0}
9	Desgl., brauner Rispenhafer . .	54	„	—	—	—	—	—	—	12.94	—	—	—	3.62	2.07^{0}
10	Desgl., früher weisser Rispenhafer	55	„	—	—	—	—	—	—	12.81	—	—	—	3.40	2.05^{0}
11	Desgl., weisser Fahnenhafer . .	56	1859	—	—	—	—	—	—	11.56	—	—	—	3.55	1.85
12	Desgl., brauner Rispenhafer . .	57	„	—	—	—	—	—	—	13.19	—	—	—	3.55	2.11
13	Desgl., Hopetoun-Hafer	58	„	—	—	—	—	—	—	12.56	—	—	—	3.63	2.01^{0}
14	Desgl., Mittel v. 14 Analysen	89—102	1871-84	14.50	11.20	5.09	54.72	10.77	3.72	13.10	5.95	64.00	12.60	4.35	2.096
	Bayern.														
15	Mittel von 9 Analysen . . .	44—52	1857	13.50	10.03	—	—	—	2.66	11.06	—	—	—	3.08	1.77
16	Mittel von 3 Analysen . . .	84—86	1879	9.29	14.97	5.45	54.85	12.95	2.49	16150	6.01	60.48	14.27	2.74	2.64
	Mittel			12.11[1])	11.36	5.30	58.12	9.93	3.18	12.93	6.03	66.12	11.30	3.62	2.07

Haferkörner. Oesterreich-Ungarn.

No.	Bezeichnungen und Bemerkungen	No. d. Haupttabelle	Jahr der Untersuchung	Wasser %	Nh-Substanz %	Rohfett %	Nfr. Extractstoffe %	Rohfaser %	Asche %	Nh-Substanz %	Rohfett %	Nfr. Extractstoffe %	Rohfaser %	Asche %	Stickstoff in der Trocken-Substanz %
1	Ungar. Altenburg, 1866 er Ernte .	69	1866	7.67	13.41	5.58	54.74	16.10	2.50	14.50	6.04	59.31	17.44	2.71	2.32
2	Desgl., 1870 er Ernte	70	1870	8.09	14.38	7.09	56.64	10.29	3.51	15.63	7.71	61.64	11.20	3.82	2.50
3	Ungarn, Mezöhegyes	210	„	11.27	18.51	6.18	51.02	9.81	3.22P	20.87	6.96	57.48	11.06	3.63	3.94
4	Desgl., Satoristye	211	„	13.13	15.56	5.89	47.96	13.39	3.88P	17.94	6.78	55.40	15.41	4.47	2.87
5	Desgl., Tapolvar	212	„	11.58	10.10	6.25	56.24	10.96	4.84P	11.44	7.07	63.62	12.40	5.47	1.83
6	Desgl., Karpathenregion, weisser .	227	1881	13.00	8.26	7.08	55.50	12.82	3.34	9.50	8.13	63.80	14.73	3.84	1.52
7	Desgl., schwarzer	228	„	13.00	9.05	5.43	57.42	11.32	3.78	11.06	6.24	63.35	13.01	4.34	1.77
8	Desgl., Mittel v. 8 Anal., Landh.	229—236	„	13.00	8.78	5.97	59.24	9.78	3.23	10.09	6.86	68.10	11.24	3.71	1.61
9	Steiermark, Piber	205	1870	13.86	14.74	5.72	50.35	11.72	3.61p	17.12	6.64	58.44	13.61	4.19	2.74
10	Bukowina, Radautz	206	„	13.67	13.61	6.35	50.95	12.15	3.25p	15.75	7.35	59.07	14.07	3.76	2.52
11	Böhmen, Kladrub	208	„	11.79	12.93	6.86	53.93	11.40	3.08p	14.69	7.78	61.11	12.93	3.49	2.35
12	Mittel v. 4 Analys.	207, 209, 213 u. 214	„	13.03	13.85	6.82	51.88	10.64	3.78	15.93	7.84	59.65	12.23	4.35	2.55
13	Berghafer aus Salzburg, Mittel von 6 Analysen	215—220	1881	13.00	11.76	5.50	56.53	10.62	2.59	13.51	6.32	64.99	12.20	2.98	2.16
14	Berghafer aus Oberösterreich, Mittel von 6 Analysen	221—226	„	13.00	9.76	4.67	58.27	11.32	2.98	11.21	5.37	66.99	13.01	3.42	1.79
	Mittel			12.11[2])	11.41	5.84	56.40	11.01	3.23	12.98	6.65	64.16	12.53	3.68	2.08

Haferkörner. Süd-Europäische Länder.

No.	Bezeichnungen und Bemerkungen	No. d. Haupttabelle	Jahr der Untersuchung	Wasser %	Nh-Substanz %	Rohfett %	Nfr. Extractstoffe %	Rohfaser %	Asche %	Nh-Substanz %	Rohfett %	Nfr. Extractstoffe %	Rohfaser %	Asche %	Stickstoff in der Trocken-Substanz %
1	Thessalien	367	1880	12.17	11.36	5.65	56.45	11.64	2.73	12.94	6.44	64.25	13.26	3.11	2.07
2	Macedonien	368	„	12.18	10.33	5.54	59.01	10.92	2.02	11.65	6.31	67.30	12.44	2.30	1.88
3	Italien, Weisshafer	369	„	16.23	18.35	3.52	40.95	16.33	4.62	21.88	4.20	48.90	19.50	5.52	3.50

Haferkörner. Nord-Europäische Länder.

No.	Bezeichnungen und Bemerkungen	No. d. Haupttabelle	Jahr der Untersuchung	Wasser %	Nh-Substanz %	Rohfett %	Nfr. Extractstoffe %	Rohfaser %	Asche %	Nh-Substanz %	Rohfett %	Nfr. Extractstoffe %	Rohfaser %	Asche %	Stickstoff in der Trocken-Substanz %
1	Livland, Mittel von 2 Analysen	61—62	1862	11.00	10.10	—	—	—	3.15	11.35	—	—	—	3.54	1.82
2	Norwegen, Mittel v. 2 Analys.	372—373	1882	—	8.51	5.11	—	—	—	—	—	—	—	—	—

Haferkörner. England und Schottland.

No.	Bezeichnungen und Bemerkungen	No. d. Haupttabelle	Jahr der Untersuchung	Wasser %	Nh-Substanz %	Rohfett %	Nfr. Extractstoffe %	Rohfaser %	Asche %	Nh-Substanz %	Rohfett %	Nfr. Extractstoffe %	Rohfaser %	Asche %	Stickstoff in der Trocken-Substanz %
1	England	7	1847	14.82	12.99	—	—	—	2.94	15.25	—	—	—	3.45	2.44^{0}
2	Desgl., Mittel von 9 Analysen .	8—16	1850	—	—	—	—	—	—	16.81	--	—	—	—	2.69

[1]) Nach der Haupttabelle angenommen; das wirklich gefundene Mittel beträgt 13.39 %.
[2]) Nach der Haupttabelle angenommen; das wirklich gefundene Mittel beträgt 11.85 %.

No.	Bezeichnungen und Bemerkungen	No. d. Haupttabelle	Jahr der Untersuchung	In der ursprünglichen Substanz						In der Trockensubstanz					Stickstoff in der Trocken-Substanz
				Wasser %	Nh-Substanz %	Rohfett %	Nfr. Extractstoffe %	Rohfaser %	Asche %	Nh-Substanz %	Rohfett %	Nfr. Extractstoffe %	Rohfaser %	Asche %	%
3	Desgl., schwarzer	20	1852	—	—	—	—	—	—	13.94	—	—	—	—	2.23
4	Desgl., Sandwich-Hafer	38	1855	—	—	—	—	—	—	9.51	—	—	14.14	3.00	1.52
5	Desgl., Potato-Hafer	40	„	—	—	—	—	—	—	9.76	—	—	13.72	2.26	1.56
6	Desgl., Jütländischer Hafer	42	„	—	—	—	—	—	—	9.19	—	—	12.73	3.26	1.47
7	Schottland	18	1852	12.66	10.00	6.12	—	—	2.66	11.45	7.00	—	—	3.05	1.83
8	Desgl., weisser	19	—	—	—	—	—	—	—	14.94	—	—	—	—	2.39°
	Mittel			12.11[1])	13.05	6.15	53.16	11.89	3.64	14.85	7.00	61.62	13.53	3.00	2.38

Haferkörner. Frankreich.

No.	Bezeichnungen und Bemerkungen	No. d. Haupttabelle	Jahr	Wasser	Nh-Substanz	Rohfett	Nfr. Extractstoffe	Rohfaser	Asche	Nh-Substanz	Rohfett	Nfr. Extractstoffe	Rohfaser	Asche	Stickstoff
1	. . . .	17	—	11.70	12.70	4.85	61.65	6.23	2.87	14.39	5.50	69.80	7.06	3.25	2.30
2	Mittel v. 22 Analysen (gereinigter H.)	364	—	14.43	8.81	5.62	60.36	7.81	2.97	10.30	6.57	70.53	9.13	3.47	1.65
3	Mittel von 54 Analysen, 1884 er E.	365	—	12.01	9.80	4.58	59.09	11.20	3.32	11.13	5.20	67.18	12.72	3.77	1.76
4	Mittel v. 120 Analysen, 1875—1880	366	—	13.93	9.37	5.74	59.27	8.44	3.25	10.77	6.60	69.20	9.70	3.73	1.72
	Gesammtmittel			12.11[2])	9.52	3.46	62.47	9.18	3.26	10.83	6.21	68.80	10.45	3.71	1.73

Haferkörner. Amerika.

No.	Bezeichnungen und Bemerkungen	No. d. Haupttabelle	Jahr	Wasser	Nh-Substanz	Rohfett	Nfr. Extractstoffe	Rohfaser	Asche	Nh-Substanz	Rohfett	Nfr. Extractstoffe	Rohfaser	Asche	Stickstoff
1	Weisshafer, I. Qualität	370	—	11.23	11.54	5.06	57.08	12.18	2.91P	13.01	5.70	64.28	13.73	3.28	2.08
2	Armer schwerer Lehmboden	371	—	12.36	8.00	4.70	59.02	12.89	3.03P	9.30	5.36	67.34	14.71	3.46	1.46
3	Mittel von 20 Analysen (Brewer)	377	—	10.56	11.41	4.97	61.10	9.01	2.95	12.74	5.54	68.37	10.06	3.29	2.04
	Wahrscheinliches Mittel amerik. Hafers			12.11[3])	10.11	6.24	68.61	5.94	2.99	11.50	7.10	71.24	6.76	3.40	1.88

Haferkörner, unter dem Einfluss der Düngung.

No.	Bezeichnungen und Bemerkungen	Jahr	Wasser	Nh-Substanz	Rohfett	Nfr. Extractstoffe	Rohfaser	Asche	Nh-Substanz	Rohfett	Nfr. Extractstoffe	Rohfaser	Asche	Stickstoff
1	Saathafer	1869	10.76	14.69	4.95	53.70	12.26	3.64	16.65	5.61	60.85	13.89	3.00	1.71
2	Ungedüngt, Boden bearbeitet	„	9.38	9.28	5.29	57.07	14.50	4.48	10.40	5.93	63.95	16.25	3.47	1.66
3	Gebrannter Kalk	„	11.23	10.47	4.98	55.68	13.59	4.05	11.99	5.70	63.71	15.55	3.05	1.92
4	Schwefelsaures Ammoniak	„	10.5(	10.79	5.37	55.79	13.69	3.80	12.22	6.08	63.21	15.51	2.98	1.96
5	Phosphorsaurer Kalk	„	10.97	10.25	5.24	54.11	15.37	4.06	11.66	5.96	61.57	17.49	3.32	1.87
6	Schwefelsaures Kali	„	10.05	9.59	5.27	56.19	14.99	3.91	10.81	5.94	63.32	16.89	3.04	1.73
7	Saathafer	1870	6.26	11.52	6.84	60.67	10.87	3.84	12.49	7.42	65.79	11.79	2.51	2.00
8	Ungedüngt, Boden bearbeitet	„	11.30	10.61	5.77	56.03	11.96	4.33	12.14	6.60	64.13	13.69	3.44	1.94
9	Gebrannter Kalk	„	8.48	10.03	5.77	57.82	14.03	3.87	11.04	6.35	63.67	15.45	3.49	1.77
10	Schwefelsaures Ammoniak	„	8.45	6.93	2.27	65.86	12.71	3.78	7.65	2.51	72.75	14.04	3.05	1.22
11	Phosphorsaurer Kalk	„	9.84	10.44	6.20	56.17	12.76	4.59	11.78	7.00	63.39	14.40	3.43	1.88
12	Schwefelsaures Kali	„	10.95	10.55	5.50	55.99	12.04	4.97	12.08	6.30	64.10	13.79	3.73	1.93
13	Saathafer	1871	11.05	10.46	6.04	58.74	10.47	3.24	11.77	6.80	66.12	11.79	3.52	1.89
14	Ungedüngt, Boden bearbeitet	„	11.50	10.20	5.85	56.45	11.85	4.15	11.64	6.68	64.41	13.52	3.75	1.86
15	Gebrannter Kalk	„	12.14	8.28	5.71	57.92	12.15	3.80	9.45	6.51	66.07	13.86	4.11	1.51
16	Schwefelsaures Ammoniak	„	12.23	7.58	6.06	58.07	12.17	3.89	8.71	6.96	66.74	13.99	3.60	1.79
17	Phosphorsaurer Kalk	„	12.66	8.94	5.01	54.45	14.60	4.34	10.31	5.78	62.80	16.84	4.27	1.65
18	Schwefelsaures Kali	„	12.00	7.45	4.21	52.38	18.77	5.19	8.51	4.81	59.93	21.46	5.29	1.36

[1]) Nach der Haupttabelle angenommen; das wirklich gefundene Mittel beträgt 13.74%.
[2]) Nach der Haupttabelle angenommen; das wirklich gefundene Mittel beträgt 13.50%.
[3]) Nach der Haupttabelle angenommen.

Haferkörner, unter dem Einfluss der Düngung.
No. 1–18. E. Heiden, Fr. Voigt (1–6), H. Hanneck (7–12) und Th. Wetzke (13–18). — Denkschrift der V.-St. Pommritz 1882. Vergl. die zugehörigen Analysen von Haferstroh, resp. auch von Roggenstroh. Die ursprüngliche Substanz enthielt Sand, die Zusammensetzung der Trockensubstanz bezieht sich auf sandfreie Substanz.

No.	Bezeichnungen und Bemerkungen	Jahr der Untersuchung	In der ursprünglichen Substanz						In der Trockensubstanz					Stickstoff in der Trockensubstanz
			Wasser	Nh-Substanz	Rohfett	Nfr. Extractstoffe	Rohfaser	Asche	Nh-Substanz	Rohfett	Nfr. Extractstoffe	Rohfaser	Asche	
			%	%	%	%	%	%	%	%	%	%	%	%
	Dünnsaat, 44 kg pro ha.													
19	Ungedüngt	1882	15.00	7.7	3.8	60.0	10.4	3.1	9.06	4.47	70.59	12.23	3.65	1.61
20	200 kg Superphosphat	„	15.00	8.7	3.9	58.7	10.0	3.7	10.23	4.59	69.07	11.76	4.35	1.64
21	400 kg Snperphosphat	„	15.00	8.0	3.9	59.4	10.5	3.2	9.41	4.59	69.89	12.35	3.76	1.50
22	200 kg Chilisalpeter	„	15.00	9.3	3.1	58.7	10.6	3.3	10.94	3.65	69.06	12.47	3.88	1.75
23	300 kg Chilisalpeter	„	15.00	9.9	3.0	59.2	9.8	3.1	11.64	3.53	69.66	11.52	3.65	1.86
24	400 kg Chilisalpeter	„	15.00	10.5	2.9	58.2	10.4	3.0	12.35	3.41	68.48	12.23	3.53	1.98
25	200 kg Chilisalpeter u. 200 kg Superph.	„	15.00	9.3	3.5	59.7	9.4	3.1	10.94	4.12	70.24	11.05	3.65	1.75
26	300 kg Chilisalpeter u. 200 kg Superph.	„	15.00	9.6	3.4	58.6	10.2	3.2	11.29	4.00	68.95	12.00	3.76	1.80
27	400 kg Chilisalpeter u. 200 kg Superph.	„	15.00	10.4	3.5	56.9	11.1	3.1	12.23	4.12	66.95	13.05	3.65	1.96
28	200 kg Chilisalpeter u. 400 kg Snperph.	„	15.00	10.2	4.3	58.9	8.6	3.0	12.00	5.06	69.30	10.11	3.53	1.92
29	300 kg Chilisalpeter u. 400 kg Superph.	„	15.00	10.2	4.3	58.2	9.3	3.0	12.00	5.06	68.47	10.94	3.53	1.92
30	400 kg Chilisalpeter u. 400 kg Superph.	„	15.00	9.8	4.2	56.4	11.0	3.5	11.52	4.94	66.48	12.94	4.12	1.84
31	Mittel von 12 Analysen gedüngten Hafers, Dünnsaat	„	15.00	9.47	3.65	58.58	10.10	3.20	11.14	4.29	68.93	11.88	3.76	1.78
	Stärkere Aussaat, 76 kg pro ha.													
32	Ungedüngt	1883	15.00	7.9	3.8	59.6	10.4	3.3	9.29	4.47	70.13	12.23	3.88	1.49
33	400 kg Superphosphat	„	15.00	7.5	4.0	60.0	10.4	3.1	8.82	4.70	70.60	12.23	3.65	1.41
34	400 kg Chilisalpeter	„	15.00	9.9	3.1	58.8	9.9	3.3	11.64	3.65	69.19	11.64	3.88	1.86
35	200 kg Chilisalpeter u. 200 kg Superph.	„	15.00	9.3	3.7	59.7	9.2	3.1	10.94	4.35	70.24	10.82	3.65	1.75
36	400 kg Chilisalpeter u. 200 kg Superph.	„	15.00	10.3	3.7	58.0	9.9	3.1	12.11	4.35	68.25	11.64	3.65	1.94
37	400 kg Chilisalpeter u. 400 kg Superph.	„	15.00	9.4	3.6	59.3	9.6	3.1	11.05	4.23	69.78	11.29	3.65	1.77
38	Mittel von 6 Analysen gedüngten Hafers, stärkere Aussaat	„	15.00	9.05	3.65	59.23	9.90	3.17	10.64	4.29	69.70	11.64	3.73	1.70
	Dünnsaat, 44 kg pro ha.													
39	Ungedüngt	1883	15.00	10.1	4.6	59.0	9.1	2.2	11.88	5.41	69.42	10.70	2.59	1.90
40	Ungedüngt	„	15.00	10.2	4.0	58.7	9.4	2.7	12.00	4.70	69.07	11.05	3.18	1.92
41	Mittel	„	15.00	10.2	4.3	58.8	9.2	2.5	12.00	5.06	69.18	10.82	2.94	1.92
42	200 kg Chilisalpeter	„	15.00	11.0	4.2	57.3	9.4	3.1	12.94	4.94	67.42	11.05	3.65	2.07
43	400 kg Chilisalpeter	„	15.00	12.8	2.8	56.9	9.8	2.7	15.05	3.29	66.96	11.52	3.18	2.41
44	200 kg Chilisalpeter u. 200 kg Superph.	„	15.00	10.9	2.7	58.6	9.7	3.1	12.82	3.18	68.93	11.42	3.65	2.05
45	400 kg Chilisalpeter u. 200 kg Superph.	„	15.00	12.2	3.1	57.8	9.2	2.7	14.35	3.65	68.00	10.82	3.18	2.30
46	200 kg Chilisalpeter u. 400 kg Superph.	„	15.00	10.9	2.9	59.3	9.1	2.8	12.82	3.41	69.78	10.70	3.29	2.05
47	400 kg Chilisalpeter u. 400 kg Superph.	„	15.00	12.4	3.4	57.7	8.8	2.7	14.58	4.00	67.89	10.35	3.18	2.33
48	Mittel von 9 Analysen gedüngten Hafers, Dünnsaat	„	15.00	11.20	3.55	58.23	9.30	2.72	13.17	4.17	68.52	10.94	3.20	2 11
	Stärkere Aussaat, 76 kg pro ha.													
49	Ungedüngt	1883	15.00	9.9	4.5	57.1	10.4	3.1	11.64	5.29	67.19	12.23	3.65	1.86
50	Ungedüngt	„	15.00	10.5	4.4	57.3	9.6	3.2	12.35	5.17	67.43	11.29	3.76	1.98
51	Mittel	„	15.00	10.2	4.4	57.1	10.0	3.2	12.00	5.17	67.31	11.76	3.76	1.92
52	200 kg Chilisalpeter	„	15.00	10.5	3.1	59 5	9.3	2.6	12.35	3.65	69.42	11.52	3.06	1.98
53	400 kg Chilisalpeter	„	15.00	11.5	2.8	58.9	9.5	2.3	13.52	3.29	68.97	11.52	2.70	2.16
54	200 kg Chilisalpeter u. 200 kg Superph.	„	15 00	10.8	2.7	59.6	9.6	2.3	12.70	3.18	70.13	11.29	2.70	2.03
55	400 kg Chilisalpeter u. 200 kg Superph.	„	15.00	11.5	2.7	59.1	9.1	2.6	13.52	3.18	69.54	10.70	3.06	2.16
56	200 kg Chilisalpeter u. 400 kg Superph.	„	15.00	9.8	4.6	58.1	9.4	3.1	11.52	5.41	68.37	11.05	3.65	1.84
57	400 kg Chilisalpeter u. 400 kg Superph.	„	15.00	11.1	4.0	57.9	9.5	2.5	13.05	4.70	68.14	11.17	2.94	2.09
58	Mittel von 9 Analysen gedüngten Hafers, stärkere Aussaat	„	15.00	10.64	3.70	58.30	9.60	2.76	12.51	4.35	68.60	11.29	3.25	2.00

No. 19—58. M. Märcker (V.-St. Halle). — Nach Separatabzügen a. d. Ztschr. d. landw. Centralver. d. Prov. Sachsen 1883. Heft 2 u. 3, u. 1884 Heft 4 u. 5. Das Nähere ersiche bei den zugehörigen Analysen von Haferstroh. S. 245. No. 1—36.

No.	Bezeichnungen und Bemerkungen	Jahr der Untersuchung	In der ursprünglichen Substanz: Wasser %	Nh-Substanz %	Rohfett %	Nfr. Extractstoffe %	Rohfaser %	Asche %	In der Trockensubstanz: Nh-Substanz %	Rohfett %	Nfr. Extractstoffe %	Rohfaser %	Asche %	Stickstoff in der Trockensubstanz %
59	Maximum der Analysen der 1882er E.	—	15.00	10.5	4.3	60.0	11.1	3.7	12.35	5.06	65.19	13.05	4.35	1.98
60	Minimum der Analysen der 1882er E.	—	15.00	7.5	2.9	56.4	8.6	3.0	8.82	3.41	74.13	10.11	3.53	1.41
61	Mittel der Analysen der 1882er E. .	—	15.00	9.2	3.7	58.9	10.0	3.2	10.82	4.35	69.31	11.76	3.76	1.73
62	Maximum der Analysen der 1883er E.	—	15.00	12.8	4.6	59.5	10.4	3.2	15.05	5.41	63.55	12.23	3.76	2.41
63	Minimum der Analysen der 1883er E.	—	15.00	9.8	2.7	56.9	8.8	2.2	11.52	3.18	72.36	10.35	2.59	1.84
64	Mittel der Analysen der 1883er E. .	—	15.00	11.0	3.5	58.4	9.4	2.7	12.94	4.12	68.71	11.05	3.18	2.07
65	Ungedüngt . . . . . . (Probsteier Hafer, gedrillt)	1881	10.45	11.22	5.29	—	—	3.27	11.35	5.35	—	—	3.41	1.82
66	Wasserlösl. Phosphorsäure . (Probsteier Hafer, gedrillt)	„	10.29	11.13	5.48	—	—	3.36	12.41	6.11	—	—	3.75	1.99
67	Präcipitirtes Kalkphosphat . (Probsteier Hafer, gedrillt)	„	10.25	11.53	5.52	—	—	3.81	12.84	6.17	—	—	3.25	2.05
68	Unlösl. gemachte Phosphors. (Probsteier Hafer, gedrillt)	„	10.29	11.53	5.44	—	—	3.57	12.86	6.07	—	—	3.98	2.06
69	Phosphorit . . . . . . (Probsteier Hafer, gedrillt)	„	10.37	11.61	5.34	—	—	3.54	12.96	5.96	—	—	3.96	2.07

Haferkörner, unter dem Einfluss der Aussaatstärke und Drillweite.

No.	Bezeichnungen	Einsaat in kg pr. ha	Drillweite in cm	Jahr	Wasser %	Nh-Substanz %	Rohfett %	Nfr. Extractstoffe %	Rohfaser %	Asche %	Nh-Substanz %	Rohfett %	Nfr. Extractstoffe %	Rohfaser %	Asche %	Stickstoff %
1	Beseler's Anderbecker Hafer	92	17	1884	15.00	7.7	4.4	60.1	9.9	2.9	9.06	5.17	67.03	11.69	3.41	1.61
2	Beseler's Anderbecker Hafer	80	17	„	15.00	10.8	4.0	56.7	10.1	3.4	12.70	4.70	70.48	11.88	4.00	2.03
3	Beseler's Anderbecker Hafer	60	17	„	15.00	7.6	4.6	59.6	10.2	3.0	8.94	5.41	67.77	12.00	3.53	1.43
4	Beseler's Anderbecker Hafer	44	17	„	15.00	9.6	4.2	58.1	10.2	2.9	11.29	4.94	68.41	12.00	3.41	1.80
5	Beseler's Anderbecker Hafer	80	23.5	„	15.00	9.9	4.3	58.5	9.3	3.0	11.64	5.06	71.06	10.94	3.53	1.86
6	Beseler's Anderbecker Hafer	60	23.5	„	15.00	8.0	4.5	59.6	9.9	3.0	9.41	5.29	70.67	11.69	3.53	1.51
7	Beseler's Anderbecker Hafer	44	23.5	„	15.00	7.5	4.6	59.7	10.3	2.9	8.82	5.41	70.13	12.11	3.41	1.41
8	Beseler's Anderbecker Hafer	60	31	„	15.00	7.6	4.6	59.6	10.1	3.1	8·94	5.41	69.62	11.88	3.65	1.43
9	Beseler's Anderbecker Hafer	44	31	„	15.00	8.2	4.3	59.0	10.4	3.1	9.64	5.06	—	12.23	3.65	1.54
10	Beseler's Anderbecker H.: Mittel der Drillweite, 17 cm . .			„	15.00	8.92	4.30	58.63	10.10	3.05	10.49	5.06	68.98	11.88	3.59	1.68
11	Beseler's Anderbecker H.: Desgl., 23.5 cm			„	15.00	8.47	4.47	59.26	9.83	2.97	9.96	5.26	69.73	11.56	3.49	1.59
12	Beseler's Anderbecker H.: Desgl., 31.0 cm			„	15.00	7.90	4.45	59.30	10.25	3.10	9.29	5.23	69.78	12.05	3.65	1.49
13	Beseler's Anderbecker H.: Mittel d. Aussaat v. 80 u. 92 kg pr. ha			„	15.00	9.47	4.23	58.43	9.77	3.10	11.14	4.97	68.73	11.50	3.65	1.78
14	Beseler's Anderbecker H.: Desgl. von 60 kg pro ha . . .			„	15.00	7.73	4.57	59.60	10.07	3.03	9.09	5.37	70.14	11.84	3.56	1.45
15	Beseler's Anderbecker H.: Desgl. von 44 kg pro ha . . .			„	15.00	8.43	4.37	58.93	10.30	2.97	9.91	5.14	69.35	12.11	3.49	1.59

No. 65—69. H. Werner u. A. Stutzer (V.-St. Bonn). — Landw. Jahrb. 11. 1882. 833. Der Hafer wuchs auf Boden, der bis zur Tiefe von 2 m aus Alluviallehm ohne Gesteinstrümmer und desssen Untergrund aus durchlassendem Rheinkies bestand. (Näheres ersiehe bei Analysen von gedüngtem Weizen No. 82.)

Jede Parzelle von 5 are erhielt 5 kg Phosphorsäure in verschiedener Form. Der Hafer folgte nach gedüngten Rüben und wurde in Reihen von 29 cm Entfernung gedrillt, 4.7 kg Probsteier Gerste pro Parzelle. Die Ernte war folgende:

	No. 65	66	67	68	69
Körner	173.0	169.5	182.5	167.7	178.0 kg
Stroh und Spreu	261.4	260.0	274.4	271.2	259.7 „
Körnergewicht (hl)	43.0	43.0	41.0	42.0	42.5 „
Von N sind vorhanden in Form von					
Verdaulichem Eiweiss	1.610	1.627	1.687	1.589	1.667 %
Nucleïn	0.170	0.154	0.141	0.166	0.150 „
Amiden	0.106	0.0	0.017	0.091	0.042 „
Verdauliches Eiweiss, N × 6.25 .	10.06	10.16	10.54	9.93	10.41 „

Haferkörner, unter dem Einfluss der Aussaatstärke und Drillweite.

No. 1—15. M. Märcker (V.-St. Halle). — Ztschr. d. landw. Centralver. f. d. Prov. Sachsen 1885. 57. Das Material wurde bei von O. Beseler-Anderbeck angestellten Versuchen gewonnen. Der Hafer wuchs auf einem etwas kalten, schwach humosen Lehmboden 3. und 4. Bodenklasse, der sich in Bezug auf seinen Gehalt an Stallmist in einem mittleren Kraftzustande befand. In Folge jahrelanger starker Zufuhr von Phosphorsäure haben sich grosse Ueberflüsse davon im Boden angesammelt. Der Acker wird in Norfolker Fruchtfolge bewirthschaftet und erhält jedes vierte Jahr 24—30000 kg Stallmist pro ha. Das Versuchsstück trug 1881 Erbsen (in Stallmist), 1882 Weizen (mit künstlichem Dünger), 1883 Zuckerrüben (mit künstl. Dünger) und wurde zu Hafer mit 300 kg Chilisalpeter und 100 kg Doppel-Superphosphat gedüngt. Dir Ernte pro ha betrug bei

	No. 1	2	3	4	5	6	7	8	9	10	11	12	13	14	15
Körner	3808	4084	3828	3960	3736	4024	3946	3862	3744	3945	3902	3803	3876	3905	3883 kg
Stroh und Spreu	5892	6276	5592	6700	5824	5656	5254	5838	5496	6115	5578	5667	5997	5695	5816 „
Gewichtsverhältniss der Ernteproducte: Körner	39	39	41	37	39	42	43	40	41 %						
Gewichtsverhältniss der Ernteproducte: Stroh	61	61	59	63	61	58	57	60	59 „						

Die Mittel unter 10—15 wurden von uns berechnet.

No.	Bezeichnungen und Bemerkungen	Jahr der Untersuchung	In der ursprünglichen Substanz: Wasser %	Nh-Substanz %	Rohfett %	Nfr. Extractstoffe %	Rohfaser %	Asche %	In der Trockensubstanz: Nh-Substanz %	Rohfett %	Nfr. Extractstoffe %	Rohfaser %	Asche %	Stickstoff in der Trockensubstanz %
16	Beseler's Anderbecker H. Mittel bei Dünnsaat, 44 kg pro ha	1882	15.00	9.47	3.65	58.58	10.10	3.20	11.14	4.29	68.93	11.88	3.76	1.78
17	Beseler's Anderbecker H. Mittel bei stärkerer Aussaat, 76 kg	„	15.00	9.05	3.65	59.23	9.90	3.17	10.64	4.29	69.65	11.69	3.73	1.70
18	Beseler's Anderbecker H. Mittel bei Dünnsaat, 44 kg pro ha	1883	15.00	11.20	3.55	58.23	9.30	2.72	13.17	4.17	68.52	10.94	3.20	2.11
19	Beseler's Anderbecker H. Mittel bei stärkerer Aussaat, 76 kg	„	15.00	10.64	3.70	58.30	9.60	2.76	12.51	4.35	68.60	11.29	3.25	2.00

Haferkörner, unter dem Einfluss des Bodens.

Thonboden.

No.	Bezeichnungen und Bemerkungen	No. d. Haupttabelle	Jahr	Wasser	Nh-Substanz	Rohfett	Nfr. Extractstoffe	Rohfaser	Asche	Nh-Substanz	Rohfett	Nfr. Extractstoffe	Rohfaser	Asche	Stickstoff
1	Schwerer, nasser, kalter Thonboden, Fahnenhafer	33	1851	—	—	—	—	—	—	6.83	—	—	—	—	1.092^{0}
2	Desgl., Hopetoun-Hafer	34	„	—	—	—	—	—	—	6.84	—	—	—	—	1.094^{0}
3	Desgl., Schwarzhafer	35	„	—	—	—	—	—	—	7.88	—	—	—	—	1.260^{0}
4	Fetter Thon, gedüngt	51	„	16.40	8.04	—	—	—	—	9.62	—	—	—	—	1.54^{0}
5	Granitverwitterungsboden . . .	71	1868	10.47	12.81	5.52	55.58	10.48	5.14	14.31	6.16	62.08	11.71	5.74	2.29
6	Desgl., längere Zeit in Cultur .	72	1872	8.68	13.53	4.42	60.65	9.40	3.32	14.82	4.84	66.41	10.29	3.64	2.37
7	Desgl., Mittel versch. gedüngt. H.	74	1869	10.44	10.23	5.30	56.46	14.73	2.84	11.42	5.92	63.15	16.34	3.17	1.83
8	Desgl., Mittel versch. gedüngt. H.	76	1870	9.80	8.97	5.19	59.18	12.87	3.09	10.94	5.75	65.61	14.27	3.43	1.75
9	Desgl., Mittel versch. gedüngt. H.	78	1871	12.10	8.54	5.41	56.28	13.98	3.69	9.72	6.15	64.00	15.93	4.20	1.56
10	Humuser Thonboden, Probstei-H.	154	1880	15.00	8.40	3.10	58.50	11.20	3.80	9.88	3.65	68.83	13.17	4.47	1.58
	Mittel			12.11[1])	8.99	4.75	58.57	11.97	3.61	10.23	5.41	66.63	13.62	4.11	1.64

Schwerer Lehmboden, humoser, warmer Lehmboden.

No.	Bezeichnungen und Bemerkungen	No. d. Haupttabelle	Jahr	Wasser	Nh-Substanz	Rohfett	Nfr. Extractstoffe	Rohfaser	Asche	Nh-Substanz	Rohfett	Nfr. Extractstoffe	Rohfaser	Asche	Stickstoff
1	Bindiger, kräftiger Lehmboden .	36	1851	—	—	—	—	—	—	9.37	—	—	—	—	1.50^{0}
2	Alluviallehm, Probstei-Hafer . .	115	1881	10.33	11.40	5.41	—	—	3.53	12.71	6.03	—	—	3.94	2.03
3	Warmer, humoser Lehmb., weisser tartarischer Fahnenhafer . .	117	1884	15.00	10.10	4.70	57.30	9.90	3.00	11.88	5.53	67.42	11.64	3.53	1.90
4	Desgl., Lüneburger Kley-Hafer .	119	„	15.00	9.80	4.30	59.00	9.20	2.70	11.52	5.06	69.42	10.82	3.18	1.84
5	Desgl., schwarzer californ. prolific	121	„	15.00	9.80	5.40	56.60	10.20	3.00	11.52	6.35	66.60	12.00	3.53	1.84
6	Desgl., Probstei-Hafer	123	„	15.00	9.30	4.60	58.80	9.50	2.80	10.94	5.41	69.19	11.17	3.29	1.75
7	Desgl., Hopetoun	125	„	15.00	11.20	4.70	57.00	9.80	2.30	13.17	5.53	67.08	11.52	2.70	2.11
8	Desgl., Australischer	127	„	15.00	10.20	5.10	58.10	9.30	1.30	12.00	6.00	69.53	10.94	1.53	1.92
9	Desgl., Dänischer	129	„	15.00	8.50	4.30	60.20	9.50	2.50	10.00	5.06	70.83	11.17	2.94	1.60
10	Desgl., Hallet's canadischer . .	131	„	15.00	11.70	4.60	57.60	9.00	2.10	13.76	5.41	67.78	10.58	2.47	2.20
11	Desgl., Kylberg's pedigree . .	133	„	15.00	9.50	4.50	56.60	12.80	2.60	11.17	5.29	64.41	15.05	3.08	1.79
12	Desgl., Beseler's Anderbecker . .	134	„	15.00	8.70	4.30	58.70	10.50	2.80	10.23	5.06	69.07	12.35	3.29	1.64
13	Diluviallehm, Triumpfhafer . .	142	1885	15.00	11.42	4.24	55.42	11.15	2.77	13.42	4.99	65.24	13.09	3.26	2.15
14	Desgl., weisser canadischer Hafer	143	„	15.00	11.94	4.78	55.19	10.54	2.55	14.04	5.63	64.93	12.40	3.00	2.25
15	Desgl., Triumpfhafer	144	„	15.00	12.50	4.13	53.24	12.41	2.72	14.70	4.86	62.65	14.59	3.20	2.35
16	Desgl., Beseler's Anderbecker . .	145	„	15.00	9.74	4.25	58.19	9.87	2.95	11.45	5.00	68.47	11.61	3.47	1.83
17	Desgl., Schwaneberger	146	„	15.00	9.84	4.07	58.24	9.95	2.90	11.57	4.79	68.53	11.70	3.41	1.85
18	Desgl., weisser Rispenhafer . .	147	„	15.00	9.24	4.19	58.00	10.27	3.30	10.87	4.93	68.24	12.08	3.88	1.74
19	Desgl., brauner tartarisch. Fahnenh.	148	„	15.00	11.16	4.11	55.50	11.17	3.06	13.12	4.83	65.31	13.14	3.60	2.10
20	Lehmboden, Höhenlage, Hopetounh.	157	1880	15.00	7.80	4.50	61.20	9.40	3.10	9.17	5.29	70.84	11.05	3.65	1.47
21	Humoser Lehm, Landhafer . .	176	„	15.00	9.80	3.30	57.20	10.40	4.30	11.52	3.88	67.31	12.23	5.06	1.84
22	Elbkleyboden, Landhafer . . .	178	„	15.00	9.00	3.90	59.00	8.90	4.20	10.58	4.59	69.42	10.47	4.94	1.69

No. 16—19. M. Märcker (V.-St. Halle). — Von uns aus den Analysen unter 19—60 gedüngten Hafers berechnete Mittel.
[1]) Nach der Haupttabelle angenommen; das wirklich gefundene Mittel beträgt 11.15 %.

No.	Bezeichnungen und Bemerkungen	No. d. Haupttabelle	Jahr der Untersuchung	In der ursprünglichen Substanz: Wasser %	Nh-Substanz %	Rohfett %	Nfr. Extractstoffe %	Rohfaser %	Asche %	In der Trockensubstanz: Nh-Substanz %	Rohfett %	Nfr. Extractstoffe %	Rohfaser %	Asche %	Stickstoff in der Trockensubstanz %
23	Humoser, thonig. Lehm, Probsteih.	179	1880	15.00	7.10	3.70	59.30	11.20	3.70	8.35	4.35	69.78	13.17	4.35	1.34
24	Milder, humoser Lehm, Anderbecker Hafer	184	1881	15.00	10.90	3.30	57.90	7.60	3.30	12.82	3.88	70.48	8.94	3.88	2.05
25	Desgl.	185	„	15.00	9.30	3.40	59.80	9.30	3.20	10.94	4.00	70.36	10.94	3.76	1.75
26	Milder Lehmboden, Landhafer .	187	„	15.00	10.40	4.50	51.40	10.70	8.00	12.23	5.29	60.59	12.48	9.41	1.96
27	Humoser Lehmboden, Augusthafer, Mittel	192 u. 193	1882	15.00	9.55	4.20	56.10	11.95	3.20	11.23	4.94	66.02	14.05	3.76	1.80
28	Humoser Lehmboden	139	„	15.00	9.20	3.70	58.90	10.00	3.20	10.82	4.35	69.31	11.76	3.76	1.73
29	Desgl.	140	1883	15.00	11.00	3.50	58.40	9.40	2.70	12.94	4.12	68.71	11.05	3.18	2.07
30	Desgl.	141	1884	15.00	8.60	4.40	59.00	10.00	3.00	10.11	5.17	69.43	11.76	3.53	1.62
31	Armer schwerer Lehmboden . .	371	1878	12.36	8.00	4.70	59.02	12.89	3.03P	9.13	5.36	67.34	14.71	3.46	1.46
32	Kalkhaltiger Lehmboden . .	46	1857	12.36	9.68	—	—	—	2.64	11.12	—	—	—	3.01	1.78
33	Kalkhaltig. Lehmb., Höhenlage	175	1880	15.00	9.30	3.90	57.20	11.20	3.40	10.94	4.59	67.30	13.17	4.00	1.75
	Mittel			12.11[1])	10.11	4.41	59.56	10.59	3.22	11.50	5.02	67.77	12.05	3.66	1.84
	Leichter, sandiger Lehmboden, lehmiger Sandboden.														
1	Leichter, warmer, sandiger Lehmb.	37	1851	—	—	—	—	—	—	11.56	—	—	—	—	1.85⁰
2	Sandiger Lehmboden	50	1857	13.13	9.77	—	—	—	3.16	11.25	—	—	—	3.64	1.80⁰
3	Lehmig. Sandb., Mittel, Landh.	150—153	1880	15.00	10.80	3.90	55.70	10.80	3.80	12.70	4.59	65.54	12.70	4.47	2.03
4	Desgl., gemergelt, Landhafer .	155	„	15.00	9.10	3.50	57.30	11.40	3.70	10.70	4.12	67.02	13.81	4.35	1.71
5	Flachgründiger, sandiger Lehmboden, Frühhafer	158	„	15.00	10.50	2.70	56.60	11.50	3.70	12.35	3.18	66.60	13.52	4.35	1.98
	Mittel			12.11[2])	10.31	3.48	58.52	11.72	3.86	11.73	3.96	66.58	13.34	4.39	1.88
	Sandboden.														
1	Mittel v. 4 Anal. (Sandkultur)	111—114	1872	—	—	—	—	—	—	13.62	—	—	—	4.00	2.15
2	Sandboden, Sandhafer	149	1880	15.00	8.10	62.50		10.60	3.80	9.53	—	73.53	12.47	4.47	1.52
3	Leichter Sandboden, gemergelt, Landhafer	159	„	15.00	10.60	4.50	57.40	8.80	3.70	12.47	5.29	67.54	10.35	4.35	2.00
4	Desgl.	160	„	15.00	10.10	4.30	56.20	10.30	4.10	11.88	12.11	66.13	5.06	4.82	1.90
5	Desgl.	161	„	15.00	10.00	5.30	56.00	10.80	2.90	11.76	6.23	65.90	12.70	3.41	1.88
6	Desgl.	162	„	15.00	10.00	3.10	59.40	9.30	3.20	11.76	3.65	69.89	10.94	3.76	1.88
7	Desgl.	163	„	15.00	10.30	3.80	47.30	10.60	3.00	12.11	4.47	67.42	12.47	3.53	1.94
8	Desgl.	164	„	15.00	10.80	4.10	56.80	9.90	3.40	12.70	4.82	66.84	11.64	4.00	2.03
9	Desgl.	165	„	15.00	10.10	3.80	54.90	12.20	4.00	11.88	4.47	64.60	14.35	4.70	1.90
10	Desgl.	166	„	15.00	9.50	4.20	58.60	10.50	2.70	11.17	4.94	68.36	12.35	3.18	1.79
11	Desgl.	167	„	15.00	8.80	3.70	56.90	11.90	2.70	10.35	4.35	68.03	13.99	3.18	1.66
12	Desgl.	168	„	15.00	10.40	3.40	60.50	8.10	2.60	12.23	4.00	71.18	9.53	3.06	1.96
13	Desgl.	169	„	15.00	9.20	3.80	58.40	10.60	3.00	10.82	4.47	68.71	12.47	3.53	1.73
14	Desgl.	170	„	15.00	10.80	3.90	56.70	10.40	3.20	12.70	4.59	66.72	12.23	3.76	2.03
15	Desgl.	171	„	15.00	8.40	4.00	60.80	8.70	3.10	9.88	4.70	71.64	10.23	3.65	1.58
16	Desgl.	172	„	15.00	7.70	4.40	59.40	10.50	3.00	9.06	5.17	69.81	12.35	3.53	1.61
17	Desgl.	173	„	15.00	7.30	3.80	60.00	10.90	3.00	8.58	4.47	70.60	12.82	3.53	1.37
18	Desgl.	174	„	15.00	7.90	3.80	59.70	11.00	2.60	9.29	4.47	70.24	12.94	3.06	1.49

[1]) Nach der Haupttabelle angenommen; das wirklich gefundene Mittel beträgt 11.68%
[2]) Nach der Haupttabelle angenommen; das wirklich gefundene Mittel beträgt 13.13%.

No.	Bezeichnungen und Bemerkungen	No. d. Haupt-tabelle	Jahr der Untersuchung	In der ursprünglichen Substanz: Wasser %	Nh-Substanz %	Rohfett %	Nfr. Extractstoffe %	Rohfaser %	Asche %	In der Trockensubstanz: Nh-Substanz %	Rohfett %	Nfr. Extractstoffe %	Rohfaser %	Asche %	Stickstoff in der Trockensubstanz %
19	Sandboden, Landhafer	177	1880	15.00	11.50	4.60	52.80	12.30	3.80	13.52	5.41	62.14	14.46	4.47	2.16
20	Humoser Sandboden, Höhenlage, gelber Landhafer	180	1881	15.00	11.10	4.90	56.50	9.40	3.10	13.05	5.76	66.49	11.05	3.68	2.09
	Mittel			(12.11[1])	10.04	4.56	59.57	10.38	3.34	11.42	5.19	67.78	11.81	3.80	1.83
	Kalkboden.														
1	Seichter Kalkboden, Schleissheim	44	1857	13.14	9.88	—	—	—	—	11.37	—	—	—	—	1.82⁰
2	Muschelkalkb. auf strengem Untergrund, Höhenlage, deutscher, gelber Herbsthafer	186	1881	15.00	8.20	3.40	54.80	12.20	6.40	9.64	4.00	64.48	14.35	7.53	1.54
	Moorboden.														
1	Niederungsmoor (Drömling), noch niemals gedüngt	103	1879	—	—	—	—	—	—	14.44	—	—	—	3.96P	2.31
2	Desgl., seit 6 Jahren nicht gedüngt	104	„	—	—	—	—	—	—	15.13	—	—	—	3.18P	2.42
3	Moorboden, Sandhafer	156	1880	15.00	12.00	4.40	53.30	11.50	3.80	14.11	5.17	62.73	13.52	4.47	2.26
4	Moorboden	181	1881	15.00	9.30	5.20	55.70	11.70	3.10	10.94	6.12	65.53	13.76	3.65	1.75

Haferkörner. In verschiedener Grösse des Korns.

No.	Bezeichnungen und Bemerkungen	Gew. von 1000 Körn. g	Jahr der Untersuchung	Wasser %	Nh-Substanz %	Rohfett %	Nfr. Extractstoffe %	Rohfaser %	Asche %	Nh-Substanz %	Rohfett %	Nfr. Extractstoffe %	Rohfaser %	Asche %	Stickstoff in der Trockensubstanz %
	Auf reichem u. gedüngtem Boden gewachsen.														
1	Mittel von 6 Hafersorten: grosse Körner . .	42.3	1885	—	10.81	—	—	—	—	—	—	—	—	—	—
2	mittlere Körner .	30.2	„	—	11.56	—	—	—	—	—	—	—	—	—	—
3	kleine Körner . .	16.4	„	—	12.06	—	—	—	—	—	—	—	—	—	—
4	Hafer im Ganzen .	29.3	„	—	11.37	—	—	—	—	—	—	—	—	—	—
	Auf dürftigem Boden gewachsen.														
5	Mittel von 12 Hafersorten: grosse Körner . .	45.3	„	—	8.31	—	—	—	—	—	—	—	—	—	—
6	mittlere Körner .	37.7	„	—	7.32	—	—	—	—	—	—	—	—	—	—
7	kleinere Körner .	26.6	„	—	7.65	—	—	—	—	—	—	—	—	—	—
8	kleinste Körner .	18.2	„	—	7.59	—	—	—	—	—	—	—	—	—	—
9	Auf reichem, gedüngtem Boden gewachsen: grosse Körner . .	42.42	„	—	11.06	4.22	—	—	—	—	—	—	—	—	—
10	mittlere Körner .	30.06	„	—	11.75	4.19	—	—	—	—	—	—	—	—	—
11	kleine Körner . .	16.12	„	—	12.12	4.24	—	—	—	—	—	—	—	—	—
12	im Ganzen . . .	26.28	„	—	12.50	—	—	—	—	—	—	—	—	—	—
13	grosse Körner . .	41.90	„	—	11.06	4.15	—	—	—	—	—	—	—	—	—
14	mittlere Körner .	30.38	„	—	11.69	4.10	—	—	—	—	—	—	—	—	—
15	kleine Körner . .	15.90	„	—	12.06	4.02	—	—	—	—	—	—	—	—	—
16	im Ganzen . . .	27.44	„	—	11.37	—	—	—	—	—	—	—	—	—	—
17	grosse Körner . .	42.60	„	—	10.75	4.28	—	—	—	—	—	—	—	—	—
18	mittlere Körner .	30.52	„	—	11.50	4.25	—	—	—	—	—	—	—	—	—
19	kleine Körner . .	16.34	„	—	11.75	4.31	—	—	—	—	—	—	—	—	—
20	im Ganzen . . .	31.04	„	—	11.12	—	—	—	—	—	—	—	—	—	—
21	auf sehr dürftigem Boden gewachsen: grosse Körner . .	45.8	„	—	8.62	4.31	—	—	—	—	—	—	—	—	—
22	mittlere Körner .	35.8	„	—	7.69	4.86	—	—	—	—	—	—	—	—	—
23	kleine Körner . .	22.8	„	—	7.75	5.60	—	—	—	—	—	—	—	—	—
24	grosse Körner . .	49.4	„	—	6.88	4.58	—	—	—	—	—	—	—	—	—

[1]) Nach der Haupttabelle angenommen.

Haferkörner. In verschiedener Grösse des Korns.
No. 1—38. W. Hoffmeister (V.-St. Insterburg). — Landw. Jahrbücher. 15. 1886. 277.

No.	Bezeichnungen und Bemerkungen	Gew. von 1000 Körn. g	Jahr der Untersuchung	In der ursprünglichen Substanz: Wasser %	Nh-Substanz %	Rohfett %	Nfr. Extractstoffe %	Rohfaser %	Asche %	In der Trockensubstanz: Nh-Substanz %	Rohfett %	Nfr. Extractstoffe %	Rohfaser %	Asche %	Stickstoff in der Trockensubstanz %
25	Auf sehr dürftigem Boden gewachsen: mittlere Körner	43.5	1885	—	6.31	4.60	—	—	—	—	—	—	—	—	—
26	kleine Körner	29.5	„	—	6.38	5.17	—	—	—	—	—	—	—	—	—
27	grosse Körner	42.0	„	—	8.25	4.22	—	—	—	—	—	—	—	—	—
28	mittlere Körner	21.0	„	—	6.12	4.88	—	—	—	—	—	—	—	—	—
29	kleinste Körner	15.1	„	—	6.81	5.20	—	—	—	—	—	—	—	—	—
30	grosse Körner	43.6	„	—	7.37	4.31	—	—	—	—	—	—	—	—	—
31	mittlere Körner	35.6	„	—	6.62	4.94	—	—	—	—	—	—	—	—	—
32	kleine Körner	29.3	„	-	7.12	5.41	—	—	—	—	—	—	—	—	—
33	grössere Körner	49.0	„	—	8.25	4.80	—	—	—	—	—	—	—	—	—
34	mittlere Körner	41.9	„	—	6.75	5.51	—	—	—	—	—	—	—	—	—
35	kleinere Körner	33.4	„	—	7.56	5.93	—	—	—	—	—	—	—	—	—
36	grössere Körner	47.9	„	—	8.31	4.76	—	—	—	—	—	—	—	—	—
37	mittlere Körner	33.9	„	—	7.25	4.82	—	—	—	—	—	—	—	—	—
38	kleinste Körner	17.6	„	—	7.69	5.25	—	—	—	—	—	—	—	—	—
	Haferkörner, geschält.														
1	Schwebheim, ungedüngt, Sandboden		1858	—	—	—	—	—	—	20.37	—	—	—	2.83	3.26°
2	Desgl.		„	—	—	—	—	—	—	15.81	—	—	—	—	2.53°
3	Desgl.		„	—	—	—	—	—	—	13.75	—	—	—	—	2.20°
4	Weihenstephan, Berwick-H., ungedüngter, sandiger Thonboden		„	—	—	—	—	—	—	15.62	—	—	—	—	2.50°
5	Desgl., schwarzer Rispenhafer, ungedüngter Boden		„	—	—	—	—	—	—	12.81	—	—	—	—	2.05°
6	Desgl., schwarzer Fahnenhafer, ungedüngter Boden		„	—	—	—	—	—	—	9.81	—	—	—	—	1.57°
7	Schweinfurt		„	—	—	—	—	—	—	14.19	—	—	—	—	2.27°
8	Spiesheim		„	—	—	—	—	—	—	11.50	—	—	—	3.09	1.84°
9	Lohr		„	—	—	—	—	—	—	10.19	—	—	—	—	1.63°
10	Eldena, Pennsylvan.-Hafer		„	—	—	—	—	—	—	13.56	—	—	—	—	2.17°
11	Desgl., Sandy-Hafer		„	—	—	—	—	—	—	13.00	—	—	—	—	2.08°
12	Desgl., Kamtschatka-Hafer		„	—	—	—	—	—	—	12.69	—	—	—	—	2.03°
13	Poppelsdorf		„	—	—	—	—	—	—	12.44	—	—	—	—	1.99°
14	Möglin, lehmiger Sandboden		„	—	—	—	—	—	—	10.81	—	—	—	—	1.73°
15	Spanien		„	—	—	—	—	—	—	13.25	—	—	—	2.93	2.12°
16	Desgl.		„	—	—	—	—	—	—	11.88	—	—	—	—	1.90°
	Haferkörner, von der äusseren Samenschaale befreit.														
17	In sehr dürftigem Boden gewachsen		1885	—	—	—	—	—	—	11.41	6.83	74.84	4.82	2.10	1.83
18	Desgl.		„	—	—	—	—	—	—	11.76	6.83	74.51	4.88	2.02	1.88
19	Desgl.		„	—	—	—	—	—	—	12.69	6.89	73.58	4.79	2.05	2.03

Haferkörner, geschält.

No. 1—16. von Bibra. — Dessen: „Die Getreidearten und das Brod". Nürnberg, 1860. 327. Zu vorstehenden Haferproben ist noch Folgendes zu bemerken: Hafer unter No. 4 war auf ungedüngtem, sandigem Thonboden gewachsen und hatte ungedüngte Kugeldistel als Vorfrucht; Hafer unter No. 5 war auf ungedüngtem Boden gewachsen und hatte ungedüngte Gerste als Vorfrucht; der schwarze Fahnenhafer unter No. 6 war ebenfalls auf ungedüngtem Boden gewachsen nach ungedüngtem Winteremmer als Vorfrucht; Hafer unter No. 14 war nach ausgefrorener Wintergerste, welcher Kartoffeln vorangegangen waren, gebaut auf lehmigem Sand (Roggen-, Gerste- und Haferboden). Die Hafer werden sämmtlich ihrer Structur nach als „mehlig" bezeichnet. Das absolute Gewicht von je 1000 Körnern (im geschälten Zustande) betrug (von uns vom Gewicht von je 20 Korn berechnet):

No. 1	2	3	4	5	6	7	8	9	10	11	12	13	14	15	16
32.5	29.2	25.0	26.0	27.6	22.8	21.8	24.0	20.0	23.8	24.3	17.3	28.4	17.3	19.5	20.5 g

Haferkörner, von der äusseren Samenschale befreit.

No. 17—29. W. Hoffmeister (V.-St. Insterburg). — Landw. Jahrbücher. 15. 1886. 288.

No.	Bezeichnungen und Bemerkungen	Jahr der Untersuchung	In der ursprünglichen Substanz: Wasser %	Nh-Substanz %	Rohfett %	Nfr. Extractstoffe %	Rohfaser %	Asche %	In der Trockensubstanz: Nh-Substanz %	Rohfett %	Nfr. Extractstoffe %	Rohfaser %	Asche %	Stickstoff in der Trocken-Substanz %
20	In sehr dürftigem Boden gewachsen .	1885	—	—	—	—	—	—	12.92	6.76	73.32	4.78	2.22	2.08
21	Desgl.	„	—	—	—	—	—	—	13.19	6.68	73.17	4.93	2.23	2.11
22	Desgl.	„	—	—	—	—	—	—	14.84	6.21	72.26	4.47	2.22	2.37
23	Desgl.	„	—	—	—	—	—	—	15.19	6.51	71.68	4.35	2.27	2.43
24	In sehr reichem, gedüngt. Boden gewachs.	„	—	—	—	—	—	—	16.34	5.89	70.69	4.80	2.28	2.61
25	Desgl.	„	—	—	—	—	—	—	16.79	5.88	70.40	4.48	2.45	2.69
26	Desgl.	„	—	—	—	—	—	—	16.99	5.89	69.91	4.83	2.38	2.72
27	Desgl.	„	—	—	—	—	—	—	16.94	5.87	69.93	4.89	2.37	2.71
28	Desgl.	„	—	—	—	—	—	—	18.42	5.78	68.93	4.43	2.44	2.95
29	Desgl.	„	—	—	—	—	—	—	19.77	5.78	67.19	4.76	2.50	3.16
	Mittel von No. 17—29		12.11[1])	13.33	5.53	62.94	4.14	1.99	15.17	6.29	71.56	4.71	2.27	2.43

Amerikanischer Hafer, geschälte Körner (hulled grain).

No.	Bezeichnungen und Bemerkungen	Geschältes Korn in % des ganzen Hafers	Jahr der Untersuchung	Wasser %	Nh-Substanz %	Rohfett %	Nfr. Extractstoffe %	Rohfaser %	Asche %	Nh-Substanz %	Rohfett %	Nfr. Extractstoffe %	Rohfaser %	Asche %	Stickstoff in der Trocken-Substanz %
	Maine.														
30	Common Bush	69.54	1884	7.20	13.65	9.03	66.65	1.67	1.80	14.71	9.73	71.82	1.80	1.94	2.35
31	English	69.65	„	7.26	13.65	8.54	66.41	1.85	2.29	14.71	9.21	71.62	1.99	2.47	2.35
32	White Canada	71.68	„	7.10	15.23	8.08	66.15	1.80	1.64	16.39	8.69	71.22	1.94	1.76	2.62
	New Hampshire.														
33	Native	—	„	7.20	15.75	8.41	65.11	1.40	2.13	16.98	8.63	70.58	1.51	2.30	2.72
34	Russian	70.88	„	7.02	14.88	8.46	66.10	1.23	2.31	16.00	9.09	71.11	1.32	2.48	2.56
35	Common White	72.20	„	6.95	16.45	8.21	64.61	1.33	2.45	17.68	8.83	69.43	1.43	2.63	2.83
	Vermont.														
36	Common White	71.01	„	7.60	14.70	8.65	65.76	1.20	2.09	16.31	9.36	70.77	1.30	2.26	2.61
37	White Schoenen	70.98	„	7.00	18.20	8.12	63.16	1.46	2.06	19.57	8.73	67.93	1.56	2.21	3.13
38	White Probsteier	71.39	„	6.15	14.70	8.30	67.85	1.30	1.70	15.67	8.85	72.28	1.39	1.81	2.51
39	White Australian	64.72	„	6.58	14.88	7.15	67.81	1.42	2.26	15.92	7.65	72.49	1.52	2.42	2.55
	Connecticut.														
40	Common White	69.25	„	6.24	14.88	7.54	67.56	1.48	2.30	15.88	8.05	72.04	1.58	2.45	2.54
41	Desgl.	65.70	„	6.52	12.25	8.23	69.27	1.53	2.20	13.11	9.51	73.39	1.64	2.35	2.10
42	Desgl.	72.18	„	7.62	12.60	8.72	67.46	1.35	2.25	13.63	9.44	73.04	1.46	2.43	2.18
43	White Russian	62.63	„	5.77	14.53	7.74	67.99	1.51	2.46	15.42	8.21	72.16	1.60	2.61	2.47
	Rhode Island.														
44	Rust Proof	—	„	7.52	12.08	8.71	68.66	1.01	2.02	13.06	8.88	74.79	1.09	2.18	2.09
	New York.														
45	Common White	66.70	„	7.33	11.90	8.13	69.07	1.48	2.09	12.84	8.77	74.53	1.60	2.26	2.05
46	Western	73.83	„	7.20	14.35	7.15	67.56	1.22	2.15	15.47	7.71	73.18	1.32	2.32	2.48
47	Common White	—	„	7.50	14.35	8.46	66.01	1.48	2.20	15.51	9.15	71.36	1.60	2.38	2.48
48	Native	68.20	„	7.46	15.75	8.01	64.81	1.54	2.43	17.03	8.66	70.02	1.66	2.63	2.72
49	Probsteier	73.50	„	7.20	15.75	7.13	66.24	1.31	2.37	16.99	7.69	71.36	1.41	2.55	2.72
50	Marrowfat	71.49	„	7.58	12.95	7.79	67.50	1.89	2.23	14.01	8.43	73.11	2.04	2.41	2.24

[1]) Nach der Haupttabelle angenommen.

Amerikanischer Hafer.

No. 30—223. Clifford Richardson. — Third Report on the Chemical Composition and Physical Properties of American Cereals. Departement of Agriculture, Division of Chemistry. Bulletin No. 9. 27. Betreffend die Haferschalen (hulls of oats) beschränken wir uns auf Mittheilung des aus 100 einzelnen Analysen gezogenen Mittels, wonach die Haferschalen enthalten: 5.22 % Wasser, 2.48 % Proteïn, 17.88 % Rohfaser und 5.59 % Asche. Als wahrscheinliches Mittel der Zusammensetzung des ganzen Korns amerikanischen Hafers auf Grund seiner Analysen giebt Verf. folgende Zahlen:

	Wasser	Nh. Substanz	Rohfett	Kolehydrate	Rohfaser	Asche
Wasserhaltig	6.42	10.76	6.64	66.67	6.33	3.18 %
Wasserfrei	—	11.50	7.10	71.24	6.76	3.40 „

No.	Bezeichnungen und Bemerkungen	Geschältes Korn in % des ganzen Hafers	Jahr der Untersuchung	In der ursprünglichen Substanz: Wasser %	Nh-Substanz %	Rohfett %	Nfr. Extractstoffe %	Rohfaser %	Asche %	In der Trockensubstanz: Nh-Substanz %	Rohfett %	Nfr. Extractstoffe %	Rohfaser %	Asche %	Stickstoff in der Trocken-Substanz %
51	Common	70.82	1884	9.24	13.13	9.63	64.88	1.19	1.93	14.47	10.61	71.48	1.31	2.13	2.32
52	?	73.24	„	7.28	13.48	8.52	67.74	1.20	1.78	14.53	9.18	73.14	1.29	1.86	2.33
53	Mold Ennobled	70.20	„	6.34	18.03	6.98	65.02	1.60	2.03	19.26	7.45	69.41	1.71	2.17	3.08
	New Jersey.														
54	Branch White	75.10	„	7.26	15.05	6.86	67.18	1.31	2.34	16.22	7.39	72.45	1.41	2.53	2.60
55	Jersey	70.40	„	7.57	15.58	7.42	65.93	1.26	2.24	16.86	8.03	71.33	1.36	2.42	2.70
	Pennsylvania.														
56	Mixed	69.65	„	6.73	17.88	8.41	62.91	1.43	2.64	19.17	9.02	67.45	1.53	2.83	3.07
57	White Russian	69.04	„	6.86	14.18	8.08	67.82	0.98	2.08	15.98	8.68	72.06	1.05	2.23	2.55
58	Department Seed	71.34	„	7.88	13.65	7.90	67.02	1.25	2.30	14.82	8.58	72.74	1.36	2.50	2.37
59	Common	64.18	„	6.92	15.75	7.62	65.67	1.64	2.40	16.92	8.18	70.57	1.76	2.57	2.71
	Ohio.														
60	Spranly	73.33	„	7.04	15.26	7.75	66.29	1.23	2.43	16.42	8.34	71.31	1.32	2.61	2.63
61	?	74.95	„	7.00	17.50	8.01	64.11	1.46	1.92	18.81	8.61	68.95	1.57	2.06	3.01
62	Welcome	60.83	„	6.78	19.44	7.40	63.21	1.10	2.07	20.86	7.94	67.80	1.18	2.22	3.32
63	Yellow Ohio	72.07	„	6.45	17.15	8.67	64.80	0.97	1.96	18.33	9.27	69.36	1.04	2.00	2.93
64	White German	74.62	„	6.76	16.10	8.67	64.56	1.26	2.65	17.26	9.29	69.26	1.35	2.84	2.76
65	Common White	69.08	„	6.83	14.18	8.85	66.84	1.18	2.12	15.22	9.50	71.74	1.27	2.27	2.44
66	Desgl.	73.54	„	6.77	14.53	8.88	66.37	1.25	2.20	15.59	8.53	72.18	1.34	2.36	2.49
67	Desgl.	73.31	„	6.71	15.23	8.34	66.13	1.19	2.40	16.31	8.93	75.92	1.27	2.57	2.60
68	. . . .	71.25	„	6.55	15.40	8.33	66.19	1.03	2.50	16.48	9.35	70.39	1.10	2.68	2.64
	Michigan.														
69	White Russian	74.30	„	7.95	14.88	8.42	65.55	1.10	2.10	16.04	9.08	71.43	1.19	2.26	2.56
70	Desgl.	72.16	„	6.67	16.28	7.42	65.43	1.26	2.94	17.44	7.95	69.91	1.35	3.15	2.59
71	. . . .	72.41	„	6.89	13.83	7.40	68.15	1.16	2.57	14.85	7.95	73.19	1.25	2.76	2.38
72	Early Probsteier	70.91	„	7.44	13.48	7.48	68.31	1.23	2.06	14.56	8.08	73.81	1.33	2.22	2.33
73	Michigan White	72.47	„	7.10	14.18	7.52	67.69	1.18	2.33	15.26	8.09	72.87	1.27	2.51	2.44
74	Common White	71.62	„	6.60	11.38	8.17	70.50	1.23	2.12	12.19	8.75	73.47	1.32	2.27	1.95
	Indiana.														
75	Russian White	70.69	„	8.15	15.40	7.40	66.25	1.15	1.65	16.77	8.06	72.12	1.25	1.80	2.68
76	Common	73.40	„	7.29	16.10	8.23	65.09	1.16	2.13	17.37	8.88	70.20	1.25	2.30	2.78
77	Common White	71.92	„	8.72	14.35	7.83	65.72	1.40	1.98	15.71	8.57	72.02	1.53	2.17	2.51
	Illinois.														
78	Common Black	74.75	„	6.18	14.18	7.22	68.38	1.38	2.66	15.18	7.70	72.20	1.47	3.45	2.43
79	. . . .	66.58	„	5.88	14.00	7.59	68.82	1.55	2.16	14.87	8.06	73.13	1.65	2.29	2.38
80	Schoenen	69.53	„	7.00	13.83	7.09	67.89	1.55	2.64	14.87	7.62	73.00	1.67	2.84	2.38
81	Common White	72.74	„	5.41	14.88	8.12	67.95	1.40	2.24	15.73	8.58	71.84	1.48	2.37	2.52
82	White Russian	70.97	„	6.29	15.23	8.09	66.53	1.80	2.06	16.25	8.63	71.00	1.92	2.20	2.60
83	Black	75.85	„	5.28	15.75	7.23	67.27	1.98	2.49	16.63	7.63	71.02	2.09	2.63	2.66
84	Common Mixed	70.46	„	6.11	14.00	7.70	68.34	1.43	2.42	14.91	8.20	72.79	1.52	2.58	2.39
85	Norway (and a little white) .	74.97	„	6.60	14.35	7.85	67.62	1.43	2.15	15.37	8.41	72.49	1.53	2.30	2.46
86	Desgl.	72.32	„	6.92	15.05	7.82	66.41	1.43	2.37	16.16	8.40	71.35	1.54	2.55	2.58
	Wisconsin.														
87	White Surprise	70.53	„	6.82	13.83	7.35	68.14	1.56	2.30	14.84	7.89	73.13	1.67	2.47	2.37
88	?	68.99	„	7.84	11.90	7.82	68.90	1.26	2.28	12.91	8.48	74.77	1.37	2.47	2.07
89	German	70.03	„	6.86	12.60	7.55	69.58	1.39	2.02	13.53	8.10	74.71	1.49	2.17	2.16
90	White German	73.25	„	7.12	14.53	7.32	67.83	1.75	1.45	15.65	7.88	73.03	1.88	1.56	2.50
91	White Somerset	71.05	„	7.72	13.48	7.21	67.82	1.48	2.25	14.60	7.81	73.55	1.60	2.44	2.34

No.	Bezeichnungen und Bemerkungen	Geschältes Korn in % des ganzen Hafers	Jahr der Untersuchung	In der ursprünglichen Substanz: Wasser %	Nh-Substanz %	Rohfett %	Nfr. Extractstoffe %	Rohfaser %	Asche %	In der Trockensubstanz: Nh-Substanz %	Rohfett %	Nfr. Extractstoffe %	Rohfaser %	Asche %	Stickstoff in der Trockensubstanz %
	Minnesota.														
92	Fine Fellows	69.27	1884	6.69	12.25	8.24	69.36	1.30	2.15	13.12	8.82	74.37	1.39	2.30	2.10
93	Common White	73.50	„	7.15	14.18	8.70	66.35	1.17	2.45	15.27	9.57	71.26	1.26	2.64	2.44
94	White Dutch	69.88	„	7.63	12.60	7.30	69.11	1.01	2.35	13.65	7.91	74.80	1.09	2.55	2.18
95	Common White	73.00	„	6.88	15.40	7.90	66.26	1.33	2.23	16.54	8.48	71.15	1.43	2.40	2.65
96	White Russian	72.62	„	8.07	12.60	7.97	68.09	1.09	2.18	13.71	7.67	75.06	1.19	2.37	2.19
97	Minn. White and Black . .	72.40	„	7.07	13.83	7.73	67.52	1.47	2.38	14.88	8.32	72.66	1.58	2.56	2.38
98	Desgl.	72.91	„	6.95	13.48	7.88	67.75	1.84	2.10	14.48	8.46	72.82	1.98	2.26	2.32
99	White German	69.60	„	6.82	10.68	7.61	71.22	1.29	2.38	11.46	8.17	76.44	1.38	2.55	1.83
100	Common White	71.90	„	7.15	12.25	7.90	69.32	1.19	2.19	13.19	8.51	74.67	1.28	2.35	2.11
	Jowa.														
101	Common	67.31	„	6.46	17.68	6.94	65.50	1.50	1.92	18.90	7.42	70.03	1.60	2.05	3.02
102	German	73.43	„	6.40	13.30	7.75	69.44	1.04	2.07	14.20	8.28	74.20	1.11	2.21	2.27
103	White Russian	74.78	„	7.38	14.18	9.60	65.15	1.08	2.61	15.31	10.37	70.33	1.17	2.82	2.45
104	Desgl.	71.87	„	6.56	13.13	7.88	68.66	1.71	2.06	14.05	8.43	73.49	1.83	2.20	2.25
105	Schoenen	70.07	„	7.66	14.88	7.96	67.06	1.60	0.84	16.16	8.62	72.58	1.73	0.91	2.59
106	Norway Spring	72.34	„	7.98	14 88	7.93	65.20	1.69	2.32	16.17	8.62	70.85	1.84	2.52	2.59
107	. . . .	—	„	6.65	15.40	8.07	66.06	1.47	2.35	16.49	8.64	70.78	1.57	2.52	2.64
	Missouri.														
108	Black	71.45	„	6.81	13.30	8.95	67.42	1.45	2.07	14.27	9.60	72.35	1.56	2.22	2.28
109	White	68.60	„	7.58	14.18	8.34	66.33	1.50	2.07	15.34	9.02	71.78	1.62	2.24	2.45
110	Yellow	69.28	„	6.95	19.25	7.77	62.86	1.57	1.60	20.62	8.32	67.67	1.68	1.71	3.30
	Nebraska.														
111	Yellow Russian	73.20	„	8.03	14.88	6.91	66.81	1.35	2.02	16.57	7.51	72.25	1.47	2.20	2.65
112	Black and white	68.30	„	6.90	14.00	8.32	66.72	1.85	2.21	15.04	8.94	71.66	1.99	2.37	2.41
113	Desgl.	68.79	„	7.32	14.00	8.72	66.39	1.33	2.24	15.11	9.41	71.62	1.44	2.42	2.42
	Dakota.														
114	Wisconsin White	67.90	„	6.12	13.30	8.27	68.67	1.37	2.27	14.16	8.81	73.15	1.46	2.42	2.27
115	White Russian	72.39	„	6.38	14.00	8.12	67.86	1.35	2.29	14.95	8.67	73.49	1.44	2.45	2.39
116	White Australian	62.20	„	5.90	17.50	7.00	66.11	1.03	2.46	18.60	7.44	70.26	1.09	2.61	2.98
117	Russian	73.16	„	6.54	14.18	7.94	68.16	1.10	2.08	15.17	8.50	73.12	1.18	2.23	2.43
118	White	55.37	„	8.75	11.90	9.47	66.17	1.56	2.15	13.04	10.38	72.51	1.71	2.36	2.09
	Montana.														
119	Minnesota	70.10	„	7.10	14.00	8.79	66.39	1.54	2.18	15.06	9.46	71.47	1.66	2.35	2.41
120	Common White	69.15	„	7.10	11.73	9.72	67.87	1.32	2.26	12.62	10.46	73.07	1.42	2.43	2.02
121	White Russian	72.36	„	11.13	12.25	9.03	64.42	1.02	2.15	13.78	10.16	72.49	1.15	2.42	2.20
	Maryland.														
122	. . . .	71.70	„	6.32	15.75	8.48	65.59	1.55	2.31	16.81	9.05	70.03	1.65	2.46	2.69
123	White Russian	71.36	„	7.70	14.00	7.35	67.19	1.36	2.40	15.16	7.96	72.81	1.47	2.60	2.43
	Delaware.														
124	Common White	69.59	„	5.94	16.60	7.75	66.09	1.35	2.27	17.65	8.24	70.26	1.44	2.41	2.82
	Virginia.														
125	Winter	72.40	„	6.73	13.65	9.39	66.76	1.42	2.45	14.62	10.06	71.18	1.52	2.62	2.66
126	Welcome	59.00	„	6.43	16.45	7.25	66.20	1.14	2.53	17.59	7.75	70.96	1.22	2.50	2.87
127	Winter	64.29	„	6.13	14.88	8.58	66.55	1.51	2.35	15.85	9.14	70.90	1.61	2.50	2.54
128	Centennial	—	„	7.24	16.98	6.50	64.58	1.90	2.80	18.30	7.01	69.62	2.05	3.02	2.93
	West-Virginia.														
129	Common White	71.26	„	6.45	16.10	8.65	64.94	1.54	2.32	17.21	9.25	69.40	1.65	2.49	2.75
130	Canada White	67.59	„	7.10	16.45	7.34	65.63	1.34	2.14	17.71	7.90	70.65	1.44	2.30	2.83

No.	Bezeichnungen und Bemerkungen	Geschältes Korn in % des ganzen Hafers	Jahr der Untersuchung	In der ursprünglichen Substanz						In der Trockensubstanz					Stickstoff in der Trockensubstanz
				Wasser %	Nh-Substanz %	Rohfett %	Nfr. Extractstoffe %	Rohfaser %	Asche %	Nh-Substanz %	Rohfett %	Nfr. Extractstoffe %	Rohfaser %	Asche %	%
131	White Russian	64.48	1884	6.45	18.73	7.42	63.84	1.37	2.19	20.02	7.93	68.25	1.46	2.34	3.20
132	Canada White	62.60	„	6.57	17.68	6.62	65.03	1.60	2.50	18.92	7.08	69.61	1.71	2.68	3.03
	North-Carolina.														
133	Black Prolific	70.50	„	7.78	9.10	7.32	71.91	1.87	2.02	9.86	7.93	77.99	2.03	2.19	1.58
134	Rust Proof	70.30	„	6.34	14.88	8.68	66.00	1.54	2.56	15.97	9.26	70.40	1.64	2.73	2.56
135	Red Rust Proof	68.70	„	6.82	13.65	8.64	67.59	1.11	2.19	14.65	9.27	72.54	1.19	2.35	2.34
136	Early Rust Proof	70.44	„	6.77	13.30	6.92	69.18	2.00	1.83	14.27	7.43	74.19	2.15	1.96	2.28
137	Winter	73.34	„	6.77	12.95	9.77	67.08	1.63	1.80	13.90	10.48	71.94	1.75	1.93	2.22
138	Red Rust Proof	68.95	„	6.58	13.65	8.26	67.31	1.62	1.98	14.61	8.84	73.22	1.28	2.05	2.34
	South-Carolina.														
139	Red Rust Proof	69.95	„	6.16	13.48	8.65	68.50	1.03	2.18	14.26	9.21	73.11	1.10	2.32	2.28
140	Desgl.	67.25	„	6.94	12.25	9.51	68.40	1.14	1.76	13.16	10.21	72.92	1.82	1.89	2.11
141	Desgl.	68.65	„	7.90	13.13	7.15	69.04	0.92	1.86	13.24	7.21	76.75	0.93	1.87	2.12
142	Desgl.	68.72	„	7.08	13.65	8.13	68.20	1.01	1.93	14.69	8.75	73.39	1.09	2.08	2.35
143	Desgl.	68.48	„	6.62	13.65	9.55	67.31	1.13	1.74	14.32	10.23	72.38	1.21	1.86	2.29
144	Desgl.	71.20	„	7.02	13.30	8.59	68.15	0.88	2.06	14.30	9.23	73.31	0.95	2.21	2.29
145	Desgl.	73.33	„	7.40	13.48	7.97	68.09	0.90	2.16	14.69	8.65	73.32	0.99	2.35	2.35
146	Desgl.	68.61	„	7.40	12.43	8.31	67.90	0.96	3.00	13.55	9.06	73.07	1.05	3.27	2.17
	Kentucky.														
147	Norway	72.70	„	8.03	15.75	7.36	65.22	1.62	2.02	17.12	8.00	70.92	1.76	2.20	2.90
148	Black	71.49	„	7.25	14.00	9.39	65.33	2.08	1.95	15.09	10.12	70.45	2.24	2.10	2.41
149	Red	68.51	„	6.72	14.35	6.90	68.41	1.19	2.43	15.37	7.39	74.37	1.27	2.60	2.46
150	Michigan White	67.27	„	7.37	16.10	7.55	64.92	2.06	2.00	17.39	8.15	70.08	2.22	2.16	2.75
	Tennessee.														
151	. . . .	68.24	„	6.80	15.75	7.59	66.13	1.53	2.20	16.90	8.14	70.96	1.64	2.36	2.70
152	Winter	68.75	„	6.66	13.13	8.03	68.36	1.34	1.88	14.06	8.60	73.69	1.44	2.01	2.25
153	Rust Proof	67.66	„	6.81	14.35	7.07	67.63	1.40	2.74	15.41	7.59	72.56	1.50	2.94	2.47
154	Gaines Winter	57.01	„	6.96	13.30	9.07	67.21	1.42	2.04	14.28	9.74	72.26	1.53	2.19	2.28
	Georgia.														
155	North-Carolina	70.95	„	6.14	12.95	8.44	68.12	1.28	3.07	13.79	8.99	72.59	1.36	3.27	2.21
156	Hurnicutt	68.88	„	7.24	13.48	8.93	67.45	1.12	1.78	14.53	9.63	72.71	1.21	1.92	2.33
157	Rust Proof	71.18	„	4.88	14.88	8.92	68.17	0.92	2.23	15.64	9.37	71.68	0.97	2.34	2.49
158	Virginia	73.52	„	7.28	15.93	7.72	65.92	1.22	1.93	17.17	8.28	71.15	1.32	2.08	2.75
159	Tennessee	65.17	„	6.57	14.18	8.64	67.23	1.36	2.02	15.17	9.24	71.98	1.46	2.15	2.43
160	Rust Proof or Horn Oat . .	67.78	„	4.85	14.18	8.03	69.28	1.81	1.85	14.90	8.44	72.82	1.90	1.94	2.38
161	Red Rust Proof	62.47	„	5.82	12.78	7.26	70.40	1.44	2.30	13.57	7.71	74.74	1.54	2.44	2.17
162	Rust Proof	67.13	„	6.40	14.70	10.38	64.61	1.66	2.25	15.71	11.10	69.01	1.77	2.41	2.51
	Florida.														
163	Red Rust Proof	68.61	„	5.83	13.48	7.68	68.93	1.56	2.52	14.32	8.16	73.18	1.66	2.68	2.29
164	Major Briton . . . . , .	71.69	„	6.09	16.10	8.32	66.50	1.39	1.60	17.15	8.86	70.81	1.48	1.70	2.74
165	Horn Rust Proof	69.40	„	6.32	14.53	7.68	68.32	0.90	2.25	15.50	8.19	72.95	0.96	2.40	2.48
166	Texas Rust Proof	67.85	„	5.93	12.95	8.25	68.93	1.56	2.38	13.77	8.77	73.27	1.66	2.53	2.20
167	Early Egyptian	—	„	5.99	13.83	10.51	66.57	1.45	1.65	14.72	11.18	70.80	1.54	1.76	2.36
	Alabama.														
168	Red Rust Proof	—	„	5.11	14.70	8.20	68.65	1.04	2.30	15.49	8.64	72.34	1.10	2.43	2.48
169	Desgl.	68.34	„	6.59	15.23	8.98	66.20	1.20	1.80	16.30	9.07	71.42	1.28	1.93	2.61
170	Brewington Rust Proof . .	66.48	„	6.28	15.23	8.95	66.92	1.07	1.55	16.25	9.54	71.42	1.14	1.65	2.60
171	Imp. Red Rust Proof . . .	69.39	„	7.24	13.48	7.89	68.29	1.00	2.10	14.43	8.51	73.72	1.08	2.26	2.31
172	Rust Proof	68.47	„	6.78	14.00	8.08	67.68	1.52	1.94	15.02	8.67	72.60	1.63	2.08	2.40

No.	Bezeichnungen und Bemerkungen	Geschältes Korn in % des ganzen Hafers	Jahr der Untersuchung	In der ursprünglichen Substanz: Wasser %	Nh-Substanz %	Rohfett %	Nfr. Extractstoffe %	Rohfaser %	Asche %	In der Trockensubstanz: Nh-Substanz %	Rohfett %	Nfr. Extractstoffe %	Rohfaser %	Asche %	Stickstoff in der Trockensubstanz %
	• Mississippi.														
173	Red	69.50	1884	7.53	13.13	7.67	68.49	1.21	1.97	14.19	8.29	74.08	1.31	2.13	2.27
174	Red Rust Proof	67.80	„	7.13	14.00	7.61	67.99	1.13	2.14	15.08	8.20	73.20	1.22	2.30	2.41
175	Desgl.	73.69	„	8.10	14.70	8.06	66.16	1.29	1.69	15.99	8.77	72.00	1.40	1.84	2.56
176	Desgl.	74.60	„	7.05	14.18	7.81	67.32	1.54	2.10	15.26	8.30	72.52	1.66	2.26	2.44
177	Desgl.	67.00	„	7.21	14.00	8.15	67.46	1.23	1.95	15.09	8.78	72.70	1.33	2.10	2.41
	Louisana.														
178	Rust Proof	69.34	„	9.50	14.00	8.18	64.99	1.13	2.20	15.47	9.04	71.81	1.25	2.43	2.48
179	Red Rust Proof	68.19	„	8.00	13.30	7.83	67.72	1.05	2.10	14.46	8.51	72.61	1.14	2.28	2.31
180	Desgl.	72.16	„	6.85	14.53	8.25	66.93	1.34	2.10	15.61	8.86	71.83	1.44	2.26	2.50
	Arkansas.														
181	Red Rust Proof	—	„	4.67	13.83	8.12	69.35	1.93	2.10	14.54	8.52	72.72	2.02	2.20	2.33
182	Arkansas Red	64.10	„	6.94	15.75	7.71	65.83	1.63	2.14	16.93	8.29	70.73	1.75	2.30	2.71
	Texas.														
183	White Cluster	70.18	„	7.08	13.30	8.09	68.07	1.12	1.74	14.31	8.70	73.91	1.21	1.87	2.29
184	Georgia Red Rust Proof	71.79	„	6.92	12.95	11.26	65.24	1.55	2.08	20.35	12.09	63.67	1.66	2.23	3.26
185	Red Rust Proof	73.51	„	8.57	15.75	9.06	62.82	1.65	2.15	17.21	9.90	68.74	1.80	2.35	2.75
186	Desgl.	69.78	„	6.70	14.35	8.80	67.26	1.03	1.86	15.38	9.43	72.10	1.10	1.99	2.46
187	Southern Rust Proof	70.74	„	7.14	13.13	8.75	67.58	1.14	2.26	14.14	9.42	72.78	1.23	2.43	2.26
188	Red Rust Proof	71.22	„	6.80	13.48	8.08	68.62	1.20	1.82	14.46	8.67	73.63	1.29	1.95	2.31
189	Desgl.	72.78	„	6.95	13.30	8.19	68.63	0.83	2.10	14.28	8.80	73.77	0.89	2.26	2.28
190	Desgl.	72.49	„	7.10	14.18	7.45	67.81	1.16	2.30	15.66	8.02	72.60	1.25	2.47	2.51
	Colorado.														
191	Welcome	69.76	„	4.80	18.03	7.27	66.82	1.00	2.08	18.93	7.63	70.19	1.05	2.18	3.03
192	Russian White fr. Dep.	69.32	„	5.08	13.13	8.67	68.98	1.14	2.40	13.84	9.14	73.39	1.20	2.53	2.21
193	White Russian	70.31	„	6.56	16.63	7.67	65.75	1.10	2.29	17.79	8.21	70.37	1.18	2.45	2.85
194	?	—	„	7.20	13.13	7.59	68.46	1.17	2.45	14.15	8.18	73.87	1.26	2.54	2.26
	Utah.														
195	White Somerset	61.17	„	6.05	12.08	8.17	69.71	1.62	2.37	12.84	8.68	74.24	1.72	2.52	2.05
196	?	—	„	7.30	12.78	8.81	66.89	1.82	2.40	13.58	9.50	72.37	1.96	2.59	2.17
	Nevada.														
197	Poland	66.01	„	6.80	13.83	9.72	66.21	1.17	2.27	14.84	10.43	71.03	1.26	2.44	2.37
	New-Mexico.														
198	White and Black	73.21	„	6.61	13.48	9.89	66.02	1.88	2.12	14.44	10.59	70.69	2.01	2.27	2.31
199	White	—	„	7.05	13.13	9.43	66.30	1.59	2.50	14.13	10.15	70.33	1.70	2.69	2.26
	Washington Territory.														
200	Washington	72.91	„	7.08	9.63	7.99	71.56	1.95	1.79	10.36	8.59	77.02	2.10	1.93	1.66
201	Gray Winter	79.28	„	6.55	11.90	10.57	68.36	1.07	1.55	12.73	11.31	73.16	1.14	1.66	2.04
	Oregon.														
202	White Russian	73.09	„	6.72	11.90	8.89	68.73	1.48	2.28	11.91	9.52	74.54	1.59	2.44	1.91
203	Hopkin	59.15	„	7.01	13.83	7.87	66.80	2.07	2.42	14.87	8.46	71.84	2.23	2.60	2.38
	California.														
204	White Oats		„	7.95	13.13	8.83	66.33	1.83	1.93	14.26	9.59	72.06	1.99	2.10	2.28
205	?		„	7.22	11.73	9.67	67.94	1.86	1.58	12.64	10.42	73.23	2.01	1.70	2.02
206	Egyptian		„	6.58	9.63	10.10	70.02	1.88	1.79	10.31	10.82	74.94	2.01	1.92	1.65
207	Common White		„	6.52	14.18	9.11	66.35	1.70	2.14	15.17	9.75	70.97	1.82	2.29	2.43
208	Fielder		„	7.12	12.08	9.32	68.86	1.27	1.35	13.00	10.03	74.15	1.37	1.45	2.08
209	Kansas		„	8.76	15.58	7.15	—	—	2.55	17.08	9.84	—	—	2.79	2.73
210	Desgl.		„	8.87	14.35	5.79	—	—	2.60	15.74	6.35	—	—	2.85	2.53
211	Desgl.		„	8.37	16.63	8.14	—	—	2.75	18.14	8.88	—	—	3.00	2.90

No.	Bezeichnungen und Bemerkungen	Jahr der Untersuchung	In der ursprünglichen Substanz						In der Trockensubstanz					Stickstoff in der Trockensubstanz
			Wasser %	Nh-Substanz %	Rohfett %	Nfr. Extractstoffe %	Rohfaser %	Asche %	Nh-Substanz %	Rohfett %	Nfr. Extractstoffe %	Rohfaser %	Asche %	%
212	Tennessee-Winterhafer	1884	9.03	15.75	9.42	—	—	2.09	17.31	10.35	—	—	2.30	2.77
213	Florida	„	9.07	13.83	9.43	—	—	2.45	15.21	10.37	—	—	2.70	2.43
214	Importirter Hafer, 1885, Welcome-Oats	„	9.60	14.35	8.83	—	—	2.40	15.87	9.77	—	—	2.65	2.55
215	Desgl., Clydedale-Oats	„	—	—	9.02	—	—	—	—	—	—	—	—	—
216	New Zealand, 1884	„	10.18	11.55	8.91	—	—	2.32	12.84	9.92	—	—	2.58	2.05
	Mittlere Zusammensetzung geschälten Hafers.													
217	Vereinigte Staaten, 179 Analysen . .	—	12.11[1])	13.57	7.68	63.37	1.30	2.03	15.37	8.74	72.10	1.48	2.31	2.46
218	Atlantische Küsten-Staaten, 64 Analysen	—	12.11	13.48	7.75	63.32	1.29	2.05	15.34	8.82	72.04	1.47	2.33	2.45
219	Nördliche Staaten, 92 Analysen . . .	—	12.11	14.07	7.58	62.88	1.29	2.07	16.01	8.63	71.53	1.47	2.36	2.56
220	West-Staaten, 54 Analysen	—	12.11	13.69	7.47	63.37	1.29	2.07	15.58	8.50	72.10	1.47	2.35	2.59
221	Süd-Staaten, 69 Analysen	—	12.11	13.48	7.76	63.37	1.28	2.00	15.33	8.83	72.01	1.46	2.27	2.45
222	Nordwest-Staaten, 8 Analysen . . .	—	12.11	12.92	8.10	63.54	1.21	2.12	14.70	9.22	72.29	1.38	2.41	2.35
223	Pacific-Staaten, 18 Analysen	—	12.11	12.26	8.36	63.85	1.44	1.98	13.95	9.51	72.65	1.64	2.25	2.23

VI. Mais.

Maiskörner.*) — Zea Maïs L. — Maize, Indian Corn. — Maize.

Allgemeine Tabelle. Mais von verschiedener Herkunft.

No.	Bezeichnungen und Bemerkungen	Jahr der Untersuchung	Wasser %	Nh-Substanz %	Rohfett %	Nfr. Extractstoffe %	Rohfaser %	Asche %	Nh-Substanz %	Rohfett %	Nfr. Extractstoffe %	Rohfaser %	Asche %	Stickstoff in der Trockensubstanz %
1	Gemeiner gelber Mais aus Hohenheim .	1846	14.96	12.25	—	—	—	1.63	14.38	—	—	—	1.92	2.30
2		—	14.00	10.33	7.56	62.14	4.96	1.01	12.30	9.00	71.60	5.90	1.20	1.97
3	Im Elsass (Hagenau) geerntet . . .	1848	17.10	12.80	7.00	60.50	1.50	1.10	15.44	8.49	72.93	1.81	1.33	2.47
4		1852	13.16	9.12	3.46	72.53	—	1.73	10.51	3.99	83.51	—	1.99	1.68
5		1855	10.58	8.87	9.16	63.28	4.88	3.23	9.92	10.24	70.77	5.46	3.61	1.59
6	Gelber Herbstmais a. Corsika, 1854er E.	„	13.47	9.90	6.68	64.54	3.97	1.44	11.44	7.72	74.58	4.60	1.66	1.83
7	Flacher, weisser amerikanischer Mais .	„	11.80	8.91	4.32	73.21	—	1.76	10.10	4.90	65.50	—	2.00	1.62
8	Flacher, gelber amerikanischer Mais .	„	11.50	8.76	4.69	73.46	—	1.59	9.90	5.30	63.20	—	1.80	1.58
9	Runder, gelber amerikanischer Mais .	„	13.20	8.85	4.43	71.96	—	1.56	10.20	5.10	67.00	—	1.80	1.63
10	Runder, gelber aus Galacz	„	11.80	9.08	4.50	72.86	—	1.76	10.30	5.10	60.10	—	2.00	1.65

---

1) Nach der Haupttabelle angenommen; das wirklich gefundene Mittel beträgt für 217 = 6.83, 218 = 6.84, 219 = 7.07 220 = 6.98, 221 = 6.79, 222 = 7.38 und 223 = 6.71 %.

Maiskörner.

*) Von anderen nicht in den Rahmen unserer Zusammenstellung passenden Analysen von Mais sind nachfolgende bemerkenswerth:

Gorham (Schweigger's Journ. f. Chemie u. Physik. 32. 488 und der Ann. Philos. 1821) fand

	Wasser	Stärke	Zeïn	Eiweiss	Gummi	Zucker	Extraktstoffe	Faserstoff u. Häutchen	Salze
In der ursprünglichen Substanz	9.0	77.0	3.0	2.5	1.75	1.45	0.8	3.0	1.5 %
In der trocknen Substanz . .	—	84.6	3.3	2.75	1.92	1.59	0.88	3.3	1.65 „

Bartolomeo Bizio (Ebendaselbst. 37. 377)

	Stärke	Zeïn / Gliadin	Zymom	Hordeïn	Gummi	Zucker	Extraktstoffe	Fettes Oel	Salze u. Verlust
Frühere Analyse	80.92	5.76	0.95	7.71	2.28	0.90	1.09	0.32	0.075 %
Berichtigte Analyse	80.92	2.498	3.025	8.710	2.283	0.895	1.092	1.474	0.076 „

Nach Moleschott's Physiologie der Nahrungsmittel wurden für den Fettgehalt des Maiskornes nachstehende Zahlen ermittelt:

	Dumas	Liebig	Johnston
Fett	8.75 %	4.25 %	7.0 %

No. 1. E. N. Horsford. — Ann. d. Chem. u. Pharm. 58. (846.) 166, mit Ergänzungen von Krocker, S. 212. Letzterer ermittelte in demselben Mais den Stärkegehalt zu 66.34 %. Im Original ist der N-Gehalt des Proteïns zu 15 % angenommen, wir berechneten den Proteïngehalt ans dem angegebenen N-Gehalt mit dem üblichen Factor 6.25.

No. 2. Payen. — E. Wolff's Grundlagen des Ackerbaues 1856. Der Stärkemehlgehalt betrug 71.2 %, der an Zucker und Dextrin 0.4 %.

No. 3. J. B. Boussingault. — Dessen: „Die Landwirthschaft in ihren Beziehungen zur Chemie" etc., deutsch von Gräger. Halle, 1854. 3. Bd. 41. Die N-freien Extraktstoffe bestehen aus: Amylum 59.0 %, Dextrin u. Zucker 1.5 %. In einer anderen Probe Mais fand derselbe Autor 2 % N = 12.5 % Nh. Substanz für die Trockensubstanz.

No. 4. Th. Anderson. — Transact. Highl. Soc. Juli 1851 bis März 1853. 456. Im lufttrocknen Zustande enthielt der Mais 0.71 % Phosphate und 0.14 % Phosphorsäure.

No. 5. H. Hellriegel. — Chem. Ackersm. 1855. 248. Der Meis wog pro sächsischen Scheffel 170 Pfund. Zucker und Dextrin 5.28 %.

No. 6. Poggiale. — Weende'r Jahresber. 1855/56. 19 (aus N. J. Pharm. 30. 180).

No. 7—10. Arch. Polson. — Ebendaselbst 19 (a. d. Chem. Gaz. 1855. 211.) Für Gummi, Zucker und Stärkemehl in Procenten der Trockensubstanz werden angegeben:

	No. 7	8	9	10
Stärke	62.2	60.4	63.5	56.8
Gummi und Zucker . .	3.3	2.8	3.5	3.3

No.	Bezeichnungen und Bemerkungen	Jahr der Untersuchung	In der ursprünglichen Substanz						In der Trockensubstanz					Stickstoff in der Trockensubstanz
			Wasser	Nh-Substanz	Rohfett	Nfr. Extractstoffe	Rohfaser	Asche	Nh-Substanz	Rohfett	Nfr. Extractstoffe	Rohfaser	Asche	
			%	%	%	%	%	%	%	%	%	%	%	%
11	Aus Canada	1855	12.80	11.12	5.00	67.65	—	1.43	12.75	5.73	77.58	—	1.64	2.04
12	Aus steierischem Samen gezogen	"	—	7.30	—	—	—	—	—	—	—	—	—	—
13	Aus kroatischem Samen gezogen	"	—	8.90	—	—	—	—	—	—	—	—	—	—
14	Grosser gelber Frühmais, Weihenstephan	1858	—	—	—	—	—	—	10.37	—	—	—	—	1.66°
15	Trioletto-Mais, Triesdorf	"	—	—	—	—	—	—	10.75	—	—	—	—	1.72°
16	Pferdezahn-Mais, Virginien	"	—	—	—	—	—	—	12.69	—	—	—	—	2.03°
17	Chiken (pop corn), Umgeg. v. New-York	"	—	—	—	—	—	—	9.56	—	—	—	—	1.53°
18	Majorcas mais blanckas, Colima in Mexico	"	—	—	—	—	—	—	12.31	—	—	—	—	1.97°
19	Gelber, Umgebung v. Frankfurt a. M. geb.	1859	13.46	9.35	5.11	68.42	1.58	1.58	11.38	5.90	79.06	1.83	1.83	1.82
20	In mässig gutem Boden gewachsen	1860	13.50	12.60	6.29	63.55	2.47	1.59	14.56	7.27	73.47	2.86	1.84	2.33
21	Zucker-Pferdezahn-Mais, in Baden gebaut	"	9.75	9.51	7.76	63.24	6.27	3.47	10.54	8.60	70.07	6.95	3.84	1.69
22	Weisser Pferdezahn-Mais, in Baden geb.	"	10.36	8.97	5.60	66.70	4.81	3.57	10.00	6.25	74.41	5.36	3.98	1.60
23	Pfälzer, gelber, in Baden gebaut	"	9.74	7.96	5.29	67.30	5.63	4.09	8.82	5.86	74.55	6.24	4.53	1.41
24	Baden'scher, weisser, Oberländer, in Baden gebaut	"	9.16	5.82	5.60	70.57	5.94	2.91	6.41	6.17	77.68	6.54	3.20	1.03
25		1871	13.89	10.18	4.36	66.26	4.19	1.48	12.11	5.03	76.34	4.82	1.70	1.94
26	Ungarischer Mais	1868	14.58	11.88	3.97	63.75	4.20	1.62	13.91	3.65	75.62	4.92	1.90	2.23
27	Vermuthlich ungarischer Mais	1870	14.30	11.01	4.40	65.65	2.40	2.24	12.85	5.13	76.61	2.80	2.61	2.06
28	Desgl.	1871	15.03	11.81	3.87	66.12	1.50	1.67	13.90	4.56	77.82	1.77	1.43	2.22
29	Desgl.	"	15.94	11.25	4.39	64.08	2.04	2.30	13.38	5.22	76.23	2.43	1.95	2.14
30	Desgl.	"	12.20	11.73	4.83	67.84	1.58	1.84	13.36	5.28	77.27	1.80	1.79	2.14
31	Desgl.	1872	13.80	11.16	4.30	66.23	1.72	2.79	12.94	4.99	76.83	2.00	3.24	2.07
32	Desgl.	1874	18.53	11.11	4.35	62.73	1.88	1.53	13.62	5.34	76.95	2.21	1.88	2.18
33	Desgl.	"	17.69	9.51	4.30	65.34	1.60	1.56	11.55	5.22	79.39	1.94	1.90	1.85
34	Desgl.	"	14.53	11.43	4.35	66.42	1.87	1.40	13.37	5.09	77.71	2.19	1.64	2.14
35	Desgl.	"	21.20	9.87	4.10	62.43	0.99	1.41	12.52	5.20	79.22	1.83	1.25	2.00
36	Amerikanischer	"	10.75	8.92	4.37	72.97	1.74	1.25	9.99	4.90	81.76	1.95	1.40	1.60
37		"	11.10	7.25	—	—	—	—	8.16	—	—	—	—	1.31
38	Aus dem Departement Landes	"	9.80	9.03	4.73	72.39	2.61	1.44	10.31	5.25	79.95	2.89	1.60	1.65
39	Türkischer Mais	"	9.85	9.19	4.39	73.09	2.12	1.36	10.91	4.87	80.56	2.35	1.31	1.75
40	Bourgogne'r	"	11.20	9.14	4.50	69.04	3.33	2.79	10.29	5.07	77.75	3.75	3.14	1.65
41	Ungarischer Mais	1875	7.40	9.02	3.64	75.53	2.45	1.76	9.74	3.93	81.78	2.65	1.90	1.56

No. 11. Ig. Moser. — Weende'r Jahresber. 1855/56. 22. (Arensteins land- u. forstw. Ztg.) 1.24 % Zucker, 66.41 % Stärkemehl und Gummi.

No. 12 u. 13. A. Stöckhardt. — Chem. Ackersm. 1856. 197. Stärkemehl: No. 12 = 56.4 %, No. 13 = 51.3 %.

No. 14—18. von Bibra. — Dessen: Die Getreidearten und das Brod. Nürnberg, 1860. 359. Die Körner dieser Maissorten hatten nachstehende specifische und absolute Gewichte:

	No. 14	15	16	17	18
Spec. Gewicht	1.28	1.31	1.26	1.39	1.27
Gewicht von 20 Körnern	6.38	6.93	8.42	2.96	9.33 g

No. 19. R. Fresenius. — Landw. V.-St. 1. 1859. 179. Die Form der Körner war oval bis rund; das durchschnittliche Gewicht eines Kornes betrug 0.4 g. Die „Cellulose" wurde nach dem Peligot'schen Verfahren (J. f. prakt. Chemie. 50. 263) bestimmt. Zucker wurde nicht gefunden, dagegen 2.33 % Dextrin. Nh. Substanz von uns berechnet.

No. 20. A. v. Planta. — Ann. d. Chem. u. Pharm. 115. 332. Zucker und Dextrin 5.6 %.

No. 21 u. 24. J. Nessler u. E. Muth (V.-St. Carlsruhe). — Deren Bericht 1870. 58. Die Maissorten waren unter gleichen Verhältnissen im Garten angebaut. Die Nfr. Extraktstoffe enthielten:

	No. 21	22	23	24
Stärkemehl	54.25	58.53	62.61	67.00
Als Zucker bestimmbare Körper	4.77	7.24	0	Spuren

No. 25. W. Pillitz. — Ztschr. f. analyt. Chem. 11. 1872. 46. Autor giebt 10.58 % Proteïn an, indem er 15.5 % N im Proteïn annimmt. Wir berechneten den Gehalt an Nh. Substanz mit dem Factor 6.25 %. Stärke direct bestimmt: 62.69 %, ausserdem an Kohlehydraten: 0.76 % Dextrin, 1.38 % Zucker, ferner 1.43 % Extraktstoffe. In Wasser löslich waren 1.87 % Proteïn und 1.15 % Asche (in lufttrockner Substanz). Zur Bestimmung der „Zellstoffe" wurde die Substanz zunächst in zugeschmolzenen Röhren mit verdünnter Schwefelsäure bei 140° erhitzt, der Rückstand mit Wasser, Alkohol und Aether ausgewaschen, nach dem Wiegen die Aschemenge bestimmt und in Abzug gebracht.

No. 26—35. E. Heiden, Fritzsche, Fr. Voigt, Th. Wetzke, A. Wolf u. Güntz. — Mitthl. d. V.-St. Pommritz. Beiträge zur Ernährung des Schweines. 1. Heft. 1876. 17 u. f. 2. Heft. 1877. 41 u. f. Die Maissorten enthielten Sand (in der Asche):

No. 26	27	28	29	30	31	32	33	34	35	
0.52	0.45	0.46	0.66	0.27	0.18	0.30	0.23	0.07	0.08 %	der lufttrocknen Substanz

No. 36—54. L. Grandeau (L. V.-St. Nancy). — Privatmittheilung.

No.	Bezeichnungen und Bemerkungen	Jahr der Untersuchung	In der ursprünglichen Substanz						In der Trockensubstanz					Stickstoff in der Trockensubstanz
			Wasser %	Nh-Substanz %	Rohfett %	Nfr. Extractstoffe %	Rohfaser %	Asche %	Nh-Substanz %	Rohfett %	Nfr. Extractstoffe %	Rohfaser %	Asche %	%
42		1875	14.13	9.25	3.67	69.14	2.49	1.32	10.78	4.28	80 50	2.90	1.54	1.72
43		„	12.20	8.56	3.00	71.36	3.60	1.28	9.75	3.42	81.27	4.10	1.46	1.56
44		„	12.00	9.95	1.76	71.77	5.34	1.18	11.30	2.00	79.29	6.07	1.34	1.81
45		„	12.30	9.43	3.53	70.72	2.90	1.02	10.75	4.02	80.76	3.31	1.16	1.72
46		„	12.30	8.99	3.15	71.88	2.59	1.09	10.25	3.59	81.97	2.95	1.24	1.64
47		„	12.60	8.81	4.11	69.15	3.93	1.40	10.08	4.70	79.12	4.50	1.60	1.77
48		„	11.00	8.94	5.25	69.83	3.38	1.60	10.05	5.90	78.45	3.80	1.80	1.61
49		„	11.00	8.51	4.63	70.96	3.78	1.12	9.57	5.20	79.72	4.25	1.26	1.53
50		„	13.00	10.63	3.83	67.74	3.09	1.71	12.21	4.40	77.88	3.55	1.96	1.95
51		„	12.00	8.88	3.52	72.00	2.29	1.37	10.09	4.00	81.75	2.60	1.56	1.61
52		„	11.40	9.88	3.81	70.59	2.97	1.35	11.15	3.97	80.74	2.59	1.55	1.78
53		„	11.62	6.18	2.39	71.50	6.16	2.12	7.00	2.71	80.92	6.97	2.40	1.12
54		„	12.60	8.46	3.15	66.75	6.51	2.53	9.67	3.60	76.39	7.45	2.89	1.55
55	Mittel von 38 Analysen aus dem Jahre	1879	12.41	9.39	4.07	70.20	2.60	1.33	10.75	4.63	80.13	2.97	1.52	1.72
56	Mittel von 38 Analysen aus dem Jahre	1880	13.00	9.06	3.85	71.10	1.69	1.30	10.41	4.42	81.74	1.94	1.49	1.67
57		1872	15.40	11.03	4.05	66.61	1.47	1.44	13.03	4.79	78.74	1.74	1.70	2.08
58		1878	—	—	—	—	—	—	13.34	4.76	78.45	1.75	1.70	2.13
59		1874	4.68	11.50	4.08	76.04	2.54	1.16	12.07	4.28	79.77	2.66	1.22	1.93
60	Amerikanischer Mais	1875	10.10	10.30	2.90	—	3.50	—	11.45	3.22	—	3.89	—	1.83
61		„	9.30	10.40	3.70	73.70	2.90	—	11.47	4.08	81.25	3.20	—	1.84
62	Amerikanischer Mais	1878	17.42	8.33	3.82	67.11	2.10	1.22	10.09	4.63	81.27	2.54	1.47	1.61
63	Donau-Mais	1879	15.53	10.70	4.13	66.36	1.96	1.32	12.67	4.89	78.56	2.32	1.56	2.02
64	Amerikanischer Pferdezahn-Mais . . .	1875	14.01	8.90	3.75	70.79	1.33	1.22	10.35	4.36	82.32	1.55	1.42	1.66
65	Ungarischer Mais	„	13.22	7.81	3.61	72.69	1.37	1.30	9.00	4.16	83.76	1.58	1.50	1.44
66	Desgl.	„	16.65	9.67	3.86	67.20	1.37	1.25	11.60	4.63	80.63	1.64	1.50	1.86
67	Desgl.	„	11.60	9.93	4.06	70.25	2.49	1.67	11.23	4.59	79.47	2.82	1.89	1.80
68	Amerikanischer Mais	„	19.70	9.70	3.80	64.10	1.60	1.10	12.08	4.73	79.82	2.00	1.37	1.93
69		1877	14.23	9.75	3.56	68.83	1.90	1.74	11.37	4.15	80.23	2.22	2.03	1.78
70	Gelber amerikanischer Mais	1876	—	—	—	—	—	—	11.13	5.70	81.65	—	1.52	1.78
71	Weisser (in Frankreich) einheimischer M.	„	—	—	—	—	—	—	9.38	10.00	79.42	—	1.20	1.50
72	Amerikanischer Mais	1877	20.82	8.53	3.34	64.49	1.68	1.14	10.77	4.22	81.45	2.12	1.44	1.72
73	Desgl.	„	20.40	8.75	2.90	65.29	1.44	1.22	11.00	3.65	82.00	1.81	1.54	1.76
74	Desgl.	„	14.00	9.19	4.50	68.52	2.50	1.29	10.68	5.23	79.68	2.91	1.50	1.71
75	Ungarischer Mais	„	13.55	10.94	4.00	67.36	2.80	1.35	12.66	4.63	77.91	3.24	1.56	2.03
76	Desgl.	1878	13.20	10.30	4.50	68.10	2.70	1.20	11.87	5.18	78.46	3.11	1.38	1.90

No. 55 u. 56. L. Grandeau. — Compt. rend. des travaux du Congrès international des directeurs des stations agronomiques p. L. Grandeau. Paris, 1881. 227 u. 285.
No. 57. E. Wolff u. C. Kreuzhage. — Landw. Jahrb. 1872. 557.
No. 58. E. Wolff. — Grundlagen für die rationelle Fütterung des Pferdes. 1885. 48.
No. 59. W. Hoffmeister (V.-St. Insterburg). — Privatmittheilung.
No. 60 u. 61. W. Henneberg (V.St. Göttingen). — Privatmittheilung.
No. 62 u. 63. W. Henneberg. — Landw. Jahrb. 9. 1880. 810.
No. 64—66. J. König u. C. Brimmer (V.-St. Münster). — I. Bericht 1871/79. 39. No. 66. Landw. Jahrb. 5. 1876. 661. 100 Körner dieses Maises wogen 49.54 g.
No. 67. E. Wildt (L. V.-St. Posen). — Privatmittheilung.
No. 68. F. Holdefleiss (V.-St. Halle). — Ztschr. d. landw. Centralver. f. d. Prov. Sachsen 1876. 243.
No. 69. W. Th. Osswald (V.-St. Halle) — Ebendaselbst 1878. 13. Zwei andere gleichzeitig untersuchte Proben Maiskörner enthielten:
1) 8.56 % Eiweissstoffe und 3.58 % Fett
2) 4.56 % Fett und 65.85 % Nfr. Extraktstoffe.
No. 70 u. 71. G. Flourens. — Biedermann's Centralbl. f. Agriculturchem. 11. 1877. 96. (Annal. agronom. 1876. 2. 182.) Der bei 120° getrocknete Mais enthielt ferner:

	Stärke	Dextrin	Traubenzucker	Verschied. organ. Stoffe u. gebundenes Wasser	In Wasser lösl. Stoffe
No. 70 . . .	65.50	2.43	3.30	9.95	8.50 %
No. 71 . . .	65.20	0.90	2.20	10.75	7.20 „

No. 72—76. P. Wagner u. W. Rohn (V.-St. Darmstadt). — Privatmittheilung.

No.	Bezeichnungen und Bemerkungen	Jahr der Untersuchung	In der ursprünglichen Substanz						In der Trockensubstanz					Stickstoff in der Trockensubstanz
			Wasser %	Nh-Substanz %	Rohfett %	Nfr. Extractstoffe %	Rohfaser %	Asche %	Nh-Substanz %	Rohfett %	Nfr. Extractstoffe %	Rohfaser %	Asche %	%
77	Cinquantino	1878	14.54	7.87	4.53	70.81	1.44	0.81P	9.22	5.30	82.84	1.69	0.95	1.48
78	Ungarischer	„	20.64	7.80	5.63	63.18	1.50	1.25P	9.63	6.95	80.03	1.85	1.54	1.54
79	Pferdezahn, weisser	„	13.53	6.25	4.87	72.46	1.84	1.05P	7.22	5.63	83.81	2.13	1.21	1.16
80	Ungarischer Mais	„	17.80	6.90	4.70	64.00	5.50	1.10	8.40	5.72	77.85	6.69	1.34	1.34
81	Amerikanischer Mais	„	13.02	8.29	4.29	71.34	1.81	1.25	9.53	4.93	82.02	2.08	1.44	1.52
82	Vom schwarzen Meere	„	12.46	9.12	4.36	71.14	1.50	1.42	10.42	4.98	81.27	1.71	1.62	1.67
83	Amerikanischer Mais	1879	17.94	8.51	4.69	66.80	1.24	0.82	10.37	5.72	81.40	1.51	1.00	1.66
84		„	18.63	9.12	4.57	59.23	7.23	1.22	11.20	5.60	72.80	8.90	1.50	1.79
85		„	16.88	8.50	4.02	67.34	2.07	1.19	10.20	4.80	81.10	2.50	1.40	1.63
86	Grosser weisser Tyroler Mais, in Böhmen gewachsen	—	—	—	—	—	—	—	11.84	4.52	76.43	5.27	1.94	1.89
87		1879	12.98	8.77	4.08	71.23	1.68	1.26	10.08	4.69	81.85	1.93	1.45	1.61
88		„	12.72	9.47	4.41	70.76	1.39	1.25	10.85	5.05	81.08	1.59	1.43	1.74
89		„	14.76	8.65	4.23	69.94	1.30	1.12	10.15	4.96	82.06	1.52	1.31	1.62
90	Italienischer Mais	1877	16.81	8.01	4.12	62.58	6.48	2.00	9.63	4.95	75.23	7.79	2.40	1.54
91		1879	13.46	10.32	3.93	69.59	1.42	1.28	11.93	4.54	80.41	1.64	1.48	1.91
92		„	13.05	9.13	3.94	70.60	1.83	1.45	10.50	4.53	81.20	2.10	1.67	1.68
93		„	13.40	9.53	3.89	69.75	1.93	1.50	11.03	4.49	80.52	2.23	1.73	1.76
94		1880	15.10	8.66	3.52	69.73	1.61	1.38	10.20	4.15	82.13	1.89	1.63	1.63
95	Badischer Frühmais, in Poppelsdorf geb.	„	8.91	11.58	4.25	71.76	1.80	1.70	12.71	4.67	78.77	1.98	1.86	2.034
96	Aus Ungarn	„	22.20	6.75	3.51	64.97	1.26	1.31	8.67	4.51	83.52	1.62	1.68	1.39
97	Aus Amerika	„	13.53	7.38	2.95	73.04	1.81	1.29	8.53	3.41	84.49	2.09	1.48	1.36
98	Aus dem Banat	„	14.97	8.97	3.46	69.83	1.53	1.24	10.55	4.07	82.12	1.80	1.46	1.69
99	Aus Serbien	„	16.45	10.06	5.05	65.83	1.34	1.27	12.04	6.04	78.80	1.60	1.52	1.93
100	Aus der Walachei	„	14.48	7.88	3.38	71.79	1.14	1.33	9.21	3.95	83.96	1.33	1.55	1.47
101	Aus Ungarn	„	22.18	8.31	3.17	63.69	1.33	1.32	10.68	4.07	81.84	1.71	1.70	1.71
102	Aus Amerika	1880	13.59	9.20	4.00	67.64	3.64	1.90	10.74	4.63	77.82	4.21	2.60	1.72
103	Desgl.	1881	—	9.81	3.96	—	—	—	—	—	—	—	—	—
104	Gelber Mais, früher badischer	1880	—	—	—	—	—	—	9.06	5.43	82.45	1.60	1.46	1.45
105	Desgl., canadischer aus Ungarn	„	—	—	—	—	—	—	9.50	6.00	81.35	1.57	1.58	1.52
106	Desgl., türkischer 40tägiger	„	—	—	—	—	—	—	9.69	5.88	81.22	1.48	1.73	1.55
107	Desgl., Jaune hâtif d'Antonina	„	—	—	—	—	—	—	12.63	5.40	79.23	1.45	1.29	2.02
108	Desgl., früher amerikan. Bernsteinmais	„	—	—	—	—	—	—	9.19	5.75	82.13	1.51	1.42	1.47

No. 77—79. Fr. Schwackhöfer. — Originalmittheil. a. d. technologischen Laboratorium d. k. k. Hochschule f. Bodenkultur in Wien. Die Maiskörner enthielten:

	In Wasser lösliches coagulirbares Proteïn	Desgl., nicht coagulirbar	Unlösliches Proteïn	Stärke	Dextrin	Zucker
No. 77	0.99	0.58	6.30	47.38	2.67	1.43 %
No. 78	0.75	0.09	6.96	44.73	3.62	0.96 „
No. 79	0.63	0.27	5.35	?	4.03	1.06 „

No. 80. Heidepriem (V.-St. Cöthen). — Landw. Jahrb. 9. 1880. 810. Im Original summiren sich die Componenten auf 100.8; wir kürzten diesen Ueberschuss an den Nfr. Extraktstoffen.

No. 81 u. 82. Petermann u. Mercier (V.-St. Gembloux). — Originalmittheilung.

No. 83. Petermann u. Molinari (V.-St. Gembloux). — Originalmittheilung.

No. 84 u. 85. G. Kühn u. O. Kern (V.-St. Möckern). — Originalmittheilung.

No. 86. J. Hanamann. — Lehrbuch der Bierbrauerei von C. Lintner. Braunschweig, 1875. 356. Der Mais enthielt: Albumin 0.38 %, in Wasser lösliche, nicht coagulirbare Proteïnstoffe 1.33 %, Fibrin 2.46 %, unlösliche Proteïnkörper 7.67 %, Stärkemehl 72.55 %, Dextrin 3.04 %, Extraktivstoffe 0.84 %, Hülsenstoffe 5.27 %.

No. 87—89. C. Weigelt (V.-St. Rufach). — Landw. Jahrb. 9. 1880. 810.

No. 90. A. Pasqualini. — Ann. Staz. Agr. Forli 6. 1877. 48. Der Mais enthielt: 54.31 % Stärkemehl, 2.82 % Zucker, 5 % andere Nfr. Stoffe und 0.008 % N in Form von Ammoniak (in % der lufttrocknen Substanz).

No. 91—93. J. Fittbogen u. Förster (V.-St. Dahme). — Privatmittheilung.

No. 94. E. Kern u. Wattenberg (V.-St. Göttingen). — Journ. f. Landw. 28. 1880. 307.

No. 95. R. Hornberger u. E. v. Raumer. — Landw. Jahrbücher. 11. 1882. 371. 471. Der Gehalt an Eiweiss war 9.91 % in der lufttrocknen und 10.88 % in der trocknen Substanz.

No. 96—101. F. Soxhlet (k. bayerische landw. Centralversuchsstat.). — Originalmittheilung.

No. 102 u. 103. Heinrich (Landw. V.-St. Rostock). — Bericht derselben 1882. 75.

No. 104—117. E. Flechsig. — Landw. V.-St. 32. 1886. 179. Diese Maissorten wurden 1880 im Proskauer Versuchsfelde unter gleichen Witterungs-, Düngungs- und Bodenverhältnissen angebaut. (Für Richtigkeit der Namen wie für die Reinheit der Sorten steht der Autor nicht ein.)

No.	Bezeichnungen und Bemerkungen	Jahr der Untersuchung	In der ursprünglichen Substanz: Wasser %	Nh-Substanz %	Rohfett %	Nfr. Extractstoffe %	Rohfaser %	Asche %	In der Trockensubstanz: Nh-Substanz %	Rohfett %	Nfr. Extractstoffe %	Rohfaser %	Asche %	Stickstoff in der Trockensubstanz %
109	Gelber Mais, Cinquantino	1880	—	—	—	—	—	—	9.88	5.52	81.26	1.86	1.48	1.58°
110	Weisser Mais, weisser steierischer . .	„	—	—	—	—	—	—	10.40	5.32	81.65	1.58	1.51	1.68
111	Desgl., weisser ungarischer	„	—	—	—	—	—	—	9.88	6.21	80.78	1.50	1.63	1.58
112	Desgl., Improved King Philip . . .	„	—	—	—	—	—	—	8.95	5.43	82.47	1.61	1.54	1.43
113	Desgl., Blanc hâtif des Landes . . .	„	—	—	—	—	—	—	9.00	6.22	81.75	1.43	1.60	1.44
114	Desgl., Sucre ridé	„	—	—	—	—	—	—	11.25	8.39	75.96	2.30	2.10	1.80
115	Bunter Mais, rother Hühnermais . .	„	—	—	—	—	—	—	11.06	5.80	80.48	1.23	1.43	1.77
116	Desgl., Papageien-Mais	„	—	—	—	—	—	—	8.69	5.88	82.39	1.69	1.35	1.39
117	Desgl., bunter Augustmais	„	—	—	—	—	—	—	9.50	5.02	82.67	1.47	1.44	1.52
118	Weisser Mais, Tirol, 1881er	1883	12.41	11.32	4.69	70.48		1.08	12.93	5.36	80.48		1.23	2.07
119	Ungarischer Cinquantino, 1882er . .	„	14.22	14.23	4.91	65.02		1.62	16.59	5.72	75.80		1.89	2.66
120	Desgl., 1881er	„	14.00	10.93	4.46	68.99		1.62	12.67	5.19	80.26		1.88	2.03
121	Desgl., alt	„	13.20	10.12	4.83	70.37		1.48	11.67	5.56	81.07		1.70	1.87
122	Selice Mantovano, I. Qualität, 1882er .	„	13.20	11.68	5.09	68.86		1.17	13.46	5.68	79.51		1.35	2.15
123	Desgl., II. Qualität, 1882er	„	13.71	11.50	4.63	68.92		1.24	13.33	5.37	79.86		1.44	2.13
124	Früher, weisser Paduaner, 1882er . .	„	13.50	11.34	4.45	69.14		1.57	13.11	5.14	79.94		1.81	2.10
125	Amerikanischer Pferdezahn-Mais, 1882er	„	13.63	9.62	5.32	70.10		1.13	11.14	6.16	81.39		1.31	1.78
126	Gelber, ungarischer Mais, 1882er . .	„	13.43	9.50	4.75	70.75		1.57	10.97	5.49	81.73		1.81	1.76
127	Italienischer Cinquantino, 1882er . .	„	13.50	12.56	4.50	68.09		1.35	14.52	5.20	78.73		1.55	2.32
128	Italienischer Pignoletto, 1882er . . .	„	13.68	12.81	4.74	67.45		1.32	14.83	5.49	78.15		1.53	2.37
129	Szecler-Mais, 1882er	„	12.95	9.50	5.69	70.28		1.58	10.92	6.54	80.72		1.82	1.75
130	Burpells Mammuth-Corn	„	12.48	11.18	5.05	69.67		1.62	12.78	5.77	79.60		1.85	2.04
131	Landreth Early Summer, 1882er . .	„	14.50	11.68	4.98	67.44		1.40	13.67	5.83	78.86		1.64	2.19
132	King Philip, braun, alt	„	11.15	11.04	4.47	72.03		1.31	12.46	5.05	81.01		1.48	1.99
133	Gelber, grosskörn. M., St. Michele 1883er	„	—	—	—	—		—	16.51	5.02	76.72		1.75	2.64
134	Weisser Mais, St. Michele, 1883er . .	„	—	—	—	—		—	13.56	5.83	79.30		1.31	2.17
135	In Japan gewachsen (Tomorokoshi) . .	—	19.27	12.29	4.10	61.46	2.02	0.86	15.22	5.08	76.13	2.50	1.07	2.43
136	Mais aus Kamerun	1886	9.00	8.13	5.46	75.15	1.04	1.20	8.94	6.00	82.60	1.14	1.32	1.43
137	Mais aus Brasilien	1876	12.41	8.75	4.78	70.05	1.99	2.02	9.99	5.46	79.97	2.27	2.31	1.60
	Minimum		4.68	5.55	1.73	52.08	0.99	0.82	6.41	2.00	60.10	1.14	0.95	1.03
	Maximum		22.20	14.31	8.87	72.75	7.71	3.93	16.51	10.24	83.96	8.90	4.53	2.64
	Mittel		13.35	9.45	4.29	69.33	2.29*)	1.29	10.91	4.95	80.01	2.64	1.49	1.75

Maiskörner. Analysen von in Italien gebautem Mais.

No.	Bezeichnungen und Bemerkungen	Jahr der Untersuchung	Wasser %	Nh-Substanz %	Rohfett %	Nfr. Extractstoffe %	Rohfaser %	Asche %	Nh-Substanz %	Rohfett %	Nfr. Extractstoffe %	Rohfaser %	Asche %	Stickstoff in der Trockensubstanz %
	Gemeinde Coriano.													
1	Ernte 1880: Sämmtliche 6 Proben waren italienischer Frühmais; die Maiskolben waren von strohgelber Farbe und verschiedener Grösse. Einige derselben waren von einem Wurm angefressen, jedoch zeigte sich weder Geruch noch Geschmack nach Schimmel; auch mikroskopisch konnten Pilze nicht nachgewiesen werden.	1883	15.48	11.05	3.89	64.34	2.79	2.45	13.07	4.60	76.13	3.30	2.90	2.09
2		„	14.28	10.67	3.54	65.37	3.85	2.29	12.45	4.13	76.16	4.59	2.67	1.99
3		„	15.43	11.56	4.00	63.82	2.76	2.43	13.66	4.73	75.48	3.26	2.87	2.19
4		„	15.89	11.19	3.43	64.40	3.05	2.64	13.30	4.08	75.85	3.63	3.14	2.13
5		„	14.95	11.10	4.01	63.30	3.54	3.00	13.05	4.72	74.54	4.16	3.53	2.09
6		„	15.35	11.65	3.48	64.14	3.15	2.23	13.76	4.11	75.78	3.72	2.63	2.20

No. 118—134. K. Portele (Laborat. d. landw. Landesanstalt in St. Michele). — L. V.-St. 32. 1886. 241. In den Maisproben wurde auch der Stärkemehlgehalt nach Ueberführen des Stärkemehls in Zucker mittelst Fehling'scher Lösung bestimmt und darnach in der lufttrocknen Substanz gefunden:

No.	118	119	120	121	122	123	124	125	126	127	128	129	130	131	132	133	134
Stärkemehl	57.92	53.91	58.24	60.49	58.47	53.24	59.68	56.72	59.47	57.43	61.24	61.03	60.21	59.01	62.34	(64.26	62.13 in d. Trockensubst.)

Zucker konnte Autor in keiner der untersuchten Proben nachweisen.

No. 135. O. Kellner. — Japan. Chemic. Anal. Tokio 1884. 14. Der Mais enthielt 73.72 % Stärkemehl und 2.41 % andere stickstofffreie Extraktstoffe, ferner 0.332 % N in Form von Amiden in der Trockensubstanz.

No. 136. B. Schulze. — Der Landwirth. 22. 1886. 543. Der untersuchte Mais war ein Korn von länglicher Form, sehr hellgelber Farbe, ziemlich gross und hatte ein durchschnittliches Gewicht von 20.9 g pro 100 Körner.

No. 137. Emmerling u. R. Wagner. — Zusammenstellung von Analysen von Futtermitteln. V.-St. Kiel 1877.

*) Das Mittel für Holzfaser ist erst von No. 19 an berechnet.

Maiskörner. Analysen von in Italien gebautem Mais.

No. 1—22. Al. Pasqualini. — Ann. Staz. Agrar. Forli 12. 1883. 53. 67. 105 u. 14. 1885. 37. An näheren Bestandtheilen wurden ferner bestimmt und für die lufttrockne Substanz gefunden:

No.	Bezeichnungen und Bemerkungen	Jahr der Untersuchung	In der ursprünglichen Substanz: Wasser %	Nh-Substanz %	Rohfett %	Nfr. Extractstoffe %	Rohfaser %	Asche %	In der Trockensubstanz: Nh-Substanz %	Rohfett %	Nfr. Extractstoffe %	Rohfaser %	Asche %	Stickstoff in der Trockensubstanz %
7	Ernte 1880, wie vorher	1883	14.84	11.38	3.65	64.16	3.15	2.82	13.36	4.29	75.34	3.70	3.31	2.14
8	Ernte 1880, wie vorher	„	14.32	10.98	3.03	65.61	3.15	2.81	12.81	3.54	76.69	3.68	3.28	2.05
9	Ernte 1880, wie vorher	„	15.10	10.80	3.99	64.34	3.62	2.15	12.72	4.70	75.79	4.26	2.53	2.04
10	Ernte 1880, wie vorher	„	15.19	11.19	3.62	64.87	2.95	2.18	13.19	4.27	76.49	3.48	2.57	2.11
11	Ernte 1880, wie vorher	„	14.81	11.10	3.29	68.50	0.15	2.15	13.03	3.86	78.83	1.76	2.52	2.08
12	Ernte 1881, wie vorher	„	14.37	10.86	3.14	66.25	3.35	2.03	12.68	3.67	77.37	3.91	2.37	2.03
	Gemeinde Clementi.													
13		„	12.47	10.68	3.83	67.73	3.19	2.10	12.20	4.37	78.86	2.17	2.40	1.95
14		„	12.53	10.79	2.93	67.82	3.41	2.52	12.33	3.35	77.54	3.90	2.88	1.97
15	Maiz delle Lande, cultivirt 1882 zu Grotta bei Forli	„	12.60	9.10	3.66	70.69	2.58	1.37	10.41	4.19	80.88	2.95	1.57	1.67
16	Desgl. cultivirt 1882 auf dem Versuchsfelde bei Forli	„	14.00	9.66	3.42	69.55	2.33	1.04	11.23	3.98	80.87	2.71	1.21	1.73
17	Desgl. cultivirt 1882 zu Forlimpopoli	„	12.86	11.05	4.11	69.14	1.93	0.91	12.69	4.72	79.33	2.22	1.04	2.03
18	Mais, 1881er Ernte, Stallmistdüngung .	„	4.70	9.72	3.50	78.24	1.98	0.86	10.20	3.97	82.85	2.08	0.90	1.63
19	Desgl., Superphosphatdüngung . . .	„	6.75	10.34	3.55	77.09	1.67	0.60	11.08	3.81	82.68	1.79	0.64	1.76
20	Gelber Mais, von der Basis des Kolbens	„	13.60	8.52	4.76	68.88	2.74	1.50	9.86	5.51	79.72	3.17	1.74	1.58
21	Desgl., von der Mitte des Kolbens . .	„	10.60	11.02	6.15	67.25	3.44	1.58	12.33	6.88	75.17	3.85	1.77	1.97
22	Desgl., von der Spitze des Kolbens .	„	10.38	8.24	5.15	71.27	3.56	1.50	9.20	5.75	79.61	3.97	1.67	1.47
23	Pflanzen frei (ohne Bedeckung) gewachsen	„	11.70	8.31	4.70	70.74	2.95	1.60	9.42	5.33	80.10	3.34	1.81	1.51
24	Pflanzen mit weissem Vorhange umgeben	„	12.80	5.34	3.30	73.81	2.95	1.80	6.12	3.79	84.65	3.38	2.06	0.98
	Mittel (No. 1—24) . .		13.35[1]	10.26	3.84	67.72	2.88	1.95	11.84	4.43	78.27	3.21	2.25	1.89

Maiskörner. Analysen von in Amerika gebautem Mais.

No.	Bezeichnungen und Bemerkungen	Jahr der Untersuchung	Wasser %	Nh-Substanz %	Rohfett %	Nfr. Extractstoffe %	Rohfaser %	Asche %	Nh-Substanz %	Rohfett %	Nfr. Extractstoffe %	Rohfaser %	Asche %	Stickstoff in der Trockensubstanz %
	Flint Corn.													
1	Norfolk White, large, 16reihig . . .	1878	11.17	10.88	4.70	70.04	1.90	1.31	12.25	5.29	78.84	2.14	1.48	1.96
2	Vermont White Cap, 1877	„	10.86	11.06	4.29	71.22	1.04	1.53	12.41	4.81	79.89	1.17	1.72	1.99
3	Rowley, 1877	„	11.00	11.63	4.83	70.15	0.78	1.61	13.06	5.42	78.83	0.88	1.81	2.09
4	Western yellow, etwas unrein . . .	„	13.93	8.82	3.92	70.48	1.59	1.25	10.25	4.56	81.89	1.85	1.45	1.64

No.	1	2	3	4	5	6	7	8	9	10	11	12	13	14	15	16	17
Zucker	1.45	1.56	1.10	1.83	1.66	1.56	1.76	2.36	2.61	2.00	1.70	1.80	1.66	2.06	2.06	3.14	2.24
															nicht bestimmte Subst. u. Verlust		
Dextrin und Gummi	0.64	0.28	0.35	0.39	0.39	0.42	0.29	0.48	0.23	0.13	0.34	0.32	0.29	0.34	5.22	4.87	5.84
															direct bestimmt		
Stärke (Differenz) .	61.76	63.01	61.92	61.74	60.81	61.70	61.68	62.34	61.08	62.32	66.04	62.73	65.37	65.05	63.05	61.16	59.63

Die Nh-Substanz ist vom Autor durch Multiplikation des Stickstoffgehaltes mit 6.5 berechnet; wir haben die Zahlen für den Factor 6.25 umgerechnet und darnach die Nfr. Extraktstoffe entsprechend corrigirt. Asche frei von CO_2.

No.	18	19	20	21	22
Zucker	3.67	2.98	2.80	3.29	3.60
Dextrin und Gummi . . .	2.28	2.15	2.13	2.36	3.00
Stärke (Differenz)	67.97	69.91	63.61	61.12	64.45
Wasserlösliche Nh. Substanz	—	—	1.37	1.25	1.52

No. 23 u. 24. F. Sestini u. A. Funaro. — L. V.-St. 30. 1884. 106. Der Mais wurde am 31. Mai in Reihen gesät. Ein Beet wurde mit weissem appretirten Baumwolltuch zum Abhalten der Sonnenstrahlen (Nachahmung bedeckten Himmels) überdeckt. Die Summen der Temperaturen betrugen (bis 14. September):

bei unbedecktem Beet Luft 2462.9° Erde 2299.8°
bei bedecktem Beet . „ 2336.1 „ 2163.3

Die untersuchten Samen wurden am 15. September geerntet und an der Sonne getrocknet.

[1]) Nach der Haupttabelle angenommen; das wirkliche Mittel beträgt 13.13.

Maiskörner. Analysen von in Amerika gebautem Mais.

No. 1—3. S. W. Johnson. — Ann. Rep. Connect. Agric. Exp. Stat. for 1877. 57; desgl. 1879. 134.

No. 4—6. W. O. Atwater, analisirt von Warnecke u. Woods. — Rep. of work Agric. Experim. Stat. Middletown, Conn. 1877—78. 29. No. 4 enthielt ungesunde Körner, Bruchstücke von den Kolben und andere Verunreinigungen. No. 5 sehr rein. No. 6 gut, reine Sorte d. New England Eight-rowed Yellow Corn. Auf mit Hühnermist gedüngtem Boden gewachsen.

No.	Bezeichnungen und Bemerkungen	Jahr der Untersuchung	In der ursprünglichen Substanz						In der Trockensubstanz					Stickstoff in der Trockensubstanz
			Wasser %	Nh-Substanz %	Rohfett %	Nfr. Extractstoffe %	Rohfaser %	Asche %	Nh-Substanz %	Rohfett %	Nfr. Extractstoffe %	Rohfaser %	Asche %	%
5	Southern White	1878	13.82	8.80	4.02	71.07	0.88	1.32	10.31	4.67	82.47	1.02	1.53	1.65
6	Yellow or Canada, 8 reihig, sehr armer, schwerer Lehmboden	„	15.10	10.01	5.31	66.99	1.24	1.36	11.56	6.25	78.90	1.69	1.60	1.85
7	Early Dutton, 12 reihig, ziemlich schmale Körner	„	8.08	9.62	5.64	72.62	2.52	1.52	10.46	6.16	78.98	2.74	1.66	1.67
8	Common Yellow or Canada, 8 reihig	„	10.52	9.72	4.42	71.63	2.40	1.31	10.86	4.94	80.06	2.68	1.46	1.74
9	King Philip or Rhode Island, 8 reihig .	„	9.79	11.87	4.45	70.08	2.21	1.60	13.16	5.93	77.69	2.45	1.77	2.11
10	Smut nose, Michigan	„	12.90	11.81	4.94	66.81	2.00	1.54	13.55	5.67	76.63	2.29	1.76	2.17
11	Desgl.	„	13.26	11.51	5.14	66.11	2.49	1.49	13.27	4.93	76.21	2.87	1.72	2.12
12	8 reihiger Flint, Michigan	„	13.45	12.00	4.83	66.03	2.26	1.43	13.86	5.58	76.30	2.61	1.65	2.22
13	Sanford, Michigan	„	13.37	10.69	5.06	67.41	2.10	1.37	12.34	5.84	77.82	2.42	1.58	1.97
14	Compton's Early, in Pennsylvanien gew.	„	6.59	9.90	5.30	74.48	2.09	1.64	10.59	5.67	79.74	2.24	1.76	1.69
15	Adams's, in New-Hampshire gewachsen	„	8.61	10.50	4.83	73.30	1.19	1.57	11.48	5.28	80.22	1.30	1.72	1.84
16	Canada, in New-Hampshire gewachsen .	„	8.27	11.36	5.60	71.79	1.26	1.72	12.36	6.11	78.29	1.37	1.87	1.98
17	Vermont, in Vermont gewachsen . . .	„	8.64	10.14	5.63	72.76	1.38	1.45	11.10	6.17	79.63	1.51	1.59	1.78
18	Small, 12 reihig, in New-Hampshire gewachsen	„	11.48	10.50	6.03	69.56	1.09	1.34	11.87	6.81	78.58	1.23	1.51	1.90
19	State Fair Premium	„	10.19	10.82	5.29	70.86	1.06	1.78	12.05	5.89	78.90	1.18	1.98	1.93
20	Large Premium	„	10.00	11.36	5.52	70.57	1.09	1.46	12.63	6.14	78.40	1.21	1.62	2.02
21	Bord of Agriculture	„	11.09	11.55	4.68	70.55	0.82	1.31	12.99	5.26	79.38	0.90	1.47	2.08
22	King Philip	„	10.23	12.08	7.05	67.79	1.01	1.84	13.47	7.86	75.50	1.13	2.04	2.16
23	Pop Corn, white	„	8.61	13.13	5.63	68.68	2.32	1.63	14.37	6.16	75.15	2.54	1.78	2.30
24	Improved Prolific. Tennesse	„	7.58	9.29	5.09	74.16	2.65	1.23	10.05	5.51	80.24	2.87	1.33	1.61
25	White Mexican, in Mexico gewachsen .	„	8.65	10.15	4.90	72.79	1.64	1.87	11.11	5.36	79.70	1.79	2.04	1.78
26	Oregon White, in Oregon gewachsen .	„	9.25	7.88	7.08	73.07	1.26	1.46	8.68	7.80	89.52	1.39	1.61	1.39
27	Small, 8 rowed, in Now-Hampshire gewachsen	„	11.05	13.65	4.48	67.63	1.30	1.57	15.35	5.40	76.03	1.46	1.76	2.42
28	Miscegenation, white a blue, in N.-Hampshire gewachsen	„	9.92	11.72	5.33	70.35	1.05	1.63	13.01	5.92	78.09	1.17	1.81	2.08
29	Pitch knot, in N.-Hampshire gewachsen	„	11.24	11.20	5.26	69.74	1.04	1.52	12.62	5.92	78.58	1.17	1.71	2.18
30	Tom Thumb Pob, yellow, in N.-Hampshire gewachsen	„	9.05	12.60	5.89	69.53	1.33	1.60	13.85	6.47	76.46	1.46	1.76	2.22
31	Old Fashioned Yellow 1878	„	10.58	9.81	4.68	72.11	1.39	1.43	10.99	5.23	80.63	1.55	1.60	1.76
32	New England „Golden", 8 rowed . .	„	12.51	10.25	4.94	69.37	1.35	1.58	11.73	5.65	79.27	1.54	1.81	1.88
33	White Flint, Massach.	„	10.22	9.22	3.40	74.24	1.47	1.44	10.27	3.79	82.70	1.64	1.60	1.64
34	Red Flint, Massach.	„	11.95	12.06	3.40	69.47	2.02	1.10	13.70	3.86	78.90	2.29	1.25	2.19
35	Western Yellow, Kansas	„	11.34	8.81	4.60	72.90	1.28	1.07	9.94	5.19	82.22	1.44	1.21	1.57
36	Desgl., Illinois	„	13.61	9.19	3.62	69.10	3.13	1.35	10.64	4.19	79.99	3.62	1.56	1.70

No. 7—9. W. O. Atwater. — Amer. Journ. Sciens et Arts 1869. 352 (Rep. Connect. Ag. Exp. St. d. 1879. 134).

No. 10—13. R. C. Kedzie. — Res. of analys. Michig. St. Agr. College. Originalmitthl. (Rep. Michig. Bd. Ag. 1878. 409). Rep. Connect. Ag. Exp. St. 1879. 134). Die Nfr. Extraktstoffe bestanden aus:

No.	10	11	12	13
Stärke	59.98	61.35	57.47	63.50
Zucker	3.78	2.47	2.40	2.70
Gummi	3.05	2.29	6.16	1.21

No. 14—30. Pet. Collier. — Rep. U. S. Dept. Agr. Washington 1878. 148. 149. No. 14—21 gelbe Körner. Besonders bestimmt wurden: in Alkohol lösliche und unlösliche Eiweissstoffe, Zucker, Gummi und (die Differenz) Stärke.

No.	14	15	16	17	18	19	20	21	22	23	24	25	26	27	28	29	30
Eiweissstoffe in Alkohol löslich (Zein)	4.48	6.49	6.20	6.25	5.66	5.26	6.11	6.88	7.77	6.36	3.65	5.31	2.91	7.86	6.46	5.81	7.80
„ „ „ unlöslich . .	5.42	4.01	5.16	3.89	4.84	5.56	5.25	4.67	4.31	5.77	5.64	4.84	4.97	5.79	5.26	5.39	4.80
Zucker	2.06	2.25	2.52	1.47	2.04	2.87	2.35	1.69	2.35	2.58	1.98	2.13	2.47	1.94	1.95	2.72	2.22
Gummi	2.77	1.50	1.68	2.15	1.80	1.37	1.80	2.14	3.18	2.16	2.70	1.83	2.55	2.74	2.16	2.20	3.00
Stärke	69.65	69.55	67.59	69.14	65.72	66.62	66.42	66.72	62.26	63.94	69.48	68.83	68.05	62.95	66.24	64.82	64.31

No. 31. S. W. Johnson. — Ann. Rep. Connect. Agric. Exper. Stat. 1879. 88. (134).

No. 32—36. S. P. Sharples. — Rep. Agric. Exper. Stat. Middletown, Conn. 1877—78. 153 (corrig. nach Dep. of Agricult. Washington. Bulletin No. 4. 66).

No.	Bezeichnungen und Bemerkungen	Gew. von 100 Körn.	Jahr der Untersuchung	In der ursprünglichen Substanz: Wasser %	Nh-Substanz %	Rohfett %	Nfr. Extractstoffe %	Rohfaser %	Asche %	In der Trockensubstanz: Nh-Substanz %	Rohfett %	Nfr. Extractstoffe %	Rohfaser %	Asche %	Stickstoff in der Trockensubstanz %
37	White Corn, Maryland		1879	—	—	—	—	—	—	10.67	6.10	80.22	1.66	1.35	1.71
38	Yellow Corn, Pennsylvanien		„	—	—	—	—	—	—	10.88	5.67	80.10	1.89	1.46	1.74
39	High-mixed, 1879 er Ernte, Marktwaare		1880	20.68	7.83	3.70	64.95	1.65	1.19	9.87	4.67	81.88	2.08	1.50	1.58
40	New western corn, 1879er Ernte, Marktw.		„	20.22	8.54	3.55	64.86	1.67	1.16	10.71	4.35	81.40	2.09	1.45	1.71
41	High-mixed, frische Ernte von Western corn, Marktwaare		„	16.41	8.57	3.85	68.16	1.76	1.25	10.25	4.60	81.55	2.10	1.50	1.64
42	King Philip, 8 rowed		„	15.97	10.31	4.50	66.50	1.37	1.35	12.27	5.36	79.13	1.63	1.61	1.96
43	Common yellow Corn, 8 rowed		„	15.77	10.00	4.44	67.06	1.47	1.26	11.87	5.27	80.62	1.74	1.50	1.90
44	White flint Corn, 8 rowed		„	16.82	8.94	3.89	67.84	1.32	1.19	10.75	4.68	81.55	1.59	1.43	1.72
45	Pennsylvania, White Prolific	—	—	8.96	8.05	5.82	74.49	1.25	1.43	8.84	6.39	81.83	1.37	1.57	1.41
46	Desgl., Pride of North, yellow	30.61	1882	8.60	10.15	4.65	73.10	2.25	1.25	11.10	5.09	79.98	2.46	1.37	1.78
	Missouri.														
47	Tuscarora, white	35 58	„	7.70	11.28	5.34	71.65	2.08	1.85	12.32	5.78	77.65	2.25	2.00	1.97
48	White Flint	34.96	„	7.60	11.90	4.93	71.52	2.50	1.55	12.88	5.33	77.40	2.71	1.68	2.06
49	Pennsylvania, yellow	30.67	„	8.25	9.98	4.05	74.27	1.90	1.55	10.88	4.41	80.95	2.07	1.69	1.74
50	Early Canada, yellow	37.08	„	8.70	10.68	4.67	72.50	2.00	1.45	11.69	5.11	79.42	2.19	1.59	1.87
	Colorado.														
51	Blount's Prolific	34.12	„	10.50	9.80	5.66	70.19	2.35	1.50	10.95	6.32	78.43	2.62	1.68	1.75
	Washington City.														
52	Yakima City	27.90	„	10.30	8.40	5.73	71.19	2.88	1.50	9.37	6.39	79.36	3.21	1.67	1.50
	Mexico.														
53	Mexican, blue	—	„	8.97	10.21	5.25	72.35	1.80	1.42	11.22	5.77	79.47	1.98	1.56	1.80
54	Mexican No. 9, verschiedenfarb.	23.60	„	8.35	7.00	7.13	73.74	2.03	1.75	7.64	7.78	80.36	2.31	1.91	1.22
55	Desgl.	40.73	„	7.95	8.40	5.53	74.62	2.20	1.30	9.13	6.01	81.06	2.39	1.41	1.46
	New-York.														
56	Yellow Flint		1883	—	9.80	—	—	—	1.41	—	—	—	—	—	—
57	Desgl.		„	—	12.43	—	—	—	1.54	—	—	—	—	—	—
58	Desgl.		„	—	9.28	—	—	—	1.21	—	—	—	—	—	—
59	Desgl.		„	—	9.10	—	—	—	1.45	—	—	—	—	—	—
60	Desgl.		„	—	9.45	—	—	—	1.24	—	—	—	—	—	—
61	Desgl.		„	—	10.85	—	—	—	1.50	—	—	—	—	—	—
62	Desgl.		„	—	10.68	—	—	—	1.51	—	—	—	—	—	—
63	Desgl.		„	—	10.85	—	—	—	1.50	—	—	—	—	—	—
64	Desgl.		„	—	12.43	—	—	—	1.47	—	—	—	—	—	—
	Minnesota.														
65	Yellow Flint		„	—	11.03	—	—	—	1.74	—	—	—	—	—	—
66	Desgl.		„	—	9.80	—	—	—	1.61	—	—	—	—	—	—
67	Red Flint		„	—	9.10	—	—	—	1.49	—	—	—	—	—	—
	Dakota.														
68	Mix d Flint		„	—	10.85	—	—	—	1.35	—	—	—	—	—	—
	California.														
69	White Flint		„	—	11.73	—	—	—	1.70	—	—	—	—	—	—

No. 37 u. 38. Pet. Collier. — Originalmitthlg. Die nähere Analyse ergab:

		No. 37	38
in Alkohol lösliche Eiweissverbindung	Zeïn	1.58	2.17
„ „ unlösliche „	Albumin	9.09	8.71
	Gummi	1.06	1.35
	Zucker	2.66	1.21
	Stärke	76.50	77.54

No. 39—44. S. W. Johnson. — Ann. Rep. Connect. Agr. Exper. Stat. 1880. 81.

No. 45—69. Clifford Richardson. — Departement of Agriculture, Chemical Division, Bull. No. 1. Washington 1883, 60 und Bull. No. 4. Washington 1884. 64.

No.	Bezeichnungen und Bemerkungen	Jahr der Untersuchung	In der ursprünglichen Substanz						In der Trockensubstanz					Stickstoff in der Trockensubstanz
			Wasser %	Nh-Substanz %	Rohfett %	Nfr. Extractstoffe %	Rohfaser %	Asche %	Nh-Substanz %	Rohfett %	Nfr. Extractstoffe %	Rohfaser %	Asche %	%
	Massachusetts.													
70	Waushakum	—	13.05	10.69	4.06	69.80	1.11	1.29	12.29	4.67	80.28	1.28	1.48	1.97
71	Wheeler's Prolific	—	12.69	12.06	4.58	67.46	1.82	1.39	13.82	5.25	77.25	2.09	1.59	2.21
72	Clark	—	12.12	12.12	4.75	66.91	2.46	1.64	13.79	5.41	76.13	2.80	1.87	2.21
73	Tip	—	8.86	12.85	5.26	68.93	2.53	1.57	14.10	5.77	75.63	2.78	1.72	2.26
74	Canada	—	13.44	12.02	4.56	66.31	2.40	1.27	13.88	5.26	76.62	2.77	1.47	2.22
75	Canado Dutton	—	14.36	10.33	5.00	66.51	2.38	1.42	12.07	5.84	77.65	2.78	1.66	1.93
	Connecticut.													
76	White Pop-corn	1876	11.84	9.69	4.92	71.09	1.22	1.24	10.99	5.58	80.64	1.38	1.41	1.76
	New York.													
77	White and yellow Pop-corn	1879	12.55	10.34	4.18	70.49	1.16	1.28	11.83	4.78	80.60	1.33	1.46	1.89
	South-Carolina.													
78	Southern White	—	9.86	12.47	4.48	69.78	2.03	1.37	13.83	4.97	77.43	2.25	1.52	2.21
79	Canada Snub-Corn	1884	16.66	8.94	4.04	68.55	0.78	1.03	10.73	4.84	82.26	0.94	1.23	1.72
80	Canada Yellow-Corn	„	16.50	9.87	4.82	66.58	0.91	1.32	11.81	5.76	79.75	1.10	1.58	1.89
	Minimum		6.59	6.62	3.28	65.12	0.76	1.05	7.64	3.79	75.15	0.88	1.21	1.22
	Maximum		20.68	13.30	6.81	77.57	3.14	1.77	15.35	7.86	89.52	3.62	2.04	2.42
	Mittel v. Flint-Corn No. 1—80		(13.35[1])	10.17	4.78	68.63	1.67	1.40	11.74	5.52	79.20	1.93	1.61	1.88
	Dent Corn.													
1	Ohio Dent 1877, Gonnect.	1878	10 78	10.06	5.14	71.30	1.35	1.37	11.27	5.76	79.92	1.51	1.54	1.80
2	Yellow Dent 1877, Michigan	„	12.74	11.75	4.63	66.98	2.49	1.41	13.47	5.31	76.75	2.85	1.62	2.16
3	Desgl.	„	11.66	11.48	5.07	67.80	2.48	1.51	12.99	5.74	76.75	2.81	1.71	2.08
4	White Dent 1877, Michigan	„	13.73	11.52	4.63	66.26	2.26	1.60	13.35	5.37	76.81	2.62	1.85	2.14
5	Hackberry Dent 1877, Michigan	„	12.47	9.88	4.77	69.11	2.30	1.47	11.29	5.45	78.84	2.74	1.68	1.81
6	Strawberry Roan 1877, Michigan	„	14.05	10.31	4.59	67.63	2.03	1.39	12.00	5.34	78.68	2.36	1.62	1.92
7	White Oil Corn, Indiana	„	11.29	10.50	4.87	70.16	1.90	1.28	11.83	5.49	79.10	2.14	1.44	1.89
8	Pony Dent	„	13.42	11.25	4.83	66.94	2.16	1.40	12.99	5.58	77.32	2.49	1.62	2.08
9	Desgl.	„	13.29	10.63	5.03	67.53	2.21	1.31	12.26	5.80	77.88	2.55	1.51	1.96
10	White Dent, N.-Carolina	„	6.74	11.03	5.18	74.09	1.53	1.43	11.82	5.55	79.47	1.63	1.53	1.89
11	Mexican White Dent, Mexico	„	11.14	10.67	6.28	68.87	1.59	1.45	11.99	7.07	77.51	1.79	1.64	1.92
12	White Prolific, Pennsylv.	„	8.96	8.05	5.82	74.49	1.25	1.43	8.84	6.40	81.82	1.37	1.57	1.41
13	Coe's Prolific 1878, Connect.	„	9.55	10.13	3.98	72.70	2.19	1.45	11.21	4.41	80.36	2.42	1.60	1.79
14	Benton 1878, Connect.	„	10.70	9.97	5.00	71.40	1.36	1.57	11.18	5.60	79.94	1.52	1.76	1.79
15	Scioto 1878, Connect.	„	10.43	9.25	4.01	72.98	1.80	1.53	10.31	4.48	81.49	2.01	1.71	1.65

No. 70, 76 u. 77. United States Census. Ebendaselbst mitgetheilt.
No. 71—75 u. 78. Massachusetts Report 1879. Ebendaselbst mitgetheilt.
No. 79 u. 80. S. W. Johnson u. E. H. Jenkins. — Ann. Rep. Connect. Agr. Exper. Stat. 1884. 106.
[1]) Nach der Haupttabelle angenommen; das wirkliche Mittel beträgt 10.02 %.

Zusammensetzung von in Amerika gebautem Mais.
No. 1. S. W. Johnson. — Rep. Connect. Agr. Exper. Stat. 1877. p. 57. (1879. 134.)
No. 2—9. R. C. Kedzie. — Rep. Michig. St. Agr. Colleg. 1878. 408 u. 409. (1879. 134.)

	No. 2	3	4	5	6	7	8	9
Stärke	59.47	62.00	58.05	61.81	62.92	62.94	59.25	60.11
Zucker	2.64	2.84	3.04	3.59	2.53	3.00	2.31	2.37
Gummi	4.87	2.96	5.17	3.71	2.18	4.22	5.38	5.05

No. 10—12. Peter Collier. — Rep. M. St. Dep. Agric. Washington, 1878. 148. (Rep. Connect. Agr. Exp. St. 1879. 134.)

	No. 10	11	12
Eiweiss, in Alkohol löslich, Zeïn	4.83	4.97	4.17
Eiweiss, in Alkohol unlöslich	6.20	5.70	3.88
Zucker	2.75	2.00	1.95
Gummi	1.75	2.80	1.73
Stärke	69.59	64.07	70.81

No. 13—20. S. W. Johnson. — Ann. Rep. Connect. Agr. Exper. Stat. 1879. 88 bezw. 136. No. 20. 1880. 81.

No.	Bezeichnungen und Bemerkungen	Gew. v. 1000 Körn. g	Jahr der Untersuchung	In der ursprünglichen Substanz						In der Trockensubstanz					Stickstoff in der Trockensubstanz
				Wasser %	Nh-Substanz %	Rohfett %	Nfr. Extractstoffe %	Rohfaser %	Asche %	Nh-Substanz %	Rohfett %	Nfr. Extractstoffe %	Rohfaser %	Asche %	%
16	White Ohio 1878, Connect.		1878	9.70	11.28	4.20	71.30	1.73	1.79	12.50	4.65	78.95	1.92	1.88	2.00
17	Wisconsin 1878, Connect.		„	9.72	11.60	4.89	70.17	2.06	1.56	12.85	5.42	77.72	2.28	1.73	2.06
18	White Prolific 1878, Connect. . . .		„	10.14	9.19	4.28	73.38	1.34	1.67	10.23	4.76	81.66	1.49	1.86	1.64
19	Extra Early Adams 1878, Connect. . .		„	10.94	10.81	4.81	70.21	1.48	1.75	12.14	5.40	78.83	1.66	1.97	1.94
20	Early Scioto Corn.		1880	15.24	8.31	4.80	69.78	1.59	1.28	9.81	4.48	82.32	1.88	1.51	1.57
	Pennsylvania.														
21	Chester County Mammoth, yellow	44.15	—	7.80	8.75	4.82	74.90	2.33	1.40	9.49	5.23	81.23	2.53	1.52	1.52
22	Field Corn, red	37.20	—	7.85	7.53	5.49	75.73	1.95	1.45	8.17	5.96	82.18	2.12	1.57	1.31
	Kentucky.														
23	Willis, white	32.46	—	7.70	9.80	5.33	73.47	2.20	1.50	10.61	5.77	79.61	2.39	1.62	1.70
	Missouri.														
24	Proctor's Bread, white . . .	30.84	—	7.90	9.63	4.65	74.12	2.05	1.65	10.46	5.05	80.47	2.23	1.79	1.67
25	Long John, white	41.69	—	8.05	11.03	4.87	72.22	2.08	1.75	12.00	5.30	78.54	2.26	1.90	1.92
26	Saint Charles, white	34.18	—	8.20	8.23	6.29	72.43	3.10	1.75	8.96	6.85	78.90	3.38	1.91	1.43
27	Snow Flake, white	52.68	—	7.80	9.63	4.34	74.83	1.75	1.65	10.45	4.71	81.15	1.90	1.79	1.67
28	Ragan's White, white . . .	39.67	—	8.25	11.03	6.14	70.18	2.60	1.80	12.02	6.69	76.50	2.83	1.96	1.92
29	Peabody, white	32.32	—	7.95	9.98	7.49	69.93	2.60	2.05	10.84	8.13	75.98	2.82	2.23	1.73
30	Badeau, white	37.01	—	8.45	10.85	5.82	69.85	2.93	2.10	11.85	6.36	76.30	3.20	2.29	1.90
31	Blount's Prolific, white . . .	38.75	—	8.05	12.25	5.33	70.34	1.98	2.05	13.33	5.80	76.49	2.15	2.23	2.13
32	Thompson's, white	43.66	—	8.30	12.60	4.94	69.78	2.58	1.80	13.74	5.39	76.10	2.81	1.96	2.20
33	Ragan's Yellow	42.65	—	8.50	9.63	4.85	73.44	2.13	1.45	10.53	5.30	80.26	2.33	1.58	1.68
34	Chester County, yellow . . .	33.60	—	8.05	10.85	6.31	70.69	2.65	1.45	11.80	6.87	78.87	2.88	1.58	1.89
35	Golden Yellow	35.34	—	8.30	10.50	5.38	72.79	1.43	1.60	11.46	5.87	79.36	1.56	1.75	1.83
36	Pale yellow	44.25	—	8.25	9.98	4.05	74.27	1.90	1.55	10.88	4.41	80.95	2.07	1.69	1.76
37	Golden Dent	35.34	—	8.55	9.80	5.16	72.29	2.55	1.65	10.71	5.64	79.06	2.79	1.80	1.71
38	Chester County Mammoth, yellow	39.81	—	7.60	10.33	6.93	70.34	2.95	1.85	11.18	7.50	76.13	3.19	2.00	1.79
39	New Madrid, yellow	32.03	—	7.40	10.62	5.81	71.96	2.65	1.50	11.47	6.27	77.78	2.86	1.62	1.84
40	Early Yellow, yellow	39.62	—	7.90	8.93	5.43	73.41	2.58	1.75	9.70	6.44	79.16	2.80	1.90	1.55
41	Evans, yellow	40.96	—	9.05	8.93	4.73	73.24	2.55	1.50	9.82	5.20	80.32	2.81	1.65	1.57
42	Gold Dust, yellow	43.26	—	8.75	11.55	4.95	70.92	2.28	1.55	12.66	5.43	77.71	2.50	1.70	2.03
43	Bloody Butcher, red	37.77	—	8.70	9.98	4.78	72.61	2.23	1.70	10.87	5.23	79.60	2.44	1.86	1.74
44	Long Yellow	38.06	—	8.80	9.98	4.88	73.04	2.00	1.30	10.94	5.35	80.10	2.19	1.42	1.75
45	Jersey Red	45.87	—	8.30	10.85	4.39	72.26	2.45	1.75	11.84	4.79	78.79	2.67	1.91	1.89
	Kansas.														
46	Yellow Dent	34.44	—	11.84	10.50	5.11	68.82	2.04	1.69	11.91	5.79	78.17	2.31	1.92	1.79
47	Striped red a. yellow Dent . .	32.21	—	12.10	10.15	4.66	69.09	2.40	1.60	11.55	5.30	78.60	2 73	1.82	1.85
48	Dark red Dent	32.15	—	12.26	10.33	4.47	68.93	2.65	1.36	11.78	5.10	78.28	3.02	1.82	1.88
49	White Dent	35.80	—	12.06	10.15	5.69	68.44	2.10	1.56	11.54	6.47	77.83	2.39	1.77	1.85
50	Yellow Dent	28.35	—	11.40	9.10	4.77	71.72	1.71	1.30	10.27	5.39	80.94	1.93	1.47	1.64
51	White Dent	36.69	—	12.00	10.68	4.49	69.34	2.05	1.44	12.13	5.10	78.80	2.33	1.64	1.94
	Texas.														
52	Wild Goose	43.80	—	8.40	10.33	4.91	72.71	2.20	1.45	11.28	5.36	79.38	2.40	1.58	1.80
53	White a. yellow Dent Cross .	31.36	—	10.10	10.33	5.33	68.96	3.84	1.44	11.49	5.93	76.71	4.27	1.60	1.84
54	White Dent	40.93	—	9.70	11.03	5.10	69.25	3.22	1.70	12.21	5.65	76.70	3.56	1.88	1.95
55	Red a. yellow Cross Dent . .	38.52	—	10.00	9.98	5.42	71.38	1.82	1.40	10.99	6.02	79.41	2.02	1.56	1.77
56	Yellow a. white Dent . . .	38.46	—	10.36	10.68	5.29	70.02	2.61	1.04	11.92	5.90	78.11	2.91	1.16	1.91

No. 21—144. Clifford Richardson. — Depart. of Agricult., Chemic. Divis. Bullet. No. 1. Washington, 1883. 60 und Bullet. No. 4. Washington, 1884. 64.

No.	Bezeichnungen und Bemerkungen	Gew. v. 100 Körn. g	Jahr der Untersuchung	In der ursprünglichen Substanz: Wasser %	Nh-Substanz %	Rohfett %	Nfr. Extractstoffe %	Rohfaser %	Asche %	In der Trockensubstanz: Nh-Substanz %	Rohfett %	Nfr. Extractstoffe %	Rohfaser %	Asche %	Stickstoff in der Trocken-Substanz %
57	Red Dent	40.25	—	10.44	10.15	5.62	69.67	2.68	1.44	11.34	6.28	77.78	2.99	1.61	1.81
58	White, red a. yellow Dent . .	36.37	—	10.52	9.80	5.20	68.07	4.81	1.60	10.94	5.81	76.09	5.37	1.79	1.75
59	White Dent	40.88	—	10.84	10.50	5.57	69.12	2.41	1.56	11.78	6.27	77.50	2.70	1.75	1.88
60	Desgl.	40.44	—	10.60	10.85	5.32	67.74	4.17	1.32	12.14	5.96	75.75	4.67	1.48	1.94
61	Yellow, red a. white Dent . .	38.86	—	10.42	10.15	5.48	70.49	2.06	1.40	11.34	6.12	78.68	2.30	1.56	1.81
62	White Dent	39.99	—	10.20	10.68	5.26	69.92	2.31	1.63	11.90	5.86	76.73	3.69	1.82	1.90
63	Red a. white Dent	31.55	—	10.14	10.33	4.97	70.78	2.40	1.38	11.50	5.53	78.76	2.67	1.54	1.84
64	Yellow, red a. white Dent . .	39.66	—	10.90	10.33	5.75	69.06	2.66	1.30	11.59	6.45	77.58	2.92	1.46	1.85
65	Yellow, white a. red Dent . .	38.53	—	10.05	10.68	5.36	70.19	2.23	1.49	11.88	5.96	78.02	2.48	1.66	1.90
66	Desgl.	39.58	—	10.49	9.80	5.58	69.65	2.96	1.52	10.95	6.23	77.81	3.31	1.70	1.75
67	Yellow a. white Dent . . .	39.20	—	9.27	10.15	6.11	70.95	2.14	1.38	11.19	6.73	78.20	2.36	1.52	1.77
68	White Dent	36.15	—	10.50	10.68	5.51	69.34	2.55	1.42	11.93	6.15	77.48	2.85	1.59	1.91
69	Yellow Dent	32.40	—	11.98	11.03	5.15	67.79	2.73	1.32	12.53	5.85	77.02	3.10	1.50	2.00
70	Yellow, red a. white Dent . .	38.87	—	12.13	10.33	6.57	66.69	2.91	1.37	11.74	7.48	75.91	3.31	1.56	1.88
71	White Dent	30.90	—	11.82	10.15	5.46	68.63	2.76	1.18	11.51	6.19	77.83	3.13	1.34	1.84
	Illinois.														
72	Red Dent		1883	—	8.75	—	—	—	1.27	—	—	—	—	—	—
73	White Dent		„	—	12.08	—	—	—	1.72	—	—	—	—	—	—
74	Desgl.		„	—	10.68	—	—	—	1.50	—	—	—	—	—	—
75	Yellow Dent		„	—	10.50	—	—	—	1.37	—	—	—	—	—	—
76	Desgl.		„	—	11.38	—	—	—	1.52	—	—	—	—	—	—
77	White Dent		„	—	8.40	—	—	—	1.15	—	—	—	—	—	—
78	Red Dent		„	—	10.33	—	—	—	1.40	—	—	—	—	—	—
79	White Dent		„	—	8.05	—	—	—	1.36	—	—	—	—	—	—
80	Yellow Dent		„	—	10.33	—	—	—	2.60	—	—	—	—	—	—
81	Desgl.		„	—	9.28	—	—	—	1.32	—	—	—	—	—	—
82	Desgl.		„	—	11.38	—	—	—	1.59	—	—	—	—	—	—
83	Desgl.		„	—	11.20	—	—	—	1.35	—	—	—	—	—	—
84	Desgl.		„	—	8.40	—	—	—	1.17	—	—	—	—	—	—
85	Desgl.		„	—	9.80	—	—	—	1.22	—	—	—	—	—	—
86	White Dent		„	—	10.33	—	—	—	1.50	—	—	—	—	—	—
87	Yellow Dent		„	—	11.03	—	—	—	1.85	—	—	—	—	—	—
88	White Dent		„	—	10.33	—	—	—	1.58	—	—	—	—	—	—
89	Yellow Dent		„	—	10.15	—	—	—	1.48	—	—	—	—	—	—
90	Red Dent		„	—	7.88	—	—	—	1.43	—	—	—	—	—	—
91	White Dent		„	—	10.85	—	—	—	1.30	—	—	—	—	—	—
	Minnesota.														
92	Yellow Dent		„	—	10.85	—	—	—	1.84	—	—	—	—	—	—
93	Desgl.		„	—	12.43	—	—	—	1.85	—	—	—	—	—	—
94	Desgl.		„	—	11.20	—	—	—	1.63	—	—	—	—	—	—
95	White Dent		„	—	9.10	—	—	—	1.39	—	—	—	—	—	—
96	Yellow Dent		„	—	9.45	—	—	—	1.51	—	—	—	—	—	—
97	White Dent		„	—	8.75	—	—	—	1.73	—	—	—	—	—	—
98	Yellow Dent		„	—	9.80	—	—	—	1.65	—	—	—	—	—	—
99	Desgl.		„	—	10.85	—	—	—	1.66	—	—	—	—	—	—
100	Desgl.		„	—	8.40	—	—	—	2.02	—	—	—	—	—	—
101	Desgl.		„	—	9.80	—	—	—	1.57	—	—	—	—	—	—
102	Mixed Dent		„	—	10.50	—	—	—	1.78	—	—	—	—	—	—
103	White Dent		„	—	10.33	—	—	—	1.73	—	—	—	—	—	—

No.	Bezeichnungen und Bemerkungen	Jahr der Untersuchung	In der ursprünglichen Substanz: Wasser %	Nh-Substanz %	Rohfett %	Nfr. Extractstoffe %	Rohfaser %	Asche %	In der Trockensubstanz: Nh-Substanz %	Rohfett %	Nfr. Extractstoffe %	Rohfaser %	Asche %	Stickstoff in der Trocken-Substanz %
	Dakoto.													
104	White Dent	1883	—	10.33	—	—	—	1.48	—	—	—	—	—	—
105	Red Dent	„	—	11.38	—	—	—	1.83	—	—	—	—	—	—
106	Yellow Dent	„	—	11.38	—	—	—	1.88	—	—	—	—	—	—
107	White Dent	„	—	11.03	—	—	—	1.55	—	—	—	—	—	—
108	Yellow Dent	„	—	10.68	—	—	—	1.71	—	—	—	—	—	—
109	Desgl.	„	—	9.63	—	—	—	1.36	—	—	—	—	—	—
110	Desgl.	„	—	11.20	—	—	—	1.39	—	—	—	—	—	—
111	Desgl.	„	—	12.25	—	—	—	1.96	—	—	—	—	—	—
112	Desgl.	„	—	11.03	—	—	—	1.71	—	—	—	—	—	—
113	White Dent	„	—	10.33	—	—	—	1.47	—	—	—	—	—	—
114	Yellow Dent	„	—	9.28	—	—	—	1.47	—	—	—	—	—	—
115	Red Dent	„	—	11.03	—	—	—	1.03	—	—	—	—	—	—
116	Desgl.	„	—	10.33	—	—	—	1.84	—	—	—	—	—	—
117	Desgl.	„	—	10.50	—	—	—	1.51	—	—	—	—	—	—
	Nebraska.													
118	Yellow Dent	„	—	10.15	—	—	—	1.59	—	—	—	—	—	—
119	Desgl.	„	—	10.33	—	—	—	1.60	—	—	—	—	—	—
120	Desgl.	„	—	9.80	—	—	—	1.48	—	—	—	—	—	—
121	Desgl.	„	—	10.50	—	—	—	1.43	—	—	—	—	—	—
122	Mixed Dent	„	—	9.10	—	—	—	2.01	—	—	—	—	—	—
123	Yellow Dent	„	—	9.45	—	—	—	1.37	—	—	—	—	—	—
124	Desgl.	„	—	11.90	—	—	—	1.50	—	—	—	—	—	—
125	Desgl.	„	—	11.55	—	—	—	1.64	—	—	—	—	—	—
126	Desgl.	„	—	11.73	—	—	—	1.63	—	—	—	—	—	—
127	Desgl.	„	—	9.63	—	—	—	1.43	—	—	—	—	—	—
128	Mixed Dent	„	—	9.63	—	—	—	1.45	—	—	—	—	—	—
129	Yellow Dent	„	—	12.25	—	—	—	1.40	—	—	—	—	—	—
130	Desgl.	„	—	10.15	—	—	—	1.51	—	—	—	—	—	—
	Colorado.													
131	Yellow Dent	„	—	9.10	—	—	—	1.92	—	—	—	—	—	—
132	White Dent	„	—	12.25	—	—	—	3.08	—	—	—	—	—	—
133	Yellow Dent	„	—	9.28	—	—	—	2.06	—	—	—	—	—	—
134	Desgl.	„	—	8.93	—	—	—	1.85	—	—	—	—	—	—
	California.													
135	Yellow Dent	„	—	9.80	—	—	—	1.35	—	—	—	—	—	—
136	White Dent	„	—	11.73	—	—	—	1.80	—	—	—	—	—	—
137	Yellow Dent	„	—	8.40	—	—	—	1.41	—	—	—	—	—	—
138	White Dent	„	—	11.38	—	—	—	1.68	—	—	—	—	—	—
139	Yellow Dent	„	—	10.68	—	—	—	1.46	—	—	—	—	—	—
140	Mixed Dent	„	—	9.63	—	—	—	1.59	—	—	—	—	—	—
141	White Dent	„	—	9.63	—	—	—	1.54	—	—	—	—	—	—
142	Desgl.	„	—	10.33	—	—	—	1.58	—	—	—	—	—	—
143	Desgl.	„	—	9.80	—	—	—	1.63	—	—	—	—	—	—
144	Yellow Dent	„	—	9.80	—	—	—	1.45	—	—	—	—	—	—
	Massachusetts.													
145	Early Southern	—	12.97	11.54	4.83	66.62	2.41	1.64	13.26	5.55	76.54	2.77	1.88	2.12

No. 145—147. Massachusett's Report 1879. Depart. of Agric., Chem. Divis. Bullet. No. 1. Washington, 1883. 60 u. Bullet. No. 4. Washington, 1884. 64.

No.	Bezeichnungen und Bemerkungen	Jahr der Untersuchung	In der ursprünglichen Substanz: Wasser %	Nh-Substanz %	Rohfett %	Nfr. Extractstoffe %	Rohfaser %	Asche %	In der Trockensubstanz: Nh-Substanz %	Rohfett %	Nfr. Extractstoffe %	Rohfaser %	Asche %	Stickstoff in der Trockensubstanz %
	Illinois.													
146	Western White	—	10.77	11.46	4.23	69.72	2.47	1.35	12.85	4.74	78.23	2.77	1.41	2.06
147	Western Yellow	—	11.90	10.89	4.46	68.39	2.95	1.41	12.36	5.06	77.63	3.35	1.60	1.98
	Minnesota.													
148	Yellow Dent	—	12.14	9.50	4.25	70.86	1.62	1.63	10.81	4.84	80.66	1.84	1.85	1.75
	California.													
149	Yellow Dent	1879	11.42	11.31	5.18	69.16	1.56	1.37	12.77	5.85	78.07	1.76	1.55	2.04
	Minimum		6.74	7.08	3.82	65.64	1.19	1.00	8.17	4 41	75.75	1.37	1.16	1.31
	Maximum		15.24	11.91	7.04	71.33	4.65	2.02	13.74	8.13	82.32	5.37	2.33	2.20
	Mittel von Dent Corn No. 1—149		13.35[1])	9.36	4.96	68.65	2.21	1.47	11.50	5.72	78.53	2.55	1.70	1.84

Sweet Corn (Sugar Corn).

No.	Bezeichnungen und Bemerkungen	Jahr der Untersuchung	Wasser %	Nh-Substanz %	Rohfett %	Nfr. Extractstoffe %	Rohfaser %	Asche %	Nh-Substanz %	Rohfett %	Nfr. Extractstoffe %	Rohfaser %	Asche %	Stickstoff in der Trockensubstanz %
1	Immature Sweet, Connect., geerntet am 9. August 1877	1878	10.12	14.50	7.92	62.70	2.57	2.19	16.14	8.81	69.75	2.86	2.44	2.58
2	Immature Sweet, Connect., geerntet am 25. August 1877	„	10.09	15.31	8.22	61.78	2.52	2.08	17.02	9.14	68.73	2.80	2.31	2.72
3	Full grown Sweet, Connect., geerntet am 25. September 1877	„	9.45	14.38	9.13	63.05	1.93	2.06	15.88	10.08	69.64	2.13	2.27	2.54
4	Stowell's Evergreen Sweet, 12 u. 16 reih., Connect.	1870	10.86	11.10	7.66	65.86	2.63	1.89	12.45	8.59	73.89	2.95	2.12	1.99
5	Desgl., in New-England gewachsen . .	1878	5.98	11.91	8.00	69.53	2.66	1.92	12.67	8.51	73.95	2.83	2.04	2.03
6	Egyptian, in Maryland gewachsen . .	„	7.54	11.55	7.80	69.17	2.02	1.92	12.58	8.53	74.73	2.19	2.07	2.01
7	Red River, in Minnesota gewachsen .	„	9.13	11.73	9.31	66.48	1.46	1.89	12.92	10.24	73.17	1.60	2.07	2.07
8	Golden Sugar, Massachusetts	„	6.27	14.35	9.17	66.70	1.58	1.93	15.31	9.78	71.16	1.69	2.06	2.45
9	Marblehead Mammoth, Massachusetts .	„	6.47	12.78	9.00	67.95	1.88	1.92	13.67	9.62	72.64	2.01	2.06	2.19
10	Prolific	1879	10.38	10.33	7.65	67.73	2.04	1.87	11 49	8.50	75.68	2.26	2.07	1.84
11	Proctors, Massachusetts	„	10.13	12.08	7.95	66.17	1.75	1.92	13.44	8.84	73.63	1.95	2.14	2.15
12	Mexican Blue, Mexico	„	8.97	10.21	5.25	72.35	1.80	1.42	11.22	5.77	79.47	1.98	1.56	1.80
13	Mammoth Sweet, 1878, Connecticut .	„	9.43	12.32	7.48	66.09	2.75	1.93	13.60	8.26	72.97	3.04	2.13	2.18
14	Burr's Sweet	„	10.70	11.70	7.80	62.70	4.90	2.02	13.10	8.74	70.20	5.49	2.46	2.10
15	Sugar Corn (Washington)	„	6.40	15.70	7.30	62.80	6.33	1.47	16.77	7.80	67.10	6.76	1.57	2.68
16	Desgl., Ohio	„	10.00	13.70	6.00	64.61	4.24	1.45	15.22	6.67	71.79	4.71	1.61	2.44
	Pennsylvania.													
17	Black Sugar 27.39	1882	8.50	11.38	8.88	65.81	3.53	1.90	12.44	9.71	71.91	3.86	2.08	1.99

No. 148 u. 149. United States Census. Depart. of Agric., Chem. Divis. Bullet. No. 1. Washington, 1883. 60 u. Bullet. No. 4., Washington, 1884. 64.

[1]) Nach der Haupttabelle angenommen; das wirkliche Mittel beträgt 10.14.

Sweet Corn.

No. 1—3. S. W. Johnson. — Ann. Rep. Connect. Agric. Exper. Stat. 1878. 66. 1879. 136. Wie aus der Angabe über Erntezeit ersichtlich, so wurde ein und derselbe Mais in 3 Stadien der Entwickelung untersucht.

No. 4. W. O. Atwater. — Ibid. 1879. 136 (Am. Journ. Sci. u. Arts 1869. 352).

No. 5—12. Peter Collier. — Ann. Rep. of the Commiss. of Agric. 1878 (Washington, rep. of the chemist). 148.

No.	5	6	7	8	9	10	11	12		15	16
(Zeïn) Eiweiss in Alkohol löslich	5.02	5.76	5.91	8.51	6.67	4.98	6.53	6.33		5.25	5.95
Desgl. unlöslich	6.89	5.79	5.82	5.84	6.11	5.35	5.55	3.88		10.45	7.75
Zucker	4.80	6.34	5.49	6.22	5.84	5.77	6.77	1.72		1.65	1.60
Gummi und lösliche Stärke . . .	18.65	22.50	20.69	14.50	22.65	19.50	17.76	2.05	Dextrin	5.15	5.20
Stärke (d. Differenz)	46.08	40.33	40.30	45.98	39.46	42.46	41.64	68.58		49.85	50.56

No. 13. S. W. Johnson. — Ann. Rep. Connect. Agr. Exp. St. 1879. 88 u. 136.

No. 14. S. P. Sharpless. — Rep. Agric. Exper. Stat. Middletown, Conn. 1877—78. 153.

No. 15 u. 16. Pet. Collier. — Originalmittheilung. Ausführlichere Analyse s. u. No. 5—12.

No. 17—25. Cl. Richardson. — Departem. of Agricult. Chem. Divis. Bull. No. 1. Washington 1883. 65 u. Bull. No. 4. 66.

No.	Bezeichnungen und Bemerkungen	Jahr der Untersuchung	In der ursprünglichen Substanz						In der Trockensubstanz					Stickstoff in der Trockensubstanz
			Wasser %	Nh-Substanz %	Rohfett %	Nfr. Extractstoffe %	Rohfaser %	Asche %	Nh-Substanz %	Rohfett %	Nfr. Extractstoffe %	Rohfaser %	Asche %	%
18	Darling's Sugar 21.64	1882	7.80	10.50	9.08	67.64	3.03	1.95	11.39	9.85	73.35	3.29	2.12	1.82
19	Egyptian 25.36	„	4.70	11.73	8.08	68.01	3.08	1.70	12.67	8.73	72.43	3.33	1.84	2.03
20	Stowell's Evergreen 23.48	„	7.00	11.73	11.89	62.45	4.58	2.35	12.61	12.78	67.23	4.85	2.53	2.02
21	Desgl. 15.72	„	7.85	9.45	7.83	69.12	3.50	2.25	10.25	8.50	75.01	3.80	2.44	1.64
22	Roslyn Hybrid 24.32	„	7.85	9.98	8.77	66.41	5.24	1.75	10.77	9.52	72.12	5.69	1.90	1.72
23	Early Minnesota 29.25	„	9.50	10.58	9.12	65.56	3.14	2.10	11.69	10.08	72.44	3.47	2.32	1.87
24	Egyptian 16.48	„	8.10	9.98	7.96	68.05	3.76	2.15	11.26	9.46	72.26	4.47	2.55	1.80
25	Sugar Corn, Kansas 16.50	„	10.76	10.33	8.06	65.85	3.10	1.90	11.58	9.04	73.77	3.48	2.13	1.85
26	Blue Texas, Massachus.	1879	7.74	13.86	8.70	65.54	2.56	1.60	15.02	9.43	71.04	2.78	1.73	2.40
27	Desgl., Crosby	„	10.50	11.60	6.91	66.75	2.47	1.77	12.96	7.72	74.58	2.76	1.98	2.07
	Mittel für Sweet Corn No. 1—27		13.35[1])	11.43	7.79	62.76	2.86	1.81	13.19	8.99	72.43	3.30	2.09	2.11
	Mais. In Amerika gebaut, nicht klassificirt.													
	Maize (Unclassified).													
1	Tuscarora, 1877er Ernte aus Connect. .	1877	12.25	11.44	5.74	68.82	1.28	1.47	12.89	6.47	77.54	1.44	1.66	2.06
2	Desgl. aus Mich.	1878	14.08	10.86	5.77	65.97	1.80	1.52	12.64	6.72	76.78	2.09	1.77	2.02
3		—	18.16	9.60	4.39	64.95	1.47	1.43	11.73	5.36	79.36	1.80	1.75	1.88
4	Hampden Prolific Mais, sandiger Lehmboden	1885	10.00	10.22	4.07	72.21	1.95	1.55	11.36	4.52	80.23	2.17	1.72	1.82
5	Desgl., schwerer Boden	„	10.00	12.36	4.76	69.58	1.78	1.52	13.73	5.29	77.31	1.98	1.69	2.20
6	Nebraska Red Corn	„	—	—	—	—	—	—	14.16	6.05	74.99	3.36	1.44	2.27
7	Field Corn. (?) Queen of the Prairie .	1882	9.40	10.85	4.29	71.06	2.85	1.55	11.98	4.74	78.42	3.15	1.71	1.92
8	Aus New-Mexico, White	1879	10.92	10.06	5.59	70.10	1.75	1.58	11.29	6.27	78.71	1.96	1.77	1.81
9	Desgl., Red	„	10.85	11.09	5.89	68.97	1.60	1.60	12.44	6.61	77.35	1.80	1.80	1.99
	Maiskörner. Nach Qualität gesondert.													
1	Stowell's Evergreen: das beste Drittel . . .	1878	6.11	12.08	8.59	—	2.25	1.99	12.87	9.15	73.46	2.40	2.12	2.06
2	Stowell's Evergreen: das geringste Drittel .	„	5.85	11.74	7.41	—	3.07	1.86	12.47	7.87	74.42	3.26	1.98	2.00
3	Stowell's Evergreen: die ganze Probe . . .	„	5.98	11.91	8.00	—	2.66	1.92	12.67	8.51	73.96	2.82	2.04	2.04
4	Improved Prolific: das beste Drittel . . .	„	8.09	9.58	4.99	—	2.72	1.23	10.42	5.43	79.85	2.96	1.34	1.67
5	Improved Prolific: das geringste Drittel .	„	7.07	8.99	5.18	—	2.59	1.23	9.67	5.57	80.64	2.79	1.32	1.55
6	Improved Prolific: die ganze Probe . . .	„	7.58	9.29	5.09	—	2.65	1.23	10.05	5.51	80.24	2.87	1.33	1.62
7	Compton's Early: das beste Drittel . . .	„	6.48	10.07	5.02	—	2.01	1.77	10.76	5.37	79.23	2.15	2.49	1.72
8	Compton's Early: das geringste Drittel .	„	6.70	9.72	5.59	—	2.17	1.51	10.42	5.89	79.84	2.33	1.62	1.67
9	Compton's Early: die ganze Probe . . .	„	6.59	9.90	5.30	—	2.09	1.69	10.60	5.67	79.68	2.24	1.81	1.70

No. 26 u. 27. Massachusett's Rep. 1879. Dep. of Agr. Chem. Divis. Bull. No. 1. Washington 1883. 65 u. Bull. No. 4. 66.

[1]) Nach der Haupttabelle angenommen; das wirkliche Mittel beträgt 8.70.

Mais. In Amerika gebaut, nicht klassificiert.

No. 1. S. W. Johnson. — Ann. Rep. Connect. Agr. Exper Stat. 1877. 57.

No. 2. R. C. Kodzie. — Rep. Michig. Bd. Agr. 1878. 409. In dem Mais Stärkemehl 62.85, Zucker 1.68, Gummi 1.44 %.

No. 3. S. W. Johnson. — Ann. Rep. Connect. Agric. Exp. Stat. 1881. 83.

No. 4 u. 5. C. A. Gössmann. — Jahresber. f. Agrikulturchemie 1885. 408 (Sec. Ann. Rep. Agric. Exp. Stat. Amhorst Mass. 1884. 105. Der ursprüngliche Wassergehalt betrug 11.43 resp. 9.01 %.

No. 6. C. A. Gössmann. — Ibid. 1884. 389. (Ibid. 1883).

No. 7. Cl. Richardson. — Dep. Agricult. Chem. Division. Bullet. No. 1. Washington 1883. 64.

No. 8 u. 9. United States Census. Ebendaselbst mitgetheilt-

Maiskörner. Nach Qualität gesondert.

No. 1–9. Pet. Collier. — Ann. Rep. of the Commissioner of Agricult. f. 1878. 124 u. 148. Die ausführlichere Analyse dieser Maisproben ergab:

	No. 1	2	3	4	5	6	7	8	9
Zucker	4.50	5.09	4.80	1.80	2.17	1.98	1.95	2.16	2.06
Stärke	47.25	44.91	46.08	68.69	70.27	69.48	69.95	69.35	69.65
Gummi oder Dextrin	17.28	20.07	18.65	2.90	2.50	2.70	2.75	2.80	2.77
Albumine	7.39	6.38	6.89	5.44	5.84	5.64	5.32	5.51	5.42
Zeïn	4.69	5.36	5.02	4.14	3.15	3.65	4.75	4.21	4.48

No.	Bezeichnungen und Bemerkungen	Jahr der Untersuchung	In der ursprünglichen Substanz: Wasser %	Nh-Substanz %	Rohfett %	Nfr. Extractstoffe %	Rohfaser %	Asche %	In der Trockensubstanz: Nh-Substanz %	Rohfett %	Nfr. Extractstoffe %	Rohfaser %	Asche %	Stickstoff in der Trockensubstanz %

Maiskörner. Durch Ueberschwemmung havarirter Mais.

No.	Bezeichnungen und Bemerkungen	Jahr der Untersuchung	Wasser %	Nh-Substanz %	Rohfett %	Nfr. Extractstoffe %	Rohfaser %	Asche %	Nh-Substanz %	Rohfett %	Nfr. Extractstoffe %	Rohfaser %	Asche %	Stickstoff in der Trockensubstanz %
1	Aus der Gegend v. Trient, I. Qualität, 11. November 1882	1882/83	13.34	13.25	3.89	Stärke 44.74	—	1.46	15.29	4.49	Stärke 51.63	—	1.68	2.45
2	Desgl., II. Qualität, 11. Nov.	„	14.74	—	4.08	53.57	—	1.52	—	4.78	62.84	—	1.78	—
3	Desgl., III. Qualität, 11. Nov.	„	13.22	11.18	4.52	49.44	—	1.52	12.87	5.20	56.91	—	1.95	2.06
4	Desgl., I. Qualität, 25. Nov.	„	11.05	—	4.36	59.57	—	1.62	—	4.90	55.72	—	1.82	—
5	Desgl., II. Qualität, 25. Nov.	„	14.04	11.50	5.03	52.91	—	1.34	13.37	5.85	61.53	—	1.56	2.14
6	Deutschmetz, havarirt u. verschlammt .	„	15.84	11.24	4.12	54.31	—	2.45	13.49	4.94	64.37	—	2.94	2.16
7	St. Michele, bester Mais d. Jahres 1882	„	14.28	13.75	4.25	55.72	—	1.29	16.05	4.96	65.03	—	1.51	2.57
8	Desgl., schlechtester M. d. Jahres 1882	„	13.41	12.31	4.23	52.24	—	1.36	14.22	4.89	60.34	—	1.57	2.28
9	Desgl., gekeimter Mais d. Jahres 1882	„	10.12	8.45	4.41	38.14	Zucker 2.12	1.83	9.42	4.91	42.45	Zucker 2.36	2.04	1.51
10	Havarirter italienischer Mais, 1882 .	„	14.30	10.31	4.91	54.23	—	1.62	12.03	5.73	63.33	—	1.89	1.92
11	Durchschnitt (excl. No. 6 u. 9) . . .	„	13.54	12.05	4.40	52.80	—	1.48	13.94	5.09	61.09	—	1.71	2.23

Maiskörner. In verschiedenen Stufen der Reife.

No.	Badischer Frühmais.	Mittleres Gewicht von 100 Korn lufttrocken g	trocken g	Jahr der Untersuchung	Wasser %	Nh-Substanz %	Rohfett %	Nfr. Extractstoffe %	Rohfaser %	Asche %	Nh-Substanz %	Rohfett %	Nfr. Extractstoffe %	Rohfaser %	Asche %	Stickstoff in der Trockensubstanz %
1	Unreif, 20. August .	1.24	1.11	1882	—	—	—	—	—	—	26.64	4.00	55.50	8.06	5.71P	4.262⁰
2	Unreif, 27. August .	1.78	1.63	„	—	—	—	—	—	—	26.06	3.32	57.79	7.32	5.48	4.169⁰
3	Unreif, 3. September .	6.49	5.71	„	—	—	—	—	—	—	17.29	4.51	71.64	3.58	2.96	2.767⁰
4	Unreif, 10. September .	1.135	10.15	„	—	—	—	—	—	—	15.49	3.94	74.45	3.44	2.67	2.478⁰
5	Saatmais, reifer . . .	—	32.82	„	—	—	—	—	—	—	12.71	4.67	78.77	1.98	1.86	2.03
	Grosskörniger, gelber Mais.															
6	Knapp nach der Blüthe, 31. August .			1883	89.35	3.43	0.56	—	—	0.59	32.25	5.21	—	—	5.45	5.16
7	Noch milchig, 31. August			„	84.68	3.94	0.70	—	—	0.74	25.75	4.55	—	—	4.82	4.12
8	Im Beginn des Gelbwerdens, 31. Aug. .			„	69.19	9.31	1.49	—	—	0.87	20.04	4.84	—	—	2.81	3.21

Die eine Analyse bezieht sich bei den 3 Maissorten auf das (schwerste) beste Drittel (Best one-third), die andere auf das (leichteste) ärmste Drittel (Povrest one-third)' Das Gewicht der beiden (extremen) Drittel war bei gleichem Volumen nahe übereinstimmend, aber die Zahl der leichten und schweren Körner verhielt sich in einem bestimmten Gewichtsquantum bei den 3 Sorten wie folgt zu einander: 100 : 67, 100 : 67 und 100 : 80.

Maiskörner. Durch Ueberschwemmung havarirter Mais.

No. 1—10. K. Portele. — L. V.-St. 32. 1886. 246. Der Mais stammt von Feldern in Südtirol, welche im September 1882 durch starken Regen und Ueberschwemmung in hohem Grade gelitten hatten; wo die Maisfelder überschwemmt wurden, waren die Maiskolben vielfach ganz verschlämmt, die Kolben ganz mit Wasser durchtränkt und war ein Ausreifen derselben bei dem fortwährenden Regenwetter nicht möglich. Das erhaltene Ernteproduct war äusserlich unansehnlich, die Körner eingeschrumpft.

Mai;skörner. In verschiedenen Stufen der Reife.

No. 1—5. R. Hornberger. — Landw. Jahrb. 11. 1882. 374. An Nichtproteïn-N, Proteïn-N und reinem Proteïn enthielten die unreifen Körner:

	No. 1	2	3	4	5
N in Form von Nichtproteïn . .	2.464	1.823	0.804	0.384	0.292
N in Form von Proteïn	1.798	2.346	1.963	2.094	1.741
Reines Proteïn	11.24	14.66	12.27	13.09	10.88

Die Samen waren auf dem Versuchsfelde zu Poppelsdorf im Jahre 1878 gewonnen worden gelegentlich von Versuchen über die Trockengewichtszunahme der Maispflanze.

No. 6—16. K. Portele. — L. V.-St. 32. 1886. 252. Der Mais unter 6—11 war 1883 in einem sandigen, etwas feuchten Boden gezogen. Die Aussaat geschah am 7. Mai und kamen die Pflanzen Mitte August in die Blüthe. Die Witterung war dem Reifen des Maises günstig. (Ueber die Anbauverhältnisse des weissen Mais' unter No. 12—16 ist Näheres nicht angegeben, es scheinen aber dieselben wie beim vorhergehenden Mais vorhanden gewesen zu sein, nur scheint derselbe früher geblüht zu haben, denn zur Zeit der ersten Probenahme waren die Körner jüngsten Stadiums wie unter No. 6 nicht mehr vorhanden.) Zur Charakterisirung der verschieden reifen resp. unreifen Körner wurden noch folgende Bestimmungen ausgeführt:

		No. 6	7	8	9	10	11	12	13	14	15	16
Gewicht von 100 Körnern.		4.939	11.024	19.776	36.93	39.00	39.20	21.63	42.35	42.55	45.73	39.81
In d. wasserh. Substanz:	Fruchtzucker	1.45	0.94	0.84	0.62	0.02	?	0.60	?	0.55	?	?
	Rohrzucker .	1.30	1.32	1.79	1.06	0.40	0.02	?	?	0.92	0.22	?
	Stärkemehl .	2.97	7.49	16.76	23.92	38.14	39.63	23.16	32.49	32.46	41.82	49.52
In der Trockensubstanz:	Fruchtzucker	13.61	6.13	2.72	1.43	0.03	?	1.65	—	1.02	—	—
	Rohrzucker .	12.21	8.62	5.83	2.45	0.62	0.035	—	—	1.71	0.34	—
	Stärkemehl .	27.90	48.88	54.23	54.87	58.46	64.26	64.21	65.23	60.24	65.11	62.13

No.	Bezeichnungen und Bemerkungen	Jahr der Untersuchung	In der ursprünglichen Substanz: Wasser %	Nh-Substanz %	Rohfett %	Nfr. Extractstoffe %	Rohfaser %	Asche %	In der Trockensubstanz: Nh-Substanz %	Rohfett %	Nfr. Extractstoffe %	Rohfaser %	Asche %	Stickstoff in der Trockensubstanz %
9	Zur Zeit des Entfahnens, 11. Septemb.	1883	56.63	8.30	2.26	—	—	0.85	18.50	5.21	—	—	1.95	2.96
10	Desgl., 3. Oktober	„	34.75	10.14	3.21	—	—	0.94	15.54	4.92	—	—	1.44	2.33
11	Zur Zeit der allgemeinen Ernte . . .	„	38.32	10.18	3.10	—	—	1.08	16.51	5.02	—	—	1.75	2.64
	Weisser Mais.													
12	Noch milchig, 31. August	„	63.92	5.91	1.83	—	—	0.73	16.37	5.14	—	—	2.03	2.62
13	Halbreif, 31. August	„	50.18	7.69	2.95	—	—	0.91	15.43	5.93	—	—	1.82	2.47
14	Zur Zeit des Entfahnens, 11. Septemb.	„	46.10	5.94	3.28	—	—	0.84	11.01	6.10	—	—	1.56	1.76
15	Desgl., 3 Oktober	„	35.77	8.27	3.70	—	—	0.97	12.87	5.76	—	—	1.51	2.06
16	Zur Zeit der allgemeinen Ernte . . .	„	20.30	10.82	4.65	—	—	1.05	13.56	5.83	—	—	1.31	2.17
17	Sweet Corn, unreif, am 9. Aug. geerntet	1878	10.12	14.50	7.92	62.70	2.57	2.19	16.14	8.81	69.75	2.86	2.44	2.58
18	Desgl., unreif, am 25. August geerntet	„	10.09	15.31	8.22	61.78	2.52	2.08	17.02	9.14	68.73	2.80	2.31	2.72
19	Desgl., reif, am 25. Septemb. geerntet	„	9.45	14.38	9.13	63.05	1.93	2.06	15.88	10.08	69.64	2.13	2.27	2.54
	Maiskörner. Einfluss des Entfahnens*) und Entblätterns auf die Reife der Maiskörner.													
	Gelber Mais.													
1	Bei Belassung sämmtlicher Blätter, Körner vom 3. Oktober	1883	34.75	10.14	3.21	—	—	0.94	15.53	4.92	—	—	1.44	2.48
2	Entfahnt am 11. Septemb., Körner v. 3. Oktober	„	35.62	10.29	3.42	—	—	0.81	15.98	5.31	—	—	1.26	2.56
3	Entfahnt u. entblättert am 11. Sept., Körner vom 3. Oktober	„	35.00	11.14	3.24	—	—	0.92	17.13	4.98	—	—	1.41	2.74
4	Bei Belassung sämmtlicher Blätter, Körner vom 24. Oktober	„	38.32	10.18	3.10	—	—	1.08	16.50	5.03	—	—	1.75	2.64
5	Entfahnt am 11. Septemb., Körner v. 24. Oktober	„	31.49	11.60	3.30	—	—	0.92	16.94	4.82	—	—	1.34	2.71
6	Entfahnt und entblättert am 11. Sept., Körner am 24. Oktober	„	34.69	9.21	2.85	—	—	1.02	14.10	4.36	—	—	1.56	2.26
	Weisser Mais.													
7	Bei Belassung sämmtlicher Blätter, Körner vom 3. Oktober	„	35.77	8.26	3.70	—	—	0.97	12.86	5.76	—	—	1.51	2.06
8	Entfahnt am 11. Septemb., Körner v. 3. Oktober	„	32.70	9.52	3.92	—	—	0.92	14.15	5.83	—	—	1.37	2.26
9	Entfahnt und entblättert am 11. Sept., Körner vom 3. Oktober	„	27.02	9.60	3.90	—	—	1.16	13.15	5.34	—	—	1.39	2.10
	Maiskörner. Einzelne Theile des Kornes.													
1	Aus Egypten, Endosperm	1866	7.61	12.91	1.39	—	—	—	13.97	1.50	—	—	—	2.236°
2	Desgl., Keim	„	9.24	23.32	30.04	—	—	—	25.69	33.10	—	—	—	4.111°

No. 19—19. S. W. Johnson. — Ann. Rep. Connect. Agricult. Exper. Stat. 1878. 66.

Maiskörner. Einfluss des Entfahnens und Entblätterns.

*) Unter Entfahnen ist Folgendes zu verstehen: Es werden, wenn die Maiskörner im Kolben etwas hart geworden und die Befruchtung vollkommen vorüber ist, die Fahne, bestehend aus der männlichen Blüthe und den obersten 2 Blättern, abgeschnitten, um sich gegen das Auftreten von Pyralis silacealis (Maiszünsler) zu schützen, dessen Larve durch die Fahne und Stengel sich in den Kolben einbohrt und den Kolben frühzeitig zum Absterben bringt.

No. 1—9. K. Portele. — L. V.-St. 32. 1886. 257. Einem Theile der Maispflanzen wurde am 11. September wie üblich die Fahne entfernt, einem anderen Theile belassen; gleichzeitig wurden einem dritten Theile bei dem Entfahnen sämmtliche Blätter genommen. Das Gewicht von je 100 Körnern betrug:

No. 1	2	3	4	5	6	7	8	9
39.00	35.70	25.00	39.20	47.50	32.77	45.73	54.20	37.6

Maiskörner. Einzelne Theile des Kornes.

No. 1—14. F. Haberlandt u. L. Lenz. — Jahresber. d. Agriculturchem. 9. 1866. 106. Die verschiedenen Maissorten waren, meistens aus Originalsamen, in Ung. Altenburg erbaut. 100 Theile Körner enthielten:

Mais unter a No. 1	3	5	7	9	11	durchschnittlich
Keime 10.62	12.23	12.13	11.79	11.51	11.82	11.68 Theile.

No.	Bezeichnungen und Bemerkungen	Jahr der Untersuchung	In der ursprünglichen Substanz: Wasser %	Nh-Substanz %	Rohfett %	Nfr. Extractstoffe %	Rohfaser %	Asche %	In der Trockensubstanz: Nh-Substanz %	Rohfett %	Nfr. Extractstoffe %	Rohfaser %	Asche %	Stickstoff in der Trockensubstanz %
3	Pignoletto-Mais aus Italien, Endosperm	1866	7.42	12.29	1.83	—	—	—	13.27	1.96	—	—	—	2.124^{0}
4	Desgl., Keim	„	9.80	21.35	26.51	—	—	—	23.67	28.82	—	—	—	3.788^{0}
5	Aus Bukarest, Endosperm	„	7.42	11.78	0.83	—	—	—	12.72	0.89	—	—	—	2.035^{0}
6	Desgl., Keim	„	9.67	20.88	27.08	—	—	—	23.11	29.98	—	—	—	3.698^{0}
7	Aus dem südlichen Ungarn, Endosperm	„	7.70	12.71	0.70	—	—	—	13.77	0.76	—	—	—	2.204^{0}
8	Desgl., Keim	„	9.72	19.37	27.69	—	—	—	21.46	30.67	—	—	—	3.434^{0}
9	Türkischer Mais aus Ungar. Altenburg, Endosperm	„	7.17	11.75	1.18	—	—	—	12.66	1.27	—	—	—	2.026^{0}
10	Desgl., Keim	„	10.20	21.25	26.96	—	—	—	23.66	30.02	—	—	—	3.786^{0}
11	White Flint-Corn aus Nordamerika, Endosperm	„	7.50	13.14	1.45	—	—	—	14.21	1.57	—	—	—	2.273^{0}
12	Desgl., Keim	„	9.34	18.21	29.76	—	—	—	20.09	32.83	—	—	—	3.214^{0}
13	Mittel des Endosperms	„	7.49	12.43	1.22	—	—	—	13.44	1.32	—	—	—	2.15
14	Mittel der Keime	„	9.46	20.76	27.98	—	—	—	22.93	30.90	—	—	—	3.67
15	Gelber, grosskörniger Mais, äusserer hornartiger Theil	1883	9.01	15.84	2.32	69.28	2.31	1.24	17.41	2.55	76.14	2.54	1.36	2.79
16	Desgl., innerer, mehliger Theil	„	10.80	10.23	6.47	70.53	0.76	4.20	11.47	7.25	75.72	0.85	4.71	1.84

Mais, amerikanischen Ursprungs, oder aus amerikanischem Samen gezogen.

No.	Bezeichnungen und Bemerkungen	No. d. allgem. Tabelle	Jahr der Untersuchung	Wasser %	Nh-Substanz %	Rohfett %	Nfr. Extractstoffe %	Rohfaser %	Asche %	Trocken: Nh-Substanz %	Rohfett %	Nfr. Extractstoffe %	Rohfaser %	Asche %	Stickstoff in der Trockensubstanz %
1	Flacher weisser amerikanischer	7	1855	11.80	8.90	4.40	57.70	15.90	1.80	10.10	4.90	65.50	18.00	2.00	1.62
2	Flacher gelber amerikanischer	8	„	11.50	8.70	4.70	45.80	16.50	1.80	9.90	5.30	63.20	18.60	1.80	1.58
3	Runder gelber amerikanischer	9	„	13.20	8.90	4.40	37.70	14.90	1.60	10.20	5.10	67.00	16.60	1.80	1.63
4	Aus Canada	11	1856	12.80	11.12	5.00	67.65	2.00	1.43	12.75	5.74	77.58	2.29	1.64	2.04
5	Pferdezahnmais aus Virginien	16	1859	—	—	—	—	—	—	12.69	—	—	—	—	2.03^{0}
6	Chiken oder pop corn, aus der Nähe von New-York	17	„	—	—	—	—	—	—	9.56	—	—	—	1.28	1.53^{0}
7	Majorcas mais blanckas, Colima in Mexico	18	„	—	—	—	—	—	—	12.31	—	—	—	—	1.97^{0}
8	Zucker-Pferdezahn, in Baden gebaut	21	1860	9.75	9.51	7.76	63.24	6.27	3.47	10.54	8.60	70.07	6.95	3.84	1.69
9	Weisser Pferdezahn, in Baden gebaut	22	„	10.36	8.97	5.60	66.70	4.81	3.57	10.00	6.25	74.41	5.36	3.98	1.60
10	. . . .	36	1874	10.75	8.92	4.37	72.97	1.74	1.25	9.99	4.90	81.76	1.95	1.40	1.60
11	. . . .	60	1875	10.10	10.30	2.90	—	3.50	—	11.45	3.22	—	3.89	—	1.83
12	. . . .	64	„	14.01	8.90	3.75	70.79	1.33	1.22	10.35	4.36	82.32	1.55	1.42	1.66
13	. . . .	68	„	19.70	9.70	3.80	64.10	1.60	1.10	12.08	4.73	79.82	2.00	1.37	1.90
14	. . . .	70	1876	—	—	—	—	—	—	11.13	5.70	—	—	1.52	1.78
15	. . . .	72	1877	20.82	8.53	3.34	64.49	1.68	1.14	10.77	4.22	81.45	2.12	1.44	1.72
16	. . . .	73	„	20.40	8.75	2.90	65.29	1.44	1.22	11.00	3.65	82.00	1.81	1.54	1.76
17	. . . .	74	„	14.00	9.19	4.50	68.52	2.50	1.29	10.68	5.23	79.68	2.91	1.50	1.71
18	. . . .	79	„	13.53	6.25	4.87	72.46	1.84	—	7.23	5.63	83.78	2.14	—	1.22
19	. . . .	81	„	13.02	8.29	4.29	71.34	1.81	1.25	9.53	4.93	82.03	2.08	1.43	1.52
20	. . . .	83	1879	17.94	8.51	4.69	66.80	1.24	0.82	10.38	5.71	81.40	1.51	1.00	1.66
21	. . . .	102	1880	13.59	9.20	4.00	67.64	3.64	1.90	10.66	4.64	78.28	4.22	2.20	1.71
22	. . . .	103	1881	—	9.81	3.96	—	—	—	—	—	—	—	—	—
23	. . . .	62	1878	17.42	8.33	3.82	67.11	2.10	1.22	10.09	4.63	81.27	2.54	1.47	1.61
24	. . . .	97	1880	13.53	7.38	2.95	73.04	1.81	1.29	8.53	3.41	84.49	2.09	1.48	1.36
	Mittel			(13.35[1])	9.12	4.36	69.15	2.46[2])	1.56	10.52	5.04	79.80	2.84	1.80	1.68

No. 15 u. 16. K. Portele. — L. V.-St. 32. 1886. 251.
[1]) Nach der Haupttabelle angenommen; das wirkliche Mittel beträgt 14.12 %.
[2]) Mittel für Holzfaser von No. 4 an.

Mais, aus dem südöstlichen Europa oder aus Samen von dort gezogen.

No.	Bezeichnungen und Bemerkungen	No. d. allgem. Tabelle	Jahr der Untersuchung	In der ursprünglichen Substanz: Wasser %	Nh-Substanz %	Rohfett %	Nfr. Extractstoffe %	Rohfaser %	Asche %	In der Trockensubstanz: Nh-Substanz %	Rohfett %	Nfr. Extractstoffe %	Rohfaser %	Asche %	Stickstoff in der Trockensubstanz %
1	Aus Rumänien (Galacz)	10	1855	11.80	9.08	4.50	72.86		1.76	10.30	5.10	60.10	23.10	2.00	1.65
2	In Sachsen aus steierschem Samen gezogen	12	1856	—	7.30	—	56.4*)	—	—	—	—	—	—	—	—
3	Desgl. aus kroatischem Samen gez.	13	„	—	8.90	—	51.3*)	—	—	—	—	—	—	—	—
4	Ungarischer Mais	26	1868	14.58	11.88	3.97	63.75	4.20	1.62	13.91	4.65	74.62	4.92	1.90	2.23
5	Desgl.	80	1878	17.80	6.90	4.70	64.00	5.50	1.10	8.40	5.72	77.87	6.69	1.34	1.34
6	Desgl.	75	1877	13.55	10.94	4.00	67.36	2.80	1.35	12.66	4.63	77.91	3.24	1.56	2.03
7	Desgl.	76	1878	13.20	10.30	4.50	68.10	2.70	1.20	11.87	5.18	78.46	3.11	1.38	1.90
8	Desgl.	61	1875	9.30	10.40	3.70	—	2.90	—	11.47	4.07	81.25	3.20	—	1.84
9	Desgl.	67	„	11.60	9.93	4.06	70.25	2.49	1.67	11.23	4.59	79.47	2.82	1.89	1.80
10	Desgl.	65	„	13.22	7.81	3.61	72.69	1.37	1.30	9.00	4.16	83.76	1.58	1.50	1.44
11	Desgl.	66	„	16.65	9.67	3.86	67.20	1.37	1.25	11.60	4.63	80.63	1.64	1.50	1.86
12	Desgl.	41	1875	7.40	9.02	3.64	75.53	2.45	1.76	9.74	3.93	81.78	2.65	1.90	1.56
13	Desgl.	78	1878	20.64	7.80	5.63	63.80	1.50	1.25	9.63	6.95	80.03	1.85	1.54	1.54
14	Vom schwarzen Meere	82	„	12.46	9.12	4.36	71.14	1.50	1.42	10.42	4.98	81.27	1.71	1.62	1.67
15	Türkischer Mais	39	1874	9.85	9.18	4.39	73.09	2.12	1.37	10.91	4.87	81.56	2.35	1.31	1.75
16	Donau-Mais	63	1879	15.53	10.70	4.13	66.36	1.96	1.32	12.67	4.89	78.56	2.32	1.56	2.02
17	Ungarischer Mais	96	1880	22.20	6.75	3.51	64.97	1.26	1.31	8.67	4.51	83.52	1.62	1.68	1.39
18	Desgl.	101	„	22.18	8.31	3.17	63.69	1.33	1.32	10.68	4.07	81.84	1.71	1.70	1.71
19	Aus dem Banat	98	„	14.97	8.97	3.46	69.83	1.53	1.24	10.55	4.07	82.12	1.80	1.46	1.69
	Mittel			13.35¹)	9.42	4.13	69.37	2.34²)	1.39	10.87	4.77	80.05	2.70	1.61	1.74

Mais, aus dem südwestlichen Europa oder aus Samen von dort gezogen.

No.	Bezeichnungen und Bemerkungen	No. d. Haupttabelle	Jahr der Untersuchung	In der ursprünglichen Substanz: Wasser %	Nh-Substanz %	Rohfett %	Nfr. Extractstoffe %	Rohfaser %	Asche %	In der Trockensubstanz: Nh-Substanz %	Rohfett %	Nfr. Extractstoffe %	Rohfaser %	Asche %	Stickstoff in der Trockensubstanz %
1	Aus dem Elsass, in Hagenau geerntet	3	1844	17.10	12.80	7.00	60.50	1.50	1.10	15.44	8.49	72.93	1.81	1.33	2.47
2	Pfälzer-Mais, gelber	23	1860	9.74	7.96	5.29	67.30	5.63	4.09	8.82	5.86	74.55	6.24	4.53	1.41
3	Baden'scher M., weisser, Oberländer	24	„	9.16	5.82	5.60	70.57	5.94	2.91	6.41	6.17	77.68	6.54	3.20	1.03
4	Gelber Herbst-M. a. Corsika, 1854er	6	1854	13.47	9.90	6.68	64.54	3.97	1.44	11.44	7.72	74.58	4.60	1.66	1.83
5	Aus dem Departement Landes	38	1874	9.80	9.03	4.73	72.39	2.61	1.44	10.31	5.25	79.95	2.89	1.60	1.65
6	Aus dem Departement Bourgogne	40	„	11.20	9.14	4.50	69.04	3.33	2.79	10.29	5.07	77.75	3.75	3.14	1.65
7	Weisser, in Frankreich heimischer Mais	71	1876	—	—	—	—	—	—	9.38	10.00	79.42	—	1.20	1.50⁰
8	Italienischer Mais	90	1877	16.81	8.01	4.12	62.58	6.48	2.00	9.63	4.95	75.23	7.79	2.40	1.54
	Mittel			13.35³)	8.84	5.80	65.79	4.16	2.06	10.20	6.69	75.93	4.80	2.38	1.62

Maisschrot. Maismehl. Indian corn meal. Corn feed meal. Maize-Meal.

No.	Bezeichnungen und Bemerkungen	Jahr der Untersuchung	In der ursprünglichen Substanz: Wasser %	Nh-Substanz %	Rohfett %	Nfr. Extractstoffe %	Rohfaser %	Asche %	In der Trockensubstanz: Nh-Substanz %	Rohfett %	Nfr. Extractstoffe %	Rohfaser %	Asche %	Stickstoff in der Trockensubstanz %
1	Indian corn meal	1852	10.30	10.75	5.10	—	—	1.37	12.00	5.68	—	—	1.53	1.92⁰
2	Desgl.	„	10.11	12.19	5.59	—	—	1.28	13.56	6.22	—	—	1.42	2.17⁰
3		1866	19.13	10.15	4.23	63.28	2.07	1.14	12.56	5.23	78.25	2.56	1.41	2.01

*) Stärkemehl.
[1]) Nach der Haupttabelle angenommen; das wirkliche Mittel beträgt 14.53 %.
[2]) Mittel für Holzfaser von No. 4 an.
[3]) Nach der Haupttabelle angenommen; das wirkliche Mittel beträgt 12.47 %.

Maisschrot.
No. 1 u. 2. J. B. Lawes u. Gilbert. — J. R. Agric. Soc. Engl. 1853. 14. 2. 498. Auch Agricultural Chemistry. Pig feeding. London, 1854. 42. Nh. Substanz von uns aus angegebenem N-Gehalt berechnet.
No. 3. J. Moser u. L. Lenz. — Weende'r Jahresber. 1867/68. 541. (Wiener allgem. land- u. forstwirthsch. Ztg. 1867. 999.)

No.	Bezeichnungen und Bemerkungen	Jahr der Untersuchung	In der ursprünglichen Substanz: Wasser	Nh-Substanz	Rohfett	Nfr. Extractstoffe	Rohfaser	Asche	In der Trockensubstanz: Nh-Substanz	Rohfett	Nfr. Extractstoffe	Rohfaser	Asche	Stickstoff in der Trockensubstanz
			%	%	%	%	%	%	%	%	%	%	%	%
4		1869	16.09	15.12	4.74	59.02	3.46	1.57	18.02	8.65	67.34	4.12	1.87	2.88
5		1868	13.38	8.89	5.90	62.00	8.50	1.33	10.25	6.81	71.54	9.81	1.59	1.64
6		1873	13.34	10.41	4.11	66.31	3.40	2.43	12.01	4.74	76.52	3.92	2.81	1.94
7		"	13.40	9.20	4.20	70.40	2.20	0.60	10.60	4.90	81.30	2.50	0.70	1.54
8		"	—	—	—	—	—	—	10.29	4.96	80.47	2.23	2.05	1.65
9		1875	22.40	9.40	3.70	61.90	1.50	1.00	12.24	4.77	79.77	1.93	1.29	1.96
10		"	13.80	9.00	4.10	70.30	1.40	1.40	10.44	4.76	81.56	1.62	1.62	1.67
11		"	14.62	11.44	2.02	64.41	5.50	2.01	13.40	2.37	74.44	6.44	2.35	2.14
12		"	16.76	7.19	1.54	71.79	1.25	1.47	8.64	1.85	86.24	1.50	1.77	1.38
13		1876	16.64	9.50	3.94	66.50	2.10	1.32	11.40	4.73	79.77	2.52	1.58	1.82
14		1877	11.32	9.50	3.52	72.19	1.93	1.54	10.72	3.97	81.39	2.18	1.74	1.71
15		"	14.14	10.72	4.02	66.86	2.40	1.86	11.86	4.45	78.98	2.65	2.06	1.90
16		"	14.60	8.65	3.61	69.92	1.77	1.45	10.13	4.23	81.87	2.07	1.70	1.62
17		1878	15.10	8.66	3.52	69.73	1.61	1.38	10.20	4.15	82.13	1.89	1.63	1.63
18		"	—	9.50	3.80	—	—	—	—	—	—	—	—	—
19	Aus amerikanischem Mais	1880	14.00	11.31	3.80	68.10	1.29	1.30	13.15	4.42	79.42	1.50	1.51	2.10
20		"	13.38	10.64	4.36	67.83	1.90	1.89	12.28	5.03	78.32	2.19	2.18	1.96
21	Maisschrot	1879	13.14	8.25	1.15	73.56	2.45	1.45	9.50	1.32	84.69	2.82	1.67	1.52
22	Desgl.	"	9.90	9.80	4.90	68.70	4.40	2.30	10.88	5.44	76.25	4.88	2.55	1.74
23	Desgl.	"	11.20	9.50	3.90	69.90	2.70	2.80	10.70	4.39	77.59	4.17	3.15	1.71
24	Desgl.	"	13.10	9.90	3.60	69.40	2.40	1.40	11.39	4.14	80.10	2.76	1.61	1.82
25	Desgl.	"	—	9.90	5.00	—	—	—	—	—	—	—	—	—
26	Desgl.	"	—	9.70	4.60	—	—	—	—	—	—	—	—	—
27	Desgl.	1882	13.80	9.40	3.70	—	—	—	10.90	4.29	—	—	—	1.74
28	Corn feed meal	1880	11.60	13.12	4.63	63.58	6.57	0.50	14.83	5.24	71.83	7.43	0.57	2.37
29	Maisschrot	1886	11.18	8.62	4.70	65.66	1.87	7.87	9.71	5.29	76.03	2.11	8.86	1.55
30	Maize Meal, New England Corn	1877	12.91	8.69	3.51	71.93	1.79	1.17	9.97	4.03	82.60	2.06	1.34	1.59
31	Desgl., Yellow Flint	"	20.67	7.81	3.07	66.35	0.93	1.17	9.85	3.87	83.63	1.17	1.48	1.58
32	Desgl., Western Corn	"	21.67	7.38	2.50	65.88	1.41	1.16	9.42	3.19	84.11	1.80	1.48	1.51
33	Corn Meal, Old western corn, 1 Woche alt	1880	14.56	9.12	4.05	68.89	2.16	1.22	10.67	4.74	80.64	2.52	1.43	1.71
34	Desgl., Old New-York corn, frisch	"	15.32	8.63	3.98	68.77	1.83	1.47	10.19	4.70	81.21	2.16	1.74	1.63
35	Desgl.	"	15.01	8.60	1.88	71.20	1.56	1.75	10.12	2.21	83.77	1.84	2.06	1.62
36	Desgl.	1885	12.04	10.19	4.37	70.14	1.88	1.38	11.59	4.97	80.53	1.34	1.57	1.85
37	Desgl.	"	13.12	10.00	4.50	69.21	1.75	1.42	11.51	5.18	79.67	2.01	1.63	1.84
38	Desgl.	"	13.29	9.81	4.56	68.20	2.71	1.43	11.31	5.26	78.66	3.12	1.65	1.81
39	Desgl.	"	14.24	9.50	2.63	70.80	1.28	1.55	11.08	3.07	82.55	1.49	1.81	1.77
40	Desgl., Mittel aus 34 Analysen	"	15.03	9.09	3.72	68.86	1.85	1.45	10.70	4.38	81.03	2.18	1.71	1.71
	Mittel No. 1—39		13.35[1])	9.64	3.93	68.92	2.50	1.66	11.13	4.53	79.53	2.89	1.92	1.78

No. 4. L. Lenz. — L. V.-St. 12. 1869. 344.
No. 5 u. 6. Th. Dietrich. — Anzeiger des landw. Centralver. f. d. Regbz. Cassel 1868. 55. 1873. 219.
No. 7. G. Kühn. — Sächsische landw. Ztschr. 1874. 54.
No. 8. E. Wolff. — Hoffmann's Jahresber. f. Agriculturchem. 1873/74. 8. (Württembergsches Wochenblatt für Landwirthschaft 1873. 262.)
No. 9—13. F. Holdefleiss (V.-St. Halle). — Ztschr. d. landw. Centralver. f. d. Prov. Sachsen 1876. 241 u. 250.
No. 14. W. Th. Osswald (V.-St. Halle). — Ebendaselbst 1878. 13.
No. 15. P. Wagner u. W. Rohn (V.-St. Darmstadt). — Privatmittheilung.
No. 16 u. 17. E. Kern u. H. Wattenberg (V.-St. Göttingen). — J. f. Landw. 1878. 616 u. 621. 1880. 307. Bei der Rohfaserbestimmung wurde die Substanz vor der Behandlung mit Schwefelsäure mit Malzauszug digerirt.
No. 18. W. Henneberg (V.-St. Göttingen). — Privatmittheilung.
No. 19. E. Heiden (V.-St. Pommritz). — Sand 0.12% in der Asche.
No. 20. A. Petermann u. Simon (V.-St. Gembloux). — Privatmittheilung.
No. 21. K. Müller (V.-St. Hildesheim). — Bericht 1879. 20.
No. 22—27. M. Märcker (V.-St. Halle). — Privatmittheilung.
No. 28 u. 29. Th. Dietrich (V.-St. Marburg). — Privatmittheilung.
No. 30—34. S. W. Johnson. — Rep. Connect. Agric. Experim. Stat. 1877. 56. 1880. 81.
No. 35. Aug. Voelcker. — J. Roy. Agric. Soc. England 1880. 1. 144.
No. 36—40. S. W. Johnson u. Jenkins. — Rep. Connect. Agr. Exper. Stat. 1885. 40.

[1]) Nach der Haupttabelle angenommen; das wirkliche Mittel beträgt 14.55 %.

VII. Reis.

No.	Bezeichnungen und Bemerkungen	Jahr der Untersuchung	In der ursprünglichen Substanz						In der Trockensubstanz					Stickstoff in der Trockensubstanz
			Wasser %	Nh-Substanz %	Rohfett %	Nfr. Extractstoffe %	Rohfaser %	Asche %	Nh-Substanz %	Rohfett %	Nfr. Extractstoffe %	Rohfaser %	Asche %	%
	Reiskörner.*) Oryza sativa L. Reis. — Rice. — Riz.													
	Nicht enthülst.													
1		1876	14.42	6.93	2.41	61.18	9.73	5.33	8.09	2.81	71.52	11.36	6.22	1.29
2		1881	9.55	5.87	1.84	72.75	5.80	4.19	6.49	2.04	80.43	6.41	4.63	1.04
3		—	—	—	—	—	—	—	7.50	0.80	86.90	4.30	0.50	1.20
	Mittel		11.99[1])	6.48	1.65	70.07	6.48	3.33	7.36	1.88	79.62	7.36	3.78	1.18
	Enthülst.													
1	Carolina-Reis	—	—	—	—	—	—	—	3.80	0.20	—	5.10	—	0.61
2	Piemont-Reis	—	—	—	—	—	—	—	3.90	0.30	—	5.10	—	0.62
3	Handel's-Reis	—	—	—	—	—	—	—	7.50	0.80	—	3.40	0.90	1.20
4	Piemont-Reis	1837	14.60	7.50	0.50	76.00	0.90	0.50	8.69	0.59	89.08	1.05	0.59	1.39^{0}
5	Mittel	—	9.40	5.43	0.39	80.16	4.10	0.52	6.02	0.43	88.45	4.53	0.57	0.96
6	Patna-Reis, gereinigter	1855	9.80	7.22	0.09	81.81	0.18	0.90	8.00	0.10	90.70	0.20	1.00	1.28
7	Piemont-Reis	„	13.72	7.80	0.24	74.47	3.45	0.32	9.04	1.44	85.15	4.00	0.37	1.45
8	Gemeiner Reis	1845	6.27	—	—	—	—	—	7.25	—	—	—	0.36	1.16
	Gewicht v. 20 Körnern													
9	Aus Ostindien . . . . . . 0.430 g	1858	—	—	—	—	—	—	7.31	—	—	—	—	1.17^{0}
10	Desgl. . . . . —	„	—	—	—	—	—	—	6.13	—	—	—	—	0.98^{0}
11	Desgl. . . . . —	„	—	—	—	—	—	—	5.94	—	—	—	—	0.95^{0}
12	Aus Bengalen . . . . . . 0.445 „	„	—	—	—	—	—	—	5.88	—	—	—	—	0.94^{0}
13	Aus Java . . . . 0.480 „	„	—	—	—	—	—	—	4.81	—	—	—	0.67	0.77^{0}
14	Aus Carolina . . . . —	„	—	—	—	—	—	—	4.94	—	—	—	—	0.79^{0}
15	Aus Spanien, Valencia . . . 0.490 „	„	—	—	—	—	—	—	6.88	—	—	—	0.30	1.10^{0}
16	Aus Pegu (Britisch-Birma) . 0.490 „	„	—	—	—	—	—	—	5.56	—	—	—	—	0.89^{0}
17	Aus Italien . . . . 0.435 „	„	—	—	—	—	—	—	5.00	—	—	—	—	0.80^{0}
18	Aus Abyssinien, Bergreis . . 0.220 „	„	—	—	—	—	—	—	5.62	—	—	—	0.21	0.96^{0}

*) Reiskörner. Johnston untersuchte mehrere Reissorten auf ihren Gehalt an Wasser und Asche und fand:

	Reis aus Madras	Bengalen	Patua	Carolina	Carolina (Mehl)
Wasser	13.5	13.1	13.1	13.0	14.6%
Asche	0.85	0.45	0.36	0.33	0.35%

Reiskörner, nicht enthülst.

No. 1. L. Grandeau. — Privatmittheilung.

No. 2. C. de Leeuw. — Laboratoire agricole de Hasselt. Bull. No. 2. In Procenten der lufttrocknen Substanz enthielt der Reis 57.43% Stärkemehl.

No. 3. Nach L. von Wágner's „Die Stärkefabrikation". Braunschweig, 1876. 315. Von ungenanntem Autor.

Reiskörner, enthülst.

No. 1 u. 2. Braconnot. — Nach Boussingault's „Die Landwirthschaft in ihren Beziehungen zur Chemie etc." Deutsch von Gräger. 1. Bd. 300. (Ann. Chim. et Phys. 4. 383.)

No. 3. Payen. — Ebendaselbst. (Traité de Chimie. 5. 58.) Die Analyse dieser 3 ersten Proben ergab an näheren Bestandtheilen:

	Amylum	Zucker	Gummi	phosphors. Kalkerde	Chlorkalium etc.
No. 1	89.5	0.3	0.7	0.4	Spur
No. 2	90.1	0.1	0.1	0.4	„
No. 3	86.9	0.5		0.9	

No. 4. J. B. Boussingault. — Ebendaselbst. 3. 41 u. 200.

No. 5. Nach R. Fresenius Lehrbuch der Chemie. Braunschweig, 1847. Daselbst ist angegeben:

	Maximum	Minimum
Wassergehalt . .	15.14	5.00
Aschengehalt . .	0.90	0.36

	Stärkemehl	Traubenzucker	Gummi
Wasserhaltig . .	79.60	0.18	0.38
Wasserfrei . . .	87.85	0.20	0.40

No. 6. Arch. Polson. — Weende'r Jahresber. 1855/56. II. 19. (Chem. Gaz. 1855. 211; J. f. prakt. Chem. 66. 320.) Der Reis enthält in Procenten der trocknen Substanz 87.2 Stärkemehl und 2.1 Gummi und Zucker.

No. 7. Poggiale. — Ebendaselbst. 20. (N. J. Pharmacie. 30. 180).

No. 8. E. N. Horsford. — Ann. Chem. u. Pharm. 58. (1846). 166 u. 212. Krocker bestimmte in derselben Reisprobe den Stärkemehlgehalt und fand denselben in Procenten der trocknen Substanz zu 86.2

No. 9—18. von Bibra. — „Die Getreidearten und das Brod". Nürnberg, 1860. 342. Die Körner des Bergreis waren stark glasig und mit einem rothen Ueberzug, der zwischen Kern und Spelzen liegt, versehen. In Reis mit Spelzen fand von Bibra: Asche im Ostindischen bezw. Unjana Podick 9.13%, Carolina-Reis 7.28%.

No.	Bezeichnungen und Bemerkungen	Jahr der Untersuchung	In der ursprünglichen Substanz: Wasser %	Nh-Substanz %	Rohfett %	Nfr. Extractstoffe %	Rohfaser %	Asche %	In der Trockensubstanz: Nh-Substanz %	Rohfett %	Nfr. Extractstoffe %	Rohfaser %	Asche %	Stickstoff in der Trockensubstanz %
19	Käuflicher Reis	1871	12.54	8.38	1.76	75.47	0.67	1.18	9.58	2.01	86.30	0.77	1.35	1.53
20	Desgl.	1872	12.51	8.86	0.78	76.25	0.76	0.84	10.12	0.90	87.14	0.87	0.96	1.62
21	Desgl.	1876	14.41	6.94	0.51	77.61	0.08	0.45	8.11	0.60	90.68	0.09	0.53	1.30°
22	Desgl.	„	—	—	—	—	—	—	6.99	0.82	87.82	2.55	1.82	1.44
23	Desgl.	„	12.62	7.67	0.72	77.17	1.13	0.69	8.67	0.82	88.43	1.29	0.79	1.39
24	Desgl.	1877	12.89	6.65	0.97	78.47	0.24	0.78	7.55	1.10	90.19	0.27	0.89	1.21
25	Desgl.	„	12.01	7.88	0.78	78.65	0.58	0.58	8.95	0.89	88.84	0.66	0.66	1.44
26	Desgl.	„	11.13	9.30	1.82	76.41	0.28	0.28	10.46	2.05	86.85	0.32	0.32	1.67
27	Desgl.	„	13.05	9.31	0.65	76.28	0.61	0.61	10.71	2.09	86.54	0.33	0.33	1.71
28	Desgl.	„	13.51	8.97	1.98	72.01	1.63	1.90	10.37	2.29	83.26	1.88	2.20	1.66
29	Desgl.	„	13.16	8.97	2.00	72.17	1.83	1.87	10.33	2.30	83.11	2.11	2.15	1.65
30	Desgl.	„	13.34	7.06	0.27	75.25	1.20	2.88	8.15	0.31	86.84	1.38	3.32	1.46
31	Desgl.	1883	13.00	5.92	0.40	80.16	0.10	0.42p	6.81	0.46	92.13	0.12	0.48	1.09
32	Desgl., sogen. indischer	„	13.13	6.81	0.82	78.76	0.09	0.39p	7.85	0.94	90.66	0.10	0.45	1.26
33	Italienischer Kochreis	„	15.28	7.56	0.88	75.60	0.15	0.53p	8.92	1.04	89.23	0.18	0.63	1.43
34	Käuflicher Kochreis	1881	15.00	7.00	0.21	Stärke (74.80	2.43)	0.56	8.24	0.25	(88.00	2.85)	0.66	1.32
35		1877	—	—	—	—	—	—	7.50	—	—	—	0.60	1.20
36	Common paddy rice (Uruchi) gewöhnlicher Sumpfreis	1884	14.20	8.44	2.28	65.09	1.24	8.75	9.84	2.66	88.03	1.45	1.02	1.571°
37	Upland rice (Okabo), Bergreis	„	12.77	9.83	2.24	72.62	1.41	1.13	11.27	2.57	83.25	1.62	1.29	1.80°
38	Gewöhnlicher Reis, Japan, Mittel von 10 Analysen	„	—	—	—	—	—	—	7.00	2.29	84.76	4.58	1.37	1.12
39	Bergreis, Japan, Mittel von 2 Analysen	„	—	—	—	—	—	—	8.75	2.58	85.53	1.98	1.18	1.40
40	Mittel aus 10 Analysen, Amerika	„	12.40	7.40	0.40	79.20	0.20	0.40	8.44	0.46	90.41	0.23	0.46	1.35
41	Reis, Amerika	1886	11.15	7.70	0.86	78.59	0.80	0.90	8.66	0.98	88.45	0.90	1.01	0.39
	Geschälter Reis: Minimum		6.27	3.32	0.09	72.65	0.09	0.03	3.80	0.10	83.11	0.10	0.21	0.61
	Geschälter Reis: Maximum		15.28	9.85	2.33	80.54	4.09	2.90	11.27	2.66	92.13	4.58	3.32	1.80
	Geschälter Reis: Mittel		12.58	6.73	1.88	76.46	1.53 [1])	0.82	7.70	2.15	87.46	1.75	0.94	1.23
	Kochreis, (Mittel aus No. 6, 19—21, 24—26, 31—33, 40 u. 41)		12.52	7.52	0.84	78.00	0.48	0.64	8.60	0.96	89.15	0.56	0.73	1.38

No. 19. J. König. — Landw. Ztg. f. Westfalen u. Lippe 1871. 402

No. 20. W. Pillitz. — Ztschr. f. analytische Chemie. 11. 1872. 46. Die Analyse ergab an näheren Bestandtheilen:

	Stärkemehl	Dextrin	Zucker	Extraktivstoffe	lösl. Albumin
in der wasserhaltigen Substanz	74.88	1.11	Spur	0.11	0.41
in der wasserfreien Substanz	85.41	1.27	Spur	0.12	0.46

Im Original ist die Nh. Substanz mit einem N-Gehalt von 15.5% angenommen; wir berechneten solche zu 16% N-Gehalt.

No. 21. J. König u. C. Brimmer. — Ztschr. f. Biologie 1876. 497.

No. 22. J. Hanamann. — Fühling's landw. Ztg. 1826. An näheren Bestandtheilen enthielt der Reis: Albumin 0.24%, Dextrin 2.63%, Stärkemehl 85.19%.

No. 23. L. Grandeau. — Privatmittheilung.

No. 24—29. A. Petermann u. Mercier. — Privatmittheilung.

No. 30. J. König. — V.-St. Münster. Ber. ders. 1871—77. 29.

No. 31—33. E. Meissl, F. Strohmer u. N. von Lorenz. — Ztschr. f. Biologie 1883. Juliheft. 83. 88 u. 99. Die directe Bestimmung ergab bei Probe No. 32 80.05% der lufttr. Substanz Stärkemehl.

No. 34. F. Soxhlet u. Th. Henkel. — Ztschr. d. landw. Vereins in Bayern 1881. Stärke wurde direct bestimmt nach der Märcker'schen Methode, die Rohfaser wurde aus der Differenz berechnet.

No. 35. G. Flourens. — Biedermann's Centralbl. f. Agrikulturchemie. 11. 1877. 96. (Ann. agronom. 1876. 2. 182). Die directe Stärkemehlbestimmung ergab 87,20%.

No. 36—39. Osc. Kellner. — Chem. Analys. of a collection of agricultur. specimens from the Laboratory of the imperial college of Agriculture Komaba, Tokia, Japan, S. 13 und Landw. V.-St. 30. 1884. 44. Die Analyse ergab an näheren Bestandtheilen:

		Stärkemehl	Zucker u. Dextrin	ferner an N-Formen: Eiweiss-N	Nichteiweiss-N (d. Cu OH_2)	Nichteiweiss-N d. Phosphorwolframs.
in % der trocknen Substanz	No. 36	77.86%	10.17%	1.441	0.130	0.047%
	No. 37	77.34%	5.91%	1.34	0.460	—

Asche frei von C u. CO_2. — Die Analysen unter No. 36 u. 37 gelten für die enthülsten, aber nicht polirten, geweissten Körner von rohem japanischem Reis.

No. 40. Tafel über die Zusammensetzung Amerikanischer Futterstoffe von Dr. E. H. Jenkins in Ann. Rep. Connecticut Agric. Exper. Stat. 1884. 116. Die Extreme im Gehalte der untersuchten 10 Reisproben sind daselbst wie folgt angegeben in Proc. der lufttrocknen Substanz

	Trockensubstanz	Proteïn	Fett	Nfr. Extraktstoffe	Rohfaser
Maximum	88.60	8.60	0.60	80.60	0.40%
Minimum	86.00	5.90	0.30	77.50	0.10%

No. 41. Cliff. Richardson. — U. S. Departement of Agriculture, Washington. Privatmittheilung.

[1]) Mittel für Holzfaser erst von No. 19 an berechnet.

No.	Bezeichnungen und Bemerkungen	Jahr der Untersuchung	In der ursprünglichen Substanz: Wasser %	Nh-Substanz %	Rohfett %	Nfr. Extractstoffe %	Rohfaser %	Asche %	In der Trockensubstanz: Nh-Substanz %	Rohfett %	Nfr. Extractstoffe %	Rohfaser %	Asche %	Stickstoff in der Trockensubstanz %
	Reiskörner. Oryza glutinosa Loureiro. Klebreis.													
1	Gloutinous rice (Mochigome)	1884	14.88	10.48	2.43	70.83	0.86	0.92	12.25	2.84	82.83	1.01	1.07	1.962[o]
2	Klebreis	„	13.28	7.71	0.59	77.16	0.66	0.60	8.89	0.68	88.98	0.76	0.69	1.42
3	Glutinoser Reis, Japan, Mittel v. 3 Analys.	„	—	—	—	—	—	—	5.87	3.44	83.89	5.19	1.61	0.94
	Mittel von Klebreis .		13.88	6.67	2.35	72.97	2.99	1.14	7.75	2.73	84.73	3.47	1.32	1.24

VIII. Hirse.

No.	Bezeichnungen und Bemerkungen	Jahr der Untersuchung	Wasser %	Nh-Substanz %	Rohfett %	Nfr. Extractstoffe %	Rohfaser %	Asche %	Nh-Substanz %	Rohfett %	Nfr. Extractstoffe %	Rohfaser %	Asche %	Stickstoff in der Trockensubstanz %
	Hirse. Samen von Panicum italicum L. (Setaria italica). Italienischer oder Kolben-Fennich, Millet d'Italie.													
1	Geschält, „Awa“	1884	12.04	7.40	3.87	74.21	1.37	1.11	8.43	4.40	84.37	1.54	1.26	1.35[o]
2	Ungeschält, in Japan gewachsen . . .	„	13.05	13.04	3.03	57.42	10.41	3.05	14.99	3.48	66.00	12.02	3.51	2.50
	Panicum Crus corvi-Hirse.													
1	In Japan gewachsen, dort „Hiya“ genannt	1884	13.23	9.14	0.98	72.80	3.01	0.83	10.52	1.13	83.84	3.46	0.95	1.68
	Hirse. Rispenhirse. Samen von Panicum miliaceum L. — Panick-corn, Millet, Hirse. — Millet.													
	Nicht geschälte Körner.													
1	In Ungarn cultivirt	1860	13.15	10.70	3.67	57.10	13.06	2.32	12.32	4.23	65.63	15.05	2.67	1.972[o]
2		—	11.74	10.97	4.15	—	—	3.61	12.44	4.70	78.77	—	4.09	1.99[o]
3	In Japan cultivirt, „Kibi“	1884	10.80	10.27	4.34	66.19	4.16	4.24	12.41	4.86	73.32	4.66	4.75	1.98[o]
4	Desgl.	„	11.43	10.48	4.39	64.91	4.45	4.34	11.83	4.95	73.30	5.02	4.90	1.89[o]
5	Ungequetscht (?)	1883	13.19	9.56	3.83	57.06	12.51	3.85	11.01	4.41	65.73	14.41	4.44	1.76
6	In Japan gewachsen	1884	14.70	10.89	2.95	60.95	5.96	4.55	12.76	3.45	71.48	6.98	5.33	2.04
	Mittel (No. 1—6) . .		12.50	10.61	3.89	61.11	8.07	3.82	12.13	4.45	69.84	9.22	4.36	1.94
	Geschälte Körner.													
1		1846	14.00	20.60	3.00	57.80	2.40	2.20	11.49	3.49	79.67	2.79	2.56	1.84
2	Käufliche Hirse	1858	12.22	9.88	7.43	—	—	—	11.25	8.46	—	—	—	1.80

Reiskörner. Klebreis.

No. 1 u. 3. Osc. Kellner. — Siehe No. 36 von Oryza sativa. Reis unter No. 1 enthielt in Procenten der wasserfreien Substanz 76.02 % Stärkemehl, 6.81 % Rohrzucker, Glucose und Dextrin und von Phosphorwolframsäure fällbarem Amid-N 0.055 %.

No. 2. U. Kreusler u. F. W. Dafert. — Landw. Jahrb. 13. 1884. 767. In Procenten der Trockensubstanz enthielt der Reis 8.65 % Zucker, 3.35 % Dextrin und 67.98 % Stärkemehl.

Hirse. Panicum italicum.

No. 1. Osc. Kellner. — Japan. Chemical Analyses of Agricultural Specimens from the Laboratory of the Imperial College of Agriculture Komaba, Tokio, Japan. 1884. Die Hirse enthielt (in d. Trockensubst.) 1.24 % Eiweissstickstoff.

No. 2. K. Nagai u. J. Murai. — Japan. International Health Exhibitation. London, 1884. A. Descriptive Cataloge etc. p. 2. Die Analysen Panicum italicum No. 2 und Panicum Crus corvi sind von den Verfassern den Tabellen für Japanische Nahrungsmittel und Getränke entnommen.

Hirse. Panicum Crus corvi.

No. 1. Vergl. Anmerkung 2 unter Panicum italicum.

Hirse. Panicum miliaceum, ungeschält.

No. 1. J. Moser. — Allgem. land- u. forstwirthschaftl. Zeitung 1861. 8. (L. V.-St. 4. 1862. 193.) Das Verhältniss von Schale zum Korn war wie 1 : 4.

No. 2. H. Ritthausen. — Landw. V.-St. 20. 1877. 410. Aus der Mittheilung der Untersuchung ist nicht zu erkennen, ob die untersuchte Hirse ungeschält oder geschält war. Der Umstand, dass dieselbe als Schweinefutter diente, lässt vermuthen, dass dieselbe ungeschält war.

No. 3 u. 4. Osc. Kellner (Tokio, Japan). — Mitthl. der deutschen Gesellschaft f. Natur- u. Völkerkunde Ostasiens, Sonderabdruck aus Band 4. No. 35. Die Hirse No. 3 enthielt 1.92 % der Trockensubstanz Eiweiss-Stickstoff.

No. 5. Aug. Völcker. — Biedermann's Centralbl. f. Agriculturchem. 1883. 710. (J. Roy. Agric. Soc. England. Bd. 19. T. 1. No. 37. 237.) In unserer Quelle ist diese Hirse als ungequetscht bezeichnet im Vergleich zu gequetschten (siehe d. No. 8), wir vermuthen aus der Differenz der beiden Analysen, dass die eine Hirse geschält, die andere ungeschält untersucht wurde.

No. 6. Nagai u. Murai. — Japan. Intern. Health Exhibitation London 1884. A. Descriptive Cataloge etc. p. 2.

Desgl., geschält.

No. 1. J. B. Boussingault. — Dessen: „Die Landwirthschaft in ihren Beziehungen zur Chemie etc.“ 3. 200.

No. 2—4. von Bibra. — Dessen: „Die Getreidearten und das Brod“. Nürnberg, 1860. 350. Bei No. 1 wurden an näheren Bestandtheilen ermittelt: Albumin 0.87 %, Pflanzenleim 3.40 %. Caseïn 0.50 %, in Wasser und Alkohol unlösliche Stick-

No.	Bezeichnungen und Bemerkungen	Jahr der Untersuchung	In der ursprünglichen Substanz						In der Trockensubstanz					Stickstoff in der Trockensubstanz
			Wasser	Nh-Substanz	Rohfett	Nfr. Extractstoffe	Rohfaser	Asche	Nh-Substanz	Rohfett	Nfr. Extractstoffe	Rohfaser	Asche	
			%	%	%	%	%	%	%	%	%	%	%	%
3	Käufliche Hirse aus Franken	1858	—	—	—	—	—	—	8.88	—	—	—	—	1.42
4	Desgl.	„	—	—	—	—	—	—	9.88	—	—	—	—	1.58
5		1871	12.90	14.81	4.17	62.80	3.73	1.59	17.00	4.79	72.11	4.28	1.82	2.72
6		1876	13.20	8.45	3.66	65.69	5.16	3.84	9.73	4.22	75.69	(5.94)	4.42	1.56
7		1878	12.01	12.25	3.31	64.26	4.65	3.52	13.92	3.76	72.94	(5.28)	4.00	2.23
8		„	7.57	11.31	4.28	74.10	1.27	1.47	12.24	4.63	80.17	1.37	1.59	1.96
9	Gequetscht (?)	1883	12.85	11.25	3.91	60.25	7.73	4.01	12.90	4.48	69.15	(8.87)	4.60	2.06
	Mittel (No. 1—9) . .		11.79	10.51	4.26	68.16	2.48	2.80	11.92	4.83	77.27	2.81	3.17	1.94

Panicum miliaceum var. Bretschneideri Kcke. Klebhirse.

No.	Bezeichnungen und Bemerkungen	Jahr	Wasser	Nh-Substanz	Rohfett	Nfr. Extractstoffe	Rohfaser	Asche	Nh-Substanz	Rohfett	Nfr. Extractstoffe	Rohfaser	Asche	Stickstoff
1	Geschälte Körner	1887	9.04	11.82	3.89	74.09	0.14	0.92	12.99	4.28	81.57	0.15	1.01	2.08

Mohrhirse. Sorghum halapense Pers. Samen.

No.	Bezeichnungen und Bemerkungen	Jahr	Wasser	Nh-Substanz	Rohfett	Nfr. Extractstoffe	Rohfaser	Asche	Nh-Substanz	Rohfett	Nfr. Extractstoffe	Rohfaser	Asche	Stickstoff
1		1882	—	—	—	—	—	—	9.50	3.12	41.98	36.30	9.10	1.52

Mohrhirse. Sorghum tartaricum. Dari.

No.	Bezeichnungen und Bemerkungen	Jahr	Wasser	Nh-Substanz	Rohfett	Nfr. Extractstoffe	Rohfaser	Asche	Nh-Substanz	Rohfett	Nfr. Extractstoffe	Rohfaser	Asche	Stickstoff
1	Dari, syrischer	1881	9.97	9.88	3.52	72.22	1.33	2.78	10.98	3.91	80.54	1.48	3.09	1.76
2	Dari, ägyptischer	„	10.05	7.05	6.11	74.20	0.97	1.62	8.00	6.93	82.13	1.10	1.84	1.28
3	Dari	1884	10.39	8.88	3.49	72.49	2.11	2.64	9.91	3.89	80.90	2.35	2.95	1.59
4	Desgl.	1885	12.25	10.54	2.78	70.22	1.79	2.42	12.01	3.17	80.02	2.04	2.76	1.92
5	Desgl.	1883	12.55	10.31	2.93	70.43	1.63	2.15	11.78	3.35	80.55	1.86	2.46	1.88
6		„	11.31	10.06	4.02	68.10	3.65	2.86	11.94	4.53	76.20	4.11	3.22	1.91
	Mittel (No. 1—6) . .		11.09	9.77	3.82	70.98	1.92	2.42	10.77	4.30	80.05	2.16	2.72	1.72

Zucker-Mohrhirse. Sorghum saccharatum Pers.

No.	Bezeichnungen und Bemerkungen	Jahr	Wasser	Nh-Substanz	Rohfett	Nfr. Extractstoffe	Rohfaser	Asche	Nh-Substanz	Rohfett	Nfr. Extractstoffe	Rohfaser	Asche	Stickstoff
1	Chinese sugar sorghum	1859	—	8.56	—	—	—	—	10.19	—	—	—	—	1.63
2	Desgl.	„	—	—	3.13	—	—	—	—	—	—	—	—	—
3		„	14.19	9.81	3.32	—	—	2.97	11.43	3.87	81.24	—	3.46	1.83

stoffsubstanz 5.50 %, Gummi 9.13 %, Zucker 1.80 %. Eine Aschenbestimmung wurde nicht ausgeführt. Derselbe Autor untersuchte noch eine abyssinische Hirse, welche als Panicum spei bezeichnet war, auf ihren N-Gehalt und fand denselben äusserst gering, nämlich zu 0.37 % = 2.31 % Nh. Substanz. Das spec. Gewicht der Samen unter 2 und 3 betrug 1.25 bezw. 1.23.

No. 5. W. Pillitz. — Ztschr. f. analyt. Chem. 11. 1872. 62. Die nähere Analyse ergab:

	Stärke	Dextrin	Zucker	Extractivstoffe	In Wasser lösliches Albumin	In Wasser lösliche Asche
In der lufttrocknen Substanz	60.27	1.12	0.45	0.45	1.18	1.03
In der wasserfreien Substanz	69.20	1.29	0.52	0.52	1.36	1.18

Ueber die analytische Methode siehe Angaben bei Weizenanalysen desselben Autors.

No. 6. L. Grandeau. — Privatmittheilung.

No. 7. J. König u. C. Krauch. — Privatmittheilung.

No. 8. A. Petermann. — Privatmittheilung.

No. 9. Aug. Völcker. — Biedermann's Centralbl. f. Agriculturchem. Vergl. ungeschälte Hirse No. 5.

Geschälte Klebhirse.

No. 1. A. Beutele u. F. W. Dafert. — Chemiker-Zeitung 1887. 136. Der untersuchte Samen war im Versuchsgarten zu Poppelsdorf gezogen worden. In Procenten der Trockensubstauz enthielt das Material 0.26 % Dextrin, 5.13 % Traubenzucker, in Wasser von 15° C. lösliche Stoffe 9.31 %.

Mohrhirse. Sorghum halapense.

No. 1. B. Schulze. — Jahresber. d. Agriculturchem. 1882. 389.

Mohrhirse. Sorghum tartaricum.

No. 1 u. 2. M. C. de Leeuw. Bulletin No. 2 Laboratoire agricole de Hasselt. No. 2 enthielt 72.9 % Stärke.

No. 3. F. Soxhlet (V.-St. München). — Privatmitthl. In der ursprünglichen Substanz 66.44 % Stärke.

No. 4. Fr. Farsky. — 5. Ber. der landw.-chem. V.-St. Tabor 1886. 16.

No. 5 u. 6. Aug. Voelcker. — Biedermann's Centralbl. f. Agriculturchem. 1883. 711 und Ann. de la science agron. par L. Grandeau. 1885. T. I. p. 101.

Zucker-Mohrhirse.

No. 1. J. Pierre. — Ann. d. Chim. et de Phys. 56. 1859. 44.

No. 2. Hervé Mangon. — Ebendaselbst.

No. 3. A. Cossa. — Chem. News. 26. 1872. 289.

No.	Bezeichnungen und Bemerkungen	Jahr der Untersuchung	In der ursprünglichen Substanz						In der Trockensubstanz					Stickstoff in der Trockensubstanz
			Wasser %	Nh-Substanz %	Rohfett %	Nfr. Extractstoffe %	Rohfaser %	Asche %	Nh-Substanz %	Rohfett %	Nfr. Extractstoffe %	Rohfaser %	Asche %	%
4	Zuckerhirse	1878	7.57	11.31	4.28	74.10	1.27	1.47	12.24	4.63	80.17	1.37	1.59	1.96
5	Early Amber	„	10.57	9.98	4.60	71.56	1.48	1.81	11.17	5.15	79.99	1.66	2.03	1.79
6	Chinese	„	9.93	9.54	3.95	73.59	1.52	1.47	10.59	4.38	81.71	1.69	1.63	1.69
7	Early Amber, Minnesota	1881	15.04	8.13	3.51	69.65	1.94	1.73	9.57	4.13	81.98	2.28	2.04	1.53
8	Aus West-Cornwall	„	16.76	7.69	3.36	66.81	3.21	2.17	9.23	4.02	80.30	3.85	2.60	1.48
9	„Rozoku", geschält	1884	12.37	10.81	5.41	62.14	4.66	4.61	12.34	6.17	70.91	5.32	5.26	1.97
10	Sorghum seed, Mittel von 9 Analysen	„	12.52	8.88	3.65	71.27	1.88	1.80	10.15	4.17	81.47	2.15	2.06	1.94
	„Sorgo ambraceo", enthülst.													
	a. 2. Ernte, 3. September 1882.													
11	Aus selbst geerntetem Samen, in Reihen	1883	8.76	9.84	3.15	72.99	3.33	1.93	10.78	3.45	80.01	3.64	2.12	1.72
12	Aus selbst geerntetem Samen, breitwürfig	„	11.06	9.16	2.04	73.24	2.45	2.05	10.30	9.04	75.66	2.75	2.25	1.65
13	Originalsaat, in Reihen	„	8.28	10.77	2.19	73.99	3.27	1.50	11.74	2.39	80.67	3.56	1.64	1.88
14	Originalsaat, breitwürfig	„	11.10	9.30	2.61	72.17	3.17	1.65	10.46	2.94	81.19	3.55	1.86	1.67
	b. 3. Ernte, 22. September 1882.													
15	Aus selbst geerntetem Samen, in Reihen	„	14.74	8.06	3.51	69.02	3.17	1.50	9.13	3.98	81.60	3.59	1.70	1.46
16	Aus selbst geerntetem Samen, breitwürfig	„	12.91	9.06	3.60	69.24	3.64	1.55	10.40	4.13	79.51	4.18	1.78	1.66
17	Originalsaat, in Reihen	„	13.30	8.94	3.30	70.16	2.53	1.77	10.31	3.80	80.93	2.92	2.04	1.65
18	Originalsaat, breitwürfig	„	14.20	7.88	4.20	69.31	3.03	1.38	9.19	4.90	80.77	3.53	1.61	1.47
	c. 4. Ernte, 8. October 1882.													
19	Aus selbst geerntetem Samen, in Reihen	„	13.25	8.85	3.56	69.34	3.50	1.50	10.20	4.10	79.93	4.04	1.73	1.63
20	Aus selbst geerntetem Samen, breitwürfig	„	13.56	8.93	3.04	69.10	3.83	1.54	10.33	3.52	79.94	4.43	1.78	1.65
21	Originalsaat, in Reihen	„	13.34	9.69	3.15	68.87	3.40	1.55	11.18	3.64	79.49	3.92	1.79	1.77
22	Originalsaat, breitwürfig	„	13.26	9.75	3.54	68.62	3.33	1.50	11.24	4.08	79.10	3.84	1.74	1.80
	Erste Ernte, 1883.													
23	Sorgo ambraceo, aus Originalsaat, ged.	1884	16.65	9.36	3.05	66.34	3.32	1.28	11.23	3.66	79.59	3.98	1.54	1.80
24	Sorgo ambraceo, aus selbst geerntetem Samen, gedüngt	„	19.54	10.14	2.06	64.96	2.10	1.20	12.60	2.56	80.74	2.61	1.49	2.02
25	Sorgo hybrid, gedüngt	„	18.23	9.53	1.95	66.56	2.03	1.70	11.66	2.38	81.40	2.48	2.08	1.87
26	Sorgo liberian, gedüngt	„	19.49	9.32	1.77	65.12	2.35	1.95	11.58	2.20	80.90	2.92	2.40	1.85

No. 4. A. Petermann u. Molinari. — Privatmittheilung.

No. 5 u. 6. Pet. Collier. — Spec. Rep. No. 33. Dep. of Agric. Washington. Jnli bis December 1880. An näheren Bestandtheilen wurden noch bestimmt:

	Zucker	Gummi	Stärke, Farbstoff u. s. w.	In Alkohol lösl. Eiweiss	In Alkohol unlösl. Eiweiss	
No. 5 . . .	1.91	1.10	68.55	7.34	2.64 %	in der lufttrocknen Substanz
No. 6 . . .	2.70	0.72	70.17	6.90	2.64 „	

No. 7 u. 8. S. W. Johnson. — Rep. Connect. Agric. Exper. Stat. 1881. 82.

No. 9. O. Kellner. — Japan. Chem. Anal. Imperial College Agric. Komaba, Tokio 1884. 14. (Auch Mitthl. d. Deutsch. Gesellsch. f. Natur- und Völkerkunde Ostasiens. Sonderabdruck aus Bd. 4. No. 35.) Die Probe enthielt in % der Trockensubstanz 54.49 Stärke u. 16.42 andere Kohlehydrate, ferner 1.73 % Eiweissstickstoff, entsprechend 10.81 % Eiweiss.

No. 10. Tafel über die Zusammensetzung amerikanischer Futtermittel, von Dr. E. H. Jenkins in Ann. Rep. Connect. Agric. Exper. Stat. 1884. 116. Die Zahlen für höchsten und niedrigsten Gehalt (der ursprünglichen Substanz) sind folgende:

	Trockensubstanz	Proteïn	Fett	Nfr. Extraktstoffe	Rohfaser
Maximum	90.72	11.25	4.60	73.59	3.21 %
Minimum	83.24	7.67	2.12	66.81	1.48 „

In diesem Mittel der 9 Analysen sind die unter No. 5—8 mit eingeschlossen, die anderen 5 Analysen vermochten wir in der uns zur Verfügung stehenden Literatur nicht aufzufinden.

No. 11—22. A. Pasqualini. — Ann. Staz. Agrar. Forli 12. 1883. 101. Der angebaute Samen, Early Amber, stammte aus Minnesota, Nord-Amerika, und wurde zu Forlimpopuli angebaut, theils in Reihen (seminato a file), theils breitwürfig (seminato a pizziichi) ausgesäet. Die Körnerernte fand zu 3 verschiedenen Zeitpunkten statt. Im Original ist der N-Gehalt der Nh. Substanz zu 15.5 % angenommen, wir berechneten solche zu 16 % N und änderten dem entsprechend die Zahl für die Summe der Nfr. Extraktstoffe ab. Ausser den nachstehend aufgeführten näheren Bestandtheilen ist noch eine Zahl für „nicht bestimmbare Materie und Verlust" angegeben, welche wir den Nfr. Extraktstoffen zurechneten. Die Samen enthielten in Procenten der lufttrocknen Substanz:

	No. 11	12	13	14	15	16	17	18	19	20	21	22
Zucker	2.93	1.73	2.75	2.55	1.63	2.21	2.01	1.98	1.13	1.16	1.09	1.09
Dextrin u. Gummi	2.22	2.81	2.91	2.24	2.04	2.41	2.64	2.54	2.46	1.98	2.33	2.30
Stärke	66.38	65.94	65.89	65.80	64.12	64.31	63.99	63.53	65.30	64.50	65.15	65.65

No. 23—38. Al. Pasqualini. — Ebendaselbst. 13. 1884. 79. Die Samen waren bei vergleichsweisem Anbau ver-

No.	Bezeichnungen und Bemerkungen	Jahr der Untersuchung	In der ursprünglichen Substanz						In der Trockensubstanz					Stickstoff in der Trockensubstanz
			Wasser %	Nh-Substanz %	Rohfett %	Nfr. Extractstoffe %	Rohfaser %	Asche %	Nh-Substanz %	Rohfett %	Nfr. Extractstoffe %	Rohfaser %	Asche %	%
27	Sorgo ambraceo, a. Originalsam., unged.	1884	18.24	8.95	3.00	66.13	2.24	1.44	11.07	3.71	80.67	2.77	1.78	1.77
28	Desgl., aus selbst geerntetem Samen, ungedüngt	„	17.44	9.56	3.16	67.07	1.42	1.35	11.58	3.83	81.24	1.72	1.63	1.85
29	Sorgo hybrid, ungedüngt	„	19.22	9.22	2.85	65.02	1.85	1.64	11.41	3.53	80.74	2.29	2.03	1.83
30	Sorgo liberian, ungedüngt	„	19.39	8.71	3.02	66.04	1.55	1.29	10.81	3.75	81.92	1.92	1.60	1.73
	Zweite Ernte, 1883.													
31	Sorgo ambraceo, a. Originals., gedüngt	„	19.35	9.00	3.04	63.87	2.49	2 25	11.15	3.77	79.20	3.09	2.79	1.70
32	Desgl., aus selbst geerntetem Samen, gedüngt	„	18.64	9.83	3.01	65.30	2.05	1.17	12.08	3.70	80.26	2.52	1.44	1.93
33	Sorgo hybrid, gedüngt	„	19.66	9.05	1.99	66.15	1.52	1.63	11.27	2.48	82.23	1.89	2.13	1.81
34	Sorgo liberian, gedüngt	„	19.89	7.85	2.85	66.27	1.85	1.29	9.80	3.56	82.72	2.31	1.61	1.57
35	Sorgo ambraceo, a. Originalsam., unged.	„	17.34	9.08	2.93	67.18	1.95	1.52	10.99	3.55	81.07	2.55	1.84	1.77
36	Desgl., aus selbst geerntetem Samen, ungedüngt	„	18.27	9.69	1.81	66.26	2.35	1.62	11.86	2.22	81.06	2.88	1.98	1.90
37	Sorgo hybrid, ungedüngt	„	18.46	9.11	2.00	66.68	2.42	1.33	11.17	2.45	81.78	2.97	1.63	1.79
38	Sorgo liberian, ungedüngt	„	19.48	8.77	2.48	65.50	2.31	1.46	10.89	3.08	81.35	2.87	1.81	1.74
	Minimum		7.57	7.74	1.73	60.15	1.16	1.22	9.13	2.04	70.91	1.37	1.44	1.46
	Maximum		19.89	10.69	4.59	69.92	4.51	4.46	12.60	5.41	82.42	5.32	5.26	2.02
	Mittel (No. 1—38) .		15.17	9.26	3.36	67.99	2.51	1.71	10.92	3.96	80.14	2.96	2.02	1.75

Mohrhirse. Sorghum vulgare. — Guineakorn, Negerkorn, Dhurra. — Grand millet. — Indian millet. Broom-Corn.

No.	Bezeichnungen und Bemerkungen	Jahr der Untersuchung	Wasser %	Nh-Substanz %	Rohfett %	Nfr. Extractstoffe %	Rohfaser %	Asche %	Nh-Substanz %	Rohfett %	Nfr. Extractstoffe %	Rohfaser %	Asche %	Stickstoff in der Trockensubstanz %
1	Mohrhirse (Holcus sorghum)	1846	13.20	10.60	6.10	61.60	5.10	3.40	11.59	7.03	71.58	5.88	3.92	1.85
2	Guineakorn, from the West-Indies . .	—	—	7.43	—	—	—	—	—	—	—	—	—	—
3	Aegyptische Hirse, ungeschält . . .	1855	8.00	—	—	—	—	—	10.90	3.30	55.10	(27.60)	2.00	1.74
4	Dhurra aus Abyssinien, ungeschält . .	1858	11.95	8.38	3.90	—	—	1.86	9.56	4.46	—	—	2.11	1.53
5	„Joar“ aus Ostindien, ungeschält . .	„	—	7.32	—	—	—	—	8.30	—	—	—	—	1.32
6	Dhurra	1872	13.21	9.25	3.13	—	—	1.95	10.66	3.61	—	—	2.25	1.71
7	Desgl.	1876	12.32	7.75	2.37	73.06	3.20	1.30	8.84	2.70	83.33	3.65	1.48	1.41
8	Desgl.	„	12.02	7.19	3.80	71.82	3.50	1.67	8.18	4.32	81.62	3.98	1.90	0.31

---

schiedener Sorten Sorghum zu Crocetta gewonnen worden. Der Boden daselbst enthielt an mechanischen Gemengtheilen (Nöbel'scher Schlämmapparat): groben Sand 8.6 %, feineren Sand 20.4 %, feinen Sand 25.4 %, Thon (Differenz) 45.6 %; ferner an in Salpetersäure löslichen Stoffen:

Fe_2O_3	Al_2O_3	CaO	MgO	K_2O	Na_2O	SO_3	P_2O_5	SiO_2
11.27	1.75	7.34	0.26	0.39	0.05	0.73	0.05	0.10

Der Boden enthielt 8.6 % Kohlensäure, Kalk und Magnesia waren als Carbonate vorhanden. An näheren Bestandtheilen enthielten die Samen ferner:

	No. 23	24	25	26	27	28	29	30	31	32	33	34	35	36	37	38
Zucker . .	2.23	2.05	3.12	2.94	1.04	2.14	2.05	2.19	2.95	1.45	2.36	2.64	2.35	1.15	2.05	1.95
Dextrin . .	1.29	1.42	1.23	1.33	1.23	1.32	1.10	0.95	1.05	1.13	1.25	1.35	1.55	1.36	1.16	1.24
Stärke . .	63.34	60.45	61.35	60.24	63.31	63.14	61.33	62.62	63.35	62.05	62.35	61.62	62.69	62.35	62.49	61.82

Die für Verlust angegebenen Zahlen wurden von uns den Nfr. Extraktstoffen zugerechnet. Die Asche ist als frei von CO_2 angegeben.

Mohrhirse. Sorghum vulgare.

No. 1. J. B. Boussingault. — Dessen: „Die Landwirthschaft in ihren Beziehungen zur Chemie etc.“ 3. 200.

No. 2. Sheir u. Johnston.*) — Watt's Dictionary of Chemistry. 2. Supplem. 814.

No. 3. Arch. Polson. — Weende'r Jahresber. 1855/56. 19. Die Summe der angegebenen Bestandtheile beträgt 98.9.

No. 4 u. 5. von Bibra. — Dessen: Die Getreidearten und das Brod. Nürnberg, 1860. 346. Zu den Körnern unter No. 4 bemerkt der Autor: Die gelblich gefärbten Körner sind oben rund, unten spitz zulaufend und von der Grösse einer kleinen Erbse. 20 Körner wogen im Mittel zweier Wägungen 1.302 g. An näheren Bestandtheilen wurden bestimmt: Leim und Caseïn 4.58 %, in Wasser und Alkohol unlösliche Stickstoffsubstanz 4.06 %, Gummi 3.82 %, Zucker 1.46 %, Stärke und Schalen 70.23 %. Zu No. 5: Die untersuchten Körner stammten von Paulasamúdrum, Maissúr. Gewachsen 2400 englische Fuss über dem Meere. Die Körner waren bedeutend kleiner als jene der abyssinischen. 20 Körner wogen 0.56 g.

No. 6. A. Cossa. — Chemical News. 26. 1872. 289.

No. 7 u. 8. Aug. Voelcker. — J. Roy. Agric. Soc. England. 12. 1876. 297.

*) Für Dhurra giebt Johnston in Transact. Highl. u. Agric. Soc. Scotland, Juli 1847 bis März 1849 noch folgende Zusammensetzung an: Wasser 11.96 %, Stärke 68.70 %, Zucker 1.84 %, Gummi 1.23 %, Zellstoff (Schalen) 4.66 %, Caseïn, löslich in Essigsäure 4.71 %, andere Proteïnstoffe 6.48 %.

No.	Bezeichnungen und Bemerkungen	Jahr der Untersuchung	In der ursprünglichen Substanz: Wasser %	Nh-Substanz %	Rohfett %	Nfr. Extractstoffe %	Rohfaser %	Asche %	In der Trockensubstanz: Nh-Substanz %	Rohfett %	Nfr. Extractstoffe %	Rohfaser %	Asche %	Stickstoff in der Trockensubstanz %
9	Seeds of Broom-Corn, m. röthlicher Schale	1876	11.20	6.97	3.32	69.82	6.67	2.02	7.84	3.74	78.63	7.51	2.28	1.25
10	Desgl.	„	11.93	7.56	3.25	68.14	6.57	2.55	8.63	3.69	77.39	7.46	2.90	1.40
11	„Durra“	1881	10.69	10.96	3.88	68.99	2.66	2.82	12.28	4.35	77.23	2.98	3.16	1.96
12	„Doura“ (brown), Mittel von 3 Analysen	1884	11.00	10.30	4.20	69.90	1.50	1.60	11.58	4.72	80.21	1.69	1.80	1.85
	Mittel (No. 1—12) .		11.46	8.96	3.79	70.25	3.59	1.95	10.12	4.28	79.34	4.06	2.20	1.62

Mohrhirse. In verschiedenen Stufen der Reife.

No.	Bezeichnungen und Bemerkungen	Jahr	Wasser	Nh-Substanz	Rohfett	Nfr. Extractstoffe	Rohfaser	Asche	Nh-Substanz	Rohfett	Nfr. Extractstoffe	Rohfaser	Asche	Stickstoff
1	Die jüngsten Antheren noch nicht abgefallen	1876	—	—	—	—	—	—	7.38	1.15	58.78	28.26	4.43	1.18
2	Eben vollendete Blüthe, die jüngsten Antheren sämmtlich abgefallen . .	„	—	—	—	—	—	—	9.65	1.39	57.01	25.42	6.53	1.54
3	21. September, Samen noch weich u. unreif	„	—	—	—	—	—	—	9.72	2.21	66.97	16.32	4.78	1.56
4	Reif (vergleiche No. 10 oben) . . .	„	—	—	—	—	—	—	8.63	3.69	77.39	7.46	2.90	1.38

IX. Leguminosen.

Erbsenkörner.*) Pisum sativum L.

No.	Bezeichnungen und Bemerkungen	Jahr	Wasser	Nh-Substanz	Rohfett	Nfr. Extractstoffe	Rohfaser	Asche	Nh-Substanz	Rohfett	Nfr. Extractstoffe	Rohfaser	Asche	Stickstoff
1	Tischerbsen aus Wien	1845	13.43	23.92	—	—	6.46	2.75	27.62	—	—	7.47	3.18	4.42°
2	Felderbsen aus Giessen	„	19.50	23.00	—	—	4.83	2.24	28.56	—	—	6.00	2.79	4.57°
3	Gelbe Erbsen, in Bechelbronn gebaut .	„	8.60	23.88	2.00	59.05	3.60	2.87	26.12	2.19	64.65	3.94	3.14	4.18°
4	Erbsen von Clamart	„	13.50	23.80	1.60	55.70	2.60	2.80	27.51	1.85	64.39	3.01	3.24	4.40
5	Weisse Erbse	1849	13.60	24.88	—	—	—	2.40	28.81	—	—	—	2.80	4.61°
6	Desgl., aus voriger, in Thonboden gezogen	„	15.40	22.31	1.01	—	—	2.38	26.38	1.19	—	—	2.77	4.22°
7	Desgl., aus voriger, in Sandboden gezogen	„	13.60	18.56	—	—	—	2.48	21.50	—	—	—	2.87	3.44°
8	Maple or Grey-Erbse	„	14.60	19.25	1.56	—	—	2.24	22.94	1.83	—	—	2.60	3.67°
9	Desgl., in Thonboden gewachsen . . .	„	16.60	21.69	1.54	—	—	2.40	26.00	1.85	—	—	2.87	4.16°
10	Desgl., in Sandboden gewachsen . . .	„	16.40	20.50	1.04	—	—	2.14	24.50	1.24	—	—	2.56	3.92°

No. 9 u. 10. F. H. Storer. — Bull. Bussey Institution Boston (Harvard University). Vol. II. Part. II. 1877. 99. Das Material unter No. 9 stammte aus einer Samenhandlung in Boston, die Körner waren voll und fest und viel besser in dieser Beziehung als die andere Probe unter No. 10, welche aus einer Samenhandlung in Hartford, Connecticut, Frühjahr 1876, stammte. Die Körner dieser Probe waren vorzüglich rein, aber nicht so gross als die der vorigen Probe.

No. 11. M. C. de Leeuw. — Bull. No. 2. Laboratoire agricole de Hasselt. Die Probe enthielt 64.75 % Stärkemehl in Procenten der lufttrocknen Substanz.

No. 12. Tafel über die Zusammensetzung amerikanischer Futterstoffe von Dr. E. H. Jenkins in Ann. Rep. Connect. Agric. Exper. Stat. 1884. 116. Der Gehalt an Trockensubstanz wird im maximum zu 92.4, im minimum zu 87.3 %, der Gehalt an Proteïn im maximum zu 11.5, im minimum zu 9.00 % angegeben.

Mohrhirse, in verschiedenen Stufen der Reife.

No. 1—4. F. H. Storer. — Wie oben unter No. 9 u. 10. Die Körner entstammten derselben Sorte wie die oben unter No. 10. Sie wurden nach dem Sammeln an der Luft getrocknet und enthielten im lufttrocknen Zustande bezw. 5.67, 5.97 und 7.19 % Wasser.

Leguminosen. Erbsen.

*) Ueber Erbsen bemerkt Boussingault in seinem Buche die „Landwirthschaft“ etc. 1. 309, dass eine noch ziemlich unvollkommene Analyse über die Zusammensetzung der Erbse zu folgendem Resultate zu führen scheine:

Legumin	Amylum	Fett	Traubenzucker?	Holzfaser, Pectinsäure	Gummi	Salze	Wasser u. Verlust
20.4	47.0	2.0	2.0	11.0	5.0	3.0	9.6 %.

Aus Moleschott's Physiologie der Nahrungsmittel. Giessen, 1859. II. 118 sind nachstehende Analysen zu entnehmen:

	Legumin	Eiweiss	Kleberart. Stoff	Zellstoff	Stärkemehl	Dextrin	Zucker	Fett	Chlorophyll	Salze	Wasser
Einhof	14.56	1.72	—	54.33 (Zellstoff u. Stärkemehl)		6.37	2.11	—	—	2.50	14.06
Braconnot . .	18.40	—	8.00	49.00 (Zellstoff u. Stärkemehl)		5.73	2.00	—	1.20	2.00	12.50
Johnston . . .	24.0 (Legumin, Eiweiss, Kleberart. Stoff)			9.0	50.0 (Stärkemehl, Dextrin, Zucker)			2.1	—	3.0	14.0
Payen, unreife	23.95			1.80	55.26			1.89	—	2.36	—
Payen, reife .	22.51			3.31	55.51			1.99	—	1.98	—

„Payen's Zahlen sind auf den mittleren Gehalt an festen Bestandtheilen zurückgeführt“ (85.26 u. 85.30 %).

No. 1 u. 2. E. N. Horsford. — Ann. d. Chem. u. Pharm. (1846). 58. 166. In den Felderbsen von Giessen (No. 2) bestimmte Krocker den Stärkemehlgehalt und fand denselben zu 38.75 % in % der trocknen Substanz. Im Original ist der N-Gehalt der Nh. Substanz zu 15.7 % angenommen, wir nahmen solchen zu 16 % an.

No. 3 u. 4. J. B. Boussingault. — Dessen: „Die Landwirthsch. in ihren Beziehungen zur Chemie etc.“ 2. 175. 3. 200.

No. 5—10. Thom. Way, Ward u. Eggar. — J. R. Agric. Soc. England. 9. I. 147 u. 10. II. 495. Nh. Substanz von uns aus dem angegebenen N-Gehalt berechnet.

No.	Bezeichnungen und Bemerkungen	Jahr der Untersuchung	In der ursprünglichen Substanz: Wasser %	Nh-Substanz %	Rohfett %	Nfr. Extractstoffe %	Rohfaser %	Asche %	In der Trockensubstanz: Nh-Substanz %	Rohfett %	Nfr. Extractstoffe %	Rohfaser %	Asche %	Stickstoff in der Trockensubstanz %
11	Gray Field-Peas	1852	11.94	23.88	3.30	—	—	2.25	27.12	3.75	—	—	2.56	4.34°
12	Maple Peas	„	13.63	19.13	1.72	—	—	2.04	22.12	1.99	—	—	2.36	3.54°
13	Felderbsen aus Schleissheim	1856	13.62	22.94	—	—	—	3.71	26.56	—	—	—	2.91	4.25
14	Böhmische Felderbsen aus dem Garten	„	8.99	27.38	—	—	—	—	30.06	—	—	—	—	4.81
15	Grüne Auslöserbsen	„	9.54	27.54	—	—	—	3.12	30.44	—	—	—	3.45	4.87
16	Felderbsen aus Sachsen	1857	15.23	19.84	—	—	6.52	2.70	23.41	—	65.73	7.67	3.19	3.75
17	Desgl.	„	13.20	21.80	2.10	54.40	6.10	2.40	25.11	2.42	62.68	7.03	2.76	4.02
18	Grüne aus der Mark Brandenburg . .	1861	14.30	23.15	3.56	50.05	6.04	2.90	27.02	4.15	58.40	7.05	3.38	4.32
19	Weisse aus der Mark Brandenburg . .	„	14.30	21.87	2.06	51.64	7.33	2.80	25.50	2.40	60.28	8.55	3.27	4.08°
20	Aus dem mittleren Schweden	„	15.03	24.38	1.51	—	4.30	2.78	28.70	1.78	61.19	5.06	3.27	4.59
21	Saaterbsen, 1 hl wiegt 81.21 kg . .	1862	12.12	24.32	—	—	—	2.10	27.68	—	—	—	2.39	4.43
22	Gebrauchserbsen, 1 hl wiegt 80.47 kg .	„	11.56	24.26	—	—	—	2.05	27.44	—	—	—	2.83	4.39
23		„	13.86	20.64	2.12	52.53	8.12	2.73	23.96	2.46	60.98	9.43	3.17	3.83
24	Felderbse	„	14.10	23.40	2.00	48.00	10.00	2.50	27.24	2.32	55.90	11.64	2.90	4.36
25		1865	16.64	23.07	2.28	49.35	5.66	3.00	27.69	2.74	59.19	6.78	3.60	4.43°
26		„	13.20	21.52	3.07	54.50	4.29	3.42	24.81	3.54	62.77	4.94	3.94	3.97°
27		„	14.18	21.60	2.96	51.17	6.90	3.19	25.19	3.45	60.60	7.04	3.72	4.03°
28	Gemeine Erbse	1866	16.43	22.08	1.86	52.66	5.21	1.76	26.44	2.23	62.98	6.24	2.11	4.23°
29	Preussische graue Erbse	1867	13.98	24.19	0.64	54.79	4.22	2.18	28.13	0.74	63.70	4.90	2.53	4.50°
30		1868	14.33	20.31	1.41	55.96	5.23	2.76	23.69	1.65	65.34	6.10	3.22	3.79
31		1871	14.56	23.00	1.62	52.55	5.48	2.79	26.94	1.90	61.49	6.41	3.26	4.31
32		„	16.05	23.58	1.56	48.98	5.62	3.21	28.13	1.87	59.49	6.69	3.82	4.50
33		„	16.28	22.31	1.98	50.23	5.90	3.30	26.63	2.36	60.03	7.04	3.94	4.26
34		„	22.12	25.67	2.13	41.90	5.42	2.76	32.94	2.73	53.83	6.96	3.54	5.27
35		„	14.22	24.63	1.44	51.25	5.57	2.89	28.69	1.68	59.77	6.49	3.37	4.59
36		1872	15.19	24.35	1.42	50.67	5.51	2.86	28.69	1.67	59.80	6.50	3.37	4.59
37		„	16.38	24.01	1.40	49.97	5.43	2.81	28.69	1.67	59.79	6.49	3.36	4.59
38		1875	15.46	26.12	1.70	45.94	7.83	2.95	30.88	2.01	54.36	9.26	3.49	4.94

No. 11 u. 12. Thom. Anderson. — Trans. Highl. Soc. Scotland. März 1851 bis Juli 1853. Nh. Substanz von uns aus dem angegebenen N-Gehalt berechnet.

No. 13—15. W. Mayer. — Ergebnisse agriculturchem. Versuche d. V.-St. München. 1. 1857. 1.

No. 16. W. Knop u. R. Arendt. — 5. Ber. d. V.-St. Möckern. Leipzig, 1857. 83. Nh. Substanz von uns nach dem N-Gehalt berechnet.

No. 17. H. Grouven. — Dessen: „Vorträge über Agriculturchemie". 2. Aufl. Köln, 1862. 349.

No. 18 u. 19. H. Hellriegel. — 4. u. 5. Jahresber. d. V.-St. Dahme 1862. 34. Die grüne Erbse (No. 18) war als Saatgut im Jahre 1859 nach Heinsdorf bei Dahme bezogen und mit der dort heimischen gelben Erbse (No. 19) vergleichend auf leichtem, aber in gutem Düngungszustande befindlichem Boden unter ganz gleichen Verhältnissen angebaut worden.

No. 20. C. M. Eisenstuck. — L. V.-St. 3. (1861). 237. Im mittleren Schweden auf zwar gutem, aber ausgetragenem und ungedüngtem Boden gewachsen. Die „Cellulose" wurde durch Einwirkung von 3%iger Salzsäure und 3%iger Natronlauge auf die Substanz gewonnen.

No. 21 u. 22. C. Schmidt. — Livländer Jahrb. d. Landw. 16. 1863. 137. Die beiden Erbsen wuchsen auf ein und demselben Felde, „lehmhaltiger" Boden. Näheres siehe unter Roggen-Analysen desselben Autors. Die Analyse ergab ausserdem:

	Lufttrocken No. 21	Lufttrocken 22	Wasserfrei No. 21	Wasserfrei 22
Stärkemehl	50.61	50.02	57.59	56.56%
Cellulose	10.85	12.11	12.35	13.69 „

No. 23. E. Peters. — Ann. d. Landw. in Preussen 1862. II. 278.

No. 24. A. Voelcker. — Hoffmann's Jahresber. 8. 1865. 314. (Farmer's magaz. 1865. 527.) In Procenten der lufttrocknen Substanz enthielt die Erbse: Stärkemehl 37.0, Traubenzucker 2.0, andere Nfr. Stoffe 9.0 %.

No. 25. V. Hofmeister. — L. V.-St. 8. 1866. 352.

No. 26. J. Lehmann u. Joh. Seyffert. — Amtsbl. f. d. landw. Ver. Sachsens 1865. 59.

No. 27. Ed. Peters. — Ann. d. Landw. in Preussen. 25. II. 1867. 6.

No. 28. V. Hofmeister u. R. Brandes. — L. V.-St. 12. 1869. 9.

No. 29. M. Siewert. — Ztschr. d. landw. Centralv. f. d. Prov. Sachsen. 15. 1868. 103. Nh. Substanz von uns berechnet. Die Erbsen wurden 1867 zu Königsborn im Gemenge mit Bohnen und etwas Wicken unter Umständen gebaut, die für die Bohnen so ungünstig waren, dass sie in Körnern und Stroh nur einen sehr geringen Antheil der Ernte ausmachten. In Procenten der lufttrocknen Substanz enthielt die Erbse 2.14% Zucker. Der botanische Name dieser Erbse ist nach Alefeld Pis. sat. borussicum, zur Varietätengruppe Pis. sat. glaucospermum gehörend.

No. 30—39. E. Heiden (V.-St. Pommritz). — Ber. d. V.-St. 1868/69. 27. 1876 u. 1877. (Beiträge zur Ernährung des Schweines) und Originalmittheilung. Die Aschen waren sandhaltig und betrug die sandfreie Asche:

bei No. 30	31	32	33	34	35	36	37	38	39
2.18	2.64	2.98	3.25	2.46	2.79	2.76	2.72	2.63	2.61 %.

No.	Bezeichnungen und Bemerkungen	Jahr der Untersuchung	In der ursprünglichen Substanz						In der Trockensubstanz					Stickstoff in der Trocken-Substanz
			Wasser %	Nh-Substanz %	Rohfett %	Nfr. Extractstoffe %	Rohfaser %	Asche %	Nh-Substanz %	Rohfett %	Nfr. Extractstoffe %	Rohfaser %	Asche %	%
39		1875	16.20	25.89	1.68	45.54	7.76	2.93	30.88	2.00	54.36	9.26	3.50	4.94
40		1870	13.56	23.88	1.96	50.90	6.17	3.53	27.63	2.27	62.70	7.13	4.08	3.80^{0}
41		1871	14.93	22.81	1.56	56.30	2.20	2.20	26.81	1.83	66.18	2.59	2.59	4.29
42	Aus Cherson, Südrussland	1872	12.80	23.98	2.33	54.86	3.60	2.43	27.50	2.67	62.91	4.13	2.79	4.40^{0}
43		1873	—	—	—	—	—	—	28.56	1.82	60.15	6.23	3.24	4.57
44	{ Grosse Körner	1875	12.12	22.84	3.58	54.84	4.09	2.53	25.99	4.07	62.41	4.65	2.88	4.16
45	{ Kleine Körner	„	10.42	24.58	3.48	52.88	6.36	2.58	27.43	3.88	58.76	7.05	2.88	4.39
46		„	17.53	21.86	1.47	50.14	6.25	2.75	26.50	1.78	60.80	7.58	3.34	4.24
47	Gute, leichtbrechende	1872	15.41	19.35	2.79	54.64	5.53	2.28	22.87	3.30	64.60	6.54	2.69	3.66
48	Schwerbrechende	„	15.25	23.35	2.46	49.92	6.59	2.43	27.55	2.90	58.90	7.78	2.87	4.41
49	Hartkochende, a. d. Gegend v. Wittenberg	1873	—	20.12	—	—	—	—	—	—	—	—	—	—
50	Weichkochende, a. d. Gegend v. Wittenberg	„	—	21.69	—	—	—	—	—	—	—	—	—	—
51		1877	16.97	22.00	1.24	52.35	4.78	2.66	26.50	1.49	63.02	5.76	3.20	4.24^{0}
52		„	13.12	21.44	0.98	56.91	5.06	2.49	24.69	1.13	65.49	5.82	2.87	3.95^{0}
53		„	13.96	18.31	1.14	59.38	4.48	2.73	21.25	1.32	69.05	5.21	3.17	3.40^{0}
54		„	12.39	24.18	0.74	54.57	4.97	3.15	27.63	0.84	62.27	5.67	3.59	4.42^{0}
55		„	13.76	20.50	0.74	58.09	4.14	2.77	23.81	0.85	67.33	4.80	3.21	3.81^{0}
56	Mittel v. Analysen verschied. gedüngt. E.	1880	16.77	22.91	—	—	—	—	27.54	—	—	—	—	4.41
57	Schrot	„	11.38	21.66	1.77	55.80	6.92	2.47	24.44	2.00	62.96	7.81	2.79	3.91
58		„	13.90	25.73	1.37	50.22	5.69	3.09	29.88	1.59	58.33	6.61	3.59	4.78
59	Afrikanische	1881	6.50	23.40	6.00	57.85	3.25	3.00	25.04	6.42	61.85	3.48	3.21	4.01
60		„	15.00	18.90	1.40	55.80	6.00	2.90	22.23	1.65	65.65	7.06	3.41	3.56
61		„	15.00	19.40	1.40	53.30	7.70	3.20	22.81	1.65	62.72	9.06	3.76	3.65
62		1882	15.00	21.00	0.80	54.40	6.20	2.60	24.70	0.94	64.01	7.29	3.06	3.95
63	Saaterbsen	1876	13.60	22.91	1.53	54.83	4.62	2.51	26.52	1.77	63.46	5.35	2.90	4.24
64	Mittel v. 6 Analysen verschied. gedüngt. E.	„	11.32	25.28	1.53	54.50	4.67	2.70	28.51	1.72	61.45	5.27	3.05	4.56
65	Weisse Erbse	1882	16.00	23.30	1.70	50.20	6.20	2.60	27.73	2.02	59.78	7.38	3.09	4.44
66	Graue Felderbse	„	16.70	22.70	1.80	47.80	7.20	3.80	27.24	2.16	57.40	8.64	4.56	4.36
	1 Korn wiegt durchschnittl.													
67	Victoria-Erbse . . . . . 0.431 g	1877	11.84	27.75	—	—	4.83	2.99	31.47	—	—	5.48	3.39	5.04
68	Desgl. . . . . 0.334 „	„	11.65	26.66	—	—	4.94	2.89	30.18	—	—	5.59	3.27	4.83
69	Desgl. . . . . 0.280 „	„	11.59	26.78	—	—	5.07	2.78	30.29	—	—	5.73	3.14	4.85

No. 40. R. Sachsse. — Habilitationsschrift. Leipzig, 1872. Die Erbsen enthielten in Procenten der Trockensubstanz 6.5 % Dextrin und 42.44 % Stärke. Zu der Reinasche sind 1.21 % der Trockensubstanz organisch gebundener Schwefel hinzugerechnet worden.

No. 41. C. Kreuzhage (V.-St. Hohenheim). — Landw. Jahrb. 1. 1872. 353.

No. 42. R. Pott (V.-St. Poppelsdorf). — Landw. V.-St. 15. 1872. Nh. Substanz von uns berechnet.

No. 43. G. Kühn (V.-St. Möckern). — Sächs. landw. Ztg. 1875. 156.

No. 44 u. 45. G. Marek. — Landw. V.-St. 19. 1876. 42. Erbsen ein und derselben Sorte.

No. 46. E. Wildt, Tschaplowitz u. Hornberger. — Landw. Jahrb. 6. 1877. 180.

No. 47 u. 48. Emmerling u. H. Hagemann (V.-St. Kiel). — Zusammenstellung von Analysen von Futtermitteln 1871—1877. Kiel, 1877. In 10000 Theilen lufttrocknen Erbsen waren enthalten:

	P_2O_5	CaO	MgO	K_2O	Na_2O	Fe_2O_3
No. 47	35.6	8.6	16.8	96.8	12.2	3.0 Theile
No. 48	29.8	16.2	26.3	72.2	13.0	5.2 „

No. 49 u. 50. H. Ritthausen. — Fühling's neue landw. Ztg. 1873. 511.

No. 51—55. J. König u. C. Krauch (V.-St. Münster). — Originalmitthl.

No. 56. E. Wein — Ztschr. d. landw. Ver. in Bayern 1880. 257. Humoser Kalkboden. Vergl. d. Analysen gedüngter Erbsen.

No. 58. H. Weiske (V.-St. Proskau). — Landw. Jahrb. 1880. 205 und J. f. Landw. 27. 1879. 323. Die Erbse enthielt in % der Trockensubstanz 0.21 % Schwefel.

No. 59. C. Kreuzhage (V.-St. Hohenheim). — Landw. Jahrb. 1881. 594. Die Erbsen enthielten 4.780 % Gesammt-N, 0.543 % Nichteiweiss-N, 4.237 % Eiweiss-N = 26.48 % Eiweiss.

No. 59. R. Heinrich. — Bericht d. V.-St. Rostock. Wismar, 1882. 75.

No. 60—62. M. Märcker (V.-St. Halle). — Originalmittheilung.

No. 63 u. 64. E. Heiden u. Th. Wetzke. — Denkschrift d. V.-St. Pommritz 1882. Studien über schweren Boden. 101.

No. 65 u. 66. Troschke (V.-St. Regenwalde). — Biedermann's Centralbl. f. Agriculturchem. 1883. 490.

No. 67—72. E. Wollny. — J. f. Landw. 25. 1877. 133.

No.	Bezeichnungen und Bemerkungen	Jahr der Untersuchung	In der ursprünglichen Substanz: Wasser %	Nh-Substanz %	Rohfett %	Nfr. Extractstoffe %	Rohfaser %	Asche %	In der Trockensubstanz: Nh-Substanz %	Rohfett %	Nfr. Extractstoffe %	Rohfaser %	Asche %	Stickstoff in der Trockensubstanz %
	1 Korn wiegt durchschnittl.													
70	Victoria-Erbse . . . . . 0.236 g	1877	11.14	24.47	—	—	5.30	2.76	27.53	—	—	5.96	3.11	4.40
71	Desgl. . . . . 0.195 „	„	11.33	25.94	—	—	5.25	2.82	29.26	—	—	5.92	3.18	4.68
72	Desgl. . . . . 0.145 „	„	11.08	28.10	—	—	6.17	2.86	31.61	—	—	6.94	3.22	5.06
	Minimum		6.50	18.29	0.64	46.34	2.23	1.82	21.25	0.74	53.83	2.59	2.11	3.40
	Maximum		22.12	28.35	5.53	59.44	10.02	3.93	32.94	6.42	69.05	11.64	4.56	5.27
	Mittel		13.92	23.15	1.89	52.68	5.68[1])	2.68	26.89	2.19	61.21	6.60[1])	3.11	4.30
	Geschälte Erbsen.													
1	Grüne	1855	12.73	21.67	1.92	57.65	3.22	2.80	24.82	2.21	66.01	3.76	3.20	3.97
	Erbsenschrot.*)													
1		1859	16.90	24.06	3.00	46.14	6.70	3.20	28.94	3.61	55.54	8.06	3.85	4.63
2		1860	14.63	20.88	2.08	56.17	4.20	2.04	24.45	2.43	65.81	4.92	2.39	3.91
3		1873	—	—	—	—	—	—	26.02	2.12	59.68	8.70	3.48	4.16
4		1875	15.77	22.69	1.79	50.77	5.98	3.00	26.94	2.12	60.28	7.10	3.56	4.31
5		„	19.32	23.22	0.58	47.09	6.32	3.47	28.78	0.72	58.39	7.83	4.30	4.60
6		„	13.27	21.01	1.78	56.97	4.62	2.35	24.22	2.05	65.69	5.33	2.71	3.88
	Mittel		15.98	22.32	1.82	51.17	5.87	2.84	26.56	2.17	60.90	6.99	3.38	4.25
	Erbsen, in verschiedener Düngung.													
1	Ungedüngt	1878	13.63	18.81	—	—	—	2.95	21.78	—	—	—	3.42	3.48
2	Gedüngt	„	13.73	23.10	—	—	—	2.97	26.77	—	—	—	3.44	4.28
3	Ungedüngt	1880	16.15	22.06	—	—	—	—	26.32	—	—	—	—	4.21
4	Wasserlösliche Phosphorsäure (Superph.)	„	19.82	23.94	—	—	—	—	29.85	—	—	—	—	4.78
5	Neutralisirter phosphorsaurer Kalk . .	„	11.86	24.31	—	—	—	—	27.59	—	—	—	—	4.41
6	Basisch phosphorsaurer Kalk	„	15.95	21.81	—	—	—	—	25.89	—	—	—	—	4.14
7	Phosphorsaure Thonerde	„	17.35	22.38	—	—	—	—	27.08	—	—	—	—	4.33
8	Phosphorsaures Eisenoxyd	„	16.28	22.75	—	—	—	—	27.16	—	—	—	—	4.35
9	Freie Phosphorsäure	„	19.96	23.13	—	—	—	—	28.99	—	—	—	—	4.64
10	Mittel	—	16.77	22.91	—	—	—	—	27.51	—	—	—	—	4.40

[1]) Mittel für Holzfaser von No. 16 an.

Geschälte Erbsen.

No. 1. Poggiale. — Weende'r Jahresber. 1855|56. II. 20. (N. J. Pharmac. 30. 180.)

Erbsenschrot.

*) Unter der Bezeichnung Erbsenschrot, Erbsenmehl u. dergl. wurden ausserdem Futtermittel mit höherem Rohfasergehalte zusammengefasst, deren Analysen wir in dem Abschnitte Gewerbliche Abfälle bringen.

No. 1. F. Crusius u. E. Schickedanz. — L. V.-St. 1. 1859. 101. Nh. Substanz von uns berechnet.

No. 2. H. Hellriegel u. R. Ulbricht. — Ann. d. Landw. in Preussen 1861. 1. 70. Die nähere Analyse ergab:

	In Wasser lösl. Proteïn	In Säure lösl. Proteïn	In Alkalien lösl. Proteïn	Zucker u. Gummi	Stärke	Pektinkörper
Frisch . . .	11.34	7.41	1.85	4.58	27.33	24.26 %
Trocken . .	13.28	8.68	2.17	5.37	32.02	28.41 „

No. 3. E. Wolff u. C. Kreuzhage (V.-St. Hohenheim). — Württemberg. Wochenbl. f. Landw. 1873. 262.

No. 4—6. E. Wolff u. G. Dittmann. — Landw. Jahrb. 8. 1879. I. Supplem. 201 u. 225.

Erbsen, in verschiedener Düngung.

No. 1 u. 2. E. Wein. — Hoffmann's Jahresber. 1878. 440. Auf sterilem Kalkkiesboden in Kästen von 1 qm Flächenraum gebaut; 1 Kasten blieb ungedüngt, der andere erhielt eine Düngung von 80 g Phosphat (worin 12 g wasserlösliche und 3 g unlösliche P_2O_5) und 2 g Stickstoff. Jeder der Kästen wurde mit 150 Erbsen von je 0.13 g Gewicht besäet. Die Ernte am 1. October lieferte:

	Körner	Stroh	Hülsen
Ungedüngt	264	270	61 g
Gedüngt	613	570	117 „

No. 3—10. E. Wein. — Ztschr. d. landw. Ver. in Bayern 1880. 257. Auf humosem Kalkboden gewachsen. Pro qm gedüngt mit je 10 g Phosphorsäure in verschiedener Form.

No.	Bezeichnungen und Bemerkungen	Jahr der Untersuchung	In der ursprünglichen Substanz						In der Trockensubstanz					Stickstoff in der Trockensubstanz
			Wasser	Nh-Substanz	Rohfett	Nfr. Extractstoffe	Rohfaser	Asche	Nh-Substanz	Rohfett	Nfr. Extractstoffe	Rohfaser	Asche	
			%	%	%	%	%	%	%	%	%	%	%	%
11	Aussaat-Erbsen	1876	13.60	22.91	1.53	54.83	4.62	2.51	26.52	1.77	63.46	5.35	2.90	4.24
12	I. Ungedüngt, 1876er Ernte . . .	„	11.23	23.52	1.58	56.90	4.45	2.32	26.50	1.78	64.11	5.01	2.60	4.24
13	II. Ungedünet, 1876er Ernte . . .	„	12.09	25.39	1.39	53.98	4.63	2.52	28.89	1.58	61.42	5.27	2.84	4.62
14	III. Aetzkalk, 1876er Ernte	„	11.68	25.78	1.55	53.09	5.07	2.83	29.20	1.76	60.14	5.74	3.16	4.67
15	IV. Schwefels. Ammoniak, 1876er E.	„	12.08	25.90	1.48	52.66	4.70	3.18	29.47	1.68	59.92	5.35	3.58	4.72
16	V. Phosphorsaurer Kalk, 1876er Ernte	„	11.46	25.96	1.65	52.48	5.27	3.18	29.33	1.86	59.29	5.95	3.57	4.69
17	VI. Schwefelsaures Kali, 1876er Ernte	„	9.37	25.09	1.52	57.81	3.89	2.32	27.68	1.68	63.79	4.29	2.56	4.43
18	1. Ungedüngt	1883	11.15	20.53	—	—	—	—	23.12	—	—	—	—	3.70
19	2. Stickstoff	„	12.04	24.36	—	—	—	—	27.65	—	—	—	—	4.42
20	3. Kali (200 kg)	„	12.17	22.94	—	—	—	—	26.12	—	—	—	—	4.18
21	4. Phosphorsäure (150 kg)	„	11.97	24.03	—	—	—	—	27.31	—	—	—	—	4.37
22	5. Stickstoff und Kali (200 kg) . .	„	12.08	22.50	—	—	—	—	25.60	—	—	—	—	4.10
23	6. Phosphors. (150 kg) u. Kali (100 kg)	„	11.57	21.08	—	—	—	—	23.84	—	—	—	—	3.81
24	7. Phosphorsäure (150 kg), Kali (ClK) (200 kg) und Stickstoff	„	12.28	22.40	—	—	—	—	25.53	—	—	—	—	4.08
25	8. Phosphorsaures Kalium, Stickstoff .	„	12.28	19.65	—	—	—	—	22.41	—	—	—	—	3.59
26	9. Stickstoff	„	12.41	24.09	—	—	—	—	27.52	—	—	—	—	4.40
27	10. 150 kg wasserlösl. Phosphorsäure u. Stickstoff	„	12.70	20.80	—	—	—	—	23.83	—	—	—	—	3.81
28	11. 150 kg citratlösl. Phosphorsäure u. Stickstoff	„	11.80	22.12	—	—	—	—	25.08	—	—	—	—	4.01
29	12. 300 kg wasserlösl. Phosphorsäure u. Stickstoff	„	12.22	20.20	—	—	—	—	22.99	—	—	—	—	3.68
30	13. 300 kg citratlösl. Phosphorsäure u. Stickstoff	„	12.88	21.95	—	—	—	—	25.06	—	—	—	—	4.01
31	14. 450 kg wasserlösl. Phosphorsäure u. Stickstoff	„	12.32	19.88	—	—	—	—	22.67	—	—	—	—	3.63
32	15. 450 kg citratlösl. Phosphorsäure u. Stickstoff	„	11.97	19.00	—	—	—	—	21.59	—	—	—	—	3.45
33	16. 750 kg schwefelsaures Calcium .	„	12.27	19.60	—	—	—	—	22.22	—	—	—	—	3.56

No. 11—17. E. Heiden u. Th. Wetzke. — Denkschrift d. V.-St. Pommritz 1882. Studien über schweren Boden. 101. Näheres siehe bei Analysen gedüngten Roggenstroh's von denselben Verfassern. Der Sandgehalt war höchst geringfügig und schwankte von 0.00—0.04 %. Der Ertrag der Parzellen, berechnet auf 1/4 ha, betrug:

	Parzelle I.	II.	III.	IV.	V.	VI.	
Körner	607.13	571.89	480.28	275.78	608.48	673.53	kg
Stroh	928.31	948.64	1315.90	907.78	1057.06	1149.21	„

No. 18—33. Paul Wagner (V.-St. Darmstadt). — Landw. Jahrb. 12. 1883. 643. Bei des Autors Arbeiten „Beiträge zur Ausbildung der Düngungslehre" kamen auch Düngungsversuche zu Erbsen zur Ausführung, bei welchen das untersuchte Material gewonnen wurde. Bezüglich der Einzelnheiten der Ausführung des Verf. verweisen wir auf das Original, wir beschränken uns auf Erwähnung des Nachstehenden: Die Versuche wurden in cylindrischen Zinkgefässen von 50 cm Höhe u. 25 cm Durchmesser ausgeführt, die mit gut gemischtem Boden angefüllt waren. In jeden Cylinder wurden 24 Erbsen, je 2 in 12 Löcher gepflanzt. Die Erbsen waren sorgfältig ausgelesene Felderbsen. Ausser der Düngung waren die Vegetationsverhältnisse thunlichst die gleichen. Die Düngung bestand, pro Hectar berechnet, da, wo N gegeben wurde aus je 50 kg N in Form von salpetersaurem Natrium, da, wo Kali gegeben wurde, aus je 200 kg K_2O in Form von Chlorkalium, nur bei Gefäss 6 wurde nur halb so viel gegeben und bei 8 wurde dasselbe (200 kg) als phosphorsaures Kalium gegeben. Mit Ausnahme dieses letzteren Gefässes wurde die Phosphorsäure in Form von wasserlöslicher P_2O_5 als Knochenaschesuperphosphat gegeben; nur diejenigen Gefässe, bei denen es oben besonders bemerkt, erhielten citratlösliche Phosphorsäure als gefälltes Calciumphosphat. Die Gabe von 750 kg schwefelsaurem Calcium bei Gefäss 16 entspricht derjenigen Menge Calciumsulfat, welche bei Versuch 12 in der angewendeten Menge Superphosphat enthalten ist. Die Erde, welche zu den Versuchen diente, stammte von einem Acker, der als Sandboden des bunten Sandsteingebiets auf der Bodenkarte verzeichnet ist. Die Bodenfläche eines jeden Gefässes war 461 qcm; je 6 Gefässe repräsentirten eine Versuchs-Nummer. Im Mittel der 6 Einzelversuche wurden geerntet:

Versuchs-No.	1	2	3	4	5	6	7	8	9	10	11	12	13	14	15	16	
Körner . . .	74.6	77.6	77.3	81.3	84.0	95.3	100.5	99.3	76.3	84.8	83.1	77.7	73.9	68.7	71.9	70.0	g
Stroh	107.8	107.5	114.3	125.2	118.3	145.6	150.4	151.1	109.0	126.9	133.4	126.7	132.2	126.6	128.7	103.3	„
Zusammen . .	182.4	185.1	191.6	206.5	202.3	240.9	250.9	250.4	185.3	211.7	216.5	204.4	206.1	195.3	200.6	173.3	„
Auf 100 Stroh wurden geerntet:																	
Körner . . .	69	72	68	65	70	65	66	66	70	67	62	61	57	54	56	68	
Setzt man den Ertrag von ungedüngt = 100 so wurde																	
	100	101.5	105.0	113.2	110.9	132.1	137.5	137.3	101.5	116.0	118.7	112.6	113.0	107.1	109.9	94.8	

erhalten.

No.	Bezeichnungen und Bemerkungen	Jahr der Untersuchung	In der ursprünglichen Substanz						In der Trockensubstanz					Stickstoff in der Trocken-Substanz
			Wasser	Nh-Substanz	Rohfett	Nfr. Extractstoffe	Rohfaser	Asche	Nh-Substanz	Rohfett	Nfr. Extractstoffe	Rohfaser	Asche	
			%	%	%	%	%	%	%	%	%	%	%	%
	Pisum arvense. Sanderbse. Peluschke.													
1	Auf leichtem (Well)-Sand gewachsen, Mecklenburg	1882	16.20	21.4	1.8	49.5	7.0	4.1	25.53	2.15	59.08	8.35	4.89	4.08
2	Aus Gross-Warbelin, Mecklenburg . .	„	16.80	21.8	1.5	51.8	5.8	2.3	26.18	1.80	62.29	6.97	2.76	4.19
3	Aus Melln, Mecklenburg	„	14.70	23.3	1.4	52.1	6.0	2.5	27.31	1.64	61.09	7.03	2.93	4.37
4	„Rothe Sanderbsen"	1887	15.38	22.24	1.15	51.96	5.31	3.09	26.26	1.34	62.47	6.28	3.65	4.20
5	Peluschken	—	15.89	22.02	1.13	52.50	5.35	3.11	26.18	1.34	63.43	5.35	3.70	4.19
	Mittel		15.79	22.14	1.39	51.93	5.73	3.02	26.29	1.65	61.67	6.80	3.59	4.21
	Ackerbohnen.*) Vicia Faba L. Feldbohne, Ackerbohne, Puffbohne.													
1	„Grosse weisse Bohnen aus Giessen", dicke Körner von gesundem Aussehen	1845	15.80	24.13	—	—	3.44	3.37	28.69	—	—	4.09	4.01	4.59
2	Feldbohnen	1849	16.00	24.40	1.50	51.50	3.00	3.60	29.04	1.79	61.32	3.57	4.28	4.65
3	Desgl.	„	12.50	31.90	2.00	47.70	2.90	3.00	36.46	2.29	54.51	3.31	3.43	5.83
4	Heligoland or Tick Beans, Saatbohne .	„	13.20	22.31	1.15	—	—	2.54	25.69	1.32	—	—	2.90	4.11°
5	Aus voriger, auf Thonboden gezogen .	„	14.20	17.56	1.25	—	—	2.53	20.44	1.46	—	—	2.94	3.27°
6	Desgl., auf Sandboden gezogen . . .	„	15.80	21.25	1.53	—	—	2.80	25.25	1.82	—	—	3.33	4.04°
7	Mazagan Bean, Saatbohne	„	17.00	19.40	1.47	—	—	2.85	23.38	1.77	—	—	3.43	3.74°
8	Aus voriger, auf Thonboden gezogen .	„	11.00	19.94	—	—	—	2.68	22.43	—	—	—	3.01	3.59°
9	Desgl., auf Sandboden gezogen . . .	„	16.50	21.81	1.71	—	—	2.48	26.12	2.05	—	—	2.97	4.18°
10	Egyptian beans	1852	11.70	26.50	2.29	—	—	4.73	30.00	2.60	—	—	5.35	4.80°
11	Desgl.	„	11.83	26.31	2.20	—	—	3.72	29.87	2.50	—	—	4.22	4.78°
12	Beans, 1 Bushel wiegt 65 Pfund . .	„	15.84	24.31	1.59	—	—	3.36	28.88	1.89	—	—	3.99	4.62
13	Field-Beans, schottische	—	12.56	26.63	1.58	—	—	3.12	30.46	1.81	—	—	3.57	4.87
14	Desgl., fremde	—	12.21	23.13	1.51	—	—	3.14	26.35	1.72	—	—	3.58	4.22
15	Pferdebohnen	—	13.00	20.06	1.22	—	—	3.56	23.05	1.40	—	—	3:99	3.69
16	Saubohnen	1853	14.02	24.21	1.42	44.16	12.63	3.56	28.16	1.65	51.36	14.69	4.14	4.51
17	Alte irische	1855	12.80	24.70	2.40	—	(17.60)	1.80	28.40	2.70	—	(20.00)	2 00	4.54
18	Aegyptische Bohnen	„	10.80	26.60	2.80	—	(18.80)	1.80	30.00	3.10	—	(21.00)	2.00	4.80

Pisum arvense. Sanderbse.

No. 1—3. Troschke. — Wochenschr. d. Pomm. ökonom. Gesellschaft 1883. 33.

No. 4 u. 5. R. Waage. — Biedermann's landw. Centralbl. 16. 1887. 394. (Wiener landw. Ztg. 1887. 287.) In Procenten der lufttrocknen Substanz enthielten die Samen:

	Wirkliches Proteïn	Davon verdaulich	Lösliches Legumin
No. 4	19.63	94.90	11.42 %
No. 5	21.09	88.00	10.89 „

Ackerbohnen.

*) Ueber die Zusammensetzung der Ackerbohne liegen nachstehende Analysen, welche nicht in den Rahmen unserer Zusammenstellung passen, vor; wir entnehmen dieselben Moleschott's Physiologie d. Nahrungsmittel. II. Thl. 122 und Boussingault's „Die Landwirthschaft etc."

	Legumin	Eiweiss	Zellstoff	Stärkemehl	Dextrin	Fett	Extractivstoff	Salze	Wasser	
Einhof . . .	10.86	0.81	10.05	50.06	14.66	—	3.54	9.80	15.63	
Thomson . .	26.31		—	59.55		—	—	3.54	10.60	
Payen . . .	30.80		3.00	48.30		1.90	—	3.50	12.50	Kleine Abart
Payen . . .	24.40		3.00	51.50		1.50	—	3.60	16.00	Gewöhnliche Art
		Zucker								
Boussingault .	27.5	2.0	10.00	38.5	4.5	2.00	—	3.00	12.5	Kleine Bohnen

No. 1. E. N. Horsford. — Ann. d. Chem. u. Pharm. 58. 1846. 166. Nh. Substanz v. uns aus d. N-Gehalt (× 6.25) berechnet.

No. 2 u. 3. J. B. Boussingault. — Dessen: „Die Landwirthschaft in ihren Beziehungen zur Chemie etc." Bd. 3. 45 u. 200. Diese Analysen dürften der vom Autor ermittelten durchschnittl. Zusammensetzung der Bohnen entsprechen.

No. 4—9. Thom. Way unter Betheiligung von Ward u. Eggar. — J. Roy. Agr. Soc. England. 9. I. 150 u. 10. II. 495. Nh. Substanz von uns aus dem angegebenen N-Gehalt berechnet.

No. 10 u. 11. J. B. Lawes. — Ebendaselbst (1853). 14. II. 498 u. Agricult. Chemistry. Pig Feeding, by J. B. Lawes. London, 1854. Nh. Substanz von uns aus dem angegebenen N-Gehalt berechnet.

No. 12—14. Thom. Anderson. — Transact. Highl. u. Agric. Soc. 1851—1853. Nh. Substanz von uns aus dem angegebenen N-Gehalt berechnet.

No. 15. Thom. Anderson. — Nach Wolff's Grundlagen des Ackerbau's. Leipzig, 1856. 941.

No. 16. Poggiale. — Weende'r Jahresber. 1855/56. 20. (N. f. Pharm. 30. 180.) Rohfaser wurde bestimmt, indem mit Wasser und Aether extrahirte Substanz mit Malzaufguss digerirt und vom Gewicht des Rückstandes die ermittelte Menge der Nh. Substanzen abgezogen wurde.

No. 17 u. 18. Arch. Polson. — Ebendaselbst 1855/56. 19. (Chem. Gaz. 1855. 211. J. f. prakt. Chemie. 66. 320.)

No.	Bezeichnungen und Bemerkungen	Jahr der Untersuchung	In der ursprünglichen Substanz						In der Trockensubstanz					Stickstoff in der Trockensubstanz
			Wasser	Nh-Substanz	Rohfett	Nfr. Extractstoffe	Rohfaser	Asche	Nh-Substanz	Rohfett	Nfr. Extractstoffe	Rohfaser	Asche	
			%	%	%	%	%	%	%	%	%	%	%	%
19	Bâtardes coulonnoises	1855	17.88	21.43	—	—	—	—	24.88	—	—	—	—	3.88
20		„	14.40	25.46	—	—	11.41	3.40	29.74	—	—	13.33	3.97	4.76
21	Mazagan aus Schleissheim, seichter Kalkb.	1856	12.49	27.69	—	—	—	—	31.63	—	—	—	—	5.06
22	Desgl., aus Pöttmes (Ober-Bayern) . .	„	11.84	26.56	—	—	—	—	30.12	—	—	—	—	4.82
23	Gute Lehmerde, „Thonboden“ . . .	1858	14.35	26.12	—	—	5.85	3.19P	30.50	—	—	6.83	3.73P	4.88
24	Dieselbe mit Kreide gemischt, „Kalkbod.“	„	14.35	26.82	—	—	8.03	3.25P	31.31	—	—	9.38	3.79P	5.01
25	Dieselbe mit Gyps gemischt, „Kalkboden“	„	14.35	29.76		—	6.44	3.25P	34.75	—	—	7.52	3.79P	5.56
26	Todter Sand mit Lehmerde gemischt, „Sandboden“	„	14.35	29.87	—	—	·6.24	2.98P	34.88	—	—	7.29	3.48P	5.58
27		1865	14.80	23.30	2.00	46.50	10.00	3.40	27.35	2.35	54.57	11.74	3.99	4.38
28	Pferdebohnen, grosse Körner, 1.249 g spec. Gewicht	1874	13.00	24.23	2.28	49.74	8.11	2.64	27.84	2.62	57.19	9.32	3.03	4.45
29	Desgl., kleine Körner, 1.275 g spec. Gew.	„	12.75	25.41	2.01	45.43	11.57	2.83	29.12	2.30	52.08	13.26	3.24	4.66
30	Desgl., aus Italien	1877	15.31	22.43	2.58	42.46	12.64	4.58	26.49	3.07	50.10	14.93	5.41	4.24
31	Desgl., aus Zwätzen	„	14.35	26.63	1.11	46.08	8.39	3.25	31.10	1.30	53.80	9.80	3.80	4.90
32	Aus vorigen, auf ungedüngt. Boden gezogen	„	14.35	20.21	3.25	50.62	8.65	2.74	23.60	3.80	59.10	10.10	3.20	3.70
	In Italien gewachsen.													
33	Mittel v. Analysen verschieden gedüngter Bohnen	„	7.87	29.93	—	—	—	3.58	32.47	—	—	—	3.88	5.20
34		1878	15.30	27.81	3.12	40.37	8.80	4.60	32.84	3.68	47.66	10.39	5.43	5.25
35		„	13.26	24.43	1.35	52.85	5.72	3.19	28.17	1.56	59.99	6.60	3.68	4.51
36		„	12.82	18.31	1.18	59.46	5.01	3.22	21.00	1.35	68.21	5.75	3.69	3.36
37		„	9.18	25.27	1.09	52.70	8.63	3.18	27.82	1.20	57.98	9.50	3.50	4.45
38		„	13.75	25.51	1.16	49.51	6.12	3.95	29.57	1.34	57.42	7.09	4.58	4.73
39		„	9.50	22.56	0.96	55.99	8.28	2.71	24.93	1.06	61.87	9.15	2.99	3.99
40	Mittel verschiedener Analys., 1879er E.	1879	12.65	22.63	1.50	51.11	8.62	3.43	25.91	1.72	58.50	9.94	3.93	4.15
41	Desgl., 1880er Ernte	1880	15.55	21.47	1.43	51.68	5.82	4.05	25.40	1.69	61.23	6.89	4.79	4.06
42		1878	14.00	28.65	1.41	45.86	6.87	3.20	33.31	1.64	53.33	7.99	3.73	5.33
43	Von tadelloser Beschaffenheit	1879	14.35	27.99	1.35	45.27	7.50	3.00	32.68*)	1.58	52.85	8.76	3.50	5.23
44	Vom Stuttgarter Markt	1880	16.55	26.29	1.51	44.27	8.79	2.59	30.90	1.81	53.66	10.53	3.10	4.94
45	Pferdebohnen aus dem Elsass . . .	„	14.99	25.09	1.23	49.54	6.40	2.75	29.51	1.45	58.28	7.53	3.23	4.72
46	Desgl.	„	14.59	26.22	1.09	49.45	6.24	2.41	30.70	1.27	57.90	7.31	2.82	4.91
47	Desgl.	„	17.85	23.36	1.20	48.33	6.27	2.99	28.43	1.46	58.84	7.63	3.64	4.55

No. 19. Corenwinder u. Dufau. — Weender Jahresber. 1855/56. 21. (Ann. d'agricult. franc. 6. 330.)
No. 20. H. Scheven. — Mitthl. aus Waldau. I. 7.
No. 21 u. 22. W. Mayer (V.-St. München). — Ergebnisse agriculturchem. Versuche. 1. 26. München, 1857.
No. 23—26. W. Knop u. H. Ritter (V.-St. Möckern). — L. V.-St. 1. 1859. 3 u. 17. In Kästen, die mit oben bemerkten Bodenmischungen gefüllt, gezogen. Die Böden wurden mit etwas Guano gedüngt.
No. 27. Aug. Voelcker. — Hoffmann's Jahresber. 1865. 314. (Farmers magazine 1865. 328.) An näheren Bestandtheilen wurden ferner ermittelt, in % der lufttrocknen Substanz: Stärke 36.00 %, Traubenzucker 2.00 %, Pectinstoffe 4.00 % und Gummi 4.50 %.
No. 28 u. 29. G. Marek. — L. V.-St. 19. 1876. 40.
No. 30. A. Pasqualini. — Ann. Staz. Agrar. Forli VI. 1877. 48. An näheren Bestandtheilen wurden ferner ermittelt, in % der lufttrocknen Substanz: Stärke 33.62 %, Zucker 1.30 %, sonstige Nfr. Extraktstoffe; ausserdem sind an Verlust angegeben 0.42 %, an in Wasser löslichen Stoffen 10.33 %, davon Salze 1.85 %, N 0.334 %, N als Ammoniak 0.023 %.
No. 31 u. 32. R. Pott. — L. V.-St. 25. 1880. 57. Das Saatgut war 1867 auf dem Zwätzener Versuchsfelde geerntet. Das Feld, auf welchem die 1878er Ernte gewonnen wurde, trug 1875 Leindotter, 1876 Mais, beide ohne Dünger, 1877 Runkelrüben mit Stalldünger. Angegebener N-Gehalt und Gehalt an Nh. Substanz stimmen nicht überein.
No. 33. L. Ridolfi. — Biedermann's Centralbl. f. Agriculturchem. 9. 1880. 153. (Oesterr. landw. Wochenbl. 5. 1879. 526 das. a. L'Agricultura Italiana 1879. 173.) Der Boden war seit 2 Jahren nicht gedüngt, aber von guter Beschaffenheit.
No. 34—39. L. Grandeau (Nancy). — Originalmittheilung.
No. 40 u. 41. L. Grandeau. — Compt. rend. d. travaux du Congrès international. Paris, 1881. 255.
No. 42. E. Wolff, C. Kreuzhage u. O. Kellner. — Landw. Jahrb. 8. 1879. Suppl. I. 78 u. 120. Asche = Reinasche und Sand.
No. 43. O. Kellner. — Ebendaselbst. 10. 1881. 854.
*) In Procenten der Trockensubstanz Nichteiweiss-N 0.444.
No. 44. E. Wolff (V.-St. Hohenheim). — Ebendaselbst.
No. 45—47. C. Weigelt (V.-St. Rufach.) — Ebendaselbst.

No.	Bezeichnungen und Bemerkungen	Jahr der Untersuchung	In der ursprünglichen Substanz: Wasser %	Nh-Substanz %	Rohfett %	Nfr. Extractstoffe %	Rohfaser %	Asche %	In der Trockensubstanz: Nh-Substanz %	Rohfett %	Nfr. Extractstoffe %	Rohfaser %	Asche %	Stickstoff in der Trockensubstanz %
48		1882	10.48	22.72	1.85	57.55	3.58	3.82	25.38	2.06	64.29	4.00	4.27	4.06
49	Pferdebohnen	„	15.00	26.30	1.40	47.10	8.10	2.10	30.93	1.65	55.42	9.53	2.47	4.95
50	Desgl.	„	15.00	22.00	0.80	51.00	8.10	3.00	25.87	0.94	60.13	9.53	3.53	4.14
51	Desgl., 1 Korn wiegt durchschnittl. 0.709 g	„	10.07	29.97	48.66		8.57	2.73	33.33	53.10		9.53	3.04	5.33
52	Desgl., 0.374 g	„	10.41	28.88	48.16		9.95	2.60	32.23	53.77		11.10	2.90	5.16
53	Desgl., 0.260 g	„	10.06	30.37	44.56		12.47	2.54	33.77	49.54		13.87	2.82	5.40
54	Saubohne von Algier, schwerer Boden .	1885	—	—	—	—	—	—	32.56	1.99	—	—	—	5.21^{0}
55	Saubohne von Italien, schwerer Boden .	„	—	—	—	—	—	—	32.50	1.89	—	—	—	5.20^{0}
56	Saubohne von Theben, schwerer Boden	„	—	—	—	—	—	—	34.81	2.12	—	—	—	5.57^{0}
57	Puffbohne Mazagan, schwerer Boden .	„	—	—	—	—	—	—	33.06	2.11	—	—	—	5.29^{0}
58	Puffbohne Johnston, leichter Boden .	„	—	—	—	—	—	—	32.56	1.94	—	—	—	5.21^{0}
59	Erfurter Puffbohne, leichter Boden . .	„	—	—	—	—	—	—	31.44	2.16	—	—	—	5.03^{0}
60	Puffbohne Monarch, leichter Boden . .	„	—	—	—	—	—	—	33.94	1.80	—	—	—	5.43^{0}
61	Pferdebohnen	„	10.28	26.94	9.96	41.71	7.28	3.83	30.03	1.11	56.48	8.11	4.27	4.80
62	Ackerbohnen	1883	—	—	—	—	—	—	28.86	1.70	57.71	8.25	3.48	4.62
63	Desgl.	„	—	—	—	—	—	—	31.40	2.42	53.37	8.80	4.01	5.02
	Minimum		7.87	17.68	0.81	41.25	2.87	1.73	26.44	0.94	47.66	3.31	2.00	3.27
	Maximum		17.85	31.54	3.29	59.01	18.17	4.70	36.46	3.80	68.21	21.00	5.43	5.83
	Mittel		13.49	25.31	1.68	48.33	8.06[1])	3.13	29.26	1.94	55.86	9.32[1])	3.62	4.68

Bohnenschrot.

No.	Bezeichnungen und Bemerkungen	Jahr der Untersuchung	Wasser %	Nh-Substanz %	Rohfett %	Nfr. Extractstoffe %	Rohfaser %	Asche %	Nh-Substanz %	Rohfett %	Nfr. Extractstoffe %	Rohfaser %	Asche %	Stickstoff in der Trockensubstanz %
1	Von sehr guter Qualität	1858	16.49	26.41	—	—	6.60	2.97	31.62	—	—	7.90	3.53	5.06^{0}
2	Von untadeliger Beschaffenheit . . .	1859	17.60	27.60	—	—	3.80	—	33.51	—	—	4.61	—	5.36
3		1861	17.80	26.10	1.64	45.21	6.21	3.04	31.75	2.02	55.01	7.56	3.66	5.08^{0}
4		„	17.80	25.64	1.36	42.56	9.74	2.90	31.19	1.66	51.78	11.85	3.52	4.99^{0}
5		„	19.70	22.67	1.27	44.99	7.93	3.44	28.22	1.58	56.05	9.87	4.28	4.52
6		1863	16.79	24.87	1.59	49.04	4.53	3.18	29.89	1.91	58.93	5.45	3.82	4.78
7		1868	16.30	24.43	2.04	45.29	7.62[1])	4.32	29.19	2.44	54.11	9.10	5.16	4.67
8		„	13.00	27.65	1.90	46.56	7.49[2])	3.40	31.77	2.18	53.53	8.61	3.91	5.08
9		„	18.84	23.89	1.46	46.14	7.22[3])	2.45	29.44	1.80	56.84	8.90	3.02	4.71^{0}
10		1870	14.70	28.63	1.99	44.91	6.39[4])	3.38	33.56	2.33	52.65	7.49	3.97	5.37

No. 48. H. Weiske, M. Schrodt u. M. C. de Leeuw (V.-St. Breslau). — J. f. Landwirthsch. 30. 1882. 404. Rohfaser proteïnfrei, Asche C- und CO_2-frei. Wassergehalt und Zusammensetzung der lufttrocknen Substanz von uns nach den Angaben S. 406 unserer Quelle berechnet.
No. 49 u. 50. M. Märcker (V.-St. Halle). — Privatmittheilung.
No. 51—53. E. Wollny. — J. f. Landwirthsch. 25. 1877. 75. 133.
No. 54—60. E. Flechsig. — L. V.-St. 32. 1886. 182. Die untersuchten Bohnen waren im Sommer 1880 auf dem Proskauer Versuchsfelde angebaut worden unter gleichen Witterungs-, Düngungs- und Bodenverhältnissen.
No. 61. C. A. Goessmann. — Hoffmann's Jahresber. 1885. 408. Massachusett's State Agr. Exp. Stat. Bull. No. 14. 1885.
No. 62 u. 63. E. Wolff und C. Kreuzhage. — Grundlagen für die rationelle Fütterung der Pferde. Berlin, 1885. 101 u. 112.
[1]) Rohfaser von No. 23 an.

Bohnenschrot.
No. 1. W. Henneberg u. F. Stohmann. — J. f. Landwirthsch. 3. 1859. 324.
No. 2. Dieselben. — Ebendaselbst. 5. 1860. 7.
No. 3 u. 4. Dieselben. — J. f. Landwirthsch. 9. 1864. 296.
No. 5. E. Wolff. — L. V.-St. 10. 1868. 86.
No. 6. F. Stohmann (V.-St. Braunschweig). — Ann. d. Landw. i. Preussen. 48. 1866. 202. (3. Ber. d. V.-St. Braunschweig.)
No. 7. G. Kühn u. M. Fleischer. — L. V.-St. 12. 1869. 302.
[1]) Rohfaser proteïnfrei, (proteïnhaltig 9.59% der Trockensubstanz), Asche CO_2-frei.
No. 8. F. Krocker u. H. Weiske. — Ann. d. Landw. i. Preussen. 54. 1869. 49.
[2]) Rohfaser proteïnfrei, Asche CO_2-frei.
No. 9. E. Schulze u. M. Märcker. — J. f. Landw. 1870. 204 u. 294.
[3]) Rohfaser proteïnfrei, Asche CO_2-frei.
No. 10. M. Fleischer (V.-St. Hohenheim). — Ebendaselbst 1871. 371.
[4]) Rohfaser proteïnfrei (proteïnhaltig 7.99%), Asche C- und CO_2-frei.

No.	Bezeichnungen und Bemerkungen	Jahr der Untersuchung	In der ursprünglichen Substanz: Wasser %	Nh-Substanz %	Rohfett %	Nfr. Extractstoffe %	Rohfaser %	Asche %	In der Trockensubstanz: Nh-Substanz %	Rohfett %	Nfr. Extractstoffe %	Rohfaser %	Asche %	Stickstoff in der Trockensubstanz %
11		1870	15.70	25.13	1.56	47.16	7.08[1])	3.37	29.81	1.85	55.94	8.40	4.00	4.77
12		1871	15.50	25.30	1.19	46.77	8.07[1])	3.17	29.94	1.41	55.35	9.55	3.75	4.79
13		1870	18.19	23.67	1.36	47.43	6.29	3.06	28.94	1.66	57.97	7.69	3.74	4.63
14		1872	14.94	21.42	1.23	53.29	6.36	2.76	25.19	1.45	62.63	7.48	3.25	4.03
15		1874	16.03	28.19	1.33	43.84	5.96	4.65p	33.58	1.59	52.19	7.10	5.54p	5.37
16		1876	12.55	24.44	1.94	55.00	2.91	3.16p	27.94	2.22	62.90	3.33	3.61p	4.47
17		„	15.97	29.44	1.25	41.97	7.00	4.37	35.03	1.49	49.95	8.33	5.20	5.60
18		1878	21.40	20.62	1.61	42.96	10.34	3.07	26.23	2.05	54.66	13.15	3.91	4.20
19		„	14.35	24.46	1.74	53.04	3.28	3.13	28.56	2.03	61.93	3.83	3.65	4.57
20		1880	15.75	25.63	1.52	45.73	7.00	4.37	30.42	1.80	54.28	8.31	5.19	4.87
21	Aus Oberschwaben	1882	12.70	31.90	1.70	49.00	1.40	3.30	36.53	1.95	56.14	1.60	3.78	5.84
	Mittel		16.39	25.58	1.56	46.63	6.37	3.47	30.59	1.86	55.91	7.62	4.02	4.89

Ackerbohnen, in verschiedener Düngung.

No.	Bezeichnungen und Bemerkungen	Jahr	Wasser	Nh-Substanz	Rohfett	Nfr. Extractstoffe	Rohfaser	Asche	Nh-Substanz	Rohfett	Nfr. Extractstoffe	Rohfaser	Asche	Stickstoff
1	Ungedüngt	1878	7.14	26.72	—	—	—	3.29	28.78	—	—	—	3.54	4.60
2	100 kg Stickstoff (in Ammoniaksalzen) .	„	8.94	32.88		—	—	3.35	36.10	—	—	—	3.68	5.78
3	65 kg Stickstoff u. 50 kg Phosphorsäure in Kalk-Superphosphat	„	7.30	31.35	—	—	—	3.80	33.79	—	—	—	4.10	5.25
4	200 kg Phosphorsäure in Kalkphosphat	„	8.10	28.77	—	—	—	3.72	31.30	—	—	—	4.05	5.01

Buffbohne. („Natamame".) Canavalia incurva.

No.		Jahr	Wasser	Nh-Substanz	Rohfett	Nfr. Extractstoffe	Rohfaser	Asche	Nh-Substanz	Rohfett	Nfr. Extractstoffe	Rohfaser	Asche	Stickstoff
1		—	15.28	21.65	1.48	46.53	11.47	3.59	25.55	1.76	54.91	13.54	4.24	4.09°

Sandwicke. Vicia villosa.

No.		Jahr	Wasser	Nh-Substanz	Rohfett	Nfr. Extractstoffe	Rohfaser	Asche	Nh-Substanz	Rohfett	Nfr. Extractstoffe	Rohfaser	Asche	Stickstoff
1		1884	16.4	26.0	1.4	43.5	9.6	3.1	31.10	1.67	52.04	11.48	3.71	4.98

Narbonner Futterwicke. Vicia Narbonensis.

No.		Jahr	Wasser	Nh-Substanz	Rohfett	Nfr. Extractstoffe	Rohfaser	Asche	Nh-Substanz	Rohfett	Nfr. Extractstoffe	Rohfaser	Asche	Stickstoff
1		1879	12.77	22.81	0.86	51.52	9.42	2.62	26.14	0.99	59.07	10.80	3.00	4.18

No. 11 u. 12. G. Kühn (V.-St. Möckern). — J. f. Landwirthsch. 1874. 191 u. 1877 Anhang.
[1]) Rohfaser proteïnfrei (proteïnhaltig 8.67%, bezw. 9.74% der Trockensubstanz), Asche C- und CO_2-frei.
No. 13. E. Wolff. — Die landw.-chem. V.-St. Hohenheim. Ein Programm. Berlin, 1870. 99.
No. 14. Th. Dietrich (V.-St. Altmorschen). — Landw. Ztschr. f. d. Rgbz. Cassel 1873. 219.
No. 15. E. Wolff u. C. Kreuzhage. — Landw. Jahrb. 1876. 515.
No. 16. H. Weiske, M. Schrodt u. M. C. de Leeuw. — J. f. Landwirthsch. 27. 1879. 323 u. 334.
No. 17. Holdefleiss (V.-St. Halle). — Ztschr. d. landw. Centralver. d. Prov. Sachsen 1876. 200.
No. 18. J. W. Kirchner. — Jahresb. f. Agrikulturchem. 1878. 749. (Landw. Wochenbl. f. Schleswig-Holstein 1878. 317.)
No. 19. H. Weiske, G. Kennepohl u. B. Schulze. — J. f. Landwirthsch. 28. 1880. 127.
No. 20. W. Henneberg (V.-St. Göttingen). — Landw. Jahrb. 9. 1880. 811.
No. 21. E. Wolff (V.-St. Hohenheim). — Württemberg'sches Wochenbl. f. Landwirthsch. 1883. No. 19. 212.

Ackerbohnen, in verschiedener Düngung.
No. 1—4. L. Ridolfi. — Biedermann's Centralbl. f. Agriculturchem. 1880. 153. (Oesterr. landw. Wochenbl. 1879. 526; daselbst nach L'Agricoltura Italiana 1879. 173.) Zur Düngung von Parzelle unter No. 4 ist zu bemerken, dass nur die Hälfte der Phosphorsäure sich in einem leicht löslichen Zustande befand. Der Boden der Versuchsfläche war von guter Beschaffenheit und seit 2 Jahren nicht gedüngt. Die Ernte pro ha betrug:

	No. 1	2	3	4	
An Körnern	1575	1524	2204	2860	kg
An Stroh	2000	2244	2700	2757	„
1 Hectoliter der Körner	78.75	60.00	71.99	89.37	„

Buffbohne.
No. 1. Osc. Kellner. — Mitthl. d. Deutschen Gesellschaft f. Natur- u. Völkerkunde Ostasiens. Sonderabdruck aus Bd. IV. No. 35. Dieser als „Buffbohne" vom Autor benannte Samen enthielt in % der Trockensubstanz 3.05% Eiweiss-N = 19.06% Eiweiss, 44.84% Stärkemehl.

Sandwicke.
No. 1. Troschke (V.-St. Regenwalde). — Deutsche landw. Presse 1884. 370. Auf leichtestem Sandboden gewachsen.

Narbonner Futterwicke.
No. 1. R. Ulbricht u. Koritsásnky. — Originalmittheilung.

No.	Bezeichnungen und Bemerkungen	Jahr der Untersuchung	In der ursprünglichen Substanz: Wasser %	Nh-Substanz %	Rohfett %	Nfr. Extractstoffe %	Rohfaser %	Asche %	In der Trockensubstanz: Nh-Substanz %	Rohfett %	Nfr. Extractstoffe %	Rohfaser %	Asche %	Stickstoff in der Trockensubstanz %
2	1867er Ernte	—	—	—	—	—	—	—	16.00	2.10	60.40	17.90	3.70	(2.6)°
3	1878er Ernte	—	—	—	—	—	—	—	15.80	2.80	59.50	14.70	(7.20)	(2.5)°
	Mittel		12.77	16.84	1.71	52.04	12.62	4.02	19.31	1.96	59.63	14.47	4.63	3.09
	Wickenkörner. Vicia sativa L. Gemeine Wicke, Futterwicke.													
1		—	14.60	27.30	2.70	(48.90	3.50)	3.00	31.97	2.96	(57.46	4.10)	3.51	5.12
2	Hopetoun-Tares, heimische Saat, E. 1849	1850	16.09	27.88	1.49	—	—	1.49	33.23	1.78	—	—	1.78	5.32
3	Scotch-Tares Ernte 1849	„	8.99	28.13	1.30	—	—	2.50	30.91	1.43	—	—	2.75	4.94
4	Sommerwicken (Spring-Tares), fremde Saat	„	12.13	26.13	1.26	—	—	2.35	29.74	1.43	—	—	2.67	4.76
5	Winterwicken, fremde Saat	„	15.80	26.31	1.59	—	—	2.84	31.26	1.89	—	—	3.37	5.00
6	Wicken von Schleissheim	1856	14.57	21.35	—	—	—	—	25.00	—	—	—	—	4.00
7	Weisse Wicke	1871	13.68	27.81	—	—	6.87	3.61	32.20	—	—	7.96	4.18	5.15
8	Graue Wicke	„	14.36	29.06	—	—	6.22	3.64	33.94	—	—	7.27	4.25	5.43
9	Gewöhnliche Wicke	„	12.93	27.50	—	—	7.17	4.60	31.60	—	—	8.24	5.29	5.06
10	Schrot	1873	13.60	21.70	1.80	50.10	7.10	5.70	25.11	2.12	57.97	8.21	6.59	4.02
11		1882	10.60	27.20	2.50	51.40	5.60	2.70	30.44	2.80	57.47	6.27	3.02	4.87
12		„	12.02	20.37	1.66	57.06	5.77	3.12	23.16	1.89	65.84	6.56	3.55	3.71
	Mittel		13.28	25.90	1.77	49.80	6.02	3.23	29.87	2.04	57.43	6.94	3.72	4.78
	Schminkbohne. Phaseolus vulgaris L. Veits- oder Vitsbohne.													
1	Tischbohnen aus Wien	1845	13.41	24.19	55.27		3.34	3.79	27.94	63.82		3.86	4.38	4.47
2	Schminkbohnen a. d. Elsass	1846	12.50	31.90	2.00	47.70	2.90	3.00	36.46	2.29	54.51	3.31	3.43	5.83
3	Gartenbohnen	„	16.00	24.40	1.50	51.50	3.00	3.60	29.00	1.79	61.36	3.57	4.28	4.74
4	Weisse Bohnen	„	15.00	26.90	3.00	48.80	2.80	3.50	31.96	3.56	56.99	3.33	4.16	5.11
5	Schminkbohne, Kidney-Beans	1852	13.00	19.75	1.22	62.27		3.56	22.69	1.40	71.82		4.09	3.63
6	Weisse	„	19.27	22.75	2.75	45.43	6.24	3.56	30.46	3.41	53.99	7.73	4.41	4.87

No. 2 u. 3. R. Pott. — L. V.-St. 25. 1880. 57. Die untersuchten Samen unter No. 2 waren 1867 auf dem Zwätzener Versuchsfelde geerntet und dienten als Saatgut für die 1878er Ernte. Das Feld, auf welchem letztere gewonnen wurde, trug 1875 Leindotter, 1876 Mais, beide ohne Dünger, 1877 Runkelrüben mit Stalldünger. Die Aussaat erfolgte am 21. April, die Ernte am 26. August. Die Asche der Samen unter No. 3 war nicht kohlefrei und dürfte nach Ausspruch des Autors etwas zu hoch sein. Der vom Autor angegebene Gehalt an N entspricht bei beiden Analysen nicht dem angegebenen Gehalt an Nh. Substanz.

Wickenkörner.

No. 1. J. B. Boussingault. — Die Landwirthsch. in ihren Beziehungen zur Chemie etc. Deutsch v. Gräger. III. 1854.
No. 2—5. Th. Anderson. — Trans. Highl. Soc. 1851|53. S. 512. Nh. Substanz von uns aus dem angegebenen N-Gehalt berechnet.
No. 6. W. Mayer. — 1. Bericht d. Central-V.-St. München 1857. 26.
No. 7—9. H. Weiske u. E. Wildt. — Annal. d. Landw. i. Preuss. Wochenbl. 1871. 310.
No. 10. P. Wagner. — Originalmittheilung.
No. 11. G. Klein. — Königsberger Land- u. Forstw. Ztg. 1882. No. 52.
No. 12. J. Moser (V.-St. Wien). — Bericht derselben pro 1882 u. 1883. 3.

Schminkbohne.

Ueber die Zusammensetzung der Schminkbohnen liegen nachstehende Analysen, welche nicht in den Rahmen unserer Zusammenstellung passen, vor; wir entnehmen dieselben Moleschott's Physiologie der Nahrungsmittel. II. Thl. S. 120 und bezw. Boussingault's Die Landwirthschaft etc.

	Legumin	Eiweiss	Kleberart. Stoff	Zellstoff	Stärkemehl	Dextrin	Zucker	Fett	Extractivst.	Salze	Wasser
Einhof	17.46	1.13	—	6.29	39.45	16.25	—	—	2.86	—	—
Braconnot	18.20	—	5.36	47.64		2.73	0.20	0.70	—	1.00	23.00
Johnston	26.00	—	—	9.50		40.00		2.50	—	3.00	14.00
Payen	23.62	—	—	2.90		51.59		2.59	—	2.96	—
Payen	23.74	—	—	1.76		52.76		2.29	—	2.90	—
Boussingault	22.00	—	—	8.0	41.0	4.0	0.3	3.0	—	3.2	17.5

Die Zahlen von Einhof und Payen sind „auf den mittleren Gehalt an festen Bestandtheilen zurückgeführt".

No. 1. E. N. Horsford. — Annal. d. Chem. u. Pharm. 58. (1846). 166. In denselben Bohnen fand F. Krocker (Ebendaselbst 212) in % der Trockensubstanz 37.75 % Stärkemehl.
No. 2—4. J. B. Boussingault. — Dessen: Die Landwirthschaft in ihren Beziehungen zur Chemie etc. 3. 45 u. 201.
No. 5. Thom. Anderson. — Trans. Highl. Soc. Juli 1851 bis März 1853. 511.
No. 6. Poggiale. — Weende'r Jahresber. 1855/56. II. 20. Rohfaser durch Behandlung der Substanz mit Malzaufguss behandelt.

No.	Bezeichnungen und Bemerkungen	Jahr der Untersuchung	In der ursprünglichen Substanz: Wasser %	Nh-Substanz %	Rohfett %	Nfr. Extractstoffe %	Rohfaser %	Asche %	In der Trockensubstanz: Nh-Substanz %	Rohfett %	Nfr. Extractstoffe %	Rohfaser %	Asche %	Stickstoff in der Trockensubstanz %
7	Aus Jekaterinoslaw	1872	11.65	24.30	2.46	53.36	3.71	4.52	27.50	2.78	61.54	4.20	3.98	4.40°
8	Weisse Schminkbohnen	1877	8.33	22.56	1.06	45.40	4.34	4.09	24.61	1.16	65.04	4.73	4.46	4.29°
9	Desgl.	„	10.94	20.06	1.73	59.43	3.95	3.89	22.53	1.94	66.72	4.44	4.37	3.60°
10	Buschbohnen, weisse Eier-, schwerer Boden	1885	—	—	—	—	—	—	26.19	2.34	—	—	—	4.19°
11	Desgl., gelbe Prinzess-, schwerer Boden	„	—	—	—	—	—	—	23.13	2.40	—	—	—	3.70°
12	Desgl., weisse römische Jungfer-, schwerer Boden	„	—	—	—	—	—	—	24.75	2.34	—	—	—	3.96°
13	Desgl., schwarze Neger-, leichter Boden	„	—	—	—	—	—	—	24.50	2.16	—	—	—	3.92°
14	Desgl., lange aschgraue	„	—	—	—	—	—	—	25.56	2.21	—	—	—	4.09°
15	„Lima", Best one-third	1878	9.01	21.88	1.60	60.59	3.97	2.95	24.15	1.76	66.49	4.36	3.24	3.86
16	Desgl., Poorest one-third	„	9.61	20.48	1.50	52.01	3.81	2.79	22.65	1.66	68.39	4.21	3.09	3.62
17	„Golden Wax", Best third	„	7.23	25.46	—	—	—	3.89	27.45	—	—	—	4.19	4.39
18	Desgl., Poorest third	„	8.02	26.95	—	—	—	3.95	29.29	—	—	—	4.29	4.69
19	Dwarf German Wax, Best third	„	6.57	24.06	—	—	—	4.38	25.77	—	—	—	4.69	4.12
20	Desgl., Poorest third	„	8.00	24.50	—	—	—	4.36	26.63	—	—	—	4.74	4.23
	Mittel		11.24	23.66	1.96	55.60	3.88	3.66	26.66	2.21	62.64	4.37	4.12	4.29

Phaseolus radiatus.

No.	Bezeichnungen und Bemerkungen	Jahr	Wasser	Nh-Substanz	Rohfett	Nfr. Extractstoffe	Rohfaser	Asche	Nh-Substanz	Rohfett	Nfr. Extractstoffe	Rohfaser	Asche	Stickstoff
1	Phaseolus radiatus (In Japan gewachsen, dort Adzuki genannt)	1883	12.20	18.30	1.42	59.43	6.05	2.60	20.84	1.62	67.69	6.89	2.96	3.33°
2	Desgl., breite Sorte (In Japan gewachsen, dort Adzuki genannt)	„	13.10	18.55	0.89	55.72	8.80	2.94	21.33	1.02	64.14	10.13	3.38	3.41
3	Desgl., schmale Sorte (In Japan gewachsen, dort Adzuki genannt)	„	13.30	18.92	0.89	55.28	9.05	2.58	21.91	1.03	63.66	10.43	2.97	3.51
	Mittel		12.87	18.61	1.06	56.79	7.97	2.70	21.36	1.22	65.17	9.15	3.10	3.42

Lupinenkörner.*) Lupinus luteus L. Wolfsbohne, Gelbe Lupine.

No.	Bezeichnungen und Bemerkungen	Jahr	Wasser	Nh-Substanz	Rohfett	Nfr. Extractstoffe	Rohfaser	Asche	Nh-Substanz	Rohfett	Nfr. Extractstoffe	Rohfaser	Asche	Stickstoff
1		1854	14.32	35.72	6.33	27.09	12.74	3.80	41.69	7.39	31.62	14.87	4.43	6.67°
2	„Lupine"	1855	10.18	38.35	7.85	26.24	14 55	2.83	42.68	8.74	29.24	16.19	3.15	6.83

No. 7. R. Pott (V.-St. Poppelsdorf). — L. V.-St. 15. 1872. 214.
No. 8 u. 9. J. König u. C. Krauch. — Originalmittheilung.
No. 10—14. E. Flechsig. — L. V.-St. 32. 1886. 182. Die untersuchten Bohnen waren auf dem Proskauer Versuchsfelde unter gleichen Boden-, Düngungs- und Witterungsverhältnissen angebaut worden.
No. 15—20. Pet. Collier. — Ann. Rep. of the Commissioner of Agriculture for 1878. Washington, 1879. 125. Die Analysen beziehen sich auf das schwerste und leichteste Drittel einer und derselben Probe. Die Zahl der leichten und schweren Körner in einem bestimmten Gewichtsquantum verhielt sich wie 100 zu

Lima	Golden Wax	Dwarf German Wax
69	74	67

In Procenten der lufttrocknen Substanz enthielten die Bohnen, „Lima":

	Zucker	Stärke	Gummi u. Dextrin	Lösl. Eiweiss	Legumin
No. 15	3.74	47.35	9.50	0.75	21.13 %
No. 16	3.56	48.95	9.30	0.67	19.81 „

Phaseolus radiatus.
No. 1. Osc. Kellner. — Mitthl. der Deutschen Gesellsch. f. Natur- u. Völkerkunde Ostasiens. Bd. IV. No. 35. In Procenten der Trockensubstanz enthielt dieser Samen: Eiweiss-N 3,06 = 19.12 % Eiweiss, 65.38 % Stärkemehl.
No. 2 u. 3. K. Nagai u. J. Murai. — Japan. Intern. Health Exhibitation. London, 1884. A. Descriptive Catalogue. p. 3.
Lupinenkörner. Lupinus luteus L.
*) Gelbe Lupine. Hier sind auch solche Analysen aufgenommen, bei denen die Art der untersuchten Lupine nicht angegeben, sondern allgemein als Lupine bezeichnet wurde.
Unter den Analysen von Lupinenkörnern, welche wir nicht in die Tabelle aufnehmen können, sind nachstehende, z. Thl. unvollkommene, die wir dem Weende'r Jahresber. 1854. II. 12 entnehmen. Der N-Gehalt und der dem entsprechende Gehalt an Rohproteïn sowie der an Pflanzenfaser der wasserfreien gelben Lupinensamen wurde gefunden von

	Stickstoff	Rohproteïn	Pflanzenfaser
Gropp (Isterbies). — Ztschr. d. landw. Ver. Hessen-Darmstadt 1854. 450	9.3 %	58.1 %	25.6 %
Stöckhardt. — Ztschr. f. Deutsche Landwirthe 1854. 97	4.5—5.6 %	22.1—35.0 %	21,5 %

Ueber die Form und Verdaulichkeit der in den Lupinenkörnern enthaltenen Stickstoffverbindungen macht A. Stutzer nachstehende Mittheilung. Die untersuchten Lupinen enthielten:

	In % d. Trockensubstanz	In % d. Gesammt-N
Gesammt-N	7.839 %	—
N in Nichtproteïn	0.565 „	7.2 %
N in Verbindungen durch Pepsinflüssigkeit löslich	7.073 „	90.3 „
N in Verbindungen durch Pankreasflüssigkeit löslich	0.135 „	1.7 „
N in unverdaulichen Verbindungen	0.066 „	0.8 „

(Magdeburger Zeitung vom 26. Januar 1887).

No.	Bezeichnungen und Bemerkungen	Jahr der Untersuchung	In der ursprünglichen Substanz						In der Trockensubstanz					Stickstoff in der Trockensubstanz
			Wasser %	Nh-Substanz %	Rohfett %	Nfr. Extractstoffe %	Rohfaser %	Asche %	Nh-Substanz %	Rohfett %	Nfr. Extractstoffe %	Rohfaser %	Asche %	%
3		1855	14.71	33.81	—	—	17.53	4.04	39.64	—	—	20.55	4.73	6.34
4	Aus Pommern	1859	12.20	28.30	5.00	36.40	14.10	4.00	32.18	5.69	41.55	16.03	4.55	5.15
5		1862	12.70	32.69	—	—	15.50	4.44	37.50	—	—	17.70	5.09	6.00°
6		1866	19.90	49.08	4.83	—	—	3.38	61.27	6.02	—	—	4.23	9.80°
7		1868	9.45	39.18	4.06	32.28	11.45	3.58	43.25	4.48	35.68	12.64	3.95	6.92
8		1869	13.82	37.25	5.34	25.11	14.72	3.76	43.21	6.19	29.04	17.20	4.36	6.91
9		„	10.07	43.35	3.87	25.85	13.33	3.53	48.30	4.31	28.80	14.85	3.74	7.73
10	Alluvialboden, 1873er Ernte	1873	12.00	40.04	—	—	12.79	3.84	45.49	—	—	14.53	4.36	7.28
11	Desgl., 1874er Ernte	1874	12.00	39.50	—	—	12.01	3.67	44.87	—	—	13.64	4.17	7.18
12		1878	19.07	36.22	3.85	20.92	13.60	6.34	44.77	4.70	27.12	15.57	7.84	7.16
13	„Lupinenschrot“	„	12.12	40.19	5.00	23.60	14.92	4.17	45.74	5.69	26.84	16.98	4.75	7.32
14	Desgl.	„	—	39.20	—	—	—	—	—	—	—	—	—	—
15		1879	12.89	39.02	5.43	24.09	14.76	3.81	44.80	6.28	27.61	16.94	4.37	7.17
16		„	14.75	38.42	4.86	22.55	15.42	4.00	45.07	5.70	27.45	17.09	4.69	7.37
17		„	17.02	39.19	4.00	22.48	13.41	3.90	47.20	4.80	27.10	16.20	4.70	7.55
18	Vollreife aus Pommern	„	13.31	37.04	5.08	25.68	14.51	4.38	42.73	5.86	29.62	16.73	5.06	6.84

E. Schulze u. W. Umlauft — Landw. Jahrbücher. 5. 1876. 841 — fanden in der Trockensubstanz von der Samenschale befreiter Lupinen:

Unlöslich in Wasser 68.68 %	Conglutin	40.32 %	mit 7.33 % N
	Fett	7.35 „	
	Rohfaser aschenfrei	3.24 „	
	Nfr. Stoffe unbekannter Art	16.44 „	
	Mineralstoffe	0.93 „	
Löslich in Wasser 31.32 %	Albumin	1.50 „	mit 0.24 % N
	Conglutin	3.25 „	mit 0.59 % N
	Dextrinartige Kohlehydrate	10.02 „	
	Citronensäure (und Aepfelsäure)	1.92 „	
	Alkaloïde, Amide und unbestimmbare Stoffe . .	11.66 „	mit 1.30 % N
	Mineralstoffe	2.97 „	
			9.46 % N
	Gesammtgehalt an Eiweissstoffen . . .	45.07 %	mit 8.16 % N

Aus den Untersuchungen Ritthausen's hat sich ergeben, dass der hauptsächlichste Nh. Bestandtheil der Lupinensamen das Conglutin ist, welches 18.4 % N enthält. 1 N = 5.5 Conglutin.

No. 1. Eichhorn. — Ann. d. Landw. in Preussen. 23. 272. Unter den Nfr. Extraktstoffen fand Autor insbesondere Dextrin, Gummi, Pflanzenschleim und einen eigenthümlichen Bitterstoff.

No. 2. Poggiale. — Weende'r Jahresber. 1855/56. II. 20. (N. J. Pharm. 30. 180. 255.)

No. 3. H. Ritthausen u. Scheven (V.-St. Möckern). — 5. Ber. 1857. 4.

No. 4. R. Handtke. — Chem. Ackersm. 1860. 48. 100 Stück Samen wogen 12 g.

No. 5. H. Hellriegel u. Lucanus (V.-St- Dahme). — L. V.-St. 7. 1865. 389.

No. 6. A. Beyer (V.-St. Regenwalde). — L. V.-St. 9. 1867. 173. In Procenten der Trockensubstanz enthielten diese Lupinen 10.61 % Zucker und Bitterstoff, 6.92 % Gummi und 10.96 % Zellstoff, Stärke, Pectinkörper, in Wasser lösliche Eiweisskörper 10.91 %.

No. 7. M. Siewert. — Ztschr. d. landw. Centralver. d. Prov. Sachsen. 25. 1868. 313. Der Autor unterscheidet „nutzbare“ und „unverwerthbare“ Cellulose aus Hülsen (Samenschale) und Cotyledonen. Die nutzbare Cellulose der Cotyledonen ist in der Weise bestimmt, dass die mit siedendem Wasser erschöpfte Substanz mit 1%iger Schwefelsäure gekocht und in der erhaltenen Lösung der Zuckergehalt bestimmt wurde. Aus dem Zuckergehalte berechnete der Autor die äquivalente Cellulosemenge. Unter solcher Cellulose ist jedenfalls nicht nur Cellulose, sondern auch andere in Zucker überführbare Kohlehydrate zu verstehen. Die Lupinen enthielten im lufttrocknen Zustande unverwerthbare Cellulose: aus den Hülsen 10.36 %, aus den Cotyledonen 1.09 %; nutzbare Cellulose: aus den Hülsen 6.45 %, aus den Cotyledonen 6.84 %; ferner Rohrzucker (in Wasser lösl. Zucker) 2.35 %, Bitterstoff 0.60 %, Gummi u. Pectinstoffe 15.90 %. Die Summe der Bestandtheile beträgt 99.86. Das an 100 fehlende ergänzten wir oben bei den Nfr. Extractstoffen.

No. 8. Th. Dietrich u. J. König (V.-St. Altmorschen). — Landw. Anzeiger f. d. Rgbz. Cassel 1870. 8.

No. 9. F. Heidepriem u. W. Jani. — L. V.-St. 16. 1873. 5.

No. 10 u. 11. F. Stohmann. — Mitthl. d. Landw. Instituts d. Universität Leipzig 1875. 1 u. 86. Der Wassergehalt ist vom Autor willkürlich angenommen worden.

• No. 12 u. 16. W. Henneberg (V.-St. Göttingen). — Landw. Jahrb. 1880. 811.

No. 13. V.-St. Regenwalde. — Originalmittheilung.

No. 14. R. Heinrich (V.-St. Rostock). — Bericht 1875/81. Wismar, 1882.

No. 15. E. Wein. — L. V.-St. 26. 1880. 192. Zur Untersuchung gelangten zur Saat ausgesuchte, annähernd gleich grosse und schwere Samen, von denen 100 Stück 14.2 g wogen.

No. 17. V.-St. Möckern. — Originalmittheilung.

No. 18—20. O. Kellner. — Landw. Jahrb. 1880. 979 u. 1881. 849. No. 18 waren vollreife gelbe Lupinen aus Pommern. Die Körner dieser Sorte waren flach und wogen 1000 Stück davon 134.0 g. Dieselben enthielten 0.51 % Nichtproteïn-N und 1.33 % Alkaloïde (auf Trockensubstanz bezogen). No. 19 waren von der Kgl. Domäne Dahme in der Provinz Brandenburg bezogen worden. 1000 Körner wogen 195.94 g im lufttrocknen Zustande.

No.	Bezeichnungen und Bemerkungen	Jahr der Untersuchung	In der ursprünglichen Substanz						In der Trockensubstanz					Stickstoff in der Trockensubstanz
			Wasser %	Nh-Substanz %	Rohfett %	Nfr. Extractstoffe %	Rohfaser %	Asche %	Nh-Substanz %	Rohfett %	Nfr. Extractstoffe %	Rohfaser %	Asche %	%
19	Saatlupinen aus der Mark Brandenburg	1879	13.76	40.04	4.67	24.95	13.36	3.22	46.43	5.41	28.93	15.49	3.74	7.43°
20		„	—	—	—	—	—	—	42.69	5.23	—	—	4.22	6.83°
21		1883	—	—	—	—	—	—	39.80	5.70	—	—	4.50	6.37
22		„	18 06	35.08	—	—	—	3.81	42.80	—	—	—	4.65	6.85
23	Gut ausgereift	1879	17.23	36.23	5.14	27.96	10.49	2.97P	43.77	6.21	33.78	12.65	3.59	7.00
24	1880er Ernte	1881	—	—	—	—	—	—	46.13	6.53	29.74	13.01	3.78	7.38
25	Gelbblühende Lupine, weisssamige Abart, 1880er Ernte	„	—	—	—	—	—	—	46.88	6.48	28.48	13.34	4.12	7.50
26	1883er Ernte	1884	—	—	—	—	—	—	48.94	6.48	—	—	—	7.83
27	Gelbblühende, weiss, 1883er Ernte .	„	—	—	—	—	—	—	47.19	6.78	—	-	—	7.55
28	Lupinen, gelbe	1880	15.0	36.8	3.7	26.1	14.9	3.5	43.28	4.35	30.73	17.52	4.12	6.92
29	Desgl.	„	15.0	35.9	5.1	29.0	11.3	3.7	42.22	6.00	34.14	13.29	4.35	6.76
30	Desgl.	„	15.0	37.3	4.4	46.9	7.7	3.7	43.86	5.17	37.56	9.06	4.35	7.02
31	Desgl.	„	15.0	27.7	5.3	55.8	8.3	2.9	32.68	6.23	47.92	9.76	3.41	5.23
32	Desgl.	„	15.0	34.4	4.7	30.1	12.3	3.5	40.05	5.53	35.84	14.46	4.12	6.41
33	Desgl.	„	15.0	35.5	4.7	29.1	12.0	3.7	41.75	5.53	34.26	14.11	4.35	6.68
34	Desgl.	„	15.0	38.1	4.4	23.8	15.2	3.5	44.66	5.17	28.17	17.88	4.12	7.15
35	Desgl.	1882	15.0	41.3	2.9	18.9	17.8	4.1	48.57	3.40	22.28	20.93	4.82	7.77
36	Desgl.	„	15.0	42.0	2.0	19.8	17.5	3.7	49.39	2.35	23.33	20.58	4.35	7.90
37	Desgl.	„	15.0	40.6	1.8	20.0	18.5	4.1	47.75	2.12	23.55	21.76	4.82	7.64
38	Desgl.	„	15.0	40.4	2.2	20.6	18.0	3.8	46.51	2.59	25.26	21.17	4.47	7.44
39	Desgl.	„	15.0	41.9	2.3	20.2	16.7	3.9	49.27	2.70	23.80	19.64	4.59	7.89
40	Desgl.	„	15.0	40.0	2.0	21.3	17.8	3.9	47.04	2.35	25.09	20.93	4.59	7.53
41	Desgl.	„	15.0	39.9	2.3	21.2	18.4	3.2	46.92	2.70	24.98	21.64	3.76	7.51
42	Desgl.	„	15.0	42.4	2.1	17.8	17.8	4.9	49.86	2.47	20.98	20.93	5.76	7.98
	Minimum		9.45	27.68	1.82	18.05	7.79	2.71	32.18	2.12	20.98	9.06	3.15	5.15
	Maximum		19.90	52.70	7.52	41.22	35.74	6.74	61.27	8.74	47.92	41.55	7.84	9.80
	Mittel*)		13.98	38.25	4.38	25.46	14.12	3.81	44.47*)	5.09	29.59	16.42	4.43	7.11

Lupinenkörner, gelbe. Nicht reife Körner.

No.	Bezeichnungen und Bemerkungen	Jahr der Untersuchung	Wasser %	Nh-Substanz %	Rohfett %	Nfr. Extractstoffe %	Rohfaser %	Asche %	Nh-Substanz %	Rohfett %	Nfr. Extractstoffe %	Rohfaser %	Asche %	Stickstoff in der Trockensubstanz %
1	Halbreif	1869	10.80	36.76	2.75	28.87	16.50	3.95	41.21	2.08	33.78	18.50	4.43	6.56
2	Unreif	1881	—	43.75	5.25	—	—	—	—	—	—	—	—	

No. 21. E. Wildt. — Biedermann's Centralbl. f. Agriculturchem. 1884. 675. (Landw. Centralbl. f. Posen. 11. 1883. 267.)
No. 22. Bochmann. — Ebendas. 1880. 436. Die Lupinen enthielten 0.626 % der lufttrocknen Substanz Alkaloïd.
No. 23. Hugo C., E. Schulz (Proskau). — Landw. Jahrb. 1879. 42. Mehrere Monate alte, gut ausgereifte, gesunde Samen.
No. 24 u. 25. C. Flechsig. — L. V.-St. 30. 1884. 445. Diese Lupinen wuchsen auf dem Versuchsfelde zu Proskau mit anderen Lupinenarten (siehe diese) unter gleichen Boden-, Witterungs- und Düngungsverhältnissen. Die unter dem Namen „weisssamige gelbblühende" Lupine unter No. 25 ist ein Bastard von luteus mit einer oder mehreren unbekannten Arten; doch ist nur ein sehr geringer Theil der Körner weiss, der bei weitem grösste ist schwarz gesprenkelt. Von dem Aetherextrakt der Körner ist die Menge der darin enthaltenen Alkaloïde, wie sie von Täuber, L. V.-St. 29. 1883, bestimmt worden ist, abgezogen. Nach dieser Bestimmung enthalten diese beiden Lupinen:

	Gesammtalkaloïd	Flüssiges Alkaloïd	Festes Alkaloïd	300 Stück Samen wogen
No. 24	0.81 %	0.39 %	0.42 %	43.02 g
No. 25	0.70 „	0.29 „	0.41 „	46.40 „

No. 26 u. 27. E. Flechsig u. E. Hiller. — L. V.-St. 31. 1884. 339 u. 32. 1885. 179. Die untersuchten Samen sind aus vorigen hervorgegangen, waren aber auf etwas schwererem Boden gewachsen. Die in diesem Material enthaltene Menge Alkaloïd wurde von E. Hiller wie folgt ermittelt:

No. 26	0.56 %	0.32 %	0.33 %
No. 27	0.55 „	0.32 „	0.23 „

No. 28—42. M. Märcker (V.-St. Halle). — Originalmittheilung.
*) Zieht man vom Gesammt-N-Gahalt 8 % als Nichtproteïn ab und berechnet den N-Rest auf Conglutin (1 N = 5.5 Conglutin), so beträgt der mittlere Gehalt der Lupinenkörner an Proteïn (Conglutin, Eiweiss etc.) ca. 36 %.

Lupinenkörner, gelbe. Nicht reife Körner.
No. 1. M. Siewert. — Ztschr. d. landw. Ver. f. d. Prov. Sachsen 1870. 75. Die Körner enthielten im lufttrocknen Zustande 0.35 % Alkaloïd.
No. 2. R. Heinrich. — Bericht d. V.-St. Rostock 1875/81. Wismar, 1882. Die Samen enthielten 1.54 % Nichtproteïn-N, es bleiben 34.15 % Reinproteïn.

No.	Bezeichnungen und Bemerkungen	Jahr der Untersuchung	In der ursprünglichen Substanz						In der Trockensubstanz					Stickstoff in der Trockensubstanz
			Wasser	Nh-Substanz	Rohfett	Nfr. Extractstoffe	Rohfaser	Asche	Nh-Substanz	Rohfett	Nfr. Extractstoffe	Rohfaser	Asche	
			%	%	%	%	%	%	%	%	%	%	%	%
3	Halbreif	1869	9.30	19.75	1.80	48.36	16.99	3.80	21.78	1.99	53.30	18.74	4.19	3.48
4	Halbreif aus Posen	1879	13.30	27.01	4.52	38.81	13.76	2.60	31.15	5.22	44.76	15.87	3.00	5.53

Lupinenkörner. Lupinus angustifolius L. Blaue Lupine.

No.	Bezeichnungen und Bemerkungen	Jahr	Wasser	Nh-Substanz	Rohfett	Nfr. Extractstoffe	Rohfaser	Asche	Nh-Substanz	Rohfett	Nfr. Extractstoffe	Rohfaser	Asche	Stickstoff
1		1854	14.95	32.50	7.05	30.86	11.23	3.41	38.22	8.29	36.28	13.21	4.00	6.12
2		1859	13.20	22.00	5.60	43.80	12.20	3.20	25.34	6.45	50.47	14.05	3.69	4.06
3	Aus Hundisburg	1868	16.19	21.66	4.90	44.44	10.23	2.58	25.84	5.85	52.23	12.20	3.88	4.13
4	Aus Seehausen	„	16.32	21.75	5.60	43.61	10.17	2.55	25.99	6.69	52.12	12.15	3.05	4.16
5	Alluvialboden, 1873er Ernte	1873	12.00	31.73	39.11		12.90	4.26	25.43	44.87		14.81	4.89	5.67
6	Desgl., 1874er Ernte	1874	12.00	32.12	40.83		12.40	2.65	36.87	45.82		14.24	3.07	5.90
7	Vollreife aus Galizien	1879	12.03	26.94	6.19	41.76	10.57	2.51	30.63	7.04	47.46	12.02	2.85	4.90
8	1880er Ernte	—	—	—	—	—	—	—	35.94	7.44	40.26	13.33	2.78	5.76
9	Desgl.	—	—	—	—	—	—	—	36.31	7.72	40.61	12.29	2.78	5.81
10	1883er Ernte	—	—	—	—	—	—	—	39.88	6.97	—	—	—	6.38
11	Desgl.	—	—	—	—	—	—	—	39.44	6.63	—	—	—	6.31
12	Weisssamige, blaublühende Var., 1880er	—	—	—	—	—	—	—	37.94	8.38	38.48	12.10	2.75	6.07
13	Desgl., 1883er	—	—	—	—	—	—	—	37.43	7.21	—	—	—	5.99
	Mittel		13.81	29.52	6.16	36.37	11.24	2.90	34.25	7.15	42.19	13.04	3.37	5.48

Lupinenkörner. Lupinus albus L. Weisse Lupine (weissblühend).

No.	Bezeichnungen und Bemerkungen	Jahr	Wasser	Nh-Substanz	Rohfett	Nfr. Extractstoffe	Rohfaser	Asche	Nh-Substanz	Rohfett	Nfr. Extractstoffe	Rohfaser	Asche	Stickstoff
1		1854	13.25	33.06	8.85	32.96	8.91	2.97	38.12	10.20	37.99	10.27	3.42	6.10
2		1859	11.30	24.00	—	—	13.00	3.10	27.05	—	—	14.65	3.49	4.33
3		„	23.15	25.62	4.87	26.04	16.03	4.29	33.33	6.34	33.89	20.86	5.58	5.33

No. 3. M. Siewert. — Hoffmann's Jahresber. 1870/72. III. 13. Alkaloïd 0.63 % der lufttrocknen Substanz.

No. 4. O. Kellner. — Landw. Jahrb. 1880. 979. Verschieden grosse, meist runzlige, eingedrückte Körner von ganz intensiv bitterem Geschmack, 1000 Körner wogen 123.4 g. In % der Trockensubstanz enthielten die Körner 0.503 % Nichtproteïn-N und 1.83 % Alkaloïd.

Lupinenkörner. Lupinus angustifolius L.

No. 1. Eichhorn. — Annal. d. Landw. in Preussen. 23. 1854. 272. N × 6.25 = Nh. Substanz.

No. 2. R. Handke. — Chem. Ackersm. 1860. 48. Bei 100° C. getrocknete Körner ergaben 21 % Samenschalen. 100 Stück Samen wogen 18 g. 1 kg Körner enthielten 5400 Stück Körner.

No. 3 u. 4. M. Siewert. — Ztschr. d. landw. Centralver. f. d. Prov. Sachsen 1869. 75. Die Lupinen unter No. 3 stammten aus Hundisburg, die unter No. 4 aus Seehausen in der Altmark. Die Körner liessen sich trennen und enthielten:

	Wasser	Samenschale	Cotyledonen
No. 3	16.19	20.10	63.71 %
No. 4	16.32	19.59	64.09 „

Der Autor unterscheidet „nutzbare" und unverwerthbare Cellulose aus Hülsen (Samenschale) und Cotyledonen (vergl. gelbe Lupine No. 7), und fand an diesen wie an anderen näheren Bestandtheilen in % der lufttrocknen Substanz:

	Nicht verwerthbare Cellulose aus Hülsen	Desgl. aus Cotyledonen	Verwerthbare aus Hülsen	Desgl. aus Cotyledonen
No. 3	9.27	0.96	7.00	20.85 %
No. 4	9.30	0.87	6.85	19.63 „

	Rohrzucker	Bitterstoff	Gummi u. Pektinstoffe
No. 3	1.65	0.46	13.69 %
No. 4	1.81	0.54	13.93 „

No. 5 u. 6. F. Stohmann. — Mitthl. d. landw. Instituts der Universität Leipzig 1875. 86. Wassergehalt vom Autor angenommen.

No. 7. O. Kellner. — Landw. Jahrb. 1880. 979. Kugelrunde, grosse Körner. 1000 Stück wogen 209.7 g. Dieselben enthielten in % der Trockensubstanz: Gesammt-N 5.310 %, Nichtproteïn-N 0.41 %, Alkaloïd 0.84 %.

No. 8—13. E. Flechsig, E. Täuber u. E. Hiller. — L. V.-St. 30. 1884. 447. 31. 1885. 339 u. 32. 1886. 180. Die Lupinen unter 8, 9 u. 12 waren auf dem Versuchsfelde in Proskau mit anderen Lupinenarten unter ganz gleichen Boden-, Witterungs- und Düngungsverhältnissen gebaut worden, die Lupinen 10, 11 u. 13 stammten von diesen und waren ebenfalls dort, jedoch auf etwas schwererem Boden gewachsen. In % der Trockensubstanz enthielten dieselben an Alkaloïden:

	No. 8	9	10	11	12	13
Gesammt-Alkaloïd . .	0.25	0.29	0.21	0.21	0.37	0.23
Flüssiges Alkaloïd . .	0.03	0.05	0.014	0.024	0.02	0.029
Festes Alkaloïd . . .	0.22	0.24	0.196	0.186	0.35	0.200
	E. Täuber		E. Hiller		Täuber	Hiller.

Lupinenkörner. Lupinus albus L.

No. 1. Eichhorn. — Annal. d. Landw. 23. 1854. 272. Nh. Substanz von uns umgerechnet.

No. 2. R. Handtke. — Weende'r Jahresber. 1857/60. II. 45. (Chem. Ackersm. 1860. 48. Wilda's landw. Centralbl. 1860. I. 146.) Der bei 100° getrocknete Samen ergab 23 % Samenschale, 1 Pfd. (500 g) enthielt 2000 Stück Körner.

No. 3. K. Karmrodt. — Landw. Ztschr. f. Rheinpreussen 1860. 368.

No.	Bezeichnungen und Bemerkungen	Jahr der Untersuchung	In der ursprünglichen Substanz						In der Trockensubstanz					Stickstoff in der Trockensubstanz
			Wasser %	Nh-Substanz %	Rohfett %	Nfr. Extractstoffe %	Rohfaser %	Asche %	Nh-Substanz %	Rohfett %	Nfr. Extractstoffe %	Rohfaser %	Asche %	%
4	1880er Ernte	1883	—	—	—	—	—	—	37.31	13.01	36.02	10.21	2.94	5.97
5	Dicksamige, weissblühende L., 1880er	„	—	—	—	—	—	—	36.19	7.47	40.76	12.55	2.76	5.79
6	1883er Ernte	1884	—	—	—	—	—	—	40.06	13.24	—	—	—	6.41
7	1883er Ernte, dicksamige Varietät . .	„	—	—	—	—	—	—	39.81	6.98	—	—	—	6.37
8	Weisse	1880	15.00	25.2	4.9	38.6	13.2	3.1	29.64	5.76	45.43	15.52	3.65	4.74
9	Desgl.	„	15.00	28.6	4.8	36.8	12.4	2.4	33.63	5.64	43.33	14.58	2.82	5.38
10	Desgl.	1887	16.52	22.41	5.42	39.96	12.71	2.98	26.85	6.49	47.86	15.23	3.57	4.30
	Mittel		15.84	28.78	7.03	33.40	11.98	2.97	34.20	8.35	39.69	14.23	3.53	5.47

Lupinenkörner. Lupinus hirsutus L. Gemeine Garten- oder haarige Lupine (roth- oder blaublühend).

No.	Bezeichnungen und Bemerkungen	Jahr der Untersuchung	Wasser %	Nh-Substanz %	Rohfett %	Nfr. Extractstoffe %	Rohfaser %	Asche %	Nh-Substanz %	Rohfett %	Nfr. Extractstoffe %	Rohfaser %	Asche %	Stickstoff in der Trockensubstanz %
1	In Pommern gewachsen, 1859er Ernte	1859	11.75	33.01	8.65	30.27	13.62	2.70	37.30	9.80	34.41	15.43	3.06	5.97
2	In Proskau gewachsen, 1880er Ernte .	1883	—	—	—	—	—	—	27.81	8.50	44.97	15.91	2.79	4.45
3	Auf schwererem Boden gew., 1883er E.	1884	—	—	—	—	—	—	29.50	8.84	—	—	—	4.72
	Mittel		11.75	27.83	7.99	36.01	13.83	2.59	31.54	9.05	40.81	15.67	2.93	5.05

Lupinenkörner. Lupinus perennis L. Ausdauernde Lupine.

No.	Bezeichnungen und Bemerkungen	Jahr der Untersuchung	Wasser %	Nh-Substanz %	Rohfett %	Nfr. Extractstoffe %	Rohfaser %	Asche %	Nh-Substanz %	Rohfett %	Nfr. Extractstoffe %	Rohfaser %	Asche %	Stickstoff in der Trockensubstanz %
1		1879	—	—	—	—	—	—	43.81	13.72	28.37	10.70	3.40	7.01
2	Perennirende Lupine (Lup. polyphyllus)	1883	—	—	—	—	—	—	43.25	12.66	39.31	10.97	3.82	6.92
	Mittel		—	—	—	—	—	—	43.53	13.19	28.83	10.84	3.61	6.97

Lupinenkörner. Lupinus Cruikshanskii Hooc. Cruikshank's Lupine, prächtige, veränderliche Lupine.

No.	Bezeichnungen und Bemerkungen	Jahr der Untersuchung	Wasser %	Nh-Substanz %	Rohfett %	Nfr. Extractstoffe %	Rohfaser %	Asche %	Nh-Substanz %	Rohfett %	Nfr. Extractstoffe %	Rohfaser %	Asche %	Stickstoff in der Trockensubstanz %
1	In Proskau 1880 gewachsen	1883	—	—	—	—	—	—	47.13	15.83	25.66	6.74	3.64	7.54

No. 4 u. 5. E. Flechsig. — L. V.-St. 30. 1884. Die Lupinen waren auf dem Versuchsfelde zu Proskau mit anderen Lupinenarten unter gleichen Boden-, Witterungs- und Düngungsverhältnissen angebaut worden. Dieselben enthielten nach Bestimmung von Täuber:

	Gesammt-Alkaloïd	Flüssiges Alkaloïd	Festes Alkaloïd
No. 4	0.51	0.08	0.43 %
No. 5	0.27	0.02	0.25 „

Die dicksamige Varietät (unter No. 5) hat in Bezug auf das Aussehen ihrer Körner keine Aehnlichkeit mit denen der vorigen Nummer. Sie sind eirund und ungefähr von der Grösse der Körner der gelben Lupine. 300 Körner wiegen von No. 4 = 153 g, von No. 5 = 57.68 g. Die Menge der Alkaloïde ist vom Aetherextrakt abgezogen worden.

No. 6 u. 7. E. Flechsig. — Ebendaselbst. 32. 1885. Die Samen waren aus vorigen, auf etwas schwererem Boden, erzogen. An Alkaloïd enthielten dieselben nach Bestimmungen von E. Hiller:

	Gesammt-Alkaloïd	Flüssiges Alkaloïd	Festes Alkaloïd
No. 6	0.45	0.025	0.425 %
No. 7	0.27	0.017	0.253 „

No. 8 u. 9. M. Märcker (V.-St. Halle). — Originalmittheilung.

No. 10. R. Waage. — Biedermann's Centralbl. f. Agriculturchemie. 16. 1887. 394. Die Lupinen enthielten im lufttrocknen Zustande: wirkliches Proteïn 20.84, davon verdaulich (künstl. Verdauungsflüssigkeit) 95.63, lösliches Legumin 12.84 %. Bei der Asche 0.09 % Sand.

Lupinenkörner. Lupinus hirsutus L.

No. 1. R. Handtke. — Weende'r Jahresber. 1857/60. II. 45. (Wilda's landw. Centralbl. 1860. I. 146.) Der bei 100° getrocknete Samen enthielt 19.6 % Samenschale. 500 g enthielten 800 Stück Samen.

No. 2 u. 3. E. Flechsig. — L. V.-St. 30. 1884. 447 u. 32. 1885. 180. Von dem Aetherextrakt der Lupinenkörner ist die Menge der darin enthaltenen Alkaloïde abgezogen worden. Dieselbe betrug nach Täuber an festem Alkaloïd 0.02 %. Flüssiges Alkaloïd war nicht vorhanden. In den Körnern der 1883er Ernte, welche aus denen der 1880er Ernte gezogen worden waren, fand E. Hiller 0.04 % festes Alkaloïd. 300 Stück Körner von No. 2 wogen 172 g.

Lupinenkörner. Lupinus perennis L.

No. 1. H. Weiske. — Hoffmann's Jahresber. 1880. 406. (Milchzeitung 1880. 139.)

No. 2. E. Flechsig. — L. V.-St. 30. 1884. 447. Die mit L. polyphyllus perennirende Lupine bezeichnete Art dürfte mit L. perennis identisch oder nahe verwandt sein, wie auch die Zusammensetzung des Samens zeigt; wir haben sie deshalb mit dieser zusammengestellt. Die Körner enthielten nach Täuber 0.48 % Gesammt-Alkaloïd, davon 0.08 % flüssiges und 0.40 % festes Alkaloïd. 300 Körner wogen 7.15 g. Die Alkaloïdmenge wurde, wie auch bei den folgenden Analysen desselben Autors, vom Aetherextrakt abgezogen.

Lupinenkörner. Lupinus Cruikshanskii Hooc.

No. 1. E. Flechsig. — L. V.-St. 30. 1884. 447. Vergl. die Analysen desselben Autors von gelber Lupine. Nach E. Täuber enthielten die Körner 1.0 % Gesammt-Alkaloïd, davon 0.45 % flüssiges und 0,55 % festes Alkaloïd.

No.	Bezeichnungen und Bemerkungen	Jahr der Untersuchung	In der ursprünglichen Substanz: Wasser %	Nh-Substanz %	Rohfett %	Nfr. Extractstoffe %	Rohfaser %	Asche %	In der Trockensubstanz: Nh-Substanz %	Rohfett %	Nfr. Extractstoffe %	Rohfaser %	Asche %	Stickstoff in der Trockensubstanz %
	Lupinenkörner. Lupinus linifolius Roth. Leinblättrige Lupine.													
1	In Proskau gewachsen, 1880er Ernte	1883	—	—	—	—	—	—	35.56	7.95	41.05	12.71	2.73	5.69
2	In Proskau, auf schwererem Boden gewachsen, 1883er Ernte	1884	—	—	—	—	—	—	39.94	7.01	—	—	—	6.39
	Mittel		—	—	—	—	—	—	37.75	7.48	39.33	12.71	2.73	6.04
	Lupinenkörner. Lupinus Termis Forsk. Sicilianische oder ägyptische Lupine													
1	In Proskau gewachsen, 1880er Ernte	1883	—	—	—	—	—	—	37.44	12.53	37.91	9.36	2.37	5.99
2	Desgl., 1883er Ernte	1884	—	—	—	—	—	—	38.06	12.09	—	—	—	6.09
	Mittel		—	—	—	—	—	—	37.75	12.31	38.21	9.36	2.37	6.04
	Lupinenkörner, entbittert.													
	Auf 100 frische Lupinen bezogen.													
	Verfahren Siewert. 3proc. Salzsäure.													
1	Gelbe Lupine, ursprünglich	1868	—	39.18	36.55		11.45	3.58	43.32	40.19		12.66	3.96	6.93
	entbittert	„	—	31.88	29.35		11.45	2.11	35.26	32.47		12.66	2.33	5.64
	verloren	„	—	7.30	7.00		—	1.47	8.06	7.72		—	1.63	1.29
	Verloren in % d. ursprüngl. Bestandtheile	„	—	18.6	19.2		—	41.1	—	—	—	—	—	—
2	Blaue Lupine, ursprünglich	1869	—	21.70	48.50		10.20	2.57	—	—	—	—	—	—
	entbittert	„	—	21.70	36.55		10.20	1.28	—	—	—	—	—	—
	verloren	„	—	—	11.95		—	1.29	—	—	—	—	—	—
	Verloren in % d. ursprüngl. Bestandtheile	„	—	—	23.9		—	50.2	—	—	—	—	—	—
	Verfahren Bente. Salzsäure und Schweflige Säure.													
3	Gelbe Lupine, entbitterte	„	—	37.28	3.38	—	—	—	—	—	—	—	—	—
	Verfahren Wildt. Salzsäure u. Chlor.													
4	Gelbe Lupine, ursprünglich	1883	—	—	—	—	—	—	39.80	5.70	50.00		4.50	6.37
	entbittert	„	—	—	—	—	—	—	32.71	6.26	41.45		1.98	5.23
	verloren	„	—	—	—	—	—	—	7.09	—	8.55		2.52	1.13
	In % d. ursprüngl. Substanz	„	—	—	—	—	—	—	17.8	—	17.1		56.0	2.85

Lupinenkörner. Lupinus linifolius Roth.

No. 1. E. Flechsig. — L. V.-St. 30. 1884. 447. Die Körner enthielten 0.32 % Gesammtalkaloïd, davon 0.12 % flüssiges und 0.30 % festes Alkaloïd. 300 Körner wogen 65.12 g.

No. 2. Derselbe. — L. V.-St. 32. 1886. 180. Dieser Samen aus vorigem erzogen. Nach E. Hiller enthielten dieselben 0.24 % Gesammtalkaloïd, davon 0.027 % flüssiges und 0.213 % festes Alkaloïd.

Lupinenkörner. Lupinus Termis Forsk.

No. 1. E. Flechsig. — L. V.-St. 30. 1884. 447. Die Körner enthielten nach Täuber 0.39 % Gesammtalkaloïd, davon 0.03 % flüssiges und und 0.36 % festes Alkaloïd.

No. 2. Derselbe. — L. V.-St. 32. 1886. 180. Die Körner enthielten nach Hiller 0.35 % Gesammtalkaloïd, davon 0.032 % flüssiges und 0.318 % festes Alkaloïd. Beide Körnerernten wurden in Proskau gemacht, No. 2 wurde aus No. 1 gewonnen, wuchs aber auf etwas schwererem Boden. 300 Körner von No. 1 wogen 107.02 g.

Lupinenkörner, entbittert.

No 1 u. 2. M. Siewert. — Ztschr. d. landw. Centralv. f. d. Prov. Sachsen 1868. 313 u. 1869. 75. Das Verfahren besteht in Folgendem: Die Lupinen werden mit dem doppelten ihres Gewichts Wasser und mit 5 % ihres Gewichts roher käuflicher Salzsäure übergossen; das Ganze wird täglich einige Male tüchtig umgerührt, am 2. und 3. Tage werden Wasser und Säure erneuert, am. 4. Tage wird nur Wasser aufgegossen und dieses nach Bedürfniss erneuert.

No. 3. F. Bente. — Deutsche Landw. Presse 1885. 15. 100 Pfund Lupinen werden mit soviel Wasser, dass dieselben auch nach dem Aufquellen davon bedeckt bleiben und mit 2 Pfund Salzsäure übergossen. Nach 24stündigem Quellen werden 2 Pfund einer gesättigten Lösung von saurem schwefligsaurem Kalk hinzugefügt, umgerührt und 24 Stunden stehen gelassen. Darnach wird die Flüsssigkeit abgelassen und dann werden die Lupinen mit Wasser ausgelaugt.

No. 4. E. Wildt. — Biedermann's Centralbl. f. Agriculturchem. 1884. 675. (Landw. Centralbl. f. Posen. 11. 1883. 267.) Die Lupinenkörner wurden zunächst in verdünnter Salzsäure eingeweicht und dann mit Chlorkalklösung behandelt. Darnach wurde ausgewaschen. Die Einbusse an Trockensubstanz durch das in Rede stehende Verfahren belief sich durchschnittlich auf 17.6 %. Die Lupinen enthielten im nicht entbittertem Zustande in % der Trockensubstanz 36.8 % verdauliches Eiweiss, 1.1 % Nichteiweiss ($N \times 6.25$); im entbitterten Zustande 31.4 % verdauliches Eiweiss, also Verlust hiervon 5.4 % absolut, 14.6 % relativ.

No.	Bezeichnungen und Bemerkungen	Jahr der Untersuchung	In der ursprünglichen Substanz						In der Trockensubstanz						Stickstoff in der Trocken-Substanz
			Wasser %	Nh-Substanz %	Rohfett %	Nfr. Extractstoffe %	Rohfaser %	Asche %	Trocken-substanz %	Nh-Substanz %	Rohfett %	Nfr. Extractstoffe %	Rohfaser %	Asche %	%
	Verfahren Kellner. Dämpfen oder Kochen.											Alkaloïd	Nicht-Proteïn-N		
5	Gelbe Lupine, gedämpft, ursprüngl.	1880	—	—	—	—	—	—	100	39.50	5.23	1.26	0.51	4.22	6.83^0
	entbittert	„	—	—	—	—	—	—	81.8	38.08	4.89	0.11	0.11	2.29	6.21^0
	verloren	„	—	—	—	—	—	—	18.2	1.42	0.34	1.15	0.40	1.93	0.62
	Verloren in % d. Einzel-Bestandth.	„	—	—	—	—	—	—	18.2	3.6	6.5	78.4	80.4	45.7	9.1
	Halbstündiges Dämpfen u. 4tägiges Auslaugen.											Nfr. Extractst.	Rohfaser		
6	Gelbe Lupine, ursprünglich . . .	„	13.31	34.28	5.08	28.44	14.50	4.39	100	39.54	5.86	32.81	16.73	5.06	6.836^0
	entbittert . . .	„	—	—	—	—	—	—	81.5	36.97	5.29	19.56	—	1.95	6.269
	verloren	„	—	—	—	—	—	—	19.5	2.57	0.57	13.25	—	3.11	0.567
	Verloren in % d. Einzel-Bestandth.	„	—	—	—	—	—	—	19.5	6.5	9.7	40.4	—	61.5	8.3
7	Reife, blaue, ursprünglich . . .	„	12.03	26.95	6.19	41.75	10.57	2.51	100	30.63	7.04	47.46	12.02	2.85	5.310^0
	entbittert	„	—	—	—	—	—	—	82.7	29.77	5.74	33.08	—	1.21	4.81
	verloren	„	—	—	—	—	—	—	17.3	0.86	1.30	13.38	—	1.64	0.50
	Verloren in % d. Einzel-Bestandth.	„	—	—	—	—	—	—	17.3	2.8	17.2	28.2	—	57.6	9.4
8	Halbreife, blaue, ursprünglich . .	„	13.30	27.01	4.53	38.80	13.76	2.60	100	31.15	5.22	44.76	15.87	3.00	5.527
	entbittert . . .	„	—	—	—	—	—	—	77.1	26.21	3.92	30.53	—	1.13	4.295
	verloren . . .	„	—	—		—	—	—	22.9	4.94	1.30	14.23	—	1.87	1.232
	Verloren in % d. Einzel-Bestandth.	„	—	—	—	—	—	—	22.9	15.9	25.0	31.8	—	62.4	22.3
	Nach einstündigem Verweilen im Dampf u. 2 tägigem Auslaugen.														
9	Reife, gelbe, entbittert	„	—	—	—	—	—	—	79.9	37.82	5.32	18.08	—	1.99	6.118
	verloren	„	—	—	—	—	—	—	20.1	1.72	0.54	14.73	—	3.07	0.718
	Verloren in % d. Einzel-Bestandth.	„	—	—	—	—	—	—	20.1	4.3	9.2	44.9	—	60.7	10.5
10	Reife, blaue, entbittert	„	—	—	—	—	—	—	84.8	29.71	5.62	36.16	—	1.40	4.864
	verloren	„	—	—	—	—	—	—	15.2	0.92	1.42	11.30	—	1.45	0.446
	Verloren in % d. Einzel-Bestandth.	„	—	—	—	—	—	—	15.2	3.0	20.1	23.8	—	50.9	8.4
11	Halbreife, blaue, entbittert . . .	„	—	—	—	—	—	—	71.9	25.23	3.35	26.41	—	1.08	4.118
	verloren . . .	„	—	—	—	—	—	—	28.1	5.92	1.87	18.35	—	1.92	1.409
	Verloren in % d. Einzel-Bestandth.	„	—	—	—	—	—	—	28.1	19.0	35.8	41.0	—	64.0	25.5
	Im Durchschnitt der verschiedenen Versuche.														
12	Reife, gelbe, blieben zurück . .	„	—	—	—	—	—	—	80.7	37.61	5.16	20.30	—	2.07	6.18
	Reife, blaue, blieben zurück . .	„	—	—	—	—	—	—	83.7	29.74	5.61	35.9	—	1.31	4.84
	Halbreife, blaue, blieben zurück .	„	—	—	—	—	—	—	74.5	25.63	3.38	28.43	—	1.10	4.11
	Reife, gelbe, gingen verloren .	„	—	—	—	—	—	—	19.3	1.66	0.70	12.95	—	2.99	0.66
	Reife, blaue, gingen verloren . .	„	—	—	—	—	—	—	16.3	0.89	1.43	12.44	—	1.54	0.47
	Halbreife, blaue, gingen verloren	„	—	—	—	—	—	—	25.5	5.52	1.84	16.24	—	1.90	1.42

No. 5—29. Osc. Kellner. — Landw. Jahrb. 9. 1880. 977. Die Lupinen unter No. 5 wurden in gut aufgequollenem Zustande in starkwandigem Glaskolben ¼ Stunde lang auf ca. 140° erwärmt. Das Gefäss war dicht verschlossen und wurde nach Ablauf dieser Zeit plötzlich geöffnet. Die Vehemenz, mit welcher sich der überhitzte Dampf in diesem Moment ausdehnt, sollte (wie im Henze'schen Apparat die Kartoffeln) die Lupinenzellen zum Zerspringen bringen. Die Körner wurden alsdann in kaltes Wasser gebracht und unter täglichem Erneuern in demselben 4 Tage lang belassen. Die Alkaloïde wurden nach dem F. Krocker'schen Verfahren bestimmt.

Bei No. 6—8 und 9—11 wurden die Lupinen, welche 24—36 Stunden unter Wasser gelegen hatten, in kleinen Säckchen durch eine verschliessbare Oeffnung in einem Dampfkessel über siedendem Wasser aufgehängt, ohne dass das Säckchen mit diesem in Berührung kam. Die Temperatur des Dampfes lag etwas unter 100° C. Das Auslaugen der Bitterstoffe geschah mit kaltem Brunnenwasser, das unter öfterem Umrühren je einen Tag mit den Körnern in Berührung blieb und alsdann erneuert wurde. Bei den Lupinen unter 6—8 dauerte die Einwirkung des Dampfes ½ Stunde, das Auslaugen 4 Tage, bei No. 9—11 die Einwirkung des Dampfes 1 Stunde, das Auslaugen 2 Tage. Den obigen Zahlen ist noch der Verlust an Nichtproteïn-N und Alkaloïden nachzutragen, den die Lupinen beim Entbittern erlitten. In Procenten des ursprünglichen Gehalts waren verloren gegangen:

	Bei ½ stündigem Dämpfen			Bei 1 stündigem Dämpfen		
	Gelbe	Blaue	Halbreife, blaue	Gelbe	Blaue	Halbreife, blaue
Nichtproteïn-N . . .	81.6	85.8	80.2	86.5	75.6	81.4
Alkaloïde	94.6	90.0	95.0	93.4	—	94.5

No.	Bezeichnungen und Bemerkungen	Jahr der Untersuchung	In der ursprünglichen Substanz: Wasser %	Nh-Substanz %	Rohfett %	Nfr. Extractstoffe %	Rohfaser %	Asche %	Trocken-substanz %	In der Trockensubstanz: Nh-Substanz %	Rohfett %	Nfr. Extractstoffe %	Rohfaser %	Asche %	Stickstoff in der Trocken-substanz %
	1 Stunde gedämpft.														
13	Gelbe Lupine, ursprünglich . . .	1880	—	—	—	—	—	—	100	46.43	5.41	28.93	15.49	3.74	7.43°
	entbittert . . .	„	—	—	—	—	—	—	78.1	41.48	4.72	14.85	15.49	1.56	6.64
	verloren	„	—	—	—	—	—	—	21.9	4.95	0.69	14.08	—	2.18	0.79
	Verloren in % d. Einzel-Bestandth.	„	—	—	—	—	—	—	21.9	10.6	12.8	45.2	—	58.3	10.6
	Durch Gefrierenlassen u. Auslaugen.														
14	Halbreife, blaue Lupine, entbittert	„	—	—	—	—	—	—	74.4	25.30	3.22	29.11	15.87	0.90	4.140
	verloren	„	—	—	—	—	—	—	25.6	5.85	2.00	15.65	—	2.10	1.387
	Verloren in % d. Einzel-Bestandth.	„	—	—	—	—	—	—	25.6	18.8	25.6	35.0	—	70.0	25.0
	10 Minuten gekocht.														
15	Gelbe Lupine, ursprünglich . . .	„	—	—	—	—	—	—	100	46.43	5.41	28.93	15.49	3.74	7.43°
	entbittert	„	—	—	—	—	—	—	83.5	44.31	5.41	17.00	15.49	1.29	7.09
	verloren	„	—	—	—	—	—	—	16.5	2.12	—	11.93	—	2.45	0.32
	Verloren in % d. Einzel-Bestandth.	„	—	—	—	—	—	—	16.5	4.60	—	41.2	—	61.2	4.60
	30 Minuten gekocht.														
16	Gelbe Lupine, entbittert . . .	„	—	—	—	—	—	—	82.8	44.29	5.26	16.36	15.49	1.40	7.087
	verloren	„	—	—	—	—	—	—	17.2	2.14	0.15	12.57	—	2.34	0.343
	Verloren in % d. Einzel-Bestandth.	„	—	—	—	—	—	—	17.2	4.6	2.8	43.4	—	62.6	4.6
	60 Minuten gekocht.														
17	Gelbe Lupine, entbittert . . .	„	—	—	—	—	—	—	76.6	41.00	4.92	18.36	15.49	1.33	6.56
	verloren	„	—	—	—	—	—	—	23.4	5.43	0.49	15.07	—	2.41	0.87
	Verloren in % d. Einzel-Bestandth.	„	—	—	—	—	—	—	23.4	13.6	9.1	52.1	—	64.4	13.6
	Bezogen auf 100 Trockensubstanz der entbitterten Lupinen.														
18	Gelbe Lupine, No. 5, gedämpft .	1880	—	—	—	—	—	—	—	Rein- 46.56	5.95	—	—	2.80	7.59
19	Desgl., No. 6, ½stündig. Dämpfen	„	—	—	—	—	—	—	—	45.93	6.57	24.30	20.78	2.42	7.79
20	Desgl., No. 9, 1stündiges Dämpfen	„	—	—	—	—	—	—	—	47.33	6.66	22.61	20.91	2.49	7.659
21	Desgl., No. 13, 1stündig. Dämpfen	„	—	—	—	—	—	—	—	Roh- 53.11	6.04	19.01	19.84	2.00	8.50
22	Desgl., No. 15, 10 Minuten gekocht	„	—	—	—	—	—	—	—	53.06	6.52	20.13	18.55	1.74	8.49
23	Desgl., No. 16, 30 Minuten gekocht	„	—	—	—	—	—	—	—	53.50	6.35	19.75	18.71	1.69	8.56
24	Desgl., No. 17, 60 Minuten gekocht	„	—	—	—	—	—	—	—	53.56	6.42	18.07	20.22	1.73	8.57
25	Blaue, reife, No. 7, ½stünd. Dämpfen	„	—	—	—	—	—	—	—	Rein- 36.00	6.94	41.19	14.41	1.46	5.83
26	Desgl., No. 10, 1stündig. Dämpfen	„	—	—	—	—	—	—	—	35.05	6.45	44.67	14.18	1.65	5.74
27	Blaue, halbreife, No. 8, ½stündig. Dämpfen	„	—	—	—	—	—	—	—	34.00	4.40	39.57	20.58	1.45	5.57
28	Desgl., No. 11, 1stündig. Dämpfen	„	—	—	—	—	—	—	—	35.00	4.66	36.77	22.07	1.50	5.73
29	Desgl., No. 14, Gefrierenlassen .	„	—	—	—	—	—	—	—	34.00	4.33	39.13	21.33	1.21	5.57
30	„Gedämpfte Lupine"	„	—	—	—	—	—	—	—	40.52	3.72	28.16	21.92	5.68	6.48
31	Gelbe Lupine, vermuthl. entbittert	1883	—	—	—	—	—	—	—	53.31	5.14	17.61	21.89	2.05	—

No. 13. Gelbe Lupinen wurden im Grossen entbittert, indem sie in einer kleinen hölzernen Tonne eine reichliche Stunde gedämpft und 3 Tage mit Wasser behandelt wurden.

No. 14 waren dieselben halbreifen, blauen Lupinen, wie unter No. 8. Dieselben wurden, nachdem sie in Wasser aufgequellt worden waren, in einem geschlossenen Gefäss in eine künstliche Kältemischung von $-17°$ C. gebracht und darin 2 Stunden belassen. Darauf wurden die durch und durch gefrorenen Körner mit etwas erwärmtem Wasser aufgethaut und dann 4 Tage lang ausgewaschen. Dabei gingen von dem ursprünglichen Gehalt an Nichtproteïn-N 80.7%, von den Alkaloïden 88.2% verloren.

No. 15, 16 u. 17 wurden gekocht und je 3, bezw. 2 Tage ausgelaugt.

Bezüglich der Zusammensetzung entbitterter Lupinen unter No. 18 u. ff. ist noch nachzutragen:

	No. 18	19	20	25	26	27	28	29
Nichtproteïn-N . .	0.14	0.12	0.086	0.07	0.13	0.13	0.13	0.13
Alkaloïde	0.13	0.09	0.11	0.11	—	0.12	0.14	0.15

No. 30. Wilfarth (V.-St. Dahme). — Originalmittheilung.

No. 31. E. Wolff (V.-St. Hohenheim). — Grundlagen f. d. rationelle Fütterung des Pferdes. Berlin, 1885. 48.

No.	Bezeichnungen und Bemerkungen	Jahr der Untersuchung	In der ursprünglichen Substanz: Wasser %	Nh-Substanz %	Rohfett %	Nfr. Extractstoffe %	Rohfaser %	Asche %	Trockensubstanz %	In der Trockensubstanz: Nh-Substanz %	Rohfett %	Nfr. Extractstoffe %	Rohfaser %	Asche %	Stickstoff in der Trockensubstanz %
	Versuche v. Bochmann, Lupinen mit heissem Wasser digerirt.					Alkaloïde									
32	Ursprünglich	1880	18.06	35.08		0.626		3.81	81.94	—	—	—	—	—	—
	Bei 8 stündigem Erwärmen . . .	„	—	32.77		0.376		1.87	66.59	—	—	—	—	—	—
33	Entbitterte, weisse L., ursprünglich	„	—	—	—	—	—	—	—	26.85	6.49	47.87	15.23	3.56	—
	entbittert .	„	—	—	—	—	—	—	—	25.42	6·70	42.24	15.23	2.54	—

Linsenkörner.*) Ervum Lens L.

No.	Bezeichnungen und Bemerkungen	Jahr	Wasser	Nh-Substanz	Rohfett	Nfr. Extractstoffe	Rohfaser	Asche	Trockensubstanz	Nh-Substanz	Rohfett	Nfr. Extractstoffe	Rohfaser	Asche	Stickstoff
1	In Bechelbronn gewachsen . . .	1848	12.50	25.00	2.50	55.70	2.10	2.20	—	28.58	2.86	63.65	2.40	2.51	4.57
2	Aus Wien	1845	13.01	25.94	—	—	—	2.26	—	29.81	—	—	—	2.60	4.77°
3		1852	12.70	28.25	2.23	51.95		4.87	—	32.37	2.55	59.50		5.58	5.18°
4		„	13.38	28.50	2.21	50.93		4.98	—	32.87	2.55	58.83		5.75	5.26°
5		„	10.58	28.38	2.25	55.81		2.98	—	31.75	2.52	62.40		3.33	5.08°
6		„	10.03	26.13	1.35	57.62		4.87	—	29.06	1.50	64.03		5.41	4.65°
7	Grosse Linsen, Schottland . . .	„	12.51	23.88	1.78	59.15		2.68	—	27.29	2.34	65.29		3.08	4.37
8	Linsen aus dem Auslande . . .	„	12.31	24.19	1.51	59.20		2.79	—	27.60	1.72	67.50		3.18	4.42
9		1855	15.40	29.06	1.48	43.96	7.74	2.36	—	34.34	1.75	51.97	9.15	2.79	5.49
10	Linsen aus Cherson, Südrussland .	1872	11.77	23.71	2.35	56.24	3.49	2.44	—	26.88	2.67	63.73	3.95	2.77	4.30
11	Linsen aus Jekaterinoslaw, Südrussl.	„	11.17	26.43	2.28	54.08	3.27	2.77	—	29.75	2.57	60.88	3.68	3.12	4.76
12	Tischlinsen	1877	13.41	24.31	1.18	54.86	3.92	2.32	—	28.08	1.36	63.35	4.53	2.68	4.49°
13	Desgl.	„	10.49	23.34	1.04	59.07	3.77	2.29	—	26.06	1.16	66.01	4.21	2.56	4.17°
14	Linsenmehl	1874	13.36	25.82	2.59	52.95	2.90	2.56	—	29.80	2.99	60.91	3.35	2.95	4.77°
	Mittel		12.33	25.94	1.93	52.84	3.92	3.04	—	29.59	2.20	60.27	4.47	3.47	4.74

Ervum-Arten. — Ervum monanthos L. Linsenwicke, Wicklinse, polnische Linse, einblüthige Erve.

No.	Bezeichnungen und Bemerkungen	Jahr	Wasser	Nh-Substanz	Rohfett	Nfr. Extractstoffe	Rohfaser	Asche	Trockensubstanz	Nh-Substanz	Rohfett	Nfr. Extractstoffe	Rohfaser	Asche	Stickstoff
1	„Sogen. Futterlinsen" aus Russland	1875	16.70	19.81	1.60	48.47	10.91	2.51	—	23.77	1.92	58.21	13.09	3.01	3.80
2		1879	11.17	22.75	0.97	57.53	4.87	2.71	—	25.62	1.09	64.76	5.48	3.05	4.10
	Mittel		13.94	21.26	1.30	52.90	7.99	2.61	—	24.70	1 51	61.47	9.29	3.03	3.95

No. 32. Bochmann. — Biedermann's Centralbl. f. Agriculturchem. 1880. 436.
No. 33. R. Waage (V.-St. Wien). — Ebendaselbst. 16. 1887. 395.

Linsenkörner.
*) Ueber Linsen bemerkt Boussingault in seinem Buch „Die Landwirthschaft etc." 1. 309, dass eine noch ziemlich unvollkommene Analyse über die Zusammensetzung der Linse zu folgendem Resultate zu führen scheine:

Legumin	Amylum	Fett	Traubenzucker?	Holzfaser, Pectinsäure	Gummi	Salze	Wasser u. Verlust
22.0	40.0	2.5	1.5	12.0	7.0	2.5	12.5%

Moleschott führt in seiner Physiologie der Nahrungsmittel 2. 123 folgende Analysen der Linsen auf:

	Legumin	Eiweiss	Zellstoff	Stärkemehl	Dextrin	Zucker	Fett	Salze	Wasser
Einhof . . .	32.84	1.01	45.37		5.27	2.75	—	0.51	— (wasserfrei?)
Payen	25.2		2.4	56.0			2.6	2.3	11.5

No. 1 J. B. Boussingault. — Dessen: „Die Landwirthsch. in ihren Beziehungen zur Chemie etc." 3. 45.
No. 2. E. N. Horsford. — Ann. d. Chem. u. Pharm. 1846. 58. 166 bezw. 212. Krocker ermittelte in derselben Probe den Gehalt an Stärkemehl zu 39.85%, auf trockne Substanz bezogen. Nh. Substanz von uns aus dem angegebenen N-Gehalt berechnet.
No. 3—6. J. B. Lawes u. J. H. Gilbert. — On the Composition of foods in relation to Respiration and the Feeding of Animals. (Rep. British Association for the Advancement of Science for 1852). London, 1853. 7.
No. 7 u. 8. Th. Anderson. — Transact. Nh. Substanz nach dem für lufttrockne Substanz angegebenen N-Gehalt (3.82 bezw. 3.87%) von uns berechnet.
No. 9. Poggiale. — Weende'r Jahresb. d. Agrikulturchem. 1855/56. 20. (N. J. Pharm. 30. 180.) Polyt. Centralbl. 1858. 6.
No. 10 u. 11. R. Pott (V.-St. Poppelsdorf). — L. V.-St. 15. 1872. 214. Nh. Substanz von uns nach angegebenem N-Gehalt berechnet.
No. 12 u. 13. J. König u. C. Krauch. — Originalmittheilung.
No. 14. E. Heiden (V.-St. Pommritz). — Das Mehl enthielt 0.18% Sand, auf lufttrockne Substanz bezogen.

Ervum-Arten.
No. 1. W. Hoffmeister (V.-St. Insterburg). — Originalmittheilung.
No. 2. R. Ulbricht u. von Koritsánsky (Ungar. Altenburg). — Originalmittheilung.

No.	Bezeichnungen und Bemerkungen	Jahr der Untersuchung	In der ursprünglichen Substanz: Wasser %	Nh-Substanz %	Rohfett %	Nfr. Extractstoffe %	Rohfaser %	Asche %	In der Trockensubstanz: Nh-Substanz %	Rohfett %	Nfr. Extractstoffe %	Rohfaser %	Asche %	Stickstoff in der Trocken-Substanz %
	Ervum-Arten. Ervum Ervilia L. Ervenlinse, Französische Erve, knotenfrüchtige Erve.													
1		1879	12.21	16.21	1.44	64.09	3.76	2.29	18.47	1.64	73.00	4.28	2.61	2.96
2	Französische Ernte	„	9.92	18.44	1.22	63.55	4.46	2.41	20.47	1.35	70.75	4.95	2.68	3.78
	Mittel		11.07	17.31	1.33	63.83	4.10	2.36	19.47	1.50	71.76	4.62	2.65	3.37
	Kicher. Cicer Arietinum L.													
1		1854	15.18	21.78	5.32	50.82	4.17	2.73	25.68	6.27	58.91	4.92	4.22	4.11
2	Weisse „Cece bianco"	1877	14.39	17.95	4.52	48.84	9.78	4.52	20.97	5.28	57.05	11.42	5.28	3.36
3	Gelbe Kicher, C. physodes Rchb. . .	1882	14.85	12.42	6.70	60.82	2.50	2.91P	14.58	7.87	71.19	2.94	3.42	2.33
	Platterbse. Lathyrus sativus L.													
1	Weisse	1869	12.31	23.63	—	57.32	4.34	2.19	26.94	—	65.57	4.94	2.50	4.31
2	„Cicerchia"	1877	15.82	21.35	3.22	41.35	14.65	3.61	25.36	3.83	49.12	17.40	4.29	4.06
3	Platterbse aus Cherson	1872	11.01	—	1.88	—	3.87	3.06	30.50	2.11	59.60	4.35	3.44	4.88
4	Platterbse aus Jekaterinoslaw	„	11.80	—	1.98	—	3.11	2.37	27.56	2.25	63.97	3.53	2.69	4.41
	Mittel		12.74	24.08	2.38	51.38	6.60	2.82	27.59	2.73	58.89	7.56	3.23	4.41
	Serradella-Samen. Ornithopus sativus Brot.													
1	Auf märkischem, diluvialem, lehmigem Sandboden gewachsen	1865	9.65	25.38	5.14	40.27	16.11	3.45	28.10	5.69	44.56	17.83	3.82	4.50
2		1869	7.36	22.97	7.86	40.28	17.60	3.93	24.78	8.48	43.51	18.99	4.24	3.96
3		1870	13.05	18.44	5.00	31.09	29.37	3.05	21.21	5.75	35.75	33.78	3.51	3.39
4	Aus Pommern	1872	7.09	22.70	9.22	34.51	23.25	3.23P	24.44	11.93	33.68	25.69	3.26P	3.91
5		—	7.10	17.80	9.50	43.80	19.20	2.60	19.15	10.22	47.17	20.66	2.80	3.06
	Mittel		8.85	21.46	7.67	37.48	21.32	3.22	23.54	8.41	41.13	23.39	3.53	3.76

Ervum-Arten.

No. 1 u. 2. R. Ulbricht u. von Koritsánsky (Ungar. Altenburg). — Originalmittheilung.

Kicher.

No. 1. Poggiale. — Weender Jahresber. 1855/56. II. 19.

No. 2. A. Pasqualini. — Annal. Staz. Agrar. pro 1877. 48. In Procenten der lufttrocknen Substanz enthielt der Samen 35.62 % Stärkemehl, 3.82 % Zucker und 9.39 % andere Nfr. Extractstoffe, ferner in Wasser lösliche Stoffe 14.89 %, davon Salze 2.00 %, N 0.215 %, N in Form von Ammoniak 0,011 %.

No. 3. J. Moser (V.-St. Wien). — Bericht für die Jahre 1882 u. 1883.

Platterbse.

No. 1. M. Siewert. — Ztschr. d. Prov. Sachsen 1869. 170.

No. 2. Pasqualini. — Ann. Staz. Agrar. 1877. 48. In Procenten der lufttrocknen Substanzen enthielten die Samen Stärkemehl 29.47 %, Zucker 2.83 %, andere Nfr. Extractstoffe 8.42 %; in Wasser lösliche Substanz 13.43 %, davon Salze 1.41 %, N 0.148 %, N in Ammoniakform 0.009 %.

No. 3 u. 4. R. Pott (V.-St. Poppelsdorf). — L. V.-St. 15. 1872.

Serradella-Samen.

No. 1—3. F. Schulze (Hoffmann's Jahresber. 11 u. 12. 1868/69. 498) fand in Serradellasamen von 8.9 % Wassergehalt 23.2—25.6 % Proteïnstoffe (45.6 % Hülsen mit 1.1 % N).

No. 4. J. Fittbogen (V.-St. Regenwalde). — Landw. Jahrb. 1. 1872. 614. Autor bestimmte auch die Menge der „nutzbaren Cellulose", indem er 0.5 g Substanz mit 1 %iger Schwefelsäure in zugeschmolzenen Röhren behandelte und in der Lösung nach Fehling den Zucker bestimmte. Von dem Gewichte des erhaltenen Kupferoxydes wurde diejenige Menge in Abzug gebracht, welche das mit SO_3 behandelte Wasser- und Weingeistextrakt ergab, und der Rest auf Zellstoff berechnet. Es wurden in dieser Weise 24.979 % nutzbare Cellulose gefunden. Nach Fr. Schulze's Verfahren wurden 40.526 % Cellulose gefunden; diese mit 1 %iger Schwefelsäure in zugeschmolzenen Röhren 9 Stunden lang erhitzt ging zu 14.841 % in Zucker über, so dass 25.685 % nicht verwerthbare Cellulose übrig blieb. An näheren Bestandtheilen enthielten die Samen ferner noch:

Nutzbare Cellulose	Unverwerthb. Cellulose	Rohrzucker	Pektin u. Gummi	Oel	Wachs	Harz
24.979	25.685	2.897	3.457	5.926	1.498	4.514

Oxalsäure	In Wasser lösl. Proteïn	In Wasser lösl. Asche	Organ. Stoffe unbestimmter Natur	Schwefel
0.194	5.576	2.083	3.153	0.163

Das durchschnittliche Gewicht betrug von 1000 Samen im lufttrocknen Zustande 3.4779 g, nach dem Trocknen bei 110° C. 3.2313 g. Die Hülsen machten 45.15 % des Samens aus.

No.	Bezeichnungen und Bemerkungen	Jahr der Untersuchung	In der ursprünglichen Substanz: Wasser %	Nh-Substanz %	Rohfett %	Nfr. Extractstoffe %	Rohfaser %	Asche %	In der Trockensubstanz: Nh-Substanz %	Rohfett %	Nfr. Extractstoffe %	Rohfaser %	Asche %	Stickstoff in der Trockensubstanz %
	Soja hispida Mönch. Rauhharige Sojabohne.													
	I. Soja hispida platycarpa var. melanosperma Harz, flachgründige, schwarze, längliche Sojabohne.													
1	Aus dem Institut Agranomique, Paris .	1879	12.88	35.00	13.60	29.92	4.40	4.20	27.70	15.16	46.27	5.05	5.82	4.43
2	Aus München, Ernte 1879	„	12.55	36.56	14.68	—	—	4.68	41.83	16.79	36.03	—	5.35	6.69
3	„Lange schwarze"	„	12.70	35.80	14.20	28.50	4.40	4.40	41.09	16.27	32.56	5.04	5.04	6.57
	Mittel		12.71	32.18	14.03	31.97	4.40	4.71	36.87	16.07	36.62	5.04	5.40	5.90
	II a. Soja hispida tumida var. pallida Harz, gedunsenfrüchtige, gelbe Sojabohne.													
1		1861	10.55	38.06	20.28	19.26	5.11	6.74	42.55	22.67	21.53	5.71	7.54	6.81
2	Chinesische Oelbohne, gelblich weiss .	1872	6.69	38.54	20.53	24.61	5.13	4.50	41.31	22.01	36.36	5.50	4.82	6.61
3	Originalsamen aus der Mongolei . . .	1876	7.84	32.15	17.10	32.91	4.58	5.42	34.88	18.55	35.72	4.97	5.88	5.58
4	Samen der 1. Reproduction, 1875er E.	„	9.36	32.07	17.59	31.59	4.48	4.91	35.37	19.40	34.87	4.94	5.42	5.66
5	Samen der 2. Reproduction, 1876er E.	„	7.89	32.58	17.49	—	—	—	35.46	19.00	—	—	—	5.67
6	Originalsamen aus China	„	7.96	31.26	16.21	34.59	4.75	5.23	33.94	17.60	34.72	5.16	5.68	5.43
7	Samen der 1. Reproduction, 1875er E.	„	8.62	34.81	18.53	28.84	4.37	4.83	38.08	20.27	31.59	4.78	5.28	6.09
8	Samen der 2. Reproduction, 1876er E.	„	7.89	34.97	18.39	—	—	—	37.97	19.97	—	—	—	6.08
9	Samen aus No. 6 in Mähren angeb., 1876er	„	—	40.19	16.99	—	—	—	—	—	—	—	—	—
10	In Tirol gebaut, 1877er	1877	8.15	36.81	17.62	27.21	4.79	5.42	40.09	19.19	29.60	5.22	5.90	6.41
11	In Ung.-Altenburg gebaut, gelb, 1878er	1878	9.54	26.13	15.65	38.95	4.67	5.06	28.87	17.29	43.09	5.16	5.59	4.62
12	Desgl.	1879	15.20	28.63	16.21	—	—	—	33.75	19.11	—	—	—	5.40
13	Desgl.	„	13.69	25.94	17.94	—	—	—	30.06	20.79	—	—	—	4.81
14	In Posen gebaut, lichtgelbe, frühreifend. S.	„	—	—	—	—	—	—	36.31	18.90	32.55	7.05	5.19P	5.81
15		„	—	35.87	18.25	—	—	—	—	—	—	—	—	—
16	Auf Diluvialboden gewachsen	„	15.20	28.63	16.21	30.84	4.38	4.74	—	—	—	—	—	—
17	Auf Alluvialboden gewachsen	„	13.50	25.94	17.94	33.16	4.45	8.82	—	—	—	—	—	—
18	1878er Ernte	„	7.07	34.50	18.27	—	—	5.81	—	—	—	—	—	—
19	1879er Ernte	„	11.54	35.12	17.89	—	—	4.61	—	—	—	—	—	—

Soja hispida. Sojabohne.

I. Soja hispida platycarpa var. melanosperma Harz.

No. 1. u. 2. Mitgetheilt von E. Wein (V.-St. München) in Journ. f. Landwirthsch. 29. Erzgänzungsheft 1881. 10. Auf humosem Kalkboden gewachsen.

No. 3. Edw. Kinch (Cirencester). — Biedermann's Centralbl. 11. 1882. 753. (Nach einem Separatabzug aus?)

II a. Soja hispida tumida var. pallida Harz.

No. 1. Anderson. — Chem. Centralbl. 1861. 1. 174. Bohnenförmiger Oelsamen aus China. Die Beschreibung der Samen passt, wie die Zusammensetzung, auf die gelbe Sojabohne.

No. 2. Senff (Acad. Laborat. Tharand). — Chem. Ackersm. 1872. 122. Die Samen waren eiförmig und hatten etwa die Grösse und Farbe kleiner Erbsen; sie waren aus Hongkong bezogen.

No. 3—8. Fr. Schwackhöfer u. Joh. Stua. — Originalmittheilung a. d. technolog. Laborat. d. k. k. Hochschule f. Bodenkultur in Wien und L. V.-St. 20. 1877. 247; mitgetheilt von F. Haberlandt. Die Originalsamen wurden der Wiener Weltausstellung 1874 entnommen und im Garten der Hochschule f. Bodenkultur angebaut. Die reproducirten Samen waren grösser und schwerer als die Originalsamen. Das absolute und specifische Gewicht betrug:

	Original	1. Reprod.	2. Reprod.	Original	1. Reprod.	2. Reprod.
Absolutes Gewicht v. 1000 Körnern	81.5	126.0	163.6	92.5	148	143 g
Specifisches Gewicht	1.172	1.241	—	1.190	1.246	—
1 Hectoliter wog	67.4	72.0	74.92	68.0	72.5	75.08 kg

No. 9. K. Zulkowski. — L. V.-St. 20. 1877. 263; mitgetheilt von F. Haberlandt. Die Samen waren Reproduction der im Wiener Versuchsgarten aus Samen No. 7 erzogenen Samen. Dieselben wuchsen in tiefrajoltem, mächtigem Gartengrund mit vorherrschend sandigem Lehmboden in kräftigem Düngerzustand.

No. 10. E. Mach u. K. Portele (V.-St. Michele). — Originalmitthl. (auch Biedermann's Centralbl. 7. 1878. 601). Die Saat für untersuchte Bohnen stammte aus dem Botanischen Garten Wien's (Haberlandt) und wurde in St. Michele in einem lehmigen, frisch gedüngten, noch etwas rohen Boden ausgesäet. Am 1. October völlig reif. Die geernteten Samen hatten ein spec. Gewicht von 1.279, 100 Körner wogen 124.07 g, 1 Liter wog 760.99 g. Die Ernte konnte erst am 18. October vorgenommen werden; die Samen waren aber reif.

No. 11—13. R. Ulbricht u. v. Koritsánsky (Akad. Laborat. zu Ung. Altenburg). — Originalmittheilung.

No. 14. E. Wildt (V.-St. Posen). — Originalmitthl. u. Biedermann's Centralbl. f. Agriculturchem. 1878. 608. Ungünstige Witterungseinflüsse schädigten die Ausbildung der Samen und mussten dieselben im Zimmer nachreifen; sie blieben klein, 1000 Körner wogen nur 81.2 g. Die Bohne wuchs in ausgeruhtem Gartenboden.

No. 15. Schröder-Napagedl. — Journ. f. Landwirthsch. 29. 1881. Ergänzungsheft. Mitgetheilt von E. Wein.

No. 16 u. 17. Blaskovics. — Ebendaselbst.

No. 18 u. 19. E. Wein. — Ebendaselbst.

No.	Bezeichnungen und Bemerkungen	Jahr der Untersuchung	In der ursprünglichen Substanz						In der Trockensubstanz					Stickstoff in der Trockensubstanz
			Wasser %	Nh-Substanz %	Rohfett %	Nfr. Extractstoffe %	Rohfaser %	Asche %	Nh-Substanz %	Rohfett %	Nfr. Extractstoffe %	Rohfaser %	Asche %	%
20	In Proskau angebaut, 1878er Ernte	1879	—	—	—	—	—	—	43.44	19.73	27.06	4.29	5.48	6.95
21	In Schimnitz angebaut, 1878er Ernte	„	—	—	—	—	—	—	42.38	19.05	28.33	5.17	5.07	6.78
22	In München angebaut, 1878er Ernte	„	7.07	34.50	18.27	34.35		5.81	37.12	19.66	37.03		6.25	5.94
23	Desgl., 1879er Ernte	„	11.54	35.12	17.89	30.84		4.61	39.69	20.22	34.88		5.21	6.35
24	Blasse aus China	1881	9.00	32.00	18.00	32.00	4.00	5.00	35.17	19.78	35.15	4.40	5.50	5.63
25	Gelbe aus Deutschland	„	9.50	34.50	18.00	28.50	4.50	5.00	38.12	19.89	30.49	4.97	6.53	6.10
	Mittel		9.89	33.41	17.68	29.31	4.67	5.10	37.08	19.57	32.48	5.18	5.69	5.93

II b. Soja hispida tumida var. castanea Harz, gedunsenfrüchtige, braune Sojabohne.

No.	Bezeichnungen und Bemerkungen	Jahr der Untersuchung	Wasser %	Nh-Substanz %	Rohfett %	Nfr. Extractstoffe %	Rohfaser %	Asche %	Nh-Substanz %	Rohfett %	Nfr. Extractstoffe %	Rohfaser %	Asche %	Stickstoff in der Trockensubstanz %
1	Originalsamen aus China	1876	7.46	33.26	17.45	31.78	5.31	4.46	35.95	18.86	34.63	5.74	4.82	5.75
2	Samen der 1. Reproduction, 1875er E.	„	9.78	33.17	18.42	29.62	4.02	4.99	36.75	20.41	32.86	4.45	5.53	5.88
3	Samen der 2. Reproduction, 1876er E.	„	8.68	32.47	18.05	—	—	—	35.54	19.76	—	—	—	5.69
4	Samen aus No. 2, in Mähren geb., 1876er	„	—	44.93	16.68	—	—	—	—	—	—	—	—	—
5	Braune Soja, in Tirol gebaut, 1877er E.	1877	9.45	31.72	17.45	31.87	4.39	5.12	35.02	19.26	35.22	4.85	5.65	5.60
6	In Ung.-Altenburg gebaut, roth, 1878er	1878	9.00	27.88	17.30	34.83	5.36	5.63	30.64	19.01	38.27	5.89	6.19	4.90
7	Desgl.	„	9.48	29.44	18.34	32.14	5.19	5.41	32.53	20.27	35.49	5.73	5.98	5.20
8	In München gebaut, 1878er E.	1879	7.94	35.19	18.31	29.21	4.54	4.81	38.22	19.88	31.75	4.93	5.22	6.12
9	Desgl, 1879er E.	„	12.17	34.37	18.16	26.17	4.54	4.59	39.15	20.68	29.97	4.97	5.23	6.26
10		„	—	36.12	17.50	—	—	—	—	—	—	—	—	—
11	In Proskau angebaut, 1878er E.	„	—	—	—	—	—	—	36.88	20.96	31.91	5.34	4.91	5.90
12	In Schimnitz angebaut, 1878er E.	„	—	—	—	—	—	—	39.25	20.23	29.75	5.57	5.20	6.28
13	„Braune"	1882	9.30	35.10	17.50	28.60	4.50	4.70	38.72	19.30	31.84	4.96	5.18	6.20
	Mittel		9.25	32.90	17.03	31.17	4.76	4.89	36.25	19.87	33.25	5.24	5.39	5.80

No. 20 u. 21. H. Weiske, B. Demel u. B. Schulze (V.-St. Proskau). — Journ. f. Landwirthsch. 27. 1879. 511. In Proskau wuchsen die betr. Pflanzen auf einem trocknen, humusarmen, grobkörnigen Kiesboden, der seit ca. 20 Jahren einer mit Obstbäumen bepflanzten Trift angehört hatte und im März 1878 umgegraben worden war. Dagegen stammten die Schimnitzer Samen von einem Lande des Oderalluviums, welche in Bezug auf Mischung, Tiefe und Kultur einen Boden von bester Beschaffenheit repräsentirte.

No. 22. E. Wein (V.-St. München). — Journ. f. Landwirthsch. 1881. Ergänzungsheft.

No. 23. Derselbe. — Hoffmann's Jahresber. 1880. 405. (Ztschr. d. landw. Ver. in Bayern 1880. 731.) Die Sojabohne wurde 1879 auf humosem Kalkboden gebaut.

No. 24 u. 25. Edw. Kinch (Cirencester). — Biedermann's Centralbl. 11. 1882. 753. (Nach einem Separatabzuge). Daselbst ist mitgetheilt, dass nach Untersuchungen von Levallois die Sojabohne in ihren löslichen Kohlehydraten ca. 10 % einer der Mellitose ähnlichen Zuckerart enthält. Die Nh. Bestandtheile sind fast ausschliesslich eiweissartig, es sind nur 1 % derselben als Peptone und 1—2 % als Amide erkannt worden.

II b. Soja hispida tumida var. castanea Harz.

No. 1—3. Fr. Schwackhöfer u. Joh. Stua. — Originalmittheilung a. d. technolog. Laboratorium der k. k. Hochschule f. Bodenkultur in Wien und L. V.-St. 20. 1877. 247; mitgetheilt von F. Haberlandt. Die Originalsamen wurden der Wiener Weltausstellung 1874 entnommen und im Garten der Hochschule für Bodenkultur angebaut. Die reproducirten Samen waren grösser und schwerer als die Originalsamen. Das absolute und specifische Gewicht betrug:

	Original	1. Reprod.	2. Reprod.
Absolutes Gewicht v. 1000 Körnern	105.0	154.5	141.8 g
Specifisches Gewicht	1.204	1.233	1.244
Hectoliter-Gewicht	68.2	70.1	74.19 kg

No. 4. K. Zulkowski. — L. V.-St. 20. 1877. 263, mitgetheilt von F. Haberlandt. Die Samen waren Reproduction der im Wiener Versuchsgarten aus Samen No. 2 erzogenen Samen. Dieselben wuchsen in tiefrajoltem, mächtigem Gartengrund mit vorherrschend sandigem Lehmboden in kräftigem Düngerzustand.

No. 5. E. Mach u. K. Portele (V.-St. St. Michele). — Originalmittheilung. Die untersuchten Samen wuchsen in St. Michele in einem lehmigen, frischgedüngten, noch etwas rauhen Boden; die Saat stammte aus dem botanischen Garten der k. k. Hochschule f. Bodenkultur in Wien. Specifisches Gewicht 1.247, 100 Körner wogen 179.08 g, 1 Liter davon 755.94 g.

No. 6 u. 7. R. Ulbricht u. v. Koritsánsky (Akad. Laborat. zu Ungar. Altenburg). — Originalmittheilung.

No. 8 u. 9. E. Wein (V.-St. München). — Journ. f. Landwirthsch. 29. 1881. Ergänzungsheft S. 11; mitgeth. v. E. Wein. Die Bohnen wuchsen auf humosem Kalkboden.

No. 10. Schröder-Napagedl. — Ebendaselbst.

No. 11 u. 12. H. Weiske, B. Demel u. B. Schulze (V.-St. Proskau). — Ebendaselbst. 27. 1879. 511. In Proskau wuchsen die betr. Pflanzen auf einem trocknen, humusarmen, grobkörnigen Kiesboden, der seit ca. 20 Jahren einer mit Obstbäumen bepflanzten Trift angehört hatte und im März 1878 umgegraben worden war. Dagegen stammten die Schimnitzer Samen von einer Parzelle des Oderalluviums, welche in Bezug auf Mischung, Tiefe und Kultur einen Boden von bester Beschaffenheit repräsentirte.

No. 13. Edw. Kinch (Cirencester). — Biedermann's Centralbl. 11. 1882. 753. (Nach einem Separatabzuge aus?)

No.	Bezeichnungen und Bemerkungen	Jahr der Untersuchung	In der ursprünglichen Substanz: Wasser %	Nh-Substanz %	Rohfett %	Nfr. Extractstoffe %	Rohfaser %	Asche %	In der Trockensubstanz: Nh-Substanz %	Rohfett %	Nfr. Extractstoffe %	Rohfaser %	Asche %	Stickstoff in der Trockensubstanz %
	II c. Soja hispida tumida var. atrosperma Harz, schwarze, runde Sojabohne.													
1	Chinesische Oelbohne, schwarze . . .	1872	7.14	38.04	16.88	27.79	5.53	4.62	40.97	18.18	29.91	5.96	4.98	6.56
2	Schwarze Soja, in Tirol geb., 1877er E.	1877	9.91	31.25	18.12	31.68	4.22	4.82	34.69	20.11	35.17	4.68	5.35	5.55
3	1879er Frnte	1879	12.59	34.62	16.19	—	—	4.72	39.60	18.52	—	—	5.40	6.34
4	In München gebaut, 1879er Ernte . .	1880	15.29	32.96	17.15	—	—	4.75	38.89	20.24	—	—	5.61	6.22
5	„Runde, schwarze"	1882	11.20	33.00	17.20	29.70	4.20	4.70	37.16	19.37	33.45	4.73	5.29	5.95
	Mittel		11.23	33.97	17.11	28.41	4.55	4.73	38.26	19.28	32.01	5.12	5.33	6.12
	Analysen von Sojabohnen, deren botanische Abstammung nicht näher bezeichnet ist.													
1	Ausgesäete Bohnen	1877	14.00	34.36	16.91	—	—	—	39.96	19.67	—	—	—	6.39
2	Geerntete Bohnen	„	14.00	32.32	16.76	26.56	5.57	4.79	33.54	19.51	33.90	6.48	5.57	5.69
3	In Tirol heimische Bohne, genannt „Kaffeebohne"	„	10.00	37.00	17.81	25.00	4.96	5.23	41.11	19.69	27.88	5.51	5.81	6.58
4		1878	12.30	31.00	16.30	29.20	5.70	4.60	35.34	18.58	34.34	6.50	5.24	5.65
5	Aus China	1879	9.00	35.50	16.40	22.59	11.65	4.86	39.01	18.02	21.83	12.80	8.34	6.24
6	Aus Ungarn (Pressburg)	„	10.16	27.75	16.60	28.97	11.65	4.87	30.89	18.48	32.24	12.97	5.42	4.94
7	Aus Frankreich (Étampes)	„	9.74	31.75	14.12	27.59	11.65	5.15	35.18	15.64	30.56	12.91	5.71	5.63
8		1880	12.88	35.00	13.60	29.92	4.40	4.20	40.18	15.61	34.34	5.05	4.82	6.43
9	Aus Japan	1882	11.30	37.80	20.90	24.00	2.20	3.80	42.60	25.55	27.09	2.48	4.28	6.82
10	Aus Indien	„	12.00	36.00	18.00	29.10		4.90	40.90	20.45	33.09		5.56	6.54
11	Zusammensetzung in runden Zahlen . .	„	10.00	37.50	20.00	22.50	5.00	5.00	41.66	22.20	25.02	5.56	5.56	6.67
12	Aus Japan (Daidzu)	„	11.92	37.51	18.02	24.87	3.99	3.69	42.59	20.46	28.82	4.53	4.19	6.82

II c. Soja hispida tumida var. atrosperma Harz.

No. 1. Senff (Akad. Laborat. Tharand). — Chem. Ackersmann 1872. Die Samen waren bedeutend kleiner als gelbe Sojakörner, glänzend schwarz und von etwas gedrückt eiförmiger Form; sie waren aus Hongkong bezogen.

No. 2. E. Mach u. K. Portele (V.-St. St. Michele). — Originalmittheilung. Die untersuchten Samen wuchsen in St. Michele in einem lehmigen, frischgedüngten, etwas rohen Boden. Die Saat stammt aus dem botanischen Garten der k. k. Hochschule f. Bodenkultur. Spec. Gewicht 1.265, 100 Körner wogen 106.18 g, 1 Liter davon 755.08 g. Die Samen waren bei der Ernte noch weich, zum Theil unreif, welche letzteren zusammenschrumpften. Die Ernte war am 18. October.

No. 3. E. Wein. — Journ. f. Landwirthsch. 29. 1881. Ergänzungsheft S. 11.

No. 4. E. Wein (V.-St. München). — Hoffmann's Jahresber. 1880. 405. (Ztschr. d. landw. Ver. in Bayern 1880. 731.) Die Bohnen wurden 1879 auf humosem Kalkboden gebaut.

No. 5. Edw. Kinch (Cirencester). — Biedermann's Centralbl. 11. 1882. 753. (Nach einem Separatabzuge aus?)

Analysen von Sojabohnen, unbekannter Abstammung.

No. 1 u. 2. C. Caplan (V.-St. Wien). — Biedermann's Centralbl. 7. 1878. 599. (Oesterr. landw. Wochenbl. 4. 1878. 26.) Die geernteten Samen unter No. 2 waren im botanischen Garten aus Samen No. 1 gezogen worden. Der Wassergehalt ist willkürlich angenommen worden.

No. 3. E. Mach u. K. Portele. (V.-St. St. Michele). — Originalmitthl. Die Samen hatten ein spec. Gewicht von 1.274, 100 Körner wogen 193.06 g, 1 Liter davon 748.68 g. Nach Mach ist diese Sojabohne seit lange in Tirol heimisch und bekannt und wird als Surrogat für Kaffee als „Kaffeebohne" angebaut.

No. 4. P. Wagner u. W. Rohn (V.-St. Darmstadt). — Originalmittheilung.

No. 5—7. H. Pellet — Hoffmann's Jahresber. 23. 1880. 177. (Compt. rend. 90. 1177.) Die Samen enthielten im lufttrocknen Zustande:

	Gesammt-N	Kohlehydrate	Ammoniak	N des Ammoniaks	N coagulirbarer Substanzen	In kochendem Wasser u. in Essigsäure unlösl. Substanz
No. 5 . . .	5.91	3.21	0.290	0.230	5.68	67.1 %
No. 6 . . .	4.72	3.21	0.274	0.225	4.44	68.4 „
No. 7 . . .	5.44	3.21	0.304	0.250	5.08	65.8 „

Der oben angegebene Gehalt an Nh. Substanz entspricht dem Gesammt-N nach Abzug des Ammoniak-N.

No. 8. E. A. Carrière. — Ebendaselbst. 405. (Journ. d'agric. prat. 1880. I. 482.) Der Autor bestimmte den Gesammtgehalt an Stärke, Dextrin und Zucker zu 19.40 %.

No. 9 u. 10. Edw. Kinch (Cirencester). — Biedermann's Centralbl. 11. 1882. 753. (Nach einem Separatabzuge aus?)

No. 11. E. Meissl u. F. Böcker (V.-St. Wien). — Hoffmann's Jahresber. 26. 1883. 305. (Sitzungsber. Acad. d. Wissensch. Wien. I. 1883. 1.) Die Sojabohnen enthalten nach den Untersuchungen dieser Autoren in runden Zahlen:

Lösl. Caseïn	Albumin	Unlösl. Caseïn	Fett	Cholesterin, Lecithin, Harz u. Wachs	Dextrin	Stärke	Zucker, Amidkörper u. dergl.
30	0.5	7	18	2	10	5 %	kleine Mengen

Bezüglich der Untersuchungsmethoden verweisen wir auf das Original, resp. unsere Quelle.

No. 12—14. O. Kellner. — Japan. Chem. Analyses of agric. Experim. from the Laboratory of the Imperial College of Agric. Komaba, Tokio. Die 3 verschiedenen Sorten werden in Japan hauptsächlich zur Bereitung von Shoyu verwendet. Dieselben enthielten N in Form von Amiden 0.920 %, 0.897 % u. 0.882 %, bestimmt durch Fällen mit Kupferoxydhydrat. 1000 Körner wogen bezw. 171.6, 148.0 und 107.8 g.

No.	Bezeichnungen und Bemerkungen	Jahr der Untersuchung	In der ursprünglichen Substanz						In der Trockensubstanz					Stickstoff in der Trockensubstanz
			Wasser %	Nh-Substanz %	Rohfett %	Nfr. Extractstoffe %	Rohfaser %	Asche %	Nh-Substanz %	Rohfett %	Nfr. Extractstoffe %	Rohfaser %	Asche %	%
13	Desgl.	1882	11.90	37.70	18.11	25.04	3.93	3.32	42.79	20.56	28.50	4.46	3.69	6.85
14	Desgl.	„	12.87	37.62	18.11	24.52	3.53	3.35	43.18	20.78	28.14	4.05	3.85	6.91
15	Desgl.	„	10.30	39.75	11.98	28.59	5.43	3.95	44.31	13.36	31.88	6.05	4.40	7.09
16	In Japan gewachsen	1885	11.88	34.66	17.06	27.84	4.76	3.80	39.33	19.36	31.60	5.40	4.31	5.54
17	In Amerika gewachsen, im Mittel von 3 Analysen	1886	8.59	36.22	17.92	28.66	4.24	4.37	39.62	19.60	31.36	4.64	4.78	6.34
	Mittel		11.34	35.11	16.98	26.18	5.88	4.51	39.60	19.15	29.53	6.63	5.09	6.34

Gedüngte Sojabohnen.

No.	Bezeichnungen und Bemerkungen	Jahr	Wasser	Nh-Substanz	Rohfett	Nfr. Extractstoffe	Rohfaser	Asche	Nh-Substanz	Rohfett	Nfr. Extractstoffe	Rohfaser	Asche	Stickstoff
1	Ungedüngt	—	11.04	32.69	—	—	—	—	36.74	—	—	—	—	5.878
2	Mit Chilisalpeter gedüngt	—	11.09	35.31	—	—	—	—	39.71	—	—	—	—	6.354
3	Mit schwefelsaurem Ammoniak gedüngt	—	11.06	40.79	—	—	—	—	45.86	—	—	—	—	7.337

Körner von Dolichos-Arten. Fasel-Heilbohne. Cow-Pea.

No.	Bezeichnungen und Bemerkungen	Jahr	Wasser	Nh-Substanz	Rohfett	Nfr. Extractstoffe	Rohfaser	Asche	Nh-Substanz	Rohfett	Nfr. Extractstoffe	Rohfaser	Asche	Stickstoff
1	Dolichos	1846	14.50	20.30	1.93	54.60	5.00	3.70	23.75	2.26	64.81	5.85	4.33	3.80
2	Black Cow Pea (Dolichos)	1879	20.85	20.08	1.28	50.51	4.34	2.94	25.37	1.62	63.81	5.48	3.72	4.06
3	Yellow Cow Pea (Dolichos)	„	19.20	23.02	1.37	48.07	5.03	3.31	28.50	1.68	59.49	6.23	4.10	4.56
4	Mittel von 5 Analysen	—	14.79	20.77	1.43	55.75	4.06	3.20	24.38	1.68	65.41	4.77	3.76	3.90
5	Dol. uniflorus, „Hata-sasage“ (In Japan gewachsen)	1883	12.90	37.83	17.23	20.53	7.51	4.00	43.43	19.78	23.58	8.62	4.59	6.95°
6	Dol. cultratus, „Sengoku-mame“ (In Japan gewachsen)	„	14.61	37.46	20.23	19.77	3.93	4.00	43.87	23.69	23.16	4.60	4.68	7.02°
7	Dol. umbellatus f. volubilis, „Sasage“ (In Japan gewachsen)	„	12.05	22.56	1.78	52.26	7.00	4.35	25.66	2.02	59.41	7.96	4.95	4.11°
8	Dol. umbellatus sem. alb. u. nigr., „Yakko-sasage“ (In Japan gewachsen)	„	15.21	21.76	3.18	57.32	1.17	1.36	25.66	3.75	67.60	1.38	1.60	4.11°
	Mittel unter Ausschluss v. No. 4 u. 5		16.10	21.44	1.82	53.11	4.41	3.12	25.55	2.17	63.30	5.26	3.72	4.09

No. 15. O. Kellner (Tokio). — Mitthl. d. Deutschen Gesellschaft f. Natur- u. Völkerkunde Ostasiens. Sonderabdruck aus Bd. IV. No. 35. 208. Der Eiweiss-N betrug 6.04% der Trockensubstanz, der Gehalt an Eiweiss demnach 37.75%.
No. 16. O. Kellner u. K. Ogasawara (Tokio). — Landw. V.-St. 32. 1886. 87. Der Gehalt an Eiweiss-N in der Trockensubstanz betrug 5.514% = Eiweiss 34.46%.
No. 17. Jenkins. — Composition of American Feeding Stuffs in Ann. Rep. Connect. Agric. Exper. Stat. for 1886. Als Extrem-Zahlen für die Bestandtheile der 3 untersuchten Proben (deren Einzel-Analysen wir nicht finden konnten) werden daselbst angegeben:

	Trockensubstanz	Proteïn	Fett	Nfr. Extraktstoffe	Rohfaser
Maximum	93.9	38.6	19.0	30.5	5.0
Minimum	89.9	34.6	16.8	26.2	3.6

Gedüngte Sojabohnen.
No. 1—3. E. Wein (V.-St. München). — Journ. f. Landwirthsch. 1881. Ergänzungsheft 34. Auf humusreichem Kalksandboden erhielten 3 je 4 qm grosse Parzellen je 120 g eines Phosphoritpräparates mit 27% „assimilirbarer“ Phosphorsäure, welche theils in wasserlöslicher, theils in Form sogen. „zurückgegangener“ Phosphorsäure vorhanden war. Die übrige Düngung sowie das Ernteergebniss ist aus Nachstehendem ersichtlich:

Düngung	Ernte an luftttrocknen Körnern	Ernte an Trockensubst. (in Körnern)	Ernte an Nh. Substanz in den Körnern
I. Kein Stickstoff	381.3 g	339.20 g	124.64 g
II. 20 g N-Chilisalpeter	1185.2 „	1053.76 „	418.49 „
III. 20 g N-Ammoniaksalz	944.6 „	840.13 „	385.32 „

Aus vorstehenden Zahlen wurde von uns der oben angegebene procentische Gehalt der geernteten Samen berechnet.
Körner von Dolichos-Arten.
No. 1. J. B. Boussingault. — Dessen: „Die Landwirthschaft in ihren Beziehungen zur Chemie etc.“ 3. 200.
No. 2 u. 3. A. R. Ledoux. — Ann. Rep. Connect. Agric. Exper. Stat. 1879. 140. (Rep. N. C. Ag. Ex. St. 1879. 112.)
No. 4. E. H. Jenkins. — Ebendaselbst 1885. 21. In diesem Mittel sind jedenfalls die Analysen unter 2 und 3 mit inbegriffen. Als höchster und niedrigster Gehalt an näheren Bestandtheilen werden angegeben:

	Trockensubstanz	Proteïn	Fett	Nfr. Extraktstoffe	Rohfaser
Maximum	89.99	23.02	1.60	61.99	5.03
Minimum	79.20	19.30	1.30	48.10	3.37

No. 5—8. O. Kellner, Z. Sasaki, J. Sawano, T. Yoshii u. K. Makino. — Mittheilungen der Deutschen Gesellschaft für Natur- und Völkerkunde Ostasiens. Sonderabdruck aus Bd. IV. No. 35. Der Eiweiss-N betrug in % der Trockensubstanz bei

	No. 5	6	7	8
Eiweiss-N	6.72	6.64	3.72	3.79 %
Eiweiss	42.00	41.50	23.25	23.69 „

X. Oelgebende Samen.

No.	Bezeichnungen und Bemerkungen	Jahr der Untersuchung	In der ursprünglichen Substanz						In der Trockensubstanz					Stickstoff in der Trockensubstanz
			Wasser %	Nh-Substanz %	Rohfett %	Nfr. Extractstoffe %	Rohfaser %	Asche %	Nh-Substanz %	Rohfett %	Nfr. Extractstoffe %	Rohfaser %	Asche %	%
	Leinsamen. Samen von Linum usitatissimum L. Linseed. — Linette.													
1	Linseed No. 1	1848	9.44	23.00	—	—	—	4.28	25.44	—	—	—	4.72	4.07°
2	Linseed No. 2	„	8.46	25.31	—	—	—	4.08	27.75	—	—	—	4.45	4.44°
3	Riga'er Leinsaat, ausgelesen 1 Bushel wog $52\frac{1}{2}$ Pfd.	„	9.45	22.50	34.70	28.10		5.25	24.84	38.31	31.05		5.80	3.97
4	Memel'er Leinsaat . . . 56 „	„	8.74	20.81	36.00	30.89		3.56	22.81	39.46	33.77		3.90	3.65
5	Vom schwarzen Meer . . $53\frac{1}{4}$ „	„	10.12	20.68	38.42	25.14		5.64	23.02	42.76	27.94		6.28	3.68
6	Englische Saat, 1847er E. Frei von	„	12.33	28.75	36.66	19.58		2.68	33.80	41.83	21.31		3.06	5.41
7	Desgl. . . . . Schmutz	„	11.00	26.75	32.77	26.18		3.30	30.07	36.83	29.40		3.70	4.81
8	Desgl. . . . . u. fremden	„	10.58	26.56	33.50	25.28		4.08	29.69	37.45	28.30		4.56	4.75
9	Desgl., 1848er E. . . . Samen	„	8.57	26.81	38.11	22.48		4.03	29.33	41.69	24.17		4.41	4.69
10		„	14.20	23.69	—	—		6.94	27.62	—	—		8.09	4.42
11		„	7.11	19.31	38.00	32.29		3.39	20.80	40.93	34.62		3.65	3.33
12		1856	8.81	23.44	31.80	31.07		4.88	25.71	34.88	34.06		5.35	4.11
13		1853	7.50	24.44	34.00	30.73		3.33	26.42	36.75	33.23		3.60	4.23
14		—	12.30	20.50	39.00	19.00	3.20	6.00	23.37	44.46	31.68	3.65	6.84	3.74
15	Kalkhaltiger Lehmboden	1860	9.40	24.48	26.18	35.54		6.40	27.03	28.90	37.00		7.07	4.48
16	Im mittleren Schweden angebaut . .	„	9.28	22.44	35.56	25.23	4.16	3.33	24.73	39.19	27.83	4.58	3.67	3.96
17	Roh gedroschen, 1 hl wiegt 68.41 kg	1862	8.22	26.04	35.94	26.19		3.61	28.37	39.16	28.54		3.93	4.54
18	Saatgut, Riga'er Tonnenlein	„	7.96	21.61	37.11	29.65		3.67	23.48	40.32	32.21		3.99	3.76
19	Ernte davon	„	9.42	23.11	35.34	28.09		4.04	25.50	39.02	31.02		4.46	4.08
20	Saatgut, voll und braun	„	8.04	20.83	36.05	31.49		3.59	22.65	39.20	34.25		3.90	3.62
21	Ernte davon	„	9.33	20.20	34.83	31.60		4.04	22.28	38.41	35.85		4.46	3.55
22	Saatgut, schön braun, glänzend und voll	„	7.20	21.08	36.76	30.73		4.23	22.72	39.61	33.11		4.56	3.64
23	Ernte davon	„	9.49	22.97	33.60	29.34		4.60	25.38	37.12	32.42		5.08	4.06
24		1865	6.85	23.36	29.55	—	—	—	25.09	31.74	—	—	—	4.01
25		1868	12.00	21.87	30.71	25.99	6.16	3.27	24.84	34.87	29.58	7.00	3.71	3.97
26		1870	9.50	23.76	32.97	24.55	4.74	4.48	26.25	36.43	27.13	5.24	4.95	4.20

Leinsamen.

No. 1 u. 2. J. B. Lawes u. J. H. Gilbert. — J. R. Agric. Soc. England X. II. 1849. 299. Nh. Substanz von uns berechnet. (Auch in On the composition of foods in relation to respiration and the feeding of animals. London, 1853. Report of the British Association for the advancement of Science for 1852.)

No. 3—9. J. Th. Way unter Betheiligung von Ogston, Ward u. F. Eggar. — Ebendaselbst. 489. Nh. Substanz von uns aus angegebenem N-Gehalt (N × 6.25) berechnet.

No. 10. Thomson. Aus Henning's Analysen-Tabelle. — Ebendaselbst. XIII. II. 449. (1852.) Nh. Substanz von uns aus angegebenem N-Gehalt berechnet.

No. 11. A. Payen. — Journ. Pharm. 16. 278.

No. 12. Th. Anderson. — Transact. Highl. Soc. Jan. 1857. 493. (Wilda's landw. Centralbl. 1857. I. 161. Weende'r Jahresber. 1857—1861. II. 44.)

No. 13. Derselbe. — Ebendaselbst 1853. 508. (Weende'r Jahresber. 1857—61. II. 44.)

No. 14. J. B. Boussingault. — Dessen: Die Landwirthsch. in ihren Beziehungen zur Chemie etc. 3. 202.

No. 15. Rob. Hoffmann. — L. V.-St. 5. 1863. 191. Der untersuchte Leinsamen wurde im Vergleich mit anderen Oelsaaten 1860 auf einem und demselben Felde zu Zittolib in Böhmen auf einem mit Stallmist gedüngten kalkhaltigen Lehmboden mit Lettenuntergrund angebaut. Vorfrucht war Winterweizen mit Dung. Die Saat war Drillsaat von 6 Zoll. Der Lein hatte ein spec. Gewicht von 1.000, das absolute Gewicht von 100 Samen war 0.400 g. Nh. Substanz von uns berechnet.

No. 16. C. M. Eisenstuck. — L. V.-St. 237. Die Ermittelung des Gehalts an „Cellulose" geschah durch aufeinanderfolgende Digestion mit 3%iger Salzsäure, 3%iger Natronlauge, beinahe absolutem Alkohol und Aether in gelinder Wärme; die Substanz war vor dieser Behandlung mit Aether extrahirt.

No. 17. C. Schmidt. — Livl. Jahrb. d. Landwirthsch. 16. 1863. 137. Zu Turneshof in Livland 1862 angebaut.

No. 18—23. P. Bretschneider u. Küllenberg. — Mitthl. d. landw. Centralver. f. Schlesien. 14. 1865. 84. 6. Ber. d. V.-St. Ida-Marienhütte. Der Lein hatte Hafer als Vorfrucht. Die Saat erfolgte am 28. April. Als Düngung wurden 200 Pfd. Stassfurter Abraumsalz pro Morgen mit dem letzten Abeggen untergebracht. Die 3 Saatlein-Proben waren von verschiedener Herkunft. Der Boden ist ein mit thonigen Theilen (13%) vermischter Silicatsand.

No. 24. O. Lehmann. — Chem. Ackersm. 12. 1866. 241.

No. 25. F. Krocker. — Ann. d. Landwirthsch. in Preussen. 54. 1869.

No. 26. M. Fleischer (V.-St. Hohenheim). — Journ. f. Landwirthsch. 19. 1871. 422.

No.	Bezeichnungen und Bemerkungen	Jahr der Untersuchung	In der ursprünglichen Substanz: Wasser %	Nh-Substanz %	Rohfett %	Nfr. Extractstoffe %	Rohfaser %	Asche %	In der Trockensubstanz: Nh-Substanz %	Rohfett %	Nfr. Extractstoffe %	Rohfaser %	Asche %	Stickstoff in der Trockensubstanz %
27		1870	9.29	20.26	31.94	28.69	5.58	4.24	22.33	35.20	31.65	6.15	4.67	3.57
28	Winterlein	—	8.65	22.10	35.20	38.90		3.15	24.20	38.54	33.81		3.45	3.87
29	Sommerlein	—	7.80	24.00	31.60	33.40		3.20	26.04	34.29	36.20		3.47	4.17
30		1875	—	—	—	—	—	—	25.44	39.55	24.01	5.68	5.32	4.07
31		1880	9.00	17.25	22.44	—	—	—	18.96	24.66	—	—	—	3.03
32		„	10.18	17.56	31.25	—	—	—	19.54	34.78	—	—	—	3.13
33		„	8.68	17.68	32.48	—	—	—	19.36	35.57	—	—	—	3.10
34		„	8.08	16.99	29.30	—	—	—	18.49	31.88	—	—	—	2.96
35	Grosse Körner, spec. Gew. 1.154 . .	1874	8.82	22.07	60.00		4.78	4.13	24.21	66.02		5.24	4.53	3.87
36	Kleine Körner, spec. Gew. 1.101 . .	„	8.62	22.94	57.44		6.72	4.28	25.10	62.87		7.35	4.68	4.02
37	Aus Bombay	1873	8.01	21.81	38.21	20.85	8.36	2.76	23.72	41.57	22.61	9.10	3.00	3.80
38	Aus Morshauski	„	10.01	25.60	30.81	21.51	8.30	3.77	28.44	34.23	23.92	9.22	4.19	4.55
39	Vom schwarzen Meere	„	10.40	26.62	30.78	17.30	11.40	2.50	29.71	34.35	20.43	12.72	2.79	4.75
40	Aus Riga	„	10.64	22.19	31.19	22.71	9.38	3.89	24.83	34.90	25.42	10.50	4.35	3.97
41	Aus St. Petersburg	„	9.61	20.19	35.32	24.71	5.91	4.26	22.33	39.06	27.36	6.54	4.71	3.57
42	Aus Alexandria	„	5.47	19.31	35.73	26.22	8.70	4.57	20.43	37.80	27.73	9.20	4.84	3.27
43		1875	7.70	25.21	34.36	23.10	4.97	4.66	27.31	37.23	25.02	5.39	5.05	4.37
44		„	8.81	28.53	33.93	19.32	4.36	5.05	31.29	37.21	21.18	4.78	5.54	5.01
45		1879	11.00	20.13	33.08	20.70	7.23	7.86	22.61	37.17	23.34	8.12	8.76	3.62
46	Aus St. Petersburg	„	—	23.60	34.90	—	—	—	—	—	—	—	—	—
47	Aus Calcutta	„	—	17.50	40.60	—	—	—	—	—	—	—	—	—
48	Aus Archangel	„	—	20.10	35.10	—	—	—	—	—	—	—	—	—
49	Aus Bombay	„	—	18.10	39.60	—	—	—	—	—	—	—	—	—
50	Aus Taganrog	„	—	25.20	37.20	—	—	—	—	—	—	—	—	—
51		1883	—	—	—	—	—	—	20.85	39.54	24.45	9.74	5.42	3.34
52	Mittel von 17 Analysen	1872–78	9.20	—	35.2	—	—	—	—	38.76	—	—	—	—
53	Mittel von 2 Analysen	„	—	—	34.2	—	—	—	—	—	—	—	—	—
	Minimum		5.47	16.78	22.39	18.54	4.34	2.53	18.49	24.66	20.43	4.78	2.79	2.96
	Maximum		14.20	30.68	40.36	28.76	11.55	7.95	33.80	44.46	31.68	12.72	8.76	5.21
	Mittel		9.23	22.57	33.64	23.23	7.05*)	4.28	24.87	37.06	25.59	7.77*)	4.71	3.98

Rapssamen. Rapsaat, Kohlsaat. Samen von Brassica Napus oleifera. Br. campestris. Rape-seed. Cole-seed. Colsat. Colza. Navette.

No.	Bezeichnungen und Bemerkungen	Jahr der Untersuchung	Wasser %	Nh-Substanz %	Rohfett %	Nfr. Extractstoffe %	Rohfaser %	Asche %	Nh-Substanz %	Rohfett %	Nfr. Extractstoffe %	Rohfaser %	Asche %	Stickstoff in der Trockensubstanz %
1		—	11.00	17.40	50.00	12.40	5.30	3.90	19.56	56.20	13.09	5.96	4.38	3.13
2	Dwarf-rape	1848	6.44	26.31	37.84	26.10		3.31	28.13	40.45	27.88		3.54	4.50

No. 27. Th. Dietrich u. J. König (V.-St. Altmorschen). — Originalmitthl. Von den Nfr. Extraktstoffen waren in Zucker überführbar (auf Zucker berechnet) 11.88% der lufttrocknen Substanz. Von den Nh. Substanzen waren 12.06% in Wasser löslich. In Wasser lösliche Stoffe überhaupt 32.51%.
No. 28 u. 29. C. Schädler. — Dessen: Technologie der Fette. Berlin, 1883. 496.
No. 30. H. Weiske (V.-St. Proskau). — Der Landwirth. 11. 1875. 219.
No. 31—34. Fr. H. Werenskiold (V.-St. Aas, Norwegen). — Originalmittheilung.
No. 35 u. 36. Marek. — Das Saatgut und dessen Einfluss auf Menge und Güte der Ernte.
No. 37—42. Aug. Völcker. — J. R. Agric. Soc. England 1873. 1. 9.
No. 43. E. Wolff, M. Fleischer u. J. Skalweit (V.-St. Hohenheim). — Landw. Jahrbücher. 2. 1873.
No. 44. E. Wolff u. C. Kreuzhage (V.-St. Hohenheim). — Ebendaselbst. 5. 1876. 513.
No. 45. E. Wolff, C. Kreuzhage u. O. Kellner (V.-St. Hohenheim). — Ebendaselbst. 10. 1881. 559. In % der Trockensubstanz enthielt der Samen 0.200% Amid-N = 5.5% des Gesammt-N. Eiweisssubstanz 21.36%.
No. 46—50. Ad. Mayer. — Milchzeitung 1880. 285.
No. 51. E. Wolff u. C. Kreuzhage (V.-St. Hohenheim). — Grundlagen für die rationelle Fütterung des Pferdes. Berlin, 1885. 112.
No. 52. Th. Behrmann. — Aus dem Laboratorium der Riga'er Cementfabrik und Oelmühle C. Ch. Schmidt in Riga. — Privatmittheilung. Von uns berechnetes Mittel. Es wurden bei den 17 Proben gefunden:

	Wasser	Fettes Oel
Im Maximum	13.18%	38.25%
Im Minimum	5.47 „	31.72 „

No. 53. Thoms. — Privatmittheilung.
*) Das Mittel für Holzfaser ist erst von No. 16 an berechnet.

Rapssamen.
No. 1. J. B. Boussingault. — Dessen: Die Landwirthschaft etc. 3. 202.
No. 2. Th. Way. — J. R. Agric. Soc. England X. II. 494. Nh. Substanz von uns aus angegebenem N-Gehalt berechnet.

No.	Bezeichnungen und Bemerkungen	Jahr der Untersuchung	In der ursprünglichen Substanz: Wasser %	Nh-Substanz %	Rohfett %	Nfr. Extractstoffe %	Rohfaser %	Asche %	In der Trockensubstanz: Nh-Substanz %	Rohfett %	Nfr. Extractstoffe %	Rohfaser %	Asche %	Stickstoff in der Trockensubstanz %
3	Englischer Rapssamen	1856	7.12	21.50	36.81	28.73	6.86	8.97	23.16	39.64	20.15	7.39	9.66	3.71
4	Winterraps	1860	8.50	19.23	35.20	33.07		4.00	20.32	38.47	36.85		4.36	3.25
5	Sommerraps	„	4.50	20.11	48.40	23.49		3.50	21.06	50.67	24.61		3.66	3.37
6	Winterraps	1856	—	—	—	—	—	—	18.10	47.10	23.90	7.20	3.70	2.90
7	Winterraps, Mittel aus 11 Analysen .	1862	6.77	17.94	42.87	—	—	—	19.25	45.89	—	—	—	3.08
8	Winterraps von Laasan in Schlesien .	„	7.45	18.62	44.09	—	—	—	20.11	47.62	—	—	—	3.22
9		„	8.40	—	47.60	—	—	—	—	51.98	—	—	—	—
10		1865	8.08	19.78	46.00	14.96	8.26	2.92	21.52	50.05	21.26	3.99	3.18	3.44
11		1870	7.89	20.14	41.90	20.58	5.41	4.08	21.91	45.16	22.63	5.87	4.43	3.51
12	Sommerraps aus Schlesien	—	9.40	13.75	35.00	37.73		4.12	15.18	38.64	41.63		4.55	2.43
13	Winterraps, frische Saat, aus Pommern	—	9.10	15.62	36.80	33.68		4.80	17.18	40.48	37.06		5.28	2.73
14	Winterraps, 2jähr. Saat, aus Schlesien .	—	5.25	26.25	39.25	24.89		4.36	27.69	41.41	26.30		4.60	4.43
15	Brass. compestris L., Colza-Maine-Loire	—	4.25	22.30	33.22	36.06		4.17	23.28	35.68	36.69		4.35	3.72
16	Desgl., Belgische Colza	—	2.96	21.24	38.90	33.40		3.50	21.88	40.07	34.44		3.61	3.50
17	Desgl., Elsasser Colza	—	10.00	18.20	43.00	53.90		4.90	20.22	47.73	26.61		5.44	3.24
18		1878	11.69	19.04	40.68	—	—	—	21.55	46.05	—	—	—	3.45
19		1880	7.12	22.87	39.90	—	—	—	25.34	44.24	—	—	—	4.05
20	Holländ. Raps I, 1 Korn wiegt 0.00554 g	1876	5.62	17.59	49.51	16.87	6.51	3.90	18.63	52.43	17.82	6.99	4.13	2.98
21	Desgl. II, 1 Korn wiegt 0.00429 g .	„	5.69	17.37	49.03	17.38	6.69	3.84	18.41	51.97	18.46	7.09	4.07	2.95
22	Desgl. III, 1 Korn wiegt 0.00336 g .	„	5.92	18.97	46.67	18.00	6.43	4.01	20.17	49.61	19.12	6.84	4.26	3.27
23	Mittel von 17 Analysen (resp. 11) . .	—	7.10	—	42.8	—	—	—	—	46.05	—	—	—	—
	Mittel		7.28	19.55	42.23	20.78	5.95	4.21	21.08	48.55	22.41	6.42	4.54	3.37

Gedüngter Raps.

No.	Bezeichnungen und Bemerkungen	Jahr der Untersuchung	Wasser %	Nh-Substanz %	Rohfett %	Nfr. Extractstoffe %	Rohfaser %	Asche %	Nh-Substanz %	Rohfett %	Nfr. Extractstoffe %	Rohfaser %	Asche %	Stickstoff in der Trockensubstanz %
1	300 Ctr. Stalldünger	1862	6.83	17.50	43.32	—	—	—	18.78	46.48	—	—	—	3.00
2	300 Ctr. Stalldünger u. 100 Pfd. Gyps	„	6.76	17.00	42.27	—	—	—	18.22	45.31	—	—	—	2.92
3	Desgl.	„	6.62	17.62	43.05	—	—	—	18.87	46.11	—	—	—	3.02
4	300 Ctr. Stalldüng. u. 100 Pfd. Abraumsalz	„	6.65	17.25	43.53	—	—	—	18.47	46.62	—	—	—	2.96

No. 3. Th. Anderson. — Trans. Highl. Soc. Jan. 1857. 493. (Wilda's landw. Centralbl. 1857. I. 161. Weende'r Jahresb. 1857—61. II. 44.)

No. 4 u. 5. Rob. Hoffmann. — L. V.-St. 5. Die untersuchten Rapssamen wurden im Vergleich mit anderen Oelsaaten 1860 auf einem und demselben Felde zu Zittolib in Böhmen auf einem mit Stalldünger gedüngten, kalkhaltigen Lehmboden mit Lettenuntergrund angebaut. Vorfrucht war gedüngter Winterweizen. Die Saat war 6zöllige Drillsaat. Das specifische Gewicht war bei Winterraps 1.150, bei Sommerrraps 1.000. Das absolute Gewicht von 100 Samen war bei Winterraps 0.360 g, bei Sommerraps 0.200 g. Nh. Substanz von uns berechnet.

No. 6. H. Hellriegel (Tharand). — Chem. Ackersm. 1861. 94. Der Autor bestimmte in der lufttrocknen Substanz: Zucker, Bitterstoffe etc. 7.7 %, Gallertstoffe 16.2 %, lösliche Proteïnstoffe 5.2 % und unlösliche Proteïnstoffe 12.9 %.

No. 7 u. 8. P. Bretschneider u. O. Küllenberg. — Mittheilungen d. landw. Centralver. f. Schlesien. 14. 1863. 63.

No. 9. J. Nessler u. H. Körner. — Ber. d. V.-St. Karlsruhe 1870. 58.

No. 10. G. Fleury. — Ann. d. Chim. u. d. Phys. (4.) IV. 38. Autor fand an Zucker, Dextrin und Gummi etc. (nicht Stärke) 7.232 % und 7.721 % nicht bestimmbare Nfr. Substanzen.

No. 11. Th. Dietrich u. J. König (V.-St. Altmorschen). — Originalmittheilung. In % der lufttrocknen Substanz enthielten die Samen 19.28 % in Wasser lösliche Stoffe, davon 7.74 % Proteïn. Von den Nfr. Stoffen waren in Zucker überführbar 8.33 %.

No. 12—17. C. Schaedler. — Dessen: Technologie der Fette. Berlin, 1883. 423.

No. 18. M. Fleischer u. Kennepohl (Moor-V.-St. Bremen). — Originalmittheilung.

No. 19. F. H. Werenskiold (V.-St. Aas, Norwegen). — Landbrugskemiker Werenskiolds Beretning 1881. Zwei andere Rapssamen-Proben enthielten 37.24, bezw. 36.54 % fettes Oel.

No. 20—22. E. Wollny. — Journ. f. Landwirthschaft. 25. 1877. 75. In 100 g sind enthalten Stück Samen bei I 18020, bei II 23280, bei III 29720.

No. 23. Th. Behrmann. Aus dem Laboratorium der Riga'er Cementfabrik und Oelmühle C. Ch. Schmidt in Riga. — Privatmittheilung. Von uns berechnetes Mittel. In den Proben wurden gefunden:

	Wasser	Fettes Oel
Im Maximum	9.2 %	47.0 %
Im Minimum	5.1 „	36.1 „

Gedüngter Raps.

No. 1—11. P. Bretschneider u. O. Küllenberg. — Mitthl. d. landw. Centralbl. f. Schlesien. 14. 1863. 63. 6. Ber. d. V.-St. Ida-Marienhütte. Der Boden ist ein thonhaltiger (13 %) Silicatsand. Die oben angegebenen Düngermengen beziehen sich, wie die nachfolgenden Ernteerträge, auf den preuss. Morgen:

No.	1	2	3	4	5	6	7	8	9	10	11
Körner	475	515	527	495	522	496	577	586	642	602	754
Stroh u. Schoten .	1510	1810	1632	1556	1668	1638	1912	1924	1855	1952	2259

No.	Bezeichnungen und Bemerkungen	Jahr der Untersuchung	In der ursprünglichen Substanz: Wasser %	Nh-Substanz %	Rohfett %	Nfr. Extractstoffe %	Rohfaser %	Asche %	In der Trockensubstanz: Nh-Substanz %	Rohfett %	Nfr. Extractstoffe %	Rohfaser %	Asche %	Stickstoff in der Trockensubstanz %
5	300 Ctr. Stalldüng. u. 200 Pfd. Abraumsalz	1862	6.38	18.00	43.24	—	—	—	19.22	46.18	—	—	—	3.08
6	300 Ctr. Stalldüng. u. 300 Pfd. Abraumsalz	„	6.89	18.12	43.13	—	—	—	19.46	46.32	—	—	—	3.11
7	300 Ctr. Stalldüng. u. 400 Pfd. Abraumsalz	„	7.10	17.37	43.51	—	—	—	18.69	46.82	—	—	—	2.99
8	300 Ctr. Stalldüng. u. 500 Pfd. Abraumsalz	„	6.95	17.25	43.09	—	—	—	18.54	46.32	—	—	—	2.97
9	200 Pfd. Kalkphosph., 1300 Pfd. Abraumsalz u. 100 Pfd. Gyps	„	6.73	17.81	43.97	—	—	—	19.09	46.94	—	—	—	3.05
10	Desgl.	„	6.77	19.37	41.72	—	—	—	20.76	44.72	—	—	—	3.32
11	300 Pfd. Natronsalpeter	„	6.80	20.06	40.46	—	—	—	21.52	43.41	—	—	—	3.44

Rübsamen. Samen von Brassica Rapa oleifera.

No.	Bezeichnungen und Bemerkungen	Jahr	Wasser %	Nh-Substanz %	Rohfett %	Nfr. Extractstoffe %	Rohfaser %	Asche %	Nh-Substanz %	Rohfett %	Nfr. Extractstoffe %	Rohfaser %	Asche %	Stickstoff %
1		1857	9.50	23.64	41.36	11.92	10.14	3.44	26.12	45.70	13.18	(11.20)	3.80P	4.18°
2	Awehl	1860	6.50	12.62	40.20	37.08		3.50	13.50	43.01	39.74		3.75	2.16
3	Biewitz	„	7.00	11.37	41.80	35.28		4.75	12.22	44.94	37.73		5.11	1.96
4	Sommerrübsen aus Schlesien	—	10.15	15.06	—	—	—	3.40	16.73	—	—	—	3.75	2.68
5	Winterrübsen, frische Saat, aus Schlesien	—	8.90	15.62	—	—	—	3.26	17.15	—	—	—	3.58	2.74
6	Desgl., ältere Saat, aus Ungarn . . .	—	4.35	19.44	—	—	—	3.90	20.31	—	—	—	4.08	3.25
7		1880	7.38	24.66	24.90	—	—	—	27.61	26.87	—	—	—	4.42
8		„	6.92	24.00	27.16	—	—	—	25.78	29.17	—	—	—	4.12
9		„	7.82	24.08	29.73	—	—	—	26.13	32.26	—	—	—	4.18
10		„	9.88	24.00	22.01	—	—	—	26.64	25.43	—	—	—	4.26
11		„	5.93	—	38.48	—	—	—	—	40.87	—	—	—	—
12		„	8.52	22.16	28.60	—	—	—	24.20	31.23	—	—	—	3.78
13		„	7.66	—	36.28	—	—	—	—	37.69	—	—	—	—
14	Sommerrübsen, grosse Körner, 1 Korn wiegt 0.00227 g	1874	9.09	23.34	55.26		8.34	3.97	25.67	60.79		9.17	4.37	4.11
15	Desgl., kleine Körner, 1 Korn wiegt 0.00203 g	„	9.10	24.43	52.32		9.90	4.25	26.87	57.56		10.89	4.68	4.30
16	Im Mittel von 22 Analysen	1874/76	7.1	—	41.0	—	—	—	—	44.12	—	—	—	—
	Mittel		7.86	20.48	33.53	24.41	9.91	3.81	22.23	36.39	26.49	10.75	4.14	3.55

Senf, weisser. Samen von Sinapis alba L.

No.	Bezeichnungen und Bemerkungen	Jahr	Wasser %	Nh-Substanz %	Rohfett %	Nfr. Extractstoffe %	Rohfaser %	Asche %	Nh-Substanz %	Rohfett %	Nfr. Extractstoffe %	Rohfaser %	Asche %	Stickstoff %
1		1860	7.50	18.36	26.20	43.94		4.00	19.85	28.32	47.51		4.32	3.18
2		—	7.00	26.56	29.30	32.69		4.45	28.55	31.50	35.17		4.78	4.57

Rübsamen.

No. 1. W. Knop, Arendt u. Ritter (V.-St. Möckern). — L. V.-St. 1. 1859. 170. Nh. Substanz von uns berechnet.

No. 2 u. 3. Rob. Hoffmann. — L. V.-St. 5. 1863. 191. Die untersuchten Samen waren im Vergleich mit anderen Oelsaaten 1860 auf einem und demselben Felde zu Zittolib in Böhmen auf einem mit Stallmist gedüngten, kalkhaltigen Lehmboden mit Lettenuntergrund angebaut worden. Die Samen hatten:

	Awehl	Biewitz
Specifisches Gewicht	1.000	0.937
100 Samen wogen	0.200	0.240 g

Nh. Substanz von uns berechnet.

No. 4—6. C. Schaedler. — Dessen: Technologie der Fette. Berlin, 1883. 422.

No. 7—13. Fr. H. Werenskiold (V.-St. Aas, Norwegen). — Originalmittheilung.

No. 14 u. 15. Marek. — Das Saatgut und dessen Einfluss auf Menge und Güte der Ernte. Wien, 1875. Das spec. Gewicht der Samen war bei den grossen Körnern 1.125, bei den kleinen 1.108.

No. 16. Th. Behrmann. Aus dem Laboratorium der Riga'er Cementfabrik und Oehlmühle C. Ch. Schmidt in Riga. — Privatmittheilung. Es wurden in den untersuchten Proben gefunden:

	Wasser	Fettes Oel
Im Maximum	9.3 %	46.67 %
Im Minimum	5.9 „	30.28 „

Senf, weisser.

No. 1. Rob. Hoffmann. — L. V.-St. 5. 1863. 191. Der untersuchte Samen war im Vergleich mit anderen Oelsaaten 1860 auf einem und demselben Felde zu Zittolib in Böhmen auf einem mit Stallmist gedüngten kalkhaltigen Lehmboden mit Lettenuntergrund angebaut worden. Das spec. Gewicht des Samens war 1.000. 100 Samen wogen 0.421 g. Nh. Substanz von uns berechnet.

No. 2. C. Schaedler. — Dessen: Technologie der Fette. Berlin, 1883. 439. Der N-Gehalt der lufttrocknen Substanz an N ist zu 4.25 %, der an Proteïnstoffen zu 28.20 % angegeben.

No.	Bezeichnungen und Bemerkungen	Jahr der Untersuchung	In der ursprünglichen Substanz						In der Trockensubstanz					Stickstoff in der Trockensubstanz
			Wasser %	Nh-Substanz %	Rohfett %	Nfr. Extractstoffe %	Rohfaser %	Asche %	Nh-Substanz %	Rohfett %	Nfr. Extractstoffe %	Rohfaser %	Asche %	%
3		1873	5.36	33.02	35.76	5.45	16.29	4.11	34.91	37.80	6.74	17.21	4.34	5.58
4	Von Yorkshire	1881	9.32	28.37	25.56	21.68	10.52	4.57	31.29	28.19	23.88	11.60	5.04	5.01
5	Von Cambridge	„	8.00	28.06	27.51	23.06	8.87	4.70	30.50	29.90	25.05	9.64	5.11	4.88
6	Gewicht von 100 Korn 0.635 g . . .	1887	5.57	28.88	34.53	21.33	5.40	4.29	30.58	36.57	22.59	5.72	4.54	4.89
	Mittel		7.13	27.19	29.76	23.21	8.35*)	4.36	29.28	32.05	24.99	8.99*)	4.69	4.68

Schwarzer und anderer Senf.

No.	Bezeichnungen und Bemerkungen	Jahr der Untersuchung	Wasser %	Nh-Substanz %	Rohfett %	Nfr. Extractstoffe %	Rohfaser %	Asche %	Nh-Substanz %	Rohfett %	Nfr. Extractstoffe %	Rohfaser %	Asche %	Stickstoff in der Trockensubstanz %
1	Sinapis nigra L., schwarzer Senf . .	—	6.78	20.52	22.20	46.29		4.21	22.00	23.80	49.69		4.51	3.52
2	Sinapis juncea L., Sareptasenf . . .	—	7.35	28.60	28.45	29.86		5.74	30.93	30.70	32.18		6.19	4.95
3	Schwarzer Senf	1873	4.84	31.67	35.70	6.30	16.77	4.72	33.28	37.52	7.12	17.62	4.96	5.22
4	Desgl., von Cambridge	1880	8.52	26.50	25.54	25.45	9.01	4.98	28.96	31.19	24.56	9.85	5.44	4.63
5	Desgl.	1882	10.66	39.66	25.91	11.37	7.07	5.33	44.38	28.99	12.09	8.02	6.52	7.10
6	Sinapis arvensis, Ackersenf	„	8.93	28.22	26.41	21.38	9.46	5.60	30.99	29.00	23.47	10.39	6.15	4.96
7	Guzerat-Raps (eine Sinapis-Art) . . .	1857	5.60	15.50	45.51	14.58	15.31	3.50	16.41	48.42	15.25	16.21	3.71	2.63
	Gew. von 100 Korn													
8	Aus Californien, gelber (Yellow) 0.480 g	1887	4.83	31.13	33.23	16.35	8.50	5.96	32.72	34.92	17.17	8.93	6.26	5.24
9	Desgl., brauner . . . . . 0.435 „	„	4.11	24.69	37.98	12.16	16.18	4.88	25.75	39.61	12.67	16.88	5.09	4.12
10	Aus England, gelber (Yellow) 0.419 „	„	3.11	30.25	33.57	22.10	6.90	4.07	31.22	34.64	22.82	7.12	4.20	5.00
11	Desgl., tiefbraun (trieste brown) 0.425 „	„	4.62	25.88	40.18	18.87	10.84	5.61	27.12	42.11	13.53	11.36	5.88	4.34
	Mittel		6.30	27.58	32.45	18.25	10.40*)	5.02	29.43	34.63	19.48	11.10*)	5.36	4.70

No. 3. H. Hassall. — Hoffmann's Jahresber. 16. 1873. 241. (Pharm. Journ. and Transact. Ser. III. 5.) Die Nh. Substanz aus dem N-Gehalt von 5.285 % durch Multiplikation mit 6.25 von uns berechnet; Hassall giebt den Gehalt an Albumin u. Myrosin zu 27.48 % an. Ausser den oben angegebenen Bestandtheilen sind noch 10.98 % scharfes Salz (?) und 1.22 % Schwefel angeführt.

No. 4 u. 5. Ch. Piesse u. Lionel Stansell. — Chem. Centralbl. 12. 1881. 374. (Journ. Pharm. (5.) 3. 252.) In % der lufttrocknen Substanz enthielten die Samen:

	Schwefel	Stickstoff	Myrosin u. Albumin	Eiweissartige Substanz	Lösl. Substanz	Flücht. Oel
No. 4	0.99	4.54	5.24	28.37	27.38	0.06 %
No. 5	0.93	4.49	4.58	28.06	26.29	0.08 „

	Lösliche Aschenbestandtheile	1 g der Samen enthielt Körner	100 Körner wogen
No. 4	0.55 %	170	0.5882 g
No. 5	0.75 „	172	0.5814 „

Die Cellulose ist der Rückstand nach der Behandlung mit verdünnter Salzsäure, Natronlauge, siedendem Wasser und Alkohol.

No. 6. Cl. Richardson. — Foods and food adulterants. Part second. Bulletin No. 13. Washington, 1887. p. 181. Flüchtiges Oel ist zu 0.97 % angegeben.

*) Das Mittel für Holzfaser ist aus den 3 letzten Analysen berechnet.

Schwarzer und anderer Senf.

No. 1 u. 2. C. Schaedler. — Technologie der Fette. Berlin, 1883. 436. In % der lufttrocknen Substanz enthielten die Samen:

	Schwarzer Senf	Sarepta-Senf
Myronsaures Kalium	1.68	0.61 %

No. 3. H. Hassall. — Hoffmann's Jahresber. 16. 1873. 241. (Pharm. Journ. and Transact. Ser. III. 5.) Die Nh. Substanz ist von uns aus dem angegebenen N-Gehalt 5.068 durch Multiplikation mit 6.25 berechnet; Hassall giebt den Gehalt an Albumin u. Myrosin zu 29.54 % an. Ausser dem Obigen sind noch angegeben: Myronsäure 4.84 %, Flüchtiges Oel 1.27 %, bitteres Salz 3.59 % und Schwefel 1.41 %.

No. 4. Ch. Piesse u. Lionel Stansell. — Chem. Centralbl. 12. 1881. 374. (Journ. Pharm. Chim. (5.) 3. 252.) In % der lufttrocknen Substanz enthielt der Samen:

Schwefel	Stickstoff	Myrosin u. Albumin	Eiweissart. Substanz	Lösl. Substanz	Flücht. Oel
1.28	4.38	5.24	26.50	24.22	0.473 %

Myronsaur. Kalium	Lösliche Aschenbestandtheile	1 g der Samen enthielt Körner	100 Körner wogen
1.692 %	1.11 %	944	0.1059 g

No. 5 u. 6. V. Dircks (V.-St. Aas, Norwegen). — L. V.-St. 28. 1883. 179. Die Samen enthielten in % der lufttrocknen Substanz:

	Reinasche	Sand
No. 5	4.77	0.56 %
No. 6	5.35	0.25 „

No. 7. Th. Anderson. — Trans. Highl. Soc. July 1860. 376.

No. 8—11. Cl. Richardson. — Foods and food adulterants. Part. second. Bulletin No. 13. Washington, 1887. p. 181. Die Proben enthielten:

	No. 8	9	10	11
Flüchtiges Oel	1.27	1.35	2.06	0.63 %

*) Mittel für Holzfaser ist aus den Analysen von No. 4 an berechnet.

No.	Bezeichnungen und Bemerkungen	Jahr der Untersuchung	In der ursprünglichen Substanz: Wasser %	Nh-Substanz %	Rohfett %	Nfr. Extractstoffe %	Rohfaser %	Asche %	In der Trockensubstanz: Nh-Substanz %	Rohfett %	Nfr. Extractstoffe %	Rohfaser %	Asche %	Stickstoff in der Trockensubstanz %
	Oelrettig. Chinesischer Oelrettig. Samen von Raphanus sativus oleiferus.													
1	Kalkhaltiger Lehmboden	1860	7.50	18.36	30.20	40.34		3.50	19.85	32.65	45.72		3.78	3.18
2		—	7.85	24.37	46.13	18.10		3.65	26.44	50.05	19.55		3.96	4.23
	Mohn. Samen von Papaver somniferum L.*) — Poppy. — Pavot. Oliette.													
1		—	14.70	17.50	41.00	13.70	6.10	7.00	20.51	48.05	16.09	7.15	8.20	3.28
2		1863	8.00	15.74	48.40	20.91		7.75	17.11	52.61	22.18		8.10	2.74
3		1870	7.89	23.12	40.07	17.91	4.77	7.89	25.09	43.48	17.69	5.18	8.56	4.01
4	Weisser Mohn	—	8.85	16.89	55.62	15.22		3.42	18.53	61.02	16.70		3.75	2.96
5	Schwarzer Mohn, blauer	—	9.50	17.50	51.36	19.64		4.00	19.34	56.75	19.49		4.42	3.09
6	Weisse Bombay-Saat	1886	5.19	22.06	23.45	36.14	5.54	7.62	23.27	24.74	38.64	5.84	8.01	3.72
7	Smyrna Saat, weisse und blaue . . .	„	6.26	20.06	30.76	21.79	6.16	13.97	21.40	32.82	24.70	6.57	14.91	3.42
8	Salonik Saat, weisse	„	5.83	21.31	38.59	21.63	5.44	7.20	22.63	40.98	22.94	5.78	7.65	3.62
9	Deutsche Saat, graublaue	„	7.10	21.81	36.45	22.48	5.48	6.68	23.47	39.22	24.22	5.90	7.19	3.76
	Mittel		8.15	19.53	40.79	18.72	5.58	7.23	21.26	44.41	20.39	6.07	7.87	3.40
	Mohnsamen, gedüngt.													
1	Stalldünger, 250 Ctr.	—	7.80	—	46.94	—	—	6.86	—	50.93	—	—	7.44	—
2	Guano, 3 Ctr.	—	8.30	—	47.11	—	—	6.00	—	51.35	—	—	6.54	—
3	Superphosphat, $4^1/_2$ Ctr.	—	7.30	—	46.86	—	—	6.50	—	50.56	—	—	7.01	—
4	Guano u. Superph., $1^1/_2$ Ctr. u. $2^1/_{10}$ Ctr.	—	7.66	—	47.59	—	—	6.30	—	51.54	—	—	6.82	—
5	Ungedüngt	—	8.00	—	44.19	—	—	6.85	—	48.03	—	—	7.45	—
	Hanf. Samen von Cannabis sativa L.*)													
1		—	12.20	16.30	33.60	23.60	12.10	2.20	18.57	38.27	26.67	13.78	2.51	2.97
2	Aus Rumänien	1870	8.17	21.78	32.37	15.30	17.58	4.70	23.72	35.20	26.87	19.09	5.12	3.80

Oelrettig.

No. 1. Rob. Hoffmann. — L. V.-St. 5. 1863. 191. Der untersuchte Samen wurde im Vergleich mit anderen Oelsaaten 1860 auf einem und demselben Felde zu Zittolib in Böhmen auf mit Stallmist gedüngtem, kalkhaltigem Lehmboden angebaut. Spec. Gewicht der Samen 1.005. 100 Samen wogen 1.280 g. Nh. Substanz von uns berechnet.

No. 2. C. Schaedler. — Dessen: Technologie der Fette. Berlin, 1883. 442. Der Gehalt der lufttrocknen Substanz an N ist zu 3.90 %, der an Proteïnstoffen zu 27.80 % angegeben.

Mohn.

*) Sacc fand im Samen des weissen Mohns (Moleschott's Physiologie der Nahrungsmittel. II. 129.):

Eiweissartige Stoffe	Zellstoff	Pectinkörper	Fett	Fett mit Farbstoff u. flücht. Stoffen verunreinigt	Flüchtige Stoffe	Salze	Wasser
9.94	4.66	18.28	35.48	7.47	2.78	5.39	15.99

No. 1. J. B. Boussingault. — Dessen: Die Landwirthschaft in ihren Beziehungen zur Chemie etc. 3. 202.

No. 2. Rob. Hoffmann. — L. V.-St. 5. 1863. 191. Der untersuchte Samen wurde im Vergleich mit anderen Oelsaaten 1860 auf einem und demselben Felde zu Zittolib in Böhmen auf einem mit Stallmist gedüngten, kalkhaltigen Lehmboden mit Lettenuntergrund angebaut. Vorfrucht war Winterweizen mit Dung. Der Mohnsamen hatte ein spec. Gewicht von 0.713. 100 Samen wogen 0.050 g. Nh. Substanz von uns aus dem angegebenen N-Gehalt, 2.518 %, berechnet. In der Originalmittheilung ist der Gehalt an Nh. Substanz zu 13.938 % entsprechend 2.21 % N angegeben.

No. 3. Th. Dietrich u. J. König (V.-St. Altmorschen). — Originalmittheilung. In % der luftttrocknen Substanz enthielt der Samen 19.70 % in Wasser lösliche Stoffe, davon 13.12 % Proteïn. Von den Nfr. Stoffen waren 5.99 % in Zucker überführbar (auf Zucker berechnet).

No. 4 u. 5. C. Schaedler. — Technologie der Fette. Berlin, 1883. 519.

No. 6—9. Th. Dietrich, A. Hesse u. O. Greittherr (V.-St. Marburg). — Landw. Ztg. u. Anzeig. f. d. Regbz. Cassel 1886. 654. Die untersuchten Samen repräsentiren Handelswaare und waren dem Lager der Oelmühle zu Hattersheim entnommen.

Mohnsamen, gedüngt.

No. 1—5. A. Hosaeus. — Ann. d. Landwirthsch. in Preussen. 51. 1868. 96. Auf einem im besten Culturzustande befindlichen Thonlehmboden unter Anwendung obiger Düngemittel gebaut. Die angegebenen Quantitäten des Düngers beziehen sich auf 1 preuss. Morgen.

Hanf.

*) Buchholtz fand in 100 Theilen der trocknen Samen (Archiv d. Pharmacie. II. S. 78. 211):

Eiweiss	Zellstoff	Dextrin	Zucker	Fett	Harz	Extraktivstoff
24.7	38.3	5.0	1.6	19.1	1.6	9.0 Thl.

No. 1. J. B. Boussingault. — Dessen: Die Landwirthschaft etc. 3. 202.

No. 2. Th. Dietrich u. J. König (V.-St. Altmorschen). — Originalmittheilung. Die Samen waren den Autoren von dem kgl. landw. Museum in Berlin überlassen. In % der lufttrocknen Substanz enthielten die Samen:

In Wasser lösliches Proteïn	Zucker (in solches überführbar)	In Wasser lösliche Stoffe überhaupt
3.61	5.06	12.36 %

No.	Bezeichnungen und Bemerkungen	Jahr der Untersuchung	In der ursprünglichen Substanz: Wasser %	Nh-Substanz %	Rohfett %	Nfr. Extractstoffe %	Rohfaser %	Asche %	In der Trockensubstanz: Nh-Substanz %	Rohfett %	Nfr. Extractstoffe %	Rohfaser %	Asche %	Stickstoff in der Trockensubstanz %
3		1870	6.47	22.25	31.84	33.07		6.37	23.79	34.04	35.36		6.81	3.81
4	Deutscher Hanfsamen	„	8.65	15.95	33.60	38.35		3.45	17.47	36.79	41.86		3.88	2.80
5	Russischer Hanfsamen	„	9.13	15.00	31.42	39.95		4.50	16.50	34.56	43.99		4.95	2.64
	Mittel		8.92	18.23	32.58	21.06	14.97	4.24	20.01	35.77	23.13	16.44	4.65	3.20
	Madie. Samen von Madia sativa Mol. Oelmadie, Saatmadie.													
1		1848	8.40	22.90	41.00	5.00	18.00	4.70	25.01	44.77	5.53	19.66	5.03	4.00
2		1856	6.32	18.41	36.55	34.59		4.13	19.64	39.00	36.85		4.41	3.14
3		1870	7.73	16.28	37.32	17.41	17.13	4.13	17.65	40.45	18.85	18.57	4.48	2.82
4		1883	7.40	19.80	38.82	29.78		4.20	21.38	41.93	32.21		4.54	3.42
	Mittel		7.46	19.36	38.44	12.78	17.69	4.27	20.92	41.54	13.81	19.12	4.61	3.35
	Leindotter. Samen von Camelina sativa L.													
1		1856	5.75	28.31	28.18	12.16	9.05	11.55	30.04	29.90	18.21	9.60	12.25	4.81
2		1860	10.00	18.36	31.80	35.34		4.50	20.39	35.33	39.28		5.00	3.26
3		1883	7.50	25.30	29.50	31.28		6.42	27.35	31.89	33.82		6.94	4.38
	Mittel		7.75	23.92	29.86	21.68	8.86	7.93	25.93	32.37	24.04	9.60	8.06	4.15
	Sonnenblumensamen. Samen von Helianthus annuus L. — Sunflower seed.													
1	Sunflower Seed	1852	10.70	12.50	20.98	53.18		2.64	14.00	23.49	59.55		2.96	2.24
2		1856	6.19	13.29	34.74	23.95	28.48	3.35	14.17	37.03	14.98	30.36	3.46	2.26
3	„Kerne“	1860	3.25	17.49	38.40	35.86		5.00	18.08	39.71	37.04		5.17	2.89
4	Deutsche (Garten-) Samen	1883	9.62	14.12	33.48	39.90		2.86	15.62	37.03	44.19		3.16	2.50
5	Russische Samen	„	7.80	13.80	34.25	40.59		3.56	14.97	37.16	44.01		3.86	2.40
	Mittel		7.51	14.22	32.26	14.49	28.08	3.44	15.37	34.88	15.67	30.36	3.72	2.46
	Kürbissamen. Samen von Cucurbita Pepo L.													
1		1861	—	—	—	—	—	—	39.37	49.51	2.99	3.02	5.10	6.30°

No. 3. Th. Anderson. — Arch. Pharmacie. II. 78. 211. (J. Highl. Soc. New Ser. No. 50.)
No. 4 u. 5. C. Schaedler. — Technologie der Fette. Berlin, 1883. 537.

Madie.
No. 1. J. B. Boussingault. — Dessen: Die Landwirthschaft etc. 3. 202.
No. 2. Th. Anderson. — Weende'r Jahresber. 1857/61. II. 44. (Trans. Highl. Soc. Tim. 1857. 493. Wilda's landw. Centralbl. 1857. I. 161.)
No. 3. Th. Dietrich u. J. König (V.-St. Altmorschen). — Originalmittheil. In % der lufttrocknen Substanz waren enthalten: In Wasser lösliche Stoffe 15.01, Davon Proteïn 5.33, In Zucker überführbare Substanzen 4.71 % (Zucker)
No. 4. C. Schaedler. — Technologie der Fette. Berlin, 1883. 529.

Leindotter.
No. 1. Th. Anderson. — Transact. Highl. Soc. Juli 1860. 376.
No. 2. Rob. Hoffmann. — L. V.-St. 5. 191. Der untersuchte Samen wurde im Vergleich mit anderen Oelsaaten 1860 auf einem und demselben Felde zu Zittolib in Böhmen auf einem mit Stallmist gedüngten, kalkhaltigen Lehmboden mit Lettenuntergrund angebaut. Spec. Gewicht des Samens 1.058. 100 Samen wogen 4.00 g (?). Diese Angabe im Original dürfte auf einem Irrthum beruhen. Nach Nobbe wiegen 100 Korn im Mittel nur 0.09 g. Nh. Substanz von uns berechnet.
No. 3. C. Schaedler. — Dessen: Technologie der Fette. Berlin, 1883. 512.

Sonnenblumensamen.
No. 1. Th. Anderson. — Trans. Highl. Soc. 1851/53. 511 u. 1860. 376.
No. 2 u. 3. Rob. Hoffmann. — L. V.-St. 5. 1863. 191. Die untersuchten Samen waren 1860 im Vergleich mit anderen Oelsaaten auf einem und demselben Felde zu Zittolib in Böhmen auf einem mit Stallmist gedüngten, kalkhaltigen Lehmboden mit Lettenuntergrund gebaut worden. Das spec. Gewicht der Körner war 1.000, 100 Stück wogen 3.000 g, 100 Stück mit der Samenschale 5.76 g. Nh. Substanz von uns berechnet.
No. 4 u. 5. C. Schaedler. — Dessen: Technologie der Fette. Berlin, 1883. 526.

Kürbissamen.
No. 1. Ed. Peters. — L. V.-St. III. 1861. Nh. Substanz von uns umgerechnet. Rohfaserbestimmung: Die mit Aether extrahirte Substanz wurde 2mal je 1/2 Stunde mit Schwefelsäure (von 2 % Schwefelsäurehydrat) und 2mal je 1/2 Stunde mit Kalilauge (2 % Kalihydrat) ausgekocht.

No.	Bezeichnungen und Bemerkungen	Jahr der Untersuchung	In der ursprünglichen Substanz						In der Trockensubstanz					Stickstoff in der Trockensubstanz
			Wasser %	Nh-Substanz %	Rohfett %	Nfr. Extractstoffe %	Rohfaser %	Asche %	Nh-Substanz %	Rohfett %	Nfr. Extractstoffe %	Rohfaser %	Asche %	%
	Wallnusskerne. Samen von Juglans regia L.													
1		—	8.50	16.30	55.80	16.10	1.70	1.60	17.82	60.99	17.58	1.86	1.75	2.85
2		1883	10.85	14.10	48.65	24.10		2.30	15.82	54.59	27.01		2.58	2.53
3	Aus Westfalen	1878	5.04	15.55	63.77	4.16	9.59	1.89	16.37	67.15	4.39	10.10	1.99	2.62
4	Desgl.	„	4.32	17.19	61.95	11.62	2.75	2.17	17.96	64.74	12.16	2.87	2.27	2.87
	Mittel		7.18	15.77	57.43	13.03	4.59	2.00	16.99	61.87	14.05	4.94	2.15	2.72
	Haselnusskerne. Samen von Corylus Avellana L.													
1		1883	10.45	19.00	58.82	8.63		3.10	21.22	65.70	9.62		3.46	3.40
2	Sogen. Lambertusnuss	1878	3.77	15.62	66.47	4.03	3.28	1.83	16.23	69.07	9.39	3.41	1.90	2.60
	Mittel		7.11	17.41	62.60	7.22	3.17	2.49	18.73	67.39	7.79	3.41	2.68	3.00
	Süsse Mandeln. Samen von Amygdalus communis L.													
1		1865	6.49	23.24	54.09	8.53	4.69	3.06	24.95	57.82	8.95	5.01	3.27	3.99
2		1878	4.29	25.12	53.28	6.00	8.45	2.86	26.25	55.67	6.26	8.83	2.99	4.26
3	Frische 1jährige Mandeln	—	9.53	22.50	51.42	13.69		2.86	24.86	56.82	25.16		3.16	3.98
4	Aeltere 4jährige Mandeln	—	3.76	23.00	53.30	16.24		3.70	23.90	55.38	16.88		3.84	3.82
	Mittel		6.02	23.49	53.02	7.84	6.51	3.12	24.99	56.42	8.35	6.92	3.32	4.00
	Bucheln. Bucheckern. Früchte von Fagus sylvatica L.													
1	Frische Bucheln	1846	30.00	—	18.70	—	41.00	4.00	—	26.72	—	58.59	5.72	—
2	Buchelkerne	„	31.90	8.50	26.50	3.40	27.00	3.60	12.48	38.90	3.70	39.64	5.28	2.00
3	Bucheckern mit Samen	1870	4.74	14.34	23.08	32.27	21.99	3.58	15.06	24.23	33.86	23.09	3.76	2.41
4	Geschälte Buchecker	—	10.50	24.00	21.26	40.12		4.12	26.81	23.75	44.84		4.60	4.29
	Sesam. Samen von Sesamum orientale.													
1		—	4.54	18.87	37.02	19.13	11.71	8.73	19.78	38.80	22.00	12.27	9.15	3.16
2	Ses. indicum DC., gelber Samen . .	1865	4.25	20.62	56.33	12.80		6.00	21.53	58.81	13.40		6.26	3.44
3	Schwarzer Samen	1870	6.62	16.37	46.02	14.16	10.95	5.88	17.53	49.29	15.15	11.73	6.30	2.80
4	Weisser Samen	„	6.09	18.76	49.31	15.35	5.15	5.44	19.98	52.52	16.23	5.48	5.79	3.20

Wallnusskerne.
No. 1. J. B. Boussingault. — Dessen: Die Landwirthschaft etc. 3. 202.
No. 2. C. Schaedler. — Dessen: Technologie der Fette. Berlin, 1883. 541.
No. 3 u. 4. J. König u. C. Krauch (V.-St. Münster). — Originalmittheilung.

Haselnusskerne.
No. 1. C. Schaedler. — Dessen: Technologie der Fette. Berlin, 1883. 477.
No. 2. J. König u. C. Krauch. — Originalmittheilung.

Süsse Mandeln.
No. 1. G. Fleury. — Ann. Chim. Phys. (4.) T. IV. 38. Der Autor fand in frischen Samen: Zucker, Gummi, Dextrin etc. (keine Stärke) 6.29%, nicht bestimmbare Substanzen 2.427%.
No. 2. J. König u. C. Krauch (V.-St. Münster). — Originalmittheilung.
No. 3 u. 4. C. Schaedler. — Dessen: Technologie der Fette. Berlin, 1883. 373.

Bucheln.
No. 1 u. 2. J. B. Boussingault. — Dessen: Die Landwirthschaft etc. 3. 202.
No. 3. Th. Dietrich u. J. König (V.-St. Altmorschen). — Originalmittheil. In Procenten der lufttrocknen Substanz enthielt dieselbe 25.10% in Wasser lösliche Stoffe, dabei 5.99% Proteïn. Zucker unter den Nfr. Extraktstoffen (in Zucker überführbar) 6.99%.
No. 4. C. Schaedler. — Technologie der Fette. Berlin, 1883. 475.

Sesam.
No. 1. Th. Anderson. — Transact. Highl. Soc. Juli 1860. 376.
No. 2. F. W. Flückiger. — Schweizerische Wochenschr. f. Pharmacie 1866. No. 37. Der Autor fand in lufttrocknen, schwarzen Samen 8% Asche. Das Sesamöl hatte bei 23° C. ein spec. Gewicht von 0.9191.
No. 3 u. 4. Th. Dietrich u. J. König (V.-St. Altmorschen). — Originalmittheilung. Von den Proteïnstoffen waren in Procenten der lufttrocknen Substanz bei No. 3: 4.69%, bei No. 4: 4.89% löslich; löslich in Wasser überhaupt bei No. 3 10.69%, bei No. 4 12.85%.

No.	Bezeichnungen und Bemerkungen	Jahr der Untersuchung	In der ursprünglichen Substanz: Wasser %	Nh-Substanz %	Rohfett %	Nfr. Extractstoffe %	Rohfaser %	Asche %	In der Trockensubstanz: Nh-Substanz %	Rohfett %	Nfr. Extractstoffe %	Rohfaser %	Asche %	Stickstoff in der Trockensubstanz %
5	Levantische braune Samen	—	5.90	21.19	55.63	19.76		7.52	22.52	59.13	10.36		7.99	3.60
6	Indische gelbliche Samen	—	7.06	22.25	50.84	13.00		6.85	23.94	54.70	13.99		7.37	3.83
7	Gelbe Jaffa	1886	4.71	20.06	46.60	21.23	3.39	4.01	21.04	49.54	21.65	3.56	4.21	3.37
8	Kuracho'r	„	4.52	22.56	41.44	20.08	4.75	6.65	23.62	46.49	17.96	4.97	6.96	3.78
9	Bombey, weisse	„	5.12	19.56	38.59	21.14	7.69	7.80	20.62	40.67	22.38	8.11	8.22	3.30
10	Bombey, gemischte, 25 % schwarze . .	„	5.46	21.56	35.13	28.76	2.36	6.73	23.46	38.22	28.43	2.57	7.32	3.76
11	Desgl., 35 % schwarze	„	5.90	21.62	36.35	19.58	8.08	8.47	22.98	38.64	20.79	8.59	9.00	3.68
12	Japanesische Saat, „Goma"	„	5.85	19.58	49.11	21.95	11.19	3.42	20.80	52.16	11.53	11.88	3.63	3.33⁰
	Mittel		5.50	20.30	45.60	14.98	7.15	6.47	21.48	48.25	15.85	7.57	6.85	3.44

Candlenuts. Bankulnüsse. Samen von Aleurites triloba Forst.

No.	Bezeichnungen und Bemerkungen	Jahr der Untersuchung	In der ursprünglichen Substanz: Wasser %	Nh-Substanz %	Rohfett %	Nfr. Extractstoffe %	Rohfaser %	Asche %	In der Trockensubstanz: Nh-Substanz %	Rohfett %	Nfr. Extractstoffe %	Rohfaser %	Asche %	Stickstoff in der Trockensubstanz %
1		1872	5.25	—	62.97	—	—	2.79	—	66.43	—	—	2.94	—
2	Indische	—	5.15	23.00	59.82	8.53		3.50	24.24	63.05	9.02		3.69	3.88
3	Tahitische	—	5.00	22.50	62.15	7.00		3.35	23.69	65.44	7.34		3.53	3.79
4		1879	9.10	17.41	61.50	5.88	2.74	3.37	19.15	67.65	6.48	3.01	3.71	3.06
5		—	5.00	22.65	62.17	6.83		3.35	23.79	65.47	7.21		3.53	3.81
	Mittel		5.90	21.38	61.74	4.88	2.83	3.27	22.72	65.61	5.18	3.01	3.48	3.64

Ricinussamen. Ricinus communis.

No.	Bezeichnungen und Bemerkungen	Jahr der Untersuchung	In der ursprünglichen Substanz: Wasser %	Nh-Substanz %	Rohfett %	Nfr. Extractstoffe %	Rohfaser %	Asche %	In der Trockensubstanz: Nh-Substanz %	Rohfett %	Nfr. Extractstoffe %	Rohfaser %	Asche %	Stickstoff in der Trockensubstanz %
1		1875	6.18	20.20	46.60	5.93	17.99	3.10	21.53	49.68	6.31	19.18	3.30	3.44
2	Seeds of Castor Plant, from Texas . .	1879	4.40	3.79	46.95	16.46	25.50	2.90	3.96	49.11	17.23	26.67	3.03	0.63
3	Italienische Samen	—	8.00	20.50	52.62	15.95		2.93	22.28	57.20	17.34		3.18	3.56
4	Indische Samen	—	7.26	19.26	55.23	14.85		3.40	20.76	59.54	16.03		3.67	3.32
5	Ganzer Samen	1886	—	—	—	—	—	—	16.36	54.90	5.73	19.79	3.22	2.62
6	Innerer Kern	„	—	—	—	—	—	—	20.57	70.59	3.11	2.64	3.09	3.29
7	Aeussere Schale	„	—	—	—	—	—	—	6.19	3.44	9.79	76.01	4.58	0.99
	Mittel v. No. 1 u. 3—5		7.15	18.78	51.37	1.50	18.10	3.10	20.23	55.33	1.62	19.48	3.34	3.23

Purgirkörner. (Kreuzblättrige Wolfsmilch.) Samen von Euphorbia Lathyris L.

No.	Bezeichnungen und Bemerkungen	Jahr der Untersuchung	In der ursprünglichen Substanz: Wasser %	Nh-Substanz %	Rohfett %	Nfr. Extractstoffe %	Rohfaser %	Asche %	In der Trockensubstanz: Nh-Substanz %	Rohfett %	Nfr. Extractstoffe %	Rohfaser %	Asche %	Stickstoff in der Trockensubstanz %
1		1865	5.61	19.35	40.29	6.47	25.23	3.05	20.49	42.77	6.79	26.72	. .	3.28
2		1867	—	—	46.00	—	—	—	—	—	—	—	—	—

No. 5 u. 6. C. Schaedler. — Technologie der Fette. Berlin, 1883. 445.
No. 7—11. Th. Dietrich, A. Hesse u. O. Greittherr (V.-St. Marburg). — Landw. Ztg. u. Anzeig. f. d. Rgbz. Cassel. 1886. 654. Die untersuchten Samen repräsentiren Handelswaare und waren dem Lager der Oelmühle zu Hattersheim entnommen.
No. 12. O. Kellner. — Mitthl. a. d. Agriculturchem. Laboratorium d. K. land- u. forstw. Instituts zu Tokio. Mitthl. d. Deutschen Gesellschaft f. Natur- u. Völkerkunde Ostasiens. Sonderabdruck aus Bd. IV. No. 35. In % der Trockensubstanz enthielten die Samen 3.18 % Eiweiss-N = 19.88 % Eiweiss.

Candlenuts.
No. 1. G. Nallino. — Ber. d. Deusch. chem. Gesellsch. 1872. 731.
No. 2 u. 3. C. Schaedler. — Technologie der Fette. Berlin, 1883. 488.
No. 4. P. Charles. — Journ. Pharm. u. Chem. 30. 1879. 163. In % der lufttrocknen Substanz enthielten die Samen 4.08 % Rohrzucker, 1.80 % stärkeartige Substanz, 1.18 % Kali, 1.69 % Phosphorsäure.
No. 5. Corenwinder. — Hoffmann's Jahresber. 1875/76. 205. (Rep. d. Pharm. 31. 515.)

Ricinussamen.
No. 1. G. Fleury. — Ann. Chim. Phys. (4). t. IV. 38. Der Autor fand in den frischen Samen: Zucker, Dextrin, Gummi u. s. w. (keine Stärke), 2.21 % und 3.72 % nicht bestimmbare Substanzen.
No. 2. Pet. Collier (Washington). — Briefliche Mittheilung. In % der lufttrocknen Substanz enthielten die Samen 8.88 % Stärkemehl und 6.35 % Gummi, Zucker und Dextrin.
No. 3 u. 4. C. Schaedler. — Technologie der Fette. Berliu, 1883. 392. In % der lufttrocknen Substanz enthielten die Samen 2.12 % resp. 2.25 % Zucker.
No. 5—7. H. Weigmann u. v. Peter (Landw. V.-St. Münster). — Originalmittheilung. Die Samen enthielten rund 75 % inneren Fettkern und 25 % äussere Schalen.

Purgirkörner.
No. 1. G. Fleury. — Ann. Chim. e Phys. (4). t. IV. 38. Autor fand in den frischen Samen 4.085 % Gummi, Zucker, Dextrin etc. (keine Stärke) und 2.386 % nicht bestimmbare Substanzen.
No. 2. E. Muth. — Centralbl. f. d. gesammte Landeskultur 1867. 376. Nach Badisch. Wochenbl.

No.	Bezeichnungen und Bemerkungen	Jahr der Untersuchung	In der ursprünglichen Substanz: Wasser %	Nh-Substanz %	Rohfett %	Nfr. Extractstoffe %	Rohfaser %	Asche %	In der Trockensubstanz: Nh-Substanz %	Rohfett %	Nfr. Extractstoffe %	Rohfaser %	Asche %	Stickstoff in der Trockensubstanz %
	Palmkerne. Samen der Elais guiniensis L.													
1		1870	9.14	8.79	48.07	26.76	5.44	1.80	9.68	52.93	29.42	5.99	1.98	1.55
2		„	9.14	7.95	48.87	30.45	6.53	1.86	8.82	53.81	28.13	7.19	2.05	1.41
3	Lagos-Palmkerne	„	6.13	8.93	49.51	28.08	5.52	1.82	9.50	52.73	29.95	5.88	1.94	1.52
4	Von Sherbro	—	9.45	8.60	45.40	35.75		1.80	9.49	50.12	38.40		1.99	1.52
5	Von Quittall	—	8.40	7.90	46.85	35.30		1.55	8.63	51.16	38.52		1.69	1.38
6	Von Old Calabar	—	8.15	8.20	53.80	28.20		1.65	8.93	58.59	30.68		1.80	1.43
	Mittel		8.40	8.41	48.75	26.87	5.82	1.75	9.18	53.22	29.34	6.35	1.91	1.47
	Erdnuss. Samen von Arachis hypogaea L. — Erdeichel. Ground-nut, Earth-nut, Pea-nut. Arachide.													
	Enthülst.													
1		1856	6.24	28.25	41.23	7.16	13.87	3.25	30.14	43.99	7.64	14.76	3.47	4.82
2		1870	6.77	23.66	51.51	13.29	2.14	2.63	25.39	55.27	14.22	2.30	2.82	4.06
3	Frische Samen	—	7.37	27.25	37.84	25.11		2.43	29.43	40.87	27.08		2.62	4.71
4	Aeltere Samen	—	2.75	27.85	41.63	25.27		2.50	28.71	42.80	25.92		2.57	4.59
5	„Peanuts“, geschält, Mittel v. 2 Analys.	—	6.50	28.30	46.40	1.80	13.90	3.30	30.28	49.65	1.67	14.87	3.53	4.84
6	Bombay-Erdnüsse	1886	7.71	31.12	46.56	9.39	2.16	3.06	33.73	50.47	9.14	2.34	3.32	5.40
7	Congo-Erdnüsse	„	5.01	26.62	50.22	14.09	1.47	2.59	28.33	52.88	16.51	1.55	2.73	4.53
8	Rufisque-Erdnüsse	„	4.59	28.37	50.08	13.37	1.18	2.41	29.73	52.48	14.02	1.24	2.53	4.76
9	Japanische Erdnüsse, Nankinmame . .	—	15.61	27.56	46.03	5.05	4.12	1.63	32.66	54.54	5.99	4.88	1.93	5.23°
	Mittel		6.95	27.65	45.80	11.39	5.57	2.64	29.71	49.22	12.24	5.99	2.84	4.75
	Nigersamen. Früchte von Guizotia oleifera DC. (Ramtilla oleifera DC.)													
1		1856	7.02	19.37	43.22	12.37	14.33	3.48	20.84	46.50	13.50	15.42	3.74	3.33
2		—	6.42	19.45	42.89	27.63		3.61	20.79	45.85	29.50		3.86	3.33
	Mittel		6.72	19.42	43.08	12.86	14.38	3.54	20.82	46.18	13.78	15.42	3.80	3.33
	Baumwollesamen. Samen verschiedener Species Gossypium L.													
	Nicht entschält.													
1		1865	8.86	22.73	29.34	7.58	24.69	6.78	24.93	32.19	8.36	27.08	7.44	3.99
2		1870	9.34	13.62	17.71	36.70	19.74	2.89	15.02	19.53	40.49	21.77	3.19	2.40

Palmkerne.

No. 1. Th. Dietrich u. J. König (V.-St. Altmorschen). — Originalmittheilung. In % der lufttrocknen Substanz enthielten die Kerne 1.63 % lösliches Proteïn, 4.13 % in Zucker überführbare Substanz (als Zucker berechnet), 9.20 % in Wasser lösliche Substanz.

No. 2 u. 3. Dieselben. — Anz. d. landw. Centralver. f. d. Rgbz. Cassel 1870. 10. Die Kerne enthielten in % der lufttrocknen Substanz:

	In Wasser lösl. Stoffe	Dabei lösl. Proteïn	In Zucker überführbare Nfr. Nährstoffe als Stärkemehl berechnet
No. 5	8.35	1.41	3.28
No. 6	10.25	1.65	3.77

No. 4—6. C. Schaedler. — Dessen: Technologie der Fette. Berlin, 1883. 619.

Erdnuss.

No. 1. Th. Anderson. — Trans. Highl. Soc. Juli 1856.

No. 2. Th. Dietrich u. J. König (V.-St. Altmorschen). — Originalmittheilung. In % der lufttrocknen Substanz enthielten die Nüsse 19.01 % wasserlösl. Stoffe, davon 11.06 % Proteïn. In Zucker überführbar, als Zucker berechnet 7.76 %.

No. 3 u. 4. C. Schaedler. — Technologie der Fette. Berlin, 1883. 363.

No. 5. Nach E. H. Jenkins Tabelle der Zusammensetzung amerikanischer Futterstoffe. Ann. Rep. Connecticut Agr. Exp. Stat. f. 1883.

No. 6.—8. Th. Dietrich, A. Hesse u. O. Greittherr (V.-St. Marburg). — Landw. Ztg. u. Anz. f. d. Rgbz. Cassel 1886. 654. Die untersuchten Samen repräsentiren Handelswaare und waren dem Lager der Oelmühle zu Hattersheim entnommen.

No. 9. O. Kellner. — Mitthl. a. d. Agrikulturchem. Laboratorium d. K. land- u. forstw. Instituts zu Tokio. Mitthl. d. Deutschen Gesellschaft f. Natur- u. Völkerkunde Ostasiens. Sonderabdruck aus Bd. IV. No. 35.

Nigersamen.

No. 1. Thom. Anderson. — Trans. Highl. Soc. Juli 1860.

No. 2. C. Schaedler. — Technologie der Fette. Berlin, 1883. 522.

Baumwollesamen, nicht entschält.

No. 1. Aug. Voelcker. — J. R. Agric. Soc. England 1866. Baumwollsamenmehl, von dem ein Theil der groben Schale durch Sieben entfernt wurde.

No. 2 u. 3. Th. Dietrich u. J. König (V.-St. Altmorschen). — In % der lufttrocknen Substanz enthielten die Samen unter No. 2:

In Wasser lösliche Stoffe	Davon Proteïn	In Zucker überführbare Stoffe, Zucker
16.54	3.89	13.09

No.	Bezeichnungen und Bemerkungen	Jahr der Untersuchung	In der ursprünglichen Substanz: Wasser %	Nh-Substanz %	Rohfett %	Nfr. Extractstoffe %	Rohfaser %	Asche %	In der Trockensubstanz: Nh-Substanz %	Rohfett %	Nfr. Extractstoffe %	Rohfaser %	Asche %	Stickstoff in der Trockensubstanz %
3		1870	10.28	—	19.49	—	—	—	—	21.73	—	—	—	—
4	Aus Thessalien	1879	10.17	15.44	17.08	32.45	21.13	3.73	17.18	19.01	36.14	23.52	4.15	2.75
5	Amerikanischer, ganz von Baumwolle umzogen	1884	9.24	16.88	14.86	28.12	27.60	4.30	18.60	16.38	29.86	30.42	4.74	2.98
6	Aegyptischer, theilweise von Baumwolle umzogen	„	10.78	19.50	24.76	20.63	20.13	4.18	21.86	27.76	23.12	22.57	4.69	3.50
7	Aegyptischer, von Wolle befreit . . .	„	11.42	19.94	25.34	20.08	18.93	4.29	22.51	28.61	22.67	21.37	4.84	3.60
8		„	8.00	29.70	10.40	11.80	32.40	8.00	31.68	11.30	13.10	35.22	8.70	5.07
	Mittel		9.76	19.56	19.91	22.45	23.46	4.86	21.68	22.06	24.88	25.99	5.39	3.47
	Entschält													
1		1856	6.57	31.86	31.28	14.82	7.30	8.91	34.09	15.86	32.71	(7.81)	9.53	5.45
2	Aegyptische Samen	1870	7.54	27.20	23.95	32.71		8.60	29.43	25.91	35.35		9.31	4.71
3	Amerikanische Samen	„	8.12	28.12	20.58	33.74		9.44	30.59	22.39	36.75		10.27	4.89
4	Aegyptischer Baumwollesamen, enthülst	—	7.90	29.40	37.84	17.96	1.90	5.00	31.93	41.09	19.49	2.06	5.43	5.11
	Mittel		7.53	29.14	24.33	26.33	4.68	7.99	31.51	26.31	28.60	4.94	8.64	5.04

Cocosnuss. Samen von Cocos nucifera L.

No.	Bezeichnungen und Bemerkungen	Jahr der Untersuchung	Wasser %	Nh-Substanz %	Rohfett %	Nfr. Extractstoffe %	Rohfaser %	Asche %	Nh-Substanz %	Rohfett %	Nfr. Extractstoffe %	Rohfaser %	Asche %	Stickstoff in der Trockensubstanz %
1		1872	5.80	—	67.85	—	—	1.55	—	72.06	—	—	1.64	—
2		1870	4.85	7.37	64.48	26.45	4.10	2.75	7.75	67.77	17.28	4.31	2.89	1.24
3	Indische Copra	—	6.15	9.16	68.75	14.49		1.45	9.64	73.29	15.52		1.55	1.54
4	Afrikanische Copra	—	6.45	10.20	66.80	15.05		1.50	10.90	71.41	16.09		1.60	1.74
	Mittel		5.81	8.88	67.00	12.44	4.06	1.81	9.43	71.13	13.21	4.31	1.92	1.51

Oelsaaten, verschiedener Abstammung.

No.	Bezeichnungen und Bemerkungen	Jahr der Untersuchung	Wasser %	Nh-Substanz %	Rohfett %	Nfr. Extractstoffe %	Rohfaser %	Asche %	Nh-Substanz %	Rohfett %	Nfr. Extractstoffe %	Rohfaser %	Asche %	Stickstoff in der Trockensubstanz %
1	(Lamellaria (?)), Lallemantia iberica . .	1877	—	—	—	—	—	—	26.87	29.56	21.92	16.35	5.30P	4.30
2	Dracocephalum aristatum Bertol. (Lallemantia iberica Fisch u. Mey) . . .	1887	8.90	21.67	30.53	15.82	19.47	3.61	23.79	33.52	17.36	21.37	3.96	3.81
3	Bertholletia excelsa Humb., Paranüsse entschält	1880	7.50	15.20	65.45	7.62		4.23	16.43	70.75	8.25		4.57	3.63

No. 4. A. Petermann u. Wassage (V.-St. Gembloux). — Originalmittheilung.
No. 5—7. J. Cossak. — Landw. Ztg. f. Westfalen u. Lippe 1884. 185.
No. 8. Sacc. — Hoffmann's Jahresber. d. Agrikulturchem. 1885. 365. (Compt. rend. 99. 1160.) In % der lufttrocknen Substanz enthielten die Samen:

Caseïn	Dextrin	Zucker	Fibrin	Holziges Perisperm	Stärke	Grüngelbes Oel	Gelbes Wachs
6.0	0.2	2.0	23.7	32.4	9.6	9.6	0.8

Baumwollesamen, entschält.
No. 1. Th. Anderson. — Trans. Highl. Soc. Juli 1860. 376.
No. 2 u. 3. C. Schaedler. — Technologie der Fette. Berlin, 1883. 406.
No. 4. Siewert. — Landw. V.-St. 30. 1884. 145.

Cocosnuss.
No. 1. Nallino. — Ber. d. Deutsch. chem. Gesellsch. 1872. 731.
No. 2. Th. Dietrich u. J. König. — Originalmittheilung. In % der lufttrocknen Substanz enthielt dieselbe:

In Wasser lösliche Proteïnstoffe	Zucker (zuckerbildende Substanz)	In Wasser lösliche Stoffe überhaupt
2.27	9.25	15.16

No. 3 u. 4. C. Schaedler. — Technologie der Fette. Berlin, 1883. 626.

Oelsaaten, verschiedener Abstammung.
No. 1. E. Wildt (V.-St. Posen). — Originalmitthl. Eine in der persischen Abtheilung der Wiener Weltausstellung unter dem Namen „Gundschide siah" ausgestellte, bei uns leicht reifende Sommerölsaat (Labiate). Die Pflanze wird in einer später veröffentlichten Mittheilung (Biedermann's Centralbl. f. Agrikulturchemie 1879. 292) nicht Lamellaria sondern „Lallemantia iberica Fisch. u. Mey" genannt, welche letztere Bezeichnung die richtige sein dürfte.
No. 2. L. Richter. — Landw. V.-St. 1887. Bd. 33. S. 455. Eiweiss in % der lufttrocknen Substanz 20.39, in % der Trockensubstanz 22.38
No. 3. C. Schaedler. — Technologie der Fette. Berlin, 1883. 414.

No.	Bezeichnungen und Bemerkungen	Jahr der Untersuchung	In der ursprünglichen Substanz: Wasser %	Nh-Substanz %	Rohfett %	Nfr. Extractstoffe %	Rohfaser %	Asche %	In der Trockensubstanz: Nh-Substanz %	Rohfett %	Nfr. Extractstoffe %	Rohfaser %	Asche %	Stickstoff in der Trockensubstanz %
4	Perylla ocymoides, „Egoma"	1880	5.41	21.52	43.42	11.33	13.88	4.44	22.76	45.80	11.02	16.78	3.64	3.64°
5	Torreya nucifera, geschält, „Kaya" . .	„	4.96	7.31	68.07	12.64	5.27	1.75	7.69	72.62	12.30	5.55	1.84	1.23°
6	Camellia japonica, „Tsubaki"	„	3.01	8.80	70.01	12.96	3.36	1.86	9.07	72.18	13.37	3.46	1.92	2.26°
7	Capsella Bursa pastoris L.	—	8.22	26.14	28.8	12.3	16.0	4.8	28.89	31.39	17.05	17.44	5.23	4.62
8	Desgl.	1857	—	23.0	20.0	—	—	—	—	—	—	—	—	—

XI. Verschiedene Körner und Samenarten.

Buchweizenkörner.*) Samen von Polygonum fagopyrum.

Ungeschält.

No.	Bezeichnungen und Bemerkungen	Jahr	Wasser	Nh-Substanz	Rohfett	Nfr. Extractstoffe	Rohfaser	Asche	Nh-Substanz	Rohfett	Nfr. Extractstoffe	Rohfaser	Asche	Stickstoff
1	Tartarischer Buchweizen von Hohenheim	1845	14.19	8.37	56.03		(19.44)	1.97	9.75	65.29		(22.66)	2.30	1.56°
2	In Schottland gewachsen	1851	14.69	9.69	2.69	71.31		1.62	11.36	3.15	83.59		1.90	1.82°
3		1852	13.00	13.10	3.90	64.00	3.50	2.50	15.05	4.78	73.28	(4.02)	2.87	2.41
4	Ganze Körner	1857	—	13.31	3.22	—	—	—	—	—	—	—	—	—
5	Im Garten gezogen	1862	11.60	12.71	—	—	—	2.10P	14.38	—	—	—	2.40P	2.30°
6	Auf dem Felde geerntet	1865	—	—	—	—	—	—	13.94	—	—	—	2.21	2.23°
7		—	—	—	—	—	—	—	13.44	—	—	—	2.32	2.15°
8		—	—	—	—	—	—	—	14.19	—	—	—	2.19	2.27°
9		—	—	—	—	—	—	—	13.69	—	—	—	2.10	2.19°
10	Tartarischer	1871	10.62	11.19	53.58		20.01	4.60	12.52	59.94		22.39	5.15	2.00
11	Schottischer	„	10.57	10.69	61.10		14.96	2.68	11.95	68.32		16.73	3.00	1.91
12	Gewöhnlicher	„	9.57	10.75	61.39		15.55	2.74	11.89	67.88		17.20	3.03	1.90
13		1874	14.60	9.87	3.07	54.12	15.88	2.46	11.56	3.62	63.34	18.60	2.88	1.85
14		„	16.60	11.88	2.40	52.98	13.72	2.43	14.24	2.88	63.52	16.45	2.91	2.26
15		„	17.80	11.18	1.84	54.50	12.25	2.43	13.61	2.24	66.34	14.85	2.96	2.18
16		„	16.41	10.83	2.14	53.60	14.08	2.94	12.95	2.56	64.33	16.84	3.32	2.07
17		„	16.75	10.78	2.16	54.74	13.74	1.83	12.95	2.59	65.76	16.50	2.20	2.07
18		„	16.41	14.42	1.96	52.66	12.54	2.01	17.25	2.34	63.01	15.00	2.40	2.76
19		„	14.80	10.48	2.21	57.29	12.94	2.28	12.30	2.59	67.44	14.99	2.68	1.97
20		„	—	—	—	—	—	—	13.13	3.32	66.91	13.82	2.82P	2.10
21		1875	—	—	—	—	—	—	13.31	3.22	—	—	—	2.13°
	Mittel		14.12	11.32	2.61	54.86	14.32	2.77	13.18	3.03	63.89	16.67	3.23	2.11

No. 4—6. O. Kellner. — Mitthl. a. d. Agrikulturchem. Laboratorium d. K. land- u. forstw. Instituts zu Tokio. Mitthl. d. Deutschen Gesellsch. f. Natur- u. Völkerkunde Ostasiens. Sonderabdruck aus Bd. IV. No. 35. In % der Trockensubstanz enthielten die Samen unter No. 3 u. 4 3.40 bezw. 1.17% Eiweiss-N, entsprechend 21.25 u. 7.31% Eiweiss,

No. 7. G. Mulder. — Scheikundige Verh. en Ondersoek. II. 1. 93.

No. 8. Neuburger. — Journ. Pharm. 1857. April.

Buchweizenkörner.

*) Zennek ermittelte im Buchweizenkorn (Moleschott, Physiologie d. Nahrungsmittel. 2. Thl. 117) „auf den mittleren Gehalt an festen Bestandtheilen zuzückgeführt": Kleber 8.988%, lösliches Eiweiss 0.197%, Stärkemehl 44.896%, Zellstoff 23.126%, Dextrin 2.404%, Zucker 2.635%, Extraktivstoff 2.206%, Harz 0.309%, Salze 0.584%.

No. 1. E. N. Horsford. — Ann. d. Chem. u. Pharm. 1846. 58. 166. Krocker bestimmte den Stärkegehalt in diesen Körnern zu 44.17% der Trockensubstanz.

No. 2. Th. Anderson. — Trans. Highl. Soc. Juli 1851 bis March 1853. 456. Der Buchweizen enthielt im lufttrocknen Zustande 1.55% Stickstoff, 0.91% Kalk- u. Magnesiaphosphat und Spuren von Alkalien gebundener Phosphorsäure.

No. 3. J. B. Boussingault. — Dessen: Die Landwirthschaft in ihren Beziehungen zur Chemie etc. Deutsch von N. Gräger. Halle, 1854. 3. 200.

No. 4. J. Pierre. — Weende'r Jahresber. 1857. II. 41. (Recherches analytiques sur la sarrasin considéré comme substance alimentaire.)

No. 5. F. Nobbe u. Th. Siegert. — L. V.-St. 5. 1863. 116.

No. 6—9. Ilienkoff. — Weende'r Jahresber. 1865/66. 30. (Liebig's Annal. 136. 160.) Der Samen unter 7—9 war von in Töpfen gezogenen Pflanzen, die in mehr oder weniger feucht gehaltenem Boden standen, gewonnen. No. 7 erhielt 2mal soviel Wasser wie No. 8 und 4mal soviel wie No. 9.

No. 10—12. H. Weiske u. E. Wildt. — Wochenbl. d. Annal. d. Landwirthsch. in Preussen 1871. 310.

No. 13—19. L. Grandeau. — Privatmittheilung.

No. 20. H. Weiske. — Der Landwirth. 11. 1875. 219.

No. 21.

No.	Bezeichnungen und Bemerkungen	Jahr der Untersuchung	In der ursprünglichen Substanz: Wasser %	Nh-Substanz %	Rohfett %	Nfr. Extractstoffe %	Rohfaser %	Asche %	In der Trockensubstanz: Nh-Substanz %	Rohfett %	Nfr. Extractstoffe %	Rohfaser %	Asche %	Stickstoff in der Trockensubstanz %
	Geschält.													
1	Von den äusseren Hülsen befreit	1871	12.72	10.22	2.53	71.24	1.79	1.50	11.69	2.89	81.67	2.05	1.70	1.87
2		1881	12.63	10.19	1.28	72.15	1.51	2.24	11.62	1.47	82.62	1.73	2.56	1.86
	Mittel		12.68	10.18	1.90	71.73	1.65	1.86	11.66	2 18	82.14	1.89	2.13	1.87
	Quinoasamen. Chenopodium Quinoa L. Mehlschmergel. Kleiner Reis von Peru.													
1	Quinoa blanc	1848	15.00	15.00	4.50	61.50	1.50	2.50	17.64	5.29	72.37	1.76	2.94	2.82
2		1851	16.01	19.18	4.81	47.78	7.99	4.23	22.86	5.74	56.82	9.53	5.05	3.66
	Spörgelsamen. Samen von Spergula maxima.													
1	Riesenspörgel, diluvialer lehmiger Sandboden	1860	10.10	13.94	10.23	59.15	6.24	0.34	15.50	11.38	65.60	7.14	0.38	2.48
	Rosskastanie. Samen von Aesculus Hippocastanum L.													
1	Rosskastanienmehl	1858	—	7.13	—	—	—	—	—	—	—	—	—	—
2	Desgl.	„	13.37	7.22	—	—	—	—	8.33	—	—	—	—	1.33
3		„	48.06	3.13	—	—	—	1.66	6.03	—	—	—	3.20	0.96
4	Kastanien, ungeschält	1871	18.79	6.91	3.21	65.34	4.00	1.75	8.51	3.95	80.47	4.92	2.15	1.36
5	Garten in Lobositz, Lössmergel, kalkreich	1885	9.78	7.88	6.38	73.79		2.17	8.73	7.07	81.80		2.40	1.40
6	Agezd bei Lobositz, reiner Basaltboden, kalk- u. kalireich	„	10.18	7.88	6.00	73.65		2.29	8.77	6.68	81.20		3.55	1.40
7	Priesen bei Lobositz, reiner Basaltboden, kalk- und kalireich	„	9.60	7.88	7.07	72.94		2.51	8.72	7.82	80.68		2.78	1.40
8	Kronhaus, Plänerkalkboden	„	10.27	7.00	5.08	75 42		2.23	7.80	5.66	84.04		2.50	1.25
9	Werder bei Lobositz, Alluvium der Elbe, kalireich	„	9.65	6.56	6.67	74.95		2.17	7.31	7.43	82.84		2.42	1.17
10	Wittingau, kalkarmer Tertiärboden	„	7.08	8.75	5.27	76.39		2.51	9.42	5.67	82.21		2.70	1.51
11	Lufttrocken, geschroten	—	13.50	5.71	3.46	74.47	1.30	1.56	6.60	4.0	71.2	1.50	1.80	1.06
	Mittel		14.83	6.83	5.14	68.25	2.73	2.22	8.02	6.04	80.12	3.20	2.61	1.28

Buchweizenkörner, geschält.

von Bibra fand in 2 Sorten geschälten Korns aus Unterfranken 0.475 und 0.442 % N in % der Trockensubstanz.

No. 1. W. Pillitz. — Fresenius Ztschr. f. analyt. Chemie 1872. 46. Der Buchweizen enthielt 67.82 % Stärkemehl in der lufttrocknen und 77.64 % Stärke in der trocknen Substanz. Von der Asche waren 0.96, bezw. 1.09 % in Wasser löslich, von den Albuminaten waren 6.47, bezw. 7.40 % in Wasser unlöslich, 4.08 bezw. 4.67 % löslich in Wasser. Den N-Gehalt der Albuminate nahm der Autor zu 15.5 % an, wir berechneten solche zu 16 %. An Extraktivstoffen fand Autor 3.20 bezw. 3.65 %.

No. 2. C. de Leeuw. — Bull. No. 2. 1881. Laboratoire agricole de Hasselt. Der Buchweizen enthielt 63.81 % Stärke in der lufttrocknen Substanz.

Quinoasamen.

No. 1. J. B. Boussingault. — Dessen: Die Landwirthschaft etc. 3. 200.

No. 2. A. Voelcker. — Chem. pharm. Centralbl. 1851. No. 43. (Chim. Gaz. 1851.) An näheren Bestandtheilen enthielt die untersuchte Probe:

	Stärkemehl	Zucker und Extractivstoffe	Gummi	Caseïn und Eiweiss	In Wasser unlösl. Proteïn
In der lufttrocknen Substanz}	38.72	5.12	3.94	7.47	11.71 %
In der Trockensubstanz	46.10	6.10	4.60	8.91	13.95 „

Spörgelsamen.

No. 1. H. Hellriegel (V.-St. Dahme). — 4. u. 5. Bericht derselben. 33.

Rosskastanie.

Nach Hermstädt (soll wohl heissen Hermbstädt) Weende'r Jahresber. 1857. II. 84 enthält die Rosskastanie 17 % Eiweiss, 35 % Stärke und 20 % mehlartige Faser.

Nach Jaquelin enthalten Rosskastanien ca. 28 % Stärke, 11 % Cellulose u. Pectin, 0.1 % Fett, 4 % Harz u. Oel, 1.35 % Asche, 12 % Dextrin, 1.6 % Zucker und 42 % Wasser. Biedermann's Centralbl. 1879. 952.

No. 1. R. Hoffmann. — Weende'r Jahresber. 1857/61. II. 85. (Böhms Centralbl. 1858. 377.)

No. 2. Mulder. — Ebendaselbst. (Wilda's Centralbl. 1858. II. 404.)

No. 3. Payen. — Journ. Pharm. 16. 279.

No. 4. J. König. — Landw. Ztg. f. Westfalen u. Lippe 1872. 101.

No. 5—10. J. Hanamann. — Centralbl. f. Agrikulturchem. 1885. 263. (Fühling's landw. Ztg. 1885. 8.) Die ungeschälten Kastanien wurden mittelst eines Messers in feine Scheiben geschnitten, an der Luft getrocknet.

No. 11. A. Stöckhardt (Tharand). — Chem. Ackersm. 1866. 167.

No.	Bezeichnungen und Bemerkungen	Jahr der Untersuchung	In der ursprünglichen Substanz: Wasser %	Nh-Substanz %	Rohfett %	Nfr. Extractstoffe %	Rohfaser %	Asche %	In der Trockensubstanz: Nh-Substanz %	Rohfett %	Nfr. Extractstoffe %	Rohfaser %	Asche %	Stickstoff in der Trockensubstanz %
	Kastanien. Früchte von Castanea vesca Gaertn.													
	Nicht entschält.													
1	Italienische, von Como	—	—	3.57	0.87	—	4.09	1.62	—	—	—	—	—	—
2	Desgl., von Val Fravaglio	—	—	4.53	0.59	—	—	1.54	—	—	—	—	—	—
3	Desgl., von Verona	—	—	—	0.87	—	—	—	—	—	—	—	—	—
4	Desgl., von Valtinella	—	—	4.25	1.00	—	3.16	—	—	—	—	—	—	—
5	Desgl., nähere Herkunft unbekannt	—	—	—	—	—	—	1.44	—	—	—	—	—	—
6		—	54.21	3.31	—	—	—	1.85	7.22	—	—	—	4.04	1.16
7	Essbare Kastanien	1867	48.75	3.26	1.75	—	—	—	6.90	3.41	—	—	—	1.10
8	Von gesundem Baume	1871	27.90	4.31	3.74	51.79	10.00	2.26	5.98	5.17	71.85	13.87	3.13	0.96
9	Von krankem Baume	„	28.41	3.69	2.77	53.46	9.32	2.35	5.15	3.87	74.68	13.02	3.28	0.82
	Entschält.													
1	Maronen	1873	—	—	—	—	—	—	14.50	2.61	76.73	3.00	3.16	2.32
2	Frühkastanien	„	—	—	—	—	—	—	15.75	2.61	74.50	3.63	3.51	2.52
3	Spätkastanien	„	—	—	—	—	—	—	12.70	2.51	77.76	3.34	3.69	2.03
4	Getrocknete, ganze Kastanien aus der Schweiz	1887	4.91	8.06	3.51	78.15*)	2.40	2.97	8.48	3.69	82.19	2.52	3.12	1.36
5	Kastanienmehl, weiss, von C. H. Knorr in Heilbronn	„	9.66	6.00	3.82	74.90*)	3.30	2.32	6.64	4.23	82.91	3.65	2.57	1.06
	Eicheln. Früchte von verschiedenen Quercus-Arten.													
	Ungeschält.													
1		1848	56.00	2.00	2.30	34.20	4.50	1.00	4.54	5.23	77.74	10.22	2.27	0.73
2		1863	41.47	2.59	2.08	33.38	19.41	1.07	4.23	3.56	61.99	28.19	1.83	0.71
3		1868	54.60	2.09	1.52	36.49	4.26	1.04	4.60	3.35	80.37	9.38	2.29	0.74
4		„	26.00	4.50	3.40	53.60	10.50	2.00	6.08	4.59	72.24	14.39	2.70	0.97

Kastanien.

No. 1—5. Albini. — Moleschott's Physiologie der Nahrungsmittel. An weiteren näheren Bestandtheilen enthielten diese Kastanien:

	Eiweiss, unlösl.	Eiweissart. Stoffe	Stärkemehl	Dextrin	Zucker
No. 1	1.02	2.55	18.25	11.34	8.63
No. 2	—	4.53	11.39	—	8.52
No. 3	—	—	—	11.10	—
No. 4	—	4.25	11.31	—	—
No. 5	0.50	—	—	—	—
Andere Sorte aus Orba	—	—	18.50	—	—

No. 6. Payen. — Journ. Pharmac. 16. 279.

No. 7. E. Dietrich. — Hoffmann's Jahresber. 10. 1867. 67. (Chem. Centralbl. 1867. 271.) An näheren Bestandtheilen führt Autor für die lufttrockne Substanz noch folgende an: Zucker 0.415 %, Stärkemehl 29.92 %, Zellgewebe nebst Gummi, Harz, Bitterstoff, eisengrünender Gerbstoff, Aepfel-, Citronen- und Milchsäure 15.905 %. Das Aetherextrakt ist als ein nicht trocknendes, fettes Oel bezeichnet.

No. 8 u. 9. Gius. Antonielli. — La Stazione agraria di Modena. Bull. No. 1. Modena, 1871. S. 54. Bei No. 8 kamen auf 8.91 g Frucht 1.39 g Schalen; bei No. 9 auf 8.70 g Frucht 1.20 g Schalen. Die Kastanien enthielten ferner in % der frischen Substanz:

	No. 8	No. 9
Zucker	5.20	5.22
Stärkemehl und Dextrin	46.42	47.93

Kastanien, entschälte.

No. 1—3. J. Nessler u. von Fellenberg. — Wochenbl. d. landw. Ver. Baden 1873. 94. In % der Trockensubstanz enthielten diese Kastanien in Zucker überführbare Stoffe (als Zucker berechnet): No. 1 = 60.34 %, No. 2 = 60.44 % und No. 3 = 59.96 %. Das Verhältniss der Schalen und Kerne war wie folgt:

	No. 1	2	3
Schalen und Samenfülle	14.5	18.0	15.2 %
Kerne	85.5	82.0	84.8 „

No. 4—5. H. Weigmann u. E. Fricke. — Originalmittheilung. Es ergaben ferner für die wasserhaltige Substanz:

	No. 4	5
Fertig gebildeter Zucker u. Dextrin	7.91	10.96 %
Stärkemehl	43.17	34.17 „
Sonstige Nfr. Extraktstoffe	27.07	29.77 „

Eicheln, ungeschält.

No. 1 J. B. Boussingault. — Die Landwirthschaft in ihren Beziehungen zur Chemie etc. 3. 200.

No. 2. Th. Dietrich (V.-St. Haydau). — Landw. Anz. f. Kurhessen 1863. 22.

No. 3. Th. Dietrich (V.-St. Altmorschen). — Anz. d. landw. Centralver. f. d. Rgbz. Cassel 1868. 179.

No. 4. Ed. Peters (V.-St. Kuschen). — Der Landwirth 1868. 362.

No.	Bezeichnungen und Bemerkungen	Jahr der Untersuchung	In der ursprünglichen Substanz						In der Trockensubstanz					Stickstoff in der Trocken-Substanz
			Wasser %	Nh-Substanz %	Rohfett %	Nfr. Extractstoffe %	Rohfaser %	Asche %	Nh-Substanz %	Rohfett %	Nfr. Extractstoffe %	Rohfaser %	Asche %	%
5	Halbtrocken	1875	36.08	4.09	3.26	49.29	6.14	1.14	6.40	5.10	77.02	9.60	1.78	1.02
6	An der Luft oberflächlich getrocknet .	1879	43.52	3.67	2.58	43.35	5.89	0.99	6.50	4.57	76.75	10.43	1.75	1.04
7	Querc. Robur L. fructus Ghiande . .	1873	21.25	12.25	2.47	45.22	14.00	1.81	15.56	3.14	61.27	17.78	2.25	2.49
8	Querc. Robur L. Ghiande (gedörrt?) .	1877	15.38	6.89	3.99	53.22	15.94	4.58	8.14	4.72	62.89	18.84	5.41	1.30
9	Querc. pedunculata, frische ganze Eicheln	1880	37.77	3.26	3.08	46.83	8.03	1.03	5.23	4.95	75.26	12.90	1.66	0.84
10	Querc. Cerris, frische ganze Eicheln .	„	39.12	2.41	5.67	45.27	6.37	1.16	3.96	9.32	74.35	10.46	1.91	0.63
	Mittel		37.12	4.11	3.05	45.27	8.95	1.50	6.54	4.85	72.00	14.22	2.39	1.05
	Nicht entschält, gedörrt.													
1	Eichelmehl	1858	13.78	7.28	4.00	62.10	12.20	2.20	6.07	4.67	72.45	14.24	2.57	0.97
2		1868	14.30	5.20	—	—	—	—	8.44	—	—	—	—	1.35
	Entschält, frisch													
1	Stieleiche, Querc. Robur L.	1856	32.03	4.19	4.00	50.28	6.50	3.00	6.16	5.88	73.99	9.56	4.41	0.99
2	Traubeneiche, Querc. sessiliflora Salisb.	„	24.06	7.17	5.45	53.72	6.50	3.10	9.44	7.18	70.74	8.56	4.08	1.51
3	„Eicheln“	1858	—	7.30	—	—	—	—	—	—	—	—	—	—
4	„Kerne“	1863	50.15	3.13	2.52	40.36	2.55	1.29	6.28	5.06	80.95	5.12	2.59	1.00
5	„Acorns“	1868	40.88	4.39	2.64	46.74	3.94	1.41	7.42	4.46	79.08	6.66	2.38	1.19
6	Frisch	1877	37.66	5.58	2.92	47.12	5.24	1.48	8.95	4.68	75.60	8.40	2.37	1.43
7	An der Luft getrocknet	„	22.83	6.91	3.61	58.43	6.49	1.73	8.96	4.68	75.71	8.41	2.24	1.43
8	Querc. pedunculata	1880	—	—	—	—	—	—	6.03	6.03	83.19	1.95	2.80	0.96
9	Querc. Cerris	„	—	—	—	—	—	—	4.14	11.52	79.71	2.51	2.10	0.66
	Mittel		34.90	4.67	4.03	50.36	4.17	1.87	7.17	6.19	77.37	6.40	2.87	1.15

No. 5. E. Wolff u. C. Kreuzhage (V.-St. Hohenheim). — Württembergisches Wochenbl. f. Landwirthschaft 1882. 230.

No. 6. H. Weiske, G. Kennepohl u. B. Schulze. — J. f. Landwirthsch. 28. 1880. 125. Rohfaser proteïn- und aschefrei, Asche C- u. CO_2-frei.

No. 7. Al. Pasqualini. — Ann. Staz. Agrar. Forli 6. 1873. Die Eicheln enthielten in % der lufttrocknen Substanz 31.47 % Stärkemehl, 6.10 % Zucker und 7.64 % andere Nfr. Extraktstoffe.

No. 8. Al. Pasqualini. — Ebendaselbst 1877. 49. In % der lufttrocknen Substanz enthielten die Eicheln 32.64 % Stärkemehl, 7.39 % Zucker und 12.42 % andere Nfr. Extraktstoffe, ferner 21.63 % in Wasser lösliche Stoffe, davon 2.87 % Salze, 0.077 N.

No. 9 u. 10. Heinr. Czubata. — Biedermann's Centralbl. f. Agrikulturchemie 1880. 327. (Centralbl. f. d. gesammte Forstwesen. 6. 1880. 56.) Die Bestandtheile der Eicheln vertheilen sich auf die Theile der Eicheln in folgender Weise:

		Proteïn	Fett	Nfr. Extraktstoffe	Rohfaser	Asche
Qu. pedunc.	Kerne	4.53	4.53	63.33	1.46	1.25
	Samenhülle . . .	0.70	0.42	11.93	11.44	0.41
Qu. Cernis	Kerne	3.74	9.02	62.57	1.96	1.54
	Samenhülle . . .	0.72	0.30	11.78	8.50	0.37

Eicheln, nicht entschälte, gedörrt.

No. 1. Mulder. — Weende'r Jahresber. 1857. II. 85. (Wilda's landw. Centralbl. 1858. II. 404.)

No. 2. Ed. Peters (V.-St. Kuschen). — Der Landwirth 1868. 362.

Eicheln, entschält, frisch.

Braconnot (Liebig u. Kopp's Jahresber. d. Chemie. 2. 1849. 485. Ann. chim. phys. 3. 27. 392) fand in den geschälten Eicheln (von Quercus racemosa und sessiliflora) 31.80 % Wasser, 36.94 % Stärkemehl, 1.90 % Lignin, 15.82 % Legumin mit Tannin, 5.0 % Extraktivstoff, 7.00 % unkrystallisirbaren Zucker, 3.27 % fettes Oel, 0.38 % Kali, 0.19 % schwefelsaures Kali, 0.01 % Chlorkalium, 0.05 % phosphorsaures Kali, 0.27 % phosphorsauren Kalk (Summe dieser Bestandtheile 102.63), Spuren von Kieselerde und Eisenoxyd, unbestimmte Mengen von Citronensäure und Milchzucker oder eine diesem nahestehende Zuckerart).

No. 1 u. 2. J. Moser. — Weende'r Jahresber. 1855/56. II. 21. (Arenstein's land- u. forstw. Ztg. 1856. 380.) Die Eicheln der Traubeneiche waren zur Zeit der Untersuchung in nicht ganz frischem Zustande. Die Schalen derselben betrugen 18.18 % der lufttrocknen Substanz.

No. 3. Vlanderen. — Hoffmann's Jahresber. 1. 1858/59. 68. (Donder's u. Berlin's Archiv f. d. Holländischen Beiträge zur Natur- u. Heilkunde. I. 415.)

No. 4. Th. Dietrich (V.-St. Haydau). — Landw. Anz. f. Kurhessen 1863. 22.

No. 5. Aug. Völcker. — J. Roy. Agric. Soc. England. 4. 1868. 388. Die Eicheln enthielten 13.90 % Schalen, 86.10 % Kerne. Die Analyse bezieht sich auf letztere.

No. 6 u. 7. A. Petermann. — Originalmittheilung, auch Bull. Stat. agric. Gembloux No. 16.

No. 8 u. 9. Heinr. Czubata. — Biedermann's Centralbl. f. Agrikulturchemie 1880. 327. (Centralbl. f. d. ges. Forstw. 1880. 56.) Die Kerne (geschälte Eicheln) haben folgende nähere Zusammensetzung (in % der Trockensubstanz):

	In Wasser lösliche Bestandtheile					In Wasser unlösliche Bestandtheile			
	Zucker	Dextrin	Proteïn, nicht coagulirbar	Asche	Andere organ. Substanz	Asche	Proteïn	Stärke	Andere organ. Stoffe
Qu. ped. . .	3.31	—	1.21	2.70	11.82	0.10	4.82	64.48	5.01
Qu. Cerris .	6.71	4.72	0.62	1.99	7.97	0.20	3.52	58.54	1.60

No.	Bezeichnungen und Bemerkungen	Jahr der Untersuchung	In der ursprünglichen Substanz						In der Trockensubstanz					Stickstoff in der Trockensubstanz
			Wasser %	Nh-Substanz %	Rohfett %	Nfr. Extractstoffe %	Rohfaser %	Asche %	Nh-Substanz %	Rohfett %	Nfr. Extractstoffe %	Rohfaser %	Asche %	%
	Entschält, gedörrt.													
1		1848	20.00	5.00	4.30	64.50	4.60	1.60	6.25	5.38	80.62	5.75	2.00	1.00
2		1868	11.40	5.45	3.99	71.98	5.08	2.90	6.15	4.50	80.34	5.74	3.27	0.98
3		„	14.30	5.80	3.60	69.90	4.80	1.60	6.77	4.20	81.56	5.60	1.87	1.08
4	Nach Abzug von 16.9 % Schale . . .	1863	15.80	5.03	4.35	67.15	5.84	1.83	5.98	5.17	79.74	6.94	2.17	0.96
5	Lufttrocken	—	13.50	8.91	4.84	74.78	3.98	1.99	10.30	5.60	63.30	4.60	2.30	1.65
	Mittel		15.00	6.02	4.22	67.92	4.87	1.97	7.09	4.97	79.89	5.73	2.32	1.13

Steinnuss (Drehspäne), Elephantennuss. — Phytelephas macrocarpa. Vegetabilisches Elfenbein.

No.	Bezeichnungen und Bemerkungen	Jahr der Untersuchung	Wasser %	Nh-Substanz %	Rohfett %	Nfr. Extractstoffe %	Rohfaser %	Asche %	Nh-Substanz %	Rohfett %	Nfr. Extractstoffe %	Rohfaser %	Asche %	Stickstoff in der Trockensubstanz %
1		1879	18.96	4.00	0.73	53.66	20.95	1.70	4.94	0.90	66.21	25.85	2.10	0.79
2		1884	10.50	4.81	1.02	68.60	13.61	1.46	5.37	1.14	76.66	15.20	1.63	0.86
3	Dust of vegetable ivory	1880	18.78	3.37	0.70	68.57	7.50	1.08	4.15	0.86	84.43	9.23	1.33	0.66
4		1884	—	4.31	1.48	—	—	—	—	—	—	—	—	—
5		„	—	4.31	1.38	—	—	—	—	—	—	—	—	—
6		„	9.35	5.09	1.67	7.00	75.65	1.24	5.61	1.84	7.74	83.34	1.37	0.90
7	Steinnüsse aus einer Drechslerei in Kiel	—	11.80	4.55	0.94	81.27		1.44	5.16	1.07	92.14		1.63	0.83
8	Guayaquil-Nuss	—	18.22	4.47	0.98	75.37		0.96	5.40	1.18	92.26		1.16	0.86
9	Tumaca-Nuss	—	17.02	4.88	0.94	76.20		0.96	5.88	1.13	91.83		1.16	0.94
10	Esmeralda-Nuss	—	23.44	3.74	0.80	71.02		1.00	4.88	1.04	92.77		1.31	0.78
11	Savanilla-Nuss	—	21.66	4.07	0.76	72.47		1.04	5.19	0.97	92.51		1.33	0.83
12	Carthagena-Nuss	—	24.80	3.58	0.70	70.12		0.80	4.76	0.93	93.25		1.06	0.76
13	Panama-Nuss	—	19.80	2,85	1.06	75.41		0.88	3.55	1.32	94.03		1.10	0.57
14	Tahiti-Nuss	—	12.34	5.86	0.66	78.90		2.24	6.69	0.75	90.00		2.56	1.07
15	Coquillos-Nuss	—	9.14	2.76	0.40	86.74		0.96	3.04	0.44	95.46		1.06	0.49
16	Drehspäne, schneeweiss	—	10.38	4.40	0.74	83.36		1.12	4.91	0.83	93.01		1.25	0.79
17	Desgl., unansehnlicher wie vorige . .	—	12.34	5.61	1.78	79.11		1.16	6.40	2.03	90.25		1.32	1.02
	Mittel		15.90	4.26	0.93	61.94	15.78	1.19	5.06	1.10	73.66	18.76	1.42	0.81

Verschiedene, als Futtermittel wenig benutzte Samen.

No.	Bezeichnungen und Bemerkungen	Jahr der Untersuchung	Wasser %	Nh-Substanz %	Rohfett %	Nfr. Extractstoffe %	Rohfaser %	Asche %	Nh-Substanz %	Rohfett %	Nfr. Extractstoffe %	Rohfaser %	Asche %	Stickstoff in der Trockensubstanz %
1	Bambusa Kumasasa, Japan	1884	11.98	10.75	1.52	71.42	3.29	1.04	12.21	1.73	81.14	3.74	1.18	1.95°
2	Coix agrestis, Taubenweizen (Hatomugi)	„	12.09	17.56	5.80	62.38	0.87	1.30	19.98	6.60	70.96	0.98	1.48	3.20°

Eicheln, entschält, gedörrt.

No. 1. J. B. Boussingault. — Die Landwirthschaft in ihren Beziehungen zur Chemie etc. III. 200.
No. 2. Th. Dietrich (V.-St. Altmorschen). — Anz. d. landw. Centralver. f. d. Rgbz. Cassel 1868. 186.
No. 3. E. Peters (V.-St. Kuschen). — Der Landwirth 1868. 362.
No. 4. G. Kühn (V.-St. Weende). — Journ. f. Landwirthsch. 1863. 240.
No. 5. A. Stöckhardt (Tharand). — Chem. Ackersm. 1866. 167. Unter den 63.3 % Nfr. Extraktstoffen befinden sich 9.3 % Gerbstoff.

Steinnuss.

No. 1. Holdefleiss (V.-St. Breslau). — Magdeburger Ztg. 1879. No. 253.
No. 2. H. Gilbert. — Biedermann's Centralbl. f. Agrikulturchem. 13. 1884. 414. (Chem. Ztg. 1884. 470.)
No. 3. S. W. Johnson. — Rep. Connect. Agric. Exper. Stat. 1880. 86.
No. 4. G. Loges (V.-St. Kiel). — Landw. Wochenbl. f. Schleswig-Holstein 1886. 255. Die Steinnussabfälle enthielten in % der lufttrocknen Substanz: Glycose 1.60 %, Pektinstoffe 2.98 %, Dextrin 2.42 %. Stärke war nicht vorhanden. Der Gehalt an Reinproteïn betrug 4.70 %, davon in Wasser löslich 1.79 %.
No. 5—17. G. Loges. — Ebendas. 354. Die Nüsse unter No. 8—15 waren von einem Import-Handelshaus in Hamburg bezogen. Die Nüsse No. 14 u. 15 stammten nicht von Ph. macrocarpa, sondern waren Früchte anderer Palmenarten. No. 16 u. 17 waren Drehspäne, von denen erstere frei von der braunen Samenschale, letztere stark vermischt mit dieser waren. In den beiden letzten Proben waren 4.08 % bezw. 5.12 % Reinproteïn, von welchem 1.18 bezw. 1.92 % in Wasser löslich waren.

Verschiedene Samen.

No. 1 u. 2. O. Kellner — Mitthl. d. Deutschen Gesellschaft f. Natur- u. Völkerkunde Ostasiens. Sonderabdruck aus Bd. IV. No. 35. Die Samen enthielten in der Trockensubstanz Stärkemehl: Bambussamen 71.67 %, der Taubenweizen 62.05 %. Die Bambussamen enthielten in der Trockensubstanz 1.63 % Eiweiss-N = 10.19 % Eiweisssubstanz.

No.	Bezeichnungen und Bemerkungen	Jahr der Untersuchung	In der ursprünglichen Substanz						In der Trockensubstanz					Stickstoff in der Trockensubstanz
			Wasser %	Nh-Substanz %	Rohfett %	Nfr. Extractstoffe %	Rohfaser %	Asche %	Nh-Substanz %	Rohfett %	Nfr. Extractstoffe %	Rohfaser %	Asche %	%
3	Lolium temulentum, Taumellolch . .	1856	10.90	7.70	—	—	—	2.24	8.64	—	—	—	2.52	1.38
4	Phalaris Canariensis, Canariensamen .	1870	13.15	22.05	5.78	44.64	9.52	4.85	25.38	6.65	51.43	10.96	5.58	4.06
5	Triticum repens, Quecke, Trespe . .	1868	13.27	8.78	2.83	60.89	9.52	4.71	10.48	3.38	69.15	11.37	5.62	1.68
6	Desgl.	1871	14.97	9.00	1.41	65.83	4.90	3.89	10.58	1.66	77.43	5.76	4.57	1.69
7	Triticum sativum, Pericarpium . . .	—	15.17	10.37	1.31	70.51		2.64	12.22	1.54	83.13		3.11	1.96
8	Triticum sativum, Embryo	—	12.53	35.70	4.18	38.71	3.12	5.76	40.81	4.78	44.26	3.57	6.58	6.53
9	Zizania aquatica L., Haferreis, geschält	1862	12.00	6.74	0.70	76.93	1.93	1.70	7.74	0.80	87.29	2.22	1.95	1.24
10	Zizania aquatica L., Samenschale . .	„	13.20	2.82	0.83	35.05	38.90	9.20	3.25	0.96	40.38	44.81	10.60	0.52
11	Carex stricta	1875	7.42	13.97	—	—	—	—	15.09	—	—	—	—	2.41
12	Juncus bulbosus, var. Gerardii, im März gesammelt	„	7.98	15.89	3.33	47.23	22.92	2.65	17.27	3.62	51.32	24.91	2.88	2.76
13	Dattelkerne, Phoenix dactylifera, Date-Stones	1876	7.71	5.16	8.95	53.06	24.07	1.05	5.59	9.70	57.48	26.09	1.14	0.89
14	Desgl.	„	10.83	5.75	8.05	52.29	22.06	1.02	6.45	9.02	58.66	24.73	1.14	1.03
15	Pfirsichkern-Schale, Peach-Stones . .	„	5.53	0.58	0.09	22.81	70.63	0.44	0.61	0.10	19.83	74.80	4.66	0.10
16	Pflaumenkern-Schale, Prune Stones . .	„	10.96	0.31	0.72	38.87	48.74	0.40	0.35	0.81	43.65	54.74	0.45	0.05
17	Apfelkerne	1879	11.00	19.80	—	—	—	—	22.36	—	—	—	—	3.58
18	Agrostemma Githago L., Kornrade, rein	1874	13.18	16.41	5.45	46.57	6.33	12.06	18.90	6.28	53.54	7.39	13.89	3.02
19	Desgl.	„	12.04	14.69	5.21	57.76	6.76	4.54	16.70	5.92	64.53	7.69	5.16	2.67
20	Desgl., Kornrade, unrein vom Trieur .	„	16.94	15.56	4.28	—	—	—	18.73	5.15	—	—	—	3.00
21	Unkräutersamen von Radesieb . . .	„	10.17	19.13	2.31	49.39	12.24	6.76	21.29	2.57	55.00	13.62	7.52	3.41
22	Desgl.	1882	12.59	13.50	3.26	60.01	5.70	4.94	15.44	3.73	68.74	6.52	5.57	2.47
23	Kornrade	„	11.69	15.25	3.33	61.11	5.70	2.92	17.26	3.77	69.21	6.45	3.31	2.76
24	Aussiebsel aus Roggen, aus dem Innern Russlands	1876	17.11	10.75	6.00	48.51	13.30	4.33	12.90	7.24	58.60	16.04	5.22	2.06
25	Aussiebsel aus Gerste, aus dem Innern Russlands	„	15.00	11.42	6.83	37.45	19.97	9.33	13.33	8.02	44.20	23.48	10.97	2.13
26	Vogel- oder Kitzkorn, Siebabfall v. Roggen	1886	12.43	14.18	7.39	39.38	8.15	18.47	16.19	8.44	44.97	9.31	21.09	2.59°
27	Desgl.	„	11.99	15.38	4.07	56.15	5.43	6.98	17.45	4.62	63.85	6.16	7.92	2.79°
28	Desgl.	„	10.81	15.41	6.30	46.29	7.20	13.99	17.27	7.06	51.92	8.07	15.68	2.76°
29	Gleditschia glabra L., Zuckerschotenbaum	1870	10.90	20.94	2.96	51.68	10.66	2.86	23.49	3.32	58.02	11.96	3.21	3.76

No. 3. Ramdohr. — Archiv d. Pharmacie. 86. 1856. 20. Zur Bestimmung des Stärkemehlgehaltes wurde das Stärkemehl der Substanz durch verdünnte Schwefelsäure in Zucker übergeführt, die Säure mit neutralem, weinsaurem Kali abgestumpft, die Lösung in einem CO_2-Bestimmungsapparat mit Hefe versetzt und bei 20—25° C. hingestellt, der CO_2-Verlust nach 4 Tagen durch Wägen ermittelt; die bei Hefe allein entwickelte CO_2 wurde in Abzug gebracht (4 Aequiv. CO_2 = 1 Aequiv. Stärke). Gefunden wurden 26.23 % Stärkemehl in der lufttrocknen, 29.44 % in der wasserfreien Substanz.

No. 4. R. Ulbricht u. Kosutány I. — Privatmittheilung.

No. 5. Th. Dietrich. — Landw. Anz. f. d. Rgbz. Cassel 1868. 181.

No. 6. J. König. — Landw. Ztg. f. Westfalen und Lippe 1871. 402.

No. 7 u. 8. A. H. Church. — Journ. of Botany. N. S. IV. 169.

No. 9 u. 10. E. Peters. — Wochenbl. d. Annal. d. Landwirthsch. in Preussen 1862. 459. Die Holzfaser wurde durch je 2maliges Kochen mit 2%igen Lösungen von Kali und Schwefelsäure bestimmt. Kern und Schale waren in dem Gewichtsverhältniss von 88 : 12 vorhanden.

No. 11 u. 12. F. H. Storer. — Bull. Bussey Instit. Vol. I. P. I. 1874. 343 und Originalmittheilung.

No. 13—16. F. H. Storer. — Ebendaselbst. P. V. 1876. 373 und Originalmitthl. No. 13 von einer hellen Sorte „sugar-cured" genannt, No. 14 von einer dunkleren Sorte „molasses-cured" genannt.

No. 17. Koroll. — Hoffmann's Jahresber. 1878. 119. (Arch. Naturkunde Liv-, Est- und Kurlands. 8. 198.) 100 Kerne hatten ein Gewicht von 1.87—2.0 g bei einem Feuchtigkeitsgehalte von ca. 10—12%.

No. 18. R. Ulbricht u. L. Ordódy (Ung. Altenburg). — Privatmittheilung.

No. 19. R. Ulbricht u. J. Potásy (Ung. Altenburg). — Privatmittheilung.

No. 20. R. Ulbricht u. Koós Gábor (Ung. Altenburg). — Privatmittheilung.

No. 21. R. Ulbricht u. J. Potásy (Ung. Altenburg). — Privatmittheilung.

No. 22 u. 23. J. Moser (V.-St. Wien). — Bericht 1882/83. 3.

No. 24 u. 25. G. Thoms u. A. Büngner. — Privatmittheilung. No. 24 vorzugsweise aus Chenopodium album, dann aus Polygonum lapathifolium und Pol. convolvulus bestehend. No. 25 vorzugsweise aus Pol. lapathifolium, dann Pol. convolvulus und Chenopodium album bestehend.

No. 26—28. J. König (V.-St. Münster). — Landw. Zeitung f. Westfalen u. Lippe. 43. 1886. No. 15. 141. Die Abfälle bestanden zu etwa ein Halb bis zwei Drittel aus Roggenkornbruch und aus folgenden Unkrautsamen: Kornrade in grösster Menge, Leindotter, Hederich, Windenknöterich, Zaunwicke, Vogelwicke, Miere, Rübsen, Malve, Kornblume, Melde, Spörgel, Hirtentäschel etc.; dazu kamen zahlreiche Getreidepilzsporen, sowie bei No. 2 u. 3 auch Mutterkorn.

No. 29. J. Moser (V.-St. Wien). — Erster Bericht 1870—77. Die Samen enthielten kein Stärkemehl, anstatt dessen Pflanzenschleim und zwar in einer Menge, welche der reducirten Kupfermenge nach 41.4 % Dextrose gleichkam.

No.	Bezeichnungen und Bemerkungen	Jahr der Untersuchung	In der ursprünglichen Substanz						In der Trockensubstanz					Stickstoff in der Trockensubstanz
			Wasser %	Nh-Substanz %	Rohfett %	Nfr. Extractstoffe %	Rohfaser %	Asche %	Nh-Substanz %	Rohfett %	Nfr. Extractstoffe %	Rohfaser %	Asche %	%
30	Plantago lanceolata, Wegerich, v. J. 1877	1878	11.66	16.75	9.00	33.07	26.12	3.40	18.86	10.19	37.53	29.57	3.85	3.02
31	Desgl., vom Jahre 1878	„	11.50	16.31	8.11	40.46	20.92	2.70	18.43	9.26	45.62	23.64	3.05	2.95
32	Saponaria Vaccaria L., Kuhseifenkraut .	1875	13.87	12.62	0.16	66.66	6.27	0.42	14.65	0.19	77.39	7.28	0.49	2.34
33	Sida Abutilon	1879	7.31	19.87	17.54	32.18	18.28	4.82	21.44	18.93	34.71	19.72	5.20	3.43
34	Trifolium pratense, Rothklee	1859	17.27	29.56	—	—	—	3.65	35.73	—	—	—	4.41	5.71°
35	Desgl., steyerischer	„	14.02	30.75	—	—	—	3.41	35.76	—	—	—	3.96	5.72°
36	Trifolium repens, Weissklee	„	12.15	29.31	—	—	—	3.49	33.37	—	—	—	3.97	5.34°
37	Perylla ocymoides (japanisch: Egoma) .	1885	5.41	21.53	43.32	10.43	15.87	3.44	22.76	45.80	11.02	16.78	3.64	3.64°
38	Torreya nucifera (japanisch: Kaya) . .	„	4.96	7.31	69.02	11.69	5.27	1.75	7.69	72.62	12.30	5.55	1.84	1.23°
39	Camellia japonica (jap.: Tsubaki), geschält	„	3.01	8.80	70.01	12.97	3.36	1.85	9.07	72.18	13.37	3.46	1.92	1.26°
40	Theesamen	„	49.34	5.57	18.95	23.25	1.42	1.47	11.00	37.41	45.88	2.81	2.90	1.73

Rübensamen. Rübenkerne.

No.	Bezeichnungen und Bemerkungen	Jahr der Untersuchung	Wasser %	Nh-Substanz %	Rohfett %	Nfr. Extractstoffe %	Rohfaser %	Asche %	Nh-Substanz %	Rohfett %	Nfr. Extractstoffe %	Rohfaser %	Asche %	Stickstoff in der Trockensubstanz %
1	Zuckerrübensamen	1885	11.76	13.25	5.14	26.44	34.77	8.64	14.99	5.81	30.11	39.32	9.77	2.40
2	Desgl., gemahlen	„	10.38	12.12	7.00	33.18	28.71	8.61	13.53	7.81	37.01	32.04	9.61	2.16
3	Runkelrübensamen	1882	12.28	12.94	5.15	27.77	35.06	6.80	14.75	5.87	31.66	39.97	7.75	2.36
4	Rübensamen	—	11.47	12.62	5.01	43.81	21.60	6.29	14.25	5.66	48.60	24.39	7.10	2.28

Beeren von verschiedenen Pflanzen.

No.	Bezeichnungen und Bemerkungen	Jahr der Untersuchung	Wasser %	Nh-Substanz %	Rohfett %	Nfr. Extractstoffe %	Rohfaser %	Asche %	Nh-Substanz %	Rohfett %	Nfr. Extractstoffe %	Rohfaser %	Asche %	Stickstoff in der Trockensubstanz %
1	Berberis vulgaris, Sauerdorn	1870	74.68	0.50	12.90		10.60	1.32	1.97	50.96		41.86	5.21	0.32
2	Juniperus communis, Wachholderbeeren, reife	1873	29.44	4.15	—	—	15.83	2.33	—	—	—	—	—	—

No. 30 u. 31. Holdefleiss. — Deutsche landw. Presse 1879. 273.
No. 32. Fr. Haberlandt. — Oesterr. landw. Wochenbl. 1. 1875. 53. (Wurde seiner Zeit vom Autor zur Ansaat empfohlen.)
No. 33. R. Ulbricht u. J. Koritsánszky. — Privatmittheilung.
No. 34—36. Th. Siegert (V.-St. Chemnitz). — Landw. V.-St. 1. 1859. 261. Die Samen wurden durch Auslesen und Sieben möglichst vollständig von fremden Samenkörnern, Staub und Sand befreit.
No. 37—40. O. Kellner. — Mitthl. d. Deutsch. Gesellsch. f. Natur- u. Völkerkunde Ostasiens. Sonderabdruck aus Bd. IV, No. 35. An Eiweiss-N enthielten in % der Trockensubstanz No. 37: 3.40 %, No. 38: 1.17 %, No. 40: 1.51 %. Die Samen der Torreya nucifera, einer Conifere, werden als Leckerbissen verspeist. Die Samen der Camellia (der Autor spricht von Früchten der Cam.) wird jedoch zur Oelbereitung benutzt. Diese sowie die Theesamen haben einen intensiv bitteren, sehr unangenehmen Geschmack, wesshalb die aus denselben gewonnenen Presskuchen zur Fütterung nicht geeignet und nur als Düngemittel zu nutzen sind.

Rübensamen.
No. 1. M. Märcker (V.-St. Halle). — Magdeburger Zeitung.
No. 2. Th. Dietrich (V.-St. Marburg). — Landw. Ztg. f. Rgbz. Cassel 1885. 197.
No. 3. Förster (V.-St. Dahme). — Privatmittheilung.
No. 4. H. Pellet u. M. Liebschütz. — Hoffmann's Jahresber. 1880. 178. Der Samen enthielt in % der lufttrocknen Substanz ausser dem Proteïn-N 0.002 % N in Form von Salpetersäure und 0.089 % N in Form von Ammoniak. Von dem Proteïn waren 4.21 % löslich; Dextrin und Stärke enthielt der Samen 17.43 %. Die Autoren untersuchten die „Zacken" (Hülsen, Fruchtschalen) und Kerne getrennt und fanden:

	Wasser	Proteïn löslich	Durch kochendes Wasser u. Essigsäure coagulirbare Nh. Substanzen	Fett und Farbstoffe	Stärke und Dextrin	Cellulose	Unbestimmte Stoffe	Asche
Zacken .	14.00	3.75	9.42	2.00	13.73	26.00	16.49	14.48
Kerne . .	11.00	4.24	8.23	5.54	18.07	20.83	27.11	4.87

100 g der Rübenkerne enthielten Zacken 14.87 g und 85.13 g Kerne.

Beeren von verschiedenen Pflanzen.
No. 1. E. Lenssen. — Hoffmann's Jahresber. d. Agrikulturchem. 1870. 26. (Ber. d. Deutsch. chem. Gesellsch. 1870. 966.) Die beinahe vollreifen, hochrothen Beeren enthielten in % der frischen Substanz:

Fruchtzucker	Aepfelsäurehydrat	Lösliche Pektinkörper	Lösliche Aschenbestandtheile	Kerne	Schale u. Cellulose
3.57 %	6.62 %	1.37 %	0.96 %	8.04 %	2.56 %

Pektose	Gesammtmenge der in Wasser löslichen Bestandtheile	Desgl. der unlöslichen (incl. 0.357 % Asche)
1.69 %	13.03 %	12.29 %

(Graeger, Chem. Centralbl. 1873. 4. (N. Jahrb. Pharm. 38. 201) fand in Berberisbeeren:

Schalen u. Kerne	Aepfelsäurehydrat	Fruchtzucker	Gummi (Pektin ?)	Asche d. Saftes	Asche d. Schalen und Kerne	Wasser
15.58 %	5.92 %	4.67 %	6.61 %	0.06 %	2.20 %	67.16 %)

No. 2. E. Donath. — Hoffmann's Jahresber. 1873/74. 232. (Polytechn. Journ. 208. 1873. 300.) In % der frischen Beeren enthielten diese:

No.	Bezeichnungen und Bemerkungen	Jahr der Untersuchung	In der ursprünglichen Substanz: Wasser %	Nh-Substanz %	Rohfett %	Nfr. Extractstoffe %	Rohfaser %	Asche %	In der Trockensubstanz: Nh-Substanz %	Rohfett %	Nfr. Extractstoffe %	Rohfaser %	Asche %	Stickstoff in der Trocken-Substanz %
3	Wachholderbeeren	1877	10.77	5.41	—	—	31.60	3.37	—	—	—	—	—	—
4	Desgl.	1879	14.34	5.87	—	—	—	3.86	—	—	—	—	—	—
5	Sapindus marginatus, Seifenbeere . .	„	18.16	14.44		63.79		3.61	17.65	—	—	—	4.41	2.82
6	Rhus succedanea, Wachsbeeren, 2. Qualit. Fleisch	1885	4.51	1.54	Wachs 42.84	15.63	33.10	2.38	1.61	Wachs 44.85	16.39	34.66	2.49	0.26
7	Solanum melongea (Frucht), Eierkartoffel, jap. „Nasu“	„	93.47	0.76	0.13	1.15	4.10	0.39	11.64	1.99	17.52	62.81	5.94	1.86°
8	Rhamnus (Zizyphus) paliurus, Steinfrucht, Judendorn, Jujube, ital. Marruca . .	1877	18.45	6.92	2.49	30.20	35.51	6.43	8.48	3.25	36.85	43.54	7.88	1.36

Aepfel.

No.	Bezeichnungen und Bemerkungen	Jahr	Wasser	Nh-Substanz	Rohfett	Nfr. Extractstoffe	Rohfaser	Asche	Nh-Substanz	Rohfett	Nfr. Extractstoffe	Rohfaser	Asche	Stickstoff
1	Baldwin, rother Futterapfel, Fruchtfleisch	1875	84.11	0.21	0.28	14.26	0.91	0.26	1.32	1.76	89.74	5.73	1.45	0.21
2	Roxbury russet, Futterapfel, Fruchtfleisch	„	82.22	0.27	0.53	15.77	0.95	0.31	1.52	2.98	88.70	5.34	1.46	0.24
3	Baldwin, Fruchtschale	„	71.60	1.00	2.27	19.31	5.37	0.59	3.52	7.99	68.00	18.91	1.58	0.56
4	Roxbury russet, Fruchtschale	„	69.93	1.08	1.71	21.73	5.02	0.68	3.59	5.69	72.26	16.70	1.76	0.57
5	Rhode Island Greenings-A., ganze Aepfel	1886	—	—	—	—	—	—	4.57	2.81	83.44	7.05	2.13	0.73
6	Baldwinäpfel, ganze Aepfel	„	—	—	—	—	—	—	3.92	1.71	86.21	6.14	2.02	0.63

Kürbis.*) Frucht von Cucurbita-Arten. Courge, Potiron.

No.	Bezeichnungen und Bemerkungen	Jahr	Wasser	Nh-Substanz	Rohfett	Nfr. Extractstoffe	Rohfaser	Asche	Nh-Substanz	Rohfett	Nfr. Extractstoffe	Rohfaser	Asche	Stickstoff
1	C. Pepo	1847	93.48	0.39	0.06	4.00	(1.32)	(0.75)	5.98	0.92	61.36	20.24	11.50	0.96
2	Desgl.	„	94.18	0.16	Spur	—	—	2.45	2.75	—	—	—	42.10	0.44
3	Ami des pauvres, von der Insel Corfu .	„	95.40	0.26	0.04	3.31	(0.93)	(0.56)	5.65	0.87	61.09	20.22	12.17	0.90
4	Pain du pauvre	„	79.67	1.36	0.01	—	—	3.86	6.69	0.05	—	—	18.98	1.07

Aetherisches Oel	0.91 %	Grünes Harz	8.46 %
Ameisensäure	1.86 „	Hartes braunes Harz	1.29 „
Essigsäure	0.94 „	Juniperin	0.37 „
Aepfelsäure (gebunden)	0.21 „	Pektine	0.73 „
Oxalsäure	Spur	Zucker	29.65 „
Wachsähnliches Fett	0.64 „		

No. 3. H. Ritthausen. — Landw. V.-St. 20. 1877. 410. In % der frischen Substanz enthielten die Beeren:

Traubenzucker	Andere in Wasser lösliche Stoffe	Fett, Harz, ätherisches Oel	Nur in Schwefelsäure und Kalilauge lösliche Substanzen (N-frei)
14.36 %	11.70 %	12.24 %	10.55 %

No. 4 u. 5. P. Antisech. — Ann. Rep. Connecticut Agric. Experim. Stat. 1879. 147.

No. 6. O. Kellner. — Mitthl. d. Deutsch. Ges. f. Natur- u. Völkerkunde in Ostasien. Sonderabdruck. Bd. IV. No. 35. 4 Proben dieser Beeren enthielten in Procenten:

	Probe 1	2	3	4
Kerne	47.0	40.0	52.0	56.2
Fleisch	53.0	60.0	48.0	43.8
Fett im Fleisch	52.4	65.2	44.8	42.8
Fettsäuren im Fett . . .	97.0	96.3	96.0	92.2
Fett in den ganzen Beeren	27.8	39.1	21.5	18.8

No. 7. O. Kellner. — Ebendaselbst. In Procenten der Trockensubstanz enthielt die Frucht 1.40 % Eiweiss-N.

No. 8. Al. Pasqualini. — Ann. Staz. Agr. Forli 6. 1877. 49. In der lufttrocknen Substanz enthielt diese Steinfrucht 15.32 % Stärkemehl, 2.01 % Zucker und 12.48 % andere Nfr. Extraktstoffe, ferner 16.46 % in Wasser lösliche Stoffe davon 1.84 % Salze, 0.031 % N.

Aepfel.

No. 1—4. F. H. Storer. — Bullet. Bussey Institut. I. IV. 1875. 362. Von dem Fruchtfleische waren Schale und Samengehäuse sorgfältig entfernt. An von C- und CO_2-freier Asche enthielten die Substanzen im frischen Zustande: No. 1 = 0.23 %, No. 2 = 0.26 %, No. 3 = 0.45 % und No. 4 = 0.53 %.

No. 5 u. 6. C. A. Goessmann. — Hoffmann's Jahresber. 1886. 967. (Third. Rep. Board of Control of the State Agric. Experim. Stat. et Amherst Mass. 1885. Boston, 1886. 90.

Kürbis.

*) Zenneck fand in der Kürbisfrucht 89.5 % Wasser und 10.5 % Trockensubstanz und in % der letzteren: Pflanzenfaser 15.91 %, Gallertsäure 1.59 %, zuckerhaltige Stärke 13.20 %, gelben Farbstoff 0.88 %, Zucker 48.30 %, lösliche Aschenbestandtheile 9.11 %, unlösliche Aschenbestandtheile 6.72 % und erhielt bei der Analyse 9.29 % Verlust. Liebig und Kopp's Jahresber. d. Chemie. 1. 1847 u. 1848. 830. (Pharm. Centr. 1847. 767.)

No. 1 u. 3. Braconnot. — Ebendaselbst. (Pharm. Centralbl. 1847. 612 u. 767.) Das Fett wird als orangeroth bezeichnet. In der frischen Substanz waren ferner enthalten: „thierische Substanz“ und Schleimzucker 1.10 bezw. 0.77 %, Schleimstoff, in Alkohol unlöslich, 2.90 u. 2.04 %, phosphorsaurer Kalk 0.12 u. 0.09 %, phosphorsaures Kali 0.06 u. 0.04 %, äpfelsaures Kali 0.57 u. 0.43 %. An oben angegebenem Aschengehalt würde die Menge der Aepfelsäure in Abzug zu bringen sein.

No. 2, 4—7. Girardin. — Liebig u. Kopp's Jahresber. d. Chemie. 2. 1849. (J. Pharm. (3.) XVI. 19.) In der frischen Substanz fand Autor:

No.	Bezeichnungen und Bemerkungen	Jahr der Untersuchung	In der ursprünglichen Substanz: Wasser %	Nh-Substanz %	Rohfett %	Nfr. Extractstoffe %	Rohfaser %	Asche %	In der Trockensubstanz: Nh-Substanz %	Rohfett %	Nfr. Extractstoffe %	Rohfaser %	Asche %	Stickstoff in der Trockensubstanz %
5	Artischoken-K. (Artishaut d. Jerusalem)	1847	85.80	0.41	0.01	—	—	5.78	2.89	0.07	—	—	40.70	0.46
6	Turban-K. (Giraumont bonnet turc) . .	„	92.94	0.14	0.01	—	—	4.13	1.98	0.14	—	—	58.50	0.32
7	Sucrine du Brésil	„	93.40	0.19	Spur	—	—	3.43	2.88	—	—	—	51.97	0.46
8	Feldkürbis	1849	94.50	1.30	0.10	2.10	1.00	1.00	23.64	1.82	38.18	18.18	18.18	3.78
9		1853	90.60	1.35	—	—	—	—	14.38	—	—	—	—	2.30
10	Cattle Melon, Cucurbita citrullus L. .	1864	92.03	0.78	—	4.66	1.91	0.62	9.79	—	—	23.96	7.78	1.57
11	Desgl.	1865	90.66	1.66	—	5.74	1.17	0.77	17.77	—	—	12.53	8.24	2.84
12	Zapallas-Kürbis	1855	82.50	0.91	—	—	—	0.97	5.20	—	—	—	5.54	0.83
13	Vegetable Marow	„	88.75	0.32	—	—	—	0.87	2.90	—	—	—	7.87	0.46
14	Gew. Feldkürbis	„	94.18	0.16	—	—	—	2.45	2.75	—	—	—	42.10	0.44
15	Türkenbund von Genf	„	77.88	0.26	—	—	—	1.06	1.18	—	—	—	4.79	0.19
16	Amerikanischer Birnkürbis	„	86.66	0.12	—	—	—	0.44	0.90	—	—	—	3.30	0.14
17	Amerikanischer Centnerkürbis . . .	„	94.58	0.08	—	—	—	0.67	1.48	—	—	—	12.36	0.24
18	Gelber Speisekürbis, 2950 g schwer, ohne Kerne	1874	88.55	1.36	0.08	7.98	1.49	0.54	11.87	0.71	69.63	13.08	4.71	1.89°
19	Grüner Einmachekürbis, ohne Kerne .	„	86.64	1.24	0.11	9.56	1.89	0.56	9.29	0.80	71.55	14.19	4.17	1.49°
20	Fleisch: Large Pumpkins	1877	92.41	0.87	0.10	4.80	1.11	0.80	11.50	1.34	63.21	14.64	9.31P	1.84
21	Fleisch: Smaller Pumpkins	„	94.57	0.75	0.14	3.05	0.86	0.73	13.75	2.52	56.24	15.88	11.61P	2.20
22	Fleisch: Marrow Squash, Melonen-K. . .	„	89.65	0.96	0.34	7.13	1.19	0.77P	9.32	3.29	68.80	11.52	7.07P	1.49
23	Fleisch: Hubbard Squash	„	85.28	0.69	0.15	11.98	0.99	0.93P	4.52	0.99	81.57	6.75	6.17P	0.72
24	Fleisch: Crook-neck Squash	„	89.33	1.11	0.04	8.04	0.95	0.62P	10.37	0.38	75.44	8.87	4.94P	1.66
25	Rinde: Large Pumpkins	„	84.44	2.90	0.49	6.75	3.92	1.58	18.65	3.12	43.41	25.18	9.64P	2.98
26	Rinde: Smaller Pumpkins	„	88.01	2.63	0.49	4.67	2.97	1.26	21.94	4.11	38.95	24.75	10.25P	3.51
27	Rinde: Marrow Squash	„	85.65	2.81	0.76	6.43	2.86	1.49P	19.61	5.32	44.79	19.93	10.35P	3.14
28	Rinde: Hubbard Squash	„	79.01	2.75	0.80	12.42	3.89	1.13P	13.11	3.83	59.17	18.53	5.36P	2.10
29	Rinde: Crook-neck Squash	„	81.35	2.94	0.59	11.28	2.82	1.02P	15.74	3.15	60.48	15.14	5.49P	2.52
30	Samen u. fasrige Samenhülle: Large Pumpkins	„	75.94	6.32	7.13	5.21	3.74	1.68	26.26	29.63	21.69	15.54	6.88P	4.20
31	Samen u. fasrige Samenhülle: Smaller Pumpkins	„	77.79	5.68	6.71	4.34	4.12	1.38	25.56	30.21	19.56	18.53	6.14P	4.09
32	Samen u. fasrige Samenhülle: Marrow Squash	„	72.35	5.75	7.75	7.97	4.48	1.70P	20.79	28.04	28.81	16.22	6.14	3.33
33	Samen u. fasrige Samenhülle: Hubbard Squash	„	66.72	6.07	7.56	11.77	6.24	1.64	18.22	22.72	35.40	18.74	4.92P	2.92
34	Samen u. fasrige Samenhülle: Crook-neck Squash	„	83.32	3.99	3.61	6.20	2.05	0.83	23.89	21.54	37.44	12.20	4.93P	3.82

	No. 2	4	5	6	7
Zucker	0.27	2.50	0.15	0.69	0.33 %
Gummi, Holzsubstanz u. a. .	2.94	12.60	7.85	2.09	2.65 „
N	0.027	0.218	0.066	0.022	0.031, ferner Spuren von

freier Säure, aromatischem Princip und Stärkemehl.

No. 8. J. Moser. — Ebendaselbst.

No. 9. Wandersleben. — Jahresber. d. Chemie 1853. 566.

No. 10. Aug. Voelcker. — Ann. d. Landw. in Preussen Wochenbl. 1864. 219. (Gardener's Chronicle 1864. 345.) Autor unterschied 0.619 % lösliche Nh. Stoffe und 0.156 % unlösliche; 0.540 % lösliche und 0.080 % unlösliche Aschenbestandtheile. Die Nfr. Extraktstoffe sind als „Zucker und Schleim" bezeichnet.

No. 11. Aug. Voelcker. — J. R. Agric. Soc. England. II. Ser. 1865. 146. Die Nfr. Extraktstoffe sind als „Zucker, Schleim und verdauliche Faser" bezeichnet.

No. 12—17. G. Herth. — Bad. Correspondenzblatt 1856. 24. Die Kürbisse enthielten in % der frischen Substanz:

	No. 12	13	14	15	16	17
Holzfaser und Pektin . . .	2.17	2.37	1.82	5.88	4.60	3.19
Nfr. Nährstoffe	13.45	7.50	1.39	13.92	8.18	1.48

No. 18 u. 19. H. W. Dahlen (V.-St. Poppelsdorf). — Landw. Jahrb. 4. 1875. 630. Die untersuchten Kürbisse enthielten Traubenzucker:

	No. 18	19
In der frischen Substanz . . .	1.665 %	1.649 %
In der Trockensubstanz	14.54 „	12.34 „

Die Asche war Kohle- und Kohlensäure-frei.

No. 20—34. F. H. Storer. — Bull. Bussey Instit. II. II. 1877. 81 und II. III. 1878. 221. Die ganzen Kürbisse unter 20 u. 21 wogen: No. 20 = 14 kg, No. 21 = $4^1/_2$ kg. Von diesem Kürbis massen und wogen 2 Exemplare:

a. 22 u. 17 cm, ganzer Kürbis wog 4.77 kg, Rinde 0.210 kg, Samen etc. 0.510 kg, Fleisch 4.05 kg
b. 30 u. 22 „ „ „ „ 7.536 „ „ 0.250 „ „ 0.465 „ „ 6.821 „

No.	Bezeichnungen und Bemerkungen	Jahr der Untersuchung	In der ursprünglichen Substanz: Wasser %	Nh-Substanz %	Rohfett %	Nfr. Extractstoffe %	Rohfaser %	Asche %	In der Trockensubstanz: Nh-Substanz %	Rohfett %	Nfr. Extractstoffe %	Rohfaser %	Asche %	Stickstoff in der Trockensubstanz %
35	Schweinskürbis, gew. gelb. Feld-K.: Fruchtschalen	1875/76	86.50	2.15	5.70		4.80	0.85	15.90	42.00		35.80	6.30	2.54
36	Fruchtfleisch	„	93.70	0.50	4.90		0.60	0.30	8.10	77.15		9.40	5.35	1.30
37	Samengehäuse	„	93.00	1.10	4.50		0.70	0.70	15.60	64.70		10.3	9.40	2.50
38	Samenschalen	„	32.00	11.10	9.70		46.40	0.90	16.30	14.20		68.2	1.30	2.61
39	Sameninneres	„	26.30	26.50	37.70	4.90	1.25	3.40	35.90	51.15	6.65	1.7	4.60	5.74
40	Ganze Frucht	„	90.90	1.30	5.60		1.70	0.50	14.30	61.50		18.7	5.50	2.29
41	Mischung verschiedener Herrenkürbissorten: Fruchtschalen	„	83.50	2.00	0.60	10.50	2.60	0.80	12.10	3.60	63.30	16.00	5.00	3.54
42	Fruchtfleisch	„	89.00	1.10	0.10	7.70	1.30	0.80	10.30	1.10	69.30	12.20	7.10	1.65
43	Samengehäuse	„	90.60	1.70	0.20	5.20	1.00	1.30	17.80	2.30	55.50	10.40	14.00	2.85
44	Samenschalen	„	32.60	11.70	1.10	14.40	39.60	0.60	17.40	1.60	21.40	58.70	0.90	2.78
45	Sameninneres	„	24.70	27.30	38.90	4.20	1.40	3.50	36.30	51.60	5.60	1.90	4.60	5.81
46	Ganze Frucht	„	86.75	1.80	0.80	7.95	1.80	0.90	13.60	6.00	60.00	13.60	6.80	2.18
47	Feldkürbis, Cucurbita maxima L.	—	—	—	—	—	—	—	10.87	1.64	72.75	9.39	5.83	1.66
48	Cucurbita pepo, geschälte Frucht, (japan. „Tonasu")	1885	93.27	1.13	0.15	4.39	0.52	0.54	16.77	2.28	65.17	7.72	8.06	2.53⁰
	Mittel*) für ganze Frucht		89.70	0.81	0.15	6.03	1.57	1.74	8.07	1.45	57.48	15.67	17.33	1.29
	Mittel für Fruchtfleisch (aus No. 20—24, 36 u. 42)		90.56	0.91	0.15	6.62	1.07	0.69	9.69	1.60	72.03	11.32	7.36	1.55
	Mittel für Rinde oder Fruchtschalen (aus No. 25—29, 35 u. 41)		84.07	2.89	0.61	7.71	3.53	1.19	18.15	3.86	48.29	22.22	7.48	2.90

Johannisbrod. (Locust, Carob.) — Frucht von Ceratonia siliqua L. Karroben-Bockshornbaum.

No.	Bezeichnungen und Bemerkungen	Jahr der Untersuchung	Wasser %	Nh-Substanz %	Rohfett %	Nfr. Extractstoffe %	Rohfaser %	Asche %	Nh-Substanz %	Rohfett %	Nfr. Extractstoffe %	Rohfaser %	Asche %	Stickstoff in der Trockensubstanz %
1		1856	14.12	7.72	0.96	71.58	3.88	1.74	9.00	1.12	83.33	4.52	2.03	1.44
2	Hülsen (Johannisbrod ohne Kerne)	„	14.22	3.52	0.47	70.73	7.89	3.17	4.10	0.55	82.45	9.20	3.70	0.66
3	Locust bean meal	„	12.61	5.87	1.08	70.43	7.14	2.87	6.72	1.24	80.60	8.16	3.28	1.08
4	Desgl.	1873	16.57	5.19	2.80	64.34	7.60	3.50	6.22	3.36	77.11	9.11	4.20	1.00
5	Locust or Carob beans (als Durchschnittsanalyse)	1875	17.11	7.50	1.19	65.17	6.01	3.02	9.05	1.44	78.62	7.25	3.64	1.45
6	Coroubes	„	19.55	9.56	0.48	60.77	6.79	2.85	11.88	0.60	75.64	8.44	3.44	1.90
7	Desgl.	„	11.10	4.15	0.42	75.31	6.80	2.22	4.67	0.46	84.72	7.65	2.50	0.75
8	Desgl.	„	15.50	5.96	0.32	68.89	6.71	2.62	7.05	0.38	81.53	7.94	3.10	1.13

No. 35—46. R. Ulbricht u. Koritsánsky (Ungar. Altenburg). — L. V.-St. 32. 1886. 231. Im Durchschnitt von 12 verschiedenen Sorten enthielt der Kürbis: Fruchtschalen 17%, Fruchtfleisch 73%, Mark des Samengehäuses 7% und Samen 2% und Trockensubstanz: in den Fruchtschalen 16.3%, Fruchtfleisch 10.6%, Samengehäuse 9.2%, ganze Samen 72.8%, Samenschalen 67.45%, Samen-Inneres 75.10%.

No. 47. E. Wein. — Ztschr. d. landw. Ver. in Bayern 1879. 87.

No. 48. O. Kellner. — Mitthl. d. Deutsch. Ges. f. Natur- u. Völkerkunde in Ostasien. Sonderabdr. aus Bd. IV. No. 35. In Procenten der Trockensubstanz enthielt dieser Kürbis 1.12% Eiweiss-N.

*) Mittel. Bei der grossen Verschiedenheit in der Zusammensetzung der Kürbisse haben die Mittelzahlen wenig Werth und sind mit Vorsicht aufzunehmen.

Johannisbrod.

Nach Aug. Voelcker, Ztschr. f. Deutsche Landw. 1856. 18, enthält das Johannisbrod in dem Zustande, wie es importirt wird, mehr als die Hälfte seines Gewichts an Zucker, ausserdem noch über 17% fettproducirende Stoffe und beinahe 1% Fett.

Nach Reinsch, ebendaselbst, enthalten die samenfreien Hülsen:

Wasser	Pflanzenfaser	Traubenzucker	Eiweiss, Pflanzenleim und etwas Kali	Gummi u. rothen Farbstoff	Pektin	Gerbstoff	Chlorophyll, fettes Oel und Stärke
12.0	6.2	41.2	20.8	10.4	7.2	2.0	0.2%

Die Kerne enthielten:

Schleim in der äusseren Haut und Schleimgummi im Innern zusammen	Eiweiss, Gummi und Faser	Stärke, Gerbstoff u. Pflanzenleim	Zucker und Gerbstoff	Fettes Oel	Wachs u. gelben Farbstoff	Wasser
44.8	33.7	8.0	2.1	1.5	0.9	9.0%

No. 1. Fürstenberg. — Ztschr. f. Deutsche Landw. 1857. 18. Die nähere Analyse ergab weiter:

	Zucker	Schleim u. sonstige stickstofffreie Nährstoffe	Lösliche Salze der Asche
In der lufttrocknen Substanz	54.07	17.41	1.12%
In der Trockensubstanz	63.03	20.30	1.31 „

No. 2. Th. Anderson. — Trans. Highl. Soc. 1857. 127. Die Johannisbrodfrucht enthielt 11.6% Körner, die nicht der Analyse mit unterzogen wurden.

No. 3—5. Aug. Voelcker. — J. Roy. Agr. Soc. England. II. Ser. 1871. I. 147. II. 10. 279 und 1876. II. 12. 212. In No. 5 in % der lufttrocknen Substanz 51.42% Zucker.

No. 6—8. L. Grandeau. — Originalmittheilung.

No.	Bezeichnungen und Bemerkungen	Jahr der Untersuchung	In der ursprünglichen Substanz						In der Trockensubstanz					Stickstoff in der Trockensubstanz
			Wasser %	Nh-Substanz %	Rohfett %	Nfr. Extractstoffe %	Rohfaser %	Asche %	Nh-Substanz %	Rohfett %	Nfr. Extractstoffe %	Rohfaser %	Asche %	%
9		1878	13.07	3.96	1.97	73.39	5.85	1.76	4.55	2.27	84.42	6.73	2.03	0.73°
10		„	15.72	4.74	3.02	69.85	5.15	1.52	5.63	3.58	82.89	6.10	1.80	0.90°
	Mittel		14.96	5.86	1.28	68.98	6.39	2.53	6.89	1.50	81.13	7.51	2.97	1.10
1	Johannisbrod-Samen	1876	11.19	5.94	0.97	76.29	3.62	1.99	6.69	1.09	85.90	4.08	2.24	1.07

No. 9. H. Weiske, M. Schrodt u. M. C. de Leeuw. — J. f. Landwirthsch. 27. 1879. 321. In % der Trockensubstanz enthielt die untersuchte Substanz 1.00 % Fett und 1.27 % Buttersäure (2.27 % Aetherextrakt), 45.61 % Zucker und 38.81 % Stärke.

No. 10. H. Weiske, G. Kennepohl u. B. Schulze. — Ebendaselbst. 349. Das Aetherextrakt (3.58 %) bestand aus 1.08 % Fett und 2.50 % Buttersäure.

Johannisbrod-Samen.

No. 1. A. Voelcker. — J. R. Agr. Soc. England 1877. II. 13. 191.

Gewerbliche Abfälle.

No.	Bezeichnungen und Bemerkungen	Jahr der Untersuchung	In der ursprünglichen Substanz: Wasser %	Nh-Substanz %	Rohfett %	Nfr. Extractstoffe %	Rohfaser %	Asche %	No.	Bezeichnungen und Bemerkungen	Jahr der Untersuchung	In der ursprünglichen Substanz: Wasser %	Nh-Substanz %	Rohfett %	Nfr. Extractstoffe %	Rohfaser %	Asche %
	Weizenkleie, grobe.									Weizenschalen.							
1		1844	10.30	12.48	2.82	—	—	—	10	Aus weichem							
2	Coarse Sharps	1848	13.90	16.13	—	—	—	3.93		Weizen des							
3	Fine Pollard .	„	13.50	15.25	—	—	—	5.46		nördl. Frank-							
4	Coarse Pollard	„	13.90	15.13	—	—	—	6.56		reich . . .	1849	13.90	14.88	3.64	52.18	9.70	5.70
5	Long Bran . .	„	13.60	15.00	—	—	—	7.14	11		1850	13.10	19.30	4.70	—	—	7.30
6	Aus ungedüngt								12		1853	12.67	13.00	2.88	—	—	5.50
	gewachsenem								13		1854	14.07	20.88	—	—	—	—
	Weizen . .	„	13.50	13.00	—	—	—	5.76	14		„	14.00	13.00	5.60	60.40	4.00	3.00
7	Aus gedüngt ge-								15		„	13.80	—	4.10	—	9.20	5.60
	wachs. Weizen	„	12.70	10.94	—	—	—	5.64	16		„	13.06	18.12	5.20	—	—	7.30
8		1850	15.21	16.31	4.92	—	—	6.02	17		„	14.00	11.90	5.50	61.50	4.10	3.00
9		„	14.92	16.37	4.98	—	—	6.41	18	Aus rothem W.	„	21.00	11.90	4.00	51.60	8.50	3.00

Weizenkleie, grobe.

No. 1. M. Fürstenberg. — Journ. f. prakt. Chemie. 31. 1844. 195. Die Analyse ergab: 1.64 % Eiweiss, 10.84 % Kleber, 22.62 % Stärke, 5.28 % Dextrin (incl. Gummi und Zucker), 46.50 % Hülsen und in letzteren 2.52 % Salze. Aschengehalt der Kleie ist nicht angegeben.

No. 2—5. J. B. Lawes u. J. A. Gilbert. — On some points in the composition of Wheat-Grain, its products in the mill, and bread. London, 1857. 31. N-Gehalt der lufttrocknen Substanz im Mittel von je 3—4 Bestimmungen: 2.58, 2.44, 2.42 und bezw. 2.40 %. Nh. Substanz und Zusammensetzung der Trockensubstanz von uns berechnet. Die 4 Producte entstammen ein und demselben Weizen 1846er Ernte, der 1848 gemahlen wurde. Aus 100 Weizen wurden erhalten an Procent unter No. 2 — 3 — 4 — 5: 3.3 — 1.8 — 6.7 — 5 % Kleie

Die Asche dieser Producte enthielt: No. 2 — 3 — 4 — 5: P_2O_5 . . . . 49.6 — 52.3 — 55.2 — 54.8 %

No. 6 u. 7. Dieselben. — Ebendaselbst. 38. Weizen 1846er Ernte, 1848 auf der „Colonial Steel-hand-mill" gemahlen.

No. 8 u. 9. Dieselben. — J. Roy. Agric. Soc. England 1853. 14. II. 498. Auch Compos. of foods in relation to respiration and to feeding of animals. London, 1853. 5 u. 28. Weende'r Jahresber. 1854. II. 48.

No. 10. Millon u. von Bibra. — Die Getreidearten und das Brod. Nürnberg, 1860. 202. Die ausführlichere Analyse ergab weiter: Stärke, Zucker und Dextrin 50.0, Zucker 1.0, Kleber 14.9, Fett 3.6, Cellulose 9.7, inkrustirende, harzartige, riechende Substanzen 2.1, N 2,38 %. An Cellulose fand Millon in anderen weichen Weizensorten des nördlichen Frankreichs 8.72, 9.78, 8.72, 7.53 und in einem harten Weizen 10.98 %.

No. 11. Johnston. — E. Wolff's „Ackerbau etc." Leipzig, 1856. 947. (Appleton's New America Cyclopaedia. 3. 635.)

No. 12. Poggiale. — Compt. rend. 1853. 37. 174. v. Bibra. — Die Getreidearten und das Brod. Nürnberg, 1860. 203. Die ausführlichere Analyse ergab: Stärkemehl 21.69, lösliche Nfr. Substanz (Dextrin) 7.71, lösliche Nh. Substanz (Albumin) 5.60, unlösliche assimilirbare Substanz 3.90, unlösliche nicht assimilirbare Substanz 3.50, Holzfaser 34.6 %.

No. 13. Frapoli. — Ann. Chem. u. Pharm. 1854. 109. 107—110.

No. 14. Payen und No. 15 Kekulé. — Aus Moleschott's Physiologie der Nahrungsmittel. Giessen, 1859. Zahlenbeleg 104. No. 15 auch citirt in Liebig's chemischen Briefen. 4. Aufl. II. 169. Payen untersuchte auch feine Weizenkleie No. 1.

No. 16—18. J. B. Boussingault. — Dessen: Die Landwirthschaft etc. 1. Bd. 292. 3. Bd. 34 u. 200. Die Zusammensetzung unter No. 16 ist das Mittel verschiedener von Boussingault in Gemeinschaft mit Dumas u. Payen ausgeführten Untersuchungen.

No.	Bezeichnungen und Bemerkungen	Jahr der Untersuchung	In der ursprünglichen Substanz: Wasser %	Nh-Substanz %	Rohfett %	Nfr. Extractstoffe %	Rohfaser %	Asche %
19		1854	12.85	13.63	5.56	—	—	6.11
20		„	15.00	17.00	4.70	—	—	—
21		„	15.05	13.19	—	—	13.31	4.30
22		1855	15.16	10.02	—	—	12.38	5.67
23	Grobe W. No. 6	1856	13.59	23.31	—	—	—	4.94
24	„Kleie“ . .	1858	14.07	12.94	2.46	33.93	30.08	6.52
25	„Kurzkleie“ („Kort“) .	„	14.27	12.25	2.88	37.13	27.21	6.26
26		„	13.80	13.43	4.54	46.86	15.35	6.02
27		„	17.00	13.10	—	—	17.10	2.60
28		1859	14.10	14.81	4.00	49.49	13.10	4.50
29		„	12.70	17.38	3.79	50.52	10.00	5.61
30	A. einer Dampfmühle . . .	„	9.74	13.06	1.00	48.50	21.80	5.90
31	Aus einer Mühle alten Systems	„	10.71	14.81	1.00	51.32	17.40	4.76
32		1860	13.40	13.92	4.13	—	—	4.47
33		„	14.00	12.80	2.85	52.77	12.90	4.68
34		„	14.06	13.72	2.55	48.23	15.60	5.84
35		„	15.30	13.10	2.39	48.45	15.80	4.96
36		1860	13.80	12.45	3.58	50.35	14.42	5.40
37		„	14.10	12.80	4.33	46.93	15.84	6.00
38		1862	16.51	11.92	3.64	49.33	13.72	4.88
39		1864	15.70	12.25	3.68	52.43	10.86	5.08
40		1865	13.06	14.56	3.53	51.40	11.23	6.22
41		„	14.50	11.25	3.64	52.73	12.12	5.76
42		„	—	—	—	—	—	—
43		1862	14.30	14.20	4.00	49.40	11.20	6.90
44		1870	11.82	16.06	—	—	8.11	4.86
45		„	12.40	14.72	—	—	8.83	5.30
46		„	13.10	16.02	—	—	7.68	4.39
47		„	12.61	15.38	—	—	8.70	4.75
48		1869	10.69	14.42	—	—	—	5.24
49		„	11.15	14.31	—	—	—	5.68
50	„Grobkleie“*)	1871	13.44	13.56	2.67	55.19	8.20	6.94
51	Desgl. . . .	„	13.76	13.38	2.98	53.20	10.22	6.46
52	Desgl. . . .	„	13.60	12.81	3.29	55.71	9.28	5.32
53		1870/77	12.08	13.13	3.38	56.45	9.47	5.49
54		„	12.35	15.10	3.36	56.25	7.08	5.86
55		„	13.07	15.51	2.85	55.96	6.60	6.01

No. 19. Thom. Anderson. — Trans. Highl. Soc. 1854. 408.
No. 20. J. B. Boussingault. No. 21. E. Wolff. — Dessen: Grundlagen des Ackerbaus. Leipzig, 1856. 947. Agrikulturchem. Untersuchuugen. Möckern. 2. Ber. 13.
No. 22. H. Ritthausen (V.-St. Möckern). — 5. Ber. (Agrikulturchem. Untersuchungen) 1857. 4.
No. 23. W. Mayer. — Ann. Chem. u. Pharm. 101. 1857. 120. Nh. Substanz von uns berechnet. (Auch 1. Heft der Ergebnisse agrikulturchemischer Versuche in München 1857. 26.)
No. 24 u. 25. A. C. Oudemans jun. — Chem. Centralbl. 1858. 727. Weende'r Jahresber. 1857/60. II. 92. Zur Bestimmung der Holzfaser wurde die Substanz mit kalt bereitetem Malzaufguss auf 70° erwärmt, bis die Stärke gelöst zu sein schien. 4 Theile der erhaltenen Flüssigkeit wurden mit 1 Theil 20 procent. Kalilösung erwärmt (einige Minuten), dann wurde filtrirt, der Rückstand auf dem Filter mit warmer verdünnter Kalilösung mit kochendem Wasser, Essigsäure, Alkohol, Aether ausgewaschen und bei 130° getrocknet. Der N-Gehalt wurde zu 2.07 und bezw. zu 1.96 % gefunden. Die Summe der Nfr. Substanzen wurde von uns aus der Differenz berechnet. Für Stärke und Dextrin wurden nachstehende Zahlen angegeben:

Dextrin	Stärke
No. 24 = 5.52, No. 25 = 5.24 %	No. 24 = 26.11, No. 25 = 29.74 %

No. 26. Th. Dietrich. — Landw. Ztschr. f. Kurhessen 1858. 100. Die ausführlichere Analyse ergab: Eiweiss 0.98, Kleber 12.45, Gummi 3.31, Zucker 1.61, Extraktstoffe 3.98, Stärkemehl 38.00, in kaltem Wasser löslich 9.88 %. Zur Bestimmung der Holzfaser wurde die gepulverte Substanz (entsprechend 5 g Trockensubstanz) mit 300 ccm einer 2 procent. Salzsäure ¼ Stunde lang gekocht und darauf mit 1 procent. Kalilauge ebenfalls ¼ Stunde gekocht, filtrirt, ausgewaschen etc.
No. 27. W. Knop (V.-St. Möckern). — Amtsbl. f. d. landw. Vereine Sachsens 1859. 66. Asche incl. Sand.
No. 28. F. W. Crusius u. E. Schickedanz. — L. V.-St. 1. 1859. 101. Nh. Substanz von uns berechnet.
No. 29. von Bibra. — Dessen: Die Getreidearten und das Brod. Nürnberg, 1860. Cellulose nach Peligot's Methode bestimmt. Die nähere Analyse dieser Kleie ergab: Albumin 3.525, Pflanzenleim 5.800, Caseïn 0.220, in Wasser und Alkohol unlösliche, stickstoffhaltige Substanz 8.385, Zucker 4.32, Gummi 8.85 %.
No. 30 u. 31. Rob. Hoffmann. — L. V.-St. 2. 1860. 216. Nh. Substanz von uns berechnet.
No. 32. Jul. Lehmann. — Mitthl. d. landw. Kreisvereins f. d. Oberlausitz. 3. 1860. 136. Asche incl. 0.2 % Sand.
No. 33—41. Th. Dietrich. — Landw. Anz. f. Kurhessen 1860. 15. 37; 1862. 30; 1864. 193; 1865. 73 u. 199.
No. 42. J. Nessler u. E. Muth. — V.-St. Karlsruhe. Bericht 1870. 58.
No. 43—47. H. Hellriegel. — 6. Ber. d. V.-St. Dahme 1862. 10 und Hoffmann's Jahresber. d. Agrikulturchem. 1870/72. II. 15. Bei Kleie No. 43 wurden in Procenten der Trockensubstanz 47.4 % Stärke, Zucker und Dextrin gefunden.
No. 48 u. 49. O. Dempwolff. — Ann. d. Chem. u. Pharm. 149. 1869. 343. Stärkemehl in Procenten der lufttrocknen Substanz: 45.84 bezw. 41.45 %.
No. 50—52. J. König u. J. Kiesow. — Landw. Ztg. f. Westfalen u. Lippe 1872. 214.
*) Die 3 Proben Grobkleie No. 50—52 wurden im Vergleich zu Grandkleie und Kleiemehl aus Dampf-, Wasser und Windmühlen untersucht; die vergleichende Untersuchung ergab:

			Wasser	Nh. Substanz	Fett	Nfr. Extractstoffe	Holzfaser	Asche
1)	Aus einer Dampfmühle	Grobkleie, 1 mal nachgemahlen .	13.44	13.56	2.67	55.19	8.20	6.94
2)		Grandkleie, 2 mal nachgemahlen .	13.58	14.00	3.82	55.69	8.25	4.68
3)		Kleiemehl, 3—4 mal nachgemahlen	13.38	13.87	3.48	60.04	6.14	3.09
4)	Aus einer Wassermühle	Grobkleie, 1 mal nachgemahlen .	13.76	13.38	2.98	53.20	10.22	6.46
5)		Grandkleie, 2 mal nachgemahlen .	13.71	13.56	4.11	55.86	8.44	4.32
6)		Kleiemehl, 3—4 mal nachgemahlen	13.22	13.31	4.15	57.42	7.91	3.99
7)	Aus einer Windmühle	Grobkleie, 1 mal nachgemahlen .	13.60	12.81	3.29	55.71	9.28	5.32
8)		Grandkleie, 2 mal nachgemahlen .	13.35	15.44	4.34	56.77	6.40	3.70

No. 53—58. J. Moser (V.-St. Wien). — 1. Ber. 1870/77. Tabelle Seite XXVI.

No.	Bezeichnungen und Bemerkungen	Jahr der Untersuchung	In der ursprünglichen Substanz						No.	Bezeichnungen und Bemerkungen	Jahr der Untersuchung	In der ursprünglichen Substanz					
			Wasser %	Nh-Substanz %	Rohfett %	Nfr. Extractstoffe %	Rohfaser %	Asche %				Wasser %	Nh-Substanz %	Rohfett %	Nfr. Extractstoffe %	Rohfaser %	Asche %
56		1870/77	15.02	13.04	3.72	57.79	6.66	3.77	94		1871/74	12.99	15.09	4.90	56.71	5.95	4.26
57		„	13.28	10.66	3.37	47.16	18.22	7.31	95		1874	10.15	12.75	3.18	55.25	12.60	6.04
58		„	15.78	13.94	2.56	55.97	6.63	5.12P	96		„	11.85	13.19	4.18	49.11	14.27	7.40
59		1872	13.10	13.39	4.47	53.49	8.70	6.85	97	„Schalkleie" .	1875	15.50	13.00	3.30	51.70	10.90	5.60
60		„	11.80	11.69	3.90	55.83	9.94	6.84	98		„	12.71	12.13	2.68	57.79	8.62	6.07
61		„	13.10	14.31	3.50	—	—	5.30	99		„	—	12.13	2.78	—	—	—
62		„	12.73	15.00	3.20	—	—	6.24	100		„	12.56	12.44	2.84	54.24	11.78	6.14
63		„	13.90	14.06	4.35	51.74	8.88	7.07	101		„	12.94	15.56	3.14	55.80	9.40	5.16
64		„	13.10	13.37	2.90	54.13	11.20	5.30	102		„	12.40	11.19	2.68	57.37	10.18	6.18
65		1873	14.58	13.00	2.80	—	—	5.48	103		„	14.96	13.00	2.95	52.83	10.15	6.11
66		„	15.22	12.12	3.35	45.05	17.80	6.46	104		„	15.02	13.19	3.99	55.65	7.65	4.50
67		1874	13.67	13.62	3.01	56.61	8.05	4.97	105		„	12.34	12.63	2.28	57.88	8.95	5.92
68		1875	11.61	12.93	2.48	55.31	13.97	4.70	106		1876	12.56	13.37	2.62	52.75	11.62	7.08
69		„	11.74	12.00	2.64	55.76	11.74	6.12	107		„	13.44	12.19	2.44	56.80	9.49	5.64
70		„	13.76	11.68	3.86	52.95	11.24	6.51	108		„	12.34	14.00	2.83	54.55	10.40	5.88
71		„	10.04	12.90	3.10	59.18	9.00	5.78	109		„	15.90	14.56	3.23	50.27	10.25	5.79
72		„	12.43	13 89	3.93	54.82	9.25	5.68	110		„	13.40	12.12	4.40	54.26	10.15	5.76
73		„	13.21	13.04	2.35	55.48	10.42	5.50	111		„	14.15	16.82	2.52	49.46	9.83	7.22
74		„	11.76	13.24	4.04	53.38	10.45	7.13	112		„	11.86	16.83	—	—	—	7.17
75		„	11.38	13.16	4.05	57.12	8.56	5.73	113		„	11.93	16.37	2.50	52.62	9.85	6.73
76		1877	14.43	13.58	4.76	48.42	11.34	7.47	114		„	11.78	10.38	3.88	57.92	9.05	6.99
77		1870/77	12.08	13.13	3.38	56.45	9.47	5.49	115		„	11.93	16.69	—	—	—	7.43
78		„	12.35	15.10	3.36	56.25	7.08	5.86	116		„	12.19	12.69	2.50	56.69	9.25	6.68
79		„	13.07	15.51	2.85	55.96	6.60	6.01	117		„	12.21	16.44	2.82	55.89	8.67	3.97
80		„	15.12	13.04	3.72	57.79	6.66	3.77	118		„	14.13	12.23	2.20	52.93	10.80	6.71
81		„	13.28	10.66	3.77	47.16	18.22	7.31	119		„	13.05	13.44	4.06	57.61	5.98	5.86
82		„	15.78	13.94	2.56	55.97	6.63	5.12	120		„	15.30	14.12	2.80	58.59	5.70	3.49
83		1871/77	16.09	12.81	2.95	51.50	10.35	6.30	121		„	12.57	14.68	2.52	55.64	8.34	6.25
84		„	14.87	12.81	3.67	55.30	8.21	5.14	122		„	14.67	11.50	3.05	58.27	5.82	6.69
85		„	15.76	12.15	3.88	55.65	7.45	5.11	123		„	16.75	13.31	3.00	54.92	5.95	6.07
86		„	16.52	13.12	3.06	52.33	8.59	6.38	124		„	11.98	13.46	3.00	57.76	9.15	4.65
87		„	11.43	12.31	3.28	56.30	9.88	6.80	125		„	12.28	12.36	3.00	54.28	11.43	6.65
88		„	13.19	14.19	4.42	55.84	7.84	4.52	126		„	15.15	12.94	2.87	54.02	9.40	5.62
89		„	15.25	11.50	2.77	58.46	7.16	4.86	127		1874	12.77	10.94	4.17	55.20	11.19	5.73
90		„	—	13.44	—	—	9.49	—	128		„	13.45	14.37	2.24	53.53	8.21	8.20
91		„	—	13.94	1.72	—	7.47	6.44	129	Aus polnischem							
92		„	13.88	13.40	2.18	56.73	7.17	6.64		Weizen . .	1876	14.22	14.99	2.62	53.61	7.53	7.03
93		„	13.68	13.72	2.37	56.29	7.92	6.02	130		„	14.35	14.38	3.03	52.83	8.27	7.14

No. 59. Th. Dietrich. — Landw. Anz. f. d. Rgbz. Cassel 1872. 202.
No. 60. U. Kreusler. — 1. Ber. d. V.St. Hildesheim 1872. 26.
No. 61 u. 62. C. Karmrodt. — Ztschr. f. Rheinpreussen 1872. 44.
No. 63 u. 64. P. Wagner u. K. Schäfer. — Ber. d. V.-St. Darmstadt 1871/73. 21.
No. 65 u. 66. R. Alberti. — 2. Ber. d. V.-St. Hildesheim 1873. 25.
No. 67—69. W. Hoffmeister (V.-St. Insterburg). — Originalmittheilung.
No. 70—75. Th. Dietrich (V.-St. Altmorschen). — Originalmittheilung und Landw. Anz. f. d. Rgbz. Cassel 1875. 226 und 1877. 229.
No. 76—82. Ig. Moser (V.-St. Wien). — 1. Bericht 1870/77. Tabelle XXVI. Die Kleien enthielten in % der lufttrocknen Substanz Sand: No. 76 = 0.08 %, No. 77 = 0.78 %, No. 78 = 0.61 %, No. 79 = 0.04 %, No. 80 = 2.72 %; letztere hat einen auffallend hohen Rohfasergehalt und dürfte keine reine Weizenkleie gewesen sein.
No. 83—94. J. König u. C. Brimmer (V.-St. Münster). — 1. Bericht 1871/77. 40 und Originalmittheilung.
No. 95 u. 96. P. Wagner (V.-St. Darmstadt). — Ztschr. f. d. landwirthschaftl. Ver. in Hessen 1874. 317.
No. 97—114. F. Holdefleiss (V.-St. Halle). — Ztschr. f. d. landw. Centralv. f. d. Prov. Sachsen 1876. 243 u. 250. Weizenkleie unter No. 99 und 100 enthielten 52.65 und 42.72 % Stärkemehl.
No. 115—126. A. Pagel (V.-St. Halle). — Ebendaselbst 1877. 90.
No. 127—137. J. Fittbogen, Schiller u. Hasselbarth (V.-St. Dahme). — Originalmittheilung.

No.	Bezeichnungen und Bemerkungen	Jahr der Untersuchung	In der ursprünglichen Substanz						No.	Bezeichnungen und Bemerkungen	Jahr der Untersuchung	In der ursprünglichen Substanz					
			Wasser %	Nh-Substanz %	Rohfett %	Nfr. Extractstoffe %	Rohfaser %	Asche %				Wasser %	Nh-Substanz %	Rohfett %	Nfr. Extractstoffe %	Rohfaser %	Asche %
131		1876	14.25	15.84	2.46	54.90	7.05	5.50	166		1877	12.70	13.07	3.15	61.20	6.11	3.67
132		1877	10.82	16.00	4.00	52.00	7.95	9.23	167		1876	12.50	12.00	3.70	57.40	9.70	4.70
133		„	15.53	11.00	4.21	43.25	9.87	6.14	168	„Schalenkleie“	„	14.84	12.84	2.01	55.80	8.86	5.64
134		1878/82	14.46	11.50	4.06	53.35	10.20	6.43	169		„	16.90	17.18	2.60	42.37	16.43	4.52
135		„	11.64	13.00	4.54	58.13	7.25	5.44	170	„Weizenkleie“	1877	15.08	14.56	2.17	54.64	8.10	5.45
136		„	14.20	12.80	4.32	50.93	11.60	6.15	171		„	10.56	12.88	3.20	58.80	9.03	5.49
137		„	13.76	13.80	3.70	53.93	9.16	5.65	172		„	10.45	13.19	3.82	58.11	9.83	4.60
138		1875	12.94*)	13.98	4.03	55.70	7.53	5.82	173		„	12.15	10.13	3.25	55.39	5.45	7.63
139		„	12.94*)	13.66	4.20	53.79	9.25	6.16	174		„	14.43	11.31	1.88	58.41	8.28	5.69
140		„	12.94*)	13.83	3.84	54.95	8.52	5.92	175		„	12.38	13.37	2.38	59.57	6.46	5.84
141		„	12.94*)	12.78	4.46	54.52	9.12	6.18	176		„	11.30	14.13	2.22	59.08	7.57	5.70
142		1879	15.00	12.10	5.00	52.00	9.40	6.50	177		„	13.28	13.56	3.22	58.16	7.30	4.48
143		„	16.71	13.17	3.85	53.47	7.49	5.31	178		„	12.94	13.31	3.40	60.23	6.28	3.84
144		1875	12.10	14.10	3.90	—	—	—	179	„Schalkleie“	„	11.48	10.50	2.76	59.92	9.50	5.84
145		„	13.93	14.19	3.47	54.14	9.16	5.11	180		„	12.76	11.88	2.08	57.49	9.73	6.06
146		„	12.27	12.44	4.06	54.24	10.57	6.41	181		1878	16.15	16.63	2.87	51.48	7.44	5.43
147		„	12.23	14.44	2.83	55.64	8.89	5.97	182		„	16.03	18.13	2.98	50.52	7.05	5.30
148		„	12.27	12.44	4.06	59.24	10.57	6.41	183		1876	11.42	16.94	3.36	50.96	10.08	7.24
149		1876	14.73	13.38	3.48	52.11	9.74	6.56	184		1878	13.99	11.11	1.57	59.01	9.08	5.24
150		1875	12.52	15.25	4.45	—	—	6.55	185		1880	12.48	13.75	2.79	52.86	10.37	7.75
151		„	11.72	14.93	4.00	51.84	11.44	6.07	186		„	14.94	11.06	2.58	57.88	7.47	6.04
152		„	10.33	15.06	2.08	56.54	10.35	5.64	187		1884	13.62	15.57	2.67	50.04	12.45	5.65
153		„	13.57	13.31	4.96	52.01	10.70	5.45	188		1879	13.73	13.43	3.98	54.61	8.90	5.35
154		„	15.20	14.50	4.00	51.70	9.10	5.50	189		„	12.88	13.40	4.56	56.75	7.37	5.04
155		„	11.20	15.80	3.90	55.20	7.70	6.20	190		„	7.57	14.75	4.40	59.37	8.20	5.71
156		„	14.63	12.88	2.42	55.63	9.02	5.42	191		„	16.03	18.12	2.97	50.52	7.04	5.30
157		1876	11.93	12.18	3.24	59.10	7.81	5.74	192		„	12.95	14.00	4.39	54.46	8.60	5.60
158		„	10.67	13.25	3.21	54.52	10.56	7.79	193		„	13.14	14.25	4.40	54.30	8.75	5.16
159		1877	12.73	14.00	2.85	54.10	9.01	7.31	194		„	13.18	12.95	4.40	55.61	7.86	6.00
160		„	14.37	13.06	3.09	57.10	7.67	4.71	195		„	12.49	13.77	4.66	56.76	7.00	5.32
161		1876	12.96	13.93	5.21	53.73	8.94	5.68	196		„	13.45	12.94	3.13	54.29	8.13	8.06
162		1877	12.33	15.21	2.96	60.77	4.80	3.93	197		„	12.94	12.94	4.50	51.27	11.60	6.75
163		1876	9.80	17.50	—	—	12.66	6.59	198		1880	11.79	14.87	4.36	52.86	10.89	5.89
164		„	10.04	17.00	—	—	10.92	7.49	199		1879	14.73	13.43	3.98	54.61	8.90	5.35
165		1877	16.90	17.18	2.60	42.37	16.43	4.52	200		1878	16.70	12.34	2.17	56.09	8.30	5.40

No. 138—143. G. Kühn (V.-St. Möckern). — Originalmittheilung.
*) Berechneter mittlerer Wassergehalt; mit diesem sind die anderen Werthe aus der Trockensubstanz berechnet.
No. 144. W. Henneberg (V.-St. Göttingen). — Originalmittheilung.
No. 145—149. C. Müller (V.-St. Hildesheim). — Neue Folge. 1. Bericht. 19 und Originalmittheilung.
No. 150—153. E. Wildt (V.-St. Posen). — Originalmittheilung.
No. 154, 155 u. 167. R. Heinrich (V.-St. Rostock). — Bericht f. 1875/81. Wismar, 1882. 62.
No. 156—160. A. Emmerling u. M. Schrodt (V.-St. Kiel). — Mittheilungen derselben. III. Kiel, 1880. 52.
No. 161 u. 162. C. Brimmer (V.-St. Regenwalde). — Originalmittheilung.
No. 163 u. 164. O. Kohlrausch. — Originalmittheilung.
No. 165. Ph. du Roi. — Originalmittheilung.
No. 166. A. Petermann (V.-St. Gembloux). — Originalmittheilung.
No. 168. J. König (V.-St. Münster). — 2. Bericht 1878/80. 18. Die Schalenkleie wurde bei Anwendung von Quetschenwalzen und Desintegratoren gewonnen.
No. 169. J. W. Kirchner. — Jahresbericht d. Agrikulturchemie 1878. 749.
No. 170—180. W. Th. Osswald (V.-St. Halle). — Ztschr. d. landw. Centralver. f. d. Prov. Sachsen 1878. 4.
No. 181 u. 182. Ph. du Roi (V.-St. Kiel). — Originalmittheilung.
No. 183—187. W. Fleischmann u. P. Vieth (Milchwirthschaftl. V.-St. Raden). — Originalmitthl. u. Berichte 1880—84.
No. 188. W. Hoffmeister (V.-St. Insterburg). — Originalmittheilung.
No. 189. E. Heiden u. Güntz (V.-St. Pommritz). Originalmittheilung. In der lufttrocknen Substanz 0.12 % Sand.
No. 190. P. Wittelshöfer (V.-St. Regenwalde). — Originalmittheilung.
No. 191. J. W. Kirchner. — Milchzeitung 1879. 541.
No. 192—196. Th. Dietrich (V.-St. Altmorschen). — Landw. Ztg. f. d. Rgbz. Cassel 1879. 381.
No. 197 u. 198. R. Heinrich (V.-St. Rostock). — Bericht derselb. 1882. 63. Ferner wurden folgende Gehalte ermittelt:

Proteïn . . .	13.13	14.88	15.31	17.78	15.38	16.63	14.00	14.70	14.44
Fett	4.30	4.10	3.84	5.30	3.21	3.55	4.63	4.66	4.10

No.	Bezeichnungen und Bemerkungen	Jahr der Untersuchung	In der ursprünglichen Substanz Wasser %	Nh-Substanz %	Rohfett %	Nfr. Extractstoffe %	Rohfaser %	Asche %	No.	Bezeichnungen und Bemerkungen	Jahr der Untersuchung	In der ursprünglichen Substanz Wasser %	Nh-Substanz %	Rohfett %	Nfr. Extractstoffe %	Rohfaser %	Asche %
201		1879	12.95	12.00	3.34	59.71	6.60	5.40	237		1876	13.29	16.18	3.40	50.51	10.52	6.10
202		1878/79	16.15	16.63	2.87	51.48	7.44	5.43	238		1877	14.52	15.31	3.66	47.09	13.64	5.78
203		„	16.03	18.13	2.98	50 52	7.04	5.30	239		„	13.80	15.53	3.64	45.48	14.00	7.55
204		„	15.24	11.63	2.89	56.25	8.55	5.44	240		„	13.60	13.34	4.96	49.23	12.84	6.03
205		„	15.44	11.25	2.93	51.52	11.77	7.09	241		1878	12.70	13.30	3.80	52.80	10.80	6.60
206		„	13.13	12.00	2.77	58.88	7.96	5.36	242		„	14.90	13.10	4.40	52.00	10.00	5.60
207		„	17.69	12.37	2.44	53.49	8.26	5.75	243		1879	11.80	15.21	3.41	54.46	10.02	5.10
208		„	12.49	14.50	3.73	56.64	8.45	4.19	244		„	12.41	15.65	3.50	52.31	10.51	5.62
209		„	13.56	13.37	3.88	56.37	7.38	5.44	245		„	12.01	16.08	4.04	50.92	11.14	5.81
210		„	12.37	13.52	4.09	54.66	8.44	5.92	246		„	13.14	15.81	4.14	52.89	9.10	4.92
211		„	14.47	13.79	3.22	54.80	8.08	5.54	247		„	14.28	14.20	3.20	49.30	13.98	6.04
212		„	13.18	12.95	4.40	55.61	7.86	6.00	248		„	12.60	13.75	3.86	49.29	13.42	7.06
213		„	12.49	13.77	4.66	56.76	7.00	5.82	249		„	13.71	16.88	3.26	49.28	10.64	6.23
214		„	15.10	14.10	2.53	54.52	8.03	5.63	250		„	12.49	17.50	4.62	50.59	9.42	5.38
215		„	12.62	13.63	2.40	55.92	9.33	6.10	251		1880	15.10	12.41	3.70	54.02	8.65	6.12
216		„	13.50	12.90	4.16	55.88	7.86	5.68	252		„	11.48	12.94	5.02	56.88	8.90	4.78
217		„	9.48	15.81	3.68	54.67	10.26	6.10	253		1883	11.91	14.56	5.13	—	—	4.42
218		„	13.36	14.18	4.00	52.83	9.63	6.00	254	Weizenschalen	„	12.97	12.06	3.67	56.38	9.06	5.86
219		1879	16.71	13.17	3.85	53.47	7.49	5.31	255	M. etwas Gerste-							
220		„	15.00	12.10	5.00	52.00	9.40	6.50		kleie gemengt	„	11.20	13.25	4.89	54.68	9.59	6.39
221		„	12.88	13.40	4.56	56.75	7.37	4.92	256		1885	8 91	16.00	5.08	54.38	7.03	8.60
222		„	11.80	15.21	3.41	54.46	10.02	5.10	257		1886	13.72	13.69	2.86	53.09	10.52	6.12
223		„	12.41	15.65	3.50	52.31	10.51	5.62	258		1882	12.26	15.50	4.89	53.23	8.04	6.08
224		„	12.01	16.08	4.04	50.92	11.14	5.81	259		„	10.20	15.37	5.08	52.67	10.15	6.53
225		„	13.14	15.81	4.14	52.89	9.10	4.92	260		„	10.04	17.62	5.62	50.70	8.70	7.32
226		„	14.24	14.81	4.04	50.56	10.03	6.32	261		„	11.95	16.56	4.89	48.54	10.66	7.40
227		„	11.44	13.88	5.02	53.18	9.53	6.95	262		„	14.24	14.81	4.04	50.56	10.03	6.32
228		„	13.06	14.03	3.58	57.72	6.48	5.13	263		„	11.44	13.88	5.02	53.18	9.53	6.95
229		1874	10.15	12.75	3.18	55.25	12.60	6.04	264		„	10.76	13.94	4.79	50.96	13.16	6.39
230		„	11.85	13.19	4.18	49.11	14.27	7.40	265		1885	13.03	14.00	4.62	46.89	13.44	8.02
231		„	12.43	13.56	4.17	49.10	13.04	7.70	266	Mit etwas Din-							
232		„	11.69	15.25	4.76	48.65	12.90	6.75		kelkleie ver-							
233		„	12.96	15.37	4.71	47.14	13.01	6.81		mischt . .	1886	11.89	17.31	5.88	49.39	8.39	7.14
234		1875	11.53	16.37	4.32	—	—	6.26	267	Desgl. . . .	„	10.87	16.37	6.01	46.72	12.93	7.10
235		1876	11.76	15.31	3.32	52.79	10.12	6.70	268		1887	13.96	16.81	5.23	48.93	8.21	6.86
236		„	13.71	15.75	2.88	51.07	9.59	7.00	269		„	12.05	17.01	5.15	1.55	8.36	5.88

No. 199 W. Hofmeister-Insterburg. No. 200—201 M. Siewert-Danzig. No. 202—203 A. Emmerling-Kiel. No. 204—207 J. König-Münster. No. 208 C. Müller-Hildesheim. No. 209—211 W. Henneberg-Göttingen. No. 212—213 Th. Dietrich-Altmorschen. No. 214—218 M. Märcker-Halle. No. 219—220 G. Kühn-Möckern. No. 221 E. Heiden-Pommritz. No. 222—225 P. Wagner-Darmstadt. No. 226—227 E. Wolff-Hohenheim u. No. 228 C. Weigelt-Rufach. — Landwirthschaftliche Jahrbücher. 9. 1880. 811.

No. 229—250. P. Wagner (V.-St. Darmstadt). — Ztschr. f. d. landw. Ver. in Hessen 1874—79. Ausserdem sind von dieser Stelle an Gehaltsbestimmungen mitgetheilt:

Proteïn . . .	14.12	11.60	14.00	12.90	14.60	13.55	13.14	11.83	13.58	12.92
Fett	4.76	—	4.60	4.80	4.20	4.55	3.86	4.42	4.94	4.16
Rohasche . .	6.94	8.80	—	—	—	—	—	—	—	—

Proteïn . . .	15.55	11.83	13.58	12.92	15.55	13.80	12.70	14.02	14.46
Fett	3.97	4.42	4.94	4.16	3.97	3.92	4.16	4.38	3.89

Ferner:	1878 9 Proben	1879 11 Proben	1880 5 Proben	1881 47 Proben	1882 38 Proben	1883 77 Proben
Proteïn-Mittel . .	13.26	15.18	14.60	14.50	13.8	13.8 %
Schwankungen	11.6—16.8	12.6—17.5	13.6—14.8	10.7—16.9	11.83—17.08	12.2—16.6 %
Fettmittel	4.32	3.72	4.20	4.30	4.1	4.8 %
Schwankungen	2.2—6.6	2.7—4.6	3.2—5.2	2.8—6.0	2.64—5.94	3.1—6.1 %

No. 251—257. Th. Dietrich (V.-St. Marburg). — Landw. Ztg. f. d. Rgbz. Cassel 1880—86.

No. 258—271. E. Wolff u. C. Kreuzhage (V.-St. Hohenheim). — Württemberg. Wochenbl. f. Landwirthsch. 1882. 230. 1886. 57. 1887. 53. 1888. 174.

No.	Bezeichnungen und Bemerkungen	Jahr der Untersuchung	In der ursprünglichen Substanz: Wasser %	Nh-Substanz %	Rohfett %	Nfr. Extractstoffe %	Rohfaser %	Asche %
270		1887	12.21	15.54	4.09	54.69	7.73	5.74
271		„	9.46	16.56	3.77	55.15	8.84	6.22
272		1881	16.90	13.80	3.68	50.81	8.79	6.02
273		1883	14.42	14.35	3.68	54.06	8.22	5.27
274		1886	13.12	15.43	4.56	54.32	7.67	4.90
275		1880	11.56	12.25	2.33	59.83	8.02	5.11
276		„	14.53	12.81	2.32	56.99	8.13	5.22
277		„	16.55	10.75	1.81	55.64	10.60	4.65
278		„	11.35	12.87	3.07	57.58	8.89	6.24
279		„	12.49	13.12	1.30	57.03	11.69	4.37
280		„	13.57	13.56	3.37	54.98	8.85	5.65
281		„	14.86	12.81	2.46	50.37	11.66	7.84
282	Weizenschalenkleie . . .	„	14.84	12.84	2.01	55.80	8.86	5.64
283		„	14.00	13.49	4.15	53.14	9.13	6.09
284		„	14.00	13.66	3.79	54.28	8.42	5.85
285		„	14.00	12.63	4.40	53.86	9.00	6.11
286		„	17.20	14.23	4.45	51.70	7.45	4.97
287	Von d. k. Militärmühle in Schleissheim	1884	13.66	12.06	3.92	54.80	10.74	4.82
288	Von d. k. Militärmühle in Ingolstadt .	„	12.90	11.94	4.02	54.84	11.26	5.04
289	Von d. Kunstmühle Tivoli-München, No. II	„	12.60	13.40	1.54	55.00	11.75	5.71
290		1878	12.00	13.90	2.80	54.50	11.30	5.50
291		„	10.80	13.40	2.40	58.40	9.00	6.00
292		1879	13.40	14.20	4.00	52.80	9.60	6.00
293		„	11.50	14.90	3.70	56.80	7.80	5.30
294		„	11.20	12.10	3.10	47.70	10.30	5.60
295		„	11.80	13.50	2.30	—	—	5.90
296		1880	12.40	12.20	2.90	57.50	9.10	5.90
297		1881	11.40	14.00	3.70	56.50	8.20	6.20
298	Mittel von 10 Analysen . .	1879	12.80	13.70	3.50	56.05	8.60	5.45
299	Mittel v. ? Anal.	1880	12.75	13.00	4.79	55.64	9.09	4.73
300		„	10.65	16.56	1.33	—	—	5.60

No.	Bezeichnungen und Bemerkungen	Jahr der Untersuchung	In der ursprünglichen Substanz: Wasser %	Nh-Substanz %	Rohfett %	Nfr. Extractstoffe %	Rohfaser %	Asche %
301		1880	11.65	14.38	3.31	—	—	6.45
302		„	10.03	14.69	4.17	—	—	5.68
303		„	10.33	13.13	2.90	—	—	6.35
304		„	10.33	8.13	3.83	—	—	6.08
305		„	11.50	13.13	3.61	—	—	6.35
306		„	11.50	7.50	3.44	—	—	5.75
307		„	11.23	8.75	3.55	—	—	6.50
308		„	5.80	13.75	2.44	—	—	5.80
309		„	11.50	13.13	4.14	—	—	6.55
310		1881	11.55	12.19	2.73	—	—	5.25
311		„	10.75	12.81	3.50	—	—	4.55
312		„	11.35	13.13	4.08	—	—	6.90
313		„	14.00	11.25	3.37	—	—	5.15
314		„	11.25	12.81	4.52	—	—	6.35
315		„	11.35	10.94	3.65	—	—	5.75
316		„	10.15	12.50	3.98	—	—	6.25
317		„	10.75	11.25	3.70	—	—	6.50
318		„	12.30	11.88	3.65	—	—	4.90
319		„	10.15	11.88	4.85	—	—	6.30
320		„	11.30	11.88	2.03	—	—	6.50
321		„	10.55	12.81	2.95	—	—	5.75
322		1882	11.45	10.94	3.63	—	—	5.40
323		„	5.85	12.19	2.99	—	—	6.05
324		„	9.40	12.81	4.40	—	—	5.40
325		„	9.30	10.94	4.49	—	—	5.30
326		„	10.20	11.88	3.11	—	—	6.45
327		„	11.25	13.13	2.99	—	—	5.70
328		„	12.40	13.44	2.97	—	—	5.00
329		1886	13.72	13.69	2.86	53.09	10.52	6.12
330		1885	13.13	16.19	4.43	59.07		7.18
331		„	9.30	14.81	5.20	58.81	5.25	6.63
332		„	13.52	13.89	5.09	62.18		5.32
333		1886	12.12	14.14	4.56	62.10		7.08
334		1887	12.31	14.63	4.49	62.11		6.46
335		„	9.45	16.75	4.65	62.77		6.38
336		1888	12.22	13.97	4.30	63.31		6.20
	Minimum (v. No. 33 an)		5.80	7.38	1.29	43.19	4.77	3.59
	Maximum (v. No. 33 an)		17.20	18.78	5.87	61.03	18.39	9.01
	Mittel (v. No. 33 an)		12.90	13.80	3.52	54.29	9.61	5.90

No. 272—274. M. Schrodt u. H. v. Peter, bzw. H. Hansen u. O. Henzold. — Milchzeitung 1881. No. 41 u. Landw. Wochenbl. f. Schleswig-Holstein 1883. 456. Milchzeitung 1886. 442. Die Probe unter No. 272 enthielt 9.93% reines Eiweiss in Procenten der lufttrocknen Substanz; die unter No. 274 = 13.53%.
No. 275—282. J. König (V.-St. Münster). — Originalmittheilung und Landw. Ztg. f. Westfalen 1880. 37.
No. 283—285. G. Kühn (V.-St. Möckern). — L. V.-St. 29. 1884. 70.
No. 286. Th. Pfeiffer u. F. Lehmann. — Journ. f. Landwirthsch. 1885. 357.
No. 287—289. F. Soxhlet (Central-V.-St. München). — Privatmittheiluug. Ausser diesen gelangten von dieser Stelle noch folgende zur Mittheilung:

Proteïn	13.69	14.00	13.31	13.94	13.50	13.56	14.00 %
Fett	2.56	2.46	3.05	2.14	3.11	3.78	1.96 „

No. 290—297. M. Märcker (V.-St. Halle). — Privatmittheilung. Ausser diesen gelangten von dieser Stelle noch folgende zur Mittheilung:

Proteïn 12.9 13.7 13.5 13.9 14.5 15.0 13.6 15.0 12.7 14.6 14.4 13.5 11.8 13.4 13.2 9.0 10.4%

No. 298—299. L. Grandeau. — Compt. rend. d. travaux du Congrès International. Paris, 1881. 230. 243.
No. 300—328. E. W. Olbers. — Agrikulturkemiska undersökningar pa Alnarp ar 1880—1882.
No. 329. E. F. Ladd. — Jahresbericht d. Agrikulturchemie 1886. 524.
No. 330—336. E. Heiden, A. Schlimper, Reh, Toepelmann u. Bauer (V.-St. Pommritz). — Originalmitthl. An Sand enthielten die Proben:

No. 330	331	332	333	334	335	336
0.18	0.03	0.10	0.02	1.57	0.17	0.02 %

Weizenkleie, feine, Grieskleie oder Grandkleie.

No.	Bezeichnungen und Bemerkungen	Jahr der Untersuchung	In der ursprünglichen Substanz: Wasser %	Nh-Substanz %	Rohfett %	Nfr. Extractstoffe %	Rohfaser %	Asche %
1		1854	15.5	12.50	4.30	—.	3.0	2.50
2	„Grieskleie" .	1858	14.40	14.81	3.88	35.62	25.98	4.99
3	Desgl. . . .	1865	11.33	19.96	4.51	50.84	9.26	4.10
4	Desgl. . . .	„	13.13	13.97	3.62	56.44	8.75	4.09
5		„	13.74	11.47	3.63	57.44	8.62	5.10
6	„Weizengrint"	1870	12.10	15.75	4.15	60.44	4.64	2.92
7*)		1871	13.58	14.00	3.82	55.69	8.25	4.68
8		„	13.38	13.87	3.48	60.04	6.14	3.09
9		„	13.71	13 56	4.11	55.86	8.44	4.32
10		„	13.22	13.31	4.15	57.42	7.91	3.99
11		„	13.35	15.44	4.34	56.77	6.40	3.70
12		1875	13.87	13.66	5.04	55.76	7.50	4.07
13		„	15.60	14.44	3.25	52.63	8.55	5.53
14		1876	13.61	14.81	5.30	55.08	6.46	4.74
15		1877	12.55	13.50	4.13	57.65	7.20	4.97
16		„	11.64	13.00	4.54	58.13	7.25	5.44
17		„	12.27	15.50	4.98	56.71	4.58	5.96
18		1878	10.50	14.29	5.33	56.03	9.45	4.40
19		1877	12.40	14.60	3.90	57.20	8.00	3.90
20		„	12.40	14.30	4.40	55.10	8.80	5.40
21	„Dunstkleie" .	1876	10.78	13.13	—	—	(13.10)	3.56
22		1875	—	18.06	3.48	—	—	—
23		1873	12.02	12.19	3.97	58.04	9.30	4.88
24	„Feine Kleie"	„	10.53	15.56	4.73	55.62	8.65	4.91
25	„Grieskleie" .	1875	15.10	14.30	3.60	56.30	6.60	4.10
26	Desgl. . . .	„	13.60	15.00	3.47	55.99	7.67	4.27
27		1873	10.51	14.93	—	—	6.12	—
28		„	12.21	15.66	—	—	5.41	—
29		„	10.19	12.15	—	—	9.57	—
30		„	9.45	12.54	—	—	9.11	—
31		„	9.33	11.94	4.30	61.71	9.46	3.26
32		1878	—	13.06	4.24	—	—	—
33		1875	14.36	12.19	2.90	58.90	7.55	4.10
34		1875	13.78	12.13	3.04	63.56	3.75	3.74
35		„	12.48	12.56	3.40	62.43	5.75	3.38
36		„	14.58	12.75	4.70	56.39	7.15	4.43
37		1876	11.44	12.94	2.66	59.10	9.95	3 91
38		1875	13.87	13.66	5.04	55.76	7.50	4.07
39		„	10.51	14.93	4.82	59.42	6.12	4.20
40		„	12.21	15.66	4.98	57.59	5.41	4.15
41		1878	12.30	14.40	5.20	63.0	2.50	2.60
42		1876	10.26	13.06	3.68	55.67	(10.11)	7.22
43		—	—	14.44	—	—	—	—
44		1881	13.49	10.81	3.64	59.64	7.14	5.28
45		„	10.82	12.53	3.69	58.53	6.56	7.87
46		1873	14.09	12.81	3.81	56.82	8.07	4.40
47		„	7.58	14.13	5.83	55.55	(11.06)	5.85
48		„	13.45	12.69	2.66	55.39	9.08	6.73
49		„	13.02	11.75	5.90	51.87	11.26	6.20
50		„	11.10	12.25	4.13	52.31	13.57	6.64
51		„	13.10	13.37	2.90	54.13	11.20	5.30
52		1874	10.15	12.75	3.18	55.25	12.60	6.04
53		„	11.85	13.19	4.18	49.11	14.27	7.40
54		1875	—	11.50	3.52	—	—	5.42
55		„	—	13.00	3.95	—	—	6.90
56		1876	10.74	16.81	4.04	52.51	8.90	7.00
57		„	10.39	15.94	5.12	51.57	11.28	5.70
58		„	11.82	15.06	4.40	55.47	8.05	5.20
59		1877	12.90	12.47	3.76	52.29	12.74	5.84
60		„	14.38	14.02	2.42	53.06	10.84	5.28
61		„	13.34	14.44	3.94	49.00	12.84	6.44
62		1878	—	16.80	6.60	—	—	—
63		„	—	12.00	2.20	—	—	—
64		„	—	12.30	4.60	—	—	—
65		„	—	13.30	3.70	—	—	—

Weizenkleie, feine.
No. 1. Payen. — Moleschott's Physiol. d. Nahrungsmittel. Giessen, 1859. Zahlenbel. 105.
No. 2. A. C. Oudemans jun. — Chem. Centralbl. 1858. 727. Vergl. grobe Kleie unter No. 32.
No. 3. W. Wicke. — Hoffmann's Jahresber. 8. 1865. 313. (Hannover'sche landw. Ztg. 1865. 81.)
No. 4 u. 5. Th. Dietrich (V.-St. Altmorschen). — Landw. Anz. f. Kurhessen 1865. 73 und Dietrich u. König. Landw. Ztg. f. d. Rgbz. Kassel 1870. 8.
No. 6. C. Karmrodt. — Ann. d. Landw. in Preussen. Wochenbl. 1865. 32.
No. 7—11. J. König u. J. Kiesow. — Landw. Ztg. f. Westfalen u. Lippe 1872. S. 214.
*) No. 7 stammte als Grandkleie, No. 9 als Kleinmehl aus einer Dampfmühle, No. 10 u. 11 unter denselben Bezeichnungen aus einer Wassermühle, No. 12 als Grandkleie aus einer Windmühle; vergl. Anmerkung zu No. 50—52 unter grober Weizenkleie.
No. 12—18. J. Fittbogen (V.-St. Dahme). — Originalmittheilung.
No. 19 u. 20. G. Kühn u. A. Thomas. — Originalmittheilung.
No. 21. O. Kohlrausch. — Originalmittheilung.
No. 22. R. Alberti. — 2. Ber. d. V.-St. Hildesheim 1874. 25.
No. 23. C. Müller (V.-St. Hildesheim). — Originalmittheilung.
No. 24—26. C. Müller. — 2. Ber. d. V.-St. Hildesheim 1879. 19.
No. 27—31. Th. Dietrich (V.-St. Altmorschen). — Landw. Ztschr. f. d. Rgbz. Cassel 1873. 529.
No. 32—37. F. Holdefleiss (V.-St. Halle). — Ztschr. f. d. Prov. Sachsen 1876. 243 u. 250.
No. 38—40. Th. Dietrich (V.-St. Altmorschen). — Landw. Anz. f. d. Rgbz. Kassel 1875. 226.
No. 41. J. Fittbogen. — Landw. Jahrb. 1880. 811.
No. 42 u. 43. A. Emmerling u. M. Schrodt. — Mitthl. d. land- u. milchw. V.-St. Kiel III. Kiel, 1880. 52.
No. 44 u. 45. Th. Dietrich u. O. Töpelmann. — Landw. Ztg. u. Anz. 1881. 689. No. 47 stark radehaltend.
No. 46—65. P. Wagner, Th. Schäfer, B. Peitzch u. W. Rohn (V.-St. Darmstadt). — Originalmittheilung.

No.	Bezeichnungen und Bemerkungen	Jahr der Untersuchung	In der ursprünglichen Substanz: Wasser %	Nh-Substanz %	Rohfett %	Nfr. Extractstoffe %	Rohfaser %	Asche %
66	Grandkleie, Mittel von 2 Analysen . .	1878	15.00	14.47	3.87	56.84	6.12	3.70
67	Desgl. . . .	„	13.79	15.87	5.18	54.60	6.58	3.98
68	Desgl., Mittel v. 3 Analysen	1879	14.85	16.29	5.60	52.69	6.19	4.39
69	Desgl. . . .	1880	15.77	13.50	4.21	57.02	6.01	3.49
70		„	14.79	21.81	7.55	45.26	5.04	5.55
71		„	13.98	13.56	5.03	55.78	7.52	4.13
72	Grandkleie, Mittel von 2 Analysen . .	1881	12.14	15.25	5.36	54.75	8.14	4.36
73	Desgl., Mittel v. 5 Analysen .	1882	13.93	14.67	3.79	55.62	7.50	4.49
74	Desgl., Mittel v. 4 Analysen .	1883	14.37	15.81	3.94	54.84	6.16	4.88
75	„Weizengrieskleie“ . . .	1878	14.80	17.10	4.00	56.00	5.20	2.90
76		„	10.30	15.40	4.00	56.20	8.80	5.30
77		„	11.10	15.50	4.10	55.20	9.20	4.90
78		„	10.10	12.40	4.40	57.00	10.80	5.30
79		1879	13.50	11.30	0.70	66.20	5.70	2.60
80	Mittelf. Kleie	1881	12.05	8.13	4.95	—	—	4.60
81	Feine Kleie .	„	12.05	8.13	4.93	—	—	2.90
82	Feine Kleie aus München . .	1879	—	13.40	2.60	—	—	—
83		1885	12.10	15.44	4.58	55.15	7.22	5.53
84		„	12.25	16.61	5.03	60.87		5.24
85		„	9.89	17.13	4.82	63.57		4.59
86		„	12.20	18.50	5.33	57.90		6.07
87		„	11.80	16.31	5.42	61.57		4.90
88		1886	11.76	17.01	4.09	62.82		4.32
89		„	12.91	14.97	5.00	62.52		4.60
90		1888	12.39	14.99	4.19	61.63		6.80
91		„	11.65	15.75	4.78	62.57		5.25
92		,.	13.15	14.91	4.86	62.61		4.57
93		„	11.01	15.13	4.65	64.66		4.55
	Minimum		7.58	10.89	0.71	46.06	3.79	2.58
	Maximum		15.77	22.31	7.72	66.71	9.79	7.69
	Mittel (excl. No. 1 u. 2, 50—63 und 81 u. 82)		12.84	14.25	4.19	57.21	7.06	4.45

Weizenkeimkleie.

No.	Bezeichnungen und Bemerkungen	Jahr der Untersuchung	Wasser %	Nh-Substanz %	Rohfett %	Nfr. Extractstoffe %	Rohfaser %	Asche %
1		1878/82	16.13	19.60	6.03	43.12	11.56	3.56
2		„	11.17	23.03	7.57	49.14	4.09	5.00
3	Mittel v. 7 Anal.	1879/81	16.01	21.02	7.19	46.45	4.91	4.42
4	Sehr rein . .	„	15.36	28.62	10.30	37.36	3.10	2.26
5		„	18.54	16.62	5.73	50.35	4.58	4.18
6		1879/81	19.34	18.12	6.38	46.40	5.19	4.57
7		„	15.71	18.06	4.72	45.23	11.78	4.50
8		„	15.79	19.49	5.48	47.47	8.82	2.95
	Mittel . . (excl. No. 4)		16.06	19.70	6.63	47.15	6.18	4.28

Weizenkleie, in Kuchenform gepresst.

No.	Bezeichnungen und Bemerkungen	Jahr der Untersuchung	Wasser %	Nh-Substanz %	Rohfett %	Nfr. Extractstoffe %	Rohfaser %	Asche %
1	„Kleiekuchen“	1887	10.29	17.43	5.62	51.72	8.88	6.01

Flugkleie.*)

No.	Bezeichnungen und Bemerkungen	Jahr der Untersuchung	Wasser %	Nh-Substanz %	Rohfett %	Nfr. Extractstoffe %	Rohfaser %	Asche %
1	Mittel von 2 Analysen . .	1879	14.67	6.59	1.02	56.10	18.85	2.77

No. 66—74. J. König (V.-St. Münster). — Landw. Ztg. f. Westfalen 1880. 38 u. 1881. 74 und 3. Bericht d. V.-St. Münster pro 1881—83. S. 11.
No. 75—79. M. Märcker (V.-St. Halle). — Privatmittheilung.
No. 80 u. 81. E. W. Olbers. — Agriculturkemiska undersökningar 1881. 3.
No. 82. Fr. Soxhlet (Central-V.-St. München). — Privatmittheilung.
No. 83—93. E. Heiden, Schlimper, Güntz, Reh, Bauer u. Toepelmann (V.-St. Pommritz). — Originalmitthl. An Sand enthielten die Proben:

No. 83	84	85	86	87	88	89	90	91	92	93
0.30	0.20	0.24	0.21	0.08	0.45	0.27	0.28	0.42	0.25	0.20 %

Weizenkeimkleie.
No. 1. J. Fittbogen u. Wilfarth (V.-St. Dahme). — Originalmittheilung.
No. 2. J. Fittbogen u. Förster (V.-St. Dahme). — Originalmittheilung.
No. 3—8. J. König. — 2. Ber. d. V.-St. Münster 1878—80. S. 18 und Landw. Ztg. f. Westfalen u. Lippe 1880. S. 38 und 1881. S. 74. Die Weizenkeimkleien wurden bei Anwendung von Quetschwalzen und Desintegratoren gewonnen.
Weizenkleie, in Kuchenform gepresst.
No. 1. Th. Dietrich (V.-St. Marburg). — Privatmittheil. Dieselben sollen ohne Anwendung von Bindemittel trocken gepresst sein. Ein Bindemittel konnte nicht entdeckt werden.
Flugkleie.
*) Die Flugkleie wird bei dem neuen Mahlverfahren mittelst Quetschwalzen und Desintegratoren gewonnen und besteht aus den äussersten Schalenhülsen; sie dient nicht als Futtermittel.
No. 1. J. König. — III. Bericht der V.-St. Münster pro 1878—80. S. 18. Dort giebt J. König eine Zusammenstellung über eine vergleichende Untersuchung der einzelnen Mahlproducte nach dem neuen Mahlverfahren wie folgt:

Weizenfuttermehl, Bollmehl.

No.	Bezeichnungen und Bemerkungen	Jahr der Untersuchung	In der ursprünglichen Substanz: Wasser %	Nh-Substanz %	Rohfett %	Nfr. Extractstoffe %	Rohfaser %	Asche %
1	Weizenmehl No. 3 aus Wien	1846	13.73	19.17	—	—	—	0.97
2	Desgl., aus England . . .	1858	15.00	9.46	—	—	—	0.69
3	Grobmehl . .	1860	14.25	12.78	1.26	—	—	1.69
4	Auszugsmehl No. 3 . . .	1867	10.14	11.92	—	Stärke 68.39	—	0.48
5	Schwarzmehl .	„	9.53	14.53	—	61.03	—	1.55
6	Weizenaftermehl . . .	1870	13.94	15.23	2.62	64.94	1.40	1.87
7	Weizenfuttermehl . . .	1875	13.20	14.94	3.20	61.64	4.47	2.55
8		—	14.06	13.06	3.17	Nfr. Extractst. 66.13	1.54	2.04
9	Weizenm. No. 3 a. Münster i. W.	1876	15.40	12.00	1.23	68.95	1.08	1.34
10	Weizenmehl b. Abgang von 15 % Kleie .	1877	9.28	13.00	0.61	74.52	2.08	1.51
11	Weizenmehl b. Abgang von 20 % Kleie .	„	8.91	13.27	0.62	74.95	1.03	1.22
12	Weizenfuttergriesmehl .	1878	14.08	18.79	5.02	50.76	7.07	4.45
13	Hveteeftermjöl	1881	10.60	12.50	2.39	—	—	2.20
14	Weizenm. No. 5	1882	10.85	16.69	3.95	64.13	1.83	2.55
15	Fünftes Mehlproduct (Fifth break) . .	1875	9.40	15.23	3.41	63.81	4.00	4.15
16	Sechstes Mehlproduct (Sixth break) . .	„	7.60	15.05	3.99	62.56	5.60	5.20
17	Weizenmehl .	1874	14.30	13.38	—	—	—	4.96
18	Weizenhinterm.	1873	13.20	12.63	3.75	65.88	1.50	3.04
19	Weizengrandm.	1876	(11.61	12.06	3.24	57.09	4.35	11.65)
20	Bollmehl . .	1878	12.87	14.94	5.06	59.05	4.80	3.28
21	Bollmehl . .	1880	12.58	13.38	4.92	59.18	5.52	4.42
22	Desgl., Mittel von 2 Analys.	1881	13.35	15.93	3.49	58.79	5.01	3.43
23	Desgl., Mittel von 5 Analys.	1882	13.84	14.26	3.86	57.92	6.83	3.29
24	Bollmehl . .	1883	13.57	13.75	2.83	62.45	4.92	2.48
	Mittel . .		12.59	14.25	3.24	62.88	4.33	2.71

	In der frischen Substanz: Anzahl der untersucht. Proben	Wasser	Proteïn	Fett	Stickstofffr. Extractst.	Holzfaser	Asche	In der Trockensubstanz: Nh. Substanz	Rohfett	Nfr. Extractstoffe	Rohfaser	Rohasche	N in der Trockensubstanz
1) Weizenmehl No. 0 : . .	2	14.97	9.65	0.49	73.97	0.42	0.50	11.35	0.58	87.01	0.47	0.59	1.82
2) Weizenmehl No. 1 . . .	2	13.50	12.59	1.61	70.00	1.10	1.19	14.55	1.86	80.93	1.27	1.39	2.32
3) Bollmehl	2	13.35	15.93	3.49	58.79	5.01	3.43	18.38	4.03	67.85	5.78	3.96	2.92
4a) Weizenkeime (sehr rein)	1	15.36	28.62	10.30	37.36	3.10	5.26	33.80	12.16	44.17	3.66	6.21	5.41
4b) Weizenkeimkleie . . .	7	16.01	21.02	7.19	46.45	4.91	4.42	25.03	8.56	55.30	5.85	5.26	4.00
5) Grandkleie	2	15.00	14.47	3.87	56.84	6.12	3.70	17.02	4.55	66.88	7.20	4.35	2.72
6) Schalenkleie	2	14.84	12.84	2.01	55.80	8.86	5.64	15.07	2.36	65.62	10.33	6.62	2.41
7) Flugkleie	2	14.67	6.59	1.02	56.10	18.85	2.77	7.72	1.19	65.78	22.07	3.24	1.24

Weizenfuttermehl, Bollmehl.

No. 1. Horsford. — Ann. d. Chem. u. Pharm. 1846. 58. 166.
No. 2. Lawes u. Gilbert. — Chem. Society 1858. 10. 31.
No. 3. von Bibra. — Dessen: Die Getreidearten und das Brod. Nürnberg, 1860. 193. Nh. Substanz von uns aus dem zu 2.045 % angegebenen N-Gehalt berechnet. An näheren Bestandtheilen fand Autor ferner: Albumin 1.457, Pflanzenleim 0.47, Caseïn 0.28, Pflanzenfibrin 5.94, durch Kneten nicht ausscheidbare Nh. Substanz 6.60, Zucker 2.35, Gummi 6.50, Stärke 61.79 %.
No. 4 u. 5. O. Dempwolf. — Jahresber. f. Agriculturchem. 1868/69. 749. Aus Pester Dampfmühle, 2/3 Theiss- 1/3 Banater Weizen.
No. 6. Th. Dietrich. — Mitthl. d. landw. Centralver. f. d. Rgbz. Cassel 1871. 94.
No. 7. F. Holdefleiss (V.-St. Halle). — Ztschr. d. landw. Centralver. f. d. Prov. Sachsen 1876. 243.
No. 8 u. 9. J. König u. C. Krauch. — Privatmittheilung u. Ber. d. V.-St. Münster 1871—77. 40.
No. 10 u. 11. Al. Pasqualini. — Ann. Staz. Agrar. Forli 6. 1877. 67. Die Mehle enthielten im lufttrocknen Zustande 63.37 bezw. 64.88 % Stärkemehl und 2.33 bezw. 2.37 % Zucker.
No. 12. E. Heiden (V.-St. Pommritz). — Originalmittheilung. Im lufttrocknen Wasser 0.19 % Sand.
No. 13 u. 14. E. W. Olbers. — Agrikulturkemiska undersökningar pa Alnarp ar 1881.
No. 15 u. 16. Clifford Richardson. — 3 Rep. Chem. Compos. of American Cereals by Cl. Richardson. Departement of Agriculture Bulletin No. 9. Washington, 1886. 78.
No. 17. P. Wagner (V.-St. Darmstadt). — Ztschr. d. landw. Vereine in Hessen 1874. 317.
No. 18. R. Alberti (V.-St. Hildesheim). — 2. Bericht f. 1873. 25.
No. 19. R. Emmerling (V.-St. Kiel). — Bericht 1871—77.
No. 20—24. J. König. — II. Bericht d. V.-St. Münster pro 1878—80. S. 17 u. 18; III. Bericht pro 1881—83. S. 11.

Amerikanische Weizenkleie.

No.	Bezeichnungen und Bemerkungen	Jahr der Untersuchung	In der ursprünglichen Substanz Wasser %	Nh-Substanz %	Rohfett %	Nfr. Extractstoffe %	Rohfaser %	Asche %
1	Wheat Bren (Shorts) . .	1877	11.31	13.91	2.50	62.10	6.34	3.94
2	St. Louis Shorts	1872	12.23	12.06	4.01	60.05	7.12	4.53
3	Illinois Shorts	„	10.96	11.13	4.06	62.32	7.29	4.24
4	Michigan Shorts	„	11.77	12.75	4.65	56.30	10.47	4.06
5	„Coarse Wheat Feed“, aus Weissweizen (coasse bran)	1877	10.87	13.63	3.27	58.92	7.56	5.75
6	Desgl., a. Rothweizen (coasse bran) . . .	„	11.14	12.13	3.07	58.36	9.31	5.99
7	Western Wheat Bran (coasse bran) . . .	„	12.12	13.50	3.36	55.90	8.79	6.33
8	„Fine Feed“ (fine bran) .	„	10.47	13.88	3.23	58.88	7.98	5.56
9	Bran . . .	„	11.65	14.00	4.03	55.56	9.13	5.63
10	Shorts . . .	„	11.26	15.13	4.85	57.35	7.46	3.95
11	Wheat bran .	1884	11.90	14.68	3.71	—	—	6.33
12	Wheat bran .	1883	14.18	12.69	3.26	56.21	7.69	5.97
13	Wheatbran, von Sommerweizen	1885	13.57	14.93	4.37	52.47	8.94	5.72
14	Desgl. . . .	—	12.27	15.44	4.19	54.64	7.89	5.57
15	Desgl. . . .	—	12.31	15.12	4.39	52.08	10.12	5.98
16	Desgl. . . .	—	7.38	16.69	4.47	58.12	7.44	5.90
17	Desgl., v. braunem Winterw.	—	12.08	17.75	4.46	50.54	8.75	6.42
18	Desgl. . . .	—	13.35	16.50	4.06	51.15	8.93	6.01
19	Desgl. . . .	—	11.41	15.50	3.99	53.87	8.88	6.35
20	Wheat bran .	—	13.20	15.56	4.30	50.96	9.83	6.15
21	Shorts . . .	1883	13.59	13.87	2.70	55.62	8.99	5.23
22	Fine feed . .	1885	11.98	16.06	4.38	58.39	5.14	4.05
23	Desgl. . . .	„	12.17	16.20	4.33	57.17	5.63	4.50
24	Desgl. . . .	„	12.89	15.44	4.21	57.55	5.75	4.16
25	Desgl. . . .	„	12.82	15.81	3.37	63.15	2.35	2.50
26	Bran . . .	1886	12.48	15.06	4.18	53.20	8.48	6.60
27	Bran, v. Weizen 1885er Ernte	„	14.47	17.66	3.88	52.86	6.87	4.26
28	Desgl. . . .	„	11.15	16.36	3.81	54.95	9.27	4.46
29	Desgl. . . .	„	11.90	16.56	3.38	48.99	12.50	6.67
30	Shorts v. Weizen 1885er Ernte	„	14.68	15.10	2.73	63.93	1.92	1.64
31	Desgl. . . .	„	13.27	14.84	3.66	64.68	1.39	2.16
32	Desgl. . . .	„	11.97	19.75	4.77	54.07	5.45	3.99
33	Bran von Sommerweizen .	1887	10.90	15.19	4.85	—	—	—
34	Bran v. Winterweizen . .	„	11.13	14.06	4.47	—	—	—
35	Bran . . .	—	13.42	15.11	4.36	49.67	11.85	5.59
36		1888	—	—	—	—	—	—
37		„	12.08	13.78	3.35	51.77	12.06	6.96
38		1884	10.18	18.12	4.27	51.75	9.13	6.25
39		1885	—	—	—	—	—	—
40	Bran . . .	„	8.45	15.75	4.65	58.28	6.60	6.30
41	Shorts (or Shipstuff) . . .	„	8.18	17.50	5.65	62.45	2.84	3.38
	Mittel . . (excl. No. 25, 30—32)		11.80	14.96	4.02	55.58	8.22	5.42

Amerikanische Weizenkleie.

No. 1. W. O. Atwater. — Rep. Agric. Exper. Stat. Middletown, Conn. 1877/78. 24. Aus einer Mischung von Michigan White Winter Wheat und Missouri Red Fall Wheat hervorgegangen. Siehe Weizen aus Nordamerika No. 1 u. 2. S. 395.
No. 2—4. F. W. Storer. — Bull. Bussey Institution Boston 1874. I. 27. Asche frei von C und CO_2.
No. 5—8. S. W. Johnson. — Rep. Connect. Agric. Exper. Stat. 1877. 58.
No. 9 u. 10. R. C. Kedzie (Michigan State Agricult. College). — Originalmittheilung.
No. 11. S. W. Johnson. — Connecticut Agric. Experim. Stat. Rep. f. 1884. 109.
No. 12. Derselbe. — Ebendaselbst 1883. 87.
No. 13—20. Derselbe. — Ebendaselbst 1885. 36. An gleicher Stelle werden als Mittel für Weizenkleie angeführt:

	Wasser	Nh. Substanz	Rohfett	Nfr. Extractst.	Rohfaser	Asche
Mittel von 30 Proben	12.03	15.26	3.95	54.28	8.59	5.89
Mittel v. 6 Proben Kleie aus Sommerweizen	11.32	15.33	4.34	54.35	8.80	5.86
Mittel v. 6 Proben Kleie aus Winterweizen	12.27	16.00	4.00	53.75	8.08	5.90

No. 21. Derselbe. — Ebendaselbst 1883. 87.
No. 22—25. Derselbe. — Ebendaselbst 1885. 36.
No. 26. Derselbe. — Ebendaselbst 1886. 113.
No. 27—32. H. P. Armsby. — Agric. Exper. Stat. of the University of Wisconsin. Rep. f. 1886. 109. Bran unter No. 27 und Shorts unter No. 30, sowie Bran No. 28 und Shorts No. 31 stammten von je einem und demselben Weizen. No. 29 und 32 stammten von ein und derselben Mühle.
No. 33 u. 34. S. W. Johnson. — Connect. Agric. Exper. Stat. Rep. f. 1887. 105.
No. 35. H. P. Armsby. — Agric. Exper. Stat. Wisconsin. Rep. f. 1886. 116.
No. 36—39. C. A. Goessmann. — Hoffmann's Jahresber. d. Agriculturchemie 1884. 394; 1885. 417; 1886. 390. (Agric. Exper. Stat. Amherst first Rep. for 1883 und 2. Rep. f. 1884, third Rep. 1885.)

Weizenfutterstoffe, amerikanische Mühlenproducte.*)

No.	Bezeichnungen und Bemerkungen	Jahr der Untersuchung	Wasser %	Nh-Substanz %	Rohfett %	Nfr. Extractstoffe %	Rohfaser %	Asche %
1	St. Louis Middlings . . .	1874	12.08	11.06	2.51	69.21	3.57	1.57
2	Illinois Middlings . . .	„	13.30	10.13	3.71	64.80	5.35	2.71
3	Middlings No. 2	1877	12.27	13.33	2.68	60.21	7.45	4.06
4	Desgl. No. 1 .	„	11.32	10.48	2.07	70.86	3.88	1.39
5	Desgl. purified	„	12.35	10.40	1.24	75.50	—	0.50
6	Middlings . .	„	10.56	14.22	3.52	62.90	5.35	3.45
7	Desgl. . . .	„	11.27	13.75	3.69	65.71	3.47	2.11
8	White middlings . . .	1883	13.85	15.00	3.73	63.70	1.27	2.45
9	Wheat-middlings . . .	„	11.62	14.25	3.50	—	—	—
10	Desgl. . . .	„	11.35	14.31	3.98	—	—	—
11	Fancy Middlings . . .	1884	10.93	15.21	3.61	65.84	2.00	2.41
12	Middlings . .	1885	10.23	19.18	4.57	59.16	3.28	3.58
13	Desgl. v. Sommerweizen .	„	13.00	17.94	4.91	53.02	7.04	4.09
14	Desgl. . . .	„	12.73	17.63	4.20	57.38	4.31	3.75
15	Desgl. . . .	„	13.68	18.19	3.15	60.95	1.90	2.13
16	Desgl. (altes Mahlverfahren)	1886	11.10	13.68	1.69	72.65		0.88
17	Chop . . .	1885	11.40	11.03	2.00	73.56	1.23	0.78
18	Fine middlings	„	11.43	11.38	1.11	75.28	0.42	0.38
19	Medium middl.	„	11.03	10.85	1.29	74.93	1.40	0.50
20	Coarse middl.	„	8.88	10.50	1.84	77.25	0.70	0.83
21	Germ middlings	„	10.75	14.18	3.99	67.09	1.69	2.30
22	Finished germ	„	8.70	20.13	7.47	54.91	3.59	5.20
23	St. Louis Ship-Stuff . . .	1872	11.81	11.12	2.77	66.46	5.59	2.25
24	Millfeed . .	1877	11.29	11.38	4.35	65.52	5.22	2.24

Kernenkleie. Kleie von Triticum Spelta (aus enthülstem Spelz).

No.	Bezeichnungen und Bemerkungen	Jahr der Untersuchung	Wasser %	Nh-Substanz %	Rohfett %	Nfr. Extractstoffe %	Rohfaser %	Asche %
1	Kleie von enthülstem Spelt, aus Mörlach, Mittelfranken	1860	13.03	14.86	5.18	—	(28.90)	—
2	Württemberg. Fabrikat . .	1881	12.43	16.25	3.09	52.26	9.92	5.75
3	Württemberg. Fabrikat . .	1884/85	13.27	13.56	4.75	50.42	11.62	6.38
4	Desgl. . . .	1868	10.00	16.71	3.18	54.01	10.20	5.90
5	Desgl. . . .	1870	12.23	14.15	5.32	54.55	8.12	5.63
	Mittel . .		12.19	15.11	4.30	52.51	9.97	5.92

Weizenfutterstoffe, amerikanische Mühlenproducte.

*) In Amerika unterscheidet man (Atwater, Rep. Agric. Exper. Stat. Middletown, Conn. 1877/78. 23) beim Weizen neben den Mehlsorten folgende Producte: No. 1 Feed, im Handel Middlings No. 1 genannt; No. 2 Feed, im Handel Middlings No. 2 genannt und Purified Middlings, Mill-feed etc., welche mit den deutschen Futtermehlen übereinstimmen dürften, und Wheat-bran, im Handel Wheat-shorts genannt.

No. 1 u. 2. F. H. Storer. — Bull. Bussey Institution Boston 1874. I. 27. Asche frei von C und CO_2.

No. 3—5. W. O. Atwater. — Rep. Agric. Exper. Stat. Middletown, Conn. 1877/78. 24. Aus einer Mischung von Michigan White Winter Wheat und Missouri Red Fall Wheat hervorgegangen. Siehe Weizen aus Nordamerika No. 1 u. 2. S. 395.

No. 6. S. W. Johnson. — Rep. Conn. Agric. Exp. Stat. 1877. 59.

No. 7. R. C. Kedzie (Michigan State Agricultural College). — Originalmittheilung.

No. 8—10. S. W. Johnson. — Connect. Agric. Exper. Stat. Rep. f. 1888. 87.

No. 11. Derselbe. — Ebendaselbst 1884. 108.

No. 12—15. Derselbe. — Ebendaselbst 1885. 36. An gleicher Stelle ist als Mittel von 10 Proben „Middlings" nachstehende Zusammensetzung aufgeführt:

In der frischen Substanz						In der Trockensubstanz				
Wasser	Nh. Substanz	Rohfett	Nfr. Extractstoffe	Rohfaser	Asche	Nh. Substanz	Rohfett	Nfr. Extractstoffe	Rohfaser	Asche
11.50	16.60	4.32	30.28	4.86	3.44	18.76	5.87	68.14	4.35	3.88

No. 16. H. P. Armsby. — Agric. Exper. Stat. Wisconsin. Rep. for 1886. 109.

No. 17—22. Clifford Richardson. — 3. Rep. Chem. Compos. of American Cereals by Clifford Richardson. Departement of Agriculture, Bull. No. 9. Washington, 1886. 78.

No. 23. F. H. Storer. — Bull. Bussey Institution Boston 1874. I. 27. Asche frei von C und CO_2.

No. 24. R. C. Kedzie (Michigan State Agricult. College). — Originalmittheilung.

Kernenkleie.

No. 1. von Bibra. — Dessen: Die Getreidearten und das Brod. Nürnberg, 1860. 221. Der Gehalt an Nh. Substanz wurde von uns aus dem zu 2.379 % angegebenen N-Gehalte berechnet. An näheren Bestandtheilen fand Autor: Albumin 2.37, Pflanzenleim 7.68, Caseïn 1.48, in Wasser und Alkohol unlösliche Nh. Substanz 3.80, ferner Zucker 2.70, Gummi 12.53, Stärke 22.33 %.

No. 2—4. E. Wolff u. C. Kreuzhage (V.-St. Hohenheim). — Württembergisches Wochenblatt f. Landwirthschaft 1882. 230 u. 1886. 57.

No. 5. Dieselben. — Die landw.-chem. V.-St. Hohenheim. Ein Programm. Berlin, 1871. 69 u. 104.

No.	Bezeichnungen und Bemerkungen	Jahr der Untersuchung	In der ursprünglichen Substanz Wasser %	Nh-Substanz %	Rohfett %	Nfr. Extractstoffe %	Rohfaser %	Asche %	No.	Bezeichnungen und Bemerkungen	Jahr der Untersuchung	In der ursprünglichen Substanz Wasser %	Nh-Substanz %	Rohfett %	Nfr. Extractstoffe %	Rohfaser %	Asche %
	Speltmehl.																
1	Vom Ries . .	1860	14.38	10.13	1.32	—	—	—	2	Von Mörlach .	1860	14.42	9.38	1.40	—	—	—
	Roggenkleie.																
1		1853	18.40	—	3.70	—	—	4.60	13		1860	14.80	15.19	4.30	—	—	4.97
2		1855	11.20	11.25	—	—	10.60	4.10	14		1862	14.30	13.80	2.40	58.60	5.70	5.20
3		1856	13.78	11.46	2.96	56.54	10.26	5.00	15		„	13.36	14.63	2.30	55.10	9.50	5.11
4	Von schwerem Korn . . .	„	10.01	13.85	—	—	5.81	4.30	16		„	13.26	11.84	2.71	52.96	12.63	6.60
5	Von leichtem Korn . . .	„	10.15	14.87	—	—	7.08	3.88	17		1865	14.80	11.84	2.55	58.50	7.92	4.39
6	Aus Korn in Schwebheim i. Unterfranken	1857	15.32	17.51	4.72	—	—	6.96	18		„	14.38	12.49	2.73	64.62	2.12	3.66
7		1858	14.55	13.94	1.86	44.95	21.35	3.35	19		„	14.00	14.06	4.50	54.37	7.61	5.46
8	Fabrikat einer Mühle alten Systems . .	1859	13.30	14.38	0.44	58.25	9.00	4.63	20		1868	12.33	17.56	3.27	55.75	6.52	4.57
9	Fabrikat einer Dampfmühle	„	8.93	13.88	0.40	55.87	15.90	5.02	21		„	13.80	15.92	2.84	57.96	4.97	4.51
10		„	16.96	13.09	—	—	9.08	4.58	22		„	14.13	15.46	4.16	50.90	11.09	4.26
11		„	17.66	—	—	—	9.45	4.95	23		1870	13.61	14.63	3.47	59.00	5.19	4.10
12		1860	13.85	16.39	4.22	—	—	4.77	24		1871	10.92	15.51	4.45	54.52	7.71	6.89
									25		„	12.06	15.18	2.94	59.76	5.62	4.44
									26		1872	12.57	18.07	5.00	52.06	5.60	6.70
									27		„	12.57	18.13	5.00	52.02	5.58	6.70
									28		„	13.18	17.50	5.20	53.26	5.52	5.61
									29		„	16.85	17.25	4.66	49.58	5.30	6.36
									30		„	16.31	17.36	4.79	49.80	5.34	6.40
									31		1873	17.42	17.13	4.72	49.14	5.27	6.32

Speltmehl.

No. 1 u. 2. von Bibra. — Dessen: Die Getreidearten und das Brod. Nürnberg, 1860. Nh. Substanz von uns aus dem zu 1.62 bezw. 1.50% angegebenen N-Gehalte berechnet. An näheren Bestandtheilen fand Autor ferner:

	Albumin	Pflanzenleim	Caseïn	Pflanzenfibrin	Nicht ausknetbare Nh. Substanz	Zucker	Gummi	Stärke
No. 1	1.34	0.48	0.156	4.364	4.264	1.412	2.482	69.95%
No. 2	1.02	0.47	0.144	4.306	3.742	1.745	3.200	69.55 „

Roggenkleie.

No. 1. Em. Wolff. — Weende'r Jahresber. 1853. II. 31. (Ztschr. f. Deutsche Landw. 1853. 119.)

No. 2. F. Crusius. — Weende'r Jahresber. 1855/56. II. 97. (Ztschr. f. Deutsche Landw. 1856. 50.) Nh. Substanz von uns aus dem angegebenen N-Gehalte berechnet.

No. 3. H. Scheven. — Weende'r Jahresber. 1855/56. 57. (Ztschr. d. Prov. Sachsen 1856. 248.)

No. 4 u. 5. G. Wunder. — Amtsbl. f. d. landw. Ver. Sachsens 1857. 86. Von dem schweren Korn wog 1 sächs. Scheffel 171 Pfund, von dem leichten 158 Pfund.

No. 6. von Bibra. — Dessen: Die Getreidearten u. das Brod. Nürnberg, 1860. 293 u. 299. Die nähere Analyse ergab: Albumin 2.150, Pflanzenleim 6.109, Caseïn 0.750, in Wasser und Alkohol unlösliche Nh.-Substanz 9.082, Gummi 10.40, Zucker 1.860, Cellulose 28.533, Stärke 21.085%. Nh. Substanz von uns aus dem angegebenen N-Gehalt berechnet.

No. 7. A. C. Oudemans jun. — Chem. Centralbl. 1858. 727. Bezüglich der Bestimmung der „Holzfaser" vergl. Notiz bei Weizenkleie von demselben Analytiker.

No. 8 u. 9. Rob. Hoffmann. — L. V.-St. 2. 1860. 215. Nh.-Substanz von uns umgerechnet.

No. 10 u. 11. Ritthausen u. Scheven. — Amtsblatt f. d. landw. Ver. i. Sachsen 1859. 59.

No. 12 u. 13. Jul. Lehmann. — Mitthl. d. landw. Kreisver. f. d. Kgl. Markgrafthum Oberlausitz. III. 1860. 136. Sand in No. 10: 0.05%, in No. 11: 0.27%.

No. 14. H. Hellriegel. — 6. Bericht d. landw. V.-St. Dahme 1862. 10. In 100 Trockensubstanz Stärke, Zucker und Dextrin 58.6%.

No. 15 u. 16. Th. Dietrich. — Landw. Anz. f. Kurhessen 1862. 29. 1865. 73.

No. 17. Ed. Peters. — Annal. d. Landw. in Preussen. 40. 1862. 278.

No. 18. Jul. Lehmann. — Amtsbl. f. d. landw. Ver. in Sachsen 1865. 55.

No. 19. V. Hofmeister. — L. V.-St. 11. 1869. 364.

No. 20 u. 21. E. Heiden (V.-St. Pommritz). — Originalmittheilung.

No. 22. Jul. Lehmann. — Amtsbl. f. d. landw. Ver. in Sachsen 1868. 18.

No. 23 u. 24. Th. Dietrich u. J. König. — Landw. Anz. f. d. Rgbz. Kassel 1870. 10; 1871. 158.

No. 25. H. Weiske u. E. Wildt. — Ztschr. f. Biologie. 10. 1874. 6. Rohfaser N- und Asche-frei. Asche frei von C und CO_2.

No. 26—32. E. Heiden (V.-St. Pommritz). — Originalmittheilung.

No.	26	27	28	29	30	31	32
Sand . . .	1.85	1.85	1.77	1.75	1.76	1.74	1.77%

No.	Bezeichnungen und Bemerkungen	Jahr der Untersuchung	In der ursprünglichen Substanz: Wasser %	Nh-Substanz %	Rohfett %	Nfr. Extractstoffe %	Rohfaser %	Asche %	No.	Bezeichnungen und Bemerkungen	Jahr der Untersuchung	In der ursprünglichen Substanz: Wasser %	Nh-Substanz %	Rohfett %	Nfr. Extractstoffe %	Rohfaser %	Asche %
32		1873	16.24	17.37	4.79	49.84	5.34	6.42	66		1875	12.50	13.25	3.70	61.00	5.38	4.18
33		„	12.40	12.94	2.93	57.71	7.14	6.88	67		„	12.98	13.33	2.22	—	—	4.01
34	Französische .	„	13.20	12.60	3.25	59.70	6.60	4.65	68		„	13.00	12.71	3.00	—	—	—
35		„	9.83	12.75	3.76	60.71	7.14	5.81	69		„	13.12	12.25	3.94	57.54	8.18	4.97
36		„	9.60	13.06	3.53	59.96	6.67	7.18	70		„	12.62	14.13	2.88	—	—	4.27
37		„	13.90	13.15	3.33	60.07	5.50	4.05	71		„	12.31	12.44	2.62	61.36	6.83	4.44
38		„	11.55	13.06	3.20	61.59	6.10	4.50	72		„	13.66	13.00	3.50	59.69	5.75	4.40
39		„	12.85	13.06	3.05	59.49	6.35	5.20	73		„	13.14	14.50	3.58	57.13	7.12	4.53
40		„	11.10	12.00	2.60	51.90	9.50	12.90	74		„	12.01	11.03	3.62	61.70	6.65	4.99
41	Roggenschalen	„	11.85	14.23	2.18	61.51	5.63	4.60	75		„	12.16	12.31	3.09	59.86	7.85	4.73
42	Desgl. . . .	„	13.40	15.28	2.43	60.01	4.28	4.60	76		„	11.10	13.94	3.04	58.31	8.45	5.16
43		„	14.10	13.08	4.06	55.83	8.78	5.15	77		„	12.72	13.56	3.22	59.79	6.35	4.36
44		1872	10.59	13.06	—	—	—	5.95	78		„	13.96	14.87	2.44	57.22	6.80	4.71
45		1874	11.00	15.75	2.20	60.75	6.10	4.20	79		„	13.56	14.53	3.19	62.71	3.23	2.78
46		„	12.50	14.44	4.48	57.65	6.57	4.36	80		1876	12.20	14.43	3.28	57.20	6.34	6.55
47		„	14.49	14.06	4.30	57.26	5.24	4.65	81		„	13.45	15.19	4.70	54.46	5.00	7.20
48		„	11.20	14.60	—	—	5.90	5.90	82		„	11.64	16.87	4.75	54.32	5.12	7.30
49		1871-77	16.07	11.81	2.42	61.54	4.56	3.60	83		„	10.74	15.25	—	58.66	10.02	5.33
50		„	14.75	14.50	2.08	57.70	5.72	5.45	84		„	15.30	12.81	2.75	—	—	—
51		„	15.29	12.87	2.46	61.79	4.16	3.43	85		„	—	14.87	2.91	—	—	—
52		„	11.05	15.25	2.84	62.31	4.83	3.72	86		„	12.96	14.56	2.89	—	5.86	—
53		1875	12.54	11.81	3.56	—	—	3.76	87		„	12.15	14.13	2.86	—	5.20	—
54		„	—	15.31	3.61	—	—	6.45	88		„	12.52	15.81	2.70	57.70	5.47	5.80
55		„	13.97	13.69	3.15	59.62	4.64	4.93	89		„	14.75	14.50	2.08	57.50	5.72	5.45
56	Roggenschalen-								90		„	15.20	12.87	2.46	61.79	4.16	3.43
	kleie . . .	„	Trocken	17.56	3.51	68.82	5.04	5.07	91		„	11.44	14.00	2.61	61.20	4.49	6.26
57	Roggengries-								92		1875	16.70	14.40	4.00	52.90	6.70	5.30
	kleie . . .	„	Trocken	17.19	3.48	70.30	5.11	3.92	93		1876	12.42	13.09	2.54	65.98	2.90	3.07
58		„	—	11.90	4.20	—	—	—	94		„	9.90	13.65	3.20	62.55	6.10	4.60
59		„	—	13.75	4.20	—	—	—	95		„	12.07	14.53	4.02	52.98	10.10	6.30
60		„	—	13.00	3.05	—	—	—	96		„	10.50	14.38	3.60	61.42	5.80	4.30
61		„	10.10	13.10	3.30	60.60	7.30	5.60	97		„	—	12.60	4.20	—	—	5.80
62		„	12.44	15.75	3.87	58.20	5.02	4.72	98		„	—	14.30	3.80	—	—	—
63		„	11.60	14.80	2.70	63.40	5.00	2.50	99		„	—	12.60	3.26	—	—	—
64		„	12.74	15.75	2.32	59.40	5.15	4.64	100		„	—	14.00	2.70	—	—	—
65		„	—	11.75	2.94	—	—	—	101		„	13.56	14.44	3.09	56.42	6.85	5.64

No. 33—40. P. Wagner u. K. Schäfer. – Originalmittheilung. No. 40 enthält 8.5% Sand. Auch Bericht d. V.-St. Darmstadt 1874. 21.
No. 41—43. Th. Dietrich (V.-St. Altmorschen). — Landw. Ztschr. u. Anzeiger f. d. Rgbz. Kassel 1873. 342.
No. 44. H. Habedank. — Jahresber. d. landw. V.-St. Insterburg 1870/71. 68.
No. 45. W. Hoffmeister (V.-St. Insterburg). — Originalmittheilung.
No. 46—48. G. Kühn u. Gerver (V.-St. Möckern). — Originalmittheilung.
No. 49—52. J. König (V.-St. Münster). — Bericht d. V.-St. Münter 1871—77. 40.
No. 53 u. 54. P. Wagner u. B. Pitzsch (V.-St. Darmstadt). — Originalmittheilung.
No. 55. J. Fittbogen (V.-St. Dahme). — Originalmittheilung.
No. 56 u. 57. G. Kühn (V.-St. Möckern). — Originalmittheilung.
No. 58—60. G. Kühn (V.-St. Göttingen). — Originalmittheilung. Dieselben sind (neben Weizenkleie) nur einfach als „Kleie" bezeichnet.
No. 61—78. F. Holdefleiss (V.-St. Halle). — Ztschr. d. landw. Centralver. d. Prov. Sachsen 1876. 244.
No. 79. G. Kühn (V.-St. Möckern). — Amtsblatt f. d. landw. Ver. im Königr. Sachsen 1875. 156.
No. 80. W. Rohn (V.-St. Möckern). — Originalmittheilung.
No. 81 u. 82. J. Fittbogen (V.-St. Dahme). — Originalmittheilung.
No. 83. O. Kohlrausch (Rübenzucker-V.-St. Wien). — Originalmittheilung.
No. 84—90. K. Müller (V.-St. Hildesheim). — Originalmittheilung.
No. 91. Rich. Wagner (V.-St. Kiel). — Zusammengestellt von Analysen von Futtermitteln der V.-St. Kiel 1877.
No. 92—100. R. Heinrich (V.-St. Rostock). — Ber. d. V.-St. 1875—81. Wismar, 1882. 61.
No. 101—112. F. Holdefleiss (V.-St. Halle). — Ztschr. d. Prov. Sachsen 1876. 250.

No.	Bezeichnungen und Bemerkungen	Jahr der Untersuchung	In der ursprünglichen Substanz Wasser %	Nh-Substanz %	Rohfett %	Nfr. Extractstoffe %	Rohfaser %	Asche %	No.	Bezeichnungen und Bemerkungen	Jahr der Untersuchung	In der ursprünglichen Substanz Wasser %	Nh-Substanz %	Rohfett %	Nfr. Extractstoffe %	Rohfaser %	Asche %
102		1876	14.09	13.25	2.73	57.20	7.35	5.38	138		1877	11.42	15.00	4.50	55.52	5.80	7.76
103		„	15.28	14.13	2.32	56.85	6.40	5.02	139		„	11.73	16.25	4.28	57.04	4.00	6.70
104		„	12.97	13.10	3.37	60.51	7.95	2.10	140		„	11.72	14.50	2.96	58.04	7.96	4.82
105		„	14.56	16.06	2.96	53.93	7.55	4.94	141		„	12.08	13.63	2.88	60.82	6.55	4.04
106		„	12.09	12.19	3.16	58.26	8.72	5.58	142		„	13.52	12.38	2.02	64.95	3.77	3.36
107		„	14.08	14.88	2.82	56.90	6.48	4.84	143		„	12.46	17.19	3.84	55.18	6.73	4.60
108		„	14.62	14.37	3.20	56.78	6.35	4.68	144		„	11.78	16.25	2.82	53.28	10.03	5.84
109		„	14.36	12.81	3.12	56.65	9.12	3.94	145		„	11.36	16.00	3.12	56.68	7.80	5.04
110		„	13.54	14.56	2.80	59.64	5.45	4.01	146		„	11.76	17.81	2.84	56.23	6.66	4.70
111		„	13.04	14.25	1.80	61.84	5.17	3.90	147		„	12.04	16.37	2.80	59.47	6.00	3.32
112		„	14.69	14.25	2.66	59.14	5.85	3.41	148		„	12.26	16.00	3.12	57.12	7.00	4.50
113		„	13.55	15.06	2.90	57.50	6.37	4.62	149		„	12.22	15.00	2.50	58.00	7.50	4.78
114		„	12.40	15.81	2.98	59.79	5.18	3.84	150		„	12.12	14.00	3.00	59.58	6.96	4.34
115		„	13.03	15.31	3.13	57.76	6.08	4.69	151		„	—	14.88	3.26	—	—	—
116		„	12.95	13.63	2.56	61.32	5.62	3.92	152		1878	—	14.88	3.32	—	—	—
117		„	12.50	16.31	3.26	56.05	6.67	5.21	153		„	—	14.70	3.70	—	—	—
118		„	11.97	13.81	2.72	61.54	5.45	4.51	154		„	—	15.30	3.40	—	—	—
119		„	12.53	14.56	3.06	57.49	6.56	5.80	155		„	12.07	15.50	2.67	60.68	5.07	4.01
120		„	13.57	15.19	3.43	55.52	7.97	4.32	156		„	12.71	12.00	2.73	64.41	4.24	3.91
121		1877	12.60	13.50	2.94	57.46	8.60	4.90	157		„	11.50	11.50	3.24	61.32	8.00	4.44
122		„	11.06	17.11	3.34	59.57	4.76	4.16	158		„	13.80	13.84	3.40	59.03	5.70	4.23
123		„	13.99	13.15	2.51	58.00	6.96	5.39	159		„	—	13.94	3.56	—	—	—
124		„	13.32	20.25	3.15	54.37	4.72	4.19	160		„	14.59	14.13	2.98	59.19	5.23	3.88
125		„	15.48	13.00	3.73	46.70	5.25	5.84	161		„	10.81	15.83	3.65	57.05	8.78	3,88
126		„	10.25	13.87	3.92	58.89	7.11	4.96	162		„	11.66	12.86	3.00	63.06	4.62	4.80
127		„	10.13	14.25	3.30	61.87	6.08	4.37	163		„	11.60	13.20	3.69	61.76	5.45	4.30
128		„	12.71	14.75	3.60	59.20	5.58	4.16	164		„	14.10	14.87	2.92	59.24	4.37	4.50
129	Landmühle .	„	13.35	12.50	2.76	53.77	11.02	6.60	165		„	13.15	14.63	3.18	58.75	5.72	4.57
130	Handelsmühle	„	13.28	14.64	3.68	56.17	7.00	5.23	166		„	12.58	17.20	3.72	55.02	5.18	6.30
131		„	11.64	14.19	2.46	60.24	5.97	4.50	167		„	12.33	15.94	4.36	56.07	6.01	5.19
132		„	11.70	16.19	3.07	58.69	6.25	4.10	168		„	12.59	15.71	2.56	58.60	5.21	5.33
133		„	11.10	14.06	2.66	60.85	6.66	4.67	169		„	11.97	17.89	3.34	59.36	4.08	3.36
134		„	11.39	15.00	2.47	60.33	5.87	4.94	170		„	10.30	15.10	2.90	62.50	5.30	3.90
135		„	12.12	14.19	2.69	60.58	6.30	4.12	171		„	9.97	12.44	2.56	60.21	7.93	6.89
136		„	11.66	15.69	—	—	—	4.53	172		„	12.01	17.68	3.35	58.88	4.34	3.74
137		„	11.90	16.81	2.97	57.98	5.18	5.16	173		„	10.30	16.81	2.60	62.68	4.07	3.54

No. 113—120. A. Pagel (V.-St. Halle). — Ztschr. d. Prov. Sachsen 1877. 90.
No. 121 u. 124. P. Wittelshöfer No. 122 u. 123 C. Brimmer (V.-St. Regenwalde). — Originalmittheilung.
No. 125. J. Fittbogen (V.-St. Dahme). — Originalmittheilung.
No. 126—128. E. Wildt (V.-St. Posen). — Originalmittheilung.
No. 129 u. 130. Th. Dietrich (V.-St. Altmorschen). — Landw. Anzeiger f. d. Rgbz. Kassel 1877. 129.
No. 131—150. W. Th. Osswald (V.-St. Halle). — Ztschr. d. Prov. Sachsen 1878. 14.
No. 151 u. 152. R. Heinrich (V.-St. Rostock). — Deren Bericht 1875—81. Wismar, 1882. 61.
No. 153 u. 154. W. Rohn (V.-St. Darmstadt). — Originalmittheilung.
No. 155. P. Wittelshöfer (V.-St. Regenwalde). — Originalmittheilung.
No. 156 u. 157. J. Fittbogen (V.-St. Dahme). — Originalmittheilung.
No. 158—160. C. Müller (V.-St. Hildesheim). — Originalmittheilung.
No. 161. C. Müller. — Landw. Jahrb. 1880. 813.
No. 162—164. M. Siewert (V.-St. Danzig). — Ebendaselbst.
No. 165. W. Henneberg. — Landw. Jahrbücher 1880. 813.
No. 166 u. 167. Th. Dietrich. — Ebendaselbst.
No. 168 u. 169. Derselbe. — Landw. Ztschr. f. d. Rgbz. Kassel 1878. 226.
No. 170. F. Heidepriem. — Landw. Jahrb. 1880. 813.
No. 171. J. König. — 2. Bericht d. V.-St. Münster 1878—80. 16.
No. 172. A. Emmerling u. M. Schrodt. — Mitthl. d. land- u. milchwirthsch. V.-St. Kiel. III. Heft. Kiel, 1880. 50.
No. 173. S. W. Johnson. — Ann. Rep. Connect. Agric. Exp. Stat. f. 1878. 75.

No.	Bezeichnungen und Bemerkungen	Jahr der Untersuchung	In der ursprünglichen Substanz: Wasser %	Nh-Substanz %	Rohfett %	Nfr. Extractstoffe %	Rohfaser %	Asche %	No.	Bezeichnungen und Bemerkungen	Jahr der Untersuchung	In der ursprünglichen Substanz: Wasser %	Nh-Substanz %	Rohfett %	Nfr. Extractstoffe %	Rohfaser %	Asche %
174		1878	12.88	12.58	2.15	66.96	2.54	2.89	210		1880	11.9	14.4	3.4	—	—	—
175		„	9.9	14.1	3.7	62.9	5.1	4.3	211		„	12.9	14.2	4.8	—	—	—
176		„	11.8	11.4	2.9	53.0	14.2	6.7	212		„	10.4	16.4	3.4	—	—	—
177		„	12.2	14.2	2.7	61.1	5.2	4.6	213		„	9.8	15.4	4.3	57.8	7.5	5.2
178		„	10.7	15.5	3.2	58.2	7.1	5.3	214		„	10.3	16.6	3.3	58.5	6.3	5.0
179		„	10.8	15.1	3.2	59.1	6.9	4.9	215		„	9.0	16.0	3.4	61.6	3.9	6.1
180		„	11.1	15.3	2.9	59.3	6.5	4.9	216		„	10.7	15.8	—	—	—	5.0
181		„	12.1	13.6	2.7	67.9	1.7	2.0	217		1881	12.2	14.7	3.3	48.9	6.5	5.4
182		„	10.1	18.4	3.0	58.5	5.8	4.3	218		„	11.7	15.4	3.6	56.9	6.3	6.1
183		„	11.6	15.9	2.8	61.3	4.7	3.7	219		„	14.0	15.0	3.9	55.0	6.2	5.9
184		„	9.2	16.6	2.7	60.2	6.7	4.6	220		„	12.5	15.1	3.7	57.2	6.1	5.4
185		„	11.6	16.3	2.8	57.7	6.2	5.6	221		„	10.8	15.4	3.0	59.0	6.3	5.5
186		„	11.8	12.9	2.7	62.1	5.4	4.5	222		„	12.8	15.2	4.0	—	9.8	6.1
187		„	12.2	13.6	3.0	62.6	5.2	3.4	223		„	11.2	15.3	4.3	57.4	6.8	5.0
188		„	12.4	14.5	2.7	63.9	3.5	3.0	224		„	9.5	14.9	3.1	61.1	6.9	4.5
189		„	10.8	16.9	3.3	55.4	7.4	6.2	225		„	11.4	15.8	2.8	57.3	7.0	5.7
190		„	11.5	16.9	4.5	56.6	5.8	4.7	226		1882	14.2	13.5	3.8	—	—	—
191		„	12.5	19.1	3.1	56.8	5.2	3.3	227		„	15.1	12.7	3.3	—	—	—
192		„	11.9	15.3	2.9	60.0	5.8	4.1	228		„	13.5	12.2	—	—	—	—
193		1879	10.4	16.7	4.5	58.7	5.5	4.2	229		„	11.5	13.9	3.3	—	—	—
194		„	12.0	15.2	2.8	62.9	4.5	3.7	230		„	13.6	14.4	3.2	—	—	—
195		„	12.1	13.8	4.0	57.2	6.8	6.1	231		„	13.2	14.0	3.4	—	—	—
196		„	11.5	11.4	2.9	65.1	4.9	4.2	232		„	12.0	13.2	2.9	60.5	6.0	5.4
197		„	12.5	12.8	2.9	61.5	5.5	4.8	233		„	11.8	13.7	3.6	59.5	6.6	4.8
198		„	13.2	12.6	2.6	61.1	5.8	4.7	234		1879	11.68	15.25	3.42	61.00	4.90	3.75
199		„	11.9	13.3	2.6	61.4	5.9	4.9	235		„	11.36	15.44	3.29	61.84	4.44	3.63
200		„	11.6	14.7	2.9	60.2	5.8	4.8	236		„	15.46	12.94	3.66	59.69	4.42	3.83
201		„	13.9	14.4	3.1	57.7	5.7	5.2	237		„	14.14	11.50	3.72	—	—	4.70
202		„	10.3	14.1	3.3	58.4	8.0	5.9	238		„	13.20	14.40	4.00	57.40	6.60	4.40
203		„	9.4	14.9	3.0	—	—	—	239		„	14.29	15.25	2.74	58.82	5.48	3.42
204		1880	11.7	15.8	3.7	56.5	6.3	6.0	240		„	11.49	12.86	3.00	62.42	5.18	5.05
205		„	10.9	18.6	3.2	58.8	4.9	3.6	241		„	11.20	10.06	2.59	69.54	3.01	3.60
206		„	10.5	18.3	3.3	—	—	—	242		„	12.59	13.46	3.53	59.02	5.59	5.81
207		„	12.0	15.8	3.6	57.8	5.2	5.6	243		„	15.06	13.41	4.14	55.93	6.74	4.72
208		„	12.0	16.2	3.1	58.6	5.2	4.9	244		„	—	16.63	3.46	—	—	—
209		„	10.9	15.3	4.0	58.7	5.5	5.6	245		„	—	12.68	3.45	—	—	—

No. 174. W. O. Atwater. — Rep. Agric. Exp. Stat. Middletown, Conn. 1877/78. 27.

No. 175—233. M. Märcker (V.-St. Halle). — Originalmittheilung. Von gleicher Stelle wurden für den Proteïngehalt bezw. auch Aschengehalt für Roggenkleie folgende Zahlen mitgetheilt:

Proteïn . . 10.7 15.6 14.2 18.0 15.9 15.4 17.3 15.7 10.1 17.1 14.1 15.0 17.0 15.6 17.5 15.6 14.7 14.9 15.1 14.8 %
Asche . . 2.7 4.5 5.1 — 3.3 5.8 — — 5.8 — 4.9 4.5 5.2 3.6 — 4.6 — 4.2 — — „
Proteïn . . 14.5 14.7 12.7 13.7 16.4 14.7 15.7 13.2 15.5 15.9 17.9 14.8 16.0 15.6 16.5 15.5 15.2 15.2 15.1 16.5 „
Asche . . 4.4 — — 4.7 — — — — — — — — — — — — — — — — „
Proteïn . . 14.3 14.5 15.8 15.6 15.0 14.5 18.4 15.5 14.7 16.5 16.5 17.4 15.9 14.9 13.7 15.3 15.2 14.8 15.4 14.2 „
Asche . . 4.9 — — — — — 5.5 — — — — — — — — — — — — — „
Proteïn . . 14.8 14.4 14.5 13.5 14.9 14.1 15.4 15.2 14.9 13.7 16.0 14.9 15.0 14.6 15.5 15.5 14.9 16.2 14.6 14.0 „
Proteïn . . 14.4 13.5 % der ursprünglichen Substanz.

No. 234. W. Hoffmeister (V.-St. Insterburg). — Originalmittheilung.
No. 235—237. P. Wittelshöfer (V.-St. Regenwalde). — Originalmittheilung.
No. 238. G. Kühn u. R. Struve (V.-St. Möckern). — Originalmittheilung.
No. 239. K. Müller (V.-St. Hildesheim). — Landw. Jahrbücher 1880. 813.
No. 240 u. 241. M. Siewert (V.-St. Danzig). — Ebendaselbst.
No. 242 u. 243. Th. Dietrich. — Landw. Ztg. f. d. Rgbz. Kassel 1879. 379.
No. 244. R. Heinrich. — Ber. d. landw. V.-St. Rostock 1875—81. Wismar, 1882. 61.
No. 245. P. Wagner (V.-St. Darmstadt). — Ztschr. f. d. landw. Ver. im Grossh. Hessen 1880. 78.

No.	Bezeichnungen und Bemerkungen	Jahr der Untersuchung	In der ursprünglichen Substanz: Wasser %	Nh-Substanz %	Rohfett %	Nfr. Extractstoffe %	Rohfaser %	Asche %
246		1882	10.75	14.00	4.25	57.08	8.36	5.56
247		„	10.76	13.69	4.53	56.60	8.27	6.15
248		1883	12.03	13.81	3.29	59.11	6.19	5.57
249		„	—	14.19	4.12	—	7.67	—
250		„	—	13.66	3.91	—	—	—
251		„	—	13.00	3.68	—	—	—
252		1882	—	12.75	2.84	—	—	—
253		„	12.68	12.39	2.30	—	—	4.90
254		„	10.94	11.87	3.32	—	—	4.48
255		„	12.62	14.79	3.10	59.29	5.80	4.40
256		„	12.04	13.80	2.74	59.51	6.78	5.14
257	Aus München	1879/83	—	13.94	2.65	—	—	—
258	Desgl. . . .	„	—	13.13	2.70	—	—	—
259	Von der Kgl. Militärmühle Schleissheim	1884	13.06	13.88	3.48	57.80	7.31	4.47
260	Desgl. v. Ingolstadt . . .	„	12.98	14.01	3.42	57.58	7.43	4.58
261		1881	14.90	14.26	2.30	59.67	5.09	3.86
262		1885	12.31	16.06	3.04	60.15	4.09	4.35
263		1884	(12.44*)	16.62	1.81	60.62	3.98	4.53
264		1887	12.54	11.50	4.91	64.29	3.24	3.52
265	Mittel mehrerer Analysen . .	„	13.15	14.58	2.61	62.08	3.50	4.01
266		1876	11.44	14.00	2.61	61.20	4.49	6.26
267		1881	13.88	15.30	3.13	55.53	8.12	4.04
268		„	13.17	16.87	3.39	54.15	8.02	4.40
269	Rye Bran . .	1877	12.88	12.58	2.15	66.96	2.54	2.89
270	Desgl. . . .	1878	10.30	16.81	2.60	62.68	4.07	3.54
271	Desgl. . . .	1885	12.31	16.06	3.04	60.15	4.09	4.35
272	Aus e. Dampfmühle . . .	1886	11.78	17.29	4.18	52.93	8.27	5.55

No.	Bezeichnungen und Bemerkungen	Jahr der Untersuchung	In der ursprünglichen Substanz: Wasser %	Nh-Substanz %	Rohfett %	Nfr. Extractstoffe %	Rohfaser %	Asche %
273		1885	13.63	15.75	3.83	62.48		4.31
274		„	11.98	16.59	3.87	63.65		3.91
275		„	11.87	16.10	3.46	63.89		4.68
276		„	11.41	14.23	4.25	64.00		6.11
277		„	13.13	17.86	3.82	55.83	5.43	3.93
278		„	13.03	15.38	3.52	63.57		4.50
279		„	12.90	18.06	3.45	60.52		5.07
280		„	11.45	16.90	4.14	62.87		4.64
281		„	12.53	17.11	4.78	59.61		5.97
282		„	13.66	15.01	3.69	63.40		4.24
283		„	12.27	16.00	3.27	61.51		3.95
284		1886	12.13	18.38	3.72	61.25		4.52
285		„	13.32	17.75	3.75	61.10		4.08
286		„	12.00	14.88	4.67	64.31		4.14
287		„	11.76	17.01	4.09	62.82		4.32
288		„	9.75	18.50	3.72	63.89		4.14
289		„	8.18	18.25	4.82	63.33		5.42
290		„	11.17	16.44	3.57	59.82		9.00
291		„	11.35	16.62	4.16	62.63		4.24
292		„	12.06	14.06	3.40	66.39		4.09
293		„	9.89	15.22	3.40	66.38		5.11
294		„	10.37	16.44	4.15	64.25		4.79
295		1887	11.86	15.76	3.41	65.03		3.94
296		„	11.47	17.38	4.48	62.20		4.47
297		„	13.93	14.91	3.90	62.70		4.56
298		„	14.07	18.28	3.93	52.87	5.76	5.09
299		1888	11.16	14.25	3.74	66.73		4.12
300		„	11.56	14.48	3.90	66.62		3.44
301		„	11.77	16.37	3.74	63.59		4.53
302		„	11.60	17.04	3.79	63.22		4.35
303		„	11.23	16.56	3.78	64.25		4.18
304		„	10.53	14.92	4.53	63.47		6.55

No. 246—251. Th. Dietrich (V.-St. Altmorschen). — Landw. Ztg. f. d. Rgbz. Kassel 1882. 131 u. 1883. 141.
No. 252—256. F. Werenskjold (V.-St. Aas, Schweden). — Landbrugskemiker Werenskiolds Beretning.
No. 257—260. Soxhlet (V.-St. München 1879—83). — Originalmittheilung.
No. 261. M. Schrodt u. H. v. Peter. — Milchzeitung 1881. No. 41.
No. 262. S. W. Johnson. — Connect. Agr. Exp. Stat. Rep. f. 1885. 42.
No. 263. C. A. Goessmann. — Agr. Exp. Stat. Amherst. I. Ber. 1883.

*) Die Zahlen sind unter Annahme des mittleren Wassergehaltes aus der Trockensubstanz berechnet.

No. 264. Derselbe. — Centralbl. f. Agriculturchemie 1888. 355. (Massachusetts State Agr. Exp. St. Bull. 23 u. 24. 1887.)
No. 265. Siewert. — Ebendaselbst. (Westpreuss. landw. Mittheilungen 1888. No. 7. 29.) Die Kleien enthielten:

	Wasser	Nh. Substanz	Rohfett	Nfr. Extractstoffe	Rohfaser	Asche
In Maximum . .	16.76	17.30	3.52	65.43	4.90	5.10 %
In Minimum . .	11.30	10.77	1.68	58.43	2.25	2.50 „

No. 266. R. Emmerling. — Zusammenstellung der Analysen von Futtermitteln 1871—77. Kiel, 1877.
No. 267 u. 268. R. Heinrich (V.-St. Rostock). — Bericht 1875—81. 62.
No. 269. W. O. Atwater. — Agric. Exp. Stat. Middletown. Rep. f. 1877/78. 27.
No. 270 u. 271. S. W. Johnson. — Connect. Agric. Exp. Stat. Rep. f. 1878. 75 u. 1885. 42.
No. 272. F. W. Dafert. — Jahresber. d. Agriculturchemie 1886. 386.

No. 273—312. E. Heiden, Güntz, Toepelmann, Bauer, Schlimper, Soff u. Reh (V.-St. Pommritz). — Originalmittheilung. Die Kleien enthielten Sand:

No. 273	274	275	276	277	278	279	280	281	282	283	284	285	286
0.34	0.32	0.30	0.12	0.03	0.43	0.90	0.79	0.91	0.41	3.16	0.23	0.52	0.29 %
No. 287	288	289	290	291	292	293	294	295	296	297	298	299	300
0.45	0.26	0.37	5.12	1.41	0.68	1.02	0.56	0.28	0.40	0.48	0.74	0.24	0.23 %
No. 301	302	303	304	305	306	307	308	309	310	311	312		
0.37	0.25	0.52	2.39	1.75	0.48	0.42	0.21	0.88	0.64	0.03	0.75 %.		

No.	Bezeichnungen und Bemerkungen	Jahr der Untersuchung	Wasser %	Nh-Substanz %	Rohfett %	Nfr. Extractstoffe %	Rohfaser %	Asche %
			In der ursprünglichen Substanz					
305		1888	11.34	13.98	6.66	62.29		5.73
306		„	9.40	16.40	3.99	65.21		5.00
307		„	11.15	17.38	3.97	63.22		4.28
308		„	12.09	14.86	3.41	65.91		3.73
309		„	14.36	16.51	4.46	53.08	5.72	5.88
310		„	14.22	18.11	4.13	53.29	5.02	5.23
311	Rg.-Schalkleie	1885	13.13	17.86	3.82	55.83	5.43	3.93
312	Rg.-Spitzkleie	„	13.09	21.66	7.00	47.42	6.52	4.31
	Minimum (v. No. 14 an)		8 18	9.91	1.81	48.38	1.69	1.99
	Maximum (v. No. 14 an)		17.42	21.66	7.00	68.57	14.10	12.71
	Mittel (v. No. 14 an)		12.40	14.80	3.36	58.43	6.15	4.86

Roggenfuttermehl. Roggenmehl.

No.	Bezeichnungen und Bemerkungen	Jahr der Untersuchung	Wasser %	Nh-Substanz %	Rohfett %	Nfr. Extractstoffe %	Rohfaser %	Asche %
1	Schwarzmehl a. schwerem R.	1856	11.40	11.88	—	—	1.76	1.56
2	Desgl. a. leichtem Roggen .	„	11.03	11.44	—	—	2.46	1.86
3	Rg.-Mehl, gutes	1869	13.21	9.75	0.87	73.41	2.28	0.72
4	Desgl., verdorbenes . . .	„	13.37	11.68	1.55	70.68	1.38	1.28
5	Rg.-Schwarzm.	1871	12.72	14.31	3.03	66.47	1.17	2.30
6	Rg.-Futtergries	„	12.21	15.71	3.90	60.51	4.38	3.29
7	Rg.-Futtermehl	1875	13.14	14.68	3.73	58.86	6.00	3.59
8	Desgl. . . .	1876	12.03	16.56	1.69	65.19	2.60	1.93
9	Desgl. . . .	1878	14.04	15.75	3.19	—	—	3.49
10	Rågmjöl . .	1880	11.08	12.50	1.73	—	—	1.63
11	Desgl. . . .	„	11.48	12.50	1.62	—	—	1.73
12	Rg.-Futtermehl No. II . .	1884	10.40	14.81	3.82	60.00	5.83	5.14
13	Desgl. . . .	„	10.60	12.26	2.74	70.07	2.23	2.10
14	Rugmehl . .	1880	14.90	6.89	0.98	—	—	1.08
15	Desgl.	„	14.02	7.32	0.96	—	—	0.88
16	Rg.-Futtermehl		—	14.50	2.20	—	—	—
17	Commissmehl .	1882	—	14.50	2.20	—	—	—
18	Rg.-Futtermehl	„	—	13.31	2.30	—	—	—
19	Rg.-Trankmehl	„	—	13.44	2.00	—	—	—
20	Rg.-Futtermehl	„	—	14.19	2.96	—	—	—
21	Desgl. . . .	„	—	15.06	2.53	—	—	—
22	Desgl. . . .	„	—	14.69	3.72	—	—	—
23	Desgl. . . .	„	—	14.12	2.69	—	—	—
24	Desgl. . . .	„	—	16.88	2.91	—	—	—
25	Desgl. . . .	„	—	14.81	2.57	—	—	—
26	Desgl. . . .	„	—	13.81	2.52	—	—	—
27	Schwarzmehl .	1859	13.17	13.18	3.46	—	—	2.75
	Mitttel . (excl. No. 6 u. 12, 14 u. 15)		12.27	13.69	2.48	66.99	2.49	2.08

Futtermehl, ohne Angabe der Abstammung.

No.	Bezeichnungen und Bemerkungen	Jahr der Untersuchung	Wasser %	Nh-Substanz %	Rohfett %	Nfr. Extractstoffe %	Rohfaser %	Asche %
1	Fussmehl . .	1870/77	15.50	13.60	2.22	63.60	2.08	3.00P
2	Futtermehl .	1875	—	14.25	3.20	—	—	2.20
3		„	—	14.41	2.94	—	—	2.74
4		„	12.76	12.60	5.72	45.63	6.18	17.11*)
5		1876	13.06	12.90	4.96	51.72	12.20	5.16
6		1877	12.92	14.44	3.56	61.78	4.80	2.30
7		1877	15.81	15.00	2.62	54.40	8.62	3.55P
8	Kraftmehl . .	1876	11.92	9.17	2.65	69.56	4.57	2.13
9	Futtermehl .	1875	13.12	8.06	3.48	68.92	1.71	4.71
10	Desgl. . . .	1876	12.96	14.37	3.26	60.01	4.15	5.25
11	Desgl. . . .	„	13.30	11.00	2.77	49.00	14.38	9.10
12		„	13.14	15.63	2.85	63.19	3.05	2.14

Roggenfuttermehl. Roggenmehl.
No. 1 u. 2. G. Wunder. — Amtsbl. d. landw. Ver. in Sachsen 1857. 86.
No. 3—6. E. Heiden (V.-St. Pommritz). — Originalmittheilung.
No. 7. Th. Dietrich. — Originalmittheilung.
No. 8. W. Hoffmeister (V.-St. Insterburg). — Originalmittheilung.
No. 9. M. Fleischer u. A. König (V.-St. Bremen). Originalmittheilung.
No. 10 u. 11. E. W. Olbers. — Agrikulturkemiska undersökningar pa Alnarp ar 1880.
No. 12 u. 13. F. Soxhlet (Centr.-V.-St. München). — Originalmittheilung. No. 12 von der Kunstmühle Tivoli-München und No. 13 von F. Kerber in Kittlmühl-Passau.
No. 14 u. 15. F. Werenskiold. — Landbrugskemiker Werenskiolds Beretning.
No. 16—26. F. Soxhlet (Centr.-V.-St. München). — Originalmittheilung.
No. 27. J. Lehmann (V.-St. Weidlitz). — Mittheil. d. landw. Kreisver. f. d. kgl. sächs. Markgrafthum Oberlausitz 1860.

Futtermehl, ohne Angabe der Abstammung.
No. 1. J. Moser (V.-St. Wien). — 1. Bericht 1870—77. Tabelle. An derselben Stelle ist die Zusammensetzung von noch einer Probe „Fussmehl" mit folgenden Zahlen mitgetheilt: Wasser 9.44, Rohproteïn 11.31, Rohfett 1.51, stickstofffreie Extraktstoffe 23.59, Rohfaser 24.55 und Reinasche 29.60 %.
No. 2—6. P. Wagner, B. Peitzsch u. W. Rohn. — Originalmittheilung.
*) Futtermehl unter No. 4 enthielt 14.5 % Sand.
No. 7. C. Lehmann. — Journ. f. Landwirthsch. 1877. 60.
No. 8. G. Thoms u. A. Büngner. — Originalmittheilung. Bis zur Dextrinbildung erhitztes Roggen- und Weizenmehl.
No. 9—11. J. Fittbogen (V.-St. Dahme) — Originalmittheilung.
No. 12. O. Kohlrausch. — Originalmittheilung.

No.	Bezeichnungen und Bemerkungen	Jahr der Untersuchung	Wasser %	Nh-Substanz %	Rohfett %	Nfr. Extractstoffe %	Rohfaser %	Asche %
			In der ursprünglichen Substanz					
13		1875	13.60	13.30	3.00	57.20	10.00	2.90
14		1876	11.68	11.50	3.04	57.70	9.75	6.33
15		„	12.49	11.78	—	—	—	3.16
16		„	13.00	11.13	3.68	58.21	8.50	5.48
17	Futtermehl .	1875	12.58	13.28	4.06	61.82	4.85	3.41
18		1877	13.30	15.00	2.92	61.95	4.27	2.56
19		„	12.12	16.19	2.99	62.29	4.13	2.28
20		„	11.00	15.50	3.79	52.79	11.75	5.17
21		„	10.92	13.87	3.20	47.02	17.85	7.14
22	Futterschlamm	1874	9.30	13.13	3.53	64.40	5.69	3.95
23	Schlammmehl .	1878	13.05	13.94	2.85	65.09	3.24	1.83
24	Futterstollmehl	1877	14.42	21.51	3.60	48.98	1.70	9.79
25	Futtermehl .	„	13.60	15.20	3.07	56.61	7.37	4.15
26		„	9.93	13.75	4.96	55.02	9.68	6.63
27		„	—	14.06	—	—	4.97	—
28		„	—	17.00	—	—	4.99	—
29		„	15.67	13.18	3.01	60.65	4.18	3.31
30		„	10.60	12.94	3.41	65.83	3.43	3.79
31		„	14.10	14.13	2.85	60.24	5.28	3.40
32		1883	11.13	12.00	2.59	70.43	2.04	1.81
33		1879	12.68	15.00	3.98	60.44	4.54	3.36
34	Schwarzmehl .	1882	9.70	16.90	3.90	63.40	2.40	3.70
35		1886	10.03	13.62	6.71	49.15	15.35	5.14
36		„	9.56	14.62	6.11	48.13	16.50	5.08
37		„	8.63	18.31	2.54	51.70	13.72	5.10
38		1887	9.94	16.37	5.05	54.59	9.78	4.27
39		„	8.46	15.56	6.61	58.08	7.18	4.11
40		„	9.20	18.69	4.90	55.76	5.51	5.94
41		„	13.09	17.05	4.37	53.85	6.84	4.80
42		„	14.13	15.37	3.52	63.44	1.31	2.23
43	Abfall bei der Bereitung von Suppeneinlag.	„	8.77	13.10	7.05	53.44	13.23	4.41
44	Bollmehl . .	1878	12.87	14.94	5.06	59.05	4.80	3.28
45	Desgl. . . .	1880	12.58	13.38	4.92	59.18	5.52	4.42
46		1876	11.47	11.55	2.98	65.48	4.16	4.36
47		„	12.50	14.00	2.80	64.96	3.24	2.50
48	Schwarzmehl .	1885	13.60	16.94	3.18	63.11		3.17
	Mittel für Futtermehl m. Holzfaser unter 5 % . .		12.77	14.10	3.29	62.82	3.72	3.30
	Desgl. über 5 %		11.92	14.17	4.34	53.93	10.04	5.60

Gerstenkleie.

No.	Bezeichnungen und Bemerkungen	Jahr der Untersuchung	Wasser %	Nh-Substanz %	Rohfett %	Nfr. Extractstoffe %	Rohfaser %	Asche %
1	Von Nürnberg	1860	12.00	14.38	2.96	—	(19.40)	4.97
2		1872/74	12.60	8.75	3.80	45.85	19.70	9.36
3		„	13.25	10.80	3.20	56.05	7.90	8.80
4		1875	—	15.94	3.04	—	—	6.15
5		„	12.50	15.31	5.32	—	—	4.06
6		1876	—	13.56	4.40	40.15	8.80	—
7		1881	14.60	9.70	1.80	—	—	4.20
8	Gerstenmehlkleie . . .	1875	15.68	10.10	2.88	—	—	—
9	Bygaffald . .	1880	10.22	8.55	2.64	47.94	20.37	10.28
10	Desgl. . . .	„	8.92	4.28	1.86	49.49	27.73	7.72
11	Desgl. . . .	„	13.18	10.88	3.50	50.48	15.90	6.06
12	Desgl. . . .	„	13.66	10.46	3.94	—	—	6.22
13		1875	11.95	13.13	3.10	52.22	13.70	5.90
14	Gerstenabputz (Grannen) .	1880	12.71	3.63	1.58	54.60	22.45	15.03
	Mittel . . (excl. No. 3 u. 6)		12.55	10.43	3.04	46.59	19.89	7.50

No. 13 u. 14. F. Holdefleiss (V.-St. Halle). — Ztschr. d. landw. Centralver. f. d. Prov. Sachsen 1876. 244.
No. 15—17. A. Pagel (V.-St. Halle). — Ebendaselbst 1877. 89.
No. 18—21. W. Th. Osswald (V.-St. Halle). — Ebendaselbst 1878. 13.
No. 22. C. Müller (V.-St. Hildesheim). — Originalmittheilung.
No. 23. E. Wildt (V.-St. Posen). — Originalmittheilung.
No. 24. E. Heiden (V.-St. Pommritz). — Originalmittheilung.
No. 25. Wilfarth (V.-St. Dahme). — Originalmittheilung.
No. 26—31. J. König u. C. Brimmer (V.-St. Münster). — Originalmittheilung.
No. 32. Th. Dietrich (V.-St. Altmorschen). — Originalmittheilung.
No. 33. P. Wagner (V.-St. Darmstadt). — Ztschr. d. landw. Ver. in Hessen 1880. 78.
No. 34—43. E. Wolff u. C. Kreuzhage. — Württemberg. Wochenblatt f. Landwirthsch. 1883. 212; 1886. 57; 1887. 53 1888. 174. Das Futtermehl unter No. 43 ist ein Abfall aus der Knorr'schen Fabrik von Suppeneinlagen in Heilbronn und besteht aus Theilen von Getreidekörnern, Hülsenfrüchten, Mais und Kartoffeln. Die anderen Futtermehle entstammen hauptsächlich aus Weizen und Kernen (geschälter Spelz).
No. 44 u. 45. J. König (V.-St. Münster). — 2. Bericht. 16.
No. 46 u. 47. R. Heinrich (V.-St. Rostock). — Bericht f. 1875—81. 66.
No. 48. E. Heiden u. Toepelmann (V.-St. Pommritz). — Originalmittheilung.

Gerstenkleie.

No. 1. von Bibra. — Dessen: Die Getreidearten und das Brod. Nürnberg, 1860. 307. Nh. Substanz von uns nach dem zu 2.30 % angegebenen N-Gehalt berechnet. An näheren Bestandtheilen fand Autor ferner: Albumin 1.74, Pflanzenleim 4.12, Caseïn 0.66, in Alkohol und Wasser unlösliche N-Substanz 8.23, Gummi 6.89, Zucker 1.90 und Stärke 42.01 %.
No. 2 u. 3. P. Wagner u. K. Schaefer (V.-St. Darmstadt). — Bericht, Darmstadt 1874, von P. Wagner. 20.
No. 4 u. 5. P. Wagner u. B. Peitzsch (V.-St. Darmstadt). — Originalmittheilung.
No. 6. J. Nessler u. H. Wachter (V.-St. Karlsruhe). — Originalmittheilung.
No. 7. M. Märcker (V.-St. Halle). — Privatmittheilung.
No. 8. Emmerling (V.-St. Kiel). — Zusammenstellung von Analysen von Futtermitteln 1871—77. Kiel, 1877.
No. 9—12. F. Werenskiold. — Aas (Norwegen), Landbrugskemiker Werenskiolds Beretning 76. (Jahreszahl uns nicht erkennbar.)
No. 13. E. W. Olbers (V.-St. Alnarp, Schweden). — Originalmittheilung.
No. 14. F. Soxhlet (Centr.-V.-St. München). — Originalmittheilung.

Gersten-Abfall.

No.	Bezeichnungen und Bemerkungen	Jahr der Untersuchung	In der ursprünglichen Substanz: Wasser %	Nh-Substanz %	Rohfett %	Nfr. Extractstoffe %	Rohfaser %	Asche %
1	Grober, Barley dust . . .	1854	11.03	8.38	3.47	—	—	7.31
2	Feiner, Fine barley dust .	„	11.51	11.44	2.92	—	—	2.67
3	Gerstenfutter-schlamm . .	1865	11.09	11.63	4.90	34.77	31.90	5.71
4	Gerstenmehl-abfall . . .	1870	12.47	10.68	3.81	54.35	12.07	6.63
5	Griesabfall .	1873	8.99	13.64	4.66	62.32	6.69	3.62
6	Graupenfutter .	1860	12.25	11.00	4.44	50.23	15.65	6.43
7	Graupenabfall .	1871	13.80	10.20	—	—	17.70	6.50
8	Desgl. . . .	„	14.57	10.87	3.89	56.93	9.52	4.42
9	Graupen-schlamm . .	1874	12.30	11.69	3.70	51.32	13.80	7.19
10	Desgl. . . .	1875	12.94	10.39	2.84	—	—	5.77
11	Desgl. . . .	„	—	10.31	2.93	65.58	—	1.96
12	Graupenfutter .	1876	13.08	9.75	1.84	43.03	22.88	9.42
13	Graupenfutter .	1876	13.96	10.75	4.20	55.82	10.75	4.52
14	Desgl. . . .	„	15.60	10.56	2.27	56.93	9.85	4.79
15	Desgl. . . .	„	13.02	11.94	2.74	51.95	13.58	5.77
16	Desgl. . . .	„	11.31	11.81	3.60	55.22	12.53	5.53
17	Desgl. . . .	„	11.37	10.75	3.48	59.33	9.97	5.10
18	Desgl. . . .	1877	11.12	13.47	2.62	50.20	15.23	7.36
19	Graupen-schlamm . .	1882	—	13.00	—	—	—	12.70
20	Graupenfutter .	1881	10.00	10.80	4.30	58.70	10.90	5.60
21	Desgl. . . .	„	12.10	13.40	3.60	—	—	—
22	Desgl. . . .	„	12.70	10.80	3.50	—	—	—
23	Desgl. . . .	„	13.00	10.80	3.40	—	—	—
24	Graupenabfall .	1880	14.35	12.25	4.59	52.97	10.85	4.99
25	Desgl. . . .	1881	12.90	14.44	5.40	52.67	9.01	5.58
26	Desgl. . . .	„	—	10.06	1.65	—	—	—
	Mittel (excl. No. 3 u. 12) .		12.44	11.39	3.55	55.01	11.89	5.72

Gerstenmehl.

No.	Bezeichnungen und Bemerkungen	Jahr der Untersuchung	In der ursprünglichen Substanz: Wasser %	Nh-Substanz %	Rohfett %	Nfr. Extractstoffe %	Rohfaser %	Asche %
1	Gerstenmehl v. Nürnberg .	1860	14.00	13.94	2.23	—	—	—
2	Desgl. a. Cassel	„	15.00	12.56	2.17	—	—	—
3	Gerstenmehl .	1872	13.25	10.80	3.20	56.05	7.90	8.80
4	Gerstenmehl, 1. Sorte . .	1875	22.85	12.18	1.73	59.85	0.41	2.98
5	Desgl., 2. Sorte	„	12.88	19.16	5.33	56.15	2.63	3.85
6	Desgl., 3. Sorte	„	14.79	14.63	3.86	62.63	1.53	2.39

Gersten-Abfall.

No. 1 u. 2. Thom. Anderson. — Weende'r Jahresber. 1854. II. 24. (Trans. Highl. Soc. Jan. 1854. 197 und October 1854. 408.)
Ns. 3. W. Wicke. — Hannöver'sche landw. Ztg. 1865. 81.
No. 4. J. König (V.-St. Münster). — Landw. Ztg. f. Westfalen u. Lippe 1872. 101.
No. 5. Th. Dietrich (V.-St. Altmorschen). — Landw. Ztg. f. d. Rgbz. Cassel 1873. 342.
No. 6. Derselbe. — 1. Bericht. Cassel, 1862. 106. An näheren Bestandtheilen wurden ausserdem bestimmt: Eiweiss 1.62 Pflanzenleim 4.27, Pflanzenfibrin 5.11, Gummi 4.16, Zucker 7.49 und Stärke 38.58%.
No. 7. W. Henneberg (V.-St. Göttingen). — Journ. f. Landwirthsch. 1871. 422.
No. 8. J. König (V.-St. Münster). — 1. Bericht. 41.
No. 9. H. Schultze (V.-St. Braunschweig). — Mittheilungen des landw. Centralver. in Braunschweig 1874. No. 9.
No. 10—15. F. Holdefleiss (V.-St. Halle). — Ztschr. d. landw. Centralver. f. d. Prov. Sachsen 1876. 244 u. 250.
No. 16 u. 17. A. Pagel (V.-St. Halle). — Ebendaselbst 1877. 90.
No. 18. W. Th. Oswald (V.-St. Halle). — Ebendaselbst 1878. 15.
No. 19—23. M. Märcker (V.-St. Halle). — Originalmittheilung.
No. 24. J. König (V.-St. Münster). — 2. Bericht 1878—80. 17.
No. 25. R. Heinrich (V.-St. Rostock). — Bericht f. 1875—81. 75. Der Gehalt an Nfr. Extraktstoffen ist daselbst zu 32.67% angegeben, wir nahmen denselben zu 52.67%, da sonst die Summe der Bestandtheile nur 80 ausmachen würde.
No. 26. F. Soxhlet (Centr.-V.-St. München). — Originalmittheilung.

Gerstenmehl.

Analysen von Gerstenmehl liegen von Einhof I und Proust II vor. Sie fanden:

I. Wasser 9.37, Albumin 1.15, Faserstoff aus Kleber, Stärke und Holzfaser bestehend 7.29, Kleber 3.52, Gummi 4.62, unkrystallisirbaren Zucker 5.21, Stärke 67.18, sauren phosphorsauren Kalk mit Albumin 0.24, Verlust 1.42%.

II. Kleber 3, Hordeïn 55, honigähnlichen Zucker 5, Gummi 4, gelbes Harz 1, Stärke 32%. (Hordeïn ist ohne Zweifel nichts weiter als ein Gemenge von Stärke, Kleie, Nh. Substanz, Gummi, kurz eben Gerstenmehl, aus welchem durch Schlemmen das Stärkemehl nicht abgeschieden werden konnte. v. Bibra.)

No. 1 u. 2. von Bibra. — Dessen: Die Getreidearten und das Brod. Nürnberg, 1860. 305. Nh. Substanz von uns aus dem zu 2.23 bezw. 2.01% angegebenen N-Gehalt berechnet. An näheren Bestandtheilen fand Autor ferner:

	Albumin	Pflanzenleim	Caseïn	In Alkohol u. Wasser unlösl. N-Substanz	Gummi	Zucker	Stärke
No. 1 . . .	1.20	3.60	1.34	8.24	6.33	3.04	60.00%
No. 2 . . .	1.63	3.18	0.92	7.25	6.74	3.20	59.91 „

No. 3. P. Wagner (V.-St. Darmstadt). — Bericht 1874. 20.
No. 4—7. E. Heiden (V.-St. Pommritz). — Originalmittheilung. Sand in der lufttrocknen Substanz 0.34, 0.34, 0.17 und bezw. 2.58%.

No.	Bezeichnungen und Bemerkungen	Jahr der Untersuchung	In der ursprünglichen Substanz Wasser %	Nh-Substanz %	Rohfett %	Nfr. Extractstoffe %	Rohfaser %	Asche %
7	Gerstenfutter .	1875	11.68	12.94	5.06	54.08	10.33	3.33
8	Gerstenfuttermehl . . .	„	12.65	11.38	4.11	60.31	6.73	4.82
9	Geringes Gerstenmehl . .	„	14.22	7.19	0.82	73.16	2.50	2.11
10	Gerstenfuttermehl . . .	1876	11.96	12.37	2.73	66.38	4.50	2.06
11	Desgl. . . .	1881	11.80	12.60	2.10	67.40	3.40	2.70
12	Desgl. . . .	—	12.10	12.50	2.50	—	—	—
13	Desgl. . . .	—	—	9.60	6.70	—	—	—
14	Desgl. . . .	—	—	15.20	4.50	—	—	—
15	Desgl. . . .	1882	12.00	14.70	3.40	60.00	4.20	5.70
16	Desgl., fein .	„	12.02	15.25	4.54	63.23	2.39	2.57
17	Desgl., grob .	„	12.86	11.98	4.81	49.27	16.08	5.00
18	Desgl. . . .	1884	10.62	10.42	2.21	69.04	5.01	2.70
19	Desgl. . . .	„	—	6.06	2.75	—	—	—
20	Desgl. . . .	1883	14.18	10.63	3.08	47.54	18.38	6.19
21	Desgl., weisses Gerstenmehl .	„	13.64	14.56	3.53	61.57	3.49	3.21
22	Desgl., gemahl. Gerstenmehl .	1884	10.68	9.37	2.34	74.46	1.37	1.78
23	Desgl., Abfall b. Enthülsen der Gerste . .	„	11.76	5.88	2.50	49.75	22.17	7.94
24	Gerstenmehl, geschliffen .	„	10.84	3.94	1.56	75.92	1.26	1.48
25	Gerstenhühnermehl . . .	1884	11.64	11.32	2.96	63.21	7.03	3.84
26	Barley Meal .	1877	9.85	12.68	3.24	63.46	7.00	3.77
27	Barley Feed, Nebenproduct bei der Perlgerstefabrik. .	1886	13.20	11.94	3.25	59.38	7.98	4.25
28	Weisses Gerstenmehl, Abfall der Rollgerstefabrik. .	1880	13.64	14.56	3.53	61.57	3.49	3.21
29	Gerstenfuttermehl (Schrot), Abfall d. Rollgerstefabrik. .	1880	14.18	10.63	3.08	47.54	18.38	6.19
	Mittel Gerstenfuttermehl feines (No. 4, 5, 6, 9, 10, 11, 15, 16, 21, 22 u. 24) . .		13.43	12.36	2.90	65.98	2.53	2.80
	Desgl., gröberes (die übrigen Analysen) .		12.71	11.39	3.44	56.59	10.87	5.00

Gerstengries-Futter.

No.	Bezeichnungen und Bemerkungen	Jahr der Untersuchung	Wasser %	Nh-Substanz %	Rohfett %	Nfr. Extractstoffe %	Rohfaser %	Asche %
1		1875	13.00	11.19	2.92	64.96	4.67	3.26
2		„	12.26	12.81	3.24	63.10	5.25	3.34
3		1876	13.17	12.06	2.86	64.77	3.95	3.19
4		„	—	12.37	—	—	—	3.42
5		„	—	12.56	2.32	—	—	3.32
6		„	13.62	12.44	2.26	63.06	5.37	3.25
7		„	11.52	12.00	—	—	–	5.41
8		„	11.97	10.94	—	—	—	5.97
9		„	12.88	11.44	4.64	56.65	8.50	5.89
10		„	15.82	12.50	3.48	58.94	5.60	3.66
11		1877	13.14	10.69	3.24	64.97	4.96	3.00
12		1877	10.36	12.68	3.30	64.97	5.70	3.11
13		„	12.18	15.94	2.23	59.69	5.78	4.18
14		„	12.68	11.44	2.62	68.10	2.86	2.30
15		„	12.74	12.07	2.88	63.45	5.40	3.46
16		1878	11.40	15.30	2.50	63.60	4.10	3.10
17		1879	13.10	11.30	2.60	64.10	5.30	3.60
18		„	10.50	10.50	2.70	61.60	9.10	5.60
19		1880	8.20	12.30	3.20	67.00	7.10	2.20
20		„	10.00	14.00	4.00	59.90	7.30	4.80
	Mittel . .		12.14	12.33	3.00	63.05	5.68	3.80

No. 8. C. Müller (V.-St. Hildesheim). — Originalmittheilung.
No. 9 u. 10. F. Holdefleiss (V.-St. Halle). — Ztschr. d. landw. Centralver. f. d. Prov. Sachsen 1876. 243 u. 250.
No. 11—15. M. Märcker (V.-St. Halle). — Originalmittheilung. Gleichzeitig wurden für den Proteïngehalt von anderen Proben folgende Zahlen angegeben: 13.5, 14.5, 10.2, 10.2 %.
No. 16—18. E. Wolff u. C. Kreuzhage (V.-St. Hohenheim). — Württemberg. Wochenbl. f. Landwirthschaft 1882. 230 und 1886. 57.
No. 19—25. F. Soxhlet (V.-St. München). — Originalmittheilung. No. 20 u. 21 aus der Fabrik von G. Kimmelmann und Sohn in Ulm und No. 22—25 aus der Fabrik von Simon Westermeier in München. No. 21—25 sind Abfall von der Rollgerstefabrikation.
No. 26. W. O. Atwater — Agric. Exp. Stat. Middletown, Conn. 1877/78. 27.
No. 27. S. W. Johnson. — Connecticut Agric. Exp. Stat. Rep. f. 1886. 112.
No. 28 u. 29. F. Soxhlet (Central-V.-St. München). — Originalmittheilung.

Gerstengries-Futter.
No. 1—7. F. Holdefleiss (V.-St. Halle). — Ztschr. d. landw. Centralv. f. d. Prov. Sachsen 1876. 243 u. 250.
No. 8—10. A. Pagel (V.-St. Halle). — Ebendaselbst 1877. 90.
No. 11—15. W. Th. Osswald (V.-St. Halle). — Ebendaselbst 1878. 13.

Haferkleie, Hülsen, grober Abfall von der Hafergrütze-Darstellung, grober Abfall vom Schälen des Hafers.

No.	Bezeichnungen und Bemerkungen	Jahr der Untersuchung	In der ursprünglichen Substanz: Wasser %	Nh-Substanz %	Rohfett %	Nfr. Extractstoffe %	Rohfaser %	Asche %
1	Haferstaub (Oat-dust)	1854	9.31	6.81	3.21	—	—	7.70
2	Hafermehl (Oatmeal or sowen seeds, Siebabfall)	„	10.14	4.13	2.44	—	—	2.96
3	Haferschälabfall (Rough or shelling seeds)	„	10.22	1.81	0.95	—	—	3.95
4	Haferkleie	1874	9.98	1.13	1.06	51.41	32.95	3.47
5	Haferhülsen	1871/77	9.44	2.37	1.29	52.47	27.97	6.46
6	Rothmehl	„	8.25	8.50	5.51	53.18	14.87	9.69
7	Desgl.	1878	10.96	6.31	2.46	49.49	23.85	6.93
8	Haferkleie	1882	8.35	10.31	1.88	45.18	28.86	5.42
9	Abfall von geschältem Hafer	1874	8.75	2.76	0.66	—	—	—
	Mittel		9.49	4.90	2.16	51.96	25.67	5.82

Hafermehl, besserer Abfall.

No.	Bezeichnungen und Bemerkungen	Jahr der Untersuchung	Wasser %	Nh-Substanz %	Rohfett %	Nfr. Extractstoffe %	Rohfaser %	Asche %
1	A. d. Spessart 1	1860	11.70	18.88	5.68	—	—	—
2	Desgl. 2	„	12.33	15.48	6.83	—	—	—
3	Haferweissmehl	1878	10.55	11.09	4.50	52.56	14.51	6.79
4	Desgl.	1880	7.84	15.68	9.50	51.12	10.23	5.63
5	Hafregröpe (Schrot v. beschädigtem H.)	1882	14.50	7.81	2.11	—	—	3.05
6	Desgl.	„	11.05	7.81	4.62	—	—	4.40
7	Desgl.	„	12.65	9.06	3.72	—	—	3.00
8	Desgl.	„	7.10	7.19	5.39	—	—	3.50
9	Oat-Feed	1886	8.19	12.64	6.14	56.31	12.48	4.24
10	Havremel	1882	11.12	10.03	4.48	—	—	2.86
11	Haferkleie	1874	9.30	13.13	3.53	64.40	5.69	3.95
12	Haferfutterm.	1882	8.07	12.00	3.27	53.87	17.27	5.52
13	Gestossener H.	1886	10.09	11.63	4.49	53.98	16.57	3.24
14	Hafermehl	1874	13.65	11.10	3.51	69.29	0.79	1.76
15	Desgl.	1871/77	9.79	9.13	7.17	70.33	1.69	1.89
16	Desgl.	1873	8.70	11.70	7.50	(64.00	7.60)	1.50
	Mittel Haferfutterm. (excl. No. 14 u. 15)		10.23	11.72	5.12	57.07	11.89	3.97

Maismehl, Mais-Abfall.*)

No.	Bezeichnungen und Bemerkungen	Jahr der Untersuchung	Wasser %	Nh-Substanz %	Rohfett %	Nfr. Extractstoffe %	Rohfaser %	Asche %
1	Käufliches Maismehl (Italien)	1874	14.77	7.76	4.51	—	3.69	1.28
2	Desgl.	„	11.80	7.76	4.02	—	5.67	2.81
3	Desgl.	1874	12.65	6.30	5.65	—	4.78	1.10
4	Desgl. A.	„	13.31	7.77	5.22	—	5.01	1.33
5	Desgl. B.	„	12.81	10.07	4.12	—	6.21	1.21

Haferkleie etc.

No. 1—3. Th. Anderson. — Weende'r Jahresber. 1854. II. 23. Trans. Highl. Soc. October 1854. 408.
No. 4. R. Alberti (V.-St. Hildesheim). — 3. Bericht f. 1874. 18.
No. 5—8. J. König (V.-St. Münster). — 1. Bericht f. 1871—77. 40; 2. Ber. 1878—80. 17 und 3. Ber. 1881—83. 11.
No. 9. Emmerling (V.-St. Kiel). — Bericht 1871—77.

Hafermehl, besserer Abfall.

Vogel giebt für das Mehl des Hafers folgende Bestandtheile an: Eiweissstoff 4.30, Gummi 2.50, Zucker u. Bitterstoff 8.25, Stärke 59.00, fettes Oel 2.00, Hülsen 23.95 %. (v. Bibra.)

No. 1 u. 2. von Bibra. — Dessen: Die Getreidearten und das Brod. Nürnberg, 1860. 324. Nh. Substanz von uns aus dem zu 3.02, bezw. 2.477 % angegebenen N-Gehalt berechnet. An näheren Bestandtheilen fand Autor ferner:

	Albumin	Pflanzenleim	Caseïn	In Wasser u. Alkohol unlösl. N-Substanz	Gummi	Unlösl. Substanz des Gummi	Zucker	Stärke
No. 1	1.24	3.25	0.15	14.845	2.555	0.255	2.19	58.14 %
No. 2	1.52	3.00	0.17	11.377	3.500	—	2.24	59.03 „

No. 3 u. 4. J. König (V.-St. Münster). — 2. Bericht 1878—80. 17.
No. 5—8. E. W. Olbers. — Agrikulturkemiska undersökningar på Alnarp år 1882.
No. 9. S. W. Johnson. — Connecticut Agric. Exp. Stat. Rep. f. 1886. 112.
No. 10. F. Werenskiold. — Landbrugskemiker Werenskiolds Beretning.
No. 11. R. Alberti (V.-St. Hildesheim). — 3. Ber. f. 1874. 18.
No. 12. J. König (V.-St. Münster). — 3. Ber. f. 1881—83. 11.
No. 13. E. F. Ladd. — Jahresber. d. Agrikulturchemie 1888. 381. (Chem. Centralbl. 1886. 17.)
No. 14. E. Heiden (V.-St. Pommritz). — Originalmittheilung. (0.10 % Sand. Die Componenten summiren sich auf 100.1.)
No. 15. J. König (V.-St. Münster). — 1. Ber. 1871—77. 40.
No. 16. Dujardin-Beaumetz. — Jahresber. d. Agriculturchem. 16. 1873. 21. (Dingler's polytechn. Journ. 210. 477.)

Maismehl, Mais-Abfall.

*) Wir haben hier die Abfälle der Müllerei und die der Stärkefabrikation zusammengefasst, da deren Zusammensetzung nahe übereinstimmt und aus den Bezeichnungen in den ursprünglichen Mittheilungen nicht immer erkennbar ist, welchen Ursprung der Abfall hat.

No. 1—9. Al. Pasqualini. — Ann. Staz. Agrar. Forli 3. 1874. 13. Bei verschiedenen Verkäufern entnommen. An näheren Bestandtheilen wurden noch ermittelt in Procenten des lufttrocknen Mehls:

No.	Bezeichnungen und Bemerkungen	Jahr der Untersuchung	In der ursprünglichen Substanz: Wasser %	Nh-Substanz %	Rohfett %	Nfr. Extractstoffe %	Rohfaser %	Asche %
6	Käufliches Maismehl (Italien)	1874	13.11	6.26	5.12	—	5.78	3.34
7	Desgl. . . .	„	13.40	7.76	5.53	—	5.02	1.46
8	Desgl. . . .	„	15.12	7.76	4.76	—	4.89	1.30
9	Desgl. . . .	„	15.35	7.76	4.94	—	4.57	1.43
10		„	13.38	10.64	4.36	67.83	1.90	1.89
11		1879	14.72	8.79	3.67	69.78	1.35	1.69
12	Maishülsen .	„	11.60	12.37	3.63	62.37	5.54	4.49
13	Maiskleie . .	„	13.72	7.83	4.20	63.80	8.73	1.72
14		„	13.14	8.25	1.15	73.56	2.45	0.45
15		„	15.01	8.60	1.88	71.20	1.56	1.75
16	Mittel von 3 Analysen . .	1881	13.79	8.96	3.84	67.05	4.01	2.35
17	Corn feed meal, amer. Product	„	11.60	13.12	4.63	63.58	6.57	0.50
18	Maisschrot, Rückstand der Stärkefabrik.	1883	13.10	12.70	7.60	63.60	1.80	1.20
19	Maishülsen, Nebenproduct d. Stärkefabr.	„	(44.60	4.30	5.50	34.00	11.10	0.50)
20	Maisfuttermehl, Futterpolenta	1882	10.91	8.66	6.52	59.08	12.50	2.33
21	Maisfuttermehl	1880	—	8.50	4.03	—	—	—
22	Polentafutterm.	„	—	8.26	6.12	—	—	—
23	Maisfuttermehl	1884	10.91	7.66	6.52	60.08	12.50	2.33
24	Majsfodermjöl	1881	11.20	13.13	7.10	—	—	1.25
25	Desgl. . . .	1882	10.70	13.44	7.25	—	—	0.80
26	Maisfodermel .	„	(—	17.81	6.04	—	—	—)
27	Maize-Meal .	1877	12.91	8.69	3.51	71.93	1.79	1.17
28	Desgl. v. gelbem Flint-Mais .	„	20.67	7.81	3.07	66.35	0.93	1.17
29	Desgl. von Western-Corn .	1877	21.67	7.38	2.50	65.88	1.41	1.16
30	Desgl, from old Western-Corn	1880	14.56	9.12	4.05	68.89	2.16	1.22
31	Desgl., from old N.-York-Corn	„	15.32	8.63	3.98	68.77	1.83	1.47
32	Maize-Meal .	1883	18.81	8.81	2.36	67.37	1.35	1.30
33	Desgl. . . .	1885	12.04	10.19	4.37	70.14	1.88	1.38
34	Desgl. . . .	„	13.12	10.00	4.50	62.91	1.75	1.42
35	Desgl. . . .	„	13.29	9.81	4.56	68.20	2.71	1.43
36	Desgl. . . .	„	14.24	9.50	2.63	70.80	1.28	1.55
37		1886	12.62	9.99	3.82	69.89	2.32	1.36
38	Von Swet-Mais	„	10.90	11.24	3.79	69.85	2.30	1.92
39	Von Self-Husking-Mais .	„	12.10	10.96	4.78	68.43	2.20	1.53
40	Von Dent-Corn (Western-C.) .	„	18.00	10.00	4.08	64.42	2.10	1.40
41	Desgl. . . .	„	20.95	9.44	4.25	61.72	2.14	1.50
42	Von Flint-Corn	„	18.25	8.25	4.16	66.03	1.86	1.45
43		„	15.59	9.07	4.22	67.27	2.36	1.49
	Mittel, Maismehl, feineres (No. 10, 11, 14, 15, 18 u. 27 bis 43) . .		15 20	9.45	3.74	68.33	1.88	1.40
	Mittel, gröberes (No. 1 bis 9, 12, 13, 16, 17, 20, 23)		12.99	8.52	4.88	65.32	6.36	1.93

Mais-Abfall.

No.	Bezeichnungen und Bemerkungen	Jahr der Untersuchung	Wasser %	Nh-Substanz %	Rohfett %	Nfr. Extractstoffe %	Rohfaser %	Asche %
1	Hominy Chops*)	1879	13.53	9.50	9.32	62.02	3.19	2.44
2	Desgl. . . .	1879	11.56	9.82	8.58	62.58	4.79	2.67

	No. 1	2	3	4	5	6	7	8	9
Stärkemehl	64.76	64.82	65.46	63.13	62.25	61.38	63.00	63.23	61.59
Zucker	0.81	1.01	0.92	1.42	0.82	1.82	1.19	0.86	2.02
Dextrin	2.42	2.11	3.14	2.81	2.52	3.19	2.64	2.08	2.34

No. 10. A. Petermann u. Simon u. No. 11 A. Petermann u. Molinari (V.-St. Gembloux). — Originalmittheilung.
No. 12 u. 13. J. Moser (V.-St. Wien). — I. Bericht. IV Tafeln. Sand in No. 12 = 0.08, in No. 13 = 0.22 %.
No. 14. C. Müller (V.-St. Hildesheim). — Originalmittheilung.
No. 15. A. Völcker. Mitgetheilt von M. Märcker. — Magdeburger Zeitung. No. 527. 1880.
No. 16. J. König (V.-St. Münster). — Originalmittheilung.
No. 17. Th. Dietrich (V.-St. Marburg). — Originalmittheilung.
No. 18 u. 19. Ferd. Becker (V.-St. Darmstadt). — Ztschr. d. landw. Ver. Hessen 1884. 207.
No. 20—23. F. Soxhlet (Central-V.-St. München). — Originalmittheilung.
No. 24 u. 25. E. W. Olbers. — Agrikulturkemiska undersökningar på Alnarp år 1881 u. 1882.
No. 26. F. Werenskiold (V.-St. Aas, Norwegen). — Landbrugskemiker Werenskiold's Beretning.
No. 27—36. S. W. Johnson u. E. H. Jenkins. — Connect. Agric. Exp. Stat. Rep. f. 1877, 56; 1880, 81; 1883, 84; 1885, 40
No. 37—39. C. A. Goessmann. — Jahresber. d. Agriculturchem. 1886. 383. (Massachusett's Agric. Exper. Stat. Bull. No. 22. October 1886. 9.)
No. 40—42. W. H. Jordan. — Ebendaselbst. (Ann. Rep. of the Maine Fertilizer Control- and Agric. Exper. Stat. 1885/86. 51.)
No. 43. W. A. Henry u. H. P. Armsby. — 4 Rep. Agric. Exper. Stat. of the University of Wisconsin f. 1886. 116.

Mais-Abfall.

*) Hominy Chops (Nebenproduct bei der Bereitung von Puddingmehl aus Mais, ein Verfahren, welches in einem gröblichen Zerquetschen von weissem Flint-Mais und in einer Scheidung der harten Theile (hominy-chops) von den mehligen und weichen Theilen des Kornes (hominy) besteht. Der Abfall enthält die Schale und die Keime.) Ann. Rep. Connecticut Agric. Exper. Stat. f. 1879. 93.

No. 1—5. S. W. Johnson. — Connecticut Agric. Exper. Stat. Rep. f. 1879, 93; 1883, 84; 1885, 41.

No.	Bezeichnungen und Bemerkungen	Jahr der Untersuchung	In der ursprünglichen Substanz: Wasser %	Nh-Substanz %	Rohfett %	Nfr. Extractstoffe %	Rohfaser %	Asche %	No.	Bezeichnungen und Bemerkungen	Jahr der Untersuchung	In der ursprünglichen Substanz: Wasser %	Nh-Substanz %	Rohfett %	Nfr. Extractstoffe %	Rohfaser %	Asche %
3	Hominy Chops,								4	Desgl. . . .	1883	13.46	9.75	7.19	64.27	2.79	2.54
	Hominy-Feed,								5	Desgl. . . .	1885	9.22	11.20	9.56	62.88	4.02	3.12
	Baltimor. Meal								6	Corn Germ Feed	1887	12.18	10.87	9.24	56.87	8.30	2.54
	or White Meal	1883	11.14	9.50	6.54	67.66	2.54	2.32		Mittel . .		11.85	10.11	8.40	62.77	4.27	2.60

Reismehl.

No.	Bezeichnungen und Bemerkungen	Jahr der Untersuchung	Wasser %	Nh-Substanz %	Rohfett %	Nfr. Extractstoffe %	Rohfaser %	Asche %	No.	Bezeichnungen und Bemerkungen	Jahr der Untersuchung	Wasser %	Nh-Substanz %	Rohfett %	Nfr. Extractstoffe %	Rohfaser %	Asche %
1	Rice meal or								27		1871	11.46	10.56	9.30	46.40	12.31	9.97
	dust . . .	1852	12.02	6.69	5.61	25.52	36.67	13.49	28		„	10.74	7.63	9.09	44.25	16.82	11.47
2	Rice-dust . .	1853	11.63	8.00	2.95	—	—	8.12	29		„	11.01	11.75	10.66	57.62	2.37	6.59
3	Beste Sorte .	1858	11.64	11.72	11.14	40.78	18.39	6.33	30		„	10.04	11.00	10.29	46.17	12.29	10.21
4	Schlecht. Sorte	„	11.22	10.50	6.83	19.87	40.19	11.40	31		„	11.16	10.94	10.60	45.29	12.57	9.44
5		„	13.80	7.26	5.27	33.13	26.52	14.02	32		„	13.07	11.69	3.88	60.29	1.49	9.58
6		1865	8.83	12.75	9.50	50.69	10.14	8.09	33		„	11.17	11.19	10.35	44.10	13.63	9.56
7		1868	10.88	9.94	9.32	54.27	6.56	9.03	34		„	10.75	9.81	8.58	39.53	17.96	13.37
8		„	12.90	10.75	11.92	47.60	7.58	9.25	35		„	11.22	8.44	9.30	39.93	19.66	11.45
9		1869	11.13	9.65	7.77	61.84	4.28	5.33	36		„	—	11.69	8.50	—	—	—
10		„	10.61	11.81	11.04	52.60	6.03	7.91	37		1872	8.19	8.82	9.27	41.90	18.84	12.98
11		„	8.88	9.18	6.73	31.78	28.96	14.47	38		„	10.36	8.07	9.61	59.32	3.52	10.12
12		1870	11.54	9.56	7.31	44.58	15.47	11.54	39		1873	8.60	7.70	7.60	—	21.90	14.0
13		„	9.26	9.66	9.35	39.50	18.39	13.84	40		„	9.09	7.81	6.50	39.78	24.73	12.09
14		„	8.58	10.25	6.64	67.78	2.16	4.59	41		„	7.89	13.18	11.92	44.46	12.16	10.38
15		„	9.83	13.06	10.76	51.42	5.79	9.14	42		„	7.74	10.25	9.13	44.60	15.34	12.84
16		„	9.09	12.19	10.28	48.72	8.78	10.94	43		„	—	10.55	9.29	—	—	—
17	Reisstaub aus														Stärke		
	Bremen . .	„	9.42	11.63	12.53	43.51	8.89	14.02	44		1874	—	11.62	—	59.95	20.12	—
18		„	12.72	12.72	7.47	59.21	2.56	5.62	45		„	—	12.50	—	57.70	17.95	—
19		„	10.25	12.94	15.39	43.74	7.84	9.84	46		„	11.10	11.70	9.90	48.00	9.80	9.50
20		„	11.30	12.69	11.93	41.13	11.96	10.99	47		„	10.92	10.14	9.05	60.72	2.84	5.33
21		„	9.23	7.54	6.45	48.28	13.65	14.85	48		„	11.19	10.18	9.14	61.55	2.73	5.21
22		„	8.90	10.79	9.68	49.37	7.78	13.48	49		„	9.51	10.68	8.41	45.55	14.53	11.32
23		1871	10.12	11.32	11.52	32.79	18.70	15.55	50		„	12.81	10.87	10.46	45.23	9.83	10.80
24		„	9.47	10.04	9.22	57.25	5.92	8.10	51		„	11.42	11.13	10.37	48.20	5.15	9.73
25		„	8.32	7.70	8.44	37.24	23.78	14.52	52		„	11.32	11.00	10.27	48.23	10.27	8.91
26		„	9.68	11.00	11.47	46.80	11.27	9.78	53		„	11.92	10.56	9.51	41.43	2.96	6.48

No. 6. Derselbe. — Ebendaselbst 1887. 105.

Reismehl.

No. 1. A. Voelcker. — J. Highl. Soc. Jan. 1853. 554. Verf. giebt an 46.5 % Holzfaser, incl. 9.83 % Asche und 3.66 % sonstige Aschenbestandtheile.

No. 2. Th. Anderson. — Trans. Highl. Soc. October 1854. 408. Abfall von Patna-Reis.

No. 3 u. 4. W. Wicke. — Journ. f. Landw. 1858. 114.

No. 5. Th. Dietrich. — Ztschr. f. Kurhessen 1858. 100. Die ausführlichere Analyse ergab: Eiweiss 0.84, Kleber 6.42, Gummi 1.59, Zucker 3.08, Extraktstoffe 6.81, Stärkemehl 21.34 %.

No. 6. A. Voelcker. — J. Roy. agric. Soc. Engl. II. Ser. I. 148. (1865.) Mittel von 18 Analysen.

No. 7—10. Th. Dietrich u. J. König. — Anzeig. d. landw. Centralver. f. d. Rgbz. Kassel 1868. 182 u. 1869. 182.

No. 11. E. Heiden. — Originalmittheilung. In der Asche 1.86 % Sand.

No. 12—22. Th. Dietrich u. J. König. — Anzeig. d. landw. Centralver. f. d. Rgbz. Kassel 1870. 34. 47. 80. 165.

No. 23—25. Dieselben. — Ebendaselbst 1871. 63 u. 226.

No. 26—30. J. König. — Bericht d. V.-St. Münster 1871—77. 41.

No. 31—36. U. Kreusler. — 1. Ber. d. V.-St. Hildesheim 1871—72.

No. 37 u. 38. Th. Dietrich. — Anz. d. landw. Centralv. f. Rgbz. Kassel 1872 u. 1873. 53 u. 219.

No. 39. Aug. Voelcker. — Nach Journ. R. Agric. Soc. England im Landw. Centralbl. 1873. II. 378. Vermuthlich eine Durchschnittsanalyse.

No. 40—42. Th. Dietrich. — Anz. d. landw. Centralver. f. Rgbz. Kassel 1872 u. 1873. 53 u. 219.

No. 43. A. Petermann. — Originalmittheilung.

No. 44 u. 45. H. Wachter (V.-St. Karlsruhe). — Originalmittheilung. Rohfaser ist der beim Kochen der Substanz mit verdünnter Schwefelsäure verbleibende Rückstand.

No. 46. G. Kühn u. Gerver (V.-St. Möckern). — Originalmittheilung.

No. 47—57. J. König (V.-St. Münster). — Bericht ders. 1871—77. 41.

No.	Bezeichnungen und Bemerkungen	Jahr der Untersuchung	In der ursprünglichen Substanz: Wasser %	Nh-Substanz %	Rohfett %	Nfr. Extractstoffe %	Rohfaser %	Asche %
54		1874	11.71	10.06	8.39	51.07	7.93	10.84
55		„	10.41	8.25	7.29	44.93	17.29	11.83
56		„	11.62	8.19	6.45	66.81	2.05	4.88
57		„	11.77	9.13	7.61	64.95	2.66	3.88
58		„	—	9.50	9.10	—	—	—
59		„	—	9.31	9.24	—	—	—
60		„	—	9.75	11.74	—	—	—
61		„	10.37	11.25	8.71	38.34	20.58	10.75
62		„	9.09	9.88	10.20	45.84	12.43	12.56
63		„	9.49	11.85	10.95	43.00	12.82	11.89
64		„	9.96	10.18	11.48	45.04	13.08	10.26
65		1875	10.32	10.91	10.26	44.97	13.95	9.59
66		„	9.95	12.21	8.18	44.25	13.43	11.98
67		„	13.68	12.44	4.13	55.01	8.96	5.78
68		„	10.92	8.31	6.97	67.12	2.08	4.60
69		„	10.30	8.31	9.72	53.69	9.25	8.73
70		„	15.69	5.19	3.76	36.26	26.07	13.03
71	Feinste Sorte .	„	11.89	0.38	0.02	85.20	0.65	1.48
72	Weniger fein .	„	11.62	9.75	7.27	62.50	4.00	3.75
73	Am wenigsten fein . . .	„	11.23	9.69	8.79	48.66	14.86	4.59
74		„	11.40	10.68	9.32	56.20	8.04	4.36
75		1871/77	10.00	5.50	3.07	39.10	27.45	14.88
76		„	12.33	12.75	3.05	65.64	3.84	2.39
77		„	10.92	8.25	6.62	66.37	2.44	5.40
78		„	10.16	8.00	6.52	43.49	20.73	11.10
79		„	10.72	9.77	9.94	44.50	13.67	11.40
80		„	12.30	8.31	4.65	69.22	1.73	3.79
81		„	10.55	11.25	9.12	47.98	10.37	10.73
82		„	9.84	7.56	4.54	51.03	18.99	8.04
83		„	11.05	12.62	6.97	54.68	8.35	3.33
84		„	11.53	10.31	10.80	44.69	12.45	10.22
85		„	11.82	10.43	3.05	66.04	3.80	4.86
86		„	11.40	8.43	5.82	60.49	5.65	8.21
87		„	10.05	12.00	10.66	48.62	9.41	9.26
88		„	11.77	12.63	5.93	53.59	6.83	9.25
89		„	10.27	3.94	1.35	42.76	28.77	12.96
90		„	11.84	9.98	9.98	43.56	13.72	10.92
91		„	11.86	9.25	7.23	64.47	2.23	4.96
92		„	10.72	10.81	10.93	53.52	6.15	7.87
93		„	10.36	4.50	1.95	40.78	29.79	12.62
94		„	11.01	7.56	9.82	42.96	17.14	11.51
95		1875/78	11.34	11.00	10.06	49.27	9.17	9.16

No.	Bezeichnungen und Bemerkungen	Jahr der Untersuchung	In der ursprünglichen Substanz: Wasser %	Nh-Substanz %	Rohfett %	Nfr. Extractstoffe %	Rohfaser %	Asche %
96		1875/78	10.64	9.25	10.19	42.59	16.46	10.87
97		„	10.49	8.69	9.19	43.33	17.16	11.14
98		„	12.70	9.80	10.60	46.60	10.70	9.60
99		„	—	10.13	10.75	—	—	—
100	Bez. J u. R. No. I	„	11.43	10.03	8.37	61.38	2.00	6.79
101	Desgl. No. II .	„	11.40	11.88	11.52	52.44	5.51	7.25
102	Desgl. No. III	„	10.28	7.97	6.33	40.19	23.17	12.06
103		„	—	10.94	9.03	—	—	—
104		„	—	10.69	7.98	—	—	—
105		„	—	5.72	2.98	—	—	—
106		„	—	9.63	9.03	—	—	—
107		„	—	10.35	10.10	—	—	—
108		„	—	10.19	9.83	—	—	—
109		„	—	11.69	10.80	—	—	—
110		„	—	11.69	8.98	—	—	—
111		„	—	9.06	8.20	—	—	—
112		„	—	9.88	9.23	—	—	—
113		„	—	11.56	9.37	—	—	—
114		„	10.64	4.66	1.18	44.59	28.77	9.96
115		„	11.45	5.34	2.45	44.18	27.11	9.47
116		„	11.35	7.15	5.02	36.08	27.70	12.70
117		„	—	10.19	9.81	—	—	—
118		„	—	9.63	8.94	—	—	—
119		„	—	11.00	9.38	—	—	—
120		„	11.09	10.19	8.43	44.08	16.17	10.04
121	I. Qualität .	1877	9.73	9.75	7.69	66.64	1.54	4.65
122	Desgl. . . .	1879	—	9.47	7.70	—	—	—
123	II. Qualität .	1877	10.64	11.75	10.12	51.15	7.74	8.60
124	Desgl. . . .	„	9.15	11.06	13.56	51.89	6.07	8.27
125	Desgl. . . .	„	—	12.06	12.37	—	—	—
126	Desgl. . . .	1879	9.21	11.63	10.75	51.02	8.99	8.40
127		„	10.10	11.53	12.43	50.23	6.65	9.06
128		„	10.66	10.00	9.09	53.06	9.20	7.99
129		1875	10.90	8.69	12.41	44.29	12.80	10.91
130		1876	11.87	7.87	10.24	44.55	13.97	11.50
131		„	10.55	8.06	9.69	49.39	11.74	10.57
132		1877	10.72	11.37	11.98	49.56	8.48	7.89
133		1878	12.23	9.62	6.53	54.65	10.34	6.63
134		1879	11.30	10.43	11.39	52.03	6.85	8.00
135		„	10.20	10.87	14.52	47.59	8.12	8.70
136	III. Qualität .	1876	9.21	3.31	2.75	35.59	37.09	12.05
137		„	11.32	3.43	2.65	27.63	42.44	12.53
138		1877	9.33	5.87	4.67	36.37	29.83	13.93

No. 58—60. R. Alberti u. Hempel. — 2. Bericht d. V.-St. Hildesheim 1874. 25.
No. 61. W. Hoffmeister (V.-St. Insterburg). — Originalmittheilung.
No. 62—66. Th. Dietrich (V.-St. Altmorschen). — Landw. Anz. f. d. Rgbz. Kassel 1874. 523 u. 704. 1875. 115 u. 452.
No. 67—70. R. Alberti (V.-St. Hildesheim). — 3. Ber. ders. 1875. 18.
No. 71—73. V.-St. Weende. — Originalmittheilung. Sand in No. 71 = 0.38, No. 72 = 1.11, No. 73 = 2.18 %.
No. 74—94. J. König (V.-St. Münster). — Bericht ders. 1871—77. 41.
No. 95—120. K. Müller (V.-St. Hildesheim). — 4. Ber. ders. 1875—78.
No. 121—140. A. Emmerling u. M. Schrodt. — Mitthl. d. V.-St. Kiel. III. 1875—79.

No.	Bezeichnungen und Bemerkungen	Jahr der Untersuchung	In der ursprünglichen Substanz Wasser %	Nh-Substanz %	Rohfett %	Nfr. Extractstoffe %	Rohfaser %	Asche %	No.	Bezeichnungen und Bemerkungen	Jahr der Untersuchung	In der ursprünglichen Substanz Wasser %	Nh-Substanz %	Rohfett %	Nfr. Extractstoffe %	Rohfaser %	Asche %
139		1877	11.68	4.25	3.14	37.62	31.10	12.21	175	II.	1878	10.18	16.75	13.57	44.95	6.24	8.31
140		„	9.71	2.68	1.56	32.64	38.11	15.30	176	III.	„	10.00	6.19	3.16	29.44	39.89	11.32
141		1876	10.54	8.49	9.66	42.39	17.42	11.50	177	Weisses . .	1877	11.72	10.00	5.92	67.08	1.40	3.88
142		„	11.87	11.69	8.04	60.91	2.46	5.03	178	Gelbes . . .	„	10.12	10.56	11.52	50.94	8.40	8.46
143	I.	„	12.03	10.37	5.80	66.77	1.32	3.71	179	Feines . . .	1879	12.82	11.06	11.51	56.75	1.68	6.18
144	II.	„	11.38	11.17	9.80	57.13	3.90	6.62	180	Grobes . . .	„	12.07	12.63	14.22	46.45	6.56	8.07
145	III.	„	9.47	6.02	3.32	44.09	25.10	12.00	181	Desgl. . . .	„	10.21	12.81	10.73	51.49	6.84	7.92
146		1875	11.00	7.19	8.32	47.50	14.68	10.51	182	Desgl. . . .	„	7.47	12.64	11.98	52.82	7.16	7.93
147		1876	10.94	9.75	9.54	44.35	15.13	10.29	183	Desgl. . . .	„	10.31	13.56	12.43	47.13	7.65	8.92
148		„	13.44	11.94	11.04	50.22	6.13	7.23	184	Desgt. . . .	„	9.93	13.13	13.70	47.59	7.22	8.43
149		„	13.36	10.19	7.79	59.51	2.57	6.58	185	Desgl. . . .	„	11.86	4.98	2.75	33.72	31.66	15.03
150		„	12.49	7.94	5.96	40.98	20.80	11.83	186	Desgl. . . .	„	9.21	11.63	10.75	51.02	8.99	8.40
151		„	11.36	11.44	5.48	58.29	7.72	5.71	187	Desgl. . . .	„	18.92	9.43	8.33	41.63	13.36	8.33
152		„	9.63	8.05	10.01	44.85	16.52	10.94	188	Desgl. . . .	„	11.61	9.43	9.81	50.08	12.56	6.51
153		1877	13.19	9.17	5.98	—	—	3.95	189	Desgl. . . .	„	9.49	12.31	8.18	48.41	12.73	8.88
154		„	11.19	10.85	10.60	—	—	8.49	190	Desgl. . . .	„	9.88	12.37	12.52	44.57	10.10	10.56
155		„	11.60	7.80	9.50	59.30	5.40	6.40	191	Desgl. . . .	„	8.62	9.50	9.34	48.08	14.48	9.97
156		„	12.60	11.40	7.00	52.00	9.10	7.90	192	Desgl. . . .	„	9.89	10.87	11.81	46.01	11.61	9.81
157		„	9.70	8.19	8.09	—	—	10.84	193	Desgl. . . .	„	9.84	12.12	12.13	50.96	9.46	5.49
158		„	9.81	11.63	8.57	—	—	9.90	194	Desgl. . . .	„	10.92	9.56	9.30	50.14	15.89	4.19
159		„	—	14.37	8.03	—	10.47	—	195	Desgl. . . .	„	11.98	8.93	7.41	48.67	15.06	7.95
160		1878	—	13.62	13.06	—	—	—	196	Desgl. . . .	„	11.71	12.06	14.04	44.29	8.90	9.00
161		„	10.18	13.31	10.46	—	10.36	—	197	Desgl. . . .	„	11.24	10.01	9.28	46.04	13.42	10.01
162		„	9.92	9.06	7.23	—	11.63	—	198	Desgl. . . .	„	11.45	11.33	13.92	42.33	11.21	9.76
163		„	—	12.50	14.53	—	—	—	199	Desgl. . . .	1880	9.47	10.26	10.15	39.12	16.54	14.46
164		„	—	11.93	13.47	—	—	—	200	Desgl. . . .	„	11.34	10.23	10.44	46.86	12.80	8.33
165		„	9.35	14.68	12.26	46.51	7.52	9.68	201	Desgl. . . .	„	—	9.13	9.37	—	—	—
166		1877	10.33	10.71	9.60	42.75	15.27	11.34	202	Desgl. . . .	„	—	11.33	10.67	—	—	—
167		„	11.72	12.65	16.02	45.44	6.54	7.63	203	Desgl. . . .	„	11.04	11.25	9.21	38.58	18.46	11.46
168		„	10.74	15.28	6.60	51.56	7.26	8.55	204	Desgl. . . .	„	9.72	9.51	9.41	43.00	15.06	13.30
169		1878	11.54	13.76	12.35	48.43	5.56	8.36	205	Desgl. . . .	„	10.81	8.94	6.82	49.97	13.50	9.96
170	A. No. I . .	„	12.02	10.50	10.12	57.11	2.63	7.62	206	Desgl. . . .	„	11.25	8.62	8.29	48.16	13.86	9.82
171	A. No. II . .	„	12.28	14.22	9.40	43.25	9.98	10.87	207	Desgl. . . .	„	11.40	11.00	9.36	46.03	10.78	11.43
172	G. No. I . .	„	14.23	10.47	5.44	62.28	1.49	3.99	208	Gez. L. No. 0	„	12.21	9.21	6.70	58.28	7.18	6.42
173	G. No. II . .	„	12.48	9.42	9.53	40.59	16.55	11.43	209	Desgl. No. 1 .	„	11.06	9.06	10.94	49.99	11.04	7.91
174	I.	„	10.60	12.06	9.29	60.82	1.56	5.67	210	Desgl. No. 2 .	„	12.33	11.50	5.41	52.54	8.24	6.98

No. 141. R. Heinrich. — Ber. d. V.-St. Rostock. Wismar, 1882. 70.
No. 142. A. Petermann. — Originalmittheilung.
No. 143—145. P. Wagner u. W. Rohn. — Originalmittheilung.
No. 146—151. F. Holdefleiss (V.-St. Halle). — Ztschr. d. landw. Centralv. f. d. Prov. Sachsen 1876. 244 u. 250.
No. 152. Th. Dietrich (V.-St. Altmorschen). — Landw. Anz. f. d. Rgbz. Kassel 1876. 137.
No. 153 u. 154. M. Fleischer u. A. König (V.-St. Bremen). — Originalmittheilung.
No. 155 u. 156. Ad. Mayer (V.-St. Wageningen). — Originalmittheilung.
No. 157—164. Alb. Stutzer (V.-St. Bonn). — Originalmittheilung.
No. 165. E. Wolff (V.-St. Hohenheim). — Württemberg. Wochenbl. f. Landw. 1882. 229.
No. 166—173. Th. Dietrich (V.-St. Altmorschen). — Landw. Anz. f. d. Rgbz. Kassel 1877. 129 u. 285. 1878. 289.
No. 174—176. P. Petersen (V.-St. Oldenburg). — Originalmittheilung.
No. 177 u. 178. W. Th. Osswald (V.-St. Halle). — Ztschr. d. landw. Centralv. f. d. Prov. Sachsen 1878. 15.
No. 179—185. P. Petersen (V.-St. Oldenburg). — Landw. Jahrbücher 1880. 812.
No. 186. Emmerling (V.-St. Kiel). — Ebendaselbst.
No. 187—193. J. König (V.-St. Münster). — Ebendaselbst.
No. 194. K. Müller. — Ebendaselbst.
No. 195. W. Henneberg (V.-St. Göttingen). — Ebendaselbst.
No. 196 u. 197. Th. Dietrich (V.-St. Altmorschen). — Ebendaselbst.
No. 198—210. Derselbe. — Landw. Ztg. u. Anz. f. d. Rgbz. Kassel 1879. 380 und Originalmittheilung.

No.	Bezeichnungen und Bemerkungen	Jahr der Untersuchung	In der ursprünglichen Substanz Wasser %	Nh-Substanz %	Rohfett %	Nfr. Extractstoffe %	Rohfaser %	Asche %	No.	Bezeichnungen und Bemerkungen	Jahr der Untersuchung	In der ursprünglichen Substanz Wasser %	Nh-Substanz %	Rohfett %	Nfr. Extractstoffe %	Rohfaser %	Asche %
211		1879	13.75	13.54	12.33	38.41	11.32	5.95	249		1879	9.2	14.4	13.9	—	—	—
212		„	10.58	9.90	9.82	51.05	8.89	9.76	250		„	8.1	10.1	9.9	—	—	—
213		„	—	12.00	9.32	—	—	0.40	251		„	9.6	11.0	10.0	—	—	—
214		„	10.46	12.75	13.95	42.29	10.82	9.73	252		1880	11.1	11.7	12.8	—	—	—
215		„	10.13	10.59	12.50	38.62	12.06	16.10	253		„	11.4	10.0	9.6	—	—	—
216		„	9.96	12.25	11.92	36.45	11.72	17.70	254		„	8.1	13.8	11.4	—	—	—
217		„	11.34	11.55	9.24	53.85	8.02	6.00	255		„	8.7	13.3	11.5	—	7.8	8.5
218		„	9.80	12.25	9.85	47.50	11.30	9.30	256		„	9.5	12.2	10.9	—	—	—
219		1880	—	13.12	12.36	—	—	—	257		„	10.9	11.9	11.7	—	—	—
220		„	—	12.25	10.66	—	—	—	258		„	9.8	12.1	13.0	—	—	—
221		„	12.00	11.56	12.34	47.84	6.82	9.44	259		„	9.3	12.6	11.7	—	—	—
222		„	—	13.60	3.94	—	—	—	260		„	11.2	13.8	10.0	—	10.1	11.8
223		„	—	12.00	9.70	—	—	—	261		„	11.6	10.3	7.1	—	1.0	5.3
224		„	—	13.10	9.46	—	—	—	262		„	11.2	12.4	12.5	—	2.9	8.2
225		„	—	14.00	15.54	—	—	—	263		„	10.4	10.7	13.3	—	11.7	11.2
226		„	—	12.25	10.62	—	—	—	264		„	10.0	11.6	12.3	—	—	—
227		„	—	14.93	12.00	—	—	—	265		„	11.5	11.5	9.4	—	—	—
228		„	9.75	16.37	11.48	46.11	6.47	9.82	266		„	11.1	12.3	10.9	—	—	—
229		„	—	10.60	9.44	—	—	—	267		„	11.3	9.8	6.8	—	1.5	5.4
230		1879	10.25	13.70	11.90	48.49	7.96	7.70	268		„	11.8	11.3	9.9	—	3.1	6.5
231		„	10.60	14.00	11.40	47.43	8.27	8.30	269		„	12.1	11.7	14.1	—	7.7	9.4
232		„	11.80	13.20	13.10	47.82	6.51	7.57	270		„	9.7	11.1	13.3	—	—	—
233	Durchschnitt v.								271		„	9.9	11.4	14.7	—	11.3	10.1
	17 Proben II	„	—	13.22	13.15	—	—	—	272		„	8.9	12.1	14.3	—	12.1	—
234	Durchschnitt v.								273		„	10.4	11.5	10.6	—	—	—
	5 Proben II	1880	—	8.80	7.00	—	—	—	274		„	10.3	12.5	12.5	43.6	12.1	9.5
235	Durchschnitt v.								275		„	9.6	10.7	11.7	44.9	13.1	10.0
	32 Proben II	„	—	13.70	12.90	—	—	—	276		„	9.0	11.5	11.9	41.2	15.2	11.2
236		„	9.60	8.12	9.64	—	—	7.20	277		„	9.0	11.7	11.3	43.0	14.2	10.8
237	Reisfuttermehl	1879	9.7	11.6	12.0	50.9	7.2	8.6	278		„	9.4	7.4	4.1	—	—	13.8
238		„	10.6	11.3	15.4	39.7	12.0	11.0	279		„	9.7	13.2	9.9	45.8	10.8	10.6
239		„	10.9	13.9	17.3	36.3	10.8	11.7	280		„	10.5	12.7	8.6	—	—	—
240		„	7.8	12.7	12.6	50.6	7.9	8.4	281		„	9.7	11.2	10.7	—	—	—
241		„	8.5	11.2	14.7	44.7	10.3	10.6	282		„	9.3	12.8	13.0	—	—	—
242		„	8.0	11.2	13.8	42.7	10.6	13.7	283		„	10.5	11.4	11.4	—	—	—
243		„	9.5	12.2	13.7	43.0	11.5	10.1	284		„	9.1	10.1	9.7	—	—	—
244		„	—	9.8	9.5	—	—	—	285		„	8.5	10.5	10.1	46.4	13.2	11.3
245		„	—	13.6	11.7	—	—	10.5	286		„	8.7	10.2	10.2	43.6	16.6	10.7
246		„	10.4	11.1	13.1	44.0	10.7	10.7	287		„	9.9	13.9	11.6	—	—	—
247		„	9.5	12.4	15.0	44.6	8.9	9.6	288		„	9.7	12.9	11.2	—	—	—
248		„	10.7	15.4	11.5	38.2	12.5	11.7	289		„	10.6	10.7	9.0	—	—	—

No. 211. E. Heiden u. A. Schlimper. — Originalmittheilung.
No. 212. A. Petermann u. Molinari. — Originalmittheilung.
No. 213 u. 214. P. Wittelshöfer (V.-St. Regenwalde). — Originalmittheilung.
No. 215—229. R. Heinrich (V.-St. Rostock). — Bericht ders. 1875—81. Wismar, 1882. 71.
No. 230—235. P. Wagner (V.-St. Darmstadt). — Ztschr. f. d. landw. Ver. im Grossherzogth. Hessen 1880. 78. Die untersuchten 17 Proben Reismehl unter No. 233, deren Durchschnittsgehalt oben angegeben, waren aus der Fabrik von C. Rickmers in Bremen, desgl. die 32 Proben unter No. 235.

	No. 233 Maximum	Minimum	No. 235 Maximum	Minimnm
Proteïn	15.3	11.5 %	15.3	11.8 %
Fett	15.0	10.7 „	15.9	11.4 „

No. 236. E. W. Olbers (Alnarp, Schweden). — Agrikulturkemiska undersökningar på Alnarp å 1880. 3.
No. 237—306. M. Märcker (V.-St. Halle). — Originalmittheilung.

No.	Bezeichnungen und Bemerkungen	Jahr der Untersuchung	In der ursprünglichen Substanz: Wasser %	Nh-Substanz %	Rohfett %	Nfr. Extractstoffe %	Rohfaser %	Asche %	No.	Bezeichnungen und Bemerkungen	Jahr der Untersuchung	In der ursprünglichen Substanz: Wasser %	Nh-Substanz %	Rohfett %	Nfr. Extractstoffe %	Rohfaser %	Asche %
290		1880	10.7	11.3	11.4	46.0	13.5	7.2	313		1878-82	9.25	13.30	13.22	48.59	6.62	9.02
291		„	9.0	10.7	8.8	—	—	—	314	Reisabfallmehl	„	12.00	12.00	11.43	50.36	6.21	8.00
292		„	9.7	10.7	13.2	—	—	—	315		„	12.25	11.20	9.21	39.45	17.44	10.45
293		„	9.6	10.2	9.3	—	12.3	—	316		„	7.40	11.55	9.09	45.04	16.30	10.62
294		„	10.0	11.9	10.3	—	—	—	317		„	9.95	13.24	10.72	41.37	13.72	11.00
295		„	11.0	9.6	7.7	—	—	—	318		„	10.64	9.60	7.88	43.39	18.24	10.25
296		„	10.4	10.1	9.1	—	—	—	319		„	10.12	10.75	10.80	44.34	12.49	11.50
297		„	11.6	11.2	11.6	—	—	—	320	Im Mittel von							
298		„	9.1	11.1	8.8	—	—	—		8 Proben .	1878	10.92	10.83	10.29	45.15	13.05	9.76
299		„	9.7	12.2	11.4	—	—	—	321	Im Mittel von							
300		„	9.6	11.7	13.0	—	—	—		13 Proben .	1879	11.95	12.69	7.47	47.73	12.22	7.94
301		„	—	10.4	14.4	—	—	—	322	Im Mittel von							
302		„	—	11.7	15.2	—	—	—		8 Proben .	1880	10.80	11.67	10.07	44.06	12.85	10.55
303		„	—	11.9	16.2	—	—	—	323		„	14.35	11.12	10.73	48.62	6.83	8.35
304		„	—	10.9	16.0	—	—	—	324		„	12.90	10.87	10.60	50.48	7.40	7.75
305		„	—	16.8	12.1	—	—	—	325		„	10.55	13.18	10.56	53.05	5.56	7.10
306		„	9.8	12.2	10.4	—	—	—	326		„	9.65	14.06	11.66	50.57	5.86	8.20
307		1878-82	9.30	13.19	12.67	50.29	6.30	8.25	327		„	9.85	13.12	14.51	45.60	8.31	8.61
308		„	8.53	11.38	13.40	45.76	9.73	11.20	328		1878-82	—	10.00	9.91	—	—	—
309		„	9.23	13.00	17.20	40.44	8.96	11.17	329		—	—	11.06	9.75	—	—	—
310		„	7.60	11.19	12.57	45.64	13.00	10.00	330	Italienisches .	—	—	5.41	5.05	—	—	—
311		„	10.22	9.60	8.40	42.84	19.54	9.40	331	Aegyptisches .	—	—	11.94	5.94	—	—	—
312		„	10.02	15.60	15.35	43.16	5.94	8.93	332	Bremer . . .	—	—	11.88	12.83	—	—	—

Reisfuttermehl, vom Jahre 1881 ab.

No.	Bezeichnungen und Bemerkungen	Jahr der Untersuchung	Wasser %	Nh-Substanz %	Rohfett %	Nfr. Extractstoffe %	Rohfaser %	Asche %	No.	Bezeichnungen und Bemerkungen	Jahr der Untersuchung	Wasser %	Nh-Substanz %	Rohfett %	Nfr. Extractstoffe %	Rohfaser %	Asche %
1		1881	9.70	12.30	11.70	49.70	10.00	6.60	20		1884/85	—	13.85	13.41	—	—	—
2		„	9.60	12.06	11.25	54.81	5.53	6.75	21		„	—	13.31	11.25	—	—	—
3		„	9.08	12.12	10.94	53.25	6.22	7.39	22		„	—	12.94	11.67	—	—	—
4	Von R. C.	1882	11.91	11.57	10.37	52.01	7.32	6.82	23	Von R. C.	„	—	12.25	12.03	—	—	—
5	Rickmers-	1882/83	—	11.60	10.40	—	—	—	24	Rickmers-	„	9.84	14.25	11.79	—	—	7.96
6	Bremen,	„	—	12.00	12.40	—	—	—	25	Bremen,	„	10.74	13.74	12.29	—	—	8.37
7	No. 2	„	—	13.00	10.60	—	—	—	26	No. 2	„	12.49	12.93	11.91	—	—	7.99
8		„	—	13.10	13.70	—	—	—	27		„	11.72	12.12	10.69	—	—	8.14
9		„	—	12.40	12.60	—	—	—	28		„	9.87	15.06	15.30	—	—	10.39
10		„	—	12.90	13.30	—	—	—	29	Italienisches .	„	—	10.75	12.45	—	—	14.76
11	Italienisches .	„	—	13.70	15.80	—	—	—	30	Desgl. . . .	„	—	8.62	7.61	—	—	—
12	Angebl. v. R.	1883/84	—	13.00	10.06	—	—	—	31		„	—	9.75	9.79	—	—	15.56
13	C.Rickmers-	„	—	12.37	12.69	—	—	—	32	Aus Holland	„	—	6.59	5.24	—	—	—
14	Bremen	„	—	14.50	11.20	—	—	—	33	importirt	„	—	7.33	6.09	—	—	—
15	Italienisches .	„	—	12.25	12.39	—	—	—	34		„	—	10.37	6.88	—	—	—
16	Von R. C.	1884/85	—	13.50	11.00	—	—	—	35	Von Händ-	1885	10.18	13.74	16.19	42.18	7.73	9.98
17	Rickmers-	„	—	13.56	13.34	—	—	9.18	36	lern in	„	9.45	11.80	10.06	42.06	16.31	10.32
18	Bremen,	„	—	13.62	13.33	—	—	—	37	Bremen	„	9.27	10.29	6.72	42.28	21.56	9.88
19	No. 2	„	11.13	13.51	14.04	—	—	8.44	38	Unbekannt. Herkunft	1884/85	10.50	11.75	10.63	49.21	10.13	7.78

No. 307—319. J. Fittbogen (V.-St. Dahme). — Originalmittheilung.
No. 320—322. J. König (V.-St. Münster). — Landw. Ztg. f. Westfalen u. Lippe 1881. 73.
No. 323—327. A. Voelcker. — J. R. Agric. Soc. England 1880. I. 318.
No. 328—332. F. Soxhlet (Central-V.-St. München). — Originalmittheilung.
Reisfuttermehl, vom Jahre 1881 ab.
No. 1—78. E. Wolff u. C. Kreuzhage (V.-St. Hohenheim). — Württemberg. Wochenbl. f. Landwirthschaft 1882, 229. 1883, 210. 1884, 316. 1886, 39. 1887, 50 und 1888, 173.

No.	Bezeichnungen und Bemerkungen	Jahr der Untersuchung	In der ursprünglichen Substanz					
			Wasser	Nh-Substanz	Rohfett	Nfr. Extractstoffe	Rohfaser	Asche
			%	%	%	%	%	%
39	Unbekannter Herkunft	1884/85	9.29	10.40	11.04	37.11	17.20	14.96
40		„	5.65	10.68	6.49	47.65	11.73	17.80
41		„	8.74	9.94	5.03	53.68	14.24	8.37
42		„	13.36	11.12	5.27	47.66	16.37	6.22
43		„	9.27	11.00	5.50	43.07	20.21	9.88
44		„	8.95	6.75	3.89	37.62	31.29	11.50
45	Von R. C. Rickmers-Bremen	1886	—	13.93	12.03	—	—	—
46		„	—	13.18	14.07	—	—	8.65
47		„	—	13.94	13.87	—	—	—
48		„	—	14.37	12.38	—	—	—
49		1887	—	13.56	12.19	—	—	—
50		„	—	13.38	13.87	—	—	—
51		„	—	15.12	13.85	—	—	—
52		„	—	15.19	13.15	—	—	—
53		„	—	13.81	13.30	—	—	—
54		„	—	13.93	13.94	—	—	—
55	Unbekannter Herkunft	„	—	15.95	13.42	—	—	—
56		„	—	15.87	10.96	—	—	—
57		„	—	11.19	5.81	—	—	—
58		„	—	10.44	5.31	—	—	—
59		„	—	12.50	11.01	—	—	—
60		„	—	11.75	10.72	—	—	—
61	Aus Holland bezogen	„	—	10.32	9.10	—	—	—
62		„	—	11.06	9.24	—	—	—
63		„	—	11.37	7.19	—	—	—
64		„	—	8.94	6.40	—	—	—
65		„	—	6.37	3.32	—	—	—
66		„	—	10.25	7.03	—	—	—
67		„	—	9.75	6.43	—	—	—
68		„	—	14.06	9.06	—	—	—
69	Nicht benannter Herkunft	„	11.15	10.32	9.10	53.93	8.70	6.79
70		„	9.68	11.06	9.24	55.06	7.05	7.91
71		„	8.87	14.06	9.06	55.87	4.29	7.85
72		„	8.94	11.19	5.81	53.22	11.80	9.05
73		„	8.22	10.25	7.03	45.08	17.93	11.49
74		„	7.71	9.75	6.43	47.83	17.46	10.82
75	Italienisches .	„	—	14.94	10.72	—	—	—

No.	Bezeichnungen und Bemerkungen	Jahr der Untersuchung	In der ursprünglichen Substanz					
			Wasser	Nh-Substanz	Rohfett	Nfr. Extractstoffe	Rohfaser	Asche
			%	%	%	%	%	%
76	Italienisches .	1887	—	15.46	11.50	—	—	—
77	Desgl.	„	—	15.63	11.20	—	—	—
78	Desgl.	„	—	12.28	12.13	—	—	—
79	Im Mittel von 209 Proben .	1881	—	11.47	11.23	—	—	—
80	Im Mittel von 87 Proben .	1882	—	11.48	12.37	—	—	—
81	Im Mittel von 80 Proben .	1883	—	12.40	12.70	—	—	—
82		1887	—	12.48	16.44	—	—	—
83		1881	9.24	11.37	11.30	—	—	10.54
84		„	9.59	9.37	13.17	44.95	12.76	10.16
85	Marke A. N. II	„	—	10.31	12.15	—	—	—
86	Marke G. N. II.	„	—	9.06	10.69	—	—	—
87		„	—	8.78	9.17	—	—	—
88		„	10.25	10.13	9.17	52.81	8.44	9.20
89		„	10.01	10.13	11.33	—	—	10.50
90		„	—	10.43	16.96	—	—	—
91		„	9.73	7.87	6.68	46.55	19.24	9.93
92		„	11 12	8.13	8.50	51.16	11.84	9.25
93		1882	12.59	10.38	8.49	64.60	0.74	3.20
94		„	13.29	9.56	6.65	66.11	1.10	3.29
95		„	—	10.88	10.47	—	—	—
96	II. Sorte . .	„	10.88	11.44	11.00	48.08	9.88	8.72
97	Desgl.	„	10.67	9.13	9.75	44.16	16.40	9.89
98	Desgl. . . .	„	10.33	8.25	9.09	44.53	17.88	9.92
99	Desgl. . . .	„	—	9.44	9.84	—	—	—
100	Desgl. . . .	„	10.52	8.75	8.91	52.64	10.43	8.75
101	Desgl. . . .	„	10.29	13.09	11.06	45.74	9.68	10.11
102	Desgl. . . .	„	—	9.25	9.67	—	—	—
103	Desgl. . . .	„	—	8.63	8.71	—	—	—
104	Desgl. . . .	„	10.50	10.41	9.17	48.71	11.33	9.88
105	Desgl. . . .	„	11.09	10.13	8.51	50.12	11.40	8.75
106	A. N. II. Sorte	„	9.86	8.78	8.81	51.07	12.55	8.93
107	Desgl. . . .	„	—	11.16	9.68	—	—	—
108	Desgl. . . .	„	—	10.13	7.92	—	—	—
109	Desgl. . . .	„	—	9.06	6.14	—	—	—

No. 79—82. P. Wagner (V.-St. Darmstadt). — Ztschr. f. d. landw. Ver. i. Hessen 1882, 70. 1883, 30. 1884, 206. 1885, 342. 1887, 356.

1881 Fett 50 Prob. bis zu 10%, 59 Prob. üb. 10 bis zu 12%, 82 Prob. üb. 12 bis zu 14% u. 18 Prob. üb. 14%. Max. 16.5%, Min. 1.7%
1881 Proteïn 27 „ „ „ „ 111 „ „ „ „ „ „ 53 „ „ „ „ „ „ „ 18 „ „ „ „ 15.3 „ „ 2.8 „
1882 Fett 15 „ „ „ „ 33 „ „ „ „ „ „ 19 „ „ „ „ „ „ „ 20 „ „ „ „ 15.52 „ „ 2.54 „
1882 Proteïn 16 „ „ „ „ 40 „ „ „ „ „ „ 31 „ „ 14.00 „ „ 4.38 „
1883 Maximum: Fett 18.1, Proteïn 14.9%. Minimum: Fett 9.0, Proteïn 8.6%.
1884 Maximalgehalt an Fett und Proteïn 29.3%, Minimalgehalt an Fett und Proteïn 7.8%, Mittelgehalt 24.5% (68 Proben).
1887 „ „ „ „ „ 30.1 „ „ „ „ „ „ 23.7 „ „ 26.2 „ (4 „).

No. 83—189. Th. Dietrich (V.-St. Marburg). — Landw. Ztg. u. Anz. f. d. Rgbz. Cassel 1881, 690. 1882, 130 u. 472. 1883, 141, 233 u. 602. 1884, 552. Maximum an Proteïn und Fett 32.91% (Proteïn 14.69, Fett 18.22%), Minimum an Proteïn und Fett 16.15%. 1885, 199. 1886, 247. Maximum an Proteïn 17.81, an Fett 17.65, an Proteïn und Fett 35.2%, Minimum an Proteïn 5.75 und an Fett 2.81%.

1886, 650. Maximum: Proteïn 15.56%, Fett 16.95%, Proteïn und Fett 29.32%
Minimum: „ 7.50 „ „ 4.50 „ „ „ „ 12.08 „
1887, Privatmitthl. Maximum: „ 17.80 „ „ 18.28 „ „ „ „ 33.60 „
Minimum: „ 5.60 „ „ 2.67 „ „ „ „ 10.60 „
1888, „ Maximum: „ 15.68 „ „ 16.45 „
Minimum: „ 7.19 „ „ 2.50 „

No.	Bezeichnungen und Bemerkungen	Jahr der Untersuchung	In der ursprünglichen Substanz Wasser %	Nh-Substanz %	Rohfett %	Nfr. Extractstoffe %	Rohfaser %	Asche %
110	II. Sorte . .	1882	—	13.13	8.80	—	—	—
111	A. N. II. Sorte	„	—	14.50	8.39	—	—	—
112	G. N. II. Sorte	„	—	12.38	8.95	—	—	—
113	II. Sorte . .	„	—	13.25	11.61	—	—	—
114	II. Sorte . .	1883	10.83	11.50	15.53	48.58	5.46	8.10
115	II. Sorte . .	„	10.45	9.56	9.99	52.17	8.41	9.42
116	II. Sorte . .	„	11.44	8.19	6.84	55.84	10.47	7.22
117	G. N. II. Sorte	„	10.10	8.88	8.87	45.77	16.68	9.70
118	II. Sorte . .	„	11.73	10.50	12.15	52.26	5.78	7.58
119	A. N. II. Sorte	„	—	8.19	6.79	—	—	—
120	A. N. II. Sorte	„	—	7.91	6.53	—	—	—
121	A. N. II. Sorte	„	—	9.10	7.32	—	—	—
122	II. Sorte . .	„	—	12.50	14.47	—	—	—
123	II. Sorte . .	„	—	8.25	6.84	—	—	—
124	II. Sorte . .	„	—	10.50	12.15	—	—	—
125	II. Sorte . .	„	—	10.38	9.44	—	—	—
126	II. Sorte . .	„	—	10.00	9.62	—	—	—
127	II. Sorte . .	„	—	12.75	16.26	—	—	—
128	II. Sorte . .	„	11.04	12.56	15.17	46.26	6.38	8.55
129	L. II. Sorte .	„	—	13.00	15.96	—	—	—
130	L. II. Sorte .	„	—	13.69	15.55	—	—	—
131	L. II. Sorte .	„	—	12.56	15.17	—	—	—
132	II. Sorte . .	„	—	9.19	7.43	—	—	—
133	II. Sorte . .	„	—	8.75	10.17	—	—	—
134	II. Sorte . .	„	—	11.06	12.66	—	—	—
135	II. Sorte . .	„	—	8.81	8.98	—	—	—
136	II. Sorte . .	„	—	8.81	9.16	—	—	—
137	II. Sorte . .	„	—	9.50	8.48	—	—	—
138	II. Sorte . .	„	—	12.44	13.70	—	—	—
139	II. Sorte . .	„	9.65	12.63	15.93	44.45	7.88	9.48
140	II. Sorte . .	„	8.80	10.50	9.02	47.88	13.71	10.09
141	II. Sorte . .	„	9.03	10.31	10.19	48.96	11.68	9.83
142	II. Sorte . .	„	9.91	10.41	8.87	51.71	10.43	8.67
143	L. II. Sorte .	„	10.53	14.50	16.30	44.94	5.31	8.42
144	II. Sorte . .	„	10.60	12.13	9.22	61.09	1.12	5.84
145	II. Sorte . .	„	11.88	11.56	11.00	50.57	7.13	7.86
146	G. II. Sorte .	„	—	9.00	8.31	—	—	—
147	L. II. Sorte .	„	—	13.75	18.44	—	—	—
148	A 1/2 N. II. S.	„	—	7.63	7.91	—	—	—
149		„	—	11.31	14.60	—	—	—
150		„	—	8.94	8.45	—	—	—
151	Im Mittel von 15 Proben .	1884	—	10.70	11.40	—	—	—
152		„	12.07	10.80	13.45	—	4.88	7.74
153		„	11.52	11.12	11.04	—	1.80	4.77
154		„	9.08	10.13	13.33	—	—	9.76

No.	Bezeichnungen und Bemerkungen	Jahr der Untersuchung	In der ursprünglichen Substanz Wasser %	Nh-Substanz %	Rohfett %	Nfr. Extractstoffe %	Rohfaser %	Asche %
155		1884	10.76	11.67	12.20	—	5.48	9.03
156		„	8.89	9.37	11.22	—	8.89	9.57
157		„	—	11.75	16.80	—	—	—
158		„	—	12.06	17.17	—	—	—
159		„	—	12.00	17.67	—	—	—
160		„	—	9.50	9.51	—	—	—
161		„	—	11.94	16.06	—	—	—
162		„	—	12.68	16.37	—	—	—
163		„	—	12.93	16.52	—	—	—
164		„	—	13.56	15.72	—	—	—
165		„	—	13.56	17.72	—	—	—
166	Im Mittel von 41 Proben .	1885	—	11.70	11.90	—	—	—
167		„	10.94	12.62	12.23	52.01	4.51	7.69
168		„	10.40	10.06	7.24	52.32	10.47	9.51
169		„	9.59	9.81	8.30	46.89	15.80	9.61
170		„	10.03	10.06	8.28	51.06	12.42	8.15
171	Marke No. 1 .	„	10.58	11.31	11.70	44.28	11.36	10.77
172	Marke No. 2 .	„	11.70	10.31	9.55	60.73	2.06	5.65
173	Marke No. 3 .	„	10.65	12.62	14.28	41.61	12.49	8.35
174	Marke No. 4 .	„	10.38	12.06	8.05	52.08	8.64	8.79
175		„	14.16	5.75	2.81	53.63	16.32	7.33
176	Im Mittel von 43 Proben .	1886	—	12.02	11.32	—	—	—
177	Im Mittel von 29 Proben .	1887	—	12.20	11.40	—	—	—
178		1886	8.10	7.50	4.58	52.55	16.49	10.78
179		1887	8.96	8.50	2.67	45.26	20.52	14.09
180		„	11.78	11.75	9.55	56.51	4.39	6.02
181		„	11.40	12.50	13.30	49.90	4.80	8.10
182	Im Mittel von 35 Proben .	1888	—	11.31	10.38	—	—	—
183		„	11.94	10.08	5.52	—	—	4.94
184	Italienisches, m. Marmorsand gefälscht . .	„	8.92	6.92	5.21	36.77	8.52	33.66
185		„	13.56	15.62	6.50	52.26	6.30	5.96
186		„	13.66	15.68	5.74	53.64	5.76	5.52
187		„	12.82	7.19	5.25	38.48	24.14	12.12
188		„	12.10	12.56	13.57	48.90	5.75	7.12
189		„	11.77	14.94	6.35	54.20	6.04	6.70
190	Reismehl II, Mittel von 53 Proben . .	1881	10.31	10.37	9.87	—	12.52	10.45
191	Desgl., Mittel v. 34 Proben .	1882	—	10.31	8.84	—	—	—

No. 190—192. J. König (V.-St. Münster). — 3. Bericht 1881—83. 11.

No.	Bezeichnungen und Bemerkungen	Jahr der Untersuchung	In der ursprünglichen Substanz: Wasser %	Nh-Substanz %	Rohfett %	Nfr. Extractstoffe %	Rohfaser %	Asche %
192	Reismehl II, Mittel von 16 Proben . .	1883	—	11.04	9.32	—	—	—
193	Mittel v. 9 Prob.	1881	—	10.54	8.52	—	—	—
194	Aus Bremen .	„	—	11.88	12.83	—	—	—
195	Reisfuttermehl	„	9.2	10.2	13.0	—	—	—
196	Desgl. . . .	„	8.9	9.7	9.4	—	—	—
197	Desgl. . . .	„	9.3	12.3	12.4	—	—	—
198	Desgl. . . .	„	9.8	8.0	13.0	—	—	—
199	Desgl. . . .	„	9.5	12.0	13.3	—	—	—
200	Desgl. . . .	„	—	11.4	12.5	—	—	—
201	Desgl. . . .	„	—	11.0	12.4	—	—	—
202	Desgl. . . .	„	—	12.2	12.6	—	—	—
203	Desgl. . . .	„	—	12.2	3.6	—	—	—
204	Desgl. . . .	„	—	12.0	10.6	—	—	—
205	Desgl. . . .	„	—	10.9	10.0	—	—	—
206	Desgl. . . .	„	—	13.2	15.4	—	—	—
207	Desgl. . . .	„	—	12.0	10.6	—	—	—
208	Desgl. . . .	„	—	11.5	10.1	—	—	—
209	Desgl. . . .	„	9.6	11.2	13.4	—	—	—
210	Desgl. . . .	„	8.6	8.5	9.5	—	—	—
211	Desgl. . . .	1882	9.7	10.0	9.9	—	—	—
212	Desgl. . . .	„	9.5	10.5	8.0	53.2	10.0	8.8
213	Desgl. . . .	„	10.0	12.4	13.4	41.4	10.0	12.8
214	Desgl. . . .	„	11.3	9.9	9.6	—	—	—
215	Desgl. . . .	„	10.1	8.5	8.9	—	—	—
216	Desgl. . . .	„	9.7	10.5	12.0	48.8	18.3	12.7
217	Desgl. . . .	„	10.6	9.6	8.3	—	—	—
218	Desgl. . . .	„	12.3	9.0	8.2	—	—	—
219	Desgl. . . .	„	11.4	10.5	12.1	39.1	16.4	10.5
220	Desgl. . . .	„	8.1	7.9	5.1	—	—	—
221	Desgl. . . .	„	9.7	9.8	9.9	—	—	—

No.	Bezeichnungen und Bemerkungen	Jahr der Untersuchung	In der ursprünglichen Substanz: Wasser %	Nh-Substanz %	Rohfett %	Nfr. Extractstoffe %	Rohfaser %	Asche %
222	Reisfuttermehl	1882	11.4	11.1	8.9	—	—	—
223	Desgl. . . .	„	10.4	11.4	13.3	—	—	—
224	Desgl. . . .	„	15.2	11.4	12.5	—	—	—
225	Desgl. . . .	„	9.0	10.1	12.1	—	—	—
226	Desgl. . . .	„	10.3	10.7	13.3	—	—	—
227	Desgl. . . .	„	10.2	11.1	12.7	—	—	—
228	Desgl. . . .	„	9.8	9.1	9.1	—	—	—
229	Desgl. . . .	„	9.4	7.9	8.4	—	—	—
230	Desgl. . . .	„	10.5	10.1	9.4	—	—	—
231	Desgl. . . .	„	10.4	10.4	15.9	—	—	—
232	Desgl. . . .	„	9.5	9.4	9.7	—	—	—
233	Desgl. . . .	„	10.2	9.3	11.2	48.7	10.0	10.6
234	Desgl. . . .	„	10.4	10.5	12.4	—	—	—
235	Desgl. . . .	„	10.8	9.8	10.8	—	—	—
236	Desgl. . . .	„	10.7	9.5	10.5	—	—	—
237	Desgl. . . .	„	11.6	12.0	14.4	—	—	—
238	Desgl. . . .	„	10.3	11.4	13.7	—	—	—
239	Desgl. . . .	„	—	10.4	12.2	—	—	—
240	Desgl. . . .	„	10.2	11.4	13.1	—	—	—
241	Desgl. . . .	„	10.5	11.2	10.8	—	—	—
242		1883	11.64	10.89	9.64	56.31	4.98	6.54
243		„	10.39	9.50	10.39	48.34	11.45	9.93
244		„	10.38	10.34	9.60	47.44	12.58	9.66
245		„	10.54	10.88	12.77	54.90	4.13	6.78
246		„	11.41	9.70	4.08	68.40	2.65	3.76
247	Rismjöl . .	1881	10.25	8.44	9.25	—	—	10.10
248	Risfodermjöl .	1882	9.50	8.75	8.97	—	—	10.95
249	Rice cleamings (Nuka) . .	1884	12.44	14.73	16.70	38.12	8.98	9.03
250	Rice Meal . .	1877	15.11	9.25	1.61	59.88	8.12	6.03)
251	Rice flour . .	—	10.32	14.00	13.49	51.22	6.12	4.85

Reismehl, Mittel von No. 6 der I. Tabelle an:

	Wasser %	Nh-Substanz %	Rohfett %	Nfr. Extractstoffe %	Rohfaser %	Asche %
a. Mit weniger als 15 % Proteïn und Fett und mehr als 20 % Holzfaser (Mittel von 22 Analysen)	10.69	5.78	3.63	38.49	28.92	12.49
b. Mit 15—18 % Proteïn und Fett und bis zu 20 % Holzfaser (Mittel aus 47 Analysen)	11.16	9.44	7.37	54.24	9.98	7.91
c. Mit 18—22 % Proteïn und Fett, Marke R. I/II, G. N. I/II und A. N. I/II (Mittel von 187 Analysen)	10.60	11.12	9.51	48.76	10.81	9.20
d. Mit 22—26 % Proteïn und Fett, Marke R. II (Mittel von 164 Analysen	10.23	12.05	11.84	47.65	8.91	9 32
e. Mit mehr als 26 % Proteïn und Fett (Mittel von 82 Analysen) .	10.74	13.38	14 65	44.16	8.04	9.03

No. 193. R. Heinrich (V.-St. Rostock). — Bericht. Wismar, 1882. 71.
No. 194. F. Soxhlet (Central-V.-St. München). — Originalmittheilung.
No. 195—241. M. Märcker (V.-St. Halle). — Originalmittheilung.
No. 242—244. F. Bente (Ebsdorf). — J. f. Landw. 1883. 392.
No. 245. J. Moser (V.-St. Wien). — Bericht derselben für 1882 u. 1883. 4.
No. 246. F. Strohmer. — Organ d. Centralver. f. Rübenzuckerindustrie in Oesterreich-Ungarn 1885. 99.
No. 247 u. 248. E. W. Olbers (V.-St. Alnarp). — Agrikulturkemiska undersökningar på Alnarp år 1881, 1882.
No. 249. O. Kellner. — Japan. Chemic. Analys. f. the Laborat. of the Imper. College of Agriculture Komaba, Tokio, Japan. 17. N in Amiden 0.438 % der Trockensubstanz, bestimmt durch Fällen mit Kupferhydrat, 39.19 % Kohlehydrate in der Trockensubstanz. Angegeben, dass der Reisabfall nur als Dünger benutzt wird.
No. 250. W. O. Atwater. — Rep. Middletown. Agric. Exp. Stat. 1877/78. 27.
No. 251. E. H. Jenkins. — Table of the American Feeding Stuffs. 1883. 95.

No.	Bezeichnungen und Bemerkungen	Jahr der Untersuchung	In der ursprünglichen Substanz: Wasser %	Nh-Substanz %	Rohfett %	Nfr. Extractstoffe %	Rohfaser %	Asche %
	Reisschalen (gemahlen).							
1		1871/77	10.27	3.94	1.35	42.76	28.77	12.96
2		„	10.36	4.50	1.95	40.78	29.79	12.62
3		1878	10.79	5.56	1.98	38.66	32.28	10.73
4		„	8.91	2.75	1.18	26.16	45.15	15.85
5		1876	9.21	3.31	2.75	35.59	37.09	12.05
6		1878	10.00	6.19	3.16	29.44	38.89	11.32
7		1879	11.86	4.98	2.75	33.72	31.66	15.03
	Mittel . .		10.20	4.46	2.16	35 29	34.95	12.94
	Hirsekleie.							
1	Hirsekleie . .	1881	11.20	4.80	2.30	29.9	40.80	11.90
2		1884	—	5.50	3.80	—	—	—
3	Hirseschalen, ungemahlen .	1880	9.99	3.30	5.47	—	—	—
4	Hirseschalen, gemahlen .	1880	10.30	3.28	5.31	25.80	43.90	11.41
5		1887	10.98	5.25	1.20	31.22	40.00	11.35
	Mittel . .		10.62	4.43	3.62	28.21	41.57	11.55
	Hirsemehl.							
1	Käufliches Hirsemehl aus Nürnberg . .	1860	10.30	9.81	8.80	—	—	9.92
	Sorghum-Samenmehl.							
1	Sorghum Meal, zum grössten Theil entschälte Samen	1883	13.16	8.25	3.85	71.27	1.88	1.59
	Zuckerhirsemehl. Sorghum saccharratum.							
1	Farina di grano di Sorgo zuccherino, bianco . . .	1870	12.16	12.06	3.19	63.04	7.71	1.84
2	Desgl., nero .	1870	10.55	9.87	3.68	50.22	22.89	2.79
3		1884	14.40	7.61	3.41	72.56	1.24	0.78
	Buchweizenkleie.							
1	Schwerere, bessere Sorte	1869	14.00	15.38	4.79	52.60	10.25	2.98
2	Leichtere, bessere Sorte	1869	14.00	18.90	4.01	40.04	19.11	3.49

Reisschalen (gemahlen).
No. 1—4 J. König. — I. Bericht d. V.-St. Münter pro 1871—77. Münster, 1878. S. 41 und II. Bericht pro 1878—81. S. 16.
No. 5. A. Emmerling u. Schrodt. — Mitthl. d. V.-St. Kiel 1875—77. III.
No. 6—7. P. Petersen. — Originalmittheilung.

Hirsekleie.
No. 1. M. Märcker (V.-St. Halle). — Originalmittheilung.
No. 2. P. Wagner (V.-St. Darmstadt). — Ztschr. f. d. landwirthschaftl. Ver. in Hessen 1885. 342·
No. 3 u. 4. F. Soxhlet (Central-V.-St. München). — Originalmittheilung.
No. 5. Th. Dietrich (V.-St. Marburg). — Originalmittheilung.

Hirsemehl.
No. 1. von Bibra. — Dessen: Die Getreidearten und das Brod. Nürnberg, 1860. 350. An näheren Bestandtheilen wurden ferner bestimmt (in % der ursprünglichen Substanz): Albumin 0.55, Pflanzenleim 3.36, Caseïn 0.30, in Wasser und Alkohol unlösliche Stickstoffsubstanz 5.91, Gummi 10.60 und Zucker 1.30%.

Zuckerhirsemehl.
No. 1 u. 2. E. Celi. — La Stazione Agraria di Modena. Bull. No. 1. Modena, 1871. 52.
No. 3. O. Kellner (Tokio). — Mitthl. d. Deutschen Gesellschaft f. Natur- u. Völkerkunde Ostasiens. Sonderabdruck aus Band IV. No. 35. S. 207.

Sorghum-Samenmehl.
No. 1. Aus E. H. Jenkins Tabelle. Connect. Agric. Exp. Stat. Rep. f. 1883. 94. Stärkemehl 68.48% in der lufttrocknen Substanz.

Buchweizenkleie.
Nach Isidore Pierre enthält Buchweizenkleie-Trockensubstanz 2.44% N (= 15.25% Nh. Substanz) und 4.77% Fett. Reine Hülsen enthielten 0.49% N. Nach Mulder enthielt eine Probe dieses Abfalls im lufttrocknen Zustande 7.5% Nh. Substanz. (Weende'r Jahresber. 1857—61. 41.)
No. 1 u. 2. F. Krocker u. Jannasch. — Annal. d. Landw. in Preussen. Wochenblatt 1869. 169. Wassergehalt von uns angenommen.

No.	Bezeichnungen und Bemerkungen	Jahr der Untersuchung	In der ursprünglichen Substanz					
			Wasser %	Nh-Substanz %	Rohfett %	Nfr. Extractstoffe %	Rohfaser %	Asche %
3		1878	12.12	8.50	2.09	34.76	38.98	3.55
4	Buchweizenkleie . . .	1881	18.86	10.12	2.03	27.87	38.09	3.03
5	Desgl.	1882	20.94	11.61	2.76	33.82	28.31	2.56
6	Buchweizenschalen (Buchwheat Hulls)	1886	14.07	4.87	1.10	39.20	38.49	2.27
	Mittel (No. 3 bis 6) . . .		16.50	8.78	2.00	33.90	35.97	2.85

Buchweizenmehl, Buchweizengries.

No.	Bezeichnungen und Bemerkungen	Jahr der Untersuchung	Wasser %	Nh-Substanz %	Rohfett %	Nfr. Extractstoffe %	Rohfaser %	Asche %
1	Buchweizenmehl a. Wien	1846	15.12	5.73	—	—	—	0.92
2	Gries a. Nürnberg . . .	1860	12.75	2.56	0.94	—	—	0.74
3	Desgl.	1860	13.76	3.45	1.30	—	—	1.68
4	Friesisches .	1867	15.39	9.96	1.98	59.84	11.75	1.08
5	Französisches .	„	15.29	9.16	1.96	61.35	11.29	0.94
6	Holsteinisches	„	15.17	8.63	1.63	62.62	8.63	0.82
7		1871	15.87	9.44	1.53	71.00	0.62	1.54
8	Geschälter Buchweizen .	1872	12.72	10.22	2.53	71.24	1.79	1.50
9	Buchweizenm.	1876	13.84	9.44	3.22	70.44	0.89	2.07
10	Buchweizengrütze . .	„	14.50	9.31	2.02	72.38	0.50	1.29
11	Buchweizenm.	„	14.20	8.18	1.34	74.82	0.40	1.06
12	Geschälter Buchweizen .	1881	12.63	10.19	1.28	72.15	1.51	2.24
13	Buchweizengrütze-Abfall	1875	11.68	20.75	6.02	40.85	7.72	12.98
14	Buckwheat-Middlings (Mittelmehl) . .	1886	16.33	30.31	7.55	36.29	4.02	5.50
15	Buckwheat-Flour (Feinm.)	1886	17.63	8.13	1.79	71.10	0.52	0.83
16	Desgl., Mittel v. 3 Analysen .	1885	13.52	6.48	1.33	77.34	0.28	1.05
17	Heideschrot .	1888	10.84	23.81	6.39	52.05	2.79	4.12
18	Heideschwarzmehl . . .	„	11.15	18.19	4.73	51.63	8.75	5.55
19	Heidekleie .	„	9.31	38 63	10.60	30.35	4.61	6.50
	Buchweizenm. resp. Gries, feines (Mittel v. No. 7—12, 15, 16 u. 17)		13.97	10.58	2.39	70.12	1.03	1.91
	Desgl., gröberes (Mittel v. No. 4—6, 13, 14, 18 u. 19) .		13.47	19.38	4.92	49.35	8.11	4.77

No. 3. Th. Dietrich (V.-St. Altmorschen). — Originalmittheilung.
No. 4. J. König (V.-St. Münster). — 3. Bericht. 11.
No. 5. F. Strohmer (V.-St. Wien). — Bericht für 1882 und 1883. 4.
No. 6. S. W. Johnson. — Connecticut Agr. Exp. Stat. Rep. f. 1886. 111.

Buchweizenmehl.

Nach Isid. Pierre enthalten in Procenten der Trockensubstanz:

	Feines weisses Mehl	Gewöhnliches weisses Mehl	Mittleres gelbes Mehl, vom weissen getrennt	Sehr grobes gelbes Mehl	Grobes Mehl, hülsenfrei
N.	0.76 %	1.30 %	3.88 %	5.57 %	—
Nh.	4.75 „	8.13 „	24.25 „	34.81 „	—
Fett . . .	0.06 „	—	—	7.18 „	9.02 %

No. 1. E. N. Horsford. — Ann. d. Chem. u. Pharmac. 58. (1846). 166. Krocker bestimmte in derselben Probe den Stärkemehlgehalt und fand denselben in % der Trockensubstanz zu 65.05.

No. 2 u. 3. von Bibra. — Die Getreidearten und das Brod. Nürnberg, 1860. 363. Nh. Substanz von uns aus dem zu 0.41, bezw. 0.552 % angegebenen N-Gehalt berechnet. An näheren Bestandtheilen fand Autor ferner:

	Albumin	Pflanzenleim	Caseïn	In Wasser und Alkohol unlösliche N-Substanz	Gummi	Zucker	Stärke
1) . . .	0.340	0.980	0.100	1.225	2.850	0.914	79.89 %
2) . . .	0.438	1.200	0.102	1.833	3.083	1.200	78.09 „

No. 4—6. J. W. Gunning. — Weende'r Jahresber. 1867—68. 547. Ztschr. f. Chemie 1868. 371. Die unter Rohfaser angegebenen Zahlen gelten für „Cellulose", die unter Nfr. Extraktstoffen für „Stärkemehl" aus dem Verlust bestimmt.
No. 7. Th. Dietrich (V.-St. Altmorschen). — Originalmittheilung.
No. 8. W. Pillitz. — Ztschr. f. analytische Chemie 1872. 46. Näheres unter Buchweizenkörner. S. 581.
No. 9—11. J. König, C. Brimmer u. C. Krauch. — Ztschr. f. Biologie 1876. 497.
No. 12. C. de Leeuw. — Laborat. agricole de Hasselt Bull. No. 2. 1881. 63.81 % Stärkemehl in % der lufttrocknen Substanz.
No. 13. R. Emmerling (V.-St. Kiel). — Originalmittheilung.
No. 14 u. 15. S. W. Johnson. — Connecticut Agric. Exper. Stat Rep. f. 1886. 111.
No. 16. Jenkins. — Dessen Tabelle in Agric. Exper. Stat. Rep. f. 1885. 21.
No. 17—19. Th. Dietrich u. O. Sachs. — Originalmittheilung.

Erbsen-Abfall. Erbsenschalen, Erbskleie.

No.	Bezeichnungen und Bemerkungen	Jahr der Untersuchung	In der ursprünglichen Substanz: Wasser %	Nh-Substanz %	Rohfett %	Nfr. Extractstoffe %	Rohfaser %	Asche %
1	Brose meal brock from white peas .	1854	9.12	10.50	1.65	—	—	3.49
2	Pea hulls from maple peas .	„	10.12	5.56	0.66	—	—	3.37
3	Erbsenschrot (Kleie) . .	1874	11.94	11.75	1.46	38.92	32.90	3.03
4	Erbsenschalen	1875	11.50	9.38	1.00	38.80	36.04	3.28
5	Desgl. . . .	1878	13.78	6.25	1.28	—	—	2.98
6		1879	10.36	5.62	0.75	37.50	44.88	2.69
7	Erbsenschalen	1875	14.18	10.98	1.09	45.39	24.98	3.38
8	Desgl. . . .	„	12.68	16.99	1.43	—	—	3.68
9	Desgl. . . .	„	12.48	14.62	1.22	43.15	24.10	4.43
10	Desgl. . . .	„	13.82	14.31	2.06	46.49	19.25	4.07
11	Desgl. . . .	„	13.44	15.50	2.62	50.64	13.60	4.20
12	Desgl. . . .	„	13.08	14.83	2.72	49.75	15.30	4.32
13	Desgl. . . .	1876	13.83	14.62	1.86	44.97	21.00	3.72
14	Desgl. . . .	„	12.93	15.97	1.38	40.30	24.95	4.47
15	Desgl. . . .	„	15.40	16.06	0.98	41.10	22.58	3.88
16	Desgl. . . .	„	15 18	14.06	1.20	33.45	32.30	3.81
17	Desgl. . . .	„	15.22	15.69	1.26	38.70	25.30	3.83
18	Desgl. . . .	„	12.60	15.94	1.32	36.89	29.20	4.05
19		„	13.36	13.75	1.45	38.43	29.30	3.71
20		„	13.94	15.00	0.62	39.04	27.77	3.57
21		„	12.91	14.94	—	—	—	—
22		„	12.26	13.37	—	—	—	5.83
23		„	12.28	15.56	3.14	35.72	27.57	5.73
24		„	13.25	16.38	1.48	38.06	26.73	4.10
25		„	13.18	14.50	3.76	38.56	26.22	3.79
26		„	12.34	14.69	1.21	38.41	29.38	3.97
27		„	12.41	13.94	3.00	36.60	25.72	5.33
28		1877	12.82	11.88	1.49	37.59	32.33	3.89
29		„	12.10	11.68	1.00	38.45	33.37	3.40
30		„	10.40	12.63	1.98	42.63	29.33	3.03
31		„	12.11	15.38	1.14	39.36	20.12	2.89
32		1877	11.90	12.50	1.44	49.64	20.42	4.10
33		„	11.84	14.44	1.22	38.23	30.90	3.56
34	Erbsschalen .	1878	14.4	15.0	1.4	42.2	22.9	4.1
35	Desgl. . . .	„	12.5	12.4	1.6	40.3	30.2	3.0
36	Desgl. . . .	„	12.7	15.1	2.2	57.4	21.7	5.9
37	Desgl. . . .	„	15.2	14.1	1.3	40.7	24.5	4.2
38	Desgl. . . .	„	11.4	16.4	1.5	41.3	26.1	3.3
39	Desgl. . . .	„	10.7	13.5	1.7	40.1	31.5	2.6
40	Desgl. . . .	„	12.9	13.9	2.2	38.9	26.7	5.4
41	Desgl. . . .	„	13.0	15.7	1.4	39.3	27.3	3.3
42	Desgl. . . .	1879	11.4	14.8	2.3	41.2	26.3	4.0
43	Desgl. . . .	„	14.7	13.7	1.4	43.9	22.5	3.8
44	Desgl. . . .	„	11.7	14.1	1.2	41.0	29.0	3.0
45	Desgl. . . .	„	10.6	12.9	1.0	41.6	30.5	3.4
46	Desgl. . . .	„	10.3	15.8	1.0	—	—	—
47	Desgl. . . .	„	10.8	17.5	1.8	—	—	—
48	Desgl. . . .	1880	6.9	14.6	1.4	46.8	27.1	3.2
49	Desgl. . . .	„	10.2	15.8	1.3	42.5	26.9	3.3
50	Desgl. . . .	„	11.9	15.4	2.1	39.1	27.7	3.8
51	Desgl. . . .	1881	9.2	20.1	2.6	51.2	12.2	4.7
52	Desgl. . . .	1882	12.3	15.7	2.1	—	—	—
53	Desgl. . . .	„	13.8	13.4	4.8	—	—	—
54	Desgl. . . .	„	12.8	14.0	1.3	43.4	22.8	5.7
55	Desgl. . . .	„	12.7	14.0	1.5	44.0	23.5	4.3
56		1874	13.20	12.69	1.57	40.29	28.60	3.65
57		„	13.51	13.69	1.50	40.75	26.89	3.66
58		„	14.50	18.44	1.80	45.23	15.41	4.62
59		1875	12.64	13.18	3.25	39.37	26.78	4.78
60	Erbsenschalen	1872	12.28	7.17	1.00	35.49	41.50	2.56
61		1887	10.50	10.80	1.15	43.34	31.13	3.08
	Minimum		6.90	5.56	0.62	33.45	12.20	2.56
	Maximum		15.40	18.44	3.76	50.64	44.88	5.90
	Mittel . .		12.42	13.82	1.63	45.16	23.12	3.85

Erbsen-Abfall.

No. 1 u. 2. Th. Anderson. — Weende'r Jahresber. 1854. II. 23. (Trans. Highl. Soc. Jan. 1854. 197 u. Octob. 1854. 408.)
No. 3. G. Kühn u. Gerver (V.-St. Möckern). — Originalmittheilung u. Sächs. landw. Ztg. 1874. 49.
No. 4. Fr. Hulwa. — Der Landwirth. 11. 1875. 107.
No. 5. Th. Dietrich. — Privatmittheilung.
No. 6. J. Moser u. Böcker (V.-St. Wien). — Originalmittheilung.
No. 7—21. F. Holdefleiss (V.-St. Halle). — Ztschr. d. landw. Centralver. f. d. Prov. Sachsen 1876. 244 u. 251. In den Proben unter No. 7 u. 8 wurden an Stärkemehl gefunden 31.02 u. 37.96 % der lufttrocknen Substanz.
No. 22—27. A. Pagel (V.-St. Halle). — Ebendaselbst 1877. 90.
No. 28—33. W. Th. Osswald (V.-St. Halle). — Ebendaselbst 1878. 13.
No. 34—55. M. Maercker (V.-St. Halle). — Originalmittheilung. Bei einer Reihe anderer Proben beschränkte sich die Untersuchung auf die Bestimmung des Proteïngehalts und wurde dabei gefunden Nh. Substanz: 17.1, 12.5, 19.3, 13.8, 14.4, 17.1, 10.4, 15.2, 17.2, 14.3, 25.0, 15.5, 15.3, 16.2, 20.7, 13.2, 15.0, 15.0, 15.5, 14.9, 13.9, 17.4, 10,0 %.
No. 56—58. H. Schultze (V.-St. Braunschweig). — Mitthl. d. landw. Centralver. Braunschweig 1874. No. 9.
No. 59. J. König u. C. Brimmer. — Originalmittheilung.
No. 60 u. 61. Th. Dietrich (V.-St. Altmorschen). — Originalmittheilung.

No.	Bezeichnungen und Bemerkungen	Jahr der Untersuchung	In der ursprünglichen Substanz: Wasser %	Nh-Substanz %	Rohfett %	Nfr. Extractstoffe %	Rohfaser %	Asche %	No.	Bezeichnungen und Bemerkungen	Jahr der Untersuchung	In der ursprünglichen Substanz: Wasser %	Nh-Substanz %	Rohfett %	Nfr. Extractstoffe %	Rohfaser %	Asche %
								Erbsenmehl.									
1		1876	—	21.00	2.69	—	—	—	6		—	12.40	26.50	—	—	—	2.90
2	Erbsenfutterm.	1878	14.46	23.25	2.64	—	—	3.02	7		1884	13.70	22.69	1.43	52.96	5.57	3.65
3	Desgl. . . .	1875	11.40	23.69	2.41	54.50	4.50	3.50	8	Pea meal . .	—	12.08	21.37	0.86	52.02	11.06	2.61
4		1886	12.08	21.37	0.86	52.02	11.06	2.61	9	Desgl. . . .	—	—	20.95	1.67	55.02	19.42	2.94
5		—	16.80	25.10	—	—	—	3.20		Mittel(No.1-7)		13.47	23.37	2.01	50.96	7.04	3.15
								Linsenmehl.									
1		1874	13.36	25.82	2.59	52.95	2.90	2.38									

Abfälle aus Stärkefabriken.

Von der Weizenstärke-Bereitung.

Treber (Hülsen).*)

No.	Bezeichnungen und Bemerkungen	Jahr der Untersuchung	Wasser %	Nh-Substanz %	Rohfett %	Nfr. Extractstoffe %	Rohfaser %	Asche %	No.	Bezeichnungen und Bemerkungen	Jahr der Untersuchung	Wasser %	Nh-Substanz %	Rohfett %	Nfr. Extractstoffe %	Rohfaser %	Asche %
1	Frische Treber, Verfahren mit saur. Gährung	1862	70.00	6.08	2.50	17.97	2.70	0.75	4	Aus Salzuflen .	1872	73.59	2.44	1.55	17.10	4.60	0.71
2	Desgl. . . .	„	74.00	6.60	2.56	13.06	3.05	0.73	5		1877	74.27	2.04	1.46	16.88	4.85	0.40
3	Desgl. . . .	1870	78.50	2.27	15.69		3.18	0.36	6		„	77.71	2.51	1.42	12.11	4.92	1.53
									7		1878	73.90	5.70	1.20	15.20	3.40	0.60
										Mittel . .		74.57	3.95	1.78	15.16	3.81	0.73

Kleberabfälle, Kleberstärke, Schlempe.

No.	Bezeichnungen und Bemerkungen	Jahr der Untersuchung	Wasser %	Nh-Substanz %	Rohfett %	Nfr. Extractstoffe %	Rohfaser %	Asche %	No.	Bezeichnungen und Bemerkungen	Jahr der Untersuchung	Wasser %	Nh-Substanz %	Rohfett %	Nfr. Extractstoffe %	Rohfaser %	Asche %
1	I. Frisch . .	1862	69.96	4.58	0.52	24.42	0.09	0.43	8	Desgl. . . .	1869	94.49	0.57	0.02	3.88	0.68	0.30
2	Desgl. . . .	1870	86.60	1.64	11.30		0.23	0.23	9	Desgl. . . .	1879	75.64	2.89	2.82	14.47	3.70	0.48
3	Desgl. . . .	1872	91.80	1.12	0.57	5.87	0.43	0.21	10	Desgl. . . .	„	73.74	2.85	3.28	15.40	4.20	0.53
4	Desgl. . . .	„	90.70	1.66	0.29	6.33	0.68	0.34		Mittel(Kleberabfälle, frisch)		84.64	1.98	0.94	10.52	1.55	0.37
5	Desgl. . . .	„	83.06	1.73	0.30	12.00	2.37	0.54									
6	Desgl. . . .	1882	94.45	1.07	0.19	4.07		0.22									
7	Desgl., 5 Tage alt, sauer .	1875	86.00	1.70	0.50	12.2		0.40									

Erbsenmehl.
No. 1. J. Nessler u. H. Wachter (V.-St. Carlsruhe). — Originalmittheilung.
No. 2. A. Stutzer (V.-St. Bonn). — Originalmittheilung.
No. 3. Franz Hulwa. — Der Landwirth. 11. 1875. 107.
No. 4. E. F. Ladd. — Jahresber. d. Agrikulturchem. 1886. 379. (Chem. Ctrlbl. 1886. 17. 524. Amerik. Chem. Journ. 1886. 8. 47). Durch Pepsinlösung wurden 24.31 % Rohproteïn verdaut.
No. 5 u. 6. C. Voit. — König's Chem. d. Nahrungsmittel. I. 2. Aufl. Berlin, 1882. 109. („Anhaltspunkte zur Beurtheilung des sog. eisernen Bestandes". S. 9.)
No. 7. A. Voelcker. — J. R. Agr. Soc. of England. 19. II. 1884. 422.
No. 8. E. H. Jenkins. — Dessen Tabelle in Ann. Rep. Connect. Agr. Exp. Stat. 1886. 95.
No. 9. C. A. Goessmann. — Massachusette State Agr. Exp. Stat. Bull. 23. 9. Das Mehl besteht aus einem Gemenge von Erbsenkörner und Hülsen.

Linsenmehl.
No. 1. E. Heiden (V.-St. Pommritz). — Originalmittheilung. In der untersuchten Probe waren 0.18 % Sand enthalten.

Abfälle aus Stärkefabriken. Weizen.
*) Treber, hauptsächlich aus Kleber, Zellstoff und dem Keime des Weizens bestehend.
No. 1 u. 2. H. Grouven (V.-St. Salzmünde). — Allgem. land- und forstw. Ztg. 1866. Die unter No. 1 aufgeführte Analyse steht im Bericht der V.-St. Salzmünde, Halle 1862, für Treber des Roggens.
No. 3. Brunner. — Akad. Laborat. z. Tharand. Chem. Ackersmann 1870. 56.
No. 4. J. König (V.-St. Münster). — Landw. Ztg. f. Westfalen u. Lippe 1872. 161 u. 214; auch 1. Bericht 126.
No. 5 u. 6. W. Th. Osswald (V.-St. Halle). — Ztschr. d. landw. Centralver. f. d. Prov. Sachsen 1878. 15.
No. 7. M. Maercker (V.-St. Halle). — Ztschr. d. landw. Centralver. f. d. Prov. Sachsen 1879. 112.

Frische Kleberabfälle.
*) Kleberabfälle (oberste Schicht des Stärkeschlamms, hauptsächlich aus den feinsten und leichtesten Stärkekörnchen und fein vertheilten Klebertheilchen bestehend).
No. 1. H. Grouven (V.-St. Salzmünde). — Allgem. land- u. forstw. Ztg. 1866. No. 13.
No. 2. Brunner. — Laborat. d. Akademie Tharand. Chem. Ackersm. 1870. 56.
N. 3—6. J. König (V.-St. Münster). — Landw. Ztg. f. Westfalen u. Lippe 1872. 161 u. 214. 1. u. 3. Bericht. 42 u. 11.
No. 7. Farsky (V.-St. Tabor). — Originalmittheilung. Die Summe der Bestandtheile beträgt 100,8.
No. 8—10. E. Heiden u. Güntz (V.-St. Pommritz). — Originalmittheilung. Die Analyse unter No. 9 betrifft Schlempe im frischen Zustande, die unter No. 10 dieselbe Schlempe, nachdem dieselbe 24 Stunden in Wasser gestanden und dann mit den Händen ausgepresst worden war.

No.	Bezeichnungen und Bemerkungen	Jahr der Untersuchung	In der ursprünglichen Substanz: Wasser %	Nh-Substanz %	Rohfett %	Nfr. Extractstoffe %	Rohfaser %	Asche %	No.	Bezeichnungen und Bemerkungen	Jahr der Untersuchung	In der ursprünglichen Substanz: Wasser %	Nh-Substanz %	Rohfett %	Nfr. Extractstoffe %	Rohfaser %	Asche %
1	II. Lufttrocken	1862	9.17	6.74	2.47	79.95	Spur	1.67	6		1871/77	11.97	6.37	3.53	52.27	(17.79)	(8.07)
2		„	12.28	7.18	1.77	77.52	Spur	1.25	7		—	13.73	8.86	—	76.37	0.53	0.51
3		1872	14.19	14.87	1.06	68.06	0.99	0.83		Mittel (Kleberabfälle) lufttrocken . .		12.88	8.65	1.74	74.61	0.84	1.28
4		1871/77	13.31	6.32	0.95	75.06	2.35	2.01									
5		„	15.54	10.19	0.64	71.03	1.17	1.43									
	Weizenkleber.																
1		1870	9.20	70.82	1.54	16.45	0.36	1.63	4		1878	10.14	58.69	0.18	29.32	0.11	1.56
2		1872	9.20	68.51	1.18	19.56	0.40	1.15	5		1885	9.99	65.63	2.23	20.69	0.26	1.20
3		„	11.60	71.25	—	—	—	—		Mittel . .		10.33	66.98	1.28	20.04	0.28	1.39
	Von der Maisstärke-Bereitung.																
	Trebern, Hülsen, Schrotrückstand etc.																
1	Frisch, Halbtrocken (?) .	1883	44.60	4.30	5.50	34.00	11.10	0.50									
	Trebern, trocken.																
1	Hülsen . . .	1870	11.60	12.37	3.63	62.37	5.54	4.49	7	Maisschrot, Rückstand der Stärkefabr. .	1883	13.10	12.70	7.60	63.60	1.80	1.20
2	Kleie . . .	„	13.72	7.83	4.20	63.80	8.73	1.72									
3	Rückstände (?)	„	11.07	14.90	11.90	59.78	1.66	0.69									
4	Desgl. . . .	„	11.87	25.22	6.41	53.63	1.32	1.55	8	Rückstände v. d. Maisstärkefab., Mittel von 2 Analysen . .	1878	12.40	13.10	2.40	64.70	6.40	0.90
5	In Kuchenform gepresst . .	1876	12.00	15.14	—	—	—	2.46									
6	Desgl. . . .	1878	13.70	10.40	3.80	—	—	2.30									
	Stärke.																
1	Maisstärke . .	1878	15.00	7.23	3.84	72.66	0.68	0.59	2	Maistrockenfutter, v. einer Wien. Stärkef.	1888	8.73	22.75	11.23	51.80	4.49	0.90

Lufttrockene Kleberabfälle.
No. 1—3. Wie oben bei frischer Schlempe unter gleichen Nummern.
No. 4—7. J. König u. B. Farwick (V.-St. Münster). — 1. Bericht. 42.
No. 5 u. 6. J. König u. C. Brimmer (V.-St. Münster). — 1. Bericht. 42.

Weizenkleber.
No. 1. E. Schulze u. M. Maercker (V.-St. Göttingen). — J. f. Landwirthsch. 1870. 285 u. 294.
No. 2. M. Fleischer u. K. Müller (V.-St. Göttingen). — J. f. Landwirthschaft 1874. 274.
No. 3. F. Stohmann (V.-St. Halle). — Biologische Studien. Braunschweig, 1873. 90.
No. 4. K. Müller (V.-St. Hildesheim). — I. Bericht. (2. Folge). 20.
No. 5. E. Heiden u. O. Toepelmann (V.-St. Pommritz). — Originalmittheilung.

Mais. Trebern, frisch.
No. 1. F. Becker. — Jahresber. f. Agrikulturchemie 1883. 395. (Biedermann's Centralbl. 1865. 68.)

Trebern, trocken.
No. 1—4. J. Moser (V.-St. Wien). — 1. Bericht derselben 1870—77. In den Probrn war bezw. Sand enthalten 0.08, 0.22, 0.19 u. 0.34%. Die Analysen unter 3 und 4 beziehen sich auf die auf den Sieben verbleibende Rückstände, denen wohl auch misslungene und Schabstärke beigemengt wird. Die Proben sind aus ungarischen Fabriken, die nach ganz verschiedenen Methoden Maisstärke darstellen.
No. 5. G. Flourens. — Centralbl. f. Agrikulturchemie 1877. 96. (Ann. agronom. 76. 182.) Die Probe enthielt in ursprüngl. Form 52.80% Stärke.
No. 6. A. Mayer (V.-St. Wageningen). — Originalmittheilung.
No. 7. F. Becker. — Biedermann's Centralbl. f. Agrikulturchemie 1875. 68.
No. 8. M. Märcker (V.-St. Halle). — Ztschr. d. landw. Centralver. d. Prov. Sachsen 1878. 112.

Maisstärke. Maistrockenfutter.
No. 1. M. Märcker (V.-St. Halle). — Ztschr. d. landw. Centralver. f. d. Prov. Sachsen 1879. 112. Wassergehalt willkührlich angenommen.
No. 2. E. Heiden u. Bauer (V.-St. Pommritz). — Originalmittheilung. Die Probe enthielt 0.26% Sand, freie Säure, auf SO_3 berechnet, 0.30%.

No.	Bezeichnungen und Bemerkungen	Jahr der Untersuchung	In der ursprünglichen Substanz: Wasser %	Nh-Substanz %	Rohfett %	Nfr. Extractstoffe %	Rohfaser %	Asche %	No.	Bezeichnungen und Bemerkungen	Jahr der Untersuchung	In der ursprünglichen Substanz: Wasser %	Nh-Substanz %	Rohfett %	Nfr. Extractstoffe %	Rohfaser %	Asche %
	Mais-Schlempe, frisch.																
1		1877	86.86	2.11	0.67	9.39	0.73	0.24	4	Flüssig . . .	1882	86.19	2.35	1.25	8.75	0.97	0.48
2	Starche waste .	„	72.19	3.56	1.99	18.78	3.36	0.12	5		„	73.78	2.59	2.68	16.36	4.05	0.54
3	Desgl. von Glen Cove, Long Island . . .	1878	62.27	5.67	1.31	28.90	4.58	0.27	6		1876	70 00	5.11	—	—	—	0.84
										Mittel (Maisschlemp., frisch)		75.22	3.57	1.58	16.47	2.74	0.24
	Schlempe, gepresst, halbtrocken.																
1	Aus Salzuflen .	1872	40.84	11.15	1.67	45.01	0.64	0.69									
	Schlempe, getrocknet.																
1	Aus Salzuflen .	1872	13.98	18.06	2.86	61.79	2.11	1.20									
1	Keime . . .	1870	11.94	12.39	17.36	45.97	6.85	5.49									
2	Desgl. . . .	„	11.79	11.57	16.46	51.57	4.12	4.49									
	Mittel (Maiskeime) . .		11.87	11.98	16.91	48.76	5.49	4.99									
	Maiskleber-Mehl.*)																
1	Gluten Meal .	1883	10.73	31.75	4.97	50.57	1.26	0.72	7	Gluten Meal .	1887	11.68	24.94	3.48	59.12	0.68	0.70
2	Desgl. . . .	„	10.54	30.00	3.26	54.93	0.60	0.67	8	Desgl. . . .	1884	6.12	31.75	9.08	49.68	2.62	0.75
3	Gluten Feed .	1885	8.86	29.12	6.24	53.91	0.86	1.01	9	Gluten flour .	1886	11.49	11.55	0.83	75.52		0.61
4	Gluten Meal .	1886	12.29	29.47	5.99	50.62	0.97	0.66	10	Gluten or germ meal . . .	„	6.64	11.28	1.79	78.49	0.87	0.93
5	Desgl., Corn. Germ Feed .	1887	8.23	27.38	5.68	55.98	1.46	1.27		Mittel . .		9.55	25.53	4.82	58.10	1.20	0.80
6	Chicago Gluten Meal . . .	„	8.95	28.05	6.84	54.03	1.44	0.69									

Schlempe, frisch.
No. 1. R. Ulbricht u. J. Koritsánszky. — Originalmittheilung.
No. 2. W. O. Atwater. — Rep. Agr. Exp. Stat. Middletown, Connecticut. 38.
No. 3. S. W. Johnson. — Connecticut Agr. Exper. Stat. Rep. f. 1878. 76.
No. 4 u. 5. J. Moser (V.-St. Wien). — 2. Bericht. 4. Abfälle, die sich bei einer neuen Methode der Stärkegewinnung ergaben.
No. 6. F. Becker. — Biedermann's Centralbl. f. Agrikulturchemie 1875. 68.

Schlempe, gepresst, halbtrocken.
No. 1. J. König (V.-St. Münster). — 1. Bericht. 126.

Schlempe, getrocknet.
No. 1. J. König (V.-St. Münster). — 1. Bericht. 126.

Keime (Abfall bei der Maisstärkefabrikation).
No. 1 u. 2. J. Moser (V.-St. Wien). — 1. Bericht 1870—77. 62.

Maiskleber-Mehl.
*) Die unter dieser Bezeichnung zusammengefassten concentrirten, in Amerika gebräuchlichen Futtermittel entfallen bei verschiedenen gewerblichen Betrieben der Stärke-, der Glucose- und Puddingmehl-Darstellung; sie scheinen jedoch alle — es ist das nicht immer aus dem Original zu ersehen — aus Mais entstanden zu sein.
No. 1 u. 2. S. W. Johnson. — Connecticut Agric. Exper. Stat. Rep. f. 1883. 86.
No. 3. S. W. Johnson. — Ebendaselbst 1885. 42.
No. 4. S. W. Johnson. — Ebendaselbst 1886. 113. An gleicher Stelle Seite 96 ist das Mittel von 8 Analysen, unter welchen die unter 1—4 mit enthalten sind. wie folgt angegeben:

	Wasser	Nh. Substanz	Rohfett	Nfr. Extraktstoffe	Rohfaser	Rohasche
Mittel	9.15	29.88	6.11	52.62	1.46	0.78
Maximum . . .	11.78	35.0	8.7	58.5	3.3	—
Minimum . . .	7.3	25.0	4.2	44.7	0.7	—

No. 5. S. W. Johnson. — Ebendaselbst 1887. 105.
No. 6 u. 7. C. A. Goessmann. — Massachusetts Agric. Exp. Stat. Bul. 1885. 287 u. 1887. 1.
No. 8. W. H. Jordan. — Pensylvania Stat. College for 1884.
No. 9 u. 10. H. P. Armsby. — Agric. Experim. Station of Wiskonsin. 4. Rep. f. 1886. 109.

No.	Bezeichnungen und Bemerkungen	Jahr der Untersuchung	In der ursprünglichen Substanz Wasser %	Nh-Substanz %	Rohfett %	Nfr. Extractstoffe %	Rohfaser %	Asche %	No.	Bezeichnungen und Bemerkungen	Jahr der Untersuchung	In der ursprünglichen Substanz Wasser %	Nh-Substanz %	Rohfett %	Nfr. Extractstoffe %	Rohfaser %	Asche %
1	Mais-Gluten, frisch . . .	1876	70.00	7.50		22.08		0.42									
	Von der Reisstärke-Bereitung.																
	Schlempe, frisch.																
1		1881	95.99	1.09	0.02	2.78		0.12									
	Schlempe, gepresst, halbtrocken.																
1	Aus Salzuflen .	1872	48.29	9.69	2.40	38.54	0.55	0.53	6	Aus Münden .	1880	61.26	15.19	0.29	21.76	0.65	0.85
2		1881	45.21	18.50	1.13	34.48		0.68		Mittel (Reisschlempe, halbtrocken) . .		55.26	13.63	1.08	28.71	0.60	0.72
3		„	61.89	14.11	1.17	21.93		0.90									
4		„	58.31	8.60	0.27	32.15		0.67									
5		„	56.61	15.68	1.22	25.78		0.71									
	Schlempe, trocken.																
1	Aus Salzuflen .	1872	14.87	14.25	0.48	68.79	0.98	0.63									
	Kleber.																
1		1876	11.10	60.60	—	—	—	2.10	2		1876	8.21	57.43	0.35	31.11	0.90	1.98
	Rückstände, frisch.																
1		1876	75.00	2.05		22.65		0.30									
	Rückstände, getrocknet.																
1	Reiskuchen .	1876	11.82	9.85	1.08	72.91	1.23	3.11	5	Desgl., aus Ulm, von Illertissen	1882	11.72	1.42	0.17	80.04	1.65	4.53
2	Desgl. . . .	„	12.00	7.24		79.70		1.06	6	Reisstärke . .	1877	9.35	5.02	0.41	80.26	2.86	2.09
3	Stärkeabfall .	1882	10.75	6.13	0.28	80.47	1.23	1.14									
4	Desgl., aus Ulm, von Illertissen	„	11.38	9.80	0.40	59.52	17.88	1.02									

Mais-Gluten, frisch.
No. 1. G. Flourens. — Biedermann's Centralbl. f. Agrikulturchem. 1877. 96. (Ann. agron. 1876. 182.)

Reis. Schlempe, frisch.
No. 1. J. König (V.-St. Münster). — 1. Bericht. 126.

Schlempe, gepresst, halbtrocken.
No. 1. J. König (V.-St. Münster). — 1. Bericht. 126. No. 2—5. Desgl. 3. Bericht. 11.
No. 6. Th. Dietrich (V.-St. Marburg). — Originalmittheilung.

Schlempe, trocken.
No. 1. J. König (V.-St. Münster). — 1. Bericht. 126.

Kleber.
No. 1 u. 2. W. Henneberg (V.-St- Göttingen). — Originalmittheilung.

Rückstände, frisch.
No. 1. G. Flourens. — Centralbl. f. Agrikulturchemie 1877. 96. (Ann. agronom. 1876. 188.) 18.5 % Stärkemehl.

Rückstände, getrocknet.
No. 1. A. Petermann (V.-St. Gembloux). — Originalmittheilung.
No. 2. G. Flourens. — Aus den frischen Rückständen unter No. 1 gepresst. 65.1 % Stärkemehl.
No. 3. J. Moser (V.-St. Wien). — 2. Bericht. 4.
No. 4 u. 5. F. Soxhlet (Central-V.-St. Münster). — Originalmittheilung. No. 5 enthielt 77.28 % Stärkemehl.
No. 6. W. Henneberg (V.-St. Göttingen). — Originalmittheilung.

Kartoffel-Stärke-Bereitung. Kartoffel-Faser. Reibsel.

No.	Bezeichnungen und Bemerkungen	Jahr der Untersuchung	In der ursprünglichen Substanz: Wasser %	Nh-Substanz %	Rohfett %	Nfr. Extractstoffe %	Rohfaser %	Asche %
1	März 5. } Aus rother Zwiebelkartoffel	1856	77.51	1.27	—	19.68	1.20	0.32
2	März 26.	„	77.11	1.11	—	20.13	1.20	0.45
3	März 27.	„	78.65	0.95	—	18.81	1.23	0.34
4	April 1.	„	80.91	0.64	—	17.02	1.16	0.27
5	April 2.	„	80.22	0.68	—	17.64	1.12	0.34
6	April 11.	„	85.58	0.59	—	12.36	1.13	0.33
7	April 14., aus weissfleischig. Zwiebelkart. .	„	83.02	0.64	—	14.87	1.01	0.45
8	Frische Faser	1866	80.70	0.83	—	16.98	1.15	0.34
9	Desgl. . . .	1865	85.00	1.24	—	12.45	0.60	0.61
10	I. v. Ettlingen	1861	88.70	0.75	0.07	—	—	0.33
11	II. von Mühlburg a. . .	„	82.40	1.10	—	—	—	0.60
12	III. Desgl. b. .	„	89.40	0.64	—	—	—	0.42
13	IV. v. Durlach	1868	89.40	0.70	—	—	—	—
14	V. v. Mühlburg	„	86.40	0.95	—	—	—	—
15	Kartoffelpülpe	1872	86.11	0.68	0.12	10.85	1.95	0.29
16	Rückstände .	„	94.80	0.36	0.03	4.24	0.42	0.15
17		1873	81.53	0.75	0.08	14.31	2.45	0.88
18	Faser a. e. Fabr. in Oberungarn	1874	89.20	0.85	0.11	7.45	1.98	0.41
19	Kartoffelpülpe	„	83.72	0.56	—	11.88	3.50	0.34
20	Desgl. . . .	1876	89.47	0.66	0.13	8.67	0.90	0.17

No.	Bezeichnungen und Bemerkungen	Jahr der Untersuchung	In der ursprünglichen Substanz: Wasser %	Nh-Substanz %	Rohfett %	Nfr. Extractstoffe %	Rohfaser %	Asche %
21	Kartoffelpülpe	1876	85.22	1.95	0.18	9.43	2.41	0.81
22	Desgl. . . .	1877	96.07	0.77	0.15	2.10	0.57	0.34
23	Desgl, gekocht	„	(82.07	0.94	0.34	14.49	1.68	0.48)
24	Desgl., dieselbe ungekocht .	„	89.46	0.59	0.08	8.54	1.07	0.26
25	Aus Fabrik m. Cylinder und Schüttelsieb .	1876	84.20	0.60	0.07	13.50	—	—
26		„	94.86	0.28	0.03	4.44	0.22	0.17
27		1878	95.29	0.37	0.01	3.61	0.54	0.17
28	Kartoffelpülpe, Winter . .	1876	91.74	0.38	0.02	7.05	0.61	0.20
29	Desgl. . . .	„	97.45	0.12	0.01	2.20	0.16	0.06
30	Desgl. . . .	„	86.90	0.71	0.03	11.11	0.71	0.54
31	Desgl., gepresst	„	71.89	0.89	—	—	—	1.10
32	Desgl., gepresst, October . .	1879	75.65	1.15	0.20	20.39	2.18	0.43
33	Reibsel . .	1880	84.30	0.67	0.06	13.11	1.44	0.42
34	Pülpe (Kartoffelfaser .	„	87.92	0.75	0.02	10.20	0.69	0.42
35		„	87.64	1.38	0.22	4.29	(5.58)	0.89
36		„	96.36	0.63	0.01	2.41	0.23	0.35
37		„	80.63	1.60	—	—	0.43	1.61
38		„	84.74	1.14	0.06	12.68	1.16	0.22

Kartoffel-Stärke-Bereitung.

No. 1—7. H. Scheven. — Weende'r Jahresber. 57. 92. (Ztschr. Prov. Sachsen 1857. 136; Chem. Centralbl. 1857. 888.) Die Analysen der verwendeten Kartoffeln s. o. S. 267 unter No. 25 u. 26. Verfasser giebt für obige Rückstände Zahlen wie folgt für den

	No. 1	2	3	6
Gehalt an Stärkemehl . . .	13.73	11.22	11.69	9.81
und Pektin u. s. w.	5.95	8.91	5.33	2.55

Als Mittel für die Zusammensetzung dieser Abfälle berechnet Verf. aus 11 Analysen, die sich z. Thl. nur auf Bestimmung von Wasser und Stärkemehl erstrecken, folgende Zahlen:

	Wasser	Asche	Holzfaser	Pektin etc.	Stärke	Proteïn
Frische Substanz	80.66	0.356	1.15	5.38	11.61	0.843
Trockne „	—	1.84	5.95	27.81	60.03	4.36 %

No. 8. R. Jones (V.-St. Kuschen). — Landw. Centralbl. 1866. II. 381. Verf. trennte die Nfr. Extraktstoffe in Zucker, Pektin, Fett = 5.38 % und Stärkemehl 11.60 %.

No. 9. R. Theile u. Trenkmann (L. V.-St. Jena). — 1. Bericht 1866. 92. Verf. berechneten für die Zusammensetzung der bei 110° C. getrockneten Substanz 23.1 % bei dieser Temperatur nicht entweichendes Wasser. Wir rechneten diese Zahl der für Nfr. Stoffe angegebenen hinzu. Der Wasserverlust bei 110° C. betrug 85 %. Die „Cellulose" wurde aus 0.59 getrockneten Materials durch aufeinanderfolgende Behandlung mit 5 procent. Natronlauge und (demfolgend) 5 procent. Schwefelsäure bestimmt.

No. 10—14. J. Nessler u. No. 13 u. 14 H. Körner (V.-St. Carlsruhe). — Rericht derselben 1870. 58. Verf. giebt noch folgende Zahlen an:

	No. 10	11	12	13
Holzfaser und Nfr. Stoffe	3.45	5.90	3.24	32.35 %
„Als Zucker bestimmbar"	6.70	10.00	6.30	60.85 „

No. 15. U. Kreusler (V.-St. Hildesheim). — 1. Bericht 1873. 27. In % der Trockensubstanz enthielt der Abfall 1.44 % Reinasche und 0.65 % Sand.

No. 16. J. Fittbogen (V.-St. Regenwalde). — Ann. der Landwirthsch. in Preussen 1872. 290.

No. 17. R. Alberti (V.-St. Hildesheim). — 2. Bericht 1873. 26.

No. 18. Ulbricht u. Ordody. — Akademie Ungarisch. Altenburg. Originalmittheilung.

No. 19—24. J. Fittbogen (V.-St. Dahme). — Originalmittheilung. In der ursprünglichen Substanz No. 22 befanden sich 0.23 % Sand.

No. 25. Farsky (V.-St. Tabor). — Originalmittheilung.

No. 26 u. 27. P. Wittelshöfer (V.-St. Regenwalde). — Originalmittheilung.

No. 28—32. Fr. Schwackhöfer. — Technol. Laborat. d. k. k. Hochschule f. Bodenkultur. Originalmittheilung.

No. 33—37. Förster (V.-St. Dahme). — Originalmittheilung.

No. 38 u. 39. E. Heiden u. F. Voigt (V.-St. Pommritz). — Originalmittheilung. An Stärkemehl enthielten die Proben No. 38 = 9. 15 %, No. 39 = 8.93 %; in % der Trockensubstanz No. 38 = 59.96, No. 39 = 60.83 %.

No.	Bezeichnungen und Bemerkungen	Jahr der Untersuchung	In der ursprünglichen Substanz: Wasser %	Nh-Substanz %	Rohfett %	Nfr. Extractstoffe %	Rohfaser %	Asche %
39		1880	85.32	0.95	0.10	11.86	1.43	0.44
40	Gepresst u. eingemacht (ges.	1861	62.93	1.97	27.61		7.23	0.26
41		1878	85.60	0.90	0.20	10.90	2.20	0.30

No.	Bezeichnungen und Bemerkungen	Jahr der Untersuchung	In der ursprünglichen Substanz: Wasser %	Nh-Substanz %	Rohfett %	Nfr. Extractstoffe %	Rohfaser %	Asche %
	Mittel für nasse Kartoffelfaser aus No. 16, 22, 26—29 u. 36		95.22	0.42	0.04	3.72	0.39	0.21
	Mittel f. wenig. nasse Faser alle übrigen Nummern m. Ausnahme v. No. 31, 32 u. 40		84.56	0.89	0.10	12.40	1.63	0.42
	Minimum		62.93	0.12	0.01	2.10	0.22	0.06
	Maximum		97.45	1.97	0.34	20.39	7.23	1.61

Abfall aus Kartoffelstärkefabriken, getrocknete Faser.

No.	Bezeichnungen und Bemerkungen	Jahr der Untersuchung	Wasser %	Nh-Substanz %	Rohfett %	Nfr. Extractstoffe %	Rohfaser %	Asche %
1		1861	19.90	6.12	64.08		8.50	1.40
2	Stärkerückst., getrocknet, aus Durlach . .	1868	14.40	5.70	—	—	—	—
3	Stärke . . .	1871	20.00	1.07	—	78.55	—	0.38P
4	Graumehl (unreife Kartoffelstärke) . .	1872	31.10	1.40	—	—	—	6.80

No.	Bezeichnungen und Bemerkungen	Jahr der Untersuchung	Wasser %	Nh-Substanz %	Rohfett %	Nfr. Extractstoffe %	Rohfaser %	Asche %
5	Abfall . . .	1874	16.25	2.56	0.98	78.21	0.59	1.41
6	Desgl. . . .	„	16.40	3.13	0.71	75.31	0.75	3.70
7	Stärkerückst. .	„	18.08	4.38	0.82	75.00	0.47	1.25
8	Stärkeabfall .	„	13.73	8.86	—	76.37	0.53	0.51
9	Stärkerückst. .	„	11.00	18.16	4.36	57.37	5.46	3.65

Albuminschlamm. Abfall aus Stärkefabriken.

Aus Kartoffeln.

No.	Bezeichnungen und Bemerkungen	Jahr der Untersuchung	Wasser %	Nh-Substanz %	Rohfett %	Nfr. Extractstoffe %	Rohfaser %	Asche %
1	Durch Erhitzen des Fruchtwassers . .	1874	95.04	2.34	2.02		—	0.60
2	Desgl. . . .	„	97.73	1.61	0.02	0.33	—	0.31
3		1879	94.79	2.66	0.12	0.66	1.41	0.36
4		„	93.54	2.40	0.06	0.14	3.48	0.38
5		„	88.98	2.73	0.02	7.51	0.25	0.51
6		1876	89.90	7.70	—	—	—	1.40
7		1878	85.00	11.81	—	—	—	1.67

No.	Bezeichnungen und Bemerkungen	Jahr der Untersuchung	Wasser %	Nh-Substanz %	Rohfett %	Nfr. Extractstoffe %	Rohfaser %	Asche %
8	I. Mit Schwefelsäure gefällt .	1883	96.78	1.83	0.02	2.18	—	0.19
9	II. Mit Wasserglas u. Schwefelsäure gefällt	„	95.39	1.84	0.02	2.56	—	0.19
10	III. Mit saurer Dextrinlösung gefällt . .	„	95.64	1.88	0.02	2.28	—	0.19
	Mittel . .		93.28	3.86	0.04	0.53	1.71	0.58

No.	Bezeichnungen und Bemerkungen	Jahr der Untersuchung	Wasser %	Nh-Substanz %	Rohfett %	Nfr. Extractstoffe %	Rohfaser %	Asche %
1	Ablaufwasser aus Albuminschlamm . .	1874	99.27	0.22	—	0.23	—	0.28

No. 40. H. Hellriegel (V.-St. Dahme). — 4. und 5. Bericht. 36. Die Faser, welche unter der Bezeichnung „Matsch" gebräuchlich, war gepresst und alsdann in Gruben eingemacht worden. Die Substanz enthielt 10.72 % Stärkemehl, 0.44 % Stärkezucker und 0.67 % in Wasser lösliche Nh. Substanz.
No. 41. M. Märcker (V.-St. Halle). — Ztschr. d. landw. Centralver. d. Prov. Sachsen 1879. 112.

Abfall aus Kartoffelstärkefabriken.
No. 1. R. Hoffmann. — Centralbl. f. d. gesammte Landeskultur in Böhmen 1861. No. 4.
No. 2. J. Nessler u. H. Körner (V.-St. Karlsruhe). — 1870. 58. „Als Zucker bestimmbar" 52.1 %.
No. 3. H. Weiske u. E. Wildt. — Zeitschr. f. Biologie. 10. 1874. 1.
No. 4. P. Wagner (V.-St. Darmstadt). — Bericht derselben 1874. 52. Die Probe enthielt 57.1 % Stärkemehl; zwei andere Abfallproben enthielten 56.2 bezw. 80.4 % Stärke.
No. 5—7. R. Alberti (V.-St. Hildesheim). — 3. Bericht. 18.
No. 8. J. König (V.-St. Münster). — L. Ztg. f. Westfalen u. Lippe 1874. 297.
No. 9. E. Schulze u. M. Märcker (V.-St. Weende). — J. f. Landwirthsch. 1875. 166.

Albuminschlamm.
No. 1 u. 2. J. Fittbogen (V.-St. Dahme). — Originalmittheilung.
No. 3—5. P. Wittelshöfer (V.-St. Regenwalde). — Originalmittheilung.
No. 6 u. 7. F. Schwackhöfer. — Technisches Laboratorium d. k. k. Hochschule f. Bodenkultur in Wien. Originalmittheilung.
No. 8—10. V.-St. Regenwalde. — Jahresbericht f. Agrikulturchemie 1883. (Ztschr. f. Spiritusindustrie 1883. 662.)

Ablaufwasser aus Albuminschlamm.
No. 1. J. Fittbogen (V.-St. Dahme). — Originalmittheilung.

Kartoffel-Abwasser. Fruchtwasser.

No.	Bezeichnungen und Bemerkungen	Jahr der Untersuchung	In der ursprünglichen Substanz Wasser %	Nh-Substanz %	Rohfett %	Nfr. Extractstoffe %	Rohfaser %	Asche %
1	Fruchtwasser .	1874	99.09	0.51		0.13		0.27
2	Kartoffelabwasser . .	1879	98.42	0.56	—	—	—	—
3	Fruchtwasser .	1878	97.40	1.77	0.01	0.526	0.004	0.29
4	Desgl. . . .	„	97.54	1.59	0.02	0.57	0.02	0.26
5	Desgl. . . .	„	98.71	0.57	0.005	0.397	0.003	0.315
6	Fruchtwasser, gekocht . .	1878	95.31	1.005	0.013	3.368	0.064	0.24
7	Desgl. . . .	„	95.75	2.95	0.041	0.766	0.046	0.45
8	Kartoffelfruchtwasser . .	1887	98.92	0.54	0.06	0.21	0.00	0.27
	Mittel . .		97.93	1.19	0.03	0.53	0.02	0.30

Stärkezucker- (Glucose-) Fabrikation.

No.	Bezeichnungen und Bemerkungen	Jahr der Untersuchung	Wasser %	Nh-Substanz %	Rohfett %	Nfr. Extractstoffe %	Rohfaser %	Asche %
1	Sugar Feed .	1881	6.57	13.50	11.21	54.85	10.65	3.22
2	Desgl. . . .	„	10.40	13.13	5.87	61.38	8.44	0.78
3	Stärkefutter .	1886	6.00	16.04	6.08	58.14	13.02	0.72
4	Stärkeausschuss	„	63.60	7.66	4.04	20.78	3.68	0.24
5	Gluten-Meal (aus Mais) .	1883	12.50	33.44	7.66	42.73	3.11	0.56
6	Desgl. . . .	„	12.50	29.36	4.43	52.09	1.05	0.57

Abfälle aus Bierbrauereien.

Gerstenmalz. Grünmalz.

No.	Bezeichnungen und Bemerkungen	Jahr der Untersuchung	Wasser %	Nh-Substanz %	Rohfett %	Nfr. Extractstoffe %	Rohfaser %	Asche %
1	Frisches, Mittel aus 2 Analys.	1855	47.46	6.60		39.46	4.31	2.17
2		1871	42.4	7.13	1.30	40.50	6.81	1.86
3		1871	44.1	6.34	1.26	39.53	6.61	2.16
	Mittel . .		45.35	6.67	1.28	39.10	5.51	2.09

Gerstenmalz. Darr- und Luftmalz.

No.	Bezeichnungen und Bemerkungen	Jahr der Untersuchung	Wasser %	Nh-Substanz %	Rohfett %	Nfr. Extractstoffe %	Rohfaser %	Asche %
1	Lufttrocken .	?	16.10	11.00	1.80	56.80	(11.70)	2.60
2	Gedarrt . .	?	11.10	9.10	2.10	65.90	(9.40)	2.40
3	Stark gedarrt	?	9.90	9.70	2.40	64.8	(10.60)	2.60
4		1848	8.35	9.44	—	—	—	2.31
5		1848	4.61	10.13	—	—	—	2.60
6		1855	8.00	7.59	1.68	—	6.95	2.94
7		„	7.90	9.42	1.43	—	7.10	2.90
8	Darrmalz . .	„	4.20	8.33	—	—	8.70	2.67

Kartoffel-Abwasser. Fruchtwasser.
No. 1. J. Fittbogen (V.-St. Dahme). — Originalmittheilung.
No. 2. H. Wachter (V.-St. Carlsruhe). — Originalmittheilung. Die Trockensubstanz enthielt 17.07% K_2O und 4.37% P_2O_5.
No. 3—7. P. Wittelshöfer (V.-St. Regenwalde). — Originalmittheilung.
No. 8. E. Heiden u. Güntz (V.-St. Pommritz). — Originalmittheilung. Die nachfolgenden ursprünglichen Angaben wurden oben auf 2 Decimalen abgerundet: Wasser 98.9151, Proteïn 0.5432, Fett 0.0586, Nfr. Nährstoffe 0.2070, Rohfaser 0.0030, Asche 0.2728, Sand 0.0003, Chlor 0.0242%.

Stärkezucker- (Glucose-) Fabrikation.
No. 1 u. 2. S. W. Johnson. — Connecticut Agric. Exper. Stat. Rep. f. 1881. 83.
No. 3 u. 4. E. F. Ladd. — Jahresber. f. Agrikulturchemie 1886. 387. (Amer. Chem. Journ. 1886. 47; ref. nach Chem. Centralbl. 1886. 524.) Die untersuchten Stärkeabfälle stammten von der American Glucose-Compagnie. Durch Phosphorlösung wurden 12.50% bezw 21.06% der „Rohalbuminoide" verdaut.
No. 5 u. 6. (Agric. Exp. Stat. Amherst Massachusetts. I. Ber. 1883). — Jahresber. f. Agrikulturchemie 1883. 395. Abfall von der Glycose-Fabrikation; Wassergehalt von uns zu 12.50% angenommen.

Abfälle aus Bierbrauereien. Grünmalz.
No. 1. H. Ritthausen (V.-St. Möckern). — 5. Bericht. Leipzig, 1857. 29.
No. 2 u. 3. E. Schulze u. M. Märcker (V.-St. Weende). — J. f. Landwirthsch. 1872. 52 u. 74. Bei Malz unter No. 2 war:
In kaltem Wasser löslich . . . . N 0.606% = 3.79% Eiweissstoffen
Beim Digeriren in der Wärme in Wasser löslich . . . . . N 0.801 „ = 5.01 „ „

Darr- und Luftmalz.
No. 1—3. Mulder u. Oudemann. — Vergl. R. Stierlein, das Bier, seine Verfälschungen etc. 1878. S. 18. Als besondere Bestandtheile der Nfr. Extraktstoffe werden aufgeführt:

	Zucker	Dextrin	Stärke
No. 1 . . .	0.4%	6.5%	47.3%
No. 2 . . .	0.6 „	5.8 „	51.2 „
No. 3 . . .	0.8 „	9.4 „	43.9 „

No. 4 u. 5. J. B. Lawes. — J. R. Agr. Soc. England. X. II. 1849. 299 u. 323.
No. 6 u. 7. H. Hellriegel. — Chem. Ackersm. 1855. 248. Die Malzproben enthielten:

	Stärkemehl	Dextrin, Zucker etc.
No. 6	48.17%	24.67%
No. 7	48.59 „	22.66 „

No. 8. H. Ritthausen (V.-St. Möckern). — 5. Bericht, Leipzig, 1857. S. 29.

No.	Bezeichnungen und Bemerkungen	Jahr der Untersuchung	In der ursprünglichen Substanz: Wasser %	Nh-Substanz %	Rohfett %	Nfr. Extractstoffe %	Rohfaser %	Asche %
9	Luftmalz, kein freies . . .	1860	12.80	10.40	2.46	55.19	(17.15)	2.00
10	Darrmalz, kein freies . . .	„	10.40	10.50	3.03	57.16	(16.86)	2.05
11	Aus Landgerste	1869	10.30	12.56	1.60	67.29	6.11	2.14
12	A. Hannagerste	„	12.95	10.96	1.81	65.32	5.78	3.18
13	A. böhmisch. G.	1869	11.53	11.38	1.70	66.62	5.75	3.02
14	A. mährisch. G.	„	12.10	14.31	1.85	64.75	4.70	2.29
15		„	9.35	11.37	1.97	68.27	5.53	3.51
	Mittel (No. 11—15) .		11.25	12.12	1.79	66.44	5.57	2.83

Gersten-Malzkeime.

No.	Bezeichnungen und Bemerkungen	Jahr der Untersuchung	Wasser %	Nh-Substanz %	Rohfett %	Nfr. Extractstoffe %	Rohfaser %	Asche %
1	Malt-Dust . .	1848	6.24	25.63	—	—	—	8.70
2		1855	7.18	23.66	—	—	(17.00)	6.85
3		„	20.53	22.93	—	—	(18.73)	6.33
4		1859	13.30	26.00	4.00	(42.20)	(12.00)	6.50
5		1860	10.66	23.00	1.72	(37.08)	(17.84)	9.70
6	Wurzelkeime v. schnell gewachs. Malz .	—	11.70	29.85	—	—	—	5.70
7	Desgl. v. langsam gew. Malz	—	11.70	32.05	—	—	—	5.76
8	Aus ungarisch. G. b. 11 tägig. Keimdauer .	1866	10.72	32.40	—	—	—	6.91
9	Aus niederbayr. G. b. 6 tägig. Keimdauer .	„	10.00	18.10	—	—	—	6.19
10	Keime v. Luftmalz . . .	1860	10.42	26.84	2.86	—	—	8.28
11	Keime v. Darrmalz . . .	1866	6.70	20.78	2.88	—	—	—
12	Desgl. . . .	—	3.70	23.80	2.90	46.00	18.50	5.10
13		1870	10.94	24.76	1.72	—	—	—
14		1871	8.80	23.00	1.58	47.37	11.40	7.85
15	Malt-Dust . .	1873	10.46	21.62	2.02	46.46	12.16	7.28
16		1877	10.83	23.81	—	—	—	6.66
17		„	5.74	21.94	—	—	—	6.20
18		1872	11.90	20.21	1.88	47.30	10.61	8.10
19		1874	9.54	25.69	1.70	41.12	11.43	10.52
20		„	9.24	23.19	1.85	46.43	12.66	6.63
21		1875	9.95	17.94	5.64	47.88	10.24	8.35
22		1870	10.00	26.15	2.00	45.18	9.60	7.07
23		1873	5.00	27.50	—	—	—	7.36
24		„	14.50	23.60	2.10	40.00	13.10	6.70
25		„	12.30	21.20	2.30	44.20	12.90	7.10
26		1875	—	25.53	2.98	—	—	15.71
27		1876	13.50	22.23	2.56	37.81	10.50	12.70

No. 9 u. 10. F. Stein. — Wilda's landw. Centralbl. 1860. II. 8; auch Weende'r Jahresber. 1857—60. II. 212. Unter Zellensubstanz (Rohfaser) ist hier der beim Maischen des Malzes übrigbleibende in Wasser unlösliche Rückstand zu verstehen, von dem noch die Mengen der darin enthaltenen Aschenbestandtheile, des Proteïns und der in Alkohol und Aether löslichen Theile in Abzug gebracht wurden. Ferner sind aufgeführt:

	Extraktivstoffe	Dextrin	Stärke
No. 9	4.00 %	7.56 %	51.55 %
No. 10	4.65 „	8.23 „	50.88 „

No. 11—14. E. Heiden (V.-St. Pommritz). — Originalmittheilung.
No. 15. J. Nessler u. H. Körner. — Bericht der V.-St. Karlsruhe 1870. S. 58.

Gerstenmalzkeime.

No. 1. J. B. Lawes. — Journ. Roy. Agric. Soc. Engl. 10. I. 1849. 323. Nh. Substanz von uns berechnet.
No. 2 u. 3. Ritthausen u. Scheven. — Weende'r Jahresber. 1855—56. 48.
No. 4. F. Crusius u. E. Schickedanz. — Landw. Vers.-Stat. I. 1859. 101.
No. 5. Th. Dietrich. — Landw. Anz. f. d. Kurfürstenthum Hessen 1860. 38. Zucker (nach Kochen mit Säure) 22.47 %.
No. 6 u. 7. C. John. — Lintner's Lehrb. d. Bierbrauerei 1875. 157.
No. 8 u. 9. J. C. Lermer. — Dingler's Polytechn. J. 179. 1866. Die Gerste aus Niederbayern keimte bei viel mehr Weiche (gegen 45 % Wassergehalt) als die ungarische. Nach Lermer entwickeln Malzkeime, diese mit Wasser der Destillation unterworfen, H_2S; das sauer reagirende Destillat enthält eine Fettsäure, Essig-, Ameisen- und Propionsäure. Ferner ermittelte L. noch folgende Bestandtheile: Aepfel-, Citronen-, Bernstein-, Eisen grün färbende Gerbsäure, Milch- und Oxalsäure, Bitterstoff, Asparagin, Cholesterin, grünen Farbstoff, fettes Oel, Gummi, Harz, Wachs und Zucker.
No. 10. W. Stein u. Müller. — Chemisch. Centralbl. 1860. I. 449. Der Wassergehalt schwankte bei mehreren Proben zwischen 10.33 u. 10.51. Wir berechneten obiges Mittel, ebenso bei dem Fettgehalt der zwischen 3.176 und 3.212 % der Trockensubstanz schwankte. Die Nh. Substanz berechneten wir nach dem vom Verf. angegebenen Proteïngehalt und dem angenommenen N-Gehalt des Proteïns 15.66.
No. 11. Osc. Lehmann. — Chem. Ackersm. 1866. 240.
No. 12. Thom. Way. — Trans. Highl. Soc.
No. 13. Th. Dietrich. — Landw. Anz. f. d. Rgsbez. Kassel 1870. 117.
No. 14. E. Heiden (V.-St. Pommritz). — Originalmittheilung. 1 % Sand dabei.
No. 15—17. Aug. Voelcker. — J. Roy. Agric. Soc. II. Ser. 10. (1874.) 166 u. 14. (1878). 248. In No. 15 2.14 % Sand.
No. 18—20. Th. Dietrich. — Landw. Anz. f. Rgbz. Kassel 1872. 54 u. 1874. 108 u. 523.
No. 21. J. Fittbogen (V.-St. Dahme). — Originalmittheilung. Dabei 4.12 % Sand.
No. 22. G. Kühn (V.-St. Möckern). — J. f. Landw. 1874. 191. Zusammensetzung der ursprünglichen Substanz von uns berechnet.
No. 23. B. Corenwinder. — Centralbl. f. Agrikulturchem. 1873. 127.
No. 24—27. P. Wagner (V.-St. Darmstadt). — Originalmittheilung. No. 26 enthält 8.9 % Sand. Auch Ztschr. f. d. landw. Ver. im Grossherz. Hessen 1874. 317, sowie Bericht d. Versuchsstation 1874. 20.

No.	Bezeichnungen und Bemerkungen	Jahr der Untersuchung	In der ursprünglichen Substanz Wasser %	Nh-Substanz %	Rohfett %	Nfr. Extractstoffe %	Rohfaser %	Asche %
28		1874	11.70	19.70	2.00	44.60	13.50	8.50
29		1876	10.90	24.81	—	—	10.58	7.81
30		„	10.56	24.80	—	—	11.18	7.94
31		„	10.27	23.50	—	—	14.10	7.24
32		„	9.38	22.81	—	—	12.48	6.58
33		„	9.26	24.53	—	—	13.80	6.97
34		„	7.30	26.21	—	—	10.82	7.21
35		1877	7.12	21.13	1.28	43.36	18.88	8.23
36		„	4.32	22.31	1.10	46.63	17.22	8.42
37		1876	14.51	23.30	1.43	44.75	10.63	5.38
38		„	14.32	19.31	1.09	43.10	12.64	9.54
39		„	8.86	21.50	0.81	37.38	19.12	11.93
40		„	14.73	22.00	0.77	45.15	11.50	5.85
41		„	12.79	22.13	3.66	43.82	11.72	5.88
42		„	12.99	22.24	0.69	45.35	11.96	6.77
43		„	11.45	22.64	1.03	44.88	13.70	7.30
44		1871	10.00	19.25	3.15	47.39	12.39	7.82
45		1873	14.27	20.54	2.34	44.07	10.22	8.56
46		1875	14.62	22.29	1.76	44.98	9.85	6.50
47		1873	10.27	22.37	1.60	—	—	—
48		„	13.08	21.79	—	—	10.61	—
49		1871	5.99	28.94	2.59	—	—	—
50		„	15.16	20.94	1.60	—	—	5.77
51		1875	10.70	26.70	1.50	48.20	5.00	7.90
52		„	13.16	27.00	1.38	40.36	10.18	7.92
53		„	—	21.00	—	—	—	—
54		„	—	24.12	1.88	—	—	—
55		„	9.40	25.99	1.86	41.97	12.62	8.16
56		„	—	26.25	—	—	—	—
57		„	13.74	20.81	2.02	44.91	11.65	6.87
58		„	12.88	23.50	1.62	40.42	13.25	8.33
59		„	11.70	24.19	1.26	41.86	13.00	7.99
60		„	14.72	21.81	0.98	42.54	13.10	6.85
61		„	14.76	22.44	1.20	40.97	13.95	6.68
62		1876	—	26.81	—	—	—	6.14
63		„	12.94	22.00	1.24	42.35	13.55	7.92

No.	Bezeichnungen und Bemerkungen	Jahr der Untersuchung	In der ursprünglichen Substanz Wasser %	Nh-Substanz %	Rohfett %	Nfr. Extractstoffe %	Rohfaser %	Asche %
64		1876	14.96	23.19	1.28	40.17	12.55	7.85
65		„	18.26	21.81	0.90	34.65	16.18	8.20
66		„	14.86	22.50	0.78	39.38	16.20	6.28
67		„	9.38	24.37	—	—	—	7.61
68		„	15.14	20.94	1.05	39.76	14.67	8.44
69		1877	7.49	23.81	1.50	47.94	12.98	6.28
70		„	12.70	24.56	1.00	40.84	14.50	6.40
71		„	11.72	20.18	1.14	43.88	16.60	6.48
72		„	15.79	24.58	1.95	37.94	12.55	7.19
73		1876	14.79	23.98	1.80	41.20	11.18	7.05
74		1877	9.63	23.25	2.10	42.14	12.45	10.09
75		„	13.03	22.75	1.80	45.05	9.72	7.65
76		„	5.50	28.19	2.33	45.04	10.24	8.70
77		„	12.80	21.94	2.74	40.62	14.86	7.04
78		„	15.74	20.13	3.08	38.15	15.86	7.04
79		1878	—	24.50	2.60	—	—	—
80		„	—	16.00	3.80	—	—	—
81		„	—	20.80	2.70	—	—	—
82		„	—	24.70	—	—	—	—
83		„	—	22.30	—	—	—	—
84		1879	13.40	22.03	2.81	42.56	10.40	8.80P
85		„	12.10	23.10	2.50	41.96	11.24	9.11P
86	Frische, ungar.	1878	15.08	21.75	2.55	40.87	12.44	7.31
87	Vorjähr.. ungar.	„	15.10	20.32	2.33	45.75	10.34	6.16
88	Alte, aus der Lausitz . .	„	18.06	26.15	2.44	36.07	10.71	6.57
89	Frische, aus der Lausitz . .	„	17.73	25.04	1.95	35.62	9.92	9.74
90		1876	—	24.90	2.42	—	—	—
91		„	—	20.13	2.00	—	—	—
92		„	—	17.50	2.30	—	—	—
93		1877	9.83	24.50	1.56	41.15	15.56	7.40
94	Malt Sprouts .	„	11.55	25.91	1.09	45.47	9.30	6.68
95		1878	12.45	22.31	2.84	41.37	13.01	8.02
96		1879	9.75	22.50	2.49	49.57	9.57	6.12P
97		„	12.64	25.31	1.65	39.69	13.85	8.86

No. 28. G. Kühn (V.-St. Möckern). — Originalmittheilung.
No. 29—36. O. Kohlrausch. — V.-St. d. Centralver. f. Rübenzucker-Industrie d. Oesterreich-Ungar. Monarchie z. Wien. Originalmittheilung. In No. 35: 3.42, und No. 36: 2.81% Sand.
No. 37—43. J. König (V.-St. Münster). — Der 1. Bericht 1871—77. 41.
No. 44—48. A. Emmerling (V.-St. Kiel). — Der 1. Ber. 1871—77.
No. 49 u. 50. U. Kreusler (V.-St. Hildesheim). — Der 1. Ber. 1871/72. 26.
No. 51—67. F. Holdefleiss (V.-St. Halle). — Ztschr. d. landw. Centralver. d. Prov. Sachsen 1876. 244 u. 251.
No. 68. A. Pagel (V.-St. Halle). — Ebendaselbst 1877. 90.
No. 69—71. W. Th. Osswald (V.-St. Halle). — Ebendaselbst 1878. 15.
No. 72. C. Lehmann. — J. f. L. 1877. 60.
No. 73 u. 74. Th. Dietrich (V.-St. Altmorschen). — Landw. Anz. f. d. Rgbz. Kassel 1886. 169 u. 1877. 129.
No. 75 u. 76. P. Wittelshöfer (V.-St. Regenwalde). — Originalmittheilung.
No. 77—85. P. Wagner, Peitzsch u. W. Rohn (V.-St. Darmstadt). — Originalmittheilung.
No. 86—87. E. Heiden u. Güntz. No. 88 u. 89. E. Heiden u. A. Schlimper (V.-St. Pommritz). — Originalmittheilung.

	No. 86	87	88	89
Sand	2.19	1.87	1.24	3.09%

No. 90—93. R. Heinrich (V.-St. Rostock). — Der 1. Bericht. Wismar, 1882. 66.
No. 94. S. W. Johnson u. E. H. Jenkins. — Rp. Conn. Agric. Exper. Stat. 1877. 50.
No. 95 u. 96. A. Emmerling u. M. Schrodt (V.-St. Kiel). — III. Bericht ders. 55.
No. 97 u. 98. J. König (V.-St. Münster). — Landw. Ztg. 1880. 38. 1881.

No.	Bezeichnungen und Bemerkungen	Jahr der Untersuchung	In der ursprünglichen Substanz Wasser %	Nh-Substanz %	Rohfett %	Nfr. Extractstoffe %	Rohfaser %	Asche %
98		1880	14.29	24.69	2.07	32.10	14.09	12.76
99		1879	11.04	19.81	1.23	47.30	15.06	5.56P
100	Malzkeime . .	1878	11.40	21.40	1.40	44.20	13.6	8.0
101	Desgl. . . .	„	16.40	24.40	2.30	36.20	11.8	8.9
102	Desgl. . . .	1879	10.80	15.80	2.90	46.30	16.1	8.1
103	Desgl. . . .	„	12.30	28.10	3.40	41.90	7.3	7.0
104	Desgl. . . .	„	13.10	22.00	1.10	43.70	14.3	5.8
105	Desgl. . . .	1880	10.20	23.90	1.30	46.20	10.8	7.6
106	Desgl. . . .	„	14.70	24.50	1.70	40.00	11.6	7.5
107	Desgl. . . .	1882	10.50	23.20	3.10	45.20	10.90	7.10
108		1879	9.69	23.09	2.80	44.95	12.14	7.33
109		„	12.98	24.00	5.13	37.83	11.18	8.88
110		„	13.10	24.87	3.00	39.52	12.41	7.10
111		„	13.21	24.70	3.45	41.60	10.40	6.64
112		„	13.42	25.53	2.26	41.37	10.66	6.76
113		„	9.92	24.79	4.87	41.50	10.65	8.27
114		„	12.92	23.98	2.85	40.86	13.24	6.15
115		1880	13.51	18.50	2.86	45.96	11.15	8.02
116		„	12.00	21.43	2.90	41.63	10.42	11.62
117		1881	10.91	27.19	2.26	41.41	11.27	6.96
118	Maltgroer . .	„	11.36	23.35	1.45	—	—	6.34
119		„	11.61	23.94	0.33	48.60	8.86	6.66
120		1883	8.20	22.10	2.20	47.20	13.80	6.50
121	Malzstaub . .	1884	10.51	24.41	0.77	47.19	10.28	6.84
122	Gerstenmalzkeime . . .	„	16.76	23.69	2.72	34.14	14.03	8.66
123		1887	11.31	27.84	2.28	51.93		6.64
124		1885	6.36	23.41	1.71	50.25	12.00	6.36
125		1884	11.70	21.07	1.29	50.14	12.04	3.76
126	In Mittel von 5 Analysen .	1883	—	23.20	1.46	—	—	—
127	Touraillons .	—	3.29	26.17	1.67	44.71	15.67	8.54
128	Desgl. . . .	—	10.10	23.75	—	—	—	—
	Minimum		3.70	15.80	0.33	32.10	5.00	3.76
	Maximum		18.26	28.50	5.64	50.25	19.12	15.71
	Mittel . . (No. 11—128)		11.70	23.50	2.07	42.82	12.32	7.59

Weizenmalzkeime.

No.	Bezeichnungen und Bemerkungen	Jahr der Untersuchung	Wasser %	Nh-Substanz %	Rohfett %	Nfr. Extractstoffe %	Rohfaser %	Asche %
1		1887	14.52	25.76	—	—	—	5.23
2	Von Schneider u. Sohn-Leipz.	1884	14.52	28.69	2.64	27.57	19.14	7.44
3	Von Schneider u. Sohn-Leipz.	1883	—	32.44	—	—	—	—

Roggenmalzkeime.

No.	Bezeichnungen und Bemerkungen	Jahr der Untersuchung	Wasser %	Nh-Substanz %	Rohfett %	Nfr. Extractstoffe %	Rohfaser %	Asche %
1		1882	—	29.7	—	—	—	—

No. 99. Ign. Moser u. Böcker (k. k. V.-St. Wien). — Originalmittheilung.
No. 100—107. M. Märcker (V.-St. Halle). — Originalmittheilung. In anderen Proben wurde daselbst der Gehalt der Malzkeime an Proteïn zu 22.0, 27.5, 24.0 und bezw. 24.1 % gefunden.
No. 108—116. Th. Dietrich u. M. Markendorf. — Landw. Ztg. u. Anzg. f. d. Rgbz. Kassel 1879. 379 u. f.
No. 117. Em. Wolff (V.-St. Hohenheim). — Württemberg. Wchbl. f. Landwirthsch. 1882. 230.
No. 118. Werenskjold. — Landbrugskemiker Werenskiolds Beretning.
No. 119. Hässelbarth (V.-St. Dahme). — Originalmittheilung.
No. 120. Ferd. Becker (V.-St. Darmstadt). — Ztschr. f. d. landw. V. d. Grossherz. Hessen 1884. 207.
No. 121. Aug. Voelcker. — J. R. Agric. Soc. England. 19. II. 422.
No. 122. F. Soxhlet (Central-V.-St. München). — Originalmittheilung.
No. 123. H. Heiden u. Reh (V.-St. Pommritz). — Originalmittheilung. 0.87 % Sand.
No. 124. M. Schrodt u. H. Hansen (Milchwirthsch. V.-St. Kiel). — Landw. Wochenbl. f. Schleswig-Holstein 1885. 213.
No. 125. H. P. Armsby. — Sec. Ann. Rep. Agric. Exper. Stat. Wisconsin 1884. Madison Wisc. 1886. 67. Die Malzkeime enthielten 7.46 % Amide (der gefundene N wie bei Eiweiss mit 6.25 multiplicirt).
No. 126. J. König (V.-St. Münster). — 3. Bericht 1881—83. 12. Die untersuchten Malzkeime enthielten im Mittel 16.15 % reines Eiweiss. Schwankungen im Gehalte von Rohproteïn 19.69—25.56, von Fett 1.18—1.82 %.
No. 127 u. 128. L. Grandeau. — Originalmittheilung.

Weizenmalzkeime.
No. 1. F. Schulze. — Weende'r Jahresb. 1857. 35. (Journ. f. prakt. Chem. 77. 202 u. Annal. d. Chem. 109. 182.) 1000 g. Weizen gaben 45 g. bei 100° getrockneter Radiculä, 12''' Par.
No. 2. F. Soxhlet (Central-V.-St. München). — Originalmittheilung.
No. 3. Th. Dietrich (V.-St. Marburg). — Landw. Ztg. u. Anzg. f. d. Rgbz. Cassel 1883. 602.

Roggenmalzkeime.
No. 1. M. Märcker (V.-St. Halle). — Originalmittheilung.

Anmerkung zu Malzkeime.
O. Kellner*) bestimmte in den Malzkeimen den Antheil des N, welcher in Form von Amidosäuren und Säureamiden vorhanden ist.
In fünf Proben fand O. Kellner in Procenten der Trockensubstanz:

*) O. Kellner. — Deutsche landw. Presse 1879. 182. Auch die N-Mengen in den von Eiweiss befreiten Extrakten wurden ermittelt, welche obige Mengen des Amid-N nicht erheblich überschritten. Probe 5 enthielt zahlreiche Samenkörner der Kornrade und ist deshalb von den Durchschnittsberechnungen ausgeschlossen worden.

No.	Bezeichnungen und Bemerkungen	Jahr der Untersuchung	In der ursprünglichen Substanz: Wasser %	Nh-Substanz %	Rohfett %	Nfr. Extractstoffe %	Rohfaser %	Asche %	No.	Bezeichnungen und Bemerkungen	Jahr der Untersuchung	In der ursprünglichen Substanz: Wasser %	Nh-Substanz %	Rohfett %	Nfr. Extractstoffe %	Rohfaser %	Asche %
	Maiskeime. Abfall von der Maisstärkefabrikation.																
1	Maiskeime . .	—	11.94	12.39	17.36	45.97	6.85	5.49	4	Aus Cinquantino	1879	15.00	31.12	13.00	30.04	4.61	6.23
2	Desgl. . . .	—	11.79	11.57	16.46	51.57	4.12	4.49	5	A. Ungarischem	„	15.00	28.94	11.06	34.31	3.87	6.82
3	Gepresste in Kuchenform (nicht ausgepresste) . .	—	13.55	10.75	10.21	48.98	12.17	4.34	6	Aus Pferdezahn	„	15.00	27.17	10.68	35.28	5.95	5.92
	Reiskeime.																
1		1882	—	15.67	24.29	—	—	—									
	Biertreber, im natürlichen frischen Zustande.																
1	V. d. Bereitung von Erlanger Lagerbier u. e. Nachbieres .	1854	77.58	3.16		11.75	6.14	1.37	2	Von der Bereitung v. Lagerbier in Lützschena . .	1856	71.27	4.79		14.88	7.77	1.29

	Gesammt-N	Amid-N	in % d. Gesammt-N	Eiweiss-N	Wirkliches Proteïn	Rohproteïn
1	3.556	0.822	23.1	2.734	17.29	22.23
2	4.213	1.023	24.3	3.190	19.94	26.33
3	4.479	1.606	35.9	2.873	17.96	28.00
4	5.080	1.414	28.1	3.686	23.03	31.75
5	5.520	1.418	25.7	4.102	25.64	34.50
Mittel No. 1—4	4.33	—	—	—	19.5	27.06

Leop. Lenz-Iglau (Landw. V.-St. 12. 1869. 347) untersuchte die „mit grosser Sorgfalt" herausgenommenen Keime der Getreidearten auf Wasser- und N-Gehalt. Die Ergebnisse waren folgende:

	Keime von Roggen	Weizen	Nackter Gerste	Rispenhafer	Mais
Wasser	9.46 %	9.10 %	8.98 %	10.14 %	9.63 %
Trockensubstanz	90.54 „	90.90 „	91.02 „	89.86 „	90.37 „
N in % der Trockensubstenz . .	3.664 „	5.007 „	5.002 „	4.718 „	3.108 „
N × 6.25	22.90 „	31.29 „	31.26 „	29.49 „	25.50 „

Th Henkel (Originalmittheilung) untersuchte im Soxhlet'schen Laboratorium Gerstenmalzkeime in folgender Weise: 200 g Malzkeime wurden mit je 1 Liter a) destillirtem Wasser, b) einer ½ procentigen Kochsalzlösung und c) mit ½ % Salzsäure enthaltendem Wasser ausgezogen.

Die mit diesen Flüssigkeiten erhaltenen Auszüge waren von nachstehendem Gehalte pro Liter und nachstehender Beschaffenheit:

	a) Wasser	b) Kochsalzlösung	c) Salzsäurehaltiges Wasser
Specifisches Gewicht	1.025	1.030	1.030
Trockensubstanz	57.2 g	57.9 g	57.9 g
Vergährbarer Zucker	10.0 „	17.0 „	28.0 „
Desgl. in % der Extrakttrockensubstanz . .	19.2 %	29.4 %	48.3 %
Gesammt-Stickstoff	3.33 g	3.57 g	3.65 g
Desgl. in % der Extrakttrockensubstanz . .	5.82 %	6.17 %	6.80 %
Durch Pergamentpapier diffundirter N . . .	2.58 g	2.88 g	2.89 g
Vom Gesammt-N diffundirbar	77.4 %	80.7 %	79.2 %
Eiweissstickstoff	0.14 g	0.46 g	0.67 g
Eiweiss	0.88 „	2.88 „	4.19 „
Vom Gesammt-N. in Form von Eiweiss . .	4.2 %	13.1 %	18.4 %
Stickstoff in Form von Pepton	0.97 g	0.65 g	0.54 g
Pepton	6.0 „	4.0 „	3.4 „
Vom Gesammt-N in Form von Pepton . . .	29.1 %	18.0 %	14.8 %

Diese Malzkeime enthielten bei 10 % Wassergehalt und 4.1 % N-Gehalt bei vollständiger Extraktion mit kaltem Wasser:

Insgesammt	34.8 %	55.2 %
Davon Aschenbestandtheile	5.34 „	1.42 „
Stickstoff	1.91 „	2.20 „
Desgl. in % der Trockensubtsanz . .	2.12 „	2.45 „
Desgl. in % des Gesammt-N	46.4 „	53.6 „

Bei Extraktion mit absolutem Alkohol:

Insgesammt	12.2 „
Davon Aschenbestandtheile	1.1 „
Davon Stickstoff	0.57 „ vermuthl. Leucin.

Maiskeime. (Siehe auch Abfälle der Maisstärkefabrikation.)
No. 1—3. Ig. Moser. — Wien. 1. Bericht. Tabelle IV. Seite XXVI. S. 62.
No. 4—6. Fr. Schwackhöfer. — Originalmittheilung.

Reiskeime.
No. 1. V.-St. Darmstadt. — Ztschr. f. d. landw. Ver. d. Grossh. Hessen 1883. 39.

Biertreber.
No. 1. E. Wolff. — Hohenheimer Mitthl. 2. Heft. 1855. 125.
No. 2—10. H. Ritthausen, — Weende'r Jahresber. 1855. II. 48. (Journ. pract. Chem. 66. 312.) Nh. Substanz von uns aus dem N-Gehalt berechnet.

No.	Bezeichnungen und Bemerkungen	Jahr der Untersuchung	In der ursprünglichen Substanz					
			Wasser %	Nh-Substanz %	Rohfett %	Nfr. Extractstoffe %	Rohfaser %	Asche %
3	Dieselben nochmals ausgelaugt (Nachbier) .	1856	77.85	4.96	10.31		5.67	1.20
4	Wie unter 2 .	„	72.48	5.24	10.40		9.51	1.40
5	Desgl. . . .	„	75.55	4.56	11.49		7.15	1.25
6	Mittel der Analysen 1—4 .	„	74.29	4.89	12.02		7.53	1.28
7	Von d. Bereit. einfach. Bieres, Möckern . .	„	75.62	5.26	10.44		7.32	1.36
8	Desgl. . . .	„	76.42	5.53	10.99		5.80	1.26
9	Desgl. . . .	„	77.79	4.52	10.73		6.73	1.23
10	Mittel der Analysen 7—9 .	„	76.28	5.11	10.72		6.62	1.28
11	Von d. Bereit. v. Sommerbier, aus München	„	74.71	5.99	1.70	13.47	3.06	1.06
12		„	74.67	3.64	—	—	—	1.33
13		1866	73.98	5.04	2.30	—	5.20	1.31
14		„	69.51	6.07	—	—	—	—
15		1870	75.94	4.48	1.75	—	—	—
16		„	83.00	2.90	1.10	3.20	8.80	1.90
17	Malztreber . .	1872	79.00	4.30	1.50	8.10	5.10	2.00
18	Von d. Bereit. v. Bayrischbier, ganz frisch .	1874	77.28	5.44	1.63	10.19	4.22	1.24
19		1872/77	74.11	6.15	1.49	13.01	3.87	1.37
20		1880	74.84	4.82	1.48	13.21	4.45	1.20
21		1882	72.62	5.83	1.98	12.12	5.82	1.63
22		„	76.81	5.00	1.61	10.41	4.66	1.51
23	Frisch, aus der Nähe Wiens .	1870/77	74.69	5.21	1.93	13.32	5.51	1.39
24	Frisch, a. Oberösterreich, von einem u. demselben Gebräu	1870/77	79.22	4.92	1.35	9.36	3.74	1.41
25	4 Wochen alt, ebendaher .	„	78.35	5.73	1.22	8.46	4.43	1.81
26	V. d. Lagerbier-Bereitung .	1873	77.97	5.45	1.69	10.96	3.13	0.41
27	V. d. Braunbier-Bereitung .	„	76.90	5.59	1.96	10.60	3.78	0.80
28		1874	76.22	5.23	1.46	11.77	4.04	1.28
29		1876	76.71	5.69	1.95	10.47	3.93	1.25
30		1874	70.72	5.91	2.10	15.39	4.52	1.34
31	Frische, belgische Brauerei	1875	76.36	7.06	2.53	9.09	3.42	1.38
32	Von Kesselmaischung .	1876	75.70	3.90	1.70	12.40	—	1.10P
33	V. Dickmaische und Nachguss, beide 12° (?)	„	77.20	3.70	1.20	14.40	—	1.50P
34		„	74.80	6.03	11.61		6.38	1.18
35		1877	75.60	4.45	1.51	12.15	5.19	1.09
36	Aus schwach gedarrtem Malz	1878	79.30	4.10	0.40	9.50	6.20	1.10
37	Aus stärker gedarrtem Malz	„	79.10	4.70	0.30	6.70	7.80	1.30
38	Aus stark gedarrtem Malz	„	78.60	5.40	0.40	5.30	9.40	1.20
39	Dunkle Malztreber (von Darrmalz) .	1879	84.65	5.75	4.57	—	—	2.07
40	Helle Malztreb.	„	80.15	6.02	5.64	—	—	1.91

No. 11. W. Mayer. — Ergebnisse agrikulturchem. Versuche an der V.-St. München. 1. Heft. München, 1857. 118 (Ztschr. d. landw. Ver. Bayern 1856. 363). Das Material war 8 Tage alt und war bei der Bereitung von Sommerbier aus 2zeiliger Gerste in dem Schleibingerbräu zu München erhalten worden. Nh. Substanz von uns auf solche von 16% N-Gehalt umgerechnet. Holzfaser mit 5procentiger Schwefelsäure und 5procentiger Kalilauge erhalten. Asche: kohle- und sandfrei.

No. 12. Th. Anderson. — Ebendaselbst. (Trans. Highl. Soc. Juli 1856. 258.)

No. 13 u. 14. J. Nessler u. E. Muth (V.-St. Karlsruhe). — Bericht 1870. 56. Als Zucker bestimmbare Körper wurden gefunden bei No. 13 = 9.71, bei No. 14 = 6.70%.

No. 15. G. Brigel (V.-St. Karlsruhe). — Wochenbl. d. landw. Ver. in Baden 1871. 209.

No. 16. C. Trommer. — Ztschr. f. Landw. 1870. No. 66.

No. 17. P. Wagner (V.-St. Darmstadt). — Bericht 1874. 52.

No. 18. Al. Müller. — Landwirthsch. Centralbl. 1874. 1. 359. Die Probe enthielt 0.33% Sand.

No. 19—22. J. König (V.-St. Münster). — 1. Bericht 1871—77. 42. 2. Bericht 1878—80. 17 und 3. Bericht 1881—83. 11.

No. 23—25. J. Moser (V.-St. Wien). — 1. Bericht 1870—77. Reinasche bei No. 24 = 0.89, bei No. 25 = 1.07%, Sand bei No. 24 = 0.52, bei No. 25 = 0.74%.

No. 26 u. 27. E. Heiden (V.-St. Pommritz). — Originalmittheilung. Reinasche bei No. 26 = 0.39, bei No. 27 = 0.37% Sand bei No. 26 = 0.02, No. 27 = 0.43%.

No. 28 u. 29. G. Kühn (V.-St. Möckern). — Originalmittheilung.

No. 30. E. Wildt (V.-St. Posen). — Originalmittheilung.

No. 31. A. Petermann u. Crispo. — Originalmittheilung.

No. 32 u. 33. Farsky (V.-St. Tabor). — Originalmittheilung.

No. 34. O. Kohlrausch. — Originalmittheilung.

No. 35. W. Henneberg (V.-St. Göttingen). — Originalmittheilung.

No. 36—38. A. Markl. — Jahresber. d. Agrikulturchemie 1879. 347. (Allgem. Hopfenztg. 1878. 736.)

No. 39 u. 40. A. Hilger. — Ebendaselbst u. Landw. Versuchsstationen. 23. 1879. 455. Die Treber enthielten neben Stärke und Spuren von Zucker noch Uebergangsproducte von Stärke zu Zucker, Dextrin und Amylodextrin. Diese Stoffe sämmtlich invertirt ergaben Zucker: bei No. 39 = 4.95, bei No. 40 = 6.30%.

No.	Bezeichnungen und Bemerkungen	Jahr der Untersuchung	In der ursprünglichen Substanz: Wasser %	Nh-Substanz %	Rohfett %	Nfr. Extractstoffe %	Rohfaser %	Asche %
41		1880	82.91	4.39	1.15	7.43	3.37	0.75
42		1883	76.22	6.43	1.94	6.56	7.78	1.07
43		1884	76.60	4.90	1.10	11.00	5.20	1.20
44		1886	75.60	4.56	1.37	14.23	3.35	0.91
45		„	74.89	5.04	1.50	13.82	3.63	1.12
46		„	77.78	5.05	1.54	11.00	3.52	1.12
47	Mask . . .	1880	—	4.99	1.62	—	—	—
48	Desgl. . . .	„	78.29	4.18	1.36	–	—	—
49	Desgl. . . .	„	77.71	4.89	1.66	—	—	0.87
50	Brewers Grains	1877	75.24	5.94	1.47	13.19	3.87	0.29
51	Desgl. . . .	1872	78.50	4.69	12.63		3.11	1.07
52	Desgl. . . .	1881	78.21	4.79	0.79	11.65	3.20	1.36
53	Aus München .	1885	76.22	4.92	1.98	11.87	3.86	1.15
54	Desgl. . . .	„	76.22	5.20	1.84	11.59	4.00	1.15
55	Desgl. . . .	„	76.22	5.30	2.02	11.27	4.05	1.14
56	Mittel von 15 Analysen . .	1886	75.00	5.57	1.68	12.86	3.87	1.01
57		1878	76.22	5.73	1.76	11.63	3.94	0.72
58		„	77.70	4.80	1.10	10.24	4.84	1.32
	Minimum		69.51	3.18	0.30	3.20	3.06	0.29
	Maximum		84.65	7.06	5.64	15.39	9.51	2.00
	Mittel . . (No. 1—57)		76.22	5.07	1.69	10.64	5.14	1.24

Biertreber, getrocknete.*)

No.	Bezeichnungen und Bemerkungen	Jahr der Untersuchung	Wasser %	Nh-Substanz %	Rohfett %	Nfr. Extractstoffe %	Rohfaser %	Asche %
1	Auf der Malzdarre getrockn.	1856	6.49	16.14	—	—	—	4.74
2	Abgedarrt. Biertreber a. Oberösterreich .	1871	12.94	18.69	6.30	38.00	16.95	7.12
3	Auf der Malzdarre bei 50° getrocknet .	„	9.68	23.09	7.84	44.58	10.44	4.37
4	Bei 70—80° getrocknet .	1874	9.60	21.62	6.52	40.00	17.29	4.97
5		1884	9.00	19.89	6.62	50.44	9.21	4.84
6	Verfahren Plönnies, Mittel v. 4 Analysen .	„	12.86	17.70	6.80	44.92	13.02	4.70
7	A. d. Trockenanstalt Theissen	1881	11.02	19.78	7.56	41.53	15.56	4.55
8	Desgl. . . .	1884	7.20	19.25	6.94	45.56	16.79	4.26
9	Aus d. Träbertrockenanst. v. A. Schmidt in Cassel . . .	1885	11.51	22.37	6.56	38.19	16.18	5.19
10	Desgl. . . .	1886	16.95	17.87	6.59	41.69	13.84	3.06
11	Proben verkaufter Waare, ebendaher .	„	—	25.00	6.17	—	—	—
12	Desgl. . . .	1887	—	20.18	7.58	—	—	—
13	Desgl. . . .	„	—	19.93	6.81	—	—	—
14	Desgl. . . .	„	7.63	24.06	9.01	40.80	14.24	4.26
15	Desgl. . . .	„	—	24.68	8.88	—	—	—
16	Desgl. . . .	„	—	21.90	7.80	—	—	—
17	Desgl. . . .	„	—	21.75	9.15	—	—	—
18	Desgl. . . .	„	—	21.10	7.50	—	—	—

No. 41. Th. Dietrich u. M. Markendorf (V.-St. Marburg). — Originalmittheilung.
No. 42. E. R. Moritz u. A. Hartley. — Jahresber. d, Agrikulturchemie 1883. 369. (Chem. Centralbl. 1883. 574). Die Nfr. Extraktsoffe setzen sich zusammen aus 25 % Stärke, 0.864 % Dextrin und 1.766 % Farbstoffe und Harze.
No. 43. F. Soxhlet (Central-V.-St. München). — Originalmittheilung.
No. 44—46. B. Weitzmann. — Landw. Institut Halle. Berichte a. d. physiologischen Labor. etc. der Versuchsanstalt des landw. Instituts d. Universität Halle, herausgegeben von Dr. Jul. Kühn. 6. Heft.
No. 47—49. F. Werenskiold (V.-St. Aas, Norwegen). — Landbrugskemiker Werenskiold's Beretning.
No. 50. W. O. Atwater. — Agric. Exp. Stat. Middletown, Connecticut Rep. 1877—78. 38.
No. 51 u. 52. S. W. Johnson. — Connecticut Exp. Stat. Rep. f. 1879. 146. 1881. 85.
No. 52—55. B. Weitzmann. — Landw. Institut Halle. Berichte a. d. physiologischen Labor. etc. der Versuchsanstalt des landw. Instituts d. Universität Halle, herausgegeben von Dr. Jul. Kühn. 6. Heft.
No. 56. Aus Jenkings Tabell. 1887. 187. Maximum 6.86 7.7 2.9 15.7 5.6 1.01
Minimum 7.94 4.3 0.8 10.1 3.0 1.01
No. 57. Pet. Collier. — Ann. Rep. of the Commissioner of Agriculture for 1878. Washington, 1879. 137. Die Probe enthielt in % der Trockensubstanz 4,81 % Zucker, 7.73 % Gummi und 36.06 % Stärkemehl.
No. 58. Wilfarth (V.-St. Dahme). — Originalmittheilung.

Biertreber, getrocknete.
*) Nach Stutzer's-Bonn Untersuchung enthielt eine Probe dieses Futtermittels (in der Trockensubstanz):

		In % des Gesammt-N
Gesammt-N	3.025 %	
Davon N in Verbindungen, die durch Pepsin verdaulich . . .	2.660 „	88.0 %
Davon N in Verbindungen, die durch Pankreas verdaulich . .	0.077 „	2.5 „
Davon N in Verbindungen, die unverdaulich	0.288 „	9.5 „

No. 1. Th. Anderson. — Trans. Highl. Highl. Soc. Juli 1856. 358.
No. 2. J. Moser (V.-St. Wien). — 1. Bericht. Taf. IV. In der lufttrocknen Probe 2.81 % Sand.
No. 3. H. Hellriegel u. J. Fittbogen (V.-St. Dahme). — Amtsbl. d. landw. Prov.-Ver. f. d. Mark Brandenburg 1871. Auf Hellriegel's Empfehlung versuchsweise getrocknete Treber.
No. 4. Al. Müller. — Landw. Centralbl. 1874. 1. 359. Die Probe enthielt 1.23 % Sand. Vergl. frische Treber unter No. 17.
No. 5. F. Soxhlet (Central-V.-St. München). — Ztschr. f. Spiritusindustrie 1884. 751.
No. 6. C. Arnold. — Jahresber. d. Agrikulturchemie 1885. 416 u. 568.
No. 7—19. Th. Dietrich (V.-St. Marburg). — Landw. Ztg. u. Anz. f. d. Rgbz. Cassel 1881. 692, 1884. 553. 1886 und Originalmittheilung.

No.	Bezeichnungen und Bemerkungen	Jahr der Untersuchung	In der ursprünglichen Substanz: Wasser %	Nh-Substanz %	Rohfett %	Nfr. Extractstoffe %	Rohfaser %	Asche %
19	V. Hattingen u. Weerth-Leipzig	1888	9.12	21.31	8.50	44.60	12.80	3.67
20		1883	12.61	21.19	6.76	33.86	17.12	8.46
21		—	6.26	21.69	8.06	44.32	15.00	4.67
22	Paderborner Actienbrauerei	1887	13.43	23.37	7.52	38.31	11.80	5.57
23	Desgl. . . .	„	11.33	18.75	6.76	38.67	19.65	4.84
24	Desgl. . . .	„	11.71	20.50	7.19	40.30	15.86	4.44
25	Hattingen und Weerth, München u. Culmbach . . .	1884/85	8.04	21.81	8.65	41.55	15.50	4.45
26		„	9.43	21.73	6.78	42.96	14.82	4.28
27		1886	9.69	23.86	8.17	38.66	15.87	3.85
28		„	8.57	20.25	6.49	43.70	17.05	3.95
29		1887	5.16	18.67	7.18	51.78	12.90	4.31
30		„	6.28	18.93	7.30	44.00	19.06	4.43
31		„	8.72	22.69	8.21	37.28	19.04	4.06
32		„	8.28	20.43	6.94	40.87	18.61	4.87
33		„	9.23	21.06	7.66	41.03	16.85	4.17
34		„	9.91	20.87	7.40	40.70	16.83	4.29
35	Theisen u. Co., Hannover .	„	9.02	17.50	7.46	41.78	20.26	3.98
36	Desgl., durch Hachfeld und Zieler-Hildesh.	„	6.40	22.44	8.65	40.08	17.25	5.18
37	Desgl. . . .	„	6.40	22.56	8.73	39.97	17.36	4.98
38	Desgl. . . .	„	7.58	23.38	9.49	33.32	21.31	4.92
39	Desgl. . . .	„	9.32	21.31	8.00	34.98	21.89	4.50
40	Desgl. . . .	„	8.47	19.69	7.72	38.30	21.14	4.68
41	Paderborner Actienbrauerei	„	9.45	19.25	7.86	43.29	15.54	4.61
42	Durch Hachfeld u. Zieler-Hildesheim . .	„	—	17.06	7.40	—	—	—
43	Desgl. . . .	„	—	19.69	8.17	—	—	—
44	Desgl. . . .	„	—	20.38	8.10	—	—	—
45	Desgl. . . .	„	-	22.31	9.46	—	—	—
46	Desgl. . . .	„	—	26.63	6.87	—	—	—
47	Desgl. . . .	„	—	20.31	8.14	—	—	—
48	Herkunft unbekannt . . .	„	—	21.25	6.86	—	—	—
49	Desgl. . . .	„	—	18.00	7.44	—	—	—
50	Desgl. . . .	„	—	20.44	7.56	—	—	—

No.	Bezeichnungen und Bemerkungen	Jahr der Untersuchung	In der ursprünglichen Substanz: Wasser %	Nh-Substanz %	Rohfett %	Nfr. Extractstoffe %	Rohfaser %	Asche %
51	Theisen u. Co. Hannover .	1887	—	20.38	4.70	—	—	—
52	Desgl. . . .	„	—	22.69	7.39	—	—	—
53	Desgl. . . .	„	—	21.56	9.00	—	—	—
54	Hachfeld u. Zieler-Hildesheim	„	—	22.94	8.96	—	—	—
55		—	10.6	20.3	4.1	—	—	—
56		—	11.5	23.0	6.2	—	—	—
57		—	3.9	21.0	6.4	—	—	—
58		—	8.3	20.6	5.1	—	—	—
59		—	10.6	20.6	6.7	—	—	—
60		—	10.4	21.7	4.6	—	—	—
61		—	8.1	18.5	5.9	—	—	—
62		—	11.1	21.5	6.8	—	—	—
63		—	9.9	17.7	6.4	—	—	—
64		—	11.6	19.3	6.1	—	—	—
65		—	11.5	20.1	7.4	—	—	—
66		—	9.7	19.2	7.0	—	—	—
67		—	9.7	19.2	6.5	—	—	—
68		—	10.2	20.0	6.5	—	—	—
69		—	10.8	20.2	6.4	—	—	—
70		—	9.7	18.6	8.2	—	—	—
71		—	11.0	23.5	5.0	—	—	—
72		—	4.3	20.2	5.7	—	—	—
73		—	7.9	21.7	8.2	—	—	—
74		—	6.7	19.6	6.2	—	—	—
75		—	6.8	19.6	7.5	—	—	—
76		—	5.2	19.2	6.6	—	—	—
77		—	6.7	21.4	6.3	—	—	—
78		—	9.7	24.7	5.8	—	—	—
79		—	10.0	19.5	6.4	—	—	—
80		—	4.8	21.5	3.4	—	—	—
81		—	9.8	23.2	5.6	—	—	—
82		—	10.1	20.2	6.2	—	—	—
83	Central-V.-St. München . .	1883	11.64	21.14	7.83	37.34	16.32	5.73
84	V.-St. Breslau	1884	9.66	22.44	7.55	39.80	16.33	4.22
85	V.-St. Jena .	„	12.00	28.00	5.00	42.30	8.60	4.10
86	V.-St. Halle .	„	11.30	23.20	8.10	33.40	19.70	4.30
87	V.-St. Darmstadt	„	9.66	19.60	9.73	39.35	17.62	4.04
88	V.-St. Münster	„	6.26	21.69	8.06	44.32	15.00	4.67
89	V.-St. Bonn .	„	10.21	22.62	9.89	39.87	12.75	4.66
90	V.-St. Möckern	1881	9.00	20.20	7.50	38.90	12.80	11.60
91	V.-St. Halle .	„	—	16.70	6.10	46.00	—	—

No. 20—24. J. König (V.-St. Münster). — Originalmittheilung.
No. 25—34. E. Wolff (V.-St. Hohenheim). — Württemb. Wochenbl. f. Landwirthsch. 1886. 57. 1887. 53 u. 1888. 175.
No. 35—54. K. Müller (V.-St. Hildesheim). — Originalmittheilung.
No. 55—82. M. Märcker (V.-St. Halle). — Originalmittheilung.
No. 83—95. Rundschreiben der Firma Hattinger u. Weerth, Biertreber-Trocken-Anlagen in München und Kulmbach entnommen.

No.	Bezeichnungen und Bemerkungen	Jahr der Untersuchung	In der ursprünglichen Substanz Wasser %	Nh-Substanz %	Rohfett %	Nfr. Extractstoffe %	Rohfaser %	Asche %
92	(Stohmann)-Leipzig . .	1881	9.90	16.67	6.07	45.97	17.15	4.24
93	V.-St. Bonn .	„	11.81	17.72	8.12	42.08	15.42	4.85
94	V.-St. Pommritz	„	7.11	22.56	7.40	40.86	15.45	4.64
95	V.-St. Posen .	„	12.28	24.31	5.96	35.94	16.80	4.71
96		1884	9.00	19.89	6.62	50.44	9.21	4.84
97		„	10.59	19.60	6.02	48.50	12.23	3.66
98	Getrockn. Treber	1885	7.41	19.72	7.92	45.08	15.28	4.59
99	Treberkleie .	„	8.76	22.25	3.32	42.45	19.30	3.29
100	Münchner Treb. von Theisen	„	7.49	19.76	7.25	46.97	13.98	4.55
101	Desgl. . . .	„	7.63	19.11	7.90	45.44	15.56	4.47
102		„	9.24	10.50	7.43	43.83	15.68	4.32
103		„	9.24	20.11	7.12	45.08	14.21	4.24
104		„	9.24	19.58	7.66	44.47	14.78	4.27
105	Malz I, grob geschrot., Treb. ausgewaschen	1886	7.30	22.75	6.21	41.74	16.94	5.06
106	Desgl., nicht ausgewaschen	„	7.92	22.40	7.41	41.21	16.68	4.38
107	Desgl., fein geschroten, ausgewaschen .	„	7.66	23.10	6.40	54.07	21.60	5.17
108	Malz II, grob geschrot., Treb. ausgewaschen	„	8.52	19.95	6.39	39.24	22.32	4.58
109	Desgl., nicht ausgewaschen	„	7.48	21.00	6.45	40.21	20.49	4.37
110	Desgl., fein geschroten, ausgewaschen .	1886	7.65	23.10	7.06	35.83	21.52	4.84
111	Treber aus der Brauerei, Malz I u. II gemischt	„	7.86	19.50	8.24	40.22	20.88	3.30
112		1877	10.24	21.66	6.66	43.86	14.88	2.70
113	Kiln-dried Br. Gr. . . .	1880	2.57	20.38	6.40	54.89	11.79	3.97
114	Dried Br. Gr. v. Ale-Brauerei	1883	6.23	19.25	4.17	56.80	10.24	3.31
115		„	11.91	20.25	6.51	46.10	11.60	3.63
116		1888	9.53	20.19	6.05	44.01	16.22	4.00P
117		„	9.78	22.97	6.77	39.76	16.87	3.85
118		„	11.37	20.16	5.93	42.27	16.34	3.93
119		„	11.87	20.78	6.88	40.82	15.81	3.84
120		„	10.88	20.58	5.78	43.12	15.81	3.83
121		„	10.37	21.73	6.34	39.25	18.14	4.17
122		„	10.98	20.70	6.66	41.58	16.28	3.80
123		1887	10.76	19.87	6.03	48.90	10.60	4.22
124		1886	10.08	24.06	7.12	47.20		11.54
125		„	9.84	21.43	7.97	56.81		3.95
126		„	7.11	22.56	7.40	40.86	15.45	6.62
127		„	14.99	26.81	4.28	40.50		13.42
128		1887	8.57	21.94	7.35	43.52	14.08	4.54
129		„	7.00	23.39	7.41	39.97	17.95	4.28
	Minimum (No. 1—129)		2.57	16.14	3.32	33.32	8.60	2.70
	Maximum (No. 1—129)		16.95	28.00	9.89	56.80	22.32	13.42
	Mittel . (No. 1—129)		9.24	20.96	7.03	42.00	16.01	4.76

Ausgebrauter Hopfen.

No.	Bezeichnungen und Bemerkungen	Jahr der Untersuchung	Wasser %	Nh-Substanz %	Rohfett %	Nfr. Extractstoffe %	Rohfaser %	Asche %
1		1878	10.94	14.49	5.54	40.09	24.58	4.36
2		1878	11.60	14.70	11.70	27.30	24.80	9.90

No. 96 u. 97. Einem Rundschreiben der Firma Heinrich Hencke u. Co. in Grüneck bei Freising (Bayern) entnommen.
No. 98. Mohr (?). — Jahresber. d. Agrikulturchemie 1886. 388.
No. 99. K. Kruis. — Ebendas. (Ber. d. österreich. Ges. z. Förderung d. chem. Industrie 1886. 8. 2.)
No. 100—104. B. Weizmann. — Berichte d. physiol. Lab. u. der Versuchsanstalt d. landw. Instituts d. Univers. Halle. 6. Heft. 67.
No. 105—111. M. Schwarz. — Centralbl. d. Agrikulturchem. 1886. 564. (Amerik. Bierbrauer).
No. 112. P. Collier. — Ann. Rep. of the Commissioner of Agriculture for 1878. Washington 1879. 137. Die Probe enthielt im lufttrocknen Zustand 4.31 % Zucker, 6.94 % Gummi und 32.37 % Stärkemehl.
No. 113—115. S. W. Johnson. — Agr. Exp. Stat. Rep. f. 1880. 87; 1883. 86.
No. 116—122. R. Ulbricht u. E. Niederhäuser (V.-St. Dahme). — L. V.-St. 35. 1888. 305. Von dem Gesammtproteïn war

No.	116	117	118	119	120	121	122
Reinproteïn (durch Kupferoxyd gefällt) . . .	20.19	22.01	20.16	19.19	19.30	19.51	19.84
Amidkörper	—	0.96	—	1.59	1.28	2.22	0.85
Verdauliches Proteïn	16.82	20.96	17.80	18.55	18.30	18.55	18.62
Verdauliches Proteïn in % d. Gesammtproteïns	82.3	91.2	88.3	89 3	88.9	85.4	90.0

No. 123. M. Siewert (V.-St. Danzig). — Biedermann's Centralbl. f. Agrik.-Chem. 1888. 356. (Westpreuss. landw. Mitthl. 1888. No. 7.) In unserer Quelle ist nicht ersichtlich aus welcher Anzahl von Analysen das Mittel berechnet wurde; für Maximum und Minimum werden folgende Zahlen angegeben:

	Wasser	Nh. Substanz	Rohfett	Nfr. Extractstoffe	Rohfaser	Rohasche
Maximum	11.45	21.62	7.30	52.22	14.20	4.70
Minimum	10.00	15.57	5.04	44.96	4.61	3.85

No. 124—129. E. Heiden u. A. Schlimper (124—126), Reh (127), O. Toepelmann (128) und Güntz (129) (V.-St. Pommritz). — Originalmittheilung. Die Proben enthielten Sand:

No. 124	125	126	127	128	129
1.16	1.98	1.98	0.95	1.97	2.20 %

Ausgebrauter Hopfen.
No. 1. M. Märcker (V.-St. Halle). — Deutsche Landw. Presse 1878. 76. Daselbst mitgetheilt von Kleemann.
No. 2. M. Märcker (V.-St. Halle). — Ztschr. d. landw. Centralvereins d. Prov. Sachsen 1879. 112.

No.	Bezeichnungen und Bemerkungen	Jahr der Untersuchung	In der ursprünglichen Substanz: Wasser %	Nh-Substanz %	Rohfett %	Nfr. Extractstoffe %	Rohfaser %	Asche %
3		1878	10.00	15.75	5.64	44.29	20.07	4.25
4		„	11.17	14.06	4.20	44.82	16.36	9.39
5		1879	11.00	17.52	6.99	41.06	19.35	4.08
	Mittel . .		10.94	15.30	6.81	39.52	21.03	6.40

Abfälle aus Branntwein-Brennereien.*)

Weizenschlempe.

No.	Bezeichnungen und Bemerkungen	Jahr der Untersuchung	Wasser %	Nh-Substanz %	Rohfett %	Nfr. Extractstoffe %	Rohfaser %	Asche %
1		1879	88.89	2.98	0.55	5.93	1.02	0.63
2		1880	89.20	1.40	0.60	8.30	0.30	0.20
	Mittel . .		89.05	2.19	0.58	7.10	0.66	0.42

Roggenmaische.

No.	Bezeichnungen und Bemerkungen	Jahr der Untersuchung	Wasser %	Nh-Substanz %	Rohfett %	Nfr. Extractstoffe %	Rohfaser %	Asche %
1	Flüssig . . .	1883	93.50	1.70	0.70	3.3	0.4	0.4
2	Abgepresst .	1883	68.50	6.30	3.30	14.1	7.0	0.8

Roggenschlempe (Kornbranntweinschlempe).

No.	Bezeichnungen und Bemerkungen	Jahr der Untersuchung	Wasser %	Nh-Substanz %	Rohfett %	Nfr. Extractstoffe %	Rohfaser %	Asche %
1	487 Pfd. Getreide, 593 Pfd. Mais, 270 Pfd. Grünmalz u. 45 Pfd. Hefenmalz	1855	92.09	1.42	0.67	3.87	0.72	0.33
2	205 Pfd. Getreide, 1032 Pfd. Mais, 135 Pfd. Grünmalz, 45 Pfd. Hefenmalz u. 95 Pfd. Darrmalz . .	1855	91.90	1.48	0.64	5.00	0.62	0.36

No. 3. H. Weiske, G. Kennepohl u. B. Schulze. — J. f. Landwirthsch. 1879. 261.

No. 4. E. Wein. — Jahresber. d. Agrikulturchemie 1879. 347. (Allgem. Hopfenzeitung 1879. 356.) In unserer Quelle ist der Gehalt an Nfr. Extraktstoffen zu 50.08% angegeben, die Summe der Bestandtheile beträgt dabei 105.26. Wir verminderten die Zahl auf 44.82%.

No. 5. O. Kellner. — Landw. V.-St. 25. 1880. 277. Die Rohfaser ist asche- und proteïnfrei. Die nach dem Weende'r Verfahren dargestellte Rohfaser enthielt noch 9.14% Proteïn. Nach der Methode von F. Schulze 12 Tage bei niedriger Temperatur digerirt, lieferte der Hopfen 15.85% reine Cellulose; jene 21.74 proteïnfreie Rohfaser müssen nach Berechnung zu 27% aus Lignin bestanden haben.

Abfälle aus Brennereien. Weizen-Schlempe.

*) Ueber Branntweinschlempen liegen ausführlichere Analysen von M. Märcker u. E. Schulze (Märcker's Handbuch der Spiritusindustrie. 3. Aufl. Berlin, 1883. 870 und Journal f. Landwirthschaft 1872. 198) vor. Die Schlempen enthalten im Liter (Gewicht pro Liter nicht angegeben):

	Kartoffelschlempe I. g	Kartoffelschlempe II. g	Roggenschlempe bei Hefeentnahme III. g	Roggenschlempe Hefe belassen IV. g
Lösliche Stoffe	53.314	33.718	36.789	30.781
Darin N haltige Stoffe	3.796	2.687	7.206	6.829
Mineralstoffe	6.794	4.713	2.551	2.443
Zucker	9.970	2.607	3.847	2.842
Dextrin	32.754 (Dextrin u. Sonstige Nfr. Stoffe)	8.421	10.217	9.756
Sonstige Nfr. Stoffe		15.290	12.968	8.911
Unlösliche Stoffe	28.234	28.070	26.759	—
Darin stickstoffhaltige Stoffe .	8.364	8.088	3.801	—
Stärke	2.016	2.004	—	—
Fett	0.824	0.642	—	—
Mineralstoffe	1.900	2.282	—	—
Holzfaser u. sonstige Nfr. Stoffe	15.130	15.054	—	—
Feste Bestandtheile	81.548	61.788	63.548	—
Alkohol	—	2.364	—	—

No. 1. P. Wittelshöfer (V.-St. Regenwalde. — Originalmittheilung.

No. 2. F. Soxhlet (Central-V.-St. München). — Jahresber. d. Agrik.-Chem. 1885. 415.

Roggenmaische.

No. 1 u. 2. Ferd. Becker (V.-St. Darmstadt). — Ztschr. f. d. landw. Ver. im Grossherz. Hessen 1884. 207.

Roggenschlempe (Kornbranntweinschlempe).

No. 1 u. 2. H. Hellriegel. — Chem. Ackersm. 1855. 245. Die zur Alkohol-Gewinnung verwendeten Materialien enthielten:

	a) Stärkemehl	b) Davon gingen in die Schlempe	oder in % von a
No. 1 . . .	704 Pfd.	205	29%
No. 2 . . .	818 „	315	38 „

No.	Bezeichnungen und Bemerkungen	Jahr der Untersuchung	Wasser %	Nh-Substanz %	Rohfett %	Nfr. Extractstoffe %	Rohfaser %	Asche %
3		1858	92.10	1.91	0.90	3.87	0.82	0.40
4	Die Hefe wurde abgenommen	„	93.70	1.32	0.56	3.24	0.87	0.33
5		1867	90.38	1.92	0.34	6.08	1.05	0.63
6	Aus Roggen .	1855	88.75	2.05		7.02	1.60	0.55
7	Desgl. . . .	1871	95.60	1.02		3.10		0.28
8	Desgl. . . .	„	93.66	1.53		4.41		0.40
9	Desgl. . . .	1874	91.40	1.66		5.63	0.83	0.45
10	Getreideschl. .	1872	92.30	1.65	0.28	4.90	0.73	0.14
11		—	94.59	1.22	0.17	3.38	0.35	0.29
12		—	95.50	0.90	0.12	3.26	0.17	0.05
13		—	92.65	1.90	0.47	4.18	0.41	0.39
14		—	90.70	1.66	0.29	6.33	0.68	0.34
15		—	94.59	1.22	0.17	3.38	0.35	0.29
16		—	95.72	0.99	0.25	2.55	0.29	0.20
17		1882	93.82	1.47	0.22	3.89	0.21	0.39
18		„	94.39	1.19	0.34	3.44	0.34	0.30
19		„	96.65	0.76	0.17	2.08	0.09	0.25
20	Belgischer Fabrikation .	1878	86.84	2.07	0.68	8.76	1.11	0.54

No.	Bezeichnungen und Bemerkungen	Jahr der Untersuchung	Wasser %	Nh-Substanz %	Rohfett %	Nfr. Extractstoffe %	Rohfaser %	Asche %
21	Desgl. . . .	1878	90.45	2.19	0.50	5.78	0.59	0.49
22	Desgl. . . .	„	91.83	2.32	0.72	3.80	0.82	0.51
23	Desgl., a. Roggen u. Mais .	„	87.02	3.33	1.06	6.73	1.01	0.85
24	Desgl., a. Roggen u. Reis .	1873	90.30	2.33	1.01	5.24	0.65	0.47
25	Desgl., a. 1/2 Rg. u. 1/2 Reis .	1876	94.44	1.78	0.50	2.68	0.26	0.34
26	Roggenschl. m. 20 % Gerstenmalz, altes Verfahren .	1878	88.50	2.30	0.70	5.40	—	0.90P
27	Roggenmaische	1885	93.50	1.70	0.70	3.30	0.40	0.40
28	Stark ausgewaschen (?) Roggenschl. .	1880	91.10	1.90	0.30	5.20	1.00	0.50
	Minimum		86.84	0.76	0.12	2.08	0.09	0.05
	Maximum		96.65	3.33	1.06	8.76	1.60	0.85
	Mittel . .		92.30	1.69	0.45	4.51	0.64	0.41

Branntweinschlempe von der Presshefenfabrikation. Getreideschlempe nach Entfernung von Hefe.

No.	Bezeichnungen und Bemerkungen	Jahr der Untersuchung	Wasser %	Nh-Substanz %	Rohfett %	Nfr. Extractstoffe %	Rohfaser %	Asche %
1		1858	93.70	1.32	0.56	3.24	0.87	0.23
2	Presshefenfabr. v. Brahms in Dresden . .	1870	96.74	0.73	—	—	0.32	0.13

In Procenten der Trockensubstanz enthielt die Schlempe:

	Lösliches Proteïn	Stärke	Dextrin	Zucker	Pektin u. Extraktstoffe	Milchsäure
No. 1 . .	7.66	9.05	6.00	3.74	34.62	1.89
No. 2 . .	6.26	19.72	18.29	7.20	14.10	2.45

Vgl. die Anmerkung bei No. 1 der Kartoffelschlempe.

No. 3 u. 4. H. Grouven. — Weende'r Jahresber. 1857—61. II. 98.

	a) Eingemaischt	b) Trockensubstanz in der Maische	c) Trockensubstanz in der Schlempe	d) In % von 6	e) Schlempe
No. 3 . .	467 Pfd.	397 Pfd.	216 Pfd.	54.4 %	2736 Pfd.
No. 4 . .	710 „	603 „	288 „	47.7 „	4560 „

No. 5. Th. Dietrich. — Landw. Anzg. f. d. Rgbz. Kassel 1867. 41. An freier Milchsäure enthielt die Schlempe 0.337%.

No. 6. H. Ritthausen (V.-St. Möckern). — 5. Bericht. Leipzig, 1857. 43. Wir berechneten die Menge der Nhaltigen Substanz aus dem angegebenen N-Gehalt.

No. 7 u. 8. U. Kreusler (V.-St. Hildesheim). — 3. Bericht 1873. 28.

No. 9. R. Alberti (V.-St. Hildesheim). — 1. Bericht 1873. 18.

No. 10. C. Lehmann. — J. f. Landwirthsch. 21. 1873. 109. Die Schlempe war sehr stark sauer und war in der Essigsäure-Gährung begriffen. 1 Liter enthielt 90.7 g Trockensubstanz. Die Nhaltige Substanz wurde vom Autor mittelst des Faktor 6 berechnet, wir berechneten deren Gehalt mit dem Faktor 6.25. In % der Trockensubstanz enthielt die Schlempe 1.162 % Zucker, 4.364 % Dextrin 58.927 % Gummi etc.

No. 11—19. J. König und (13—15) B. Farwick (V.-St. Münster). — 1. Bericht 1871—77. Münster, 1878. 42 und 3. Ber. 1881—83. Münster, 1884. 11; auch Landw. Ztg. f. Westfalen u. Lippe 1874. No. 48 u. 1875, No. 7.

No. 20—23. M. C. de Leeuw (V.-St. Hasselt-Belgien). — Originalmittheilung.

No. 24. A. Petermann u. (25) König. — Originalmittheilung. Die procentische Zusammensetzung dieser Schlempen wurde von uns aus dem für je 1 Liter Schlempe angegebenen Gehalt unter der Annahme, dass 1 Liter 1020 g bezw. 1010 g wiegt, berechnet.

	Wasser	Nh. Substanz	Rohfett	Nfr. Extractstoffe	Rohfaser	Rohasche
No. 24. 1 Liter enthielt Gramm	—	22.81	9.88	51.35	6.39	4.57
No. 25. 1 „ „ „	—	17,62	4.98	26.54	2.56	3.42

No. 26. Farsky (V.-St. Tabor). — Originalmittheilung.

No. 27. F. Becker (V.-St. Momstedt). — Biedermann's Centralbl. f. Agrikulturchemie. 14. 1885. 67. In unserer Quelle ist das untersuchte Futtermittel zwar als „Maische" bezeichnet, es geht aber aus dem Nährstoffverhältniss desselben hervor, dass dasselbe ausgegohrene und abgetriebene Maische, Schlempe war.

No. 28. F. Soxhlet (Central-V.-St. München). — Jahresber. d. Agrik.-Chem. 1885. 415.

Presshefenschlempe.

No. 1. H. Grouven. — Weende'r Jahresber. 1857—61. II. 98. Eingemaischt wurden 710 Pfd. Getreide, 603 Pfd. Trockensubstanz in der Maische, 288 Pfd. (= 47.7 %) davon in 4580 Pfd. Schlempe.

No. 2. Karsten. — Chem. Ackersm. 1870. 185.

No.	Bezeichnungen und Bemerkungen	Jahr der Untersuchung	In der ursprünglichen Substanz: Wasser %	Nh-Substanz %	Rohfett %	Nfr. Extractstoffe %	Rohfaser %	Asche %	No.	Bezeichnungen und Bemerkungen	Jahr der Untersuchung	In der ursprünglichen Substanz: Wasser %	Nh-Substanz %	Rohfett %	Nfr. Extractstoffe %	Rohfaser %	Asche %
3	Presshefenfab. v. Springer in Fünfhaus a.	1876	95.81	0.35		3.61		0.32	8	Aus Mais, Roggen u. Gerstendarrmalz . .	1884	96.85	0.70	0.13	2.11	0.07	0.15
4	b.	„	94.80	1.06		3.89		0.25	9		„	93.21	1.37	0.37	4.44	0.33	0.28
5	c.	„	88.06	2.45		9.05		0.44	10		„	95.40	1.19	0.29	2.71	0.12	0.29
6		1878	96.28	0.67	0.17	2.16	0.42	0.30		Mittel . .		94.30	1.17	0.43	3.41	0.40	0.29
7		1879	92.11	1.90	1.08	3.83	0.70	0.38									

Maisschlempe.

No.	Bezeichnungen und Bemerkungen	Jahr der Untersuchung	Wasser %	Nh-Substanz %	Rohfett %	Nfr. Extractstoffe %	Rohfaser %	Asche %	No.	Bezeichnungen und Bemerkungen	Jahr der Untersuchung	Wasser %	Nh-Substanz %	Rohfett %	Nfr. Extractstoffe %	Rohfaser %	Asche %
1	Aus 900 Pfd. Mais u. 345 Pfd. Darrmalz	1855	88.46	2.12	0.94	6.66	1.40	0.42	4		1878	94.35	1.60	0.71	2.34	0.72	0.28
2		„	91.13	2.33	1.40	5.80	0.44	0.50	5		1882	93.44	1.69	—	—	—	—
3		1877	87.69	2.22	1.07	—	—	0.79	6		1880	90.60	1.80	1.00	5.20	1.00	0.40
									7		1869	92.22	1.95	0.89	3.89	0.69	0.36
										Mittel . .		91.13	1.96	1.00	4.60	0.85	0.46

Maisschlempe, aus Kartoffeln und Mais.

No.	Bezeichnungen und Bemerkungen	Jahr der Untersuchung	Wasser %	Nh-Substanz %	Rohfett %	Nfr. Extractstoffe %	Rohfaser %	Asche %
1		1883	91.96	2.00	0.64	3.02	0.74	2.68

Kartoffelschlempe.

No.	Bezeichnungen und Bemerkungen	Jahr der Untersuchung	Wasser %	Nh-Substanz %	Rohfett %	Nfr. Extractstoffe %	Rohfaser %	Asche %
1	Aus Kartoffeln u. Malz . .	1855	95.56	0.88	0.13	2.31	0.64	0.48
2	Aus Kartoffeln, Zuckerrüben, Getreideschrot u. Malz . .	1855	91.60	1.47	0.39	4.49	1.34	0.71

No. 3—5. R. Kämpf u. Strohmer. — Organ d. Centralver. f. Rübenzucker-Industrie in Oesterreich-Ungarn 1876. 6. Die untersuchten Schlempen wurden mittelst des patentirten Schlempe-Condensations-Apparats von M. Hatschek in einen flüssigen Theil „Abflusswässer" und in einen festen Theil „condensirte Schlempe" getrennt und diese für sich getrennt untersucht mit nachstehendem Ergebniss:

		Wasser	Nh. Substanz	Rohfett	Nfr. Extraktstoffe	Rohfaser	Rohasche
Abflusswässer	a	97.33	0.36	—	2.13	—	0.18
	b	96.85	0.03	—	2.94	—	0.18
	c	96.10	0.50	—	3.17	—	0.23
Condensirte Schlempe	a	73.94	6.30	—	19.11	—	0.65
	b	70.84	6.03	—	22.54	—	0.59
	c	63.35	8.01	—	27.87	—	0.87

No. 6. Wilfarth (V.-St. Dahme). — Originalmittheilung.
No. 7. J. Moser u. Wolfbauer. — Originalmittheilung. In der Schlempe 0.08 % Sand.
No. 8—10. Th. Dietrich u. A. Hesse (V.-St. Marburg). — Originalmittheilung. Die Probeentnahme ist aller Wahrscheinlichkeit nach nicht richtig ausgeführt worden und die Probe zu wässrig ausgefallen. Nach Angabe des Probenehmers wurden eingemaischt: 300 Pfd. Mais, 345 Pfd. Roggenschrot und 395 Pfd. Gerstendarrmalz, davon gewonnen 11700 Liter % Alkohol, 85 Pfd. Hefe und 2000 Liter Schlempe.

Maisschlempe.
No. 1. H. Hellriegel. — Chem. Ackersm. 1855. 245. Die zur Alkoholgewinnung verwendeten Materialien enthielten 689 Pfd. Stärkemehl, wovon 192 Pfd. (= 28 %) in die Schlempe übergingen. Dieselbe enthielt in % der Trockensubstanz 1.76 % lösliches Proteïn, 17.86 % Stärkemehl, 7.12 % Dextrin, 1.31 % Zucker, 29.90 % Pectin und Extractstoffe, 1.42 % Milchsäure. (Vergl. Anmerkung zu No. 1 der Kartoffelschlempe). Analyse des verwendeten Mais siehe unter Mais S. 320, No. 5.

No. 2. J. Moser. — Arenst. land- u. forstw. Ztg. 1856. 380.
No. 3. A. Stutzer (V.-St. Bonn). — Originalmittheilung.
No. 4. F. O. Bergstrand (V.-St. Westerås). — Originalmittheilung.
No. 5. F. Soxhlet (Central-V.-St. München). — Originalmittheilung.
No. 6. F. Soxhlet (Central-V.-St. München). — Jahresber. d. Agrik.-Chem. 1885. 415.
No. 7. L. Lenz. — Landw. V.-St. 12. 1869. 347.

Maisschlempe, aus Kartoffeln und Mais.
No. 1. M. Schmoeger u. O. Neubert. — Milchztg. 12. 1883. 132. Es wurden 35 Ctr. Mais, 160 Ctr. Kartoffeln und 9.5 Ctr. Malz aus Gerste und Hafer eingemaischt und 17000 Liter Schlempe erhalten. An wirklichen Eiweissstoffen (Methode Stutzer) wurden 1.54 % gefunden.

Kartoffelschlempe.
No. 1 u. 2. H. Hellriegel. — Chem. Ackersm. 1855. 245. Bei Schlempe unter No. 1 waren auf 1232 Pfd. Kartoffeln (enthalt. 261 Pfd. Stärkemehl) 70 Pfd. trocknes Gerstenmalz verwendet worden; bei der unter No. 2 auf 1800 Pfd. Kartoffeln, 407 Pfd. Getreideschrot und 220 Pfd. Zuckerrüben (enth. 643 Pfd. Stärke), 180 Pfd. Gerstenmalz. Die Ausbeute von absolutem Alkohol betrug 120¾ bezw. 303¼ Pfd. In der Trockensubstanz der Schlempe waren enthalten:

No.	Bezeichnungen und Bemerkungen	Jahr der Untersuchung	In der ursprünglichen Substanz					
			Wasser %	Nh-Substanz %	Rohfett %	Nfr. Extractstoffe %	Rohfaser %	Asche %
3	40 Pfd. Kartoff., 5 Pfd. Malz u. 0.5 Pfd. Hefe	1855	94.40	1.16	3.54		0.36	0.55
4	Desgl. . . .	„	92.25	0.87	3.41		0.45	0.53
5	36 Pfd. Kartoff., 5 Pfd. Malz u. 0.4 Pfd. Hefe	„	94.73	1.10	3.32		0.36	0.55
6	Desgl. . . .	„	94.68	1.17	3.13		0.47	0.66
7	30 Pfd. Kartoff., 3.8 Pfd. Malz u. 0.2 Pfd. Hefe	„	94.58	1.14	3.23		0.51	0.60
8	30 Pfd. Kartoff., 3.0 Pfd. Malz u. 0.2 Pfd. Hefe	„	94.53	0.97	2.65		0.51	0.48
9	Desgl. . . .	„	95.38	0.75	2.76		0.46	0.52
10	Desgl. . . .	„	95.52	0.89	2.83		0.47	0.53
11	30 Pfd. Kartoff., 2.0 Pfd. Malz u. 0.2 Pfd. Hefe	„	95.29	0.89	2.83		0.44	0.61
12	Desgl. . . .	„	94.93	0.98	2.87		0.80	0.60
13	Desgl. . . .	„	94.75	1.26	3.11		0.92	0.72
14	50 Pfd. Kartoff., 3.3 Pfd. Malz u. 0.2 Pfd. Hefe	„	93.98	1.25	3.03		0.97	0.72

No.	Bezeichnungen und Bemerkungen	Jahr der Untersuchung	In der ursprünglichen Substanz					
			Wasser %	Nh-Substanz %	Rohfett %	Nfr. Extractstoffe %	Rohfaser %	Asche %
15	Desgl. . . .	1855	94.03	1.04	3.06		0.56	0.59
16	Aus Kartoffeln	1859	94.0	1.60	0.22	3.17	0.58	0.43
17	Unter Zusatz v. Rübensaft .	1873	95.11	0.62	0.04	2.69	1.22	0.29
18		1867	92.80	1.03	0.05	5.00	0.50	0.62
19		1870	96.05	0.80	0.23	1.12	1.40	0.40
20	Aus e. Brennerei in Ostgalizien	„	97.28	0.56	0.22	0.73	0.51	0.70
21		1864	96.20	1.90	—	—	—	0.40
22	N. Hollefreund's Verfahren .	1874	94.32	1.56	0.16	2.89	0.51	0.56
23		1875	95.82	0.88		2.64		0.66
24		„	94.45	1.47		3.38		0.69
25		1877	91.88	1.60	0.32	4.36	0.96	0.88
26		1878	(75.27	5.14	0.42	15.71	0.57	2.87)
27	Nach älterem, im Kleinen ausgeführtem Verfahren . . .	1877	92.40	0.60	0.08	4.50	—	1.00p
28	Nach Maischung m. Schwefels.	1879	92.49	0.87	0.11	4.34	0.30	1.89
29		1882	92.85	1.67	0.18	3.62	0.70	0.98
30		„	91.21	1.93	0.21	4.92	0.75	1.98

	Stärke	Dextrin	Zucker	Pectin- und Extractstoffe	Milchsäure	Lösliche Proteïnstoffe	In Wasser lösliche Stoffe überhaupt
No. 1 . .	4.23	23.05	5.41	18.12	1.26	5.65	45.7
No. 2 . .	7.15	11.43	3.26	30.02	1.57	4.56	37.3

Analyse der Kartoffeln siehe Seite 267 unter No. 23 u. 24.

Ritthausen (vergl. nachfolgende Analysen) hat nachgewiesen, dass vorstehende Analysen nicht die mittlere Zusammensetzung der untersuchten Schlempe repräsentiren können; bezügl. der Ausführung müssen wir auf das Original der betr. Abhandlung (siehe nächste No.) verweisen.

No. 3—15. H. Ritthausen (V.-St. Möckern). — 5. Bericht. Leipzig, 1857. 15. Ausser obigen Angaben sind noch folgende zu berücksichtigen:

	No. 3	4	5	6	7	8	9	10	11	12	13	14	15
a) Gesammt-Trockensubst. d. Rohmaterialien, in Pfdn.	12.4	12.4	11.35	11.35	9.3	8.9	8.9	8.9	8.8	8.35	8.35	14.33	14.33
b) Menge der Schlempe, in Pfunden	—	76.8	86.7	91.4	78.2	76.9	86.8	90.8	85.3	71.3	72.6	97.0	99.4
c) Trockensubstanz der Schlempe, in Pfunden . . .	—	5.81	4.83	4.87	4.13	4.24	4.01	4.07	4.09	3.61	3.81	5.84	5.93
d) Trockensubstanz der Schlempe in % von a . . .	—	47.6	42.6	42.9	44.4	47.6	45.1	45.7	46.5	43.2	45.6	40.8	41.4

No. 16. H. Grouven. — Weende'r Jahresber. 1857—61. II. 98. (Agron. Ztg. 1859. 385.) Eingemaischt wurden 1220 Pfd. Kartoffeln und waren 365 Pfd. Trockensubstanz in der Maische, wovon 159 Pfd. oder 43.6% in die Schlempe (2659 Pfd.) übergingen.

No. 17. H. Weiske (V.-St. Proskau). — Der Landwirth 1883. 93. Diese Schlempe ist nach dem Schoch'schen Brennereiverfahren gewonnen, welches darin besteht, dass man mit Rübensaft Kartoffeln einmaischt.

No. 18. Th. Dietrich. — Landw. Anz. f. d. Rgbz. Cassel 1867. 41. An näheren Bestandtheilen enthielt die Schlempe in Wasser lösliches Proteïn 0.237%, Zucker 0.296%, Dextrin 1.676%, freie Milchsäure 0.608%, gebundene Milchsäure 0.265%. (Es ist zu bemerken, dass zur Zeit der Untersuchung der Schlempe in den Brennereien des damaligen Kurfürstenthum Hessens dem Steuergesetz entsprechend dicker eingemaischt wurde.)

No. 19 u. 20. J. Moser (V.-St. Wien). — 1. Bericht 1870—77. Wien, 1878. 82. Tab. IV und V. Die vollständige Analyse lautet zu No. 20: Wasser 97.278%, Asche 0.699%, Alkohol 2.29%, Essigsäure 0.012%, Dextrin u. Stärke 0.440%, Aether-Extrakt 0.217%, Rohfaser 0.506%, stickstoffhaltige Substanz 0.558% (Summa 102.0, vermuthlich liegt bezgl. des Alkoholgehalts ein Druckfehler vor und soll es 0.29% heissen). Autor bemerkt, dass die Nh. Substanz als Ergänzung zu 100 mit dem Werthe 0.558 eingestellt sei; der N-Gehalt wurde aber = 0.212% der ursprünglichen Substanz gefunden, wonach sich also ergiebt, dass der überwiegende Theil der Nh. Materie aus viel stickstoffreicheren Verbindungen als die Proteïnstoffe sind, bestand.

No. 21. R. Hoffmann. — Jahresber. d. agrikulturchem. Untersuchungsstation in Böhmen 1864. 19.

No. 22—25. J. Fittbogen (V.-St. Dahme). — Originalmittheilung.

No. 26. Schiller (V.-St. Dahme). — Originalmittheilung.

No. 27. Farsky (V.-St. Tabor). — Originalmittheilung. Aus sächsischen Zwiebelkartoffeln von 20% Stärkemehlgehalt unter Zusatz von 5% Gerstenmalz gewonnen.

No. 28. J. Moser u. Wolfbauer. — Originalmittheilung. Sand 0.20% in der frischen Schlempe.

No. 29 u. 30. M. Schmoeger u. O. Neubert. — Milchztg. 12. 1883. 132. Es wurden bei beiden untersuchten Schlempen 280 Ctr. Kartoffeln von 16.5% Stärkemehl und 9.5 Ctr. Malz aus Gerste und Hafer eingemaischt und 17000 Liter Schlempe gewonnen.

No.	Bezeichnungen und Bemerkungen	Jahr der Untersuchung	Wasser %	Nh-Substanz %	Rohfett %	Nfr. Extractstoffe %	Rohfaser %	Asche %
31		1875	95.82	0.88		2.64		0.66
32		„	94.45	1.47		3.38		0.69
33		1877	91.88	1.60	0.32	4.36	0.96	0.88
34	Schlecht gereinigt (?) .	1880	93.90	1.20	0.20	3.50	0.70	0.50
35	Hervorgegangen aus sehr concentrirter Maische: 1000 Maische gaben 1200 Schlempe v. 21. April .	1879	93.60	0.97	0.11	3.61	0.60	0.78
36	Desgl. vom 22. April .	„	93.99	1.16	0.18	2.90	0.60	0.78
37	1000 Maische gaben 1400 Schlempe v. 21. April .	„	94.52	0.83	0.09	3.09	0.51	0.66
38	Desgl. vom 22. April .	„	94.84	0.99	0.16	2.49	0.51	0.67
39	Unter Zusatz v. Stärke . .	1880	94.16	1.43	0.19	2.60	0.62	1.00
40	Unter Zusatz v. Roggenfuttermehl . . .	„	93.20	1.62	0.24	3.09	0.90	0.95
41	Unter Zusatz v. Stärke . .	„	94.08	1.43	0.13	3.01	0.54	0.81
42	Unter Zusatz v. Futtermehl .	„	92.77	1.95	0.20	3.21	0.92	0.95
	Minimum		91.21	0.56	0.04	0.73	0.30	0.29
	Maximum		97.28	1.95	0.39	5.00	1.40	1.98
	Mittel . . (excl. No. 26)		94.16	1.18	0.18	3.09	0.67	0.72

Berechnung der Zusammensetzung der Kartoffelschlempe bei verschiedenem Gehalt der Kartoffeln an Stärkemehl und unter verschiedenen Maisch-Bedingungen von M. Märcker.[1])

M. Märcker hat die Zusammensetzung der Kartoffelschlempe, wie sie bei verschiedenem Gehalt der Kartoffeln an Stärkemehl und unter verschiedenen Maisch-Bedingungen erhalten wird, berechnet und in einer Tabelle zusammengestellt, welche wir hier mit Erlaubniss des Verf.s wiedergeben.

Auf einen Maischraum von 4000 Litern seien 3000 kg Kartoffeln gemaischt; dieselben sollen einen Stärkemehlgehalt von 20 Procent besessen haben. Auf 100 kg Kartoffeln seien 4 kg Gerste zum Malz und zur Hefe verwendet; vom Kilogramm Stärkemehl habe man 55 Lit.-Procent gezogen, es sind demnach 15 Procent des eingemaischten Stärkemehls unvergohren in die Schlempe übergegangen. Der Destillirapparat sei zwar nicht von der allerbesten, aber immerhin doch guter Konstruction, wonach man annehmen würde, dass 1000 Liter Maischraum 1200 Liter Schlempe geben.

Nach den Zahlen für die Zusammensetzung von Kartoffeln und Gerste erhalten wir folgende Uebersicht:

	Stickstoffh.	Fett	Stärkemehl	Nfr. Extrakt	Holzfaser	Mineralstoffe
3000 kg Kartoffeln enthalten . .	66.0	6.0	600	21.0	21.0	33.0 kg
120 kg Gerste enthalten	12.0	2.8	76.1	—	10.2	1.8 „
Summa eingemaischt	78.0	8.8	676.1	21.0	31.2	34.8 kg

Da alle Bestandtheile mit Ausnahme des Stärkemehls in ihrer Menge unverändert in die Schlempe übergehen und nach obigen Annahmen bei einer Ausbeute von 55 Lit.-Proc. 85 Procent des Stärkemehls zerstört werden, so enthalten 4800 Liter Schlempe aus obigen 4000 Litern Maische folgende Mengen von Nährstoffen:

Stickstoffh.	Fett	Stärkemehl	Nfr. Extrakt	Holzfaser	Mineralstoffe
78.0	8.8	101.4	21.0	31.2	38.8 kg
		122.4 (Stärkemehl + Nfr. Extrakt)			

No. 31—33. E. Wildt (V.-St. Kuschen-Posen). — Originalmittheilung.
No. 34. F. Soxhlet (Central-V.-St. München). — Jahresber. d. Agrikulturchemie 1885. 415.
No. 35—38. Behrend u. Morgen (V.-St. Halle). — Landw. V.-St. 24. 1880. 181. Die Schlempen enthielten Amide:

No. 35	36	37	38
0.33	0.39	0.29	0.34 %

No. 39—42. F. Holdefleiss. — Ztschr. f. Spiritusindustrie 1881. No. 5. 76. (Der Landwirth 1880. 3.) Die Maische wurde angestellt mit:

	Pro Liter enthielten die Schlempen in Grammen: Nh. Subst.	Fett	Nfr. Extraktst.	Rohfaser	Asche
No. 39. 52 Ctr. Kartoffeln, 1 Ctr. Stärke, 196 Pfd. Gerstenmalz	14.63	1.94	26.60	6.34	10.23
No. 40. 47½ Ctr. Kartoffeln, 2.2 Ctr. Roggenmehl, 203 Pfd. Gerstenmalz .	16.63	2.47	31.77	9.24	9.71
No. 41. 53 Ctr. Kartoffeln, 1 Ctr. Stärke, 196 Pfd. Gerstenmalz	14.64	1.33	30.80	5.53	8.29
No. 42. 51 Ctr. Kartoffeln, 2.2 Ctr. Roggenmehl, 203 Pfd. Gerstenmalz . .	20.06	2.06	33.03	9.46	9.77

[1]) Dessen: Handbuch der Spiritus-Fabrikation. 4. Auflage. Berlin, 1886. S. 763—766.

Die einfachste Berechnung ist nun die, dass, wenn die Schlempe gleichmässig auf die Kopfzahl eines Kuhstalles u. s. w. vertheilt wird, man mit der Kopfzahl in obige absolute Nährstoffmengen dividirt. Wenn z. B. 80 Stück Grossvieh an obigem Schlempequantum partizipirt hätten, so würden pro Haupt folgende Nährstoffmengen in Form von Schlempe verabreicht worden sein:

Stickstoffhaltige Stoffe	0.975 kg
Stickstofffreie Extraktstoffe . . .	1.530 „
Fett	0.410 „
Holzfaser	0.390 „
Mineralstoffe	0.435 „
Summa der Trockensubstanz . .	3.440 kg.

Wenn man es für bequemer hält, die Nährstoffmengen pro 100 Liter zu berechnen, so würde man, auf 4800 Liter Schlempe bezogen, folgende Zahlen erhalten:

100 Liter Schlempe enthalten

Stickstoffhaltige Stoffe	1.63 kg
Stickstofffreie Extraktstoffe . . .	2.55 „
Fett	0.18 „
Holzfaser	0.65 „
Mineralstoffe	0.77 „
Summa der Trockensubstanz . .	5.78 kg.

Nach diesen Grundsätzen ergiebt sich folgende Tabelle:

	Verhältniss des Maischraums zum Volumen der Schlempe 1000 : 1100									Verhältniss des Maischraums zum Volumen der Schlempe 1000 : 1300								
	80 kg Kartoffeln, 32 kg Gerste pro 100 l Maischraum			75 kg Kartoffeln, 30 kg Gerste pro 100 l Maischraum			70 kg Kartoffeln, 28 kg Gerste pro 100 l Maischraum			80 kg Kartoffeln, 32 kg Gerste pro 100 l Maischraum			75 kg Kartoffeln, 30 kg Gerste pro 100 l Maischraum			70 kg Kartoffeln, 28 kg Gerste pro 100 l Maischraum		
	Vergährung			Vergährung			Vergährung			Vergährung			Vergährung			Vergährung		
	gut 10%	mittel 15%	schlecht 20%	gut 10%	mittel 15%	schlecht 20%	gut 10%	mittel 15%	schlecht 20%	gut 10%	mittel 15%	schlecht 20%	gut 10%	mittel 15%	schlecht 20%	gut 10%	mittel 15%	schlecht 20%
Stickstoffhaltige Stoffe . .	1.89	1.89	1.89	1.78	1.78	1.78	1.66	1.66	1.66	1.61	1.61	1.61	1.51	1.51	1.51	1.40	1.40	1.40
Fett	0.22	0.22	0.22	0.20	0.20	0.20	0.18	0.18	0.18	0.17	0.17	0.17	0.17	0.17	0.17	0.15	0.15	0.15
Rohfaser	0.76	0.76	0.76	0.72	0.72	0.72	0.66	0.66	0.66	0.65	0.65	0.65	0.60	0.60	0.60	0.56	0.56	0.56
Mineralstoffe	0.84	0.84	0.84	0.80	0.80	0.80	0.74	0.74	0.74	0.72	0.72	0.72	0.67	0.67	0.67	0.63	0.63	0.63
Bei Kartoffeln mit 16% Stärke:																		
Stickstofffreie Extraktstoffe .	1.94	2.62	3.28	1.83	2.45	3.08	1.71	2.30	2.88	2.37	2.22	2.79	1.55	2.08	2.61	1.45	1.95	2.45
Trockensubstanz	5.65	6.32	7.00	5.32	5.94	6.57	4.96	5.55	6.13	4.81	5.38	5.94	4.51	5.04	5.57	4.19	4.70	5.19
Nährstoffverhältniss . . .	1:1.3	1:1.7	1:2.0	1:1.3	1:1.7	1:2.0	1:1.3	1:1.7	1:2.0	1:1.3	1:1.7	1:2.0	1:1.3	1:1.7	1:2.0	1:1.3	1:1.7	1:2.0
Bei Kartoffeln mit 20% Stärke:																		
Stickstofffreie Extraktstoffe .	2.23	3.05	3.86	2.10	2.87	3.63	1.96	2.67	3.39	1.90	2.59	3.28	1.78	2.43	3.08	1.66	2.27	2.86
Trockensubstanz	5.94	6.76	7.56	5.59	6.35	7.12	5.21	5.92	6.64	5.05	5.75	6.44	4.74	5.39	6.04	4.41	5.01	5.61
Nährstoffverhältniss . . .	1:1.5	1:1.9	1:2.3	1:1.5	1:1.9	1:2.3	1:1.5	1:1.9	1:2.3	1:1.5	1:1.9	1:2.3	1:1.5	1:1.9	1:2.3	1:1.5	1:1.9	1:2.3
Bei Kartoffeln mit 24% Stärke:																		
Stickstofffreie Extraktstoffe .	2.53	3.49	4.51	2.38	3.27	4.17	2.21	3.05	3.90	2.17	2.96	3.83	2.01	2.78	3.54	1.88	2.59	3.30
Trockensubstanz	6.23	7.19	8.22	5.86	6.76	7.66	5.46	6.30	7.15	5.30	6.11	6.99	4.97	5.73	6.50	4.62	5.34	6.05
Nährstoffverhältniss . . .	1:1.6	1:2.2	1:2.6	1:1.6	1:2.2	1:2.6	1:1.6	1:2.2	1:2.6	1:1.6	1:2.2	1:2.6	1:1.6	1:2.2	1:2.6	1:1.6	1:2.2	1:2.6

No.	Bezeichnungen und Bemerkungen	Jahr der Untersuchung	In der ursprünglichen Substanz: Wasser %	Nh-Substanz %	Rohfett %	Nfr. Extractstoffe %	Rohfaser %	Asche %
	Hefe.							
1	Weinhefe-Kuchen . .	1870/77	54.04	7.54	8.94	7.41	11.10	10.97
2	Gepresste Hefe	1880	70.21	15.44	0.24	—	—	2.04
3	Bierhefe . .	1885	81.35	11.98	0.26	1.40	3.49	1.84
4	Kunsthefe der Brennereien, pro Liter g .	?	—	26.90	2.63	65.44		6.73
	Rückstände von der Fabrikation von Spiritus aus Rüben.							
1	Von d. Schlempe abgeseihte Rübenschnitte, frisch . . .	1857	87.50	—	—	5.10	—	1.76
2	Desgl., 3 Monate alt . .	„	85.60	—	—	5.34	—	1.96
3	Aehnliche Rückstände . . .	—	90.78	1.37	—	2.21	4.53	1.11
4		—	91.84	1.33	—	1.98	3.99	0.86
5	Aus Melasse u. Rüben . . .	1859	93.60	1.51	—	—	—	2.00
	Mittel . .		89.86	1.40	2.94		4.26	1.54
	Melasseschlempe.							
1		1862	91.37	1.39	—	—	—	1.75
2		1867	95.19	1.25	—	—	—	1.55
3		1864	90.22	2.09	—	5.83	—	1.86
4		1864	92.11	2.96	—	2.69	—	2.24
	Mittel . .		92.22	1.92	4.01			1.85
	Getrocknete Branntweinschlempe. Aus Weizen.							
1	Nach H. Henke u. Co.'s Verfahren . . .	1880	11.39	28.88	8.54	33.85	8.60	8.74

Hefe.
No. 1. J. Moser. — 1. Bericht d. V.-St. Wien 1870—77. Wien, 1877. 61 u. Tabelle IV. S. XXVI. Unter diesem Weinhefekuchen ist ein Abfall zu verstehen, der verbleibt, wenn die ursprüngliche abgepresste Hefe oder das Geläger nach Gewinnung des Geläger-Branntweins mit Salzsäure versetzt, filtrirt und dann gepresst wird; es sind also die nach Gewinnung von Branntwein und weinsaurem Kalk verbleibenden Hefe-Reste. Die Probe enthielt im frischen Zustande 9.23% Sand.
No. 2. F. Soxhlet (Central-V.-St. München). — Originalmittheilung.
No. 3. C. Arnold. — Jahresber. d. Agr.-Chem. 1885. 412.
No. 4. M. Märcker u. E. Schulze. — Journ. f. Landwirthsch. 1872. 198; auch Märcker's Handbuch der Spiritusfabrikation. 3. Aufl. Berlin, 1883. 652. Die Hefemaische enthielt pro Liter:

Alkohol	47.70 g	In Wasser unlöslich:	
In Wasser löslich:		Eiweissstoffe . .	18.56 g
Eiweissstoffe	8.34 g	Mineralstoffe . .	2.27 g
Maltose	14.32 g	Fett	2.63 g
Dextrin	22.94 g	Holzfaser etc. .	15.41 g
Milchsäure	12.77 g		38.87 g
Mineralstoffe	4.46 g		
	62.83 g		

Rückstände von der Fabrikation von Spiritus aus Rüben.
No. 1 u. 2. Mitchell. — Weende'r Jahresber. 1857—61. II. 95. (J. Highl. Soc. July 1857. 57.)
No. 3 u. 4. A. Völcker. — Weende'r Jahresber. 1857—61. II. 96. (J. R. Agric. Soc. England. 21. 97.) Die Analyse ergab ferner:

	No. 3 Frisch	No. 3 Trocken	No. 4 Frisch	No. 4 Trocken
Lösliche Proteïnstoffe . . .	0.61	6.67	0.64	7.87 %
Gummi, Schleim etc.	2.21	23.98	1.98	24.31 „
Lösliche Mineralstoffe . . .	0.56	6.17	0.38	4.75 „

Melasseschlempe.
No. 1 u. 2. Th. Dietrich (V.-St. Altmorschen). — Landw. Anzg. f. d. Rgbz. Cassel 1862 u. 1867. 101. An Zucker enthielten die beiden Schlempen 1.33 bezw. 1.06%, an freier Säure (Milch- und Essigsäure) circa 0.30 bezw. 0.56%.
No. 3 u. 4. Rob. Hoffmann. — Jahresber. d. agrikulturchem. Untersuchungsstation in Böhmen 1864. 19. Eine aus 22 Ctr. Rüben, 3 Ctr. Melasse und 70 Pfd. Gerstenmalz hervorgegangene Schlempe enthielt nach demselben Autor 93.6 Wasser, 1.75 Nh. Stoffe, 2.0 Salze, 0.40 Rohfaser, Gesammt-N-Gehalt 0.28%. (Siehe auch Landw. V.-St. 2. 1860. 215.)

Getrocknete Branntweinschlempe. Aus Weizen.
No. 1. F. Soxhlet (Central-V.-St. München). — Originalmittheilung. Die Zusammensetzung der frischen Schlempe siehe unter No. 2 der Weizenschlempe.

Getrocknete Branntweinschlempe. Aus Roggen.

No.	Bezeichnungen und Bemerkungen	Jahr der Untersuchung	In der ursprünglichen Substanz: Wasser %	Nh-Substanz %	Rohfett %	Nfr. Extractstoffe %	Rohfaser %	Asche %
1	Nach H. Henke u. Co.'s Verfahren . .	1880	5.82	20.81	4.23	58.20	7.08	3.86
2		„	8.92	23.88	4.54	36.04	7.38	19.26
3	Getrockn. Schiedam'sche Roggenschlempe, dünne Kuchen	1878	12.50	21.70	10.40	—	12.40	3.70
4	Desgl., dicke Kuchen . .	„	18.90	19.90	9.30	—	12.40	3.20
5	Aus Roggen .	1877	9.93	22.56	4.94	45.18	10.18	7.21
6	Desgl. u. Mais	„	8.58	21.38	5.55	50.31	11.13	3.05
7	Desgl. u. Mais	„	10.18	26.00	8.63	46.68		8.51
8	Desgl. u. Mais	„	9.22	23.94	10.79	42.47	6.40	7.18
9		1885	11.48	23.00	11.94	40.79	7.87	4.92
10		„	12.23	23.31	12.93	39.05	7.77	4.71
11	Roggenschl. a. der Fabr. v. H. Helbing, Wandsbeck .	—	15.05	23.03	4.64	43.43	6.96	6.34
12	Brennereitreber	—	6.92	22.06	5.34	40.54	14.73	10.41
13	Schlempekuch.	1882	9.50	13.90	2.60	54.70	12.80	6.50
14	Roggenschlemp.	1888	8.60	21.40	5.60	—	—	—
15	Desgl. . . .	1888	10.00	22.60	5.00	—	—	—
16	Desgl. . . .	„	8.10	22.30	5.10	—	—	—
17		1887	7.42	22.19	6.74	45.25	11.92	6.48
18		1888	10.46	25.50	5.96	36.82	13.60	7.66
19	Roggenschl. .	„	9.00	21.50	6.60	48.87	9.13	4.90
20		„	—	24.69	6.78	—	—	—
21		„	—	24.25	6.58	—	—	—
22		„	—	25.31	6.87	—	—	—
23		1886	10.12	23.31	4.76	46.57	7.54	7.62
24		„	12.57	19.94	5.69	49.23	8.79	3.71
25		1887	8.38	24.18	5.78	53.87		7.79
26		„	10.18	26.00	8.63	46.68		8.51
27		1888	10.98	25.44	5.56	50.33		7.72
28		„	9.27	23.48	5.54	53.51		8.20
29		„	9.28	24.95	5.45	53.03		7.29
30	Roggen- und Maisschlempe	1885	11.06	21.25	7.40	46.22	8.76	5.31
31	Getrockn. Getreide-Maisschlempe . .	1886	13.04	13.61	6.34	56.10	6.15	4.76
	Minimum		5.82	13.90	2.60	36.04	6.15	3.05
	Maximum		18.90	26.00	12.93	58.20	14.73	19.26
	Mittel . .		10.24	22.53	6.65	44.92	9.63	6.03

Getrocknete Branntweinschlempe. Aus Mais.

No.	Bezeichnungen und Bemerkungen	Jahr der Untersuchung	Wasser %	Nh-Substanz %	Rohfett %	Nfr. Extractstoffe %	Rohfaser %	Asche %
1	Maisschlempekuchen . .	1876	26.56	14.00	4.68	39.68	12.04	3.35
2	Aus d. Fabrik Grüneck (nach H. Henke u. Co.'s Verfahr.)	1880	11.12	21.44	11.44	38.96	10.54	6.50

Getrocknete Branntweinschlempe. Aus Roggen.

No. 1. F. Soxhlet (Central-V.-St. München). — Jahresber. d. Agrik.-Chem. 1885. 415.

No. 2. F. Soxhlet (Central-V.-St. München). — Originalmittheilung. In der Schlempe 8.74 % Sand.

No. 3 u. 4. A. Mayer (V.-St. Wageningen). — Originalmittheilung.

No. 5 u. 6. M. Märcker (V.-St. Halle). — Nach einem Sonder-Abdruck aus No. 18 d. Braunschweigischen Landwirthschaftl. Ztg. 1887. Diese Schlempen enthielten:

	Eiweiss, verdaulich	Eiweiss, nicht verdaulich	Nicht-eiweiss	In Pepsin verdaulich	In Pankreas verdaulich	In Summa verdaulich
No. 4 . . .	15.65	2.44	4.47	50.5	18.8	69.3 %
No. 5 . . .	16.61	3.53	1.24	65.6	12.1	77.7 „

No. 7. E. Heiden (V.-St. Pommritz). — Mitgetheilt von der Firma J. A. Klingebiel u. Co. Braunschweig. Auch wie unter 8 und 9.

No. 8. A. Stutzer (V.-St. Bonn). — Mitgetheilt von der Firma J. A. Klingebiel u. Co. Braunschweig. Mittel aus 4 Mustern. Auch wie unter 8 u. 9.

No. 9. Emmerling (V.-St. Kiel). — Nach einem Sonderabdruck der Hannoverschen Land- und Forstw. Ztg. vom 7. September 1887.

No. 10. K. Müller (V.-St. Hildesheim). — Ebendaselbst.

No. 11. M. Märcker (V.-St. Halle). — Nach einem Rundschreiben der Firma Heinr. Helbing in Wandsbeck.

No. 12. Verf. ungenannt. — Nach einem Rundschreiben der Firma Julius Meissner in Leipzig.

No. 13. M. Märcker (V.-St. Halle). — Originalmittheilung.

No. 14—16. Märcker (V.-St. Halle). — Originalmittheilung.

No. 17—22. K. Müller (V.-St. Hildesheim). — Originalmittheilung.

No. 23—29. E. Heiden (No. 23—25) u. O. Toepelmann (No. 26), Reh (No. 27—29) u. Bauer (V.-St. Pommritz). — Originalmittheilung. Die Schlempen enthielten % Sand:

No. 23	24	25	26	27	28	29
0.87	1.20	0.98	1.49	1.12	1.22	0.97 %

Bei No. 23 u. 24 wurde Ammoniak nachgewiesen und der Gehalt davon zu 0.08 bezw. 0.07 % bestimmt.

No. 30. Verf. nicht genannt. — Jahresb. d. Agric.-Chem. 1885. 416.

No. 31. M. Siewert. — Ebendas. 1886. 387. (Westpreuss. landw. Mitthl. 1886.)

Getrocknete Branntweinschlempe. Aus Mais.

No. 1. A. Pagel (V.-St. Halle). — Ztschr. f. d. Prov. Sachsen 1877. 90.

No. 2 u. 3. F. Soxhlet (Central-V.-St. München). — Originalmittheilung.

No.	Bezeichnungen und Bemerkungen	Jahr der Untersuchung	In der ursprünglichen Substanz: Wasser %	Nh-Substanz %	Rohfett %	Nfr. Extractstoffe %	Rohfaser %	Asche %
3	Aus d. Verein niederländisch. Spiritusfabrik. in Delft . .	1881	9.78	25.81	7.26	40.29	14.26	2.60
4		1888	5.10	22.50	9.20	—	—	—
5	Französische, in Kuchen gepresst . . .	„	—	35.68	12.50	—	—	—
6	Desgl. . . .	1888	5.92	38.69	10.68	—	—	—
7	Desgl. . . .	„	7.82	39.00	10.20	26.49	8.95	7.54
8	Deutsche . .	„	12.03	25.05	4.39	42.19	8.91	7.43
	Mittel . . (No. 1—4 und No. 8)		11.18	27.77	8.79	35.84	10.94	5.48

Getrocknete Branntweinschlempe. Aus Kartoffeln.

No.	Bezeichnungen und Bemerkungen	Jahr der Untersuchung	Wasser %	Nh-Substanz %	Rohfett %	Nfr. Extractstoffe %	Rohfaser %	Asche %
1	Aus d. Lausitz	1876	8.44	18.48	8.16	43.46	8.42	13.04
2	Fabrik Grüneck, Bayern . .	1880	21.61	20.79	3.05	32.42	7.23	14.90
3	Desgl. . . .	1880	7.83	23.08	3.55	40.54	8.60	16.40
	Mittel . .		12.63	20.78	4.92	38.78	8.11	14.78

Abgepresste, abgeseihte Schlempen, Schlempentreber, condensirte Schlempe (die festen, ungelösten Theile).

No.	Bezeichnungen und Bemerkungen	Jahr der Untersuchung	Wasser %	Nh-Substanz %	Rohfett %	Nfr. Extractstoffe %	Rohfaser %	Asche %
1	A. schottischen Brennereien, weich. schwammige Kuchen	1856	70.45	10.80	—	—	17.42	1.33
2	Aus Getreideschlempe . .	1875	73.94	6.30		19.11		0.65
3	Desgl. . . .	„	70.84	6.03		22.54		0.59
4	Desgl. . . .	„	63.25	8.01		27.87		0.87
5	Desgl., abgepresst u. getrocknet . .	1877	12.42	24.50	11.87	39.30	8.78	3.13
6	Desgl., abgepresst, ungetrocknet . .	1877	61.41	15.36	3.87	13.02	5.38	0.96
7	Desgl., abgepresst, ungetrocknet . .	„	79.15	6.59	2.18	9.17	2.48	0.42
8	Gepresste Maisschlempe . .	„	71.70	8.60	3.20	—	2.30	1.50
9	Abgepresste Rog.-Maische(?)	1885	68.50	6.30	3.30	14.10	7.00	0.80

Rückstände von der Zuckerfabrikation.

Rübenrückstände.

I. Von dem Pressverfahren.

No.	Bezeichnungen und Bemerkungen	Jahr der Untersuchung	Wasser %	Nh-Substanz %	Rohfett %	Nfr. Extractstoffe %	Rohfaser %	Asche %
1		—	70.00	2.39	—	—	—	—
2	Rüben gepresst m. Zusatz v. ca. 20 % Wasser	1854	68.01	1.05	—	19.22	6.25	5.47
3	Desgl. mit ca. 14 % Wasser	1854	67.92	1.67	—	18.63	6.04	5.74
4	Desgl. ohne Wasser-Zusatz	„	65.94	1.07	—	21.03	6.68	5.28

No. 4. M. Märcker (V.-St. Halle). — Originalmittheilung.
No. 5—7. Th. Dietrich (V.-St. Marburg). — Originalmittheilung.
No. 8. J. König. — Originalmittheilung. Die Schlempe No. 8 ergab ferner 1.32 % Säure als Milchsäure berechnet, von welcher nur Spuren flüchtig waren, ferner 2.02 % Zucker und 22.12 % Reinproteïn.

Getrocknete Branntweinschlempe. Aus Kartoffeln.
No. 1. E. Heiden (V.-St. Pommritz). — Originalmittheilung.
No. 2 u. 3. F. Soxhlet (Central-V.-St. München). — Originalmittheilung. Die Zusammensetzung der frischen Schlempe siehe unter No. 34 der Kartoffelschlempe.

Abgepresste, abgeseihte Schlempen.
No. 1. Thom. Anderson. — Trans. Highl. Soc. October 1857. 128.
No. 2—4. R. Kämpf u. Strohmer. — Ztschr. d. Centralv. f. Rübenzuckerindustrie in Oesterreich-Ungarn 1876. 6. Mittelst der Condensationsapparate von A. Hatschek abgepresst. Die Zusammensetzung der ursprünglichen Schlempen sowie der abgepressten flüssigen Theile siehe unter No. 3—5, S. 641 der Getreideschlempen.
No. 5—7. J. Moser (V.-St. Wien). — 1. Bericht 1870—77. Wien, 1878. 63. Tab. IV. S. XXVI. Die Zusammensetzung der ursprünglichen Schlempe zu No. 5 ist im Original wie folgt angegeben: Wasser 96.46 %, Proteïn 12.80 %, Rohfett 5.16 %, Nfr. Extraktstoffe 24.86 % (davon Glycerin 2.99 %), Rohfaser 2.14 %, Reinasche 1.76 %, Sand 0.66 % (Summa 143.84 %. — Angabe für uns unverständlich). Die Schlempe war aus einer Presshefenfabrik und stammte von Roggen-, Mais-, und Malzmaische.
No. 8. A. Mayer (V.-St. Wageningen). — Originalmittheilung.
No. 9. F. Becker (V.-St. Momstedt). — Biedermanns Centralbl. f. Agrikulturchemie. 14. 1885. 67.

Rückstände von der Zuckerfabrikation.
No. 1. J. B. Boussingault. — Wolff's Grundlagen des Ackerbaues. 931.
No. 2—5. E. Wolff. — Hohenheimer Mittheilungen 1; auch Wolff's Grundlagen d. Ackerbaues 931. Die Rübenrückstände

No.	Bezeichnungen und Bemerkungen	Jahr der Untersuchung	In der ursprünglichen Substanz: Wasser %	Nh-Substanz %	Rohfett %	Nfr. Extractstoffe %	Rohfaser %	Asche %
5	Presslinge a. getrockn. Rüben (Kalkwasser)	1854	(61.07	1.13	—	13.21	8.48	16.11)
6		1858	65.57	3.06	22.18		6.46	2.73
7	Pressl. v. Salzmünde, frisch	1861	75.40	1.53	0.15	17.19	3.17	2.56
8	Desgl., vergohr.	„	72.70	2.40	0.35	16.20	5.75	2.60
9		„	69.07	1.34	—	—	—	0.94
10	6 Wochen lang eingemietet, stark sauer .	1870	74.70	1.37	0.19	14.56	4.90	4.28
11		1874	66.55	2.14	0.04	21.98	6.26	3.03
12	2 mal gepresst	1870/77	83.91	0.75	0.50	9.10	3.19	1.36
13		1866	64.48	2.37	—	—	—	4.00
14		1869	76.73	1.49	0.44	7.38	8.58	5.38
15	(Sogen. Lappenpresse) . .	1871	75.54	1.86	—	—	—	—
16	Aus England v. Lavenham .	1870	70.11	2.25	—	20.45	5.32*	1.87
17	Aus Frankreich	„	70.88	2.38	—	6.59	16.43†	3.72
18	Desgl. . . .	„	77.10	1.93	—	2.31**	16.07†	2.59
19	Aus Belgien, 1 Jahr alt . .	„	70.00	2.43	—	18.67	6.48*	2.42
20	Presslinge der hydraulischen Presse . .	—	71.49	(1.30	10.55		14.75)	1.91
21	Presslinge der Poizot'schen Walzenpresse, erste Pressung	—	80.78	(0.12	6.13		11.49)	1.57
22	Desgl., zweite Pressung . .	1873	82.81	(0.245	6.46		9.62)	1.00

unter No. 5, aus Waghäusel, sind aus getrockneten Rübenschnitten, die mit Kalkwasser und darauf mit Wasser ausgelaugt und gepresst gewonnen wurden. Dieselben enthielten (in der Asche) 5.84% Calciumcarbonat und 5.95% Sand. In den frischen Rückständen war noch Zucker enthalten: No. 2 = 7.86%, No. 3 = 7.58%, No. 4 = 6.72%, No. 5 = 0.45%.

No. 6. Meitzendorf. — Wilda's landwirthschaftl. Centralbl. 1858. II. 324.

No. 7 u. 8. H. Grouven (V.-St. Salzmünde). — 1. Ber. Halle, 1862. 262; auch Ztschr. d. landw. Centralver. f. d. Prov. Sachsen 1861. No. 5. No. 7 stellt frisch aus der Presse entnommene, No. 8 6 Wochen alte, eingemachte Presslinge dar. No. 8 enthielt noch 2.60% Zucker. In Wasser lösliche Bestandtheile enthielten No. 7 = 3.67, No. 8 = 3.57%, Sand und Thon No. 7 = 0.97, No. 8 = 0.61%. Die Reaction der Proben war schwach, bezw. stark sauer.

No. 9. C. Karmrodt. — Ztschr. d. landw. Ver. f. Rheinpreussen 1860. 352.

No. 10. U. Kreusler (V.-St. Hildesheim). — 1. Bericht. 30. Die Probe enthielt 3.04% Sand in der frischen, 12.02% in der Trockensubstanz.

No. 11. R. Alberti (V.-St. Hildesheim). — 3. Bericht. 18.

No. 12. J. Moser (V.-St. Wien). — 1. Bericht f. d. Jahre 1870/77. S. XXVII. Die Probe enthielt noch 1.19% Zucker und ferner 0.57% Sand.

No. 13. Seyferth. — Jahresber. f. Agriculturchem. 1866. 465. (Mitthl. d. Ver. f. Land- u. Forstw. in Braunschweig. 33. 421.) Die frischen Presslinge enthielten 2.88% Zucker.

No. 14. W. Bartz u. H. Reichardt. — Ebendaselbst 1869. 727. (Ztschr. d. Ver. f. Rübenzuckerindustrie 1869. 138.)

No. 15. M. Märcker. — J. f. Landwirthsch. 1871. 295. Ueber den Gehalt dieser und verschiedener vergohrener Rückstände von dem Macerationsverfahren (unter No. 16) und dem Diffusionsverfahren (unter No. 40—42) an einigen näheren Bestandtheilen führte Verf. Untersuchungen mit nachstehenden Ergebnissen aus:

	Diffus.-Rückstände aus Wasserleben %	Desgl. aus Wülferstedt %	Macerationsrückstände %	Pressrückstände %
Gehalt an löslichen Bestandtheilen im Ganzen				
a. von der wasserhaltigen Substanz	1.31	1.45	3.20	5.41
b. von der Trockensubstanz	13.09	13.52	20.52	22.14
Von der Trockensubstanz: organische Substanz	11.41	11.78	18.35	19.47
Von der Trockensubstanz: Eiweissstoffe	0.594	0.304	1.419	2.85
Lösliche Eiweissstoffe in % des Gesammt-Eiweissgehaltes	6.50	3.77	26.55	37.18
In der Trockensubstanz: Ammoniak	0.01029	0.02945	0.04960	0.09456
In der Trockensubstanz: (Essigsäure), freie flüchtige Säure	1.424	1.780	3.342	7.674
In der Trockensubstanz (Milchsäure), freie nichtflücht. S.	0	0	3.037	
Lösliche Pectinstoffe, in wässriger Substanz	0.723	0.958	1.810	2.631
„ „ in der Trockensubstanz	7.252	8.928	11.263	10.760
Alkohol in wässriger Substanz	0.134	0.093	0.512	0.724
„ in der Trockensubstanz	1.344	0.867	3.186	2.960

Hinsichtlich der angewendeten Methoden bei dieser Untersuchung müssen wir auf die Originalabhandlung verweisen; die freien flüchtigen Säuren wurden auf Essigsäure, die freien nichtflüchtigen auf Milchsäure berechnet.

No. 16—19. Aug. Völcker. — J. R. Agric. Soc. England 1870. 155. Probe unter No. 16 enthielt 3.39% Zucker, Probe No. 18 1.12% Milchsäure. Die mit * bezeichneten Zahlen beziehen sich auf „Woody fibre (cellulose)", die mit † bezeichneten auf „crude cellular fibre". Ueber die zur Bestimmung dieser verschiedenen Substanzen angewendeten Methoden ist in der Originalquelle eine Mittheilung nicht enthalten. Vermuthlich ist unter Woody fibre (cellulose) das in Kalilauge Unlösliche, unter crude cellular fibre das in Wasser Unlösliche, nach Abzug von Proteïn und Asche, zu verstehen. ** Dabei waren 1.12% Milchsäure.

No. 20—22. A. Gawalovski. — Org. d. Ver. f. Rübenzuckerind. in Oesterreich-Ungarn 1874. 135. Die Rückstände enthielten Zucker: No. 20 = 4.65%, No. 21 = 1.225% und No. 22 = 0.473%. Die Rückstände unter No. 21 u. 22 stammten aus der Zuckerfabrik zu Seraucourt Aisne und waren die in verschlossene Flaschen gefüllten Proben 4—5 Tage unterwegs und bei Ankunft in Gährung begriffen. Das Verfahren bei Anwendung der Walzenpressen besteht darin, dass der Rübenbrei ohne Zuthat von Wasser vorgepresst, der Rückstand alsdann aufgemaischt und nachgepresst wird. Die Bestimmung von Proteïn geschah in von dem gewöhnlichen Verfahren abweichender Weise und sind die Zahlen für diesen Bestandtheil mit denen anderer Analysen nicht vergleichbar; die Presslinge wurden zu diesem Behufe nämlich mit Wasser unter Zusatz von einigen Tropfen Essigsäure ausgelaugt, das Filtrat gekocht und alkoholische Tanninlösung zugesetzt. Die Zahlen für Rohfaser sind auffallend hoch und kaum richtig.

No.	Bezeichnungen und Bemerkungen	Jahr der Untersuchung	Wasser %	Nh-Substanz %	Rohfett %	Nfr. Extractstoffe %	Rohfaser %	Asche %
			In der ursprünglichen Substanz					
23	Hydraulische Pressen . .	—	71.29	2.26	0.15	17.61	5.41	3.28
24	Desgl. . . .	—	62.27	2.52	0.15	24.15	7.47	3.44
25	Hoppe'sche Filterpressen .	1878	82.05	1.06	0.08	11.92	3.33	1.56
26	Frische . . .	1876	74.32	1.60	0.18	—	—	—
27	Rübenpressl. .	1876	79.64	1.12	0.12	10.94	5.91	2.27
28	Desgl. . . .	„	77.85	1.27	—	—	—	2.82
29	Desgl. . . .	„	77.08	1.16	—	—	—	3.12
30	Desgl. . . .	„	80.51	2.33	9.56		5.48	2.12
31	Desgl. . . .	„	90.58	0.92	2.19		4.55	1.76
32	Desgl. . . .	1877	79.70	1.16	0.10	12.43	4.05	2.56
33	Desgl. . . .	„	85.00	0.79	0.04	7.98	4.37	1.82
34	Eingesäuerte Rübenschnitte	1875	86.58	1.56	—	—	1.34	1.60
35	Presslinge . .	—	73.67	1.59	0.23	18.38	4.58	1.54
36	Frische . . .	—	71.00	2.06	—	—	—	1.54
37	Gesäuerte . .	—	71.90	3.10	—	—	—	2.14
38	Presslinge, 7½ Jahre alt . .	1877	73.11	3.44	—	5.20	10.92	7.33
39	Pressrückstände	1874	74.00	1.30	—	—	—	1.30
40	Hydraul. Presse, eingem. 4./11. 1878 . . .	1879	79.15	1.78	0.05	—	—	5.32
41	Desgl., eingem. 8./12. 1876 .	1879	80.75	1.64	0.07	—	—	3.87
42	Desgl., eingem. 11./12. 1877	„	80.41	1.64	0.17	—	—	2.69
43	Walzenpresse, eingem. 8./5. 1878 . . .	„	85.80	1.50	0.03	—	—	2.65
44	Desgl., eingem. 15./12. 1878	„	88.32	1.16	0.07	—	—	1.15
45	Desgl., eingem. 1./5. 1877 .	„	86.20	1.31	0.12	—	—	1.06
46	Frisch . . .	1877	74.15	2.69	0.31	13.76	5.59	3.50
47	Desgl. . . .	„	70.80	1.68	0.28	18.22	5.98	3.04
48		1862	73.20	1.47	0.83	18.26	4.26	1.98
49		1870	74.00	2.81	0.71	11.01	8.67	2.80
50		„	70.30	1.90	0.20	18.30	6.30	3.00
51	V. der Walzenpresse, mit Kochsalz eingesäuert .	1880	84.64	1.56	0.08	8.10	4.12	1.50
52	V. der Walzenpresse, ohne Kochsalz eingesäuert . .	„	84.92	1.05	0.07	7.65	4.71	1.60

No. 23—25. K. Müller (V.-St. Hildesheim). — 1. Bericht der neuen Folge. Hannover, 1879. 20 u. Originalmittheilung.
No. 26. F. Holdefleiss (V.-St. Halle). — Ztschr. d. landw. Centralver. f. d. Prov. Sachsen 1876. 251.
No. 27—31. A. Pagel (V.-St. Halle). — Ebendaselbst 1877. 89.
No. 32. W. Th. Osswald (V.-St. Halle). — Ebendaselbst 1878. 15.
No. 33. Schiller (V.-St. Dahme). — Originalmittheilung.

No. 34. J. Fittbogen (V.-St. Dahme). — Originalmittheilung. In Procenten der wasserhaltigen Substanz 0.61 % Sand.
No. 35. Th. von Gohren. — Chem. Centralbl. 1864. 942. Die Presslinge enthielten 0.53 % Rohrzucker.
No. 36 u. 37. K. Stammer. — Ebendaselbst 230. Die untersuchten Proben waren Durchschnittsmuster einer ganzen Campagne (doppeltes Pressverfahren). Verf. giebt für die Presslinge einen Gehalt von 20.12, bezw. 20.97 % Mark an und für No. 36 einen Gehalt von 3.0 % Zucker und 2.28 % stickstofffreie Extraktstoffe.

No. 38. O. Kohlrausch (V.-St. d. Centralver. f. Rübenzuckerind. in Oesterreich-Ungarn). — Originalmittheilung.
No. 39. A. Mayer (V.-St. Wageningen). — Originalmittheilung.
No. 40—45. H. Pellet u. Ch. de Levandier. — Biedermann's Centralbl. f. Agriculturchem. 1880. 280 u. 655. Die untersuchten Proben entstammen einer grossen Anzahl Gruben auf 3 Gütern Nordfrankreichs, im Januar 1879 entnommen. An näheren Bestandtheilen enthielten die Rückstände ferner:

		Rohrzucker	Glycose	Lösliche Bestandtheile	Freie Säure als Essigsäurehydrat berechnet	P_2O_5 in % der Asche
Hydraulische Presse	No. 40	3.57	1.68	5.70	0.032	1.35
	No. 41	1.57	1.90	6.60	0.348	1.80
	No. 42	1.46	2.79	6.36	0.253	1.40
Walzenpresse . . .	No. 43	3.00	1.85	4.95	0.032	1.60
	No. 44	4.56	0.94	1.00	0.007	1.20
	No. 45	1.25	2.00	3.90	0.285	1.10

Verfasser fanden:

	auf 100 Trockengewicht alte	auf 100 Trockengewicht frische	auf 100 Gesammt-Stickstoff der Presslinge alte	auf 100 Gesammt-Stickstoff der Presslinge frische
Ammoniak-N	0.0360	0.0823	3.45	7.09
Salpeter-N	0.0206	0.0206	1.97	1.78
Alkaloïd-N	0.5669	0.4245	54.24	56.59
Eiweiss-N	0.4215	0.6326	40.34	54.54

No. 46 u. 47. A. Petermann (V.-St. Gembloux). — Originalmittheilung.
No. 48. F. Stohmann (V.-St. Braunschweig). — Ann. d. Landwirthsch. in Preussen. 48. 1866. 218. (3. Ber. d. V.-St. Braunschweig 1862/63.)
No. 49. L. Lenz (Iglau). — Landw. V.-St. 12. 1870. 347.
No. 50. A. Pubetz. — Biedermann's Centralbl. f. Agriculturchem. 3. 1873. 97. (Oekonom. Fortschr. 5. 1872. 154.)
No. 51—54. M. Märcker (V.-St. Halle). — Journ. f. Landwirthsch. 1882. 416 u. 434.

No.	Bezeichnungen und Bemerkungen	Jahr der Untersuchung	Wasser %	Nh-Substanz %	Rohfett %	Nfr. Extractstoffe %	Rohfaser %	Asche %
53	Frisch, Fabrik Atzendorf .	1880	73.02	1.87	0.25	17.33	5.36	2.17
54	Gesäuert, Fabr. Atzendorf .	„	76.38	1.37	0.28	14.58	4.46	2.93

No.	Bezeichnungen und Bemerkungen	Jahr der Untersuchung	Wasser %	Nh-Substanz %	Rohfett %	Nfr. Extractstoffe %	Rohfaser %	Asche %
	In frischen Presslingen:							
	Minimum		64.48	0.75	0.04	—	3.19	0.94
	Maximum		90.58	3.06	0.50	—	8.58	5.74
	Mittel . .		74.12	1.76	0.26	16.33	4.97	2.56
	In gesäuerten Presslingen:							
	Minimum		70.00	1.05	0.03	—	1.34	1.06
	Maximum		88.32	3.10	0.35	—	5.75	5.32
	Mittel*) .		80.20	1.71	0.13	11.20	4.21	2.55

II. Von dem Macerationsverfahren.

No.	Bezeichnungen und Bemerkungen	Jahr der Untersuchung	Wasser %	Nh-Substanz %	Rohfett %	Nfr. Extractstoffe %	Rohfaser %	Asche %
1	Maceration mit Wasser . .	1854	93.11	0.21	—	4.65	1.48	0.55
2	Mac. m. heisser Rübenschlemp. (Verfahren von Champonnois)	„	92.64	0.77	—	4.33	1.44	0.82
3	Desgl., gepresst	„	67.29	3.44	—	19.14	6.40	3.73
4	Macer. Pressel	1858	79.00	1.45	12.82		6.12	0.60
5	Aus Waghäusel, frisch . . .	1860	79.60	2.33	0.13	—	4.30	7.21
6	Aus Waghäusel, vergohren .	1860	74.80	3.30	0.10	—	4.00	6.76
7	Mit hydraulisch. Pressen gepr.	1873	87.60	0.43	0.14	3.23	3.00	0.60

No.	Bezeichnungen und Bemerkungen	Jahr der Untersuchung	Wasser %	Nh-Substanz %	Rohfett %	Nfr. Extractstoffe %	Rohfaser %	Asche %
8	Nach Walkhoff	1864	76.03	1.47	14.26		6.01	2.23
9	Nach Schützenbach . . .	„	76.03	1.42	16.33		4.94	1.28
10	N. Schlickeysen	„	77.38	1.42	15.81		3.27	2.12
11	Nach Walkhoff	„	76.60	1.58	14.89		4.64	2.29
12	Desgl. . . .	„	72.10	1.11	—	—	—	3.19
13	Nach Schützenbach, 4 Monat. eingekuhlt .	1871	83.93	0.86	—	—	—	—
14	Gesäuerte . .	1876	85.17	0.94	0.08	9.09	3.29	1.43
	Mittel . . (No. 4—14)		78.93	1.48	0.11	12.30	4.40	2.78

III. Von dem Diffusionsverfahren.

No.	Bezeichnungen und Bemerkungen	Jahr der Untersuchung	Wasser %	Nh-Substanz %	Rohfett %	Nfr. Extractstoffe %	Rohfaser %	Asche %
1	Schnitzel, nachgepresst, frisch	1871	88.54	0.86	0.11	7.37	1.91	1.23
2	Desgl. . . .	„	90.20	0.82	0.13	6.13	2.13	0.58
3	Desgl. . . .	1872	92.46	0.62	0.05	4.27	1.70	0.90

No.	Bezeichnungen und Bemerkungen	Jahr der Untersuchung	Wasser %	Nh-Substanz %	Rohfett %	Nfr. Extractstoffe %	Rohfaser %	Asche %
4	Desgl. . . .	1872	90.69	0.89	0.08	5.75	2.13	0.46
5	Mit Klusemanns Presse nachgepresst, frisch	„	87.80	0.88	0.09	8.07	2.67	0.49

*) Bei der Mittelwerthsberechnung wurden die Analysen der als „eingemacht", eingesäuert etc. bezeichneten Presslinge zusammengefasst, alle übrigen in die Gruppe der frischen Presslinge gebracht. Ganz davon ausgeschlossen wurden die Analysen unter No. 5 und 38, ferner wurden ausgeschlossen hinsichtlich der Nh. Substanz die Zahlen unter No. 20—22, hinsichtlich der Rohfaser die Zahlen unter No. 2—6, 16—22.

II. Von dem Macerationsverfahren.

No. 1—3. E. Wolff. — Hohenheimer Mitthl. I. Wolff's Grundlagen des Ackerbaus. 931. Die untersuchten Proben enthielten Zucker: No 1 = 1.72 %, No. 2 = 1.34 % und No. 3 = 5.95 %.

No. 4. Meitzendorf. — Wilda's landw. Centralbl. 1858. II. 324.

No. 5 u. 6. H. Grouven (V.-St. Salzmünde). — 1. Bericht. Halle, 1862. 262. Die untersuchten Rückstände stammten von getrockneten und darauf mit Kalkwasser extrahirten Rübenschnitzeln. No. 5 enthielt in Wasser lösliche Stoffe: 1.73 %, No. 6: 2.93 %; ferner Sand und Thon: No. 5: 1.34 %, No. 6: 0.59 %.

No. 7. R. Alberti (V.-St. Hildesheim). — 2. Bericht. 25. Die Summe der Bestandtheile beträgt 95.

No. 8 u. 9. Scheibler. — Jahresber. d. Agrikulturchem. 1864. 405. Die Zusammensetzung der Rückstände unter No. 9 wurde auf gleichen Wassergehalt wie die unter No. 8 berechnet. An Zucker enthielten die Proben (in % der wasserhaltigen Substanz) 0.45 bezw. 1.13 %, an Sand 1.04 bezw. 0.15 %.

No. 10 u. 11. H. Grouven. — Ebendaselbst. 406. An Zucker enthielten die frischen Rückstände 2.16 bezw. 0.29 %, an Sand 0.90 bezw. 1.11 %.

No. 12. F. Heidepriem. — Ebendaselbst. 407. An Zucker enthielten die frischen Rückstände 0.36 %.

No. 13. M. Märcker (V.-St. Weende). — J. f. Landwirthsch. 1871. 295. Der Geruch der Rückstände war stark, aber angenehm säuer, von dem der Diffusionsrückstände wesentlich verschieden.

No. 14. F. Holdefleiss (V.-St. Halle). — Ztschr. d. landw. Centralver. d. Prov. Sachsen 1876. 251.

III. Von dem Diffusionsverfahren.

No. 1—9. U. Kreusler u. Alberti (V.-St. Hildesheim). — 1. Bericht. 30. Die Rückstände enthielten Sand unter No. 1: 0.79 bezw. 6.70 %, unter No. 4: 0.10 bezw. 1.12 % und unter No. 8: 0.21 bezw. 2.03 %; bei den übrigen Proben wurde anscheinend Sand nicht ermittelt. Die Probe No. 8 enthielt 0.5 % flüchtige (als Essigsäure berechnete) Säure.

No.	Bezeichnungen und Bemerkungen	Jahr der Untersuchung	In der ursprünglichen Substanz: Wasser %	Nh-Substanz %	Rohfett %	Nfr. Extractstoffe %	Rohfaser %	Asche %
6	Desgl., bis auf 35 % d. Rüben, frisch . . .	1872	87.09	0.85	0.05	7.89	2.79	1.32
7	Desgl., bis auf 40 % d. Rüben, frisch . . .	„	88.44	0.85	0.05	6.90	2.47	1.29
8	Schnitzel, nachgepresst, fast 1 Jahr lang eingemiethet, stark sauer .	„	89.33	1.02	0.08	5.94	2.53	0.60
9	Desgl. . . .	„	89.04	0.99	0.06	5.49	2.59	1.83
10	Schnitzel . .	1873	88.75	0.90	0.046	7.07	2.56	0.68
11	Desgl. . . .	„	94.51	0.39	0.086	3.36	1.32	0.33
12	Desgl., m. Klusemanns Presse gepresst . .	„	89.52	0.71	0.133	6.55	2.52	0.56
13		1874	91.43	0.75	0.05	5.48	1.88	0.41
14	Frische . . .	1870/77	88.62	0.98	0.16	6.31	2.49	1.44
15	Gelagerte . .	„	91.11	0.77	—	5.08	2.25	—
16	Vom Februar, nachgepresst .	1867	86.24	1.29	0.16	—	3.06	3.53
17	V. März, nachgepresst . .	„	87.11	0.76	0.15	—	2.18	2.90
18	Schöttler'sche Presse, vom Februar, nachgepresst . .	1868	80.37	1.58	0.25	10.31	4.31	3.18
19	Desgl., unmittelbar v. d. Presse	„	88.19	0.84	—	—	1.76	1.87
20	Desgl., v. Eisenbahnwagen .	„	89.38	0.82	—	—	1.58	1.30
21	Gepresst, frisch	„	84.75	1.22	9.37		2.90	1.76
22	Desgl., vergohr.	1868	86.27	1.10	8.39		2.60	1.64
23	Desgl., vom 20. Februar . .	„	80.37	1.58	0.25	10.31	4.31	3.18
24	Robert'sche Saftgewinnung, frisch (Fabrik Seelowitz) .	1865	94.39	0.51	3.38		1.00	0.72
25	Desgl., 10 W. lang eingem.	„	93.02	0.47	2.68		1.44	2.39
26	B. Robert'scher Saftgewinnung	„	88.23	1.38	0.05	6.82	2.53	0.99
27	Frisch . . .	1866	93 50	0.67	3.86		0.95	1.00
28	Desgl. . . .	„	92.62	0.52	4.81		1.17	0.88
29		„	90.79	0.75	—	—	—	0.79
30		„	93.07	0.54	—	—	—	0.76
31		„	93.61	0.48	—	—	—	0.83
32		1860	88.23	1.03	0.07	6.06	2.33	2.28
33	Ungepresste, frisch . . .	1871	93.50	0.51	0.035	3.66	1.33	0.96
34	Desgl., gesäuert (eingekuhlt), 3—4 Monate in Miethen aufbewahrt . .	„	91.80	0.70	0.03	4.33	1.70	1.43
35	Desgl., 4 Monate eingek., Wasserleben. Fabr.	„	90.03	0.91	—	—	—	—
36	Gepresst, desgl.	„	89.27	0.86	—	—	—	—
37	Frisch, ungepresst . . .	1872	94.60	0.59	0.08	3.20	1.16	0.37
38	Desgl., gepresst	„	93.20	0.75	0.09	4.06	1.50	0.39
39	Vergohrene, ungepresste . .	„	92.01	0.84	0.11	4.65	1.85	0.53

No. 10—12. R. Alberti (V.-St. Hildesheim). — 2. Bericht. 25.
No. 13. Derselbe. 3. Bericht. 18.
No. 14 u. 15. J. Moser (V.-St. Wien). — 1. Bericht für die Jahre 1870—77. Tabelle S. XXVII. Die frischen Schnitzel enthielten 1.06 % Sand.
No. 16 u. 17. W. Wicke. — J. f. Landwirthsch. 1867. 243. Die Proben enthielten noch 0.93 bezw. 0.35 % Zucker, ferner 2.50 und 1.87 % Sand (in % der frischen Schnitzel).
No. 18. W. Wicke. — Ebendaselbst 1868. 109. Die Probe enthielt 2.23 % Sand und Thon.
No. 19 u. 20. H. Schulz. — Weende'r Jahresber. 1867/68. 546. (Ztschr. f. Rübenzuckerindustrie 1868. 353.) Die Proben enthielten 0.23 bezw. 0.29 % Zucker und 1.31 bezw. 0.78 % Sand und Thon (in % der ursprünglichen Substanz).
No. 21—23. D. Cunze. — Ann. d. Landwirthsch. in Preussen. 52. 1868. 223 u. 224. Die Proben enhielten in % der frischen Masse 0.93, 0.84 und bezw. 2.23 % Sand und Thon.
No. 24 u. 25. H. Grouven. — Jahresber. d. Agrikulturchemie 1865. 393. Diese Rückstände enthielten keinen Zucker, Sand 0.41 bezw. 1.34 %.
No. 26. Weiler. — Ebendaselbst. Zucker in der Trockensbstanz 1.065, Sand 2.095 %.
No. 27. Bodenbender. — Ebendaselbst 1866. 464. (Ztschr. f. Rübenzuckerindustrie 1866. 440.) Die frischen Rückstände enthielten 0.14 % Zucker und 0.61 % Sand.
No. 28. Hugo Schulz. — Ebendaselbst 1866. 465. (Desgl. 443.) Die frischen Rückstände enthielten 0.15 % Zucker und 0.31 % Sand.
No. 29—31. Seyferth. — Ebendaselbst 1868. 465. (Mitthl. d. Ver. f. Land- u. Forstw. in Braunschweig. 33. 421.) Die frischen Rückstände enthielten Zucker 1.31, 0.20 und bezw. 0.01 %.
No. 32. W. Bartz u. H. Reichardt. — Ebendaselbst 1868/69. 727. (Ztschr. d. Ver. f. Rübenzuckerindustrie 1869. 138.)
No. 33—36. M. Märcker. — J. f. Landwirthsch. 1871. 292. Die eingekuhlten Schnitzel unter No. 34 reagirten stark sauer, rochen stechend nach flüchtigen Fettsäuren, nicht faulig.
No. 37—40. K. Müller u. M. Fleischer (V.-St. Weende). — Journ. f. Landwirthsch. 1873. 89.

No.	Bezeichnungen und Bemerkungen	Jahr der Untersuchung	In der ursprünglichen Substanz					
			Wasser %	Nh-Substanz %	Rohfett %	Nfr. Extractstoffe %	Rohfaser %	Asche %
40	Desgl., gepresste	1872	86.32	1.58	0.55*	7.57	3.13	0.85
41	Gepresste der Nörtener Diffusions-Zuckerfabrik . . .	1874	90.88	0.67	0.11	5.76	1.95	0.63
42	Im gesäuerten Zustande . .	1873	89.54	1.24	0.19	6.00	2.26	0.77
43	Frische Schnitz.	1875	89.62	1.00	0.05	8.01	2.72	0.60
44	Desgl. . . .	„	85.59	1.13	0.05	9.56	3.12	0.55
45	Desgl., gepresste	„	88.19	0.75	0.05	—	2.49	—
46	Desgl. . . .	„	88.96	1.04	0.06	7.14	2.17	0.63
47	Desgl. . . .	„	90.64	0.85	—	—	—	—
48	Schnitzel . .	1874	91.43	0.75	0.05	5.48	1.88	0.41
49	Desgl., gepresste	1875	87.39	1.13	0.06	7.81	2.83	0.78
50	Frische . .	1878	91.42	0.79	0.04	4.52	1.47	1.50
51	Gesäuerte . .	„	89.56	1.22	0.05	5.33	1.88	1.96
52	Frische . . .	1876	93.65	0.57	0.034	—	—	—
53	Gepresst u. eingesäuert . .	„	87.48	1.12	0.05	6.58	—	—
54	Desgl. . . .	„	89.65	0.96	0.05	5.42	3.05	0.87
55	Desgl. . . .	„	87.73	1.15	0.05	7.13	3.23	0.71
56	Desgl. . . .	„	87.08	1.26	0.27	7.04	3.20	1.15
57	Desgl. . . .	„	89.45	0.89	0.03	6.06	2.27	1.30
58	Desgl. . . .	„	89.85	1.05	0.07	5.07	3.02	0.94
59		1877	(88.70	0.93	0.50	5.60	2.34	1.94)
60	Gepresst . .	„	88.92	0.97	0.08	6.89	2.49	0.65
61	Gesäuert . .	„	87.73	0.84	0.09	7.42	2.51	1.41
62	Vergohren . .	„	88.19	1.13	0.27	5.87	3.55	0.99

No.	Bezeichnungen und Bemerkungen	Jahr der Untersuchung	In der ursprünglichen Substanz					
			Wasser %	Nh-Substanz %	Rohfett %	Nfr. Extractstoffe %	Rohfaser %	Asche %
63	Gepresst . .	1877	92.83	0.56	0.04	4.29	1.83	0.45
64	Ungepresst .	„	95.12	0.37	0.03	2.95	1.19	0.34
65	Diff. Rückstände	1877	88.09	1.48	0.09	5.62	3.83	0.89
66	Gepresst, Fabr. Wesselburen .	1871	91.18	0.70	0.13	3.95	2.23	1.18
67	Desgl. . . .	1877	87.96	1.37	0.18	6.95	2.87	0.67
68	Desgl. . . .	„	88.21	1.44	0.05	5.28	4.27	0.75
69	Desgl. . . .	1878	85.00	0.79	0.04	7.98	4.37	1.82
70	Ausgelaugt. Rüben-Schnitzel, frisch u. gepr.	„	90.23	0.73	0.07	6.16	2.17	0.64
71	A. d. Fabr. Arlôf (Schweden)	1876	88.81	0.70	0.61	4.07	2.59	3.22
72	Gepresst, frisch	1877	89.27	1.12	0.11	6.62	2.39	0.49
73	Desgl. . . .	„	90.54	1.04	0.04	5.68	1.76	0.94
74		1879	88.16	1.15	0.13	7.14	3.52	1.38
75	Diffusionspülpe	1878	93.50	0.58	—	—	—	0.25
76	Desgl. . . .	„	91.20	0.70	—	—	—	0.40
77	Rübenschnittlinge . . .	1875	93.18	0.59	—	4.47	1.31	0.45
78	Desgl. . . .	1878	92.09	0.95	—	4.22	2.05	0.59
79	Frisch . . .	„	91.42	0.79	0.04	4.78	1.47	1.50
80	Eingesäuert .	„	89.56	1.22	0.05	5.34	1.88	1.95
81	Eingemietet am 20./11. 1878	1879	89.94	1.03	0.05	—	—	0.52
82	Desgl. 23./10. 1877 . . .	„	90.18	0.84	0.10	—	—	1.76
83	Desgl. 1.|1. 1879	„	90.02	0.98	0.04	—	—	0.68

*) Die auffallend hohe Zahl für Aetherextrakt (Rohfett) in den gepressten vergohrenen Schnitzeln weist darauf hin, dass durch die Gährung Stoffe entstanden waren, welche sich neben den fettartigen in Aether lösten. In Procenten der Schnitzeltrockensubstanz enthielten:

	Eiweissstoffe, leicht löslich	Freie flüchtige Säure	Freie nichtflüchtige Säure	Gebundene flüchtige Säure	Gebundene nichtflücht. Säure
Vergohrene ungepresste	1,084	0.213	0	0.213	0.288
Vergohrene gepresste .	1,689	1.02	1.18	0,131	?

No. 41. A. Grote u. H. Benzler. — J. f. Landwirthschaft 1874. 256.
No. 42. R. Ulbricht u. L. Ordódy. — Originalmittheilung.
No. 43—49. C. Müller (V.-St. Hildesheim). — 1. Bericht der neuen Folge. Hannover, 1879. 20 u. Originalmittheilung.
No. 50 u. 51. A. Wachtel. — Originalmittheilung. In No. 51 0.27 % Zucker.
No. 52—58. F. Holdefleiss (V.-St. Halle). — Ztschr. d. landw. Centralver. f. d. Prov. Sachsen 1876. 251.
No. 59—64. W. Th. Osswald (V.-St. Halle). — Ebendaselbst 1878. 13. Die Zahlen unter No. 59 sind vermuthlich mit Druckfehlern behaftet; die Summe der Componenten beträgt 98.57.
No. 65. Wilfarth (V.-St. Dahme). — Originalmittheilung.
No. 66. Emmerling (V.-St. Kiel). — „Zusammenstellung von Analysen von Futtermitteln". Kiel, 1877.
No. 67—69. J. Fittbogen (V.-St. Dahme). — Originalmittheilung,
No. 70. Fr. Schwackhöfer. — Originalmitthl. a. d. technol. Laboratorium d. k. k. Hochschule f. Bodenkultur in Wien.
No. 71. E. W. Olbers (V.-St. Alnarp, Schweden). — Originalmittheilung.
No. 72 u. 73. A. Petermann (V.-St. Gembloux). — Originalmittheilung.
No. 74. J. Moser u. Wolfbauer (V.-St. Wien). — Originalmittheilung.
No. 75 u. 76. A. Mayer (V.-St. Wageningen). — Originalmittheilung.
No. 77 u. 78. O. Kohlrausch (V.-St. d. Centralver. f. Rübenzuckerindustrie in Oesterreich-Ungarn). — Originalmitthl.
No. 79 u. 80. A. Wachtel (Prag). — Originalmittheilung.
No. 81—83. H. Pellet u. Ch. de Levandier. — Biedermann's Centralbl. f. Agriculturchemie 1880. 280. Die untersuchten Proben waren einer grossen Anzahl von Gruben auf drei Gütern Nordfrankreichs im Januar 1879 entnommen. An näheren Bestandtheilen enthielten diese Rückstände ferner: (Vergl. Pressrückstände No. 34—39.)

	Rohrzucker	Glycose	Lösliche Bestandtheile	Freie Säure als Essigsäurehydrat ber.	P_2O_5 in % der Asche
No. 81 . . .	0.74	0.67	1.65	0.015	1.47
No. 82 . . .	0.15	0.81	2.76	0.317	1.86
No. 83 . . .	0.34	0.75	1.24	0.003	1.50

No.	Bezeichnungen und Bemerkungen	Jahr der Untersuchung	In der ursprünglichen Substanz					
			Wasser %	Nh-Substanz %	Rohfett %	Nfr. Extractstoffe %	Rohfaser %	Asche %
84		1870	91.35	0.41	0.09	4.49	2.52	1.14
85	Frisch, gepresst	1881	91.49	0.74	0.09	5.09	2.02	0.57
86	Desgl. . . .	„	90.05	0.92	0.08	6.02	2.35	0.58
87	Desgl. . . .	„	89.45	0.85	0.12	5.90	2.27	1.41
88	Desgl. . . .	1882	86.25	1.08	0.03	8 88	2.98	0.78
89	Frische Diffusionsrückst., Fabr. Zingst .	1877/82	87.57	1.05	0.07	7.93	2.70	0.68
90	Fabr. Kojetein	„	93.01	0.63	0.03	4.27	1.75	0.31
91	Schafsee . .	„	89.50	0.94	0.04	6.59	2.43	0.50
92	Hedersleben .	„	91.66	0.66	0.04	5.26	1.73	0.65
93	Desgl. . . .	„	91.59	0.67	0.05	5.25	1.90	0.54
94	Desgl. . . .	„	91.88	0.66	0.05	5.23	1.77	0.41
95	Desgl. . . .	„	91.97	0.69	0.04	5.03	1.84	0.43
96	Hohenerxleben	„	87.73	1.15	0.05	7.13	3.23	0.71
97	Osmarsleben .	„	90.74	0.72	0.05	5.55	2.36	0.58
98	Querfurt . .	„	88.44	0.94	0.06	7.19	2.82	0.55
99	Desgl. . . .	„	89.46	0.88	0.04	6.66	2.44	0.52
100	Alsleben . .	„	89.07	0.93	0.08	6.59	2.64	0.69
101	Roitzsch, Berggreen's Presse	„	85.59	1.26	0.08	8.94	3.50	0.63
102	Desgl., Klusemann's Presse	„	89.81	0.92	0.08	6.12	2.49	0.58
103	Desgl., Berggreen's Presse	„	86.70	1.21	0.09	8.09	3.25	0.66
104	Hohenerxleben, Klusemann's Presse . .	„	90.20	0.97	0.03	5.97	2.13	0.70
105	Desgl., Kegelschnitzpresse	„	90.93	0.89	0.04	5.64	1.81	0.69
106	(Mittel v. No. 89—105, frische Schnitzel) .	„	89.77	0.89	0.05	6.32	2.39	0.58
107	Gesäuerte D. R. Fabr. Wasserleben . . .	„	89.45	0.89	0.03	6.06	2.27	1.30
108	Quedlinburg .	„	89.85	1.05	0.07	5.07	3.02	0.94
109	Wasserleben .	„	89.65	0.96	0.05	5.42	3.05	0.87
110	Hohenerxleben	„	87.08	1.26	0.27	7.04	3.20	1.15
111	Emmerthal .	„	87.73	0.84	0.09	7.42	2.51	1.41
112	Emersleben .	„	88.19	1.13	0.27	5.87	3.55	0.99

No.	Bezeichnungen und Bemerkungen	Jahr der Untersuchung	In der ursprünglichen Substanz					
			Wasser %	Nh-Substanz %	Rohfett %	Nfr. Extractstoffe %	Rohfaser %	Asche %
113	Benkendorf, 4 Monate alt .	1877/82	90.61	1.09	0.08	5.52	2.12	0.58
114	Desgl., 11 Monate alt . .	„	87.32	1.92	0.17	6.14	3.43	1.02
115	Emmerthal .	„	88.92	0.97	0.08	6.89	2.49	0.65
116	Klein Wanzleben . . .	„	86.61	1.02	0.08	7.08	3.12	2.09
117	Alsleben 4 Monate alt . .	„	86.89	1.33	0.31	6.58	(3.46)?	1.43
118	Benkendorf .	„	89.07	1.19	0.13	6.12	2.53	0.96
119	Desgl. . . .	„	90.47	0.94	0.09	4.97	2.04	1.49
120	Roitzsch, 18 Monate in poröser Erde .	„	84.26	1.54	0.30	8.65	3.95	1.30
121	Desgl., 20 Mon. in porös. Erde	„	84.40	1.56	0.14	8.39	4.29	1.22
122	Desgl., 7 Mon., dichte gemauerte Grube .	„	87.04	1.21	0.12	7.85	2.93	0.85
123	Roitzsch . .	„	88.44	1.19	0.08	6.48	3.00	0.77
124	Körbisdorf .	„	87.06	1.27	0.14	7.01	3.38	1.14
125	Querfurt . .	„	86.69	1.05	0.17	7.25	2.88	1.96
126	Heringen . .	„	88.05	1.01	0.08	6.73	2.45	1.68
127	Oschersleben .	„	88.03	1.02	0.07	7.61	2.64	0.63
128	Benkendorf .	„	87.36	0.89	0.03	8.09	2.98	0.65
129	Roitzsch . .	„	87.30	1.05	0.08	7.13	3.48	0.96
130	Boumby . .	„	90.97	0.59	0.09	5.04	2.76	0.55
131	Teutschenthal .	„	89.22	0.99	0.05	6.41	2.64	0.69
132	Lützen . . .	„	90.06	0.77	0.05	5.93	1.97	1.22
133	Parey . . .	„	90.58	0.87	0.05	4.75	2.69	1.06
134	Zingst . . .	„	87.56	1.18	0.18	6.87	3.09	1.12
135	Kojetein . .	„	93.18	0.71	0.13	3.86	1.73	0.39
136	Schafsee . .	„	88.81	1.02	0.05	6.86	2.58	0.68
137	Hedersleben .	„	89.14	0.94	0.06	5.89	2.29	1.68
138	Desgl. . . .	„	91.34	0.88	0.05	4.87	2.07	0.79
139	Desgl. . . .	„	87.83	1.20	0.13	6.40	2.90	1.55
140	Desgl. . . .	„	90.29	0.95	0.05	5.76	2.34	0.61
141	Bielen . . .	„	88.70	0.93	0.06	6.03	2.34	1.94
142	(Mittel d. Anal. von No. 107—141, gesäuerte Schnitzel) .	1877/82	88.52	1.07	0.11	6.41	2.80	1.09

Die Autoren fanden ferner:

	Auf 100 Trockensubstanz alte	Auf 100 Trockensubstanz frische	Auf 100 Gesammt-N alte	Auf 100 Gesammt-N frische
Ammoniak-N . . .	0.023	0.002	1.68	0.17
Salpetersäure-N . .	Spur	Spur	—	—
Alkaloïd-N	0.201	0.308	14.72	25.87
Eiweiss-N	1.142	0.880	83.60	73.96

No. 84. A. Pubetz. — Biedermann's Centralbl. f. Agriculturchemie. 3. 1873. 97. (Oekonom. Fortschr. 5. 1872. 154.)
No. 85—87. J. König (V.-St. Münster). — 3. Bericht 1881—83. 11.
No. 88. J. Moser (V.-St. Wien). — 2. Bericht. 4.
No. 89—143. M. Märcker (V.-St. Halle). — Journ. f. Landwirthsch. 30. 1882. 483.

No.	Bezeichnungen und Bemerkungen	Jahr der Untersuchung	In der ursprünglichen Substanz: Wasser %	Nh-Substanz %	Rohfett %	Nfr. Extractstoffe %	Rohfaser %	Asche %
143	Frische, Fabrik Körbisdorf, Mittel von 2 Analysen . .	1877/82	87.75	1.12	0.07	7.96	2.99	0.71
144	Gepresst . .	1882	86.25	1.08	0.03	8.88	2.98	0.78
145	Frische . .	„	92.93	0.65	0.11	4.30	1.59	0.35
146	Desgl., aus der Fabr. Obernjesa	1885	90.69	0.69	0.05	6.12	1.95	0.50
147	Desgl., nicht gepresst . . .	„	90.05	0.81	0.12	5.97	2.09	0.94
148	Dieselben, gesäuert . . .	„	89.10	1.07	0.09	6.10	2.28	1.34
149	Frische . . .	1881	90.57	1.06	0.10	4.55	1.84	1.80
150	Schnitzel . .	1886	87.69	1.34	0.22	6.47	2.85	1.43
	Minimum		80.37	0.37	0.03	2.95	0.95	0.25
	Maximum		95.12	1.92	0.61	10.31	4.37	3.53
	Mittel .		88.23	0.95	0.10	7.22	2.47	1.03
	Mittel d. frisch. Schnitzel von No. 89—105		89.77	0.89	0.05	6.32	2.39	0.58
	Desgl. der gesäuerten von No. 107—141		88.52	1.07	0.11	6.41	2.80	1.09

IV. Von der Centrifuge, Schleuderverfahren.

No.	Bezeichnungen und Bemerkungen	Jahr der Untersuchung	Wasser %	Nh-Substanz %	Rohfett %	Nfr. Extractstoffe %	Rohfaser %	Asche %
1	A. d. Fab. Jerxheim, frisch .	1861	82.60	1.03	0.13	—	3.04	3.62
2		—	82.0	1.0	—	—	3.60	1.20
3		1866	85.05	0.84		10.34	2.57	1.10
	Mittel . .		83.22	0.96	0.13	10.55	3.07	1.97

Rübenpresslinge von erhitzten Rüben.

No.	Bezeichnungen und Bemerkungen	Jahr der Untersuchung	Wasser %	Nh-Substanz %	Rohfett %	Nfr. Extractstoffe %	Rohfaser %	Asche %
1	Zu Brei gerieben und auf 80—100° erhitzt . . .	1863	73.24	1.40	—	18.39	5.17	1.80
2	Zu Brei gerieben, nicht erhitzt . .	1883	81.08	0.91	0.01	13.90	3.00	1.10

Beim Nachpressen der Schnitzel erhaltene Pressflüssigkeit.

No.	Bezeichnungen und Bemerkungen	Jahr der Untersuchung	Wasser %	Nh-Substanz %	Rohfett %	Nfr. Extractstoffe %	Rohfaser %	Asche %
1	Bis auf 35 % d. Rüben gepresst	1872	98.87	0.076	—	—	—	—
2	Bis auf 40 % d. Rüben gepresst	„	98.83	0.076	—	—	—	—
3		1872	99.66	0.038	—	—	—	—
4		„	99.54	0.181	—	—	—	—
5		1876	99.35	0.075	—	—	—	—
	Mittel . .		99.25	0.089	—	—	—	—

No. 144. J. Moser u. Fr. Strohmer (V.-St. Wien). — Kurzer Bericht etc. 1882 u. 1883. 4.

No. 145. J. König (V.-St. Münster). — Landw. Ztg. f. Westfalen u. Lippe 1883. 50. Der N war fast ausschliesslich in Form von Eiweiss vorhanden. Die frischen Schnitzel enthielten 0.037 % Kali und 0.018 % Phosphorsäure.

No. 146. Th. Pfeiffer (V.-St. Göttingen). — Journ. f. Landwirthsch. 1885. 342.

No. 147 u. 148. A. Stutzer. — Ztschr. d. landw. Centralver. f. Rheinpreussen 1886. 17. Die Schnitzel enthielten an

	Säure	Verdaul. Eiweiss	Verdaul. Kohlehydraten	Verdaul. Fett
No. 147 . .	0.05	0.81	8.06	0.12 %
No. 148 . .	0.16	1.07	8.38	0.09 „

No. 149. Th. Dietrich (V.-St. Marburg). — Landw. Ztg. u. Anz. f. d. Rgbz. Cassel 1881. 694.

No. 150. E. Heiden u. Güntz (V.-St. Pommritz). — Originalmittheilung. Die frischen Schnitzel enthielten 0.95 % Sand

IV. Von der Centrifuge, Schleuderverfahren.

No. 1. H. Grouven (V.-St. Salzmünde). — 1. Bericht. Halle, 1862. 263. Die Rückstände sind bei einem Verfahren gewonnen, bei welchem zu Brei geriebene Rüben mittelst Centrifugen unter starkem Wasserzufluss ihres Saftes beraubt werden. Dieselben stellten eine zusammenhangslose Masse dar. Diese enthielt noch 2.53 % wasserlösliche Bestandtheile; ferner 1.96 % Sand und Thon.

No. 2. Von K. Stammer (dessen Lehrbuch der Zuckerfabrikation, Braunschweig 1874, 265) angenommene durchschnittliche Zusammensetzung.

No. 3. Hugo Schulz. — Jahresber. d. Agrikulturchem. 1866. 465. (Ztschr. d. Ver. f. Rübenzuckerindustrie 1866. 443.) Die frischen Rückstände enthielten 0.81 % Zucker, 0.41 % Sand.

Rübenpresslinge von erhitzten Rüben.

No. 1 u. 2. Boury u. O. Provius. — Hoffmann's Jahresber. d. Agrikulturchem. 1884. 397. (Neue Ztschr. für Rübenzucker-Industrie 1884. 247.) Die Presslinge unter No. 1 enthielten 5.44 % Zucker, die unter No. 2: 5.0 %.

Beim Nachpressen der Schnitzel erhaltene Pressflüssigkeit.

No. 1—3. U. Kreusler u. R. Alberti (V.-St. Hildesheim). — 1. Bericht. 33. Alle 3 Proben waren durch suspendirte Theilchen getrübt und wurden in diesem Zustande zur Analyse verwendet. Die Hauptmenge der Asche bestand aus Sand und Thon, nämlich aus 0.634, 0.676 und 0.015 bezw. in der Trockensubstanz aus 56.20, 57.98 und 4.43 %.

No. 4. R. Alberti (V.-St. Hildesheim). — 2. Bericht. 26.

No. 5. A. Pagel (V.-St. Halle). — Ztschr. d. landw. Centralver. f. d. Prov. Sachsen 1877. 91.

Getrocknete Rübenschnitzel.

No.	Bezeichnungen und Bemerkungen	Jahr der Untersuchung	In der ursprünglichen Substanz: Wasser %	Nh-Substanz %	Rohfett %	Nfr. Extractstoffe %	Rohfaser %	Asche %
1		1875	10.24	9.20	—	56.34	19.77	4.45
2	Getrockn. Diffusionspülpe	1878	11.50	6.10	—	—	19.10	4.90
3	(V. E. Theisen-Leipzig)	1883	12.82	8.97	1.79	47.73	19.80	8.89
4		1879	11.66	7.87	1.40	51.93	20.00	7.14
5		1880	8.75	7.88	1.50	56.11	18.43	7.33
6	Trotha	1881	6.14	7.69	—	57.96	19.85	8.36
7	Benkendorf	„	7.58	7.87	—	58.38	19.45	6.72
8		1882	15.57	7.63	1.09	49.65	18.22	4.19
9		1883	7.58	7.87	—	58.38	19.45	6.72
10		1885	11.58	6.53	0.72	53.57	18.15	9.45
11	An der Luft getrockn. Rübenschnitzelkuch. (nach Märcker)	1883	12.46	7.25	0.56	59.28	13.03	7.42
	Mittel		10.53	7.83	1.27	55.05	18.71	6.61

Unter Zusatz von Kalk getrocknete Schnitzel (Märcker's Verfahren).

No.	Bezeichnungen und Bemerkungen	Jahr der Untersuchung	Wasser %	Nh-Substanz %	Rohfett %	Nfr. Extractstoffe %	Rohfaser %	Asche %
1	Mit Kalk getrocknet	1883	15.50	9.25	—	43.28	20.20	11.77

Melasse.

No.	Bezeichnungen und Bemerkungen	Jahr der Untersuchung	Wasser %	Nh-Substanz %	Rohfett %	Nfr. Extractstoffe %	Rohfaser / Rohrzucker %	Asche %
1		1858	10.89	16.60	—	62.01	—	10.50
2		„	18.62	6.69	—	63.99	(42.8)	10.70
3	Aus Böhmen	1856	16.50	10.00	—	61.7	—	11.80
4	Aus Ungarn	„	28.70	7.90	—	55.8	—	7.60
5	Aus Schlesien	1857	20.00	7.40	—	62.0	(40.6)	10.60
6	Desgl., Raffiner.	„	17.60	7.10	—	64.5	(37.1)	10.80
7	Aus d. Provinz Sachsen	1858	22.10	4.00	—	61.8	(43.2)	12.10
8	Aus Schlesien	„	24.30	6.60	—	58.6	(44.6)	10.50
9	Aus Böhmen, 1 Jahr gestanden	1859	33.70	—	—	—	—	10.10
10	Aus d. Provinz Sachsen, 1 Jahr gestanden	„	31.20	—	—	—	—	9.10
11		„	20.70	9.37	—	(61.37)	—	—
12		„	16.60	8.90	—	63.6	(50.1)	10.8
13	Von Salzmünde	„	24.50	7.80	—	56.8	(43.5)	10.9
14	Von Blansko in Mähren	1862	22.60	9.20	—	57.4	(41.30)	10.8

Getrocknete Rübenschnitzel.

No. 1. O. Kohlrausch (V.-St. d. Centralver. f. Rübenz.-Industrie in Oesterreich-Ungarn zu Wien). — Originalmitth.

No. 2. A. Mayer (V.-St. Wageningen). — Originalmittheilung.

No. 3. F. Soxhlet (Central-V.-St. München). — Originalmittheilung.

No. 4—7. M. Märcker (V.-St. Halle). — J. f. Landwirthsch. 1882. 444; 1883. 306. Die Schnitzel waren auf Cichoriendarren getrocknet worden und enthielten möglicherweise etwas Flugasche beigemengt.

No. 8. J. König (V.-St. Münster). — Landw. Ztg. f. Westfalen u. Lippe 1883. 50. Der N war fast ausschliesslich in Form von Eiweiss vorhanden. 100 Ctr. frische Schnitzel ergaben 12 Ctr. trockne Schnitzel. Die Analyse der frischen Schnitzel ersiehe unter No. 145 der Diffusionsschnitzel.

No. 9. M. Märcker (V.-St. Halle). — J. f. Landwirthsch. 1884. 550.

No. 10. Th. Pfeiffer (V.-St. Göttingen). — J. f. Landwirthsch. 1885. 342. Die untersuchten getrockneten Schnitzel waren durch Trocknen von ohne Zusatz von Kalk gepressten Schnitzeln auf den Kesseln der Fabrik Northeim hergestellt.

Unter Zusatz von Kalk gtrocknete Schnitzel.

No. 1. M. Märcker (V.-St. Halle). — J. f. Landwirthsch. 32. 1884. 550. Die frischen Schnitzel sind mit 0.5 % Aetzkalk in Form von Kalkmilch versetzt, nach 20—30 Minuten gepresst und dann getrocknet.

Melasse.

No. 1. Meitzendorf. — Wilda's landw. Centralbl. 1858. II. 324. Ztschr. f. d. Prov. Sachsen 1858. 179. Annal. d. Landwirthsch. in Preussen. 38. 393.

No. 2. Th. Dietrich. — Ztschr. f. Kurhessen 1858. 225. Rohrzucker 42.8 %, Traubenzucker 2.40 %, Gummi 1.13 %, Extraktstoffe 17.66 %.

No. 3—10. A. Stöckhardt. — Chem. Ackersm. 1860. 170. Die Proben 9 u. 10 gelangten erst zur Untersuchung, nachdem sie, in unvollkommen verschlossenen Gefässen, 1 Jahr im Keller gestanden und einen dicken (zuckerreicheren) Bodensatz abgelagert hatten, welcher der Untersuchung nicht mit unterlag. Ammoniak war nicht oder nur in Spuren vorhanden. Salpetersäure in Mengen von 0.13—0.23 %.

No. 11. F. Stohmann. — Journ. f. Landw. 1860. 388. — Die Melasse enthielt ausserdem 0.23 Salpetersäure pr. 100 Trockensubstanz. Zucker in % der Trockensubstanz 65.91 %, Asche frei von CO_2.

No. 12 u. 13. H. Grouven. — Ztschr. f. d. Prov. Sachsen 1860. 278. Zucker in % der ursprünglichen Substanz 50.1, bezw. 43.5 %.

No. 14. Th. von Gohren. — Landw. V.-St. V. 1863. Nh. Subst. = N × 6.33. Zucker in % der ursprünglichen Substanz 41.3 %.

No.	Bezeichnungen und Bemerkungen	Jahr der Untersuchung	In der ursprünglichen Substanz: Wasser %	Nh-Substanz %	Rohfett %	Nfr. Extractstoffe %	Rohfaser %	Asche %
							Rohrzucker	
15		1878	24.82	—	—	—	(47.02)	7.25P
16		„	13.30	—	—	—	(55.55)	7.98P
17		1867	19.43	13.12	—	—	(45.93)	7.97
18		„	19.00	9.75	—	—	(46.93)	8.30
19		„	19.70	10.94	—	—	(49.85)	7.61
20	Zuckerfabrik Bleckendorf .	1870	17.76	Betaïn 1.778	—	—	(51.00)	13.66
21	Zuckerfabrik Erdeborn . .	„	21.08	2.270	—	—	(48.00)	13.60
22	Zuckerfabrik Söllingen . .	„	16.04	1.778	—	—	(53.30)	14.78
23	Zuckerfabrik Plötzkau . .	„	16.11	(1.732)	—	—	(55.30)	13.34
24	Zuckerfabrik Bernburg . .	„	21.09	(2.270)	—	—	(50.90)	12.29
25	Zuckerfabrik Alt-Ranft . .	„	18.89	(1.591)	—	—	(49.90)	13.25
26	Zuckerfabrik Garden . .	„	13.09	(2.621)	—	—	(51.20)	17.38
							Rohrzucker	
27	Zuckerfabrik Mescherin .	1870	15.05	(2.785)	—	—	(53.90)	13.38
28	Zuckerfabrik Koberaitz . .	„	21.66	(2.387)	—	—	(46.60)	12.85
29		1877	15.57	—	—	—	(52.50)	12.01
30	Durchschnittsmuster vieler Melassen . .	1878	29.46	8.59	—	—	(40.90)	8.81
31		—	20.00	12.56	—	—	(52.73)	8.46
32		—	16.60	11.37	—	—	(50.1)	10.80
33		—	24.50	7.81	—	—	(53.5)	10.90
34		1862	19.50	7.63	—	—	—	9.86
35		1881	17.20	8.00	—	64.5	—	1.03
	Mittel . .		20.75	9.11	—	—	—	10.62
			—	2.135 Betaïn	—	—	48.09 Rohrzucker	—

No. 15 u. 16. Fr. Schwackhöfer. — Originalmittheilung.

	Rohrzucker	Invertzucker
No. 15 . . .	47.02	0.56%
No. 16 . . .	55.55	0.42 „

No. 17—19. F. Heidepriem (V.-St. Cöthen). — Landw. V.-St. 9. 1867. 252.
No. 20—26. C. Scheibler. — Jahresber. d. Agrikulturchemie 1870—72. 292. (Ztschr. d. Ver. f. Rübenzuckerindustrie.)
No. 29. O. Kohlrausch. — Ebendas. 1877. 544. (Ztschr. d. Ver. f. Rübenz.-Industrie in Oesterreich.Ungarn 1877. 540.)
No. 30. H. Pellet. — Ebendas. 1878. 554. (J. d. fabr. d. sucre. 18. 1878. No. 7.) N in Form von Nitrat 0.263% als NH_3 0.024% in organischen Verbindungen 1.274% = in Summa 1.661%. Asche CO_2-frei. Glucose 0.96%.
No. 31—33. Aus K. Stammer, Lehrbuch d. Zuckerfabrikation. Braunschweig 1874. 728.
No. 34. Trommer. — Ann. d. Landwirthsch. in Preussen. 40. 1862. 166. Der N-Gehalt betrug 1.221%.
No. 35. M. Märcker (V.-St. Halle). — J. f. Landwirthschaft 1882. 431.

Die Formen der in der Melasse enthaltenen Stickstoffverbindungen:

H. Bodenbender u. D. E. Ihlée (Jahresber. d. Agrikulturchem. 1880. 656. Deutsche Ztschr. f. Zuckerind. 1880. 647) untersuchten 16 Melassen in bezeichneter Richtung und fanden in % der wasserfreien Melasse und in % des Gesammt-N:

	In der wasserfreien Melasse: Gesammt-N	N als NH_3	N als Amid	N als Amidosäuren	N als Betaïn und Proteïn	In % des Gesammt-N: N als Ammoniak	N als Amid	N als Amidasäuren	N als Betaïn und Proteïn
1 . . .	2.102	0.049	0.054	0.462	1.536	2.4	2.6	22.0	73.0
2 . . .	1.802	0.057	0.005	0.346	1.393	3.2	0.3	19.2	77.3
3 . . .	2.018	0.041	0.066	0.933	0.979	2.0	3.3	46.2	48.5
4 . . .	2.052	0.049	0.	0.541	1.462	2.3	0.	26.4	71.3
5 . . .	1.347	0.056	0.037	0.568	0.686	4.1	2.8	42.2	50.9
6 . . .	2.421	0.033	0.041	0.668	1.679	1.4	1.7	27.6	69.3
7 . . .	2.449	0.066	0.	0.510	1.873	2.7	0.0	20.8	76.5
8 . . .	1.844	0.048	0.	0.601	1.195	2.6	0.0	32.6	64.8
9 . . .	1.885	0.045	0.029	1.352	0.458	2.4	1.6	71.7	24.3
10 . . .	1.906	0.076	0.011	0.521	1.298	4.0	0.6	27.3	68.1
11 . . .	1.608	0.040	0.002	0.335	1.231	2.4	0.2	20.8	76.6
12 . . .	2.032	0 046	0.013	0.461	1.511	2.3	0.6	22.7	74.4
13 . . .	1.602	0.041	0.027	0.568	0.966	2.6	1.7	35.4	60.3
14 . . .	1.322	0.045	0.018	0.503	0.756	3.4	1.3	38.1	57.2
15 . . .	2.036	0.061	0.	0.524	1.450	3.0	0.	25.7	71.3
16 . . .	2.111	0.023	0.196	0.335	1.557	1.1	9.3	15.9	73.7
Mittel	1.909	0.048	0.031	0.576	1.252	2.8	1.6	30.2	65.6

Ueber die Methode der Ammoniakbestimmung sagen Verf. nichts; der in Amidform vorhandene N wurde nach Sachsse bestimmt. Von Asparagin und Glutaminsäure sind reichlich in der Melasse vorhanden, ihr Gehalt wurde nach der etwas modificirten Methode von R. Sachsse-Kormann ermittelt. Betaïn wurde nicht besonders bestimmt, da die Scheiblersche Methode zu niedrige Resultate giebt. Salpetersäure ist nur in sehr geringer Menge(?) in den Melassen vorhanden.

Rückstände von der Kraut- (Mus-) und Syrupfabrikation.

No.	Bezeichnungen und Bemerkungen	Jahr der Untersuchung	In der ursprünglichen Substanz: Wasser %	Nh-Substanz %	Rohfett %	Nfr. Extractstoffe %	Rohfaser %	Asche %
1	Rüben . . .	1859	70.00	2.54	—	26.61		0.85
2	Pulpes de betteraves . . .	1876	78.88	1.68	0.14	5.08	9.78	4.41
3	Desgl. . . .	—	70.70	2.30	0.40	10.32	9.37	6.91
4	Desgl. . . .	—	77.20	1.79	0.33	7.13	8.12	5.43
5		1871	88.31	0.74	0.28	8.64	1.35	0.68
6	Frisch aus der Presse . .	1881	65.31	3.29	0.49	17.01	9.94	3.96
7	3 Wochen eingemacht . .	„	81.52	1.83	0.66	9.60	4.52	1.87
	Mittel . . (No. 1—7)		75.99	2.02	0.38	10.99	7.18	3.44
8	Aepfel . . .	1877	67.4	3.5	—	—	8.6	1.2

Rückstände von der Weinbereitung.

Weintrester.

No.	Bezeichnungen und Bemerkungen	Jahr der Untersuchung	Wasser %	Nh-Substanz %	Rohfett %	Nfr. Extractstoffe %	Rohfaser %	Asche %
1	Kerne, Beeren frisch gepresst, unvergohren	1860	49.00	6.70	8.24	23.82	10.94	1.30
2	Kerne, nach d. Gährung abgepresst, vergohren .	„	51.40	5.95	7.39	24.50	9.50	1.26
3	Schalen, Beeren frisch gepresst, unvergohren	„	76.50	0.55	0.15	18.69	3.55	0.56
4	Schalen, nach der Gährung abgepresst, vergohren	„	77.50	1.32	0.90	16.26	4.25	0.58
5	Kämme, frisch	„	83.73	1.42	—	8.84	4.72	1.29
6	Nach d. Gährung abgepresste Trester . .	„	47.20	5.50	5.66	16.97	23.10	1.57
7	Dieselben, nach der Spiritusgewinnung, vergohren	1860	38.90	7.83	5.87	16.82	27.33	3.25
8	Trester ohne Kerne (Hülsen u. Kämme)	1868	50.00	7.31	2.99	—	—	—
9	Kerne . . .	„	39.00	9.11	9.90	—	—	—
10	Abgetriebene (vergohrene) Trester . .	1876	71.90	4.53	3.13	10.57	8.49	1.38
11	Desgl. . . .	„	64.40	4.61	4.68	14.77	9.61	1.93
12	Desgl. . . .	„	67.10	4.30	4.20	13.54	8.90	1.96
13	Desgl., nach Herstellung v. Tresterwein .	„	66.50	4.37	4.14	14.28	9.68	1.03
14	Kämme (Rapes de raisin) .	„	69.70	1.61	1.43	11.68	7.96	1.52
15	Weintrester v. Jahre 1875 .	Anf. 1876	59.11	7.19	—	10.26	—	—

Kraut-Rückstände.
No. 1. C. Karmrodt. — Ztschr. f. Rheinpreussen 1860. 352.
No. 2—4. L. Grandeau (V.St. Nancy). — Originalmittheilung.
No. 5. J. König (V.-St. Münster). — 1. Bericht 1871—77. 42.
No. 6—7. Derselbe. — 3. Bericht 1881—83. 11. No. 6 enthielt 4.41%, No. 7 = 1.16% Rohrzucker.
No. 8. Ad. Mayer (V.-St. Wageningen). — Originalmittheilung. Enthält 4.6 in Zucker überführbare Hydrate.

Weintrester.
No. 1—7. K. Karmrodt (V.-St. Nicolas, Bonn). — Ztschr. d. landw. Ver. f. Rheinpreussen 1860. 342. Die untersuchten Trester und Trestertheile entstammten der blauen Burgundertraube eines Weinberges an der Ahr. Autor trennte die Nfr. Bestandtheile nach ihrer Löslichkeit und fand:

	In Wasser löslich	In Alkohol löslich	Unlöslich
In den frischen Schalen (No. 3) . . .	6.40	3.23	9.06%
In den frischen Kernen (No. 1) . . .	4.36	4.94	14.52 „

Er unterschied ferner im Aetherextrakt der Trester und fand:

	Fettes Oel	Harzige Substanz
Trester No. 6	1.38	2.62% (?)
Trester No. 7	1.36	2.23 „ (?)

No. 8 u. 9. J. Nessler u. Brigel (V.-St. Karlsruhe). — Bericht derselben. Karlsruhe, 1870. 48. Die Autoren fanden in der Trockensubstanz von Kernen 10% flüssiges, in der von Kämmen 3.9% flüssiges und in der von Hülsen (Schalen) 4.6% festes Fett.
No. 10—13. C. Weigelt (V.-St. Rufach). — Originalmittheilung.
No. 14. L. Grandeau (V.-St. Nancy). — Originalmittheilung.
No. 15. E. Mach (V.-St. St. Michel). — Originalmittheilung.

No.	Bezeichnungen und Bemerkungen	Jahr der Untersuchung	Wasser %	Nh-Substanz %	Rohfett %	Nfr. Extractstoffe %	Rohfaser %	Asche %
			In der ursprünglichen Substanz					
16	Weintrester v. Jahre 1875 .	1876	75.00	5.88	—	—	—	0.38
17	Kerne . . .	„	25.00	12.75	—	11.63	—	1.88
18	Weintrester-Vinacce . .	1877	55.64	5.35	4.39	12.96	19.64	2.02
19	Trester m. Kämmen, Mittel v. 8 Proben .	„	70.00	3.35	2.36	17.30	4.06	2.93
20	Schalen . .	„	59.11	4.50	3.79	20.54	7.11	4.95
21	Kerne . . .	„	59.11	2.94	5.81	26.24	4.52	1.38
22	Frische Trester, berechneter Durchschnitt	„	78.56	2.09	2.35	11.74	3.29	1.97
23	Weintrester im Mittel (kammfrei) . . .	—	48.2	8.9	5.6	32.1		3.0
24	Tresterkerne im Mittel .	—	44.0	7.9	9.0	23.8	10.9	1.3
25	Vor d. Destillation (Vergähr.)	—	55.1	8.0	—	—	—	—
26	Nach d. Destillation (Vergähr.)	—	55.1	7.6	—	—	—	—
	Minimum		25.00	0.55	0.15	8.84	3.29	0.38
	Maximum		83.73	12.75	9.90	26.24	27.33	4.95
	Mittel . .		59.11	5.45	4.60	19.20	9.86	1.78

Aepfeltrester.

No.	Bezeichnungen und Bemerkungen	Jahr der Untersuchung	Wasser %	Nh-Substanz %	Rohfett %	Nfr. Extractstoffe %	Rohfaser %	Asche %
1	Apfeltrester (Cydertrester)	1875	77.21	0.98	1.70	15.71	3.90	0.50P
2	Obsttrester .	1881	72.89	1.45	1.26	13.64	8.94	1.82
3	Süsse Apfeltreb.	—	75.05	1.67	0.79	19.80	2.20	0.49

Rückstände von der Oelfabrikation.

Rapskuchen. Rückstände der Samen von Brassica Napus oleifera.

No.	Bezeichnungen und Bemerkungen	Jahr der Untersuchung	Wasser %	Nh-Substanz %	Rohfett %	Nfr. Extractstoffe %	Rohfaser %	Asche %
1	Amerikanische	1845	10.50	30.75	10.00	31.65	9.40	7.70
2		1847	10.50	31.77	—	—	—	5.42
3		„	12.64	31.31	—	—	—	5.48
4		1850	12.46	31.13	—	—	—	6.70
5		1849	7.06	32.69	11.63	—	—	5.70
6		„	6.62	34.88	10.62	—	—	10.41
7	Holländische .	„	8.70	32.19	11.60	—	—	12.26
8	A. Sommerraps	„	11.00	34.68	14.10	—	—	6.50

No. 16 u. 17. J. Rössler (Klosterneuburg). — Originalmittheilung.

No. 18. Al. Pasqualini. — Staz. Agrar. Forli. Annali della St. A. di Forli Fasc. VI. 1877. 49. An näheren Bestandtheilen bestimmte und fand Autor: Stärke 4.52, Zucker 5.62, andere Nfr. Extraktstoffe 2.25 %, ferner in Wasser lösliche Substanzen 9.45, davon Salze 0.62, N 0.105 %.

No. 19—22. Léon Degrully. — Biedermann's Centralbl. f. Agrikulturchemie 1878. 207. (Annales agronomiques. 3 Bd. 1877. 21.) Die untersuchten 8 Proben stammten aus dem Departement l'Hérault (Frankreich). In % der Trockensubstanz enthielten dieselben an:

		Proteïn	Fett	Nfr. Extraktst.	Rohfaser	Asche
Trester mit Kämmen .	Maximum	12.37	10.20	65.70	15.90	10.75
	Minimum	9.23	6.34	51.91	10.95	9.19
Schalen	Maximum	12.02	12.20	53.26	21.17	15.25
	Minimum	7.79	6.21	41.20	15.90	9.37
Kerne	Maximum	8.17	18.11	68.20	13.90	4.28
	Minimum	6.82	13.08	57.00	9.27	3.01

Der Wassergehalt der „Trester mit Kämmen" betrug bei den 8 Proben im Maximum 73.10, im Minimum 61.40 %. Im Mittel mehrerer Untersuchungen enthielten die wasserfreien Trester 28.2 Kämme, 47.6 Schalen und 24.2 % Kerne.

No. 23 u. 24. E. Pott. — Jahresber. d. Agrikulturchem. 1883. 577. Diese Zusammensetzung der Trester und Kerne ist vermuthlich nicht das Ergebniss einer Analyse, sondern aus anderen Analysen berechnet.

No. 25 u. 26. F. Ravizza. — Ebendaselbst. (Giornale vinicolo italiano 1882. 595.) Autor fand in der Trockensubstanz der Kerne den nachstehenden Fettgehalt:

	Im Maximum	Im Minimum
Bei nicht gebrannten Trestern . .	21.46 %	18.12 %
Bei gebrannten Trestern	20.64 „	17.30 „
Bei Trestern, 1 Jahr alt	8.10 „	7.05 „

Apfeltrester.

No. 1. F. H. Storer. — Bull. Bussey Instit. I. IV. 365.

No. 2. E. Wolf (V.-St. Hohenheim). — Württemberg'sches landw. Wochenbl. 1882. 230.

No. 3. C. A. Goessmann. — Jahresber. d. Agriculturchem. 1886. 338. (Massachusetts State Agric. Exper. Stat. Bull. 1886. 12.

Rückstände von der Oelfabrikation. Rapskuchen.

No. 1. J. B. Boussingault. — Dessen: „Die Landwirthschaft etc." 3. 200.

No. 2—4. J. B. Lawes u. J. H. Gilbert. No. 2 u. 3. Agricultural Chemistry. Sheep-Feeding and Manure I. London 1849. 5. No. 4. Composition of Foods. London, 1853. 7. Stickstoff in der Trockensubstanz: No. 2 = 5.68, No. 3 = 5.74 %. Nh. Substanz von uns berechnet.

No. 5 u. 6. Thom. Way. — J. R. Agric. Soc. England. 10. II. (1849.) 493. Nh. Substanz von uns berechnet.

No. 7. Nesbit. — Ebendaselbst. 13. II. (1852.) 449. Nh. Substanz von uns berechnet.

No. 8. Soubeiran u. Girardin. — J. f. Pharm. (3.) XIX. 87.

No.	Bezeichnungen und Bemerkungen	Jahr der Untersuchung	In der ursprünglichen Substanz: Wasser %	Nh-Substanz %	Rohfett %	Nfr. Extractstoffe %	Rohfaser %	Asche %
9	Aus Stettin .	1852	12.87	29.63	10.00	—	—	6.77
10	Aus Danzig .	„	10.11	29.00	9.68	—	—	7.67
11	Aus Böhmen .	„	8.64	27.06	14.32	—	—	6.69
12	Unbekannter Herkunft . .	„	11.72	30.13	10.42	—	—	9.05
13	„Rapsmehl“ aus Hamburg . .	1854	8.81	33.06	10.82	29.20	11.66	6.45
14	Desgl. aus Dänemark . . .	„	9.08	35.38	10.96	28.66	8.97	6.95
15		1851	14.90	(20.80)	12.80	(17.70	25.00)	8.80
16		1852	16.62	31.38	6.86	18.44	18.48	8.22
17		1854	15.03	26.08	6.91	29.01	16.79	6.18
18	Raps in Nordbrabant gew.	1853	18.43	30.00	4.42	—	—	6.45
19		—	18.06	25.60	12.38	22.72	14.09	7.15
20		—	16.61	29.16	7.96	22.99	16.21	7.07
21		1855	11.47	41.83	10.98	—	—	10.25
22		„	17.40	27.13	—	—	16.90	8.40
23	Gemahlen . .	1857	19.21	24.57	8.10	23.10	18.28	6.74
24	Desgl. . . .	1858	11.32	31.06	11.27	—	—	5.98
25		„	13.81	34.87	14.15	30.90	13.05	7.03P
26	Mehlförmig .	1859	17.60	29.06	10.00	20.44	18.60	4.30
27	Vermuthlich a. Ungarn . .	„	7.30	33.25	8.42	28.05	15.18	7.80
28	Desgl. . . .	„	10.54	31.00	8.34	36.79	6.33	7.00
29	Desgl. . . .	„	7.78	29.56	10.45	35.32	11.16	5.73
30		1860	10.00	29.94	7.21	—	—	9.25
31	Ausländischer Raps in Schweden geschlagen	„	13.71	33.00	11.02	—	10.58	8.07
32	Desgl. . . .	„	14.54	34.30	10.02	—	—	8.25
33	Aus deutschen Ostseehäfen .	„	14.52	26.80	11.11	—	—	8.02
34	Desgl. . . .	„	13.57	30.80	10.24	—	—	8.01
35		„	18.75	28.26	8.66	21.00	14.00	9.33
36		1859	17.90	24.60	—	—	22.30	—
37		„	13.81	30.06	12.20	26.63	11.25	6.05
38		„	13.71	33.59	5.39	23.50	18.61	5.00
39		1858	9.80	30.70	11.40	29.90	10.70	7.50
40		1860	12.40	27.30	9.80	25.04	19.70	5.76
41		1861	13.36	27.26	11.82	23.08	19.03	5.45
42		1860	10.00	29.94	7.21	—	—	9.25
43		„	18.75	28.26	8.66	21.00	14.00	9.33
44	Braune . . .	—	5.80	41.13	9.00	—	—	7.60
45	Grünlichgelbe	—	10.50	28.19	12.00	—	—	6.02
46	Desgl. . . .	1862	13.61	28.41	8.00	27.98	15.73	6.27
47	Bräunlich . .	„	5.10	33.84	7.59	27.31	19.07	7.09
48	Dunkelbraun .	„	4.10	39.09	4.10	24.27	21.22	7.22
49		„	10.68	29.53	11.10	—	—	7.79
50		1863	11.42	33.61	11.71	24.20	12.33	6.73
51		1864	10.62	33.57	11.24	26.49	11.59	6.49
52		1865	12.40	28.45	12.74	25.60	13.70	7.11

No. 9—14. Thom. Anderson. — No. 9—12. Transact. Highl. Soc. Juli 1851 bis März 1853. 510. Nh. Substanz von uns berechnet. No. 13 u. 14. Ebendaselbst. Juli 1855. 53.
No. 15. Em. Wolff. — Agrikulturchem. Untersuchungen. Möckern. I. 1851|52. 27. Die Nh. Substanz wurde direct bestimmt, nicht aus dem N-Gehalt berechnet. Für Rohfaser sind „Hülsen und Holzfaser“, für Nfr. Extraktstoffe „Dextrin und Pektin“ genannt.
No. 16. Em. Wolff. — Ebendaselbst. II. 67.
No. 17. H. Ritthausen. — Ebendaselbst. IV. 19.
No. 18. L. Mulder. — Weende'r Jahresberichte 1854. II. 26.
No. 19. H. Ritthausen u. Scheven. — Agrikulturchem. Untersuchungen. Möckern. V. (1857.) 4. Nh. Substanz von uns berechnet.
No. 20. — Scheven. — Weende'r Jahresbericht 1855/56. II. 97. (Ztschr. f. d. Prov. Sachsen 1856. 248.)
No. 21. J. Moser. — Ebendaselbst. 40. Asche incl. 3.53 % Sand. (Arenstein's land- u. forstw. Ztg. 1856. 387.)
No. 22. F. Crusius. — Ebendaselbst. 97. (Ztschr. f. Deutsche Landwirthe.)
No. 23. W. Knop u. R. Arendt. — Agrikulturchem. Untersuchungen. Möckern. V. 1857. 83. Nh. Substanz von uns aus dem angegebenen N-Gehalt berechnet. Fett wurde indirect aus dem Gewichtsverluste der mit Aether extrahirten Substanz gefunden.
No. 24. P. Brettschneider. — Weende'r Jahresberichte 1857/58. I. 123. (1. Bericht d. V.-St. Saarau.)
No. 25. W. Henneberg. — J. f. Landwirthschaft 1859. 324.
No. 26. F. Crusius u. E. Schickedanz. — Landw. V.-St. I. 1859. 101.
No. 27—29. E. Breunlin. — Chem. Ackersm. 1859. 119. Nh. Substanz von uns nach dem angegebenen N-Gehalt: 5.32, 4.96 und 4.73 % berechnet.
No. 30. W. Wicke. — J. f. Landwirthsch. 1860. 233.
No. 31—34. C. M. Eisenstuck. — L. V.-St. III. 1871. 237. Rohfaser mit 3 procent. Salzsäure und 3 procent. Natronlauge dargestellt.
No. 35. C. Karmrodt. — Landw. Ztg. f. Rheinpreussen 1860. 365.
No. 36. W. Knop. — Amtsbl. f. d. landw. Vereine Sachsens 1859. 66.
No. 37. W. Henneberg u. F. Stohmann. — J. f. Landwirthsch. 1859. 324 u. 1860. 388. Asche excl. CO_2.
No. 38. H. Hellriegel. — 3. Ber. d. V.-St. Dahme 1859. 53.
No. 39—41. Th. Dietrich (V.-St. Heidau). — Landw. Anz. f. Kurhessen 1858. No. 3. Beilage. 1860. 15 u. 1861. 207.
No. 42. W. Wicke. — J. f. Landwirthsch. 1860. 233.
No. 43. C. Karmrodt. — Landw. Ztg. f. Rheinpreussen 1860. 365.
No. 44 u. 45. Krocker. — Hoffmann's Jahresber. d. Agrikulturchem. 4. 1861|62. 285. (Wilda's Centralbl. 1861. I. 308.)
No. 46—48. E. Peters. — Wochenbl. d. Ann. d. Landw. in Preussen 1862. 460.
No. 49. A. Voelcker. — Transact. Highl. Soc. of Scotland 1861—63. 37.
No. 50 u. 51. V. Hoffmeister. — Landw. V.-St. 6. 1864. 196 u. 397. Aus dem in den analytischen Belägen angegebenen N-Gehalt berechnet sich ein anderer (oben angegebener) Proteïngehalt, als im Original angegeben. 8. 1865. 351.
No. 52. Th. Dietrich. — Landw. Anz. f. Kurhessen 1865. 73.

No.	Bezeichnungen und Bemerkungen	Jahr der Untersuchung	Wasser %	Nh-Substanz %	Rohfett %	Nfr. Extractstoffe %	Rohfaser %	Asche %
			In der ursprünglichen Substanz					
53		1865	10.40	26.27	6.50	36.61	12.68	7.04
54		„	15.40	29.82	12.29	23.36	11.56	7.57
55		„	15.22	28.25	8.15	29.92	12.00	6.46
56		1867	11.60	35.87	10.27	25.95	10.39	—
57		„	4.60	32.42	9.87	28.06	18.10	6.95
58		„	14.37	26.50	10.38	30.07	11.37	7.30
59		„	13.10	32.93	8.52	21.44	17.27	6.74
60		„	12.80	33.00	10.10	24.70	13.10	6.30
61	Helle . . .	1868	11.23	27.43	10.90	31.93	12.00	6.51
62	Dunkle . . .	„	8.34	34.68	8.47	32.40	9.35	6.76
63	Dunkle . . .	„	14.00	31.37	7.38	31.37	8.68	7.36
64	Helle . . .	„	10.94	27.37	10.24	33.89	10.80	6.76
65	Dunkle . . .	„	8.11	34.50	8.02	31.01	10.48	7.87
66		„	7.93	36.00	6.50	28.59	13.48	7.50
67		„	7.36	34.81	10.64	—	—	8.44
68		„	6.46	35.44	9.49	—	—	8.42
69		„	15.09	32.19	6.52	—	—	7.46
70		1866	10.79	36.19	7.62	26.97	11.13	7.30
71		1868	12.56	31.45	11.32	26.07	12.02	6.58
72		„	11.74	34.57	10.00	26.69	10.38	6.62
73		„	11.30	34.24	8.48	26.84	10.78	7.36
74	V. Nordhausen	1869	10.29	33.87	9.22	30.92	8.71	6.99
75	Aus Ungarn .	„	8.07	37.37	11.36	27.79	7.74	7.67
76		„	15.70	29.16	10.36	24.48	13.65	6.65
77		„	11.47	35.00	8.57	22.02	15.86	7.08
78		1870	12.71	33.06	10.85	—	—	6.68
79		„	14.37	26.50	10.38	30.07	11.38	7.30
80	A. Deutschland	1869	11.16	31.05	8.66	32.99	9.38	6.76
81	Aus Ungarn .	„	9.43	33.44	10.51	31.34	8.14	7.14
82	Helle u. frische	1870	13.00	32.50	10.17	27.74	8.95	7.64
83	Dunkle . . .	„	12.21	30.12	10.74	30.47	9.77	6.69

No.	Bezeichnungen und Bemerkungen	Jahr der Untersuchung	Wasser %	Nh-Substanz %	Rohfett %	Nfr. Extractstoffe %	Rohfaser %	Asche %
			In der ursprünglichen Substanz					
84		1870	10.86	27.85	12.61	28.86	11.20	8.62
85		1871	14.60	34.50	10.40	—	—	—
86		„	13.36	33.13	9.40	—	—	7.12
87		„	12.74	28.56	8.80	—	—	7.08
88		„	12.02	29.38	7.71	—	—	7.67
89		„	12.24	30.06	9.50	—	—	7.24
90	Rapsmehl, gemahlene Rapskuchen . .	„	15.41	25.69	13.77	—	—	7.64
91	Desgl. . . .	„	14.99	28.56	8.61	—	—	7.20
92		„	13.98	30.62	8.66	—	—	8.08
93		„	11.88	30.18	10.52	—	—	7.76
94		„	11.00	33.68	8.64	—	—	8.24
95		„	10.26	33.68	9.20	—	—	8.80
96		„	10.74	33.07	9.32	—	—	8.60
97	Grüne . . .	1872	9.67	24.06	9.10	41.10	10.21	5.85
98	Braune . . .	„	7.31	23.87	9.22	41.56	11.37	6.67
99		„	14.00	29.94	11.82	29.30	8.58	6.36
100		„	13.98	31.31	10.95	25.24	8.98	9.54
101		„	11.86	27.85	12.61	28.86	11.20	8.62
102	Grüne . . .	„	11.44	29.37	8.18	—	—	—
103	Braune . . .	„	7.32	31.25	10.40	—	—	—
104		„	11.52	31.94	7.71	30.52	10.89	7.42
105		„	12.09	29.40	9.60	28.36	13.65	6.90
106		„	11.38	21.12	12.41	—	—	—
107	Englische . .	„	9.10	28.30	10.80	—	11.20	8.70
108	Deutsche . .	„	10.80	33.80	8.70	—	11.40	7.10
109	Indische . .	„	12.10	34.10	10.30	—	7.40	7.00
110		1872	13.05	32.75	10.94	27.05	8.93	7.28
111		1873	10.11	33.89	8.62	28.87	11.00	7.51
112		1872	—	35.25	8.62	—	—	9.96

No. 53. C. Karmrodt. — Wochenbl. d. Annal. d. Landw. 1865. 32.
No. 54. G. Kühn, L. Aronstein u. H. Schultze. — J. f. Landw. 1865. 349.
No. 55. F. Stohmann. — Ann. d. Landw. 48. 1866. 218.
No. 56. Ig. Moser. Hoffmann's Jahresber. 1867. 302.
No. 57. O. Lehmann. — Chem. Ackersmann 1867. 47.
No. 58 u. 59. Fritzsche. — Ber. u. Fütterungsvers. 1867/68 in V.-St. Pommritz. 27.
No. 60. G. Kühn u. M. Märcker. — (Braunschw. landw. Ztg. 1867. 438.) Weende'r Jahresber. 1867|68. 521.
No. 61—69. Th. Dietrich u. J. König. — Landw. Anz. f d. Rgbz. Kassel 1868. 53 u. 181.
No. 70. R. Brandes. — L. V.-St. 12. 1870. 9.
No. 71—73. C. Karmrodt. — Ztsch. d. landw. Ver. f. Rheinpreussen 1868. 349.
No. 74 u. 75. F. Stohmann. — Ztsch. d. landw. Centralver. f. d. Prov. Sachsen 1869. 25.
No. 76. G. Kühn, R. Biedermann u. Ar. Striedter. — L. V.-St. 12. 1870. 127. Zusammensetzung der ursprünglichen Substanz von uns berechnet.
No. 77—79. Ed. Heiden (V.-St. Pommritz). — Asche incl. Sand. Sand in No. 77 = 1.77, No. 78 = 0.74, No. 79 = 1.00 %
No. 80—84. Th. Dietrich u. J. König. — Landw. Anz. f. d. Rgbz. Kassel 1869. 165. 1870. 11, 148, 166. 1871. 158 u. 231.
In anderen Proben wurden ermittelt:

Proteïn	28.25	29.50	27.44	27.63	29.66	32.25	28.06	28.81	29.45	29.56	33.47 %
Fett .	11.25	12.82	9.65	10.57	10.42	10.36	10.09	12.21	10.86	10.99	8.07 „

No. 85—91. U. Kreusler u. R. Alberti. — 1. Ber. d. V.-St. Hildesheim 1873. 26.
No. 92—96. C. Karmrodt. — Ber. d. V.-St. Bonn 1872.
No. 97 u. 98. P. Wagner u. R. Schäfer (V.-St. Darmstadt). — Originalmittheilung.
No. 99. G. Kühn. — Amtsbl. f. d. landw. Ver. Sachsens 1872. 137.
No. 100. J. König.
No. 101—104. Th. Dietrich. — Mitthl. d. landw. Centralv. f. d. Rgbz. Kassel 1872. 53 u. 200.
No. 105 u. 106. P. Wagner u. R. Schäfer (V.-St. Darmstadt). — Bericht derselben 1874. 20.
No. 107—109. Aug. Voelcker. — Landw. Centralbl. 1873. II. 371.
No. 110 u. 111. E. Heiden (V.-St. Pommritz). — Originalmittheilung. — Sand in No. 110 = 0.67, No. 111 = 0.80 %.
No. 112. A. Petermann (V.-St. Gembloux). — Originalmittheilung. Senfhaltig.

No.	Bezeichnungen und Bemerkungen	Jahr der Untersuchung	In der ursprünglichen Substanz: Wasser %	Nh-Substanz %	Rohfett %	Nfr. Extractstoffe %	Rohfaser %	Asche %	No.	Bezeichnungen und Bemerkungen	Jahr der Untersuchung	In der ursprünglichen Substanz: Wasser %	Nh-Substanz %	Rohfett %	Nfr. Extractstoffe %	Rohfaser %	Asche %
113		1873	10.50	28.21	8.70	33.75	11.96	6.88	155		1875	—	28.37	9.20	—	—	—
114		„	16.44	30.38	8.99	28.16	8.49	7.57	156		„	—	27.95	11.86	—	—	—
115		„	14.31	27.31	13.08	28.32	9.76	7.22	157		„	—	29.38	10.68	—	—	—
116		„	14.69	26.25	16.84	26.37	9.65	6.20	158		„	—	29.64	10.04	—	—	—
117		„	11.61	31.19	8.23	31.29	9.80	7.88	159		„	—	29.81	9.86	—	—	—
118		1871/73	9.18	27.16	14.42	30.78	—	—	160		„	—	28.40	10.48	—	—	—
119		„	8.92	29.51	10.03	32.71	—	—	161		„	—	32.25	10.28	—	—	—
120		„	10.60	24.79	13.70	35.32	—	—	162		„	—	31.25	9.74	—	—	—
121		„	11.20	27.36	13.44	29.29	—	—	163		„	—	34.13	10.42	—	—	—
122		1872	11.00	33.68	8.64	—	—	8.24	164		„	—	29.06	8.03	—	—	—
123		„	10.26	33.68	9.20	—	—	8.80	165		„	—	33.25	9.26	—	—	—
124		„	10.74	33.07	9.32	—	—	8.60	166		„	—	28.19	10.30	—	—	—
125		1873	12.44	30.62	12.26	—	—	6.84	167		„	—	32.50	7.65	—	—	—
126		„	13.50	31.06	9.66	—	—	6.74	168		„	—	34.56	8.20	—	—	—
127		„	12.98	29.13	9.35	26.14	15.80	6.60	169		„	—	32.13	7.30	—	—	—
128		„	16.04	38.94	9.05	25.47	1.34	9.16	170	Aus Mähren, im							
129		„	13.20	34.50	10.32	25.02	10.88	6.08		Kleinbetrieb							
130		„	10.72	28.25	8.53	34.12	16.93	7.45		hergestellt .	„	—	31.00	14.08	—	—	—
131		1874	6.25	45.50	16.82	18.94	8.22	4.27	171	Desgl. . . .	„	—	28.18	15.36	—	—	—
132		„	11.65	33.25	14.01	20.25	15.31	6.53	172	Desgl. . . .	„	—	29.24	11.10	—	—	—
133		„	12.73	28.71	12.25	26.39	13.63	6.29	173		1876	—	32.06	8.28	—	—	—
134		„	13.67	31.88	8.82	19.73	17.68	8.22	174		„	—	32.69	8.02	—	—	—
135		„	10.95	30.62	11.19	26.17	13.45	7.62	175		„	—	32.44	8.88	—	—	—
136		„	9.88	29.06	13.63	29.52	11.33	6.58	176		„	—	28.31	9.13	—	—	—
137		„	11.00	31.25	15.16	25.17	9.54	7.88	177		„	—	30.06	8.81	—	—	—
138		1875	12.73	33.25	10.16	27.66	9.17	7.03	178		„	—	29.19	8.62	—	—	—
139	Aus Russland .	„	8.79	31.37	13.29	29.87	9.31	7.37	179		„	—	31.25	9.78	—	—	—
140		„	12.81	32.50	11.07	26.85	9.44	7.33	180		„	—	32.87	9.18	—	—	—
141	Rapsmehl . .	1874	10.87	31.43	5.13	26.51	17.64	8.42	181		„	—	33.50	8.46	—	—	—
142		1875	10.13	34.68	10.35	21.69	15.33	7.82	182		„	—	32.69	8.58	—	—	—
143		„	11.66	30.28	8.19	31.18	11.81	6.88	183		„	—	33.19	9.12	—	—	—
144		„	11.21	33.78	7.60	28.64	11.44	7.33	184		„	—	32.87	7.74	—	—	—
145		„	—	31.00	8.70	—	—	—	185		„	—	31.12	8.36	—	—	—
146		„	—	31.70	8.60	—	—	—	186		„	—	32.51	9.62	—	—	—
147		„	—	29.69	9.56	—	—	—	187		„	—	34.44	7.54	—	—	—
148		„	—	30.44	9.50	—	—	—	188		„	—	33.81	6.96	—	—	—
149		„	—	32.13	9.05	—	—	—	189		„	—	31.81	8.36	—	—	—
150		„	—	30.06	9.56	—	—	—	190		„	—	30.25	10.36	—	—	—
151		„	—	27.50	8.16	—	—	—	191		„	—	33.22	8.91	—	—	—
152		„	—	31.50	7.10	—	—	—	192		„	—	29.44	8.71	—	—	—
153		„	—	28.37	10.92	—	—	—	193	Gemahlene .	„	—	28.44	10.63	—	—	—
154		„	—	28.62	7.74	—	—	—	194	Desgl. . . .	„	—	32.06	9.10	—	—	—

No. 113. Th. Dietrich (V.-St. Altmorschen). — Landw. Anz. f. Kurhessen 1873. 219.
No. 114—117. J. König (V.-St. Münster). — 1. Ber. d. V.-St. 1878. 43.
No. 118—121. E. Emmerling (V.-St. Kiel). — Zusammenstellung v. Analysen v. Futtermitteln in d. V.-St. Kiel 1871—77.
No. 122—126. C. Karmrodt. — Landw. Ztg. f. Rheinpreussen 1873. 44. 1874. 48.
No. 127—130. R. Alberti u. Hempel. — 2. Ber. d. V.-St. Hildesheim 1874. 25.
No. 131—136. R. Alberti. — 3. Ber. d. V.-St. Hildesheim 1875. 18.
No. 137—140. W. Hoffmeister (V.-St. Insterburg). — Originalmittheilung.
No. 141—142. E. Wildt (V.-St. Posen). — Originalmittheilung.
No. 143 u. 144. Th. Dietrich (V.-St. Altmorschen). — Landw. Anz. f. d. Rgbz. Kassel 1875. 452.
No. 145—195. F. Holdefleiss (V.-St. Halle). — Ztschr. d. landw. Centralv. f. d. Prov. Sachsen 1876. 245 u. 249.

No.	Bezeichnungen und Bemerkungen	Jahr der Untersuchung	In der ursprünglichen Substanz						No.	Bezeichnungen und Bemerkungen	Jahr der Untersuchung	In der ursprünglichen Substanz					
			Wasser %	Nh-Substanz %	Rohfett %	Nfr. Extractstoffe %	Rohfaser %	Asche %				Wasser %	Nh-Substanz %	Rohfett %	Nfr. Extractstoffe %	Rohfaser %	Asche %
195	Gemahlene .	1876	—	31.81	10.71	—	—	—	235		1876	8.55	30.00	11.19	33.07	10.54	6.65
196		1875	18.60	28.50	9.46	24.85	11.32	7.27	236		„	9.92	30.00	6.00	34.09	11.54	8.45
197		„	—	27.63	10.42	—	—	—	237	Durch Seewasser beschädigt .	„	20.30	23.75	7.75	35.64	8.06	7.50
198		„	—	26.44	8.42	—	—	—									
199		„	—	25.19	12.90	—	—	—	238		1874	14.63	32.99	9.15	19.63	16.20	7.40
200		„	10.30	26.78	8.16	34.93	12.48	7.35	239		„	12.67	32.31	11.33	20.65	15.60	7.44
201		„	8.90	32.20	9.23	32.47	10.54	6.66	240		1875	12.97	30.13	10.18	29.59	9.53	7.60
202		„	—	28.88	10.01	—	—	—	241		„	—	30.31	11.00	—	—	6.71
203		„	—	28.18	12.77	—	—	—	242		1877	12.84	23.41	5.08	30.58	22.70	5.12
204		„	—	29.05	9.28	—	—	—	243		„	—	21.87	6.00	—	—	—
205		„	—	28.70	11.60	—	—	—	244		1875	—	29.78	12.10	—	—	—
206		„	—	31.20	11.20	—	—	—	245	Sehr rein . .	1876	11.61	30.81	9.46	—	—	7.46
207		1876	—	26.25	12.52	—	—	—	246	1 mal gepresst	1875	11.50	27.00	21.50	21.80	—	4.00
208		„	—	30.70	10.10	—	—	—	247		1876	12.34	30.94	8.95	31.55	9.52	6.70
209		„	9.00	31.25	8.60	34.95	9.70	6.50	248		1875	9.80	32.10	8.70	—	13.60	—
210		„	9.00	32.80	10.00	31.54	8.66	8.00	249		„	11.56	27.37	11.62	29.35	13.40	6.70
211		„	6.40	30.14	12.30	33.10	10.06	8.00	250		„	14.59	28.44	15.48	—	—	—
212		„	11.20	32.50	9.02	30.20	10.08	7.00	251		1876	—	32.38	10.33	—	—	—
213		„	11.80	28.86	9.32	32.02	10.20	7.80	252		„	12.42	32.06	9.93	28.33	11.00	6.26
214		„	—	31.50	9.05	—	—	—	253		„	12.27	33.00	8.82	27.57	11.00	7.34
215		1875	9.79	24.56	11.61	29.07	14.29	10.68	254		„	—	28.94	12.72	—	—	—
216		„	10.42	25.62	10.03	30.56	13.07	10.30	255		„	—	29.75	10.80	—	—	—
217		„	—	26.00	11.00	—	—	—	256		„	—	31.75	10.46	—	—	—
218		1876	14.19	28.37	9.38	28.37	7.98	7.79	257		„	—	29.06	12.21	—	—	—
219		„	9.81	22.31	11.73	22.31	11.20	9.64	258	2 mal gepresst	„	8.51	28.23	12.12	28.56	9.70	7.05
220		„	10.00	25.56	11.91	25.56	12.29	10.76	259	Desgl. . . .	„	10.45	29.31	11.39	29.57	12.22	4.79
221		„	10.43	24.56	12.92	24.56	12.60	8.88	260	1 mal gepresst	„	8.50	32.12	14.10	28.55	8.10	6.58
222		1877	11.59	26.18	12.35	29.28	11.76	8.84	261		1874	11.34	30.43	10.50	29.90	9.86	7.97
223		„	11.20	24.12	14.81	28.58	13.08	8.21	262		„	9.03	24.31	9.55	40.69	8.80	7.62
224		1875	5.68	28.52	12.16	—	—	—	263		„	10.44	30.71	8.92	31.63	9.84	8.46
225		„	9.48	25.63	16.87	—	—	—	264		1875	13.07	27.81	15.84	28.20	9.07	6.01
226		„	16.25	27.50	11.42	—	—	—	265		„	9.87	30.87	10.70	33.10	9.08	6.38
227		„	5.04	35.75	10.70	—	—	—	266		„	11.62	25.75	13.80	32.18	10.81	5.84
228		„	4.69	34.50	12.11	—	—	—	267		„	11.43	31.69	9.11	28.87	11.41	7.49
229		1874	9.70	26.25	10.24	34.21	12.00	7.60	268		„	10.51	31.75	10.35	28.41	12.38	6.60
230		„	9.00	26.88	11.15	34.11	11.56	7.30	269		1876	10.83	30.91	9.26	32.35	9.71	6.94
231		„	9.40	28.75	11.16	28.19	11.16	7.00	270		„	10.63	30.21	9.56	31.74	10.69	7.17
232		„	10.64	31.54	9.76	28.42	12.58	7.06	271		„	10.51	31.69	10.35	26.88	12.40	8.17
233		„	13.50	25.00	8.99	29.11	15.90	7.50	272		„	11.25	30.81	10.00	30.87	9.07	8.00
234		„	12.50	28.12	7.50	32.53	13.15	7.20	273	Aus Ungarn .	„	10.96	34.19	9.10	29.05	9.55	7.15

No. 196—214. R. Heinrich (V.-St. Rostock). — Ber. d. V.-St. Wismar, 1882. 72.
No. 215—223. Rich. Wagner (V.-St. Kiel). Zusammenstellung von Analysen von Futtermitteln. Kiel 1871—77.
No. 224—228. O. Kohlrausch (V.-St. f. Rübenzucker-Industrie, Wien). — Originalmittheilung.
No. 229—237. E. W. Olbers (V.-St. Alnarp, Schweden). — Originalmittheilung.
No. 238—239. P. Wagner u. B. Reitzch. No. 240 u. 241. P. Wagner. No. 242 u. 243. W. Rohn (V.-St. Darmstadt). Originalmittheilung.
No. 244 u. 245. A. Petermann (V.-St. Gembloux). — Originalmitthl. No. 245 sehr rein, nur einige Samen v. Chenopodium.
No. 246. Farsky (V.-St. Tabor). — Originalmittheilung. (Einmal mit einfacher hydraulischer Presse gepresst.)
No. 247. P. Petersen (V.-St. Oldenburg). — Originalmittheilung.
No. 248. W. Henneberg (V.-St. Weende). — Originalmittheilung.
No. 249—257. C. Müller (V.-St. Hildesheim). — Originalmittheilung.
No. 258—260. Ig. Moser. — 1. Ber. d. V.-St. Wien 1878. Tabelle Seite XXXVI.
No. 261—304. J. Fittbogen (V.-St. Dahme). — Originalmittheilung. No. 304 = 1.71, No. 305 = 2.3% Sand.

No.	Bezeichnungen und Bemerkungen	Jahr der Untersuchung	In der ursprünglichen Substanz Wasser %	Nh-Substanz %	Rohfett %	Nfr. Extractstoffe %	Rohfaser %	Asche %	No.	Bezeichnungen und Bemerkungen	Jahr der Untersuchung	In der ursprünglichen Substanz Wasser %	Nh-Substanz %	Rohfett %	Nfr. Extractstoffe %	Rohfaser %	Asche %
274	$2^3/_4$ Jahr alt .	1876	10.88	31.69	10.40	25.51	12.00	9.52	315		1878	10.38	—	7.94	—	—	7.95
275		„	12.20	30.44	8.80	31.15	9.84	7.57	316		„	9.75	32.37	8.42	—	—	9.63
276		„	9.21	30.44	8.34	33.11	11.40	7.50	317		„	10.70	30.63	8.78	—	—	8.15
277		1877	9.54	32.00	8.75	30.98	10.28	8.45	318		„	9.66	31.50	8.55	—	—	7.50
278		„	10.71	30.44	8.50	32.40	10.45	7.50	319		„	8.58	33.12	7.20	—	—	9.02
279		„	13.39	31.25	8.62	29.02	9.22	8.50	320		„	9.52	33.75	8.02	—	—	7.63
280		„	12.84	28.31	10.52	28.61	9.24	10.48	321		1877	11.43	35.04	10.41	24.19	11.58	7.32
281		„	12.42	27.88	10.04	31.38	10.25	8,03	322		„	—	30.85	9.77	—	—	—
282		„	10.89	29.12	9.60	33.96	9.13	7.30	323		„	—	32.56	9.19	—	—	—
283		„	11.43	27.88	10.36	26.35	16.81	7.17	324		„	—	33.55	9.21	—	—	—
284		„	10.34	33.00	10.64	29.22	9.80	7.00	325		„	—	33.22	8.56	—	—	—
285		„	8.19	31.50	9.90	34.11	9.90	6.40	326		„	—	32.76	9.99	—	—	—
286		„	10.01	31.00	7.75	32.16	8.97	10.11	327		„	12.34	30.60	9.07	—	—	8.07
287		„	6.09	27.00	12.32	32.04	14.94	7.61	328		„	16.63	26.00	10.54	24.12	15.80	6.91
288		„	11.16	29.50	7.59	32.54	11.24	7.97	329		„	11.47	32.91	9.17	28.24	11.06	7.15
289		„	11.14	31.00	11.86	21.06	11.92	13.02	330		„	11.72	30.05	10.40	29.51	11.50	6.82
290		„	11.67	31.50	8.88	27.99	11.64	8.32	331		1878	11.70	32.14	8.54	30.36	10.37	6.89
291		„	7.96	31.50	11.43	27.15	14.71	7.25	332	Hessische . .	„	—	27.56	12.04	—	—	—
292		„	10.28	28.00	9.84	35.45	9.41	7.02	333	Thüringer . .	„	—	31.94	9.70	—	—	—
293		„	12.72	28.50	12.74	31.12	9.00	5.92	334		„	12.23	33.44	8.72	28.74	9.75	7.12
294		1878	11.87	28.00	10.36	29.92	11.82	8.03	335		„	10.60	34.14	7.59	—	—	7.05
295		„	11.45	29.00	12.49	31.45	7.83	7.78	336		„	9.49	27.62	12.96	—	—	7.09
296		„	6.62	30.00	6.64	39.32	8.10	9.32	337		„	9.05	30.87	11.81	—	—	7.13
297		„	8.05	30.00	8.04	40.77	5.42	7.72	338		1876	—	33.18	9.17	—	—	—
298		„	11.35	27.00	8.98	34.71	8.14	9.82	339		„	—	30.56	8.78	—	—	—
299		„	12.18	24.50	11.13	32.75	9.72	9.72	340		„	—	30.75	8.80	—	—	—
300		„	9.65	30.44	12.93	30.19	9.18	7.61	341		„	—	38.56	7.20	—	—	—
301		„	8.96	32.18	7.77	36.09	7.80	7.20	342		„	—	31.81	8.44	—	—	—
302		„	11.75	36.38	10.22	36.97	7.09	7.59	343		„	—	34.76	7.20	—	—	—
303		„	11.01	29.13	9.10	35.41	8.75	6.60	344		„	—	32.69	9.55	—	—	—
304		„	8.71	28.31	8.38	34.95	11.09	8.56	345		„	—	33.63	7.80	—	—	—
305	Englische . .	1876	9.15	37.75	9.33	—	—	8.12	346		„	—	32.88	9.04	—	—	—
306	Rigaer . . .	1877	8.71	32.69	8.90	—	—	7.17	347		„	—	35.81	7.22	—	—	—
307	Desgl. . . .	„	8.66	31.81	8.54	—	—	7.47	348		„	—	34.75	8.18	—	—	—
308	Warschauer .	„	7.84	35.13	9.38	—	—	7.18	349		„	—	31.68	10.56	—	—	—
309	Aus Stettiner Saat . . .	„	7.27	37.19	8.49	—	—	7.45	350		„	—	27.56	11.70	—	—	—
									351		„	—	26.12	11.57	—	—	—
310	Russische . .	„	7.52	31.17	14.13	—	—	6.05	352		„	—	30.00	7.96	—	—	—
311		„	9.90	32.37	8.55	—	—	7.17	353		1877	—	27 63	10.80	—	—	—
312		„	12,52	31.50	8.00	—	—	6.79	354		„	—	30.56	7.98	—	—	—
313		1878	10.06	30.6_3	7.35	—	—	9.07	355		„	—	38.56	7.01	—	—	—
314		„	10.14	—	7.78	—	—	7.04	356		„	—	31.38	8.28	—	—	—

No. 305—310. Th. Behrmann (Laborator. d. Riga'er Cementfabrik u. Oelmühle v. C. H. Schmidt). — Originalmitthl. Nh. Substanz von uns berechnet aus dem angegebenen N-Gehalt. Die Kuchen enthielten in

	No. 305	306	307	308	309	310
Sand . .	1.9	0.9	1.4	0.91	1.2	0.8 %
P_2O_5 . .	2.08	2.28	2.24	2.92	2.23	— „

No. 311—320. F. O. Bergstrand (V.-St. Westerås, Schweden). — Originalmittheilung.
No. 321—327. W. Henneberg (V.-St. Weende). — Originalmittheilung.
No. 328. C. Lehmann. — J. f. Landw. 1877. 60.
No. 329—337. Th. Dietrich. — Landw. Ztschr. u. Anz. f. d. Rgbz. Kassel 1877. 130.
No. 338—352. A. Pagel (V.-St. Halle). — Ztschr. d. landw. Centralv. f. d. Prov. Sachsen 1877. 89.
No. 353—368. W. Th. Osswald (V.-St. Halle). — Ebendaselbst 1878. 13.

No.	Bezeichnungen und Bemerkungen	Jahr der Untersuchung	In der ursprünglichen Substanz Wasser %	Nh-Substanz %	Rohfett %	Nfr. Extractstoffe %	Rohfaser %	Asche %	No.	Bezeichnungen und Bemerkungen	Jahr der Untersuchung	In der ursprünglichen Substanz Wasser %	Nh-Substanz %	Rohfett %	Nfr. Extractstoffe %	Rohfaser %	Asche %
357		1877	—	32.19	8.14	—	—	—	396		1879	—	26.04	9.97	—	—	—
358		„	—	29.38	11.15	—	—	—	397		1878	—	32.38	8.44	—	—	—
359		„	—	32.69	8.00	—	—	—	398		„	12.18	27.69	10.40	26.16	12.80	10.77
360		„	—	26.31	12.75	—	—	—	399		„	—	32.53	10.77	—	—	—
361		„	—	31.94	10.59	—	—	—	400		„	—	29.06	9.25	—	—	—
362		„	—	28.56	12.15	—	—	—	401		„	—	29.69	9.65	—	—	—
363		„	—	30.69	8.75	—	—	—	402		„	—	31.25	9.80	—	—	—
364		„	—	35.62	9.61	—	—	—	403		„	—	30.63	8.95	—	—	—
365		„	—	30.13	12.36	—	—	—	404		„	—	29.81	8.10	—	—	—
366		„	—	31.34	10.48	—	—	—	405		„	—	31.31	10.00	—	—	—
367		„	—	33.75	7.76	—	—	—	406		„	—	28.06	13.82	—	—	—
368		„	—	32.21	10.14	—	—	—	407		1879	12.70	31.26	7.66	30.80	8.96	8.62
369		„	10.39	30.33	10.37	31.46	9.48	7.97	408		1877	4.82	30.88	10.25	—	—	7.55
370		1878	10.67	22.12	10.57	33.14	15.24	8.26	409		1878	4.48	—	10.20	—	—	13.35
371		1879	9.61	29.87	9.96	31.86	11.52	7.18	410		„	2.93	—	7.25	—	—	14.55
372		„	10.19	29.06	8.90	29.63	15.10	7.12	411		„	4.30	—	10.45	—	—	9.40
373		1878	12.78	33.56	7.83	26.09	11.21	8.53	412		1877	5.19	30.53	11.77	—	—	—
374		„	12.09	32.88	7.09	26.67	11.98	9.29	413		„	8.23	30.88	9.97	—	—	—
375		„	12.76	28.13	11.29	28.85	12.65	6.32	414	Aus Mähren .	1878	5.42	29.31	9.00	—	—	12.71
376		1879	14.85	29.75	11.75	25.39	10.87	7.39	415	Aus Nieder-							
377		„	8.94	32.31	8.33	29.53	12.49	8.40		österreich .	„	6.31	30.13	10.34	—	—	7.20
378		„	9.25	32.56	8.41	25.21	14.73	9.84	416	Aus Ungarn .	„	6.40	33.00	12.12	—	—	8.58
379		„	—	32.63	10.34	—	—	8.11	417		1879	6.51	34.69	14.10	—	—	—
380		„	—	31.38	12.64	—	—	7.68	418		1878	—	29.51	15.90	—	—	—
381		„	—	32.63	8.28	—	—	9.18	419		„	—	32.60	11.40	—	—	—
382		„	10.76	27.19	8.32	29.77	14.68	9.28	420		„	—	32.40	9.90	—	—	—
383		„	10.30	32.80	9.60	28.30	11.70	7.30	421		„	—	31.90	12.70	—	—	—
384		1876	8.48	28.43	14.08	31.20	11.25	6.56	422		„	—	30.20	14.10	—	—	—
385		1877	8.93	30.81	15.98	25.70	9.10	9.58	423		„	—	30.40	10.10	—	—	—
386		„	14.27	32.18	12.25	23.25	8.80	9.25	424		„	11.05	31.06	9.32	—	—	9.18
387		„	11.24	25.87	10.47	31.40	9.51	11.51	425		„	12.12	31.10	8.51	—	—	8.38
388		1878	12.13	25.25	13.80	30.91	8.06	5.51	426		„	—	29.05	8.76	—	—	—
389		„	14.12	24.12	16.72	29.85	8.90	7.39	427		„	—	31.62	8.27	—	—	—
390		„	11.84	29.25	10.24	31.30	10.60	7.78	428		„	—	31.05	11.62	—	—	—
391		1877	12.56	33.24	9.68	18.86	17.98	7.68	429		„	—	33.31	9.84	—	—	—
392		1878	12.68	30.20	13.28	27.83	8.90	7.11	430		„	—	32.87	8.71	—	—	—
393	1 mal gepresst	1879	12.18	32.56	15.82	23.75	8.80	6.89	431		„	—	33.93	9.32	—	—	—
394	2 mal gepresst	„	13.18	33.60	10.72	25.86	8.96	7.68	432		1877	10.70	29.80	10.40	31.67	9.64	8.89
395		1878	10.81	34.50	11.01	26.50	10.14	7.05	433		„	—	32.80	8.33	—	—	—

No. 369. Ig. Moser u. von Schwarz. No. 370—372. J. Moser u. Böcker (V.-St. Wien). — Originalmittheilung.
No. 373—382. P. Wittelshöfer (V.-St. Regenwalde). — Originalmittheilung.
No. 383. G. Kühn u. R. Struve (V.-St. Möckern). — Originalmittheilung.
No. 384—390. W. Hoffmeister (V.St. Insterburg). — Originalmittheilung.

	No. 385	386	387	389	390
Sand	3.20	2.90	4.43	1.10	1.01 %

No. 391—394. E. Heiden u. F. Voigt (V.-St. Pommritz). — Originalmittheilung.

	No. 391	392	393	394
Sand	0.88	0.92	0.56	0.97 %

No. 395 u. 396. Ph. du Roi (Kiel). — Originalmittheilung.
No. 397—406. K. Müller (V.-St. Hildesheim). — Originalmittheilung.
No. 407. A. Petermann u. Molinari (V.-St. Gembloux). — Originalmittheilung.
No. 408—417. O. Kohlrausch (V.-St. f. Rübenzucker-Industrie Wien). — Originalmittheilung.
No. 418—423. P. Wagner u. W. Rohn (V.-St. Darmstadt). — Originalmittheilung.
No. 424—431. Alb. Stutzer (V.-St. Bonn). — Originalmittheilung.
No. 432—455. R. Heinrich (V.-St. Rostock). — Bericht d. Station. Wismar, 1882. 72.

No.	Bezeichnungen und Bemerkungen	Jahr der Untersuchung	In der ursprünglichen Substanz					
			Wasser %	Nh-Substanz %	Rohfett %	Nfr. Extractstoffe %	Rohfaser %	Asche %
434		1877	—	33.25	9.00	—	—	—
435		1878	—	27.13	12.08	—	—	—
436		„	—	31.50	8.02	—	—	—
437	Enthält 8 % Radekörner .	„	—	(22.05	10.94)	—	—	—
438		„	—	22.40	13.14	—	—	—
439		„	—	31.50	12.02	—	—	—
440		„	—	35.87	7.26	—	—	—
441		„	—	26.25	13.07	—	—	—
442		„	—	31.50	10.34	—	—	—
443		„	—	31.93	10.78	—	—	—
444		„	—	32.38	10.90	—	—	—
445		1879	—	32.38	8.92	—	—	—
446		„	—	32.38	7.72	—	—	—
447		„	—	31.50	9.64	—	—	—
448		„	—	26.25	15.64	—	—	—
449		„	—	30.62	10.52	—	—	—
450		„	—	31.50	8.82	—	—	—
451		„	—	29.75	11.12	—	—	—
452		„	—	33.25	8.36	—	—	—
453		„	—	34.02	8.86	—	—	—
454		„	—	33.25	7.74	—	—	—
455		„	—	32.76	8.46	—	—	—
456		1877	10.93	28.53	11.68	29.92	12.27	6.67
457		„	14.25	29.31	13.28	28.16	8.52	6.48
458		1878	8.97	30.50	11.36	24.29	16.51	8.37
459		1879	9.79	29.50	10.88	31.86	11.05	—
460		„	10.08	29.50	11.57	30.86	11.07	—
461	Durchschnilt v. 9 Analysen .	„	13.77	30.35	9.63	27.25	11.93	7.08
462		„	11.79	31.60	8.30	28.48	11.85	7.98
463		„	11.80	31.95	8.41	28.77	11.04	7.83
464		„	13.42	32.11	10.81	24.39	11.36	7.91
465		„	11.34	32.08	10.12	28.29	10.78	7.39
466		„	11.75	31.25	10.18	24.95	12.00	9.87
467		„	12.50	31.76	9.84	28.38	10.02	7.50
468		„	12.69	29.74	13.42	26.32	9.64	8.19
469		„	13.13	31.93	10.10	28.31	10.08	6.45
470		„	—	27.73	12.40	—	—	—

No.	Bezeichnungen und Bemerkungen	Jahr der Untersuchung	In der ursprünglichen Substanz					
			Wasser %	Nh-Substanz %	Rohfett %	Nfr. Extractstoffe %	Rohfaser %	Asche %
471		1879	—	29.25	12.25	—	—	—
472		„	9.78	31.05	11.73	31.49	7.92	6.45
473		1878	10.32	29.85	10.70	31.95	10.50	6.68
474		„	10.30	31.32	8.73	30.45	10.90	7.30
475		„	11.46	33.68	7.06	29.66	11.00	7.14
476		„	12.71	26.25	11.24	32.81	9.55	7.44
477		„	11.90	28.00	7.94	33.96	11.00	7.20
478		„	10.80	27.65	8.60	33.30	8.85	10.80
479		„	11.30	28.00	8.40	34.78	9.92	7.60
480		„	13.10	29.30	8.32	31.72	9.90	7.65
481		„	8.90	31.81	9.46	31.43	10.60	7.80
482		1879	9.44	31.45	9.64	31.01	10.00	8.46
483		„	9.00	31.15	10.84	31.17	10.20	7.64
484		1878	10.22	31.69	10.25	26.83	13.04	7.97
485		„	10.81	34.50	11.00	26.50	10.14	7.05
486		1879	9.90	31.90	9.40	33.00	8.30	7.50
487		„	8.00	31.10	10.00	32.30	11.00	7.60
488		„	9.40	31.10	7.70	33.80	10.20	7.80
489		„	8.80	27.90	9.60	34.40	9.80	9.50
490		„	8.50	26.40	9.60	35.20	12.60	7.70
491		„	7.20	30.30	9.30	33.20	10.20	9.80
492		„	12.90	26.40	10.70	31.90	11.20	6.90
493		„	10.30	28.80	9.60	32.40	10.70	8.20
494		„	10.00	26.40	11.30	34.80	9.60	7.90
495		„	8.60	29.60	8.50	34.60	11.00	7.70
496		„	11.10	30.44	8.66	32.43	10.36	7.00
497		1878	11.91	31.75	8.56	29.42	11.47	6.89
498		„	9.59	30.87	7.36	32.15	12.61	7.42
499		1879	14.23	31.69	10.00	29.59	9.60	5.89
500		1878	12.29	34.05	10.18	24.51	11.12	7.85
501		„	11.50	31.90	8.10	22.50	9.00	7.00
502		„	16.50	32.30	12.50	22.40	9.50	6.80
503		„	8.80	28.10	10.60	35.30	10.10	7.10
504		„	10.30	32.80	9.60	28.30	11.70	7.30
505		„	12.68	30.20	13.28	27.83	8.90	6.19
506	1 mal gepresst	„	12.18	32.56	15.82	23.75	8.80	6.33
507	2 mal gepresst	„	13.18	33.60	10.72	25.86	8.96	6.71
508		„	12.22	30.73	9.42	27.78	12.89	6.96
509		„	15.11	30.28	10.96	27.38	9.84	6.40

No. 456—460. A. Emmerling u. M. Schrodt (V.-St. Kiel). — III. Heft. 1880.
No. 461. J. König (V.-St. Münster). — 2. Bericht 1881. 16.
No. 462—471. Th. Dietrich u. M. Markendorf (V.-St. Altmorschen). — Landw. Ztg. u. Anz. f. d. Rgbz. Kassel 1879.
No. 472. W. Hoffmeister (V.-St. Insterburg). — Landw. Jahrbücher 1880. 813.
No. 473—483. M. Siewert (V.-St. Danzig). — Ebendaselbst.
No. 484. E. Wildt (V.-St. Posen). — Ebendaselbst. 814.
No. 485. A. Emmerling (V.-St. Kiel). — Ebendaselbst.
No. 486—495. J. Fittbogen (V.-St. Dahme). — Ebendaselbst.
No. 496. P. Petersen (V.-St. Oldenburg). — Ebendaselbst.
No. 497 u. 498. J. König (V.-St. Münster). — Ebendaselbst.
No. 499. K. Müller (V.-St. Hildesheim). — Ebendaselbst.
No. 500. W. Henneberg (V.-St. Göttingen). — Ebendaselbst.
No. 501 u. 502. F. Heidepriem (V.-St. Cöthen). — Ebendaselbst.
No. 503. G. Kühn (V.-St. Möckern). — Ebendaselbst.
No. 504—507. E. Heiden (V.-St. Pommritz). — Ebendaselbst.
No. 508. E. Wolff (V.-St. Hohenheim). Ebendaselbst. 815.
No. 509. C. Weigelt (V.-St. Rufach). — Ebendaselbst.

No.	Bezeichnungen und Bemerkungen	Jahr der Untersuchung	In der ursprünglichen Substanz Wasser %	Nh-Substanz %	Rohfett %	Nfr. Extractstoffe %	Rohfaser %	Asche %
510	Durchschnitt v. 5 Analysen .	1880	12.22	31.01	9.15	28.52	11.44	7.66
511		„	—	21.87	9.88	—	—	—
512		„	—	21.87	11.92	—	—	—
513		„	—	31.50	9.96	—	—	—
514		„	—	33.25	10.44	—	—	—
515		„	—	31.90	8.81	—	—	—
516		„	—	31.90	10.50	—	—	—
517		„	—	33.25	10.04	—	—	—
518		„	—	32.50	8.83	—	—	—
519		„	—	30.63	10.92	—	—	—
520		„	—	32.80	12.97	—	—	—
521		„	—	35.00	8.42	—	—	—
522		„	—	33.25	8.02	—	—	—
523		1881	—	30.63	9.40	—	—	—
524		„	—	32.20	8.80	—	—	—
525		„	13.30	31.50	8.80	28.74	10.13	7.53
526		„	—	31.50	9.02	—	—	—
527		„	—	32.55	15.54	—	—	—
528		„	—	32.20	8.00	—	—	—
529		1879	—	29.81	8.72	—	—	—
530		„	—	30.94	13.00	—	—	—
531		„	15.10	31.90	10.06	24.15	11.70	7.09
532		„	—	33.60	8.80	—	—	—
533		1881	—	31.50	9.50	—	—	—
534		„	—	28.90	12.80	—	—	—
535		„	—	32.20	9.90	—	—	—
536		„	—	29.40	11.30	—	—	—
537		1882	—	30.02	9.66	—	—	—
538		„	—	28.91	11.52	—	—	—
539		„	—	33.29	10.42	—	—	—
540		„	—	27.16	12.62	—	—	—
541		„	—	25.84	10.42	—	—	—
542		„	—	27.16	9.60	—	—	—
543		1882	7.70	29.69	9.47	30.66	14.21	8.27
544		„	11.99	31.56	8.62	27.20	13.67	6.96
545		„	12.02	31.87	7.60	27.89	13.82	6.80
546		„	7.25	27.68	12.87	30.77	13.76	7.67
547		„	11.69	26.12	8.69	35.85	11.16	6.49
548		„	12.22	30.73	9.42	27.78	12.89	6.96
549		„	11.01	30.00	12.85	23.44	14.31	8.39
550		„	—	29.90	11.50	—	—	—
551		„	—	32.75	10.21	—	—	—
552		„	—	32.38	11.55	—	—	—
553		1882	—	31.56	11.62	—	—	—
554		1883	—	31.60	9.90	—	—	—
555	Mittel aus 35 belgisch. Rapskuchen . .	1882	11.29	30.98	9.59	31.50	8.96	7.68
556		1880	11.42	28.37	15.98	28.22	9.88	6.13
557		„	—	33.90	11.39	—	—	—
558	Thüringer . .	1881	—	35.43	11.17	—	—	—
559	Nürnberger .	„	—	36.00	10.91	—	—	—
560	In Mehlform .	„	—	32.56	13.26	—	—	—
561		„	—	34.46	10.47	—	—	—
562	Oesterreichische	„	7.65	33.00	13.70	—	—	7.90
563		„	12.58	37.91	6.76	—	—	9.86
564		„	8.78	35.00	11.45	—	—	8.00
565		„	13.34	28.24	9.85	—	—	7.08
566		„	15.46	30.47	9.14	—	—	6.99
567		„	—	28.13	10.05	—	—	—
568		1882	—	31.63	10.10	—	—	—
569		„	—	30.25	9.10	—	—	—
570	Thüringer . .	„	—	34.13	9.77	—	—	—
571		„	—	27.94	9.27	—	—	—
572		„	9.12	32.88	10.23	29.03	11.08	7.66
573		„	6.32	31.13	9.54	31.65	12.98	8.38
574		„	—	29.16	9.79	—	—	—
575		„	—	34.38	9.83	—	—	—
576		„	—	36.31	10.38	—	—	—
577		1883	—	33.16	8.63	—	—	—
578		„	—	32.13	8.81	—	—	—
579		„	—	32.13	10.85	—	—	—
580		„	—	30.63	10.90	—	—	—
581		„	—	32.75	9.25	—	—	—
582		„	—	32.56	11.01	—	—	—
583		„	—	34.94	8.13	—	—	—
584		„	—	30.25	9.77	—	—	—
585		„	—	31.50	10.30	—	—	—
586		„	—	32.50	8.97	—	—	—
587		„	—	32.69	8.98	—	—	—
588		„	8.37	32.50	8.97	32.18	10.72	7.26
589		1880	9.23	33.13	9.30	—	—	6.75
590		„	8.75	30.00	9.49	—	—	8.05
591		„	8.15	36.25	7.44	—	—	8.05
592		„	10.33	25.31	11.08	—	—	7.83
593	Schwedische K.	„	9.30	28.75	8.58	—	—	7.35
594	Schottische K.	„	7.90	28.44	7.16	—	—	10.60

No. 510. J. König. — 2. Ber. d. V.-St. Münster 1881. 16.
No. 511—528. R. Heinrich. — 1. Ber. d. V.-St. Rostock. Wismar, 1882. 73.
No. 529—542. P. Wagner (V.-St. Darmstadt). — Ztschr. f. d. landw. Ver. d. Grossh. Hessen 1880. 78; 1882. 71; 1883. 38.
No. 543—554. E. Wolff (V.-St. Hohenheim). — Württembergisches Wochenblatt f. Landw. 1882. 217; 1883. 212.
No. 555. A. Petermann (V.-St. Gembloux). — Hoffmann's Jahresber. 1882. 393.
No. 556—588. Th. Dietrich u. O. Toepelmann. — Landw. Ztg. u. Anz. f. d. Rgbz. Kassel 1880—83.
No. 589—704. E. W. Olbers (V.-St. Alnarp, Schweden). — Agrikulturkemiska undersökningar 1880, 1881 u. 1882.

No.	Bezeichnungen und Bemerkungen	Jahr der Untersuchung	In der ursprünglichen Substanz					
			Wasser %	Nh-Substanz %	Rohfett %	Nfr. Extractstoffe %	Rohfaser %	Asche %
595		1880	9.78	27.19	8.27	—	—	7.78
596		„	9.15	29.38	8.58	—	—	7.30
597		„	7.18	29.06	10.19	—	—	6.85
598		„	7.95	31.25	8.82	—	—	8.05
599		„	9.30	25.63	10.12	—	—	7.95
600		„	10.23	27.19	9.38	—	—	8.98
601		„	9.20	33.13	6.74	—	—	8.70
602		„	9.20	25.94	8.54	—	—	9.08
603		„	9.85	28.13	8.62	—	—	6.65
604		„	9.55	35.00	8.07	—	—	7.40
605		„	9.68	34.38	8.84	—	—	7.33
606		„	10.00	32.50	8.64	—	—	7.00
607		„	7.43	35.00	6.37	—	—	7.38
608		„	11.28	32.50	9.12	—	—	7.23
609		„	9.45	31.25	10.87	—	—	7.98
610		„	7.05	33.13	7.41	—	—	9.45
611		„	8.45	26.88	9.01	—	—	7.35
612		„	9.06	24.38	8.30	—	—	7.35
613		„	9.09	26.25	9.61	—	—	7.20
614		„	9.60	24.38	9.73	—	—	7.90
615		„	9.20	27.46	9.05	—	—	8.00
616		„	8.60	29.06	8.35	—	—	8.75
617		„	8.90	26.88	11.25	—	—	8.20
618		„	9.28	28.75	8.79	—	—	7.56
619		„	10.03	31.25	9.47	—	—	7.10
620		„	9.30	28.75	10.58	—	—	8.72
621	Kleine Stettiner Kuchen . .	„	8.58	25.00	9.07	—	—	7.83
622	Grosse Stettiner Kuchen . .	„	8.60	27.50	10.38	—	—	7.25
623		„	7.48	29.06	7.79	—	—	8.65
624		„	8.08	31.25	9.52	—	—	7.00
625		„	10.30	25.94	10.84	—	—	6.35
626		„	10.13	29.38	8.86	—	—	7.05
627		„	10.67	29.58	7.96	—	—	7.13
628		„	9.45	28.13	11.12	—	—	7.95
629		„	9.11	29.39	9.14	—	—	7.10
630		„	9.95	30.62	9.48	—	—	7.50
631		„	8.80	27.50	9.63	—	—	7.53
632		„	8.10	26.88	10.04	—	—	7.70
633		„	8.55	31.25	8.86	—	—	8.10
634		„	8.33	38.61	9.50	—	—	7.88
635		„	13.33	30.63	12.21	—	—	6.98
636		„	10.43	32.40	10.20	—	—	8.10
637		„	10.15	30.63	9.16	—	—	7.65
638		„	11.65	31.25	9.28	—	—	7.05
639		„	9.80	33.13	7.63	—	—	7.10
640		„	10.35	31.25	7.13	—	—	6.15
641		„	12.38	30.00	7.25	—	—	6.65
642		„	11.73	34.38	7.33	—	—	8.00
643		1880	13.40	27.50	13.15	—	—	6.65
644		„	9.05	29.38	8.45	—	—	8.05
645		„	8.40	26.25	8.09	—	—	6.85
646		1881	7.05	25.00	7.85	—	—	7.30
647		„	8.30	29.06	8.86	—	—	7.00
648		„	10.60	28.13	9.35	—	—	7.45
649		„	9.95	24.38	9.06	—	—	8.00
650		„	7.80	28.44	9.49	—	—	8.05
651		„	12.75	25.00	8.22	—	—	6.55
652		„	8.40	25.00	11.26	—	—	8.40
653		„	8.05	28.44	9.04	—	—	8.10
654		„	4.05	26.88	8.74	—	—	8.20
655		„	11.45	26.88	12.90	—	—	7.45
656		„	9.05	29.39	9.42	—	—	7.60
657		„	8.60	27.81	10.80	—	—	7.80
658		„	9.30	31.25	8.18	—	—	8.05
659		„	9.45	25.63	7.70	—	—	7.55
660		„	9.00	26.59	8.17	—	—	10.85
661		„	10.65	29.38	8.65	—	—	6.35
662		„	10.65	25.94	9.06	—	—	6.95
663		„	8.65	28.44	9.91	—	—	7.45
664		„	9.10	25.63	9.18	—	—	8.05
665		„	7.50	33.13	9.52	—	—	6.80
666		„	10.50	34.38	7.80	—	—	9.60
667		„	8.90	25.94	8.24	—	—	7.45
668		„	7.90	32.45	7.61	—	—	7.73
669		„	7.45	30.00	9.70	—	—	7.66
670		„	9.60	26.25	10.60	—	—	6.40
671		„	7.75	25.63	10.09	—	—	7.20
672		„	7.45	32.19	8.78	—	—	8.10
673		„	8.15	31.88	6.56	—	—	8.40
674		„	8.45	29.06	9.44	—	—	7.70
675		„	7.95	30.94	8.64	—	—	6.90
676		„	7.25	32.19	7.82	—	—	9.80
677		„	7.60	28.75	10.15	—	—	6.70
678		„	6.90	28.44	10.69	—	—	7.80
679		„	7.55	29.38	9.24	—	—	6.90
680		„	9.35	32.19	7.98	—	—	6.75
681		„	9.33	27.50	8.47	—	—	7.30
682		„	7.05	25.00	7.85	—	—	7.30
683		1883	7.55	27.50	10.25	—	—	7.60
684		„	7.05	27.81	8.93	—	—	7.85
685		„	9.90	28.75	8.74	—	—	8.60
686		„	9.50	26.88	8.87	—	—	7.10
687		„	11.75	27.46	7.68	—	—	6.55
688		„	9.70	29.38	8.01	—	—	7.30
689		„	11.00	26.25	11.37	—	—	7.25
690		„	8.00	28.44	9.07	—	—	7.75
691		„	9.20	31.88	9.52	—	—	7.60
692		„	8.05	25.00	9.91	—	—	7.80

No.	Bezeichnungen und Bemerkungen	Jahr der Untersuchung	In der ursprünglichen Substanz: Wasser %	Nh-Substanz %	Rohfett %	Nfr. Extractstoffe %	Rohfaser %	Asche %
693		1882	10.05	32.81	6.65	—	—	7.30
694		„	10.33	28.13	11.31	—	—	7.40
695		„	9.35	27.81	9.30	—	—	7.25
696		„	9.85	27.50	12.77	—	—	7.10
697		„	9.30	29.06	11.60	—	—	8.60
698		„	9.10	26.88	8.83	—	—	7.50
699		„	8.35	29.69	8.96	—	—	6.50
700		„	7.75	26.25	10.26	—	—	8.15
701		„	8.85	26.56	10.15	—	—	7.25
702		„	9.75	28.43	8.12	—	—	8.05
703		„	8.73	27.81	9.00	—	—	8.28
704		„	10.33	28.13	11.31	—	—	7.40
705		„	10.26	31.66	11.84	28.05	10.67	7.52
706		„	9.60	31.01	7.90	—	—	9.04
707		„	9.54	32.14	8.54	—	—	7.88
708		1877/82	10.28	28.00	9.84	35.45	9.41	7.02
709		„	12.72	28.50	12.74	31.12	9.00	5.92
710		„	11.87	28.00	10.36	29.92	11.82	8.03
711		„	11.45	29.00	12.49	31.45	7.83	7.78
712		„	6.62	30.00	6.64	39.32	8.10	9.32
713		„	8.05	30.00	8.04	40.77	5.42	7.72
714		„	11.35	27.00	8.98	34.71	8.14	9.82
715		„	12.18	24.50	11.13	32.75	9.72	9.72
716		„	9.65	30.44	12.93	30.19	9.18	7.61
717		„	8.96	32.18	7.77	36.09	7.80	7.20
718		„	11.75	36.38	10.22	26.97	7.09	7.59
719		„	11.01	29.13	9.10	35.31	8.75	6.70
720		„	8.71	28.31	8.38	34.79	11.09	8.72
721		„	9.90	31.94	9.39	32.97	8.34	7.46
722		„	8.00	31.13	10.02	32.24	10.98	7.63
723		„	9.35	31.13	7.71	33.84	10.22	7.75
724		„	8.82	27.94	9.62	34.25	9.76	9.15
725		„	8.55	26.38	9.63	35.16	12.56	7.72
726		„	7.15	30,31	9.27	33.22	10.22	9.83
727		„	12.92	26.38	10.68	31.92	11.20	6.90
728		„	10.30	28.75	9.63	32.44	10.72	8.16
729		„	10.02	26.38	11.32	34.79	9.56	7.93
730		„	8.63	29.56	8.54	34.58	11.00	7.69
731		„	13.15	28.00	8.97	28.70	14.58	6.60
732		„	11.36	30.19	9.16	28.57	12.32	8.40
733		„	12.31	32.40	9.60	19.14	14.25	12.30
734		„	11.75	30.80	13.60	19.05	14.20	10.60
735		1877/82	9.77	33.20	8.26	25.82	13.40	9.55
736		„	9.44	30.08	8.94	32.36	12.98	6.20
737		„	10.38	31.20	9.72	26.56	13.34	8.80
738		„	7.80	36.00	8.13	26.66	14.26	7.15
739		„	9.84	34.20	7.89	30.45	10.87	6.75
740		„	8.84	31.60	7.51	32.92	12.83	6.30
741		„	8.61	31.84	10.61	30.71	11.33	6.90
742		„	11.77	31.84	7.94	27.21	12.61	8.63
743		„	12.02	32.24	11.66	26.74	10.19	7.15
744		„	8.33	33.03	10.18	28.81	10.85	8.80
745		„	12.23	31.36	8.04	29.17	12.55	6.65
746		1880	10.81	29.06	11.01	31.93	10.14	7.05
747		1879	—	26.04	9.97	—	—	—
748		1879/83	—	27.56	8.48	—	—	—
749		„	—	29.94	6.83	—	—	—
750	Aus Ungarn .	1884	10.46	33.25	9.42	27.21	12.40	7.26
751	Von Fr. Deiglmayr-München	„	13.78	30.63	8.78	27.95	12.06	6.80
752	Brassica Napus	„	7.80	33.25	8.25	—	—	7.00
753	Brassica campestris (Colza) .	„	11.86	35.50	10.14	36.40		6.50
754		„	8.08	28.44	16.28	13.00	25.00	9.20
755		„	8.11	33.12	12.06	27.94	11.99	6.77
756		„	5.72	32.75	13.76	27.70	13.28	6.79
757		1885	14.20	24.88	8.50	—	—	13.82
758		„	6.97	34.50	5.23	—	—	7.76
759		„	5.57	34.44	5.42	—	—	8.66
760		„	7.95	32.27	10.07	—	—	10.10
761		„	7.56	32.83	12.37	—	—	8.55
762		„	13.90	30.63	9.08	—	—	8.10
763		„	9.32	33.81	5.95	—	—	7.72
764		„	12.60	33.69	9.00	—	—	7.22
765		„	11.00	34.50	9.03	—	—	7.40
766		1886	9.72	34.63	6.27	—	—	7.21
767		„	10.60	31.31	9.50	—	—	8.39
768		„	9.45	33.50	5.37	—	—	7.60
769		„	10.18	31.66	9.67	—	—	7.79
770		„	9.26	32.82	10.72	—	—	6.89
771		„	8.95	36.32	8.96	—	—	6.87
772		„	9.35	34.26	10.25	—	—	7.60
773		1878	10.8	32.2	10.0	—	—	—
774		„	9.4	31.8	9.7	—	—	—

No. 705—707. Werenskjold. — Durch V. Dircks in Aas (Landbrugskemiker Werenskiolds Beretning).
No. 708—745 J. Fittbogen, Schiller, Hässelbarth, Wilfarth u. Förster (V.-St. Dahme). — Originalmitthl.
No. 746. R. Wagner (Kiel). — L. V.-St. 25. 1880. 207.
No. 747. M. C. de Leeuw (V.-St. Hasselt, Belgien). — Originalmittheilung.
No. 748—751. F. Soxhlet (Central-Versuchs-Station München). — Originalmittheilung.
No. 752 u. 753. C. Schaedler. — Dessen: Technologie der Fette. Berlin, 1883. 424.
No. 754—756. O. Kohlrausch. — Org. d. Centralver. f. Rübenzuckerindustrie in Oesterreich-Ungarn. Wien, 1885. 99.
No. 757—772. E. Heiden, A. Schlimper, O. Toepelmann, Reh u. Güntz (V.-St. Pommritz). — Originalmitthl.
No. 773—932. M. Märcker (V.-St. Halle). — Originalmittheilung.

No.	Bezeichnungen und Bemerkungen	Jahr der Untersuchung	In der ursprünglichen Substanz Wasser %	Nh-Substanz %	Rohfett %	Nfr. Extractstoffe %	Rohfaser %	Asche %
775		1878	10.1	33.0	8.2	28.3	12.1	8.3
776		"	10.5	34.3	8.0	—	—	—
777		"	15.1	29.3	11.0	—	—	—
778		"	14.5	30.3	8.1	—	—	—
779		"	14.0	29.6	10.1	—	—	—
780		"	16.5	28.1	10.0	—	—	—
781		"	12.0	30.8	8.1	—	—	—
782		"	10.5	32.3	8.7	—	—	—
783		"	11.7	31.6	10.1	—	—	—
784		"	12.8	35.1	6.9	—	—	—
785		"	9.8	29.8	8.5	—	—	—
786		"	13.2	27.4	13.2	—	—	—
787		"	13.7	25.9	15.6	—	—	—
788		"	6.7	30.3	10.8	—	—	—
789		"	9.0	31.9	8.4	29.3	12.6	8.8
790		"	9.6	32.1	6.8	29.4	14.1	8.0
791		"	9.8	31.8	8.10	30.1	11.4	8.8
792		1879	12.7	29.9	10.2	26.2	13.9	7.1
793		"	10.7	30.6	9.9	29.1	11.9	7.8
794		"	7.2	29.4	11.4	31.7	12.7	7.6
795		"	13.0	30.8	8.3	30.3	10.5	7.1
796		"	8.0	28.6	8.0	34.1	13.8	7.5
797		"	10.1	31.4	8.2	30.0	12.1	8.2
798		"	12.3	30.9	7.4	31.6	10.5	7.3
799		"	10.6	33.8	8.0	—	—	—
800		"	11.4	29.8	9.0	—	—	—
801		"	8.1	31.7	8.6	—	—	—
802		"	9.7	34.3	7.5	—	—	—
803		"	—	31.8	9.7	—	—	—
804		"	—	32.7	7.6	—	—	—
805		"	—	31.8	7.6	—	—	—
806		"	8.7	35.3	8.6	—	—	—
807		"	—	31.7	9.2	—	—	—
808		"	—	34.2	—	—	—	—
809		"	9.5	35.6	7.7	—	—	—
810		"	8.1	36.3	8.0	—	—	—
811		"	7.2	28.3	10.9	—	—	8.8
812		1880	8.0	32.6	8.5	—	—	—
813		"	10.1	29.9	9.2	—	—	—
814		"	3.6	34.1	8.6	—	—	—
815		"	9.1	34.0	7.6	—	—	—
816		"	12.5	31.9	9.7	—	—	—
817		"	8.9	32.3	10.1	—	—	—
818		"	9.1	31.4	8.2	—	—	—
819		"	10.7	31.1	10.0	—	—	—
820		"	—	32.3	8.0	—	—	—
821		"	—	32.1	10.6	—	—	—
822		"	8.8	32.7	11.1	—	—	—
823		"	12.2	33.8	8.1	—	—	—
824		"	7.5	31.8	10.3	—	—	—
825		1880	12.9	29.4	7.7	—	—	—
826		"	9.1	32.9	8.0	—	—	—
827		"	9.0	31.1	9.0	—	—	—
828		"	—	29.1	—	—	—	—
829		"	9.1	34.8	8.4	—	—	—
830		"	14.9	31.0	10.2	—	—	—
831		"	12.1	32.2	9.1	—	—	—
832		"	8.5	34.4	8.3	—	—	—
833		"	10.9	31.9	9.3	28.2	9.8	10.4
834		"	8.2	30.8	10.3	—	—	—
835		"	6.4	32.4	16.7	—	—	—
836		"	8.2	32.7	14.1	—	—	—
837		"	8.4	32.1	11.0	—	—	—
838		"	8.6	32.5	9.7	—	—	—
839		"	8.7	32.8	8.8	—	—	—
840		"	7.7	30.8	13.0	—	—	—
841		"	8.4	33.3	10.5	—	—	—
842		"	9.6	32.3	13.4	—	—	—
843		"	11.9	31.3	13.1	—	—	—
844		"	10.4	31.2	8.9	—	—	—
845		"	7.3	32.3	10.2	—	—	—
846		"	9.4	29.5	9.8	—	—	—
847		"	13.3	30.7	10.4	—	—	—
848		"	9.0	33.2	9.6	—	—	—
849		"	10.5	36.0	10.7	—	—	—
850		"	11.9	32.8	11.7	—	—	—
851		"	7.7	32.4	8.4	—	—	—
852		"	14.1	30.3	10.8	—	—	—
853		"	13.5	31.1	11.9	—	—	—
854		"	7.8	33.1	10.0	—	—	—
855		"	10.8	33.1	9.7	—	—	—
856		"	10.6	32.1	9.3	—	—	—
857		"	6.7	34.8	9.8	—	—	—
858		"	13.0	36.9	9.2	—	—	—
859		"	14.8	31.7	8.0	—	—	—
860		"	7.1	31.9	11.0	—	—	—
861		"	7.7	32.6	10.7	—	—	—
862		1881	11.7	32.5	10.7	—	—	—
863		"	15.3	25.6	10.9	—	—	—
864		"	12.2	33.3	8.3	—	—	—
865		"	7.6	29.7	9.3	—	—	—
866		"	9.4	30.8	9.0	—	—	—
867		"	13.9	31.0	12.5	—	—	—
868		"	13.8	30.9	11.3	—	—	—
869		"	16.3	30.0	7.1	—	—	—
870		"	14.1	32.1	7.9	—	—	—
871		"	9.6	28.6	8.0	—	—	—
872		"	7.4	31.4	5.3	—	—	—
873		"	9.6	33.5	9.6	—	—	—
874		"	9.7	29.9	9.1	—	—	—

No.	Bezeichnungen und Bemerkungen	Jahr der Untersuchung	In der ursprünglichen Substanz: Wasser %	Nh-Substanz %	Rohfett %	Nfr. Extractstoffe %	Rohfaser %	Asche %
875		1881	11.6	30.6	11.4	—	—	—
876		„	17.4	30.6	11.9	—	—	—
877		„	—	29.3	—	—	—	—
878		„	—	29.6	—	—	—	—
879		„	—	30.6	—	—	—	—
880		„	—	31.1	12.6	—	—	—
881		„	—	33.7	9.3	—	—	—
882		„	—	33.1	9.7	—	—	—
883		„	—	30.9	—	—	—	—
884		„	—	31.5	11.4	—	—	—
885		„	9.3	35.5	4.4	29.1	14.3	7.7
886		„	15.5	28.6	7.7	—	—	—
887		„	8.0	33.0	7.5	—	—	—
888		„	7.8	33.7	6.7	—	—	—
889		„	—	31.0	—	—	—	—
890		„	8.1	31.7	11.6	—	—	—
891		„	11.5	32.5	9.0	—	—	—
892		„	—	34.0	—	—	—	—
893		„	—	33.9	9.0	—	—	—
894		„	—	32.8	7.7	—	—	—
895		„	—	30.4	10.7	—	—	—
896		„	—	34.7	8.8	—	—	—
897		„	—	36.7	8.6	—	—	—
898		„	—	33.4	8.2	—	—	—
899		„	—	33.4	8.7	—	—	—
900		„	—	34.9	9.7	—	—	—
901		„	—	35.1	9.5	—	—	—
902		„	—	33.7	12.6	—	—	—
903		1882	10.2	35.3	9.2	—	—	—
904		„	10.5	30.4	13.6	—	—	—
905		„	11.2	33.4	13.3	—	—	—
906		„	11.5	30.7	9.6	—	—	—
907		„	9.7	33.9	8.2	—	—	—
908		„	13.4	33.0	16.1	—	—	—
909		„	9.8	32.7	8.8	—	—	—
910		„	11.4	32.7	7.7	—	—	—
911		„	12.3	43.3	9.4	—	—	—
912		„	9.5	34.8	8.0	—	—	—
913		„	6.2	32.4	10.9	—	—	—
914		„	10.9	29.9	14.3	—	—	—
915		„	14.2	31.6	10.6	—	—	—

No.	Bezeichnungen und Bemerkungen	Jahr der Untersuchung	In der ursprünglichen Substanz: Wasser %	Nh-Substanz %	Rohfett %	Nfr. Extractstoffe %	Rohfaser %	Asche %
916		1882	12.2	31.2	10.4	—	—	—
917		„	9.7	33.1	7.3	—	—	—
918		„	11.8	33.0	8.5	—	—	—
919		„	11.0	32.2	7.8	—	—	—
920		„	8.3	31.5	9.1	—	—	—
921		„	11.0	33.0	11.9	—	—	—
922		„	11.9	30.5	9.7	—	—	—
923		„	12.8	32.3	7.7	—	—	—
924		„	9.4	33.3	9.6	—	—	—
925		„	11.2	31.8	8.9	—	—	—
926		„	9.6	32.9	7.4	—	—	—
927		„	10.7	31.7	11.1	—	—	—
928		„	10.1	29.9	6.7	—	—	—
929		„	9.9	27.4	8.3	—	—	—
930		„	12.6	32.5	10.9	—	—	—
931		„	10.8	33.4	7.3	—	—	—
932		„	8.8	37.3	3.8	—	—	—
933	Tourteau de Colza . . .	1876	12.20	28.37	12.78	28.18	11.41	7.06
934	Desgl.	„	11.86	35.50	10.14	—	—	6.50
935	Mittel von 6 Analysen . .	1882	—	28.73	10.71	—	—	—
936		1884	—	32.90	10.51	—	—	—
937		„	—	27.94	14.66	—	—	—
938		„	—	31.81	8.66	—	—	—
939		„	—	31.93	11.35	—	—	—
940	Mittel von 10 Proben . .	1885	—	33.60	9.60	—	—	—
941		1886	—	35.81	10.60	—	—	—
942		„	—	32.37	10.46	—	—	—
943		„	—	31.62	12.98	—	—	—
944		„	—	34.62	9.38	—	—	—
945		„	—	31.37	10.30	—	—	—
946	Mittel aus 14 Proben . .	1887/88	—	33.17	10.00	—	—	—
947		1882	7.70	29.69	9.47	30.66	14.21	8.27
948		„	11.99	31.56	8.62	27.20	13.67	6.96
949		„	12.02	31.87	7.60	27.89	13.82	6.80
950		„	7.25	27.68	12.87	30.77	13.76	7.67
951		„	11.69	26.12	8.69	35.85	11.16	6.49
952		„	12.22	30.73	9.42	27.78	12.89	6.96

No. 933. L. Grandeau. — Originalmittheilung.
No. 934. C. Schaedler. — Dessen: Technologie der Fette. Berlin, 1883. 424. Verfasser bezeichnet diese Kuchen als abstammend von Brassica campestris.
No. 935. P. Wagner (V.-St. Darmstadt). — Hoffmann's Jahresbericht 1883. 374.

	Maximum	Minimum
Proteïn . . .	33.29	25.84 %
Fett	12.62	9.60 „

No. 936—946. Th. Dietrich (V.-St. Marburg). — Landw. Ztg. u. Anz. 1884, 551. 1885, 198. 1886, 246 u. 651; ferner für No. 946 Originalmittheilung. Unter den 10 Proben unter No. 940 betrug

	das Maximum an Proteïn	an Fett	das Minimum an Proteïn	an Fett
	36.81	11.38 %	30.31	7.38 %
Zu den Proben unter No. 946	36.56	13.65 „	30.40	8.40 „

No. 947—953. E. Wolff (V.-St. Hohenheim). — Württembergisches Wochenblatt f. Landwirthschaft 1882. 217.

No.	Bezeichnungen und Bemerkungen	Jahr der Untersuchung	In der ursprünglichen Substanz Wasser %	Nh-Substanz %	Rohfett %	Nfr. Extractstoffe %	Rohfaser %	Asche %
953		1882	11.01	30.00	12.85	23.44	14.31	8.39
954		1883/84	—	32.8	9.3	—	—	—
955		„	—	33.1	7.9	—	—	—
956		„	—	33.4	7.7	—	—	—
957		1884/85	—	33.1	7.9	—	—	—
958		„	—	33.4	7.7	—	—	—
959		„	—	29.62	11.82	—	—	—
960		„	—	31.37	9.21	—	—	—
961		1886	—	30.06	10.56	—	—	—
962		„	—	33.49	10.18	—	—	—
963		„	—	31.02	10.27	—	—	—
964		„	—	33.81	9.46	—	—	—
965		„	—	34.75	9.57	—	—	—
966		„	—	34.26	9.35	—	—	—
967		„	—	30.31	13.03	—	—	—
968		„	—	31.02	10.27	—	—	—
969		1887	—	34.18	9.74	—	—	—
970		„	—	31.86	9.60	—	—	—
971		1887	—	35.06	9.60	—	—	—
972		„	—	33.81	10.30	—	—	—
973		„	—	33.80	8.50	—	—	—
974		„	—	31.63	13.49	—	—	—
975		„	10.09	33.16	8.50	30.04	10.81	7 39
976		„	7.28	32.38	10.38	32.30	9.21	8.43
977	Mittel mehr. A.	1884	9.20	37.20	9.80	—	—	7.40
	Minimum .		2.93	21.04	3.77	18.88	(1.41)?	3.99
	Maximum .		20.30	43.58	21.45	40.20	24.01	14.22
	Mittel d. Analysen bis 1869		11.91	31.45	9.66	26.17	13.56	7.25
	Desgl. v. 1870 bis 1879 . .		13.56	30.58	10.04	26.66	11.06	8.10
	Desgl. v. 1880 bis jetzt . .		9.86	30.87	9.56	29.95	11.78	7.98
	Mittel von sämmtl. Analys.		11.72	30.78	9.80	28.18	11.58	7.94

Rapsmehl. Mit Lösungsmitteln entfetteter Raps.

No.	Bezeichnungen und Bemerkungen	Jahr der Untersuchung	Wasser %	Nh-Substanz %	Rohfett %	Nfr. Extractstoffe %	Rohfaser %	Asche %
1		1860	7.90	26.80	6.00	35.70	14.60	9.00
2		1862	7.26	33.12	2.02	36.56	12.84	8.20
3	Aus gequetscht. Körnern . .	1863	10.48	35.18	7.46	29.85	9.18	7.85
4	Aus gepressten Kuchen . .	„	10.73	32.28	1.98	35.54	12.43	7.04
5		1862	(11.84	31.55	11.48	17.54	20.92	6.67)
6		„	12.90	40.60	9.10	13.70	16.00	7.70
7		1864	8.94	27.10	3.84	38.81	13.81	7.50
8		1866	7.00	33.10	2.00	—	—	—
9		1867	(3.90	34.73	4.40	30.07	19.39	7.51)
10		„	6.22	36.75	2.20	25.23	11.10	8.50
11		1867	—	41.10	3.40	—	—	—
12		1868	14.50	34.74	0.79	30.53	11.52	7.92
13		1873	11.42	33.33	6.72	31.71	9.82	7.00
14		1876	10.01	34.31	4.96	31.42	11.85	7.45
15		1871	10.23	32.45	4.46	33.28	11.83	7.75
16		1873	9.28	31.81	6.85	—	—	—
17		„	10.70	34.20	10.10	23.90	14.00	7.10
18		„	10.80	34.00	6.50	25.80	15.40	7.50
19		1874	10.10	33.00	4.90	30.10	14.50	7.40
20		„	11.60	35.00	5.50	26.00	14.50	7.40
21		„	9.39	34.87	6.30	28.32	13.90	7.22
22		„	—	35.75	6.34	—	—	—

No. 954—956. E. Wolff (V.-St. Hohenheim). — Württembergisches Wochenblatt f Landwirthschaft 1884. 292.
No. 957—960. Derselbe. — Ebendaselbst 1886. 46.
No. 961—968. Derselbe. — Ebendaselbst 1887. 53.
No. 969—974. Derselbe. — Ebendaselbst 1888. 175.
No. 975 u. 976. W. Kirchner. — Ber. d. landw. Instituts Halle. 6. 9.
No. 977. J. D. Kobus (V.-St. Wageningen). — Landw. Jahrb. 13 .1889. 827. Für die einzelnen Bestandtheile wurden gefunden:
Im Maximum . . Wasser 9.6 Proteïn 33.9 Fett 11.0 Asche 8.8%
Im Minimum . . „ 8.5 „ 26.2 „ 7.5 „ 6.3%. Diese und die Mittelzahlen beziehen sich beim Wasser auf 9, beim Proteïn auf 31, beim Fett auf 30, und bei der Asche auf 16 Analysen.

Rapsmehl.

No. 1. H. Grouven. — Ztschr. d. Prov. Sachsen 1860. 229. Die Rückstände waren aus der Fabrik v. Grassau u. Sohn in Braunschweig.
No. 2. Birner. — Ann. d. Landwirthsch. Wochenbl. 1863. 194. Die untersuchten Rückstände waren von der Fabrik (Heyl'sches Verfahren) von Zastrow in Stargard in Pommern. Dieselben enthielten 3.03% P_2O_5 u. 1.83 K_2O.
No. 3 u. 4. H. Hellriegel. — Ebendaselbst 1864. No. 3 enthielt 1.07%, No. 4 0.86% Sand. No. 3 waren Rückstände von ganzen leicht gequetschten mit CS_2 extrahirten Rapskörnern; No. 4 aus gepressten und wieder gemahlenen und dann extrahirten Rapskörnern.
No. 5. Th. Dietrich. — Ztschr. d. landw. Centralv. f. Kurhessen 1862. 108. Die Rückstände waren nach eigenthümlichem, nicht bekanntem Verfahren hergestellt, rochen stark brenzlich und enthielten freie Schwefelsäure (0,84%).
No. 6. W. Henneberg. — J. f. Landwirthsch. 1864. 25. Mit CS_2 extrahirt.
No. 7. C. Karmrodt (V.-St. Bonn). — Ztschr. d. landw. V. in Rheinpreussen 1864. 428.
No. 8. Eichhorn. — Ann. d. Landw. Wochenbl. 1866. 156. Mit CS_2 extrahirt.
No. 9. Junghähnel. — Chem. Ackersmann 1867. 47. Rückstände des mit CS_2 macerirten Rapses. Wasser, Asche und Fett wurden durch Analyse bestimmt, die Werthe der anderen Bestandtheile willkürlich angenommen.
No. 10. A. Voelcker. — Annal. d. Landw. Wochenbl. 1868. 399.
No. 11. J. Nessler u. A. Mayer (V.-St. Carlsruhe). — Bericht 1870. 58. Mit CS_2 entfetteter Raps.
No. 12. G. Kühn (V.-St. Möckern). — Landw. V.-St. 12. 1870. 270 u. 302.
No. 13. G. Kühn (V.-St. Möckern). — Sächsische landw. Ztg. 1875. 156.
No. 14. G. Kühn u. Kelbe. — Originalmittheilung.
No. 15. Th. Dietrich (V.-St. Altmorschen). — Landw. Anz. f. d. Rgbz. Cassel 1871. 158.
No. 16—23. P. Wagner (V.-St. Darmstadt). — Originalmittheilung.

No.	Bezeichnungen und Bemerkungen	Jahr der Untersuchung	In der ursprünglichen Substanz: Wasser %	Nh-Substanz %	Rohfett %	Nfr. Extractstoffe %	Rohfaser %	Asche %	No.	Bezeichnungen und Bemerkungen	Jahr der Untersuchung	In der ursprünglichen Substanz: Wasser %	Nh-Substanz %	Rohfett %	Nfr. Extractstoffe %	Rohfaser %	Asche %
23		1874	11.79	34.10	7.40	26.39	13.08	7.24	28		1880	8.23	27.94	9.64	29.27	11.56	(13.56)
24		1875	—	34.94	2.96	—	—	—		Minimum		6.22	26.80	0.79	13.70	9.18	7.00
25		„	—	35.50	1.84	—	—	—		Maximum		12.90	40.60	10.10	38.81	16.00	9.00
26		„	—	31.81	4.34	—	—	—		Mittel . .		9.95	33.80	5.01	30.75	12.86	7.63
27		1884	9.44	34.94	4.68	30.84	12.48	7.62									

Rübsenkuchen. Rübkuchen. Aus dem Samen der Brassica Rapa oleifera L.

No.	Bezeichnungen und Bemerkungen	Jahr	Wasser	Nh-Substanz	Rohfett	Nfr. Extractstoffe	Rohfaser	Asche	No.	Bezeichnungen und Bemerkungen	Jahr	Wasser	Nh-Substanz	Rohfett	Nfr. Extractstoffe	Rohfaser	Asche
1		1867	13.15	30.52	10.00	21.35	18.04	6.94	19	Kleinbetrieb .	1880	8.61	34.93	12.73	24.54	12.08	7.11
2		„	11.40	31.87	8.36	24.15	17.93	5.89	20	Desgl. . . .	„	—	29.56	19.39	—	—	—
3		„	10.30	33.00	7.50	22.81	19.06	7.33	21		1883	—	29.88	14.47	—	—	—
4	Aus Preussen .	1870	12.90	25.81	11.37	—	—	7.38	22	Deutsche, pol-							
5	Aus Polen . .	„	13.00	22.38	11.60	—	—	8.11		nische u. rus-							
6	Desgl. . . .	„	13.57	25.31	11.97	—	—	8.33		sische, Mittel							
7		1871/77	10.68	29.25	15.87	25.17	9.12	6.91		a. 13 Analys.	„	8.83	30.48	10.80	32.10	9.55	7.33
8	Mittel a. 6 Anal.	1881	—	30.76	9.58	—	—	—	23	Englische u. in-							
9	Mittel a. 11 An.	1882	—	31.21	9.48	—	—	—		dische, Mittel							
10	Mittel a. 7 Anal.	1883	—	33.54	9.86	—	—	—		a. 24 Analys.	„	10.16	32.48	8.40	30.06	9.68	7.20
11		1873	13.10	25.63	6.29	—	—	10.34	24	Deutsche u. pol-							
12		1876	10.16	27.37	11.27	30.93	12.77	7.50		nische, Mittel							
13		1878	11.35	31.25	9.24	—	—	7.30		a. 23 Analys.	1884	10.66	31.09	8.49	32.20	9.06	7.34
14	Ungar. Rübsen	1877	7.50	34.44	9.34	—	—	7.80	25	Englische u. in-							
15	Stettiner Saat .	„	8.53	34.75	8.51	—	—	7.32		dische, Mittel							
16	Desgl. . . .	„	7.66	35.19	8.93	—	—	7.50		a. 15 Analys.	„	10.25	30.97	8.07	32.27	8.92	7.31
17		1880	12.40	35.40	7.50	—	—	6.40	26	Deutsche, Mittel							
18	Kleinbetrieb .	„	10.96	31.87	10.67	26.84	13.06	8.60		a. 9 Analysen	1885	10.27	31.94	9.10	32.38	8.29	7.08

No. 24—26. F. Holdefleiss (V.-St. Halle). — Ztschr. d. landw. Centralv. f. d. Prov. Sachsen 1876. 245.
No. 27. F. Soxhlet (Central-V.-St. München). — Originalmittheilung. Die untersuchten Rückstände stammten aus der Fabrik von Glückmann, Swarzenski u. Schrebel in Riesa.
No. 28. Schiller (V.-St. Dahme). — Originalmittheilung. Das Muster enthielt 6.98 % Sand.

Rübsenkuchen. (Vergl. Bemerkung unter 22 u. f., welche auch für andere der untersuchten Proben zutreffend sein dürften.)
No. 1—3. Pincus (V.-St. Insterburg). — 5. Bericht 1867. 104.
No. 4—6. H. Habedank (V.-St. Insterburg). — Bericht für 1870/71. 68.
No. 7. J. König (V.-St. Münster). — 1. Bericht für 1871/77. 43.
No. 8—10. J. König (V.-St. Münster). — 3. Bericht für 1881/83. 13. Der Gehalt der untersuchten Kuchen schwankte bezüglich des Proteïns von 28.20 %—35.60 %, bezgl. des Fettes von 6.63—14.37 %.
No. 11. E. W. Olbers (V.-St. Alnarp). — Originalmittheilung.
No. 12 u. 13. P. Wittelshöfer (V.-St. Regenwalde). — Originalmittheilung.
No. 14—16. Th. Behrmann (Laboratorium der Rigaer Oelmühle C. Ch. Schmidt). — Originalmittheilung.
No. 17—20. Th. Dietrich (V.-St. Marburg). — Originalmittheilung.
No. 21. G. Klien (V.-St. Königsberg). — Hoffmann's Jahresber. der Agrikulturchemie 1884. 399. Der Gehalt der 92 Proben schwankte hinsichtlich des Gehaltes an Proteïn von 26.03—33.65 %, an Fett 8.81—23.24 %.
No. 22—32. M. Siewert (V.-St. Danzig). — Originalmittheil. Für höchsten und niedrigsten Gehalt wurden gefunden:

		Wasser	Nh. Substanz	Rohfett	Nfr. Extraktstoffe	Rohfaser	Rohasche	Sand
Zu No. 22	Maximum . . .	12.50	34.30	14.40	35.38	11.49	8.55	—
	Minimum . . .	7.00	26.25	7.96	29.73	7.19	6.64	—
Zu No. 23	Maximum . . .	12.40	36.49	10.96	33.47	11.74	8.93	4.20
	Minimum . . .	8.20	30.10	7.08	28.15	7.55	6.42	0.64
Zu No. 24	Maximum . . .	17.74	34.30	11.42	36.19	10.92	9.00	4.74
	Minimum . . .	9.45	24.32	7.38	26.03	7.28	4.90	0.62
Zu No. 25	Maximum . . .	12.40	34.57	9.80	36.49	11.04	8.19	3.76
	Minimum . . .	8.50	28.88	6.75	28.05	6.75	6.11	0.56
Zu No. 29	Maximum . . .	10.70	33.33	11.34	34.64	8.80	8.20	3.70
	Minimum . . .	8.70	30.19	7.44	30.86	6.80	6.70	0.70
Zu No. 30	Maximum . . .	11.70	33.50	10.10	33.85	8.80	7.90	—
	Minimum . . .	9.90	29.50	8.36	30.74	7.90	6.00	—
Zu No. 31	Maximum . . .	14.50	35.78	17.96	33.16	7.65	8.00	—
	Minimum . . .	7.40	26.15	8.58	29.25	3.01	6.24	—
Zu No. 32	Maximum . . .	14.40	34.47	16.12	34.14	9.40	8.26	4.40
	Minimum . . .	6.48	27.22	7.51	27.49	6.30	5.70	0.20

No.	Bezeichnungen und Bemerkungen	Jahr der Untersuchung	In der ursprünglichen Substanz: Wasser %	Nh-Substanz %	Rohfett %	Nfr. Extractstoffe %	Rohfaser %	Asche %
27	Russisch. u. polnische, Mittel a. 20 Analys.	1885	9.97	29.36	13.51	31.71	7.88	6.80
28	Englische u. indische . .	„	10.44	30.36	9.16	32.67	7.89	7.43
29	Englisch., Mittel a. 12 Analys.	1886	10.06	31.95	8.73	32.64	7.74	9.38
30	Deutsch., Mittel a. 13 Analys.	„	10.90	31.00	8.96	32.95	8.14	7.22
31	Polnische u. russische, Mittel a. 24 Analys.	„	10.46	31.33	12.89	31.33	8.50	8.25
32	Ueberhaupt Mittel a. 32 Anal.	1887	10.43	31.95	9.28	31.51	7.87	8.80
33		1888	—	39.06	11.42	—	—	—
34		„	—	30.44	8.10	—	—	—
35		„	—	30.56	11.18	—	—	—
	Minimum		6.48	22.38	6.29	21.35	3.01	4.90
	Maximum		17.74	39.06	19.39	36.49	19.06	10.34
	Mittel . .		10.72	32.73	9.97	31.07	7.78	7.73
	(Vergl. hierfür auch Zahlen in d. Anmerkung.)							

Rübsenmehl. Mit Lösungsmitteln entfetteter Rübsen.

No.	Bezeichnungen und Bemerkungen	Jahr der Untersuchung	Wasser %	Nh-Substanz %	Rohfett %	Nfr. Extractstoffe %	Rohfaser %	Asche %
1		1862	9.53	29.75	2.30	37.91	13.02	7.49
2		1864	7.20	36.80	2.40	26.90	18.10	8.60
	Mittel . .		8.37	33.28	2.35	32.39	15.56	8.05

Rückstände der Samen anderer Cruciferen-Arten.

No.	Bezeichnungen und Bemerkungen	Jahr der Untersuchung	Wasser %	Nh-Substanz %	Rohfett %	Nfr. Extractstoffe %	Rohfaser %	Asche %
1	Hederichkuch.	1875	—	26.97	14.70	—	—	—
2	Desgl. . . .	1882	6.42	35.79	6.42	34.02	11.47	5.88
3	Rettigkuchen .	1883	8.00	35.00	7.44	32.36	7.90	9.30
4	Desgl. . . .	1885	—	34.03	16.12	—	—	—
5	Senfkuchen (Brass. nigra)	1854	11.90	23.75	6.70	—	—	5.80
6	Senfkuchen .	1882	10.57	47.85	12.90	13.73	8.53	5.75

Leinkuchen. (Pressrückstand). Rückstände der Samen von Linum usitatissimum L.

No.	Bezeichnungen und Bemerkungen	Jahr der Untersuchung	Wasser %	Nh-Substanz %	Rohfett %	Nfr. Extractstoffe %	Rohfaser %	Asche %
1	Französische	1848	6.96	28.63	9.77	—	—	21.62
2		„	7.48	24.87	7.45	—	—	22.66
3	Dünkirchen	„	7.20	28.94	10.12	—	—	8.72
4	Treport .	„	7.32	29.50	10.16	—	—	7.61
5	Bordeaux .	„	8.16	28.81	9.99	—	—	8.08
6	Marseille .	„	7.50	28.69	9.67	—	—	8.02
7	Desgl. . .	„	7.85	31.00	8.40	—	—	7.25
8	Desgl. . .	„	8.31	35.75	7.89	—	—	7.66
9	Amerikanische	1848	7.63	28.63	13.04	—	—	6.49
10		„	9.51	25.63	13.57	—	—	7.56
11		„	6.56	32.81	10.71	—	—	5.76
12		„	7.23	28.94	11.49	—	—	5.67
13		„	8.81	30.69	7.45	—	—	6.04
14		„	7.06	30.31	11.51	—	—	7.15
15	Aus New-Orleans .	„	6.09	30.31	12.11	—	—	5.78

Zu den untersuchten Proben ist noch zu bemerken, dass dieselben vermuthlich nicht reinen Rübsenkuchen entnommen, sondern Kuchen, die aus Raps und Rübsen hergestellt wurden, da man im nordöstlichen Deutschland Raps und Rübsen nicht streng unterscheidet und meist beide Samenarten zusammen presst. Bei den Proben des Jahrgangs 1885 unter No. 27 waren 2 Proben mit 14.6 bezw. 15.7 % Sandgehalt. Der Sandgehalt betrug bei den Proben

unter No.	23	24	25	26	27	28	29	32
	2.24	2.03	2.24	1.47	5.43	2.06	1.79	1.66 %.

No. 33—35. Th. Dietrich (V.-St. Marburg). — Originalmittheilung.

Rübsenmehl.

No. 1. Birner. — Annal. d. Landwirthsch. Wochenbl. 1863. 194. Die Rückstände waren aus der Fabrik (Heyl'sches Verfahren) von Zastrow zu Stargard in Pommern.

No. 2. A. Stöckhardt. — Chem. Ackersm. 1864. 182. Aus der Stargarder Fabrik.

Rückstände der Samen anderer Cruciferen-Arten.

No. 1. F. Holdefleiss (V.-St. Halle). — Ztschr. d. landw. Centralv. f. d. Prov. Sachsen 1876. 245.

No. 2. J. Moser u. E. Meissl (V.-St. Wien). — Bericht für 1882—83. 4. Aus dem Samen von Sinapis arvensis.

No. 3 u. 4. M. Siewert (V.-St. Danzig). — Originalmittheilung.

No. 5. A. Voelcker. — Ween'der Jahresber. 1855/56. 40. (J. Highl. Soc. 1855. 686. Wilda's landw. Centralb. 1855. I. 384.)

No. 6. V. Dircks. — Landw. V.-St. 28. 1882. 179.

Leinkuchen.

No. 1—33. J. Thomas Way unter Betheiligung von Ogston, Ward u. F. Eggar. — J. R. Agr. Soc. England. 10. II. 1849. 479. Die Nh. Substanz von uns aus dem angegebenen N-Gehalt (× 6.25) berechnet.

No.	Bezeichnungen und Bemerkungen	Jahr der Untersuchung	In der ursprünglichen Substanz Wasser %	Nh-Substanz %	Rohfett %	Nfr. Extractstoffe %	Rohfaser %	Asche %
16	Englische*)	1848	8.23	24.50	16.55	—	—	6.18
17	Englische*)	„	8.66	26.44	13.43	—	—	6.92
18	Englische*)	„	8.83	31.19	13.88	—	—	6.90
19	Englische*)	„	9.38	31.75	13.34	—	—	8.04
20	Englische*)	„	8.10	30.75	14.33	—	—	7.54
21	Englische*)	„	9.25	28.79	10.05	—	—	6.94
22	Englische*)	„	10.26	24.56	16.10	—	—	5.45
23	Englische*), Russische Saat . .	„	7.20	28.61	11.28	—	—	9.63
24	Englische*)	„	7.51	28.88	15.35	—	—	6.04
25	Russische . .	„	8.24	31.25	11.83	—	—	8.67
26	Desgl. . . .	„	8.92	30.00	11.89	—	—	6.21
27	Deutsche . .	„	7.54	30.25	10.62	—	—	9.05
28	Desgl. . . .	„	8.11	30.31	8.58	—	—	8.54
29	Holländische .	„	8.29	26.62	10.33	—	—	11.11
30	Italienische, aus Genua . . .	„	8.77	30.13	12.34	—	—	8.37
31	Desgl. . . .	„	9.29	33.44	11.32	—	—	6.74
32	Desgl., a. Sicilien . . .	„	8.97	27.50	6.60	—	—	8.53
33	Desgl. . . .	„	9.96	31.80	7.00	—	—	7.51
34	Amerikanische	„	10.50	31.77	—	—	—	5.42
35	Desgl. . . .	„	12.64	31.31	—	—	—	5.48
36	Desgl. . . .	„	10.26	32.88	—	—	—	6.12
37	Englische . .	?	10.10	22.20	11.90	—	9.50	7.25
38	Amerikanische	„	10.10	22.20	12.40	—	12.70	6.35
39	Englische, Mittel a. 2 Anal.	„	12.70	31.81	11.90	—	—	5.44
40	Französische .	„	12.40	33.00	—	—	—	5.76
41		„	13.40	33.20	6.00	32.70	5.10	8.30
42		1851	12.00	27.81	11.93	—	—	5.36
43		„	11.72	26.63	10.94	—	—	6.86
44		1851	13.52	27.81	11.84	—	—	5.23
45		„	15.55	28.38	11.49	—	—	—
46		„	10.21	28.00	14.28	—	—	6.69
47		„	11.65	23.94	16.25	—	—	6.54
48		„	13.90	—	8.50	—	9.60	12.00
49	Russische . .	„	14.57	32.13	6.99	—	—	8.05
50	Holländische .	„	18.85	35.50	2.07	—	—	13.65
51	Aus Hull . .	1854	11.87	25.88	10.08	—	4.24	5.87
52	Desgl. . . .	„	10.17	27.88	10.75	—	8.53	5.42
53	Aus Dublin .	„	10.56	32.50	12.88	—	—	7.15
54	Aus Liverpool	„	10.64	29.00	16.07	—	—	7.05
55	Desgl. . . .	„	10.11	32.19	14.37	—	—	4.91
56	Aus Belfast .	„	11.28	26.19	13.07	—	—	4.84
57	Desgl. . . .	„	10.77	23.94	13.13	—	—	5.89
58	A. Kopenhagen	„	12.55	31.06	12.42	—	3.81	6.15
59	Desgl. . . .	„	12.24	28.06	12.01	—	4.68	6.79
60	Aus Flensburg	„	10.83	22.94	11.89	—	28.47	5.79
61	Desgl. . . .	„	12.07	25.94	12.58	—	14.31	6.98
62	Aus Malmoe (Schweden) .	„	10.43	31.13	9.46	—	4.38	7.70
63	Aus Königsberg	„	10.03	21.50	10.88	—	4.36	6.46
64	Aus Sonderburg	„	10.49	26.69	10.40	—	5.19	5.83
65	Aus Marseille	„	10.71	34.50	6.53	—	6.80	7.84
66	Aus Neapel .	„	10.59	29.50	8.07	—	6.59	7.16
67	Aus Venedig .	„	11.88	33.63	7.17	—	3.23	5.88
68	Aus Ohio (Nordamerika)	„	8.70	30.75	13.17	—	4.48	5.17
69	A. Western (Nordamerika)	„	9.08	28.31	15.67	—	5.52	5.49
70	Aus Boston (Nordamerika)	„	8.80	28.19	13.47	—	8.37	7.22
71	Desgl. . . (Nordamerika)	„	9.32	25.88	11.59	—	7.83	7.24
72	Desgl. . . (Nordamerika)	„	9.76	29.31	9.57	—	—	5.73
73	Aus Albany (Nordamerika)	„	8.54	27.00	16.15	—	—	6.85
74	Feine amerikan.	„	9.96	27.69	10.96	—	15.73	6.48

*) Verf. bemerkt, dass ohne Zweifel der grössere Theil dieser „englischen" Leinkuchen aus fremder Saat gepresst worden sei.

No. 34—36. J. B. Lawes. Ibid. 286, 299 u. 323. Nh. Substanz von uns berechnet. Auch in Agric. Chemistry. Sheep-Feeding and Manure; by J. B. Lawes. Part I. London 1849.

No. 37 u. 38. Fromberg. — 39 u. 40. Nesbit. Ibid. 13. II. (1852). 447. Zusammenstellung von Edw. T. Hemming. Nh. Substanz von uns aus bei 39 u. 40 angegebenem N-Gehalt berechnet.

No. 41. J. B. Boussingault. — Dessen „Landwirthschaft" etc. Tabelle in Bd. 3. S. 200.

No. 42—47. Th. Anderson. — Trans. Highl. Soc. Juli 1851 bis März 1853. 456. Die Kuchen waren vermuthlich meist deutschen Ursprungs. Sie enthielten:

	No. 42	43	44	45	46	47
Kalk- und Magnesia-Phosphate . . .	2.38	2.78	2.37	2.68	3.23	2.95
An Alkalien geb. Phosphorsäure . .	—	—	0.59	0.33	0.89	0,39
Sand	0.80	2.24	0.67	1.04	0.52	—

No. 48. Em. Wolff. — Agrikulturchem. Untersuch. 1. Ber. der V.-St. Möckern. Leipzig, 1852. 26.

No. 49 u. 50. L. Mulder. — Weend. Jahresber. 1854. II. 25.

No. 51—75. Th. Anderson. — Transact. Highl. Soc. Juli 1855. 53. Nh. Substanz von uns berechnet. Die Kuchen enthielten ferner:

	No. 51	52	53	54	55	56	57	58	59	60	61	62	63
Kalk- und Magnesiaphosphat . . .	3.13	3.03	3.55	3.80	2.36	2.16	2.95	2.96	2.80	2.57	3.16	3.27	2.96
An Alkalien geb. P_2O_5	0.31	0.09	0.36	0.60	0.19	0.36	0.26	0.33	0.27	0.45	0.13	0.25	0,30
N	4.14	4.46	5.20	4.64	5.15	4.29	3.83	4.97	4.49	3.67	4.15	4.98	3.44

	No. 64	65	66	67	68	69	70	71	72	73	74	75
Kalk- und Magnesiaphosphat . . .	2.62	2.80	1.06	3.10	2.93	2.77	2.45	2.52	2.88	3.15	2.63	2.36
An Alkalien geb. P_2O_5	0.51	0.52	0.24	0.27	0.23	0.75	0.06	0.33	0.26	0.45	0.14	—
N	4.27	5.52	4.72	5.38	4.92	4.53	4.51	4.14	4.69	4.32	4.43	4.47

No.	Bezeichnungen und Bemerkungen	Jahr der Untersuchung	In der ursprünglichen Substanz					
			Wasser %	Nh-Substanz %	Rohfett %	Nfr. Extractstoffe %	Rohfaser %	Asche %
75	Feine amerikan.	1854	9.72	27.94	13.18	—	12.27	5.56
76	Englische . .	?	10.05	22.14	11.93	39.10	0.53	7.25
77	Amerikanische	„	10.07	22.26	12.36	36.25	12.69	6.35
78		—	11.00	33.64	12.00	—	—	7.00
79		—	12.00	37.50	12.00	—	—	7.00
80		1854	18.16	25.60	12.36	27.43	14.09	7.15
81		„	15.03	26.08	6.91	29.01	16.79	6.18
82		„	12.46	31.12	—	—	—	6.70
83		„	13.68	31.56	—	—	—	7.80
84	Englische . .	1858	13.20	29.75	10.30	28.23	12.90	5.62
85	Amerikanische	„	11.64	24.01	10.43	34.44	14.26	5.22
86		1859	17.10	29.70	9.50	27.80	7.30	8.60
87	Schwedische (aus schwed. Lein geschlag.)	1860	13.49	31.10	11.54	—	7.87	6.99
88	Ostindische .	1862	9.94	28.06	14.76	28.02	13.31	5.91
89		1864	10.91	30.95	9.56	24.91	15.33	8.34
90		1866	13.20	29.30	9.97	31.90	9.57	6.06
91		„	13.25	29.55	9.85	33.70	6.57	7.08
92		1865	10.91	30.95	9.56	24.91	15.33	8.34
93		„	12.40	33.24	8.27	29.05	10.73	6.31
94		„	16.13	29.66	12.60	25.54	9.04	7.03
95	Gemahlen . .	1864	10.00	22.56	10.15	42.96	7.96	6.37
96		1863	20.50	26.00	7.50	27.80	8.30	9.90
97		1865	15.20	26.42	9.65	27.36	13.77	7.60
98		„	15.35	26.48	10.35	29.94	10.41	7.47
99		1866	10.48	25.07	9.43	39.57	7.00	8.45
100		„	14.90	19.00	9.30	33.25	16.50	7.05

No.	Bezeichnungen und Bemerkungen	Jahr der Untersuchung	In der ursprünglichen Substanz					
			Wasser %	Nh-Substanz %	Rohfett %	Nfr. Extractstoffe %	Rohfaser %	Asche %
101		1866	9.70	25.00	8.54	36.79	14.30	7.56
102		—	9.10	28.80	9.85	—	—	—
103		1870	14.20	31.29	11.22	25.39	8.37	9.53
104		„	14.20	28.00	9.36	33.24	7.88	7.33
105	Von der Ostsee	„	10.06	32.63	12.76	31.46	8.21	5.85
106	Aus Sicilien .	„	10.68	22.75	9.44	46.58	5.42	5.13
107	Aus Ungarn .	„	11.51	35.00	7.52	33.69	5.95	6.33
108		1873	12.21	31.19	6.24	—	—	6.86
109		„	8.89	30.18	10.58	—	—	7.00
110		„	10.40	25.94	12.30	34.81	10.75	5.80
111		1869	13.19	27.31	9.73	32.02	11.43	6.32
112		1871	—	35.42	10.18	—	—	—
113	Unrein . . .	1873	—	25.47	9.44	—	—	8.23
114	Desgl. . . .	„	—	25.43	9.53	—	—	7.70
115	Vom schwarzen Meere, sehr rein . . .	1874	—	28.37	10.21	—	—	8.94
116	Desgl., rein .	„	—	31.01	10.15	—	—	8.95
117	Sehr rein . .	1875	—	26.80	9.31	—	—	—
118	Desgl. . . .	„	—	26.41	10.97	—	6.48	—
119		„	13.30	31.06	16.85	18.44	9.18	11.16
120		1876	11.80	31.87	9.30	—	—	11.30
121		1877	11.70	37.84	11.26	23.84	8.52	6.84
122		1874	10.90	24.37	11.20	24.37	12.78	7.75
123		„	15.20	26.87	10.38	26.87	13.90	7.05
124		„	10.60	25.00	11.45	35.24	10.86	6.85
125		„	10.00	23.75	10.54	34.17	13.04	8.50
126		„	11.05	24.37	12.59	33.34	10.80	7.85

No. 76 u. 77. Johnston. — Aus Wolff's Ackerbau. 945.
No. 78. Soubeiran u. Girardin. — Ibid.
No. 79. Soubeiran n. Girardin. — J. f. Pharmacie. (3). XIX. 87. N 6%, davon von uns die Nh. Subst. berechnet.
No. 80 u. 81. H. Ritthausen. — Wolff's Ackerbau 1856. 947.
No. 82 u. 83. J. B. Lawes u. Gilbert. — Weende'r Jahresberichte 1854. II. 37.
No. 84 u. 85. Aug. Voelcker. — Transact. Highl. Soc. Juli 1861 bis März 1863.
No. 86. W. Henneberg. — J. f. Landw. 1864. 25.
No. 87. C. M. Eisenstuck. — Landw. V.-St. 3. 1861. 237. (Rohfaser: 3%-Salzsäure und 3%-Natronlauge.)
No. 88. Th. Anderson. — Trans. Highl. Soc. Juli 1863 bis März 1865. 243.
No. 89—94. F. Stohmann. (No. 90 u. 91). R. Lehde u. O. Baeber. — J. f. Landw. 1865. 1867. 160 u. 1868. 74. Davon:

	No. 90 u. 91
In Wasser löslich	48.92
Darin organ. Substanz . .	43.72
Asche	5.20
N	2.91
In Alkohol löslich	4.63
In Aether löslich	0.18

No. 95. C. Karmrodt. — Landw. Zeitschr. f. Rheinpreussen 1864. 428.
No. 96. W. Henneberg. — J. f. Landw. 1866. 331.
No. 97 u. 98. Th. Dietrich. — Landw. Anzg. f. Kurhessen 1865. 73.
No. 99—101. Pincus. — 5. Ber. d. V.-St. Insterburg 1867. 104.
No. 102. A. Stöckhardt. — Chem. Ackersm. 1866. 243.
No. 103. E. Wolff u. Kreuzhage. — Landw. Jahrbüch. 1872. 547. Nach dem angegebenen Trockensubstanzgehalt die Zusammensetzung der ursprünglichen Substanz von uns berechnet.
No. 104. G. Kühn. — Amtsbl. d. landw. Ver. Sachsens 1872. 137. Wassergehalt von uns angenommen und davon die Zusammensetzung der ursprünglichen Substanz berechnet.
No. 105—107. Th. Dietrich u. J. König. — Originalmittheilung.
No. 108 u. 109. C. Karmrodt. — Landw. Ztschr. f. Rheinpreuss. 1874. 48.
No. 110. P. Wagner. — Landw. Ztschr. f. Hessen-Darmstadt 1873. 71.
No. 111. E. Heiden u. A. Schlimper. — Originalmittheilung.
No. 112. Th. Dietrich. — Landw. Anz. f. d. Rgbz. Kassel 1871. 34.
No. 113—118. A. Petermann (V.-St. Gembloux). — Originalmittheilung. No. 113 u. 114 stark verunreinigt mit den Samen von Polygonum persicar. u. convolv. No. 116 sehr wenig Unkraut enthaltend.
No. 119—121. P. Wagner u. W. Rohn. — Originalmittheilung.
No. 122—129. E. W. Olbers (V.-St. Alnarp, Schweden). — Originalmittheilung.

No.	Bezeichnungen und Bemerkungen	Jahr der Untersuchung	In der ursprünglichen Substanz Wasser %	Nh-Substanz %	Rohfett %	Nfr. Extractstoffe %	Rohfaser %	Asche %	No.	Bezeichnungen und Bemerkungen	Jahr der Untersuchung	In der ursprünglichen Substanz Wasser %	Nh-Substanz %	Rohfett %	Nfr. Extractstoffe %	Rohfaser %	Asche %
127		1874	9.00	24.50	8.20	38.76	11.40	8.14	161		1878	—	30.44	8.93	—	—	—
128		„	11.40	24.30	12.56	32.90	11.05	7.79	162		„	—	29.75	6.60	—	—	—
129		„	8.40	25.62	10.13	37.58	9.67	8.60	163		1875	—	26.56	10.91	—	—	—
130	Sehr rein . .	1875	11.26	27.49	10.69	35.53	8.16	6.87	164		1876	—	33.25	4.97	—	—	—
131		1876	15.27	33.46	10.55	—	—	6.26	165		1877	—	33.06	6.90	—	—	—
132	Sehr rein, von								166		1878	—	27.70	9.98	—	—	—
	Marseille . .	1878	11.19	35.24	8.67	—	—	6.58	167		„	—	29.69	7.68	—	—	—
133	Desgl. . . .	„	14.17	35.93	8.37	—	—	6.27	168		„	—	31.94	7.12	—	—	—
134		1879	13.74	34.34	10.32	30.54	5.65	5.41	169		„	15.12	28.19	17.00	21.18	11.85	6.66
135	1 mal gepresst	1875	15.00	26.50	25.00	13.30	—	5.20	170		1875	11.33	31.50	11.54	30.23	9.26	6.14
136		1874	10.70	35.10	17.50	23.00	4.40	9.30	171		1876	10.66	21.12	9.24	46.92	6.67	5.39
137		1875	8.30	35.90	9.30	—	—	—	172		„	11.59	27.87	6.66	36.98	6.15	10.75
138		„	8.80	27.60	12.70	—	—	—	173		1877	14.75	28.31	13.74	29.54	8.63	5.03
139		1878	—	34.09	6.20	—	—	—	174		„	13.65	28.31	9.44	34.02	9.12	5.46
140		1876	10.40	34.25	10.88	30.58	5.50	8.39	175		„	11.79	32.50	10.17	29.66	8.37	7.51
141		1879	—	31.06	8.80	—	—	8.37	176		„	11.77	27.00	12.70	34.51	8.72	5.30
142		„	—	29.06	8.27	—	—	9.19	177		„	11.29	28.75	16.24	30.41	7.41	5.90
143		„	10.52	31.75	9.02	28.31	12.63	7.77	178		1878	12.67	24.00	12.76	35.40	8.55	6.62
144		„	14.19	29.06	10.31	26.53	12.81	7.10	179		„	20.19	22.50	10.08	32.67	6.87	7.69
145		1875	12.26	33.25	10.57	29.01	8.89	6.02	180		„	13.24	20.50	11.71	42.30	5.52	6.73
146		„	12.90	29.75	9.34	34.31	9.36	4.34	181		„	11.68	30.00	7.66	37.24	8.24	5.18
147		1876	18.93	23.46	11.65	28.81	9.67	7.43	182		1875	—	30.31	7.36	—	—	—
148		1877	16.00	22.75	7.13	37.84	6.57	9.71	183		„	—	28.22	15.34	—	—	—
149		1878	15.43	24.25	12.93	32.12	9.13	6.14	184		„	—	24.41	8.62	—	—	—
150		„	14.10	26.18	6.67	36.19	9.46	7.40	185		1876	—	29.44	10.05	—	—	—
151		„	(12.03	19.01	6.88	36.88	10.25	14.95)	186		1877	—	30.56	10.86	—	—	—
152		„	11.93	25.50	11.34	35.18	9.28	6 77	187		„	—	30.56	9.31	—	—	—
153		„	11.93	25.68	6.89	38.60	9.39	7.51	188		„	—	29.13	8.64	—	—	—
154		„	13.33	24.25	7.62	37.32	10.23	7.25	189		1876	10.20	30.60	12.30	30.40	8.90	7.60
155		„	14.38	21.62	15.16	33.22	9.02	7.06	190		1877	—	28.98	11.70	—	—	—
156		1877	8.83	28.79	20.15	26.97	8.88	6.38	191		1878	—	33.25	10.36	—	—	—
157		1879	12.23	28.31	16.90	27.74	9.41	5.41	192		„	—	28.70	11.78	—	—	—
158		1878	—	31.56	8.70	—	—	—	193		„	—	30.63	10.92	—	—	—
159		„	—	20.50	10.54	—	—	—	194	2 mal gepresst	1875	8.56	34.45	7.55	34.36	8.03	7.05
160		„	—	25.44	9.18	—	—	—	195		1878	10.45	31.25	10.70	—	—	7.75

No. 130—134. A. Petermann, Mercier u. Molinari (V.-St. Gembloux). — Originalmittheilung.
No. 135. Farsky (V.-St. Tabor). — Originalmittheilung.
No. 136—139. W. Henneberg (V.-St. Göttingen). — Originalmittheilung. Die Kuchen sind als „Oelkuchen" bezeichnet. Da nebenher Rapskuchen aufgeführt waren, so glaubten wir die Oelkuchen als Leinkuchen ansprechen zu sollen.
No. 140—144. P. Wittelshöfer (V.-St. Regenwalde). — Originalmittheilung. Die Kuchen sind als „Oelkuchen" bezeichnet. Da nebenher Rapskuchen aufgeführt waren, so glaubten wir die Oelkuchen als Leinkuchen ansprechen zu sollen.
No. 145—155. W. Hoffmeister (V.-St. Insterburg). — Originalmittheilung.

No.	148	149	150	151	152	153	155
Sand . . .	4.40	1.54	2.30	10.66	1.21	1.21	0.46

No. 156 u. 157. E. Heiden (V.-St. Pommritz). — Originalmittheilung. No. 156 Sand: 1.34, in No. 157 Sand: 0.66.
No. 158—162. M. C. de Leeuw (V.-St. Hasselt, Belgien). — Originalmittheilung.
No. 163—168. C. Müller (V.-St. Hildesheim). — Originalmittheilung.
No. 169. E. Wildt (V.-St. Posen). — Originalmittheilung.
No. 170—181. J. Fittbogen (V.-St. Dahme). — Originalmittheilung.
No. 182—184. F. Holdefleiss (V.-St. Halle). — Ztschr. d. landw. Centralv. d. Prov. Sachsen 1876. 245.
No. 185. A. Pagel (V.-St. Halle). — Ibid. 1877. 89.
No. 186—188. W. Th. Osswald (V.-St. Halle). — Ibid. 1878. 13.
No. 189—193. — R. Heinrich (V.-St. Rostock). — Bericht derselben. Wismar, 1882. 65.
No. 194. Ign. Moser (V.-St. Wien). — 1. Ber. d. V.-St. Wien 1870—77. Tabelle IV. S. XXVI.
No. 195 u. 196. E. W. Olbers (V.-St. Alnarp). — Originalmittheilung.

No.	Bezeichnungen und Bemerkungen	Jahr der Untersuchung	In der ursprünglichen Substanz: Wasser %	Nh-Substanz %	Rohfett %	Nfr. Extractstoffe %	Rohfaser %	Asche %	No.	Bezeichnungen und Bemerkungen	Jahr der Untersuchung	In der ursprünglichen Substanz: Wasser %	Nh-Substanz %	Rohfett %	Nfr. Extractstoffe %	Rohfaser %	Asche %
196		1878	10.05	37.50	10.31	—	—	5.90	242		1876	10.35	27.74	11.66	—	—	5.88
197		—	11.09	30.63	12.38	—	—	8.89	243		„	12.24	29.81	10.18	—	—	7.49
198		—	10.95	32.38	10.91	—	—	7.23	244		„	11.14	29.1	11.63	—	—	6.08
199		—	10.37	26.25	8.93	—	—	7.70	245		„	11.87	25.6	10.58	—	—	6.87
200		1875	12.65	29.94	8.46	—	—	5.67	246		„	10.75	26.7	10.43	—	—	6.80
201		„	12.13	28.13	8.31	—	—	8.85	247		„	10.03	25.31	10.63	—	—	6.66
202		„	13.95	29.00	8.56	—	—	6.28	248		„	13.80	30.25	12.53	—	—	7.92
203		„	11.42	31.61	9.94	—	—	5.94	249		„	11.00	30.4	12.30	—	—	7.8
204		„	10.65	29.19	9.02	—	—	9.25	250		1877	12.01	31.7	11.27	—	—	9.02
205		„	10.63	29.63	12.43	—	—	6.05	251		„	13.41	28.31	12.01	—	—	7.94
206		„	13.73	29.12	11.74	—	—	5.80	252		„	10.91	29.9	12.04	—	—	7.74
207		„	11.75	28.96	13.35	—	—	5.62	253		„	11.91	30.3	11.59	—	—	9.96
208		„	11.42	32.64	8.83	—	—	9.20	254		„	12.58	28.7	11.0	—	—	8.46
209		„	9.95	31.53	10.18	—	—	8.76	255		„	14.21	27.56	11.52	—	—	8.57
210		„	11.12	32.82	8.87	—	—	7.98	256		„	15.51	24.25	10.4	—	—	6.92
211		„	12.27	31.68	13.64	—	—	6.06	257		„	11.57	29.6	10.57	—	—	8.16
212		„	13.11	32.30	12.86	—	—	5.95	258		„	12.72	29.84	11.25	—	—	7.78
213		„	12.20	32.21	8.99	—	—	8.09	259		„	14.60	33.67	11.07	—	—	5.28
214		„	14.63	29.14	14.54	—	—	5.23	260		„	11.71	30.38	11.50	—	—	9.52
215		„	14.29	31.56	12.09	—	—	5.71	261		„	12.65	29.61	12.17	—	—	9.34
216		„	10.95	33.14	8.28	—	—	7.64	262		„	10.93	28.59	10.26	—	—	9.67
217		„	11.51	36.18	8.97	—	—	5.54	263		„	10.81	30.81	11.45	—	—	5.71
218		1876	17.42	33.60	11.75	—	—	5.70	264		„	12.31	31.04	9.98	—	—	9.68
219		„	10.93	32.84	8.87	—	—	11.33	265		„	12.25	31.41	11.66	—	—	5.68
220		„	14.17	24.79	9.68	—	—	6.61	266		„	11.42	31.61	11.42	—	—	5.94
221		„	13.10	28.95	11.91	—	—	5.52	267		„	11.04	32.37	11.46	—	—	6.00
222		„	14.84	28.09	9.74	—	—	8.94	268		„	10.36	30.36	9.55	—	—	7.31
223		„	14.76	31.91	10.94	—	—	5.32	269		„	13.10	31.16	11.20	—	—	5.73
224		„	13.61	31.19	10.55	—	—	9.18	270		„	10.21	31.06	9.55	—	—	7.52
225		„	14.79	31.31	9.06	—	—	9.17	271		„	10.77	32.07	10.94	—	—	5.91
226		„	15.47	28.86	9.00	—	—	11.72	272		„	11.07	30.47	8.75	—	—	8.45
227		„	12.19	33.43	10.94	—	—	5.52	273		„	13.08	32.68	11.18	—	—	5.63
228		„	12.22	27.50	8.86	—	—	10.39	274		„	11.54	29.62	8.75	—	—	8.48
229		„	14.42	33.21	10.76	—	—	5.12	275		„	11.40	29.06	8.60	—	—	10.14
230		„	14.99	33.97	12.03	—	—	6.31	276		„	12.60	33.87	12.02	—	—	6.08
231		„	14.70	32.04	11.65	—	—	5.19	277		„	11.70	29.06	9.10	—	—	10.80
232		„	13.53	28.91	12.29	—	—	6.59	278		„	10.91	31.06	9.17	—	—	11.46
233		„	12.26	30.12	11.94	—	—	6.60	279		„	14.00	28.62	12.39	—	—	6.50
234		„	12.02	27.96	12.82	—	—	6.94	280		„	12.41	26.81	15.55	—	—	6.81
235		„	12.14	29.46	13.02	—	—	6.44	281		„	14.7	30.06	12.30	—	—	6.40
236		„	10.98	29.04	12.84	—	—	6.95	282		„	12.5	28.43	7.4	—	—	10.80
237		„	11.08	30.46	12.72	—	—	6.09	283		„	12.00	28.43	7.14	—	—	10.70
238		„	12.00	29.28	12.99	—	—	5.83	284		„	11.54	27.43	15.13	—	—	6.86
239		„	11.07	27.31	12.59	—	—	6.11	285		„	12.70	26.68	15.2	—	—	6.40
240		„	12.15	23.81	11.62	—	—	5.75	286		1878	13.00	28.56	13.00	—	—	5.10
241		„	13.40	25.49	11.87	—	—	6.56	287		„	14.70	30.00	11.42	—	—	5.60

No. 197—199. F. O. Bergstrand u. C. N. Pahl (V.-St. Westerås). — Originalmittheilung.
No. 200—249. M. Fleischer (V.-St. Bonn). — Originalmittheilung.
No. 250—319. A. Stutzer (V.-St. Bonn). — Originalmittheilung.

No.	Bezeichnungen und Bemerkungen	Jahr der Untersuchung	In der ursprünglichen Substanz					
			Wasser %	Nh-Substanz %	Rohfett %	Nfr. Extractstoffe %	Rohfaser %	Asche %
288		1878	13.90	25.50	8.70	—	—	8.20
289		„	15.50	29.75	10.92	—	—	8.00
290		„	—	26.37	11.3	—	—	—
291		„	—	29.06	11.35	—	—	—
292		„	—	25.62	9.35	—	—	—
293		„	13.3	28.50	14.55	—	—	6.80
294		„	14.30	28.87	13.23	—	—	6.28
295		„	15.3	28.68	9.36	—	—	5.50
296		„	13.5	28.40	17.20	—	—	6.70
297		„	12.80	25.31	11.30	—	—	7.70
298		„	13.10	31.00	13.40	—	—	7.00
299		„	12.87	29.37	17.42	—	—	5.97
300		„	13.08	32.50	13.81	—	—	5.34
301		„	11.32	25.01	17.81	—	—	5.58
302		„	10.71	30.31	17.82	—	—	6.05
303		„	10.44	33.31	13.55	—	—	6.47
304		„	10.92	32.31	9.20	—	—	11.02
305		„	10.85	33.93	14.20	—	—	5.26
306		„	10.66	33.37	10.06	—	—	9.96
307		„	10.20	35 87	14.32	—	—	5.78
308		„	11.39	31.76	9.72	—	—	6.05
309		„	11.83	34.06	13.41	—	—	5.33
310		„	—	36.31	10.51	—	—	—
311		„	10.76	34.06	10.72	—	—	9.98
312		„	10.67	32.93	12.80	—	—	5.98
313		„	—	33.87	9.52	—	—	—
314		„	—	33.12	11.73	—	—	—
315		„	—	27.37	12.18	—	—	—
316		„	—	31.10	10.24	—	—	—
317		„	—	34.50	9.48	—	—	—
318		„	13.26	31.25	9.82	—	—	5.44
319		„	11.68	33.93	13.50	—	—	5.93
320		„	—	34.75	10.45	—	—	—
321		„	—	31.43	9.76	—	—	—
322		„	—	31.52	11.17	—	—	—
323		„	—	29.95	10.93	—	—	—
324		„	12.38	32.50	10.51	—	—	10.64
325		„	12.48	33.62	12.41	—	—	5.82
326		„	11.34	33.93	10.34	—	—	11.66
327		„	12.82	31.25	13.32	—	—	5.38
328		„	13.26	31.85	12.87	—	—	6.32
329		1878	10.10	31.37	12.09	—	—	8.89
330		1873	—	23.10	7.90	—	—	—
331		„	—	26.90	8.15	—	—	—
332		1875	—	24.81	10.85	—	—	—
333		„	—	22.81	9.57	—	—	—
334		1876	8.65	26.50	14.39	27.29	12.41	10.76
335		1877	12.13	27.56	12.38	30.11	10.49	7.33
336		„	14.00	25.50	11.22	32.55	9.51	7.22
337		1878	11.19	22.56	14.61	32.47	12.11	7.06
338		„	9.41	26.50	8.06	38.93	10.44	6.61
339		„	10.02	26.62	7.55	38.98	10.21	6.62
340		„	8.74	24.75	8.07	38.70	11.68	8.06
341		1873	11.53	28.06	15.84	22.46	15.18	6.93
342		„	12.41	27.87	15.64	23.79	14.85	5.44
343		„	13.62	28.87	13.96	25.43	12.72	5.40
344		„	10.54	26.44	12.35	27.91	15.38	7.38
345		„	9.44	27.43	10.22	26.41	10.68	6.02
346		„	11.88	28.18	10.94	27.44	14.66	6.90
347	Russische, a. d. Gouvernement Nowgorod .	1876	11.78	30.07	13.01	31.58	6.74	6.82
348	Riga'er . . .	„	12.41	28.23	9.60	39.15	5.81	4.80
349	Desgl. . . .	„	11.04	36.50	9.73	29.60	7.33	5.80
350	Desgl., Sept. .	1875	10.17	30.63	10.17	—	—	5.58
351	Desgl., October	„	12.26	34.06	10.09	—	—	5.16
352	Desgl., Juli .	1877	9.36	37.69	8.07	—	—	5.74
353	Desgl., Januar	1878	9.27	29.84	9.92	—	—	5.60
354	AusWarschauer Saat, Novemb.	1877	11.88	30.94	11.73	—	—	8.35
355	Aus Petersburg, September .	1875	10.75	33.25	9.90	—	—	6.71
356	Aus Christiania, September .	„	9.95	26.25	11.14	—	—	5.28
357	Aus Stockholm, September .	„	9.50	26.69	14.16	—	—	5.72
358	A. Hull I, Sept.	„	10.50	27.75	13.89	—	—	4.71
359	A. Hull II, Sept.	„	11.43	28.81	11.09	—	—	6.84
360	A. London, Juli	1876	10.55	38.94	13.49	—	—	5.50
361	Aus Marseille, Juli . . .	„	10.47	32.88	7.83	—	—	7.05
362	Aus New-York	„	10.97	29.75	8.20	—	—	6.05

No. 330 u. 331. A. Emmerling u. H. Hagemann, No. 332—336. Rich. Wagner, No. 337—340. A. Emmerling u. M. Schrodt (V.-St. Kiel). — Mitthl. derselb. Kiel, 1877 u. 1880.

No. 341—346. A. Voelcker. — Hoffmann's Jahresber. d. Agrikulturchemie. 16—17. (1873—75). 14. (J. R. Agr. Soc. England. 10. 1873. 1.)

No. 347—349. G. Thomas u. A. Büngner (V.-St. Riga). — Originalmittheilung.

No. 350—362. Th. Behrmann (Laboratorium d. Rigaer Cementfabrik u. Oelmühle v. C. Ch. Schmidt). — Originalmittheilung. Nh. Substanz von uns aus dem angegebenen N-Gehalt berechnet. Die Leinkuchen enthielten:

No.	350	351	352	353	354	355	356	357	358	359	360	361	362
P_5O_2 . . .	1.63	1.54	1.91	1.87	—	1.60	1.52	1.47	1.46	1,62	1.82	1.98	1.76
Sand . . .	—	—	0.35	0.35	0.25	—	—	—	—	—	0.72	1.42	0.85

Derselbe Autor untersuchte ausserdem 105 Proben Leinkuchen auf ihren Fettgehalt und 48 Proben ausserdem auf ihren Wassergehalt und fand im Durchschnitt 10.8% Wasser und 10.7% Fett.

No.	Bezeichnungen und Bemerkungen	Jahr der Untersuchung	In der ursprünglichen Substanz: Wasser %	Nh-Substanz %	Rohfett %	Nfr. Extractstoffe %	Rohfaser %	Asche %
363		1877	12.67	24.00	12.76	35.40	8.55	6.62
364		„	11.68	30.00	7.66	37.24	8.24	5.18
365		„	13.24	20.50	11.71	42.30	5.52	6.73
366		„	13.35	29.63	8.06	35.81	6.30	6.85
367	Westpreussen .	„	15.45	23 94	9.27	37.00	7.66	6.68
368		„	14.88	23.13	17.54	26.12	10.40	7.93
369		„	14.22	19.39	16.04	36.57	7.78	6.00
370		„	8.21	32.64	4.95	39.00	9.50	5.70
371		„	12.78	26.93	8.75	37.23	8.41	5.90
372		„	12.69	28.05	8.22	38.06	7.13	5.85
373		1879	11.73	27.13	13.70	34.52	6.02	6.90
374		„	12.23	25.38	12.12	36.90	6.32	7.05
375		„	—	25.38	11.78	—	—	—
376		1880	—	29.75	13.46	—	—	—
377		1881	12.80	32.43	10.99	28.45	9.40	5.73
378		1878	14.38	21.62	15.16	34.26	9.02	5.10
379		„	15.20	23.89	12.20	34.95	7.56	6.20
380		„	14.80	24.15	8.97	36.08	10.00	6.00
381		„	15.70	24.50	10.82	36.84	6.94	5.50
382		„	10.80	35.87	9.24	31.99	6.80	5.30
383		1879	15.83	29.69	7.68	33.67	7.51	5.62
384		1878	18.60	29.40	8.80	25.90	9.20	8.10
385		1879	12.23	28.31	16.90	27.74	9.41	4.75
386		„	9.22	30.00	9.10	35.74	8.12	4.95
387		1878	15.13	27.22	10.12	31.82	8.46	7.22
388		1880	12.82	28.75	8.52	30.23	10.67	9.01
389		—	12.24	31.48	9.90	33.31	6.07	7.00
390		—	13.86	31.42	4.27	25.49	8.40	9.57
391		1881	14.20	31.29	11.22	25.39	8.37	9.53
392		„	14.60	30.44	9.89	27.14	9.61	8.32
393		„	13.55	27.73	9.60	28.85	9.89	10.38
394		1882	—	30.44	10.82	—	—	—
395		„	—	21.34	9.59	—	—	—
396		„	—	34.50	10.00	—	—	—
397		1878	12.1	31.8	8.8	25.2	9.8	12.3
398		„	12.3	35.9	6.0	27.4	11.2	7.2
399		„	15.1	29.5	5.0	29.9	10.0	10.5
400		1879	9.1	30.3	8.5	—	—	—
401		„	9.6	31.8	10.0	—	—	—

No.	Bezeichnungen und Bemerkungen	Jahr der Untersuchung	In der ursprünglichen Substanz: Wasser %	Nh-Substanz %	Rohfett %	Nfr. Extractstoffe %	Rohfaser %	Asche %
402		1879	9.9	30.9	10.2	—	—	—
403		1880	12.1	31.8	8.8	25.2	9.8	12.3
404		„	12.3	35.9	6.0	27.4	11.2	7.2
405		„	15.1	29 5	5.0	29.9	10.0	10.5
406		1881	10.2	29.5	5.3	—	—	—
407		„	—	30.5	—	—	—	—
408		„	11.5	33.0	6.5	—	—	—
409		„	—	29.0	9.5	—	—	—
410		„	—	25.2	11.4	—	—	—
411		1882	12.8	26.2	12.5	—	—	—
412		„	8.1	36.7	7.8	—	—	—
413		„	10.6	25.4	9.3	—	—	—
414		1880	9.68	25.00	10.39	—	—	5.68
415		„	9.33	25.00	8.39	—	—	7.23
416		„	7.93	25.63	10.92	—	—	9.85
417		„	10.03	31.25	11.03	—	—	5.55
418		„	12.28	23.25	11.59	—	—	7.03
419		„	9.70	19.38	12.51	—	—	6.45
420		„	9.48	31.83	11.63	—	—	5.83
421		„	9.73	26.25	9.75	—	—	7.75
422		„	12.20	23.13	11.89	—	—	7.03
423		1881	8.10	26.56	12.49	—	—	5.45
424		„	10.34	25.94	7.90	—	—	11.05
425		„	12.10	25.63	9.19	—	—	7.45
426		„	9.90	20.63	11.06	—	—	10.20
427		„	9.55	26.88	10.56	—	—	8.85
428		„	8.35	31.25	10.06	—	—	7.25
429		„	11.00	23.44	13.28	—	—	6.85
430		„	8.10	26.56	12.49	—	—	5.45
431		1882	9.20	27.50	8.82	—	—	7.50
432		„	10.70	27.50	9.87	—	—	6.85
433		„	11.20	24.38	9.28	—	—	8.30
434		„	11.25	24.38	10.01	—	—	6.20
435		„	11.95	22.81	9.89	—	—	6.25
436		„	10.10	25.31	8.38	—	—	6.70
437		„	10.00	25.63	8.91	—	—	6.40
438		„	10.05	25.00	9.73	—	—	7.90
439		„	9.60	20.00	10.53	—	—	7.60
440		„	9.65	25.31	13.26	—	—	5.30

No. 363—372. J. Fittbogen (V.-St. Dahme). No. 363, 365 u. 366 Schiller; No. 364, 367, 369 Hässelbarth; No. 370—372 Förster. — Originalmittheilung.
No. 373—377. R. Heinrich. — Ber. d. V.-St. Rostock. Wismar. 1882. 65.
No. 378. W. Hoffmeister (V.-St. Insterburg). — Landw. Jahrbüch. 1880. 815.
No. 379—382. M. Siewert (V.-St. Danzig). — Ebendaselbst.
No. 383. K. Müller (V.-St. Hildesheim). — Ebendaselbst.
No. 384. F. Heidepriem (V.-St. Cöthen). — Ebendaselbst.
No. 385 u. 386. E. Heiden (V.-St. Pommritz). — Ebendaselbst.
No. 387 u. 388. J. König (V.-St. Münster). — 2. Ber. derselben 1871. 17.
No. 389. H. Weiske. — J. f. Landw. 27. 1879. 349.
No. 390. C. Kreuzhage. — Landw. Jahrbüch. 1879. I. Supplem. 224. 186.
No. 391—393. C. Kreuzhage (V.-St. Hohenheim). — Württembergisches Wochenbl. f. Landwirthschaft 1882. 217.
No. 394 u. 395. P. Wagner (V.-St. Darmstadt). — Ztschr. f. d. Landw. Ver. d. Grossherz. Hessen 1883. 38.
No. 396. Th. Dietrich (V.-St. Marburg). — Landw. Anz. f. d. Rgbz. Kassel 1882. 470.
No. 397—413. M. Märcker (V.-St. Halle). — Originalmittheilung.
No. 414—443. E. W. Olbers (V.-St. Alnarp, Schweden). — Agrikulturkemiska undersökningar 1880. 81 u. 82.

No.	Bezeichnungen und Bemerkungen	Jahr der Untersuchung	In der ursprünglichen Substanz Wasser %	Nh-Substanz %	Rohfett %	Nfr. Extractstoffe %	Rohfaser %	Asche %
441		1882	9.30	27.19	10.25	—	—	6.25
442		„	10.80	25.00	9.74	—	—	7.40
443		„	9.10	28.75	10.21	—	—	6.70
444		1882	14.62	22.55	10.50	38.09	8.10	6.14
445		„	12.90	25.04	11.06	34.62	8.40	7.98
446		„	11.96	22.25	10.14	39.32	9.07	7.26
447		„	12.04	23.97	9.84	—	—	5.90
448		„	—	21.11	6.34	—	—	—
449		„	9.00	21.77	8.70	—	—	8.82
450		„	11.00	21.99	11.12	—	—	6.54
451		„	13.76	29.90	10.80	—	—	6.22
452		„	11.22	26.70	9.00	—	—	6.38
453		„	12.30	26.06	10.52	—	—	5.80
454		„	—	18.91	7.10	—	—	—
455		„	10.32	20.94	9.24	—	—	—
456		„	9.98	21.21	8.60	—	—	10.81
457		„	9.90	20.88	8.53	—	—	12.16
458		„	10.90	21.08	8.50	—	—	9.88
459		„	—	28.34	10.46	—	—	—
460		„	12.16	25.30	8.10	—	—	9.24
461		„	12.06	26.39	9.56	—	—	9.74
462		„	9.10	24.08	10.29	41.14	8.33	7.06
463		„	11.50	21.11	7.67	—	—	8.82
464		„	10.60	21.33	5.32	—	—	10.14
465		„	9.30	22.87	10.88	—	—	8.66
466		„	12.10	24.55	7.50	—	—	7.92
467		„	11.80	27.36	10.66	—	—	7.68
468		„	9.82	33.22	11.64	—	—	6.96
469	Russische, von sehr reiner Beschaffenheit .	„	11.13	36.62	10.73	28.22	7.91	5.39
470	Aus belg. Leinsamen, Mittel v. 74 Analys.	„	13.08	30.84	9.67	32.11	6.91	7.39
471	Aus Leinsamen v. schwarzen Meere, Mittel v. 18 Analys.	„	—	34.22	8.85	—	—	7.64
472		1880	11.68	24.81	5.24	39.52	11.58	7.37
473		„	12.63	26.37	6.62	32.74	14.47	7.17
474		„	11.14	26.00	7.88	34.51	12.50	7.97
475		„	13.32	26.94	10.30	32.75	10.40	6.30
476		„	10.26	23.38	11.73	33.30	13.18	8.15
477		„	9.27	28.94	12.66	29.83	10.80	8.50
478		„	18.72	23.50	14.20	23.60	11.72	8.20
479		„	18.58	22.63	16.75	24.01	10.28	7.75
480		„	15.30	24.88	17.52	26.42	10.68	5.20
481		„	11.06	28.49	9.88	29.72	10.17	10.68
482		„	12.69	29.08	9.60	33.43	9.09	6.11
483		1879/83	14.59	29.44	6.04	—	—	—
484		„	—	28.13	9.74	—	—	—
485		„	—	23.63	12.48	—	—	—
486	Von W. Teisner in Guben .	1884	13.82	33.93	12.20	26.59	8.08	5.38
487	Von Fr. Deiglmayr, München	„	16.72	30.50	12.25	21.49	12.14	6.90
488	Aus Winterlein	1880	9.46	27.60	8.63	—	—	8.25
489	Aus Sommerlein	„	10.10	27.00	9.25	—	—	7.68
490		„	11.05	35.12	12.03	22.86	10.73	8.21
491		„	11.06	33.13	5.06	36.33	7.73	6.69
492		1885	9.75	36.25	11.45	27.98	8.65	5.92
493		„	(10.10	26.94	8.68	—	—	15.42)
494		1886	10.21	31.53	10.53	—	—	7.64
495		„	10.75	27.81	8.76	—	—	7.18
496		„	6.79	33.90	16.44	—	—	6.20
497		„	8.88	29.29	11.72	—	—	7.49
498		„	10.47	29.93	10.48	—	—	6.07
499		„	11.98	30.25	10.17	—	—	5.52
500		„	9.08	26.37	12.66	—	—	6.64
501		1887	11.71	28.34	10.87	—	—	7.07
502		„	8.79	29.19	12.40	—	—	6.15
503		„	8.71	37.50	10.09	—	—	5.47
504		1888	10.44	31.08	10.95	—	—	6.39
505	Mittel aus 12 Analysen . .	1883	9.04	29.70	11.25	35.03	8.54	6.44
506	Desgl., 2 Anal.	1884	9.38	34.53	5.64	35.42	8.66	6.37

No. 444—468. Werenskjold (V.-St. Aas, Norwegen). — Originalmittheilung.
No. 469. Aug. Voelcker. — (J. R. Agr. Soc. Engl. 2. S. 19. I. (1882). 237). Biedermann's Centralbl. f. Agrikulturchemie. 12. 1883. 711.
No. 470 u. 471. A. Petermann. — Hoffmann's Jahresber. d. Agrikulturchem. 1882. 393. (Bull. Stat. agr. Gembloux.)
No. 472—480. Holdefleiss. — Milchzeitung 1880. 445.
No. 481. C. Kreuzhage u. O. Kellner. — Landw. Jahrb. 10. 1881. 569. Die Kuchen enthielten: a) Gesammt-N 5.131 %, b) davon Amid-N 0.310, b in Procenten von a 6.0, Eiweisssubstanz 28.88 %.
No. 482. E. Kern u. H. Wattenberg (V.-St. Göttingen). — J. f. Landw. 28. (1880). 307.
No. 483—487. Soxhlet (Central-V.-St. München). — Originalmittheilung.
No. 488 u. 489. C. Schaedler. — Dessen Technologie der Fette. Berlin, 1885. 496.
No. 490. A. Voelcker. — J. R. Agr. Soc. England. 19. II. 1884. 422.
No. 491. C. A. Goessmann. — Agr. Exp. Stat. Amherst, Massachusetts Rep. f. 1883.
No. 492—504. Ed. Heiden (V.-St. Pommritz). — Originalmittheilung. Die Proben enthielten:

No.	492	493	494	495	496	497	498	499	500	501	502	503	504
Sand . . .	1.12	10.46	2.14	1.79	1.26	1.69	1.24	0.42	1.44	1.40	1.00	0.63	1.00

No. 505—507. E. H. Jenkins. — Zusammensetzung amerikanischer Futterstoffe in Connecticut Agric. Exp. Stat. Rep. f. 1883. 94; 1884. 117; 1885. 22; 1886. 96. Die Extremzahlen für die Jahrgänge 1882—86 waren:

	Wasser	Nh. Substanz	Rohfett	Nfr. Extraktstoffe	Rohfaser	Rohasche
Maximum . . .	10.8	35.6	16.2	41.9	15.7	—
Minimum . . .	6.2	26.0	2.8	29.1	4.5	—

No.	Bezeichnungen und Bemerkungen	Jahr der Untersuchung	Wasser %	Nh-Substanz %	Rohfett %	Nfr. Extractstoffe %	Rohfaser %	Asche %	No.	Bezeichnungen und Bemerkungen	Jahr der Untersuchung	Wasser %	Nh-Substanz %	Rohfett %	Nfr. Extractstoffe %	Rohfaser %	Asche %
507	Mittel a. 4 Anal.	1885	10.02	33.77	5.04	36.68	8.52	5.97	520	Mittel v. 5 Anal.	1888	—	34.60	9.50	—	—	—
508	Desgl., 20 Anal.	1881	—	30.43	11.07	—	—	—	521	Desgl. v. zahlr. Analysen . .	1884	13.15	30.52	11.45	29.92	8.84	6.12
509	Desgl., 20 Anal.	1882	—	30.26	11.14	—	—	—	522	Desgl. . . .	„	10.25	29.38	9.54	34.96	7.50	8.37
510	Desgl., 32 Anal.	1883	—	31.89	11.80	—	—	—		Minimum .		6.79	18.91	3.69	13.30	4.40	.4.71
511		1882	14.20	31.29	11.22	25.39	8.37	9.53		Maximum .	Aus Analysen	20.50	38.94	25.00	46.92	16.50	15.76
512		„	14.60	30.44	9.89	27.14	9.61	8.32		Mittel, 1862 bis 1870 . .	14	13.30	27.36	9.61	33.09	11.14	7.50
513		„	13.55	27.73	9.60	28.85	9.89	10.38		Desgl., 1870 bis 1880 . . .	116	12.24	29.04	10.90	31.51	9.15	7.16
514		1884/85	—	30.31	8.41	—	—	—		Desgl., 1880 bis jetzt . . .	298	11.06	27.53	9.93	34.45	9.82	7.21
515		1886	—	28.06	10.94	—	—	—		Gesammtmittel	428	11.95	28.56	10.60	32.09	9.48	7.32
516		„	—	29.94	11.62	—	—	—									
517	Presskuchen .	„	12.79	32.05	4.66	25.22	9.52	15.76									
518	Desgl. . . .	„	13.25	32.93	3.69	26.31	9.04	14.78									
519	Mittel v. 5 Anal.	1887	—	31.51	8.80	—	—	—									

Leinkuchenmehl (gemahlene Leinkuchen).

No.	Bezeichnungen und Bemerkungen	Jahr der Untersuchung	Wasser %	Nh-Substanz %	Rohfett %	Nfr. Extractstoffe %	Rohfaser %	Asche %	No.	Bezeichnungen und Bemerkungen	Jahr der Untersuchung	Wasser %	Nh-Substanz %	Rohfett %	Nfr. Extractstoffe %	Rohfaser %	Asche %
1		1864	10.00	22.56	10.15	42.96	7.96	6.37	18		1871	10.40	25.19	6.14	—	—	10.48
2		1868	11.36	28.15	8.24	32.41	10.72	9.12	19		„	9.54	27.12	9.82	—	—	11.40
3		„	11.44	32.10	10.20	25.80	10.76	9.70	20		„	10.52	30.62	9.81	—	—	12.14
4		„	12.90	28.06	10.88	31.74	9.06	7.36	21		„	13.06	31.50	10.88	—	—	5.62
5		„	9.94	27.88	11.40	27.06	6.96	(16.76)?	22		„	10.32	27.13	8.80	—	—	9.82
6		„	13.42	32.37	8.88	26.51	9.78	9.04	23		„	13.32	31.50	10.84	—	—	6.04
7		„	11.06	32.37	9.08	25.79	9.44	(12.26)?	24		„	12.11	29.75	8.57	—	—	9.16
8		„	10.78	29.02	10.20	24.54	8.92	(16.54)?	25		„	13.12	31.50	8.32	—	—	9.00
9		1872	13.22	29.31	12.14	—	—	8.90	26		„	12.38	31.06	11.74	—	—	6.98
10		„	13.00	30.62	12.98	—	—	7.14	27		„	12.98	26.68	9.62	—	—	7.58
11		„	12.52	31.06	11.68	—	—	8.72	28		„	12.36	31.93	12.64	—	—	6.40
12		„	12.06	29.48	12.34	—	—	5.66	29		„	11.72	26.25	6.76	—	—	11.72
13		1871	13.80	31.93	12.68	—	—	6.90	30		„	12.84	34.12	11.28	—	—	5.74
14		„	11.84	28.87	9.38	—	—	(14.20)?	31		„	12.30	27.56	3.78	—	—	11.66
15		„	11.72	28.00	9.92	—	—	7.84	32		„	10.36	29.31	16.34	—	—	7.66
16		„	14.14	28.44	12.10	—	—	5.78	33		„	11.76	30.62	10.96	—	—	10.10
17		„	12.56	30.19	12.16	—	—	5.62	34		„	13.16	32.11	11.30	—	—	8.00

No. 508—510. J. König (V.-St. Münster. 3. Ber. 12.

		Nh. Substanz	Rohfett
1881	Maximum . . .	33.68	14.39
	Minimum . . .	25.02	9.12
1882	Maximum . . .	33.01	12.49
	Minimum . . .	26.19	9.49
1883	Maximum . . .	34.87	16.07
	Minimum . . .	25.63	8.29

No. 511—520. Em. Wolff u. C. Kreuzhage (V.-St. Hohenheim). — Württembergisches Wochenblatt f. Landwirthschaft 1882. 217; 1886. 46; 1887. 53 u. 1888. 175; 1889. 83. Schwankungen im Gehalte an Proteïn und Fett waren in den letzten 2 Jahren folgende 1887: Proteïn 33.09—27.79, Fett 9.32—7.85. 1888: Proteïn 36.0—32.2%. Fett 11.8—8.1%.

No. 521. J. D. Kobus (V.-St. Wageningen). — Landw. Jahrb. 13. 1884. 827. Im Maximum u. Minimum fand Verfasser:

Maximum . . .	16.2% Wasser	37.3% Proteïn	18.5% Fett	12.3% Rohfaser	8.7% Asche
Minimum . . .	11.2% „	23.6% „	6.2% „	7.6% „	4.6% „

Letztere Zahlen, sowie die Mittelzahlen beziehen sich beim Proteïn auf 520, beim Fett auf 480, bei der Asche auf 130, bei dem Wasser auf 26, und bei Rohfaser auf 8 Analysen.

No. 522. A. Stutzer (V.-St. Bonn). — Jahrb. d. Deutsch. Landwirthschafts-Gesellschaft. Bd. 2. 381. Die untersuchten Kuchen waren von der Firma S. Katz-Cassel bei der Ausstellung in Frankfurt a. M. ausgestellt. Von dem N sind vorhanden als:

	Auf Gesammt-N berechnet
Nichtproteïn 0.08	1.7%
Unverdauliche Stoffe 0.49	10.4 „
Verdauliches Eiweiss 4.13	87.9 „

Leinkuchen-Mehl (gemahlene Leinkuchen).

No. 1—117. C. Karmrodt (V.-St. Bonn). — No. 1. Landw. Ztschr. f. Rheinpreuss. 1864. 428. No. 2—8. 12. Jahresber. 1868. No. 9—34. 15. Ber. f. 1871. Landw. Ztschr. f. Rheinpreuss. 1872. 44. No. 39—64. 16. Ber. Ibid. 1873. 44. No. 69—117. 17. Ber. Ibid. 1874. 47.

No.	Bezeichnungen und Bemerkungen	Jahr der Untersuchung	In der ursprünglichen Substanz: Wasser %	Nh-Substanz %	Rohfett %	Nfr. Extractstoffe %	Rohfaser %	Asche %	No.	Bezeichnungen und Bemerkungen	Jahr der Untersuchung	In der ursprünglichen Substanz: Wasser %	Nh-Substanz %	Rohfett %	Nfr. Extractstoffe %	Rohfaser %	Asche %
35		1871	12.72	29.31	11.62	—	—	8.08	81		1873	12.00	31.50	11.66	—	—	6.80
36		„	12.52	36.18	12.30	—	—	7.88	82		„	11.70	26.25	7.90	—	—	7.00
37		„	11.68	29.14	10.40	—	—	8.94	83		„	10.48	28.44	7.86	—	—	6.50
38		„	12.36	29.75	12.30	—	—	8.66	84		„	11.62	29.75	8.62	—	—	6.78
39		1872	13.74	28.43	9.78	—	—	10.98	85		„	12.02	31.54	7.54	—	—	7.76
40		„	13.80	31.50	6.20	—	—	7.34	86		„	11.22	32.81	10.02	—	—	5.12
41		„	12.12	28.87	8.00	—	—	9.76	87		„	11.42	33.25	9.90	—	—	7.88
42		„	11.90	27.13	6.86	—	—	12.10	88		„	13.04	33.68	8.88	—	—	6.14
43		„	12.22	32.81	11.78	—	—	7.06	89		„	14.62	32.46	10.92	—	—	5.96
44		„	11.16	32.98	10.96	—	—	7.46	90		„	14.10	31.93	12.16	—	—	5.84
45		„	12.32	31.93	10.04	—	—	7.36	91		„	12.84	27.56	8.24	—	—	9.56
46		„	12.76	27.00	8.50	—	—	10.52	92		„	—	26.68	8.50	—	—	—
47		„	10.34	30.62	8.50	—	—	10.88	93		„	11.82	29.75	11.18	—	—	7.94
48		„	11.10	28.43	7.34	—	—	10.18	94		„	9.60	27.25	13.50	—	—	8.60
49		„	12.30	27.00	7.40	—	—	10.84	95		„	10.52	28.87	12.62	—	—	9.16
50		„	12.44	26.64	11.90	—	—	9.32	96		„	10.16	30.06	13.36	—	—	8.72
51		„	12.62	27.19	6.94	—	—	11.52	97		„	10.54	28.17	9.46	—	—	9.42
52		„	12.00	28.00	10.74	—	—	10.62	98		„	9.22	27.56	11.96	—	—	9.40
53		„	12.36	29.75	12.30	—	—	8.66	99		„	12.36	29.31	12.80	—	—	8.38
54		„	13.16	32.37	9.10	—	—	7.40	100		„	12.50	32.37	8.10	—	—	8.24
55		„	11.40	31.93	12.12	—	—	7.28	101		„	12.70	33.25	6.06	—	—	7.62
56		„	12.96	31.50	11.87	—	—	6.52	102		„	13.96	30.80	10.62	—	—	7.74
57		„	11.96	27.50	12.56	—	—	8.02	103		„	13.12	30.18	11.08	—	—	7.56
58		„	10.10	31.80	12.80	—	—	6.20	104		„	14.40	31.58	7.50	—	—	7.14
59		„	9.32	23.75	13.10	—	—	8.45	105		„	—	31.50	7.62	—	—	7.18
60		„	10.32	28.87	8.72	—	—	6.64	106		„	12.70	31.93	10.48	—	—	11.14
61		„	11.46	27.12	12.74	—	—	7.08	107		„	11.88	28.37	9.10	—	—	6.80
62		„	12.66	27.50	9.12	—	—	7.34	108		„	11.36	24.93	7.10	—	—	8.90
63		„	12.32	31.55	13.62	—	—	7.02	109		„	13.28	26.68	10.54	—	—	8.92
64		„	12.16	31.93	13.46	—	—	7.30	110		„	12.06	30.18	10.08	—	—	9.64
65		1873	11.74	31.50	8.56	—	—	11.12	111		„	12.82	25.37	6.68	—	—	9.66
66		„	13.32	24.93	8.55	—	—	6.54	112		„	12.10	27.56	10.00	—	—	9.48
67		„	12.26	28.87	6.86	—	—	9.92	113		„	12.00	29.31	10.48	—	—	9.06
68		„	12.08	29.31	10.06	—	—	8.56	114		„	12.84	29.31	11.92	—	—	6.62
69		„	11.52	26.25	9.79	—	—	8.42	115		„	11.54	26.79	7.16	—	—	9.64
70		„	10.40	31.25	11.90	—	—	8.30	116		„	11.33	31.06	5.12	—	—	7.24
71		„	10.18	28.44	11.90	—	—	9.10	117		„	12.83	23.39	17.73	—	—	7.80
72		„	12.38	32.25	7.14	—	—	6.04	118		1871	14.81	34.80	10.83	—	—	7.53
73		„	9.46	28.87	12.88	—	—	9.94	119		1874	11.11	31.19	10.49	—	—	9.25
74		„	10.40	30.88	11.24	—	—	8.10	120		„	12.12	30.81	12.45	—	—	9.27
75		„	11.48	30.11	9.74	—	—	9.68	121		„	11.85	34.12	12.52	—	—	6.44
76		„	11.96	31.06	9.26	—	—	9.38	122		„	13.38	34.63	15.90	—	—	6.63
77		„	12.42	31.76	10.12	—	—	9.14	123		1876	—	32.06	10.56	—	—	—
78		„	13.16	30.62	10.82	—	—	8.66	124		1877	20.19	22.50	10.08	32.67	6.87	7.69
79		„	12.54	32.37	11.20	—	—	7.36	125		„	11.50	29.19	10.22	30.09	12.15	6.85
80		„	13.64	31.93	9.74	—	—	7.04	126		1876	—	28.63	11.52	—	—	6.03

No. 118. A. Hilger. — Ber. d. agrikulturchem. Laborat. f. Unterfranken u. Aschaffenburg. Würzburg, 1872. 9.
No. 119—122. P. Wagner u. Rupprecht. — Ztschr. d. l. Ver. f. Hessen-Darmstadt 1874. 317.
No. 123. F. Holdefleiss (V.-St. Halle). — Ztschr. d. l. Centralv. d. Prov. Sachsen 1876. 249.
No. 124 u. 125. Schiller (V.-St. Dahme). — Originalmittheilung.
No. 126 u. 127. R. Heinrich (V.-St. Rostock). — Ber. derselb. 1882. 66.

No.	Bezeichnungen und Bemerkungen	Jahr der Untersuchung	In der ursprünglichen Substanz: Wasser %	Nh-Substanz %	Rohfett %	Nfr. Extractstoffe %	Rohfaser %	Asche %	No.	Bezeichnungen und Bemerkungen	Jahr der Untersuchung	In der ursprünglichen Substanz: Wasser %	Nh-Substanz %	Rohfett %	Nfr. Extractstoffe %	Rohfaser %	Asche %
127		1879	—	23.63	18.20	—	—	9.40	144		1884	10.70	28.25	10.06	31.97	10.12	8.90
128		„	18.81	27.62	9.88	36.04	8.34	5.68	145	Altes Verfahren	1886	8.07	21.71	8.20	34.38	12.31	5.33
129	Amerikanische	1877	9.13	32.43	11.57	31.45	7.26	8.16	146	Desgl. . . .	„	8.55	32.35	2.13	38.13	13.77	5.07
130		1879	14.06	30.00	12.11	29.59	8.54	5.70	147	Mittel v. 3 Anal.	1883	9.55	32.84	5.64	38.51	7.80	5.66
131		„	15.21	27.31	9.22	32.56	8.73	6.97	148	Mittel v. 6 Anal.	1884	8.72	31.32	8.72	37.75	7.34	6.24
132		„	14.78	31.34	10.88	28.17	8.46	6.37	149	Mittel v. 4 Anal.	1885	8.34	30.80	10.12	34.75	10.01	5.98
133		„	6.53	32.06	10.28	39.48	6.73	6.92	150	Mittel v. 9 Anal.	1886	9.20	31.53	7.78	36.34	9.26	5.87
134		„	12.19	32.18	10.93	29.69	8.23	6.78	151	Mittel v. 12 An.	1887	9.03	32.33	8.24	35.22	9.31	5.87
135		1876	11.78	28.68	10.31	—	—	7.94		Minimum .		6.53	22.50	3.78	24.54	6.73	5.12
136		„	13.21	30.81	8.60	—	—	7.49		Maximum v.							
137		„	(7.37	22.62	7.89	24.99	7.63	29.50)		No. 1 an .	Aus	20.19	36.18	18.20	39.48	10.76	12.14
138		„	9.76	29.56	12.47	30.58	9.93	7.70		Mittel v. 1862	Analysen						
139		1878	14.97	23.18	7.46	36.62	9.60	8.12		bis 1880 . .	138	12.11	29.60	10.31	31.02	8.80	8.16
140		„	—	(19.17	9.65)	—	—	—		Desgl. v. 1880							
141		1881	—	31.30	12.50	—	—	—		bis jetzt . .	41	8.99	31.04	8.39	36.59	9.02	5.97
142		„	—	26.81	14.98	—	—	—		Gesammtmittel	179	11.44	29.97	9.88	32.06	8.91	7.74
143		„	—	29.75	9.95	—	—	—									

Leinsamenmehl. Mit Lösungsmitteln entfettete Leinsamen.

No.	Bezeichnungen und Bemerkungen	Jahr der Untersuchung	Wasser %	Nh-Substanz %	Rohfett %	Nfr. Extractstoffe %	Rohfaser %	Asche %	No.	Bezeichnungen und Bemerkungen	Jahr der Untersuchung	Wasser %	Nh-Substanz %	Rohfett %	Nfr. Extractstoffe %	Rohfaser %	Asche %
1	Berliner (CS_2)	1866	9.70	35.10	6.20	35.33	6.66	7.01	13		1881	9.85	37.62	4.87	—	—	5.67
2		1868	12.00	32.88	0.70	39.88	7.56	6.98	14		„	11.11	36.90	5.89	—	—	5.61
3		„	12.00	32.56	3.84	37.27	6.99	7.34	15		1883	13.35	34.25	1.30	37.02	8.00	6.08
4		1878	12.07	31.75	8.80	25.25	9.80	12.33	16	Mittel v. 6 Anal.	1884	10.51	33.45	2.83	38.78	8.37	6.06
5		„	12.34	35.88	6.01	27.36	11.25	7.16	17		1885	9.90	35.81	2.27	36.65	8.63	6.74
6		„	15.11	29.53	5.00	29.87	9.98	10.51	18		„	12.70	33.25	3.64	37.19	8.08	5.14
7		1877	11.13	28.31	4.09	40.57	9.32	6.58	19	Mittel v. 12 An.	„	10.12	32.94	3.57	38.35	9.09	5.93
8		1880	12.60	31.93	3.50	36.72	9.80	5.45	20	Desgl. . . .	1886	10.75	32.85	3.08	38.29	9.46	5.57
9		„	16.20	33.10	4.40	24.20	16.20	5.90		Minimum		9.70	28.31	0.70	24.20	6.66	5.14
10		1882	—	36.14	4.00	—	—	—		Maximum		16.20	37.62	8.80	40.57	16.20	12.33
11		1879	10.76	35.64	2.81	35.22	8.86	6.71		Mittel . .		11.02	33.25	3.59	36.78	9.15	6.21
12		1881	12.91	32.01	2.67	37.56	8.77	6.08									

No. 128. W. Hoffmeister (V.-St. Insterburg). — Landw. Jahrb. 1880. 815.
No. 129. W. O. Atwater. — Agric. Exper. Stat. Middletown, Cennecticut, Rep. f. 1877/8. 38.
No. 130—134. J. König (V.-St. Münster). — Landw. Ztg. f. Westfalen u. Lippe. 1880. 36.
No. 135 u. 136. A. Petermann u. Mercier (V.-St. Gembloux). — Originalmittheilung.
No. 137—139. W. Hoffmeister (V.-St. Insterburg). — Originalmittheilung. Die Probe unter No. 137 enthielt 25.46 % Sand, die unter No. 139, 3.20 % Sand.
No. 140. M. C. de Leeuw (V.-St. Hasselt, Belgien). — Originalmittheilung.
No. 141. P. Wagner (V.-St. Darmstadt). — Ztschr. d. landwirthsch. Ver. in Hessen 1882. 71.
No. 142. Th. Dietrich (V.-St. Marburg). — Landw. Ztg. f. d. Rgbz. Cassel 1881. 691.
No. 143 u. 144. F. Soxhlet (Central-V.-St. München). — Originalmittheilung. Die Probe unter No. 144 entstammt gemahlenen Lein-Presskuchen aus der Fabrik von J. Kerber in Kittlmühl b. Passau.
No. 145—151. S. W. Johnson u. E. H. Jenkins. — Connecticut Agr. Exper. Stat. Rep. f. 1883. 94; 1884. 117; 1885. 42. 22; 1886. 96 u. 1887. 188. Der Gehalt schwankte in den Jahrgängen 1882—1887.

	Wasser	Nh. Substanz	Rohfett	Nfr. Extraktstoffe	Rohfaser	Rohasche
Maximum . .	12.6	38.2	11.6	44.9	13.3	—
Minimum . .	6.1	27.7	4.9	30.8	7.1	—

Leinsamen-Mehl.

No. 1—3. F. Stohmann, Baeber u. Lehde (V.-St. Halle). — J. f. Landwirthsch. 16. 1868. 431.
No. 4—6. M. Märcker (V.-St. Halle). — Landw. Jahrb. 1880. 815.
No. 7. J. Fittbogen (V.-St. Dahme). — Originalmittheilung.
No. 8. A. Voelcker. — Hoffmann's Jahresber. 1880. 415.
No. 9. P. Wagner. Ebendaselbst.
No. 10. W. Werenskjold. — Landbrugskemiker Werenskjold's Beretning.
No. 11—20. S. W. Johnson u. E. H. Jenkins. — Connecticut Agr. Exp. St. Rep. f. 1879. 93; 1881. 84; 1883. 89. 94; 1884. 108 u. 117; 1885. 42 u. 22; 1886. 96. Die Extremzahlen waren in den Jahrgängen 1882—1887:

Mohnkuchen. Pressrückstand. Rückstände der Samen von Papaver somniferum L.

No.	Bezeichnungen und Bemerkungen	Jahr der Untersuchung	In der ursprünglichen Substanz: Wasser %	Nh-Substanz %	Rohfett %	Nfr. Extractstoffe %	Rohfaser %	Asche %
1		1850	11.63	31.46	5.75	—	—	12.98
2	Ziemlich alt, sehr hart und trocken . .	„	(4.30	34.30	—	—	—	12.50)
3	Aus dem Elsass	„(?)	6.80	33.50	8.40	30.86	11.70	8.80
4	Aus Artois .	„(?)	11.70	37.80	10.10	23.30	11.10	6.00
5		„(?)	11.00	39.25	14.20	—	—	12.50
6	Aus in Nordbrabant gew. Samen . .	1851	15.33	32.06	17.05	—	—	11.38
7	Gemahlene M., Mehl . . .	1864	10.25	31.85	7.30	26.42	13.72	10.46
8		1873	10.02	33.68	7.16	—	—	12.26
9	Mehl . . .	„	10.52	28.87	13.72	25.15	10.34	11.40
10	Frische aus Deutschland .	„	15.11	33.00	6.18	22.69	12.84	10.18
11		1876	15.16	34.37	7.40	8.49	22.27	11.81
12	Mittel v. 7 Anal.	—	—	33.62	10.65	—	—	—
13		1876	—	30.44	14.44	—	—	—
14		„	12.68	36.31	11.44	18.39	8.36	12.82
15		1877	16.60	33.91	13.30	18.47	13.00	10.72
16		1878	—	37.00	8.80	—	—	—
17		„	—	29.80	15.90	—	—	—
18		„	—	35.70	10.70	—	—	—
19		1877	—	37.15	8.07	—	—	—
20		1878	—	35.80	15.40	—	—	—
21		1876	—	32.76	6.41	—	—	—
22		„	—	33.38	5.34	—	—	—
23		„	—	37.81	7.08	—	—	—
24		1877	—	29.19	17.07	—	—	—
25		1877	—	36.87	8.38	—	—	—
26		1879	12.04	28.87	9.08	20.86	14.03	10.12
27		1877	8.67	28.98	16.65	—	—	11.18
28		„	14.49	37.50	9.42	—	—	12.12
29		1878	8.12	35.50	11.98	—	—	13.22
30		„	10.18	34.12	10.26	—	—	13.12
31		„	11.54	33.00	10.32	—	—	14.46
32		„	—	33.25	9.66	—	—	—
33		„	7.52	38.62	11.88	—	—	11.55
34		„	9.20	32.44	10.06	—	—	13.24
35		„	—	36.12	11.11	—	—	—
36		„	11.16	38.68	9.22	—	—	12.40
37		„	11.68	33.44	9.66	—	—	10.17
38		„	8.91	38.75	7.32	—	—	11.93
39		„	—	38.26	11.16	—	—	—
40		„	—	37.81	13.14	—	—	—
41		„	—	35.06	12.62	—	—	—
42		„	—	38.25	8.82	—	—	—
43		„	—	33.62	9.53	—	—	—
44		„	—	37.50	13.43	—	—	—
45		„	—	37.68	12.64	—	—	—
46		„	—	32.31	11.02	—	—	—
47		1879	10.30	38.90	8.90	18.80	11.40	11.70
48		1880	—	38.90	10.00	—	—	—
49		„	—	38.70	10.50	—	—	—
50		1881	—	32.40	10.80	—	—	—
51		„	—	31.80	12.50	—	—	—
52		„	—	37.70	9.90	—	—	—
53		„	—	36.80	12.40	—	—	—
54		„	7.94	36.10	14.40	17.75	10.85	12.96

	Wasser	Nh. Substanz	Rohfett	Nfr. Extraktstoffe	Rohfaser	Rohasche
Maximum . .	13.4	37.6	6.8	48.0	14.0	—
Minimum . .	6.8	27.1	1.3	35.2	7.1	—

Das untersuchte Leinmehl ist als Yaryan's new process Linseed Meal bezeichnet.

Mohnkuchen.

No. 1 u. 2. Th. Anderson. — Transact. Highl. Soc. Juli 1851 bis März 1853 (1853). 456. Nh. Substanz von uns berechnet. In No. 1 Kalk- und Magnesia-Phosphat 6.93, an Alkalien gebunden P_2O_5 3.27%. No. 2 war verschimmelter Kuchen.
No. 3 u. 4. J. Boussingault. — Dessen „Landwirthschaft etc.". Tabelle S. 200.
No. 5. Soubeiran u. Girardin. — Wolff's Ackerbau 945.
No. 6. L. Mulder. — Weende'r Jahresberichte 1854. II. 26.
No. 7. C. Karmrodt. — Ztschr. d. landw. Ver. f. Rheinpreussen 1864. No. 11.
No. 8. C. Karmrodt. — Ibid. 1873. 17.
No. 9. Th. Dietrich. — Landw. Ztschr. f. d. Rgbz. Kassel 1873. 19.
No. 10. Th. Dietrich u. J. König. — Originalmittheilung.
No. 11, 12 u. 13. F. Holdefleiss. — Ztschr. d. landw. Centralv. f. d. Prov. Sachsen 1876. 243 und 249. Der Gehalt schwankte bei den Analysen unter No. 12 hinsichtlich des Proteïngehalts von 32.88—34.38, hinsichtlich des Fettgehalts von 7.30—12.80.
No. 14—18. P. Wagner u. W. Rohn (V.-St. Darmstadt). — Originalmittheilung.
No. 19 u. 20. W. Henneberg (V.-St. Göttingen). — Originalmittheilung.
No. 21—23. A. Pagel. — Ztschr. d. landw. Centralv. f. d. Prov. Sachsen 1877. 89.
No. 24 u. 25. W. Th. Osswald. — Ibid. 1878. 13.
No. 26. M. Märcker. — Landw. Jahrb. 1880. 815.
No. 27—46. A. Stutzer (V.-St. Bonn). — Originalmittheilung.
No. 47. P. Wagner (V.-St. Darmstadt). — Ztschr. f. d. landw. Ver. d. Grossherz. Hessen 1880. 78.
No. 48 u. 49. P. Wagner. — Ebendaselbst. 215.
No. 50—53. P. Wagner. — Ebendaselbst 1882. 71.
No. 54—56. E. Wolff (V.-St. Hohenheim). — Württemb. Wochenbl. f. Landw. 1882. 218.

No.	Bezeichnungen und Bemerkungen	Jahr der Untersuchung	In der ursprünglichen Substanz: Wasser %	Nh-Substanz %	Rohfett %	Nfr. Extractstoffe %	Rohfaser %	Asche %
55		1881	—	—	13.56	—	—	—
56		„	—	—	12.39	—	—	—
57	Aus indischer oder oriental. Mohnsaat . .	1882	—	40.00	9.30	—	—	—
58	Desgl. . . .	„	—	35.70	13.20	—	—	—
59	Desgl. . . .	„	—	36.90	11.60	—	—	—
60	Desgl. . . .	„	—	34.40	9.80	—	—	—
61	Desgl. . . .	1883	—	39.90	9.00	—	—	—
62	Desgl. . . .	„	—	39.90	9.30	—	—	—
63		1881	11.48	38.53	9.76	—	—	13.31
64		1882	—	37.25	8.28	—	—	—
65		„	—	36.38	7.04	—	—	—
66		1883	10.25	36.25	4.53	26.82	10.01	12.14
67		„	9.16	38.44	6.29	23.74	10.50	11.87
68		„	—	36.19	12.44	—	—	—
69		„	9.11	40.44	9.64	19.54	10.13	11.14
70		„	—	38.50	6.15	—	—	—
71		„	10.48	40.54	13.19	20.91	4.90	10.88
72		„	10.82	36.79	11.27	19.67	9.66	11.82
73		1878	12.4	35.0	11.8	—	—	—
74		„	14.2	35.5	5.9	—	—	—
75		„	10.4	37.1	5.5	—	—	—
76		1879	17.0	28.9	9.1	20.9	14.0	10.1
77		„	17.7	31.1	3.8	—	—	—
78		„	8.3	36.9	6.2	—	—	14.5
79		1880	8.4	31.6	6.9	—	—	—
80		„	16.2	30.6	9.2	—	—	—
81		„	14.9	34.1	12.6	—	—	—
82		„	13.6	33.7	6.1	—	—	—
83		„	10.4	32.6	6.8	22.4	10.6	10.2
84		„	11.1	35.0	10.7	—	—	—
85		„	12.6	27.9	5.4	—	—	—
86		„	12.9	37.0	8.7	—	—	—
87		„	13.3	37.8	7.5	—	—	—
88		„	12.3	37.5	4.9	—	—	—
89		1881	10.4	37.5	9.2	—	—	—
90		„	11.0	36.3	7.7	—	—	—
91		„	10.0	31.4	12.8	—	—	—
92		„	10.5	36.4	11.0	—	—	—

No.	Bezeichnungen und Bemerkungen	Jahr der Untersuchung	In der ursprünglichen Substanz: Wasser %	Nh-Substanz %	Rohfett %	Nfr. Extractstoffe %	Rohfaser %	Asche %
93		1881	—	39.3	8.6	—	—	—
94		„	15.2	37.1	—	—	—	—
95		„	—	37.2	11.0	—	—	—
96		„	9.4	38.2	11.1	—	—	—
97		„	13.3	32.4	5.3	—	—	—
98		„	10.8	38.0	8.1	—	—	—
99		„	11.0	37.5	9.0	—	—	—
100		„	11.9	31.0	15.5	—	—	—
101		„	—	39.4	11.6	—	—	—
102		„	—	34.2	10.6	—	—	—
103		„	—	33.9	7.5	—	—	—
104		„	—	39.9	9.7	—	—	—
105		1882	—	38.9	8.1	—	—	—
106		„	13.6	35.1	6.6	—	—	—
107		„	12.7	37.4	7.3	—	—	—
108		„	13.6	36.3	9.8	—	—	—
109		„	14.2	34.0	11.2	—	—	—
110		„	10.8	36.4	9.9	—	—	—
111		„	15.0	31.1	7.9	—	—	—
112		„	16.0	31.7	8.1	—	—	—
113		„	10.5	36.7	9.0	—	—	—
114		„	11.9	37.4	8.2	—	—	—
115		„	13.1	37.2	9.7	—	—	—
116	A. weissem Sam.	1879/83	9.02	36.97	6.11	—	—	—
117	A. braunem Sam.	„	10.73	36.75	5.01	—	—	—
118		„	10.32	36.31	5.88	—	—	—
119	A. weissem Sam.	„	—	37.50	8.54	—	—	—
120	A. braunem S.	„	—	37.81	5.95	—	—	—
121	A. türkischem S.	„	—	33.00	8.01	—	—	—
122	A. weissem Sam.	„	8.50	31.35	8.43	—	—	11.10
123	A. schwarzem S.	1880	9.60	32.40	8.20	—	—	10.86
124	A. deutsch. Mohn . (Chr. Umback in Bietigheim a. Enz)	1884	12.64	31.56	8.70	18.34	16.72	12.04
125	A. weissem, indischem Mohn . (Chr. Umback in Bietigheim a. Enz)	„	10.88	35.28	13.01	18.40	10.71	11.72
126	A. deutsch. u. indisch. Mohn . (Chr. Umback in Bietigheim a. Enz)	„	11.50	32.94	11.40	17.95	14.71	11.50

No. 57—62. E. Wolff. — Ebendaselbst 1883. 211. Aus indischer oder orientalischer Mohnsaat. Die Fabrikate stammten aus nachstehend bezeichneten Fabriken und Firmen: No. 57 u. 61 Kolmar in Besigheim; No. 58 L. Hahn-Heilbronn; No. 59 Bälz-Bisingen; No. 60 aus Calw und No. 62 von Lamparter-Esslingen.
No. 63. Th. Dietrich u. M. Markendorf. — Landw. Ztg. f. d. Rgbz. Kassel 1881. 601.
No. 64 u. 65. Th. Dietrich u. O. Toepelmann. — Ebendaselbst 1882. 131.
No. 66—70. Th. Dietrich u. O. Toepelmann. — Ebendaselbst 1883. 141, 233 u. 602.
No. 71. H. Fresenius (V.-St. Wiesbaden). — Private (indirekte) Mittheilung.
No. 72. P. Wagner (V.-St. Darmstadt). — Desgl.
No. 73—115. M. Märcker (V.-St. Halle). — Originalmittheilung.
No. 116—121. F. Soxhlet (Central-V.-St. München). — Originalmittheilung. Die untersuchten Fabrikate unter No. 118—121 stammten aus der Fabrik Esslingen.
No. 122 u. 123. C. Schaedler. — Technologie der Fette. Berlin, 1885. 519.
No. 124—135. F. Soxhlet (Central-V.-St. München). — Originalmitthl. Die untersuchten Fabrikate unter No. 124—126 stammten aus der Fabrik von Chr. Umback in Bietigheim a./d. Enz; die unter No. 127—129 von Ludw. Hahn in Heilbronn; die unter No. 130—132 von Ph. Lamparter-Esslingen und die unter No. 133 u. 134 von Herm. Egelhaaf in Ulm; das Mehl unter No. 135, hergestellt aus Presskuchen der Fabrik von J. Kerber in Kittlmühl bei Passau.

No.	Bezeichnungen und Bemerkungen	Jahr der Untersuchung	Wasser %	Nh-Substanz %	Rohfett %	Nfr. Extractstoffe %	Rohfaser %	Asche %	No.	Bezeichnungen und Bemerkungen	Jahr der Untersuchung	Wasser %	Nh-Substanz %	Rohfett %	Nfr. Extractstoffe %	Rohfaser %	Asche %
			In der ursprünglichen Substanz									In der ursprünglichen Substanz					
127	A. weissem, indischem Mohn . (Ludwig Hahn in Heilbronn)	1882	12.73	35.66	12.79	16.33	11.11	11.38	140	Dunkle . . .	1886	11.07	37.62	9.17	18.30	11.49	12.35
128	A. grauem, türkisch. Mohn . (Ludwig Hahn in Heilbronn)	„	11.46	36.02	8.55	21.01	11.86	11.10	141	Mittel v. 14 An.	1887	—	38.40	10.29	—	—	—
129	(Ludwig Hahn in Heilbronn)	1884	9.80	39.63	8.80	17.49	11.80	12.48	142	Mittel v. 18 An.	1888	—	38.50	10.60	—	—	—
130	Braun (Ph. Lamparter in Esslingen)	„	12.22	34.09	9.34	18.22	14.65	11.48	143	Mittel v. 3 An.	1883	—	37.47	9.62	—	—	—
131	Hell (Ph. Lamparter in Esslingen)	„	8.92	39.25	9.56	18.66	10.85	12.76	144		„	7.90	39.02	8.56	21.58	9.04	13.90
132	Hell (Ph. Lamparter in Esslingen)	1882	12.11	39.77	10.25	12.49	12.42	12.96	145	Mittel v. 7 An.	„	—	37.02	9.77	—	—	—
133	Hell (Herm. Egelhaaf in Ulm)	1884	10.84	37.87	9.03	17.33	12.03	12.90	146	Mittel v. 8 An.	1886	—	38.10	9.62	—	—	—
134	Dunkel (Herm. Egelhaaf in Ulm)	„	9.84	38.96	10.37	16.97	11.26	12.60	147	Mittel v. 3 An.	1887	—	39.20	8.00	—	—	—
135	Mehl a. indisch. Samen . .	„	9.36	39.25	13.92	13.66	10.65	13.16	148	Mittel v. 2 An.	1888	—	37.68	7.86	—	—	—
136	Mittel v. 12 An.	1883/84	—	37.42	11.46	—	—	—	149	Frankfurter Ausstellung	—	9.42	40.94	13.03	17.21	8.60	10.80
137	Mittel v. 16 An.	1884/85	—	37.71	10.50	—	—	—	150	Frankfurter Ausstellung	—	9.73	38.63	10.00	21.47	8.90	11.27
138	Mittel v. 30 An.	1886	—	37.99	10.19	—	—	—	151	Frankfurter Ausstellung	—	9.30	39.81	9.93	18.96	8.40	13.60
139	Helle . . .	„	11.30	37.87	10.93	16.23	11.48	12.19	152		—	9.90	40.00	5.77	22.27	10.09	11.97
										Minimum		7.52	27.90	3.80	8.49	4.90	10.10
										Maximum		17.70	40.54	17.07	26.82	22.27	14.50
										Mittel von 189 Analys. (Von No. 7 an)		11.42	36.40	9.76	19.37	11.84	11.21

Entöltes Mohnmehl, mit Lösungsmitteln entfetteter Mohnsamen.

No.	Bezeichnungen und Bemerkungen	Jahr der Untersuchung	Wasser %	Nh-Substanz %	Rohfett %	Nfr. Extractstoffe %	Rohfaser %	Asche %
1		—	—	31.69	2.32	—	—	—

Hanfsamenkuchen. Pressrückstand der Samen von Cannabis sativa.

No.	Bezeichnungen und Bemerkungen	Jahr der Untersuchung	Wasser %	Nh-Substanz %	Rohfett %	Nfr. Extractstoffe %	Rohfaser %	Asche %	No.	Bezeichnungen und Bemerkungen	Jahr der Untersuchung	Wasser %	Nh-Substanz %	Rohfett %	Nfr. Extractstoffe %	Rohfaser %	Asche %
1		1848	5.30	26.30	6.00	38.80	20.00	3.60	5	Aus Russland .	1874	8.20	(48.00)	7.65	—	—	11.25
2	Aus brabanter Samen . .	1853	16.47	30.13	7.21	—	—	8.10	6	Aus russischer Saat . . .	1876	10.43	29.75	9.62	—	—	7.57
3		„	13.80	33.64	6.30	—	—	10.50	7		1875	11.60	33.50	7.20	15.60	23.70	8.40
4	Aus Galizien .	1870	10.54	30.18	14.84	8.68	27.50	8.26	8		„	10.57	29.56	11.17	18.03	24.20	6.47

No. 136. Em. Wolff (V.-St. Hoheneim). — Württembergisches Wochenbl. f. Landwirthsch. 1884. 291. Die Schwankungen in den untersuchten Fabrikaten waren hinsichtlich des Proteïn-Gehalts 34.8—40.4 %, hinsichtlich des Fettgehalts von 9.2—15.3 %.
No. 137. E. Wolff u. C. Kreuzhage (V.-St. Hohenheim). — Ebendaselbst 1886. 45. Als Grenzen der Schwankungen ergaben sich für das Proteïn 35.1—40.4 %, für das Fett 8.7—13.4 %.
No. 138—142. E. Wolff. — Ebendaselbst 1887. 51; 1888. 175; 1889. 83. Als Grenzen der Schwankungen ergaben sich:
1886 für das Proteïn 35.3—40.4 %, für das Fett 7.3—12.8 %
1887 „ „ „ 34.9—41.6 „ „ „ „ 8.6—12.5 „
1888 „ „ „ 35.3—41.1 „ „ „ „ 8.8—14.2 „ (abgesehen von einem sehr niedrigen Gehalt von 5.7 %).
No. 143—145. J. König (V.-St. Münster). — 3. Bericht 1881|83. 12.
No. 146—148. Th. Dietrich (V.-St. Marburg). — Originalmittheilung. Als höchster und niedrigster Gehalt wurden gefunden für Proteïn 40.37 und 36.93 %, für Fett 15.84 und 4.67 %.
No. 149—152. A. Stutzer (V.-St. Bonn). — Jahrb. d. D. Landw. Gesellschaft. Bd. 2. (No. 152 Originalmitthl.) Die untersuchten Kuchen waren bei der Frankfurter, 1887 (No. 152 bei der Magdeburger, 1889) Ausstellung durch die Firma S. Katz-Cassel ausgestellt. In den Kuchen waren enthalten: / Desgl. in % des Gesammt-N:

	No. 149	150	151	152	No. 149	150	151	152
Nicht-Proteïn	0.29	0.36	0.31	0.33	4.4	5.8	4.8	— %
Unverdauliche Stoffe . .	0.87	0.59	0.60	0.60	13.2	9.5	9.4	— „
Verdauliches Eiweiss . .	5.39	5.23	5.46	5.47	82.4	84.7	85.8	— „

Entöltes Mohnmehl.
No. 1. F. Holdefleiss (V.-St. Halle). — Ztschr. d. landwirthsch. Centralv. f. d. Prov. Sachsen 1876. 245.

Hanfsamenkuchen.
No. 1. J. B. Boussingault. — Dessen: Die Landwirthschaft in ihren Beziehungen zur Chemie u. s. w. 3. Band. 200.
No. 2. L. Mulder. — Wilda's landwirthschaftl. Centralblatt 1854. II. 33.
No. 3. Soubeiran u. Girardin. — J. f. Pharmacie. (3). XIX. 87.
No. 4. Kóos Gabór. — Ungarisch-Altenburg. Originalmittheilung.
No. 5 u. 6. Th. Behrmann. — Originalmittheilung. Muster No. 5 enthielt 3.76 % P_2O_5, No. 3 = 1.99 % P_2O_5 und 2.15 % Sand.
No. 7. A. Voelcker. Wilda's landw. Centralbl. 1873. II. 371.
No. 8. A. Voelcker. — J. R. Agric. Soc. England 1876. II. 296. S. auch J. f. Landwirthschaft 1876. 374.

No.	Bezeichnungen und Bemerkungen	Jahr der Untersuchung	In der ursprünglichen Substanz: Wasser %	Nh-Substanz %	Rohfett %	Nfr. Extractstoffe %	Rohfaser %	Asche %
9		—	11.82	33.01	6.68	19.73	20.38	8.38
10	Aus deutschem Samen . .	1880	11.60	30.40	6.70	—	—	8.20
11	Aus russischem Samen . .	„	10.85	30.50	7.45	—	—	7.86
12		„	10.31	25.13	7.95	22.18	22.49	9.95
13		„	7.81	30.88	4.29	26.02	25.91	5.09
14	Russische . .	„	12.05	31.25	8.58	17.66	21.54	8.92
15	Desgl. . . .	„	9.87	29.75	13.55	17.03	21.13	8.67
16	Desgl. . . .	„	11.06	33.37	8.55	18.51	20.46	8.05
17	Desgl. . . .	„	14.04	31.27	8.76	11.23	25.03	9.67
18	Desgl. . . .	„	16.26	30.16	8.70	12.71	23.98	8.19
19	Desgl. . . .	„	14.09	33.54	8.08	14.17	22.37	7.75
20	Desgl. . . .	„	12.00	30.92	9.15	13.39	25.90	8.63
21		1882	13.00	30.60	10.50	—	—	—
22		„	9.65	31.25	11.56	13.97	24.29	9.28
23		„	13.00	29.56	8.61	21.30	20.00	7.53
24		1883	12.24	30.62	9.88	24.54	14.56	8.16
25		1884	11.40	31.68	13.04	20.05	16.58	7.25
26	Fast reiner Hanfsamen .	„	19.54	26.07	12.06	—	—	5.96
27	Desgl. . . .	1885	10.12	29.66	15.53	22.54	15.25	6.90
28		„	10.84	30.10	9.30	27.01	15.60	7.15
29		„	15.40	29.22	9.00	22.93	16.50	6.95
30		1886	15.14	27.56	7.11	22.13	19.20	7.86
31		1887	14.46	28.35	11.76	22.29	15.40	7.74
32		„	9.00	28.26	15.82	23.48	16.60	6.84
33		„	11.46	33.75	8.02	23.93	14.90	7.94
34		„	14.00	29.66	9.26	25.08	14.90	7.10
35		1882	9.88	30.37	11.97	14.37	24.23	9.18
36		1887	—	38.93	10.68	—	—	—
	Minimum		5.30	25.13	4.29	8.68	14.56	3.60
	Maximum		19.54	38.93	15.82	38.80	27.50	11.25
	Mittel von 33 Analysen (von No. 4 an)		11.94	30.59	9.79	19.19	20.52	7.97

Madiakuchen. Pressrückstand der Samen von Madia sativa Molin.

No.	Bezeichnungen und Bemerkungen	Jahr der Untersuchung	Wasser %	Nh-Substanz %	Rohfett %	Nfr. Extractstoffe %	Rohfaser %	Asche %
1		1848	11.20	31.60	15.00	9.80	25.70	6.70
2		1880	10.94	31.00	9.46	—	—	6.70
3		1884	10.50	32.68	8.56	20.32	19.20	8.74
	Mittel . . (von No. 2 u. 3)		10.72	31.84	9.01	21.71	19.20	7.72

Leindotterkuchen. Pressrückstand der Samen von Camelina sativa Cez.

No.	Bezeichnungen und Bemerkungen	Jahr der Untersuchung	Wasser %	Nh-Substanz %	Rohfett %	Nfr. Extractstoffe %	Rohfaser %	Asche %
1		?	9.95	25.50	12.42	35.00	10.16	6.89
2		1848	6.50	34.40	7.00	34.00	9.50	8.60
3	Aus in Nordbrabant gezogenen Samen	1851	14.57	22.88	6.46	—	—	11.33
4		—	14.50	34.81	12.20	—	—	8.20
5		1867	—	36.50	9.90	—	—	—
6	Aus Schlesien	1870	9.72	33.00	10.32	30.39	10.67	5.96
7		1873	10.60	34.40	8.10	—	—	7.18
8		1878	—	35.21	9.44	—	—	—

No. 9. A. Petermann u. Molinari (V.-St. Gembloux). — Originalmittheilung.
No. 10 u. 11. C. Schaedler. — Dessen: Technologie der Fette. Berlin, 1885. 537.
No. 12 u. 13. Th. Dietrich u. J. König. — Originalmittheilung.
No. 14—20. Thoms. — Compt. rend. des travaux du Congrès international. Paris, 1881. 205.
No. 21. M. Märcker (V.-St. Halle). — Originalmittheilung.
No. 22. E. Wolff (V.-St. Hohenheim). — Württembergisches Wochenblatt f. Landw. 1882. 229.
No. 23. J. Fittbogen u. Hasselbarth (V.-St. Dahme). — Originalmittheilung.
No. 24—34. M. Siewert (V.-St. Danzig). — Originalmittheilung. Muster unter No. 31 enthielt 1.54 %, das unter No. 33 1.30 % Sand.
No. 35. W. Fleischmann (Milchw. V.-St. Raden). — Bericht 1882. 57.
No. 36. Th. Dietrich u. A. Hesse (V.-St. Marburg). — Originalmittheilung.

Madiakuchen.
No. 1. J. B. Boussingault. — Dessen: Die Landwirthschaft in ihren Beziehungen zur Chemie etc. 3. B. 200.
No. 2. C. Schaedler. — Dessen: Technologie der Fette. Berlin, 1885. 528.
No. 3. F. Soxhlet (Central-V.-St. München). — Originalmittheilung.

Leindotterkuchen.
No. 1. Johnston. — Wolff's Grundlagen des Ackerbaues. Leipzig, 1856. 944.
No. 2. J. B. Boussingault. — Dessen: Die Landwirthschaft in ihren Beziehungen etc. 3. Band. 200.
No. 3. L. Mulder. — Wilda's landwirthsch. Centralbl. 1854. II. 33.
No. 4. Soubeiran u. Girardin. — J. f. Pharm. (3). XIX. 87.
No. 5. G. Kühn u. M. Märcker (V.-St. Braunschweig). — Braunschweigische landw. Ztg. 1867. 438.
No. 6. Th. Dietrich u. J. König (V.-St. Altmorschen). — Originalmittheilung.
No. 7. U. Kreusler (V.-St. Hildesheim). — 1. Bericht 1873. 26.
No. 8. Th. Dietrich (V.-St. Altmorschen). — Originalmittheilung.

No.	Bezeichnungen und Bemerkungen	Jahr der Untersuchung	In der ursprünglichen Substanz: Wasser %	Nh-Substanz %	Rohfett %	Nfr. Extractstoffe %	Rohfaser %	Asche %
9		1880	11.15	31.42	6.97	—	—	8.85
10		1881	—	36.20	9.00	—	—	—
11		1885	—	30.01	15.43	—	—	5.90
12		1887	11.36	—	13.36	—	—	6.36
13		1875	—	27.12	8.99	—	—	—
14		1888	—	31.18	10.34	—	—	—
	Mittel . . (von No. 6 an)		10.71	32.78	10.19	28.80	10.67	6.85

Sonnenblumensamenkuchen. Pressrückstand der Samen von Helianthus annuus L.

No.	Bezeichnungen und Bemerkungen	Jahr der Untersuchung	Wasser %	Nh-Substanz %	Rohfett %	Nfr. Extractstoffe %	Rohfaser %	Asche %
1	A. Nordbrabant ungeschält. S.	1851	14.33	16.38	5.27	—	—	7.03
2	Geschälte Sam.	1869	10.00	36.55	10.50	23.97	9.25	9.73
3	Solrosfrökaka .	1875	7.85	28.13	25.98	21.84	10.60	5.60
4	Desgl. . . .	1876	9.75	31.37	16.43	16.73	19.52	6.20
5	Desgl. . . .	1880	7.98	36.25	15.20	—	—	7.10
6	Desgl. . . .	„	8.68	42.50	9.97	—	—	7.25
7	Desgl. . . .	„	8.48	35.63	13.15	—	—	8.18
8	Desgl. . . .	„	6.83	35.63	16.51	—	—	7.25
9		„	9.60	38.13	13.49	—	—	7.25
10		1881	9.05	33.13	12.76	—	—	6.85
11		„	9.10	34.69	14.40	—	—	6.85
12		„	8.70	33.13	12.11	—	—	7.20
13		„	10.45	27.50	10.51	—	—	8.35
14		1882	9.10	33.13	12.58	—	—	7.50
15		„	9.40	30.94	10.93	—	—	6.95
16		„	12.10	28.75	15.10	—	—	5.85
17		„	7.05	30.94	15.42	—	—	6.65
18		„	7.35	37.50	14.84	—	—	6.85
19		„	8.80	33.75	11.98	—	—	6.80
20		„	8.80	34.06	14.06	—	—	6.40
21		„	8.40	34.69	12.23	—	—	6.45
22		1877	10.04	36.14	14.28	—	—	6.67
23		1878	10.70	35.00	17.00	—	—	6.85
24		„	7.75	36.25	14.32	—	—	6.78
25		1878	9.80	35.87	15.56	—	—	6.37
26		1875	10.62	38.00	6.44	28.11	10.48	6.35
27		1877	8.07	37.69	22.73	19.29	6.05	5.72
28		1879	8.25	36.54	14.32	12.50	22.10	7.29
29	Aus Russland .	1882	12.29	36.12	15.05	21.82	9.06	5.66
30	Aus ungarisch. bäuerl. Mühlen	1884	10.62	29.56	24.44	14.12	14.94	6.32
31		1882	7.72	33.56	21.98	18.87	10.37	7.50
32	Enthülst . .	1875	—	43.00	17.94	—	—	—
33	Desgl. . . .	„	—	37.04	12.68	—	—	—
34	Desgl. . . .	1876	—	42.50	11.60	—	—	—
35	Desgl. . . .	„	—	44.44	10.35	—	—	—
36	Unenthülst (?) .	„	—	33.44	15.08	—	—	—
37	Desgl. . . .	„	—	37.56	15.84	—	—	—
38	Desgl. . . .	„	—	30.56	14.91	—	—	—
39		1875	8.25	28.50	18.23	—	—	—
40		1878	3.11	37.19	8.58	—	—	6.46
41		1875	11.21	28.88	21.35	—	—	—
42		1876	9.43	36.06	20.08	17.58	10.54	5.59
43	Ungarische .	1877	4.73	40.94	12.40	23.84	10.64	7.45
44		1878	10.18	32.74	27.27	10.04	13.43	6.33
45		1880	10.24	37.30	6.60	—	—	8.13
46	Mittel v. 2 Anal.	1883	—	32.84	6.02	—	—	—
47		1881	10.95	35.10	14.44	19.76	13.19	6.86
48	Mehl . . .	1883	10.13	34.74	4.90	24.71	17.05	8.47

No. 9. C. Schaedler. — Dessen: Technologie der Fette etc. Berlin, 1885. 512.
No. 10. M. Märcker (V.-St. Halle). — Originalmittheilung.
No. 11 u. 12. M. Siewert (V.-St. Danzig). — Originalmittheilung.
No. 13. A. Emmerling (V.-St. Kiel). — Zusammenstellung von Analysen von Futtermitteln 1871—1877. Kiel, 1877.
No. 14. Th. Dietrich u. O. Sachs (V.-St. Marburg). — Originalmittheilung.

Sonnenblumenkuchen.
No. 1. L. Mulder. — Wilda's landw. Centralbl. 1854. II.
No. 2. F. Krocker. — Der Landwirth 1869. No. 19. In dem Kuchen 2.23% Sand. Dieselben wurden offenbar aus geschältem Samen gepresst.
No. 3 u. 4. E. W. Olbers (V.-St. Alnarp, Schweden). — Originalmittheilung.
No. 5—21. E. W. Olbers (V.-St. Alnarp, Schweden). — Agrikulturkemiska undersökningar på Alnarp ar 1880, 1881 und 1882.
No. 22. F. O. Bergstrand u. C. N. Pahl (V.-St. Westerås, Schweden). — Originalmittheilung.
No. 23—25. F. O. Bergstrand. — Ebendaselbst.
No. 26 u. 27. J. Moser (V.-St. Wien). — 1. Bericht 1870—77. S. 59 u. Tabelle IV auf S. XXVI. Autor bemerkt, dass Muster unter 26 von einer nicht besonders soliden Firma zur Untersuchung übergeben wurde. Muster unter No. 26 enthielt 1.39, Muster unter No. 27 0.62% Sand.
No. 28. J. Moser u. Böcker (V.-St. Wien). — Originalmittheilung. Das untersuchte Muster enthielt 1.12% Sand.
No. 29 u. 30. Dieselben. — Originalmittheilung.
No. 31. Dieselben. — Bericht f. 1882 u. 1883. 3. Das Muster enthielt 1.12% Sand.
No. 32—38. F. Holdefleiss (V.-St. Halle). — Ztschr. d. landwirthsch. Centralv. f. d. Prov. Sachsen 1876. 245 u. 249.
No. 39 u. 40. O. Kohlrausch (V.-St. d. Centralv. f. Rübenzuckerindustrie in Oesterreich-Ungarn). — Originalmitthl.
No. 41 u. 42. G. Kühn u. Gerver resp. Kelbe (V.-St. Möckern). — Originalmittheilung.
No. 43. Th. Dietrich (V.-St. Altmorschen). — Landw. Ztg. u. Anz. f. d. Rgbz. Cassel 1877. 130.
No. 44. E. Heiden (V.-St. Pommritz). — Originalmittheilung. Das Muster enthielt 0.27% Sand.
No. 45. C. Schaedler. — Dessen: Technologie der Fette. Berlin, 1885. 526.
No. 46. J. König (V.-St. Münster). — 3. Bericht 1881—1883. 12.
No. 47. E. Wolff u. C. Kreuzhage (V.-St. Hohenheim). — Landw. V.-St. 27. 1882. 221; auch Württemb. Wochenbl. f. Landw. 1882. 229.
No. 48—54. M. Siewert. (V.-St. Danzig). — Originalmittheilung.

No.	Bezeichnungen und Bemerkungen	Jahr der Untersuchung	Wasser %	Nh-Substanz %	Rohfett %	Nfr. Extractstoffe %	Rohfaser %	Asche %	No.	Bezeichnungen und Bemerkungen	Jahr der Untersuchung	Wasser %	Nh-Substanz %	Rohfett %	Nfr. Extractstoffe %	Rohfaser %	Asche %
			In der ursprünglichen Substanz									In der ursprünglichen Substanz					
49	Kuchen . .	1883	—	33.93	16.32	—	—	—	55		1885	12.29	36.12	15.05	21.88	9.00	5.66
50	Russland . .	1884	10.90	28.26	9.83	28.62	16.99	5.40	56	A. Südrussland	1880	8.92	37.77	10.65	21.54	14.72	6.40
51		1885	—	30.19	20.05	—	—	—		Minimum		3.11	21.44	4.90	10.04	6.05	5.40
52		„	10.95	35.10	14.44	19.46	13.19	9.86		Maximum		13.15	44.44	27.27	28.62	22.10	9.73
53	Russische, nur schwach zerquetschte Sam.	„	10.15	21.44	20.14	16.27	17.83	6.90		Mittel von 55 Analys. (Von No. 2 an)		9.24	34.66	14.53	22.29	12.60	6.68
54	Desgl. . . .	„	13.15	39.50	10.12	22.98	15.70	6.65									

Kürbiskernkuchen. Aus dem Samen von Cucurbita Pepo L.

No.	Bezeichnungen und Bemerkungen	Jahr der Untersuchung	Wasser %	Nh-Substanz %	Rohfett %	Nfr. Extractstoffe %	Rohfaser %	Asche %	No.	Bezeichnungen und Bemerkungen	Jahr der Untersuchung	Wasser %	Nh-Substanz %	Rohfett %	Nfr. Extractstoffe %	Rohfaser %	Asche %
1	A. Nordbrabant	1851	17.29	29.19	6.37	—	—	8.92	5	Aus Ungarn .	1870/77	9.97	40.10	23.94	12.10	8.80	5.04
2	Aus Ungarn .	1870/77	11.25	32.56	25.57	9.13	15.68	5.81	6		1884	—	38.56	16.08	—	—	—
3	Desgl. . . .	„	10.01	38.74	23.55	10.75	10.33	5.62		Mittel (von No. 2—6)		9.85	36.07	22.66	11.49	14.11	5.82
4	Desgl. . . .	„	8.17	30.39	24.16	8.82	21.64	6.82									

Wallnusskuchen. Aus dem Samen von Juglans regia Linn.

No.	Bezeichnungen und Bemerkungen	Jahr der Untersuchung	Wasser %	Nh-Substanz %	Rohfett %	Nfr. Extractstoffe %	Rohfaser %	Asche %	No.	Bezeichnungen und Bemerkungen	Jahr der Untersuchung	Wasser %	Nh-Substanz %	Rohfett %	Nfr. Extractstoffe %	Rohfaser %	Asche %
1		1848	6.0	32.8	9.0	45.6	3.4	3.2	5		1878	9.79	29.09	34.32	18.63	4.33	3.84
2		1858	13.56	34.00	12.55	28.50	6.38	5.01	6		1880	12.10	33.65	5.25	—	—	6.30
3	Aus einer Kundenmühle .	1868	15.0	29.11	15.00	—	—	—		Mittel (von No. 3—6)		11.37	30.71	19 39	29.13	4.33	5.07
4	Desgl. . . .	„	8.6	31.00	25.00	—	—	—									

Mandelkuchen. Aus den Kernen des Samens von Amygdalus communis L.

No.	Bezeichnungen und Bemerkungen	Jahr der Untersuchung	Wasser %	Nh-Substanz %	Rohfett %	Nfr. Extractstoffe %	Rohfaser %	Asche %	No.	Bezeichnungen und Bemerkungen	Jahr der Untersuchung	Wasser %	Nh-Substanz %	Rohfett %	Nfr. Extractstoffe %	Rohfaser %	Asche %
1		1872	9.92	43.00	12.25	20.99	10.21	3.63	7		1888	—	47.87	15.61	—	—	—
2		„	8.26	37.22	18.04	23.46	9.87	3.15	8		„	—	50.25	—	—	—	—
3		„	9.60	40.10	17.20	—	—	4.60	9		„	—	49.69	—	—	—	—
4		„	11.00	44.78	13.10	20.50	6.74	3.88	10		„	8.76	52.18	9.65	16.43	7.55	5.43
5	Mehl . . .	1881	8.82	49.13	10.52	14.43	13.26	3.84	11		1884	—	44.94	7.77	—	—	3.66
6		1886	13.35	41.68	12.51	18.16	8.57	5.73		Mittel aus 11 Analysen		9.96	45.53	12.96	17.94	9.37	4.24

No. 55. F. Soxhlet (Central-V.-St. München). — Originalmittheilung.
No. 56. W. Fleischmann (Milchw. V.-St. Raden). — Bericht 1880. 27.

Kürbiskernkuchen.
No. 1. L. Mulder. — Wilda's landwirthsch. Centralbl. 1854. II. 33.
No. 2 u. 3. J. Moser (V.-St. Wien). — Bericht f. 1870—77. 60. Tab. IV. Beide Muster stammen von der Oelgewinnung, als Hausindustrie betrieben.
No. 4. R. Ulbricht u. J. Koritsánszky (Ungarisch-Altenburg). — Originalmittheilung.
No. 5. Th. Dietrich (V.-St. Altmorschen). — Landw. Ztg. f. d. Rgbz. Cassel 1877. 130.
No. 6. E. Wolff (V.-St. Hohenheim). — Württemberg. Wochenbl. f. Landw. 1886. 46.

Wallnusskuchen.
No. 1. J. B. Boussingault. — Dessen: Die Landwirthschaft in ihrer Beziehung zur Chemie. III. 200.
No. 2. R. Fresenius. — Landw. Vers.-Stat. 1859. Die „Cellulose" wurde durch auf einanderfolgende Behandlung mit mässig verdünnter Schwefelsäure, verdünnter Natronlauge, Alkohol und Aether bestimmt. Die Nh. Substanz wurde von uns zu solcher von N × 6.25 umgerechnet.
No. 3. J. Nessler u. A. Mayer, No. 4 J. N. u. E. Muth. — Ber. d. V.-St. Karlsruhe 1870. 58. Aus dem Kleinbetriebe.
No. 5. Th. Dietrich (V.-St. Altmorschen). — Originalmittheilung.
No. 6. C. Schaedler. — Dessen: Technologie der Fette. Berlin, 1885. 541.

Mandelkuchen.
No. 1 u. 2. E. Schulze (V.-St. Darmstadt). — Bericht. Darmstadt, 1874. 20.
No. 3. A. Hilger. — Bericht über die Thätigkeit des agrikulturchem. Laboratoriums f. Unterfranken und Aschaffenburg 1872. 9.
No. 4. J. Nessler u. Fellenberg. — Badisches landw. Wochenbl. 1872. 221.
No. 5. F. Soxhlet (Central-V.-St. München). — Originalmittheilung. Pressrückstände aus der Fabrik Mazzurana in Verona.
No. 6. E. Wolff (V.-St. Hohenheim). — Württembergisches Wochenbl. f. Landwirthsch. 1887. 53. Rückstände von der Bereitung des Bittermandelöls.
No. 7—10. Th. Dietrich, O. Sachs u. Th. Omeis (V.-St. Marburg). — Originalmittheilung.
No. 11. F. Soxhlet (Central-V.-St. München). — Originalmittheilung. Muster aus Verona.

Buchnuss-, Bucheln-, Bucheckern-Kuchen. Aus dem Samen der Fagus sylvatica L.

a. Aus ungeschältem Samen.

No.	Bezeichnungen und Bemerkungen	Jahr der Untersuchung	In der ursprünglichen Substanz: Wasser %	Nh-Substanz %	Rohfett %	Nfr. Extractstoffe %	Rohfaser %	Asche %
1	Frankreich, Dep. Nord .	1848	10.00	16.80	—	—	—	6.80
2		—	6.20	20.69	-	—	—	—
3		—	14.00	24.38	—	—	—	6.20
4	Nordbrabant .	1853	16.94	23.44	—	—	—	5.48
5		1858	6.50	22.80	7.65	24.10	34.13	4.82
6		1863	12.57	19.88	9.35	17.90	20.72	4.30
7		1869	15.16	16.50	11.69	—	—	—
8		1870	—	18.02	8.13	—	—	—
9		„	16.93	18.06	6.07	32.14	20.79	6.01
10		1866	12.00	18.70	8.10	36.80	20.40	4.00
11		1867	17.30	20.20	9.10	21.60	26.20	5.60
12		„	14.50	19.90	7.30	28.10	25.10	5.10
13		„	20.70	15.80	7.70	—	—	—
14		1871	16.73	17.81	11.32	—	—	4.25
15		1872	11.40	18.80	5.20	36.30	23.50	4.80
16		1878	—	19.30	7.90	—	—	—
17		„	15.05	19.84	6.80	34.40	19.45	4.46
18		„	—	19.88	7.26	—	—	—
19	Tourt. de Faines	„	14.40	17.25	8.47	32.74	21.27	5.87
20	Mehl . . .	1888	—	17.68	7.94	—	—	—
21		„	15.34	20.68	6.50	31.83	21.25	4.40
22		„	22.08	17.75	9.80	25.99	20.19	4.19
23		„	9.8	19.2	10.7	34.1	21.7	4.5
24		„	10.3	21.1	10.1	34.7	19.1	4.7
25		„	14.7	18.8	9.4	30.5	21.7	4.9
26		„	14.9	18.3	7.2	34.0	21.3	4.3
27		„	—	18.9	8.2	—	—	—
28		„	—	18.6	12.2	—	—	—
	Mittel (von No. 6 an) .		14.93	18.74	8.54	31.41	21.62	4 76

b. Aus geschältem Samen.

No.	Bezeichnungen und Bemerkungen	Jahr der Untersuchung	Wasser %	Nh-Substanz %	Rohfett %	Nfr. Extractstoffe %	Rohfaser %	Asche %
1		1880	12.13	36.15	7.50	—	—	5.63
2		1889	—	37.13	10.97	—	—	—
3		1888	8.60	35.10	7.20	32.80	7.70	8.60
4		1889	—	36.70	10.40	—	—	—
	Mittel . .		10.47	36.27	9.02	29.42	7.70	7.12

Sesamkuchen. Aus dem Samen von Sesamum orientale und Ses. indicum.

No.	Bezeichnungen und Bemerkungen	Jahr der Untersuchung	Wasser %	Nh-Substanz %	Rohfett %	Nfr. Extractstoffe %	Rohfaser %	Asche %
1		1850	10.00	42.50	8.20	(16.30	5.00)	18.00
2		„(?)	11.00	31.25	13.00	—	—	9.50
3		1851	14.21	33.06	9.39	—	—	14.51
4		1853	—	42.50	—	—	—	—
5		1860	10.20	41.82	9.83	—	—	13.40
6		1864	13.70	33.20	12.30	23.70	6.90	10.20

Buchnuss-, Bucheln-, Bucheckern-Kuchen, aus ungeschältem Samen.

No. 1. J. B. Boussingault. — Dessen: Die Landwirthschaft in ihrer Beziehung zur Chemie etc. Deutsch von Gräger. 3. Bd. S. 200. Der Gehalt von Fett ist zu nur 1% angegeben.
No. 2. J. B. Boussingault. — Wolff's Grundlagen des Ackerbau's. Leipzig, 1856. 945.
No. 3. Soubeiran u. Girardin. Journ. Pharmac. (3). XIX. 87. Der Gehalt von Fett ist zu nur 4,0% angegeben.
No. 4. L. Mulder. — Weende'r Jahresber. 1854. I. 26. Der Gehalt von Fett ist zu nur 0.38% angegeben.
No. 5. C. Karmrodt. — Landw. Ztschr. f. Rheinpreussen 1859. 106.
No. 6—8. Th. Dietrich (V.-St. Altmorschen). — Landw. Anz. f. Kurhessen 1863. 21; 1869. 166 u. 1870. 8.
No. 9. Th. Dietrich u. J. König (V.-St. Altmorschen). — Originalmittheilung.
No. 10. A. Stöckhardt. — Chem. Ackersm. 1866. 167.
No. 11—13. G. Kühn u. M. Märcker. — Weende'r Jahresbericht 1867|68. 521.
No. 14. U. Kreusler (V.-St. Hildesheim). — 1. Ber. 26.
No. 15. A. Voelcker. — Landwirthschaftl. Centralbl. 1873. II. 373.
No. 16. W. Henneberg (V.-St. Göttingen). — Originalmittheilung.
No. 17 u. 18. Th. Dietrich (V.-St. Altmorschen). — Landw. Ztg. f. d. Rgbz. Cassel 1878. 32 u. 125.
No. 19. L. Grandeau (V.-St. Nancy). — Originalmittheilung.
No. 20—22. Th. Dietrich, Sachs u. F. Schmidt (V.-St. Marburg). — Originalmittheilung.
No. 23—28. E. Wolff (V.-St. Hohenheim). — Württembergisches Wochenbl. f. Landwirthsch, 1889. 84.

Buchnusskuchen, aus geschältem Samen.

No. 1. C. Schaedler. — Dessen: Technologie der Fette 1885. 475. Geschälte Samen enthielten nach demselben Autor 10.50% Wasser, 24.00% Eiweisskörper, 21.26% Oel u. 4.12% Asche.
No. 2. Th. Dietrich (V.-St. Marburg). — Originalmittheilung.
No. 3 u. 4. E. Wolff (V.-St. Hohenheim). — Württembergisches Wochenbl. f. Landwirthsch. 1889. 84.

Sesamkuchen.

No. 1. J. B. Boussingault. — Dessen: Landwirthschaft" etc. 3. Bd. Tabelle S. 200.
No. 2. Soubeiran u. Girardin. — Wolff's Ackerbau. 945.
No. 3. L. Mulder. — Weende'r Jahresber. 1854. II. 26. Wilda's landw. Centralbl. 1854. II. 33.
No. 4. Corenwinder. — Ebendaselbst 1853. II. 246. Barral's J. d'Agric. prat. 1852. II. 455.
No. 5. W. Wicke. — Journ. f. Landw. 1860. 233.
No. 6. A. Stöckhardt. — Chem. Ackersm. 1864. 54.

No.	Bezeichnungen und Bemerkungen	Jahr der Untersuchung	In der ursprünglichen Substanz Wasser %	Nh-Substanz %	Rohfett %	Nfr. Extractstoffe %	Rohfaser %	Asche %	No.	Bezeichnungen und Bemerkungen	Jahr der Untersuchung	In der ursprünglichen Substanz Wasser %	Nh-Substanz %	Rohfett %	Nfr. Extractstoffe %	Rohfaser %	Asche %
7		1867	12.67	42.31	11.66	18.03	6.10	9.23	36		1878	—	38.38	10.98	—	—	—
8	In hydraulisch.								37		„	—	36.25	9.46	—	—	—
	Presse erhalten	„	13.90	38.10	15.10	15.20	6.80	10.90	38		„	—	36.06	8.16	—	—	—
9	In Stempel-								39		„	—	37.40	8.80	—	—	—
	presse erhalten	„	16.40	36.90	14.60	14.10	6.60	11.40	40		„	—	36.69	7.91	—	—	—
10		1870	11.96	34.56	15.84	—	—	9.36	41	Italienische,							
11		„	10.50	40.90	14.40	16.30	6.00	11.90		1875er Ernte	1875	10.61	36.62	13.98	13.08	12.92	12.79
12	Aus weissscha-								42		1876	11.29	38.87	10.30	23.83	4.92	10.79
	ligem Samen	„	11.00	35.25	5.70	30.81	9.77	7.47	43		„	—	42.40	—	—	—	—
13	Aus schwarz-								44		„	10.00	35.60	10.90	—	—	—
	schalig. Samen	„	10.51	33.19	8.24	22.92	18.35	6.49	45		1877	—	44.92	6.81	—	—	—
14	Aus England								46		„	—	37.25	14.50	—	—	—
	bezogen . .	1873	8.10	36.80	11.30	25.20	8.10	10.50	47		„	—	37.75	13.40	—	—	—
15	Aus Sachsen be-								48		„	10.45	36.31	16.60	20.51	5.56	10.57
	zogen . . .	„	13.70	33.20	12.30	23.60	7.00	10.20	49		1878	—	40.20	11.35	—	—	—
16		„	14.17	37.50	8.65	16.64	13.28	9.76	50		„	—	38.80	9.50	—	—	—
17		„	14.94	35.68	7.79	21.70	9.47	10.42	51		„	—	38.00	13.60	—	—	—
18		1871	8.85	37.94	11.16	23.71	8.56	9.78	52		1877	—	41.10	11.30	—	—	—
19		1873	13.63	37.63	11.48	17.50	9.50	10.26	53	Aus weissscha-							
20		„	14.90	35.60	12.27	13.65	12.90	10.68		ligem Samen	„	—	38.24	10.25	—	—	—
21		1874	11.55	40.50	10.79	22.30	5.09	9.77	54	Desgl. . . .	„	—	37.24	10.74	—	—	—
22		„	—	38.00	15.37	—	—	—	55		1879	12.04	33.01	9.14	29.21	5.43	11.17
23		1875	10.60	36.86	14.00	7.84	12.90	17.80	56		1876	9.72	36.60	19.76	21.46	3.20	9.26
24	Französisches								57		„	10.20	35.60	18.60	18.70	8.00	8.90
	Fabrikat . .	1873	11.05	30.00	8.99	—	—	14.05	58		„	9.66	33.68	15.36	23.92	3.71	13.67
25		1874	12.03	37.38	5.07	—	—	—	59		„	—	38.50	17.80	—	—	—
26		1876	10.28	40.38	5.70	27.08	6.66	9.90	60		1877	13.20	33.91	19.56	14.59	10.04	8.70
27		„	10.97	37.19	17.13	16.91	9.50	8.30	61		1878	—	31.90	17.30	—	—	—
28		„	—	42.56	7.00	—	—	—	62		„	—	35.40	17.90	—	—	—
29		1877	—	35.69	15.27	—	—	—	63		„	—	—	19.90	—	—	—
30		„	—	38.75	10.40	—	—	—	64		1879	9.80	35.20	17.50	21.26	7.10	9.14
31		„	—	36.06	14.70	—	—	—	65		„	10.12	36.41	18.10	18.35	6.50	10.52
32		1878	—	36.50	13.08	—	—	—	66		1875	—	36.25	8.54	—	—	—
33		„	—	32.75	6.07	—	—	—	67		„	—	39.90	7.11	—	—	—
34		„	—	32.63	4.83	—	—	—	68		„	—	37.41	7.36	—	—	—
35		„	12.12	37.75	7.44	20.97	9.50	12.22	69		„	—	32.12	10.56	—	—	—

No. 7. W. Henneberg. — J. f. Landwirthsch. 1367. 233.
No. 8 u. 9. G. Kühn u. M. Märcker. — Braunschweig. landw. Ztschr. 1867. 438.
No. 10. C. Karmrodt. — 15. Jahresber. d. V.-St. Bonn 1872. 17.
No. 11. J. Lehmann. — Ztschr. d. landwirthsch. Ver. in Bayern 1872. 29. Sand 1.5 %.
No. 12 u. 13. Th. Dietrich u. J. König. — Originalmittheilung. Von der Pariser Weltausstellung aus der Fabrik von Rubaud u. Co. in Paris, durch Herrn Dr. Wittmack in Berlin erhalten.
No. 14 u. 15. Aug. Völcker. — Nach Journ. Roy. Agr. Soc. England im Landw. Centralbl. 1873. II. 371.
No. 16 u. 17. J. König. — 1. Ber. d. V.-St. Münster 1871—77. 43.
No. 18. R. Alberti. — 1. Ber. d. V.-St. Hildesheim 1873. 26.
No. 19 u. 20. R. Alberti u. Hempel. — 2. Ber. d. V.-St. Hildesheim 1874. 25.
No. 21 u. 22. R. Alberti. — 3. Ber. d. V.-St. Hildesheim 1875. 18.
No. 23. Kurmann. — Hoffmann's Jahresber. 18|19. 1875—76. II. 18. (Landw. Blätter f. Innsbruck 1876. 67.)
No. 24. E. W. Olbers (V.-St. Alnarp, Schweden). — Originalmittheilung.
No. 25—40. K. Müller. — 4. Ber. d. V.-St. Hildesheim. 18.
No. 41. E. Mach u. Fr. Kurmann. — Originalmittheilung. In der Asche 18.37 % P_2O_5.
No. 42. J. Fittbogen (V.-St. Dahme). — Originalmittheilung.
No. 43—51. W. Henneberg (V.-St. Göttingen). — Originalmittheilung.
No. 52. Ad. Mayer (V.-St. Wageningen). — Originalmittheilung.
No. 53—55. A. Petermann (V.-St. Gembloux). — Originalmittheilung.
No. 56—59. P. Wagner u. W. Rohn. No. 60 W. Rohn. No. 61—65 P. Wagner u. W. Rohn (V.-St. Darmstadt). — Originalmittheilung. Asche in No. 64 u. 65 C- und CO_2-frei.
No. 66—71. F. Holdefleiss (V.-St. Halle). — Ztschr. d. landw. Centralv. f. d. Prov. Sachsen 1876. 245 u. 249.

No.	Bezeichnungen und Bemerkungen	Jahr der Untersuchung	In der ursprünglichen Substanz						No.	Bezeichnungen und Bemerkungen	Jahr der Untersuchung	In der ursprünglichen Substanz					
			Wasser %	Nh-Substanz %	Rohfett %	Nfr. Extractstoffe %	Rohfaser %	Asche %				Wasser %	Nh-Substanz %	Rohfett %	Nfr. Extractstoffe %	Rohfaser %	Asche %
70		1876	—	39.37	5.77	—	—	—	107		1879	11.40	37.94	10.52	18.94	8.90	12.30
71		„	—	37.94	7.46	—	—	—	108		„	10.84	38.24	10.74	19.20	8.98	12.00
72		„	—	39.88	8.72	—	—	—	109		„	12.50	38.20	10.72	18.87	3.80	10.91
73		„	—	35.12	13.67	—	—	—	110		„	12.37	37.98	10.18	19.19	9.43	10.85
74		1877	—	37.69	5.67	—	—	—	111		1880	11.12	38.12	16.08	21.04	4.68	8.96
75		„	—	35.25	10.93	—	—	—	112		„	8.50	37.12	19.13	21.36	5.73	8.16
76		„	—	34.81	11.11	—	—	—	113		„	9.27	40.00	10.08	17.02	11.20	12.43
77		„	—	33.80	17.30	—	—	—	114		„	9.10	37.37	13.51	23.18	5.04	11.80
78		1876	9.58	30.00	19.00	25.04	4.47	11.91	115		„	—	41.65	10.83	—	—	—
79		1877	10.10	36.33	8.95	26.47	7.30	10.85	116		„	—	38.12	10.62	—	—	—
80		„	11.37	35.48	9.50	24.65	8.14	10.36	117		„	—	42.50	9.13	—	—	12.86
81		„	10.29	35.34	13.68	—	—	9.69	118		„	—	37.50	12.73	—	—	—
82		„	11.72	33.89	8.90	24.35	9.21	11.93	119		„	11.00	43.69	10.22	18.97	6.29	9.83
83		1878	13.27	37.65	14.68	17.45	5.92	11.03	120		1881	—	38.18	7.22	—	—	—
84		„	—	34.20	13.32	—	—	—	121		„	—	37.37	12.80	—	—	—
85		1875	14.85	36.94	12.17	20.48	5.53	10.03	122		„	12.31	38.06	10.71	—	—	8.99
86		1876	15.50	36.23	11.25	22.32	4.77	9.93	123		„	11.37	42.06	11.23	—	—	8.63
87		1873	11.40	34.46	9.88	26.68	6.65	10.93	124	Aus weissem S.	„	—	36.81	12.67	—	—	—
88		1877	12.30	35.00	11.00	24.80	9.20	7.70	125	Aus schwarzem							
89		„	10.30	35.00	10.52	27.68	5.30	11.20		Samen . .	„	—	41.17	9.50	—	—	—
90		„	10.56	35.00	12.46	24.00	7.38	10.60	126		„	—	38.68	13.44	—	—	—
91		1878	—	31.50	7.86	—	—	—	127	Aus schwarzem							
92		1880	11.28	35.00	13.18	18.12	9.28	13.14		Samen . .	„	10.73	37.50	14.53	—	—	11.71
93		1879	10.18	33.88	9.90	23.41	12.73	9.90	128	Aus weissem S.	„	10.23	40.81	6.95	—	—	12.81
94		1878	13.09	36.81	10.55	18.04	10.71	10.80	129		„	10.00	38.69	10.44	—	—	11.17
95		1879	9.56	38.30	13.97	24.44	5.66	8.07	130		„	9.23	38.65	14.46	—	—	10.70
96		„	13.56	35.53	12.89	20.27	6.88	10.87	131	Aus schwarzem							
97		1878	10.09	34.46	10.14	18.92	8.80	17.59		Samen . .	„	—	40.56	11.70	—	—	—
98		„	10.55	38.12	10.47	19.02	9.51	12.32	132	Aus weissem S.	„	—	40.46	14.57	—	—	—
99		„	12.27	38.48	10.69	17.63	9.40	11.53	133		„	94.8	38.81	12.73	22.93	5.42	10.52
100		„	13.10	35.92	8.52	21.06	8.96	12.44	134		1882	—	34.78	18.43	—	—	—
101		„	13.81	38.06	10.75	16.20	9.34	11.84	135		„	—	36.94	11.13	—	—	—
102		1879	11.33	38.28	12.84	21.02	6.60	9.83	136		„	—	38.44	12.42	—	—	—
103		„	9.80	35.20	17.59	21.26	7.10	9.14	137		„	—	37.63	12.22	—	—	—
104		„	10.12	36.41	18.10	18.35	6.50	10.52	138		„	—	38.19	11.75	—	—	—
105		„	10.00	40.10	8.90	24.10	6.30	10.60	139	Aus weissem S.	„	—	42.59	12.91	—	—	—
106		„	11.50	38.61	10.81	22.89	6.47	9.72	140	Aus dunklem S.	„	—	39.31	11.21	—	—	—

No. 72 u. 73. A. Pagel. — Ebendaselbst 1877. 89.
No. 74—77. W. Th. Osswald. — Ebendaselbst 1878. 13.
No. 78—84. Th. Dietrich (V.-St. Altmorschen). — Landw. Ztschr. f. d. Rgbz. Kassel 1876. 168; 1877. 129. 285 u. 336; 1878. 290.
No. 85. E. Kern u. F. Meinecke (V.-St. Göttingen). — J. f. Landw. 1877. 402. Von uns aus den analytischen Belegen zusammengestellt.
No. 86. E. Kern u. H. Wattenbach (V.-St. Görtingen). — J. f. Landw. 1878. 617 u. f. Von uns aus den analytischen Belegen zusammengestellt.
No. 87—92. R. Heinrich (V.-St. Rostock). — Bericht ders. Wismar, 1882. 74.
No. 93. K. Müller (V.-St. Hildesheim). — Landw. Jahrbüch. 1880. 818.
No. 94—96. W. Henneberg (V.-St. Göttingen). — Ebendaselbst.
No. 97—102. Th. Dietrich (V.-St. Altmorschen). — Ebendaselbst. In No. 97 5.96 Sand.
No. 103—104. P. Wagner (V.-St. Darmstadt). — Ebendaselbst.
No. 105. Ad. Mayer. — Hoffmann's Jahresb. 1879. 345. (Fühling's landw. Ztg. 1879. 825.)
No. 106. E. Kern u. H. Wattenberg. — J. f. Landw. 28. 1880. 307.
No. 107—110. Th. Dietrich u. M. Markendorf. — Ztschr. f. d. Rgbz. Kassel 1879. 379.
No. 111—118. Dieselben. — Originalmittheilung.
No. 119. C. Kreuzhage. — Landw. V.-St. 1881. 221. Zusammensetzung der ursprünglichen Substanz von uns unter Annahme des berechneten mittleren Wassergehalts berechnet.
No. 120—133. Th. Dietrich u. M. Markendorf. — Landw. Ztg. f. d. Rgbz. Kassel 1881. 691 u. 741.
No. 134—184. Th. Dietrich, O. Toepelmann u. Aug. Hesse. — Ebendaselbst 1882. 130. 470; 1883. 140. 232 u. 601.

No.	Bezeichnungen und Bemerkungen	Jahr der Untersuchung	In der ursprünglichen Substanz Wasser %	Nh-Substanz %	Rohfett %	Nfr. Extractstoffe %	Rohfaser %	Asche %	No.	Bezeichnungen und Bemerkungen	Jahr der Untersuchung	In der ursprünglichen Substanz Wasser %	Nh-Substanz %	Rohfett %	Nfr. Extractstoffe %	Rohfaser %	Asche %
141		1882	—	38.28	12.47	—	—	—	182		1883	—	34.25	18.64	—	—	—
142		"	—	40.63	8.68	—	—	—	183		"	—	37.68	15.34	—	—	—
143		"	—	38.66	12.67	—	—	—	184		"	—	35.25	17.91	—	—	—
144		"	—	37.00	13.03	—	—	—	185		1882	12.75	42.83	10.02	18.60	6.17	9.63
145		"	—	38.38	11.91	—	—	—	186		"	—	40.60	10.10	—	—	—
146		"	—	37.94	12.51	—	—	—	187		"	—	38.20	16.70	—	—	—
147		"	—	35.31	14.70	—	—	—	188		"	—	36.20	15.00	—	—	—
148		"	—	38.50	9.47	—	—	—	189		1883	—	40.40	15.00	—	—	—
149		1883	—	35.56	14.50	—	—	—	190		"	—	37.90	15.70	—	—	—
150		"	—	41.09	11.52	—	—	—	191		1879	10.50	32.80	23.70	16.10	6.00	10.90
151		"	—	36.91	16.41	—	—	—	192		"	9.50	43.30	10.00	20.80	5.30	11.10
152		"	8.14	32.53	16.80	29.56	2.00	10.97	193		"	—	37.18	15.00	—	—	—
153		"	—	36.19	14.03	—	—	—	194		"	—	37.00	16.10	—	—	—
154		"	—	39.75	12.53	—	—	—	195		1880	—	39.70	14.20	—	—	—
155		"	—	37.00	14.72	—	—	—	196		"	—	34.60	21.40	—	—	—
156		"	—	37.75	12.26	—	—	—	197		1881	—	34.60	13.90	—	—	—
157		"	—	37.88	12.19	—	—	—	198		"	—	34.60	19.50	—	—	—
158		"	9.08	37.00	15.98	23.65	5.01	9.28	199		"	—	34.60	13.70	—	—	—
159		"	—	35.75	13.42	—	—	—	200		"	—	34.60	16.90	—	—	—
160		"	—	38 19	14.56	—	—	—	201		"	—	35.90	11.60	—	—	—
161		"	—	37.22	14.33	—	—	—	202		1882	—	31.97	23 30	—	—	—
162		"	8.84	41.63	13,94	19.66	5.82	10.11	205		"	—	34.16	12.10	—	—	—
163		"	—	34.38	20.62	—	—	—	204		"	—	29.57	17.42	—	—	—
164		"	—	38.56	10.61	—	—	—	205		"	—	30.66	10.98	—	—	—
165		"	—	37.69	15.67	—	—	—	206		1883	10.33	40.93	11.32	20.57	5.91	10.94
166		"	9.34	34.81	18.78	18.35	8.96	9.76	207		"	10.51	37.23	12.17	22.61	6.53	10.95
167		"	—	33.94	19.12	—	—	—	208		1881	7.70	37.20	14.80	—	—	—
168		"	—	36.44	16.42	—	—	—	209		"	—	37.10	12.80	—	—	—
169		"	—	37.30	14.23	—	—	—	210		"	—	37.90	16.40	—	—	—
170		"	—	37.13	13.66	—	—	—	211		"	9.30	39.40	13.30	—	—	—
171		"	—	36.00	14.82	—	—	—	212		1882	10.30	39.40	15.80	—	—	—
172		"	—	37.63	11.20	—	—	—	213		1879/83	11.34	37.63	7.52	—	—	—
173		"	—	36.99	15.16	—	—	—	214		"	—	—	15.54	—	—	—
174		"	—	36.12	14.60	—	—	—	215	Von Esslingen	"	—	32.69	13.17	—	—	—
175		"	—	37.00	16.13	—	—	—	216		1882	8.25	32.82	7.63	—	—	10.40
176		"	—	37.38	14.33	—	—	—	217		1883	7.90	39.81	12.22	23.71	4.46	11.10
177		"	—	38.56	15.12	—	—	—	218	Mittel mehr. An.	1884	10.40	33.25	11.51	27.10	4.49	11.24
178		"	—	39.37	16.39	—	—	—	219		"	12.54	38.93	9.60	15.16	10.57	13.24
179		"	—	34.20	15.68	—	—	—	220	Schwarze . .	1881	10.90	39.13	13.34	20.43	5 52	10.62
180		"	—	36.87	14.80	—	—	—	221	Mehl . . .	"	9.28	38.48	15.54	15.86	8.94	11.90
181		"	—	37.25	19.40	—	—	—	222		1882	12.69	37.55	15.19	17.48	5.65	11.44

No. 185—190. C. Kreuzhage (V.-St. Hohenheim). — Württembergisches Wochenbl. f. Landw. 1882. 229; 1883. 211.
No. 191—205. P. Wagner (V.-St. Darmstadt). — Ztschr. d. landw. Ver. d. Grossherz. Hessen 1880. 78 und 215; 1881. 71 und 1883. 38.
No. 206. V.-St. Wiesbaden. — Private (indirecte) Mittheilung.
No. 207. V.-St. Darmstadt. — Private (indirecte) Mittheilung.
No. 208—212. M. Märcker (V.-St. Halle). — Originalmittheilung.
No. 216. C. Schaedler. Dessen: Technologie der Fette. Berlin, 1883. 448.
No. 217. M. Siewert. — Originalmittheilung. Muster unter No. 218 enthielt 2.01% Sand.
No. 218. A. Ladureau. — Ebendaselbst 1885. 281.
No. 219—223. F. Soxhlet (Central-V.-St. München). — Originalmittheilung. Die untersuchten Fabrikate stammten aus den Fabriken: No. 219 u. 222 von Achenbach u. Co. in Hamburg. No. 220 von F. Mazzurana in Verona. No. 221 von Ph. Lamparter in Esslingen. No. 223 von Ludw. Hahn in Heilbronn.

No.	Bezeichnungen und Bemerkungen	Jahr der Untersuchung	In der ursprünglichen Substanz Wasser %	Nh-Substanz %	Rohfett %	Nfr. Extractstoffe %	Rohfaser %	Asche %	No.	Bezeichnungen und Bemerkungen	Jahr der Untersuchung	In der ursprünglichen Substanz Wasser %	Nh-Substanz %	Rohfett %	Nfr. Extractstoffe %	Rohfaser %	Asche %
223	Helle . . .	1884	9.70	36.13	12.16	19.32	8.37	14.32	246	Mittel v. 27 An.	1886	—	37.6	14.1	—	—	—
224		„	11.78	36.88	12.77	21.26	6.51	10.80	247	Mittel v. 20 An.	„	—	39.0	13.1	—	—	—
225		1882	12.75	42.83	10.02	18.60	6.17	9.63	248	Mittel v. 21 An.	1887	—	40.7	11.8	—	—	—
226		„	—	40.60	10.10	—	—	—	249	Mittel v. 28 An.	1888	—	39.2	13.4	—	—	—
227		„	—	38.20	16.70	—	—	—	250		1885	8.70	39.94	14.25	22.49	5.94	8.68
228		„	—	36.20	15.00	—	—	—	251		„	8.57	36.00	13.09	—	—	11.89
229		„	—	40.40	15.00	—	—	—	252		„	10.55	38.06	13.42	—	—	10.00
230		„	—	37.00	15.70	—	—	—	253		1887	8.89	37.50	13.79	—	—	9.52
231	Mittel v. 10 An.	1883/84	—	37.10	14.70	—	—	—	254		„	9.62	40.81	12.91	19.26	7.00	10.40
232		1884/85	—	37.37	11.38	—	—	—	255		1889	10.48	37.50	12.83	25.05	4.56	9.58
233	Helle . . .	„	—	38.56	18.02	—	—	—	256		„	8.05	38.31	10.02	22.70	7.95	12.97
234	Dunkle . . .	„	—	36.31	15.39	—	—	—	257		„	7.74	39.38	14.18	21.86	5.92	10.92
235		„	—	38.12	13.37	—	—	—		Minim. } v. No.		7.70	29.57	4.83	7.81	1.94	6.46
236	Mittel v. 4 Anal.	1886	—	40.06	14.76	—	—	—		Maxim. } 6 an		16.40	44.92	23.59	30.84	18.27	17.74
237	Mittel v. 14 An.	1887	—	39.38	14.74	—	—	—		Mittel v. 1864							
238	Mittel v. 9 An.	1888	—	40.20	14.10	—	—	—		bis 1880 (No.							
239	Mittel v. 2 An.	1881	—	35.12	13.85	—	—	—		6—111) . .		11.59	36.32	10.64	23.48	7.70	10.27
240	Mittel v. 7 An.	1882	—	37.82	14.20	—	—	—		Desgl. 1880 bis							
241	Mittel v. 32 An.	1883	—	37.55	13.18	—	—	—		jetzt (No. 111							
242	Mittel v. 14 An.	„	—	36.80	15.50	—	—	—		—257) . .		9.82	37.50	13.95	21.72	6.26	10.75
243	Mittel v. 32 An.	1884	—	36.90	15.00	—	—	—		Gesammtmittel							
244	Mittel v. 38 An.	1885	—	37.40	14.10	—	—	—		v. 515 Analys.		10.92	37.25	13.46	20.64	7.28	10.45
245	Mittel v. 20 An.	„	—	35.75	15.44	—	—	—									

Candlenutskuchen. Bankulk. Aus dem Samen der Aleurites triloba Forst.

Aus enthülstem Samen.

No.	Bezeichnungen und Bemerkungen	Jahr	Wasser	Nh-Substanz	Rohfett	Nfr. Extractstoffe	Rohfaser	Asche	No.	Bezeichnungen und Bemerkungen	Jahr	Wasser	Nh-Substanz	Rohfett	Nfr. Extractstoffe	Rohfaser	Asche
1		1872	7.07	57.07	8.93	14.16	3.81	8.96	3		1879	11.95	47.34	11.00	15.41	4.48	9.82
2		„	6.89	52.35	9.48	17.58	4.64	9.06	4		„	12.53	48.91	13.46	12.33	3.28	9.49

No. 224. E. Wolff (V.-St. Hohenheim). — Württembergisches Wochenbl. f. Landwirthschaft 1882. 229.

No. 225—229. Derselbe. — Ebendaselbst 1883. 211. Die untersuchten Fabrikate stammten aus den nachstehend verzeichneten Fabriken und Firmen: No. 225 u. 228 Kollmar-Besigheim. No. 226 Hahn-Heilbronn. No. 227 aus Calw. No. 230 Lamparter-Esslingen.

No. 231. E. Wolff (V.-St. Hohenheim). — Württemb. Wochenbl. f. Landwirthschaft 1884. 291. Als Grenzen der Schwankungen ergaben sich hinsichtlich des Proteïngehalts 33.7—40.8 %, hinsichtlich des Fettgehalts 9.3—16.8 %.

No. 232—236. E. Wolff (V.-St. Hohenheim). — Ebendaselbst 1886. 46. 1887. 52. Proteïn 36.68—42.81 und Fett 13.30—16.78 %.

No. 237 u. 238. E. Wolff (V.-St. Hohenheim). — Ebendaselbst 1887. 176. Die Schwankungen waren:
1887 für den Proteïngehalt 35.75—40.62 %, für den Fettgehalt 12.36—18.85 %
1888 „ „ „ 37.8 —42.9 %, „ „ „ 12.1 —15.9 %

No. 239—241. J. König (V.-St. Münster). — 3. Bericht 1881—83. 12. Der Gehalt der untersuchten Proben schwankte
1882 bei dem Proteïngehalte 35.4—41.4 %, bei dem Fettgehalte 10.5—17.4 %
1883 „ „ „ 35.2—41.2 %, „ „ „ 8.4—19.8 %

No. 242—244. Th. Dietrich (V.-St. Marburg). — Landw. Ztg. f. d. Rgbz. Cassel 1884. 40. 551; 1885. 200; 1886. 245. Der Gehalt der untersuchten Proben schwankte in den Jahren 1883—85 bei dem Proteïngehalte von 29.62—41.12 %, bei dem Fettgehalte von 10.23—23.10 %, bei dem Gesammtgehalt an Proteïn + Fett von 47.66—56.65 %.

No. 245. Th. Dietrich (V.-St. Marburg). — Landw. Ztg. f. d. Rgbz. Cassel 1886. 649. Der Gehalt schwankte bei dem Proteïn von 31.87 (mit 18.3 % Asche) —42.31 %, bei dem Fett von 9.1—19.08 %, bei dem Gehalt an Fett + Proteïn von 44.4—54.8 %.

No. 246—248. Th. Dietrich (V.-St. Marburg). — Originalmittheilung. Der Gehalt schwankte beim Proteïn von 35.18 —41.81 %, beim Fettgehalte von 9.40—18.62 %.

No. 251—253. E. Heiden, A. Schlimper u. O. Toepelmann (V.-St. Pommritz). — Originalmittheilung. Die Proben enthielten Sand:

No. 250	251	252	253
0.52	1.74	1.93	1.16 %

No. 254—257. V.-St. Bonn. — No. 254 Jahrb. d. Deutsch. Landw. Gesellsch. Bd. 2. 1887. 381. No. 255—256 Privatmittheilung. Die Proben waren von der Ausstellung zu Frankfurt a. M. 1887 bezw. zu Magdeburg 1889. In Procenten des Gesammt-N waren vorhanden in

	No. 254	255	256	257
In Form von Nichtproteïn	4.0	3.2	3.1	3.0 %
In Form von unverdaulichen Stoffen . .	3.8	4.8	6.4	4.3 „
In Form von verdaulichen Stoffen . .	92.2	92.0	90.5	92.7 „

Candlenutskuchen.

No. 1 u. 2. Th. Dietrich (V.-St. Altmorschen). — Annal. d. Landwirthsch. in Preussen. Wochenbl. 1872. 460.

No. 3 u. 4. Derselbe (V.-St. Marburg). — Landw. Ztg. f. d. Rgbz. Cassel 1879. 380.

No.	Bezeichnungen und Bemerkungen	Jahr der Untersuchung	In der ursprünglichen Substanz						No.	Bezeichnungen und Bemerkungen	Jahr der Untersuchung	In der ursprünglichen Substanz					
			Wasser %	Nh-Substanz %	Rohfett %	Nfr. Extractstoffe %	Rohfaser %	Asche %				Wasser %	Nh-Substanz %	Rohfett %	Nfr. Extractstoffe %	Rohfaser %	Asche %
5		1872	7.93	53.40	8.99	14.81	5.67	9.20	15		1879	—	39.10	6.90	—	—	—
6		1875	12.34	52.50	7.29	14.68	4.16	9.03	16		„	—	36.20	11.20	—	—	—
7	Indische . .	1880	7.07	52.00	8.93	—	—	8.96	17		1880	7.20	38.60	11.60	—	—	—
8	Tahitische . .	„	7.20	51.70	9.20	—	—	9.36	18		„	6.60	42.20	21.50	18.20	3.60	7.90
9		1874	—	35.12	15.70	—	—	—	19		1877	9.17	47.31	14.74	18.00	3.71	7.07
10		„	9.16	42.50	17.41	17.89	3.40	9.64	20		1875	10.25	47.81	5.50	—	—	12.40
11		„	—	38.75	17.97	—	—	—		Minimum		6.60	35.12	5.50	12.33	3.28	5.04
12		1876	9.51	41.80	10.85	27.80	5.00	5.04		Maximum		12.53	57.07	21.50	27.80	5.67	12.40
13		1873	9.76	35.48	17.01	—	—	—		Mittel*) .		8.98	45.10	11.73	21.10	4.18	8.91
14		1879	—	41.80	7.00	—	—	—		Mittel a .		—	51.0	9.8	—	—	—
										Mittel b .		—	39.2	15.5	—	—	—

Palmkuchen, Palmkuchenmehl, Palmkernkuchen etc. Aus dem Samen der Elais guiniensis. Pressrückstände der Palmkerne.**)

No.	Bezeichnungen und Bemerkungen	Jahr der Untersuchung	Wasser %	Nh-Substanz %	Rohfett %	Nfr. Extractstoffe %	Rohfaser %	Asche %	No.	Bezeichnungen und Bemerkungen	Jahr der Untersuchung	Wasser %	Nh-Substanz %	Rohfett %	Nfr. Extractstoffe %	Rohfaser %	Asche %
1	Palm-nut Kernel Meal aus Liverpool .	1861	7.49	15.75	(26.57)	37.89	8.40	3.90	12	Desgl., dunklere Sorte . . .	1863	7.01	12.90	(22.45)	26.61	27.70	3.33
2	Desgl. . . .	1864	6.91	14.93	(26.50)	31.20	16.13	4.33	13	Palm Kernel Cake . . .	„	10.76	13.37	11.40	27.45	33.01	4.01
3	Desgl. . . .	„	6.69	15.25	(23.92)	40.62	10.40	3.12	14	Tourteaux de palmiste . .	1862	6.00	14.87	(17.00)	56.63		2.43
4	Desgl. . . .	„	7.52	16.75	(22.68)	32.14	17.49	3.42	15	Palmnusskuchenmehl .	1864	10.35	10.67	7.95	48.34	19.22	3.47
5	Desgl. . . .	„	7.02	17.01	(19.95)	33.76	18.70	3.56	16	Palmkuchen .	„	10.00	15.10	(15.90)	—	—	—
6	Desgl. . . .	„	7.21	15.56	(22.79)	36.24	14.70	3.30	17	Desgl. . . .	„	7.40	20.90	12.60	36.90	18.40	3.80
7	Desgl. aus Hamburg . . .	„	10.77	13.75	13.79	42.67	15.17	3.85	18	Desgl. . . .	1865	15.00	14.09	12.85	28.44	26.01	3.61
8	Desgl. . . .	„	10.84	14.06	12.49	43.56	15.32	3.73	19	Desgl. . . .	1866	9.82	17.27	(18.75)	40.70	9.90	3.56
9	Palm-nut Cake aus Hamburg	„	12.91	18.25	9.48	39.16	16.90	3.30	20	Desgl. . . .	„	9.36	21.20	8.60	46.46	7.70	6.68
10	Desgl. . . .	„	8.84	17.93	11.27	40.79	16.85	4.32	21	Desgl. . . .	1867	11.27	21.31	13.82	24.56	25.30	3.74
11	Palm-nut Kernel Meal, hellere Sorte .	1863	9.85	16.43	(24.14)	26.60	19.58	3.40	22	Desgl. . . .	„	11.52	16.56	(19.80)	29.01	19.65	3.36
									23	Palmnusskernkuchen . .	„	8.90	24.70	13.30	29.40	16.30	7.40

No. 5. U. Kreusler u. Alberti (V.-St. Hildesheim). — 1. Bericht 1873. 26.
No. 6. G. Kühn u. Kisielinsky (V.-St. Möckern). — Originalmittheilung.
No. 7 u. 8. C. Schaedler. — Dessen: Technologie der Fette. Berlin, 1883. 489.
No. 9—11. P. Wagner u. P. Rupprecht. — Ztschr. f. d. landwirthsch. Vereine in Hessen 1874. 317.
No. 12. Birner (V.-St. Regenwalde). — Originalmittheilung.
No. 13. Emmerling (V.-St. Kiel). — Bericht über Futtermittel aus den Jahren 1871—77.
No. 14—18. M. Märcker (V.-St. Halle). — Originalmittheilung.
No. 19. J. König (V.-St. Münster). — Bericht f. d. J. 1871—77. 43.
No. 20. R. Corenwinder. — Jahresber. d. Agr.-Chem. 1875/6. II. 18. (Compt. rend. 1875. 81. 43.) Die zur Darstellung dieser Kuchen verwendeten Bancoulnüsse enthielten 5 % Wasser, 62.17 % Fett, 22.65 % Proteïn und 3.35 % Asche.

*) Das Mittel a ist aus den 10 Analysen der besseren, das Mittel b aus den 10 Analysen der geringeren Kuchen berechnet.

Palmkuchen, Palmkuchenmehl, Palmkernkuchen etc.

**) Wir haben zwar Presskuchen und mit Lösungsmitteln entfettete Palmkerne unterschieden, es lässt sich aber bei den einzelnen Analysen und dazu gehörigen Angaben nicht immer erkennen, welcher Art der Entfettung die Palmkerne unterworfen worden waren; wir richteten uns, wo das nicht bestimmt zu erkennen war, nach dem Fettgehalte der Rückstände und rechneten die fettreicheren derselben den Presskuchen, die fettärmeren den extrahirten Kernrückständen zu.

No. 1—12. Aug. Völcker. — J. R. Agric. Soc. Engl. 1863. 305 u. 1865. I. 177. In No. 11: 0,63. in No. 12: 0.97 % Sand.
No. 13. Thom. Anderson. — Trans. Highl. Soc. New. Ser. 63—65. 310. Kalk- und Magnesiaphosphat 1.65 %.
No. 14. F. Girardin. — Journ. d'agric. pratique 1862. II. 35.
No. 15. C. Karmrodt. — Ztschr. d. landw. Ver. f. Rheinpreussen 1864. 428.
No. 16. J. von Liebig u. Ziureck. — Chem. Ackersm. 1864. 184.
No. 17. Ad. Stöckhardt. — Ebendaselbst.
No. 18. J. Nessler u. E. Muth. — Ber. d. Arb. d. V.-St. Karlsruhe 1870. 58.
No. 19. W. Wicke. — J. f. Landw. 1866. 127. Rohfaserbestimmung nach Krocker's Methode ausgeführt.
No. 20. H. Grouven. — Ann. d. Landw. im Preuss. Wochenbl. 1866. 452.
No. 21. Th. Dietrich. — Landw. Anz. f. Kurhessen 1867. 101.
No. 22. W. Henneberg. — J. f. Landw. 1867. 233.
No. 23. G. Kühn u. M. Märcker. — (Braunschw. landw. Zeitschr. 1867. 438.) Weende'r Jahresb. 1867|8. 521.

No.	Bezeichnungen und Bemerkungen	Jahr der Untersuchung	In der ursprünglichen Substanz: Wasser %	Nh-Substanz %	Rohfett %	Nfr. Extractstoffe %	Rohfaser %	Asche %
24	Presspalmkuch.	1868	10.61	17.46	12.85	34.79	20.34	3.95
25	Palmkuchen .	„	9.39	16.13	10.22	46.28	11.58	6.40
26	Desgl. . . .	1869	12.97	16.69	8.78	44.83	12.78	3.95
27	Desgl. . . .	„	12.54	16.81	9.48	—	—	—
28	Desgl. . . .	„	10.43	15.44	13.32	40.75	16.38	3.68
29		1870	11.57	15.86	12.09	44.53	12.13	3.82
30		„	9.24	15.69	12.17	47.85	11.61	3.44
31	Palmkernkuch.	„	9.30	16.69	10.47	47.59	12.47	3.48
32		„	10.33	16.73	9.71	48.61	11.30	3.32
33		1871	11.16	15.31	10.71	42.29	14.48	6.05
34		„	8.55	17.87	10.74	—	—	—
35		„	9.00	16.36	10.85	51.98	18.91	3.75
36		„	11.30	13.00	14.50	29.40	27.80	4.00
37		„	10.11	17.60	13.03	43.28	12.43	3.55
38		„	12.40	20.30	(15.10)	22.50	25.50	4.20
39		„	—	17.48	12.40	—	—	—
40	Palmkernkuchen I . .	„	9.84	17.63	11.22	42.99	14.66	3.66
41	Desgl. II . .	„	10.77	16.95	10.19	39.46	18.28	4.35
42		„	7.92	16.75	8.85	50.39	12.58	3.51
43		1872	9.39	17.45	8.67	40.81	20.00	3.68
44	Palmkuchen .	„	10.29	14.00	13.87	37.38	21.07	3.39
45		„	10.28	13.56	14.03	38.71	19.41	4.01
46		„	9.77	16.75	10.01	39.21	20.73	3.53
47		„	10.51	13.50	(15.63)	26.61	30.46	3.29
48		„	10.00	13.90	(15.70)	31.90	25.20	3.30
49		„	10.20	14.40	14.54	34.48	23.10	3.28
50		1872/73	11.00	12.80	14.30	29.10	28.10	4.70
51		„	—	—	14.20	—	—	—
52		„	—	—	11.20	—	—	—
53		„	—	—	13.20	—	—	—
54		„	—	—	(19.50)	—	—	—
55		„	—	—	9.60	—	—	—
56		„	—	—	12.00	—	—	—
57		1872/73	—	—	9.57	—	—	—
58		1873	13.23	18.22	12.68	39.14	12.06	4.67
59	Palm-nut Meal	„	6.36	15.18	(18.06)	37.96	19.10	3.34
60	Palmkuchen .	1871	11.02	16.88	11.75	—	—	—
61	Desgl. . . .	„	11.07	16.25	8.99	36.86	23.20	3.62
62	Desgl. . . .	„	11.25	17.00	10.21	27.30	30.72	3.52
63	Desgl. . . .	1872	9.82	12.38	8.69	44.95	20.56	3.60
64		„	5.92	13.87	(20.02)	38.24	18.56	3.40
65	Palmkernkuch.	1875	8.95	20.12	6.10	35.15	24.64	5.04
66	Desgl. . . .	„	11.12	17.81	5.27	30.00	32.10	3.70
67	Desgl. . . .	„	9.32	19.00	10.97	33.80	21.20	5.71
68	Palmkuchen .	1875/78	—	15.94	12.68	—	—	—
69		„	—	16.81	6.65	—	—	—
70		„	—	14.94	10.56	—	—	—
71		„	—	16.44	6.69	—	—	—
72		„	—	15.81	10.28	—	—	—
73		1874/78	—	14.88	7.44	—	—	—
74		„	—	14.88	10.89	—	—	—
75		1874	10.10	19.06	9.86	39.78	17.70	3.50
76		„	10.57	17.37	12.12	39.11	17.10	3.73
77		„	10.00	13.90	12.62	34.98	25.20	3.30
78		„	9.04	15.12	12.96	—	—	—
79		„	—	17.31	13.95	—	—	7.40
80		1875	11.30	15.50	9.22	47.50	11.99	4.49
81		„	10.39	16.31	14.19	26.19	28.78	4.14
82		„	12.12	17.00	10.02	—	—	3.97
83		„	9.30	19.03	7.52	—	—	6.50
84		„	9.71	17.25	12.22	—	—	4.16
85		„	9.96	15.37	11.46	—	—	3.84
86		„	—	15.06	7.10	—	—	3.42
87		„	—	15.87	11.98	—	—	3.76
88		„	11.55	16.72	9.47	—	—	3.88
89		„	10.11	24.14	7.18	—	—	4.79
90		„	12.33	14.56	6.81	—	—	4.01

No. 24. W. Wicke. — J. f. Landw. 1868. 372.
No. 25—27. Th. Dietrich. — Landw. Anz. f. d. Rgbz. Kassel 1868. 134 u. 1869. 56 u. 165.
No. 28—31. Th. Dietrich u. J. König. — Landw. Anz. f. d. Rgbz. Kassel 1869. 182 u. 1870. 10. 34.
No. 32. E. Heiden (V.-St. Pommritz). — Originalmittheilung. In der Asche 0.25 % Sand.
No. 33. J. König. — Landw. Ztg. f. Westfalen u. Lippe 1871. 394.
No. 34. J. Lorscheid. — Ebendaselbst. 86.
No. 35. A. Hilger. — Ber. d. agriculturchem. Labor. f. Unterfranken u. Aschaffenburg 1872. 9.
No. 36. E. Schulze. — Ztschr. d. landw. Ver. i. Grossh. Hessen 1871. 186.
No. 37. M. Freytag. — Ztschr. d. landw. Ver. f. Rheinpreussen 1870. 280.
No. 38. J. Lehmann. — Ztschr. d. landw. Ver. f. Bayern 1872. 29. In der Probe Sand: 1.0 %.
No. 39—41. Th. Dietrich (V.-St. Altmorschen). — Mitthl. d. landw. Centralv. f. d. Rgbz. Kassel 1871. 34 u. 232.
No. 42. Th. Dietrich u. J. König (V.-St. Altmorschen). — Originalmittheilung.
No. 43. Th. Dietrich. — Mitthl. d. landw. Centralv. f. d. Rgbz. Kassel 1872. 53.
No. 44—50. P. Wagner u. K. Schaefer. — Originalmittheilung und Bericht der V.-St. Darmstadt 1874. 20.
No. 58. E. Heiden (V.-St. Pommritz). — Originalmittheilung. — 1.25 % Sand.
No. 59. Aug. Voelcker. — J. R. Agr. Soc. Engl. 1874. II. 166.
No. 60—62. U. Kreusler u. R. Alberti. — 1. Ber. d. V.-St. Hildesheim. Celle 1873. 26.
No. 63. R. Alberti. — 2. Ber. d. V.-St. Hildesheim. Celle 1874. 25.
No. 64. A. Voelcker. — J. R. Agr. Soc. Engl. 1873. II. 428.
No. 65—67. W. Hoffmeister (V.-St. Insterburg). — Originalmittheilung.
No. 68—74. K. Müller (V.-St. St. Hildesheim. 4. Ber. Hannover 1879. 18.
No. 75—79. P. Wagner u. P. Rupprecht. No. 80—88. P. Wagner u. B. Peitzsch (V.-St. Darmstadt). — Originalmittheilung.
No. 89 u. 90. A. Stutzer (V.-St. Bonn). — Originalmittheilung.

No.	Bezeichnungen und Bemerkungen	Jahr der Untersuchung	In der ursprünglichen Substanz: Wasser %	Nh-Substanz %	Rohfett %	Nfr. Extractstoffe %	Rohfaser %	Asche %
91	Palmkuchen .	1871	10.53	15.54	10.54	48.89	11.19	3.31
92		„	5.46	15.66	8.45	42.06	24.68	3.69
93		„	8.90	—	8.60	—	—	—
94		1872	11.88	17.05	7.85	34.52	24.94	3.76
95		„	11.61	15.00	7.52	—	—	—
96	Palmpresskuch.	„	9.93	—	9.19	—	—	—
97	Palmkuchen .	1873	10.17	15.69	11.41	—	—	—
98	Desgl. . . .	1874	—	18.62	7.01	—	—	—
99	Desgl. . . .	1876	9.58	15.18	8.37	39.35	21.70	5.82
100	Desgl. . . .	„	14.17	20.40	7.41	—	—	8.45
101	Palmkernkuch.	„	8.45	13.25	7.78	34.63	31.75	4.14
102	Palmmehl . .	„	—	12.20	(17.80)	—	—	—
103	Palmnussmehl aus Liverpool	„	6.28	11.50	(15.53)	20.92	39.90	6.47
104	Palmkuchen .	1877	11.13	14.37	9.75	37.61	23.33	3.81
105	Palmkuchen-mehl . . .	„	—	12.31	8.94	—	—	—
106	Palmkuchen .	„	—	15.98	8.97	—	—	—
107	Desgl. . . .	1875	—	15.56	10.49	—	—	—
108	Desgl. . . .	„	—	14.20	7.60	—	—	—
109	Desgl. . . .	1876	—	15.60	7.00	—	—	—
110	Desgl. . . .	„	—	14.00	8.80	—	—	—
111	Desgl. aus England . . .	„	—	11.50	(19.30)	—	—	—
112		1877	—	17.50	6.80	—	—	—
113		1876	11.61	14.96	7.18	39.98	21.50	4.77
114		„	10.57	13.20	(15.92)	39.21	17.80	3.30
115		„	9.03	15.62	(16.84)	37.02	18.10	3.39
116		„	11.12	16.18	11.12	40.55	17.40	4.26
117		„	9.23	15.50	8.84	45.27	17.60	3.56
118		„	9.65	15.06	11.60	41.91	16.90	4.88
119		„	—	15.90	13.80	—	—	—
120		„	9.25	19.56	9.41	31.86	26.43	3.49
121		„	9.19	12.56	(15.70)	43.80	16.51	3.24
122		„	9.67	15.75	9.66	40.29	20.90	3.73
123		1876	13.51	17.87	8.66	31.37	25.25	3.34
124	Palmkuchenm.	„	10.23	14.38	14.60	43.63	13.68	3.48
125	Palmnusskuch.	1877	10.53	15.81	9.93	41.48	18.00	4.25
126		1876	—	—	10.53	—	—	—
127	Palmkernkuch.	„	9.20	15.30	9.20	36.60	23.10	6.60
128		1877	8.21	14.93	(17.23)	41.10	14.91	3.62
129		1878	13.80	16.16	7.95	38.10	19.66	4.33
130		„	11.82	16.62	9.21	41.26	16.82	4.27
131		„	10.80	15.51	10.08	42.90	16.65	4.06
132		„	—	16.46	11.21	—	—	—
133		1876	11.77	15.74	8.14	45.76	14.39	4.20
134		„	10.16	16.00	6.84	35.74	27.63	3.63
135		„	—	16.62	9.30	—	—	—
136		„	7.86	14.61	(16.68)	32.39	24.00	4.46
137		1875	12.35	20.25	(15.14)	22.51	25.55	4.20
138		„	11.76	15.95	14.47	29.20	25.16	3.46
139		„	11.21	16.14	14.34	32.99	22.53	2.79
140		„	9.65	16.96	14.23	34.72	20.36	4.08
141		„	11.15	12.85	8.45	50.58	12.86	4.11
142		„	10.24	17.62	9.98	39.30	18.58	4.28
143		„	9.61	16.75	9.82	42.73	16.79	4.30
144		„	10.50	15.43	7.19	49.58	13.39	3.94
145		„	11.27	15.50	10.55	40.27	18.40	4.01
146		„	10.40	17.00	8.50	31.19	28.50	4.41
147		1877	10.53	15.81	9.93	41.18	18.00	4.25
148	Palmkernkuch.	1876	—	14.58	8.92	—	—	—
149	Palmkernmehl	„	—	20.13	8.92	—	—	—
150	Palmkernkuch.	1878	10.18	16.18	(15.59)	39.42	15.30	3.33
151	Palmnusskuch.	1879	11.14	13.20	13.71	45.36	13.13	3.36
152	Desgl. . . .	„	11.48	13.19	9.93	47.59	14.25	3.56
153	Palmkernkuch.	1878	—	17.37	9.28	—	—	—
154	Desgl., vermuthlich in Afrika gepresst . .	1879	—	—	(19.08)	—	—	—
155	Palmkernkuch.	„	—	—	8.98	—	—	—

No. 91—106. A. Emmerling u. Rich. Wagner (V.-St. Kiel). — Zusammenstellung von Futtermittel-Analysen. Kiel, 1877. In No. 91 wurden unter den N-freien Stoffen ermittelt: Zucker = 1.65 %, Dextrin und Gummi 1.23 %, Stärkemehl und Pektin 46.01 %.
No. 107—112. R. Heinrich (V.-St. Rostock). — Deren Bericht 1882. 67.
No. 113—119. P. Wagner u. W. Rohn (V.-St. Darmstadt). — Originalmittheilung.
No. 120—123. W. Hoffmeister (V.-St. Insterburg). — Originalmittheilung.
No. 124. P. Wittelshöfer (V.-St. Regenwalde). — Originalmittheilung.
No. 125. A. Petermann u. de Leeuw (V.-St. Gembloux). — Originalmittheilung.
No. 126. H Wachter (V.-St. Karlsruhe). — Originalmittheilung.
No. 127. W. Eugling (V.-St. d. Landes Vorarlberg). — Bericht derselben. Bregenz, 1878. 6.
No. 128—132. Th. Dietrich u. G. Zirnité. — Landw. Ztschr. u. Anz. f. d. Rgbz. Kassel 1877. 285 u. 1878. 33. 125. 160 u. 365.
No. 133. J. König (V.-St. Münster). — Originalmittheilung.
No. 134 u. 135. F. Holdefleiss. — Zeitschr. d. landw. Centralv. d. Prov. Sachsen 1876. 243.
No. 136. E. Wolff u. C. Kreuzhage. — Landw. Jahrb. 1876. 513.
No. 137—146. J. Lehmann (V.-St. München). — Ztschr. d. landw. Ver. Bayern 1875. 151.
No. 147. A. Petermann (V.-St. Gembloux). — Hoffmann's Jahresber. 1877. 362 (Ber. No. 16).
No. 148 u. 149. F. Holdefleiss (V.-St. Halle). — Ztschr. d. landw. Centralv. d. Prov. Sachsen 1866. 249.
No. 150. E. Heiden (V.-St. Pommritz). — Originalmittheilung. Sand: 0.46 %.
No. 151. A. Petermann u. Mercier. No. 152. A. Petermann u. Gillekems (V.-St. Gembloux). — Originalmittheilung.
No. 153—155. H. Wachter (V.-St. Karlsruhe). — Originalmittheilung. No. 154 „von England bezogen, soll in Afrika gepresst sein“.

No.	Bezeichnungen und Bemerkungen	Jahr der Untersuchung	In der ursprünglichen Substanz: Wasser %	Nh-Substanz %	Rohfett %	Nfr. Extractstoffe %	Rohfaser %	Asche %
156	Palmkernkuch.	1878	11.28	16.81	7.21	40.83	20.07	3.80
157	Desgl. . . .	1879	11.75	16.12	6.55	43.49	18.47	3.62
158	Desgl. . . .	„	11.49	16.31	6.75	—	—	4.55
159	Desgl. . . .	„	11.25	15.94	6.19	42.80	20.72	3.70
160	Palmkuchen .	„	10.35	16.13	11.01	—	—	3.26
161	Palmölkuchen .	1877	6.55	15.63	(18.05)	—	—	3.52
162	Desgl. . . .	1878	7.60	—	(17.28)	—	—	3.35
163	Desgl. . . .	„	8.64	13.13	(17.70)	—	—	3.55
164	Palmkuchen .	1877	12.84	17.75	8.85	25.55	31.57	3.44
165	Desgl. . . .	„	11.49	17.38	9.57	42.15	15.91	3.50
166	Palmkernkuch.	„	12.82	14.00	12.19	28.29	28.80	3.90
167	Palmkuchen .	1878	11.00	16.90	8.30	35.20	25.20	3.40
168	Desgl. . . .	„	—	17.80	8.70	—	—	—
169	Desgl. . . .	1877	11.51	15.91	10.12	40.02	18.90	3.54
170		1879	10.70	15.03	11.24	41.11	18.51	3.41
171		„	9.56	15.41	13.50	37.62	19.87	4.04
172		„	9.12	16.08	12.84	39.43	19.41	3.12
173		„	11.01	15.51	(16.41)	35.84	17.82	3.41
174		„	9.01	15.80	11.42	39.52	20.24	4.01
175	Palmkuchen .	1877	10.05	21.00	10.49	—	—	6.36
176	Desgl. . . .	1878	8.94	15.37	(15.91)	—	—	3.92
177	Desgl. . . .	„	10.36	16.37	8.73	—	—	4.08
178	Desgl. . . .	„	10.40	16.35	11.01	—	—	4.23
179	Desgl. . . .	„	—	17.06	9.55	—	—	—
180	Desgl. . . .	„	8.75	22.37	10.29	—	—	5.98
181	Desgl. . . .	„	—	15.36	12.31	—	—	—
182	Desgl. . . .	„	—	14.87	8.74	—	—	—
183	Desgl. . . .	„	11.09	16.75	11.26	—	—	3.59
184	Desgl. . . .	1879	11.30	17.82	9.88	38.15	18.74	4.11
185	Desgl. . . .	„	9.33	16.33	9.23	39.33	21.55	4.23
186	Desgl. . . .	„	—	15.85	12.37	—	—	—
187		1877	9.91	14.12	9.84	43.85	17.14	5.14
188		„	9.96	15.62	10.45	34.76	22.78	6.43
189		1878	11.16	15.75	10.32	31.67	28.04	3.06
190		„	—	14.93	7.66	—	—	—
191		1879	9.47	15.00	8.47	45.19	18.44	3.43
192		„	11.13	14.37	9.75	37.61	23.33	3.81
193		„	10.54	14.75	8.24	35.53	27.37	3.57
194		„	—	15.56	11.65	—	—	—
195		1878	—	13.81	7.55	—	—	—
196	Aus Liverpool	„	—	13.00	14.50	—	—	—
197		„	10.00	17.50	6.08	41.92	20.90	3.60
198		„	—	17.50	9,60	—	—	—
199		„	—	18.38	7.12	—	—	—
200		„	9.91	16.63	6.74	31.39	31.68	3.65
201		1879	—	16.63	8.42	—	—	—
202		„	—	17.06	6.04	—	—	—
203		1880	—	18.19	6.38	—	—	—
204		„	—	17.50	7.06	—	—	—
205		„	—	17.50	7.56	—	—	—
206		„	—	18.20	8.12	—	—	—
207	Palmkuchen .	1877/82	10.31	15.00	6.51	57.20	21.84	3.55
208	Desgl. . . .	„	10.35	14.00	6.99	49.85	15.00	3.81
209	Palmkernmehl	„	10.10	12.56	6.99	47.24	14.96	8.15
210	Desgl. . . .	„	10.68	15.71	11.60	29.37	29.64	3.00
211	Desgl., v. mittlerem Fettgehalt . . .	1879	10.84	14.38	12.20	34.68	24.03	3.87
212	Desgl. . . .	„	10.13	15.56	9.48	41.69	18.98	4.16
213	Desgl. . . .	„	—	14.75	9.95	—	—	—
214	Desgl. . . .	„	12.85	13.62	12.80	39.62	17.82	3.29
215	Desgl., v. hohem Fettgehalt, aus Liverpool .	1877	6.28	11.50	(15.53)	20.92	39.30	6.47
216	Desgl. . . .	1878	8.00	13.06	(18.56)	28.39	28.33	3.66
217	Desgl. . . .	„	—	13.38	(18.98)	—	—	3.23
218	Palmkernmehl v. hohem Fettgehalt . . .	1878	—	13.25	(16.85)	—	—	—
219	Desgl. . . .	„	—	14.68	(17.33)	—	—	—
220	Palmkernkuch.	„	9.50	15.93	6.98	43.09	21.00	3.50
221		„	11.69	20.25	6.33	35.37	22.13	4.23

No. 156—159. P. Wittelshöfer (V.-St. Regenwalde). — Originalmittheilung.
No. 160. M. Fleischer u. A. König (V.-St. Bremen). — Originalmittheilung.
No. 161—163. F. F. Bergstrand (Westerås). — Originalmittheilung.
No. 164 u. 165. P. Petersen (V.-St. Oldenburg). — Originalmittheilung.
No. 166. J. Fittbogen (V.-St. Dahme). — Originalmittheilung.
No. 167. G. Kühn u. O. Kern (V.-St. Möckern). — Originalmittheilung.
No. 168. W. Henneberg (V.-St. Göttingen). — Originalmittheilung.
No. 169—174. P. Wagner u. W. Rohn (V.-St. Darmstadt). — Originalmittheilung. C- und CO_2-frei. Von der V.-St. Darmstadt wurden ausserdem noch zahlreiche Proben von Palmkuchen auf ihren Fettgehalt mit folgendem Ergebniss untersucht. Der Fettgehalt betrug:

	1876	1877	1878	
	in 14	29	12	Proben zwischen 15 und 20 %
	in 26	18	46	„ „ 12 „ 15 „
	in 15	17	48	„ „ 9 „ 12 „
	in 9	5	13	„ „ 7 „ 9 „
	in 64	69	119	Proben
Durchschnittsgehalt	13.05 %	14.00 %	11.80 %	

No. 175—183. A. Stutzer (V.-St. Bonn). — Originalmittheilung.
No. 184—186. Th. Dietrich u. M. Markendorf (V.-St. Altmorschen). — Landw. Ztg. u. Anz. f. d. Rgbz. Cassel 1879. 379.
No. 187—196. A. Emmerling u. M. Schrodt (V.-St. Kiel). — Mitthl. d. land- u. milchw. V.-St. Kiel 1880. 61.
No. 197—206. R. Heinrich (V.-St. Rostock). — Ber. ders. Wismar, 1882. 67.
No. 207—210. J. Fittbogen, Hässelbarth, Schiller u. Förster (V.-St. Dahme). — Originalmittheilung.
No. 211—219. A. Emmerling u. M. Schrodt (V.-St. Kiel). — Ber. ders. III. Kiel, 1880. 62.
No. 220. M. Siewert (V.-St. Danzig). — Landw. Jahrb. 1880. 816.
No. 221. A. Emmerling (V.-St. Kiel). — Ebendaselbst.

No.	Bezeichnungen und Bemerkungen	Jahr der Untersuchung	In der ursprünglichen Substanz Wasser %	Nh-Substanz %	Rohfett %	Nfr. Extractstoffe %	Rohfaser %	Asche %
222		1879	10.03	14.00	7.00	49.90	15.00	3.80
223		1878	10.23	15.56	8.09	38.57	23.93	3.62
224		„	11.07	15.31	7.68	37.48	24.27	4.20
225		1879	10.03	14.25	7.69	44.50	19.28	3.45
226		„	10.40	15.44	7.98	39.75	22.98	3.45
227		„	11.22	13.81	6.32	42.18	22.69	3.78
228		„	10.84	14.25	9.59	37.49	23.76	4.07
229		„	10.38	14.56	10.18	36.84	24.41	3.63
230		„	10.13	14.31	7.43	29.22	37.08	2.83
231		1878	10.72	16.13	6.22	36.61	26.48	3.84
232		„	10.23	17.06	7.12	44.01	17.73	3.85
233		„	11.30	16.88	7.26	37.61	22.80	4.15
234		„	11.84	15.81	8.70	35.26	24.20	4.29
235		„	11.09	16.63	5.54	38.08	25.10	3.56
236		„	10.60	17.09	7.04	36.81	24.97	3.49
237		„	9.83	16.19	(15.42)	33.12	22.43	3.01
238		„	9.90	17.44	7.44	38.18	23.20	3.74
239		„	11.07	16.00	6.90	36.72	25.88	3.43
240		„	8.38	16.66	10.68	36.75	23.51	4.07
241		1879	11.82	14.00	5.82	37.90	26.80	3.66
242		„	9.40	15.60	13.76	25.96	31.40	3.88
243		„	11.40	15.44	10.56	34.76	24.06	3.78
244		1878	10.18	16.18	(15.59)	39.42	15.30	2.77
245		1879	11.51	15.91	10.12	40.02	18.90	3.54
246		„	10.70	15.03	11.24	41.11	18.51	3.41
247		„	9.56	15.41	13.50	37.62	19.87	4.04
248		„	9.12	16.08	12.84	39.43	19.41	3.12
249		„	11.01	15.51	(16.41)	35 84	17.84	3.41
250		„	9.01	15.80	11.41	39.52	20.24	4.01
251		1878	10.85	24.31	7.14	32.62	18.68	6.40
252	Gepresste . .	1880	11.14	13.30	13.71	45.36	13.13	3.36
253	Palmkuchen .	1879	10.84	14.25	9.59	37.49	23.76	4.07
254	Desgl. . . .	„	12.02	14.12	8.34	36.28	25.35	3.89
255	Desgl. . . .	„	10.93	13.75	10.26	37.75	23.25	4.06

No.	Bezeichnungen und Bemerkungen	Jahr der Untersuchung	In der ursprünglichen Substanz Wasser %	Nh-Substanz %	Rohfett %	Nfr. Extractstoffe %	Rohfaser %	Asche %
256	Desgl. . . .	1879	10.83	14.25	7.69	44.50	19.28	3.45
257	Desgl. . . .	„	10.40	15.44	7.98	39.75	22.98	3.45
258	Desgl. . . .	„	11.22	13.81	6.32	42.18	22.69	3.78
259	Desgl. . . .	„	10.38	14.56	10.18	36.84	24.41	3.63
260	Desgl. . . .	„	10.69	16.62	5.66	39.94	23.58	3.51
261	Desgl. . . .	„	10.25	16.19	9.09	27.87	32.75	3.85
262	Desgl. . . .	„	10.48	14.68	10.17	36.52	24.16	3.99
263	Palm Nut Meal	1877	7.90	13.53	14.78	41.05	18.75	3.99
264	Palmkuchen .	1879	—	15.83	11.88	—	—	—
265	Desgl., Mittel a. 100 Proben .	1880	—	—	12.49	—	—	—
266	Desgl., aus 238 Proben . .	1881	—	—	11.05	—	—	—
267	Desgl., aus 161 Proben . .	1882	—	—	12.19	—	—	—
268		1881	9.43	18.67	11.55	36.23	19.88	4.34
269		„	8.42	26.77	10.39	30.64	18.67	5.11
270		„	9.18	19.94	9.80	34.55	22.16	4.37
271		„	10.85	24.31	7.14	32.62	18.68	6.40
272		„	9.87	20.34	13.49	33.11	18.72	4.47
273		„	—	23.30	10.60	—	—	—
274		„	—	15.80	12.10	—	—	—
275		„	—	22.00	13.40	—	—	—
276		„	—	18.80	12.48	—	—	—
277		1882	—	16.90	8.50	—	—	—
278		„	—	18.70	8.50	—	—	—
279		1882	—	16.60	11.90	—	—	—
280		„	—	18.80	12.50	—	—	—
281		„	8.90	17.60	(17.70)	20.70	30.60	4.50
282		1880	—	14.56	8.95	—	—	—
283	Palmkuchen .	1881	—	14.81	12.91	—	—	—
284	Palmkernmehl	„	—	16.69	8.85	—	—	—
285		„	—	16.38	8.05	—	—	—
286		—	—	16.06	9.84	—	—	—

No. 222. J. Fittbogen (V.-St. Dahme). — Ebendaselbst.
No. 223—229. J. König (V.-St. Münster). — Ebendaselbst.
No. 230. K. Müller (V.-St. Hildesheim). — Ebendaselbst.
No. 231—243. M. Märcker (V.-St. Halle). — Ebendaselbst.
No. 244. E. Heiden (V.-St. Pommritz). — Ebendaselbst.
No. 245—250. P. Wagner (V.-St. Darmstadt). — Ebendaselbst.
No. 251. E. Wolff (V.-St. Hohenheim). — Ebendaselbst.
No. 252. A. Petermann (V.-St. Gembloux). — Hoffmann's Jahresber. 1882. 393.
No. 253—262. J. König (V.-St. Münster). — Ztschr. f. Westfalen u. Lippe 1880. 36.
No. 263. W. O. Atwater. — Report Agric. Expor. Stat. Middletown, Conn. 1877/8. 38.
No. 264. P. Wagner u. H. Prinz. — Ztschr. f. d. landw. Ver. d. Grossherz. Hessen 1880. 79. Die Zahl für Proteïn ist das Mittel von 36 Proben, die für Fett von 180 Proben. 23 Proben enthielten zwischen 15—16%, 9 Proben zwischen 16 und 17%, 4 Proben zwischen 17—18% Proteïn. In Procenten der untersuchten Proben enthielten

11	42	38 und	9 Proben
7—9%	9—12%	12—15%	15—20% Fett.

No. 265. P. Wagner (V.-St. Darmstadt). — Ebendaselbst 1880. 215. Von den 100 Proben (sämmtl. aus Gross-Gerau bei Darmstadt) enthielten

5	44	34	17	Maximum 19.4% Fett
8—9%	9—12%	12—15%	über 15% Fett	Minimum 8.6%

No 266. P. Wagner. — Ebendaselbst 1882. 69. Von den 238 Proben enthielten

25	32	94	66	21	Maximum 19.0%
Fett bis zu 8%	8—9%	9—12%	12—15%	über 15%	Minimum 6.4%

No. 267. P. Wagner. — Ebendaselbst 1883. 30. Maximum 25.52%, Minimum 5.02% Fett.
No. 268—281. E. Wolff (V.-St. Hohenheim). — Württemb. Wochenbl. f. Landw. 1882. 217 u. 1883. 211. Proben No. 268—272, sowie No. 277—280 stammten aus der Oelfabrik Obertürkheim; No. 281 ist aus Ucuaba (Palm-) Nüssen gepresst.
No. 282—289. Th. Dietrich u. O. Toepelmann (V.-St. Marburg). — Landw. Anz. f. d. Rgbz. Cassel 1881, 1882 u. 1883 und noch nicht veröffentlicht.

No.	Bezeichnungen und Bemerkungen	Jahr der Untersuchung	In der ursprünglichen Substanz Wasser %	Nh-Substanz %	Rohfett %	Nfr. Extractstoffe %	Rohfaser %	Asche %
287		—	—	16.31	6.50	—	—	—
288		1883	—	16.44	11.88	—	—	—
289		„	—	15.06	12.15	—	29.76	—
290	Palmkernkuch.	1879/83	13.00	19.75	6.90	—	—	—
291		„	11.23	23.13	7.25	—	—	—
292		„	11.87	17.87	7.10	—	—	—
293		„	—	14.94	6.32	—	—	—
294		„	—	14.37	9.57	—	—	—
295		„	—	19.50	10.31	—	—	—
296		„	—	17.72	14.05	—	—	—
297	Aus Marseille .	„	13.95	15.53	5.77	—	—	—
298	Aus Obertürkheim . . .	„	9.80	17.90	11.81	—	—	—
299		„	—	19.08	11.44	—	—	—
300		„	—	20.10	7.82	—	—	—
301	Palmkärnkaka	1880	8.88	12.63	11.45	—	—	3.68
302	Desgl.	„	9.93	15.36	7.12	—	—	4.08
303	Desgl.	1881	8.55	15.31	7.48	—	—	3.70
304	Desgl.	„	9.30	15.94	6.50	—	—	3.65
305	Desgl. . . .	1882	10.20	20.63	8.38	—	—	3.25
306	Desgl.	„	10.05	15.94	10.53	—	—	3.55
307	Desgl. . . .	„	10.25	16.25	7.73	—	—	4.05
308	Palmekagemel	„	—	15.77	11.60	—	—	—
309	Palmkernkuch.	„	7.16	16.66	9.10	—	—	3.90
310	Desgl., von J. Georg Wolff Söhne, Gross-Gerau, Hessen	1884	10.82	15.62	9.20	34.36	25.94	4.06
311		„	6.05	16.56	(16.76)	39.57	17.12	3.94
312		1882	9.43	18.67	11.55	36.23	19.88	4.34
313		„	8.42	26.77	10.39	30.64	18.67	5.11
314		„	9.18	19.94	9.80	34.55	22.16	4.37
315		„	10.85	24.31	7.14	32.62	18.68	6.40

No.	Bezeichnungen und Bemerkungen	Jahr der Untersuchung	In der ursprünglichen Substanz Wasser %	Nh-Substanz %	Rohfett %	Nfr. Extractstoffe %	Rohfaser %	Asche %
316		1882	9.97	20.34	13.49	33.11	18.72	4.47
317	Mittel v. 4 Anal.	1883	—	17.80	10.30	—	—	—
318		„	8.90	17.60	(17.70)	20.70	30.60	4.50
319	Obertürkheim .	1884	—	20.40	9.80	—	—	—
320		1884/85	—	16 00	13.32	—	—	—
321		„	—	16.31	8.27	—	—	—
322		„	—	15.64	10.85	—	—	—
323		„	—	18.75	13.39	—	—	—
324		1886	—	17.19	10.96	—	—	—
325		1883	—	17.50	11.63	—	—	—
326	Gross-Gerau .	„	—	20.00	7.72	—	—	—
327		„	—	16.62	7.36	—	—	—
328		„	—	17.56	7.73	—	—	—
329		1884	—	17.50	8.12	—	—	—
330		„	—	15.18	6.84	—	—	—
331		„	—	18.34	7.25	—	—	—
332		„	—	16.00	9.93	—	—	—
333		1885	11.28	17.44	9.42	35.53	22.30	6.13
334		1886	10.43	18.06	6.50	—	—	3.65
335		„	10.73	16.00	10.78	—	—	5.45
336		1888	8.11	17.29	7.02	—	—	3.73
337	Mittel v. 5 Anal.	„	—	16.90	10.40	—	—	—
338	Palmkernkuch.	1878	11.1	17.1	5.3	—	—	—
339	Palmkernkuch.	„	11.1	15.9	5.5	30.7	33.0	3.5
340		„	8.7	17.8	4.5	31.1	33.4	4.5
341		„	10.1	17.5	5.8	34.8	27.3	4.5
342		„	9.6	15.9	6.2	—	—	—
343		„	9.5	18.6	7.3	—	—	—
344		„	10.5	19.6	10.7	—	—	—
345		„	7.3	20.6	13.0	—	—	—
346		„	10.0	14.7	7.2	—	—	—
347		„	10.7	16.1	6.2	36.7	26.5	3.8
348		„	10.2	17.1	7.1	44.1	17.7	3.8

No. 290—300. F. Soxhlet (Central-Versuchsst. München 1879—83). — Originalmittheilung.
No. 301—307. E. W. Olbers. — Agrikulturkemiska undersökningar på Alnarp (Schweden) år 1880. 3. II. 2. 1881. II. 2. 1882. 3.
No. 308. Werenskjold. — Gefällige Mittheilungen des Herrn V. Dircks. Aas (Norwegen).
No. 309. C. Schaedler. — Dessen: Technologie der Fette. Berlin, 1885. 619.
No. 310. F. Soxhlet (Central-V.-St. München). — Originalmittheilung.
No. 311. O. Kohlrausch. — V.-St. f. Rübenzuckerindustrie zu Wien 1885. 99.
No. 312—316. E. Wolff (V.-St. Hohenheim). — Württembergisches Wochenblatt f. Landwirthschaft 1882. 217.
No. 317 u. 318. E. Wolff (V.-St. Hohenheim). — Ebendaselbst 1883. 211. Schwankungen der untersuchten Proben unter No. 317 waren hinsichtlich des Proteïns von 16.6—18.8 %, hinsichtlich des Fettes 8.3—12.5 %. Die Palmkuchen unter No. 318 stammten aus der Fabrik Obertürkheim und waren aus sogen. Ucuaba-Nüssen gepresst.
No. 319. E. Wolff (V.-St. Hohenheim). — Ebendaselbst 1884. 292.
No. 320—323. E. Wolff (V.-St. Hohenheim). — Ebendaselbst 1886. 46
No. 324. E. Wolff. — Ebendaselbst 1887. 53.
No. 325—328. Th. Dietrich (V.-St. Marburg). — Landw. Ztg. f. Rgbz. Cassel 1884. 40.
No. 329—332. Th. Dietrich (V.-St. Marburg). — Ebendaselbst 1884. 552. 1885. 198.
No. 333—336. E. Heiden, A. Schlimper u. Bauer (V.-St. Pommritz). — Originalmittheilung. Die Proben enthielten Sand:

No. 333	334	335	336
0.85	0.51	0.49	0.34 %

No. 337. E. Wolff (V.-St. Hohenheim). — Württemb. Wochenbl. f. Landwirthsch. 1889. 83.
No. 338—416. M. Märcker (V.-St. Marburg). — Originalmittheilung. Von den hier mitgetheilten Analysen enthalten zwar viele einen sehr niedrigen Fettgehalt, wir haben dieselben aber in der Gruppe Presskuchen belassen, wie in der Originalmittheilung, wo Palmkernkuchen und „entölter Palmkernkuchen“ unterschieden, auch geschehen.

No.	Bezeichnungen und Bemerkungen	Jahr der Untersuchung	Wasser %	Nh-Substanz %	Rohfett %	Nfr. Extractstoffe %	Rohfaser %	Asche %	No.	Bezeichnungen und Bemerkungen	Jahr der Untersuchung	Wasser %	Nh-Substanz %	Rohfett %	Nfr. Extractstoffe %	Rohfaser %	Asche %
			In der ursprünglichen Substanz									In der ursprünglichen Substanz					
349		1878	11.3	16.9	7.3	37.5	22.8	4.2	389		1881	9.0	15.4	11.6	—	—	—
350		„	11.8	15.8	8.6	35.3	24.2	4.3	390		„	—	16.7	11.8	—	—	—
351		„	11.1	16.6	5.5	38.1	25.1	3.6	391		„	—	16.5	11.1	—	—	—
352		„	10.6	17.1	7.0	36.8	25.0	3.5	392		„	—	16.6	10.2	—	—	—
353		„	9.8	16.2	(15.4)	33.2	22.4	3.0	393		„	—	15.9	10.3	—	—	—
354		„	9.9	17.4	7.4	38.3	23.3	3.7	394		„	—	15.6	11.8	—	—	—
355		„	11.1	16.0	6.9	36.7	25.9	3.4	395		„	10.6	15.4	4.5	—	—	—
356		„	7.7	14.9	(16.5)	31.9	25.6	3.4	396		„	10.2	14.7	9.0	—	—	—
357		„	8.3	16.7	10.7	36.7	23.5	4.1	397		„	10.5	14.5	6.6	—	—	—
358		1879	11.8	14.0	5.8	37.9	26.8	3.7	398		„	10.4	14.2	9.0	—	—	—
359		„	10.6	—	8.2	—	—	—	399		„		16.8	—	—	—	—
360		„	9.4	14.3	6.5	43.7	22.3	3.8	400		„	—	14.6	9.3	—	—	—
361		„	9.4	15.6	13.8	26.3	31.4	3.5	401		„	—	16.1	8.6	—	—	—
362		„	11.4	15.4	10.6	34.7	24.1	3.8	402		„	—	16.4	6.8	—	—	—
363		„	10.7	14.0	8.0	35.9	27.3	4.1	403		„	—	17.0	10.0	—	—	—
364		„	10.8	16.6	5.5	—	—	—	404		„	—	16.9	6.3	—	—	—
365		„	8.6	—	8.0	—	—	—	405		„	—	16.6	10.5	—	—	—
366		„	9.2	13.2	4.7	—	—	—	406		„	—	17.5	10.2	—	—	—
367		„	10.6	15.7	5.9	—	—	—	407		„	7.9	17.9	10.3	—	—	—
368		„	—	18.2	9.5	—	—	—	408		„	7.3	18.0	8.5	—	—	—
369		„	—	14.3	9.6	—	—	—	409		1882	9.1	15.2	(15.2)	—	—	—
370		„	9.5	16.1	7.5	—	—	—	410		„	7.9	16.0	13.8	—	—	—
371		„	9.2	15.8	7.8	—	—	—	411		„	9.1	16.9	8.2	—	—	—
372		„	8.6	15.8	6.9	—	—	—	412		„	9.3	16.7	8.1	—	—	—
373		1880	7.7	15.8	11.9	—	—	—	413		„	8.8	17.4	7.6	—	—	—
374		„	13.5	13.3	6.7	—	—	—	414		„	11.2	15.2	7.1	—	—	—
375		„	10.1	13.9	10.7	—	—	—	415		„	9.9	15.7	9.9	—	—	—
376		„	8.7	16.1	9.9	—	—	—	416		„	9.0	18.9	8.4	—	—	—
377		„	9.2	16.3	9.1	—	—	—	417		1887	9.52	17.56	10.72	43.70	15.00	3.50
378		„	11.0	16.7	4.7	—	—	—	418	Qual. A. . . .	„	8.91	15.56	12.67	39.93	19.70	3.23
379		„	8.1	15.9	6.8	—	—	—	419	Qual. B. . . .	„	9.17	16.81	6.84	42.21	20.40	3.57
380		„	8.5	17.5	8.8	—	—	—	420		1889	9.70	16.50	7.87	42.91	19.07	3.95
381		„	8.2	18.0	8.4	—	—	—		Minimum .	Anzahl d. An.	5.46	10.70	4.43	20.07	7.64	2.32
382		„	8.4	16.8	7.0	—	—	—		Maximum .		15.00	26.28	14.65	57.34	38.21	8.85
383		1880	10.3	16.8	6.9	—	—	—		Mittel b. 1870	28	9.62	16.47	11.39	40.94	17.60	3.98
384		„	8.3	14.6	8.9	—	—	—		Desgl. v. 1870							
885		„	10.4	15.9	8.3	—	—	—		bis 1880 . .	260	10.31	15.84	9.72	38.98	21.35	3.80
386		1881	9.6	16.9	6.7	—	—	—		Desgl. v. 1880							
387		„	10.1	17.0	5.6	—	—	—		bis jetzt . .	612	9.79	16.68	11.08	34.19	24.00	4.26
388		„	10.2	17.6	7.7	—	—	—		Gesammtmittel	900	10.09	16.20	10.98	37.38	21.45	3.90

Rückstände extrahirter Palmkerne.

No.	Bezeichnungen und Bemerkungen	Jahr der Untersuchung	Wasser %	Nh-Substanz %	Rohfett %	Nfr. Extractstoffe %	Rohfaser %	Asche %	No.	Bezeichnungen und Bemerkungen	Jahr der Untersuchung	Wasser %	Nh-Substanz %	Rohfett %	Nfr. Extractstoffe %	Rohfaser %	Asche %
1	Palmnussmehl	1868	8.55	19.56	1.19	47.73	20.04	2.93	3	Palmkernmehl	1868	11.23	23.89	3.60	41.68	(15.41)	4.19
2	Palmkuchenm.	„	9.58	21.16	5.52	22.43	37.42	3.89	4	Desgl. . . .	„	11.21	18.38	2.71	—	—	—

No. 417—420. A. Stutzer (V.-St. Bonn). — Die untersuchten Proben stammen von ausgestellten Kuchen, Ausstellung d. D. Landw. Gesellschaft in Frankfurt a. M. 1887 bezw. Magdeburg 1889. Von den vorhandenen N-Verbindungen waren in

	No. 417	418	419	420
Nichtproteïn	—	0.8 %	0.7 %	—
Unverdauliche Stoffe . . .	20.0 %	23.7 %	23.0 %	20.8 %
Verdauliche Stoffe	80.0 %	75.5 %	76.3 %	79.2 %

Rückstände extrahirter Palmkerne.

No. 1. F. Stohmann. — Ann. d. Landw. i. Preuss. Wochenbl. 1868. 399. Mit Schwefelkohlenstoff entfettet.
No. 2. W. Wicke. — J. f. L. 1868. 372.
No. 3. H. Hellriegel. — N. Landw. Ztg. 1869. 219.
No. 4—8. Th. Dietrich. — Landw. Anz. f. d. Rgbz. Kassel 1868. 134 u. 1869. 165.

No.	Bezeichnungen und Bemerkungen	Jahr der Untersuchung	In der ursprünglichen Substanz: Wasser %	Nh-Substanz %	Rohfett %	Nfr. Extractstoffe %	Rohfaser %	Asche %
5		1869	9.42	16.63	3.73	—	—	4.03
6		„	9.21	18.44	2.99	—	—	3.98
7		„	11.08	17.39	2.45	—	—	3.79
8		„	11.61	17.04	2.32	—	—	3.66
9		1870	6.89	17.81	1.99	52.53	(16.04)	4.74
10		1871	10.60	18.50	3.20	—	—	4.20
11		„	9.90	16.80	5.50	—	—	5.60
12		„	10.34	17.25	4.88	—	—	3.75
13		„	10.80	17.60	3.10	33.10	31.40	4.00
14		„	9.40	20.10	5.80	41.70	(18.90)	4.10
15		„	—	19.38	2.55	42.62	30.81	4.64
16	Palmmehl . .	1871/73	9.88	17.50	4.25	42.40	22.11	3.86
17	Desgl. . . .	„	10.80	17.60	3.10	33.10	31.40	4.00
18		1872	9.90	16.80	5.50	—	—	5.60
19	Palmmehl . .	„	9.77	18.94	5.37	—	—	—
20	Desgl. . . .	„	13.30	20.31	2.65	—	—	—
21	Desgl. . . .	„	—	16.00	4.50	—	—	—
22		„	12.07	15.13	3.06	35.45	28.39	5.90
23	Palmkernmehl	1871/77	10.05	18.13	2.73	51.71	(13.19)	4.19
24	Desgl. . . .	„	11.62	15.06	1.57	47.16	20.98	3.61
25	Desgl. . . .	„	11.88	16.19	4.48	47.42	(15.15)	4.88
26	Desgl. . . .	„	10.40	17.50	3.95	52.28	(11.68)	4.19
27	Desgl. . . .	„	13.23	15.50	6.01	43.46	(15.38)	6.42
28	Desgl. . . .	„	11.56	16.69	2.27	57.36	16.07	10.77
29	Desgl. . . .	„	11.16	18.62	6.74	38.78	18.52	6.18
30	Desgl. . . .	„	11.77	15.74	8.14	45.76	(14.39)	4.20
31	Desgl. . . .	1873	11.83	17.21	7.82	37.68	21.86	3.60
32	Desgl. . . .	1874	10.50	15.31	3.93	46.79	19.35	4.12
33	Desgl. . . .	„	9.90	16.70	—	—	32.40	4.10
34	Desgl. . . .	„	12.25	18.00	8.61	40.74	16.20	4.20
35	Entöltes Palmkernmehl .	1875	10.60	17.70	5.00	40.80	21.50	4.40
36	Palmkernmehl	1875/78	—	15.31	2.00	—	—	—
37	Desgl. . . .	„	—	16.38	5.83	—	—	—
38	Palmkuchen .	„	—	16.88	5.50	—	—	—
39	Desgl. . . .	1872	12.12	18.51	4.24	29.66	31.50	3.97

No.	Bezeichnungen und Bemerkungen	Jahr der Untersuchung	In der ursprünglichen Substanz: Wasser %	Nh-Substanz %	Rohfett %	Nfr. Extractstoffe %	Rohfaser %	Asche %
40	Palmkuchenm.	1872	8.51	18.22	5.42	44.13	16.80	3.92
41	Desgl. . . .	1876	11.43	13.06	5.99	36.81	27.75	4.96
42	Desgl. . . .	„	—	13.93	6.18	—	—	—
43	Palmkernmehl	„	9.88	13.81	4.94	32.01	33.81	5.55
44	Desgl. . . .	„	9.41	13.81	4.93	33.21	34.38	4.26
45	Desgl. . . .	„	—	12.81	—	—	—	4.39
46	Palmmehl . .	„	8.63	14.00	4.98	—	29.60	—
47	Desgl. . . .	„	9.87	14.68	2.59	35.92	32.20	4.66
48	Desgl. . . .	1877	13 66	13.56	3.59	43.68	21.42	4.09
49		1875	—	13.81	4.29	—	—	—
50		„	—	14.00	4.31	—	—	—
51		1876	—	15.56	3.02	—	—	—
52		„	—	14.00	3.40	—	—	—
53		„	—	12.90	3.60	—	—	—
54		„	—	15.40	3.54	—	—	—
55		„	—	15.80	6.70	—	—	—
56		„	—	15.76	5.27	—	—	—
57		„	10.00	15.90	3.40	41.20	25.50	4.00
58		„	—	15.70	4.20	—	—	—
59		„	—	14.00	3.70	—	—	—
60		„	—	14.90	4.20	—	—	—
61		„	—	15.75	4.12	—	—	—
62		„	—	15.00	3.20	—	—	—
63		„	—	15.60	4.22	—	—	—
64		?	—	14.60	7.00	—	—	—
65		„	—	15.75	4.13	—	—	—
66		„	—	17.50	4.20	—	—	—
67		„	—	17.50	5.46	—	—	—
68		„	—	17.50	7.28	—	—	—
69		1877	—	17.50	3.50	—	—	—
70		„	9.91	18.38	2.42	45.09	20.60	3.60
71		„	—	17.50	2.52	—	—	—
72		„	—	17.05	7.28	—	—	—
73		„	—	15.75	5.86	—	—	—
74		„	—	17.50	6.70	—	—	—
75		„	—	19.25	7.99	—	—	4.39

No. 9. Th. Dietrich u. J. König. — Ebendaselbst 1870. 113.
No. 10 u. 11. C. Karmrodt. — Ztschr. f. d. landw. Ver. in Rheinpreussen 1872. 17.
No. 12. J. Nessler. — Wochenbl. d. landw. Ver. in Baden 1872. 109.
No. 13. E. Schulze. — Ztschr. d. landw. Ver. im Grossh. Hessen 1871. 290.
No. 14. W. Henneberg. — J. f. Landw. 1872. 480.
No. 15. G. Kühn. — Amtsbl. f. d. landw. Ver. im Königr. Sachsen 1872. 137.
No. 16 u. 17. (V.-St. Darmstadt). — Ber. ders. 1874. 21.
No. 18. C. Karmrodt. — Ztschr. d. landw. V. f. Rheinpreussen 1873. 44.
No. 19 u. 20. U. Kreusler u. Alberti. — 1. Ber. d. V.-St. Hildesheim. Celle, 1873. 26.
No. 21 u. 22. Alberti u. Hempel. — 2. Ber. d. V.-St. Hildesheim. Celle, 1874. 25.
No. 23—30. J. König (V.-St. Münster). — I. Ber. Münster, 1878. 42.
No. 31. Th. Dietrich. — Landw. Anz. f. d. Rgbz. Cassel 1873. 588.
No. 32. J. Fittbogen (V.-St. Dahme). — Originalmittheilung.
No. 33. G. Kühn u. Gerver (V.-St. Möckern). — Originalmittheilung.
No. 34. E. Wildt (V.-St. Posen). — Originalmittheilung.
No. 35. W. Henneberg (V.-St. Göttingen). — Originalmittheilung.
No. 36—38. K. Müller (V.-St. Hildesheim). — 4. Ber. ders. Hannover, 1879. 18.
No. 39—48. A. Emmerling u. Rich. Wagner. — Zusammenstellung von Futtermittelanalysen d. V.-St. Kiel. Kiel, 1877.
No. 49—80. R. Heinrich (V.-St. Rostock). — Ber. ders. Wismar, 1882. 68.

No.	Bezeichnungen und Bemerkungen	Jahr der Untersuchung	In der ursprünglichen Substanz Wasser %	Nh-Substanz %	Rohfett %	Nfr. Extractstoffe %	Rohfaser %	Asche %	No.	Bezeichnungen und Bemerkungen	Jahr der Untersuchung	In der ursprünglichen Substanz Wasser %	Nh-Substanz %	Rohfett %	Nfr. Extractstoffe %	Rohfaser %	Asche %
76		1877	10.80	14.88	6.76	31.01	32.20	4.35	111		1879	11.50	17.50	5.10	28.66	33.20	4.04
77		„	—	15.75	8.30	—	—	—	112		„	—	16.13	3.82	—	—	—
78		„	14.00	15.75	2.10	26.71	37.14	4.30	113		„	11.58	15.50	4.26	29.87	34.64	4.15
79		„	12.10	15.70	6.87	30.62	31.32	3.45	114		„	—	17.50	6.48	—	—	—
80		„	—	19.25	3.12	—	—	—	115		„	11.21	15.90	8.10	26.34	34.70	3.75
81		1876	8.70	17.06	9.80	37.44	23.60	3.40	116		1880	—	17.50	7.06	—	—	—
82		„	15.30	15.75	3.92	46.54	(14.56)	3.93	117		„	—	17.50	3.08	—	—	—
83		„	11.80	16.84	1.60	46.12	19.70	3.94	118		„	—	17.50	3.60	—	—	—
84		„	10.54	17.50	1.68	45.68	20.61	3.99	119		„	—	14.70	5.22	—	—	—
85		„	9.40	17.39	2.80	46.41	20.20	3.80	120		„	—	17.50	4.81	—	—	—
86		„	8.41	17.50	2.76	47.80	19.63	3.90	121		„	—	18.37	2.46	—	—	—
87		„	6.74	16.25	2.22	35.75	35.08	3.96	122		„	12.54	17.50	3.28	28.18	33.40	5.10
88		„	11.27	13.01	3.21	36.42	30.24	5.85	123		1881	—	17.50	4.81	—	—	—
89		1877	7.10	17.25	5.11	44.16	22.34	3.82	124		„	13.52	16.98	3.84	29.17	28.80	7.70
90		„	10.31	16.93	5.02	41.97	22.17	3.60	125		„	—	19.60	4.00	—	—	—
91		1876	7.75	17.50	4.23	55.34	(11.58)	3.60	126		„	—	16.80	7.20	—	—	—
92		„	7.48	20.31	3.78	30.95	33.28	4.20	127		1878/82	11.35	13.00	4.42	29.28	33.98	8.56
93	Durch Schwe-								128		„	11.81	14.50	4.87	39.62	25.33	3.87
	felkohlenstoff								129		„	9.92	16.00	5.69	46.27	18.15	3.97
	entfettet . .	1877	12.22	14.47	1.34	44.77	23.10	4.10	130		„	10.53	15.19	3.44	51.80	(14.94)	4.10
94		„	11.48	18.25	2.22	33.60	30.25	4.20	131		„	8.75	14.37	2.96	36.47	32.85	4.60
95		„	13.50	14.75	3.06	46.55	18.03	4.11	132		„	10.86	17.87	3.44	42.54	21.54	3.75
96	Entöltes Palm-								133		„	10.55	17.19	6.30	25.62	36.69	3.65
	kernmehl .	„	9.18	13.56	7.28	37.57	28.83	3.62	134		„	10.90	14.40	6.25	21.66	37.65	8.14
97		„	10.31	13.36	2.36	33.40	36.05	4.51	135		„	11.18	16.00	5.38	39.08	24.86	3.50
98		„	10.98	11.75	4.88	34.69	34.24	3.45	136		„	11.15	16.38	2.79	39.92	25.56	3.75
99		„	—	15.00	8.27	—	—	—	137		1877	—	13.93	5.68	—	—	—
100		„	12.25	20.73	4.33	37.67	21.44	3.58	138		1879	9.14	15.56	4.72	45.23	21.58	3.77
101		„	—	19.25	5.16	—	—	—	139		„	11.10	15.38	2.90	46.84	19.99	3.79
102		„	—	16.80	6.30	—	—	—	140		„	9.06	14.77	4.50	42.16	25.66	3.85
103		„	—	19.25	4.18	—	—	—	141		„	—	16.68	—	—	—	—
104		„	—	18.38	6.12	—	—	—	142		„	11.41	17.50	2.80	45.89	19.20	3.20
105		„	—	18.38	6.64	—	—	—	143		„	10.56	17.28	3.74	45.97	18.94	3.51
106		1878	—	16.63	3.26	—	—	—	144		„	10.49	17.35	3.91	47.34	18.10	2.81
107		1879	—	14.78	7.82	—	—	—	145		„	11.85	16.98	3.70	44.62	19.81	3.04
108		„	—	17.50	3.26	—	—	—	146		„	12.01	17.25	4.12	43.97	19.54	3.11
109		„	8.58	14.88	6.04	29.70	36.90	3.90	147	Palmkernkuch.	1878	11.69	20.25	6.33	35.37	22.13	4.23
110		„	10.90	14.00	8.32	22.75	40.68	3.35	148	Palmnussmehl	„	10.59	14.98	5.08	50.49	(15.05)	3.81

No. 81—86. P. Wagner u. W. Rohn (V.-St. Darmstadt). — Originalmittheilung.
No. 87—90. W. Hoffmeister (V.-St. Insterburg). — Originalmittheilung.
No. 91. E. W. Olbers (V.-St. Alnarp). — Originalmittheilung.
No. 92. P. Wittelshöfer (V.-St. Regenwalde). — Originalmittheilung.
No. 93—95. Th. Dietrich u. G. Zirnité. — Landwirthsch. Ztschr. u. Anz. f. d. Rgbz. Kassel 1877. 129 u. 285 1878. 83.
No. 96—99. F. Holdefleiss. — Ztschr. d. landw. Centralv. d. Prov. Sachsen 1876. 243.
No. 100. E. Wolff u. C. Kreuzhage. — Landw. Jahrb. 1876. 313.
No. 101—126. R. Heinrich (V.-St. Rostock). — Der. Ber. Wismar, 1882. 69.
No. 127—136. J. Fittbogen (V.-St. Dahme). — Originalmittheilung. No. 127 u. 130 Hässelbarth. No. 128, 129, 131, 133 u. 134 Schiller. No. 132 u. 135 Wilfarth u. No. 136 Förster.
No. 137—141. A. Emmerling u. M. Schrodt (V.-St. Kiel). — Der. Ber. III. Kiel, 1880. 61.
No. 142—146. P. Wagner u. W. Rohn (V.-St. Darmstadt). — Originalmittheilung. Ausserdem wurde aus einer schlecht arbeitenden Fabrik stammendes Palmmehl auf Fettgehalt untersucht mit folgendem Resultat:

1877 22 Proben Fett zwischen 3.4 und 11.73 % Durchschnitt 7.3 %
1878 13 „ „ „ 3.6 „ 14.0 „ „ 7.01 „

No. 147. Ph. du Roi (V.-St. Kiel). — Originalmittheilung.
No. 148 u. 149. A. Petermann u. Molinari (V.-St. Gembloux). — Originalmittheilung.

No.	Bezeichnungen und Bemerkungen	Jahr der Untersuchung	In der ursprünglichen Substanz: Wasser %	Nh-Substanz %	Rohfett %	Nfr. Extractstoffe %	Rohfaser %	Asche %
149	Palmnussmehl	1879	—	13.96	2.28	—	—	—
150	Palmkernmehl	1876	4.97	18.68	4.55	31.42	36.02	4.36
151	Palmmehl . .	„	4.81	16.75	2.54	31.63	33.88	9.39
152	Desgl. . . .	1878	11.78	19.38	1.92	—	—	5.92
153	Desgl. . . .	1879	11.09	18.00	1.58	41.98	22.61	4.74
154	Desgl. . . .	„	11.60	15.50	2.73	36.00	30.21	3.96
155	Desgl. . . .	„	9.78	17.81	4.04	43.71	19.76	4.90
156	Palmkuchenm. a. Algier via Marseille . .	1877	15.96	17.29	7.76	37.01	17.92	4.06
157	Desgl. a. Hamb.	„	15.40	14.55	2.75	41.62	20.41	5.27
158	Palmkernmehl	„	11.56	13.37	3.88	32.96	34.58	3.65
159	Palmpulver .	„	13.80	13.40	1.90	39.80	27.50	3.60
160	Palmkernmehl	1878	11.28	16.58	2.22	40.56	25.38	3.98
161		„	14.62	14.41	4.06	44.62	18.71	3.58
162		„	10.70	16.70	3.00	39.90	26.00	3.70
163		1877	11.17	16.12	5.20	30.57	33.32	3.63
164		„	11.90	16.69	4.65	29.79	33.15	3.81
165	Mit CS_2 entfettet	„	11.78	19.31	2.90	38.28	22.33	5.40
166		1878	9.36	18.44	7.58	33.72	26.42	4.48
167		„	10.50	15.20	3.40	51.90	(14.90)	4.10
168		„	12.08	14.94	4.78	40.76	23.85	3.59
169		„	9.44	17.50	1.58	49.21	18.52	3.75
170		1879	12.26	14.87	3.98	32.16	32.62	4.10
171		„	12.16	14.87	3.16	32.60	32.53	3.68
172		„	11.41	17.50	2.80	45.89	19.20	3.20
173		„	10.56	17.28	3.74	45.97	18.94	3.51
174		„	10.49	17.35	3.91	47.34	18.10	2.81
175		„	11.85	16.98	3.70	44.62	19.81	3.04
176		„	12.01	17.25	4.12	43.97	19.54	3.11
177	Palmnussmehl	„	10.00	12.30	2.60	33.00	38.30	3.80
178	Palmkernmehl aus Berlin .	„	12.25	20.73	4.34	37.65	21.45	3.58
179	Desgl. a. Berlin	1879/83	—	15.19	1.90	—	—	—
180	Desgl. a. Harburg . . .	„	—	17.25	2.80	—	—	—
181	„Palmkorn“ aus Berlin . .	„	—	15.94	4.55	—	—	—

No.	Bezeichnungen und Bemerkungen	Jahr der Untersuchung	In der ursprünglichen Substanz: Wasser %	Nh-Substanz %	Rohfett %	Nfr. Extractstoffe %	Rohfaser %	Asche %
182	Palmmehl aus Berlin . .	1879/83	—	17.00	8.00	—	—	—
183		1879	10.59	14.98	5.08	50.49	(15.05)	3.81
184		„	9.27	16.68	1.70	41.86	26.73	3.76
185		„	12.94	16.37	1.95	47.54	17.26	3.94
186		„	14.04	15.31	2.58	40.70	23.65	3.72
187		„	12.84	16.31	1.79	40.42	24.94	3.70
188	Aus Gross-Gerau in Hessen	„	—	16.40	2.90	—	—	—
189	Palmmehl . .	1881	10.97	16.88	3.93	43.61	20.60	4.01
190	Desgl. . . .	„	10.32	15.98	3.64	37.40	28.94	3.72
191	Palmkuchen .	„	10.53	14.18	6.06	—	—	7.42
192	Desgl. . . .	„	11.00	12.91	4.00	—	—	6.12
193	Palmkernmehl	1882	10.27	17.34	6.78	29.91	32.00	3.70
194		„	11.34	16.88	5.97	25.47	36.94	3.40
195		1883	—	14.70	5.11	—	—	—
196		„	—	16.62	7.36	—	35.40	—
197		„	—	14.70	5.11	—	—	—
198		1881	—	16.00	5.70	—	—	—
199		—	—	14.70	—	—	—	—
200		—	—	18.40	—	—	—	—
201		—	—	16.20	—	—	—	—
202		—	—	15.30	2.70	—	—	—
203		—	—	17.50	2.10	—	—	—
204		—	—	—	5.10	—	—	—
205		—	—	—	3.60	—	—	—
206		—	—	—	3.50	—	—	—
207	Entöltes Palmkernmehl .	—	9.82	16.70	1.86	—	—	4.12
208	Kuchen anscheinend a. extrahirtem Palmkernmehl gepr.	1881	11.52	14.89	4.32	43.87	21.74	3.66
209	Palmkernmehl, grobes, v. Rengert & Co. in Berlin . . .	1884	11.22	17.38	4.37	42.70	20.69	3.64

No. 150—155. P. Wittelshöfer (V.-St. Regenwalde). — Originalmittheilung.
No. 156 u. 157. C. Weigelt (V.-St. Rufach). — Originalmittheilung.
No. 158—159. P. Vieth (V.-St. Raden). — Originalmittheilung.
No. 160—162. G. Kühn, A. Thomas u. O. Kern (V.-St. Möckern). — Originalmittheilung.
No. 163 u. 164. W. Henneberg (V.-St. Göttingen). — Originalmittheilung.
No. 165 u. 166. E. Wildt (V.-St. Posen). — Originalmittheilung.
No. 167. J. Fittbogen (V.-St. Dahme). — Landw. Jahrbüch. 1880. 817.
No. 168 u. 169. J. König (V.-St. Münster). — Ebendaselbst.
No. 170 u. 171. M. Märcker (V.-St. Halle). — Ebendaselbst.
No. 172—176. P. Wagner (V.-St. Darmstadt). — Ebendaselbst.
No. 177. A. Mayer (V.-St. Wageningen). — Hoffmann's Jahresber. 1879. 344.
No. 178. C. Kreuzhage (V.-St. Hohenheim). — Ebendaselbst. Württemb. Wochenbl. f. Landw. 1882. 217.
No. 179—182. F. Soxhlet (Central-Versuchsstation München 1879—83). — Originalmittheilung.
No. 183. A. Petermann. — Biedermann's Centralbl. f. Agrikulturchem. 1880. 731. (Bul. Stat. agr. Gembloux No. 18.)
No. 184—187. J. König (V.-St. Münster). — Landwirthsch. Ztg. f. Westfalen u. Lippe 1880. 36.
No. 188. E. Wolff (V.-St. Hohenheim). — Württemb. Wochenbl. f. Landw. 1882. 217.
No. 189—197. Th. Dietrich u. O. Toepelmann (V.-St. Marburg). — Landw. Ztg. u. Anzg. f. d. Rgbz. Kassel 1881. 690. 1882. 131.
No. 198—206. P. Wagner (V.-St. Darmstadt). — Ztschr. f. d. landw. Ver. d. Grossh. Hessen 1883. 70.
No. 207. C. Schaedler. — Dessen: Technologie der Fette. Berlin, 1885. 619.
No. 208—210. F. Soxhlet (Central-V.-St. München). — Originalmittheilung.

No.	Bezeichnungen und Bemerkungen	Jahr der Untersuchung	In der ursprünglichen Substanz Wasser %	Nh-Substanz %	Rohfett %	Nfr. Extractstoffe %	Rohfaser %	Asche %	No.	Bezeichnungen und Bemerkungen	Jahr der Untersuchung	In der ursprünglichen Substanz Wasser %	Nh-Substanz %	Rohfett %	Nfr. Extractstoffe %	Rohfaser %	Asche %
210	Mit CS_2 extrah.,								219		1884	8.70	16.01	13.00	—	—	3.80
	von Venuleth								220	Mittel a. 4 Anal.	1886	10.76	16.90	7.22	50.69	(10.50)	3.38
	u. Ellenberger								221	Mehl . . .	1887	13.70	17.24	9.66	43.65	(9.95)	5.80
	in Darmstadt	1884	10.97	18.88	3.45	35.44	26.74	4.52	222		1883	—	14.70	5.11	—	—	—
211	Entölter Palm-							—	223		1884	—	20.00	1.98	—	—	—
	kernkuchen .	1882	10.7	17.7	6.7	—	—	—	224		„	—	16.19	6.38	—	—	—
212	Desgl. . . .	„	12.0	14.5	4.7	—	—	—	225		„	—	14.18	6.33	—	—	—
213	Desgl. . . .	„	10.4	12.5	3.9	—	—	—	226		„	—	16.87	1.36	—	—	—
214	Desgl. . . .	„	11.1	16.6	4.2	—	—	—	227		„	—	15.25	4.65	—	—	—
215	Desgl. . . .	„	12.5	16.6	2.7	—	—	—		Minimum		4.81	11.75	1.16	22.11	16.12	2.79
216	Desgl. . . .	„	12.9	16.0	6.9	—	—	—		Maximum		15.96	23.99	12.69	57.81	40.69	10.85
217	Mittel a. 7 Anal.	1883	10.35	16.90	4.32	48.28	(15.75)	3.71		Mittel von							
218	Russische . .	1884	10.70	15.95	9.42	46.97	(13.46)	3.50		227 Analys.		10.87	16.43	4.45	38.07	25.92	4.26

Palmkernschrot.

No.	Bezeichnungen und Bemerkungen	Jahr der Untersuchung	Wasser %	Nh-Substanz %	Rohfett %	Nfr. Extractstoffe %	Rohfaser %	Asche %	No.	Bezeichnungen und Bemerkungen	Jahr der Untersuchung	Wasser %	Nh-Substanz %	Rohfett %	Nfr. Extractstoffe %	Rohfaser %	Asche %
1		1882	9.16	12.31	4.67	44.91	23.27	5.68	6		1882	10.0	17.7	5.8	—	—	—
2		„	9.75	15.13	4.56	41.23	25.27	3.93	7		1884	11.08	18.13	7.37	41.15	18.17	4.10
3		„	9.43	15.31	7.04	43.46	21.20	3.56	8		1887	10.70	18.55	5.48	55.92	5.85	3.50
4		„	12.0	15.7	6.4	—	—	—		Mittel . .		10.58	16.20	5.79	42.51	20.75	4.17
5		„	12.5	16.8	4.4	—	—	—									

Erdnusskuchen. Aus den Früchten, resp. Samen der Arachis hypogaea.
Pressrückstände der unenthülsten Samen (Früchte).

No.	Bezeichnungen und Bemerkungen	Jahr der Untersuchung	Wasser %	Nh-Substanz %	Rohfett %	Nfr. Extractstoffe %	Rohfaser %	Asche %	No.	Bezeichnungen und Bemerkungen	Jahr der Untersuchung	Wasser %	Nh-Substanz %	Rohfett %	Nfr. Extractstoffe %	Rohfaser %	Asche %
1		1855	11.56	26.69	12.75	—	—	3.29	11		1877	—	29.70	8.90	—	—	—
2		„	10.01	33.69	6.78	—	—	3.78	12		„	—	37.63	10.00	—	—	—
3		„	12.00	33.64	12.00	—	—	5.00	13		1879	—	39.37	6.58	—	—	—
4		1868	7.78	29.25	11.18	25.67	21.11	5.01	14		„	—	37.17	6.00	—	—	—
5		„	11.82	34.88	9.53	11.94	22.69	9.14	15		1880	—	36.56	7.40	—	—	—
6		1873	8.10	30.50	8.70	27.90	19.10	5.70	16		1881	—	31.06	8.34	—	—	—
7		„	11.12	33.25	8.96	—	—	9.36	17		„	—	27.10	9.00	—	—	—
8	Aus Marseille	„	10.51	27.00	5.91	23.09	28.03	5.46	18		„	—	27.10	9.98	—	—	12.62
9		„	8.56	27.13	23.68	—	—	3.03	19		1876	13.24	20.34	7.97	30.53	22.40	5.52
10		1876	12.87	28.81	5.96	21.77	26.60	3.99	20		1877	10.62	27.93	7.35	19.89	29.14	5.07

No. 211—216. M. Märcker (V.-St. Halle). — Originalmittheilung.
No. 217—221. M. Siewert (V.-St. Danzig). — Originalmittheilung. Der Gehalt der Kuchen unter No. 217 schwankte zwischen

	Wasser	N-Substanz	Rohfett	Nfr. Extractstoffe	Rohfaser	Bohasche
Maximum . .	11.50	18.90	6.86	52.01	18.51	4.35
Minimum . .	8.80	15.50	2.22	43.55	9.84	2.80

No. 222—227. Th. Dietrich (V.-St. Marburg). — Landw. Ztg. f. d. Rgbz. Cassel 1884. 40; 1885. 198.

Palmkernschrot.
No. 1—6. M. Märcker (V.-St. Halle). — Originalmittheilung. No. 1 war 3 Wochen auf Lager, No. 2 3/4 Jahr auf Lager, No. 3 ganz frisch. Die Proben stammten aus der Fabrik von Noblée u. Thörl in Harburg.
No. 7. F. Soxhlet (Central-V.-St. München). — Originalmittheilung. Desgl.
No. 8. M. Siewert (V.-St. Danzig). — Originalmittheilung.

Erdnusskuchen, aus Früchten.
No. 1 u. 2. Thom. Anderson. — Transact. Highl. Soc. 1855. 555.
No. 3. Soubeiran u. Girardin. — Journ. f. Pharmacie. (3). 19. 87.
No. 4. F. Stohmann. — Ztschr. d. landw. Centralv. d. Prov. Sachsen 1868. 57.
No. 5. W. Wicke. — J. f. Landwirthsch. 1868. 230.
No. 6. A. Voelcker. — Landw. Centralbl. 1873. 2. 371.
No. 7. C. Karmrodt. — Jahresber. 15—16 d. V.-St. Bonn 1872. 17.
No. 8. Th. Dietrich u. J. König. — Originalmittheilung.
No. 9. Angelo Pavesi u. Ermenegildo Rotondi. — Relazione dei Lavori Eseguiti Nel Laboratorio chimico della Stazione di Prova. Milano 1872—73. 11.
No. 10. Th. Dietrich. — Landw. Ztschr. f. d. Rgbz. Kassel 1876. 137.
No. 11—18. R. Heinrich. — Ber. d. V.-St. Rostock 1875—81. Wismar 1882. No. 18 enth. 8.4 % Sand.
No. 19 u. 20. Rich. Wagner. — Ber. d. V.-St. Kiel. (Zusammenstellung von Analysen. Kiel, 1877 u. Mitthl. III der V.-St. 1880.)

No.	Bezeichnungen und Bemerkungen	Jahr der Untersuchung	In der ursprünglichen Substanz Wasser %	Nh-Substanz %	Rohfett %	Nfr. Extractstoffe %	Rohfaser %	Asche %	No.	Bezeichnungen und Bemerkungen	Jahr der Untersuchung	In der ursprünglichen Substanz Wasser %	Nh-Substanz %	Rohfett %	Nfr. Extractstoffe %	Rohfaser %	Asche %
21		—	11.12	33.25	8.96	—	—	9.36	23		1881	16.19	23.18	6.19	28.24	18.39	7.81
22	Oskalad jordnötkaka . .	1881	11.20	24.69	6.37	—	—	7.10	24	Mittel v. 2 Prob.	1882	—	37.23	8.40	—	—	—
										Mittel . .		11.11	30.71	9.04	19.38	23.43	6.33

Erdnusskuchen, aus enthülstem, mehr oder weniger vollkommen geschälten Samen.

No.	Bezeichnungen und Bemerkungen	Jahr der Untersuchung	Wasser %	Nh-Substanz %	Rohfett %	Nfr. Extractstoffe %	Rohfaser %	Asche %	No.	Bezeichnungen und Bemerkungen	Jahr der Untersuchung	Wasser %	Nh-Substanz %	Rohfett %	Nfr. Extractstoffe %	Rohfaser %	Asche %
1	Arachiskuchen	—	6.60	52.06	—	—	—	—	34		1877	10.70	41.13	11.25	27.36	3.76	5.80
2		1872	11.06	44.62	5.78	—	—	4.84	35		„	—	46.38	6.96	—	—	—
3		„	12.46	45.50	5.74	25.69	6.15	4.46	36		„	10.50	46.38	8.56	24.30	5.06	5.20
4		„	11.76	46.81	5.30	25.50	5.89	4.74	37		„	12.70	42.00	7.66	26.59	3.90	7.15
5		„	9.83	43.63	5.63	30.66	5.38	4.87	38		„	10.70	50.75	6.96	24.35	2.34	4.90
6		1873	9.30	43.40	5.60	31.30	5.20	5.20	39		„	10.90	45.50	7.40	29.48	2.22	4.50
7		„	9.75	43.18	9.88	20.60	5.07	11.52	40		„	—	48.13	6.54	—	—	—
8		„	12.21	40.38	6.56	—	—	—	41		„	—	42.00	7.00	—	—	—
9		„	—	42.94	8.05	—	—	—	42		„	10.70	49.00	8.23	24.84	2.28	4.95
10		„	11.48	39.75	10.13	30.09	4.39	4.16	43		„	10.60	43.75	7.53	28.73	4.24	5.15
11		„	12.97	42.75	6.39	28.95	4.47	4.47	44		„	—	43.75	6.33	—	—	—
12	Aus Paris . .	1870	11.17	44.06	1.74	63.73	4.80	4.62	45		„	11.62	47.25	5.90	27.41	3.22	4.60
13		1875	13.08	42.69	4.11	30.05	5.20	4.87	46		„	—	43.75	6.66	—	—	—
14		1876	10.90	42.07	7.66	24.84	9.68	4.85	47		„	—	44.63	6.50	—	—	—
15		„	10.42	44.53	8.31	25.02	6.23	5.49	48		„	9.50	43.75	8.83	29.37	3.60	4.95
16		„	12.80	44.08	10.74	21.81	4.34	5.23	49		„	—	45.50	5.50	—	—	—
17		„	12.50	43.63	8.05	21.44	8.67	5.71	50		„	—	45.50	7.05	—	—	—
18		„	10.96	42.56	5.81	25.59	9.95	5.13	51		„	—	45.50	6.40	—	—	—
19		1877	11.61	40.80	8.70	25.98	8.46	4.45	52		„	—	45.50	7.33	—	—	—
20		1876	—	50.75	6.44	—	—	—	53		„	9.75	45.50	6.96	30.23	2.06	5.50
21		„	—	47.25	7.80	—	—	—	54		„	9.46	45.50	5.76	33.25	1.88	3.85
22		„	—	45.50	10.98	—	—	—	55		„	—	45.50	5.55	—	—	—
23		„	—	47.25	6.30	—	—	—	56		1878	11.10	43.75	9.50	28.97	2.33	4.35
24		1877	10.91	43.75	7.80	23.78	8.50	5.26	57		„	10.00	45.50	5.56	29.19	5.20	4.55
25		„	—	44.63	6.18	—	—	—	58		„	8.86	43.75	7.33	33.03	3.28	4.75
26		„	9.01	49.00	7.13	24.70	5.38	4.78	59		„	—	43.75	7.13	—	—	—
27		„	11.90	50.75	6.00	20.35	6.00	5.00	60		„	—	45.50	8.93	—	—	—
28		„	11.10	49.00	9.40	22.21	4.04	4.25	61		„	—	43.75	8.70	—	—	—
29		„	11.30	49.00	7.90	23.21	5.54	4.05	62		„	—	45.50	7.83	—	—	—
30		„	—	47.75	6.75	—	—	—	63		„	—	45.50	7.83	—	—	—
31		„	—	40.25	6.93	—	—	—	64		„	—	47.25	5.56	—	—	3.94
32		„	—	43.75	8.62	—	—	—	65		„	—	43.75	7.53	—	—	—
33		„	—	41.13	8.30	—	—	—	66		„	—	47.25	6.34	—	—	—

No. 21. Th. Dietrich. — Privatmittheilung.
No. 22. E. W. Olbers. — V.-St. Alnarp (Schweden). Agrikulturkemiska undersökningar 1880.
No. 23. J. König. — Fühling's landw. Ztg. 1882. 306.
No. 24. P. Wagner (V.-St. Darmstadt). — Ztschr. f. d. landw. Verein d. Grossh. Hessen 1883. 30.
Erdnusskuchen, aus Samen.
No. 1. J. Boussingault. — Dessen Landwirthsch. III. 200. Tabelle.
No. 2—4. C. Karmrodt. — 15.—16. Jahresb. d. V.-St. Bonn.
No. 5. Th. Dietrich u. J. König. — Landw. Anz. f. d. Rgbz. Kassel 1870. 148.
No. 6. Aug. Voelcker. — Landw. Centralbl. 1873. II. 371.
No. 7. A. Emmerling (V.-St. Kiel). — Mitgetheilt von B. A. Winters in dem Landw. Wochenblatt f. Schleswig-Holstein 1873. 49.
No. 8—11. J. König. — 1. Ber. d. V.-St. Münster 1871—77. 43 u. Originalmittheilung.
No. 12. Th. Dietrich u. König. — Originalmittheilung. Von der Pariser Ausstellung, Firma Rubaud u. Co. in Paris.
No. 13. A. Petermann. — Bull. St. agric. Gembloux. No. 16.
No. 14—19. Th. Dietrich. — Landw. Ztschr. f. d. Rgbz. Kassel 1876. 7. 62. 153. 168 u. 1877. 129.
No. 20—255. R. Heinrich (V.-St. Rostock). — Bericht ders. Wismar, 1882.

No.	Bezeichnungen und Bemerkungen	Jahr der Untersuchung	In der ursprünglichen Substanz: Wasser %	Nh-Substanz %	Rohfett %	Nfr. Extractstoffe %	Rohfaser %	Asche %
67		1878	—	44.63	6.46	—	—	—
68		„	—	45.50	8.00	—	—	—
69		„	—	45.98	7.84	—	—	—
70		„	—	46.38	6.74	—	—	—
71		„	9.90	49.75	6.76	27.39	2.00	4.20
72		„	8.60	46.38	9.86	29.06	1.96	4.15
73		„	—	50.40	5.14	—	—	—
74		„	—	48.13	7.56	—	—	—
75		„	—	50.31	7.06	—	—	—
76		„	—	49.00	6.70	—	—	—
77		„	—	45.50	9.20	—	—	—
78		„	—	48.56	7.33	—	—	—
79		„	—	47.25	7.93	—	—	—
80		„	—	46.38	6.16	—	—	—
81		„	—	48.56	7.90	—	—	—
82		„	—	48.13	6.53	—	—	—
83		„	—	49.88	7.40	—	—	—
84		„	—	48.13	6.62	—	—	—
85		„	—	48.13	6.46	—	—	—
86		„	—	44.63	6.72	—	—	—
87		„	—	47.25	6.80	—	—	—
88		„	—	43.75	7.70	—	—	—
89		„	—	45.50	7.42	—	—	—
90		„	—	47.25	7.00	—	—	—
91		„	8.90	49.00	7.43	22.11	5.70	6.95
92		„	—	45.50	6.94	—	—	—
93		„	—	46.38	5.06	—	—	—
94		„	—	49.88	6.26	—	—	—
95		„	—	49.88	6.40	—	—	—
96		„	—	47.25	8.86	—	—	—
97		1879	—	50.75	6.14	—	—	—
98		„	—	46.38	7.02	—	—	—
99		„	—	44.63	8.04	—	—	—
100		„	9.81	49.44	5.94	26.64	3.42	4.75
101		„	—	49.50	7.08	—	—	—
102		„	—	48.13	7.78	—	—	—
103		„	—	50.75	6.46	—	—	—
104		„	—	45.50	8.34	—	—	—
105		„	11.08	46.38	8.78	26.28	3.18	4.30
106		„	—	47.25	8.14	—	—	—
107		„	—	46.37	6.54	—	—	—
108		„	11.98	46.38	8.12	23.97	5.20	4.35
109		„	13.40	45.64	6.52	19.47	10.92	4.05
110		„	—	48.65	7.04	—	—	—
111		„	—	47.25	6.70	—	—	—
112		„	—	49.35	7.64	—	—	—
113		„	—	48.65	7.06	—	—	—
114		„	—	47.25	6.04	—	—	—
115		„	—	45.15	6.22	—	—	—
116		„	—	45.50	8.48	—	—	—
117		1879	—	51.10	6.84	—	—	—
118		„	—	48.13	8.48	—	—	—
119		„	—	50.75	6.88	—	—	—
120		„	—	49.87	6.56	—	—	—
121		„	—	46.88	7.08	—	—	—
122		„	—	44.62	6.76	—	—	—
123		„	—	45.50	5.98	—	—	—
124		„	—	44.62	5.60	—	—	—
125		„	—	50.75	8.96	—	—	—
126		„	—	50.75	7.04	—	—	—
127		„	—	50.31	7.10	—	—	—
128		„	—	49.87	6.96	—	—	—
129		1880	—	51.44	7.46	—	—	—
130		„	—	51.12	6.74	—	—	4.08
131		„	—	47.37	8.20	—	—	—
132		„	—	49.67	6.32	—	—	—
133		„	—	50.75	6.04	—	—	—
134		„	—	48.56	6.22	—	—	—
135		„	—	48.56	7.16	—	—	—
136		„	—	49.00	7.72	—	—	4.03
137		„	—	47.25	6.16	—	—	3.87
138		„	8.48	47.25	8.10	29.89	1.94	4.34
139		„	—	49.87	7.62	—	—	—
140		„	—	49.87	7.08	—	—	—
141		„	—	49.00	6.92	—	—	—
142		„	—	45.50	6.54	—	—	—
143		„	—	49.00	7.30	—	—	—
144		„	9.75	50.75	6.92	25.12	3.06	4.40
145		„	—	49.87	6.32	—	—	—
146		„	12.40	50.46	7.36	21.60	4.15	4.17
147		„	—	47.60	6.12	—	—	—
148		„	—	44.10	9.96	—	—	—
149		„	—	42.70	12.82	—	—	—
150		„	—	47.60	9.42	—	—	—
151		„	—	47.60	9.42	—	—	—
152		„	—	51.62	5.97	—	—	—
153		„	11.50	44.87	7.94	25.77	5.64	4.28
154		„	—	47.55	7.18	—	—	—
155		„	—	47.25	6.56	—	—	—
156		„	—	47.25	7.62	—	—	—
157		„	—	44.80	7.46	—	—	—
158		„	—	43.80	7.32	—	—	—
159		„	—	43.80	7.74	—	—	—
160		„	—	43.40	8.80	—	—	—
161		„	—	48.77	7.90	—	—	—
162		„	—	45.50	7.70	—	—	—
163		„	—	45.50	9.90	—	—	—
164		„	—	43.80	7.10	—	—	—
165		„	—	42.70	7.30	—	—	—
166		„	—	48.10	6.17	—	—	—

No.	Bezeichnungen und Bemerkungen	Jahr der Untersuchung	In der ursprünglichen Substanz					
			Wasser %	Nh-Substanz %	Rohfett %	Nfr. Extractstoffe %	Rohfaser %	Asche %
167		1880	—	43.10	5.76	—	—	—
168		„	—	50.25	6.60	—	—	—
169		„	—	49.34	9.50	—	—	—
170		„	10.10	49.40	6.80	22.62	7.00	4.08
171		„	—	51.00	6.85	—	—	—
172		„	—	48.81	7.50	—	—	—
173		„	—	48.30	7.60	—	—	—
174		„	—	46.55	7.60	—	—	—
175		„	—	48.30	7.30	—	—	—
176		„	—	51.45	7.54	—	—	—
177		„	—	48.12	8.14	—	—	—
178		„	—	47.70	7.55	—	—	—
179		„	—	48.12	7.21	—	—	—
180		„	—	49.00	7.48	—	—	—
181		„	—	45.50	7.36	—	—	—
182		„	—	49.50	7.89	—	—	—
183		„	—	45.60	7.46	—	—	—
184		„	—	47.70	8.28	—	—	—
185		„	—	44.63	8.14	—	—	—
186		„	—	46.38	7.10	—	—	—
187		„	—	44.87	6.98	—	—	—
188		„	—	48.12	6.80	—	—	—
189		„	—	48.50	6.94	—	—	—
190		„	—	46.38	6.84	—	—	—
191		„	—	45.40	9.31	—	—	—
192		„	10.66	50.30	7.00	26.52	1.62	3.90
193		1881	10.73	45.10	6.86	30.90	1.77	4.64
194		„	—	49.00	6.59	—	—	—
195		„	—	42.90	8.49	—	—	—
196		„	—	48.12	9.57	—	—	—
197		„	—	42.88	5.99	—	—	—
198		„	—	49.87	8.30	—	—	—
199		„	—	48.12	6.92	—	—	—
200		„	—	46.38	7.48	—	—	—
201		„	—	46.88	9.48	—	—	—
202		„	8.58	48.12	6.66	30.54	1.88	4.22
205		„	—	49.80	6.68	—	—	—
204		„	7.88	48.12	7.07	31.45	1.30	4.18
205		„	—	49.87	8.48	—	—	—
206		„	—	50.30	7.48	—	—	—
207		„	9.00	49.00	7.30	24.80	5.74	4.16
208		„	—	44.63	6.50	—	—	—
209		„	—	49.80	7.08	—	—	—
210		„	—	49.80	8.40	—	—	—
211		„	—	52.05	7.42	—	—	—
212		„	—	47.84	7.20	—	—	—
213		„	—	50.00	8.00	—	—	—
214		1881	—	48.27	7.50	—	—	—
215		„	9.80	48.25	8.57	23.69	5.26	4.23
216		„	—	50.81	7.90	—	—	—
217		„	—	49.50	7.22	—	—	—
218		„	—	46.60	8.55	—	—	—
219		„	9.81	51.00	6.75	21.54	5.10	5.80
220		„	—	51.40	7.00	—	—	—
221		„	11.00	48.30	8.10	22.90	5.30	4.40
222		„	10.16	52.10	6.90	21.30	5.60	3.95
223		„	—	48.60	7.15	—	—	—
224		„	8.30	51.83	7.00	21.30	5.70	5.86
225		„	11.25	49.80	7.64	22.10	4.60	4.61
226		„	—	50.80	6.80	—	—	—
227		„	—	45.70	6.60	—	—	—
228		„	—	48.80	7.76	—	—	—
229		„	—	49.66	8.40	—	—	—
230		„	—	51.67	9.01	—	—	—
231		„	—	51.40	9.60	—	—	—
232		„	—	49.10	7.50	—	—	—
233		„	—	48.28	8.26	—	—	—
234		„	12.20	52.50	6.90	19.13	5.20	4.07
235		„	—	43.75	8.94	—	—	—
236		„	—	45.60	7.10	—	—	—
237		„	—	49.00	8.32	—	—	—
238		„	8.84	49.88	8.73	24.95	1.64	5.96
239		„	—	45.50	6.82	—	—	—
240		„	—	50.70	7.30	—	—	—
241		„	—	49.70	7.60	—	—	—
242		„	—	49.35	7.16	—	—	—
243		„	—	46.90	8.40	—	—	—
244		„	—	50.40	7.22	—	—	—
245		„	—	47.60	9.46	—	—	—
246		„	—	49.00	9.86	—	—	—
247		„	—	48.65	8.10	—	—	—
248		„	—	50.33	6.90	—	—	—
249		„	—	47.60	7.24	—	—	—
250		„	—	49.44	8.00	—	—	—
251		„	—	46.56	6.72	—	—	—
252		„	—	46.40	7.30	—	—	—
253		„	—	46.20	8.60	—	—	—
254		„	—	49.34	7.22	—	—	—
255		„	—	46.38	8.52	—	—	—
256	Hirschberg-Itzehoe . .	1872	9.75	43.18	9.88	20.60	5.07	11.53
257	Desgl. . . .	1873	10.05	38.91	12.66	—	—	—
258	Desgl. . . .	„	—	44.30	9.56	—	—	—
259	Desgl. . . .	1875	—	35.12	10.57	—	—	—

No. 256—293. A. Emmerling, Rich. Wagner u. M. Schrodt. – Bericht d. V.-St. Kiel. Kiel, 1877.

No.	Bezeichnungen und Bemerkungen	Jahr der Untersuchung	In der ursprünglichen Substanz					
			Wasser %	Nh-Substanz %	Rohfett %	Nfr. Extractstoffe %	Rohfaser %	Asche %
260	Des Arts u. Co., Hamburg . .	1876	10.22	45.25	6.42	25.79	4.67	7.65
261	Desgl. . . .	„	—	39.62	—	—	—	—
262		1877	10.14	41.25	13.89	26.08	4.46	4.18
263		„	9.55	38.00	13.19	28.32	5.46	5.48
264		„	10.70	35.93	12.50	31.49	4.46	4.92
265		„	9.04	40.87	11.02	28.41	5.25	5.41
266		„	11.88	42.12	6.63	27.54	5.36	6.47
267		„	11.81	44.12	6.05	23.91	9.75	4 36
268		„	11.61	45.37	5.78	27.20	5.81	4.23
269		„	11.58	42.12	8.49	26.11	7.29	4.41
270		„	11.25	44.37	7.85	24.52	7.25	4.76
271		1878	9.78	45.81	7.57	28.14	4.84	3.86P
272		„	10.45	46.94	7.57	25.80	5.30	3.94
273		„	10.97	44.00	7.76	27.38	6.04	3.85
274		„	10.60	47.75	7.14	26.01	4.76	3.74
275		„	9.85	48.00	7.77	26.76	4.00	3.62
276		„	—	43.94	7.77	—	—	—
277		„	10.76	42.87	8.09	24.82	7.39	6.07
278		„	10.02	41.06	7.81	25.60	10.33	5.18
279		1879	10.02	46.81	6.33	25.54	5.86	5.44
280		„	10.98	40.75	7.64	20.33	16.11	4.19
281		„	10.28	43.43	7.50	27.71	6.55	4.53
282		„	10.20	45.12	7.71	24.94	7.08	4.95
283		„	—	45.12	7.49	—	—	—
284		„	10.22	45.25	6.42	25.79	4.67	7.65
285	Arach-K. . .	1877	10.63	44.68	8.40	27.70	4.25	4.34
286		„	12.22	46.06	6.42	24.56	6.37	4.37
287		„	10.22	41.50	7.38	28.14	8.66	4.10
288		„	13.58	41.50	7.96	26.87	4.98	5.11
289		„	12.48	42.31	6.99	26.09	8.40	3.73
290		„	9.96	46.19	7.73	27.84	3.43	4.85
291		„	—	40.12	6.56	—	—	—
292		„	—	44.43	7.52	—	—	—
293		„	10.70	45.50	6.44	26.79	4.86	5.71
294		1875	11.25	38.19	6.64	28.89	10.01	5.02
295		„	12.19	38.00	5.76	30.12	9.22	4.71
296		1876	12.96	44.23	5.38	—	—	—
297		„	12.81	43.10	6.09	—	—	—
298		„	10.98	48.06	6.77	24.66	4.33	5.20
299		1877	10.94	49.06	6.03	25.26	4.89	3.82
300		1877	—	45.75	—	—	—	—
301		„	—	43.88	—	—	—	—
302		„	—	44.56	5.54	—	—	—
303		1878	—	39.13	6.34	—	—	—
304		„	—	50.13	6.31	—	—	—
305		1875	—	39.50	5.90	—	—	—
306	Französische .	1877	—	50.92	5.93	—	—	—
307	Desgl. . . .	„	—	47.37	8.88	—	—	—
308	Desgl. . . .	„	—	41.78	8.35	—	—	—
309		„	—	42.77	9.22	—	—	—
310		„	—	38.60	14.59	—	—	—
311		„	—	40.06	10.20	—	—	—
312		„	—	39.60	10.60	—	—	—
313		„	—	40.59	11.00	—	—	—
314		„	—	40.37	6.02	—	—	—
315		„	—	41.80	7.25	—	—	—
316		„	—	41.20	10.10	—	—	—
317		1876	14.58	43.75	9.84	25.17	2.39	4.27
318		„	9.70	44.25	14.04	18.99	4.27	8.75
319		1878	15.24	40.75	2.53	—	—	4.31
320		„	13.65	45.88	6.53	—	—	5.80
321		„	13.50	48.56	6.28	21.93	5.47	4.26
322		„	12.29	47.06	5.84	21.36	8.37	5.08
323		„	10.93	46.25	7.01	23.95	6.87	4.99
324		1879	9.18	41.50	6.87	32.90	5.27	4.28
325		„	10.82	43.81	6.60	23.89	11.04	3.84
326		„	12.55	45.31	7.59	22.22	7.75	4.58
327		„	10.66	47.25	7.72	23.81	6.33	4.23
328		1877	11.73	38.51	7.32	31.10	6.80	4.54
329		„	—	41.20	6.30	—	—	—
330		„	13.22	47.19	5.93	24.40	5.27	3.99
331		„	11.43	44.50	8.03	—	—	5.30
332		„	9.11	39.50	7.73	30.85	7.84	4.97
333		1878	11.40	48.80	6.30	21.10	8.90	3.50
334		1879	11.33	46.53	6.63	23.38	7.84	4.29
335		„	11.63	44.06	8.95	23.24	8.14	3.98
336		„	11.23	49.94	8.25	23.37	3.30	3.91
337		1878	11.35	51.25	5.82	21.93	5.50	4.15
338		1879	14.17	52.13	7.40	18.18	3.91	4.21
339		„	15.35	50.31	6.03	18.12	5.66	4.53
340		1878	12.30	46.18	6.94	22.80	6.96	4.82

No. 294—304. K. Müller (V.-St. Hildesheim). — Originalmittheilung.
No. 305—316. W. Henneberg (V.-St. Göttingen). — Desgl.
No. 317. P. Wagner (V.-St. Darmstadt). — Desgl.
No. 318—327. P. Wittelshöfer (V.-St. Regenwalde). — Desgl.
No. 328. P. Vieth (V.-St. Raden). — Desgl.
No. 329. Ad. Mayer (V.-St. Wageningen). — Desgl.
No. 330. A. Petersen (V.-St. Oldenburg). — Desgl.
No. 331 u. 332. J. Fittbogen (V.-St. Dahme). — Desgl.
No. 333—336. G. Kühn, Okern u. R. Struve (V.-St. Dahme). — Desgl.
No. 337. W. Hoffmeister (V.-St. Insterburg). — Desgl.
No. 338 u. 339. E. Heiden u. A. Schlimper (V.-St. Pommritz). — Originalmittheilung. In No. 338 = 0.5, in No. 339 = 0.4 % Sand.
No. 340 u. 341. Ph. du Roi (V.-St. Kiel). — Originalmittheilung.

No.	Bezeichnungen und Bemerkungen	Jahr der Untersuchung	Wasser %	Nh-Substanz %	Rohfett %	Nfr. Extractstoffe %	Rohfaser %	Asche %
			In der ursprünglichen Substanz					
341		1878	11.30	52.00	7.46	21.45	3.80	3.99
342		1877	13.08	42.69	4.11	30.05	5.02	4.87
343		1878	—	38.14	10.56	—	—	—
344		1879	10.04	49.18	6.70	23.79	6.10	4.19
345		„	11.77	49.25	6.70	22.01	6.40	3.87
346		„	12.05	48.25	7.94	20.47	6.58	4.71
347		„	10.57	47.37	6.15	22.62	9.33	3.96
348		„	8.57	47.93	8.54	22.36	7.11	5.19
349		„	11.23	44.18	7.13	24.06	8.91	4.49
350		„	11.86	41.69	6.82	25.50	9.64	4.49
351		1878	10.93	44.12	8.48	27.99	4.80	3.68
352	Mittel v. 8 Anal.	1880	10.48	46.66	6.59	25.17	6.15	4.95
353		„	8.84	48.00	7.02	26.74	5.35	4.05
354		1878	12.30	46.18	6.94	22.80	6.96	4.82
355		1879	11.30	52.00	7.46	21.45	3.69	3.99
356		„	11.70	50.40	6.60	25.00	2.50	3.80
357		„	10.30	42.30	8.10	28.40	6.20	4.70
358		„	11.60	41.30	5.80	25.30	10.10	5.90
359		„	11.35	51.25	5.82	21.93	5.50	4.15
360		„	10.70	50.31	6.02	24.57	4.10	4.30
361		„	11.10	48.30	7.28	23.02	4.16	6.14
362		„	11.30	52.00	7.46	21.45	3.80	3.99
363		1878	9.79	43.81	7.06	27.80	6.48	5.06
364		„	11.70	45.10	7.20	27.80	4.30	3.90
365		„	10.93	44.12	8.48	27.99	4.80	3.68
366		„	11.36	46.69	7.51	27.00	4.40	3.04
367		1879	10.04	49.18	6.70	23.79	6.10	4.19
368		„	12.30	42.44	6.30	24.82	9.75	4.39
369		1878	12.20	44.20	7.00	23.86	5.76	6.98
370		„	10.95	45.21	6.19	25.40	5.70	6.55
371		1879	12.91	48.19	7.21	20.37	7.19	4.13
372		„	10.44	47.43	6.06	25.01	6.30	4.76

No.	Bezeichnungen und Bemerkungen	Jahr der Untersuchung	Wasser %	Nh-Substanz %	Rohfett %	Nfr. Extractstoffe %	Rohfaser %	Asche %
			In der ursprünglichen Substanz					
373		1879	11.33	46.53	6.63	23.38	7.84	4.29
374		„	10.76	42.87	8.09	24.82	7.39	6.07
375		1877	—	42.69	3.10	—	—	—
376		„	—	42.50	3.57	—	—	—
377		„	—	43.13	5.51	—	—	—
378		„	10.42	41.25	5.93	32.83	5.41	4.16
379		1878	—	42.15	6.16	—	—	—
380		„	—	42.90	7.30	—	—	3.88
381		1880	11.17	43.06	7.60	25.78	7.02	5.37
382		1877/82	9.11	39.50	7.73	30.85	7.84	4.97
383		„	11.70	45.12	7.19	27.77	4.28	3.94
384		„	11.64	43.62	7.95	20.46	8.99	7.34
385		„	9.88	45.60	6.86	24.89	7.92	4.85
386		„	8.87	49.75	7.59	23.46	6.38	3.95
387		„	12.29	44.46	7.29	27.22	4.69	4.05
388		1880	—	44.80	8.10	—	—	—
389		„	—	42.90	9.00	—	—	—
390		„	—	43.60	7.80	—	—	—
391		„	—	48.00	8.90	—	—	—
392	Mittel von 41 Proben . .	1881	—	45.20	9.40	—	—	—
393		1879	—	48.00	9.40	—	—	—
394	Mittel von 49 Proben . .	1882	—	44.72	10.46	—	—	—
395		„	10.42	45.03	10.14	22.73	7.51	4.17
396		„	10.59	47.11	9.74	23.19	5.49	3.88
397		„	—	50.30	7.60	—	—	—
398		„	—	49.00	7.40	—	—	—
399		„	—	47.50	7.80	—	—	—
400	Helle Kuchen	„	—	45.50	9.40	—	—	—
401	Dunkle Kuchen	„	—	43.80	9.20	—	—	—
402		„	—	45.90	8.60	—	—	—

No. 342 u. 343. A. Petermann u. Molinari (V.-St. Gembloux). — Originalmittheilung.
No. 344—352. J. König (V.-St. Münster). — Landw. Ztg. Westfalen u. Lippe, 1880. 36 u. 2. Ber. d. St. 1881. 17.
No. 353. W. Fleischmann (V.-St. Raden). — Ber. d. Stat. pro 1880. 27. Aus der Fabrik von F. W. Bernhard in Hamburg.
No. 354. J. W. Kirchner. — Landw. Wochenbl. f. Schleswig-Holstein 1878. 317.
No. 355. J. W. Kirchner. — Milchzeitung 1879. 562.
No. 356—358. A. Mayer. — Hoffmann's Jahresber. 1879. 345.
No. 359. W. Hoffmeister (V.-St. Insterburg). — Landw. Jahrb. 1880. 815.
No. 360 u. 361. M. Siewert (V.-St. Danzig). — Ebendaselbst.
No. 362 u. 363. A. Emmerling (V.-St. Kiel). — Ebendaselbst.
No. 364. J. Fittbogen (V.-St. Dahme). — Ebendaselbst. 816.
No. 365—367. J. König (V.-St. Münster). — Ebendaselbst.
No. 368. K. Müller (V.-St. Hildesheim). — Ebendaselbst.
No. 369—371. W. Henneberg (V.-St. Göttingen). — Ebendaselbst.
No. 372. M. Märcker (V.-St. Halle). — Ebendaselbst.
No. 373. G. Kühn (V.-St. Möckern). — Ebendaselbst.
No. 374. R. Wagner. — Landw. V.-St. 25. 1880. 195.
No. 375—377. W. Th. Osswald (V.-St. Halle). — Ztschr. d. landw. Centralv. Prov. Sachsen 1878. 13.
No. 378—381. Th. Dietrich u. G. Zirnité. — Landw. Ztschr. f. d. Rgbz. Kassel 1877. 336; 1878. 125. 290.
No. 382—387. Hässelbarth, Schiller u. Förster (V.-St. Dahme). — Originalmittheilung.
No. 388—394. P. Wagner (V.-St. Darmst.) — Ztschr. f. d. landw. Ver. d. Grossherz. Hessen 1880. 78. 215; 1882. 70.
Zu No. 392. Maximum 49.1 % Proteïn, 13.9 % Fett. Minimum 37.9 % Proteïn, Fett 7.2 %
Zu No. 394. „ 49.93 „ „ 15.58 „ „ „ 36.54 „ „ „ 5.98 „
(34 Proben aus der Fabrik von R. Traumann jr. in Mannheim).
No. 395—402. E. Wolff u. C. Kreuzhage (V.-St. Hohenheim). — Württemb. Wochenbl. f. Landw. 1882. 228 u. 1883. 210. In einer der Proben wurden 0.546 % Kali und 1,04 % Phosphorsäure gefunden. Auch Landw. V.-St. 1881. 221.

No.	Bezeichnungen und Bemerkungen	Jahr der Untersuchung	Wasser %	Nh-Substanz %	Rohfett %	Nfr. Extractstoffe %	Rohfaser %	Asche %	No.	Bezeichnungen und Bemerkungen	Jahr der Untersuchung	Wasser %	Nh-Substanz %	Rohfett %	Nfr. Extractstoffe %	Rohfaser %	Asche %
			In der ursprünglichen Substanz									In der ursprünglichen Substanz					
403		1881	11.01	42.81	7.42	—	—	4.90	439		1884	9.50	41.06	8.16	30.62	4.58	6.08
404		„	—	45.21	9.49	—	—	—	440		„	10.29	45.00	6.16	25.70	4.37	7.54
405		„	10.19	36.91	12.80	19.06	4.55	6.49	441		„	13.49	45.42	7.24	24.28	4.68	5.09
406		„	—	48.56	6.30	—	—	—	442		1886	9.60	48.33	8.57	22.00	4.90	6.60
407		„	—	48.06	4.72	—	—	—	443		1881	11.12	50.37	8.20	21.35	4.86	4.10
408		1883	—	44.38	8.70	—	—	—	444	Qual. A. . .	1884	10.54	44.50	9.10	26.56	4.80	4.50
409		„	—	43.82	8.12	—	—	—	445	Desgl., Mehl .	„	11.06	49.26	7.00	23.01	5.17	4.50
410		„	—	45.06	8.28	—	—	—	446	Desgl., Schrot	„	11.00	49.12	6.96	23.75	4.57	4.60
411		„	—	39.56	10.55	—	—	—	447	Desgl. . . .	„	11.22	50.94	7.72	21.50	4.46	4.16
412		„	—	43.31	6.59	—	—	—	448	Desgl., I . .	„	10.24	49.31	7.42	23.45	5.40	4.18
413		„	—	49.44	7.95	—	—	—	449	Desgl., III, hell	„	11.32	46.87	7.10	25.25	4.28	5.18
414		„	—	48.75	5.56	—	—	—	450	Desgl., A. I .	„	11.32	50.56	7.54	21.14	4.94	4.50
415		„	—	48.56	7.02	—	—	—	451	I, Mehl . .	„	11.10	46.06	7.38	25.62	4.72	5.12
416		„	—	43.12	10.33	—	—	—	452	I, Schrot . .	„	10.46	45.88	6.84	25.64	5.68	5.50
417		„	—	38.12	12.74	—	—	—	453	A. II . . .	„	10.94	50.31	6.30	23.54	4.77	4.14
418		„	—	45.37	6.72	—	—	—	454		1882	10.42	45.03	10.14	22.73	7.51	4.17
419		„	—	44.50	6.18	—	—	—	455		„	10.59	47.11	9.74	23.19	5.49	3.88
420		„	—	41.93	8.82	—	—	—	456		„	—	50.3	7.6	—	—	—
421		1879/83	10.99	45.50	6.47	—	—	—	457	Fabr. Obertürk-					—	—	—
422		„	11.66	45.28	9.20	—	—	—		heim . . .	„	—	49.0	7.4	—	—	—
423		„	10.20	45.28	9.01	—	—	—	458		„	—	47.5	7.8	—	—	—
424		„	—	49.00	7.50	—	—	—	459	Helle . . .	„	—	45.5	9.4	—	—	—
425		„	—	49.00	8.00	—	—	—	460	Dunkle . . .	„	—	43.8	9.2	—	—	—
426		„	—	46.00	6.00	—	—	—	461		„	—	45.9	8.6	—	—	—
427	Mehl . . .	„	—	45.38	7.13	—	—	—	462		1883/84	—	46.0	6.6	—	—	—
428	Skalad jordnöt-								463		„	—	46.3	7.4	—	—	—
	kaka . . .	1873	10.70	37.50	8.42	33.56	5.27	4.55	464		„	—	45.0	7.4	—	—	—
429		1876	16.60	41.25	4.46	21.73	10.06	5.90	465		„	—	47.9	7.9	—	—	—
430		1878	9.30	45.63	10.02	—	—	3.95	466		„	—	43.5	9.3	—	—	—
431		1880	10.15	36.56	6.07	—	—	4.78	467		„	—	44.3	9.4	—	—	—
432		„	10.50	41.88	5.75	—	—	5.15	468		„	—	43.9	9.7	—	—	—
433		1881	8.75	42.81	8.96	—	—	5.80	469		„	—	45.5	10.6	—	—	—
434		„	8.90	42.19	8.81	—	—	4.65	470		„	—	41.6	11.1	—	—	—
435		„	8.90	42.50	7.55	—	—	5.70	471		„	—	41.6	11.3	—	—	—
436		„	9.80	42.50	9.71	—	—	6.55	472		1884/85	—	43.50	9.31	—	—	—
437		„	11.54	44.82	6.72	25.92	6.07	4.93	473		„	—	44.31	9.44	—	—	—
438		1882	11.63	48.94	7.38	23.82	3.75	4.48	474		„	—	43.90	9.90	—	—	—

No. 403—420. Th. Dietrich u. O. Toepelmann. — Landw. Ztg. f. d. Rgbz. Kassel 1881. 691; 1882. 131; 1883. 144. 470. 601.
No. 421—426. F. Soxhlet (Central-V.-St. München 1879—83). — Originalmittheilung.
No. 427—430. E. W. Olbers (V.-St. Alnarp, Schweden). — Originalmittheilung.
No. 431—436. E. W. Olbers (V.-St. Alnarp, Schweden). — Agrikulturkemiska undersökningar 1880 u. 1881.
No. 437. M. Schrodt u. H. von Peter. — Milchzeitung 1881. Wirkliches Eiweiss durch Fällen mit Kupferoxydhydrat: 35.95 %.
No. 438. A. Petermann. — Hoffmann's Jahresber. 1882. 393. (Biedermann's Centralbl. 1882. 642.)
No. 439. O. Kohlrausch. — V.-St. f. d. Rbz. 1885. 99.
No. 440. J. Moser. — Ber. 1882/83.
No. 441. Th. Pfeiffer (V.-St. Göttingen). — J. f. Landw. 1885. 342.
No. 442. A. Stutzer. — Ztschr. d. landw. Ver. f. Rheinpreussen 1886. 171.
No. 443—453. F. Soxhlet (Central-V.-St. München). — Originalmittheilung. Probe No. 443 war unbekannter Herkunft. Proben unter No. 447—449 von Fabrikaten der Firma Achenbach u. Co. in Hamburg, alle übrigen Proben von Fabrikaten der Firma Carl Hirschberg in Itzehoe.
No. 454 u. 455. Em. Wolff (V.-St. Hohenheim). — Württembergisches Wochenbl. f. Landw. 1882. 228.
No. 456—460. Em. Wolff. — Ebendas. 1883. 210.
No. 461—471. Em. Wolff. — Ebendas. 1884. 291.
No. 472—490. Em. Wolff. — Ebendas. 1886. 46.

No.	Bezeichnungen und Bemerkungen	Jahr der Untersuchung	In der ursprünglichen Substanz					
			Wasser	Nh-Substanz	Rohfett	Nfr. Extractstoffe	Rohfaser	Asche
			%	%	%	%	%	%
475		1884/85	—	49.12	8.20	—	—	—
476		„	—	46.43	8.14	—	—	—
477		„	—	44.43	9.15	—	—	—
478		„	—	48.31	8.36	—	—	—
479		„	—	47.00	9.70	—	—	—
480		„	—	47.01	7.37	—	—	—
481		„	—	48.68	7.09	—	—	—
482		„	—	46.87	9.88	—	—	—
483		„	—	45.75	10.05	—	—	—
484		„	—	44.87	10.14	—	—	—
485		„	—	44.93	8.26	—	—	—
486		„	—	45.39	9.40	—	—	—
487		„	—	47.94	7.57	—	—	—
488		„	—	43.30	8.36	—	—	—
489		„	—	48.50	9.65	—	—	—
490		„	—	45.31	7.32	—	—	—
491	Mittel v. 19 An.	„	—	46.08	8.80	—	—	—
492		1886	—	44.43	9.26	—	—	—
493		„	—	46.06	8.28	—	—	—
494		„	—	47.12	9.59	—	—	—
495		„	—	44.75	11.18	—	—	—
496		„	—	44.68	11.20	—	—	—
497		„	—	47.47	8.02	—	—	—
498		1887	—	45.63	9.77	—	—	—
499		„	—	48.44	7.82	—	—	—
500		„	—	46.61	10.12	—	—	—
501		„	—	50.25	8.04	—	—	—
502		„	—	49.37	8.59	—	—	—
503		„	—	43.95	7.93	—	—	—
504		„	—	48.12	8.74	—	—	—
505		„	—	49.69	8.75	—	—	—
506		„	—	47.13	7.16	—	—	—
507		„	—	49.13	8.03	—	—	—
508		„	—	46.04	8.30	—	—	—
509		„	—	46.87	9.61	—	—	—
510		„	—	49.14	8.26	—	—	—
511		„	—	48.87	7.93	—	—	—
512		1883	—	48.75	5.56	—	—	—
513		„	—	48.56	7.02	—	—	—
514		„	—	37.0	10.45	—	—	—
515		„	—	38.75	10.67	—	—	—
516		„	—	43.12	10.33	—	—	—
517		„	—	38.12	12.74	—	—	—
518		„	—	45.37	6.72	—	—	—
519		1883	—	44.50	6.18	—	—	—
520		„	—	41.93	8.82	—	—	—
521		1884	—	46.75	7.70	—	—	—
522		„	—	46.97	8.91	—	—	—
523		„	—	46.75	6.80	—	—	—
524		„	—	46.70	6.67	—	—	—
525		„	—	44.13	10.41	—	—	—
526		„	—	42.81	8.29	—	—	—
527		„	—	44.62	8.44	—	—	—
528		„	—	47.19	8.16	—	—	—
529		„	—	45.37	7.72	—	—	—
530		„	—	46.25	7.31	—	—	—
531		„	—	45.62	8.62	—	—	—
532		„	—	37.50	17.66	—	—	—
533	Mittel v. 14 An.	1887	—	47.81	8.50	—	—	—
534	Mittel v. 9 An.	1888	—	49.1	7.9	—	—	—
535		1878	12.4	43.4	7.8	—	—	—
536		„	10.9	50.9	6.7	—	—	—
537		„	10.7	49.4	6.5	22.7	5.8	4.9
538		1879	10.4	47.4	6.1	25.0	6.3	4.8
539		„	11.4	50.6	6.1	22.0	5.9	4.0
540		„	11.0	45.3	6.1	26.6	6.2	4.9
541		„	—	45.9	8.2	—	—	—
542		„	—	43.5	7.7	—	—	—
543		„	10.5	40.3	6.5	—	—	—
544		„	10.0	40.8	7.6	—	—	—
545		„	—	46.6	8.1	—	—	—
546		„	8.8	39.6	6.8	—	—	—
547		„	9.6	48.8	5.9	—	—	4.2
548		„	—	45.9	5.8	—	—	—
549		„	—	50.2	8.5	—	—	—
550		„	—	47.5	8.4	—	—	—
551		„	—	50.6	8.3	—	—	—
552		„	—	47.5	8.3	—	—	—
553		„	—	47.3	7.9	—	—	—
554		„	—	46.1	7.6	—	—	—
555		„	10.3	49.8	7.6	—	—	—
556		„	9.2	50.0	9.3	—	—	—
557		„	—	47.2	7.1	—	—	—
558		„	—	44.1	6.6	—	—	—
559		„	11.4	49.2	7.0	—	—	—
560		„	11.3	49.3	7.4	—	—	—
561		„	—	48.3	6.4	—	—	—
562		„	—	45.9	6.9	—	—	—

No. 491—496. Em. Wolff. — Ebendaselbst 1887. 52.
No. 497—510. Em. Wolff. — Ebendaselbst 1888. 176.
No. 511 u. 532. Th. Dietrich (V.-St. Marburg). — Landwirthsch. Ztg. u. Anzg. 1883. 601; 1884. 40; 1885. 198 u. 199. (No. 513 u. 514, 530 u. 531 beziehen sich auf Mehl).
No. 533 u. 534. E. Wolff (V.-St. Hohenheim). — Württembergisches Wochenbl. f. Landwirthsch. 1888. 176 u. 1889. 83. Als Schwankungen ergaben sich:

1887 für den Proteïngehalt 44.0—50.3 %, für den Fettgehalt 7.16—10.12 %
1888 „ „ 44.8—51.8 „ „ „ „ 5.8 — 9.4 „

No. 535—713. M. Märcker (V.-St. Halle). — Originalmittheilung.

No.	Bezeichnungen und Bemerkungen	Jahr der Untersuchung	In der ursprünglichen Substanz: Wasser %	Nh-Substanz %	Rohfett %	Nfr. Extractstoffe %	Rohfaser %	Asche %	No.	Bezeichnungen und Bemerkungen	Jahr der Untersuchung	In der ursprünglichen Substanz: Wasser %	Nh-Substanz %	Rohfett %	Nfr. Extractstoffe %	Rohfaser %	Asche %
563		1879	—	49.4	8.6	—	—	—	613		1880	9.8	48.1	9.0	—	—	—
564		„	—	40.1	10.4	—	—	—	614		„	9.1	49.2	5.7	25.3	4.5	6.2
565		„	11.5	46.1	6.3	—	—	—	615		„	9.3	46.9	6.7	—	—	—
566		„	—	46.5	6.8	—	—	—	616		„	10.0	48.1	6.5	—	—	—
567		„	—	46.3	4.7	—	—	—	617		„	10.1	48.8	6.6	—	—	—
568		„	11.1	47.2	6.4	—	—	—	618		„	10.9	46.4	6.9	—	—	—
569		„	11.3	46.9	8.2	—	—	—	619		„	11.9	43.1	6.7	—	—	—
570		„	10.2	46.1	7.3	—	—	—	620		„	12.7	49.3	5.6	—	—	—
571		„	10.8	46.1	6.3	—	—	—	621		„	11.2	48.6	6.6	—	—	—
572		„	11.4	46.4	6.6	—	—	—	622		„	10.8	46.1	5.8	—	—	—
573		„	9.5	47.4	6.6	—	—	—	623		„	11.4	46.4	6.0	—	—	—
574		„	9.4	47.6	7.2	—	—	—	624		„	9.3	48.6	8.7	—	—	—
575		„	9.4	40.9	6.3	—	—	—	625		„	10.8	48.8	8.2	—	—	—
576		„	9.7	43.8	6.5	—	—	—	626		„	10.9	47.0	6.9	24.2	5.7	5.3
577		1880	9.7	44.5	7.1	—	—	—	627		„	9.8	44.7	8.7	—	—	—
578		„	9.5	48.3	5.8	—	—	—	628		„	10.6	47.3	7.2	—	—	—
579		„	6.9	48.9	8.4	—	—	—	629		„	12.4	46.6	5.9	—	—	—
580		„	10.2	48.3	7.5	—	—	—	630		1881	10.6	49.7	5.5	—	—	5.5
581		„	10.4	47.3	7.5	—	—	—	631		„	9.6	47.6	6.9	—	—	—
582		„	10.1	48.1	6.9	—	—	—	632		„	10.1	47.3	6.8	—	—	—
583		„	10.0	47.8	7.2	—	—	—	633		„	8.5	49.0	8.3	—	—	—
584		„	8.9	46.9	7.0	—	—	—	634		„	9.6	45.5	7.6	—	—	—
585		„	10.1	50.1	7.7	—	—	—	635		„	9.1	45.4	7.6	—	—	—
586		„	9.2	46.9	7.9	—	—	—	636		„	11.0	47.1	6.2	—	—	—
587		„	11.2	46.4	7.2	—	—	—	637		„	9.5	46.7	7.4	—	—	—
588		„	12.8	46.4	7.3	—	—	—	638		„	10.6	48.9	6.5	—	—	—
589		„	10.0	45.3	7.1	—	—	—	639		„	11.9	44.5	6.3	—	—	—
590		„	10.3	45.4	7.3	—	—	—	640		„	12.1	44.8	6.7	—	—	—
591		„	10.5	49.1	6.9	—	—	—	641		„	9.1	46.8	10.6	—	—	—
592		„	10.0	47.8	6.9	—	—	—	642		„	9.9	43.4	7.3	—	—	—
593		„	8.5	47.8	8.4	—	—	—	643		„	10.7	46.0	6.9	—	—	—
594		„	8.7	48.6	9.8	—	—	—	644		„	12.5	46.0	6.8	—	—	—
595		„	10.7	45.6	7.4	—	—	—	645		„	11.3	47.0	7.1	—	—	—
596		„	10.9	44.8	7.8	—	—	—	646		„	11.4	46.1	8.3	—	—	—
597		„	11.2	42.0	6.3	—	—	—	647		„	10.9	45.9	7.1	—	—	—
598		„	8.5	48.2	8.2	27.1	3.3	4.7	648		„	10.9	44.9	7.3	—	—	—
599		„	9.3	49.4	8.4	24.8	3.6	4.5	649		„	—	50.8	6.1	—	—	—
600		„	10.1	48.9	8.2	24.7	3.7	4.4	650		„	—	44.1	7.9	—	—	—
601		„	9.5	49.4	7.4	24.5	4.3	4.9	651		„	—	48.2	7.7	—	—	—
602		„	10.3	51.0	7.5	—	—	—	652		„	—	47.4	—	—	—	—
603		„	9.0	46.8	8.4	—	—	—	653		„	—	46.4	8.6	—	—	—
604		„	11.5	48.8	7.4	—	—	—	654		„	—	47.4	7.7	—	—	—
605		„	11.6	48.4	6.8	—	—	—	655		„	—	44.7	8.6	—	—	—
606		„	10.2	48.5	7.0	—	—	—	656		„	10.5	48.5	6.0	—	—	—
607		„	9.5	45.6	7.2	27.9	5.7	4.1	657		„	9.3	47.9	8.0	—	—	—
608		„	11.3	44.5	6.9	—	—	—	658		„	12.5	44.8	6.7	—	—	—
609		„	10.3	47.5	5.9	—	—	—	659		„	9.9	47.7	7.6	—	—	—
610		„	9.5	50.1	5.8	—	—	—	660		„	11.8	46.1	7.4	—	—	—
611		„	10.4	45.5	6.2	—	—	—	661		„	10.2	44.9	7.8	—	—	—
612		„	10.1	48.1	5.7	—	—	—	662		„	10.0	47.3	7.9	—	—	—

No.	Bezeichnungen und Bemerkungen	Jahr der Untersuchung	Wasser %	Nh-Substanz %	Rohfett %	Nfr. Extractstoffe %	Rohfaser %	Asche %
			In der ursprünglichen Substanz					
663		1881	12.0	45.3	7.6	—	—	—
664		„	—	46.4	7.4	—	—	—
665		„	—	43.5	7.0	—	—	—
666		„	—	47.9	7.2	—	—	—
667		„	—	48.3	7.9	—	—	—
668		„	—	48.6	7.8	—	—	—
669		„	—	45.8	7.2	—	—	—
670		„	—	44.3	7.7	—	—	—
671		„	—	48.6	9.9	—	—	—
672		„	—	45.3	8.4	—	—	—
673		„	—	46.9	7.8	—	—	—
674		„	—	38.8	9.3	—	—	—
675		„	—	47.3	7.7	—	—	—
676		„	—	45.1	8.2	—	—	—
677		„	9.6	43.0	7.9	—	—	—
678		1882	7.9	45.9	6.7	—	—	—
679		„	10.0	48.1	8.5	—	—	—
680		„	11.2	45.5	7.6	—	—	—
681		„	14.2	44.4	6.4	—	—	—
682		„	12.1	43.3	9.4	—	—	—
683		„	12.6	45.3	6.5	26.0	4.9	4.7
684		„	11.5	44.8	8.2	—	—	—
685		„	12.8	43.9	8.2	—	—	—
686		„	12.0	43.7	8.6	—	—	—
687		„	9.6	45.5	8.2	—	—	—
688		„	11.3	42.5	7.4	—	—	—
689		„	11.4	44.9	9.8	—	—	—
690		„	9.9	46.2	8.7	—	—	—
691		„	9.8	45.0	9.0	—	—	—
692		„	12.0	46.4	7.5	—	—	—
693		„	11.6	44.4	7.0	—	—	—
694		„	11.3	43.7	8.6	—	—	—
695		„	11.6	44.1	7.3	—	—	—
696		„	9.5	44.1	7.5	—	—	—
697		„	11.1	47.0	7.3	—	—	—
698		„	9.6	47.9	8.8	—	—	—
699		„	10.2	48.8	10.7	—	—	—
700		„	8.9	46.0	8.1	—	—	—
701		„	10.5	47.0	7.5	—	—	—
702		„	10.1	46.7	6.0	—	—	—
703		„	12.2	49.7	3.8	—	—	—
704		„	11.8	42.9	9.6	—	—	—
705		„	10.4	46.2	7.4	—	—	—
706		„	10.3	45.6	8.2	—	—	—

No.	Bezeichnungen und Bemerkungen	Jahr der Untersuchung	Wasser %	Nh-Substanz %	Rohfett %	Nfr. Extractstoffe %	Rohfaser %	Asche %
			In der ursprünglichen Substanz					
707		1882	11.1	45.2	9.0	23.8	5.1	5.8
708		„	10.8	46.6	7.5	—	—	—
709		„	10.4	45.9	7.9	—	—	—
710		„	9.7	47.5	7.9	—	—	—
711		„	11.0	46.6	7.5	—	—	—
712		„	10.2	45.6	8.1	—	—	—
713		„	9.7	46.7	8.2	—	—	—
714		1885	10.37	40.57	7.52	35.42		4.39
715		„	11.20	45.88	7.97	29.51		4.24
716		„	11.34	45.36	8.16	29.03		4.28
717		„	9.13	48.38	7.13	29.52		4.40
718		„	11.27	45.79	7.94	29.13		4.24
719		1886	10.12	47.88	7.68	26.83		5.71
720		„	10.35	45.13	8.15	30.65		4.25
721		„	9.90	45.50	8.88	29.72		4.04
722		„	9.57	43.94	8.62	31.89		4.02
723		„	12.50	46.69	8.58	26.54		4.44
724		„	8.15	46.00	8.83	30.63		4.93
725		„	8.34	43.53	7.36	35.04		4.29
726		„	10.52	47.50	7.25	28.48		4.36
727		„	11.82	45.37	8.38	27.48		5.21
728		„	10.22	47.62	7.72	28.66		4.31
729		„	10.68	43.91	8.46	31.66		4.65
730		„	8.56	47.13	7.23	31.43		4.19
731		„	8.54	46.47	7.41	31.79		4.30
732		„	10.71	45.75	8.63	29.31		4.07
733		„	9.94	46.44	8.90	29.17		4.08
734		„	8.21	44.88	7.76	32.73		4.99
735		1887	9.65	48.37	6.98	29.23		3.96
736		„	10.17	46.22	7.74	29.91		4.02
737		„	10.27	47.63	9.78	26.06		4.49
738		„	10.23	47.00	6.85	28.68		5.67
739		„	8.83	47.41	7.43	30.16		4.29
740		„	9.44	45.44	7.41	31.87		4.07
741		„	10.73	47.06	7.86	27.81		4.51
742		„	9.41	50.06	6.94	28.39		4.18
743		„	8.83	46.19	9.79	29.04		3.95
744		„	9.60	48.91	9.06	26.91		4.10
745		„	11.55	44.53	7.85	29.09		5.16
746		1888	10.54	45.75	8.89	28.74		3.97
747		„	10.50	45.79	9.55	27.33		5.92
748	Durchschnit. v. 19 Proben	1878/83	10.95	50.93	7.14	21.59	5.13	4.26
749	Desgl. v. 10 Pr.	„	10.84	49.35	7.24	23.25	4.97	4.35

(Bei No. 714–747 gilt der Wert für Nfr. Extractstoffe und Rohfaser zusammen.)

No. 714—747. E. Heiden, A. Schlimper, O. Toepelmann, Reh, Bauer u. Güntz (V.-St. Pommritz). — Originalmittheilung. Asche ist hier sandfreie Asche. An Sand enthielten die Proben:

No.	714	715	716	717	718	719	720	721	722	723	724	725	726	727	728	729	730
	1.73	1.20	1.83	1.44	1.63	1.78	1.47	1.96	1.96	1.25	1.46	1.44	1.89	1.74	1.47	0.94	1.46
No.	731	732	733	734	735	736	737	738	739	740	741	742	743	744	745	746	747
	1.49	1.53	1.47	1.43	1.81	1.94	1.77	1.57	1.88	1.77	2.03	1.02	2.20	1.42	1.82	2.11	0.91

No. 748—756. F. Holdefleiss. — Schlesische landwirthsch. Ztg. 1883. No. 37. Mittel der Analysen der 130 Proben Erdnusskuchen und Erdnusskuchenmehl von uns berechnet. Dieselben wurden vom Autor in obige 8 Gruppen gebracht.

No.	Bezeichnungen und Bemerkungen	Jahr der Untersuchung	In der ursprünglichen Substanz: Wasser %	Nh-Substanz %	Rohfett %	Nfr. Extractstoffe %	Rohfaser %	Asche %	No.	Bezeichnungen und Bemerkungen	Jahr der Untersuchung	In der ursprünglichen Substanz: Wasser %	Nh-Substanz %	Rohfett %	Nfr. Extractstoffe %	Rohfaser %	Asche %
750	Durchschnitt v.								762	Desgl. v. 84 Pr.	1883	—	45.04	8.16	—	—	—
	23 Proben .	1878/83	10.67	48.60	7.47	23.71	5.07	4.48	763	Desgl. v. 13 Pr.	1885	—	47.30	8.20	—	—	—
751	Desgl. v. 26 Pr.	„	10.67	47.46	7.25	24.96	4.92	4.74	764	Desgl. v. 12 Pr.	1886	—	46.82	8.24	—	—	—
752	Desgl. v. 15 Pr.	„	10.80	46.59	7.33	25.11	4.75	5.42	765	Desgl. v. 8 Pr.	1887	—	47.82	7.63	—	—	—
753	Desgl. v. 25 Pr.	„	10.93	45.49	7.22	25.36	5.56	5.44	766	Desgl. v. 10 Pr.	1888	—	46.84	8.36	—	—	—
754	Desgl. v. 7 Pr.	„	11.38	44.56	7.25	26.11	5.46	5.24	767	Mittel a. 19 An.	1883	11.11	46.53	7.00	26.00	5.00	5.74
755	Desgl. v. 5 Pr.	„	11.00	42.67	7.23	26.00	8.78	4.32	768	Mittel a. 13 An.	1884	10.45	45.69	6.91	26.59	4.93	5.43
756	Desgl. v. vorigen								769	Mittel a. 6 An.	1885	11.84	43.62	7.77	26.88	4.23	5.67
	130 Proben .	„	10.90	47.50	7.25	24.30	5.25	4.80	770	Mittel a. 10 An.	1886	10.79	44.13	7.72	26.86	5.76	5.99
757	Desgl. v. 49 Pr.	1882	—	44.72	10.46	—	—	—	771	Mittel a. 12 An.	1887	10.13	44.13	8.15	25.48	5.07	6.58
758	Desgl. v. 48 Pr.	1883	—	44.60	11.20	—	—	—	772	Mitt. a. 65 A. } Kuchen	1880	—	47.59	7.50	—	—	—
759	Desgl. v. 28 Pr.	„	—	45.36	7.90	—	—	—	773	Mitt. a. 63 A. } Kuchen	1881	—	48.59	7.69	—	—	—
760	Desgl. v. 43 Pr.	1881	—	46.04	7.74	—	—	—	774	Mitt. a. 57 A. } Kuchen	1882	—	47.45	8.26	—	—	—
761	Desgl. v. 63 Pr.	1882	—	44.27	8.53	—	—	—	775	Mit. a. 104 A. } Kuchen	1883	—	46.25	7.84	—	—	—

No. 757. P. Wagner (V.-St. Darmstadt). — Ztschr. f. d. landw. Ver. d. Grossh. Hessen 1883. 30.

	Maximum	Minimum
Proteïn . . .	49.93	36.54
Fett	15.58	5.98

No. 758. F. Becker (V.-St. Momsen). (?) — Biedermann's Agriculturchem. Centralbl. 1885. 67.

	Maximum	Minimum
Proteïn . . .	48.7	41.2
Fett	23.3	8.8

No. 759. G. Klien (V.-St. Königsberg). — Hoffmann's Agriculturchem. Jahresber. 1884. 399.

	Maximum	Minimum
Proteïn . . .	47.38	42.69
Fett	9.11	6.92

No. 760—762. J. König (V.-St. Münster). — 3. Bericht d. V.-St. Münster 1884. 12.

	Maximum	Minimum	
Proteïn . . .	53.06	42.56	1881
Fett	10.19	6.12	
Proteïn . . .	50.31	38.00	1882
Fett	13.89	15.02	
Proteïn . . .	50.50	35.91	1883
Fett	15.18	4.74	

No. 763—766. Th. Dietrich (V.-St. Marburg). — Landwirthsch. Ztg. u. Anz' 1886. 245 u. Originalmittheilung.

	Maximum	Minimum	
Proteïn . . .	50.18	45.06	1885
Fett	10.09	6.88	
Proteïn . . .	50.87	38.93	1886
Fett	12.22	5.87	
Proteïn . . .	49.88	45.43	1887
Fett	9.10	6.89	
Proteïn . . .	50.00	43.00	1888
Fett	11.03	6.90	

No. 767—771. M. Siewert (V.-St. Danzig). — Originalmittheilung. Im Jahrgange 1883 bezieht sich das Mittel für Proteïn und Fett auf 19, das für Wasser auf 11, das für Nfr. Extraktstoffe und Rohfaser auf 10 Analysen; selbstverständlich wurden die Extremzahlen derselben Anzahl von Analysen entnommen. Dieselben waren:

	Jahr der Untersuchung	Wasser	Nh. Substanz	Rohfett	Nfr. Extraktstoffe	Rohfaser	Rohasche	Sand
Maximum . .	1883	13.00	49.18	8.55	28.42	7.45	7.50	—
Minimum . .	„	10.00	43.75	5.43	25.04	4.10	4.04	—
Maximum . .	1884	11.66	50.23	8.24	30.37	5.37	7.16	2.00
Minimum . .	„	9.65	42.17	5.26	23.78	4.34	3.50	0.80
Maximum . .	1885	14.20	44.71	9.76	30.16	5.17	4.70	1.58
Minimum . .	„	10.20	42.88	6.32	24.69	3.20	4.05	0.94
Maximum . .	1886	15.00	46.11	10.14	31.24	7.18	5.70	1.70
Minimum . .	„	8.15	40.43	5.42	24.94	3.80	4.00	0.95
Maximum . .	1887	12.00	47.86	10.64	28.00	6.60	6.25	2.20
Minimum . .	„	7.40	40.77	6.92	22.19	3.86	3.90	1.00

Der mittlere Gehalt an Sand betrug bei den Analysen von 1884 = 0.89, 1885 = 1.28, 1886 = 1.33 u. 1887 = 1.58%.

No. 772—794. R. Heinrich (V.-St. Rostock). — Originalmittheilung. Die Schwankungen im Gehalte an Proteïn und Fett betrugen:

Kuchen	Zu No. . . .	772	773	774	775	776	777	778	779
	Jahrgang . .	1880	1881	1882	1883	1884	1885	1886	1887
	Proteïn . . .	42.7—51.6	42.9—52.1	43.8—51.1	36.4—49.7	37.8—52.9	41.7—51.3	42.5—54.0	36.8—52.5
	Fett	5.8—12.8	6.0—9.9	6.7—11.9	4.9—13.7	4.5—12.6	5.4—16.2	5.0—14.2	5.0—20.3
Kuchen	Zu No. . . .	780	781	782	783	784	785	786	789
	Jahrgang . .	1880	1881	1882	1883	1884	1885	1886	1887
	Proteïn . . .	45.1—50.6	42.0—51.6	44.5—50.8	30.5—50.1	38.1—49.9	41.2—50.9	43.7—53.2	42.6—52.9
	Fett	5.4— 9.1	6.2— 9.5	7.2— 9.0	6.1—10.3	5.8— 9.1	6.2— 9.6	6.0—12.4	5.1—10.2

Kuchen	Zu No. . . .	790	791	792	793	794	795
	Jahrgang . .	1881	1883	1884	1885	1886	1887
	Proteïn . . .	44.1—49.8	42.7—48.7	43.4—48.0	45.5—46.4	48.7—50.7	45.6—52.0
	Fett	6.1— 8.2	7.1— 8.9	5.8— 9.2	7.0— 8.0	5.8— 7.8	6.9—10.5

No.	Bezeichnungen und Bemerkungen		Jahr der Untersuchung	Wasser %	Nh-Substanz %	Rohfett %	Nfr. Extractstoffe %	Rohfaser %	Asche %
776	Mittel v. 111 Analysen	Kuchen	1884	—	46.28	8.03	—	—	—
777	M. v. 146 A.	Kuchen	1885	—	46.14	8.04	—	—	—
778	M. v. 126 A.	Kuchen	1886	—	47.70	8.31	—	—	—
779	M. v. 128 A.	Kuchen	1887	—	47.48	8.20	—	—	—
780	M. v. 24 A.	Mehl	1880	—	47.82	7.09	—	—	—
781	M. v. 31 A.	Mehl	1881	—	47.45	7.54	—	—	—
782	M. v. 21 A.	Mehl	1882	—	47.41	8.21	—	—	—
783	M. v. 40 A.	Mehl	1883	—	45.03	7.93	—	—	—
784	M. v. 52 A.	Mehl	1884	—	45.96	7.35	—	—	—
785	M. v. 86 A.	Mehl	1885	—	45.80	7.66	—	—	—
786	M. v. 86 A.	Mehl	1886	—	47.58	7.91	—	—	—
787	M. v. 67 A.	Mehl	1887	—	47.11	7.90	—	—	—
788	(1 Analyse)	Schrot	1880	—	46.70	8.19	—	—	—
789	Mitt. v. 3 A.	Schrot	1881	—	47.40	6.91	—	—	—
790	Mitt. v. 7 A.	Schrot	1883	—	46.11	7.76	—	—	—
791	Mitt. v. 6 A.	Schrot	1884	—	45.97	7.48	—	—	—
792	Mitt. v. 3 A.	Schrot	1885	—	46.09	7.38	—	—	—
793	Mitt. v. 4 A.	Schrot	1886	—	49.66	7.00	—	—	—
794	Mitt. v. 5 A.	Schrot	1887	—	49.29	8.12	—	—	—
795			1881	11.80	47.25	6.81	21.76	6.92	5.46
796			1883	10.09	49.29	6.76	24.14	5.07	4.65
797	Mehl . . .		1884	8.63	47.32	7.41	23.26	7.90	5.48
798			„	9.72	47.39	8.97	25.78	4.03	4.10
799	Qual. A., hell .		1879	9.90	49.75	6.76	37.39	2.00	4.20
800	Qual. B., hell .		„	8.60	46.38	9.86	29.05	1.96	4.15
801			„	13.23	51.25	6.50	20.92	5.08	3.62
802			„	10.97	51.00	8.86	20.90	4.53	3.74
803			„	11.39	50.87	6.60	21.84	5.18	4.12
804			„	10.48	51 75	8.61	21.07	4.37	3.72
	Minimum .			6.60	35.12	1.75	18.77	1.26	3.71
	Maximum .			15.35	54.20	17.66	63.91	16.15	11.79
	Mittel v. 1870 bis 1879, von 305 Analysen			11.01	45.53	7.29	25.43	5.81	4.93
	Desgl. v. 1880 bis jetzt, von 2480 Analys.			10.66	47.63	7.99	23.75	5.10	4.87
	Gesammtmittel v. 2785 Anal.			10.74	46.85	7.88	24.35	5.29	4.89

Nigerkuchen. Aus dem Samen der Guizotia (Ramtilla) oleifera D. C.

No.	Bezeichnungen und Bemerkungen	Jahr der Untersuchung	Wasser %	Nh-Substanz %	Rohfett %	Nfr. Extractstoffe %	Rohfaser %	Asche %
1		1857	10.70	30.64	7.76	—	—	9.22
2	Von d. Pariser Ausstellung .	1869	10.44	33.44	2.71	26.44	18.13	8.84
3	Franz. Fabrikat	1873	10.55	30.63	5.31	—	—	8.90
4		„	12.50	32.80	5.40	20.50	21.00	7.80
5		1875	—	28.62	6.72	—	—	—
6		1880	9.84	32.60	5.36	—	—	8.30
7		1881	—	35.44	5.29	—	—	—
	Mittel (No. 1—7) . .		10.81	32.02	5.46	23.53	19.57	8.61

Baumwollesamenkuchen. Aus dem Samen verschiedener Species d. Gatt. Gossypium L.
Aus ungeschältem Samen.

No.	Bezeichnungen und Bemerkungen	Jahr der Untersuchung	Wasser %	Nh-Substanz %	Rohfett %	Nfr. Extractstoffe %	Rohfaser %	Asche %
1	Cotton seed cake	1850	11.19	24.69	9.08	—	—	5.64
2		1855	6.58	28.31	19.40	26.98	10.64	8.09
3	Ordinary cake mad of whole seed . . .	1857	10.53	22.62	6.10	26.48	26.96	7.31
4	Desgl. . . .	1857	12.03	25.62	6.37	29.90	19.79	6.29
5	Desgl. . . .	„	11.46	22.94	6.07	36.52	16.99	6.02
6		„	11.90	21.92	5.08	—	—	6.58
7		„	14.20	18.21	9.83	—	—	10.22
8		1859	9.84	27.20	7.83	36.74	10.86	7.53

No. 795—798. W. Fleischmann (Milchw. V.-St. Raden). — Berichte 1881. 28; 1883. 43; 1884. 78. No. 795. Aus der Fabrik von Achenbach u. Co. Hamburg. No. 796. Aus der Fabrik von Bach, Raspe u. Co. Hamburg.
No. 799 u. 800. Heinrich u. Rost (V.-St. Rostock). — Von M. Märcker mitgetheilt in der Magdeburger Zeitung 1879. No. 187.
No. 801—804. Holdefleiss (V.-St. Breslau). — Desgl.
Nigerkuchen.
No. 1. Th. Anderson. — Trans. Highl. Soc. Jan. 1858. 196. Chem. Centralbl. 1858. 328. Weende'r Jahresber. 1857. II. 88.
No. 2. Th. Dietrich u. J. König (V.-St. Altmorschen). — Originalmittheilung.
No. 3. E. W. Olbers (V.-St. Altmorschen). — Originalmittheilung.
No. 4. Aug. Völcker. — Chem. Ackersm. 1873. 137. (J. R. Agric. Soc. England).
No. 5. R. Emmerling. — Zusammenstellung von Analysen von Futtermitteln 1871—77. Kiel, 1877.
No. 6. C. Schaedler. — Dessen: Technologie der Fette. Berlin, 1885. 532.
No. 7. R. Heinrich (V.-St. Rostock). — Bericht derselben 1875—1881. Wismar, 1882. 67.
Baumwollesamenkuchen, aus ungeschältem Samen.
No. 1. Thom. Anderson. — Transact. Highl. Soc. Juli 1849 bis März 1851. 262. Nh. Substanz von uns aus dem angegebenen N-Gehalt (3.95) berechnet. Zucker fand der Autor 10.70 %, Kalk- und Magnesia-Phosphat 2.19 %, an Alkali gebundene P_2O_5 0.15 %.
No. 2. Thom. Way. — Weende'r Jahresber. 1855/56. II. 39. (Journ. d'agric. belg. 8. 381.)
No. 3—5. Aug. Voelcker. — Journ. Roy. Agric. Soc. 19. 420. Dunkelbraun, hülsenreich.
No. 6 u. 7. Thom. Anderson. — Weende'r Jahresber. 1855/56. II. 88. (Trans. Highl. Soc. Jan. 1858. 196). Dieselben enthielten: Magnesia- und Kalkphosphat No. 6 4.65 No. 7 4.57
An Alkohol gebundene P_2O_5 1.05 0.54
No. 8. Ed. Peters u. R. Handtke. — Chem. Ackersm. 1859. 118.

No.	Bezeichnungen und Bemerkungen	Jahr der Untersuchung	In der ursprünglichen Substanz: Wasser %	Nh-Substanz %	Rohfett %	Nfr. Extractstoffe %	Rohfaser %	Asche %
9		1865	7.55	22.68	6.76	31.83	25.65	5.53
10		1870	10.83	23.39	6.22	28.05	24.62	6.89
11		1872	11.50	22.90	6.00	32.60	21.00	6.00
12		1873	11.45	19.75	5.40	33.32	24.72	5.36
13		1874	13.25	23.94	6.85	32.80	17.89	5.27
14		„	11.90	24.50	6.35	30.35	10.60	6.30
15		1878	—	28.00	4.92	—	—	—
16		1875	—	22.93	6.15	—	—	—
17		1876	11.68	21.93	8.31	32.05	19.50	6.53
18	Aus theilweise entschält. Saat	1877	—	23.75	7.73	—	—	—
19		1878	10.50	23.49	6.25	28.13	24.71	6.92
20		„	12.76	24.06	5.02	33.43	19.10	5.63
21		„	9.53	30.81	7.39	28.78	17.16	6.33
22		1877	—	22.38	5.26	—	—	—
23	Sehr reich an Baumwolle .	„	—	16.25	4.92	—	—	—
24		„	14.31	21.89	5.51	32.39	20.76	5.14
25		1878	—	24.30	5.80	—	—	—
26	Roher Baumwollesamenk.	1881	10.98	25.19	6.09	—	—	6.00
27	Gereinigt. B.-K.	„	11.26	27.69	4.80	—	—	5.28
28		„	10.34	23.69	6.30	27.76	24.93	6.98
29	Gemahlen, Mehl	„	10.69	23.06	7.01	27.12	25.53	6.59
30	Desgl. . . .	„	11.36	23.56	6.26	24.94	25.73	8.15
31		1878	13.50	32.70	7.04	27.05	25.34	5.37
32		„	14.50	19.29	7.26	27.92	25.56	5.47
33		„	10.60	18.49	3.51	—	—	5.04
34		„	10.20	18.12	3.95	31.32	23.66	12.75
35		1878	12.60	22.75	4.76	26.41	20.98	12.50
36		„	11.85	33.69	7.72	27.13	10.67	8.96
37		„	(11.20	13.80	5.90	57.20	5.33	6.57)
38		„	14.15	25.37	4.46	28.55	22.32	5.15
39		„	13.90	23.28	4.56	33.03	20.32	4.91
40		„	12.50	25.52	4.43	33.17	19.25	5.13
41		„	13.50	24.76	4.08	28.37	23.96	5.33
42		„	12.00	23.34	4.31	32.30	20.11	7.94
43		„	13.20	22.56	5.12	34.17	19.83	5.12
44		„	13.80	26.05	5.60	31.07	18.40	5.08
45		„	14.40	25.17	3.97	32.80	18.40	5.26
46		1883	11.30	21.87	4.90	35.77	19.96	6.20
47		„	11.50	23.97	4.56	36.66	19.96	5.35
48	Ganze Kuchen a. ägypt. Sam.	„	10.60	26.60	9.15	29.09	16.79	7.77
49	Mehl a. ägypt. Samen . .	„	11.79	30.49	6.87	29.61	15.62	5.62
50		„	9.72	23.69	6.30	28.38	24.93	6.98
51	Aus ägypt. Saat	1884	13.12	23.38	5.66	27.92	24.60	5.32
52		„	13.66	23.63	5.16	34.87	17.64	5.04
53		„	9.80	28.56	6.68	24.77	23.23	6.96
54	Mehl a. ägypt. Saat . . .	1885	10.38	27.69	6.50	—	—	6.56
	Minimum		7.55	13.70	3.46	24.20	5.29	5.03
	Maximum		14.50	33.69	9.02	56.78	25.59	12.51
	Mittel von 46 Analys. (Von No. 9 an)		11.86	24.25	5.82	30.74	20.95	6.38

No. 9. Th. Dietrich. — Landw. Anzg. f. Kurhessen 1865. 141.
No. 10. C. Kreuzhage. — Landw. V.-St. 14. 1871. 408.
No. 11. Aug. Voelcker. — Hoffmann's Jahresber. 1873—74. II. 16. (Landw. Centralbl. 1873. II. 371.)
No. 12. P. Wagner. — Ber. d. V.-St. Darmstadt. 1874. 20.
No. 13. A. Petermann. — Hoffmann's Jahresber. 1877. 362. (Stat. agric. Gembloux No. 16.)
No. 14 u. 15. R. Heinrich. — Ber. d. V.-St. Rostock. Wismar, 1880. 42.
No. 16—18. Rich. Wagner. — Ber. d. V.-St. Kiel. I.
No. 19. C. Kreuzhage. — Landw. Jahrb. 1870. I. Suppl. 124.
No. 20 u. 21. W. Hoffmeister (V.-St. Insterburg). — Originalmittheilung.
No. 22 u. 23. A. Petermann (V.-St. Gembloux). — Originalmittheilung.
No. 24. C. Weigelt (V.-St. Rufach). — Originalmittheilung.
No. 25. W. Henneberg (V.-St. Göttingen). — Originalmittheilung.
No. 26 u. 27. A. Renouard. Biedermann's Centralbl. 1882. 753. (Ann. agronom. 1881. 511.) Der „rohe“ Baumwollesamenkuchen enthält viele hartschalige Bruchstücke von Samenkapseln, wird im Handel gewöhnlich Baumwollesamenkuchen von der Levante oder Alexandrien genannt; ist frisch grünlich, später bräunlich. Der „gereinigte“ Baumwollesamenkuchen, hauptsächlich in Marseille fabricirt, enthält keine groben Samenkapselbruchstücke; ist gelb mit dunkleren Stückchen durchsetzt.
No. 28. E. Wolff (V.-St. Hohenheim). — Württemb. Wochenbl. f. Landw. 1882. 228.
No. 29 u. 30. Th. Dietrich (V.-St. Marburg). — Landw. Anzg. f. d. Rgbz. Cassel 1883. 602.
No. 31—45. L. Grandeau (V.-St. Nancy). — Originalmittheilung.
No. 46 u. 47. M. Siewert. — Landw. V.-St. 30. 1884. 145 und Originalmittheilung. In % der Trockensubstanz enthielten die Substanzen:

	Gesammt-N	Eiweiss-N.	Amid-N	N im essigsauren Alkoholextrakt
No. 47 . .	4.76	4.35 rsp. 91.39	0.30—6.30	0.11 rsp. 2.31 %
No. 48 . .	5.53	5.21 rsp. 94.22	0.22—3.98	0.10 rsp. 1.80 %

No. 48, 49 u. 52. H. Weiske, B. Schulze. E. Flechsig. — J. f. Landwirthschaft 1885. 236.
No. 50. E. Wolff. — Landw. Jahrb. 8. I. Suppl. 1879. 190.
No. 51. Fr. Soxhlet (Central-V.-St. München). — Originalmittheilung. Die Kuchen stammten von F. Thörl in Harburg a. d. E.
No. 53. M. Märcker (V.-St. Halle). — Originalmittheilung. Die untersuchten Kuchen stammten aus der Fabrik von F. Thörl in Harburg a. d. E.
No. 54. E. Heiden u. A. Schlimper (V.-St. Pommritz). — Originalmittheilung. Die Probe enthielt 0.44 % Sand.

Baumwollesamenkuchen, aus geschältem Samen.

No.	Bezeichnungen und Bemerkungen	Jahr der Untersuchung	In der ursprünglichen Substanz: Wasser %	Nh-Substanz %	Rohfett %	Nfr. Extractstoffe %	Rohfaser %	Asche %
1	Thin decorticated cotton-cake	1857	7.67	43.21	14.93	14.47	11.45	8.27
2	Desgl. . . .	„	8.27	42.62	19.19	12.25	10.12	7.45
3	Desgl. . . .	„	9.01	41.81	17.93	13.67	8.80	8.78
4	Desgl. . . .	„	10.37	40.68	13.98	18.88	9.01	7.08
5	Desgl. . . .	„	10.01	40.68	17.21	18.09	6.67	7.54
6	Desgl. . . .	„	9.41	40.48	15.64	14.83	7.71	9.66
7	Desgl. . . .	„	10.19	42.75	13.50	22.97	8.71	7.45
8	Thick decorticated cotton-cake	„	10.25	41.31	14.05	18.05	8.40	7.94
9	Desgl. . . .	„	9.08	43.31	19.34	10.48	10.41	7.38
10	Oil-meal . .	„	9.40	43.81	17.39	11.21	10.44	7.75
11	Desgl. . . .	„	10.21	40.25	19.71	16.38	5.84	7.61
12	Cotton seed cake	„	6.82	44.41	16.47	12.74	11.76	7.80
13		1871	14.30	40.80	14.30	—	—	7.10
14		1872	9.30	41.20	16.00	16.60	8.90	8.00
15		1877	10.28	46.28	10.64	21.45	4.20	7.15
16		„	7.82	45.89	10.64	25.27	3.36	7.02
17		1878	8.73	48.97	11.37	20.20	4.09	6.64
18		„	8.82	49.06	10.64	20.52	3.94	7.02
19		1877	8.10	39.38	14.23	23.07	8.22	7.00
20		1873	7.70	41.20	20.82	13.68	9.00	7.60
21		1876	7.70	37.50	10.93	28.99	7.48	7.40
22		1879	9.49	44.19	18.35	17.34	4.50	6.13
23		1877	7.58	47.49	8.60	—	—	7.37
24		1879	9.49	44.19	18.35	17.34	4.50	6.13
25		„	8.30	44.66	12.12	21.00	7.16	6.76
26		„	7.84	47.44	13.55	18.47	6.38	6.32
27		1878	7.86	43.75	19.28	16.74	4.58	7.79
28		„	7.47	48.19	11.71	21.45	4.00	7.18
29	Aus Texas .	1879	7.72	46.00	11.45	22.61	5.80	6.42
30		„	9.29	42.18	15.22	14.23	9.33	9.85
31		„	9.25	42.25	14.32	15.03	9.14	10.01
32		1877	8.10	39.38	14.23	23.07	8.22	7.00
33		1879	—	48.13	12.84	—	—	—
34		„	—	45.06	14.48	—	—	—
35		1880	—	40.94	16.04	—	—	—
36		„	—	42.00	15.62	—	—	—
37		„	—	48.12	9.00	—	—	—
38		„	—	45.94	14.53	—	—	—
39		„	8.99	39.20	17.46	22.39	4.40	7.56
40		1881	—	43.75	16.05	—	—	—
41		„	8.80	44.70	17.00	15.40	7.58	6.52
42		„	—	44.70	12.00	—	—	—
43		„	9.62	42.02	15.23	23.63	2.60	6.90
44		„	—	41.87	18.00	—	—	—
45		„	10.37	48.35	12.70	12.90	9.62	6.07
46		„	9.20	49.00	13.42	16.29	6.02	6.07
47		„	—	45.50	10.28	—	—	—
48		„	—	49.68	13.70	—	—	—
49		„	—	49.70	12.90	—	—	—
50		„	8.47	42.00	15.52	24.49	2.14	7.38
51		1879	9.58	50.15	9.90	19.35	3.72	7.30
52		„	8.45	49.03	10.80	20.93	3.66	7.13
53		„	—	45.62	13.68	—	—	—
54		„	—	43.26	15.46	—	—	—
55		1880	—	44.75	19.85	—	—	—
56		„	—	48.19	14.58	—	—	—
57		„	10.00	42.80	18.88	17.03	4.18	7.11
58		„	—	40.62	16.44	—	—	—
59		„	—	40.75	17.65	—	—	—
60		„	—	40.15	18.48	—	—	—
61		„	—	42.25	16.02	—	—	—
62		„	8.58	43.06	14.86	16.32	9.60	7.58
63		1881	8.66	40.22	19.24	21.60	3.48	6.80
64		„	7.30	43.90	16.59	20.87	3.83	7.51

Baumwollesamenkuchen, aus geschältem Samen.

No. 1—11. Aug. Völcker. — Journ. Roy. Agric. Soc. Engl. 19. 420. No. 1—7 von hellgelber Farbe, frei von starkem Geruch; No. 8 u. 9 sehr hart, No. 10 u. 11 gemahlene Kuchen der letzteren Sorte, vorher auf der Darre getrocknet. Sand: No. 4 = 0.46, No. 5 = 1.53 und No. 7 = 0.46 %.
No. 12. S. W. Johnson. — Ann. Rep. Connect. Agric. Exper. Stat. 1879. 144—145.
No. 13. J. Nessler. — Hoffmann's Jahresber. 1870|72. II. 21.
No. 14. A. Völcker. — Ebendaselbst 1873|74. II. 16.
No. 15. J. König. — 1. Ber. d. V.-St. Münster 1871|77. 43.
No. 16—18. Th. Dietrich u. G. Zirnité. — Landw. Anz. f. d. Rgbz. Cassel 1877. 336 u. 1878; 33. 289.
No. 19—22. E. W. Olbers (V.-St. Alnarp, Schweden). — Originalmittheilung.
No. 23. R. Ulbricht u. J. Koritsanszky. — Ungar. Altenburg. Originalmittheilung.
No. 24. Birner. — Milchzeitung, 1879. 562.
No. 25. M. Märcker. — Ebendaselbst.
No. 26. P. Petersen. — Ebendaselbst.
No. 27—29. A. Emmerling u. M. Schrodt. — Mitthl. d. landw. V.-St. Kiel. III. 59.
No. 30 u. 31. J. König (V.-St. Münster). — Landw. Ztg. f. Westfalen u. Lippe 1880. 37.
No. 32—50. R. Heinrich (V.-St. Rostock). — 1. Ber. Wismar, 1882. 42.
No. 51—61. Th. Dietrich u. M. Markendorf. — Landw. Anz. f. d. Rgbz. Cassel 1879. 379 und nicht veröffentlichte Analysen.
No. 62. Aug. Völcker. — Milchzeitung 1889. 558.
No. 63. M. Schrodt u. H. von Peter. — Hoffmann's Jahresb. 1881. 354. Wirkl. Eiweissstoffe, durch Fällen mit Kupferoxydhydrat bestimmt: 26.52 %.
No. 64. C. Kreuzhage. — Landw. V.-St. 1881. 221.

No.	Bezeichnungen und Bemerkungen	Jahr der Untersuchung	In der ursprünglichen Substanz Wasser						No.	Bezeichnungen und Bemerkungen	Jahr der Untersuchung	In der ursprünglichen Substanz Wasser					
			Wasser	Nh-Substanz	Rohfett	Nfr. Extractstoffe	Rohfaser	Asche				Wasser	Nh-Substanz	Rohfett	Nfr. Extractstoffe	Rohfaser	Asche
			%	%	%	%	%	%				%	%	%	%	%	%
65		1881	9.52	47.75	11.58	—	—	6.63	107		1879	—	42.9	14.8	—	—	—
66		1882	7.30	43.90	16.59	20.89	3.81	7.51	108		1880	8.9	43.8	15.7	21.7	2.3	7.6
67		1881	—	47.30	13.10	—	—	—	109		„	8.6	43.7	11.5	—	—	—
68		„	—	48.20	14.10	—	—	—	110		„	9.7	45.0	14.5	—	—	—
69		„	—	43.40	17.10	—	—	—	111		„	7.7	44.1	12.2	—	—	—
70		1882	—	41.17	12.98	—	—	—	112		„	8.2	41.7	15.2	—	—	—
71		„	—	38.54	17.48	—	—	—	113		„	6.5	43.2	15.5	—	—	—
72		„	—	39.86	13.67	—	—	—	114		„	8.6	45.5	14.3	—	—	—
73		„	—	43.80	13.58	—	—	—	115		„	8.6	42.8	16.3	—	—	—
74		„	—	39.42	18.98	—	—	—	116		„	9.9	43.3	14.0	—	—	—
75		„	—	41.00	16.00	—	—	—	117		„	7.8	43.3	13.3	—	—	—
76		1881	7.10	42.62	16.70	—	—	—	118		„	8.7	43.4	15.0	—	—	—
77		„	—	48.91	15.87	—	—	—	119		„	9.8	42.2	11.2	—	—	—
78		1882	—	42.44	14.75	—	—	—	120		1881	6.9	42.0	15.3	—	—	—
79		„	—	44.41	15.25	—	—	—	121		„	8.1	43.4	14.9	—	—	—
80		„	—	45.00	18.93	—	—	—	122		„	10.0	43.0	15.5	—	—	—
81		„	—	44.75	14.63	—	—	—	123		„	9.2	44.1	12.2	—	—	—
82		„	—	43.44	16.88	—	—	—	124		„	8.7	43.6	13.1	—	—	—
83		1883	—	44.50	14.30	—	—	—	125		„	8.6	45.1	14.0	—	—	—
84		„	—	45.88	13.40	—	—	—	126		„	8.2	46.6	13.8	—	—	—
85		„	—	44.00	12.68	—	—	—	127		„	—	41.0	18.8	—	—	—
86		„	—	41.94	12.11	—	—	—	128		„	—	41.7	15.6	—	—	—
87		„	—	43.97	17.06	—	—	—	129		„	—	44.0	18.7	—	—	—
88		„	—	45.25	15.05	—	—	—	130		„	—	42.5	13.6	—	—	—
89		„	—	46.60	11.60	—	—	—	131		„	7.4	43.4	16.1	—	—	—
90		„	—	47.44	12.67	—	—	—	132		„	9.1	50.0	12.3	—	—	—
91		„	—	41.81	16.88	—	—	—	133		„	9.0	50.4	11.4	—	—	—
92		„	—	46.94	14.11	—	—	—	134		„	7.2	49.5	13.5	—	—	—
93		„	—	45.88	12.69	—	—	—	135		„	9.3	43.9	15.2	—	—	—
94		„	—	46.81	13.29	—	—	—	136		„	15.6	44.1	6.9	—	—	—
95		1880	7.85	37.50	13.93	—	—	8.35	137		„	11.7	45.8	7.1	—	—	—
96		„	6.65	36.25	18.53	—	—	7.60	138		„	6.8	50.6	12.9	—	—	—
97		„	9.25	45.63	12.62	—	—	6.63	139		„	—	42.1	13.5	—	—	—
98		1881	7.85	35.00	18.37	—	—	7.05	140		„	—	47.4	14.3	—	—	—
99		„	9.40	38.13	14.34	—	—	7.90	141		„	—	42.0	15.0	—	—	—
100		„	8.35	38.44	14.86	—	—	6.85	142		„	—	46.7	15.0	—	—	—
101		1882	9.60	45.94	9.76	—	—	7.55	143		„	—	46.6	13.9	—	—	—
102		„	6.95	42.81	17.81	—	—	6.95	144		„	—	45.7	15.5	—	—	—
103		„	6.25	43.75	15.70	—	—	6.60	145		„	—	44.2	18.1	—	—	—
104		„	9.60	43.44	12.01	—	—	6.10	146		„	—	48.9	14.4	—	—	—
105		„	—	46.00	14.54	—	—	—	147		„	—	47.4	16.9	—	—	—
106		1879	8.3	44.7	12.1	20.9	7.2	6.8	148		„	—	40.9	16.2	—	—	—

No. 65. A. Renouard. — Hoffmann's Jahresber. 1882. 392. (Biedermann's Centralbl. 1883. 163. Ann. agronomiques 1881. 511.)
No. 66. E. Wolff (V.-St. Hohenheim). — Württembergisches Wochenbl. f. Landwirthsch. 1882. 228.
No. 67—74. — P. Wagner (V.St. Darmstadt). — Ztschr. f. d. landw. Ver. d. Grossh. Hessen 1882. 71 u. 1883. 38.
No. 75. F. Soxhlet (Central-V.-St. München) 1879—83. — Originalmittheilung.
No. 76—94. Th. Dietrich (V.-St. Marburg). — Landw. Anzg. f. d. Rgbz. Cassel 1881. 692; 1882. 131. 470; 1883. 140. 233 u. 602.
No. 95—104. E. W. Olbers. — Agrikulturkemiska undersökningar på Alnarp år 1880. 1881 u. 1882.
No. 105. Th. Dietrich u. A. Hesse (V.-St. Marburg). — Originalmittheilung.
No. 106—235. M. Märcker (V.-St. Halle). — Originalmittheilung.

No.	Bezeichnungen und Bemerkungen	Jahr der Untersuchung	In der ursprünglichen Substanz: Wasser %	Nh-Substanz %	Rohfett %	Nfr. Extractstoffe %	Rohfaser %	Asche %
149		1881	—	50.0	12.7	—	—	—
150		„	—	47.0	14.4	—	—	—
151		„	—	46.8	16.1	—	—	—
152		„	—	47.1	14.6	—	—	—
153		„	—	43.4	16.2	—	—	—
154		1882	7.5	48.1	13.2	—	—	—
155		„	7.0	45.6	17.6	—	—	—
156		„	7.4	44.1	13.9	—	—	—
157		„	12.2	42.3	14.9	—	—	—
158		„	7.4	43.8	15.2	—	—	—
159		„	6.8	49.8	13.9	—	—	—
160		„	9.0	45.0	14.5	—	—	—
161		„	8.7	46.0	12.6	—	—	—
162		„	9.5	46.4	12.0	—	—	—
163		„	9.8	44.7	12.1	—	—	—
164		„	9.3	47.6	14.9	—	—	—
165		„	8.6	41.5	18.3	—	—	—
166		„	9.7	44.6	13.9	—	—	—
167		„	9.4	45.9	14.5	—	—	—
168		„	8.1	42.0	14.3	—	—	—
169		„	9.0	46.7	14.5	—	—	—
170		„	7.6	44.1	15.3	—	—	—
171		„	8.6	44.0	15.4	—	—	—
172		„	8.3	45.2	13.6	—	—	—
173		„	9.2	44.0	14.5	—	—	—
174		„	9.6	46.3	14.3	—	—	—
175		„	8.4	43.9	16.3	—	—	—
176		„	8.3	43.7	14.9	—	—	—
177		„	8.5	43.0	15.4	—	—	—
178		„	8.5	46.1	13.4	—	—	—
179		„	6.9	46.4	15.9	—	—	—
180		„	7.9	46.3	16.4	—	—	—
181		„	8.4	47.3	16.4	—	—	—
182		„	8.8	45.0	14.0	—	—	—
183		„	7.7	48.7	14.0	—	—	—
184		„	7.8	47.5	14.0	—	—	—
185		„	8.4	46.8	12.1	—	—	—
186		„	9.6	46.1	11.7	—	—	—
187		„	9.7	44.7	14.4	—	—	—
188		„	8.2	45.4	13.6	—	—	—
189		„	9.3	45.4	13.2	—	—	—
190		„	8.8	42.0	15.0	—	—	—
191		„	8.8	47.3	14.7	—	—	—
192		„	9.6	41.5	15.1	—	—	—
193		„	8.0	46.7	16.4	—	—	—
194		„	8.4	45.1	9.6	—	—	—
195		1882	8.6	44.4	14.3	—	—	—
196		„	8.4	43.6	14.9	—	—	—
197		„	7.3	46.1	17.0	—	—	—
198		„	8.5	45.3	15.3	—	—	—
199		„	8.4	46.9	15.6	—	—	—
200		„	9.1	42.4	14.3	—	—	—
201		„	8.5	43.2	15.0	—	—	—
202		„	7.5	47.0	17.1	—	—	—
203		„	9.1	41.5	16.4	—	—	—
204		„	8.1	44.9	14.4	—	—	—
205		„	8.7	45.4	14.2	—	—	—
206		„	8.0	45.9	16.7	—	—	—
207		„	7.2	46.3	14.7	—	—	—
208		„	7.4	46.0	16.7	—	—	—
209		„	6.6	45.5	18.3	—	—	—
210		„	8.4	43.7	12.7	—	—	—
211		„	8.8	50.7	11.2	—	—	—
212		„	8.0	48.4	14.4	—	—	—
213		„	7.0	45.9	15.1	—	—	—
214		„	7.6	41.8	16.2	—	—	—
215		„	8.6	44.1	15.2	—	—	—
216		„	8.9	44.9	12.5	—	—	—
217		„	8.3	45.6	14.6	—	—	—
218		„	8.9	44.2	14.6	—	—	—
219		„	9.7	42.2	15.5	—	—	—
220		„	8.4	45.7	14.7	—	—	—
221		„	10.4	47.0	11.8	—	—	—
222		„	10.1	43.9	14.5	—	—	—
223		„	9.7	37.0	10.5	—	—	—
224		„	10.6	45.1	13.7	—	—	—
225		„	10.9	41.8	13.6	—	—	—
226		„	9.1	40.3	16.3	—	—	—
227		„	10.2	44.1	13.7	19.7	5.2	7.1
228		„	9.0	47.5	11.1	—	—	—
229		„	9.3	43.5	12.6	—	—	—
230		„	9.4	44.5	13.9	—	—	—
231		„	10.1	44.0	14.1	—	—	—
232		„	8.7	45.3	16.6	—	—	—
233		„	8.3	43.1	19.7	—	—	—
234		„	7.5	45.4	14.6	—	—	—
235		„	7.9	46.1	13.8	—	—	—
236		1883	9.15	41.74	13.80	23.71	3.82	7.78
237		1886	7.18	38.50	21.38	22.49	6.23	4.22
238		1883	9.53	39.19	13.96	25.09	4.77	7.46
239	J. Erling in Bremen . .	1884	9.81	43.44	14.85	18.64	6.20	7.56

No. 236. M. Schrodt u. H. Hansen. — Landw. Wochenbl. f. Schleswig-Holstein 1883. 456.
No. 237. M. Schrodt, H. Hansen u. O. Henzold. — Milchztg. 1886. 442. Wochenbl. f. Schlesw.-Holstein 1886. No. 20. Die Probe enthielt 37.19 % Reinproteïn.
No. 238. J. Moser (V.-St. Wien). — Bericht f. 1882/83. 3. 0.16 % Sand.
No. 239—241. F. Soxhlet (Central-V.-St. München). — Originalmittheilung.

No.	Bezeichnungen und Bemerkungen	Jahr der Untersuchung	In der ursprünglichen Substanz: Wasser %	Nh-Substanz %	Rohfett %	Nfr. Extractstoffe %	Rohfaser %	Asche %	No.	Bezeichnungen und Bemerkungen	Jahr der Untersuchung	In der ursprünglichen Substanz: Wasser %	Nh-Substanz %	Rohfett %	Nfr. Extractstoffe %	Rohfaser %	Asche %
240	Achenbach und Co., Hamburg	1884	9.72	42.13	14.74	20.09	5.66	7.66	251	Im Mittel von 11 Proben .	1884	—	44.4	13.6	—	—	—
241	C. Hirschberg, Itzehoe . .	„	9.68	43.86	12.88	18.96	6.40	8.22	252	Desgl. v. 10 Pr.	1885	—	43.80	13.55	—	—	—
242	Mittel a. 37 An.	1883	8.57	43.12	13.29	22.80	5.26	7.00	253	(1 Probe) . .	1886	—	44.37	12.16	—	—	—
243	Mittel a. 5 An.	1884	7.82	41.38	15.56	23.13	5.10	7.39	254	Desgl. v. 5 Pr.	1888	—	47.50	11.60	—	—	—
244	Mittel a. 2 An.	1885	9.92	44.06	12.15	23.18	3.74	6.75		Minimum .	Anzahl d. An.	6.25	34.71	7.14	13.15	2.14	4.15
245	Mittel a. 13 An.	1886	8.77	43.96	12.52	23.80	4.32	6.63		Maximum .		15.60	50.80	21.05	28.71	9.80	10.08
246	Mittel a. 5 An.	1887	8.80	46.02	11.16	23.56	3.58	7.09		Mittel v. 1870 bis 1879 . .	407	8.76	44.24	13.82	19.62	6.27	7.29
247	Mittel a. 19 An.	1881	—	43.89	14.58	—	—	—		Desgl. v 1880 bis jetzt . .	22	8.61	44.09	14.25	21.12	4.93	7.00
248	Mittel a. 45 An.	1882	—	44.14	14.00	—	—	—		Gesammtmittel (Von No. 13 an)	429	8.62	44.09	14.23	20.85	5.16	7.05
249	Mittel a. 46 An.	1883	—	42.85	15.53	—	—	—									
250		1884	—	42.8	15.5	—	—	—									

Baumwollesamenmehl.

No.	Bezeichnungen und Bemerkungen	Jahr der Untersuchung	Wasser %	Nh-Substanz %	Rohfett %	Nfr. Extractstoffe %	Rohfaser %	Asche %	No.	Bezeichnungen und Bemerkungen	Jahr der Untersuchung	Wasser %	Nh-Substanz %	Rohfett %	Nfr. Extractstoffe %	Rohfaser %	Asche %
1	Oil-meal (ge-								15		1881	7.34	41.66	17.29	—	—	7.70
	mahlene Kuch.)	1857	9.40	43.81	17.39	11.21	10.44	7.75	16		„	—	42.25	17.90	—	—	8.06
2	Desgl. . . .	„	10.21	40.25	19.71	16.38	5.84	7.61	17		„	6.93	42.43	20.20	—	—	—
3		1866	8.86	(22.75	29.34	7.58	24.69)	6.78	18		„	—	42.93	18.47	—	—	—
4		1875	8.61	43.12	12.57	24.86	5.82	5.02	19		„	6.90	41.75	20.61	—	—	6.80
5		1877	7.24	41.45	18.01	24.39	3.08	5.83	20		„	6.62	40.93	19.75	—	—	7.95
6		1878	8.27	46.37	—	—	—	7.77	21		„	—	42.15	15.92	—	—	—
7		1880	9.74	40.75	16.04	—	3.72	7.58	22		„	—	41.56	20.57	—	—	—
8		„	—	41.25	17.99	—	—	—	23		„	—	41.48	20.66	—	—	—
9		„	—	43.12	15.24	—	—	3.58	24		„	—	42.69	20.33	—	—	—
10		„	—	42.32	18.00	—	—	—	25		„	—	41.40	19.00	—	—	—
11		„	—	43.62	12.13	—	—	—	26		„	—	41.56	15.46	—	—	—
12		„	—	42.87	18.67	—	—	7.41	27		„	—	39.78	16.98	—	—	—
13		„	—	40.62	18.92	—	—	—	28		„	—	46.27	11.70	—	—	—
14		„	—	40.68	15.65	—	—	—	29		„	—	45.88	10.85	—	4.49	—

No. 242—246. M. Siewert (V.-St. Danzig). — Originalmittheilung. Die Extremzahlen betrugen innerhalb d. Jahrgänge 1883—1887:

	Wasser	Nh. Substanz	Rohfett	Nfr. Extractstoffe	Rohfaser	Rohasche
Maximum . . .	11.00	49.17	18.56	29.26	6.95	8.10
Minimum . . .	6.60	39.20	8.62	17.70	2.90	5.40

No. 247—249. J. König (V.-St. Münster). — 3. Bericht. 12. Als Grenzen der Schwankungen ergaben sich

	hinsichtlich des Proteïngehalts:	hinsichtlich des Fettgehalts:
1881 . . .	38.56—49.18 %	10.76—18.52 %
1882 . . .	42.06=50.06 „	6.95—18.36 „
1883 . . .	39.75—46.88 „	11.87—20.05 „

No. 250. E. Wolff (V.-St. Hohenheim). — Württemberg. Wochenbl. f. Landw. 1884. 292.

No. 251—253. Th. Dietrich (V.-St. Marburg). — Originalmittheilung. Als Grenzen der Gehaltsschwankungen ergaben sich:

	Proteïn	Fett
1884 . . .	41.31—48.31 %	11.10—16.63 %
1885 . . .	40.12—45.59 „	9.27—18.31 „

No. 254. E. Wolff (V.-St. Hohenheim). — Württemb. Wochenbl. f. Landwirthsch. 1889. 83. Proteïn 46.1—51.2 %, Fett 10.8—12.6 %.

Baumwollesamenmehl.

No. 1. Aug. Voelcker. J. Roy. Agr. Soc. Engl. 1866. II. 187. Die Probe repräsentirte gemahlenen Baumwollesamen, von dem ein Theil der groben Schalen abgesiebt worden war.

No. 2. Aug. Voelcker. — J. R. Agr. Soc. Engl 1866. II. 296.

No. 3. W. O. Atwater. — Rep. Agric. Exper. Stat. Middletown Conn. 1877/78. p. 38.

No. 4. Pet. Collier. — Ann. Rep. of the Commissioner of Agriculture for 1878. 145. (Washington.)

No. 5 u. 6. Aug. Voelcker. — Journ. Roy. Agric. Soc. Engl. I. 9. 420. Vorher auf der Darre getrocknete, dann gemahlene Kuchen.

No. 7—97. Th. Dietrich, M. Markendorf, O. Toepelmann u. A. Hesse (V.-St. Marburg). — Landw. Anzg. f. d. Rgbz. Cassel 1880/83.

No.	Bezeichnungen und Bemerkungen	Jahr der Untersuchung	In der ursprünglichen Substanz Wasser %	Nh-Substanz %	Rohfett %	Nfr. Extractstoffe %	Rohfaser %	Asche %
30		1881	9.43	40.91	15.28	20.14	6.87	7.37
31		„	—	43.25	15.90	—	—	—
32		1882	—	39.88	20.25	—	—	—
33		„	—	42.13	13.87	—	—	—
34		„	—	46.78	13.30	—	—	—
35		„	—	40.69	15.62	—	—	—
36		„	—	41.00	16.58	—	—	—
37		„	—	43.38	13.16	—	—	—
38		„	—	44.41	11.79	—	—	—
39		„	—	45.03	12.17	—	—	—
40		„	—	42.50	15.62	—	—	—
41		„	—	46.88	14.68	—	—	—
42		„	—	45.56	15.83	—	—	—
43		„	—	43.66	15.49	—	—	—
44		„	—	44.31	15.54	—	—	—
45		„	—	44.31	14.66	—	—	—
46		„	—	45.38	15.58	—	—	—
47		„	—	44.50	16.39	—	—	—
48		„	—	44.31	15.65	—	—	—
49		„	—	42.38	16.65	—	—	—
50		„	—	42.31	18.24	—	—	—
51		„	—	41.63	16.27	—	—	—
52		„	—	45.00	17.32	—	—	—
53		„	—	42.56	13.22	—	—	—
54		„	—	43.03	15.45	—	—	—
55		„	—	46.06	14.27	—	—	—
56		„	—	44.56	12.77	—	—	—
57		1883	—	44.81	15.52	—	—	—
58		„	—	43.03	13.26	—	—	—
59		„	—	42.63	12.61	—	—	—
60		„	—	43.50	15.48	—	—	—
61		„	—	42.75	14.98	—	—	—
62		„	—	40.31	15.03	—	—	—
63		„	—	42.13	14.72	—	—	—
64		„	—	46.63	11.34	—	—	—
65		„	—	44.38	13.57	—	—	—
66		„	—	43.35	14.05	—	—	—
67		„	—	39.94	16.11	—	—	—
68		„	—	38.69	16.29	—	—	—
69		„	—	41.19	16.71	—	—	—
70		„	—	41.00	16.16	—	—	—
71		„	—	38.81	16.57	—	—	—
72		„	—	38.94	15.67	—	—	—
73		„	—	40.38	16.46	—	—	—
74		„	—	42.25	16.07	—	—	—
75		„	—	45.81	14.82	—	—	—
76		1883	—	39.63	16.52	—	—	—
77		„	—	46.50	15.52	—	—	—
78		„	—	41.38	13.85	—	—	—
79		„	—	40.44	16.07	—	—	—
80		„	—	39.63	16.04	—	—	—
81		„	—	42.23	15.55	—	—	—
82		„	—	40.00	15.23	—	—	—
83		„	9.40	39.78	16.90	19.62	7.36	6.94
84		„	—	40.31	15.24	—	—	—
85		„	—	40.06	14.00	—	—	—
86		„	—	39.88	17.33	—	—	—
87		„	—	41.13	18.00	—	—	—
88		„	—	40.88	14.08	—	—	—
89		„	—	40.88	14.68	—	—	—
90		„	—	38.72	14.80	—	—	—
91		„	—	38.00	16.80	—	—	—
92		„	—	39.78	16.90	—	—	—
93		„	—	43.50	13.21	—	—	—
94		„	—	40.62	16.67	—	—	—
95		„	9.63	43.12	14.75	21.51	3.58	7.41
96		„	9.63	42.62	14.78	22.13	3.20	7.64
97		„	10.00	42.80	18.88	17.20	4.18	6.94
98		„	8.61	43.73	16.35	23.89	2.00	5.42
99		1880	8.87	45.00	11.60	22.89	4.65	6.99
100		„	8.87	43.06	12.17	23.73	4.83	7.34
101		1881	9.06	42.50	14.58	22.12	4.24	7.50
102		„	—	44.50	16.00	—	—	—
103		„	—	45.60	14.50	—	—	—
104		„	—	39.40	19.40	—	—	—
105		„	7.50	42.40	16.60	17.18	8.58	7.74
106		„	8.50	41.50	16.67	18.39	7.78	7.16
107		„	11.70	46.20	12.80	9.13	13.50	6.67
108		„	—	44.44	8.40	—	—	—
109		„	—	44.44	10.60	—	—	—
110		„	—	44.44	10.84	—	—	—
111		„	9.40	43.18	18.89	16.35	4.94	7.24
112		„	—	44.72	13.94	—	—	—
113		„	—	43.70	12.80	—	—	—
114		„	—	46.67	8.77	—	—	—
115		„	—	42.01	15.46	—	—	—
116		„	—	41.95	13.86	—	—	—
117		„	—	44.98	10.04	—	—	—
118		„	—	45.56	11.90	—	—	—
119		„	—	43.50	15.94	—	—	—
120		„	—	47.30	11.68	—	—	—
121		„	11.24	46.22	13.40	17.02	5.00	7.12

No. 98. A. Voelcker. — Hoffmann's Jahresb. 1880. (Milchzeitung 1880. 558.)
No. 99—101. S. W. Johnson. — Ann. Rep. Connect. Agric. Experim. Stat. (New Hafen) 1880. 84. 1881. 84.
No. 102—104. P. Wagner (V.-St. Darmstadt). — Ztschr. v. d. landw. Verein Hessen-Darmstadt 1882. 71.
No. 105—110. R. Heinrich (V.-St. Rostock). — Bericht ders. Wismar, 1882. 43.
No. 111—123. Werenskjold. — Durch gefällige Mittheilung des Herrn V. Dircks (Aas, Norwegen).

No.	Bezeichnungen und Bemerkungen	Jahr der Untersuchung	In der ursprünglichen Substanz Wasser %	Nh-Substanz %	Rohfett %	Nfr. Extractstoffe %	Rohfaser %	Asche %	No.	Bezeichnungen und Bemerkungen	Jahr der Untersuchung	In der ursprünglichen Substanz Wasser %	Nh-Substanz %	Rohfett %	Nfr. Extractstoffe %	Rohfaser %	Asche %
122		1881	9.50	45.42	13.00	—	—	6.90	135		1885	6.91	45.69	11.36	22.90	2.52	10.62
123		„	9.34	46.43	10.52	—	—	7.02	136		„	9.62	44.56	11.42	—	—	7.23
124	Cotton-seed								137		„	8.18	46.00	15.26	—	—	6.15
	Meal . . .	„	8.10	43.70	14.00	21.50	5.60	7.10	138		1887	7.65	46.81	12.17	—	—	7.81
125		1886	8.50	43.75	14.60	21.40	4.75	7.00	139		1888	9.71	51.02	10.57	—	—	5.57
126		„	18.52	35.21	12.32	21.66	5.74	6.55	140		„	9.63	42.31	15.40	—	—	7.34
127	Gemahlene Kuchen A. I .								141		„	9.11	45.23	11.44	—	—	6.87
		1884	8.86	49.00	15.98	15.78	4.78	5.87	142		„	8.12	44.30	10.77	—	—	7.37
128	Baumwollesaatmehl HO .								143		„	8.83	46.25	11.92	—	—	5.99
		„	8.26	46.01	16.80	19.04	4.13	5.76	144		„	8.46	44.41	10.94	—	—	7.40
129	Gemahlene Kuchen A. . .								145	Mittel aus 29 Proben . .							
		„	9.30	47.19	15.80	16.45	5.48	5.74			1887	8.32	42.39	13.37	22.97	5.69	7.26
130	Mittel a. 10 An.	1883	9.49	42.18	15.06	21.53	4.85	6.96		Minimum		6.62	38.00	8.40	9.43	2.00	3.58
131		1884	—	42.8	15.2	—	—	—		Maximum		11.70	51.54	20.66	21.91	13.83	10.40
132	Im Mittel von 32 Analysen	„	—	42.4	14.6	—	—	—		Mittel von 267 Analys.		8.81	43.09	14.58	21.08	5.38	7.06
133	Desgl. v. 39 An.	1885	—	43.3	14.3	—	—	—		(Von No. 3 an)							
134	Desgl. v. 20 An.	1886	—	44.80	13.35	—	—	—									

Cocosnusskuchen. Coprakuchen. Aus dem Samen der Cocos nucifera L.

No.	Bezeichnungen und Bemerkungen	Jahr der Untersuchung	Wasser %	Nh-Substanz %	Rohfett %	Nfr. Extractstoffe %	Rohfaser %	Asche %	No.	Bezeichnungen und Bemerkungen	Jahr der Untersuchung	Wasser %	Nh-Substanz %	Rohfett %	Nfr. Extractstoffe %	Rohfaser %	Asche %
1		1856	11.60	26.88	—	—	—	9.28	7	Cocosnussmehl	1872	10.84	20.12	22.72	—	—	5.12
2		1860	11.44	37.18	6.86	—	—	5.38	8	Desgl. . . .	1873	9.96	17.93	23.20	—	—	4.80
3		1867	11.83	19.31	16.60	30.23	17.16	4.87	9		„	8.90	20.70	11.40	39.50	14.30	5.20
4		„	10.60	17.20	18.50	32.20	17.80	3.70	10		„	7.50	18.94	10.56	43.17	13.17	6.66
5		1869	5.98	20.37	15.85	46.53	7.47	4.80	11		1872	8.91	20.88	7.42	36.23	20.72	5.84
6		1871	9.35	22.38	9.37	41.46	11.41	6.03	12		1873	10.59	16.25	10.10	43.10	14.57	5.39

No. 124. Charl. W. Dabney. — Ann. Rep. North Carolina Agr. Exp. Stat. 1881. 112.
No. 125 u. 126. W. H. Jordan. Maine Fertilizer Control u. Agr. Exp. Stat. 1885/6. 51. Jahresb. der Agr.-Chem. 1886. 378 und 379.
No. 127—129. F. Soxhlet (Central-V.-St. München). — Originalmittheilung. No. 127 und 129 stammten aus der Fabrik von Carl Hirschberg in Itzehoe. No. 128 v. J. Erling in Bremen.
No. 130. M. Siewert (V.-St. Danzig). — Originalmittheilung. Die Extremzahlen betrugen:

	Jahr der Untersuchung	Wasser	Nh. Substanz	Rohfett	Nfr. Extractstoffe	Rohfaser	Rohasche
Maximum . . .	1888	11.00	46.37	19.72	26.73	6.40	7.80
Minimum . . .	1883	7.40	38.50	12.70	18.04	3.60	5.50

No. 131. E. Wolff (V.-St. Hohenheim). — W. Wochenbl. f. Landwirthsch. 1884. 292.
No. 132—134. Th. Dietrich (V.-St. Marburg). — Originalmittheilung. Der Gehalt schwankte:

1884	bei dem Proteïn 35.68—47.38 %	bei dem Fett	11.28—19.41 %
1885	„ „ „ 39.8 —48.7 „	„ „	9.80—17.60 „
1886	„ „ „ 43.0 —47.0 „	„ „	11.73—17.69 „

No. 135—144. E. Heiden, Soff, Töpelmann, Reh u. Bauer (V.-St. Pommritz). — Originalmittheilung. Die Proben enthielten Sand:

No. 135	136	137	138	139	140	141	142	143	144
0.72	0.11	0.42	0.24	0.32	0.06	0.24	0.13	0.26	0.20 %

No. 145. E. H. Jenkins. — Connecticut Agr. Exp. Stat. Rep. f. 1887. 187. Composition of American Feeding Stuffs. Die Schwankungen im Gehalte betrugen hinsichtlich des Wassergehalts von 5.8—18.5 %, beim Proteïn von 23.3—50.8 %, beim Fett von 10.2—18.0 %, bei den Nfr. Extraktstoffen von 12.7—38.6 %, bei der Rohfaser von 2.7—11.7 %.

Cocosnusskuchen. Coprakuchen.
No. 1. A. Voelcker. — Weende'r Jahresb. 1855/56. I. 246. In der Asche 4.12 % Kalk- und Magnesia-Phosphat und 0.13 % P_2O_5 an Alkalien gebunden.
No. 2. W. Wicke. — J. f. L. 1860. 236.
No. 3. W. Henneberg. — Ebendaselbst 1867. 234. Hellfarbige, nicht sehr feste Kuchen. Rohfaser frei von Nh. Substanz: 16.82 %.
No. 4. G. Kühn u. M. Märcker. — Weende'r Jahresber. 1867/68. 521.
No. 5. Th. Dietrich u. J. König (V.-St. Altmorschen). — Originalmittheilung. An in Zucker überführbaren Stoffen (Zucker) 16.55, bezw. 17.59 %.
No. 6. Th. Dietrich (V.-St. Altmorschen). — Landw. Anzg. f. d. Rgbz. Cassel 1871. 232.
No. 7 u. 8. C. Karmrodt (V.-St. Bonn). — Ztschr. d. landw. Ver. f. Rheinpreussen 1873. 44; 1874. 17.
No. 9. A. Voelcker. — Landw. Centralbl. 1873. II. 371. (Journ. Roy. Agric. Soc. Engl. 1874. II. 278.)
No. 10—13. Alberti u. Hempel. — 1., 2. u. 3. Ber. d. V.-St. Hildesheim.

No.	Bezeichnungen und Bemerkungen	Jahr der Untersuchung	In der ursprünglichen Substanz					
			Wasser %	Nh-Substanz %	Rohfett %	Nfr. Extractstoffe %	Rohfaser %	Asche %
13		1874	12.14	21.00	7.51	32.64	21.14	5.57
14		1875	—	18.75	11.82	—	—	—
15		1873	6.72	20.94	12.27	38.74	15.39	5.74
16		1874	11.09	20.62	12.49	35.61	15.10	5.09
17		„	9.29	20.80	9.03	47.78	6.84	6.26
18		„	9.01	19.50	13.70	43.39	8.48	5.92
19		„	10.56	24.07	7.73	39.60	12.54	5.50
20		„	10.29	20.25	7.52	46.71	9.73	5.50
21		1875	9.90	20.40	22.60	28.90	11.50	6.70
22		„	7.96	21.25	8.65	36.20	20.27	5.67
23		1876	10.22	22.44	7.20	39.51	15.26	5.37
24		„	13.30	17.39	8.63	33.50	22.05	5.13
25		„	12.52	19.77	8.46	38.05	16.14	5.06
26		„	12.38	21.26	8.20	34.73	18.03	5.40
27		„	19.55	19.46	5.97	35.58	14.76	4.68
28		„	11.79	19.56	8.43	38.80	16.42	5.00
29		1878	10.36	17.69	9.83	44.80	11.74	5.58
30		„	8.79	17.59	11.04	45.80	11.17	5.61
31		1876	10.05	18.31	9.71	31.08	27.55	3.30
32	Mehl . . .	1877	11.58	17.25	18.07	33.74	14.10	5.26
33		1873	8.74	20.76	9.44	40.79	14.71	5.56
34		„	9.15	20.25	10.69	38.41	15.84	5.66
35		1876	5.49	16.37	16.41	34.10	19.81	7.82
36		„	9.16	18.18	8.49	44.44	14.20	5.53
37		1877	9.27	19.31	9.35	39.88	17.02	5.17
38		1874	9.46	13.77	17.01	—	—	—
39		1876	—	14.71	7.72	—	—	—
40	Presskuchen-Stücke . .	„	—	11.71	12.61	—	—	—
41	Presskuchen-Gries . . .	„	—	10.36	14.41	—	—	—
42		„	—	18.68	—	—	—	—
43		1877	—	21.31	9.42	—	—	—
44		„	11.03	17.87	11.88	40.40	12.50	6.32
45		„	9.73	18.68	16.39	35.85	13.85	5.50

No.	Bezeichnungen und Bemerkungen	Jahr der Untersuchung	In der ursprünglichen Substanz					
			Wasser %	Nh-Substanz %	Rohfett %	Nfr. Extractstoffe %	Rohfaser %	Asche %
46		1878	11.03	19.25	12.83	39.18	12.20	5.51
47		„	—	17.25	16.27	—	—	—
48		1879	9.35	18.44	10.54	43.40	12.07	6.20
49		„	8.44	17.54	15.24	38.24	12.96	7.58
50		„	11.42	19.38	7.90	43.04	13.04	—
51		„	8.03	19.44	9.39	44.42	13.38	—
52		„	11.72	25.52	11.38	30.30	11.76	9.32
53		„	—	20.37	11.37	—	—	—
54		1875	—	18.36	6.80	—	—	—
55		1877	—	22.75	13.66	—	—	—
56		1878	10.70	20.13	11.64	37.38	15.00	5.15
57		1879	8.93	20.13	10.88	41.49	12.62	5.95
58		„	—	21.00	11.56	—	—	—
59		„	—	21.44	7.40	—	—	—
60		1880	—	21.87	5.60	—	—	—
61	Mehl mit CS_2 extrahirt . .	1878	13.11	19.16	6.70	43.91	9.72	7.40
62	Mehl . . .	1879	—	21.13	10.80	—	—	—
63		„	11.19	19.25	9.58	46.81	6.89	6.28
64		1878	—	15.10	17.40	—	—	—
65		„	—	21.00	10.70	—	—	—
66		„	10.97	—	13.96	—	—	7.32
67	Cocospulver .	„	15.30	14.50	2.30	—	15.50	5.80
68		„	—	16.01	4.68	—	—	—
69	Mehl . . .	„	13.11	19.16	6.70	43.91	9.72	7.40
70	Mehl . . .	„	10.00	19.10	9.04	46.38	7.87	7.61
71		1877/82	7.83	22.38	7.52	44.65	12.20	5.42
72		„	10.20	17.94	9.56	47.36	7.76	7.18
73		1879	17.70	—	13.60	—	—	—
74		„	—	—	10.90	—	—	—
75		„	15.90	—	12.40	—	—	—
76		1881	—	—	13.4	—	—	—
77		„	—	21.9	8.4	—	—	—
78		„	—	19.3	14.7	—	—	—
79		„	—	18.40	17.60	—	—	—

No. 14. C. Müller. — 4. Ber. d. V.-St. Hildesheim. 18.
No. 15 u. 16. P. Wagner (V.-St. Darmstadt). — Deren Bericht 1874. 20 und Originalmittheilung.
No. 17 u. 18. J. Fittbogen (V.-St. Dahme). — Originalmittheilung.
No. 19. E. Wolff. — Württemb. Wochenbl. f. Land- u. Forstw. 1873. 262.
No. 20. J. König u. C. Brimmer. — Ber. d. V.-St. Münster 1871/77. 43.
No. 21. J. Lehmann. — Ztschr. d. landw. Ver. in Bayern 1875. 151.
No. 22. G. Kühn u. Weckwarth (V.-St. Möckern). — Originalmittheilung.
No. 23. G. Kühn u. Kelbe (V.-St. Möckern). — Originalmittheilung.
No. 24—30. P. Vieth (V.-St. Raden). — Originalmittheilung.
No. 31 u. 32. W. Hoffmeister (V.-St. Insterburg). — Originalmittheilung.
No. 33—42. A. Emmerling u. Rich. Wagner (V.-St. Kiel). — Ber. ders. 1871/77.
No. 43—53. A. Emmerling u. M. Schrodt (V.-St. Kiel). III. Ber. ders. 1875|79.
No. 54—60. R. Heinrich (V.-St. Rostock). — Ber. ders. Wismar, 1882. 44.
No. 61. A. Petermann u. Molinari; No. 62. A. Petermann u. Mercier u. No. 63. A. Petermann u. Gillekens (V.-St. Gembloux). — Originalmittheilung.
No. 64 u. 65. P. Wagner u. W. Rohn (V.-St. Darmstadt). — Originalmittheilung.
No. 66. F. O. Bergstrand (V.-St. Westerås). — Originalmitteilung.
No. 67. Ad. Mayer (V.-St. Wageningen). — Originalmittheilung.
No. 68. Alb. Stutzer (V.-St. Bonn). — Originalmiittheilung.
No. 69 u. 70. L. Grandeau (V.-St. Nancy). — Originalmittheilung.
No. 71 u. 72. J. Fittbogen u. Schiller (V.-St. Dahme). — Originalmittheilung.
No. 73—83. P. Wagner (V.-St. Darmstadt). — Ztschr. f. d. landw. Ver. d. Grossh. Hessen 1880. 78; 1882. 71; 1883. 39.

No.	Bezeichnungen und Bemerkungen	Jahr der Untersuchung	In der ursprünglichen Substanz Wasser %	Nh-Substanz %	Rohfett %	Nfr. Extractstoffe %	Rohfaser %	Asche %
80		1881	—	17.10	16.40	—	—	—
81		„	—	—	12.30	—	—	—
82		1882	—	20.15	19.36	—	—	—
83		„	—	17.30	12.79	—	—	—
84		1881	—	17.54	8.20	—	—	—
85		„	—	19.80	8.30	—	—	—
86		„	—	19.30	6.32	—	—	—
87		„	—	21.28	8.96	—	—	—
88		„	—	21.00	12.80	—	—	—
89		„	—	18.96	6.70	—	—	—
90		„	—	21.00	5.68	—	—	—
91		„	—	20.90	16.66	—	—	—
92		„	—	22.18	6.13	—	—	—
93		„	—	21.70	7.24	—	—	—
94		„	—	21.90	10.30	—	—	—
95		„	—	21.44	6.94	—	—	—
96		„	—	20.12	6.40	—	—	—
97		„	—	20.30	6.70	—	—	—
98		„	—	21.35	7.10	—	—	—
99		„	11.20	21.90	2.93	30.80	28.12	5.05
100		„	11.05	21.62	16.94	30.32	13.97	6.10
101		„	5.58	20.41	10.85	38.13	19.30	5.73
102		„	8.93	22.06	8.88	36.66	17.99	5.51
103	Coprakuchen .	„	9.67	19.75	6.95	39.72	15.32	8.59
104	Aus Berlin .	1879/83	—	20.00	12.00	—	—	—
105	Aus Hamburg	„	—	19.00	12.00	—	—	—
106	Mehl, a. Leipzig	„	—	23.00	10.00	—	—	—
107	Cocoskuchen .	1881	18.14	21.50	17.84	24.48	12.54	5.50
108	Desgl. . . .	1884	17.32	22.38	8.20	31.08	13.74	7.28
109	Desgl. . . .	„	9.08	19.09	11.74	34.06	20.43	5.60
110	Cocosmehl . .	„	11.12	17.94	10.88	35.34	17.40	7.32
111		1879	8.88	15.94	9.55	50.16	10.55	4.92
112		„	10.67	20.56	10.81	46.49	6.71	4.76

No.	Bezeichnungen und Bemerkungen	Jahr der Untersuchung	In der ursprünglichen Substanz Wasser %	Nh-Substanz %	Rohfett %	Nfr. Extractstoffe %	Rohfaser %	Asche %
113		1879	9.63	20.56	7.88	42.61	14.03	5.29
114		„	11.57	19.81	6.89	29.35	27.15	5.23
115	Mittel von 8 Analysen . .	1881	—	19.31	7.84	—	—	—
116		1882	—	17.75	13.89	—	—	—
117	Mittel von 3 Analysen . .	1883	—	19.28	12.82	—	—	—
118		1875	—	21.50	10.60	—	—	—
119		„	—	18.94	12.62	—	—	—
120		„	—	21.62	7.44	—	—	—
121		1876	—	18.94	9.91	—	—	—
122		„	—	20.56	10.65	—	—	—
123		„	—	19.56	10.25	—	—	—
124		„	—	16.63	10.73	—	—	—
125		„	—	16.75	7.65	—	—	—
126		1877	—	19.75	12.96	—	—	—
127		„	—	14.85	12.30	—	—	—
128		„	—	15.56	9.56	—	—	—
129	Mittel von 3 Analysen . .	1878	8.90	19.80	11.30	36.90	14.30	6.40
130		1881	—	20.40	11.90	—	—	—
131		1882	8.70	19.10	16.00	—	—	—
132		„	8.30	21.70	11.80	—	—	—
133		„	9.30	21.70	13.10	—	—	—
134		„	13.00	16.90	12.20	—	—	—
135		„	12.56	20.50	9.72	34.17	17.43	2.62
136		„	12.32	17.69	8.12	36.50	19.73	5.64
137		1880	7.86	21.06	10.73	41.75	13.46	5.14
138		„	7.36	20.81	14.48	36.44	14.83	6.08
139		„	9.30	20.06	12.66	37.59	13.70	6.69
140		„	9.00	21.90	6.30	42.80	15.10	4.90
141		„	11.05	21.62	16.94	30.32	13.97	6.10
142		1882	13.20	19.02	10.00	44.45	19.89	5.60

No. 84—99. R. Heinrich (V.-St. Rostock). Deren Bericht 1882.
No. 100—102. E. Wolff (L. V.-St. Hohenheim). — Württemb. Wochenbl. f. Landw. 1882. 229.
No. 103. Th. Dietrich (V.-St. Marburg). — Landw. Ztg. f. d. Rgbz. Cassel 1881. 691.
No. 105—110. F. Soxhlet. — (Central-V.-St. München) 1879—83. Originalmittheilung. No. 108 ist von Carl Hirschberg in Itzehoe, No. 109 von J. Georg Wolff Söhne in Grossgerau und No. 110 von C. Rengert & Co. in Berlin geliefert.
No. 111. W. Fleischmann. — Landw. Jahrbücher 1880. 817.
No. 112—114. J. König. — Ebendaselbst u. Landw. Ztg. f. Westfalen u. Lippe 1880. 36.
No. 115—117. J. König (V.-St. Münster). — 3. Bericht 1881/83. 12. Der Gehalt der im Jahre 1881 untersuchten 8 Proben schwankte bei dem Proteïn von 17.1—22.06 %, bei dem Fett von 3.95—10.86 %.
No. 118—121. F. Holdefleiss (V.-St. Halle). — Zeitschr. d. landw. Centralv. f. d. Prov. Sachsen 1876. 245 u. 249.
No. 122—125. A. Pagel (V.-St. Halle). — Ebendaselbst 1877. 89.
No. 126—128. W. Th. Osswald (V.-St. Halle). — Ebendaselbst 1878. 13.
No. 129. M. Märcker (V.-St. Halle). — Ebendaselbst 1879. 112.
No. 130—134. M. Märcker (V.-St. Halle). — Originalmittheilung.
No. 135 u. 136. J. Moser (V.-St. Wien). — Bericht f. 1882/83. 3. Sand 0.02 bezw. 0.04 %.
No. 137. K. Müller (V.-St. Hildesheim). — Landw. Jahrbücher 1880. 815.
No. 138 u. 139. M. Märcker (V.-St. Halle). — Ebendaselbst.
No. 140. F. Heidepriem (V.-St. Cöthen). — Ebendaselbst.
No. 141. C. Kreuzhage (V.-St. Hohenheim). — Landw. V.-St. 27. 1882 221.
No. 142—146. M. Siewert (V.-St. Danzig). — Originalmittheilung. In den Proben war Sand enthalten:

No. 143	144	145	146
2.32 %	0.75 %	1.35 %	2.36 %

No.	Bezeichnungen und Bemerkungen	Jahr der Untersuchung	In der ursprünglichen Substanz: Wasser %	Nh-Substanz %	Rohfett %	Nfr. Extractstoffe %	Rohfaser %	Asche %	No.	Bezeichnungen und Bemerkungen	Jahr der Untersuchung	In der ursprünglichen Substanz: Wasser %	Nh-Substanz %	Rohfett %	Nfr. Extractstoffe %	Rohfaser %	Asche %
143		1883	10.50	17.50	12.78	45.28	6.84	7.10	148	Mehl . . .	1886	12.58	29.06	9.08	33.91	6.14	9.23
144	Mehl . . .	1884	7.45	19.34	4.22	52.55	9.79	6.65		Minimum .	An-zahl	5.49	10.36	2.43	26.71	5.65	2.68
145	Desgl. . . .	„	13.40	19.25	10.04	44.32	6.29	6.70		Maximum .	d. An.	19.55	29.73	23.04	50.78	28.30	9.45
146	Desgl. . . .	„	13.00	18.80	9.91	44.58	5.50	8.21		Mittel v. 1870							
147		1886	—	21.00	10.37	—	—	—		bis 1879 . .	87	10.66	19.06	11.05	41.06	14.12	4.05
										Desgl. v. 1880							
										bis jetzt . .	63	10.24	20.28	10.63	38.35	14.30	6.20
										Gesammtmittel	150	10.56	19.51	10.90	40.26	14.17	4.60
										(Von No. 2 an)							

Maiskeimkuchen (Nebenproduct bei der Stärkemehlbereitung).

No.	Bezeichnungen und Bemerkungen	Jahr der Untersuchung	Wasser %	Nh-Substanz %	Rohfett %	Nfr. Extractstoffe %	Rohfaser %	Asche %	No.	Bezeichnungen und Bemerkungen	Jahr der Untersuchung	Wasser %	Nh-Substanz %	Rohfett %	Nfr. Extractstoffe %	Rohfaser %	Asche %
1		1867	10.11	15.45	11.31	45.62	10.26	7.25	22		1872/79	10.85	13.85	6.28	60.81	5.73	1.48
2		1872	13.55	10.75	10.21	48.98	12.17	4.34	23		„	12.13	13.81	5.45	62.32	4.83	1.46
3		„	8.97	23.34	7.38	49.17	4.72	6.42	24		„	12.12	13.37	6.12	61.97	4.92	1.51
4	Ungarische .	1877	10.12	15.34	6.33	53.42	9.14	5.35	25		„	12.79	14.15	5.07	60.32	5.67	2.00
5	„Maiskuchen“	1878	13.70	10.40	3.80	—	—	2.30	26		„	11.60	12.98	6.14	63.40	4.82	1.06
6	Maispresskuch.	1876	12.24	9.78	3.06	69.16	2.86	2.81	27		„	12.90	14.13	5.24	60.11	6.01	1.60
7	Tourteau de								28		„	9.60	14.21	5.12	65.51	4.43	1.14
	Maïs . . .	1872/79	11.77	16.23	8.84	51.27	5.56	6.33	29		„	10.30	14.55	4.39	53.44	5.07	1.25
8		„	12.00	15.14	2.66	62.76	6.51	0.93	30		„	11.00	17.12	5.71	60.70	4.80	0.67
9		„	14.90	20.59	5.36	53.87	4.17	1.11	31		„	10.00	16.42	3.46	63.41	5.94	0.77
10		„	11.20	21.19	8.22	51.54	6.52	1.33	32		„	8.70	16.66	5.20	63.19	5.43	0.82
11		„	12.04	14.52	8.23	55.61	7.39	2.14	33		„	9.80	14.18	4.56	66.50	5.14	0.72
12		„	9.77	15.55	11.28	51.91	8.57	2.92	34		„	9.30	13.79	4.04	66.00	5.57	1.30
13		„	11.11	16.22	4.35	62.27	4.44	1.60	35		„	14.50	13.87	3.42	62.64	4.70	0.77
14		„	11.19	14.41	5.12	62.02	6.04	1.25	36		„	9.40	18.31	6.45	60.74	3.99	1.01
15		„	11.74	13.87	6.02	61.36	5.52	1.50	37		„	11.40	15.27	4.94	64.79	5.54	1.06
16		„	9.40	13.78	6.42	63.13	5.57	1.70	38		„	15.35	14.59	2.54	60.70	5.21	1.61
17		„	11.84	13.85	6.12	61.18	5.42	1.59	39	Mittel von 186							
18		„	10.45	13.62	5.02	64.19	5.15	1.58		Analysen . .	1880	11.47	17.05	8.40	56.85	4.45	1.78
19		„	11.92	12.93	5.27	63.36	5.06	1.44	40	Herkunft A. .	„	12.62	16.75	8.26	56.24	5.07	1.06
20		„	9.79	13.71	5.71	64.09	4.78	1.83	41	Herkunft B. .	„	12.16	14.86	7.45	52.94	7.66	5.02
21		„	11.52	14.33	5.22	62.26	5.09	1.58	42	Herkunft C. .	„	9.63	18.55	10.36	58.43	2.15	0.88

No. 147. Th. Dietrich (V.-St. Marburg). — Landw. Ztg. f. d. Rgbz. Cassel 1886. 651. Das Muster entstammte der Fabrik Achenbach & Co. Hamburg.

No. 148. E. Heiden u. Reh (V.-St. Pommritz). — Originalmittheilung. Die Probe enthielt 1.57% Sand.

Maiskeimkuchen (Nebenproduct bei der Stärkemehlbereitung).

No. 1. J. Moser (V.-St. Wien). — Weende'r Jahresber. 1866/67. 338. (Wiener allgem. land- u. forstw. Ztg. 1867. No. 20.)

No. 2. J. Moser (V.-St. Wien). — Bericht derselben 1870—1877. Tab. IV. S. XXVI.

No. 3. Angelo Pavesi (V.-St. Milano). — Relazione della Stazione di Prova in Milano 1872 u. 1873. 11. Das Muster enthielt an Kohlehydraten (Stärkemehl, Zucker und Dextrin) 36.47%. „Panelli ottenuti dall' embrione del grano turco“.

No. 4. Th. Dietrich (V.-St. Altmorschen). — Landw. Ztg. f. d. Rgbz. Cassel 1877. 130.

No. 5. Ad. Mayer (V.-St. Wageningen). — Originalmittheilung. Ob unter obiger Bezeichnung Maiskeimkuchen zu verstehen, ist fraglich.

No. 6. R. Emmerling (V.-St. Kiel). — Originalmittheilung. Von Markens in Delft (Holland).

No. 7—38. L. Grandeau (V.-St. Nancy). — Originalmittheilung. Als Mittel-, Maximal- und Minimalzahlen giebt Grandeau für die Zusammensetzung dieses Futtermittels (berechnet aus 31 Analysen) an:

	Wasser	Nh. Substanz	Rohfett	Nfr. Extractstoffe	Rohfaser	Rohasche
Mittel . . .	11.47	17.33	7.75	57.86	4.54	1.08
Maximum .	21.30	22.84	11.54	66.50	8.57	5.60
Minimum .	8.70	12.98	2.54	51.10	1.46	0.40

Compt. rend. Congrès international des directeurs des stations agronomiques par L. Grandeau. Paris, 1881. 220. Vollständig decken sich diese Zahlen nicht mit den Einzelanalysen unter No. 7—38.

No. 39—43. L. Grandeau. — Compt. rend. des travaux du Congrès international des directeurs des Stations agronomiques par L. Grandeau (Rapport sur les travaux du laboratoire de recherches de la Compagnie générale, en 1880). Paris, 1881. 256. Die Extreme der gefundenen Gehalte sind folgende:

No.	Bezeichnungen und Bemerkungen	Jahr der Untersuchung	In der ursprünglichen Substanz Wasser %	Nh-Substanz %	Rohfett %	Nfr. Extractstoffe %	Rohfaser %	Asche %	No.	Bezeichnungen und Bemerkungen	Jahr der Untersuchung	In der ursprünglichen Substanz Wasser %	Nh-Substanz %	Rohfett %	Nfr. Extractstoffe %	Rohfaser %	Asche %
43	Mittel dieser .	1880	11.46	16.72	8.69	55.85	4.96	2.32	48		1886	10.11	17.31	11.86	46.09	6.50	8.13
44		1875	13.46	11.06	5.01	64.71	4.96	0.80		Minimum		8.70	9.87	2.68	44.95	2.11	0.67
45		1871	10.22	13.68	9.62	49.46	7.34	9.68		Maximum		15.35	22.71	11.79	69.80	12.47	9.55
46		1879	11.17	16.23	8.84	51.27	5.56	6.33		Mittel von							
47		1870	(9.11	14.07	12.10	56.75	4.54	3.43)		232 Analys.		11.43	16.60	8.00	57.37	4.68	1.92

Reiskeimkuchen.

No.	Bezeichnungen und Bemerkungen	Jahr	Wasser	Nh-Substanz	Rohfett	Nfr. Extractstoffe	Rohfaser	Asche
1	Panelli dall' embryone del riso	1872	10.20	15.62	20.08	—	—	—

Sojabohnenkuchen. Aus dem Samen der Soja hispida.

No.	Bezeichnungen und Bemerkungen	Jahr	Wasser	Nh-Substanz	Rohfett	Nfr. Extractstoffe	Rohfaser	Asche	No.	Bezeichnungen und Bemerkungen	Jahr	Wasser	Nh-Substanz	Rohfett	Nfr. Extractstoffe	Rohfaser	Asche
1	Chinesisch. Oelbohnenkuchen	1861	14.44	45.87	6.88	21.48	5.25	6.08	4		1875	14.00	35.56	9.60	30.95	5.19	4.70
2		1872	12.82	45.93	5.32	24.52	5.71	5.70	5		1881	13.40	40.30	7.50	28.10	5.50	5.20
3	Chinesisch. Oelbohnenkuchen	1876	8.30	39.25	6.67	34.95	5.03	5.08		Mittel . .		12.59	41.38	7.19	28.15	5.34	5.35

Cacao-Oelkuchen. Aus dem Samen der Theobroma Cacao L.

No.	Bezeichnungen und Bemerkungen	Jahr	Wasser	Nh-Substanz	Rohfett	Nfr. Extractstoffe	Rohfaser	Asche	No.	Bezeichnungen und Bemerkungen	Jahr	Wasser	Nh-Substanz	Rohfett	Nfr. Extractstoffe	Rohfaser	Asche
1		1869	8.97	20.75	11.44	39.41	14.27	5.16	4	Cacaokuchen .	1873	15.00	19.80	8.00	32.50	18.30	6.40
2		1873	7.50	18.94	10.56	43.17	13.17	6.66		Mittel . .		9.72	18.84	11.59	37.83	15.25	6.77
3	Cacaopulver .	1872	7.39	15.87	16.34	—	—	8.86									

Olivenkuchen. Aus dem Fruchtfleisch und dem Samen der Olea europaea L.

No.	Bezeichnungen und Bemerkungen	Jahr	Wasser	Nh-Substanz	Rohfett	Nfr. Extractstoffe	Rohfaser	Asche	No.	Bezeichnungen und Bemerkungen	Jahr	Wasser	Nh-Substanz	Rohfett	Nfr. Extractstoffe	Rohfaser	Asche
1	Panelli di olive	1872	(12.00	28.75	—	—	—	10.60)	4		1873	17.10	3.50	11.30	—	33.20	7.70
2	Aus Spanien .	„	10.77	8.56	25.69	22.36	28.64	3.98	5		1874	6.80	7.75	20.33	27.01	34.65	3.46
3		1873	13.40	6.00	3.10	—	38.20	8.60	6	Ohne Kerne .	„	12.39	7.64	14.70	—	—	4.80

		Wasser	Nh. Substanz	Rohfett	Nfr. Extractstoffe	Rohfaser	Rohasche
Herkunft A.	Maximum	20.90	19.56	11.40	63.00	8.75	2.40
	Minimum	6.98	12.63	6.00	50.63	3.00	0.40
Herkunft B.	Maximum	16.50	21.53	11.80	65.29	3.70	1.64
	Minimum	5.35	16.25	7.40	51.88	1.25	0.34
Herkunft C.	Maximum	14.20	16.15	9.40	56.49	11.25	2.90
	Minimum	10.58	1 3.25	5.80	46.84	6.10	0.12

Die unter 40—43 aufgeführten Analysen beziehen sich auf 177 Proben, welche aus verschiedenen, mit A—C bezeichneten Bezugsquellen stammten. Die Maiskuchen sind hier als Nebenproduct der Stärkezuckerfabrikation bezeichnet.

No. 44. A. Voelcker. — J. f. Landwirthsch. 1876. 374.
No. 45. A. Petermann. — Oekonomische Fortschritte 1871. No. 10. In dem Muster 5.30 % Sand.
No. 46. A. Petermann u. Warsage (V.-St. Gembloux). — Originalmittheilung.
No. 47. J. Lenz. — Landw. V.-St. 12. 1870. 344. Als Maiskeime bezeichnet.
No. 48. Th. Dietrich (V.-St. Marburg). — Landw. Ztg. u. Anzg. f. d. Rgbz. Cassel 1886. 654.

Reiskeimkuchen.
No. 1. Angelo Pavesi (V.-St. Mailand). — Relazione della Stazione di Prova in Milano 1872 u. 1873. 13.

Sojabohnenkuchen.
Die Analysen aus früherer Zeit beziehen sich auf Material, welches als Rückstände der „chinesischen Oelbohne" bezeichnet war.
No. 1. Th. Anderson. — Wilda's landw. Centralbl. 1861. I. 210.
No. 2. Aug. Voelcker. — Chem. Ackersm. 1872. 62.
No. 3. Aug. Voelcker. — J. R. Agric. Soc. England 1876. II. 298.
No. 4. Kleinstück. — Chem. Ackersm. 1875. 247.
No. 5. E. Kinch. — Biedermann's Centralbl. f. Agrik.-Chem. 1882. 753.

Cacao-Oelkuchen.
No. 1 u. 2. Aug. Voelcker. — J. R. Agric. Soc. England. No. 1. 1870. I. 144. No. 2. 1874. II. 278.
No. 3. A. Stöckhardt. — Chem. Ackersm. 1872. 62.
No. 4. Aug. Voelcker. — Ebendaselbst 1873. 137.

Olivenkuchen.
No. 1. Angelo Pavesi. — Relazione della Stazione di prova in Milano 1872/73. Milano, 1874. 10.
No. 2. A. Petermann u. L. H. Friedburg (V.-St. Gembloux). — Landw. V.-St. 1872. 466. Rückstände der bis zum Zerquetschen der Kerne gepressten Oliven.
No. 3—5. Aug. Voelcker. — Chem. Ackersm. 1873. 137. (J. R. Agric. Soc. Engl.). J. R. Agr. Soc. Engl. 1874. II. 278.
No. 6 u. 7. F. Sestini u. G. Del Torre (V.-St. Rom). — Landw. V.-St. 17. 1874. 433.

No.	Bezeichnungen und Bemerkungen	Jahr der Untersuchung	In der ursprünglichen Substanz: Wasser %	Nh-Substanz %	Rohfett %	Nfr. Extractstoffe %	Rohfaser %	Asche %	No.	Bezeichnungen und Bemerkungen	Jahr der Untersuchung	In der ursprünglichen Substanz: Wasser %	Nh-Substanz %	Rohfett %	Nfr. Extractstoffe %	Rohfaser %	Asche %
7	Ohne Kerne .	1874	13.16	4.71	12.97	—	—	7.51	10	Sanza u Buccia	1880	8.80	8.60	10.50	—	—	4.12
8	Ausgesiebte feine Substanz	1876	31.90	7.59	19.01	16.04	22.75	2.71	11	Desgl. . . .	„	10.75	9.82	11.82	—	—	3.90
9	Aus Marseille	1878	19.77	—	12.18	—	—	1.36		Mittel . .		14.48	7.17	14.16	27.89	31.49	4.81

Verschiedenartige Oelkuchen.

No.	Bezeichnungen und Bemerkungen	Jahr der Untersuchung	Wasser %	Nh-Substanz %	Rohfett %	Nfr. Extractstoffe %	Rohfaser %	Asche %	No.	Bezeichnungen und Bemerkungen	Jahr der Untersuchung	Wasser %	Nh-Substanz %	Rohfett %	Nfr. Extractstoffe %	Rohfaser %	Asche %
1	Crambolina Cake . . .	1850	11.62	28.79	9.50	—	—	7.85	7	Weinkernkuch.	1872	8.20	13.03	3.10	25.71	42.31	7.65
									8	Theesamenk. .	1884	10.99	13.31	—	—	—	6.25
2	Rübensamenk. (Ravisson) .	1873	11.25	43.75	8.03	—	—	11.10	9	Tofukuchen .	„	85.74	3.81	1.46	5.38	3.15	0.46
3	Johannisbrodkuchen . .	1875	12.55	12.50	8.88	47.46	14.01	4.60	10	Aus Sambucus Ebulus . .	1876	9.32	10.77	12.52	17.32	45.28	4.79
									11	Tabaksamenk.	1877	10.69	25.60	14.60	15.08	22.43	11.60
4	Tourt. de pignon d'Inde . .	1862	10.00	21.25	14.50	—	—	4.50	12	Desgl. . . .	1878	14.40	26.03	15.14	13.80	21.57	9.06
5	Vateriakuchen	1882	3.37	12.25	17.06	57.55	5.13	4.64	13	Flachsknotenmehl . . .	1857	9.85	12.94	20.41	—	—	7.24
6	Euphorbianusskuchen . .	1873	—	20.99	—	—	—	—	14	Flachsknotenkuchen . .	„	35.49	7.94	6.94	—	—	6.90

Rückstände von der Gewinnung ätherischer Oele.

Kümmel-Samen-Rückstände.

a. Im wässrigen Zustande.

No.	Bezeichnungen und Bemerkungen	Jahr der Untersuchung	Wasser %	Nh-Substanz %	Rohfett %	Nfr. Extractstoffe %	Rohfaser %	Asche %	No.	Bezeichnungen und Bemerkungen	Jahr der Untersuchung	Wasser %	Nh-Substanz %	Rohfett %	Nfr. Extractstoffe %	Rohfaser %	Asche %
1		1876	32.27	15.13	10.49	26.04	10.39	5.68	5		1878	59.90	8.80	8.30	12.70	6.60	3.70
2		1877	25.50	18.16	12.81	27.11	10.93	5.69	6		„	45.10	14.10	11.80	16.70	8.50	3.80
3		1878	21.80	18.80	12.80	28.90	11.80	5.90	7		1875	32.99	13.94	14.47	21.46	11.54	5.60
4		„	25.30	19.00	13.20	26.10	10.80	5.60		Mittel . .		34.69	15.42	12.12	22.54	10.09	5.14

No. 8. E. Mach u. Fr. Kurmann. — Originalmittheilung. Kerne und grobe Substanz im Betrage von 84.4 % der ursprünglichen Substanz abgesiebt. In 100 Asche 4.58 P_2O_5.
No. 9. Th. Bermann. — Originalmittheilung.
No. 10 u. 11. C. Schaedler. — Dessen: Technologie der Fette. Berlin, 1883. 458.

Verschiedenartige Oelkuchen.
No. 1. Th. Anderson. — Trans. Highl. Soc. Juli 1849 bis März 1851.
No. 2—3. E. W. Olbers (V.-St. Alnarp). — Originalmittheilung.
No. 4. J. Girardin. — J. d'agric. pratique 1862. II. 35. Aus dem Samen der Jatropha curias L. Giftig.
No. 5. J. Moser (V.-St. Wien). — Bericht f. 1882 u. 83. Aus dem Samen der Vateria indica L. Das Muster enthielt 0.4 % eines alkaloidartigen Körpers.
No. 6. Emmerling (V.-St. Kiel). — Bericht f. 1871/77. Kiel, 1877. Die Species der Euphorbia ist nicht angegeben.
No. 7. Angelo Pavesi (V.-St. Mailand). — Relazione della stazione di prova Milano 1872/73. 11. „Panelli di vinacciuoli". Stärkemehl, Zucker und Dextrin = 11.73 %.
No. 8 u. 9. O. Kellner. — Mittheilungen d. deutsch. Gesellsch. f. Natur- u. Völkerkunde Ostasiens. Sonderabdruck aus Bd. IV. No. 35. Die Theesamenkuchen eignen sich ihres intensiv bitteren Geschmacks wegen nicht zur Fütterung. Die Tofukuchen sind Rückstände von der Bereitung des Tofu aus Sojabohnen. In den Tofukuchen 3.68 % Eiweiss.
No. 10. R. Ulbricht u. F. Koritsánszky. — Originalmittheilung.
No. 11 u. 12. J. Moser (V.-St. Wien). — 1. Bericht 1870/77. 61 u. Tab. IV u. Originalmittheilung. Probe unter No. 11 enthielt 6.29, die unter 12 4.56 % Sand. Nikotin konnte in den Kuchen nicht nachgewiesen werden.
No. 13 u. 14. Th. Anderson. — Trans. Highl. Soc. Jan. 1857. 494. Wilda's landw. Centralbl. 1857. I. 162. Weende'r Jahresber. 1857. II. 91. Die untersuchten Substanzen wurden hergestellt: „Flachsknotenmehl", indem die ganzen Flachsknoten mit dem leichten, auf der Reinigungsmaschine abgesonderten Leinsamen zusammengemahlen wurden; „Flachsknotenkuchen": 5 Theile des vorigen Mehls wurden mit 1 Theil reinem Leinsamenmehl gemischt und mit heissem Wasser und Salz zu Teig geknetet, woraus weiche, leicht zerbrechliche Kuchen gebildet wurden.

Rückstände von der Gewinnung ätherischer Oele.
Kümmel-Samen-Rückstände. a. Im wässrigen Zustande.
No. 1. G. Kühn u. Gerver (V.-St. Möckern). — Originalmittheilung.

		K_2O	P_2O_5
In der Probe	. . . . . .	K_2O	P_2O_5
In der frischen Substanz	. .	1.78 %	0.95 %
In der Trockensubstanz	. . .	2.63 „	1.40 „

No. 2—6. A. Thomas, O. Kern u. R. Struve (V.-St. Möckern). — Originalmittheilung.
No. 7. Kleinstück. — Chem. Ackersm. 1875. 246.

No.	Bezeichnungen und Bemerkungen	Jahr der Untersuchung	In der ursprünglichen Substanz: Wasser %	Nh-Substanz %	Rohfett %	Nfr. Extractstoffe %	Rohfaser %	Asche %
	b. Im lufttrocknen Zustande.							
1		1876	10.29	19.95	20.16	27.84	13.94	7.82
2		„	11.60	21.40	17.00	28.40	14.70	6.90
3		„	10.97	21.13	16.79	28.14	15.87	7.10
4		1881	8.48	20.56	16.44	26.56	19.60	8.36
5		1886	8.01	21.81	19.07	17.27	27.04	6.80
6		1886	8.39	20.31	19.20	21.11	20.69	10.30
7		1875	12.00	18.31	19.00	28.18	15.16	7.35
8		„	—	22.00	12.00	—	—	—
	Mittel . .		9.96	20.68	17.46	25.93	18.17	7.80

Fenchelsamen-Rückstände. Von dem Samen der Foeniculum officinale L.

No.	Bezeichnungen und Bemerkungen	Jahr der Untersuchung	Wasser %	Nh-Substanz %	Rohfett %	Nfr. Extractstoffe %	Rohfaser %	Asche %
1	In Kuchen gepresst . . .	1870/77	9.23	15.28	12.00	33.12	20.15	10.07
2	Lose Körner .	1881	8.68	21.50	13.87	32.45	15.65	7.85
3		1878	11.60	15.10	12.90	33.40	19.80	7.20
4		1881	9.10	18.81	15.74	21.79	24.40	10.16
5		1886	9.04	17.06	17.11	20.24	25.95	10.60
6		1884	—	17.00	12.00	—	—	—
	Mittel . .		9.53	17.46	13.94	28.70	21.19	9.18

Anissamen-Rückstände. Von dem Samen der Pimpinella Anisum L.

No.	Bezeichnungen und Bemerkungen	Jahr der Untersuchung	Wasser %	Nh-Substanz %	Rohfett %	Nfr. Extractstoffe %	Rohfaser %	Asche %
	a. Im wasserhaltigen Zustande.							
1		1876	43.65	9.94	11.26	20.15	5.28	9.72
2		1878	63.90	7.40	6.60	9.60	4.80	7.70
	Mittel . .		53.78	8.67	8.93	14.87	5.04	8.71
	b. Im lufttrocknen Zustande.							
1		1878	6.90	18.60	17.60	34.10	10.90	11.90
2		1879	8.15	18.50	17.62	33.29	11.06	11.38
3		„	8.84	17.87	18.03	16.11	28.36	10.79
4		1881	4.84	18.56	27.00	26.65	13.88	9.07
5		1881	8.28	17.75	22.08	22.43	18.38	11.08
6		—	—	17.00	17.00	—	—	—
	Mittel . .		7.40	18.05	19.89	27.30	16.52	10.84

---

b. Im lufttrocknen Zustande.
No. 1. E. Heiden (V.-St. Pommritz). — Originalmittheilung.
No. 2 u. 3. G. Kühn (V.-St. Möckern). — Originalmittheilung.
No. 4. F. Soxhlet (Central-V.-St. München). — Originalmittheilung. Aus der Fabrik von Schimmel & Co. in Leipzig.
No. 5 u. 6. Th. Dietrich u. A. Hesse (V.-St. Marburg). — Originalmittheilung. No. 5. Aus der Fabrik von Schimmel & Co. in Leipzig. No. 6. Aus der Fabrik von Kirchner u. Menge in Arolsen.
No. 7. Kleinstück. — Chem. Ackersm. 1875. 246. Auf 12% Wassergehalt berechnet; identisch mit No. 7 der wasserhaltigen Substanz.
No. 8. F. Soxhlet (Central-V.-St. München). — Originalmittheilung.

Fenchelsamen-Rückstände.
No. 1. J. Moser (V.-St. Wien). — Erster Bericht f. 1870/77. 59 und Tab. IV. Das Muster enthielt 1.93% Sand und ausser den oben angeführten Bestandtheilen 0.15% ätherisches Oel.
No. 2. J. Moser u. Strohmer (V.-St. Wien). — Bericht f. 1881/82. 3. Die untersuchte Probe bestand aus unzerkleinerten losen Körnern und stammte aus der Fabrik von S. Schmidl in Misslitz (Mähren); dieselbe enthielt 1.46% Sand.
No. 3. G. Kühn u. O. Kern (V.-St. Möckern). — Originalmittheilung.
No. 4. F. Soxhlet (Central-V.-St. München). — Originalmittheilung. Aus der Fabrik von Schimmel & Co. in Leipzig.
No. 5. Th. Dietrich u. A. Hesse (V.-St. Marburg). — Landw. Ztg. f. d. Rgbz. Cassel 1886. Die Probe stammte ebendaher wie vorige.
No. 6. F. Soxhlet (Central-V.-St. München). — Originalmittheilung.

Anissamen-Rückstände. a. Im wässrigen Zustande.
No. 1. G. Kühn u. Gerver (V.-St. Möckern). — Originalmittheilung.
No. 2. G. Kühn u. O. Kern (V.-St. Möckern). — Originalmittheilung.

b. Im lufttrocknen Zustande.
No. 1. G. Kühn u. O. Kern (V.-St. Möckern). — Originalmittheilung.
No. 2. G. Kühn u. R. Struve (V.-St. Möckern). — Originalmittheilung.
No. 3 u. 4. J. Moser u. F. Böcker (V.-St. Wien). — Originalmittheilung. Muster unter No. 4 bestand aus unzerkleinerten Samen und stammte aus der Fabrik von S. Schmidl in Misslitz (Mähren)
No. 5. F. Soxhlet (Central-V.-St. München). — Das Muster stammte aus der Fabrik von Schimmel & Co. in Leipzig. Originalmittheilung.
No. 6. F. Soxhlet (Central-V.-St. München). — Originalmittheilung.

No.	Bezeichnungen und Bemerkungen	Jahr der Untersuchung	In der ursprünglichen Substanz: Wasser %	Nh-Substanz %	Rohfett %	Nfr. Extractstoffe %	Rohfaser %	Asche %	No.	Bezeichnungen und Bemerkungen	Jahr der Untersuchung	In der ursprünglichen Substanz: Wasser %	Nh-Substanz %	Rohfett %	Nfr. Extractstoffe %	Rohfaser %	Asche %
	Coriandersamen-Rückstände.																
1	Im wässrigen Zustande . .	1877	37.10	11.60	11.30	21.13	13.92	4.95	2	Im lufttrocknen Zustande . .	1881	9.66	11.25	19.84	30.87	20.83	7.55
	Wacholderbeeren-Rückstände.																
1	Im lufttrocknen Zustande . .	1876	10.17	4.75	17.32	31.62	33.42	2.72	2	Desgl. . . .	1886	9.51	4.25	17.60	49.13	26.10	3.41
										Mittel . .		9.84	4.50	17.46	35.37	29.76	3.07
	Ingwerwurzel-Rückstände.																
1		1886	10.98	8.00	4.31	67.92	3.67	5.12									

Animalische Futtermittel.

Fleischmehl.

No.	Bezeichnungen und Bemerkungen	Jahr der Untersuchung	Wasser %	Nh-Substanz %	Rohfett %	Nfr. Extractstoffe %	Rohfaser %	Asche %	No.	Bezeichnungen und Bemerkungen	Jahr der Untersuchung	Wasser %	Nh-Substanz %	Rohfett %	Nfr. Extractstoffe %	Rohfaser %	Asche %
1	A. Fray-Bentos	1873	10.48	75.06	12.42	—	—	4.88	13		1874	10.80	74.70	9.76	1.53	—	3.21
2	Desgl. . . .	„	10.14	73.51	12.70	—	—	3.77	14		„	11.40	70.30	13.10	—	—	4.90
3	Desgl. . . .	1874	12.00	74.30	10.30	—	—	3.40	15		1875	—	74.44	11.10	—	—	3.68
4	Desgl. . . .	„	11.40	74.80	9.70	—	—	4.10	16		1874	11.81	71.69	11.60	—	—	4.06
5	Desgl. . . .	„	9.08	73.25	12.52	—	—	3.06	17		„	10.59	71.81	12.62	—	—	2.55
6	Desgl. . . .	1873	11.12	73.25	12.03	—	—	3.76	18		„	10.64	74.06	12.44	—	—	2.14
7	Desgl. . . .	„	11.72	73.15	11.61	—	—	3.54	19		1877	10.18	70.31	11.76	—	—	7.75
8	Desgl. . . .	1874	11.55	75.78	9.85	—	—	2.81	20		1876	—	70.31	12.62	—	—	—
9	Desgl. . . .	1875	17.48	71.79	11.02	—	—	2.37	21		1877	—	71.88	13.43	—	—	—
10	Meat-Powder .	„	5.75	74.62	15.20	—	—	4.61	22		„	—	74.50	12.77	—	—	—
11		1874	11.40	72.60	9.70	2.20	—	4.10	23		„	—	73.12	9.40	—	—	—
12		1876	—	74.50	12.15	—	—	—	24		„	—	73.19	12.68	—	—	—

Coriandersamen-Rückstände.
No. 1. G. Kühn u. A. Thomas (V.-St. Möckern). — Originalmittheilung.
No. 2. J. Moser u. Meissl (V.-St. Wien). — Bericht f. 1881—1882. 3. Das untersuchte Muster bestand aus unzerkleinerten Samen und stammte aus der Fabrik von S. Schmidl in Misslitz (Mähren).

Wacholderbeeren-Rückstände.
No. 1. G. Kühn u. F. Gerver (V.-St. Möckern). — Originalmittheilung.
No. 2. Th. Dietrich u. A. Hesse (V.-St. Marburg). — Landw. Ztg. f. d. Rgbz. Cassel 1886. 654. Aus der Fabrik von Schimmel & Co. in Leipzig.

Ingwerwurzel-Rückstände.
No. 1. Th. Dietrich u. A. Hesse (V.-St. Marburg). — Landw.-Ztg. f. d. Rgbz. Cassel 1886. 654. Aus der Fabrik von Schimmel & Co. in Leipzig.

Fleischmehl.
No. 1. R. Pott. — Landw. V.-St. 16. 1873. 193. Der Autor berechnete den Proteïngehalt aus dem gefundenen N-Gehalt durch Multiplication desselben mit 6 und erhielt darnach nur 72.06 %; wir rechnen mit 6.25, erhalten daraus 75.06 % Proteïnsubstanz, wodurch sich die Summe der Bestandtheile auf 102.84 erhöht.
No. 2. Jul. Lehmann. — Ztschr. d. landw. Ver. in Bayern 1873. Enthielt 2.51 % Sand.
No. 3. V. Hofmeister. — L. V.-St. 17. 1874. 33. Enthielt 2.2 % Sand.
No. 4. G. Kühn. — Sächsische Landw. Ztschr. 1874. 54. Enthielt 0.47 % Sand, 0.96 % P_2O_5 und 0.70 K_2O.
No. 5. Th. Dietrich. — Landw. Ztschr. u. Anz. f. d. Rgbz. Cassel 1874. 261.
No. 6—8. E. Wolff u. G. Dittmann. — Landw. Jahrbüch. 8. I. Suppl. 1879. 200 u. 224. Zusammensetzung der lufttrocknen Substanz von uns berechnet.
No. 9. E. Wildt. — Landw. V.-St. 20. 1877. 27. Im Original ist die Proteïnsubstanz durch Multiplication des N-Gehalts mit 6 berechnet und zu 83.52 % der Trockensubstanz erhalten worden. Wir wendeten den Factor 6.25 an.
No. 10. Aug. Voelcker. — J. Roy. Agric. Soc. Engl. 12. II. 1876. 298. Darin Kalkphosphat 1.01 %, alkalische Salze 3.05 % (K_2O 0.72 %), NaCl 0.99 %, P_2O_5 1.34 %, Sand 0.55 %.
No. 11—13. G. Kühn u. F. Gerver (V.-St. Möckern). — Originalmittheilung. In No. 11 = 0.96 % P_2O_2 und 0.70 % K_2O, in der Trockensubstanz 1.08 % P_2O_5 und 0.79 % K_2O.
No. 14 u. 15. P. Wagner u. P. Rupprecht (V.-St. Darmstadt). — Originalmittheilung.
No. 16. C. Weigelt (V.-St. Rufach). — Originalmittheilung.
No. 17 u. 18. E. Heiden (V.-St. Pommritz). — Originalmittheilung. In No. 17 = 0.87 % Sand.
No. 19. J. Fittbogen (V.-St. Dahme). — Originalmittheilung.
No. 20—25. K. Müller (V.-St. Hildesheim). — 4. Ber. ders. 20 u. Originalmittheilung.

No.	Bezeichnungen und Bemerkungen	Jahr der Untersuchung	In der ursprünglichen Substanz						No.	Bezeichnungen und Bemerkungen	Jahr der Untersuchung	In der ursprünglichen Substanz					
			Wasser %	Nh-Substanz %	Rohfett %	Nfr. Extractstoffe %	Rohfaser %	Asche %				Wasser %	Nh-Substanz %	Rohfett %	Nfr. Extractstoffe %	Rohfaser %	Asche %
25		1877	—	73.94	10.90	—	—	—	60		1877	—	70.30	13.86	—	—	—
26		1876	—	72.00	13.25	—	—	—	61		„	10.70	70.00	9.70	—	—	9.60
27		1877	—	72.37	14.05	—	—	—	62		1879	—	74.20	9.48	—	—	6.58
28		1878	—	78.30	10.20	—	—	—	63		1881	—	68.50	9.36	—	—	—
29		„	—	76.35	12.02	—	—	—	64		„	—	75.69	10.26	—	—	—
30		1877	10.43	73.69	12.04	—	—	4.32	65		„	—	72.10	16.10	—	—	—
31		„	(10.90	72.37	5.40	—	—	12.09)	66		1877	—	68.75	13.06	—	—	3.90
32		1878	10.40	73.44	11.37	—	—	3.29	67		„	—	66.89	17.67	—	—	3.71
33		1876	(16.25	59.50	16.16	—	—	4.51)	68		1880	11.69	63.06	13.00	0.42	—	11.83
34		1877	—	70.64	15.92	—	—	—	69		„	11.66	69.43	11.22	—	—	8.08
35		„	—	72.38	14.62	—	—	—	70		„	—	65.61	16.02	—	—	6.04
36		1878	10.22	67.86	14.52	—	—	2.95	71		1879	10.80	73.06	13.40	—	—	2.64
37		„	—	74.56	10.54	—	—	—	72		1878	15.21	67.18	10.09	(2.23)	—	3.25
38		1876	11.86	74.69	10.66	—	—	3.76	73		„	11.92	71.78	10.94	—	—	7.27
39		„	9.10	70.38	13.24	3.19	—	4.09	74		1879	9.62	73.34	15.72	—	—	3.28
40		1877	—	67.90	15.18	—	—	—	75		1878	9.00	71.60	14.70	—	—	3.50
41		„	12.91	66.81	12.95	—	—	4.78	76		1879	9.43	72.37	14.47	—	—	3.96
42		1878	9.15	72.63	13.66	—	—	1.60	77	Mittel v. 2 Anal.	1880	10.27	67.10	11.62	7.42	—	3.59
43		1876	10.51	73.38	11.85	—	—	3.51	78		1882	—	72.81	15.01	—	—	—
44		„	—	67.94	13.77	—	—	—	79		„	9.05	69.06	16.61	—	—	2.61
45		1878	—	68.43	16.73	—	—	—	80	„Köttmjöl" .	1880	8.10	69.38	11.75	7.00	—	3.77
46		1875	—	59.88	13.96	—	—	3.27	81	Kjofodermel .	„	—	75.25	14.04	—	—	—
47		„	—	61.25	15.04	—	—	4.10	82		1879	—	71.20	16.30	—	—	—
48		„	9.80	63.70	14.90	—	—	—	83		„	—	73.75	14.20	—	—	—
49		„	—	65.50	14.50	—	—	3.70	84		„	—	73.12	13.60	—	—	—
50		„	—	66.19	14.00	—	—	4.20	85		„	—	73.12	15.09	—	—	—
51		1876	—	66.70	13.00	—	—	—	86		„	—	73.75	14.56	—	—	—
52		„	—	70.00	13.36	—	—	3.60	87		„	—	73.75	15.20	—	—	—
53		„	—	69.13	13.40	—	—	4.00	88		„	—	73.73	14.70	—	—	—
54		„	—	70.53	13.02	—	—	4.20	89		„	—	73.75	14.74	—	—	—
55		„	—	66.80	—	—	—	3.95	90		„	—	71.87	18.50	—	—	—
56		„	—	70.00	11.67	—	—	—	91		„	10.60	71.30	14.50	—	—	2.90
57		„	—	71.74	14.10	—	—	—	92		„	7.80	72.20	15.90	—	—	—
58		1877	—	73.50	13.70	—	—	—	93		1881	12.50	67.20	14.40	—	—	—
59		„	—	67.20	12.88	—	—	8.93	94		„	(12.60	63.50	12.80	—	—	11.10)

No. 26—29. W. Henneberg (V.-St. Göttingen). — Originalmittheilung.
No. 30—32. P. Wittelshöfer (V.-St. Regenwalde). — Originalmittheilung. No. 31 ergiebt 100.76 in Summe.
No. 33—37. Alb. Stutzer (V.-St. Bonn). — Originalmittheilung. No. 33 ergiebt nur 96.42 in Summe.
No. 38. F. Holdefleiss (V.-St. Halle). — Ztschr. d. landw. Centralv. d. Prov. Sachsen 1876. 251.
No. 39. A. Pagel (V.-St. Halle). — Ebendaselbst 1877. 89.
No. 40 u. 41. W. Th. Osswald (V.-St. Halle). — Ebendaselbst 1878. 15.
No. 42. E. Heiden (V.-St. Pommritz). — Originalmittheilung.
No. 43 u. 44. J. König (V.-St. Münster). — 1. Ber. ders. 1871—77. 44.
No. 45. A. Emmerling u. M. Schrodt (V.-St. Kiel). — III. Heft d. Ber. 1880. 64.
No. 46—65. R. Heinrich (V.-St. Rostock). — Deren Ber. Wismar, 1882. 59.
No. 66—70. Th. Dietrich. — Landw. Anz. f. d. Rgbz. Cassel 1877. 351 u. Originalmittheilung.
No. 71. M. Siewert (V.-St. Danzig). — Landw. Jahrb. 1880. 818.
No. 72. J. König (V.-St. Münster). — Ebendaselbst.
No. 73 u. 74. W. Henneberg (V.-St. Göttingen). — Ebendaselbst.
No. 75. F. Heidepriem (V.-St. Cöthen). — Ebendaselbst.
No. 76. C. Weigelt (V.-St. Rufach). — Ebendaselbst.
No. 77. J. König (V.-St. Münster). — 2. Ber. d. V.-St. 1878—1880. 17.
No. 78 u. 79. Th. Dietrich u. O. Toepelmann (V.-St. Marburg). — Landw. Anzg. f. d. Rgbz. Cassel 1882. 132.
No. 80. E. W. Olbers. — Agrikulturkemiska undersögningar på Alnarp år 1880.
No. 81. Werenskjold. — Durch gefällige Mittheilung des Herrn V. Dircks, Aas (Norwegen).
No. 82—90. P. Wagner (V.-St. Darmstadt). — Ztschr. d. landw. Ver. f. d. Grossh. Hessen 1880. 78.
No. 91—96. M. Märcker (V.-St. Halle). — Originalmittheilung.

No.	Bezeichnungen und Bemerkungen	Jahr der Untersuchung	Wasser %	Nh-Substanz %	Rohfett %	Nfr. Extractstoffe %	Rohfaser %	Asche %
			In der ursprünglichen Substanz					
95		1881	—	67.70	14.30	—	—	8.60
96		„	(11.90	62.10	10.10	—	—	13.80)
97		1876	(8.25	65.87	15.21	—	—	4.00)
98		1877	(11.69	65.00	4.55	—	—	18.76)
99		—	17.48	68.92	11.02	—	—	2.38
100		1879	11.61	73.25	11.24	—	—	4.13
101		„	10.72	72.37	12.80	—	—	3.20
102		„	9.57	70.94	16.04	—	—	3.47
103		—	11.23	78.85	7.49	0.56	—	1.87
104		1883	8.86	75.06	12.30	1.48	—	2.30
105		„	10.17	70.00	16.72	—	—	2.53
106		1884	—	67.43	16.75	—	—	—
107		„	5.95	71.75	19.27	—	—	2.42
108		„	—	68.75	20.62	—	—	—
109		„	—	66.19	19.11	—	—	—
110		1885	—	72.68	19.47	—	—	—
111		„	—	69.93	18.38	—	—	—
112		„	—	68.50	19.70	—	—	—
113	Fleischfaser v. Bremen . .	„	8.52	74.93	12.16	—	—	1.53
114		„	9.93	75.94	9.95	2.31	—	1.87

No.	Bezeichnungen und Bemerkungen	Jahr der Untersuchung	Wasser %	Nh-Substanz %	Rohfett %	Nfr. Extractstoffe %	Rohfaser %	Asche %
			In der ursprünglichen Substanz					
115		1880	10.39	72.70	12.59	0.62	—	3.70
116	Amerikanisches Fleisch . .	„	9.91	70.91	13.88	1.34	—	3.96
117	Desgl. . . .	„	10.79	71.41	14.41	1.42	—	1.97
118	Desgl. . . .	„	10.80	68.68	15.61	2.10	—	2.81
119		„	10.80	72.37	12.62	0.46	—	3.75
120		„	10.91	71.63	12.84	0.70	—	3.92
121	Deutsches Fl. .	„	10.81	68.86	14.27	0.35	—	5.71
122	Desgl. . . .	„	10.81	69.93	13.87	0.22	—	5.17
123	Desgl. . . .	„	10.80	69.40	14.14	0.04	—	5.62
124	Mittel v. 2 Anal.	1881	—	72.59	13.50	—	—	—
125	Mittel v. 11 An.	1882	—	72.00	14.58	—	—	—
126	Mittel v. 8 Anal.	1883	—	71.10	17.35	—	—	—
	Minimum .		5.75	59.88	9.36	0.04	—	1.57
	Maximum .		17.48	79.35	20.62	7.39	—	11.97
	Mittel in den 70er Jahren		10.94	71.57	12.97	0.55		3.97
	Desgl. in den 80er Jahren		10.14	70.61	14.91	—		4.34
	Gesammtmittel		10.67	71.22	13.74	0.29		4.08

Futterfleischmehl, vermuthlich nicht aus Fray-Bentos und nicht lediglich aus Fleisch bestehend.

No.	Bezeichnungen und Bemerkungen	Jahr der Untersuchung	Wasser %	Nh-Substanz %	Rohfett %	Nfr. Extractstoffe %	Rohfaser %	Asche %
1	Azotine . . .	1878	12.33	69.63	16.32	—	—	4.92
2		1877	11.69	65.00	4.55	—	—	18.76
3		1876	13.63	46.00	1.24	—	—	38.90

Fleischabfall.

No.	Bezeichnungen und Bemerkungen	Jahr der Untersuchung	Wasser %	Nh-Substanz %	Rohfett %	Nfr. Extractstoffe %	Rohfaser %	Asche %
1	Meat-Scrap .	1877	4.18	47.31	2.14	—	—	—
2	Pork-Scrap .	„	8.26	67.43	6.47	—	—	—
3	Animal Meal for Fowls and Swine . . .	1878	8.74	32.06	—	—	—	15.23

No. 97. H. Waechter (V.-St. Karlsruhe). — Originalmittheilung. Die Summe der Componenten ist 93.33.
No. 98. J. Fittbogen (V.-St. Dahme). — Originalmittheilung.
No. 99. E. Wildt (V.-St. Posen). — Landw. V.-St. 20. 1877. 29. Das Fleischmehl enthielt in der Trockensubstanz 13.92 % N, wonach die Menge des Proteïns, den N-Gehalt mit 6.25 multiplicirt, 87 % betragen würde. Autor glaubt annehmen zu müssen, dass hier der Factor zu 6.0 anzuwenden sei.
No. 100—113. Th. Dietrich (V.-St. Marburg). — Landw. Ztg. f. d. Rgbz. Cassel 1879. 379; 1883. 602; 1884. 42. 552; 1885. 199; 1886. 246. 654.
No. 114. E. Heiden u. A. Schlimper (V.-St. Pommritz). — Originalmittheilung.
No. 115. E. Kern u. H. Wattenberg. — J. f. Landwirthsch. 28. 1880. 307.
No. 116—123. C. Arnold. — Repert. d. analyt. Chem. 1882. 355.
No. 124—126. J. König (V.-St. Münster). — 3. Bericht 1881/83. 12. Der Gehalt der untersuchten Proben schwankte:
1882 bei dem Proteïngehalte von 67.12—76.18, bei dem Fettgehalte von 8.64—16.91 %
1883 „ „ „ „ 67.84—74.44, „ „ „ „ 13.26—20.63 %.

Futterfleischmehl.
No. 1. G. Kühn u. F. Gerver (V.-St. Möckern). — Originalmittheilung. In der Trockensubstanz: Organische Substanz 75.8 % mit 12.7 % N, Fett etwas N-haltig, 1.39 % P_2O_5 und 0.91 % K_2O.
No. 2. J. Fittbogen (V.-St. Dahme). — Dieses „Fleischfuttermehl" liess sich durch ein Sieb von 1.5 mm Lochweite trennen in 77.2 % feinere und 22.8 % gröbere Theile, welche letztere meist aus Knochensplittern bestanden und 49.1 % Asche ergaben.
No. 3. F. Holdefleiss (V.-St. Halle). — Ztschr. d. landw. Centralv. f. d. Prov. Sachsen 1876. 251.

Fleischabfall.
No. 1 u. 2. W. O. Atwater u. Woods. — Agr. Exp. Stat. Middletown, Conn. Rep. f. 1871/78. 39. Die Muster sind Schlachthaus-Abfällen entnommen, welche bei Muster 1 hauptsächlich aus Eingeweiden bestand. Das Muster war ziemlich geruchlos. Die Probe unter 2 war hell, angenehm von Aussehen und Geruch.
No. 3 u. 4. S. W. Johnson. — Agr. Exp. Stat. Connecticut. Rep. A. 1878. 77. Dieses Futtermittel war ein Kunstproduct, hergestellt aus Fleischbrocken und etwas Knochen, die nach starkem Dämpfen unter Zusatz von Maisbruch getrocknet wurden.

No.	Bezeichnungen und Bemerkungen	Jahr der Untersuchung	In der ursprünglichen Substanz					
			Wasser %	Nh-Substanz %	Rohfett %	Nfr. Extractstoffe %	Rohfaser %	Asche %
4	Desgl. . . .	1878	—	32.50	—	—	—	—
5	Australian concentradet Mutton-soup . .	1872	31.29	64.27	0.35	—	—	4.09
6	Desgl. . . .	1872	29.70	66.29	—	—	—	4.01
7	Meat . . .	1888	55.44	35.36	5.66	1.34	—	2.20

Fleisch-Albumin.

No.	Bezeichnungen und Bemerkungen	Jahr der Untersuchung	Wasser %	Nh-Substanz %	Rohfett %	Nfr. Extractstoffe %	Rohfaser %	Asche %
1		1877	12.93	60.57	14.02	—	—	12.48
2		„	11.79	63.69	13.37	—	—	11.45
3		1877	—	71.69	—	—	—	—
	Mittel . .		11.95	63.23	13.25	—	—	11.57

Fisch-Fleischmehl.

No.	Bezeichnungen und Bemerkungen	Jahr der Untersuchung	Wasser %	Nh-Substanz %	Rohfett %	Nfr. Extractstoffe %	Rohfaser %	Asche %
1	Trockner Stockfisch, Neufundländischer .	1852	40.74	41.25	0.90	—	—	18.66
2	Fischfuttermehl aus Norwegen	1876	12.57	48.18	1.25	—	—	38.00
3	Dry Ground Fish . . .	1877	8.18	50.50	13.12	—	—	—
4	Desgl. . . .	„	10.70	49.28	11.40	—	—	—
5	Desgl. . . .	„	18.74	50.37	11.30	—	—	—
6	Desgl. . . .	„	14.64	46.87	9.63	—	—	—
7	Desgl. . . .	1877	13.45	49.75	7.31	—	—	—
8	Desgl. . . .	„	11.04	53.75	3.33	—	—	—
9	Desgl. . . .	„	11.00	46.62	10.40	—	—	—
10	Fischguano .	1876	10.74	49.31	—	—	—	34.96
11	Desgl. . . .	„	6.70	58.02	2.11	2.18	—	30.99P
12	Fischmehl . .	„	11.62	49.52	1.86	—	—	36.98
13	Futterhäring .	1884	—	9.39	3.29	—	—	—
	Mittel (No. 1—12) .		13.90	48.41	6.39	—	—	31.30

Blut-Futtermehl.

No.	Bezeichnungen und Bemerkungen	Jahr der Untersuchung	Wasser %	Nh-Substanz %	Rohfett %	Nfr. Extractstoffe %	Rohfaser %	Asche %
1	Blutfutter . .	1882	14.1	25.9	2.1	42.2	4.8	10.9
2	Dried Blood .	1877	5.26	63.12	2.24	—	—	—
3	Desgl.	„	8.89	62.81	10.50	—	—	—
4	Blutfuttermehl	1874	12.20	72.12	—	—	—	14.50
5	Desgl. u. Kleie	1875	13.61	31.31	0.49	40.21	4.99	9.39
6	Blutmehl . .	1877	12.00	—	—	—	—	—
7	Fleischblutmehl	1875	5.71	42.81	2.48	34.28	3.25	14.47
8	Blutfuttermehl	1885	—	81.06	1.26	—	—	—

No. 5 u. 6. Aug. Voelcker. — J. R. Agr. Soc. England. 9. 1873. II. 430. Die Muster enthielten an in Alkohol Löslichem 20.27, bezw. 17.89%.
No. 7. S. W. Johnson u. E. H. Jenkins. — Agric. Exp. Stat. Connecticut, Rep. f. 1888. II. 154. Nach Vermuthung der Autoren Fleischabfall, der beim Auskochen von Fett erhalten und in Fässer verpackt wurde.

Fleisch-Albumin.
No. 1. A. Petermann (V.-St. Gembloux). — Originalmittheilung. Abfall der Fleisch-Extraktfabrikation. Die Probe enthielt 5.02% Phosphorsäure und 4.47% Kali.
No. 2 u. 3. J. König (V.-St. Münster). — Bericht für 1871—1877. 44. In der Probe unter 2 4.37% Phosphorsäure, 4.12% Kali.

Fisch-Fleischmehl.
No. 1. J. B. Lawes. — J. Roy. Agric. Soc. England 1853. 14. II. 498.
No. 2. J. Fittbogen (V.-St. Dahme). — Originalmittheilung.
No. 3—9. W. O. Atwater. — Agr. Exper. Stat. Middletown, Connecticut, Rep. f. 1877/78. Das Fischmehl unter No. 3 war ein feinpulveriges helles Mehl von gesundem Aussehen und Geruch. Die anderen Fischmehle waren als Düngmittel verkauft worden.
No. 10. A. Petermann (V.-St. Gembloux). — Originalmittheilung.
No. 11. H. Weiske (V.-St. Proskau). — J. f. Landwirthsch. 24. 1876. 265.
No. 12. O. Kellner. — Landw. V.-St. 20. 1877. 426. Die Menge der Nh-Substanz wurde aus der Differenz der Trockensubstanz einerseits und der Summe aus Asche + Fett andererseits berechnet. Der N-Gehalt betrug 9.44% der Trockensubstanz. Den N-Gehalt des leimgebenden Gewebes zu 18.3% angenommen, berechnen sich für 100 Theile trocknen Futtermehls 20.45% leimgebendes Gewebe (Knochenknorpel und Bindegewebe) und 35.59% andere stickstoffhaltige Bestandtheile, insbesondere Eiweiss.
No. 13. Werenskjold. — Landbrugskemiker Werenskjolds Beretning.

Blut-Futtermehl.
No. 1. M. Märcker (V.-St. Halle). — Originalmittheilung.
No. 2 u. 3. W. O. Atwater. — Agr. Exp. St. Middletown Conn. Rep. f. 1877/78. 39.
No. 4. R. Fühling u. J. Schulz. — Landw. V.-St. 17. 1874. 443. Ein von H. Huch in Braunschweig aus Blut unter Zusatz von Kalk hergestelltes Futtermittel. Die Asche enthielt ausser den Blutsalzen eine grössere Menge (11.10%) Calciumcarbonat.
No. 5. J. König u. C. Brimmer (V.-St. Münster). — Bericht f. 1871/77. 44.
No. 6. Wildt. — Landw. Jahrb. 6. 1877. 180.
No. 7. W. Hoffmeister (V.-St. Insterburg). — Originalmittheilung. Das Futtermittel war von Huch in Braunschweig bereitet.
No. 8. Th. Dietrich (V.-St. Marburg). — Landw. Ztg. 1886. 246.

No.	Bezeichnungen und Bemerkungen	Jahr der Untersuchung	Wasser %	Nh-Substanz %	Rohfett %	Nfr. Extractstoffe %	Rohfaser %	Asche %
	Futtermittel verschiedener animalischer Herkunft.							
1	Weinbergschnecke . .	1877	92.51	—	—	—	—	—
2	Ameiseneier .	1868	72.10	12.05	2.66	—	—	—
3	Engerlinge .	„	83.00	6.20	2.25	—	—	—
4	Seidenraupen-Excremente, „Cagole" . .	1876	13.29	12.62	8.57	—	14.80	13.74
5	Desgl. . . .	1877	22.63	7.31	4.62	24.77	35.32	5.35
6	Butter-Rückst.	1874	51.21	9.37	34.50	4.92	—	—
	Fett-Grieben, Griebenkuchen.							
1	Talg-Grieben .	1870/77	4.77	48.06	41.10	—	—	5.29
2	Desgl. . . .	„	58.29	11.75	24.20	—	—	—
3	Griebenkuchen (aus Schweineschmalz) . .	1872	—	39.38	44.00	—	—	—
4	Fett-Grieben .	1877	8.42	59.81	25.36	—	—	4.96
5	Griefenkuchen	1872	12.56	57.52	23.21	—	—	6.48
6	Desgl. . . .	„	8.68	52.97	30.24	—	—	8.11
7	Desgl. . . .	1876	8.82	65.16	21.38	—	—	4.64
8	Desgl. . . .	„	8.00	57.28	27.14	—	—	7.58
	Mittel (No. 5—8) . .		9.52	58.25	25.49	—	—	6.74
	Maikäfer, frisch.							
							Chitin	
1	Frisch . . .	1868	68.00	21.00	5.26	—	—	1.05
2	Frisch . . .	1872	70.45	19.70	3.56	0.17	4.74	1.38
3	Frisch, „Melolontha" (?) .	1880	68.20	13.56	4.15	—	—	—
4	Melolontha nach 7 Monaten (?)	1880	25.23	6.94	7.26	—	1.50	5.58
	Mittel No. 1 bis 3, frisch		68.88	18.09	4.32	2.75	4.74	1.22
	Maikäfer, trocken.							
1	Alsbald nach dem Trocknen	1872	14.50	56.97	10.30	0.46	13.73	4.04
2	Nach halbjähr. Aufbewahrung	„	14.50	54.80	6.23	4.04	13.73	6.70
3	Maikäferfuttermehl . . .	1884	14.18	59.88	10.10	7.28	—	8.56
	Mittel No. 1 bis 3, trocken		14.39	57.55	8.88	0.08	13.73	5.37

Futtermittel verschiedener animalischer Herkunft.
No. 1. C. Weigelt (V.-St. Rufach). — Originalmittheilung.
No. 2 u. 3. J. Nessler u. E. Muth (V.-St. Karlsruhe). — Bericht 1870. 132.
No. 4. E. Mach u. Fr. Kurmann. — Originalmittheilung.
No. 5. Al. Pasqualini. — Annali della Staz. Agrar. di Forli. VI. 1877. 49. Die untersuchte Probe enthielt 1.02% Zucker und 6.65% Stärkemehl.
No. 6. Wienand (V.-St. Karlsruhe). — Originalmittheilung. Das untersuchte Futtermittel ist als „Ankertrester", „Schweinsfutter" bezeichnet.

Fettgrieben.
No. 1 u. 2. J. Moser (V.-St. Wien). — 1. Bericht f. 1870/77. 68 u. Tab. IV. S. XXVII. Zu No. 1 ist bemerkt: „in Wasser gekocht (nicht gedämpft) und dann gepresst". Die Probe enthielt 0.41% Sand. Zu No. 2: „Rückstand bei der Sparbutter-Fabrikation", mit heissem Wasser digerirt und nicht gepresst.
No. 3. P. Wagner (V.-St. Darmstadt). — Bericht, Darmstadt 1874. 52. Nh-Substanz von uns aus dem zu 6.3% angegebenen N-Gehalt berechnet.
No. 4. H. Ritthausen. — Landw. V.-St. 20. 1877. 409.
No. 5 u. 6. Th. Dietrich (V.-St. Altmorschen). — Mitthl. d. Landw. Central-Ver. f. d. Rgbz. Cassel 1872. 54 u. 235. Die unter Nh-Substanz angegebenen Zahlen sind Differenzzahlen und umfassen Muskelfaser, Binde- und Knochengewebe. Der N-Gehalt der Proben betrug 8.32% bzw. 7.785% entsprechend 52.0 und 48.66% Rohproteïn.
No. 7 u. 8. Th. Dietrich (V.-St. Altmorschen). — Landw. Ztschr. f. d. Rgbz. Cassel 1876. 137 u. 169.

Maikäfer, frisch.
No. 1. J. Nessler u. E. Muth (V.-St. Karlsruhe). — Bericht d. V.-St. 1870. 132.
No. 2. E. Wolff. — Landw. V.-St. 19. 1876. 251.
No. 3. Farsky. — Jahresber. d. Agrikulturchemie 1880. 425. In der Asche der Probe unter 4: K_2O 36.51%, CaO 7.83%, P_2O_5 45.52%.

Maikäfer, trocken.
No. 1 u. 2. E. Wolff u. G. Dittmann. — Landw. V.-St. 19. 1876. 251. Die Maikäfer hatte man im Frühjahr 1872 durch Behandlung mit kochend heissem Wasser getödtet, dann auf der Malzdarre getrocknet, mit einer Kartoffelreibe zerrissen und in Fässer fest eingedrückt. Wie ersichtlich bezieht sich die Analyse unter No. 2 auf dasselbe aber nach Aufbewahrung veränderte Material wie unter 1.
No. 3. F. Soxhlet (Central-V.-St. München). Originalmittheilung. — Mittelst CS_2 getödtete, getrocknete und gemahlene Maikäfer, zubereitet von F. A. Wolff Söhne in Heilbronn.

Milch und Milch-Abfälle.

Kuhmilch.

No.	Bezeichnungen und Bemerkungen	Jahr der Untersuchung	Specifisches Gewicht	In der ursprünglichen Substanz: Wasser %	Fett %	Caseïn %	Albumin %	Milch-zucker %	Asche (Salze) %	Trocken-substanz %	In der Trockensubstanz: Fett %	Caseïn %	Albumin %	Milch-zucker %	Asche (Salze) %	N in der Trocken-substanz %
	Colostrum der Kuh.															
1		1848	—	75.80	2.6	15.00		3.6	3.0	24.20	10.74	61.98		14.88	12.40	9.92
2		?	—	80.30	2.6	15.1		—	2.0	19.70	13.20	76.65		—	10.15	12.26
3	Schlechte Milchkuh, unmittelbar nach dem Kalben . .	1855	—	61.60	8.4	—	15.5	0.0	—	38.40	21.87	40.36		—	—	6.46
4	Desgl.	„	—	77.50	4.1	—	8.5	1.7	—	22.50	18.22	—	37.77	7.56	—	—
5	Kuh, unmittelbar n. d. Kalben	„	—	84.10	3.1	—	5.3	0.5	—	15.90	19.50	—	34.33	3.14	—	—
6	Desgl.	„	—	79.00	2.9	—	6.8	1.5	—	21.00	13.81	—	32.38	7.14	—	—
7	Gute Milchkuh, unmittelbar nach dem Kalben . . .	„	—	83.30	3.7	—	4.1	2.3	—	16.70	22.16	—	34.55	13.77	—	—
8	Desgl.	„	—	85.80	2.5	—	4.7	2.9	—	14.20	17.61	—	33.10	2.04	—	—
9	Kurz nach dem Kalben . .	1862	—	80.21	2.23	13.64		3.00	0.92	19.79	11.27	68.92		15.16	4.65	11.03
10	Am Morgen nach dem Kalben	„	—	85.55	2.79	7.31		3.38	0.97	14.45	19.31	50.59		23.39	6.71	8.09
11	Mittel des Colostrums beider Kühe in den ersten 4 Tagen	„	—	86.58	3.77	4.71		4.08	0.86	13.42	28.09	35.10		30.40	6.41	5.62
12	5 Stunden nach dem Kalben	1859	—	79.25	2.78	14.35		2.77	0.85	20.75	13.39	69.08		13.34	4.09	11.05
13	Kuh 1	1858	—	71.15	7.71	—	—	—	1.23	28.85	26.72	—	—	—	4.26	—
14	Kuh 2	„	—	79.41	2.26	—	—	—	—	20.59	10.98	—	—	—	—	—
15	Kuh 3	„	—	71.01	5.85	—	—	—	0.98	28.99	20.18	—	—	—	3.38	—
16	Kuh 4	„	—	76.30	3.30	—	—	—	1.00	23.70	13.92	—	—	—	4.22	—
17	Kuh 5	„	—	72.02	2.80	—	—	—	1.06	27.98	10.01	—	—	—	3.89	—
18	Alderney-Kuh, am ersten Tage nach dem Kalben . . .	1876	—	80.30	2.70	6.40	4.70	4.85	1.05	19.70	13.57	—	—	—	5.28	—

Colostrum der Kuh.

No. 1. J. B. Boussingault. — Dessen: Die Landwirthschaft in ihren Beziehungen zur Chemie etc., deutsch von Gräger. 1854. 3. 229. Die Nh-Substanz ist als „eiweissartiger Käsestoff" bezeichnet.
No. 2. O. Henry u. Chevalier. — Journ. Pharm. 25. 333.
No. 3—8. F. Crusius. — J. f. prakt. Chem. 68. 1. Gesammtproteïn wurde nicht, Albumin für sich bestimmt. Vergl. Uebergang des Colostrum in Milch. 1—69.
No. 9—11. Al. Müller u. Eisenstuck. — L. V.-St. 6. 1864. 376. Das untersuchte Colostrum stammte von 2 Kühen der Landrasse von Westeraas. Der Gehalt an Proteïn ist aus dem gefundenen N-Gehalt berechnet, der an Milchzucker aus der Differenz. Vergl. Uebergang des Colostrum in Milch No. 70—83.
No. 12. J. B. Boussingault. — Weende'r Jahresb. 1866|67. 446. Vergl. Uebergang des Colostrum in Milch No. 84—86.
No. 13—17. J. Vrolyk u. Baumhauer. — B. Martiny: Die Milch 1871. I. 236. Vergl. Uebergang des Colostrum in Milch No. 87—119.
No. 18. A. H. Smee. — Milchzeitung 1876. 1699. Vergl. Uebergang des Colostrum in Milch No. 120—124.

No.	Bezeichnungen und Bemerkungen	Jahr der Untersuchung	Specifisches Gewicht	In der ursprünglichen Substanz: Wasser %	Fett %	Caseïn %	Albumin %	Milchzucker %	Asche (Salze) %	Trockensubstanz %	In der Trockensubstanz: Fett %	Caseïn %	Albumin %	Milchzucker %	Asche (Salze) %	N in der Trockensubstanz %
19	Montavoner, alte Kuh, 6 Kalb	1876	1.068	73.07	3.54	2.65	16.56	3.00	1.18	26.93	13.14	9.84	61.53	11.21	4.38	11.42
20	„ junge Kuh, 1 Kalb	„	1.071	72.30	3.11	5.20	15.50	1.85	2.04	27.70	11.23	18.77	55.96	6.68	7.36	11.96
	Alter Jahre															
21	„ Lisele, 11 Kalb 13	1876/77	1.063	69.55	3.86	6.30	16.18	2.43	1.64	30.45	12.68	20.69	53.14	8.10	5.39	11.81
22	„ Sarle, 7 Kalb 11	„	1.072	68.71	4.24	4.52	18.44	2.51	1.58	31.29	13.55	14.45	58.93	8.02	5.05	11.74
23	„ Victoria I, 6 Kalb 9	„	1.058	76.60	3.52	3.47	12.31	2.88	1.22	23.40	15.04	14.83	52.61	12.31	5.21	10.79
24	„ Sara, 6 Kalb 9	„	1.066	73.95	3.14	2.64	16.47	2.62	1.18	26.05	12.05	10.13	63.23	10.06	4.53	11.75
25	„ Sila I, 6 Kalb 8	„	1.065	73.77	4.06	3.55	15.06	2.08	1.48	26.23	15.48	13.53	57.41	7.93	5.65	11.35
26	„ Paula, 6 Kalb 8	„	1.068	73.07	3.54	2.65	16.56	3.00	1.18	26.93	13.14	9.84	61.49	11.15	4.38	11.41
27	„ Evele, 4 Kalb 7	„	1.068	70.66	4.68	4.28	15.31	3.10	1.97	29.34	15.95	14.59	52.18	10.57	6.71	10.84
28	„ Victoria II, 3 Kalb 6	„	1.063	69.15	2.64	7.14	17.42	1.34	2.31	30.85	8.56	23.14	56.46	4.35	7.49	12.74
29	„ Fides, 4 Kalb 6	„	1.067	70.69	2.36	4.24	17.99	2.84	1.88	29.31	7.99	14.47	61.38	9.75	6.41	12.30
30	„ Fausta, 4 Kalb 6	„	1.067	70.02	3.14	4.43	17.80	2.66	1.95	29.98	10.48	14.78	59.38	8.85	6.51	11.87
31	„ Cleta, 4 Kalb 6	„	1.068	69.63	3.23	5.75	15.76	3.48	2.15	30.37	10.64	18.93	51.90	11.46	7.07	11.33
32	„ Preiss, 3 Kalb 6	„	1.065	70.99	4.15	6.46	14.22	2.10	2.08	29.01	14.31	22.27	49.02	7.23	7.17	11.41
33	„ Roma I, 4 Kalb 6	„	1.068	73.42	2.88	4.75	15.68	1.85	1.42	26.58	10.83	15.87	58.72	9.24	5.34	11.93
34	„ Rosa, 2 Kalb 5	„	1.072	69.82	3.33	6.41	14.43	3.83	2.18	30.18	11.03	21.24	47.81	12.60	7.22	11.05
35	„ Sila II, 2 Kalb 4	„	1.079	67.43	3.04	6.00	19.31	2.25	1.97	32.57	9.33	18.42	59.28	6.92	6.05	12.59
36	„ Roma II, 2 Kalb 4	„	1.070	75.66	1.88	5.21	13.75	1.43	2.07	24.34	7.72	21.40	56.49	5.89	8.50	12.46
37	„ Lisele IV, 2 Kalb 4	„	1.069	74.37	4.07	5.23	11.18	3.50	1.65	25.63	15.98	20.41	43.61	13.56	6.44	10.24
38	„ Venus II, 2 Kalb 3	„	1.071	74.76	2.55	4.42	14.50	2.02	1.75	25.24	10.10	17.51	57.45	8.01	6.93	11.99
39	Schwyzer Kuh, 6 Kalb 8	„	1.065	72.10	3.15	3.42	16.81	2.62	1.90	27.90	11.29	12.26	60.25	9.44	6.76	11.60
40	„ 1 Kalb 2	„	1.079	69.45	3.21	3.44	20.21	1.84	1.85	30.55	10.51	11.26	66.15	6.02	6.06	12.37
41	Allgäuer Kuh, 3 Kalb 5	„	1.069	69.93	3.42	6.62	15.68	2.25	2.10	30.07	11.37	22.01	52.14	7.50	6.98	11.86
42	Oberinnthaler Kuh, 2 Kalb 4	„	1.066	73.67	4.02	5.25	13.53	1.85	1.68	26.33	15.27	19.94	51.39	7.02	6.38	11.41
43	Fehlerhaftes Colostrum	1849	—	70.76	1.75	2.20	15.00	5.14	—	29.24	5.99	7.52	51.30	17.58	—	9.41
	Minimum . .		—	61.60	1.96	2.50	11.09	0.52	0.86	13.50	7.72	9.84	32.38	2.04	3.38	5.62
	Maximum . .		—	86.50	7.14	5.88	16.82	7.73	3.15	38.40	28.09	23.14	66.15	30.40	12.40	12.74
	Mittel (excl. 43)		—	74.57	3.59	4.04	13.60	2.67	1.56	25.43	14.10	15.90	53.49	10.12	6.15	11.10
						17.64						69.39				

Colostrum, Uebergang in Milch.

No.	Bezeichnungen und Bemerkungen	Jahr der Untersuchung	Specifisches Gewicht	Wasser %	Fett %	Caseïn %	Albumin %	Milchzucker %	Asche (Salze) %	Trockensubstanz %	Fett %	Caseïn %	Albumin %	Milchzucker %	Asche (Salze) %	N in der Trockensubstanz %
1	Schlechte Milchkuh, unmittelbar nach dem Kalben . .	1855	—	61.1	8.4	—	15.5	0.0	—	38.4	21.87	—	40.36	—	—	—
2	Farbe d. Colostrums dunkelgelb bis braungelb. Consistenz so zähe, dass es kaum floss } 1 Tag n. d. Kalben	„	—	69.9	5.9	—	13.7	0.2	—	30.1	19.60	—	45.51	0.66	—	—
3	2 „ „ „ „	„	—	76.9	6.2	—	10.9	0.9	—	23.1	26.84	—	47.19	3.40	—	—
4	3 „ „ „ „	„	—	84.7	4.0	—	8.6	2.5	—	15.3	26.24	—	56.20	16.34	—	—
5	2 „ „ „ „	„	—	85.1	4.5	—	5.1	3.6	—	14.9	30.20	—	34.23	44.16	—	—

No. 19—42. W. Eugling. — Forschungen auf dem Gebiete der Viehhaltung. 2. 1878. 101 u. 102. Sämmtliche Kühe standen in der landesüblichen, ausschliesslichen Heu-Fütterung oder genossen den Weidegang. Der gefundene Zucker ist kein Milchzucker, sondern Traubenzucker oder Lactose. Das Fett des Colostrums unterscheidet sich von dem der Milch durch einen höheren Schmelzpunkt und lässt sich durch Buttern nicht abscheiden. Autor fand ferner in Colostrum, im Fette desselben, in ziemlich reichlicher Menge Lecithin, ferner Cholesterin, Globulin, Nucleïn, Lactoproteïn, Harnstoff. 100 Theile Colostrum-Asche enthielt:

K_2O	Na_2O	CaO	MgO	Fe_2O_3	P_2O_5	SO_3	Cl
7.23	5.72	34.85	2.06	0.52	41.43	0.16	11.25

(Vergl. Uebergang des Colostrum in Milch No. 125—135).

No. 43. E. Marchand. — J. f. pract. Chem. 47. 1849. 139. Das untersuchte Colostrum zeichnete sich durch braune Farbe und dicke Consistenz aus und stammte von einer Kuh her, welche schon wiederholt nach früheren Geburten eine ähnliche Erscheinung dargeboten. Die Milch des ersten Tages nach dem Kalben war von schwarzbrauner Farbe, setzte keinen Rahm ab und war so zähe, dass sie kaum floss. Dieselbe enthielt zahlreiche Faserstoffbündel, aber keine Spur von Blutkörperchen, dagegen Blutroth. Als weitere Bestandtheile des Colostrums sind aufgeführt: „Haematin und andere Stoffe“ 4.95, Faserstoff 0,20 %.

Colostrum, Uebergang in Milch.

No. 1—69. F. Crusius. — J. f. prakt. Chem. 68. 1. Gesammtproteïn wurde nicht, Albumin besonders bestimmt.

No.	Bezeichnungen und Bemerkungen	Jahr der Untersuchung	Specifisches Gewicht	In der ursprünglichen Substanz: Wasser %	Fett %	Caseïn %	Albumin %	Milchzucker %	Asche (Salze) %	Trockensubstanz %	In der Trockensubstanz: Fett %	Caseïn %	Albumin %	Milchzucker %	Asche (Salze) %	N in der Trockensubstanz %
6	Farbe des Colostrums dunkelgelb bis braungelb. Consistenz so zähe, dass es kaum floss. 5 Tag n. d. Kalben	1855	—	86.3	3.7	—	3.4	3.9	—	13.7	27.01	—	24.82	28.56	—	—
7	6 „ „ „ „	„	—	87.1	3.0	—	2.0	4.3	—	12.9	23.26	—	15.50	33.33	—	—
8	7 „ „ „ „	„	—	87.5	2.5	—	2.1	4.2	—	12.5	20.00	—	16.80	33.60	—	—
9	8 „ „ „ „	„	—	87.3	3.1	—	1.7	4.5	—	12.7	24.41	—	11.39	35.43	—	—
10	14 „ „ „ „	„	—	87.4	2.5	—	1.6	4.3	—	12.6	19.84	—	12.70	34.13	—	—
11	21 „ „ „ „	„	—	87.9	2.3	—	0.9	4.6	—	12.1	19.01	—	7.44	38.01	—	—
12	28 „ „ „ „	„	—	87.6	2.6	—	0.7	4.4	—	12.4	20.97	—	5.65	35.49	—	—
13	Schlechte Milchkuh, unmittelbar nach dem Kalben . .	„	—	77.5	4.1	—	8.5	1.7	—	22.5	18.22	—	37.77	7.55	—	—
14	1 Tag, Abends	„	—	81.1	4.0	—	6.3	2.2	—	18.9	21.16	—	33.33	11.64	—	—
15	2 „ früh	„	—	83.7	3.7	—	5.0	3.5	—	16.3	22.70	—	30.68	21.47	—	—
16	2 „ Abends	„	—	84.2	3.5	—	4.4	3.5	—	15.9	22.01	—	27.67	22.01	—	—
17	3 „ früh	„	—	85.0	3.0	—	3.8	3.9	—	15.0	22.00	—	25.33	26.00	—	—
18	3 „ Abends	„	—	85.5	3.3	—	3.0	4.3	—	14.5	22.16	—	20.69	29.66	—	—
19	4 „ früh	„	—	87.1	2.8	—	2.8	4.3	—	12.9	21.71	—	21.71	33.34	—	—
20	4 „ Abends	„	—	87.3	2.5	—	2.2	4.5	—	12.7	19.74	—	17.37	35.52	—	—
21	5 „ früh	„	—	87.9	1.9	—	1.8	4.8	—	12.1	15.70	—	14.88	39.67	—	—
22	5 „ Abends	„	—	87.4	1.7	—	1.9	4.7	—	12.6	13.50	—	15.08	37.30	—	—
23	6 „	„	—	87.5	2.3	—	2.0	4.7	—	12.5	18.40	—	16.00	37.60	—	—
24	7 „	„	—	87.0	2.8	—	1.9	4.6	—	13.0	21.54	—	14.61	35.38	—	—
25	14 „	„	—	87.4	3.0	—	1.3	4.5	—	12.6	23.81	—	10.32	35.72	—	—
26	21 „	„	—	87.5	2.7	—	0.6	4.8	—	12.5	21.60	—	4.80	38.40	—	—
27	28 „	„	—	87.4	2.5	—	0.6	4.5	—	12.6	19.84	—	4.76	35.72	—	—
28	35 „	„	—	87.1	2.8	—	0.6	4.5	—	12.9	21.71	—	4.65	34.88	—	—
29	Unmittelbar nach dem Kalben	„	—	84.1	3.1	—	5.3	0.5	—	15.9	19.50	—	33.33	31.45	—	—
30	1 Tag nach dem Kalben .	„	—	86.4	2.5	—	4.9	2.1	—	13.6	18.38	—	36.09	15.44	—	—
31	2 „ „ „ „ .	„	—	86.9	2.2	—	2.7	3.4	—	13.1	16.79	—	20.61	25.96	—	—
32	3 „ „ „ „ .	„	—	87.6	1.9	—	2.8	3.8	—	12.4	15.32	—	22.58	30.65	—	—
33	4 „ „ „ „ .	„	—	88.5	0.9	—	2.3	3.9	—	11.5	7.93	—	20.06	34.01	—	—
34	5 „ „ „ „ .	„	—	88.4	1.0	—	1.9	4.5	—	11.6	8.62	—	16.38	38.79	—	—
35	6 „ „ „ „ .	„	—	88.7	1.7	—	1.2	4.4	—	11.3	15.05	—	10.62	38.94	—	—
36	7 „ „ „ „ .	„	—	88.5	2.4	—	0.9	4.8	—	11.5	20.87	—	7.83	41.74	—	—
37	8 „ „ „ „ .	„	—	88.0	2.9	—	0.8	4.7	—	12.0	24.17	—	6.67	39.17	—	—
38	16 „ „ „ „ .	„	—	88.5	2.6	—	0.5	4.8	—	11.5	22.61	—	4.35	41.24	—	—
39	21 „ „ „ „ .	„	—	88.3	2.5	—	0.3	4.6	—	11.7	21.37	—	2.56	39.32	—	—
40	30 „ „ „ „ .	„	—	88.8	2.3	—	0.3	4.8	—	11.2	20.54	—	2.68	42.86	—	—
41	Unmittelbar nach dem Kalben	„	—	79.0	2.9	—	6.8	1.5	—	21.0	13.81	—	32.38	7.14	—	—
42	Farbe des Colostrums gelb, es war fadenziehend. 1 Tag n. d. Kalben	„	—	84.1	2.1	—	4.3	3.0	—	15.9	13.21	—	27.04	18.87	—	—
43	2 „ „ „ „	„	—	85.5	1.2	—	4.5	3.7	—	14.5	8.28	—	31.04	25.52	—	—
44	3 „ „ „ „	„	—	86.9	1.2	—	4.0	3.9	—	13.1	9.16	—	30.53	29.77	—	—
45	4 „ „ „ „	„	—	87.6	1.5	—	2.6	4.2	—	12.4	12.10	—	20.97	33.87	—	—
46	5 „ „ „ „	„	—	88.5	2.1	—	2.2	4.1	—	11.5	18.26	—	19.13	36.65	—	—
47	6 „ „ „ „	„	—	88.3	2.5	—	1.7	4.3	—	11.7	21.37	—	14.53	36.67	—	—
48	13 „ „ „ „	„	—	88.6	2.1	—	0.8	4.1	—	11.4	18.42	—	7.02	35.97	—	—
49	26 „ „ „ „	„	—	88.2	2.3	—	0.5	4.1	—	11.8	19.49	—	4.24	34.73	—	—
50	Gute Melkkuh, unmittelbar nach dem Kalben . . .	„	—	83.3	3.7	—	4.1	2.3	—	16.7	22.16	—	24.55	13.76	—	—
51	1 Tag nach dem Kalben .	„	—	85.5	3.6	—	3.6	2.9	—	14.5	24.63	—	24.83	20.00	—	—
52	2 „ „ „ „ .	„	—	85.9	3.1	—	2.4	3.5	—	14.1	21.99	—	17.02	24.82	—	—
53	3 „ „ „ „ .	„	—	86.8	3.2	—	1.7	4.1	—	13.2	24.24	—	12.88	31.06	—	—

No.	Bezeichnungen und Bemerkungen	Jahr der Untersuchung	Specifisches Gewicht	In der ursprünglichen Substanz: Wasser %	Fett %	Caseïn %	Albumin %	Milchzucker %	Asche (Salze) %	Trockensubstanz %	In der Trockensubstanz: Fett %	Caseïn %	Albumin %	Milchzucker %	Asche (Salze) %	N in der Trockensubstanz %
54	4 Tage nach dem Kalben .	1855	—	88.1	3.0	—	1.7	4.5	—	11.9	25.21	—	14.29	37.81	—	—
55	5 „ „ „ „ .	„	—	88.3	3.1	—	1.1	4.0	—	11.7	26.50	—	9.40	34.19	—	—
56	6 „ „ „ „ .	„	—	88.2	2.9	—	0.6	4.1	—	11.8	24.58	—	5.09	34.75	—	—
57	20 „ „ „ „ .	„	—	88.3	3.0	—	0.4	4.0	—	11.7	25.64	—	3.42	34.19	—	—
58	Gute Melkkuh, unmittelbar nach dem Kalben . . .	„	—	85.8	2.5	—	4.7	2.9	—	14.2	17.61	—	33.10	20.42	—	—
59	Im Aeussern fast gleich mit normaler Milch und auch beinahe vom Geschmack normaler Milch: 1 Tag n. d. Kalben	„	—	86.9	2.5	—	2.9	3.5	—	13.1	17.08	—	22.14	26.72	—	—
60	2 „ „ „ „	„	—	87.6	2.1	—	2.0	4.1	—	12.5	16.80	—	16.00	32.80	—	—
61	3 „ „ „ „	„	—	88.4	2.7	—	2.0	4.5	—	11.6	23.28	—	17.24	38.79	—	—
62	4 „ „ „ „	„	—	88.3	3.1	—	1.7	4.5	—	11.7	26.50	—	14.53	38.46	—	—
63	5 „ „ „ „	„	—	88.6	2.8	—	1.9	4.2	—	11.4	24.56	—	15.79	36.84	—	—
64	6 „ „ „ „	„	—	88.6	3.2	—	1.0	4.1	—	11.4	28.07	—	8.77	35.96	—	—
65	8 „ „ „ „	„	—	88.8	2.4	—	0.8	4.3	—	11.2	21.43	—	7.14	43.39	—	—
66	15 „ „ „ „	„	—	88.7	2.6	—	0.5	4.6	—	11.3	23.01	—	4.43	40.71	—	—
67	21 „ „ „ „	„	—	88.3	2.3	—	0.4	4.3	—	11.7	19.66	—	3.42	36.75	—	—
68	29 „ „ „ „	„	—	88.5	2.9	—	0.3	4.3	—	11.5	25.22	—	2.61	37.39	—	—
69	35 „ „ „ „	„	—	88.7	2.7	—	0.4	4.5	—	11.3	23.90	—	3.55	39.83	—	—
70	Kuh I, 10. Dez. 1858 (In 100 ccm)	1858	—	71.15	7.71	—	—	—	1.23	28.85	26.72	—	—	—	4.26	—
71	Desgl.	„	—	81.90	5.80	—	—	—	1.17	18.10	32.04	—	—	—	6.46	—
72	Desgl.	„	—	86.02	3.02	—	—	—	1.03	13.98	21.60	—	—	—	7.37	—
73	11. Dezember . . .	„	—	13.94	5.64	—	—	—	0.96	16.06	35.12	—	—	—	5.98	—
74	Desgl.	„	—	84.99	4.35	—	—	—	0.87	15.01	28.98	—	—	—	5.80	—
75	Desgl.	„	—	84.82	5.07	—	—	—	0.89	15.18	33.40	—	—	—	5.86	—
76	12. Dezember . . .	„	—	85.28	4.97	—	—	—	0.90	14.72	33.87	—	—	—	6.11	—
77	Desgl.	„	—	85.09	4.86	—	—	—	0.89	14.91	32.60	—	—	—	5.97	—
78	13. Dezember . . .	„	—	86.13	4.51	—	—	—	0.82	13.87	32.56	—	—	—	5.91	—
79	Kuh II, 8. Januar 1859	1859	—	79.41	2.26	—	—	—	—	20.59	10.93	—	—	—	—	—
80	Desgl.	„	—	85.39	1.32	—	—	—	1.04	14.61	9.04	—	—	—	7.12	—
81	Desgl.	„	—	86.05	1.85	—	—	—	0.90	13.95	13.26	—	—	—	6.43	—
82	9. Januar	„	—	86.90	1.27	—	—	—	0.90	13.10	9.70	—	—	—	6.87	—
83	Kuh III, 14. Januar .	„	—	71.01	5.85	—	—	—	0.98	28.99	20.18	—	—	—	3.38	—
84	Desgl.	„	—	78.22	4.22	—	—	—	1.00	21.78	19.37	—	—	—	4.59	—
85	Desgl.	„	—	83.70	3.69	—	—	—	0.90	16.30	22.64	—	—	—	5.52	—
86	15. Januar	„	—	87.38	3.04	—	—	—	0.89	12.62	24.02	—	—	—	7.03	—
87	Desgl.	„	—	87.02	3.52	—	—	—	0.85	12.98	27.12	—	—	—	6.54	—
88	Desgl.	„	—	86.32	3.43	—	—	—	0.84	13.68	25.07	—	—	—	6.14	—
89	16. Januar	„	—	87.41	2.99	—	—	—	0.84	12.59	23.75	—	—	—	6.67	—
90	Desgl.	„	—	87.82	2.57	—	—	—	0.83	12.18	21.10	—	—	—	6.81	—
91	17. Januar	„	—	87.72	2.59	—	—	—	0.80	12.28	21.09	—	—	—	6.51	—
92	Desgl.	„	—	87.68	2.49	—	—	—	0.80	12.32	20.21	—	—	—	6.43	—
93	Kuh IV, 11. März . .	„	—	76.30	3.30	—	—	—	1.00	23.70	13.92	—	—	—	4.22	—
94	12. März	„	—	85.72	2.68	—	—	—	0.87	14.28	18.77	—	—	—	6.09	—
95	Desgl.	„	—	85.28	2.94	—	—	—	0.80	14.72	19.97	—	—	—	5.43	—
96	13. März	„	—	87.84	3.08	—	—	—	0.80	12.16	25.33	—	—	—	7.38	—
97	14. März	„	—	87.91	3.29	—	—	—	0.76	12.09	27.21	—	—	—	6.29	—
98	Kuh V, 17. April . .	„	—	72.02	2.80	—	—	—	1.06	27.98	10.01	—	—	—	3.79	—
99	18. April	„	—	80.41	2.85	—	—	—	0.92	19.59	14.55	—	—	—	4.70	—

No. 70—102. J. Vrolyk u. Baumhauer. — Martiny: Die Milch 1871. I. 236. (J. f. prakt. Chem. 84. 1861. Tabelle zu S. 167.)

No.	Bezeichnungen und Bemerkungen	Jahr der Untersuchung	Specifisches Gewicht	In der ursprünglichen Substanz: Wasser	Fett	Caseïn	Albumin	Milch-zucker	Asche (Salze)	Trocken-substanz	In der Trockensubstanz: Fett	Caseïn	Albumin	Milch-zucker	Asche (Salze)	N in der Trocken-substanz
				%	%	%	%	%	%	%	%	%	%	%	%	%
100	Kuh V, 18. April . . . (In 100 ccm)	1859	—	81.82	3.12	—	—	—	0.84	18.18	17.18	—	—	—	4.63	—
101	19. April . . . . . . (In 100 ccm)	„	—	85.32	4.44	—	—	—	0.80	14.68	30.25	—	—	—	5.50	—
102	Desgl. . . . . (In 100 ccm)	„	—	86.11	4.61	—	—	—	0.76	13.89	33.19	—	—	—	5.47	—
103	Kuh, Freiburger Rasse, 5 Std. nach dem Kalben . . .	„	1.0518	79.25	2.78	14.35		2.77	0.85	20.75	13.40	69.15		13.35	4.10	11.06
104	29 Stunden nach dem Kalben	„	1.0340	85.77	3.60	5.49		4.34	0.80	14.23	25.30	38.58		30.49	5.63	6.17
105	53 Stunden nach dem Kalben	„	1.0339	86.45	3.38	5.06		4.34	0.77	13.55	24.94	37.34		32.04	5.68	5.97
106	Kuh Trana, kurz nach dem Kalben, 24. März, Abend .	1862	—	80.21	2.23	13.64		3.00	0.92	19.79	11.27	68.92		15.16	4.65	11.03
107	Desgl., 25. März, Morgen .	„	—	84.90	4.17	6.83		3.27	0.83	15.10	27.61	45.23		21.66	5.50	7.24
108	Desgl., 25. März, Abend . .	„	—	87.18	3.68	4.31		3.86	0.97	12.82	28.70	33.62		30.50	7.18	5.38
109	Desgl., 26. März, Morgen .	„	—	86.47	3.50	4.12		4.98	0.93	13.53	26.87	30.45		35.81	6.87	4.87
110	Desgl., 26. März, Abend . .	„	—	87.13	3.84	4.07		4.13	0.83	12.87	29.83	31.62		32.10	6.45	5.06
111	Desgl., 27. März, Morgen .	„	—	86.89	3.83	4.12		4.38	0.78	13.11	29.22	31.43		33.40	5.95	5.03
112	Desgl., 27. März, Abend . .	„	—	86.62	4.05	3.84		4.67	0.82	13.38	30.27	28.70		34.90	6.13	4.59
113	Kuh Stora, am Morgen nach dem Kalben, 25. März, Morgen	„	—	85.55	2.79	7.31		3.38	0.97	14.45	19.31	50.59		23.39	6.71	8.09
114	Desgl., 25. März, Abend . .	„	—	86.91	3.53	4.88		3.76	0.92	13.09	26.77	37.28		28.92	7.03	5.96
115	Desgl., 26. März, Morgen .	„	—	87.47	4.14	4.39		3.08	0.92	12.53	33.04	35.04		34.58	7.34	5.61
116	Desgl., 26. März, Abend . .	„	—	86.89	3.90	4.19		4.22	0.80	13.11	29.74	31.96		32.10	6.10	5.11
117	Desgl., 27. März, Morgen .	„	—	86.54	3.72	4.32		4.67	0.75	13.46	27.64	32.09		34.70	5.57	5.13
118	Desgl., 27. März, Abend . .	„	—	86.37	4.14	4.12		4.56	0.81	13.63	30.38	30.23		33.45	5.94	4.84
119	Mittlerer Gehalt der Milch beider Kühe in den ersten 4 Tagen	„	—	86.58	3.77	4.71		4.08	0.86	13.42	28.09	35.10		30.33	6.48	5.62
120	Alderney-Kuh, am 1. Tag nach dem Kalben	1876	—	80.30	2.70	6.40	4.70	4.85	1.05	19.70	13.71	32.49	23.86	24.61	5.33	9.02
121	Am 2. Tag nach dem Kalben	„	—	85.80	4.10	4.01	0.80	4.49	0.80	14.20	28.87	28.23	5.63	31.64	5.63	5.88
122	„ 3. „ „ „ „	„	—	86.10	2.80	5.04	0.60	4.56	0.90	13.90	20.14	36.26	4.32	32.81	6.47	6.49
123	„ 4. „ „ „ „	„	—	86.92	3.60	4.20	0.90	3.48	0.90	13.08	27.52	32.10	6.88	28.62	6.88	6.24
124	„ 5. „ „ „ „	„	—	85.60	3.80	3.60	0.70	5.40	0.90	14.40	26.39	25.00	4.86	37.50	6.25	4.78
125	Montavoner Kuh, 8 J. alt, 6. Kalb.: unmittelbar n. d. Kalben	„	1.068	73.07	3.54	2.65	16.56	3.00	1.18	26.93	13.42	10.04	62.75	9.32	4.47	11.65
126	nach 10 Stunden . .	„	1.046	73.07	4.66	4.28	9.32	1.42	1.55	26.93	17.56	16.22	35.31	5.04	5.87	8.24
127	„ 24 „ . .	„	1.043	73.07	4.75	4.50	6.25	2.85	1.02	26.93	18.00	17.05	23.68	10.80	3.86	6.52
128	„ 48 „ . .	„	1.042	73.07	4.21	3.25	2.31	3.46	0.96	26.93	15.95	12.32	8.75	13.11	3.64	3.37
129	„ 3 „ . .	„	1.035	73.07	4.08	3.33	1.03	4.10	0.82	26.93	15.46	12.62	3.90	16.30	3.11	2.64
130	Montavoner Rind, 2 Jahr alt, 1. Kalb.: unmittelb. n. d. Kalben	„	1.071	72.30	3.11	5.20	15.50	1.85	2.04	27.70	11.23	18.77	55.96	6.68	7.36	11.96
131	nach 1 Tage . . .	„	1.053	72.30	4.03	5.84	9.22	2.42	1.22	27.70	14.55	21.08	33.28	8.74	4.40	8.70
132	„ 2 Tagen . . .	„	1.045	72.30	3.75	4.31	6.75	3.20	0.94	27.70	13.54	15.56	24.37	11.55	3.39	6.39
133	„ 3 „ . . .	„	1.041	72.30	3.82	4.16	4.61	3.56	0.85	27.70	13.79	15.02	15.74	12.85	3.07	4.92
134	„ 4 „ . . .	„	1.038	72.30	3.63	3.00	2.05	4.14	0.79	27.70	13.10	10.83	7.40	14.95	2.85	2.92
135	„ 5 „ . . .	„	1.033	72.30	3.94	2.86	1.12	4.55	0.68	27.70	14.22	10.32	4.04	16.43	2.45	2.30

No. 103—105. J. B. Boussingault. — Weende'r Jahresber. 1866|67. 446. (Ann. chim. phys. 1866. IV. S. f. 9. 132.) Die Colostrum-Milch war von einer Kuh, welche am 14. Juni um Mitternacht kalbte. Die erste Portion wurde um 5 Uhr Morgens gemolken, war gelblichweiss und coagulirte im Wasserbad. Die zweite Probe, 24 Stunden später entnommen, war noch colostrumartig, während die 3. Probe, abermals 24 Stunden später entnommen, fast normales Aussehen hatte und im Wasserbade nur noch schwach coagulirte.

No. 106—119. Al. Müller u. Eisenstuck. — L. V.-St. 6. 1864. 376. Die untersuchte Milch stammte von Trana u. Stora, Kühen der Landrasse von Westeraas, welche beide den 24. März Nachmittags kalbten. Der Gehalt an Proteïn ist nach dem gefundenen N-Gehalt berechnet worden, der an Milchzucker aus der Differenz zur Trockensubstanz.

No. 120—124. A. H. Smee, mitgetheilt von C. Petersen. — Milchzeitung 1876. 1699.

No. 125—135. W. Eugling. — Forschungen auf dem Gebiete der Viehhaltung. 2. 1878. 101. Der gefundene Zucker ist kein Milchzucker, sondern Traubenzucker oder Lactose. Das Colostrum schied an dem letzten Tagen keine Albuminflocken mehr aus. (Vergl. Colostrum No. 19—42.)

No.	Bezeichnungen und Bemerkungen	Jahr der Untersuchung	Specifisches Gewicht	In der ursprünglichen Substanz: Wasser	Fett	Caseïn	Albumin	Milch-zucker	Asche (Salze)	Trocken-substanz	In der Trockensubstanz: Fett	Caseïn	Albumin	Milch-zucker	Asche (Salze)	N in der Trocken-substanz
				%	%	%	%	%	%	%	%	%	%	%	%	%
								Globulin								
136	7. Febr., Morgens, gleich nach der Geburt	1888	—	76.14	—	4.705	0.580	8.320		23.86	—	—	—	—	—	—
137	7. Febr., Abends	„	—	87.20	—	2.865	0.440	0.930		12.80	—	—	—	—	—	—
138	8. Febr., Morgens	„	—	85.36	—	2.840	0.510	0.695		14.64	—	—	—	—	—	—
139	8. Febr., Abends	„	—	87.27	—	2.965	0.475	0.275		12.73	—	—	—	—	—	—
140	9. Febr., Mörgens	„	—	87.31	—	3.010	0.375	0.180		12.69	—	—	—	—	—	—
141	9. Febr., Abends	„	—	87.06	—	3.255	0.380	0.180		12.94	—	—	—	—	—	—
142	10. Febr., Morgens . . .	„	—	86.91	—	3.145	0.210	0.150		13.09	—	—	—	—	—	—
143	11. Febr., Morgens . . .	„	—	84.91	—	3.160	0.370	0.105		15.09	—	—	—	—	—	—
144	13. Febr., Morgens . . .	„	—	87.12	—	2.290	0.200	0.040		12.88	—	—	—	—	—	—
								Zucker	Asche							
145	2. Melkung	„	1.040	79.60	7.22	5.54	0.86	3.45	0.73	20.40	—	—	—	—	—	—
146	1. „ grösser als . .	„	1.046	74.53	6.98	12.63	1.56	—	1.00	25.47	—	—	—	—	—	—
147	2. „	„	—	71.73	7.19	13.42	1.96	3.67	1.106	28.27	—	—	—	—	—	—
148	1. „	„	—	73.81	9.19	11.89	1.14	—	—	26.19	—	—	—	—	—	—
149	1. „	„	1.0446	81.44	5.86	4.48	—	2.41	—	18.56	—	—	—	—	—	—

Allgemeine Tabelle A.

Milch von Kühen, deren Rassenabstammung nicht genannt oder nicht bestimmt angegeben, oder von gemischten Heerden.

No.	Bezeichnungen und Bemerkungen	Jahr der Untersuchung	Specifisches Gewicht	Wasser	Fett	Caseïn	Albumin	Milch-zucker	Asche (Salze)	Trocken-substanz	Fett	Caseïn	Albumin	Milch-zucker	Asche (Salze)	N in der Trocken-substanz
1	Von einer Kuh, 200—300 Tage n. d. Kalben	1840	—	87.30	4.04	3.22		5.28	—	12.70	31.76	25.86		40.75	—	4.14
2	Desgl., 170—190 Tage . .	„	—	87.50	3.50	3.67		5.07	—	12.50	28.00	29.36		40.56	—	4.70
3	Desgl., 24—35 Tage . . .	„	—	87.80	4.55	3.05		4.35	—	12.20	37.30	25.00		35.66	—	4.00
4	Von 2 Kühen, bei ausschliesslicher Rübenfütterung . .	„	—	87.98	3.99	3.74		3.56	0.73	12.02	33.19	30.81		29.93	6.07	4.93
5	Desgl., Heufütterung . . .	„	—	86.83	5.15	3.60		3.70	0.72	13.17	39.10	27.33		28.09	5.47	4.37
6	Desgl., Kartoffelfütterung . .	„	—	87.16	4.30	4.18		3.54	0.82	12.84	33.49	32.55		27.57	6.39	5.21

No. 136—144. A. Emmerling. — Biedermann's Centralbl. f. Agrikulturchemie. 17. 1888. 861. (Vorläufige Mittheilung.) Das Caseïn wurde aus dem 5fach verdünnten Colostrum vorsichtig mit Essigsäure gefällt und nach dem Entfetten getrocknet und gewogen. Aus dem Filtrat wurde Globulin durch Magnesiumsulfat gefällt. Die Bestimmung geschah durch Wiederlösen des Niederschlages und Coagulation bei Siedhitze unter Zusatz von etwas Essigsäure, Trocknen und Wägen des abfiltrirten Coagulums. Albumin wurde „in ganz ähnlicher Weise" in dem schwach angesäuerten Filtrat durch Coaguliren im Wasserbade bestimmt. Verf. fand die Angabe Sebelien's, dass bei dem Coaguliren von Eiweiss stets ein, wahrscheinlich durch Abspaltung entstehender Eiweissrest in Lösung bleibt, der durch Phosphorwolframsäure oder Tannin fällbar ist, vollkommen bestätigt, konnte diese Thatsache aber bei vorstehenden Bestimmungen noch nicht berücksichtigen.

No. 145—149. John Sebelien. — Biedermann's Centralbl. f. Agr. Chem. 17. 1888. 759 u. 1889. 208. Die vorstehenden analytischen Resultate beziehen sich auf 5 verschiedene Proben Colostralmilch der ersten und zweiten Melkung. Caseïn und Globulin wurden aus der Milch durch Magnesiumsulfat gemeinschaftlich ausgefällt. In einer anderen Probe derselben Milch wurde Caseïn vollständig nebst etwas Globulin ausgefällt. Aus der Differenz dieser und der vorhergehenden Fällung wurden die Mengen von Caseïn-N und Globulin-N „annähernd" berechnet. Verf. bestimmte den N-Gehalt der einzelnen Fällungen nach Kjeldahl. Wir berechneten aus den Angaben des N-Gehalts für das mit Magnesiumsulfat Fällbare und für Albumin durch Multiplication mit 6.25 Caseïn + Globulin und Albumin. Die N-Menge dieser beiden Proteïn-Gruppen, abgezogen von dem Gesammt-N, ergab die N-Menge der nichteiweissartigen Verbindungen. Die Proben enthielten:

	1	2	3	4	5
Gesammt-N	1.232	2.506	2.556	2.220	1.100
Nichteiweiss-N	0.207	0.237	0.086	0.076	—
Relativer Säuerungsgrad	15.5	21.0	—	—	19.0

„Unter „relativem Säuerungsgrad" versteht Verf. den Ausdruck für die saure Reaction der Milch, welchen man erhält, wenn man 50 ccm Milch mit $^1/_{10}$ normaler Lauge so lange versetzt, bis ein zugesetzter Tropfen einer Phenolphtaleinlösung eine deutliche Rosafärbung zeigt. Die Laugenmenge variirt bei normaler gewöhnlicher Milch meist zwischen 8—12 ccm Lauge".

Milch von Kühen etc. Tabelle A.

No. 1—3. Le Bel u. J. B. Boussingault. — Aus dessen: Die Landwirthschaft etc. 2. Bericht 1851. 322. (Vergl. Milch unter dem Einflusse der Fütterung No. 1—10.) Milch No. 1 ist das Mittel von 5, No. 2 das Mittel von 2 und No. 3 das Mittel von 3 zu verschiedener Zeit ausgeführten Analysen. Caseïn, aschehaltig (ca. 0.2).

No. 4—6. J. B. Boussingault. — Ebendaselbst. 4. Bericht 1856. 50. (Vergl. Milch unter dem Einflusse der Fütterung No. 11—16.) Die Zahlen sind das Mittel von je 2 Analysen der Milch von 2 verschiedenen Kühen, beide frischmilchend.

No.	Bezeichnungen und Bemerkungen	Jahr der Untersuchung	Specifisches Gewicht	In der ursprünglichen Substanz: Wasser %	Fett %	Caseïn %	Albumin %	Milchzucker %	Asche (Salze) %	Trockensubstanz %	In der Trockensubstanz: Fett %	Caseïn %	Albumin %	Milchzucker %	Asche (Salze) %	N in der Trockensubstanz %
7	Von 1 Kuh, 135—206 Tage nach d. Kalben, Magermilch	1858	—	87.18	3.63	3.46		5.11	0.62	12.82	28.31	26.99		39.86	4.84	4.32
8	Zu Petit-Guivilly, 30. Juli .	1847	—	86.30	5.50	4.62	0.34	3.24		13.70	40.14	33.72	2.48	23.66		5.79
9	Zu Servaville, 16. Juli . .	„	—	85.08	5.02	4.95	0.38	4.57		14.92	33.64	33.17	2.55	30.64		5.72
10	Zu Salmonville, 30. Juli . .	„	—	88.11	4.32	3.30	0.47	3.80		11.89	36.33	27.75	3.95	31.97		5.07
11	Zu „ 3. November	„	—	86.06	2.48	6.14	0.32	5.00		13.94	17.79	44.05	3.30	34.86		7.58
12		„	—	88.72	—	5.56	0.32	4.54		11.28	—	49.29	3.84	40.15		8.50
13		„	—	87.55	2.57	5.56	0.39	3.93		12.45	20.64	44.66	3.13	31.57		7.65
14		„	—	83.62	3.89	7.40	0.65	4.44		16.38	23.75	45.18	3.97	27.10		7.86
15		„	—	85.06	3.32	6.78	0.29	4.55		14.94	22.22	45.38	1.94	30.46		5.57
16		„	—	87.60	3.20	3.00	1.20	4.30	0.70	12.40	25.41	24.20	9.68	35.06	5.65	5.42
17	Aus dem Sammelfasse d. Rüdigsdorfer Kuhstalls . .	1856	—	88.30	2.60	—	0.39	4.20	—	11.70	22.22	—	3.33	35.90	—	—
18	Desgl. d. Sahliser Kuhstalls	„	—	88.90	2.70	—	0.31	4.50	—	11.10	24.33	—	2.79	40.55	—	—
19		1859	—	87.67	3.11	—	—	3.24	—	12.33	25.22	—	—	26.88	—	—
20		—	—	87.47	2.88	—	—	4.18	—	12.53	23.01	—	—	33.39	—	—
21		—	—	87.74	3.12	—	—	—	—	12.26	25.45	—	—	—	—	—
22		?	—	87.00	3.10	4.50		4.80	0.60	13.00	23.85	34.61		36.92	4.62	5.54
23	Bei Weidegang, Abendmilch .	1852	—	86.50	3.70	5.4		3.80	0.60	13.50	27.41	40.00		28.15	4.44	6.40
24	Desgl., Morgenmilch . . .	„	—	87.00	5.60	3.9		3.00	0.50	13.00	42.72	29.75		23.72	3.81	4.76
25	1. Woche	1855	—	88.63	2.53	3.25		4.85	0.75	11.37	22.25	28.59		42.56	6.60	4.57
26	2. Woche	„	—	88.37	2.91	3.25		4.72	0.75	11.63	25.02	27.94		40.59	6.45	4.47
27	3. W., 28. Febr. } Aus d. Sammelfasse d. Wirthschaftsstalles	„	—	87.08	3.70	3.36		5.10	0.76	12.92	28.64	26.01		39.47	5.88	4.16
28	3. „ 5. März } Aus d. Sammelfasse d. Wirthschaftsstalles	„	—	86.84	3.87	3.27		5.20	0.82	13.16	29.41	24.85		39.51	6.23	3.98
29	Mittel von No. 25—28 . .	„	—	86.96	3.78	3.31		5.10	0.79	13.04	28.99	25.38		39.57	6.06	4.06
30	Gute Milchkuh, 20 Tage n. d. Kalben . . . } Bei gleicher Fütterung	1856	—	88.30	3.00	—	0.40	4.00	—	11.70	25.64	—	3.42	34.19	—	—
31	Andere Milchkuh, 35 Tage n. d. Kalben .	„	—	88.70	2.70	—	0.40	4.50	—	11.30	23.90	—	3.54	39.83	—	—
32	Schlechte Milchkuh, 28 Tage n. d. Kalben .	„	—	87.60	2.60	—	0.70	4.40	—	12.40	20.97	—	5.64	35.48	—	—
33	Andere Milchkuh, 35 Tage n. d. Kalben .	„	—	87.10	2.80	—	0.60	4.50	—	12.90	21.71	—	4.65	34.88	—	—
34	Andere Kühe, 30 Tage n. d. Kalben . . .	„	—	88.80	2.30	—	0.30	4.80	—	11.20	20.54	—	2.70	43.15	—	—
35	Andere Kühe, 26 Tage n. d. Kalben . . .	„	—	88.20	2.30	—	0.50	4.10	—	11.80	19.49	—	4.24	34.74	—	—

No. 7. J. B. Boussingault. — Weende'r Jahresber. 1866/67. 432. (Vergl. Milch unter dem Einflusse der Fütterung No. 17—26.) Im Mittel der Milch eines längeren Zeitraums.
No. 8—15. Girardin. — Compt. rend. 36. 753.
No. 16. Doyère. Ann. phys. nat. 22. 239.
No. 17 u. 18. F. Crusius. — Wilda's landw. Centralbl. 1856. 2. 48. Beide Milchsorten hatten eine sehr constante Zusammensetzung.
No. 19—21. F. Hoppe. — Chem. Centralbl. 1860. I. 67. (Arch. f. pathalog. Anat. 17. 440.) Der Milchzucker wurde durch den Polarisationsapparat, die übrigen Bestandtheile nach Haidlen's Verfahren bestimmt. An weiteren Bestandtheilen werden angegeben:

	No. 19	20	21
Alkoholisches Extrakt . . .	3.046	4.363	3.359
Albuminstoffe	6.179	5.275	5.778

No. 22. O. Henry u. A. Chevalier. — J. Pharm. 25. 333. Die Autoren fällten das Caseïn mit verdünnter Essigsäure und entfernten daraus das Fett durch Aether.
No. 23 u. 24. Playfair. — J. R. Agric. Soc. England 1852. 33. 356. (Vergl. Milch unter dem Einfluss des Futters No. 39—47.) Vom Autor ist zu den Analysen bemerkt: Die Bestimmungen des Käsestoffs können etwas zu niedrig, die des Milchzuckers zu hoch ausgefallen sein.
No. 25—29. H. Scheven (V.-St. Grosskmehlen). — Ztschr. d. landw. Centralv. d. Prov. Sachsen 1856. 250.
No. 30—35. F. Crusius. — J. f. pract. Chem. 68. 1.

No.	Bezeichnungen und Bemerkungen	Jahr der Untersuchung	Specifisches Gewicht	In der ursprünglichen Substanz							In der Trockensubstanz					N in der Trockensubstanz
				Wasser	Fett	Caseïn	Albumin	Milchzucker	Asche (Salze)	Trockensubstanz	Fett	Caseïn	Albumin	Milchzucker	Asche (Salze)	
				%	%	%	%	%	%	%	%	%	%	%	%	%
36	Nach der Methode von Hoppe-Seyler untersucht (in 100 ccm)	1856	—	—	5.25	1.18	0.33	4.25	—	—	—	—	—	—	—	—
37		„	—	—	4.95	1.50	0.30	4.30	—	—	—	—	—	—	—	—
38		„	—	—	4.80	1.70	0.29	4.30	—	—	—	—	—	—	—	—
39		1860	—	87.67	3.11	6.18		3.24	—	12.33	25.22	50.12		26.88	—	8.02
40		„	—	87.47	2.88	5.27		4.18	—	12.53	23.01	42.10		33.39	—	6.74
41		„	—	87.74	3.12	4.29		—	—	12.26	25.45	34.99		—	—	5.60
42		„	—	—	3.23	3.48	0.42	5.26	—	—	—	—	—	—	—	—
43		„	—	—	2.85	3.66	0.43	5.11	—	—	—	—	—	—	—	—
44	Milch vom Gute Enskede bei Stockholm	„	—	87.67	3.32	—	—	—	—	12.33	26.92	—	—	—	—	—
45	Desgl. einige Tage später .	„	—	87.84	3.32	—	—	—	—	12.16	27.30	—	—	—	—	—
46	Frisch gemolkene Milch aus Stockholm	„	—	87.74	3.30	—	—	—	—	12.26	26.92	—	—	—	—	—
47	Academisches Gut bei Stockholm: Lichtarme, kalte Winterszeit Nov. 1861 bis März 1862 . . .	1861/62	—	87.15	4.04	3.42		4.67	0.72	12.85	31.44	26.61		36.35	5.60	4.76
48	Hellere Frühjahrszeit bis Mitte Juni (Winterfutter)	1862	—	87.39	3.82	3.32		4.74	0.73	12.61	30.40	26.25		37.58	5.77	4.20
49	Sommerzeit, Weidegang bis Mitte August .	„	—	87.20	4.22	3.16		4.67	0.75	12.80	32.97	24.69		36.48	5.86	3.95
50	Herbstzeit bis Novemb. (theilw. Grün- und Wurzelfütterung) . .	„	—	87.00	4.09	3.42		4.75	0.74	13.00	31.46	26.31		36.54	5.69	4.21
51	Jahresmittel 12. Nov. 1861 bis 25. Novbr. 1862	„	—	87.18	4.05	3.33		4.71	0.73	12.82	31.59	25.97		36.75	5.69	4.16
52	Von der Domäne Tullgarn, Morgen- u. Abendmilch .	„	—	87.22	4.14	3.44		4.44	0.76	12.78	32.40	26.92		34.73	5.95	4.31
53	Kuh Stora, Landrasse v. Westeraas, Mittel	„	—	87.76	3.44	3.32		4.72	0.76	12.24	28.10	27.21		38.48	6.21	4.35
54	Kuh Trana, Landrasse v. Westeraas, Mittel	„	—	88.08	3.12	3.23		4.81	0.76	11.92	26.17	27.10		40.35	6.38	4.34
55	Milch beider Kühe, Durchschn. v. 28. März bis 12. Juni 1862	„	—	88.00	3.18	3.32		4.73	0.77	12.00	26.50	27.67		39.41	6.42	4.43
56	Desgl., Durchschn. v. 15. Juni bis 30. Juli 1862. . . .	„	—	87.72	3.51	3.02		4.99	0.76	12.28	28.58	24.59		40.64	6.19	3.93
57	Desgl., Durchschn. v. 26. Okt.	„	—	88.00	3.42	3.18		4.67	0.73	12.00	28.50	26.50		38.92	6.08	4.24
58	Desgl., Mittel v. 28. März bis 31. Oktober	„	—	87.91	3.37	3.17		4.80	0.75	12.09	27.88	26.22		39.70	6.20	4.20
59	Desgl.	„	—	87.92	3.28	3.22		4.82	0.76	12.08	27.15	26.66		39.90	6.29	4.27

No. 36—38. Nast, mitgetheilt von Hoppe-Seyler. — Weende'r Jahresber. 1867/68. (Tübinger medic.-chem. Unters. II. 278. 1867.)
No. 39—41. F. Hoppe-Seyler. — Chem. Centralbl. 1860. 49 u. 65.
No. 42 u. 43. Tolmatscheff. — Ztschr. f. Chem. 1868. 254.
No. 44—46. Michaelsen. — Weende'r Jahresb. 1857—61. 160. (Polyt. J. 149. 59.)
No. 47—52. Al. Müller u. Eisenstuck. — L. V.-St. 5. 1863. 161 u. 6. 1864. 373. Die Milch stammte von je 5 Kühen der Ayrshire-Pembrokshire-(Wales) und schwedischen Landrasse. Die Analysen sind Mittel von Morgen- und Abendmilch, berechnet aus längeren Reihen von Analysen. Bei diesen Analysen sowohl als bei allen folgenden derselben Autoren wurde der Proteïngehalt aus dem ermittelten N-Gehalt (× 6.25) berechnet, der Milchzuckergehalt aus der Differenz berechnet. Milch unter No. 52 ist das Mittel von Morgen- und Abendmilch eines Tages und stammte von Kühen der Ayrshire-Rasse und des schwedischen (Mischling) Strömholmer Stammes.
No. 53—59. Al. Müller u. Eisenstuck. — L. V.-St. 6. 1864. 378. Die Mittel unter 53 u. 54 beziehen sich auf eine grössere Anzahl Einzelanalysen, die von während 8 Monaten entnommenen Milchproben gemacht worden waren. Die Zahlen unter No. 55—57 repräsentiren die mittlere Zusammensetzung der Milch derselben beiden Kühe während gewisser Perioden. Die Mittel unter No. 58 u. 59 sind von dem Autoren berechnete (jedoch nicht untereinander übereinstimmende) Mittel.

No.	Bezeichnungen und Bemerkungen	Jahr der Untersuchung	Specifisches Gewicht	In der ursprünglichen Substanz: Wasser %	Fett %	Caseïn %	Albumin %	Milchzucker %	Asche (Salze) %	Trockensubstanz %	In der Trockensubstanz: Fett %	Caseïn %	Albumin %	Milchzucker %	Asche (Salze) %	N in der Trockensubstanz %
60	Milch vom academ. Gute bei Stockholm	1862	—	87.07	3.83	3.61		4.72	0.77	12.93	29.62	27.92		36.50	5.96	4.47
61	Desgl.	„	—	87.58	3.49	3.24		4.96	0.73	12.42	28.10	26.09		39.93	5.88	4.17
62		„	—	86.29	4.44	—		—	0.67	13.71	32.39	—		—	4.89	—
63	Milch v. der Domäne Tullgarn, 29. Januar, Abendmilch .	„	—	86.95	4.49	3.19		4.68	0.69	13.05	33.81	24.44		36.46	5.29	3.91
64	Desgl., 28. Nov., Abendmilch	„	—	86.69	4.43	—		—	0.70	13.31	33.28	—		—	5.26	—
65	Desgl., 29. Nov., Morgenmilch	„	—	87.14	4.05	—		—	0.83	12.86	31.49	—		—	6.45	—
66	Desgl., 3. Nov., Morgenmilch	„	—	87.34	3.97	3.43		4.52	0.74	12.66	31.33	27.07		35.76	5.84	4.33
67	Desgl., 4. „ „	„	—	87.66	3.97	—		—	0.80	12.34	32.18	—		—	6.48	—
68	Desgl., 5. „ „	„	—	86.95	4.36	—		—	0.77	13.05	33.41	—		—	5.90	—
69	Desgl., 3. „ Abendmilch	„	—	87.15	4.31	3.44		4.37	0.73	12.85	33.54	26.77		34.01	5.68	4.28
70	Desgl., 4. „ „	„	—	87.38	3.51	—		—	0.75	12.62	27.81	—		—	5.94	—
71	In 100 ccm	1868	—	—	4.79	2.59	1.20	4.45	0.77	—	—	—		—	—	—
72	Rein gehaltene Landmilch	1869	—	85.75	3.62	4.80		5.05	0.78	14.25	25.28	33.69		35.56	5.47	5.39
73	Rein gehaltene Landmilch	„	—	86.75	3.55	4.29		4.62	0.79	13.25	26.79	32.38		34.87	5.96	5.18
74	Rein gehaltene Landmilch	„	—	88.10	2.99	3.80		4.44	0.67	11.90	25.72	31.93		36.72	5.63	5.11
75	Rein gehaltene Landmilch	„	—	84.81	3.86	5.47		5.12	0.74	15.19	25.41	36.01		33.71	4.87	5.76
76	Rein gehaltene Landmilch	„	—	84.50	4.31	4.75		5.67	0.77	15.50	27.81	30.65		36.57	4.97	4.90
77	Rein gehaltene Landmilch	„	—	89.02	2.85	3.26		4.18	0.69	10.98	25.95	29.69		38.08	6.28	4.75
78	Rein gehaltene Landmilch	„	—	85.40	3.85	5.10		4.90	0.75	14.60	26.37	34.94		33.55	5.14	5.59
79	Rein gehaltene Landmilch	„	—	85.04	3.66	5.55		5.08	0.77	14.96	24.48	37.11		33.26	5.15	5.94
80	Rein gehaltene Landmilch	„	—	87.05	3.11	3.93		5.19	0.72	12.95	24.02	30.35		40.07	5.56	4.86
81	Rein gehaltene Landmilch	„	—	86.12	3.87	4.52		4.72	0.75	13.88	27.88	32.57		34.15	5.40	5.21
82		„	—	86.90	4.00	4.40		4.20	0.50	13.10	30.54	33.59		32.05	3.82	5.37
83	Abendmilch	1856	—	87.65	4.68	—		—	0.64	12.35	33.22	—		—	4.54	—
84	Bei Weidegang u. Heu ohne Beifutter, 7. August . .	1862	—	87.40	3.43	3.12		5.12	0.93	12.60	27.23	24.77		40.62	7.38	3.96
85	Desgl., 29. November . . .	„	—	85.20	4.96	3.66		5.05	1.13	14.80	33.51	24.73		34.12	7.64	3.94
86		1861	—	87.81	3.23	3.57		4.69	0.70	12.19	26.50	29.28		38.48	5.74	4.68
87		„	—	87.23	3.81	3.71		4.46	0.79	12.77	29.84	29.05		34.92	6.19	4.65
88		„	—	87.13	3.54	4.09		4.53	0.71	12.87	27.50	31.78		35.20	5.52	5.08
89		„	—	88.40	3.09	3.55		4.19	0.77	11.60	26.64	30.60		36.12	6.64	4.90
90	Durchschnittsprobe aus 1930 L. Milch	„	—	87.44	3.83	3.89		4.08	0.76	12.56	30.69	30.97		32.29	6.05	4.96
91	Kuhmilch in Caux	1865	1.0319	88.29	3.69	2.30		5.02	0.70	11.71	31.50	19.64		43.88	5.98	3.14
92	Halbblut-Holländer-Landvieh, Mittagsmilch	1847	—	86.67	4.04	2.30		—	0.64	13.33	30.31	17.25		—	4.80	2.76

No. 60—70. Al. Müller u. Eisenstuck. — L. V.-St. 8. 1866. 70 u. 403. 9. 1867. 139. 140.
No. 71. C. Karmrodt. — Neue landw. Ztg. 1868. 46.
No. 72—81. W. A. Scott. — Landw. Centralbl. 1871. 1. 3.
No. 82. Sam. Percy. — Milchzeitung 1872. 179. (Milk J. 1871. No. 9.)
No. 83. Barral. — J. d'agricult. prat. 1856. I. 123.
No. 84 u. 85. A. Voelcker. — Martiny: Die Milch. II. 242. (Caseïn ist 0.50 N × 6.25.)
No. 86—90. Chandler. — Milchzeitung 1872. 93. Die untersuchten Proben unter No. 85—88 waren aus 4 Kannen, welche aus 44 Kannen Milch ausgewählt worden, entnommen. Die Milch war der American Condensed Milk Company bei Station Purdy geliefert worden. Von jeder der 44 Kannen Milch wurde 1 Probe zur Bestimmung der Dichte verwendet und dieselbe höchstens zu 1.0332, mindestens zu 1.0299, im Mittel zu 1.0318 gefunden.
No. 91. E. Marchand. — Weende'r Jahresber. 1866/67. 306.
No. 92. J. Moser. — Arenstein's Allgem. Land- u. Forstw. Ztg. 1857. 778. Die Kuh war mit grünem Wickgemenge gefüttert. Andere Milchproben enthielten nach demselben Autor (1858):

	Morgenmilch,	Abendmilch.	Fettarme,	Fettreiche Milch.
Wasser . . .	86.80	85.31	88.26	86.65 %
Fett	4.62	5.34	3.04	4.16 „

No.	Bezeichnungen und Bemerkungen	Jahr der Untersuchung	Specifisches Gewicht	In der ursprünglichen Substanz: Wasser %	Fett %	Caseïn %	Albumin %	Milchzucker %	Asche (Salze) %	Trockensubstanz %	In der Trockensubstanz: Fett %	Caseïn %	Albumin %	Milchzucker %	Asche (Salze) %	N in der Trockensubstanz %
93	Gekalbt den 10. December 1858: Wintermilch v. 17. Dec. 1858, Mrg. . . .	1858/59	—	86.77	4.30	—	—	—	0.93	13.23	32.50	—	—	—	7.03	—
94	Desgl., Ab.	„	—	87.59	3.28	—	—	—	0.90	12.41	23.15	—	—	—	6.35	—
95	Desgl. v. 30. Apr. 1859, Ende der Winterfütterung, Mrg. . . .	„	—	88.25	2.50	—	—	—	0.69	11.75	21.28	—	—	—	5.87	—
96	Desgl., Ab.	„	—	87.95	2.87	—	—	—	0.80	12.05	23.82	—	—	—	6.64	—
97	Desgl., Mittel von 10 Analysen innerhalb d. Winterfütterung, Mrg.	„	—	88.26	2.81	—	—	—	0.75	11.74	23.94	—	—	—	6.39	—
98	Desgl. Ab.	„	—	88.37	2.66	—	—	—	0.74	11.63	22.87	—	—	—	6.37	—
99	Sommermilch (Weide), Anfang 12. Mai, Mrg.	„	—	88.13	2.49	—	—	—	0.71	11.87	20.98	—	—	—	5.98	—
100	Desgl., Ab.	„	—	88.24	2.41	—	—	—	0.76	11.76	20.49	—	—	—	6.46	—
101	Desgl., Ende 1. Okt., M.	„	—	87.24	3.05	—	—	—	—	12.76	23.90	—	—	—	—	—
102	Desgl., Ab.	„	—	87.12	3.11	—	—	—	—	12.88	24.15	—	—	—	—	—
103	Mittel von 10 Analysen innerhalb der Sommerfütterung, Mrg. . .	„	—	88.20	2.67	—	—	—	0.70	11.80	22.63	—	—	—	5.93	—
104	Desgl., Ab.	„	—	88.14	2.59	—	—	—	0.74	11.86	21.76	—	—	—	6.24	—
105	Wintermilch, Mrg.	„	—	88.25	2.76	—	—	—	0.71	11.75	23.49	—	—	—	6.04	—
106	„ Ab.	„	—	88.21	2.84	—	—	—	0.71	11.79	24.09	—	—	—	6.02	—
107	Sommermilch, Weide, Mrg. .	„	—	88.09	3.08	—	—	—	0.70	11.91	25.86	—	—	—	5.88	—
108	„ „ Ab. .	„	—	88.01	3.16	—	—	—	0.71	11.99	26.35	—	—	—	5.92	—
109		1862	—	87.30	3.75	3.31		4.86	0.78	12.70	29.53	26.06		38.27	6.14	4.17
110		„	—	87.00	3.99	3.44		4.81	0.76	13.00	30.69	26.46		36.99	5.86	4.23
111		„	—	87.89	3.12	2.94		5.29	0.76	12.11	25.78	24.30		43.64	6.28	3.89
112		„	—	88.50	2.43	3.25		5.03	0.79	11.50	21.13	27.26		44.74	6.87	4.36
113		„	—	89.00	1.93	3.01		5.28	0.78	11.00	17.54	27.36		48.01	7.09	4.38
114		„	—	89.10	2.31	3.50		4.32	0.77	10.90	21.19	32.11		39.64	7.06	5.14
115		„	—	85.75	6.11	2.94		4.47	0.73	14.25	42.88	20.38		31.62	5.12	3.26
116		„	—	86.73	4.81	2.69		5.01	0.76	13.27	36.25	20.27		37.75	5.73	3.24
117	Von Kühen in Cirencester, über Tag Weidegang, Abends Futter im Stall: Juli	1863	—	88.25	2.92	2.87		5.24	0.72	11.75	24.85	24.43		44.59	6.13	3.91
118	Sept.	„	—	90.30	1.89	2.88		4.26	0.65	9.70	19.58	26.69		47.02	6.71	4.27
119	Okt.	„	—	88.95	3.44	2.62		4.30	0.69	11.05	30.85	23.50		39.04	8.61	3.76
120	Milch v. anderen Kühen, September	„	—	87.13	3.60	3.36		5.18	0.73	12.87	27.97	26.11		40.25	5.67	4.18
121		„	—	87.60	3.34	3.41		4.88	0.77	12.40	26.94	27.50		39.35	6.21	4.40
122		1864	—	87.64	3.11	3.21	0.97	4.22	0.85	12.36	25.16	27.93	7.85	32.18	6.88	5.72
123		„	—	87.65	3.15	3.10	1.30	4.20	0.60	12.35	25.51	25.10	9.72	34.81	4.86	5.57
124	Milch von Kühen der Lombardei	1875	1.0326	88.93	2.03	3.44		4.86	0.74	11.07	18.34	31.04		43.94	6.68	4.97
125	Desgl.	„	—	89.05	1.76	3.51		4.91	0.77	10.95	16.03	31.96		44.90	7.01	5.11

No. 93—108. Vrolyk. — B. Martiny: Die Milch. I. 341. Die Milch ist von denselben 5 Kühen, deren Colostrum der Autor untersuchte (siehe Colostrum No. 70). Unter No. 93—104 Milch von Kuh 1; unter No. 105—108 Milch der 5 Kühe bezw. nur der 4 ersten.
No. 109—121. A. Voelcker. — J. R. Agric. Soc. England 1862. 23. 170 u. 1863. 302.
No. 122 u. 123. Dieulafait. — J. d'agric. prat. 1864. I. 519.
No. 124 u. 125. L. Manetti u. G. Musso. — Milchzeitung. 5 1875. 1959. (Nach Il Caseificio 1876.) Statt Caseïn ist der N-Gehalt der Milch und zwar für Milch No. 124 = 0.551%, für No. 125 = 0.561% angegeben. Diesen Gehalt auf Proteïn (× 6.25) berechnet, ergeben sich Zahlen, die mit den übrigen Componenten 100.23 bezw. 99.80 zusammen ausmachen.

No.	Bezeichnungen und Bemerkungen	Jahr der Untersuchung	Specifisches Gewicht	In der ursprünglichen Substanz: Wasser %	Fett %	Caseïn %	Albumin %	Milchzucker %	Asche (Salze) %	Trockensubstanz %	In der Trockensubstanz: Fett %	Caseïn %	Albumin %	Milchzucker %	Asche (Salze) %	N in der Trockensubstanz %
126	Radener Herde: Weidegang, Morgenmilch	1876	1.0314	87.08	4.23	2.90	0.41	4.69	0.69	12.92	32.76	22.45	3.17	36.30	5.34	4.10
127	Tag u. Nacht Weidegang, Morgenmilch, 2. Oktb.	„	1.0310	87.14	3.98	2.77	0.45	4.97	0.69	12.86	30.95	21.54	3.50	38.64	5.37	4.01
128	Tag und Nacht Weidegang, Abendm., 5. Okt.	„	1.0308	87.59	3.98	2.78	0.39	4.59	0.68	12.41	32.07	22.40	3.14	38.90	5.49	4.12
129	Tags Weidegang, Nachts im Stall. Roggen- und Weizenkaff, M., 9. Okt.	„	1.0320	87.67	3.51	3.02	0.39	4.71	0.70	12.33	28.47	24.49	3.56	37.80	5.68	4.42
130	Desgl., 11. Oktober .	„	1.0308	87.97	3.92	2.61	0.57	4.24	0.69	12.03	32.59	21.70	4.74	35.23	5.74	4.23
131	Tags Weidegang, Nachts im Stall. Haferstroh-Häcksel, A., 16. Okt.	„	1.0310	87.87	3.98	2.73	0.51	4.18	0.73	12.13	32.81	22.51	4.20	34.46	6.02	4.27
132	Desgl., 24. Oktober .	„	1.0315	87.37	4.03	2.56	0.65	4.67	0.72	12.63	31.91	20.27	5.15	36.97	5.70	4.07
133	Mrg., 3. April . . .	1877	1.0324	88.06	3.82	2.64	0.55	4.24	0.69	11.94	31.99	22.11	4.61	35.51	5.78	4.28
134	„ 9. „ . . .	„	1.0327	87.89	3.59	2.59	0.48	4.76	0.69	12.10	29.75	21.39	3.96	39.40	5.70	4.06
135	„ 13. „ . . .	„	1.0325	87.80	3.62	2.81	0.40	4.70	0.67	12.20	29.67	23.03	3.28	38.53	5.49	4.21
136	„ 17. „ . . .	„	1.0322	87.70	3.64	2.72	0.68	4.76	0.70	12.30	29.59	22.11	5.53	37.08	5.69	4.42
137	23. März	„	1.0319	87.45	3.91	2.49	0.77	4.65	0.73	12.55	29.91	19.68	6.09	38.55	5.77	4.12
138	Morgenmilch von 128 Kühen, 12. Juni . .	„	1.0314	88.18	3.26	3.19	0.48	4.18	0.71	11.82	27.58	26.99	4.06	35.36	6.01	4.97
139	Abendmilch von 128 Kühen, 17. Juni . .	„	1.0330	88.26	3.05	3.31	0.60	4.06	0.72	11.74	25.96	27.34	5.11	35.46	6.13	5.19
140	Morgenmilch von 127 Kühen, 25. Juni . .	„	1.0321	87.84	3.40	2.81	0.41	4.86	0.68	12.16	27.96	23.11	3.37	39.97	5.59	4.19
141	Abendmilch von 127 Kühen, 8. Juli . .	„	1.0316	88.31	3.04	2.94	0.48	4.52	0.71	11.69	26.00	25.15	4.11	38.67	6.07	4.68
142	Morgenmilch 26. März	„	—	87.94	3.67	2.63	0.69	4.35	0.72	12.06	30.43	21.81	5.72	36.07	5.97	4.40
143	Träge Milch aus Gjedsergaard, Morgenmilch	1876	1.0321	88.31	3.59	2.50	0.46	4.36	0.72	11.69	30.71	21.39	3.93	37.81	6.16	4.05
144	Altmilchende Kühe . . .	1880	—	87.58	3.68	3.77		4.20	0.77	12.42	26.63	30.25		36.92	6.20	4.84
145	Frischmilchende Kühe . .	„	—	87.23	3.86	3.80		4.33	0.78	12.77	30.23	29.76		33.90	6.11	4.76
146	Mittel von 44 Proben . . .	1881	1.0328	87.54	3.50	—	—	—	—	12.46	28.09	—	—	—	—	—
147	„ „ 45 „ . . .	„	1.0322	87.72	3.49	—	—	—	—	12.28	28.39	—	—	—	—	—
148	„ „ 34 „ . . .	„	1.0328	87.52	3.55	—	—	—	—	12.48	28.45	—	—	—	—	—
149	„ „ 34 „ . . .	„	1.0331	87.64	3.52	—	—	—	—	12.36	28.48	—	—	—	—	—

No. 126—143. W. Fleischmann. — Milchzeitung. 5. 1876. 2205. 2251. 6. 1877. 204. 293. 415. Die Milch war stets von amphoterer Reaction. Die Herde war ca. 90—120 Häupter stark. Die Milch unter No. 143 stammte von einem Gute in Dänemark, die die Eigenthümlichkeit zeigte, dass sie bei dem Eisverfahren nicht ausrahmte, während sie nach Hollstein'schem Verfahren eine befriedigende Ausbeute an Rahm ergab. Die untersuchte Milch war Morgenmilch, hatte 24 Stunden in Eiswasser gestanden und kam am 1. Nov. zur Untersuchung; sie zeigte zu dieser Zeit schwach sauere Reaction. Nach mikroskopischer Untersuchung enthielt sie zahlreiche, rothbraune Sporen und Fragmente von Pilzen. Die Erscheinung zeigte sich als die dortige Herde von Kleeweide auf Grasweide gekommen war. — Milch unter No. 129 zeigte ein ähnliches Verhalten; sie stammte von 87 Kühen, welche den Tag über im Freien weideten, die Nacht aber im Stalle standen und Weizen- und Roggenkaff vorgesetzt erhielten. Vom 9. Nov. an erhielten die Thiere statt Kaff Häksel aus Haferstroh.

No. 144 u. 145. Storch (Kopenhagen), mitgetheilt von H. Cordes. — Milchzeitung. 10. 1881. 606. Die Milch stammte von Kühen des Gutes Ourupgaard.

No. 146—151. Schnutz. — Milchzeitung. 11. 1882. 103. (Veröffentl. d. K. D. Gesundheitsamtes vom 9. Jan. 1882.) Die Milchproben enthielten:

		An Trockensubstanz Maxim.	Minim.	An Fett Maxim.	Minim.	Spec. Gewicht Maxim.	Minim.
No. 146.	Ganze Milch von F. Mahnke's Molkerei . . .	13.30	11.63	4.15	3.03	1.0350	1.0315
No. 147.	„ „ Genossenschafts-Molkerei Kiel .	13.10	11.42	4.33	2.67	334	308
No. 148.	„ „ aus Kiel und Umgegend	13.88	11.86	4.56	2.90	352	309
No. 149.	„ „ polizeilich entnommen	13.24	11.45	4.96	2.71	350	310
No. 150.	„ „ Genossenschafts-Molkerei Itzehoe	13.17	11.36	4.63	3.01	338	298
No. 151.	„ „ Provinz Holstein	14.25	11.30	5.76	2.59	341	300

No.	Bezeichnungen und Bemerkungen	Jahr der Untersuchung	Specifisches Gewicht	In der ursprünglichen Substanz: Wasser %	Fett %	Caseïn %	Albumin %	Milchzucker %	Asche (Salze) %	Trockensubstanz %	In der Trockensubstanz: Fett %	Caseïn %	Albumin %	Milchzucker %	Asche (Salze) %	N in der Trockensubstanz %
150	Mittel von 28 Proben . . .	1881	1.0317	88.04	3.54	—	—	—	—	11.96	29.35	—	—	—	—	—
151	„ „ 23 „ . . .	„	1.0321	87.75	2.65	—	—	—	—	12.25	21.37	—	—	—	—	—
152	Milchgemenge aus Raden und Mamerow, 15. Januar 1884	1884	1.0310	88.04	3.32	3.14	0.33	4.30	0.72	11.96	27.16	27.91	2.76	35.95	6.02	4.91
153	Aus einer Wirthschaft zu Aunsberg (Dänemark) . .	1877	—	87.44	3.52	3.18		5.09	0.77	12.56	28.03	25.32		39.13	7.52	4.05
154	Von einer Kuh (in Italien) .	„	—	86.85	4.40	4.33		3.95	0.47	13.15	33.46	32.93		30.04	3.57	5.27
155	Aus einer Sammel-Molkerei, Morgenmilch, 29. Januar .	1878	1.0314	88.05	3.35	3.61	0.35	3.93	0.71	11.95	28.03	30.21	2.93	32.89	5.94	5.30
156	Desgl., 5. Februar	„	1.0320	87.95	3.33	3.67	0.39	3.89	0.77	12.05	29.64	30.46	3.24	30.27	6.39	5.39
157	Desgl. 11. „	„	1.0317	88.05	3.37	3.38	0.39	4.01	0.80	11.95	27.20	28.27	3.26	34.58	6.69	5.04
158	Desgl. 18. „	„	1.0313	88.21	3.13	3.13	0.40	4.33	0.80	11.79	26.55	26.55	3.39	36.72	6.79	4.79
159	Milch v. 18 Kühen, Trockenfutter	„	—	88.23	2.39	3.22		5.45	0.71	11.77	20.31	27.36		46.30	6.03	4.38
160	Vermuthlich Bremer Niederungsvieh: Trockenfutter, Morg. .	1879	—	88.50	3.03	—	—	—	—	11.50	26.35	—	—	—	—	—
161	„ Mittg. .	„	1.0312	88.60	3.51	—	—	—	—	11.40	30.79	—	—	—	—	—
162	Schlempe (Mastfutter), Abdm.	„	1.0322	87.78	2.98	—	—	—	—	12 22	24.39	—	—	—	—	—
163	Grünfutter a. d. Weide, Morgenm.	„	1.0315	88.48	2.97	—	—	—	—	11.52	25.78	—	—	—	—	—
164	Trockenfutter . . .	„	1.0310	87.51	3.18	—	—	—	—	12.49	25.46	—	—	—	—	—
165	„ . . .	„	1.0325	87.25	3.71	—	—	—	—	12.75	29.10	—	—	—	—	—
166	Weidegang	„	1.0329	87.95	3.51	—	—	—	—	12.05	29.13	—	—	—	—	—
167	Oldenburg. u. Bremer Niederungsvieh: Von 10 Kühen, Grünfutter i. Stall . . .	1878	—	89.68	1.92	—	—	—	—	10.32	18.60	—	—	—	—	—
168	Von 8 Kühen, Weide .	„	—	88.60	2.91	—	—	—	—	11.40	26.01	—	—	—	—	—
169	Grünfutter und Weidegang	„	—	87.37	4.21	—	—	—	—	12.63	33.34	—	—	—	—	—
170	Desgl.	„	—	87.59	3.96	—	—	—	—	12.41	31.91	—	—	—	—	—
171	Marktmilch, Mittel von 15 Analysen . . .	1878	—	88.76	2.72	—	—	—	—	11.24	24.20	—	—	—	—	—

No. 152. W. Fleischmann. — Ber. d. Milchw. V.-St. 1884. 20. Summe des Proteïns nach Ritthausen 3.474 %, des Caseïns nach Lehmann 3.14 %.

No. 153. V. Storch. Forschungen auf dem Gebiete der Viehhaltung. II. 178. Caseïngehalt aus dem N-Gehalt der Milch (0.508 × 6.25) berechnet.

No. 154. Lassaigne, mitgetheilt von Ableitner. — Milchzeitung. 6. 1877. 559. Das spec. Gew. der Milch ist zu 1.019 angegeben.

No. 155—158. W. Kirchner. — Milchzeitung. 7. 1878. 257.

No. 159. R. Frühling u. Schulz. — Milchzeitung. 7. 1878. 457. Aus der Kindermilchstation in Braunschweig.

No. 160—166. L. Janke. — Chem. Laborat. der Sanitätsbehörde in Bremen. Milchzeitung 1880. 55. Die Milch stammte aus Wirthschaften der Umgebung Bremens. Die Zahlen unter No. 160 sind das (von uns berechnete) Mittel von 7 verschiedenen Analysen, die unter No. 161 beziehen sich auf ein Gemenge gleicher Volume von 11 Proben, die unter No. 162 sind das Mittel von 4 Proben, die unter No. 163 Gemenge gleicher Volume von 4 Proben, unter No. 164 von 11 Proben, unter No. 165 von 15 Proben, unter No. 166 von 15 Proben.

Die Fütterung bestand bei No. 160: aus Reismehl, Runkeln, Heu und Haferstroh.
„ „ 161: „ Geringes Heu, Linsenmehl, Gerstenmehl, Reismehl, Palmkernkuchen und Weizenkleie.
„ „ 162: „ Heu, Schlempe, Treber, Gersteschrot.
„ „ 164: „ Heu, Malzkeime, Linsenschrot, Roggenschrot und Weizenkleie.
„ „ 165: „ Dasselbe.

No. 167—187. L. Janke. — Milchztg. 1879. 9 u. 279. Die Milch unter No. 167 u. 168, 172, 180 u. 186 stammte von Kühen des Bremer milchwirthschaftlichen Vereins (welche vermuthlich der Niederungs-Rasse der dortigen Gegend angehören); die Milch unter No. 169 u. 170 u. 181—185 stammen ebendaher, die Nummern repräsentiren aber Einzelanalysen. Milch unter No. 171 u. 186 sind als Marktmilch bezeichnet, stammen aber aus gleicher Quelle. Bei den folgenden Nummern wurde bei den einzelnen Proben gefunden:

	No. 167	168	171	179	180	182	
Fett Maximum	2.56	3.57	3.61	5.15	5.09	5.21	%
„ Minimum	1.42	2.29	1.97	2.15	2.00	2.28	„
Trockensbst. Maximum . .	11.03	12.02	12.84	14.79	15.48	15.07	„
„ Minimum . .	9.41	9.94	10.02	9.93	10.04	11.11	„

No.	Bezeichnungen und Bemerkungen	Jahr der Untersuchung	Specifisches Gewicht	In der ursprünglichen Substanz: Wasser %	Fett %	Caseïn %	Albumin %	Milchzucker %	Asche (Salze) %	Trockensubstanz %	In der Trockensubstanz: Fett %	Caseïn %	Albumin %	Milchzucker %	Asche (Salze) %	N in der Trockensubstanz %
172	Oldenburger und Bremer Niederungsvieh: Weidegang bei Bremen (Mittel von 15 Prob.)	„	—	87.64	2.91	—	—	—	—	12.36	23.54	—	—	—	—	—
173	Weidegang Oldenburg .	„	—	89.35	2.55	—	—	—	—	10.65	23.94	—	—	—	—	—
174	„ „ .	„	—	89.94	2.80	—	—	—	—	10.06	27.83	—	—	—	—	—
175	„ „ .	„	—	86.69	5.00	—	—	—	—	13.31	37.57	—	—	—	—	—
176	„ „ .	„	—	88.04	3.06	—	—	—	—	11.96	25.58	—	—	—	—	—
177	„ „ .	„	—	89.87	2.87	—	—	—	—	10.13	28.32	—	—	—	—	—
178	„ „ .	„	—	87.78	3.71	—	—	—	—	12.22	30.36	—	—	—	—	—
179	„ „ Gemenge v. 29 Proben	„	—	87.66	3.33	—	—	—	—	12.34	26.99	—	—	—	—	—
180	Desgl., Gemenge v. 18 Proben	„	1.0310	87.09	4.12	—	—	—	—	12.91	31.92	—	—	—	—	—
181	Morgenm., Weidegang Bremen, Gemenge v. 5 Proben	„	1.0315	87.91	3.92	—	—	—	—	12.09	32.43	—	—	—	—	—
182	Oldenburger Gebiet, Gemenge v. 10 Prob., M.	„	1.0320	87.15	3.84	—	—	—	—	12.85	29.88	—	—	—	—	—
183	Stallfütterung . . .	„	1.0300	88.66	3.50	—	—	—	—	11.34	29.81	—	—	—	—	—
184	„ . . .	„	1.0320	88.59	2.95	—	—	—	—	11.41	25.85	—	—	—	—	—
185	„ . . .	„	1.0305	89.46	2.60	—	—	—	—	10.54	24.69	—	—	—	—	—
186	Marktmilch, Mittel von 17 Analysen . . .	„	1.0318	88.79	3.40	—	—	—	—	11.21	30.33	—	—	—	—	—
187	Stallproben, polizeilich entnommen . . .	„	1.0306	88.25	3.21	—	—	—	—	11.75	27.32	—	—	—	—	—
188		„	—	88.92	3.37	2.87		4.08*)	0.76	11.08	30.41	25.90		36.91	5.15	—
189		„	—	88.67	3.07	3.55		—	—	11.33	27.09	31.33		—	—	—
190	Jahresdurchschnitt	1882	1.0319	86.97	3.52	—	—	—	—	13.03	27.01	—	—	—	—	—
191	„	1883	1.0323	87.03	3.50	—	—	—	—	12.97	27.00	—	—	—	—	—
192	„	1884	1.0323	87.04	3.74	—	—	—	—	12.96	28.86	—	—	—	—	—
193	„	1885	1.0322	86.94	3.93	—	—	—	—	13.06	30.09	—	—	—	—	—
194	„	1886	1.0322	87.08	3.83	—	—	—	—	12.92	29.64	—	—	—	—	—

No. 188 u. 189. J. Fittbogen u. Schiller (V.-St. Dahme). — Originalmittheilung.
*) Davon 3.18 bezw. 3.16 % Milchzucker.
No. 190—196. P. Vieth. — Aus dem Laboratorium der Aylesbury-Dairy-Compagnie in London. Milchzeitung 1883, 261; 1884, 132; 1885. 84; 1886, 131; 1887, 106; 1888, 127; 1889, 141. Die in grosser Anzahl von Proben untersuchte Milch ergab in Monatsdurchschnitten folgenden Gehalt:

Jahr		Januar	Februar	März	April	Mai	Juni	Juli	August	September	October	November	December	
1882	Spec. Gewicht . . .	1.031,7	32,0	32,0	32,0	32,1	31,7	31,6	31.5	31,9	32,1	32,1	31,0	
	Trockensubstanz . .	12.89	12.76	12.73	12,96	12,95	12.96	12.99	13.04	13.12	13.36	13.40	13.14	%
	Fett	3.36	3,26	3.16	3.40	3.40	3.55	3.57	3.60	3.60	3.75	3.82	3.75	„
1883	Spec. Gewicht . . .	1.032,0	32,0	31,9	32,0	32,2	32.4	32,0	31,9	32,6	32,9	32,6	32,5	
	Trockensubstanz . .	12.94	12,89	12.83	12,69	12,74	12.67	12.77	12.91	13.19	13.34	13.41	13.20	%
	Fett	3.63	3.57	3.46	3.82	3.26	3.28	3.41	3.48	3.55	3.63	3.74	3.67	„
1884	Spec. Gewicht . . .	1,032,5	32,5	32,3	32,3	32,4	32,3	31,9	31,8	32,1	32,4	32,4	32,6	
	Trockensubstanz . .	12.89	12.77	12.72	12.65	12.64	12.50	12.60	12.95	13.28	13.53	13.65	13.39	%
	Fett	3.55	3.53	3.50	3.43	3.34	3.31	3.47	3.87	4.11	4.26	4.36	4.10	„
1885	Spec. Gewicht . . .	1.032,4	32,3	32,5	32,3	32,4	32,3	31,9	31,5	31,7	32.3	32,2	32,2	
	Trockensubstanz . .	13.22	13.02	12.86	12.74	12.90	12.88	12.94	13.07	13.25	13.41	13.31	13.12	%
	Fett	3.98	3.84	3.68	3.63	3.77	3.76	3.89	4.11	4.18	4.21	4.14	3.99	„
1886	Spec. Gewicht . . .	1.032,2	32,2	32,3	32,1	32,3	32,2	31,8	31,9	32,1	32,1	32,2	32,4	
	Trockensubstanz . .	12.87	12.83	12.78	12.75	12.80	12.78	12.67	12.77	12.98	13.56	13.32	13.27	%
	Fett	3.77	3.73	3.69	3.70	3.71	3.70	3.69	3.74	3.89	4.11	4.14	4.06	„
1887	Spec. Gewicht . . .	1.032,4	32,4	32,5	32,3	32,4	32,3	31,8	31,5	31,8	32,4	32,5	32,5	
	Trockensubstanz . .	12.91	12.90	12.86	12.71	12.88	12.82	12.64	12.82	13.19	13.21	13.24	13.10	%
	Fett	3.77	3.75	3.69	3.62	3.75	3.71	3.66	3.87	4.12	4.01	4.01	3.89	„
1888	Spec. Gewicht . . .	1.032,5	32,5	32,5	32,4	32,4	32,4	32,0	31,9	32,2	32.5	32,2	32,1	
	Trockensubstanz . .	12.97	13.00	12.90	12.81	12.82	12,83	12.82	12.84	13.06	13.09	13.18	13.01	%
	Fett	3.79	3.81	3.73	3.68	3.69	3,69	3.76	3,80	3.94	3.89	4.03	3,91	„

No.	Bezeichnungen und Bemerkungen	Jahr der Untersuchung	Specifisches Gewicht	In der ursprünglichen Substanz: Wasser %	Fett %	Caseïn %	Albumin %	Milchzucker %	Asche (Salze) %	Trockensubstanz %	In der Trockensubstanz: Fett %	Caseïn %	Albumin %	Milchzucker %	Asche (Salze) %	N in der Trockensubstanz %
195	Jahresdurchschnitt	1887	1.0322	87.06	3.82	—	—	—	—	12.94	29.52	—	—	—	—	—
196	„	1888	1.0323	87.06	3.81	—	—	—	—	12.94	29.52	—	—	—	—	—
197	Milch von 60 Kühen (Heu, Rüben, Malztreber) . . .	1886	1.0335	86.38	4.42	—	—	—	—	13.62	32.46	—	—	—	—	—
198	Milch von 2 frischmilchenden Kühen	„	1.0333	87.89	2.70	—	—	—	—	12.11	22.30	—	—	—	—	—
199	Milch von 3 frischmilchenden Kühen	„	1.0312	87.63	3.43	—	—	—	—	12.37	27.73	—	—	—	—	—
200	Abendm. v. 18 Kühen, frischm., Trockenfütterung	„	1.0325	87.89	3.00	3.96		4.43	0.72	12.11	24.67	32.60		36.88	5.95	5.22
201	Morgenmilch desgl. . . .	„	1.0307	88.13	2.84	3.92		4.39	0.72	11.87	23.93	32.93		37.07	6.07	5.27
202	Mittel von No. 200 u. 201 .	—	—	88.01	2.92	3.94		4.41	0.72	11.99	24.35	32.86		36.78	6.01	5.26
203	Morgenmilch v. 9 Kühen, Stallfütterung	1885/86	—	88.45	3.02	—	—	—	—	11.55	26.15	—	—	—	—	—
204	Morgenm., 20. Mai bis 1. Okt., Weidegang	1886	—	88.47	3.08	—	—	—	—	11.53	26.71	—	—	—	—	—
205	Abendmilch, Stallfütterung .	1885/86	—	88.13	3.22	—	—	—	—	11.87	27.13	—	—	—	—	—
206	„ Weidegang . .	1886	—	87.48	3.93	—	—	—	—	12.52	31.39	—	—	—	—	—
207	Jahresdurchschnitt	1885/86	—	88.18	3.25	—	—	—	—	11.82	27.50	—	—	—	—	—
	Alter der Kuh — Milchend seit															
208	— —	1884 4.	—	86.99	3.20	—	—	—	—	13.01	24.60	—	—	—	—	—
209	— —	„ „	—	85.64	4.95	—	—	—	—	14.36	34.47	—	—	—	—	—
210	— —	„ „	—	85.04	5.90	—	—	—	—	14.96	39.52	—	—	—	—	—
211	7 Mon. — Woch. (211–216: 2 quts. Maismehl, 4 quts. Kleie (shorts), 2 quts. Baumwollesaatmehl, 1 bushel Ensilage und gutes Heu von Raygras)	„ 11.	—	85.31	5.53	—	—	—	0.63	14.69	37.64	—	—	—	4.29	—
212	19 „ 5 „	„ „	—	88.02	2.91	—	—	—	0.68	11.98	24.29	—	—	—	5.68	—
213	6 Jahr — „	„ „	—	87.14	3.35	—	—	—	0.66	12.86	26.05	—	—	—	5.13	—
214	6 „ — „	„ „	—	85.76	5.22	—	—	—	0.74	14.24	36.65	—	—	—	5.20	—
215	4 „ — „	„ „	—	85.48	4.49	—	—	—	0.72	14.52	30.92	—	—	—	4.96	—
216	3 „ — „	„ „	—	85.29	4.67	—	—	—	0.69	14.71	31.43	—	—	—	4.64	—

Im Ganzen wurden an Proben analysirt und zur Berechnung vorstehender Mittelwerthe verwendet:

1884	1885	1886	1887	1888
10399 Proben	11389 Proben	12181 Proben	12663 Proben	12682 Proben

Die angeführten Zahlen beziehen sich auf Milch, die von 50—60 Gütern und von Kühen verschiedener Rassen (meistens Shorthorns) stammt. Der Milch wurden Proben zur Untersuchung den Eisenbahn-Transportkannen bei ihrer Ankunft entnommen. Bis zum August 1884 wurde der Fettgehalt der Milch stets mit Hilfe des Lactobutyrometers bestimmt; von da ab wurde derselbe auf Grund der für spec. Gewicht und Trockensubstanz gefundenen Zahlen mit Hilfe der Fleischmann'schen Formel (Milchzeitung 1885, 535) berechnet. (Wie Verfasser bemerkt, hat sich diese Formel in den sehr zahlreichen Fällen, in denen die Resultate der Berechnung mit denen der analytischen Bestimmung des Fettes verglichen wurden, stets als vollkommen zuverlässig erwiesen.)

No. 197—199. A. Klinger. — Repertor. d. analyt. Chem. 1886. 550.

No. 200—202. R. Frühling u. J. Schulz. — Repertor. d. analyt. Chem. 1887. 519. Die Milch wurde nur bei Trockenfütterung erhalten. Die Methode der Untersuchung ist kurz folgende: Die mit geglühtem Quarzsande in Porzellanschalen eingedampfte, im Luftbade bei 100° C. getrocknete Milch (Wasser) wird mit Petroleumäther übergossen, nach 15 Minuten die Lösung abgegossen, der Petroleumäther 3 mal erneuert, der Milchrückstand (nach Extraktion mit ca. 100 ccm Aether) wird bei 100° eine Stunde getrocknet und dann gewogen. Der Gewichtsverlust = Fett. Milchzucker mittelst Polarisationsapparat bestimmt. Proteïn ist N × 6,25. Vergleiche „Morgen- und Abendmilch" der einzelnen Monate.

No. 203—207. M. Schrodt. — Jahresber. d. Milchw. V.-St. Kiel 1885|86. 21. Die Kühe, denen die untersuchte Milch entnommen wurde, gehörten zu fünft der Angler Rasse an, die anderen dem Landschlage. Nach Monaten geordnet war der Ertrag und der Gehalt an Milch (Tagesmilch) folgender: (Vergl. Milch vom Morgen und Abend No. 142—171.)

	Januar	Februar	März	April	Mai	Juni	Juli	August	September	October	November	December
Ertrag in kg . . .	2805.6	2766.0	3676.9	3744.9	3669.9	3295.2	2419.1	2271.9	1253.5	323.3	2082.3	2832.7
Fett	2.94	2.96	3.07	2.97	3.14	3.18	3.47	3.60	3.77	3.44	3.34	3.12%
Trockensubstanz .	11.36	11.39	11.58	11.35	11.57	11.59	11.79	12.27	12.44	12.47	12.15	11.83 „

No. 208—292. C. A. Goesmann, Charl. Harrington, Massachusetts. — 6 Ann. Rep. State Board of Healths, Boston 1885 u. Results of inquiries, rel. to the quality of milk et. in Massachusetts, mitgetheilt von Sam. W. Abbott. Boston. Februar 1886. Die Analysen von No. 202—262 beziehen sich auf Milch einzelner Kühe, die von No. 263—286 auf Milch mehrerer Thiere. Alle Proben sind bezeichnet als Milch von bekannter Reinheit.

No.	Bezeichnungen und Bemerkungen	Jahr der Untersuchung	Specifisches Gewicht	In der ursprünglichen Substanz: Wasser %	Fett %	Caseïn %	Albumin %	Milchzucker %	Asche (Salze) %	Trockensubstanz %	In der Trockensubstanz: Fett %	Caseïn %	Albumin %	Milchzucker %	Asche (Salze) %	N in der Trockensubstanz %
217	4 Jahr . . . . (2 quts. Maism., 4 quts. Kleie (shorts), 2 quts. Baumwollesaatmehl, 1 bushel Ensilage u. gutes Heu von Raygras)	1884 11.	—	85.50	4.32	—	—	—	0.67	14.50	29.77	—	—	—	4.62	—
218	9 „	„ „	—	86.76	4.19	—	—	—	0.66	13.24	31.65	—	—	—	4.98	—
219	10 „	„ „	—	85.90	4.09	—	—	—	0.76	14.10	28.98	—	—	—	5.38	—
220	10 „	„ „	—	87.16	3.63	—	—	—	0.63	12.84	28.27	—	—	—	4.88	—
221	5 „	„ „	—	87.73	3.03	—	—	—	0.66	12.27	24.69	—	—	—	5.38	—
222	5 „	„ „	—	85.37	6.06	—	—	—	0.54	14.63	41.42	—	—	—	3.69	—
223	12 „	„ „	—	85.55	4.25	—	—	—	0.67	14.45	29.41	—	—	—	5.64	—
224	5 „	„ „	—	84.74	4.64	—	—	—	0.78	15.26	30.41	—	—	—	5.11	—
225	Landkuh, native, 9 Jahr 6 W., Ensilage und Heu . . .	„ 6.	—	87.10	4.37	—	—	—	0.69	12.90	33.88	—	—	—	5.35	—
226	Desgl., 6 M., Heu, Häcksel, Maismehl und Kleie . .	„ 10.	—	87.94	3.08	—	—	—	0.65	12.06	25.54	—	—	—	5.39	—
227	Desgl.	„ „	—	86.23	3.81	—	—	—	0.71	13.77	27.57	—	—	—	5.16	—
228	Kreuzung 7 Jahr 6 M. (Heu und Kleie)	„ 11.	—	85.20	4.67	—	—	—	0.74	14.80	31.56	—	—	—	5.01	—
229	„ 6 „ 5 „	„ „	—	87.12	3.65	—	—	—	0.69	12.88	28.34	—	—	—	5.36	—
230	„ 6 „ 4 „	„ „	—	87.31	3.45	—	—	—	0.67	12.69	27.19	—	—	—	5.28	—
231	„ 7 „ 4 „	„ „	—	86.24	4.24	—	—	—	0.65	13.76	30.81	—	—	—	4.72	—
232	„ 8 „ 8 „	„ „	—	85.27	4.05	—	—	—	0.74	14.73	27.50	—	—	—	5.02	—
233	Landkuh, 10 Jahr 6 M., Weide und Mehl, 4 h. p. m. . .	1885 9.	—	85.57	3.83	—	—	—	0.70	14.43	26.54	—	—	—	4.85	—
234	Landkuh, 12 Jahr 4 M., Weide und Mehl, 4 h. p. m. . .	„ „	—	85.61	3.87	—	—	—	0.70	14.39	26.89	—	—	—	4.86	—
235	Landkuh, 6 Jahr 3 M., Weide und Mehl, 4 h. p. m. . .	„ „	—	86.76	3.10	—	—	—	0.65	13.24	23.41	—	—	—	4.91	—
236	Landkuh, 7 Jahr 3 M., Weide und Mehl, 4 h. p. m. . .	„ „	—	87.54	2.21	—	—	—	0.65	12.46	17.74	—	—	—	5.22	—
237	Landkuh, 4 Jahr 3 M., Heu u. Mehl, 5 h. p. m.	„ 11.	—	87.95	3.30	—	—	—	0.56	12.05	27.39	—	—	—	4.65	—
238	Landkuh, 4 Jahr 3 W., Heu u. Mehl, 5 h. p. m.	„ „	—	87.23	3.58	—	—	—	0.56	12.77	28.03	—	—	—	4.39	—
239	Landkuh, 4 Jahr 3 W., Heu u. Mehl, 5 h. p. m.	„ „	—	87.71	3.14	—	—	—	0.50	12.19	24.17	—	—	—	3.85	—
240	Landkuh, 5 Jahr 2 W., Heu u. Mehl, 5 h. p. m.	„ „	—	87.31	3.23	—	—	—	0.58	12.69	25.45	—	—	—	4.57	—
241	Landkuh, 6 Jahr 3 W., Heu u. Mehl, 5 h. p. m.	„ „	—	89.05	1.92	—	—	—	0.58	10.95	17.53	—	—	—	5.30	—
242	Landkuh, 6 W., Heu u. Mehl, 5 h. p. m.	„ „	—	86.69	4.07	—	—	—	0.61	13.31	30.58	—	—	—	4.58	—
243	Landkuh, 8 M., Malzkeime .	1884 4.	—	86.59	3.84	—	—	—	0.68	13.41	28.63	—	—	—	5.07	—
244	„ 3 W., „ .	„ „	—	87.58	3.27	—	—	—	0.75	12.42	26.33	—	—	—	6.04	—
245	„ 21 M., „ .	„ „	—	86.62	3.35	—	—	—	0.76	13.38	24.93	—	—	—	5.68	—
246	Landk., 7 J (1 qut. Roggenm., 2 qut. Cottonmehl, 3 qut. shorts u. Kohlblätter)	„ 11.	—	86.30	4.10	—	—	—	0.62	13.70	29.93	—	—	—	4.53	—
247	„ 9 J.	„ „	—	87.67	3.24	—	—	—	0.60	12.33	26.28	—	—	—	4.87	—
248	„ 7 J.	„ „	—	86.23	2.73	—	—	—	0.70	13.77	19.83	—	—	—	5.08	—
249	„ 5 J.	„ „	—	86.55	3.76	—	—	—	0.69	13.45	27.96	—	—	—	5.13	—
250	„ 7 J.	„ „	—	86.06	3.90	—	—	—	0.66	13.94	27.97	—	—	—	4.73	—
251	„ 7 J.	„ „	—	86.11	4.64	—	—	—	0.68	13.89	33.40	—	—	—	4.90	—
252	(Malzkeime, Tomatenschalen, Blumenkohl-Strünke, ein wenig Mehl u. Salzheu)	„ 8.	—	86.41	3.17	—	—	—	—	13.59	23.33	—	—	—	—	—
253	Von d. besten Kuh	„ „	—	86.53	3.15	—	—	—	—	13.47	23.39	—	—	—	—	—
254	Von einer sehr mageren Kuh	„ „	—	87.01	3.31	—	—	—	—	12.99	25.48	—	—	—	—	—
255	Von ein. 20 J. alt. Kuh (ohn. Zähne)	„ „	—	87.03	2.79	—	—	—	—	12.97	21.51	—	—	—	—	—

No.	Bezeichnungen und Bemerkungen	Jahr der Untersuchung	Specifisches Gewicht	In der ursprünglichen Substanz: Wasser %	Fett %	Caseïn %	Albumin %	Milchzucker %	Asche (Salze) %	Trockensubstanz %	In der Trockensubstanz: Fett %	Caseïn %	Albumin %	Milchzucker %	Asche (Salze) %	N in der Trockensubstanz %
256	Landkuh, 3 J. alt, milchend s. 6 M., 5h. p. m. . . .	1884 10.	—	85.09	3.98	—	—	—	0.72	14.91	26.99	—	—	—	4.83	—
257	Landkuh, 8 J. alt, milchend s. 8 M., 5h. p. m. . . .	„ „	—	85.54	4.24	—	—	—	0.66	14.46	29.32	—	—	—	4.56	—
258	Landkuh, 7 J. alt, milchend s. 7 M., 5h. p. m. . . .	„ „	—	85.08	4.21	—	—	—	0.71	14.92	28.22	—	—	—	4.76	—
259	Kreuzung, 8 J. alt, milch. s. 6 M. . . } Heu und Stoppelweide, Mehl etc.	„ „	—	88.29	1.88	—	—	—	0.58	11.71	16.06	—	—	—	4.95	—
260	Kreuzung, 7 J. alt, milch. s. 4 M. . . } Heu und Stoppelweide, Mehl etc.	„ „	—	86.28	3.84	—	—	—	0.69	13.72	27.99	—	—	—	5.03	—
261	Landkuh, 5 J. alt, milch. s. 12 M. . } Heu und Haferstroh, Malzkeime, Maismehl, Abendmilch	1885 12.	—	83.65	5.79	—	—	—	0.67	16.35	35.41	—	—	—	4.08	—
262	Landkuh, 7 J. alt, milch. s. 3 M. . . }	„ „	—	86.04	4.03	—	—	—	0.60	13.96	29.13	—	—	—	4.34	—
263	Landkuh, 7 J. alt, milch. s. 10 M. . }	„ „	—	85.69	4.32	—	—	—	0.53	14.31	30.19	—	—	—	3.70	—
264	Landkuh, 6 J. alt, milch. s. 12 M. . }	„ „	—	84.15	5.19	—	—	—	0.64	15.85	32.74	—	—	—	4.04	—
265	Landkuh, 5 J. alt, milch. s. 3 M. . . }	„ „	—	86.26	3.92	—	—	—	0.59	13.74	28.53	—	—	—	4.29	—
266	Landkuh, 5 J. alt, milch. s. 7 M. . . }	„ „	—	84.28	6.03	—	—	—	0.63	15.72	38.26	—	—	—	4.01	—
267	Landkuh, 12 J. alt, milch. s. 3 M. . . }	„ „	—	85.82	4.42	—	—	—	0.54	14.18	31.17	—	—	—	3.81	—
268	Landkuh, 7 J. alt, milch. s. 3 M., Morgenmilch . . .	1886 1.	—	86.26	4.34	—	—	—	—	13.74	31.59	—	—	—	—	—
269	Herde v. 5 K., Mittel v. 3 Analysen . . . . } Aus Wirthschaften staatlicher Institute	1884 5.	—	87.32	3.72	—	—	—	0.68	12.68	29.34	—	—	—	5.36	—
270	Herde v. 15 Kühen . }	„ 11.	—	86.26	4.37	—	—	—	0.65	13.74	31.80	—	—	—	4.73	—
271	Herde v. 11 Kühen . }	„ 10	—	87.44	2.76	—	—	—	0.75	12.56	17.20	—	—	—	5.97	—
272	Herde v. 4 Kühen . . }	„ „	—	86.90	2.88	—	—	—	0.65	13.10	21.99	—	—	—	4.96	—
273	Herde v. 2 Kühen . . }	1885 9.	—	85.83	3.86	—	—	—	0.67	14.17	27.24	—	—	—	4.73	—
274	Herde v. 4—8 Kühen, Mittel v. 2 Analysen . }	1884 8.	—	87.75	2.70	—	—	—	—	12.25	22.04	—	—	—	—	—
275	Von 5 Landkühen a. Lawrence, Mittel v. 3 Analysen, Heu, Mehl, Malzkeime . . .	„ „	—	87.44	2.61	—	—	—	0.67	12.56	20.78	—	—	—	5.33	—
276	Von 6 Landkühen a. Andover, Mittel v. 4 Analysen, Heu, Mehl u. Gras	„ „	—	87.57	2.62	—	—	—	0.65	12.43	21.08	—	—	—	5.23	—
277	Von 17 Landk. a. Lowell . .	„ 11.	—	87.02	3.58	—	—	—	0.60	12.98	27.58	—	—	—	4.62	—
278	Von 17 Kühen gem. Rassen a. Taunton	„ „	—	85.06	4.79	—	—	—	0.64	14.94	32.06	—	—	—	4.28	—
279	Von 6 Kühen aus Littleton, Weide u. Grobmehl, Morg.	1885 9.	—	85.50	4.06	—	—	—	0.62	14.50	27.97	—	—	—	4.27	—
280	Von 6 Landkühen a. Woburn, Cottonmehl, Kleie, Heu, 5h. p. m.	1885 10.	—	85.45	4.18	—	—	—	0.71	14.55	28.93	—	—	—	4.88	—
281	Von 20 Kühen a. Burlington, Heu, Stoppel u. Mehl, Ab.	„ „	—	86.69	3.55	—	—	—	0.60	13.31	25.17	—	—	—	4.51	—

No.	Bezeichnungen und Bemerkungen	Jahr der Untersuchung	Specifisches Gewicht	In der ursprünglichen Substanz: Wasser %	Fett %	Caseïn %	Albumin %	Milchzucker %	Asche (Salze) %	Trockensubstanz %	In der Trockensubstanz: Fett %	Caseïn %	Albumin %	Milchzucker %	Asche (Salze) %	N in der Trockensubstanz %
282	Von 30 Kühen, meist Landvieh, ebendort, M.	1885 10.	—	86.94	3.13	—	—	—	0.56	13.06	23.97	—	—	—	4.29	—
283	Von 3 Kühen a. Lincoln, Malzkeime u. Mehl, 4h. p. m.	„ 11.	—	86.93	3.42	—	—	—	0.59	13.07	26.17	—	—	—	4.51	—
284	Desgl.	„ „	—	86.77	3.33	—	—	—	0.61	13.23	25.16	—	—	—	4.61	—
285	Milch aus Lincoln, bei Kleie und Mehlfütterung, Abendmilch: von 3 K.	„ „	—	85.82	3.62	—	—	—	0.72	14.18	25.53	—	—	—	5.08	—
286	„ 2 „	„ „	—	84.86	4.57	—	—	—	0.62	15.14	30.18	—	—	—	4.10	—
287	„ 10 „	„ „	—	86.50	3.11	—	—	—	0.64	13.50	23.04	—	—	—	4.74	—
288	„ 5 „	„ „	—	86.58	3.38	—	—	—	0.61	13.42	25.18	—	—	—	4.55	—
289	„ 5 „	„ „	—	85.87	4.48	—	—	—	0.67	14.13	35.24	—	—	—	4.74	—
290	„ 28 „	„ „	—	86.24	3.39	—	—	—	0.61	13.76	24.64	—	—	—	4.43	—
291	„ 9 „	„ „	—	85.74	4.10	—	—	—	0.68	14.26	28.75	—	—	—	4.77	—
292	Von 4 Kühen aus Amherst 7h. p. m.	1886 1.	—	84.55	5.76	—	—	—	—	15.45	37.28	—	—	—	—	—
293	Nach Methode Hoppe-Seyler untersucht	1876	—	89.32	2.75	2.67		4.55	0.71	10.68	25.75	25.00		42.69	6.65	4.00
294	Nach Methode Haidlen untersucht	„	—	89.32	2.75	2.36		4.86	0.71	10.68	25.75	22.10		45.50	6.65	3.54
295	Nach Methode Christenn untersucht	„	—	88.11	2.60	3.49		5.05	0.75	11.89	20.27	29.35		44.07	6.31	4.70
296	Nach Methode Haidlen untersucht	„	—	88.65	2.45	3.27		4.88	0.75	11.35	21.58	28.81		43.00	6.61	4.61
297	Milch gesunder Kühe von Lancashire u. Cheshire	1875	—	88.90	2.16	8.94				11.10	19.46	80.54				—
298		„	—	88.66	2.41	8.93				11.34	21.25	78.75				—
299		„	—	88.45	2.74	8.81				11.55	23.72	76.28				—
300	Milch von einer mit Bierträbern genährten, heruntergekommenen Kuh, vor 6 Monaten gekalbt; 6. Juli bis 24. Juli	„	—	87.16	2.96	9.25			0.63	12.84	23.05	72.04			4.91	—
301		„	—	86.84	3.78	8.65			0.73	13.16	28.72	65.73			5.55	—
302		„	—	85.69	4.54	9.17			0.70	14.31	31.73	63.38			4.89	—
303		„	—	84.77	5.89	8.62			0.72	15.23	38.67	56.60			4.73	—
304		„	—	83.44	7.00	8.89			0.67	16.56	42.27	53.67			4.06	—
305		„	—	83.00	8.00	8.35			0.65	17.00	47.06	49.12			3.82	—
306	Mittel aus 40 Analysen	„	—	87.00	4.00	4.10		4.28	0.62	13.00	30.77	51.54		32.99	4.77	5.05
	Morgenmilch: (Rahm Vol. %)															
307	3 Holländische, 20 Normännische, Treber, Gras, Stroh . . . 10	1882	1.033	87.25	3.92	3.42		4.81	0.60	12.75	30.74	26.82		37.73	4.71	4.29
308	15 Holländ., Rüben, Kleie, Stroh, Heu . . . 10	1882	1.030	87.42	3.82	3.40		4.76	0.60	12.58	30.37	27.03		37.83	4.77	4.32
309	2 Holländ., Rüben, Treber, Heu . . . 12	„	1.028	87.42	4.18	3.28		4.52	0.60	12.58	33.23	26.07		35.93	4.77	4.17

No. 293—296. G. Christenn. — Jahresber. d. Agrikulturchem. 1875/76. 75. (Dissertation Erlangen, 1877.) Abweichende Untersuchungsmethode. S. Originalquelle.
No. 297—299. J. Campbell-Brown. — Centralbl. f. Agrikulturchem. 1876. I. 147. (Chem. News 1875. 31. 266.)
No. 300—305. W. Morgan. — Centralbl. f. Agrikulturchem. 1876. (Chem. News 1875. 32. 80.)
N. 306. Cameron. — Jahresber. d. Agrikulturchemie 1875/76. 276. (Arch. d. Pharmac. 1875. 472.)
No. 307—344. Ch. Girard. — Documents sur les falsifications des matières alimentaires etc. deuxième rapport. Paris, 1885. p. 338. Die Untersuchungen sind unter Aufsicht des Inspectors des städtischen Laboratoriums in Paris im März, April und Mai 1882 ausgeführt worden. Das spec. Gewicht ist mit dem Bouchardat-Quevenne'schen Lactodensimeter bestimmt; Rahm (Vol.-Proc.) mit dem Cremometer von Chevallier; Trockensubstanz durch Eindampfen von 10 CC. Milch und Trocknen des Rückstandes bei einer konstanten Temperatur von 95° C.; Fett nach der Methode von Marchand; Caseïn durch Coagulation mit Essigsäure etc., Albumin durch Kochen des von Caseïn befreiten Filtrats; Zucker in dem Albumin-freien Filtrat durch Titration mit der von Neubauer & Vogel vorgeschriebenen alkalischen Kupferlösung; Salze durch directes Einäschern des Trockenrückstandes.

No.	Bezeichnungen und Bemerkungen	Rahm Vol. %	Jahr der Untersuchung	Specifisches Gewicht	In der ursprünglichen Substanz: Wasser %	Fett %	Caseïn %	Albumin %	Milchzucker %	Asche (Salze) %	Trockensubstanz %	In der Trockensubstanz: Fett %	Caseïn %	Albumin %	Milchzucker %	Asche (Salze) %	N in der Trockensubstanz %
310	2 Flamändische, Treber, Stroh, Kleie	11	1882	1.030	85.93	4.32	3.68		5.32	0.75	14.07	30.70	26.15		37.82	5.33	4.18
311	9 Holländ., Treber, Stroh u. Heu	10	„	1.030	87.40	4.04	3.23		4.73	0.60	12.60	32.07	25.64		37.53	4.76	4.10
312	11 Holländ., 2 Flamänd., Treber, Rüben, Stroh u. Heu	9	„	1.029	87.15	4.06	3.38		4.81	0.60	12.85	31.63	26.33		37.37	4.67	4.21
313	26 Stück Holländ., Flam. u. Pikard., Treber, Rüb., Stroh u. Heu . . .	10	„	1.031	86.89	4.16	3.34		4.95	0.66	13.11	31.73	25.48		37.76	5.03	4.08
314	Desgl.	10	„	1.031	87.15	3.92	3.35		4.90	0.68	12.85	30.61	26.06		38.04	5.29	4.17
315	4 Flam. u. Holländ., Rüben, Stroh u. Heu . . .	10	„	1.031	87.43	3.92	3.28		4.77	0.60	12.57	31.18	26.09		37.96	4.77	4.17
316	2 Holländ., 1 Pikard., 1 Flam., Treber, Heu, Kleie, Bohnen	9	„	1.030	88.11	3.46	3.12		4.72	0.59	11.89	29.10	26.24		39.70	4.95	4.20
317	12 Stück Normand., Holl., u. Flam., Bohnen, Griesmehl, Heu, Stroh . .	12	„	1.032	86.50	4.40	3.49		5.01	0.60	13.50	32.59	25.85		37.12	4.44	4.14
318	2 Holländ., 1 Normänn., Treber, Kleie, Rüben, Heu	10	„	1.030	87.59	3.69	3.26		4.86	0.60	12.41	29.73	26.27		39.17	4.83	4.20
319	8 Holländ., 3 Flamänn., Kleie, Möhren, Luzerne, Bohnen, Heu	10	„	1.031	87.43	3.81	3.28		4.88	0.60	12.57	30.31	26.09		38.83	4.77	4.17
320	19 Holländ., 2 Flamänn., Treber, Bohnenkleie, Stroh, Heu	9	„	1.030	87.56	3.69	3.29		4.86	0.60	12.44	29.66	26.45		39.07	4.82	4.23
321	18 Holländ., 8 Flam., Treber, Rüben, Stroh, Kleie	9	„	1.031	88.00	3.49	3.21		4.70	0.60	12.00	29.08	27.50		38.42	5.00	4.40
322	Desgl.	8	„	1.030	89.79	3.34	2.63		3.65	0.59	10.21	32.71	25.76		35.75	5.78	4.12
323	6 Holländ., 6 Pik., 8 Flam., Schlempe, Kleie, Heu, Stroh	8	„	1.030	88.13	3.46	3.13		4.75	0.53	11.87	29.15	26.37		40.01	4.47	4.22
324	Desgl.	12	„	1.031	86.14	4.04	3.81		5.41	0.60	13.86	29.15	27.49		39.03	4.33	4.40
325	Desgl.	10	„	1.031	85.80	4.74	3.58		5.18	0.70	14.20	33.05	24.96		37.11	4.88	3.99
326	Desgl.	10	„	1.031	87.37	3.92	3.25		4.86	0.60	12.63	31.04	25.73		38.48	4.75	4.12
327	Desgl.	9	„	1.030	87.58	3.69	3.26		4.87	0.60	12.42	29.71	26.25		39.21	4.83	4.20
328	22 Holländ., Kleie, Bohnenschrot, Stroh, Heu . .	10	„	1.030	87.40	3.81	3.40		4.79	0.60	12.60	30.24	36.99		38.01	4.76	5.84
329	15 Holländ., 10 Flam., Rüben, Heu, Luzerne, Grieskleie	9	„	1.030	87.48	3.69	3.31		4.92	0.60	12.52	29.37	26.44		39.40	4.79	4.23
330	8 Holländ., 10 Flam., Treber, Bohnen, Rüben, Kleie, Stroh	10	„	1.030	86.59	4.16	3.52		5.13	0.60	13.41	32.02	26.25		37.25	4.48	4.20
331	8 Holländ., 12 Flam., Treber, Bohnen, Rüben, Kleie, Stroh	10	„	1.031	86.76	4.27	3.33		5.04	0.60	13.24	32.25	25.15		38.07	4.53	4.02

No.	Bezeichnungen und Bemerkungen	Rahm Vol. %	Jahr der Untersuchung	Specifisches Gewicht	In der ursprünglichen Substanz: Wasser %	Fett %	Caseïn %	Albumin %	Milchzucker %	Asche (Salze) %	Trockensubstanz %	In der Trockensubstanz: Fett %	Caseïn %	Albumin %	Milchzucker %	Asche (Salze) %	N in der Trockensubstanz %
332	14 Flam., 8 Holländ., Rüben, Kleie, Kartoffeln	10	1882	1.030	87.43	3.84	3.26		4.90	0.60	12.57	30.55	25.93		38.75	4.77	4.15
333	8 Holländ., 3 Pik. und 7 Flam., Schlempe, Kleie, Heu, Stroh	12	„	1.030	86.69	4.51	3.30		4.90	0.60	13.31	33.88	24.79		36.82	4.51	3.97
334	12 Holländ., 6 Pik., 6 Norm., Treber (Hausabfälle, pulpe), Kleie, Heu, Stroh	9	„	1.030	87.15	3.81	3.42		5.02	0.60	12.85	29.65	26.61		39.07	4.67	4.26
335	6 Plam., 9 Norm., Kleie, Rüben, Heu, Stroh	10	„	1.032	86.48	4.89	3.19		4.79	0.65	13.52	36.17	23.60		35.42	4.81	3.78
336	19 Holländ., 3 Norm.	9	„	1.030	87.43	3.69	3.33		4.95	0.60	12.57	29.35	26.49		39.39	4.77	4.24
337	7 Holläud., 3 Schweizer, 7 Flam., Treber, Pulpe, Heu, Stroh, Bohnenhülsen	7	„	1.031	87.46	3.22	3.31		4.92	0.59	12.04	26.75	27.49		40.86	4.90	4.40
338	1 Flam., 4 Schweiz., 8 Normannen, Rüben, Heu, Stroh, Roggen, Afterkleie	10	„	1.030	86.34	4.04	3.69		5.28	0.65	13.66	29.58	27.01		39.55	3.86	4.32
339	2 Holländ., 8 Pik., Rüben, Kleie, Stroh	8	„	1.032	88.24	3.69	3.12		4.35	0.60	11.76	31.38	26.53		36.99	5.10	4.24
340	8 Norm., 3 Schweiz., 4 Holläne., 7 Flam., Treber, Rüben, Kleie, Stroh	8	„	1.033	87.54	3.69	3.53		4.65	0.59	12.46	29.62	28.33		37.31	4.74	4.53
341	6 Holländ., 4 Flam., 2 Pikard., 4 Norm., Rüben, Mais, Kleie, Stroh	10	„	1.032	86.64	4.04	3.53		5.14	0.60	13.36	30.24	26.42		38.85	4.49	4.23
342	Desgl.	10	„	1.033	86.71	4.04	3.50		5.10	0.65	13.29	30.40	26.33		38.38	4.89	4.21
	Abendmilch:																
343	13 Holländ., Rüben, Grieskleie, Stroh	9	„	1.032	88.11	3.46	3.20		4.63	0.60	11.89	29.10	26.91		38.95	5.04	4.31
344	7 Holländ., Rüben, Kleie, Grummet	—	„	1.031	88.05	3.58	3.06		4.71	0.60	11.95	29.96	25.61		39.41	5.02	4.10
	Verkaufsmilch in verschlossenen u. versiegelten Gefässen.																
345	Von der Domäne Boullin bei Versey	9	1881/83	1.029	86.69	4.49	3.31		5.00	0.51	13.31	33.72	24.87		37.58	3.83	3.98
346	Von dem Gut d'Arcy in Brie	11	„	1.031	85.88	4.83	2.88		5.77	0.64	14.12	34.21	20.40		40.86	4.53	3.26
347	Bézu-Saint-Eloi (Eure)	12	„	1.029	86.70	4.04	3.50		5.11	0.65	13.30	30.38	26.32		38.56	4.74	4.21
348	Brie-compte-Robert	8	„	1.035	86.79	3.74	3.60		5.21	0.66	13.21	28.31	27.25		39.44	5.00	4.36
349	Combaut	11	„	1.029	86.79	4.06	3.41		5.04	0.70	13.21	30.51	25.81		38.38	5.30	4.13
350	Gannes	10	„	1.031	86.64	3.92	3.61		5.23	0.60	13.36	29.34	27.02		39.15	4.49	4.32
351	Grignon	11	„	1.030	87.62	3.74	3.16		4.90	0.58	12.38	30.21	25.53		39.57	4.69	4.08
352	Hameau	11	„	1.029	86.88	4.25	3.15		5.10	0.62	13.12	32.39	24.01		38.87	4.73	3.84

No. 345—362. Ch. Girard (Laboratoire Municipal-Paris). — Documents sur les falsifications des matières alimentaires etc. deuxième rapport. Paris, 1885. p. 340 u. 349.

No.	Bezeichnungen und Bemerkungen	Jahr der Untersuchung	Specifisches Gewicht	In der ursprünglichen Substanz: Wasser %	Fett %	Caseïn %	Albumin %	Milchzucker %	Asche (Salze) %	Trockensubstanz %	In der Trockensubstanz: Fett %	Caseïn %	Albumin %	Milchzucker %	Asche (Salze) %	N in der Trockensubstanz %
	Rahm Vol. %															
353	Gournay 6	„	1.027	87.16	4.04	3.30		4.90	0.60	12.84	31.48	25.70		38.15	4.67	4.11
354	Pétrus in Nangis . . . 12	„	1.030	86.44	4.17	3.58		5.11	0.70	13.56	30.75	26.40		37.69	5.16	4.22
355	Molkerei de l'enfant Jésus 11	„	1.030	87.18	4.04	3.30		4.85	0.63	12.82	31.51	25.74		37.84	4.91	4.12
356	Du champ du courses d'Auteuil 14	„	1.032	86.21	4.05	3.76		5.28	0.70	13.79	29.37	27.27		39.53	5.08	4.36
357	Du Jardin d'Acclimatation 11	„	1.031	86.60	4.08	3.49		5.15	0 68	13.40	30.45	26.05		38.43	5.07	4.17
358	Normale de l'enfance . . 10	„	1.031	87.55	3.92	3.17		4.76	0.60	12.45	31.49	25.46		38.23	4.82	4.07
359	Du Pré Catélan . . . 14	„	1.033	85.43	4.87	3.58		5.37	0.75	14.57	33.26	24.45		37.17	5.12	3.91
360	Société des Herbages de Saint Denis 12	„	1.030	86.93	4.07	3.25		5.10	0.65	13.07	31.14	24.87		39.02	4.97	3.98
361	Vacherie suisse, rue de Londres 10	„	1.031	87.05	3.81	2.76		5.71	0.67	12.95	29.42	21.31		44.10	5.17	3.41
362	Vacherie suisse, Boulogne 11	„	1.030	86.67	4.04	3.51		5.08	0.70	13.33	30.30	26.33		38.22	5.25	4.21
363	Marktmilch 10	1885	1.0296	87.37	4.06	3.30		4.66	0.61	12.63	32.15	26.12		36.90	4.83	4.18
364	Desgl. 8.66	„	1.0294	88.13	2.95	3.85		4.45	0.62	11.87	24.85	32.43		37.50	5.22	5.19
	Minimum . .		1.0300	83.00	2.05	2.51	0.25	2.92	0.46	9.70	16.03	19.68	1.94	22.89	3.57	2.76
						2.20						17.25				
	Maximum . .		1.0335	90.30	6.00	6.29	1.24	6.12	1.10	17.00	47.06	49.29	9.72	48.00	8.61	8.50
						6.40						50.12				
	Mittel . . .		1.0313	87.22	3.62	3.18	0.48	4.82	0.68	12.78	28.33	24.85	3.79	37.71	5.32	4.58
						3.66						28.64				

Allgemeine Tabelle B.

Milch von Kühen, deren Rassen genannt sind.

No.	Bezeichnungen und Bemerkungen	Jahr der Untersuchung	Specifisches Gewicht	Wasser %	Fett %	Caseïn %	Albumin %	Milchzucker %	Asche (Salze) %	Trockensubstanz %	Fett %	Caseïn %	Albumin %	Milchzucker %	Asche (Salze) %	N in der Trockensubstanz %
1	Holländer, Grummetfütterung . . . (ein u. dieselben Kühe)	1853	—	88.62	2.53	—	—	—	—	11.38	19.70	—	—	—	—	—
2	Holländer, Rübenblätterfütterung . (ein u. dieselben Kühe)	„	—	88.96	2.20	—	—	—	—	11.04	19.93	—	—	—	—	—
3	Montavoner, Grummetfütterung . . (2 Kühe, dieselben)	„	—	87.52	3.26	—	—	—	—	12.48	25.12	—	—	—	—	—
4	Montavoner, Rübenfütterung . . . (2 Kühe, dieselben)	„	—	88.08	2.74	—	—	—	—	11.92	22.99	—	—	—	—	—
5	Montavoner, frischmilchend, Winter- (Trocken-) Futter	„	—	87.57	3.18	—	—	5.13	—	12.43	25.58	—	—	41.27	—	—
6	Montavoner, frischmilchend, Sommer- (Grün-) Futter .	„	—	87.17	3.57	—	—	—	—	12.83	27.82	—	—	—	—	—

No. 363. Ch. Girard. — Documents sur les falsifications des matières alimentaires etc. Laboratoire Municipal. Paris, 1885. p. 349. Mittel von 900 Analysen von Marktmilch in Paris, an den verschiedensten Stellen entnommen. Minima- und Maxima-Zahlen sind nicht angegeben.

No. 364. F. Davenport. — City of Boston. Twenty-sixth annual report of the Milk Inspector. Boston, 1885. 31. März. Mittel von 1203 Analysen der Marktmilch in Boston. Unter den 1203 Analysen befinden sich auch einige von augenscheinlich abgerahmter Milch, andere von anscheinend Rahm; wir führen deshalb die Minima- und Maxima-Zahlen nicht mit auf.

Milch von Kühen, deren Rassen genannt sind.

No. 1—4. Em. Wolff u. Keyser (V.-St. Möckern). — Martiny: Die Milch. I. 262. (Vergl. Milch unter dem Einflusse des Futters No. 50—55).

No. 5 u. 6. Em. Wolff (V.-St. Möckern). — Agrikulturchem. Unters. II, 1 u. III, 39. (Vergl. Milch unter dem Einflusse des Futters No. 67—121). No. 1 ist das von uns aus 36 Analysen, No. 2 das aus 15 Analysen berechnete Mittel Abend- + Morgenmilch. Die Milch stammte von 2 Kühen.

No.	Bezeichnungen und Bemerkungen	Jahr der Untersuchung	Specifisches Gewicht	In der ursprünglichen Substanz: Wasser %	Fett %	Caseïn %	Albumin %	Milchzucker %	Asche (Salze) %	Trockensubstanz %	In der Trockensubstanz: Fett %	Caseïn %	Albumin %	Milchzucker %	Asche (Salze) %	N in der Trockensubstanz %
7	Montavoner, frischmilchend	1854	—	87.83	3.10	—	—	—	—	12.17	25.49	—	—	—	—	—
8	Montavoner, 7 Jahr alt, frischmilchend	1855	—	87.64	3.19	—	—	4.93	—	12.36	25.81	—	—	39.89	—	—
9	Schwyzer, Lupinenfütterung, 2 Kühe	1856	—	89.12	2.45	—	—	—	—	10.88	22.52	—	—	—	—	—
10	Holländer	„	—	88.86	2.42	—	—	—	—	11.14	21.72	—	—	—	—	—
11	Schwyzer, frischm., 2 Kühe	„	—	88.27	2.88	—	—	—	—	11.73	25.15	—	—	—	—	—
12	Schwyzer, dieselben in späterer Milchungszeit	„	—	87.90	3.30	—	—	5.16	—	12.10	27.27	—	—	42.64	—	—
13	Normandie, Abendmilch	1859	—	85.64	5.44	2.16	1.10	4.88	0.78	14.36	37.88	15.04	7.66	33.93	5.49	3.63
14	Normandie-Durham-Kreuzung, Abendmilch	„	—	86.31	5.13	1.91	0.92	4.95	0.78	13.69	37.47	13.95	6.72	36.16	5.70	3.31
15	Mährischer Landschlag	1862	—	87.75	3.65	—	—	4.25	—	12.25	29.80	—	—	34.69	—	—
16	Landrasse von Westeraas	„	—	87.92	3.28	3.22		4.82	0.76	12.08	27.15	26.66		40.90	5.29	4.27
17	Shorthorn, Mittel v. 7 Proben	1866/67	—	86.46	4.25	3.70		4.83	0.76	13.54	31.39	27.33		35.67	5.61	4.37
18	Holländer, desgl.	„	—	88.23	3.37	2.99		4.71	0.70	11.77	28.63	25.40		40.02	5.95	4.06
19	Shorthorn, reinblütige (Pedigree)	1860	—	86.73	4.11	3.24		5.18	0.74	13.27	30.97	24.42		39.03	5.58	3.91
20	Shorthorn-Kreuz. (Crossbred)	„	—	86.89	4.08	3.30		4.97	0.76	13.11	31.12	25.17		37.91	5.80	4.03
21	Arabische Rasse, 8 Tage nach dem Kalben	1866	—	85.61	3.79	3.39	1.61	4.82	0.78	14.39	26.34	23.56	11.19	33.49	5.42	5.56
22	Arabische Rasse, 10 Monate nach dem Kalben	„	—	85.21	5.34	3.57	0.94	4.33	0.61	14.79	36.10	24.12	6.36	29.30	4.12	4.88
23	Bretonnische Kuh	„	—	86.09	3.93	6.68	1.26	4.35	0.69	13.91	28.28	26.48	9.07	31.20	4.97	5.69
24	Schweizer (24–34: von der landw. Ausstellung in Paris 1856)	1856	—	85.20	7.09	2.26	0.34	4.61	0.56	14.80	47.93	14.27	2.30	31.72	3.78	2.65
25	Tyroler	„	—	81.74	7.96	4.19	0.76	4.85	0.50	18.26	43.59	22.94	4.16	26.57	2.74	4.34
26	Voigtländer	„	—	84.99	5.14	3.67	0.80	4.72	0.68	15.01	34.22	24.43	5.33	31.49	4.53	4.76
27	Steiermark	„	—	85.31	6.28	2.26	0.88	4.63	0.64	14.69	42.78	15.40	5.99	31.47	4.36	3.42
28	Normandie	„	—	87.18	3.24	4.21	0.55	4.22	0.60	12.82	25.27	32.83	4.29	32.93	4.68	5.94
29	Bretagne	„	—	83.75	5.70	4.65	0.72	4.56	0.62	16.25	35.01	28.56	4.42	28.20	3.81	5.28
30	Angus	„	—	80.32	9.88	4.56	0.79	3.73	0.72	19.68	50.20	23.17	4.01	18.96	3.66	4.35
31	Durham	„	—	84.56	6.41	3.25	1.11	3.99	0.68	15.44	41.53	21.05	7.19	25.83	4.40	4.52
32	Holland	„	—	83.97	6.85	3.49	0.73	4.35	0.61	16.03	42.73	21.67	4.54	27.25	3.81	4.19
33	Belgien	„	—	85.77	6.22	3.15	0.91	3.27	0.68	14.23	43.71	22.14	6.39	22.98	4.78	4.56
34	Böhmen	„	—	84.18	6.34	2.85	1.02	4.97	0.64	15.82	40.08	18.01	6.45	31.67	3.79	3.91

No. 7. H. Ritthausen. — Ebendaselbst. IV. 1. (Vergl. Milch unter dem Einflusse des Futters No. 122—148.)
No. 8. W. Knop u. R. Arendt. — Ebendaselbst. V. 74. (Vergl. Milch unter dem Einflusse des Futters No. 199—245.)
No. 9. H. Ritthausen (V.-St. Möckern). — Ebendaselbst. V. 1. (Vergl. Milch unter dem Einflusse des Futters No. 149—169.) Mittel aus 10 Analysen Abend- u. 8 Analysen Morgenmilch. Die Milch stammte von 2 Kühen. Die Milchproben wurden im Laufe eines Vierteljahres genommen.
No. 10. H. Ritthausen. — Weende'r Jahresber. (Ztschr. f. deutsche Landwirthe 1856. 221.)
No. 11 u. 12. H. Ritthausen. — Amtsbl. f. d. Landw. Ver. des Königr. Sachsen 1856. 87 u. 96. (Vergl. Milch unter dem Einflusse des Futters No. 170—198.) Die Kühe, je 2, erhielten ad 11) neben Rauhfutter abwechselnd Kartoffeln, Kartoffelmaische oder Kartoffelschlempe ad 12) Körnerschrot.
No. 13 u. 14. E. Marchand. — Compt. rend. 48. 112. Die Milch stammte von je 30 Kühen. Das durchschnittliche Alter der Kühe war ad 13) über 5 Jahr, ad 14) etwas unter 5 Jahr. Die Menge der ermolkenen Abendmilch betrug bei der reinen Rasse täglich 9.38 Liter, bei den Kreuzungsprodukten täglich 8.5 Liter. Das spec. Gewicht der Milch war 1.0338 u. 1.03263. Die auf Liter gegebene Zusammensetzung rechneten wir hiernach auf Gewichtsprocente um.
No. 15. Th. von Gohren. — L. V.-St. 1863. 5. (Vergl. Milch unter dem Einflusse des Futters No. 315—346.) Mittel von 32 Analysen Morgen-, Mittag- und Abendmilch.
No. 16. Al. Müller u. Eisenstuck. — Ebendaselbst. 6. 1864. 380. Mittel von 56 Einzelanalysen von Milch, die 2 Kühen in dem Zeitraum vom 28. März bis 31. Oktober 1862 entnommen wurde.
No. 17 u. 18. J. Lehmann (V.-St. Pommritz). — Die Landwirthschaft 1869. 1. (Vergl. Milch unter dem Einflusse des Futters No. 347—360.)
No. 19 u. 20. A. Voelcker. — J. R. Agr. Soc. England 1863. 309. Die untersuchte Milch ist das Mittel von je 3 Analysen, welche zu verschiedenen Zeiten ausgeführt wurden mit Milch, die den Kühen während des Weidegangs entnommen worden war. Vergl. Milch unter dem Einflusse des Futters.
No. 21—23. A. Commaille. — Journ. Pharm. 10. (4). 96 u. 151.
No. 24—34. Vernois u. Becquerel. Von Gohren: „Die Naturgesetze der Fütterung" 1872. 466.

No.	Bezeichnungen und Bemerkungen	Jahr der Untersuchung	Specifisches Gewicht	In der ursprünglichen Substanz: Wasser %	Fett %	Caseïn %	Albumin %	Milchzucker %	Asche (Salze) %	Trockensubstanz %	In der Trockensubstanz: Fett %	Caseïn %	Albumin %	Milchzucker %	Asche (Salze) %	N in der Trockensubstanz %
35	Shorthorn, Jahresmittel . .	1868	—	87.02	3.85	3.47		4.91	0.75	12.98	29.66	26.73		37.63	5.98	4.28
36	Holländer, Jahresmittel . .	„	—	88.17	3.21	3.27	—	4.62	0.73	11.83	27.13	27.64	—	39.05	6.17	—
37	Mariahofer	1873	1.0337	87.56	4.19	2.58	0.32	4.61	0.74	12.44	33.68	20.74	2.57	37.06	5.95	3.73
38	Lavantthaler	„	1.0322	86.62	4.13	3.25	0.39	4.80	0.81	13.38	30.87	24.28	2.91	35.89	6.05	4.35
39	Stockerauer	„	1.0322	87.43	3.88	2.89	0.42	4.63	0.75	12.57	30.87	22.99	3.25	36.92	5.97	4.20
40	Oberinnthaler	„	1.0305	88.18	3.79	2.44	0.34	4.55	0.70	11.82	32.06	20.64	3.88	37.50	5.92	3.92
41	Mürzthaler	„	1.0338	86.67	4.18	3.08	0.47	4.80	0.80	13.33	31.26	23.11	3.53	36.10	6.00	4.26
42	Opocner	„	1.0340	87.83	3.92	3.08	0.33	4.22	0.62	12.17	32.21	25.31	2.71	36.68	5.09	4.48
43	Montavoner	„	1.0347	86.63	4.43	3.06	0.33	4.79	0.76	13.37	33.13	22.89	2.47	35.83	5.68	4.06
44	Kuhländer	„	1.0347	86.58	4.50	3.21	0.26	4.67	0.78	13.42	33.53	23.92	1.94	34.80	5.81	4.14
45	Pinzgauer	„	1.0321	87.88	3.59	2.48	0.38	4.93	0.74	12.12	29.62	20.46	3.14	40.67	6.11	3.78
46	Möllthaler	„	1.0339	87.34	3.62	3.08	0.44	4.72	0.80	12.66	28.59	24.33	3.48	37.28	6.32	4.45
47	Pusterthaler	„	1.0317	87.62	4.36	2.86	0.41	3.98	0.77	12.38	35.22	23.10	3.31	32.15	6.22	4.23
48	Zillerthaler-Duxer	„	1.0338	87.21	4.34	3.05	0.45	4.19	0.76	12.79	33.93	24.85	3.52	31.76	5.94	4.54
49	Welser Schecken	„	1.0318	87.86	3.59	2.72	0.36	4.67	0.80	12.14	29.57	22.41	2.97	38.46	6.59	4.06
50	Egerländer	„	1.0350	87.22	4.40	2.66	0.28	4.71	0.73	12.78	34.43	20.81	2.19	36.86	5.71	3.68
51	Gföhler	„	1.0341	87.45	3.88	2.73	0.36	4.84	0.74	12.55	30.69	21.75	2.87	38.79	5.90	3.94
52	Dessauer 1	1870	—	88.11	3.47	3.12		4.56	(0.74)	11.89	29.18	26.64		38.36	6.22	4.20
53	„ 2	„	—	87.75	3.56	3.15		4.88	(0.66)	12.25	30.06	25.71		38.84	5.39	4.11
54	„ 3	„	—	88.62	2.92	2.83		4.94	(0.69)	11.38	25.66	24.87		43.41	6.06	3.98
55	„ 4	„	—	88.05	3.43	2.84		5.08	(0.60)	11.95	28.70	23.77		42.61	5.02	3.80
56	„ frischmilchend . .	1872/73	—	87.85	3.64	3.03		4.68	–	12.15	29.96	24.94		38.52	—	3.99
57	„ „ . . .	„	—	88.27	3.22	2.67		5.09	—	11.73	27.45	22.76		43.39	—	3.64
58	Holländer, frischmilchend . . } bei gleichem Futter	1870	—	88.59	3.15	2.29	0.26	4.87	—	11.41	27.61	20.07	2.28	42.68	—	3.58
59	Desgl. . . . . } bei gleichem Futter	„	—	89.18	2.75	2.43	0.35	4.47	—	10.82	25.42	22.46	3.23	41.31	—	4.11
60	Allgäuer, frischmilchend . .	„	—	87.87	3.35	2.64	0.55	4.53	—	12.13	27.62	21.76	4.53	37.35	—	4.21
61	Voigtländer	„	—	88.46	3.12	2.54	0.36	4.44	—	11.54	27.03	22.01	3.12	38.47	—	4.02
62	Holländer, frischmilchend .	„	—	88.79	3.34	2.17	0.23	4.71	—	11.21	29.80	19.36	2.05	42.02	—	3.43
63	Desgl.	„	—	89.44	2.93	2.11	0.28	4.38	–	10.56	27.75	19.98	2.65	41.48	—	3.62
64	Voigtländer, frischmilchend .	„	—	86.33	4.33	3.51		5.02	—	13.67	31.67	25.68		36.72	—	4.11
65	Desgl. . . . . . , . . .	„	—	86.95	3.92	3.28		4.95	—	13.05	30.15	25.13		37.93	—	4.02
66	Simmenthaler, frischmilchend	„	—	88.00	3.40	2.80		—	0.68	12.00	28.33	23.33		—	5.67	3.73
67	Desgl.	„	—	87.45	3.56	2.48		—	0.72	12.55	28.37	19.76		—	5.74	3.16

No. 35 u. 36. J. Lehmann. — Jahresber. d. Agrikulturchemie 1868|69. 576. (Neue landw. Ztg. 1869. 195.) Vergl. Milch unter dem Einflusse des Futters No. 347—360.) Von jeder der beiden Rassen wurden 9 Kühe aufgestellt und in gleicher Weise gefüttert, des Winters pro Kopf und Tag mit 40 Pfd. Runkeln, 2 Pfd. Rapskuchen, 2 Pfd. Roggenkleie, 5 Pfd. Wiesenheu und 9 Pfd. Häcksel und Spreu; des Sommers mit Grünklee und 2 Pfd. Roggenkleie. Die Milch wurde ein Jahr lang untersucht. Die Milcherträge waren im Durchschnitt pro Kopf und Jahr:

	Höchster	Niedrigster	Durchschnittlicher
Shorthorn . . .	6949	5262	6172 Pfund
Holländer . . .	8556	5972	7308 „

Jahresertrag an	Fett	Caseïn	Milchzucker	Trockensubstanz
Shorthorn . . .	240	222	303	812 Pfund
Holländer . . .	235	230	343	860 „

No. 37—51. J. Moser. Milchzeitung 1874. 915. Die Kühe, von denen die untersuchte Milch stammte, waren gelegentlich der Weltausstellung in Wien dort neben einander ausgestellt und erhielten das gleiche aus Kleehäcksel, Wiesenheu, Schwarzmehl, Kleie und Bierträber bestehende Futter. (Vergl. Milch zu verschiedenen Tageszeiten No. 59—103.)

No.	37	38	39	40	41	42	43	44	45	46	47	48	49	50	51
Milchertrag am Tage der Probenahme in kg	11.4	6.5	9.4	9.7	7.1	8.1	10.0	10.7	11.5	11.5	7.7	7.2	6.1	7.9	7.2

Milchzucker wurde aus der Differenz gefunden, alle anderen Bestandtheile wurden direct bestimmt.

No. 52—65. G. Kühn (V.-St. Möckern). — No. 52—55. Sächs. Landw. Ztg. 1875. 153. Der Ertrag an Milch pro Tag war:

Bei Kuh	1	2	3	4
	7.23	7.39	9.86	7.33 kg

(Vergl. Milch unter dem Einflusse des Futtters No. 434—479). — No. 56, 57 u. 65. J. f. Landw. 1874 u. ff.

No. 66 u. 67. M. Fleischer. — J. f. Landw. 1871. 371. (Vergl. Milch unter dem Einflusse des Futters No. 374—383.)

No.	Bezeichnungen und Bemerkungen	Jahr der Untersuchung	Specifisches Gewicht	In der ursprünglichen Substanz							In der Trockensubstanz					N in der Trockensubstanz
				Wasser	Fett	Caseïn	Albumin	Milchzucker	Asche (Salze)	Trockensubstanz	Fett	Caseïn	Albumin	Milchzucker	Asche (Salze)	
				%	%	%	%	%	%	%	%	%	%	%	%	%
68	Ostfriesen, 4 Kühe 4—5jähr., frischmilchend	1858/59	—	89.00	2.43	3.45		4.33	0.79	11.00	22.09	31.36		39.37	7.18	5.02
69	Holländer, 3 Kühe	1868	—	(88.00	3.07	—	—	4.16	—	12.00)	25.58	—	—	34.67	—	-
70	Ostfriese, junge Kuh, 14 Tage nach dem Kalben, Februar	1855	1.0385	88.99	3.03	2.42	0.53	4.25	0.78	11.01	27.52	21.98	4.81	38.61	7.08	4.29
71	Desgl., 6 Jahre alt, 14 Tage nach dem Kalben, April .	„	1.0380	88.59	3.41	2.45	0.35	4.43	0.78	11.41	29.89	21.37	3.07	38.83	6.84	3.91
72	Oldenburger, 4 K. 3—6½ J. alt	1872	—	88.66	2.71	3.23		4.63	0.77	11.34	23.90	28.48		41.03	6.79	4.56
73	Shorthorn-Vollblut, 5 K., Mittagsmilch, Trockenfutter .	1876	—	88.00	3.48	2.58		—	—	12.00	29.00	21.50		—	—	3.44
74	Desgl., 3 K., Abendm., Weidefutter	„	—	88.13	3.36	3.04		—	—	11.87	28.31	25.61		—	—	4.10
75	Oldenburger, 3 K., Mittagsm., Trockenfutter	„	—	87.82	3.65	2.48		—	—	12.18	29.97	20.36		—	—	3.26
76	Desgl.	„	—	87.65	4.02	2.77		—	—	12.35	32.55	22.43		—	—	3.59
77	Desgl., 3 K., Abendm., Weidefutter	„	—	88.68	2.88	2.91		—	—	11.32	25.44	25.71		—	—	4.11
78	Salers, Sommermilch, Morgens	„	—	87.49	2.70	5.38		3.62	0.81	12.51	21.58	43.08		28.86	6.48	6.89
79	„ „ „	„	—	87.35	2.71	5.26		3.89	0.79	12.65	21.42	41.59		30.75	6.24	6.65
80	„ „ Abends	„	—	87.68	2.60	5.45		3.37	0.90	12.32	21.10	44.24		27.35	7.31	7.08
81	„ „ „	„	—	87.77	2.75	5.57		3.01	0.90	12.23	22.49	45.55		24.60	7.36	7.29
82	„ Wintermilch . . .	„	—	85.60	5.37	4.45		3.78	0.80	14.40	37.26	30.82		26.57	5.55	4.93
83	„ „	„	—	86.50	4.77	3.70		4.33	0.70	13.50	35.33	27.41		32.08	5.18	4.39
84	Charollaise, Sommermilch .	„	—	86.34	4.00	4.77		4.15	0.74	13.66	29.28	34.92		30.65	5.15	5.59
85	„ Wintermilch . .	„	—	85.90	4.96	5.12		3.22	0.80	14.10	35.18	36.31		22.84	5.67	5.81
86	Normandie, Sommermilch .	„	—	83.11	7.40	4.45		4.44	0.60	16.89	43.82	26.35		26.30	3.53	4.22
87	„ Wintermilch . .	„	—	83.40	7.69	4.00		4.21	0.70	16.60	46.32	24.10		25.36	4.22	3.86
88	Ferrandaise, Sommerm., Morg.	„	—	86.55	3.70	4.87		4.16	0.72	13.45	27.51	36.21		30.93	5.35	5.79
89	„ „ Abends	„	—	86.29	3.50	5.20		4.11	0.90	13.71	25.58	37.93		29.93	6.56	6.07
90	Vorarlberg, Albmilch, 24. Juli, Morgenm., 16 K. . . .	1877	1.031	87.07	4.05	2.35	0.56	5.14	0.83	12.93	31.32	18.18	4.33	39.76	6.41	3.60

No. 68. Pincus. — B. Martiny. I. 319. Im Mittel mehrerer während eines längeren Zeitraumes gemachter Analysen. (Vergl. Milch unter dem Einflusse des Futters No. 246—255.) Der mittlere tägliche Milchertrag der 4 Kühe war ca. 73 Liter.

No. 69. Em. Wolff. — Die V.-St. Hohenheim, ein Programm. 1870. (Vergl. Milch unter dem Einflusse des Futters No. 265—373.) Die Zusammensetzung der Milch ist mit 12% Trockensubstanz berechnet.

No. 70 u. 71. Struckmann. — Weende'r Jahresber. 1855—56. 8. No. 71 Mittel von Morgen- und Mittagsmilch, No. 72 Mittel von Morgen-, Mittag- und Abendmilch.

No. 72. E. Heiden. — Centralbl. f. Agrikulturchem. 3. 1874. 110. Milch bei Kartoffelfütterung erhalten.

No. 73—77. C. u. P. Petersen. — Milchzeitung 1876. 2192. Zu bemerken ist hierzu:

Zu Milch unter No. 73. 4 der Kühe hatten im December, eine Mitte März gekalbt. Probenahme am 8. April. Gemolken wurde dreimal täglich. Der Futterzustand war ein guter; die Kühe waren den ganzen Winter hindurch ernährt mit ¾ Heu von Oldenburger Wesermarsch und ¼ Stroh, dazu ¾ kg Bohnenschrot.

Zu Milch unter No. 74. Gekalbt hatten die Kühe bezw. Mitte November, Mitte Januar und Ende März. Probenahme der Milch 11. Juni, der Futterzustand war ein guter, die Kühe waren seit 16 Tagen auf Marschweiden, wurden täglich zweimal gemolken und gaben zusammen täglich 26 L. Milch.

Zu Milch unter No. 75. Die Kühe hatten Januar und Februar gekalbt, wurden täglich dreimal gemolken, Probenahme am 8. April. Futter wie bei Kühen No. 73.

Zu Milch unter No. 76. Zwei der Kühe hatten Anfang November und eine Anfang März gekalbt; Probenahme am 26. März; es wurde dreimal täglich gemolken. Futterzustand gut. Die Kühe waren den Winter hindurch ernährt mit ¾ Heu (von leichter Flussmarsch), ¼ Stroh, 1 kg Roggenschrot und 2 kg Biertreber.

Zu Milch unter No. 77. Gekalbt hatten die Kühe bezw. Anfang October, Anfang November und Ende März, Probenahme der Milch am 11. Juni; sonst wie unter No. 74.

No. 78—89. M. P. Truchot. — Milchzeitung 1877. 370. (L'industrie laitière vom 3. Juni 1877.) Nähere Angaben fehlen namentlich auch darüber, ob die Milch von einzelnen Individuen, von mehreren oder von einer grösseren Anzahl von Kühen entnommen wurde. Der gefundene, sehr von einander abweichende Gehalt der Milch insbesondere an Fett und Caseïn lässt vermuthen, dass noch andere Verhältnisse, wie nur die der Rassen-Eigenthümlichkeit auf das Resultat eingewirkt haben.

No. 90—102. W. Eugling u. von Klenze. — Milchzeitung. 7. 1878. 140. Die Milch stammte von Kühen, die auf einer 1290 m über dem Mittelmeere hohen Alp in der Nähe von Feldkirch, Vorarlberg, weideten. Die Zahlen für Albumin schliessen auch Lactoproteïn ein, für welches letztere im Original angegeben sind Milch No. 90 = 0.218%,

No.	Bezeichnungen und Bemerkungen	Jahr der Untersuchung	Specifisches Gewicht	In der ursprünglichen Substanz: Wasser %	Fett %	Caseïn %	Albumin %	Milchzucker %	Asche (Salze) %	Trockensubstanz %	In der Trockensubstanz: Fett %	Caseïn %	Albumin %	Milchzucker %	Asche (Salze) %	N in der Trockensubstanz %
91	Vorarlberg, Alpmilch, 3. Aug., Morgenm., 16 K. . . .	1877	1.030	87.08	4.03	2.27	0.65	5.18	0.79	12.92	31.19	17.57	5.04	40.09	6.11	3.62
92	Vorarlberg, Alpmilch I .	„	1.0294	87.44	3.94	2.65		5.20	0.77	12.56	31.37	21.10		39.86	7.67	3.38
93	„ „ II .	„	1.0298	87.31	5.05	2.70		4.21	0.73	12.69	39.79	21.28		33.18	5.75	3.40
94	„ „ III .	„	1.0297	86.55	4.65	2 83		5.13	0.84	13.45	34.57	21.04		38.12	6.27	3.37
95	„ „ IV .	„	1.0317	87.16	3.73	2.72		5.64	0.75	12.84	29.06	21.18		43.92	5.84	3.39
96	„ „ V .	„	1.0312	86.94	3.93	2.63		5.68	0.82	13.06	30.09	20.14		43.49	6.28	3.22
97	„ „ VI .	„	1.0315	87.16	4.05	2.86		5.10	0.83	12.84	31.54	22.27		39.73	6.46	3.56
98	„ „ VII .	„	1.0306	87.73	4.71	2.74		4.07	0.75	12.27	38.39	22.33		33.17	6.11	3.57
99	„ „ VIII .	„	1.0299	86.95	4.02	2.97		5.16	0.89	13.05	31.21	23.06		38.82	6.91	3.69
100	„ „ IX .	„	1.0319	87.41	4.09	2.67		5.07	0.76	12 59	32.08	21.21		40.67	6.04	3.39
101	„ „ X .	„	1.0301	87.27	4.03	2.81		5.13	0.76	12.73	31.78	22.16		40.07	5.99	3.55
102	Im Durchschnitt d. Analysen No. 92—101	„	1.0304	87.19	4.02	2.76		5.24	0.79	12.81	31.38	21.64		40.86	6.17	3.46
103	D'Aubrac . . . . . (von der Ausstellung in Paris 1878)	1878	—	88.35	3.43	2.30		5.20	0.72	11.65	29.44	19.74		44.65	6.17	3.16
104	D'Ayr	„	—	88.24	3.48	2.31		5.24	0.73	11.76	29.59	19.64		44.56	6.21	3.14
105	Comtoise	„	—	88.08	3.32	2.53		5 30	0.77	11.92	27.85	21.22		44.47	6.46	3.40
106	Durham	„	—	88.22	3.43	2.49		5.11	0.75	11.78	29.12	21.14		43.37	6.37	3.38
107	Femeline	„	—	87.85	3.49	2.59		5.29	0.78	12.15	28.72	21.32		43.55	6.41	3.41
108	Flamande	„	—	88.46	3.31	2.27		5.20	0.76	11.54	28.68	19.67		45.06	6.59	3.15
109	Fribourgeoise . . .	„	—	87.92	3.59	2.43		5.29	0.77	12.08	29.72	20.12		43.79	6.37	3.22
110	Hollandaise	„	—	88.12	3.77	2.14		5.22	0.75	11.88	31.73	18.01		43.94	6.32	2.88
111	De Kerry	„	—	88.23	3.56	2.44		5.05	0.72	11.77	30.25	20.73		42.90	6.12	3.32
112	Limousine	„	—	87.58	3.84	2.68		5.17	0.73	12.42	30.92	21.58		41.62	5.88	3.45
113	Du Mézene	„	—	87.69	3.95	2.48		5.09	0.79	12.31	31.99	20.23		42.36	5.42	3.24
114	Normande	„	—	87.78	3.76	2.59		5.09	0.78	12.22	30.77	21.19		41.66	6.38	3.39
115	Parthenaise	„	—	87.58	3.99	2.43		5.22	0.78	12.42	32.13	19.57		42.02	6.28	3.13
116	Des Polders	„	—	87.33	4.27	2.30		5.33	0.77	12.67	33.70	18.15		42.07	6.08	2.90
117	De Salens	„	—	87.29	4.18	2.50		5.26	0.77	12.71	32.88	19.67		41.39	6.06	3.15
118	De Schwitz	„	—	87.85	3.65	2.32		5.41	0.77	12.15	30.04	19.09		44.53	6.34	3.06
119	Suédoise	„	—	88.54	3.49	1.84		5.37	0.76	11.46	30.45	16.06		46.86	6.63	2.57
120	Tarentaise	„	—	87.54	3.96	2.51		5.24	0.75	12.46	31.78	20.15		42.05	6.02	3.22
121	(Kreuzung, Holländ. Bulle u. Schweizer) Kuh 1, fettarmes Futter	1862	—	86.68	4.42		7.94		0.96	13.32	33.19		59.60		7.21	—
122	„ 2, fettreiches „	„	—	86.38	4.78		7.88		0.96	13.62	35.09		57.86		7.05	—
123	„ 3, fettarmes „	„	—	88.63	2.59		7.94		0.84	11.37	22.78		69.83		7.39	—
124	„ 3, fettreiches „	„	—	87.38	2.90		8.81		0.91	12.62	22.98		69.80		7.22	—
125	„ 4, fettarmes „	„	—	88.17	3.62		7.29		0.93	11.83	30.60		61.54		7.86	—
126	„ 4, fettreiches „	„	—	88.33	3.15		7.63		0.89	11.67	25.97		66.41		7.62	—

für No. 91 = 0.216%. Caseïn und Albumin wurden nach Hoppe-Seyler, die Lactoproteïne durch Fällen mit Gerbsäure (nach Liebermann) bestimmt. Die Herde bestand aus 16 Kühen. Die Albuminate der Milch wurden ausserdem noch in zwei Fällen getrennt bestimmt und ergaben sich an

	Caseïn	Albumin	Lactoproteïn etc.	In Summe	Dagegen N × 6.25
Milch VI . .	2.346	0.347	0.218	2.911	2.861
„ X . . .	2.267	0.433	0.216	2.916	2.808

No. 103—120. E. Marchand. — L'industrie laitière 1878. No. 46. Der Autor fand in der frischen Milch freie Milchsäure und nimmt diese als stets vorhanden an; er fand für No. 62 verschiedene Proben:

	Minimum	Maximum	Mittel
Milchsäure . . .	0.079	0.282	0.178%

Wir rechneten die Milchsäure dem Milchzucker zu. Die Proben wurden in der Weise entnommen, dass erst annähernd die Hälfte der Milch, welche ein Thier in einer Melkung lieferte, ermolken, dann eine Probe zur Analyse zurückbehalten, die letztere Hälfte wieder in den Milcheimer gemolken wurde. Die Zahlen sind im Original in g pro L., wir berechneten die Zusammensetzung auf Gewichtsprocente.

No. 121—126. Ed. Peters. — Annal. d. Landw. in Preussen. 42. 1862. 275. (Vergl. Milch unter dem Einflusse des Futters No. 265—314.)

No.	Bezeichnungen und Bemerkungen	Jahr der Untersuchung	Specifisches Gewicht	In der ursprünglichen Substanz: Wasser	Fett	Caseïn	Albumin	Milchzucker	Asche (Salze)	Trockensubstanz	In der Trockensubstanz: Fett	Caseïn	Albumin	Milchzucker	Asche (Salze)	N in der Trockensubstanz
				%	%	%	%	%	%	%	%	%	%	%	%	%
127	Holländer, 1 Kuh	1875	—	88.59	2.85	3.10		4.87	—	11.41	24.98	30.67		42.68	—	4.91
128	Schweizer, 1 Kuh	„	—	86.90	4.27	3.17		5.02	—	13.10	32.59	24.20		38.32	—	3.87
129	Italiener, 1 Kuh	„	—	86.95	4.55	3.22		4.72	—	13.05	34.87	24.67		36.17	—	3.95
130	Allgäuer Kühe, 35—40 Stück	1886	—	86.28	4.43	3.69		4.95	0.65	13.72	32.25	30.56		31.81	5.38	4.89
131	Simmenthaler, 3 Kühe . .	1880/81	—	86.89	4.08	—		—	—	13.11	31.12	—		—	—	—
132	Parmesaner	1883	1.0290	85.20	3.85	5.79		4.44	0.72	14.80	26.01	39.12		30.00	4.87	6.26
133	Schweizer	„	1.0283	88.00	3.10	3.58		4.61	0.71	12.00	25.83	29.83		38.42	5.92	4.77
134	Holländer	„	1.0284	87.90	3.25	3.97		4.16	0.72	12.10	26.86	32.81		34.38	5.95	5.25
135	Guernsey-Kühe: Gloriana, gekalbt 8. März 1882, Morgenmilch v. 15. November . .	1882	1.0326	85.02	5.00	4.22		4.47	1.29	14.98	33.38	28.21		29.80	8.61	4.51
136	Desgl., Morgenm. v. 8. December	„	1.0354	84.98	5.47	4.13		4.63	0.79	15.02	36.42	29.50		28.82	5.26	4.72
137	Desgl., Morgenm. v. 16. Mai	„	—	86.36	4.39	—		—	—	13.64	32.18	—		—	—	—
138	Princess, gekalbt 21. Apr. 1882, Morgenmilch v. 15. November . .	„	1.0334	86.63	4.00	4.16		4.18	1.03	13.37	29.92	31.11		31.27	7.70	4.98
139	Desgl., Morgenm. v. 8. December	„	1.0354	85.90	4.77	3.69		4.39	1.25	14.10	33.78	26.13		31.24	8.85	4.18
140	Desgl., Morgenm. v. 16. Mai	„	—	87.19	4.05	—		—	—	12.81	31.61	—		—	—	—
141	Ceres, gekalbt 23. März 1882, Morgenmilch v. 15. November . .	„	1.0340	82.85	6.62	4.51		4.57	1.45	17.15	38.60	26.30		26.65	8.45	4.21
142	Desgl., Morgenm. v. 8. December	„	1.0368	82.94	6.74	4.60		4.52	1.20	17.06	39.51	26.97		26.49	7.03	4.32
143	Desgl., Morgm. v. 16. Mai	„	—	84.86	6.04	—		—	—	15.14	39.89	—		—	—	—
144	Fawn (Fehlgeb. i. letzten Frühjahr), Morgenm. v. 15. November . .	„	1.0340	84.96	5.23	4.14		4.62	1.05	15.04	34.77	27.53		30.72	6.98	4.40
145	Desgl., Morgenm. v. 8. December	„	1.0340	86.05	4.73	3.77		4.35	1.10	13.95	33.90	27.02		31.20	7.88	4.32
146	Lemon, gekalbt 26. Apr. 1882, Morgenmilch v. 15. November . .	„	1.0353	84.82	5.06	4.00		4.69	1.43	15.18	33.34	26.35		30.89	9.42	4.22
147	Desgl., Morgenm. v. 8. December	„	1.0368	85.52	5.06	3.55		4.76	1.11	14.48	34.94	24.52		32.87	7.67	3.92
148	Amy, gekalbt Nov. 1881, Morgenm. v. 16. Mai	„	—	84.66	6.22	—		—	—	15.34	40.55	—		—	—	—

No. 127—129. A. Zanelli. — Jahresber. d. Agrikulturchem. 1875—76. 78. (Vergl. Milch unter dem Einflusse des Futters No. 627—637.)
No. 130. Stef. von Cselkó. — Milchzeitung. 16, 1886. 204. (Wiener landw. Ztg. 1886.) (Vergl. Milch unter dem Einflusse des Futters No. 638—653.)
No. 131. O. Kellner. — Deutsche Landw. Presse 1881. No. 32. (Vergl. Milch unter dem Einflusse des Futters No. 654—656.)
No. 132—134. ? Milchzeitung. 13. 1883. 824. (Caseificio italiano 1883.) Nähere Angaben fehlen.
No. 135—148. E. H. Jenkins. — Ebendaselbst. Derselbe Autor untersuchte Milch grösserer Herden, so von 12 Herden, mit ca. 180 Köpfen, auf ihren Gehalt an Trockensubstanz und Fett mit folgendem Ergebniss:

	Mittel: Trockensubstanz	Fett	Maximum: Trockensubstanz	Fett	Minimum: Trockensubstanz	Fett
Von denselben 12 Herden: 30 Analysen, Oktober 1881 . . .	12.89	4.02	14.28	5.14	12.00	2.68
27 „ Juli bis August 1882	12.21	4.23	13.32	5.63	11.02	3.47
Von 60 Herden, 77 „ Mai 1882	12.81	4.05	14.44	5.23	10.93	3.24

No.	Bezeichnungen und Bemerkungen	Jahr der Untersuchung	Specifisches Gewicht	In der ursprünglichen Substanz: Wasser %	Fett %	Caseïn %	Albumin %	Milchzucker %	Asche (Salze) %	Trockensubstanz %	In der Trockensubstanz: Fett %	Caseïn %	Albumin %	Milchzucker %	Asche (Salze) %	N in der Trockensubstanz %
149	Guernsey, 6 Kühe, Mittel der vorigen	1880	—	85.20	5.23	4.08		4.32	1.17	14.80	35.34	27.57		29.18	7.91	4.41
150	Jersey, 6 K., milchend durchschnittlich seit 52 Tagen .	„	—	85.28	5.21	3.67		4.93	0.91	14.72	35.39	24.93		33.50	6.18	3.99
151	Ayrshire, 5 Kühe	1882	—	87.15	4.33	3.20		4.60	0.72	12.85	33.70	24.90		35.80	5.60	3.98
152	Landkühe, 6 Kühe	„	—	86.43	4.49	3.34		4.82	0.92	13.57	33.20	24.61		35.41	6.78	3.94
153	Kleine bengalische Kuh, frischmilchend	1877	—	84.88	4.98	5.50		3.88	0.76	15.12	32.94	36.38		25.65	5.03	5.82
154	Desgl., altmilchend	„	—	88.08	3.00	4.20		4.25	0.68	11.92	25.17	35.23		33.90	5.70	5.64
155	Schweizer Kühe, Marktmilch	1879	1.0301	87.65	4.75	3.37		3.58	0.65	12.35	38.46	27.29		28.99	5.26	4.37
156		„	1.0332	88.58	3.01	3.99		3.72	0.70	11.42	26.36	34.94		32.57	6.13	5.59
157		„	1.0356	87.95	2.92	3.93		4.44	0.76	12.05	24.23	32.62		37.84	5.31	5.22
158		„	1.0330	87.91	3.33	4.05		4.05	0.66	12.09	27.54	33.50		33.50	5.46	5.36
159		„	1.0330	87.86	3.35	3.96		4.17	0.67	12.14	27.59	32.62		34.27	5.52	5.22
160		„	1.0320	87.90	3.32	4.41		3.71	0.66	12.10	27.44	36.44		30.67	5.45	5.83
161		„	1.0325	87.83	3.21	4.25		4.01	0.70	12.17	26.38	34.92		32.95	5.75	5.59
162	Holsteiner Kühe	„	1.0314	88.05	3.35	3.61	0.35	3.93	0.71	11.95	28.03	30.21	2.93	32.89	5.94	5.30
163		„	1.0320	87.95	3.33	3.67	0.39	3.89	0.77	12.05	27.64	30.46	3.24	32.27	6.39	5.39
164		„	1.0317	88.05	3.37	3.38	0.39	4.01	0.80	11.95	28.20	28.48	4.26	32.37	6.69	5.24
165		„	1.0313	88.21	3.13	3.13	0.40	4.33	0.80	11.79	26.55	26.55	3.39	36.72	6.79	4.79
166	Bei gewöhnlichem Winterfutter: Oberinnthaler, 1 Kuh, Morgenmilch . . .	1880	1.0316	87.43	3.74	2.61	0.43	5.07	0.72	12.57	29.76	20.77	3.42	40.32	5.73	3.87
167	Oberinnthaler, Abendm.	„	1.0322	86.79	4.03	2.73	0.55	5.18	0.72	13.21	30.51	20.67	4.16	39.21	5.45	3.97
168	„ Mittel mehrerer Kühe, Morgenm.	„	1.0314	87.23	3.97	2.52	0.53	5.00	0.75	12.77	31.09	19.73	4.15	39.16	5.87	3.82
169	Rendena, 1 K., Morgenm.	„	1.0315	88.87	3.29	2.19	0.59	4.36	0.70	11.13	29.56	19.68	5.30	39.17	6.29	4.00
170	„ Abendm. . .	„	1.0316	88.19	3.36	2.16	0.56	5.01	0.72	11.81	28.45	18.29	4.74	42.42	6.10	3.68
171	„ Mittel mehrerer Kühe, Morgenm. . .	„	1.0321	87.11	3.32	2.36	0.36	6.19	0.66	12.89	25.76	18.31	2.79	48.02	5.12	3.38
172	Sulzthaler, 1 K., Morgenmilch	„	1.0323	88.37	3.38	2.21	0.33	5.17	0.54	11.63	29.05	19.06	2.84	44.47	4.64	3.49
173	Sulzthaler, Abendm. .	„	1.0322	88.13	3.02	2.28	0.31	5.67	0.59	11.87	25.44	19.21	2.62	47.76	4.97	3.49
174	„ Mittel mehrerer Tiroler Kühe, Morgenm.	„	1.0322	87.07	3.80	2.61	0.38	5.15	—	12.93	24.39	20.19	2.17	39.83	—	3.58
175	Durchschnitt mehrerer Tiroler Rassen, Mgm.	„	1.0314	87.94	3.51	2.22	0.56	5.15	0.62	12.06	29.10	18.41	4.64	42.71	5.14	3.69
176	Bei reiner Heufütterung: Oberinnthaler, 1 Kuh, Morgenm.	„	1.0314	87.32	3.62	2.76	0.46	5.22	0.62	12.68	28.54	21.77	3.63	41.17	4.89	4.06
177	Oberinnthaler, Abendm.	„	1.0320	86.15	4.82	2.82	0.47	4.97	0.77	13.85	34.80	20.36	3.39	35.88	5.57	3.80
178	„ Mittel mehrerer Kühe, Morgenm.	„	1.0324	87.02	4.08	3.00	0.40	4.78	0.72	12.98	31.43	23.11	3.08	36.83	5.55	4.19
179	Rendena, 1 K., Morgenm.	„	1.0317	87.96	3.06	2.63	0.42	5.21	0.72	12.04	25.42	21.84	3.49	43.27	5.98	4.05

No. 149—152. Mitgetheilt von E. H. Jenkins in An. Rep. Connect. Agric. Exp. Stat. 1882. 82. Aus New Jersey Station Report for 1880. 59. Der Ertrag an Milch für den Tag und den Kopf waren bei Kühen unter No. 150 = 9.71 kg. No. 151 = 9.74 kg. No. 152 = 10.34 kg.
No. 153 u. 154. F. N. Macnamara. — Chem. News 1877. 27. 507. (Vergl. Milch, Zeit nach dem Kalben.)
No. 155—161. N. Gerber u. P. Radenhausen. — Forschungen auf dem Gebiete der Viehhaltung. 7 S. 1879. Die Albuminate sind nach der Methode von Ritthausen mit Kupfersulfat gefällt.
No. 162—165. W. Kirchner. — Milchzeitung 1878. 257.
No. 166—185. K. Portele. — Landw. V.-St. 27. 1881. 133. Die Winterfütterung bestand für den Kopf (400 kg Leb.-Gew.) und Tag aus 1 kg Malzkeime, 16 kg Runkelrüben, 1 kg Luzerneheu, 2 kg Haferstroh, 6 kg Wiesenheu.

No.	Bezeichnungen und Bemerkungen	Jahr der Untersuchung	Specifisches Gewicht	In der ursprünglichen Substanz							In der Trockensubstanz					N in der Trockensubstanz
				Wasser	Fett	Caseïn	Albumin	Milchzucker	Asche (Salze)	Trockensubstanz	Fett	Caseïn	Albumin	Milchzucker	Asche (Salze)	
				%	%	%	%	%	%	%	%	%	%	%	%	%
180	Bei reiner Heufütterung: Rendena, Abendm.	1880	1.0326	87.77	3.24	2.67	0.44	5.24	0.64	12.23	26.40	21.83	3.60	44.94	3.23	4.07
181	„ Mittel mehrerer Kühe, Morgenm.	„	1.0334	88.25	3.11	2.43	0.51	5.05	0.65	11.75	26.46	20.68	4.34	42.99	5.53	4.00
182	Sulzthaler, 1 K., Morgenmilch	„	1.0321	87.66	3.35	2.48	0.33	—	0.60	12.34	27.15	24.15	2.37	—	4.86	4.24
183	Sulzthaler, Abendm.	„	1.0323	87.79	3.39	2.45	0.33	5.31	0.73	12.21	27.76	20.07	2.76	43.49	5.98	3.64
184	„ Mittel mehrerer Kühe, Morgenm.	„	1.0324	87.37	3.30	2.78	0.44	5.39	0.72	12.63	26.12	22.01	3.48	42.66	5.73	4.08
185	Durchschnitt mehrerer Tiroler Rassen	„	1.0325	87.33	3.72	2.24	0.44	5.53	0.74	12.67	29.36	17.68	3.47	43.65	5.84	3.38
186	Schweizer (vermuthlich Mittelzahlen)	1878	—	87.50	3.50	3.40		4.90	0.70	12.50	28.00	27.20		39.20	5.60	4.35
187	(angeblich) Holländer: 1 Kuh, frische Abendmilch in 100 ccm	1867	—	85.02	4.75	5.54		4.89		14.98	31.71	36.99		31.30		5.92
188	2 „	„	—	87.93	3.39	3.82		4.86		12.07	28.42	31.65		39.93		5.06
189	3 „	„	—	87.44	3.25	4.80		4.51		12.56	25.88	38.22		35.90		6.12
190	4 „	„	—	86.96	4.02	4.97		4.05		13.04	30.83	38.11		31.06		6.10
191	Ayrshire-, Voll- u. Halbblut, Abendm.	1861	—	86.69	4.43	—		—	0.70	13.31	33.28	—		—	5.26	—
192	Desgl., Morgenm.	„	—	87.14	4.05	—		—	0.83	12.86	31.49	—		—	6.45	—
193	Desgl. Morgenm.	1862	—	87.34	3.97	3.43		4.52	0.74	12.66	31 36	27.09		35 70	5.85	4.33
194	Desgl. Abendm.	„	—	87.15	4.31	3.44		4.37	0.73	12.85	33.54	26.77		34.01	5.68	4.28
195	Oldenburger Kühe: Sammelmilch von 30 K.	1880	1.0329	87.91	2.88	—		—	—	12.09	23.82	—		—	—	—
196	Von 15—18 K.	„	1.0290	89.30	2.81	—		—	—	10.70	26.26	—		—	—	—
197	Von 17—18 K.	„	1.0306	88.53	3.00	—		—	—	11.47	26.15	—		—	—	—
198	Von 3 K.	„	1.0280	89.29	3.04	—		—	—	10.71	28.38	—		—	—	—
199	Von 15 K.	„	1.0293	89.67	2.45	—		—	—	10.33	23.72	—		—	—	—
200	Stallfütterung v. 4—5 K.	„	1.0305	89.05	2.56	—		—	—	10.95	23.38	—		—	—	—
201	Von 2 K.	„	0.0271	90.20	2.48	—		—	—	9.80	25.31	—		—	—	—
202	Von 3 K., Morgenm.	„	1.0291	89.55	2.64	—		—	—	10.45	25.26	—		—	—	—
203	Von 14 K., „	„	1.0314	88.80	2.81	—		—	—	11.20	25.09	—		—	—	—
204	Von 5 K., „	„	1.0316	88.92	2.54	—		—	—	11.08	22.92	—		—	—	—
205	Von 5 K., „	„	1.0318	88.28	3.00	—		—	—	11.72	25.60	—		—	—	—
206	Von 3 K., „	„	1.0312	89.05	2.64	—		—	—	10.95	24.13	—		—	—	—
207	Von 3 K., „	„	1.0319	89.05	2.39	—		—	—	10.95	21.83	—		—	—	—
208	Von 18—20 K., Mgm., seit 8 Tagen auf der (Marsch)-Weide	„	1.0303	88.65	3.03	—		—	—	11.35	26.69	—		—	—	—
209	Von 20—24 K., Abdm., seit 14 Tagen auf der Weide (Ostfriesl.)	„	1.0315	88.15	3.09	—		—	—	11.85	26.08	—		—	—	—
210	Von 6 K., Morgenm., seit 14 Tagen a. d. Weide	„	1.0281	89.79	2.56	—		—	—	10.21	25.07	—		—	—	—
211	Von 5 K., Morgenm., seit 8 Tagen a. d. Weide	„	1.0301	89.55	2.38	—		—	—	10.45	22.77	—		—	—	—
212	Von 4 K., Morgenm., seit 8 Tagen a. d. Weide	„	1.0272	89.18	3.27	—		—	—	10.82	30.22	—		—	—	—

No. 186. Schatzmann. — Milchzeitung 1878. 126.
No. 187—190. Winthrop. — Annal. d. Landw. in Preussen. Wochenbl. 1866. 333.
No. 191—194. Al. Müller. — L. V.-St. 9. 1867. 145.
No. 195—230. P. Petersen. — Milchzeitung 1880. 556.

No.	Bezeichnungen und Bemerkungen	Jahr der Untersuchung	Specifisches Gewicht	In der ursprünglichen Substanz: Wasser %	Fett %	Caseïn %	Albumin %	Milchzucker %	Asche (Salze) %	Trockensubstanz %	In der Trockensubstanz: Fett %	Caseïn %	Albumin %	Milchzucker %	Asche (Salze) %	N in der Trockensubstanz %
213	Oldenburger Kühe: Von 4 K., Morgenm., seit 8 Tagen a. d. Weide	1880	1.0288	89.30	2.83	—	—	—	—	10.70	26.45	—	—	—	—	—
214	Von 6 K., Morgenm. .	„	1.0310	88.80	2.80	—	—	—	—	11.20	25.00	—	—	—	—	—
215	Von 6—7 K., Morgenm.	„	1.0320	88.28	2.96	—	—	—	—	11.72	25.25	—	—	—	—	—
216	Weidegang von 5—6 K., Marsch	„	1.0320	88.03	3.18	—	—	—	—	11.97	26.57	—	—	—	—	—
217	Von 5 K., Morgenm. .	„	1.0320	89.17	2.29	—	—	—	—	10.83	21.15	—	—	—	—	—
218	Von 7 K., „ .	„	1.0302	88.91	2.85	—	—	—	—	11.09	25.70	—	—	—	—	—
219	Von 2 K., „ .	„	1.0314	88.03	3.40	—	—	—	—	11.97	28.40	—	—	—	—	—
220	Von 7 K., „ .	„	1.0303	89.05	2.80	—	—	—	—	10.95	25.57	—	—	—	—	—
221	Von 3 K., Abendm. .	„	1.0318	87.78	3.35	—	—	—	—	12.22	27.41	—	—	—	—	—
222	Von 8 K., „ .	„	1.0316	88.41	2.94	—	—	—	—	11.59	25.37	—	—	—	—	—
223	Von 3—4 K., Mittagsm.	„	1.0293	87.67	4.05	—	—	—	—	12.33	32.85	—	—	—	—	—
224	Von 7 K., Mittagsm. .	„	1.0310	89.17	2.47	—	—	—	—	10.83	22.81	—	—	—	—	—
225	Von 7—8 K., „ .	„	1.0320	88.92	2.51	—	—	—	—	11.08	22.65	—	—	—	—	—
226	Von 4 K., „ .	„	1.0264	90.69	2.32	—	—	—	—	9.31	24.92	—	—	—	—	—
227	Von 5 K., „ .	„	1.0314	89.05	2.62	—	—	—	—	10.95	23.93	—	—	—	—	—
228	Von 6—7 K., „ .	„	1.0299	87.03	4.42	—	—	—	—	12.97	34.08	—	—	—	—	—
229	Mittel b. Stallfütterung	„	1.0298	89.15	2.74	—	—	—	—	10.85	25.55	—	—	—	—	—
230	„ b. Weidegang .	„	1.0306	88.76	2.91	—	—	—	—	11.24	25.89	—	—	—	—	—
231	5 Kühe, Angler Rasse . . .	„	—	88.68	2.95	—	—	—	—	11.32	26.06	—	—	—	—	—
232	Desgl.	„	—	88.28	3.32	—	—	—	—	11.72	28.33	—	—	—	—	—
233	2 Kühe, Angler Rasse, frischm.	„	—	87.91	3.20	—	—	—	—	12.09	26.47	—	—	—	—	—
234	3 Kühe, Holsteiner Landschlag, frischmilchend . .	1881	—	87.79	3.69	—	—	—	—	12.21	30.22	—	—	—	—	—
235	3 Kühe, Angler	„	—	87.62	3.56	—	—	—	—	12.38	28.76	—	—	—	—	—
236	Holländer, 45 K., Morgenm.: 15. Okt. 1878 bis 29. März 1879 . . .	1878 bis 79	1.0317	88.71	2.81	—	—	—	—	11.29	24.89	—	—	—	—	—
237	30. März 1879 bis 11. Okt. 1879	1879	1.0327	88.64	2.89	—	—	—	—	11.36	25.42	—	—	—	—	—
238	12. Okt. 1879 bis 31. März 1880 . . .	1878 bis 79	1.0321	88.62	2.80	—	—	—	—	11.38	21.81	—	—	—	—	—
239	1. April 1880 bis 2. Okt. 1880	1880	1.0317	88.81	2.80	—	—	—	—	11.19	25.02	—	—	—	—	—
240	3. Okt. 1880 bis 31. März 1881 . . .	1880 bis 81	1.0319	88.67	2.67	—	—	—	—	11.33	23.57	—	—	—	—	—
241	Mittagsmilch: Winter 1878/79 . .	„	1.0309	88.25	3.39	—	—	—	—	11.75	28.85	—	—	—	—	—
242	Sommer 1879 . . .	„	1.0320	88.17	3.44	—	—	—	—	11.83	29.08	—	—	—	—	—
243	Winter 1879/80 . .	„	1.0311	88.04	3.52	—	—	—	—	11.96	29.43	—	—	—	—	—
244	Sommer 1880 . . .	„	1.0308	88.21	3.41	—	—	—	—	11.79	28.92	—	—	—	—	—
245	Winter 1880/81 . .	„	1.0310	88.09	3.29	—	—	—	—	11.91	27.92	—	—	—	—	—

No 231. M. Schrodt. — Milchzeitung 1880. 471. (Vergl. Milch unter dem Einfluss des Futters. No. 520—523.)
No. 232. W. Kirchner u. Schrodt. — Milchztg. 8. 1879. 541. (Desgl. No. 516—519.)
No. 233. M. Schrodt. — Milchztg. 9. 1880. 641. (Desgl. No. 524—527.)
No. 234. M. Schrodt. — Milchztg. 10. 1881. 637. (Desgl. No. 532—536.)
No. 235. M. Schrodt. — Milchztg. 11. 1882. 427. (Desgl. No. 537—540.)
No. 236—253. Schmoeger (Milchw. V.-St. Proskau). — Milchztg. 10. 1881. Die oben mitgetheilte Zusammensetzung bezieht sich auf Milch der Proskauer aus durchschnittlich 45 Kühen holländer Rasse bestehenden Herde, welche in zahlreichen zu verschiedener Zeit genommenen Proben untersucht wurde. Gemolken wurde um 4 Uhr und 11 Uhr Morgens und 6 Uhr Abends. Das Futter bestand für den Kopf und den Tag:

Winter 1878—79 aus 1.5 kg Heu, 6 kg Futterstroh, 2.5 kg Schlempe und 5 kg Biertråber.
Sommer 1879 aus 50 kg Grünfutter (Klee, Wicken), 3 kg Futterstroh und 1—1½ kg Biertråber.
Winter 1879—80 aus 5 kg Heu, 4.5 kg Futterstroh, 2 kg Spreu, 30 kg Schlempe und 5 kg Träber.
Sommer 1880 aus 50 kg Grünfutter (Wickhafer, Kleegras, Mais und Stoppelklee), 2 kg Futterstroh und 1—1½ kg Biertråber.
Winter 1880—81 aus 4 kg Heu, 6 kg Futterstroh, 2 kg Spreu, 48 kg Schlempe, 1 kg Biertreber. Ausserdem erhielten die Thiere regelmässig Salz.

No.	Bezeichnungen und Bemerkungen	Jahr der Untersuchung	Specifisches Gewicht	In der ursprünglichen Substanz: Wasser %	Fett %	Caseïn %	Albumin %	Milchzucker %	Asche (Salze) %	Trockensubstanz %	In der Trockensubstanz: Fett %	Caseïn %	Albumin %	Milchzucker %	Asche (Salze) %	N in der Trockensubstanz %
246	Abendmilch: Winter 1878/79 . .	1880 bis 81	1.0322	88.25	3.20	—	—	—	—	11.75	27.24	—	—	—	—	—
247	Sommer 1879 . . .	„	1.0325	88.29	3.27	—	—	—	—	11.71	27.93	—	—	—	—	—
248	Winter 1879/80 . .	„	1.0317	88.11	3.33	—	—	—	—	11.89	28.01	—	—	—	—	—
249	Sommer 1880 . . .	„	1.0312	88.26	3.36	—	—	—	—	11.74	28.62	—	—	—	—	—
250	Winter 1880/81 . .	„	1.0318	88.26	3.16	—	—	—	—	11.74	26.92	—	—	—	—	—
251	Im Durchschn., Morgenmilch	„	1.0320	88.69	2.79	—	—	—	—	11.31	24.67	—	—	—	—	—
252	„ „ Mittagsmilch	„	1.0312	88.15	3.41	—	—	—	—	11.85	28.78	—	—	—	—	—
253	„ „ Abendmilch	„	1.0319	88.23	3.26	—	—	—	—	11.77	27.70	—	—	—	—	—
254	Radener Herde, bestehend aus ca. 100 K. des rothbunten mecklenburg. Landschlags, z. Thl. Kreuzungsproducte dieses Schlages mit Angler- und Wilstermarschvieh: Morgenmilch	1878	1.0316	—	3.37	—	—	—	—	—	—	—	—	—	—	—
255	Abendmilch	„	1.0318	—	3.42	—	—	—	—	—	—	—	—	—	—	—
256	Tagesmilch	„	1.0317	—	3.40	—	—	—	—	—	—	—	—	—	—	—
257	Morgenmilch	1879	1.0319	(87.82)	3.29	—	—	—	—	(12.18)	27.01	—	—	—	—	—
258	Abendmilch	„	1.0319	(87.73)	3.32	—	—	—	—	(12.27)	27.07	—	—	—	—	—
259	Morgenmilch	1880	1.0315	88.16	3.26	—	—	—	—	11.84	27.37	—	—	—	—	—
260	Abendmilch	„	1.0316	88.07	3.27	—	—	—	—	11.93	27.41	—	—	—	—	—
261	Morgenmilch	1881	1.0310	88.07	3.24	—	—	—	—	11.93	27.16	—	—	—	—	—
262	Abendmilch	„	1.0311	88.02	3.25	—	—	—	—	11.98	27.13	—	—	—	—	—
263	Morgenmilch	1882	1.0312	87.97	3.21	—	—	—	—	12.03	26.68	—	—	—	—	—
264	Abendmilch	„	1.0315	87.94	3.19	—	—	—	—	12.06	26.45	—	—	—	—	—
265	Morgenmilch	1883	1.0310	88.08	3.27	—	—	—	—	11.92	27.43	—	—	—	—	—
266	Abendmilch	„	1.0310	88.05	3.26	—	—	—	—	11.95	27.28	—	—	—	—	—
267	Morgenmilch	1884	1.0311	87.95	3.29	—	—	—	—	12.05	27.30	—	—	—	—	—
268	Abendmilch	„	1.0310	87.89	3.32	—	—	—	—	12.11	27.42	—	—	—	—	—
269	Morgenmilch	1883	1.0303	87.27	4.09	3.15	0.44	4.56	0.76	12.73	32.13	24.74	3.46	33.70	5.97	4.51
270	Morgenmilch, 22. Jan. 1884	1884	1.0326	87.57	3.34	3.13	0.29	4.91	0.76	12.43	27.59	25.18	2.33	38.79	6.11	4.40
271	Morgenmilch, 10. Dez. 1884	„	1.0313	88.04	3.26	3.71		4.26	0.73	11.96	27.26	31.02		35.61	6.11	4.96
272	Morgenmilch, 16. Jan. 1883	„	1.0311	88.30	3.02	3.06		—	—	11.70	25.81	26.15		—	—	4.18
273	Abendmilch, 13. Febr. 1883	„	1.0320	87.98	2.95	3.10		—	—	12.02	24.94	25.79		—	—	4.13
274	Angler Kuh	1883	—	88.16	2.55	—	—	—	—	11.84	21.54	—	—	—	—	—
275	„ „	„	—	87.90	3.08	—	—	—	—	12.10	25.45	—	—	—	—	—
276	„ „	„	—	87.92	3.05	—	—	—	—	12.08	25.25	—	—	—	—	—
277	Nord-Holländer	„	—	88.07	3.56	—	—	—	—	11.93	29.84	—	—	—	—	—
278	Schwyzer	„	—	87.74	3.25	—	—	—	—	12.26	26.51	—	—	—	—	—
279	Scotch-Polled	„	—	87.84	3.42	—	—	—	—	12.17	28.10	—	—	—	—	—
280	„ „	„	—	87.11	3.43	—	—	—	—	12.89	26.61	—	—	—	—	—
281	Dithmarschen	„	—	87.74	2.30	—	—	—	—	12.26	18.76	—	—	—	—	—

No. 254—273. W. Fleischmann. — L. V.-St. 24. 1879. 81 u. Berichte d. Milchw. V.-St. 1880—1884. Zu Milch unter No. 269. Ber. 1883. 21. Die Milchprobe wurde am Schlusse des Weidegangs genommen. Die Caseïnbestimmung nach J. Lehmann ergab 3.147 % und die Bestimmung der Proteïnstoffe nach Ritthausen 3.589 %. Die Differenz dieser beiden Zahlen wurde als Eiweiss in Rechnung gestellt.

Zu Milch unter No. 270. Summe des Proteïns nach Ritthausen 3.474 %. Caseïn, nach Lehmann 3.14 %
„ „ „ „ 271. „ „ „ „ „ 3.423 „ „ „ „ 3.13 „
„ „ „ „ 272 u. 273. „ „ „ „ „ bestimmt.

Vergl. Milch unter dem Einflusse des Futters No. 569—620.

No. 274—281. M. Schrodt u. Wibel. — Milchzeitung. 12. 1883. 489. Die Probenahme und Untersuchung (Wibel) der Milch geschah gelegentlich der Hamburger Thierausstellung i. J. 1883. Die tägliche Milchmenge betrug pro Kopf:

No. 274	275	276	277	278	279	280	281
14.13	15.57	15.03	14.53	16.20	10.44	9.04	15.00 kg.

No.	Bezeichnungen und Bemerkungen	Jahr der Untersuchung	Specifisches Gewicht	In der ursprünglichen Substanz							In der Trockensubstanz					N in der Trockensubstanz
				Wasser	Fett	Caseïn	Albumin	Milchzucker	Asche (Salze)	Trockensubstanz	Fett	Caseïn	Albumin	Milchzucker	Asche (Salze)	
				%	%	%	%	%	%	%	%	%	%	%	%	%
282	Shorthorn	1883	—	87.04	3.85	—	—	—	—	12.96	29.71	—	—	—	—	—
283	„	„	—	85.80	4.71	—	—	—	—	14.20	33.17	—	—	—	—	—
284	„	„	—	86.89	4.01	—	—	—	—	13.11	30.59	—	—	—	—	—
285	„	„	—	86.23	5.30	—	—	—	—	13.77	38.49	—	—	—	—	—
286	Jersey	„	—	86.79	4.20	—	—	—	—	13.21	31.79	—	—	—	—	—
287	„	„	—	86.71	4.11	—	—	—	—	13.29	30.92	—	—	—	—	—
288	„	„	—	85.79	5.14	—	—	—	—	14.21	36.17	—	—	—	—	—
289	Guernsey	„	—	85.34	5.08	—	—	—	—	14.66	34.65	—	—	—	—	—
290	„	„	—	85.75	5.54	—	—	—	—	14.25	38.88	—	—	—	—	—
291	Ayrshire	„	—	85.82	5.12	—	—	—	—	14.18	36.11	—	—	—	—	—
292	„	„	—	86.26	4.92	—	—	—	—	13.74	35.81	—	—	—	—	—
293	Shorthorn-Holländer . . .	„	—	87.88	2.86	—	—	—	—	12.12	23.60	—	—	—	—	—
294	„ „ . . .	„	—	88.52	2.40	—	—	—	—	11.48	20.91	—	—	—	—	—
295	Devon	„	—	85.25	5.28	—	—	—	—	14.75	35.80	—	—	—	—	—
296	Parmesaner Kühe	„	1.0290	85.20	3.85	5.79		4.44	0.72	14.80	26.01	39.12		30.00	4.87	6.26
297	Schweizer	„	1.0283	88.00	3.10	3.58		4.61	0.71	12.00	25.82	29.83		38.43	5.92	4.77
298	Holländer	„	1.0284	87.90	3.25	3.97		4.16	0.72	12.10	26.86	32.39		34.80	5.95	5.18
299	Danziger, 7 Kühe (?) . . .	1885	1.0333	87.67	3.33	—	—	—	—	12.33	27.01	—	—	—	—	—
300	Danziger Kuh u. Shorthorn-Bulle, 5 Kühe (?) . . .	„	1.0340	87.35	3.38	—	—	—	—	12.65	26.79	—	—	—	—	—
301	Simmenthaler, 7 Kühe (?) .	„	1.0345	86.57	3.98	—	—	—	—	13.43	29.64	—	—	—	—	—
302	Holländer („melke"), 11 K. (?)	„	1.0325	87.94	3.31	—	—	—	—	12.06	27.45	—	—	—	—	—
303	Mecklenburger . . . (Morgenmilch)	1880	1.0320	88.33	3.12	—	—	—	—	11.67	26.74	—	—	—	—	—
304	Breitenburger . . .	„	1.0310	88.11	3.39	—	—	—	—	11.89	28.51	—	—	—	—	—
305	Angler	„	1.0318	88.03	3.42	—	—	—	—	11.97	28.57	—	—	—	—	—
306	Ostfriesen	„	1.0304	88.59	3.19	—	—	—	—	11.41	27.96	—	—	—	—	—
307	Mecklenburger . . . (Abendmilch)	„	1.0323	88.24	3.01	—	—	—	—	11.76	25.59	—	—	—	—	—
308	Breitenburger . . .	„	1.0318	87.82	3.43	—	—	—	—	12.18	28.16	—	—	—	—	—
309	Angler	„	1.0322	88.03	3.27	—	—	—	—	11.97	27.32	—	—	—	—	—
310	Ostfriesen	„	1.0309	88.60	3.03	—	—	—	—	11.40	26.58	—	—	—	—	—

No. 282—295. ? Milchztg. 12. 1883. 774. (The Farmer and the Chamber etc. vom 9. Nov. 1883.) Die Analysen und Erhebungen wurden gelegentlich der milchwirthschaftlichen Ausstellung in London (October 1883) ausgeführt. Die in Pfunden und Unzen angegebenen Milcherträge wurden von uns auf kg berechnet (1 Pfd. à 16 Unzen = 0.45 kg). Die Erhebungen ergaben:

	282	283	284	285	286	287	288	289	290	291	292	293	294	295
Alter der Kühe in Jahren . .	$7\frac{3}{4}$	$5\frac{1}{2}$	$5\frac{1}{6}$	5	$7\frac{1}{2}$	$7\frac{1}{6}$	$5\frac{1}{2}$	4	$7\frac{1}{6}$	$4\frac{1}{2}$	4	7	$5\frac{1}{2}$	$4\frac{1}{2}$
Zuletzt gekalbt	12. Mai	27. Sept.	17. Aug.	29. Oct.	1. Sept.	28. Juli	5. Aug.	28. Juni	8. Apr.	3. Oct.	8. Aug.	10. Jul.	27. Spt.	4. Juli
Tägl. Milchertrag à kg . .	23	21	12.5	15.6	14.6	10.4	11.8	9.5	8.3	13.6	15.2	27.1	23.2	11.9

No. 296—298. ? Milchzeitung. 12. 1883. 824. (Il Caseificio italiano 1883.) Nähere Angaben fehlen. Milchertrag No. 296 13.0, No. 297 u. 298 je 15.05 kg.

No. 299—302. M. Schmoeger. — Bericht d. Milchw. V.-St. Proskau 1885—86. Die Kühe, deren Milch untersucht wurde, standen gemeinschaftlich in einem Stalle (zu Zuzella) und erhielten zur Zeit der bezügl. Untersuchung (Januar 1885) pro Kopf und Tag: 60 Liter Kartoffelschlempe, 9 Pfd. gutes Kleeheu, 6—7 Pfd. gutes Gerstenstroh, 6 Pfd. geschnittenes Kleestroh oder Getreidekaff u. 6 Pfd. Spreu. Die drei Gemelke je eines Tages wurden zu einer Durchschnittsprobe zusammengemischt. Die gegebenen Zahlen sind das Mittel von den Resultaten von je 3 Tagen. Die Zahl der z. Z. der Untersuchung dort vorhandenen Kühe und des Milchertrags pro Kopf in Liter wird wie folgt angegeben:

7 Simmenthaler	Holländer („melke")	Danziger	Kreuzung
9.8	13.0	11.7	7.4

Aus dem Texte geht jedoch nicht hervor, ob die sämmtlichen Kühe jeder Rasse zum Versuche benutzt wurden.

No. 303—314. W. Fleischmann u. P. Vieth. — Jahresber. d. Agrikulturchem. 1880. 487. (Landw. Annal. d. mecklenburg. patriot. Vereins 1880. 105.) Die Beobachtungen beziehen sich auf 4 Kühe des mecklenburgischen Landschlags, 6 Kühe der Ostfriesischen, 4 Kühe der Angler und 3 Kühe der Breitenburger Rasse. Die Auswahl dieser Thiere geschah in der Weise, dass dieselben in annähernd gleicher Periode der Lactation standen, wogegen Alter und Gewicht nicht zugleich berücksichtigt werden konnten. Morgen- und Abendmilch jeder dritten Woche und zwar bei drei der genannten Rassen während eines ganzen Jahres also 17 mal, dagegen bei den Breitenburgern nur 11 mal untersucht wurde. Bei letzteren war das Ergebniss weniger zuverlässig, da nur eine Kuh derselben frischmilchend, alle aber schon nach 8 Monaten trocken standen. Nach dreijährigen Ermittelungen war der mittlere jährliche Milchertrag:

Mecklenburger	Breitenburger	Angler	Ostfriesen
2578.6	2645.3	2394.0	2688.0 kg

No.	Bezeichnungen und Bemerkungen	Jahr der Untersuchung	Specifisches Gewicht	In der ursprünglichen Substanz: Wasser %	Fett %	Caseïn %	Albumin %	Milchzucker %	Asche (Salze) %	Trockensubstanz %	In der Trockensubstanz: Fett %	Caseïn %	Albumin %	Milchzucker %	Asche (Salze) %	N in der Trockensubstanz %
311	Mecklenburger . . . (Tagesmilch)	1880	1.0322	88.28	3.06	—	—	—	—	11.72	26.11	—	—	—	—	—
312	Breitenburger . . . (Tagesmilch)	„	1.0314	87.97	3.41	—	—	—	—	12.03	28.35	—	—	—	—	—
313	Angler . . . . . (Tagesmilch)	„	1.0320	88.03	3.34	—	—	—	—	11.97	27.90	—	—	—	—	—
314	Ostfriesen . . . . . (Tagesmilch)	„	1.0306	88.60	3.11	—	—	—	—	11.40	27.28	—	—	—	—	—
315	Oldenburger Geestschlag, 1 K.	„	1.0281	87.42	4.52	—	—	—	—	12.58	35.93	—	—	—	—	—
316	„ „ 1 K.	„	1.0289	88.75	3.42	—	—	—	—	11.25	30.40	—	—	—	—	—
317	Holländer Kühe: Mai, Mittel von 10 Prüfungen	1879 bis 80	1.0313	87.84	2.82	—	—	—	—	12.16	23.19	—	—	—	—	—
318	Holländer Kühe: Juni, Mittel von 5 Prüfungen	„	1.0312	87.90	2.71	—	—	—	—	12.10	22.40	—	—	—	—	—
319	Holländer Kühe: Juli, Mittel von 6 Prüfungen	1879 bis 81	1.0308	88.12	2.57	—	—	—	—	11.88	21.63	—	—	—	—	—
320	Holländer Kühe: August, Mittel von 6 Prüfungen	„	1.0306	88.05	2.55	—	—	—	—	11.95	21.34	—	—	—	—	—
321	Holländer Kühe: September, Mittel von 4 Prüfungen	1880 bis 81	1.0316	87.75	2.90	—	—	—	—	12.25	23.67	—	—	—	—	—
322	Holländer Kühe: October, Mittel von 3 Prüfungen	1881	1.0306	87.80	2.75	—	—	—	—	12.20	22.54	—	—	—	—	—
323	Holländer Kühe: November, Mittel von 5 Prüfungen	1879 bis 81	1.0310	87.96	2.60	—	—	—	—	12.04	21.60	—	—	—	—	—
324	Holländer Kühe: December, Mittel von 4 Prüfungen	1881	1.0313	87.90	2.70	—	—	—	—	12.10	22.31	—	—	—	—	—
325	Holländer Kühe: Januar, Mittel von 3 Prüfungen	1880 bis 83	1.0316	88.33	2.60	—	—	—	—	11.67	22.28	—	—	—	—	—
326	Holländer Kühe: Februar, Mittel von 4 Prüfungen	1880	1.0306	87.80	2.88	—	—	—	—	12.20	23.61	—	—	—	—	—
327	Holländer Kühe: März, Mittel von 4 Prüfungen	„	1.0316	87.70	2.83	—	—	—	—	12.30	23.01	—	—	—	—	—
328	Schwyzer Braunvieh, Jahresdurchschnitt	1884 bis 85	—	—	3.39	—	—	—	—	—	—	—	—	—	—	—
329	Desgl.	1885 bis 86	—	—	3.32	—	—	—	—	—	—	—	—	—	—	—
330	Ayrshire	1884	1.0325	87.38	3.96	3.19		4.77	0.70	12.62	31.38	25.28		37.79	5.55	4.04
331	Telemark	„	1.0320	87.97	3.62	3.04		4.64	0.73	12.03	30.09	25.27		38.57	6.07	4.04
332	Kreuzung von vorigen beiden	„	1.0325	87.11	4.10	3.31		4.75	0.71	12.89	31.81	25.68		36.23	6.28	4.11
333	Gudbrandsdal	„	1.0330	87.62	3.77	3.11		4.79	0.71	12.38	30.45	25.12		38.69	5.74	4.02
334	Gemisch (No. 330—333) . .	„	1.0325	87.50	3.89	3.17		4.73	0.71	12.50	31.12	25.36		37.74	5.68	4.06

No. 315 u. 316. E. von Borries. — Milchzeitung 1880. 462. Mittel aus 13 bezw. 9 Einzelanalysen.

No. 317—327. Mitgetheilt von D. Gäbel in der Milchzeitung 1884. 56 aus Landbouw-Courant No. 90 u. 91. 1883. Die Milchproben stammen aus der Molkerei s'Gravenhagen, unter deren Aufsicht die Milch ermolken wurde. Die Prüfungen fanden Sommer und Winter mehrerer Jahre hindurch statt. Der Trockensubstanzgehalt wurde nach Behrend-Morgen's Formel aus dem specifischen Gewicht und Fettgehalt berechnet.

No. 328 u. 329. ? Milchzeitung 1885. 534 u. Milchztg. 1887. 122. (Schweizerische Milchztg. v. 18. Juli 1885.) Die Erhebungen über den Milchertrag von 40 Schwyzer Braunviehkühen aus dem Viehstande des Gutes Langrüthi ergaben:

	Anzahl der Melktage	Gesammtmilchertrag pro Jahr	Durchschn. Ertrag per Melkung
1884—85 . . .	288	3745.2 kg	13.0 kg
1885—86 . . .	283	3626 „	12.8 „

Der Fettgehalt nach monatlichen Proben der Milch jeder Kuh betrug:

	Maximum	Minimum
1884—85	3.91	3.01
1885—86	4.00	3.00

No. 330—334. V. Dircks. — Milchzeitung 1887. 85. (Beretning om den höiere Landbrugsskole i Aas, 1. Juli 1884 bis 30. Juni 1885. Christiana 1886.) Die Kühe hatten im Sommer (etwa 4 Monate) Weidegang mit Beifütterung im Stalle; die Trockenfütterung im Winter bestand aus Heu, Stroh, Getreideschrot, Oelkuchen, Malzkeimen, Kartoffeln und Turnips. Gemolken wurde zweimal täglich. Die Zusammensetzung der gemischten Milch aller Kühe jeder Rasse wurde monatlich zweimal (December nur einmal) ermittelt, Morgenmilch und Abendmilch nach Verhältniss der ermolkenen Mengen gemischt. Das Fett wurde theils aräometrisch nach Soxhlet, theils gewichtsanalytisch, der Gehalt an Proteïn aus dem N nach Kjeldahl, der Milchzucker mittelst Kupferprobe (jedoch nur an 8—10 Tagen) (titrimetrisch

No.	Bezeichnungen und Bemerkungen	Jahr der Untersuchung	Specifisches Gewicht	In der ursprünglichen Substanz: Wasser %	Fett %	Caseïn %	Albumin %	Milchzucker %	Asche (Salze) %	Trockensubstanz %	In der Trockensubstanz: Fett %	Caseïn %	Albumin %	Milchzucker %	Asche (Salze) %	N in der Trockensubstanz %
335	Shorthorns, 55 K., in 7 Jahren, Morgenmilch	1879 bis 85	—	87.31	3.62	—	—	—	—	12.69	28.53	—	—	—	—	—
336	Shorthorns, 18 K., 1886, Morgen- u. Abendmilch .	1886	—	86.84	3.91	—	—	—	—	13.16	29.71	—	—	—	—	—
337	Shorthorns, 73 K., in 8 Jahren	1879 bis 86	—	87.20	3.69	—	—	—	—	12.80	28.83	—	—	—	—	—
338	Jerseys, 42 K., in 7 Jahren, Morgenmilch	1879 bis 85	—	86.30	4.17	—	—	—	—	13.70	31.44	—	—	—	—	—
339	Jerseys, 14 K., 1886, Morgen- u. Abendmilch	1886	—	85.65	4.75	—	—	—	—	14.35	33.07	—	—	—	—	—
340	Jerseys, 56 K., in 8 Jahren	1879 bis 86	—	86.14	4.31	—	—	—	—	13.86	31.04	—	—	—	—	—
341	Guernseys, 23 K., in 7 Jahren	1879 bis 85	—	86.13	4.52	—	—	—	—	13.87	32.59	—	—	—	—	—
342	„ 1886	1886	—	85.79	5.10	—	—	—	—	14.21	35.89	—	—	—	—	—
343	„ in 8 Jahren . .	1879 bis 86	—	86.02	4.64	—	—	—	—	13.98	33.13	—	—	—	—	—
344	Andere Rassen, 9 K., in 7 Jahren, Morgenmilch . .	1879 bis 85	—	87.29	3.57	—	—	—	—	12.71	28.09	—	—	—	—	—
345	Andere Rassen, 6 K., 1886, Morgen- u. Abendmilch .	1886	—	86.91	3.59	—	—	—	—	13.09	26.42	—	—	—	—	—
346	Andere Rassen, 15 K., in 8 Jahren	1879 bis 86	—	87.14	3.58	—	—	—	—	12.86	24.84	—	—	—	—	—
347	Simmenthaler, gekalbt 20. December 1886	1887	—	86.95	3.81	—	—	—	—	13.05	29.20	—	—	—	—	—
348	Desgl., gekalbt 12. Jan. 1887	„	—	87.71	3.58	—	—	—	—	12.29	29.23	—	—	—	—	—
349	Schwyzer, gekalbt Ende April 1887	„	—	87.97	3.20	—	—	—	—	12.03	26.60	—	—	—	—	—
350	Wilstermarsch, gekalbt 1. Apr. 1887	„	—	88.41	3.41	—	—	—	—	11.59	29.42	—	—	—	—	—
351	Shorthorn-Dithmarsch, gekalbt Mitte Mai	„	—	87.79	3.73	—	—	—	—	12.21	30.55	—	—	—	—	—
352	Shorthorns, milchend seit 10 Wochen, Durchschnitt von 39 Kühen	1881 bis 84	—	87.40	3.70	—	—	—	—	12.60	29.37	—	—	—	—	—

oder gewichtsanalytisch?) bestimmt. Bei den drei erstgenannten Rassen bezw. Kreuzung standen durchschnittlich je 20, bei den Gudbrandsdalen durchschnittlich 5 Kühe zur Verfügung. Das durchschnittliche Lactationsalter betrug 165, 163, 182 u. bezw. 163 Tage; der durchschnittliche Milchertrag pro Tag und Kopf betrug 6.6, 6.1, 6.2 und bezgsw. 5.8 L. Unter No. 334 ist die durchschnittliche Zusammensetzung der Milch von sämmtlichen Kühen aller Rassen (56—70 Kühe) gegeben, wie sie vom Autor berechnet wurde. Die Grenzzahlen in der Zusammensetzung der Milch waren folgende:

	330	331	332	333
Wasser . . .	86.92—87.68	87.31—88.47	86.73—87.64	83.42—88.67
Fett	3.67— 4.44	3.38— 4.12	3.74— 4.39	3.04— 5.99
Proteïn . . .	3.05— 3.44	2.72— 3.22	3.05— 3.75	2.61— 4.40
Milchzucker .	4.56— 4.72	4.48— 4.67	4.44— 4.79	4.55— 4.83
Asche . . .	0.69— 0.72	0.71— 0.74	0.70— 0.74	0.69— 0.82

No. 335—346. Fred. Jas. Lloyd. — Milchztg. 1887. 630. Die Milchuntersuchungen beziehen sich auf Kühe, die bei den britischen Dairy-Schauen zur Ausstellung gelangten, und die gegebenen Zahlen sind Durchschnittsergebnisse.

No. 347—351. W. Kirchner. — D. Landw. Presse 1887. No. 51. 447. Die Zahlen sind das Ergebniss der Milchfett-Ergiebigkeits-Concurrenz auf der Frankfurter Ausstellung der Deutschen Landwirthschafts-Gesellschaft. Die Erhebungen erstreckten sich auf 3 auf einanderfolgende Tage und wurde zweimal täglich, früh 5, und Nachmittags 5 Uhr gemolken. Der Fettgehalt wurde nach Soxhlets Methode ermittelt, der Trockensubstanzgehalt nach Fleischmann's Verfahren berechnet. Die Milchmenge und die darin vorhandene Fettmenge betrug:

	Simmenthaler 1	Simmenthaler 2	Schwyzer	Wilstermarsch	Shorthon-Dithmarschen	
Milch pro Tag	19.42	19.68	22.95	22.25	22.52	kg
Fett „ „	0.739	0.705	0.734	0.759	0.840	„

No. 352—362. E. W. Voelcker, mitgetheilt v. P. Vieth. — Milchztg. 1885. 450. (J. Brit. Dairy Farmer's Association.) Die Untersuchungen wurden während der 1881—1884 alljährlich in Islington, London, abgehaltenen milchwirthschaftlichen Ausstellungen gemacht. Die am Vorabend rein ausgemolkenen Thiere wurden an den Prüfungstagen zweimal gemolken, die ermolkenen Milchmengen durch Wägen genau festgestellt und von der Milch jedes einzelnen Thieres entsprechende Proben entnommen zusammengemischt untersucht. Die mittleren Erträge an Milch pro Tag und Kopf waren:

Shorthorns	Jerseys	Guerns.	Ayrshires	Holländer	Devons	Devons	Wälsch	Shorthorn-Longhorn	Holl. u. Shorth.	Shorth.-Ayrsh.
17.66	13.85	11.24	16.18	21.79	12,02	15.31	20.87	11.91	23.36	17.32

No.	Bezeichnungen und Bemerkungen	Jahr der Untersuchung	Specifisches Gewicht	In der ursprünglichen Substanz: Wasser %	Fett %	Caseïn %	Albumin %	Milchzucker %	Asche (Salze) %	Trockensubstanz %	In der Trockensubstanz: Fett %	Caseïn %	Albumin %	Milchzucker %	Asche (Salze) %	N in der Trockensubstanz %
353	Jerseys, milchend seit 8 Woch., Durchschnitt von 21 Kühen	1881 bis 84	—	86.50	4.10	—	—	—	—	13.50	30.37	—	—	—	—	—
354	Guernseys, milchend seit 15 Wochen, Durchschnitt von 13 Kühen	„	—	86.10	4.60	—	—	—	—	13.90	33.09	—	—	—	—	—
355	Ayrshires, milchend seit 14 W., Durchschnitt von 10 Kühen	„	—	86.50	4.20	—	—	—	—	13 50	31.11	—	—	—	—	—
356	Holländer, milchend seit 6 W., Durchschnitt von 5 Kühen	„	—	88.00	3.10	—	—	—	—	12.00	25.83	—	—	—	—	—
357	Devons, milchend seit 13 W., 1 Kuh	„	1.0336	85.30	5.30	—	—	—	—	14.70	36.06	—	—	—	—	—
358	Devons, milchend seit 8 W., 1 Kuh	„	1.0330	86.10	4.50	—	—	—	—	13.90	32.37	—	—	—	—	—
359	Wälsch, milchend seit 5 W., 1 Kuh	„	1.0310	87.30	4.20	—	—	—	—	12.70	37.27	—	—	—	—	—
360	Shorthorn u. Longhorn, milch. seit 18 Wochen, 1 Kuh .	„	1.0318	87.80	3.40	—	—	—	—	12.20	27.87	—	—	—	—	—

Um die Bedeutung der Lactationszeit zum Ausdruck zu bringen, geben wir in Nachstehendem die Ergebnisse für jede einzelne Kuh, geordnet nach der Zeit des Milchendseins.

Shorthorns

Milchend seit Wochen .	?	?	1	1	1	2	2	2	3	3
Tagesertrag kg	19.73	21.97	16.78	21.32	19.85	20.60	24.01	24.38	23.35	24.61
Spec. Gew. der Milch .	1.0310	1.0310	1.0290	1.0336	1.0320	1.0360	1.0330	1.0320	1.0320	1.0300
Trockensubstanz % . .	12.5	13.0	12.3	14.2	12.7	13.7	11.5	11.6	11.9	11.9
Fett %	3.5	3.9	3.5	**4.7**	3.6	3.5	2.4	2.9	3.0	3.4
Milchend seit Wochen .	3	4	4	4	4	4	5	5	6	6
Tagesertrag kg	20.07	20.21	23.52	20.45	22.80	19.51	**25.47**	15.76	20.87	22.11
Spec. Gew. der Milch .	1.0280	1.0320	1.032	1.0310	1.0310	1.0330	1.0320	1.0300	1.0300	1.031
Trockensubstanz % . .	**15.1**	**10.9**	11.6	11.5	13.7	11.9	12.8	13.8	11.5	13.4
Fett %	**6.6**	**2.3**	2.8	3.5	4.4	2.8	3.2	4.6	3.5	4.4
Milchend seit Wochen .	7	7	8	8	8	9	10	11	12	12
Tagesertrag kg	12.59	13.61	17.96	20.51	24.04	15.65	15.31	9.64	24.76	10.55
Spec. Gew. der Milch .	1.0336	1.0310	1.0330	1.0350	1.0320	1.0300	1.0310	1.0330	1.0280	1.0270
Trockensubstanz % . .	13.1	11.7	13.5	12.5	12.4	11.3	11.4	11.6	11.8	14.4
Fett %	4.0	3.1	5.1	3.3	3.4	3.2	2.3	2.5	4.0	6.2
Milchend seit Wochen .	17	20	21	21	22	22	27	31	31	
Tagesertrag kg	7.03	23.13	6.24	11.68	5.90	23.47	7.83	6.58	**4.99**	
Spec. Gew. der Milch .	1.0310	1.0338	1.0330	1.0300	1.0280	1.0330	1.0310	1.0330	1.0340	
Trockensubstanz % . .	12.1	13.0	13.0	11.7	12.5	12.3	13.4	14.9	14.4	
Fett %	2.9	3.9	3.5	3.5	3.6	3.3	4.1	4.8	4.0	

Jerseys

Milchend seit Wochen .	—	1	2	3	4	4	5	5	5	6	6
Tagesertrag kg	16.22	14.52	14.63	16.56	17.46	15.20	**18.38**	13.82	11.79	9.75	13.50
Spec. Gew. der Milch .	1.0336	1.0326	1.0360	1.0370	1.0318	1.0320	1.0320	1.0320	1.0320	1.0316	1.0330
Trockensubstanz % . .	13.1	13.2	13.2	12.4	14.2	14.7	13.5	14.4	**14.8**	13.7	14.7
Fett %	3.7	4.2	3.2	3.1	4.8	**5.6**	3.4	5.1	4.9	4.6	**4.5**
Milchend seit Wochen .	7	7	8	10	10	12	13	17	18	23	
Tagesertrag kg	14.97	16.57	17.12	10.43	15.42	12.36	11.91	**8.05**	9.09	13.15	
Spec. Gew. der Milch .	1.0320	1.0330	1.0326	1.0336	1.0310	1.0330	1.0316	1.0350	1.0320	1.0300	
Trockensubstanz % . .	12.4	13.5	**12.3**	13.3	13.7	13.2	14.2	12.6	12.7	14.5	
Fett %	3.4	3.8	3.2	4.1	4.8	3.6	5.1	**3.0**	3.2	5.2	

Holländer

Milchend seit Wochen .	2	3	5	9	12
Tagesertrag kg	**16.56**	21.65	19.62	23.81	**27.33**
Spec. Gew. der Milch .	1.0360	1.0316	1.0320	1.0320	1.0334
Trockensubstanz % . .	**14.2**	10.2	**13.3**	**9.9**	12.1
Fett %	3.8	2.3	**4.4**	**1.9**	2.9

Guernseys

Milchend seit Wochen . .	2	2	3	8	10	14	14	17	20	21	25	28	30
Tagesertrag kg	11.79	14.63	16.10	11.23	9.19	14.18	9.53	10.21	13.15	9.07	8.51	8.39	10.21
Spec. Gew. der Milch	1.0320	1.0340	1.0340	1.0310	1.0330	1.0320	1.0324	1.0310	1.0320	1.0310	1.0300	1.0316	1.0310
Trockensubstanz % . .	14.1	12.1	13.3	12.6	13.3	13.2	14.7	14.2	14.0	15.2	14.5	14.2	15.0
Fett %	4.5	2.5	3.9	4.0	3.6	4.0	5.4	5.3	4.6	5.6	4.9	5.5	6.3

Ayrshires

Milchend seit Wochen .	—	1	1	1	1	1	2	5	50	74
Tagesertrag kg	19.39	19.28	**11.34**	16.67	18.60	12.82	12.82	**21.89**	13.72	15.31
Spec. Gew. der Milch .	1.0314	1.0360	1.0288	1.0330	1.0340	—	1.0330	1.0320	1.0326	1.0312
Trockensubstanz % . .	13.8	**14.9**	14.4	13.0	13.5	12.4	13.2	**11.6**	14.2	13.7
Fett %	**5.6**	4.6	4.3	3.6	3.9	3.5	3.7	**2.6**	5.1	4.9

No.	Bezeichnungen und Bemerkungen	Jahr der Untersuchung	Specifisches Gewicht	In der ursprünglichen Substanz: Wasser %	Fett %	Caseïn %	Albumin %	Milchzucker %	Asche (Salze) %	Trockensubstanz %	In der Trockensubstanz: Fett %	Caseïn %	Albumin %	Milchzucker %	Asche (Salze) %	N in der Trockensubstanz %
361	Holländer u. Shorthorn, milch. seit 2 Wochen	1881 bis 84	1.0336	88.50	2.70	—		—	—	11.50	23.48	—		—	—	—
362	Shorthorn u. Ayrshire . . .	„	—	85.90	5.10	—		—	—	14.10	36.12	—		—	—	—
363	Jersey, Durchschn. v. 28 K.	1886	—	85.23	5.40	3.64		—	—	14.77	36.56	24.64		—	—	3.93
364	Guernsey, Durchschn. v. 7 K.	„	—	85.26	5.20	4.08		—	—	14.74	32.28	27.68		—	—	4.43
365	Devon, Durchschn. v. 12—40 K.	„	—	87.10	4.65	—		—	—	12.90	35.96	—		—	—	—
366	Ayrshire, Durchschn. v. 13 K.	„	—	86.98	4.13	3.34		—	—	13.02	31.72	25.65		—	—	4.10
367	Holstein-Friesen, Durchschn. v. 6 Kühen	„	—	88.19	3.17	3.26		—	—	11.81	26.85	27.61		—	—	4.42
368	Jerseys v. 2 K., im Durchschn. seit 44 Tagen frischmilch.	—	—	85.82	4.90	—		—	—	14.18	34.55	—		—	—	—
369	Desgl. v. 2 K., im Durchschn. seit 131 Tagen frischmilch.	—	—	83.92	6.18	3.56		—	—	16.08	38.43	22.14		—	—	3.54
370	Ayrshire v. 5 K., im Durchschnitt seit 4 Mon. frischm.	—	—	87.24	3.89	3.10		—	—	12.76	30.49	34.29		—	—	5.49
371	Desgl. v. 3 K., im Durchschn. seit 2 Mon. frischm., Juni	—	—	87.19	3.55	3.84		—	—	12.81	27.71	29.98		—	—	4.80
372	Desgl., im Durchschn. seit 6 Mon. frischm., October . .	—	—	86.06	4.75	3.49		—	—	13.94	34.08	25.04		—	—	4.01
373	Guernseys v. 1 K., im Durchschnitt s. 118 Tag. frischm.	—	—	85.59	4.99	—		—	—	14.41	34.60	—		—	—	—
374	Holstein-Friesen v. 3 K., im Durchschn. seit 3 Monaten frischmilchend, Juni . . .	—	—	88.39	2.93	3.31		—	—	11.61	25.24	28.51		—	—	4.56
375	Desgl. v. 3 K., im Durchschn. seit 7 Mon. frischm., Oct.	—	—	87.84	3.49	3.20		—	—	12.16	28.70	25.32		—	—	4.05
376	Desgl. v. 2 K., im Durchschn. seit 73 Tagen, frischm. .	—	—	88.34	3.03	—		—	—	11.66	25.99	—		—	—	—

No. 363—376. H. P. Armsby. — 4 Rep. Agric. Exper. Stat. Wisconsin 1886. 159. Die Analysen von No. 368 ab sind daselbst mitgetheilt, stammen jedoch aus älterer Zeit u. z. Theil aus anderer Quelle; so No. 368 aus Bull. No. 10 No. 369 aus 3 Rep. dieser Station und No. 376 aus Bull. No. 10; No. 370, 371, 372, 374 u. 375 aus Connect. Agric. St. Rep. 1882, 83, 1883, 108 u. 1886, 169.

Die Fütterung der Jersey-Kuh, deren Milch zur Untersuchung gelangte und deren Gehalt nachstehend zusammengestellt wird, war folgende für den Tag und für eine Kuh:

Januar und Februar: Kleeheu, Maisstengel und 7 Pfd. Mehl (aus 1/4 Mais, 1/4 Hafer und 1/2 Weizenkleie).
März und April: Kleeheu und Timotheeheu, sonst wie vorher.
Mai: Etwas Weidegang, sonst Timotheeheu und Mehl wie vorher.
Juni: Bei Tage Weidegang in Wäldern und auf niedrigen Wiesen, während der Nacht Weide auf reichem Graswuchs.
Juli: Weidegang und 3 Pfd. Kleie bei Tag.
August: Sehr schwache Weide, täglich eine Fütterung mit Heu und 8 Pfd. Weizenkleie.
September: Weide und täglich 4 Pfd. Weizenkleie.
October: Weidegang und 6 Pfd. Weizenkleie.
November: Weide, schwache und 6 Pfd. Weizenkleie.
December: Moharheu, Timotheeheu und Maisstengel und 12 Pfd. Weizenkleie.

Morgenmilch von 14—20 Jerseys

	1. Januar	1. Februar	1. März	31. März	3. Mai	7. Juni	5. Juli
Durchschnittszeit nach dem Kalben	150	133	140	150	168	194	166
Ertrag an Milch p. Kuh in Pfd. . .	5.62	6.67	6.70	6.15	7.24	7.85	8.31
Trockensubstanz %	14.76	15.13	13.40	15.00	13.24	14.95	—
Fett %	4.61	5.47	5.32	5.92	5.11	5.50	—
	3. Aug.	**6. Sept.**	**4. Oct.**	**1. Nov.**	**7. Dec.**	**Mittel**	
Durchschnittszeit nach dem Kalben	152	165	174	197	199	—	
Ertrag an Milch p. Kuh in Pfd. . .	7.67	8.80	9.36	6.32	7.57	7.36	
Trockensubstanz %	15.31	—	15.32	15.16	—	14.70	
Fett %	6.19	—	5.34	5.46	—	5.44	

Devons

	5. Januar	4. Februar	15. März	20. April	17. Mai	29. Juli	Mittel
	Abendmilch		Morgenmilch				
Zahl der Kühe	12	12	25	30	30	40	—
Durchschnittszeit nach dem Kalben	9 Mon.	1 Mon.	3 Woch.	5 Woch.	8 Woch.	4 Mon.	—
Ertrag an Milch p. Kuh 1 Pfd. . .	5	12	14	15	15	10	11.83
Trockensubstanz %	14.40	13.60	13.24	11.44	—	11.82	12.90
Fett %	5.59	4.85	4.46	4.27	—	4.07	4.65

Die Fütterung der Devon-Kühe bestand im Januar: aus Kleeheu und 6 Quart Weizenkleie; Februar: Kleeheu und 6 Quart einer Mischung von 2/3 Hafer und 1/3 Mais; März: Klee- und Timotheeheu und 6 Quart Hafer und Kleie; April: Heu wie vorher, ein wenig Gras und 4 Quarts der Schrotmischung; Mai: Weissklee- und Blaugras-Weide und 4 Quarts Weizenkleie; Juli: Knappe Weide und 4 Quarts Weizenkleie.

No.	Bezeichnungen und Bemerkungen	Jahr der Untersuchung	Specifisches Gewicht	In der ursprünglichen Substanz: Wasser %	Fett %	Caseïn %	Albumin %	Milchzucker %	Asche (Salze) %	Trockensubstanz %	In der Trockensubstanz: Fett %	Caseïn %	Albumin %	Milchzucker %	Asche (Salze) %	N in der Trockensubstanz %
377	Harzvieh, Stammherde Molkenhaus, Abendmilch . . .	1887	—	86.68	3.55	—		—	—	13.32	26.65	—		—	—	—
378	Desgl., Morgenmilch, Probenahme 10. u. 11. Juni . .	„	—	86.36	4.70	—		—	—	13.64	34.46	—		—	—	—
379	Holstein, Kuh Keiser, März gekalbt, Abendmilch . . .	1886	—	88.60	2.89	3.50		—	—	11.40	25.35	30.70		—	—	4.91
380	Desgl., Kuh Truie, gekalbt März, Abendmilch . . .	„	—	86.68	3.78	4.00		—	—	13.32	28.38	30.03		—	—	4.80
381	Desgl., Kuh Sneeker, gekalbt März, Abendmilch . . .	„	—	88.70	3.56	2.88		—	—	11.30	31.51	25.49		—	—	4.08
382	Desgl., Morgenmilch . . .	„	—	89.58	1.48	2.86		—	—	10.42	14.20	27.45		—	—	4.39
383	„Ayrshire“ Bessie, gek. April, Ab.	„	—	87.45	3.60	—		—	—	12.55	28.68	—		—	—	—
384	„Ayrshire“ Short-legged A., gekalbt April, Abdm. . . .	„	—	87.29	3.47	3.63		—	—	12.71	27.30	28.56		—	—	4.57
885	„Ayrshire“ Desgl., Mrgm. . . .	„	—	86.96	3.64	3.58		—	—	13.04	27.92	27.46		—	—	4.39
386	„Ayrshire“ Belle of Crearn Hill., gekalbt Dec., Abdm.	„	—	87.08	3.48	4.32		—	—	12.92	26.94	33.44		—	—	5.32
387	„Grade Ayrshire“ Black, Abdm. . . .	„	—	87.19	4.01	—		—	—	12.81	31.30	—		—	—	—
388	„Grade Ayrshire“ Lillie, gekalbt Jan., Ab.	„	—	86.44	3.97	—		—	—	13.56	29.28	—		—	—	—
389	„Grade Ayrshire“ Cherry, gek. April, Ab.	„	—	87.47	3.85	3.19		—	—	12.53	30.73	25.46		—	—	4.07
390	„Grade Ayrshire“ Pride of Amerika, gek. April, Abdm. . . .	„	—	86.12	5.04	3.50		—	—	13.88	36.31	25.22		—	—	4.04
391	„Grade Ayrshire“ Gek. 10 Tage vorh., Ab.	„	—	86.22	4.21	4.29		—	—	13.78	30.55	31.13		—	—	4.98
392	„Grade Ayrshire“ Louisa, gek. Febr., Ab.	„	—	87.13	3.82	3.87		—	—	12.87	29.68	30.07		—	—	4.81
393	„Grade Ayrshire“ Bobtail, gek. Sept. 1885, Abdm.	„	—	85.43	4.79	2.76		—	—	14.57	32.87	18.94		—	—	3.03
394	„Grade Ayrshire“ Rubber teat, gekalbt März, Abdm. . . .	„	—	86.47	4.48	3.38		—	—	13.53	33.11	24.98		—	—	4.00
395	„Grade Ayrshire“ Desgl., Mrgm. . . .	„	—	86.47	4.52	3.72		—	—	13.53	33.41	27.49		—	—	4.40
396	„Grade Ayrshire“ Bug Horn, gek. Fbr., Ab.	„	—	87.56	3.47	3.25		—	—	12.44	27.90	26.13		—	—	4.18
397	„Grade Ayrshire“ Excelsior, gek. März, Ab.	„	—	86.93	4.18	3.61		—	—	13.07	31.98	27.62		—	—	4.42
398	„Grade Ayrshire“ Desgl., Mrgm. . . .	„	—	86.61	4.55	3.38		—	—	13.39	33.98	25.24		—	—	4.04
399	„Grade Ayrshire“ Curly Head, gekalbt März, Abdm. . . .	„	—	86.89	4.13	3.91		—	—	13.11	31.51	29.83		—	—	4.79
400	„Grade Ayrshire“ Mattie, gek. September 1885, Abdm. . . .	„	—	86.09	4.36	4.28		—	—	13.91	31.37	30.80		—	—	4.93
401	„Grade Ayrshire“ Dolly Varder, gekalbt Mai, Abdm. . . .	„	—	87.30	4.62	3.88		—	—	12.70	41.00	34.43		—	—	5.51
402	„Grade Ayrshire“ Desgl., Mrgm. . . .	„	—	88.05	3.42	3.75		—	—	11.95	28.62	31.38		—	—	5.02
403	„Grade Ayrshire“ Josie, gekalbt August 1885, Abdm. . . .	„	—	85.63	4.37	4.69		—	—	14.37	30.41	32.64		—	—	5.22

No. 377 u. 378. H. Schultze (V.-St. Braunschweig). — Milchzeitung 1888. 105.

No. 379—439. E. H. Jenkins. — Ann. Rep. Connect. Agric. Exper. Stat. for 1886. 119. Zur Zeit als die Proben der Milch genommen wurden, waren die Kühe auf der Weide und erhielten kein anderes Futter. Gemolken wurde 6 Uhr Abends und 5 Uhr Morgens. Ueber das Alter der Kühe und den Ertrag derselben an Milch (je Abend- oder Morgenmilch) ist noch Folgendes zu bemerken. Die Angaben des Milchertrags sind von uns aus Pfund und Unzen in kg übertragen.

	No. 379	380	381	382	383	384	385	386	387	388	389	390
Alter der Kuh, Jahre . . .	3	3	3	3	9	4	4	14	8—9	6	10	8
Milchertrag in kg	6.05	6.74	5.85	5.45	7.42	5.33	5.38	4.63	4.82	4.77	6.18	7.65

	No. 391	392	393	394	395	396	397	398	399	400	401	402
Alter der Kuh, Jahre . . .	3	6	6	10	10	10	10	10	5	4	12	12
Milchertrag in kg	7.08	5.87	4.05	8.12	7.70	6.43	6.78	7.15	7.55	3.06	8.42	5.43

No.		Bezeichnungen und Bemerkungen	Jahr der Untersuchung	Specifisches Gewicht	In der ursprünglichen Substanz: Wasser %	Fett %	Caseïn %	Albumin %	Milchzucker %	Asche (Salze) %	Trockensubstanz %	In der Trockensubstanz: Fett %	Caseïn %	Albumin %	Milchzucker %	Asche (Salze) %	N in der Trockensubstanz %
404	Grade Ayrshire	Beauty, gek. Febr., Ab.	1886	—	86.37	4.21	3.72		—	—	13.63	30.89	27.29		—	—	4.37
405	Grade Ayrshire	Three teat, gek. April 1885, Abdm. . . .	„	—	85.48	4.85	3.81		—	—	14.52	33.40	26.24		—	—	4.20
406	Grade Ayrshire	Desgl., Mrgm. . . .	„	—	85.51	4.51	4.13		—	—	14.49	31.12	28.50		—	—	4.56
407	Grade Ayrshire	Brindle, gek. März, M.	„	—	87.36	3.47	3.57		—	—	12.64	27.45	28.24		—	—	4.52
408		Gemischte Abendmilch v. 40 Kühen, Abdm.	„	—	86.77	4.15	3.68		—	—	13.23	30.37	27.81		—	—	4.45
409		Gemischte Morgenm. von 40 Kühen, Mrgm., Probenahme 7. u. 8. October	„	—	86.95	3.91	3.81		—	—	13.05	29.96	29.20		—	—	4.67
410	Holstein	Keiser, gek. März, Ab.	„	—	88.82	3.28	2.97		—	—	11.18	28.34	26.57		—	—	4.25
411	Holstein	Desgl., Mrgm. . . .	„	—	89.36	1.37	2.84		—	—	10.64	12.88	26.69		—	—	4.27
412	Holstein	Truie, gek. März, Ab.	„	—	85.47	5.12	3.56		—	—	14.53	35.24	24.50		—	—	3.92
413	Holstein	Desgl., Mrgm. . . .	„	—	85.97	4.71	3.69		—	—	14.03	33.57	26.30		—	—	4.21
414	Holstein	Sneeker, gek. März, Ab.	„	—	88.38	3.57	3.15		—	—	11.62	30.62	27.11		—	—	4.34
415	Holstein	Desgl., Mrgm. . . .	„	—	89.03	2.88	3.00		—	—	10.97	26.36	27.35		—	—	4.38
416	Ayrshire	Bessie, gek. April, Ab.	„	—	86.12	4.97	3.44		—	—	13.88	35.81	24.79		—	—	3.97
417	Ayrshire	Short-legged A. gekalbt April, Abdm. . . .	„	—	86.40	4.44	3.28		—	—	13.60	32.65	24.12		—	—	3.86
418	Ayrshire	Belle of cream Hill, gek. Decemb., Abdm. . .	„	—	85.67	4.85	3.75		—	—	14.33	38.69	29.92		—	—	4.79
419	Ayrshire	Black, gek. Mai, Abbm.	„	—	86.53	4.59	3.47		—	—	13.47	34.08	25.76		—	—	4.12
420	Ayrshire	Cherry, gek. April, Ab.	„	—	87.52	3.99	3.06		—	—	12.48	31.97	24.52		—	—	3.92
421	Ayrshire	Rubber teat, gekalbt März, Abdm. . . .	„	—	86.13	5.28	3.37		—	—	13.87	38.07	24.30		—	—	3.89
422	Ayrshire	Desgl., Mrgm. . . .	„	—	87.14	3.93	3.47		—	—	12.86	30.56	26.98		—	—	4.32
423	Ayrshire	Excelsior gek. März, Ab.	„	—	85.56	5.08	3.50		—	—	14.44	35.18	24.24		—	—	3.88
424	Ayrshire	Desgl., Mrgm. . . .	„	—	86.82	4.05	3.32		—	—	13.18	30.73	25.19		—	—	4.03
425	Ayrshire	Curly Head, gek. März, Abdm.	„	—	85.88	4.51	3.44		—	—	14.12	31.94	24.36		—	—	3.90
426	Ayrshire	Mattie, gek. Sept., Ab.	„	—	86.81	4.18	3.37		—	—	13.19	31.69	25.55		—	—	4.09
427	Ayrshire	Dolly Varden, gekalbt Mai, Abdm. . . .	„	—	87.10	4.56	3.25		—	—	12.90	35.35	25.19		—	—	4.03
428	Ayrshire	Desgl., Mrgm. . . .	„	—	87.62	3.75	3.34		—	—	12.38	32.29	26.98		—	—	4.32
429	Ayrshire	Beauty, gek. Febr., A.	„	—	85.06	5.51	3.72		—	—	14.94	36.81	24.85		—	—	3.98
430	Ayrshire	Desgl., Mrgm. . . .	„	—	86.36	4.15	3.56		—	—	13.64	30.12	26.10		—	—	4.18
431	Ayrshire	Brindle, gek. März, Ab.	„	—	86.64	4.00	3.53		—	—	13.36	29.94	26.42		—	—	4.23
432	Ayrshire	Desgl., Mrgm. . . .	„	—	87.18	3.50	3.41		—	—	12.82	27.30	26.60		—	—	4.26
433	Ayrshire	Amy, gek. 3 Wochen vorher, Abdm. . .	„	—	85.92	4.87	3.31		—	—	14.08	34.59	23.51		—	—	3.76
434	Ayrshire	Strawberry, gek. Mai, Ab.	„	—	86.37	4.64	3.41		—	—	13.63	33.70	24.93		—	—	3.99
435	Ayrshire	Desgl., Mrgm. . . .	„	—	85.98	4.60	3.53		—	—	14.02	32.81	25.18		—	—	4.03
436	Ayrshire	Ewkahn, gek. Oct., Ab.	„	—	83.68	6.03	4.37		—	—	16.32	36.95	26.78		—	—	4.28
437	Ayrshire	Desgl., Mrgm. . . .	„	—	84.97	4.61	4.63		—	—	15.03	30.67	30.80		—	—	4.93

	No. 403	404	405	406	407	410	411	412	413	414	415	416
Alter der Kuh, Jahre . . .	4	9	7	7	10	3	3	3	3	3	3	9
Milchertrag in kg	3.37	3.77	2.70	2.39	6.23	3.71	3.71	2.90	3.82	2.88	3.63	3.71

	No. 417	418	419	420	421	422	423	424	425	426	427	428
Alter der Kuh, Jahre . . .	4	14	8—9	10	10	10	10	10	5	4	12	12
Milchertrag in kg	2.98	2.84	2.81	4.30	3.91	4.81	3.24	4.81	3.46	2.20	4.36	5.23

	No. 429	430	431	432	433	434	435	436	437
Alter der Kuh, Jahre . . .	9	9	10	10	2	8	8	4	4
Milchertrag in kg	3.18	3.83	4.05	4.73	3.74	4.05	4.72	4.08	5.85

No.	Bezeichnungen und Bemerkungen	Jahr der Untersuchung	Specifisches Gewicht	In der ursprünglichen Substanz: Wasser %	Fett %	Caseïn %	Albumin %	Milchzucker %	Asche (Salze) %	Trockensubstanz %	In der Trockensubstanz: Fett %	Caseïn %	Albumin %	Milchzucker %	Asche (Salze) %	N in der Trockensubstanz %
438	Gemischte Milch v. 40 K., Ab.	1886	—	86.16	4.61	—	—	—	—	13.84	33.24	—	—	—	—	—
439	Desgl., Mrgm.	„	—	86.69	4.01	—	—	—	—	13.31	30.13	—	—	—	—	—
440	Holländer { Von 20 Kühen . . .	„	—	87.14	3.60	—	—	—	—	12.86	27.99	—	—	—	—	—
441	Holländer { Von 8 Kühen . . .	„	—	86.30	4.31	—	—	—	—	13.70	31.46	—	—	—	—	—
442	Holländer { Von 60 Kühen . . .	„	—	87.33	3.46	—	—	—	—	12.67	27.31	—	—	—	—	—
443	Allgäuer bei sehr kräftiger Winterfütterung, Morgenm.	1864	—	88.10	2.66	—	—	—	—	11.90	22.35	—	—	—	—	—
444	Desgl., b. Grünfutter, Morgenm.	„	—	88.30	2.72	—	—	—	—	11.70	23.25	—	—	—	—	—
445	Oldenburger, bei kräftiger Winterfütterung, Morgenm.	„	—	88.20	2.93	—	—	—	—	11.80	24.83	—	—	—	—	—
446	Desgl., b. Grünfutter, Morgenm.	„	—	88.10	2.85	—	—	—	—	11.90	23.95	—	—	—	—	—
447	Breitenburger, bei kräftiger Winterfütterung, Morgenm.	„	—	88.70	2.56	—	—	—	—	11.30	22.66	—	—	—	—	—
448	Desgl., b. Grünfutter, Morgenm.	„	—	88.70	2.47	—	—	—	—	11.30	21.92	—	—	—	—	—
449	Gemischte Herde v. 40 Kühen, bei kräftiger Winterfütterung, Morgenm.	„	—	87.80	3.20	—	—	—	–	12.20	26.23	—	—	—	—	—
450	Desgl., b. Grünfutter, Morgenm.	„	—	87.90	3.15	—	—	—	—	12.10	26.03	—	—	—	—	—
451	Tagesmilch von 1 Holländer Kuh, rothscheckig, 27 Tage nach dem Kalben . . .	1866	—	—	3.64	—	—	—	—	—	—	—	—	—	—	—
452	Desgl., schwarzscheckig, 35 Tage nach dem Kalben .	„	—	—	4.12	—	—	—	—	—	—	—	—	—	—	—
453	Sog. Amsterdamer K., schwarzscheckig, 31 Tage nach d. Kalben	„	—	—	3.82	—	—	—	—	—	—	—	—	—	—	—
454	Kreuzung v. Böhmischem (?) Landvieh u. Ostfriesen, 108 Tage nach dem Kalben .	„	—	—	5.17	—	—	—	—	—	—	—	—	—	—	—
455	Rothe böhmische (?) Landkuh, 127 Tage nach dem Kalben	„	—	—	5.48	—	—	—	—	—	—	—	—	—	—	—
	Minimum		1.0264	80.32	1.67	1.79	0.25	2.11	0.35	9.31	12.88	13.95	1.94	16.41	2.74	2.57
						2.07						16.06				
	Maximum		1.0370	90.69	6.47	4.23	1.44	6.03	1.21	19.68	50.20	32.83	11.19	46.86	9.42	7.29
						5.87						45.55				
	Mittel		1.0316	87.12	3.74	2.89	0.55	4.94	0.76	12.88	29.04	22.48	4.27	38.29	5.92	4.27
						3.44						26.72				
	Mittel von Tabelle A. u. B. (793 Analysen)		—	87.17	3.69	3.02	0.53	4.88	0.71	12.83	28.75	23.51	4.15	38.04	5.55	4.42
						3.55						27.66				

No. 440—442. A. Klinger. — Repertorium der analytischen Chemie 1856. 549.

No. 443—450. A. Stöckhardt u. R. Handtke. — Chem. Ackerm. 1864. 54. Die Milch stammte von einer grösseren Anzahl Kühen der einzelnen Rassen. Die gegebenen Zahlen sind die aus Einzelbestimmungen berechneten Mittelwerthe. Der Durchschnittsertrag für den Tag und für das Stück war in Litern:

	Allgäuer	Oldenburger	Breitenburger	Gemischte Herde
Winterfutter . .	13.8	13.2	11.8	11.0
Grünfutter . . .	10.6	12.4	9.6	10.7

No. 451—455. Bericht von Körte. — Schlesisch. landw. Ztg. 1866. 114. Die Milch stammte von Kühen, die gelegentlich der Thierschau zu Reichenbach 1866 einem Wettmelken unterworfen wurden. Der Milchertrag und der Fettgehalt der einzelnen Gemelke war folgender:

	No. 451 Ertrag	No. 451 Fettgehalt	452 Ertrag	452 Fettgehalt	453 Ertrag	453 Fettgehalt	454 Ertrag	454 Fettgehalt	455 Ertrag	455 Fettgehalt
Morgens .	9.02 L.	2.80 %	8.73 L.	3.66 %	13.74 L.	2.88 %	7.30 L.	4.45 %	6.58 L.	5.38 %
Mittags .	8.30 „	4.45 „	6.15 „	4.66 „	11.74 „	4.09 „	6.44 „	5.38 „	3.93 „	5.70 „
Abends .	4.87 „	3.80 „	4.72 „	4.26 „	7.58 „	5.13 „	4.01 „	6.03 „	2.15 „	5.38 „
Tagesm. .	22.19 L.	3.64 %	19.60 L.	4.12 %	33.06 L.		17.75 L.		12.66 L.	

No.	Bezeichnungen und Bemerkungen	No. der Tabelle B.	Jahr der Untersuchung	Specifisches Gewicht	In der ursprünglichen Substanz: Wasser %	Fett %	Caseïn %	Albumin %	Milchzucker %	Asche (Salze) %	Trockensubstanz %	In der Trockensubstanz: Fett %	Caseïn %	Albumin %	Milchzucker %	Asche (Salze) %	N in der Trockensubstanz %
	Kuhmilch, nach Rassen der Kühe geordnet.*)																
	I. Die graue Rasse in Ost-Europa.																
	Russisches Vieh. Podolisch-Ungarische Rasse.																
	Oesterreichisches Vieh. Ungarische Rasse.																
	Romanische Rasse.																
1	Italiener Kuh 1 . . .	129	1875	—	86.95	4.55	3.22		4.72	—	13.05	34.87	24.67		36.17	—	3.95
2	Parma	132	1883	—	85.20	3.85	5.79		4.44	0.72	14.80	26.01	39.12		30.00	4.87	6.26
	Mittel . . .			—	86.08	4.02	4.44		4.61	0.68	13.92	30.44	31.90		33.09	4.87	5.10
	Mürzthaler-Stamm oder die Steyerische Rasse.																
1	Steiermark	27	1873	—	85.31	6.28	2.26	0.88	4.62	0.64	14.68	42.78	15.40	5.99	31.47	4.36	3.42
2	Mariahofer	37	„	—	87.56	4.19	2.58	0.32	4.86	0.74	12.44	33.68	20.74	3.38	36.25	5.95	3.86
3	Lavanthaler	38	„	—	86.62	4.13	3.25	0.39	4.30	0.81	13.38	30.87	24.29	2.91	35.88	6.05	4.03
4	Stockerauer	39	„	—	87.43	3.88	2.89	0.42	4.59	0.75	12.57	30.87	22.99	3.34	36.83	5.97	4.21
5	Oberinnthaler . . .	40	„	—	88.18	3.79	2.44	0.34	4.44	0.70	11.82	32.06	20.64	2.88	38.50	5.92	3.76
6	Desgl., 1 Kuh, Morgenm. . (gewöhnliches Winterfutter)	166	1880	—	87.43	3.74	2.61	0.43	4.62	0.72	12.57	29.68	20.76	3.42	39.48	5.66	3.87
7	Desgl., 1 Kuh, Abendm. . . (gewöhnliches Winterfutter)	167	„	—	86.79	4.03	2.73	0.55	5.26	0.72	13.21	30.51	20.67	4.16	39.31	5.35	3.97
8	Desgl., Mittel mehrerer K. . (gewöhnliches Winterfutter)	168	„	—	87.23	3.97	2.52	0.53	4.73	0.75	12.77	31.09	19.73	4.15	39.16	5.87	3.82

Bei nachstehenden Analysen wurde der Fettgehalt nicht auf gewichtsanalytischem (oder sonst zuverlässigem) Wege, sondern nach Vogel's optischer Methode ermittelt.

No.	Rassen und Bezeichnung	In Quart Milchmenge pro Tag	Fettgehalt %: Morgens	Mittags	Abends
1	Allgäuer, von je einer Kuh	3.25	6.03	8.73	8.73
2		5.5	6.44	7.40	6.40
3		4.0	6.03	7.96	7.41
4		4.75	6.03	5.38	5.70
5		3.50	7.40	7.96	7.96
6		7.25	2.88	5.70	5.70
7	Holländer von je 1 Kuh	9.00	4.09	4.26	4.26
8		9.00	3.80	4.45	3.80
9		11.75	5.13	4.45	3.32
10	Danziger Kreuzung von Danziger und Allgäuer Rasse, von je 1 Kuh	7.25	4.26	6.26	7.14
11		9.00	4.45	4.66	4.87
12		7.00	4.45	6.44	6.03
13		7.50	4.09	5.38	5.13
14		8.00	3.30	4.87	4.87
15		4.50	6.86	7.96	7.41
16		4.50	6.86	5.70	6.86
17		6.00	4.09	6.03	5.38
18		3.00	6.86	7.41	8.73
19		3.50	6.96	6.86	7.96
20		2.75	7.96	6.06	8.73
21		7.25	2.55	3.73	3.80
22		3.25	5.38	6.83	5.38
23		2.25	6.03	6.06	7.96
24		3.50	4.20	9.09	6.03
25	Allgäuer, altmilchend	3.5	4.45	5.13	5.70
26	„ frischmilchend	9.2	4.09	5.38	5.38
27	„ „	7.1	4.09	5.38	5.38
28	Holländer, „	10.3	4.45	4.87	4.87
29	Holländer altmilch.	7.5	5.38	6.03	6.44
30	„ „ hochtragend .	1.9	5.70	6.03	6.44
31	„ „	6.1	4.87	5.38	5.70
32	„ „	7.3	4.09	5.38	5.70
33	Allgäuer-Holländer, altmilchend	7.0	4.66	5.38	5.70
34	Danziger-Allgäuer, „	7.2	5.70	6.86	7.41
35	Kreuz. mit Danziger K., frischm.	9.5	4.26	5.13	5.38
36	Danziger-Holländer, altmilchend	6.6	4.87	6.03	6.03
37	Danz.-Allg.-Holländ., „	7.5	4.87	5.38	5.38
38	Prieborn-Danz.-Allg., frischmilch.	7.2	5.70	6.86	7.41
39	Danziger-Prieborn, „	11.9	3.66	3.80	3.94
40	Prieborn-Danziger, „	6.5	3.80	4.45	4.45
		pro Jahr			
41	Holländer	2620		2.81	
42	Teeswater	1924		2.89	
43	Yorkshire	2042		2.89	
44	Suffolk	1683		2.89	
45	Devonshire	1126		3.44	
46	Herfordshire	926		3.44	
47	Schwyzer	2306		3.20	
48	Uri und Hasli	1892		3.13	
49	Gurtenvieh	2026		3.23	
50	Mürzthaler	1288		3.28	
51	Schwäbisch-Limburg	1610		3.60	
52	Allgäuer	1861		3.13	
53	Ungarisch-Allgäuer	1216		3.75	

No. 1—24. Fr. Krocker. — Der schles. Landwirth 1866. 157.
No. 25—40. E. Wollny. — Ebendaselbst 1868. 10.
No. 41—53. W. Funke. — Ebendaselbst. „Durchschnitte grösserer Untersuchungen".

*) Classification nach Dr. Georg May. („Die Racen, Züchtung, Ernährung und Benutzung des Rindes" von Dr. Georg May. München, 1863). Die Zahlen sind zum grossen Theil der vorhergehenden Tabelle B. entnommen.

No.	Bezeichnungen und Bemerkungen	No. der Tabelle B.	Jahr der Untersuchung	Specifisches Gewicht	In der ursprünglichen Substanz: Wasser %	Fett %	Caseïn %	Albumin %	Milchzucker %	Asche (Salze) %	Trockensubstanz %	In der Trockensubstanz: Fett %	Caseïn %	Albumin %	Milchzucker %	Asche (Salze) %	N in der Trockensubstanz %
9	Oberinnthaler, 1 K., Morgm. (nur Heu)	176	1880	—	87.32	3.62	2.76	0.46	5.21	0.62	12.68	28.75	21.79	3.65	40.72	5.09	4.07
10	Desgl., 1 Kuh, Abendm. . . . (nur Heu)	177	„	—	86.15	4.82	2.82	0.47	4.53	0.77	13.85	34.80	23.39	3.39	32.86	5.56	4.28
11	Desgl., Mittel mehrerer K. (nur Heu)	178	„	—	87.02	4.08	3.00	0.40	4.28	0.72	12.98	31.50	23.11	3.08	36.76	5.55	4.19
12	Lavandthaler	—	1869	—	86.70	3.98	—	—	—	0.76	13.30	29.93	—	—	—	5.71	—
13	„	—	„	—	86.72	3.87	—	—	—	0.76	13.28	29.14	—	—	—	5.72	—
14	„	—	„	—	86.26	3.98	—	—	—	0.76	13.74	29.00	—	—	—	5.53	—
15	„	—	„	—	86.75	4.21	—	—	—	0.74	13.25	31.77	—	—	—	5.58	—
16	„	—	„	—	86.74	2.82	—	—	—	0.76	13.26	28.81	—	—	—	5.73	—
	Mittel v. 12 Analysen*)			—	86.90	4.17	2.76	0.48	4.96	0.73	13.10	31.83	21.07	3.66	37.86	5.58	3.95

II. Die Rassen von Mittel- und West-Europa.

Schweizer Vieh.

Freiburger Rasse, buntes Vieh.

No.	Bezeichnungen und Bemerkungen	No. der Tabelle B.	Jahr	Spec. Gewicht	Wasser	Fett	Caseïn	Albumin	Milchzucker	Asche	Trockensubstanz	Fett	Caseïn	Albumin	Milchzucker	Asche	N in der Trockensubstanz
1	Schwarze Kuh, Mittel von 8 Analysen . .	—	1858	—	87.63	3.80	2.83		5.05	0.69	12.37	30.72	22.88		40.82	5.58	3.66
2	Von der Ausstellung in Paris 1878 . . .	109	1878	—	87.92	3.59	2.43		5.29	0.77	12.08	29.72	20.12		43.79	6.37	3.22
	Mittel . . .			—	87.78	3.69	2.63		5.17	0.73	12.22	30.22	21.50		43.30	5.98	3.44

Simmenthal-Saanen Rasse, buntes Vieh.

No.	Bezeichnungen und Bemerkungen	No. der Tabelle B.	Jahr	Spec. Gewicht	Wasser	Fett	Caseïn	Albumin	Milchzucker	Asche	Trockensubstanz	Fett	Caseïn	Albumin	Milchzucker	Asche	N in der Trockensubstanz
1	Frischmilchend, 1 Kuh $10^1/_4$ Jahr alt . .	66	1870	—	88.00	3.40	2.80		—	0.68	12.00	28.33	23.33		—	5.67	3.73
2	Desgl., 1 K. $3^3/_4$ J. alt	67	„	—	87.45	3.56	2.48		—	0.72	12.55	28.37	19.76		—	5.74	3.16
3	Von 3 Kühen . . .	131	1880/81	—	86.89	4.08	—		—	—	13.11	31.12	—		—	—	—
4	Von 7 Kühen (?) . .	301	1885	—	86.57	3.98	—		—	—	13.43	28.94	—		—	—	—
5	20. Dec. 1886 gekalbt, unters. 8.—11. Juni	347	1887	—	86.95	3.81	—		—	—	13.05	29.20	—		—	—	—
6	12. Jan. 1887 gekalbt, unters. 8.—11. Juni	348	„	—	87.71	3.58	—		—	—	12.29	29.13	—		—	—	—
	Mittel			—	87.26	3.79	2.64		5.81	0.70	12.74	29.18	21.55		45.56	5.71	3.45

Schwyzer Rasse, graues Schweizer Vieh, Braunvieh.

No.	Bezeichnungen und Bemerkungen	No. der Tabelle B.	Jahr	Spec. Gewicht	Wasser	Fett	Caseïn	Albumin	Milchzucker	Asche	Trockensubstanz	Fett	Caseïn	Albumin	Milchzucker	Asche	N in der Trockensubstanz
1	Bei Lupinenfütter., 2 K.	9	1856	—	89.12	2.45	—	—	—	—	10.88	22.52	—	—	—	—	—
2	Frischmilchende, 2 K.	11	„	—	88.27	2.88	—	—	—	—	11.73	24.55	—	—	—	—	—
3	Desgl. später, 2 Kühe .	12	„	—	87.90	3.30	—	—	5.16	—	12.10	27.27	—	—	42.64	—	—
4	Desgl., 1 Kuh . . .	278	1883	—	87.74	3.25	—	—	—	—	12.26	26.51	—	—	—	—	—
5	Schwyzer Braunvieh, 40 Jahresd.	328	1884/85	—	—	3.39	—	—	—	—	—	—	—	—	—	—	—
6	Desgl.	329	1885/86	—	—	3.32	—	—	—	—	—	—	—	—	—	—	—
7	Ende April gek., Milch unters. 9.—11. Juni	349	1887	—	87.97	3.20	—	—	—	—	12.03	26.60	—	—	—	—	—
	Mittel . . .			—	88.20	3.01	—	—	5.03	—	11.80	25.49	—	—	42.64	—	—

No. 12—16. R. Ulbricht u. J. Stollár (V.-St. Ungarisch-Altenburg). — Originalmittheilung.
*) Zur Berechnung des Mittels dienten die Analysen unter No. 1—11 und das Mittel der Analysen unter No. 12—16.

Frutig-Rasse.*)

Schweizer Vieh (ohne nähere Angabe der Rasse).

No.	Bezeichnungen und Bemerkungen	No. der Tabelle B.	Jahr der Untersuchung	Specifisches Gewicht	In der ursprünglichen Substanz: Wasser %	Fett %	Caseïn %	Albumin %	Milchzucker %	Asche (Salze) %	Trockensubstanz %	In der Trockensubstanz: Fett %	Caseïn %	Albumin %	Milchzucker %	Asche (Salze) %	N in der Trockensubstanz %
1		24	1856	—	85.20	7.09	2.26	0.34	4.59	0.56	14.80	47.91	15.27	2.30	30.74	3.78	2.81
2		118	1878	—	87.85	3.65	2.32		5.41	0.77	12.15	29.04	19.09		45.53	6.34	3.21
3	Von 1 Kuh	128	1875	—	86.90	4.27	3.17		5.02	—	13.10	32.60	24.20		38.32	—	3.87
4		133	1883	—	88.00	3.10	3.58		4.61	0.71	12.00	25.83	29.83		38.42	5.92	4.77
5	Marktmilch, Mittel von 7 Analysen .	155—161	1879	—	88.00	3.43	4.02		3.85	0.70	12.00	28.58	33.50		32.09	5.83	5.20
6		—	1878	—	87.50	3.50	3.40		4.80	0.70	12.50	28.00	27.20		39.20	5.60	4.35
	Mittel			—	87.24	4.09	3.22		4.75	0.70	12.76	31.99	25.23		37.29	5.49	4.04

Vieh-Stämme von Tirol und Salzkammergut.

Zillerthaler Vieh, gewöhnlich Tiroler Vieh genannt. Duxerthaler V. Pinzgauer V. Pongauer V.

No.	Bezeichnungen und Bemerkungen	No. der Tabelle B.	Jahr der Untersuchung	Specifisches Gewicht	In der ursprünglichen Substanz: Wasser %	Fett %	Caseïn %	Albumin %	Milchzucker %	Asche (Salze) %	Trockensubstanz %	In der Trockensubstanz: Fett %	Caseïn %	Albumin %	Milchzucker %	Asche (Salze) %	N in der Trockensubstanz %
1	„Tiroler“	25	1856	—	81.74	7.96	4.19	0.76	4 84	0.50	18.26	43.59	22.94	4.16	26.57	2.74	4.35
2	„Zillerthaler-Duxer“ .	48	1873	—	87.21	4.34	3.05	0.45	4.36	0.76	12.79	33.93	23.85	3.52	32.76	5.94	4.38
3	„Kuhländer“	44	„	—	86.58	4.50	3.21	0.26	4.47	0.78	13.42	33.53	23.92	1.94	34.80	5.81	4.14
4	„Pinzgauer“	45	„	—	87.88	3.59	2.48	0.38	4.65	0.74	12.12	29.62	20.46	3.14	41.67	6.11	3.78
5	„Möllthaler“	46	„	—	87.34	3.62	3.08	0.44	4.52	0.80	12.66	28.59	24.32	3.48	37.28	6.32	4.45
6	„Pusterthaler“ . . .	47	„	—	87.62	4.36	2.86	0.41	4.31	0.77	12.38	35.22	23.10	3.31	32.15	6.22	4.23
7	„Welser Schecken“ . .	49	„	—	87.86	3.59	2.72	0.36	4.19	0.80	12.14	29.57	24.40	2.97	36.47	6.59	4.37
8	„Gföhler“	51	„	—	87.45	3.88	2.73	0.36	4.80	0.74	12.55	30.92	21.75	2.87	37.56	5.90	3.94
9	Renderen, 1 K., Morgenm. . [gewöhnliches Winterfutter M.]	169	1880	—	88.87	3.29	2.19	0.59	4.63	0.70	11.13	29.53	19.66	5.30	39.23	6.28	3.99
10	Desgl., 1 Kuh, Abendm. . .	170	„	—	88.19	3.36	2.16	0.56	4.68	0.72	11.81	28.45	18.29	4.74	42.42	6.10	3.68
11	Desgl., Mittel mehrerer K. .	171	„	—	87.11	3.32	2.36	0.36	4.95	0.66	12.89	25.76	18.31	2.79	48.02	5.12	3.38
12	Desgl., 1 Kuh, Morgenm. . [nur Heufütterung M.]	179	„	—	87.96	3.06	2.63	0.42	4.83	0.72	12.04	25.42	21.84	3.49	43.27	5.98	4.05
13	Desgl., 1 Kuh, Abendm. . .	180	„	—	87.77	3.24	2.67	0.44	4.53	0.64	12.23	26.49	21.83	3.60	43.85	5.23	4.07
14	Desgl., Mittel mehrerer K. .	181	„	—	88.25	3.11	2.43	0.51	4.84	0.65	11.75	26.47	20.68	4.54	42.98	5.53	4.04
15	Sulzthaler, 1 K., Morgenm. . [gewöhnliches Winterfutter M.]	172	„	—	88.37	3.38	2.21	0.33	4.86	0.54	11.63	29.06	19.00	2.84	44.48	4.62	3.49
16	Desgl., 1 Kuh, Abendm. . .	173	„	—	88.13	3.02	2.28	0.31	4.81	0.59	11.87	25.44	19.21	2.61	47.77	4.97	3.49
17	Desgl., Mittel mehrerer K. .	174	„	—	87.07	3.80	2.61	0.38	5.15	(0.99)	12.93	29.39	20.19	2.94	39.82	7.66	3.70
18	Desgl., 1 Kuh, Morgenm. . [reine Heufütterung M.]	182	„	—	87.66	3.35	2.48	0.33	5.58	0.60	12.34	27.15	20.10	2.67	45.22	4.86	3.64
19	Desgl., 1 Kuh, Abendm. . .	183	„	—	87.79	3.39	2.45	0.33	4.92	0.73	12.21	28.76	20.07	2.70	42.49	5.98	3.64
20	Desgl., Mittel mehrerer K. .	184	„	—	87.37	3.30	2.78	0.44	5.24	0.72	12.63	26.17	22.01	3.48	42.68	5.70	4.08

*) Von den hier und in der Folge genannten Rassen ohne Analysen-Angabe haben wir in der uns zugänglichen Literatur Analysen nicht gefunden; der Uebersicht über Rassen und Stämme wegen, aber mit aufgeführt.

No.	Bezeichnungen und Bemerkungen	No. der Tabelle B.	Jahr der Untersuchung	Specifisches Gewicht	In der ursprünglichen Substanz: Wasser %	Fett %	Caseïn %	Albumin %	Milch-zucker %	Asche (Salze) %	Trocken-substanz %	In der Trockensubstanz: Fett %	Caseïn %	Albumin %	Milch-zucker %	Asche (Salze) %	N in der Trocken-substanz %
21	Durchschn. mehrerer Tiroler Rassen, gew. Winterfutter, Mrgm.	175	1880	—	87.94	3.51	2.22	0.56	4.93	0.62	12.06	29.10	18.41	4.64	42.71	5.14	3.69
22	Desgl., rein. Heufutter M.	185	„	—	87.33	3.72	2.24	0.44	5.10	0.74	12.67	25.81	17.68	3.47	47.20	5.84	3.38
	Mittel . . .			—	87.43	3.70	2.64	0.43	5.10	0.70	12.57	29.45	21.00	3.42	40.46	5.67	3.91

Oesterreichisch-Vorarlbergisches Vieh. (Einfarbige Thiere.)

Montafaner Vieh (Schrunser V.). Kloster- und Walserthaler V. Lechthaler- und Wäldler V.

No.	Bezeichnungen und Bemerkungen	No. der Tabelle B.	Jahr der Untersuchung	Specifisches Gewicht	Wasser %	Fett %	Caseïn %	Albumin %	Milch-zucker %	Asche (Salze) %	Trocken-substanz %	Fett %	Caseïn %	Albumin %	Milch-zucker %	Asche (Salze) %	N in der Trocken-substanz %
1	Von 2 K., Grummetfütterung	3	1853	—	87.52	3.26	—	—	—	—	12.48	26.12	—	—	—	—	—
2	Desgl., Rübenblätterfütt.	4	„	—	88.08	2.74	—	—	—	—	11.92	22.99	—	—	—	—	—
3	Von 2 K., frischmilch. Winter- (Trocken-) Futter	5	„	—	87.57	3.18	—	—	5.13	—	12.43	25.58	—	—	41.27	—	—
4	Desgl. Sommer- (Grün-) Futter	6	„	—	87.17	3.57	—	—	—	—	12.83	27.82	—	—	—	—	—
5	Frischmilchend . . .	7	1854	—	87.83	3.10	—	—	—	—	12.17	25.47	—	—	—	—	—
6	„ 7 J. alt	8	1855	—	87.64	3.19	—	—	4.93	—	12.36	25.81	—	—	39.89	—	—
7		43	1873	—	86.63	4.43	3.06	0.33	4.79	0.76	13.37	33.14	22.89	2.47	55.82	5.68	4.06
8	Vorarlberger Alpmilch, Morgenm., 16 Kühe	90	1877	—	87.07	4.05	2.35	0.56	5.14	0.83	12.93	31.32	18.17	4.33	39.76	6.42	3.60
9	Desgl.	91	„	—	87.08	4.03	2.27	0.65	5.18	0.79	12.92	31.19	17.57	5.03	41.10	6.11	3.62
10	Durchschn. v. 10 An.	92—101	„	—	87.19	4.02	2.76		5.24	0.79	12.81	31.38	21.54		40.91	6.17	3.45
	Mittel . . .			—	87.38	3.54	2.32	0.59	5.40	0.77	12.62	28.08	18.36	4.64	42.82	6.10	3.68
							2.91						23.00				

Bayerisches Vieh.

Allgäuer Vieh (Einfarbige Thiere).

No.	Bezeichnungen und Bemerkungen	No. der Tabelle B.	Jahr der Untersuchung	Specifisches Gewicht	Wasser %	Fett %	Caseïn %	Albumin %	Milch-zucker %	Asche (Salze) %	Trocken-substanz %	Fett %	Caseïn %	Albumin %	Milch-zucker %	Asche (Salze) %	N in der Trocken-substanz %
1	Mittel zahlreicher Analysen d. Milch v. denselben Kühen . . .	60	1870	—	87.87	3.35	2.64	0.55	4.53	—	12.13	27.62	21.76	4.53	37.35	—	4.21
2	Von 30—40 K. (Mittelz.)	130	1886	—	86.28	4.43	3.69		4.95	0.65	13.72	32.29	29.60		36.27	4.74	4.30
3	Von mehreren K., Mgm., b. kräft. Winterf. .	443	1864	—	88.10	2.66	—		—	—	11.90	22.37	—		—	—	—
4	Desgl. b. Grünfutter .	444	„	—	88.30	2.72	—		—	—	11.70	23.25	—		—	—	—
	Mittel . . .			—	87.88	3.20	3.22		5.13	0.57	12.12	26.39	26.60		42.27	4.74	4.26

Glan-, Birkenfelder-, Meisenheimer-, Quirnbacher- und Donnersberger Vieh.

Miesbacher-, Oberbayerisches Gebirgs- und Niederbayerisches Landvieh. Kehlheimer Schlag.
Voigt- oder Egerländer Vieh. (Bunte Thiere.)

No.	Bezeichnungen und Bemerkungen	No. der Tabelle B.	Jahr der Untersuchung	Specifisches Gewicht	Wasser %	Fett %	Caseïn %	Albumin %	Milch-zucker %	Asche (Salze) %	Trocken-substanz %	Fett %	Caseïn %	Albumin %	Milch-zucker %	Asche (Salze) %	N in der Trocken-substanz %
1	Von der Pariser Ausstellung, „Voigtländer“	26	1856	—	84.99	5.14	3.67	0.80	4.63	0.68	15.02	34.22	24.43	5.33	31.49	4.53	4.76
2	Von der Wiener Ausstellung, „Egerländer“	50	1873	—	87.22	4.40	2.66	0.28	4.58	0.73	12.78	34.43	20.81	2.19	36.86	5.71	3.68

No.	Bezeichnungen und Bemerkungen	Jahr der Untersuchung	Specifisches Gewicht	In der ursprünglichen Substanz: Wasser %	Fett %	Caseïn %	Albumin %	Milchzucker %	Asche (Salze) %	Trockensubstanz %	In der Trockensubstanz: Fett %	Caseïn %	Albumin %	Milchzucker %	Asche (Salze) %	N in der Trockensubstanz %
	No. der Tabelle B.															
3	Mittelz., „Voigtländer“ 61	1870	—	88.46	3.12	2.54	0.36	4.44	—	11.54	27.04	22.01	3.12	38.48	—	4.02
4	„ „ 64	„	—	86.33	4.33	3.51		5.02	—	13.67	31.67	25.68		36.72	—	4.11
5	„ „ 65	„	—	86.95	3.92	3.28		4.95	—	13.05	30.04	25.13		37.93	—	4.02
	Mittel . . .		—	86.79	4.16	2.87	0.53	4.97	0.68	13.21	31.48	21.70	4.04	37.66	5.12	4.12
						3.40						25.74				

Fränkisches Landvieh. Rhön- u. Spessartvieh. Vogelsberger u. Deutsches V. Markt-Scheinfelder Vieh. Ansbacher V. Hof- u. Bayreuther Schecken. Altmühlthaler- u. Ellinger V. Schwäbisches V. Riesen-Vieh.

Württembergische Viehstämme.

Schwäbisch-Hall'sches V. Ellwanger-Limburger-Alb-V. Teckschlag.

Böhmisches Vieh.

No.	Bezeichnungen und Bemerkungen	Jahr	Spec. Gew.	Wasser	Fett	Caseïn	Albumin	Milchzucker	Asche	Trockensubstanz	Fett	Caseïn	Albumin	Milchzucker	Asche	N
1	Böhme, von der Pariser Ausstellung . . . 34	1856	—	84.18	6.34	2.85	1.02	4.97	0.64	15.82	40.08	18.01	6.45	31.41	4.05	3.91
2	Opocner V., v. d. Wiener Ausstellung . . . 42	1873	—	87.83	3.92	3.08	0.33	4.46	0.62	12.17	32.21	25.31	2.71	34.68	5.09	4.48
	Mittel . . .		—	86.00	5.06	3.03	0.64	4.63	0.64	14.00	36.15	21.66	4.58	33.04	4.57	4.20

Mittel- und norddeutsches Vieh. (Bunte Thiere.)

No.	Bezeichnungen und Bemerkungen	Jahr	Spec. Gew.	Wasser	Fett	Caseïn	Albumin	Milchzucker	Asche	Trockensubstanz	Fett	Caseïn	Albumin	Milchzucker	Asche	N
1	Dessauer, Mittel von 4 Kühen . . . . 52—55	1880	—	88.13	3.34	2.98		4.87	0.68	11.87	28.14	25.11		40.82	5.93	4.02
2	Desgl., frischm., Mittelz. 56	1872/73	—	87.85	3.64	3.03		4.68	0.80	12.15	29.96	24.94		38.52	6.58	3.99
3	„ „ „ 57	„	—	88.27	3.22	2.67		5.09	0.75	11.73	27.45	22.76		43.40	6.39	3.64
4	Harzvieh, v. einer Herde, Abendmilch . . . 377	1887	—	86.68	3.55	—		—	—	13.32	26.65	—		—	—	—
5	Desgl., Morgenmilch . 378	„	—	86.36	4.70	—		—	—	13.64	34.46	—		—	—	—
6	Mecklenburg'scher Landschlag (Raden. Herde), Jahresd., Tagesm. . 256	1878	—	—	3.40	—		—	—	—	—	—		—	—	—
7	Desgl., Durchsch. mehrerer Jahre . . 257—268	1879/84	—	87.98	3.26	—		—	—	12.02	27.12	—		—	—	—
8	Desgl., 4 Prob., Mrgm., Winterfutter . 269—272	1883/84	—	87.79	3.43	3.45		4.49	0.75	12.21	28.09	28.26		37.51	6.14	4.52
9	Desgl., 1 Prb., Abendm., Winterfutter . . . 273	1883	—	87.98	2.95	3.10		—	—	12.02	24.54	25.79		—	—	4.13
10	Mecklenburger Landschl., Tagesmilch, 4 K. . 311	1880	—	88.28	3.06	—		—	—	11.72	26.11	—		—	—	—
11	Mährischer Landschl. . 15	1862	—	87.75	3.65	—		4.25	—	12.25	29.79	—		34.69	—	—
	Mittel . . .		—	87.71	3.51	3.12		4.89	0.77	12.29	28.23	25.37		40.14	6.26	4.06

Holländisches und Oldenburgisches Vieh.

Holländisches Vieh.

No.	Bezeichnungen und Bemerkungen	Jahr	Spec. Gew.	Wasser	Fett	Caseïn	Albumin	Milchzucker	Asche	Trockensubstanz	Fett	Caseïn	Albumin	Milchzucker	Asche	N
1	Von 2 K., Grummetf. . 1	1853	—	88.62	2.53	—		—	—	11.28	22.23	—		—	—	—
2	Desgl., Rübenblätterf. . 2	„	—	88.96	2.20	—		—	—	11.04	19.93	—		—	—	—
3	Von 2 Kühen . . . 10	1856	—	88.62	2.42	—		—	—	11.14	21.72	—		—	—	—
4	Mittel von 7 Proben . 18	1866/67	—	88.23	3.37	2.99		4.71	0.70	11.77	28.39	25.40		42.66	3.55	4.06

No.	Bezeichnungen und Bemerkungen	No. der Tabelle B.	Jahr der Untersuchung	Specifisches Gewicht	In der ursprünglichen Substanz: Wasser %	Fett %	Caseïn %	Albumin %	Milchzucker %	Asche (Salze) %	Trockensubstanz %	In der Trockensubstanz: Fett %	Caseïn %	Albumin %	Milchzucker %	Asche (Salze) %	N in der Trockensubstanz %
5	V. d. Pariser Ausstellung	32	1856	—	83.97	6.85	3.49	0.73	4.35	0.61	16.03	42.73	21.77	4.55	27.14	3.81	4.21
6	Jahresmittel von 9 K. .	36	1868	—	88.17	3.21	3.27		4.62	0.73	11.83	27.13	27.64		39.06	6.17	4.42
7	Frischm., bei gleichem Futter	58	1870	—	88.59	3.15	2.29	0.26	4.87	—	11.41	27.61	20.07	2.28	42.68	—	3.58
8	„ bei gleichem Futter	59	„	—	89.18	2.75	2.43	0.35	4.47	—	10.82	25.32	22.46	3.23	41.31	—	4.11
9	Mittelz.	62	„	—	88.79	3.34	2.17	0.23	4.71	—	11.21	29.80	19.36	2.05	42.02	—	3.43
10	„	63	„	—	89.44	2.93	2.11	0.28	4.38	—	10.56	27.67	19.98	2.65	41.48	—	3.62
11	Von 3 Kühen . . .	69	1868	—	(88.00	3.07	—	—	4.16	—	12.00)	25.58	—	—	34.67	—	—
12	V. d. Pariser Ausstell.	110	1878	—	88.12	3.77	2.14		5.22	0.75	11.88	29.09	18.01		49.99	3.91	2.88
13	Von 1 Kuh	127	1875	—	88.59	2.85	3.10		4.87	—	11.41	24.98	27.17		42.70	—	4.35
14		134	1883	—	87.90	3.25	3.97		4.16	0.72	12.10	26.86	32.81		34.38	5.95	5.25
15	V. 45 K., Jahresdurchschnitt., Morgenm. .	251	1880 bis 81	—	88.69	2.79	—	—	—	—	11.31	24.67	—	—	—	—	—
16	Desgl., Mittagm. . . .	252	„	—	88.15	3.41	—	—	—	—	11.85	28.78	—	—	—	—	—
17	Desgl., Abendm. . .	253	„	—	88.23	3.26	—	—	—	—	11.77	27.70	—	—	—	—	—
18	Nord-Holländer . . .	277	1883	—	88.07	3.56	—	—	—	—	11.93	29.84	—	—	—	—	—
19	Von 11 K. (?) „melke"	302	1885	—	87.94	3.31	—	—	—	—	12.06	27.45	—	—	—	—	—
20	Molkereim., Mittel v. 54 Proben . . .	317—327	1879 bis 83	—	87.81	2.72	—	—	—	—	12.19	22.31	—	—	—	—	—
21	V. 5 K., seit 6 Wochen gekalbt	357	1881 bis 84	—	88.00	3.10	—	—	—	—	12.00	25.83	—	—	—	—	—
22	Von 20 Kühen . . .	440	1886	—	87.14	3.60	—	—	—	—	12.86	27.99	—	—	—	—	—
23	Von 8 Kühen . . .	441	„	—	86.30	4.31	—	—	—	—	13.70	31.46	—	—	—	—	—
24	Von 60 Kühen . . .	442	„	—	87.33	3.46	—	—	—	—	12.67	27.31	—	—	—	—	—
	Mittel . . .			—	88.04	3.25	3.57	0.42	4.16	0.56	11.96	27.18	21.49	3.49	43.16	4.68	4.00
							3.99						24.98				

Oldenburger-, Bremer- und Ostfriesisches Vieh.

No.	Bezeichnungen und Bemerkungen	No. der Tabelle B.	Jahr der Untersuchung	Specifisches Gewicht	Wasser %	Fett %	Caseïn %	Albumin %	Milchzucker %	Asche (Salze) %	Trockensubstanz %	Fett %	Caseïn %	Albumin %	Milchzucker %	Asche (Salze) %	N in der Trockensubstanz %
1	Ostfriesen, 4 K., 4—5j., frischmilchend . .	68	1858 bis 59	—	89.00	2.43	3.45		4.27	0.79	11.00	22.09	31.36		39.37	7.18	5.02
2	Desgl., 1 K. 14 Tag. n. d. ersten Kalben . .	70	1855	—	88.99	3.03	2.42	0.53	4.25	0.78	11.01	27.52	21.98	4.81	38.61	7.08	4.29
3	Desgl., 1 K. 6 Jahr alt, frischmilchend . .	71	„	—	88.59	3.41	2.45	0.35	4.43	0.78	11.41	29.89	21.47	3.07	38.73	6.84	3.93
4	Oldenburger, v. 4 K. .	72	1872	—	88.66	2.71	3.23		4.62	0.77	11.34	23.90	28.48		40.83	6.79	4.56
5	„ v. 3 Küh., Mittagsm., Trockenf.,	75	1876	—	87.82	3.65	2.48		—	—	12.18	29.97	20.36		—	—	3.26
6	Desgl.	76	„	—	87.65	4.02	2.77		—	—	12.35	32.55	22.43		—	—	3.59
7	Desgl., Abendm., Weidef.	77	„	—	88.68	2.88	2.91		—	—	11.32	25.54	25.71		—	—	4.11
8	Desgl., Mittel b. Stallf. v. mehreren K.	195—230	1880	—	89.15	2.74	—	—	—	—	10.85	25.25	—	—	—	—	—
9	Desgl., Weidegang	195—230	„	—	88.76	2.91	—	—	—	—	11.24	25.89	—	—	—	—	—
10	Ostfriesen, Tagesmilch v. 6 Kühen	314	„	—	88.60	3.11	—	—	—	—	11.40	27.28	—	—	—	—	—
11	Oldenburger, Geestschl., 1 Kuh, Mittelz. . .	315	„	—	87.42	4.52	—	—	—	—	12.58	35.93	—	—	—	—	—
12	Desgl., 1 K., Mittelz. .	316	„	—	88.75	3.42	—	—	—	—	11.25	30.40	—	—	—	—	—
13	Von 1 K., seit 19 Mon. milchend	—	„	—	84.65	4.77	—	—	—	0.73	15.35	31.08	—	—	—	4.76	—

Oldenburger Vieh.
No. 13—16. Ch. Harrington. — 6 Ann. Rep. State Board of Health etc. Boston, 1885. 145.

No.	Bezeichnungen und Bemerkungen	No. der Tabelle B.	Jahr der Untersuchung	Specifisches Gewicht	In der ursprünglichen Substanz: Wasser %	Fett %	Caseïn %	Albumin %	Milchzucker %	Asche (Salze) %	Trockensubstanz %	In der Trockensubstanz: Fett %	Caseïn %	Albumin %	Milchzucker %	Asche (Salze) %	N in der Trockensubstanz %
14	5 Jahr alt, seit 6 Mon. milchend	—	1880	—	85.08	4.67	—	—	—	0.75	14.92	31.30	—	—	—	5.03	—
15	7 Jahr alt, seit 12 Mon. milchend	—	„	—	87.70	3.90	—	—	—	0.68	12.30	32.71	—	—	—	6.53	—
16	Von 18 Kühen, Abendm.	—	1885	—	87.36	3.21	—	—	—	0.58	12.64	25.39	—	—	—	4.59	—
17	Morgenm. v. mehreren K. b. kräft. Winterf.	445	1864	—	88.20	2.93	—	—	—	—	11.80	24.83	—	—	—	—	—
18	Desgl., Grünfutter . .	446	„	—	88.10	2.85	—	—	—	—	11.90	23.95	—	—	—	—	—
	Mittel . . .			—	87.95	3.38	2.62	0.48	4.81	0.76	12.05	28.02	21.73	3.95	40.20	6.10	4.11
							3.10						25.68				

Belgisches Vieh.

Limburger Vieh. Flanderisches Vieh.

No.	Bezeichnungen und Bemerkungen	No. der Tabelle B.	Jahr der Untersuchung	Specifisches Gewicht	Wasser %	Fett %	Caseïn %	Albumin %	Milchzucker %	Asche (Salze) %	Trockensubstanz %	Fett %	Caseïn %	Albumin %	Milchzucker %	Asche (Salze) %	N in der Trockensubstanz %
1	Von der Ausstellung in Paris	33	1856	—	85.77	6.22	3.15	0.91	3.29	0.68	14.23	43.71	22.14	6.39	22.98	4.78	4.56

Holstein'sches und Schleswig'sches Vieh.

Holstein'sches und Breitenburger Vieh.

No.	Bezeichnungen und Bemerkungen	No. der Tabelle B.	Jahr der Untersuchung	Specifisches Gewicht	Wasser %	Fett %	Caseïn %	Albumin %	Milchzucker %	Asche (Salze) %	Trockensubstanz %	Fett %	Caseïn %	Albumin %	Milchzucker %	Asche (Salze) %	N in der Trockensubstanz %
1		162	1879	—	88.05	3.35	3.61	0.35	3.39	0.71	11.95	28.03	30.21	2.93	32.89	5.94	5.30
2		163	„	—	87.95	3.33	3.67	0.39	3.89	0.77	12.05	27.64	30.46	3.24	32.27	6.39	5.39
3		164	„	—	88.05	3.37	3.38	0.39	4.01	0.80	11.95	28.20	28.28	3.26	33.57	6.69	5.05
4		165	„	—	88.21	3.13	3.13	0.40	4.33	0.80	11.79	25.95	25.95	3.39	37.92	6.79	4.69
5	V. 3 Kühen, Landschl., frischmilchend . .	234	1881	—	87.79	3.69	—	—	—	—	12.21	30.22	—	—	—	—	—
6	Ditmar'schen	281	„	—	87.74	2.30	—	—	—	—	12.26	18.76	—	—	—	—	—
7	Breitenburger Tagesm. .	312	1880	—	87.97	3.41	—	—	—	—	12.03	28.35	—	—	—	—	—
8	Wilstermarsch . . .	350	1887	—	88.41	3.41	—	—	—	—	11.59	29.42	—	—	—	—	—
9	V. 1 K., im März gekalbt, Abendm., 10. Juni .	379	1886	—	88.60	2.89	3.50		—	—	11.40	25.55	30.70		—	—	4.91
10	Desgl.	380	„	—	86.68	3.78	4.00		—	—	13.32	28.38	30.03		—	—	4.80
11	Desgl.	381	„	—	88.70	3.56	2.88		—	—	11.30	31.51	25.49		—	—	4.08
12	Desgl., Morgm., 10. Juni	382	„	—	89.58	1.48	2.86		—	—	10.42	14.20	27.45		—	—	4.39
13	Dieselben Kühe wie unter 9—12 im März gekalbt: Abdm. .	400	„	—	88.82	3.28	2.97		—	—	11.18	29.34	26.57		—	—	4.25
14	Mrgm. .	411	„	—	89.36	1.37	2.84		—	—	10.64	12.88	26.69		—	—	4.27
15	Abdm. .	412	„	—	85.47	5.12	3.56		—	—	14.53	35.24	24.50		—	—	3.92
16	Mrgm. .	413	„	—	85.97	4.71	3.69		—	—	14.03	33.57	26.30		—	—	4.21
17	Abdm. .	414	„	—	88.38	3.57	3.15		—	—	11.62	30.37	26.79		—	—	4.29
18	Mrgm. .	415	„	—	89.03	2.88	3.00		—	—	10.97	26.25	27.35		—	—	4.38
19	Morgenmilch mehrerer K. b. kräft. Winterf.	447	1864	—	88.70	2.56	—	—	—	—	11.30	22.66	—	—	—	—	—
20	Desgl. bei Grünfutter .	448	„	—	88.70	2.47	—	—	—	—	11.30	21.86	—	—	—	—	—
21	Holstein'sche Landrasse, 3 K.		1881/82	1.0308	88.37	3.06	—	—	—	—	11.63	—	—	—	—	—	—
22	8 Kühe		„	1.0316	87.73	3.42	—	—	—	—	12.27	—	—	—	—	—	—
23	9 Kühe		„	1.0313	88.12	3.16	—	—	—	—	11.88	—	—	—	—	—	—

Holstein'sches Vieh.

No. 21—33. M. Schrodt u. H. von Peter. — Forschungen auf dem Gebiete der Viehhaltung. 13 H. 1883. 199. Die Ergebnisse beziehen sich auf die aus verschiedenen Gütern in eine Sammelmolkerei gelieferte Milch und sind Mittel der über ein ganzes Jahr angestellten Erhebungen. Der Fettgehalt wurde mittelst des Marchand'schen Lactobutyrometer bestimmt. Auf Grund des ermittelten Fettgehalts und des angegebenen spec. Gewichts wurden von uns nach der Fleischmann'schen Formel (J. f. Landwirthschaft 1885. 251) der Gehalt an Trockensubstanz und Wasser berechnet.

No.	Bezeichnungen und Bemerkungen	Jahr der Untersuchung	Specifisches Gewicht	In der ursprünglichen Substanz: Wasser	Fett	Caseïn	Albumin	Milchzucker	Asche (Salze)	Trockensubstanz	In der Trockensubstanz: Fett	Caseïn	Albumin	Milchzucker	Asche (Salze)	N in der Trockensubstanz
				%	%	%	%	%	%	%	%	%	%	%	%	%
24	10 Kühe	1881/82	1.0323	87.54	3.44	—	—	—	—	12.46	—	—	—	—	—	—
25	10 Kühe	„	1.0319	87.73	3.36	—	—	—	—	12.27	—	—	—	—	—	—
26	11 Kühe	„	1.0316	87.97	3.22	—	—	—	—	12.03	—	—	—	—	—	—
27	12 Kühe	„	1.0327	87.64	3.27	—	—	—	—	12.36	—	—	—	—	—	—
28	12 Kühe	„	1.0319	87.95	3.18	—	—	—	—	12.05	—	—	—	—	—	—
29	14 Kühe	„	1.0317	87.96	3.21	—	—	—	—	12.04	—	—	—	—	—	—
30	15 Kühe	„	1.0321	87.73	3.32	—	—	—	—	12.27	—	—	—	—	—	—
31	15 Kühe	„	1.0319	88.08	3.07	—	—	—	—	11.92	—	—	—	—	—	—
32	22 Kühe	„	1.0325	87.91	3.09	—	—	—	—	12.09	—	—	—	—	—	—
33	25 Kühe	„	1.0324	87.82	3.18	—	—	—	—	12.18	—	—	—	—	—	—
	Mittel . . .		—	88.11	3.14	3.01	0.39	4.58	0.77	11.89	26.42	25.29	3.25	38.29	6.45	4.57
						3.40						28.54				
	Jütisches Vieh.															
	Tondern'sches und Angler Vieh. (No. der Tabelle B.)															
1	Von 5 K., Angler . . 231	1880	—	88.68	2.95	—	—	—	—	11.32	26.06	—	—	—	—	—
2	Desgl. 232	„	—	88.28	3.32	—	—	—	—	11.72	28.33	—	—	—	—	—
3	V. 2 K., Angler, frischmilchend 233	„	—	87.91	3.20	—	—	—	—	12.09	26.47	—	—	—	—	—
4	Von 3 Kühen, Angler . 235	„	—	87.62	3.56	—	—	—	—	12.38	28.76	—	—	—	—	—
5	V. d. Hamburger Vieh-Ausstellung . . . 274	1883	—	88.16	2.55	—	—	—	—	11.84	21.54	—	—	—	—	—
6	Desgl. 275	„	—	87.90	3.08	—	—	—	—	12.10	25.45	—	—	—	—	—
7	Desgl. 276	„	—	87.92	3.05	—	—	—	—	12.08	25.25	—	—	—	—	—
8	V. 4 K., Tagesmilch . 313	1880	—	88.03	3.34	—	—	—	—	11.97	27.90	—	—	—	—	—
9	Rein Angler, 1 Kuh . —	1884	—	88.73	2.99	2.74		4.90	0.64	11.27	24.76	24.31		43.50	5.67	3.59
10	Desgl. . . . . —	„	—	88.26	3.15	3.14		4.77	0.67	11.74	26.83	26.75		40.63	5.71	4.28
	Mittel . . .		—	88.15	3.12	—	—	—	—	11.85	26.22	25.02		42.07	5.69	3.94
	Danziger Vieh.															
1	Von 7 (?) Kühen . . 299	1885	—	87.67	3.33	—	—	—	—	12.33	27.01	—	—	—	—	—
	Holsteiner Vieh im Allgemeinen.															
1	5 J. alt, gekalbt v. 5 M., Heu, Schalen u. Cottonmehl . .	1884	—	87.34	3.56	—	—	—	0.71	12.66	28.11	—	—	—	5.61	—
2	5 J. alt, gekalbt v. 5 W., Heu, Schalen u. Cottonmehl . .	„	—	88.56	3.39	—	—	—	0.74	11.44	29.63	—	—	—	6.47	—
3	5 J. alt, gekalbt v. $3^1/_2$ M., Ensilage, Schalen u. Cottonmehl	„	—	86.92	4.07	—	—	—	0.72	13.08	31.12	—	—	—	5.43	—
4	5 J. alt, gekalbt v. 5 M., Heu, Schalen u. Cottonmehl . .	„	—	87.06	3.68	—	—	—	0.71	12.94	28.44	—	—	—	5.49	—

Angler Rasse.
No. 9 u. 10. W. Kirchner. — Bericht aus der Versuchsanstalt d. landw. Instituts Halle. 6. 1886. 38. Die Analysen sind die aus längeren Untersuchungsreihen berechneten procentischen Mittel. Vergl. Milch unter dem Einflusse der Fütterung.

Holsteiner Vieh im Allgemeinen.
No. 1—27. Charles Harrington u. C. A. Goessmann. — 6. An. Rep. of the State Board of Health, Lunacy and Charity of Massachusetts. Suppl. Boston, 1885. 145 und R. s. of inquiries rel. to the Quality of Milk. Massachusetts. Boston, Febr. 1886. Von den daselbst mitgetheilten zahlreichen Milch-Analysen wurden nur die von Milch „von bekannter Reinheit" aufgenommen.

No.	Bezeichnungen und Bemerkungen	Jahr der Untersuchung	Specifisches Gewicht	In der ursprünglichen Substanz Wasser %	Fett %	Caseïn %	Albumin %	Milchzucker %	Asche (Salze) %	Trockensubstanz %	In der Trockensubstanz Fett %	Caseïn %	Albumin %	Milchzucker %	Asche (Salze) %	N in der Trockensubstanz %
5	5 J. alt, gekalbt v. 6 W., Heu, Schalen u. Cottonmehl . .	1884	—	87.59	3.61	—	—	—	0.64	12.41	29.09	—	—	—	5.16	—
6	5 J. alt, gekalbt v. $3^1/_2$ W., Ensilage, Schalen u. Cottonmehl	„	—	86.35	4.56	—	—	—	0.73	13.65	33.40	—	—	—	5.05	—
7	5 J alt, gekalbt v. 12 W., Ensilage u. Heu	„	—	88.33	2.93	—	—	—	0.69	11.67	25.11	—	—	—	5.91	—
8	5 J. alt, gekalbt v. 17 W., Ensilage u. Heu	„	—	87.62	4.36	—	—	—	0.69	12.38	35.22	—	—	—	5.57	—
9	7 J. alt, gekalbt v. 15 W., Ensilage u. Heu	„	—	87.52	3.55	—	—	—	0.64	12.48	28.45	—	—	—	5.13	—
10	2 J. alt, gekalbt v. 6 W., Heu, Kleie u. Mehl	1885	—	89.11	1.87	—	—	—	0.65	10.89	17.17	—	—	—	5.97	—
11	3 J. alt, gekalbt v. 4 M. . . . . . } Grüner Hafer, Maisstengel, Futtermehl (middlings) und Grobkleie (shorts)	„	—	87.80	—	—	—	—	0.55	12.20	—	—	—	—	4.51	—
12	2 J. alt, gekalbt v. 5 M.	„	—	87.65	3.43	—	—	—	0.60	12.35	27.77	—	—	—	4.86	—
13	2 J. alt, gekalbt v. 4 M.	„	—	88.18	2.33	—	—	—	0.60	11.82	19.71	—	—	—	5.08	—
14	2 J. alt, gekalbt v. 4 M.	„	—	89.66	1.96	—	—	—	0.60	10.34	18.96	—	—	—	5.80	—
15	2 J. alt, gekalbt v. $5^1/_2$ M.	„	—	87.33	3.13	—	—	—	0.60	12.67	24.70	—	—	—	4.74	—
16	2 J. alt, gekalbt v. 3 M.	„	—	87.84	2.39	—	—	—	0.56	12.14	19.69	—	—	—	4.61	—
17	6 J. alt, gekalbt v. 3 M.	„	—	88.06	3.27	—	—	—	0.56	11.94	27.39	—	—	—	4.69	—
18	3 J. alt, gekalbt v. $2^1/_2$ M.	„	—	87.15	3.46	—	—	—	0.50	12.55	27.57	—	—	—	3.98	—
19	10 J. alt, gek. v. $4^1/_2$ M., Weide	„	—	87.91	3.36	—	—	—	0.62	12.09	27.79	—	—	—	5.13	—
20	4 J. alt, gek. v. 4 M., Weide	„	—	87.81	3.26	—	—	—	0.58	12.19	26.74	—	—	—	4.76	—
21	5 J. alt, gek. v. 4 M., Weide	„	—	86.95	3.70	—	—	—	0.66	13.05	28.35	—	—	—	5.06	—
22	Gek. v. 19 M., Heu u. Maismehl	„	—	84.65	4.77	—	—	—	—	15.35	31.08	—	—	—	—	—
23	5 J. alt, gek. v. 6 M., Heu u. Kleie	„	—	85.08	4.67	—	—	—	—	14.92	31.30	—	—	—	—	—
24	7 J. alt, gek. v. 12 M., Heu u. Kleie	„	—	88.70	3.90	—	—	—	—	12.30	31.71	—	—	—	—	—
25	8 J. alt, gek. v. 3 M., Ab. .	1885 11.	—	87.42	2.62	—	—	—	—	12.58	20.83	—	—	—	—	—
26	6 J. alt, gek. v. 4 M., Malzkeime, Ab.	„ „	—	88.43	2.67	—	—	—	—	11.57	23.08	—	—	—	—	—
27	7 J. alt, gek. v. $3^1/_2$ M., Grünmais u. Heu, Maiskolbenmehl u. Haferspreu, M. .	1886 1.	—	86.88	4.07	—	—	—	—	13.12	31.02	—	—	—	—	—
28	Rasse unbekannt, 2 Kühe .	1881/82	1.0303	88.48	3.07	—	—	—	—	11.52	26.65	—	—	—	—	—
29	Holstein'sche Landrasse, 3 K.	„	1.0308	88.37	3.06	—	—	—	—	11.63	26.31	—	—	—	—	—
30	3 Angler, 1 Breitenburger, 4 Kühe	„	1.0322	87.83	3.22	—	—	—	—	12.17	26.46	—	—	—	—	—

No. 28—67. M. Schrodt u. H. von Peter. — Forschungen auf dem Gebiete der Viehhaltung. 13 H. 1883. 199. Die Ergebnisse beziehen sich auf die aus 40 verschiedenen Gütern in eine Sammelmolkerei gelieferte Milch, von welcher wöchentlich 10 Proben abwechselnd den verschiedenen Milchlieferungen entnommen wurden. Die Milch wurde von den Betheiligten zunächst in die Molkerei ($1^1/_4$ Meile grösste Entfernung) geliefert und gelangte von dort an die

No.	Bezeichnungen und Bemerkungen	Jahr der Untersuchung	Specifisches Gewicht	In der ursprünglichen Substanz							In der Trockensubstanz					N in der Trockensubstanz
				Wasser	Fett	Caseïn	Albumin	Milchzucker	Asche (Salze)	Trockensubstanz	Fett	Caseïn	Albumin	Milchzucker	Asche (Salze)	
				%	%	%	%	%	%	%	%	%	%	%	%	%
31	Rasse unbekannt, 5 K. . .	1881/82	1.0294	88.62	3.14	—	—	—	—	11.38	27.58	—	—	—	—	—
32	„ „ 7 K. . .	„	1.0321	88.10	3.01	—	—	—	—	11.90	25.29	—	—	—	—	—
33	„ „ 7 K. . .	„	1.0320	87.72	3.35	—	—	—	—	12.28	27.26	—	—	—	—	—
34	Kreuz. v. Landr. u. Breitenburger, 7 Kühe	„	1.0321	87.92	3.16	—	—	—	—	12.08	26.16	—	—	—	—	—
35	Rasse unbekannt, 8 K. . .	„	1.0318	87.86	3.27	—	—	—	—	12.14	26.94	—	—	—	—	—
36	Holstein'sche Landrasse, 8 K.	„	1.0316	87.73	3.42	—	—	—	—	12.27	27.87	—	—	—	—	—
37	Rasse unbekannt, 9 K. . .	„	1.0316	87.89	3.29	—	—	—	—	12.11	27.17	—	—	—	—	—
38	Holstein'sche Landrasse, 9 K.	„	1.0313	88.12	3.16	—	—	—	—	11.88	26.60	—	—	—	—	—
39	„ „ 10 K.	„	1.0323	87.54	3.44	—	—	—	—	12.46	27.61	—	—	—	—	—
40	„ „ 10 K.	„	1.0319	87.73	3.36	—	—	—	—	12.27	27.38	—	—	—	—	—
41	Rasse unbekannt, 10 K. . .	„	1.0316	87.89	3.29	—	—	—	—	12.11	27.17	—	—	—	—	—
42	Holstein'sche Landrasse, 11 K.	„	1.0316	87.97	3.22	—	—	—	—	12.03	26.77	—	—	—	—	—
43	Rasse unbekannt, 12 K. . .	„	1.0321	87.77	3.29	—	—	—	—	12.23	26.90	—	—	—	—	—
44	Holstein'sche Landrasse, 12 K.	„	1.0327	87.64	3.27	—	—	—	—	12.36	26.46	—	—	—	—	—
45	„ „ 12 K.	„	1.0319	87.95	3.18	—	—	—	—	12.05	26.39	—	—	—	—	—
46	Rasse unbekannt, 13 K. . .	„	1.0322	87.83	3.22	—	—	—	—	12.17	26.46	—	—	—	—	—
47	„ „ 13 K. . .	„	1.0318	88.15	3.03	—	—	—	—	11.85	25.57	—	—	—	—	—
48	Breitenburger, Angler, Holsteiner, 14 K.	„	1.0319	87.65	3.43	—	—	—	—	12.35	27.77	—	—	—	—	—
49	Rassen unbekannt, 14 K. . .	„	1.0320	87.90	3.20	—	—	—	—	12.10	26.45	—	—	—	—	—
50	Holstein'sche Landrasse, 14 K.	„	1.0317	87.96	3.21	—	—	—	—	12.04	26.66	—	—	—	—	—
51	Rasse unbekannt, 15 K. . .	„	1.0320	87.93	3.17	—	—	—	—	12.07	26.26	—	—	—	—	—
52	„ „ 15 K. . .	„	1.0316	88.00	3.20	—	—	—	—	12.00	26.67	—	—	—	—	—
53	„ „ 15 K. . .	„	1.0319	87.95	3.18	—	—	—	—	12.05	26.39	—	—	—	—	—
54	„ „ 15 K. . .	„	1.0321	88.10	3.01	—	—	—	—	11.90	25.29	—	—	—	—	—
55	Holstein'sche Landrasse, 15 K.	„	1.0321	87.73	3.32	—	—	—	—	12.27	27.06	—	—	—	—	—
56	Rasse unbekannt, 15 K. . .	„	1.0325	87.70	3.26	—	—	—	—	12.30	26.50	—	—	—	—	—
57	Kr., Breitenburger u. Landr., 15 Kühe	„	1.0314	87.79	3.42	—	—	—	—	12.21	28.01	—	—	—	—	—
58	Meist Kr. Holst. m. Breitenb., 15 Kühe	„	1.0313	88.09	3.19	—	—	—	—	11.91	26.79	—	—	—	—	—

milchwirthschaftliche V.-St. Kiel erst nach ca. 6 Stunden. Der Fettgehalt wurde mittelst des Marchand'schen Lactobutyrometers bestimmt. Trockensubstanz (und Wasser) wurden von uns auf Grund des angegebenen Fettgehalts und des spec. Gewichtes nach der Fleischmann'schen Formel, resp. dessen Tabellen (J. f. Landwirthsch. 1885. 251) berechnet. Die oben gegebenen Werthe sind Jahreswerthe, berechnet aus den monatlichen Ermittelungen, welche gleichzeitig zeigen sollen, dass die Schwankungen im Gehalte der Milch eines und demselben Gutes um so geringer sind, je grösser die Zahl der Kühe eines Stalles. Die Schwankungen betrugen

	der Milch von Stapeln bis mit 5 Kühen			von über 5 Kühen	
	hinsichtlich des spec. Gew.	des Fettes		hinsichtlich des spec. Gew.	des Fettes
Minimum	1.0263	2.66 %		1.0280	2.56 %
Maximum	1.0338	3.79 %		1.0349	4.27 %
Mittel aus 35 Bestm.	1.0307	3.12 %	aus 449 Bestm.	1.0320	3.22 %

Einige der specielleren Daten sind folgende:

		März	April	Mai	Juni	Juli	August	September	October	November	December	Januar	Februar	März	April	Mai	Schwankung
2 Kühe	Spec. Gewicht	—	—	1.0293	—	263	301	289	300	317	315	310	—	310	332	300	263—332
	Fettgehalt . .	—	—	2.87	—	3.18	3.18	2.97	2.67	2.97	3.18	3.17	—	3.13	3.07	3.35	2.67—3.35
5 Kühe	Spec. Gewicht	1.0298	—	285	293	—	279	285	282	315	305	296	—	285	300	305	279—315
	Fettgehalt . .	2.97	—	2.97	2.66	—	3.48	2.97	3.79	3.56	2.97	2.88	—	3.01	2.97	3.42	2.66—3.79
10 Kühe	Spec. Gewicht	1.0322	320	—	326	—	315	318	334	323	326	315	325	—	332	327	315—334
	Fettgehalt . .	3.85	3.27	—	3.68	—	3.42	3.28	3.78	3.58	3.38	3.45	2.79	—	3.28	3.58	2.79—3.85
15 Kühe	Spec. Gewicht	1.0313	315	312	335	—	321	322	319	318	314	318	—	316	335	325	312—335
	Fettgehalt . .	2.87	2.97	3.19	2.97	—	2.97	3.38	3.57	3.28	3.07	3.25	—	3.17	3.18	3.38	2.87—3.57
5 Kühe	Spec. Gewicht	1.0331	309	—	320	—	316	304	333	322	325	324	328	—	334	340	304—340
	Fettgehalt . .	2.87	3.18	—	3.79	—	3.53	3.07	3.37	3.38	2.77	3.07	2.80	—	2.76	3.58	2.76—3.79

No.	Bezeichnungen und Bemerkungen	Jahr der Untersuchung	Specifisches Gewicht	In der ursprünglichen Substanz							In der Trockensubstanz					N in der Trockensubstanz
				Wasser	Fett	Caseïn	Albumin	Milchzucker	Asche (Salze)	Trockensubstanz	Fett	Caseïn	Albumin	Milchzucker	Asche (Salze)	
				%	%	%	%	%	%	%	%	%	%	%	%	%
59	Holstein'sche Landrasse, 15 K.	1881/82	1.0319	88.08	3.07	—	—	—	—	11.92	25.76	—	—	—	—	—
60	Rasse unbekannt, 16 K. . .	„	1.0325	88.05	2.97	—	—	—	—	11.95	24.85	—	—	—	—	—
61	„ „ 17 K. . .	„	1.0323	87.87	3.16	—	—	—	—	12.13	26.05	—	—	—	—	—
62	„ „ 17 K. . .	„	1.0319	87.80	3.30	—	—	—	—	12.20	27.05	—	—	—	—	—
63	„ „ 17 K. . .	„	1.0323	87.58	3.40	—	—	—	—	12.42	27.36	—	—	—	—	—
64	„ „ 18 K. . .	„	1.0327	87.64	3.08	—	—	—	—	12.36	24.91	—	—	—	—	—
65	„ „ 18 K. . .	„	1.0320	87.97	3.14	—	—	—	—	12.03	26.10	—	—	—	—	—
66	Hollstein'sche Landrasse, 22 K.	„	1.0325	87.91	3.09	—	—	—	—	12.09	25.56	—	—	—	—	—
67	„ „ 25 K.	„	1.0324	87.82	3.18	—	—	—	—	12.18	26.11	—	—	—	—	—
68	2 Kühe, Mittel v. 24 Unters.	1882/84	1.0318	88.08	3.09	—	—	—	—	11.92	25.92	—	—	—	—	—
69	5 „ „ „ 29 „	„	1.0296	88.83	2.93	—	—	—	—	11.17	26.23	—	—	—	—	—
70	7 „ „ „ 27 „	„	1.0322	87.99	3.08	—	—	—	—	12.01	25.65	—	—	—	—	—
71	7 „ „ „ 25 „	„	1.0318	87.70	3.41	—	—	—	—	12.30	27.72	—	—	—	—	—
72	7 „ „ „ 21 „	„	1.0329	87.60	3.26	—	—	—	—	12.40	26.29	—	—	—	—	—
73	8 „ „ „ 25 „	„	1.0329	87.55	3.30	—	—	—	—	12.45	26.51	—	—	—	—	—
74	9 „ „ „ 25 „	„	1.0320	87.79	3.29	—	—	—	—	12.21	26.95	—	—	—	—	—
75	10 „ „ „ 23 „	„	1.0325	87.76	3.21	—	—	—	—	12.24	26.23	—	—	—	—	—
76	10 „ „ „ 18 „	„	1.0330	87.42	3.39	—	—	—	—	12.58	26.95	—	—	—	—	—
77	10 „ „ „ 25 „	„	1.0316	88.08	3.13	—	—	—	—	11.92	26.26	—	—	—	—	—
78	11 „ „ „ 17 „	„	1.0319	87.80	3.30	—	—	—	—	12.20	27.05	—	—	—	—	—
79	12 „ „ „ 24 „	„	1.0320	87.75	3.32	—	—	—	—	12.25	27.10	—	—	—	—	—
80	12 „ „ „ 22 „	„	1.0320	88.13	3.01	—	—	—	—	11.87	25.36	—	—	—	—	—
81	12 „ „ „ 22 „	„	1.0324	87.75	3.24	—	—	—	—	12.25	26.45	—	—	—	—	—

No. 68—104. H. Hansen. — Forschungen auf dem Gebiete der Viehhaltung. 16. Heft. 1885. 386. Im Anschluss an die vorigen, unter No. 28—67 mitgetheilten Analysen wurden die obigen Untersuchungsergebnisse veröffentlicht. Der Fettgehalt wurde mit dem Marchand'schen Lactobutyrometer ermittelt, Gehalt an Trockensubstanz und Wassergehalt wie bei vorigen Analysen von uns berechnet. Die Schwankungen in dem spec. Gewichte und in dem Fettgehalte der Milch betrugen bei

		No. 68	69	70	71	72	73	74	75	76
Spec. Gewicht	Minimum . .	28.5	28.4	31.2	29.9	31.6	30.6	30.6	30.7	29.5
	Maximum . .	33.8	32.4	33.5	33.6	33.8	33.9	33.1	33.8	33.8
Fett	Minimum	2.56	2.56	2.56	2.56	2.77	2.66	2.66	2.77	2.77 %
	Maximum	3.75	3.38	3.69	3.99	3.79	3.89	4.00	3.97	3.86 %
		No. 77	78	79	80	81	82	83	84	85
Spec. Gewicht	Minimum . .	29.9	31.1	30.6	30.5	31.6	30.9	30.3	31.6	28.7
	Maximum . .	33.1	33.1	32.4	33.0	33.8	33.4	33.2	33.3	33.5
Fett	Minimum	2.50	2.66	2.50	2.50	2.80	2.56	2.56	2.87	2.56 %
	Maximum	3.59	3.68	4.03	3.89	3.57	3.60	3.48	3.68	3.58 %
		No. 86	87	88	89	90	91	92	93	94
Spec. Gewicht	Minimum . .	29.2	29.4	29.8	30.6	30.3	31.0	30.4	29.1	31.3
	Maximum . .	33.4	33.4	33.8	33.9	33.2	33.8	34.0	33.0	33.4
Fett	Minimum	2.50	2.70	2.60	2.50	2.70	2.55	2.70	2.66	2.50 %
	Maximum	3.58	4.19	3.97	4.50	3.89	3.56	3.58	3.58	3.68 %

		No. 95	96	97	98	99	100	101	102	103	104
Spec. Gewicht	Minimum . .	31.5	31.3	31.5	31.0	31.4	30.5	30.5	31.5	30.5	30.5
	Maximum . .	33.5	33.6	33.0	33.6	33.7	33.9	33.8	34.0	33.9	33.7
Fett	Minimum	2.60	2.66	2.56	2.56	2.60	2.56	2.77	2.56	2.60	2.60 %
	Maximum	3.58	3.79	3.76	3.99	3.58	3.79	3.79	3.50	3.99	3.79 %

Das Mittel aller (840) Untersuchungen betrug für das spec. Gewicht 1.0324, für den Fettgehalt 3.19 % und darnach für die Trockensubstanz 12.19 %. Die minimalen Zahlen für den Fettgehalt fielen fast sämmtlich in die ersten 6 Monate d. J. 1884 und wird vom Autor aus der geringen Qualität des 1883 in Holstein geernteten geringen Futters erklärt; folgende Zusammenstellung der Gehaltszahlen nach Monaten geordnet ist als Beleg dafür aufgeführt. Das mittlere spec. Gewicht und der mittlere Gehalt an Fett von je 30 Untersuchungen war wie folgt:

Monat	Spec. Gew.	Fett %	Monat	Spec. Gew.	Fett %	Monat	Spec. Gew.	Fett %
Juni 1882 . . .	32.4	3.34	April . . .	33.0	3.03	Februar	32.5	2.71
Juli	31.5	3.43	Mai . . .	32.7	3.21	März	32.5	2.77
August	31.3	3.50	Juni . . .	32.5	3.22	April	32.1	2.98
September . .	31.6	3.45	Juli . . .	30.4	3.08	Mai	32.1	3.19
October . . .	32.5	3.37	August . .	32.0	3.26	Juni	32.8	2.90
November . . .	32.9	3.44	September .	32.1	3.20	Juli	31.8	3.05
December . . .	32.7	3.36	October . .	32.0	3.17	August	31.7	3.19
Januar 1883 . .	32.4	3.29	November .	32.5	3.18	September . . .	31.4	3.36
Februar . . .	32.9	3.23	December .	32.3	3.12			
März	33.1	3.30	Januar 1884	32.2	2.90			

Die untersuchte Milch stammte von Vieh Mittel-Holsteins, das im Sommer ausschliesslich durch Weidegang, im Winter bei Stallfütterung reichlich ernährt wurde.

No.	Bezeichnungen und Bemerkungen	Jahr der Untersuchung	Specifisches Gewicht	In der ursprünglichen Substanz: Wasser %	Fett %	Caseïn %	Albumin %	Milchzucker %	Asche (Salze) %	Trockensubstanz %	In der Trockensubstanz: Fett %	Caseïn %	Albumin %	Milchzucker %	Asche (Salze) %	N in der Trockensubstanz %
82	13 Kühe, Mittel v. 24 Unters.	1882 bis 84	1.0323	87.94	3.10	—	—	—	—	12.06	25.70	—	—	—	—	—
83	13 „ „ „ 24 „	„	1.0318	88.04	3.12	—	—	—	—	11.96	26.09	—	—	—	—	—
84	13 „ „ „ 19 „	„	1.0327	87.57	3.31	—	—	—	—	12.43	26.63	—	—	—	—	—
85	14 „ „ „ 21 „	„	1.0316	88.12	3.10	—	—	—	—	11.88	26.10	—	—	—	—	—
86	14 „ „ „ 22 „	„	1.0323	88.00	3.05	—	—	—	—	12.00	25.42	—	—	—	—	—
87	14 „ „ „ 20 „	„	1.0317	87.62	3.50	—	—	—	—	12.38	28.47	—	—	—	—	—
88	15 „ „ „ 20 „	„	1.0322	87.65	3.37	—	—	—	—	12.35	27.29	—	—	—	—	—
89	15 „ „ „ 20 „	„	1.0324	87.63	3.34	—	—	—	—	12.37	27.00	—	—	—	—	—
90	15 „ „ „ 20 „	„	1.0323	87.85	3.18	—	—	—	—	12.15	26.17	—	—	—	—	—
91	15 „ „ „ 25 „	„	1.0328	87.90	3.03	—	—	—	—	12.10	25.04	—	—	—	—	—
92	15 „ „ „ 24 „	„	1.0325	87.83	3.15	—	—	—	—	12.17	25.88	—	—	—	—	—
93	15 „ „ „ 19 „	„	1.0318	87.90	3.24	—	—	—	—	12.10	26.78	—	—	—	—	—
94	16 „ „ „ 31 „	„	1.0325	88.10	2.93	—	—	—	—	11.90	24.62	—	—	—	—	—
95	16 „ „ „ 19 „	„	1.0329	87.65	3.22	—	—	—	—	12.35	26.07	—	—	—	—	—
96	17 „ „ „ 19 „	„	1.0323	87.86	3.17	—	—	—	—	12.14	26.11	—	—	—	—	—
97	17 „ „ „ 20 „	„	1.0325	87.79	3.19	—	—	—	—	12.21	26.13	—	—	—	—	—
98	17 „ „ „ 25 „	„	1.0324	87.77	3.22	—	—	—	—	12.23	26.25	—	—	—	—	—
99	18 „ „ „ 21 „	„	1.0327	87.82	3.12	—	—	—	—	12.18	26.62	—	—	—	—	—
100	18 „ „ „ 22 „	„	1.0325	87.86	3.13	—	—	—	—	12.14	25.18	—	—	—	—	—
101	18 „ „ „ 19 „	„	1.0326	87.64	3.29	—	—	—	—	12.36	26.62	—	—	—	—	—
102	22 „ „ „ 24 „	„	1.0331	87.74	3.10	—	—	—	—	12.26	25.29	—	—	—	—	—
103	25 „ „ „ 21 „	„	1.0326	87.56	3.36	—	—	—	—	12.44	27.01	—	—	—	—	—
104	28 „ „ „ 21 „	„	1.0324	87.81	3.19	—	—	—	—	12.19	26.17	—	—	—	—	—
	Mittel . . .		—	87.80	—	—	—	—	—	12.20	—	—	—	—	—	—

Englisches Vieh.

Durham- oder Shorthorn-Rasse (Kurzhorn-Rasse).

No.	Bezeichnungen und Bemerkungen	No. der Tabelle B.	Jahr der Untersuchung	Specifisches Gewicht	Wasser %	Fett %	Caseïn %	Albumin %	Milchzucker %	Asche (Salze) %	Trockensubstanz %	Fett %	Caseïn %	Albumin %	Milchzucker %	Asche (Salze) %	N in der Trockensubstanz %
1	Mittel von 7 Proben .	17	1866 bis 67	—	86.46	4.25	3.70		4.83	0.76	13.54	31.39	27.33		35.67	5.61	4.37
2	Reinblütig	19	1860	—	86.73	4.11	3.24		5.18	0.74	13.27	30.97	24.42		39.03	5.58	3.91
3	Von der Pariser Ausstellung	31	1856	—	84.56	6.41	3.25	1.11	3.97	0.68	15.44	41.52	21.45	7.19	25.44	4.40	4.58
4	Jahresmittel v. 9 Kühen	35	1868	—	87.02	3.85	3.47		4.91	0.75	12.98	29.66	26.73		37.83	5.78	4.28
5	Vollblut, von 5 Kühen, Mittagsm., Trockenf. .	73	1876	—	88.00	3.48	2.58		—	—	12.00	29.00	21.50		—	—	3.44
6	Vollblut, von 3 Kühen, Abendm., Weide . .	74	„	—	88.13	3.36	3.04		—	—	11.87	28.31	25.61		—	—	4.10
7	Von der Pariser Ausstellung	106	1878	—	88.22	3.43	2.49		5.11	0.75	11.78	28.32	21.14		44.17	6.37	3.38
8	V. d. Milchwirthschaftl. Ausstellung in London, 1. Oct., milch. 12. Mai	282	1883	—	87.04	3.85	—	—	—	—	12.96	29.71	—	—	—	—	—
9	Desgl., milch. 27. Sept.	283	„	—	85.80	4.71	—	—	—	—	14.20	32.84	—	—	—	—	—
10	Desgl., milch. 5. Juni .	284	„	—	86.89	4.01	—	—	—	—	13.11	30.59	—	—	—	—	—
11	Desgl., milch. 29. Oct. (?)	285	„	—	86.23	5.30	—	—	—	—	13.77	38.49	—	—	—	—	—
12	Von 55 K., Morgenm., im Mitt. v. 7 Jahren*)	335	1879 bis 85	—	87.31	3.62	—	—	—	—	12.69	28.53	—	—	—	—	—

Durham- oder Shorthorn-Rasse.
*) Nach Ermittelungen gelegentlich der jährlichen britischen Dairy-Schauen.

No.	Bezeichnungen und Bemerkungen	No. der Tabelle B.	Jahr der Untersuchung	Specifisches Gewicht	In der ursprünglichen Substanz: Wasser %	Fett %	Caseïn %	Albumin %	Milchzucker %	Asche (Salze) %	Trockensubstanz %	In der Trockensubstanz: Fett %	Caseïn %	Albumin %	Milchzucker %	Asche (Salze) %	N in der Trockensubstanz %
13	Von 18 K., Abendm. u. Morgenmilch, Durchschnitt*)	336	1886	—	86.84	3.91	—	—	—	—	13.16	29.71	—	—	—	—	—
14	Von 73 K., Durchschnitt von 8 Jahren*) . .	337	1879/86	—	87.20	3.69	—	—	—	—	12.80	28.83	—	—	—	—	—
15	Von 39 K., milchend (Durchschn.) seit 10 Wochen**)	352	1881/84	—	87.40	3.70	—	—	—	—	12.60	29.37	—	—	—	—	—
16	Von 1 K., 8 J. alt, milchend s. 4 Mon., Ensilagef. etc. . .		„	—	88.12	3.71	—	—	—	0.68	11.88	31.23	—	—	—	5.72	—
17	Von 1 K., 7 J. alt, milchend s. 3 Mon., Ensilagef. etc. . .		„	—	87.18	4.16	—	—	—	0.66	12.82	32.45	—	—	—	5.15	—
18	Von 1 K., 8 J. alt, milchend s. 4 Mon., Ensilagef. etc. . .		„	—	87.92	3.36	—	—	—	0.68	12.08	27.81	—	—	—	5.63	—
19	Von 1 K., 7 J. alt, milchend s. 18 Woch., Ensilagef. u. Heu		„	—	87.90	3.36	—	—	—	0.69	12.10	27.77	—	—	—	5.70	—
20	Von 1 K., 5 J. alt, } Roggenmehl, Cottonmehl, Kleie, Kohlblätter		„	—	88.00	2.60	—	—	—	0.69	12.00	21.67	—	—	—	5.75	—
21	„ 1 „ 5 „ „		„	—	87.44	3.29	—	—	—	0.66	12.56	26.19	—	—	—	5.25	—
22	„ 1 „ 8 „ „		„	—	88.75	2.80	—	—	—	0.51	11.25	24.88	—	—	—	4.53	—
23	„ 1 „ 7 „ „		„	—	85.79	5.00	—	—	—	0.59	14.21	35.19	—	—	—	4.15	—
24	„ 1 „ 8 „ „		„	—	88.32	2.69	—	—	—	0.62	11.68	23.03	—	—	—	5.31	—
25	„ 1 „ 5 „ „		„	—	87.79	2.64	—	—	—	0.68	12.21	21.62	—	—	—	5.57	—
26	„ 1 „ 6 „ „		„	—	87.54	3.01	—	—	—	0.61	12.46	24.88	—	—	—	4.90	—
27			„	—	87.68	3.06	—	—	—	0.59	12.32	24.84	—	—	—	4.79	—
28	Von 1 K., milchend s. 2 M.		„	—	84.33	4.39	—	—	—	0.77	15.67	27.85	—	—	—	4.88	—
29	Von 1 K., 9 J. alt, milch. s. 4 M. . . . . } Heu und Weizenschalen		„	—	88.16	2.80	—	—	—	0.70	11.84	23.65	—	—	—	5.91	—
30	Von 1 K., 8 J. alt, milch. s. 6 M.		„	—	86.41	3.67	—	—	—	0.70	13.59	27.00	—	—	—	5.15	—
31	Von 1 K., 9 J. alt, milch. s. 6 M.		„	—	87.43	2.88	—	—	—	0.69	12.57	22.91	—	—	—	5.49	—
32	Von 1 K., 7 J. alt, milch. s. 6 M.		„	—	87.68	2.76	—	—	—	0.63	12.32	22.40	—	—	—	5.11	—
33	Von 1 K., 9 J. alt, milch. s. 3 M.		„	—	86.61	4.02	—	—	—	0.74	13.39	30.02	—	—	—	5.53	—
34	Von 1 K., 8 J. alt, milch. s. 6 M.		„	—	87.73	3.11	—	—	—	0.71	12.27	25.35	—	—	—	5.79	—
35	Von 1 K., 8 J. alt, milch. s. 6 M. . . . . } Abendmilch		„	—	87.64	3.67	—	—	—	—	12.36	29.69	—	—	—	—	—
36	Von 1 K., 9 J. alt, milch. s. 5 W.		„	—	88.27	3.27	—	—	—	—	11.73	27.88	—	—	—	—	—
37	Von 1 K., 8 J. alt, milch. s. 9 W.		„	—	89.28	2.30	—	—	—	—	10.72	21.46	—	—	—	—	—
38	Von 1 K., 9 J. alt, milch. s. 5 M.		„	—	88.20	3.33	—	—	—	—	11.80	19.75	—	—	—	—	—

*) Nach Ermittelungen gelegentlich der jährlichen britischen Dairy-Schauen.
**) Nach Ermittelungen gelegentlich der jährlichen milchwirthschaftlichen Ausstellungen zu Islington, London.
No. 16—34. Ch. Harrington. — 6. Ann. Rep. State Board of Health etc. Boston, 1885. 145.
No. 35—45. C. A. Goessmann. — Amherst. Mass. 6. Ann. Rep. State Board of Health etc. Boston, 1855. 145. Die Kühe, von denen die untersuchte Milch stammte, sind zu No. 35—44 als „Grade Durham", die Kuh zu No. 45 als „Thorough bred Durham" bezeichnet. Die Thiere bekamen Gras und Grünmais, zu No. 36, 38, 40—42 u. 45, ausserdem noch 2—4 Quarter Mehl.

No.	Bezeichnungen und Bemerkungen		Jahr der Untersuchung	Specifisches Gewicht	In der ursprünglichen Substanz: Wasser %	Fett %	Caseïn %	Albumin %	Milchzucker %	Asche (Salze) %	Trockensubstanz %	In der Trockensubstanz: Fett %	Caseïn %	Albumin %	Milchzucker %	Asche (Salze) %	N in der Trockensubstanz %
39	Von 1 K., 7 J. alt, milch. s. 3 M.	Abendmilch	1884	—	88.58	3.12	—	—	—	—	11.42	27.32	—	—	—	—	—
40	Von 1 K., 10 J. alt, milch. s. 8 W. . .		„	—	88.14	3.15	—	—	—	—	11.86	26.67	—	—	—	—	—
41	Von 1 K., 10 J. alt, milch. s. 8 M. . .		„	—	87.13	3.47	—	—	—	—	12.81	27.09	—	—	—	—	—
42	Von 1 K., 10 J. alt, milch. s. 5 M. . .		„	—	87.69	3.51	—	—	—	—	12.31	28.51	—	—	—	—	—
43	Von 1 K., 8 J. alt, milch. s. 8 M.		„	—	86.75	4.21	—	—	—	—	13.25	31.77	—	—	—	—	—
44	Von 1 K., 8 J. alt, milch. s. 6 M.		„	—	87.92	3.61	—	—	—	—	12.08	28.86	—	—	—	—	—
45	Von 1 K., 4 J. alt, milch. s. 10 W.		„	—	87.87	3.28	—	—	—	—	12.13	27.04	—	—	—	—	—
46	Von 1 K., 10 J. alt, milch. s. 7 M. . .		1885	—	85.83	4.06	—	—	—	0.70	14.17	28.65	—	—	—	4.94	—
47	Von 1 K., 5 J. alt, milchend s. 7 Tagen		1884	—	83.69	4.54	—	—	—	0.75	16.31	27.83	—	—	—	4.60	—
48	Von 1 K., 8 J. alt, milchend s. 6 Monaten		„	—	84.72	4.82	—	—	—	0.72	15.28	31.55	—	—	—	4.71	—
49	Von 1 K., 8 J. alt, milchend s. 2 Monaten		„	—	87.73	3.08	—	—	—	0.63	12.27	25.10	—	—	—	5.13	—
50	Von 1 Kuh, 6 J. alt, milchend seit 4 Mon.	Heu, Mais(grün), Kleie, Kleber und Maismehl	„	—	88.86	2.55	—	—	—	0.52	11.14	22.89	—	—	—	4.67	—
51	Von 1 Kuh, 2 J. alt, milchend seit 4 Mon.		„	—	87.80	2.53	—	—	—	0.73	12.20	20.74	—	—	—	5.98	—
52	Von 1 Kuh, 2 J. alt, milchend seit 5 Tag.		1885	—	87.61	2.74	—	—	—	0.73	12.39	22.11	—	—	—	5.89	—
53	Von 1 Kuh, 2 J. alt, milchend seit 2 Mon.		„	—	87.77	2.88	—	—	—	0.79	12.23	23.55	—	—	—	6.46	—
54	Von 1 Kuh, 4 J. alt, milchend seit 4 Mon.		„	—	86.46	3.02	—	—	—	0.62	13.54	22.31	—	—	—	4.58	—
55	Von 1 Kuh, 2 J. alt, milchend seit 3 Mon.		„	—	85.34	3.74	—	—	—	0.79	14.66	25.51	—	—	—	5.39	—
56	Von 1 Kuh, 16 J. alt, milchend seit 6 Mon.		„	—	86.34	3.84	—	—	—	0.70	13.66	28.11	—	—	—	5.12	—
57	Von 1 Kuh, 7 J. alt, milchend seit 13 Mon.		„	—	86.29	3.32	—	—	—	0.85	13.71	24.22	—	—	—	6.20	—
58	Von 1 Kuh, 2 J. alt, milchend seit 4 Mon.		„	—	85.86	3.45	—	—	—	0.68	14.14	24.40	—	—	—	4.81	—
59	Von 1 Kuh, 4 J. alt, milchend seit 4 Mon.		„	—	87.21	3.00	—	—	—	0.79	12.79	23.46	—	—	—	6.18	—
60	Von 1 Kuh, 4 J. alt, milchend seit 1 Mon.		„	—	88.34	2.66	—	—	—	0.84	11.66	22.81	—	—	—	7.20	—
61	Von 1 Kuh, 12 J. alt, milchend seit 5 Mon.		„	—	86.52	3.19	—	—	—	0.78	13.48	23.66	—	—	—	5.79	—
62	Von 16 Küken, Lowell, Kohlblätter, Cottonmehl, Roggenmehl		1884 11.	—	87.68	3.06	—	—	—	0.59	12.32	24.84	—	—	—	4.79	—

No. 46—62. Von Ch. Harrington u. C. A. Goesmann, mitgetheilt von Sam. W. Abbott. — Results of inquiries relat. to the Quality of Milk as produced in Massachusetts. Boston, Februar 1886. Zu No. 61. 14 Proben der Milch derselben Kuh gaben im Durchschnitt 13.00 % Trockensubstanz.

No.	Bezeichnungen und Bemerkungen	Jahr der Untersuchung	Specifisches Gewicht	In der ursprünglichen Substanz: Wasser %	Fett %	Caseïn %	Albumin %	Milchzucker %	Asche (Salze) %	Trockensubstanz %	In der Trockensubstanz: Fett %	Caseïn %	Albumin %	Milchzucker %	Asche (Salze) %	N in der Trockensubstanz %
63	Von 6 Kühen im Durchschnitt	1874	—	88.26	2.17	—	—	—	—	11.74	17.70	—	—	—	—	—
64	„ 2 „ „ „	„	—	87.22	2.95	—	—	—	—	12.78	23.08	—	—	—	—	—
65	„ 18 „ „ „	1886	—	86.85	3.91	—	—	—	—	13.15	—	—	—	—	—	—
66	„ 15 „ „ „	1887	—	86.82	3.89	—	—	—	—	13.18	—	—	—	—	—	—
67	„ 88 „ „ „	—	—	87.13	3.71	—	—	—	—	12.87	—	—	—	—	—	—
68	Von 300 Kühen im Jahresdurchschnitt	1884	1.0332	87.00	3.70	—	—	—	—	13.00	—	—	—	—	—	—
	Mittel		—	87.20	3.47	3.21		5.43	0.69	12.80	27.10	25.05		42.57	5.37	4.01

No. 63 u. 64. Stev. Macadam. — Jahresber. d. Agrikulturchemie 1873/74. 91. Die Thiere erhielten ärmliches Futter Der Gehalt der Milch schwankte in nachstehenden Grenzen:

	Trockensubstanz Maximum	Trockensubstanz Minimum	Fett Maximum	Fett Minimum
No. 63 . . .	12.17	11.24	2.54	1.69
No. 64 . . .	13.33	12.22	3.31	2.53

No. 65 u. 66. P. Vieth (?). — Nach einer Abhandlung von Wohltmann in der „Landw. Thierzucht". 1888. 411. Auf den Milchconcurrenzen der Dairy Shows zu London ergaben sich nachstehende Gehalte (nach Journ. of the British Dairy Farmers Assocation 1887 u. 1888) für die Milch einzelner Kühe:

Shorthorns 1886.

5. October. Eintäg. Melken.	I.	II.	III.	IV.	V.	I.	II.	III.	IV.	V.	VI.	VII.	VIII.	IX.	X.	XI.	XII.	XIII.
Alter (Jahre, Mon.) . .	6' 4	7' 5	5' 8	7' 6	9' 5	5' —	6' —	5' —	6' —	5' —	6' —	5' —	5. —	5' —	6' —	2' 8	—	5' —
Zahl d. Kälber	—	5	—	5	6	—	2	—	2	—	—	—	—	—	2	1	—	—
Zuletzt gekalbt . . .	3/9.	3/6.	14/9.	7/7.	31/7.	18/9.	24/9.	12/9.	20/9.	23/9.	20/6.	13/9.	2/9.	12/8.	15/9.	14/9.	12/8.	24/9.
Tage nach d. Kalben . .	**32**	**124**	**21**	**90**	**66**	**17**	**11**	**23**	**15**	**12**	**107**	**22**	**33**	**54**	**10**	**52**	**54**	**11**
Morgenm. kg	14.9	8.6	9.5	6.3	9.2	15.2	12.9	13.6	12.3	13.0	8.9	9.6	11.1	9.0	9.2	11.6	9.7	8.3
Abendm. kg .	12.1	5.5	10.2	5.3	3.7	10.7	11.1	9.9	10.2	8.2	8.7	9.4	8.7	8.8	8.6	5.9	6.9	7.3
Sa. Milch p. Tag kg . .	**27.0**	**14.1**	**19.7**	**11.3**	**12.9**	**25.9**	**24.0**	**23.5**	**22.5**	**21.2**	**17.6**	**19.0**	**19.8**	**17.8**	**17.8**	**17.5**	**16.6**	**15.6**
Fettgehalt % der Morgenmilch . .	2.98	3.10	1.66	3.98	2.10	4.54	4.80	3.80	3.82	2.96	4.20	5.70	3.86	3.44	4.16	3.74	3.12	3.90
der Abendmilch . .	4.02	4.44	3.82	3.92	3.10	4.80	5.06	3.80	4.26	5.42	4.14	3.80	4.28	4.26	4.22	3.40	4.26	4.10
Fettgehalt in Milch % . .	**3.5**	**3.77**	**2.74**	**3.95**	**2.60**	**4.67**	**4.93**	**3.80**	**4.04**	**4.19**	**4.17**	**4.75**	**4.07**	**3.85**	**4.19**	**3.57**	**3.69**	**4.0**
Trockensubstanz . . .	12.51	12.56	11.82	13.82	11.57	14.11	14.35	13.17	13.41	14.06	13.05	14.59	13.24	13.21	13.65	13.06	12.07	12.38

Shorthorns 1887.

Zweitäg. Melken (i. M.) 8. und 9. October.	I.	II.	III.	IV.	I.	II.	III.	IV.	V.	VI.	VII.	VIII.	IX.	X.	Rind.
Alter (Jahre, Mon., W.) .	10'6'—	12'6'2	8' 7' 2	9' 1' 1	6'3'—	6'— —	5'— —	16'— —	6'— —	5'— —	5' 5' 1	5'6'—	5'— —	7' 4' 2	2'9'—
Zahl d. Kälber	—	—	—	6	4	3	3	14	3	3	4	3	2	5	1
Zuletzt gekalbt . . .	22/9.	16/9.	29/4.	2/5.	25/2.	5/9.	25/9.	22/5.	11/9.	28/8.	16/8.	19/9.	21/9.	12/4.	21/9.
Tage nach d. Kalben . .	**16**	**21**	**161**	**158**	**224**	**32**	**12**	**138**	**26**	**40**	**52**	**18**	**16**	**178**	**16**
Morgenm. kg. pr. Tag . .	13.9	9.6	8.1	3.1	12.7	13.8	13.4	11.2	12.2	11.8	11.1	10.3	8.0	3.1	10.7
Abendm. kg. pr. Tag . .	11.9	8.1	6.0	2.3	9.2	12.0	10.4	8.9	11.2	9.9	9.1	9.9	7.3	2.2	7.7
Sa. Milch p. Tag kg . .	**25.8**	**17.7**	**14.1**	**5.3**	**21.9**	**25.8**	**23.8**	**20.1**	**23.4**	**21.7**	**20.2**	**20.2**	**15.3**	**5.3**	**18.4**
Fettgehalt % der Morgenmilch . .	2.6	4.4	2.7	4.5	3.5	2.7	3.9	3.3	2.1	2.4	3.3	2.3	5.5	2.9	6.0
der Abendmilch . .	4.4	5.9	3.7	4.9	5.3	3.7	3.7	3.8	3.1	4.0	3.7	3.8	5.5	3.1	6.0
Fettgehalt in Milch % .	**3.5**	**5.15**	**3.2**	**4.7**	**4.4**	**3.2**	**3.8**	**3.55**	**2.6**	**3.2**	**3.5**	**3.05**	**5.5**	**3.0**	**6.0**
Trockensubstanz . . .	13.90	14.45	12.45	13.95	14.2	12.3	12.85	12.90	12.10	12.55	12.40	12.45	14.15	11.9	15.25

No. 67. Ebendaselbst S. 443. Nach den 9jährigen Ergebnissen der Londoner Dairy-Shows. Die Kühe unter I—V der Tabelle vom J. 1886 und unter I—IV der Tabelle von 1887 werden als reinblütig bezeichnet.

No. 68. P. Vieth. — Laboratorium der Aylesbury-Dairy-Compagni. Milchzeitung, 1885. 84. Die Monatsdurchschnitte der Milch dieser Herde waren:

	Januar	Februar	März	April	Mai	Juni	Juli	August	Septbr.	Oct.	Novemb.	Dec.
Spec. Gewicht . . .	1,033,5	335	330	335	335	335	330	323	330	330	330	330
Trockensubstanz . .	12.7	12.9	13.0	12.9	12.9	12.8	12.9	13.1	13.4	13.4	13.1	13.0
Fett	3.3	3.5	3.7	3.5	3.5	3.4	3.6	3.9	4.0	4.0	3.8	3.7

No.	Bezeichnungen und Bemerkungen	Jahr der Untersuchung	Specifisches Gewicht	In der ursprünglichen Substanz: Wasser %	Fett %	Caseïn %	Albumin %	Milchzucker %	Asche (Salze) %	Trockensubstanz %	In der Trockensubstanz: Fett %	Caseïn %	Albumin %	Milchzucker %	Asche (Salze) %	N in der Trockensubstanz %
	Devon-Rasse (Mittelhorn-Rasse). No. der Tabelle B.															
1	Von der milchwirthsch. Ausstellung in London, $4^1/_2$ J. alt, milchend seit 4 Monaten . . 295	1883	—	85.25	5.28	—	—	—	—	14.75	35.80	—	—	—	—	—
2	Von 1 K., milchend seit 13 Wochen . . . 357	1881 bis 84	—	85.30	5.30	—	—	—	—	14.70	36.05	—	—	—	—	—
3	Von 1 K., milchend seit 8 Wochen 358	„	—	86.10	4.50	—	—	—	—	13.90	32.37	—	—	—	—	—
4	Von 12—40 K. (Mittelzahlen von No. 5—9) 365	1886	—	87.10	4.65	—	—	—	—	12.90	36.05	—	—	—	—	—
5	Von 12 K., durchschn. milch. seit 9 Mon., Abendmilch .	„	—	85.60	5.59	—	—	—	—	14.40	38.82	—	—	—	—	—
6	Von 12 K., durchschn. milch. seit 1 Mon., Abendmilch .	„	—	86.40	4.85	—	—	—	—	13.60	35.66	—	—	—	—	—
7	Von 25 K., durchschn. milch. seit 3 Woch., Morgenmilch	„	—	86.76	4.46	—	—	—	—	13.24	33.69	—	—	—	—	—
8	Von 30 K., durchschn. milch. seit 5 Woch., Morgenmilch	„	—	88.56	4.27	—	—	—	—	11.44	37.32	—	—	—	—	—
9	Von 40 K., durchschn. milch. seit 4 Mon., Morgenmilch	„	—	88.18	4.07	—	—	—	—	11.82	34.36	—	—	—	—	—
10	Von 1 K., milchend seit 1 M.	1884	—	85.65	3.66	—	—	—	0.70	14.35	25.48	—	—	—	4.87	—
11	Von 1 K., milchend seit 7 M. (6 Jahr alt)	„	—	84.89	4.17	—	—	—	0.75	15.11	34.64	—	—	—	4.97	—
12	Von 1 K., milchend seit 6 M. (5 Jahr alt)	„	—	83.96	5.12	—	—	—	0.77	16.04	31.92	—	—	—	4.80	—
13	Von 1 K., milchend seit 7 M. (7 Jahr alt), Abendmilch .	„	—	86.91	3.89	—	—	—	—	13.09	29.72	—	—	—	—	—
14	Von 1 K., 8 J. alt, milchend seit $3^1/_2$ Mon., Abendmilch	„	—	87.92	1.49	—	—	—	0.52	12.08	20.54	—	—	—	3.98	—
15	Von 1 K., 12 J. alt, milch. seit 1 Mon., Abendmilch .	„	—	86.77	2.68	—	—	—	0.66	13.23	20.26	—	—	—	4.99	—
16	Abendm. v. 12 Kühen, Januar	1886	1.032	85.60	5.59	—	—	—	—	14.40	—	—	—	—	—	—
17	Desgl., Februar	„	1.032	86.40	4.85	—	—	—	—	13.60	—	—	—	—	—	—
18	Morgenm. v. 25 Kühen, März	„	—	86.76	4.46	—	—	—	—	13.24	—	—	—	—	—	—
19	„ „ 30 „ April	„	—	88.56	4.27	—	—	—	—	11.44	—	—	—	—	—	—
20	„ „ 40 „ Juli	„	—	88.18	4.07	—	—	—	—	11.82	—	—	—	—	—	—
	Mittel		—	86.57	4.44	—	—	—	0.64	13.43	33.10	—	—	—	4.72	—

Devon-Rasse.

No. 10—12. Ch. Harrington. — 6. Ann. Rep. State Board of Health u. s. w. Suppl. Boston, 1885. S. 185.

No. 13. C. A. Goessman. — Ebendaselbst. 202. Das Futter der Thiere bestand bei No. 10—12 aus Heu, Maismehl und Kleie, bei No. 13 aus Gras und Grünmais.

No. 14 u. 15. Sam. W. Abbott. — Results of inquiries relat. to the quality of Milk etc. Massachusetts. Boston, Februar 1886.

No. 16—20. H. P. Armsby. — Agric. Exper. Stat. Wisconsin. 4. Rep. f. 1886. 162. Die Milch stammte aus einem und demselben Stalle. Nach dem letzten Kalben waren durchschnittlich verflossen:

	No. 16	17	18	19	20
	9 Monate	1 Monat	3 Wochen	5 Wochen	4 Monate
Ertrag pro Kuh an Milch in Pfd. .	5 Pfd.	12 Pfd.	14 Pfd.	15 Pfd.	10 Pfd.

Das Futter bestand
im Januar aus Kleeheu und sechs Quart Weizenkleie,
im Februar aus Kleeheu und sechs Quart einer Mischung von $^2/_3$ Hafer und $^1/_3$ Maisschrot,
im März aus gleichen Theilen Timotheeheu und Kleeheu und 6 Quart einer Mischung von gleichen Theilen Hafer und Kleie,
im April desgl. etwas Gras und 4 Quart voriger Mischung,
im Juli Weide und 4 Quart Weizenkleie.

No.	Bezeichnungen und Bemerkungen	Jahr der Untersuchung	Specifisches Gewicht	In der ursprünglichen Substanz							In der Trockensubstanz					N in der Trockensubstanz
				Wasser	Fett	Caseïn	Albumin	Milchzucker	Asche (Salze)	Trockensubstanz	Fett	Caseïn	Albumin	Milchzucker	Asche (Salze)	
				%	%	%	%	%	%	%	%	%	%	%	%	%
	Hereford-Rasse (Mittelhorn-Rasse).															
	Sussex-Rasse (Mittelhorn-Rasse).															
	Ayrshire-Rasse (Mittelhorn-Rasse).															
	No. der Tabelle B.															
1	Von 5 Kühen . . . 151	1882	—	87.15	4.33	3.20		4.60	0.72	12.85	32.70	24.90		36.80	5.60	3.98
2	Von 1 Kuh, $4^1/_4$ J. alt, frischmilchend . . 291	1883	—	85.82	5.12	—	—	—	—	14.18	36.10	—	—	—	—	—
3	Von 1 Kuh, 4 J. alt, milchend seit 2 Mon. 292	„	—	86.26	4.92	—	—	—	—	13.74	35.81	—	—	—	—	—
4	Von 20 Kühen, Jahresdurchschnitt . . . 330	1884	—	87.38	3.96	3.19		4.66	0.70	12.62	31.38	25.28		37.79	5.55	4.04
5	Von 10 K., durchschn. milchend seit 14 W. 355	1881 bis 84	—	86.50	4.20	—	—	—	—	13.50	31.21	—	—	—	—	—
6	Von 13 Kühen . . . 366	1886	—	86.98	4.13	3.34		—	—	13.02	31.72	25.65		—	—	4.10
7	Von 25 K., 10. u. 11. Juni . . . . 383—407	„	—	86.70	4.12	3.74		—	—	13.30	30.98	28.12		—	—	4.50
8	Von 22 K., dieselben K., 7. u. 8. October	„	—	86.25	4.55	3.52		—	—	13.75	33.09	25.50		—	—	4.08

No. 7 u. 8. Die Zusammensetzung der Milch der einzelnen Kühe beim Melken im Juni und im October sowie Alter und Milchergiebigkeit der Kühe waren folgende:

Bezeichnung der Kühe	Bessie	Short-legged	Short-legged	Belle of Cream Hill.	Black	Lillie	Cherry	Pride of Amerika	?	Louise	Bobtail
Alter der Kühe	9	4	4	14	8—9	6	10	8	3	6	6
Gekalbt	April	April	April	Dec.	—	Jan.	April	April	Vor 10 Tag.	Febr.	Sept. 1885
Am 10. und 11. Juni gemolken: Ertrag an Milch in kg . .	7.42	5.33	5.38	4.68	4.82	4.77	6.18	7.65	7.08	5.87	4.05
Fett %	3.60	3.47	3.64	3.48	4.01	3.97	3.85	5.04	4.21	3.82	4.79
Proteïn %	—	3.63	3.58	4.32	—	—	3.19	3.50	4.29	3.87	2.76
Trockensubstanz % . . .	12,55	12.71	13.04	12,92	12.81	13.56	12,53	13,88	13.78	12,87	14.57
Ob Abend- (A.) od. Morgenmilch (M.)	A.	A.	M.	A.	A.	A.	A.	A.	A.	A.	A.

Bezeichnung der Kühe	Rubber teat	Rubber teat	Bug Horn	Excelsior	Excelsior	Bessie	Short-legged	Belle of Cream Hill.	Black	Cherry	Rubber teat
Alter der Kühe	10	10	10	10	10	9	4	14	8—9	10	10
Gekalbt	März	März	Febr.	März	März	April	April	Dec.	—	April	März
Am 10. und 11. Juni gemolken: Ertrag an Milch in kg . .	8.12	7.70	6.43	6.78	7.15	3.71	2.98	2.84	2.81	4.30	3.91
Fett %	4.48	4.52	3.47	4.18	4.55	4.97	4.44	4.85	4.59	3.99	5.28
Proteïn %	3.38	3.72	3.25	3.61	3.38	3.44	3.28	3.75	3.47	3.06	3.37
Trockensubstanz % . . .	13.53	13.53	12.44	13.07	13.39	13.88	13.60	14.23	13.47	12.48	13.87
Ob Abend- (A.) od. Morgenmilch (M.)	A.	M.	A.	A.	M.	A.	A.	A.	A.	A.	A.

Bezeichnung der Kühe	Rubber teat	Excelsior	Excelsior	Curly Head	Mattie	Dolly Vorden	Dolly Vorden	Beauty Josie	Beauty	Three teat	Three teat	Brindle
Alter der Kühe	10	10	10	5	4	12	12	4	9	7	7	10
Gekalbt	März	März	März	März	Sept. 1885	Mai	Mai	Aug. 1885	Febr.	April 1885	April 1885	März
Am 10. und 11. Juni gemolken: Ertrag an Milch in kg . .	4.81	3.24	4.81	7.55	3.06	8.42	5.43	3.37	3.77	2.70	2.39	6.23
Fett %	3.93	5.08	4.05	4.13	4.36	4.62	3.42	4.37	4.21	4.85	4.51	3.47
Proteïn %	3.47	3.50	3.32	3.91	4.28	3.88	3.75	4.69	3.72	3.81	4.13	3.57
Trockensubstanz % . . .	12.86	14.14	13.18	13.11	13.91	12.70	11.95	14.27	13.63	14.52	14.49	12.64
Ob Abend- (A.) od. Morgenmilch (M.)	M.	A.	M.	A.	A.	A.	M.	A.	A.	A.	M.	M.

No.	Bezeichnungen und Bemerkungen	Jahr der Untersuchung	Specifisches Gewicht	In der ursprünglichen Substanz: Wasser %	Fett %	Caseïn %	Albumin %	Milchzucker %	Asche (Salze) %	Trockensubstanz %	In der Trockensubstanz: Fett %	Caseïn %	Albumin %	Milchzucker %	Asche (Salze) %	N in der Trockensubstanz %
9	Von 1 K., milchend seit 3 M.	1884	—	88.15	3.01	—	—	—	0.65	11.85	25.37	—	—	—	5.49	—
10	Von 1 K., milchend seit 5 M., 8 J. alt	„	—	87.48	3.02	—	—	—	—	12.52	24.12	—	—	—	—	—
11	Von 1 K., milchend seit 3 W., 13 J. alt, Morgenmilch .	„	—	88.34	4.92	—	—	—	—	11.66	42.19	—	—	—	—	—
12	Von 1 K., milchend seit 5 M., 2 J. alt, Morgenmilch . .	„	—	86.96	2.57	—	—	—	—	13.04	19.71	—	—	—	—	—
13	Von 1 K., milchend seit 3 W., 5 J. alt, Morgenmilch . .	„	—	85.37	3.14	—	—	—	—	14.63	21.43	—	—	—	—	—
14	Von 1 K., milchend seit 3 W., 4 J. alt, Morgenmilch . .	„	—	86.62	4.01	—	—	—	—	13.38	29.97	—	—	—	—	—
15	Von 1 K., milchend seit 4 W., 13 J. alt, Morgenmilch .	„	—	88.47	2.86	—	—	—	—	11.53	24.80	—	—	—	—	—
16	Von 1 K., milchend seit 5 M., 2 J. alt, Morgenmilch . .	„	—	87.32	3.58	—	—	—	—	12.68	28.24	—	—	—	—	—
17	Von 1 K., milchend seit 4 W., 5 J. alt	„	—	86.60	4.00	—	—	—	—	13.40	29.85	—	—	—	—	—
18	Von 1 K., milchend seit 4 W., 4 J. alt	„	—	87.79	3.22	—	—	—	—	12.21	26.37	—	—	—	—	—
19	(No. der Tabelle B.) Von 5 K., durchschn. seit 4 M., milchend . 370	„	—	87.24	3.89	3.10		—	—	12.76	30.58	24.37		—	—	3.90
20	Von 3 K., durchschn. seit 2 M., milchend, Juni 371	„	—	87.19	3.55	3.84		—	—	12.81	27.74	30.01		—	—	4.80
21	Von denselben Kühen, October 372	„	—	86.06	4.75	3.49		—	—	13.94	34.57	25.40		—	—	4.06
22	Von 1 K., 10 J. alt, milch. seit 6 Mon. . (Heu, Kleie, Mehl u. Wurzeln. Morgenmilch)	1885	—	84.80	4.49	—	—	—	0.70	15.20	29.63	—	—	—	4.61	—
23	Von 1 K., 3 J. alt, milch. seit 3 M. .	„	—	87.98	2.71	—	—	—	0.62	12.02	22.54	—	—	—	5.16	—
24	Von 1 K., 16 J. alt, milch. seit 24 M. .	„	—	87.15	3.00	—	—	—	0.61	12.85	23.35	—	—	—	3.98	—
25	Von 1 K., 14 J. alt, milch. seit 8 M. . .	„	—	86.57	3.51	—	—	—	0.64	13.43	26.40	—	—	—	4.81	—
26	Von 1 K., 9 J. alt, milch. seit 3 M. . .	„	—	88.74	2.89	—	—	—	0.55	11.26	15.67	—	—	—	4.88	—

Bezeichnung der Kühe	Curly Head	Mattie	Dolly Vorden	Dolly Vorden	Beauty Josie	Three teat	Brindle	Amy	Strewberry	Strewberry	Ewkahnn	Ewkahn	Beauty	Brindle
Alter der Kühe	5	4	12	12	4	7	10	2	8	8	4	4		
Gekalbt	März	Sept. 1885	Mai	Mai	Aug. 1885	April 1885	März	Vor 3 W.	Mai	Mai	Oct. 4	Oct. 4		
Am 7. und 8 October gemolken: Ertrag an Milch in kg .	3.46	2.20	4.36	5.23	3.18	4.05	3.74	4.05	4.72	4.72	4.08	5.85	3.82	4.73
Fett %	4.51	4.18	4.56	3.75	5.51	4.00	6.03	4.87	4.64	4.60	6.03	4.61	4.15	3.50
Proteïn %	3.44	3.37	3.25	3.34	3.72	3.53	4.37	3.31	3.41	3.53	4.37	4.63	3.56	3.41
Trockensubstanz % . .	14.12	13.19	12.90	12.38	14.94	13.36	16.32	14.08	13.63	14.02	16.32	15.03	13.64	12.82
Ob Abend- (A.) oder Morgenmilch (M.) . .	A.	A.	A.	M.	A.								M.	M.

No. 9 u. 10. Ch. Harrington. — 6. Ann. Rep. State Board of Health etc. Boston, 1885. 145.
No. 11—18. C. A. Goessman. — Amherst. Mass. Ebendaselbst. 202.
No. 22—38. Ch. Harrington u. C. A. Goessman in: Sam. W. Abbott. — Results of inquiries relat. to the quality of Milk et. Massachusetts. Boston, Februar 1886.

No.	Bezeichnungen und Bemerkungen	Jahr der Untersuchung	Specifisches Gewicht	In der ursprünglichen Substanz: Wasser %	Fett %	Caseïn %	Albumin %	Milchzucker %	Asche (Salze) %	Trockensubstanz %	In der Trockensubstanz: Fett %	Caseïn %	Albumin %	Milchzucker %	Asche (Salze) %	N in der Trockensubstanz %
27	Von 1 K., 16 J. alt, milch. seit 12 M. (Heu, Kleie, Mehl und Wurzeln. Morgenmilch)	1885	—	88.12	2.80	—	—	—	0.68	11.88	23.52	—	—	—	5.71	—
28	Von 1 K., 10 J. alt, milch. seit 3 M. (Heu, Kleie, Mehl und Wurzeln. Morgenmilch)	„	—	87.62	3.07	—	—	—	0.66	12.39	24.85	—	—	—	5.34	—
29	Von 1 K., 3 J. alt, milch. seit 4 M. (Heu, Kleie, Mehl und Wurzeln. Morgenmilch)	„	—	87.25	3.09	—	—	—	0.67	12.75	24.23	—	—	—	5.25	—
30	Von 1 K., 3 J. alt, milch. seit 3 M. (Heu, Kleie, Mehl und Wurzeln. Morgenmilch)	„	—	88.33	2.83	—	—	—	0.65	11.67	24.25	—	—	—	5.57	—
31	Von 1 K., 6 J. alt, milch. seit $4^1/_2$ M. (Weidegang mit Beifutter von Kleie und Klebermehl Morgenmilch)	1884	—	87.11	3.22	—	—	—	0.60	12.89	24.98	—	—	—	4.65	—
32	Von 1 K., 4 J. alt, milch. seit $7^1/_2$ M. (Weidegang mit Beifutter von Kleie und Klebermehl Morgenmilch)	„	—	84.63	4.13	—	—	—	0.60	15.37	26.97	—	—	—	3.90	—
33	Von 1 K., 6 J. alt, milch. seit $5^1/_2$ M. (Weidegang mit Beifutter von Kleie und Klebermehl Morgenmilch)	„	—	86.99	2.73	—	—	—	0.61	13.01	20.98	—	—	—	4.69	—
34	Von 1 K., 4 J. alt, milch. seit 11 Woch. (Weidegang mit Beifutter von Kleie und Klebermehl Morgenmilch)	„	—	84.33	5.04	—	—	—	0.57	15.67	32.16	—	—	—	3.64	—
35	Von 1 K., 6 J. alt, milch. s. 6 M., Heu, Malzkeime und Baumwollesamenm., Abdm.	„	—	86.17	3.86	—	—	—	0.69	13.83	27.63	—	—	—	4.94	—
36	Von 1 K., 7 J. alt, milch s. 6 M., Heu, Stoppelweide u. Futtermehl, Abendmilch .	„	—	85.62	4.58	—	—	—	0.68	14.38	31.39	—	—	—	4.66	—
37	Von 1 K., 6 J. alt, milch. s. 4 M., Heu, Stoppelweide u. Futtermehl, Abendmilch .	„	—	86.24	3.28	—	—	—	0.65	13.76	23.84	—	—	—	4.72	—
38	Von 1 K., 8 J. alt, milch. s. 2 M., Malzkeime u. Futtermehl, Nachm. 4 Uhr . .	1885	—	88.23	2.66	—	—	—	0.54	11.77	22.61	—	—	—	4.59	—
39	Von 12 Kühen	1874	—	87.10	2.67	—	—	—	—	12.90	20.70	—	—	—	—	—
40	Von 3 Kühen	„	—	87.47	2.85	—	—	—	—	12.53	22.75	—	—	—	—	—
41	Von 7 Kühen im Durchschn.	1886	—	87.33	4.09	—	—	—	—	12.67	—	—	—	—	—	—
42	Von 1 Kuh	„	—	88.01	3.06	—	—	—	—	11.99	—	—	—	—	—	—
	Mittel . . .		—	86.93	3.58	3.42		5.43	0.64	13.07	27.41	26.15		31.55	4.89	4.18

Jersey- oder Aldernay-Rasse.

No.	Bezeichnungen und Bemerkungen	No. der Tabelle B.	Jahr der Untersuchung	Specifisches Gewicht	Wasser %	Fett %	Caseïn %	Albumin %	Milchzucker %	Asche (Salze) %	Trockensubstanz %	Fett %	Caseïn %	Albumin %	Milchzucker %	Asche (Salze) %	N in der Trockensubstanz %
1	Von 6 K., milch., durchschnittl. s. 52 T. .	150	1880	—	85.28	5.21	3.67		4.93	0.91	14.72	35.39	24.93		33.50	6.18	3.99

No. 39 u. 40. Stev. Macadam. — Jahresb. d. Agrikulturchemie 1873—74. 91. Die Thiere erhielten ärmliches Futter. Der Gehalt der Milch schwankte in nachstehenden Grenzen:

	Trockensubstanz Maximum	Trockensubstanz Minimum	Fett Maximum	Fett Minimum
No. 39 . . .	12.57	11.29	3.32	1.56
No. 40 . . .	12.92	11.93	3.02	2.56

No. 41. Nach einer Abhandlung von Wohltmann in der „Landw. Thierzucht“ 1888. 425. Nach „Live Stock Journal and Agricultural Gazette Almanac“ 1886. Die Ergebnisse der Prüfung der 7 Kühe (Edinburger Ausstellung) sind folgende:

	I.	II.	III.	IV.	V.	VI.	VII.
Tage nach dem Kalben	123	172	30	19	28	14	30
Sa. Milch pr. Tag kg .	14.4	16.2	17.2	16.65	21.3	16.0	16.0
Fettgehalt %	5.25	4.20	5.10	4.76	3.06	3.23	3.01
Trockensubstanz % .	13.76	12.60	12.83	13.50	12.06	12.53	11.51

No. 42. Ebendaselbst. Kuh 6 Jahr alt, 84 Tage nach dem letzten Kalben 24.4 kg Milch pr. Tag.

No.	Bezeichnungen und Bemerkungen	No. der Tabelle B.	Jahr der Untersuchung	Specifisches Gewicht	In der ursprünglichen Substanz: Wasser %	Fett %	Caseïn %	Albumin %	Milchzucker %	Asche (Salze) %	Trockensubstanz %	In der Trockensubstanz: Fett %	Caseïn %	Albumin %	Milchzucker %	Asche (Salze) %	N in der Trockensubstanz %
2	Von 1 Kuh, milchend seit ca. 6 Wochen . . . (V. d. milchwirthschaftl. Ausstellung, London, Oct. 1883)	286	1883	—	86.79	4.20	—	—	—	—	13.21	31.79	—	—	—	—	—
3	Von 1 Kuh, milchend seit ca. 10 Wochen . . . (V. d. milchwirthschaftl. Ausstellung, London, Oct. 1883)	287	„	—	86.71	4.11	—	—	—	—	13.29	30.92	—	—	—	—	—
4	Von 1 Kuh, milchend seit ca. 9 Wochen . . . (V. d. milchwirthschaftl. Ausstellung, London, Oct. 1883)	288	„	—	85.79	5.14	—	—	—	—	14.21	36.17	—	—	—	—	—
5	Von 42 K., durchschnittl. Ermitt. in 7 Jahren, Morgenmilch . . .	338	1879 bis 85	—	86.30	4.17	—	—	—	—	13.70	30.44	—	—	—	—	—
6	Von 14 K., 1886, Mgm. und Abendmilch . .	339	1886	—	85.65	4.75	—	—	—	—	14.35	35.10	—	—	—	—	—
7	Von 56 K., durchschn. in 8 Jahren . . .	340	1879 bis 86	—	86.14	4.31	—	—	—	—	13.86	31.10	—	—	—	—	—
8	Von 21 K., milch., durchschnittl. seit 8 Woch.	353	1881 bis 84	—	86.50	4.10	—	—	—	—	13.50	30.37	—	—	—	—	—
9	Von 28 Kühen . . .	563	1886	—	85.23	5.40	3.64		—	—	14.77	36.56	24.64		—	—	3.94
10	Von 2 K., milch. s. 44 Tagen, durchschn. .	368	„	—	85.82	4.90	—	—	—	—	14.18	34.55	—	—	—	—	—
11	Von 2 K., milch. s. 131 Tagen, durchschn. .	369	„	—	83.92	6.18	3.56		—	—	16.08	38.40	22.12		—	—	3.54
12	Von 1 Kuh, 6 Jahr alt . .		1884	—	84.86	5.24	—	—	—	0.75	15.14	34.61	—	—	—	4.95	—
13	Von 1 K., milchend seit $3^1/_4$ Woche		„	—	87.52	2.05	—	—	—	0.72	12.48	16.43	—	—	—	5.77	—
14	Von 1 K., milchend seit 6 Monaten		„	—	88.96	1.24	—	—	—	0.79	11.04	11.23	—	—	—	7.16	—
15	Alderney, 5 J. alt, milch. 6 Monate . . . . (Heu, Kleie, Mehl u. Wurzeln)		1885	—	86.50	3.97	—	—	—	0.68	13.50	28.07	—	—	—	5.04	—
16	Desgl., 8 J. alt, milch. 6 Monate . . . . (Heu, Kleie, Mehl u. Wurzeln)		„	—	86.03	4.08	—	—	—	0.68	13.97	29.20	—	—	—	4.87	—
17	Jersey, 8 J. alt, milch. 3 Monate . . . . (Heu, Kleie, Mehl u. Wurzeln)		„	—	85.99	4.36	—	—	—	0.64	14.01	31.12	—	—	—	4.57	—
18	Grade J., 8 Jahr alt, milchend 11 Monate (Stoppelweide, Mittelmehl)		„	—	86.55	2.09	—	—	—	0.73	13.45	15.54	—	—	—	5.43	—
19	Desgl., 7 J. alt, milch. 14 Monate . . . . (Stoppelweide, Mittelmehl)		„	—	85.58	4.21	—	—	—	0.67	14.42	29.20	—	—	—	4.65	—
20	Desgl., 6 J. alt, milch. 6 Monate . . . . (Stoppelweide, Hafer n. Mais)		„	—	86.79	2.30	—	—	—	0.57	13.21	17.41	—	—	—	4.31	—
21	Desgl., 2 J. alt, milch. 1 Monat . . . . (Stoppelweide, Hafer n. Mais)		„	—	86.53	3.31	—	—	—	0.64	13.47	24.60	—	—	—	4.76	—
22	Jersey, $2^1/_2$ J. alt, milch. $2^1/_2$ Monat (Maiskolbenmehl, Haferspreu, Grünmais u. Heu)		1886	—	83.30	6.74	—	—	—	—	16.70	40.32	—	—	—	—	—
23	Desgl., 5 J. alt, milch. 5 Monate . (Maiskolbenmehl, Haferspreu, Grünmais u. Heu)		„	—	85.17	5.67	—	—	—	—	14.83	38.23	—	—	—	—	—

No. 12—14. Ch. Harrington. — 6. Ann. Rep. State Board of Health etc. Boston, 1885. 185. Die untersuchten Proben sind als von bekannter Reinheit bezeichnet und war die betreffende Milch in Gegenwart eines Wirthschaftsbeamten ermolken.

No. 15—24. Ch. Harrington u. C. A. Goesman, ebendaselbst und mitgetheilt von Sam. W. Abbott. — Results of inquiries relat. to the quality of Milk as produced in Massachusetts. Boston, Februar 1886. Zu No. 21. 8 Proben ergaben 13.50% Trockensubstanz. Zu No. 23. 5 Proben ergaben 14.50% Trockensubstanz.

No.	Bezeichnungen und Bemerkungen	Jahr der Untersuchung	Specifisches Gewicht	In der ursprünglichen Substanz: Wasser %	Fett %	Caseïn %	Albumin %	Milchzucker %	Asche (Salze) %	Trockensubstanz %	In der Trockensubstanz: Fett %	Caseïn %	Albumin %	Milchzucker %	Asche (Salze) %	N in der Trockensubstanz %
24	Von 2 K. a. Westboro (Heu, Grünmais, Maismehl etc.), Abendmilch	1885	—	86.34	4.10	—	—	—	0.80	13.66	30.02	—	—	—	5.86	—
25	Von einer Herde, Jahresdurchschnitt	1886	—	85.20	5.10	—	—	—	—	14.80	—	—	—	—	—	—
26	Von 14 Kühen, im Mittel, 5. October	„	—	85.65	4.75	—	—	—	—	14.35	—	—	—	—	—	—
27	Von 9 älteren Kühen, 8.—9. October	1887	—	85.35	4.70	—	—	—	—	14.65	—	—	—	—	—	—
28	Von 10 Kühen nach dem 1. Kalben, 8.—9. October .	„	—	85.34	4.70	—	—	—	—	14.66	—	—	—	—	—	—
29	Von 75 Kühen im M. . . .	—	—	85.96	4.04	—	—	—	—	14.04	—	—	—	—	—	—

No. 25—28. P. Vieth (?). — Nach einer Abhandlung von Wohltmann in der „Landw. Thierzucht" 1888. 377. Zu No. 25. In den einzelnen Monaten enthielt die Milch dieser Herde

	Januar	Februar	März	April	Mai	Juni	Juli	August	September	October	November	December
an Trockensubstanz . . .	14.4	14.5	14.6	15.2	14.8	14.3	14.7	15.2	14.7	15.2	15.3	14.7
an Fett	4.8	4.9	5.0	5.5	5.2	4.8	5.0	5.4	5.0	5.4	5.5	4.9

Zu No. 26—28. Auf den Milch-Concurrenzen der Dairy-Shows zu London 1886 u. 1887 ergaben sich nachstehende Gehalte (nach dem Journal of the British Dairy Farmers Assocation 1887 u. 1888) für die Milch einzelner Kühe:

1886 (5. October) Kuh	I	II	III	IV	V	VI	VII	VIII	IX	X	XI	XII	XIII	XIV
Alter (Jahre, Mon., W.) .	5· 2· 3	5· 1· 3	8· 7·—	5· 8·—	2· 10· 2	6· 1·—	3· 8· 3	2· 8· 2	8·— —	3· 6· 2	3· 7· 2	5·— —	4· 7· 2	4· 1· 2
Zahl d. Kälber	4	—	6	—	—	—	—	—	—	—	—	—	2	3
Zuletzt gek. .	24/4.	21/4.	21/5.	18/6.	30/8.	23/9.	5/9.	24/9.	20/8.	8/9.	13/9.	18/9.	4/9.	4/8.
Tag nach dem Kalben . .	164	167	136	109	36	12	30	11	46	47	22	17	31	62
Morgenm. kg	8.5	8.6	8.1	6.9	8.4	8.0	7.5	8.4	9.1	6.8	9.2	5.9	6.3	5.3
Abendm. kg .	6.0	7.2	6.6	5.3	6.4	6.3	7.2	6.7	7.2	6.0	7.7	3.8	5.0	3.2
Sa. Milch pro Tag kg . .	14.5	15.8	14.7	12.2	14.8	14.3	14.7	15.1	16.3	12.8	16.9	9.7	11.3	8.5
Fettgehalt %, Morgenm. .	5.10	3.72	3.72	4.90	5.14	5.38	4.10	4.36	3.40	5.30	3.60	7.58	3.50	5.72
Abendm. .	6.00	4.34	4.64	5.34	5.56	5.94	5.74	5.24	3.68	5.20	3.42	4.48	4.86	2.92
im Mittel .	5.55	4.03	4.18	5.12	5.55	5.96	4.92	4.80	3.54	5.25	3.51	6.03	4.18	4.32
Trockensubst. im Mittel .	15.55	13.51	12.81	14.97	15.24	15.96	14.63	14.58	13.08	14.97	12.85	15.18	13.55	14.07

1887 (8. u. 9. October) Kuh	I	II	III	IV	V	VI	VII	VIII	IX
Alter (Jahre, Mon., Woch.)	10· 7· 3	7· 6·—	8· 3· 2	6· 5·—	7· 3· 1	4· 4· 3	4· 9·—	8· 3·—	4· 7· 3
Zahl der Kälber	9	—	—	—	6	—	—	—	4
Zuletzt gekalbt	24/5.	20/4.	27/4.	6/8.	19/9.	21/8.	13/9.	4/8.	27/8.
Tag nach dem Kalben . .	136	170	163	62	18	47	24	64	41
Morgenmilch kg	8.7	9.2	6.5	8.2	9.3	8.6	7.7	6.9	4.4
Abendmilch kg	5.9	5.4	5.3	6.1	6.5	6.1	5.7	5.5	6.2
Sa. Milch pro Tag kg . .	14.6	14.6	11.8	14.3	15.8	14.7	13.4	12.4	10.6
Fettgehalt %, Morgenmilch	5.2	4.2	5.2	4.2	4.0	3.1	5.2	4.1	3.1
Abendmilch .	5.5	3.9	7.0	5.4	3.4	4.1	4.6	6.0	6.9
im Mittel . .	5.35	4.05	6.1	4.8	3.7	3.6	4.9	5.05	5.0
Trockensubstanz im Mittel	14.8	14.15	15.9	14.6	13.7	13.75	14.4	14.8	15.75

1887 (8. u. 9. October) Rind	I	II	III	IV	V	VI	VII	VIII	IX	X
Alter (Jahre, Mon., Woch.)	2· 3· 3	2· 4· 2	2· 6· 2	3· 5· 2	2· 2· 1	2· 2· 3	2· 2· 4	2· 3· 2	2· — 3	2· 3· 1
Zahl der Kälber	1	1	1	1	1	1	1	1	1	1
Zuletzt gekalbt	17/6.	17/5.	15/7.	Sept.	25/8.	15/8.	29/8.	Sept.	20/9.	12/9.
Tag nach dem Kalben . .	104	143	84	—	43	53	39	—	—	—
Morgenmilch kg	6.5	6.5	6.9	7.0	5.9	5.6	5.2	4.7	4.4	3.8
Abendmilch kg	4.8	5.1	5.5	5.9	4.4	3.9	3.9	3.8	3.5	3.1
Sa. Milch pro Tag kg . .	11.3	11.6	12.4	12.9	10.3	9.5	9.1	8.5	7.9	6.9
Fettgehalt %, Morgenmilch	4.9	3.6	4.0	3.5	4.3	4.8	4.3	4.4	4.5	4.3
Abendmilch .	6.8	4.2	4.4	3.9	5.5	5.8	5.2	5.2	4.8	4.7
im Mittel . .	5.95	3.9	4.2	3.7	4.9	5.3	4.75	4.8	4.65	4.5
Trockensubstanz im Mittel	15.6	14.05	13.7	12.95	14.75	16.1	15.35	14.9	14.85	14.35

Die oben angeführten Mittelzahlen wurden aus vorstehendem Material von uns berechnet. Nach obigem Gewährsmann gaben 31 Kühe dieser Rasse auf der Wobernfarm (Herzog von Bedford) im Durchschnitt von 4 Tagen bei Stallfütterung pro Kopf und pro Tag rund 10 kg Milch mit 5—6 % Fettgehalt. Die Jersey-Kuh, welche 1887 auf der Dairy-Show zu London den ersten Preis in der Milchconcurrenz erhielt (10 J. 7 Mon. alt), 9 mal gekalbt, zuletzt 24. Mai 1887 am 20. Juni (Roy. Counties Show zu Reading) 21.4 kg Milch (daraus 1.03 kg Butter). Am 8. u. 9. October (Dairy-Show zu London) je 14.6 kg Milch mit 5.35 % Fett.

No. 29. Ebendaselbst. S. 443. — Nach den 9jährigen Ergebnissen der Londoner Dairy-Shows.

No.	Bezeichnungen und Bemerkungen	No. d. Tab. B.	Jahr der Untersuchung	Specifisches Gewicht	In der ursprünglichen Substanz: Wasser %	Fett %	Caseïn %	Albumin %	Milchzucker %	Asche (Salze) %	Trockensubstanz %	In der Trockensubstanz: Fett %	Caseïn %	Albumin %	Milchzucker %	Asche (Salze) %	N in der Trockensubstanz %
30	Von 8 Kühen im Jahresdurchschnitt		1884	1.0335	85.30	5.00	—	—	—	—	14.70	34.01	—	—	—	—	—
31	Jahresdurchschnitt		1886	1.0334	85.30	5.44	—	—	—	—	14.70	37.01	—	—	—	—	—
	Mittel . . .			—	85.90	4.32	3.34		5.70	0.74	14.10	30.95	23.69		40.42	5.25	3.79
	Guernsey-Rasse.																
1	Gloriana, milchend s. 8./3. 1882: 15./11. 82	135	1882 bis 83	1.0326	85.02	5.00	4.22		4.47	1.29	14.98	33.37	28.17		29.85	8.61	4.51
2	„ 8./12. 82	136	„	1.0354	84.98	5.47	4.13		4.42	0.79	15.02	36.42	27.50		30.82	5.26	4.40
3	„ 16./5. 83	137	„	—	86.36	4.39	—		—	—	13.64	32.08	—		—	—	—
4	Princess, milchend s. 21./4. 1882: 15./11. 82	138	„	1.0334	86.63	4.00	4.16		4.18	1.03	13.37	29.92	31.11		31.27	7.70	4.98
5	„ 8./12. 82	139	„	1.0354	85.90	4.77	3.69		4.39	1.25	14.10	33.82	26.21		31.10	8.87	4.19
6	„ 16./5. 83	140	„	—	87.19	4.05	—		—	—	12.81	31.61	—		—	—	—
7	Ceres, milchend s. 23./3. 1882: 15./11. 82	141	„	1.0340	82.85	6.62	4.51		4.57	1.45	17.15	38.50	26.30		26.75	8.45	4.21
8	„ 8./12. 82	142	„	1.0368	82.94	6.74	4.60		4.52	1.20	17.06	39.51	26.96		26.50	7.03	4.31
9	„ 16./5. 83	143	„	—	84.86	6.04	—		—	—	15.14	39.89	—		—	—	—
10	Fawn, milchend s. Frühj.: 15./11. 82	144	„	1.0340	84.96	5.23	4.14		4.62	1.05	15.04	34.77	27.53		30.72	6.98	4.40
11	„ 8./12. 82	145	„	1.0340	86.05	4.73	3.77		4.35	1.10	13.95	33.90	27.02		31.20	7.88	4.32
12	Lemon, milchend s. 26./4. 82: 15./11. 82	146	„	1.0353	84.82	5.06	4.00		4.69	1.43	15.18	33.34	26.35		30.89	9.42	4.22
13	„ 8./12. 82	147	„	1.0368	85.52	5.06	3.55		4.76	1.11	14.48	34.94	24.52		32.87	7.67	3.92
14	Amy, milchend s. Nov. 1881, 16. Mai 1883	148	„	—	84.66	6.22	—		—	—	15.34	40.50	—		—	—	—
15	Mittel der vorigen 6 K.	149	„	—	85.20	5.23	4.08		4.50	1.17	14.80	35.34	27.57		29.18	7.91	4.41
16	Von 1 K., 4 J. alt, milch. s. 28. Juni . . .	289	Oct. 1883	—	85.34	5.08	—		—	—	14.66	34.65	—		—	—	—
17	Von 1 K., $7^1/_6$ J. alt, milch. s. 8. April .	290	„	—	83.75	5.54	—		—	—	14.25	38.88	—		—	—	—
18	Von 23 K., in 7 Jahren, Durchschnitt . . .	391	1879 bis 85	—	86.13	4.52	—		—	—	13.87	32.59	—		—	—	—

No. 30. P. Vieth. — Laboratorium der Aylesbury-Dairy-Compagnie in London. Milchzeitung 1885. 85. Die Monatsdurchschnitte betrugen:

	Januar	Februar	März	April	Mai	Juni	Juli	August	September	October	November	December
Spec. Gewicht	1.0335	335	335	335	330	330	335	335	352	340	340	340
Trockensubstanz . . .	14.5	14.5	14.6	15.2	14.8	14.3	14.2	14.4	14.7	15.2	15.3	14.7
Fett	4.8	4.9	5.0	5.4	5.2	4.8	4.6	4.8	5.0	5.4	5.5	4.9

No. 31. H. P. Armsby. — Agr. Exp. Stat. of the University of Wisconsin. 4. Rep. f. 1886. 161. Die untersuchte Milch war Morgenmilch eines Viehstapels, der 14—20 Kühe enthielt, welche durchschnittlich 133—199 Tage vorher gekalbt hatten. Der monatliche Durchschnittsertrag war wie nachstehend:

Datum der Probenahme	1. Januar	1. Februar	1. März	31. März	3. Mai	7. Juni	3. August	4. October	1. November
Anzahl der verwendeten Kühe	19	20	17	18	17	17	16	19	18
Milchertrag pro Kuh (Morgenmilch) . .	5.62	6.67	6.70	6.15	7.24	7.85	7.67	9.36	6.32
Gehalt der Milch an Trockensubstanz .	14.76	15.13	15.13	15.00	13.24	14.95	15.31	15.32	15.16
Gehalt der Milch an Fett	4.61	5.47	5.47	5.92	5.11	5.50	6.19	5.34	5.46
Specifisches Gewicht	1.036	1.036	1.032	1.035	—	—	—	—	1.033

Das Futter bestand im Januar und Februar aus Kleeheu, Maisstengel und 7 Pfd. einer Mischung von 1 Theil Mais- und 1 Theil Haferstroh mit 2 Thl. Weizenkleie; im März aus demselben Futter, nur dass das Heu eine Mischung von Klee und Timothee war; im Mai, Abends und Morgens auf dem Stall Timotheeheu, Tags Weide und 4 Pfd. obiger Körnermischung. Juni, Tags und Nachts Weide; August, sehr magere Weide, einmal Heu und Weizenkleie; October, Weide und 6 Pfd. Weizenkleie; November, magere Weide, etwas grünen Mais und 6 Pfd. Weizenkleie.

No.	Bezeichnungen und Bemerkungen	No. der Tabelle B.	Jahr der Untersuchung	Specifisches Gewicht	In der ursprünglichen Substanz: Wasser %	Fett %	Caseïn %	Albumin %	Milchzucker %	Asche (Salze) %	Trockensubstanz %	In der Trockensubstanz: Fett %	Caseïn %	Albumin %	Milchzucker %	Asche (Salze) %	N in der Trockensubstanz %
19	1886, Durchschnitt . .	342	1886	—	85.79	5.10	—	—	—	—	14.21	35.90	—	—	—	—	—
20	In 8 Jahren, Durchschn.	343	1879 bis 86	—	86.02	4.64	—	—	—	—	13.98	33.19	—	—	—	—	—
21	Von 13 K., milchend, durchschnittl. s. 15 W.	354	1881 bis 84	—	86.10	4.60	—	—	—	—	13.90	30.09	—	—	—	—	—
22	Von 7 K., Durchschn. .	364	1886	—	85.26	5.20	4.08		—	—	14.74	35.28	27.68		—	—	4.43
23	Von 1 K., milchend s. 118 Tagen . . .	373	?	—	85.59	4.99	—	—	—	—	14.41	34.63	—	—	—	—	—
24	Von 6 K., im Mittel, 5. Oct.		1886	—	85.59	5.09	—	—	—	—	14.41	35.32	—	—	—	—	—
25	„ 6 „ „ „ 8. u. 9. October		1887	—	85.33	4.71	—	—	—	—	14.67	32.11	—	—	—	—	—
26	Von 85 Kühen, im Mittel .		—	—	85.91	4.65	—	—	—	—	14.09	13.58	—	—	—	—	—
	Mittel . . .			—	85.39	5.11	3.98		4.38	1.14	14.61	34.73	27.24		30.00	7.80	4.36
	Kerry-Rasse.																
1	Von der Ausstellung in Paris 1878 . . .	111	1878	—	87.92	3.59	2.43		5.29	0.77	12.08	29.72	20.11		43.80	6.37	3.22
2	Mittel		1886(?)	—	87.50	3.75	—	—	—	—	12.50	30.00	—	—	—	—	—
	Norfolk- u. Suffolk- ungehörnte Rasse in England.																
	Aberdeen- u. Angus- ungehörnte Rasse in Schottland.																
1	Angus, von der Ausstellung in Paris 1856 .	30	1856	—	80.32	9.88	4.56	0.79	3.23	0.72	19.68	50.70	23.40	4.05	18.15	3.70	4.39
	Galloway-Rasse.																
1	Scotch-Polled . . .	279	1883	—	87.84	3.42	—	—	—	—	12.17	24.18	—	—	—	—	—

Französisches Vieh.

No.	Bezeichnungen und Bemerkungen	No. der Tabelle B.	Jahr der Untersuchung	Specifisches Gewicht	Wasser %	Fett %	Caseïn %	Albumin %	Milchzucker %	Asche (Salze) %	Trockensubstanz %	Fett %	Caseïn %	Albumin %	Milchzucker %	Asche (Salze) %	N in der Trockensubstanz %
	Normännische Rasse.																
1	Von 30 Kühen, Abendm.	13	1859	—	85.64	5.44	2.16	1.10	4.88	0.78	14.36	37.88	15.04	7.66	33.99	5.43	3.63
2	Von der Ausstellung in Paris 1856 . . .	28	1856	—	87.18	3.24	4.21	0.55	4.21	0.60	12.82	25.27	32.84	4.29	32.92	4.68	5.94
3	Sommermilch . . .	86	1876	—	83.11	7.40	4.25		4.35	0.60	16.89	43.82	26.45		26.18	3.55	4.23

Guernsey-Rasse.

No. 24 u. 25. P. Vieth. — Nach einer Abhandlung von Wohltmann in der „Landw. Thierzucht" 1888. 389. S. Anm. unter Milch von Jerseys No. 25—28.

	Zu No. 24. Guernseys 1886 (5. October): I	II	III	IV	V	VI	Zu No. 25. Guernseys 1887 (8. und 9. October im Mittel): I	II	III	IV	V	Rind
Alter (Jahre, Mon., Woch.)	5· 2·—	5· 7·—	9· 2·—	2· 9· 2	2· 11·—	9· 7·—	6· 1· 1	6· 3·—	5· 8·—	5· 7·—	5· 11·—	2· 9·—
Zahl der Kälber	—	—	—	—	—	—	—	—	—	—	—	1
Zuletzt gekalbt	15/4.	29/7.	15/5.	27/4.	23/9.	5/8.	4/8.	7/9.	15/5.	20/5.	2/9.	1/8.
Tage nach dem Kalben . .	173	68	143	161	12	61	64	30	145	140	35	67
Morgenmilch kg	6.2	6.5	6.6	5.2	6.9	6.1	8.6	8.1	6.8	6.0	8.9	8.2
Abendmilch kg	5.0	4.9	4.7	3.1	6.0	5.0	6.5	6.0	3.9	4.0	5.9	5.1
Sa. kg Milch pro Tag . . .	**11.2**	**11.4**	**11.3**	**8.3**	**12.9**	**11.1**	**15.1**	**14.1**	**10.7**	**10.0**	**14.8**	**13.3**
Fettgehalt %, Morgenmilch	4.54	6.62	3.96	4.94	4.30	4.22	4.5	4.0	4.6	5.3	3.7	4.6
Abendmilch	7.96	5.52	4.62	4.74	4.94	4.68	4.0	5.5	4.9	5.8	4.9	4.8
im Mittel % .	**6.25**	**6.07**	**4.29**	**4.84**	**4.62**	**4.45**	**4.25**	**4.75**	**4.75**	**5.55**	**4.3**	**4.7**
Trockensubst. im Mittel %	16.15	14.94	12.93	14.32	14.21	13.91	14.2	14.65	14.9	15.75	13.8	14.7

Die oben angeführten Mittelzahlen wurden aus vorstehenden Einzelbestimmungen von uns berechnet.

No. 26. Ebendaselbst. S. 443. — Nach den 9jährigen Ergebnissen der Londoner Dairy-Shows.

Kerry-Rasse.

No. 2. Nach einer Abhandlung von Wohltmann in der „Landw. Thierzucht" 1888. 443. Nach in England angestellten Ermittelungen des Verfassers.

No.	Bezeichnungen und Bemerkungen	No. der Tabelle B.	Jahr der Untersuchung	Specifisches Gewicht	In der ursprünglichen Substanz: Wasser %	Fett %	Caseïn %	Albumin %	Milchzucker %	Asche (Salze) %	Trockensubstanz %	In der Trockensubstanz: Fett %	Caseïn %	Albumin %	Milchzucker %	Asche (Salze) %	N in der Trockensubstanz %
4	Wintermilch	87	1876	—	83.40	7.69	4.00		4.25	0.70	16.60	46.32	24.10		25.36	4.22	3.86
5	Von der Pariser Ausstellung 1878 . . .	114	1878	—	87.78	3.76	2.59		5.09	0.78	12.22	30.77	21.19		41.66	6.38	3.37
	Mittel . . .			—	85.42	5.37	2.88	0.95	4.67	0.71	14.58	36.81	19.78	6.53	32.03	4.85	4.21
							3.83						26.31				
	Flamändische Rasse.																
1	Von der Pariser Ausstellung 1878 . . .	108	1878	—	88.46	3.31	2.27		5.20	0.76	11.54	28.68	19.67		45.06	6.59	3.15
	Charolais- u. Nivernais-Vieh.																
1	Sommermilch . . .	84	1876	—	86.34	4.00	4.77		4.12	0.74	13.66	29.28	34.92		30.39	5.41	5.59
2	Wintermilch	85	„	—	85.90	4.96	5.12		3.35	0.80	14.10	35.18	36.38		23.47	4.97	5.82
	Mittel . . .			—	86.12	4.47	4.95		3.74	0.72	13.88	32.23	35.65		26.93	5.19	5.70
	Garonnais- u. Agenais-Vieh. Limousin-Rasse.																
1	Von der Pariser Ausstellung 1878 . . .	112	1878	—	87.58	3.84	2.68		5.17	0.73	12.42	30.92	21.58		41.62	5.88	3.45
	Auvergne- u. Salers.																
1	Salers-Kühe: Sommerm., Morgm.	78	1876	—	87.49	2.70	5.38		3.60	0.81	12.51	21.57	43.01		28.94	6.48	6.98
2	„ „	79	„	—	87.35	2.71	5.26		3.84	0.79	12.65	21.42	41.58		30.72	6.24	6.65
3	„ Abendm.	80	„	—	87.68	2.60	5.45		3.41	0.90	12.32	21.10	44.24		27.35	7.31	7.08
4	„ „	81	„	—	87.77	2.75	5.57		3.62	0.90	12.23	22.49	45.55		24.60	7.36	7.29
5	Winterm., „	82	„	—	85.60	5.37	4.45		4.06	0.80	14.40	37.29	30.90		26.25	5.56	4.94
6	Sommerm., „	83	„	—	86.50	4.77	3.70		4.33	0.70	13.50	35.33	27.41		32.08	5.18	4.39
	Mittel . . .			—	87.07	3.43	5.01		3.67	0.82	12.93	26.53	38.78		28.33	6.36	6.20
	Bretonne-Rasse.																
1	Von 1 Kuh	23	1866	—	86.09	3.93	3.68	1.26	4.18	0.69	13.91	28.25	26.46	9.06	31.27	4.96	5.68
	Andere französische Rassen oder Schläge.																
1	D'Aubrac (Von der Ausstellung in Paris 1878. (Franche Comté))	103	1878	—	88.35	3.43	2.30		5.20	0.72	11.65	29.44	19.74		44.64	6.18	3.16
2	D'Ayr . .	104	„	—	88.24	3.48	2.31		5.24	0.73	11.76	29.59	19.64		44.56	6.21	3.14
3	Comtoise .	105	„	—	88.08	3.32	2.53		5.30	0.77	11.92	27.85	21.22		44.47	6.46	3.40
4	Fémeline .	107	„	—	87.85	3.49	2.59		5.29	0.78	12.15	28.72	21.31		43.55	6.42	3.41
5	Du Mézene	113	„	—	87.69	3.95	2.48		5.09	0.79	12.31	32.07	20.14		41.38	6.41	3.22
6	Parthenaise	115	„	—	87.58	3.99	2.43		5.22	0.78	12.42	32.13	19.57		42.02	6.28	3.13
7	Des Polders	116	„	—	87.33	4.27	2.30		5.33	0.77	12.67	33.70	18.15		42.07	6.08	2.90
8	De Salens .	117	„	—	87.29	4.18	2.50		5.26	0.77	12.71	32.88	19.66		41.40	6.06	3.15
9	Ferrandaise, Sommer, Morgenmilch . . .	88	1876	—	86.55	3.70	4.87		4.16	0.72	13.45	27.51	36.20		31.91	5.38	5.79
10	Desgl., Sommer, Abdm.	89	„	—	86.29	3.50	5.20		4.10	0.90	13.71	25.53	37.92		29.99	6.56	6.07
11	Bretagne, v. der Pariser Ausstellung 1856 .	29	1856	—	83.75	5.70	4.65	0.72	4.55	0.62	16.25	35.07	28.61	4.49	27.96	3.87	5.30
12	Tarentaise	120	1878	—	87.54	3.96	2.51		5.24	0.75	12.46	31.78	20.15		42.05	6.02	3.22
	Mittel . . .			—	87.21	3.90	3.07		5.05	0.77	12.79	30.52	23.98		39.51	5.99	3.84

No.	Bezeichnungen und Bemerkungen	No. der Tabelle B.	Jahr der Untersuchung	Specifisches Gewicht	In der ursprünglichen Substanz: Wasser %	Fett %	Caseïn %	Albumin %	Milchzucker %	Asche (Salze) %	Trockensubstanz %	In der Trockensubstanz: Fett %	Caseïn %	Albumin %	Milchzucker %	Asche (Salze) %	N in der Trockensubstanz %
	Rassen und Schläge von Schweden und Norwegen.																
1	Landrasse von Westeraas	16	1862	—	87.92	3.28	3.22		4.77	0.76	12.08	27.15	26.65		39.91	6.29	4.46
2	Suédoise	119	1878	—	88.54	3.49	1.84		5.37	0.76	11.46	30.45	15.06		47.86	6.63	2.41
3	Telemark, von 20 K. .	331	—	—	87.97	3.62	3.04		4.61	0.73	12.03	29.09	25.27		39.57	6.67	4.04
4	Gudbrandsdal, von 5 K.	333	—	—	87.62	3.77	3.11		4.72	0.71	12.38	30.45	25.12		38.70	5.73	4.02
	Mittel . . .			—	88.01	3.51	2.76		4.96	0.76	11.99	29.28	23.03		41.36	6.33	3.68
	Arabische Kühe.																
1	8 Tage nach dem Kalben	21	1866	—	85.61	3.79	3.39	1.61	4.78	0.78	14.39	25.98	22.46	11.19	34.95	5.42	5.38
2	10 Mon. „ „ „	22	„	—	85.21	5.34	3.57	0.94	4.38	0.61	14.79	36.14	24.16	6.36	29.21	4.13	4.88
	Mittel . . .			—	85.41	4.53	3.40	1.28	4.68	0.70	14.59	31.06	23.31	8.78	32.07	4.78	5.13
	Kleine bengalische Kuh.																
1	Frischmilchend . . .	153	1877	—	84.88	4.98	5.50		3.98	0.76	15.12	32.94	36.38		25.79	4.89	5.82
2	Altmilchend	154	„	—	88.08	3.00	4.20		4.37	0.68	11.92	25.17	35.23		33.90	5.70	5.64
	Mittel . . .			—	86.48	3.93	4.94		3.93	0.72	13.52	29.06	35.81		29.83	5.30	5.73
	Kuhmilch von Kreuzungsproducten.																
1	Normännisch - Durham, Abendmilch . . .	14	1859	—	86.31	5.13	1.91	0.92	4.95	0.78	13.69	37.85	14.09	6.79	35.52	5.75	3.34
2	Shorthorn-Kreuz. (Crossbred)	20	1860	—	86.89	4.08	3.30		4.97	0.76	13.11	31.12	25.17		37.91	5.80	4.03
3	Shorthorn-Holländer .	293	1883	—	87.88	2.86	—	—	—	—	12.12	23.60	—	—	—	—	—
4	„ „ .	294	„	—	88.52	2.40	—	—	—	—	11.48	20.91	—	—	—	—	—
5	„ „ milchend seit 2 Wochen	361	1881 bis 84	—	88.50	2.70	—	—	—	—	11.50	23.48	—	—	—	—	—
6	Shorthorn-Holstein, 14 J. alt, milch. s. 2. Mon., Abendmilch . . .	—	1885	—	87.36	3.22	—	—	—	0.68	12.64	25.47	—	—	—	5.38	—
7	Shorthorn-Danziger . .	300	„	—	87.35	3.38	—	—	—	—	12.65	26.72	—	—	—	—	—
8	„ -Dithmarsch, frischmilchend . .	351	1887	—	87.79	3.73	—	—	—	—	12.21	30.55	—	—	—	—	—
9	Shorthorn - Longhorn, 1 K., s. 18 W. milchend	360	1881 bis 84	—	87.80	3.40	—	—	—	—	12.20	27.87	—	—	—	—	—
10	Shorthorn-Ayrshire . .	362	„	—	85.90	5.10	—	—	—	—	14.10	36.17	—	—	—	—	—
11	Desgl., 10 J. alt, milch. seit 1 Mon., Morgenmilch . .		1884	—	87.56	5.72	—	—	—	—	12.44	46.66	—	—	—	—	—
12	Desgl., 10 J. alt, milch. seit 2 Mon., Morgenmilch . .		„	—	88.86	2.83	—	—	—	—	11.14	25.40	—	—	—	—	—
13	Desgl., 6 J. alt, milch. s. 5 M., Abendmilch		„	—	87.32	2.84	—	—	—	0.62	12.68	16.40	—	—	—	4.89	—
14	Desgl., 8 J. alt, milch. s. 6 M., Abendmilch		„	—	84.79	4.48	—	—	—	0.62	15.21	29.46	—	—	—	4.08	—
15	Ayrshire-Shorthorn, 8 J. alt, milch. s. 25 Tag., Morgenm.		„	—	87.04	2.79	—	—	—	0.77	12.96	21.53	—	—	—	5.94	—

No. 6, 11—18, 20—27. Ch. Harrington u. C. A. Goessmann. — 6. Ann. Rep. State Board of Health etc. Boston 1885. 185.

No.	Bezeichnungen und Bemerkungen	Jahr der Untersuchung	Specifisches Gewicht	In der ursprünglichen Substanz Wasser	Fett	Casein	Albumin	Milchzucker	Asche (Salze)	Trockensubstanz	In der Trockensubstanz Fett	Casein	Albumin	Milchzucker	Asche (Salze)	N in der Trockensubstanz
				%	%	%	%	%	%	%	%	%	%	%	%	%
16	Desgl., 6 J. alt, milch. s. 5 M., Abendmilch	1884	—	84.78	4.02	—	—	—	0.71	15.22	26.41	—	—	—	4.66	—
17	Desgl., 7 J. alt, milch. s. 4 M., Abendmilch	„	—	85.05	4.31	—	—	—	0.72	14.95	28.83	—	—	—	4.82	—
18	Desgl., 8 J. alt, milch. s. 5 M., Abendmilch	1885	—	86.25	3.77	—	—	—	0.83	13.75	29.07	—	—	—	6.40	—
19	Ayrshire-Telemark . . 332	1884	—	87.11	4.10	3.31		4.63	0.71	12.89	31.81	25.68		36.99	5.52	4.11
20	Ayrshire-Jersey, 10 J. alt, milch. s. 8 M., Nachm. 4h	1885	—	85.91	3.82	—	—	—	0.71	14.09	27.11	—	—	—	5.06	—
21	Desgl., 10 J. alt, milch. seit 18 M., Nachm. 4h . . .	„	—	85.69	3.53	—	—	—	0.69	14.31	24.67	—	—	—	4.82	—
22	Desgl., 6 J. alt, milch. s. 5 M., Nachm. 4h	„	—	85.84	4.30	—	—	—	0.70	14.16	30.37	—	—	—	4.94	—
23	Desgl., 6 J. alt, milch. s. 11 Wochen, Morgenmilch . .	1884	—	86.34	3.61	—	—	—	—	13.66	26.43	—	—	—	—	—
24	Desgl., $2^1/_2$ J. alt, milch. seit 4 Wochen, Morgenmilch .	„	—	87.43	2.68	—	—	—	0.58	12.57	22.72	—	—	—	4.61	—
25	Ayrshire-Landvieh, 6 J. alt, milch. s. 10 M., Nachm. 4h	1885	—	86.60	3.01	—	—	—	0.70	13.40	22.47	—	—	—	5.22	—
26	Jersey-Swiss, 3 J. alt, milch. s. 5 M., Morgenmilch . .	„	—	86.29	3.90	—	—	—	0.64	13.71	28.45	—	—	—	4.67	—
27	Swiss-Ayrshire, 3 J. alt, milch. s. 3 M., Morgenmilch . .	„	—	88.48	2.35	—	—	—	0.54	11.52	20.40	—	—	—	4.69	—
28	Holländer-Schweizer, Mittel . . . 121—126	1862	—	87.60	3.58	—	—	—	0.91	12.40	28.87	—	—	—	7.34	—
29	Holstein-Friesen, v. 6 K. 367	1886	—	88.19	3.17	3.26		—	—	11.81	26.84	27.60		—	—	4.42
30	Ayrshire, Voll- u. Halbblut, Mittel . 191—194	„	—	87.08	4.19	3.44		4.45	0.75	12.92	32.43	26.63		35.14	5.80	4.26
31	Ayrshire-Shorthorn, 14 Kühe	1874	—	88.17	2.43	—	—	—	—	11.83	20.54	—	—	—	—	—
32	Kreuzungsproducte verschied. englischer Rassen, 7 Kühe	„	—	87.83	2.00	—	—	—	—	12.17	16.43	—	—	—	—	—
33	Shorthorn-B.- u. Holländer-K.	1887	—	85.77	4.57	—	—	—	—	14.23	32.11	—	—	—	—	—

No. 31—32. Stev. Macadam. — Jahresber. der Agrikulturchemie 1873—74. Unter den 14 Kühen unter No. 31 war eine Vollblut-Ayrshire-Kuh. Die Kühe erhielten als Futter: Spreu, Heuhäcksel, rohe und gedämpfte Turnipsrüben, rohe Kartoffeln, etwas Oelkuchen und Stroh ad libitum. Die 7 Kühe unter No. 32 erhielten Turnips, Spreu und etwas Oelkuchen. Der Gehalt der Milch dieser Kreuzungsproducte schwankte in nachstehenden Grenzen:

	Trockensubstanz Maximum	Minimum	Fett Maximum	Minimum
No. 31 . . .	12.74	10.57	2.78	1.72
No. 32 . . .	12.94	10.92	3.31	1.70

No. 33—37. P. Vieth (?). — Nach einer Abhandlung von Wohltmann in der „Landw. Thierzucht" 1888. 411. Die näheren Angaben über Alter etc. der betr. Kühe, deren Milch gelegentlich der Dairy-Show zu London bei der Milchconcurrenz ermolken und untersucht wurde, sind folgende: (+ männliche, ⊲ weibliche Thiere) =

Shorthorn-Kreuzungen 1886. 5. October eintägiges Melken.	No. 33 + Shorthorn ⊲ Holländer	No. 34 + Shorthorn ⊲ Guernsey Kreuzung	No. 35 + Shorthorn ⊲ Holsteiner	No. 36 + Shorthorn ⊲ Alderney } Shorthorn }	No. 37 + Shorthorn ⊲ Holländer
Alter (Jahre)	6	6	6	8	$2^1/_2$
Zahl der Kälber . . .	2	—	—	—	—
Zuletzt gekalbt	20/9.	1/9.	3/6.	3/10.	10/8.
Tage nach dem Kalben .	**14**	**34**	**124**	**2**	**56**
Morgenmilch kg . . .	11.6	12.4	9.6	11.4	5.1
Abendmilch kg	10.0	9.4	6.9	10.1	5.2
Sa. Milch pro Tag kg . .	**21.6**	**21.8**	**16.5**	**21.5**	**10.3**
Fettgehalt %					
der Morgenmilch .	3.82	3.66	3.52	2.28	3.44
der Abendmilch . .	5.32	4.08	3.96	3.22	3.74

No.	Bezeichnungen und Bemerkungen	Jahr der Untersuchung	Specifisches Gewicht	In der ursprünglichen Substanz: Wasser %	Fett %	Caseïn %	Albumin %	Milchzucker %	Asche (Salze) %	Trockensubstanz %	In der Trockensubstanz: Fett %	Caseïn %	Albumin %	Milchzucker %	Asche (Salze) %	N in der Trockensubstanz %
34	Shorthorn-B.- u. Guernsey-K.	1887	—	87.14	3.87	—	—	—	—	12.86	30.09	—	—	—	—	—
35	„ „ „ Holsteiner-K.	„	—	86.91	3.74	—	—	—	—	13.09	28.57	—	—	—	—	—
36	„ „ „ Alderney-Shorthorn-K.	„	—	86.21	2.75	—	—	—	—	13.79	19.94	—	—	—	—	—
37	Desgl. u. Holländer-K. . .	„	—	87.39	3.59	—	—	—	—	12.61	28.47	—	—	—	—	—
	Mittel		—	87.02	3.52	3.27		5.50	0.69	12.98	27.20	25.19		42.43	5.28	4.03

Vollmilch, mittlere Zusammensetzung, nach Rassen der Kühe geordnet.*)

No.	Bezeichnungen und Bemerkungen	Anz. der Anal.	Specifisches Gewicht	Wasser %	Fett %	Caseïn %	Albumin %	Milchzucker %	Asche (Salze) %	Trockensubstanz %	Fett %	Caseïn %	Albumin %	Milchzucker %	Asche (Salze) %	N in der Trockensubstanz %
1	Romanische Rasse	2	—	86.08	4.02	4.44		4.61	0.68	13.92	30.44	31.90		33.09	4.87	5.10
2	Mürzthaler Stamm oder die Steyerische Rasse . . .	12	—	86.90	4.17	2.76	0.48	4.96	0.73	13.10	31.83	21.07	3.66	37.86	5.58	3.95
3	Freiburger Rasse, buntes Vieh	2	—	87.78	3.69	2.63		5.17	0.73	12.22	30.22	21.50		42.30	5.98	3.44
4	Simmenthal-Saanen-Rasse, buntes Vieh	6	—	87.26	3.79	2.64		5.81	0.70	12.74	29.18	21.55		45.56	5.71	3.45
5	Schwyzer Rasse, graues Schweizer Vieh, Braunvieh . .	7	—	88.20	3.01	—	—	5.03	—	11.80	25.49	—	—	42.64	—	—
6	Schweizer Vieh (ohne nähere Angabe)	7	—	87.24	4.09	3.22		4.75	0.70	12.76	31.99	25.23		37.29	5.49	4.04
7	Zillerthaler, Tiroler Vieh (Pinzgauer, Duxerthaler) . . .	22	—	87.43	3.70	2.64	0.43	5.10	0.70	12.57	29.45	21.00	3.42	40.46	5.67	3.91
8	Vorarlberger, Montafoner, einfarbiges Vieh	19	—	87.38	3.54	2.32	0.59	5.40	0.77	12.62	28.08	18.36	4.64	42.82	6.10	3.68
9	Allgäuer Vieh, einfarbiges Vieh	4	—	87.88	3.20	3.22		5.13	0.57	12.12	26.39	26.60		42.27	4.74	4.26
10	Miesbacher, Voigt- und Egerländer, buntes Vieh . .	5	—	86.70	4.16	2.87	0.53	4.97	0.68	13.21	31.48	21.70	4.04	37.66	5.12	4.12
11	Böhmisches Vieh	2	—	86.00	5.06	3.03	0.64	4.63	0.64	14.00	36.15	21.66	4.58	33.04	4.57	4.20
12	Mittel- u. Norddeutsches Vieh, bunte Thiere	11	—	87.71	3.51	3.12		4.89	0.77	12.29	28.23	25.37		40.14	6.26	4.06
13	Holländisches Vieh	24	—	88.04	3.25	3.57	0.42	4.16	0.56	11.96	27.18	21.49	3.49	43.16	4.68	4.00
14	Oldenburger, Bremer, Ostfriesisches Vieh	18	—	87.95	3.38	2.62	0.48	4.81	0.76	12.05	28.02	21.73	3.95	40.20	6.10	4.11
15	Holstein'sches und Breitenburger Vieh	33	—	88.03	3.17	3.01	0.39	4.63	0.77	11.97	26.42	25.29	3.25	38.29	6.45	4.57
16	Tondernsches und Angler Vieh	10	—	88.15	3.12	—	—	—	—	11.85	26.33	—	—	—	—	—
17	Holstein'sches Vieh (ohne nähere Angabe)	104	—	87.86	3.20	—	—	—	0.65	12.20	27.00	—	—	—	5.20	—
18	Durham- oder Shorthorn-Rasse (Kurzhorn-Rasse) . . .	67	—	87.20	3.47	3.21		5.43	0.69	12.80	27.10	25.05		42.57	5.37	4.01
19	Devon-(Mittelhorn-)Rasse . .	20	—	86.57	4.44	—	—	—	0.64	13.43	33.10	—	—	—	4.72	—
20	Ayrshire-(Mittelhorn-)Rasse .	43	—	86.93	3.58	3.42		5.43	0.64	13.07	27.40	26.15		31.55	4.90	4.18
21	Jersey- oder Alderney-Rasse .	31	—	85.90	4.32	3.34		5.70	0.74	14.10	30.64	23.69		40.42	5.25	3.79
22	Guernsey-Rasse	26	—	85.39	5.11	3.98		4.38	1.14	14.61	34.96	27.24		30.00	7.80	4.36
23	Normannische Rasse . . .	5	—	85.42	5.37	2.88	0.95	4.67	0.71	14.58	36.81	19.78	6.53	32.03	4.85	4.21
24	Auvergne- und Salers . . .	6	—	87.07	3.43	5.01		3.67	0.82	12.93	26.53	38.78		28.33	6.36	6.20

*) Die vorstehend aufgeführte mittlere Zusammensetzung der Milch verschiedener Kuhrassen kann selbstverständlich nur ein annähernd richtiges Bild von der Qualität der Milch verschiedener Rassen geben; denn direct vergleichbar sind diese Mittelzahlen nicht.

No.	Bezeichnungen und Bemerkungen	Jahr der Untersuchung	Specifisches Gewicht	In der ursprünglichen Substanz: Wasser %	Fett %	Caseïn %	Albumin %	Milchzucker %	Asche (Salze) %	Trockensubstanz %	In der Trockensubstanz: Fett %	Caseïn %	Albumin %	Milchzucker %	Asche (Salze) %	N in der Trockensubstanz %
		Anz. der Anal.														
25	Andere französische Rassen .	12	—	87.20	3.90	3.07		5.06	0.77	12.80	30.52	23.98		39.51	5.99	3.84
26	Schwedisches und Norwegisches Vieh	4	—	88.00	3.51	2.76		4.97	0.76	12.00	29.28	23.03		41.36	6.33	3.68
27	Milch von Kreuzungsproducten	37	—	87.00	3.52	3.27		5.52	0.69	13.00	27.10	25.19		42.43	5.28	4.03

Kuhmilch, nach der Zeit nach dem Kalben (bei fortschreitender Lactation).*)

No.	Bezeichnungen und Bemerkungen	Jahr der Untersuchung	Specifisches Gewicht	Wasser %	Fett %	Caseïn %	Albumin %	Milchzucker %	Asche (Salze) %	Trockensubstanz %	Fett %	Caseïn %	Albumin %	Milchzucker %	Asche (Salze) %	N in der Trockensubstanz %
1	V. 2 K. schwed. Landrasse: I. Colostrumzeit 27. März	—	—	86.61	3.93	4.10		4.57	0.79	13.39	29.35	30.61		34.15	5.89	4.90
2	II. 28. März bis 11. Juni	—	—	88.00	3.18	3.32		4.73	0.77	12.00	26.49	27.67		39.42	6.42	4.43
3	III. 15.—30. Juni . .	—	—	87.91	3.11	3.18		5.06	0.74	12.09	25.72	26.30		41.86	6.12	4.21
4	IV. 26. August bis 31. Oktober	—	—	88.39	3.15	3.08		4.66	0.72	11.61	27.13	26.53		40.14	6.20	4.21
5	Von Kühen der kleinen bengalischen Rasse: 1 Monat nach d. Kalben	1873	—	84.88	4.98	5.50		3.88	0.76	15.12	32.94	36.38		25.65	5.03	5.82
6	2 „ „ „ „	—	—	87.18	3.60	4.30		4.22	0.70	12.82	28.08	33.54		32.92	5.46	5.37
7	$2^1/_2$ „ „ „ „	—	—	84.72	4.10	5.76		4.58	0.84	15.28	26.83	37.69		29.98	5.50	6.03
8	5 „ „ „ „	—	—	88.10	2.52	4.30		4.30	0.78	11.90	21.18	36.13		36.14	6.55	5.78
9	6 „ „ „ „	—	—	87.96	3.20	4.30		3.84	0.70	12.04	26.90	36.14		31.08	5.88	5.78
10	7 „ „ „ „	—	—	88.35	1.90	5.40		3.53	0.82	11.65	16.31	46.35		30.30	7.04	7.42
11	10 „ „ „ „	—	—	88.08	3.00	4.20		4.04	0.68	11.92	25.17	35.23		33.81	5.79	5.64
12	2 „ vor „ „	—	—	84.10	4.10	7.76		3.14	0.90	15.90	25.78	48.80		19.76	5.66	7.81

Milch unter dem Einflusse des Futters (und bei fortschreitender Lactation).

No.	Bezeichnungen und Bemerkungen	Zeit nach dem Kalben Tage	Jahr der Untersuchung	Specifisches Gewicht	Wasser %	Fett %	Caseïn %	Albumin %	Milchzucker %	Asche (Salze) % im Caseïn	Trockensubstanz %	Fett %	Caseïn %	Albumin %	Milchzucker %	Asche (Salze) % im Caseïn	N in der Trockensubstanz %
1	I. Nur mit Heu gefüttert . . .	200	1840	—	87.7	4.5	3.0		4.7	0.1	12.3	36.20	24.14		38.86	0.80	3.86
2	Stoppelrüben und Häcksel . .	207	„	—	87.6	4.2	3.0		5.0	0.2	12.4	33.87	24.20		40.32	1.61	3.87
3	Runkelrüben und Häcksel . .	215	„	—	87.1	4.0	3.4		5.3	0.2	12.9	31.01	26.36		41.08	1.55	4.22
4	Kartoffeln und Häcksel . .	229	„	—	86.5	4.0	3.4		5.9	0.2	13.5	29.63	25.18		43.71	1.48	4.03
5	Topinambur und Häcksel . .	290	„	—	87.5	3.5	3.3		5.5	0.2	12.5	28.00	26.40		44.00	1.60	4.22
6	II. Heu und grüner Klee . . .	24	„	—	88.8	3.5	3.0		4.5	0.2	11.2	31.25	26.78		40.18	1.79	4.28
7	Grüner Klee . .	35	„	—	86.8	5.6	3.1		4.2	0.3	13.2	42.43	23.49		31.81	2.27	3.76
8	III. Heu u. Kartoffeln	176	„	—	86.5	4.8	3.3		5.1	0.3	13.5	35.55	24.44		37.79	2.22	3.91
9	Krüner Klee . .	182	„	—	88.7	2.2	4.0		4.8	0.3	11.3	19.47	35.40		42.47	2.66	5.66
10	Grüner Klee . .	193	„	—	87.4	3.5	3.7		5.2	0.2	12.6	27.78	29.39		41.24	1.59	4.70

*) Weitere Analysen über die Zusammensetzung der Kuhmilch bei fortschreitender Lactation nach dem Kalben finden sich in folgendem Abschnitt.

Milch, nach der Zeit nach dem Kalben.

No. 1—4. Al. Müller u. M. Eisenstuck. — L. V.-St. 5. 161 u. 6. 3. Mittelwerthe, aus den Analysen zweier Kühe für gewisse längere Perioden berechnet, corrigirt mit Rücksicht auf die Veränderungen, denen die Milch eines gesammten Viehstandes in Folge veränderter Fütterung etc. in der betreffenden Zeit unterworfen war.

No. 5—12. F. N. Macnamara. — Jahresber. d. Agrikulturchemie 1873—74. (Chem. News. 27. 507.) Die Ernährung dieser in der Umgebung von Calcutta heimischen Kühe war eine sehr ärmliche, arme Grasweide, 6 kg Reisstroh, $^1/_2$ kg Reiskleie und $^1/_4$ kg Oelkuchen. Die Milch stammte von 8 verschiedenen Kühen.

Milch unter dem Einflusse der Fütterung.

No. 1—10. Le Bel et J. B. Boussingault. — Aus dessen: Die Landwirthschaft etc. 2. Bd. 1851. 322. Die untersuchte Milch stammte immer von je einer Kuh. Die Milch, deren Zusammensetzung unter I (No. 1—5) steht, stammte von einer Kuh, die beim Beginn der Versuche vor 200 Tagen gekalbt hatte und von Neuem trächtig war; die Milch deren Analysen unter II (No. 6 u. 7) stehen, stammt von einer Kuh, die vor 24 Tagen gekalbt und bereits seit einiger Zeit Heu und grünen Klee als Futter erhalten hatte; die Milch unter III stammt von einer Kuh, die bei Beginn des Versuchs vor 176 Tagen gekalbt hatte. An Milch wurde täglich gewonnen:

No.	Bezeichnungen und Bemerkungen	Jahr der Untersuchung	Specifisches Gewicht	In der ursprünglichen Substanz: Wasser	Fett	Caseïn	Albumin	Milch-zucker	Asche (Salze)	Trocken-substanz	In der Trockensubstanz: Fett	Caseïn	Albumin	Milch-zucker	Asche (Salze)	N in der Trocken-substanz
				%	%	%	%	%	%	%	%	%	%	%	%	%
11	Ausschliesslich Runkelrüben, Kuh No. 5	1850	—	87.73	4.56	3.67		3.39	0.65	12.27	37.16	29.91		27.63	5.30	4.79
12	Ausschl. Wiesenheu, Kuh No. 5	„	—	86.26	5.92	3.63		3.47	0.72	13.73	43.11	26.44		25.21	5.24	4.23
13	„ Kartoffeln, „ „ 5	„	—	87.75	3.97	4.37		3.09	0.82	12.25	32.41	35.67		25.23	6.69	5.71
14	„ Runkelrüben, K. No. 8	„	—	88.23	3.42	3.81		3.74	0.80	11.77	29.06	32.37		31.77	6.80	5.18
15	„ Wiesenheu, Kuh No. 8	„	—	87.39	4.39	3.56		3.94	0.72	12.61	34.81	28.23		31.25	5.71	4.52
16	„ Kartoffeln, „ „ 8	„	—	86.57	4.63	3.99		3.99	0.82	13.43	34.47	29.71		29.71	6.11	4.75
	Kuh I (vache blanche).															
17	1. Heu 13.07 kg	1858	1.0315	87.10	3.51	3.59		5.18	0.62	12.90	27.21	27.73		40.25	4.81	4.44
18	2. „ 13.37 kg und Rapskuchen 1.56 kg . . .	„	1.0310	87.61	3.34	3.51		4.92	0.62	12.39	29.16	28.33		37.51	5.00	4.53
19	3. Heu, 14.07 kg und Bohnen 2 01 kg	„	1.0317	87.90	3.39	2.99		5.10	0.62	12.10	28.01	24.71		42.16	5.12	3.95
20	4. Heu 14.09 kg	„	1.0312	87.18	3.66	3.40		5.11	0.65	12.82	28.60	26.56		39.76	5.08	4.58
21	5. Grünklee 46.0 kg . . .	„	—	—	—	—		—	—	—	—	—		—	—	—
22	6. Heu 15.0 kg	„	1.0310	87.25	3.72	3.26		5.12	0.65	12.75	29.18	25.57		40.15	5.10	4.09
23	7. „ 12.46 kg und Mehl 2.86 kg	„	1.0326	87.07	3.30	3.94		5.11	0.58	12.93	25.52	30.47		39.52	4.49	4.88
24	8. Heu 13.42 kg	„	1.0300	86.85	3.96	3.13		5.46	0.60	13.15	30.12	29.96		35.35	4.57	4.79
25	9. Heu 11.0 kg und Leinsamen 1.83 kg . . .	„	1.0316	86.67	4.01	3.45		5.25	0.62	13.33	30.08	25.88		39.39	4.65	4.14
26	10. Heu 12.5 kg	„	1.0310	86.92	3.80	3.89		4.74	0.65	13.08	29.05	29.74		36.24	4.97	4.76
	Kuh II (vache noire der Freiburger Rasse).															
27	11. Heu 15.0 kg	„	1.0322	88.02	3.42	3.02		4.85	0.69	11.98	28.55	25.21		40.48	5.76	4.03

	Kuh I					Kuh II		Kuh III		
Bei Fütterung unter No.	1	2	3	4	5	6	7	8	9	10
Milchmenge	5.6	6.0	5.58	4.96	3.5	10.6	12.0	9.3	9.7	9.8 Liter

Das gereichte Futter sollte in jedem Falle 15 kg Heu äquivalent sein. B. bemerkt, dass die Veränderungen im Buttergehalte der Milch von verschiedenen anderen Einflüssen, nicht von der Art des gereichten Futters herkamen.

No. 11—16. J. B. Boussingault. — Ebendaselbst. 4. Bd. 1856. 50. Von den zu dem Versuche benutzten Kühen hatte No. 5 „Galathee", 7 Jahr alt, vor 96 Tagen, No. 8 „Waldeburg", vor 40 Tagen gekalbt; letzterer war das Kalb bei Beginn des Versuchs genommen worden. Das bis dahin den Kühen gereichte Futter bestand pro Kopf und Tag aus 12 kg Heu, 8.5 kg Kartoffeln, 12 kg Runkeln, 1 kg Rapskuchen und Häcksel unbeschränkt. Was wir unter „Salze" zusammengefasst haben, bestand nach dem Autor aus:

	No. 11	12	13	14	15	16	
Chlorkalium und Chlornatrium . .	0.43	0.45	0.55	0.54	0.52	0.55	% der frischen Milch
Calcium- und Magnesiumphosphat	0.22	0.20	0.26	0.27	0.27	0.27	„ „ „ „

Bei den verschiedenen Fütterungsperioden

	wurden verzehrt No. 5	No. 8	wurden Milch gewonnen No. 5	No. 8	pro Tag No. 5	No. 8
Runkeln in 17 Tagen	1055 kg	1126 kg	99 L.	104 L.	5.8 L.	6.1 L.
Heu in 15 Tagen . .	232.5 „	239.5 „	65.5 „	89 „	4.4 „	5.9 „
Kartoffeln in 14 Tagen	544 „	533 „	47.0 „	75.6 „	3.4 „	5.4 „

No. 17—38. J. B. Boussingault. — Weende'r Jahresber. 1866—67. 432. (Ann. chim. phys. 1866. IV S. t. q. 132.) Zu Beginn des Versuchs (4. Juli 1858) wog Kuh I 565 kg, Kuh II 538 kg. Erstere hatte am 21. Februar das vierte Kalb geworfen, letztere am 14. Juni gekalbt. Heu und Grünfutter wurden in reichlicher Menge vorgelegt, das nicht verzehrte Futter zurückgewogen, der Futterverzehr war deshalb kein regelmässiger. Rapskuchen gemahlen, Leinsamen gequetscht, Bohnenmehl, Weizenmehl, Gerstenmehl und Melasse wurden mit lauem Wasser, bei Rapskuchen und Bohnenmehl auch mit Salz als Tränke gegeben. Zur Untersuchung gelangte in jeder Periode einmal die Morgenmilch; nur bei 2 der Fütterungsperioden (1 u. 3) wurden mehr als eine Probe in Untersuchung genommen und nur einmal (bei 1) neben der Morgenmilch auch Abendmilch untersucht. Des leichteren Vergleichs halber haben wir unter No. 17—34 zunächst nur die Analysen der Morgenmilch zusammengestellt und diesen dann unter No. 35—38 die weiteren Analysen angefügt. Die Milchproben wurden in den einzelnen Perioden z. Th. nach wenigen Tagen der Fütterung, nicht gegen Ende derselben genommen, so dass die etwaige Wirkung des Futters schwerlich zum Ausdruck gelangt. Zu bemerken ist noch:

Die Kuh hatte zur Zeit der Periode	1	2	3	4	5	6	7	8	9	10
Kuh I Tage nach dem Kalben	135	142	151	160	170	180	189	195	200	206
Kuh I Producirte täglich Milch	8.22	9.35	9.97	8.74	8.98	7.63	8.38	7.73	6.84	6.26 kg
	11	12	13	14	15	16	17	18		
Kuh II Tage nach dem Kalben	43	47	55	63	72	78	85	95		
Kuh II Producirte tägl. Milch	14.12	13.88	13.83	12.38	11.67	11.40	9.97	9.13 kg		

No.	Bezeichnungen und Bemerkungen	Jahr der Untersuchung	Specifisches Gewicht	In der ursprünglichen Substanz: Wasser %	Fett %	Caseïn %	Albumin %	Milchzucker %	Asche (Salze) %	Trockensubstanz %	In der Trockensubstanz: Fett %	Caseïn %	Albumin %	Milchzucker %	Asche (Salze) %	N in der Trockensubstanz %
28	12. Heu 14.25 kg und Gerstemehl 1.83 kg	1858	1.0297	86.70	4.90	2.74		4.86	0.80	13.30	36.84	20.60		36.54	6.02	3.30
29	13. Grünklee 53.67 kg . .	„	1.0295	86.31	5.06	2.71		5.22	0.70	13.69	36.36	19.80		38.13	5.11	3.17
30	14. Heu 15.0 kg	„	1.0300	87.96	3.74	2.48		5.12	0.70	12.04	31.06	20.60		42.53	5.81	3.30
31	15. Heu 13.65 kg und Melasse 2.13 kg	„	—	88.73	2.55	3.01		5.08	0.63	11.27	22.63	26.71		45.07	5.59	4.27
32	16. Heu 14.0 kg	„	1.0310	87.92	3.08	2.91		5.45	0.64	12.08	25.50	24.09		45.11	5.30	3.85
33	17. Heu 11.48 kg und Leinsamen 1.83 kg . . .	„	1.0295	87.63	3.84	2.98		4.86	0.69	12.37	31.04	24.09		39.29	5.58	3.85
34	18. Heu 12.5 kg	„	1.0310	87.80	3.74	2.80		4.97	0.69	12.20	30.66	22.95		40.73	5.66	3.67
	Kuh I.															
35	1. Wie oben, Abendmilch .	„	1.0315	87.13	3.69	3.49		5.01	0.68	12.80	28.83	27.27		38.49	5.31	4.36
36	1. „ Mittel von Morgen- und Abendmilch . . .	„	1.0315	87.11	3.60	3.54		5.10	0.65	12.89	29.93	27.46		37.57	5.04	4.39
37	3. Wie Morgenm., 20. Juli	„	1.0325	87.65	3.29	3.14		5.30	0.62	12.35	26.64	25.42		42.92	5.02	4.07
38	3. Morgenmilch, 21. Juli .	„	1.0310	88.12	3.49	2.84		4.93	0.62	11.88	29.37	23.91		41.50	5.22	3.83
39	Weide auf Nachgras, Abdm.	1852	1.0340	86.5	3.7	5.4		3.8	0.6	—	27.41	40.00		28.15	4.44	6.40
40	Desgl., Morgenmilch . . .	„	1.0320	87.0	5.6	3.9		3.0	0.5	—	43.07	30.00		23.08	3.85	4.50
41	Heu und Hafermehl, Abendm.	„	1.0310	85.7	5.1	4.9		3.8	0.5	—	35.66	34.27		26.57	3.50	5.48
42	Heu und Bohnenmehl, Abdm.	„	1.0340	85.4	3.9	5.4		4.8	0.5	—	26.71	36.98		32.89	3.42	5.92
43	Desgl., Morgenmilch . . .	„	1.0320	86.3	4.6	3.9		4.5	0.7	—	33.58	28.47		32.84	5.11	4.56
44	Kartoffeln, Heu und Bohnenmehl, Abendmilch . . .	„	1.0330	84.2	6.7	3.9		4.6	0.6	—	42.40	24.68		29.13	3.79	3.95
45	Desgl., Morgenmilch . . .	„	1.0320	86.9	4.9	2.7		5.0	0.5	—	37.41	20.61		38.16	3.82	3.30
46	Kartoffeln und Heu, Abendm.	„	1.0300	87.1	4.6	3.9		3.9	0.5	—	35.66	30.23		30.23	3.88	4.84
47	Desgl., Morgenmilch . . .	„	1.0300	87.3	4.9	3.5		3.8	0.5	—	38.58	27.56		29.92	3.94	4.41
48	Fütterung mit Salz	1855	—	88.62	3.82	—	—	2.74	—	11.38	33.57	—	—	24.08	—	—
49	„ ohne „	„	—	88.20	3.74	—	—	2.90	—	11.80	31.70	—	—	24.58	—	—
50	Grummet . . } Montafuner	„	—	87.53	3.13	—	—	—	—	12.47	25.10	—	—	—	—	—
51	Runkelrübenbl. } Kuh 1	„	—	88.70	2.60	—	—	—	—	11.30	23.01	—	—	—	—	—
52	Grummet . . } Montafuner	„	—	87.51	3.39	—	—	—	—	12.49	27.03	—	—	—	—	—
53	Rübenblätter . } Kuh 2	„	—	87.92	2.88	—	—	—	—	12.08	23.84	—	—	—	—	—
54	Grummet . . } Holländer	„	—	88.62	2.53	—	—	—	—	11.38	22.23	—	—	—	—	—
55	Rübenblätter . } Kuh	„	—	88.96	2.20	—	—	—	—	11.04	19.93	—	—	—	—	—
56	Heu und Runkelrübenblätter, 11.—16. November . . .	„	—	86.50	4.20	—	—	—	—	13.50	31.11	—	—	—	—	—

No. 39—47. Playfair. — B. Martiny. Die Milch 1871. I. 249. (J. R. Agric. Soc. England. 13. 1852. I. 25.) Die verschiedenen Fütterungen währten jedesmal nur 1 Tag; die am Abend desselben und am Morgen des nächsten Tages erhaltene Milch wurde als zu der Fütterung des betr. Tages gehörig angesehen. Die Fütterung bestand und die Milchmenge pro Tag betrug:

1. Tag. Weide auf Nachgras . . . . $9^1/_2$ Quart
2. Tag. 28 Pfd. gutes Heu u. $2^1/_2$ Pfd. Hafermehl . . . . 10 „
3. Tag. 28 „ „ „ u. $2^1/_2$ „ „ u. 8 Pfd. Bohnenmehl $9^1/_2$ „
4. Tag. 14 „ „ „ u. 24 „ ged. Kartoffeln u. 8 Pfd. Bohnenmehl 9 „
5. Tag. 14 „ „ „ u. 36 „ „ . . . . $9^1/_4$ „

No. 48 u. 49. Richter. — Weende'r Jahresber. 1855—56. 92. (Böhm. Centralbl. 1855. Beil. No. 20.) Die untersuchte Milch stammte von 2 Kühen.

No. 50—55. Em. Wolff u. Keyser. — Martiny: Die Milch. 1871. I. 262.

No. 56 u. 57. Rohde. — Eldena'er Archiv f. landwirthsch. Erfahrungen und Versuche. Berlin, 1855. 277. Die mit obengenannten Futtermitteln ernährten 2 Kühe waren seit Mai frischmelkend und ergaben beim Probemelken am 1. November dreimal gemolken $5^1/_4$ und bezw. 5 Quart (6 bezw. 5.7 L.) Milch. Zur Vorbereitung des Versuchs erhielten die Kühe von Runkelnblättern soviel als sie davon fressen wollten, 4 Pfd. Heu und Wasser nach Belieben. Nachdem so festgestellt worden, wieviel Blätter die Kühe zu verzehren vermochten, erhielten dieselben vom 11.—16. November täglich 350 Pfd. Blätter und 4 Pfd. Heu in 2 Mahlzeiten vorgelegt. Darnach erhielten die Kühe 6 Tage lang 350 Pfd. frisch geschnittene Möhrenblätter vorgelegt, während bei Runkelnblätterfütterung die Heumenge vollständig verzehrt wurde, frassen die Kühe bei Möhrenblätterfütterung nur 3 Pfd. Heu Pro Tag. Die Milchmenge blieb sich in beiden Perioden gleich, in 6 Tagen wurden je $74^1/_4$ Quart (= 85 L.) gemolken; die Probenahme behufs Untersuchung der Milch geschah je am 6. Tage der Fütterung.

No.	Bezeichnungen und Bemerkungen	Jahr der Untersuchung	Specifisches Gewicht	In der ursprünglichen Substanz: Wasser %	Fett %	Caseïn %	Albumin %	Milchzucker %	Asche (Salze) %	Trockensubstanz %	In der Trockensubstanz: Fett %	Caseïn %	Albumin %	Milchzucker %	Asche (Salze) %	N in der Trockensubstanz %
57	Heu und Möhrenblätter, 17. bis 22. November . . .	1855	—	87.10	4.60	—	—	—	—	12.90	35.66	—	—	—	—	—
58	Heu 37 Pfd.	„	—	88.10	3.10	4.20		—	—	11.90	26.05	35.29		—	—	5.65
59	Heu 18 1/2 Pfd. u. Kartoffeln 37 Pfd.	„	—	88.20	3.60	4.10		—	—	11.80	30.51	34.75		—	—	5.56
60	Heu 18 1/2 Pfd. und Kartoffelschlempe 49 Quart . . .	„	—	87.60	3.10	5.00		—	—	12.40	25.08	40.33		—	—	6.45
61	a. Heu 18 1/2 Pfd. und Zuckerrübenschlempe 49 Quart .	„	—	87.80	4.10	3.80		—	—	12.20	33.61	26.15		—	—	4.18
62	b. Desgl. 98 Quart . . .	„	—	87.80	4.10	3.80		—	—	12.20	33.61	31.15		—	—	4.98
63	Heu 18 1/2 Pfd. u. Zuckerrüben 55.4 Pfd.	„	—	87.30	3.80	3.90		—	—	12.70	29.92	30.71		—	—	4.91
64	Heu 18 1/2 Pfd. und Futterrunkeln 55.4 Pfd. . . .	„	—	87.30	3.80	3.90		—	—	12.70	29.92	30.71		—	—	4.91
65	Heu 18 1/2 Pfd. und Mohrrüben 55.4 Pfd.	„	—	87.50	3.60	4.10		—	—	12.50	28.80	32.80		—	—	5.25
66	Heu 88 1/2 Pfd. und Roggenschlempe 49 Quart . . .	„	—	86.80	3.80	4.20		—	—	13.20	28.79	31.82		—	—	5.09
67	Gewohntes Winterfutter, Morgenmilch	1853	—	87.51	3.23	—	—	—	—	12.49	25.76	—	—	—	—	—
68	Desgl., Abendmilch	„	—	87.29	3.21	—	—	—	—	12.71	25.26	—	—	—	—	—
69	Desgl. und 2 Pfd. Rapskuchen, Morgenmilch	„	—	88.15	3.04	—	—	—	—	11.85	25.65	—	—	—	—	—
70	Desgl., Abendmilch . . .	„	—	87.77	3.09	—	—	—	—	12.23	22.27	—	—	—	—	—
71	Desgl. und 4 Pfd. Rapskuchen, Morgenmilch	„	—	87.55	3.20	—	—	—	—	12.45	25.70	—	—	—	—	—
72	Desgl, Abendmilch . . .	„	—	87.23	3.38	—	—	—	—	12.77	26.47	—	—	—	—	—
73	Desgl., Morgenmilch . . .	„	—	87.84	3.12	3.85		5.19	—	12.16	25.66	31.66		42.68	—	5.07
74	Desgl., Abendmilch . . .	„	—	87.47	3.33	4.12		5.08	—	12.53	26.58	32.88		40.54	—	5.26
75	Ausserdem noch 4 Pfd. Heu, Morgenmilch	„	—	87.51	3.29	4.08		5.12	—	12.49	26.27	32.53		40.83	—	5.20
76	Desgl., Abendmilch . . .	„	—	87.42	3.38	4.13		5.07	—	12.58	26.87	32.83		40.30	—	5.25

No. 58—66. Rohde u. Trommer. — Eldena'er Arch. 1855. 240. Die untersuchte Milch stammte von 4 Kühen, von denen 3 einer Kreuzung von Ayrshire- mit Landvieh, die 4te der Breitenburger Rasse angehörte; alle 4 Kühe hatten im letzten Drittel des Decembers 1856 gekalbt. Der Fütterungsversuch begann Anfang Februar. Gemolken wurde dreimal täglich und die Milch jeder Periode wiederholt (wann und in welcher Weise ist nicht angegeben) untersucht. Für den Tag und Kopf wurden an Milch erhalten:

	Bei No. 58	59	60	61	62	63	64	65	66
(Auf Liter berechnet) . . .	7.77	8.36	9.27	7.79	7.56	6.41	6.10	6.23	7.33

No. 67—121. E. Wolff. — Agrikulturchem. Untersuchungen. II. 1 u. III. 39. Zu den Versuchen dienten 2 Kühe Montafuner Rasse von mittlerer Milchergiebigkeit, welche einige Wochen vor dem Anfange des Versuchs (Versuche zur Ermittelung des Einflusses einer Beigabe von Rapskuchen in verschiedenen Mengen auf die Erzeugung von Milch bei Kühen; und: über das geeigneteste Wachsthumsstadium bei Verfütterung von schwedischem und rothem Klee), beide an demselben Tage (12. December 1852) zum zweiten Male gekalbt hatten. Die Versuchskühe wurden während der Winterfütterung dreimal täglich gefüttert und nach jeder Fütterung getränkt. Das Futterstroh (2/3 Gerste- und 1/3 Wickenstroh wurde in dem Verhältniss von 4 : 1 mit Grummet zu Häcksel zerschnitten, Das tägliche Futterquantum an Stroh, Grummet und zerschnittenen Rüben wurde zusammengemengt, das ganze sodann mit einer gewogenen Quantität heissen Wassers abgebrüht und auf die verschiedenen Mahlzeiten vertheilt. Das Heu wurde trocken und ganz gegeben; die Kleie reichte man in der Tränke; die Rapskuchen wurden in dem fünffachen Gewichte an Wasser eingeweicht und über die Siede gegossen. Bei der jedesmaligen Fütterung beobachtete man die Ordnung, dass zuerst den Thieren die Siede (Stroh, Rüben und Rapskuchenwasser) vorgelegt, darauf Kleienwasser als Tränke, sodann noch reines Wasser gereicht und endlich das Heu in der Raufe vorgesteckt wurde. Das ursprüngliche Futter bestand:

No. 67 u. 68. Aus 40 Pfd. Runkeln, 12 Pfd. Heu, 6 Pfd. Grummet, 24 Pfd. Stroh, 4 Pfd. Weizenkleie, 2 Loth Salz (vom 7.—15. Januar).

Milchprobenahme am 11. Januar:

No. 69 u. 70. Zu diesem Futter kamen noch 2 Pfd. Rapskuchen (vom 16.—22. Januar).

No. 71—74. Zu dem ursprünglichen Futter kamen 4 Pfd. Rapskuchen (vom 23. Januar bis 5. Februar).

No. 75 u. 76. Zu vorigem Futter kamen noch 4 Pfd. Heu (vom 6.—12. Februar).

No.	Bezeichnungen und Bemerkungen	Jahr der Untersuchung	Specifisches Gewicht	In der ursprünglichen Substanz: Wasser %	Fett %	Caseïn %	Albumin %	Milchzucker %	Asche (Salze) %	Trockensubstanz %	In der Trockensubstanz: Fett %	Caseïn %	Albumin %	Milchzucker %	Asche (Salze) %	N in der Trockensubstanz %
77	Ausserdem 6 Pfd. Rapskuchen, Morgenmilch	1853	—	87.80	3.07	3.93		5.20	—	12.20	25.16	32.21		42.62	—	5.15
78	Desgl., Abendmilch . . .	„	—	87.25	3.46	4.02		5.27	—	12.75	27.14	31.53		41.33	—	5.04
79	Dieselbe Fütterung { 6 Loth Salz, Morgenm.	„		87.74	3.13	4.00		5.13	—	12.26	25.53	32.63		41.85	—	5.22
80	Desgl., Abendmilch . .	„	—	87.46	3.56	4.04		4.94	—	12.54	28.39	32.21		39.39	—	5.15
81	9 Loth Salz, Morgenm.	„	—	87.70	3.13	4.00		5.13	—	12.30	24.45	32.52		41.71	—	5.20
82	Desgl., Abendmilch . .	„	—	87.33	3.56	3.91		5.28	—	12.67	28.10	30.86		41.68	—	4.94
83	4 Pfund Rapskuchen, Morgenmilch . . .	„	—	87.52	3.23	4.26		4.99	—	12.48	26.09	34.41		40.30	—	5.51
84	Desgl., Abendmilch . .	„	—	87.52	3.24	4.27		4.97	—	12.48	26.17	34.49		40.14	—	5.52
85	2 Pfund Rapskuchen, Morgenmilch . . .	„	—	87.52	3.26	3.97		5.25	—	12.48	26.33	32.07		42.40	—	5.13
86	Desgl., Abendmilch . .	„	—	87.38	3.34	3.90		5.36	—	12.62	26.47	30.90		42.47	—	4.94
87	Ohne Rapskuchen, Mgm.	„	—	87.68	3.22	3.79		5.31	—	12.32	26.14	30.76		43.10	—	4.92
88	Desgl., Abendmilch . .	„	—	87.55	3.35	4.09		5.01	—	12.45	26.91	32.85		40.24	—	5.26
89	Nur 4 Pfd. Rapskuchen, Morgenmilch . . .	„	—	87.22	3.51	4.18		5.09	—	12.78	27.51	32.76		39.89	—	5.24
90	Desgl., Abendmilch . .	„	—	87.08	3.64	4.27		5.01	—	12.92	28.17	33.04		38.78	—	5.29
91	Desgl., Morgenmilch .	„	—	87.25	3.55	4.27		4.93	—	12.75	27.85	33.49		38.66	—	5.36
92	Desgl., Abendmilch . .	„	—	87.16	3.60	4.26		4.98	—	12.84	28.04	33.18		38.78	—	5.31
93	Nur 2 Pfd. Rapskuchen, Morgenmilch . . .	„	—	87.39	3.23	4.12		5.26	—	12.61	25.62	32.67		41.71	—	5.23
94	Desgl., Abendmilch . .	„	—	87.32	3.22	4.38		5.08	—	12.68	25.39	34.54		40.06	—	5.53
95	Nur 2 Pfd. Weizenkleie, Morgenmilch . . .	„	—	87.23	3.43	4.05		5.29	—	12.77	26.86	31.72		41.43	—	5.08
96	Desgl., Abendmilch . .	„	—	87.32	3.46	4.12		5.10	—	12.68	27.29	32.49		40.21	—	5.20
97	Wieder 4 Pfd. Rapskuchen, Morgenmilch	„	—	86.96	3.68	4.23		5.13	—	13.04	28.22	32.44		39.34	—	5.19
98	Desgl., Abendmilch . .	„	—	87.12	3.66	4.09		5.13	—	12.88	28.42	31.75		39.83	—	5.08
99	Anstatt Rüben 20 Pfd. Kartoffeln, Morgenmilch . .	„	—	87.22	3.35	4.17		5.26	—	12.78	26.07	32.68		40.94	—	5.23
100	Desgl., Abendmilch	„	—	87.14	3.48	4.06		4.42	—	12.86	27.07	31.57		34.37	—	5.05
101	Anstatt Rüben wieder 4 Pfd. Kleie, Morgenmilch . . .	„	—	87.26	3.42	4.24		5.08	—	12.74	26.84	33.28		39.87	—	5.32
102	Desgl., Abendmilch	„	—	87.24	3.42	4.42		4.92	—	12.76	26.81	34.64		38.56	—	5.54
103	Mittel von je 18 Analysen, Morgenmilch	„	—	87.64	3.12	4.08		5.16	—	12.36	25.24	33.01		41.74	—	5.28
104	Desgl., Abendmilch	„	—	87.50	3.24	4.16		5.10	—	12.50	25.92	33.28		40.80	—	5.32

No. 77 u. 78. Zu vorigem Futter kamen noch 2 Pfd. Rapskuchen (6 Pfd. im Ganzen) (vom 13.—19. Februar).
No. 79 u. 80. Wie vorige Fütterung, jedoch anstatt 2 Loth Salz, täglich 6 Loth (vom 20.—26. Februar).
No. 81 u. 82. „ „ „ „ „ 2 „ „ „ 9 „ (vom 27. Februar bis 5. März).
No. 83 u. 84. „ „ „ „ „ 6 Pfd. Rapskuchen nur 4 Pfd. (vom 6.—12. März).
No. 85 u. 86. „ „ „ „ „ 4 „ „ „ 2 „ (vom 13.—19. März).
No. 87 u. 88. „ „ „ „ keine Rapskuchen (vom 20.—26. März).
No. 89 u. 90. Wieder 4 Pfd. Rapskuchen täglich (vom 27. März bis 2. April).
No. 91 u. 92. „ 4 „ „ „ (vom 3.—9. April).
No. 93 u. 94. Nur 2 Pfd. Rapskuchen, dagegen anstatt 16 Pfd. Heu, täglich 20 Pfd. (vom 10.—16. April).
No. 95 u. 96. Nur 2 Pfd. Weizenkleie täglich (vom 17.—23. April).
No. 97 u. 98. Wieder 4 Pfd. Rapskuchen (vom 24.—30. April)
No. 99 u. 100. Anstatt 40 Pfd. Runkeln 20 Pfd. (gekeimte) Kartoffeln (vom 1.—7. Mai).
No. 101 u. 102. Wieder 4 Pfd. Kleie (vom 8.—14. Mai).
No. 103 u. 104. Von uns berechnete Mittel der Morgen- u. Abendmilch.

No.	Bezeichnungen und Bemerkungen	Jahr der Untersuchung	Specifisches Gewicht	In der ursprünglichen Substanz: Wasser %	Fett %	Casein %	Albumin %	Milchzucker %	Asche (Salze) %	Trockensubstanz %	In der Trockensubstanz: Fett %	Casein %	Albumin %	Milchzucker %	Asche (Salze) %	N in der Trockensubstanz %
105	Grünfutter (Gras) neben Normalfutter, Morgenmilch	1853	—	87.09	3.67	—	—	—	—	12.91	28.43	—	—	—	—	—
106	Desgl., Abendmilch . . .	„	—	87.09	3.58	—	—	—	—	12.91	27.73	—	—	—	—	—
107	Grünfutter, vermehrt, Morgm.	„	—	87.51	3.40	—	—	—	—	12.49	27.11	—	—	—	—	—
108	Desgl., Abendmilch	„	—	87.39	3.53	—	—	—	—	12.61	27.99	—	—	—	—	—
109	Grünfutter, Gras u. Klee (Kartoffeln fallen weg), Morgm.	„	—	87.28	3.57	—	—	—	—	12.72	28.07	—	—	—	—	—
110	Desgl., Abendmilch	„	—	87.13	3.67	—	—	—	—	12.87	28.52	—	—	—	—	—
111	Grünfutter, nur Klee, kein Gras, Morgenmilch . . .	„	—	87.02	3.76	—	—	—	—	12.98	28.97	—	—	—	—	—
112	Desgl., Abendmilch . . .	„	—	87.01	3.82	—	—	—	—	12.91	29.59	—	—	—	—	—
113	Grünfutter, nur Klee, kein Heu mehr, Morgenmilch .	„	—	87.02	3.58	—	—	—	—	12.98	27.58	—	—	—	—	—
114	Desgl., Abendmilch	„	—	86.89	3.79	—	—	—	—	13.11	28.91	—	—	—	—	—
115	Grünfutter, nur Klee, Heu statt Rapskuchen, Morgenmilch .	„	—	87.87	2.92	—	—	—	—	12.13	24.07	—	—	—	—	—
116	Desgl., Abendmilch	„	—	86.99	3.68	—	—	—	—	13.01	28.28	—	—	—	—	—
117	Grünfutter, nur Klee, mehr Heu, Morgenmilch . . .	„	—	87.69	3.24	—	—	—	—	12.31	26.32	—	—	—	—	—
118	Desgl., Morgenmilch . . .	„	—	86.94	3.53	—	—	—	—	13.06	27.03	—	—	—	—	—
119	Desgl., Abendmilch	„	—	86.66	3.86	—	—	—	—	13.84	27.89	—	—	—	—	—
120	Mittel von 8 Analysen, Mgm.	„	—	87.30	3.46	—	—	—	—	12.70	27.24	—	—	—	—	—
121	„ „ 7 „ Abdm.	„	—	87.02	3.71	—	—	—	—	12.98	28.59	—	—	—	—	—
122	Gedämpftes Futter, Beifutter Runkeln, 12. Jan., Morgenmilch	1854	—	87.49	3.47	—	—	—	—	12.51	27.74	—	—	—	—	—
123	Desgl., 13. Jan., Abendmilch	„	—	87.50	3.58	—	—	—	—	12.50	28.64	—	—	—	—	—
124	Desgl., 17. Jan., Abendmilch	„	—	87.50	3.40	—	—	—	—	12.50	27.30	—	—	—	—	—
125	Desgl., 20. Jan., Morgenmilch	„	—	87.54	3.60	—	—	—	—	12.46	28.89	—	—	—	—	—
126	Ungedämpftes Futter, Beifutter Runkeln, 27. Jan., Abendmilch	„	—	88.14	2.95	—	—	—	—	11.86	24.87	—	—	—	—	—
127	Desgl., 28. Jan., Morgenmilch	„	—	88.28	2.83	—	—	—	—	11.72	24.15	—	—	—	—	—
128	Desgl., 2. Febr., Abendmilch	„	—	87.89	3.05	—	—	—	—	12.11	25.19	—	—	—	—	—
129	Desgl., 5. Febr., Morgenmilch	„	—	87.89	3.05	—	—	5.03	—	12.11	25.19	—	—	41.54	—	—

Vor Beginn der Sommer-, resp. Grünfütterung bestand das tägliche Futterquantum aus: 20 Pfd. Kartoffeln, 20 Pfd. Heu, 6 Pfd. Grummet, 24 Pfd. Stroh, 4 Pfd. Rapskuchen und 4 Pfd. Weizenkleie; darnach erhielten die Kühe:

No. 105 u. 106. 25 Pfd. Gras, dagegen 12 Pfd. Siedestroh weniger (vom 15.—21. Mai).
No. 107 u. 108. 48 Pfd. „ „ kein Siedestroh (vom 22.—28. Mai).
No. 109 u. 110. Anstatt 20 Pfd. Kartoffeln 40 Pfd. Klee (88 Pfd. Grünfutter) (vom 29. Mai bis 4. Juni).
No. 111 u. 112. Täglich 88 Pfd. Klee, kein Gras (vom 5.—11. Juni).
No. 113 u. 114. „ 158 „ „ kein Heu mehr (vom 12.—18. Juni).
No. 115 u. 116. „ 158 „ „ 6 Pfd. Heu, nur 2 Pfd. Rapskuchen (vom 19.—25. Juni), vom 23. Juni an erhielten die Thiere anstatt des Rothklees schwedischen Klee.
No. 117. Wie vorher und 3 Pfd. Heu (vom 26. Juni bis 2. Juli), am 30. Juni ersetzte man den schwedischen Klee durch Rothklee (mit welcher Veränderung eine schnelle Abnahme der Milchproduction eintrat).
No. 118—119. Rothklee ad libitum.
No. 120 u. 121. Von uns berechnete Mittel der Morgen- und Abendmilch.

Die Probenahme der Milch für die Analyse geschah in der Regel zu Ende der betr. Fütterungsperiode.

No. 122—148. H. Ritthausen (V.-St Möckern). — Agrikulturchem. Untersuchungen. IV. 1. Die untersuchte Milch wurde gelegentlich der Ausführung von Versuchen über den Futterwerth von gedämpftem gegenüber nur gebrühtem Futter und von Zuckerrüben im Vergleich zu Feldrunkelrüben bei Milchkühen gewonnen. Zu denselben dienten dieselben beiden Montafuner Kühe, welche zu den in Anmerkung zu Milch No. 17—71 erwähnten Versuchen benutzt worden waren, nachdem sie inzwischen gekalbt hatten. Das Futter der beiden Kühe bestand anfangs täglich in 16 Pfd. Heu, 8 Pfd. Grummet, 24 Pfd. Gerstenstroh, 40 Pfd. Runkelrüben (resp. Zuckerrüben), 4 Pfd. Rapskuchen und 2 Loth Salz. Stroh und Grummet wurden mit einander geschnitten und mit den geschnittenen Rüben gemengt 15—20 Minuten lang der Einwirkung eines Dampfes von niedriger Spannung ausgesetzt, nach welcher Zeit die Rüben gewöhnlich weich gekocht waren. Wenn dasselbe Futter ungedämpft zu verfüttern war, übergoss man es mit ca.

No.	Bezeichnungen und Bemerkungen	Jahr der Untersuchung	Specifisches Gewicht	In der ursprünglichen Substanz							In der Trockensubstanz					N in der Trockensubstanz
				Wasser	Fett	Caseïn	Albumin	Milchzucker	Asche (Salze)	Trockensubstanz	Fett	Caseïn	Albumin	Milchzucker	Asche (Salze)	
				%	%	%	%	%	%	%	%	%	%	%	%	%
130	Gedämpftes Futter, Beifutter Runkeln, 9. Febr., Abendmilch	1854	—	87.80	2.96	—	—	4.89	—	12.20	24.26	—	—	40.08	—	—
131	Desgl., 10. Febr., Morgenm.	„	—	87.90	2.93	—	—	—	—	12.10	24.21	—	—	—	—	—
132	Desgl., 16. Febr., Abendmilch	„	—	87.82	3.20	—	—	5.02	—	12.18	26.27	—	—	41.21	—	—
133	Desgl., 17. Febr., Morgenm.	„	—	88.15	3.00	—	—	5.00	—	11.85	25.32	—	—	42.20	—	—
134	Desgl., 23. Febr., Abendmilch	„	—	87.91	2.91	—	—	—	—	12.09	24.07	—	—	—	—	—
135	Desgl., 24. Febr., Morgenm. .	„	—	87 97	3.01	—	—	—	—	12.03	25.02	—	—	—	—	—
136	Ungedämpftes Futter, Beifutter Runkeln, 6. März, Abendmilch	„	—	87.76	3.09	—	—	—	—	12.24	25.25	—	—	—	—	—
137	Desgl., 7. März, Morgenmilch	„	—	88.01	2.87	—	—	—	—	11.99	23.94	—	—	—	—	—
138	Gedämpftes Futter, 19. März Abendmilch	„	—	87.63	3.07	—	—	—	—	12.37	24.82	—	—	—	—	—
139	Desgl., Beifutter Zuckerrüben, 23. März, Abendmilch . .	„	—	87.68	3.16	—	—	4.97	—	12.36	25.57	—	—	40.21	—	—
140	Desgl., 24. April, Morgenm.	„	—	87.82	3.05	—	—	—	—	12.18	25.04	—	—	—	—	—
141	Desgl., 3. April, Abendmilch	„	—	87.69	3.17	—	—	5.02	—	12.31	25.75	—	—	40.72	—	—
142	Desgl., 4. April, Morgenmilch	„	—	88.24	2.76	—	—	—	—	11.76	23.47	—	—	—	—	—
143	Mittel der Milch bei gedämpftem Futter, 15 Anal.	„	—	87.77	3.15	—	—	—	—	12.23	25.76	—	—	—	—	—
144	Mittel der Milch bei ungedämpftem Futter, 6 Anal.	„	—	88.00	2.97	—	—	—	—	12.00	24.75	—	—	—	—	—
145	Mittel der Milch bei Runkelnfütterung, gedämpft, 11 Analysen	„	—	87.75	3.19	—	—	—	—	12.25	26.04	—	—	—	—	—
146	Mittel der Milch bei Zuckerrübenfütter., gedämpft, 4 Analysen	„	—	87.85	3.04	—	—	—	—	12.15	25.02	—	—	—	—	—
147	Mittel der Morgenmilch, 10 Analysen	„	—	87.93	3.06	—	—	—	—	12.07	25.35	—	—	—	—	—
148	Mittel der Abendmilch, 11 Analysen	„	—	87.75	3.14	—	—	—	—	12.25	25.63	—	—	—	—	—
149	Beifutter 4 Pfd. Rapskuchen, 29. Jan., Abendmilch . .	1856	—	88.90	2.52	—	—	—	—	11.10	22.70	—	—	—	—	—
150	Desgl., 30. Jan., Morgenmilch	„	—	88.80	2.75	—	—	—	—	11.20	24.55	—	—	—	—	—

60 Pfd. siedendem Wasser. Das Heu wurde stets ungeschnitten vorgelegt; die Rapskuchen wurden in Wasser eingeweicht und zertheilt und die Brühe über die zu verfütternde Siede gegossen. Ein Auslaugen der Futterstoffe durch das Dämpfen fand nicht statt. Der durchschnittliche tägliche Milchertrag betrug in den einzelnen Fütterungsperioden:

	Wirklicher Milchertrag	Reducirt auf Milch mit 12.5 % Trockensubst.	Reducirt auf Milch mit 3.5 % Fettgehalt
Runkelrübenfütterung.			
	Pfd.	Pfd.	Pfd.
Futter, gedämpft 10.–23. Januar	38.06	38.03	38.16
„ ungedämpft 24. Januar bis 6 Febr.	37.34	36.16	31.70
„ gedämpft 19. Februar bis 1. März	36.47	35.17	30.84
„ ungedämpft 2.—12. März	35.32	34.27	29.27
„ gedämpft 13.—19. März	32.98	32.50	29.80
Zuckerrübenfütterung.			
„ gedämpft 20.—26. März	35.9	35.4	31.8
„ „ 27. März bis 2. April . .	36.4	35.6	32.2
„ „ 3.—9. April	35.6	34.3	30.6

No. 149—169. H. Ritthausen (V.-St. Möckern). — Agrikulturchem. Untersuchungen. V. 1. Die untersuchte Milch wurde gelegentlich der Ausführung von Versuchen „über den Einfluss der Lupine auf die Milchproduction“ gewonnen. Zu den Versuchen dienten 2 Kühe Schwyzer Rasse von ziemlich hohem Milchertrage. Das verabreichte Hauptfutter bestand in 18 Pfd. Heu, 26 Pfd. Gerstenstroh, 51 Pfd. Zuckerrüben, 9 Pfd. Weizenkleie, das Beifutter in Lupinen

No.	Bezeichnungen und Bemerkungen	Jahr der Untersuchung	Specifisches Gewicht	In der ursprünglichen Substanz							In der Trockensubstanz					N in der Trockensubstanz
				Wasser	Fett	Caseïn	Albumin	Milchzucker	Asche (Salze)	Trockensubstanz	Fett	Caseïn	Albumin	Milchzucker	Asche (Salze)	
				%	%	%	%	%	%	%	%	%	%	%	%	%
151	Beifutter 3 Pfd. Lupinen, 15. Febr., Abendmilch . . .	1856	—	89.04	2.23	—	—	—	—	10.96	20.35	—	—	—	—	—
152	Desgl., 16. Febr., Morgenm.	„	—	89.59	1.762	—	—	—	—	10.41	16.91	—	—	—	—	—
153	Beifutter 6 Pfd. Lupinen, 22. Febr., Abendmilch . . .	„	—	89.05	2.90	—	—	—	—	10.95	26.48	—	—	—	—	—
154	Desgl., 23. Febr., Morgenm.	„	—	89.18	2.42	—	—	—	—	10.82	22.37	—	—	—	—	—
155	Beifutter 8 Pfd. Lupinen, 2. März, Abendmilch . . .	„	—	89.54	2.01	—	—	—	—	10.46	19.22	—	—	—	—	—
156	Desgl., 3. März, Morgenmilch	„	—	88.53	2.27	—	—	—	—	11.47	19.79	—	—	—	—	—
157	Beifutter 10 Pfd. Lupinen, aber nur 3 Pfd. Kleie, 10. März, Abendmilch . . .	„	—	89.68	2.31	—	—	—	—	10.32	22.38	—	—	—	—	—
158	Desgl., 11. März, Morgenmilch	„	—	90.05	1.88	—	—	—	—	9.95	18.89	—	—	—	—	—
159	Beifutter 5 Pfd. Lupinen und 10 Pfd. Kleie, 16. März, Abendmilch	„	—	88.94	2.67	—	—	—	—	11.06	24.14	—	—	—	—	—
160	Desgl., 17. März, Morgenm.	„	—	88.77	2.85	—	—	—	—	11.23	25.38	—	—	—	—	—
161	Beifutter 2 Pfd. Lupinen, 3 Pfd. Rapskuchen u. 10 Pfd. Kleie, 23. März, Abendm.	„	—	88.42	3.12	—	—	—	—	11.58	26.94	—	—	—	—	—
162	Desgl., 24. März, Morgenm.	„	—	89.27	2.11	—	—	—	—	10.73	19.67	—	—	—	—	—
163	Beifutter keine Lupinen, 4 Pfd. Rapskuchen, 10 Pfd. Kleie, 29. März, Abendm.	„	—	89.07	2.49	—	—	—	—	10.93	22.78	—	—	—	—	—
164	Desgl., 30. März, Morgenm.	„	—	89.64	2.45	—	—	—	—	10.36	23.65	—	—	—	—	—
165	Beifutter keine Rapskuchen, 3 Pfd. Lupinen u. 10 Pfd. Kleie, 7. April, Morgenm.	„	—	88.76	3.01	—	—	—	—	11.24	26.78	—	—	—	—	—
166	Desgl., Abendmilch . . .	„	—	88.93	2.42	—	—	—	—	11.07	21.86	—	—	—	—	—
167	Mittel der Abendmilch, 19 Analysen	„	—	89.18	2.39	—	—	—	—	10.82	22.09	—	—	—	—	—
168	Mittel der Morgenmilch, 8 Analysen	„	—	89.06	2.52	—	—	—	—	10.94	23.03	—	—	—	—	—
169	Mittel sämmtlicher Analysen, 18 Analysen	„	—	89.12	2.45	—	—	—	—	10.88	22.52	—	—	—	—	—
170	Kartoffeln: Morgenmilch .	„	—	89.1	2.57	—	—	—	—	10.9	23.58	—	—	—	—	—
171	Kartoffeln: Mittagmilch .	„	—	88.4	2.88	—	—	—	—	11.6	24.83	—	—	—	—	—
172	Kartoffeln: Abendmilch .	„	—	88.2	2.49	—	—	—	—	11.8	21.10	—	—	—	—	—
173	Kartoffeln: Mittel . . .	„	—	88.6	2.65	—	—	—	—	11.4	23.25	—	—	—	—	—

resp. Rapskuchen. Die Lupinen wurden gekocht (nachdem sie zuvor mit kaltem Wasser einige Zeit in Berührung waren) und sammt dem Abkochungswasser, mit der gedämpften Siede gemengt, verfüttert. Der Ertrag war in den einzelnen Fütterungsperioden der nachstehende. 2 Kühe lieferten:

	Milch Pfd.	Darin Trockensubstanz Pfd.	Butter Pfd.
29. Januar bis 4. Februar 4 Pfd. Rapskuchen	396.2	44.18	10.436
12.—18. Februar 3 Pfd. Lupinen	373.8	39.89	7.427
19.—26. Februar 6 Pfd. Lupinen	415.5	45.23	11.047
27. Februar bis 5. März 8 Pfd. Lupinen	339.2	37.21	7.263
6.—12. März 10 Pfd. Lupinen, 3 Pfd. Kleie	314.6	31.89	6.605
13.—19. März 5 Pfd. Lupinen, 10 Pfd. Kleie	325.9	36.28	8.681
20.—26. März 2 Pfd. Lupinen, 10 Pfd. Kleie, 3 Pfd. Rapskuchen . . .	342.1	38.16	8.955
27. März bis 2. April keine Lupinen, 10 Pfd. Kleie, 4 Pfd. Rapskuchen	347.7	37.12	8.585
3.—8. April 3 Pfd. Lupinen, 10 Pfd. Kleie, keine Rapskuchen	279.8	31.21	7.600

No. 170—186. H. Ritthausen. — Amts- u. Anzeigebl. f. d. Königr. Sachsen 1856. 87. Zu dem Fütterungsversuch, gelegentlich dessen die untersuchte Milch gewonnen wurde, dienten 2 Kühe Schwyzer Rasse, deren Kälber 4 Wochen nach der Geburt abgesetzt waren. Zu Beginn des Versuchs wogen die Thiere zusammen 2163 Pfd. Ausser 18 Pfd. Heu, 20 Pfd. Gerstenstroh, 4 Pfd. Rapskuchen und 4 Pfd. Kleie erhielten die Thiere:

No.	Bezeichnungen und Bemerkungen		Jahr der Untersuchung	Specifisches Gewicht	In der ursprünglichen Substanz: Wasser	Fett	Caseïn	Albumin	Milchzucker	Asche (Salze)	Trockensubstanz	In der Trockensubstanz: Fett	Caseïn	Albumin	Milchzucker	Asche (Salze)	N in der Trockensubstanz
					%	%	%	%	%	%	%	%	%	%	%	%	%
174	Süsse Maische	Morgenmilch	1856	—	88.4	2.45	—	—	—	—	11.6	21.12	—	—	—	—	—
175		Mittagmilch	„	—	87.7	3.26	—	—	—	—	12.3	26.50	—	—	—	—	—
176		Abendmilch	„	—	87.8	3.09	—	—	—	—	12.2	25.33	—	—	—	—	—
177		Mittel	„	—	88.0	2.93	—	—	—	—	12.0	24.42	—	—	—	—	—
178	Schlempe	Morgenmilch	„	—	88.5	2.72	—	—	—	—	11.5	23.65	—	—	—	—	—
179		Mittagmilch	„	—	88.3	2.93	—	—	—	—	11.7	25.04	—	—	—	—	—
180		Abendmilch	„	—	88.3	3.09	—	—	—	—	11.7	26.41	—	—	—	—	—
181		Mittel	„	—	88.4	2.91	—	—	—	—	11.6	25.09	—	—	—	—	—
182	Desgl. letzte Woche	Morgenmilch	„	—	88.5	2.79	—	—	—	—	11.5	24.26	—	—	—	—	—
183		Mittagmilch	„	—	87.9	3.21	—	—	—	—	12.1	26.53	—	—	—	—	—
184		Abendmilch	„	—	88.1	3.12	—	—	—	—	11.9	26.22	—	—	—	—	—
185		Mittel	„	—	88.2	3.04	—	—	—	—	11.8	25.76	—	—	—	—	—
186	Mittel sämmtlicher Analysen		„	—	88.27	2.88	—	—	—	—	11.73	24.55	—	—	—	—	—
187	Bei Schrotfütterung	Morgenmilch	„	—	88.38	2.98	—	—	5.28	—	11.62	25.66	—	—	45.44	—	—
188		Mittagmilch	„	—	87.59	3.55	—	—	5.11	—	12.41	28.79	—	—	41.18	—	—
189		Abendmilch	„	—	88.01	3.35	—	—	4.99	—	11.99	27.94	—	—	41.62	—	—
190		Mittel	„	—	88.00	3.29	—	—	5.12	—	12.00	27.42	—	—	42.66	—	—
191	Desgl.	Morgenmilch	„	—	87.91	3.20	—	—	5.36	—	12.09	26.47	—	—	44.33	—	—
192		Mittagmilch	„	—	87.65	3.57	—	—	5.07	—	12.35	28.91	—	—	41.05	—	—
193		Abendmilch	„	—	87.70	3.37	—	—	5.16	—	12.30	27.40	—	—	41.95	—	—
194		Mittel	„	—	87.75	3.38	—	—	5.20	—	12.25	27.59	—	—	42.45	—	—
195	Bei Fütterung gekochter Körner	Morgenmilch	„	—	88.21	3.00	—	—	—	—	11.79	25.45	—	—	—	—	—
196		Mittagmilch	„	—	87.68	3.62	—	—	—	—	12.32	29.38	—	—	—	—	—
197		Abendmilch	„	—	87.98	3.05	—	—	—	—	12.02	25.37	—	—	—	—	—
198		Mittel	„	—	87.96	3.22	—	—	—	—	12.04	26.75	—	—	—	—	—
199	Verfütterung 13. December	Mrgm.	„	—	87.11	3.30	—	—	4.68	—	12.89	25.60	—	—	36.30	—	—
200		Mittagm.	„	—	86.89	3.50	—	—	4.50	—	13.11	26.70	—	—	34.33	—	—
201		Abendm.	„	—	86.36	3.72	—	—	4.71	—	13.64	27.27	—	—	34.53	—	—
202	2. Januar	Mrgm.	1857	—	87.50	3.00	—	—	4.90	—	12.50	24.00	—	—	39.20	—	—
203		Mittagm.	„	—	87.02	3.21	—	—	5.17	—	12.98	24.73	—	—	39.83	—	—
204		Abendm.	„	—	86.98	3.32	—	—	4.90	—	13.13	25.29	—	—	37.32	—	—

I. 40, zuletzt 60 Pfd. Kartoffeln.
II. Maische von 60 Pfd. Kartoffeln und 4, resp. 5 Pfd. Grünmalz.
III. Schlempe von 60 Pfd. Kartoffeln und 5 Pfd. Grünmalz.
IV. Wie vorher und 30 Pfd. Runkelrüben in dem Hauptfutter aber nur 1 Pfd. Rapskuchen.

Die Kartoffeln wurden in gedämpftem Zustande gereicht und zwar mit dem Brühfutter, worin das Stroh und die Rapskuchen sowie der dritte Theil des Heu's enthalten waren; die Kleie wurde der Brühe zugesetzt.

No. 187—198. H. Ritthausen. — Ebendaselbst 1856. 96. Dieselben Kühe, von denen die Milch unter No. 170—186 stammte, erhielten neben 18 Pfd. Heu, 20 Pfd. Gerstenstroh und 40 Pfd. Rüben zunächst 12 Pfd. Schrot zu $^2/_3$ aus Wicken, zu $^1/_3$ aus Hafer und Gerste bestehend. Nach dieser Fütterung erhielten die Thiere die Körner ganz, aber weich gekocht. Die Fütterung fand in der Weise statt, dass zuerst das mit den Rüben gedämpfte Stroh, darauf das mit lauwarmem Wasser angerührte Schrot, bezw. die gekochten Körner sammt dem Abkochungswasser gereicht wurde, zuletzt das Heu.

No. 199—253. W. Knop u. R. Arendt (V.-St. Möckern). — Agrikulturchem. Untersuchungen. V. 74. Zu dem Versuche, gelegentlich dessen die untersuchten Milchproben entnommen wurden, dienten 2 Kühe Montafuner Rasse, 7 Jahr alt, 8 Wochen nach dem Abnehmen der Kälber, Kühe, die nicht vielmelkend, aber bei guter Fütterung gewöhnlich lange Zeit hindurch täglich ein sehr constantes Milchquantum zu geben pflegten. Das tägliche Futterquantum betrug für 1 Kuh:

	I. Pfd.	II. Pfd.	III. Pfd.	IV. Pfd.	V. Pfd.	VI. Pfd.	VII. Pfd.	VIII. Pfd.
Runkelrüben	60	68	—	—	—	—	—	—
Rapskuchen	2	2	2	$2^1/_4$	3	3.5	4	3
Heu	11	13	13	14	14	14	14	14
Gerstenstroh	5	4	4	4	4	4	4	4
Kartoffeln, gemaischt	—	—	28	36	36	36	36	36
Malz	—	—	1.5	2	2	2	2	2
Durchschn. Milchertrag pro Tag	44.73	46.68	45.93	48.68	47.63	48.09	47.91	46.18

Mittel unter No. 250—253 von uns berechnet.

No.	Bezeichnungen und Bemerkungen	Jahr der Untersuchung	Specifisches Gewicht	In der ursprünglichen Substanz: Wasser %	Fett %	Caseïn %	Albumin %	Milchzucker %	Asche (Salze) %	Trockensubstanz %	In der Trockensubstanz: Fett %	Caseïn %	Albumin %	Milchzucker %	Asche (Salze) %	N in der Trockensubstanz %
205	8. Januar: Mrgm.	1857	—	88.33	2.92	—	—	5.11	—	11.67	25.02	—	—	43.79	—	—
206	Mittagm.	„	—	87.86	3.20	—	—	5.02	—	12.14	26.36	—	—	41.35	—	—
207	Abendm.	„	—	87.57	3.31	—	—	4.91	—	12.43	26.63	—	—	39.50	—	—
208	Nährstoffverhältniss I. 1 : 5.07, 15. Januar: Mrgm.	„	—	88.46	2.84	—	—	4.80	—	11.54	24.61	—	—	41.60	—	—
209	Mittagm.	„	—	88.09	3.30	—	—	4.80	—	11.91	27.71	—	—	40.30	—	—
210	Abendm.	„	—	87.50	3.60	—	—	5.00	—	12.50	28.80	—	—	40.00	—	—
211	1 : 5.07, 21. Januar: Mrgm.	„	—	88.18	2.76	—	—	4.94	—	11.82	23.35	—	—	41.89	—	—
212	Mittagm.	„	—	87.33	3.35	—	—	5.01	—	12.67	26.44	—	—	39.54	—	—
213	Abendm.	„	—	87.19	3.44	—	—	5.05	—	12.81	26.85	—	—	39.42	—	—
214	II. 1 : 5.02, 29. Januar: Mrgm.	„	—	87.99	3.10	—	—	4.71	—	12.01	25.81	—	—	39.22	—	—
215	Mittagm.	„	—	86.58	3.20	—	—	4.90	—	13.42	23.85	—	—	36.51	—	—
216	Abendm.	„	—	86.77	3.63	—	—	4.60	—	13.23	27.44	—	—	34.97	—	—
217	III. 1 : 5.50, 5. Februar: Mrgm.	„	—	88.76	2.99	—	—	5.00	—	11.24	26.60	—	—	44.49	—	—
218	Mittagm.	„	—	87.57	3.06	—	—	5.10	—	12.43	24.62	—	—	41.03	—	—
219	Abendm.	„	—	87.80	3.60	—	—	4.90	—	12.90	27.80	—	—	37.84	—	—
220	1 : 5.50, 12. Februar: Mrgm.	„	—	87.85	3.22	—	—	4.92	—	12.15	26.50	—	—	40.49	—	—
221	Mittagm.	„	—	87.04	3.54	—	—	4.96	—	12.96	27.31	—	—	38.27	—	—
222	Abendm.	„	—	87.25	3.48	—	—	5.09	—	12.75	27.29	—	—	39.92	—	—
223	IV. 1 : 5.60, 19. Februar: Mrgm.	„	—	88.21	3.07	—	—	5.01	—	11.79	25.43	—	—	41.49	—	—
224	Mittagm.	„	—	87.55	3.41	—	—	5.10	—	12.45	27.39	—	—	40.96	—	—
225	Abendm.	„	—	87.60	3.16	—	—	5.02	—	12.40	25.49	—	—	40.49	—	—
226	1 : 5.60, 26. Februar: Mrgm.	„	—	88.14	2.98	—	—	5.10	—	11.86	25.12	—	—	42.99	—	—
227	Mittagm.	„	—	87.72	3.27	—	—	4.86	—	12.28	26.63	—	—	39.59	—	—
228	Abendm.	„	—	87.68	3.09	—	—	4.91	—	12.32	25.08	—	—	39.85	—	—
229	V. 1 : 5.40, 5. März: Mrgm.	„	—	88.40	2.95	—	—	4.99	—	11.60	25.43	—	—	43.02	—	—
230	Mittagm.	„	—	87.79	3.26	—	—	4.80	—	12.21	26.70	—	—	39.31	—	—
231	Abendm.	„	—	87.95	2.94	—	—	4.85	—	12.05	24.40	—	—	40.26	—	—
232	1 : 5.40, 12. März: Mrgm.	„	—	88.54	2.81	—	—	4.95	—	11.46	24.52	—	—	43.19	—	—
233	Mittagm.	„	—	87.08	3.17	—	—	4.75	—	11.92	26.59	—	—	39.85	—	—
234	Abendm.	„	—	88.07	3.06	—	—	5.08	—	11.93	25.65	—	—	42.58	—	—
235	VI. 1 : 5.20, 19. März: Mrgm.	„	—	88.17	2.87	—	—	5.06	—	11.83	24.26	—	—	42.77	—	—
236	Mittagm.	„	—	87.71	3.18	—	—	4.93	—	12.29	25.87	—	—	40.11	—	—
237	Abendm.	„	—	87.80	3.01	—	—	5.06	—	12.20	24.67	—	—	41.48	—	—
238	1 : 5.20, 26. März: Mrgm.	„	—	88.06	2.93	—	—	5.01	—	11.94	24.54	—	—	41.95	—	—
239	Mittagm.	„	—	87.55	3.26	—	—	5.00	—	12.45	31.18	—	—	40.16	—	—
240	Abendm.	„	—	87.50	3.32	—	—	4.87	—	12.50	26.56	—	—	38.96	—	—
241	VII. 1 : 5.0, 2. April: Mrgm.	„	—	88.14	2.79	—	—	—	—	11.86	23.52	—	—	—	—	—
242	Mittagm.	„	—	87.75	3.20	—	—	—	—	12.25	26.12	—	—	—	—	—
243	Abendm.	„	—	87.68	3.27	—	—	—	—	12.32	26.54	—	—	—	—	—
244	VIII. 1 : 5.4, 9. April: Mrgm.	„	—	87.98	2.98	—	—	—	—	12.02	24.79	—	—	—	—	—
245	Mittagm.	„	—	87.16	3.60	—	—	—	—	12.84	28.03	—	—	—	—	—
246	Abendm.	„	—	87.20	3.44	—	—	—	—	12.80	26.88	—	—	—	—	—
247	Nach Beendigung d. Vers. 16. April: Mrgm.	„	—	87.83	2.84	—	—	—	—	12.17	23.34	—	—	—	—	—
248	Mittagm.	„	—	87.21	3.79	—	—	—	—	12.79	29.63	—	—	—	—	—
249	Abendm.	„	—	87.16	3.59	—	—	—	—	12.84	27.96	—	—	—	—	—
250	Mittel der Morgenm. (Mittel von je 17 Anal.)	„	—	88.10	2.96	—	—	4.94	—	11.90	24.87	—	—	41.51	—	—
251	„ „ Mittagm. (Mittel von je 17 Anal.)	„	—	87.46	3.32	—	—	4.92	—	12.54	26.47	—	—	39.23	—	—
252	„ „ Abendm. (Mittel von je 17 Anal.)	„	—	87.37	3.29	—	—	4.92	—	12.63	26.05	—	—	38.95	—	—
353	„ „ sämmtlichen Analysen (51)	„	—	87.64	3.19	—	—	4.93	—	12.36	25.81	—	—	39.89	—	—

No.	Bezeichnungen und Bemerkungen	Jahr der Untersuchung	Specifisches Gewicht	In der ursprünglichen Substanz: Wasser	Fett	Caseïn	Albumin	Milchzucker	Asche (Salze)	Trockensubstanz	In der Trockensubstanz: Fett	Caseïn	Albumin	Milchzucker	Asche (Salze)	N in der Trockensubstanz
				%	%	%	%	%	%	%	%	%	%	%	%	%
	Im Futter für jede Kuh pro Tag Nährstoffe in Pfd.															
254	Nh. 1.47, Nfr. 9.07, Fett —	1858/59	—	87.57	2.19	3.95		5.48	0.81	12.43	17.62	30.79		45.07	6.52	5.09
255	„ 1.81 „ 9.42 „ 0.085	„	—	88.94	2.54	3.50		4.20	0.82	11.06	22.96	31.64		37.99	7.41	5.06
256	„ 2.15 „ 9.77 „ 0.170	„	—	89.01	2.21	3.79		4.20	0.79	10.99	20.11	34.49		38.21	7.19	5.52
257	„ 2.27 „ 10.42 „ 0.170	„	—	89.02	2.69	3.56		3.95	0.78	10.98	24.50	33.31		35.09	7.10	5.33
258	„ 1.84 „ 10.19 „ 0.204	„	—	88.96	2.68	3.85		3.76	0.75	11.04	24.28	34.87		33.86	6.99	5.58
259	{ „ 2.09 „ 10.66 „ 0.408 / „ 1.42 „ 8.81 „ 0.204 }	„	—	—	3.24	—		4.26	—	—	—	—		—	—	—
260	„ 1.67 „ 9.08 „ 0.403	„	—	89.78	2.18	3.04		4.22	0.78	10.22	21.33	29.75		41.29	7.63	4.76
261	„ 1.92 „ 9.55 „ 0.612	„	—	89.37	2.55	2.94		4.36	0.78	10.63	23.99	27.65		41.02	7.34	4.42
262	{ „ 1.67 „ 9.08 „ 0.408 / „ 1.42 „ 8.61 „ 0.204 }	„	—	88.93	2.62	3.32		4.33	0.80	11.07	23.67	29.89		39.21	7.23	4.78
263	„ 1.51 „ 8.49 „ 0.085	„	—	89.36	2.41	3.10		4.38	—	10.64	22.65	29.14		41.17	—	4.66
264	Weide, 18. Septbr. (3 K. reinblütiger Shorthorns (Pedigree))	1860	—	87.20	3.86	3.28		4.89	0.77	12.80	30.15	25.62		38.21	6.02	4.10
265	Weide u. 1 Pfd. Leinkuchen, 24. Septbr. (3 K. reinblütiger Shorthorns (Pedigree))	„	—	86.50	4.28	3.25		5.30	0.67	13.50	31.70	24.07		39.26	4.97	3.85
266	Weide u. 2 Pfd. Leinkuchen, 2. October (3 K. reinblütiger Shorthorns (Pedigree))	„	—	86.50	4.19	3.19		5.34	0.78	13.50	31.04	23.63		39.55	5.78	3.78
267	Weide, 18. Septbr. (3 K. Shorthorns-Kreuzung (Crossbred))	„	—	86.65	3.99	3.47		5.11	0.78	13.35	29.89	25.99		38.28	5.84	4.16
268	Weide u. 1 Pfd. Leinkuchen, 24. Septbr. (3 K. Shorthorns-Kreuzung (Crossbred))	„	—	87.10	4.28	3.06		4.84	0.72	12.90	33.18	23.72		37.52	5.58	3.79
269	Weide u. 2 Pfd. Leinkuchen, 2. October (3 K. Shorthorns-Kreuzung (Crossbred))	„	—	86.90	3.96	3.37		4.98	0.79	13.10	30.23	25.73		38.01	6.03	4.12
270	Weide, Juli	„	—	88.25	2.92	2.87		5.24	0.72	11.75	24.85	24.42		44.60	6.13	3.91
271	Weide arm u. überfüllt, Sept.	„	—	90.30	1.89	2.88		4.28	0.65	9.70	19.48	29.69		44.10	6.70	4.75
272	Weide mit Beifutter, October	„	—	88.95	3.44	2.62		4.30	0.69	11.05	31.13	23.71		38.92	6.24	3.79
	I. Versuchsreihe.															
273	Kuh 1 fettarm } I. Periode, 1. Woche	1862	—	86.40	4.11	8.59			0.90	13.60	30.22	63.16			6.62	—
274	„ 2 fettreich } I. Periode, 1. Woche	„	—	87.00	4.41	7.69			0.90	13.00	33.92	59.16			6.92	—
275	„ 1 fettarm } 2. Woche	„	—	86.84	4.20	7.86			1.10	13.16	31.92	59.73			8.35	—
276	„ 2 fettreich } 2. Woche	„	—	86.72	4.66	7.74			0.88	13.28	35.09	58.28			6.63	—

No. 254—263. Pincus. — B. Martiny: Die Milch. I. 319. Vier ostfriesische Kühe, 4—5jährig, vor 4—5 Wochen gekalbt und von constanter Milchergiebigkeit erhielten das nachstehende Futter; die Kühe waren 800—950 Pfd. schwer, wurden zweimal täglich gemolken. Die tägliche Futtermenge für die Kuh und für den Tag bestand bis zur 6. Periode aus 26 Pfd. Stoppelrüben oder Runkelrüben, 12 Pfd. Heu und 6 Pfd. Roggenstroh, von da ab aus 42 Pfd. Runkeln, 6 Pfd. Heu und 6 Pfd. Stroh und von der 2. Periode an als Beigabe aus wechselnden Mengen Rübkuchen, deren Menge (1—3 Pfd.) aus oben angegebenem Oelgehalt des Futters, der sich nur auf die Rübkuchen, nicht auf das Gesammt-Futter bezieht, erkennbar ist. Die durchschnittliche tägliche Milchmenge der Kühe betrug in Pfunden:

Zu No. 254	255	256	257	258	259	260	261	262	263
72.91	78.39	78.03	76.21	76.76	79.61	77.03	80.24	78.84	76.23 Pfd.

Die Fütterungsperioden wechselten ohne Uebergang; Milchmenge und Milchzusammensetzung wurden ermittelt, ohne den störenden Einfluss des Futterwechsels zu berücksichtigen.

No. 264—269. Aug. Voelcker. — J. R. Agric. Soc. England 1863. 309. Die untersuchte Milch war das Gemenge von Morgen- und Abendmilch, in deren Zusammensetzung kein wesentlicher Unterschied bemerkbar war. Der Ertrag an Milch pro Tag und pro 3 Stück Kühe war:

Reine Shorthorns: 18. September	24. September	2. October	Shorthorn-Kreuzung: 18. September	24. September	2. October
27.9	27.5	27.0	29.5	26.4	27.9 L.

No. 270—272. Aug. Voelcker. — Ebendaselbst. 1861. 33. 1863. 302. Die Kühe wurden von Mai bis Ende October geweidet und erhielten während des Octobers ein Beifutter von Rüben, Schrot und Heu; im September dagegen war die Weide arm und übersetzt, so dass die Kühe ärmlich ernährt wurden. Die Zusammensetzung bezieht sich auf Morgen- und Abendmilch.

No. 273—322. Ed. Peters. — Annal. d. Landw. in Preussen. 40. 1862. 275. Bei Versuchen über den Einfluss des Fettgehaltes im Futter auf die Milchproduction bei Kühen wurden 2 Kühe (Kreuzung von Schweizer Kühen mit Holländer Bullen), von nahezu gleichem Alter und Gewicht (1 Versuchsreihe) eingestellt. Dieselben hatten ziemlich zu gleicher Zeit gekalbt, waren seit längerer Zeit wieder tragend und gaben beim Beginne des Versuchs täglich jede $7\frac{1}{2}$ Pfd. Milch. Die tägliche, jeder Kuh getrennt zugewogene Futterration bestand aus 10 Pfd. Wiesenheu mittlerer Güte, 5 Pfd. Häcksel von Winterroggenstroh, 10 Pfd. Kartoffeln, 3 Pfd. Erbsenschrot, 8 Pfd. Roggenkleie. Neben diesem gleichen Futter erhielten die Kühe ungleiche Mengen Fett in Form von Rüböl. Nach achttägiger Vorfütterung bekam, in der I. Periode Kuh 1 keine Zugabe von Fett, Kuh 2 dagegen einen Zusatz von Oel und zwar in der 1. und 2. Woche täglich 0.25 Pfd. in der 3.—7. Woche täglich 0.5 Pf. Nach der 7. Woche wurde mit der Fütterung gewechselt und bekam in der II. Periode Kuh 1 täglich 0.5 Pfd. Oel, Kuh 2 dagegen keine Zugabe. Die Kühe wurden täglich zweimal gemolken und war die aus der Gesammtsumme jeder Woche berechnete tägliche Durchschnittsmenge:

No.	Bezeichnungen und Bemerkungen	Jahr der Untersuchung	Specifisches Gewicht	In der ursprünglichen Substanz: Wasser %	Fett %	Caseïn %	Albumin %	Milchzucker %	Asche (Salze) %	Trockensubstanz %	In der Trockensubstanz: Fett %	Caseïn %	Albumin %	Milchzucker %	Asche (Salze) %	N in der Trockensubstanz %
277	Kuh 1 fettarm } 3. Woche	1862	—	87.10	4.11		7.85		0.94	12.90	31.86		60.85		7.29	—
278	„ 2 fettreich	„	—	86.60	4.26		8.24		0.90	13.40	31.79		61.49		6.72	—
279	„ 1 fettreich } 4. Woche	„	—	86.75	4.63		7.76		0.86	13.25	34.94		58.57		6.49	—
280	„ 2 fettarm	„	—	86.42	4.48		8.02		1.08	13.58	32.99		59.06		7.95	—
281	„ 1 fettarm } 5. Woche	„	—	86.40	4.46		8.18		0.96	13.60	32.79		60.15		7.06	—
282	„ 2 fettreich	„	—	86.00	4.90		8.02		1.08	14.00	35.00		57.29		7.71	—
283	„ 1 fettarm } 6. Woche	„	—	87.10	4.02		7.88		1.00	12.90	31.16		61.09		7.75	—
284	„ 2 fettreich	„	—	86.21	4.92		7.95		0.92	13.79	35.67		57.66		6.67	—
285	„ 1 fettarm } 7. Woche	„	—	86.12	5.42		7.46		1.00	13.88	39.05		53.74		7.21	—
286	„ 2 fettreich	„	—	85.71	5.81		7.51		0.97	14.29	40.67		52.54		6.79	—
287	„ 1 fettreich } II. Periode,	„	—	86.16	5.48		7.50		0.86	13.84	39.59		54.20		6.21	—
288	„ 2 fettarm 1. Woche	„	—	86.44	6.20		6.25		1.11	13.56	45.73		46.08		8.19	—
289	„ 1 fettreich } 2. Woche	„	—	86.00	5.76		7.24		1.00	14.00	41.14		51.72		7.14	—
290	„ 2 fettarm	„	—	85.89	5.96		7.15		1.00	14.11	42.24		50.67		7.09	—
291	„ 1 fettarm } Vor dem	„	—	87.20	3.96		7.92		0.92	12.79	30.96		61.85		7.19	—
292	„ 2 fettreich Versuche	„	—	87.47	3.80		7.87		0.86	12.53	30.33		62.81		6.86	—
	II. Versuchsreihe, frischmilchende Kühe.															
293	Kuh 3 fettarm } I. Periode.	„	—	89.02	2.41		7.75		0.82	10.98	21.95		70.58		7.47	—
294	„ 4 fettreich Vor d. Vers.	„	—	89.14	2.36		7.66		0.84	10.86	21.73		70.54		7.73	—
295	„ 3 fettarm } 1. Woche	„	—	89.11	2.46		7.55		0.88	10.89	22.59		69.33		8.08	—
296	„ 4 fettreich	„	—	89.06	2.36		7.67		0.91	10.94	21.57		70.11		8.32	—
297	„ 3 fettarm } 2. Woche	„	—	88.96	2.28		7.84		0.92	11.04	20.65		71.02		8.33	—
298	„ 4 fettreich	„	—	88.66	2.69		7.79		0.86	11.34	23.72		68.79		7.58	—
299	„ 3 fettarm } 3. Woche	„	—	87.49?	2.41		9.31?		0.79	12.51	19.27		74.41		6.32	—
300	„ 4 fettreich	„	—	88.61	2.79		7.66		0.94	11.39	24.50		67.25		8.25	—
301	„ 3 fettarm } 4. Woche	„	—	88.66	2.69		7.81		0.84	11.34	23.72		68.87		7.41	—
302	„ 4 fettreich	„	—	88.06	3.12		7.89		0.93	11.94	26.13		66.08		7.79	—
303	„ 3 fettarm } 5. Woche	„	—	88.50	2.70		8.01		0.79	11.50	23.48		69.65		6.87	—
304	„ 4 fettreich	„	—	87.00	3.61		8.43		0.96	13.00	27.77		64.85		7.38	—
305	„ 3 fettarm } 6. Woche	„	—	88.86	2.66		7.68		0.80	11.14	23.88		68.94		7.18	—
306	„ 4 fettreich	„	—	88.91	3.89		6.42		0.78	11.09	35.08		57.89		7.03	—

I. Periode.

	Beim Beginn des Versuchs	1. Woche	2. Woche	3. Woche	4. Woche	5. Woche	6. Woche	7. Woche
Kuh 1, fettarmes Futter . . .	7.50	8.06	7.30	7.20	5.47	4.03	3.06	1.30 Pfd.
Kuh 2, fettreiches Futter . . .	7.60	9.06	9.47	9.84	9.30	8.60	7.90	7.16 „

II. Periode.

	Beim Beginn des Versuchs	1. Woche	2. Woche
Kuh 1, fettreiches Futter . . .	1.30	2.06	2.30 Pfund
Kuh 2, fettarmes Futter	7.16	6.06	4.60 „

In einer zweiten Versuchsreihe wurden 2 andere Kühe gleicher Art, jedoch frischmilchend und von verschiedenem Gewicht (890 und 815 Pfd. schwer) bei gleicher Fütterung verwendet; in der I. Periode bekam Kuh 3 keine Zugabe, dagegen Kuh 4 in der ersten und zweiten Woche täglich 0.25 Pfd, in der dritten, vierten und fünften Woche täglich 0.5 Pfd., in der sechsten Woche 1 Pfd. und in der siebenten Woche endlich wieder 0. 25 Pfd. Rüböl; in der II. Periode bekam Kuh 3 täglich 0.5 Pfd. Oel, Kuh 4 keine Zugabe. Die Milchproduction pro Tag war:

I. Periode.

	Beim Beginn des Versuchs	1. Woche	2. Woche	3. Woche	4. Woche	5. Woche	6. Woche	7. Woche
Kuh 3, fettarmes Futter . . .	22.87	22.33	22.83	19.5	18.16	17.80	17,06	17.93 Pfund
Im Futter Oel:		0.25 (1.–2. Woche)		0.5 (3.–5. Woche)			1.0	0.25 „
Kuh 4, fettreiches Futter . .	22.50	23.93	23.33	23.5	23.67	24.33	24.60	24.80 „

II. Periode.

	Uebergang	1. Woche	2. Woche	3. Woche	4. Woche
Kuh 3, fettreiches Futter . . .	17.93	18.67	19.53	19.93	20.07 Pfund
Kuh 4, fettarmes Futtes	24.80	21.87	20.33	18.20	18.97 „

Zur Milchuntersuchung wurden wöchentlich ein- oder zweimal, meist am letzten Tage jeder Versuchswoche von der gemischten Morgen- und Abendmilch 1—2 g in einer Platinschale abgewogen, über der Spiritusflamme bis zu hellbernstein Gelbe eingetrocknet, gewogen, mit Benzol, dann mit Aether ausgezogen, der Rückstand gewogen und verbrannt. Der Glühverlust wurde als Caseïn und Milchzucker, der Glührückstand als Salze in der Analyse aufgeführt.

No.	Bezeichnungen und Bemerkungen	Jahr der Untersuchung	Specifisches Gewicht	In der ursprünglichen Substanz: Wasser %	Fett %	Caseïn %	Albumin %	Milchzucker %	Asche (Salze) %	Trockensubstanz %	In der Trockensubstanz: Fett %	Caseïn %	Albumin %	Milchzucker %	Asche (Salze) %	N in der Trockensubstanz %
307	Kuh 3 fettarm } 7. Woche	1862	—	87.69	2.94		8.54		0.83	12.31	23.88		69.38		6.74	—
308	„ 4 fettreich } 7. Woche	„	—	88.02	3.61		7.54		0.83	11.98	30.15		62.92		6.93	—
309	„ 3 fettreich } II. Periode 1. Woche	„	—	87.50	2.80		8.79		0.91	12.50	22.40		70.32		7.28	—
310	„ 4 fettarm } II. Periode 1. Woche	„	—	87.80	3.74		7.66		0.80	12.30	30.41		63.09		6.50	—
311	„ 3 fettreich } 2. Woche	„	—	87.41	2.76		8.99		0.84	12.59	21.92		71.41		6.67	—
312	„ 4 fettarm } 2. Woche	„	—	87.96	3.68		7.40		0.96	12.04	30.57		61.46		7.97	—
313	„ 3 fettreich } 3. Woche	„	—	87.56	2.66		8.80		0.98	12.44	21.38		70.74		7.88	—
314	„ 4 fettarm } 3. Woche	„	—	88.63	3.71		6.70		0.96	11.37	32.63		58.93		8.44	—
315	Kuh 3 fettreich } 4. Woche	„	—	87.06	3.40		8.64		0.90	12.94	26.28		66.74		6.98	—
316	„ 4 fettarm } 4. Woche	„	—	88.40	3.36		7.23		1.01	11.60	28.79		62.56		8.65	—
317	1. Versuchsreihe, I. Periode, fettarme F., Mittel (Kuh 1)	„	—	86.68	4.42		7.94		0.96	13.32	33.19		59.60		7.21	—
318	Desgl., fettreiche F., Mittel (Kuh 2)	„	—	86.38	4.78		7.88		0.96	13.62	35.11		57.84		7.05	—
319	2. Versuchsreihe, I. Periode, fettarme F., Mittel (Kuh 3)	„	—	88.63	2.59		7.94		0.84	11.37	22.78		69.83		7.39	—
320	Desgl., fettreiche F., Mittel (Kuh 4)	„	—	88.33	3.15		7.63		0.89	11.67	26.99		65.38		7.63	—
321	Desgl., II. Periode, fettreiche F., Mittel (Kuh 3) . . .	„	—	87.38	2.90		8.81		0.91	12.62	22.98		69.81		7.21	—
322	Desgl., fettarme F., Mittel (Kuh 4)	„	—	88.17	3.62		7.28		0.93	11.83	30.60		61.54		7.86	—
							Caseïn, Albumin und Salze		Zucker				Caseïn, Albumin und Salze		Zucker	
323	I. 12 Pfd. Kleeheu u. 6 Pfd. Futterstroh, 2 Loth Viehsalz p. Stück. Holzfaser 5.59 Pfd., Protein 1 84 Pfd., Fett 0.37 Pfd., Kohlehydrate 6.41 Pfd., Trockensubstanz 15.55 Pfd., Nh.: Nfr. = 1 : 3.98 — Kuh A. Mrgm. .	„	—	90.0	2.2		3.8		4.0	10.0	22.00		38.00		40.00	—
324	Kuh A. Mittagm.	„	—	88.4	5.8		2.0		4.4	11.6	50.00		17.24		37.93	—
325	Kuh A. Abendm.	„	—	87.2	3.2		5.6		4.0	12.8	25.00		43.75		31.25	—
326	Kuh A. Durchsch.	„	—	88.5	3.7		3.9		3.9	11.5	32.18		33.91		33.91	—
327	Kuh B. Mrgm. .	„	—	87.8	2.4		5.8		4.0	12.2	19.67		47.54		32.79	—
328	Kuh B. Mittagm.	„	—	86.4	4.4		5.3		3.9	13.6	32.35		38.97		28.68	—
329	Kuh B. Abendm.	„	—	86.4	3.5		6.1		4.0	13.6	25.74		44.85		29.41	—
330	Kuh B. Durchsch.	„	—	86.9	3.4		5.7		4.0	13.1	25.96		43.51		30.54	—
331	II. Gleiches Rauhfutter wie vorher u. 0.3 Pfd. Rüböl, Nh.: Nfr. = 1 : 4.39 — Kuh A. Mrgm. . .	„	—	88.7	2.6		4.3		4.4	11.3	23.01		38.05		38.94	—
332	Kuh A. Mittagm. .	„	—	88.0	3.9		3.5		4.6	12.0	32.50		29.17		38.33	—
333	Kuh A. Abendm. .	„	—	88.9	4.0		2.7		4.4	11.1	36.04		24.32		39.64	—
334	Kuh A. Durchschn.	„	—	88.5	3.5		3.5		4.5	11.5	30.44		30.44		39.13	—
335	II. Gleiches Rauhfutter wie vorher u. 1.8 Pfd. Melasse, Nh.: Nfr. = 1 : 4.03 — Kuh B. Mrgm. . .	„	—	88.2	3.2		4.2		4.4	11.8	28.12		35.60		27.29	—
336	Kuh B. Mittagm. .	„	—	86.7	3.6		5.3		4.4	13.3	27.07		39.85		33.08	—
337	Kuh B. Abendm. .	„	—	86.7	4.2		4.5		4.6	13.3	31.60		33.84		34.59	—
338	Kuh B. Durchschn.	„	—	87.2	3.7		4.7		4.4	12.8	28.91		36.72		34.38	—
339	III. Gleiches Rauhfutter wie vorher u. 1.8 Pfd. Melasse, Nh.: Nfr. = 1 : 4.03 — Kuh A. Mrgm. . .	„	—	88.8	2.8		4.1		4.3	11.2	24.97		36.57		38.35	—
340	Kuh A. Mittagm. .	„	—	88.1	4.6		3.3		4.0	11.9	38.65		36.53		33.61	—
341	Kuh A. Abendm. .	„	—	87.8	3.9		4.2		4.1	12.2	31.97		34.43		33.61	—
342	Kuh A. Durchschn.	„	—	88.2	3.8		3.9		4.1	11.8	32.21		33.05		34.75	—
343	III. Gleiches Rauhfutter wie vorher u. 0.3 Pfd. Rüböl, Nh.: Nfr. = 1 : 4.39 — Kuh B. Mrgm. . .	„	—	87.9	3.2		4.5		4.4	12.1	26.44		37.19		36.36	—
344	Kuh B. Mittagm. .	„	—	86.9	4.1		4.8		4.2	13.1	31.30		36.64		32.06	—
345	Kuh B. Abendm. .	„	—	86.8	4.0		4.9		4.3	13.2	30.30		37.12		32.58	—
346	Kuh B. Durchschn.	„	—	87.2	3.8		4.7		4.3	12.8	29.69		36.72		32.60	—

No. 323—354. Th. von Gohren. — L. V.-St. 5. 1863. 5. Die Milch wurde gelegentlich eines Fütterungsversuchs erhalten, welchen Autor über die Ersetzbarkeit des Fettes im Futter durch Kohlehydrate und über den Einfluss, den die Gegenwart einer grösseren Menge eines und des anderen dieser Nährstoffe auf einen bestimmten Nährzweck ausübt, anstellte. Zum Versuche dienten 2 Kühe des mährischen Landschlags, beide 390 kg schwer; beide hatten 2 mal

No.	Bezeichnungen und Bemerkungen	Jahr der Untersuchung	Specifisches Gewicht	In der ursprünglichen Substanz: Wasser	Fett	Caseïn	Albumin	Milchzucker	Asche (Salze)	Trockensubstanz	In der Trockensubstanz: Fett	Caseïn	Albumin	Milchzucker	Asche (Salze)	N in der Trockensubstanz
				%	%	%	%	%	%	%	%	%	%	%	%	%
						Caseïn, Albumin u. Salze						Caseïn, Albumin u. Salze				
347	Durchschnitt der drei Perioden, Kuh A. Morgenmilch .	1862	—	89.2	2.5	4.1		4.2	—	10.8	23.15	37.96		38.89	—	—
348	Mittagmilch . .	„	—	88.2	4.8	2.9		4.1	—	11.8	40.68	24.58		34.75	—	—
349	Abendmilch . .	„	—	88.0	3.7	4.1		4.2	—	12.0	30.83	31.17		35.00	—	—
350	Durchschnitt .	„	—	88.4	3.7	3.7		4.2	—	11.6	31.90	31.90		36.21	—	—
351	Kuh B. Morgenmilch .	„	—	88.0	2.9	4.8		4.3	—	12.0	24.17	40.00		35.83	—	—
352	Mittagmilch . .	„	—	86.7	4.0	5.1		4.2	—	13.3	30.08	38.35		31.58	—	—
353	Abendmilch . .	„	—	86.6	3.9	5.2		4.3	—	13.4	29.11	38.81		32.09	—	—
354	Durchschnitt .	„	—	87.1	3.6	5.0		4.3	—	12.9	27.91	38.76		33.33	—	—
	Shorthorn-Kühe.					Caseïn und Albumin						Caseïn und Albumin				
355	Reichliche Winterfütter., Milch von 9 Kühen	1866/67	—	87.36	3.54	3.33		5.02	0.75	12.64	28.06	26.37		39.64	5.93	4.21
356	Desgl., Milch von 7 Kühen .	„	—	86.66	4.17	3.61		4.80	0.76	13.34	31.26	27.06		35.98	5.70	4.33
357	Grünklee und 2 Pfd. Kleie, Milch von 7 Kühen . .	„	—	86.48	4.01	3.84		4.93	0.74	13.52	30.66	28.40		35.47	5.47	4.54
358	Grünklee ohne Beifutter, Milch von 2 Kühen	„	—	86.94	4.07	3.55		4.65	0.79	13.06	31.16	27.18		35.61	6.05	4.35
359	Desgl.	„	—	86.20	4.54	3.42		5.13	0.71	13.80	32.90	24.78		37.18	5.14	3.96
360	Grünklee und 3 Pfd. Kleie, Mittel von 2 Kühen . .	„	—	85.83	4.61	4.20		4.56	0.80	14.17	32.53	29.64		32.18	5.65	4.74
361	Desgl.	„	—	85.75	4.78	3.99		4.70	0.78	14.25	33.55	28.00		32.98	5.47	4.48
	Holländer Kühe.															
362	Reichliche Winterfütter., Milch von 9 Kühen	„	—	88.36	3.11	3.27		4.49	0.77	11.64	26.72	28.09		38.57	6.62	4.49
363	Desgl., Milch von 7 Kühen .	„	—	87.98	3.29	3.28		4.75	0.70	12.02	26.82	26.74		40.73	5.71	4.28
364	Grünklee und 2 Pfd. Kleie, Milch von 7 Kühen . .	„	—	88.30	3.24	2.95		4.83	0.68	11.70	27.69	25.21		41.29	5.81	4.03
365	Grünklee ohne Beifutter, Milch von 2 Kühen	„	—	88.00	3.40	2.89		5.04	0.67	12.00	28.33	24.28		41.81	5.58	3.88
366	Desgl.	„	—	88.56	3.34	2.73		4.62	0.70	11.44	29.19	24.30		40.39	6.12	3.89
367	Grünklee und 3 Pfd. Kleie, Milch von 2 Kühen . .	„	—	87.60	3.68	2.93		5.11	0.68	12.40	29.68	23.63		41.21	5.48	3.78
368	Desgl.	„	—	88.81	3.55	2.79		4.14	0.71	11.19	31.83	24.93		36.89	6.35	3.99
	Shorthorn-Kühe.															
369	Bei beregnetem Grünklee . .	„	—	87.03	3.72	3.59		4.91	0.75	12.97	28.68	27.68		37.86	5.78	4.43
370	Bei trocknem Grünklee . .	„	—	86.57	4.31	3.48		4.89	0.75	13.43	32.09	25.88		36.45	5.58	4.14
	Holländer Kühe.															
371	Bei beregnetem Grünklee . .	„	—	88.65	2.98	2.83		4.85	0.69	11.35	26.62	25.14		42.16	6.08	4.02
372	Bei trocknem Grünklee . .	„	—	88.29	3.37	2.83		4.83	0.68	11.71	28.78	24.17		41.24	5.81	3.87
	Proteïn in Futter; Nährstoffverhältn. = 1 :					Proteïn und Salze						Proteïn und Salze				
373	3 Kühe d. holländer Rasse. Einfluss steigender Menge an Proteïn in Futter: 2.20 Pfd. 5.00	1868	—	88.00	3.07	4.42		4.42	—	12.00	25.58	36.83		36.83	—	—
374	2.29 „ 5.43	„	—	88.00	3.00	4.42		4 42	—	12.00	25.00	36.83		36.83	—	—
375	2.89 „ 4.22	„	—	88.00	3.12	4.36		4.52	—	12.00	26.00	36.33		37.67	—	—
376	3.51 „ 3.39	„	—	88.00	3.07	4.92		4.01	—	12.00	26.58	41.00		33.42	—	—

gekalbt, A war 14 Wochen nach dem Kalben, B 16 Wochen; A war 7 Jahre, B 6 Jahre alt. Der Ertrag an Milch während dieser Fütterungsperioden durchschnittlich pro Tag war folgender:

	Rauhfutter allein	Rauhfutter u. Oel	Rauhfutter u. Melasse
Kuh A . . .	4841 g	5306 g	5305 g
Kuh B . . .	4575 g	4240 g	5364 g

No. 355—368. J. Lehmann. — Der „Landwirth“. 1869. 1. Die Winterfütterung bestand für den Kopf und Tag aus 40 Pfd. Runkeln, 2 Pfd. Rapskuchen, 2 Pfd. Roggenkleie, 5 Pfd. Wiesenheu u. 9 Pfd. Häcksel und Spreu nebst Salz. Die untersuchten Milchproben repräsentirten stets die Gesammtmilch eines Tages.

No. 369—372. J. Lehmann. — Wilda's landwirthsch. Centralbl. 1869. 2. 285.

No. 373—381. Em. Wolff, Funke u. Kreuzhage. — „Die Versuchsstat. Hohenheim“. Berlin, 1870; auch „Württem-

No.	Bezeichnungen und Bemerkungen	Jahr der Untersuchung	Specifisches Gewicht	In der ursprünglichen Substanz: Wasser %	Fett %	Caseïn %	Albumin %	Milchzucker %	Asche (Salze) %	Trockensubstanz %	In der Trockensubstanz: Fett %	Caseïn %	Albumin %	Milchzucker %	Asche (Salze) %	N in der Trockensubstanz %
	Proteïn im Futter — Nährstoffverhältn. = 1 :					Proteïn und Salze						Proteïn und Salze				
377	3 Kühe der holländer Rasse. Einfluss steigender Menge von Proteïn im Futter: 3.79 Pfd. — 3.27	1868	—	88.00	3.08	4.55		4.37	—	12.00	25.67	37.92		36.42	—	—
378	3.04 „ — 3.75	„	—	88.00	3.10	5.06		3.84	—	12.00	25.83	42.16		32.08	—	—
379	3.77 „ — 3.36	„	—	88.00	3.04	5.03		3.93	—	12.00	25.33	41.91		32.75	—	—
380	4.09 „ — 3.20	„	—	88.00	3.06	5.05		3.89	—	12.00	25.50	42.08		32.42	—	—
381	2.68 „ — 4.78	„	—	88.00	3.13	4.84		4.03	—	12.00	26.08	40.33		35.82	—	—
						Caseïn und Albumin						Caseïn und Albumin				
382	Kuh 1: Reiche Fütterung	1870	—	88.00	3.37	2.73		—	—	12.00	27.46	22.75		—	—	3.64
383	Arme Fütterung	„	—	88.00	3.50	2.60		—	—	12.00	29.17	21.67		—	—	3.47
384	Desgl. u. Oel	„	—	88.00	3.44	2.54		—	—	12.00	28.67	21.17		—	—	3.39
385	Desgl. u. Bohnenschrot	„	—	88.00	3.17	2.63		—	—	12.00	26.46	21.92		—	—	3 51
386	Reiche (Grün-)Fütterung	„	—	88.00	3.55	2.74		—	—	12.00	29.58	22.83		—	—	3.65
387	Kuh 2: Reiche Fütterung	„	—	88.00	3.55	2.94		—	—	12.00	29.58	24.50		—	—	3.92
388	Arme Fütterung	„	—	88.00	3.61	2.70		—	—	12.00	30.08	22.50		—	—	3.60
389	Desgl. u. Oel	„	—	88.00	3.50	2.59		—	—	12.00	29.17	21.58		—	—	3.45
390	Desgl. u. Leinsamen	„	—	88.00	3.33	2.63		—	—	12.00	27.75	21.92		—	—	3.51
391	Reiche (Grün-)Fütterung	„	—	88.00	3.50	2.87		-	—	12.00	29.17	23.92		—	—	3.83
392	Grüner Rothklee Kuh I: Morgenmilch	1867	—	88.00	2.61	2.29	0.44	4.58	—	12.00	21.65	18.25	3.67	38.17	—	3.51
393	Mittagmilch	„	—	88.00	4.49	2.33	0.46	4.55	—	12.00	37.42	19.42	3.83	37.92	—	3.70
394	Abendmilch	„	—	88.00	4.13	2.35	0.45	4.70	—	12.00	34.41	19.58	3.74	39.17	—	3.73

bergisches Wochenbl. f. Land- u. Forstwirthschaft". 1869. No. 29. Nach üblicher Vorfütterung erhielten 3 Kühe der Holländer Rasse

	Wiesenheu Pfd.	Kleeheu Pfd.	Runkeln Pfd.	Bohnenschrot Pfd.	und ergaben täglich Milch Pfd.	und darin Trockensubstanz %
18.—28. Februar	18.8	—	53.5	—	18.0	11.38
2.—10. März	9.3	9.5	53.5	—	18.1	11.43
11.—20. März	—	19.1	53.4	—	18.2	11.46
21.—28. März	—	21.1	52.2	—	17.9	11.61
29. März bis 8. April	—	18.1	52.7	—	16.8	11.71
9.—14. April	—	17.4	52.7	1.57	16.6	—
15.—24. April	—	17.6	51.7	2.77	16.6	11.50
25. April bis 2. Mai	—	16.3	51.8	4.62	16.5	11.88
3.—22. Mai	17.6	—	51.6	1.83	15.5	11.84

Die Milch wurde in jeder Periode 3—6 mal an aufeinanderfolgenden Tagen, Abend- und Morgenmilch gemischt, untersucht, die Ergebnisse der Untersuchung sind auf Milch von 12 % Trockensubstanz berechnet.

No. 382—391. M. Fleischer. — J. f. Landwirthsch. 1871. 371 u. 1872. 395. Zu dem Versuche über die Frage, ob bei sehr verschiedener Fütterungsweise und bei wesentlicher Aenderung im Ernährungszustande der Thiere die mittlere Zusammensetzung der Milch constant bleibt oder in irgend einer Richtung bestimmte Differenzen zeigt, dienten 2 Kühe der Simmenthaler Rasse, von denen Kuh 1, 10¼ Jahr alt, am 24. December 1869, die Kuh 2, 3¾ Jahr alt, am 1. Januar 1870 gekalbt hatte. Nach üblicher Vorfütterung erhielten die Kühe an Futter:

	Milchertrag Kuh 1 Pfd.	Milchertrag Kuh 2 Pfd.	In der Milch Trockensubstanz Kuh 1 %	In der Milch Trockensubstanz Kuh 2 %
1) Als reiches Futter 21 Pfd. Kleeheu, 35 Pfd. Runkeln und 3 Pfd. Gersteschrot	26.7	23.5	12.31	13.26
2) Als armes Futter 8 Pfd. Kleeheu, 40 Pfd. Runkeln und 10.5 Pfd. Gerstestroh	18.1	16.6	12.00	12.62
3) Kam hinzu 1 Pfd. Oel, anfänglich Rüböl, später Leinöl	17.7	16.1	11.84	12.16
4) Kam hinzu anstatt Oel 2 Pfd. Bohnenschrot, Kuh 2 jedoch Leinsamen	18.3	17.7	11.38	12.15
5) Wurde sehr reichlich und intensiv gefüttert mit grünem Klee neben etwas Kleeheu, ausserdem 2 Pfd. Gersteschrot und 2 Pfd. Bohnenschrot	20.2	18.8	12.28	12.51

Die untersuchte Milch war das Gemisch der Abend- und Morgenmilch. Trockensubstanz: Milch mit Sand gemischt im H-Strom getrocknet.

No. 392—401. G. Kühn (V.-St. Möckern). — Amtsbl. f. d. landw. Ver. Königr. Sachsen 1868. 68. Zwei Kühe erhielten geschnittenen, im Beginn der Blüthe befindlichen Rothklee so viel sie davon fressen wollten. Die Thiere frassen in der Zeit vom 10.—22. Juli:

	Grünklee Kuh I Pfd.	Grünklee Kuh II Pfd.	Kleetrockensubstanz Kuh I Pfd.	Kleetrockensubstanz Kuh II Pfd.	und producirten Milch Kuh I Pfd.	und producirten Milch Kuh II Pfd.
Als Maximum	149.4	113.0	31.3	24.8	27.16	17.72
Als Minimum	112.4	82.0	24.1	18.0	24.89	15.90
Im Mittel pro Tag	130.3	93.5	27.43	19.65	26.33	16.53

Die Milch wurde am 17., 19. und 22. Juli untersucht.

No.	Bezeichnungen und Bemerkungen	Jahr der Untersuchung	Specifisches Gewicht	In der ursprünglichen Substanz: Wasser %	Fett %	Caseïn %	Albumin %	Milchzucker %	Asche (Salze) %	Trockensubstanz %	In der Trockensubstanz: Fett %	Caseïn %	Albumin %	Milchzucker %	Asche (Salze) %	N in der Trockensubstanz %
395	Desgl. Kuh II: Morgenmilch	1867	—	88.00	3.67	2.41	0.31	4.62	—	12.00	30.58	20.08	2.58	38.50	—	3.63
396	Desgl. Kuh II: Abendmilch	„	—	88.00	3.79	2.59	0.38	4.77	—	12.00	31.58	21.58	3.17	39.75	—	3.96
397	Desgl. und Strohhäcksel Kuh I: Morgenmilch	„	—	88.00	2.59	2.31	0.44	4.96	—	12.00	21.58	19.25	3.67	41.33	—	3.67
398	Desgl. und Strohhäcksel Kuh I: Mittagmilch	„	—	88.00	4.53	2.42	0.40	5.33	—	12.00	37.75	20.17	3.33	44.41	—	3.76
399	Desgl. und Strohhäcksel Kuh I: Abendmilch	„	—	88.00	3.75	2.40	0.34	5.37	—	12.00	21.25	20.00	2.83	44.75	—	3.65
400	Kuh II: Morgenmilch	„	—	88.00	3.53	2.39	0.33	4.80	—	12.00	29.42	19.92	2.75	35.83	—	3.63
401	Kuh II: Abendmilch	„	—	88.00	2.84	2.35	0.39	—	—	12.00	23.67	19.58	3.25	—	—	3.65
402	Grüner Klee mit Gerstenstroh, ¼ der Trockensubstanz bestand aus Stroh (Abth. I, Periode I): 12. Juni	1868	1.0297	87.02	4.18	2.67	0.37	—	—	12.98	32.20	20.59	2.85	—	—	3.75
403	16. „	„	1.0297	86.97	4.05	2.75	0.37	—	—	13.03	31.08	21.10	2.77	—	—	3.82
404	21. „	„	1.0292	86.82	4.08	2.79	0.33	4.55	—	13.18	30.95	21.17	2.50	34.52	—	3.79
405	1. Juli	„	1.0307	86.69	3.95	2.76	0.36	4.59	—	13.31	29.67	20.74	2.70	34.48	—	3.75
406	2. „	„	1.0301	87.40	3.82	2.75	0.34	4.51	—	12.60	30.32	21.83	2.70	35.80	—	3.93
407	Mittel	„	—	86.67	4.02	2.74	0.39	4.55	—	13.03	30.85	21.03	2.99	34.91	—	3.84
408	Grünklee ad libitum, Abth. I Periode II: 15. Juli	„	1.0295	88.47	4.41	2.79	0.36	4.40	—	13.53	32.59	20.62	2.66	32.52	—	3.73
409	17. „	„	1.0313	86.66	4.25	2.64	—	4.42	—	13.34	31.86	19.79	—	33.13	—	—
410	23. „	„	1.0305	—	—	2.64	0.28	—	—	—	—	—	—	—	—	—
411	27. „	„	1.0300	86.73	4.06	2.95	0.30	4.49	—	13.27	30.60	22.23	2.26	33.84	—	3.92
412	28. „	„	1.0297	86.49	4.33	2.86	—	—	—	13.51	32.05	21.17	—	—	—	—
413	Mittel	„	—	86.59	4.26	2.77	0.31	4.44	—	13.41	31.77	20.66	2.31	33.11	—	3.68
414	Grüner Klee mit Gerstenstroh, ⅓ der Trockensubstanz bestand aus Stroh, Abthl. II, Periode I: 12. Juni	„	1.0309	87.45	3.55	2.52	0.38	—	—	12.55	28.29	20.08	3.03	—	—	3.70
415	17. „	„	1.0303	87.41	3.66	2.62	0.33	—	—	12.59	29.07	20.81	2.62	—	—	3.75
416	21. „	„	1.0292	87.24	3.79	2.44	0.36	4.63	—	12.76	29.70	19.12	2.82	36.29	—	3.51
417	1. Juli	„	1.0307	87.43	3.62	2.49	0.34	4.80	—	12.57	28.80	19.81	2.71	38.19	—	3.60
418	2. „	„	1.0287	87.50	3.62	2.52	0.32	4.77	—	12.50	28.96	20.16	2.56	38.16	—	3.64
419	Mittel	„	—	87.41	3.65	2.52	0.34	4.73	—	12.59	28.99	20.02	2.70	37.37	—	3.64
420	Grünklee ad libitum, Abthl. II, Periode II: 15. Juli	„	1.0300	87.05	3.98	2.60	0.32	4.55	—	12.95	30.73	20.08	2.47	35.14	—	3.61
421	17. „	„	1.0303	87.18	3.91	2.46	0.35	4.71	—	12.82	30.50	19.19	2.73	36.76	—	3.51
422	18. „	„	1.0298	—	3.99	—	—	—	—	—	—	—	—	—	—	—
423	23. „	„	1.0305	—	—	2.50	0.35	—	—	—	—	—	—	—	—	—
424	27. „	„	1.0301	87.22	3.84	2.38	0.32	4.61	—	12.78	30.05	18.62	2.50	36.07	—	—
425	28. „	„	1.0301	87.22	3.68	2.67	0.38	—	—	12.78	28.80	20.89	2.97	—	—	—
426	Mittel	„	—	87.17	3.88	2.52	0.34	4.62	—	12.83	32.24	19.64	2.65	36.01	—	—

Bei der 2. Periode wurde von den Thieren in den 7 Versuchstagen

im Mittel verzehrt	Kuh I Pfd.	Kuh II Pfd.	an Milch producirt pro Tag	Kuh I Pfd.	Kuh II Pfd.
Kleetrockensubstanz	19.71	12.96		22.58	13.47
Strohtrockensubstanz	4.83	3,00			
	24.54	15,96			

No. 402—426. G. Kühn, M. Fleischer u. A. Striedter. — J. f. Landwirthsch. 16. 1869. Vier Kühe wurden in 2 Abtheilungen von nahezu gleichem Gewicht (Abtheilung I 1800 Pfd., Abtheilung II 1600 Pfd.) gebracht. Es wurde immer die Abendmilch mit der Milch vom folgenden Morgen vereinigt untersucht, so dass die Milch, welche z. B. als Milch vom 12. Juni aufgeführt ist, vom Abend den 12. und vom Morgen des 13. Juni herrührt. Auf Milch von 12 % Trockensubstanz berechnet ergiebt sich nachstehende mittlere Zusammensetzung der Milch:*)

	Fett	Caseïn	Albumin	Zucker
Abtheilung I, Periode I . . .	3.70	2.53	0.32	4.19
„ I, „ II . . .	3.81	2.52	0.30	3.98
„ II, „ I . . .	3.48	2.40	0.33	4.50
„ II, „ II . . .	3.61	2.36	0.32	4.32

*) Es konnte das Mittel aus den Summen sämmtlicher Analysen einer Periode ohne vorherige Berechnung der an den einzelnen Untersuchungstagen ausgeschiedenen absoluten Mengen eines jeden Bestandtheiles abgeleitet werden, weil die Menge der Milch, welche an den Untersuchungstagen im Mittel ausgeschieden wurde, mit dem Gesammtmittel der Perioden genau übereinstimmt.

No.	Bezeichnungen und Bemerkungen	Jahr der Untersuchung	Specifisches Gewicht	In der ursprünglichen Substanz: Wasser %	Fett %	Caseïn %	Albumin %	Milchzucker %	Asche (Salze) %	Trockensubstanz %	In der Trockensubstanz: Fett %	Caseïn %	Albumin %	Milchzucker %	Asche (Salze) %	N in der Trockensubstanz %
	Nährstoffverhältniss 1: roh verd.															
427	Kuh 1: Wiesenheu . 6.4 12.3	1868	—	88.00	4.09	2.20	0.39	4.58	(0.74)	12.00	34.08	18.33	3.25	38.17	6.17	3.45
428	Kuh 1: „ u. Rapsmehl . 4.6 7.4	„	—	88.00	3.78	2.36	0.47	4.50	(0.89)	12.00	31.50	19.57	3.92	37.59	7.42	3.76
429	Kuh 1: Wiesenheu u. Stärke . . 8.0 16.3	„	—	88.00	3.88	2.43	0.41	4.24	(1.04)	12.00	32.33	20.25	3.42	35.33	8.67	3.79
430	Kuh 1: Wiesenheu u. Oel . . . 8.0 —	„	—	88.00	3.82	2.46	0.39	4.61	(0.72)	12.00	31.83	20.50	3.25	38.42	6.00	3.80
431	Kuh 1: Wiesenheu . 6.4 —	„	—	88.00	3.98	2.45	0.35	4.35	(0.87)	12.00	33.17	20.42	2.92	36.89	6.65	3.73
432	Kuh 2: Wiesenheu . 6.4 11.4	„	—	88.00	4.27	2.54	0.34	4.52	(0.33)	12.00	35.58	21.17	2.83	37.67	2.75	3.84
433	Kuh 2: „ u. Oel . . . 8.1 13.5	„	—	88.00	3.92	2.41	0.34	4.41	(0.92)	12.00	32.67	20.08	2.83	36.75	7.67	3.67
434	Kuh 2: Wiesenheu u. Stärke . . 7.9 14.3	„	—	88.00	3.87	2.59	0.33	4.56	(0.65)	12.00	32.65	21.58	2.75	37.60	5.42	3.89
435	Kuh 2: Wiesenheu u. Bohnenschr. 5.0 7.7	„	—	88.00	4.11	2.64	0.36	4.32	(0.57)	12.00	34.25	22.00	3.00	36.00	4.75	4.00
436	Kuh 2: Wiesenheu . 6.4 11.1	„	—	88.00	4.10	2.61	0.30	4.25	(0.74)	12.00	34.17	21.75	2.50	35.41	6.17	3.88
437	Abtheilung 1, bei schwachem Futter	„	—	88.00	3.25	2.55	0.41	4.86	—	12.00	27.08	21.25	3.42	40.50	—	3.95
438	Abtheilung 1, bei starkem Futter	„	—	88.00	3.14	2.58	0.40	4.99	—	12.00	26.17	21.50	3.33	41.58	—	3.97
439	Abtheilung 2, bei schwachem Futter	„	—	88.00	3.28	2.59	0.38	4.91	—	12.00	27.33	21.58	3.17	40.92	—	3.96
440	Abtheilung 2, bei starkem Futter	„	—	88.00	3.42	2.59	0.37	4.48	—	12.00	28.50	21.58	3.08	37.33	—	3.95
441	Wiesenheufutter	1874	—	88.00	3.43	2.87		4.85	—	12.00	28.58	23.92		40.42	—	3.83
442	Kleienfutter	„	—	88.00	3.44	3.00		4.81	—	12.00	28.67	25.00		40.08	—	4.00
443	Rapsmehlfutter	„	—	88.00	3.31	3.09		5.00	—	15.00	27.58	25.75		41.67	—	4.12
444	Wiesenheufutter	„	—	88.00	3.35	3.11		5.07	—	12.00	27.92	25.93		42.25	—	4.15

No. 427—436. G. Kühn u. M. Fleischer. — Amtsbl. f. d. Landw. Ver. in Sachsen 1869. 55. Versuche über den Einfluss wechselnder Ernährung auf die Milchproduction. 2 Kühe (Rasse nicht benannt) erhielten 20 Pfd. Wiesenheu als Normalfutter und darnach Zusätze wie oben angegeben. Der wirkliche Verzehr an Futter-Trockensubstanz war folgender:

	Wiesenheu	Wiesenheu und Rapsmehl		Wiesenheu und Stärke		Wiesenheu und Oel		Wiesenheu
Kuh 1 . . .	16.26	16.10	1.71	15.36	2.34	15.64	0.94	16.29
			Bohnen					
Kuh 2 . . .	16.25	16.37	2.49	15.40	2.23	15.75	1.00	

Im verdauten Antheil des Futters war das Nährstoffverhältniss: 1 : 11.1. Der Ertrag an Milch war:

Kuh 1	1.	2.	3.	4.	5.
Brutto-Ertrag	15.26	15.30	13.00	13.59	11.83
Milch von 12% Trockensubstanz	16.30	15.62	14.30	14.09	12.16
Kuh 2	1.	2.	3.	4.	5.
Brutto-Ertrag	14.03	15.10	13.45	13.76	11.76
Milch von 12% Trockensubstanz	15.99	16.75	15.08	16.17	13.87

Die Zusammensetzung der Milch ist auf 12% Trockensubstanz berechnet und ist das Mittel der Milch von mindestens 5, höchstens 12 Tagen.

No. 437—440. G. Kühn, R. Biedermann u. A. Schiedter. — Ebendaselbst. 137. Vier Kühe erhielten, in 2 Abtheilungen gebracht, ein aus Wiesenheu, Gerstenstroh, Runkelrüben und Rapskuchen zusammengesetztes Futter in wechselnden Mengen des Gesammtfutters (ohne Erhöhung der Strohration), sodass also die Menge des Futters, nicht aber das Nährstoffverhältniss des Futters (1 : 5) wesentlich geändert wurde. Der Milchertrag war folgender:

	Abtheilung 1: schwaches Futter Pfd.	starkes Futter Pfd.	Abth. 2: schwaches Futter Pfd.	starkes Futter Pfd.
Brutto-Ertrag	38.0	38.0	33.0	35 0
Milch von 12% Trockensubstanz	38.0	39.6	34.8	35.0

Die Zusammensetzung der Milch ist auf Milch von 12% Trockensubstanz berechnet. Der Nährstoffverzehr auf 1000 Pfd. Lebendgewicht war folgender:

Abtheilung I	Nh.	Nfr.	Fett	Holzfaser	Abtheilung II	Nh.	Nfr.	Fett	Holzfaser
Schwaches Futter	2.49	10.90	0.73	6.43	Starkes Futter .	2.73	11.53	0.77	6.23
Starkes Futter .	2.94	12.27	0.83	6.99	Schwaches Futter	2.22	9.78	0.63	5.50

No. 141—444. G. Kühn, F. Gerver, E. Wackwarth u. E. Kisielinski. — Sächs. Landw. Ztschr. 1875. 153. Zu Versuchen über den Einfluss der Ernährung auf die Milchproduction dienten 4 „Dessauer“ Kühe, welche zwischen Mitte Juli und Mitte August gekalbt hatten (wann aber der Versuch begann, ist nicht ersichtlich). Dieselben

No.		Bezeichnungen und Bemerkungen	Jahr der Untersuchung	Specifisches Gewicht	In der ursprünglichen Substanz: Wasser	Fett	Caseïn	Albumin	Milchzucker	Asche (Salze)	Trockensubstanz	In der Trockensubstanz: Fett	Caseïn	Albumin	Milchzucker	Asche (Salze)	N in der Trockensubstanz
					%	%	%	%	%	%	%	%	%	%	%	%	%
		I. Reihe.															
445	Holländer Kuh 1	33 Tage, knappe Normalration	1870	—	88.00	3.21	2.40	0.31	5.24	—	12.00	26.75	20.00	2.58	43.66	—	3.61
446	Holländer Kuh 1	21 Tage, dieselbe und 1.5 kg Bohnenschrot	„	—	88.00	3.32	2.39	0.26	5.21	—	12.00	27.66	19.92	2.17	43.41	—	3.53
447	Holländer Kuh 1	20 Tage, dieselbe und 3.0 kg Bohnenschrot	„	—	88.00	3.40	2.49	0.25	4.97	—	12.00	28.33	20.75	2.08	41.42	—	3.65
448	Holländer Kuh 1	41 Tage, dieselbe . .	„	—	88.00	3.28	2.45	0.26	5.03	—	12.00	27.33	20.42	2.17	41.91	—	3.61
449	Holländer Kuh 2	33 Tage, knappe Normalration	„	—	88.00	3.04	2.68	0.42	5.20	—	12.00	25.33	22.33	3.50	43.33	—	4.13
450	Holländer Kuh 2	34 Tage, dieselbe und 3.0 kg Bohnenschrot	„	—	88.00	3.08	2.73	0.39	4.86	—	12.00	25.67	22.75	3.25	40.50	—	4.16
451	Holländer Kuh 2	48 Tage, dieselbe . .	„	—	88.00	3.01	2.67	0.37	4.83	—	12.00	25.08	22.24	3.08	40.25	—	4.05
452	Allgäuer Kuh	33 Tage, knappe Normalration	„	—	88.00	3.23	2.57	0.57	4.54	—	12.00	26.72	21.42	4.75	37.83	—	4.19
453	Allgäuer Kuh	21 Tage, dieselbe und 3 kg Bohnenschrot .	„	—	88.00	3.36	2.61	0.51	4.52	—	12.00	28.00	21.75	4.25	37.68	—	4.16
454	Allgäuer Kuh	20 Tage, dieselbe, 3 kg Bohnenschrot u. 0.5 kg Rüböl	„	—	88.00	3.31	2.66	0.48	4.41	—	12.00	27.58	22.17	4.00	36.75	—	4.19
455	Allgäuer Kuh	41 Tage, dieselbe . .	„	—	88.00	3.34	2.62	0.45	4.49	—	12.00	27.83	21.83	3.75	37.42	—	4.09
456	Voigtländer Kuh	33 Tage, knappe Normalration	„	—	88.00	3.21	2.59	0.41	4.99	—	12.00	26.75	21.58	3.42	41.58	—	4.00
457	Voigtländer Kuh	21 Tage, dieselbe und 1.5 kg Bohnenschrot	„	—	88.00	3.24	2.62	0.37	4.64	—	12.00	27.00	21.83	3.08	38.67	—	3.99
458	Voigtländer Kuh	20 Tage, dieselbe und 3.0 kg Bohnenschrot	„	—	88.00	3.24	2.71	0.38	4.48	—	12.00	27.00	22.58	3.17	37.34	—	4.12
459	Voigtländer Kuh	41 Tage, dieselbe . .	„	—	88.00	3.27	2.67	0.38	4.46	—	12.00	27.25	22.24	3.17	37.17	--	4.07
		II. Reihe.															
460	Kuh 1	Normalfutter	1871	—	88.00	3.33	2.25	0.25	5.08	—	12.00	27.75	18.75	2.08	42.33	—	3.33
461	Kuh 1	„ und Palmkernmehl 3 kg . .	„	—	88.00	3.81	2.26	0.24	4.76	—	12.00	31.75	18.83	2.00	39.67	—	3.33
462	Kuh 1	Normalfutter u. Bohnenmehl 3 kg . . .	„	—	88.00	3.51	2.38	0.26	5.03	—	12.00	29.25	19.83	2.17	41.91	—	3.52
463	Kuh 1	12.5 kg Wiesenheu .	„	—	88.00	3.46	2.36	0.23	5.27	—	12.00	28.84	19.57	1.92	43.91	—	3.44
464	Kuh 1	Desgl. u. 3.0 kg Palmkernmehl	„	—	88.00	3.76	2.38	0.24	5.08	—	12.00	31.33	19.83	2.00	42.33	—	3.49

---

erhielten in der 1. und 4. Periode eine „Normalration", bestehend auf 500 kg Lebendgewicht aus 4 kg Wiesenheu, 2 kg Kleeheu, 10 kg Kartoffeln 5.5 kg Spreu und Stroh, 0.5 Erbsenschrot. In den dazwischen liegenden Perioden 2 und 3 wurde das Wiesenheu aus der Ration weggelassen und einmal durch Roggenkleie (2. Periode), das anderemal durch entöltes Rapsmehl in Verbindung mit so viel Roggenstroh ersetzt, als zur Sättigung der Thiere nothwendig war. (Roggenkleie 1.63, Rapsmehl 0.64 kg.) An Milch wurde erhalten (auf 12% Trockensubstanz bezogen) im Durchschnitt der 4 Thiere:

Periode 1	2	3	4
kg	kg	kg	kg
8.46	7.79	7.41	7.67

No. 445—459. G. Kühn, A. Haase u. H. Bäsecke. — J. f. Landw. 1874. 175 u. 191. Die knappe Normalration enthielt pro Tag und Kopf der annähernd 500 kg schweren Thiere: 10.5 kg Trockensubstanz, 0.9 kg Nh. Stoffe, 6.0 kg Nfr. Extraktstoffe, 0.25 kg Fett, 2.8 kg Rohfaser, und bestand aus 8.5 kg Wiesenheu, 1.5 kg Gerstenstroh und 17.5 Pfd. Runkelrüben nebst etwas Salz. Der Versuch begann am 17. Januar 1870 und hatte Kuh 1 am 17. December 1869, Kuh 2 am 7. December 1869, Kuh 3 am 15. November und Kuh 4 am 19. December 1869 gekalbt; sie waren demnach frischmilchend.

No. 460—468. G. Kühn, G. Aarland, H. Baesecke, B. Dietzell, A. Haase u. A. Schmidt. — Zum Versuche dienten die beiden Holländer Kühe des vorigen Versuchs, welche am 23. Januar 1871 u. 20. December 1870 gekalbt hatten und am 7. Februar eingestellt wurden. Die Normalration bestand in 8.5 kg Wiesenheu — etwas später nur noch in 7.5 kg Wiesenheu — 1.5 kg Gerstenstroh und 17.5 kg Rüben.

No.	Bezeichnungen und Bemerkungen	Jahr der Untersuchung	Specifisches Gewicht	In der ursprünglichen Substanz: Wasser %	Fett %	Casein %	Albumin %	Milchzucker %	Asche (Salze) %	Trockensubstanz %	In der Trockensubstanz: Fett %	Casein %	Albumin %	Milchzucker %	Asche (Salze) %	N in der Trockensubstanz %
465	Kuh 2: Normalfutter	1871	—	88.00	3.44	2.24	0.30	4.98	—	12.00	28.67	18.67	2.50	41.50	—	3.39
466	Kuh 2: Desgl. und 3 kg. Palmkernmehl	„	—	88.00	3.44	2.40	0.31	4.69	—	12.00	28.67	20.00	2.58	39.08	—	3.61
467	Kuh 2: Desgl. u. 3 Pfd. Bohnenschrot	„	—	88.00	3.15	2.47	0.35	5.10	—	12.00	26.25	20.58	2.92	42.50	—	3.76
468	Kuh 2: 12.5 kg Wiesenheu	„	—	88.00	3.30	2.48	0.31	5.16	—	12.00	27.50	20.67	2.58	43.00	—	3.72
	III. Reihe.															
469	„Dessauer" Kuh 5: Normalfutter	1872/73	—	88.00	3.29	3.01		4.97	—	12.00	27.42	25.08		41.42	—	4.01
470	„Dessauer" Kuh 5: Desgl. u. 1.5 kg Palmkernmehl	„	—	88.00	3.65	3.00		4.70	—	12.00	30.42	25.00		39.17	—	4.00
471	„Dessauer" Kuh 5: Desgl. u. 3.0 kg Palmkernmehl	„	—	88.00	3.81	3.07		4.37	—	12.00	31.75	25.58		36.42	—	4.09
472	„Dessauer" Kuh 6: Normalfutter	„	—	88.00	3.26	2.71		5.26	—	12.00	27.17	22.58		43.83	—	3.61
473	„Dessauer" Kuh 6: Desgl. u. 1.5 kg Palmkernmehl	„	—	88.00	3.35	2.72		5.21	—	12.00	27.90	22.67		43.41	—	3.63
474	„Dessauer" Kuh 6: Desgl. u. 1.0 kg Malzkeime	„	—	88.00	3.23	2.78		5.19	—	12.00	26.92	23.17		43.25	—	3.71
475	„Dessauer" Kuh 6: Normalration	„	—	88.00	3.31	2.64		5.37	—	12.00	27.58	22.00		44.75	—	3.52
476	„Dessauer" Kuh 6: Desgl. u. 2 kg Malzkeime	„	—	88.00	3.32	2.77		4.98	—	12.00	27.66	23.08		41.50	—	3.69
477	Voigtländer Kuh 7: Normalration	„	—	88.00	3.65	3.00		4.62	—	12.00	30.42	25.00		38.50	—	4.00
478	Voigtländer Kuh 7: Desgl. u. 1.5 kg Palmkernmehl	„	—	88.00	3.79	3.05		4.46	—	12.00	31.58	25.42		37.17	—	4.07
479	Voigtländer Kuh 7: Desgl. u. 1.0 kg Malzkeime	„	—	88.00	3.72	3.19		4.58	—	12.00	31.00	26.58		38.17	—	4.25
480	Voigtländer Kuh 7: Desgl.	„	—	88.00	3.75	3.07		4.44	—	12.00	31.25	25.58		37.00	—	4.09
481	Voigtländer Kuh 7: Desgl. u. 3.0 kg Palmkernmehl	„	—	88.00	4.07	3.13		4.02	—	12.00	33.92	26.09		33.50	—	4.17
482	Voigtländer Kuh 8: Normalration	„	—	88.00	3.54	2.87		4.71	—	12.00	29.50	23.92		39.25	—	3.83
483	Voigtländer Kuh 8: Desgl. u. 1.5 kg Palmkernmehl	„	—	88.00	3.65	3.08		4.59	—	12.00	30.42	25.67		38.25	—	4.11
484	Voigtländer Kuh 8: Desgl. u. 1.0 kg Malzkeime	„	—	88.00	3.55	3.11		4.47	—	12.00	29.58	25.92		37.25	—	4.15
485	Voigtländer Kuh 8: Desgl.	„	—	88.00	3.61	2.93		4.56	—	12.00	30.08	24.42		38.00	—	3.91
486	Voigtländer Kuh 8: Desgl. u. 2.0 kg Malzkeime	„	—	88.00	3.67	3.04		4.34	—	12.00	30.57	25 33		36.17	—	4.05
487	Bei übermässiger Fütterung mit Oelkuchen	1876	—	79.80	6.20	5.80		7.10	1.10	20.20	30.69	28.71		35.15	5.45	4.59
488	Mit Wiesengras gefüttert 22. October	1873	—	86.20	3.00	3.20		—	0.70	13.80	21.74	23.19		—	5.07	3.71
489	Mit mit Sewage gedüngtem Gras gefüttert 22. October	„	—	86.30	2.50	2.50		8.00	0.70	13.70	18.25	18.25		58.39	5.11	2.92
490	Mit Wiesengras gefütt., 23 Oct.	„	—	86.00	3.20	3.10		7.07	0.63	14.00	22.26	22.14		51.10	4.50	3.54
491	Mit mit Sewage gedüngtem Gras gefüttert, 23. October	„	—	88.80	2.50	2.50		5.60	0.60	11.20	22.32	22.32		50.00	5.36	3.57

No. 469—486. Die Vorigen. Ebendaselbst. — Einrichtung des Versuchs wie vorher. Kühe No. 7 u. 8 gehörten der Voigtländer Rasse an, No. 6 u. 5 sind als sog. „Dessauer" bezeichnet, No. 7 u. 8 hatten 3—4 Wochen vor ihrer Einstellung gekalbt, No. 6 hatte am 9. October gekalbt und wurde am 30. November eingestellt. Die Kühe waren demnach sämmtlich frischmilchend. Das Normalfutter bestand aus Wiesenheu, Gerstenstroh, Runkelrüben und Gerstenschrot.
No. 487. A. H. Smee, mitgetheilt von C. Petersen. — Milchzeitung 1876. 1699. Die Kuh (Aldernay-Brittany) war mit so grosser Menge von Oelkuchen gefüttert worden, dass die Milch unbrauchbar für den Tischgebrauch geworden. Nach dem Kochen der Milch flossen grosse Quantitäten von ranzigem Oel auf der Oberfläche.
No. 488—491. Derselbe. Ebendaselbst. — Zwei Shorthorn-Kühe, die in der Qualität ihrer Milch ziemlich gleich waren, wurden gefüttert, die eine mit gewöhnlichem Wiesengras, die andere mit Gras von der Beddington-Sewage-Farm.

No.	Bezeichnungen und Bemerkungen	Jahr der Untersuchung	Specifisches Gewicht	In der ursprünglichen Substanz: Wasser %	Fett %	Caseïn %	Albumin %	Milchzucker %	Asche (Salze) %	Trockensubstanz %	In der Trockensubstanz: Fett %	Caseïn %	Albumin %	Milchzucker %	Asche (Salze) %	N in der Trockensubstanz %
492	Abthl. 1 { Vor dem Versuch . .	1872	—	88.00	2.96	3.61		4.65	0.78	12.00	24.67	30.08		38.75	6.50	4.81
493	Mit gedämpft. Kartoffeln	„	—	88.00	3.02	3.38		4.85	0.75	12.00	25.17	28.17		40.41	6.25	4.51
494	„ rohen „	„	—	88.00	2.99	3.22		4.95	0.84	12.00	24.92	26.83		41.25	7.00	4.29
495	Abthl. 2 { Vor dem Versuche . .	„	—	88.00	2.89	3.18		5.16	0.77	12.00	24.08	26.47		43.03	6.42	4.24
496	Mit rohen Kartoffeln .	„	—	88.00	2.83	3.73		4.62	0.82	12.00	23.58	31.08		38.51	6.83	4.97
497	„ gedämpft. „ .	„	—	88.00	2.69	3.58		4.80	0.93	12.00	22.42	29.83		40.00	7.75	4.77
498	Kuh A. 6. Nov., Abends (Rübenblätter-Fütterung)	1877	1.0321	85.50	4.50	3.84		5.56	0.60	14.50	31.04	26.48		38.34	4.14	4.24
499	„ 7. „ „	„	1.0337	84.10	5.70	3.43		5.97	0.80	15.90	35.85	21.57		37.55	5.03	3.45
500	„ 8. „ Morgens	„	1.0331	87.56	3.20	2.90		5.74	0.60	12.44	24.28	23.31		48.79	3.62	3.73
501	„ 8. „ Abends	„	1.0340	85.50	4.50	3.23		6.17	0.60	14.50	31.04	22.42		42.30	4.14	3.59
502	„ 9. „ Morgens	„	1.0350	86.20	3.60	3.53		6.17	0.50	13.80	26.09	25.58		44.71	3.62	4.09
503	„ 9. „ Abends	„	1.0331	86.60	4.00	3.23		5.77	0.40	13.40	29.85	25.10		42.07	2.98	4.02
504	„ 10. „ Morgens	„	1.0359	85.70	4.00	3.83		6.17	0.30	14.30	27.97	26.78		43.15	2.10	4.28
505	Mittel	„	—													
506	Kuh B. 6. Nov., Abends (Rübenblätter-Fütterung)	„	1.0302	84.88	4.92	4.42		5.18	0.60	15.12	32.54	29.23		34.26	3.97	4.68
507	„ 7. „ „	„	1.0310	85.92	3.68	4.49		5.27	0.64	14.08	26.14	31.89		37.63	4.34	5.10
508	„ 8. „ Morgens	„	1.0316	88.60	2.80	2.52		5.38	0.70	11.40	24.56	22.11		47.19	6.14	3.54
509	„ 8. „ Abends	„	1.0312	87.30	2.80	3.84		5.46	0.60	12.70	22.07	30.24		42.97	4.72	4.84
510	„ 9. „ Morgens	„	1.0338	88.80	1.20	3.64		5.96	0.40	11.20	10.71	32.50		53.22	3.57	5.20
511	„ 9. „ Abends	„	1.0321	89.10	2.80	2.43		5.27	0.40	10.90	25.69	22.29		48.35	3.67	3.57
512	„ 10. „ Morgens	„	1.0326	88.18	1.30	4.84		5.46	0.30	11.82	11.00	40.95		45.51	2.54	6.55
513	Mittel	„	—													
514	Die Kühe weideten auf gedüngter Alpweide, Mittel v. 5 Tagen	„	—	87.08	4.06	2.70		5.29	0.87	12.92	31.42	20.90		40.95	6.73	3.34
515	Die Kühe weideten auf ungedüngter Alpweide, Mittel v. 5 Tagen	„	—	87.30	3.97	2.80		5.13	0.80	12.70	31.31	21.95		40.44	6.30	3.51
	Nährstoffverhältn.															
516	I. Normalfutter . 1 : 4.8	1878	—	88.30	3.25	—	—	—	—	11.70	27.88	—	—	—	—	—
517	II. Desgl. u. Rüben 1 : 4.3	„	—	88.14	3.33	—	—	—	—	11.86	28.09	—	—	—	—	—
518	III. Desgl. u. 0.25 kg Erdnusskuchen . 1 : 4.5	„	—	87.93	3.43	—	—	—	—	12.07	28.42	—	—	—	—	—

No. 492—497. E. Heiden, O. v. Gruber, L. Brunner. — Jahresber. 1873—74. 92. Vier Kühe Oldenburger Rasse von durchschnittlich 560 kg Lebendgewicht erhielten neben 1 kg Rapskuchen 1.5 kg Roggenkleie, 2.5 kg Wiesenheu, 2.0 kg Haferstroh und 4 kg Weizenspreu, 12.5 kg Kartoffeln. Die Milch wurde an 6—7 Tagen jeder Versuchsperiode untersucht; im natürlichen Zustande hatte dieselbe nachstehenden Gehalt an Trockensubstanz:

	Abtheilung 1			Abtheilung 2		
Periode	1	2	3	1	2	3
	11.50	11.55	11.52	11.33	10.90	11.00

No. 498—513. A. Leslerc u. Mettray. — Milchzeitung 1877. 311. (L'industrie laitière vom 13. Mai 1877.) Aus einer grösseren Anzahl von Kühen, die bereits seit 15 Tagen nur Runkelblätter erhalten hatten, wählte der Autor zwei aus und untersuchte die Milch zweimal täglich. Methode nicht angegeben. Die grossen Schwankungen im Fettgehalte der Milch B. sind vielleicht auf mangelhafte Untersuchungsmethode, vielleicht auf Verdauungsstörungen zurückzuführen.

No. 514 u. 515. W. Eugling u. v. Klenze. — Milchzeitung. 7. 1878. 160. Die Milch stammte von einer Herde von 16 Stück Kühen. Nachdem dieselben bereits mehrere Tage ausschliesslich auf gedüngter Weide geweidet hatten, wurde die Milch derselben an 5 auf einander folgenden Tagen untersucht. Dann wurde auf ungedüngte Weide übergegangen und 5 Tage ebenso verfahren. Die Schwankungen an Wasser- und Fettgehalt waren an den fünf Tagen:

	Wasser Maximum	Wasser Minimum	Fett Maximum	Fett Minimum
Beim Weiden auf gedüngter Wiese . .	87.44	86.55	4.65	3.73
„ „ „ ungedüngter Wiese .	87.72	86.95	4.08	3.70

No. 516—520. W. Kirchner. — Milchzeitung. 7. 1878. 465. Die Fütterung bestand durchgehends aus Kleeheu, Haferstroh, Weizenkleie, Bohnenschrot und von der zweiten Periode an auch aus Rüben. In der dritten Periode kamen noch 0.25 kg Erdnusskuchen, in der 4. 0.5 kg Erdnusskuchen und 0.5 kg Stärke pro Tag und Stück hinzu. Der Versuch wurde mit 5 Kühen ausgeführt; an Milch wurde täglich erhalten von 5 Kühen in der Periode:

I	II	III	IV	V
59.2 kg	53.2 kg	50.7	50.1	46.5 kg.

Die Milch wurde in jeder Woche an 3 Tagen (Morgenmilch und Abendmilch getrennt) untersucht. Aus den einzelnen Analysen berechneten wir obige Mittelzahlen.

No.	Bezeichnungen und Bemerkungen	Nährstoff-verhältn.	Jahr der Untersuchung	Specifisches Gewicht	In der ursprünglichen Substanz: Wasser %	Fett %	Casein %	Albumin %	Milchzucker %	Asche (Salze) %	Trockensubstanz %	In der Trockensubstanz: Fett %	Casein %	Albumin %	Milchzucker %	Asche (Salze) %	N in der Trockensubstanz %
519	IV. Desgl. u. 0.5 kg Erdnusskuchen und 0.5 kg Stärke .	1 : 4.5	1878	—	88.07	3.34	—	—	—	—	11.93	28.00	—	—	—	—	—
520	V. Normalfutter .	1 : 4.3	„	—	88.00	3.33	—	—	—	—	12.00	27.75	—	—	—	—	—
521	Weidegang, Milch von 4 Kühen . . .	—	„	—	86.71	4.19	—	—	—	—	13.29	23.15	—	—	—	—	—
522	Stallfütter. m. Rübenblättern, desgl. .	—	„	—	87.00	3.92	—	—	—	—	13.00	22.46	—	—	—	—	—
523	Normalfutter . . .	1 : 5.3	1879	—	88.25	3.53	—	—	—	—	11.75	29.04	—	—	—	—	—
524	0.5 kg Erdnusskuchen (u. Stärke) . .	1 : 4.9	„	—	88.30	3.26	—	—	—	—	11.70	27.86	—	—	—	—	—
525	1.0 kg Erdnusskuchen (u. Stärke) . .	1 : 4.8	„	—	88.28	3.32	—	—	—	—	11.72	28.33	—	—	—	—	—
526	Normalfutter . . .	1 : 5.3	„	—	88.31	3.19	—	—	—	—	11.69	27.29	—	—	—	—	—
527	Desgl.	1 : 5.1	1880	—	88.56	3.16	—	—	—	—	11.44	27.62	—	—	—	—	—
528	Desgl. u. Reismehl 1.5 kg	1 : 5.3	„	—	88.57	2.89	—	—	—	—	11.43	24.58	—	—	—	—	—
529	Desgl. u. Reismehl 3.0 kg	1 : 6.4	„	—	88.83	2.85	—	—	—	—	11.17	20.51	—	—	—	—	—
530	Desgl.	1 : 5.1	„	—	88.74	2.91	—	—	—	—	11.26	25.84	—	—	—	—	—
531	Desgl.	1 : 4.8	„	—	87.61	3.39	—	—	—	—	12.39	27.36	—	—	—	—	—
532	Desgl. u. Fleischmehl 0.375 kg . . .	1 : 4.3	„	—	88.08	3.17	—	—	—	—	11.92	26.59	—	—	—	—	—
533	Desgl. u. Fleischmehl 1.0 kg und Stärke 0.75 kg . . .	1 : 4.3	„	—	87.93	3.12	—	—	—	—	12.07	25.85	—	—	—	—	—
534	Desgl.	1 : 4.8	„	—	88.00	3.12	—	—	—	—	12.00	26.00	—	—	—	—	—
535	Desgl. (incl. Erdnusskuchen) . . .	1 : 5.1	„	—	88.36	3.23	—	—	—	—	11.64	27.76	—	—	—	—	—

No. 521 u. 522. W. Kirchner. — Milchzeitung. 7. 1878. 653. Vier Kühe, die längere Zeit zur Weide gegangen, erhielten, nachdem sie am 17. Sept. in den Stall gebracht waren, ein aus 25 kg Rübenblättern, 0.5 kg Erdnusskuchen und ca. 10 kg Rauhfutter bestehendes Futter. Die angegebene Zusammensetzung der Milch ist das aus grösseren Analysenreihen berechnete Mittel. An Milch wurde erzielt für den Tag:

Bei Weidegang . . . 16.3 kg Milch, darin Trockensubstanz 2.16 kg und 0.68 kg Fett
„ Stallfütterung . . 19.85 „ „ „ „ 2.58 „ „ 0.77 „ „

No. 523—526. W. Kirchner, Schrodt u. du Roi. — Ebendaselbst. 8. 1879. 541. Die untersuchte Milch wurde gelegentlich von Fütterungsversuchen gewonnen, die eine Fortsetzung der zur Milch unter No. 516—520 erwähnten Versuche bilden. Die benutzten 5 Kühe waren Angler Rasse. Die angegebene Zusammensetzung der Milch bezieht sich auf Morgen- und Abendmilch und ist je das Mittel täglicher Untersuchungen während jeder Periode. Das Futter war dasselbe wie bei dem früheren Versuche.

No. 527—530. M. Schrodt, Ph. du Roi u. H. von Peter (Milchw. V.-St. Kiel). — Milchztg. 1880. 471. Zu dem Versuche dienten 5 Kühe der Angler Rasse im Alter von 8—12 Jahren, welche theils im November, theils im December gekalbt hatten. Der Versuch begann am 31. December 1879. Das Hauptfutter bestand aus 5 kg Heu, 2 kg Haferstroh und 5 kg Rüben pro Tag und Stück. Das Beifutter wechselte in folgender Weise:

	Kleie	Rapskuchen	Reismehl
1. Periode	3.0	1.0	— kg
2. „	1.5	1.0	1.5 „
3. „ a) . . .	—	1.0	3.0 „
„ b) . . .	1.5	—	2.5 „
4. „	3.0	1.0	— „

Der Milchertrag war in den 4 Perioden für alle 5 Kühe 69.57 kg, 65.14 kg, 53.25 kg, 49.50 kg.

No. 531—534. M. Schrodt u. H. von Peter. — Milchzeitung. 9. 1880. 641. Zur Prüfung des amerikanischen Fleischmehls als Futtermittel für Milchkühe dienten 2 Kühe Angler Rasse im Alter von 7—9 Jahren, gesund, am 8. Dec. u. 2. December 1879 gekalbt. Der Versuch begann Mitte Januar, die Thiere waren also frischmilchend. Das Futter bestand in der Hauptsache aus Heu, Haferstroh, Rüben, Kleie und Rapskuchen, welche letztere in der dritten Periode wegfielen und durch Fleischmehl und Stärkemehl ersetzt wurden. Der Milchertrag pro Tag und 2 Kühe war folgender:

1. Periode: 28 kg, 2. Periode: 25.8 kg, 3. Periode: 23.9 kg, 4. Periode 19.9 kg.

Morgen- und Abendmilch wurden nach Massgabe der Menge beider Gemelke gemischt untersucht.

No. 535—538. Dieselben. — Milchzeitung. 10. 1881. 558. Zur Prüfung der Baumwollesaatkuchen als Futtermittel für Milchkühe dienten eine Kuh der Angler- und 2 Kühe der Landrasse. Dieselben waren 5, 8, bezw. 13 Jahr alt und

No.	Bezeichnungen und Bemerkungen	Nährstoff-verhältn.	Jahr der Untersuchung	Specifisches Gewicht	In der ursprünglichen Substanz: Wasser %	Fett %	Caseïn %	Albumin %	Milch-zucker %	Asche (Salze) %	Trocken-substanz %	In der Trockensubstanz: Fett %	Caseïn %	Albumin %	Milch-zucker %	Asche (Salze) %	N in der Trocken-substanz %
536	Desgl. u. 0.5 Baumwollesaatkuchen .	1 : 5.5	1880	—	88.75	3.04	—	—	—	—	11.25	27.02	—	—	—	—	—
537	Desgl. u. 1.0 Baumwollesaatkuchen .	1 : 5.4	„	—	88.58	3.09	—	—	—	—	11.42	26.96	—	—	—	—	—
538	Desgl. (incl. Erdnusskuchen) . . .	1 : 5.1	„	—	88.72	2.81	—	—	—	—	11.28	24.91	—	—	—	—	—
539	Weizenkleie 3 kg .	1 : 4.8	1880/81	—	87.56	3.83	—	—	—	—	12.44	30.89	—	—	—	—	—
540	Roggenkleie 3 kg .	1 : 4.9	„	—	87.85	3.58	—	—	—	—	12.15	29.46	—	—	—	—	—
541	Getreideschrot 3.5 kg	1 : 4.9	„	—	87.91	3.42	—	—	—	—	12.09	28.29	—	—	—	—	—
542	Roggen- u. Weizenkleie ca. 3.5 kg .	1 : 4.7	„	—	87.85	3.40	—	—	—	—	12.15	28.08	—	—	—	—	—
543	Weizenkleie 3 kg .	1 : 4.8	„	—	87.98	3.44	—	—	—	—	12.02	28.62	—	—	—	—	—
544	Normalfutter . . .	1 : 6.6	„	—	87.63	3.55	—	—	—	—	12.37	28.70	—	—	—	—	—
545	Desgl. und 5.0 kg Molken	1 : 6.9	„	—	87.43	3.79	—	—	—	—	12.57	30.15	—	—	—	—	—
546	Desgl. und 10.0 kg Molken	1 : 7.3	„	—	87.77	3.41	—	—	—	—	12.23	27.88	—	—	—	—	—
547	Desgl.	1 : 6.6	„	—	87.73	3.50	—	—	—	—	12.27	28.53	—	—	—	—	—
548	Hauptfutter u. Palmkuchen 1 kg		1882	—	88.29	3.31	—	—	—	—	11.71	28.27	—	—	—	—	—
549	Desgl. und 0.5 kg Sonnenblumenkuchen		„	—	87.99	3.38	—	—	—	—	12.01	28.14	—	—	—	—	—
550	Desgl. 1.0 kg Sonnenblumenkuchen		„	—	87.40	3.44	—	—	—	—	12.60	27.30	—	—	—	—	—
551	Desgl. und Palmkuchen 1 kg		„	—	87.94	3.37	—	—	—	—	12.06	27.95	—	—	—	—	—
552	Desgl. und Weizenkleie 3 kg		1883	—	88.07	3.28	—	—	—	—	11.93	27.50	—	—	—	—	—
553	Desgl. u. Getreideschrot I 4 kg		„	—	88.08	3.17	—	—	—	—	11.92	26.59	—	—	—	—	—
554	Desgl. u. Getreideschrot II 4 kg		„	—	87.97	3.14	—	—	—	—	12.03	26.10	—	—	—	—	—
555	Desgl. und Weizenkleie 3 kg		„	—	87.90	3.20	—	—	—	—	12.10	26.44	—	—	—	—	—

waren frischmilchend. Das Hauptfutter bestand aus Kleeheu, Haferstroh, Rüben und Weizenkleie, zu welchem in der 1. und 4. Periode Erdnusskuchen in der 2. und 3. Baumwollesaatkuchen gegeben wurden. Der Ertrag an Milch pro Tag und 3 Kühe war:

1. Periode: 37.8 kg, 2. Periode: 34.7 kg, 3. Periode: 32.5 kg, 4. Periode: 28.2 kg.

No. 539—543. Dieselben. — Milchztg. 10. 1881. 687. Zur Prüfung der Kleien und des Getreideschrots als Futtermittel für Milchkühe dienten 3 Kühe der Landrasse im Alter von 10—12 Jahren, dieselben waren frischmilchend. Das Hauptfutter bestand aus Kleeheu, Haferstroh, Rüben und Erdnusskuchen, das Beifutter wie oben angegeben. Die Durchschnittserträge waren bei

Weizenkleie	Roggenkleie	Getreideschrot	Roggen-Weizenkleie	Weizenkleie
34.13 kg	25.69 kg	22.60 kg	18.78 kg	16.63 kg

No. 544—547. Dieselben. — Milchzeitung. 11. 1882. 427. (Landw. Wochenbl. f. Schleswig-Holstein 1882.) 3 Angler Kühe, eine von 8 Jahren, die anderen von 2 Jahren, welche Ende Januar 1882, bezw. 21. October und 4. November 1881 gekalbt hatten, wurden am 14. März zum Fütterungsversuch eingestellt. Das Normalfutter bestand aus Kleeheu, Gerstenstroh, Rüben, Weizenkleie und Palmkuchen. In den Zwischenperioden wurden (2.) 8 Tage hindurch 5.0 kg., bezw. (3.) 15 Tage hindurch 10.0 kg Molken auf den Kopf und Tag verfüttert und hierbei die Normalration um 0.5, bezw. 1.0 kg Kleie verringert. Der Milchertrag war durchschnittlich pro Tag folgender:

Normalfutter	Desgl. u. Molken 0.5 kg	Desgl. u. Molken 1 kg	Normalfutter
26.7 kg	25.7 kg	24.2 kg	22.4 kg

No. 548—551. Dieselben. — Ebendaselbst 1883. 22. Zur Prüfung der Sonnenblumenkuchen als Futtermittel für Milchkühe dienten 3 Kühe der Landrasse, die am 3. Juni, bezw. 9. November 1881 gekalbt hatten; der Versuch begann Ende des Jahres 1881. Die Futtermischung bestand in den vier Perioden aus Kleeheu und Gerstenstroh, ferner Rüben 4.5 kg, in der 3. Periode 6 kg, aus Weizenkleie 3 kg, in der 3. Periode 2 kg. Die Erträge waren für den Tag und für die 3 Kühe:

1	2	3	4
37.17	32.54	31.84	30.90 kg

No. 552—555. M. Schrodt u. H. Hansen. — Ebendaselbst 721 u. 737. Zur Prüfung von Weizenkleie und Getreideschrot als Futtermittel für Milchkühe dienten 3 Kühe der Angler- und 2 Kühe der Landrasse, welche ein aus Wiesenheu, Haferstroh, Rüben und Baumwollesamenkuchen (1. und 4. Periode 0.50, 2. und 3. Periode 0.55 kg) bestehendes Hauptfutter und wie oben bezeichnetes Beifutter erhielten. Das Getreideschrot I war aus gleichen Theilen Roggen, Gerste und Hafer hergestellt, das Getreideschrot II aus je $^1/_4$ Gewichtstheil Roggen und Gerste und $^1/_2$ Gewichtstheil Hafer. Die Milchmenge betrug pro Tag:

Weizenkleie	Getreideschrot I	Desgl. II	Weizenkleie
55.44 kg	54.18 kg	54.94 kg	49.93 kg

Die Kühe waren 4—8 Jahre alt und hatten zwei davon am 19. October, am 5. und 18. November und am 9. December 1882 je eine gekalbt; der Versuch begann am 19. December 1882.

No.	Bezeichnungen und Bemerkungen	Jahr der Untersuchung	Specifisches Gewicht	In der ursprünglichen Substanz							In der Trockensubstanz					N in der Trockensubstanz
				Wasser	Fett	Caseïn	Albumin	Milchzucker	Asche (Salze)	Trockensubstanz	Fett	Caseïn	Albumin	Milchzucker	Asche (Salze)	
				%	%	%	%	%	%	%	%	%	%	%	%	%
556	Hauptfutter und Rüben . .	1884	—	88.44	3.14	—	—	—	—	11.56	27.16	—	—	—	—	—
557	Desgl. und Rübenschnitzel gesäuert 15 kg	„	—	88.46	3.11	—	—	—	—	11.54	26.94	—	—	—	—	—
558	Desgl. 20 kg	„	—	88.45	2.98	—	—	—	—	11.55	25.80	—	—	—	—	—
559	Desgl. und Rüben	„	—	88.26	3.11	—	—	—	—	11.74	26.49	—	—	—	—	—
560	Wiesenheu 6 kg	1885	—	88.17	3.15	—	—	—	—	11.83	26.91	—	—	—	—	—
561	Desgl. 3 kg u. Haferschrot 1 kg	„	—	88.16	3.14	—	—	—	—	11.84	26.52	—	—	—	—	—
562	Desgl. 3 kg und Haferschrot 1.5 kg	„	—	87.98	3.24	—	—	—	—	12.02	26.95	—	—	—	—	—
563	Desgl. 6 kg	„	—	88.13	3.16	—	—	—	—	11.87	26.62	—	—	—	—	—
	Altmilchende Kühe.															
564	Unzureichende Fütter., Morgenmilch	1878	1.0313	87.84	3.62	—	—	—	—	12.16	29.77	—	—	—	—	—
565	Desgl., Abendmilch . . .	„	1.0321	87.57	3.69	—	—	—	—	12.43	29.69	—	—	—	—	—
566	Reichlichere Fütter. 1. Woche, Morgenmilch	„	1.0322	87.58	3.62	—	—	—	—	12.42	29.11	—	—	—	—	—
567	Desgl., Abendmilch	„	1.0326	87.42	3.69	—	—	—	—	12.58	29.33	—	—	—	—	—
568	Desgl. 2. Woche, Morgenm. .	„	1.0323	87.73	3.49	—	—	—	—	12.27	28.44	—	—	—	—	—
569	Desgl., Abendmilch	„	1.0328	87.45	3.61	—	—	—	—	12.55	32.37	—	—	—	—	—
	Frischmilchende Kühe.															
570	Unzureichende Fütter., Mrgm.	„	1.0317	88.46	3.26	—	—	—	—	11.54	28.25	—	—	—	—	—
571	„ „ Abdm.	„	1.0319	88.43	3.20	—	—	—	—	11.57	27.66	—	—	—	—	—
572	Reichlichere Fütter. 1. Woche, Morgenmilch	„	1.0322	88.46	3.06	—	—	—	—	11.54	26.51	—	—	—	—	—
573	Desgl., Abendmilch . . .	„	1.0327	88.11	3.23	—	—	—	—	11.89	27.16	—	—	—	—	—
574	Desgl. 2. Woche, Morgenm. .	„	1.0318	88.56	2.97	—	—	—	—	11.44	25.96	—	—	—	—	—
575	Desgl., Abendmilch . . .	„	1.0324	88.34	3.08	—	—	—	—	11.66	26.41	—	—	—	—	—
576	Stallfütterung, 1. Jan. bis 3. Juni 1879, Mrgm.	1879	1.0319	—	3.09	—	—	—	—	—	—	—	—	—	—	—
577	Stallfütterung, 1. Jan. bis 3. Juni 1879, Abdm.	„	1.0321	—	3.15	—	—	—	—	—	—	—	—	—	—	—

No. 556—559. Dieselben. — Milchzeitung. 13. 1884. 494. Zur Prüfung von eingesäuerten Rübenschnitzeln als Futtermittel für Milchkühe dienten 6 Kühe Angler- und 2 Kühe Holstein'schen Landvieh's. Das Hauptfutter bestand aus Wiesenheu, Haferstroh, Weizenkleie, Baumwollesaatkuchen und 4 kg Rüben, die bei der Schnitzelfütterung wegfielen. Die Milchmenge betrug:

Bei Fütterung von Rüben	Rübenschnitzel	Desgl.	Rüben
96.67	87.36	81.14	73.89 kg.

Das Alter der Kühe schwankte zwischen $5^1/_2$ und $8^1/_2$ Jahren, die Kalbezeit innerhalb eines Zeitraums von 48 Tagen. In welchem Stadium der Lactation die Thiere standen, ist aus unserer Quelle nicht zu ersehen.

No. 560—563. M. Schrodt, H. Hansen u. O. Henzold. — Ebendaselbst. 15. 1886. 425. In Versuchen über Ersatz von Heu durch Haferschrot in dem Futter für Milchkühe wurden drei Kühe Angler Rasse und zwei Landkühe von 4—8 Jahren verwendet und die zwischen dem 10. October und 12. November gekalbt hatten; der Versuch begann am 3. Januar 1885. Haferstroh (2.5 kg), Rüben (5.0 kg), Weizenkleie (2.0 kg), Baumwollesaatkuchen (1.0 kg) wurden in allen Perioden in gleicher Menge verabreicht, Wiesenheu und Haferschrot in veränderlicher Menge (wie oben ersichtlich). Der Milchertrag war pro Tag:

1. Periode	2. Periode	3. Periode	4. Periode
51.81	47.90	45.93	42.97 kg.

No. 564—575. W. Fleischmann. — Milchzeitung 1880. 247. Die Milch unter No. 564—569 stammte von 18 Stück altmilchenden, die unter No. 570—575 von 18 Stück frischmilchenden Kühen. Bei „ungenügender Fütterung" wurden für den Kopf und für den Tag gereicht: 4.16 kg Kleeheu von ausgezeichneter Beschaffenheit, 1.76 kg Wiesenheu (zum Theil verregnet), 5.98 kg Haferstroh, 0.5 kg Cocoskuchen, 0.5 kg Roggenschrot, Nährstoffverhältniss 1 : 7.4; bei „reichlicherer Fütterung" wurde neben diesem Futter anstatt des Schrotes gereicht: bei den altmilchenden Kühen 2 kg, bei den frischmilchenden 3 kg Weizenkleie. Gewonnen wurde an Milch und darin an Trockensubstanz und Fett:

	Altmilchende Kühe						Frischmilchende Kühe					
	Milch		Trockensubst.		Fett		Milch		Trockensubst.		Fett	
	Mrgm.	Abdm.	Mrgm.	Abdm.	Mrgm.	Abdm.	Mrgm.	Abdm.	Mrgm.	Abdm.	Mrgm.	Abdm.
Ungenüg. Futter . .	34.00	31.44	4.136	3.908	1.231	1.162	98.4	91.2	11.357	10.550	3.209	2.918 kg
Reichl. „ I .	35.13	33.37	4.362	4.198	1.271	1.231	106.2	96.8	12.253	11.508	3.250	3.130 „
„ „ II .	37.06	32.41	4.549	4.068	1.293	1.170	109.7	99.1	12.549	11.559	3.261	3.054 „

No. 576—627. W. Fleischmann. — Berichte der Milchwirthsch. V.-St. Raden. 1880—84. Die Milch der Kühe der Radener Herde wurde allwöchentlich Morgens und Abends auf ihr Spec. Gew. und ihren Gehalt an Trockensubstanz und Fett untersucht. Die oben mitgetheilten Zahlen sind die aus diesen wöchentlichen Bestimmungen berechneten Mittel für die einzelnen durch Haltung und Fütterung der Kühe bedingten Perioden. Die Kühe gehören dem rothbunten mecklenburgischen Landschlage an und sind zum Theil Kreuzungsproducte dieses Schlages mit Angler- und Wilstermarschvieh; sie wogen ca. 450 kg pro Stück und gaben pro Stück 2211 kg Milch. Während der Stallfütterung erhielten die Thiere pro Tag und Stück:

No.	Bezeichnungen und Bemerkungen		Jahr der Untersuchung	Specifisches Gewicht	In der ursprünglichen Substanz							In der Trockensubstanz					N in der Trockensubstanz
					Wasser	Fett	Caseïn	Albumin	Milchzucker	Asche (Salze)	Trockensubstanz	Fett	Caseïn	Albumin	Milchzucker	Asche (Salze)	
					%	%	%	%	%	%	%	%	%	%	%	%	%
578	Koppelweide, 3. Juni	Mrgm.	1879	1.0317	—	3.36	—	—	—	—	—	—	—	—	—	—	—
579	bis 17. Juli	Abdm.	„	1.0318	—	3.25	—	—	—	—	—	—	—	—	—	—	—
580	Kleeweide, 17. Juli	Mrgm.	„	1.0319	87.71	3.41	—	—	—	—	12.29	27.74	—	—	—	—	—
581	bis 14. October	Abdm.	„	1.0319	87.60	3.48	—	—	—	—	12.40	29.68	—	—	—	—	—
582	Stallfütterung, 14. Oct.	Mrgm.	„	1.0318	87.91	3.50	—	—	—	—	12.09	28.95	—	—	—	—	—
583	bis 31. Dec. 1879	Abdm.	„	1.0316	87.83	3.50	—	—	—	—	12.17	28.76	—	—	—	—	—
584	Jahresmittel	Mrgm.	„	1.0319	87.83	3.29	—	—	—	—	(12.17)	27.03	—	—	—	—	—
585	1879	Abdm.	„	1.0319	87.73	3.32	—	—	—	—	(12.27)	27.06	—	—	—	—	—
586	Stallfütterung, 1. Jan.	Mrgm.	1880	1.0316	88.34	3.24	—	—	—	—	11.66	28.79	—	—	—	—	—
587	1879 bis 27. Mai 1880	Abdm.	„	1.0316	88.39	3.16	—	—	—	—	11.61	27.22	—	—	—	—	—
588	Koppelweide, 27. Mai	Mrgm.	„	1.0319	88.31	3.23	—	—	—	—	11.69	27.63	—	—	—	—	—
589	bis 20. August	Abdm.	„	1.0318	88.31	3.09	—	—	—	—	11.69	26.43	—	—	—	—	—
590	Kleeweide, 20. August	Mrgm.	„	1.0311	88.03	3.22	—	—	—	—	11.97	26.90	—	—	—	—	—
591	bis 5. October	Abdm.	„	1.0316	87.62	3.40	—	—	—	—	12.38	27.47	—	—	—	—	—
592	Stallfütterung, 5. Oct.	Mrgm.	„	1.0314	87.88	3.36	—	—	—	—	12.12	27.72	—	—	—	—	—
593	bis 31. December 1880	Abdm.	„	1.0314	87.76	3.46	—	—	—	—	12.24	28.27	—	—	—	—	—
594	Jahresmittel	Mrgm.	„	1.0315	88.16	3.26	—	—	—	—	11.84	27.53	—	—	—	—	—
595	1880	Abdm.	„	1.0316	88.07	3.27	—	—	—	—	11.93	27.41	—	—	—	—	—
596	Stall, 1. Jan. 1881	Mrgm.	1881	1.0312	88.19	3.13	—	—	—	—	11.81	26.50	—	—	—	—	—
597	bis 25. Mai	Abdm.	„	1.0313	88.19	3.12	—	—	—	—	11.81	26.42	—	—	—	—	—
598	Weide, 25. Mai	Mrgm.	„	1.0309	87.99	3.28	—	—	—	—	12.01	27.31	—	—	—	—	—
599	bis 29. October	Abdm.	„	1.0311	87.94	3.32	—	—	—	—	12.06	27.53	—	—	—	—	—
600	Stall, 29. October	Mrgm.	„	1.0307	87.95	3.38	—	—	—	—	12.05	28.05	—	—	—	—	—
601	bis 31. December	Abdm.	„	1.0310	87.85	3.41	—	—	—	—	12.15	28.06	—	—	—	—	—
602	Jahresmittel	Mrgm.	„	1.0310	88.07	3.24	—	—	—	—	11.93	27.16	—	—	—	—	—
603	1881	Abdm.	„	1.0311	88.02	3.25	—	—	—	—	11.98	27.13	—	—	—	—	—
604	Stall, 1. Jan. 1882	Mrgm.	1882	1.0309	88.06	3.20	—	—	—	—	11.94	26.80	—	—	—	—	—
605	bis 16. Mai	Abdm.	„	1.0308	88.15	3.10	—	—	—	—	11.85	26.16	—	—	—	—	—
606	Weide, 16. Mai	Mrgm.	„	1.0313	87.92	3.24	—	—	—	—	12.08	26.82	—	—	—	—	—
607	bis 11. October	Abdm.	„	1.0314	87.75	3.24	—	—	—	—	12.25	26.45	—	—	—	—	—
608	Stall, 11. October	Mrgm.	„	1.0317	87.91	3.19	—	—	—	—	12.09	26.48	—	—	—	—	—
609	bis 31. December	Abdm.	„	1.0320	87.74	3.25	—	—	—	—	12.26	26.51	—	—	—	—	—
610	Jahresmittel	Mrgm.	„	1.0312	87.97	3.21	—	—	—	—	12.03	26.68	—	—	—	—	—
611	1882	Abdm.	„	1.0315	87.94	3.19	—	—	—	—	12.06	26.45	—	—	—	—	—
612	Stall, 1. Januar 1883	Mrgm.	1883	1.0312	88.23	3.12	—	—	—	—	11.77	26.51	—	—	—	—	—
613	bis 23. Mai	Abdm.	„	1.0313	88.18	3.07	—	—	—	—	11.82	25.97	—	—	—	—	—

1879. 1. Januar bis 3. Juni: 10 Pfd. Kleeheu, 4 Pfd. Wiesenheu, 10 Pfd. Haferstroh, 2 1/2 Pfd. Kleie, 1 Pfd. Erdnusskuchen und 1 Pfd. Cocosnusskuchen.
14. October bis 31. December: 8 Pfd. Kleeheu, 2 Pfd. Wiesenheu, 14 Pfd. Haferstroh, 2 Pfd. Kleie, 1 Pfd. Erdnusskuchen, 1/2 Pfd Cocos- und 1/2 Pfd. Rapskuchen.

1880. 1. Januar bi2 27. October: 9 Pfd. Kleeheu (verregnet), 3 Pfd. Wiesenheu, 9 Pfd. Haferstroh, 3 Pfd. Gerstenstroh, 2 Pfd. Kleie und 2 Pfd. Erdnusskuchen.
5. October bis 31. December; 6 Pfd. Kleeheu (verregnet), 3 Pfd. Wiesenheu, 12 Pfd. Haferstroh (sehr gut geworbenes), 3 Pfd. verregnetes Gerstenstroh, 2 Pfd. Kleie und 2 Pfd. Erdnusskuchen.

1881. 1. Januar bis 25. Mai: 6 Pfd. verregnetes Kleeheu, 3 Pfd. gut geworbenes Wiesenheu, 12 Pfd. gut geworbenes Haferstroh, 3 Pfd. verregnetes Gerstenstroh, 2 Pfd. Weizenkleie und 2 Pfd. Erdnusskuchen.
29. October bis 31. December: 2 Pfd. gutes Kleeheu, 8 Pfd. Kartoffeln, 6 Pfd. Rüben, 2 Pfd. Häcksel (2/3 Winter- 1/3 Sommerstroh), 7 Pfd. langes Sommerstroh, 2 Pfd. Roggenkleie und 2 Pfd. Erdnusskuchen.

1882. 1. Januar bis 19. Mai: 2 Pfd. Klee- und Wiesenheu, 7 Pfd. Sommerstroh, 8 Pfd. rohe Kartoffeln, 6 Pfd. Runkeln, 2 Pfd. Häcksel, 2 Pfd. Kleie und 2 Pfd. Erdnusskuchen.
15. October bis 31. December: 4 Pfd. Kleeheu, 4 Pfd. Wiesenheu, 5.5 Pfd. Gersten- und Haferstroh, 15 Pfd. Runkeln, 2 Pfd. Weizenkleie und 2 Pfd. Erdnusskuchen.

1883. 1. Januar bis 23. Mai: 6 Pfd. Kleeheu, 6 Pfd. Wiesenheu, 10 Pfd. Sommerstroh, 2 Pfd. Erdnusskuchen, 2 Pfd. Weizenkleie und theils 20 Pfd. Rüben, theils 2 Pfd. Roggenschrot.
9. October bis 31. December: 6 Pfd. Kleeheu, 6 Pfd. Wiesenheu, 5 Pfd. Sommerstroh, 5 Pfd. Häcksel (1/4 Heu von Klee und Gras, 3/4 Stroh und Spreu), 2 Pfd. Erdnusskuchen, 2 Pfd. Weizenkleie und 20 Pfd. Runkeln.

1884. 1. bis 19. Januar: Wie vorher.
27. October bis 31. December: 6 Pfd. Kleeheu, 8—10 Pfd. Wiesenheu und 12 Pfd. Hafer- und Gerstenstroh, 20 Pfd. Runkeln.

No.	Bezeichnungen und Bemerkungen	Jahr der Untersuchung	Specifisches Gewicht	In der ursprünglichen Substanz: Wasser	Fett	Caseïn	Albumin	Milchzucker	Asche (Salze)	Trockensubstanz	In der Trockensubstanz: Fett	Caseïn	Albumin	Milchzucker	Asche (Salze)	N in der Trockensubstanz
				%	%	%	%	%	%	%	%	%	%	%	%	%
614	Weide, 23. Mai — Mrgm.	1883	1.0307	87.98	3.89	—	—	—	—	12.02	28.20	—	—	—	—	—
615	bis 9. October — Abdm.	„	1.0305	88.04	3.39	—	—	—	—	11.96	28.34	—	—	—	—	—
616	Stall, 9. October — Mrgm.	„	1.0311	87.98	3.32	—	—	—	—	12 02	27.62	—	—	—	—	—
617	bis 31. December — Abdm.	„	1.0311	87.84	3.38	—	—	—	—	12.16	27.80	—	—	—	—	—
618	Jahresmittel — Mrgm.	„	1.0310	88.08	3.27	—	—	—	—	11.92	27.43	—	—	—	—	—
619	1883 — Abdm.	„	1.0310	88.05	3.26	—	—	—	—	11.95	27.28	—	—	—	—	—
620	Stallhaltung, 1. Jan. — Mrgm.	1884	1.0313	88.04	3.13	—	—	—	—	11.96	26.17	—	—	—	—	—
621	1884 bis 19. Mai — Abdm.	„	1.0313	88.04	3.15	—	—	—	—	11.96	26.34	—	—	—	—	—
622	Weidegang, 19. Mai — Mrgm.	„	1.0307	87.90	3.35	—	—	—	—	12.10	27.68	—	—	—	—	—
623	bis 18. October — Abdm.	„	1.0306	87.79	3.41	—	—	—	—	12.21	27.93	—	—	—	—	—
624	Stallhaltung, 18. Oct. — Mrgm.	„	1.0314	87.91	3.38	—	—	—	—	12.09	27.96	—	—	—	—	—
625	bis 31. December — Abdm.	„	1.0313	87.86	3.40	—	—	—	—	12.14	28.01	—	—	—	—	—
626	Jahresmittel — Mrgm.	„	1.0311	87.95	3.29	—	—	—	—	12.05	27.34	—	—	—	—	—
627	1884 — Abdm.	„	1.0310	87.89	3.32	—	—	—	—	12.11	27.42	—	—	—	—	—
628	Grünfutter, 17. September .	1882	1.0306	88.27	3.42	2.38	0.35	4.59	0.67	11.73	29.16	28.81	2.98	39.13	5.71	5.09
629	Desgl. und Kartoffelschlempe, 3. October	„	1.0313	88.03	3.42	2.66	0.33	4.72	0.70	11.97	28.57	22.22	2.76	39.43	5.85	4.00
630	Kartoffelschlempe und Rapskuchen	„	—	87.84	3.23	—	—	—	—	12.16	26.56	—	—	—	—	—
631	Schlempe aus Kartoffeln und Mais	„	—	87.97	3.25	—	—	—	—	12.03	27.02	—	—	—	—	—
632	Gewöhnliche Winterfütterung, Morgenmilch	„	1.0318	87.34	3.65	2.43	0.46	4.90	0.75	12.66	28.83	19.19	3.63	38.71	5.92	3.65
633	Reine Heufütterung, Morgenm.	„	1.0315	87.49	3.73	2.61	0.45	5.05	0.75	12.51	29.82	20.86	3.60	40.37	6.00	3.91
634	Holländer Kuh: Grüner Klee u. grünes Gras, gleiche Theile	1875	—	88.59	3.55	2.77		4.38	—	11.41	31.11	33.04		38.39	—	5.29
635	Heu und Rüben . .	„	—	88.62	2.27	3.42		5.17	—	11.38	17.68	26.63		40.26	—	4.26
636	Heu und Kleie . . .	„	—	88.32	2.96	3.29		4.97	—	11.68	25.34	28.17		42.55	—	4.51
637	Heu und Leinkuchen .	„	—	88.83	2.61	2.91		4.94	—	11.17	23.37	26.05		44.23	—	4.17
638	Schweizer Kuh: Grüner Klee und Gras	„	—	87.16	4.45	3.24		4.44	—	12.84	34.66	25.23		34.58	—	4.04
639	Weidegang und Klee im Mai	„	—	85.98	5.09	2.95		5.31	—	14.02	36.31	21.04		37.88	—	3.37
640	Heu und Rüben . .	„	—	87.47	3.47	3.49		5.06	—	12.53	27.69	27.85		40 38	—	4.46
641	Heu und Klee . . .	„	—	86.98	4.05	2.99		5.29	—	13.02	31.16	22.96		40.63	—	3.67
642	Italiener: Gras in der Blüthe .	„	—	86.92	4.30	3.56		4.63	—	13.08	32.87	27.22		35.40	—	4.36
643	Gras nach der Blüthe .	„	—	87.00	4.55	3.12		4.71	—	13.00	35.00	24.00		36.23	—	3.84
644	Zur Hälfte Klee, zur Hälfte Gras . . .	„	—	86.94	4.79	2.98		4.82	—	13.06	36.68	22.82		36.91	—	3.65

No. 628—631. M. Schmoeger u. O. Neubert. — Milchzeitung. 12. 1883. 129. Die aus mehr als 50 milchenden Kühen holländer Rasse bestehende Herde wurde in folgender Weise gefüttert:

Zu Milch unter No. 628. 75 Pfd. Grünfutter (Mais, Klee, Buchweizen), 1.5 Pfd. Treber und 5 Pfd. Stroh.
„ „ „ „ 629. 35 „ „ (Mais und Buchweizen), 30 l. Schlempe, 1½ Pfd. Treber u. 12 Pfd. Stroh.
„ „ „ „ 630. 1 „ Rapskuchen, 40 l. Schlempe, 1.5 Pfd. Treber und 12 Pfd. Stroh.
„ „ „ „ 631. (Mais-Kartoffel) 40 l. Schlempe, 1.5 Pfd. Treber und 12 Pfd. Stroh.

An Milch wurde erzielt täglich 3mal gemolken pro Tag und Kuh:

No. 628	629	630	631
7.1	7.4	7.28	8.0 L.

No. 632 u. 633. K. Portele. — Landw. V.-St. 27. 1882. 133. Die gewöhnliche Winterfütterung bestand aus 1 kg Malzkeime, 16 kg Runkeln, 1 kg Luzerneheu, 2 kg Haferstroh, 6 kg Wiesenheu. Die untersuchte Milch war der Durchschnitt der Morgenmilch aller in den Stallungen der Landw. Landesanstalt zu St. Michele (Tirol) gehaltenen, hauptsächlich Oberinnthaler Kühe. Der direct bestimmte N-Gehalt der Milch betrug bei Milch No. 832 = 0,494, bei No. 633 = 0.531, der daraus berechnete Proteïngehalt 3.09, bezw. 3.32%.

No. 634—644. A. Zanelli. — Jahresber. der Agrikulturchemie 1875—76. 78. Zu dem Versuche diente immer nur eine Kuh der betr. Rasse.

No.	Bezeichnungen und Bemerkungen	Dauer der Fütterung Tage	Jahr der Untersuchung	Specifisches Gewicht	In der ursprünglichen Substanz Wasser %	Fett %	Caseïn %	Albumin %	Milch-zucker %	Asche (Salze) %	Trocken-substanz %	In der Trockensubstanz Fett %	Caseïn %	Albumin %	Milch-zucker %	Asche (Salze) %	N in der Trocken-substanz %
645	Trocknes Winterfutter	79	1886	—	85.92	4.53	3.73		5.08	0.74	14.08	32.17	26.49		36.08	5.26	4.24
646	„ „	34	„	—	86.12	4.43	3.71		5.01	0.73	13.88	31.92	26.66		36.16	5.26	4.27
647	Heu, Malzkeime und grüne Luzerne	14	„	—	86.73	4.17	3.56		4.89	0.65	13.27	31.43	26.83		36.84	4.90	4.29
648	Heu, grüne Luzerne und Esparsette	13	„	—	85.93	4.57	3.74		5.20	0.56	14.07	32.48	26.58		36.96	3.98	4.25
649	Desgl. w. vorh., Roggenkleie, Malzkeime	7	„	—	85.79	4.65	3.91		5.22	0.43	14.21	32.72	27.51		36.74	3.03	4.40
650	Luzerne, Roggenkleie, Malzkeime	9	„	—	85.94	4.59	3.79		5.03	0.65	14.06	32.64	26.95		35.79	4.62	4.31
651	Luzerne u. Wickhafer, Roggenkleie, Malzkeime	12	„	—	86.20	4.41	3.77		4.99	0.63	13.80	31.96	27.32		36.15	4.57	4.37
652	Wickhafer, Roggenkleie, Malzkeime	6	„	—	86.08	4.55	3.66		5.05	0.66	13.92	32.69	26.29		36.28	4.74	4.21
653	Mais und Wickhafer, Roggenkleie, Malzkeime, Moharheu	4	„	—	86.15	4.48	3.72		4.99	0.66	13.85	32.35	26.86		36.02	4.77	4.30
654	Mais, Rapskuch., Roggenkleie, Malzkeime, Moharheu	10	„	—	86.45	4.31	3.64		4.94	0.66	13.55	31.81	26.86		36.46	4.87	4.30
655	Sorghum, Rapskuchen, Roggenkleie, Malzkeime, Moharheu	5	„	—	86.00	4.74	3.69		4.90	0.67	14.00	33.86	26.36		34.99	4.79	4.22
656	Mais, Wickhaferheu, Rapskuchen, Roggenkleie, Malzkeime	6	„	—	86.64	4.27	3.62		4.82	0.65	13.36	31.96	27.10		36.09	4.85	4.34
657	Desgl.	6	„	—	86.12	4.70	3.65		4.86	0.67	13.88	33.86	26.30		35.01	4.83	4.21
658	Mais, Luzerneheu, Rapskuchen, Roggenkleie, Malzkeime	17	„	—	86.54	4.26	3.58		4.93	0.69	13.46	31.65	26.60		36.69	5.06	4.26
659	Mais, Luzerne, Rapskuchen, Roggenkleie, Malzkeime	26	„	—	86.76	4.08	3.61		4.85	0.70	13.24	30.82	27.27		36.62	5.29	4.36
660	Wie vorher	14	„	—	86.56	4.11	3.65		5.01	0.67	13.44	30.58	27.16		37.38	4.98	4.35
661	Ackerbohnen als Beifutter		1880/81	—	87.16	4.09	—	—	—	—	12.84	31.85	—	—	—	—	—
662	Lupinenkörner als Beifutter		„	—	86.99	3.92	—	—	—	—	13.01	30.13	—	—	—	—	—
663	Ackerbohnen als Beifutter		„	—	86.53	4.24	—	—	—	—	13.47	31.48	—	—	—	—	—

No. 645—660. Stef. v. Cselkó. — Milchzeitung. 16. 1887. 204. (Wiener Landw. Zeitung 1887.) Die Beobachtungen und Erhebungen über den Einfluss des Futters auf die Qualität der Milch beziehen sich auf die Kühe der Ungarisch-Altenburger Institutsschweizerei, 35—40 Algäuer Kühe und fanden vom 1. Januar bis 27. September 1886 statt. Die Kühe (Durchschnittsgewicht 475 kg) wurden den ganzen Sommer über auf dem Stall gehalten und in vorbemerkter Weise gefüttert. Das „Winterfutter“ bestand aus Wiesenheu, Gerstenstroh, Spreu, Rüben, Rapskuchen, Roggenkleie und Malzkeime; in der zweiten Periode war das Stroh durch Moharheu ersetzt. Die Analysen der Milch wurden in geringer Zahl, in mehreren Perioden nur einmal vorgenommen; es wurde stets nur Mittagsmilch untersucht. Auf die Kuh und für den Tag wurde Milch gewonnen.

No. 645	646	647	648	649	650	651	652	653	654	655	656	657	658	659	660
7.13	7.73	8.17	8.48	7.75	8.19	8.26	8.16	8.40	8.52	8.16	7.80	7.89	8.18	7.60	8.14 Liter

No. 661—663. O. Kellner. — Deutsche Landw. Presse 1881. No. 32. Zur Prüfung entbitterter Lupinenkörner als Futtermittel für Milchkühe dienten 3 Kühe Simmenthaler Rasse von 6—9 Jahren, von denen 2 im August, 1 im October gekalbt hatten. Das Futter bestand aus Wiesenheu, Gerstenstroh, Runkelrüben und im 1. und 3. Abschnitt aus Ackerbohnen, im 2. Abschnitt aus nach Kellner's Verfahren entbitterten Lupinen. Im Durchschnitt der letzten 14 Tage eines jeden Abschnittes wurden oben angegebene Gehalte in der erzielten Milch ermittelt. Der Ertrag an Milch war:

1	2	3
10.96	11.01	9.94 Liter

No.	Bezeichnungen und Bemerkungen	Jahr der Untersuchung	Specifisches Gewicht	In der ursprünglichen Substanz: Wasser %	Fett %	Caseïn %	Albumin %	Milchzucker %	Asche (Salze) %	Trockensubstanz %	In der Trockensubstanz: Fett %	Caseïn %	Albumin %	Milchzucker %	Asche (Salze) %	N in der Trockensubstanz %
664	Schlempefütterung, Mrgm.	1880/81	1.0320	88.71	2.81	—	—	—	—	11.29	24.89	—	—	—	—	—
665	Schlempefütterung, Mittagm.	„	1.0312	88.22	3.38	—	—	—	—	11.78	28.69	—	—	—	—	—
666	Schlempefütterung, Abdm.	„	1.0315	88.19	3.23	—	—	—	—	11.81	27.35	—	—	—	—	—
667	Grünfütterung, Mrgm.	„	1.0328	88.61	2.95	—	—	—	—	11.39	22.95	—	—	—	—	—
668	Grünfütterung, Mittagm.	„	1.0320	88.20	3.49	—	—	—	—	11.80	29.58	—	—	—	—	—
669	Grünfütterung, Abdm.	„	1.0322	88.42	3.27	—	—	—	—	11.58	28.34	—	—	—	—	—
670	Bei Rapskuchen, Morgenm.: Fütterung von 2 Allgäuer Kühen . . .	1864	—	88.70	2.6	—	—	—	—	11.6	22.41	—	—	—	—	—
671	Desgl. von 2 Oldenburger Kühen . .	„	—	88.00	3.1	—	—	—	—	12.0	25.83	—	—	—	—	—
672	Desgl. von 2 Breitenburger Kühen . . .	„	—	88.80	2.5	—	—	—	—	11.2	22.32	—	—	—	—	—
673	Mittel der 6 Kühe .	„	—	—	2.73	—	—	—	—	11.6	23 54	—	—	—	—	—
674	Von 34 Kühen, gemischt	„	—	87.90	3.25	—	—	—	—	12.10	26.86	—	—	—	—	—
675	Bei Sesamkuchen Morgenmilch: Von 2 Allgäuer Kühen, Mittel von 2 Proben	„	—	88.10	2.50	—	—	—	—	11.90	21.01	—	—	—	—	—
676	Von 2 Oldenburg. Kühen	„	—	88.00	3.00	—	—	—	—	12.0	25.00	—	—	—	—	—
677	Von 2 Breitenburger Kühen	„	—	88.70	2.50	—	—	—	—	11.3	22.13	—	—	—	—	—
678	Mittel der 6 Kühe . .	„	—	88.27	2.67	—	—	—	—	11.73	22.76	—	—	—	—	—
679	Bei Leinkuchen Morgenmilch: Von 2 Allgäuer Kühen	„	—	87.90	2.9	—	—	—	—	12.1	23.97	—	—	—	—	—
680	Von 2 Oldenburg. Kühen	„	—	88.60	2.7	—	—	—	—	11.4	23.68	—	—	—	—	—
681	Von 2 Breitenburger Kühen	„	—	88.80	2.7	—	—	—	—	11.2	24.11	—	—	—	—	—
682	Mittel der 6 Kühe . .	„	—	88.43	2.77	—	—	—	—	11.57	23.94	—	—	—	—	—
683	Futter ohne Malzkeime und 5 kg Rüben	1883	—	87.95	3.26	—	—	—	—	12.05	27.05	—	—	—	—	—

No. 664—669. Friedländer, Schrodt u. Schmoeger. — Forschungen auf dem Gebiete der Viehhaltung. 8. 1880. 368. Die Milch wurde der Proskauer Herde, aus 43—47 Kühen reiner Holländer Rasse bestehend, entnommen. Die Kühe hatten ein Durchschnittsgewicht von 558 kg und gaben für den Kopf 2709.6 L. Milch im Jahr. Es wurde um 4 Uhr und 11 Uhr Morgens und 6 Uhr Abends gemolken. Im Winter erhielten die Thiere auf den Kopf und Tag: 45 kg Sahlempe, 5 kg Biertreber, 2.5 kg Spreu, 1.5 kg Heu und 33 g Salz; im Sommer: 50 kg Grünfutter (Klee und Wicken), 3 kg Stroh, 1—1½ kg Biertreber und 33 g Salz.

No. 670—682. A. Stöckhardt u. R. Handtke. — Chem. Ackersm. 1864. 54. Die aus einer Herde von 40 Stück Kühen ausgewählten Thiere erhielten je 2 Pfd. für den Kopf und den Tag der oben benannten Oelkuchen in der Weise, dass dieselben gleichzeitig an eine der Rassen 16 Tage hindurch verfüttert wurden und darnach gewechselt wurde nach folgendem Schema:

	Allgäuer	Oldenburger	Breitenburger
1. Periode . . .	Rapskuchen	Sesamkuchen	Leinkuchen
2. „ . . .	Sesamkuchen	Leinkuchen	Rapskuchen
3. „ . . .	Leinkuchen	Rapskuchen	Sesamkuchen

Für die verschiedenen Oelkuchensorten berechnen sich die durchschnittlichen Milcherträge pro Kopf und Tag:

Bei Fütterung mit	Rapskuchen	Leinkuchen	Sesamkuchen
	13.2	13.0	12.6 L.

No. 683—685. M. Schrodt u. H. Hansen. — Milchw. V.-St. Kiel. Landw. Wochenbl. f. Schleswig-Holstein 1883. 213. Zur Prüfung der Malzkeime und Rüben, welche Futterstoffe bekanntlich einen grossen Theil ihres Stickstoffs in nichteiweissartigen Verbindungen enthalten, als Futter für Milchkühe dienten 4 Angler Kühe, welche in den 3 Fütterungsperioden die nachstehende Futtermischung erhielten:

	Kleeheu	Haferstroh	Rüben	Weizenkleie	Baumwollsaatkuchen	Malzkeime	Stärke	Oel	Darin Eiweiss	Nh. Nichteiweiss
	kg	kg	kg	kg	kg	kg	kg	kg	kg	kg
Je 25 Tage, 1. u. 3. Periode	5.0	2.5	5.0	3.5	0.50	—	—	—	0.1986	0.0334
„ 30 „ 2. „	2.5	3.0	10.0	2.0	0.55	1.75	0.35	0.055	0.1852	0.0468

	Periode 1	2	3
	kg	kg	kg
Die Milchmenge betrug . . .	44.61	41.71	38.70
Darin Milchtrockensubstanz .	5.375	5.005	4.698
„ Milchfett	1.454	1.322	1.227

No.	Bezeichnungen und Bemerkungen	Jahr der Untersuchung	Specifisches Gewicht	In der ursprünglichen Substanz: Wasser %	Fett %	Caseïn %	Albumin %	Milchzucker %	Asche (Salze) %	Trockensubstanz %	In der Trockensubstanz: Fett %	Caseïn %	Albumin %	Milchzucker %	Asche (Salze) %	N in der Trockensubstanz %
684	Futter mit Malzkeimen und 10 kg Rüben	1883	—	88.00	3.17	—	—	—	—	12.00	26.42	—	—	—	—	—
685	Futter ohne Malzkeime und 5 kg Rüben	„	—	87.86	3.30	—	—	—	—	12.14	27.19	—	—	—	—	—
686	Kuh I, Rüben	1884	—	88.85	3.11	2.65		4.77	0.62	11.15	27.99	23.77		42.78	5.56	3.80
687	„ Mais	„	—	88.86	2.89	2.70		4.91	0.65	11.14	25.94	24.24		44.08	5.84	3.88
688	„ Rüben	„	—	88.68	2.90	2.70		5.08	0.64	11.32	25.62	23.85		44.88	5.65	3.82
689	„ „	„	—	88.59	2.85	2.55		5.18	0.64	11.41	24.68	22.35		45.40	5.61	3.58
690	Kuh II, Rüben	„	—	88.14	3.21	3.11		4.88	0.66	11.86	27.07	26.22		41.15	5.57	4.20
691	„ Mais	„	—	88.40	3.10	3.21		4.63	0.67	11.60	26.73	27.67		39.92	5.78	4.43
692	„ Rüben	„	—	88.23	3.12	3.09		4.87	0.69	11.77	26.51	26.25		41.38	5.86	4.20
693	„ „	„	—	88.07	3.02	3.18		5.09	0.65	11.93	25.31	26.65		42.66	5.45	4.26
	Nährstoffverhältn. 1:															
694	Kuh Bryant: I. Per., Heu, 4 Pfd. Mais u. 6 Pfd. Kleie . . . 7.8	1886	—	86.75	4.37	2.93		—	—	13.25	32.98	22.11		—	—	3.45
695	Kuh Bryant: II. Per., Heu, 9 Pfd. Mais . . 11.0	„	—	86.49	4.31	3.14		—	—	13.51	31.90	23.24		—	—	3.72
696	Kuh Bryant: III. Per., Heu, 4 Pfd. Mais und 6 Pfd. Kleie . 7.9	„	—	86.39	4.30	3.35		—	—	13.61	31.59	24.61		—	—	3.94
697	Kuh Beauty: I. Per., Heu, 4 Pfd. Mais u. 6 Pfd. Kleie . . . 7.9	„	—	86.94	4.22	3.07		—	—	13.06	32.31	23.51		—	—	3.76
698	Kuh Beauty: II. Per., Heu, 9 Pfd. Mais . . 11.3	„	—	86.59	4.27	3.14		—	—	13.41	31.99	23.43		—	—	3.75
699	Kuh Beauty: III. Per., Heu, 4 Pfd. Mais u. 6 Pfd. Kleie . . 8.1	„	—	88.67	4.40	3.16		—	—	13.33	38.83	27.89		—	—	4.46

No. 686—693. Kirchner. — Berichte aus dem physiologischen Laboratorium und der Versuchsanstalt des landwirthschaftlichen Instituts der Universität Halle. 6. 1886; auch Milchzeitung 1888. 125. Der Versuch, bei welchem die untersuchten Milchproben gewonnen, hatte den Zweck, die Wirkung festzustellen, welche der Sauermais auf die Menge und die Zusammensetzung der Milch etc. im Vergleich zu Runkelrüben ausübt. Die zum Versuche benutzten 2 Kühe gehörten der Angler Rasse an, und hatte Kuh I am 16. Februar, Kuh II am 2. Januar 1884 gekalbt. Die Thiere erhielten ein aus Luzerneheu, Gerstenstroh, Baumwollesaatmehl und Weizenkleie bestehendes Hauptfutter, dem nach üblicher Vorfütterung 20 kg Runkelrüben pro Stück und statt Baumwollesaatmehl Rapskuchen beigegeben wurde. Im zweiten Abschnitte der Fütterung erhielten die Thiere statt Runkelrüben Sauermais (nach Goffart'scher Vorschrift bereitet), von dem die Thiere anfänglich nur wenig, zuletzt 16 kg (Kuh I) und bezw. 19.0 kg (Kuh II) pro Tag frassen. Im dritten und vierten Abschnitte des Versuchs erhielten die Thiere wieder Runkelrüben statt Mais, im übrigen das anfängliche, ein wenig abgeänderte Hauptfutter. Die untersuchte Milch war während der Hauptperiode der jedesmaligen Fütterungsweise (gegen Ende derselben) entnommen. (Die Analysen der Milch aus der Zeit der Vor- und Uebergangsfütterung theilen wir nicht mit.) Die Production der Kühe bei dieser Fütterung betrug in den Hauptperioden:

	Mitte der	Natürliche Milch kg	Milch mit 12% Trockensubstanz kg	In der Milch Trockensubstanz g	Fett g	Proteïn g	Milchzucker g	Asche g
Kuh I.	Rübenfütterung	14.568	13.537	1624.5	453.0	382.4	698.5	90.5
	Maisfütterung .	13.939	12.941	1552.9	402.1	376.1	684.3	90.4
	Rübenfütterung	13.084	12.336	1480.4	379.4	353.4	664.3	83.2
Kuh II.	Rübenfütterung	10.777	10.652	1278.3	345.4	335.6	525.5	72.7
	Maisfütterung .	10.937	10.574	1268.9	388.6	350.6	505.9	73.6
	Rübenfütterung	10.586	10.384	1246.1	330.8	327.3	515.7	72.4

No. 694—699. H. P. Armsby u. F. W. A. Woll. — Agr. Exp. Stat. Wisconsin. IV. Rep. f. 1886. 115. Die untersuchte Milch wurde bei vergleichenden Versuchen über den Einfluss der Fütterung von vorwiegend Weizenkleie (bran) gegenüber Maismehl erhalten. Der Versuch mit der Fütterung der beiden Kühe wurde in 3 Perioden in der Dauer von je ca. 3 Wochen ausgeführt. Das oben angeführte Nährstoffverhältniss im Futter bezieht sich auf den verdauten Theil der Nährstoffe. Der Milchertrag war in den einzelnen Perioden folgender:

No.	Bezeichnungen und Bemerkungen	Jahr der Untersuchung	Specifisches Gewicht	In der ursprünglichen Substanz: Wasser	Fett	Caseïn	Albumin	Milchzucker	Asche (Salze)	Trockensubstanz	In der Trockensubstanz: Fett	Caseïn	Albumin	Milchzucker	Asche (Salze)	N in der Trockensubstanz
				%	%	%	%	%	%	%	%	%	%	%	%	%
700	Kuh Bessie: I. Per., Hauptfutter u. Kleie 6.1	1887	—	85.81	5.23	3.55		—	—	14.19	36.81	25.02		—	—	4.00
701	Kuh Bessie: II. Per., Hauptfutter u. Leinmehl . . . 4.9	„	—	85.69	5.06	3.57		—	—	14.31	35.36	24.95		—	—	3.99
702	Kuh Bessie: III. Per., Hauptfutter u. Kleie 5.9	„	—	85.66	5.08	3.54		—	—	14.34	35.42	24.69		—	—	3.95
703	Kuh Mathe: I. Per., Hauptfutter u. Kleie 6.0	„	—	87.50	3.71	2.98		—	—	12.50	29.68	23.84		—	—	3.81
704	Kuh Mathe: II. Per., Hauptfutter u. Leinmehl . . . 5.0	„	—	87.58	3.81	3.18		—	—	12.42	30.68	25.60		—	—	4.10
705	Kuh Mathe: III. Per., Hauptfutter u. Kleie 6.0	„	—	87.59	3.96	3.16		—	—	12.61	24.26	25.06		—	—	4.01
	Kuh I.															
706	Rüben, 2 Pfd. verd. Proteïn	1885	—	88.00	3.68	3.09		4.53	0.70	—	30.67	25.75		37.75	5.83	4.12
707	Frische Bierträber, 2 Pfd. verd. Proteïn	„	—	88.00	3.49	3.31		4.49	0.71	—	29.08	27.58		37.42	5 92	4.41
708	Rüben, 2 Pfd. verd. Proteïn	„	—	88.00	3.41	3.21		4.65	0.73	—	28.42	26.75		38.75	6.08	4.28
709	Frische Bierträber, 2 Pfd. verd. Proteïn	„	—	88.00	3.48	3.16		4.68	0.68	—	29.00	26.33		39.00	5.67	4.21
710	Getrocknete Bierträber, 2 Pfd. verd. Proteïn	„	—	88.00	3.64	3.38		4.32	0.65	—	30.33	26.17		38.08	5.42	4.19

	Kuh I: Milch	Darin Trockensubst.	Fett	Proteïn	Kuh II: Milch	Darin Trockensubst.	Fett	Proteïn
Tägliche Production: Periode I . . .	22.58	2.99	0.99	0.66	19.91	2.64	0.84	0.61 Pfd.
„ II . . .	19.02	2.48	0.79	0.58	18.28	2.41	0.77	0.57 „
„ III . . .	17.95	2.44	0.77	0.60	17.97	2.37	0.78	0.56 „

Die Kuh I „Bryant“ gehörte der Jersey-Rasse an, Kuh II dem Landvieh; beide hatten am 18. December 1883 zuletzt gekalbt. Der Versuch begann Anfangs Januar 1886.

No. 700—705. Die Vorigen. — Ebendaselbst. 130. Wie vorher; verglichen wurden neben einem aus Heu (13.2 Pfd. täglich) und Maismehl (5.5 Pfd. täglich) bestehendem Hauptfutter ein Beifutter, bestehend aus 5.5 Pfd. Kleie und 1.1 Pfd. Leinmehl täglich I. u. II. Periode mit einem Beifutter bestehend aus 2.75 Pfd. Weizenkleie (bran) und 3.85 Pfd. Leinmehl. Der Milchertrag war in den einzelnen Perioden folgender:

	Kuh I: Trockensubstanz	Fett	Proteïn	Kuh II: Trockensubstanz	Fett	Proteïn
Tägliche Production: Periode I . . .	3.28	1.21	0.82	3.36	1.00	0.80 Pfd.
„ II . . .	3.32	1.17	0.83	3.34	1.02	0.85 „
„ III . . .	3.19	1.13	0.79	3.11	0.98	0.78 „

Kuh I gehörte der Jersey-, Kuh II der Holsteinischen Rasse an; beide hatten am 19. November 1886 gekalbt, der Versuch begann am 5. Januar 1887.

No. 706—722. E. B. Weitzmann. — Berichte der Versuchsstelle des landw. Instituts Halle. 6 H. 1886. Die untersuchte Milch wurde gelegentlich der Ausführung von Versuchen über die Einwirkung der frischen und getrockneten Bierträber auf die Milchsecretion des Rindes gewonnen. Die Zusammensetzung ist auf Milch von 12% Trockensubstanz-Gehalt berechnet. Das Hauptfutter der frischmilchenden Kühe bestand aus Gerstenstroh, Luzerneheu, Weizengrieskleie und Baumwollesaatmehl und wurde diesem abwechselnd Rüben, frische und trockne Bierträber beigegeben. Die ermolkenen Milchmengen betrugen in den einzelnen Perioden pro Tag durchschnittlich:

	Kuh I: Milch	Trockensubstanz	Fett	Proteïn	Zucker	Salze	Kuh II: Milch	Trockensubstanz	Fett	Proteïn	Zucker	Salze
	kg	g	g	g	g	g	kg	g	g	g	g	g
Rüben	9.214	1177.8	361.0	303.8	444.3	68.6	16.825	2126.5	722.2	534.9	746.2	123.0
Frische Bierträber . .	9.466	1186.2	354.6	327.0	443.6	70.0	16.630	2043.2	617.6	549.3	751.3	125.0
Rüben	8.353	1061.2	301.9	284.3	410.9	64.0	15.040	1815.0	516.0	470.1	717.3	111.6
Frische Bierträber . .	8.829	1176.7	341.5	309.9	458.8	66.4	14.204	1699.8	489.6	411.3	700.0	99.3
Getrocknete „ . .	7.024	998.9	303.2	281.8	360.0	53.8	13.757	1623.0	460.5	414.6	651.1	96.8
„ „ . .	6.609	940.1	279.1	281.8	328.5	50.7	12.291	1452.1	403.6	387.5	569.7	91.1
„ „ . .	5.165	736.8	221.3	221.5	264.8	39.2	10.279	1252.3	364.6	334.3	476.9	76.4
„ „ . .	1.374	207.4	64.3	65.0	66.7	11.3	9.493	1166.2	350.5	321.5	425.4	68.8

No.	Bezeichnungen und Bemerkungen	Jahr der Untersuchung	Specifisches Gewicht	In der ursprünglichen Substanz: Wasser %	Fett %	Caseïn %	Albumin %	Milchzucker %	Asche (Salze) %	Trockensubstanz %	In der Trockensubstanz: Fett %	Caseïn %	Albumin %	Milchzucker %	Asche (Salze) %	N in der Trockensubstanz %
711	Getrocknete Bierträber, 2.2 Pfd. verd. Proteïn	1885	—	88.00	3.56	3.60		4.19	0.65	—	29.67	30.00		34.91	5.42	4.80
712	Getrocknete Bierträber, 2.4 Pfd. verd. Proteïn	„	—	88.00	3.60	3.61		4.15	0.64	—	30.00	30.08		34.59	5.33	4.81
713	Getrocknete Bierträber, 2.4 Pfd. und mehr Kohlehydrate .	„	—	88.00	3.72	3.76		3.86	0.65	—	31.00	31.33		32.25	5.42	5.01
	Kuh II.															
714	Rüben, 2 Pfd. verd. Proteïn	„	—	88.00	4.08	3.02		4.21	0.69	—	34.00	25.17		35.08	5.75	4.03
715	Frische Bierträber, 2 Pfd. verd. Proteïn	„	—	88.00	3.63	3.23		4.41	0.73	—	30.25	26.75		36.92	6.08	4.28
716	Rüben, 2 Pfd. verd. Proteïn .	„	—	88.00	3.41	3.11		4.74	0.74	—	28.42	25.93		39.48	6.17	4.15
717	Frische Bierträber, 2 Pfd. verd. Proteïn	„	—	88.00	3.45	2.90		4.94	0.70	—	28.75	24.17		41.25	5.83	3.87
718	Getrocknete Bierträber, 2 Pfd. verd. Proteïn	„	—	88.00	3.40	3.06		4.82	0.72	—	28.33	25.50		40.17	6.00	4.08
719	Getrocknete Bierträber, 2.2 Pfd. verd. Proteïn	„	—	88.00	3.34	3.20		4.71	0.75	—	27.83	26.67		39.25	6.25	4.27
720	Getrocknete Bierträber, 2.4 Pfd. verd. Proteïn	„	—	88.00	3.49	3.20		4.57	0.73	—	29.08	26.67		38.17	6.08	4.27
721	Getrocknete Bierträber, 2.4 Pfd. und mehr Kohlehydrate .	„	—	88.00	3.61	3.31		4.38	0.71	—	30.08	27.58		36.41	5.93	4.41
722		„	—	88.00	3.62	3.36		4.34	0.68	—	30.17	28.00		36.16	5.67	4.48
723	Milch von 3 holländer Kühen, Heufütterung	„	1.0316	88.9	2.3	—	—	—	—	11.1	20.72	—		—	—	—
724	Desgl.	„	1.0314	88.6	2.7	—	—	—	—	11.4	23.69	—		—	—	—
725	Desgl., Sauerfütterung . . .	„	1.0304	88.5	3.0	—	—	—	—	11.5	26.09	—		—	—	—
726	Desgl., Heu	„	1.0307	88.8	2.7	—	—	—	—	11.2	24.11	—		—	—	—
727	Desgl., Heu	„	1.0297	88.8	2.9	—	—	—	—	11.2	25.89	—		—	—	—
728	I. Kuh, Topsy: I. Periode, lufttrockner Futtermais . .	1887	1.0320	86.77	3.82	3.16		5.58	0.78	13.23	28.87	23.89		41.35	5.89	3.82
729	I. Kuh, Topsy: II. Per., eingesäuerter Futtermais . . .	„	1.0324	86.58	4.34	3.09		5.28	0.75	13.41	32.33	23.04		39.04	5.59	3.69
730	I. Kuh, Topsy: III. Per., lufttrockner Futtermais	„	1.0319	86.25	4.38	3.12		5.64	0.79	13.75	31.85	22.69		39.71	5.75	3.63

No. 723—727. A. Mayer u. L. Brockema. — L. V.-St. 32. 1886. 411. Die Milch entstammte 3 frischmilchenden holländer Kühen und wurde gelegentlich eines Fütterungsversuchs über den Einfluss von Sauerfutter im Vergleich zu Heu auf die Milchproduction entnommen. Heu und Sauerfutter waren aus gleichem Grase gewonnen. Die durchschnittliche tägliche Menge Milch bei der verschiedenen Fütterung:

	Kuh Juffer	Oele	Anna
Heu	22.2	21.2	15.4 Liter
Sommerfutter .	22.0	20.4	15.2 „
Heu	20.8	20.4	14.5 „

Die Untersuchungen beziehen sich bei Heufütterung lediglich auf Morgen-, bei Sauerfutter auf Morgen- und Abendmilch je eines Tages.

No. 728—733. F. W. A. Woll. — Agr. Exp. Stat. Wisconsin. V. Rep. f. 1887—1888 (Ende Juni). 28 u. ff. Die Milch wurde bei Fütterungsversuchen gewonnen, die die Prüfung des Einflusses von Mais-Sauerfutter gegenüber Mais-Trockenfutter zum Zwecke hatten. Von den verwendeten Kühen gehörte Kuh I der Holstein'schen, Kuh II der Shorthorn-Rasse an, beide hatten im September 1887 zuletzt gekalbt; der Versuch begann Mitte November, die Kühe waren also frischmilchend. Die Fütterungsperioden dauerten je 3 Wochen und wurde die untersuchte Milch je während der zwei letzten Wochen entnommen. Der mittlere tägliche Ertrag der beiden Kühe war:

Kuh I

	Milch gefunden	Milch berechnet	Trockensubstanz gefunden	Trockensubstanz berechnet	Fett gefunden	Fett berechnet	Caseïn gefunden	Caseïn berechnet
Periode I	20.64	—	2.74	—	0.79	—	0.64	—
„ II	18.45	19.34	2.48	2.62	0.77	0.79	0.57	0.60
„ III	18.04	—	2.49	—	0.79	—	0.56	—

No.	Bezeichnungen und Bemerkungen	Jahr der Untersuchung	Specifisches Gewicht	In der ursprünglichen Substanz: Wasser %	Fett %	Caseïn %	Albumin %	Milchzucker %	Asche (Salze) %	Trockensubstanz %	In der Trockensubstanz: Fett %	Caseïn %	Albumin %	Milchzucker %	Asche (Salze) %	N in der Trockensubstanz %
731	II. Kuh, Palmer: I. Periode, lufttrockner Futtermais . . .	1887	1.0328	85.66	4.72	3.20		5.73	0.79	14.34	32.91	22.31		39.27	5.51	3.57
732	II. Per., eingesäuerter Futtermais	„	1.0336	85.81	4.84	3.16		5.52	0.79	14.19	34.11	22.27		38.05	5.57	3.56
733	III. Per., lufttrockner Futtermais	„	1.0328	85.13	5.21	3.35		5.59	0.78	14.87	35.04	22.53		37.18	5.25	3.60

Kuhmilch nach der Dauer des Verbleibens im Euter. (Zu verschiedenen Melkzeiten.)

No.	Bezeichnungen und Bemerkungen	Jahr	Spec. Gew.	Wasser	Fett	Caseïn	Albumin	Milchzucker	Asche	Trockensubstanz	Fett	Caseïn	Albumin	Milchzucker	Asche	N in der Trockensubstanz
1	Junge, ostfriesische Kuh, Febr., Morgenmilch nach 10 Std.	1855	—	89.75	2.43	2.53	0.44	4.10	0.75	10.25	23.71	24.68	4.29	40.00	7.32	4.64
2	Desgl., Mittagsm. nach 8 Std.	„	—	88.22	3.64	2.30	0.62	4.41	0.81	11.78	30.90	19.52	5.26	36.54	7.78	3.97
3	6jähr. ostfriesische Kuh, April, Mrgm. n. 9 Stdn. im Euter	„	—	89.97	2.17	2.24	0.44	4.35	0.83	10.03	21.63	22.33	4.39	43.37	8.28	4.28
4	Desgl., Mittagsm. nach 8 Stdn. im Euter	„	—	89.20	2.63	2.36	0.31	4.77	0.72	10.80	24.74	22.20	2.92	43.37	6.77	4.02
5	Desgl., Abendm. nach 7 Std. im Euter	„	—	86.60	5.42	2.70	0.31	4.19	0.78	13.40	40.45	20.15	2.31	31.27	5.82	3.59
6	V. 2 K., Morgenm. } bei tägl. 3 mal. Melken	1856	—	87.5	4.2	4.6	—	—	2.70	12.5	33.60	36.80	—	—	29.60	—
7	„ Mittagsm.	„	—	86.8	4.2	5.0	—	—	4.00	13.2	31.82	37.88	—	—	30.30	—
8	„ Abendm.	„	—	88.3	3.9	4.0	—	—	4.26	11.7	31.41	32.22	—	—	36.37	—
9	„ Morgenm. } bei tägl. 2 mal. Melk.	„	—	88.0	3.5	4.3	—	—	4.20	12.0	29.17	35.83	—	—	35.00	—
10	„ Abendm.	„	—	87.8	3.5	4.5	—	—	4.20	12.2	28.69	36.89	—	—	34.42	—
11	Von 2 Küh., Montafuner Rasse, Winterfütter., Mrgm., Mittel von je 18 Analysen . . .	1853	—	87.64	3.12	4.08	—	5.16	—	12.36	25.24	33.01	—	41.75	—	—
12	Desgl., Abendm., Mittel von je 18 Analysen	„	—	87.50	3.24	4.16	—	5.10	—	12.50	25.92	33.28	—	40.80	—	—
13	Desgl., Sommerfütter., Mrgm., Mittel von je 8 Analysen .	„	—	87.30	3.46	—	—	—	—	12.70	27.24	—	—	—	—	
14	Desgl., Abdm., Mittel von je 7 Analysen	„	—	87.02	3.71	—	—	—	—	12.98	26.01	—	—	—	—	—
15	Von denselben Kühen, Mrgm., Mittel von je 10 Analysen	„	—	87.93	3.06	—	—	—	—	12.07	25.34	—	—	—	—	—
16	Desgl., Abdm., Mittel von je 11 Analysen	„	—	87.75	3.14	—	—	—	—	12.25	25.63	—	—	—	—	—

Kuh II

	Milch gefunden	Milch berechnet	Trockensubstanz gefunden	Trockensubstanz berechnet	Fett gefunden	Fett berechnet	Caseïn gefunden	Caseïn berechnet
Periode I	21.35	—	3.09	—	1.01	—	0.68	—
„ II	19.80	20.04	2.81	2.94	0.96	0.99	0.62	0.66
„ III	18.72	—	2.79	—	0.98	—	0.63	—

Maissauerfutter und Maistrockenfutter entstammten einem und demselben Mais, ein gelber Zahnmais, der Mitte August geschnitten und zum Theil an der Luft getrocknet, zum Theil in Silos eingemacht worden war. Neben dem Mais wurde in allen 3 Perioden ein aus Maismehl und Weizenkleie bestehendes Beifutter gegeben.

Kuhmilch nach der Dauer des Verbleibens im Euter.

No. 1—5. Struckmann. — Weende'r Jahresber. 1855—56. II. 8. (J. f. Landwirthsch. 1855. 415.) Beide Kühe, von denen die untersuchte Milch stammte, hatten 14 Tage vor Aufnahme der Proben gekalbt und wurden täglich 3 mal gemolken. Die Milch unter No. 3 u. 4 enthielt je 0.05 % Milchsäure (wir rechneten sie dem Milchzucker hinzu). Das spec. Gewicht der untersuchten Proben wird zu

No. 1	2	3	4	5
1.039	1.038	1.038	1.040	1.036

(jedenfalls zu hoch) angegeben.

No. 6—10. Rhode. — Weende'r Jahresber. 1855—56. II. 9. (Eldenur Archiv 1856. I. 65.) Bei täglich 3 maligem Melken wurden im Durchschnitt der tägl. Versuchsperiode tägl. $15^5/_{12}$ Quart (= 15.36 Liter), bei tägl. 3 mal. Melken desgl. $11^7/_{12}$ Quart (= 13.26 Liter) erhalten.

No. 11—14. E. Wolff. — Vergl. Milch unter dem Einflusse der Fütterung No. 17—71. Von uns berechnete Mittel.

No. 15 u. 16. H. Ritthausen. — Desgl. No. 72—98.

No.	Bezeichnungen und Bemerkungen	Jahr der Untersuchung	Specifisches Gewicht	In der ursprünglichen Substanz: Wasser %	Fett %	Caseïn %	Albumin %	Milchzucker %	Asche (Salze) %	Trockensubstanz %	In der Trockensubstanz: Fett %	Caseïn %	Albumin %	Milchzucker %	Asche (Salze) %	N in der Trockensubstanz %
17	2 Kühe Schwyzer Rasse, Mrgm., Mittel von je 8 Analysen .	1853	—	89.06	2.52	—	—	—	—	10.94	23.04	—	—	—	—	—
18	Desgl., Abendmilch . . .	„	—	89.18	2.39	—	—	—	—	10.82	22.09	—	—	—	—	—
19	Von 2 Küh., Montafuner Rasse, Morgenm. . (Mittel von je 7 Analysen)	1857	—	88.10	2.96	—	—	4.94	—	11.90	24.88	—	—	41.51	—	—
20	Desgl., Mittagsm. . .	„	—	87.46	3.32	—	—	4.92	—	12.54	26.48	—	—	39.28	—	—
21	Desgl., Abendm. . .	„	—	87.37	3.29	—	—	4.92	—	12.63	23.44	—	—	38.95	—	—
22	Von 2 Kühen, Schwyzer Rasse, Morgenm. . . (Mittel von je 4 Analysen)	1856	—	88.63	2.63	—	—	—	—	11.37	23.13	—	—	—	—	—
23	Desgl., Mittagsm. . .	„	—	88.10	3.07	—	—	—	—	11.90	25.80	—	—	—	—	—
24	Desgl., Abendm. . .	„	—	88.10	2.95	—	—	—	—	11.90	24.79	—	—	—	—	—
25	Desgl., Morgenm. . . (Mitt. v. je 3 Anal.)	„	—	88.17	3.06	—	—	5.32	—	11.83	25.87	—	—	44.97	—	—
26	Desgl., Mittagsm. . .	„	—	87.64	3.58	—	—	5.09	—	12.36	29.00	—	—	41.18	—	—
27	Desgl., Abendm. . . .	„	—	87.90	3.26	—	—	5.08	—	12.10	26.94	—	—	41.98	—	—
28	Desgl., Morgenmilch . . .	1859	—	90.22	2.67	2.15	—	4.22	0.74	9.78	27.03	21.76	—	43.72	7.49	—
29	Desgl., Mittagsmilch . . .	„	—	87.40	4.35	4.36	—	4.15	0.74	12.60	34.53	34.61	—	24.99	5.87	—
30	Desgl., Abendmilch	„	—	88.05	4.34	2.87	—	4.00	0.74	11.95	36.32	24.02	—	33.47	6.19	—
31	Mährische Land-Rasse, Kuh A, Mittelzahlen, Mrgm. . .	1862	—	89.2	2.5	—	—	4.2	—	10.8	23.15	—	—	38.89	—	—
32	Mittagsm. .	„	—	88.2	4.8	—	—	4.1	—	11.8	40.68	—	—	34.75	—	—
33	Abdm. . .	„	—	88.0	3.7	—	—	4.2	—	12.0	30.83	—	—	35.00	—	—
34	Kuh B, Mrgm. . .	„	—	88.0	2.9	—	—	4.3	—	12.0	24.17	—	—	35.83	—	—
35	Mittagsm. .	„	—	86.7	4.0	—	—	4.2	—	13.3	30.08	—	—	31.58	—	—
36	Abdm. . .	„	—	86.6	3.9	—	—	4.3	—	13.4	29.11	—	—	32.09	—	—
37	Lichtarme u. kalte Winterzeit v. Nov. 1861 bis März 1862, Morgenmilch	1861/62	—	87.43	3.77	3.40		4.67	0.73	12.57	29.99	27.05		37.15	5.81	4.33
38	Desgl., Abendmilch . . .	„	—	86.87	4.32	3.44		4.66	0.71	13.13	32.90	36.20		35.49	5.41	5.79
39	Hellere Frühjahrszeit bis Mitte Juni mit Beibehaltung der Winterfütterung, Morgenm.	1862	—	87.86	3.55	3.28		4.57	0.74	12.14	29.24	27.02		37.64	6.10	4.32
40	Desgl., Abendmilch	„	—	86.92	4.08	3.36		4.91	0.73	13.08	31.19	25.69		37.54	5.58	4.11
41	Sommerzeit mit Weidegang bis Mitte August, Morgenmilch	„	—	87.35	3.98	3.12		4.80	0.75	12.65	31.46	24.66		37.95	5.93	3.95
42	Desgl., Abendmilch	„	—	87.06	4.45	3.19		4.55	0.75	12.94	34.39	24.65		35.16	5.80	3.95
43	Herbstzeit bis November mit theilweiser Grün- u. Wurzelfütterung, Morgenmilch . .	„	—	87.16	3.93	3.41		4.76	0.74	12.84	30.47	26.56		37.21	5.76	4.25
44	Desgl., Abendmilch	„	—	86.85	4.25	3.43		4.74	0.73	13.15	32.32	26.09		36.04	5.55	4.17

No. 17 u. 18. H. Ritthausen. — Desgl. No. 99—119.
No. 19—21. W. Knop u. R. Arendt in No. 151—205. — Von uns berechnete Mittel. Die Mittel für Milchzucker sind aus nur je 14 Analysen berechnet.
No. 22—24. H. Ritthausen. — Desgl. No. 120—136. Die Kühe erhielten als Beifutter: Kartoffeln, Kartoffelmaische oder Kartoffelschlempe.
No. 25—37. H. Ritthausen. — Desgl. No. 137—148. Die Kühe erhielten als Beifutter: Wicken-, Hafer- und Gerstenkörner.
No. 28—30. H. Hellriegel. — Annal. der Landwirthsch. Preuss. 1859. 33. 356. Die untersuchte Milch wurde einer Kuh entnommen, die als Futter nur Kartoffelschlempe und ein Häckselgemenge von Grummet, Gersten- und Weizenstroh erhielt. Das Thier war 6 Jahr alt und hatte vor 3 Monaten gekalbt.
No. 31—36. Th. von Gohren. — Landw. V.-St. 5. 1863. 5. Vergleiche Milch unter dem Einflusse der Fütterung No. 206—237.
No. 37—50. Al. Müller u. Eisenstuck. — Ebendort. 161. Die angegebenen Analysen unter No. 37—46 sind aus längeren Untersuchungsreihen (im Ganzen 57 Analysen) berechnete Mittel. Die Milch stammte von dem Gute der Kgl. Akademie zu Stockholm und war stets ein Gemisch der Milch von je 5 Kühen der Ayreshire - Pombrokeshire-(Wales) und schwedischen Landrasse, welche sehr reichlich gefüttert und täglich 2mal, des Morgens $^1/_2$6—$^1/_2$7 Uhr und des Abends $^1/_2$5—$^1/_2$6 Uhr gemolken wurden. Die Analysen unter No. 47—50 sind Einzelanalysen und beziehen sich auf Milch von einem Gute zu Tullgarn. Die dortigen Kühe waren theils Ayreshire, theils sogenannte Strömsholmer, das sind Mischlinge der Landrasse mit einem vor langer Zeit eingeführten ausländischen Stamme. Die Melkzeiten waren wie bei dem akademischen Gute.

No.	Bezeichnungen und Bemerkungen	Jahr der Untersuchung	Specifisches Gewicht	In der ursprünglichen Substanz: Wasser %	Fett %	Caseïn %	Albumin %	Milchzucker %	Asche (Salze) %	Trockensubstanz %	In der Trockensubstanz: Fett %	Caseïn %	Albumin %	Milchzucker %	Asche (Salze) %	N in der Trockensubstanz %
45	Gesammt-Jahr vom 12. Nov. 1861 bis 24. Novemb., 1862, Morgenmilch	1862	—	87.45	3.81	3.30		4.70	0.74	12.55	30.36	26.29		37.45	5.90	4.21
46	Desgl., Abendmilch	„	—	86.92	4.28	3.35		4.71	0.73	13.08	32.72	25.61		36.09	5.58	4.10
47	Vom 29. Nov. 1861, Mrgm.	1861	—	87.14	4.05	—	—	—	0.83	12.86	31.49	—	—	62.06	6.45	—
48	„ 28. „ 1861, Abdm.	„	—	86.69	4.43	—		—	0.70	13.31	33.28	—	—	61.46	5.26	—
49	„ 3. „ 1862, Mrgm.	1862	—	87.28	3.97	3.43		4.52	0.80	12.72	31.21	26.97		35.53	6.29	4.32
50	„ 3. „ 1862, Abdm.	„	—	87.15	4.31	3.44		4.37	0.73	12.85	33.54	26.77		34.01	5.68	4.28
51	Es waren seit dem letzten Melken verflossen 10 Stdn.	„	—	86.95	4.36	—	—	—	—	13.05	33.41	—	—	—	—	—
52	Desgl. 11 Stunden	„	—	87.15	4.31	—	—	—	—	12.85	33.54	—	—	—	—	—
53	Desgl. 12 Stunden	„	—	87.66	3.97	—	—	—	—	12.34	32.17	—	—	—	—	—
54	Desgl. 13 Stunden	„	—	87.28	3.97	—	—	—	—	12.72	31.21	—	—	—	—	—
55	Desgl. 14 Stunden	„	—	87.38	3.51	—	—	—	—	12.62	27.81	—	—	—	—	—
56	Allgäuer, Mittel mehrerer Analysen, 12. Febr. bis 26. April, Morgenmilch nach 12 Stdn.	1859	—	88.46	2.69	3.15		4.87	0.83	11.54	23.31	26.30		43.20	7.19	4.21
57	Desgl., Mittagsm. nach 5 Stdn.	„	—	88.16	2.94	3.27		4.90	0.73	11.84	24.83	27.62		41.38	6.17	4.42
58	Desgl., Abendm. nach 7 Stdn.	„	—	88.30	2.82	3.21		4.87	0.80	11.70	24.10	27.44		41.62	6.84	4.39
59	Mariahofer, von 3 Kühen, Morgenmilch	1873	—	87.77	3.97	2.56	0.31	4.73	0.72	12.23	32.46	20.93	2.53	38.19	5.89	3.75
60	Desgl., Mittagsmilch . . .	„	—	86.86	4.96	2.69	0.34	4.89	0.82	13.14	37.75	20.47	2.59	32.95	6.24	3 69
61	Desgl., Abendmilch	„	—	87.86	3.85	2.53	0.33	5.00	0.70	12.14	31.71	20.84	2.72	39.00	5.73	3.77
62	Lavomthaler, von 3 Kühen, Morgenmilch	„	—	86.73	3.92	3.15	0.39	4.24	0.79	13.27	29.54	23.74	2.94	37.83	5.95	3.77
63	Desgl., Mittagsmilch . . .	„	—	86.50	4.11	3.69	0.41	4.30	0.81	13.50	30.45	27.34	3.04	33.17	6.00	4.86
64	Desgl., Abendmilch	„	—	86.56	4.52	3.99	0.40	4.40	0.84	13.44	33.63	29.69	2.98	27.45	6.25	5.23
65	Stockerauer, von 3 Kühen, Morgenmilch	„	—	87.92	3.56	2.83	0.45	4.65	0.76	12.08	29.48	23.43	3.73	37.36	6.30	4.35
66	Desgl., Mittagsmilch . . .	„	—	86.32	4.96	2.97	0.27	4.65	0.75	13.68	36.26	21.71	1.97	34.58	5.48	3.79
67	Desgl., Abendmilch	„	—	87.34	3.64	2.94	0.39	4.41	0.75	12.66	28.75	23.22	3.08	39.03	5.92	4.05
68	Oberinnthaler, von 3 Kühen, Morgenmilch	„	—	88.86	3.27	2.43	0.34	4.46	0.69	11.14	29.35	21.81	3.05	39.61	6.19	3.98
69	Desgl., Mittagsmilch . . .	„	—	87.24	4.61	2.46	0.35	4.41	0.73	12.76	36.17	19.30	2.75	37.05	5.73	3.53
70	Desgl., Abendmilch	„	—	88.12	3.71	2.43	0.34	4.44	0.69	11.88	31.23	20.46	2.86	38.37	8.08	5.33
71	Mürzthaler, von 3 Kühen, Morgenmilch	„	—	87.33	3.69	3.06	0.49	4.47	0.81	12.67	29.13	24.15	3.87	36.46	6.39	4.48
72	Desgl., Mittagsmilch . . .	„	—	86.09	4.30	3.02	0.44	4.23	0.79	13.91	23.81	21.71	23.82	22.98	5.68	7.28
73	Desgl., Abendmilch	„	—	86.40	4.65	3.15	0.49	4.41	0.79	13.60	34.20	23.17	3.60	33.22	5.81	4.44
74	Opocner, von 3 Kühen, Mrgm.	„	—	87.45	3.49	3.11	0.33	4.40	0.51	12.55	27.81	24.78	2.63	40.72	4.06	4.39
75	Desgl., Mittagsmilch . . .	„	—	86.66	4.82	3.12	0.34	4.60	0.72	13.34	26.13	23.39	2.55	42.53	5.40	4.15
76	Desgl., Abendmilch	„	—	87.76	3.88	3.00	0.30	4.44	0.74	12.24	31.70	24.51	2.45	35.29	6.05	4.31

No. 51—55. Dieselben. — Ebendaselbst.

No. 56—58. Scheven. — V.-St. Gr. Kmehlen. Marting d. Milch. I. 313. Die Fütterung bestand aus Runkeln, Kleie Rapskuchen, Heu, Stroh und zeitweise Kartoffeln, Kartoffelstärke oder Kartoffelfasern.

No. 59—103. Ig. Moser. — Milchztg. 1874. 915. Die Kühe, von denen die untersuchte Milch stammte, waren gelegentlich der Weltausstellung in Wien dort nebeneinander aufgestellt und erhielten das gleiche aus Kleehäcksel, Wiesenheu, Schwarzmehl, Kleie und Biertträber bestehende Futter. Proben der Durchschnittsmilch wurden von der V.-St. untersucht. Die Durchschnittsproben wurden in der Art gewonnen, dass zunächst das Gewicht der ermolkenen Milch eines jeden Individuums der Gruppe festgestellt, dann eine diesem Gewicht proportionale Quantität von jeder einzelnen Milch weggenommen wurde. Durch Mengung dieser proportionalen Antheile ergab sich der für die Analyse verwendete Durchschnitt. Dieses Verfahren wurde bei der Morgen-, Mittag- und Abendmilch befolgt. Die durchschnittliche Zusammensetzung der Milch, wie sich dieselbe aus dem Gehalte der Morgen-, Mittag- und Abendmilch unter Berücksichtigung der zu den 3 Melkzeiten gewonnenen Quantitäten berechnet. Sämmtliche Bestandtheile der Milch sind direct bestimmt worden, die des Milchzuckers auf optischem Wege.

No.	Bezeichnungen und Bemerkungen	Jahr der Untersuchung	Specifisches Gewicht	In der ursprünglichen Substanz							In der Trockensubstanz					N in der Trocken-substanz
				Wasser	Fett	Caseïn	Albumin	Milch-zucker	Asche (Salze)	Trocken-substanz	Fett	Caseïn	Albumin	Milch-zucker	Asche (Salze)	
				%	%	%	%	%	%	%	%	%	%	%	%	%
77	Montavoner, von 3 Kühen, Morgenmilch	1873	—	86.58	4.13	3.04	0.35	4.85	0.77	13.42	30.78	22.65	2.61	38.22	5.74	4.04
78	Desgl., Mittagsmilch . . .	„	—	86.11	5.32	3.08	0.29	4.87	0.77	13.89	38.30	22.17	2.09	31.90	5.54	3.88
79	Desgl., Abendmilch	„	—	87.18	4.20	3.07	0.32	4.60	0.72	12.82	32.76	23.95	2.50	35.17	5.62	4.23
80	Ruhländer, von 3 Kühen, Morgenmilch	„	—	87.21	4.22	3.22	0.23	4.43	0.77	12.79	33.00	25.18	1.80	34.00	6.02	4.32
81	Desgl., Mittagsmilch . . .	„	—	85.68	5.27	3.16	0.36	4.41	0.78	14.32	36.80	22.07	2.51	33.17	5.45	3.93
82	Desgl., Abendmilch	„	—	86.07	4.47	3.24	0.24	4.60	0.80	13.93	22.09	23.26	1.72	47.19	5.74	3.99
83	Pinzgauer, von 3 Kühen, Morgenmilch	„	—	88.64	3.05	2.44	0.38	4.67	0.74	11.36	26.85	21.48	3.35	41.81	6.51	3.97
84	Desgl., Mittagsmilch . . .	„	—	86.82	4.37	2.50	0.43	4.60	0.74	13.18	33.16	18.97	3.26	39.00	5.61	3.56
85	Desgl., Abendmilch	„	—	87.69	3.70	2.53	0.35	4.65	0.75	12.31	30.06	20.55	2.84	40.46	6.09	3.74
86	Möllthaler, von 3 Kühen, Morgenmilch	„	—	87.77	3.08	3.14	0.41	4.64	0.81	12.23	25.18	25.68	3.35	40.08	5.71	4.64
87	Desgl., Mittagsmilch . . .	„	—	87.07	4.08	3.21	0.43	4.46	0.79	12.93	31.55	24.83	3.33	34.32	5.97	4.51
88	Desgl., Abendmilch	„	—	86.94	4.00	2.89	0.51	4.41	0.79	13.06	30.63	22.14	3.91	37.27	6.05	4.17
89	Pusterthaler, von 3 Kühen, Morgenmilch	„	—	88.05	4.09	2.90	0.43	4.31	0.78	11.95	34.23	24.27	3.60	31.37	6.53	4.46
90	Desgl., Mittagsmilch . . .	„	—	87.08	4.87	2.87	0.40	4.19	0.78	12.92	37.69	18.98	3.10	34.19	6.04	3.53
91	Desgl., Abendmilch	„	—	87.47	4.31	2.80	0.39	4.41	0.76	12.53	34.40	22.35	3.11	34.07	6.07	4.07
92	Zillerthaler-Duxer, v. 1 Kuh, Morgenmilch	„	—	87.35	4.01	3.07	0.49	4.36	0.75	12.05	33.24	25.45	4.06	31.03	6.22	4.72
93	Desgl., Mittagsmilch . . .	„	—	86.63	5.00	3.07	0.50	4.18	0.78	13.37	37.40	22.96	3.74	30.07	5.83	4.27
94	Desgl., Abendmilch	„	—	87.26	4.45	3.02	0.39	4.41	0.76	12.74	34.93	23.70	3.06	33.21	5.10	4.28
95	Melser Schecken, v. 2 Kühen, Morgenmilch	„	—	88.09	3.07	2.87	0.37	4.27	0.84	11.91	25.78	24.10	3.11	39.96	7.05	4.35
96	Desgl., Mittagsmilch . . .	„	—	88.05	3.95	2.67	0.35	4.09	0.82	11.95	33.05	22.34	2.93	34.82	6.86	4.04
97	Desgl., Abendmilch	„	—	87.43	3.99	2.57	0.36	4.19	0.75	12.57	31.74	20.45	2.86	38.98	5.97	3.73
98	Egerländer, von 3 Kühen, Morgenmilch	„	—	88.01	3.53	2.73	0.33	4.52	0.73	11.99	29.44	22.77	2.75	38.95	6.09	4.08
99	Desgl., Mittagsmilch . . .	„	—	86.08	5.68	2.60	0.26	4.74	0.68	13.92	40.81	18.68	1.87	34.75	4.89	3.29
100	Desgl., Abendmilch	„	—	87.23	4.35	2.62	0.21	4.52	0.78	12.77	34.06	20.32	1.64	37.87	6.11	3.51
101	Gföhler, von 2 Kühen, Mrgm.	„	—	87.90	3.45	3.73	0.40	4.78	0.75	12.10	28.51	30.83	3.31	31.15	6.20	5.46
102	Desgl., Mittagsmilch . . .	„	—	86.89	4.50	3.82	0.30	4.77	0.76	13.10	34.35	29.16	2.29	29.40	5.80	5.03
103	Desgl., Abendmilch	„	—	87.35	3.93	2.64	0.36	4.87	0.69	12.65	31.07	20.87	2.85	39.76	5.45	3.79
104	Morgenmilch, Jahresmittel	1879	1.0319	87.83	3.29	—	—	—	—	(12.17)	27.03	—	—	—	—	—
105	Abendmilch, „ .	„	1.0319	87.73	3.32	—	—	—	—	(12.27)	27.06	—	—	—	—	—
106	Morgenmilch, „ .	1880	1.0315	88.16	3.26	—	—	—	—	11.84	27.53	—	—	—	—	—
107	Abendmilch „ .	„	1.0316	88.07	3.27	—	—	—	—	11.93	27.41	—	—	—	—	—

No. 104—115. W. Fleischmann. — Ber. d. Milchwirthsch. V.-St. 1880. 20; 1881. 17; 1882. 18; 1883. 19; 1884. 19. Aus den wöchentlichen Prüfungen der Milch berechnet. Die Sckwankungen des procentischen Gehalts der Milch an Trockensubstanz und Fett bewegten sich in nachfolgenden Grenzen:

		Morgenmilch %	Abendmilch %	Tagesmilch %
1879	Trockensubstanz	11.707—12.763	11.898—12.837	11.799—12.769
	Fett	2.882— 3.799	2.868— 3.908	2.896— 3.835
1880	Trockensubstanz	11.210—12.500	11.288—12.718	11.328—12.610
	Fett	2.952— 3.677	2.924— 3.815	2.967— 3.747
1881	Trockensubstanz	11.332—12.852	11.203—12.694	11.376—12.557
	Fett	2.816— 4.015	2.776— 3.858	2.820— 3.790
1882	Trockensubstanz	11.697—12.816	11.481—12.544	11.666—12.617
	Fett	2.993— 3.583	2.890— 3.486	2.946— 3.509
1883	Trockensubstanz	11.455—12.724	11.368—12.804	11.524—12.767
	Fett	2.806— 4.056	2.850— 4.216	2.918— 4.142
1884	Trockensubstanz	11.386—12.689	11.693—12.712	11.509—12.727
	Fett	2.997— 4.014	2.985— 3.896	3.035— 3.953

Die Reaction der Milch war stets eine amphotere.

No.	Bezeichnungen und Bemerkungen	Jahr der Untersuchung	Specifisches Gewicht	In der ursprünglichen Substanz							In der Trockensubstanz					N in der Trockensubstanz
				Wasser %	Fett %	Caseïn %	Albumin %	Milchzucker %	Asche (Salze) %	Trockensubstanz %	Fett %	Caseïn %	Albumin %	Milchzucker %	Asche (Salze) %	%
108	Morgenmilch, Jahresmittel .	1881	1.0310	88.07	3.24	—	—	—	—	11.93	27.16	—	—	—	—	—
109	Abendmilch „ .	„	1.0311	88.02	3.25	—	—	—	—	11.98	27.13	—	—	—	—	—
110	Morgenmilch „ .	1882	1.0312	87.97	3.21	—	—	—	—	12.03	26.48	—	—	—	—	—
111	Abendmilch „ .	„	1.0315	87.94	3.19	—	—	—	—	12.06	26.45	—	—	—	—	—
112	Morgenmilch „ .	1883	1.0310	88.08	3.27	—	—	—	—	11.92	27.43	—	—	—	—	—
113	Abendmilch „ .	„	1.0310	88.05	3.26	—	—	—	—	11.95	27.28	—	—	—	—	—
114	Morgenmilch „ .	1884	1.0311	87.95	3.29	—	—	—	—	12.05	27.30	—	—	—	—	—
115	Abendmilch „ .	„	1.0310	87.89	3.32	—	—	—	—	12.11	27.42	—	—	—	—	—
116	Abendm., 27. Jan., bei 77.5° C.	1886	1.0325	87.63	3.43	3.37		4.87	0.70	12.37	27.73	27.25		39.36	5.66	4.36
117	Morgenmilch, 28. Januar . .	„	1.0330	87.85	3.03	3.57		4.87	0.68	12.15	24.91	28.95		40.55	5.59	4.63
118	Abendmilch, 26. Februar . .	„	1.0325	87.51	3.96	4.18		4.25	0.70	12.49	31.71	33.47		29.22	5.60	5.36
119	Morgenmilch, 27. Februar .	„	1.0325	87.67	3.35	4.05		4.24	0.69	12.33	27.17	32.85		34.38	5.60	5.26
120	Abendmilch, 25. März . . .	„	1.0325	87.73	2.92	4.31		4.27	0.77	12.27	23.80	35.13		34.79	6.28	5.62
121	Morgenmilch, 26. März . .	„	1.0320	87.82	3.07	4.14		4.18	0.79	12.18	25.20	33.99		34.32	6.49	5.44
122	Abendmilch, 5. April . . .	„	1.0330	87.94	3.02	4.18		4.17	0.69	12.06	25.04	34.66		34.58	5.72	5.55
123	Morgenmilch, 6. April . .	„	1.0310	88.16	2.79	4.11		4.25	0.69	11.84	23.56	34.71		35.90	5.83	5.55
124	Abendmilch, 25. Mai . . .	„	1.0315	88.42	2.61	4.09		4.19	0.69	11.58	22.54	35.32		36.16	5.96	5.65
125	Morgenmilch, 26. Mai . . .	„	1.0305	88.15	2.67	4.29		4.19	0.70	11.85	22.53	36.20		31.36	5.91	5.79
126	Abendmilch, 21. Juni . . .	„	1.0330	87.97	3.01	3.80		4.51	0.71	12.03	25.02	31.59		37.49	5.90	5.05
127	Morgenmilch, 22. Juni . .	„	1.0315	88.47	2.81	3.64		4.37	0.71	11.53	24.37	31.57		37.90	6.16	5.05
128	Abendmilch, 28. Juli . . .	„	1.0325	88.36	2.70	3.71		4.50	0.73	11.64	23.20	31.87		38.66	6.27	5.10
129	Morgenmilch, 29. Juli . . .	„	1.0315	88.80	2.62	3.36		4.50	0.72	11.20	23.33	29.91		40.35	6.41	4.79
130	Abendmilch, 6. August . .	„	1.0315	87.86	3.30	3.50		4.62	0.72	12.14	27.18	28.83		38.06	5.93	4.61
131	Morgenmilch, 7. August . .	„	1.0310	88.28	2.90	3.42		4.69	0.71	11.78	24.62	29.03		40.32	6.03	4.64
132	Abendmilch, 29. September .	„	1.0325	88.46	2.53	3.59		4.68	0.74	11.54	21.92	31.11		40.56	6.41	4.98
133	Morgenmilch, 30. September .	„	1.0310	88.42	2.60	3.63		4.62	0.73	11.58	22.01	30.72		41.09	6.18	4.92
134	Abendmilch, 29. October . .	„	1.0330	87.82	2.98	3.73		4.74	0.73	12.18	24.47	30.62		38.92	5.99	4.90
135	Morgenmilch, 30. October .	„	1.0320	87.90	3.00	3.73		4.64	0.73	12.10	24.80	30.83		38.34	6.03	4.94
136	Abendmilch, 29. November .	„	1.0325	87.29	3.33	4.36		4.30	0.72	12.71	26.20	34.30		33.84	5.66	5.49
137	Morgenmilch, 30. November .	„	1.0315	88.09	2.70	4.34		4.14	0.73	11.91	22.67	36.44		32.06	8.83	5.83
138	Abendmilch, 28. December .	„	1.0325	87.77	2.76	4.70		4.06	0.71	12.23	22.57	38.43		33.19	5.81	6.15
139	Morgenmilch, 29. December .	„	1.0330	87.92	2.57	4.80		4.00	0.71	12.08	21.27	39.73		33.12	5.88	6.36
140	Mittel der Abendmilch . .	„	1.0325	87.89	3.00	3.96		4.43	0.72	12.11	24.77	32.70		36.61	5.92	5.23
141	„ „ Morgenmilch . .	„	1.0307	88.13	2.84	3.92		4.39	0.72	11.87	23.93	33.03		36.97	6.07	4.28
142	Novemb. 1885 Morgenm. .	1885	—	88.05	3.19	—	—	—	—	11.95	26.69	—	—	—	—	—
143	Novemb. 1885 Abendm. .	„	—	87.65	3.50	—	—	—	—	12.35	28.34	—	—	—	—	—
144	Decemb. 1885 Morgenm. .	„	—	88.28	3.06	—	—	—	—	11.72	26.11	—	—	—	—	—
145	Decemb. 1885 Abendm. .	„	—	88.06	3.19	—	—	—	—	11.94	26.72	—	—	—	—	—
146	Januar 1886 Morgenm. .	1886	—	88.79	2.83	—	—	—	—	11.21	25.25	—	—	—	—	—
147	Januar 1886 Abendm. .	„	—	88.48	3.04	—	—	—	—	11.52	26.39	—	—	—	—	—
148	Februar 1886 Morgenm. .	„	—	88.72	2.89	—	—	—	—	11.28	25.62	—	—	—	—	—
149	Februar 1886 Abendm. .	„	—	88.50	3.02	—	—	—	—	11.50	26.26	—	—	—	—	—

No. 116—141. R. Frühling u. Jul. Schulz. — Rep. d. analytischen Chemie 1887. 517. Milch aus der Kindermilch-Station in Braunschweig. Die untersuchte Milch war die Sammelmilch von 16—18 Stück Kühen, welche frischmilchend aufgestellt, im Durchschnitt je 5 Monate lang in Benutzung bleiben. Die Kühe wurden nur trocken gefüttert und zwar auf 1000 Pfd. Lebendgewicht und für den Tag 4 Pfd. Haferschrot, 5 Pfd. Roggenkleie, 6 Pfd. Weizenkleie, 15 Pfd. Kleeheu und dazu Haferstroh nach Belieben. Durchschnittsertrag 12.5 L. Unters.-Methode: 5—6 ccm Milch werden gewogen und mit Sand eingedampft, dieser Rückstand in der Schale mit Petroleumäther ausgezogen; Gewichtsverlust = Fett. N.-Bestimmung nach Kjeldahl; Milchzucker durch Polarisation.

No. 142—171. M. Schrodt. — Jahresber. d. Milchwirthsch. V.-St. Kiel 1885—86. Ueber die Kühe der Station und deren Erträge an Milch wurden eingehende Erhebungen gemacht. 5 derselben gehörten der Angler Rasse und dem Holsteinschen Landschlage an; deren Alter schwankte zwischen 5 u. 10 Jahren, deren Gewicht zwischen 392—533.7 kg. Für die Angler Kühe ergab sich ein durchschnittliches Gewicht von 431.0 kg, für die Landkühe ein durchschnittliches Gewicht von 457.5 kg. Die Milcherträge jeder Kuh wurden täglich durch Wägung der Morgen- und Abend-

No.	Bezeichnungen und Bemerkungen	Jahr der Untersuchung	Specifisches Gewicht	In der ursprünglichen Substanz: Wasser %	Fett %	Caseïn %	Albumin %	Milchzucker %	Asche (Salze) %	Trockensubstanz %	In der Trockensubstanz: Fett %	Caseïn %	Albumin %	Milchzucker %	Asche (Salze) %	N in der Trockensubstanz %
150	März 1886, Morgenm.	1886	—	88.59	2.99	—	—	—	—	11.41	26.20	—	—	—	—	—
151	März 1886, Abendm.	„	—	88.25	3.14	—	—	—	—	11.75	26.72	—	—	—	—	—
152	April 1886, Morgenm.	„	—	88.79	2.89	—	—	—	—	11.21	25.78	—	—	—	—	—
153	April 1886, Abendm.	„	—	88.52	3.05	—	—	—	—	11.49	25.99	—	—	—	—	—
154	Mai 1886, Morgenm.	„	—	88.62	2.97	—	—	—	—	11.38	26.10	—	—	—	—	—
155	Mai 1886, Abendm.	„	—	88.24	3.31	—	—	—	—	11.76	28.15	—	—	—	—	—
156	Juni 1886, Morgenm.	„	—	88.69	2.89	—	—	—	—	11.31	24.76	—	—	—	—	—
157	Juni 1886, Abendm.	„	—	88.13	3.48	—	—	—	—	11.87	29.32	—	—	—	—	—
158	Juli 1886, Morgenm.	„	—	88.73	3.01	—	—	—	—	11.27	24.30	—	—	—	—	—
159	Juli 1886, Abendm.	„	—	87.66	3.92	—	—	—	—	12.32	31.82	—	—	—	—	—
160	August 1886, Morgenm.	„	—	88.39	3.03	—	—	—	—	11.61	26.10	—	—	—	—	—
161	August 1886, Abendm.	„	—	87.07	4.16	—	—	—	—	12.93	32.17	—	—	—	—	—
162	Septemb. 1886, Morgenm.	„	—	88.06	3.37	—	—	—	—	11.94	28.22	—	—	—	—	—
163	Septemb. 1886, Abendm.	„	—	87.05	4.17	—	—	—	—	12.95	30.12	—	—	—	—	—
164	October 1886, Morgenm.	„	—	87.73	3.37	—	—	—	—	12.27	27.47	—	—	—	—	—
165	October 1886, Abendm.	„	—	87.33	3.51	—	—	—	—	12.67	27.70	—	—	—	—	—
166	Mittel, Morgenmilch	„	—	88.45	3.04	—	—	—	—	11.55	26.32	—	—	—	—	—
167	„ Abendmilch	„	—	87.92	3.46	—	—	—	—	12.08	28.65	—	—	—	—	—
168	Stallfütterung, Morgenmilch	„	—	88.45	3.02	—	—	—	—	11.55	26.15	—	—	—	—	—
169	„ Abendmilch	„	—	88.13	3.22	—	—	—	—	11.87	27.13	—	—	—	—	—
170	Weidegang, 20. Mai bis 1. Oct. 1886, Morgm.	„	—	88.42	3.08	—	—	—	—	11.53	26.71	—	—	—	—	—
171	Weidegang, 20. Mai bis 1. Oct. 1886, Abdm.	„	—	87.48	3.93	—	—	—	—	12.52	31.39	—	—	—	—	—
172	Morgenmilch	1885	—	86.82	3.48	—	—	—	—	13.18	26.43	—	—	—	—	—
173	Abendmilch	„	—	86.17	3.56	—	—	—	—	13.83	25.74	—	—	—	—	—
174	Morgenmilch	„	—	84.22	5.12	—	—	—	—	15.78	32.45	—	—	—	—	—
175	Abendmilch	„	—	84.20	4.94	—	—	—	—	15.80	31.27	—	—	—	—	—
176	Morgenmilch	„	—	86.18	4.92	—	—	—	—	13.82	35.59	—	—	—	—	—
177	Abendmilch	„	—	89.78	2.85	—	—	—	—	10.22	27.89	—	—	—	—	—
178	Morgenmilch	„	—	86.90	3.60	—	—	—	—	13.10	27.48	—	—	—	—	—
179	Abendmilch	„	—	87.49	3.30	—	—	—	—	12.51	26.38	—	—	—	—	—
180	Morgenmilch	„	—	88.32	2.42	—	—	—	—	11.68	20.72	—	—	—	—	—
181	Abendmilch	„	—	87.18	3.29	—	—	—	—	12.82	25.66	—	—	—	—	—
182	Morgenmilch	„	—	85.34	5.02	—	—	—	—	14.66	34.24	—	—	—	—	—
183	Abendmilch	„	—	85.11	5.26	—	—	—	—	14.89	35.33	—	—	—	—	—
184	Morgenmilch	„	—	87.18	5.20	—	—	—	—	12.82	40.56	—	—	—	—	—
185	Abendmilch	„	—	86.46	5.94	—	—	—	—	13.54	43.87	—	—	—	—	—
186	Morgenmilch	„	—	84.22	5.58	—	—	—	—	15.78	35.36	—	—	—	—	—
187	Abendmilch	„	—	84.48	5 58	—	—	—	—	15.52	35.95	—	—	—	—	—

milch festgestellt. Die Milch wurde fast täglich auf Reaction, specifisches Gewicht, Trockensubstanz und Fettgehalt untersucht. Die Ergebnisse sind in 5 tägigen Mitteln für das ganze Jahr mitgetheilt. Die Reaction der Milch war fast immer eine amphotere, nur in einigen Fällen zur Zeit der Altmilchperiode eine alkalische. Die Schwankungen im Gehalte der Milch waren nachstehende:

	Morgenmilch: Trockensubstanz	Fett	Spec. Gew.	Abendmilch: Trockensubstanz	Fett	Spec. Gew.
Stallfütterung . . .	10.72—13.22	2.45—4.38	1.0294—1.0359	10.85—13.93	2.54—4.24	1.0293—1.0353
Weidegang	10.68—12.99	2.51—4.03	1.0302—1.0335	11.08—13.61	3.03—4.82	1.0285—1.0330

No. 172—189. F. J. Loyd. — Milchztg. 1887. 630. Milch verschiedener Kühe der Dairy-Show.

Während der Winterfütterung erhielten die Kühe nach dem Kalben 7.5 kg Wiesen-, resp. Kleeheu, 1.0 kg Mengstroh, resp. Haferstroh, 5.0 kg Rüben, 2.5 kg Weizenkleie, 1 kg Baumwollesamenkuchen und 20 g Salz. Es wurde Morgens und Abends gemolken, der zwischen dem Abend- und Morgenmelken liegende Zeitraum war jedoch ein grösserer, als der zwischen dem Morgen- und Abendmelken.

No.	Bezeichnungen und Bemerkungen	Jahr der Untersuchung	Specifisches Gewicht	In der ursprünglichen Substanz: Wasser	Fett	Caseïn	Albumin	Milchzucker	Asche (Salze)	Trockensubstanz	In der Trockensubstanz: Fett	Caseïn	Albumin	Milchzucker	Asche (Salze)	N in der Trockensubstanz
				%	%	%	%	%	%	%	%	%	%	%	%	%
188	Morgemilch	1885	—	87.48	2.96	—	—	—	—	12.52	23.64	—	—	—	—	—
189	Abendmilch	„	—	86.21	4.63	—	—	—	—	13.79	33.58	—	—	—	—	—
		Anz. d. An.														
	Mittel, Morgenmilch*)	157	—	86.70	3.32	3.01	0.62	5.64	0.71	13.30	24.96	22.63	4.66	42.41	5.34	4.37
						3.63						27.29				
	„ Abendmilch*)	157	—	86.47	3.56	3.03	0.62	5.60	0.72	13.53	26.31	22.39	4.58	41.40	5.32	4.31
						3.65						26.97				
	Mittel, Morgenmilch*)	28	—	88.08	3.06	2.85	0.39	4.88	0.74	11.92	25.67	23.91	3.26	40.95	6.21	4.35
						3.24						27.17				
	„ Mittagmilch*)	28	—	87.44	3.87	2.89	0.37	4.68	0.75	12.56	30.81	23.01	2.95	37.26	5.97	4.15
						3.26						25.96				
	„ Abendmilch*)	28	—	87.49	3.62	2.83	0.36	4.99	0.71	12.51	28.94	22.62	2.87	40.89	4.68	4.08
						3.19						25.49				

Kuhmilch, bei zwei- und mehrmaligem Melken.

No.	Bezeichnungen und Bemerkungen	Jahr der Untersuchung	Specifisches Gewicht	Wasser	Fett	Caseïn	Albumin	Milchzucker	Asche (Salze)	Trockensubstanz	Fett	Caseïn	Albumin	Milchzucker	Asche (Salze)	N in der Trockensubstanz
1	Bei dreimaligem Melken 15.35 L. p. Tag: Morgenm. .	1855	—	87.5	4.2	4.6		3.7		12.5	33.60	36.80		29.60		5.89
2	Mittagm. .	„	—	86.8	4.2	5.0		4.0		13.2	31.82	37.88		30.30		6.06
3	Abendm. .	„	—	88.3	3.9	4.0		3.8		11.7	33.33	32.48		34.19		5.20
4	Mittel . .	„	—	87.6	4.1	4.5		3.8		12.4	33.07	36.29		30.65		5.81
5	Bei zweimal. Melken 13.23 L. p. Tag: Morgenm. .	„	—	88.0	3.5	4.3		4.2		12.0	29.17	35.83		35.00		5.73
6	Abendm. .	„	—	87.8	3.5	4.5		4.2		12.2	28.69	36.89		34.43		5.90
7	Mittel . .	„	—	87.9	3.5	4.4		4.2		12.1	28.92	36.37		34.71		5.82
8	Kuh I, bei dreimaligem Melken	1860	—	—	4.42	4.50		4.79	—	—	—	—	—	—	—	—
9	„ „ zweimaligem „	„	—	—	3.23	5.30		4.80	—	—	—	—	—	—	—	—
10	Kuh II, bei dreimaligem Melken	„	—	—	4.00	4.30		4.60	—	—	—	—	—	—	—	—
11	„ „ zweimaligem „	„	—	—	3.23	5.30		4.80	—	—	—	—	—	—	—	—
12	Kuh I, bei dreimaligem Melken: Morgenm. .	1866	—	89.18	2.26	—	—	—	0.62	10.82	20.70	—	—	73.62	5.68	—
13	Mittagm. .	„	—	88.56	2.56	—	—	—	0.61	11.44	22.38	—	—	72.29	5.33	—
14	Abendm. .	„	—	89.08	2.42	—	—	—	0.56	10.92	22.16	—	—	72.71	5.13	—
15	Mittel . .	„	—	88.94	2.42	—	—	—	0.60	11.06	21.88	—	—	72.69	5.43	—
16	Kuh I, bei zweimalig. Melken: Morgenm. .	„	—	88.72	2.48	—	—	—	0.74	11.28	21.99	—	—	71.45	6.56	—
17	Abendm. .	„	—	89.10	2.12	—	—	—	0.67	10.90	19.45	—	—	74.40	6.15	—
18	Mittel . .	„	—	88.91	2.30	—	—	—	0.71	11.09	20.74	—	—	72.86	6.40	—

*) Bei der Mittelwerthsberechnung für die Zusammensetzung der Morgen- und Abendmilch, resp. der Morgen-, Mittag- und Abendmilch sind nur solche Analysen berücksichtigt, bei welchen die Milch von einem und demselben Tage entweder durch 2 maliges (Morgen und Abend) oder durch 3 maliges Melken (Morgen, Mittag und Abend) verwendet wurde. Ausser den vorstehenden sind auch die in Tabelle A und B sowie in Tabelle „Milch unter dem Einfluss der Fütterung bei der Mittelwerthsberechnung“ berücksichtigt.

Kuhmilch, bei zwei- und mehrmaligem Melken.

No. 1—7. Rhode u. Trommer. — Weende'r Jahresber. 1855—56. II. 9. (Eldena'er Archiv 1856. I. 65.) Die Milch stammte von 2 Kühen, welche zuerst 12 Tage lang wie gewöhnlich täglich dreimal, nämlich Morgens zwischen 4 und 5 Uhr, Mittags zwischen 11 u. 12 Uhr und Abends zwischen 7 u. 8 Uhr, — dann zweimal, nämlich Morgens und Abends 6 Uhr gemolken wurden. Am sechsten Tage jeder Periode wurde eine Probe der Milch untersucht.

No. 8—11. Georg May u. Frank. — G. May: Die Rassen, Züchtung, Ernährung und Benutzung des Rindes. München, 1863. II. 433. Zwei Kühe erhielten das gleiche Futter, lediglich gutes Heu, und wurden 8 Tage lang täglich zweimal und 8 weitere Tage hindurch dreimal gemolken. Am Schlusse eines jeden Abschnittes wurde die Milch eines Tages zusammengeschüttet und der Bestimmung von Caseïn, Fett und Milchzucker unterworfen. Methode der Untersuchung ist nicht mitgetheilt. Die Kühe scheinen dem Milchertrag nach am Schlusse einer Lactationsperiode gestanden zu haben. Derselbe betrug bei

	Kuh I	Kuh II
3 maligem Melken . . .	1.42 kg	2.17 kg pro Tag
2 „ „ . . .	0.72 „	1.10 „ „ „

No. 12—25. R. Jones (V.-St. Kuschen). — Ann. d. Landwirthsch. Wochenbl. 1866. 411. Die Milch stammte von 2 Holländer Kühen, von denen No. I Anfang November, No. II Mitte December gekalbt hatte. Das Futter bestand aus Runkeln, Kartoffelschlempe, Gerstenstroh und Rapskuchen. Die Kühe waren bis dahin dreimal gemolken worden, Morgens 5 Uhr, Mittags 12 Uhr und Abends 6 Uhr. Zu den Analysen dienten Milchproben vom 15. Februar (3 maliges Melken) und vom 19. Februar, nachdem 4 Tage hindurch nur zweimal täglich gemolken worden war. Die absoluten Mengen von Trockensubstanz und Fett, welche bei diesen Versuchen von den Kühen geliefert wurden, betrugen:

No.	Bezeichnungen und Bemerkungen	Jahr der Untersuchung	Specifisches Gewicht	In der ursprünglichen Substanz: Wasser %	Fett %	Caseïn %	Albumin %	Milchzucker %	Asche (Salze) %	Trockensubstanz %	In der Trockensubstanz: Fett %	Caseïn %	Albumin %	Milchzucker %	Asche (Salze) %	N in der Trockensubstanz %
19	Kuh II, bei dreimaligem Melken: Morgenm. .	1866	—	89.52	2.27	—	—	7.60	0.61	10.48	21.66	—	—	72.52	5.82	—
20	Mittagm. .	„	—	88.49	2.68	—	—	8.26	0.58	11.51	23.28	—	—	71.68	5.04	—
21	Abendm. .	„	—	88.84	2.86	—	—	7.55	0.74	11.16	25.63	—	—	67.74	6.63	—
22	Mittel . .	„	—	88.95	2.60	—	—	7.80	0.65	11.05	23.53	—	—	70.59	5.88	—
23	Kuh II, bei zweimalig. Melken: Morgenm. .	„	—	89.23	2.29	—	—	7.84	0.64	10.77	21.26	—	—	72.80	5.94	—
24	Abendm. .	„	—	89.27	1.97	—	—	8.07	0.69	10.73	18.36	—	—	75.21	6.43	—
25	Mittel . .	„	—	89.25	2.13	—	—	7.96	0.66	10.75	19.81	—	—	74.05	6.14	—
26	Schwyzer Kuh: bei zweimalig. Melken	?	—	86.14	4.28	3.93		4.96	(0.69)	13.86	30.88	28.35		35.79	4.98	4.55
27	„ dreimalig. „	„	—	86.04	5.37	2.76		5.10	(0.73)	13.96	38.47	19.76		36.54	5.23	3.16
28	„ zweimalig. „	„	—	87.78	4.22	2.48		5.26	(0.26)	12.22	34.52	20.29		43.06	2.13	3.25
29	Holländer Kuh: bei zweimalig. Melken	„	—	86.21	4.10	4.20		4.90	(0.59)	13.79	29.73	30.46		35.53	4.28	4.87
30	„ dreimalig. „	„	—	86.59	4.47	3.07		5.27	(0.60)	13.41	33.33	22.89		39.31	4.47	3.66
31	„ zweimalig. „	„	—	85.88	4.38	4.00		5.03	(0.71)	14.12	31.02	28.33		35.62	5.03	4.53
32	Kuh I, dreimal gemolken .	1883	—	89.09	2.91	—	—	—	—	10.91	26.67	—	—	—	—	—
33	„ zweimal „ .	„	—	89.04	3.04	—	—	—	—	10.96	27.74	—	—	—	—	—
34	„ dreimal „ .	„	—	88.86	3.17	—	—	—	—	11.14	27.56	—	—	—	—	—
35	Kuh II, dreimal gemolken .	„	—	88.80	2.87	—	—	—	—	11.20	25.63	—	—	—	—	—
36	„ zweimal „ .	„	—	88.86	3.07	—	—	—	—	11.14	27.56	—	—	—	—	—
37	„ dreimal „ .	„	—	88.71	3.14	—	—	—	—	11.29	27.81	—	—	—	—	—
	Kuhmilch, gebrochenes Melken.															
	I. Weisse Kuh. (Seit dem letzten Melken verflossene Stunden; Gewicht der Gesammtmilchmenge g)															
1	Anf.	1843	—	90.10	1.8	8.1				9.90	18.18	81.82				—
2	$^{27}/_{10}$ Abd. 7h. 12 4840 End.	„	—	84.15	6.6	9.25				15.85	41.64	58.36				—
3	Anf.	„	—	90.10	6.8	9.1				9.90	8.08	91.92				—
4	$^{31}/_{10}$ Mrg. 7h. 12 4200 End.	„	—	82.18	9.6	8.22				17.82	53.88	46.12				—

		Kuh I: Morgenmilch	Mittagmilch	Abendmilch	Summa	Kuh II: Morgenmilch	Mittagmilch	Abendmilch	Summa
Bei 3maligem Melken	Trockensubstanz	32.98	23.33	21.29	77.60	42.97	30.16	31.81	104.94 Loth
	Fett	6.90	5.22	4.73	16.85	9.32	7.02	8.14	24.48 „
Bei 2maligem Melken	Trockensubstanz	23.60	—	43.03	76.63	45.00	—	56.85	101.85 „
	Fett	7.39	—	8.39	15.78	9.57	—	10.41	19.98 „

Von der gut gemischten Milch wurden 2—3 g in einer flachen Platinschale über einer kleinen Spiritusflamme fast trocken gemacht, dann im Luftbade bei 100° völlig ausgetrocknet. Der gewogene Rückstand wurde zweimal in der Wärme mit Benzin ausgezogen und die letzten Spuren von Fett durch Aether entfernt. In der Regel genügte dazu ein zweimaliges Auswaschen; auch war, da das Milchhäutchen sehr fest an den Wandungen der Platinschale haftete, das Filtriren der Auszüge meistens unnöthig. Der entfettete Rückstand wurde wieder getrocknet, gewogen und schliesslich eingeäschert. Jede Bestimmung ist doppelt ausgeführt worden.

No. 26—31. Lami. — Milchztg. 1879. 666. Aus den Angaben des absoluten Ertrags an Milch in Litern, an Trockensubstanz, Fett, Milchzucker und stickstoffhaltigen Substanzen in kg berechneten wir die procentische Zusammensetzung, die Menge der Salze aus der Differenz. Bei der Umrechnung wurde das specifische Gewicht der Milch zu 1.030 angenommen. Der Ertrag an Milch betrug:

	2mal gemolken	3mal gemolken	2mal gemolken
Schwyzer Kuh . . .	70.90	84.19	88.20 Liter in 10 Tagen
Holländer Kuh . . .	111.41	102.28	87.26 „ „ 10 „

No. 32—37. Schmoeger. — Ber. d. milchwirthsch. Instituts Proskau 1883—84. 10. Zum Versuche dienten 2 Kühe Holländer Rasse, Kuh I ca. 7 Jahr alt, hatte am 20. Juni 1883 gekalbt; Kuh II ca. 7 Jahr alt, hatte am 26. Septemb. gekalbt. Nach vorausgegangener Fütterung mit Schlempe, Trebern und Stroh, erhielten die Thiere vom 19. Novemb. ab täglich und für den Kopf 24 Pfd. Heu und 3 Pfd. Roggenkleie; letztere in dem ad libitum gegebenen Trinkwasser. Bis zum 30. November wurde täglich Morgens 4 Uhr, Mittags 11 Uhr und Abends 6 Uhr gemolken. Vom 1.—14. December wurde zweimal gemolken, Morgens und Abends 6 Uhr; vom 15. December an wieder dreimal. Die Untersuchung der Milch geschah mit der gesammten Tagesmilch. Der Ertrag an Milch war folgender:

Kuh I . . .	9.30	8.87	9.32 kg täglich
„ II . . .	10.93	8.70	9.49 „ „

Kuhmilch, gebrochenes Melken.

No. 1—28. Jules Reiset. — B. Martiny: Die Milch. I. 370. Die Kühe weideten am Tag, Abends kamen sie auf den Stall ohne Futter zu erhalten. Die zu untersuchende Milch wurde in Mengen von je etwa 20 g unmittelbar in die Abdampfschale gemolken, bei 100° C. getrocknet und mit Aether ausgezogen. Die Kühe wurden gewöhnlich Morgens um 6, Mittags um 12 und Abends um 6 Uhr gemolken.

No.	Bezeichnungen und Bemerkungen (Seit dem letzten Melken verflossene Stunden; Gewicht der Gesammtmilchmenge g)	Jahr der Untersuchung	Specifisches Gewicht	In der ursprünglichen Substanz: Wasser %	Fett %	Caseïn %	Albumin %	Milchzucker %	Asche (Salze) %	Trockensubstanz %	In der Trockensubstanz: Fett %	Caseïn %	Albumin %	Milchzucker %	Asche (Salze) %	N in der Trockensubstanz %
5	Anf.	1843	—	89.59	1.07	6.36	—	—	0.71	10.41	10.28	61.09	—	—	6.82	—
6	29/10 Abd. 6 1/2 h. 11 1/2 4570 End.	„	—	78.70	13.20	6.28	—	—	0.80	21.30	61.97	29.48	—	—	3.76	—
7	Anf.	„	—	90.38	1.22	6.34	—	—	0.75	9.62	12.68	65.96	—	—	7.80	—
8	31/10 „ 6 1/2 h. 11 1/2 4100 End.	„	—	80.93	11.20	6.11	—	—	0.74	19.07	59.73	32.04	—	—	3.88	—
9	Anf.	„	—	88.00	3.30	5.88	—	—	0.75	12.00	27.48	49.06	—	—	6.25	—
10	27/10 Mtg. 12h. 5 2695 End.	„	—	78.80	13.10	6.00	—	—	0.84	21.20	61.92	28.73	—	—	4.06	—
11	Anf.	„	—	86.40	5.23		8.37			13.60	38.46		61.54			—
12	1/11 „ 12h. 5 2355 End.	„	—	81.50	10.70		7.80			18.50	57.83		42.17			—
13	Anf.	„	—	82.81	9.70		7.49			17.19	56.99		43.01			—
14	30/10 Abd. 4h. 4 1320 End.	„	—	83.07	8.60		8.33			16.93	50.80		49.20			—
15	Anf.	„	—	84.72	4.90		10.38			15.28	32.07		67.93			—
16	1/11 „ 4h. 4 1240 End.	„	—	85.27	5.10		9.63			14.73	34.62		65.38			—
17	Anf.	„	—	85.40	7.20		7.40			14.60	49.32		50.68			—
18	30/10 „ 6 1/2 h. 2 1/2 425 End.	„	—	86.67	7.10		6.23			13.33	53.26		46.74			—
19	Anf.	„	—	87.16	4.90		7.94			12.84	38.16		61.84			—
20	1/11 „ 6 1/2 h. 2 1/2 430 End.	„	—	86.92	4.30		8.78			13.08	32.87		67.13			—
	II. Rothe Kuh.															
21	Anf.	„	—	88.99	2.20	5.32		—	—	11.01	19.98	48.32		—	—	7.73
22	3/11 Morg. 7h. 12 1/2 4465 End.	„	—	82.37	9.70	6.26		—	—	17.63	55.02	35.51		—	—	5.68
23	Anf.	„	—	86.85	4.30	—		—	—	13.15	32.70	—		—	—	—
24	3/11 Abd. 6 1/2 h. 6 1/2 2210 End.	„	—	82.71	8.80	—		—	—	17.29	50.90	—		—	—	—
25	Anf.	„	—	85.63	5.90	5.92		—	0.77	14.37	41.06	41.20		—	5.36	6.59
26	3/11 Mtg. 12h. 5 2120 End.	„	—	81.07	10.50	6.00		—	0.77	18.93	55.47	31.70		—	4.07	5.07
27	Anf.	„	—	86.80	4.40	6.42		—	0.63	13.20	33.33	48.74		—	4.77	7.80
28	3/11 Abd. 6 1/2 h. 5 2040 End.	„	—	82.50	9.10	5.70		—	0.70	17.50	52.00	32.57		—	4.00	5.21
29	Grünfütterung, Kuh milchend seit 6 Wch.: Erstes Liter . . .	1847	1.0343	89.55	1.40	3.87		5.18	—	10.45	13.40	37.03		49.56	—	5.92
30	Letztes Liter . .	„	1.0264	83.82	7.37	4.09		4.72	—	16.18	45.55	25.28		29.17	—	4.04
31	5 Mon. 6 Wch.: Erste Hälfte . . .	„	1.0340	88.47	1.79	4.12		5.62	—	11.53	15.52	35.73		48.74	—	5.72
32	Letzte Hälfte . .	„	1.0310	86.61	4.36	3.96		5.07	—	13.39	32.56	29.57		37.86	—	4.73
33	6 Wch.: Erstes Liter . . .	1849	1.0310	89.81	0.85	3.64		5.70	—	10.19	8.34	35.72		55.93	—	5.72
34	Letztes Liter . .	„	1.0270	84.95	6.39	3.35		5.31	—	15.05	42.46	22.26		35.28	—	3.56
35	Waldseethaler Rasse, Winterfütterung, Morgenmilch: Erste Milch . . .	1850	1.0345	91.13	1.00		7.87			8.87	11.26		88 74			—
36	Zweite „ . . .	„	1.0335	90.96	1.11		7.93			9.04	12.28		87.72			—
37	Dritte „ . . .	„	1.0326	90.26	1.73		8.01			9.74	17.76		82.24			—
38	Vierte „ . . .	„	1.0321	89.53	2.06		8.41			10.47	19.68		80.32			—
39	Fünfte „ . . .	„	1.0259	84.20	5.20		8.60			15.80	32.91		54.43			—
40	Daraus berechn. Mitt.	„	1.0317	89.21	2.62		8.16			10.79	29.28		75.63			—
41	In den übrigen Gesammtmitteln . .	„	1.0317	89.13	2.60		8.27			10.87	23.92		76.08			—
42	Gesammtm. von 20 Kühen	„	1.0307	87.67	3.00		9.33			12.33	24.33		75.67			—

No. 29—34. Bouchardat u. Quevenne. — B. Martiny: Die Milch. I. 373. (Der Autoren: Du Lait. II. 75.) Die für 1 Liter Milch angegebenen Gehalte wurden von uns auf Gewichtsprocente umgerechnet. Die Kühe gaben zur Zeit der Untersuchung täglich Milch: Kuh 1, 20 L., Kuh 2, 14 L. und Kuh 3, 20 Liter.

No. 35—50. Knobloch(-Schleissheim). — B. Martiny: Die Milch. I. 370. (Centralbl. d. landw. Vereins in Bayern. 40. 1850. 354.) Die Kuh, welcher die untersuchte Milch entnommen, gehörte der Waldseethaler (Walserthaler?) Rasse an, war 10 Jahr alt und hatte zur Zeit der ersten Untersuchung, bei Winterfütterung, vor 42 Tagen gekalbt. Die zweite

No.	Bezeichnungen und Bemerkungen	Jahr der Untersuchung	Specifisches Gewicht	In der ursprünglichen Substanz: Wasser %	Fett %	Caseïn %	Albumin %	Milchzucker %	Asche (Salze) %	Trockensubstanz %	In der Trockensubstanz: Fett %	Caseïn %	Albumin %	Milchzucker %	Asche (Salze) %	N in der Trockensubstanz %
43	Waldseethaler Rasse, Sommer- (Stall-) Fütterung, Morgenmilch: Erste Milch . . .	1850	1.0364	89.80	0.80	9.40				10.20	7.84	92.16				—
44	Zweite „ . . .	„	1.0354	89.10	1.50	9.40				10.90	13.76	86.24				—
45	Dritte „ . . .	„	1.0326	87.46	3.00	9.54				12.54	23.93	76.08				—
46	Vierte „ . . .	„	1.0306	86.20	4.14	9.66				13.80	30.00	70.06				—
47	Fünfte „ . . .	„	1.0291	84.73	5.60	9.67				15.27	36.64	63.36				—
48	Daraus berechnetes Mittel	„	1.0327	87.46	3.00	9.53				12.54	23.93	76.07				—
49	In den übrigen Gesammtmitteln . .	„	1.0326	87.43	3.06	9.51				12.57	24.32	75.56				—
50	Gesammtm. von 20 Kühen	„	1.0322	87.00	3.24	9.76				13.00	24.92	75.08				—
51	Freiburger Kuh: Erste Probe, Milchmenge 398 g	1858	1.0339	89.53	1.70	2.94		5.13	0.70	10.47	16.25	28.11		45.05	6.69	4.50
52	Zweite „ 628 „	„	1.0329	89.25	1.76	3.32		5.14	0.53	10.75	16.37	30.89		47.81	4.93	4.94
53	Dritte „ 1295 „	„	1.0325	89.15	2.10	3.00		5.11	0.64	10.85	19.36	27.65		47.10	5.90	4.42
54	Vierte „ 1390 „	„	1.0320	88.77	2.54	2.99		5.15	0.55	11.23	22.62	26.63		45.86	4.90	3.62
55	Fünfte „ 1565 „	„	1.0312	88.37	3.14	2.81		4.98	0.70	11.63	27.00	24.16		42.82	6.02	3.87
56	Sechste „ 315 „	„	1.0301	87.33	4.08	2.91		4.98	0.70	12.67	32.20	22.97		39.31	5.53	3.68
57	Mittel, 5591 „	„	—	88.73	2.55	3.01		5.08	0.63	11.27	22.63	26.71		45.07	5.59	4.27
58	Morgenmilch, das 1. Quart .	1859	—	91.50	1.49	2.14		4.10	0.71	8.44	17.65	25.35		48.58	8.41	4.06
59	„ „ 2. „ .	„	—	90.11	2.37	2.26		4.50	0.76	9.89	23.96	22.85		45.50	7.68	3.66
60	„ „ 3. „ .	„	—	88.96	4.16	2.06		4.06	0.76	11.03	37.71	18.68		41.70	6.89	2.99
61	„ Durchschnitt .	„	—	90.22	2.67	2.15		4.22	0.74	9.78	27.30	21.98		43.15	7.57	3.52
62	Mittagsmilch, das 1. Quart .	„	—	89.45	2.19	3.37		4.24	0.75	10.55	20.76	31.94		40.19	7.11	5.11
63	„ „ 2. „ .	„	—	85.35	6.50	3.36		4.06	0.73	14.65	44.37	22.94		47.71	4.98	3.67
64	„ Durchschnitt .	„	—	87.40	4.35	4.36		4.15	0.74	12.60	33.53	34.61		32.94	5.87	5.54
65	Abendmilch, das erste $^3/_4$ Quart	„	—	89.18	3.40	2.64		4.03	0.75	10.82	31.42	24.40		37.25	6.93	3.90
66	„ „ zweite $^3/_4$ „	„	—	86.93	5.28	3.10		3.97	0.72	13.07	40.40	33.72		40.37	5.51	5.40
67	„ Durchschnitt . .	„	—	88.05	4.34	1.87		4.00	0.74	11.95	36.32	24.02		33.47	6.19	3.84
68	Von einer ungar. Kuh: Erste Milch	1862	1.0341	89.46	2.56	—	—	—	—	10.54	24.29	—	—	—	—	—
69	Dritte „	„	1.0299	86.23	4.94	—	—	—	—	13.77	35.87	-	—	—	—	—
70	Von 10 Kühen: Erste „	„	—	88.85	2.11	—	—	—	—	11.15	18.92	—	—	—	—	—
71	Zweite „	„	—	87.46	3.70	—	—	—	—	12.54	29.51	—	—	—	—	—

Untersuchung fand 15 Tage später und zwar 14 Tage nach Einführung der Sommer-(Stall-)Fütterung statt. Die Winterfütterung bestand aus 8 Pfund eines Gemisches zu gleichen Theilen von Klee-, Esparsette- und Moosheu, aus 8 Pfd. Haferstroh, 30 Maass Branntweinschlempe (gewonnen aus $^1/_{12}$ Scheffel Kartoffeln), den Trebern aus $^1/_{100}$ Scheffel Malz, $1^1/_2$ Pfd. Kartoffeln und 2 Loth Salz. Die Sommerfütterung bestand aus $104^1/_2$ Pfd. grünem Klee und 2 Loth Salz. Zur Zeit der ersten Untersuchung gab die Kuh täglich 6 Maass, zur Zeit der zweiten nahezu 8 Maass Milch. Zur Untersuchung wurde in beiden Fällen die Morgenmilch verwendet und dabei in möglichst genau abgemessenen Zeitabschnitten während des Melkens die zur Untersuchung erforderliche Menge Milch in fünf besonderen Gefässen aufgefangen; das Uebrige wurde zusammengemolken und ebenfalls untersucht. Das analytische Verfahren ist nicht angegeben; jedenfalls wurde der Caseïngehalt zu hoch (7—8 %), der Milchzuckergehalt (0.8—1.36 %) zu niedrig gefunden. Wir haben deshalb die Gehalte beider Bestandtheile, in denen auch die Salze eingeschlossen, zusammengezogen.

No. 51—57. J. B. Boussingault. — Weende'r Jahresber. 1866—67. 446. (Ann. chim. phys. 1866. IV S. t. 9. 132.) Morgenmilch wurde in 6 verschiedenen Portionen aufgefangen. Die Kuh war mit Heu und Melasse gefüttert worden. Vergl. Milch unter dem Einflusse des Futters.

No. 58—67. H. Hellriegel. — Ann. d. Landw. in Preussen 1859. 33. 356. Die untersuchte Milch wurde von einer Kuh gewonnen, die als Futter nur Kartoffelschlempe mit einem Häckselgemenge von Grummet, Gerstenstroh und Weizenstroh erhielt. Das Thier war 6 Jahr alt und hatte vor 3 Monaten gekalbt.

No. 68—71. J. Moser (Ungar. Altenburg). — B. Martiny: Die Milch. I. 376. (Arenstein's allgem. Land- und Forstw. Zeitung 1862. 873.) Die beiden ersten Proben stammten von 1 Kuh ungarischer Rasse, die am 25. Februar gekalbt hatte und am 10. Mai wieder belegt worden war; am 7. Juli Abends wurde die Milch in 3 Abschnitten ausgemolken und die des ersten und dritten untersucht; gefüttert war die Kuh schon seit längerer Zeit mit Grünmais. Die Proben des zweiten Versuchs stammten von 10 Kühen einer Meierei, die in 2 Abschnitten ausgemolken wurden. Die Menge der ermolkenen Milch betrug:

	1. Abtheilung	2. Abtheilung	3. Abtheilung	Im Ganzen
Bei Kuh 1 . . .	1 Pfd. 8 Loth	3 Pfd. 11 Loth	2 Pfd. 4 Loth	6 Pfd. 23 Loth
„ 10 Kühen . .	53.75 Pfd.	40.34 Pfd.	—	94.09 Pfd.

No.	Bezeichnungen und Bemerkungen	Jahr der Untersuchung	Specifisches Gewicht	In der ursprünglichen Substanz: Wasser %	Fett %	Caseïn %	Albumin %	Milchzucker %	Asche (Salze) %	Trockensubstanz %	In der Trockensubstanz: Fett %	Caseïn %	Albumin %	Milchzucker %	Asche (Salze) %	N in der Trockensubstanz %
72	a.	1886	1.0346	89.77	0.94	—	—	—	—	10.23	9.19	—	—	—	—	—
73	b.	„	1.0338	88.69	2.17	—	—	—	—	11.31	19.19	—	—	—	—	—
74	c.	„	1.0307	86.29	4.33	—	—	—	—	13.71	31.58	—	—	—	—	—
75	Von 1 Jersey-Kuh „Fore milk“ .	1885	—	86.66	3.88	—	—	—	0.85	15.34	29.08	—	—	—	6.35	—
76	Von 1 Jersey-Kuh „Middle“ . .	„	—	84.60	6.74	—	—	—	0.81	15.40	43.77	—	—	—	5.26	—
77	Von 1 Jersey-Kuh „Strippings“ .	„	—	82.87	8.12	—	—	—	0.82	17.13	47.40	—	—	—	4.78	—
		Anz. d. An.														
	Mittel, erste Milch*) bei gebrochenem Melken	7	—	89.84	1.78	2.88		4.81	0.69	10.16	17.52	28.35		47.34	6.79	4.53
	„ zweite „ bei gebrochenem Melken	7	—	88.12	3.34	2.94		4.92	0.68	11.88	28.11	24.75		41.42	5.72	3.96
	„ dritte „ bei gebrochenem Melken	6	—	86.29	4.52	2.59		5.88	0.72	13.71	32.97	18.89		42.89	5.25	3.02

Kuhmilch aus verschiedenen Strichen derselben Kuh.

No.	Bezeichnungen und Bemerkungen (Ertrag Pfd.)	Jahr der Untersuchung	Specifisches Gewicht	Wasser %	Fett %	Caseïn %	Albumin %	Milchzucker %	Asche (Salze) %	Trockensubstanz %	Fett %	Caseïn %	Albumin %	Milchzucker %	Asche (Salze) %	N in der Trockensubstanz %
1	Ayrshire-Kuh, 11 Jahre alt, Abendmilch: Rechter vorderer Str. 2	1876	1.025	85.16	4.48	5.59	4.09	—	0.68	14.84	30.19	37.67	27.56	—	4.58	—
2	Linker vorderer Str. $1^1/_4$	„	1.024	86.20	6.58	4.43	2.18	—	0.61	13.80	47.76	32.10	15.80	—	4.42	—
3	Rechter hinterer Str. $1^1/_2$	„	1.026	86.51	5.00	4.39	3.44	—	0.66	13.49	37.06	32.54	25.50	—	4.89	—
4	Linker hinterer Str. $1^1/_4$	„	1.028	85.70	5.59	3.84	4.20	—	0.67	14.30	39.09	26.85	29.37	—	4.69	—
5	Ayrshire Ferse, $2^1/_2$ Jahr alt, Abendmilch: Rechter vorderer Str. $1^3/_8$	„	1.032	88.66	3.53	3.32	4.90	—	0.59	11.34	31.13	20.46	43.21	—	5.21	—
6	Linker vorderer Str. $1^3/_8$	„	1.031	88.01	3.42	3.00	5.00	—	0.57	11.99	28.52	25.02	41.70	—	4.75	—
7	Rechter hinterer Str. $1^1/_2$	„	1.0306	88.33	3.61	2.73	4.72	—	0.61	11.67	30.93	23.39	40.45	—	5.23	—
8	Linker hinterer Str. $1^5/_8$	„	1.0315	88.87	3.48	2.13	4.88	—	0.64	11.13	31.27	19.14	42.85	—	5.75	—

Kuhmilch, gebrochenes Melken und aus verschiedenen Zitzen.

No.	Bezeichnungen und Bemerkungen (Milchmenge)	Jahr der Untersuchung	Specifisches Gewicht	Wasser %	Fett %	Caseïn % (In 100 ccm)	Albumin %	Milchzucker %	Asche (Salze) %	Trockensubstanz %	Fett %	Caseïn %	Albumin %	Milchzucker %	Asche (Salze) %	N in der Trockensubstanz %
1	Vordere Zitzen 575 ccm	1881	—	92.14	1.63	3.20		5.49	0.73	11.06	14.74	28.93		49.64	6.62	4.55
2	„ „ 1090 „	„	—	90.29	3.70	3.10		5.32	0.69	12.81	28.88	24.20		42.53	5.39	3.87
3	„ „ 1060 „	„	—	89.31	4.92	2.88		5.11	0.68	13.59	36.21	21.19		37.60	5.00	3.39
4	Hintere „ 890 „	„	—	91.18	2.77	3.13		5.36	0.66	11.92	23.24	26.26		44.96	5.54	4.20
5	„ „ 980 „	„	—	89.95	4.29	2.98		5.00	0.68	12.95	33.20	23.07		38.70	5.26	3.69
6	„ „ 890 „	„	—	87.95	5.63	2.96		5.19	0.67	14.45	38.96	20.48		35.91	4.64	3.28
7	Kreuzweise 1100 „	„	—	87.95	5.66	3.01		5.00	0.69	14.35	39.44	20.98		34.85	4.81	3.36
8	„ 320 „	„	—	83.91	10.00	2.76		4.68	0.64	18.10	52.25	16.08		27.26	3.73	2.57

No. 72—74. A. Klinger. — Repert. d. analyt. Chem. 1886. 551. Die Milch war aus einer Milchkuranstalt.
No. 75—77. Ch. Harrington. — 6. Ann. Rep. State Board of Health of Massachusetts. Boston, 1885. 189.
*) Für die Mittel bei gebrochenem Melken sind nur die Analysen von No. 35—71 berücksichtigt und nur 3 Abstufungen gewählt; wo die Milch in 5 Portionen ermolken wurde, ist No. 1 u. 2 als erste, No. 3 u. 4 als zweite Milch, wo 6mal gemolken wurde, sind No. 1 u. 2 als erste, No. 3 u. 4 als zweite und No. 4 u. 6 als dritte Milch gewählt.

Kuhmilch aus verschiedenen Strichen derselben Kuh.
No. 1—8. S. P. Scharpless (Boston). — Milchzeitung 1877. 215. (National. Live-Stock-Journ., März 1877.) Die Kuh erhielt auf der Weide als Beifutter Korn und sechs Quart Kleie. Der Ertrag der Abendmelkung vom 6. August betrug 6 Pfd. Die Ferse wurde auf dem Stalle mit Korn, Heu und Futtermehl gefüttert. Der Ertrag der Abendmelkung vom 19. November betrug $5^5/_8$ Pfd.

Kuhmilch, gebrochenes Melken und aus verschiedenen Zitzen.
No. 1—8. Franz Hofmann. — Jahresber. für Thier-Chemie 1882. 177. (Akadem. Gedächtnissschrift, Leipzig 1881.) Nach Elimination des Fettes ergiebt sich eine fast übereinstimmende Zusammensetzung der fettfreien Milch.

Kuhmilch. Schwankungen in der Zusammensetzung der Milch ein und derselben Kuh.

No.	Bezeichnungen und Bemerkungen	Datum 1879	Milchertrag kg	Specifisches Gewicht	Wasser %	Fett %	Trockensubstanz %	Fett in der Trockensubstanz %
	Kuh I.	Nov.						
1	Fütterung unregelmässig, Marschheu, 1 Pfd. Commisbrod und bisweilen Buttermilch	6		1.0269	87.82	4.43	12.18	36.37
2		7		1.0263	87.32	4.96	12.68	39.12
3		8		1.0274	87.32	4.85	12.68	38.25
4		10		1.0284	88.05	4.03	11.95	33.72
5		11		1.0283	87.67	4.27	12.33	34.63
6		13		1.0276	87.67	4.31	12.33	34.95
7		14		1.0284	88.17	3.94	11.83	33.30
8		17		1.0278	87.05	4.83	12.95	37.30
9		18		1.0287	87.42	4.34	12.58	34.50
10		19		1.0284	87.92	4.10	12.08	33.94
11		20		1.0297	85.75	5.44	14.25	38.09
12		21		1.0281	86.80	4.96	13.20	37.58
13		22		1.0292	87.42	4.26	12.58	33.86
	Kuh II.							
14	Futter: Marschheu und 1 Pfd. Commisbrod	26		1.0276	88.42	3.70	11.58	31.95
15		27		1.0292	88.55	3.35	11.45	29.26
16		28		1.0289	88.42	3.45	11.58	29.79
17		29		1.0284	89.04	3.19	10.96	29.11
		Dec.						
18		1		1.0283	88.55	3.58	11.45	31.27
19		2		1.0292	88.42	3.45	11.58	29.79
20		3		1.0289	88.55	3.40	11.45	29.70
21		4		1.0311	88.66	2.90	11.34	25.57
22		5		1.0285	88.17	3.73	11.83	31.53
	Altmilchende Kühe, Angler Rasse, bei Weidegang:							
23	Kuh I	$^{5}/_{9}$ Morg.	2.0	1.0343	85.69	4.50	14.31	31.45
24		$^{5}/_{9}$ Abds.	1.9	1.0346	85.48	4.74	14.52	32.64
25		$^{9}/_{9}$ Morg.	1.7	1.0343	85.85	5.55	14.15	39.22
26		$^{9}/_{9}$ Abds.	2.0	1.0340	85.09	5.79	14.91	38.94
27	Kuh II	$^{5}/_{9}$ Morg.	2.5	1.0343	85.81	4.45	14.19	31.36
28		$^{5}/_{9}$ Abds.	2.5	1.0336	85.88	4.76	14.12	33.71
29		$^{9}/_{9}$ Morg.	2.4	1.0333	84.94	5.10	15.06	33.86
30		$^{9}/_{9}$ Abds.	1.9	1.0327	84.82	5.60	15.18	36.89
31	Kuh III	$^{5}/_{9}$ Morg.	3.5	1.0323	89.92	2.29	10.08	22.72
32		$^{5}/_{9}$ Abds.	4.2	1.0304	86.61	5.14	13.39	38.38
33		$^{9}/_{9}$ Morg.	3.7	1.0312	89.02	2.83	10.98	25.78
34		$^{9}/_{9}$ Abds.	3.6	1.0309	86.95	4.25	13.05	32.64
35	Kuh IV	$^{5}/_{9}$ Morg.	0.6	1.0343	85.92	4.26	14.08	30.25
36		$^{5}/_{9}$ Abds.	0.7	1.0325	85.47	5.12	14.53	35.22
37		$^{9}/_{9}$ Morg.	0.4	1.0333	86.07	4.47	13.93	32.09
38		$^{9}/_{9}$ Abds.	0.6	1.0330	85.25	5.62	14.75	38.10
39	Kuh V	$^{5}/_{9}$ Morg.	0.9	1.0312	86.56	4.96	13.44	36.91
40		$^{5}/_{9}$ Abds.	1.1	1.0304	85.18	5.62	14.82	37.92
41		$^{9}/_{9}$ Morg.	0.5	1.0271	85.82	5.92	14.18	41.75
42		$^{9}/_{9}$ Abds	0.6	1.0330	85.67	4.47	14.33	31.19
43	Kuh VI	$^{5}/_{9}$ Morg.	0.8	1.0333	87.78	3.32	12.22	27.17
44		$^{5}/_{9}$ Abds.	1.4	1.0314	86.26	5.31	13.74	38.65
45		$^{9}/_{9}$ Morg.	0.8	1.0323	88.05	2.99	11.95	25.02
46		$^{9}/_{9}$ Abds.	1.2	1.0334	87.48	3.50	12.52	27.95
47	Kuh VII	$^{5}/_{9}$ Morg.	1.1	1.0353	85.94	4.22	14.06	30.01
48		$^{5}/_{9}$ Abds.	1.1	1.0346	85.45	4.64	14.55	31.88
49		$^{9}/_{9}$ Morg.	0.9	1.0333	83.79	5.72	16.21	35.29
50		$^{9}/_{9}$ Abds.	0.7	1.0330	85.01	4.63	14.99	30.89
51	Kuh VIII	$^{5}/_{9}$ Morg.	3.2	1.0323	87.34	3.73	12.66	29.46
52		$^{5}/_{9}$ Abds.	4.3	1.0314	86.84	4.67	13.16	35.49
53		$^{9}/_{9}$ Morg.	5.2	1.0323	86.84	3.40	13.16	25.84
54		$^{9}/_{9}$ Abds.	4.4	1.0320	86.83	4.34	13.17	32.95
	Frischmilchende Angler Kühe bei Stallfütterung:							
55	Kuh V	$^{4}/_{11}$ Morg.	7.0	1.0340	87.67	3.01	12.33	24.41
56		$^{4}/_{11}$ Abds.	6.9	1.0340	87.77	2.83	12.23	23.14
57		$^{5}/_{11}$ Morg.	6.9	1.0330	87.97	3.19	12.03	26.52
58		$^{12}/_{11}$ Morg.	8.0	1.0316	88.60	3.02	11.40	26.49
59		$^{12}/_{11}$ Abds.	8.4	1.0338	88.30	2.89	11.70	24.70
60		$^{13}/_{11}$ Morg.	8.0	1.0320	88.40	3.66	11.60	31.55
61		$^{18}/_{11}$ Abds.	7.9	1.0333	88.23	3.03	11.77	25.74
62		$^{19}/_{11}$ Morg.	8.2	1.0318	89.05	2.80	10.95	25.57
63		$^{2}/_{12}$ Abds.	7.6	1.0327	88.65	2.93	11.35	25.30
64		$^{3}/_{12}$ Morg.	8.4	1.0315	88.81	3.09	11.19	27.62

Kuhmilch. Schwankungen in der Zusammensetzung der Milch ein und derselben Kuh.

No. 1—22. E. v. Borries (V.-St. Oldenburg). — Milchzeitung 1880. 185. Die Kühe, von welchen die untersuchte Milch stammte, gehörten dem Oldenburger Geest-Schlage an; Kuh I war etwa 6 Jahre alt, hatte 4 Kälber gehabt und hatte am 20. September zuletzt gekalbt; Kuh II war etwa 4 Jahre alt, hatte 2 Kälber gehabt, von denen das letzte Mitte October geboren worden war. Zur Untersuchung wurde stets die Mittagmilch verwendet, deren Ermelken stets ein vollständiges war. Zur Fettbestimmung wurden je 2 Proben von 10 ccm mit 20 g Gyps eingedampft, und wurde die eine der Proben nach Szornbatty, die andere nach von Fleischmann in seinem Werke (das Molkereiwesen 197) angegebenen Weise extrahirt. Der Trockensubstanzgehalt wurde mittelst der Behrend-Morgen'schen Tabellen berechnet. Verf. glaubt die grösseren Schwankungen im Gehalte der Milch von Kuh I mit der unregelmässigen Fütterung mit Buttermilch in Beziehung bringen zu sollen.

No. 23—87. Ph. du Roi u. W. Kirchner. — Milchzeitung. 8. 1879. 630. Die ausgeführten Bestimmungen sollten darthun, welchen Schwankungen die Milch einzelner Kühe von einer Melkung zur anderen hinsichtlich ihres spec. Gewichtes und Gehaltes an Trockensubstanz und Fett unterworfen ist.

No.	Bezeichnungen und Bemerkungen Datum 1879	Milchertrag kg	Specifisches Gewicht	Wasser %	Fett %	Trockensubstanz %	Fett in der Trockensubstanz %
65	Kuh V, 17/12 Abds.	7.3	1.0312	88.78	2.77	11.22	24.69
66	18/12 Morg.	7.5	1.0315	89.36	2.64	10.64	24.81
67	Kuh IX 12/11 Morg.	7.5	1.0335	86.42	4.34	13.56	32.01
68	Kuh IX 12/11 Abds.	7.3	1.0350	86.05	4.50	13.95	32.26
69	13/11 Morg.	8.0	1.0330	86.68	4.08	13.32	30.63
70	18/11 Abds.	7.2	1.0333	86.67	4.32	13.33	32.41
71	19/11 Morg.	7.6	1.0355	87.34	3.92	12.66	30.96
72	2/12 Abds.	7.3	1.0327	87.28	3.94	12.72	30.98
73	3/12 Morg.	7.9	1.0310	87.79	3.82	12.21	31.28
74	17/12 Abds.	7.4	1.0325	88.06	3.95	11.94	33.07
75	18/12 Morg.	7.4	1.0310	88.19	3.42	11.81	28.96
76	Kuh IV, 18/11 Abd.	7.0	1.0360	86.04	4.14	13.96	29.65
77	19/11 Morg.	7.3	1.0346	86.54	3.97	13.46	29.49
78	2/12 Abds.	6.6	1.0322	86.83	4.51	13.17	34.24
79	3/12 Morg.	6.0	1.0323	88.48	2.98	11.52	25.87
80	17/12 Abds.	6.2	1.0327	88.23	3.16	11.77	26.85
81	18/12 Morg.	6.8	1.0320	85.56	2.46	14.44	17.04
82	Kuh I, 2/12 Abds.	7.2	1.0363	86.88	3.20	13.12	24.39
83	3/12 Morg.	8.2	1.0340	86.92	3.51	13.08	26.83
84	17/12 Abds.	7.1	1.0336	87.32	3.61	12.68	28.47
85	18/12 Morg.	7.6	1.0334	87.92	3.06	12.08	25.33
86	Kuh VI, 17/12 Abd.	6.8	1.0333	88.69	2.35	11.31	20.78
87	18/12 Morg.	7.2	1.0318	88.38	3.11	11.62	26.76
	Angler Rasse 1883:						
88			1.0321	89.63	2.35	10.37	22.66
89			1.0314	89.03	2.86	10.97	26.07
90			1.0323	87.89	3.36	12.11	27.75
91			—	89.82	2.47	10.18	24.26
92			1.0342	87.27	3.68	12.73	28.91
93	Kuh I		1.0334	88.70	2.78	11.30	24.60
94			1.0342	87.73	3.16	12.27	25.75
95			1.0342	88.40	2.89	11.60	24.91
96			1.0319	88.82	2.70	11.18	24.15
97			1.0325	88.06	3.02	11.94	25.29
98			1.0346	88.19	2.93	11.81	24.81
99			1.0386	87.36	3.16	12.64	25.00
100			1.0337	87.44	2.77	12.56	22.05
101			1.0308	87.74	3.93	12.26	32.06
102			1.0321	88.73	2.72	11.27	24.13
103			—	88.57	—	11.43	—
104	Kuh II		1.0319	87.81	3.09	12.19	25.35
105			1.0321	89.03	2.74	10.97	24.98
106			1.0350	88.16	2.60	11.84	21.91
107			1.0330	89.12	2.47	10.88	22.70
108			1.0329	88.69	2.78	11.31	34.58

No.	Bezeichnungen und Bemerkungen	Specifisches Gewicht	Wasser %	Fett %	Trockensubstanz %	Fett in der Trockensubstanz %
109		1.0334	87.79	3.01	12.21	24.65
110	Kuh II	1.0349	87.31	3.47	12.69	27.34
111		1.0351	87.87	3.17	12.13	26.13
112		1.0332	88.97	2.57	11.03	23.30
113		1.0330	88.48	2.84	11.52	24.65
114		1.0335	88.30	2.74	11.70	23.42
115		—	88.99	2.90	11.01	26.34
116		1.0333	88.46	2.98	11.54	25.82
117		1.0346	88.57	2.70	11.43	23.62
118	Kuh III	1.0335	87.72	3.22	12.28	26.22
119		1.0333	88.78	2.61	11.22	23.26
120		1.0335	88.76	2.67	11.24	23.75
121		1.0321	87.98	3.18	12.02	26.46
122		1.0346	88.28	2.73	11.72	23.29
123		1.0351	87.49	3.21	12.51	25.66
124		1.0359	87.93	2.91	12.07	24.11
125		1.0331	88.36	2.87	11.64	24.66
126		1.0331	88.55	2.76	11.45	24.10
127		1.0332	88.09	3.26	11.91	27.37
128		—	89.54	2.60	10.46	24.85
129		1.0335	88.31	2.97	11.69	25.41
130	Kuh IV	1.0342	88.25	3.01	11.75	25.62
131		1.0341	87.48	3.27	12.52	26.12
132		1.0331	87.51	3.68	12.49	29.46
133		1.0340	88.18	2.90	11.82	24.53
134		1.0314	88.14	2.89	11.86	24.37
135		1.0335	87.65	3.20	12.35	25.91
136		1.0351	86.27	4.21	13.73	30.66
137		1.0335	89.29	2.40	10.71	22.41
138		1.0326	88.82	2.55	11.18	22.81
139		1.0324	88.97	2.59	11.03	23.48
140		—	88.90	3.00	11.10	27.03
141	Kuh V	1.0335	88.06	3.23	11.94	27.05
142		1.0358	88.44	2.67	11.56	23.10
143		1.0343	88.09	2.83	11.91	23.76
144		1.0325	88.08	3.19	11.92	26.76
145		1.0334	87.91	3.21	12.09	26.55
146		1.0346	87.75	3.04	12.25	24.08
147		1.0340	87.86	3.14	12.14	25.86
148		1.0340	87.95	3.00	12.05	24.90
149	Kuh VI	1.0341	88.13	2.98	11.87	25.11
150		—	87.88	3.46	12.12	28.55
151		1.0321	86.52	4.93	13.48	36.65
152		1.0357	87.89	2.91	12.11	24.03

No. 88—152. H. Hansen (Milchw. V.-St. Kiel). — Forschungen auf dem Gebiete der Viehhaltung. 16. Hft. 394. Die Untersuchungen beziehen sich auf die Tagesmilch einzelner Angler Kühe und erfolgte die Untersuchung regelmässig von 5 zu 5 Tagen. Die Kühe erhielten während dieser ganzen Zeit ein sich durchaus gleichbleibendes Futter und waren auch sonst in Pflege und Wartung keinen Veränderungen unterworfen. Die untersuchte Milch wurde in den Monaten Juni und Juli d. J. 1883 ermolken, zu welcher Zeit die Thiere reichliche und kräftige Stallfütterung (trocken) erhielten.

Kuhmilch. Schwankungen in der Zusammensetzung der Milch ganzer Herden.

No.	Bezeichnungen und Bemerkungen	Jahr der Untersuchung	Morgenmilch: Speciflsches Gewicht	Morgenmilch: Wasser %	Morgenmilch: Fett %	Morgenmilch: Fett in der Trockensubstanz %	Abendmilch: Speciflsches Gewicht	Abendmilch: Wasser %	Abendmilch: Fett %	Abendmilch: Fett in der Trockensubstanz %
1	Proskauer Herde, 45 Kühe Holländer Rasse: 21. October	1878	1.0311	89.59	2.09	20.08	1.0317	88.50	2.96	25.74
2	22. „	„	1.0305	89.54	2.50	23.90	1.0306	87.67	3.68	29.84
3	23. „	„	1.0307	89.56	2.36	22.61	1.0304	88.82	3.35	29.96
4	24. „	„	1.0313	89.62	2.19	21.09	1.0310	88.62	3.19	28.03
5	25. „	„	1.0315	89.04	2.59	23.63	1.0304	88.48	3.38	29.34
6	26. „	„	1.0308	89.74	2.24	21.83	1.0302	88.80	2.90	25.89
	Radener Herde: Milchmenge pro Stück in kg — Morgen, Abend									
7	1. Mai, Stallfütterung 3.58 3.83	1880	—	—	3.129	—	—	—	2.924	—
8	10. „ „ 3.93 4.01	„	—	—	3.084	—	—	—	2.982	—
9	20. „ „ 3.74 3.91	„	—	—	3.121	—	—	—	2.955	—
10	24. „ „ 3.95 4.08	„	—	—	3.052	—	—	—	2.969	—
11	26. „ „ 3.87 4.10	„	—	—	2.981	—	—	—	2.922	—
12	27. „ Weidegang 3.83 2.77	„	—	—	—	—	—	—	2.481	—
13	28. „ „ 3.12 3.52	„	—	—	3.655	—	—	—	3.893	—
14	29. „ „ 3.45 3.78	„	—	—	4.001	—	—	—	3.515	—
15	30. „ „ 3.79 4.33	„	—	—	3.627	—	—	—	3.234	—
16	31. „ „ 4.17 4.58	„	—	—	3.626	—	—	—	3.218	—
17	1. Juni „ 4.39 4.76	„	—	—	3.332	—	—	—	3.286	—
18	2. „ „ 4.60 4.67	„	—	—	3.531	—	—	—	3.091	—
19	7. „ „ 4.67 4.54	„	—	—	3.395	—	—	—	3.166	—
20	15. „ „ 4.45 4.44	„	—	—	3.279	—	—	—	3.332	—
21	21. „ „ 4.35 4.59	„	—	—	3.057	—	—	—	3.010	—
22	28. „ „ 4.23 4.33	„	—	—	3.002	—	—	—	2.932	—

Kuhmilch. Schwankungen in der Zusammensetzung der Milch ganzer Herden.

No. 1—6. Friedländer, Schrodt, Schmoeger. — Forschungen auf dem Gebiete der Viehhaltung. 8. 1880. 372.
No. 7—22. W. Fleischmann. — Bericht der Milchwirthschaftl. V.-St. Raden 1880. 26. Die Zahlen thun gleichzeitig den Einfluss dar, den die Aenderung in der Haltung der Kühe auf die durchschnittlich pro Stück ausgeschiedene Milchmenge, sowie auf den procentischen Fettgehalt der Milch ausübte. Die Radener Viehherde wurde am 27. Mai 1880 Morgens auf die Standkoppeln gebracht.

Schwankungen in der Zusammensetzung der Milch ganzer Herden in den einzelnen Wochen und Monaten des Jahres.

No.	Bezeichnungen und Bemerkungen	Woche des Jahres 1885	Milchmenge von allen Kühen kg	Milchmenge von einer Kuh kg	Specifisches Gewicht	Wasser %	Fett %	No.	Woche des Jahres 1885	Milchmenge von allen Kühen kg	Milchmenge von einer Kuh kg	Specifisches Gewicht	Wasser %	Fett %
1	Milch der Radener Herde von 103 Stück Milchvieh (Kreuzungsproduct des Mecklenburger Landschlages mit Angler und Wilstermarschvieh); das mittlere Lebendgewicht der Kühe betrug 478.8 kg, die Milchmenge pro Haupt und Jahr 2065.8 kg, also das Vierfache des lebenden Gewichtes. Während der Stallfütterung zu Anfang des Jahres, 1. bis 6. Januar, erhielten die Kühe 20 Pfd. Runkelrüben, von da bis zum 30 März 20 Pfd. Zuckerrüben, dazu 6 Pfd. Kleeheu, 2 Pfd. Erdnusskuchen und Haferstroh nach Bedarf; nach dem 30. März statt der Rüben 2 Pfd. Roggenschrot. Vom 27. Mai bis 7. October gingen die Kühe auf die Weide; vom 7. October bis 31. December bestand die Fütterung aus 9 Pfd. Kleeheu, 6 Pfd. Wiesenheu, 20 Pfd. Runkelrüben, 2 Pfd. Erdnusskuchen und Haferstroh nach Bedarf.	1	553.5	7.0946	1.0311	88.29	3.02	27	27	664.5	6.389	1.0312	88.05	3.20
2		2	629.0	8.064	1.0309	88.39	3.06	28	28	606.5	5.832	1.0310	88.25	3.12
3		3	659.0	7.845	1.0314	88.07	3.32	29	29	575.0	5.529	1.0307	88.19	3.23
4		4	652.0	7.762	1.0308	88.07	3.15	30	30	668.0	6.614	1.0314	87.66	3.43
5		5	643.5	6.919	1.0312	88.22	3.18	31	31	709.0	7.020	1.0311	88.12	3.18
6		6	653.0	6.802	1.0315	88.11	3.14	32	32	666.0	6.594	1.0311	88.12	3.16
7		7	673.0	7.315	1.0312	88.11	3.15	33	33	648.0	6.416	1.0314	88.16	3.19
8		8	697.5	7.266	1.0309	88.25	3.12	34	34	620.0	6.139	1.0310	88.08	3.22
9		9	704.0	7.333	1.0315	88.18	3.14	35	35	456.0	4.560	1.0307	87.75	3.61
10		10	680.5	6.944	1.0318	88.08	3.07	36	36	393.5	4.015	1.0306	87.86	3.56
11		11	690.5	7.046	1.0312	88.22	3.09	37	37	372.5	3.801	1.0309	87.76	3.52
12		12	702.5	6.820	1.0314	88.55	2.82	38	38	389.5	3.923	1.0314	87.51	3.73
13		13	710.5	6.966	1.0307	88.30	3.12	39	39	353.5	3.607	1.0307	87.78	3.56
14		14	697.5	6.838	1.0306	88.35	3.09	40	40	329.5	3.362	1.0308	87.61	3.65
15		15	708.0	6.617	1.0311	88.23	3.14	41	41	254.0	2.919	1.0309	87.41	3.89
16		16	769.5	7.259	1.0308	88.30	3.11	42	42	225.5	2.592	1.0313	87.58	3.61
17		17	792.5	7.476	1.0310	88.20	3.19	43	43	228.0	3.257	1.0313	87.86	3.32
18		18	746.5	7.042	1.0304	88.24	3.25	44	44	196.0	2.970	1.0312	87.69	3.45
19		19	747.0	7.047	1.0305	88.30	3.20	45	45	281.5	3.704	1.0323	82.52	3.47
20		20	703.5	6.637	1.0307	88.57	2.99	46	46	378.0	4.725	1.0324	87.58	3.36
21		21	614.5	5.852	1.0308	88.57	2.91	47	47	428.5	5.638	1.0323	87.90	3.19
22		22	537.5	5.119	1.0310	87.63	3.59	48	48	457.5	5.865	1.0318	88.06	3.15
23		23	834.0	8.019	1.0316	88.02	3.25	49	49	466.5	6.664	1.0317	88.19	3.14
24		24	778.5	7.485	1.0310	88.11	3.15	50	50	489.0	8.016	1.0316	88.02	3.04
25		25	758.5	7.293	1.0313	88.13	3.21	51	51	520.0	8.525	1.0315	88.32	3.03
26		26	721.0	6.932	1.0312	88.21	3.18	52	52	527.0	8.108	1.0318	88.27	3.01
	Mittel bei Stallhaltung vom 1. Januar bis 27. Mai										7.093	1.0310	88.27	3.11
	„ bei Weidegang vom 27. Mai bis 7. October										5.579	1.0311	87.92	3.38
	„ bei Stallhaltung vom 7. October bis 31. December										5.460	1.0317	87.93	3.25
	„ vom ganzen Jahre										6.165	1.0312	88.07	3.24

Schwankungen in der Zusammensetzung der Milch ganzer Herden in den einzelnen Wochen und Monaten des Jahres.

No. 1—52. W. Fleischmann: Bericht der Milchw. V.-St. Raden pro 1885. S. 13.

No.	Bezeichnungen und Bemerkungen	Monat des Jahres 1886	Specifisches Gewicht*)	Wasser %	Fett*) %	No.	Monat des Jahres 1886	Specifisches Gewicht	Wasser %	Fett %
53	Im Mittel von im Ganzen 17269 untersuchten Milchproben des Londoner Marktes, von denen 12181 mit der Eisenbahn ankamen, bei deren Ankunft im Geschäft entnommen	Januar	1.0322	87.13	3.77	59	Juli	1.0318	87.33	3.69
54		Februar	1.0322	87.17	3.73	60	August	1.0319	87.23	3.74
55		März	1.0323	87.22	3.69	61	September	1.0321	87.02	3.89
56		April	1.0321	87.25	3.70	62	October	1.0321	86.44	4.11
57		Mai	1.0323	87.20	3.71	63	November	1.0322	86.68	4.14
58		Juni	1.0322	87.22	3.70	64	December	1.0324	86.73	4.06
							Jahresdurchschnitt . . .	1.0322	87.08	3.83

(Vergleiche auch weiter in Tabelle B. Anm. Seite 768.)

Kuhmilch, unter dem Einfluss sexueller Erregung.

No.	Bezeichnungen und Bemerkungen	Jahr der Untersuchung	Specifisches Gewicht	In der ursprünglichen Substanz							In der Trockensubstanz					
				Wasser %	Fett %	Caseïn %	Albumin %	Milchzucker %	Asche (Salze) %	Trockensubstanz %	Fett %	Caseïn %	Albumin %	Milchzucker %	Asche (Salze) %	N in der Trockensubstanz %
	Von rindrigen Kühen.															
1	Morgenmilch, 2. November .	1873	1.0335	—	5.33	—	—	5.44	—	—	—	—	—	—	—	—
2	„ von derselben, 5. November	„	1.0346	—	5.33	—	—	5.68	—	—	—	—	—	—	—	—
3	Morgenm. von einer anderen, 6. December	„	1.0321	—	4.67	—	—	—	—	—	—	—	—	—	—	—
4	Morgenm. von einer anderen, 8. Januar 1874	1874	1.0332	—	5.67	—	—	5.95	—	—	—	—	—	—	—	—
5	Morgenmilch von derselben, 9. Januar 1874	„	1.0331	—	5.13	—	—	5.88	—	—	—	—	—	—	—	—
6	Morgenmilch von derselben, 10. Januar 1874 . . .	„	1.0329	—	5.75	—	—	5.92	—	—	—	—	—	—	—	—
7	Morgenmilch von derselben, 11. Januar 1874 . . .	„	1.0333	—	5.13	—	—	—	—	—	—	—	—	—	—	—
8	Milch v. Kühen in regelmässig wiederkehrender Brunstzeit	1884	1.0341	85.30	4.45	—	—	—	—	14.70	30.27	—	—	—	—	—
9	Desgl.	„	1.0333	—	4.15	—	—	—	—	—	—	—	—	—	—	—
10	Milch von 1 Kuh mit fortdauernder Brunst (Nymphomanie)	„	1.0383	85.22	3.80	5.72		4.50	0.78	14.78	25.71	38.70		30.65	5.28	6.19

No. 53—64. P. Vieth. — Nach dem Bericht der Aylesbury-Dairy-Compagnie in London (eines den deutschen städtischen Molkereien entsprechenden Milchgeschäftes) in der Milchzeitung 1887. S. 106 Das spec. Gewicht der Milch fiel während des Jahres nie unter 1.030 und überstieg mitunter, allerdings selten, 1.034; letzteres wurde alsdann nicht durch niedrigen Fettgehalt sondern durch einen verhältnissmässig hohen Gehalt an fettfreier Trockensubstanz bedingt.

Das Fett ist bei den gewöhnlichen Controlproben auf Grund der für spec. Gewicht und Trockensubstanz gefundenen Zahlen mit Hülfe der Fleischmann'schen Formel (f = Fett $= 0.833 - 2.22\,\frac{100\,s - 100}{s}$ wobei s = spec. Gewicht der Milch) berechnet; in anderen Fällen wird das Fett durch Eintrocknen der Milch mit Gyps und Extrahiren mit Aether bestimmt.

Kuhmilch, unter dem Einfluss sexueller Erregung.
No. 1—7. G. Schroeder. — Milchzeitung 1874. 1128. (Fett vermuthlich galactoskopisch bestimmt.)
No. 8—10. F. Schaffer. — Milchzeitung 1885. 151. (Mittheilungen der naturforschenden Gesellschaft in Bern 1884.) Die Milch unter No. 10 zeigte die Eigenschaft, dass sie auch nach mehrtägigem Stehen bei 10—15° C. nicht aufrahmte.

No.	Bezeichnungen und Bemerkungen	Jahr der Untersuchung	Specifisches Gewicht	In der ursprünglichen Substanz: Wasser	Fett	Caseïn	Albumin	Milchzucker	Asche (Salze)	Trockensubstanz	In der Trockensubstanz: Fett	Caseïn	Albumin	Milchzucker	Asche (Salze)	N in der Trockensubstanz
				%	%	%	%	%	%	%	%	%	%	%	%	%
	Kuhmilch, unter dem Einflusse der Castration.															
1	Kuh Ketthly, Juli bis Ende Dec. 1853 . . (nicht castrirt)	1853	—	—	2.82	2.51		—	—	—	—	—	—	—	—	—
2	Kuh Ketthly, Januar bis Juli 1854 . . . . (nicht castrirt)	1854	—	—	3.32	3.10		—	—	—	—	—	—	—	—	—
3	Kuh Ketthly, August bis December 1854 . . (nicht castrirt)	„	—	—	3.86	3.23		—	—	—	—	—	—	—	—	—
4	Kuh Vesta, Juli bis Ende December 1853 . . (vor der Castration)	1853	—	—	2.95	2.77		—	—	—	—	—	—	—	—	—
5	Kuh Vesta, Januar bis Juli 1854 . . . . (vor der Castration)	1854	—	—	3.85	3.42		—	—	—	—	—	—	—	—	—
6	Kuh Vesta, August bis Dec. 1854, nach derselben . .	„	—	—	4.94	3.70		—	—	—	—	—	—	—	—	—
7	Nicht castrirte Kühe derselben Gegend	1857	—	87.10	3.6	—	—	5.3	—	12.90	—	27.91	—	41.09	—	—
8	Castrirte Kühe derselb. Gegend	„	—	83.20	6.1	—	—	5.0	—	16.80	—	36.31	—	29.76	—	—
9	Vor der Castration	1864	—	87.58	3.13	3.12	1.26	4.20	0.71	12.42	25.20	25.12	9.85	33.82	5.72	5.60
10	3 Monate nach der Castration	„	—	86.26	4.13	2.79	0.98	5.03	0.81	13.74	30.06	20.31	7.13	38.57	5.90	4.39
11	Vor der Castration	„	—	87.64	3.11	3.21	0.97	4.22	0.85	12.36	25.16	25.97	7.85	34.14	6.88	5.41
12	6 Wochen nach der Castration	„	—	86.58	4.03	3.41	1.04	4.14	0.80	13.42	30.03	25.41	7.75	30.85	5.96	5.31
13	Vor der Castration	„	—	87.65	3.15	3.10	1.30	4.20	0.60	12.35	25.49	25.10	10.53	34.01	4.86	5.70
14	4 Monate nach der Castration	„	—	86.94	3.98	3.06	1.11	4.30	0.61	13.06	30.47	23.43	7.66	32.93	4.67	4.98
	Fehlerhafte Milch.															
1	Gesunde Milch dess. Stalles, Mittel von 3 Proben . .	1847	—	86.42	4.46	4.79	0.39	4.46		13.58	32.83	35.26	2.87	29.04		6.10
2	Zähe fadenziehende Milch bei Fütterung von Hopfenklee und blühendem Weissklee: Kuh A, dick geronnen, gelblich mit obenaufschwimmendem Serum	„	—	90.35	0.07	0.48	8.90	0.20		9.65	0.73	4.97	92.23	2.07		15.55
3	Kuh B, 6. Juli 1847 (nicht geronnen, aber klebrig und spinnend, etwas gelblich)	„	—	88.53	0.05	0.24	10.68	0.50		11.47	0.44	2.09	93.11	—		16.04
4	Kuh B, 16. Juli 1847 (nicht geronnen, aber klebrig und spinnend, etwas gelblich)	„	—	87.88	0.16	0.45	11.02	0.49		12.17	1.32	3.70	90.57	—		15.08
5	Kuh B, 30. Juli 1847 (nicht geronnen, aber klebrig und spinnend, etwas gelblich)	„	—	90.00	0.78	2.50	5.00	1.72		10.00	7.80	25.00	50.00	17.20		12.00
6	Kuh C, 6. Juli 1847 (geronnen, in ihrer Masse gelbliche Punkte zeigend)	„	—	89.14	0.58	1.76	6.80	1.72		10.86	5.34	16.21	62.41	16.04		12.58
7	Kuh C, 16. Juli 1847 (geronnen, in ihrer Masse gelbliche Punkte zeigend)	„	—	86.58	0.99	2.51	8.22	1.70		13.42	7.38	18.70	61.26	12.66		12.79
8	Kuh C, 30. Juli 1847 (geronnen, in ihrer Masse gelbliche Punkte zeigend)	„	—	88.12	0.89	2.95	6.45	1.59		11.88	7.49	24.83	54.30	13.38		12.66

Milch, unter dem Einflusse der Castration.
No. 1–6. Londet (Grand-Jouan). — B. Martiny: Die Milch. I. 243. (Ann. d'agricult. franc. 1855. II. 543.)
No. 7 u. 8. Marchand. — Ebendaselbst. (Ebendaselbst 1857. I. 325.)
No. 9–14. Dieulafait. — J. d'agric. prat. 28. 1864. I. 520. Milch dreier Kühe.

Fehlerhafte Milch.
No. 1–15. Girardin. — Martiny: Die Milch. I. 380. (Compt. rend. 36. 1853. 753.) Die untersuchte Milch zeigte, frisch aus dem Euter gekommen, weder für das Auge, noch für die Zunge etwas Absonderliches; beim Erkalten aber und beim Säuern coagulirte sie schlecht, wurde schleimig und fadenziehend. Seit 12 Jahren war dieselbe Erscheinung wiederholt auf dem betreffenden Gute beobachtet worden. Milch unter No. 1 war von einer Kuh desselben Stalles und bei gleicher Fütterung. Das analytische Verfahren war folgendes: „freiwilliges Coaguliren der Milch, Trennung der Butter vom ausgeschiedenen Caseïn mittelst Aether, Ausfällen des Albumins aus dem Milchserum mittelst Quecksilberchlorid, Bestimmung des Milchzuckers und der Salze durch Ausfällen des Quecksilbers aus der Flüssigkeit mit Schwefelwasserstoff und Eindampfen und Trocknen".

No.	Bezeichnungen und Bemerkungen	Jahr der Untersuchung	Specifisches Gewicht	In der ursprünglichen Substanz: Wasser %	Fett %	Caseïn %	Albumin %	Milchzucker %	Asche (Salze) %	Trockensubstanz %	In der Trockensubstanz: Fett %	Caseïn %	Albumin %	Milchzucker %	Asche (Salze) %	N in der Trockensubstanz %
9	Zähe, fadenziehende Milch b. Fütterung v. Hopfenklee u. blühendem Weissklee: Kuh D, 6. Juli 1847, ganz gestreckt (?)	1847	—	89.27	0.10	0.43	9.76	0.44		10.73	0.93	4.01	90.96	4.10		15.19
10	Kuh D, 16. Juli 1847, ganz gestreckt (?)	„	—	87.22	0.62	1.86	8.36	1.94		12.78	4.85	14.55	65.42	15.18		12.79
11	Kuh D, 30. Juli 1847, ganz gestreckt (?)	„	—	84.90	1.35	2.65	8.35	2.75		15.10	8.94	17.55	55.30	18.21		11.66
12	Kuh E, 6. Juli 1847, desgl.	„	—	91.57	0.10	0.44	7.42	0.47		8.43	1.19	5.22	88.02	5.57		14.92
13	Kuh E, 16. Juli 1847, desgl.	„	—	89.67	0.09	3.23	4.79	2.19		10.33	0.87	31.27	46.37	21.49		12.42
14	Kuh E, 30. Juli 1847, desgl.	„	—	88.20	1.44	2.62	5.06	2.68		11.80	12.20	22.20	42.88	22.72		12.01
15	Milch derselben Kühe nach deren Genesung	„	—	85.41	3.26	6.58	0.44	4.31		14.59	22.34	45.10	3.02	29.54		7.70
16	Salzige Milch	1880	1.0346	—	—	1.53	—	—		—	—	—	—	—		—
17	Bittere „	„	1.0280	—	—	2.16	—	—		—	—	—	—	—		—
18	Schleimige Milch	„	1.0200	—	—	1.35	—	—		—	—	—	—	—		—

Milch kranker Kühe.

No.	Bezeichnungen und Bemerkungen	Jahr der Untersuchung	Specifisches Gewicht	Wasser %	Fett %	Caseïn %	Albumin %	Milchzucker %	Asche (Salze) %	Trockensubstanz %	Fett %	Caseïn %	Albumin %	Milchzucker %	Asche (Salze) %	N in der Trockensubstanz %
1	Im höchsten Stadium der Lungenseuche . . .	1854	—	69.44	15.23	3.89	4.85	6.52		30.56	49.83	12.73	15.87	21.33		4.58
2	Desgl.	„	—	71.35	19.23	9.10		0.31		28.65	67.11	31.76		1.08		5.08
3	Hochgradig an Lungenseuche kranke Kuh . .	1886	1.0372	88.80	1.64	—		3.35	—	11.20	14.64	—		29.91	—	—
4	Von einer perlsüchtigen Kuh	1860	—	88.93	2.93	2.70		4.77	0.67	11.07	26.47	24.39		43.09	6.05	3.90
5	Von einer an Maul- und Klauenseuche kranken Aldernay	1873	—	88.10	2.90	3.40		4.92	0.68	11.90	24.37	28.57		41.35	5.71	4.57
6	Desgl., stärkerer Fall . . .	„	—	87.54	3.50	—		7.36	0.60	12.46	28.09	—		67.09	4.82	5.07
7	Im acuten Stadium d. Klauenseuche	—	—	87.70	3.90	3.90		3.81	0.69	12.30	31.71	31.71		30.97	5.61	4.85
8	In der Abnahme der Klauenseuche	—	—	90.60	2.30	2.85		3.02	1.23	9.40	24.47	30.32		32.13	13.08	5.30
9	Maul- und Klauenseuche, am 1. Krankheitstage . .	1875	—	91.24	0.39	2.90		4.84	0.66	8.76	4.45	33.10		54.91	7.53	9.53

No. 16—18. W. Eugling. — Jahresber. für Agrikulturchemie 1880. 493. Die „salzige Milch" liess sich kochen, coagulirte schwer mit Lab, leicht mit Säuren; Reaction alkalisch. Unter dem Mikroskope zeigt sich, dass die grossen Milchkügelchen fast vollständig fehlen. War untauglich zur Käsebereitung; die daraus fabricirten Käse trieben unter starker Gasentwicklung auf und machten eine faulige Gährung durch. „Bittere Milch" coagulirte schwer mit Lab und mit Säuren; Geschmack ausgesprochen bitter, theilte sich dem Käse mit. „Schleimige Milch" hatte das Aussehen wie abgerahmte Milch und wurde beim Schütteln noch stärker schleimig; reagirte schwach sauer und schmeckte käsig, coagulirte nicht vollständig mit Lab.

Milch kranker Kühe.

No. 1 u. 2. Fraas. — B. Martiny: Die Milch. I. 398. (Centralbl. d. landw. Vereins Bayern. 44. 1854. 456.) Die Milch hatte sich fast ganz verloren, mit Mühe wurde noch etwas Milch erhalten; dieselbe war dick, fadenziehend, mit farblosen Eiweissstreifen durchzogen.

No. 3. A. Klinger. — Milchzeitung 1887. 857. Unter dem Mikroskop bot die Milch das Bild völlig entrahmter Milch dar. Die Zahl der Milchkügelchen war bedeutend verändert und die mittlerrn und grösseren fehlten gänzlich, dagegen waren viele Schleimkörperchen und Epithelialzellen vorhanden.

No. 4. J. Lehmann. — L. V.-St. 3. 193. Die untersuchte Milch war ein gleichmässiges Gemisch einer perlsüchtigen Kuh, die sich im letzten Stadium der Krankheit befand, aber noch $2^1/_2$—3 Liter Milch täglich gab.

No. 5 u. 6. A. H. Smee, mitgetheilt von C. Petersen. — Milchzeitung 1876. 1700.

No. 7 u. 8. Lassaigne, mitgetheilt von Ableitner. — Milchzeitung 1877. 559. Das specifische Gewicht der untersuchten Milch wurde zu 1.015—1.018 angegeben, das von gesunder Milch zu 1.019. Weder Schleim, noch Euter waren nachzuweisen.

No. 9—16. A. Winter-Blyth. — Jahresber. der Agrikulturchemie 1875—76. 76. (Chem. News 1875. 244.) Während am ersten Tage der Krankheit sich keine fremden Elemente in der Milch nachweisen liessen, zeigten sich am dritten Tage länglichflache Körper, die perlschnurartig eingeschnürt waren, aber nicht aus Zellen bestanden. Später wurden nicht selten Eiterzellen, Vibrionen und Bacterien beobachtet.

No.	Bezeichnungen und Bemerkungen	Jahr der Untersuchung	Specifisches Gewicht	In der ursprünglichen Substanz: Wasser %	Fett %	Caseïn %	Albumin %	Milchzucker %	Asche (Salze) %	Trockensubstanz %	In der Trockensubstanz: Fett %	Caseïn %	Albumin %	Milchzucker %	Asche (Salze) %	N in der Trockensubstanz %
10	Maul- u. Klauenseuche, am 2. Krankheitstage . .	1865	—	79.90	5.01	14.38			0.71	20.10	24.92	59.54		12.01	3.53	9.53
11	Desgl., am 2. „	„	—	86.32	3.84	9.14			0.71	13.68	28.07	66.81		—	5.19	10.69
12	Desgl., „ 3. „	„	—	87.68	0.89	3.95		7.15	0.33	12.32	7.22	32.06		58.04	2.68	5.13
13	Desgl., „ 4. „	„	—	83.85	7.80	3.47		4.67	0.21	16.15	50.30	21.49		26.91	1.30	3.44
14	Desgl., „ 5. „	„	—	87.90	1.06	10.38			0.66	12.10	8.76	85 79		—	5.45	13.73
15	Desgl., „ 7. „	„	—	86.07	1.59	10.85			0.51	13.93	11.41	77.89		7.04	3.66	12.46
16	Desgl., „ 14. „	„	—	83.88	3.96	11.48			0.68	16.12	24.57	71.22		—	4.22	11.39
17	An Rinderpest kranke Kuh, 4 Stund. n. d. letzten Melken	1877	1.057	82.80	3.55	8.47	0.75	3.23	1.19	17.20	20.64	49.24	4.36	18.84	6.92	8.58
18	Desgl., 4 Stunden nach dem letzten Melken	„	1.052	82.45	2.14	10.12	0.51	3.66	1.12	17.55	12.19	57.66	2.91	20.86	6.88	9.69
19	Desgl., $2^1/_2$ Stunde nach dem letzten Melken	„	1.002	87.46	1.77	8.20	0.85	0.46	1.26	12.54	14.12	65.40	6.78	3.65	10.05	11.55
20	Desgl., 13 Stunden nach dem letzten Melken	„	0.985	86.33	2.25	9.37	0.49	0.00	1.56	13.67	16.46	68.55	3.58	—	11.41	11.54
21	Bei Euterentzündung in späterer Zeit der Lactation (Hyperämie d. interstitiell. Bindegewebes) I	—	—	92.64	0.19	5.78		0.46	0.93	7.36	2.55	78.53		6.28	12.64	12.56
22	II	—	—	81.79	5.21	8.89		3.07	1.04	18.21	28.61	48.82		16.86	5.71	7.81
23	III	—	—	88.58	3.41	3.22	—	4.09	0.70	11.42	29.86	28.20	—	35.81	26.13	—
24	Bei acuter Euterentzündung (Mastitis)	—	—	92.98	0.42	0.60	5.30	0.29	0.41	7.08	5.93	8.47	74.86	4.95	5.79	13.33
25	Milch aus missgebildetem Euter einer Kuh a) aus d. Zitzen rechts . .	—	—	80.27	6.70	6.12		3.48	—	19.73	33.96	31.01		35.03	—	4.96
26	b) aus d. Zitzen links . .	—	—	79.99	6.80	6.25		3.48	3.48	20.01	33.99	31.24		17.38	17.39	5.00
27	c) aus einem monströsen milchgebenden Organe . . .	—	—	91.83	1.18	4.83		2.16	—	8.17	14.44	59.12		26.44	—	9.46
	Tuberkulose Kühe.															
28	Von der kranken Drüse, 7. Mai, stark alkalisch	1884	—	87.58	5.30	4.71		1.41	1.00	12.42	42.68	37.92		11.35	8.05	6.07
29	Desgl., 6. Juni, stark alkalisch	„	—	91.75	1.07	6.15		0.14	0.89	8.25	12.97	74.54		1.70	10.79	11.93
30	Von der gesunden Drüse derselben Kuh, 7. Juni, alkalisch	„	—	83.21	6.50	5.89		3.39	1.01	16.79	38.71	35.08		20.19	6.02	5.61
31	Von Kühen mit einer infektiösen Euterkrankheit . .	„	—	89.34	1.99	6.00		1.84	0.83	—	18.68	58.28		17.25	7.79	9.00

No. 17—20. C. Monin. — Jahresber. der Agrikulturchemie. (Centralbl. für Agrikulturchemie 1877. 236.) Von uns auf Gewichtsprocente berechnet. (Unverständlich ist, dass eine Milch mit 13.67 % Trockensubstanz und nur 2.25 % Fett eine geringere Dichte haben soll als Wasser; nur ein Gehalt an Gasen, der unberücksichtigt blieb, könnte das niedrige specifische Gewicht erklären).

No. 21—23. Fürstenberg. — B. Martiny: Die Milch. I. 399. (Fürstenberg: Die Milchdrüsen der Kuh, S. 128 u. 144.) Die vordere Hälfte der einen erkrankten Drüse lieferte 4 Stunden nach der Milchentleerung 2 Unzen Secret, das durch Käsestoff-Gerinnsel etwas getrübt war, nach Absetzung dessen sich klärte und eine dem Blutserum ähnliche gelbröthliche Farbe hatte (I). In den folgenden Tagen näherte sich die Beschaffenheit der Milch dem Colostrum, sie wurde gelblich weiss, schleimig zähe, gerann beim Erhitzen und liess Colostrumkörperchen in zunehmender Zahl erkennen; die Milch wurde daher vier Tage später zum zweiten Male untersucht (II), gleichzeitig dabei auch Milch aus dem hinteren gesunden Theil der Drüse (III).

No. 24. Fürstenberg. — B. Martiny: Die Milch. Die untersuchte Milch war dem am meisten erkrankten hinteren Theile der rechten Milchdrüse entnommen; es wurden nur 2—3 Unzen Milch von opalisirendem Ansehen erhalten.

No. 25—27. Filhol u. Joly. — Ebendas. S. 401. Das monströse milchgebende Organ (dessen Secret unter c) untersucht) befand sich zwischen den linken und rechten Zitzen.

No. 28—30. V. Storch. — Jahresber. der Thier-Chemie 1884. 170. (Aus einer Abhandlung von M. Bang: Ueber Tuberkulose im Kuheuter und über tuberkulose Milch.) Das Serum der Milch war bei 1) gelblich, bei 2) gelbbraun, fast durchsichtig, bei 3) milchweiss, aber etwas schmutzig gelb. Die procentische Zusammensetzung der Milchasche war folgende:

	CaO	MgO	K_2O	Na_2O	P_2O_5	SO_3	Cl	SiO_2
1) . . .	10.91	—	—	—	15.67	—	—	—
2) . . .	4.34	1.27	10.87	40.60	7.10	5.08	0.27	0.44
3) . . .	24.67	3.43	13.27	22.39	25.42	9.21	0.19	0.15

No. 31. Sch. — Milchzeitung 1888. 28. Das. nach der Schweizerischen Milchzeitung vom 31. December 1887. Die untersuchte Milch hatte eine tiefgelbe Farbe und bildete nach einigem Stehen einen starken flockigen Bodensatz. Sie konnte mit Lab (in der Caseïnprobe) nicht zum Gerinnen gebracht werden; ihr mikroskopisches Bild zeigte nebst Milchkügelchen und unvollständig degenerirter Zellmasse einen Streptokokkus in grosser Menge. Die Krankheit wird in der Schweiz als „gelbe Galt“ bezeichnet.

No.	Bezeichnungen und Bemerkungen	Jahr der Untersuchung	Specifisches Gewicht	In der ursprünglichen Substanz: Wasser %	Fett %	Caseïn %	Albumin %	Milchzucker %	Asche (Salze) %	Trockensubstanz %	In der Trockensubstanz: Fett %	Caseïn %	Albumin %	Milchzucker %	Asche (Salze) %	N in der Trockensubstanz %
	Kuhmilch, Einfluss des Gefrierens auf die Zusammensetzung der Milch.															
1	Flüssiger Theil	1886	1.0320	86.72	4.11	3.56		4.87	0.74	13.28	30.95	26.81		36.97	5.27	4.29
2	Geschmolzenes Eis (1.2% der Gesammtmilch)	„	1.0245	91.63	2.40	2.40		3.05	0.52	8.37	28.68	28.68		36.43	6.21	4.59
3	Flüssiger Theil	„	—	86.86	4.08	3.46		4.90	0.70	13.14	31.05	26.33		37.29	5.33	4.21
4	Geschmolzenes Eis	„	—	90.46	3.18	2.67		3.19	0.50	9.54	43.33	27.99		23.44	5.24	4.48
5	Ursprüngliche Milch (Aufrahmungen nicht möglich)	„	1.0313	88.63	2.89	—	—	—	—	11.37	25.42	—	—	—	—	—
6	Gefrorener Theil (von 1 Liter) (Aufrahmungen nicht möglich)	„	1.0279	80.32	2.37	—	—	—	—	9.68	24.48	—	—	—	—	—
7	Flüssig gebl. Theil (Aufrahmungen nicht möglich)	„	1.0337	87.28	3.39	—	—	—	—	12.72	26.65	—	—	—	—	—
8	Ursprüngliche Milch (Aufrahmungen nicht möglich)	„	1.0302	88.83	2.92	—	—	—	—	11.17	26.14	—	—	—	—	—
9	Gefrorener Theil (von 1 Liter) (Aufrahmungen nicht möglich)	„	1.0234	93.57	0.54	—	—	—	—	6.43	8.40	—	—	—	—	—
10	Ursprüngliche Milch (Aufrahmen möglich)	„	1.0318	88.51	3.03	—	—	—	—	11.49	26.27	—	—	—	—	—
11	Gefrorener Theil (von 20 Liter) (Aufrahmen möglich)	„	1.0202	88.38	5.39	—	—	—	—	11.62	46.39	—	—	—	—	—
12	Flüssiger Theil (Aufrahmen möglich)	„	1.0338	88.63	2.41	—	—	—	—	11.37	21.20	—	—	—	—	—
13	Ursprüngliche Milch (Aufrahmen möglich)	„	1.0302	88.56	3.03	—	—	—	—	11.44	26.49	—	—	—	—	—
14	Gefrorenerr Theil vom Boden (Aufrahmen möglich)	„	1.0296	89.57	2.51	—	—	—	—	10.43	24.07	—	—	—	—	—
15	Gefrorener Theil von den Wandungen (Aufrahmen möglich)	„	1.0171	90.13	5.18	—	—	—	—	9.87	52.48	—	—	—	—	—
16	Verwendete, mit Rahm versetzte Milch, sauer	1887	1.029	84.93	7.40	3.18		3.90	0.59	15.07	44.69	19.20		32.55	3.56	3.07
17	Nach dem Gefrieren: flüssiger Theil, stark sauer	„	1.040	84.55	4.11	4.42		5.95	0.97	15.45	26.60	28.61		38.21	6.58	4.58
18	Nach dem Gefrieren: gefroren. Theil, schwach sauer	„	1.015	84.69	10.10	2.57		2.14	0.50	15.31	66.03	16.80		13.90	3.27	2.69
19	Verwendete Milch, sauer	„	1.032	89.24	2.40	3.44		4.26	0.66	10.76	22.31	21.98		49.58	6.13	3.52
20	Zur Hälfte gefroren gewesen: flüssiger Theil, stark sauer	„	1.048	86.40	1.68	4.72		6.15	1.04	13.60	12.35	34.71		43.29	7.65	5.55
21	Zur Hälfte gefroren gewesen: Eis, schwach sauer	„	1.016	92.07	3.06	1.92		2.52	0.43	7.93	38.59	24.21		31.78	5.42	3.87
22	Total gefroren gewesen: flüssiger Theil, stark sauer	„	1.061	81.48	2.63	5.27		9.32	1.30	18.52	14.20	28.46		50.32	7.02	4.55
23	Total gefroren gewesen: Eis, schwach sauer	„	1.006	95.72	2.02	1.24		0.85	0.17	4.28	47.20	28.97		19.86	3.97	4.64

Kuhmilch, Einfluss des Gefrierens auf die Zusammensetzung der Milch.

No. 1—4. P. Vieth. — Milchzeitung 1886. 131.

No. 5—15. O. Henzold (Milchwirthsch. V.-St. Kiel). — Milchzeitung 1886. 461. Bei den bezügl. Versuchen wurde in verschiedener Weise verfahren:

Zu No. 5—7. Gefrieren von 1 Liter Milch bei —20° C., schnell gefroren, Aufrahmen nicht möglich;
Zu No. 8 u. 9. „ „ 1 „ „ unter zeitweisem Aufrühren der Milch, Aufrahmen nicht möglich;
Zu No. 10—12. „ „ 20 „ „ im Freien, bei —2° C., Aufrahmen möglich;
Zu No. 13—15. „ „ 20 „ „ „ „ „ —7° C., „ „

No. 16—23. Kaiser u. Schmieder. — Milchzeitung 1887. 198. Zu No. 16—18 liess man mit Rahm versetzte Milch zur Hälfte gefrieren, so dass die Menge der vom Eis gesonderten Flüssigkeit dem des geschmolzenen Eises ungefähr gleichkamen. In einem zweiten Versuche liess man Milch theils zur Hälfte gefrieren, theils ganz gefrieren und dann bis zur Hälfte wieder aufthauen. Der Säuregrad der Milch, d. h. = ccm Normalalkali auf 100 ccm. Milch, war bei den untersuchten Proben folgender:

No.	16	17	18	19	20	21	22	23	
	2	3	1	1.5	2.5	1.0	3.0	0.5	ccm Alkali.

No.	Bezeichnungen und Bemerkungen	Rahm Vol. %	Jahr der Untersuchung	Specifisches Gewicht	In der ursprünglichen Substanz: Wasser %	Fett %	Caseïn %	Albumin %	Milchzucker %	Asche (Salze) %	Trockensubstanz %	In der Trockensubstanz: Fett %	Caseïn %	Albumin %	Milchzucker %	Asche (Salze) %	N in der Trockensubstanz %
	Kuhmilch, Einfluss des Erwärmens und der Filtration auf die Zusammensetzung der Milch.																
1 A	Gemisch kalter Milch .	9	1885	1.0320	87.33	4.03	3.25		4.82	0.57	12.67	31.81	25.65		38.04	4.50	4.10
1 B	Milch A nach 5 Minut. Aufwallens	5	„	1.0350	84.88	4.62	4.08		5.70	0.72	15.12	30.56	26.99		37.69	4.76	4.32
1 C	Milch B durch Leinewand filtrirt . . .	5	„	1.0356	85.00	4.50	4.10		5.70	0.70	15.00	30.00	27.33		38.00	4.67	4.37
1 D	Milch C nach 2. Aufkochen während 5 Min. und nach Ruhe von 17 Stunden	5	„	1.0370	82.51	4.85	5.10		6.70	0.84	17.49	27.73	29.16		38.31	4.80	4.67
1 E	Milch D zum 2. Male durch Leinewand filtrirt	5	„	1.0370	82.68	4.73	5.08		6.70	0.81	17.32	27.31	29.33		38.68	4.68	4.69
2 A	Gemisch kalter Milch .	9	1885	1.0298	87.99	4.03	2.90		4.47	0.61	12.01	33.55	24.15		37.22	5.08	3.86
2 B	Milch A nach 10 Min. Aufkochens . . .	6	„	1.0360	83.77	4.73	4.52		6.15	0.83	16.23	29.43	28.13		37.27	5.17	4.50
2 C	Milch B durch Leinewand filtrirt . . .	6	„	1.0360	83.98	4.50	4.54		6.15	0.83	16.02	28.09	28.34		38.39	5.18	4.53
2 D	Milch C nach 2. Aufkochen während 10 Min. und nach Ruhe von 17 Stunden . .	6	„	1.0490	80.00	5.20	6.04		7.67	1.09	20.00	26.00	30.20		38.35	5.45	4.83
2 E	Milch D zum 2. Male durch Leinewand filtrirt	6	„	1.0490	80.22	4.97	6.06		7.67	1.08	19.78	25.13	36.70		32.71	5.46	5.87
3 A	Gemisch kalter Milch .	10	1885	1.0320	86.88	4.15	3.36		5.00	0.61	13.12	31.63	25.61		38.11	4.65	4.10
3 B	Milch A nach 5 Minut. Aufkochens . . .	6	„	1.0355	84.58	4.62	4.18		5.80	0.82	15.42	29.96	27.11		37.61	5.32	4.34
3 C	Milch B durch Leinewand filtrirt . . .	6	„	1.0360	84.77	4.55	4.08		5.78	0.82	15.23	29.88	26.79		37.95	5.38	4.29
3 D	Milch A nach 10 Min. Aufkochens . . .	6	„	1.0410	82.41	4.85	5.12		6.76	0.86	17.59	27.57	29.11		38.43	4.89	4.66
3 E	Milch D durch Leinewand filtrirt . . .	6	„	1.0410	82.63	4.73	5.03		6.76	0.85	17.37	27.26	28.99		38.85	4.90	4.64
3 F	Milch A nach 15 Min. Aufkochens . . .	5	„	1.0490	79.54	5.20	6.24		7.90	1.12	20.46	25.42	30.50		38.61	5.47	4.88
3 G	Milch F durch Leinewand filtrirt . . .	5	„	1.0490	79.74	5.08	6.17		7.90	1.11	20.26	25.07	30.46		38.99	5.48	4.87

Kuhmilch, Einfluss des Erwärmens und der Filtration auf Zusammensetzung der Milch.

No. 1 A bis 3 G. von Ch. Girard. — Documents sur les falsifications des matières alimentaire etc. Laboratoire municipal. Paris, 1885. II. Rapport. p. 351.

Die Erwärmung der Milch bedingt daher in Folge der Wasserverdunstung eine Vermehrung an allen festen Substanzen, besonders an Milchzucker und Salzen; das spec. Gewicht der Milch steigt, während die Rahmbildung abnimmt. Die Filtration der gekochten Milch durch Leinewand äussert nur einen unbedeutenden Einfluss auf die Verminderung an festen Bestandtheilen.

No.	Bezeichnungen und Bemerkungen	Jahr der Untersuchung	Specifisches Gewicht	In der ursprünglichen Substanz: Wasser %	Fett %	Caseïn %	Albumin %	Milchzucker %	Asche (Salze) %	Trockensubstanz %	In der Trockensubstanz: Fett %	Caseïn %	Albumin %	Milchzucker %	Asche (Salze) %	N in der Trockensubstanz %
	Milchartige Secrete von Rindern.															
1	Secret von einem Rind 5—6 Wochen vor dem ersten Kalben	1872	1.0719	72.10	0.93	24.84		—	—	27.90	3.33	89.03		—	—	14.24
2	Secret von einem Rind, das angeblich nicht tragend .	„	1.0228	92.70	1.41	2.90		—	—	7.30	19.32	39.73		—	—	6.36
3	Secret von einer $^5/_4$jährigen Kalbin	1880	1.031	86.59	4.26	3.25		4.50	0.74	13.41	31.77	24.24		33.56	5.52	3.88
	Kuhmilch, Zusammensetzung in der letzten Zeit vor dem Kalben.															
1	1 Monat vor dem Kalben, noch 2 Liter Milch täglich	1858	1.0316	84.53	5.47	3.74		5.41	0.85	15.47	35.36	24.18		34.97	5.49	3.87
2	Wenige Tage vor dem Kalben, kaum noch 1 Liter Milch täglich	„	1 0286	84.60	6.20	5.31		2.89	1.00	15.40	40.26	34.48		18.97	6.49	5.52
3	Von ein- und derselben Kuh: 12. Mai, Trockenfutter	1874	1.0323	—	8.0	—	—	6.13	—	—	—	—	—	—	—	—
4	20. „ „	„	1.0341	—	8.0	—	—	6.25	—	—	—	—	—	—	—	—
5	5. Juni, Grünfutter .	„	1.0338	—	6.5	—	—	5.00	—	—	—	—	—	—	—	—
6	15. „ „ .	„	1.0331	—	5.67	—	—	5.00	—	—	—	—	—	—	—	—
7	19. „ „ .	„	1.0318	—	4.87	—	-	5.20	—	—	—	—	—	—	—	—
8	24. „ „ .	„	1.0317	—	5.12	—	—	5.00	—	—	—	—	—	—	—	—
9	2. Juli, Morgens, Grünfutter	„	1.0313	—	5.38	—	—	5.00	—	—	—	—	—	—	—	—
10	5. Juli, Abends, Grünfutter	„	1.0321	—	—	—	—	5.00	—	—	—	—	—	—	—	—
11	6. Juli, in der Nacht gekalbt, Vorm. . .	„	1.0316	—	—	—	—	5.12	—	—	—	—	—	—	—	—
12	6. Juli, in der Nacht gekalbt, Abends . .	„	1.0294	—	3.12	—	—	5.05	—	—	—	—	—	—	—	—
13	15. Juli, in der Nacht gekalbt, Abends . .	„	1.0317	—	3.50	—	—	5.25	—	—	—	—	—	—	—	—
14	Schwedische Landrasse, Abendmilch I	1887	1.0378	85.18	4.49	4.03		5.52	0.78	14.82	30.30	27.19		36.25	5.26	4.35
15	Dieselbe Kuh, Abendmilch II	„	1.0340	83.37	6.40	—	—	—	1.00	16.03	38.48	—	—	—	6.01	—

Milchartige Secrete von Rindern.

No. 1 u. 2. Th. Dietrich. — Mitthl. des landw. Centralv. f. d. Regbez. Cassel 1872. 53. No. 1 verhielt sich wie ein concentrirtes Colostrum, reagirte stark alkalisch und zeigte Colostrumkörperchen; No. 2 verhielt sich wie sehr dünne Milch, reagirte sehr schwach alkalisch. Beide Secrete stammten aus einer unter Leitung von C. Petersen stehenden Wirthschaft (Windhausen). N in dem frischen Secret bei No. 1 = 3.975%.

No. 3. W. Fleischmann. — Bericht der milchwirthschaftl. V.-St. Raden 1880. 32. Das betreffende Kalb stammt aus einer sehr milchreichen Familie und ist ein Kreuzungsproduct einer Holländer Kuh und eines Breitenburger Bullen. $^5/_4$ Jahr alt, gab dasselbe bereits täglich ca. 600 g Milch von ganz normalem Aussehen, Geruch und Geschmack und amphoterer Reaction. Unter dem Mikroskope liessen sich Colostrumkörperchen in ziemlicher Anzahl, Rudimente desselben und Epitheliumzellen erkennen. In der Analyse ist ein „Verlust" von 0.66% aufgeführt.

Kuhmilch, Zusammensetzung in der letzten Zeit vor dem Kalben.

No. 1 u. 2. J. B. Boussingault. — Ann. Chim. et Phys. ser. 4. t. 9. 1866. 142. Kuh unter 1) erhielt Grünfutter.

No. 3—13. G. Schröder. — Milchzeitung 1874. 1128. Die Kuh war bei Beginn der Beobachtungen dem Trockenstehen nahe; es wurde vom 12. Mai ab nur einmal täglich gemolken. Nach dem 20. Mai wurde Grünfutter gegeben, wonach sich der Milchertrag hob, der Fett- und Zuckergehalt sich verminderte. Die Milch änderte sich auch sonst, sie war nicht mehr so dickflüssig und gelblich, sondern zeigte das Aussehen einer gewöhnlichen Milch. (Anscheinend wurde der Fettgehalt der Milch galactoskopisch bestimmt.)

No. 14 u. 15. J. E. Alén. — Milchzeitung 1887. 381. Probe I stammte aus einer Zeit wo die Kuh, von der beide Proben Milch stammten, nur 2 Liter, Probe II, wo dieselbe nur $^2/_3$ Liter Milch gab. Die Kuh war anscheinend gesund, die Milch wird aber von dem Autor als „abnorm" bezeichnet. Die Kuh gehörte der schwedischen Landsog. Bauernrasse an.

Ziegenmilch.

Colostrum.

No.	Bezeichnungen und Bemerkungen	Jahr der Untersuchung	Specifisches Gewicht	In der ursprünglichen Substanz: Wasser %	Fett %	Caseïn %	Albumin %	Milchzucker %	Asche (Salze) %	Trockensubstanz %	In der Trockensubstanz: Fett %	Caseïn %	Albumin %	Milchzucker %	Asche (Salze) %	N in der Trockensubstanz %
1		1840?	—	64.1	24.5	5.2	3.2	—	3.0	35.9	68.26	14.49	8.89	—	8.36	3.75

Ziegenmilch, allgemeine Tabelle.

No.	Bezeichnungen und Bemerkungen	Jahr der Untersuchung	Specifisches Gewicht	In der ursprünglichen Substanz: Wasser %	Fett %	Caseïn %	Albumin %	Milchzucker %	Asche (Salze) %	Trockensubstanz %	In der Trockensubstanz: Fett %	Caseïn %	Albumin %	Milchzucker %	Asche (Salze) %	N in der Trockensubstanz %
1		1844	—	86.52	4.25	6.03		3.20		13.48	31.53	44.73		23.74		7.16
2	Mittel von 4 Analysen . .	1847/51	—	85.98	4.21	4.42		4.86	0.53	14.02	30.03	51.53		34.66	3.78	5.04
3		1852	—	87.28	3.45	3.89		4.62	0.76	12.72	27.12	30.58		36.33	5.97	4.89
4	Densimetrisch bestimmt, Mittel	„	—	87.30	4.40	3.50	1.35	3.10	0.35	12.70	34.65	27.56	10.63	24.60	2.76	6.11
5	Vier Wochen vor dem Lammen	„	—	84.80	4.91	—	—	4.42	0.48	15.20	32.30	—	—	29.08	3.16	—
6	Mittel mehrerer Analysen .	1867/68	—	84.58	3.35	6.59		4.92	0.56	15.42	21.72	42.74		31.91	3.63	6.84
7	Morgenmilch	—	—	87.24	3.76	4.62		3.49	0.89	12.76	29.77	36.21		27.05	6.97	5.79
8	Abendmilch	—	—	82.25	9.38	4.31		3.27	0.82	17.75	52.85	24.28		18.25	4.62	3.88
9	In 100 ccm g	1868	—	—	5.88	2.88	0.10	4.25	—	—	—	—	—	—	—	—
10	Desgl.	„	—	—	5.85	3.15	0.15	4.28	—	—	—	—	—	—	—	—
11	35 Tage nach dem Kalben .	—	—	86.75	3.94	2.98	0.94	4.65	0.74	13.25	29.74	22.49	7.09	36.10	5.58	4.73
12	1 Jahr „ „ „ .	—	—	83.59	6.15	3.65	0.93	4.98	0.70	16.41	37.48	22.24	5.67	30.34	4.27	4.47
13	1 Monat „ „ „ .	—	—	85.61	4.11	3.00	0.79	5.72	0.77	14.39	28.56	20.85	5.49	39.75	5.35	4.21
14	Mittel zahlreicher Analysen .	1868	—	88.16	3.17	3.54		—	—	11.84	26.77	29.90		—	—	4.78
15	Desgl.	1870	—	87.81	3.76	3.07		4.51	0.85	12.19	30.84	25.18		37.01	6.97	4.03
16	Desgl. (Heu und Leinmehl) .	1873	—	85.98	4.31	4.03		4.74	0.94	14.02	30.74	28.75		33.80	6.71	4.60
17	Aus Ober-Aegypten	1856	—	87.99	4.24	2.44	0.99	3.74	0.60	12.01	35.30	19.44	8.24	32.02	5.00	4.43
18	Aus Paris u. Umgegend (Mittel aus 7 Analysen)	„	—	84.49	5.69	5.52		3.68	0.62	15.51	36.68	35.59		23.73	4.00	5.69
19	Aus Saanen (Bern)	„	—	85.95	5.38	2.66	1.18	4.21	0.62	14.05	38.29	18.93	8.40	29.97	4.41	4.37
20	Desgl.	„	—	89.22	3.01	2.41	1.52	3.19	0.65	10.78	27.92	22.36	14.10	29.59	6.03	5.83
21	Aus Schwyz	—	—	87.81	3.84	2.45	1.60	3.70	0.60	12.19	31.50	20.10	13.12	30.36	4.92	5.32
22	Thibet-Rasse (Paris) . . .	—	—	85.65	5.55	2.45	1.32	4.33	0.70	14.35	38.68	17.07	9.20	30.17	4.88	4.20

Ziegenmilch, Colostrum.
No. 1. O. Henry u. A. Chevalier. — Journ. Pharm. 25. 333.

Ziegenmilch, allgemeine Tabelle.
No. 1. Clemm. — B. Martiny: Die Milch. I. 182. (Wagner's Handwörterbuch der Physiologie. II. 466.)
No. 2. Bouchardat u. Quevenne. — Ebendaselbst. (Aus Du Lait von B. u. Qu. II. 175.) Die 4 Einzelnanalysen zeigen nachstehende Zusammensetzung:

	Spec. Gewicht	Im Liter g Butterfett	Rohes Caseïn	Roher Milchzucker	Feste Stoffe zusammen
1. October 1847 . . .	1.0348	35.8	48.5	52.5	136.8
19. „ 1847 . . .	1.0319	44.8	47.2	48.0	140.0
22. „ 1849 . . .	1.0346	40.5	50.5	52.7	143.7
12. September 1851 . .	1.0345	53.1	55.8	51.7	160.6

No. 3. E. Filhol u. N. Joly. — J. f. Pharm. (3). 21. 343.
No. 4. Doyère. — Arch. phys. nat. 22. 239.

	Fett	Caseïn	Albumin	Zucker	Salze
Maximum . . .	5.10	4.00	3.35	3.90	0.40
Minimum . . .	3.15	2.00	0.50	2.70	0.30

No. 5. W. Wicke. — J. f. Landwirthsch. 1856. 121. Die Ziege wurde mit Heu, Rauhstroh und Küchenabfällen gefüttert. Vergl. Ziegenmilch zu verschiedenen Melkzeiten.
No. 6. Meymott Tidy. — Zeitschr. f. rationelle Medic. 35. 1869. 271. (C. M. Tidy, On human milk.) Mittel mehrerer sehr gleichmässig zusammengesetzter Proben.
No. 7 u. 8. von Gorup-Besanez. — Griesinger's Archiv für physiologische Heilkunde. 8. 717.
No. 9 u. 10. Nast. — Zeitschr. f. Chem. 1868. 255. Methode Hoppe-Seyler.
No. 11—13. Commaille. — J. f. Pharm. (4). 10. 96.
No. 14. F. Stohmann, O. Baeber, R. Lehde (V.-St. Halle). — J. f. Landwirthsch. 1868. 135 u. f., Zeitschr. f.
No. 15. F. Stohmann, R. Frühling u. A. Rost (V.-St. Halle). — Zeitschr. f. Biologie 1870. 204.
No. 16. F. Stohmann, R. Frühling, O. Claus, P. Petersen u. v. Seebach (V.-St. Halle). — Biologische Studien von F. Stohmann. Braunschweig, 1873.
No. 17—22. Becquerel u. Vernois. — von Gohren: Die Naturgesetze der Fütterung. Leipzig, 1872. 466. Die Untersuchung wurde gelegentlich der landwirthschaftlichen Ausstellung in Paris 1856 ausgeführt.

No.	Bezeichnungen und Bemerkungen	Tagesertrag kg	Jahr der Untersuchung	Specifisches Gewicht	In der ursprünglichen Substanz: Wasser %	Fett %	Caseïn %	Albumin %	Milchzucker %	Asche (Salze) %	Trockensubstanz %	In der Trockensubstanz: Fett %	Caseïn %	Albumin %	Milchzucker %	Asche (Salze) %	N in der Trockensubstanz %
23	Kurzhaarige Ziege		1879	1.0357	82.02	7.02	4.87		5.08	1.01	17.98	39.05	27.09		28.24	5.62	4.33
24	Langhaarige Pyrenäen-Ziege .		„	1.0302	84.48	6.11	3.94		4.68	0.79	15.52	39.37	25.39		30.15	5.09	4.06
25	Ziege ohne Hörner		„	1.0302	83.51	7.34	3.19		5.19	0.77	16.49	44.51	19.34		31.48	4.67	3.09
26	Vierjährig, dritter Wurf . .		„	1.029	90.16	2.29	2.95		3.87	0.73	9.84	23.27	29.98		39.33	7.42	4.80
27	Kurzhaarig, milch. s. 16 Wochen . .	1.928	1881/84	1.0304	84.40	6.7	—	—	—	—	15.6	42.95	—	—	—	—	—
28	Kurzhaarig, milch. s. 15 Wochen	1.290	„	1.0358	84.00	6.7	—	—	—	—	16.0	41.88	—	—	—	—	—
29	Kurzhaarig, milch. s. 23 Wochen . .	1.247	„	1.0362	86.00	4.5	—	—	—	—	14.0	32.14	—	—	—	—	—
30	Kurzhaarig, milch. s. 4 Wochen . . .	2.268	„	1.0328	86.10	3.6	—	—	—	—	13.9	25.90	—	—	—	—	—
31	Kurzhaarig, milch. s. 27 Wochen . .	1.588	„	1.0316	85.70	4.3	—	—	—	—	14.3	30.07	—	—	—	—	—
32	Langhaarig, milch. s. 18 Wochen . .	1.616	„	1.0316	83.80	7.5	—	—	—	—	16.2	46.30	—	—	—	—	—
33	Langhaarig, milch. s. 13 Wochen . .	1.276	„	1.0324	89.10	2.5	—	—	—	—	10.9	22.93	—	—	—	—	—
34	Langhaarig, milch. s. 13 Wochen . .	1.985	„	1.0320	87.60	3.2	—	—	—	—	12.4	25.80	—	—	—	—	—
35	Langhaarig, milch. s. 26 Wochen . .	1.361	„	—	86.10	5.1	—	—	—	—	13.9	36.69	—	—	—	—	—
36	Fremd, milch. seit 4 Wochen . . .	3.671	„	1.0340	86.70	4.3	—	—	—	—	13.3	32.33	—	—	—	—	—
37	Kreuz, Nubisch-Britisch, milch. seit 12 Wochen . . .	1.247	„	1.0320	85.30	5.9	—	—	—	—	14.7	40.14	—	—	—	—	—
38	Desgl., fremd, milch. seit 18 Wochen .	1.729	„	—	85.70	4.4	—	—	—	—	14.3	30.77	—	—	—	—	—
	Minimum . .			—	82.02	3.10	2.44	0.78	3.26	0.39	9.84	21.72	17.07	5.49	22.82	2.76	3.09
							3.26						19.34				
	Maximum . .			—	90.16	7.55	3.94	2.01	5.77	1.06	17.98	52.85	27.56	14.10	40.35	7.42	7.16
							6.39						44.73				
	Mittel . . .			—	85.71	4.78	3.20	1.09	4.46	0.76	14.29	33.46	22.36	7.63	31.33	5.32	4.80
							4.29						29.99				

No. 23—25. A. Voelcker. — J. Roy. Agric. Soc. England. 16. 1880. 32. Die Untersuchung wurde gelegentlich der milchwirthschaftlichen Ausstellung in London im October 1879 ausgeführt. Die Ziegen waren alt:

No. 23	24	25		Nr. 23	24	25
Ueber 3 Jahr	57.7 Monate	5 Jahr	und hatten gelammt	15. Juni	April	2. Juli

Der Proteïngehalt ist aus dem gefundenen N-Gehalt durch Multiplication mit 6.25 erhalten.

No. 26. N. Gerber u. P. Radenhausen. — Forschungen auf dem Gebiete der Viehhaltung. 7. H. 1879. 318.

No. 27—38. E. W. Voelcker, mitgetheilt v. P. Vieth. — Milchzeitung 1885. 451 u. Journ. of the British Dairy Farmers' Association. Die Untersuchungen wurden gelegentlich der in den Jahren 1881—1884 stattgehabten milchwirthschaftlichen Ausstellungen zu Islingtone, London, ausgeführt.

No.	Bezeichnungen und Bemerkungen	Jahr der Untersuchung	Specifisches Gewicht	In der ursprünglichen Substanz							In der Trockensubstanz					N in der Trocken-substanz
				Wasser	Fett	Caseïn	Albumin	Milch-zucker	Asche (Salze)	Trocken-substanz	Fett	Caseïn	Albumin	Milch-zucker	Asche (Salze)	
				%	%	%	%	%	%	%	%	%	%	%	%	%

Ziegenmilch, nach der Zeit nach dem Lammen (Lactationsdauer).

No.	Bezeichnungen und Bemerkungen	Tägliche Milchmenge	Jahr der Untersuchung	Specifisches Gewicht	Wasser	Fett	Caseïn	Albumin	Milch-zucker	Asche (Salze)	Trocken-substanz	Fett	Caseïn	Albumin	Milch-zucker	Asche (Salze)	N in der Trocken-substanz
1	1000 g Wiesenheu und 100 g Leinmehl: 14. April	1002 g	1869	—	87.63	3.67	3.25		4.61	0.84	12.37	29.67	26.27		37.27	6.79	4.20
2	15. „	901 „	„	—	86.93	4.05	3.38		4.80	0.84	13.07	30.99	25.86		36.72	6.43	4.14
3	16. „	870 „	„	—	86.83	3.70	3.38		5.25	0.84	13.17	28.09	25.66		39.57	6.68	4.11
4	18. „	637 „	„	—	86.36	4.40	3.50		4.79	0.95	13.64	32.26	25.66		35.12	6.96	4.11
5	19. „	500 „	„	—	86.39	4.04	3.81		4.81	0.95	13.61	29.69	28.00		35.53	6.98	4.48
6	20. „	363 „	„	—	85.61	4.69	4.00		4.75	0.95	14.39	32.59	27.80		32.90	6.61	4.45
7	21. „	365 „	„	—	86.49	3.73	3.94		4.89	0.95	13.51	27.61	29.16		36.20	7.03	4.67
8	22. „	338 „	„	—	86.91	3.30	4.19		4.65	0.95	13.09	25.20	32.01		35.52	7.26	5.12
9	23. „	261 „	„	—	84.02	5.73	4.81		4.49	0.95	15.98	35.86	30.10		30.91	3.13	4.82
10	1250 g Heu und 150 g Leinmehl: 30. „	232 „	„	—	85.33	4.43	4.31		4.93	1.00	14.67	30.20	29.38		33.60	6.82	4.70
11	2. Mai	213 „	„	—	84.59	5.13	4.56		4.72	1.00	15.41	33.29	29.59		30.63	6.49	4.73
12	3. „	230 „	„	—	84.95	4.96	4.63		4.46	1.00	15.05	32.96	30.77		29.62	6.65	4.92
13	4. „	217 „	„	—	85.63	4.23	4.63		4.51	1.00	14.37	29.44	32.22		31.38	6.96	5.16
		Zeit nach der Geburt															
14	Ziege I, zum ersten Male tragend	8 Tage	1879	1.027	86.40	4.40	3.30		5.10	0.80	13.60	32.35	24.26		37.50	5.88	3.88
15		16 „	„	1.030	88.20	2.80	3.40		4.75	0.85	11.80	23.73	28.82		40.25	7.20	4.61
16		22 „	„	1.031	89.16	2.57	2.79		4.55	0.93	10.84	23.71	25.74		41.97	8.58	4.12
17		31 „	„	1.030	89.90	2.20	2.67		4.46	0.77	10.10	21.78	26.44		44.16	7.62	4.23
18		38 „	„	1.032	90.04	2.00	2.76		4.40	0.80	9.96	20.08	27.71		44.19	8.02	4.43
19		64 „	„	1.026	90.52	2.11	2.71		3.88	0.78	9.48	22.26	28.59		40.92	8.23	4.57
20	Ziege II, zum ersten Male tragend	8 „	„	1.030	85.80	5.77	3.23		4.40	0.80	14.20	40.63	22.75		30.99	5.63	3.64
21		16 „	„	1.028	87.40	3.96	3.18		4.60	0.86	12.60	31.43	25.14		36.80	6.63	4.02
22		22 „	„	1.031	88.60	3.07	2.79		4.75	0.79	11.40	26.93	24.47		41.67	6.93	3.92
23		31 „	„	1.031	89.03	2.57	2.87		4.63	0.90	10.97	23.44	26.16		42.20	8.20	4.19
24		38 „	„	1.032	89.60	2.18	2.66		4.65	0.91	10.40	20.96	25.58		44.71	8.75	4.09
25		64 „	„	1.031	90.15	1.63	2.56		4.81	0.85	9.85	16.54	25.99		48.84	8.63	4.16

Ziegenmilch, unter dem Einflusse der Fütterung.

No.	Bezeichnungen und Bemerkungen	Jahr der Untersuchung	Specifisches Gewicht	Wasser	Fett	Caseïn	Albumin	Milch-zucker	Asche (Salze)	Trocken-substanz	Fett	Caseïn	Albumin	Milch-zucker	Asche (Salze)	N in der Trocken-substanz
	Ziege I.															
1	Heu und Leinkuchenmehl .	1866	1.028	87.84	3.87	2.95		5.34		12.16	31.83	24.26		43.91		3.88
2	Desgl.	„	1.028	88.39	3.57	2.75		5.29		11.61	30.75	23.68		45.57		3.79
3	Desgl.	„	1.0265	88.45	3.36	2.76		4.56	0.87	11.55	29.09	23.90		39.48	7.53	3.82
4	Heu und Oel (Mohnöl) . .	„	1.0274	88.01	3.71	2.87		4.52	0.89	11.98	30.96	23.96		37.65	7.43	3.83
5	Fettarm (entfettete Leinkuch.)	„	1.028	89.01	2.87	2.93		4.19	1.10	10.98	26.14	26.68		37.16	10.02	4.43
6	Vermehrung von Eiweiss . .	„	1.028	89.11	2.52	3.34		3.82	1.21	10.89	23.14	30.67		35.08	11.11	4.91
7	Heu und Leinkuchen . . .	„	1.0288	87.75	3.48	3.51		4.19	1.07	12.25	28.41	28.65		34.21	8.73	4.58
8	Zusatz von wenig Stärke . .	„	1.0285	87.65	3.44	3.78		3.77	1.36	12.35	27.85	27.41		33.73	11.01	4.39
9	Zusatz von viel Stärke . .	„	1.030	87.42	3.43	4.12		3.97	1.06	12.58	27.27	32.75		31.55	8.43	5.24

Ziegenmilch nach der Zeit nach dem Lammen.

No. 1—13. F. Stohmann etc. (V.-St. Halle). — Biologische Studien von F. Stohmann. Braunschweig, 1873. (Vergl. Ziegenmilch unter dem Einfluss des Futters No. 31—55.)

No. 14—25. Siedamgrotzky u. Hofmeister. — Mittheil. von der chem.-physiol. V.-St. der Thierarzneischule in Dresden 1879. 7. Das Futter der Ziegen bestand aus Wiesenheu, Roggenkleie und Schwarzmehl; Ziege 1 erhielt ausserdem nach dem 8. Tage 6, bezw. 12 g Milchsäure im Futter (um den Einfluss der so erzeugten Milch auf die Knochenbildung bei dem Lamme zu erforschen). Während der Milchsäure-Fütterung hatte die Milch eine schwach saure Reaction, während sie in der anderen Zeit neutral reagirte. Der Ertrag an Milch schwankte bei Ziege I zwischen 1000—1380 g, bei Ziege II zwischen 1210—2140 g für den Tag.

Ziegenmilch, unter dem Einflusse der Fütterung.

No. 1—18. F. Stohmann, R. Lehde u. O. Baeber. — J. f. Landw. 1868. 135 u. f. 1869. 1. 129 u. 340. Die Ziegen, von welchen die untersuchte Milch stammte, hatten am 23., bezw. 28. März gelammt. Nachdem die Lämmer nach etwa 14 Tagen abgesetzt worden, wurden die Ziegen täglich regelmässig dreimal gemolken; untersucht wurde stets ein Gemisch von Mittag- und Abendmilch und der Morgenmilch des nächsten Tages. Zur Milchuntersuchung wurden

No.	Bezeichnungen und Bemerkungen	Jahr der Untersuchung	Specifisches Gewicht	In der ursprünglichen Substanz: Wasser %	Fett %	Caseïn %	Albumin %	Milchzucker %	Asche (Salze) %	Trockensubstanz %	In der Trockensubstanz: Fett %	Caseïn %	Albumin %	Milchzucker %	Asche (Salze) %	N in der Trockensubstanz %
	Ziege II.															
10	Heu und Leinkuchen . . .	1866	1.0296	87.65	3.76	3.07		5.52		12.35	30.44	24.86		44.70		3.98
11	Desgl.	„	1.0284	87.81	3.67	2.86		5.66		12.19	30.11	23.46		46.43		3.75
12	Zusatz von Oel	„	1.028	87.62	3.74	3.03		4.77	0.84	12.38	30.21	24.48		38.52	6.79	3.90
13	Heu und Leinkuchen . . .	„	1.0286	88.13	3.39	3.06		4.55	0.87	11.87	28.36	25.78		38.53	7.33	4.12
14	Desgl.	„	1.0288	87.85	3.47	2.87		4.91	0.90	12.15	28.56	23.62		40.41	7.41	3.78
15	Fettarm	„	1.029	88.98	2.48	3.28		4.29	0.97	11.02	22.50	29.76		38.84	8.90	4.76
16	Zusatz von Eiweiss . . .	„	1.030	87.55	3.03	3.85		4.33	1.24	12.45	24.34	30.92		34.78	9.96	4.95
17	Heu und Leinkuchen . . .	„	1.030	87.22	3.28	4.09		4.25	1.16	12.78	25.67	32.00		33.25	9.08	5.12
18	Zusatz von viel Stärke . .	„	1.031	87.00	3.29	4.34		4.41	0.96	13.00	25.31	33.38		33.93	7.38	5.34
	Ziege I.															
19	Wiesenheu 1500 g	1868	—	88.53	3.77	2.38		4.56	0.76	11.47	32.87	19.88		39.62	6.63	3.18
20	„ 1300 g u. Stärkemehl 200 g	„	—	88.71	3.26	2.47		4.71	0.75	11.29	28.87	21.88		41.61	6.64	3.50
21	Wiesenheu 1450 g u. Mohnöl 20 g	„	—	87.97	3.96	2.75		4.51	0.81	12.03	32.92	22.86		37.49	6.73	3.66
22	Wiesenheu 1500 g	„	—	86.24	5.23	3.08		4.58	0.87	13.76	37.73	22.22		34.77	5.28	3.56
23	„ 1300 g u. Zucker 200 g	„	—	86.66	4.60	3.27		4.55	0.92	13.34	34.48	24.51		34.11	6.90	3.92
24	Wiesenheu 1500 g	„	—	85.35	5.61	3.65		4.48	0.91	14.65	38.29	24.91		30.59	6.21	3.99

je 5 ccm. Milch abgemessen, diese im Platinschiffchen auf staubfreien gekörnten Bimstein gebracht, gewogen und im Wasserbad und Wasserstoffstrom getrocknet; das Schiffchen mit der Milchtrockensubstanz in einem Rohre mit Aether extrahirt. N und Asche wurden in besonderen Theilen der Milch direct bestimmt. Die oben angegebene Zusammensetzung der Milch ist jedesmal das Mittel von Analysen von an 4 oder mehr als vier oder mehr aufeinanderfolgenden Tagen genommenen Milchproben. Von den Ziegen wurden verzehrt, bezw. Milch ermolken pro Tag in Grammen:

	Wiesenheu	Leinkuchen	Milch
Ziege I.			
1) 14. Mai bis 3. Juni	1044	375	1228
2) 11. Juni bis 17. Juni	1058	375	1244
3) 25. Juni bis 1. Juli	1057	375	1159
4) 16. Juli bis 22. Juli	917	375 (Oel 50)	1220
		entfettete	
5) 13. August bis 19. August	929	338	798
6) 27. August bis 2. September . . .	558	676	775
		gewöhnliche	
7) 10. September bis 16. September . .	856	375	578
8) 24. September bis 30. September . .	772	338 (Stärke 90)	502
9) 8. October bis 14. October	509	338 („ 215)	438
Ziege II.			
10) 14. Mai bis 3. Juni	1160	375	1450
11) 11. Juni bis 17. Juni	1177	475	1596
12) 25. Juni bis 1. Juli	1061	475 (Oel 50)	1593
13) 16. Juli bis 22. Juli	1114	475	1415
14) 13. August bis 19. August	1134	475	1064
		entfettete	
15) 27. August bis 2. September . . .	1112	428	894
16) 10. September bis 16. September . .	658	856	831
		gewöhnliche	
17) 24. September bis 30. September .	947	426	576
18) 8. October bis 14. October	597	423 (Stärke 232)	528

Ausser dem angegebenen Futter bekamen die Thiere täglich je 10 g Salz.

No. 19—30. F. Stohmann, R. Frühling u. A. Rost. — Zeitschrift für Biologie 1870. 204. Die Zusammensetzung der Milch schwankte in den einzelnen Perioden und bei den beiden Ziegen in nachstehenden Grenzen:

		Ziege I. Trockensubstanz	Fett	Caseïn	Zucker	Ziege II. Trockensubstanz	Fett	Caseïn	Zucker
Wiesenheu	Minimum	11.24	3.57	2.31	4.39	10.55	2.61	2.75	4.26
	Maximum	11.67	3.99	2.44	4.73	11.28	3.31	2.88	4.53
„ und Stärkemehl .	Minimum	11.26	3.21	2.44	4.65	10.33	2.26	2.88	4.37
	Maximum	11.43	3.53	2.56	4.76	10.94	2.59	3.00	4.50
„ und Oel	Minimum	11.73	3.73	2.63	4.47	11.27	3.10	3.06	4.10
	Maximum	12.44	4.11	3.00	4.57	11.76	3.33	3.13	4 30
„	Minimum	13.50	4.97	3.00	4.37	11.94	3.29	3.06	4.23
	Maximum	13.91	5.75	3.13	4.86	12.42	3.84	3.44	4.81
„ und Zucker . . .	Minimum	13.08	4.08	3.06	4.36	11.12	2.23	3.38	4.44
	Maximum	14.10	5.17	3.38	4.81	11.56	2.70	3.56	4.86
„	Minimum	14.28	5 20	3.44	3.90	12.69	3.39	3.63	4 08
	Maximum	14.80	6.43	3.75	4.81	13.39	4.37	3.81	4.78

No.	Bezeichnungen und Bemerkungen	Milchmenge	Jahr der Untersuchung	Specifisches Gewicht	In der ursprünglichen Substanz: Wasser	Fett	Caseïn	Albumin	Milchzucker	Asche (Salze)	Trockensubstanz	In der Trockensubstanz: Fett	Caseïn	Albumin	Milchzucker	Asche (Salze)	N in der Trockensubstanz
					%	%	%	%	%	%	%	%	%	%	%	%	%
	Ziege II.																
25	Wiesenheu 1500 g		1868	—	88.97	3.00	2.79		4.39	0.85	11.03	27.20	25.29		39.80	7.71	4.05
26	„ 1300 g u. Stärkemehl 200 g		„	—	89.36	2.46	2.96		4.41	0.81	10.64	23.12	27.82		41.45	7.61	4.45
27	Wiesenheu 1450 g u. Mohnöl 50 g		„	—	88.57	3.18	3.10		4.25	0.90	11.43	27.82	27.12		37.19	7.87	4.34
28	Wiesenheu 1500 g		„	—	87.76	3.61	3.27		4.49	0.87	12.24	29.49	26.72		36.68	7.11	4.28
29	„ 1300 g u. Zucker 200 g		„	—	88.61	2.47	3.46		4.60	0.86	11.39	21.69	30.38		40.38	7.55	4.86
30	Wiesenheu 1500 g		„	—	87.04	3.84	3.71		4.52	0.89	12.96	29.63	28.63		34.87	6.87	4.58
	Ziege I.																
31	Wiesenheu 1500 g u. Leinmehl 100 g, 11.—14. Mai . .	1258 g	1869	—	83.20	7.14	3.91		4.81	0.94	16.80	42.50	23.27		28.64	5.59	3.72
32	Wiesenheu 1500 g u. Leinmehl 100 g, 23.—29. Mai . .	1003 g	„	—	83.82	5.86	4.25		5.13	0.94	16.18	36.21	26.27		31.71	5.81	4.20
33	Wiesenheu 1450 g u. Leinmehl 150 g, 6.—12. Juni . .	786 g	„	—	84.09	5.49	4.60		4.79	1.03	15.91	34.16	28.63		30.80	6.41	4.58
34	Wiesenheu 1450 g u. Leinmehl 200 g, 20.—26. Juni . .	625 g	„	—	83.20	6.23	4.90		4.71	0.96	16.80	37.08	29.16		28.05	5.71	4.67
35	Wiesenheu 1350 g u. Leinmehl 250 g, 4.—10. Juli . .	890 g	„	—	85.04	5.11	4.30		4.46	1.09	14.96	34.16	28.74		29.81	7.29	4.60
36	Wiesenheu 1250 g u. Leinmehl 350 g, 25.—31. Juli . .	1203 g	„	—	86.23	4.17	4.19		4.54	0.87	13.77	30.28	30.43		32.97	6.32	4.87
37	Wiesenheu 1100 g u. Leinmehl 500 g, 8.—14. August .	1252 g	„	—	85.95	4.48	3.85		4.82	0.90	14.05	31.88	27.40		34.30	6.41	4.38
38	Wiesenheu 950 g u. Leinmehl 650 g, 22.—28. August .	1228 g	„	—	86.41	3.93	3.91		4.88	0.87	13.59	28.92	28.77		35.90	6.40	4.60
39	Wiesenheu 800 g u. Leinmehl 800 g, 5.—11. September	1427 g	„	—	86.36	4.22	3.93		4.57	0.92	13.64	30.94	28.81		33.51	6.74	4.61
40	Wiesenheu A 1600 g, 19.—25. Septemb.	1057 g	„	—	86.21	4.31	3.86		4.72	0.90	13.79	31.26	27.99		34.22	6.53	4.48
41	Wiesenheu B 1600 g, 3.—9. October .	643 g	„	—	85.96	4.37	4.01		4.73	0.93	14.04	31.13	28.56		33.69	6.62	4.57
	Ziege II.																
42	Wiesenheu 700 g u. Leinmehl 800 g, 14.—16. April .	1742 g	„	—	86.75	4.11	3.44		4.84	0.86	13.25	31.02	25.96		36.53	6.49	4.15
43	Wiesenheu 700 g u. Leinmehl 800 g, 18.—24. April .	1493 g	„	—	86.61	38.8	3.63		5.04	0.84	13.39	28.98	27.11		37.64	6.27	4.34

No. 31—55. F. Stohmann, R. Frühling, O. Claus, P. Petersen u. v. Seebach. — Biologische Studien von F. Stohmann. Braunschweig, 1873.

No.	Bezeichnungen und Bemerkungen	Milchmenge	Jahr der Untersuchung	Specifisches Gewicht	In der ursprünglichen Substanz: Wasser %	Fett %	Caseïn %	Albumin %	Milchzucker %	Asche (Salze) %	Trockensubstanz %	In der Trockensubstanz: Fett %	Caseïn %	Albumin %	Milchzucker %	Asche (Salze) %	N in der Trockensubstanz %
44	Wiesenheu 700 g u. Leinmehl 800 g, 30. April bis 4. Mai	1386 g	1869	—	87.34	3.33	3.64		4.83	0.86	12.66	26.30	28.75		38.16	6.79	4.60
45	Wiesenheu 700 g u. Leinmehl 800 g, 11.—14. Mai . .	1574 g	"	—	87.81	3.13	3.71		4.50	0.85	12.19	25.68	30.43		36.92	6.97	4.87
46	Wiesenheu 700 g u. Leinmehl 800 g, 23.—29. Mai . .	1481 g	"	—	88.09	2.94	3.44		4.69	0.84	11.91	24.68	28.88		40.39	6.05	4.62
47	Wiesenheu 700 g u. Leinmehl 800 g, 6.—12. Juni . .	1492 g	"	—	88.02	2.98	3.67		4.50	0.85	11.98	24.87	30.63		37.41	7.09	4.90
48	Wiesenheu 700 g u. Leinmehl 800 g, 20.—26. Juni . .	1395 g	"	—	87.70	3.16	3.72		4.57	0.85	12.30	25.69	30.24		37.16	6.91	4.84
49	Wiesenheu 700 g u. Leinmehl 800 g, 4.—10. Juli . .	1294 g	"	—	87.79	3.11	3.63		4.64	0.83	12.21	25.47	29.73		38.00	6.80	4.76
50	Wiesenheu 900 g, Leinmehl 400 g u. Stärkemehl 200 g, 25.—31. Juli . .	1273 g	"	—	88.33	2.66	3.77		4.39	0.85	11.67	22.79	32.31		37.62	7.28	5.17
51	Wiesenheu 900 g, Leinmehl 400 g u. Gummi 200 g, 8. bis 14. August .	1089 g	"	—	87.39	3.25	3.65		4.83	0.88	12.61	25.77	28.94		38.31	6.98	4.63
52	Wiesenheu 900 g, Leinmehl 400 g u. Zucker 175 g, 22. bis 28. August .	976 g	"	—	87.85	2.68	3.87		4.68	0.92	12.15	22.06	31.85		38.52	7.57	5.10
53	Wiesenheu A, 19. bis 25. September .	627 g	"	—	86.37	4.07	4.26		4.37	0.93	13.63	29.86	31.26		32.10	6.82	5.00
54	Wiesenheu B, 3. bis 9. October . . .	519 g	"	—	85.89	4.23	4.34		4.61	0.93	14.11	29.98	31.76		31.67	6.59	5.08
55	Stärkemehl 200 g u. Gummi 200 g, 17. bis 23. October .	358 g	"	—	87.20	2.29	4.46		5.09	0.96	12.80	17.89	34.84		39.77	7.50	5.41
56	I. 750 g Wiesenheu . . .		—	—	89.16	2.81	—	—	—	—	10.84	25.92	—	—	—	—	—
57	II. 500 g Wiesenheu u. 500 g Erbsenschrot		—	—	89.47	3.32	—	—	—	—	10.53	31.53	—	—	—	—	—
58	III. 1500 g frische Kartoffeln u. 375 g Strohhäcksel . .		—	—	89.44	2.70	—	—	—	—	10.56	25.57	—	—	—	—	—
59	IV. 1500 g frische Kartoffeln u. 250 g Fleischmehl . .		—	—	89.31	3.14	—	—	—	—	10.69	29.37	—	—	—	—	—
60	V. 1500 g frische Kartoffeln (ohne Fleischmehl), 250 g Kleie u. 125 g Olivenöl .		—	—	87.12	5.09	—	—	—	—	12.88	39.52	—	—	—	—	—

No. 56—62. H. Weiske, M. Schrodt u. B. Dehmel. — J. f. Landwirthschaft. 26. 1878. 447. Als Versuchsthier diente eine Ziege von normaler Beschaffenheit. Fütterungsperioden III u. V dauerten je 3 Wochen, die übrigen je 2 Wochen. In jeder Periode bestimmte man mindestens an den letzten 12 Versuchstagen die täglich producirte Milchmenge durch dreimaliges Melken und an den letzten 4 bezw. 5 Tagen den Fett- und Trockensubstanzgehalt der Milch. Ebenso wurde, wie unten ersichtlich, eine weitere Untersuchung des Milchfettes vorgenommen:

No.	Bezeichnungen und Bemerkungen	Jahr der Untersuchung	Specifisches Gewicht	In der ursprünglichen Substanz: Wasser %	Fett %	Caseïn %	Albumin %	Milchzucker %	Asche (Salze) %	Trockensubstanz %	In der Trockensubstanz: Fett %	Caseïn %	Albumin %	Milchzucker %	Asche (Salze) %	N in der Trockensubstanz %
61	VI. Wie V, statt Olivenöl 85 g Stearinsäure	—	—	87.72	4.46	—	—	—	—	12.28	36.32	—	—	—	—	—
62	VII. Wie I.	—	—	88.67	3.46	—	—	—	—	11.33	30.54	—	—	—	—	—
	Ziege 1.															
63	Eiweissreiche Nahrung 1 : 6,5	1880	1.0300	88.23	3.42	3.00		4.42	—	11.77	29.06	25.49		37.55	—	4.08
64	Eiweissärmere „ 1 : 6,9	„	1.0292	89.56	3.55	3.48		3.41	—	10.44	34.01	33.33		32.66	—	5.33
	Ziege II.															
65	Mittlerer Eiweissgehalt 1 : 6,9 in 100 ccm	„	—	88.11	3.82	—	—	4.34	—	11.89	32.13	—	—	36.50	—	—
	Ziege I. (Milchend Wochen / Tagesertrag ccm)															
66	11. Lactationswoche, eiweissr. Futter*), 24. Juni bis 2. Juli 11 505.8	1881	—	88.27	3.57	—		4.58	—	12.73	30.43	—	—	35.98	—	—
67	Eiweissärm. Futter, 2.—13. Juli . 12 413.4	„	1.0303	88.09	3.72	3.10		4.20	—	11.91	31.23	26.03		35.26	—	4.16
68	Salzreich.**) Futter, 19.—30. Juli 13-14 295.0	„	1.0322	87.80	—	—	—	—	0.81	12.20	—	—	—	—	6.64	—
	Ziege II.															
69	11. Lactationswoche, eiweissärm. Futt., 2.—14. Juli . . 11 313.5	„	—	87.69	3.89	—	—	—	—	12.31	31.60	—	—	—	—	—
70	Weidegrasfütterung, u. Schrot, 15. bis 30. Juli . . 13-14 339.5	„	1.0293	86.61	5.25	—	—	4.15	—	13.39	39.21	—	—	30.94	—	—

	Tägliche Milchmenge g	Darin Trockensubstanz g	Fett g	Milchfett: Schmelzpunkt °C.	Erstarrungspunkt °C.	Eigentliche Fettsäuren: des Milchfettes %	Schmelzpunkt °C.	Erstarrungspunkt °C.
I.	730.8	79.29	20.50	35.3	—	87.41	37.9	29.0
II.	782.1	82.34	25.96	37.5	10.3	85.14	45.4	32.0
III.	739.0	78.02	19.96	34.5	10.8	85.41	48.0	37.6
IV.	1054.0	112.66	23.21	37.5	11.8	84.94	48.6	37.6
V.	588.3	77.85	79.74	38.8	11.5	88.34	39.4	30.3
VI.	506.2	62.24	22.30	39.5	12.5	87.26	47.4	36.1
VII.	358.0	38.19	11.65	32.9	9.4	87.85	40.9	30.6
Rahm	—	—	—	37.0	10.5	85.47	48.0	34.0
Abgerahmte Milch . .	—	—	—	39.0	10.5	82.70	48.0	35.0

No. 63—65. Im. Munk. — Jahresber. der Thier-Chemie 1880. 213. Die Analysen wurden von Schülern ausgeführt und zeigen Unregelmässigkeiten, die den Werth der Zahlen zweifelhaft erscheinen lassen.

No. 66—70. Im. Munk. — Archiv für wissensch. und prakt. Thierheilkunde 1881. S. 91.

*) Das eiweissreiche Futter bestand aus 500 g Heu, 300 g Weizenkleie, 150 g Maisschrot und 3 Liter Wasser; das eiweissärmere Futter aus 500 g Heu, 250 g Weizenkleie, 150 g Maisschrot und 3 Liter Wasser pro Tag. Bei No. 70 wurden neben 3 kg Weidegras noch 150 g Schrot gefüttert. Die Ziegen befanden sich zu Anfang der Versuche in der 11. Lactationswoche und wurden morgens 7 Uhr und abends 8 Uhr gemolken. An gesammten Bestandtheilen wurden pro Tag in der Milch abgegeben:

	Feste Stoffe g	Eiweiss g	Fett g	Milchzucker g
Ziege 1, eiweissreiches Futter, 24. Juni bis 2. Juli	61.3	15.51	17.81	23,16
„ 1, eiweissärmeres Futter, 2.—13. Juli . . .	44.45	14.85	15.15	17.82
„ 2, „ „ 2.—14. Juli . . .	37.26	—	12.03	13.60
„ 2, Weidegras und Schrot, 15.—30. Juli . . .	45.56	—	17.90	14.09

**) Das Futter der salzreichen Periode bestand aus 300 g Weizenkleie, 2 kg Kartoffeln mit 1½ Liter Wasser und 20.6 g Salzen. Während in einer Verfütterungsperiode 1.96 g Salze pro Tag oder 0.76 % der Milch ausgeschieden wurden, betrug diese Menge in der Salzperiode 2.24 g pro Tag oder 0.81 % der Milch.

No.	Bezeichnungen und Bemerkungen	Jahr der Untersuchung	Specifisches Gewicht	In der ursprünglichen Substanz: Wasser %	Fett %	Caseïn %	Albumin %	Milchzucker %	Asche (Salze) %	Trockensubstanz %	In der Trockensubstanz: Fett %	Caseïn %	Albumin %	Milchzucker %	Asche (Salze) %	N in der Trockensubstanz %
	Ziegenmilch. Nach der Dauer des Verbleibens im Euter, zu verschiedenen Melk- (Tages-) Zeiten.															
1	7. Januar, Morgenmilch	1856	—	87.01	3.44	—	—	—	—	12.99	26.48	—	—	—	—	—
2	7. „ Mittagmilch	„	—	—	5.59	—	—	—	—	—	—	—	—	—	—	—
3	7. „ Abendmilch	„	—	84.45	5.62	—	—	—	—	15.55	35.04	—	—	—	—	—
4	8. „ Morgenmilch	„	—	—	3.74	—	—	—	—	—	—	—	—	—	—	—
5	8. „ Mittagmilch	„	—	84.15	5.51	—	—	—	—	15.85	34.16	—	—	—	—	—
6	8. „ Abendmilch	„	—	85.56	4.51	—	—	—	—	14.44	31.23	—	—	—	—	—
7	9. „ Morgenmilch	„	—	86.43	3.48	—	—	—	—	13.57	25.64	—	—	—	—	—
8	9. „ Mittagmilch	„	—	87.01	3.47	—	—	—	—	12.99	26.71	—	—	—	—	—
9	9. „ Abendmilch	„	—	85.85	4.56	—	—	—	—	14.15	32.23	—	—	—	—	—
10	11. „ Mittagmilch	„	—	85.05	4.76	—	—	—	—	14.95	31.84	—	—	—	—	—
11	11. „ Abendmilch	„	—	82.41	6.74	—	—	—	—	17.59	38.32	—	—	—	—	—
12	12. „ Morgenmilch	„	—	82.95	6.76	—	—	—	—	17.05	39.69	—	—	—	—	—
13	12. „ Mittagmilch	„	—	83.87	5.66	—	—	—	—	16.13	35.09	—	—	—	—	—
14	12. „ Abendmilch	„	—	84.52	5.29	—	—	—	—	15.48	34.17	—	—	—	—	—
15	13. „ Morgenmilch	„	—	85.33	4.54	—	—	—	—	14.67	30.95	—	—	—	—	—
16	13. „ Mittagmilch	„	—	85.16	4.68	—	—	—	—	14.84	31.54	—	—	—	—	—
17	13. „ Abendmilch	„	—	84.81	4.63	—	—	—	—	15.19	30.48	—	—	—	—	—
18	14. „ Morgenmilch	„	—	83.75	5.21	—	—	—	—	16.25	32.06	—	—	—	—	—
19	14. „ Mittagmilch	„	—	85.18	4.51	—	—	—	—	14.82	30.43	—	—	—	—	—
20	14. „ Abendmilch	„	—	83.46	5.22	—	—	—	—	16.54	31.56	—	—	—	—	—
21	15. „ Morgenmilch	„	—	83.89	5.09	—	—	—	—	16.11	31.35	—	—	—	—	—
22	15. „ Mittagmilch	„	—	83.32	5.40	—	—	—	—	17.68	30.54	—	—	—	—	—
23	3 Stunden nach dem letzten Melken, Menge 117 g	1849	—	75.88	13.64	5.77		4.71	—	24.12	56.55	23.92		19.53	—	3.83
24	6 Stunden nach dem letzten Melken, Menge 238 g	„	—	80.48	8.96	5.59		4.98	—	19.52	45.90	28.64		25.51	—	4.58
25	12 Stunden nach dem letzten Melken, Menge 368 g	„	—	81.32	7.43	6.14		5.11	—	18.68	39.77	32.87		27.35	—	5.26
26	24 Stunden nach dem letzten Melken, Menge 815 g	„	—	82.52	6.60	5.64		5.24	—	17.48	37.76	32.27		29.98	—	5.16
27	Mrgm. } bei Kartoffeln und Strohfütterung	1878	—	89.10	2.89	—	—	—	—	10.90	26.51	—	—	—	—	—
28	Abdm. } bei Kartoffeln und Strohfütterung	„	—	88.18	3.69	—	—	—	—	11.82	31.22	—	—	—	—	—
29	Mrgm. } desgl. unter Zusatz von Fleischmehl	„	—	89.41	3.08	—	—	—	—	10.59	29.08	—	—	—	—	—
30	Abdm. } desgl. unter Zusatz von Fleischmehl	„	—	88.85	3.63	—	—	—	—	11.15	32.26	—	—	—	—	—
	Im Mittel von je 6 Ziegen. (Milchmenge in g; Melkung v. 6 St. p. Tag)															
31	20. Juli { 6h. Mrg. 2612.6 } 2mal. Melken 4607.6	1872	1.0289	88.49	3.74	4.22	0.30	2.48	0.77	11.51	32.49	36.66	2.61	21.55	6.69	6.28
32	20. Juli { 6h. Ab. 1995.0 } 2mal. Melken 4607.6	„	1.0278	88.45	3.97	3.26	0.18	3.38	0.76	11.55	34.37	28.23	1.56	29.26	6.58	4.77
33	22. Juli { 6h. Mrg. 2067.1 } 3 mal. Melken 4355.2	„	1.0289	89.27	3.32	2.95	0.28	3.42	0.76	10.73	30.94	27.49	2.61	31.88	7.08	4.82
34	22. Juli { 12h. Mitt. 1304.0 } 3 mal. Melken 4355.2	„	1.0281	88.15	4.17	4.99	0.51	1.44	0.74	11.85	35.19	42.11	4.30	12.16	6.24	7.43
35	22. Juli { 6h. Ab. 984.1 } 3 mal. Melken 4355.2	„	1.0289	88.47	3.75	4.68	0.20	2.14	0.76	11.53	32.52	40.59	1.73	18.57	6.59	6.77

Ziegenmilch. Nach der Dauer des Verbleibens im Euter, zu verschiedenen Melk-(Tages-)Zeiten.

No. 1—22. W. Wicke. — Weende'r Jahresber. 1855—56. 10. Die Mittelzahlen für Milchzucker und Salze wurden aus je 4 Bestimmungen gefunden, ohne dass sich für die Milch verschiedener Tageszeiten Abweichungen ergaben.

No. 23—26. Bouchardat u. Quevenne. — Martiny: Die Milch. I. 351. (May: das Rind. II. 431.)

No. 27—30. H. Weiske, M. Schrodt u. B. Dehmel. — J. f. Landwirthsch. 26. 1878. 447. Vergl. Ziegenmilch unter dem Einflusse des Futters. No. 19—25.

No. 31—44. J. Moser u. F. Soxhlet. — 1. Bericht der V.-St. Wien 1878. 72. Die Thiere waren von der k. k. Landwirthschafts-Gesellschaft auf der Wiener Weltausstellung 1872 mehrere Monate hindurch aufgestellt. Das Futter der Thiere bestand aus Heu und Weizenkleie.

No.	Bezeichnungen und Bemerkungen	Jahr der Untersuchung	Specifisches Gewicht	In der ursprünglichen Substanz: Wasser %	Fett %	Caseïn %	Albumin %	Milchzucker %	Asche (Salze) %	Trockensubstanz %	In der Trockensubstanz: Fett %	Caseïn %	Albumin %	Milchzucker %	Asche (Salze) %	N in der Trockensubstanz %
	Milchmenge in g; Melkung v. 6 St. p. Tag															
36	24. Juli, 6h. Mrg. 2431.5 (4 mal. Melken 4891.4)	1872	1.0299	89.60	2.98	2.26	0.19	4.16	0.81	10.40	38.27	21.73	1.83	39.38	7.79	3.77
37	24. Juli, 10h. Mrg. 930.1	„	1.0284	88.36	4.10	2.45	0.47	3.83	0.79	11.64	35.22	21.05	4.04	32.90	6.79	4.01
38	24. Juli, 2h. Mitt. 672.3	„	1.0286	88.01	4.22	2.64	0.43	3.95	0.75	11.99	35.19	22.02	3.59	32.94	6.26	4.10
39	24. Juli, 6h. Ab. 807.5	„	1.0276	88.88	3.52	3.10	0.13	3.66	0.71	11.12	31.66	27.88	1.17	32.90	6.39	4.65
40	26. Juli, 6h. Mrg. 2415.5 (5 mal. Melken 4922.0)	„	1.0291	89.35	3.05	2.98	0.13	3.72	0.77	10.65	28.64	27.98	1.22	34.93	7.23	4.67
41	26. Juli, 9h. Mrg. 657.1	„	1.0277	87.89	4.40	3.67	0.16	3.13	0.75	12.11	36.34	30.31	1.32	25.84	6.19	5.06
42	26. Juli, 12h. Mitt. 673.0	„	1.0276	87.92	4.43	2.79	0.32	3.82	0.72	12.08	36.67	23.10	2.65	31.62	5.96	4.12
43	26. Juli, 3h. Nachm. 647.0	„	1.0284	88.19	4.09	3.14	0.15	3.68	0.75	11.81	34.63	26.59	1.27	31.16	6.35	4.46
44	26. Juli, 6h. Ab. 529.4	„	1.0279	88.43	3.98	3.00	0.16	3.70	0.73	11.57	34.40	25.93	1.38	31.98	6.31	4.37
		Anz. d. An.														
	Mittel*) Morgenmilch .	4	—	89.30	3.24	4.02		2.51	0.73	10.70	30.28	37.57		25.33	6.82	6.01
	„ Abendmilch .	4	—	88.49	3.76	3.05		4.08	0.62	11.51	32.66	26.49		35.52	5.33	4.24
	„ Morgenmilch .	11	—	86.99	4.09	3.26	0.29	4.46	0.91	13.01	31.44	25.05	2.23	34.29	6.99	4.36
	„ Mittagmilch .	11	—	86.18	4.69	3.47	0.42	4.50	0.74	13.82	33.94	25.11	3.04	32.56	5.35	5.50
	„ Abendmilch .	11	—	86.26	4.52	3.58	0.18	4.72	0.74	13.74	33.90	26.06	1.31	33.34	5.39	4.38

Ziegenmilch. Gebrochenes Melken.

No.	Bezeichnungen und Bemerkungen	Jahr	Spec. Gew.	Wasser	Fett	Caseïn	Albumin	Milchzucker	Asche	Trockensubstanz	Fett	Caseïn	Albumin	Milchzucker	Asche	N
1	Erste Milch einer Ziege . .	1878	—	90.16	2.30	—	—	—	—	9.84	23.37	—	—	—	—	—
2	Letzte „ „ „ . .	„	—	88.04	4.46	—	—	—	—	11.96	37.29	—	—	—	—	—

Ziegenmilch aus verschiedenen Strichen des Euters einer Ziege.

No.	Bezeichnungen und Bemerkungen	Jahr	Spec. Gew.	Wasser	Fett	Caseïn	Albumin	Milchzucker	Asche	Trockensubstanz	Fett	Caseïn	Albumin	Milchzucker	Asche	N
1	Heufütterung, rechte Zitze .	1878	—	89.20	2.81	—	—	—	—	10.80	26.02	—	—	—	—	—
2	Desgl., linke Zitze	„	—	88.84	3.06	—	—	—	—	11.16	27.44	—	—	—	—	—
3	Kartoffeln und Stroh, rechte Zitze	„	—	89.54	3.14	—	—	—	—	10.46	30.02	—	—	—	—	—
4	Desgl., linke Zitze	„	—	89.30	2.74	—	—	—	—	10.70	25.61	—	—	—	—	—
5	Desgl. und Fleischmehl, rechte Zitze	„	—	89.24	3.16	—	—	—	—	10.76	29.37	—	—	—	—	—
6	Desgl., linke Zitze	„	—	88.88	3.47	—	—	—	—	11.12	31.21	—	—	—	—	—

Schafmilch.

Colostrum.

No.	Bezeichnungen und Bemerkungen	Jahr	Spec. Gew.	Wasser	Fett	Caseïn	Albumin	Milchzucker	Asche	Trockensubstanz	Fett	Caseïn	Albumin	Milchzucker	Asche	N
1	3 Tage nach dem Lammen .	1865	—	76.70	1.20	13.37		7.10	1.63	23.30	5.15	57.38		30.47	7.00	9.18
2	Gelb und zähe	1879	1.063	69.74	2.75	17.37		8.85	1.29	30.26	9.09	57.41		29.24	4.26	9.19
	In 100 ccm g. Quantum g															
3	1/2 Stunde nach dem Lammen . . . 64.6	„	1.0604	48.03	25.02	4.96	18.56	2.24	1.19	51.97	49.14	9.54	35.71	3.32	2.29	7.24

*) Bei den Mittelwerthsberechnungen sind nur die sich für je einen Tag entsprechenden Analysen einerseits für Morgen- und Abendmilch, andererseits für Morgen-, Mittag- und Abendmilch berücksichtigt.

Ziegenmilch. Gebrochenes Melken.
No. 1 u. 2. H. Weiske, M. Schrodt u. B. Dehmel. — J. f. Landwirthsch. 26. 1878. 447.

Ziegenmilch aus verschiedenen Strichen des Euters einer Ziege.
No. 1—6. H. Weiske, M. Schrodt u. B. Dehmel. — J. f. Landwirthschaft. 26. 1878. 447. Milch von ein und derselben Ziege.

Schafmilch. Colostrum.
No. 1 u. 2. Aug. Voelcker. — J. R. Agricult. Soc. England. 23. 1862. 412 u. 1880. No. 32.
No. 3—8. H. Weiske u. G. Kennepohl. — J. f. Landwirthschaft. 29. 1881. 451. Die Untersuchung bezieht sich auf die Milch eines Schafes von Southdown-Merino-Kreuzung, das 2 1/2 Jahr alt, 35 kg schwer, im April 1879 zum ersten Male lammte. Noch ehe das Lamm zum saugen kam, wurde das Schaf soweit gemolken, dass die Milchdrüse vollständig

No.	Bezeichnungen und Bemerkungen	Quantum g	Jahr der Untersuchung	Specifisches Gewicht	In der ursprünglichen Substanz: Wasser %	Fett %	Caseïn %	Albumin %	Milchzucker %	Asche (Salze) %	Trockensubstanz %	In der Trockensubstanz: Fett %	Caseïn %	Albumin %	Milchzucker %	Asche (Salze) %	N in der Trockensubstanz %
4	7 Stunden nach dem Lammen . . .	170.0	1879	1.0520	61.93	16.14	7.48	9.61	3.88	0.96	38.07	42 40	19.65	25.25	10.18	2.52	7.18
5	19 Stunden nach dem Lammen . . .	288.0	„	1.0449	76.53	8.87	5.27	2.93	5.54	0.86	23.47	38.68	22.76	12.80	22.01	3.75	5.69
6	2 Tage nach dem Lammen . . .	620.0	„	1.0359	82.79	5.93	4.28	0.82	5.30	0.87	17.21	34.45	24.87	4.77	30.85	5.06	4.74
7	3 Tage nach dem Lammen . . .	736.0	„	1.0350	82.93	6.19	4.54	0.92	4.47	0.95	17.07	36.26	26.60	3.39	26.18	5.75	5.12
8	4 Tage nach dem Lammen . . .	768.0	„	1.0343	83.48	5.69	4.64	0.85	4.38	0.96	16.52	34.44	28.09	4.96	26.70	5.81	5.29
9	5 Tage nach dem Lammen . . .	840.0	„	1.0335	83.90	5.72	4.18	0.60	4.68	0.92	16.10	35.53	25.96	3.73	29.07	5.71	4.75
10	6 Tage nach dem Lammen . . .	910.0	„	1.0335	85.22	4.47	3.88	0.70	4.85	0.88	14.78	29.91	26.25	4.74	33.15	5.95	4.96
11	7 Tage nach dem Lammen . . .	924.0	„	1.0352	84.40	4.61	4.04	0.86	5.19	0.90	15.60	29.55	25.90	5.51	33.27	5.77	5.03
12	8 Tage nach dem Lammen . . .	992.0	„	1.0365	84.26	4.62	3.97	0.73	5.54	0.88	15.74	29.35	25.22	4.64	35.20	5.59	4.78
13	9 Tage nach dem Lammen . . .	987.0	„	1 0358	84.39	4.71	4.49	0.60	4.91	0.90	15.61	30.17	28.76	3.84	34.46	5.77	5.22

Schafmilch. Allgemeine Tabelle.

No.	Bezeichnungen und Bemerkungen	Jahr der Untersuchung	Specifisches Gewicht	Wasser %	Fett %	Caseïn %	Albumin %	Milchzucker %	Asche (Salze) %	Trockensubstanz %	Fett %	Caseïn %	Albumin %	Milchzucker %	Asche (Salze) %	N in der Trockensubstanz %
1		1856	—	84.01	4.74	5.67		4.83	0.75	15.99	29.64	35.46		30.21	4.69	5.67
2	Gemischte Milch v. 20 Schafen (densimetrisch bestimmt) .	1852	—	81.60	7.50	4.00	1.70	4.30	0.90	18.40	40.76	21.74	9.24	23.37	4.89	4.94
3	Dishley-Schafe	1857	—	81.00	5.00	7.50		5.80	Nf. Extractst. 0.70	19.00	26.32	39.47		30.53	3.68	6.32
4	„ „	„	—	82.50	3.70	7.90		5.35	0.55	17.50	21.14	45.14		30.58	3.14	7.22
5	Southdown-Schafe	„	—	84.20	4.00	6.50		4.61	0.69	15.80	25.32	41.14		29.17	4.37	6.58
6	Merino-Schafe	„	—	78.40	7.60	9.02		4.37	0.61	21.60	35.19	41.76		20.23	2.82	6.68
7	Lauraguais-Schafe	„	—	76.98	10.40	8.30		4.16	0.16	23.02	45.18	36.06		18.06	0.70	5.77
8	Tarascon-Schafe (Abart der vorigen)	„	—	77.23	10.40	8.05		4.16	0.16	22.77	45.68	35.36		18.26	0.70	5.66
9		1862	—	83.10	4.45	5.76		5.73	Salze 0.96	16.90	26.23	34.08		33.91	5.68	5.45
10		—	—	85.06	4.20	4.50		5.00	0.70	14.40	29.16	31.25		34.73	4.86	5.00

entleert wurde. Das zuerst gewonnene Colostrum war von ganz schwach saurer Reaction, von citronengelber Farbe, noch warm von dünnbreiiger fadenziehender Beschaffenheit, nach dem Erkalten von salbenartiger Consistenz; enthielt wenig Colostrumkörper. Der Caseïn- und Albumin-Gehalt wurde nach der Hoppe-Seyler'schen Methode bestimmt. Nach Abscheidung des Albumins wurde im eingedampften Filtrat der N-Gehalt durch Verbrennen mit Natronkalk bestimmt. Ausserdem wurde der Gesammt-N auf gleiche Weise bestimmt. Die hierbei gefundenen Werthe für Gesammt-N u. N-Rest (Lecithin, Nucleïn) waren folgende:

	No. 3	4	5	6	7	8	9	10	11	12	13	
Gesammt-Proteïn (N × 6.25)	25.22	17.44	8.50	5.22	5.56	5.56	5.19	4.88	5.00	4.93	4.59	g in 100 ccm
Stickstoffrest	0.28	0.11	0.12	0.11	0.10	0.10	0.09	0.08	0.07	0.10	0.08	„ „ 100 „

Die Fortsetzung der Arbeit, Untersuchung der Milch, s. unter Schafmilch No. 30—65.

Schafmilch. Allgemeine Tabelle.

No. 1. Bouchardat u. Quevenne. Der Autoren: Du lait. Paris, 1857. II. 174.
No. 2. Doyère. — Arch. phys. nat. 22. 239.
No. 3—8. Filhol u. Joly. — Compt. rend. 47. 1013. Die Schafe gehörten sämmtlich einem Besitzer und erhielten das gleiche Futter. Die englischen Schafe waren in sehr gutem Gesundheitszustand und befanden sich deren Vorfahren schon lange in Frankreich, so dass die Abweichungen im Gehalte der Milch gegenüber der Milch der einheimischen Rassen nicht wohl aus einem abnormen Zustande in Folge eines kürzlichen Wechsels des Klimas oder der Lebensweise erklärt werden können.
No. 9. A. Voelcker. — J. R. Agric. Soc. England 1862. 23. 412.
No. 10. O. Henry u. A. Chevalier. J. Pharmac. 25. 333.

No.	Bezeichnungen und Bemerkungen	Jahr der Untersuchung	Specifisches Gewicht	In der ursprünglichen Substanz: Wasser %	Fett %	Caseïn %	Albumin %	Milchzucker %	Asche (Salze) %	Trockensubstanz %	In der Trockensubstanz: Fett %	Caseïn %	Albumin %	Milchzucker %	Asche (Salze) %	N in der Trockensubstanz %
11		—	—	83.12	5.37	4.18	1.13	5.28	0.92	16.88	31.81	24.76	6.69	31.29	5.45	5.03
12	Pariser Gegend (Mittel von 4 Analysen)	1856	—	83.23	5.13	6.98		3.94	0.72	16.77	30.59	41.62		23.59	4.29	6.66
13	Merino	„	—	82.40	8.29	4.50		4.17	0.64	17.60	47.10	25.57		23.69	3.64	4.09
14	Bergamasker	1875	—	82.41	6.89	5.97		4.41	0.52	17.59	39.17	33.94		23.93	2.96	5.43
15	Von englischen Schafen . .	1879	—	83.70	4.45	5.16		5.73	0.96	16.30	27.30	31.66		35.15	5.89	5.07
16	Desgl.	„	—	75.00	12.78	6.58		4.66	0.98	25.00	51.12	26.24		18.72	3.92	4.20
17	Desgl.	„	—	86.70	3.67	4.44		4.00	1.19	13.30	27.59	33.38		30.09	8.94	5.34
18	Desgl.	„	—	86.12	2.16	5.59		4.93	1.20	13.88	15.56	40.23		35.56	8.65	6.44
19	Desgl.	„	—	84.15	2.32	5.91		6.57	1.05	15.85	14.64	37.29		41.45	6.62	5.97
20	Desgl.	„	—	79.02	10.24	4.56		5.19	0.99	20.98	48.80	21.73		24.75	4.72	3.48
21	Desgl.	„	—	84.24	4.78	4.31		5.80	0.87	15.76	30.33	28.62		35.53	5.52	4 58
22	Desgl.	„	—	84.73	3.65	5.37		5.46	0.79	15.27	23.90	35.17		35.76	5.17	5.63
23	Merino-Schafe, 4 Tage nach dem Lammen	1880	1.0338	80.72	8.90	3.61	0.83	5.17	0.77	19.28	46.16	18.73	4.31	26.81	3.99	3.69
24	Radener Schafherde	1877	1.0368	76.07	11.28	6.64	1.52	3.45	1.04	23.93	47.14	27.75	6.35	14.41	4.35	5.46
25	Radener Schafherde	1879	1.0372	75.43	11.73	6.17	1.62	4.03	1.02	24.57	47.69	25.09	6.59	16.48	4.15	5.07
26	Radener Schafherde	1880	1.0371	74.59	11.85	6.59	1.85	3.94	1.08	25.41	47.02	25.93	7.28	15.52	4.25	5.31
27	Radener Schafherde, 15. Juli bei 17° C. .	1881	1.0385	74.47	12.01	6.65	1.88	3.87	1.12	25.53	45.27	25.06	7.09	18.36	4.22	5.14
28	Radener Schafherde, 20. „ „ 22° C. .	1882	1.0350	75.54	11.90	5.83	1.33	4.35	1.05	24.46	48.65	23.83	5.44	15.95	6.13	4.68
29	Radener Schafherde, 16. „ „ 15° C. .	1884	1.0369	77.55	9.66	6.67	1.02	3.99	1.11	22.45	43.07	29.74	4.55	16.69	5.95	5.49
	Zu verschiedener Melkzeit; in 100 ccm. Milchquantum															
30	5. Mai, Morgens 524 g	1879	1.0334	85.77	4.29	—	—	—	—	14.23	30.15	—	—	—	—	—
31	5. Mai, Mittags 254 g	„	1.0319	84.65	5.54	—	—	—	—	15.35	36.09	—	—	—	—	—
32	5. Mai, Abends 240 g	„	1.0309	83.92	6.56	—	—	—	—	16.08	40.80	—	—	—	—	—
33	6. Mai, Morgens 358 g	„	1.0324	85.11	5.22	—	—	—	—	14.89	35.06	—	—	—	—	—
34	6. Mai, Mittags 220 g	„	1,0298	84.59	6.04	—	—	—	—	15.41	39.19	—	—	—	—	—
35	6. Mai, Abends 232 g	„	1.0317	85.33	5.18	—	—	—	—	14.67	35.31	—	—	—	—	—
36	7. Mai, Morgens 444 g	„	1.0340	86.41	4.26	—	—	—	—	13.59	31.35	—	—	—	—	—
37	7. Mai, Abends 493 g	„	1.0333	85.68	4.79	—	—	—	—	14.32	33.45	—	—	—	—	—
38	8. Mai, Morgens 467 g	„	1.0339	85.65	4.91	—	—	—	—	14.35	34.22	—	—	—	—	—
39	8. Mai, Abends 487 g	„	1.0334	85.87	4.41	—	—	—	—	14.13	31.21	—	—	—	—	—

No. 11. Commaille. — J. Pharmac. (4). 10. 96.
No. 12 u. 13. Vernois u. Becquerel. — von Gohren: Die Naturgesetze der Fütterung. Leipzig, 1872. 467. Die Untersuchung wurde gelegentlich der internationalen landwirthschaftlichen Ausstellung in Paris 1856 ausgeführt.
No. 14. Rossel. — Agrikulturchemisches Centralblatt 1875. 2. 140. (Aus den Bern'schen Blättern für Landwirthschaft 1875. 63.)
No. 15—22. A. Voelcker. — J. R. Agric. Soc. England 1880. 16. 32. Die stickstoffhaltigen Substanzen sind durch Multiplikation des gefundenen N-Gehaltes mit 6.25 berechnet.
No. 23. F. Strohmer. — Originalmittheilung.
No. 24—26. W. Fleischmann. — Bericht der Milchwirthsch. V.-St. Raden 1880. 33. Milch der Mutterschafe der Radener Schafherde, nach dem Absetzen der Lämmer ermolken. Reaction amphoter. Zahl der Schafe, die gemolken, und Milchmenge:

	1877	1879	1880	1881
Zahl der Mutterschafe . . .	279	300	280	250
Milch pro Tag und Stück . .	67.5 g	80 g	63.7 g	60.3 g

No. 27—29. W. Fleischmann. — Ebendaselbst 1881. 36; 1882. 40; 1884. 23. Bei den Analysen ist Verlust angegeben zu Milch für 1881 = 0.45 %, für 1882 = 0.43 %; ferner enthielt die Milch

von 1882	von 1884
Lactoproteïn = 0.488 %	Albuminose und Lactoproteïn = 0.449.

Die Trennung der Proteïnstoffe erfolgte nach folgendem Verfahren:
Bei gewöhnlicher Temperatur durch verdünnte Essigsäure ausgeschieden = Caseïn
Aus dem Filtrat davon durch Siedhitze . . . . = Albumin
„ „ „ „ „ Kupfersulfat ausgeschieden . . . . = Lactoproteïn

No. 30—65. H. Weiske u. G. Kennepohl. — J. f. Landwirthschaft 1881. 451. Die Analysen beziehen sich auf die Milch ein- und desselben Schafes, Southdown-Merino-Kreuzung. Das Schaf war $2^1/_2$ Jahr alt, wog 35 kg und hatte am 22. April 1879 zum erstenmal gelammt; dasselbe erhielt bis Ende Mai als Futter für den Tag 0.5 kg Heu, 0.5 kg Gerstesschrot und 1.0 kg Rüben. 10 Tage nach dem Lammen producirte dasselbe nahezu regelmässig 1 Liter Milch auf den Tag.

No.	Bezeichnungen und Bemerkungen	Milchquantum	Jahr der Untersuchung	Specifisches Gewicht	In der ursprünglichen Substanz: Wasser %	Fett %	Caseïn %	Albumin %	Milchzucker %	Asche (Salze) %	Trockensubstanz %	In der Trockensubstanz: Fett %	Caseïn %	Albumin %	Milchzucker %	Asche (Salze) %	N in der Trockensubstanz %
	Bei verschiedener Fütterung; in 100 ccm.																
40	1.—25. Juni, Grünfutter ad libitum, 0.5 kg Gerstenschrot u. 0.25 kg Leinkuchen: 19. Juni	982 g	1879	—	83.10	6.44	5.21		4.41	0.84	16.90	38.11	30.83		26.09	4.97	4.93
41	20. „	971 g	„	—	83.86	5.83	5.00		4.50	0.81	16.14	36.12	30.98		27.90	5.00	4.96
42	21. „	929 g	„	—	82.83	6.58	5.17		4.59	0.83	17.17	38.32	30.11		26.74	4.83	4.82
43	22. „	950 g	„	—	83.38	6.13	5.23		4.46	0.80	16.62	36.89	31.47		26.83	4.81	5.04
44	23. „	972 g	„	—	83.54	6.56	5.36		3.75	0.79	16.46	39.85	32.56		22.79	4.80	5.21
45	24. „	982 g	„	—	83.34	6.66	5.09		4.14	0.77	16.66	39.97	30.55		24.86	4.62	5.67
46	25. „	1013 g	„	—	83.34	6.46	5.22		4.21	0.77	16.66	38.77	31.33		25.28	4.62	5.01
47	Mittel der 7 Tage		„	—	83.50	6.38	5.18		4.14	0.80	16.50	38.67	31.40		25.08	4.85	5.02
48	26. Juni b. 2. Juli, lediglich Grünfutter ad libitum: 30. Juni	942 g	„	—	82.43	7.16	—	—	—	—	17.57	40.75	—	—	—	—	—
49	1. Juli	851 g	„	—	84.51	6.03	—	—	—	—	15.49	38.93	—	—	—	—	—
50	2. „	786 g	„	—	83.14	6.61	—	—	—	—	16.86	39.20	—	—	—	—	—
51	Mittel der 3 Tage		„	—	83.43	6.60	—	—	—	—	16.57	39.83	—	—	—	—	—
52	3.—18. Juli, Trockenfutter, 1.5 kg Wiesenheu: 13. Juli	473 g	„	—	80.77	8.00	—	—	—	—	19.23	41.60	—	—	—	—	—
53	14. „	466 g	„	—	80.81	7.90	—	—	—	—	19.19	41.17	—	—	—	—	—
54	15. „	492 g	„	—	81.25	7.50	—	—	—	—	18.75	40.00	—	—	—	—	—
55	16. „	562 g	„	—	82.06	6.72	—	—	—	—	17.94	37.46	—	—	—	—	—
56	17. „	608 g	„	—	81.88	6.68	—	—	—	—	18.12	36.87	—	—	—	—	—
57	18. „	591 g	„	—	81.87	7.07	—	—	—	—	18.13	39.00	—	—	—	—	—
58	Mittel der 6 Tage		„	—	81.43	7.15	—	—	—	—	18.57	38.50	—	—	—	—	—
59	19. Juli bis 1. Aug., 1.5 kg Wiesenheu u. 150 g Oel: 27. Juli	624 g	„	—	81.22	8.34	—	—	—	—	18.78	44.41	—	—	—	—	—
60	28. „	552 g	„	—	80.08	8.60	—	—	—	—	19.92	43.17	—	—	—	—	—
61	29. „	576 g	„	—	80.05	8.89	—	—	—	—	19.95	44.57	—	—	—	—	—
62	30. „	597 g	„	—	79.98	8.97	—	—	—	—	20.02	44.81	—	—	—	—	—
63	31. „	598 g	„	—	80.56	8.50	—	—	—	—	19.44	43.72	—	—	—	—	—
64	1. Aug.	557 g	„	—	80.29	8.79	—	—	—	—	19.71	44.16	—	—	—	—	—
65	Mittel der 6 Tage		„	—	80.36	8.68	—	—	—	—	19.64	44.20	—	—	—	—	—
66	Mischmilch v. 2700 Schafen aus S. Maria di Galera b. Rom: Mrgm.		1887	1.0374	79.04	8.90	6.16		5.04	0.99	—	—	—	—	—	—	—
67	Abdm.		„	1.0381	78.37	8.99	6.55		5.08	1.04	—	—	—	—	—	—	—
68	Mittel		„	1.0377	78.70	8.90	6.34		5.01	1.00	—	—	—	—	—	—	—
	Minimum (von No. 1 bis incl. 29)			1.0298	74.47	2.81	3.59	0.83	2.76	0.13	13.30	14.64	18.73	4.31	14.41	0.70	3.68
							4.42						23.04				
	Maximum (von No. 1 bis incl. 29)			1.0385	87.02	9.80	5.69	1.77	7.95	1.72	25.53	51.12	29.74	9.24	41.45	8.94	6.24
							7.46						38.98				
	Mittel (von No. 1 bis incl. 29)			1.0341	80.82	6.86	4.97	1.55	4.91	0.89	19.18	35.78	25.89	8.09	25.60	4.64	5.44
							6.52						33.98				

Milch von Schafen, deren Lämmer krank.

No.	Bezeichnungen und Bemerkungen	Jahr	Spec. Gew.	Wasser	Fett	Caseïn	Albumin	Milchzucker	Asche	Trockensubstanz	Fett	Caseïn	Albumin	Milchzucker	Asche	N
1	Von Schafen, deren Lämmer gesund	1861	1.0416	87.02	2.36	4.83		5.30	0.89	12.98	18.18	37.21		37.75	6.86	5.95

No. 66—68. Giuseppe Sartori. — Jahresbericht der Thierchemie f. d. J. 1887. 166. (Ann. di chim. e di farmac., 4. S. 6. 203.) Des Morgens wurden 390, des Abends 405 Liter Milch gewonnen. Das Wasser wurde durch Verdampfen im Gay-Lussac'schen Trockenofen bestimmt, die Albuminstoffe nach Ritthausen, das Fett durch Extraktion des Kupfersulfatniederschlags, der Milchzucker nach Soxhlet.

Milch von Schafen, deren Lämmer krank.

No. 1 u. 2. H. Grouven. — Zeitschr. des landw. Centralv. für die Provinz Sachsen 1861. 120. Der Unterschied in der Zusammensetzung der Asche erhellt aus folgenden Analysen:

	Eisenphosphat	K_2O	Na_2O	CaO	MgO	P_2O_5	SO_3	Cl	SiO_2
Gesund . . .	3.157	21.155	3.551	29.370	0.209	35.616	1.504	6.761	1.748
Krank . . .	0.724	21.505	4.001	29.217	Sp.	34.183	1.740	8.306	2.170

Die Mütter selber zeigten keinen Unterschied, erschienen gesund und wohlgenährt.

No.	Bezeichnungen und Bemerkungen	Jahr der Untersuchung	Specifisches Gewicht	In der ursprünglichen Substanz: Wasser	Fett	Caseïn	Albumin	Milchzucker	Asche (Salze)	Trockensubstanz	In der Trockensubstanz: Fett	Caseïn	Albumin	Milchzucker	Asche (Salze)	N in der Trockensubstanz
				%	%	%	%	%	%	%	%	%	%	%	%	%
2	Von Schafen, deren Lämmer lähmekrank	1861	1.0390	82.24	6.34	5.88		4.63	0.91	17.76	35.70	33.11		26.07	5.12	5.30
3	Von Schafen mit ansteckender „Agalasie"	1883	1.0583	67.14	13.20	12.50	3.64	1.95	1.57	32.86	40.17	38.04	11.08	5.93	4.78	7.86
	Pferdemilch.															
1	Mittel mehrerer Proben, densimetrisch bestimmt . . .	1852	—	91.37	0.55	0.78	1.40	5.50	0.40	8.63	6.37	9.04	16.22	63.73	4.64	4.04
2	Längere Zeit nach dem Gebären	„	—	92.20	0.50	1.90		4.20	—	7.80	6.41	24.36		53.85	—	3.90
3		„	1.0400	92.02	3.35	1.68		2.79	(0.16)	7.98	41.98	21.05		34.97	2.00	3.37
4	Von tatarischen Stuten . .	„	1.0353	92.49	0.65	1.33	0.36	4.88	0.29	7.51	8.65	17.71	4.79	63.99	4.86	3.60
5		„	—	89.05	2.15	3.00		5.20	0.60	10.95	19.63	27.40		47.49	5.48	4.38
6	Steppenstute	„	—	—	2.12	1.42*)		7.26	—	—	—	—		—	—	—
7	Arbeitsstute	„	—	—	2.45	2.02*)		5.95	—	—	—	—		—	—	—
8	Fünfjährige Stute, 10 Wochen nach dem Fohlen . . .	„	—	91.15	1.27	1.50		5.71	0.37	8.85	14.35	16.95		64.52	4.18	2.71
9	Steppenstuten	„	—	90.26	1.26	1.82	1.03	5.34	0.29	9.74	12.94	18.69	10.58	54.81	2.98	4.68
10	Desgl.	„	—	90.62	1.11	1.82	0.96	5.21	0.28	9.38	11.83	19.40	10.23	55.55	2.99	4.74
11	Desgl.	„	—	90.38	1.56	1.31	0.71	5.73	0.31	9.62	16.22	13.62	7.38	59.56	3.22	3.36
12		„	—	89.29	1.16	1.59	0.28	7.32	0.36	10.71	10.83	14.85	2.61	68.35	3.36	2.79
13	Mittel aus 14 Analysen . .	„	—	90.31	1.06	1.95		6.29	0.39	9.69	10.94	20.12		64.91	4.03	3.22
14	Engl. Halbblut	„	—	91.49	0.12	0.87	0.46	6.73	0.33	8.51	1.41	10.22	5.41	79.08	3.88	2.50
15	Desgl.	„	—	92.53	0.36	0.75	0.83	5.04	0.49	7.47	4.81	10.03	11.10	67.51	6.55	3.38
	Mischmilch v. 15 Stuten.															
16	Entnommen 10. Septemb. 4h. Nachmittags	1884	1.0350	90.41	0.87	2.11		6.30	0.31	9.59	9.07	22.00		65.70	3.23	3.52
17	Entnommen 16. Septemb. 10h. Vormittags	„	1.0353	90.30	0.87	1.88		6.64	0.31	9.70	8.97	19.38		68.45	3.20	3.10

No. 3. G. Musso. — Jahresber. der Thier-Chemie 1883. 180. (Giorn. d. R. Accad. di Torino 1883. 495.) Die untersuchte Milch bildet einen geruchlosen, dünnen, zähflüssigen Brei von schwach gelber Farbe und schwach alkalischer Reaction.

Pferdemilch.

No. 1. Doyère. — B. Martiny: Die Milch. I. 187. (Doyère Etude du lait.) Die Grenzzahlen fand der Autor wie folgt:

	Fett	Caseïn	Albumin	Zucker	Salze
Maximum . . .	1.70	1.00	1.90	6.70	0.47
Minimum . . .	0.05	0.35	1.17	3.10	0.36

No. 2. Hering. — Ebendaselbst. (Gurlt's Lehrb. d. vergleich. Physiol. 370.)

No. 3 u. 4. J. Moser. — 1. Bericht der V.-St. Wien 1870—77. Wien, 1878. 75 bezw. XXXII. Milch unter 3 stammte von einer Stute, deren Fohlen einging und die an einer leichten Lungenentzündung erkrankt war, 5 Tage bei dreimaligem und weitere 3 Tage bei zweimaligem Melken aufgesammelt und gewogen, wobei sich 3076, 1942, 1988, 1935, 1553, 1329, 1295 und 1195 Gramm nacheinander ergaben. Am letzten Tage wurde die Milch untersucht. Asche von uns aus der Differenz berechnet. Der N-Gehalt der Milch unter 4 betrug 0.23%.

No. 5. Filhol u. Joly. — Nach M. Schrodt und L. V.-St. 23. 1879. 313.

No. 6 u. 7. Stahlberg. — Ebendaselbst.

*) Die Zahlen beziehen sich auf Caseïn und Salze.

No. 8. M. Schrodt. — Ebendaselbst. Das 5 Jahr alte Reitpferd hatte das erste Fohlen; die Milch wurde entnommen nachdem das Fohlen 6 Stunden von der Mutter abgesperrt gewesen war, das Euter wurde möglichst rein ausgemolken. Die Milch war von neutraler Reaction. Proteïn nach Ritthausen's Methode = 2.48%, nach Hoppe-Seyler = 1.02%.

No. 9—11. Biel, No. 12. Landowski (auch No. 6 u. 7) Fleischmann, das Molkereiwesen. Braunschweig, 1875. 1058 (von Fijmoaski, Zur physiologischen und therapeutischen Bedeutung des Kumys etc. München, 1877. 12.)

No. 13. Cameron. — Arch. f. Pharmac. 1875. 472.

No. 14 u. 15. P. Vieth. — Milchw. V.-St. Raden. Fleischmann, das Molkereiwesen. Braunschweig, 1875. 1058.

No. 17—50. P. Vieth. — L. V.-St. 31. 1885. 353. Die Milch stammte von 15 Stuten, die mit ihren Fohlen zu der im Sommer 1884 in London abgehaltenen „Internat. Ausstellung für Gesundheits- und Unterrichtswesen" aus den Steppen des südöstlichen Russlands gebracht worden waren. Die kleinen aber kräftig gebauten Thiere enthielten Blut verschiedener Schläge, nämlich des kirgisischen, turkomanischen und tatarischen, waren 5—6 Jahr alt und hatten von Mitte April bis Mitte Mai gefohlt. Deren Futter bestand aus Grünfutter, Heu, Hafer und Kleie und einer Beigabe

No.	Bezeichnungen und Bemerkungen	Jahr der Untersuchung	Specifisches Gewicht	In der ursprünglichen Substanz: Wasser	Fett	Caseïn	Albumin	Milchzucker	Asche (Salze)	Trockensubstanz	In der Trockensubstanz: Fett	Caseïn	Albumin	Milchzucker	Asche (Salze)	N in der Trockensubstanz
				%	%	%	%	%	%	%	%	%	%	%	%	%
18	Entnommen 16. Septemb. 12h. Mittags	1884	1.0352	90.05	0.94	1.85		6.82	0.34	9.95	9.45	18.59		68.54	3.42	2.97
19	Entnommen 16. Septemb. 2h. Nachmittags	„	1.0360	90.09	1.13	1.89		6.59	0.30	9.91	11.40	19.07		66.50	3.03	3.05
20	Entnommen 16. Septemb. 4h. Nachmittags	„	1.0348	90.25	0.91	1.93		6.59	0.32	9.75	9.33	19.79		67.60	3.28	3.17
21	Entnommen 16. Septemb. 6h. Nachmittags	„	1.0351	89.83	1.19	2.03		6.62	0.33	10.17	11.70	19.96		65.10	3.24	3.19
22	Entnommen 22. Septemb. 10h. Vormittags	„	1.0350	90.08	1.09	1.79		6.75	0.29	9.92	10.99	18.04		68.05	2.92	2.89
23	Entnommen 22. Septemb. 12h. Mittags	„	1.0349	89.74	1.44	1.89		6.64	0.29	10.26	14.03	18.42		64.72	2.83	2.95
24	Entnommen 22. Septemb. 2h. Nachmittags	„	1.0335	89.89	1.21	1.86		6.74	0.30	10.11	11.97	18.40		66.66	2.97	2.94
25	Entnommen 22. Septemb. 4h. Nachmittags	„	1.0343	90.22	1.14	1.71		6.63	0.30	9.78	11.66	17.48		67.79	3.07	2.80
26	Entnommen 22. Sept. 6h. Nchm.	„	1.0349	89.76	1.25	1.86		6.82	0.31	10.24	12.21	18.16		66.60	3.03	2.91
27	Mittel der Mischmilch . .	„	1.0349	90.06	1.09	1.89		6.65	0.31	9.94	10.97	19.01		66.90	3.12	3.04
	Milch einzelner Stuten.															
28	Entnommen 29. Septemb. 10h. Vormittags	„	1.0345	90.06	1.12	1.72		6.80	0.30	9.94	11.27	17.30		68.41	3.02	2.77
29	Desgl.	„	1.0358	90.15	0.78	1.76		6.99	0.32	9.85	7.92	17.87		70.96	3.25	2.86
30	Desgl.	„	1.0356	90.46	0.83	1.65		6.70	0.36	9.54	8.72	17.30		70.21	3.77	2.77
31	Desgl.	„	1.0353	90.04	1.00	1.83		6.80	0.33	9.96	10.04	18.37		68.28	3.31	2.94
32	Desgl.	„	1.0352	90.07	0.95	1.62		7.10	0.26	9.93	9.57	16.31		71.50	2.62	2.61
33	Entnommen 1. October 10h. Vormittags	„	1.0356	90.07	0.94	1.65		7.07	0.27	9.93	9.47	16.62		71.19	2.72	2.50
34	Desgl.	„	1.0350	90.42	0.62	1.62		7.08	0.26	9.58	6.47	16.91		73.91	2.71	2.71
35	Desgl.	„	1.0345	90.17	0.96	1.58		6.99	0.30	9.83	9.77	16.07		71.11	3.05	2.57
36	Desgl.	„	1.0351	89.92	0.97	1.62		7.21	0.28	10.08	9.62	16.07		71.53	2.78	2.57
37	Desgl.	„	1.0354	90.27	0.67	1.76		7.03	0.27	9.73	6.89	18.08		72.26	2.77	2.89
38	Entnommen 3. October 10h. Vormittags	„	1.0347	90.28	0.86	1.54		7.04	0.28	9.72	8.85	15.84		72.43	2.88	2.53
39	Desgl.	„	1.0353	90.17	0.88	1.71		6.95	0.29	9.83	8.95	17.40		70.70	2.95	2.78
40	Desgl.	„	1.0346	89.88	1.17	1.57		7.07	0.31	10.12	11.56	15.51		69.87	3.06	2.48
41	Desgl.	„	1.0346	90.11	1.18	1.50		6.91	0.30	9.89	11.93	15.17		69.87	3.03	2.43
42	Desgl.	„	1.0344	89.92	1.18	1.55		7.05	0.30	10.08	11.71	15.38		69.93	2.98	2.46
43	Mittel der Milch einzelner Stuten	„	1.0350	90.13	0.94	1.65		6.98	0.30	9.87	9.52	16.72		70.72	3.04	2.68
	Milch einzelner Stuten, besonders gefüttert.															
44	Entnommen 16. Septemb. 11h. Vormittags	„	1.0355	89.55	1.23	2.07		6.86	0.29	10.45	11.77	19.82		65.63	2.78	3.17
45	Entnommen 22. Septemb. 4h. Vormittags	„	1.0339	89.88	1.40	1.80		6.67	0.25	10.12	13.83	17.79		65.91	2.47	2.85

eines „Good's Food" genannten Brodes. Versuchsweise wurden 2 Stuten mehrere Wochen lang ausschliesslich mit Heu und diesem Futterbrode gefüttert. Die bei dieser Fütterung erhaltene Milch wurde getrennt untersucht (No. 45—51). Nachts über hatten die Stuten ihre Fohlen bei sich, von Morgens 8h an wurden diese abgesperrt und die Stuten tagsüber von 10h. Vorm. an alle 2 Stunden, im Ganzen 5mal gemolken. Bei der Untersuchung der Milch wurde Proteïn nach Ritthausen bestimmt. Mineralstoffe wurden in in Wasser lösliche und unlösliche getrennt bestimmt. An löslichen Salzen wurden gefunden: zu No. 28 = 0.08%, zu No. 44 = 0.07%, zu No. 50 = 0.07%.

No.	Bezeichnungen und Bemerkungen	Jahr der Untersuchung	Specifisches Gewicht	In der ursprünglichen Substanz: Wasser %	Fett %	Caseïn %	Albumin %	Milchzucker %	Asche (Salze) %	Trockensubstanz %	In der Trockensubstanz: Fett %	Caseïn %	Albumin %	Milchzucker %	Asche (Salze) %	N in der Trockensubstanz %
46	Entnommen 24. Septemb. 12h. Mittags	1884	1.0339	89.18	1.28	2.20		7.10	0.24	10.82	11.83	20.33		65.62	2.22	3.25
47	Desgl.	„	1.0347	89.82	1.18	1.70		7.02	0.28	10.18	11.59	16.70		68.96	2.75	2.67
48	Entnommen 26. Septemb. 12h. Mittags	„	1.0361	88.66	1.67	2.12		7.23	0.32	11.34	14.73	18.69		63.76	2.82	2.99
49	Desgl.	„	1.0353	88.24	2.14	2.05		7.28	0.29	11.76	18.20	17.43		61.90	2.47	2.79
50	Mittel der letzten 6 Analysen	„	1.0349	89.22	1.48	1.99		7.03	0.28	10.78	13.73	18.46		65.21	2.60	2.95
	Mittel		1.0347	90.78	1.21	1.24	0.75	5.67	0.35	9.22	13.16	13.50	8.12	61.42	3.80	3.46
						1.99						21.62				

Eselmilch.

No.	Bezeichnungen und Bemerkungen	Jahr der Untersuchung	Specifisches Gewicht	Wasser %	Fett %	Caseïn %	Albumin %	Milchzucker %	Asche (Salze) %	Trockensubstanz %	Fett %	Caseïn %	Albumin %	Milchzucker %	Asche (Salze) %	N in der Trockensubstanz %
1		1846	—	89.63	1.50	0.60	1.55	6.40	0.32	—	14.46	20.73		—	—	3.32
2	Mittel von 14 Analysen . .	1836	—	90.47	1.29	1.95		—	—	—	13.54	20.46		—	—	3.27
3		„	—	90.70	1.21	1.67		—	—	—	13.01	17.96		—	—	2.87
4	Mittel von mehreren Analysen	1857	—	89.36	1.37	2.26		—	—	—	12.88	21.24		—	—	3.40
5	Milch von 5 Eselinnen . .	1878	—	88.03	2.82	3.08		5.29	0.78	—	23.56	25.73		—	—	4.12
	Eselmilch, bei verschiedenem Futter.															
	Milchmenge pro Tag															
1	Bei Möhrenfütterung 2 Pfund	1836	—	91.11	1.25	1.62		6.02	—	8.89	14.06	18.32		67.62	—	2.93
2	Bei Runkeln . . 3 „	„	—	89.77	1.39	2.33		6.51	—	10.23	13.59	22.78		63.63	—	3.64
3	Bei Hafer und Heu 3 „	„	—	90.63	1.40	1.55		6.42	—	9.37	14.94	16.54		68.52	—	2.65
4	Bei Kartoffeln . . $2^1/_2$ „	„	—	90.71	1.39	1.20		6.70	—	9.29	14.96	12.92		72.12	—	2.07
	Eselmilch, unter dem Einfluss der Bewegung.															
1	Gewöhnliche Verhältnisse . .	—	—	91.65	(0.11 ?)	1.82		6.08	0.34	8.35	1.32	21.80		72.81	4.07	—
2	Uebermässig angestrengt . .	—	—	92.24	(0.13 ?)	1.12		5.90	0.61	7.76	1.81	14.45		75.87	7.87	—

Schweinemilch.

Colostrum.

No.	Bezeichnungen und Bemerkungen	Jahr der Untersuchung	Specifisches Gewicht	Wasser %	Fett %	Caseïn %	Albumin %	Milchzucker %	Asche (Salze) %	Trockensubstanz %	Fett %	Caseïn %	Albumin %	Milchzucker %	Asche (Salze) %	N in der Trockensubstanz %
1	Yorkshire-Rasse	1865	—	70.13	9.53	15.56		3.93	0.85	29.87	52.09	31.91		13.85	2.85	7.16
	Schweinemilch.															
1	Landschwein (Provinz Sachsen)	1856	—	85.49	1.93	8.45		3.04	1.09	14.51	59.24	12.14		21.11	7.51	5.29
2	Essex-Schwein	„	—	88.17	1.03	7.36		2.26	1.18	11.83	62.21	8.71		19.10	9.97	4.45

Eselmilch.
No. 1. Doyère. — Annal. phys. nat. XXII. 239.
No. 2. Peligot. — Compt. rend. 1836.
No. 3. Simon. — B. Martiny: Die Milch. 1871. I. 187.
No. 4. Bouchardat u. Quevenne. — Der Autoren: Du lait. Paris, 1857. II. 167.
No. 5. Frühling u. Schultze. — Milchzeitung 1878. 457.

Eselmilch, bei verschiedenem Futter.
No. 1—4. Peligot. — Martiny: Die Milch. I. 272. (Compt. rend. 3. 1836. 414.) Eine Eselin wurde einen Monat lang täglich mit 36 Pfd. entblätterten Möhren; darauf 14 Tage lang täglich mit 42 Pfd. rothen Runkeln, dann 1 Monat lang täglich mit 14 Pfd. geschrotenem Hafer und 6 Pfd. Luzerneheu und endlich 14 Tage lang mit Kartoffeln gefüttert. Am Schlusse jeder Fütterungsperiode wurde die Milch stets unter gleichen Umständen und zur nämlichen Tagesstunde, 6 Stunden nachdem das Junge gesäugt, gesammelt.

Eselmilch, unter dem Einfluss der Bewegung.
No. 1 u. 2. Chevalier u. Henry. — Martiny: Die Milch. I. 346. (Bouchardat u. Quevenne, Du lait. II. 96.) Die Milch der übermässig angestrengten Eselinnen geronn beim Erwärmen (letztere Erscheinung hat B. Martiny auch bei frischer Milch von Kühen beobachtet, nachdem dieselben einen weiten ungewohnten Marsch gemacht.)

Schweinemilch. Colostrum.
No. 1. Th. von Gohren. — L. V.-St. 7. 1865. 351. Die Sau, welcher das untersuchte Colostrum entnommen wurde, hatte bereits 5 mal geferkelt.

Schweinemilch.
Nach Canstatt's Jahresbericht 46. München, 1858, enthält Schweinemilch: 16.824 % Trockensubstanz, 2.373 % Butter, 3.153 % Milchzucker und lösliche Salze, 11.298 % Proteïnstoffe und unlösliche Salze.
No. 1 u. 2. Scheven. — Weende'r Jahresber. 1855—56. II. 14. (Chem. Centralbl. 1856. 649.) Die Schweine erhielten ein aus Milchabfällen und Vegetabilien bestehendes Futter. Die untersuchte Milch wurde 5 Wochen nach dem Werfen genommen.

No.	Bezeichnungen und Bemerkungen	Jahr der Untersuchung	Specifisches Gewicht	In der ursprünglichen Substanz							In der Trockensubstanz					N in der Trockensubstanz
				Wasser %	Fett %	Caseïn %	Albumin %	Milchzucker %	Asche (Salze) %	Trockensubstanz %	Fett %	Caseïn %	Albumin %	Milchzucker %	Asche (Salze) %	%
3	Yorkshire-R., 6 Tg. n. d. Werfen	1865	1.0384	80.43	3.14	12.89		2.83	0.71	19.57	16.05	65.87		14.45	3.63	10.54
4	Yorkshire-R., 19 „ „ „ „	„	1.0298	89.26	2.82	5.68		1.37	0.87	10.74	26.26	52.89		22.78	8.07	8.46
5	Bayerisches Landschwein, 5 Wochen nach dem Werfen	1866	—	82.93	6.88	6.89		2.01	1.29	17.07	40.30	40.36		11.78	7.56	6.46

Büffelmilch.

No.	Bezeichnungen und Bemerkungen	Jahr der Untersuchung	Specifisches Gewicht	In der ursprünglichen Substanz							In der Trockensubstanz					N in der Trockensubstanz
				Wasser %	Fett %	Caseïn %	Albumin %	Milchzucker %	Asche (Salze) %	Trockensubstanz %	Fett %	Caseïn %	Albumin %	Milchzucker %	Asche (Salze) %	%
1	Vor dem Austreiben, Morgens	1883	—	79.97	6.12	7.86	0.25	4.76	1.04	20.03	30.56	39.25	1.25	23.75	5.19	6.48
2	Nach der Rückkehr von der Weide, Abends	„	—	79.78	8.04	7.06	0.37	3.93	0.82	20.22	39.77	34.92	1.83	19.42	4.06	6.04
3	Aus Siebenbürgen	1884	—	84.23	6.69	—	—	—	0.86	15.77	42.38	—	—	—	5.45	—
4	Aus Ungarn	1888	1.0319	81.67	9.02	3.99		4.50	0.77	18.33	49.21	21.77		24.55	4.20	3.48
5	Unmittelbar nach dem Melken einer Kuh, nach Gáspár .	—	—	—	9.19	—	—	—	—	—	—	—	—	—	—	—
6	Gekaufte Milch, nach Gáspàr	—	—	—	7.59	—	—	—	—	—	—	—	—	—	—	—
7	Durchschnitt mehrerer Analysen (nach Hassák) . .	—	1.0349	84.04	(3.26 ?)	7.78		4.20	0.72	15.96	—	—	—	—	—	—
8	Durchschnitt von 21 Analysen (nach Ofner)	—	—	82.52	7.45	4.89		4.19	0.76	17.48	42.62	27.97		23.97	4.35	6.82
9	Morgenmilch von 43 Kühen (nach Ofner)	—	1.0330	82.35	7.50	4.72		4.66	0.76	17.65	42.55	26.74		26.40	4.31	6.79
10	Abendmilch von 43 Kühen (nach Ofner)	—	1.0310	82.11	7.62	4.63		4.83	0.75	17.89	42.76	25.94		27.11	4.19	6.84
11	Aus Rumänien (nach Fleischmann)	—	—	81.75	8.23	4.90		4.47	0.76	18.25	44.94	26.52		24.38	4.16	7.19
12	Aus Fogaras, Morgenmilch (nach Kirchner)	—	1.0336	82.70	7.97	4.43		4.16	0.72	17.30	46.07	25.67		24.10	4.16	7.37
13	Aus Fogaras, Abendmilch (nach Kirchner)	—	1.0335	81.56	7.56	4.90		5.18	0.78	18.44	41.05	26.57		28.15	4.23	6.57
	Mittel (aus No. 1 u. 2 u. 8—13)		—	82.25	7.51	5.05		4.44	0.75	17.75	42.24	28.43		24.99	4.34	6.75

No. 3 u. 4. Th. von Gohren. — L. V.-St. 7. 1865. 351. Die 5 Jahre alte Sau, welcher die untersuchte Milch entnommen worden war, hatte bereits fünfmal geferkelt. Die Milch war in beiden Fällen stark alkalisch und hatte nachstehendes spec. Gewicht: No. 3 = 1.0384, No. 4 = 1.0298. Die Futtermischung bestand aus 2.5 Pfd. Schrot, 3.5 Pfd. Rüben, 3.5 Pfd. Kartoffeln, Nährstoffverhältniss 1 : 9,8.

No. 5. Lintner. — Weende'r Jahresber. 1886—87. Das Schwein, von dem die Milch stammte, war 2 Jahr alt und wurde mit Molken, Kartoffeln, Bruch von Weizen und Roggen und mit Abschöpfgerste aus der Brauerei gefüttert. Die Milch war dicklich, fast fadenziehend, ihr Geschmack kühlend, fettig, nicht süss, die Reaction stark alkalisch.

Büffelmilch.

No. 1 u. 2. Bouesco. — Jahresber. der Agrikulturchemie 1883. 401. (J. d. Chim. et Pharm. Ser. 5. t. 6. S. 396.)

No. 3. W. Fleischmann. — Bericht der Milchwirthsch. V.-St. 1884. 23.

No. 4. F. Strohmer, — Zeitschr. f. Nahrungsmittel-Untersuch. etc. 1838. Die Milch war von amphotener Reaction und hatte einen moschusartigen Geruch.

No. 5—13. Nach einer Zusammenstellung von A. von Szentkiralye. Biedermann's Centralbl. f. Agriculturchemie 1889. 348.

Magermilch.

No.	Bezeichnungen und Bemerkungen	Jahr der Untersuchung	Specifisches Gewicht	In der ursprünglichen Substanz: Wasser	Fett	Caseïn	Albumin	Milchzucker	Asche (Salze)	Trockensubstanz	In der Trockensubstanz: Fett	Caseïn	Albumin	Milchzucker	Asche (Salze)	N in der Trockensubstanz
				%	%	%	%	%	%	%	%	%	%	%	%	%
	Abgerahmte Kuhmilch.															
1	Süsse Milch	1856	—	90.05	1.25	3.11		4.87	0.72	9.95	12.56	31.26		48.94	7.24	5.00
2	Desgl.	„	—	89.90	1.64	3.47		4.48	0.61	10.10	16.24	34.36		43.36	6.04	5.50
3	Schlicker-Milch	„	—	90.47	0.56	3.60		4.61	0.76	9.53	5.88	37.77		48.38	7.97	6.04
4	Desgl.	„	—	90.35	0.47	3.51		4.79	0.88	9.65	4.87	36.37		49.64	9.12	5.82
5	Morgenmilch bei 5—9° in 48 St. aufgerahmt	1858	—	90.24	0.62	—		—	—	9.76	6.35	—		—	—	—
6	Abendmilch bei 5—9° in 48 St. aufgerahmt	„	—	89.36	1.37	—		—	—	10.64	12.98	—		—	—	—
7	Fettarme Milch bei 16° in 7¾ St. aufgerahmt	„	—	90.06	1.27	—		—	—	9.94	12.78	—		—	—	—
8	Fettreiche Milch bei 16° in 7¾ St. aufgerahmt	„	—	89.49	0.95	—		—	—	10.51	9.04	—		—	—	—
9	Von dem Gute Enskede bei Stockholm	1860	—	90.18	0.84	—		—	—	9.82	8.55	—		—	—	—
10	I. bei 62° F.	1862	1.0370	89.65	0.79	3.01		5.72	0.83	10.35	7.63	29.08		55.27	8.02	4.65
11	II. bei 62° F.	„	1.0337	89.40	0.76	2.94		6.05	0.85	10.60	7.17	27.74		57.07	8.02	4.44
12	III.	„	—	89.00	1.93	3.01		5.28	0.78	11.00	17.54	27.36		48.01	7.09	4.38
13		1865	—	90.41	0.32	3.68		4.80	0.79	9.59	3.35	38.38		50.03	8.24	6.14
14	Saure Schlickermilch	1868	—	90.91	0.97	3.19		4.10	0.83	9.09	10.67	35.09		45.11	9.13	5.61
15	Desgl., September	1872	—	91.75	0.64	3.05		3.86	0.70	8.25	7.76	36.97		46.79	8.48	5.92

Abgerahmte Milch.

No. 1—4. H. Scheven. — Ztschr. d. landw. Centralv. f. d. Prov. Sachsen 1856. 248. Angaben über die Art der Ausrahmung liegen nicht vor.

No. 5—8. Ign. Moser. — Arenstein's Allgem. Land- u. Forstw. Ztg. 1858. 612. Die ursprüngliche Milch enthielt:

	Wasser	Fett	Trockensubstanz
No. 5. Morgenmilch	86.80 %	4.62 %	13.20 %
No. 6. Abendmilch	85.31 „	5.34 „	14.69 „
No. 7. Milch von Kühen ungarisch. Rasse	88.26 „	3.04 „	11.74 „
No. 8. Gekaufte Milch	86.65 „	4.16 „	13.35 „

Milch unter No. 5 u. 6 war alsbald durch Einstellen in ein Kühlbad auf 15° C. abgekühlt worden.

No. 9. Michaelsen. — Weende'r Jahresber. 1857—61. 160. (Polyt. J. 149. 59.) Die volle Milch enthielt 12.6 % Trockensubstanz und dabei 3.32 % Fett.

No. 10—12. A. Voelcker. — J. R. Agric. Soc. England. 24. 1863. 298.

No. 13. J. Lehmann. — Amtsbl. f. d. Landw. Ver. Sachsen 1865. 55.

No. 14. E. Heiden, O. von Gruber u. Fritzsche. — Ber. d. V.-St. Pommritz 1868/69. 27.

No. 15—34. E. Heiden u. Gans (V.-St. Pommritz). — Beiträge z. Ernährung des Schweines. 1. H. 11. 20. 29. 41. 43.

No.	Bezeichnungen und Bemerkungen	Jahr der Untersuchung	Specifisches Gewicht	In der ursprünglichen Substanz: Wasser %	Fett %	Caseïn %	Albumin %	Milchzucker %	Asche (Salze) %	Trockensubstanz %	In der Trockensubstanz: Fett %	Caseïn %	Albumin %	Milchzucker %	Asche (Salze) %	N in der Trockensubstanz %
16	Saure Schlickermilch, 26. Jan.	1874	—	90.70	0.80	2.65		5.28	0.57	9.30	8.60	28.50		56.77	6.13	4.56
17	Desgl., 29. Januar	„	—	90.97	0.78	2.93		4.71	0.61	9.03	7.86	29.52		56.47	6.15	4.72
18	Desgl., November	1872	—	91.73	0.91	3.13		3.53	0.70	8.27	11.06	37.85		42.69	8.46	6.06
19	Desgl., 1. December . . .	1873	—	92.45	0.78	2.57		3.63	0.57	7.55	10.33	34.04		48.08	7.55	5.45
20	Desgl., 4. December . . .	„	—	92.57	0.68	2.81		3.38	0.56	7.43	9.15	37.82		45.49	7.54	6.05
21	23. November	1874	—	90.92	0.68	2.88		4.78	0.74	9.08	7.49	31.72		52.64	8.15	5.08
22	25. November	„	—	91.07	0.59	2.89		4.71	0.74	8.93	6.61	32.36		52.74	8.29	5.18
23	27. November	„	—	90.86	0.55	2.79		5.04	0.76	9.14	6.02	30.53		55.13	8.32	4.88
24	2. Februar	1875	—	90.86	0.52	2.79		5.12	0.71	9.14	5.69	30.53		56.01	7.77	4.88
25	4. Februar	„	—	90.74	0.66	3.03		4.77	0.80	9.26	7.13	35.64		48.48	8.75	5.70
26	Saure Milch, 7. December .	1874	—	91.07	0.69	3.02		4.48	0.74	8.93	7.73	33.82		50.16	8.29	4.93
27	Desgl., 10. December . . .	„	—	90.68	0.58	3.22		4.71	0.81	9.32	6.22	34.55		50.54	8.69	5.53
28	Desgl., 16. November . . .	„	—	91.03	0.53	2.94		4.72	0.78	8.97	5.91	32.78		52.61	8.70	5.24
29	Desgl., 18. November . . .	„	—	91.31	0.52	3.01		4.44	0.72	8.69	5.98	34.64		51.09	8.29	5.54
30	Desgl., 6. u. 9. December .	„	—	91.23	0.34	2.77		4.95	0.71	8.77	3.88	31‚59		56.63	7.90	5.05
31	Desgl., 10. u. 12. December .	„	—	91.29	0.34	2.77		4.85	0.75	8.71	3.90	31.80		55.69	8.61	5.09
32	Desgl.	„	—	92.20	0.89	3.06		3.09	0.76	7.80	11.41	39.25		39.60	9.74	6.25
33	Desgl.	„	—	92.42	0.67	3.02		3.22	0.67	7.58	8.84	39.84		42.48	8.84	6.37
34	Desgl.	„	—	91.74	0.90	3.27		3.26	0.83	8.26	10.90	27.48		51.57	10.05	4.40
35	„Blaue Milch“ bei 0° nach 20 Stunden abgerahmt . . .	1862	—	89.96	1.02	8.41			0.61	10.04	10.16	83.76			6.08	—
36	Desgl. bei 15° nach 20 Stund. abgerahmt	„	—	88.96	2.27	3.25		4.89	0.63	11.04	20.56	29.44		44.29	5.71	4.71
37	Desgl. bei 30° nach 20 Stund. abgerahmt	„	—	88.31	3.02	8.09			0.58	11.69	25.83	69.21			4.96	—
38	Nach 24 Stunden bei 20° C.	1861	—	89.60	1.19	8.41			0.80	10.40	11.44	80.87			7.69	—
39	Morgenmilch nach 36 stündig. Aufrahmung	1862	—	89.76	1.16	3.51		4.81	0.76	10.24	11.33	34.28		46.97	7.42	5.48
40		1863	—	90.64	0.55	3.77		4.66	0.78	9.36	5.88	40.28		45.51	8.33	6.44
41	Nach 24 stünd. Aufrahmung, Februar	„	—	89.80	1.30	—		—	—	10.20	12.75	—		—	—	—
42	Nach 36 stünd. Aufrahmung, Februar	„	—	90.04	1.06	3.41		5.09	0.74	9.96	10.64	34.24		47.69	7.43	5.48
43	Nach 24 stünd. Aufrahmung, Juni	1864	—	—	0.82	—		—	—	—	—	—		—	—	—
44	Marktmilch	1879	1.0362	89.05	0.60	—		—	—	10.95	5.48	—		—	—	—
45	Desgl.	„	1.0368	90.00	0.90	—		—	—	10.00	9.00	—		—	—	—
46	Desgl.	„	1.0365	89.16	1.37	—		—	—	10.84	12.64	—		—	—	—
47	Desgl.	„	1.0370	89.50	0.97	—		—	—	10.50	9.24	—		—	—	—

No. 35–43. Al. Müller. — L. V.-St. 9. 1867. 138. 276. 364. Die ursprüngliche Milch enthielt:

	Trockensubstanz	Fett	Proteïn	Milchzucker	Salze
Zu No. 35–37 . . .	13.05	4.49	3.19	4.68	0.69
Zu No. 38	13.19	3.97	—	—	—
Zu No. 39	12.66	3.97	3.43	4.52	0.74

Von der Domäne Tullgarn. Magermilch ebendaher enthielt nach einer Aufrahmungszeit von 36 Stunden:

Abendmilch . . . 1.09% Fett
Morgenmilch . . 0.97 „ „
Abendmilch . . . 1.00 „ „

No. 38 stammte von Abendmilch von 1.0315 spec. Gew. bei 25° C. die in einer Glasschale mit stark convexem Boden ausrahmte.

No. 41 u. 42. Die untersuchten Proben kamen vom Rittergute Riseberga (Ayreshire Halb- und Vollblutkühe). Die Aufrahmung erfolgte in 90–100 mm tiefen kupfernen Milchsatten in einem holsteinschen Keller.

No. 3. Von Morgen- und Abendmilch mit 3.59% Fettgehalt.

No. 44–49. Chem. Laborat. der Sanitätsbehörde in Bremen. — Milchztg. 1880. 55.

No.	Bezeichnungen und Bemerkungen	Jahr der Untersuchung	Specifisches Gewicht	In der ursprünglichen Substanz							In der Trockensubstanz					N in der Trockensubstanz
				Wasser %	Fett %	Caseïn %	Albumin %	Milchzucker %	Asche (Salze) %	Trockensubstanz %	Fett %	Caseïn %	Albumin %	Milchzucker %	Asche (Salze) %	%
48	Marktmilch	1879	1.0372	89.29	1.25	—		—	—	10.71	11.67	—		—	—	—
49	Desgl.	„	1.0340	90.78	0.165	—		—	—	9.22	1.89	—		—	—	—
50	Von Milch altmilchender dänischer Kühe	1878	—	90.23	0.84	3.76		4.38	0.79	9.77	8.60	38.49		44.82	8.09	6.16
51	Von Milch frischmilchender dänischer Kühe	„	—	90.20	0.59	3.93		4.47	0.80	9.80	6.02	40.10		45.72	8.16	6.42
52	„Magermilch“	1882	—	90.48	0.79	3.45		4.50	0.78	9.52	8.30	36.24		47.27	8.19	5.80
53	Im Mittel von 20 Proben .	1881	1.0350	90.24	0.66	—		—	—	9.76	6.76	—		—	—	—
54	Im Mittel von 12 Proben .	„	1.0350	90.41	0.77	—		—	—	9.59	8.03	—		—	—	—
55	Im Mittel von 14 Proben .	„	1.0351	90.16	0.81	—		—	—	9.84	8.23	—		—	—	—
56	Mittel nach W. Fleischmann .	—	1.0345	89.85	0.75	4.03		4.60	0.77	10.15	7.39	39.70		45.32	7.59	6.35
	Minimum . .		1.0337	88.31	0.18	2.62		3.79	0.47	7.43	1.89	27.36		39.60	4.96	4.38
	Maximum . .		1.0372	92.57	2.47	3.85		5.46	0.96	11.69	25.83	40.28		57.07	10.05	6.44
	Mittel . . .		1.0357	90.43	0.87	3.26		4.74	0.70	9.57	9.09	34.09		48.94	7.88	5.45

Nach Gussander'schem Verfahren, flache Satten.

No.	Bezeichnungen und Bemerkungen	Jahr der Untersuchung	Specifisches Gewicht	Wasser %	Fett %	Caseïn %	Albumin %	Milchzucker %	Asche (Salze) %	Trockensubstanz %	Fett %	Caseïn %	Albumin %	Milchzucker %	Asche (Salze) %	N in der Trockensubstanz %
1	Bei 16° C. nach 23 Stunden	1855	—	90.32	0.74	—		—	—	9.68	7.64	—		—	—	—
2	Bei 15° C. nach 20 Stunden	1862	—	89.67	1.24	3.25		5.22	0.62	10.33	12.02	31.49		50.48	6.01	5.05
3	Bei 15° C. nach 33 Stunden	„	—	89.76	1.16	3.51		4.81	0.76	10.24	11.33	34.28		46.97	7.42	5.48
4	Vom Gute Oerby, Ende März	1865	—	90.05	0.40	—		—	—	9.95	4.02	—		—	—	—
5	Schlickermilch, 1. Februar .	1875	—	91.26	0.25	2.78		4.88	0.83	8.74	2.86	31.81		55.83	9.50	5.09
	Mittel . . .		—	90.21	0.74	3.18		5.12	0.75	9.79	7.57	32.53		52.26	7.64	5.20

Nach Swartz'schem Verfahren. Eis- und Kaltwasser-Verfahren.

No.	Bezeichnungen und Bemerkungen	Jahr der Untersuchung	Specifisches Gewicht	Wasser %	Fett %	Caseïn %	Albumin %	Milchzucker %	Asche (Salze) %	Trockensubstanz %	Fett %	Caseïn %	Albumin %	Milchzucker %	Asche (Salze) %	N in der Trockensubstanz %
1	Sauermilch, 4. Februar . .	1874	—	90.95	0.61	2.92		4.77	0.75	9.05	6.74	32.27		52.70	8.29	5.16
2	Desgl., 17. Januar	1876	—	90.98	0.34	2.95		4.98	0.75	9.02	3.77	32.70		55.22	8.31	5.23
3	Desgl., 20. Januar	„	—	91.03	0.43	2.88		4.92	0.74	8.97	4.79	32.11		54.85	8.25	5.14
4	In Eiswasser gekühlt, nach 24 Stunden	„	1.0356	90.32	1.05	2.62	0.44	4.93	0.71	9.68	10.85	27.07	4.55	50.19	7.34	5.06
5	Desgl., nach 12 Stunden . .	„	—	90.38	0.84	3.22		—	0.78	9.62	8.73	33.47		49.69	8.11	5.36
6	Desgl., nach 36 Stunden . .	„	—	90.89	0.40	3.19		—	0.76	9.11	4.39	35.02		52.25	8.34	5.60
7	Desgl., nach 12 Stunden . .	„	—	90.34	1.31	3.09		—	0.74	9.66	13.56	31.99		46.79	7.66	5.12
8	Desgl., nach 24 Stunden . .	„	—	89.73	0.96	3.19		4.17	0.85	10.27	9.34	31.06		51.32	8.28	4.97

No 50—51. V. Storch (Kopenhagen), mitgetheilt von H. Cordes. — Milchztg. 10. 1881. 606.

No. 52. H. Struve. — Jahresber. d. Agrikulturchemie 1883. 396. (J. f. prakt. Chem. N. F. 27. 249.) Die N-haltigen Substanzen bestanden aus unlöslichem Caseïn 2.61, löslichem Caseïn 0.09, Albumin 0.39, Pepton 0.36 %.

No. 53—55. Schnutz. — Milchztg. 11. 1882. 104. (Veröffentlichungen des K. D. Gesundheitsamtes vom 9. Januar 1882.) Die Magermilchproben enthielten:

	An Trockensubstanz Max.	Min.	An Fett Max.	Min.	Ihr spec. Gew. betrug Max.	Min.
No. 53. Genossenschafts-Molkerei Kiel .	10.71	9.16	1.38	0.24	1.0362	1.0330 %
No. 54. Genossenschafts-Molkerei Itzehoe	10.08	8.95	1.34	0.32	1.0355	1.0345 „
No. 55. Aus anderen Molkereien	10.44	9.13	1.57	0.26	1.0370	1.0330 „

No. 56. W. Fleischmann. — Dessen: Das Molkereiwesen. Braunschweig, 1875. 363.

Nach Gussander'schem Verfahren.

No. 1. A. Stöckhardt. — Neue schwedische Milchwirthschaft ohne Keller 1856. 19. Vollmilch 12.88 % Trockensubstanz, 4.26 % Fett.

No. 2—4. Al. Müller. — L. V.-St. 9. 1867. 138 u. f. Vollmilch zu No. 2 enthielt 87.34 % Wasser, 3.97 % Fett. Vollmilch zu No. 4 enthielt 3 % Fett.

No. 5. E. Heiden (V.-St. Pommritz). — Bericht derselben über Ernährung der Schweine.

Nach Swartz'schem Verfahren.

No. 1—3. E. Heiden (V.-St. Pommritz). — Bericht über Ernährung der Schweine.

No. 4. W. Fleischmann. — Milchztg. 1876. 2205. Die Vollmilch enthielt 4.23 % Fett, 2.90 % Caseïn, 0.41 % Eiweiss, 4.51 % Zucker und 0.69 % Salze. Reaction amphoter.

No. 5—8. V. Storch. — Forschungen auf dem Gebiete der Viehhaltung. 4. 180. Nh. Substanz von uns aus dem angegebenen N-Gehalt (× 6.25) berechnet.

No.	Bezeichnungen und Bemerkungen	Jahr der Untersuchung	Specifisches Gewicht	In der ursprünglichen Substanz: Wasser %	Fett %	Caseïn %	Albumin %	Milchzucker %	Asche (Salze) %	Trockensubstanz %	In der Trockensubstanz: Fett %	Caseïn %	Albumin %	Milchzucker %	Asche (Salze) %	N in der Trockensubstanz %
9	Mitttel von 7 Anälysen . .	1878	—	91.50	0.50	—		—	—	8.50	5.88	—		—	—	—
10	Nach 36 Stunden	1880	1.0343	—	1.06	—		—	—	—	—	—		—	—	—
11	Nach 24 Stunden	„	1.0311	—	0.45	—		—	—	—	—	—		—	—	—
12	Nach 12 Stunden	1882	1.0341	—	0.712	—		—	—	—	—	—		—	—	—
13	Nach 24 Stunden	„	1.0336	—	0.580	—		—	—	—	—	—		—	—	—
	Mittel . . .		1.0337	90.68	0.70	3.03		4.84	0.75	9.32	7.56	32.53		51.84	8.07	5.20

Nach Destinon'schem Verfahren (Holstein'schem).

No.	Bezeichnungen und Bemerkungen	Jahr der Untersuchung	Specifisches Gewicht	Wasser %	Fett %	Caseïn %	Albumin %	Milchzucker %	Asche (Salze) %	Trockensubstanz %	Fett %	Caseïn %	Albumin %	Milchzucker %	Asche (Salze) %	N in der Trockensubstanz %
1	Holstein'scher Keller, Milch in 90—100 mm hohen kupfern. Satten, nach 24 Stunden .	1863	—	89.80	1.30	—		—	—	10.20	12.75	—		—	—	—
2	Desgl., nach 36 Stunden . .	„	—	90.04	1.06	3.07		5.09	0.74	9.96	10.64	30.82		51.11	7.43	4.93
	Mittel . . .		—	89.92	1.18	3.11		5.24	0.75	10.08	11.70	30.82		50.05	7.43	4.93

Magermilch bei Aufrahmung unter verschiedenartigen Einflüssen.

Nach Höhe der Milchschicht und Temperatur.

A. Stöckhardt und J. Nyberg.[1]) Milch mit 12.48 % Trockensubstanz und 3.33 % Fett.

			Wasser %	Fett %	Trockensubstanz %	Grad der Ausrahmung %
I. Bei 22° C.	a. bei 23.6 cm hoher Schicht	nach 24 Stunden	90.61	0.590	9.39	85
	b. bei 4.7 cm hoher Schicht		90.39	0.301	9.61	92
II. Bei 10° C.	a. bei 23.6 cm hoher Schicht		90.93	0.305	9.07	92
	b. bei 4.7 cm hoher Schicht		91.32	0.225	8.68	94

Milch mit 11.93 % Trockensubstanz; 14.1 cm hohe Schichtung.

		Wasser %	Fett %	Trockensubstanz %	Grad der Ausrahmung %
I. Bei 20° C.	a. nach 22 Stunden	91.32	—	8.68	—
	b. nach 30 Stunden	91.52	—	8.48	—
II. Bei 9.5° C.	a. nach 22 Stunden	—	—	—	—
	b. nach 30 Stunden	91.75	—	8.25	—

A. Rosing und Aal.[2]) Morgenmilch vom $^{13}/_4$ 1864 in je 8 Blechsatten, und vom $^{19}/_4$ in 6 Satten. Ursprüngliche Milch enthielt:

$^{13}/_4$ 11.08 % Trockensubstanz, 3.166 % Fett

$^{19}/_4$ 12.15 „ „ 3.331 „ „

	Procent. Fettgehalt der Magermilch: Milch vom $^{13}/_4$ bei $4^1/_2$° C.	Milch vom $^{13}/_4$ bei 14° C.	vom $^{19}/_4$ bei $23^1/_2$° C.
Nach 6 Stunden	—	—	1.648
„ 7 „	1.099	1.377	1.412
„ 12 „	0.444	0.868	0.761
„ 18 „	0.425	0.602	0.526
„ 24 „	0.296	0.517	0.483
„ 30 „	0.285	0.516	sauer
„ 36 „	0.280	0.401	—
„ 60 „	0.240	—	—

Morgenmilch. $^{30}/_1$ 1865 in Gussander'schen Blechsatten, nach 26 Stunden:

Meierei, aufgestellt bei 10—12° C. . . . . 0.506 %

Keller, aufgestellt bei ca. 1° C. . . . . 0.318 „

No. 9. J. König. — Originalmittheilung.
No. 10 u. 11. P. Petersen. — Milchztg. 1880.
No. 12 u. 13. W. Fleischmann. — Ber. d. Milchw. V.-St. Raden 1882. 21.
Nach Destinon'schem Verfahren.
No. 1 u. 2. Al. Müller. — L. V.-St. 9. 1867. 147. Milch von Voll- und Halbblut-Ayrshire-Kühen.
Magermilch bei Aufrahmung unter verschiedenen Einflüssen.
[1]) A. Stöckhardt u. J. Nyberg. — Chem. Ackersm. 1856. 56.
[2]) A. Rosing u. Aal. B. Martiny: Die Milch (Asbjörnsen, Norsk Landmandsbog f. 1868. 103).

Milch vom $^{21}/_{3}$ 1865 in Gussander'schen Satten, von 3.138 % Fettgehalt:

Meierei, aufgestellt bei ca. 12—13° C.	0.302 %
Keller, aufgestellt bei ca. 2—3° C.	0.261 „

J. Moser.[1]) Ungleich fette Milch bei verschiedener Temperatur. (1858.)

		Wassergehalt %	Trockensubstanz %	Fett %
Auf 15° R. gekühlt, 48 Stunden lang im Kühlbad von 5—9° R.	Morgenmilch, frisch . . .	86.70	13.20	4.62
	„ abgerahmt . .	90.24	9.76	0.62
	Abendmilch, frisch	85.31	14.69	5.34
	„ abgerahmt . .	89.36	10.64	1.37
Ca. 23° R. werme Milch in einem Raume von 16° R. während $7^3/_4$ Stunden	Fettärmere Milch, frisch . .	88.26	11.74	3.04
	„ „ abgerahmt	90.06	9.94	1.28
	Fettreichere Milch, frisch .	86.65	13.35	4.16
	„ „ abgerahmt	89.49	10.51	0.95

Al. Müller.[2]) Magermilch von 3.49 % Fettgehalt.

		Höhe der Milchschicht mm	Fettgehalt in 100 ccm nach 12 g	23 g	24 g	72 g	96 g	120 Stunden g
A. bei 8.5—11° C.	1.	0	0.92	0.63	0.29	0.25	0.31	0.32
	2.	95	1.95	1.62	1.23	1.11	1.05	0.88
	3.	190	2.08	1.81	1.46	1.32	1.17	1.01
	4.	285	2.22	—	—	—	—	—
B. bei 20—24° C.	1.	0	0.66	0.43	--	—	—	—
	2.	95	2.05	1.58	—	—	—	—
	3.	190	2.32	1.87	—	—	—	—
	4.	285	2.41	—	—	—	—	—

Al. Müller.[3]) Milch von 3.85 % Fettgehalt, gab nach der Aufrahmung in Magermilch:

	Milchmenge ccm	Höhe mm	Fettgehalt nach 24 %	nach 36 Stunden %
1. Verschlossene Glasflasche	580	120	0.42	0.20
2. Offenes Cylinderglas	1500	255	1.36	1.42
3. Desgl.	712	202	1.25	0.78
4. Desgl.	760	100	0.13	0.18
5. Gussander'sche Blechsatte	2000	28	0.13	0.14

Al. Müller.[4]) Frische Morgenmilch von 3.99 % Fettgehalt lieferte bei 15° C. Magermilch von:

	Höhe der Milchschicht	Fettgehalt (bei Proben vom Boden) nach 12 Stunden	nach 24 Stunden
1.	25 mm	0.25 %	0.29 %
2.	100 „	0.30 „	0.34 „
3.	200 „	0.39 „	0.43 „

Al. Müller.[5]) Milch bei 20° C.:

		Höhe der Schicht	Fett in 100 ccm Magermilch nach 12 Stunden
I. Hohe Cylinder bei 335 mm Höhe der Milchschicht	1.	am Boden	0.66 g
	2.	95 mm	2.05 „
	3.	190 „	2.32 „
	4.	285 „	2.41 „
II. Flacher Cylinder bei 85 mm Höhe	1.	am Boden	0.56 „
	2.	75 mm	1.90 „

Al. Müller.[6]) Frische Abendmilch vom $^{29}/_{1}$ 1862 in tubulirten Glasglocken bei 170 mm hoher Schichtung (1—3).

Nach 20 Stunden	Trockensbst.	Wasser	Fett	Zucker	Proteïn	Salze
1. Auf nahe 0° C. gekühlt . . .	10.04	89.96	1.02	8.41 (Zucker + Proteïn)		0.61 %
2. Bei ca. 15° C.	11.04	88.96	2.27	4.89	3.25	0.63 „

[1]) J. Moser. — Arenst. Allgem. Land- u. Forstw. Ztg. 1858. 612.

[2]) L. V.-St. 8. 1866. 72. Im Mai 1863 wurden 2 gleiche Cylinder zu je 335 mm Höhe mit 2370 g frischer Morgenmilch von 3.49 % Fettgehalt gefüllt, mit Deckel versehen, worin 4 Röhren zur Probenahme aus verschiedener Höhe befestigt waren.

[3]) L. V.-St. 9. 1867. 129.

[4]) L. V.-St. 9. 1867. 137.

[5]) L. V.-St. 8. 1866. 398.

[6]) Al. Müller. — L. V.-St. 9. 1867. 139. Autor bemerkt, dass die Proben der abgerahmten Milch nicht so genommen werden konnten, dass auf ihren Fettgehalt sichere Schlüsse zu gründen wären.

Nach 20 Stunden	Trockensbst.	Wasser	Fett	Zucker	Proteïn	Salze
3. Bei ca. 30° C.	11.69	88.31	3.02	8.09 (Zucker + Proteïn)		0.58 „
4. Gussander'sche Satte bei ca. 15° bei ca. 5 cm. hoh. Schichtung	10.33	89.67	1.24	5.22	3.25	0.62 „
Ursprüngliche Milch	13.05	86.95	4.49	4.68	3.19	0.69 „

Al. Müller.[1]) Abendmilch v. $^{11}/_{2}$ 1862 in cylindrischen Glasglocken, mit Glasplatte bedeckt, gesammte abgerahmte Milch nach 20 Stunden:

	Trockensbst.	Wasser	Fett	
1. ungefähr 20° . .	11.55	88.45	2.48 %	(nach 23 Stund. sauer)
2. „ 35° . .	12.73	87.27	3.79 „	(nach 14 Stund. sauer und geronnen)
3. „ 50° . .	—	—	— „	(nach 17 Stund. noch süss, aber in Gährung) (nach 20 Stund. sauer)
Ursprüngliche Milch .	13.71	86.29	4.44 „	

Frische Magermilch vom $^{3}/_{12}$ 1862, von 3,35 % Fettgehalt in Glasflaschen von ca. 1200 ccm Inhalt zu 110 mm Höhe geschichtet.

		Nach 18 Std. Fettgehalt der Magermilch a) nahe am Boden	b) nahe unt. d. Rahmdecke	
1. Bei 28°, verkorkt	ruhig gehalten	0.92 %	?	(gesäuert und geronnen)
2. Bei 18°, offen	ruhig gehalten	0.53 „	1.70 %	noch süss.
3. Bei 18°, verkorkt	ruhig gehalten	0.47 „	1.68 „	noch süss.
4. Abwechselnd (8 mal auf 32½° erwärmt u. auf 6° gekühlt, verkorkt, unbewegt		0.60 „	1.26 „	noch süss.
5. Bei 1°, verkorkt in eiskaltem Wasser .		0.53 „	1.25 „	noch süss.

Dahl.[2]) Morgenmilch von 3,217 % Fettgehalt (Swartz'sches Verfahren).

		Fettgehalt der Magermilch bei 4°	bei 8—10°
	nach 24 Stunden	0.61 %	1.19 %
	„ 36 „	0.52 „	1.11 „
	„ 48 „	**0.48** „	**1.04** „
Abendmilch von 3.31 % Fettgehalt.		bei 3°	bei 6.5°
	„ 24 „	0.52 %	0,73 %
	„ 36 „	0.48 „	0.60 „

U. Kreusler, Kern u. Dahlen.[3]) Milch von 2.95 % Fett wurde in cylindrischen Glasgefässen von etwa 6 cm Durchmesser etwa 18.6 cm hoch aufgefüllt, in Wasserbädern genau gleichbleibenden Temperaturen ausgesetzt.

Temperatur ° C.	Fettgehalt der Magermilch. Dauer der Aufrahmung in Stunden: 8	16	28	40	52	64	76	88	112	136
2	—	1.895	1.708	1.429	1.377	1.201	1.118	—	0.802	0.633
4	2.229	1.909	1.632	1.557	1.265	1.084	0.945	—	0.728	0.546
6	2.279	1.822	1.626	1.213	1.214	1.078	0.889	0.837	0.699	0.588
8	2.050	1.871	1.508	1.358	1.137	0.981	0.824	—	0 658	0.550
10	1.994	1.742	1.398	1.171	1.080	0.899	0.797	0.692	0.602	—
15	1.824	1.467	1.096	0.917	—	—	—	—	—	—
20	1.460	1.264	—	—	—	—	—	—	—	—
25	1.502	—	—	—	—	—	—	—	—	—
30	1.481	—	—	—	—	—	—	—	—	—

Dieselben. Milch von 2.95 % Fettgehalt.

Procentischer Fettgehalt der Magermilch bei Temperatur:	2°	4°	6°	8°	10°	15°
Höhe der Milchschicht 35 mm	0.979	0.831	0.603	0.436	0.559	—
„ „ „ 186 „	1.708	1.632	1.626	1.508	1.398	1.096

G. Naser.[4])

		Temperatur	Gehalt der Magermilch nach 15 Stunden an Trockensbst.	an Fett
1. Milch von 13.64 % Trockensbst. u. 3.79 % Fett, 5 cm hoch	a. in Eis gekühlt	bei 5° C.	12.28 %	1.30 %
	b. nicht gekühlt	bei 19° C.	12.64 „	1.45 „
2. Milch von 12.68 % Trockensbst. u. 3.22 % Fett, 5.5 cm hoch geschüttet	a. in Eis genühlt	bei 3.5° C.	10.34 „	0.50 „
	b. nicht gekühlt	bei 20° C.	11.24 „	1.43 „

[1]) Al. Müller. — L.-V.-St. 140. 141.
[2]) B. Martiny. — Die Milch. II. 76.
[3]) U. Kreusler. — Landw. Jahrbüch. 4. 1875. 280.
[4]) W. Fleischmann. „Das Molkereiwesen". 271.

Einfluss der atmosphärischen Luft auf die Absonderung des Rahms und den Gehalt der Magermilch.

Al. Müller.[1]) Frische Abendmilch von 4.0 % Fettgehalt bei 16 ° C. Anfangstemperatur.

			Fettgehalt nach 24 Std. vom Boden genomm. Proben
11/3 1861	Verschlossenes Gefäss,	sauer und geronnen	—
	Cylindrisches „	offen, säuerlich, nicht geronnen .	0.6 %
	Flaches „	„ vollkommen süss	0.4 „

Einfluss des Luftdruckes.

Dahl.[2]) Milch von guter Beschaffenheit in Cylindergläsern mit einem Durchmesser von 4.9 cm und bis zur Höhe von 34 cm über dem Boden mit Milch gefüllt.

1873 Datum	Fettgehalt der ursprüngl. Milch	Dauer in Stunden	Temperatur ° C.	Fettgehalt der Magermilch bei Luft-verdünnung	Fettgehalt der Magermilch bei gewöhnl. Druck
24/1	3.64	24	1—6	1.28 %	1.08 %
25/1	3.20	47	2—9	0.97 „	0.79 „
26/1	3.20	47	10—16.5	1.74 „	1.62 „
27/1	3.35	22	2—6	1.21 „	1.15 „
28/1	3.36	23	3—7	1.44 „	1.36 „

Einfluss des Kochens der Milch.

Al. Müller.[3]) Milch von 3.49 % Fettgehalt, 1. Mai 1863 wurde in Gefässen 81—85 mm hoch geschichtet.

		Fettgehalt der Magermilch in 100 ccm nach 12 Std.	nach 23 Std.
I. Milch frisch gekocht, bei 9.0 ° C. aufgestellt	am Boden entnommen	0,79 g	0.64 g
	unter der Rahmdecke	?	3.97 g
II. Erst nach 12 Stunden in Wasser auf ca. 95 ° erhitzt, bei 9 ° aufgest. (Devonshire-Verfahren)	am Boden entnommen	?	0.41 g
	unter der Rahmdecke	?	1.65 g
III. Ohne Erwärmen, aufgestellt bei 20—22 ° C.	am Boden entnommen	0.56 g	0.31 g
	unter der Rahmdecke	1.90 g	1.56 g

Verschiedene Art der Abrahmgefässe.

Al. Müller.[4]) Morgenmilch 29/6 1861.

	Milchmenge ccm	Höhe mm	Fettgehalt der Magermilch nach 9½ Std.	24 Std.	36 Std.
1. Verschlossene Glasflasche .	580	120	—	0.42 %	0.20 %
2. Offenes Cylinderglas . . .	1500	255	—	1.36 „	1.42 „
3. „ „ . . .	712	202	—	1.25 „	0.78 „
4. „ „ . . .	760	100	—	0.13 „	0.18 „
5. Gussander'sche Blechsatte .	2000	28	0.43 %	0.13 „	0.14 „

	Vollmilch Trocken-substanz %	Vollmilch Fett %	Zimmer-wärme ° C.	Dauer der Aufrahmung St.	Magermilch Trocken-substanz %	Magermilch Fett %	Aus-rahmungs-grad %	Magermilch Trocken-substanz %	Magermilch Fett %	Aus-rahmungs-grad %	Magermilch Trocken-substanz %	Magermilch Fett %	Aus-rahmungs-grad %
					Holzbütten			Emaillirtes Gusseisen			Verzinntes Eisenblech		
Kirchner.[5])					Gleiches Gewicht, Milchhöhe der Schichtung verschieden.								
1. Abendmilch, 8/12 1877	12.00	3.265	ca. 13	38	9.30	0.645	82.55	—	—	—	9.59	0.490	86.78
2. „ 10/12 „	11.85	3.25	„	38	9.58	0.48	87.91	—	—	—	9.59	0.41	89.76
3. „ 13/12 „	11.41	3.03	„	38	9.19	0.435	87.49	—	—	—	9.27	0.437	87.30
4. „ 15/12 „	11.85	3.18	12	38	9.62	0.588	84.17	9.39	0.49	86.66	9.39	0.33	90.86
5. „ 22/12 „	11.87	3.18	9	38	9.81	0.817	78.60	9.77	0.760	78.30	9.75	0.800	78.11
6. „ 3/1 1878	12.02	3.46	11.5	38	9.69	0.86	78.89	9.46	0.66	83.23	9.40	0.50	87.41
7. „ 7/1 „	11.86	3.44	11	38	9.19	0.345	91.85	9.12	0.325	91.85	9.18	0.300	92.58

1) Al. Müller. — L. V.-St. 9. 1867. 122.
2) Dahl. — Milchzeitung 1873. 707. Fleischmann, Das Molkereiwesen. Braunschweig, 1875. 258.
3) Al. Müller. — L. V.-St. 8. 1866. 612.
4) Al. Müller. — L. V.-St. 9. 1867. 129. Der Fettgehalt der zur Abrahmung aufgestellten Milch betrug 3.85 %; dieselbe wurde noch 31° warm in einem Zimmer bei 22—23° aufgestellt.
5) Kirchner. — Milchztg. 1878. 185. Die Milch stammte jedesmal von 5 Kühen und war stets von amphoterer Reaction; sie gelangte unmittelbar nach dem Melken in die Gefässe.

	Vollmilch		Dauer der Aufrahmung	Zimmerwärme	Magermilch		Ausrahmungsgrad	Magermilch		Ausrahmungsgrad	Magermilch		Ausrahmungsgrad
	Trockensubstanz	Fett			Trockensubstanz	Fett		Trockensubstanz	Fett		Trockensubstanz	Fett	
	%	%	° C.	Std.	%	%	%	%	%	%	%	%	%
					Holzbütten			Emaillirtes Gusseisen			Verzinntes Eisenblech		
					Gleiche Höhe der Schüttung (45 mm), ungleiches Gewicht								
8. Abendmilch, 8/1 1878	12.00	3.50	12	38	9.39	0.41	90.77	9.29	0.255	94.05	9.32	0.24	94.37
9. „ 12/1 „	11.71	3.21	12	38	9.25	0.39	89.74	9.27	0.26	93.26	9.15	0.303	92.24
10. „ 15/1 „	11.85	3.29	11	38	9.40	0.425	89.47	9.23	0.20	94.99	9.24	0.18	95.40
11. „ 19/1 „	11.92	3.27	10.5	38	9.59	0 515	86.16	9.07	0.26	93.52	9.17	0.155	96.00
12. „ 26/1 „	11.78	3.06	12	38	9.44	0.49	86.21	9.31	0.235	93.65	9.20	0.165	95.48
13. „ 28/1 „	11.98	3.52	11	38	9.32	0.35	92.10	9.29	0.335	92.17	9.18	0.28	93.44
14. Mittel von 1—7 (Höhe der Schüttung: Holz 41 mm, Emaille 65 mm, Blech 56 mm)	—	—	—	—	—	—	84.49	—	—	85.01	—	—	87.54
15. Mittel von 8—13 (Höhe der Schüttung gleichmässig 45 mm)	—	—	—	—	—	—	89.07	—	—	93.61	—	—	94.49
					Holzbütten			Thonbütten			Blechsatten		
Schrodt und von Peter.[1])					Gleiche Höhe der Schüttung (60 mm), nahezu gleiches Gewicht								
1. Morgenmilch, 13/4 1880	—	3.12	10.5	24	—	0.755	79.15	—	0.600	84.18	—	0.539	85.10
2. „ 14/4 „	—	3.155	11	24	—	0.83	78.48	—	0.70	80.72	—	0.69	81.15
3. „ 15/4 „	—	3.096	11.5	24	—	0.77	78.95	—	0.56	87.74	—	0.53	85.31
4. „ 16/4 „	—	3.06	11.5	24	—	0.835	77.37	—	0.62	82.32	—	0.485	86.42
5. „ 17/4 „	—	3.10	11.5	24	—	0.875	79.42	—	0.755	79.13	—	0.695	81.82
6. „ 19/4 „	—	2.985	11	24	—	0.60	83.09	—	0.49	87.12	—	0.42	88.88
7. „ 20/4 „	—	3.095	13	24	—	0.84	76.78	—	0.775	79.64	—	0.60	83.44
8. „ 22/4 „	—	2.95	12.5	24	—	0.63	81.72	—	0.51	85.83	—	0.48	85.90
9. „ 23/4 „	—	2.73	12.5	24	—	0.60	80.96	—	0.585	81.06	—	0.57	81.32
10. „ 28/4 „	—	2.88	10	36	—	0.42	87.60	—	0.22	93.65	—	0.27	92.04
11. „ 30/4 „	—	2.82	10	36	—	0.57	82.44	—	0.49	85.18	—	0.525	83.59
12. „ 30/4 „	—	2.935	11	36	—	0.65	81.81	—	0.38	88.98	—	0.42	87.91
13. „ 1/5 „	—	3.022	11	36	—	0.634	82.06	—	0.506	85.92	—	0.447	87.41
14. „ 2/5 „	—	3.049	10	36	—	0.738	79.32	—	0.695	80.51	—	0.586	83.47
15. Mittel von 1—9	—	—	—	24	—	—	79.55	—	—	82.75	—	—	84.37
16. Mittel von 10—14	—	—	—	36	—	—	82.65	—	—	86.85	—	—	86.88

Abgerahmte Milch, bei verschiedenartiger Aufrahmung.

	Dauer der Aufrahmung	Temperatur des Eiswassers	Fettgehalt der Vollmilch	Magermilch	
				Fett	Spec. Gewicht
	Std.	° C.	%	%	
1) Swartz'sches (Eis-) Verfahren, verschiedene Aufrahmdauer:[2])					
1. } Morgenmilch von 93 Kühen der Radener Herde, Tag und Nacht Koppelweide, 2/10 1876	12	0.5—1.5	3.98	0.901	1.0338
2.	24		„	0.605	1.0359
3. } Abendmilch von 92 Kühen 5/10 1876	12	0.5—2.0	„	1.095	1.0346
4.	24		„	0.877	1.0350
5. } Magermilch von 87 Kühen, Tags Weide, Nachts im Stall Weizen- und Roggenkaff, 9/10 1876	12	0.5—4 0	3.51	2.86	1.0330
6.	24		„	2.42	1.0340

[1]) M. Schrodt u. von Peter. — Milchzeitung 1880. 373. Die Holzbütten waren innen und aussen mit Oelanstrich versehen.

[2]) W. Fleischmann. — Milchzeitung 1876. 2239. 2251 u. 2263.

Nr.			Dauer der Aufrahmung Std.	Temperatur des Eiswassers ° C.	Fettgehalt der Vollmilch %	Magermilch Fett %	Magermilch Spec. Gewicht
7.		Abendmilch von 86 Kühen, wie vorher 11/10 1886	12	0.5—4.0	3.92	1.734	1.0335
8.			24		„	1.401	1.0335
	Swartz'sche Gefässe im Vergleich zu Glassatten:						
9.	Swartz', Eiskühlung, ca. 42 cm hohe Schichtung auf 1 Pfd. Milch 1.08 Pfd. Eis.	Abendmilch der Radener Herde von 87 Kühen, 16/10 Tags Weide, Nachts im Stall Häcksel von Haferstroh	12	3.5 – 0.5	3.98	2.252	1.0330
10.			24		„	2.000	1.0336
11.			36		„	1.740	1.0340
12.	Holstein'sche Glassatten, ca. 5.2 cm hohe Schichtung		12	ca. 15.5	„	1.251	1.0340
13.			24		„	0.999	1.0340
14.			36		„	0.505	1.0340
15.	Swartz', Eiskühlung, auf 1 Pfd. Milch 1 Pfd. Eis	Morgenmilch von 84 Kühen, Fütterung und Haltung wie vorher	12	0.5—1.0	4.03	2.021	1.0330
16.			24		„	1.633	1.0340
17.			36		„	1.608	1.0343
18.	Holstein'sche Glassatten		12	ca. 14.0	„	1.761	1.0335
19.			24		„	1.117	1.0345
20.			36		„	0.984	1.0355
	2) Eis- oder Wasserkühlung:[1]						
21.	Eiskühlung	Versuche in Ourupgaard 10/8 1876	10	—	—	0.59	—
22.	Wasserkühlung 10 ° C.		10	10	—	1.30	—
23.	Eiskühlung	desgl. 7/9 1876	34	—	—	0.41	—
24.	Wasserkühlung 8 ° C.		34	8	—	0.71	—
25.	Eiskühlung	Gjeddesdal	34	—	—	1.01	—
26.	Wasserkühlung 8.5 C.		34	8.5	—	1.33	—
27.	Eis, Ourupgaard 24/8		10	—	3.78	0.46	—
28.	Eis, Saedingegaerd 2/10		34	—	3.63	0.99	—
29.	Eis, Ourupgaard 7/9		34	—	3.56	0.41	—
				Temperatur der Kühlung			
30.	Schneekühlung	Saedingegaard 29. Juni	12	—	3.12	0.52	—
31.	„		22	—		0.40	—
32.	Bütten		34	—		0.44	—
33.	Schnee	10. August	10	—	3.40	0.74	—
34.	Wasser		10	12.5		1.61	—
35.	Gleich in Eis	24. August	10	—	3.78	0.58	—
36.	2 Stunden gefahren, Eis		10	—		0.90	—
37.	Bütten gleich in Eis		34	—		0.45	—
38.	Eis	7. September	34	10	3.46	0.52	—
39.	Wasser		34			0.89	—
40.	Bütten		34			0.51	—
41.	Eis	24. September	34	10	3.89	1.28	—
42.	Wasser		34			1.67	—
43.	„		34			1.69	—
44.	Eis, stark	2. October	34	—	3.63	1.24	—
45.	Wasser in Holzbassin		34	9.7		1.38	—
46.	„ „ gemauertem Bassin		34	11.9		1.43	—
47.	„ „ Holzbassin		34	14.4		1.43	—
	3) Swartz'sches und Holstein'sches Verfahren:[2]						
48.	Swartz' Gefässe m. Eiskühlung	Milch von 10 Angler Kühen (12.07% Trockensubstanz), Winterfutter	36	5—8	3.35	0.73	—
49.	Holstein'sche Satten		36	ca. 14		0.49	—

[1] N. F. Fjord u. V. Storch. — Milchzeitung 1877. 629. Forschungen auf dem Gebiete der Viehhaltung. 2. Heft. 70. 81.
[2] M. Schrodt u. Ph. du Roi. — Milchzeitung 1879. 585. Im Mittel von je 5 Aufrahmversuchen.

	Eisverbrauch	Dauer der Aufrahmung Std.	Temperatur der Kühlung ° C.	Fettgehalt der Vollmilch %	Fettgehalt der Magermilch %	Aufrahmungsgrad %
50. Swartz' } Milch von 10 Angler Kühen bei Weidegang		36	5—8	3.65	0.54	—
51. Holstein'sche S. } (12.53 % Trockensubstanz)		36	14		0.37	—
4) 52. Eiskühlung[1]		—	—	—	0.19	—
53. „		—	—	3.78	0.20	—
54. „		—	—	—	0.29	—
5) Tremser- (auch Oberkühlung) und Swartz'sches (Boden- und Seitenkühlung) Verfahren:			Temperatur der Milch beim Abrahmen			
55. Tremser V.[2]) mit Wasser gekühlt 4 Stunden		24	7.5	3.27	1.233	67.6
56. „ „ „ „ „ 5 „		24	8.5	3.28	1.215	68.0
57. „ „ „ „ „ 6 „		24	8.0	3.41	1.122	72.0
58. „ „ „ „ „ 12 „		36	8.5	3.76	0.923	79.0
59. Tr. m. Wasser gekühlt 5 Stunden } 28. Mai		24	9.5	3.115	1.05	70.6
60. Sw. „ „ „ 24 „		24	12.0		1.04	70.7
61. Tr. „ „ „ 12 „ } 29. Mai		24	11.0	3.350	1.335	65.1
62. Sw. „ „ „ 24 „		24	11.5		1.22	67.9
63. Tr. „ „ „ $2^1/_2$ „ } 31. Mai		24	9.5	2.85	1.085	66.2
64. Sw. „ „ „ $2^1/_2$ „		24	11.8		0.640	80.8
65. Tr. } Milch vorher durch Lawrence'schen Kühler gegangen		24	9.5	3.31	1.130	70.2
66. Sw. } 1. Juni		24	12.0		1.011	73.8
67. Tr. mit Wasser gekühlt 4 Stunden } 3. Juni		24	10.8	3.15	0.990	72.6
68. Sw. „ „ „ 4 „		24	9.5		0.360	90.4
69. Tr. „ „ „ $2^1/_2$ „ } 4. Juni		24	11.0	2.755	1.020	68.0
70. Sw. „ „ „ $2^1/_2$ „		24	9.0		0.510	84.3
71. Tr. nach $2^1/_2$stündiger Kühlung mit Wasser, Eis wie oben	4.1 kg	24	10.0	2.90	1.050	70.0
72. Sw. Eis	18.0 „	24	9.5		0.645	81.0
73. Tr. } wie vorher	4.2 „	24	10.2	3.08	1.21	65.8
74. Sw.	24.0 „	24	11.2		0.63	83.0
75. Tr. } wie vorher	4.4 „	24	10.0	3.035	1.07	69.0
76. Sw.	24.0 „	24	10.0		0.75	87.5
77. Tr. } wie vorher	4.8 „	24	10.0	2.90	1.215	63.0
78. Sw.	6.0 „	24	13.0		0.520	84.4
79. Tr. } wie vorher	5.0 „	24	10.5	2.98	1.19	65.4
80. Sw.	6.0 „	24	13.2		0.89	74.6
81. Tr. } wie vorher	4.6 „	24	10.5	2.705	0.95	70.3
82. Sw.	6.0 „	24	13.0		0.62	80.1
83. Tr. } wie vorher	6.0 „	24	11.5	2.84	1.05	67.1
84. Sw.	6.0 „	24	15.2		0.645	79.8
85. Tr. } wie vorher	6.0 „	30	12.0	2.74	0.79	74.8
86. Sw.	30.0 „	30	14.0		0.435	86.0
87. Tr.		24	—	3.25	1.54	—
88. Sw. Kaltwasser		24	—		1.05	—
89. Tr.		24	—	1.05	1.39	—
90. Kaltwasser		24	—		0.73	—

[1]) N. Engström. — Milchzeitung 1879. 661.
[2]) M. Schrodt. — Milchzeitung 1880. 625.

	Dauer der Aufrahmung	Temperatur der Milch beim Abrahmen	Fettgehalt der Vollmilch	Magermilch Fett	Magermilch Spec. Gewicht
	Std.	° C.	%	%	
6) Aufrahmung in Blechsatten ohne Kühlung[1]) bei 10—12° C. des Lokales. Schüttung in der Höhe von 45—50 mm:					
91. Milch von Angler Kühen; im Mittel von 10 Versuchen	—	—	3.28	0.425	—
Maximum	—	—	—	0.528	—
Minimum	—	—	—	0.299	—
7) 92. Swartz'sches Verfahren mit Eiskühlung[2])	—	ca. 2	3.313	0.698	1.0342
93. „	—	„	3.269	0.799	1.0342
94. „	—	„	3.020	0.673	1.0342
95. „	—	„	3.366	0.467	1.0340
96. „	—	„	3.272	0.519	1.0339
97. Aufrahmung bei einer mittleren Temperatur bei 15° C.	—	—	3.313	1.350	1.0333
98.	—	—	3.269	1.035	1.0332
99.	—	—	3.020	1.024	1.0330
100.	—	—	3.366	0.931	1.0332
101.	—	—	3.272	0.357	1.0340
					Aufrahmungsgrad
8) 102. Swartz'sches Verfahren,[3]) Abendmilch	24	ca. 3	2.97	0.63	82.47
103. Amerikanische Massenaufrahmung, Reimer's Milchwanne, m. Destinon'schen Rahmrechen	24	„	3.035	0.68	80.86
104. Desgl.	24	„	2.405	0.505	81.86
105. Desgl.	24	5	2.80	0.78	76.12
106. Desgl.	24	7	3.12	0.83	77.63
107.	36	7	2.885	0.285	91.53
108.	36	7	2.72	0.46	85.56
109.	36	7	2.96	0.345	90.09
110.	24	6.5	3.005	0.605	83.03
9) Amerikanische Massenaufrahmung,[4]) System Reimer's, Rahmrechen und Ahlborn'sche Abflusseinrichtung f. Rahm:					
111. } Höhe der Schüttung 12.3 cm bei ca. 14° C.	24	—	3.147	0.828	78.07
112. } Höhe der Schüttung 12.3 cm bei ca. 14° C.	24	—	3.374	0.763	81.96
113. } Höhe der Schüttung 12.3 cm bei ca. 14° C.	36	—	3.153	0.744	79.71

Verschiedene Aufrahmverfahren in vergleichenden Versuchen.

Kaltwasser- und Cooley'sches Verfahren.

M. Schrodt u. H. Hansen.[5])

12stündige Aufrahmdauer.		Vollmilch Fettgehalt %	t ° C.	Magermilch Fettgehalt %	Ausrahmungsgrad %
1. } a) Ungekühlte Milch, Mittel von je 5 Versuchen	Cooley	3.14	11.4	1.223	66.7
2. } a) Ungekühlte Milch, Mittel von je 5 Versuchen	Kaltwasser	3.14	11.4	1.453	58.8
3. } b) Gekühlte Milch, ca. 14° C., Mittel von je 5 Versuchen	Cooley	3.08	11.8	1.316	62.3
4. } b) Gekühlte Milch, ca. 14° C., Mittel von je 5 Versuchen	Kaltwasser	3.08	11.8	1.487	56.5

[1]) M. Schrodt u. du Roi. — Milchzeitung 1879. 558.
[2]) P. Vieth. — Forschungen auf dem Gebiete der Viehhaltung. 8. 349.
[3]) M. Schrodt. — Milchzeitung 1880. 405.
[4]) W. Fleischmann. — Bericht d. Milchwirthsch. Versuchsst. Raden 1888. 47.
[5]) M. Schrodt u. H. Hansen. — Forschungen auf dem Gebiete der Viehhaltung. 16. H. 368. Das Cooley'sche Verfahren unterscheidet sich von dem Kaltwasserverfahren nur dadurch, dass bei ersterem gleichzeitig auch Luftabschluss stattfindet und dass geschlossene Gefässe unter Wasser zu stehen kommen. Bei allen vorstehenden Versuchen wurde bei dem „Kaltwasser-Verfahren" fast noch einmal soviel Milch verwendet als bei dem Cooley'schen. Der hohe Fettgehalt der Magermilch, resp. die schlechte Ausrahmung der Milch bei den Versuchen unter 9—12 wird auf die Beschaffenheit der Milch, welche man als „träge" bezeichnet, und welche bei Uebergang von Trocken- zu Grünfütterung aufzutreten pflegt, zurückgeführt.

			Vollmilch Fettgehalt %	t °C.	Magermilch Fettgehalt %	Ausrahmungsgrad %
	24stündige Aufrahmdauer.					
5.	Ungekühlte Milch, Mittel von je 12 Versuchen	Cooley	3.27	8.04	0.417	89.2
6.		Kaltwasser	3.27	8.04	0 500	87.0
	36stündige Aufrahmdauer.					
7.	a) Ungekühlte Milch, Mittel von je 5 Versuchen	Cooley	3.12	12.0	0.489	86.5
8.		Kaltwasser	3.12	12.0	0.609	83.0
9.	b) Gekühlte Milch, 13—15° C., Mittel von je 5 Versuchen	Cooley	3.40	11.0	0.929	76.5
10.		Kaltwasser	3.40	11.0	1.008	72.4
	36stündige Aufrahmdauer.					
11.	Ungekühlte Milch, Mittel von je 5 Versuchen	Cooley	3.01	12.0	0.788	77.6
12.		Kaltwasser	3.01	12.0	·0.918	73.1

Cooley'sches Verfahren.

H. P. Armsby, A. F. Hilbert u. J. G. Short.[1])

Mittel ganzer Perioden:			Wasser t °C.		
Periode I	Kuh No. 1, Jersey-Kreuzung	4.51	0.66	0.69	92.0
„ II		4.24	1.38	0.46	94.0
„ III		4.04	1.32	0.52	93.8
„ IV		3.80	1.36	0.42	94.6
Periode I	Kuh No. 2, reine Jersey	6.06	1.28	0.24	97.5
„ II		5.90	2.55	0.19	97.9
„ III		5.80	2.72	0.19	97.9
„ IV		5.73	2.74	0.25	97.5
Periode I	Kuh No. 3, Jersey-Kreuzung	6.17	1.27	0.31	96.9
„ II		6.05	2.43	0.43	95.3
„ III		5.95	2.72	0.26	97.6
„ IV		6.06	2.71	0.27	97.2

Aufrahmung und Centrifuge im Vergleich.

			Magermilch			
			Eisverfahren		Bütten	
	Fettgehalt nach 34 std. Aufrahmung					
	%	%	%	%	%	%
N. J. Fjord u. V. Storch.[2])	Angler	Jüten	Angler	Jüten	Angler	Jüten
1879. Rosvang.	(der Vollmilch)					
1. September 8., Abendmilch	3.28	3.22	0.73	1.11	0.63	0.64
2. „ 9., Morgenmilch	3.25	3.17	0.73	1.37	—	—
3. November 2., Morgenmilch	—	—	1.34	1.90	1.26	1.42
4. „ 2., Abendmilch	—	—	1.54	2.48	1.54	2.04
5. „ 22., Morgenmilch	—	—	1.66	2.38	0.96	1.24
6. „ 22., Abendmilch	—	—	2.05	2.59	1.10	1.36

[1]) H. P. Armsby. — Forschungen auf dem Gebiete der Viehhaltung. 17. H. 1. Bei jeder der drei Kühe wurden vier Fütterungsperioden von je 2—4 Wochen eingehalten, nämlich:

Fütterung pro Tag.

Periode I. Kuh No. 1. Maismehl 4.5 kg, Kleeheu 6.9 kg. 1884. 1.—18. März. Kühe No. 2 u. 3. Weizenkleie 2.3 kg, Maismehl 3.2 kg, Sauerheu von Klee 4 kg und Wiesenheu ad libitum. 1885. 2.—28. Febr.

Periode II. Kuh No. 1. Maismehl 3.5 kg, Baumwollesamenmehl 0.9 kg, Kleeheu 6.9 kg. 1888. 19. März bis 8. April. Kuh No. 2 u. 3. Weizenkleie 2.3 kg, Maismehl 1.8 kg, entöltes Leinmehl 1.4 kg, eingesäuerter Rothklee 4 kg, Wiesenheu ad libitum. Kuh No. 2. 1.—18. März. Kuh No. 3. 1.—21. März.

Periode III. Kuh No. 1. Maismehl 2 kg, Malzkeime 2.2 kg, Kleeheu 6.9 kg. 1884. 9. April bis 22. April. Kuh No. 2 u. 3. Weizenkleie 3 kg, Maismehl 3.2 kg, entöltes Leinmehl 1 kg, Sommerheu und Klee 4 kg, Wiesenheu ad libitum. 1885. 22. März bis 11. April.

Periode IV. Wie Periode I. Kuh No. 1. 1884. 23. April bis 13. Mai. Kuh No. 2 u. 3. 12. April bis 2. Mai. Die Kühe waren sämmtlich frischmelkend.

[2]) N. J. Fjord u. V. Storch. — Forschungen auf dem Gebiete der Viehhaltung. Heft 11.1881. 98.

	Magermilch					
	Centrifuge		Eisverfahren		Bütten	
	Fettgehalt nach 34 std. Aufrahmung					
	%	%	%	%	%	%
	Angler	Jüten	Angler	Jüten	Angler	Jüten
1880. Rosvang. Kühe „im Allgemeinen".						
7. September 2., Abendmilch	—	—	0.53	0.94	0.66	0.50
8. „ 3., Morgenmilch	—	—	0.51	1.08	0.65	0.44
9. October 5., Abendmilch	—	—	0.81	1.45	0.74	0.92
10. „ 6., Morgenmilch	—	—	0.79	1.34	0.68	0.82
11. November 23., Abendmilch	—	—	1.42	2.44	1.04	1.11
12. „ 24., Morgenmilch	—	—	2.12	2.57	1.08	1.12
Alte Kühe.						
13. April 21., Abendmilch	—	—	0.20	0.42	0.43	0.43
14. „ 22., Morgenmilch	—	—	0.17	0.44	0.23	0.45
1881. Rosvang, Egebaksunde und Marselisborg.	Centrifuge (Nielsen u. Petersen)					
15. Rosvang, Mai 4., Morgenmilch	0.24	0.27	0.89	1.08	0.59	0.82
16. „ „ 4., Abendmilch	0.15	0.17	0.66	0.98	0.48	0.76
17. „ Juni 14., Morgenmilch	0.15	0.14	0.58	0.95	0.52	0.79
18. „ „ 14., Abendmilch	0.13	0.17	0.52	0.17	0.49	0.74
19. „ August 23., Morgenmilch	0.24	0.17	0.67	1.77	0.57	0.60
20. „ „ 23., Abendmilch	0.11	0.05	0.66	1.33	0.49	0.73
21. „ September 3., Abendmilch	0.13	0.07	0.80	1.36	0.54	0.63
22. „ „ 4., Morgenmilch	0.13	0.05	0.81	1.43	0.54	0.66
23. Egebaksunde, August 27., Morgenmilch	0.05	0.04	0.51	1.25	0.50	0.48
24. „ „ 27., Abendmilch	0.10	0.09	0.48	1.09	0.60	0.53
25. Marselisborg, August 12., Morgenmilch	0.09	0.12	0.49	0.79	0.42	0.45
26. „ „ 12., Abendmilch	0.09	0.12	0.47	0.61	0.45	0.53
27. „ September 19., Morgenmilch	0.13	0.10	0.90	1.07	0.63	0.65
28. „ „ 19., Abendmilch	0.09	0.14	0.47	0.58	0.47	0.72
	Centrifuge (de Laval)					
	Shorthorn	Jüten	Shorthorn	Jüten	Shorthorn	Jüten
29. 1880. Juli 12—13. (verschiedene Ställe)	—	—	0.23	1.45	0.40	0.57
30. „ 9., Morgenmilch	0.14	0.19	0.51	1.37	0.43	0.55
31. „ 9., Abendmilch	0.14	0.16	0.23	0.89	0.37	0.47
32. „ 12., Morgenmilch	0.16	0.20	0.28	1.15	0.35	0.59
33. „ 12., Abendmilch	0.16	0.16	0.36	1.15	0.43	0.70
34. September 12., Abendmilch	0.19	0.30	0.29	1.10	0.45	0.47
35. „ 13., Morgenmilch	0.19	0.22	0.38	1.62	0.45	0.63
1881. Mai bis September. Durchschnitt der Analysen.						
36. Vestervigkloster und Vejlegaard	0.17	0.22	0.30	1.25	} 0.41	0.57
37. Desgl. und verschiedene Höfe	0.16	0.18	0.32	1.15		
	Centrifuge (Nielsen u. Petersen)					
	Angler	Jüten	Angler	Jüten	Angler	Jüten
38. Rosvang	0.76	0.14	0.71	1.13	0.53	0.72
39. Egebaksunde	0.08	0.07	0.50	1.17	} 0.51	0.56
40. Marselisborg	0.10	0.12	0.57	1.76		

Centrifugen-Magermilch

No.	Bezeichnungen und Bemerkungen	Jahr der Untersuchung	Specifisches Gewicht	In der ursprünglichen Substanz: Wasser %	Fett %	Caseïn %	Albumin %	Milchzucker %	Asche (Salze) %	Trockensubstanz %	In der Trockensubstanz: Fett %	Caseïn %	Albumin %	Milchzucker %	Asche (Salze) %	N in der Trockensubstanz %
1	Lefeld'sche Centrifuge . . .	1876	1.0353	90.73	0.46	2.89	0.49	5.34	0.72	9.27	4.96	31.17	5.29	50.81	7.77	5.83
2	De Lavals Separator . . .	1884	1.0348	91.16	0.29	4.03		3.77	0.75	8.84	3.28	45.59		42.65	8.48	7.29
3	Desgl.	1880	—	90.71	0.22	3.31		—	0.64	9.29	2.37	35.63		55.11	6.89	5.70
4	Centrifugal-Milch	1879	1.0350	90.52	0.29	3.84		5.54	0.77	9.48	3.06	40.51		48.31	8.12	6.48
5	Mittel verschiedener Analysen	—	—	90.68	0.29	3.49		4.76	0.78	9.32	3.11	37.45		51.07	8.37	5.99
6	Desgl. der Amherster Molkerei	1884/85	—	89.78	0.33	3.53		5.56	0.80	10.22	3.23	34.54		54.40	7.83	5.53
7	Skim Milk	1886	—	90.20	0.52	3.99		4.47	0.82	—	—	—		—	—	—
	Mittel . . .			90.60	0.31	3.06		5.29	0.74	9.40	3.34	38 36		50.39	7.91	6.14

(Ohne nähere Bezeichnung des Apparats und wo Anwendung der Centrifuge zu vermuthen).

	Vollmilch: Spec. Gewicht	Vollmilch: Fett %	Magermilch: Spec. Gewicht	Magermilch: Fett %	Magermilch: Trockensubstanz %
W. Fleischmann.[1])					
1. Aus der Genossenschaftsmolkerei Frankfurt a. d. O.	—	—	1.0351	0.236	—
2. Radener Molkerei, im Mittel von 7 (aräometr.) Bestimmungen .	—	—	—	0.429	—
3. „ „ „ „ „ 6 „ „ .	—	—	—	0.405	—
Milchwirthschaftliche V.-St. Kiel, nach Angaben von M. Schrodt.					
4. Im Mittel von 47 Bestimmungen, Septemb. bis Ende Decemb. 1882	—	—	—	0.502	—
5. Fettreiche Magermilch, im Mittel von 10 Bestimmungen . .	—	—	1.0354	0.992	9.805
6. Fettarme „ „ „ „ 11 „ . .	—	—	1.0363	0.452	9.150
7. Aus der Schweriner Molkerei	—	—	1.0333	0.500	—
8. Dampfmolkerei Malchin	—	—	1.0344	0.200	—
W. Fleischmann.[2])					
Aus der Genossenschaftsmolkerei zu Schwerin.					
9. Im Mittel von 9 Bestimmungen	1.0314	3.224	1.0338	0.370	—
10. Maximum des Fettgehaltes der Magermilch	—	—	1.0346	0.643	—
11. Minimum „ „ „ „	—	—	1.0326	0.115	—
12. Molkerei Püschow	1.0326	3.258	1.0350	0.636	—
W. Fleischmann.[3])					
Aus der Genossenschaftsmolkerei zu Schwerin 1884.					Reaction
13. 23/1	1.0323	3.245	1.0327	0.531	schwach
	—	—	1.0332	0.429	sauer

Centrifugen-Magermilch.
No. 1. W. Fleischmann. — Das Molkereiwesen 1878. 704.
N. 2. W. Fleischmann. — Bericht der Milchwirthschaftl. V.-St. Raden 1884. 26. Die Magermilch wurde im allgemeinen Betriebe der Radener Molkerei bei Durchlauf von 292.2 kg. Vollmilch durch die Trommel bei 20.7° C. und bei 6500 Umgängen in der Minute. Der Gehalt an Milchzucker betrug bei directer Bestimmung 3.645 %, der oben angegebene Gehalt wurde aus der Differenz berechnet.
No. 3. Aug. Voelcker. — J. R. Agr. Soc. England 1880. I. 160.
No. 4. N. Gerber u. P. Radenhausen. — Forschungen aus dem Gebiete der Viehhaltung 1879. 7. H. 316.
No. 5. P. Vieth. — Milchztg. 1887. 121.
No. 6. C. A. Goessmann. — Jahresber. d. Agrikulturchemie 1885. 623. (Massach. Agr. Exp. St. Bull. 17.) Durchschnitt der Analysen vom 6. November 1884 bis 5. Februar 1885.
No. 7. W. A. Henry. — Agr. Exp. Stat. Wisconsin 4 Rep. f. 1886. 87.
Centrifugen-Magermilch ohne Bezeichnung des Apparats.
[1]) W. Fleischmann. — Bericht der Milchwirthsch. V.-St. Raden 1882. 20. 31. 33—36.
[2]) W. Fleischmann. — Ebendaselbst 1883. 43.
[3]) W. Fleischmann. — Ebendaselbst 1884. 74. Bei den monatlichen Untersuchungen sind fast ausnahmslos auf je 1 Probe Vollmilch 2 Proben Magermilch untersucht worden. Aus der vorliegenden Mittheilung ist nicht zu ersehen, welche Ursache zu dem meist beträchtlichen Unterschiede im Fettgehalte vorgelegen haben mag.

		Vollmilch		Magermilch		
		Spec. Gewicht	Fett %	Spec. Gewicht	Fett %	Reaction
14.	20/2	1.0318	3.323	1.0339	0.705	neutral
		—	—	1.0332	0.334	
15.	26/3	1.0320	2.710	1.0352	0.283	neutral
		—	—	1.0350	0.274	
16.	23/4	1.0308	3.378	1.0328	0.416	schwach sauer
		—	—	1.0341	0.344	
17.	21/5	1.0320	3.178	1.0334	0.333	schwach sauer
		—	—	1.0335	0.440	
18.	11/6	1.0322	2.501	1.0339	0.295	schw. sauer
		—	—	1.0340	0.228	sauer
19.	23/7	1.0312	2.801	1.0336	0.359	schwach sauer
		—	—	1.0340	0.356	
20.	22/10	1.0325	2.636	1.0344	0.348	neutral
21.	12/11	1.0322	2.412	1.0328	0.565	schwach sauer
		—	—	1.0332	0.342	
22.	17/12	1.0328	2.797	1.0365	0.527	—
		—	—	1.0358	0.273	—
W. Fleischmann.[1])						
Aus der Genossenschaftsmolkerei Woldegk.						
23.	17/1	1.0319	3.376	1.0340	1.097	sauer
24.	22/2	1.0326	3.242	1.0352	0.713	schw. sauer
25.	12/6	1.0312	3.099	—	0.301	sauer
26. Molkerei Prützen	16/6	—	3.390	—	0.480	stark sauer
27. Aus Aachen	15/11	—	—	—	0.877	„ „
28. „ „	15/11	—	—	—	1.118	„ „
29. „ Siedenbollentin (Centrifuge)	9/1	—	—	1.0340	0.290	—
30. „ Criewen „	7/2	—	—	1.0342	0.346	—
31. „ „ „	7/2	—	—	1.0338	0.316	—
32. „ Lüssow	11/2	—	—	—	0.317	sauer
33. „ „	11/2	—	—	—	0.567	„
34. „ „	30/5	—	—	1.0340	0.588	schw. sauer
35. „ Gülzow	31/5	—	—	1.0341	0.520	—
36. „ Barmstedt (Centrifuge)	6/6	—	—	—	0.325	stark sauer

Heinr. Petersen's Schäl-Centrifuge.

		Vollmilch Spec. Gewicht	Vollmilch Fett %	Magermilch Spec. Gewicht	Magermilch Fett %	Reaction
W. Fleischmann.[2])						
1. Aus Oldesloe	8/2 1882	—	—	1.0332	0.369	schwach säuerlich
2. „ „	30/3 „	—	—	1.0349	0.361	
3. „ Woldegk	17/12 1883	1.0315	2.946	—	0.418	
4. „ „ (700 Liter Milch in der Stunde)	6/5 1884	—	—	—	0.359	sauer
5. „ Stavenhagen	7/8 „	—	—	1.0348	0.505	—
6. „ Hamburg	11/11 „	—	—	1.0307	0.491	gewässert
7. „ „	29/11 „	—	—	1.0347	0.483	—
8. „ „	12/12 „	—	—	1.0324	0.678	gewässert

[1]) Siehe Note 3 auf Seite 880.
[2]) W. Fleischmann. — Bericht der Milchwirthsch. V.-St. Raden 1888. 21; 1883. 46; 1884. 75 u. ff.

	a. kg Milch in der Stunde	b. Trommelumläufe in	c. t °C.	Vollmilch Spec. Gewicht	Vollmilch Fett %	Magermilch Spec. Gewicht	Magermilch Fett %	Ausrahmungsgrad %
W. Fleischmann.[1]								
9. Frische Morgenmilch der Radener Herde . .	—	—	—	—	—	—	—	—
10. Mittel von 5 Versuchen	370.4	1677	5	—	3.237	—	0.827	78.5
11. „ „ 6 „	374.1	1664	10	—	3.117	—	0.601	84.0
12. „ „ 5 „	378.4	1644	15	—	3.136	—	0.438	88.4
13. „ „ 5 „	381.0	1661	20	—	3.149	—	0.403	89.1
14. „ „ 5 „	394.9	1671	25	—	3.126	—	0.331	90.9
15. „ „ 6 „	383.1	1661	30	—	3.059	—	0.284	92.1
16. „ „ 6 „	377.0	1669	35	—	3.040	—	0.254	92.9
17 „ „ 9 „	383.0	1663	40	—	3.520	—	0.224	94.4
18. Transportirte Milch aus Mamerow, frische Morgenmilch, Mittel von 6 Versuchen . .	400.9	1681	25	—	3.137	—	0.307	91.9
19. 12 Stunden alte Abendmilch der Radener Herde, Mittel von 6 Versuchen	378.1	1632	25.4	—	3.156	—	0.354	90.7

Burmeister u. Wain's Centrifuge. Kleine dänische Centrifuge.

	a. kg Milch in der Stunde	b. Trommelumläufe in '	c. t °C.	Vollmilch Spec. Gewicht	Vollmilch Fett %	Magermilch Spec. Gewicht	Magermilch Fett %	
W. Fleischmann.[2]								
1. Aus Woldegk (500 L. Milch in der Stunde)	—	—	—	—	—	1.0330	0.434	sauer
M. Schmoeger.[3]								
2. 30. Januar	190	—	33.1	—	3.37	—	0.27	—
3. 31. „	193	—	35.0	—	3.39	—	0.26	—
4. 28. „	285	—	33.7	—	—	—	0.41	—
5. 29. „	305	—	34.4	—	3.36	—	0.41	—
6. 4. Februar	188.7	—	27.5	—	3.49	—	0.30	—
7. 26. „	196.2	—	27.5	—	3.12	—	0.29	—
8. 1. „	305.3	—	27.5	—	3.35	—	0.44	—
9. 2. „	294.8	—	27.5	—	—	—	0.40	—
10. 4. März	189.5	—	20.0	—	—	—	0.45	—
11. 5. „	165.0	—	20.0	—	—	—	0.45	—
12. 6. „	279.2	—	20.0	—	2.95	—	0.74	—
13. 28. Februar	290.4	—	20.0	—	—	—	0.50	—
14. 3. März	279.2	—	20.5	—	3.22	—	0.59	—
15. 7. „	171.1	—	13.1	—	3.21	—	0.50	—
16. 10. „	181.5	—	13.7	—	—	—	0.55	—
17. 12. „	266.7	—	13.1	—	—	—	0.86	—

Einfluss des während des Centrifugirens innegehaltenen Verhältnisses zwischen ablaufender Magermilch und Rahm.

Mittel von je 2 Versuchen. Temperatur und Milchquantum in den angegebenen Grössen annähernd.

	Milch in der Stunde Liter	Temperatur der Vollmilch °C.	Vollmilch Fett %	Magermilch Fett %
M. Schmoeger.[4]				
18. Rahm : Magermilch = 1 : 4	150	35	3.85	0.175
19. „ : „ = 1 : 10	150	35	3.75	0.180
20. „ : „ = 1 : 4	300	35	3.67	0.27
21. „ : „ = 1 : 10	300	35	3.40	0.52
22. „ : „ = 1 : 4	150	12.5	3.38	0.255

[1]) W. Fleischmann u. R. Sachtleben. — Milchztg. 1882. 593 u. 610. (Schälcentrifuge von Nielsen u. Petersen.)
[2]) W. Fleischmann. — Ber. d. Milchwirthsch. V.-St. Raden 1888. 21; 1883. 46; 1884. 75 u. ff.
[3]) M. Schmoeger. — Ber. d. Milchwirthsch. Instit. Proskau 1883/84. 8.
[4]) M. Schmoeger. — Ebendaselbst 1884/88. 11 u. ff. u. 1885/86. 11.

	Milch in der Stunde Liter	Temperatur der Vollmilch °C.	Vollmilch Fett %	Magermilch Fett %
23. Rahm : Magermilch = 1 : 10	150	12.5	3.58	0.405
24. „ : „ = 1 : 4	300	12.5	3.60	0.67
25. „ : „ = 1 : 10	300	12.5	3.58	1.065

Einfluss des Fettgehaltes der Vollmilch auf die Entrahmung.

26. Rahm : Magermilch = 1 : 5	150	35	fettarm {2.60	0.21
27. „ : „ = 1 : 8	150	35	fettarm {2.63	0.18
28. „ : „ = 1 : 5	150	35	3.50	0.19
29. „ : „ = 1 : 5	300	35	fettarm {2.81	0.385
30. „ : „ = 1 : 8	300	35	fettarm {2.72	0.455
31. „ : „ = 1 : 5	300	35	3.45	0.39
32. „ : „ = 1 : 5	150	7.5	fettarm {1.95	0.44
33. „ : „ = 1 : 8	150	7.5	fettarm {1.96	0.345
34. „ : „ = 1 : 5	150	7.5	3.07	0.40
35. „ : „ = 1 : 5	250	7.5	fettarm {2.17	1.07
36. „ : „ = 1 : 8	250	7.5	fettarm {2.04	0.795
37. „ : „ = 1 : 5	250	7.5	2.97	1.07

Frischgemolkene Morgenmilch im Mittel von 4 Versuchen.

38. Rahm : Magermilch = 1 : 5	ca. 190	29	2.64	0.175

In Eiswasser gestandene und wieder angewärmte Mittag- und Abendmilch.

39. Rahm : Magermilch = 1 : 5	190	29	2.91	0.19

Morgenmilch 12 Stunden in Eiswasser, dann entrahmt, dann centrifugirt ohne Anwärmen.

40.	Zulauf	ca. 200	12.5	1.50	0.25
41. Kuhwarme Abendmilch	„	„ 200	31.2	3.66	0.22
42. „ „	„	„ 300	31.2	3.66	0.48

Burmeisters kleine Centrifuge.

N. J. Fjord u. V. Storch.[1])

Temperatur der Vollmilch °C	Zuströmung in der Stunde Pfund	Umdrehungen in 1 Stunde	Magermilch Fettgehalt %
a) Der Gesammtmagermilch entnommen:			
24.8	298	1946	0.21
24.7	434	2385	0.22
24.2	701	2931	0.28
b) Magermilch abzüglich des ersten und letzten Antheils:			
27.8	278	1970	0.23
27.7	444	2395	0.23
27.9	694	3018	0.22

April bis September 1882.			Durchschnitt	Minimum	Maximum
Im Mittel von 9 Versuchen (Analysen)	1290	2410	0.12	0.09	0.15
„ „ „ 28 „ „	2435	2410	0.22	0.15	0.39
„ „ „ 8 „ „	1290	2410	0.12	0.11	0.12
„ „ „ 4 „ „	2435	2410	0.25	0.22	0.28
„ „ „ 4 „ „	3580	2410	0.41	0.38	0.47
„ „ „ 4 „ „	4720	2410	0.71	0.64	0.79

Einfluss des Stehens der Milch auf den Erfolg des nachfolgenden Entrahmens.

	Alsbald entrahmt °C.	Am nächsten Morgen kalt °C.	Am nächsten Morgen erwärmt °C.
Abendmilch	bei 29.3	11	40
a) 450 Pfund Milch in der Stunde durchschnittlich	„ 0.20	0.49	0.20
b) 300 „ „ „ „ „ „	„ 0.09	0.23	0.10

1) N. J. Fjord u. V. Storch. — Milchzeitung 1883. S. 55 u. 68.

	Alsbald entrahmt	Am nächsten Morgen centrifugirt	Am nächsten Morgen mit der Hand entrahmt und mit der Centrifuge
	° C. bei 30	° C. 12	° C. 12
c) 450 Pfund Milch, im Durchschnitt von 4 Versuchen	0.25 %	0.25 %	0.23 %

P. Vieth.[1])

(1886) Im Mittel von 110 Proben zwischen 0.2 und 0.5 % Fett.*)

(1887) „ „ „ 71 „ „ 0.14 „ 0.43 „ „ **)

		a. Milch in der Stunde kg	b. Umdrehungen in der Minute	c. Wärme der Milch ° C.	Vollmilch Specifisches Gewicht	Vollmilch Fett %	Magermilch Specifisches Gewicht	Magermilch Fett %	Ausrahmungsgrad %
W. Fleischmann u. J. Berendes.[2])									
1.	Im Mittel von je 6 Versuchen	305	3396	**40**	1.0306	3.766	1.0354	0.303	93.36
2.		297	3291	**30**	1.0307	3.685	1.0349	0.358	92.11
3.		295.8	3357	**20**	1.0309	3.902	1.0352	0.399	91.83
4.		302.5	3397	**10**	1.0311	3.798	1.0346	0.735	84.80
5.		c. **200**	3380	30	1.0314	3.304	1.0348	0.250	93.92
6.		c. **250**	3380	30	1.0314	3.329	1.0348	0.266	93.59
7.		c. **350**	3376	30	1.0320	3.559	1.0356	0.392	91.12
8.		c. **400**	3334	30	1.0322	3.410	1.0357	0.392	90.55
	Rahmausbeute in %								
9.	Verschiedene Rahmmenge bei 40° C. — 17.6	308	3339	**40**	1.0322	3.295	1.0354	0.292	92.69
10.	Verschiedene Rahmmenge bei 40° C. — 10.4	309	3342	**40**	1.0322	3.299	1.0355	0.357	90.31
11.	Verschiedene Rahmmenge bei 30° C. — 20.7	293	3298	**30**	1.0319	3.266	1.0352	0.302	92.66
12.	Verschiedene Rahmmenge bei 30° C. — 11.5	300	3399	30	1.0319	3.305	1.0351	0.373	90.02
13.	Verschiedene Rahmmenge bei 20° C. — 20.5	298	3436	20	1.0318	3.271	1.0349	0.333	91.89
14.	Verschiedene Rahmmenge bei 20° C. — 11.0	300	3422	20	1.0318	3.272	1.0349	0.486	86.78
15.		352	3365	30	1.0319	3.177	1.0350	0.322	91.55
16.		400	3409	30	1.0319	3.156	1.0349	0.363	90.42
Verbesserte Dänische Centrifuge — Type B. — von Burmeister u. Wain.									
C. Pepper-Louisenhof.[3])									
1.	Warme, eben ermolkene Milch	450	3391	ca. 30	—	—	—	0.411	—
2.		400	3400	„	—	—	—	0.302	—
3.		300	3395	„	—	—	—	0.254	—
4.		250	3398	„	—	—	—	0.179	—
5.	Kalte, Nachts über in Kühlwasser gestandene Milch	250	3356	12.0	—	—	—	0.310	—
6.		200	3390	„	—	—	—	0.226	—
7.	Desgleichen, schwach entrahmt	300	3392	„	—	—	—	0.301	—
8.		250	3387	„	—	—	—	0.284	—
9.		200	3398	„	—	—	—	0.129	—
10.	Warme und kalte, transportirte Milch	350	3398	ca. 20	—	—	—	0.379	—
11.		300	3395	„	—	—	—	0.299	—
12.		300	3400	ca. 10	—	—	—	0.320	—
13.		250	3389	„	—	—	—	0.221	—

[1]) P. Vieth. — Milchzeitung 1886. S. 131 u. 1887. S. 120.
*) Mit ganz wenigen Ausnahmen.
**) Der Fettgehalt von 3 anderen Proben lag über 0.5 % und betrug 0.55, 0.62 u. 0.63 %.
[2]) W. Fleischmann u. J. Berendes. — Milchzeitung 1886. 589. 609 u. 629. Die 1885 zu Raden ausgeführten Versuche währten von Anfang September bis Anfang December. Die verwendete Milch zeigte gleich anfänglich und bis Anfang November die Erscheinung der „Trägheit" der Milch, welche sich ganz erst Mitte November verlor. Die unter 15 und 16 verzeichneten Proben beziehen sich auf nicht träge Milch; nach der Autoren-Berechnung beziffert sich bei den vorstehenden Versuchen und bei Berücksichtigung aller Verhältnisse der Einfluss der Trägheit auf die Entrahmung der Milch derart, dass Magermilch von träger Milch 0 065 % Fett mehr enthält als solche von nicht träger. Die Erscheinung der Trägheit der Milch im Ausrahmen zeigte sich in Raden nach 10jähriger Beobachtung regelmässig zweimal im Jahre.
[3]) C. Pepper. — Milchzeitung 1885. 697.

	Ring-nummer	a. Milch in der Stunde kg	b. Umdrehungen in der Minute	c. Wärme der Milch °C.	Vollmilch: Specifisches Gewicht	Vollmilch: Fett %	Magermilch: Specifisches Gewicht	Magermilch: Fett %	Ausrahmungs-grad %
Fesca'sche Centrifuge.									
W. Fleischmann u. R. Sachtleben.[1])									
I. Reihe. Bei annähernd gleichen Milchmengen									
1. Im Mittel von 3 Versuchen.	13/16	177.9	3907	35	—	3.269	—	1.632	51.0
2. „ „ „ 2 „	12/16	178.6	3793	35	—	3.335	—	1.521	55.9
3. „ „ „ 3 „	11/16	182.9	3969	35	—	3.175	—	0.503	85.4
4. „ „ „ 3 „	10/16	186.8	3969	35	—	3.105	—	0.383	89.3
5. „ „ „ 3 „	9/16	184.5	3896	35	—	3.141	—	0.360	90.5
6. „ „ „ 3 „	8/16	187.5	4139	35	—	3.129	—	0.352	91.1
II. Reihe. Bei mittleren Rahmmengen (11.5—15.6 %).									
7.	13/16	261.0	4099	35	—	3.237	—	0.578	85.2
8.	12/16	217.4	4063	35	—	3.254	—	0.539	85.5
9.	11/16	210.6	4077	35	—	3.465	—	0.536	86.7
10. Im Mittel von 4 Versuchen	10/16	184.6	4023	35	—	3.604	—	0.479	88.4
11.	9/16	163.8	4004	35	—	3.463	—	0.443	88.8
12.	8/16	146.1	4064	35	—	3.286	—	0.274	90.1
III. Reihe. Leistung der einzelnen Ringe bei verschieden starkem Zulaufe der Milch.									
13.	13/16	177.9	3907	35	—	3.269	—	1.632	51.0
14.	„	220.6	4212	35	—	3.163	—	0.532	84.5
15.	„	238.1	4104	35	—	3.165	—	0.498	86.6
16.	„	261.0	4099	35	—	3.237	—	0.578	85.2
17.	12/16	178.6	3793	35	—	3.335	—	1.521	55.9
18.	„	208.3	3942	35	—	3.050	—	0.758	77.3
19.	„	217.4	4063	35	—	3.254	—	0.539	85.5
20.	„	250.0	3996	35	—	3.109	—	0.400	89.1
21.	„	258.6	3942	35	—	3.056	—	0.405	89.8
22.	11/16	182.9	3969	35	—	3.175	—	0.503	85.4
23.	„	189.9	3834	35	—	3.092	—	0.492	85.5
24.	„	189.9	3996	35	—	3.103	—	0.466	86.6
25.	„	210.6	4077	35	—	3.465	—	0.536	86.6
26.	„	250.0	4104	35	—	3.322	—	0.393	91.1
27.	10/16	164.8	3996	35	—	3.208	—	0.380	89.0
28.	„	180.7	3996	35	—	3.190	—	0.283	92.2
29.	„	184.6	4023	35	—	3.604	—	0.479	88.4
30.	„	186.8	3969	35	—	3.105	—	0.383	89.3
31.	„	202.7	3996	35	—	3.090	—	0.344	90.9
32.	„	250.0	3969	35	—	3.151	—	0.310	93.3
33.	9/16	150.0	4050	35	—	3.382	—	0.381	89.9
34.	„	163.8	4004	35	—	3.463	—	0.443	88.8
35.	„	176.5	3996	35	—	3.166	—	0.287	92.6
36.	„	184.5	3896	35	—	3.141	—	0.360	90.5
37.	„	223.9	3996	35	—	3.119	—	0.300	93.1
38.	8/16	127.1	3942	35	—	3.106	—	0.300	91.1
39.	„	146.1	4064	35	—	3.286	—	0.374	90.1
40.	„	161.3	3942	35	—	3.056	—	0.271	92.5
41.	„	187.5	4139	35	—	3.129	—	0.352	91.1
42.	„	192.3	3942	35	—	3.123	—	0.230	94.6

[1]) W. Fleischmann u. R. Sachtleben. — Milchzeitung 1883. 369 u. 385. Die Zahlen der dritten Reihe sind zum Theil der ersten und zweiten Reihe entnommen.

	a. Milch in der Stunde kg	b. Umdrehungen in der Minute	c. Wärme der Milch °C.	Vollmilch: Specifisches Gewicht	Vollmilch: Fett %	Magermilch: Specifisches Gewicht	Magermilch: Fett %	Ausrahmungsgrad %
Lefeldt'sche Centrifuge.								
W. Fleischmann u. J. Berendes.[1]) Modell No. 0 (1883).								
Molkerei Raden.								
1. Mittel von 9 Versuchen	246	5851	**35**	1.0312	3.277	1.0347	0.353	90.63
2. „ „ 10 „	245	6011	**30**	1.0314	3.375	1.0352	0.355	91.01
3. „ „ 10 „	250	6046	**25**	1.0317	3.298	1.0353	0.385	90.36
4. „ „ 9 „	251	6034	**20**	1.0309	3.227	1.0346	0.418	88.83
5. „ „ 3 „	**149**	5934	25	1.0308	3.218	1.0341	0.252	93.27
6. „ „ 3 „	**319**	6000	25	1.0311	3.317	1.0341	0.617	83.76
7. „ „ 6 „	**367**	5988	25	1.0306	3.258	1.0338	0.666	82.17
W. Fleischmann u. J. Berendes.[2]) Modell 1885.								
8.	323.7	6174	35	1.0310	3.073	1.0341	0.348	90.49
9.	318.6	6013	30	1.0310	3.231	1.0343	0.385	90.12
10.	275.9	6367	35	1.0317	3.286	1.0356	0.257	93.35
11.	250.4	6128	30	1.0310	3.437	1.0351	0.283	92.61
12.	268.7	6048	25	1.0316	3.553	1.0358	0.296	92.70
13. Im Mittel der Versuche unter No. 10—12	265	6181	30	1.0314	3.425	1.0355	0.279	92.89
14.	225.3	6100	35	1.0320	3 303	1.0360	0.202	94.73
15.	226.4	6234	30	1.0318	3.430	1.0358	0.197	95.09
16.	225.3	6380	25	1.0318	3.348	1.0357	0.266	93.21
17. Im Mittel der Versuche unter No. 14—16	225.7	6238	30	1.0319	3.360	1.0358	0.222	94.34
De Laval's Separator.								
W. Fleischmann.[3])								
Radener Molkerei.								
1. Mittel von 14 Bestimmungen	154.4	5360	26.2	—	—	—	0.253	—
2. Bei Minimum von a	121	5382	28	—	—	—	0.234	—
3. Bei Maximum von a	298	5336	24	—	—	—	0.324	—
4. Minimum des Fettgehaltes bei	128	5336	28	—	—	—	0.199	—
W. Fleischmann u. P. Vieth.[4])								
Radener Molkerei, frisch gemolkene Milch.								
A. Ueber 6000 Touren der Trommel in der Minute.								
5. Ungekühlt, im Mittel von 6 Versuchen	121	6019	25	—	3.281	—	0.160	95.56
6. Auf 15° C. abgekühlt, im Mittel von 3 Versuchen	113	6128	13	—	3.219	—	0.263	92.71
B. Weniger als 6000 Touren der Trommel in der Minute.								
7. Ungekühlt, Mittel von 13 Versuchen	107	5475	25	—	3.278	—	0.200	93.02
8. Auf 15° gekühlt, Mittel von 5 Versuchen	110	5336	14	—	3.303	—	0.322	91.46
9. Auf 6° gekühlt, Mittel von 6 Versuchen	104	5359	6	—	3.197	—	0.558	84.87
10. Auf 40° C. erwärmt, Mittel von 3 Versuchen	99	5336	39	—	3.370	—	0.138	96.27
11. *) Abendmilch des vorigen Tages, Mittel von 6 Vers.	125	5441	14	—	2.974	—	0.357	90.19
12. *) Abendmilch des vorigen Tages, auf 31° C. erwärmt, Mittel von 6 Versuchen	118	5448	28	—	2.938	—	0.178	94.82

[1]) W. Fleischmann u. J. Berendes. — Bericht der Milchwirthsch. V.-St. Raden 1884. 50.

[2]) W. Fleischmann u. J. Berendes. — Milchzeitung 1886. 269. Die Zahlen beziehen sich auf den Durchschnitt von je 4 Versuchen. Als Durchschnittswerthe ergeben sich für die Entrahmung mittelst dieser Centrifuge, Model 1885, bei 30° C in der Stunde:

Bei 6013 Trommelumgängen in der Minute 319 kg Milch in der Stunde bis auf einen Fettgehalt der Magermilch von 0.38 % (Reihe 9).

Bei 6181 Trommelumgängen 265 kg Milch bis auf einen Fettgehalt in der Magermilch von 0.28 (10—12).
„ 6238 „ 226 „ „ „ „ „ „ „ „ „ 0.22 (14—16).

[3]) W. Fleischmann. — Bericht der Milchwirthsch. V.-St. Raden 1880. 24.

[4]) W. Fleischmann u. P. Vieth. — Milchzeitung 1880. 517.

*) Die Abendmilch blieb in Swartz'schen Satten die Nacht über sich selbst überlassen und wurde bei der Temperatur, die sie im Aufrahmungsraum angenommen (7—10°) und ohne vorherige Durchmischung in das Sammelgefäss gegeben.

	a. Milch in der Stunde kg	b. Umdrehungen in der Minute	c. Wärme der Milch °C.	Vollmilch Specifisches Gewicht	Vollmilch Fett %	Magermilch Specifisches Gewicht	Magermilch Fett %	Ausrahmungsgrad %
13. Transportirte Morgenmilch, Mittel von 6 Versuchen	101	5359	27	—	3.094	—	0.206	94.14
14. Frische Morgenmilch, bei ganz geöffnetem Zuflussrohr, Mittel von 6 Versuchen	167	5432	27	—	3.190	—	0.238	94.99
Aufrahmung mit Eis bei 10stünd. Dauer, Aufrahmungstemperatur 27°, Ende 2° C.	—	—	—	—	3.232	—	0.717	81.95
W. Fleischmann.[1]								
Separator-Trommel mit becherförmigem Einsatz.								
15. Mittel von 13 Bestimmungen	294	6029	26	—	ca. 3.3	1.0345	0.352	91.0
16. Minimum des Fettgehaltes bei	320	6808	26.5	—	„	1.0347	0.232	—
17. Maximum des Fettgehaltes bei	311	5888	25.5	—	„	1.0343	0.417	—
W. Fleischmann.[2]								
18. Aus der Molkerei Prützen, 1. Juni	—	—	—	1.0328	3.290	1.0362	0.350	—
19. Aus der Molkerei Lalendorf, 21. Juni		—	35	—	—	1.0357	0.370	—
20. Aus der Molkerei Lalendorf, 21. Juni	—	—	25	—	—	1.0351	0.500	—
21. Aus der Molkerei Lalendorf, 19. December (träge Milch)	—	—	—	—	—	1.0348	0.287	—
22. Aus der Molkerei Niegleve, 6. December	—	—	—	1.0317	3.488	1.0350	0.360	—
23. Aus der Molkerei Raden, im Mittel von 78 Proben	—	—	—	—	—	—	—	—
Im Laufe des Jahres 1883 bei regelrechtem Betriebe	—	—	—	—	—	1.0345	0.466	—
24. Maximum	—	—	—	—	—	—	0.933	—
25. Minimum	—	—	—	—	—	—	0.260	—
26. Im Mittel von 30 Bestimmungen, Febr. bis April 1883	316	6854	26	—	—	1.0345	0.331	—
27. Molkerei Raden	292	6500	30.7	—	3.265	1.0348	0.290	—
W. Fleischmann.[3]								
28. Molkerei Raden, 9.—15. November 1884	295	6443	30	—	3.547	—	0.366	91.65
29. Molkerei Raden, 21. November bis 2. December 1884	280	6417	30	—	3.562	—	0.342	92.25
30. a.	300	6450	28	—	3.561	—	0.305	—
31. b. Entrahmte Milch a	165.7	6500	32	—	0.305	—	0.169	—
32. c. Entrahmte Milch b	155.7	6650	37	—	0.169	—	0.148	—
N. Engström.[4]								
33. Im Mittel von 8 Bestimmungen	—	—	—	—	—	—	0.25	—
N. J. Fjord u. Storch.[5]								
34. Im Mittel von 5 Bestimmungen	127.5	5350	—	—	—	—	0.18	—
35. Im Mittel von 7 Bestimmungen	191.2	5350	—	—	—	—	0.31	—

De Laval's Separator, neuester (1883) Construction.

	a. Milch in der Stunde kg	b. Umdrehungen in der Minute	c. Wärme der Milch °C.	Vollmilch Specifisches Gewicht	Vollmilch Fett %	Magermilch Specifisches Gewicht	Magermilch Fett %	Ausrahmungsgrad %
W. Fleischmann u. J. Berendes.[6]								
1. 20° und darunter, Mittel von 29 Versuchen	325.00	6702	**13.9**	—	3.475	—	0.985	76.99
2. Ueber 20°, Mittel von 71 Versuchen	313.25	6812	**28.8**	—	3.469	—	0.389	90.56
3. Ueber 145 Umgänge des Triebrades in der Minute (Mittel von 54 Versuchen)	312.4	über **6670**	27.1	—	3.460	—	0.366	91.13
4. Unter 145 Umgänge des Triebrades in der Minute (Mittel von 17 Versuchen)	317.5	unter **6670**	34.1	—	3.495	—	0.464	88.67

[1]) W. Fleischmann. — Bericht der Milchwirthsch. V.-St. Raden 1882. 20.

[2]) W. Fleischmann. — Bericht der Milchwirthsch. V.-St. Raden 1883. 23. 44. 52.

[3]) W. Fleischmann. — Bericht der Milchwirthsch. V.-St. Raden 1884. 52. Mittel von je 7 Versuchen an 7 aufeinanderfolgenden Tagen mit de Laval's Separator neuester Construction. Die Entrahmung verlief ganz ohne Störung. Zu No. 30—32 ist zu bemerken, dass ein und dieselbe Milch dreimal hintereinander den Apparat durchlief.

[4]) N. Engström. — Milchzeitung 1879. 662.

[5]) N. J. Fjord d. Storch. — Milchzeitung 1883. 55. Der Fettgehalt der Magermilch betrug:

	Im Maximum	Im Minimum
Bei den Bestimmungen unter No. 34 . . .	0.13	0.22
„ „ „ „ No. 35 . . .	0.21	0.39

[6]) W. Fleischmann u. J. Berendes. — Landw. V.-St. 31. 1885. 367. Die Versuche, welche den Ergebnissen zu Grunde liegen, erstreckten sich fast über ein ganzes Jahr. Die Zahlen für den Fettgehalt von Voll- und Magermilch sind das Mittel von je zwei übereinstimmenden Ergebnissen.

No.		Versuche	a. Milch in der Stunde kg	b. Umdrehungen in der Minute	c. Wärme der Milch °C.	Vollmilch Specifisches Gewicht	Vollmilch Fett %	Magermilch Specifisches Gewicht	Magermilch Fett %	Ausrahmungsgrad %
5.	40° C.	Mai, Mittel von 4 Versuchen	329.9	6900	40	—	3.587	—	0.322	92.11
6.	40° C.	August, Mittel von 4 Versuchen	319.3	6693	40	—	3.455	—	0.411	90.07
7.	40° C.	September, Mittel von 3 Versuchen	308.1	6532	40	—	3.607	—	0.442	89.21
8.	30° C.	Juli, Mittel von 5 Versuchen	307.8	6871	30	—	3.285	—	0.375	90.10
9.	30° C.	August, Mittel von 4 Versuchen	335.6	6587	30	—	3.421	—	0.467	89.03
10.	30° C.	September, Mittel von 3 Versuchen	297.9	6532	30	—	3.588	—	0.501	87.64
11.	20° C.	Juli, Mittel von 4 Versuchen	313.6	6870	20	—	3.275	—	0.565	86.05
12.	20° C.	August, Mittel von 4 Versuchen	363.4	6693	20	—	3.383	—	0.632	86.12
13.	20° C.	October, Mittel von 3 Versuchen	297.3	6486	20	—	3.701	—	0.660	84.32
14.	10° C.	August, Mittel von 4 Versuchen	304.3	6870	10	—	3.484	—	1.046	73.83
15.	10° C.	August, Mittel von 4 Versuchen	347.7	6601	10	—	3.341	—	1.061	72.73
16.	10° C.	October, Mittel von 4 Versuchen	292.7	6633	10	—	3.495	—	1.293	68.51
17.		40° C., Mittel der Versuche unter No. 5—7	319.8	6725	**40**	—	3.544	—	0.387	90.58
18.		30° C., Mittel der Versuche unter No. 8—10	321.2	6697	**30**	—	3.406	—	0.437	89.13
19.		20° C., Mittel der Versuche unter No. 11—13	327.3	6702	**20**	—	3.431	—	0.615	85.60
20.		10° C., Mittel der Versuche unter No. 14—16	314.9	6702	**10**	—	3.440	—	1.133	71.72
21.			**386.5**	5000	25	—	—	—	0.740	—
22.			**341.6**	6343	25	—	—	—	0.423	—
23.			**303.3**	6522	25	—	—	—	0.336	—
24.			**262.3**	6163	25	—	—	—	0.309	—
25.			**220.8**	6457	25	—	—	—	0.280	—
26.		Morgenmilch, Mittel von 3 Versuchen	297.9	6532	30	—	3.588	—	0.501	87.64
27.		Transportirte Abendmilch, über Nacht in Eiswasser gestanden, Mittel von 3 Versuchen	290.9	6716	30	—	3.444	—	0.519	86.74

Centrifugenmilch. Vergleichende Versuche mit verschiedenen Centrifugen.

N. J. Fjord u. V. Storch.[1])

Gewöhnliche Ausrahmung, April bis Juli 1882. Wärme der süssen Milch, durchschnittlich 25° C.	Im Mittel von Analysen	Milch in der Stunde Pfunde	Durchschnittliche Geschwindigkeit	Magermilch Fettgehalt Durchschnitt %	Minimum %	Maximum %
Kleine Burmeister . . .	9	1290	2410	0.12	0.09	0.15
Kleine Burmeister . . .	28	2435	2410	0.22	0.15	0.39
De Laval	5	1300	5350	0.18	0.13	0.22
De Laval	7	2450	5350	0.31	0.21	0.39
Nielsen und Petersen . .	10	1490	1490	0.11	0.08	0.13
Nielsen und Petersen . .	14	2810	1490	0.18	0.16	0.20
Grosse Burmeister . . .	4	1870	1950	0.15	0.11	0.17
Grosse Burmeister . . .	8	2128	1950	0.27	0.21	0.39
September 1882.						
Kleine Burmeister . . .	8	1290	2410	0.12	0.11	0.12
Kleine Burmeister . . .	4	2435	2410	0.25	0.22	0.28
Kleine Burmeister . . .	4	3580	2410	0.41	0.38	0.47
Kleine Burmeister . . .	4	4720	2410	0.71	0.64	0.79
Grosse Burmeister . . .	5	1780	1800	0.17	0.16	0.19
Grosse Burmeister . . .	5	2158	1800	0.70	0.58	0.79

[1]) N. J. Fjord u. V. Storch. — Milchzeitung 1883. 55. Unter gewöhnlicher Ausrahmung verstanden Autoren eine Arbeitsweise, durch welche die Milch 2—3 Stunden nach dem Melken oder bei dem Wärmegrad, welche sie dann hat, abgerahmt wird, ohne dass besondere Vorkehrungen zur Abkühlung oder gegen dieselbe getroffen werden, und bei welcher 18—20% Rahm entnommen werden.

No.	Bezeichnungen und Bemerkungen	Jahr der Untersuchung	Specifisches Gewicht	In der ursprünglichen Substanz: Wasser	Fett	Caseïn	Albumin	Milchzucker	Asche (Salze)	Trockensubstanz	In der Trockensubstanz: Fett	Caseïn	Albumin	Milchzucker	Asche (Salze)	N in der Trockensubstanz
				%	%	%	%	%	%	%	%	%	%	%	%	%
	Buttermilch.															
1		—	—	89.67	1.58	3.41		5.34		10.33	15.30	33.01		51.69		5.28
2		—	—	90.80	0.24	3.82		5.14		9.20	2.61	41.52		55.87		6.64
3	Aus Rahm nach Gussander'schem Verfahren, Butterfass Gussander	1855	—	88.26	2.57	—	—	—	—	11.73	21.91	—	—	—	—	—
4	Desgl.	1858	—	90.83	1.21	—	—	—	—	9.17	13.20	—	—	—	—	—
5	Aus Rahm nach gewöhnlichem Verfahren, gusseiserne Satten	„	—	91.26	1.00	—	—	—	—	8.74	11.44	—	—	—	—	—
6	Aus frischem 24stünd. Rahm, gewässert, Spülwasser	1861	—	82.82	8.74	7.71			0.73	17.18	50.88	44.87			4.25	—
7	Aus gestandenem 36 stünd. Rahm, gewässert, Spülwasser	„	—	88.16	3.24	7.88			0.74	11.84	27.36	66.39			6.25	—
8	Rahmbutterung, Burchard's Butterfass, unter Zusatz von Kühlwasser	1862	—	83.87	8.80	2.70		4.03	0.60	16.13	54.56	16.74		24.98	3.72	2.68
	b.	„	—	82.22	9.70	2.98		4.44	0.66	17.78	54.57	16.76		24.96	3.71	2.68
9	Rahmbutterung, Holmgren's Butterfass, unter Zusatz von Kühlwasser	„	—	93.02	1.13	2.19		3.17	0.49	6.98	16.19	31.38		45.41	7.02	5.02
	b.	„	—	89.55	1.69	3.28		4.75	0.63	10.45	16.17	31.39		46.41	6.03	5.02
10	Rahmbutterung, Gussander's Butterfass, unter Zusatz von Kühlwasser	„	—	91.64	1.50	2.59		3.66	0.61	8.36	17.94	30.98		43.78	7.30	4.96
	b.	„	—	89.34	1.91	2.30		4.67	0.78	10.66	18.92	30.96		52.80	7.32	4.96
11	Milchbutterung, Burchard's Butterfass, nicht gewässert	„	—	90.02	1.48	2.89		4.91	0.70	9.98	14.83	28.96		49.20	7.01	4.63
12	Milchbutterung, Holmgren's Butterfass, nicht gewässert	„	—	89.79	1.55	2.93		5.15	0.58	10.21	15.18	28.70		50.44	5.68	4.59
13	Aus schwach saurem Rahm, Burchard's Butterfass, nicht gewässert	„	—	88.78	1.92	7.56			0.74	10.22	18.79	73.97			7.24	—

Buttermilch.

No. 1. J. B. Boussingault. — E. Wolff's Landw. Fütterungslehre. Stuttgart, 1881. 228.

No. 2. Quevenne. — Ebendaselbst.

No. 3. A. Stöckhardt. — Martiny: Die Milch. II. 171. (Gussander: Neue schwedische Milchwirthschaft ohne Keller, 1856. 19.) Aus Milch nach Kleefütterung mit 12.88 % Trockensubstanz und 4.26 % Fett.

No. 4 u. 5. Ig. Moser. — Ebendaselbst. (Arenstein's Allgem. Land- u. forstwirthsch. Ztg. 1858. No. 39.)

No. 6 u. 7. Al. Müller u. Eisenstuck. — L. V.-St. 9. 1867. 277. Der Rahm, bei No. 6 nahezu süss, bei No. 7 sauer, wurde in einem Gussanderschen Blechbutterfässchen verbuttert; auf 332.5 g Rahm kamen 40 g, resp. bei No. 7 auf 310 g Rahm 40 g Spülwasser. Der Fettgehalt wurde theils durch Extraktion des Abdampfrückstandes mittelst Aether, theils durch Behandlung der frischen Substanz (auch Buttermilch?) mit einem entsprechenden Gemenge von Alkohol und Aether, beide wasserfrei, nach Müllers ausgearbeiteten Methode bestimmt.

No. 8—12. Al. Müller u. Eisenstuck. — Ebendaselbst. 285. Die Butterung von Rahm und Milch ergaben Producte in nachstehenden Verhältnissen:

	Rahm resp Milch	Unter Zusatz von Wasser	Ergaben Butter	und Buttermilch
Bei No. 8 . . .	5339 g Rahm	472 g	400 g	5111 g
Bei No. 9 . . .	2581 g Rahm	1027 g	514 g	3094 g
Bei No. 10 . . .	672 g Rahm	144 g	149 g	667 g
Bei No. 11 . . .	13617 g Milch	—	378 g	13239 g
Bei No. 12 . . .	5498 g Milch	—	139 g	5104 g

Die Zusammensetzung der Buttermilch auf ungewässerte Buttermilch unter b bei No. 8—10 wurde von uns berechnet.

No. 13—18. Al. Müller u. Eisenstuck. — Ebendaselbst. 295. 365 u. flgd. Die Butterungsausbeute war folgende:

Rahm	Unter Zusatz von Wasser	Ergaben Butter	und Buttermilch
12,30 Pfd.	12.30 Pfd.	3,50 Pfd.	21.1 Pfd.

Als ideale Zusammensetzung der Buttermilch giebt A. Müller folgende Zahlen (L. V.-St. 5. 1868. 182):

Wasser	Fett	Proteïn	Milchzucker	Salze	Trockensubstanz
39.62	1.67	3.33	4.61	0.77	10,38 %

No.	Bezeichnungen und Bemerkungen	Jahr der Untersuchung	Specifisches Gewicht	In der ursprünglichen Substanz							In der Trockensubstanz					N in der Trockensubstanz
				Wasser %	Fett %	Caseïn %	Albumin %	Milchzucker %	Asche (Salze) %	Trockensubstanz %	Fett %	Caseïn %	Albumin %	Milchzucker %	Asche (Salze) %	%
14	Aus schwach saurem Rahm, Holsteiner Butterfass, nicht gewässert	1862	—	88.84	1.42	3.70		5.10	0.86	11.16	12.72	33.16		46.41	7.71	5.31
15	Aus schwach saurem Rahm, Holsteiner Butterfass, stark gewässert	„	—	95.61	0.66	1.59		1.77	0.37	4.39	15.03	36.22		40.32	8.43	5.79
	b.	„	—	89.46	1.58	3.82		4.25	0.89	10.54	14.98	36.21		40.37	8.44	5.79
16	Süsser Rahm, Holstein. Butterfass, nicht gewässert . .	„	—	88.04	2.08	4.09		4.99	0.80	11.96	17.39	34.20		41.72	6.69	5.47
17	Süsser Rahm, Gussander Butterfass, nicht gewässert . .	„	—	87.99	2.33	4.06		4.96	0.76	12.01	19.40	33.80		40.47	6.33	5.41
18	Aus Rieseberga, schwach gewässert	„	—	89.47	1.39	3.37		5.00	0.77	10.53	13.20	32.00		47.49	7.31	5.12
	Milchsäure % — Desgl. 24 Stund. später															
19	3. October — —	1866	—	92.00	—	—	—	—	—	8.0	—	—	—	—	—	—
20	5. „ — —	„	—	93.00	—	—	—	—	—	7.0	—	—	—	—	—	—
21	7. „ 0.38 0.55	„	—	92.60	0.42	4.06		1.93	0.55	7.40	5.73	55.42		31.34	7.51	8.87
22	8. „ — —	„	—	92.40	—	—	—	—	—	7.58	—	—	—	—	—	—
23	10. „ 0.38 0.50	„	—	92.60	0.40	4.35		1.68	0.50	7.40	5.41	58.79		29.04	6.76	9.41
24	14. „ 0.33 0.44	„	—	91.00	0.13	4.07		3.71	0.75	9.00	1.44	45.22		45.01	8.33	7.24
25	17. „ 0.28 0.43	„	—	90.60	0.09	4.94		3.52	0.50	9.40	1.96	52.55		40.17	5.32	8.41
26	19. „ 0.38 0.44	„	—	91.60	0.47	3.91		2.78	0.80	8.40	5.60	46.55		40.33	9.52	7.45
27	21. „ 0.45 0.53	„	—	93.00	0.14	3.64		2.22	0.55	7.00	2.00	52.02		38.12	7.86	8.32
28	28. April 0.11 0.21	„	—	93.30	0.09	4.04		1.97	0.45	6.70	1.34	60.30		31.64	6.72	9.65
29	3. Mai 0.17 0.30	„	—	91.60	0.09	5.08		2.35	0.64	8.40	1.07	60.53		30.78	7.62	9.68
30	4. „ 0.18 0.30	„	—	92.10	0.02	4.72		2.25	0.67	7.90	0.25	59.75		31.52	8.48	9.56
31	20. „ 0.09 0.27	„	—	92.00	0.17	5.03		2.22	0.44	8.00	2.13	62.88		29.42	5.57	10.06
32	Aus Devonshire-Rahm . . .	1873	—	86.90	3.60	—	—	—	—	13.10	27.48	—	—	—	—	—
33	Aus Carshalton-Rahm . . .	„	—	86.40	4.00	—	—	—	—	13.60	29.41	—	—	—	—	—
34	Aus (9 Lit.) Rahm u. (2.675 kg) Vorbruch, Molkerei der Alpen	1877	—	82.85	0.83	10.00		5.36	0.95	17.15	4.84	58.31		31.31	5.54	9.33
35	Desgl.	„	—	88.86	1.23	4.88		4.21	0.81	11.14	11.04	43.81		37.88	7.27	7.01
36	Desgl.	„	—	87.95	0.83	5.00		5.26	0.95	12.05	6.89	41.50		43.73	7.88	6.64
37	Molkerei Slagelse (Dänemark)	„	—	90.46	0.66	2.94		—	0.75	9.54	6.92	30.82		54.40	7.86	4.93
38	Dänische Molkerei	1878	—	89.63	1.21	3.15		—	0.82	10.37	11.67	30.38		50.04	7.91	4.86
39	Aus Rahm, gekühlt, Milch altmilchender Kühe . . .	„	—	89.53	1.07	4.48		4.13	0.79	10.47	10.22	42.79		39.44	7.55	6.85
40	Aus Rahm, ungekühlt, Milch altmilchender Kühe . . .	„	—	87.41	3.63	4.20		4.00	0.76	12.59	28.83	33.36		31.77	6.04	5.34
41	Aus Rahm, gekühlt, Milch frischmilchender Kühe . .	„	—	89.99	0.85	3.82		4.54	0.80	10.01	8.49	38.16		45.36	7.99	6.11
42	Aus Rahm, ungekühlt, Milch frischmilchender Kühe . .	„	—	86.17	5.04	3.66		4.35	0.78	13.83	36.44	26.46		31.46	5.64	4.23

No. 19—31. Robertson. — Weende'r Jahresber. 1866/67. 310.
No. 32 u. 33. A. H. Smee, mitgetheilt von C. Petersen. — Milchzeitung 1873.
No. 34 u. 36. W. Eugling u. von Klenze. — Milchzeitung. 7. 1878. 140. Die Analysen unter No. 34 u. 36 dürften identisch sein und die Angabe des Wasser- und Proteïngehalts bei No. 34, die um 5% mit denen der Analyse unter No. 36 differiren, auf Druckfehlern beruhen.
No. 37 u. 38. V. Storch. — Forschungen auf dem Gebiete der Viehhaltung. Heft 4. 179. Der Proteïngehalt ist von uns aus dem angegebenen N-Gehalte (0.47 resp. 0.504 × 6.25) berechnet.
No. 39—42. V. Storch. — Milchzeitung. 10. 1881. 606.

No.	Bezeichnungen und Bemerkungen	Jahr der Untersuchung	Specifisches Gewicht	In der ursprünglichen Substanz: Wasser %	Fett %	Caseïn %	Albumin %	Milchzucker %	Asche (Salze) %	Trockensubstanz %	In der Trockensubstanz: Fett %	Caseïn %	Albumin %	Milchzucker %	Asche (Salze) %	N in der Trockensubstanz %
43	Aus Rahm nach Swartz'schem Verfahren, Mittel aus mehreren Analysen	1878	—	90.42	1.91	—	—	—	—	9.58	19.94	—	—	—	—	—
44	Aus süssem Rahm	1876	1.0350	90.20	0.76	4.36		3.84	0.73	9.80	7.76	44.49		40.30	7.45	7.12
45	Aus süssem Rahm	„	1.0345	90.28	0.80	—	—	—	0.73	9.72	8.23	—	—	—	7.41	—
46	Aus gesäuertem Rahm (ohne Spülwasser) bei 14.5° C. .	1882	—	91.26	0.47	3.23		3.94	0.74	8.74	5.38	36.96		49.19	8.47	5.83
47	Molkerei Raden (ohne Spülwasser)	1884	—	91.21	0.32	2.60	0.52	4.39	0.96	8.79	3.64	29.58	5.92	49.94	10.92	5.68
48	Molkerei Raden (mit 10 % Spülwasser)	„	—	(92.09	0.29	2.34	0.46	3.96	0.87)	7.91	3.67	29.58	5.82	49.93	11.00	5.66
49	Molkerei Raden (ohne Spülwasser)	„	—	90.52	·0.84	3.79		4.00	0.75	9.48	8.86	39.98		43.25	7.91	6.40
50	Molkerei Amherst, Durchschnitt	1885	—	92.00	0.20	2.65		4.55	0.60	8.00	2.50	33.13		56.87	7.50	5.30
51	Mittel von 20 Proben . . .	1881	—	92.48	0.35	—	—	—	—	7.52	4.65	—	—	—	—	—
52	Mittel von 10 Proben . . .	„	—	91.70	0.38	—	—	—	—	8.30	4.59	—	—	—	—	—
53	Mittel von 6 Proben . . .	„	—	92.01	0.29	—	—	—	—	7.99	3.63	—	—	—	—	—
54	Mittel von 5 Versuchen, süsser Rahm, Holstein'sches (dän.) Butterfass	1882	—	90.52	0.72	—	—	—	—	9.48	7.60	—	—	—	—	—
55	Mittel von 5 Versuchen, saurer Rahm, Holstein'sches (dän.) Butterfass	„	—	91.17	0.46	—	—	—	—	8.83	5.21	—	—	—	—	—
56	Mittel der Zusammensetzung nach Fleischmann . . .	1879	—	91.24	0.56	3.30	0.20	4.00	0.70	8.76	6.39	37.62	2.28	45.71	8.00	6.38
57	Aus Saul's Molkerei in Cassel	1884	—	91.38	0.65	3.70		3.53	0 74	8.62	7.54	42.92		40.96	8.58	6.87
	Minimum } nichtgewässerter Buttermilch, Proben 8b, 9b, 10b, 12–14, 16, 17 etc.		—	82.22	0.02	1.66		2.47	0.37	6.70	0.25	16.76		24.96	3.71	2.68
	Maximum		—	93.30	5.39	6.21		5.62	0.94	17.78	54.57	62.88		56.87	9.52	10.06
	Mittel		—	90.12	1.09	4.03		4.04	0.72	9.88	11.01	40.84		40.86	7.29	6.53

No. 43. J. König. — Originalmittheilung.

No. 44 u. 45. W. Fleischmann. — Milchzeitung 1876. 2205. Beide Proben waren von ranzigem Geruch, bitterlichem Geschmack und saurer Reaction.

No. 46. W. Fleischmann. — Ber. d. Milchwirthschl. V.-St. Raden 1882. 24. Der verbutterte Rahm stammte zum Theil vom Eisverfahren, zum Theil vom Centrifugenbetrieb. Die Dauer des Butterns im Holsteinschen Fass betrug 32 Minuten bei 125 Umgängen der Welle in der Minute und bei 14.5° Anfangs- und 16° C. Endtemperatur.

No. 47 u. 48. W. Fleischmann. — Ebendaselbst 1884. 29. Die Differenz aus dem Gewichte der nach Ritthausen bestimmten Proteïnstoffe und des nach Lehmann festgestellten Käsestoffes ist als „Eiweiss" in Rechnung gebracht. Der Milchzuckergehalt wurde aus der Differenz berechnet.

No. 49. W. Fleischmann. — Ebendaselbst. 29. (Verlust bei der Analyse = 0,092 %).

No. 50. C. A. Goessmann. — Jahresber. d. Agrikulturchemie 1885. (Massach. Agr. Exper. Stat. Bull. No. 17.) Durchschnitt der Analysen vom 6. November 1884 bis 5. Februar 1885.

No. 51—53. Schnutz. — Milchzeitung. 11. 1882. 104. (Veröffentl. d. K. D. Gesundheitsamtes vom 9. Januar 1882.) Die Buttermilch enthielt:

	An Trockensubstanz Maximum	An Trockensubstanz Minimum	Fett Maximum	Fett Minimum
No. 51. Aus der Genossenschaftsmolkerei Kiel . .	9.42	5.41	0.59	0.16
No. 52. „ „ „ Itzehoe .	9.43	7.42	0.56	0.18
No. 53. „ sonstigen Bezugsquellen	9.80	6.21	0.45	0.18

No. 54 u. 55. M. Schmoeger. — Milchwirthsch. V.-St. Proskau. Milchzeitung 1880. 273. Die ursprüngliche Milch stammte von Holländer Kühen und enthielt im Durchschnitt 3.32 % Fett und 11.80 % Trockensubstanz. Bei den Einzelversuchen wurde der Gehalt der Buttermilch wie folgt ermittelt:

	Fettgehalt					Trockensubstanz				
Aus süssem Rahm . . .	0.61	0.65	0.80	0.83	0.73	9.32	9.20	9.95	9.45	9.49
Aus saurem Rahm . . .	0.32	0.55	0.60	0.46	0.38	8.57	8.78	9.44	8.92	8.42

No. 56. W. Fleischmann. — Das Molkereiwesen. Braunschweig, 1875. 605.

No. 57. Th. Dietrich. — Private Mittheilung.

Bezeichnungen und Bemerkungen		Dauer des Butterns	Buttermilch: Aus 100 Pfd. Milch (Pfd.)	Buttermilch: Fettgehalt (%)	Ausbutterungsgrad (%)
N. J. Fjord u. V. Storch.[1]					
Aus Rahm.					
1. Milch in Schnee gekühlt, 12 Stunden			14.92	0.93	—
2. „ „ „ „ 22 „			14.95	0.96	—
3. „ „ Bütten gestanden 34 „			15.35	1.18	—
4. „ „ Schnee „ 10 „			15.95	1.20	—
5. „ „ Wasser von 10° R. gestanden, 10 Stunden . . .			16.79	1.18	—
6. „ „ Eis 10 „ . . .			17.02	1.11	—
7. „ nach 2stündigem Transport in Eis 10 „ . . .			18.62	1.04	—
8. „ in Bütten in Eis 34 „ . . .			16.92	1.67	—
9. „ „ Eis 34 „ . . .			18.86	1.08	—
10. „ „ Wasser von 8° R. 34 „ . . .			17.05	1.35	—
11. „ „ Bütten 34 „ . . .			17.16	1.60	—
12. „ „ Eis 34 „ süss. Rahm			16.93	1.19	—
13. „ „ Wasser von 8° R. 34 „ . . .			17.31	0.93	—
14. „ „ „ „ 8° „ 34 „ . . .			17.16	0.60	—
W. Fleischmann u. P. Vieth.[2]					
15. Aus gesäuertem Rahm bei 17° C.: Anwendung von 10 kg Rahm, Mittel von 3 Versuchen	Davis' amerikanisches Schaukel-Butterfass	30'	—	0.521	96.91
16. „ „ 20 „		36'	—	0.324	98.09
17. „ „ 30 „		55'	—	0.273	98.38
18. Im Mittel aller Versuche		40'	—	0.373	97.79
19. Aus süssem Rahm bei 16° C.: Bei Anwendung von 10 kg, Mittel von 3 Versuchen		27'	—	0.981	94.04
20. „ „ „ 20 „ „ „ 3 „		33'	—	1.076	93.46
21. „ „ „ 30 „ „ „ 3 „		40'	—	1.159	92.94
22. Im Mittel aller Versuche		33'	—	1.072	93.48
23. Aus süssem Rahm bei 15° C.: Bei Anwendung von 10 kg, Mittel von 3 Versuchen		37'	—	0.476	97.05
24. „ „ „ 20 „ „ „ 3 „		45'	—	0.592	96.37
25. „ „ „ 30 „ „ „ 3 „		65'	—	0.734	95.56
26. Im Mittel aller Versuche		49'	—	0.601	96.33
Lehde.[3]					
27. Aus **Milch** bei 15° R., mit Luft-Einpressung in 30' . . .	Atmosphärische Buttermaschine, System Clifton		—	1.45	—
28. „ „ „ 15° „ ohne „ „ 30' . . .			—	1.49	—
29. Aus **Rahm** bei 14° R., mit Luft-Einpressung in 34' . . .			—	0.39	—
30. „ „ „ 14° „ ohne „ „ 23 1/2' . . .			—	0.23	—
31. „ „ „ 13° „ „ 48' . . .	Lefeldt's Butter-M. 0. (Schwingbutterfass)		—	0.27	—
W. Fleischmann.[4]					
32. Schwach gesäuerter Rahm (Eisverfahren) bei 14.7° C., Mittel von 2 Versuchen	Mit ca. 10% Spülwasser, Holstein'sches Butterfass		—	0.239	—
33. Völlig süsser Rahm (Eisverfahren) bei 11.7° C., Mittel von 5 Versuchen			—	0.392	—

[1] N. J. Fjord u. V. Storch. — Forschungen auf dem Gebiete der Viehhaltung. 2. H. 81.
[2] W. Fleischmann u. P. Vieth. — Milchzeitung. 9. 1880. 33. Bei Verbutterung von gesäuertem Rahm war der Fettgehalt der Buttermilch im Durchschnitt um so geringer, um so mehr Rahm angewendet wurde; beim Verbuttern von süssem Rahm war dieses Verhältniss ein umgekehrtes.
[3] Lehde. — Zeitschr. d. landw. Centralv. d. Prov. Sachsen. 25. 1868. 90 u. 95. Die bezgl. Versuche wurden von der Prüfungsstation für landwirthschaftliche Maschinen und Geräthe in Halle (v. Beurmann, Jul. Kühn u. Perels) ausgeführt, die Fettbestimmungen von Lehde.
[4] W. Fleischmann. — Ber. d. Milchwirthsch. V.-St. Raden 1880. 22.

Bezeichnungen und Bemerkungen	Buttermilch: Aus 100 Pfd. Milch (Pfd.)	Buttermilch: Fettgehalt (%)	Ausbutterungsgrad (%)
W. Fleischmann.[1]			
34. Aus der Genossenschaftsmolkerei zu Schwerin: März	—	0.310	—
35. April	—	0.279	—
36. Mai	—	0.211	—
37. Juni	—	0.601	—
38. Juli	—	0.656	—
39. October	—	0.425	—
40. November	—	0.367	—
41. December	—	0.369	—
42. Mittel	—	0.402	—
43. Aus Püschow bei Krepelin	—	0.210	—
44. „ Woldegk, Genossenschaftsmolkerei	—	0.295	—
45. „ „ „ (Januar 1884)	—	0.251	—
46. „ „ „ (Juni 1884)	—	0.507	—
47. „ Hoppenrade, ohne Zweifel sehr stark verwässert	—	0.148	—

Molken.*)

Käsemilch.

No.	Bezeichnungen und Bemerkungen	Jahr der Untersuchung	Specifisches Gewicht	In der ursprünglichen Substanz: Wasser %	Fett %	Caseïn %	Albumin %	Milchzucker (Zucker incl. Säure) %	Asche (Salze) %	Trockensubstanz %	In der Trockensubstanz: Fett %	Caseïn %	Albumin %	Milchzucker %	Asche (Salze) %	N in der Trockensubstanz %
1	Gewonnen b. Bereitung von Gloucester-Käse: Abscheidung mittelst der Hand	1860	—	92.60	0.55	0.96		5.08	0.81	7.40	7.43	12.97		68.65	10.95	2.08
2	Abscheidung mittelst der Centrifuge	„	—	92.75	0.39	0.87		5.13	0.86	7.25	5.38	12.00		70.76	11.86	1.92
3	Bei der Bereitung von Cheddarkäse gewonnen: Vollmilchkäse, aus voller Milch, 11. August	„	—	93.25	0.26	0.91		4.70	0.88	6.75	3.85	13.48		69.63	13.04	2.16
4	Desgl., 21. August	„	—	92.80	0.59	0.91		5.04	0.66	7.20	8.19	12.64		70.00	9.17	2.02
5	Halbfetter Käse, aus gleichen Theil. Mager- u. Vollmilch, 13. Aug.	„	—	92.85	0.29	0.93		5.03	0.90	7.15	4.06	13.01		70.34	12.59	2.08
6	Desgl., 28. August	„	—	93.05	0.40	0.95		4.96	0.64	6.95	5.73	13.60		71.51	9.16	2.18
7	Magerkäse, aus Magermilch, 15. August	„	—	93.15	0.14	0.91		5.06	0.74	6.85	2.04	13.29		73.87	10.80	2.13
8	Desgl., 20. August	„	—	93.10	0.14	0.76		5.31	0.69	6.90	2.03	11.01		76.96	10.00	1.76
9	Fettkäse, aus voller Milch und Rahm, 15. Aug.	„	—	92.95	0.65	1.20		4.55	0.65	7.05	9.22	17.02		64.54	9.22	2.72
10	Desgl., 20. August	„	—	92.95	0.42	1.01		4.95	0.67	7.05	5.96	14.33		70.21	9.50	2.29

[1] W. Fleischmann. — Ber. d. Milchwirthsch. V.-St. Raden 1883. 43. 1884. 75. 77.

Molken (Käsemilch, Quargserum).*)

*) W. Fleischmann unterscheidet von den Producten, die man gewöhnlich unter dem Namen „Molken" zusammenfasst:

Käsemilch d. i. die Flüssigkeit, welche bei der Bereitung von Labkäsen zunächst zurückbleibt;

Molken d. i. die Flüssigkeit, welche aus der Käsemilch resultirt, nachdem aus derselben der Zigerkäse, eventuell auch die Käsemilchbutter ausgeschieden wurde;

Quargserum ist Molke der Sauermilchkäserei. (Zu unterscheiden von Molke im engeren Sinne wäre auch noch die medicinische- oder Apotheker-Molke.)

No. 1—21. Aug. Völcker. — B. Martiny: Die Milch. II. 243. 255 u. 280. (J. R. Agric. Soc. England. 23. 1862. 170 u. 185. 22. 1861. 64. 55.) An freier Milchsäure (welche in dem für Milchzucker angegebenen Gehalt mit enthalten ist) enthielten die Proben:

No.	1	2	3	4	5	6	7	8	9	10	11	12	13	14	15	16	17	18	19	20	21
	0.36	0.41	0.60	—	0.48	—	0.48	0.46	0.48	—	0.41	0.12	0.54	—	0.39	0.41	0.43	0.40	—	—	—

No.	Bezeichnungen und Bemerkungen	Jahr der Untersuchung	Specifisches Gewicht	In der ursprünglichen Substanz: Wasser %	Fett %	Caseïn %	Albumin %	Milchzucker %	Asche (Salze) %	Trockensubstanz %	In der Trockensubstanz: Fett %	Caseïn %	Albumin %	Milchzucker %	Asche (Salze) %	N in der Trockensubstanz %
								Zucker incl. Säure								
	Aus verschiedenen Käsereien, vermuthlich bei der Bereitung von Chester-, Gloucester- oder Cheddarkäse erhalten:															
11	Aus Keevil's Apparat	1861	—	92.65	0.68	0.81		5.28	0.58	7.35	9.25	11.02		71.84	7.89	1.76
12	" " "	"	—	92.95	0.49	1.43		4.49	0.64	7.05	6.95	20.28		63.69	9.08	3.24
13	" " "	"	—	92.95	0.29	1.01		5.08	0.67	7.05	4.11	14.33		72.06	9.50	2.29
14	" " "	"	—	93.15	0.55	1.06		4.66	0.59	6.85	8.03	15.47		67.89	8.61	2.48
15	Bei Handbereitung gewonnen	"	—	92.95	0.24	0.81		5.27	0.73	7.05	3.40	11.49		74.76	10.35	1.84
16	Desgl.	"	—	93.30	0.31	1.01		4.68	0.70	6.70	4.63	15.07		69.85	10.45	2.41
17	Desgl.	"	—	93.35	0.25	0.91		5.00	0.49	6.65	3.76	13.68		75.19	7.37	2.19
18	Desgl.	"	—	92.70	0.31	0.96		5.31	0.72	7.30	4.25	13.15		72.74	9.86	2.10
19	Bei Benutzung von Keevil's Apparat gewonnen, zu Anfang abgel., 10 Min. später	"	—	92.90	0.18	0.94		5.30	0.68	7.10	2.54	13.24		74.64	9.58	2.12
20	Desgl.	"	—	93.25	0.18	0.94		5.03	0.60	6.75	2.67	13.93		74.51	8.89	2.23
21	Desgl., noch 10 Min. später	"	—	93.55	0.03	0.94		4.82	0.66	6.45	0.47	14.57		74.84	10.12	2.33
22	Limburger Käse, aus abgerahmter Milch	1867	—	91.40	1.05	0.82		6.12	0.61	8.60	12.21	9.53		71.17	7.09	1.52
	Bei der Bereitung von dänischen Exportkäsen:															
23	Aus nach 12 Stunden abgerahmt. Milch (Eisverfahren) . .	1876	—	93.69	0.20	0.87		—	0.53	6.31	3.17	13.99		74.44	8.40	2.24
24	Aus nach 36 Stunden abgerahmter Milch (Eisverfahren) . .	"	—	93.52	0.16	0.85		—	0.53	6.48	2.47	13.12		76.23	8.18	2.10
25	Aus nach 12 Stunden abgerahmter Milch (Eisverfahren) . .	"	—	93.79	0.26	0.74		4.17	0.54	6.21	4.19	11.92		75.19	8.70	1.91
26	Aus nach 12 Stunden abgerahmt. Milch, 36 St. gestand. Rahm (Eisverfahren) . .	"	—	93.67	0.33	0.71		4.27	0.56	6.33	5.21	11.22		74.72	8.85	1.79
27	Aus nach 24 Stunden abgerahmter Milch (Eisverfahren) . .	1877	—	93.22	0.20	0.82		4.42	0.56	6.78	2.95	12.09		76.70	8.26	1.93

Die ursprüngliche Milch enthielt:

	Wasser	Fett	Proteïnstoffe	Milchzucker	Salze
Zu Molke 1 und 2	87.40	3.43	3.12	5.12	0.93
Vollmilch zu Molke 3	87.30	3.75	3.31	4.86	0.78
" " " 4	87.00	3.99	3.44	4.81	0.76
" u. Magermilch zu Molke 5	87.89	3.12	2.94	5.29	0.76
" " " " " 6	88.50	2.43	3.25	5.03	0.79
Magermilch zu Molke 7	89.00	1.93	3.01	5.28	0.78
" " " 8	89.10	2.31	3.50	4.32	0.77
Vollmilch u. Rahm zu Molke 9 .	85.75	6.11	2.94	4.47	0.73
" " " " " 10 .	86.73	4.81	2.69	5.01	0.76

No. 22. Ed. Peters. — Der Landwirth 1867. 376.

No. 23—31. V. Storch. — Forschungen auf dem Gebiete der Viehhaltung. 4. H. 1879. 216. Der Gesammt-Proteïngehalt wurde aus dem angegebenen N-Gehalt durch Multiplication mit 6.25 von uns berechnet. Verf. bestimmte ausserdem den direct fällbaren Käsestoff und Molkenproteïn (Proteïnrest) nach Methoden, bezgl. deren wir auf die Originalmittheilung verweisen. Die Proben enthielten:

	No. 23	24	25	26	27	28	29	30	31
Stickstoff	0.139	0.136	0.119	0.113	0.132	0.132	0.145	0.136	0.142
Direct gefällter Käsestoff	—	—	0.64	0.67	0.71	0.71	0.75	0.68	0.74
Rest (Molkenproteïn) . .	—	—	0.70	0.40	0.89	0.84	—	—	—

Die Proben unter No. 30 und 31 entstammen demselben Verkäsungsversuche wie die unter No. 23 u. 24.

No.	Bezeichnungen und Bemerkungen	Jahr der Untersuchung	Specifisches Gewicht	In der ursprünglichen Substanz: Wasser %	Fett %	Caseïn %	Albumin %	Milch-zucker %	Asche (Salze) %	Trocken-substanz %	In der Trockensubstanz: Fett %	Caseïn %	Albumin %	Milch-zucker %	Asche (Salze) %	N in der Trocken-substanz %
28	Bei der Bereitung von dänischen Exportkäsen: Aus süsser Milch	1877	—	92.76	0.61	0.82		Zucker incl. Säure 4.50	0.55	7.24	8.43	11.33		72.64	7.60	1.81
29	Aus süsser Buttermilch	„	—	93.26	0.19	0.91		—	0.68	6.74	2.82	13.50		73.59	10.09	2.16
30	Molke aus der Käsepresse, 12 std. abger. Milch	1876	—	93.68	0.50	0.85		—	0.51	6.32	7.91	13.45		70.57	8.07	2.15
31	Molke aus der Käsepresse, 36 std. abger. Milch	„	—	93.38	0.39	0.89		—	0.50	6.62	5.89	13.44		73.12	7.55	2.15
32	Bei d. Bereitung von Parmesankäsen: In 100 ccm Molken	„	—	93.85	0.40	—	—	—	—	6.15	6.50	—	—	—	—	—
33		„	—	94.12	0.45	—	—	—	—	5.88	7.65	—	—	—	—	—
34		„	—	94.07	0.49	—	—	—	—	5.93	8.26	—	—	—	—	—
35		„	—	93.37	0.57	—	—	—	—	6.63	8.60	—	—	—	—	—
36		„	—	93.81	0.50	—	—	—	—	6.29	7.95	—	—	—	—	—
37		„	—	93.29	0.58	—	—	—	—	6.71	8.64	—	—	—	—	—
38	Von der sogen. Mayer- oder Ziegel-Käse-Bereitung	1875	—	94.87	0.07	0.78		3.69	0.59	5.13	1.36	15.13		72.06	11.45	2.42
39	Backsteinkäse aus Magermilch, nach Absetzen des Bruches entnommen	1881	1.0274	93.61	0.06	0.81		4.72	0.58	6.39	0.94	12.68		77.30	9.08	2.03
40	Desgl., aus den Formen abgelaufen	„	1.0270	93.68	0.028	0.82		4.71	0.58	6.32	0.44	12.97		77.41	9.18	2.08
41	Aus einer mitteldeutschen Molkerei I.	1883	—	97.10	0.066	0.24		2.14	0.46	2.90	2.28	8.28		73.58	15.86	1.32
42	Aus einer mitteldeutschen Molkerei II.	„	—	94.03	0.084	0.53		4.34	1.01	5.97	1.41	8.88		72.79	16.92	1.42
43	Aus einer Holstein'schen Molkerei	„	—	94.60	0.18	0.70		3.76	0.72	5.40	3.33	12.96		70.38	13.33	2.07
44	Süsse Molken (Holstein'sche und Limburger Käse)	1882	—	93.79	0.06	0.40		5.11	0.64	6.21	0.97	6.44		82.28	10.31	1.03
45	Radener Magerkäse, 16. October 1878	1878	—	93.06	0.127	1.07		5.10	0.58	6.94	1.83	15.42		74.39	8.36	2.47
46	Radener Magerkäse, 18. October 1878	„	—	92.95	0.152	1.02		4.96	0.61	7.05	2.16	14.47		74.72	8.65	2.32
	Minimum		—	91.40	0.03	0.43		4.22	0.47	2.90	0.44	6.44		63.69	7.09	1.03
	Maximum		—	97.10	0.61	1.34		5.45	1.12	8.60	9.25	20.28		82.28	16.92	3.24
	Mittel		—	93.38	0.62	0.86		4.79	0.65	6.62	4.82	13.01		72.32	9.85	2.08

No. 32—37. A. Galimberti. — Milchzeitung 1876. 2016. (Il Caseificio No. 4. 1876.)
No. 38. J. König. — Landw. Ztschr. f. Westfalen u. Lippe 1875. 76.
No. 39 u. 40. W. Fleischmann. — Ber. d. Milchwirthschaftl. V.-St. Raden 1881. 37.
No. 41—43. W. Fleischmann. — Bericht der Milchwirthsch. V.-St. 1883. 34 u. 35. Zu No. 43 ist die Zusammensetzung durch „Milchsäure, Extractivstoffe und Verlust“ 0.038 zu ergänzen.
No. 44. M. Schrodt u. H. von Peter. — Milchwirthschaftl. V.-St. Kiel. Milchztg. 1882. 427. (Landwirthsch. Wochenbl. f. Schleswig-Holstein).
No. 45 u. 46. W. Fleischmann. — Dessen: Das Molkereiwesen. Braunschweig, 1875. 995. Die Proben waren am 16. u. 18. October 1878 in der Gutsmeierei Raden bei der Bereitung von Radener Magerkäsen gewonnen. Die Zusammensetzung der Proben ist zu ergänzen mit „Verlust“ 0.073 %, bezw. 0.311 %. Das Gesammtproteïn setzt sich zusammen aus:

	No. 45	No. 46
Niederschlag durch Essigsäure bei Siedhitze	0.599	0.592 %
„ „ Gerbsäure	0.466	0.426 %

No.	Bezeichnungen und Bemerkungen	Jahr der Untersuchung	Specifisches Gewicht	In der ursprünglichen Substanz							In der Trockensubstanz					N in der Trockensubstanz
				Wasser %	Fett %	Caseïn %	Albumin %	Milchzucker %	Asche (Salze) %	Trockensubstanz %	Fett %	Caseïn %	Albumin %	Milchzucker %	Asche (Salze) %	%
	Quargserum.															
1	„Molken“	1868	—	93.58	0.12	1.05		4.45	0.80	6.42	1.87	16.35		69.32	12.46	2.62
2	„	1875	—	94.10	0.16	0.65		4.38	0.71	5.90	2.71	11.02		73.04	13.23	1.76
3	„	„	—	93.35	0.21	1.31		4.37	0.76	6.65	3.16	19.70		65.71	11.43	3.15
4	„	„	—	93.49	0.20	1.35		4.20	0.76	6.51	3.07	20.74		64.52	11.67	3.32
5	„Quargserum“, 16. Oct. 1878	1878	—	93.48	0.083	1.04		4.42	0.82	6.52	1.27	15.96		70.19	12.58	2.55
6	„ 18. Oct. 1878	„	—	93.13	0.122	1.06		4.38	0.82	6.87	1.78	15.43		70.85	11.94	2.47
	Mittel . . .		—	93.52	0.15	1.07		4.48	0.78	6.48	2.31	16.53		69.05	12.11	2.65
	Molken.															
								Zucker u. freie Milchs.						Zucker u. freie Milchs.		
1	Schotten (scotta) *)	1875	—	93.35	0.026	0.53		5.36	0.57	6.65	0.39	7.97		83.67	8.57	1.28
2	„ „	„	—	93.97	0.042	0.58		4.86	0.59	6.03	0.70	9.62		79.90	9.78	1.54
3	„ „	„	—	94.20	0.031	0.44		4.61	0.47	5.80	0.53	7.59		83.78	8.10	1.21
4	„ „	„	—	93.77	0.035	0.48		4.99	0.54	6.23	0.56	7.70		86.61	5.13	1.23
5	„ „	„	—	93.61	0.035	0.48		5.24	0.57	6.39	0.55	7.51		83.02	8.92	1.20
6	„ „	„	—	94.60	0.038	0.59		4.72	0.47	5.40	0.70	10.93		79.67	8.70	1.75
7	Halbfettkäserei (mit Vorbruch- und Ziger-Gewinnnung) .	1877	—	93.55	0.10	0.27		5.85	0.23	6.45	1.55	4.19		90.69	3.57	0.67
8	Magerkäserei	„	—	93.92	0.08	0.34		5.34	0.32	6.08	1.32	5.59		87.83	5.26	0.89
9	Fettkäserei (mit Vorbruch- u. Ziger-Gewinnung) . . .	1878	—	93.83	0.16	0.61		5.15	0.25	6.17	2.59	9.89		83.47	4.05	1.58
10	Aus Milch von Allgäuer Kühen	—	—	93.60	0.15	1.18		4.45	0.62	6.40	2.35	18.44		69.52	9.69	2.95
11	Aus Kuhmilch (nach Valentiner)	—	—	93.26	0.12	1.08		5.10	0.41	6.74	1.78	16.02		76.12	6.08	2.56
	Mittel . . .		—	93.79	0.07	0.60		5.10	0.44	6.21	1.18	9.59		82.15	7.08	1.53
	Molken aus Ziegen- und Schafmilch.															
1	A. Ziegenmilch, v. Landeck	—	—	93.91	0.038	0.208	0.192	5.03	0.62	6.09	0.62	3.33	3.15	82.72	10.18	1.04
2	Desgl., von Kreuth	—	—	93.77	0.020	0.58		4.99	0.67	6.23	0.32	5.83		87.12	6.73	0.93
3	Desgl.	—	—	93.38	0.372	1.14		4.53	0.58	6.62	5.62	17.22		68.40	8.76	2.76
4	Desgl., von Kreuth	—	—	93.88	0.021	0.62		4.77	0.70	6.12	0.35	10.23		77.87	11.55	1.64
5	Aus Schafmilch	—	—	91.96	0.25	2.13		5.07	0.59	8.04	3.11	26.49		63.06	7.34	4.24
	Mittel . . .		—	93.87	0.11	0.62		4.88	0.58	6.19	1.73	9.94		79.02	9.31	1.59

Quargserum.

No. 1. E. Heiden (V.-St. Pommritz). — Bericht 1868—69. 27. Ueber die Bereitungsweise dieser Molken fehlen Angaben.

No. 2—4. R. Alberti. — J. f. Landwirthschaft 1876. 92. Desgl.

No. 5 u. 6. W. Fleischmann. — Dessen: Das Molkereiwesen. Braunschweig, 1875. S. 995. Die Zusammensetzung ist zu ergänzen mit Verlust 0.169 bezw. 0.494 %. Das Gesammtproteïn besteht aus:

	No. 5	No. 6
Proteïn, Niederschlag durch Essigsäure bei Siedhitze . .	0.518	0.474 %
„ „ „ Gerbsäure	0.520	0.585 %

Molken.

*) Schotten ist hier die Masse, welche von der Käsemilch nach Entnahme des „Vorbruchs“, d. h. der sich beim Erwärmen und Zusatz von Säure ausscheidende fetthaltige Schaum, übrig bleibt. Nach W. Fleischmann (Das Molkereiwesen. 912) ist zwar unter „Schotten“ Ziger zu verstehen, nach Art der Bereitung und nach der Zusammensetzung des untersuchten Materials aber ist dieses mit Molken im Fleischmannschen Sinne übereinstimmend.

No. 1—6. L. Manetti u. G. Musso. — Milchztg. 1876. 1959. (Il Caseificio. 15|1. 1876.) An freier Milchsäure enthielten die Proben:

No. 1	2	3	4	5	6
0.19	0.09	0.10	0.15	0.09	0.08

Die Molken (Schotten) stellten eine ins gelbliche spielende, leicht grünlich gefärbte Flüssigkeit dar, welche eine grössere oder geringere Menge Sahneflocken suspendirt enthielt; wird der Schotten durch Filtriren von letzteren befreit, so ist derselbe völlig fettfrei.

No. 7—9. W. Eugling und von Klenze. — Milchztg. 1878. 144. 156 u. 1880. 598. Die Nh. Substanz ist als Lactoproteïn (durch Gerbsäure ausfällbar) bezeichnet.

No. 10 u. 11. W. Fleischmann (nach Pletzer, Bad Kreuth und seine Molkenkuren. München, 1875. 60). — Dessen: „Das Molkereiwesen“. 999.

Molken, aus Ziegen- und Schafmilch.

No. 1—5. Nach Valentiner (No. 3 u. 5), Drenkmann (No. 1) u. Lehmann (No. 2 u. 4), mitgetheilt von W. Fleischmann. — Dessen: Das Molkereiwesen. Braunschweig, 1875. S. 999. Pletzer, Bad Kreuth und seine Molkereikuren. München. 1875. 60.